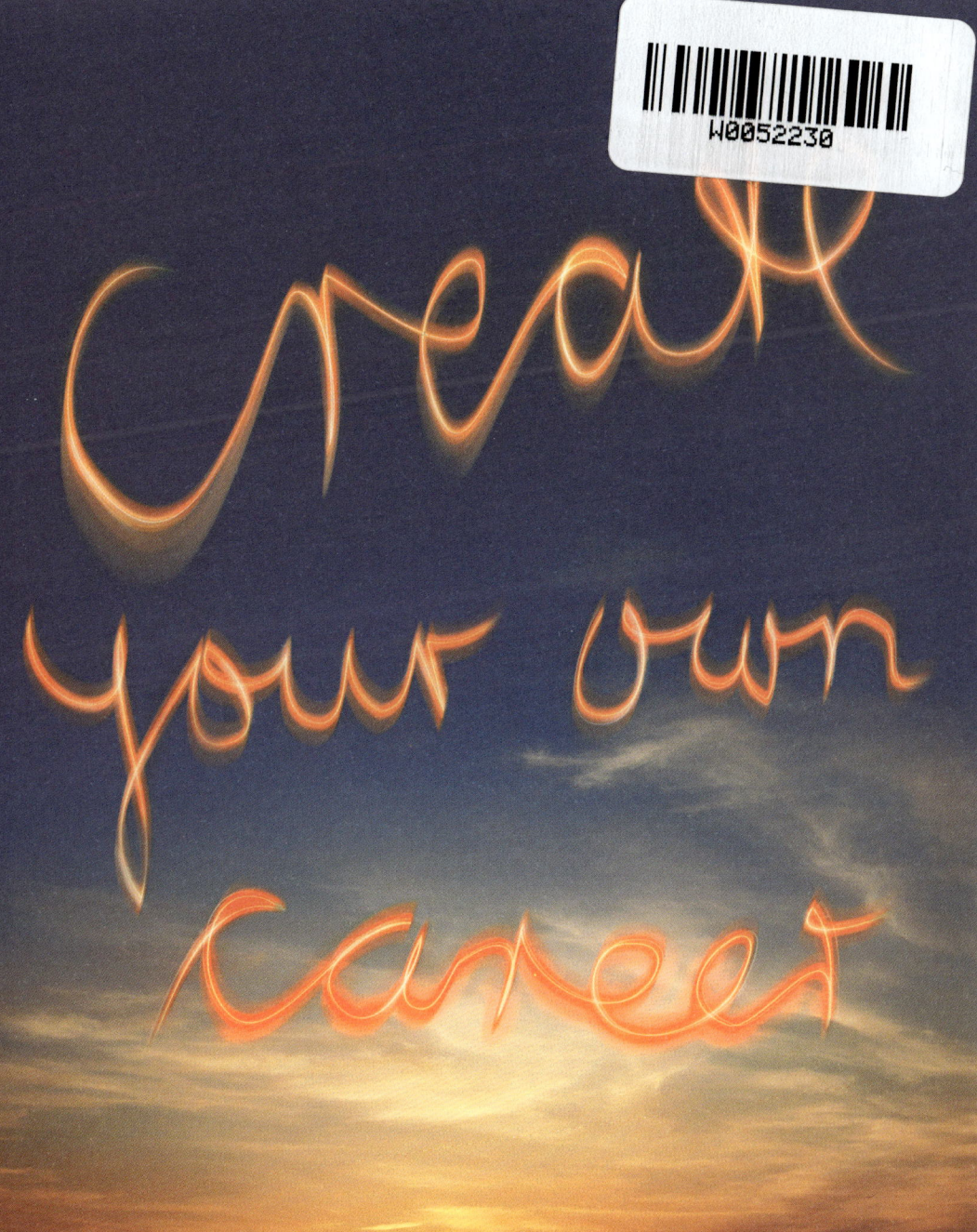

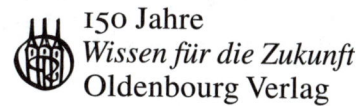150 Jahre
Wissen für die Zukunft
Oldenbourg Verlag

Internationales Management

von
Prof. Dr. Michael Kutschker
Katholische Universität Eichstätt-Ingolstadt
Wirtschaftswissenschaftliche Fakultät Ingolstadt
Lehrstuhl für Allgemeine Betriebswirtschaftslehre
und Internationales Management

und
Prof. Dr. Stefan Schmid
ESCP-EAP Europäische Wirtschaftshochschule
Berlin – Paris – London – Madrid – Turin
Lehrstuhl für Internationales Management und
Strategisches Management

Mit mehr als 260 Abbildungen und 100 Textboxen

6., überarbeitete und aktualisierte Auflage

Oldenbourg Verlag München

Bibliografische Information der Deutschen Nationalbibliothek

Die Deutsche Nationalbibliothek verzeichnet diese Publikation in der Deutschen Nationalbibliografie; detaillierte bibliografische Daten sind im Internet über <http://dnb.d-nb.de> abrufbar.

© 2008 Oldenbourg Wissenschaftsverlag GmbH
Rosenheimer Straße 145, D-81671 München
Telefon: (089) 4 50 51-0
oldenbourg.de

Lektorat: Wirtschafts- und Sozialwissenschaften, wiso@oldenbourg.de
Herstellung: Anna Grosser
Coverentwurf: Kochan & Partner, München
Gedruckt auf säure- und chlorfreiem Papier
Gesamtherstellung: Druckhaus „Thomas Müntzer" GmbH, Bad Langensalza

ISBN 978-3-486-58660-2

Vorwort zur ersten Auflage

Liebe Leserin, lieber Leser,

das vorliegende Buch beschäftigt sich mit einem der spannendsten wirtschaftlichen Themen unserer Zeit: der Internationalisierung. Das Buch zeigt, dass die Internationalisierung der Wirtschaft und die Internationalisierung ihrer zentralen Akteure, den international tätigen Unternehmungen, wichtige Themenfelder für Wissenschaft und Praxis darstellen. Das Buch widmet sich besonders den strukturellen, kulturellen und strategischen Problemen internationaler Unternehmungen. Dabei werden zahlreiche Vorschläge diskutiert, wie internationale Unternehmungen diese strukturellen, kulturellen und strategischen Probleme lösen können.

Wir möchten Ihnen kurz erläutern, welche Ziele dieses Buch hat, an wen sich das Buch wendet und von welchen Leitlinien wir uns beim Verfassen des Buches tragen ließen.

(1) Ziele des Buches: Das vorliegende Buch ist ein Lehrbuch, mit dem wir mehrere Ziele verfolgen. Das Hauptziel besteht darin, einen State-of-the-Art des Internationalen Managements zu liefern. Dabei hat das Buch zunächst einmal eine **beschreibende Funktion**: Wir legen dar, wie Unternehmungen internationalisieren und wie sich diese Internationalisierung gesamtwirtschaftlich ausdrückt. Doch über die beschreibende Funktion hinaus geht es uns in diesem Buch auch um eine **erklärende Funktion**. Wir wollen die Probleme, auf die Unternehmungen bei ihrer Internationalisierung stoßen, unter Rückgriff auf zahlreiche theoretische Ansätze rekonstruieren. Außerdem soll in diesem Buch die **gestalterische Funktion** nicht zu kurz kommen: Wir werden verschiedene Handlungsalternativen für Unternehmungen vorstellen, die zur Lösung der vielfältigen Internationalisierungsprobleme beitragen können. Schließlich hat das Buch eine **kritische Funktion**: An vielen Stellen werden gängige Erklärungs- und Gestaltungsmuster der Theorie und Praxis hinterfragt. Damit verbunden ist die Einladung an den Leser, sich über das umfangreiche Buch hinaus kritisch mit der Internationalisierung von Unternehmungen zu beschäftigen.

(2) Zielgruppe des Buches: Das vorliegende Buch kann von **Studierenden** an Universitäten, Fachhochschulen und Berufsakademien sowie von Teilnehmern an Weiterbildungs- und MBA-Studiengängen gleichermaßen herangezogen werden. Wie wir von Studierenden, die vorläufige Manuskripte dieses Buches vor dem Erscheinen mit uns intensiv diskutiert haben, wissen, dürfte das Buch für jeden „Studententyp" etwas bieten. Dabei versteht es sich von selbst, dass jeder Leser – je nach Interessenschwerpunkt – die einzelnen Kapitel in unterschiedlichem Ausmaß „spannend" finden mag. In der Endphase der Fertigstellung haben wir auch **Praktiker** um Kommentare und Anregungen zu unserem Manuskript gebeten. Aufgrund der gewonnenen Aussagen sind wir davon überzeugt, dass auch der in der Praxis tätige Leser aus unseren Ausführungen wichtige Anregungen ziehen kann. Allerdings sei der Praktiker gewarnt: Wer nach fixen „Lösungsschablonen" oder simplen „How-to-Do-Checklisten" sucht, der wird von diesem Buch möglicherweise enttäuscht werden. Sowohl die Breite als auch die Tiefe mancher Aussagen erfordern die Bereitschaft, intensiver in die Materie einzusteigen.

(3) Konzeption des Buches: Unser Buch ist primär für Leser geschrieben, die sich ausführlich und umfassend mit Internationalem Management auseinandersetzen wollen. Es ist, mit Ausnahme mancher Abschnitte innerhalb des siebten Kapitels, ein Lehrbuch und will auch als solches verstanden werden. Deshalb haben wir uns bemüht, unsere Aussagen möglichst verständlich zu formulieren. Dies heißt nicht, dass in unserem Buch auf anspruchsvolle Konzepte, Ansätze oder Theorien verzichtet wird: Es bedeutet vielmehr, dass wir versucht haben, (auch) schwierige Materie leicht lesbar zu machen, ohne dabei die Aussagen zu verfälschen. Ebenso waren wir beim Verfassen dieses Buches von der Absicht getragen, dem Leser die Inhalte des Faches „Internationales Management" in einer möglichst klaren Struktur anzubieten. Wir hoffen deshalb, dass der „rote Faden" für den Leser permanent erkennbar ist. Durch die Illustration theoretischer Aussagen anhand von zahlreichen Beispielen und kurzen Fällen möchten wir zeigen, dass Internationales Management keine Wissenschaftsdisziplin ist, deren Wirken sich auf ein Dasein im Elfenbeinturm beschränkt. Kontrollfragen sowie Fragen und Aufgaben zur Vertiefung, die sich am Ende jedes Kapitels befinden, können der Wissens- und Verständniskontrolle – gerade auch zur Vorbereitung auf Prüfungen – dienen.

(4) Grundverständnis des Buches: Dieses Buch verfolgt einen pluralistischen Ansatz. Es ist keiner bestimmten Denkschule verhaftet und damit nicht dogmatisch an bestimmte Denkfiguren gebunden. Dieser Hinweis erscheint uns wichtig, stellt doch das Internationale Management auch an den praktizierenden Manager die Anforderung, mit einer Vielzahl von verschiedenen Ideen zurechtzukommen. Eindimensionales Denken, mit dem man die gesamte Realität auf einige wenige Modelle, Theorien oder Konzepte reduziert, sind in unseren Augen gerade in der Disziplin des Internationalen Managements fehl am Platz. Insofern gibt es in unserem Buch zwar einen (hoffentlich sehr deutlichen) „roten Faden", aber keinen allumfassenden Bezugsrahmen, der sich durch alle Ausführungen zieht. Unsere Ausführungen bauen an vielen Stellen weniger auf „deutschem" bzw. „deutschsprachigem" Gedankengut, sondern häufig auf internationalem Gedankengut auf. Dies liegt daran, dass sich die Wissenschaftsdisziplin „Internationales Management" in Deutschland vergleichsweise spät entwickelt hat und deswegen verstärkt auf Wissen aus dem Ausland zurückgegriffen werden muss. Damit verbunden ist auch, dass wir in vielen Fällen – häufig auch in Abbildungen – die englischsprachige Originalterminologie übernehmen.

(5) Einschränkungen des Buches: Das vorliegende Buch versucht, den „State-of-the-Art" des Internationalen Managements aufzuzeigen. Allerdings muss betont werden, dass wir auf eine detaillierte Darstellung der Internationalisierung einzelner Funktionalbereiche, wie etwa dem Internationalen Marketing, dem Internationalen Personalmanagement oder dem Internationalen Finanzmanagement, verzichtet haben. Dafür gibt es zwei Hauptgründe: Erstens existieren zu den meisten Funktionalbereichen bereits einschlägige Lehrbücher. Zweitens hätte eine umfassende Aufnahme der Funktionalbereiche den Rahmen unseres Lehrbuchs (endgültig!) gesprengt.

Wir wollen Ihnen an dieser Stelle auch kurz darlegen, warum wir uns entschieden haben, einigen besonders internationalen Unternehmungen die Möglichkeit zu geben, sich im vorliegenden Buch dem Führungskräftenachwuchs zu präsentieren. Die Begründung hierfür ist einfach: Durch die **Anzeigen namhafter internationaler Unternehmungen** – Allianz, Bertelsmann, Bosch, BMW, Commerzbank und Deutsche Bank – ist es dem Oldenbourg Verlag möglich, Ihnen unser Buch zu einem, wie wir meinen, erfreulich **niedrigen Preis** anzubieten. Wir sind sicher, dass wir damit im Sinne der meisten Leser einen zwar ungewöhnlichen, aber in unseren Augen durchaus innovativen Weg gegangen sind. Wir glauben nicht, dass Wissenschaft in irgendeiner Weise „käuflich" wird, weil Wissenschaftler mit Unternehmungen zusammenarbeiten. Wir sind ferner davon überzeugt, dass das „Kulturprodukt" Buch durch Anzeigen von Unternehmungen keine Abwertung erfährt, sondern dass Anzeigen durch ihre preisreduzierende Wirkung zu einer weiteren Verbreitung dieses Kulturprodukts beitragen können.

Ein umfangreiches Grundlagenwerk wie das vorliegende Lehrbuch kann nicht von den Autoren alleine erstellt werden. Ohne die engagierte Mitarbeit weiterer Personen lässt sich ein Lehrbuch kaum mehr auf den Markt bringen, zumal die Manuskripte heutzutage druckfertig an die Verlage geliefert werden. Allen, die an unserem Projekt mitgewirkt haben, wollen wir daher an dieser Stelle ganz herzlich danken. Zuerst sind die Mitarbeiter und Kollegen des Lehrstuhls zu nennen. Herrn Dipl.-Kfm. Hartwig Meyerle, Frau Dr. Alexandra Schmidt-Buchholz, Herrn Dr. Andreas Schurig und Herrn Dipl.-Kfm. Wolfgang Stelzer danken wir für zahlreiche wertvolle Anregungen zur inhaltlichen und sprachlichen Überarbeitung der Manuskripte sowie für ihre tatkräftige Mitarbeit bei den vielfältigen Aufgaben, die im Rahmen der Erstellung dieses Buches anfielen. Herr Dipl.-Kfm. Holger Wirtl war darüber hinaus für zusätzliche organisatorische und koordinatorische Projektaufgaben verantwortlich. Seine Mitarbeit wissen wir besonders zu schätzen. Gerade in der Endphase haben die Mitarbeiter und Kollegen des Lehrstuhls, allen voran Herr Stelzer und Herr Wirtl, so manche eigenen Interessen hinten angestellt und sich um das Buchprojekt durch ihr großes Engagement sehr verdient gemacht. Auch unsere Sekretärinnen am Lehrstuhl, Frau Inge Englisch und Frau Theresia Friedrich, trugen maßgeblich zur Fertigstellung des Lehrbuchs bei – unter anderem dadurch, dass sie das Manuskript Korrektur gelesen haben und uns in hervorragender Weise von Verwaltungs- und Organisationsaufgaben entlastet haben. Dankbar sind wir zudem Frau Barbara Hartmann, Sekretärin am Lehrstuhl für Wirtschafts- und Unternehmensethik der

Wirtschaftswissenschaftlichen Fakultät Ingolstadt, die sich spontan bereit erklärt hat, uns in der heißen Endphase bei letzten Überarbeitungen zu unterstützen.

Unsere studentischen Hilfskräfte, Herr Markus Knöpfle, Herr Gernot Lenz, Frau Nina Schniering, Herr Christian Stratmann und Frau Franziska Uebel, waren im Rahmen von Literaturrecherchen, der Vorbereitung von Verzeichnissen und Abbildungen sowie der Formatierung von Manuskriptentwürfen in das Buchprojekt eingebunden. Besonders hervorheben möchten wir die engagierte Mitarbeit von Herrn Sebastian Krieger, der die Abbildungen für dieses Buches erstellt hat und unsere fortwährenden Änderungswünsche erdulden und umsetzen musste, von Herrn Joachim Mathe, der uns äußerst zuverlässig mit aktueller Literatur versorgt hat, und von Frau Christina Lederer, die aufwendige Überprüfungs- und Korrekturarbeiten zu jeder nur erdenklichen Tages- und Nachtzeit vornahm, damit wir den Terminplan unseres Projekts wenigstens einigermaßen einhalten konnten.

Dankbar sind wir auch den studentischen Teilnehmern eines Arbeits- und Lektürekreises der Wirtschaftswissenschaftlichen Fakultät Ingolstadt, die Manuskripte des vorliegenden Lehrbuches kritisch mit uns diskutiert und wertvolle Verbesserungsvorschläge angebracht haben. Die Anmerkungen der Studierenden waren für uns äußerst hilfreich. Auch externe Doktoranden sowie Praktiker haben wir um Feedback zu unseren Manuskriptentwürfen gebeten. Wir sind sicher, dass ihre Kommentare die vorliegende Endfassung bereichert haben. Herrn Professor Dr. Helmut Fischer, Inhaber des Lehrstuhls für Finanzwissenschaft an der Wirtschaftswissenschaftlichen Fakultät Ingolstadt, gebührt Dank für seine Anregungen zum Abschnitt über die Zahlungsbilanz. Nicht zuletzt sind wir Herrn Diplom-Volkswirt Martin Weigert vom Oldenbourg Verlag für die sehr angenehme Zusammenarbeit zu Dank verbunden.

Ein Buch ist für seine Leser da. Deshalb nehmen wir Anregungen zum vorliegenden Werk jederzeit gerne entgegen. Sie finden dazu am Ende unseres Buches einen kurzen Fragebogen, den Sie uns (auch in Kopie oder in elektronischer Form) zukommen lassen können. Und nun wünschen wir Ihnen viel Freude bei der Lektüre!

Ingolstadt
September 2001

Michael Kutschker
Stefan Schmid

Vorwort zur zweiten Auflage

Liebe Leserin, lieber Leser,

wir freuen uns sehr, dass die erste Auflage unseres neuen Werkes eine überaus positive Resonanz bei Wissenschaftlern, Studierenden und Praktikern gefunden hat. Bereits nach wenigen Monaten war die erste Auflage vergriffen, so dass wir nun noch im gleichen Jahr die zweite Auflage vorlegen. Wir haben das Manuskript kritisch durchgesehen; allerdings mussten wir uns entscheiden, aufgrund des Zeitdrucks, den der rasche Absatz mit sich brachte, von größeren Veränderungen abzusehen. Die erste und die zweite Auflage können somit problemlos parallel in der Lehre eingesetzt werden.

Wir danken unserem Ingolstädter Lehrstuhlteam für die Unterstützung bei den Arbeiten an der zweiten Auflage, den Unternehmungen, die auch diesmal mit ihren Präsentationen zu einem günstigen Preis-/Leistungsverhältnis des Buches beitragen und Herrn Diplom-Volkswirt Martin Weigert vom Oldenbourg Verlag für die ausgezeichnete Zusammenarbeit. Konstruktive Anregungen zum vorliegenden Buch sind weiterhin sehr willkommen!

Ingolstadt
März 2002

Michael Kutschker
Stefan Schmid

Vorwort zur dritten Auflage

Liebe Leserin, lieber Leser,

die zweite Auflage war beinahe ebenso schnell wieder vergriffen wie die erste Auflage. Für uns ist dies ein Beleg dafür, dass sich die Disziplin „Internationales Management" innerhalb der Betriebswirtschaftslehre eines immer stärkeren Interesses erfreut. Die dritte Auflage legen wir in überarbeiteter Form vor. Das erste Kapitel wurde von uns komplett aktualisiert, in den anderen sechs Kapiteln haben wir Korrekturen vorgenommen und die Literatur auf den neuesten Stand gebracht.

Dass die Überarbeitung eines Buches sehr aufwendig sein kann (insbesondere wenn umfangreiches Datenmaterial zu berücksichtigen ist), haben nicht nur wir, sondern auch zahlreiche Mitarbeiter erfahren. Wir wurden bestens unterstützt von Frau Dipl.-Kffr. Andrea Niefnecker, die über ihre eigenen Recherchen hinaus ein Team studentischer Hilfskräfte koordinierte. In das Buchprojekt sehr aktiv eingebracht haben sich – wie schon bei der ersten Auflage – Herr Sebastian Krieger und Frau Christina Lederer. Daneben konnten wir diesmal auch auf die engagierte Mitarbeit von Frau Silke Hermes und Herrn Rainer Wabro zählen. In den wichtigen „Korrekturleseprozess" waren Frau Dipl.-Kffr. Astrid Jagenberg, Frau Dipl.-Hdl. Simone Klein, Herr Dipl.-Kfm. Marc Becker und Herr Dipl.-Kfm. Mario Machulik eingebunden. Unsere Sekretärinnen, Frau Theresia Friedrich und Frau Renate Ramlau, haben nicht nur sprachliche Korrekturhinweise gegeben, sondern uns auch durch ihre hervorragenden Leistungen im Tagesgeschäft „den Kopf freigehalten". Ihnen allen gilt unser Dank! Der größte Dank geht diesmal an Frau Dipl.-Kffr. Andrea Niefnecker, deren unermüdlichen Einsatz für die dritte Auflage wir ganz besonders zu schätzen wissen.

Sehr angenehm war – wie bereits in der Vergangenheit – die Zusammenarbeit mit Herrn Diplom-Volkswirt Martin Weigert vom Oldenbourg Verlag. Die dritte Auflage kann vom Oldenbourg Verlag wiederum zu einem Preis angeboten werden, der als sehr „leserfreundlich" zu bezeichnen ist. Dies ist unter anderem den vier Präsentationen (Allianz, Bertelsmann, Bosch, ESCP-EAP Europäische Wirtschaftshochschule) zu verdanken, die es ermöglicht haben, den Verkaufspreis niedrig zu halten.

Wir würden uns freuen, wenn auch die dritte Auflage bei Studierenden, Wissenschaftlern und Praktikern positiv aufgenommen würde. Anregungen unserer Leser nehmen wir
weiterhin sehr gerne auf!

Ingolstadt
Berlin
Juni 2003

Michael Kutschker
Stefan Schmid

Vorwort zur vierten Auflage

Liebe Leserin, lieber Leser,

vor knapp drei Jahren haben wir unser Manuskript für die erste Auflage des vorliegenden Werkes beim Verlag abgegeben. Unser Buch zum Internationalen Management wurde von unseren Zielgruppen – Wissenschaftlern, Studierenden und Praktikern – sehr positiv aufgenommen, so dass inzwischen bereits die dritte Auflage vergriffen ist. Die vierte Auflage legen wir nun in bearbeiteter Form vor. Wir haben in allen Kapiteln kleinere Änderungen vorgenommen. Auf grundlegende strukturelle und inhaltliche Änderungen haben wir nicht nur aufgrund des Zeitdrucks verzichtet; auch durch die zahlreichen Kommentare unserer Leser wurden wir darin bestärkt, am bisherigen Konzept festzuhalten. All die Leser, die für die nächste Auflage Verbesserungsvorschläge haben, laden wir bereits jetzt herzlich ein, mit uns in Kontakt zu treten. Wir freuen uns auf das Feedback von Ihnen!

Für die Unterstützung bei den Überarbeitungen zur vierten Auflage möchten wir uns bei Frau Renate Ramlau, Frau Dipl.-Kffr. Katharina Kretschmer und Herrn Dipl.-Kfm. Mario Machulik bedanken. Wir sind froh, dass sich die Zusammenarbeit mit Herrn Diplom-Volkswirt Martin Weigert und Frau Meike Keller vom Oldenbourg Verlag weiterhin äußerst angenehm gestaltet. Auch die „Unternehmungswelt" und die Leitung der ESCP-EAP Europäische Wirtschaftshochschule kooperieren mit uns bei diesem Projekt weiterhin in bewährter Weise. Dies werden vor allem unsere studentischen Leser zu schätzen wissen, da der Oldenbourg Verlag das Werk Internationales Management aufgrund der aufgenommenen Präsentationen wie bisher zu einem sehr günstigen Preis anbieten kann.

Wir hoffen, dass Sie als Leser Freude an der Lektüre haben und das Buch für Ihre Tätigkeit – ob in Studium, Forschung oder Praxis – wertvolle Anregungen bereithält.

Ingolstadt
Berlin
Juni 2004

Michael Kutschker
Stefan Schmid

Vorwort zur fünften Auflage

Liebe Leserin, lieber Leser,

die Internationalisierung von Unternehmungen ist nicht nur für die Managementpraxis ein weiterhin aktuelles Thema. Internationalisierung ist inzwischen auch thematisch noch deutlich häufiger und intensiver in die Curricula vieler Studiengänge integriert, als dies vor einigen Jahren der Fall war. Dies gilt für Studiengänge an Universitäten, Fachhochschulen und Berufsakademien gleichermaßen. Auch in MBA- und Executive-Education-Programmen steht Internationales Management hoch im Kurs. Die Betriebswirtschafts- und Managementlehre wird somit – zumindest in dieser Hinsicht – zusehends ihrem Anspruch gerecht, als anwendungsorientierte, aber gleichzeitig auch theoretisch fundierte Wissenschaft die Bedürfnisse der internationalen Praxis adäquat zu berücksichtigen.

Das vorliegende Werk hat sich in seiner vierten Auflage einer noch größeren Verbreitung erfreut, als wir dies in den Vorauflagen erfahren hatten. Wir hatten ursprünglich vor, für die fünfte Auflage größere Überarbeitungen vorzunehmen. Der rasche Absatz der vierten Auflage (und die Ermunterungen von Herrn Diplom-Volkswirt Martin Weigert sowie von Frau Meike Keller vom Oldenbourg Verlag, mit denen wir weiterhin sehr gerne zusammenarbeiten) haben uns aber schließlich davon überzeugt, dass wir das, was wir lehren, auch befolgen sollten – nämlich das „Timing" im Auge zu haben.

Um zu verhindern, dass das Buch am Markt allzu lange vergriffen ist, legen wir die fünfte Auflage in bearbeiteter (und nicht in revolutionär anderer) Form vor. Einfließen lassen konnten wir in die Neuauflage wertvolle Anregungen unserer Leser, unter ihnen auch Teilnehmer des Doktorandenjahrgangs innerhalb des Promotionsprogramms an der ESCP-EAP Europäische Wirtschaftshochschule Berlin.

Unterstützt wurden wir bei der Berücksichtigung der von uns vorgenommenen Änderungen und Ergänzungen durch Frau Dipl.-Kffr. Swantje Hartmann und Herrn Dipl.-Kfm. Nicholas Hanser, bei denen wir uns herzlich bedanken. Auch in der fünften Auflage zeigen zahlreiche Unternehmungen bzw. Institutionen – diesmal Aldi Süd, Audi, Bertelsmann, Haniel, UBS und ESCP-EAP Europäische Wirtschaftshochschule – ihre Verbundenheit mit unserem Projekt und mit unseren Lesern. In die Kooperationsbeziehungen waren auch unsere Sekretärinnen, Frau Theresia Friedrich, Frau Helga Sommer und Frau Renate Ramlau involviert, denen aber nicht nur deswegen, sondern auch aufgrund ihrer vielfältigen weiteren Leistungen an unseren Lehrstühlen in Ingolstadt bzw. Berlin unser großer Dank gilt.

„Ein Buch ist für seine Leser da" – dies hatten wir im Vorwort für die erste Auflage geschrieben. Wir hoffen, dass dies auch für die vorliegende fünfte Auflage gilt und Sie als
Leser unser Buch gut einsetzen können – ob als Unterstützung in der Lehrveranstal-
tung, als Lektüre vor der Prüfung, als Nachschlagewerk oder als (Einstiegs-) Literatur für
Forschungs- und Praxisprojekte. Da für eine mögliche sechste Auflage eine größere
Überarbeitung geplant ist (und dann tatsächlich umgesetzt werden soll), würde es uns
besonders freuen, wenn Sie als Leser uns Ihre Wünsche und Anregungen mitteilen
könnten. Wie Sie mit uns Kontakt aufnehmen können, erfahren Sie am Ende dieses
Werkes.

Ingolstadt
Berlin
April 2006

Michael Kutschker
Stefan Schmid

Vorwort zur sechsten Auflage

Liebe Leserin, lieber Leser,

die sechste Auflage des Werkes Internationales Management liegt vor Ihnen. Erneut war die Vorauflage schneller vergriffen als erwartet. Wir haben uns dazu entschlossen, dem Wunsch unserer Leser Rechnung zu tragen und das Buch in seiner bewährten Grundstruktur zu belassen. Um in der Sprache unseres siebten Kapitels zu bleiben – wir haben inkrementelle Veränderungen vorgenommen, aber von radikalen Veränderungen abgesehen. Aktualisiert wurde insbesondere das umfangreiche Datenmaterial zu Außenhandel und Direktinvestitionen innerhalb des ersten Kapitels. Damit möchten wir das Ausmaß der Internationalisierung der Wirtschaft zum jetzigen Stand aufzeigen. Da Kultur in Wissenschaft und Praxis weiter zunehmende Aufmerksamkeit erfährt, haben wir innerhalb des fünften Kapitels die GLOBE-Studie, die die internationale Managementforschung seit einigen Jahren bereichert, ausführlich erläutert und gewürdigt. Auch in den anderen Kapiteln wurden von uns Überarbeitungen vorgenommen – etwa in Form neuer Praxisbeispiele in Textboxen oder in Form des Verweises auf neue wissenschaftliche Erkenntnisse.

Unsere Lehrstuhlmitarbeiter in Ingolstadt und Berlin haben uns tatkräftig und kompetent unterstützt. In die umfangreichen Datenrecherchen und Aktualisierungen waren Herr Dipl.-Kfm. Georg Beckmann, Herr Dipl.-Kfm. Stefan Bittler, Herr Dipl.-Kfm. Christian Jäkel, Herr Dipl.-Kfm. Valentin Langen, Herr Dipl.-Kfm. Mario Machulik, Herr Dipl.-Kfm. Daniel Schwenger und Herr Dipl.-Kfm. Philipp Seidel involviert. Herr Dipl.-Kfm. Ruben Dost hat sich als sehr umsichtiger und engagierter Koordinator des Projekts erwiesen, bei dem „die Fäden zusammenliefen" und der darüber hinaus auch wertvolle inhaltliche Beiträge lieferte und die mühevollen Redaktionsarbeiten übernahm. Nicht nur über „Korrekturleseprozesse" waren ferner Frau Dipl.-Psych. Andrea Daniel, Herr Dipl.-Kfm. Thomas Kotulla und Frau Renate Ramlau in das Projekt eingebunden. Ihnen allen gilt unser herzlicher Dank! Dass zahlreiche Unternehmungen in Form der Anzeigen mit unserem Projekt weiterhin verbunden sind, freut uns ebenso wie die Tatsache, dass die Zusammenarbeit mit Herrn Dr. Jürgen Schechler und Herrn Rainer Berger vom Oldenbourg Verlag äußerst positiv verläuft.

Ihnen, liebe Leser, wünschen wir nun eine angenehme Lektüre. Ihre Anregungen und Wünsche für zukünftige Auflagen sind jederzeit sehr willkommen.

Ingolstadt
Berlin
Februar 2008

Michael Kutschker
Stefan Schmid

Hinweise zum Aufbau des Buches

Das vorliegende Werk gliedert sich in **sieben Kapitel**. Wir wollen Ihnen einen kurzen Überblick über diese sieben Kapitel geben und die Anordnung der einzelnen Kapitel begründen.

Im **ersten Kapitel**, welches den Titel „**Internationalisierung der Wirtschaft**" trägt, beschäftigen wir uns mit Außenhandel und Direktinvestitionen. Wir diskutieren, ob und inwiefern man nicht nur von einer Internationalisierung, sondern auch von einer Globalisierung unserer Wirtschaft sprechen kann. Dieses Kapitel zeigt Ihnen auf, welche Relevanz die Wissenschaftsdisziplin Internationales Management hat.

Die Internationalisierung der Wirtschaft wird vor allem über internationale Unternehmungen als zentrale Akteure vorangetrieben. Im **zweiten Kapitel**, welches mit dem Titel „**Die internationale Unternehmung**" überschrieben ist, soll daher ausführlich erläutert werden, worin die charakteristischen Merkmale der internationalen Unternehmung liegen.

Im **dritten Kapitel** suchen wir nach theoretischen Erklärungsansätzen der Internationalisierung der Wirtschaft und damit vor allem der Tätigkeit internationaler Unternehmungen. Unter dem Titel „**Theorien der internationalen Unternehmung**" gehen wir der Frage nach, warum, wann, wie und wo Unternehmungen internationalisieren. In diesem Kapitel kommt es – vereinfacht ausgedrückt – zur theoretischen Erklärung dessen, was wir in den ersten beiden Kapiteln ausführlich beschrieben haben.

Die Kapitel vier, fünf und sechs stellen dann die zentralen managementorientierten Aufgaben der internationalen Unternehmung in den Mittelpunkt. Im **vierten Kapitel** setzen wir uns mit den „**Organisationsstrukturen der internationalen Unternehmung**" auseinander. Wir zeigen auf, welche Alternativen Unternehmungen bei der Wahl ihrer Organisationsstruktur haben und auf welche organisatorischen Gestaltungselemente sie zurückgreifen können.

Im **fünften Kapitel** wird „**Kultur in der internationalen Unternehmung**" thematisiert. Wir verdeutlichen, dass internationale Unternehmungen mit zahlreichen Kulturfeldern konfrontiert sind. Besonders interessiert uns der Einfluss von Landeskulturen. Exemplarisch gehen wir auf kulturgeprägte Unternehmungsformen in Japan, Korea und China ein.

Im **sechsten Kapitel** widmen wir uns den „**Strategien der internationalen Unternehmung**". Wir erläutern das breite Spektrum an Internationalisierungsstrategien und zeigen auf, dass Unternehmungen über Markteintritts- und Marktbearbeitungsstrategien,

Zielmarktstrategien, Timingstrategien, Allokationsstrategien und Koordinationsstrategien Wettbewerbsvorteile erringen können.

Wenn wir mit den Strukturen beginnen, dann die Kultur ansprechen und erst abschließend Strategien thematisieren, so soll damit nicht zum Ausdruck kommen, dass Strukturen die Kultur determinieren und diese wiederum Ausgangspunkt für Strategien ist. Wir werden vielmehr im Laufe unserer Ausführungen zeigen, dass zwischen Strukturen, Kultur und Strategien komplexe Zusammenhänge bestehen.

Den Abschluss unseres Buches bildet das **siebte Kapitel**, welches die „**Dynamik in der internationalen Unternehmung**" in den Mittelpunkt rückt. Wir wollen uns dabei besonders mit Fragen der Entwicklung der internationalen Unternehmung auseinander setzen. Dabei soll deutlich werden, dass die internationale Unternehmungsentwicklung simultan Struktur-, Kultur- und Strategieaspekte beinhaltet. Das siebte Kapitel differiert hinsichtlich des Charakters ein wenig von den anderen Kapiteln. Im siebten Kapitel wird ein eigener Bezugsrahmen zur Diskussion gestellt. Dabei fließen Überlegungen ein, die in den Augen mancher Leser über das hinausgehen mögen, was ein Lehrbuch im engeren Sinne zu leisten hat.

Wir haben uns bemüht, die einzelnen Kapitel so zu schreiben, dass sie unabhängig voneinander lesbar sind. Jedes Kapitel steht – trotz des bewusst gewählten Aufbaus des gesamten Buches – für sich. Zahlreiche **Querverweise** zu anderen Kapiteln oder Abschnitten sollen die Lektüre erleichtern und Zusammenhänge aufzeigen. Neben dem **Literaturverzeichnis**, dem **Unternehmungs- und Markenverzeichnis**, dem **Organisationen- und Institutionenverzeichnis** sowie dem **Länder- und Regionenverzeichnis** soll vor allem das **Stichwortverzeichnis** wertvolle Unterstützung bei der Beschäftigung mit der Thematik des Internationalen Managements liefern.

Inhaltsübersicht

Kapitel 1
Internationalisierung der Wirtschaft

Kapitel 2
Die internationale Unternehmung

Kapitel 3
Theorien der internationalen Unternehmung

Kapitel 4
Organisationsstrukturen der internationalen Unternehmung

Kapitel 5
Kultur in der internationalen Unternehmung

Kapitel 6
Strategien der internationalen Unternehmung

Kapitel 7
Dynamik in der internationalen Unternehmung

Inhaltsverzeichnis

Kapitel 1
Internationalisierung der Wirtschaft

Kapitel 2
Die internationale Unternehmung

Kapitel 3
Theorien der internationalen Unternehmung

Kapitel 4
Organisationsstrukturen der internationalen Unternehmung

Kapitel 5

Kultur in der internationalen Unternehmung

Kapitel 6
Strategien der internationalen Unternehmung

Kapitel 7
Dynamik in der internationalen Unternehmung

Verzeichnisse

Abbildungsverzeichnis

Kapitel 1
Internationalisierung der Wirtschaft

Kapitel 2

Die internationale Unternehmung

Kapitel 3

Theorien der internationalen Unternehmung

Kapitel 4

Organisationsstrukturen der internationalen Unternehmung

Kapitel 5

Kultur in der internationalen Unternehmung

Kapitel 6

Strategien der internationalen Unternehmung

Kapitel 7

Dynamik in der internationalen Unternehmung

Textboxverzeichnis

Kapitel 1
Internationalisierung der Wirtschaft

Kapitel 2

Die internationale Unternehmung

Kapitel 3
Theorien der internationalen Unternehmung

Kapitel 4
Organisationsstrukturen der internationalen Unternehmung

Kapitel 5
Kultur in der internationalen Unternehmung

Kapitel 6
Strategien der internationalen Unternehmung

Kapitel 7
Dynamik in der internationalen Unternehmung

Kapitel 1

Internationalisierung der Wirtschaft

Was die Weltwirtschaft angeht, so ist sie verflochten.

Kurt Tucholsky

Thematische Einführung und Inhaltsüberblick

Wenn man sich mit einem bestimmten Thema beschäftigt, so sollte man sich zunächst einmal fragen, von welcher **Relevanz** und **Bedeutung** dieses Thema ist. Für uns heißt dies, die Frage zu beantworten: Warum setzen sich Wissenschaftler und Praktiker mit Internationalem Management auseinander?

Wir möchten Ihnen im ersten Kapitel dieses Buches verdeutlichen, dass die **Internationalisierung der Wirtschaft** ein großes Ausmaß angenommen hat. Dies macht es notwendig, sich auch mit dem **Management der Internationalisierung** zu beschäftigen. Oder anders ausgedrückt: Die Internationalisierung der Wirtschaft begründet, warum wir uns auch dem Management der Internationalisierung durch Unternehmungen widmen (sollten). Dass es noch mehr Gründe gibt, sich mit Internationalem Management zu befassen, steht außer Frage. Wir werden auf diese Gründe im Laufe dieses Buches auch eingehen. Zunächst aber kann, so meinen wir, die Internationalisierung der Wirtschaft die Relevanz und die Bedeutung des Internationalen Managements als wissenschaftliche Teildisziplin am besten und am eindrucksvollsten unterstreichen.

Die Internationalisierung der Wirtschaft ist inzwischen zu einem äußerst komplexen Phänomen geworden. Es wäre daher illusorisch, Ihnen alle Facetten der Internationalisierung abschließend vorzustellen. Doch es soll Ihnen von Anfang an bewusst sein, dass wir uns in diesem ersten Kapitel nicht etwa mit einem Detailphänomen unserer Wirtschaft oder unserer Gesellschaft beschäftigen, sondern dass wir uns einem **Grundlagenphänomen** zuwenden, welches nicht nur in der wirtschaftlichen, sondern auch in der gesellschaftlichen und politischen Diskussion höchste Aufmerksamkeit genießt.

Diese Aufmerksamkeit wird der Internationalisierung der Wirtschaft nicht zuletzt deswegen zuteil, weil Internationalisierung im wahrsten Sinne des Wortes „betroffen" macht – Internationalisierung **betrifft Individuen, Gruppen, Unternehmungen, Organisationen** und **Staaten**. Nicht nur die Wirtschaftspresse, wie etwa Manager Magazin, Wirtschaftswoche oder Capital, sondern auch die allgemeine Tages- oder Wochenpresse setzen sich regelmäßig mit der Internationalisierung der Wirtschaft auseinander. Und auch in Rundfunk und Fernsehen tauchen vermehrt Meldungen auf, welche die Internationalisierung der Wirtschaft betreffen: So werden in „Tagesschau" oder „heute" regelmäßig Exportzahlen für Deutschland gemeldet, es wird zunehmend über spektakuläre Firmenübernahmen im Ausland berichtet, und auch Nachrichten über Unternehmungen, deren Stammsitz nicht in Deutschland liegt, sind häufig anzutreffen. Internationalisierung wird jedoch, dies kann man bei einer vertieften Analyse der Inhalte von Meldungen der Medien feststellen, vergleichsweise kontrovers diskutiert.

Internationalisierung der Wirtschaft ist ein Thema, mit dem sich das **Internationale Management** zwar beschäftigt, dem aber auch **andere Disziplinen** große Beachtung schenken. Im Verlauf dieses Buches werden Sie noch des Öfteren feststellen, dass das Internationale Management eine Wissenschaftsdisziplin darstellt, die Überschneidungen mit zahlreichen anderen Wissenschafts(teil)disziplinen aufweist. Dazu zählen **Überschneidungen** mit den wissenschaftlichen Disziplinen Volkswirtschaftslehre, Wirtschaftsgeographie, Soziologie, Politologie, Psychologie oder Anthropologie sowie Überschneidungen mit betriebswirtschaftlichen bzw. managementorientierten Teildisziplinen, wie zum Beispiel der Strategieforschung, der Organisationsforschung oder der Führungsforschung.

Beim Themengebiet „Internationalisierung der Wirtschaft" sticht vor allem die Überschneidung mit der **Volkswirtschaftslehre** (und dabei mit der Außenwirtschaftsforschung), aber auch mit der **Wirtschaftsgeographie** ins Auge. Aus diesem Grund möchten wir Sie bereits an dieser Stelle auch auf volkswirtschaftliche und wirtschaftsgeographische Lehrbücher hinweisen, die Ihnen einen Überblick über außenwirtschaftliche Problemfelder geben und die Ausführungen dieses Kapitels ergänzen können. Stellvertretend für die Disziplin der Volkswirtschaftslehre seien hier die eher deskriptiven und äußerst informativen Werke von Koch (2006) und Altmann (2001) sowie die eher explanativen, nach theoretischen Erklärungen suchenden Werke von Krugman/Obstfeld (2000), Siebert/Lorz (2006) oder Borchert (2001) genannt. Als Beispiele für wirtschaftsgeographische Beiträge seien die Werke von Berry/Conkling/Ray (1997), Dicken (1999), Anderson/Domosh/Pile/Thrift (2003, Hrsg.) und Haas/Neumair (2006) angeführt.

Internationalisierung der Wirtschaft ist aus zweifacher Sicht nicht nur ein volkswirtschaftliches und wirtschaftsgeographisches, sondern vor allem auch ein betriebswirtschaftliches Thema: Zum einen sind es in marktwirtschaftlich organisierten Volkswirtschaften **Unternehmungen**, die als **wesentliche Motoren** der Internationalisierung gelten und Internationalisierung vorantreiben (vgl. Germann/Rürup/Setzer 1996, S. 25, Jones 1996,

S. 225-269). Zum anderen ist die **Internationalisierung** der Weltwirtschaft eine **Herausforderung für Unternehmungen**, der sie sich – wie wir im weiteren Verlauf dieses Lehrbuchs noch sehen werden – auf unterschiedliche Art und Weise stellen können. Die (vor allem von Volkswirten und Wirtschaftsgeographen, darüber hinaus aber auch von Politologen und Soziologen erforschte) gesamtwirtschaftliche und die (vor allem von Betriebswirten erforschte) einzelwirtschaftliche Internationalisierung hängen – dies sei bereits an dieser Stelle betont – stark zusammen. **Gesamtwirtschaftliche Internationalisierung** ist nur über ihre Aktoren verständlich. **Einzelwirtschaftliche Internationalisierung** lässt sich besser erklären, wenn wir auch die Kräfte und Umfeldbedingungen kennen, denen Einzelwirtschaften ausgesetzt sind.

Was erwartet Sie in diesem Kapitel? In einem einleitenden Abschnitt werden wir aufzeigen, dass die **Internationalisierung** der Wirtschaft bereits eine **lange Tradition** aufweist und keineswegs erst ein Phänomen der Gegenwart darstellt (Abschnitt 1). Anschließend werden wir verdeutlichen, dass sich die Internationalisierung der Wirtschaft prinzipiell über die Grundformen „Außenhandel" und „Direktinvestitionen" ergeben kann. Daher wird zwischen der Internationalisierung über **Außenhandel** (Abschnitt 2) und der Internationalisierung über **Direktinvestitionen** differenziert werden (Abschnitt 3). Sowohl Außenhandel als auch Direktinvestitionen schlagen sich in der **Zahlungsbilanz** eines Landes nieder. Aus diesem Grund werden wir Ihnen in diesem Kapitel die Zahlungsbilanz erläutern (Abschnitt 4). Anschließend werden wir uns dem seit einiger Zeit äußerst aktuellen Thema der **Globalisierung** widmen. Dabei soll geklärt werden, was unter Globalisierung zu verstehen ist und inwiefern es gerechtfertigt ist, von der Globalisierung zu sprechen, wenn wir uns mit Phänomenen der Internationalisierung beschäftigen. In diesem Kontext werden wir auch die Gründe für die Zunahme der Außenhandels- und Direktinvestitionstätigkeit herausarbeiten (Abschnitt 5). Das erste Kapitel wird mit einem Überblick über **Quellen**, die Ihnen bei der Suche nach Informationen zur Internationalisierung weiterhelfen, beendet werden (Abschnitt 6).

In diesem Kapitel werden wir Ihnen eine ganze Reihe an statistischen Daten präsentieren, die Ihnen einen Eindruck vom Ausmaß der Internationalisierung geben können. Allerdings muss der Stellenwert der statistischen Daten von Anfang an relativiert werden: Sie sollten beachten, dass die nachfolgenden **Daten** in vielen Fällen **nur eine Annäherung** an die komplexe Realität der internationalen Wirtschaft darstellen. Die Gründe dafür sind vielfältig: Erstens finden sich in unterschiedlichen Statistiken – auch in öffentlich zugänglichen Statistiken – zuweilen deutlich unterschiedliche Daten über denselben Sachverhalt. Wer sich mit Statistiken beschäftigt, kann daher schnell zur Verzweiflung getrieben werden, weil es häufig ein schwieriges Unterfangen darstellt, die Gründe für die unterschiedliche Datenlage herauszufinden. Zweitens können Statistiken nicht alles erfassen, was tatsächlich existiert. So werden in den meisten Statistiken zum Beispiel nur Ströme und Bestände ab bestimmten Schwellenwerten in die Berechnungen einbezogen; Ströme oder Bestände unterhalb dieser Schwellenwerte werden – u.a. aufgrund der Erfassungsproblematik – nicht aufgenommen; zudem werden häufig nur legale Ströme oder Bestände berücksichtigt, illegale Ströme oder Bestände aber trotz oftmals erheblicher Größenordnung vernachlässigt. Drittens sind im internationalen Kontext viele Daten von der Wahl der Basiswährung und von Währungsschwankungen abhängig. Die Entscheidung für eine andere Basiswährung oder eine andere Währungskursentwicklung würde das sich ergebende Bild in vielen Fällen deutlich verändern. Als kritischer Betrachter sollten Sie diese und eine Vielzahl von weiteren Aspekten, die wir im Laufe des Kapitels noch aufzeigen werden, permanent im Auge behalten.

Es geht uns in diesem Kapitel zwar um die Vermittlung von Faktenwissen, noch wichtiger als die Vermittlung einzelner Fakten erscheint uns aber ein generelles, über die Kenntnis einzelner Zahlen hinausgehendes **Verständnis des Ausmaßes der Internationalisierung**. Wir möchten Sie dafür sensibilisieren, dass die Internationalisierung der Wirtschaft bereits seit langer Zeit ein wichtiges gesellschaftliches Phänomen ist – ein Phänomen, welches in letzter Zeit aber noch an Relevanz gewonnen hat.

1 Internationalisierung der Wirtschaft als historisches Phänomen

Wenn ein deutscher Student heute ein englisches Buch im Internet über eine US-amerikanische Buchhandlung ordert, wenn ein französischer Automobilhersteller Reifen von einem japanischen Lieferanten bezieht, wenn ein österreichischer Produzent von Alpinskiern darüber nachdenkt, einen Teil seiner Produktion nach Slowenien oder in die Ukraine zu verlagern oder wenn eine US-amerikanische Fast-Food-Kette die ganze Welt mit Restaurants überzieht, dann sind dies allesamt Phänomene der Internationalisierung. Bevor wir allerdings auf derartige Internationalisierungsphänomene der Gegenwart zu sprechen kommen, werden wir Sie auf eine kurze Reise in die Vergangenheit entführen. Wir werden zeigen, dass die **Anfänge der Internationalisierung** weit vor Christi Geburt liegen (Abschnitt 1.1) und Internationalisierung auch im weiteren geschichtlichen Ablauf eine zentrale Rolle spielte. Vereinfachend werden wir dabei auf die Epochen des **Mittelalters** (Abschnitt 1.2), der **Kolonialzeit** (Abschnitt 1.3) und der **Industriellen Revolution** (Abschnitt 1.4) eingehen. Unser erstes Zwischenfazit – dies sei bereits vorweggenommen – lautet, dass die Internationalisierung der Wirtschaft **keine ausschließlich der Gegenwart zuzuordnende Erscheinung** darstellt (Abschnitt 1.5).

1.1 Anfänge der Internationalisierung

Ein historischer Rückblick zeigt uns, dass die internationale Geschäftstätigkeit bereits eine sehr lange Tradition aufweist (vgl. Dülfer 2002). Dabei kam es zeitlich gesehen zunächst zur Internationalisierung in Form von umfangreichen grenzüberschreitenden Handelsaktivitäten und erst später zur Internationalisierung in Form von Direktinvestitionen außerhalb des eigenen Territoriums. Wir werden die Unterscheidung zwischen **grenzüberschreitendem Handel** und **grenzüberschreitenden Direktinvestitionen** später noch ausführlicher erläutern (→ Abschnitte 2 und 3 in diesem Kapitel). Bereits an dieser Stelle möchten wir allerdings vereinfachend darauf hinweisen, dass beim Außenhandel in der Regel ein geringerer Teil der Wertschöpfung im Ausland erbracht wird als bei Direktinvestitionen. Daher ist es nur selbstverständlich, dass aus weltwirtschaftlicher, volkswirtschaftlicher und einzelwirtschaftlicher Perspektive in vielen Fällen zunächst Außenhandel und erst später ausländische Direktinvestitionen festzustellen waren.

Historiker stoßen bei der **Suche nach den Ursprüngen der Internationalisierung** auf Entwicklungen, die sich im Alten Orient finden lassen. Schon Jahrtausende vor Christi Geburt wurden von **Stadtkulturen des Alten Orients** Stützpunkte außerhalb des eigenen Stadtgebiets gegründet, die als Basis für regen Fernhandel dienten. Früh kam es zum Handel mit Zinn, Kupfer, Bronze, Silber, Textilien und Tieren. Knapp 2.000 Jahre vor Christus sollen nach Erkenntnissen der Historiker vor allem die Städte Ashur und Kanesh in **Assyrien**, wo sich heute der Irak und der Osten der Türkei befinden, eine entscheidende Rolle gespielt haben (vgl. Moore/Lewis 1998, 1999). Auch die **Ägypter** sind bekannt für Handelsaktivitäten, die sie mit Regionen des heutigen Mittleren Ostens unterhielten. Für die Ägypter war weniger der Landhandel als vielmehr der Seehandel von Bedeutung. Die **Griechen** und **Römer** trieben ebenfalls Handel – häufig noch als Tauschgeschäft, später nach der Einführung von Gold, Silber und Münzen als Zahlungsmittel auch als „Ware-gegen-Geld-Geschäft". Häufig fand der Handel zwar zwischen Städten statt, die dem eigenen Reich angehörten; immer wieder wurden die Grenzen des Reichs allerdings auch überschritten. Die Griechen handelten besonders intensiv mit den Phöniziern, daneben aber auch mit ihren Kolonien in Nord- und Mittelasien, mit Völkern am Persischen Golf, in Indien sowie in Afrika. Die Römer hatten Handelsverbindungen zu Völkern im heutigen Nord- und Osteuropa, in Zentral- und Westafrika und in Asien. Die Formen des grenzüberschreitenden Handels differierten dabei – ebenso wie die allgemeine Form des Wirtschaftens – zwischen den einzelnen Kulturen beträchtlich, was sich unter anderem mit einem unterschiedlichen Verhältnis der Wirtschaft zu Religion, Politik und Staat erklären lässt (vgl. Moore/Lewis 1999, v.a. S. 269-279).

Auch die **Seidenstraße**, die von Europa über Mittelasien und China bis nach Japan führt, existierte teilweise bereits zu vorchristlichen Zeiten. Dabei wurden Gewürze, Seide und Porzellan vor allem von China und Indien nach Europa transportiert, während im Gegenzug diverse Agrarprodukte, Glas und Edelmetalle den Weg von Europa nach Indien und China fanden. Die Seidenstraße – vom venezianischen Kaufmann **Marco Polo** detailliert in seinem berühmten Reisetagebuch beschrieben – blickt also auf eine lange Geschichte zurück. Damit lässt sich erkennen, dass der Handel über das eigene Territorium hinaus sehr lange zurückverfolgt werden kann. Das vor allem im heutigen südlichen Europa, westlichen bzw. vorderen Asien und nördlichen Afrika blühende Handelsgeschäft schwächte sich allerdings nach dem Zerfall des Römischen Reiches deutlich ab.

1.2   Internationalisierung im Mittelalter

Erst **ab dem 12. Jahrhundert** fand erneut eine Belebung des Außenhandels statt. In unseren Breiten wurde dies an der Entstehung der **Hanse** deutlich. Verstärkte Handelstätigkeiten von Kaufleuten führten zur Herausbildung von städtischen Niederlassungen wie Hamburg, Lübeck, Wismar, Rostock, Stralsund, Lüneburg und Greifswald. Die Städte schlossen sich zum umfassenden Verbund der Hansestädte zusammen, und bereits damals entstanden aufgrund der Außenhandelstätigkeit der Kaufleute Kontore in den Niederlanden, in England, Dänemark, Norwegen und Schweden. Jeder der Kaufleute handelte dabei auf eigene Rechnung und eigene Gefahr, hatte aber die Vorteile, die der Zusammenschluss zur Hanse mit sich brachte. Der Unternehmergeist der Hansekaufleute ließ dann im 15. Jahrhundert nach, und mit dem wirtschaftlichen Abstieg des Handels im Norden Deutschlands folgte der Aufstieg des Südens Deutschlands (vgl. Pölnitz 1953).

Die **Fugger, Welser** und **Höchstetter** handelten vor allem **im 16. Jahrhundert** über ganz Europa hinweg mit Leinen und Tuch, mit Kupfer und Silber, mit Juwelen und Diamanten und bauten sich so ein großes Vermögen auf. Das Vermögen der Fugger nahm sogar solche Ausmaße an, dass die Familie Fugger zum Darlehensgeber für Staat und Kirche avancierte (vgl. Pölnitz 1981). Die Fugger gründeten ihren Reichtum allerdings nicht allein auf ihre umfangreichen Handelsaktivitäten, sondern auch auf ihre Aktivitäten im Bergbau. Da derartige Bergbauaktivitäten primär außerhalb Deutschlands – und zwar vor allem in Spanien, Ungarn, der Slowakischen Republik, in Schlesien und Tirol – angesiedelt waren, handelte es sich bereits um eine frühe Form ausländischer Direktinvestitionen (vgl. Dunning 1998, S. 98). Neben dem Bergbau waren die Fugger auch in anderen Bereichen tätig; sie errichteten Faktoreien und Großfaktoreien in Skandinavien, Russland und dem Baltikum sowie in Italien und Portugal. Die Auslandsaktivitäten der Fugger wurden bereits von Karl Marx kommentiert, der schrieb: „Diese Fugger sammelten ihren Hauptreichtum indes nicht im armen Deutschland, sondern in Italien, den Niederlanden und Spanien" (zitiert nach Finsterbusch 1999, S. B-10). An den Handelswegen und Auslandsniederlassungen der Fugger, die gut dokumentiert sind (vgl. Pölnitz 1951, S. 671-673, Pölnitz/Kellenbenz 1986, S. 683-686), lässt sich das große Ausmaß früherer grenzüberschreitender Aktivitäten erkennen. Die starke, Landesgrenzen überschreitende Verflechtung von Wirtschaft, Politik und Kirche, die zu dieser Zeit herrschte, kann auch heute noch aus umfangreichen historischen Quellen nachvollzogen werden (vgl. u.a. Pölnitz 1951, 1958, 1963, 1967, 1971, 1981).

Grenzüberschreitende Handelsaktivitäten gingen auch von dem von **Jacques Coeur** im französischen Bourges aufgebauten Imperium sowie von den berühmten Geschlechtern der **Alberti** und **Medici** aus dem italienischen Florenz aus. Die Medici hatten bis zum Beginn des 16. Jahrhunderts zahlreiche Handelsniederlassungen in Europa etabliert. Auch in weiteren norditalienischen Städten, wie Venedig oder Genua, sowie in flämischen Städten, wie Brügge und Antwerpen, entwickelte sich ein reges Handelsleben. Bankdynastien, wie die **Bardi**, **Acciauoli** und **Peruzzi**, begleiteten den Aufschwung des Handels. Seit der Renaissance war der Handel, den politisch einflussreiche Kaufleute trieben, fest im Wirtschafts- und Gesellschaftsleben Europas etabliert. War internationaler Handel in der Zeit um Christi Geburt vor allem in Südeuropa bedeutend, so hatte sich diese Situation inzwischen verändert: Mitteleuropa löste Südeuropa als Zentrum umfangreicher Handelsaktivitäten ab.

1.3   Internationalisierung ab der Kolonialzeit

Spätestens mit der Kolonialzeit und mit den Entdeckungsreisen nach dem 15. Jahrhundert institutionalisierte sich der internationale Handel dann in Form der sogenannten Überseegesellschaften. Die **Überseegesellschaften** ähnelten den heutigen internationalen Unternehmungen bereits in manchen ihrer Eigenschaften (vgl. Perridon/Rössler 1980a). Bei den Überseegesellschaften handelte es sich um vom Staat konzessionierte Handelsunternehmungen. Aufgrund der sogenannten Doktrin des Kolonialpaktes durften Waren von und zu den Kolonialstaaten ausschließlich von Gesellschaften des Mutterlandes vertrieben werden. Insbesondere England und Portugal, aber auch die Niederlande, Frankreich und Spanien bauten ein großes Imperium an Überseegesellschaften auf, welche die Importe und Exporte mit ihren Kolonialstaaten abwickelten. Die wohl bekannteste Unternehmung dieser Zeit ist die *British East-India-Company*, eine **im 17. Jahrhundert** gegründete Überseegesellschaft, die vor allem den englisch-indischen Handel organisierte und die in Textbox 1-1 näher beschrieben wird. Aber auch die niederländische *Vereenigde Oostindische Compagnie* und die französische *Compagnie des Isles de l'Amérique* verdienen besondere Erwähnung. Dabei lässt sich eine Spezialisierung der einzelnen Überseegesellschaften auf unterschiedliche Produkte feststellen. So hatte die *Hudson Bay Company*, die übrigens im Gegensatz zu den meisten anderen Gesellschaften bis heute existiert (vgl. Dunning 1998, S. 98 und S. 133), umfangreiche Großhandelsaktivitäten – vor allem mit Pelzen – in Kanada aufgebaut. Den Überseegesellschaften wurden Privilegien zuteil, die ihnen zum Beispiel die Bewaffnung ihrer Schiffe, die Anlage von Häfen oder die Ausübung der Münzhoheit erlaubten.

Textbox 1-1:   Die British East-India-Company (Ostindische Kompanie)

Ein Zeitungsausschnitt

Sie hat den Engländern den Tee gebracht, den Russen das Porzellan und Opium den Chinesen. Sie hat den einen ungeheuren Wohlstand, den anderen Verderben und manchem beides gebracht. Sie war der mächtigste Konzern, den die Wirtschaftsgeschichte je gesehen hat: die *Ostindische Kompanie*. Jetzt feiert sie ihren 400. Geburtstag. Genau vor 400 Jahren, am 31. Dezember 1600, hat Königin Elisabeth I. die Gründungsurkunde für die Unternehmung unterschrieben. 218 Adlige und Händler aus der Londoner City, die Anteilseigner der jungen Gesellschaft, erhielten damit von der englischen Königin ein – zeitlich befristetes – Handelsmonopol für „Ostindien".

Die Briten waren die ersten, die eine private Monopolgesellschaft für den Fernosthandel aufbauten; Niederländer, Franzosen und Dänen folgten später. Die Briten schlugen – freilich nur in den ersten Jahrzehnten – auch eine ganz andere Strategie ein als beispielsweise die Portugiesen und die Spanier in Südamerika: Sie wollten keine Länder erobern, sondern schlossen mit den örtlichen Herrschern Abkommen, wonach sie Handelsstützpunkte errichten konnten. Das bedeutete freilich nicht, dass es friedlich zuging: Schon der Erfolg des ersten Konvois bestand im Wesentlichen darin, dass man ein portugiesisches Schiff kapern konnte.

Anfangs, solange noch jede Reise einzeln finanziert und abgerechnet wurde, schaffte es die *Ostindische Kompanie* keineswegs, die Vorherrschaft der Niederländer zu brechen. Erst 1657, mit der Umwandlung der *East-India-Company* – wie sie zwar nie offiziell hieß, aber allgemein genannt wurde – in eine Art Aktiengesellschaft mit festem Grundkapital, entwickelte sich der „Konzern" zu einem Machtfaktor. Neben Organisation und überlegenen Waffen trug auch unternehmerischer Instinkt zum Aufblühen bei: Die *Ostindische Kompanie* „entdeckte" die billigen indischen Baumwollstoffe für den Weltmarkt. Später gründete sie Singapur und Hongkong. Selbst Amerika belieferte sie mit Tee. Am unheilvollsten war ihr Wirken wohl in China: Weil die Chinesen an den Produkten der *Ostindischen Kompanie* wenig interessiert waren, bezahlte der Konzern Seide, Silber und Tee mit illegal eingeführtem Opium, das man in Bengalen anbauen ließ.

Der wichtigste Unterschied zu anderen Großkonzernen der Wirtschaftsgeschichte liegt darin, dass die *Ostindische Kompanie* ihre eigenen Söldnerheere hatte und von etwa 1745 an mit Indien de facto – mit lokalen Feudalherren als Marionetten – einen ganzen Subkontinent regierte. Es ging allerdings nicht lange gut: Die Armee kostete zu viel Geld, es gab zu viele Leute, die nur den schnellen Reibach machen wollten, und kaum einen, der an der langfristigen Entwicklung der Besitztümer interessiert war. 1773 musste die englische Regierung der Kompanie mit einem Riesenkredit aushelfen; dafür zog sie die politische Verwaltung Indiens teilweise an sich.

Das faktische Ende für die *Ostindische Kompanie* brachte ein Blutbad, das die Engländer als Meuterei und die Inder als ersten Unabhängigkeitskrieg bezeichnen. Die Engländer schlugen die Revolte zwar nieder, aber es hätte dazu gar nicht kommen müssen, wenn die Manager der Kompanie nur ein bisschen Kultur und Religion der Einheimischen respektiert hätten. Aus der „Melkkuh" Indien ist für London immer mehr ein Problemfall geworden, und die „Privatisierung des Kolonialismus" erwies sich als Sackgasse. Das britische Parlament beschloss 1858, dass die Kompanie – gegen eine Entschädigung – Waffen, Schiffe, Immobilien und ihre Angestellten der öffentlichen Hand überstellen musste.

Quelle:
Zitzelsberger, Gerd (2000): Der Konzern, der einen ganzen Subkontinent regierte. In: Süddeutsche Zeitung Nr. 300 vom 30./31. Dezember 2000 und 01. Januar 2001, S. 30.

Der Überseehandel war eine spezielle Form des internationalen Handels. Man kann dabei von einem „**Intra-Imperiumhandel**" sprechen, da sich der Warenaustausch weitgehend zwischen dem jeweiligen Mutterland und dessen Kolonien abspielte. Neben der wirtschaftlichen Funktion hatten die Überseegesellschaften die politisch wichtige Funktion, das gesamte Kolonialsystem zu stützen. Der **Merkantilismus** verstärkte die Tendenz, Überseegesellschaften vor allem auch unter eine politische Maxime – die Wirtschaft dem Primat der Politik unterzuordnen – zu stellen und damit den Wohlstand der eigenen Nation zu erhöhen (➜ zum Merkantilismus auch Abschnitt 1.2.1 in Kapitel 3). Kolonien waren also „Mittel zum Zweck": Sie versorgten die Kolonialmächte mit Rohstoffen, ermöglichten durch ihre „billigen" Arbeitskräfte eine günstige Produktion, sicherten den Absatz bestimmter Güter und sorgten aufgrund der positiven ökonomischen Wirkungen auch für eine Stabilisierung der innenpolitischen Lage in den Mutterländern (vgl. zu einer kurzen kritischen Betrachtung über die Rolle der Kolonien Krämer 2001b).

1.4   Internationalisierung ab der Industriellen Revolution

Mit der industriellen Revolution nahm der Liberalismus in Europa seinen Aufschwung. Dies führte unter anderem dazu, dass auch der Handel zwischen den Ländern zunehmend liberalisiert wurde. Gleichzeitig exportierten die Kolonialmächte nicht nur Waren, sondern vermehrt auch Kapital in die Kolonien. Frühere Export- und Importunternehmungen, also ehemalige Überseegesellschaften, gründeten sowohl Vertriebs- als auch Produktionsniederlassungen im Ausland. Mit zunehmender Industrialisierung trat damit, vor allem **zu Beginn des 19. Jahrhunderts**, zum internationalen Handel auch die **Direktinvestition im Ausland**. Schon damals wurde also ein grundlegender Wandel eingeleitet – ein Wandel von der international tätigen Handelsunternehmung zur (auch) im Ausland investierenden Unternehmung. Wie bereits erwähnt, werden wir auf die Unterscheidung zwischen Außenhandel und Direktinvestitionen (u.a. in Form von Produktionsanlagen) im Laufe dieses Kapitels noch ausführlicher eingehen (➜ Abschnitte 2 und 3 in diesem Kapitel). Es sollte aber durch die bisherigen Ausführungen deutlich geworden sein, dass der Handel über Grenzen hinweg eine längere Tradition hat als Direktinvestitionen in anderen Territorien. Unabhängig davon, ob Handels- oder Direktinvestitionsaktivitäten ergriffen wurden, war bis ins 19. Jahrhundert hinein eine starke **Beeinflussung durch den Staat** festzustellen.

Obwohl es, wie das Beispiel der Fugger zeigt, bereits im ausgehenden Mittelalter zu einzelnen Direktinvestitionen im Ausland kam, lassen sich **bedeutende Investitionen erst um ca. 1850** feststellen. Vor allem englische Unternehmungen gründeten damals Tochtergesellschaften im Ausland. In den achtziger und neunziger Jahren des 19. Jahrhunderts begannen aber auch französische und deutsche Unternehmungen, zahlreiche Stützpunkte im Ausland aufzubauen. Die Vereinigten Staaten verfügten ebenfalls bereits vor dem Ersten Weltkrieg über beträchtliche Direktinvestitionen im Ausland. Es war lediglich die **Dominanz des Vereinigten Königreichs**, welche die Vereinigten Staaten – im Gegensatz zu unseren Tagen – nicht als „Hauptmacht" hinsichtlich der Auslandsinvestitionen erscheinen ließ. 1914 konnte fast die Hälfte der weltweiten Auslandsdirektinvestitionen dem Vereinigten Königreich zugeschrieben werden (vgl. Jones 1996, S. 30, Dunning 1998, S. 117). Aus allen vorliegenden Quellen wird klar erkenntlich, dass das Vereinigte Königreich zu Beginn des 19. Jahrhunderts hinsichtlich der Internationalisierung zur führenden Nation geworden war und damit die im Mittelalter dominanten Na-

tionen abgelöst hatte (vgl. Wilkins 1993, S. 29-35). Die Vorherrschaft des Vereinigten
Königreichs in der Weltwirtschaft, die bis zum Zweiten Weltkrieg anhielt, verdeutlicht
auch der nachfolgende Zeitungsausschnitt in Textbox 1-2.

**Textbox 1-2: Die Vorherrschaft des Vereinigten Königreichs in der Weltwirt-
schaft**

Ein Zeitungsausschnitt

Vor dem Zweiten Weltkrieg bestimmte das Vereinigte Königreich ganz ähnlich wie
heute die USA die geschäftlichen und monetären Regeln, stellte mit dem Pfund die
global akzeptierte Währung, und die Banker der City verwalteten große Teile des
Vermögens der Reichen Europas. Sie steckten es in Tausende von geschlossenen
Fonds für Minen, Eisenbahnen oder auch öffentliche Kanalsysteme in den aufstrebenden Regionen. Vergleichbar den heutigen Risikokapitalfonds produzierten sie
dabei ebenso überragende Erfolge wie spektakuläre Pleiten.

Quelle:
Schumann (1999), S. 123.

Wenn es auch bereits gegen Ende des 19. Jahrhunderts zu Direktinvestitionen kam, so
sollte man dennoch beachten, dass diese Direktinvestitionen häufig in anderen Bereichen als heutzutage getätigt wurden: Mehr als die Hälfte der Direktinvestitionen, die vor
1914 erfolgten, werden dem Rohstoffsektor als Teil des **Primären Sektors** zugerechnet
(vgl. Jones 1996, S. 61-98 sowie Dunning 1998, S. 104). Von vergleichsweise großer
Bedeutung war bis zu dieser Zeit aber auch der **Tertiäre Sektor**, auf den schätzungs-
weise 30% aller ausländischen Direktinvestitionen entfielen (vgl. Jones 1996,
S. 147-193). Wenn also seit einiger Zeit von einer großen Internationalisierungswelle im
Dienstleistungsbereich gesprochen wird (vgl. Sauvant/Mallampally 1993, Hrsg., Giger
1994, Mößlang 1995), so sollte nicht vergessen werden, dass viele Dienstleistungsunternehmungen, wie Banken oder Transportunternehmungen, bereits sehr früh im
Ausland präsent waren. Der **Sekundäre Sektor**, in dem heute (immer noch) ein Großteil der Direktinvestitionen erfolgt, umfasste vor Ausbruch des Ersten Weltkriegs nur etwa 15% aller weltweiten Direktinvestitionsbestände (vgl. Jones 1996, S. 99-146). Ebenso wurde – dies zeigt auch der Zeitungsausschnitt in Textbox 1-2 – Kapital nicht immer
durch einzelne Unternehmungen im Ausland investiert, sondern über Fondsgesellschaften, an denen Individuen, Organisationen und Unternehmungen beteiligt waren.

Der weltweite Handel mit anderen Ländern nahm – trotz der Tendenz zu vermehrten
Direktinvestitionen – keineswegs ab. Zwischen 1870 und dem Ausbruch des Ersten
Weltkriegs wird von einer durchschnittlichen Zunahme des Welthandelsvolumens um
etwa 3,5% p.a. berichtet. Einschneidende Veränderungen ergaben sich dann jedoch

durch den Ersten Weltkrieg und die Weltwirtschaftkrise. Schenkt man den Statistiken Glauben, so hat sich zwischen 1913 und 1937 das jährliche Wachstum des **Außenhandels** auf 1,3% p.a. reduziert. Dafür ist insbesondere die Zeitspanne zwischen 1929 und 1937 verantwortlich. In diesem Zeitraum war sogar eine Stagnation beim Wachstum des Welthandels festzustellen (vgl. Kitson/Michie 1997, S. 7). Die **Direktinvestitionstätigkeit** wurde allerdings in den zwanziger und dreißiger Jahren des 20. Jahrhunderts nicht in gleichem Ausmaß negativ beeinträchtigt – im Gegenteil: Europäische und amerikanische Unternehmungen gründeten verstärkt Niederlassungen im Ausland, um die als Folge der politischen Auseinandersetzungen erhöhten Schutzzölle zu umgehen. Gleichzeitig ist festzustellen, dass die US-amerikanischen Investitionen während dieser Zeit deutlich stärker zunahmen als die europäischen Investitionen.

1.5   Fazit: Internationalisierung – kein neues Phänomen

Wir werden auf die jüngere Entwicklung der Außenhandels- und Direktinvestitionstätigkeit, die sich nach dem Zweiten Weltkrieg ergab, im Laufe dieses Buches noch ausführlicher eingehen (➜ Abschnitte 2 und 3 in diesem Kapitel). Eines sollte allerdings bereits bis zu diesem Zeitpunkt deutlich geworden sein: **Internationalisierung** der Wirtschaft ist **kein Modethema**. In vielen Medien wird heutzutage zuweilen der Eindruck erzeugt, Internationalisierung sei vor allem ein Phänomen der Gegenwart und dabei vor allem ein Phänomen der letzten Dekade. Mit unseren bisherigen Ausführungen hoffen wir, diesen Eindruck ein wenig „zurechtgerückt" zu haben. Die Internationalisierung der Wirtschaft ist bereits seit langem ein empirisch feststellbares Phänomen. Und die Internationalisierung hat keinesfalls so sprunghaft zugenommen, wie dies manchmal dargestellt wird (vgl. Lipsey 1998). Vor diesem Hintergrund ist es auch nicht verwunderlich, dass die Geschichte der internationalen Wirtschaft und ihrer Hauptaktoren, den internationalen Unternehmungen, zunehmend zu einem zentralen Forschungsgebiet an der Schnittstelle zwischen den Disziplinen der Geschichtswissenschaft, der Volkswirtschaftslehre und der Betriebswirtschaftslehre geworden ist (vgl. z.B. Williamson 1996). Durch den Rückblick auf die Geschichte der internationalen Wirtschaft lässt sich ein realistisches Bild zeichnen, welches die heutige Internationalisierung in einen größeren Zusammenhang einbettet. Aus der Reihe der Autoren, die sich mit der Geschichte und dabei vor allem mit der jüngeren **Geschichte der Internationalisierung** beschäftigen, sind insbesondere Alfred Chandler (1962, 1980, 1990), Geoffrey Jones (1993, Hrsg., 1993 und 1996), Geoffrey Jones/Harm Schröter (1993, Hrsg. und 1993), Mira Wilkins (1970, 1974, 1989, 1993) und John Dunning (1983, 1998) hervorzuheben. Wie wichtig eine Betrachtung der historischen Situation sein kann, zeigt ein Zitat von Paul Krugman, einem der berühmtesten Ökonomen. In Bezug auf die Gefahr, die viele US-Amerikaner in der internationalen Verflechtung sehen, schreibt er: „The United States is not now and may never be as open to trade as the United Kingdom has been since the reign of Queen Victoria" (Krugman 1993, S. 24).

2 Internationalisierung und Außenhandel

Nach unseren Ausführungen über die historische Entwicklung der Internationalisierung beschäftigen wir uns in diesem Abschnitt näher mit Außenhandel. Wir liefern Ihnen zunächst terminologische und inhaltliche Grundlagen zum Außenhandel (Abschnitt 2.1), bevor wir dann eine umfassende Analyse des weltweiten Außenhandels (Abschnitt 2.2) und des deutschen Außenhandels (Abschnitt 2.3) vornehmen.

2.1 Terminologische und inhaltliche Grundlagen

Außenhandel entsteht dadurch, dass Wirtschaftssubjekte des Inlands Handelsbeziehungen mit Wirtschaftssubjekten des Auslands unterhalten (➔ zu einer genaueren Definition von Inländern und Ausländern siehe Abschnitt 4.1 in diesem Kapitel). Während sich Inlandshandel **(Binnenhandel)** innerhalb der Staatsgrenzen abspielt, ist für **Außenhandel** das Überschreiten von Staatsgrenzen konstitutiv. Gegenstand des Außenhandels sind, wie auch beim Binnenhandel, primär Waren und Dienstleistungen. In manchen Veröffentlichungen, auch in manchen Statistiken, wird neben dem Handel mit Waren und Dienstleistungen auch der „Handel mit geistigem Eigentum" als eigene Kategorie betrachtet. Wir werden den Handel mit geistigem Eigentum – etwa in Form von Patenten, Copyrights und sonstigen Lizenzen – in den weiteren Ausführungen allerdings nicht separat behandeln, da er in den meisten Statistiken, so auch in der Statistik der Deutschen Bundesbank, als Teil des Dienstleistungshandels gilt (vgl. Deutsche Bundesbank 1996b).

Es soll nun zuerst geklärt werden, welche Basisformen (Abschnitt 2.1.1) und welche Sonderformen des Außenhandels (Abschnitt 2.1.2) existieren. Abbildung 1-1 kann Ihnen bereits an dieser Stelle einen Überblick über die Basis- und Sonderformen des Außenhandels vermitteln.

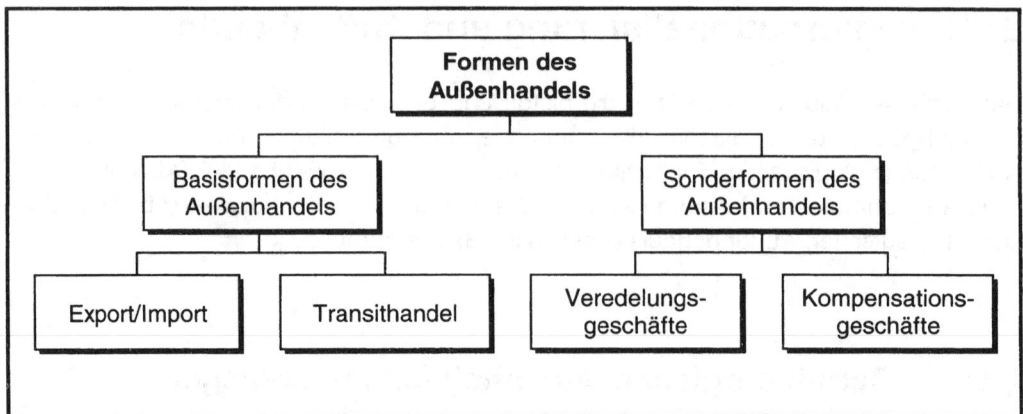

Abb. 1-1:   Übersicht über Basis- und Sonderformen des Außenhandels

2.1.1   Basisformen des Außenhandels

Als Basisformen des Außenhandels gelten – ob bei Waren oder Dienstleistungen – Export und Import (Abschnitt 2.1.1.1) sowie Transithandel (Abschnitt 2.1.1.2).

2.1.1.1   Export und Import

Was ist unter Export und Import zu verstehen? Welche Typen von Export und Import unterscheiden wir? Auf diese Fragen werden wir zunächst eingehen (Abschnitt 2.1.1.1.1 und 2.1.1.1.2), bevor wir darauf aufbauend mögliche Beziehungen zwischen Export- und Importströmen klären (Abschnitt 2.1.1.1.3).

2.1.1.1.1 Grundlagen und Typen von Export und Import

Innerhalb des Außenhandels kann man unterschiedliche Basisformen differenzieren. Als wichtigste Einteilungskriterien gelten

(1) die **Richtung des Außenhandels** und
(2) die **Mittelbarkeit des Außenhandels**.

(1) Hinsichtlich der **Richtung des Außenhandels** lassen sich Export (Ausfuhr) und Import (Einfuhr) unterscheiden.

- Als **Export** gilt der Absatz der im eigenen Wirtschaftsgebiet produzierten Waren (Sachgüter) und Dienstleistungen in fremden Wirtschaftsgebieten, d.h. jenseits der Staatsgrenzen.

- Als **Import** bezeichnet man den Bezug von Waren (Sachgütern) und Dienstleistungen aus fremden Wirtschaftsgebieten, d.h. aus dem Ausland.

Beim Export fließen damit Waren- und Dienstleistungsströme vom Inland ins Ausland, während beim Import die Ströme in umgekehrter Richtung verlaufen. Aus volkswirtschaftlicher Sicht nehmen beim Export Ausländer Teile des inländischen Nationaleinkommens in Anspruch, während beim Import Inländer Teile des ausländischen Nationaleinkommens in Anspruch nehmen. Wir werden die Begriffspaare „Export – Import" bzw. „Ausfuhr – Einfuhr" synonym verwenden, da kein sachlicher Unterschied besteht. Es gilt allerdings zu beachten, dass in manchen Teilen der Literatur, so zum Beispiel im deutschen Außenwirtschafts- und Zollrecht, nur von Ausfuhren und Einfuhren und nicht von Exporten und Importen gesprochen wird.

(2) Sowohl Exporte als auch Importe können unmittelbar oder mittelbar erfolgen und damit in ihrer **Mittelbarkeit** unterschieden werden.

- Unmittelbaren bzw. direkten Außenhandel bezeichnen wir als **Direktexport** (Direktausfuhr) bzw. **Direktimport** (Direkteinfuhr). Hier erfolgen Außenhandelsaktivitäten ohne Einschaltung von Handelsmittlern im Inland (im Fall des Exports) bzw. ohne Einschaltung von Handelsmittlern im Ausland (im Fall des Imports). Es existiert also eine unmittelbare bzw. direkte Beziehung zwischen dem inländischen und ausländischen Geschäftspartner.

- Bei mittelbarem bzw. indirektem Außenhandel sprechen wir – je nach Richtung der Ströme – von **Exporthandel** (Ausfuhrhandel) bzw. von **Importhandel** (Einfuhrhandel). Hier werden Zwischenhändler im Inland (im Fall des Exports) bzw. im Ausland (im Fall des Imports) eingeschaltet. Eine vertragliche Geschäftsbeziehung besteht zwischen zwei Geschäftspartnern im In- und Ausland somit nicht direkt, sondern nur indirekt über einen Intermediär im Land des Exporteurs. Das Auslandsgeschäft wird aus Sicht des Herstellers im Prinzip wie ein Inlandsgeschäft abgewickelt.

Die Basisformen des Außenhandels, die sich hinsichtlich der Richtung und der Mittelbarkeit der Ströme unterscheiden, lassen sich graphisch in Abbildung 1-2 veranschaulichen. Während die Unterscheidung zwischen Export und Import keine Schwierigkeiten bereitet, ist die Unterscheidung zwischen mittelbaren und unmittelbaren Strömen etwas problematischer. Sie ist deswegen erklärungsbedürftig, weil in vielen internationalen Geschäften Mittler eingeschaltet werden. In der Regel spricht man nur dann von **indirektem** bzw. **mittelbarem Außenhandel**, wenn so genannte **Außenhandelsunternehmungen** bzw. **Exporthäuser** als spezielle (Außen-)Handelsmittler eingeschaltet werden. Zu indirektem bzw. mittelbarem Außenhandel kommt es also nur dann,

- wenn sich inländische Unternehmungen **beim Export** der Dienste von Außenhandelsunternehmungen bzw. Exporthäusern im **Inland** bedienen oder

- wenn sich inländische Unternehmungen **beim Import** nicht direkt an den Hersteller von Waren oder den Produzenten von Dienstleistungen wenden, sondern eine Außenhandelsunternehmung bzw. ein Exporthaus im **Ausland** aufsuchen.

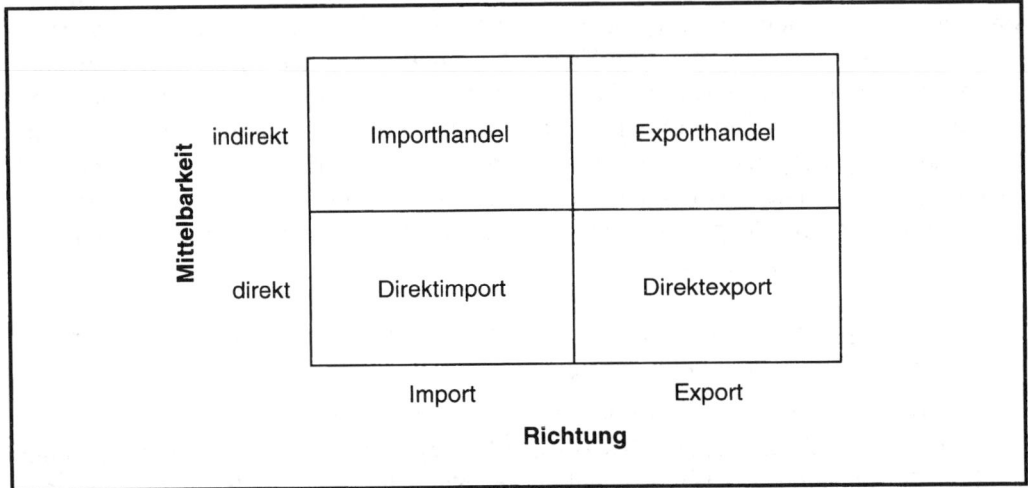

Abb. 1-2:   Die Basisformen des Außenhandels

Wird dagegen – ob bei Import oder Export – der Weg über **Handelsvertreter, Handelsmakler, Kommissionäre oder Generalimporthäuser** gewählt, so spricht man nicht von indirektem Außenhandel, sondern weiterhin von direktem bzw. unmittelbarem Außenhandel. Oder anders ausgedrückt: Außenhandel wird nicht bereits dadurch indirekt oder mittelbar, dass Handelsvertreter, Handelsmakler, Kommissionäre oder Generalimporthäuser in den Absatz- oder Beschaffungsprozess involviert werden. Während Außenhandelsunternehmungen bzw. Exporthäuser als eigene Handelsstufe gelten, werden Handelsvertreter, Handelsmakler, Kommissionäre oder Importhäuser als **Absatzmittler** aufgefasst. Weiterhin gilt es zu beachten, dass Exporthäuser als eigene Absatzstufe gelten, was bei (General-)Importhäusern nicht der Fall ist. Damit wird deutlich, dass **Export- und Importseite unterschiedlich bewertet** werden. Die Differenzierung zwischen direktem und indirektem Import bzw. direktem und indirektem Export kommt auch in Abbildung 1-3 zum Ausdruck.

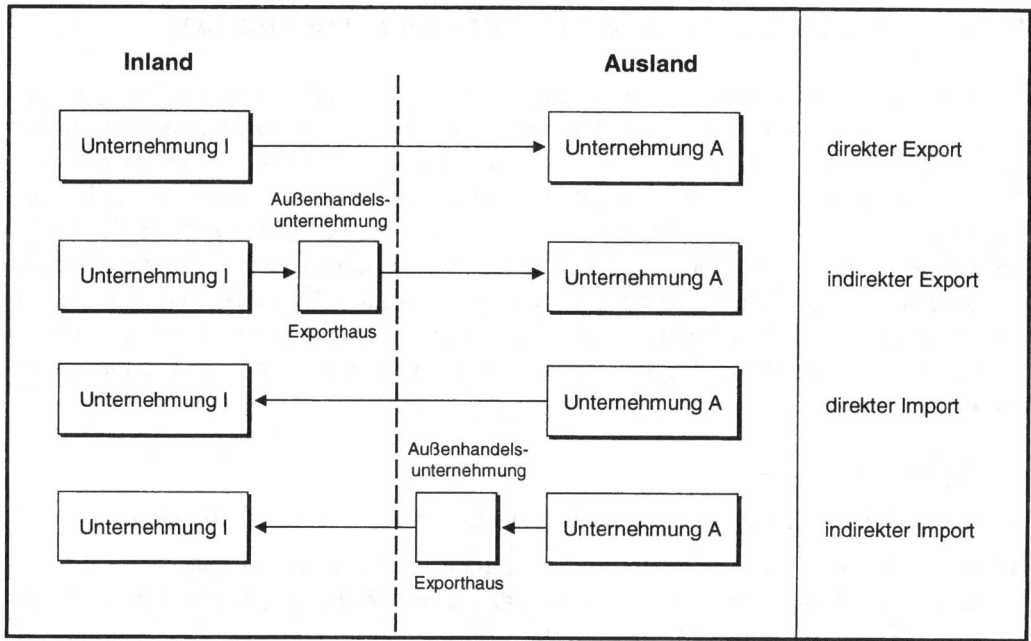

Abb. 1-3: Die Unterscheidung zwischen direktem und indirektem Außenhandel

In vielen Fällen wird im **grenzüberschreitenden Waren- und Dienstleistungsverkehr** im Verlauf eines Geschäfts eine Vielzahl von unterschiedlichen Aktoren eingeschaltet. Bei der Abwicklung eines Außenhandelsgeschäfts lassen sich somit bei genauer Analyse mehrere Teil- bzw. Einzeltransaktionen identifizieren. So kommt es vor, dass ein bestimmtes Außenhandelsgeschäft in Teilen den Charakter eines direkten Außenhandelsgeschäfts annimmt und in anderen Teilen Züge eines indirekten Außenhandelsgeschäfts trägt. Viele Außenhandelsgeschäfte bestehen aus einer **Kette von mehreren Einzeltransaktionen**. Bereits in der Anfang des 20. Jahrhunderts erschienenen Handelsbetriebslehre von Johann Friedrich Schär, einem Nestor der deutschen Betriebswirtschaftslehre, wurden zahlreiche Aktoren identifiziert, die innerhalb der internationalen Handelskette von Relevanz sind (vgl. Schär 1911, S. 151-160 und S. 182-190). Neben den bereits genannten Aktoren, wie etwa Handelsvertreter, Handelsmakler, Kommissionäre oder Importhäuser, können bei Import- und Exportgeschäften vor allem noch Großhändler im In- oder im Ausland involviert sein.

2.1.1.1.2 Export und Import als General- und Spezialhandel

Wenn wir bisher von Export und Import als Basisformen des Außenhandels gesprochen haben, so haben wir nicht zwischen **Landesgrenze** und **Zollgrenze** unterschieden. Wir haben also implizit unterstellt, dass Landesgrenze und Zollgrenze zusammenfallen. Dies ist allerdings nicht immer der Fall. Es gibt schließlich **Zollfreigebiete** sowie **Zoll-Lager** und **Freihafen-Lager**. Zoll-Lager und Freihafen-Lager finden sich an Flughäfen sowie See- und Binnenhäfen. In Zoll-Lagern sowie Freihafen-Lagern können die gelagerten Waren unter Zollaufsicht be- und verarbeitet werden. Berücksichtigt man die Unterscheidung zwischen Landesgrenze und Zollgrenze, so existieren bei der Unterscheidung von General- und Spezialhandel auf der Exportseite und der Importseite folgende Alternativen:

(1) Exportseite

- Export 1: Exporte überschreiten sowohl die Landes- als auch die Zollgrenze.
- Export 2: Exporte überschreiten nur die Landes-, aber nicht die Zollgrenze, weil sie aus einem Zollfreigebiet stammen bzw. aus einem Zoll-Lager oder Freihafen-Lager exportiert wurden (Ausfuhr **aus** Lager).

(2) Importseite:

- Import 1: Importe überschreiten sowohl die Landes- als auch die Zollgrenze.
- Import 2: Importe überschreiten die Landes-, aber nicht die Zollgrenze, weil sie in ein Zollfreigebiet gelangen bzw. in ein Zoll-Lager oder Freihafen-Lager geliefert werden (Einfuhr **auf** Lager).
- Import 3: Importe überschreiten nur die Zollgrenze, weil sie aus einem Zollfreigebiet bzw. aus einem Zoll-Lager oder Freihafen-Lager in das Zollgebiet gelangen (Einfuhr **aus** Lager), d.h. die Landesgrenze wurde bereits zu einem früheren Zeitpunkt überschritten.

Die unterschiedlichen Alternativen für Warenströme beim Überschreiten von Landes- und Zollgrenzen verdeutlicht Abbildung 1-4.

An der Unterscheidung zwischen Landesgrenze und Zollgrenze setzt nun die Unterscheidung zwischen **Generalhandel** und **Spezialhandel** an. Die Differenzierung zwischen Generalhandel und Spezialhandel ist vor allem für Wirtschaftsstatistiken von Bedeutung (vgl. Zwer 1994, S. 224-227, Leiner 1997, S. 102-104).

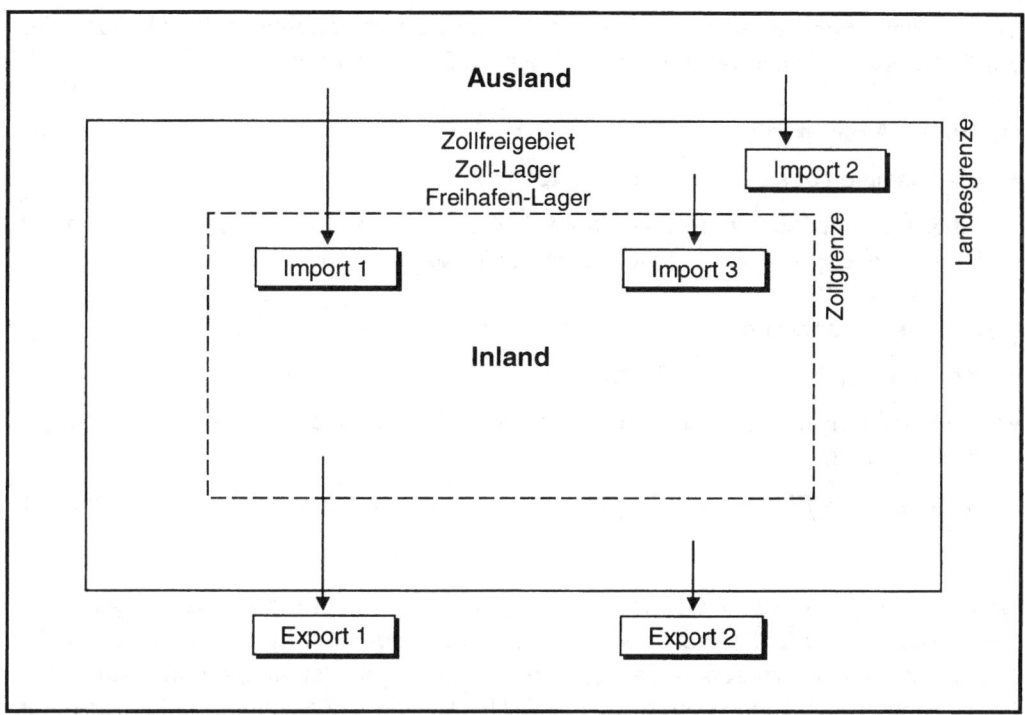

Abb. 1-4:   Das Überschreiten von Landes- und Zollgrenzen bei Einfuhr und Ausfuhr

Da beim **Generalhandel** nur das Überschreiten der **Landesgrenzen** registriert wird, gelten folgende Vorgänge als Generalhandel:

(1) auf der Ausfuhrseite

• die Ausfuhren aus dem Zollgebiet (Export 1)

• die Ausfuhr von Waren aus Zollfreigebieten bzw. von Waren, die sich in Zoll-Lagern und Freihafen-Lagern befinden (Export 2)

(2) auf der Einfuhrseite

• die Einfuhren in das Zollgebiet (Import 1)

• die Einfuhren in Zollfreigebiete, Zoll-Lager bzw. Freihafen-Lager (Import 2)

    (aber nicht die Einfuhren aus Zollfreigebieten, Zoll-Lager bzw. Freihafen-Lager in das Zollgebiet; d.h. Import 3 zählt nicht zum Generalimport)

Der **Spezialhandel** registriert im Gegensatz zum Generalhandel nur das Überschreiten der **Zollgrenzen**. Somit gelten folgende Fälle als Spezialhandel:

(1) auf der Ausfuhrseite

- die Ausfuhren aus dem Zollgebiet (Export 1)

  (aber nicht die Ausfuhren aus einem Zollfreigebiet bzw. Zoll-Lager oder Freihafen-Lager; d.h. Export 2 zählt nicht zum Spezialhandel)

(2) auf der Einfuhrseite

- die Einfuhren in das Zollgebiet (Import 1)

- die Einfuhren von Zollfreigebieten, Zoll-Lagern bzw. Freihafen-Lagern in das Zollge-biet (Import 3)

  (aber nicht die Einfuhren in Zollfreigebiete; d.h. Import 2 zählt nicht zum Spezialhan-del)

Damit wird deutlich, dass die meisten Vorgänge, d.h. Einfuhren in das Zollgebiet und Ausfuhren aus dem Zollgebiet, gleichzeitig Generalhandel und Spezialhandel darstellen. Die Unterscheidung zwischen General- und Spezialhandel ist jedoch dann von Bedeu-tung, wenn Transaktionen in bzw. mit Zollfreigebieten, Zoll-Lagern oder Freihafen-Lagern betroffen sind. Das Beispiel in Textbox 1-3 soll diese Aussagen verdeutlichen.

Textbox 1-3:   Die Unterscheidung von General- und Spezialhandel

Ein Beispiel

Führt ein Bremer Händler Kaffee aus Kolumbien nach Deutschland, zum Beispiel nach Mülheim/Ruhr für die Handelskette *Aldi*, ein, so handelt es sich dabei sowohl um **Generalhandel** als auch um **Spezialhandel**. Gelangt der Kaffee aus Kolumbien in den Bremer Freihafen, so handelt es sich dabei zunächst um **Generalimport**. Ex-portiert der Händler den Kaffee anschließend aus dem Bremer Freihafen nach Schweden, so liegt **Generalexport** vor. Entscheidet er sich anstelle des Exports nach Schweden dafür, den Kaffee doch in den deutschen Warenverkehr zu bringen, kommt es zu **Spezialimport**. Spezialexport kann in diesem konstruierten Beispiel nicht vorliegen, da damit definitionsgemäß der Export deutscher Waren aus dem freien Warenverkehr in Deutschland in den freien Warenverkehr eines anderen Lan-des gemeint ist.

Wir können nun abschließend Abbildung 1-4 so erweitern, dass wir in Abbildung 1-5 die Zusammenhänge zwischen den unterschiedlichen Alternativen der Grenzüberschreitung und dem General- und Spezialhandel darstellen.

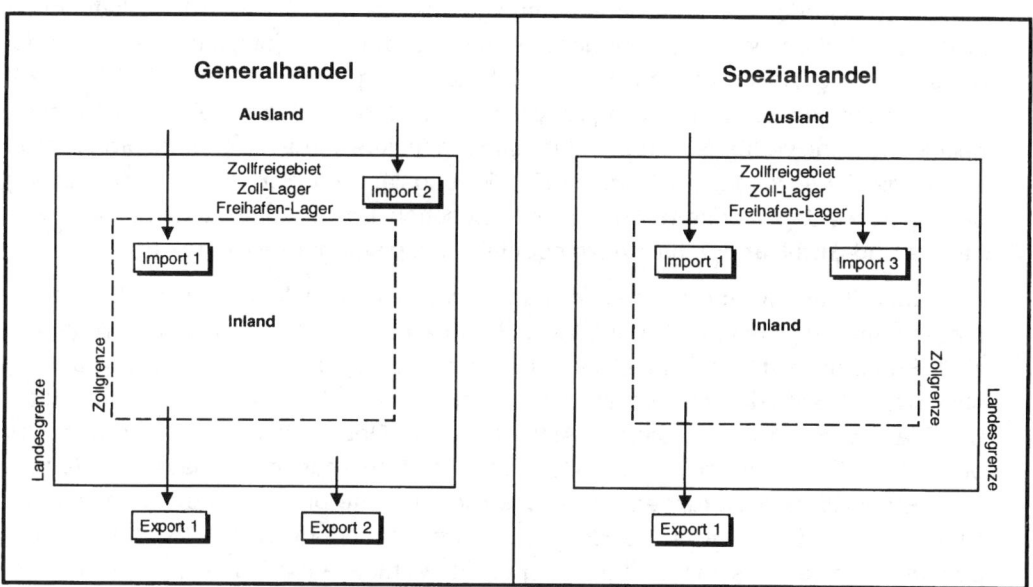

Abb. 1-5:   Generalhandel versus Spezialhandel

2.1.1.1.3 Beziehungen zwischen Export- und Importströmen

Bei einer Analyse der Export- und Importströme bietet es sich an, die „Struktur" bzw. „Qualität" genauer zu untersuchen und auch darauf einzugehen, wie sich die Preise der Export- und Importströme im Zeitablauf entwickeln. Wir werden daher nachfolgend kurz (1) die Beziehungsebene **„Struktur" bzw. „Qualität"** erläutern, bevor wir anschließend auf (2) die Beziehungsebene **„Preis"** zu sprechen kommen.

(1) Beziehungsebene „Struktur" bzw. „Qualität"

Betrachtet man die Gesamtheit der Exporte und Importe zwischen Volkswirtschaften, so findet man häufig eine weitere Unterscheidung – die Unterscheidung zwischen komplementärem und substitutivem Handel. Diese Differenzierung setzt an der Frage an, inwieweit sich die Export- und Importströme eines Landes in Struktur und Qualität ähneln. Da diese Unterscheidung auch aus betriebswirtschaftlicher Perspektive von Interesse ist, u.a. im Hinblick auf die Motive des Außenhandels und damit im Hinblick auf die theoretische Begründung, die diese Motive in den Außenhandelstheorien finden, wollen wir kurz darauf eingehen:

- Wenn Land A (bzw. Unternehmungen aus Land A) an Land B (bzw. an Unternehmungen in Land B) bestimmte Waren- bzw. Dienstleistungskategorien liefert und von Land B (völlig oder weitgehend) andersartige Waren- und Dienstleistungskategorien in Land A fließen, so liegt **komplementärer Handel** vor. Komplementärer Handel existiert häufig zwischen Industrie- und Entwicklungsländern (**Nord-Süd-Handel**). Unternehmungen aus Entwicklungsländern liefern Rohstoffe, die meist in den Industrieländern nicht verfügbar sind. Unternehmungen aus Industrieländern produzieren Halb- oder Fertigwaren, die in vielen Entwicklungsländern nicht (oder nicht effizient) produziert werden (können). Der Handel zwischen Entwicklungsländern, der sogenannte **Süd-Süd-Handel**, hat häufig ebenfalls komplementären Charakter.

- Von **substitutivem Handel** spricht man dann, wenn die Waren- bzw. Dienstleistungsströme zwischen Land A und Land B und zwischen Land B und Land A ähnlich sind. Substitutiver Handel findet häufig zwischen unterschiedlichen Industrieländern statt (**Nord-Nord-Handel**). So importiert Deutschland Automobile aus Frankreich, und Frankreich bezieht gleichzeitig Automobile aus Deutschland. Als Begründung für den substitutiven Handel wird vor allem die These herangezogen, dass der Wunsch nach Produktdifferenzierungen für gegenseitige Importe und Exporte innerhalb einer Branche sorgt. Substitutiver Handel führt zu weitgehend identischer Export- und Importstruktur eines bestimmten Landes. Für die wichtigsten Industrieländer wurde immer wieder empirisch belegt, dass Exporte und Importe in ähnlichen Kategorien von Gütern und Dienstleistungen vorliegen (vgl. z.B. Broll/Gilroy 1987, Gries 1998, S. 64-66, → hierzu auch die Linder-Hypothese in Abschnitt 1.3.3 in Kapitel 3).

Was bleibt als Fazit? Im Falle von komplementärem Handel haben Struktur und Qualität der Import- und Exportbeziehungen zwischen zwei Ländern deutliche Unterschiede, während sie bei substitutivem Handel Ähnlichkeiten aufweisen. Komplementärer Handel ist gleichzeitig **inter-sektoraler** (**inter-industrieller**) Handel, da dabei Güter verschiedener Wirtschaftszweige bzw. Branchen betroffen sind. Substitutiver Handel geht mit **intra-sektoralem** (**intra-industriellem**) Handel einher, nachdem Exporte und Importe innerhalb desselben Wirtschaftszweigs bzw. derselben Branche fließen.

Die Unterscheidung zwischen komplementärem und substitutivem Handel ist nicht nur aus gesamtwirtschaftlicher Perspektive von Interesse. Betrachten wir den Handel zwischen Unternehmungen, so ist es ebenso möglich, die Waren- und Dienstleistungsströme hinsichtlich ihres Charakters zu unterscheiden, d.h. zu fragen, ob komplementärer oder substitutiver Austausch vorliegt. Dies zeigt, dass die Begriffe „komplementär" und „substitutiv" im Zusammenhang mit Handelsbeziehungen auf unterschiedlichen Ebenen Verwendung finden können.

Weltweit wird in Statistiken eine starke **Zunahme des substitutiven Handels** festgestellt. Dabei sollte man jedoch nicht vergessen, dass dies kein einfaches „Hin-und-Her" der gleichen Produkte bedeutet. Erstens ist zu betonen, dass in den meisten Statistiken sehr **hohe Aggregationsebenen** für Branchen gewählt werden. Dies heißt: Was nach Importen und Exporten von „gleichen" Produkten aussieht, kann auch Importe und Exporte vergleichsweise unterschiedlicher Produkte beinhalten. Zweitens führt gerade die internationale Arbeitsteilung dazu, dass Unternehmungen ihre Wertschöpfungsaktivitäten zunehmend über Länder hinweg verteilen (→ v.a. Abschnitte 5.1 und 6.2 in Kapitel 6). Innerhalb des substitutiven Handels findet sich damit auch ein erheblicher Anteil an „**Intra-Firmen-Handel**" (→ Abschnitt 3.4 in diesem Kapitel).

Stellt man Exporte und Importe eines Landes gegenüber, so ist nicht nur von Interesse, wie sich beide Ströme in ihrer Struktur und Qualität unterscheiden. Interessant ist auch die Frage, wie sich die Preise der Export- und Importströme entwickeln.

(2) Beziehungsebene „Preis"

Das Preisverhältnis zwischen den Exportgütern und Importgütern eines Landes bezeichnet man auch als „**Terms-of-Trade**" (vgl. Rose/Sauernheimer 1999, S. 91-97). Die Terms-of-Trade drücken das in gleichen Währungseinheiten angegebene Preisverhältnis zwischen Export- und Importgütern aus und lassen sich definieren als

$$\text{Terms-of-Trade} = \frac{\text{Exportpreis-Index}}{\text{Importpreis-Index}}$$

Sowohl der **Exportpreis-Index** als auch der **Importpreis-Index** ergibt sich in Deutschland aus Daten, die vom Statistischen Bundesamt durch Erhebungen bei exportierenden und importierenden Unternehmungen gewonnen werden. Zu einem bestimmten Zeitpunkt t_0 haben Terms-of-Trade keinen Aussagegehalt. Um eine sinnvolle Aussage zu erhalten, müssen die Terms-of-Trade zu einem Zeitpunkt t_1 mit dem Zeitpunkt t_0 verglichen werden. Um dies zu ermöglichen, wird das Verhältnis von Exportpreisen zu Importpreisen in einem bestimmten Jahr t_0 gleich 100 gesetzt. Erhöhen sich im Zeitablauf, d.h. zwischen t_0 und t_1, die Exportpreise (bei konstanten Importpreisen) oder fallen die Importpreise (bei konstanten Exportpreisen), so können wir eine Verbesserung der Terms-of-Trade konstatieren (z.B. von 100 auf 104). Steigen die Importpreise (bei konstanten Exportpreisen) oder sinken die Exportpreise (bei konstanten Importpreisen), so verschlechtern sich die Terms-of-Trade (z.B. von 100 auf 94,5). Die Terms-of-Trade sind somit ein **Indikator für die Kaufkraft der Exporterlöse** eines Landes (vgl. Statistisches Bundesamt 1998, S. 268). Sie zeigen an, ob mit einer bestimmten Exportmenge im Zeitablauf mehr oder weniger Importgüter bezogen werden können. Dieses auch unter dem Schlagwort „Command-Basis" bekannte Verständnis der Terms-of-Trade ist

international vorherrschend, auch wenn in der Literatur weitere Konzepte zur Berechnung der Terms-of-Trade diskutiert werden (vgl. Deutsche Bundesbank 1996a, S. 56).

Abbildung 1-6 verdeutlicht die **Entwicklung der Terms-of-Trade** in der Bundesrepublik
Deutschland während der letzten Jahre. Lange Zeit galt für die Terms-of-Trade wie für
viele andere nationale und internationale Außenhandelsdaten das Jahr 1980 als Basis-
jahr (vgl. Heimann 1984). Nach einer ersten Umstellung im April 1999 auf Basis 1995, in
deren Folge die Indizes ab 1995 mit den Gewichten der neuen Basis berechnet sowie
die Ergebnisse bis 1994 verkettet wurden, gilt seit kurzem die Basis 2000. Abbildung
1-6 berücksichtigt diese Veränderungen und zeigt, dass die Bundesrepublik seit 1990
weder eine deutliche Verbesserung noch eine deutliche Verschlechterung ihrer Terms-
of-Trade erfahren hat. Nach einer Verschlechterung der Terms-of-Trade um die Jahrtausendwende und einer kurzen Erholung in den Jahren 2002 und 2003 verschlechtern
sich die Terms-of-Trade aktuell wieder (Direktauskunft des Statistischen Bundesamtes,
September 2007).

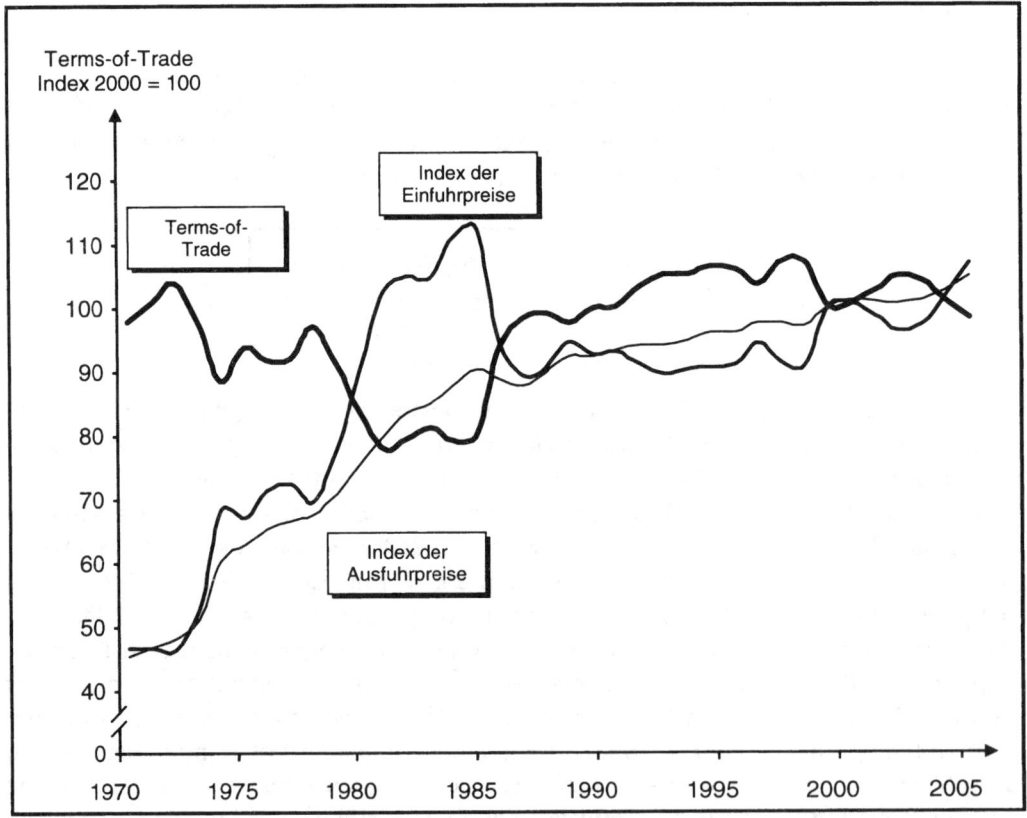

Abb. 1-6:   Einfuhr- und Ausfuhrpreise sowie Terms-of-Trade der Bundesrepublik
            Deutschland
Quelle: Direktauskunft des Statistischen Bundesamtes, September 2007.

Die Verschlechterung, die sich für Deutschland ergibt, ist aber nicht vergleichbar mit dem, was in einigen Entwicklungsländern festzustellen ist; manche Entwicklungsländer mussten bei ihren Terms-of-Trade in der Vergangenheit erhebliche Einbußen hinnehmen (vgl. zu einer differenzierten Betrachtung der Terms-of-Trade von Entwicklungsländern Krämer 2001a).

Währungsentwicklungen bzw. -schwankungen beeinflussen die Terms-of-Trade, denn Aufwertungen und Abwertungen der Basiswährung haben Auswirkungen auf die Exportpreise und die Importpreise. Wir werden uns nachfolgend kurz zwei Fragen zuwenden:

- Erstens: Wie kann man den Einfluss, den Währungsentwicklungen bzw. -schwankungen auf die Terms-of-Trade haben, beschreiben?

- Und zweitens: Welche Rolle spielen Mengenänderungen neben den über die Terms-of-Trade ausgedrückten Preisänderungen?

Wir werfen zunächst einen Blick auf die **Exportseite** und verdeutlichen die Situation anschließend durch ein Beispiel:

- Eine **Aufwertung** der Inlandswährung (bei gegebenen Kosten) führt dazu, dass die inländischen Produkte für das Ausland teurer werden und damit der Export für die Unternehmungen des Inlands erschwert wird.

- Dagegen bringt eine **Abwertung** der Inlandswährung (bei gegebenen Kosten) mit sich, dass die Inlandsprodukte im Ausland billiger werden und damit der Export für die Inlandsunternehmungen erleichtert wird.

Das in Textbox 1-4 dargestellte Beispiel kann die Währungsproblematik bei Export- und Importgeschäften verdeutlichen. Falsch wäre es nun allerdings, wenn man den Schluss ziehen würde, dass Aufwertungen bzw. Überbewertungen der Inlandswährung die Situation des Inlands im Außenhandel generell verschlechtern und Abwertungen bzw. Unterbewertungen die Situation des Inlands im Außenhandel immer verbessern. In der Vergangenheit hat sich bereits mehrfach gezeigt, dass die deutsche Wirtschaft trotz einer starken Aufwertung der D-Mark bzw. des Euro keine Einbußen im Handelsbilanzüberschuss hinnehmen musste. Umgekehrt verschlechterte sich die deutsche Handelsbilanz zu Zeiten, in denen die eigene Währung gegenüber wichtigen Währungen, wie dem US-Dollar, niedriger bewertet wurde (vgl. Deutsche Bundesbank 1997a, S. 44).

Über die Wirkungen von Auf- und Abwertungen lässt sich also nicht pauschal urteilen. Warum? Eine erste Antwort auf diese Frage ist vergleichsweise einfach: Neben der **Exportseite** ist schließlich auch die **Importseite** zu betrachten. Und daher gilt Folgendes:

- Häufig erschweren **Aufwertungen** Exporte (da sie Exportpreise verteuern), aber sie erleichtern gleichzeitig Importe (da sie Importpreise verbilligen).

- Umgekehrt bringen **Abwertungen** Erleichterungen im Export (da sie Exportpreise verbilligen), gleichzeitig erschweren sie aber Importe (da sie Importpreise verteuern).

Textbox 1-4:   Die Währungsproblematik bei Export- und Importgeschäften

Ein Beispiel

Ein inländischer Automobilhersteller verlangt für ein Modell der Oberklasse 50.000 € im Inland. Das Modell wird nun auch in den USA verkauft. Geht man von einem einfachen Fall aus, so wird das Fahrzeug bei einem hypothetischen US-\$-Kurs von 1,00 € in Nordamerika für 50.000 US-\$ angeboten.

Steigt nun im Zeitablauf der Wert des Euro (und sinkt gleichzeitig der Wert der US-amerikanischen Devise), so ändert sich der Preis, der im Ausland von den Konsumenten gefordert wird. Bei einem US-\$-Kurs von 0,75 € müsste der Automobilhersteller von einem US-amerikanischen Käufer etwa 66.666 US-\$ verlangen, um selbst keine Erlöseinbußen zu erfahren. Bei einem derartigen Preis könnten sich allerdings viele Konsumenten in den USA fragen, ob sie weiter ein deutsches Produkt kaufen, da sie einen um 33% höheren Preis zahlen müssten. Als mögliche Folge könnte der deutsche Automobilhersteller Probleme im Exportgeschäft bekommen.

Sinkt dagegen im Zeitablauf der Außenwert des Euro (was bedeutet, dass der Wert der US-amerikanischen Devise steigt), so fällt auch der Preis, den ein US-amerikanischer Konsument zu entrichten hat. Bei einem hypothetischen Kurs von 1,50 € pro US-\$ beliefe sich der Preis auf 33.333 US-\$. Ein amerikanischer Kunde müsste also nur 33.333 US-\$ statt vormals 50.000 US-\$ für den Kauf des gleichen Modells aufwenden. Ein derartiger Preis könnte die Auslandsnachfrage ankurbeln und somit das Exportgeschäft des inländischen Herstellers erheblich erleichtern.

Welcher Effekt jeweils überwiegt, d.h. ob die Nachteile auf der einen Seite die Vorteile auf der anderen Seite (mehr oder weniger) kompensieren, hängt unter anderem davon ab, ob die Exportpreise relativ stärker oder schwächer steigen bzw. fallen als die Importpreise (vgl. Rose/Sauernheimer 1999, S. 91-97). Aber der Effekt wird auch dadurch beeinflusst, wie stark sich im Zuge von Wechselkursänderungen Export- und Importmengen ändern. Dies wiederum wird von Wechselkurselastizitäten bestimmt (vgl. Deutsche Bundesbank 1998, S. 52-54). Die Wirkungen von Aufwertungen und Abwertungen sind also keineswegs eindeutig. Zudem gibt es zahlreiche weitere Gründe, welche die Bedeutung von Wechselkursänderungen relativieren. Dazu zählt aus betriebswirtschaftlicher Sicht vor allem das Verhalten von Unternehmungen. Neben einer vollständigen Abwälzung von Wechselkursänderungen auf den Verkaufspreis (**„exchange-rate-pass-through"**) existiert – zumindest kurzfristig – die Möglichkeit der Übernahme der kursbedingten Erlösschmälerung bzw. die Ausschöpfung der durch Wechselkursschwankungen erreichbaren Erlösverbesserung durch die inländische Unternehmung (**„pricing-to-market"**) (vgl. Deutsche Bundesbank 1997a, S. 45-47).

Es gilt also festzuhalten, dass die **Terms-of-Trade keine eindeutige Aussage über die Wettbewerbsfähigkeit** eines Landes bzw. der Unternehmungen eines Landes im Außenhandel zulassen (vgl. zur Wettbewerbsfähigkeit im Allgemeinen auch Porter 1990a,b, Meckl/Rosenberg 1993, Jerger/Menkhoff 1996, Gries 1998, Choi 1999, Müller/Kornmeier 2000, 2001, Böhmer 2003). Preisveränderungen sind – selbst im Zusammenhang mit Wechselkursschwankungen – kein zuverlässiger Indikator dafür, ob das Ausmaß des Außenhandels positiv oder negativ beeinflusst wird. Auch die Terms-of-Trade, in die Währungskursänderungen hineinspielen, berücksichtigen schließlich nur Preisrelationen und lassen die entscheidende Mengenkomponente außen vor.

Abschließend wollen wir noch zu bedenken geben, dass die Wechselkursabhängigkeit des deutschen Außenhandels in Zukunft ohnehin geringer wird. Wie noch zu sehen sein wird, wickelt Deutschland mehr als die Hälfte seines Außenhandels mit EU-Ländern ab (→ Abschnitt 2.3.4 in diesem Kapitel). Mit der **Einführung des Euro** in den an der Währungsunion beteiligten Ländern wurde eine deutlich größere Stabilität in den Außenhandelspreisen erreicht (vgl. Deutsche Bundesbank 1998). So überrascht es nicht, dass auch in EU-Beitrittsländern wie Polen und Ungarn langfristig die Hoffnung auf die Einführung des Euro existiert.

Wir halten daher fest: Export- und Importströme lassen sich erstens hinsichtlich ihrer Struktur bzw. Qualität und zweitens hinsichtlich der Preisentwicklung weiter analysieren. Während die Betrachtung der Import- und Exportströme hinsichtlich Struktur bzw. Qualität sowohl statischen als auch dynamischen Charakter aufweisen kann, macht eine Analyse des Preisverhältnisses nur im Zeitablauf Sinn. Nachdem damit Export und Import umfassend dargestellt wurden, können wir uns dem Transithandel zuwenden.

2.1.1.2 Transithandel

Neben Export und Import wird meist auch der **Transithandel** den Basisformen des Außenhandels zugerechnet. Unter Transithandel versteht man Außenhandel, bei dem ein **Händler in einem Drittstaat** zwischen einem in- und einem ausländischen Wirtschaftssubjekt vermittelt (vgl. Zentes 1995, Sp. 134). Der Transithändler hat seinen Sitz weder im Export- noch im Importland, sondern in einem Drittland. Je nach Richtung des Transits liegt Transitausfuhr oder Transiteinfuhr vor:

- Als **Transitausfuhr** bezeichnet man Exporte, die nicht direkt, sondern über einen (Transit-)Händler in einem Drittstaat in den eigentlichen Bestimmungsstaat gelangen.

- Als **Transiteinfuhr** gelten Importe, die nicht direkt, sondern erst über einen in einem Drittstaat befindlichen (Transit-)Händler in das Bestimmungsland kommen.

Wie zu erkennen ist, handelt es sich beim Transithandel aber streng genommen nicht – wie durch unsere Gliederungslogik und durch die Darstellung in Abbildung 1-1 suggeriert – um eine weitere Basisform des Außenhandels, sondern um eine spezielle Form der Export- und Importtätigkeiten. Eine spezielle Form liegt deswegen vor, weil auch beim Transithandel Einfuhren und Ausfuhren existieren, d.h. weil eigentlich keine von Exporten und Importen unabhängigen Transaktionen festzustellen sind. Was den Transithandel von Exporten und Importen unterscheidet, ist vor allem die Tatsache, dass es – aufgrund des zwischengeschalteten Transithändlers – nicht zu direkten Einfuhren und Ausfuhren und damit nicht zu direkten Außenhandelsaktivitäten zwischen Herkunftsland und Bestimmungsland kommt. Aus der Sicht des deutschen Außenwirtschaftsgesetzes spricht man deshalb dann von Transithandel, wenn außerhalb des Wirtschaftsgebietes befindliche Waren durch Gebietsansässige von Gebietsfremden erworben und an Gebietsfremde veräußert werden (vgl. § 40 der Verordnung zur Durchführung des Außenwirtschaftsgesetzes). Wir unterscheiden zwei Formen von Transithandel: **echten oder gebrochenen Transithandel**. Die Abgrenzung zwischen echtem und gebrochenem Transithandel soll nachfolgend kurz erläutert werden.

- Wickelt der Transithändler Geschäfte ab, bei denen die gehandelten Waren physisch nicht in seinem Land, d.h. im entsprechenden Drittstaat, auftauchen (vgl. Altmann 1993, S. 21-22), so sprechen wir von **echtem Transithandel**. Bei echtem Transithandel erfolgen Lieferungen in sogenannten **Streckengeschäften** (vgl. Grafers 1999, S. 17), d.h. direkt zwischen dem Land des Lieferanten und dem Land des Kunden.

- Nimmt der Transithändler eine Lagerung, Bearbeitung, Umsortierung oder Neuverpackung der Ware vor, was die physische Präsenz der Ware in seinem eigenen Land, d.h. im entsprechenden Drittstaat, voraussetzt, so handelt es sich um **gebrochenen Transithandel** (vgl. Jahrmann 2007, S. 58-60). Zuweilen wird auch der Terminus **Lagergeschäft** verwendet (vgl. Grafers 1999, S. 17).

Transithandel kommt häufig bei Waren vor, bei denen aus rechtlichen und politischen Gründen keine Möglichkeit des direkten Warenaustausches zwischen zwei Ländern existiert. Doch auch für bestimmte andere Warenkategorien, bei denen ein direkter Warenaustausch rechtlich und politisch durchaus unproblematisch wäre, hat sich der Transithandel als Handelsform etabliert: So werden auf den Märkten für Rohöl häufig Transitgeschäfte getätigt, bei denen Händler in Drittstaaten zwischen Lieferanten aus den Erdölförderländern und den Konsumenten in den Verbraucherländern vermitteln. Oftmals werden dabei Waren mehrfach hintereinander „im Transit" verkauft, wie das Beispiel in Textbox 1-5 über **Rohölhandel** zeigt. Insbesondere wenn bei Transithandel auch Spekulation im Spiel ist, entstehen äußerst verwobene Handelsketten.

Daneben sind historische Gründe für Transitgeschäfte verantwortlich. So haben gerade **britische Handelshäuser** lange Zeit Waren in Staaten des Commonwealth gekauft, um sie dann unmittelbar in andere Staaten des Commonwealth weiterzuverkaufen. Eine bedeutende Rolle spielte der Transithandel auch in **Hongkong**, wo zu Zeiten des Kalten Krieges zwischen China und der westlichen Welt „vermittelt" wurde. In **Singapur** kommt dem Transithandel noch heute großes Gewicht zu. Das große Volumen, das der Transithandel einnimmt, kann auch erklären, warum in Singapur die Exporte regelmäßig ein größeres Volumen aufweisen als das Bruttoinlandsprodukt. In Deutschland werden nur etwas mehr als 2% der deutschen Warenausfuhr in Form von Transithandel abgewickelt. Allerdings gilt es zu beachten, dass in der deutschen Außenhandelsstatistik nur die als Lagergeschäfte durchgeführten Transithandelsgeschäfte amtlich erfasst werden, während die Streckengeschäfte außen vor bleiben.

Textbox 1-5: Transitgeschäfte im Rohölhandel

Ein Beispiel

It is difficult to calculate the quantity of petroleum trade. Due to multiple exchanges between traders, the volume of trade is always much larger than the amount of oil actually delivered. Each shipment is traded several times before reaching the final consumer, and each time it is added to the statistics on the volume of trade. A remarkable example of spot trading involved the „daisy chain" trading of a cargo of Brent crude traced by Petroleum Intelligence Weekly in 1984. The trade involved one cargo of crude oil bought and sold by 24 trading entities in 36 transactions over a period of three months. The trade for March 1984 delivery started in January. The 24 trading entities involved included major international oil companies, national oil companies, refiners, and independent marketers and traders. From the major companies, **Shell** appears three times (as **Shell U.K.**, **Shell International** and **Pecten**), **British Petroleum (BP)** appears twice, and **Chevron** and **Texaco** once each. Two national oil companies, the **British National Oil Company (BNOC)** and Finland's **Neste**, were also involved, as were four U.S. refiners – **Occidental**, **Sohio**, **Charter**, and the final buyer, **Sun**. **Charter's** trading affiliate, **Acron**, alone accounted for four transactions, and **Charter** itself for one. U.K. independents **Tricentrol** and **Ultramar**, also participated as did the Japanese refiner **Idemitsu**. Trader **Phibro** appears six times in the chain, **Transworld** and the **Shell Group** three times each, and several others twice. This example occured during a time of speculation, and probably involved a larger than average number of transactions. But the nature of the chain is typical.

Quelle:
Razavi (1989), S. 12.

Der Begriff Transit ist nicht mit dem Begriff der Durchfuhr zu verwechseln. Als **Durchfuhr** bezeichnet man die physische Beförderung von Waren aus dem Ausland durch
das Inland hindurch wieder in das Ausland. Die Waren stehen während der Durchfuhr
unter Zollverschluss und gelangen nicht in den freien Inlandsverkehr (vgl. Altmann
1993, S. 21). Im Gegensatz zum als Lagergeschäft durchgeführten Transithandel wird
die Durchfuhr auch weder innerhalb des Generalhandels noch innerhalb des Spezial-
handels statistisch erfasst. Ein Beispiel soll abschließend erläutern, inwiefern sich die
Durchfuhr von Transitgeschäften unterscheidet (→ Textbox 1-6).

Textbox 1-6:   Die Unterscheidung von Durchfuhr und Transitgeschäft

Ein Beispiel

Nehmen wir an, Schweizer Schokolade soll aus der Schweiz nach Polen geliefert
werden. Wird die Schweizer Schokolade in der Schweiz in einen LKW verladen und
anschließend in diesem LKW über Deutschland nach Polen gebracht, so handelt es
sich dabei um eine **Durchfuhr** durch Deutschland. Bei der Durchfuhr gelangt die
Schokolade nicht in den deutschen Inlandswarenverkehr; sie steht während ihres
Transports unter Zollverschluss.

Wird zwischen dem Schweizer Exporteur und dem polnischen Importeur ein Zwischenhändler in Deutschland eingeschaltet, so gilt dieser als Transithändler. Aus der
Sicht der Schweiz wickelt dieser Transithändler Transitexport ab, aus der Sicht Po-
lens Transitimport. Dabei kann der Transithandel, wie oben erläutert, zwei Formen
annehmen: Gelangt die Schweizer Schokolade physisch nicht nach Deutschland, so
handelt es sich um echten Transithandel. Dabei kann der deutsche Transithändler
die Schokolade zum Beispiel direkt per Luftfracht von Zürich nach Warschau beför-
dern lassen **(echtes Transitgeschäft/Streckengeschäft)**. Kommt die Schokolade
physisch nach Deutschland und nimmt der deutsche Transithändler dabei in
Deutschland eine Lagerung, Bearbeitung, Umverpackung, Neusortierung etc. vor, so
liegt gebrochener Transithandel vor **(gebrochenes Transitgeschäft/Lagerge-
schäft)**.

Fassen wir zusammen: Wir haben inzwischen Export, Import und Transithandel als
zentrale Formen der Außenhandelstätigkeit erläutert. Neben diesen Basisformen existieren auch Sonderformen des Außenhandels, die wir nachfolgend in Abschnitt 2.1.2
vorstellen werden (vgl. Zentes 1995, Sp. 135-136).

2.1.2 Sonderformen des Außenhandels

Zu den Sonderformen des Außenhandels zählen, wie dies bereits in Abbildung 1-1 zum Ausdruck kam, grenzüberschreitende Veredelungsgeschäfte (Abschnitt 2.1.2.1) und grenzüberschreitende Kompensationsgeschäfte (Abschnitt 2.1.2.2).

2.1.2.1 Grenzüberschreitende Veredelungsgeschäfte

Beim grenzüberschreitenden Veredelungsverkehr werden Waren zur Bearbeitung, Verarbeitung oder Ausbesserung in das Ausland bzw. in das Inland geschafft, um dann innerhalb von bestimmten Fristen wieder in das Ursprungsland zurückversandt zu werden. Dabei lassen sich (1) hinsichtlich der **Richtung der Veredelung** die aktive und passive Veredelung sowie (2) hinsichtlich des **Eigentums bei der Veredelung** die Eigen- und die Lohnveredelung unterscheiden. Wir werden diese Alternativen kurz erläutern.

(1) Richtung der Veredelung

• Kommt es in Deutschland zur Veredelung von Rohstoffen oder Vorprodukten, die von einem ausländischen Auftraggeber veranlasst ist, so handelt es sich um **aktiven Veredelungsverkehr**. Ein Gebietsansässiger veredelt also Waren eines Gebietsfremden. Die Veredelung kann dabei sowohl im deutschen Zollgebiet als auch im deutschen Zollfreigebiet erfolgen.

• Schickt ein deutscher Auftraggeber Waren als Rohstoffe oder Vorprodukte in das Ausland, um sie dort veredeln und anschließend nach Deutschland zurückbringen zu lassen, so liegt aus der Sicht Deutschlands **passiver Veredelungsverkehr** vor. Ein Gebietsfremder veredelt in diesem Fall Waren eines Gebietsansässigen.

Aktive Veredelung erfolgt also im eigenen Wirtschaftsgebiet, während passive Veredelung im fremden Wirtschaftsgebiet vorgenommen wird. Als Ausland bzw. als fremdes Wirtschaftsgebiet gelten aus der Sicht Deutschlands inzwischen nur noch Staaten **außerhalb** der Europäischen Union. Länder der Europäischen Union werden im Zusammenhang mit dem Veredelungsverkehr als Inland betrachtet (vgl. Statistisches Bundesamt 2002, S. 264).

Die zwei wichtigsten Motive, die zum Veredelungsverkehr führen, sollen nachfolgend kurz skizziert werden:

• Ein wesentliches Motiv für den Veredelungsverkehr stellen **Lohnkostenunterschiede** zwischen Ländern dar. Als zentrales Problem erweisen sich dabei jedoch häufig die Transportkosten, welche die Vorteile, die sich aus Lohnkostenunterschieden erzielen lassen, deutlich schmälern (können). Lohnkostenunterschiede spielen aus deutscher Sicht vor allem bei der **passiven Veredelung** eine Rolle.

- Als weiteres zentrales Motiv lassen sich **Know-how-Unterschiede** zwischen unterschiedlichen Ländern ansehen. So kann man als typisches Beispiel anführen, dass ausländische Unternehmungen Maschinen zur Instandsetzung nach Deutschland schaffen, um vom dortigen Know-how der Maschinenbauunternehmungen zu profitieren. Aus der Perspektive Deutschlands handelt es sich dabei um **aktive Veredelung**.

Für deutsche Unternehmungen hat die passive Veredelung eine große Bedeutung. Die passive Veredelung gilt als Alternative zur Vornahme von Direktinvestitionen und dabei insbesondere zum Aufbau von Produktionsstätten im Ausland. Zuweilen spricht man bei den Unternehmungen, welche die Veredelung im Ausland vornehmen, auch von „**verlängerten Werkbänken**" deutscher Unternehmungen. In manchen Branchen, wie der Textil- und Bekleidungsbranche, ist die passive Veredelung ein zentraler Bestandteil der Internationalisierungsstrategie von Unternehmungen. Insbesondere zentral- und osteuropäische Staaten wie die Tschechische Republik, Polen, Ungarn, Rumänien und die Slowakische Republik sind heutzutage typische Standorte, an denen deutsche Unternehmungen Veredelungsaktivitäten durchführen lassen. Häufig stellt eine Unternehmung, die Waren zur Veredelung ins Ausland schafft, einer dort vertraglich gebundenen Unternehmung auch die benötigten Materialien zur Verfügung. Doch welche möglichen Alternativen gibt es hinsichtlich der Eigentumsregelung?

(2) Eigentum bei der Veredelung

Bei Veredelungsgeschäften existieren zwei Möglichkeiten der Eigentumsregelung, so dass wir zwischen Eigen- und Lohnveredelung differenzieren können. Bei der **Eigenveredelung** geht das Eigentum an den zu veredelnden Gütern auf den Veredeler über. Bei der **Lohnveredelung** behält der Auftraggeber das Eigentum an den zu veredelnden Gütern. Der Begriff der Lohnveredelung impliziert damit nicht – wie zuweilen fälschlicherweise angenommen –, dass Veredelung zwingend aus dem Motiv des Ausnutzens von Lohnkostenunterschieden vorgenommen wird; für Lohnveredelung sind auch andere Motive denkbar (z.B. Verfügbarkeit von Arbeitskräften im Ausland, Qualität der Arbeitsleistung im Ausland).

Als zweite Sonderform des Außenhandels neben der Veredelung gelten Kompensationsgeschäfte, die wir anschließend vorstellen werden.

2.1.2.2 Grenzüberschreitende Kompensationsgeschäfte

Wir werden nun klären, (1) was unter Kompensationsgeschäften zu verstehen ist, (2) welche Varianten von Kompensationsgeschäften existieren und (3) welche Bedeutung Kompensationsgeschäfte für den Welthandel haben.

(1) Definition und Charakterisierung von Kompensationsgeschäften

Von grenzüberschreitenden Kompensationsgeschäften spricht man, wenn Handelspartner gegenseitig **Realgüter** austauschen. Waren (Sachgüter) und/oder Dienstleistungen werden dabei nicht gegen Bezahlung in Geld (allein), sondern gegen **Bezahlung** in Form von (anderen) **Waren und/oder Dienstleistungen** in das Ausland exportiert bzw. aus dem Ausland importiert (vgl. Fantapié Altobelli 1994, Günter 1995). Bevor wir Kompensationsgeschäfte, die in verschiedenen Varianten existieren, erläutern, soll Ihnen ein kurzes illustrierendes Beispiel den Einstieg in die Thematik erleichtern (→ Textbox 1-7).

Textbox 1-7: Der Charakter von Kompensationsgeschäften

Ein einführendes Beispiel

Es wird berichtet, dass *Volvo* Nordamerika Fahrzeuge an die sibirische Polizei geliefert hat. Die sibirische Polizei hatte zum damaligen Zeitpunkt keine Devisen zur Verfügung, um die Waren zu bezahlen. Daher wurde eine Zwischenfirma eingeschaltet. Diese Firma akzeptierte Erdöl als Bezahlung für die *Volvo*-Automobile. Da *Volvo* selbst nicht am Erdöl interessiert war, verkaufte die Zwischenfirma das Erdöl. Doch *Volvo* erhielt den Verkaufserlös nicht direkt; vielmehr wurde der Erlös *Volvo* in Form von Werbedienstleistungen für *Volvo* Nordamerika zur Verfügung gestellt.

Quelle:
Czinkota/Ronkainen/Moffett (2005), S. 584.

---

(2) Varianten von Kompensationsgeschäften

Generell lassen sich innerhalb der Kompensationsgeschäfte Voll- und Teilkompensationsgeschäfte sowie Eigen- und Fremdkompensationsgeschäfte differenzieren:

- Kommt es ausschließlich zu einem Realtausch, bei dem keinerlei Bezahlung in Geld stattfindet, so liegt ein **Vollkompensationsgeschäft** vor. Neben der Vollkompensation existiert allerdings auch die Teilkompensation: Im Falle von **Teilkompensationsgeschäften** wird ein Teil der Bezahlung in Form von Geld, ein anderer Teil in Form von Waren und Dienstleistungen erbracht.

• Verwendet der Exporteur die aus dem Kompensationsgeschäft erhaltenen Waren und/oder Dienstleistungen selbst, so findet sich dafür der Terminus **Eigenkompensationsgeschäft**. Geht die Kompensationsware bzw. -dienstleistung an einen Dritten (z.B. Endverbraucher, Handelshaus, Vermittler), so wird dies als **Fremdkompensationsgeschäft** bezeichnet.

Im Falle des in Textbox 1-7 skizzierten amerikanisch-sibirischen Geschäfts lag ein Vollkompensationsgeschäft vor, welches gleichzeitig als Fremdkompensationsgeschäft bezeichnet werden kann. *Volvo* erhielt aus Sibirien keinerlei Devisen und hatte selbst keine Verwendung für das Erdöl.

Doch nicht nur die Unterscheidung in Voll- und Teilkompensation sowie in Eigen- und Fremdkompensation ist entscheidend. Kompensationsgeschäfte existieren darüber hinaus in unterschiedlichen Varianten, für die sich Fachbegriffe eingebürgert haben: Die wichtigsten Varianten sind Gegengeschäfte, Counterpurchase-Geschäfte, Buy-back-Geschäfte, Barter-Geschäfte sowie Kontokorrentgeschäfte. Die in der Literatur zu findenden Definitionen sind dabei allerdings keineswegs einheitlich (vgl. dazu z.B. Moser 1986, Samsinger 1986, S. 47-78, Alexandrides/Bowers 1987, S. 5-11, Hennart 1990, S. 244-246, Altmann 1993, S. 32-36, Günter 1995, Sp. 1202-1209, Meffert/Bolz 1998, S. 241-244, Matschke/Olbrich 2000, S. 17-23, Kunze 2005, S. 36-55). Wir versuchen im Folgenden, eine möglichst übersichtliche Abgrenzung vorzunehmen.

(a) Gegengeschäfte: Von einem Gegengeschäft spricht man, wenn zwei Geschäften – der Transaktion und der Gegentransaktion – **ein einziger Vertrag** zugrunde liegt. Dieser Vertrag regelt somit die Lieferung von Waren und/oder Dienstleistungen durch den (inländischen bzw. ausländischen) Exporteur, deren Bezahlung durch eine Gegenlieferung erfolgt, die ganz oder teilweise aus Waren und Dienstleistungen des (ausländischen bzw. inländischen) Importeurs besteht.

(b) Counterpurchase-Geschäfte: Ein Counterpurchase-Geschäft liegt dann vor, wenn zwischen Exporteur und Importeur **zwei Verträge** geschlossen werden. In einem Vertrag wird die Leistung des Exporteurs einschließlich aller Konditionen vereinbart. Im anderen Vertrag verpflichtet sich der Exporteur, für einen bestimmten Anteil des Liefervertrags bestimmte Güter vom Importeur abzunehmen. Die beiden Verträge werden unabhängig voneinander geschlossen; sie sind jedoch in der Regel durch ein Protokoll verbunden. Counterpurchase-Geschäfte werden auch als **Parallel-, Kopplungs- bzw. Junktimgeschäfte** bezeichnet.

(c) (Product-)Buy-back-Geschäfte: Bei Buy-back-Geschäften, die vor allem im Investitionsgütersektor existieren, wird der Exporteur einer Anlage für seine Leistung mit Waren bezahlt, die der Importeur durch den Betrieb der Anlage erzeugt. Die Gegenleistung wird somit nicht unmittelbar im Gegenzug zur Leistung erbracht, sondern erst im Laufe des Betriebs der Anlage. Als historisches Beispiel kann das Erdgas-Röhrengeschäft mit der ehemaligen Sowjetunion genannt werden: Die deutsche Seite lieferte die Röhren für das Erdgas, wofür die sowjetische Seite später mit Erdgas bezahlte. Ebenso wurden von westlichen Firmen Chemieanlagen an die Sowjetunion verkauft. Der Kaufpreis dafür wurde in Form von Kunstdünger und anderen in diesen Anlagen erzeugten Produkten entrichtet. Buy-back-Geschäfte können sowohl als Gegen- als auch als Counterpurchase-Geschäfte abgeschlossen werden.

Gegengeschäfte und Counterpurchase-Geschäfte – sowie die Variante der Buy-back-Geschäfte – kommen entweder in der Form der Vollkompensation oder in der Form der Teilkompensation vor. Ferner kann es sich dabei entweder um Eigenkompensations- oder um Fremdkompensationsgeschäfte handeln. Dies zeigt, dass Gegen- und Counterpurchase-Geschäfte nochmals in unterschiedlicher Ausgestaltung vorliegen können. Spezifischere Voraussetzungen müssen erfüllt sein, um von einem Bartergeschäft sprechen zu können.

(d) Bartergeschäfte: Ein Bartergeschäft ist an folgende drei Bedingungen geknüpft:

- es existiert wie beim Gegengeschäft nur ein einziger Vertrag, der Lieferung und Gegenlieferung regelt,
- es handelt sich um eine Vollkompensation, d.h. um ein Kompensationsgeschäft, bei dem keinerlei Geldzahlungen fließen,
- die Forderung des Exporteurs an den Importeur wird ohne Einschaltung eines Dritten, d.h. direkt durch eine Lieferung von Waren und/oder Dienstleistungen, erfüllt.

Bartergeschäfte können sich ferner über einen längeren Zeitraum erstrecken und Transaktionen sowie Gegentransaktionen für eine Vielzahl von Gütern umfassen. Man findet dann in der Literatur zuweilen den Begriff des **Clearing Agreements** (vgl. Hennart 1990, S. 244).

(e) Clearing Agreement: Bei einem Clearing Agreement, auch **Kontokorrentgeschäft** genannt, verpflichten sich zwei Parteien, über einen bestimmten Zeitraum hinweg wechselseitig Waren und Dienstleistungen in einer vereinbarten Höhe abzunehmen. Jede Partei führt ein Konto, das genau dann belastet wird, wenn von der anderen Partei Güter bezogen werden. Am Ende der vorab festgelegten Periode wird geprüft, ob die von beiden Parteien geführten Konten den gleichen Stand aufweisen. Damit wird verglichen, ob Leistungen und Gegenleistungen in gleicher Höhe bezogen wurden. Sollte dies nicht der Fall sein, so muss einer der Partner seine „Schulden" durch eine weitere Lieferung – sowie im Ausnahmefall über die Entrichtung der Differenz in Form von Devisen – begleichen („clearen").

Neben diesen vergleichsweise einfachen Typen von Kompensationsgeschäften existiert eine Vielzahl von weiteren Möglichkeiten, bei denen zuweilen Drittpartner eingeschaltet werden und Dreieckskompensationen entstehen. **Dreieckskompensationen** werden auch als **Switchgeschäfte** bezeichnet.

(3) Die Bedeutung von Kompensationsgeschäften

Schätzungen über den Umfang des Kompensationshandels gehen seit langer Zeit weit auseinander (vgl. Samsinger 1986, S. 40-41). Es gibt Autoren, deren Schätzungen zufolge der Anteil von Kompensationsgeschäften bis zu 20% des Welthandels umfasst (vgl. Fantapié Altobelli 1994, S. 25 und S. 31). Andere Autoren wollen einen derart hohen Anteil nicht erkennen und betrachten einen Anteil von **5% des Welthandels** als realistisch. Mitte der neunziger Jahre wurde ein Wert von lediglich 2% als wirklichkeitsnah angesehen; nach der Asienkrise erhöhte sich dieser Schätzwert jedoch wieder (vgl. Koch 2006, S. 21). Greift man den Aussagen des nächsten Abschnitts vor, in dem von einem inzwischen erreichten Volumen des gesamten Welthandels in Höhe von etwa 11,8 Billionen US-$ die Rede sein wird, so vereinen Kompensationsgeschäfte – bei einer Zugrundelegung der vorsichtigen 5%-Grenze – jährlich immerhin ein Volumen von mindestens ca. 588 Mrd. US-$ auf sich. Vor allem im Handel mit Entwicklungsländern sowie mit ehemaligen Ostblockstaaten und deren Nachfolgestaaten spielen Kompensationsgeschäfte eine bedeutende Rolle (vgl. zum sogenannten früheren „kompensatorischen Osthandel" z.B. Reichardt 1990).

Die **Hauptgründe** für die Popularität der Kompensationsgeschäfte werden im

- Mangel von Devisen,
- Verbot der Devisenausfuhr und
- fehlenden Vermarktungs-Know-how

von Unternehmungen in einigen Ländern gesehen (vgl. zu weiteren Gründen Hennart 1990, S. 246-254). Gerade in den Vereinigten Staaten verbinden manche Unternehmungen mit Kompensationsgeschäften offensichtlich die Chance, sich von veralteten Produkten oder Dienstleistungen trennen und diese vor allem in die Dritte Welt liefern zu können. Sie erkaufen sich diese Möglichkeit durch ihre Bereitschaft, auf Gegenleistungen in Geld zu verzichten und Gegenleistungen in Form von Waren zu akzeptieren (vgl. Green 1997, S. 1A, 5A).

Doch trotz aller Vorteile liegen auch die **Probleme** von Kompensationsgeschäften auf der Hand:

- Schwierigkeit der Ermittlung von Werten für die als Gegenleistung bestimmten Waren bzw. Dienstleistungen,
- Problematik der Verwertbarkeit der als Ware bzw. Dienstleistung erbrachten Gegenleistung,
- Verhandlungsaufwand beim Abschluss von Kompensationsgeschäften (u.a. Einigung über Lieferfristen, Qualität der Gegenleistung),
- Aufwand zum Vollzug des Kompensationsgeschäfts (u.a. Formalitäten beim Import der Gegenleistung, Abwicklung des Importgeschäfts) sowie
- ein meist verspäteter Liquiditätsfluss.

Nachdem wir nun den Außenhandel in seinen Basis- und Sonderformen umfassend erläutert haben, wollen wir in Abschnitt 2.1.3 auf die Gründe bzw. Motive des Außenhandels eingehen. Warum kommt es zu Importen und Exporten?

2.1.3   Motive des Außenhandels

Als wichtigste **Importmotive** für Unternehmungen können die folgenden Aspekte gelten (vgl. Schmid 2004a):

* Nichtverfügbarkeit bestimmter Waren und Dienstleistungen im Inland,
* Kosten- und Preisunterschiede für Waren und Dienstleistungen zwischen Inland und Ausland,
* Qualitätsunterschiede für Waren und Dienstleistungen zwischen Inland und Ausland,
* Risikovermeidung/-streuung, etwa im Hinblick auf die Streuung von Beschaffungsquellen über Ländergrenzen hinweg,
* Erhaltung oder Sicherung der Wettbewerbsfähigkeit sowie
* Know-how-Absorption.

Für Unternehmungen spielen die folgenden **Exportmotive** eine zentrale Rolle:

* Hoffnung auf höhere Gewinne, u.a. aufgrund von Sättigungstendenzen bzw. starkem Wettbewerb im Inland,
* Möglichkeit der Risikodiversifikation und damit der Risikoreduktion, u.a. aufgrund der unterschiedlichen konjunkturellen Situationen in unterschiedlichen Ländern,
* Ausnutzen freier inländischer Kapazitäten durch Erschließen neuer Absatzmärkte,
* Möglichkeit der Erhöhung von Kapazitäten, u.a. um Kostensenkungs- und Rationalisierungseffekte zu erzielen,
* (spontane) Nachfrage ausländischer Konsumenten nach inländischen Gütern und Dienstleistungen,
* Ausnutzen von Erfahrungen aus dem Inland für das Ausland bzw. im Ausland,
* Lernen von Erfahrungen auf Auslandsmärkten, zum Beispiel anspruchsvolle Konsumentenwünsche im Ausland,
* Veränderung der Währungsrelationen, die inländische Güter für ausländische Konsumenten verbilligen und somit attraktiv machen können,
* Wunsch inländischer Kunden, diese mit Produkten und Dienstleistungen in das Ausland zu begleiten, zum Beispiel Bankdienstleistungen für Exporteure,
* Befürchtung, gegenüber exportierenden Konkurrenten bei einem Verzicht auf Ausfuhr zurückzufallen sowie
* Förderung des Exports durch (halb-)staatliche Stellen (vgl. Engelhard 1992a).

In der Literatur existieren zahlreiche empirische Studien, die derartige Motive erfassen und teilweise auch hinsichtlich der Bedeutung in eine Rangordnung bringen. Wir werden im Rahmen unserer Ausführungen zu den Theorien der Internationalisierung nochmals darauf zurückkommen und erläutern, dass Motivkataloge eine Reihe von Problemen aufweisen (→ Kapitel 3).

2.2   Der weltweite Außenhandel

In Abschnitt 2.2 versuchen wir nun, Ihnen einen Eindruck vom Ausmaß der weltweiten Exporte und Importe zu geben. Wir beginnen mit einem Überblick über die historische Entwicklung des Welthandels (Abschnitt 2.2.1), bevor wir anschließend eine Antwort auf die Frage geben, welche Staaten für den Welthandel besonders wichtig sind (Abschnitt 2.2.2). Abbildung 1-7 kann Ihnen einen Überblick über die Systematik der nun folgenden Ausführungen geben.

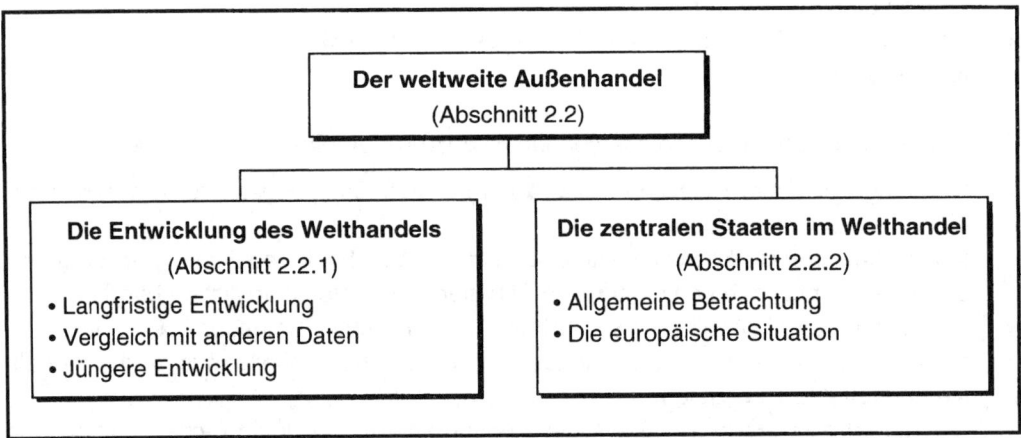

Abb. 1-7:   Strukturübersicht über die Betrachtungen zum weltweiten Außenhandel

2.2.1   Die Entwicklung des Welthandels

Wenn wir nachfolgend die Entwicklung des Welthandels nachzeichnen, so möchten wir zunächst mit einem Überblick über die langfristige Entwicklung beginnen (Abschnitte 2.2.1.1 und 2.2.1.2), bevor wir uns dem Zeitraum der letzten 20 Jahre detaillierter zuwenden (Abschnitt 2.2.1.3). Wir werden uns auf den Welthandel mit Waren beschränken und den Welthandel mit Dienstleistungen – vor allem aufgrund der Erfassungsproblematik – weitgehend außen vor lassen (vgl. zum internationalen Dienstleistungshandel z.B. Koch 2006, S. 12-16).

Wir verwenden die Begriffe „Weltaußenhandel" und **„Welthandel"** synonym. Zwar wird Welthandel zuweilen in (Welt-)Binnenhandel und (Welt-)Außenhandel differenziert und somit der (Welt-)Außenhandel nur als Teil des gesamten Handels in der Welt aufgefasst; in den meisten Veröffentlichungen, die sich mit internationalem Handel beschäftigen, hat sich der Begriff Welthandel allerdings als Synonym für grenzüberschreitenden Handel eingebürgert (vgl. z.B. Siebert/Lorz 2006).

2.2.1.1   Die langfristige Entwicklung des Welthandels

Wie bereits aufgezeigt wurde, reichen die Wurzeln des grenzüberschreitenden Handels Jahrtausende zurück. Zahlenmaterial über das Ausmaß des Welthandels liegt aber in den meisten historischen Betrachtungen erst ab etwa 1870 vor. Wir wollen im Rahmen unserer kurzen Betrachtung drei Perioden unterscheiden: (1) die Zeitspanne vor dem Ersten Weltkrieg, (2) die Zeitspanne zwischen den beiden Weltkriegen und (3) die Zeitspanne nach dem Zweiten Weltkrieg. Zu diesen Perioden wollen wir einige Basisinformationen liefern.

(1) Zeitspanne vor dem Ersten Weltkrieg (1870-1913)

Bereits zwischen 1870 und dem Ausbruch des Ersten Weltkriegs lässt sich ein kontinuierlicher Anstieg des Welthandels feststellen. Die **Wachstumsraten** zwischen 1870 und 1913 sollen nach statistischen Berechnungen – wie bereits kurz erwähnt (→ Abschnitt 1.4 in diesem Kapitel) – durchschnittlich **3,5% p.a.** betragen haben. Damit wuchs der Welthandel stärker als die gesamte Weltwirtschaftsleistung: Das durchschnittliche jährliche Wachstum des Outputs wird für diese Zeitspanne mit (nur) 2,7% p.a. veranschlagt (vgl. Kitson/Michie 1997, S. 6-7). Deutlich mehr als die Hälfte des Welthandels wurde in dieser Zeit von europäischen Ländern abgewickelt (vgl. Kenwood/Lougheed 1992, S. 79-83).

(2) Zeitspanne zwischen den beiden Weltkriegen

Die erste Hälfte des 20. Jahrhunderts prägten – sowohl in politischer als auch in wirtschaftlicher Hinsicht – die beiden Weltkriege. Aus diesem Grund waren die Handelsverflechtungen zwischen unterschiedlichen Staaten in der Zeitspanne zwischen Ausbruch des Ersten Weltkriegs und dem Ende des Zweiten Weltkriegs starken Schwankungen unterworfen. Neben den beiden Weltkriegen sorgte vor allem die Weltwirtschaftskrise für große Turbulenzen. Die von Charles Kindleberger dokumentierte Welthandelsspirale weist nach, dass der zuvor bereits stark angewachsene Welthandel in der Zeit von Januar 1929 bis März 1933 auf ein Drittel seines ursprünglichen Niveaus sank. Gemessen an den Importströmen nahm das Volumen des Welthandels drastisch von 2.998 Mio. US-Gold-$ auf 1.057 Mio. US-Gold-$ ab (vgl. Kindleberger 1973, S. 172). Schenkt man den verfügbaren Statistiken Glauben, so hat sich allerdings trotz der Weltwirtschaftskrise im gesamten Zeitraum zwischen 1913 und 1937 ein jährliches **Wachstum des Außenhandels** von 1,3% p.a. ergeben – eine Wachstumsrate, die freilich im Vergleich zu dem jährlichen Anstieg von 3,5% zwischen 1870 und 1913 deutlich abfällt (vgl. Kitson/Michie 1997, S. 7).

(3) Zeitspanne nach dem Zweiten Weltkrieg

Nach dem Zweiten Weltkrieg stieg das Welthandelsvolumen stärker an als jemals zuvor. Dies kommt auch in Abbildung 1-8 zum Ausdruck, in der die Entwicklung des Welthandels seit 1938 anhand der Exportströme aufgezeigt wird. Besonders hohe Wachstumsraten wies der Welthandel bis 1980 auf. Ab dem Beginn der achtziger Jahre schwächte sich das Wachstum im langfristigen Vergleich etwas ab, erreichte aber immer noch beträchtliche Steigerungsraten (vgl. Kozul-Wright 1995, S. 144). Im Jahr 2006 wurde ein **Welthandelsvolumen** von ca. **11,8 Billionen US-$** erreicht (vgl. WTO 2007a, S. 6).

	1938	1948	1958	1968	1978	1988	1998	2006
Exporte (fob) in Mrd. US-$	22,7	57,5	108,6	239,7	1.301,0	2.814,5	5.334,6	11.762,0
Veränderung im Zehnjahreszeitraum*	-	+ 153%	+ 89%	+ 121%	+ 443%	+ 116%	+ 90%	+ 120%**

* zu laufenden Preisen; ** Veränderung zu 1998.

Abb. 1-8:   Die Entwicklung des Welthandels seit 1938
Quelle: Daten der Vereinten Nationen, Siebert/Lorz (2006), S. 7, WTO (2007a), S. 6 sowie eigene Berechnungen.

Der **Welthandel** zu laufenden Preisen ist heute mehr als **zweihundertmal** so hoch wie 1948, d.h. kurz nach dem Zweiten Weltkrieg. Doch eine Feststellung wie diese, die von einer Vervielfachung des Welthandelsvolumens spricht, ist per se noch ohne große Aussagekraft. Wir wollen deshalb die Entwicklung des Welthandels in Beziehung zur Entwicklung einer anderen wesentlichen Größe setzen: zur Entwicklung des Weltsozialprodukts.

2.2.1.2 Die langfristige Entwicklung des Welthandels im Vergleich mit anderen weltwirtschaftlichen Daten

(1) Vergleicht man zunächst die **Entwicklung** von **Welthandel** und **Weltsozialprodukt** im Zeitablauf, so stellt man fest, dass der Welthandel – mit Ausnahme der Zeitspanne zwischen den beiden Weltkriegen – deutlich stärker als das Weltsozialprodukt zugenommen hat (vgl. Kitson/Michie 1997, S. 6-7). Abbildung 1-9 kontrastiert die jährlichen Wachstumsraten des Weltsozialprodukts mit den jährlichen Wachstumsraten des Welthandels und bestätigt die starke Zunahme des grenzüberschreitenden Handels. Die in Abbildung 1-9 enthaltenen Angaben zur Volatilität offenbaren allerdings auch, dass das Wachstum des Welthandels größeren Schwankungen unterworfen ist als das Wachstum des Weltsozialprodukts. Oder anders ausgedrückt: Der Welthandel nimmt immer wieder in Schüben zu, die dann von Phasen vergleichsweise moderaten Wachstums abgelöst werden.

	Weltsozialprodukt		Welthandel	
	Durchschnittliche jährliche Wachstumsrate (in %)	Standard-abweichung (in %)	Durchschnittliche jährliche Wachstumsrate (in %)	Standard-abweichung (in %)
1870 – 1913	2,8	2,1	3,6	2,5
1924 – 1937	2,1	4,8	2,2	7,5
dabei: 1924 – 1929	3,7	0,8	5,7	2,2
1929 – 1937	1,3	5,9	0,5	8,5
1950 – 1990	3,9	1,8	5,9	4,6
dabei: 1950 – 1973	4,7	1,6	7,5	4,2
1973 – 1990	3,1	1,6	4,5	4,9
1990 – 2006	2,5	1,0	5,9	2,8

Abb. 1-9:   Wachstum und Volatilität von Weltsozialprodukt und Welthandel zwischen 1870 und 2006
Quelle: in Anlehnung an Kitson/Michie (1997), S. 8; ab 1990 Daten aus WTO (2007b), S. 170 sowie eigene Berechnungen.

Gelegentlich wird behauptet, seit der Zeit ab 1950 sei der Welthandel doppelt so schnell gestiegen wie das Weltsozialprodukt (vgl. z.B. Koch 2006, S. 6). Diese Behauptung ist allerdings etwas zu relativieren: Viele Statistiken lassen zwar ein deutlich stärkeres Wachstum des Welthandels im Vergleich zum Wachstum des Weltsozialprodukts erkennen; sie weisen aber kein doppelt so hohes Wachstum nach. Unter Rückgriff auf vorsichtige Schätzungen lässt sich festhalten: Die Wachstumsraten des Welthandels nach dem Zweiten Weltkrieg waren etwa 1,5 mal so hoch wie die Wachstumsraten des Weltsozialprodukts (vgl. WTO 1998a, v.a. S. 9-11). In jüngster Zeit hat sich das Wachstum des Welthandels allerdings beschleunigt. Betrachtet man lediglich den Zeitraum ab 1990, so lässt sich eine durchschnittliche Wachstumsrate des Welthandels feststellen, die mehr als doppelt so hoch ist wie die Wachstumsrate des Weltsozialprodukts.

(2) Doch nicht nur der Vergleich des Welthandels mit dem Weltsozialprodukt im Zeitablauf, auch die **Relation zum Weltsozialprodukt** ist aufschlussreich. Während der Welthandel 1950 etwa 7% des Weltsozialprodukts ausmachte, liegt der Anteil des Welthandels am Weltsozialprodukt heute, inzwischen bei ca. 25%. Die Entwicklung des Welthandels im Verhältnis zum Weltsozialprodukt spiegelt Abbildung 1-10 wider. Eine besonders starke Zunahme des Verhältnisses Welthandel/Weltsozialprodukt ist dabei seit dem Jahr 2000 zu erkennen. Dieser sprunghafte Anstieg ist unter anderem auf das starke Wachstum des Handels in und mit asiatischen sowie zentral- und mittelamerikanischen Ländern, auf sinkende Transportkosten und auf den damit verbundenen Warenverkehr zurückführen. Wenn man neben dem in Abbildung 1-10 dargestellten Handel mit Sachgütern auch den Handel mit Dienstleistungen berücksichtigt, werden die Prozentsätze sogar noch überschritten.

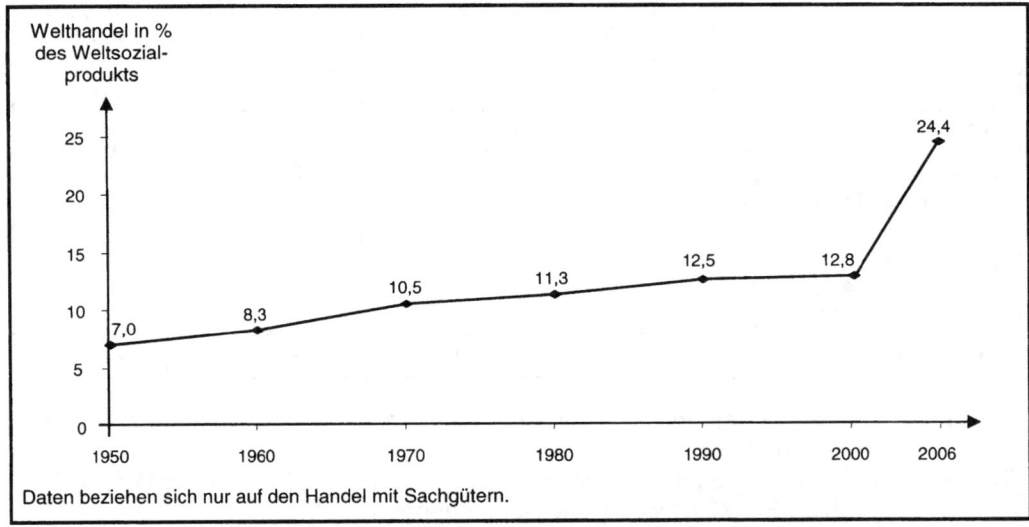

Abb. 1-10: Das Volumen des Welthandels im Verhältnis zum Weltsozialprodukt
Quelle: Daten bis 1990 von der WTO, zitiert nach Schumann (1999), S. 126, Daten ab 2000 aus UNCTAD (2001b), S. 10 und (2007), S. 9 sowie aus WTO (2001), S. 2 und (2007b), S. 9 und eigene Berechnungen.

Wir wollen an dieser Stelle betonen, dass wir die Begriffe Weltsozialprodukt, Weltproduktion und Weltoutput aus Gründen der Vereinfachung gleichsetzen. Diese Gleichsetzung erfolgt auch in unseren weiteren Ausführungen sowie in den von uns referierten Daten.

Seit dem Zweiten Weltkrieg spielen die Bemühungen, die mit dem Allgemeinen Zoll- und Handelsabkommen (**General Agreement on Tariffs and Trade, GATT**) verbunden waren und seit 1995 von der Welthandelsorganisation (**World Trade Organization, WTO**) fortgesetzt werden, eine wesentliche Rolle für die starke Zunahme des Welthandels. Sowohl GATT als auch WTO haben als wesentliche Aufgabe die Förderung des internationalen Handels. Einige Informationen zu GATT und WTO haben wir in Textbox 1-8 zusammengestellt.

Textbox 1-8:   **Die WTO (World Trade Organization)**

Ein Kurzüberblick

Das oberste **Ziel** der World Trade Organization ist die **Errichtung und Aufrechterhaltung funktionsfähiger, dauerhafter multilateraler Handelsbeziehungen**. Dieses Ziel wird deswegen verfolgt, weil man sich von intensiven Handelsbeziehungen auch das Erreichen anderer volkswirtschaftlicher Grundziele, wie zum Beispiel die Erhöhung des Lebensstandards, höhere Beschäftigung oder Wirtschaftswachstum, verspricht. Als Mittel zur Realisierung dieses Ziels sieht die World Trade Organization vor allem den **Abbau von tarifären und nicht-tarifären Handelsschranken** an. Zu den tarifären Handelsschranken zählen vor allem Zölle; das Spektrum der nicht-tarifären Handelsschranken umfasst alle Handelsbeschränkungen, die nicht auf Zöllen beruhen, und reicht von Kontingentierungen über Subventionen und staatliche Auftragsvergabe bis hin zu administrativen Behinderungen (vgl. dazu auch ausführlich Koch 2006, S. 176-196).

Die World Trade Organization ersetzte zum 1. Januar 1995 das Allgemeine Zoll- und Handelsabkommen **(GATT)**, welches seit 1947 bestand und in insgesamt acht mehrjährigen Verhandlungsrunden erhebliche Zollsenkungen sowie weitere sechs plurilaterale Kodices zum Abbau von Diskriminierungen beschlossen hatte. Der World Trade Organization gehören inzwischen über 150 Staaten an (vgl. WTO 2007a, S. 361), die zusammen für mehr als 90% des Welthandels verantwortlich zeichnen. Die WTO regelt dabei nicht nur den Handel mit Waren, sondern auch mit Dienstleistungen sowie geistigem Eigentum (Patente, Marken).

Trotz eines generellen Konsenses über den Nutzen einer Handelsliberalisierung und einer Nicht-Diskriminierung existiert allerdings bis heute eine Vielzahl von Regelungen, die deutlich machen, dass das Endziel eines (völlig) freien Welthandels noch immer in weiter Ferne liegt (vgl. Miller/Loess 2002).

Quellen:
- Kulessa (1998)
- o.V. (1999): WTO – Schiedsstelle für ökonomische Konflikte. In: Frankfurter Allgemeine Zeitung Nr. 278 vom 29. November 1999, S. 19.

In Textbox 1-9 wird aufgezeigt, dass die WTO heutzutage aufgrund der Vielzahl an Verhandlungspartnern mit unterschiedlichen Interessenlagen nur sehr schwer ihre Ziele
erreichen kann – sie wird zum Teil sogar lediglich als „unbeteiligter Zuschauer" gesehen
(vgl. Baldwin 2006). Viele Länder ziehen es mittlerweile vor, bilaterale oder regionale
Abkommen zu schließen, da aufgrund der geringeren Anzahl an Verhandlungspartnern
in der Regel weitaus schneller ein Konsens zu erlangen ist. Dies jedoch bringt für international agierende Unternehmungen eine fast unüberschaubare Komplexität mit sich,
da sich diese nun mit einem Wirrwarr von Handelsabkommen – einer sogenannten
„Spaghetti-Bowl" – konfrontiert sehen (vgl. Estevadeordal/Suominen 2005).

Textbox 1-9:   Die Zukunft der WTO

Ein Zeitungsausschnitt

Gestern vor 60 Jahren, am 01. Januar 1948, trat das Allgemeine Zoll- und Handelsabkommen (GATT) in Kraft – eines der wichtigsten Elemente der Weltwirtschaft. Es
galt, einen runden Geburtstag zu feiern, doch rechte Jubelstimmung wollte nicht aufkommen. Die lebensbedrohliche Krise der WTO überschattet das Jubiläum. „Das
globale Handelssystem ist seitdem eine Quelle des Wohlstands, der Stabilität und
der Vorhersagbarkeit", lobt Pascal Lamy, der Generaldirektor der Welthandelsorganisation (WTO), die 1995 das GATT ablöste. Doch angesichts der bedrohlichen Krise, in der die Organisation heute steckt, fiel die vorverlegte 60-Jahr-Feier zum 60.
Geburtstag in der WTO-Zentrale am Genfer See betont nüchtern aus.

Denn die aktuelle WTO-Welthandelsrunde zur weiteren Öffnung der globalen Märkte
steckt hoffnungslos fest. Der Zyklus, 2001 in Katars Hauptstadt Doha gestartet, mu-
tiert zum Synonym für zähe Endlosverhandlungen. Immer mehr Experten fürchten,
dass die Konflikte über Agrarsubventionen, Industriezölle und Marktzugang für Banken, Versicherer und Transportunternehmen unüberwindbar sind. „Es kann sein,
dass die WTO-Mitglieder die Verhandlungen nicht zu Ende führen", unkt Carlos Alberto Primo Braga von der Weltbank.

Die vielen Versprechen, zu Beginn der Runde vollmundig gemacht, drohen zu platzen: Die Weltbank kalkulierte seinerzeit üppige Milliardengewinne für große Exportnationen wie Deutschland. Ein Doha-Deal sollte aber auch die Entwicklungsländer
fester in die Globalisierung einbinden. Und die Welthandelsrunde sollte nach den
Terroranschlägen vom 11. September 2001 die internationale Gemeinschaft fester
zusammenrücken lassen.

Kommt jetzt das Aus für die Handelsrunde, könnte dies auch die weltweiten Stagna-
tions- und Rezessionsängste weiter anfachen. Und ein Scheitern der Runde könnte
die WTO als Instanz demolieren: Sie würde ihre mühsam erworbene Glaubwürdig-
keit als globales Forum für Verhandlungen verlieren.

Schon heute gehen die Handelsmächte mehr und mehr den bilateralen Weg. Zwei oder mehrere Partner schließen einen Pakt über ausgewählte Bereiche ab. Vor allem die USA suchen gezielt diese Vereinbarungen. Die WTO verzeichnet bereits mehr als 360 bilaterale Abkommen. „Für die Unternehmen ist der bilaterale Weg nicht der beste Weg", warnt allerdings die Internationale Handelskammer: „Statt mit einem großen WTO-Abkommen müssen sich die Firmen mit einer unübersichtlichen Zahl von Einzelabkommen herumschlagen."

Die Inflation der bilateralen Vereinbarungen ist eine direkte Konsequenz aus der massiven Schwäche der Welthandelsorganisation: Am WTO-Verhandlungstisch mischen so viele Mitglieder und unterschiedliche Gruppen mit, dass die Suche nach einem Konsens immer schwieriger wird. Jedes der bald 152 WTO-Mitglieder hat das Recht, Entscheidungen zu blockieren. Und die WTO-Spieler spalten sich in viele Fraktionen und Blöcke auf, die mal gegeneinander, mal miteinander arbeiten – von der Gruppe der großen Entwicklungsländer (G20) über die 27 EU-Staaten bis zur Gruppe der großen vier (EU, USA, Indien, Brasilien). Besonders die Entwicklungsländer lassen ihre Muskeln spielen: Angeführt von Brasilien und Indien drohen die Armen offen damit, die Doha-Runde platzen zu lassen. Ein Diplomat bringt die Gemengelage auf den Punkt: „Viele Köche verderben den Brei."

Beim GATT hingegen ging es anders zu. Die Industriemächte waren praktisch unter sich, man traf sich in gediegener Atmosphäre und einigte sich auf Deals wie in einem Gentlemen's Club. Und die Armen? Entweder gehörten sie nicht zum Club – viele heutige WTO-Mitglieder waren in den frühen GATT-Zeiten noch Kolonien. Oder die Entwicklungsländer im GATT überließen den Reichen freiwillig das Feld – vor allem der Führungsmacht USA. Es galt eine Faustregel: Je kleiner die Zahl der Parteien, desto weniger Zeit brauchen sie für ihre Deals. In den ersten vier GATT-Handelsrunden feilschten nur 13 bis 38 Partner über den Abbau von Industriezöllen. Alle vier Zyklen dauerten nur rund ein Jahr. In der letzten GATT-Runde aber schacherten schon 123 Wirtschaftsmächte; die so genannte Uruguay-Runde zog sich von 1986 bis 1994 hin.

Hinzu kommt: Seit der sechsten Runde (Kennedy-Runde von 1964 bis 1967) packten die Verhandlungsführer immer neue Themen in die Gespräche: von Antidumping über den Schutz des geistigen Eigentums bis zu Dienstleistungen und der kniffligen Landwirtschaft. Von Transparenz kann in der WTO deshalb keine Rede mehr sein. Oder wie Pascal Lamy es sagte, als er noch EU-Handelskommissar war: Die Strukturen der WTO seien „mittelalterlich".

Quelle:
Herbermann, Jan D. (2008): Der Welthandel läuft aus dem Ruder. In: Handelsblatt Nr. 1 vom 02. Januar 2008, S. 7.

2.2.1.3   Die jüngere Entwicklung des Welthandels

Wir wollen nun unseren Blick etwas stärker auf die Zeit ab 1980 richten und uns die
Entwicklung des Welthandels in diesem Zeitraum vor Augen führen. In Abbildung 1-11
wird die Situation anhand der Entwicklung der Exporte aufgezeigt.

1980	1984	1988	1992	1996	2000	2002	2004	2006
1.996,5	1.909,4	2.826,6	3.685,6	5.257,2	6.012,7	6.240,0	8.880,0	11.762,0
Alle Werte in Mrd. US-$.								

Abb. 1-11: Die Entwicklung des Welthandels seit 1980
Quelle: Daten bis zum Jahr 1990 aus Baratta (2000, Hrsg.), Sp. 1217-1218, Daten
           der Jahre 1992 bis 2000 aus Baratta (2002, Hrsg.), Sp. 1215-1216, Daten
           ab 2002 aus WTO (2003), S. 10, WTO (2005), S. 6 und WTO (2007a), S. 6.

Würde man die Entwicklung des Weltaußenhandels anhand der Importe betrachten, so
ergäbe sich ein ähnliches Bild. Die Exportwerte und die Importwerte sind allerdings nicht
identisch: Dies hängt unter anderem damit zusammen, dass **Exporte** auf der Basis von
„fob-Werten", **Importe** dagegen auf der Basis von „cif-Werten" erfasst werden (vgl.
zu weiteren Diskrepanzen Altmann 1993, S. 53-54). Was unter fob bzw. cif zu verstehen
ist, wird durch die Ausführungen in Textbox 1-10 erläutert. Das weltweite Importvolumen
liegt – aufgrund der Bewertung – regelmäßig leicht über dem weltweiten Exportvolumen.
Die wertmäßigen Importvolumina wurden, wie das Statistische Jahrbuch der Vereinten
Nationen aufzeigt, in den letzten Jahren meist ca. 1,75-3,00% höher als die wertmäßigen Exportvolumina veranschlagt (vgl. dazu z.B. United Nations 1997, S. 10, United Nations 2000a, S. 10). Im Jahr 2006 lag das Importvolumen 2,7% über dem Exportvolumen (vgl. WTO 2007a, S. 11 sowie eigene Berechnungen).

Ein starkes **Wachstum des Welthandels** lässt sich **vor allem seit Mitte der achtziger
Jahre** konstatieren. Zu Beginn der neunziger Jahre gab es zunächst nur noch leichte
Zuwächse im Welthandelsvolumen, bevor sich Mitte der neunziger Jahre erneut eine
deutliche Beschleunigung des Wachstums des Welthandels einstellte. In den Jahren
1994 und 1997 nahm der Welthandel sogar um jeweils mehr als 10% gegenüber dem
Vorjahr zu (vgl. WTO 1998b, S. 10). Verändert hat sich die Situation dann seit der Jahrtausendwende: Im Jahr 2001 war das Welthandelsvolumen leicht rückläufig; es
schrumpfte um ca. 1%. Seit 2002 wächst der Welthandel wieder stark und konstant. Im
Jahr 2006 lag das Welthandelsvolumen bei einem Wert von ca. 11,8 Billionen US-$
(vgl. WTO 2007a, S. 6).

Textbox 1-10: Die Incoterms

**Ein Überblick unter besonderer Berücksichtigung
von „fob" und „cif"**

Die Abkürzungen „fob" und „cif" sind international gebräuchliche Termini. Gemeinsam mit zahlreichen anderen Abkürzungen, die im internationalen Handelsverkehr Anwendung finden, werden sie als Incoterms (International Commercial Terms) bezeichnet. Diese **Incoterms** werden seit etwa 80 Jahren von der Internationalen Handelskammer in Paris festgelegt und immer wieder in unregelmäßigen Abständen leicht modifiziert.

Die Incoterms beinhalten Aussagen darüber, welche Pflichten Käufer und Verkäufer einer Ware haben. Sie regeln ferner den Gefahr- und Kostenübergang vom Verkäufer auf den Käufer und enthalten Bestimmungen über Transport- und Versicherungsverträge. Einen Überblick über die Incoterms gibt die in dieser Textbox abgebildete Tabelle.

„fob" bedeutet **„free on board"** und beinhaltet den Wert einer Ware

- einschließlich der Transport-, Versicherungs-, Verlade- und sonstigen Zusatzkosten bis an Bord eines Schiffes bzw. Flugzeuges (im Falle des See- oder Luftweges) bzw.

- einschließlich der Transport-, Versicherungs-, Verlade- und sonstigen Zusatzkosten bis zur Landesgrenze des Exporteurs (im Falle des Landweges).

Ein Export von Deutschland nach Griechenland wird statistisch mit einem Wert erfasst, den die exportierten Waren einschließlich Versandkosten (Transport-, Versicherungs- und Verladungskosten) an der deutschen Grenze aufweisen. Die Versandkosten von der deutschen Landesgrenze bis zur griechischen Landesgrenze werden dem Land (bzw. den Ländern) zugeschrieben, welches die Transportdienstleistung auch tatsächlich erbringt. Der Exportwert an der griechischen Grenze ist höher als der Exportwert an der deutschen Grenze, weil der „fob-Wert" um die Versandkosten angehoben werden muss.

„cif" ist die Abkürzung für **„cost, insurance and freight"** und bezeichnet den Wert einer Ware einschließlich aller Kosten bis an die Grenze des Importeurs. Dies schließt neben den Kosten bis zur Grenze des Exporteurs insbesondere Frachtkosten für den See-, Luft- oder Landweg ein. Der „cif-Wert" differiert damit vom „fob-Wert" um die Kosten, die von der Landesgrenze des Exporteurs zur Landesgrenze des Importeurs entstehen.

Nur im Fall des Handels zwischen zwei benachbarten Ländern sind „fob-Wert" und „cif-Wert" identisch; in allen anderen Fällen differieren die beiden Werte.

Lieferbe-dingung	Ausfuhr-zollab-fertigung	Einfuhr-zollab-fertigung	Transport-vertrag	Lieferort	Gefahr-über-gang V auf K	Kosten-über-gang V auf K	Versiche-rungs-vertrag
EXW (Ex Works)	K	K	K	Werk des V	Lieferort		Keine Ver-pflichtung
FCA (Free Car-rier)	V	K	K	Gemäß vertrag-licher Fest-legung	Lieferort		Keine Ver-pflichtung
FAS (Free Alongside Ship)	V	K	K	Längsseite Schiff im Ver-schiffungshafen	Lieferort		Keine Ver-pflichtung
FOB (Free On Board)	V	K	K	Schiff im Ver-schiffungshafen	Schiffsreling		Keine Ver-pflichtung
CFR (Cost and Freight)	V	K	V	Schiff im Ver-schiffungshafen	Schiffs-reling	Bestim-mungs-hafen	Keine Ver-pflichtung
CIF (Cost, In-surance, Freight)	V	K	V	Schiff im Ver-schiffungshafen	Schiffs-reling	Bestim-mungs-hafen	V: Min-dest-deckung
CPT (Carriage Paid To)	V	K	V	Ort der Überga-be an den ers-ten Frachtführer	Lieferort	Bestim-mungsort	Keine Ver-pflichtung
CIP (Carriage and Insur-ance Paid)	V	K	V	Ort der Überga-be an den ers-ten Frachtführer	Lieferort	Bestim-mungsort	V: Min-dest-deckung
DAF (Delivered At Frontier)	V	K	V	Bestimmungsort an der Grenze	Bestimmungsort		Keine Ver-pflichtung
DES (Delivered EX Ship)	V	K	V	Schiff im Be-stimmungs-hafen	Schiff im Bestim-mungshafen		Keine Ver-pflichtung
DEQ (Delivered Ex Quai)	V	K	V	Kai des Be-stimmungs-hafens	Kai des Bestim-mungshafens		Keine Ver-pflichtung
DDU (Delivered Duty Un-paid)	V	K	V	Bestimmungsort	Bestimmungsort		Keine Ver-pflichtung
DDP (Delivered Duty Paid)	V	V	V	Bestimmungsort	Bestimmungsort		Keine Ver-pflichtung
V = Verkäufer, K = Käufer							

Quellen:
Topritzhofer/Moser (1992), S. 53-80, Perau/Bittner/Bowing/Wolf (2000), S. 42-43, Altmann (2002), S. 472-480.

Waren es bis zum Zweiten Weltkrieg vor allem **Rohstoffe**, die zwischen Staaten gehandelt wurden, so hat sich diese Situation inzwischen deutlich verändert. Der Anteil des Rohstoffhandels am Welthandel beträgt heutzutage nur noch ca. 20%. Die Tendenz ist nicht nur aufgrund der zwischenzeitlich gesunkenen Preise für einen Teil der Rohstoffe (vgl. UNCTAD 2001a, S. 54-55, UNCTAD 2002, S. 19-20), sondern auch aufgrund der zunehmenden Bedeutung des Handels mit Halb- bzw. Fertigerzeugnissen – und damit einhergehend der anteilig sinkenden Bedeutung des Rohstoffhandels – weiter fallend. Besondere Bedeutung haben inzwischen **IT-Produkte**, die im Jahr 2005 ca. 14% des Welthandels ausmachten. Sie nahmen damit einen größeren Anteil am Welthandel ein als Agrarprodukte, Textilien und Kleidung zusammen (vgl. WTO 2007a, S. 16).

2.2.2   Die zentralen Staaten im Welthandel

Welche Staaten sind nun für den Welthandel von besonderer Bedeutung? Wir geben zunächst einen Überblick über die wichtigsten Export- und Importnationen (Abschnitt 2.2.2.1), bevor wir einen Blick auf den Außenhandel Europas werfen (Abschnitt 2.2.2.2).

2.2.2.1   Allgemeine Betrachtung

Der Welthandel ist nun keineswegs auf alle Staaten der Welt gleichmäßig verteilt; vielmehr wird er stark von einigen (wenigen) Staaten dominiert. Abbildung 1-12 spiegelt die Verteilung des Welthandels auf Weltregionen wider; sie verdeutlicht die Dominanz Europas, Nordamerikas und (von Teilen) Asiens im Welthandel.

	Exporte		Importe	
	in Mrd. US-$	in %	in Mrd. US-$	in %
Europa	4.957	42,1	5.218	43,2
Asien	3.276	27,9	3.023	25,0
Nordamerika	1.675	14,2	2.546	21,1
Mittlerer Osten	644	5,5	373	3,1
Süd- und Zentralamerika	426	3,6	351	2,9
Andere Regionen	784	6,7	569	4,7
Welt	11.762	100,0	12.080	100,0
Daten für das Jahr 2006.				

Abb. 1-12:   Der weltweite Warenhandel nach Weltregionen
Quelle: Daten aus WTO (2007a), S. 11 sowie eigene Berechnungen.

Vergleicht man die **Anteile**, die einzelne **Regionen am Welthandel** aufweisen, mit ihrem Anteil, den ihre Bevölkerung an der Weltbevölkerung innehat, so ergibt sich ein großes Ungleichgewicht. Afrika und weite Teile Asiens sind deutlich unterproportional am Welthandel beteiligt. Immerhin war jedoch das Exportwachstum der Entwicklungsländer in den letzten Jahren höher als das weltweite Exportwachstum.

Wenn wir nun fragen, welche einzelnen Staaten den Welthandel entscheidend tragen, so stellen wir fest, dass sowohl beim Export als auch beim Import die USA, Deutschland und Japan viele Jahre lang die ersten drei Plätze einnahmen. Inzwischen wurde Japan von China auf den vierten bzw. fünften Rang verdrängt. Mit einem gemeinsamen Exportvolumen von 3,12 Billionen US-$ decken die **drei führenden Handelsnationen** allein 25,8% der Weltexporte und mit einem gemeinsamen Importvolumen von 3,62 Billionen US-$ etwa 29,2% der Weltimporte ab. Abbildung 1-13 gibt einen Überblick über die führenden Handelsländer und ihre Anteile an den Weltexporten und -importen.

Exporte			Importe		
	in Mrd. US-$	in %*		in Mrd. US-$	in %**
1. **Deutschland**	1.112,0	9,2	1. **USA**	1.919,4	15,5
2. **USA**	1.038,3	8,6	2. **Deutschland**	908,6	7,3
3. **China**	968,9	8,0	3. **China**	791,5	6,4
4. **Japan**	649,9	5,4	4. **Ver. Königreich**	619,4	5,0
5. **Frankreich**	490,4	4,1	5. **Japan**	579,6	4,7
6. **Niederlande**	462,4	3,8	6. **Frankreich**	534,9	4,3
7. **Ver. Königreich**	448,3	3,7	7. **Italien**	437,4	3,5
8. **Italien**	410,6	3,4	8. **Niederlande**	416,4	3,4
9. **Kanada**	389,5	3,2	9. **Kanada**	357,7	2,9
10. **Belgien**	369,2	3,0	10. **Belgien**	353,7	2,8
11. **Korea**	325,5	2,7	11. **Hongkong, China**	335,8	2,7
12. **Hongkong, China**	322,7	2,7	12. **Spanien**	316,4	2,5
13. **Russische Föderation**	304,5	2,5	13. **Korea**	309,4	2,5
14. **Singapur**	271,8	2,3	14. **Mexiko**	268,2	2,2
15. **Mexiko**	250,4	2,1	15. **Singapur**	238,7	1,9
16. **Taiwan**	223,8	1,9	16. **Taiwan**	203,0	1,6
17. **Saudi Arabien**	209,5	1,7	17. **Indien**	174,8	1,4
18. **Spanien**	205,5	1,7	18. **Russische Föderation**	163,9	1,2
19. **Malaysia**	160,7	1,3	19. **Schweiz**	141,4	1,1
20. **Schweiz**	147,5	1,2	20. **Österreich**	140,3	1,1

* Bezogen auf den gesamten Weltexport (incl. Re-Exporte und Re-Importe) 2006 (12.083 Mrd. US-$).
** Bezogen auf den gesamten Weltimport (incl. Re-Exporte und Re-Importe) 2006 (12.413 Mrd. US-$).

Abb. 1-13: Die führenden Welthandelsländer
Quelle: Daten aus WTO (2007b), S. 12.

Dass neben den USA, Deutschland, China und Japan auch die Flächenstaaten Frankreich, das Vereinigte Königreich, Italien und Kanada zu den führenden Welthandelsländern gehören, dürfte – unter anderem angesichts deren Größe – nicht verwundern. Zu beachten ist allerdings, dass auch kleinere Staaten, wie etwa Belgien, die Niederlande oder Singapur, im Welthandel nicht zu vernachlässigen sind. Vor allem gemessen an ihrer Wirtschaftskraft – als Indikator lässt sich etwa das Bruttoinlandsprodukt heranziehen – weisen diese Staaten beachtliche **Export- und Importquoten** auf.

Eine Analyse der Organisation für wirtschaftliche Zusammenarbeit und Entwicklung (OECD), welche die Exporte der EU-Länder, der USA und Japans mit dem jeweiligen Bruttoinlandsprodukt in Beziehung setzt, kann dies verdeutlichen. Die Analyse zeigt, dass die USA, Deutschland und Japan zwar bei einer absoluten Betrachtung als „Exportweltmeister" gelten, bei einer relativen Betrachtung aber deutlich hinter andere Länder zurückfallen. Aus Abbildung 1-14 wird deutlich, dass Belgien, Irland, die Tschechische Republik und die Niederlande besonders exportorientierte Staaten sind. Doch auch viele skandinavische Länder sowie die Schweiz und Österreich weisen eine sehr hohe Exportabhängigkeit auf. Ein ähnliches Bild ergibt sich, wenn man die Exporte einzelner Länder mit deren Bevölkerung vergleicht und damit die Exportleistung pro Kopf berechnet (vgl. dazu z.B. IDW 1999, S. 23).

Die Analyse der OECD enthält nur europäische Länder, die USA und Japan, d.h. die so genannten Märkte der **Triade** (vgl. zur Bedeutung der Triade im Allgemeinen Ohmae 1985). Aus anderen Quellen wird jedoch ersichtlich, dass in manchen Entwicklungs- und Schwellenländern Exporte etwa 30% des Bruttoinlandsprodukts ausmachen (→ zur Problematik der Einteilung von Entwicklungs- und Schwellenländern auch Abschnitt 5.6 in diesem Kapitel). Länder wie Ägypten, Indonesien, die Philippinen oder Venezuela übertreffen damit die USA oder Japan, wo die Auslandsabhängigkeit nur ca. 10% des Bruttoinlandsprodukts beträgt, deutlich, sobald man eine relative Betrachtung anstellt (vgl. auch Siebert 2000, S. 12). In den meisten Golfstaaten sind Exporte in ähnlicher Weise für einen hohen Anteil der Wirtschaftsleistung verantwortlich. Im Fall von Saudi-Arabien, den Vereinigten Arabischen Emiraten, Kuwait oder Katar ist jedoch zu berücksichtigen, dass der Rohstoff Erdöl allein für einen Großteil der Exporte (und auch der Wirtschaftsleistung) sorgt.

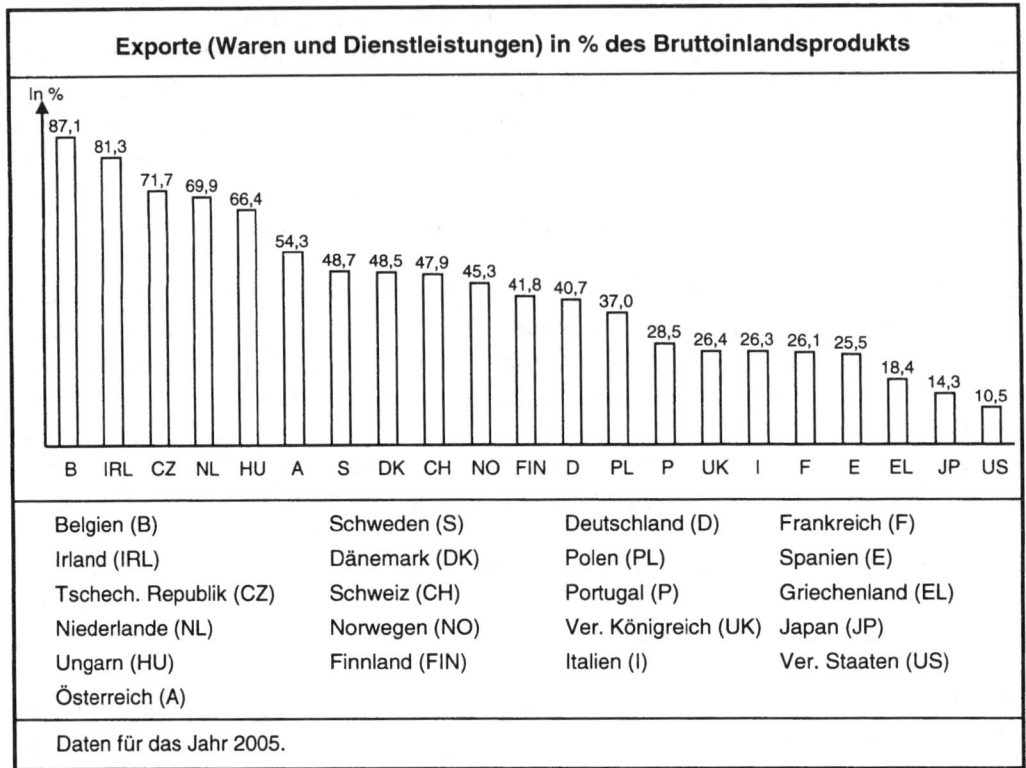

Exporte (Waren und Dienstleistungen) in % des Bruttoinlandsprodukts

In %

87,1 81,3 71,7 69,9 66,4 54,3 48,7 48,5 47,9 45,3 41,8 40,7 37,0 28,5 26,4 26,3 26,1 25,5 18,4 14,3 10,5

B IRL CZ NL HU A S DK CH NO FIN D PL P UK I F E EL JP US

Belgien (B)	Schweden (S)	Deutschland (D)	Frankreich (F)
Irland (IRL)	Dänemark (DK)	Polen (PL)	Spanien (E)
Tschech. Republik (CZ)	Schweiz (CH)	Portugal (P)	Griechenland (EL)
Niederlande (NL)	Norwegen (NO)	Ver. Königreich (UK)	Japan (JP)
Ungarn (HU)	Finnland (FIN)	Italien (I)	Ver. Staaten (US)
Österreich (A)			

Daten für das Jahr 2005.

Abb. 1-14:   Unterschiede in der Exportorientierung von Ländern
Quelle: Daten aus OECD (2007), S. 23, 33, 53, 63, 73, 83, 93, 103, 113, 133, 143,
             153, 193, 213, 223, 233, 253, 263, 273, 293, 303 sowie eigene Berechnun-
             gen.

Wir hatten oben bereits die wichtigsten Exportnationen innerhalb der Weltwirtschaft
aufgeführt. Neben dem aktuellen Status Quo wird in Abbildung 1-15 auch die zeitliche
Entwicklung der Weltmarktanteile für die Jahre 1997 bis 2006 dokumentiert. Ersichtlich
wird daran, dass sich die Weltmarktanteile einzelner Länder im Zeitablauf doch deutlich
verändern (können). Während China (einschließlich Hongkong) seinen Weltmarktanteil
um mehr als 57% ausbauen konnte, lässt sich für die USA eine Abnahme von über 31%
verzeichnen (vgl. zum Wirtschaftspartner China z.B. Kutschker, 1997, Hrsg.).

	1997	1998	1999	2000	2001	2002
USA	12,6%	12,7%	12,8%	12,3%	11,9%	10,7%
Deutschland	9,4%	10,1%	9,8%	8,7%	9,3%	9,5%
Japan	7,7%	7,2%	7,6%	7,5%	6,6%	6,5%
China (inkl. Hongkong)	6,8%	6,7%	6,7%	7,1%	7,4%	8,1%
Frankreich	5,3%	5,7%	5,5%	4,7%	5,2%	5,1%
Vereinigtes Königreich	5,2%	5,1%	4,9%	4,5%	4,4%	4,3%
Italien	4,4%	4,5%	4,2%	3,7%	3,9%	3,9%
Russische Föderation	1,6%	1,4%	1,4%	1,7%	1,7%	1,7%

	2003	2004	2005	2006	Veränderung 1997-2006
USA	9,6%	8,9%	8,7%	8,6%	− 31,75%
Deutschland	10,0%	10,0%	9,3%	9,3%	− 1,06%
Japan	6,3%	6,2%	5,7%	5,4%	− 29,87%
China (inkl. Hongkong)	8,8%	9,4%	10,1%	10,7%	+ 57,35%
Frankreich	5,2%	4,9%	4,4%	4,1%	− 22,64%
Vereinigtes Königreich	4,1%	3,8%	3,7%	3,7%	− 28,85%
Italien	3,9%	3,8%	3,5%	3,4%	− 22,73%
Russische Föderation	1,8%	2,0%	2,3%	2,5%	+ 56,25%

Abb. 1-15: Weltmarktanteile einzelner Länder im Exportgeschäft
Quelle: Daten von 1997-1999 aus United Nations (2000b), S. 23, 26, 27, 29, 32, 34,
             Daten von 2000-2006 aus WTO (2001), S. 21, (2002b), S. 25, (2003), S. 21,
             (2004), S. 19, (2005), S. 21, (2006), S. 17 und (2007b), S. 12 und eigene
             Berechnungen.

2.2.2.2   Betrachtung der europäischen Situation

Es wird immer wieder argumentiert, dass die europäischen Länder sehr intensive Handelsverflechtungen mit ihren europäischen Nachbarländern unterhalten und sie vor allem aufgrund des intra-europäischen Handels zu den wichtigsten Welthandelsländern
gehören. Würde man die europäischen Staaten tatsächlich in ihrer Gesamtheit betrachten und den Handel zwischen den europäischen Staaten (**Intra-Europa-Handel**) aus-
klammern, so ergäbe sich ein Bild, in dem Europas Dominanz im Welthandel abnähme.
Inzwischen werden etwa 39% des gesamten Welthandels innerhalb der EU (25) abgewickelt (vgl. WTO 2007b, S. 10). Bevor man allerdings die Stellung Europas „vorschnell"
relativiert, sollte man eine differenziertere Betrachtung vornehmen:

(1) Einerseits hat für alle europäischen Länder tatsächlich der **intra-europäische Handel** eine größere Bedeutung als der Handel mit Ländern aus anderen Kontinenten **(Extra-Europa-Handel)**. Dies wird zunächst in Abbildung 1-16 verdeutlicht, in welcher der Anteil der intra-europäischen Exporte am Gesamtvolumen der Exporte einzelner Länder abgetragen wird.

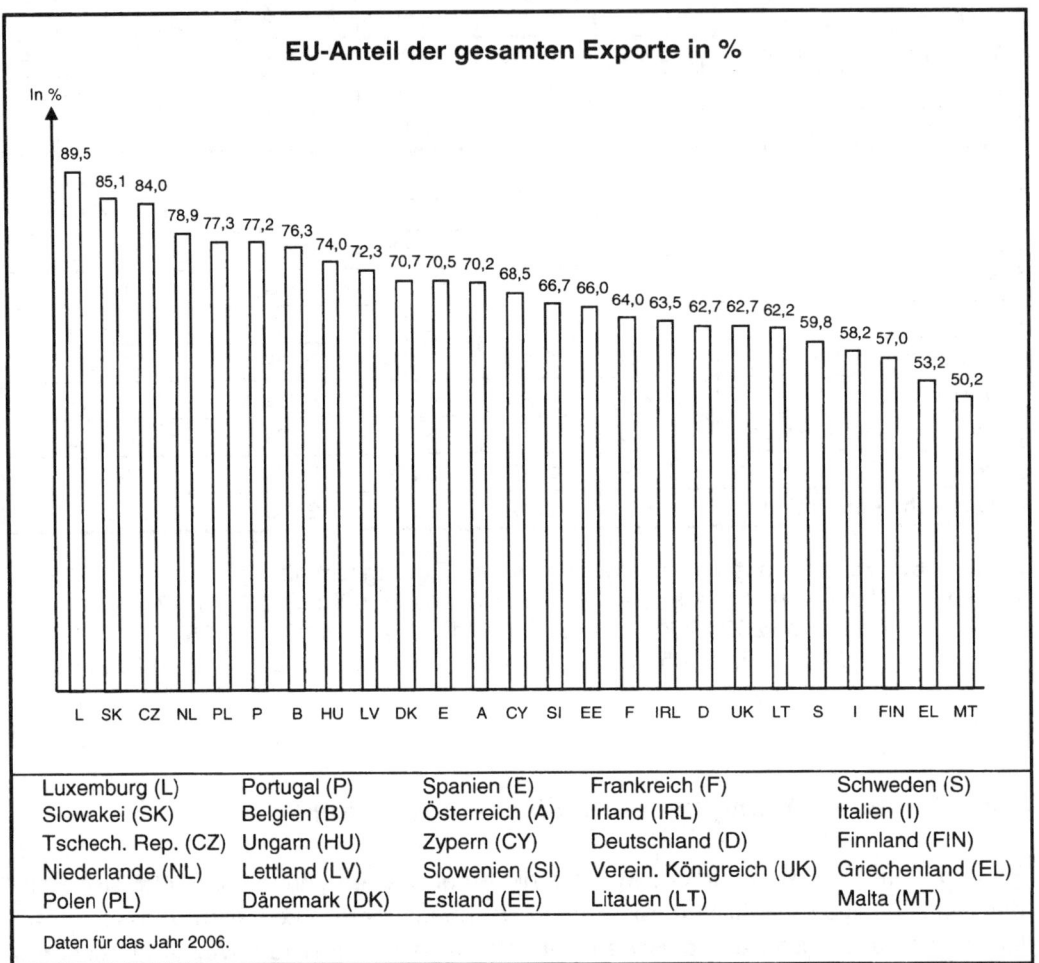

EU-Anteil der gesamten Exporte in %

In %

89,5 | 85,1 | 84,0 | 78,9 | 77,3 | 77,2 | 76,3 | 74,0 | 72,3 | 70,7 | 70,5 | 70,2 | 68,5 | 66,7 | 66,0 | 64,0 | 63,5 | 62,7 | 62,7 | 62,2 | 59,8 | 58,2 | 57,0 | 53,2 | 50,2

L SK CZ NL PL P B HU LV DK E A CY SI EE F IRL D UK LT S I FIN EL MT

Luxemburg (L)	Portugal (P)	Spanien (E)	Frankreich (F)	Schweden (S)
Slowakei (SK)	Belgien (B)	Österreich (A)	Irland (IRL)	Italien (I)
Tschech. Rep. (CZ)	Ungarn (HU)	Zypern (CY)	Deutschland (D)	Finnland (FIN)
Niederlande (NL)	Lettland (LV)	Slowenien (SI)	Verein. Königreich (UK)	Griechenland (EL)
Polen (PL)	Dänemark (DK)	Estland (EE)	Litauen (LT)	Malta (MT)

Daten für das Jahr 2006.

Abb. 1-16: Anteil der Exporte an EU-Länder an den gesamten Exporten
Quelle: Direktauskunft von Eurostat, Dezember 2007 und eigene Berechnungen.

Besonders hoch ist der Anteil der EU-Exporte am Gesamtvolumen der Exporte in Luxemburg, der Slowakei und der Tschechischen Republik, wo weniger als ein Fünftel der Ausfuhren Länder außerhalb der EU als Ziel haben. Doch auch für fast alle anderen EU-Länder machen die EU-Exporte einen beträchtlichen Anteil an den Gesamtexporten aus. Selbst in den EU-Ländern mit der geringsten Abhängigkeit vom Intra-EU-Handel, d.h. in Finnland, Griechenland oder Malta, fließt über die Hälfte der Exporte in andere EU-Länder.

Abbildung 1-16 gibt allerdings nur Aufschluss darüber, welcher Anteil des Exports eines EU-Mitgliedslandes in die Gesamtheit der anderen EU-Länder fließt. In den Abbildungen 1-17 und 1-18 finden sich Angaben, welche die **Exportströme der einzelnen EU-Mitgliedsstaaten in die anderen EU-Länder** weiter differenzieren. In diesen Abbildungen wird zunächst noch einmal das gesamte Exportvolumen einzelner EU-Länder dem Exportvolumen des jeweiligen Landes in die anderen EU-Länder gegenübergestellt. Darüber hinaus wird in den Abbildungen 1-17 und 1-18 das EU-Exportvolumen nach einzelnen Zielländern aufgespaltet.

Aus Gründen der Übersichtlichkeit werden in Abbildung 1-17 eine absolute Betrachtung (Exportströme in die EU sowie Exportströme in die einzelnen EU-Mitgliedsstaaten in Mrd. US-$) und in Abbildung 1-18 eine relative Betrachtung (Exportströme in die EU in Prozent des gesamten Exportvolumens sowie Exportströme in die einzelnen EU-Mitgliedsstaaten in Prozent des gesamten Exportvolumens) vorgenommen. Aus den Abbildungen 1-17 und 1-18 lässt sich damit erkennen, zwischen welchen europäischen Ländern besonders starke Verflechtungen existieren.

(2) Andererseits ist das Außenhandelsvolumen der meisten europäischen Länder im Vergleich zu vielen anderen Ländern so groß, dass trotz der Bedeutung, die der Handel mit den europäischen Nachbarn einnimmt, auch **beachtliche Export- und Importbeziehungen zu außereuropäischen Ländern** unterhalten werden. So lässt sich zeigen, dass die Handelsverflechtungen der europäischen Länder auch dann noch sehr intensiv sind, wenn man den intra-europäischen Handel ausklammert. Sieht man von den Exportströmen ab, die zwischen den Ländern des Euro-Währungsgebiets fließen, so entfallen im Jahr 2006 im Euro-Währungsgebiet immerhin noch ca. 16,5% des Bruttoinlandsprodukts auf Exporte (vgl. EZB 2007, S. 50 und S. 71), während Exporte in Japan nur 14,3% und in den USA nur 10,5% des Bruttoinlandsprodukts ausmachen (vgl. Abb. 1-14, S. 52).

Die World Trade Organization ermittelte zudem, dass – unter Ausschluss des Intra-EU-Handels – die Exporte der gesamten EU an Drittstaaten (Extra-EU-Handel) immer noch einen Weltmarktanteil von 12,6% aufweisen. Damit ist die EU als Staatengemeinschaft „Weltmarktführer". Erst hinter der EU rangieren die USA und China mit 8,8% bzw. 8,2% Weltmarktanteil (vgl. WTO 2007a, S. 11 und eigene Berechnungen). Die hier genannten Werte differieren von den in Abbildung 1-13 referierten Weltmarktanteilen deswegen, weil Handel zwischen EU-Ländern nicht als Außenhandel betrachtet wird.

Export-land	Gesamt-exporte weltweit in Mrd. €	Davon Gesamt-exporte in die EU in Mrd. €	Exporte in die einzelnen EU-Mitgliedsstaaten in Mrd. €												
			A	B	CY	CZ	D	DK	E	EE	EL	F	FIN	HU	I
A	100,62	69,92	-	1,6	0,0	3,0	31,2	0,7	2,7	0,2	0,5	4,2	0,5	3,4	8,7
B	268,79	205,41	2,6	-	0,1	1,7	52,0	2,1	10,1	0,2	1,7	46,4	1,5	1,3	14,2
CY	1,18	0,84	0,0	0,0	-	0,0	0,1	0,0	0,0	0,0	0,1	0,2	0,0	0,0	0,0
CZ	62,78	52,80	3,5	1,7	0,0	-	21,1	0,5	1,6	0,1	0,2	3,1	0,3	1,7	2,6
D	780,42	494,50	42,2	43,6	0,7	18,7	-	12,2	39,8	0,9	6,3	79,3	8,2	13,5	53,9
DK	68,42	48,12	0,6	1,1	0,0	0,5	12,0	-	1,9	0,2	0,5	3,7	1,9	0,4	2,3
E	154,85	108,07	1,3	4,3	0,1	0,9	17,0	1,1	-	0,1	1,7	29,0	0,6	0,8	12,6
EE	6,18	4,80	0,0	0,0	0,0	0,0	0,4	0,2	0,0	-	0,0	0,1	1,6	0,1	0,0
EL	13,83	7,31	0,1	0,2	0,7	0,1	1,7	0,1	0,5	0,0	-	0,6	0,1	0,0	1,4
F	372,50	231,50	3,4	26,3	0,2	2,6	54,2	2,6	35,5	0,2	3,1	-	1,7	2,3	32,0
FIN	53,07	29,74	0,4	1,2	0,1	0,2	5,6	1,2	1,3	1,4	0,3	1,8	-	0,3	1,6
HU	50,59	38,68	2,8	1,1	0,0	1,5	15,2	0,4	1,6	0,1	0,3	2,7	0,5	-	2,9
I	299,92	173,37	7,2	8,0	0,7	2,8	38,8	2,6	21,9	0,2	5,8	36,2	1,5	2,8	-
IRL	88,14	56,25	0,4	13,4	0,0	0,3	6,5	0,6	3,0	0,0	0,3	5,7	0,3	0,1	3,5
L	15,11	13,22	0,3	1,4	0,0	0,1	3,1	0,2	1,0	0,0	0,1	2,4	0,2	0,1	1,1
LT	9,49	6,20	0,0	0,2	0,0	0,1	0,9	0,4	0,3	0,6	0,0	0,7	0,1	0,0	0,2
LV	4,15	3,17	0,0	0,0	0,0	0,0	0,4	0,2	0,1	0,4	0,0	0,1	0,1	0,0	0,1
MT	1,83	0,94	0,0	0,0	0,0	0,0	0,2	0,0	0,0	0,0	0,0	0,3	0,0	0,0	0,1
NL	326,64	259,50	4,5	42,5	0,3	4,1	81,3	5,0	13,3	0,4	2,5	30,6	3,6	2,7	18,6
P	30,66	24,45	0,2	1,1	0,0	0,1	3,7	0,2	7,9	0,0	0,1	4,0	0,2	0,1	1,3
PL	71,89	55,50	1,5	2,1	0,0	3,3	20,3	1,5	1,8	0,3	0,2	4,5	0,6	2,0	4,4
S	104,73	61,16	1,0	4,5	0,0	0,6	10,7	6,8	3,1	0,6	0,6	5,1	6,0	0,5	3,6
SI	15,47	10,29	1,2	0,2	0,0	0,4	3,0	0,1	0,3	0,0	0,1	1,2	0,0	0,3	1,9
SK	25,76	21,99	1,8	0,5	0,0	3,6	6,7	0,2	0,5	0,0	0,1	1,0	0,2	1,5	1,7
UK	309,04	176,14	1,9	16,3	0,5	1,6	33,5	3,4	15,6	0,2	2,0	29,0	2,2	1,2	12,8

Österreich (A)	Dänemark (DK)	Finnland (FIN)	Litauen (LT)	Polen (PL)
Belgien (B)	Spanien (E)	Ungarn (HU)	Lettland (LV)	Schweden (S)
Zypern (CY)	Estland (EE)	Italien (I)	Malta (MT)	Slowenien (SI)
Tschechische Rep. (CZ)	Griechenland (EL)	Irland (IRL)	Niederlande (NL)	Slowakei (SK)
Deutschland (D)	Frankreich (F)	Luxemburg (L)	Portugal (P)	Verein. Königreich (UK)

Aufgrund von Rundungsdifferenzen kommt es bei der Addition von Einzelwerten zu Gesamtwerten in einigen Fällen zu marginalen Diskrepanzen. Daten für das Jahr 2005.

Abb. 1-17: Die Export-Verflechtung der EU-Länder (absolute Betrachtung) (Teil 1)

Export-land	Gesamt-exporte weltweit in Mrd. €	Davon Gesamt-exporte in die EU in Mrd. €	Exporte in die einzelnen EU-Mitgliedsstaaten in Mrd. €											
			IRL	L	LT	LV	MT	NL	P	PL	S	SI	SK	UK
A	100,62	69,92	0,2	0,2	0,2	0,1	0,0	1,8	0,4	1,9	1,0	1,7	1,7	4,0
B	268,79	205,41	2,9	5,4	0,2	0,1	0,1	31,4	1,8	3,0	3,7	0,4	0,5	22,0
CY	1,18	0,84	0,0	0,0	0,0	0,0	0,0	0,0	0,0	0,0	0,0	0,0	0,0	0,2
CZ	62,78	52,80	0,3	0,1	0,2	0,1	0,0	2,3	0,2	3,4	0,9	0,4	5,4	2,9
D	780,42	494,50	4,8	3,7	1,5	0,9	0,3	47,1	7,4	21,8	17,1	2,9	5,9	60,1
DK	68,42	48,12	1,0	0,0	0,2	0,3	0,0	3,6	0,9	1,4	9,0	0,0	0,1	6,0
E	154,85	108,07	0,9	0,2	0,1	0,1	0,0	4,7	14,2	1,5	1,5	0,4	0,4	12,7
EE	6,18	4,80	0,0	0,0	0,3	0,5	0,0	0,1	0,0	0,0	0,8	0,0	0,0	0,2
EL	13,83	7,31	0,0	0,0	0,0	0,0	0,0	0,3	0,1	0,1	0,1	0,0	0,0	0,9
F	372,50	231,50	2,8	1,6	0,3	0,2	0,5	14,4	4,6	4,6	4,4	1,3	0,8	30,7
FIN	53,07	29,74	0,3	0,1	0,3	0,4	0,0	2,5	0,3	1,0	5,6	0,1	0,1	3,5
HU	50,59	38,68	0,1	0,0	0,1	0,1	0,0	1,9	0,3	1,6	0,7	0,6	1,5	2,5
I	299,92	173,37	1,4	0,5	0,4	0,2	0,6	7,1	3,2	5,5	3,0	2,6	1,2	19,0
IRL	88,14	56,25	-	0,4	0,0	0,0	0,0	4,2	0,4	0,3	1,1	0,0	0,0	15,4
L	15,11	13,22	0,1	-	0,0	0,0	0,0	0,6	0,1	0,2	0,4	0,0	0,0	1,2
LT	9,49	6,20	0,0	0,0	-	0,9	0,0	0,3	0,1	0,5	0,5	0,0	0,0	0,4
LV	4,15	3,17	0,1	0,0	0,5	-	0,0	0,1	0,0	0,2	0,3	0,0	0,0	0,4
MT	1,83	0,94	0,0	0,0	0,0	0,0	-	0,0	0,0	0,0	0,0	0,0	0,0	0,2
NL	326,64	259,50	3,0	1,3	4,0	0,3	0,1	-	2,9	4,4	6,6	0,5	0,6	29,9
P	30,66	24,45	0,2	0,0	0,0	0,0	0,0	1,2	-	0,2	0,3	0,0	0,0	2,5
PL	71,89	55,50	0,2	0,1	1,0	0,5	0,0	3,0	0,3	-	2,2	0,2	1,4	4,0
S	104,73	61,16	0,6	0,1	0,3	0,3	0,0	4,7	0,5	1,8	-	0,1	0,2	7,7
SI	15,47	10,29	0,0	0,0	0,0	0,0	0,0	0,2	0,1	0,4	0,2	-	0,2	0,4
SK	25,76	21,99	0,0	0,0	0,1	0,0	0,0	0,9	0,0	1,6	0,3	0,2	-	0,8
UK	309,04	176,14	23,7	0,3	0,2	0,1	0,4	18,5	2,5	2,4	6,7	0,2	0,4	-

Österreich (A)	Dänemark (DK)	Finnland (FIN)	Litauen (LT)	Polen (PL)
Belgien (B)	Spanien (E)	Ungarn (HU)	Lettland (LV)	Schweden (S)
Zypern (CY)	Estland (EE)	Italien (I)	Malta (MT)	Slowenien (SI)
Tschechische Rep. (CZ)	Griechenland (EL)	Irland (IRL)	Niederlande (NL)	Slowakei (SK)
Deutschland (D)	Frankreich (F)	Luxemburg (L)	Portugal (P)	Verein. Königreich (UK)

Aufgrund von Rundungsdifferenzen kommt es bei der Addition von Einzelwerten zu Gesamtwerten in einigen Fällen zu marginalen Diskrepanzen. Daten für das Jahr 2005.

Abb. 1-17: Die Export-Verflechtung der EU-Länder (absolute Betrachtung) (Teil 2)
Quelle: Direktauskunft von Eurostat, Dezember 2007 und eigene Berechnungen.

Export-land	Gesamt-exporte weltweit in Mrd. €	Davon Gesamt-exporte in die EU in %	Exporte in die einzelnen EU-Mitgliedsstaaten in % des Gesamtvolumens												
			A	B	CY	CZ	D	DK	E	EE	EL	F	FIN	HU	I
A	100,62	69,5	-	1,6	0,0	3,0	31,0	0,7	2,7	0,2	0,5	4,2	0,5	3,4	8,6
B	268,79	76,4	1,0	-	0,0	0,6	19,3	0,8	3,8	0,1	0,6	17,3	0,6	0,5	5,3
CY	1,18	71,2	0,0	0,0	-	0,0	8,5	0,0	0,0	0,0	8,5	16,9	0,0	0,0	0,0
CZ	62,78	84,1	0,1	0,0	0,0	-	0,3	0,0	0,0	0,0	0,0	0,0	0,0	0,0	0,0
D	780,42	63,4	5,4	5,6	0,1	2,4	-	1,6	5,1	0,1	0,8	10,2	1,1	1,7	6,9
DK	68,42	70,3	0,9	1,6	0,0	0,7	17,5	-	2,8	0,3	0,7	5,4	2,8	0,6	3,4
E	154,85	69,8	0,8	2,8	0,1	0,6	11,0	0,7	-	0,1	1,1	18,7	0,4	0,5	8,1
EE	6,18	77,7	0,0	0,0	0,0	0,0	6,5	3,2	0,0	-	0,0	1,6	25,9	1,6	0,0
EL	13,83	52,9	0,7	1,4	5,1	0,7	12,3	0,7	3,6	0,0	-	4,3	0,7	0,0	10,1
F	372,50	62,1	0,9	7,1	0,1	0,7	14,6	0,7	9,5	0,1	0,8	-	0,5	0,6	8,6
FIN	53,07	56,0	0,8	2,3	0,2	0,4	10,6	2,3	2,4	2,6	0,6	3,4	-	0,6	3,0
HU	50,59	76,5	5,5	2,2	0,0	3,0	30,0	0,8	3,2	0,2	0,6	5,3	1,0	-	5,7
I	299,92	57,8	2,4	2,7	0,2	0,9	12,9	0,9	7,3	0,1	1,9	12,1	0,5	0,9	-
IRL	88,14	63,8	0,5	15,2	0,0	0,3	7,4	0,7	3,4	0,0	0,3	6,5	0,3	0,1	4,0
L	15,11	87,5	2,0	9,3	0,0	0,7	20,5	1,3	6,6	0,0	0,7	15,9	1,3	0,7	7,3
LT	9,49	65,3	0,0	2,1	0,0	1,1	9,5	4,2	3,2	6,3	0,0	7,4	1,1	0,0	2,1
LV	4,15	76,4	0,0	0,0	0,0	0,0	9,6	4,8	2,4	9,6	0,0	2,4	2,4	0,0	2,4
MT	1,83	51,4	0,0	0,0	0,0	0,0	10,9	0,0	0,0	0,0	0,0	16,4	0,0	0,0	5,5
NL	326,64	79,4	1,4	13,0	0,1	1,3	24,9	1,5	4,1	0,1	0,8	9,4	1,1	0,8	5,7
P	30,66	79,7	0,7	3,6	0,0	0,3	12,1	0,7	25,8	0,0	0,3	13,0	0,7	0,3	4,2
PL	71,89	77,2	2,1	2,9	0,0	4,6	28,2	2,1	2,5	0,4	0,3	6,3	0,8	2,8	6,1
S	104,73	58,4	1,0	4,3	0,0	0,6	10,2	6,5	3,0	0,6	0,6	4,9	5,7	0,5	3,4
SI	15,47	66,5	7,8	1,3	0,0	2,6	19,4	0,6	1,9	0,0	0,6	7,8	0,0	1,9	12,3
SK	25,76	85,4	7,0	1,9	0,0	14,0	26,0	0,8	1,9	0,0	0,4	3,9	0,8	5,8	6,6
UK	309,04	57,0	0,6	5,3	0,2	0,5	10,8	1,1	5,0	0,1	0,6	9,4	0,7	0,4	4,1

Österreich (A)	Dänemark (DK)	Finnland (FIN)	Litauen (LT)	Polen (PL)
Belgien (B)	Spanien (E)	Ungarn (HU)	Lettland (LV)	Schweden (S)
Zypern (CY)	Estland (EE)	Italien (I)	Malta (MT)	Slowenien (SI)
Tschechische Rep. (CZ)	Griechenland (EL)	Irland (IRL)	Niederlande (NL)	Slowakei (SK)
Deutschland (D)	Frankreich (F)	Luxemburg (L)	Portugal (P)	Verein. Königreich (UK)

Aufgrund von Rundungsdifferenzen kommt es bei der Addition von Einzelwerten zu Gesamtwerten in einigen Fällen zu margi-nalen Diskrepanzen. Daten für das Jahr 2005.

Abb. 1-18: Die Export-Verflechtung der EU-Länder (relative Betrachtung) (Teil 1)

Export-land	Gesamt-exporte weltweit in Mrd. €	Davon Gesamt-exporte in die EU in %	Exporte in die einzelnen EU-Mitgliedsstaaten in % des Gesamtvolumens											
			IRL	L	LT	LV	MT	NL	P	PL	S	SI	SK	UK
A	100,62	69,5	0,2	0,2	0,2	0,1	0,0	1,8	0,4	1,9	1,0	1,7	1,7	4,0
B	268,79	76,4	1,1	2,0	0,1	0,0	0,0	11,7	0,7	1,1	1,4	0,1	0,2	8,2
CY	1,18	71,2	0,0	0,0	0,0	0,0	0,0	0,0	0,0	0,0	0,0	0,0	0,0	16,9
CZ	62,78	84,1	0,0	0,0	0,0	0,0	0,0	0,0	0,0	0,1	0,0	0,0	0,1	0,0
D	780,42	63,4	0,6	0,5	0,2	0,1	0,0	6,0	0,9	2,8	2,2	0,4	0,8	7,7
DK	68,42	70,3	1,5	0,0	0,3	0,4	0,0	5,3	1,3	2,0	13,2	0,0	0,1	8,8
E	154,85	69,8	0,6	0,1	0,1	0,1	0,0	3,0	9,2	1,0	1,0	0,3	0,3	8,2
EE	6,18	77,7	0,0	0,0	4,9	8,1	0,0	1,6	0,0	0,0	12,9	0,0	0,0	3,2
EL	13,83	52,9	0,0	0,0	0,0	0,0	0,0	2,2	0,7	0,7	0,7	0,0	0,0	6,5
F	372,50	62,1	0,8	0,4	0,1	0,1	0,1	3,9	1,2	1,2	1,2	0,3	0,2	8,2
FIN	53,07	56,0	0,6	0,2	0,6	0,8	0,0	4,7	0,6	1,9	10,6	0,2	0,2	6,6
HU	50,59	76,5	0,2	0,0	0,2	0,2	0,0	3,8	0,6	3,2	1,4	1,2	3,0	4,9
I	299,92	57,8	0,5	0,2	0,1	0,1	0,2	2,4	1,1	1,8	1,0	0,9	0,4	6,3
IRL	88,14	63,8	-	0,5	0,0	0,0	0,0	4,8	0,5	0,3	1,2	0,0	0,0	17,5
L	15,11	87,5	0,7	-	0,0	0,0	0,0	4,0	0,7	1,3	2,6	0,0	0,0	7,9
LT	9,49	65,3	0,0	0,0	-	9,5	0,0	3,2	1,1	5,3	5,3	0,0	0,0	4,2
LV	4,15	76,4	2,4	0,0	12,0	-	0,0	2,4	0,0	4,8	7,2	0,0	0,0	9,6
MT	1,83	51,4	0,0	0,0	0,0	0,0	-	0,0	0,0	0,0	0,0	0,0	0,0	10,9
NL	326,64	79,4	0,9	0,4	1,2	0,1	0,0	-	0,9	1,3	2,0	0,2	0,2	9,2
P	30,66	79,7	0,7	0,0	0,0	0,0	0,0	3,9	-	0,7	1,0	0,0	0,0	8,2
PL	71,89	77,2	0,3	0,1	1,4	0,7	0,0	4,2	0,4	-	3,1	0,3	1,9	5,6
S	104,73	58,4	0,6	0,1	0,3	0,3	0,0	4,5	0,5	1,7	-	0,1	0,2	7,4
SI	15,47	66,5	0,0	0,0	0,0	0,0	0,0	1,3	0,6	2,6	1,3	-	1,3	2,6
SK	25,76	85,4	0,0	0,0	0,4	0,0	0,0	3,5	0,0	6,2	1,2	0,8	-	3,1
UK	309,04	57,0	7,7	0,1	0,1	0,0	0,1	6,0	0,8	0,8	2,2	0,1	0,1	-

Österreich (A)	Dänemark (DK)	Finnland (FIN)	Litauen (LT)	Polen (PL)
Belgien (B)	Spanien (E)	Ungarn (HU)	Lettland (LV)	Schweden (S)
Zypern (CY)	Estland (EE)	Italien (I)	Malta (MT)	Slowenien (SI)
Tschechische Rep. (CZ)	Griechenland (EL)	Irland (IRL)	Niederlande (NL)	Slowakei (SK)
Deutschland (D)	Frankreich (F)	Luxemburg (L)	Portugal (P)	Verein. Königreich (UK)

Aufgrund von Rundungsdifferenzen kommt es bei der Addition von Einzelwerten zu Gesamtwerten in einigen Fällen zu marginalen Diskrepanzen. Daten für das Jahr 2005.

Abb. 1-18: Die Export-Verflechtung der EU-Länder (relative Betrachtung) (Teil 2)
Quelle: Direktauskunft von Eurostat, Dezember 2007 und eigene Berechnungen.

2.3   Der Außenhandel Deutschlands

Für Deutschland spielt der Außenhandel traditionell eine wichtige Rolle. Dies wurde bereits aus unseren Ausführungen über die wichtigsten Aktoren im Welthandel deutlich (→ Abschnitt 2.2.2.1 in diesem Kapitel, vgl. auch Dichtl/Issing 1992, Hrsg.). In Abschnitt 2.3 wenden wir uns daher dem deutschen Außenhandel zu. Wir beginnen mit einem Überblick über die **Entwicklung des Außenhandels Deutschlands** (Abschnitt 2.3.1), um anschließend die **Struktur des deutschen Außenhandels** aufzuzeigen. Dabei gehen wir auf eine Systematisierung nach Bundesländern (Abschnitt 2.3.2), nach Warengruppen (Abschnitt 2.3.3) sowie nach Regionen (Abschnitt 2.3.4) ein. Abbildung 1-19 gibt Ihnen einen Überblick darüber, was Sie in Abschnitt 2.3 erwartet.

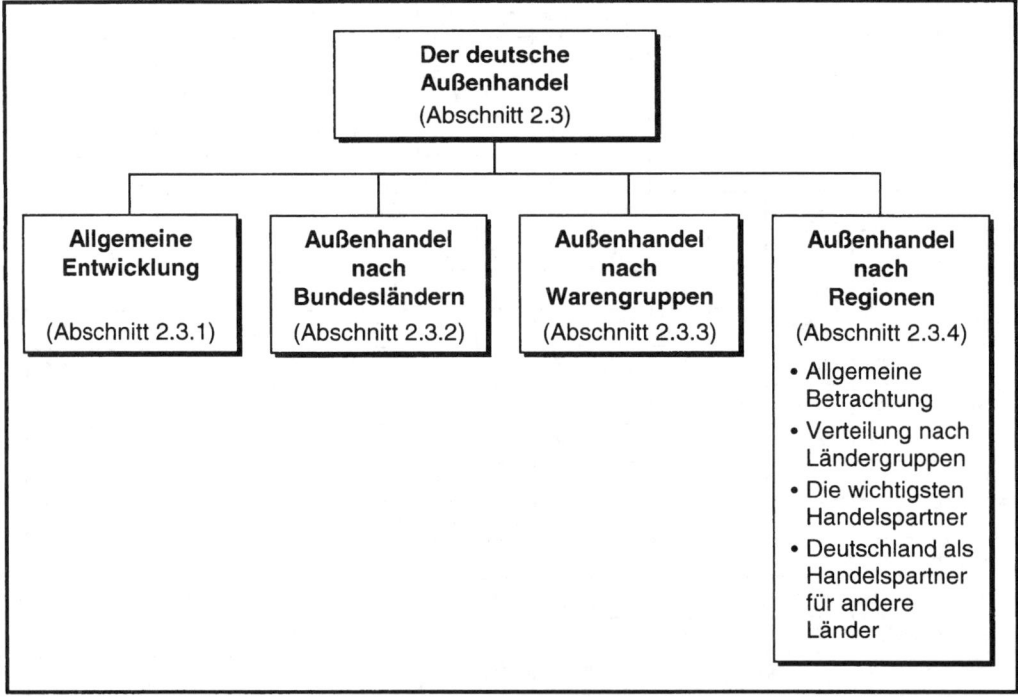

Abb. 1-19: Strukturübersicht über die Betrachtungen zum Außenhandel Deutschlands

Wenn wir nachfolgend die Entwicklung des deutschen Außenhandels skizzieren und anschließend auch weitere Differenzierungen vornehmen, so ist dabei zu beachten, dass die dargestellten Daten aus der Außenhandelsstatistik stammen und damit lediglich den grenzüberschreitenden Warenverkehr, aber nicht den grenzüberschreitenden Verkehr mit Dienstleistungen und die in den Dienstleistungen enthaltenen Transaktionen mit geistigem Eigentum erfassen (vgl. Statistisches Bundesamt 2007a, S. 460).

2.3.1 Die Entwicklung des Außenhandels Deutschlands

In Abbildung 1-20 wird die Entwicklung des deutschen Außenhandels seit 1980 illustriert. Dabei werden sowohl die Ausfuhren als auch die Einfuhren betrachtet. Wir behandeln Ausfuhren und Einfuhren separat, um die Möglichkeit zu geben, das Volumen der Ausfuhr- und Einfuhrströme zu vergleichen. Alternativ wird zuweilen die Summe aus Ausfuhr- und Einfuhrströmen gebildet, was als **Außenhandelsumsatz** bezeichnet wird (vgl. Kuhn 1998, S. 400). Der Außenhandelsumsatz ermöglicht jedoch keine differenzierte Betrachtung hinsichtlich der Richtung der Handelsströme, so dass wir in weiteren Ausführungen nicht auf den Außenhandelsumsatz, sondern einzeln auf Exporte und Importe eingehen werden.

Wie aus Abbildung 1-20 ersichtlich wird, sind die **deutschen Exporte** seit 1980 – mit Ausnahme der Jahre 1986 und 1993 – von Jahr zu Jahr gestiegen. Die Zunahme der Exporte folgte allerdings keineswegs einer gleichmäßigen Entwicklung: So waren die jährlichen Steigerungen in den Jahren 1987, 1990, 1991 und 1992 äußerst moderat, während sich die Zuwächse – nach dem Einbruch von 1992 auf 1993 – ab 1994 beschleunigten, um dann vor allem 1997 geradezu zu explodieren. Nach vergleichsweise moderatem Exportwachstum zwischen 1998 und 1999 kam es dann erneut im Jahr 2000 zu einem großen Schub, bevor sich das Wachstum bis zum Jahr 2003 abschwächte. Seit dem Jahr 2004 zieht das Exportwachstum wieder deutlich stärker an.

Bei den **deutschen Importen** ist eine stärkere „Volatilität" als bei den Exporten erkennbar. Zwischen 1980 und 1985 stiegen die Importe jährlich an. 1986 sanken die Importwie auch die Exportvolumina, und erst 1989 wurde das 1985 erzielte Importvolumen wieder erreicht. Zwischen 1989 und 1991 zogen die Importe dann deutlich an, um sich in den Jahren 1992 und 1993 erneut zu reduzieren. Die Importe erhöhten sich dann 1994; doch erst 1995 wurde das Importvolumen aus dem Jahr 1991 wieder übertroffen. In den Jahren 1996 bis 1998 nahmen die Importe ebenso wie die Exporte deutlich zu. Mit der Verlangsamung des Exportwachstums ab dem dritten Quartal 1998 setzte auch eine Verringerung des Importwachstums ein (vgl. Kombert-Engelhard 1999). Vor allem die Verteuerung der Ölimporte führte im Laufe des Jahres 1999 zu einer wertmäßigen Zunahme der Einfuhren. Im Jahr 2000 kam es schließlich zu einer besonders starken Zunahme der Importe. Nach einer moderaten Steigerung im Jahr 2001 und kurzem Rückgang im Jahr 2002 ist das Importvolumen bis 2006 stetig angewachsen.

Es würde den Rahmen dieses Lehrbuchs sprengen, alle Gründe für die Entwicklung der Export- und Importströme zu erforschen. Wir möchten lediglich kurz klären, warum es Anfang der neunziger Jahre sowohl auf der Export- als auch auf der Importseite in Deutschland zu einem Sondereinfluss kam. Anfang der neunziger Jahre war es primär die deutsche Wiedervereinigung, deren Effekte die stagnierenden Exporte und die steigenden Importe erklären lassen (vgl. Deutsche Bundesbank 1996a). Die Exporte verharrten auf dem bisherigen Niveau, da Güter aus Westdeutschland teilweise nicht mehr ins Ausland exportiert wurden, sondern in Ostdeutschland abgesetzt wurden. Auf der Importseite kam es nach dem Boom zwischen 1989 und 1991 ab 1992 zu einer Abschwächung, die sich unter anderem aufgrund gewisser Sättigungstendenzen ergab.

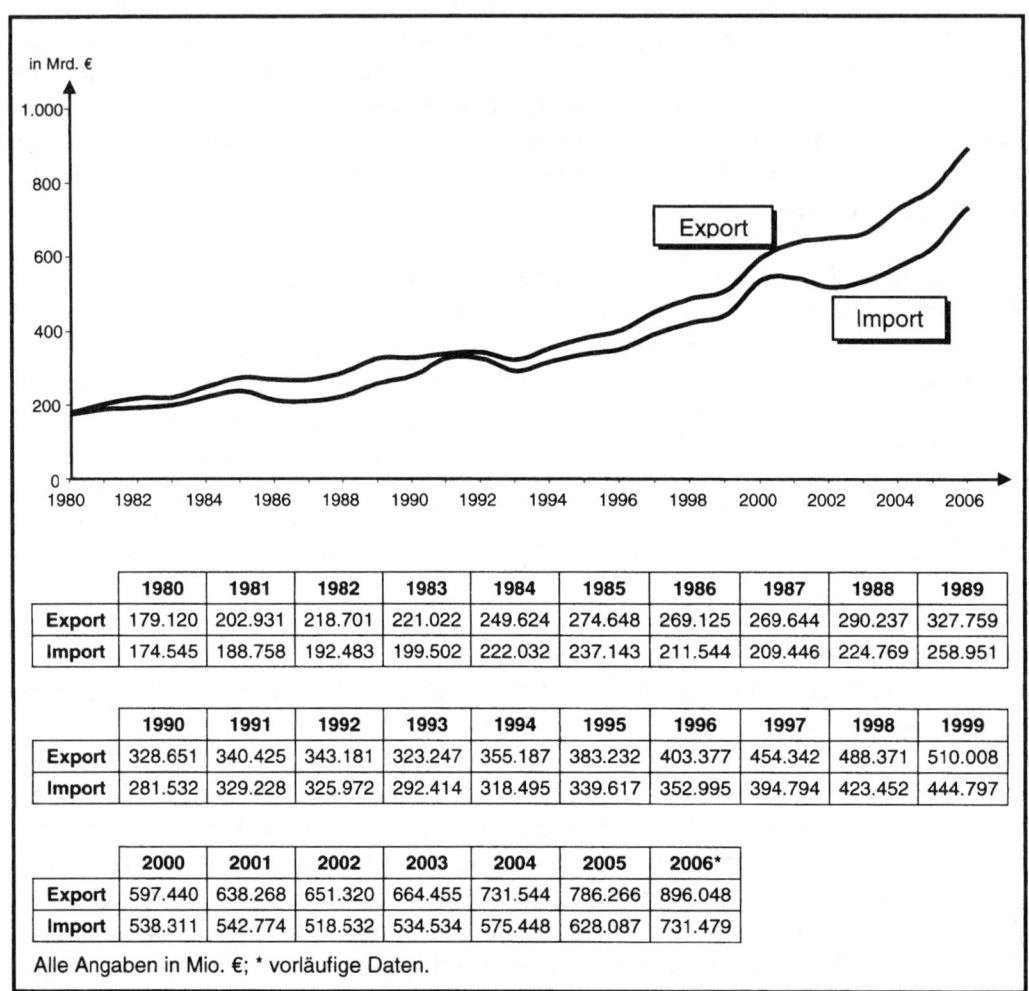

	1980	**1981**	**1982**	**1983**	**1984**	**1985**	**1986**	**1987**	**1988**	**1989**
Export	179.120	202.931	218.701	221.022	249.624	274.648	269.125	269.644	290.237	327.759
Import	174.545	188.758	192.483	199.502	222.032	237.143	211.544	209.446	224.769	258.951

	1990	**1991**	**1992**	**1993**	**1994**	**1995**	**1996**	**1997**	**1998**	**1999**
Export	328.651	340.425	343.181	323.247	355.187	383.232	403.377	454.342	488.371	510.008
Import	281.532	329.228	325.972	292.414	318.495	339.617	352.995	394.794	423.452	444.797

	2000	**2001**	**2002**	**2003**	**2004**	**2005**	**2006***
Export	597.440	638.268	651.320	664.455	731.544	786.266	896.048
Import	538.311	542.774	518.532	534.534	575.448	628.087	731.479

Alle Angaben in Mio. €; * vorläufige Daten.

Abb. 1-20: Der deutsche Außenhandel seit 1980
Quelle: Daten aus Statistisches Bundesamt (1998), S. 269 und Statistisches Bundesamt (2007a), S. 462.

Als Fazit unserer kurzen Betrachtung wollen wir drei Punkte festhalten:

- Erstens weisen im Jahr 2006 die Exporte (ca. 896 Mrd. €) ein historisches „Allzeithoch" auf. Ebenso ist das wertmäßige Importvolumen nach einem Rückgang im Jahr 2003 wieder stetig bis auf einen Höchststand von 731 Mrd. € im Jahr 2006 angewachsen.

- Zweitens ist trotz einiger Ausnahmejahre in der Vergangenheit ein grundsätzlicher Trend zu einer deutlichen Steigerung der wertmäßigen Export- und Importvolumina zu erkennen.

- Drittens zeigt sich prinzipiell eine gewisse Parallelbewegung bei Exporten und Importen, die allerdings von etwas größeren Schwankungen bei den Importen begleitet wird.

Wie man ebenfalls Abbildung 1-20 entnehmen kann, überstiegen die Ausfuhren in der jüngsten Vergangenheit immer die Einfuhren. Deutschland wies damit regelmäßig einen **Ausfuhrüberschuss** im Warenhandel auf. Aus Gründen der Übersichtlichkeit wollen wir den bereits aus Abbildung 1-20 ersichtlichen Ausfuhrüberschuss nochmals in einer eigenen graphischen Darstellung visualisieren. Obwohl in Deutschland im Zeitraum von 1980 bis 2006 immer ein positiver Saldo erzielt wurde, lassen sich durch die graphische Darstellung in Abbildung 1-21 erhebliche Schwankungen in den Ausfuhrüberschüssen erkennen.

Während etwa im Jahr 1980 nur ein Ausfuhrüberschuss von ca. 4,6 Mrd. € erzielt wurde, konnten in den letzten sechs Jahren positive Salden von 95 bis 165 Mrd. € erreicht werden, die die Salden der erfolgreichsten Jahre zwischen 1980 und 2000 um das bis zu 2,5fache übertreffen (vgl. für die Entwicklung von 1987 bis 1997 auch Kuhn 1998, S. 398). Man sollte allerdings nicht verkennen, dass der positive Außenhandelssaldo in manchen Jahren auch auf die schlechte Binnenkonjunktur – und damit auch auf eine Stagnation bei den Importen – zurückzuführen ist. Wie kann man nun die zum deutschen Außenhandel referierten Zahlen in einen größeren Zusammenhang einordnen? Wir werden versuchen, die Zahlen abschließend mit anderen wesentlichen Eckdaten in Relation zu bringen. Die Betrachtung wird dabei für das Jahr 2001 bzw. bis zum Jahr 2006 angestellt.

- Einem Bruttoinlandsprodukt von 2.307 Mrd. € (vgl. Statistisches Bundesamt 2007a, S. 635) stehen 2006 Exporte in Höhe von 896 Mrd. € und Importe in Höhe von 731 Mrd. € gegenüber. Das heißt, die **Exporte** betragen rund **39% des Bruttoinlandsprodukts**. Setzt man die Importe mit dem Bruttoinlandsprodukt in Relation, so ergibt sich eine **Importquote** von etwa **32%**. Sowohl die Export- als auch die Importquote stellen Rekordwerte dar.

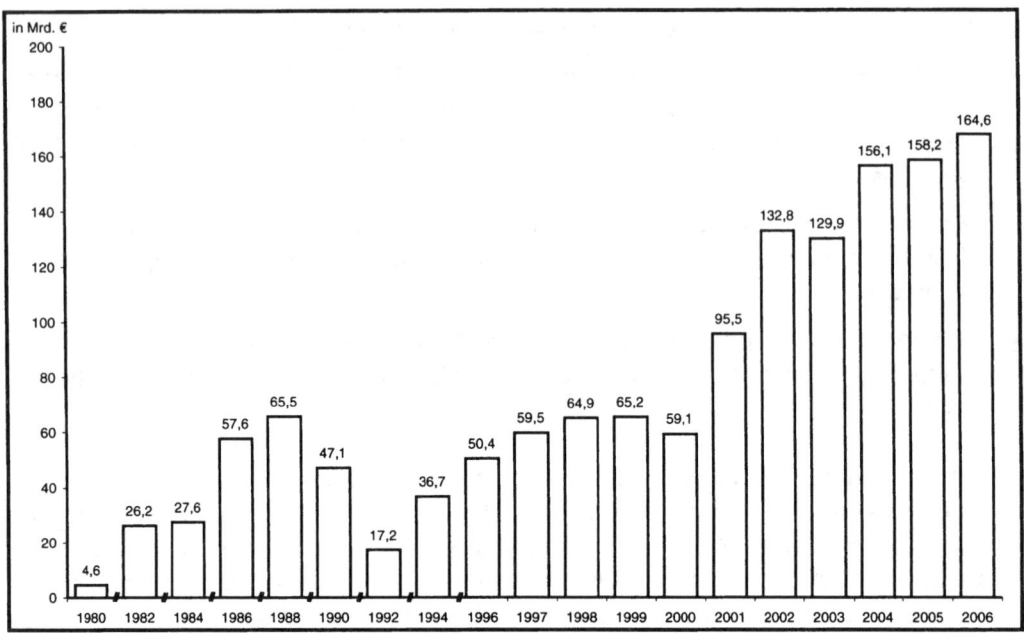

Abb. 1-21: Ausfuhrüberschüsse im deutschen Außenhandel seit 1980
Quelle: Daten aus Statistisches Bundesamt (1998), S. 269 und Statistisches Bun-
             desamt (2007a), S. 462.

• Der im Jahr 2006 durch die Differenz von Exporten und Importen erzielte **Außenhandelsüberschuss** von 165 Mrd. € entspricht **7,2% des deutschen Bruttoinlandsprodukts**. Dies stellt bis zu diesem Zeitpunkt einen Rekordwert dar. Der höchste jemals
  zuvor erreichte Wert stammt aus dem Jahr 2004 und liegt marginal unter dem für
  2006 gemessenen Wert.

• Aktuell erzielt Deutschland einen **Anteil am Welthandel** von **9%** (vgl. WTO 2007b,
  S. 12). Dieser Wert ist zwar bedeutend; allerdings war der deutsche Anteil am Welthandel in der jüngsten Vergangenheit bereits einmal höher. So hatte Deutschland
  Ende der achtziger Jahre einen Anteil am Welthandel von fast 12%. Der Rückgang
  ist jedoch nicht auf fallende Exporte Deutschlands, sondern vielmehr auf eine stärkere Zunahme des gesamten Welthandelsvolumens im Vergleich zur Zunahme des
  deutschen Exportvolumens zurückzuführen. Der wachsende Export aus Schwellenländern sowie aus ehemals planwirtschaftlich organisierten und für den Außenhandel
  lange Zeit weitgehend unbedeutenden Ländern wie China oder Russland wird dabei
  als wesentlicher Erklärungsfaktor angeführt. Blickt man noch weiter in die Geschichte
  zurück, so mag der etwa „10%ige" Anteil Deutschlands am Welthandelsvolumen
  noch weniger spektakulär klingen: Vor dem Ersten Weltkrieg soll der Anteil einmal bei
  fast 20% gelegen haben (vgl. Kitson/Michie 1997, S. 24-25).

Zu betonen bleibt in diesem Zusammenhang nochmals, dass die genannten Prozent-angaben nur die Exporte und Importe von Waren umfassen, nicht aber den Außenhan-del mit Dienstleistungen. Deutschland ist seit Jahren, wie wir später im Zusammenhang mit unseren Ausführungen zur Zahlungsbilanz noch detaillierter erläutern werden (→ Abschnitt 4 in diesem Kapitel), ein größerer Importeur als Exporteur von Dienstleis-tungen (vgl. Deutsche Bundesbank 2007e, S. 20-22.) Für das Jahr 2006 hat Deutsch-land Dienstleistungen im Wert von 164,3 Mrd. € aus dem Ausland bezogen, denen Dienstleistungsexporte im Wert von 141,9 Mrd. € gegenüberstehen. Auch wenn Deutschland damit nach wie vor ein Netto-Dienstleistungsimporteur ist, hat sich der ne-gative Saldo von 49,9 Mrd. € im Jahr 2001 auf nunmehr 22,4 Mrd. € im Jahr 2006 suk-zessive halbiert. Zu den Dienstleistungsbranchen, bei denen die Importe die Exporte übersteigen, zählen traditionell der Reiseverkehr sowie der Handel mit Patenten und Lizenzen. Anders sieht es bei den Finanzdienstleistungen und auch bei der Forschung aus – hier sind die Einnahmen durch Exporte höher als die Ausgaben durch Importe aus dem Ausland (vgl. Deutsche Bundesbank 2007b, S. 20-24).

Der Exportanteil am Bruttoinlandsprodukt ist allerdings nicht mit der **Exportquote in bestimmten Wirtschaftszweigen oder Branchen** zu verwechseln. In der Wirtschafts-presse lassen sich zuweilen Exportquoten finden, die zum Teil deutlich über 30% liegen (vgl. Engelke 1997, S. 59-60). So beträgt die Exportquote des Verarbeitenden Gewer-bes über 40% (Statistisches Bundesamt 2007a, S. 371). Für einzelne Branchen oder für einzelne Produktkategorien können die Werte noch deutlich höher veranschlagt werden. So wird im Bereich der Kraftwagen und Kraftwagenteile eine Exportquote von knapp 60% erzielt, bei Holzbearbeitungs-, Kunststoff- und Gummimaschinen sogar von über 70% (vgl. Statistisches Bundesamt 2007a, S. 371, VDMA 2007a, VDMA 2007b). Die Exportquoten ausgewählter Branchen sind aus Abbildung 1-22 ersichtlich.

Nachdem wir die Entwicklung des deutschen Außenhandels skizziert haben, wollen wir noch einen kurzen Blick darauf werfen, wie sich die Exporte und die Importe auf die ein-zelnen Bundesländer verteilen. Wie bereits bei den obigen Daten werden auch nachfol-gend Dienstleistungen (einschließlich geistiges Eigentum) ausgeblendet.

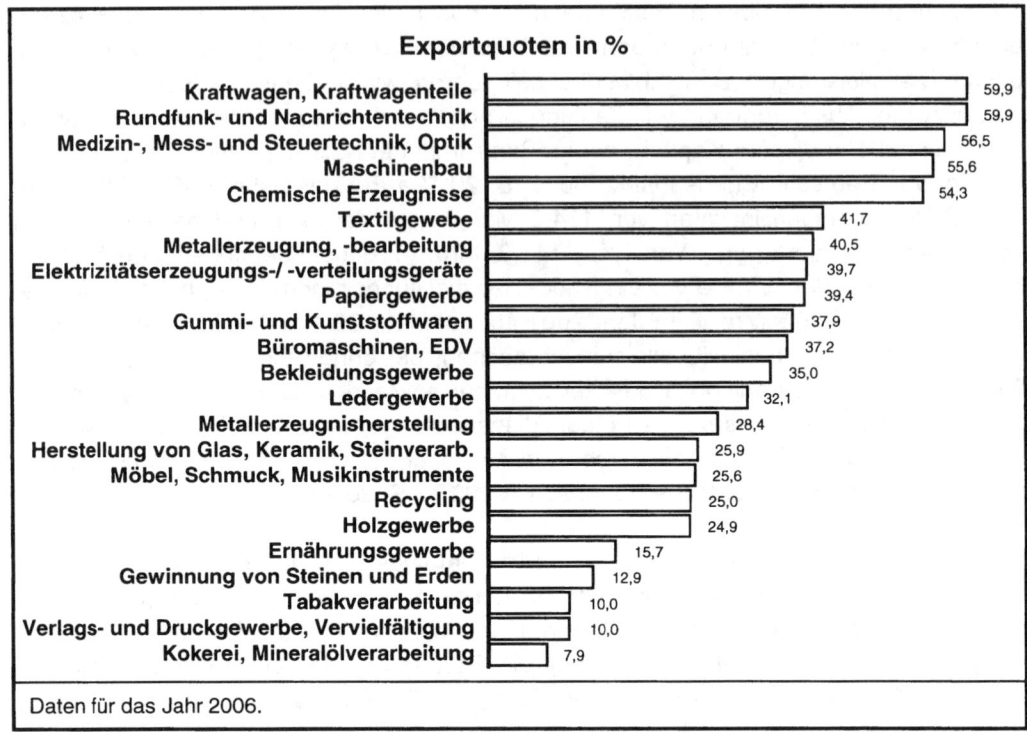

Abb. 1-22:   Die Exportquoten ausgewählter Branchen
Quelle: Daten aus Statistisches Bundesamt (2007a), S. 371.

2.3.2   Der Außenhandel Deutschlands nach Bundesländern

Das Statistische Bundesamt liefert Informationen darüber, wie sich das aktuelle Export-
und Importvolumen gemäß Regionalprinzip auf die einzelnen Bundesländer verteilt (vgl.
zum Regional- im Vergleich zum Sitzprinzip Kuhn 1999).

Abbildung 1-23 ist zu entnehmen, dass ein **Großteil der deutschen Exporte und Importe** auf die Bundesländer **Nordrhein-Westfalen, Baden-Württemberg** und **Bayern**
entfällt. Diese drei Bundesländer, die zusammen 54% des deutschen Bruttoinlandsprodukts erzielen (Statistisches Bundesamt 2007a, S. 653), sind auch für **die
Hälfte der deutschen Exporte und Importe** verantwortlich. In absoluten Zahlen ist
Nordrhein-Westfalen sowohl beim Export als auch beim Import das „aktivste" deutsche
Bundesland. Entscheidender als die absoluten Export- und Importvolumina erscheint
uns aber der Beitrag der einzelnen Bundesländer zum deutschen Außenhandelsüberschuss. Und hier zeigt sich die Spitzenstellung von Baden-Württemberg:
Das Bundesland weist ein starkes Exportvolumen auf, welches das Importvolumen um

26 Mrd. € übersteigt und knapp 16% des deutschen Außenhandelsüberschusses von rund 161 Mrd. € trägt. Dicht gefolgt wird Baden-Württemberg von Bayern, das seit 2004 kontinuierlich aufgeschlossen hat und eine Außenhandelsdifferenz von über 25 Mrd. € aufweist. Auch der Anteil von Rheinland-Pfalz am deutschen Außenhandelsüberschuss ist – wenn auch in deutlich geringerem Umfang – erwähnenswert: Mit knapp 13 Mrd. € sorgt Rheinland-Pfalz noch für etwa 8% des deutschen Außenhandelsüberschusses. 40% des deutschen Außenhandelsüberschusses werden damit von drei Bundesländern erwirtschaftet.

	Export-volumen absolut in Mio. €	Exporte in % des gesamten dt. Export-volumens	Import-volumen absolut in Mio. €	Importe in % des gesamten dt. Import-volumens	Differenz Exporte – Importe in Mio. €	Differenz in % des Außen-han-delsüber-schusses
Nordrhein-Westfalen	160.446	17,9	170.897	23,2	- 10.451	- 6,5
Baden-Württemberg	141.924	15,8	115.721	15,7	+ 26.203	+ 16,3
Bayern	141.266	15,8	115.929	15,8	+ 25.337	+ 15,8
Niedersachsen	67.145	7,5	65.005	8,8	+ 2.140	+ 1,3
Hessen	44.831	5,0	64.344	8,8	- 19.513	- 12,1
Rheinland-Pfalz	36.307	4,1	23.588	3,2	+ 12.719	+ 7,9
Hamburg	28.074	3,1	56.094	7,6	- 28.020	- 17,4
Sachsen	19.555	2,2	13.279	1,8	+ 6.276	+ 3,9
Schleswig-Holstein	17.459	1,9	21.855	3,0	- 4.396	- 2,7
Saarland	12.583	1,4	11.199	1,5	+ 1.384	+ 0,9
Bremen	12.270	1,4	13.331	1,8	- 1.061	- 0,7
Berlin	11.373	1,3	8.019	1,1	+ 3.354	+ 2,1
Sachsen-Anhalt	9.904	1,1	9.359	1,3	+ 545	+ 0,3
Thüringen	9.238	1,0	5.945	0,8	+ 3.293	+ 2,0
Brandenburg	8.808	1,0	11.106	1,5	- 2.298	- 1,4
Mecklenburg-Vorpommern	3.764	0,4	3.349	0,5	+ 415	+ 0,3
Saldo	171.032[1]	19,0	26.126[2]	4,0	-	-
Deutschland Gesamt[3]	895.979		735.146		160.833	

[1] Aus Deutschland ausgeführte Waren, die in anderen als den genannten Ländern hergestellt oder ge-wonnen wurden (z.B. Rückwaren) oder deren Ursprungsland nicht festgestellt werden konnte.

[2] Nicht aufgliederbares Intrahandelsergebnis und Zuschätzungen für Befreiungen.

[3] Dieser Wert differiert von den in früheren und späteren Abbildungen genannten Werten aufgrund von Differenzen im Statistischen Jahrbuch.

Daten für das Jahr 2006.

Abb. 1-23: Der deutsche Außenhandel differenziert nach Bundesländern
Quelle: Daten aus Statistisches Bundesamt (2007a), S. 474 und S. 476 sowie eige-ne Berechnungen.

Die dargestellten Daten können allerdings nur bedingt auf die Auslandsorientierung der Wirtschaft in einem bestimmten Bundesland hinweisen. Setzt man die Exporte einzelner

Bundesländer mit deren gesamter Wirtschaftsleistung in Beziehung, so ergibt sich ein anderes Bild. Mit Abbildung 1-24 wollen wir den Blick auf die **Gewerbliche Wirtschaft** richten, da deren Auslandsorientierung besonders hoch ist. Damit werden wir die Frage beantworten, welcher Teil des Gesamtumsatzes, den das Verarbeitende Gewerbe in einem bestimmten Bundesland erzielt, auf Exportumsatz beruht.

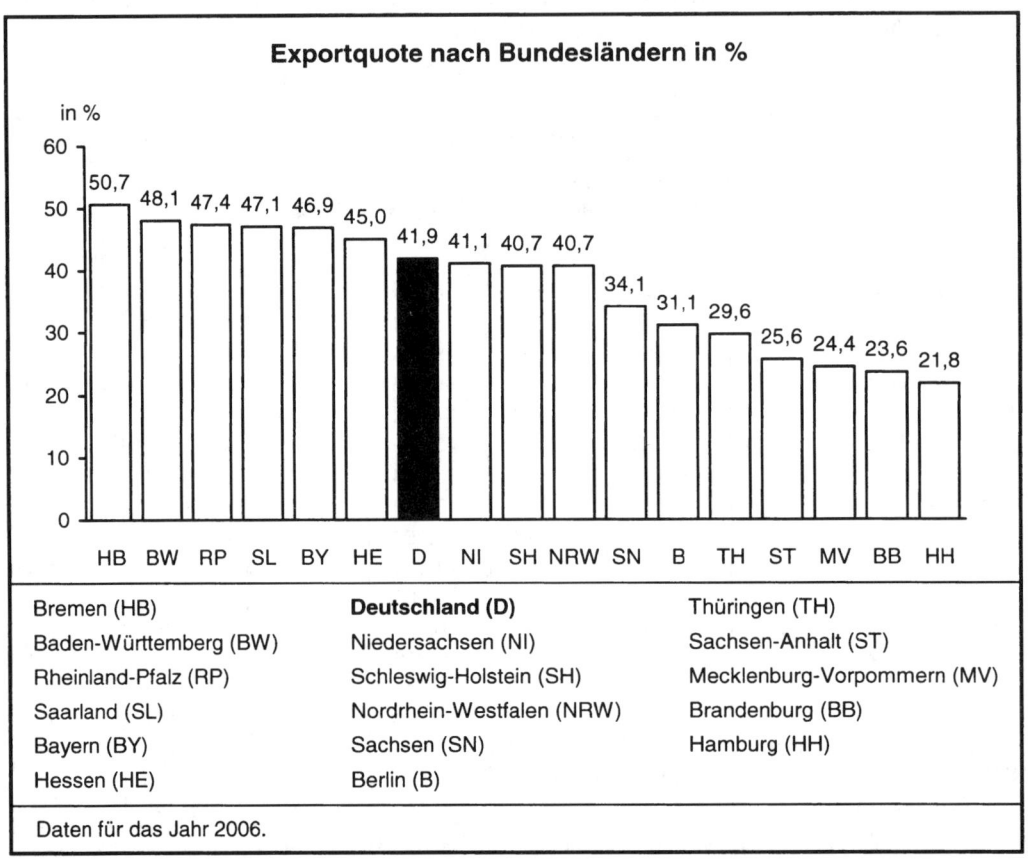

Abb. 1-24: Der Anteil des Exportumsatzes am Gesamtumsatz des Verarbeitenden Gewerbes nach Bundesländern

Quelle: Direktauskunft des Statistischen Bundesamtes, Dezember 2007.

Zu beachten gilt, dass das Statistische Bundesamt die Daten für das **Verarbeitende Gewerbe** zusammen mit den Daten des Bergbaus und der Gewinnung von Steinen und Erden ausweist. Eine Analyse der Daten zeigt, dass die Exportquote für die betrachteten Branchen im Bundesdurchschnitt bei rund 42% liegt (Direktauskunft des Statistischen Bundesamtes, Dezember 2007). Wurden in den Jahren 1991 bis 1993 jeweils nur Exportquoten von ca. 26,5% erzielt, so hat sich die Exportquote ab 1994 kontinuierlich erhöht und inzwischen ca. 42% erreicht. Die einzelnen Bundesländer streuen allerdings beträchtlich um diesen Wert. Neben Hamburg und Berlin weisen vor allem die Neuen Bundesländer eine sehr niedrige Exportquote auf. Wie bekannt ist, wurden in der dortigen Wirtschaft in den ersten Jahren nach der Wiedervereinigung ohnehin vor allem Investitionen im Handels- und Dienstleistungsbereich und geringe Investitionen im Industriebereich getätigt. Unsere Daten verdeutlichen darüber hinaus, dass innerhalb der dortigen Gewerblichen Wirtschaft bisher eine geringe Auslandsorientierung festzustellen ist.

Wir wissen bereits, wie sich der deutsche Außenhandel entwickelt hat und wie sich die Exporte auf Bundesländer verteilen. Aber wie lässt sich das aktuelle Außenhandelsvolumen weiter untergliedern? Darauf geben die folgenden Abschnitte eine Antwort.

2.3.3   Der Außenhandel Deutschlands nach Warengruppen

Das Statistische Bundesamt unterscheidet beim Außenhandel die Warengruppen „Ernährungswirtschaft" und „Gewerbliche Wirtschaft". Aufgrund der besonderen Bedeutung soll die Gewerbliche Wirtschaft in Anlehnung an die amtliche Statistik hier nochmals in die Warengruppen Rohstoffe, Halbwaren und Fertigwaren (mit den Untergruppen Vorerzeugnisse und Enderzeugnisse) aufgespalten werden. Für das Jahr 2006 ergibt sich die aus Abbildung 1-25 ersichtliche Aufteilung der deutschen Exporte und Importe.

	Exporte	Importe
Absolutes Volumen	896 Mrd. €	731 Mrd. €
davon		
• **Ernährungswirtschaft**	4,2%	6,5%
• **Gewerbliche Wirtschaft**	90,6%	85,4%
davon		
• **Rohstoffe**	1,0%	11,0%
• **Halbwaren**	5,4%	8,3%
• **Fertigwaren**	84,3%	66,1%
davon		
• **Vorerzeugnisse**	12,8%	10,3%
• **Enderzeugnisse**	71,5%	55,8%
Aufgrund von Rückwaren sowie Ersatzlieferungen addieren sich die Prozentangaben nicht zu 100%. Ferner sind bei den Angaben Rundungsdifferenzen zu berücksichtigen. Vorläufige Daten für das Jahr 2006.		

Abb. 1-25: Der deutsche Außenhandel differenziert nach Warengruppen
Quelle: Daten aus Statistisches Bundesamt (2007a), S. 462.

Aus Abbildung 1-25 lassen sich unter anderem folgende Hauptaussagen herauslesen:

- Die **Ernährungswirtschaft** spielt eine deutlich größere Rolle bei den Importen nach Deutschland als bei den Exporten aus Deutschland. Etwa 7% des gesamten Importwertes fallen in den Bereich der Ernährungswirtschaft, während bei den Exporten nur etwas mehr als 4% des gesamten deutschen Exportwertes aus diesem Sektor stammen.

- Innerhalb der **Gewerblichen Wirtschaft** zeigen sich ebenfalls Unterschiede zwischen der Importstruktur und der Exportstruktur:

  - Deutschland ist ein wichtiger Importeur von **Rohstoffen**: Rohstoffe machen 11% des Importwerts aus, während nur 1% des gesamten Exportwertes auf Rohstoffe zurückzuführen sind. Etwa 85% der gesamten Rohstoffimporte gehen dabei auf Erdöl- und Erdgasimporte zurück (Statistisches Bundesamt 2007a, S. 462, 466). Doch auch andere Rohstoffe müssen eingeführt werden, da Deutschland über die meisten Rohstoffe nicht verfügt. Dies wird aus Abbildung 1-26 ersichtlich, in der die Importabhängigkeit Deutschlands bei zentralen Rohstoffen aufgezeigt wird.

Rohstoff	Importan-teil in %	Hauptsächliche Verwendung	Rohstoff	Importan-teil in %	Hauptsächliche Verwendung
Aluminium	100	Flugzeugbau	Tantalum	100	Stahl
Asbest	100	Bremsen	Titan	100	Flugzeugbau
Baumwolle	100	Stoffe	Vanadium	100	Stahl
Chrom	100	Stahl	Wolfram	100	Elektro
Kobalt	100	Computer	Zinn	100	Blech
Mangan	100	Stahl	Kupfer	99	Kabel
Molybdän	100	Stahl	Silber	98	Fotochemie
Nickel	100	Stahl	Eisenerz	98	Auto-, Schiffbau
Phosphat	100	Dünger	Erdöl	96	Energie
Quecksilber	100	Chemie, Elektro	Blei	92	Batterien

Abb. 1-26: Die Importabhängigkeit Deutschlands bei zentralen Rohstoffen
Quelle: in Anlehnung an Altmann (1993), S. 4.

  - Ebenso wie Rohstoffe sind **Halbwaren** innerhalb der deutschen Importe (8,3% des Importvolumens) deutlich wichtiger als innerhalb der deutschen Exporte (5,4% des Exportvolumens) (vgl. Statistisches Bundesamt 2007a, S. 462). Innerhalb der Importkategorie Halbwaren machen nach Angaben des Statistischen Bundesamtes im Jahr 2007 insbesondere Mineralölerzeugnisse, Eisen, Stahl Aluminium, Kupfer und Nickel einschließlich ihrer Legierungen, Abfälle und Schrotte, sowie Halbstoffe aus zellulosehaltigen Faserstoffen die größten Einzelposten aus (vgl. Statistisches Bundesamt 2007b, eigene Berechnungen).

- **Fertigwaren** sind nun sowohl bei den Importen als auch bei den Exporten für den „Löwenanteil" der außenwirtschaftlichen Transaktionen verantwortlich. Allerdings zeichnen Fertigwaren innerhalb der Importe „nur" für 66% des wertmäßigen Gesamtvolumens verantwortlich, während sie bei den Exporten mehr als 84% des Gesamtvolumens innehaben.

Deutschland ist sowohl ein großer Exporteur als auch ein großer Importeur von **Fertigwaren**. Der Anteil, welcher Produkten der Ernährungswirtschaft (Nahrungsmitteln) und Rohstoffen innerhalb der Einfuhren zukommt, ist insgesamt vergleichsweise niedrig. Darüber hinaus lässt sich ergänzend festhalten, dass der Anteil der Nahrungsmittel- und Rohstoffimporte an den gesamten Importen im Zeitablauf deutlich gesunken ist – von etwa 60% im Jahr 1955 auf etwa 33% im Jahr 1975 und etwa 15% im Jahr 1995 bis auf ca. 8% im Jahr 2006 (vgl. Kuhn 1997, S. 235 und Statistisches Bundesamt 2007a, S. 467). Dies liegt primär nicht daran, dass der in absoluter Größe betrachtete Gesamtwert der eingeführten Nahrungsmittel und Rohstoffe im Zeitablauf abgenommen hat, sondern daran, dass vor allem Fertigwaren von immer höherem Gesamtwert die Grenzen überschreiten. Aus diesem Grund ist der prozentuale Anteil der Nahrungsmittel- und Rohstoffimporte kontinuierlich gesunken. Zumindest innerhalb der Rohstoffimporte hat sich in den letzten Jahren allerdings auch ein gegenläufiger Trend ergeben, der die Energieimporte betrifft. Betrachtet man den Anteil des Energieimports (Kohle, Torf, Erdöl, Erdgas, Kokereierzeugnisse, Mineralölerzeugnisse, Spalt- und Brutstoffe sowie elektrischen Strom) am Gesamtimport, so stellt man fest, dass dieser seit 1998 um über 130%, von 5,3% im Jahre 1998 auf 12,2% im Jahre 2006 angestiegen ist (vgl. Deutsche Bundesbank 2007c, S. 74).

Bisher haben wir uns an die Einteilung des Statistischen Bundesamtes in die Waren(unter)gruppen Ernährungswirtschaft und gewerbliche Wirtschaft, aufgesplittet in Rohstoffe, Halbwaren und Fertigwaren, gehalten. Aber welche Branchen tragen besonders zum deutschen Export bei? In welchen Industriezweigen weist Deutschland besonders hohe Importe auf? Antworten auf diese Fragen liefert Abbildung 1-27.

Zwar ist zu beachten, dass die Abgrenzung von Branchen und die Zuordnung mancher Warenkategorien zu Branchen ein schwieriges Unterfangen darstellt, doch abgesehen von dieser Problematik können Ihnen unsere Ausführungen verdeutlichen, dass exakt die gleichen Branchen – wenn auch in unterschiedlicher Reihenfolge – die exportstärksten und importstärksten Bereiche der deutschen Wirtschaft darstellen (vgl. auch Kombert-Engelhard 1999). Dies unterstreicht die Existenz von umfangreichen **intra-industriellen Handelsverflechtungen**. Wie für viele andere Industrieländer ist auch für Deutschland der intra-industrielle Handel heute von weitaus größerer Bedeutung als der inter-industrielle Handel (➜ zur theoretischen Erklärung des intra-industriellen Handels gegenüber dem inter-industriellen Handel v.a. Abschnitte 1.2.3, 1.2.4 und 1.3.3 in Kapitel 3).

Export	Exportvolumen in Mrd. €	Anteil in % des gesamten Warenexports
Kraftwagen, Kraftwagenteile	165,77 Mrd. €	18,5 %
Maschinen	126,24 Mrd. €	14,1%
Chemische Erzeugnisse	117,40 Mrd. €	13,1%
Metalle, Metallerzeugnisse	54,32 Mrd. €	6,1%
Import	Importvolumen in Mrd. €	Anteil in % des gesamten Warenimports
Chemische Erzeugnisse	80,83 Mrd. €	11,1%
Kraftwagen, Kraftwagenteile	70,55 Mrd. €	9,6%
Metalle, Metallerzeugnisse	53,17 Mrd. €	7,3%
Maschinen	49,35 Mrd. €	6,7%
Daten für das Jahr 2006.		

Abb. 1-27: Die wichtigsten Produktkategorien für den deutschen Außenhandel
Quelle: Daten aus Statistisches Bundesamt (2007a), S. 466.

Auch durch andere Analysen wird die Bedeutung des intra-industriellen Handels bestätigt. In zahlreichen Branchen liegen die Import- und Exportquoten auf ähnlichem Niveau, wie wir in Abbildung 1-28 für ausgewählte Branchen zeigen. Als **Exportquote** gilt dabei der Anteil des Exports am Gesamtumsatz der Branche. Als **Importquote** ist der Anteil des Imports am Umsatz im Inland einschließlich Importvolumen und abzüglich Exportvolumen definiert (vgl. Müller/Kornmeier 2002b, S. 101-102).

Interessant ist auch die Analyse einzelner Branchen im Zeitablauf. Dabei lässt sich etwa feststellen, dass Deutschland zum Beispiel bei Büro- und Datenverarbeitungsmaschinen inzwischen von einem Nettoexporteur zu einem Nettoimporteur geworden ist (vgl. Müller-Merbach 1994).

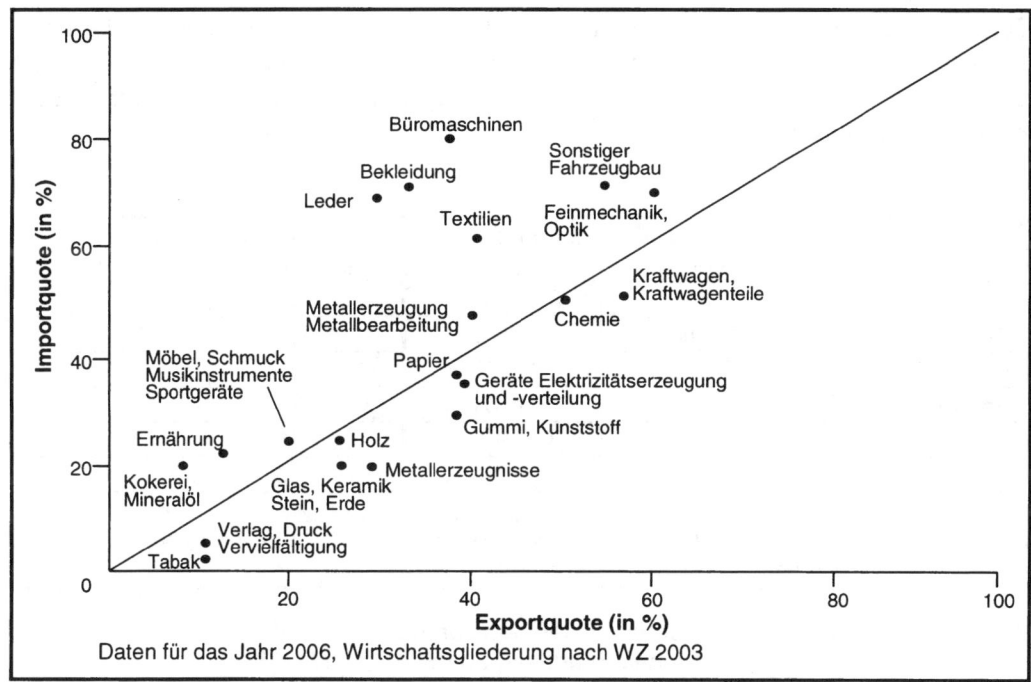

Abb. 1-28: Die internationale Vernetzung einzelner Branchen des Verarbeitenden Gewerbes in Deutschland

Quelle: Daten aus Statistisches Bundesamt (2007a), S. 466 sowie eigene Berechnungen.

2.3.4 Der Außenhandel Deutschlands nach Regionen

Das Statistische Bundesamt liefert nicht nur wertvolle Informationen über die Warenstruktur des deutschen Außenhandels; es informiert auch über die regionale Verteilung des deutschen Außenhandels. Wir werden zunächst auf die regionale Verteilung des deutschen Außenhandels nach **Erdteilen** eingehen (Abschnitt 2.3.4.1), bevor wir dann zwischen **Ländergruppen** differenzieren (Abschnitt 2.3.4.2) und die **Haupthandelspartner Deutschlands** aufzeigen (Abschnitt 2.3.4.3).

2.3.4.1 Die regionale Verteilung des deutschen Außenhandels nach Erdteilen

Die in Abbildung 1-29 dargestellte Verteilung des deutschen Außenhandels nach Erdteilen zeigt, dass über 70% der deutschen Export- und Importtätigkeit auf Europa bezogen sind. Jeweils rund 12% der Exporte gehen in Richtung Amerika bzw. Asien. Bei den Importen lässt sich ein etwas stärkerer Warenstrom aus Asien (16,6% der deut-schen Importe) als aus Amerika (9,7% der deutschen Importe) ausmachen. Der Umfang der Außenhandelsbeziehungen mit Afrika und Australien ist insgesamt betrachtet sehr gering (vgl. auch Koufen 1999).

	Deutsche Exporte		Deutsche Importe	
	in Mrd. €	in %	in Mrd. €	in %
Gesamt	896		731	
Europa	663	74,0%	520	71,1%
Asien	104	11,6%	121	16,6%
Amerika	104	11,6%	71	9,7%
Afrika	17	1,9%	16	2,2%
Australien	6	0,7%	3	0,4%

Der Gesamtwert der Exporte stimmt wegen nicht zuzuordnender Handelsströme nicht völlig mit der Summe der Kontinente überein. Aus diesem Grund addieren sich auch die Prozentangaben beim Ex-port nicht zu 100%. Daten für das Jahr 2006.

Abb. 1-29: Der deutsche Außenhandel differenziert nach Erdteilen
Quelle: Daten aus Statistisches Bundesamt (2007a), S. 471-473.

2.3.4.2   Die regionale Verteilung des deutschen Außenhandels nach Ländergruppen

Weiterhin wird häufig eine Einteilung in **EU-Länder** (Belgien, Dänemark, Deutschland, Estland, Finnland, Frankreich, Griechenland, Irland, Italien, Lettland, Litauen, Luxem-burg, Malta, Niederlande, Österreich, Polen, Portugal, Schweden, Slowakei, Slowenien, Spanien, Tschechische Republik, Ungarn, Vereinigtes Königreich und Republik Zypern, die als EU (25)-Länder bezeichnet werden, sowie die zum 1. Januar 2007 aufgenom-menen Mitgliedsstaaten Rumänien und Bulgarien), **EFTA-Länder** (Island, Liechtenstein, Norwegen, Schweiz), **NAFTA-Länder** (Kanada, Mexiko, USA), **AFTA-Länder** (Brunei, Indonesien, Kambodscha, Laos, Malaysia, Myanmar, Philippinen, Singapur, Thailand, Vietnam) und übrige Länder vorgenommen. Über die regionale Verteilung des deut-schen Außenhandels nach Ländergruppen informiert Abbildung 1-30 (→ zu den Länder-gruppen auch Abschnitt 5.6 in diesem Kapitel).

Der deutsche Außenhandel wird – wie bereits in Abschnitt 2.2.2.2 dieses Kapitels ange-deutet – vor allem vom **Handel mit EU-Ländern** getragen. Wie Abbildung 1-30 erken-nen lässt, wird weit mehr als die Hälfte des deutschen Außenhandels mit Handelspart-nern aus der EU abgewickelt. Die kleinen EFTA-Staaten decken zusammen immerhin rund 5% des deutschen Außenhandels ab. Die NAFTA-Länder zeichnen für etwa 10% der deutschen Exporte und etwa 8% der deutschen Importe verantwortlich.

	Deutsche Exporte		Deutsche Importe	
	in Mrd. €	in %	in Mrd. €	in %
Gesamt	896		731	
EU-Länder	558	62,3%	421	57,6%
EFTA-Länder	43	4,7%	46	6,2%
NAFTA-Länder	91	10,1%	55	7,6%
ASEAN-Länder	15	1,6%	18	2,5%
Andere Länder	190	21,2%	191	26,1%
Daten für das Jahr 2006.				

Abb. 1-30: Der deutsche Außenhandel differenziert nach Ländergruppen
Quelle: Daten aus Statistisches Bundesamt (2007a), S. 470.

Die deutschen Exporte in die anderen EU-Staaten sind in absoluten Werten seit dem Jahr 2000 um ca. 46% – und damit stärker als in den Ländern von EFTA (ca. 39%), NAFTA (28%) und ASEAN (ca. 36%) – gestiegen. Bei einer relativen Betrachtung nimmt der Anteil der deutschen Exporte, der dem Handel mit den anderen EU-Staaten zukommt, jedoch ab. Dies liegt insbesondere an der wachsenden Bedeutung der anderen Länder. Die deutschen Ausfuhren in diese Länder haben seit dem Jahr 2000 um mehr als 86% zugenommen. Auffallend sind hier die deutschen Ausfuhren nach China (Zunahme um etwa 190%) und Russland (Zunahme um etwa 250%), die mittlerweile zusammen 5,7% der deutschen Exporte ausmachen. Dennoch sind die anderen EU-Länder nach wie vor der Hauptexportpartner Deutschlands – mehr als 60% aller Ausfuhren gehen in diese Länder (vgl. Statistisches Bundesamt 2004, S. 529-532 und Statistisches Bundesamt 2007a, S. 470-473). Eine aktuelle Untersuchung des DIHK (Deutscher Industrie- und Handelskammertag; bis 2001 als DIHT bezeichnet) zeigt die dynamische Entwicklung des Anteils mittel- und osteuropäischer EU-Mitgliedsstaaten und der Länder Resteuropas an den deutschen Exporten: Die jährlichen Zuwächse der Importe aus Deutschland erreichen in diesen Ländern teilweise mehr als 100% (vgl. DIHK 2007, S. 6).

In einer früheren Untersuchung erfolgt die Einteilung von Ländern auf eine andere Art und Weise. Hier wird zwischen wachstumsstarken und -schwachen Märkten differenziert. Die Wachstumsstärke wird dabei am Zuwachs des realen Bruttoinlandsprodukts von Ländern festgemacht. Dabei lässt sich feststellen, dass Deutschland (immer noch) überdurchschnittlich stark in Länder exportiert, die als **wachstumsschwach** gelten und unterdurchschnittlich stark in Ländern vertreten ist, die als **wachstumsstark** bezeichnet werden (vgl. Stocker 1997, DIHT 1998, S. 7-8). Diese Tatsache wird immer wieder von Politikern und Verbänden zum Anlass genommen, die deutsche Wirtschaft zu einem verstärkten Handel mit zukunftsträchtigen Märkten zu ermuntern. Dass Deutschland bis heute einen Großteil seines Außenhandels mit westlichen Industrieländern abwickelt, verdeutlicht auch der Blick auf die wichtigsten Handelspartner.

2.3.4.3 Die wichtigsten Handelspartner Deutschlands

Abbildung 1-31 zeigt die 12 wichtigsten Export- und Importpartner Deutschlands für das Jahr 2006 auf (vgl. zu früheren Jahren Engelke 1997, S. 73, Kuhn 1998, S. 401-402).

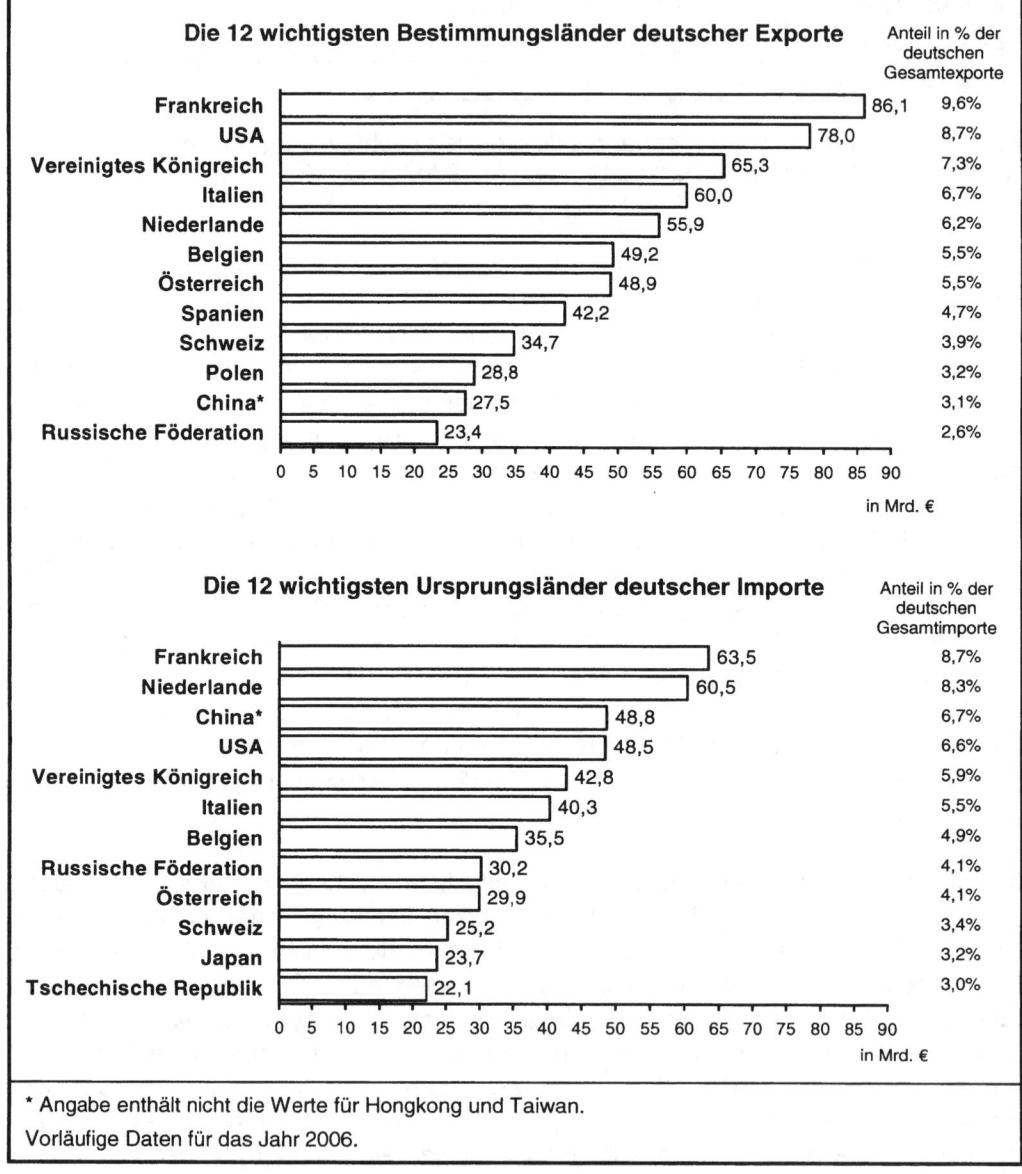

* Angabe enthält nicht die Werte für Hongkong und Taiwan.
Vorläufige Daten für das Jahr 2006.

Abb. 1-31: Die wichtigsten Handelspartner Deutschlands
Quelle: Daten aus Statistisches Bundesamt (2007a), S. 477.

Sowohl beim Export als auch beim Import ist Frankreich für Deutschland mit einigem Abstand der wichtigste Handelspartner. Auf der **Exportseite** stehen die USA im Jahr 2006 an zweiter Stelle, bevor mit dem Vereinigten Königreich, Italien, den Niederlanden, Belgien und Österreich weitere EU-Länder folgen. Die Schweiz, in die 3,9% der deutschen Exporte gehen, ist damit auch für den im vorigen Abschnitt erwähnten ungewöhnlich starken Anteil der EFTA-Länder verantwortlich. Wie Abbildung 1-31 zeigt, haben sich zudem Polen, China und die Russische Föderation zu wichtigen Bestimmungsländern deutscher Exporte entwickelt. Auf der **Importseite** ergibt sich ein ähnliches Bild. Neben Frankreich sind auch hier einige europäische Staaten (Niederlande, Vereinigtes Königreich, Italien, Belgien) sowie die USA die wichtigsten Handelspartner. Während allerdings nur etwas mehr als 3% aller deutschen Exporte nach China gehen, spielt China auf der Importseite eine deutlich größere Rolle: Fast 7% der deutschen Einfuhren stammen aus China.

In Abbildung 1-32 soll geprüft werden, ob Deutschland mit den wichtigsten Handelspartnern einen **Ausfuhr-** oder einen **Einfuhrüberschuss** erzielt.

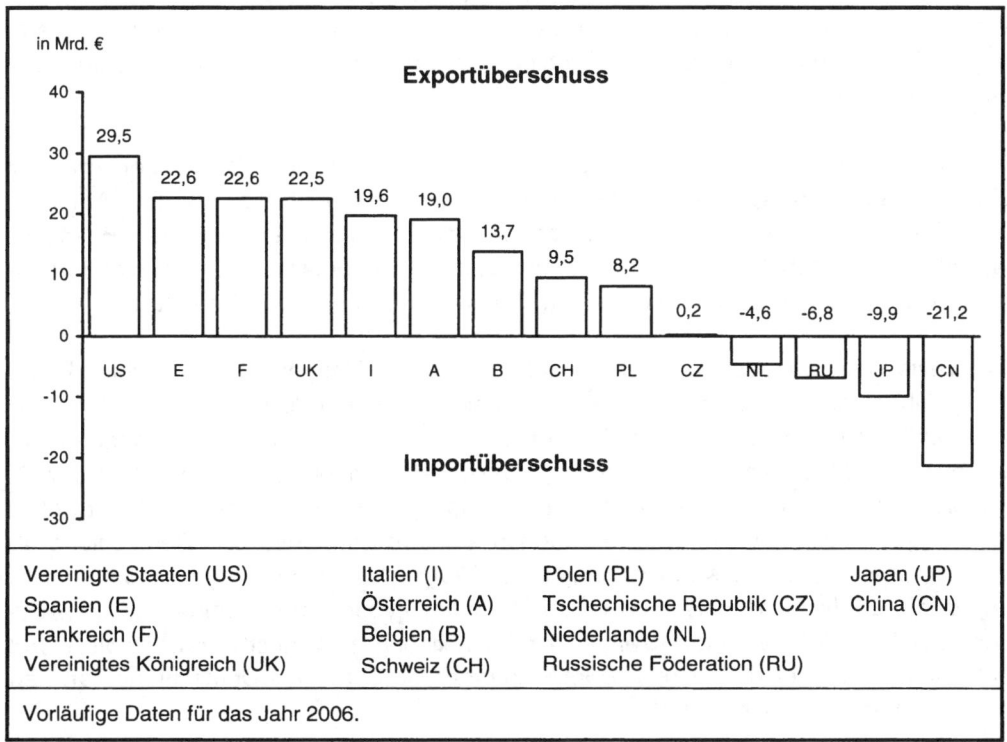

Abb. 1-32: Export- und Importüberschüsse Deutschlands mit den wichtigsten Handelspartnern
Quelle: Daten aus Statistisches Bundesamt (2007a), S. 471-473.

Deutschland kann dabei gegenüber den meisten der wichtigsten Handelspartner einen Ausfuhrüberschuss vorweisen. Auffallend sind lediglich die Ausfuhrdefizite mit den Niederlanden, Russland, Japan und China.

2.3.4.4   Deutschland als Handelspartner aus der Sicht anderer Länder

Bisher haben wir primär Handelsbeziehungen aus der Sicht Deutschlands betrachtet. Wir werden nun abschließend unsere Perspektive wechseln und kurz die Handelsbeziehungen anderer Länder mit Deutschland skizzieren. Es ist bekannt, dass Deutschland für sehr viele Länder ein wichtiger Handelspartner ist. Aufgrund der bereits angesprochenen starken Verflechtung der EU-Länder überrascht es nicht, dass Deutschland somit vor allem für andere EU-Länder eine entscheidende Rolle im Export- und Importgeschäft spielt. Abbildung 1-33 weist nach, dass Deutschland für die große Mehrheit der EU-Länder sowohl der wichtigste Export- als auch der wichtigste Importpartner ist. Für einige Länder, wie für Portugal und Rumänien, ist Deutschland zwar nicht der wichtigste, so aber immerhin der zweitwichtigste EU-Handelspartner. Lediglich für Irland, Estland, Litauen, Malta und Zypern nimmt Deutschland – wenn man Export- und Importseite gemeinsam berücksichtigt – eine schlechtere Position unter den wichtigsten Handelspartnern ein.

Obwohl Abbildung 1-33 verdeutlicht, dass **Deutschland für viele EU-Länder ein sehr wichtiger Handelspartner** ist, wird damit aber noch nicht ersichtlich, welcher Anteil an den Gesamtexporten bzw. -importen dieser Länder auf Deutschland entfallen. Exemplarisch wollen wir deshalb die Importe, die von einzelnen Ländern aus Deutschland bezogen werden, heranziehen und daraus den Marktanteil Deutschlands berechnen.

Das Statistische Bundesamt macht Angaben über die Marktanteile Deutschlands bei der Einfuhr in wichtige Märkte (vgl. Statistisches Bundesamt 2007a, S. 714). Der deutsche Marktanteil in einzelnen europäischen Ländern wird in Abbildung 1-34 abgetragen. Aus dieser Abbildung lässt sich erkennen, dass insbesondere Österreich, die Schweiz und die Tschechische Republik beträchtliche Importe aus Deutschland beziehen. Aber auch Ungarn, Luxemburg und Polen hängen stark von Importen aus Deutschland ab (vgl. ähnliche Angaben des IDW 2003, S. 18). Vergleichsweise niedrige Importverflechtungen mit Deutschland existieren in Irland, Malta, Zypern, der Ukraine und Mazedonien. Deutlich wird bei einem Vergleich mit Abbildung 1-33 auch, dass Deutschland zwar für viele Länder der wichtigste Importpartner ist, der Anteil Deutschlands an den jeweiligen Importen aber deutlich variiert.

	Exporte nach Deutschland		Importe aus Deutschland	
	Position	in Mrd. US-$	Position	in Mrd. US-$
1. Frankreich	1	63,1	1	81,7
2. Niederlande	1	74,4	1	49,8
3. Belgien	1	61,6	1	55,1
4. Italien	1	47,9	1	64,4
5. Vereinigtes Königreich	2	41,6	1	68,6
6. Österreich	1	36,0	1	49,6
7. Tschechische Republik	1	26,2	1	23,0
8. Polen	1	25,2	1	25,1
9. Spanien	2	21,9	1	42,7
10. Ungarn	1	18,1	1	17,9
11. Schweden	2	13,5	1	20,2
12. Dänemark	1	13,1	1	15,4
13. Slowakei	1	8,3	1	7,2
14. Irland	4	8,2	3	5,4
15. Finnland	1	6,8	1	8,7
16. Portugal	2	4,4	2	8,2
17. Rumänien	2	3,9	2	5,7
18. Slowenien	1	3,6	1	3,9
19. Luxemburg	1	3,2	2	4,5
20. Griechenland	1	2,1	1	7,3
21. Litauen	3	1,1	2	2,3
22. Estland	5	0,5	2	1,5
23. Lettland	1	0,5	1	1,2
24. Malta	5	0,3	4	0,3
25. Zypern	5	0,1	4	0,5
Daten für das Jahr 2005.				

Abb. 1-33: Deutschland als Handelspartner für EU(25)-Länder
Quelle: UN Comtrade (2007).

Außerhalb Europas ist der deutsche Marktanteil an den Gesamtimporten sehr unterschiedlich. Auch in manchen außereuropäischen Ländern sind Einfuhren aus Deutschland bedeutsam. Südafrika erhält 14% seiner Importe aus Deutschland, Kuwait weist immerhin einen rund 11%igen Anteil deutscher Einfuhren auf, und in Libyen machen die deutschen Lieferungen rund 10% der Gesamtimporte aus. Auch in Ländern wie Tunesien, Brasilien und dem Iran sind die deutschen Importe beträchtlich (Statistisches Bundesamt 2007a, S. 715).

Allerdings gibt es auch Länder, für die Deutschland als Importpartner kaum eine Rolle spielt. So kommen nur 3,7% der südkoreanischen Importe aus Deutschland. In Kanada stammen 2,7% der Lieferungen aus Deutschland, und Hongkong bezieht 1,8% seiner Einfuhren aus Deutschland (Statistisches Bundesamt 2007a, S. 715). Man kann aus diesen Daten durchaus den Schluss ziehen, dass Deutschland bei seinen Exporten in viele Länder außerhalb Europas noch erhebliches Steigerungspotential aufweist.

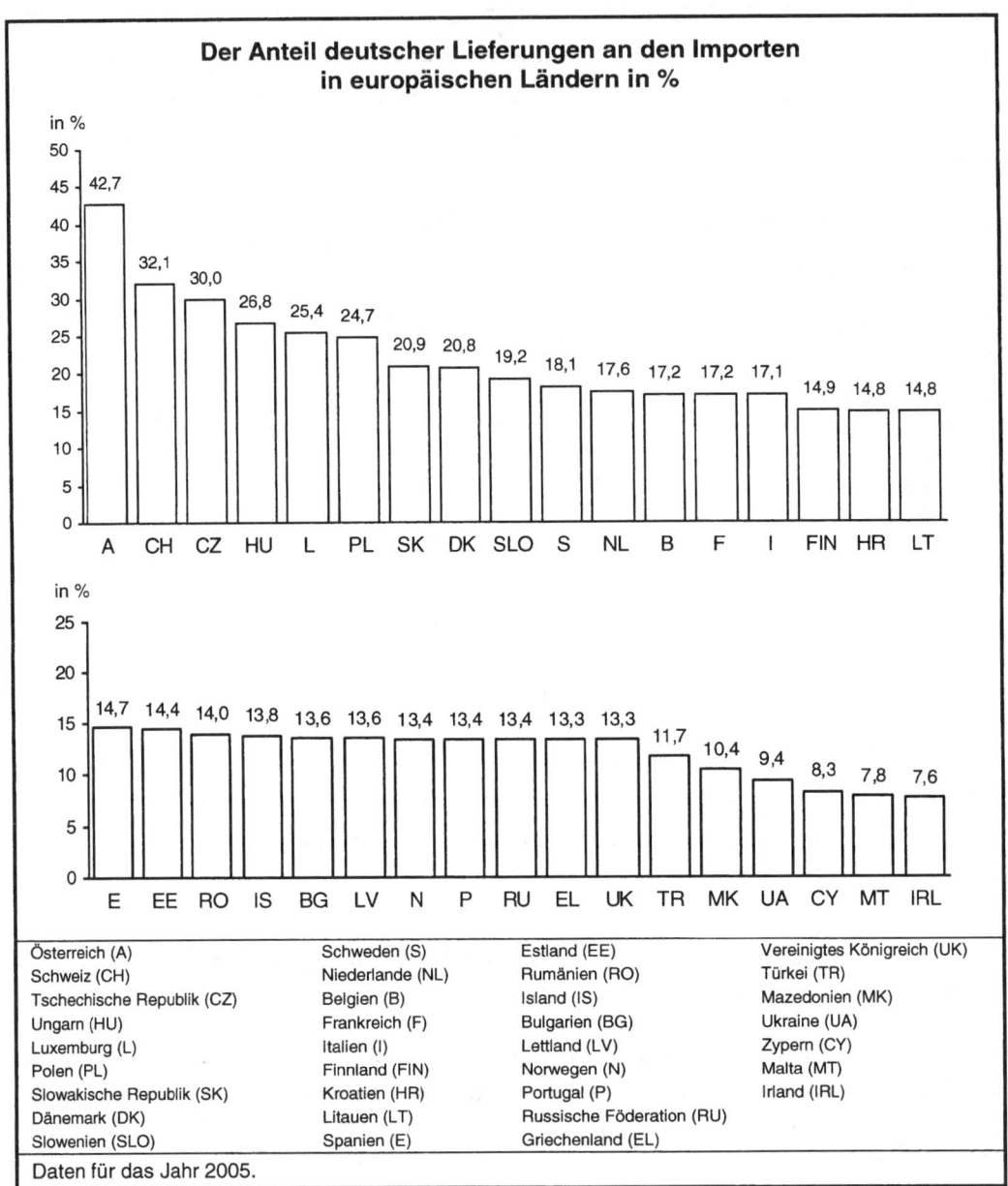

Abb. 1-34: Deutsche Marktanteile am Gesamtimport in europäischen Ländern
Quelle: Daten aus Statistisches Bundesamt (2007a), S. 714.

Abschließend sollen nun exemplarisch die Verflechtungen Deutschlands mit einem ausgewählten Land in Textbox 1-11 dargestellt werden: die Verflechtungen mit der Schweiz.

Textbox 1-11: Die außenwirtschaftlichen Verflechtungen zwischen Deutschland und der Schweiz

Ein Zeitungsausschnitt

Die enge Verflechtung der Schweiz mit Deutschland zeigt sich zur Zeit vor allem beim Zustrom der Deutschen, die seit der Personenfreizügigkeit und dank dem ausgetrockneten Arbeitsmarkt in Deutschland in der Schweiz eine Beschäftigung finden. Doch die Verflechtung mit dem Nachbarland spiegelt sich auch im Außenhandel wider: Er boomt wie nie zuvor. Jedes fünfte aus der Schweiz exportierte Produkt geht nach Deutschland. „Die Resultate toppen alle bisherigen Rekorde", sagt Ralf Bopp, Direktor der Handelskammer Deutschland-Schweiz, gegenüber swissinfo. 2006 exportierte die Schweiz für rekordhohe 36 Mrd. Franken Waren und Dienstleistungen nach Deutschland – was einer Wachstumsrate gegenüber 2005 von 14,7% entspricht. Deutschland ist mit großem Abstand vor anderen (Nachbar-)Ländern der wichtigste Handelspartner der Schweiz: Ein Drittel aller Schweizer Importe kommen aus und ein Fünftel aller Exporte gehen nach Deutschland. Die starke Verzahnung der beiden Länder zeigt sich nicht nur in der Quantität, sondern auch in der Qualität des Austausches: Es handelt sich in großem Umfang um Investitionsgüter, Halbfabrikate und Zulieferprodukte und weniger um Konsumgüter. Handelsbilanzmäßig befindet sich die Schweiz gegenüber Deutschland meist im Defizit: Was den bloßen Warenverkehr betrifft, importiert die Schweiz mehr aus Deutschland als sie exportiert. Dieses übliche Defizit wird traditionellerweise im Dienstleistungsbereich wieder wettgemacht, namentlich im Tourismus. Fast jeder dritte ausländische Tourist in der Schweiz kommt aus Deutschland. Deutschland verzeichnete 2006 auch bei seinen Einnahmen aus Dienstleistungen, die das Land in die Schweiz exportierte, eine Zunahme um 8,9%.

Leicht rückläufig war dagegen die Entwicklung der Direktinvestitionen: Der Besitz von Schweizer Firmen in Deutschland fiel leicht auf 36 Mrd. Franken zurück. 2006 zogen Schweizer Unternehmen erstmals seit langem Kapital aus Deutschland zurück, namentlich 2,5 Mrd. Franken. Der Besitzstand der Schweizer in Deutschland beläuft sich nun auf rund 36 Mrd. Franken (Jahr 2004). Waren Unternehmen aus der Schweiz in den 90iger-Jahren noch die drittwichtigsten Investoren in Deutschland, sind sie damit auf den 6. Platz zurück gefallen. Konjunkturell laufe eben für die Schweizer zur Zeit im angelsächsischen Raum mehr als in Deutschland, vermutet die Handelskammer. Auch sei der Einkaufsboom der Schweizer nach der Wiedervereinigung nun vorbei.

Quelle:

Künzle, Alexander (2007): Rekordhoher Aussenhandel Deutschland Schweiz. In: Swissinfo vom 12. April 2007, URL: http://www.swissinfo.org/ger/startseite/detail/Rekordhoher_Aussenhandel_Deutschland_Schweiz.html?siteSect=105&sid=7707221&cKey=1176369077000 (Stand: 05.02.2008).

3   Internationalisierung und Direktinvestitionen

Nachdem inzwischen die Internationalisierung über Außenhandel ausführlich diskutiert wurde, können wir uns der Internationalisierung über Direktinvestitionen zuwenden. Unser Vorgehen in diesem Abschnitt folgt dabei der gleichen Logik wie im vorangegangenen Abschnitt: Wir erläutern zunächst die terminologischen und inhaltlichen Grundlagen von Direktinvestitionen (Abschnitt 3.1). Danach gehen wir auf die weltweite Direktinvestitionstätigkeit ein (Abschnitt 3.2), bevor wir die Direktinvestitionstätigkeit in und aus Deutschland genauer betrachten (Abschnitt 3.3). Abschließend soll die Direktinvestitionstätigkeit noch in einen größeren Zusammenhang mit der Außenhandelstätigkeit sowie mit weiteren Formen der außenwirtschaftlichen Verflechtung gestellt werden (Abschnitt 3.4).

3.1   Terminologische und inhaltliche Grundlagen

Die **Direktinvestitionstätigkeit** stellt neben der Außenhandelstätigkeit die **zweite zentrale Säule der Internationalisierung** dar. Wir werden nun zunächst definieren, was unter Direktinvestitionen zu verstehen ist (Abschnitt 3.1.1). Da das „Vorliegen" von Direktinvestitionen meist nicht eindeutig geklärt werden kann, existieren in der einschlägigen Literatur Aussagen zur sogenannten Direktinvestitionsannahme, die wir kurz erläutern wollen (Abschnitt 3.1.2). Anschließend verdeutlichen wir, dass es unterschiedliche Motive für Direktinvestitionen gibt (Abschnitt 3.1.3) und wir mehrere Betrachtungsebenen für Direktinvestitionen differenzieren müssen (Abschnitt 3.1.4). Wir klären außerdem, dass sich Direktinvestitionen aus verschiedenen Bestandteilen zusammensetzen (Abschnitt 3.1.5). Auf die Erfassung von Direktinvestitionen wollen wir in einem weiteren Abschnitt eingehen (Abschnitt 3.1.6), bevor dann die Probleme der Erfassung aufgezeigt werden (Abschnitt 3.1.7).

3.1.1   Definition und Abgrenzung von Direktinvestitionen

Als **Direktinvestitionen** bezeichnet man im Allgemeinen grenzüberschreitende Investitionen, die darauf abzielen, einen dauerhaften Einfluss auf eine Unternehmung in einem anderen Land zu erzielen (vgl. Deutsche Bundesbank 1997b, S. 81). Der Internationale Währungsfonds definiert Direktinvestitionen als „the category of international investment that reflects the objective of a resident entity in one economy obtaining a lasting interest in an enterprise resident in another economy" (IWF 1993, S. 86). Nahezu identisch liest sich die Definition der OECD: „Foreign direct investment reflects the objective of obtaining a lasting interest by a resident entity in one economy (‚direct investor') in an entity resident in an economy other than that of the investor (‚direct investment enterprise')" (OECD 1996, S. 7). Direktinvestitionen ist – dies machen die Definitionen der Deutschen Bundesbank, des IWF und der OECD deutlich – das sogenannte **Kontrollmotiv** inhärent (→ zum Kontrollmotiv auch die in Abschnitt 2.3 in Kapitel 3 vorgestellte Theorie Hymers): Eine natürliche oder juristische Person, die Direktinvestitionen tätigt, möchte eine (gewisse) Kontrolle über eine wirtschaftliche Einheit in einem anderen Land ausüben. Während als Investoren sowohl natürliche als auch juristische Personen in Frage kommen, handelt es sich bei den Investitionsobjekten in der Regel um Unternehmungen. Bei Direktinvestitionen wird dem Investor prinzipiell ein **langfristiges Interesse** an den getätigten Investitionen unterstellt. Man geht davon aus, dass er seinen Einfluss nicht nur für kurze Zeit ausüben möchte. Dies kommt dadurch zum Ausdruck, dass die Deutsche Bundesbank von einem dauerhaften Einfluss bzw. der IWF und die OECD vom „lasting interest" sprechen.

Direktinvestitionen werden häufig gegenüber **Portfolioinvestitionen** abgegrenzt: Wer Portfolioinvestitionen im Ausland tätigt, verbindet damit nicht den Wunsch nach dauerhaftem Einfluss bzw. nach Kontrolle; er nimmt Investitionen vor allem aus dem **Motiv des Ertrags und der Risikodiversifikation** heraus vor. Portfolioinvestitionen, zuweilen auch als Finanzinvestitionen bezeichnet, sind – so die generelle Charakterisierung – rendite- und spekulationsorientiert und damit von Direktinvestitionen zu differenzieren. Sie werden in vielen Fällen nur mit einem **kurz- oder mittelfristigen Interesse** getätigt. Bei Portfolioinvestitionen werden ausschließlich Finanzressourcen transferiert, während im Falle von Direktinvestitionen auch Sachressourcen eingebracht werden können.

Natürlich wäre es falsch, würde man unterstellen, dass Direktinvestitionen lediglich aus dem Motiv der Kontrolle heraus getätigt würden und Ertrags- und Risikodiversifikationsüberlegungen völlig vernachlässigt würden. Auch bei Direktinvestitionen spielen Ertrags- und Risikodiversifikationsüberlegungen in der Regel eine Rolle. In einer Zeit, in welcher der **Shareholder Value** von vielen Unternehmungen als wichtiges, manchmal sogar als oberstes Unternehmungsziel angesehen wird (vgl. Schmid 1998), dürfte mit Direktinvestitionen in der Wirtschaftspraxis auch das Ziel einer Maximierung der Eigenkapitalrendite verbunden sein. Es ist allerdings festzuhalten, dass unabhängig von der zuweilen existierenden (generellen) ökonomischen Zielsetzung der Shareholder-Value-Maximierung als konstitutives Motiv der Direktinvestitionstätigkeit das Kontrollmotiv gilt, während Ertrags- und Risiko(diversifikations)motive zwar vorliegen können, jedoch nicht vorliegen müssen. Ohnehin empirisch nicht geklärt ist bisher, wann Direktinvestitionen zur Wertsteigerung des Investors beitragen (vgl. Christophe 1997, 2002 sowie unsere Ausführungen in Abschnitt 2.3.2 in Kapitel 2). Ebenso mag es sein, dass manche Direktinvestitionen zwar mit dem Ziel eines langfristigen Interesses getätigt wurden, das Interesse dann aber offensichtlich doch weniger stark ausgeprägt ist, als dies vom Investor ursprünglich angenommen wurde. Zahlreiche grenzüberschreitende Akquisitionen, die kurze Zeit später wieder desinvestiert wurden, legen davon eindrucksvoll Zeugnis ab.

Umgekehrt gibt es Fälle, bei denen Portfolioinvestitionen über einen längeren Zeitraum gehalten werden – etwa wenn sich die Börsenkurse der ausländischen Beteiligungen nicht in der erwarteten Weise entwickeln und Investoren ihre Bestände länger halten als ursprünglich geplant. Doch damit ist in der Regel kein langfristiges Interesse verbunden. Darüber hinaus mag manchen Portfolioinvestitionen durchaus ein gewisses strategisches Interesse und damit zumindest die Absicht eines eingeschränkten Einflusses inhärent sein. In diesem Sinne können etwa **gegenseitige Überkreuzbeteiligungen** interpretiert werden, die von den Partnern einer Strategischen Allianz eingegangen werden und welche die 10%-Schwelle, die aufgrund der noch zu erläuternden „Direktinvestitionsannahme" erforderlich ist, nicht übersteigen.

Fazit bleibt, dass wir Direktinvestitionen trotz aller damit verbundenen Problematik über das Kontrollmotiv und das damit verbundene langfristige Interesse von Portfolioinvestitionen abgrenzen wollen. In englischsprachigen Publikationen findet sich für Direktinvestitionen häufig der Terminus **Foreign Direct Investment (FDI)**. In deutschsprachigen Publikationen wird mit dem Terminus Direktinvestitionen (DI) meist implizit angenommen, dass es sich um Auslandsinvestitionen handelt, so dass oftmals auf den Zusatz „ausländisch" vor dem Wort „Direktinvestitionen" verzichtet wird.

3.1.2   Die sogenannte Direktinvestitionsannahme

Wie kann nun von externen Beobachtern erkannt werden, dass keine Portfolioinvestitionen, sondern Direktinvestitionen vorliegen? Wann ist davon auszugehen, dass das Kontrollmotiv und nicht das Ertrags- und das Risikodiversifikationsmotiv überwiegt? Zur Beantwortung dieser Fragen wird hilfsweise entweder auf Kapitalbeteiligungen oder auf Stimmrechtsanteile zurückgegriffen („ownership as proxy for control"). Eine Beteiligung ab einem bestimmten Wert führt dazu, dass das Vorliegen von Direktinvestitionen angenommen und das Vorliegen von Portfolioinvestitionen verworfen wird. Als **Schwellenwert** wird inzwischen von den meisten internationalen und vielen nationalen statistischen Ämtern eine Beteiligung von 10% gewählt: Dies heißt, dass ab einer Beteiligung von 10% die Vermutung des Vorliegens von Direktinvestitionen ausgesprochen wird und damit nicht mehr angenommen wird, dass (allein) Rendite- und Spekulationsmotive im Mittelpunkt der Anlageüberlegungen stehen.

Dabei kann auf die **Kapitalbasis** oder die **Stimmrechtsbasis** abgestellt werden (vgl. OECD 1996, S. 8). In vielen Fällen sind Kapital- und Stimmrechtsbeteiligungen hinsichtlich ihrer prozentualen Höhe identisch, so dass die Entscheidung über das Vorliegen einer Direktinvestition unproblematisch ist. Allerdings finden sich auch etliche Beispiele, bei denen die beiden Kriterien zu unterschiedlichen Ergebnissen führen. Oder anders ausgedrückt: Es ist zwar denkbar, dass eine Unternehmung an einer anderen Unternehmung eine Kapital- und Stimmrechtsbeteiligung hält, die sich in beiden Fällen auf 11% beläuft; es mag aber auch einen Kapitalanteil von 9% bei einem Stimmrechtsanteil von

15% oder umgekehrt einen Kapitalanteil von 15% bei einem Stimmrechtsanteil von 9% geben. Divergieren Kapital- und Stimmrechtsbeteiligung, so könnte es je nach Wahl des Kriteriums zu einer unterschiedlichen Einschätzung kommen und entweder von Direktinvestitionen oder von Portfolioinvestitionen die Rede sein. Die OECD empfiehlt, dann von einer Direktinvestition zu sprechen, sobald bei **einem der beiden Kriterien**, d.h. entweder bei der Kapital- oder bei der Stimmrechtsbeteiligung, der Wert von 10% überschritten ist.

In den Statistiken der Deutschen Bundesbank wurde der Schwellenwert im Lauf der Zeit kontinuierlich gesenkt:

- Bis einschließlich 1989 wurde erst dann von einer Direktinvestition gesprochen, wenn ein Schwellenwert von **25%** überschritten war.

- Von 1989 bis 1999 ging man ab einer Beteiligung von **20%** an einer ausländischen Unternehmung vom Vorliegen einer Direktinvestition aus (vgl. Deutsche Bundesbank 2002b, S. 48).

- Seit 1999 wurde – vor allem aus Gründen der internationalen Vergleichbarkeit – der Schwellenwert weiter von 20% auf **10%** reduziert (vgl. Deutsche Bundesbank 2007f, S. 65).

Die Deutsche Bundesbank, deren Daten gemeinhin als zuverlässigste Quelle für Direktinvestitionen in und aus Deutschland gelten, folgt dabei der OECD, die in der sogenannten „Benchmark Definition of Foreign Direct Investment" (vgl. OECD 1996, S. 8) eine Empfehlung zur Definition von Direktinvestitionen ausgesprochen hat. Die Deutsche Bundesbank übernimmt die Regelung, dass ab einem Schwellenwert von 10% der Kapital- oder Stimmrechtsanteile Direktinvestitionen vorliegen. Sobald also **entweder** beim Kapital **oder** bei den Stimmrechten eine Beteiligung von 10% erreicht ist, wird die Vermutung ausgesprochen, dass es sich um Direktinvestitionen handelt.

Wie schwer die Abgrenzung zwischen Direktinvestitionen und Portfolioinvestitionen ist, zeigen auch die Ausführungen in Textbox 1-12. Dabei wird auf das Engagement von Staatsfonds – von Ländern bzw. deren Regierungen kontrollierten Fonds – eingegangen, die (auch) im Ausland Beteiligungen erwerben. Oftmals handelt es sich zwar um Beteiligungen unter einem Schwellenwert von 10%; die Investitionen werden jedoch nicht immer oder nicht ausschließlich aus Ertrags- oder Risikodiversifikationsmotiven heraus getätigt.

Textbox 1-12: Das Engagement von Staatsfonds

Ein Zeitungsausschnitt

Sage und schreibe 875 Milliarden Dollar soll die *Abu Dhabi Investment Authority*, kurz *Adia*, verwalten. Doch für eine anständige Internetseite scheint es nicht zu reichen. Wer auf www.adia.ae nach Informationen sucht, wird jedenfalls enttäuscht. Alles, was der Besucher dort findet, ist eine Adresse und eine Telefonnummer. Weitere Links oder gar zusätzliche Informationen: Fehlanzeige. Äußerst gern gesehene Gäste sind die Vermögensmanager des größten der sieben Arabischen Emirate in den Vorstandsetagen der großen Konzerne weltweit dennoch. Denn sie können mit Beträgen einspringen, die sonst kaum ein Investor aufzubringen vermag. Gerade mal zwei Wochen ist es her, dass *Adia* die Summe von 7,5 Milliarden Dollar für einen Anteil von 4,9 Prozent an der *Citigroup* zahlte.

Der Einstieg der Araber bei der größten Bank weltweit verdeutlicht einen Trend. Regierungen, vor allem aus Asien, dem Nahen Osten und Russland, schicken von ihnen geführte Fonds auf Einkaufstour. Und die Transaktionen werden immer spektakulärer. Der neue chinesische Staatsfonds ist seit Frühsommer dieses Jahres größter Aktionär des US-Finanzinvestors *Blackstone*. Und Abu Dhabi ist nicht nur bei der amerikanischen Bank *Citigroup* eingestiegen, sondern auch beim Chipkonzern *AMD*. In den kommenden Monaten und Jahren wird die Liste noch länger werden. „Die Fonds werden weiter wachsen, sollte der Ölpreis nicht kollabieren", sagt Nariman Behravesh, Chefvolkswirt der Wirtschaftsberatung Global Insight. Denn die meisten staatlichen Investmentgesellschaften speisen sich aus Öl- und Gaseinnahmen. „Wir werden uns an sie gewöhnen müssen", sagt der Ökonom.

Viele dieser Fonds sind seit Jahrzehnten tätig und keinesfalls unbekannt. So ist etwa Kuwait über seine fast 50 Jahre alte Anlagegesellschaft mit sieben Prozent am Autokonzern *Daimler* beteiligt. Aber es gibt auch einige Neulinge. Länder wie China oder Russland haben erst vor kurzem Fonds aufgelegt, Brasilien steht kurz davor. Und langfristig hohe Rohstoffpreise lassen die Gesellschaften rapide wachsen. Schätzungen zufolge verwalten die derzeit etwa 40 Staatsfonds drei Billionen Dollar. Innerhalb der kommenden zehn Jahre werden sie zu vierfacher Größe heranwachsen. Das entspräche fast dem gesamten Bruttoinlandsprodukt der Vereinigten Staaten 2006.

Doch die Fonds haben in Deutschland, Europa und den USA nicht nur aufgrund ihrer schieren Finanzkraft Misstrauen ausgelöst. Hinzu kommt ein weiterer Grund: Bei den meisten Fonds weiß niemand so recht, wie sie agieren und was sie vorhaben. Anders als etwa der norwegische Pensionsfonds sind viele von ihnen geheimnisumwoben und veröffentlichen keine Informationen über ihre Arbeit. Eine leere Homepage wie jene der *Abu Dhabi Investment Authority* ist die Regel, nicht die Ausnahme. So ist denn auch die am häufigsten von Politikern geäußerte Sorge, dass hinter Zukäufen durch Staatsfonds politische Motive stecken könnten. Was wäre, wenn Russland nicht nur Gaslieferant ist, sondern seine Milliarden auch nutzen wollte, um die deutschen Gasnetze zu übernehmen? Weltweit haben Staatsfonds deshalb einen schweren Stand.

Die 20 größten Staatsfonds		
Land	**Fondsname**	**Vermögen (Mrd. US$)**
Verein. Arab. Emirate	Abu Dhabi Investment Authority	875
Singapur	Government of Singapore Investment Corp. (GIC)	330
Norwegen	Government Pension Fund-Global	322
Saudi-Arabien	verschiedene Fonds	300
Kuwait	Kuwait Investment Authority	250
China	State FX Investment Corp. + HueijingCo.	200
China	China Investment Company	200
Hongkong	Hong Kong Monetary Authority	140
Russland	Stabilisation Fund	127
Singapur	Temasek Holdings	108
China	Central Hujin Investment Corp.	100
Australien	Australian Future Fund	50
Libyen	Reserve Fund 50	50
Katar	Qatar Investment Authority	40
USA (Alaska)	Permanent Reserve Fund	40
Brunei	Brunei Investment Agency	35
Irland	National Pensions Reserve Fund	29
Algerien	Reserve Fund	25
Südkorea	Korea Investment Corp.	20
Malaysia	Khazanah Nasional Bhd.	18

Quelle:
Dowideit, Martin/Stocker, Frank (2007): Ölländer investieren klüger als früher, doch ihre Staatsfonds
wecken Misstrauen. In: Welt am Sonntag Nr. 50 vom 16. Dezember 2007, S. 31.

3.1.3   Motive und Konsequenzen der Direktinvestitionen

Nicht nur in der wissenschaftlichen Literatur, auch in der Tagespresse lassen sich immer wieder Aussagen dazu finden, warum es zu Direktinvestitionen kommt. Als generelles Motiv für Direktinvestitionen wurde bereits oben die langfristige Kontrolle genannt
(→ Abschnitt 3.1.1 in diesem Kapitel). Doch was steckt hinter dem Wunsch nach dauerhafter Kontrolle? Eine von vielen möglichen Systematisierungen der Direktinvestitionsmotive (vgl. z.B. Guth 1986, S. 185, Oppenländer 1992, S. 37-38, Sethi/Guisinger/Ford/
Phelan 2002, für eine Übersicht auch Larimo 1993, S. 56-65) wurde von John Dunning
vorgenommen. Dunning unterscheidet **vier Gruppen von Motiven**:

(1) **beschaffungsorientierte Motive** („resource-seeking"),
(2) **absatzorientierte Motive** („market-seeking"),

(3) **effizienzorientierte Motive** („efficiency-seeking") und
(4) **strategische Motive** („strategic (created) asset-seeking").

Was unter den einzelnen Motivkategorien zu verstehen ist, soll mit den nachfolgenden Ausführungen erläutert werden (vgl. Dunning 1993, S. 139-148, Dunning 1994, S. 35-36).

(1) **Beschaffungsorientierte Motive** umfassen den Zugang zu bestimmten Ressourcen, vor allem zu knappen Ressourcen. Dies können natürliche Ressourcen (Rohstoffe), menschliche Ressourcen (qualifiziertes Personal) oder finanzielle Ressourcen (günstiges Kapital) sein. In vielen Fällen geht es dabei jedoch nicht nur um die Möglichkeit der Beschaffung von Ressourcen, d.h. um deren Existenz, sondern vor allem um das Ausnutzen von Kostenunterschieden. So investieren viele Unternehmungen deswegen im Ausland, weil dort die Produktionsfaktoren Boden, Arbeit oder Kapital günstiger als im Inland sind. Die meisten deutschen Unternehmungen, die einen Teil ihrer Software in ihren Tochtergesellschaften im indischen Bangalore entwickeln lassen, sind zum Beispiel primär von beschaffungsorientierten Motiven geleitet. Zu den beschaffungsorientierten Motiven lässt sich auch das Ausnutzen von direkter bzw. indirekter staatlicher Förderung bei Investitionen im Gastland zählen.

(2) Als **absatzorientiertes Motiv** gilt hauptsächlich der Zugang zu neuen Märkten. Viele Unternehmungen bauen deswegen Vertriebs- oder Produktionsniederlassungen im Ausland auf, weil sie sich dadurch einen besseren Absatz vor Ort versprechen. Manche Märkte weisen ein großes Volumen (und unter Umständen ein noch größeres Zukunftspotential) auf, so dass Unternehmungen sich davon eine Ausweitung ihrer Absatz- und Produktionsvolumina versprechen. In vielen Fällen wird deswegen eine Präsenz vor Ort gegenüber dem Export bevorzugt, weil damit Transport- und Kommunikationskosten entfallen. Die größere Nähe zu Konsumenten sowie deren Bedürfnissen und Wünschen spricht ebenfalls für Direktinvestitionen. Neben dem Zugang zum Gastland lässt sich auch der mögliche Zugang zu benachbarten Ländern unter die absatzorientierten Motive subsumieren. So kann eine deutsche Unternehmung, die in den Vereinigten Staaten investiert, neben dem US-amerikanischen Markt auch die benachbarten Märkte in Kanada und Mexiko in ihr Visier nehmen. Der US-amerikanische Stützpunkt dient in diesem Fall gleichzeitig als Brückenkopf für die Bearbeitung weiterer Nachbarmärkte. Wenn Zulieferunternehmungen ihren Abnehmern in das Ausland folgen, so tun sie dies ebenso aus absatzorientierten Motiven heraus.

Beschaffungs- und absatzorientierte Motive stehen vor allem bei Erstinvestitionen sowie bei Unternehmungen, die erst vergleichsweise gering internationalisiert sind, im Mittelpunkt der Überlegungen. Bei Folgeinvestitionen sowie bei bereits stark internationalisierten Unternehmungen gewinnen dagegen die sogenannten effizienzorientierten und die strategisch orientierten Motive an Gewicht.

(3) Zu den **effizienzorientierten Motiven** gehört der Wunsch, Größenvorteile (Fixkostendegressionen und Economies of Scale) und Verbundeffekte (Economies of Scope) zu realisieren (➔ Abschnitt 3.2.3 in Kapitel 3). Durch eine Direktinvestition im Ausland soll das gesamte Produktions- bzw. Absatzvolumen einer Unternehmung erhöht werden, wodurch zum Beispiel Einsparungen im Einkauf beabsichtigt sind. Spezialisierung innerhalb der Wertkette oder über die Wertkette hinweg soll Kostenvorteile schaffen, die durch Erweiterungsinvestitionen innerhalb eines Landes nicht oder nur unter erschwerten Umständen möglich wären. Dies kann zum Beispiel mit komplementären Fähigkeiten von inländischen und ausländischen Einheiten erklärt werden.

(4) Als **strategische Motive** lassen sich zahlreiche unterschiedliche Beweggründe auffassen. Unternehmungen können sich deswegen für eine Direktinvestition im Ausland entscheiden, weil sie sich dadurch das „Einklinken" in formelle oder informelle Informations- und Kommunikationsnetzwerke erhoffen. Dies spielt insbesondere in den Bereichen Forschung und Entwicklung eine große Rolle. Damit verbunden kann der Wunsch sein, Horchposten in strategisch bedeutsamen Märkten, sogenannten Lead-Märkten, einzurichten. Vor allem innovative Cluster und Agglomerationen wie das Silicon Valley bieten sich in derartigen Fällen an. Der als „cross-investment" in der Literatur diskutierte Fall zählt ebenso zu den sogenannten strategischen Motiven: Hier „revanchiert" sich eine Unternehmung mit einer Auslandsinvestition dafür, dass ein ausländischer Konkurrent in den Heimatmarkt „eingedrungen" ist. Damit verknüpft ist unter anderem das Ziel, weltweit keine Marktanteile zu verlieren.

In vielen empirischen Untersuchungen werden Unternehmungen gebeten, die ihren Direktinvestitionen zugrunde liegenden Motive anzugeben und zuweilen auch die Motive nach ihrer Bedeutsamkeit zu ordnen (vgl. z.B. Kinkel/Jung Erceg/Lay 2002; vgl. zu einem Überblick z.B. Dülfer 1997, S. 108-119). Derartige Untersuchungen verkennen jedoch, dass vielen Direktinvestitionen ein ganzes **Bündel an Motiven** zugrunde liegt, sich darüber hinaus die ursprünglichen Motive für Erstinvestitionen nicht unbedingt mit den späteren Motiven für eine Beibehaltung dieser Direktinvestition decken müssen und **Folgeinvestitionen** häufig **andere Motive als Erstinvestitionen** aufweisen.

Die zahlreichen **Konsequenzen**, die Direktinvestitionen mit sich bringen, werden in der Literatur kontrovers diskutiert. Wir wollen hier die Konsequenzen, die einfließende Direktinvestitionen für Gastländer haben, anführen. Dabei werden wir zunächst die positiven Aspekte zusammenfassen, bevor wir dann auf die negativen Auswirkungen eingehen (vgl. z.B. kurz Messner 1997, S. 148-149 sowie ausführlicher Kumar 1980, Dunning 1994, Graham 1995, S. 11-16).

Als **positive**, sich teilweise überschneidende **Effekte** werden in der Literatur genannt:

- Transfer von Ressourcen, Fähigkeiten und Kompetenzen (z.B. Technologien, Managementtechniken),

- Beitrag zur Verbesserung lokaler Ressourcen, Fähigkeiten und Kompetenzen im Sinne von Diffusions- und Leverageeffekten (u.a. Produktivitätsverbesserung),
- damit verbundene Chance von Spill-Over-Effekten (z.B. in den Bereichen Forschung und Entwicklung),
- Möglichkeit zur Spezialisierung sowie zur regionalen Netzwerk- und Clusterbildung,
- Erweiterung des lokalen Produktangebots,
- Schaffung von Arbeitsplätzen und damit evtl. Beitrag zum Beschäftigungswachstum,
- Erhöhung des Lebensstandards, u.a. durch Steigerung des nationalen Pro-Kopf-Einkommens,
- Erhöhung des Bruttonationaleinkommens,
- Erzielen von Steuereinnahmen,
- Beitrag zum Strukturwandel (z.B. im Hinblick auf die Bedeutung von Wirtschaftssektoren, Branchen),
- positive Einflüsse auf die inländische Zahlungsbilanz sowie
- Förderung der wirtschaftlichen Integration und evtl. sogar darüber hinaus Förderung der politischen, sozialen und kulturellen Integration.

Als **problematische Effekte** von Direktinvestitionen gelten unter anderem:

- Transfer von Ressourcen, Fähigkeiten und Kompetenzen, die im Gastland nicht gebraucht werden,
- zuweilen imperialistisch erscheinender Einfluss auf das Gastland (z.B. unangepasster Transfer von Managementtechniken),
- geringer Beitrag zur Weiterentwicklung von Gastländern in den Fällen, in denen nur einfachste Tätigkeiten dorthin verlagert werden,
- zuweilen geringe Interdependenz der Unternehmungen mit der lokalen Wirtschaft und Gesellschaft,
- große Macht der Multis (u.a. Marktmacht), die u.U. übermäßigen Einfluss auf Politik und Recht im Gastland ausüben,
- Möglichkeit zur Erzielung übermäßiger Gewinne,
- Gefahr des Transfers der Gewinne zurück in das Stammland sowie unerwünschte „Reverse-Technology-Flows",
- Gefahr, das politische, soziale und kulturelle Umfeld negativ zu beeinflussen sowie
- zuweilen geringere Verbundenheit mit dem Land, die zum Beispiel in einem plötzlichen Abzug resultieren kann.

Was für die Gastländer positiv ist, könnte sich umgekehrt für die kapitalgebenden Länder als negativ herausstellen. Besonders kritisch werden in der Literatur die Konsequenzen für den Arbeitsmarkt diskutiert. Man befürchtet vor allem, dass Direktinvestitionen im Ausland einen Verlust von Arbeitsplätzen im Inland mit sich bringen. Die Auswirkung ausländischer Direktinvestitionen auf die Beschäftigung im Inland muss jedoch differenziert betrachtet werden. Entscheidend ist die Frage, welche Motive den Auslandsdirektinvestitionen zugrunde liegen. Wir hatten oben zwischen „resource-seeking-", „market-seeking-", „efficiency-seeking-" und „strategic-asset-seeking-Motiven" unterschieden. Die gängige Lehrmeinung ist, dass lediglich effizienzorientierte Direktinvestitionen für die inländische Beschäftigungswirkung problematisch sind, während die anderen Direktinvestitionsaktivitäten nicht zwingend zu einem Arbeitsplatzabbau im Inland führen, sondern häufig sogar Arbeitsplätze im Inland sichern bzw. neue Arbeitsplätze im Inland schaffen (vgl. Agarwal 1997, Stehn 2000, Kinkel/Jung Erceg/Lay 2002, S. 10-12).

3.1.4 Betrachtungsebenen für Direktinvestitionen

Spricht man über Direktinvestitionen, so ist zunächst zu klären, was überhaupt betrachtet wird. Dabei kann zum einen nach der Richtung, zum anderen nach der Art der Größen unterschieden werden:

(1) Erstens ist zu fragen, welche **Richtung der Direktinvestitionstätigkeit** betrachtet wird. Dabei ist zwischen den Direktinvestitionen, die aus einem Land in andere Länder fließen (**Outward FDI**), und den Direktinvestitionen, die aus anderen Ländern in ein bestimmtes Land kommen (**Inward FDI**), zu differenzieren. Zuweilen wird auch von auswärtigen Direktinvestitionen und inwärtigen Direktinvestitionen gesprochen (vgl. z.B. Klodt/Maurer 1996, S. 18). Länder, aus denen Investitionen in andere Länder fließen, bezeichnet man auch als Geberländer. Länder, die Ziel von Direktinvestitionen darstellen, sind Empfängerländer bzw. Zielländer.

(2) Zweitens ist hinsichtlich der **Art der Größen** zu klären, ob **Bestandsgrößen oder Flussgrößen** im Mittelpunkt des Interesses stehen. Im Zusammenhang mit Direktinvestitionen werden als Bestandsgrößen die kumulierten Direktinvestitionsbestände (**FDI Stocks**) erfasst. Als Flussgrößen gelten die Zuflüsse bzw. Abflüsse (**FDI Flows**) während einer bestimmten Periode (meist während eines Kalenderjahres).

Kombiniert man beide Kriterien, d.h. die Richtung der Direktinvestitionstätigkeit und die Art der betrachteten Größen, so lassen sich die unterschiedlichen Kategorien in einer Matrix systematisch darstellen (→ Abbildung 1-35).

Die Attraktivität bestimmter Standorte wird dabei häufig anhand der Daten über Direktinvestitionsbestände bzw. -zuflüsse gemessen (vgl. Albach 1992, v.a. S. 4-5). Während die Direktinvestitionsbestände eher Hinweise auf die Attraktivität eines Landes in der Vergangenheit geben, gelten die Direktinvestitionszuflüsse als Indikator für die aktuelle und zukünftige Attraktivität eines Landes als Standort für Investitionen. Doch sollte man beachten, dass Direktinvestitionsdaten – ob Stromgrößen oder Bestandsgrößen – ebenso wie viele andere Indikatoren nur bedingt Auskunft über die **Wettbewerbsfähigkeit** eines Landes geben können (vgl. Klodt/Maurer 1996, Schmidt 1996, Gries 1998, v.a. S. 87-96, Dannenbaum 1999, Ohr 1999, Müller/Kornmeier 2000, v.a. S. 56-81). Ohnehin ist bis heute in der wissenschaftlichen Literatur nicht eindeutig geklärt, was überhaupt unter der Wettbewerbsfähigkeit eines Landes zu verstehen ist (vgl. bereits Buckley/Pass/Prescott 1988, Macharzina 1989).

Abb. 1-35: Betrachtungsebenen bei Direktinvestitionen

3.1.5   Bestandteile von Direktinvestitionen

Was als Direktinvestition aufgefasst wird, ist unterschiedlich. Wir wollen zunächst darauf hinweisen, dass Direktinvestitionen keineswegs nur die Investitionen im Ausland sind, mit denen eine Unternehmung im Ausland erstmalig (z.B. durch Neugründung oder Akquisition) tätig wird. Ein erheblicher Anteil von Direktinvestitionen stammt schließlich nicht aus **Erst-**, sondern aus **Folgeinvestitionen** (Abschnitt 3.1.5.1). Weiterhin soll in diesem Abschnitt verdeutlicht werden, dass Direktinvestitionen – ob nun als Bestandsgrößen oder als Flussgrößen – nicht nur von **Eigenkapitalanteilen**, sondern auch von **Fremdkapitalanteilen** konstituiert werden (Abschnitt 3.1.5.2).

3.1.5.1   Die Unterscheidung zwischen Erst- und Folgeinvestitionen

Bei Direktinvestitionen kann zunächst zwischen (1) Erstinvestitionen und (2) Folgeinvestitionen differenziert werden.

(1) Erstinvestitionen

Erstinvestitionen lassen sich nochmals hinsichtlich der Markteintritts- und Marktbearbeitungsstrategie sowie der Eigentumsstrategie unterscheiden (→ Abschnitt 1.6 in Kapitel 2 und Abschnitt 2 in Kapitel 6):

- Im Hinblick auf die **Art des Markteintritts und der Marktbearbeitung (Markteintritts- und Marktbearbeitungsstrategie)** können vereinfachend Neugründungen von Tochtergesellschaften sowie Akquisitionen von Unternehmungen im Ausland differenziert werden. Mit anderen Worten heißt dies: Unternehmungen können deswegen Kapital in das Ausland transferieren, weil sie dort neue Gesellschaften aufbauen oder aufkaufen.

- Hinsichtlich der **Art des Eigentums (Eigentumsstrategie)** können wir Alleineigentum sowie Gemeinschaftseigentum (Joint Ventures) unterscheiden. Dies bedeutet: Erstinvestitionen – ob Neugründungen oder Akquisitionen – lassen sich sowohl im Alleingang als auch in Kooperation realisieren. Im Falle der Kooperation kann eine Unternehmung einen bestimmten Anteil an einer ausländischen Unternehmung aufbauen oder erwerben. Die restlichen Anteile werden von anderen Anteilseignern gehalten.

Als Erstinvestitionen interpretieren wir alle Engagements im Ausland, bei denen eine inländische Unternehmung erstmals eine Beteiligung von mehr als 10% an einer ausländischen Unternehmung aufbaut bzw. erwirbt. Dabei ist es unerheblich, über welche Art des Markteintritts und der Marktbearbeitung bzw. des Eigentums die Investition getätigt wird.

(2) Folgeinvestitionen

Nicht nur Erstinvestitionen stellen Direktinvestitionen dar. Entscheidend sind in vielen Fällen auch Folgeinvestitionen. Direktinvestitionen in Form von Folgeinvestitionen liegen vor,

- wenn Unternehmungen ihre bereits bestehenden **Direktinvestitionsaktivitäten** im Ausland **erweitern**, d.h. Beteiligungen von mindestens 10% weiter aufstocken,

- wenn Unternehmungen bisherige **Portfolioinvestitionen** so ausbauen, dass eine Beteiligung von 10% oder mehr erreicht wird, d.h. dass Beteiligungen unter 10% in Beteiligungen über 10% überführt werden und damit Portfolioinvestitionen zu Direktinvestitionen werden.

Es gilt zu beachten, dass sich alle Auslandsaktivitäten – unabhängig von der gewählten Markteintritts-, Marktbearbeitungs- und Eigentumsstrategie – im Zeitablauf sukzessive verändern lassen. Viele Unternehmungen beginnen zunächst mit einem kleineren Auslandsengagement, um sich dann nach und nach für dessen Erweiterung einzusetzen.

Dabei kann die zunächst gewählte Markteintritts-, Marktbearbeitungs- und Eigentumsstrategie im Zeitablauf auch von weiteren Markteintritts-, Marktbearbeitungs- und Eigen-
tumsstrategien ersetzt bzw. komplementiert werden.

3.1.5.2   Die Unterscheidung zwischen Eigenkapital- und Fremdkapitalanteilen

Aufgrund unserer bisherigen Ausführungen könnte man vermuten, dass als Direktinvestitionen die Eigenkapitalanteile gelten, die inländische Unternehmungen an ausländischen oder ausländische Unternehmungen an inländischen Unternehmungen halten;
schließlich wird als Voraussetzung für das Vorliegen von Direktinvestitionen ein Stimm-
rechts- oder Kapitalanteil von 10% betrachtet. Doch Direktinvestitionen setzen sich nicht
nur aus (1) **Eigenkapitalanteilen** zusammen, sie beinhalten auch (2) **Fremdkapitalanteile**.

(1) Eigenkapitalanteile

Ein Teil der Direktinvestitionen wird durch das Eigenkapital konstituiert, welches eine
Unternehmung an einer anderen Unternehmung hält. Diese Eigenkapitalanteile lassen
sich nochmals in drei Teilkomponenten gliedern:

- das bei **Erstinvestitionen** eingesetzte **Eigenkapital**,
- das bei **Folgeinvestitionen** zusätzlich zugeführte **Eigenkapital**, sowie
- die gesamten Erträge der Direktinvestitionen und damit die **Gewinne**, die im Ausland entstanden sind und die reinvestiert wurden (d.h. die nicht ausgeschüttet bzw.
  nicht an den Investor abgeführt wurden).

Das bei Erst- und Folgeinvestitionen eingesetzte bzw. zugeführte Eigenkapital stellt in
der Regel einen Teil des gezeichneten Kapitals, des Grundkapitals bzw. des Dotations-
kapitals dar. Im Ausland anfallende, nicht-ausgeschüttete bzw. nicht-abgeführte Gewinne fließen in die Kapital- und Gewinnrücklagen bzw. werden als Gewinnvortrag oder
Bilanzgewinn ausgewiesen. Allerdings darf dabei nicht der gesamte im Ausland erzielte
Gewinn den Direktinvestitionen zugeschlagen werden, sondern nur jener Teil des Ge-
winns, der auch durch das Direktinvestitionskapital erwirtschaftet wurde. Diesen Ge-
winnanteil zu ermitteln, stellt freilich ein großes Problem dar; denn es erhebt sich die
Frage, wie der gesamte Gewinn auf das Direktinvestitionskapital und weiteres Kapital im
Ausland zu verteilen ist. Selbstverständlich kann das Eigenkapital von ausländischen
Unternehmungen im Inland bzw. von deutschen Unternehmungen im Ausland durch
Verluste und Verlustvorträge auch verringert werden. Der **Eigenkapitalanteil** innerhalb
des Direktinvestitionskapitals wird in der Literatur auch als **Beteiligungskapital** be-
zeichnet.

Erträge aus Direktinvestitionen wurden früher in vielen Statistiken erst im Folgejahr den Direktinvestitionen zugeschlagen. Nunmehr werden sie dem sogenannten „accrual principle" folgend dem Jahr ihrer Entstehung zugerechnet. Dies erklärt gleichzeitig, warum Daten zu Direktinvestitionen teilweise mit relativ großer Zeitverzögerung veröffentlicht oder nachträglich korrigiert werden: Da Gewinne von Unternehmungen häufig mit zeitlicher Verzögerung ermittelt und bekannt gegeben werden, müssen sie rückwirkend in die Direktinvestitionsstatistiken des Vorjahres bzw. der Vorjahre eingearbeitet werden (vgl. Deutsche Bundesbank 1999a, S. 59).

Als Fazit bleibt festzuhalten, dass eine ausländische Muttergesellschaft zunächst an einer inländischen Tochtergesellschaft bzw. eine inländische Muttergesellschaft an einer ausländischen Tochtergesellschaft einen bestimmten **Anteil am Eigenkapital** hält. Dieser wird ergänzt durch die Fremdkapitalanteile, die in den Direktinvestitionsflüssen bzw. -beständen enthalten sind.

(2) Fremdkapitalanteile

Der Fremdkapitalanteil resultiert aus den Fremdfinanzierungsvorgängen zwischen den ausländischen (inländischen) Kapitaleignern und der inländischen (ausländischen) Unternehmung. Die Fremdkapitalbestandteile setzen sich zusammen aus

- **langfristigen Krediten**,
- **kurzfristigen Finanzkrediten** und
- **kurzfristigen Handelskrediten**,

wobei es sich in allen drei Fällen, ebenso wie beim Beteiligungskapital, sowohl um Erst- als auch um Folgeinvestitionen handeln kann.

Kredite sollten dabei, so die Empfehlung internationaler Organisationen, nach der Richtung der Direktinvestitionsbeziehung zugeordnet werden, um dem sogenannten „**directional principle**" Rechnung zu tragen. Im Hinblick auf die grenzüberschreitenden Kreditbeziehungen lassen sich (a) „normal flows" von (b) „reverse flows" unterscheiden:

(a) „normal flows": Unproblematisch ist die „gewöhnliche" Kreditgewährung von Muttergesellschaften an Tochtergesellschaften („normal flows"): Kredite der Muttergesellschaft an die Tochtergesellschaft gelten als Direktinvestitionen im Ausland, Kredite einer Muttergesellschaft im Ausland an eine Tochtergesellschaft im Inland als Direktinvestitionen im Inland.

(b) „reverse flows": Interessanter ist der Fall, dass Tochtergesellschaften ihren Muttergesellschaften Kredite gewähren („reverse flows"). Von Tochtergesellschaften an Muttergesellschaften fließende Kreditströme werden als Rückführung der von dieser zur Verfügung gestellten Mittel interpretiert und somit als Desinvestitionen angesehen (vgl. Deutsche Bundesbank 1999a, S. 59).

Früher wurden Kredite von Tochter- an Muttergesellschaften – zumindest wenn sie eine Laufzeit von mehr als einem Jahr hatten – in vielen Statistiken als eigenständige Direktinvestitionen ausgewiesen. Dadurch wurden die weltweiten Direktinvestitionsströme und -bestände aufgebläht. Mit der Regelung, „reverse flows" als Rückführung von Mitteln aufzufassen, versucht man, Ströme bzw. Bestände zwischen Mutter- und Tochtergesellschaften zu saldieren.

Mit diesen Ausführungen sollte deutlich geworden sein, dass eine Muttergesellschaft nicht nur einen bestimmten Anteil am Eigenkapital einer ausländischen (inländischen) Tochtergesellschaft hält; sie hat auch einen bestimmten Anteil am Fremdkapital der Tochtergesellschaft.

(3) Zusammenfassende Betrachtung der Eigen- und Fremdkapitalanteile

Wir haben nun nicht nur erläutert, dass sich Direktinvestitionen aus Eigen- und Fremdkapitalanteilen zusammensetzen, sondern auch die möglichen Bestandteile von Direktinvestitionen dargestellt. Allerdings ist in der Literatur keineswegs verbindlich geregelt, dass die möglichen Komponenten der Direktinvestitionsflüsse bzw. -bestände auch in allen Ländern einheitlich den Direktinvestitionen zugeschlagen werden. So werden von manchen Ländern bzw. von manchen statistischen Institutionen innerhalb des Eigenkapitals keine reinvestierten Gewinne, sondern nur das bei Erst- und Folgeinvestitionen zufließende Dotationskapital berücksichtigt. Von anderen Ländern bzw. von manchen statistischen Institutionen werden innerhalb des Fremdkapitals Handelskredite nicht als Direktinvestitionsbestandteile angesehen (vgl. Deutsche Bundesbank 1997b, S. 85). Da die Uneinheitlichkeit der Direktinvestitionsbestandteile eines von mehreren Problemen bei der Erfassung von Direktinvestitionen darstellt, werden wir darauf nochmals in Abschnitt 3.1.7 dieses Kapitels zurückkommen, wo wir systematisch die wichtigsten Erfassungsprobleme diskutieren.

Das **Direktinvestitionskapital** setzt sich somit aus dem **Beteiligungskapital** und dem **Fremdkapital** des ausländischen Investors zusammen. Für ausländische Tochtergesellschaften stellt das Direktinvestitionskapital (häufig) nur einen Teil der ihnen zur Verfügung stehenden Finanzmittel dar. Als Eigenkapitalbestandteile kommen zum Beispiel auch die Erlöse aus Aktienemissionen im Land der Tochtergesellschaften in Frage, wenn die Muttergesellschaft nur einen Teil des Eigenkapitals hält. Um Fremdkapital zu akquirieren, kann auf Kredite von lokalen Banken oder auf den lokalen Kapitalmarkt zurückgegriffen werden. Zudem beschaffen sich manche Tochtergesellschaften zunehmend Kapital von internationalen Kapitalmärkten.

Bisher gingen wir immer davon aus, dass sowohl Beteiligungskapital als auch Fremdkapital direkt (unmittelbar) zur Verfügung gestellt wird. An dieser Stelle muss allerdings betont werden, dass das Direktinvestitionskapital manchmal indirekt (mittelbar) fließt. Während bei **unmittelbaren** Direktinvestitionen **direkte** Beteiligungen von Inländern im

Ausland bzw. von Ausländern in Deutschland gemeint sind, werden als **mittelbare** Beteiligungen vor allem **indirekte** Beteiligungen über Holdinggesellschaften angesehen.

3.1.5.3 Zwischenfazit

Als Zwischenfazit der bisherigen Ausführungen sollte festgehalten werden, dass als Direktinvestitionen entgegen mancher landläufiger Meinung nicht nur Erstinvestitionen, sondern auch Folgeinvestitionen und nicht nur Eigenkapital, sondern auch Fremdkapital gelten. Was die Unterscheidung zwischen Eigen- und Fremdkapital angeht, so sollte allerdings beachtet werden, dass

- in einem ersten Schritt bei der Prüfung, ob überhaupt Direktinvestitionen vorliegen, d.h. bei der Beantwortung der Frage, ob der oben bereits genannte Schwellenwert von 10% am Auslandskapital überschritten wird, von den meisten Ländern bzw. statistischen Institutionen nur das **Direktinvestitionseigenkapital** und nicht das Fremdkapital betrachtet wird,

- (erst) in einem zweiten Schritt bei der Prüfung, welche Höhe Direktinvestitionen annehmen, nicht nur das Eigenkapital, sondern zudem auch das Fremdkapital und somit das **Direktinvestitionsgesamtkapital** berücksichtigt wird.

Unternehmungen können freilich nicht nur über Kapitalbeteiligungen Einfluss auf Unternehmungen in anderen Ländern gewinnen. Es gibt auch andere Möglichkeiten der Einflussnahme, die sogenannten „**non-equity-forms of FDI**" bzw. – was eigentlich korrekter wäre – die sogenannten „**non-funds-forms of FDI**". Dazu zählen etwa Managementverträge, Franchisingverträge oder Lizenzierungsabkommen. Diese Marktbearbeitungsformen, die wir in Kapitel 2 kurz erläutern (➔ Abschnitt 1.6 in Kapitel 2) und später im Rahmen unserer Auseinandersetzung mit Internationalisierungsstrategien ausführlich diskutieren werden (➔ Abschnitt 2 in Kapitel 6), gelten allerdings nicht als Direktinvestitionen. Dies heißt: Direktinvestitionen sind zwar zwingend an grenzüberschreitenden Einfluss gekoppelt, nicht jede Form der Einflussnahme auf ausländische Geschäftätigkeit führt jedoch zu Direktinvestitionen. Außerdem ist bereits an dieser Stelle darauf zu verweisen, dass sich vor allem Kooperationsformen, bei denen sich Unternehmungen ihre Einflussmöglichkeiten bewusst mit anderen Unternehmungen teilen, zunehmender Beliebtheit erfreuen. Zu denken ist etwa an Joint Ventures und Strategische Allianzen (➔ ebenso Abschnitt 2.6 in Kapitel 6).

3.1.6 Empirische Erfassung von Direktinvestitionen

Trotz aller Harmonisierungsbestrebungen der OECD und des IWF ist die weltweite Erfassung von Direktinvestitionen bis heute sehr unterschiedlich. Wir wollen daher exemplarisch den Erfassungsmodus für Deutschland aufzeigen. Dazu werden zwei zentrale Quellen genannt, die Direktinvestitionen in und aus Deutschland abbilden: (1) die Zahlungsbilanzstatistik und (2) die Bestandsstatistik. Sowohl die Zahlungsbilanzstatistik als auch die Bestandsstatistik werden von der Deutschen Bundesbank veröffentlicht. Das Kieler Institut für Weltwirtschaft beschreibt die Unterschiede der beiden zentralen Statistiken folgendermaßen (vgl. Klodt/Maurer 1996, S. 37):

(1) Die Zahlungsbilanzstatistik

Die Zahlungsbilanzstatistik gibt Auskunft über **Direktinvestitionsströme**. In ihr werden alle langfristigen Kapitalbewegungen zwischen in- und ausländischen Investoren und Unternehmungen, die in einem Abhängigkeitsverhältnis zueinander stehen, als Direktinvestitionen erfasst. Ein Abhängigkeitsverhältnis wird vermutet, sobald der Anteil einer Unternehmung im Inland (Ausland) am Nominalkapital einer Unternehmung im Ausland (Inland) mehr als 10% beträgt (vgl. z.B. Deutsche Bundesbank 2002b, S. 48). Als langfristige Kapitalbewegungen werden der Erwerb und die Veräußerung von Anteilen am Nominalkapital sowie die Anteile des Investors an unverteilten Gewinnen und Verlusten erfasst. Die Angaben stammen aus der Zahlungsbilanz, deren Aufbau wir später noch ausführlicher erläutern werden (→ Abschnitt 4.2 in diesem Kapitel).

Bei der empirischen Erfassung der Direktinvestitionsströme hat die Deutsche Bundesbank festgestellt, dass die oben angesprochene Unterscheidung von Eigen- und Fremdkapitalbestandteilen von großer Bedeutung ist. Es zeigt sich, dass insbesondere bei den Direktinvestitionen ausländischer Unternehmungen in Deutschland zahlreiche Fremdkapitalbestandteile und dabei vor allem Finanzkredite zu Buche schlagen, während die Eigenkapitalanteile sehr gering sind. Innerhalb der deutschen Direktinvestitionen im Ausland sind die Eigenkapitalanteile zwar in ihrem Umfang größer als die Fremdkapitalanteile, doch auch hier machen firmeninterne Kredite einen wesentlichen Bestandteil der Direktinvestitionen aus (vgl. Deutsche Bundesbank 1999c, S. 44).

Neben der Zahlungsbilanzstatistik existiert eine der international üblichen Direktinvestitionsgliederung entsprechende Statistik des Bundesministeriums für Wirtschaft und Technologie, die vormals unter dem Bundesministerium für Wirtschaft und Arbeit als **Transferstatistik** geführt wurde. Die darin enthaltenen Angaben stammen ebenfalls von der Deutschen Bundesbank und bauen auf der Zahlungsbilanzstatistik auf. Die Angaben aus der Zahlungsbilanzstatistik werden für die Transferstatistik in zweifacher Weise bereinigt: Zum einen werden reinvestierte Gewinne und Verluste eliminiert (und damit nicht als Direktinvestition angesehen), zum anderen wird der Erwerb oder Verkauf von kommerziellem Grundbesitz herausgerechnet, der in der Zahlungsbilanzstatistik zusammen mit dem privaten Grundbesitzerwerb bzw. -verkauf den Direktinvestitionsströmen zugerechnet ist (vgl. BMWI 2008).

(2) Die Bestandsstatistik

Die „Statistik über die Kapitalverflechtung der Unternehmen mit dem Ausland" (vgl. Deutsche Bundesbank 2002a) erfasst den **Direktinvestitionsbestand**, weshalb sie auch als „Bestandsstatistik" bezeichnet wird. Diese Veröffentlichung basiert auf Bestandsmeldungen inländischer Unternehmungen und Privatpersonen über das Vermögen Gebietsansässiger in fremden Wirtschaftsgebieten sowie über das Vermögen Gebietsfremder im Wirtschaftsgebiet. Inhalt und Verfahren der Meldung sind in der Außenwirtschaftsverordnung (§§ 56a,b und 58a,b AWV) grundgelegt. Die Deutsche Bundesbank kennt bei **deutschen Direktinvestitionen im Ausland** eine Meldepflicht für gebietsansässige Unternehmungen und Privatpersonen (vgl. Deutsche Bundesbank 2002a, S. 71-72 sowie Direktauskünfte der Deutschen Bundesbank vom April 2001),

- wenn ihnen am Meldestichtag 10% oder mehr der Kapitalanteile oder der Stimmrechte an einer Unternehmung im Ausland direkt (unmittelbar) oder indirekt (mittelbar) zuzurechnen sind und die ausländische Unternehmung eine Bilanzsumme von umgerechnet mehr als 3 Mio. € ausweist und/oder

- wenn sie am Meldestichtag Zweigniederlassungen und auf Dauer angelegte Betriebsstätten im Ausland mit einem Bruttobetriebsvermögen von jeweils mehr als 3 Mio. € unterhalten.

Auch **indirekte Beteiligungen** sind zu melden, wenn eine ausländische Unternehmung, an der die meldepflichtige inländische Unternehmung oder Privatperson mit mehr als 50% beteiligt ist, selbst an weiteren ausländischen Unternehmungen mit einem Anteil, der über der aufgrund der Direktinvestitionsvermutung geltenden Schwelle liegt, beteiligt ist. Sollten diese mittelbaren Beteiligungen 100%ige Beteiligungen sein, so ist jede weitere 100%-ige Beteiligung zu melden, bis die Kette 100%iger Beteiligungen abreißt (vgl. ausführlicher Vordruck Anlage K3, Blatt 1 und Blatt 2 zur AWV sowie Direktauskunft der Deutschen Bundesbank vom Mai 2003).

Umgekehrt gilt für **ausländische Direktinvestitionen in Deutschland** in folgenden Fällen eine Meldepflicht:

- für jede inländische Unternehmung mit einer Bilanzsumme von mehr als 3 Mio. €, wenn einem Ausländer oder mehreren wirtschaftlich verbundenen Ausländern zusammen am Bilanzstichtag mehr als 10% der Kapitalanteile oder Stimmrechte an der inländischen Unternehmung zustehen und/oder

- für alle inländischen Zweigniederlassungen und auf Dauer angelegten inländischen Betriebsstätten von ausländischen Unternehmungen und Privatpersonen, soweit diese Zweigniederlassungen oder Betriebsstätten jeweils ein Bruttobetriebsvermögen von mehr als 3 Mio. € aufweisen.

In Analogie zur Regelung über deutsche Investitionen im Ausland sind auch **indirekte Beteiligungen** von Ausländern im Inland zu melden. Zur Meldepflicht indirekter Beteiligungen kommt es, wenn Ausländer mit mehr als 50% an inländischen Unternehmungen Anteile haben – diese inländischen Unternehmungen gelten dann als „abhängige Unternehmungen" – und wenn diesen „abhängigen Unternehmungen" selbst mehr als 10% der Kapitalanteile oder Stimmrechte an anderen inländischen Unternehmungen gehören. Auch hier gilt wiederum: Sollten diese inländischen Unternehmungen, an denen Ausländer direkte Beteiligungen von über 50% halten, weitere 100%ige Beteiligungen an anderen inländischen Unternehmungen aufweisen, so sind auch alle weiteren 100%ig gehaltenen (mittelbaren) Beteiligungen bis zum „Abriss" dieser Kette meldepflichtig (vgl. ausführlicher Vordruck Anlage K4, Blatt 1 und Blatt 2 zur AWV sowie Direktauskunft der Deutschen Bundesbank vom Mai 2003). Die indirekten Beteiligungen, etwa über Holdinggesellschaften, erhöhen damit Bestände bzw. Flüsse von Direktinvestitionen. Um allerdings zu vermeiden, dass Kapital, welches Holdinggesellschaften zur Finanzierung ihres Beteiligungsvermögens zugeführt wird, doppelt gezählt wird, findet – zumindest in den Statistiken der Deutschen Bundesbank – eine Konsolidierung statt (vgl. Deutsche Bundesbank 2002a, S. 74).

Die Festlegung dieser Meldekriterien entbehrt freilich nicht einer gewissen Willkür. Dieses Problem führt uns nun zum Komplex der zahlreichen Schwierigkeiten, die bei der Erfassung von Direktinvestitionen existieren.

3.1.7   Probleme der empirischen Erfassung von Direktinvestitionen

Die empirischen Daten zu Direktinvestitionsströmen bzw. -beständen sind regelmäßig mit großen Problemen behaftet. Wir werden die Gesamtheit der Schwierigkeiten systematisieren und sie auch anhand eines konkreten Beispiels (→ Textbox 1-13) illustrieren. In der Literatur werden folgende **Probleme** genannt (vgl. Cantwell 1990, Deutsche Bundesbank 1997b, Jost 1997, S. 2-21, Stephan/Pfaffmann 1997, v.a. S. 335-336 und S. 340-343, Bellak 1998, UNCTAD 1998a, S. 351-358, Seifert 2000):

- **Existenz bzw. Verlässlichkeit der Erfassung:** In manchen Ländern existiert keine bzw. keine verlässliche Erfassung der Direktinvestitionsströme bzw. -bestände. Man könnte zunächst meinen, dass derartige Probleme nur in Entwicklungs- bzw. Schwellenländern vorliegen. Allerdings ist auch in einigen hoch entwickelten Ländern, wie etwa im Vereinigten Königreich, eine nur unzureichende Erfassung vorhanden.

- **Vollständigkeit der Daten:** In einigen Ländern sind die Datenreihen – insbesondere im Zeitablauf – unvollständig. Manche Zeiträume sind gar nicht, andere nur unzureichend dokumentiert. In etlichen Statistiken supranationaler Institutionen, wie denjenigen der UNCTAD oder der OECD, werden daher zuweilen Schätzungen vorgenommen, um Daten über Länder hinweg auch im Zeitablauf ansatzweise vergleichen zu können.

- **Erhebungsmethode der Daten:** In den einzelnen Ländern existieren unterschiedliche Erhebungssysteme. In manchen Ländern werden Primärerhebungen durchgeführt, in anderen wird auf verfügbares Sekundärmaterial zurückgegriffen. Zudem existieren in einigen Ländern Vollerhebungen, während in anderen Ländern nur Stichprobenerhebungen zu finden sind.

- **Erhebungsgrundlage für die Daten:** In einigen Ländern gibt es keine gesetzliche Verpflichtung zur Auskunft, so dass wesentliche Direktinvestitionsströme bzw. -bestände von Unternehmungen unberücksichtigt bleiben.

- **Erhebungsperiodizität der Daten:** Daten über Direktinvestitionen werden nicht in allen Ländern jährlich erhoben. Dies führt dazu, dass die Daten teilweise veraltet sind, teilweise aber auch durch Schätzungen oder durch Interpolationen ergänzt werden.

- **Direktinvestitionsverhältnis:** In einigen Ländern wird der Schwellenwert für das Vorliegen von Direktinvestitionen nicht – wie etwa von der OECD und dem IWF empfohlen – bei 10% angesetzt. Eine Festlegung des Schwellenwerts auf 20% oder 25% bringt selbstverständlich andere Ergebnisse mit sich.

- **Direktinvestitionsbestandteile:** In den meisten Ländern werden nicht alle der oben skizzierten Komponenten der Direktinvestitionen berücksichtigt. Insbesondere die Aufnahme der reinvestierten Gewinne und der einzelnen Fremdkapitalbestandteile wird unterschiedlich gehandhabt.

- **Direktinvestitionszuordnungen:** Dadurch, dass Hinweise zum „accrual principle" bzw. zum „directional principle" nicht durchgängig berücksichtigt werden, kommt es über Länder hinweg zu zeitlichen und inhaltlichen Diskrepanzen. Dies heißt, dass bestimmte Ströme in unterschiedlichen Ländern unterschiedlichen Perioden zugeordnet oder gar nicht berücksichtigt werden.

- **Direktinvestitionsbewertung:** Da Direktinvestitionsbestände meist zu historischen Werten (und nicht zu Zeitwerten) angesetzt sind, kommt es häufig zu einer Unterbewertung „alter" Investitionen. Auch bei der Bewertung reinvestierter Gewinne zeigen sich erhebliche Probleme, weil in manchen Ländern aufgrund der lokalen Rechnungslegungsvorschriften nicht realisierte Buchgewinne ausgewiesen werden können, in anderen Ländern jedoch nur realisierte Gewinne Berücksichtigung finden.

- **Währungsproblematik:** Zum Zwecke des internationalen Vergleichs von FDI-Daten wird häufig eine Umrechnung in US-$ vorgenommen. Die im Zeitablauf auftretenden Wechselkursschwankungen haben nicht nur selbst einen Einfluss auf die weltweite Direktinvestitionstätigkeit, sie bringen auch automatisch Wertänderungen von Flüssen und Beständen mit sich (vgl. Deutsche Bundesbank 1999b, S. 60). Die Wahl einer anderen Basiswährung anstelle des US-$ würde im Zeitablauf zu anderen Ergebnissen führen.

- **Mindestkriterien:** In manchen Ländern werden Direktinvestitionsströme bzw. -bestände erst ab einer bestimmten Größenordnung erfasst. Da die Kriterien über Länder hinweg nicht einheitlich sind, kommt es zu deutlichen Verzerrungen.

Textbox 1-13: Die Problematik der Direktinvestitionsstatistiken

Ein Beispiel

Die Deutsche Bundesbank hat bei einem Vergleich der Direktinvestitionsströme auf der Grundlage der deutschen Zahlungsbilanzstatistiken einerseits und auf der Grundlage ausländischer Zahlungsbilanzstatistiken andererseits große Diskrepanzen ans Licht gebracht. So weisen zum Beispiel die deutschen Statistiken für den Zeitraum zwischen 1984 und 1994 kumuliert 17,7 Mrd. € an ausländischen Direktinvestitionen in Deutschland aus, während man bei einer Betrachtung der ausländischen Statistiken zu dem Schluss kommt, dass sich die ausländischen Investitionen in Deutschland während dieser Periode auf 70,1 Mrd. € belaufen.

Eine etwas geringere Diskrepanz ergibt sich beim Vergleich deutscher Direktinvestitionen im Ausland. Hier stehen 115,6 Mrd. € in der deutschen Zahlungsbilanzstatistik 84,9 Mrd. € gegenüber, die sich kumuliert in ausländischen Zahlungsbilanzstatistiken ergeben. Dies könnte darauf hindeuten, dass die „Inward-FDI-Flows" in den deutschen Statistiken tendenziell zu niedrig, die „Outward-FDI-Flows" eher zu hoch veranschlagt werden.

Quelle:
Deutsche Bundesbank (1997b), S. 80.

Als Fazit bleibt damit festzuhalten, dass die Erfassung von Direktinvestitionen nicht unproblematisch ist. Diese Probleme der Erfassung sollten wir beachten, wenn wir nun nachfolgend Daten zu den weltweiten Direktinvestitionen interpretieren.

3.2   Die weltweiten Direktinvestitionen

Abschnitt 3.2 hat das Ziel, einen umfassenden Überblick über die weltweite Direktinvestitionstätigkeit zu geben. Dabei werden wir zunächst die historische Entwicklung der Direktinvestitionstätigkeit betrachten (Abschnitt 3.2.1). Im Anschluss daran gilt es zu klären, welche Staaten als Geber- bzw. Empfängerländer von Direktinvestitionen eine große Rolle spielen (Abschnitt 3.2.2). Abbildung 1-36 kann Ihnen einen Überblick über die Ausführungen zur weltweiten Direktinvestitionstätigkeit geben.

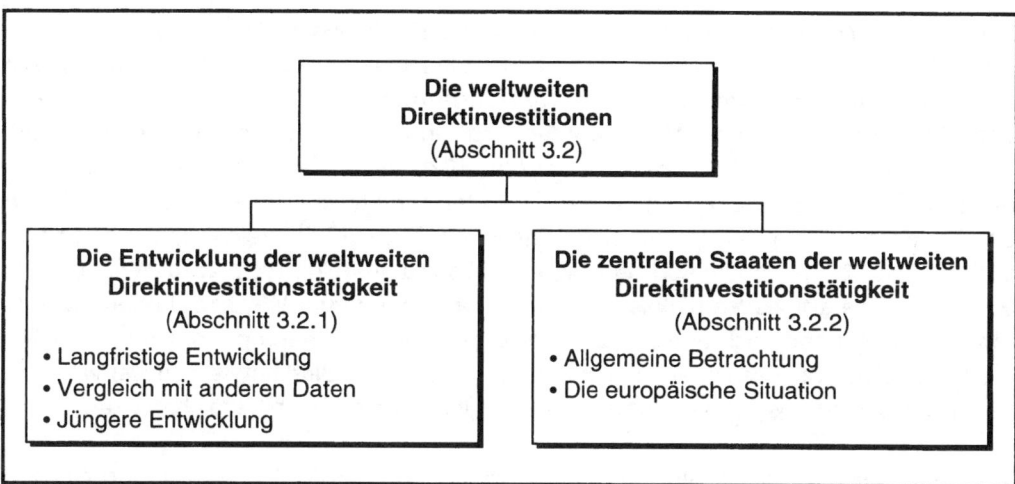

Abb. 1-36: Strukturübersicht über die Betrachtungen zu den weltweiten Direktinvestitionen

3.2.1 Die Entwicklung der weltweiten Direktinvestitionstätigkeit

So wie wir Ihnen in Abschnitt 2 die Entwicklung der Außenhandelstätigkeit veranschaulicht haben, möchten wir nun innerhalb von Abschnitt 3 die Entwicklung der Direktinvestitionstätigkeit aufzeigen. Wir beginnen mit einer knappen historischen Einführung (Abschnitte 3.2.1.1 und 3.2.1.2), um uns anschließend ausführlicher mit der Situation seit 1990 zu beschäftigen (Abschnitt 3.2.1.3).

3.2.1.1 Die langfristige Entwicklung der weltweiten Direktinvestitionstätigkeit

Wir hatten bereits erwähnt, dass nicht nur Außenhandel, sondern auch Direktinvestitionen bereits lange Zeit zurückzuverfolgen sind (→ Abschnitt 1 in diesem Kapitel). Wenn Sie sich an das Beispiel der Fugger zurückerinnern, so können Sie feststellen, dass schon im Mittelalter vereinzelt Auslandsinvestitionen getätigt wurden. Ein Schub an Direktinvestitionen setzte allerdings erst deutlich später ein.

(1) Zeitspanne vor dem Ersten Weltkrieg (1870-1913)

Die grenzüberschreitende Investitionstätigkeit nahm vor allem in der zweiten Hälfte des 19. Jahrhunderts zu (vgl. Dunning 1983, S. 85-91, Jones 1995, Dunning 1998, S. 116-119). Lange Zeit wurde angenommen, dass ein Großteil der frühen grenzüberschreitenden Investitionen eher Portfolioinvestitionen als Direktinvestitionen darstellten. Inzwischen haben viele Wirtschaftshistoriker diese Einschätzung relativiert und festgestellt, dass auch **bereits gegen Ende des 19. Jahrhunderts** zahlreiche Investitionen aus dem Kontrollmotiv heraus getätigt wurden und langfristige Interessen widerspiegelten (vgl. Graham 1995, S. 5-6). Insbesondere ab 1870 stieg die Direktinvestitionstätigkeit deutlich an. Es wird geschätzt, dass die weltweiten Direktinvestitionen bis zum Ausbruch des Ersten Weltkriegs ein Volumen von etwa 14,5 Mrd. US-$ erreicht hatten. Dies entspricht etwa 9% des gesamten damaligen Weltsozialprodukts (vgl. Kozul/Wright 1995, S. 158). Ein derartiges Verhältnis von Direktinvestitionen zum Weltsozialprodukt wurde – wie wir umgehend noch anhand aktueller Daten erläutern werden – erst im Jahr 2000 wieder erreicht, so dass man die grenzüberschreitende Direktinvestitionsverflechtung bereits zu Beginn des 20. Jahrhunderts als vergleichsweise hoch bezeichnen kann.

Vor dem Ausbruch des Ersten Weltkriegs waren etwa 75% aller bis dahin getätigten Direktinvestitionen europäischen Ursprungs, wobei der größte Teil des weltweiten Direktinvestitionsbestands allein vom Vereinigten Königreich ausging. Ähnlich wie bei der Außenhandelstätigkeit lässt sich aus historischer Perspektive also auch bei der Direktinvestitionstätigkeit eine **Dominanz des Vereinigten Königreichs** feststellen. Weitere Direktinvestitionen stammten vor allem aus Frankreich und Deutschland. Doch auch Investitionen aus kleineren Ländern, wie Belgien, den Niederlanden, Schweden, Dänemark und der Schweiz waren schon damals vergleichsweise häufig, was der Wirtschaftshistoriker Harm Schröter als den „Aufstieg der Kleinen" bezeichnet (vgl. Schröter 1993a). Die Internationalisierung von Unternehmungen aus kleinen Ländern folgt dabei unter anderem der Logik, dass der Heimatmarkt im Hinblick auf eine effiziente Bearbeitung schnell zu klein erscheint.

Vor dem Ersten Weltkrieg entfiel mehr als die Hälfte des Direktinvestitionsbestands auf den **primären Sektor**, und weitere 20% betrafen grenzüberschreitende Investitionen im **Eisenbahnbereich**. Als Zielländer für die damaligen Direktinvestitionen kamen vor allem viele der (ehemaligen) Kolonien in Frage. Mehr als 60% der Direktinvestitionen flossen nach Lateinamerika, Asien und Afrika und somit in geographisch weit entfernte Regionen. Von manchen Autoren werden Investitionen in die eigenen Kolonien zwar nicht als Direktinvestitionen bezeichnet (vgl. Schröter 1993a, S. 31); diese Ansicht wird aber weder von der Mehrheit der Historiker noch von der Mehrheit der Ökonomen geteilt. Unabhängig von dieser sogenannten „Kolonialproblematik" spielten ausländische Direktinvestitionen auch in manchen europäischen Volkswirtschaften schon damals eine bedeutende Rolle. So sollen etwa in Russland 50% der Investitionen ausländischen Ursprungs gewesen sein.

Investitionen wurden bereits zu dieser Zeit weniger von der öffentlichen Hand als vielmehr von privaten Unternehmungen getätigt. Ein Beispiel: ***Siemens*** besaß um die Jahrhundertwende 30 Produktionsstätten rund um die Welt und kontrollierte über eine Schweizer Finanzholding Elektrizitäts-, Straßenbahn- und Beleuchtungsgesellschaften von Argentinien bis Russland (vgl. Schumann 1999, S. 122-123). Internationalisierung über Direktinvestitionen war jedoch keineswegs immer von Erfolg gekrönt, wie das Beispiel in Textbox 1-14 verdeutlicht.

Textbox 1-14: Internationalisierung über Direktinvestitionen im 19. Jahrhundert

Ein Beispiel

Samuel *Colt* established the first US-owned factory in the UK in 1852. The UK branch was designed to produce revolvers that were exact copies of those produced in its US factory. The main ownership-specific advantage of the *Colt Company* was its ability to design and mass produce interchangeable parts for firearms. However, the main locational stimulus to *Colt* to engage in FDI (Foreign Direct Investment) was the fear that he might lose the European market to his competitors, unless he produced in their territories. The UK was chosen as a production site mainly because of the size of the local market and for language reasons. Three years later another US firm – *J. Ford & Co.* – set up a vulcanized rubber plant in Scotland. The factory was American financed, designed, equipped and managed. Neither venture was profitable and both were sold out to British interests within a decade of their establishment.

Quelle:
Dunning (1998), S. 102.

---

(2) Zeitspanne vom Ersten bis zum Zweiten Weltkrieg

Selbst die beiden Weltkriege konnten den Anstieg der weltweiten Direktinvestitionen nicht aufhalten. Zwar nahm der Direktinvestitionsbestand zunächst deutlich ab und erreichte erst Anfang der dreißiger Jahre wieder sein Vorkriegsniveau; doch kam es während der dreißiger Jahre zu umfangreichen Direktinvestitionen. Dies führte dazu, dass sich der Bestand an Direktinvestitionen im gesamten Zeitraum zwischen 1914 und 1938 von etwa 14 Mrd. US-$ auf etwa 26 Mrd. US-$ fast verdoppelte. Das Vereinigte Königreich konnte in diesem Zeitraum seinen weltweiten Direktinvestitionsbestand zwar absolut ausbauen. Allerdings traten die **Vereinigten Staaten** vermehrt als Investor auf und zeichneten 1938 bereits für ca. 28% der weltweiten Direktinvestitionsbestände verantwortlich. Deutschland spielte in dieser politisch unruhigen Zeit weder als Direktinvestitionsgeber- noch als Direktinvestitionsempfängerland eine nennenswerte Rolle. Ein weiterhin großer Anteil an den Direktinvestitionen floss in die Länder, die wir heute als Entwicklungsländer bezeichnen. Dort wurden zahlreiche Investitionen im Rohstoffbereich getätigt (vgl. Dunning 1983, S. 91-93, Graham 1995, S. 6 und Dunning 1998, S. 119-121).

(3) Zeitspanne nach dem Zweiten Weltkrieg

Nach dem Zweiten Weltkrieg kam es bei den Direktinvestitionen zu einer **Phase unge-
brochenen Wachstums**. In den fünfziger, sechziger und siebziger Jahren dominierten
vor allem US-amerikanische Investoren. Allein in Europa nahm der US-amerikanische
Direktinvestitionsbestand zwischen 1950 und 1970 um das Fünfzehnfache zu. Nachdem in Europa die Wirren des Krieges überwunden waren, ließen sich dann auch zunehmend europäische Direktinvestitionen im Ausland nachweisen. Japanische Direktinvestitionen fanden in größerem Ausmaß vor allem in den achtziger Jahren statt (vgl.
Dunning 1983, S. 93-99, Graham 1995, S. 7, Dunning 1998, S. 124-126).

(4) Langfristige Entwicklung der Direktinvestitionen in Zahlen

Die Abbildungen 1-37 und 1-38 geben einen Überblick über die langfristige Entwicklung
der Direktinvestitionen. Gegenübergestellt sind die Direktinvestitionsbestände zu ausgewählten Zeitpunkten während der letzten knapp 100 Jahre. Dabei zeigt Ihnen Abbildung
1-37 eine Aufteilung der Direktinvestitionsbestände nach **Ursprungsländern**, während
in Abbildung 1-38 eine Aufteilung nach **Bestimmungsländern** vorgenommen wurde.

	1914		1938		1960		1980		2006	
	in Mrd. US-$	in %	in Mrd. US-$	in %	in Mrd. US-$	in %	in Mrd. US-$	in %	in Mrd. US-$	in %
Industrieländer Davon	14,3	100,0	26,4	100,0	66,0	99,0	499,4	89,2	10710,2	85,9
• USA	2,7	18,9	7,3	27,7	32,8	49,2	215,4	38,5	2348,0	18,8
• Ver. Königreich	6,5	45,5	10,5	39,8	10,8	16,2	80,4	14,4	1487,0	11,9
• Deutschland	1,5	10,5	0,4	1,5	0,8	1,2	43,1	7,7	1005,1	8,1
• Frankreich	1,8	12,6	2,5	9,4	4,1	6,1	24,3	4,4	1080,2	8,7
• Japan	0,02	0,1	0,8	3,0	0,5	0,7	19,6	3,5	449,6	3,6
• Sonstige	1,8	12,6	4,9	18,6	17,0	25,5	116,6	20,8	4340,4	34,8
Entwicklungsländer	-	-	-	-	0,7	1,0	60,3	10,8	1764,1	14,1
Gesamt	14,3	100,0	26,4	100,0	66,7	100,0	559,6	100,0	12474,3	100,0

Aufgrund von Rundungsdifferenzen kommt es bei der Addition von Einzelwerten zu Gesamtwerten in
einigen Fällen zu marginalen Diskrepanzen.

Abb. 1-37: Entwicklung der Direktinvestitionsbestände nach Ursprungsländern
Quelle: in Anlehnung an Dunning (1983), S. 87. Daten für 1980 aus UNCTAD
              (2004), S. 382, für 2006 aus UNCTAD (2007), S. 255 sowie eigene Berech-
              nungen.

	1914		1938		1960		1980		2006	
	in Mrd. US-$	in %	in Mrd. US-$	in %	in Mrd. US-$	in %	in Mrd. US-$	in %	in Mrd. US-$	in %
Industrieländer	5,2	36,9	8,3	34,2	36,7	67,3	390,7	56,4	8453,9	70,5
Davon										
• USA	1,5	10,6	1,8	7,4	7,6	13,9	83,0	12,0	1789,1	14,9
• Westeuropa	1,1	7,8	1,8	7,4	12,5	22,9	172,3	24,9	4268,7	35,6
• Japan	0,04	0,3	0,1	0,4	0,1	0,2	3,3	0,5	107,6	0,9
• Sonstige	2,6	18,4	4,6	18,9	16,5	30,3	132,1	19,1	2288,4	19,1
Entwicklungsländer	8,9	63,1	16,0	65,8	17,6	32,3	302,0	43,6	3545,0	29,5
Gesamt	14,1	100,0	24,3	100,0	54,5	100,0	692,7	100,0	11998,8	100
Aufgrund von Rundungsdifferenzen kommt es bei der Addition von Einzelwerten zu Gesamtwerten in einigen Fällen zu marginalen Diskrepanzen.										

Abb. 1-38: Entwicklung der Direktinvestitionsbestände nach Bestimmungsländern
Quelle: in Anlehnung an Dunning (1983), S. 88, aktualisiert mit Daten aus UNCTAD (2004), S. 376, UNCTAD (2007), S. 255 und eigenen Berechnungen.

3.2.1.2 Ein Vergleich der weltweiten Direktinvestitionen mit anderen weltwirtschaftlichen Daten

Vergleicht man die Entwicklung des Weltsozialprodukts, des Welthandels und der weltweiten Direktinvestitionen von 1950 bis zur Mitte der neunziger Jahre des vorigen Jahrhunderts, so lässt sich an dieser Stelle folgende Entwicklung zusammenfassen (vgl. Kozul-Wright 1995, S. 144, Berger 1997, S. 19, Engelke 1997, S. 63 sowie Abschnitt 2.2.1.2 in diesem Kapitel):

• Das **Weltsozialprodukt** ist seit 1950 um durchschnittlich 3,5% pro Jahr gewachsen.

• Der **Welthandel** erhöhte sich seit 1950 jährlich um durchschnittlich 5,9%. Damit stieg das Weltsozialprodukt seit 1950 um den Faktor 7,8 an, während der sich Welthandel sich um den Faktor 27,5 vervielfachte (bis 2004).

• Die **weltweite Direktinvestitionstätigkeit** – gemessen in Direktinvestitionsströmen – verzeichnete ab 1980 einen Anstieg, der über dem des Welthandels liegt, wobei er je nach Quelle auf ca. 7-8% p.a. veranschlagt wird.

Ein starker Anstieg bei den Direktinvestitionen setzte allerdings relativ spät ein. Bis etwa Anfang der achtziger Jahre verliefen Welthandel und weltweite Direktinvestitionstätigkeit etwa im Gleichschritt. Von manchen Autoren wird dies so interpretiert, dass es sich bei den Direktinvestitionen überwiegend um exportbegleitende bzw. -induzierte Direktinvestitionen handelte. Um Warenexport zu ermöglichen, so die Argumentation, brauche man auch ausländische Service-, Reparatur- und Vertriebsnetze (vgl. Beyfuß et al. 1997, S. 7). Während des Zeitraums zwischen 1950 und 1980 nahm der Direktinvestitionsbestand in vielen Jahren sogar deutlich geringer zu als der Welthandel. Ab

Mitte der achtziger Jahre sind Direktinvestitionen dann zu einem Faktor der internationalen Arbeitsteilung geworden, der sich zunehmend vom Außenhandel löste. Diese starken Zuwächse von jährlich durchschittlich über 25% bei den ausgehenden Direktinvestitionsströmen zwischen 1985 und 2000 schlugen sich auch auf den Direktinvestitionsbestand nieder (vgl. Engelke 1997, S. 62-63 sowie UNCTAD 2007, S. 9 und 255-258).

Abbildung 1-39 zeigt, dass sich das Verhältnis der weltweiten Direktinvestitionsströme und -bestände zum Weltsozialprodukt nach dem Zweiten Weltkrieg erhöht hat. Welche Bedeutung die Direktinvestitionen inzwischen haben, lässt sich auch am **Umsatz der ausländischen Tochtergesellschaften** ersehen, deren Aktivitäten das Resultat von Direktinvestitionen darstellen. Dieser war bereits zu Beginn der neunziger Jahre höher als der weltweite Export. Zwischen 1990 und der Jahrtausendwende hat sich hier eine besonders rasante Entwicklung vollzogen. Damit könnte man vorsichtig sagen, dass die ausländische Direktinvestitionstätigkeit hinsichtlich des Umfangs wichtiger geworden ist als der Außenhandel. Einmal getätigte Direktinvestitionen führen dazu, dass inländische Wirtschaftssubjekte auf Dauer mit ausländischen Wirtschaftssubjekten in Kontakt stehen und somit immer wieder Transaktionen zwischen Inland und Ausland stattfinden. Bei Export- und Importtätigkeiten kommt es dagegen deutlich häufiger zu sogenannten diskreten Transaktionen, die nur teilweise durch Folgetransaktionen ergänzt werden. Trotz des Anstiegs der Direktinvestitionen sollte jedoch eines nicht vergessen werden: Gemessen am Weltsozialprodukt ist das internationale Direktinvestitionsniveau, welches vor dem Ersten Weltkrieg existierte, erst im Jahr 2000 wieder erreicht worden.

	1960	1975	1980	1985	1991	1995	2000	2006
Weltweite Direktinvestitionszuflüsse als prozentualer Anteil des Weltsozialprodukts	0,3%	0,3%	0,4%	0,4%	0,7%	1,3%	4,4%	2,7%
Weltweite Direktinvestitionszuflüsse als prozentualer Anteil der weltweiten Bruttokapitalbestände	1,1%	1,4%	1,8%	1,8%	2,9%	5,5%	21,5%	12,7%
Weltweite Direktinvestitionsbestände als prozentualer Anteil des Weltsozialprodukts	4,4%	4,5%	4,7%	5,4%	7,2%	10,9%	21,0%	24,9%
Weltweiter Umsatz ausländischer Tochtergesellschaften als prozentualer Anteil der weltweiten Exporte	84%	97%	99%	99%	122%	128%	223%	178%

Abb. 1-39: Direktinvestitionen in der Weltwirtschaft − Betrachtung im Zeitablauf
Quelle: in Anlehnung an Kozul/Wright (1995), S. 158, aktualisiert mit Daten aus
             UNCTAD (1996), S. 5, UNCTAD (2001b), S. 10, UNCTAD (2007), S. 9 und
             eigenen Berechnungen.

3.2.1.3   Die jüngere Entwicklung der weltweiten Direktinvestitionen

Es sollte bereits deutlich geworden sein, dass die weltweiten Direktinvestitionsbestände gerade während der letzten Jahre stark zugenommen haben. Wurden 1980 noch ca. 560 Mrd. US-$ an Direktinvestitionsbeständen registriert, so hat sich diese Zahl bis 2006 mehr als verzwanzigfacht. Abbildung 1-40 zeigt auf, dass die UNCTAD den **weltweiten Direktinvestitionsbestand** inzwischen auf mehr als 12.400 Mrd. bzw. **12,4 Billionen US-$** schätzt.

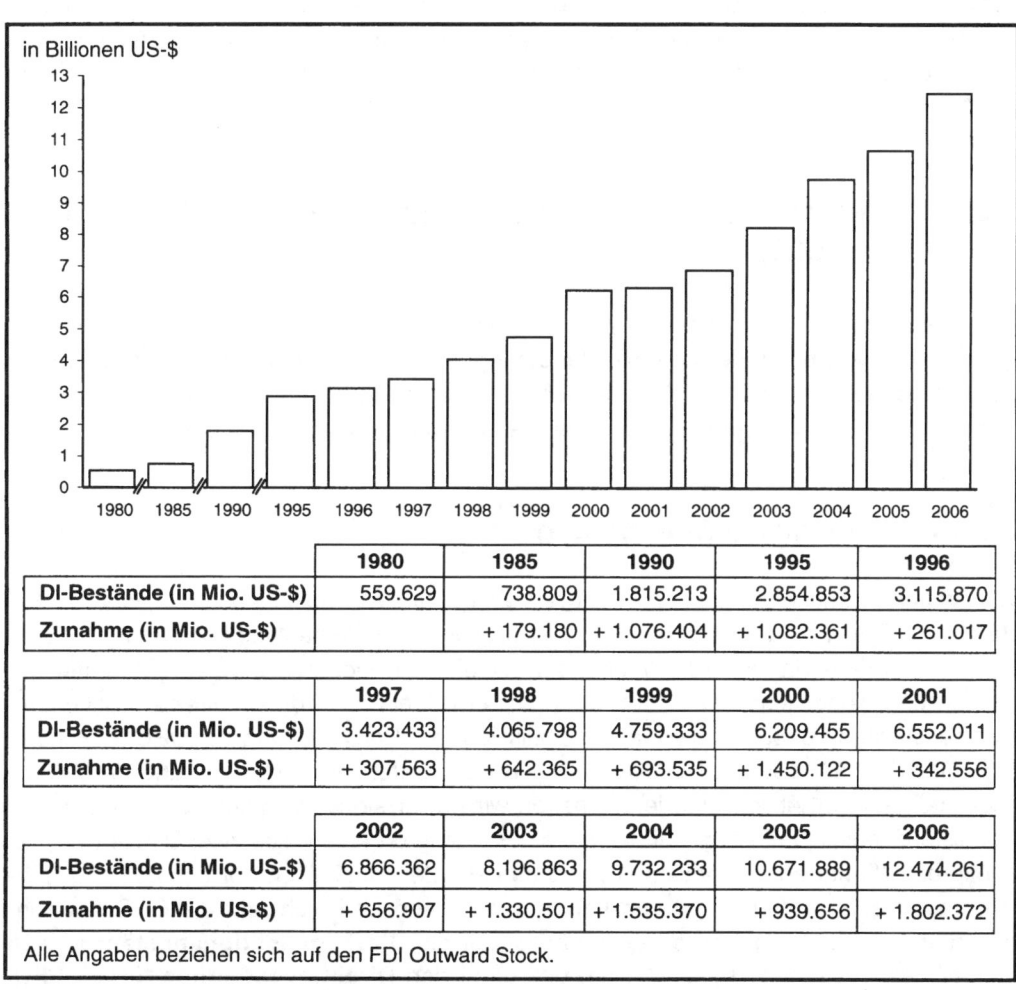

DI-Bestände (in Mio. US-$)	1980	1985	1990	1995	1996
DI-Bestände (in Mio. US-$)	559.629	738.809	1.815.213	2.854.853	3.115.870
Zunahme (in Mio. US-$)		+ 179.180	+ 1.076.404	+ 1.082.361	+ 261.017

	1997	1998	1999	2000	2001
DI-Bestände (in Mio. US-$)	3.423.433	4.065.798	4.759.333	6.209.455	6.552.011
Zunahme (in Mio. US-$)	+ 307.563	+ 642.365	+ 693.535	+ 1.450.122	+ 342.556

	2002	2003	2004	2005	2006
DI-Bestände (in Mio. US-$)	6.866.362	8.196.863	9.732.233	10.671.889	12.474.261
Zunahme (in Mio. US-$)	+ 656.907	+ 1.330.501	+ 1.535.370	+ 939.656	+ 1.802.372

Alle Angaben beziehen sich auf den FDI Outward Stock.

Abb. 1-40: Die Entwicklung der weltweiten Direktinvestitionsbestände seit 1980
Quelle: Daten aus UNCTAD (1998a), S. 379, UNCTAD (1999a), S. 495, UNCTAD (2000), S. 300, UNCTAD (2003), S. 262, UNCTAD (2004), S. 382, UNCTAD (2005), S. 308, UNCTAD (2006), S. 303, UNCTAD (2007), S. 255 sowie eigene Berechnungen.

Wie man aus Abbildung 1-40 ersehen kann, haben sich die weltweiten Direktinvestitionen in den achtziger und neunziger Jahren stark erhöht. Zwischen 1995 und 2000
kam es zu einer Zunahme von über 3.300 Mrd. US-$. Zu berücksichtigen ist dabei, dass
generell Großakquisitionen bzw. -fusionen die Statistiken dieser Jahre maßgeblich beeinflussten. Die unter den Schlagwörtern **„Mega-Akquisitionen"** bzw. **„Mega-Fusionen"**
bekannten Deals schlagen in den internationalen Direktinvestitionsströmen und
-beständen stark zu Buche (vgl. zu Mega-Akquisitionen und Mega-Fusionen auch, teilweise kritisch, Lenel 2000, Ghemawat/Ghadar 2001). Allein zwischen 1999 und 2000
nahm der weltweite Direktinvestitionsbestand um mehr als 1.400 Mrd. US-$ zu, die **Zu-
nahme des Direktinvestitionsbestands**, die sich innerhalb des Jahres 2002 ereignete,
übersteigt noch den **gesamten Direktinvestitionsbestand**, den die UNCTAD für das
Jahr 1980 errechnete. Von 2005 auf 2006 betrug die Zunahme zuletzt gut 1.800 Mrd.
US-$.

3.2.2   Die zentralen Staaten der weltweiten Direktinvestiti-
onstätigkeit

Wenn wir nun die Frage beantworten, welche Staaten für die weltweite Direktinvestitionstätigkeit von besonders großer Bedeutung sind, so wollen wir dazu zunächst eine
allgemeine Betrachtung anstellen (Abschnitt 3.2.2.1), bevor wir anschließend noch einen separaten Blick auf die europäischen Länder werfen (Abschnitt 3.2.2.2).

3.2.2.1   Allgemeine Betrachtung

Wir wissen inzwischen, dass wir weltweit einen Direktinvestitionsbestand von ca. 6,5
Billionen US-$ vorfinden. Doch wie teilt sich dieser Direktinvestitionsbestand auf Emp-
fänger- und Geberländer auf? Wohin sind Direktinvestitionen kumuliert betrachtet geflossen und woher kommen – erneut kumuliert betrachtet – diese Direktinvestitionen?
Auf diese Fragen geben uns vor allem Statistiken der UNCTAD und der OECD Auskunft
(vgl. OECD 1998, 1999, UNCTAD 2007). Da die Daten der UNCTAD und der OECD
leider teilweise erheblich differieren, halten wir es für sinnvoll, Ihnen aus Gründen der
Konsistenz lediglich die Ergebnisse aus einer Quelle und nicht aus zwei Quellen zu präsentieren. Wir haben uns entschieden, Daten aus den Statistiken der UNCTAD zu wählen, da sie eine größere Zahl von Ländern umfassen und nicht auf die OECD-Länder
beschränkt sind. Wir gehen dabei zunächst auf die **Direktinvestitionsbestände** („FDI
Stocks") ein (Abschnitt 3.2.2.1.1), um uns dann den **Direktinvestitionsströmen** („FDI
Flows") zuzuwenden (Abschnitt 3.2.2.1.2).

3.2.2.1.1 Direktinvestitionsbestände

Wir werden zeigen, (1) welche Länder hohe Direktinvestitionsbestände aufweisen und (2) aus welchen Ländern die Direktinvestitionsbestände stammen. (3) Ein Vergleich der Empfänger- und Geberländer der Direktinvestitionen rundet unsere Ausführungen ab.

(1) Die Empfängerländer ausländischer Direktinvestitionen

Wir wollen unseren Blick zunächst auf den weltweiten Bestand an Direktinvestitionen, aufgeteilt nach Empfängerländern (**„FDI Inward Stock"**), richten. Wie Abbildung 1-41 verdeutlicht, befinden sich knapp 15% der weltweit getätigten Direktinvestitionen in den Vereinigten Staaten von Amerika.

	Absoluter DI-Bestand im Inland (in Mio. US-$)	In % des weltweiten DI-Bestands (Gesamt: 11.998.838 Mio. US-$)
1. USA	1.789.087	14,91%
2. Vereinigtes Königreich	1.135.265	9,46%
3. China (inkl. Hongkong)	1.061.588	8,85%
4. Frankreich	782.825	6,52%
5. Belgien/Luxemburg	676.462*	5,64%
6. Deutschland	502.376*	4,19%
7. Niederlande	451.491*	3,76%
8. Spanien	443.275	3,69%
9. Kanada	385.187	3,21%
10. Italien	294.790	2,05%
11. Australien	246.173	1,91%
12. Mexiko	228.601	1,85%
„Top 12" Gesamt	7.997.120	66,65%**

* Daten von der UNCTAD geschätzt.
** Aufgrund von Rundungsdifferenzen kommt es bei der Addition von Einzelwerten zu Gesamtwerten zu marginalen Diskrepanzen.

Daten für das Jahr 2006.

Abb. 1-41: Die wichtigsten Empfängerländer von Direktinvestitionen (FDI Inward Stock)
Quelle: Daten aus UNCTAD (2007), S. 255-258 sowie eigene Berechnungen.

China liegt, so zeigt Abbildung 1-41, inzwischen mit fast 9% des weltweiten Direktinvestitionsbestands auf dem dritten Platz hinter dem Vereinigten Königreich, nachdem China zeitweise sogar den zweiten Platz der Statistik eingenommen hatte. Innerhalb relativ kurzer Zeit ist damit bereits ein erheblich höherer Direktinvestitionsbestand in China erreicht, als dies in Deutschland oder anderen westeuropäischen Ländern der

Fall ist. Zu beachten gilt es jedoch, dass innerhalb der chinesischen Direktinvestitionsbestände inzwischen auch der „FDI Stock" in und aus Hongkong enthalten ist. Neben
zahlreichen weiteren europäischen Ländern haben Kanada, Mexiko und Australien einen beträchtlichen Teil der Direktinvestitionen auf sich gezogen. Zusammen entfallen
auf die zwölf wichtigsten **Empfängerländer** von Direktinvestitionen etwa zwei Drittel des
weltweiten Direktinvestitionsbestands.

(2) Die Geberländer ausländischer Direktinvestitionen

Wir wissen nun, welche Länder das Ziel von Direktinvestitionen waren. Doch ebenso ist
von Interesse, aus welchen Ländern in der Vergangenheit Direktinvestitionen in andere
Länder geflossen sind und welchen „**FDI Outward Stock**" diese Länder akkumuliert
haben. Abbildung 1-42 kann uns einen Überblick über die zwölf wichtigsten **Geberländer** von Direktinvestitionen liefern.

	Absoluter DI-Bestand im Ausland (in Mio. US-$)	In % des weltweiten DI-Bestands (Gesamt: 12.474.261 Mio. US-$)
1. **USA**	2.384.004	19,11%
2. **Vereinigtes Königreich**	1.486.950	11,92%
3. **Frankreich**	1.080.204	8,66%
4. **Deutschland**	1.005.078*	8,06%
5. **China (inkl. Hongkong)**	762.304	6,11%
6. **Niederlande**	652.633*	5,23%
7. **Schweiz**	545.401	4,37%
8. **Spanien**	507.970	4,07%
9. **Belgien/Luxemburg**	497.690*	3,99%
10. **Japan**	449.567	3,60%
11. **Kanada**	449.035	3,60%
12. **Italien**	375.756	3,01%
„Top 12" Gesamt	10.196.592	81,15%**

* Daten von der UNCTAD geschätzt.
** Aufgrund von Rundungsdifferenzen kommt es bei der Addition von Einzelwerten zu Gesamtwerten
zu marginalen Diskrepanzen.
Daten für das Jahr 2006.

Abb. 1-42: Die wichtigsten Geberländer von Direktinvestitionen (FDI Outward Stock)
Quelle: Daten aus UNCTAD (2007), S. 255-258 sowie eigene Berechnungen.

Es fällt auf, dass die Vereinigten Staaten nicht nur die wichtigste Empfängernation von
Direktinvestitionen sind, sondern gleichzeitig auch den umfangreichsten Direktinvestitionsbestand im Ausland aufweisen. Mit etwa 19% des gesamten weltweiten Direktinvestitionsbestands ist die Dominanz der USA als Gebernation sogar noch größer als

deren Bedeutung als Empfängernation für Direktinvestitionen. Die USA weisen fast ebenso hohe Direktinvestitionen im Ausland auf wie das Vereinigte Königreich (ca. 12%) und Frankreich (ca. 9%) oder Deutschland (ca. 8%) zusammen. Unter den weiteren Geberländern tauchen mit Belgien/Luxemburg, den Niederlanden, der Schweiz, Spanien und Italien vor allem europäische Nationen auf. Auf Japan, als Empfängerland für Direktinvestitionen relativ unbedeutend, entfallen etwa 3,6% der weltweit getätigten Direktinvestitionen. Die Dominanz der USA und Europas wird zudem etwas gedämpft durch Kanada und vor allem China. Bei der Interpretation der chinesischen Auslandsdirektinvestitionen ist allerdings zu beachten, dass ein Großteil des Direktinvestitionsbestands auf Investitionen mit Ursprung aus Hongkong zurückzuführen ist. Darunter sind auch zahlreiche Investitionen der Auslandschinesen in Südostasien zu finden. Bei einer Gesamtbetrachtung ist die Konzentration auf einige wenige Geberländer besonders auffällig. Mehr als 81% aller weltweit getätigten Direktinvestitionen stammen aus 12 Ländern.

(3) Ein Vergleich der Empfänger- und Geberländer von Direktinvestitionen

Abbildung 1-43 zeigt für wichtige Länder den absoluten Direktinvestitionsbestand im Ausland und aus dem Ausland an.

	Absoluter DI-Bestand im Ausland (in Mio. US-$)	Absoluter DI-Bestand im Inland (in Mio. US-$)	Differenz (in Mio. US-$)
1. USA	2.384.004	1.789.087	+ 594.917
2. Deutschland	1.005.078*	502.376*	+ 502.702
3. Vereinigtes Königreich	1.486.950	1.135.265	+ 351.685
4. Japan	449.567	107.633	+ 341.934
5. Schweiz	545.401	207.119	+ 338.282
6. Frankreich	1.080.204	782.825	+ 297.379
7. Niederlande	652.633*	451.491*	+ 201.142
8. Italien	375.756	294.790	+ 80.966
9. Spanien	507.970	443.275	+ 64.695
10. Kanada	449.035	385.187	+ 63.848
11. Australien	226.764	246.173	− 19.409
12. Brasilien	87.049	221.914	− 134.865
13. Belgien/Luxemburg	497.690*	676.462*	− 178.772
14. Mexiko	35.144	228.601	− 193.457
15. China (inkl. Hongkong)	762.304	1.061.588	− 299.284

* Daten von der UNCTAD geschätzt.
Daten für das Jahr 2006.

Abb. 1-43: Gegenüberstellung des Direktinvestitionsbestands im Ausland und des Direktinvestitionsbestands im Inland
Quelle: Daten aus UNCTAD (2007), S. 255-258 sowie eigene Berechnungen.

Betrachtet man die Geber- und Empfängerländer von Direktinvestitionen, so kristallisieren sich **drei große Gruppen** heraus:

- Länder, die, bezogen auf ihre absoluten Bestände, etwa gleich viel Direktinvestitionskapital exportiert wie importiert haben: Zu dieser Gruppe von Ländern zählen zum Beispiel Italien, Spanien, Kanada und Australien.

- Länder, die in der Vergangenheit deutlich mehr Direktinvestitionskapital exportiert als importiert haben. Dies ist insbesondere für die USA, Deutschland, das Vereinigte Königreich und Japan der Fall.

- Länder, die erheblich mehr Direktinvestitionskapital erhalten haben, als sie bisher abgegeben haben. Dazu gehören viele Entwicklungs- und Schwellenländer, wie insbesondere China, Brasilien oder Mexiko, aber auch Industrieländer, wie Belgien und Luxemburg.

Der Saldo der Direktinvestitionen kann jedoch – für sich allein betrachtet – kein verlässlicher Indikator sein, um die Standortqualität von Ländern zu beurteilen (→ unsere Hinweise in Abschnitt 3.1.4 in diesem Kapitel).

3.2.2.1.2 Direktinvestitionsflüsse

Wir haben bisher einen Blick auf den aktuellen Direktinvestitionsbestand geworfen. Wie wir bereits erläutert haben, verändert sich dieser Direktinvestitionsbestand durch Direktinvestitionszuflüsse und -abflüsse. Wir werden nun zunächst prüfen, welche **Direktinvestitionszuflüsse** sich im Zeitraum zwischen 1999 und 2006 in den wichtigsten **Empfängerländern** ergeben haben, bevor wir uns für die gleiche Periode die **Direktinvestitionsabflüsse** aus den **Geberländern** ansehen. Der Vergleich der Zu- und Abflüsse gibt uns Aufschluss über den Nettokapitalexport oder -import zentraler Länder zwischen 1999 und 2006.

(1) Direktinvestitionszuflüsse in die wichtigsten Empfängerländer

In der dreiteiligen Abbildung 1-44 sind die einfließenden Direktinvestitionsströme („**FDI Inflows**") der Jahre 1999 bis 2006 für die Länder dargestellt, die oben als die „Top 12" hinsichtlich des Direktinvestitionsbestands identifiziert wurden. Eine Analyse der Direktinvestitionszuflüsse zeigt ein sehr differenziertes Bild. Zwar konnten alle Empfängerländer in den Jahren zwischen 1999 und 2006 in Summe positive Direktinvestitionsströme auf sich ziehen; allerdings gibt es erhebliche Unterschiede im Hinblick auf das Ausmaß dieser Ströme in einzelnen Ländern und Jahren. Nimmt man eine kumulierte Betrachtung für die Jahre 1999 bis 2006 vor, so konnten die Vereinigten Staaten, das Vereinigte Königreich, China (inkl. Hongkong) und Belgien/Luxemburg die umfangreichsten Direktinvestitionszuflüsse für sich verbuchen (vgl. UNCTAD 2004, S. 367-371,

S. 376-380, UNCTAD 2007, S. 251-258). Andere Länder dagegen erhielten nur geringere Direktinvestitionszuflüsse. Zu nennen sind etwa Mexiko, Australien und Italien. Zu berücksichtigen ist dabei jedoch nicht nur das absolute Volumen an Zuflüssen; vielmehr sind die Zuflüsse zum Direktinvestitionsbestand und zur Wirtschaftskraft der jeweiligen Länder in Beziehung zu setzen.

	DI-Zuflüsse 1999	DI-Zuflüsse 2000	DI-Zuflüsse 2001	DI-Zuflüsse 2002
1. USA	283.376	314.007	159.461	62.870
2. Vereinigtes Königreich	87.979	118.764	52.623	27.776
3. China (inkl. Hongkong)	64.899	102.654	70.653	62.425
4. Frankreich	46.545	43.250	50.476	48.906
5. Belgien/Luxemburg	119.693	88.739	88.203	131.743
6. Deutschland	56.077	198.276	21.138	36.014
7. Niederlande	41.205	63.854	51.927	25.571
8. Spanien	15.758	37.523	28.005	35.908
9. Kanada	24.743	66.791	27.487	21.030
10. Italien	6.911	13.375	14.871	14.545
11. Australien	2.924	13.071	4.006	13.978
12. Mexiko	13.206	16.586	26.776	14.745
	Summe der DI-Zuflüsse 1999-2002	DI-Bestand im Inland 2002	DI-Zuflüsse 1999-2002 in % des DI-Bestands im Inland im Jahr 2002	
1. USA	819.714	1.505.171	54,5%	
2. Vereinigtes Königreich	287.142	568.260	50,5%	
3. China (inkl. Hongkong)	300.631	814.244	36,9%	
4. Frankreich	189.177	386.540	48,9%	
5. Belgien/Luxemburg	428.378	249.748	164,9%	
6. Deutschland	311.505	531.738	58,6%	
7. Niederlande	182.557	316.475	57,7%	
8. Spanien	117.194	236.267	49,6%	
9. Kanada	140.051	221.169	63,3%	
10. Italien	49.702	126.481	39,3%	
11. Australien	33.979	121.915	27,9%	
12. Mexiko	71.313	155.121	46,0%	

Kriterium für die Auswahl der 12 wichtigsten Empfängerländer ist der DI-Bestand im Inland im Jahr 2006. Angaben in Mio. US-$.

Abb. 1-44: Einfließende Direktinvestitionen in den 12 wichtigsten Empfängerländern für Direktinvestitionen (Teil 1)

	DI-Zuflüsse 2003	DI-Zuflüsse 2004	DI-Zuflüsse 2005	DI-Zuflüsse 2006
1. USA	53.146	135.826	101.025	175.394
2. Vereinigtes Königreich	16.778	55.963	193.693	139.543
3. China (inkl. Hongkong)	67.129	94.662	106.024	112.360
4. Frankreich	42.498	32.560	81.063	81.076
5. Belgien/Luxemburg	37.318	49.381	41.164	101.306
6. Deutschland	29.202	-9.195	35.867	42.870
7. Niederlande	21.742	2.123	41.456	4.371
8. Spanien	25.926	24.761	25.020	20.016
9. Kanada	7.615	-364	28.922	69.041
10. Italien	16.415	16.815	19.971	39.159
11. Australien	9.722	36.007	-35.160	24.022
12. Mexiko	14.184	22.396	19.736	19.037
	Summe der DI-Zuflüsse 2003-2006	DI-Bestand im Inland 2006	DI-Zuflüsse 2003-2006 in % des DI-Bestands im Inland im Jahr 2006	
1. USA	465.391	1.789.087	26,0%	
2. Vereinigtes Königreich	405.977	1.135.265	35,8%	
3. China (inkl. Hongkong)	380.175	1.061.588	35,8%	
4. Frankreich	237.197	782.825	30,3%	
5. Belgien/Luxemburg	229.169	676.462*	33,9%	
6. Deutschland	98.744	502.376*	19,7%	
7. Niederlande	69.692	451.491*	15,4%	
8. Spanien	95.723	443.275	21,6%	
9. Kanada	105.214	358.187	29,4%	
10. Italien	92.360	294.790	31,3%	
11. Australien	34.591	246.173	14,1%	
12. Mexiko	75.353	228.601	33,0%	

* Daten von der UNCTAD geschätzt.

Kriterium für die Auswahl der 12 wichtigsten Empfängerländer ist der DI-Bestand im Inland im Jahr 2006. Angaben in Mio. US-$.

Abb. 1-44: Einfließende Direktinvestitionen in den 12 wichtigsten Empfängerländern für Direktinvestitionen (Teil 2)

Aus der dreiteiligen Abbildung 1-44 werden nicht nur die kumulierten Zuflüsse zwischen 1999 und 2006 ersichtlich, sondern auch die Zuflüsse während der einzelnen Jahre. Gleichzeitig werden die Perioden von 1999 bis 2002 einerseits und 2003 bis 2006 andererseits gegenübergestellt. Bei einer Betrachtung der einzelnen Jahre lässt sich nur schwer ein genereller Trend – über alle Länder hinweg – feststellen. In den meisten Fällen kann von einem Anstieg der Zuflüsse bis ins Jahr 2000 und einem Rückgang in der Zeit von 2001 bis 2004 gesprochen werden; die einzelnen Länder unterscheiden sich aber dennoch. Während etwa Länder wie die USA, Deutschland und die Benelux-Staaten in der Periode zwischen 1999 und 2002 deutlich mehr Direktinvestitionszuflüsse hatten als in der Periode zwischen 2003 und 2006, halten sich die entsprechenden Werte für Australien und Mexiko in beiden Zeiträumen die Waage. In manchen Ländern, wie beispielsweise in Frankreich und Italien, kann man über einen großen Teil des Betrachtungszeitraums einen vergleichsweise kontinuierlichen Zufluss an Direktinvestitionen konstatieren; in anderen Ländern dagegen sind größere Schwankungen zu erkennen. So kam es in Deutschland im Jahr 2000 zu umfangreichen Direktinvestitionszuflüssen, für das Jahr 2004 hingegen wird sogar ein negativer Wert ausgewiesen. Ähnliche Unterschiede lassen sich auch im Falle von Belgien und Luxemburg beobachten: Hier kam es 1999, 2002 und 2006 zu erheblichen Direktinvestitionszuflüssen, die einen großen Teil des Direktinvestitionsbestandes ausmachen.

	Summe der DI-Zuflüsse 1999-2006	DI-Bestand im Inland 2006	DI-Zuflüsse 1999-2006 in % des DI-Bestands im Inland im Jahr 2006
1. USA	1.285.105	1.789.087	71,8%
2. Vereinigtes Königreich	693.119	1.135.265	61,1%
3. China (inkl. Hongkong)	680.806	1.061.588	64,1%
4. Frankreich	426.374	782.825	54,5%
5. Belgien/Luxemburg	657.547	676.462*	97,2%
6. Deutschland	410.249	502.376*	81,7%
7. Niederlande	252.249	451.491*	55,9%
8. Spanien	212.917	443.275	48,0%
9. Kanada	245.265	358.187	68,5%
10. Italien	142.062	294.790	48,2%
11. Australien	68.570	246.173	27,9%
12. Mexiko	146.666	228.601	64,2%

* Daten von der UNCTAD geschätzt.

Kriterium für die Auswahl der 12 wichtigsten Empfängerländer ist der DI-Bestand im Inland im Jahr 2006. Angaben in Mio. US-$.

Abb. 1-44: Einfließende Direktinvestitionen in den 12 wichtigsten Empfängerländern für Direktinvestitionen (Teil 3)
Quelle: Daten aus UNCTAD (2004), S. 367-371 sowie S. 376-380, Daten für Jahre ab 2003 aus UNCTAD (2007), S. 251-258 sowie eigene Berechnungen.

Es soll noch darauf hingewiesen werden, dass im Zeitraum zwischen 1999 und 2006 auch weitere Länder einen vergleichsweise starken Zufluss an Direktinvestitionen erfahren haben – Länder, die hinsichtlich des gesamten Direktinvestitionsbestands noch nicht zu den „Top 12" der Empfängerländer gehören, aber eine starke Investitionsdynamik aufweisen. Zu diesen Ländern gehören etwa Brasilien und Singapur, wo in der betrachteten Periode mehr Direktinvestitionen getätigt wurden als in Australien. Innerhalb der mittel- und osteuropäischen Länder konnten vor allem Polen und Ungarn zahlreiche Investoren anlocken. Russland spielt – gemessen an der Größe des Landes – entgegen früherer Erwartungen eine vergleichsweise geringe Rolle (vgl. zum Wirtschaftspartner Russland ausführlich Welge/Holtbrügge 1996, Hrsg.). Viele Unternehmungen halten sich mit Investitionen in Russland weiterhin zurück.

(2) Direktinvestitionsabflüsse aus den wichtigsten Geberländern

Während wir unser Augenmerk bisher auf die Direktinvestitionszuflüsse gerichtet haben, wollen wir die Perspektive nun wechseln und uns den Direktinvestitionsabflüssen („**FDI Outflows**") zuwenden. Abbildung 1-45 gibt einen Überblick über die Direktinvestitionsabflüsse aus wichtigen Ländern im Zeitraum zwischen 1999 und 2006. Zur Darstellung wurden die Länder herangezogen, die wir bereits oben als die 12 wichtigsten Geberländer im Hinblick auf den weltweiten Direktinvestitionsbestand ausgemacht haben.

	DI-Abflüsse 1999	DI-Abflüsse 2000	DI-Abflüsse 2001	DI-Abflüsse 2002
1. USA	209.391	142.626	124.873	95.769
2. Vereinigtes Königreich	201.451	233.371	58.855	61.590
3. Frankreich	126.856	177.449	86.767	35.584
4. Deutschland	108.692	56.557	36.855	41.797
5. China (inkl. Hongkong)	21.133	60.291	6.895	7.252
6. Niederlande	57.610	75.635	47.968	26.970
7. Schweiz	33.276	44.673	18.240	24.494
8. Spanien	42.084	54.675	33.093	25.993
9. Belgien/Luxemburg	122.304	86.362	100.646	23.069
10. Kanada	17.247	44.675	36.113	17.732
11. Italien	6.722	12.316	21.472	12.626
12. Australien	-688	829	12.228	10.414

	Summe der DI-Abflüsse 1999-2002	DI-Bestand im Ausland 2002	DI-Abflüsse 1999-2002 in % des DI-Bestands im Ausland
1. USA	592.230	1.839.995	32,2%
2. Vereinigtes Königreich	528.857	921.446	57,4%
3. Frankreich	440.506	586.119	75,2%
4. Deutschland	210.726	619.939	34,0%
5. China (inkl. Hongkong)	108.300	344.636	31,4%
6. Niederlande	215.767	348.312	62,0%
7. Schweiz	103.767	295.396	35,1%
8. Spanien	161.364	225.201	71,7%
9. Belgien/Luxemburg	447.783	418.890	106,9%
10. Kanada	124.444	272.333	45,7%
11. Italien	57.633	194.498	29,6%
12. Australien	19.945	89.673	22,2%

Kriterium für die Auswahl der 12 wichtigsten Geberländer ist der DI-Bestand im Ausland im Jahr 2006. Angaben in Mio. US-$.

Abb. 1-45: Abfließende Direktinvestitionen aus den 12 wichtigsten Geberländern für Direktinvestitionen (Teil 1)

Aus der dreiteiligen Abbildung 1-45 ergibt sich, dass die Vereinigten Staaten nicht nur hinsichtlich der gesamten in der Vergangenheit getätigten Direktinvestitionen die Spitzenposition einnehmen, sondern auch im Zeitraum zwischen 1999 und 2006 in absoluter Betrachtung das größte Ursprungsland für Direktinvestitionen waren. Hinter den Vereinigten Staaten rangieren für diese Periode das Vereinigte Königreich, Frankreich sowie Belgien/Luxemburg.

	DI-Abflüsse 2003	DI-Abflüsse 2004	DI-Abflüsse 2005	DI-Abflüsse 2006
1. USA	151.884	257.967	-27.736	216.614
2. Vereinigtes Königreich	55.093	91.019	83.708	79.457
3. Frankreich	57.279	56.735	120.971	115.036
4. Deutschland	2.560	14.828	55.515	79.427
5. Belgien/Luxemburg	5.569	51.214	39.462	59.589
6. China (inkl. Hongkong)	36.092	26.571	142.925	22.692
7. Niederlande	10.919	26.674	54.309	81.505
8. Japan	23.373	60.532	41.829	89.679
9. Kanada	132.637	40.638	41.252	65.253
10. Schweiz	215.452	43.690	33.542	45.243
11. Spanien	9.121	19.262	41.822	42.035
12. Italien	15.108	10.813	-33.172	22.347
	Summe der DI-Abflüsse 2003-2006	DI-Bestand im Ausland 2006	DI-Abflüsse 2003-2006 in % des DI-Bestands im Ausland	
1. USA	598.729	2.384.004	25,1%	
2. Vereinigtes Königreich	309.277	1.486.950	20,8%	
3. Frankreich	350.021	1.080.204	32,4%	
4. Deutschland	152.330	1.005.078*	15,2%	
5. Belgien/Luxemburg	155.834	762.304*	20,4%	
6. China (inkl. Hongkong)	228.280	652.633	35,0%	
7. Niederlande	173.407	545.401*	31,8%	
8. Japan	215.413	507.970	42,4%	
9. Kanada	279.780	497.690	56,2%	
10. Schweiz	144.017	449.035	32,1%	
11. Spanien	112.240	375.756	29,9%	
12. Italien	15.096	226.764	6,7%	

* Daten von der UNCTAD geschätzt.

Kriterium für die Auswahl der 12 wichtigsten Geberländer ist der DI-Bestand im Ausland im Jahr 2006. Angaben in Mio. US-$.

Abb. 1-45: Abfließende Direktinvestitionen aus den 12 wichtigsten Geberländern für Direktinvestitionen (Teil 2)

Bei einer genaueren Betrachtung lässt sich kaum eine einheitliche Tendenz erkennen. Der Zeitraum 2003 bis 2006 ist vielmehr durch starke Schwankungen in den Höhen der

Direktinvestitionsabflüsse gekennzeichnet. Während die Vereinigten Staaten, Frankreich, Deutschland, Belgien und Luxemburg ihre Investionsabflüsse im Jahr 2006 verglichen mit 2003 stark steigern konnten, haben andere Länder, wie Kanada und die Schweiz, 2006 deutlich geringere Direktinvestionsabflüsse zu verzeichnen. Die USA und Italien weisen für das Jahr 2005 sogar negative Beträge aus.

	Summe der DI-Abflüsse 1999-2006	DI-Bestand im Ausland 2006	DI-Abflüsse 1999-2006 in % des DI-Bestands im Ausland im Jahr 2006
1. USA	1.190.959	2.384.004	50,0%
2. Vereinigtes Königreich	838.134	1.486.950	56,4%
3. Frankreich	790.527	1.080.204	73,2%
4. Deutschland	363.056	1.005.078*	36,1%
5. China (inkl. Hongkong)	264.134	762.304	34,7%
6. Niederlande	444.047	652.633*	68,0%
7. Schweiz	277.174	545.401	50,1%
8. Spanien	376.777	507.970	74,2%
9. Belgien/Luxemburg	727.563	497.690*	146,2%
10. Kanada	268.461	449.035	59,8%
11. Italien	169.873	375.756	45,2%
12. Australien	35.041	226.764	15,5%

* Daten von der UNCTAD geschätzt.

Kriterium für die Auswahl der 12 wichtigsten Geberländer ist der DI-Bestand im Ausland im Jahr 2006. Angaben in Mio. US-$.

Abb. 1-45: Abfließende Direktinvestitionen aus den 12 wichtigsten Geberländern für Direktinvestitionen (Teil 3)
Quelle: Daten bis 2003 aus UNCTAD (2004), S. 372-375 und S. 382-385, danach aus UNCTAD (2007) S. 251-258 sowie eigene Berechnungen.

(3) Ein Vergleich der Direktinvestitionsabflüsse und -zuflüsse wichtiger Länder

Nachdem nun die Direktinvestitionszuflüsse in ausgewählte Länder und die Direktinvestitionsabflüsse aus diesen Ländern skizziert wurden, können wir beide Größen in Bezug zueinander setzen. Das Ergebnis dieses Vergleichs offenbart Abbildung 1-46. Es zeigt sich, dass gerade viele der klassischen Industrieländer, die auch zuvor als die wichtigsten Geber- und Empfängerländer für Direktinvestitionen identifiziert wurden, zwischen 1999 und 2006 mehr Abflüsse als Zuflüsse erfahren haben. Dies gilt für das Vereinigte Königreich, Frankreich, Japan, die Niederlande, die Schweiz, Spanien, Belgien und Luxemburg, Kanada und Italien gleichermaßen. Dabei sollte man jedoch beachten, dass die absoluten Differenzen zwischen Abflüssen und Zuflüssen unter den Ländern doch stark differieren. So sind vor allem Frankreich, die Niederlande und die Schweiz deutlich auf der Geberseite, während die Differenz bei Kanada und Italien vergleichsweise gering ausfällt. Mehr Direktinvestitionen erfahren haben unter den traditionellen Industrieländern vor allem die USA; daneben kommt es auch bei Deutschland und Australien zu einem positiven Saldo. Ebenfalls mehr Zuflüsse als Abflüsse verzeichnen China (inkl. Hongkong) und Mexiko.

	Summe der DI-Zuflüsse 1999-2006	Summe der DI-Abflüsse 1999-2006	Differenz (+: Zuflüsse > Abflüsse −: Zuflüsse < Abflüsse)
1. **USA**	1.285.105	1.190.959	+ 94.146
2. **Vereinigtes Königreich**	693.119	838.134	− 145.015
3. **Frankreich**	426.374	790.527	− 364.153
4. **Deutschland**	410.249	363.056	+ 47.193
5. **China (inkl. Hongkong)**	680.806	264.134	+ 416.672
6. **Niederlande**	252.249	444.047	− 191.798
7. **Schweiz**	82.834	277.174	− 194.340
8. **Spanien**	212.917	376.777	− 163.860
9. **Belgien/Luxemburg**	657.547	727.563	− 70.016
10. **Japan**	46.953	280713	− 233.760
11. **Kanada**	245.265	268.461	− 23.196
12. **Italien**	142.062	169.873	− 27.811
13. **Australien**	68.570	35.041	+ 33.529
14. **Mexiko**	146.666	25.847	+ 120.819

Vereinigungsmenge der 12 wichtigsten Empfängerländer und der 12 wichtigsten Geberländer von Direktinvestitionen (Kriterium DI-Bestand 2006); geordnet nach DI-Bestand im Ausland.
Angaben in Mio. US-$.

Abb. 1-46: Ein Vergleich der Direktinvestitionszuflüsse mit den -abflüssen wichtiger Länder
Quelle: Daten aus UNCTAD (2004), S. 367-375, UNCTAD (2007), S. 251-254 sowie eigene Berechnungen.

3.2.2.2   Betrachtung der europäischen Situation

Innerhalb unserer Auseinandersetzung mit dem Außenhandel hatten wir festgestellt, dass europäische Länder einen erheblichen Anteil ihres Außenhandels mit anderen europäischen Ländern abwickeln. Sieht diese Situation nun bei den Direktinvestitionen ähnlich wie beim Außenhandel aus? Oder anders gefragt: Haben europäische Unternehmungen bisher hauptsächlich in Nachbarländern investiert, d.h. entfällt ein Großteil des Direktinvestitionsbestands und der Direktinvestitionsflüsse auf Engagements im europäischen Ausland? Um diese Fragen zu beantworten, greifen wir nun nicht, wie bisher, auf die Statistiken der UNCTAD zurück, sondern ziehen die Quellen der OECD zu Rate, da von der OECD bereits detaillierte Analysen existieren. Die Quellen der

OECD liefern uns Anhaltspunkte dafür, wie stark die **intra-europäische Verflechtung** bei den Direktinvestitionen ausfällt (vgl. OECD 2000, 2001).

In Abbildung 1-47 wird für zahlreiche europäische Länder aufgezeigt, welcher Anteil des Direktinvestitionsbestands im Inland auf europäische Investoren entfällt und welcher Anteil des Direktinvestitionsbestands im europäischen Ausland angesiedelt ist. Mit Ausnahme des Vereinigten Königreichs ist bei allen anderen europäischen Ländern mindestens die Hälfte, manchmal sogar deutlich mehr als die Hälfte aller Inward FDI Stocks und aller Outward FDI Stocks europäischen Ursprungs- bzw. Zielländern zuzurechnen. Eine besonders starke europäische Verflechtung weisen Italien, Österreich und Finnland auf. Betrachten wir dazu für diese Länder exemplarisch den ausländischen Direktinvestitionsbestand im Inland (Inward FDI Stocks): Im Falle von Österreich stammen etwa 40% der gesamten Direktinvestitionen aus Deutschland (vgl. OECD 2002, S. 65-66), in Finnland kommt knapp die Hälfte aller Direktinvestitionen aus Schweden (vgl. OECD 2002, S. 133-134) und ausländische Direktinvestitionen in Italien haben ihren Ursprung in einer Vielzahl europäischer Herkunftsländer, allen voran der Schweiz und Frankreich (vgl. OECD 2002, S. 224-225).

	Prozentanteil europ. Investitionen im Land (Inward FDI Stock)	Prozentanteil europ. Investitionen aus dem Land (Outward FDI Stock)
1. Deutschland	71%	58%
2. Finnland	93%	78%
3. Frankreich	75%	56%
4. Island	71%	69%
5. Italien	76%	96%
6. Niederlande	64%	62%
7. Norwegen	74%	73%
8. Österreich	86%	81%
9. Polen	84%	65%
10. Schweden	80%	75%
11. Schweiz	64%	51%
12. Vereinigtes Königreich	44%	38%

Die Daten stellen letztverfügbare Daten bei Erstellung dar. In den meisten Fällen handelt es sich um Datenmaterial für die Jahre 1999 oder 2000 (Ausnahme: Norwegen „Outward"-Daten für das Jahr 1998).

Abb. 1-47: Die intra-europäische Verflechtung bei Direktinvestitionsbeständen
Quelle: Daten aus OECD (2001), S. 28-35.

Europäische Länder sind also stark von den Investitionen ihrer Nachbarländer abhängig. Wir könnten dies auch anhand der Direktinvestitionsflüsse aufzeigen; allerdings erscheint uns dies wenig sinnvoll, da – gerade in kleinen Ländern – die Werte für einzelne Jahre stark von einzelnen Investitionen oder Desinvestitionen abhängen.

Als Fazit lässt sich festhalten, dass die **intra-europäische Verflechtung bei Direkt-investitionen** ebenso auffällig ist wie beim Außenhandel. Man sollte aber nicht vergessen, dass der europäische Integrationsprozess auch ein Faktor war, der die Mitgliedsstaaten als Standorte für Investitionen aus dem außereuropäischen Raum deutlich attraktiver machte (vgl. Buckley/Clegg/Cross 1999). Die generelle Zunahme des Direktinvestitionsbestands in Europa ist also nicht nur auf die Investitionen aus europäischen Nachbarländern zurückzuführen, sondern auch darauf, dass Unternehmungen aus Ländern wie den USA oder Japan Zugang zum europäischen Markt suchten.

3.3   Die Direktinvestitionen in und aus Deutschland

Während wir bisher die Direktinvestitionstätigkeit auf weltweiter Ebene betrachtet haben, wollen wir nun einen Blick auf die Direktinvestitionen in und aus Deutschland werfen. Abbildung 1-48 vermittelt einen ersten Überblick über die Systematik der nachfolgenden Betrachtungen.

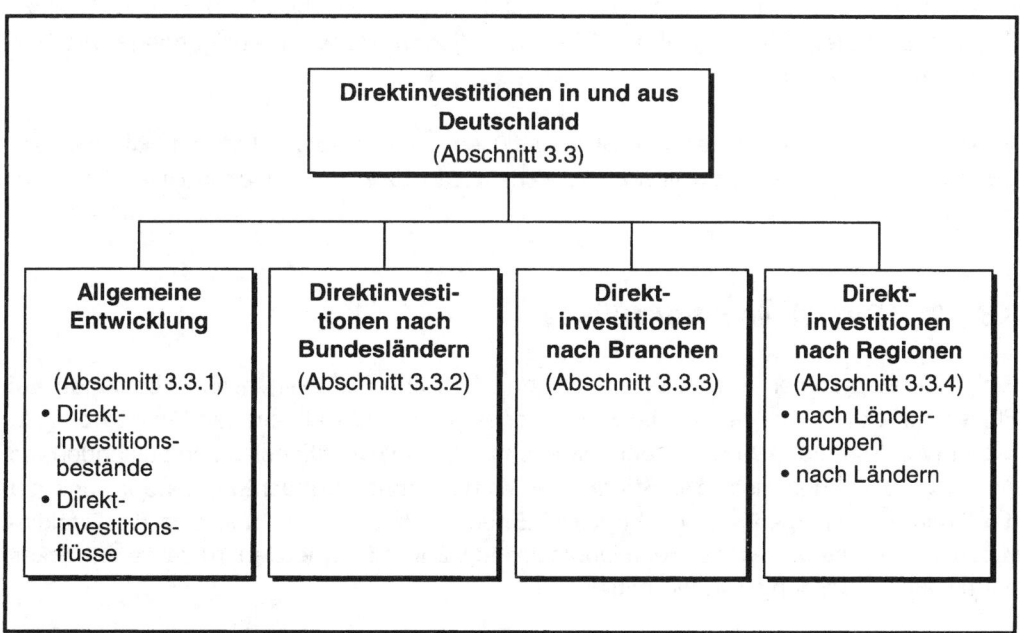

Abb. 1-48: Strukturübersicht über die Betrachtungen der Direktinvestitionen in und aus Deutschland

3.3.1 Die Entwicklung der Direktinvestitionstätigkeit Deutschlands

Wenn wir die Entwicklung der Direktinvestitionstätigkeit Deutschlands aufzeigen, so gehen wir dabei zunächst auf Direktinvestitionsbestände (Abschnitt 3.3.1.1) und anschließend auf Direktinvestitionsflüsse (Abschnitt 3.3.1.2) ein.

3.3.1.1 Direktinvestitionsbestände

Wir haben oben bereits erwähnt, dass Deutschland hinsichtlich der Direktinvestitionsbestände als **viertgrößtes Geberland** und als **sechstgrößtes Empfängerland** gilt (→ Abschnitt 3.2.2.1.1 in diesem Kapitel). Wie aus den Abbildungen 1-41 und 1-42 hervorgeht, hat die UNCTAD für das Jahr 2006 einen Direktinvestitionsbestand in Deutschland von etwa 502 Mrd. US-$ und einen deutschen Direktinvestitionsbestand im Ausland in Höhe von etwa 1 Billion US-$ ermittelt.

Nach einer Direktauskunft der Deutschen Bundesbank handelt es sich bei ca. **70% der deutschen Auslandsinvestitionen** um **100%-Beteiligungen** (Stand 2003). Dies heißt: Der größte Teil deutscher Direktinvestitionsbestände entfällt auf vollbeherrschte Gesellschaften. 13% der deutschen Direktinvestitionsbestände sind Beteiligungen zwischen 75% und 99,99%, und 8% entfallen auf Beteiligungen zwischen 50,01% und 74,99%. Die verbleibenden 9% deutscher Direktinvestitionen stellen Beteiligungen zwischen 10,01% und 50% dar.

Mit einem Blick auf die Direktinvestitionszuflüsse soll nachfolgend verdeutlicht werden, wie das aktuell existierende Niveau erreicht wurde bzw. wann dieses Niveau erreicht wurde.

3.3.1.2 Direktinvestitionsflüsse

Einige Quellen zeigen auf, dass ein Teil der deutschen Direktinvestitionsbestände auf Flüsse zurückgeht, die bereits Jahrzehnte oder sogar mehr als ein Jahrhundert zurückliegen (vgl. Schröter 1993b). Wenn wir uns nun Direktinvestitionsflüssen zuwenden, so wollen wir allerdings nicht alle Ströme der Vergangenheit betrachten, sondern uns auf die jüngere Vergangenheit beschränken. Einen Eindruck davon, wie sich die Direktinvestitionszuflüsse und -abflüsse in Deutschland während der letzten 10 Jahre entwickelt haben, kann Abbildung 1-49 vermitteln.

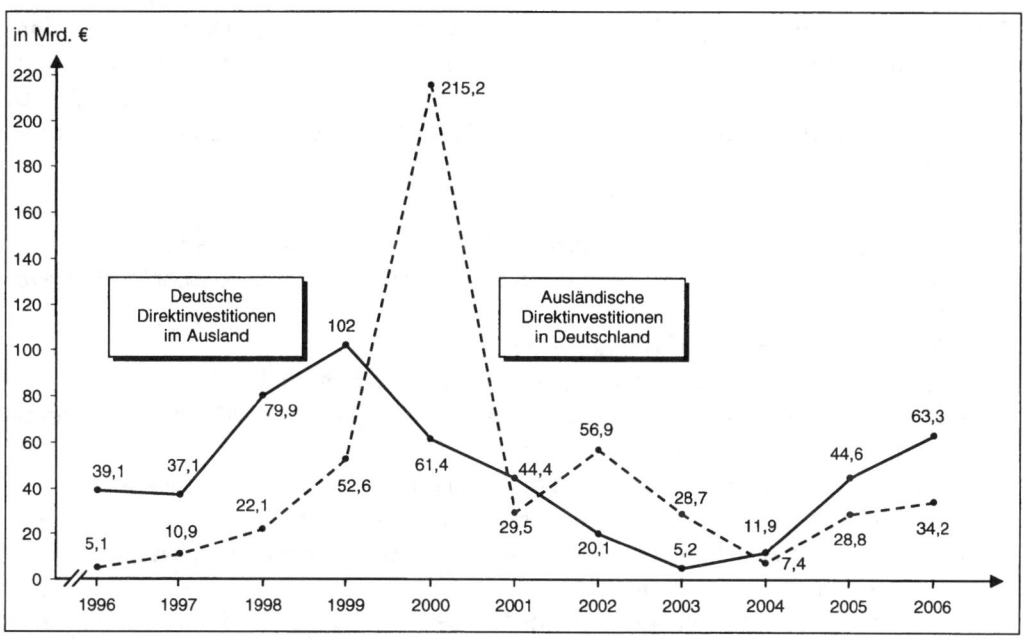

Abb. 1-49:   Deutsche Direktinvestitionszuflüsse und -abflüsse
Quelle: Deutsche Bundesbank (2007d), S. 6-7 und eigene Berechnungen.

Welche wesentlichen Erkenntnisse können wir aus Abbildung 1-49 ziehen? Wir wollen die zwei Hauptaussagen folgendermaßen zusammenfassen:

- Die Direktinvestitionszuflüsse waren in vielen Jahren niedriger als die Direktinvestitionsabflüsse, d.h. es wurde bis 1999 in jedem Jahr von Ausländern weniger in Deutschland investiert, als Deutsche im Ausland investiert haben. Ausnahmen hiervon bilden lediglich das Jahr 2000, als **Mannesmann** durch **Vodafone** übernommen wurde, sowie die Jahre 2002 und 2003.

- Ab 1996 ist sowohl bei den Direktinvestitionszuflüssen als auch bei den Direktinvestitionsabflüssen, mit Ausnahme von 1997, ein Anstieg zu erkennen, der sich in den Jahren 1997 bis 1999 besonders beschleunigt hat. Nach dem extremen Ausschlag im Jahr 2000 ist zwischen 2002 und 2004 bei den Direktinvestitionszuflüssen ein Rückgang zu verzeichnen. Die Direktinvestitionsabflüsse waren im Jahr 1999 auf ihrem Höhepunkt, bevor sie bis zum Jahr 2003 kontinuierlich gesunken sind. Seitdem zeichnet sich wieder ein Anstieg beider Größen ab, wobei die deutschen Direktinvestitionen im Ausland die ausländischen Direktinvestitionen in Deutschland in den Jahren 2005 und 2006 deutlich überstiegen. Trotz des Wachstums beider Größen in den letzten Jahren wurde das Niveau von 1999 noch nicht wieder erreicht.

Über die **Gründe** für die im Allgemeinen vergleichsweise **geringe Direktinvestitionstätigkeit in Deutschland** gehen die Meinungen weit auseinander. Unter anderem werden aus unterschiedlichen Perspektiven die folgenden Argumente angeführt (vgl. z.B.
Klodt/Maurer 1996, S. 23-31, Berger 1997, Tüselmann 1998, Deutsche Bundesbank
1999b, S. 60-61)

- hohe Lohnkosten,
- hohe Lohnnebenkosten (z.B. Urlaubsgeld, Lohnfortzahlung im Krankheitsfall),
- hohe Lohnstückkosten (u.a. aufgrund international nur noch durchschnittlicher Produktivität),
- geringe Mobilität und Flexibilität der Mitarbeiter,
- hohe Steuer- und Abgabenbelastung (z.B. Einkommenssteuer),
- hohe Kosten für unternehmungsnahe Dienstleistungen (z.B. Wirtschaftsprüfungs-
  kosten),
- große Regulierungsdichte (z.B. Arbeitsgesetzgebung, Umweltschutzauflagen),
- z.T. immer noch vergleichsweise kurze Maschinenlaufzeiten,
- Regulierung und Abschirmung einiger Branchen über Jahrzehnte hinweg (z.B. Ban-
  ken-, Telekommunikationsbranche),
- starke Überkreuzverflechtungen, großer Einfluss der Banken und unterdurchschnittliche Entwicklung der Kapitalmärkte, was Übernahmen durch ausländische Unternehmungen erschwert,
- (noch) unzureichend fortgeschrittener Strukturwandel (z.B. geringerer Anteil des
  Dienstleistungssektors),
- bei Teilen der Bevölkerung zu geringe gesellschaftliche Akzeptanz moderner Technologien sowie
- starke Konkurrenz durch andere Staaten als Standorte für Direktinvestitionen (z.B.
  osteuropäische Nachbarländer).

Den vermeintlichen Argumenten gegen den Standort Deutschland werden auch **Argumente für den Standort Deutschland** gegenübergestellt. Eine unvollständige Auswahl
dieser Argumente, die für Direktinvestitionen in Deutschland sprechen, sei kurz herausgegriffen:

- gut entwickelte Infrastruktur (z.B. im Bereich von Transportmöglichkeiten und der
  Energieversorgung),
- zentrale Lage innerhalb Europas,
- großes Land mit zahlreichen Kunden, vor allem großer Absatzmarkt,
- Brückenkopf für weitere deutschsprachige Länder (Österreich, Schweiz) sowie für
  Osteuropa,
- anspruchsvolle Kunden (v.a. bei technischen Produkten),
- gut entwickeltes Ausbildungssystem (z.B. System der dualen Berufsausbildung),
- gesellschaftlich allgemein große Bedeutung von Innovation und Qualität (und damit
  gute Voraussetzungen für Forschung, Entwicklung und Produktion),
- in vielen Bereichen (immer noch) überdurchschnittliche Arbeitsproduktivität,

- sozialer Friede und soziale Sicherheit,
- hohe Lebensqualität und großes Pro-Kopf-Einkommen sowie
- liberaler Außenhandel.

Es ist zu betonen, dass die Debatte um den „Standort Deutschland" keineswegs immer sachlich geführt wird. Dies bringt es mit sich, dass die einzelnen Gründe – unter anderem aus politischen Motiven heraus – unterschiedlich bewertet bzw. gewichtet werden (vgl. auch Müller/Kornmeier 2000, v.a. S. 1-15 und S. 143-155). Zudem gilt es festzuhalten, dass bei den Argumenten auch eine Abhängigkeit von der Branche, der Tätigkeit und den einzelnen Funktionen besteht, d.h. nicht alle Gründe spielen für alle Branchen, Tätigkeiten und Funktionen die gleiche Rolle.

Aus den oben präsentierten Zahlen zu Direktinvestitionen sollte man ohnehin nicht vorschnell eine geringe Attraktivität Deutschlands ableiten. Wie wenig aggregierte Daten aussagen, offenbart eine detaillierte Analyse. Die zufließenden Direktinvestitionen in Deutschland haben 1999 vor allem aufgrund der Fusion von *Hoechst* mit *Rhône-Poulenc* zu *Aventis* ein hohes Niveau erreicht. Aufgrund der Tatsache, dass als Firmensitz von *Aventis* Straßburg bestimmt wurde, gilt die Transaktion als ausländische Direktinvestition in Deutschland, die mehr als 25,5 Mrd. € innerhalb der für 1999 ausgewiesenen 51,4 Mrd. € an Direktinvestitionszuflüssen ausmacht. Umgekehrt schlägt innerhalb der 102,7 Mrd. €, die im Jahr 1999 aus Deutschland in das Ausland geflossen sind, der damalige Kauf des Mobilfunkanbieters *Orange* durch *Mannesmann* mit mehr als einem Drittel bei den gesamten deutschen Direktinvestitionen zu Buche. Wie stark derartige Transaktionen die Statistiken beeinflussen, wird deutlich, wenn wir die weitere Entwicklung betrachten: *Mannesmann* wurde inzwischen von der britischen Telekommunikationsunternehmung *Vodafone* aufgekauft, und *Orange* gehört mittlerweile zu *France Télécom*. Ähnliches wie für das Jahr 1999 gilt auch für das Jahr 1998. Die grenzüberschreitende Fusion zwischen *Daimler-Benz* und *Chrysler* hatte im Jahr 1998 erheblichen Anteil an den deutschen Investitionen im Ausland. Nachdem als Firmensitz von *DaimlerChrysler* Stuttgart gewählt wurde, führte die Transaktion zu einem Anstieg der Auslandsinvestitionen um etwa 25,5 Mrd. €. Im Jahr 2000 machte sich – wie bereits betont – der Kauf von *Vodafone* durch *Mannesmann* bemerkbar. Allein diese Transaktion ging mit einem Wert von 165 Mrd. € in die Statistiken ein (vgl. Vodafone Group Plc (2001), Annual Report & Accounts for the year ended 31 March 2001, S. 5 und S. 48).

Was wir oben bereits generell festgestellt haben, trifft also auch für Deutschland zu: Einzelne **Mega-Transaktionen** spielen innerhalb der jüngsten Direktinvestitionsbewegungen eine bedeutende Rolle. Wenn also die Direktinvestitionen im Ausland in den letzten Jahren deutlich stärker gestiegen sind als die internationalen Handelsverflechtungen, so liegt dies vor allem an spektakulären grenzüberschreitenden Akquisitionen und Fusionen und weniger an einem auf breiter Front zunehmenden Anstieg der Direktinvestitionsverflechtungen.

3.3.2 Die Direktinvestitionen Deutschlands nach Bundesländern

Ebenso wie die Außenhandelsaktivitäten sind jedoch auch die Direktinvestitionsbestände keineswegs gleichmäßig auf alle Bundesländer verteilt. Dies gilt für deutsche Direktinvestitionen im Ausland und ausländische Direktinvestitionen in Deutschland gleichermaßen. In Abbildung 1-50 sind die Direktinvestitionsbestände Deutschlands nach Bundesländern aufgegliedert.

- Betrachtet man die **deutschen Direktinvestitionen im Ausland**, so stellt man fest, dass die meisten Engagements ihren Ursprung in Nordrhein-Westfalen (31,9%), Bayern (21,1%), Baden-Württemberg (15,2%) und Hessen (13,1%) haben. Zusammengenommen stammen aus diesen vier Bundesländern über 80% aller deutschen Direktinvestitionen im Ausland. Der Anteil von 80% ist deutlich höher als der Anteil, den diese Bundesländer an der Gesamtbevölkerung bzw. dem Bruttonationaleinkommen haben.

- Der **ausländische Direktinvestitionsbestand in Deutschland** ist ebenfalls auf wenige Bundesländer konzentriert. Die wichtigsten Zielländer für ausländisches Direktinvestitionskapital stellen Nordrhein-Westfalen (27,3%) und Hessen (19,3%) dar. Zusammen mit Bayern (14,2%) und Baden-Württemberg (13,4%) ziehen diese Bundesländer fast 75% des ausländischen Direktinvestitionskapitals in Deutschland auf sich. Auch hier gilt es jedoch wiederum zu beachten, dass sich einzelne Transaktionen stark auf den Gesamtbestand auswirken. So zeichnete beispielsweise die Übernahme von *Mannesmann* durch *Vodafone* dafür verantwortlich, dass NRW im Jahr 2000 fast 50% des Gesamtdirektinvestitionsbestands auf sich vereinte.

Durch weitergehende Analysen lässt sich herausfinden, wo exakt deutsche Unternehmungen anzutreffen sind, die sich durch eine starke Auslandsorientierung auszeichnen und wo umgekehrt ausländische Unternehmungen besonders häufig in Deutschland investieren. Dabei kann man etwa feststellen, dass sich viele japanische Unternehmungen in Deutschland in der Region um Düsseldorf niedergelassen haben (vgl. Nagler/ Pascha/Storz 1993). Eine regionale Betrachtung der deutschen Direktinvestitionen ist insbesondere Gegenstand wirtschaftsgeographischer und regionalpolitischer Forschungsarbeiten (vgl. z.B. Haas/Heß/Werneck 1995).

	Deutsche Direktinvestitionen im Ausland		Ausländische Direktinvestitionen in Deutschland	
	absolut in Mio. €	in %	absolut in Mio. €	in %
Baden-Württemberg	102.104	15,2%	70.737	13,4%
Bayern	141.307	21,1%	74.588	14,2%
Berlin	6.404	1,0%	15.912	3,0%
Brandenburg	157	0,0%	891	0,2%
Bremen	640	0,1%	4.172	0,8%
Hamburg	26.014	3,9%	65.842	12,5%
Hessen	88.153	13,1%	101.484	19,3%
Mecklenburg-Vorpommern	305	0,0%	2.796	0,5%
Niedersachsen	46.038	6,9%	15.952	3,0%
Nordrhein-Westfalen	213.796	31,9%	143.901	27,3%
Rheinland-Pfalz	31.569	4,7%	10.301	2,0%
Saarland	2.600	0,4%	2.139	0,4%
Sachsen	7.574	1,1%	2.232	0,4%
Sachsen-Anhalt	144	0,0%	4.077	0,8%
Schleswig-Holstein	3.676	0,5%	9.447	1,8%
Thüringen	548	0,1%	2.066	0,4%
Gesamt	671.029	100,0%	526.538	100,0%

Aufgrund von Rundungsdifferenzen kommt es bei der Addition von Einzelwerten zu Gesamtwerten zu marginalen Diskrepanzen. Daten für das Jahr 2006.

Abb. 1-50: Die Direktinvestitionsbestände Deutschlands nach Bundesländern
Quelle: Direktauskunft der Deutschen Bundesbank, Dezember 2007 sowie eigene Berechnungen.

3.3.3   Die Direktinvestitionen Deutschlands nach Branchen

Wie verteilen sich nun die deutschen Direktinvestitionsbestände auf verschiedene Branchen? Eine Antwort auf diese Frage gibt Abbildung 1-51. Betrachtet man zunächst die Auslandsinvestitionen in Deutschland, so fällt auf, dass sehr viele Investitionen im Grundstücks- und Wohnungswesen einschließlich Beteiligungs- bzw. Holdinggesellschaften bestehen. Auch im Handel, in der Finanzwirtschaft, in der Chemieindustrie, der Rundfunk- und Nachrichtentechnik, dem Maschinenbau und in weiteren Industriezweigen finden sich in Deutschland ausländische Investitionen. Wechselt man die Perspektive, so stellt man fest, dass deutsche Unternehmungen in der Vergangenheit besonders in das Grundstücks- und Wohnungswesen und dabei vor allem in ausländische Beteiligungs- und Holdinggesellschaften investiert haben. Auch im Finanzsektor kam es zu umfangreichen Investitionen. Mehr als 12% aller Auslandsinvestitionen entfallen auf

Banken, Versicherungen und weitere Finanzinstitutionen. Innerhalb des Industrie-
bereichs dominieren Direktinvestitionen in den Branchen Chemie und Automobilbau.

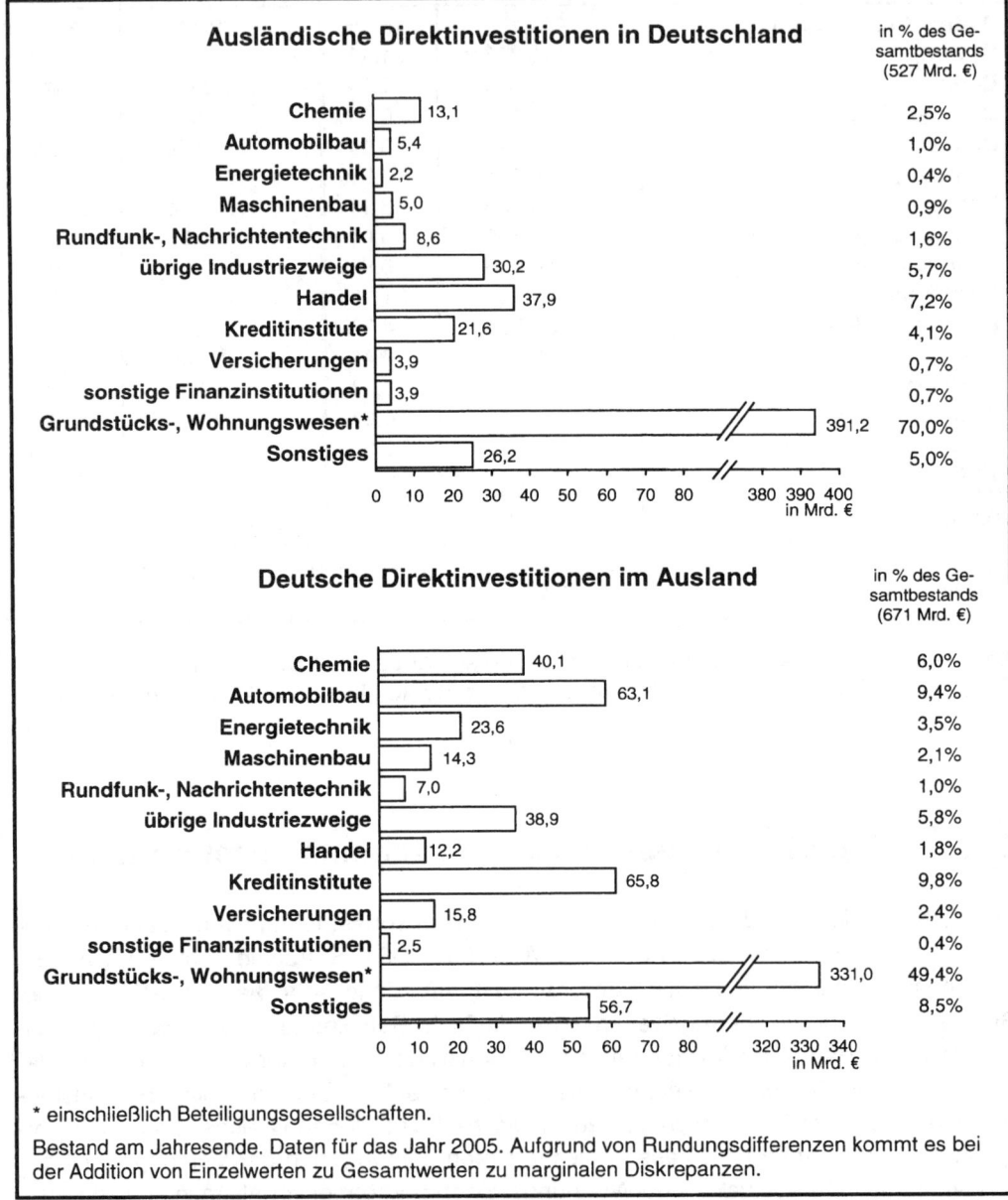

Abb. 1-51: Die Direktinvestitionsbestände Deutschlands nach Branchen
Quelle: Deutsche Bundesbank (2007e) und eigene Berechnungen.

Bedenken sollte man bei einer Interpretation von Direktinvestitionsanalysen nach Branchen, dass sich innerhalb von Branchen zahlreiche unterschiedliche Aktivitäten finden. So werden dem Automobilbau auch Automobilzulieferer zugerechnet, der Chemiebranche gehören auch Pharmaunternehmungen an. Immer problematischer wird die Situation zudem aufgrund des Verschwimmens von Branchengrenzen. Wo wird man künftige Investitionen des Allfinanzkonzerns *Allianz-Dresdner Bank* einordnen – in der Versicherungs- oder in der Bankenbranche? Wie werden Direktinvestitionen des immer stärker in das Touristikgeschäft drängenden ehemaligen *Preussag-Konzerns* behandelt, der inzwischen unter *TUI* firmiert? Fragen wie diese machen deutlich, dass Direktinvestitionsanalysen nach Branchen detaillierter zu untersuchen sind, wenn man daraus konkrete Schlussfolgerungen (z.B. wirtschaftspolitische Empfehlungen) ziehen möchte.

3.3.4   Die Direktinvestitionen Deutschlands nach Regionen

Nachdem wir kurz skizziert haben, auf welche Branchen sich der deutsche Direktinvestitionsbestand verteilt, interessiert nun die geographische Reichweite des Direktinvestitionsbestands. In welchen Ländern haben deutsche Unternehmungen in der Vergangenheit investiert? Woher kommen die Direktinvestitionen in Deutschland?

3.3.4.1   Die Direktinvestitionen Deutschlands nach Ländergruppen

Die Deutsche Bundesbank unterscheidet in ihren Statistiken zwischen industrialisierten Ländern, Schwellen- und Entwicklungsländern. Abbildung 1-52 zeigt, dass

*   innerhalb des **deutschen Direktinvestitionsbestands im Ausland** ca. 88% auf industrialisierte Länder entfallen, während nur etwa 12% in Schwellen- und Entwicklungsländern zu finden sind (vgl. zur traditionell geringen Bedeutung von Entwicklungsländern auch Stocker 1992),

*   innerhalb der **ausländischen Direktinvestitionen in Deutschland** erwartungsgemäß 97% aus industrialisierten Ländern stammen, Schwellen- und Entwicklungsländer als Geberländer also fast vernachlässigbar sind.

Dabei sei bereits an dieser Stelle angemerkt, dass die Differenzierung zwischen Industrieländern sowie Schwellen- und Entwicklungsländern nicht unproblematisch ist. Wir werden darauf nochmals im Rahmen unserer Ausführungen zur Bildung von Ländergruppen in der Weltwirtschaft zurückkommen (→ Abschnitt 5.6 in diesem Kapitel).

	Deutscher DI-Bestand im Ausland		Ausländischer DI-Bestand in Deutschland	
	absolut in Mio. €	in %	absolut in Mio. €	in %
Industrieländer (davon EU-Länder)	592.379 (348.246)	88,28 (51,90)	512.458 (383.235)	97,33 (72,78)
Schwellen- und Entwicklungsländer	78.650	11,72	14.079	2,67
Gesamt	671.029	100,00	526.537	100,00
Aufgrund von Rundungsdifferenzen kommt es bei der Addition von Einzelwerten zu Gesamtwerten zu marginalen Diskrepanzen. Daten für das Jahr 2005.				

Abb. 1-52: Die Direktinvestitionsbestände Deutschlands nach Ländergruppen
Quelle: Daten aus Deutsche Bundesbank (2007a), S. 12-24 und S. 48-54 sowie eigene Berechnungen.

3.3.4.2   Die Direktinvestitionen Deutschlands nach Ländern

In diesem Abschnitt werden wir klären, welche Länder im Einzelnen für Deutschland als (1) wichtige Empfängerländer bzw. (2) wichtige Geberländer für Direktinvestitionen gelten.

(1) Die wichtigsten Empfängerländer: Abbildung 1-53 zeigt, dass ein großer Teil der deutschen Direktinvestitionen in der Vergangenheit in die Vereinigten Staaten geflossen ist. Etwa 23% des deutschen Direktinvestitionsbestands im Ausland entfallen auf die USA. Darüber hinaus waren in der Vergangenheit zahlreiche EU-Länder Ziel deutscher Direktinvestitionen. Besonders umfangreich fällt der deutsche Direktinvestitionsbestand in den Niederlanden und im Vereinigten Königreich aus. Aber auch Frankreich, Luxemburg und Italien haben für deutsche Unternehmungen als Direktinvestitionsstandorte eine große Bedeutung. Als erstes mittel- und osteuropäisches Land hat es Ungarn in die „Top 12" der deutschen Direktinvestitionszielländer geschafft. Auch wenn deutsche Unternehmungen in letzter Zeit in Mittel- und Osteuropa und Teilen Asiens investiert haben, so sind die Investitionen kumuliert noch nicht so hoch, als dass Länder aus diesen Teilen der Welt – mit Ausnahme von Ungarn – unter den wichtigsten Empfängerländern zu finden wären.

	Deutscher DI-Bestand im Ausland in Mio. €	Prozentanteil am gesamten deutschen DI-Bestand im Ausland (671.029 Mio. €)
USA	155.282	23,14%
Niederlande	73.963	11,02%
Vereinigtes Königreich	65.819	9,81%
Frankreich	39.079	5,82%
Luxemburg	36.958	5,51%
Italien	30.549	4,55%
Österreich	26.210	3,91%
Belgien	20.137	3,00%
Spanien	17.584	2,62%
Schweden	17.241	2,57%
Schweiz	15.801	2,35%
Ungarn	12.980	1,93%
Gesamt	511.603	76,24%
Daten für das Jahr 2005.		

Abb. 1-53: Die wichtigsten Empfängerländer der deutschen Direktinvestitionen
Quelle: Daten aus Deutsche Bundesbank (2007a), S. 12-24 sowie eigene Berechnungen.

Eine Einschätzung über die deutschen Investitionen in Asien liefert das in Textbox 1-15 wiedergegebene Interview mit dem *BASF*-Vorstandsvorsitzenden Jürgen Hambrecht, der gleichzeitig Vorsitzender des Asien-Pazifik-Ausschusses der deutschen Wirtschaft ist (vgl. zu deutschen Unternehmungen in Fernost auch Stocker 1995).

Textbox 1-15: Die deutsche Wirtschaft in Asien

Ein Interview mit Jürgen Hambrecht

Handelsblatt: Herr Hambrecht, Asien ist die am schnellsten wachsende Region der Weltwirtschaft. Sind deutsche Unternehmen dort ausreichend präsent?

Hambrecht: Auf jeden Fall sind sie heute wesentlich stärker vertreten als in den frühen 90er-Jahren. Die Zahl deutscher Unternehmen in der Region ist seither von 1800 auf 3200 gestiegen, die Direktinvestitionen haben sich auf 43 Milliarden Euro mehr als vervierfacht.

Handelsblatt: Den Löwenanteil davon dürften Großkonzerne bestreiten. Und der Mittelstand?

Hambrecht: Es sind auch sehr viele Mittelständler darunter – häufig Firmen, die mit ihren Kunden aus der Großindustrie nach Asien gegangen sind. Aber richtig ist auch, dass viele mittelständische Unternehmen noch einen gewissen Nachholbedarf in Asien haben und dort noch mehr tun könnten.

Handelsblatt: Es wird also eine weitere Verlagerung von Produktion und Arbeitsplätzen geben?

Hambrecht: Nicht zwingend. In den allermeisten Fällen wird in Asien Produktion parallel zur bestehenden Fertigung in Deutschland oder Europa aufgebaut. Asien ist ja vor allem als großer und dynamisch wachsender Markt interessant und erst danach als günstiger Produktionsstandort. Wenn Unternehmen vom Wachstum in Asien profitieren wollen, müssen sie vor Ort sein. In der Chemieindustrie etwa erwarten wir, dass die Hälfte unseres Wachstums künftig aus Asien kommt. Insofern gibt es zu einem Engagement kaum eine Alternative.

Handelsblatt: Ist dieser Schritt für kleinere Unternehmen nicht zu riskant?

Hambrecht: Natürlich gibt es Risiken in Asien. Aber die politischen Risiken haben in den letzten Jahren abgenommen, auch in China. Eine ganz andere Problematik ergibt sich aus der Wettbewerbssituation. Zumindest in einigen Industriezweigen, etwa bei Zement, Stahl, Haushaltsgeräten oder auch im Automobilbereich, entstehen derzeit – oder bestehen bereits – große Überkapazitäten in China. Jeder, der dort hingeht, sollte sich also den Markt ganz genau anschauen.

Handelsblatt: Und was ist mit der Gefahr, dass die Technologie kopiert wird?

Hambrecht: Diese Gefahr besteht grundsätzlich auch in anderen asiatischen Ländern und auch in Nordamerika und Europa. In Staaten wie China oder Indien ist das Problem sicherlich besonders ausgeprägt. Zum Teil hat dies kulturelle Wurzeln. Aber die chinesische Regierung geht dieses Problem inzwischen sehr dezidiert an. Es ist letztlich also keine Frage mehr der rechtlichen Situation, sondern eher der Durchsetzung.

Handelsblatt: Ist das denn wirklich besser geworden? Immerhin haben sich jüngst Firmen wegen Patentdiebstahls aus China verabschiedet.

Hambrecht: Wir sehen auf diesem Gebiet durchaus Fortschritte. Und die Situation wird sich weiter in dem Maße verbessern, wie China selbst die eigene Forschung und Entwicklung ausbaut.

Handelsblatt: Das hilft dem betroffenen Mittelständler heute wenig. Wie kann sich ein Unternehmer denn gegen Nachahmer wappnen?

Hambrecht: Er sollte möglichst den Kern seiner Technologie nicht aus der Hand geben. Und wenn man in China mit der Technologie von heute produziert, dann sollte man die Technologie von morgen bereits im Köcher haben und sie ausschließlich in den eigenen Händen halten.

Jürgen Hambrecht ist Vorstandsvorsitzender des **BASF**-Konzerns und Vorsitzender des Asien-Pazifik-Ausschusses der deutschen Wirtschaft.

Quelle:
- o.V. (2006): Asien ist weiter, als viele glauben. In: Handelsblatt Nr. 160 vom 21. August 2006, S. 2.

(2) Die wichtigsten Geberländer: Betrachtet man die aus Abbildung 1-54 ersichtlichen wichtigsten Geberländer für Direktinvestitionen in Deutschland, so fällt die Dominanz der Niederlande mit einem Direktinvestitionsanteil von 25% auf. Dabei sollte man allerdings beachten, dass es sich nicht bei allen diesen Investitionen auch um niederländische Investitionen handelt; ein Teil der Investitionen stammt von Holdinggesellschaften, die internationale Unternehmungen in den Niederlanden errichtet haben. So hat die Deutsche Bundesbank herausgefunden, dass fast die Hälfte des niederländischen Vermögens in Deutschland letztlich aus anderen Ländern stammt. Die letztendlichen Geber von Direktinvestitionen werden als „**Ultimate Beneficial Owners**" bezeichnet. Interessant ist in diesem Fall zudem eine Analyse im Zeitablauf. Weniger überraschend dürfte für viele Leser sein, dass die Vereinigten Staaten, Luxemburg, Frankreich und das Vereinigte Königreich Ursprung zahlreicher Direktinvestitionen in Deutschland sind. Auf zwölf Geberländer konzentrieren sich insgesamt über 91% des Direktinvestitionsbestands.

	Ausländischer DI-Bestand in Deutschland in Mio. €	Prozentanteil am gesamten ausländ. DI-Bestand in Deutschland (526.537 Mio. €)
Niederlande	131.751	25,02%
USA	73.560	13,97%
Luxemburg	69.685	13,24%
Frankreich	53.720	10,20%
Vereinigtes Königreich	44.563	8,46%
Schweiz	33.769	6,41%
Italien	20.953	3,98%
Österreich	12.120	2,30%
Belgien	11.294	2,15%
Japan	11.037	2,10%
Finnland	10.000	1,90%
Schweden	9.562	1,82%
Gesamt	482.014	91,54%
Daten für das Jahr 2005.		

Abb. 1-54: Die wichtigsten Geberländer der deutschen Direktinvestitionen
Quelle: Daten aus Deutsche Bundesbank (2007a), S. 48-54 sowie eigene Berechnungen.

(3) Direktinvestitionsbilanz mit wichtigen Empfänger- und Geberländern: Als Saldo lässt sich der in einem bestimmten Land existierende deutsche Direktinvestitionsbestand den Direktinvestitionen gegenüberstellen, die von diesem Land in Deutschland getätigt wurden. Wie Abbildung 1-55 verdeutlicht, haben deutsche Unternehmungen in manchen Ländern mehr Direktinvestitionen aufgebaut als umgekehrt aus diesen Ländern Direktinvestitionen nach Deutschland kumuliert geflossen sind. Dies gilt bei absoluter Betrachtung vor allem für die USA, das Vereinigte Königreich, Österreich, Ungarn, Italien, Belgien, Spanien und Schweden. Mit anderen Ländern weist Deutschland eine negative Bilanz auf; aus diesen Ländern sind kumuliert mehr Investitionen nach Deutschland geflossen als umgekehrt Investitionen von deutschen Unternehmungen getätigt wurden. Zu den Ländern dieser Kategorie zählen die als Holdingstandorte bedeutenden Länder Niederlande und Luxemburg sowie ferner die Schweiz, Frankreich, Finnland und Japan. Es wird ersichtlich, dass es deutschen Unternehmungen inzwischen auch gelungen ist, in Japan mit Direktinvestitionen Fuß zu fassen.

	Ausländischer Direkt-investitionsbestand in Deutschland in Mio. €	Deutscher Direkt-investitionsbestand im Ausland in Mio. €	Differenz in Mio. €
Niederlande	131.751	73.963	+ 57.788
Luxemburg	69.685	36.958	+ 32.727
Schweiz	33.769	15.801	+ 17.968
Frankreich	53.720	39.079	+ 14.641
Finnland	10.000	1.891	+ 8.109
Japan	11.037	8.239	+ 2.798
Schweden	9.562	17.241	− 7.679
Spanien	9.131	17.584	− 8.453
Belgien	11.294	20.137	− 8.843
Italien	20.953	30.549	− 9.596
Ungarn	74	12.980	− 12.906
Österreich	12.120	26.210	− 14.090
Vereinigtes Königreich	44.563	65.819	− 21.256
USA	73.560	155.282	− 81.722
Gesamt	491.219	521.733	− 30.514

Daten für das Jahr 2005.

Abb. 1-55: Die Direktinvestitionsbilanz mit ausgewählten Direktinvestitionspartnern Deutschlands

Quelle: Daten aus Deutsche Bundesbank (2007), S. 12-24 und S. 48-54 sowie eigene Berechnungen.

3.4 Direktinvestitionen im Zusammenhang mit Außenhandel und weiteren Formen der außenwirtschaftlichen Verflechtung

Wir haben uns in den Abschnitten 3.1 bis 3.3 ausführlich mit Direktinvestitionen beschäftigt. Dabei wurden terminologische Grundlagen, Entwicklung und Struktur der Direktinvestitionstätigkeit in Parallelität zu terminologischen Grundlagen, Entwicklung und Struktur der Außenhandelstätigkeit dargestellt, die wir in den Abschnitten 2.1 bis 2.3 diskutiert hatten. Der Überblick in den Abbildungen 1-56 und 1-57 kann Ihnen nochmals helfen, die Ausführungen der vergangenen Kapitel gedanklich Revue passieren zu lassen. Abschließend werden wir nun kurz auf den Zusammenhang zwischen Direktinvestitionen und Außenhandel eingehen und die Migration als dritte Alternative der außenwirtschaftlichen Verflechtung – neben Direktinvestitionen und Außenhandel – ansprechen.

Sowohl die Entwicklung des Außenhandels als auch die Entwicklung der Direktinvestitionstätigkeit ist aus der Sicht der Betriebswirtschaftslehre ein zentrales Thema. Fast alle Direktinvestitionen werden von (internationalen) Unternehmungen getätigt, und der Außenhandel wird in großem Maße von (internationalen) Unternehmungen beeinflusst. Während die betriebswirtschaftliche Bedeutung von Direktinvestitionen weitgehend unumstritten ist, wird der Außenhandel immer noch als primär volkswirtschaftliches Terrain angesehen. Grenzüberschreitender Handel wird jedoch in vielen Fällen nicht mehr über den Markt abgewickelt, sondern innerhalb von Unternehmungen internalisiert. Grenzüberschreitender Handel innerhalb von Unternehmungen wird in der Literatur als **unternehmungsinterner** bzw. **firmeninterner Handel** oder als **Intra-Unternehmungs-** bzw. **Intra-Firmen-Handel** bezeichnet (vgl. Gilroy 1992). Das in Textbox 1-16 dargestellte Beispiel soll ein tieferes Verständnis des Intra-Firmen-Handels ermöglichen.

Textbox 1-16: Der Intra-Firmen-Handel

Das Beispiel des Volkswagen-Konzerns

Der in Deutschland ansässige Automobilhersteller *Volkswagen* lässt PKW-Kleinteile bei seiner Tochtergesellschaft *Škoda* in der Tschechischen Republik fertigen. Diese Kleinteile werden anschließend nach Spanien exportiert und dort von der Tochtergesellschaft *Seat* in größere Komponenten und Subsysteme eingebaut. Die Komponenten und Subsysteme wiederum gelangen in das Stammwerk von *Volkswagen* in Wolfsburg, wo sie am Endmontageband in den PKW eingebaut werden. Von Deutschland aus werden die fertig montierten PKWs dann an Vertriebsniederlassungen oder Generalimporteure des *VW-Konzerns* in den Rest der Welt ausgeführt.

Quelle:
Stephan (2000), S. 182.

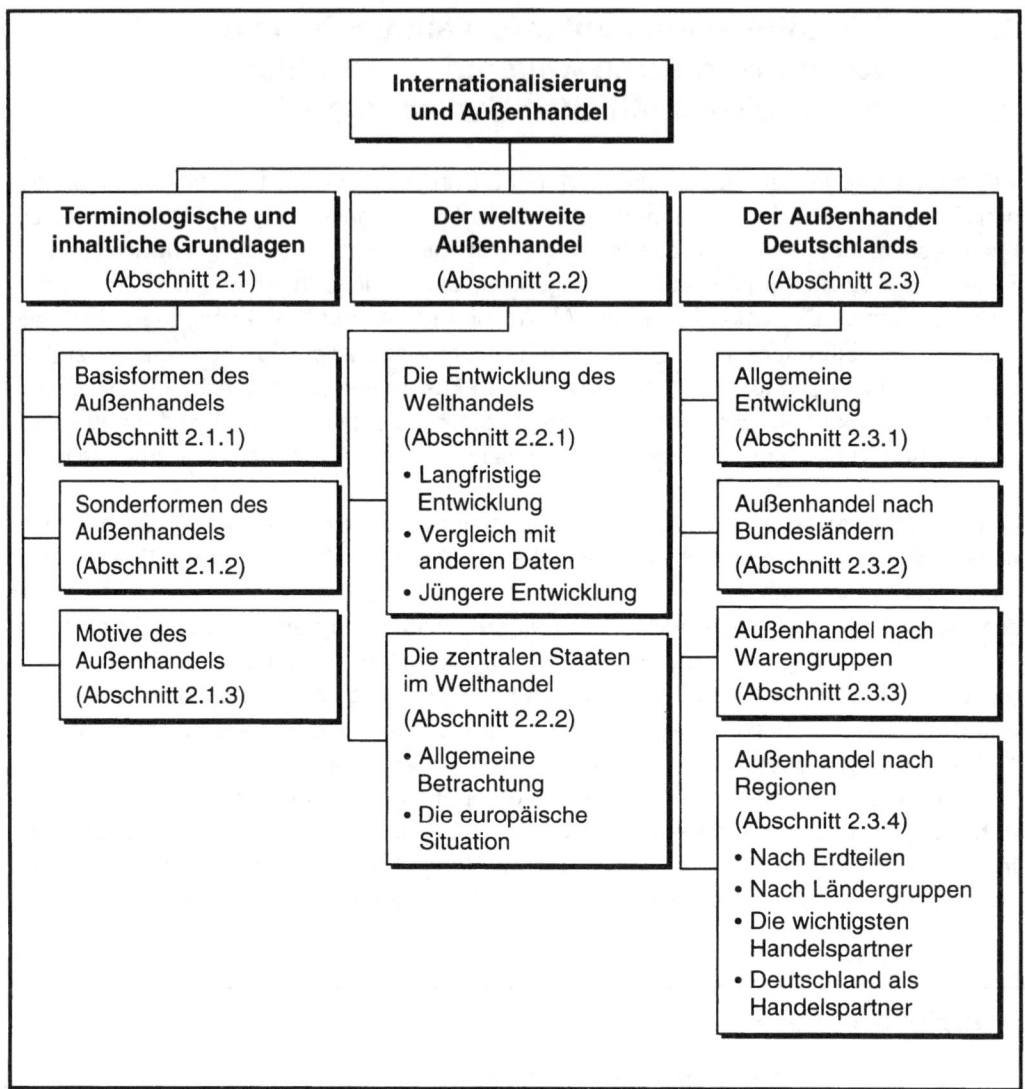

Abb. 1-56: Strukturübersicht über die Betrachtungen zu Internationalisierung und
            Außenhandel

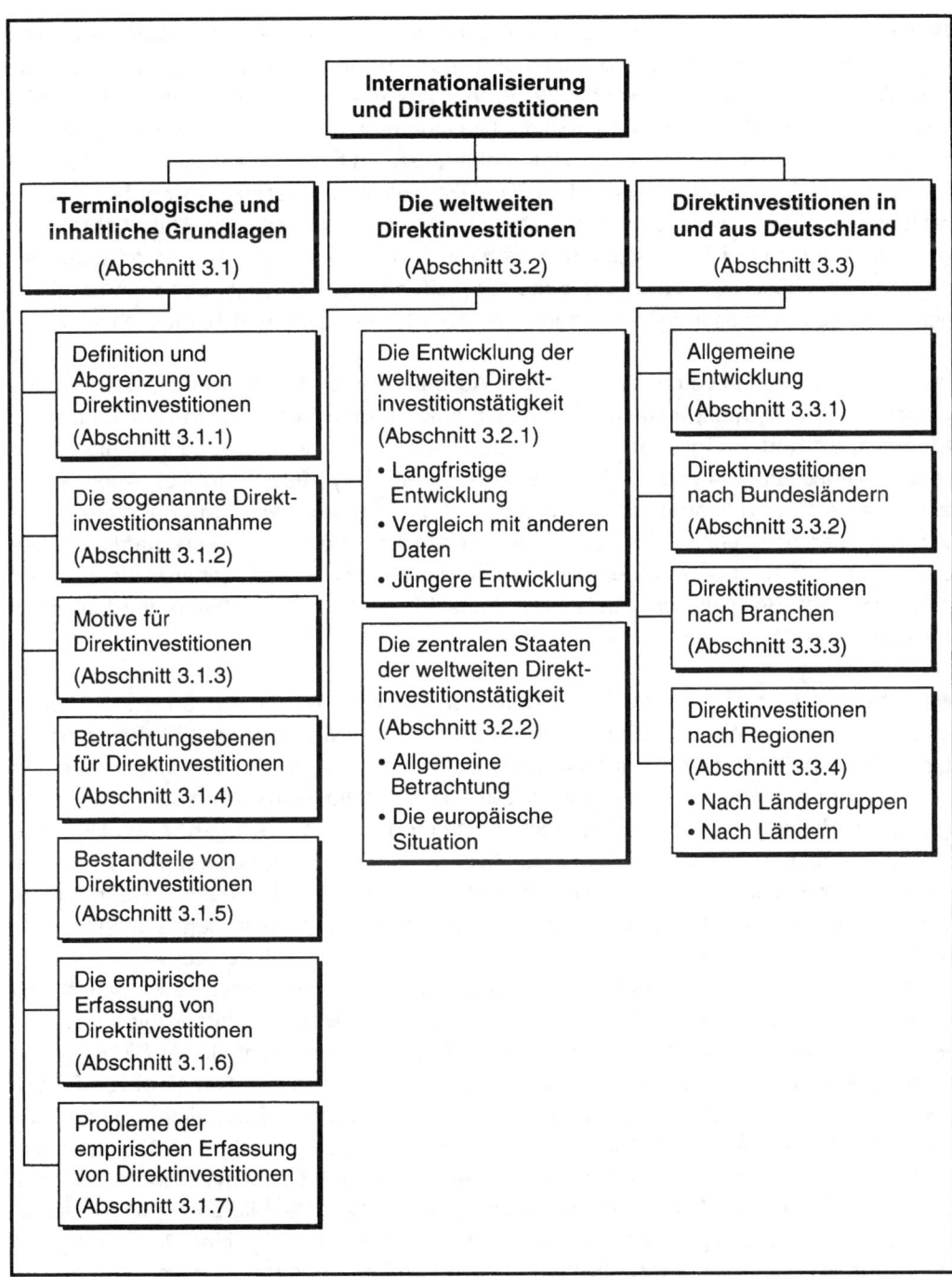

Abb. 1-57: Strukturübersicht über die Betrachtungen zu Internationalisierung und Direktinvestitionen

Schätzungen der UNCTAD und der OECD zufolge werden **zwischen 43% und 73% des Warenhandels innerhalb der Unternehmungen selbst abgewickelt** (vgl. UNCTAD 1999b, S. 7, Schneider 2003, S. 53). Wie man am Beispiel von *Volkswagen* sieht, kommt es bei firmeninternem Handel zu einem Austausch von Gütern und Dienstleistungen zwischen verbundenen Unternehmungen, d.h. vor allem zwischen Mutter-, Tochter- und Schwestergesellschaften. Die Transaktionen lassen sich dergestalt charakterisieren, dass zwar Ländergrenzen überwunden werden, die Unternehmungsgrenzen allerdings nicht überschritten werden. Daran wird ersichtlich, dass **Direktinvestitionen** vielfach die **Voraussetzung** für **Außenhandel** darstellen und ein beträchtlicher Teil des weltweiten Außenhandels ohne Direktinvestitionen nicht möglich wäre.

Wir haben uns in den vergangenen beiden Abschnitten auf die Internationalisierung des Handels und der (Direkt-)Investitionen beschränkt. In manchen Quellen wird zudem die **Immigration und Emigration** von Individuen als Teilphänomen der internationalisierenden Wirtschaft betrachtet (vgl. z.B. Berry/Conkling/Ray 1993, S. 67-75). Auch wir erachten es als sinnvoll, an dieser Stelle kurz auf die **Migration** von Individuen oder ganzen Bevölkerungsgruppen – als dritte bedeutende Säule der außenwirtschaftlichen Beziehungen neben **Außenhandel** und **Direktinvestitionen** – einzugehen. Wir möchten dies mit dem Beispiel der türkischen Selbständigen in Deutschland verdeutlichen (→ Textbox 1-17).

Migration von Personen oder Bevölkerungsgruppen hat in der Vergangenheit häufig den internationalen **Handel** bzw. die internationale **Direktinvestitionstätigkeit** gestützt bzw. ergänzt. Bevölkerungswanderungswellen von Europa in die Vereinigten Staaten von Amerika haben einen Teil der Handels- und Investitionsströme ersetzt, aber in viel größerem Umfang weitere Außenwirtschaftsströme nach sich gezogen. Auch Deutschland blickt auf eine lange Geschichte der Auswanderung und der Zuwanderung zurück. Allein zwischen 1800 und 1930 sollen ca. 7 Mio. Deutsche ihre Heimat verlassen haben. Seit dem Zweiten Weltkrieg überwogen die Zuwanderungen. Nach dem Zuzug von ca. 12 Mio. Vertriebenen bis 1949 wurden zwischen 1950 und 1995 ca. 28 Mio. Zuwanderungen gezählt, denen nur etwa 20 Mio. Abwanderungen gegenüberstanden (vgl. Münz/ Seifert/Ulrich 1999, S. 137). Die Migration des Faktors „Arbeit" geht zuweilen auch mit einer Migration des Faktors „Kapital" einher. Aus betriebswirtschaftlicher Sicht spielen Bewegungen des Faktors Arbeit später nochmals in der Form des Transfers von Personal zwischen unterschiedlichen Ländern (z.B. Expatriierung und Repatriierung) eine Rolle (vgl. z.B. die Beiträge in Kühlmann 1995, Hrsg., → kurz Abschnitt 6.3.2.4 in Kapitel 6). Als Fazit bleibt festzuhalten, dass Außenhandel und Direktinvestitionen die zwei tragenden Säulen der Außenwirtschaftstätigkeit darstellen. Die Migration von Personen und Bevölkerungsgruppen erscheint uns zwar durchaus wichtig; ihre Darstellung soll allerdings primär volkswirtschaftlichen, politologischen, geographischen und historischen Quellen vorbehalten bleiben.

Textbox 1-17: Migration als dritte Säule der Außenwirtschaftstätigkeit

**Ein Bericht zur Migration von türkischen Staatsbürgern
und deren Bedeutung für die deutsche Wirtschaft**

Das Zentrum für Türkeistudien (ZfT) beschäftigt sich intensiv mit der dynamischen Entwicklung der Selbständigkeit unter der türkischen Migrantenbevölkerung. Zahlreiche empirische Haushalts- und Unternehmerbefragungen wurden durchgeführt. Vor 20 Jahren, als das ZfT seine Arbeit aufnahm, gab es bundesweit 22.000 türkischstämmige Selbständige. Bis 1990 war diese Zahl bereits auf die beachtliche Größenordnung von 33.000 angewachsen. Insgesamt ist die Zahl der türkischstämmigen Selbständigen für Mitte 2005 auf über 64.000 angewachsen. Somit hat sich die Zahl der türkischstämmigen Unternehmer in den letzten 20 Jahren fast verdreifacht.

Die überwiegende Mehrheit von 77,4% der befragten Unternehmer besitzt ein Einzelunternehmen. Hochgerechnet auf die gesamte türkische Unternehmerschaft bedeutet dies eine Größenordnung von 50.000 Einzelunternehmern. Knapp jeder Zehnte betreibt mit Partnern eine GbR (Gesellschaft bürgerlichen Rechts) und 8,7% eine GmbH. Die anderen Rechtsformen wie z.B. AG, KG oder OHG treffen für 4,2% der Befragten zu. Die Erhöhung der Selbständigenzahl der letzten Jahre ging nicht in erster Linie auf wachstumsstarke Unternehmensgründungen zurück, sondern auf Kleinstgründungen im Bereich des Handels, der Dienstleistungen und der Gastronomie. Türkische Selbständige sind mittlerweile in allen Branchen tätig. Insgesamt wirtschaftet knapp die Hälfte der türkischen Selbständigen in Deutschland nicht mehr in den typisch ethnisch geprägten Branchen. Handwerk, Verarbeitendes Gewerbe und Baugewerbe sind immerhin mit knapp 17% vertreten. Die befragten türkischen Unternehmen haben im Durchschnitt 5 Mitarbeiter. Die Gesamtbeschäftigung ist leicht angewachsen und erreicht die Größenordnung von 323.000. Der Gesamtumsatz aller türkischen Selbständigen erreichte 2005 die Größenordnung von 29,5 Mrd. Das Investitionsvolumen verringerte sich leicht auf 7,4 Mrd. Euro. Zwei Drittel der befragten Unternehmer beziehen Waren und Dienstleistungen hauptsächlich von deutschen Unternehmen (44,9%) oder gleichermaßen von deutschen und türkischen Zulieferern und Dienstleistern (29,4%). Lediglich 23,6% haben in erster Linie zu anderen türkischen Unternehmen geschäftliche Beziehungen. Die wirtschaftliche Verflechtung ist nicht nur einseitig. Die türkischen Selbständigen leben besonders auch von deutschen Kunden. 77,6% der Befragten geben an, auch deutsche Kunden zu haben.

Quelle:

ZfT (2005, Hrsg.): Die türkischen Unternehmer in Deutschland und der EU 2005. Zentrum für Türkeistudien, Essen, 2005, URL: http://www.existenzgruender.de/publikationen/studien/01634/index.php (Stand: 05.02.2008).

Nach diesen kurzen Ausführungen über den Zusammenhang zwischen Direktinvestitionen und Außenhandel sowie die Migration wollen wir uns jetzt die Frage stellen, inwieweit sich die außenwirtschaftlichen Verflechtungen auch zahlenmäßig erfassen lassen. Wir stellen dazu die Zahlungsbilanz vor.

4   Internationalisierung und die Zahlungsbilanz

Fast keine Volkwirtschaft stellt heute noch eine reine Binnenwirtschaft dar. Vielmehr finden wir in jeder Volkswirtschaft vielfältige Wirtschaftsbeziehungen zu anderen Volkswirtschaften. Dies konnten Ihnen unsere Ausführungen zur Außenhandels- und Direktinvestitionstätigkeit vor Augen führen. Es werden Waren exportiert und importiert, Dienstleistungen im Ausland vermarktet oder in Anspruch genommen, Kapital im Ausland investiert oder aus dem Ausland in das Inland transferiert und Zahlungen mit dem Ausland abgewickelt. Die vielfältigen Wirtschaftsbeziehungen mit dem Ausland können – in Anlehnung an das Außenwirtschaftsgesetz (AWG) – in die Kategorien

* **Warenverkehr,**
* **Dienstleistungsverkehr,**
* **Kapitalverkehr** und
* **Zahlungsverkehr**

eingeordnet werden. Um die Gesamtheit der Wirtschaftsbeziehungen – und somit den Waren-, Dienstleistungs-, Kapital- und Zahlungsverkehr – mit dem Ausland möglichst exakt zu erfassen, existiert in den einzelnen Volkswirtschaften die **Zahlungsbilanz**. Die Zahlungsbilanz ist das wichtigste Element der Außenwirtschaftsrechnung (vgl. Frenkel/ John 2006, S. 250-274). Die Zahlungsbilanz dokumentiert keineswegs nur – wie dies die Bezeichnung auf den ersten Blick suggerieren könnte – den Zahlungsverkehr. Wir werden nun zunächst definieren, was unter der Zahlungsbilanz zu verstehen ist (Abschnitt 4.1), bevor wir dann auf den Aufbau der Zahlungsbilanz (Abschnitt 4.2) sowie auf die beiden – aus betriebswirtschaftlicher Sicht besonders bedeutsamen – Teilbilanzen der Zahlungsbilanz, die Leistungsbilanz und die Kapitalbilanz (Abschnitt 4.3), eingehen. Vergleichsweise kurz gehaltene Ausführungen zu den Quellen der Zahlungsbilanzdaten sollen das Bild vervollständigen (Abschnitt 4.4).

4.1   Definition der Zahlungsbilanz

Die Zahlungsbilanz hat die Aufgabe, die wirtschaftliche Verflechtung einer Volkswirtschaft mit dem Ausland statistisch ex post zu erfassen. Oder anders formuliert: In der Zahlungsbilanz sollen **alle wirtschaftlichen Transaktionen** zwischen In- und Ausländern **innerhalb einer bestimmten Periode** dokumentiert werden. Der Aufbau und die Aussagekraft von Zahlungsbilanzen ist nicht in allen Ländern unserer Welt identisch. Auch wenn in (fast) allen Ländern versucht wird, ein realitätsgetreues **Abbild der wirtschaftlichen Verflechtung** mit dem Ausland zu liefern, und auch wenn sich die erfassten Transaktionen inhaltlich zunehmend annähern, so bleiben doch vor allem Untergliederungen der Zahlungsbilanzen sowie Zuordnungen und Erfassungsmethoden der einzelnen Transaktionen von Land zu Land verschieden (vgl. etwa zur US-amerikanischen Zahlungsbilanz Czinkota/Ronkainen/Moffett 2005, S. 182-207). Dies geschieht trotz der Existenz des vom Internationalen Währungsfonds herausgegebenen „Balance of Payments Manual", welches auf eine (weitgehende) Vereinheitlichung abzielt (vgl. IWF 1993). Das Balance of Payments Manual wurde 1948 erstmals erstellt, daraufhin 1950, 1961 und 1977 überarbeitet und liegt mit der Ausgabe aus dem Jahr 1993 inzwischen in fünfter Auflage vor (vgl. IWF 1993, S. 3).

Die folgende **Definition** soll Ihnen ein Verständnis von der Zahlungsbilanz geben, welches – unabhängig von Besonderheiten einzelner Nationen – weltweit akzeptiert ist: Unter einer Zahlungsbilanz versteht man ein auf der doppelten Buchführung basierendes, in sich abgeschlossenes Kontensystem, in dem

- sämtliche Transaktionen von Waren und Dienstleistungen und sämtliche Zahlungen und Kapitalströme zwischen inländischen Wirtschaftssubjekten und ausländischen Wirtschaftssubjekten sowie

- sämtliche Änderungen der Auslandsforderungen und der Auslandsverbindlichkeiten

innerhalb einer Periode erfasst werden (vgl. Haslinger 1997, S. 341). In Deutschland werden die zur Erstellung der Zahlungsbilanz notwendigen Daten laufend ermittelt und dann monatlich, vierteljährlich und jährlich von der Deutschen Bundesbank zusammengestellt und veröffentlicht.

Bei den in der Definition der Zahlungsbilanz angesprochenen Wirtschaftssubjekten handelt es sich – zumindest nach deutscher Definition – sowohl um **Privatpersonen** als auch um **Unternehmungen, sonstige Organisationen** und die **Öffentliche Hand** (vgl. Deutsche Bundesbank 1992, S. 24 oder Siebert/Lorz 2006, S. 172). Manche Autoren sprechen bei den erfassten Wirtschaftssubjekten auch von Einwohnern, Regierungen und Institutionen, wobei Unternehmungen unter die Kategorie der Institutionen subsumiert werden (vgl. Rose/Sauernheimer 1999). Da in der Zahlungsbilanz Transaktionen zwischen In- und Ausländern dokumentiert werden, muss kurz geklärt werden, wie In- und Ausländer in diesem Fall definiert sind.

Wer gilt als Inländer, wer als Ausländer? Inländer ist derjenige, dessen Zentrum der wirtschaftlichen Aktivitäten im Inland liegt. Ausländer ist derjenige, bei dem sich der Mittelpunkt der wirtschaftlichen Aktivitäten im Ausland befindet. Im Hinblick auf eine Differenzierung zwischen Privatpersonen und Unternehmungen lassen sich folgende Aussagen treffen:

- Bei **Privatpersonen** gelten als Inländer alle natürlichen Personen, deren wirtschaftliche Aktivitäten überwiegend mit dem deutschen Territorium verbunden sind. Als Faustregel kann man festhalten: Privatpersonen, die sich ein Jahr und länger in Deutschland aufhalten, werden als Inländer angesehen. Ausländische Mitbürger, die sich dauerhaft in Deutschland aufhalten, sind somit auch dann Inländer, wenn sie nicht die deutsche Staatsangehörigkeit haben.

- Bei **Unternehmungen** gelten die selbständigen Unternehmungen mit Sitz im Inland mit ihren gesamten inländischen Produktionsstätten, Niederlassungen, Betriebsstätten und Verwaltungen – unabhängig von Eigentumsverhältnissen und Rechtsform – als Inländer. Daneben werden auch Unternehmungen, deren Kapital sich ganz oder teilweise in ausländischer Hand befindet, als Inländer angesehen, wenn sie einen Sitz in Deutschland haben. Dies heißt, dass rechtlich selbständige Tochtergesellschaften von Unternehmungen aus dem Ausland Inländer darstellen. Aber selbst rechtlich unselbständige (Zweig-)Niederlassungen und Betriebsstätten ausländischer Muttergesellschaften in Deutschland werden als Inländer angesehen – zumindest wenn sie eine eigene Leitung bzw. Verwaltung und Buchführung aufweisen (vgl. Deutsche Bundesbank 1992, S. 24-25).

Diese Erläuterungen sind von großer Bedeutung für eine richtige Interpretation der Zahlungsbilanz, zeigen sie doch auf, dass nicht nur natürliche Personen mit deutscher Staatsangehörigkeit und nicht nur Unternehmungen mit Stammsitz in Deutschland als Inländer gelten. So trägt etwa auch die deutsche Tochtergesellschaft eines ausländischen Konzerns zu den deutschen Exporten bei. Wenn etwa aus Deutschland PKWs der Marke *Opel* nach Italien verkauft werden, gilt dies als deutscher Export, obwohl es sich bei *Opel* letztlich nicht um eine deutsche Unternehmung, sondern um die Tochter von **General Motors**, d.h. einer US-amerikanischen Unternehmung, handelt.

Der Begriff der Zahlungsbilanz ist allerdings aus mehrfacher Sicht unglücklich. Erstens ist der Begriff der „**Zahlungen**" problematisch, denn in der Zahlungsbilanz werden nicht nur Zahlungen, sondern auch andere Transaktionen (z.B. Schenkungen, Transaktionen auf Kreditbasis, Realtausch in Form von Kompensationsgeschäften) erfasst. Zweitens ist der Terminus „**Bilanz**" fragwürdig, da damit eine Stichtagsbetrachtung suggeriert wird. Bei der Zahlungsbilanz handelt es sich allerdings nicht um eine Stichtagsbetrachtung, sondern um eine **Stromgrößen- bzw. Zeitraumbetrachtung**. Die Zahlungsbilanz weist folglich auch – im Gegensatz zur Bilanz von Unternehmungen – keine Aktiv- und Passivseite auf, sondern hat – ähnlich der Gewinn- und Verlustrechnung von Unternehmungen – eine „**Credit-Seite**" (Haben) und eine „**Debit-Seite**" (Soll).

In der Zahlungsbilanz Deutschlands werden alle Positionen in Wertgrößen erfasst. Werden Transaktionen in ausländischer Währung getätigt, so wurden diese bis 2001 in DM-Werten registriert; seit 2002 werden sie in Euro-Werte umgerechnet.

- Im **Waren- und Dienstleistungsverkehr** gilt als Basis der Wert, der auch den statistischen Einfuhr- und Ausfuhranmeldungen zugrunde liegt. Vereinfacht heißt dies: Unabhängig von den tatsächlichen rechtlichen Vereinbarungen zwischen in- und ausländischen (Vertrags-)Partnern werden Exporte auf fob-Basis und Importe auf cif-Basis erfasst. Bei den Abkürzungen „fob" und „cif" handelt es sich, wie bereits in Abschnitt 2.2.1.3 erläutert, um sogenannte Incoterms.

- Im **Kapitalverkehr** und im **Zahlungsverkehr** wird zur Umrechnung von Fremdwährungen in Heimatwährung teilweise der Kassamittelkurs, teilweise der Kassabriefkurs herangezogen (vgl. zu detaillierteren Angaben Deutsche Bundesbank 1992, S. 29-32).

4.2   Aufbau der Zahlungsbilanz

Wir werden nun den Aufbau der Zahlungsbilanz erläutern. Seit dem Berichtsjahr 1994 ergaben sich fortlaufend Änderungen in der Systematik der Zahlungsbilanz der Deutschen Bundesbank (vgl. Direktauskunft der Deutschen Bundesbank, November 2007), die in den nachfolgenden Ausführungen berücksichtigt sind. Die Zahlungsbilanz wird in Deutschland im Wesentlichen in zwei Teilbilanzen gegliedert:

- **Leistungsbilanz:** In der Leistungsbilanz, manchmal auch als Bilanz der laufenden Transaktionen bezeichnet, werden alle Güter- und Dienstleistungsströme in das Ausland (Export) und aus dem Ausland (Import) erfasst. Dazu kommen auch die sogenannten Erwerbs- und Vermögenseinkommensströme und die laufenden Übertragungen.

- **Kapitalbilanz:** In der Kapitalbilanz werden alle Veränderungen der Forderungen und Verbindlichkeiten der Inländer gegenüber den Ausländern dokumentiert.

Zu den zwei zentralen Teilbilanzen, der Leistungsbilanz und der Kapitalbilanz, kommen noch die Vermögensübertragungsbilanz und der Saldo der statistisch nicht aufgliederbaren Transaktionen hinzu, auf die wir jedoch im Folgenden nicht weiter eingehen wollen (vgl. dazu lediglich Abbildung 1-61, in der auch die Datenquellen der einzelnen Teilbilanzen erwähnt sind). Bei korrekter Erfassung aller Transaktionen und exakter Verbuchung muss die Zahlungsbilanz in ihrer Gesamtheit immer ausgeglichen sein. Die einzelnen Teilbilanzen, d.h. Leistungsbilanz und Kapitalbilanz (sowie deren später noch zu erläuternde Unterbilanzen), können zwar jeweils einen positiven oder negativen Saldo aufweisen; doch müssen sich die Salden der Teilbilanzen **(Teilsalden)** – wegen des Grundsatzes der doppelten Buchführung – zu einem Gesamtsaldo von Null addieren. Dies heißt auch, dass die Creditseite und die Debitseite der gesamten Zahlungsbilanz, ähnlich wie bei Bilanzen von Unternehmungen, jeweils die gleiche Summe aufweisen müssen, auch wenn die Credit- und Debitseite der einzelnen Teil- und Unterbilanzen keineswegs identische Werte aufweisen (vgl. Rose/Sauernheimer 1999, S. 11). Ist also in den Medien immer wieder von einer unausgeglichenen Zahlungsbilanz bzw. von Zahlungsbilanzüberschüssen oder -defiziten die Rede, so können derartige Aussagen nicht als völlig korrekt bezeichnet werden. Überschüsse und Fehlbeträge – und damit einen fehlenden Ausgleich – kann es nur in den Teilbilanzen und Unterbilanzen, nicht jedoch in der Zahlungsbilanz geben.

Es scheint uns im Rahmen des vorliegenden Buches nicht nötig, darauf einzugehen, wie bestimmte Transaktionen in der volkswirtschaftlichen Zahlungsbilanz exakt verbucht werden (vgl. dazu kurz Haslinger 1997, S. 341-342). Die wesentlichen Grundsätze, welche die Logik der Zahlungsbilanz verdeutlichen, möchten wir allerdings an dieser Stelle erläutern, da sie uns für ein Verständnis der Außenwirtschaftsbeziehungen zentral erscheinen.

Vereinfacht kann man festhalten, dass

- auf der **Credit-Seite** der Zahlungsbilanz die **Zahlungseingänge** (z.B. aufgrund von Warenexport und Kapitalimport) bzw. Transaktionen, die zu Zahlungseingängen führen könnten (z.B. Warenexport auf Kredit), und

- auf der **Debit-Seite** der Zahlungsbilanz die **Zahlungsausgänge** (z.B. aufgrund von Warenimport und Kapitalexport) bzw. Transaktionen, die zu Zahlungsausgängen führen könnten (z.B. Warenimport auf Kredit)

eines Landes verbucht werden. In der Regel fällt es leicht zu verstehen, warum Warenexporte Zahlungseingänge und Warenimporte Zahlungsausgänge mit sich bringen. Schwieriger nachzuvollziehen ist es jedoch, warum nun Kapitalimporte Zahlungseingänge und Kapitalexporte Zahlungsausgänge mit sich bringen. Doch eigentlich ist das Prinzip einfach: Kapitalimporte bringen Kapital und Zahlungen in das Inland und werden damit auf der Creditseite verbucht, während durch Kapitalexporte Zahlungen in das Ausland induziert werden, die sich auf der Debitseite niederschlagen.

Welche Aussagen lassen sich nun für die Zahlungsbilanz eines Landes hinsichtlich der Zusammenhänge zwischen Leistungsbilanz und Kapitalbilanz machen?

- Wenn ein Land mehr Güter und Dienstleistungen exportiert als es importiert (und wenn dabei keine unentgeltlichen Transaktionen involviert sind), so wird dieses Land einen Zuwachs an Auslandsforderungen oder eine Verringerung an Auslandsverbindlichkeiten erfahren. Ein **Überschuss** in der **Leistungsbilanz** geht mit **Kapitalexporten** einher.

- Wenn ein Land weniger Güter und Dienstleistungen exportiert als es importiert (und dabei keine unentgeltlichen Transaktionen involviert sind), so wird dieses Land einen Zuwachs an Auslandsverbindlichkeiten oder eine Verringerung an Auslandsforderungen haben. Ein **Defizit** in der **Leistungsbilanz** bringt **Kapitalimporte** mit sich.

Kapitalexporte führen dazu, dass der Saldo zwischen Forderungen und Verbindlichkeiten der Inländer gegenüber den Ausländern zunimmt. Kapitalimport liegt dann vor, wenn der Saldo zwischen Forderungen und Verbindlichkeiten abnimmt. Kapitalexporte bzw. Kapitalimporte schlagen sich in der Kapitalbilanz nieder. So führte der über Jahrzehnte hinweg (und dabei vor allem in der zweiten Hälfte der achtziger Jahre) erzielte Leistungsbilanzüberschuss Deutschlands dazu, dass bis Ende 2006 insgesamt ein Netto-

Auslandsvermögen von knapp 636 Mrd. € oder 27,5% des BIP aufgebaut wurde (vgl. Deutsche Bundesbank 2007h, S. 1).

4.3 Die Teilbilanzen Leistungsbilanz und Kapitalbilanz

Wir wollen nun einen genaueren Blick auf die Leistungsbilanz (Abschnitt 4.3.1) und die Kapitalbilanz (Abschnitt 4.3.2) werfen, da diese Teilbilanzen der Zahlungsbilanz Aufschlüsse über die in den Abschnitten 2 und 3 dieses Kapitels diskutierten Außenhandels- und Direktinvestitionsaktivitäten geben.

4.3.1 Eine Betrachtung der Leistungsbilanz

In einem ersten Schritt sollen die Inhalte der Leistungsbilanz erläutert werden (Abschnitt 4.3.1.1). In einem zweiten Schritt sollen dann Informationen zur Leistungsbilanz der Bundesrepublik Deutschland geliefert werden (Abschnitt 4.3.1.2).

4.3.1.1 Die Inhalte der Leistungsbilanz

Die Leistungsbilanz ist weiter aufgegliedert in (1) die Handelsbilanz, (2) die Dienstleistungsbilanz, (3) die Erwerbs- und Vermögenseinkommensbilanz und (4) die Bilanz der laufenden Übertragungen (vgl. Deutsche Bundesbank 1995, S. 33-43).

(1) Handelsbilanz: In der Handelsbilanz werden alle grenzüberschreitenden Warentransaktionen erfasst, soweit sie mit einer **Eigentumsübertragung** zwischen Inländern und Ausländern verbunden sind. Eine Ausnahme, bei der die Voraussetzung der Eigentumsübertragung nicht notwendig ist, stellt der oben bereits erläuterte Veredelungshandel dar (➜ Abschnitt 2.1.2.1 in diesem Kapitel). Waren, die zur Veredelung die Grenzen überschreiten, werden wertmäßig mit ihrem Einfuhr- bzw. ihrem Ausfuhrwert erfasst, selbst wenn sie nicht in das Eigentum des Veredelers übergehen. Dies heißt: Sie werden berücksichtigt – unabhängig davon, ob nun Eigenveredelung oder Lohnveredelung vorliegt. Die Handelsbilanz wird von der Deutschen Bundesbank zum einen nach Warengruppen, zum anderen nach Ländergruppen weiter untergliedert.

(2) Dienstleistungsbilanz: Die Dienstleistungsbilanz erfasst alle Exporte und Importe von Dienstleistungen und damit (fast) alle **grenzüberschreitenden Dienstleistungstransaktionen**, wie zum Beispiel Finanzdienstleistungs-, Reisedienstleistungs-, Transportdienstleistungs- oder Beratungsdienstleistungstransaktionen. Die Dienstleistungsbilanz macht nicht nur Aussagen über den Dienstleistungshandel einer Volkswirtschaft, sondern über (fast) sämtliche Dienstleistungstransaktionen zwischen In- und Ausland. Dienstleistungen müssen also keineswegs handelbar sein, um in die Dienstleistungs-bilanz einzugehen. Vielmehr können – etwa beim Tourismus – Inländer Dienstlei-stungen im Ausland in Anspruch nehmen (was zu Dienstleistungsimport führt) oder Aus-länder Dienstleistungen in Deutschland „erwerben" (womit es zu Dienstleistungsexport kommt). Dienstleistungen gehen mit ihrem Wert bzw. der entsprechenden Wert-schöpfung ein. In die Dienstleistungsbilanz fließen auch die Leistungen von Transit-händlern mit dem entsprechenden Wert bzw. der entsprechenden Wertschöpfung des Transithändlers, d.h. mit der Betragsdifferenz zwischen Kauf und Verkauf, ein.

Der Wert der Dienstleistungstransaktionen wird allerdings in der Dienstleistungsbilanz regelmäßig zu niedrig erfasst, da viele Waren einen beträchtlichen Dienstleistungsanteil aufweisen, der – zumindest aus betriebswirtschaftlicher Sicht – fälschlicherweise in die Handelsbilanz und nicht in die Dienstleistungsbilanz eingeht. Es wird zunehmend er-kannt, dass in sehr vielen Branchen, die statistisch nicht dem Dienstleistungssektor zu-gerechnet werden, ein prozentual immer höherer Anteil der Wertschöpfung von Dienst-leistungen konstituiert wird. In der Automobilbranche machen Dienstleistungen deutlich über 20%, in der Maschinenbau- und Chemiebranche über 40% und in der Luft- und Raumfahrtbranche gar über 50% aus (vgl. Gries 1998, S. 112-113 sowie S. 135-136). Was für einzelne Branchen gilt, trifft auch für Unternehmungen zu: Selbst traditionelle Industrieunternehmungen wie *Siemens* erzielen heute mehr als die Hälfte ihrer Wert-schöpfung mit Dienstleistungen (vgl. Henzler 1999, S. 5).

Während in der Handelsbilanz der sichtbare Export und Import enthalten ist, beinhaltet die Dienstleistungsbilanz die unsichtbaren Transaktionen. Ebenfalls unsichtbare Trans-aktionen finden sich in den weiteren Teilbilanzen, der Erwerbs- und Vermögenseinkom-mensbilanz sowie der Übertragungsbilanz.

(3) Erwerbs- und Vermögenseinkommensbilanz: Die Erwerbs- und Vermögensein-kommensbilanz dokumentiert die **Faktoreinkommensströme** zwischen Inländern und Ausländern. Dazu zählen Einkommen aus unselbständiger Arbeit sowie Einkommen aus Vermögen, welche Inländer aus dem Ausland bzw. Ausländer im Inland erwerben. In diese Teilbilanz gehen somit Erträge aus Direktinvestitionen (z.B. ausgeschüttete und reinvestierte Gewinne), Zinsen aus festverzinslichen Wertpapieren, Erträge aus Invest-mentzertifikaten, zinsähnliche Erträge aus Finanzderivaten oder Zinsen für gewährte Kredite ein. Die Positionen der Erwerbs- und Vermögenseinkommensbilanz waren bis einschließlich Berichtsjahr 1993 Teil der Dienstleistungsbilanz (vgl. Altmann 1993, S. 69-70). Sie werden seit dem Berichtsjahr 1994 vor allem aufgrund ihrer zunehmen-den Bedeutung separat ausgewiesen.

(4) Übertragungsbilanz: Die Übertragungsbilanz enthält Gegenbuchungen für diejeni-gen Güter- und Faktorleistungsströme (Export oder Import), bei denen keine Gegen-leistung existiert. Diese Teilbilanz, gelegentlich auch Schenkungs- und Transferbilanz genannt, erfasst beispielsweise laufende Entwicklungshilfezahlungen, Beiträge zu internationalen Organisationen und Institutionen (UNO, IWF etc.), Abführungen an die Europäische Union, Überweisungen von ausländischen Arbeitnehmern in ihre Heimat oder auch Unterstützungszahlungen für im Ausland lebende Angehörige. Allerdings sind seit dem Berichtsjahr 1994 nur noch die **laufenden Übertragungen** in dieser Teilbilanz enthalten; einmalige Übertragungen im Sinne von Vermögensübertragungen werden ausgegliedert. Ebenfalls in die Übertragungsbilanz gehen seit 1994 der größte Teil der Versicherungsprämien sowie Entschädigungs- und Rückvergütungen – mit Ausnahme der Zahlungen im Zusammenhang mit Lebensversicherungen – ein (vgl. Deutsche Bundesbank 1995, S. 36).

Die Salden von Handels- und Dienstleistungsbilanz entsprechen aus der Perspektive der volkswirtschaftlichen Gesamtrechnung dem **Außenbeitrag zum Bruttoinlandsprodukt**. Zusammen mit dem Saldo der Erwerbs- und Vermögenseinkommensbilanz ergeben sie in der volkswirtschaftlichen Gesamtrechnung den **Außenbeitrag zum Bruttonationaleinkommen**. Der früher verwendete Begriff des Sozialprodukts wurde vor einiger Zeit in der volkswirtschaftlichen Gesamtrechnung durch den Begriff des Nationaleinkommens ersetzt. Damit soll erstens der Einkommenscharakter dieser Größe betont werden und zweitens eine engere Anlehnung an die anglo-amerikanische Terminologie erreicht werden, in der vom „national income" die Rede ist (vgl. Frenkel/John 1999, S. 122).

4.3.1.2   Die Leistungsbilanz der Bundesrepublik Deutschland

Wir wollen nun einen Blick auf die deutsche Leistungsbilanz werfen. Aus Abbildung 1-58 wird der Saldo der deutschen Leistungsbilanz einschließlich der Salden der vier Teilbilanzen Handelsbilanz, Dienstleistungsbilanz, Erwerbs- und Vermögenseinkommensbilanz sowie Übertragungsbilanz für die Jahre 2001 bis 2006 ersichtlich.

	2001	2002	2003	2004	2005	2006
1. **Außenhandel**						
Ausfuhr (fob)	638,3	651,3	664,5	731,5	786,3	893,6
Einfuhr (cif)	542,8	518,5	534,5	575,5	628,1	731,5
2. **Saldo**	+ 95,5	+ 132,8	+ 130,0	+ 156,0	+ 158,2	+ 162,1
3. **Dienstleistungen (Saldo)**	– 49,9	– 35,7	– 34,5	– 29,4	– 28,9	– 22,4
4. **Erwerbs- und Vermögenseinkommen (Saldo)**	– 10,9	– 18,0	– 15,1	+ 13,1	+ 20,8	+ 23,0
5. **Laufende Übertragungen (Saldo)**	– 26,9	– 27,5	– 28,3	– 27,9	– 28,5	– 26,9
Saldo der Leistungsbilanz*	+ 0,4	+ 43,0	+ 40,9	+ 94,9	+ 103,1	+ 117,2

* Enthält auch die Ergänzungen zum Außenhandel.

Alle Angaben in Mrd. €.

Abb. 1-58: Die deutsche Leistungsbilanz
Quelle: Daten aus Deutsche Bundesbank (2007b), S. 6-7.

Wie Abbildung 1-58 zu entnehmen ist, stehen einem **deutlich positiven Saldo der Handelsbilanz** regelmäßig **deutlich negative Salden der Dienstleistungsbilanz und der Übertragungsbilanz** gegenüber. Waren die Salden der Erwerbs- und Vermögenseinkommensbilanz bis 2003 noch negativ, so hat sich ab dem Jahr 2004 auch hier ein positiver Saldo eingestellt, der sich bis 2006 verstärkte. Der deutliche Überschuss des Warenexports gegenüber dem Warenimport im Jahr 2001 wird also vor allem durch Dienstleistungsimporte, aber auch durch abfließende Erwerbs- und Vermögenseinkommen sowie durch unentgeltliche Zahlungen in das Ausland „aufgezehrt". Seit 2002 weist der Saldo der Leistungsbilanz aber deutlich positive Werte aus. Blickt man ein wenig in die achtziger Jahre des vorigen Jahrhunderts zurück, so erkennt man, dass Deutschland meist einen positiven Saldo in der Leistungsbilanz aufwies, wobei ab Mitte der achtziger Jahre sogar sehr hohe Überschüsse erzielt werden konnten – Überschüsse, die in jedem Jahr mindestens 50 Mrd. DM (etwa 26 Mrd. €) betrugen (vgl. Gries 1998, S. 85-86). Im Jahr 1989 – ein Jahr, das wir bereits oben als Rekordjahr für den Warenhandel erwähnt hatten – wurde sogar ein Leistungsbilanzüberschuss von 108 Mrd. DM (etwa 55 Mrd. €) erreicht, was 5% des damaligen Bruttoinlandsprodukts entsprach (vgl. Deutsche Bundesbank 1996a, S. 50).

Die bis 1989 positive Situation änderte sich allerdings schlagartig. Dafür wird vor allem die **deutsche Wiedervereinigung** verantwortlich gemacht. Der Leistungsbilanzüberschuss von 108 Mrd. DM (etwa 55 Mrd. €) aus dem Jahr 1989 kippte bis ins Jahr 1991 in ein Leistungsbilanzdefizit von 32 Mrd. DM (etwa 16 Mrd. €) um. Die Deutsche Bundesbank fand heraus, dass in der Vergangenheit abgesehen von Italien während der ersten Ölkrise kein Industrieland einen ähnlichen Einbruch hinnehmen musste. Der Umschwung wird vor allem mit

- dem Rückgang der Exporte aus Westdeutschland (Waren und Dienstleistungen flossen verstärkt nach Ostdeutschland),

- der Zunahme der Importe in Ostdeutschland (Nachholbedarf bei vielen Waren und Dienstleistungen) sowie

- dem Zusammenbruch der Außenhandelsbeziehungen der früheren DDR-Wirtschaft

begründet (vgl. Deutsche Bundesbank 1996a, S. 50-52).

Die Leistungsbilanzsalden blieben in den neunziger Jahren negativ. Erst im Jahr 2001 konnte, wie aus Abbildung 1-58 ersichtlich, wieder ein positiver Saldo erreicht werden.

Aufgrund der steigenden Bedeutung von Dienstleistungen wollen wir Ihnen an dieser Stelle „schlaglichtartig" die wichtigsten Fakten zur deutschen Dienstleistungsbilanz nennen. Dies erscheint uns auch deswegen von Interesse, da wir in unseren obigen Ausführungen zum deutschen Außenhandel eine Fokussierung auf den Warenhandel vorgenommen und damit den Dienstleistungshandel ausgeklammert hatten (vgl. Deutsche Bundesbank 2007b, S. 20-21 und eigene Berechnungen):

- **Umfang des deutschen Dienstleistungshandels:** Der grenzüberschreitende Dienstleistungshandel fällt in seinem Umfang deutlich hinter dem Warenhandel zurück. In absoluten Zahlen wies Deutschland 2006 Einnahmen aus Dienstleistungsexporten in Höhe von ca. 142 Mrd. € und Ausgaben durch Dienstleistungsimporte in Höhe von etwa 164 Mrd. € aus. Auf der Ausfuhrseite umfasst der grenzüberschreitende Dienstleistungsverkehr somit ca. 16% des grenzüberschreitenden Warenverkehrs. Dienstleistungsimporte erreichen ein Volumen, welches etwa 22% der Warenimporte entspricht.

- **Struktur des deutschen Dienstleistungshandels:** Einen Überblick über die Struktur des deutschen Dienstleistungshandels vermittelt Abbildung 1-59. Auffallend ist vor allem der große Anteil, den der Reiseverkehr innerhalb der Dienstleistungsimporte einnimmt. 36% der gesamten Dienstleistungseinfuhr sind Resultat der Reisetätigkeit der Deutschen.

- **Deutscher Dienstleistungshandel im internationalen Vergleich:** Während Deutschland bei der Dienstleistungseinfuhr einen Anteil von über 8% der weltweiten Dienstleistungsimporte hat, sinkt dieser Wert bei der Dienstleistungsausfuhr auf 6% Weltmarktanteil ab (vgl. WTO 2007a, S. 12). Deutschland, beim Warenexport wie bereits erläutert an erster Stelle stehend, muss sich beim Dienstleistungsexport hinter den USA und dem Vereinigten Königreich mit dem dritten Rang begnügen (vgl. WTO 2007a, S. 11). Dies deutet auf eine relative Schwäche deutscher Unternehmungen im Dienstleistungsexport hin, wie auch Textbox 1-18 verdeutlicht.

Textbox 1-18: Deutsche Dienstleistungsexporte

Ein Zeitungsausschnitt

Der Wandel von einer industriell geprägten Wirtschaft zu einer Dienstleistungsge-
sellschaft spiegelt sich in der Struktur der deutschen Exporte bisher nicht wider. Das
ergibt eine Studie des Münchener Ifo-Instituts, die am Montag veröffentlicht wurde.
Anders als in den traditionell finanzmarkt- und dienstleistungsorientierten Ländern
USA und Großbritannien sei der Anteil der Dienstleistungsausfuhren am Gesamtexport gering. „Von 1991 bis 2007 waren lediglich etwas mehr als 13 Prozent der deutschen Exporte Dienstleistungen, während es in den USA und Großbritannien über
30 Prozent waren", erklärt die Autorin der Studie, Monika Ruschinski. Die Anteile
seien in den vergangenen Jahrzehnten relativ konstant geblieben.

Deutschland wird seit Jahren als Exportweltmeister gefeiert. Dieser Titel gilt allerdings nur für die Warenausfuhr. Berücksichtigt man auch Dienstleistungsexporte,
haben laut Ifo weiterhin die Vereinigten Staaten die Nase vorn. Dies werfe die Frage
auf, ob die Wachstumspfade der deutschen Waren- und Dienstleistungsexporte generell unterschiedlich seien, so die Ifo-Wissenschaftlerin. Um das herauszufinden,
hat sie Datenreihen für die deutsche Warenausfuhr sowie die Dienstleistungsexporte
getrennt über einen langen Zeitraum hin untersucht. Dabei kommt sie zu dem Ergebnis, dass im Zuge der Integration von Schwellen- und Ostblockländern in den internationalen Handel die deutschen Waren- und Dienstleistungsexporte deutlich an
Dynamik gewonnen haben. „Seit 1999 verstetigte sich die Wachstumsrate des
Dienstleistungsverkehrs analog zum Warenverkehr", heißt es in der Studie. Mit einer
Jahresrate von 6,4 Prozent fällt die Trendwachstumsrate der Dienstleistungsexporte
am aktuellen Rand auch deutlich höher aus als in den Dekaden zuvor – aber immer
noch einen Prozentpunkt niedriger als die der Warenausfuhr. „Wenn die Exportmus-
ter so bleiben, nimmt der Exportanteil der Dienstleistungen am Gesamtexport in der
Zukunft sogar ab", so Ruschinski. Die starke Abhängigkeit der Exporte vom produ-
zierenden Gewerbe verfestigte sich damit tendenziell.

Quelle:
Heß, Dorit (2008): Dienstleister sind keine Exportweltmeister. In: Handelsblatt Nr. 25 vom 05. Februar
2008, S. 4.

Innerhalb der auch aus Abbildung 1-59 ersichtlichen übrigen Dienstleistungen entfällt
ein ständig wachsender Anteil auf so genannte **„Technologische Dienstleistungen"**.
Technologische Dienstleistungen umfassen den Patent- und Lizenzverkehr, Zahlungen
für Forschung und Entwicklung sowie für EDV-Leistungen und Ingenieurhonorare (vgl.
Deutsche Bundesbank 1996b).

Dienstleistungsverkehr Deutschlands mit dem Ausland	Dienstleistungs- export		Dienstleistungs- import		Saldo
	in Mio. €	in % des DL-Exports	in Mio. €	in % des DL-Imports	in Mio. €
Reiseverkehr	26.091	18,4%	58.895	35,8%	− 32.804
Transportverkehr	36.023	25,4%	31.283	19,0%	+ 4.740
Transithandelserträge	6.366	4,5%			+ 6.366
Versicherungsdienstleistungen	2.548	1,8%	1.543	0,9%	+ 1.004
Finanzdienstleistungen	6.684	4,7%	4.311	2,6%	+ 2.373
übrige Dienstleistungen	64.223	45,2%	68.333	41,6%	− 4.110
Gesamtwert	141.934	100,0%	164.365	100,0%	− 22.431

Aufgrund von Rundungsdifferenzen kommt es bei der Addition von Einzelwerten zu Gesamtwerten zu marginalen Diskrepanzen. Daten für das Jahr 2006.

Abb. 1-59: Struktur des deutschen Dienstleistungshandels nach Dienstleistungsbranchen
Quelle: Daten aus Deutsche Bundesbank (2007b), S. 20-21.

Der Technologische Dienstleistungsverkehr wird allerdings kaum zwischen Partnern auf dem freien Markt abgewickelt; denn sowohl auf der Einfuhr- als auch auf der Ausfuhrseite werden mehr als 90% des technologischen Dienstleistungsverkehrs zwischen verbundenen Unternehmungen ausgeführt (→ zum **unternehmungs- bzw. firmeninternen Handel** auch Abschnitt 3.4 in diesem Kapitel). Auch die Produktion technologischer Dienstleistungen wird in internationalen Unternehmungen offensichtlich zunehmend dezentralisiert, was zu grenzüberschreitendem Handel führt (vgl. Deutsche Bundesbank 1996b, S. 65).

4.3.2   Eine Betrachtung der Kapitalbilanz

Die Kapitalbilanz gliedert sich in die Bilanz der Direktinvestitionen, die Bilanz der Wertpapieranlagen, die Bilanz des übrigen Kapitalverkehrs und die Veränderung der Währungsreserven zu Transaktionswerten. Zudem wird der Kapitalverkehr weiter nach Sektoren aufgegliedert: Dabei wird zwischen monetären Finanzinstituten, Unternehmungen und privaten Haushalten, dem Staat und der Deutschen Bundesbank differenziert (vgl. Statistisches Bundesamt 2007, S. 661-662). Es ist üblich, dass die Deutsche Bundesbank zum März eines Jahres Revisionen für die vorangegangenen Jahre vornimmt und Nach- und Korrekturmeldungen sowie neue Informationen aus Sekundarquellen zur Ersetzung von vorläufigen Schätzungen in ihre Statistik aufnimmt. Oftmals werden auch methodische Änderungen vorgenommen. Diese betrafen beispielsweise die Aufgabe der bis einschließlich Berichtsjahr 1993 üblichen Unterscheidung zwischen kurz- und langfristigem Kapitalverkehr zugunsten einer funktionalen Unterscheidung aufgegeben ab 1994, oder auch die Änderung in der Berechnung von Zinserträgen, sowie die Stornierung des Ausweises von DM-Bargeldbestand im Jahr 2005 (Deutsche Bundesbank 2005).

- **Bilanz der Direktinvestitionen:** In der Bilanz der Direktinvestitionen werden alle Kapitalanlagen und sonstige Beteiligungen erfasst, wenn mit diesen die Absicht verbunden ist, auf die Geschäftspolitik einer Unternehmung Einfluss zu nehmen. Wie oben bereits erläutert (➜ Abschnitte 3.1.1 und 3.1.2 in diesem Kapitel), unterstellt die Deutsche Bundesbank das Kontrollmotiv dann, wenn ein Investor eine Beteiligung von mehr als 10% an einer anderen Unternehmung erwirbt.

- **Bilanz der Wertpapieranlagen:** In der Bilanz der Wertpapieranlagen werden solche Anlagen erfasst, die als Portfolioinvestitionen gelten und mit denen nicht die Absicht verbunden ist, auf die Geschäftspolitik einer anderen Unternehmung Einfluss auszuüben. Sie enthält Anlagen in Aktien, Investmentfonds einschließlich Geldmarktfonds, festverzinslichen Wertpapieren, Geldmarktpapieren und Finanzderivaten (z.B. Optionsscheine).

- **Bilanz des übrigen Kapitalverkehrs:** In dieser Bilanz werden Finanz- und Handelskredite, Bankguthaben und sonstige Anlagen erfasst. Hierzu gehören beispielsweise Beteiligungen des Bundes an internationalen Entwicklungsbanken oder der Erwerb und die Veräußerung von Kapitalgütern, die im Ausland bleiben (z.B. Schiffe). Die Deutsche Bundesbank unterteilt die Kredite weiter nach Sektoren (monetäre Finanzinstitute, Unternehmungen und Privatpersonen, Staat).

- **Veränderung der Währungsreserven zu Transaktionswerten:** Unter dieser Position werden die Veränderungen der Gold- und Devisenbestände, die sich aus dem Zahlungsverkehr mit dem Ausland ergeben, zu Transaktionswerten dokumentiert.

Abbildung 1-60 verdeutlicht die Situation der deutschen Kapitalbilanz während der letzten Jahre.

	2001	2002	2003	2004	2005	2006
1. Direktinvestitionen (Saldo)	− 14,8	+ 36,7	+ 23,5	− 19,4	− 15,8	− 29,1
• Deutsche DI im Ausland	− 44,4	− 20,1	− 5,2	− 11,9	− 44,6	− 63,3
• Ausländische DI in Deutschland	+ 29,5	+ 56,9	+ 28,7	− 7,4	+ 28,8	+ 34,2
2. Wertpapiere und Finanz-derivate (Saldo)	+ 39,0	+ 66,0	+ 52,4	+ 7,3	− 31,2	− 5,1
3. Übriger Kapitalverkehr (Saldo)	− 42,0	− 143,3	− 138,2	− 107,4	− 74,6	− 109,5
4. Veränderung der Währungs-reserven zu Transaktions-werten (Saldo)	+ 6,0	+ 2,1	+ 0,4	+ 1,5	+ 2,2	+ 2,9
Angaben in Mrd. €.						

Abb. 1-60: Die deutsche Kapitalbilanz
Quelle: Daten aus Deutsche Bundesbank (2007b), S. 38-39 sowie eigene Berech-
           nungen.

4.4   Die Datenbasis der Zahlungsbilanz

Die Daten der Zahlungsbilanz basieren auf einer Vielzahl von **Quellen:**

- Eine erste wichtige Grundlage ist die **Amtliche Außenhandelsstatistik** des Statistischen Bundesamtes in Wiesbaden. Die Außenhandelsstatistik beruht auf Angaben,
  die von Exporteuren und Importeuren bei der Ausfuhr und bei der Einfuhr gemacht
  werden, um außenwirtschaftlichen und zollrechtlichen Bestimmungen Rechnung zu
  tragen. Die Angaben der Außenhandelsstatistik sind vor allem für die Erstellung der
  Warenbilanz von Bedeutung.

- Eine zweite wichtige Grundlage stellt die **Statistik des Auslandszahlungsverkehrs**
  dar, die auf Vorschriften der Außenwirtschaftsverordnung (§ 59 AWV) beruht. So sind
  Zahlungen in das Ausland und aus dem Ausland ab einem Gegenwert von € 12.500
  an die Deutsche Bundesbank meldepflichtig. Diese Meldung erfolgt in der Regel über
  das inländische, d.h. das deutsche Kreditinstitut, über das ausgehende bzw. eingeh-
  ende Zahlungen laufen. Diese Angaben sind sowohl für die **Dienstleistungs**-, die **Er-
  werbs- und Vermögenseinkommens**- sowie die **Übertragungsbilanz** innerhalb der
  Leistungsbilanz als auch für die gesamte **Kapitalbilanz** von besonderer Relevanz.

- Als dritte Quelle gilt der so genannte **Auslandsstatus der Kreditinstitute**. Die Kreditinstitute sind verpflichtet, monatlich den Stand ihrer Auslandsaktiva und -passiva
  zu melden. Analog werden aufgrund § 62 der Außenwirtschaftsverordnung (AWV)
  auch Nichtbanken (Privatpersonen, Unternehmungen) verpflichtet, ihre Forderungen
  und Verbindlichkeiten bekannt zu geben, wenn diese mehr als € 5 Millionen betragen.

Weiterhin erfolgt eine Ergänzung dieser Angaben durch Schätzungen für Bewegungen, die nicht erfasst werden (z.B. Güterbewegungen im Reiseverkehr). Diese sogenannten „Restposten" nehmen ein beachtliches Ausmaß an. So betrugen die statistisch nicht aufgliederbaren Transaktionen im Jahr 2006 über 23 Mrd. € (vgl. Deutsche Bundesbank 2007b, S. 7). Eine Übersicht über die Art der in der Zahlungsbilanz auftretenden Daten und deren Quellen liefert Abbildung 1-61.

Zahlungsbilanzposition	Art der Daten	Quelle der Daten	Institution
A. Leistungsbilanz 1. Warenhandel	Güterbewegungen über die Grenze	Amtliche Außen-handelsstatistik	Statistisches Bundesamt
2. Dienstleistungshandel 3. Erwerbs- und Vermögens-einkommen 4. Laufende Übertragungen	Zahlungen Zahlungen Zahlungen	Statistik des Auslands-zahlungsverkehrs (§ 59 AWV)	Deutsche Bundesbank
B. Vermögensübertragungs-bilanz	Zahlungen	Statistik des Auslandszahlungs-verkehrs (§ 59 AWV)	Deutsche Bundesbank
C. Kapitalbilanz 1. Direktinvestitionen 2. Wertpapieranlagen und Finanzderivate 3. Übriger Kapitalverkehr 4. Veränderung der Währungs-reserven zu Transaktions-werten	Zahlungen Zahlungen Bestände Bestände	Statistik des Aus-lands-zahlungsverkehrs (§ 59 AWV) sowie Auslandsstatus der Kreditinstitute und Statistik der Aus-landsforderungen und -verbindlichkeiten der Nichtbanken (§ 62 AWV)	Deutsche Bundesbank
D. Saldo der statistisch nicht aufgliederbaren Trans-aktionen (Restposten)		als Rest errechnet	Deutsche Bundesbank

Abb. 1-61: Die Herkunft der Daten für die Zahlungsbilanz
Quelle: Direktauskunft der Deutschen Bundesbank, November 2007.

Obwohl die Angaben für die Warenbilanz aus Meldungen des Statistischen Bundes-amtes hervorgehen, finden wir zuweilen Divergenzen zwischen den Angaben der Deut-schen Bundesbank und des Statistischen Bundesamtes hinsichtlich des Warenhandels. Ein wesentlicher Grund für derartige Unterschiede liegt in den – in unregelmäßigen Ab-ständen – immer wieder erfolgenden Korrekturen von Daten, etwa aufgrund methodi-scher Änderungen. Auch der Erscheinungsrhythmus der Monatsberichte führt dazu, dass die Deutsche Bundesbank Korrekturen häufig früher als das Statistische Bundes-amt veröffentlicht.

5   Globalisierungstendenzen in der Weltwirtschaft

Wir wollen in Abschnitt 5 unseres ersten Kapitels klären, ob die Internationalisierung der Wirtschaft automatisch Globalisierung der Wirtschaft ist (vgl. dazu bereits Schmid 2000c). Zunächst soll daher diskutiert werden, was überhaupt unter Globalisierung zu verstehen ist (Abschnitt 5.1). Im Anschluss daran werden wir zwischen verschiedenen Objekten der Globalisierung differenzieren (Abschnitt 5.2) und Globalisierung von Internationalisierung, Regionalisierung und Denationalisierung abgrenzen (Abschnitt 5.3). Die Ursachen und Konsequenzen der Globalisierung sind so vielfältig, dass wir uns ausführlich mit ihnen beschäftigen wollen (Abschnitte 5.4 und 5.5). Abgerundet werden unsere Ausführungen mit einem Überblick über Ländergruppen in der Weltwirtschaft, deren Existenz – möglicherweise – als Beleg für die Regionalisierung und nicht für die Globalisierung gewertet werden könnte (Abschnitt 5.6).

5.1   Globalisierung ist ... ? – Die Bedeutung von Globalisierung

Globalisierung ist heutzutage als Schlagwort in aller Munde. Wenn wir uns in diesem Abschnitt mit der Frage beschäftigen, was Globalisierung bedeutet, so soll auch ein ehemaliger deutscher Top-Manager zum Thema Globalisierung zu Wort kommen. In Textbox 1-19 haben wir einen Ausschnitt aus einem Interview aufgenommen, welches das „manager magazin" mit Hans Graf von der Goltz führte.

Nicht nur in **journalistischen** und **populärwissenschaftlichen Werken**, sondern auch im **wissenschaftlichen Schrifttum** hat sich der Begriff Globalisierung etabliert. Auswertungen von Literaturdatenbanken zeigen, dass die Zahl der Veröffentlichungen zum Thema Globalisierung vor allem seit 1993 sprunghaft angestiegen ist (vgl. Dörrenbächer 1999, S. 28-31). Doch gerade aufgrund der inflationären Verwendung des Begriffs Globalisierung besteht keineswegs Einigkeit darüber, was unter Globalisierung zu verstehen ist (vgl. z.B. Lehmann/Reiners 1991, S. 414, Altvater/Mahnkopf 2007, v.a. S. 20-48). Einige Autoren – vor allem in der etwas älteren Literatur sowie in der Tagespresse – sprechen zwar von Globalisierung, versäumen es aber, eine genaue Definition zu geben (vgl. z.B. Cichon 1988, Kotler 1990, Hülsbömer/Sach 1997). Des Weiteren findet man Autoren, die den Begriff der Globalisierung mehr oder weniger mit dem Begriff der Internationalisierung gleichsetzen (vgl. z.B. Henzler 1992, v.a. S. 85-87, Beyfuß et al. 1997, S. 5, Lipsey 1998 oder Thomaschewski 1999). Andere Autoren betrachten Globalisierung als Teilphänomen der Internationalisierung (vgl. z.B. Germann/Rürup/ Setzer 1996, Petrella 1996, Germann/Raab/Setzer 1999). Innerhalb dieser letzten Gruppe verbinden die meisten Autoren mit dem Begriff der Globalisierung eine ganz spezifische Vorstellung. Sie sehen Globalisierung als besonders starke Ausprägung der Internationalisierung an. Manche Autoren beziehen Globalisierung auch auf einen spezifi-

schen Bereich, zum Beispiel auf die Internationalisierung der Finanzmärkte, und nehmen auf diese Weise eine inhaltliche Konkretisierung bzw. Einschränkung von Globalisierung vor.

Textbox 1-19: Eine persönliche Ansicht zur Globalisierung

Ein Interview mit Hans Graf von der Goltz

Manager Magazin: Und die Globalisierung?

Goltz: Das ist einer der schillerndsten Begriffe, die wir haben. Diese mangelnde Prä-
zision führt zu Missverständnissen, natürlich auch zu Unsicherheiten und Unruhe unter den Menschen. Es entsteht das Gefühl, am Himmel vollzieht sich etwas, das über
uns als Schicksal hereinbricht. Das kann nicht gut gehen. Und die Welt sieht auch
nicht so aus, wie es sich die Schöpfer des Begriffs Globalisierung vorstellen.

Manager Magazin: Wer sind die Übeltäter, gegen die Sie zu Felde ziehen?

Goltz: Im Wesentlichen sind es Finanzjongleure, natürlich auch die großen Unternehmungen, die aber den Begriff Globalisierung nicht brauchen, weil sie immer global waren. Unternehmungen wie *General Motors*, *Coca-Cola* oder *Siemens* waren
immer in aller Welt vertreten. Der Begriff ist mit der rasant zunehmenden Geschwindigkeit der Kommunikation und des Umlaufs der Geldströme erfunden worden. Er
zaubert vor den Augen des naiven Betrachters die Schönheit einer vereinten Welt.
Die gibt es nicht, die ist auch nicht gewollt ...

Manager Magazin: ... woher der Groll gegen die Globalisierer?

Goltz: Oftmals sind das Leute, die genau wissen, wo man in Los Angeles am besten
wohnt, wo man in Tokio gut isst. Die sind aber nie in den Slums gewesen. Sie kennen die Menschen nicht, über die sie sprechen. Das ist gefährlich, denn irgendwann
werden die Leute dagegen revoltieren, weil sie den Verlust ihrer Identität befürchten.

Hans Graf von der Goltz war von 1968 bis 1971 Firmenchef von Klöckner, bevor er
1971 von der Quandt-Familie als Generalbevollmächtigter für zahlreiche Industrie-
beteiligungen (u.a. *BMW*) geholt wurde und als Aufsichtsrat in vielen Unternehmungen die Interessen der Quandt-Familie zu wahren hatte.

Quelle:
Ahrens, Klaus/Pittner, Hanno (2000): Seitensprünge. Interview mit Hans Graf von der Goltz. In: Manager Magazin, September 2000, S. 271-279, hier: S. 276.

Trotz (oder gerade wegen) der umfassenden Auseinandersetzungen mit Globalisierung
ist keine Einheitlichkeit der begrifflichen und inhaltlichen Bestimmung von Globalisierung
auszumachen (vgl. Dauderstädt 1997). Wir wollen daher zunächst einmal definieren,
was man unter Globalisierung verstehen kann. Wie der Soziologe Beck fragen wir: Was

ist Globalisierung (vgl. Beck 2007)? Geht man von den lateinischen Wurzeln aus (lat. globus = die Kugel, Erde), so muss es sich bei der Globalisierung um ein Phänomen handeln, welches von weltweiter Dimension ist. Gemäß Duden bezeichnet man mit dem Adjektiv „global" Phänomene, die sich auf die ganze Erde beziehen, umfassend und/oder allgemein sind. Das Verb „globalisieren" bedeutet nach Duden „weltweit ausrichten", so dass mit dem Substantiv **„Globalisierung"** konsequenterweise die „weltweite Ausrichtung" angesprochen werden soll. Was weltweit ausgerichtet werden soll, bleibt zunächst noch offen. Oder anders ausgedrückt: Globalisierung bezieht sich zunächst noch nicht auf einen spezifischen Objektbereich oder ein spezifisches Objekt. Diese Aussage erscheint uns wichtig, weil sie deutlich macht, dass die Definition von Globalisierung zunächst noch eine große Offenheit erkennen lässt.

Während es sich beim Adjektiv „global" um eine Zustandsbeschreibung handelt, weist das Wort „Globalisierung" streng genommen auf eine Prozessbeschreibung hin. Zuweilen wird deswegen auch der Begriff **„Globalität"** verwendet, um den (bereits erreichten) Zustand und nicht den Prozess der weltweiten Ausrichtung anzusprechen. Allerdings ist der Begriff der „Globalität" vergleichsweise selten zu finden; denn es hat sich – obwohl sprachlich umstritten – eingebürgert, „Globalisierung" sowohl als Prozess als auch als Zustand aufzufassen (vgl. Germann/Rürup/Setzer 1996, S. 23). Unabhängig davon, ob man nun von der Globalisierung oder Globalität spricht – die weltweite Ausrichtung kommt in französischsprachigen Veröffentlichungen besonders gut zum Ausdruck; dort wird nicht nur von der „globalisation", sondern auch von der „mondialisation" (frz. le monde = die Welt) gesprochen (vgl. Mucchielli 1998).

Nach der vergleichsweise einfachen Definition von Globalisierung als **„weltweite Ausrichtung"** sollen zwei Soziologen zu Wort kommen, um uns die Bedeutung von Globalisierung etwas näher zu bringen. Mit Globalisierung bzw. Globalität ist gemäß dem bereits oben kurz genannten deutschen Soziologen Ulrich Beck die **Existenz weltumspannender, offener Systeme** gemeint. Beck bringt damit zum Ausdruck, dass einzelne Subsysteme nicht länger geschlossene, isolierte Felder darstellen, sondern dauerhaft durch interdependente Beziehungen miteinander verbunden sind – und zwar sowohl in sachlicher wie auch in räumlicher und zeitlicher Hinsicht. Konvektivität und Reflexivität sind für Beck konstitutive Merkmale der Globalität (vgl. Beck 2007). Auch Becks britischer Kollege, der Soziologe Anthony Giddens, hat auf die **weltweite Verflechtung** hingewiesen. Er definiert Globalisierung als die „Intensivierung weltweiter sozialer Beziehungen, durch die entfernte Orte in solcher Weise miteinander verbunden werden, dass Ereignisse an einem Ort durch Vorgänge geprägt werden, die sich an einem viele Kilometer entfernten Ort abspielen, und umgekehrt" (Giddens 1995, S. 85). Wie die beiden Soziologen Beck und Giddens möchte der deutsche Philosoph Peter Sloterdijk mit seinen in Textbox 1-20 abgedruckten Gedanken zum Ausdruck bringen, dass Globalisierung die **(ganze) Welt** betrifft und sich nicht auf einzelne Länder oder Regionen beschränkt.

Textbox 1-20: Philosophische Aspekte der Globalisierung

Gedanken des Philosophen Peter Sloterdijk

Wenn man eine Großraumbetrachtung des Globalisierungsvorganges vornimmt, zeigt sich eine Situation, auf die wir uns eben nicht nur aus wirtschaftlichen Gründen, sondern auch mit Rücksicht auf die moralische Gesamtverantwortung für den Welt-prozess noch viel entschiedener als bisher einlassen müssen. Die Europäer müssen sich, denke ich, viel mehr als üblich zu ihrer 500jährigen Globalisierungsgeschichte bekennen. Es kommt ihnen zu, sich auch im Zeitalter des Gegenverkehrs und der Gegenerreichbarkeit – die man oft ein wenig zu flach als bloße Konkurrenz interpre-tiert – auf ihr eigenstes Projekt zu besinnen. Und dies geschieht am besten, indem man sich auf das Problem einlässt, das im Jahre 1522 in Sevilla begann.

Damals, in dem Augenblick, als die Erde umrundet war und die Zurückkehrer ihre Stadt betraten, verwandelte sich zum ersten Mal ein Heimatort in einen Standort. Ein Standort ist ein Ort, der vom Kapital durchquert wird, weswegen es vor allem Hafen-städte sind, in denen sich die Standorterfahrung zuerst einstellt. Das Kapital unter-nimmt den Weg um die Erde und kehrt mit einem Plus auf sein Ausgangskonto zu-rück – dies ist die kinetische Grundfigur des Globalisierungszeitalters. Karl Marx hat-te die Bewegung des Kapitals wohl etwas zu einseitig beschrieben, wenn er sie als klassische Waren-Metamorphose darstellte: von der Geldform in die Warenform und zurück zur Geldform. In seiner Darstellung kommt der sozusagen touristische Teil der Seelenwanderung des Werts ein wenig zu kurz. Heute sehen wir etwas deut-licher, dass die langen Wege des Kapitals das Geheimnis des inneren Zusammen-hangs zwischen Kapitalverwertung und Globalisierung ausmachen. Das Gewürz-geschäft der frühen Neuzeit ist hierfür paradigmatisch. Tatsächlich muss das Ge-würzhandelskapital, um sich zu verwerten, den ganzen Globus umrunden, wenn die Metamorphose von Geld in Ware sich auf den Molukken, d.h. im Land, wo der Pfef-fer wächst, abspielt.

Das globalisierte Kapital ist das Geld, das zu seiner Verwertung die volle Erdumrun-dung braucht. Dies ist eine bemerkenswerte Beobachtung, und sie spiegelt bereits die Wahrheit des frühen 16. Jahrhunderts wider. Man kann die Bedeutung dieser Tatsache kaum überschätzen.

Quelle:
Sloterdijk (1998), S. 61-62.

5.2 Globalisierung von ... ? – Die Objekte der Globalisierung

Doch selbst wenn man zustimmt, dass Globalisierung ein Phänomen darstellt, welches „weltweiten" Charakter hat, so bleibt Globalisierung inhaltlich immer noch unzureichend spezifiziert. Zu fragen ist, auf welches Objekt bzw. auf welchen Objektbereich sich die Globalisierung erstreckt. Schumann versteht unter der Globalisierung vereinfachend die weltweite Verschmelzung von Märkten und Unternehmungen (vgl. Schumann 1999, S. 122; vgl. ebenso Niehoff/Reitz 2001, S. 7). Damit werden als Objekt bzw. Objektbereiche der Globalisierung die Institutionen **Märkte** und **Unternehmungen** einschließlich ihrer Aktivitäten und Prozesse betrachtet. Wir werden daher im Folgenden aufzeigen, was unter der Globalisierung von Märkten (Abschnitt 5.2.1) und der Globalisierung von Unternehmungen (Abschnitt 5.2.2) zu verstehen ist, bevor wir dann argumentieren, dass noch zahlreiche weitere Lebensbereiche Objekte der Globalisierung sein können (Abschnitt 5.2.3).

5.2.1   Globalisierung von Märkten

Die Globalisierung von Märkten steht vor allem aus volkswirtschaftlicher Sicht im Zentrum der Diskussion (vgl. Knorr 1998). Koch (1997, S. 3-4) unterscheidet mehrere Facetten der **Globalisierung von Märkten**:

* Globalisierung der Waren- und Dienstleistungsmärkte
* Globalisierung der Arbeitsmärkte
* Globalisierung der Finanz- bzw. Kapitalmärkte

Gemäß Bamberger/Wrona beinhaltet die Globalisierung von Märkten, dass unterschiedliche und zunächst als mehr oder weniger unabhängig betrachtete Märkte in einem gewachsenen Prozess erstens gleichartiger und zweitens verbundener werden (vgl. Bamberger/Wrona 1997, v.a. S. 714, Wrona 1999, S. 123-124, Wrona 2000, S. 69). Durch Ländergrenzen vormals voneinander abgeschottete Märkte werden demnach nicht nur zu länderübergreifenden, sondern – gemäß obiger Definition – sogar zu weltweiten Märkten. Betrachtet man die Entwicklung in zeitlicher Perspektive, so kommt es zunächst zu einer zunehmenden Auflösung der nationalen Märkte, dann zum Entstehen von Märkten, die Ländergrenzen überschreiten, weiterhin zu regionalen Märkten und schließlich zur Existenz eines weltumspannenden Marktes. Auf einem derart weltumspannenden Markt lassen sich mehr oder weniger starke Interdependenzen zwischen allen Aktoren bzw. deren Handlungen feststellen.

Spricht man von der Globalisierung der Märkte, so nehmen viele Betrachter besonders die **Globalisierung der Finanz- bzw. Kapitalmärkte** in ihr Visier (vgl. dazu z.B. kurz Fraser/Oppenheim 1997, S. 170-171, Hartmann-Wendels/Spicher 1997, Niehoff/Reitz 2001, S. 12-17 sowie ausführlich Koch 2006, S. 383-408 und Giesel/Glaum 1999, Hrsg., v.a. S. 295-404). Traditionell waren die Finanz- bzw. Kapitalmärkte, d.h. vereinfacht die Geldsphäre, eng an die realökonomischen Vorgänge auf den Waren-, Dienstleistungs- und Arbeitsmärkten, d.h. an die Gütersphäre, gekoppelt. Dies hatte zu einer weitgehend parallelen Entwicklung der Märkte geführt. Inzwischen aber hat sich die **Geldsphäre**

stark von der Gütersphäre abgekoppelt. Betrachtet man Statistiken, so stellt man fest, dass sich die Globalisierung deutlich stärker auf den Finanz- bzw. Kapitalmärkten als auf den Waren- und Dienstleistungsmärkten und auf diesen wiederum erheblich stärker als auf den Arbeitsmärkten zeigt. Dies kommt auch durch Abbildung 1-62 zum Ausdruck.

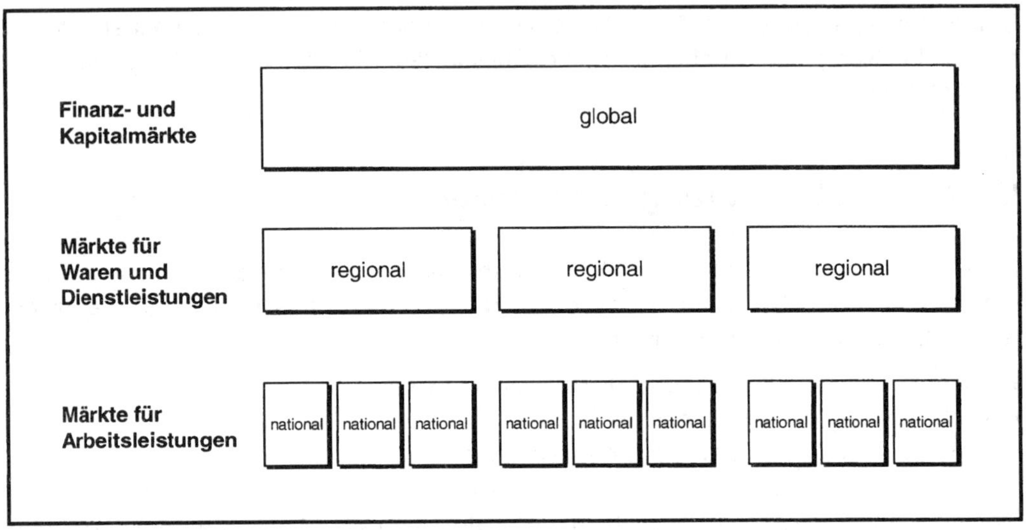

Abb. 1-62: Die Globalisierung von Märkten
Quelle: in Anlehnung an Buckley (1998), S. 13.

Die in Abbildung 1-62 vorgenommene Unterscheidung zwischen nationalen Märkten für Arbeitsleistungen, regionalen Märkten für Waren und Dienstleistungen und globalen Märkten für Geld und Kapital sollte freilich nicht überbewertet werden. Natürlich finden wir in letzter Zeit auch auf den Waren- und Dienstleistungsmärkten sowie auf den Arbeitsmärkten Globalisierungstendenzen. Nichtsdestotrotz können wir festhalten, dass die Finanz- bzw. Kapitalmärkte das größte Ausmaß hinsichtlich der Globalisierung angenommen haben. Die Gründe dafür sind vielfältig. Die rasante Verflechtung der Finanz- und Kapitalmärkte kann auf die Liberalisierung des Kapitalverkehrs, den verstärkten Technologieeinsatz und die steigende Bedeutung institutioneller Anleger zurückgeführt werden. Die zunehmende Staatsverschuldung vieler Länder und der große Finanzierungsbedarf vieler Unternehmungen trugen ebenfalls dazu bei, dass das Volumen der Finanz- und Kapitalmärkte weltweit stark zugenommen hat. Besonders explodiert ist zudem der weltweite Handel mit Finanzderivaten. Bei Derivaten wird nicht der zugrunde liegende Finanztitel selbst gehandelt, sondern nur dessen erwartete Veränderungen, so dass Derivaten eine große Hebelwirkung inhärent ist. Derivate, wie **Optionen**, **Swaps** und **Futures** (vgl. dazu z.B. ausführlich Glaum 1991, v.a. S. 176-323, Stocker 1997, v.a. S. 191-320), werden sowohl als Absicherungsinstrumente als auch als

Spekulationsinstrumente eingesetzt. Entscheidend ist nun, dass sich Finanztransaktionen ohne Probleme über Ländergrenzen hinweg durchführen lassen und damit die
internationale finanzielle Verflechtung erhöhen. Welche Probleme jedoch durch die
Globalisierung der Finanz- und Kapitalmärkte entstehen, hat die sogenannte **Asienkrise** Ende der neunziger Jahre gezeigt (vgl. zur Asienkrise Serapio/Shenkar 1999, Lee
2004). Die Asienkrise ging von Südkorea, Malaysia, Thailand und Indonesien aus, wo
es zu einem Zusammenbruch der Aktien- und Devisenmärkte kam. Sie weitete sich mit
zahlreichen Konsequenzen, zum Beispiel in Form sinkender Exportströme, nicht nur auf
benachbarte asiatische Länder, sondern auf fast alle Länder der Welt aus.

5.2.2   Globalisierung von Unternehmungen

In der Literatur spricht man nicht nur von „Globalen Märkten", sondern auch von „Globalen Unternehmungen" (vgl. z.B. Hout/Porter/Rudden 1982, Bartlett/Ghoshal 1989, Da-
vidson/de la Torre 1989, Wüthrich/Winter 1994, Berggren 1996). Ebenso wie bei Märkten lassen sich auch innerhalb von Unternehmungen – und diese (bzw. deren Management) stehen im Internationalen Management im Mittelpunkt des Interesses – unterschiedliche Facetten der Globalisierung identifizieren (vgl. z.B. die Beiträge in Berndt
1996, Hrsg., 1996, Giesel/Glaum 1999, Hrsg.). Zahlreiche Veröffentlichungen unterstreichen, dass sich die **Globalisierung von Unternehmungen** in allen Bereichen vollziehen kann (vgl. Ruigrok/Van Tulder 1995, v.a. S. 156-159, Govindarajan/Gupta 2000,
v.a. S. 276-277). Dies kommt auch in Abbildung 1-63 zum Ausdruck, in der die wichtigsten Objektbereiche aufgeführt sind, die in der Managementliteratur mit Bezug auf die
Globalisierung thematisiert werden.

Die Globalisierung von Unternehmungen hängt mit der Globalisierung der Märkte zusammen. Glaum diskutiert beispielsweise die Auswirkungen der Globalisierung der Kapitalmärkte für die Rechnungslegung internationaler Unternehmungen (vgl. Glaum
1999). Er zeigt dabei auf, dass zahlreiche Faktoren wie die Integration ehemals unabhängiger Märkte, die Intensivierung des Wettbewerbs auf den Märkten, die Dominanz
institutioneller, weltweit agierender Großanleger sowie die Existenz weltweit tätiger Ban-
kengruppen direkte und indirekte Auswirkungen auf die Rechnungslegung von Unternehmungen haben können.

Zuweilen wird auch von der **Globalisierungsbetroffenheit** von Unternehmungen gesprochen (vgl. Bamberger/Wrona 1997, v.a. S. 716, Wrona 1999, v.a. S. 133-135). Die
Globalisierungsbetroffenheit bezeichnet demnach das Ausmaß, in dem die Auswirkungen der Globalisierung der Märkte einen Einfluss auf Entwicklung und Erfolg von
Unternehmungen besitzen. In diesem Zusammenhang wird darauf verwiesen, dass
nicht alle Branchen in gleicher Art und Weise global seien und daher zwischen vollständig globalisierten Branchen, teilweise globalisierten Branchen sowie nicht-globalisierten
Branchen differenziert werden müsse (vgl. Voigt 1999). Hinter dieser Unterscheidung

steht die Annahme, dass man nicht von der Globalisierung der Märkte im Allgemeinen sprechen sollte, sondern dass die Branche darüber entscheidet, in welchem Ausmaß Unternehmungen auf den sie betreffenden Märkten von der Globalisierung tangiert werden (vgl. bereits Rall 1986, Doz 1987). Oder anders ausgedrückt: Es gibt **nicht den Beschaffungsmarkt**, **den Absatzmarkt** oder **den Kapitalmarkt**. Unternehmungen aus unterschiedlichen Branchen haben es mit **unterschiedlichen Märkten** bzw. **Marktsegmenten** zu tun, die in unterschiedlichem Ausmaß global oder nicht global sind.

Objektbereich des Managements	Zentrale Globalisierungsschlagworte	Exemplarische Autoren
Beschaffung	Global Purchasing, Global Sourcing	Arnold (1989, 1990), Corsten (1993), Mair (1995)
Forschung, Entwicklung	Global Research, Global Development	DeMeyer/Mizushima (1989), Gerpott (1990), Krubasik/Schrader (1990), Gerybadze (1997), von Zedtwitz/Gassmann/Boutellier (2004)
Produktion	Global Production, Global Operations Management	Flaherty (1996)
Marketing, Vertrieb	Global Marketing, Global Products, Global Brands, Global Accounts	Meffert (1989), Kreutzer (1990), Buzzell/Quelch/Bartlett (1995), Jenner (1995), Yip/Madsen (1996), De Mooij (1998), Keegan (1999)
Personal	Global Human Resource Management, Global (Virtual) Manager	Bartlett/Ghoshal (1992), Marquardt/Engel (1993), Kayworth/Leidner (2000)
Finanzierung	Global Finance	Business International (1988)
Organisation	Global Organization, Global Structures, Global Systems	Rall (1999)
Strategie	Global Strategy, Global Player	Hamel/Prahalad (1985), Kogut (1985a,b), Ghoshal (1987), Yip (1989, 1992), Welge/Böttcher (1991), Roth/Morrison (1992), Moon (1994), Lovelock/Yip (1996), John/Ietto-Gillies/Cox/Grimwade (1997), Welge/Böttcher/Paul (1998), Schlie/Yip (2000)
Ganzheitliche Unternehmungsführung	Global Corporate Mindset	Govindarajan/Gupta (2000), Gupta/Govindarajan (2002)

Abb. 1-63: Objektbereiche der Globalisierung von Unternehmungen

Eine Sichtweise, welche die Betroffenheit von Unternehmungen durch die Globalisierung an den Märkten, die für bestimmte Branchen bzw. für Unternehmungen dieser Branchen relevant sind, festmacht, muss jedoch in dreifacher Weise erweitert werden:

(1) Unternehmungen sind zwar einerseits von der Globalisierung der Märkte bzw. von den Globalisierungstendenzen der für ihre Branche relevanten Märkte betroffen und müssen darauf reagieren – etwa mit Hilfe ihrer Strategien, Strukturen und Kulturen. Unternehmungen sind allerdings andererseits auch selbst **Aktoren im Globalisierungsprozess** unserer Wirtschaft und können damit auf die Globalisierung der Wirtschaft aktiv Einfluss nehmen. Wir wagen zu behaupten, dass die Globalisierung sogar primär von Unternehmungen und nicht von anderen Aktoren getragen wird. Dies soll nicht heißen, dass nicht auch Staaten, Institutionen und Organisationen im Allgemeinen oder Individuen den Globalisierungsprozess beeinflussen. Die Aussage soll aber verdeutlichen, dass es gerade Unternehmungen sind, die als Motoren der Globalisierung gelten können. Sie reagieren somit nicht ausschließlich auf die Globalisierung, sondern verursachen, gestalten, beeinflussen Globalisierung – ob auf der Ebene von Branchen, Märkten, der Volkswirtschaft oder der Weltwirtschaft.

(2) Manchmal wird so getan, als wären alle Unternehmungen einer Branche den gleichen Bedingungen ausgesetzt (vgl. Morrison 1990), d.h. man vermutet, es gäbe innerhalb einer Branche nur ein **Geschäftsmodell**, welches zudem noch den gleichen Globalisierungsnotwendigkeiten oder Nicht-Globalisierungsnotwendigkeiten ausgesetzt ist. Als Geschäftsmodell wird in der Literatur meist eine gewisse Art und Weise bezeichnet, in der in einer bestimmten Branche Geschäfte gemacht und mit der unterschiedliche Wertschöpfungsaktivitäten angeordnet und miteinander verknüpft werden (sollen), um schließlich die Marktleistung zu erstellen. Wir hinterfragen erstens, ob es in den meisten Branchen nicht mehrere verschiedene, funktional äquivalente und damit auch ähnlich erfolgreiche Geschäftsmodelle geben kann und zweitens, ob nicht (selbst bei prinzipiell ähnlichen Geschäftsmodellen) Unternehmungen die Art und Weise, wie sie im Einzelnen auf Globalisierung reagieren, selbst bestimmen können. So wie es in einer bestimmten Branche gleichzeitig Unternehmungen mit Kostenführer-, Differenzierungs- und Fokussierungsstrategien gibt, so existieren zwar nicht innerhalb aller, so aber doch innerhalb vieler Branchen Unternehmungen, die hinsichtlich des erreichten Ausmaßes an Globalität einen (äußerst) unterschiedlichen Stand haben und darauf aufbauend auch unterschiedliche Strategien verfolgen können (vgl. z.B. Ger 1999).

Wir wollen an dieser Stelle auf den Biermarkt verweisen, in dem es lokale, regionale, nationale und (ansatzweise!) globale Wettbewerber gibt. *Nordbräu* aus Ingolstadt, *Löwenbräu* aus München, *Bitburger* aus Bitburg, *Asahi* oder *Kirin* aus Japan, *Heineken* aus den Niederlanden oder *Anheuser-Busch (Budweiser)* aus den USA weisen sehr große Unterschiede hinsichtlich ihres Internationalisierungsverhaltens auf. Es wäre also unzutreffend, würde man davon ausgehen, dass es im Biermarkt nur (noch) Wettbewerber gäbe, die sogenannte „globale Geschäftsmodelle" anwenden. Häufig ist es der Fall, dass in einem Markt Wettbewerber unterschiedlicher geographischer Ausrichtung miteinander konkurrieren. Dabei haben selbst die Wettbewerber, die (ansatzweise!) global sind, fast immer lokale, regionale oder nationale Konkurrenten (vgl. Schmid/Daniel 2007a, S. 101-110).

(3) Die Globalisierungsbetroffenheit ist, wie von Wrona herausgestellt, nicht nur durch objektive Merkmale beschreibbar; sie ist vielmehr stark von der **subjektiven Wahrnehmung** der Unternehmungen und ihrer Aktoren abhängig (vgl. Wrona 2000, S. 69-72). Man kann davon ausgehen, dass sich Unternehmungen sehr unterschiedlich von der Globalisierung betroffen fühlen und gerade deswegen in unterschiedlicher Art und Weise darauf reagieren.

Als Ergebnis bleibt festzuhalten, dass die Globalisierung der Wirtschaft bzw. ihrer Institutionen „Markt" und „Unternehmung" das offensichtlich dominante Objekt der Globalisierung darstellen. Globalisierung wird von den meisten Autoren auch als untrennbar mit dem kapitalistischen Wirtschaftssystem angesehen (vgl. Thurow 1996, S. 169-203). Eine kapitalistische Wirtschaft, wie auch immer sie im Einzelnen ausgestaltet ist, scheint für die meisten Autoren nur noch „mit", aber nicht (mehr) „ohne" Globalisierung denkbar.

5.2.3   Globalisierung weiterer Lebensbereiche

Wir haben betont, dass die Globalisierung häufig mit den ökonomischen Institutionen „Markt" oder „Unternehmung" in Verbindung gebracht wird. Selbst manche Soziologen verstehen unter der Globalisierung primär die weltweite Vernetzung ökonomischer Aktivitäten (vgl. Friedrichs 1997, S. 3). In diesem Lehrbuch steht die Globalisierung von Märkten und Unternehmungen ebenfalls im Zentrum. Es sollte jedoch nicht vergessen werden, dass auch weitere Lebensbereiche von der Globalisierung berührt werden (vgl. Ruigrok/Van Tulder 1993, v.a. S. 29-36, Ruigrok/Van Tulder 1995, S. 119-151, Dauderstädt 1997, v.a. S. 416, Gruppe von Lissabon 1997, Bonß 1999/2000, v.a. S. 43-60, Altvater/Mahnkopf 2007). Globalisierung ist keineswegs auf den ökonomischen Bereich beschränkt, sondern erfasst die gesamte Gesellschaft, was man etwa daran sehen kann, dass bereits Überlegungen zur Entstehung bzw. Existenz einer **Weltgesellschaft** angestellt werden (vgl. z.B. Treml 1997, Beck 1998a, Hrsg.).

Welche weiteren Lebensbereiche werden von der Globalisierung erfasst? Von vielen Autoren wird auf die **Globalisierung der Politik** hingewiesen, die dadurch zustande kommt, dass die Nationalstaaten zunehmend Teile ihrer Souveränität aufgeben (müssen). Die einzelnen Nationalstaaten vermögen viele Strukturen und Prozesse immer weniger alleine zu kontrollieren und noch weniger zu steuern (vgl. Beck 1998b, Hrsg. oder Hirst/Thompson 1999). Die **Globalisierung des Rechts** ist ein weiteres Gebiet, welches sich großen Interesses und großer Bedeutung erfreut (vgl. Voigt 1999/2000, Hrsg.). Gerade wenn es in Wirtschaft und Politik zu zunehmenden Verflechtungen kommt, wird die Globalisierung des Rechts zu einer entscheidenden Thematik, denn der nationale Rechtsrahmen reicht immer weniger aus, Sachverhalte zu regeln, deren Gegenstandsbereich sich über Ländergrenzen hinweg erstreckt.

Innerhalb des Zusammenspiels von Politik, Recht und Wirtschaft wird dann folgerichtig auch immer wieder die Frage aufgeworfen, wer (globale) Standards setzt, die das Handeln von Individuen, Organisationen und Staaten kanalisieren bzw. reglementieren. Dies geschieht unter den Schlagworten der **Globalisierung der Ethik** bzw. auch der „**Global Governance**" (vgl. Kreikebaum 2000). Die Lösungsvorschläge, die von unterschiedlichen Richtungen vorgeschlagen werden, sind dabei unterschiedlich und werden auch kontrovers diskutiert. Vereinfacht ausgedrückt lässt sich dabei folgende Zusammenfassung der aktuellen Diskussion vornehmen: Die **neoliberale Sichtweise** geht davon aus, dass es eine klare Arbeitsteilung zwischen Politik und Wirtschaft gibt. Die Politik setzt die Rahmenordnung, innerhalb derer die Wirtschaft und deren Aktoren, d.h. vor allem die Unternehmungen, eigenen Nutzenmaximierungskalkülen folgen dürfen bzw. müssen (vgl. Homann/Gerecke 1999). Nach der sogenannten **republikanischen Sichtweise**, die der neoliberalen Sichtweise zuweilen gegenübergestellt wird, ist es jedoch fraglich, ob es eine weltweite Rahmenordnung überhaupt geben kann und ob nicht auch Unternehmungen als politische Aktoren die Verpflichtung haben, ihr Handeln auf andere Bezugsgruppen, wie etwa den Staat, auszurichten (vgl. Scherer/Löhr 1999 bzw. Scherer 2000 sowie Scherer/Palazzo/Baumann 2006).

Wir können darüber hinaus auf die **Globalisierung der Natur bzw. der Ökologie** verweisen, die heutzutage unter anderem dadurch relevant ist, dass Unternehmungen weltweit – oder zumindest in vielen Ländern – operieren und sich ihre Handlungen nicht auf das Territorium beschränken, aus dem sie ursprünglich stammen. Dies lässt sich vor allem an einigen bedauerlichen Entwicklungen, wie der Zerstörung von Regenwäldern, der Verschmutzung der Atmosphäre oder der Verknappung einiger Rohstoffe ablesen. Ein weiteres Feld stellt die **Globalisierung von Technik, Kommunikation und Medien** dar. Zwar fällt auf, dass Technik, Kommunikation und Medien zunehmend als integrativer Bestandteil der Ökonomie interpretiert werden, allerdings sollte man im Auge behalten, dass diese Bereiche nicht zwingend dem Primat der Ökonomie gehorchen müssen und somit separat betrachtet werden können.

Immer wieder wird auch von der **Globalisierung der Kultur** gesprochen (vgl. z.B. Robertson 1992). Dabei spielt man weniger auf die Ebene der Grundannahmen, Werte und Normen an als vielmehr auf die Ebene der Verhaltensweisen und Artefakte (→ dazu auch Kapitel 5). Das vom US-amerikanischen Soziologen George Ritzer geprägte Schlagwort von der „McDonaldisierung" unserer Weltgesellschaft bringt zum Ausdruck, dass viele Lebensgewohnheiten nicht an Landesgrenzen halt machen und sich zunehmend weltweit vereinheitlichen (vgl. Ritzer 1995). Von anderen Autoren wird die „McDonaldisierung" auch als Trivialisierung und Banalisierung zahlreicher Lebensgewohnheiten bezeichnet (vgl. Belk 1996).

Weniger neu dürfte das Phänomen der **Globalisierung der Wissenschaft** sein. Dies
gilt zumindest für große Teile der Naturwissenschaften, wo bereits seit langer Zeit eine
länderübergreifende „Scientific Community" existiert. In den Sozial- und Geisteswissen-
schaften sieht die Situation freilich anders aus. Hier herrscht bis heute eine relativ starke Fragmentierung hinsichtlich der Wissenschaftsprogramme einschließlich der diesen
zugrunde liegenden Paradigmen, Erkenntnisgegenstände, -interessen, -ziele, -per-
spektiven und -methoden vor. Dies gilt auch für die Betriebswirtschafts- und Managementlehre – und selbst für das Internationale Management als Wissenschafts(teil)dis-
ziplin, wo mancher externe Betrachter eventuell eine weltweite bzw. weltweit einheitliche
Ausrichtung erwarten könnte, bei genauerer Analyse jedoch eine große Fragmentierung
feststellt (vgl. Boyacigiller/Adler 1991). Trotz dieser Fragmentierung sind jedoch auch in
der Betriebswirtschafts- und Managementlehre Globalisierungstendenzen – im Sinne
der später noch anzusprechenden Vereinheitlichungstendenzen – festzustellen (vgl.
z.B. Engwall 2000, ➜ Abschnitt 5.4.2 in diesem Kapitel).

Wir könnten diese Ausführungen noch erweitern und damit deutlich machen, dass Globalisierung zahlreiche Lebensbereiche betrifft (vgl. dazu z.B. Beisheim et al. 1999). Dies
ist jedoch nicht Ziel dieses Buches. Es sollte lediglich deutlich werden, dass Globalisierung keineswegs auf die Globalisierung von Märkten und Unternehmungen eingeengt
werden sollte. Abbildung 1-64 kann die Vielfalt der Globalisierungsbereiche zusammenfassen. Auch wenn wir in diesem Abschnitt von den Objekten bzw. den Objektbe-
reichen der Globalisierung gesprochen haben, hoffen wir deutlich gemacht zu haben,
dass in den Lebensbereichen, die von der Globalisierung berührt sind, zahlreiche Aktoren **aktiv** den **Globalisierungsprozess beeinflussen** (können) und ihm **nicht nur passiv** und ohnmächtig gegenüberstehen.

Darüber hinaus ist Globalisierung natürlich auch ein Thema, welches auf der Ebene des
Individuums von Relevanz ist. Paradoxerweise sprechen wir ja gerade in einer Zeit von
Globalisierung, in der auch die Individualisierung in vielen Gesellschaften einen hohen
Stellenwert aufweist (vgl. Korte/Mättig 1996). Jeder Einzelne kann und sollte sich daher
selbst Gedanken machen, wie er von der Globalisierung beeinflusst bzw. betroffen wird
und wie er selbst Globalisierung (mit-)gestalten kann. Nakiye Boyacigiller, Professorin
an der US-amerikanischen San José State University, hat dies getan und über den Zusammenhang zwischen ihrer Rolle als Forschende, als Lehrende und als Bürgerin einerseits und der Globalisierung andererseits reflektiert (vgl. Boyacigiller 1994). Ver-
ständlicherweise interpretieren Individuen viele Entwicklungen, die sich auf höherer bzw.
aggregierter Ebene wie etwa auf gesamtwirtschaftlicher, politischer oder rechtlicher
Ebene ergeben, nicht wertneutral, sondern aus ihrer eigenen, persönlichen Betroffenheit heraus (vgl. Treml 1997, S. 40). Die Beurteilung aus der Perspektive von Individuen
ist dabei häufig anders als die Beurteilung, die von individuellen Schicksalen abstrahiert.
Wird eine individuelle Perspektive eingenommen, so wird meist das „Ausgeliefertsein"
stärker betont als die Möglichkeit der aktiven Handlung. Dies liegt in der Natur des Glo-
balisierungsphänomens begründet, denn manche Individuen kapitulieren vor der schein-

baren Allmacht der auf sie einwirkenden Kräfte und sehen keine Möglichkeit der Gestaltung.

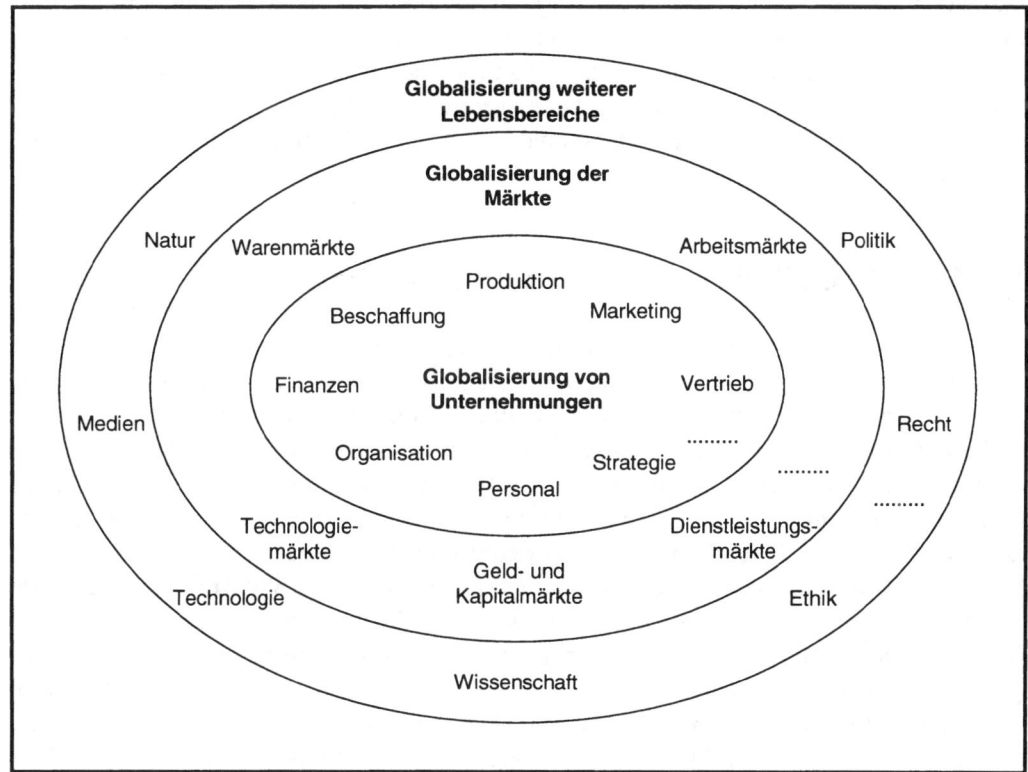

Abb. 1-64: Globalisierung von Unternehmungen, Märkten und weiteren Lebensbereichen

Aufgrund der Tatsache, dass Globalisierung zahlreiche Lebensbereiche erfasst, stellt die Globalisierungsdiskussion aus wissenschaftlicher Perspektive ein Forschungsfeld dar, welches sich wie kaum ein anderes Forschungsfeld für eine gemeinsame, die Wissenschafts(teil)disziplinen überschreitende Zusammenarbeit eignet (vgl. Friedrichs 1997, S. 10). Aus diesem Grund wird auch gefordert, dass Globalisierung von Vertretern unterschiedlicher Fachgebiete gemeinsam, d.h. **multi-, trans- bzw. interdisziplinär** und nicht nur innerhalb einzelner Wissenschafts(teil)disziplinen zu erforschen ist (vgl. zu verschiedenen Stufen der Disziplinarität etwa Kirsch 1994, S. 144). Globalisierung ist damit zwar, wie dies Knyphausen-Aufseß (2000, Hrsg.) mit dem Titel eines Sammelbandes zum Ausdruck bringt, eine „Herausforderung der Betriebswirtschaftslehre"; Globalisierung berührt jedoch, wie wir gesehen haben, auch zahlreiche andere Wissenschaftsdisziplinen.

5.3   Globalisierung ist nicht gleich ... ? – Der Versuch einer Abgrenzung

Inzwischen wissen wir, was Globalisierung bedeuten kann und auf welche (Lebens-)Bereiche sich Globalisierung beziehen kann. Es ist aber noch offen geblieben, welches Verhältnis zwischen Globalisierung und weiteren begrifflichen Definitionen und Konzepten besteht. Deswegen wollen wir Globalisierung nun von Internationalisierung (Abschnitt 5.3.1), Regionalisierung (Abschnitt 5.3.2) und Denationalisierung (Abschnitt 5.3.3) abgrenzen.

5.3.1   Globalisierung und Internationalisierung

Häufig wird die Zustandsbeschreibung „global" bzw. die Prozessbeschreibung „Globalisierung" verwendet, um eine besonders „starke" Ausprägung von „international" bzw. „Internationalisierung" zum Ausdruck zu bringen. Aus primär **gesamtwirtschaftlicher Perspektive** betrachten beispielsweise Germann/Rürup/Setzer (1996) die Globalisierung als Steigerung der Internationalisierung. Internationalisierung wird dann zur Globalisierung, wenn neben dem eigenen Land nicht nur (einzelne) weitere Länder oder Regionen betroffen sind, sondern wenn die gesamte Welt von bestimmten Entwicklungen, Institutionen, Aktoren oder Prozessen tangiert wird. Aus **einzelwirtschaftlicher Perspektive** interpretieren Welge/Böttcher/Paul (1998, S. 1) Globalisierung als die „geographisch weitreichendste Form internationalen Marktengagements im Sinne einer ganzheitlichen Betrachtung des Weltmarkts". Globalisierung kann also als besonders **weitreichende Form der Internationalisierung** angesehen werden (vgl. auch Engelhard/Dähn 1994, S. 262). Oder anders ausgedrückt: Internationalisierung schließt Globalisierung als Spezialform mit ein.

Doch gleichzeitig zeigt sich sehr schnell, dass mit dem Begriff der Globalisierung wohl eher ein utopischer Zustand angesprochen wird. Eine weltweite Verflechtung (oder gar Verschmelzung) aller Märkte sowie eine weltweite Verflechtung (oder gar Verschmelzung) aller Bereiche von Unternehmungen ist in unseren Augen als illusorisch anzusehen. Insofern sollte man eher vom Trend der Globalisierung bzw. noch vorsichtiger von einer möglichen **Entwicklung in Richtung Globalität** sprechen. Dies gilt nicht nur für Märkte und Unternehmungen, sondern auch für die anderen der oben angesprochenen Lebensbereiche. Ruft man sich unsere Ausführungen zur Globalisierung von Märkten in Erinnerung, so fällt es nicht schwer zu erkennen, dass die Geld- und Kapitalmärkte in Richtung Globalisierung wohl am weitesten vorangeschritten sind. Doch selbst bei den Geld- und Kapitalmärkten ist nicht zwingend eine Globalisierung „im wahrsten Sinne des Wortes" gegeben.

5.3.2 Globalisierung und Regionalisierung

In der Literatur ist häufig nicht nur von Globalisierung, sondern gleichzeitig von Regionalisierung die Rede (vgl. Anderson/Blackhurst 1993, Hrsg., Mirza 1998, Hrsg. und dabei vor allem Mirza 1998, Rugman 2005, Dunning/Fujita/Yokova 2007, Flores/Aguilera 2007). Dahinter verbirgt sich die Erkenntnis, dass wir es in vielen Fällen nicht mit einer weltweiten, sondern mit einer regionalen Ausrichtung zu tun haben – und dies lässt sich ebenso auf unterschiedliche Objekte bzw. Objektbereiche beziehen. Exemplarisch können wiederum gesamtwirtschaftliche und einzelwirtschaftliche Betrachtungen angestellt werden.

Aus **gesamtwirtschaftlicher** Perspektive belegen zahlreiche Analysen zwar einerseits ein generelles weltweites Wachstum des Außenhandels und der Direktinvestitionen von erheblichem Ausmaß, aber andererseits auch eine starke Konzentration auf einige wenige Länder: die OECD-Länder bzw. die Triade-Länder (vgl. dazu nochmals die Ausführungen in den Abschnitten 2 und 3 dieses Kapitels). So vereinen, wie wir gesehen haben, drei Staaten alleine, die Vereinigten Staaten, das Deutschland und China, knapp 28% der **Weltexporte und -importe** auf sich (WTO 2007b, S.12). Etwa 58% des Außenhandels der EU-Mitglieder werden innerhalb der EU selbst abgewickelt (WTO 2007b, S.20). Deutschlands Exporte und Importe werden zu ca. 65% mit europäischen Partnern getätigt; auf den geographisch bedeutsamen „Rest der Welt" entfallen gerade einmal 35% (Statistisches Bundesamt 2008). Bei den **Direktinvestitionen** sieht die Situation nicht wesentlich anders aus: Der Großteil der weltweiten Direktinvestitionsbestände erstreckt sich auf die Länder der Triade und einige sogenannte „Zukunftsmärkte" wie China. Ein beträchtlicher Teil der europäischen Investitionen fließt in Nachbarländer (und nicht etwa gleichmäßig verteilt in die ganze Welt). Deutschlands Direktinvestitionen konzentrieren sich neben den USA vor allem auf europäische Länder.

Aus **einzelwirtschaftlicher Perspektive** lassen sich, was nicht überrascht, ähnliche Konzentrationen feststellen. So verfolgen viele Automobilhersteller keine globale Strategie, sondern beschränken sich auf einzelne Regionen (vgl. Schlie/Yip 2000). Van Tulder/Ruigrok (1996) haben bereits vor einiger Zeit überzeugend aufgezeigt, dass globale Wettbewerber in der Automobilindustrie kaum existieren. Noch radikaler wurde diese Situation von Baden-Fuller/Stopford (1991) für die Haushaltsgerätebranche interpretiert. Dabei wurde nicht nur auf die Existenz von zahlreichen nationalen und (lediglich) exportorientierten Wettbewerbern verwiesen, sondern auch betont (und empirisch belegt), dass eine Globalisierungsstrategie keineswegs erfolgversprechender sein muss als andere Strategievarianten (vgl. jedoch auch Segal-Horn/Asch/Suneja 1998). Häufig kommt es in der Haushaltsgerätebranche dazu, dass sich die Wettbewerber auf bestimmte Regionen konzentrieren. Rugman/Girod (2003) zeigen, dass auch im Einzelhandel Regionalisierungsstrategien gegenüber Globalisierungsstrategien dominieren.

5.3.3   Globalisierung und Denationalisierung

Im Zusammenhang mit der Globalisierungsdiskussion wird in letzter Zeit auch immer wieder auf **Grenzenlosigkeits- bzw. Entgrenzungstendenzen** verwiesen (vgl. Brock/ Albert 1995). Zuweilen wird dabei unter Rückgriff auf Deutsch (1969) von der soge- nannten **Denationalisierung** gesprochen (vgl. z.B. Zürn 1997, Walter/Zürn 1998, Beis- heim et al. 1999). Der Begriff der Denationalisierung vermeidet die Aussage, dass sich Prozesse über die gesamte Welt erstrecken. Während sich im Zeitalter der Internatio- nalisierung Prozesse zwischen Nationalstaaten bzw. Aktoren von Nationalstaaten ab- spielen und auch zwischenstaatlich oder von der Gesamtheit der Nationalstaaten kon- trolliert werden können, sieht dies im Zeitalter der Denationalisierung anders aus: Pro- zesse können weder in den einzelnen Nationalstaaten verankert werden noch von Nati- onalstaaten oder der Gesamtheit der Nationalstaaten in gleicher Form wie früher kon- trolliert werden (vgl. Flecker 1996, S. 53) – sie sind einfach nicht mehr an Nationalstaa- ten und deren Grenzen gekoppelt!

Im Gegensatz zum Begriff der Globalisierung wird mit dem Begriff der Denationalisie- rung die Erosion bzw. Transformation der Nationalstaaten angesprochen, ohne dass damit suggeriert wird, es gäbe ein Zusammenwachsen der gesamten Welt oder aber eine Grenzenlosigkeit innerhalb der gesamten Welt, wie sie der ehemalige Chef von **McKinsey** in Japan, Kenichi Ohmae, bereits Anfang der neunziger Jahre prophezeit hatte, als er von der „borderless world" sprach (vgl. Ohmae 1990).

Mit dem Begriff der Denationalisierung stellt man zwar, so könnte man auf den ersten Blick meinen, den Nationalstaaten ein Zeugnis der Ohnmacht aus; dies ist jedoch nur bedingt der Fall: Den Nationalstaaten wird weiter eine wesentliche Rolle zukommen – nicht nur weil Staaten Aufgaben haben, die andere Institutionen nicht übernehmen können, sondern auch weil Staaten miteinander sowie mit Unternehmungen kooperie- ren können. Damit ändern sich möglicherweise Aufgaben und Verhalten der National- staaten, nicht aber deren Existenz (vgl. Walter/Zürn 1998, Engelhard/Gerstlauer/Hein 1999, Pausenberger 1999). Das Phänomen der Denationalisierung hat seinen Ursprung zwar primär in der politisch-rechtlichen Diskussion; Denationalisierung lässt sich aller- dings auch in anderen gesellschaftlichen Bereichen, wie etwa Kommunikation, Mobilität, Sicherheit, Umwelt, Wirtschaft und Unternehmungen nachweisen (vgl. Beisheim et al. 1999, Engelhard/Eckert 1999).

5.3.4   Zwischenfazit

An dieser Stelle ist als kritisches Zwischenfazit festzuhalten, dass der Begriff der Globa- lisierung in vielen Fällen sehr hemdsärmelig angewandt wird. Wenn sich Internationali- sierung – ob von Märkten, Unternehmungen oder anderen Lebensbereichen – nur auf einen bestimmten Teil unserer Welt bezieht, ist der **Begriff der Globalisierung fehl am**

Platz (vgl. auch Flecker 1996, S. 54). Man sollte in vielen Fällen den neutralen Begriff der Internationalisierung vorziehen und unter Umständen – je nach Sachverhalt – auch von Regionalisierung, aber nicht von Globalisierung sprechen. Noch „vorsichtiger" ist der Begriff der Denationalisierung, mit dem lediglich die Tatsache beschrieben wird, dass Entgrenzungstendenzen existieren. Insofern ist Globalisierung als **(möglicher) Trend** bzw. als **(mögliche) Entwicklung** und weniger als ein bereits erreichter Zustand aufzufassen.

Leider wird in vielen Veröffentlichungen keine saubere Trennung zwischen Globalisierung und Internationalisierung vorgenommen. Darauf deutet auch das Ergebnis der bereits oben erwähnten Literaturdatenbankauswertung von Dörrenbächer (1999) hin. Gleichzeitig mit dem rasanten Aufschwung des Themas „Globalisierung" hat das Thema „Internationalisierung" ein wenig an Relevanz verloren. Viele Autoren, die vormals den Begriff „Internationalisierung" gewählt haben, scheinen sich jetzt offensichtlich eher für „Globalisierung" zu begeistern (vgl. Dörrenbächer 1999, S. 28-31). Ein Beispiel kann dies verdeutlichen: Während Warren Keegan sein Lehrbuch zum Internationalen Marketing bis zur 3. Auflage unter dem Titel „Multinational Marketing Management" anpries, wurde ab der 4. Auflage der Titel „Global Marketing Management" verwendet (vgl. Keegan 1984, 1989, 1999).

Allerdings wollen auch wir in diesem Kapitel weiter von Globalisierung sprechen, wenn wir uns nun nachfolgend für Konsequenzen und Ursachen der Globalisierung interessieren – wohlwissend, dass die Konsequenzen und Ursachen in vielen Fällen nicht nur die Globalisierung, sondern auch die Internationalisierung im Allgemeinen betreffen. Internationalisierung schließt dabei für uns **Globalisierung als Spezialform der Internationalisierung** mit ein. Im weiteren Verlauf dieses Buches, d.h. nach Abschluss von Kapitel 1, werden wir wieder zum Terminus „Internationalisierung" zurückkehren.

5.4 Konsequenzen der Globalisierung

5.4.1 Einleitende Überlegungen zu den Konsequenzen der Globalisierung

Wir haben bereits dargelegt, dass wir vor allem Märkte und Unternehmungen als Objekte der Globalisierung bezeichnen sollten. Doch wir haben ebenso darauf verwiesen, dass man den Blickwinkel deutlich einengen würde, wenn man nur Märkte und Unternehmungen als Objekte der Globalisierung betrachten würde. Dies betrifft vor allem die Konsequenzen der Globalisierung. In einem von der Gottlieb-Daimler-Stiftung und der Karl-Benz-Stiftung finanzierten Forschungskolleg mit dem Schwerpunkt „Globalisierung – verstehen und gestalten" wurde daher darauf verwiesen, dass Globalisierung zwar primär ökonomische Ursachen hat, gerade aber die Folgen der Globalisierung das politische, rechtliche und soziale Gefüge erfassen (vgl. Steger 1996, Hrsg.). Diese Aussage erscheint uns wichtig; denn von Ökonomen einerseits und von Politologen, Soziologen und Kulturwissenschaftlern andererseits werden **Globalisierungstendenzen** häufig **unterschiedlich beurteilt**: Während die Mehrheit der Ökonomen eher die positiven Seiten der Globalisierung herausstellt, werden von vielen Wissenschaftlern aus anderen Disziplinen – ebenso wie von vielen Vertretern von Gewerkschaften, von manchen Politikern sowie von etlichen Journalisten – auch negative Folgen befürchtet (vgl. z.B. Friedrichs 1997, Gruppe von Lissabon 1997, Martin/Schumann 2000). Bevor wir auf eher negative Konsequenzen (Abschnitt 5.4.3) und eher positive Konsequenzen (Abschnitt 5.4.4) der Globalisierung verweisen, seien zuerst diejenigen Konsequenzen skizziert, über deren Beurteilung die Meinungen weit auseinandergehen, d.h. bei denen sehr geringe Einigkeit darüber besteht, ob es sich nun um begrüßenswerte oder beklagenswerte Erscheinungen handelt. Als zentrale Konsequenz wird in diesem Zusammenhang auf die Vereinheitlichung verwiesen (Abschnitt 5.4.2).

5.4.2   Vereinheitlichung als Konsequenz

Globalisierung betrifft – streng genommen – die ganze Welt. Dadurch kommt es, wie oben erläutert, zu einer Verflechtung bzw. Verschmelzung. Verflechtungen und Verschmelzungen lassen aber weder ein „Entweder-Oder" noch ein „Sowohl-als-Auch" zu. Verflechtungen und Verschmelzungen führen zu einer einzigen Lösung, die wir, vereinfacht ausgedrückt, auch als **Vereinheitlichung** bezeichnen können. Die Vereinheitlichung bezieht sich auf unterschiedliche Aspekte in den von der Globalisierung betroffenen Lebensbereichen. Wir wollen dabei exemplarisch die Vereinheitlichung auf der gesamtwirtschaftlichen Ebene (Abschnitt 5.4.2.1) und der einzelwirtschaftlichen Ebene (Abschnitt 5.4.2.2) herausgreifen und andere Lebensbereiche weitgehend außen vor lassen.

5.4.2.1   Vereinheitlichungstendenzen auf gesamtwirtschaftlicher Ebene

Nach dem Zerfall kommunistischer bzw. sozialistischer Gesellschaftssysteme und dem Scheitern der damit verbundenen planwirtschaftlichen Wirtschaftssysteme habe, so die Meinung der meisten Autoren, der Kapitalismus weltweit den Siegeszug angetreten. **Aus gesamtwirtschaftlicher Perspektive** wird betont, dass es – entgegen mancher früherer Auffassungen (vgl. z.B. Albert 1992) – auf lange Sicht nicht mehr unterschiedliche Varianten des kapitalistischen Wirtschaftssystems gebe, sondern dass nur noch eine (mehr oder weniger) einheitliche Spielart des **Kapitalismus** existieren werde. Dabei wird vielfach angenommen, dass das angelsächsische Modell des Kapitalismus dem sogenannten „Rheinischen Kapitalismus" deutscher Prägung oder dem „Netzwerk-

Kapitalismus" asiatischer Prägung überlegen sei. Auch wenn diese Monopollösung keineswegs von allen Wissenschaftlern als wünschenswert bezeichnet wird (vgl. z.B. die Beiträge in Klump 1996, Hrsg.), wird sie doch zuweilen als eine wahrscheinliche Entwicklung angesehen.

Mit dem angelsächsischen Modell des Kapitalismus verbunden ist für viele auch die Erwartung, für manche sogar die Hoffnung, dass der Markt als Institution nicht nur innerhalb der Wirtschaftsordnung bzw. der Wirtschaftssysteme an Bedeutung gewinnt, sondern auch außerhalb der Wirtschaft immer mehr Lebensbereiche erfasst, die ehedem nicht durch das Marktprinzip geregelt wurden. Diese Entwicklung wird auch unter dem Stichwort der **„Ökonomisierung der Gesellschaft"** diskutiert. Namhafte Ökonomen, die bereits zahlreiche Lebensbereiche (z.B. Ehe, Familie) ökonomisch erklären, leisten dieser Entwicklung Vorschub, indem sie deutlich machen (wollen), dass eine Ökonomisierung zumindest theoretisch möglich sei – mit den Konsequenzen einer ubiquitären Anwendung des Marktprinzips und des Preismechanismus (vgl. z.B. Becker 1982/1993). Es verwundert daher nicht, dass angesichts dieser Entwicklung so mancher eine Übermacht der Wirtschaft über alle anderen Lebensbereiche befürchten könnte. Der Erfolg populärwissenschaftlicher bzw. journalistischer Werke, wie etwa „Terror der Ökonomie" (Originaltitel „L'horreur économique") der französischen Journalistin Viviane Forrester, zeugt von dieser Angst, die in einigen Teilen der Bevölkerung auf fruchtbaren Boden stößt (vgl. Forrester 1997). Innerhalb kürzester Zeit wurde das Werk von Forrester nicht nur in Frankreich, sondern auch in anderen Ländern in großer Auflage verkauft. Obwohl Viviane Forrester als frühere Literaturkritikerin und Verfasserin einer Van-Gogh-Biographie zugibt, von Ökonomie wenig zu verstehen, konnte sie selbst aus der Angst der Bevölkerung vor der Übermacht der Wirtschaft so viel Gewinn schlagen, dass auch ihr Nachfolgetitel „Die Diktatur des Profits" (Originaltitel „Une étrange dictature") in mehrere Sprachen übersetzt wurde (vgl. Forrester 2001).

5.4.2.2   Vereinheitlichungstendenzen auf einzelwirtschaftlicher Ebene

Auf **einzelwirtschaftlicher Ebene** werden zahlreiche Konsequenzen erwartet, die weitgehend mit der gesamtwirtschaftlichen Entwicklung zusammenhängen. So wird immer wieder mit Nachdruck herausgestellt, dass das Primat der Märkte auch das Handeln in und von Unternehmungen stärker beeinflussen werde (vgl. dazu auch, teilweise kritisch, Frese/Hax 2000, Hrsg.). Dies zeige sich zum Beispiel in der (Notwendigkeit einer) weltweit konsequenteren **Shareholder-Value-Ausrichtung** von Unternehmungen, womit etwa die traditionell eher Stakeholder-orientierte Unternehmungsführung in Kontinentaleuropa oder in weiten Teilen Asiens abgelöst würde. Auch die zunehmende Popularität von **Stock-Options** hat ihren Ursprung in einem Vertrauen auf die „Allmacht" des Marktes, in diesem Fall im Glauben an die Funktionsfähigkeit des Aktienmarkts, der den besten Anhaltspunkt für die adäquate Entlohnung von (Top-)Managern gäbe. Angenommen wird dabei, dass der Markt, dessen prinzipielle Globalität bzw. Grenzenlosigkeit implizit vermutet wird, in allen Teilen unserer Welt und für alle Unternehmungen unserer Welt eine ähnliche bzw. eine ähnlich große Bedeutung habe.

Globalisierung bringt somit für Unternehmungen eine Vereinheitlichung mit sich, wobei faktisch – durch die Übernahme des US-amerikanischen Marktmodells – auch die Übernahme des US-amerikanischen Unternehmungsmodells sowie der dort vorherr-schenden Corporate Governance impliziert wird (vgl. Eckert 2000). Neben dem großen Einfluss des Shareholder-Value-Denkens und der Stock-Option-Entlohnung, die vor al-lem an Marktprinzipien festzumachen sind, lassen sich auch andere Managementkon-zepte, wie die Einführung der Profit-Center-Organisation, unter diesem Gesichtspunkt analysieren und interpretieren (vgl. Schmid 2003b). Manchmal hört man, dass mit der These der **„McDonaldisierung"** unserer Welt eine **„Amerikanisierung"** unserer Welt einhergehe (vgl. Schlie/Warner 2000). Betrachtet man beispielsweise die Auseinander-setzungen um die Rechnungslegungsvorschriften für Unternehmungen, so lässt sich die Dominanz US-amerikanischer Einflüsse nicht leugnen. Eine Anwendung der US-GAAP oder der ebenfalls anglo-sächsisch geprägten IAS, der International Accounting Stan-dards bzw. der IFRS, der International Financial Reporting Standards (vgl. dazu Mandler 1996, Glaum/Mandler 1997, Burger 1999, Glaum 1999, Achleitner/Behr 2003), bedeutet nicht nur Vereinheitlichung, sondern vielmehr Übernahme – die Übernahme US-amerikanischer Rechnungslegungsnormen (vgl. Guserl 1998, v.a. S. 1045-1046).

Um keine Missverständnisse aufkommen zu lassen, sei nochmals betont, dass Verein-heitlichung keineswegs von allen Seiten gleich beurteilt wird. Glaum zeigt dies exempla-risch für die Übernahme der US-GAAP auf. Als Ergebnis einer empirischen Untersu-chung über die Einstellung zur globalen Harmonisierung der Rechnungslegung konnte er feststellen, dass Führungskräfte der anglo-amerikanischen Bilanzierung negativer gegenüber stehen als Hochschullehrer (vgl. Glaum 1998). Ähnlich verhält es sich auch mit manchen der Aspekte, die wir nachfolgend ansprechen: Auch sie werden unter-schiedlich eingeschätzt. Dennoch werden wir aus Gründen der Klarheit versuchen, die Konsequenzen der Globalisierung in primär „negative Konsequenzen" und primär „posi-tive Konsequenzen" einzuteilen.

5.4.3 Ausgewählte Konsequenzen auf der „Negativseite"

Globalisierung ist, wie dies auch durch die im Interview in Textbox 1-21 enthaltenen Aussagen zu sehen sein wird, gesellschaftlich sehr umstritten. Als negative Konsequen-zen der Globalisierung werden meist die folgenden Argumente vorgebracht (vgl. Beck 1996, S. 673, Altvater/Mahnkopf 2007):

- mögliche Aushöhlung der Sozialsysteme,
- Verlust von Arbeitsplätzen in Industrieländern,

- Zurückdrängen von Gewerkschaften und Tarifautonomie,
- zuweilen stattfindende Ausbeutung von Arbeitskräften in Entwicklungsländern,
- Umweltzerstörung in weiten Teilen der Erde,
- Ausbreitung organisierter Kriminalität (z.B. Drogenhandel) sowie
- Verlust von staatlicher Souveränität.

Die Regierungsfähigkeit von Staaten, so die Argumentation, werde unterhöhlt und damit auch die demokratischen und sozialpolitischen Grundfesten in Frage gestellt, die für westliche Staaten lange charakteristisch waren (vgl. Walter/Zürn 1998, S. 42). Was die Konsequenzen für den Nationalstaat angeht, so räumt auch der Chairman von **McKinsey** Europa, Herbert Henzler – beeinflusst durch die Veröffentlichungen seines Kollegen Ohmae (1985) – ein: „Das Kräfteverhältnis verschiebt sich vom Staat zugunsten der globalen Unternehmen" (Henzler 1999, S. 14, im Original Fettdruck). Damit kommt die Einschätzung zum Ausdruck, dass an die Stelle des Nationalstaats nicht zwingend neue supra-staatliche Institutionen treten, sondern dass Unternehmungen zu zentralen Akteren innerhalb der Weltwirtschaft und der Weltgesellschaft werden könnten (vgl. dazu bereits Hymer 1972, Barnet/Müller 1974 sowie heute Scherer/Palazzo/Baumann 2006).

Textbox 1-21: Unternehmungen als Angriffsfläche für Globalisierungsgegner

Ein Interview mit Douglas Daft

Die Zeit: Globalisierungsgegner zerschlagen heutzutage die Fenster von **McDonald's** Restaurants. Haben Sie Angst, dass die Demonstranten eines Tages auch Colaflaschen zerschmettern?

Daft: Das ist die Reaktion von Menschen, die mit der Globalisierung eine Bedrohung ihres persönlichen Lebensstils verbinden und nicht ihren klaren Nutzen sehen – zum Beispiel sinkende Kosten von Gütern und Diensten, ihre Verfügbarkeit und ihre bessere Qualität. Außerdem fürchten sie die Geschwindigkeit, mit der sich die Dinge heute wandeln. Und weil Demonstranten nun mal auf ihre Sache aufmerksam machen wollen, gibt es manchmal Scherben.

Die Zeit: Aber die Globalisierungsgegner nehmen sich multinationale Unternehmungen vor. In Australien stülpten sich Demonstranten vor kurzem riesige Colabüchsen über, um gegen **Coke** und für eine bessere Umwelt zu protestieren ...

Daft: ... und wir haben uns später mit ihnen getroffen und einen sehr guten Dialog begonnen. **Warum** es gegen Multis geht? Wenn Demonstranten vor einem Tante-Emma-Laden protestieren, schaut keiner hin – aber das sieht anders aus, wenn **Coca-Cola** zur Zielscheibe wird.

Die Zeit: **Coca-Cola** ist für manche Kritiker ein Symbol für die Macht, die Arroganz und die Konsumkultur Amerikas.

Daft: Wenn wir so wahrgenommen werden, dann haben wir etwas falsch gemacht. Normalerweise ist das nicht *Coca-Colas* Image. Im letzten Jahr sind uns allerdings ein paar Fehler unterlaufen, die vielleicht zu diesem Eindruck geführt haben. Bis in die sechziger Jahre standen wir zunächst einmal für all das, was gut an Amerika ist. Danach wurde unser Image das einer internationalen Unternehmung. Wir arbeiten in 200 Ländern, im Konzern werden 126 Sprachen gesprochen. Wenn mich jemand fragt, wo mein Büro ist, lautet meine Antwort: dort, wo ich gerade bin.

Die Zeit: Auch das macht den Globalisierungskritikern Angst. Sie fürchten Weltkonzerne wegen ihrer Macht, ihrer weltweiten Präsenz und ihres Einflusses auf das Leben der Menschen rund um den Globus.

Daft: Deshalb sagen wir, dass wir zum Bestandteil des lokalen Gemeinwesens werden müssen. Unser Ziel ist: *Coca-Cola* soll überall erhältlich sein. Gleichzeitig muss aber unsere Marke bei jedem Einzelnen für etwas stehen, das für ihn relevant ist.

Die Zeit: Lange Zeit waren die Ängste, die der globale Kapitalismus hervorruft, für *Coke* überhaupt kein Thema. Warum der Sinneswandel?

Daft: Die Unternehmung ist durch eine Konsolidierungsphase gegangen, in der die Entscheidungsprozesse immer stärker zentralisiert wurden. Die Folge war, dass unsere Antennen für das, was außerhalb der Zentrale passiert, verkümmert sind. Wir haben nicht gemerkt, wie sich im Rest der Welt die Einstellungen langsam änderten. Übrigens besonders in Europa – vielleicht deshalb, weil Menschen dort auf engem Raum zusammenleben und es eine Vielzahl von Nationen und Kulturen gibt.

Douglas Daft ist ehemaliger Chairman von *Coca-Cola* und Mitglied des Board of Directors von *Wal-Mart*.

Quelle:
o.V. (2000): Local Coke. Ein Zeit-Gespräch mit Douglas Daft. In: Die Zeit Nr. 34 vom 17. August 2000, S. 19.

5.4.4   Ausgewählte Konsequenzen auf der „Positivseite"

Auf der **Positivseite** werden meist die optimale Allokation von Ressourcen, die allgemeine Steigerung des Wohlstands und die weltweite Erhöhung der Lebensqualität genannt. Für diese positiven Effekte auf primär volkswirtschaftlicher bzw. gesamtgesellschaftlicher Ebene werden mehrere Gründe verantwortlich gemacht (vgl. Beyfuß et al. 1997, S. 15-17): Globalisierung biete den Unternehmungen die Möglichkeit, die Chancen der Spezialisierung noch besser zu nutzen – nicht nur national oder regional, sondern weltweit. Besonders bedeutsam sei die sich bietende Möglichkeit der Marktausweitung, da neue Chancen in aufstrebenden Volkswirtschaften, vor allem in Mittel- und Osteuropa, Mittel- und Südamerika sowie Südostasien entstehen (vgl. exemplarisch zu Markteintrittschancen in Mittel- und Osteuropa Wesnitzer 1993, Fantapié Altobelli 1996,

Müschen 1998). Darüber hinaus führe die Globalisierung zu mehr Wettbewerb, was Unternehmungen zu stärkerer Innovation, größerer Flexibilität, schnellerer Reaktion und besserer Qualität zwinge. Insgesamt betrachtet verstärke die Globalisierung die vielfältigen positiven Effekte, die der Außenwirtschaftstätigkeit und damit vor allem der Außenhandels- und Direktinvestitionstätigkeit zugerechnet werden.

Trotz aller zunehmenden Internationalisierungs- und Globalisierungstendenzen sollte allerdings nicht vergessen werden, dass zwar die Entstehung positiver Effekte unbestritten ist, die Verteilung der positiven Effekte aber problematisch bleibt (vgl. z.B. Nunnenkamp 1996). Wenn zuweilen darauf hingewiesen wird, dass Internationalisierungs- und Globalisierungstendenzen zu einer stärkeren Konvergenz des Lebensniveaus (z.B. zum Ausdruck kommend durch Lohnniveaus) führen (vgl. Williamson 1996), so lässt sich dies mit manchen Statistiken zwar belegen, mit anderen Statistiken jedoch auch verwerfen. Der Zeitungsausschnitt in Textbox 1-22 mag dies verdeutlichen.

Textbox 1-22: Die Konsequenzen der Globalisierung

Ein Zeitungsausschnitt

Die Globalisierung hat einen tiefen Keil zwischen die reicheren und ärmeren Länder getrieben. Das ist die Kernaussage des zehnten Berichts über die menschliche Entwicklung, den das Entwicklungsprogramm der Vereinten Nationen (UNDP) vorgestellt hat. Nach ihm ist der Einkommensunterschied zwischen dem reichsten und dem ärmsten Fünftel der Weltbevölkerung von dreißig zu eins im Jahr 1960 auf vierundsiebzig zu eins im Jahr 1997 gewachsen. Nach dem Bericht „Globalisierung mit menschlichem Antlitz" geht es etwa 85 Ländern in mehrfacher Hinsicht schlechter als noch vor zehn Jahren. Seine Autoren, „die nicht unbedingt die offizielle Ansicht" der Vereinten Nationen wiedergeben, fordern den Nutzen, der aus der Globalisierung gezogen wird, gerecht zu verteilen. „Die Globalisierung muss den Menschen zugute kommen und nicht nur den Profiten." Neue Regeln und Institutionen könnten die globalen Märkte und den Wettbewerb mehr kontrollieren und die daraus resultierenden Vorteile stärker steuern.

In dem Bericht werden zahlreiche Daten zusammengetragen. Nach ihm verfügen die drei reichsten Menschen der Welt über ein Vermögen, das größer ist als das gesamte Bruttoinlandsprodukt aller am wenigsten entwickelten Länder mit ihren 600 Mio. Einwohnern. Das reichste Fünftel der Weltbevölkerung verfüge über 86% des Welt-Bruttosozialprodukts (das ärmste Fünftel nur über 1%), 80% der Weltexporte (1%) und 74% aller Telefonanschlüsse (1,5%). Die industrialisierten Staaten hielten 97% aller Patente. 95% aller Träger des Aids-Virus steckten sich in den unterentwickelten Ländern an.

Quelle:
o.V. (1999): Die Kluft zwischen Arm und Reich in der Welt wächst. In: Frankfurter Allgemeine Zeitung Nr. 159 vom 13. Juli 1999, S. 1.

Wir haben inzwischen bereits geklärt, was unter Globalisierung verstanden werden kann und auch bereits die Konsequenzen der Globalisierung kurz angesprochen. Damit haben wir „das Pferd von hinten aufgezäumt". Doch was sind überhaupt die wichtigsten Ursachen der Globalisierung? Auf mögliche Ursachen möchten wir in Abschnitt 5.5 eingehen. Wir sprechen dabei von den Ursachen der Globalisierung, obwohl man beachten sollte, dass Globalisierung nicht (immer) von Internationalisierung zu trennen ist.

5.5   Ursachen der Globalisierung

Die starke Zunahme der internationalen Wirtschaftstätigkeit wird zwar – wie oben bereits betont – primär von Unternehmungen getragen. Diese verstärkte weltweite Ausrichtung von Unternehmungen beruht allerdings gleichzeitig auf veränderten Rahmenbedingungen. Dabei lassen sich verschiedene Triebkräfte der Internationalisierung bzw. Globalisierung erkennen (vgl. Härtel/Jungnickel et al. 1996, S. 62-72, Friedrichs 1997, S. 5-6, Kirchgässner 1998, S. 32-35, WTO 1998b, S. 35-36, Henzler 1999, S. 3-6). Wir wollen nachfolgend vor allem

- die zunehmenden **Deregulierungstendenzen** (Abschnitt 5.5.1),
- die zunehmenden **Kooperations- und Integrationstendenzen** (Abschnitt 5.5.2),
- die **Öffnung ehemaliger Planwirtschaften** sowie das **Auftreten neuer Wettbe-werber auf dem Weltmarkt** (Abschnitt 5.5.3),
- den **technologischen Fortschritt** (Abschnitt 5.5.4) sowie
- **sozio-ökonomische** bzw. **sozio-kulturelle Gründe** (Abschnitt 5.5.5)

herausstellen.

5.5.1   Zunehmende Deregulierungstendenzen

Die erste Triebkraft der Globalisierung ist in zunehmenden Deregulierungstendenzen zu sehen (vgl. Gruppe von Lissabon 1997, S. 63-66). Dabei lassen sich zwei Arten der Deregulierung unterscheiden, (1) zum einen die Deregulierung der internationalen Waren-, Dienstleistungs-, Geld- und Kapitalströme, (2) zum anderen die Deregulierung traditionell national geprägter Branchen.

(1) Deregulierung der internationalen Ströme

In den letzten Jahren bzw. Jahrzehnten fanden zahlreiche Bemühungen statt, um den internationalen Austausch von **Waren und Dienstleistungen** zu fördern (vgl. WTO 1998b, S. 35-36). Die Bemühungen des GATT und dessen Nachfolgeinstitution, der WTO, wurden bereits oben angesprochen (➔ Abschnitt 2.2.1.2 in diesem Kapitel). So wurden etwa internationale Handelsvereinbarungen getroffen, mit denen Handelsbarrieren beseitigt bzw. reduziert werden konnten. Dies senkt die Transaktionskosten und macht ausländische Beschaffungs- und Absatzmärkte leichter erreichbar. Vereinfacht kann man feststellen, dass die durchschnittlich deutlich zweistelligen Zölle der Nachkriegszeit bereits in den sechziger Jahren auf weniger als 10% reduziert wurden, um dann nach der Implementierung der Uruguay-Runde auf weniger als 4% zu fallen (vgl. ähnlich auch Govindarajan/Gupta 2000, S. 277-278). Allerdings wurden manche der tarifären Handelshemmnisse durch nicht-tarifäre Handelshemmnisse ersetzt. Insbesondere bei Hochtechnologiegütern und Nahrungsmitteln zog in vielen Ländern der Protektionismus erneut ein. Im Gegenzug konnte dadurch aber teilweise eine Zunahme der Direktinvestitionen festgestellt werden, da Unternehmungen versuchen, manche der Handelshemmnisse durch Direktinvestitionen zu überwinden (vgl. Ensign 2001).

Die Liberalisierung der **Geld- und Kapitalströme** wurde vor allem vom Internationalen Währungsfonds vorangetrieben. Seit Anfang der achtziger Jahre ist der Abbau von Kapitalverkehrsbeschränkungen deutlich vorangekommen. Mehr als 160 Länder haben Artikel VIII des Vertragswerks des IWF unterzeichnet, der einen freien Zahlungsverkehr vorsieht. Der freie Zahlungsverkehr erleichtert sowohl die monetären Transaktionen bei Import- und Exportgeschäften als auch die zahlreichen Transaktionen innerhalb internationaler Unternehmungen (z.B. Kreditbeziehungen, Abrechnung konzerninterner Leistungen, Gewinntransfers). Wichtig war dabei auch der meist parallel erfolgte Abbau von Devisenbeschränkungen. Diese Liberalisierung hat schließlich zu der oben bereits angesprochenen rasanten Zunahme internationaler Geld- und Kapitalflüsse geführt.

(2) Deregulierung von traditionell national geprägten Branchen

Zahlreiche Branchen unserer Wirtschaft waren in vielen Ländern über lange Zeit hinweg stark reguliert – und dies, obwohl innerhalb dieser Branchen prinzipiell marktwirtschaftliche Prinzipien herrschten. Dazu zählten die Energieversorgung, Telekommunikations-, Verkehrs- und Transport- sowie Finanzdienstleistungen (vgl. exemplarisch für den Telekommunikationssektor Picot/Burr 1996). Der Trend zur Liberalisierung zahlreicher Branchen – und dabei vor allem Dienstleistungsbranchen – setzte bereits Mitte der siebziger Jahre in den Vereinigten Staaten ein. Er erreichte Anfang der achtziger Jahre das Vereinigte Königreich, um dann ab Mitte der achtziger Jahre auch zunehmend Mittel- und Westeuropa sowie Japan zu berühren. In den letzten Jahren wurden diese Branchen in vielen Ländern dereguliert, d.h. von zahlreichen rechtlichen Auflagen befreit. Dabei spielte weniger die Privatisierung an sich, sondern vor allem die Möglichkeit des freien Marktzugangs für ausländische Unternehmungen eine entscheidende Rolle. Wie wir noch sehen werden, ist Privatisierung eo ipso kein Grund für eine zunehmende Internationalisierung. Zahlreiche Unternehmungen, die sich in staatlicher Hand befanden oder immer noch (teilweise) befinden, unternehmen vielfältige Anstrengungen, um ihre Internationalität zu erhöhen (→ Abschnitt 1.5 in Kapitel 2). Was im Zuge der Deregulierung von Branchen deutlich wichtiger erscheint, ist die **Liberalisierung und Entmonopoli-**

sierung des Wettbewerbs, denn sie erlaubt neben inländischen auch ausländischen Wettbewerbern den Marktzugang und hat daher positive Auswirkungen auf grenzüberschreitende Verflechtungen. Nachdem gerade Dienstleistungsbranchen liberalisiert und entmonopolisiert wurden und viele Dienstleistungen nicht oder nur beschränkt handelbar sind, hat die Deregulierung auf diesem Sektor vor allem eine Zunahme ausländischer Direktinvestitionen zur Folge (vgl. z.B. Härtel/Jungnickel et al. 1996, S. 66).

5.5.2 Zunehmende Kooperations- und Integrationstendenzen

Kooperation und Integration können als zweite zentrale Triebkraft der Globalisierung interpretiert werden. Wir werden nun zunächst auf die unterschiedlichen Kooperationsformen eingehen (Abschnitt 5.5.2.1), bevor wir dann die existierenden Integrationsformen aufzeigen (Abschnitt 5.5.2.2).

5.5.2.1 Kooperationsformen

Im Wesentlichen lassen sich drei unterschiedliche Kooperationsformen identifizieren (vgl. Altmann 1993, S. 96-101): (1) Allgemeine Kooperationsabkommen, (2) Präferenzabkommen und (3) Assoziationsabkommen.

(1) Allgemeine Kooperationsabkommen: Wirtschaftliche Kooperationsabkommen, die zwischen Staaten geschlossen werden, zielen auf eine Zusammenarbeit in meist klar definierten Bereichen ab. So kann vereinbart werden, dass Land A mit Land B gemeinsam bestimmte Rohstoffquellen erschließen möchte, ein bestimmtes Infrastrukturprojekt in Angriff zu nehmen plant oder auch eine gemeinsame Forschungseinrichtung gründet. Kooperationsabkommen können sich damit auf alle nur erdenklichen Projekte beziehen, bei denen eine zwischenstaatliche wirtschaftliche Zusammenarbeit intendiert ist. Die Zusammenarbeit wird meist auf der Ebene von Unternehmungen durch konkrete Projekte ausgeführt. Ein Beispiel für ein Kooperationsabkommen stellt die Vereinbarung zwischen England und Frankreich über den Bau des Tunnels unter dem Ärmelkanal dar (vgl. Winch/Clifton/Millar 2000).

(2) Präferenzabkommen: Bei Präferenzabkommen gewähren sich Staaten bestimmte Vorteile, die Ausnahmen gegenüber generellen Regelungen darstellen. Oder anders ausgedrückt: Durch Präferenzabkommen begünstigen sich die Abschlussstaaten gegenüber Drittstaaten. Denkbar sind beispielsweise Zollbefreiungen beim Import eines bestimmten Gutes, für das prinzipiell tarifäre Handelsbeschränkungen existieren. Da Präferenzabkommen meist auf Gegenseitigkeit abgeschlossen werden, könnte dies am Beispiel des Imports bedeuten, dass sich zwei Länder gegenseitig Erleichterungen bei der Einfuhr eines bestimmten Gutes – oder, was noch häufiger der Fall ist, bei der Einfuhr komplementärer Güter – einräumen. Auch Direktinvestitionsabkommen fallen unter die Kategorie der Präferenzabkommen (vgl. Ocran 1993, Sauvant/Aranda 1993). Präferenzabkommen können sowohl bilateral als auch multilateral abgeschlossen werden. So existiert etwa resultierend aus dem Abkommen von Lomé ein Präferenzabkommen der EU mit den AKP(Afrika/Karibik/Pazifik)-Staaten, um diesen Staaten den Zugang zum europäischen Markt zu erleichtern.

(3) Assoziationsabkommen: Während mit Kooperations- und Präferenzabkommen keine Integrationsabsichten verbunden sind, stellt eine Assoziierung in vielen Fällen eine Vorstufe der Integration dar. Die Wirtschaftsgemeinschaft Mercosur, von der umgehend noch die Rede sein wird, hat mit Chile und Bolivien Assoziationsabkommen geschlossen und betrachtet diese Länder als assoziierte Mitglieder.

Meist gehen langanhaltende Gespräche und Verhandlungen konkreten Kooperationen bzw. auch Präferenz- und Assoziationsabkommen voraus. Manche der weltweit existierenden Wirtschaftsgemeinschaften sind bis heute nicht über den Status eines Gesprächsforums hinausgekommen. So ist die APEC, die Asia-Pacific Economic Cooperation, bis heute nur als Gesprächsforum zu interpretieren (vgl. Pascha/Godyke 2000 sowie auch Abbildung 1-66 und Abbildung 1-71).

5.5.2.2   Integrationsformen

In der Realität lässt sich ein breites Spektrum an unterschiedlichen Formen der Integration identifizieren (vgl. Balassa 1961, v.a. S. 1-3). Unterscheidet man diese Formen hinsichtlich der Zunahme des **Integrationsgrads**, d.h. hinsichtlich der **Intensität der Integration**, so reicht das Spektrum von (1) Freihandelszonen über (2) Zollunionen, (3) den Gemeinsamen Markt, (4) die Wirtschaftsunion bis hin zur (5) Politischen Union. Abbildung 1-65 gibt einen Überblick über das Spektrum der Integrationsformen und zeigt gleichzeitig auf, worin sich die einzelnen Integrationsformen unterscheiden. Die in dieser Abbildung enthaltenen Formen der Integration sollen kurz erläutert werden (vgl. auch Koch 2006, S. 39-43):

(1) Freihandelszone: Die einfachste Form der Integration stellt die Freihandelszone dar. Hier soll durch die Abschaffung von tarifären und nicht-tarifären Handelshemmnissen der Export und Import von Waren und Dienstleistungen zwischen den Mitgliedsländern gefördert werden. Die Einrichtung einer Freihandelszone ist keinesfalls mit einer generellen Abschaffung von Handelshemmnissen zu verwechseln. Gegenüber Drittländern können die Mitglieder einer Freihandelszone eine autonome Handelspolitik betreiben.

	Freihandels-zone	Zoll-union	Gemein-samer Markt	Wirtschafts-union	Politische Union
Aufhebung von Handels-hemmnissen	✓	✓	✓	✓	✓
Koordiniertes Ver-halten gegenüber Nichtmitgliedern	–	✓	✓	✓	✓
Freie Faktor-bewegungen	–	–	✓	✓	✓
Abstimmung der Wirtschaftspolitik	–	–	–	✓	✓
Supranat. Legis-lative, Exekutive und Judikative	–	–	–	–	✓

Abb. 1-65: Formen der wirtschaftlichen Integration
Quelle: zusammengestellt aus Root (1994a), S. 252, Berry/Conkling/Ray (1997), S. 417 und Czinkota/Ronkainen/Moffett (2005), S. 251-253.

(2) Zollunion: Einen Schritt weiter als die Freihandelszone geht die Zollunion. Dabei wird die interne Perspektive der Freihandelszone um eine externe Perspektive erweitert. Es geht hier nicht nur um eine Erleichterung des Handels innerhalb eines bestimmten Wirtschaftsraums, sondern darüber hinaus auch um ein einheitliches Auftreten der Mitgliedsländer außerhalb des Wirtschaftsraums. Dies äußert sich in einer einheitlichen Handelspolitik gegenüber Drittstaaten – und damit in abgestimmten tarifären und nicht-tarifären handelspolitischen Maßnahmen nach außen. Die bei einer Freihandelszone bestehende Autonomie hinsichtlich der Handelspolitik nach außen wird damit bei einer Zollunion aufgegeben (vgl. zu einer ökonomischen Analyse der Zollunion auch Johnson 1960).

(3) Gemeinsamer Markt: Ein Gemeinsamer Markt, auch Binnenmarkt genannt, liegt erst dann vor, wenn zwischen den Mitgliedsländern eines bestimmten Wirtschaftsraums auch das Ziel verfolgt wird, einheitliche Wirtschaftsverhältnisse herzustellen. Einheitliche Wirtschaftsverhältnisse entstehen nicht allein durch die Abschaffung von Handels-hemmnissen und damit den freien Austausch von Gütern und Dienstleistungen oder durch eine einheitliche Handelspolitik nach außen; vielmehr sind dafür auch freie Faktorbewegungen notwendig. Freie Faktorbewegungen wiederum setzen die freie Wahl des Arbeitsplatzes, die Niederlassungsfreiheit und einen freien Kapitalverkehr voraus.

(4) Wirtschaftsunion: Wird darüber hinaus auch eine Angleichung der wirtschaftspolitischen Systeme und Maßnahmen angestrebt, so führt dies zur Wirtschaftsunion (synonym: Wirtschaftsgemeinschaft). In einer Wirtschaftsunion werden wirtschaftspolitische Ziele oder Maßnahmen (z.B. hinsichtlich der Inflationsbekämpfung, der Arbeitsplatzschaffung) zumindest ansatzweise aufeinander abgestimmt. Wenn sich die Staaten einer Wirtschaftsunion zudem für eine einheitliche Währung entscheiden, liegt auch eine sogenannte **Währungsunion** vor. Eine Währungsunion kann dadurch entstehen, dass – wie im Falle der EU – eine gemeinsame Währung eingeführt wird. Sie kann aber auch bereits dadurch zu Stande kommen, dass eine Fixierung der Wechselkurse aller nationalen Währungen vorgenommen wird (Wechselkursverbund). Der Weg zu einer Währungsunion ist sehr schwierig, da in der Regel bestimmte Konvergenzkriterien festgelegt werden müssen und deren Erreichen auch die Voraussetzung für eine länderübergreifende Stabilität der Wirtschafts- und Währungsunion darstellt.

(5) Politische Union: Als stärkste Form der Integration gilt die Politische Union, die eine einheitliche Legislative, Exekutive und Judikative aufweist. Eine politische Union hat freilich, obwohl dies in der Bezeichnung nicht erkenntlich wird, nicht nur eine politische, sondern auch eine wirtschaftliche Funktion. Sie setzt eine Wirtschafts- und Währungsunion voraus, geht aber weit darüber hinaus. Als Beispiel lassen sich die Vereinigten Staaten von Amerika anführen – allerdings ist deren politische Einheit nicht erst Ergebnis der jüngeren Geschichte. Immer wieder kontrovers diskutiert wird die Frage, ob auch die Europäische Union den Übergang von einem Staatenbund zu einem Bundesstaat und somit zu einer politischen Union erreichen wird.

Die Frage, um welche Form der wirtschaftlichen Integration es sich bei einer bestimmten Wirtschaftsgemeinschaft handelt, ist durchaus von großer Bedeutung. So wird etwa deutlich, dass die Außenhandels- und Direktinvestitionsstatistiken der europäischen Länder eine völlig andere Gestalt bekämen, wenn es in Europa eines Tages zu einer Politischen Union käme.

Abbildung 1-66 gibt einen Überblick über die wichtigsten Wirtschaftsgemeinschaften, deren Gründungsjahr, deren Mitgliedsländer und deren Status hinsichtlich des inzwischen erreichten bzw. beabsichtigten Integrationsgrades (vgl. ausführlich Altmann/Kulessa 1998, Hrsg., Appeatu Holman/Canton 2001, Hrsg.). Wie Abbildung 1-66 zeigt, hat der **größte Teil der weltweit existierenden Wirtschaftsgemeinschaften den Status von Freihandelszonen.** Dies heißt: Viele Wirtschaftsgemeinschaften sind hinsichtlich ihres Integrationsgrades (zumindest bisher) noch nicht sehr weit fortgeschritten. Sieht man einmal von den Fällen ab, in denen auch eine politische Union erreicht wurde, so ist die Europäische Union bei den Integrationsbemühungen am weitesten vorangekommen, hat aber immer noch zahlreiche Aufgaben – wie etwa das Vorantreiben der sozialen Integration – vor sich (vgl. zu einigen zukünftigen Herausforderungen für Europa und die Europäische Union auch einige der Beiträge in Urban 1994, Hrsg., 1995, Hrsg., 1996, Hrsg., 1997, Hrsg.).

Abkürzung	Regional-gemeinschaft	Mitgliedsländer	Gründungs-jahr	Status
APEC	Asia-Pacific Economic Cooperation	Australien, Brunei, Chile, China inkl. Hongkong, Indonesien, Japan, Südkorea, Malaysia, NAFTA-Staaten, Neuseeland, Papua-Neuguinea, Peru, Philippinen, Russland, Singapur, Taiwan, Thailand, Vietnam	1989 ↓ 2010 (geplant)	Gesprächs-forum ↓ Freihandels-zone
ASEAN ↓ AFTA	Association of South East Asian Nations ASEAN Free Trade Area	Brunei, Indonesien, Kambodscha, Laos, Malaysia, Myanmar, Philippinen, Singapur, Thailand, Vietnam Siehe ASEAN	1967 ↓ 1991	Präferenz-zone ↓ Zollunion angestrebt
UDEAC ↓ CEMAC	Union Douanière et Economique de l'Afrique Centrale Communauté Economique et Monétaire de l'Afrique Centrale	Äquatorial-Guinea, Gabun, Kamerun, Kongo, Tschad, Zentralafrikanische Republik	1966 ↓ 1999	Zollunion ↓ gemeinsamer Markt angestrebt
CACM	Central American Common Market	Costa Rica, El Salvador, Guatemala, Honduras, Nicaragua, Panama	1960	Zollunion angestrebt
CARICOM	Caribbean Community and Common Market	Anguilla, Antigua & Barbuda, Bahamas, Barbados, Belize, Dominica, Grenada, Guyana, Jamaika, Montserrat, St. Christopher und Nevis, St. Lucia, St. Vincent und die Grenadinen, Surinam, Trinidad & Tobago	1973	gemeinsamer Markt angestrebt
CEFTA	Central European Free Trade Association	Albanien, Bosnien-Herzegowina, Kroatien, Serbien, Mazedonien, Montenegro, Kosovo Polen, Slowakei, Slowenien, Tschechische Republik und Ungarn bis 2004; Bulgarien und Rumänien bis 2006.	1993	Freihandels-zone
ECO	Economic Cooperation Organization	Afghanistan, Aserbaidschan, Iran, Kasachstan, Kirgistan, Pakistan, Tadschikistan, Türkei, Turkmenistan, Usbekistan	1991	Gesprächs-forum
ECOWAS	Economic Community of West African States	Benin, Burkina Faso, Gambia, Ghana, Guinea, Guinea-Bissau, Elfenbeinküste, Kap Verde, Liberia, Mali, Niger, Nigeria, Senegal, Sierra Leone, Togo	1975 ↓ 2009 (geplant)	Freihandels-zone ↓ Währungs-union
EFTA	European Free Trade Association	Island, Liechtenstein, Norwegen, Schweiz Dänemark und Vereinigtes Königreich bis 1973; Portugal bis 1985, Finnland, Österreich und Schweden bis 1994	1960	Freihandels-zone

Abkürzung	Regional-gemeinschaft	Mitgliedsländer	Gründungs-jahr	Status
EU	Europäische Union	Belgien, Bulgarien, Dänemark, Deutschland, Estland, Finnland, Frankreich, Griechenland, Irland, Italien, Lettland, Litauen, Luxemburg, Malta, Niederlande, Österreich, Polen, Portugal, Rumänien, Schweden, Slowakei, Slowenien, Spanien, Tschechische Republik, Ungarn, Vereinigtes Königreich, Zypern	1952	Wirtschafts-union
FTAA	Free Trade Area of the Americas	ANCOM, CACM, MERCOSUR, NAFTA, Antigua & Barbuda, Bahamas, Barbados, Belize, Chile, Dominica, Dom. Republik, Grenada, Guyana, Haiti, Jamaika, St. Christopher und Nevis, St. Lucia, St. Vincent und die Grenadinen, Surinam, Trinidad und Tobago	1995	Gesprächs-forum ↓ Freihandels-zone
GCC	Gulf Cooperation Council	Bahrein, Kuwait, Katar, Oman, Saudi-Arabien, Vereinigte Arabische Emirate	1981 / 2010 (geplant)	Zollunion angestrebt / Währungs-union angestrebt
LAFTA ↓ LAIA (ALADI)	Latin American Free Trade Association ↓ Latin American Integration Association (Asociación Latinoamericana de Integración)	Argentinien, Bolivien, Brasilien, Chile, Ecuador, Kolumbien, Kuba Mexiko, Paraguay, Peru, Uruguay	1960 ↓ 1980	Freihandels-zone angestrebt ↓ Präferenzzone
MERCOSUR	Mercado Común del Cono Sur	Argentinien, Brasilien, Paraguay, Uruguay	1994	gemeinsamer Markt
NAFTA	North American Free Trade Agreement	Kanada, Mexiko, USA,	1994	Freihandels-zone
Pacto Andino ↓ Grupo Andino ↓ (ANCOM)	Andenpakt ↓ Andengruppe ↓ Andean Common Market	Bolivien, Ecuador, Kolumbien, Peru Venezuela bis 2006	1969 1989 wiederbelebt ↓ 1993 ↓ 1995	Gesprächs-forum ↓ Freihandels-zone ↓ Zollunion (z.T. umgesetzt) ↓ Gemeinsamer Markt angestrebt

Abkürzung	Regional-gemeinschaft	Mitgliedsländer	Gründungs-jahr	Status
PTA ↓	Preferential Trade Area for Eastern and Southern African States	Bis 1993: Lesotho, Mosambik, Somalia, Tansania (bis 2000)	1981 ↓	Freihandels-zone (zw. 9 Ländern realisiert) ↓
COMESA	Common Market for Eastern and Southern Africa	Ägypten, Angola, Äthiopien, Burundi, DR Kongo, Dschibuti, Eritrea, Kenia, Komoren, Libyen, Madagaskar, Malawi, Mauritius, Ruanda, Sambia, Seychellen, Simbabwe, Sudan, Swaziland, Uganda

Namibia bis 2004 | 1993 | gemeinsamer Markt angestrebt |
SAARC ↓	South Asian Association for Regional Cooperation	Afghanistan, Bangladesch, Bhutan, Indien, Malediven, Nepal, Pakistan, Sri Lanka	1985 ↓	Gesprächs-forum ↓
SAPTA ↓	SAARC (South Asian Association for Regional Cooperation) Preferential Trading Arrangement		1995 ↓	Präferenzzone ↓
SAFTA	South Asian Free Trade Area		2002	Freihandels-zone ange-strebt
SACU	Southern African Customs Union	Botswana, Lesotho, Namibia, Südafrika, Swaziland	1969	Zollunion
SADC	Southern African Development Community	Angola, Botswana, DR Kongo, Lesotho, Malawi, Madagaskar, Mauritius, Mosambik, Namibia, Sambia, Seychellen, Simbabwe, Südafrika, Swaziland, Tansania	2000	Freihandels-zone
UEMOA	Union Economique et Monétaire Ouest-Africaine	Benin, Burkina Faso, Elfenbeinküste, Guinea-Bissau, Mali, Niger, Senegal, Togo	1994	Freihandels-zone ↓ gemeinsamer Markt angestrebt

Abb. 1-66: Die wichtigsten Regionalgemeinschaften im Überblick
Quelle: Appeatu Holman/Canton (2001, Hrsg.), S. 212, 260, 295, 299, 350-351,
            491, Appeatu Holman/Canton/Daniel (2002, Hrsg.), S. 1514-1518, 1542-
            1544, Appeatu Holman/Canton/Murison (2002, Hrsg.), S. 1249-1250, 1258-
            1259, 1266, 1274-1275, 1286, Appeatu Holman/Canton/West (2002, Hrsg.),
            S. 869-878, 890-893, 897-898, Asian Development Bank (2002), S. 168 so-
            wie aktuelle Ergänzungen.

Als **Zwischenfazit** bleibt festzuhalten, dass Kooperation und Integration als wesentliche Triebkräfte der Globalisierung gelten können. Globalisierung einerseits und Kooperation sowie Integration andererseits hängen eng zusammen (vgl. Hülsbömer/Sach 1997). Es dürfte einleuchten, dass eine verstärkte Kooperation von Staaten bzw. eine Integration von Staaten zu Wirtschaftsräumen vor allem den grenzüberschreitenden Handel (und in vielen Fällen auch die grenzüberschreitende Direktinvestitionstätigkeit) fördern kann. Allerdings kann von einem positiven **Zusammenhang zwischen zunehmender Kooperation und Integration und zunehmender außenwirtschaftlicher Verflechtung** streng genommen nur so lange die Rede sein, wie die Integration nicht die Gestalt einer völligen Aufgabe nationaler Souveränität annimmt. Durch eine völlige Aufgabe der Souveränität würde aus vormals unabhängigen Staaten ein neuer Staat entstehen – mit der Folge, dass die sich zwischen den (ehemals unabhängigen) Staaten abspielenden Handels- und Direktinvestitionsbeziehungen nicht mehr als internationale Aktivitäten betrachtet würden. Weiterhin gilt es zu beachten, dass eine Kooperation und Integration von Staaten nicht nur bzw. nicht zwingend Außenhandels- und Direktinvestitionsaktivitäten fördert. Möglich ist auch, dass Unternehmungen als Folge der politischen Verflechtung verstärkt miteinander kooperieren, etwa über Joint Ventures, Strategische Allianzen oder Konsortien (vgl. Meckl 1993, → zu den einzelnen Kooperationsformen kurz Abschnitt 1.6 in Kapitel 2 und ausführlich Abschnitt 2 in Kapitel 6).

An dieser Stelle muss darauf hingewiesen werden, dass eigentlich mit zunehmender Kooperations- und Integrationstendenz kein Beleg für die Globalisierung, sondern ein Beleg für eine zunehmende Regionalisierung der Weltwirtschaft geliefert wird. Während wir nämlich einerseits eine zunehmende Internationalisierung der Märkte vorfinden, entstehen andererseits Gruppen von Ländern, die als Regionalgemeinschaften interpretiert werden können. Vor allem in sich entwickelnden Regionen sind neue Abkommen entstanden, mit denen Staaten eine Zusammenarbeit begründen oder intensivieren (vgl. Asian Development Bank, S. 162). Dies erklärt, warum in der Literatur häufig nicht nur von **Globalisierung**, sondern gleichzeitig von **Regionalisierung** die Rede ist (vgl. Anderson/Blackhurst 1993, Hrsg., Mirza 1998, Hrsg.). Wir werden darauf nochmals in Abschnitt 5.6.3 zurückkommen.

5.5.3   Öffnung ehemaliger Planwirtschaften sowie Auftreten neuer Wettbewerber auf dem Weltmarkt

Der radikale Wandel von ehemaligen, eher geschlossenen Planwirtschaften zu unterschiedlichen Varianten von offenen – häufig sogar äußerst offenen – Marktwirtschaften stellt die dritte Triebkraft der Globalisierung der Wirtschaft dar (vgl. dazu, teilweise auch kritisch, Perlitz 1999, v.a. S. 8-17). Wir wollen uns daher diesem Phänomen kurz zuwenden und auch das Auftreten weiterer Wettbewerber auf dem Weltmarkt ansprechen.

Eine **Neuorientierung von Wirtschaftssystemen** konnte man in den letzten Jahren vor allem in China, in den ehemaligen sowjetischen Teilrepubliken, in den früheren Ostblockländern sowie – in etwas geringerem Ausmaß – in Indien feststellen. Im Zuge der Öffnung dieser Planwirtschaften kam es zu einer erheblichen Ausweitung der Handels- und Direktinvestitionsverflechtungen mit diesen Ländern. Welches Potential in diesen Märkten steckt, wird deutlich, wenn man sich vor Augen führt, dass in China und Indien zusammen immerhin etwa ein Drittel der Weltbevölkerung lebt.

Doch nicht nur die Öffnung ehemaliger Planwirtschaften hat zum Auftreten **neuer Wettbewerber auf den Weltmärkten** geführt. Auch andere Länder sind zunehmend in die Weltwirtschaft eingebunden. Einige Schwellenländer in Asien und Südamerika sind für einen immer größeren Anteil am Welthandel verantwortlich. Zudem werden viele dieser Länder zu Standorten für ausländische Direktinvestitionen. Und schließlich fallen Unternehmungen aus diesen Ländern auch selbst als Investoren im Ausland auf. So haben etwa asiatische Unternehmungen längst in Europa Fuß gefasst. Das Beispiel des indischen Mischkonzerns *Tata* in Textbox 1-23 kann dies verdeutlichen.

Textbox 1-23: Internationalisierung durch Unternehmungen aus Entwicklungs- und Schwellenländern

Ein Zeitungsausschnitt

Mit dem 2500-$-Auto will der indische Hersteller *Tata Motors* den Automarkt revolutionieren. Doch auch in Branchen von Tee, Stahl bis IT-Outsourcing erobert der Mischkonzern den Weltmarkt. Die indische Presse feiert bereits die „umgekehrte Kolonialisierung".

Indien hat ein eigenes Wolfsburg. Es heißt Pune, ist eine Millionenmetropole, und spuckt massenweise *Tata*-Autos aus – demnächst auch das „People's Car" für 2.500 US-$ (1.700 €). Hinter dem Billigauto steht das größte Konglomerat Indiens, das nicht nur im eigenen Land omnipräsent ist. Weltweit kommt man nicht mehr an ihm vorbei. Alles läuft darauf hinaus, dass sich *Tata* demnächst die britischen Edelmarken *Jaguar* und *Landrover* einverleibt. So wie *Tata Steel* im vergangenen Jahr den britisch-niederländischen Stahlhersteller *Corus* für 9,4 Mrd. € schluckte. In fünf Jahren will er der zweitgrößte Stahlhersteller der Welt sein – der kostengünstigste ist er schon jetzt. Auch in seinen anderen sieben Geschäftsfeldern hat er mit insgesamt 98 Unternehmen längst Rekorde gesetzt: Der IT-Outsourcer *Tata Consulting Services* ist mit 100.000 Mitarbeitern und einem Umsatz von 4,3 Mrd. US-$ heute der größte herstellerunabhängige IT-Dienstleister Asiens. Seit dem Kauf der britischen Marke *Tetley* ist *Tata Tea* der zweitgrößte Teeanbieter der Welt. Die High Society logiert luxuriös in den *Taj-Hotels* der *Tata Hotelgruppe*, mit seinen *Titan Watches* hat der Inder manchen Hersteller vom Markt gedrängt – hier ist er Nummer sechs.

Quelle:
Fend, Ruth (2008): Von der Ex-Kolonie zum Tata-Imperium. In: Financial Times Deutschland vom 10. Januar 2008, URL: http://www.ftd.de/unternehmen/301418.html?p=2 (Stand: 05.02.2008).

Auch wenn aus heutiger Sicht noch nicht absehbar ist, ob die rasante Auslandsmarkt-erschließung von *Tata* zu nachhaltigem Erfolg führen wird, so bleibt als Faktum festzu-halten, dass in geöffneten Planwirtschaften sowie vielen anderen ehemals eher binnen-wirtschaftlich orientierten Staaten außenwirtschaftliche Verflechtungen in zunehmen-dem Umfang entstanden sind.

5.5.4   Technologischer Fortschritt

Die vierte Triebkraft der Globalisierung sehen wir im technologischen Wandel bzw. – positiver formuliert – im technologischen Fortschritt. Technologischer Fortschritt ist allerdings nicht nur heutzutage entscheidend; er war vielmehr bereits seit jeher ein star-ker Motor der Internationalisierung. So ermöglichte die Erfindung der Dampfmaschine die Entwicklung von Dampfloks und daraufhin die Entwicklung von Transportsystemen, die auf der Eisenbahntechnologie beruhen. Transporttechnologien erleichtern zum ei-nen den Transport über Ländergrenzen hinweg, zum anderen können sie selbst Ge-genstand von Handel bzw. Direktinvestitionen werden. So lassen sich die Produkte in das Ausland exportieren oder aber auch zum Aufbau von Anlagen nutzen. Wie wir oben aufgezeigt haben, war der Aufbau eines Eisenbahnnetzes ein wesentlicher Faktor für Direktinvestitionen (➜ Abschnitt 3.2.1.1 in diesem Kapitel). Auch heute werden gerade die Fortschritte im Bereich des **Transportwesens** angeführt, um die Beschleunigung bei Internationalisierung bzw. Globalisierung zu erklären (vgl. Thomaschewski 1999, S. 169). Zudem wird auf die – teilweise auf den Fortschritten beruhenden – sinkenden Preise für Transportdienstleistungen verwiesen: So haben sich zum Beispiel die Kosten bei See- und Luftfracht in den letzten Jahren deutlich reduziert. Auf den grenzüber-schreitenden Transport von Waren hat die Reduktion von Transportkosten positive Auswirkungen.

Eine noch größere Rolle spielt allerdings der Fortschritt im Bereich der **Informations- und Kommunikationstechnologien**. Wie keine andere Technologie beschleunigen die Informations- und Kommunikationstechnologien die Globalisierung, indem sie den welt-weiten Austausch von Ressourcen zwischen Unternehmungen sowie innerhalb von Un-ternehmungen ermöglichen. Nicht selten wird heutzutage physischer Transport sogar vollkommen durch virtuelle Kommunikation ersetzt. Musste man etwa früher interne Lis-ten des Rechnungswesens physisch (z.B. per Luftpost) von der Tochtergesellschaft zur Muttergesellschaft transportieren, wurden sie später auf Datenträgern (z.B. Disketten) gespeichert und damit in miniaturisierter Form auf den Weg gebracht. Heute reicht häu-fig ein Knopfdruck, um bestimmte Informationen von der Tochtergesellschaft zur Mut-tergesellschaft zu verschicken; zuweilen sind die Daten sogar permanent für alle Betei-ligten abrufbar. Das Schlagwort der **holographischen Unternehmung** (vgl. z.B. Hed-lund 1986, S. 24-25), in der alle Informationen jederzeit für alle erhältlich sind, wird durch die technologische Entwicklung mit Leben erfüllt. Erst die neuen Technologien schaffen überhaupt die Voraussetzungen dafür, dass das, was Hedlund als holographische Organisationen bezeichnet, ansatzweise entstehen kann. Es sind Informations- und Kommunikationstechnologien, die den Zugang zu verstreutem Wissen in international tätigen Unternehmungen erst möglich machen (vgl. auch Hagström 1991).

Was als „Neue Informations- und Kommunikationstechnologie" gilt, unterliegt einem schnellen Wandel. In den siebziger und achtziger Jahren sorgten **Satellitensysteme** für einen großen Fortschritt. Die meisten dieser Satelliten sind an einem festen Punkt im Weltraum, ca. 36.000 Kilometer oberhalb des Äquators, stationiert. Sie ermöglichen den Empfang von Fernseh- und Radioprogrammen sowie die Erbringung von Telekommunikationsdienstleistungen. Auch die **Kabeltechnologien**, die teilweise substitutiv, teilweise komplementär zu Satellitensystemen sind, werden von vielen Experten als großer technologischer Fortschritt angesehen.

Allerdings herrscht weitgehende Übereinstimmung, dass keine dieser Technologien derart revolutionär wie das **Internet** (einschließlich **Intranet**) ist. Allein die rasante Verbreitung dieser Technologie ist beeindruckend. Henzler stellt fest, dass sich der Datenverkehr im Internet etwa alle hundert Tage verdoppelt und dass die Zahl der Hosts, d.h. der Maschinenadressen im Netz, weiter stark ansteigt (vgl. Henzler 1999, S. 4). Als Gründe für den schnellen Diffusionsverlauf der Internet-Technologie werden die Interaktivität des Mediums, die Unmittelbarkeit des Zugriffs auf eine unermessliche Datenmenge, die Möglichkeiten der multimedialen Integration sowie die erhebliche Senkung von Transaktionskosten genannt (vgl. Zerdick et al. 1999, S. 140).

Das Internet ermöglicht dabei einen reibungslosen Datenverkehr, der für eine Vielzahl von Anwendungen nutzbringend ist und dabei problemlos Landesgrenzen überschreitet. Als Beispiele seien nur Email-Kommunikationssysteme, Internet-Bankdienstleistungen oder Online-Shopping-Geschäftsmodelle genannt. Das Internet verändert nun sowohl die internen Geschäftsabläufe von Unternehmungen als auch deren vielfältige Beziehungen mit der Umwelt (vgl. z.B. Evans/Wurster 1997, Dutta/Kwan/Segev 1998, Albers/Clement/Peters/Skiera 2000, Hrsg.) Auch im Hinblick auf die Internationalisierung von Unternehmungen wird das Internet in Zukunft Veränderungen mit sich bringen, deren gesamte Tragweite noch kaum absehbar ist. Als Beispiel seien nur die erweiterten Möglichkeiten des Direktvertriebs von Produkten in das Ausland, die unmittelbare Information von ausländischen Konsumenten, der Aufbau **virtueller Marktplätze**, die an keine Landesgrenzen gebunden sind, oder das Entstehen grenzüberschreitender „**Virtual Communities**" genannt.

Eines steht fest: Waren, Dienstleistungen, Kapital, Informationen und Wissen können in immer kürzerer Zeit rund um den Globus transportiert werden. Aber auch der **Faktor Arbeit** wird immer mobiler, ohne dass sich Individuen selbst geographisch in weit entfernte Gebiete begeben müssen. So können deutsche Unternehmungen ihre Software teilweise in Bangalore in Indien entwickeln lassen, ohne dass dies zwingend eine geographische Mobilität der indischen Fachkräfte erfordert. Gerade durch die Möglichkeiten der Informations- und Kommunikationstechnologien wird unsere Welt zum sogenannten, bereits von McLuhan skizzierten **„Global Village"** (vgl. McLuhan/Fiore 1968, Ger 1999). Mit diesem Schlagwort ist vor allem das Phänomen angesprochen, dass ein informations- und kommunikationstechnologisch bedingter „Verlust" an räumlicher Distanz festzustellen ist.

Neben dem Fortschritt tragen auch weitere technologische Faktoren zu einer Beschleunigung der Globalisierung bei:

- Steigende **Kosten bei der Entwicklung vieler Technologien** führen dazu, dass möglichst schnell große Produktionsvolumina erzielt werden müssen. Diese Produktionsvolumina lassen sich jedoch nur dann am Markt absetzen, wenn nicht nur der nationale Markt anvisiert wird, sondern eine globale Vermarktung vorgenommen wird.

- Auch kürzere **Lebenszyklen von Technologien** fördern den Trend zur Globalisierung. Je kürzer der Zeitraum, innerhalb dessen Produkte abgesetzt werden, umso notwendiger ist es, einen geographisch großen Markt zu bedienen. Die zeitliche Restriktion kann somit durch eine geographische Expansion ausgeglichen werden.

- Neben kürzeren Lebenszyklen von Technologien können auch längere Wiederkaufszyklen die Globalisierung beschleunigen. Gerade bei den Produkten, die aufgrund ihrer **technologischen Reife** und **Verarbeitungsqualität** eine immer größere Lebensdauer aufweisen (z.B. Personen- und Nutzfahrzeuge, Waschmaschinen), entscheiden sich Konsumenten in immer größer werdenden Abständen zum Wiederkauf. Dies treibt die Hersteller dazu, den geographischen Absatzbereich (und damit teilweise auch den Beschaffungs- und Produktionsbereich) auszubauen.

- Die **Standardisierung und Normierung bei Technologien** entfaltet darüber hinaus eine Kraft als Treiber der Globalisierung. Vereinheitlichungen bei einem bestimmten Produkt ermöglichen nicht nur eine Produktion dieses Produkts in größeren Losen, sie schaffen auch für vorgelagerte und nachgelagerte Produkte Globalisierungsmöglichkeiten oder gar -notwendigkeiten.

5.5.5   Sozio-ökonomische bzw. sozio-kulturelle Gründe

Bisher wurden vor allem politische, rechtliche und technologische Gründe angeführt. Manche Autoren kommen aber zu dem Schluss, dass darüber hinaus auch sozio-ökonomische bzw. sozio-kulturelle Gründe als fünfte Triebkraft für die Globalisierungstendenzen verantwortlich gemacht werden können.

Als Hauptargument wird dabei die Standardisierung von Produkten herangezogen. Bei vielen Gütern lässt sich, folgt man der These Levitts (1983), bereits seit langer Zeit eine weitgehende Standardisierung feststellen (vgl. Meffert 1986, 1989, Segler 1986, Kreut-

zer 1990, Bolz 1992). Textbox 1-24 stellt die Auffassung von Levitt und die daraus abgeleitete **Standardisierungsthese** (bzw. Konvergenzthese) dar.

Textbox 1-24: Die Standardisierungsthese als Argument für die Globalisierung

Die Aussagen von Theodore Levitt

„A powerful force drives the world toward a converging commonality, and that force is
technology. It has proletarianized communication, transport, and travel. It has made
isolated places and impoverished peoples eager for modernity's allurements. Almost
everyone everywhere wants all the things they have heard about, seen, or experienced via the new technologies. The result is a new commercial reality – the emergence of global markets for standardized consumer products on a previously un-
imagined scale of magnitude. … Commercially, nothing confirms this as much as the
success of **McDonald's** from the Champs Elysées to the Ginza, of **Coca-Cola** in
Bahrain and **Pepsi-Cola** in Moscow, and of rock music, Greek salad, Hollywood
movies, **Revlon** cosmetics, **Sony** televisions and **Levi** jeans everywhere. „High-
touch" products are as ubiquitous as high tech. … Corporations geared to this new
reality benefit from enormous economies of scale in production, distribution, marketing and management. By translating these benefits into reduced world prices, they
can decimate competitors that still live in the disabling grip of old assumptions about
how the world works."

Quelle:
Levitt (1983), S. 92-93.

Ausgangspunkt für die Überlegungen Levitts ist die **Nachfrageseite**: Levitt sieht eine
weitgehende **Angleichung der weltweiten Nachfrage**. Diese zunehmende Konvergenz
bei der Nachfrage wird vielfach auch mit der Angleichung von Einkommensstrukturen,
einem höheren Bildungs- und Ausbildungsniveau, Prestige- und Statusfaktoren, dem
technologischen Fortschritt, den verbesserten Informations- und Kommunikationskanä-
len und größerer physischer Mobilität erklärt. Zumindest die ersteren der genannten
Gründe verweisen auf die sozio-ökonomische bzw. die sozio-kulturelle Dimension. Die
Konvergenz der Nachfrage hat dann auch **Auswirkungen auf die Angebotsseite**:
Sie erleichtert die Standardisierung von Produkten und Dienstleistungen und in vielen
Fällen deren zentralisierte Produktion. Somit werden auf der Angebotsseite die Möglich-
keiten zur Erzielung von Economies of Scale geschaffen, um der großen Kapitalinten-
sität von Forschung, Entwicklung und Produktion zu begegnen. Die dadurch erzielten
Kostenvorteile lassen sich wiederum in Form von Preisvorteilen an die Konsumenten
weitergeben. Preisvorteile schließlich mögen ein weiterer Anreiz dafür sein, eher die
Produkte nachzufragen, die kostengünstig angeboten werden. Da dies meist die Produkte sind, die weltweit standardisiert angeboten werden, könnte sich die Homogenisie-
rungsspirale auf diese Weise weiter nach oben „schaukeln".

Der Auffassung Levitts wird allerdings in der Literatur häufig die Auffassung Kotlers gegenübergestellt. Kotler dreht Levitts Spirale um: Ausgehend von einer zunehmenden **Divergenz der Nachfrage** kommt es nach seiner Ansicht in vielen Fällen zur Notwendigkeit der Differenzierung des Angebots. Dies wiederum bringt eine Dezentralisierung vieler Aktivitäten von Unternehmungen mit sich. Die Plausibilität der **Differenzierungsthese** wird durch die in Textbox 1-25 dargestellten Zitate von Managern unterstrichen.

Textbox 1-25: Die Differenzierungsthese als Argument gegen die Globalisierung

Die Aussagen einiger Top-Manager

„The debate about global products will be short-lived when flexible automation becomes the dominant production methodology. Basic models that achieve the requisite scale economies will easily be able to be translated into more individualized products."

C. J. van der Klugt, former chairman of *Philips'* Board of Management

„We are having to grasp the consumer not en masse but as target groups – even down to the individual."

Matsushita manager (anonymous)

„Unsere zentral geführten Werbekampagnen gingen davon aus, dass sich die Menschen dieser Welt ähnlich sind. Das kann beim Betrachter aber dazu führen, dass *Coke* arrogant erscheint – nach dem Motto: Die wollen mir vorschreiben, wer ich bin. Wir wollen nicht ändern, wofür unsere Marke steht – wir verkaufen Erlebnis, Unterhaltung, Spaß, Erfrischung. Aber die Methode, in der wir dies kommunizieren, soll anders werden. Also: keine globalen Kampagnen mehr."

Douglas Daft, former Chairman of *Coca-Cola*

Quellen:
- Bartlett (1986), S. 376.
- o.V. (2000): Local Coke. Ein Zeit-Gespräch mit Douglas Daft. In: Die Zeit Nr. 34 vom 17. August 2000, S. 19.

Studiert man die einschlägige Literatur, so wird also schnell deutlich, dass über die Standardisierungsthese keineswegs Einigkeit besteht (vgl. Bauer 1985, Krulis-Randa 1990). Wie in vielen anderen Bereichen, so zeigt sich auch hier ein permanentes Spannungsfeld: Den sogenannten Globalisierungskräften stehen Lokalisierungskräfte gegenüber (vgl. Douglas/Wind 1987, Usunier 1996, Warhurst/Nickson/Shaw 1998, S. 259-263). **Standardisierungspotential** wird zum Beispiel vielen High-Tech-Produkten (Computer, Unterhaltungselektronik) oder Luxusartikeln (Parfum, Haute Couture-Produkte) zugesprochen, während **Differenzierungspotential** vor allem bei Nahrungsmitteln oder bei gewöhnlicher Kleidung besteht (vgl. dazu auch die Hypothesen bei Schuh/Holzmüller 1992, S. 296). Die Einflussfaktoren auf die Standardisierungs-/Differenzierungsentscheidung sind jedoch äußerst zahlreich (vgl. Mühlbacher/Beutelmeyer 1984, Diamantopoulos/Schlegelmilch/Du Preez 1995, Liouville 1999 sowie speziell für Beratungsleistungen Schneider 1995), so dass sich kaum Regelmäßigkeiten ausmachen lassen.

Was bleibt als Zwischenfazit? Auch wenn zahlreiche Studien darlegen, dass die Homogenisierungsthese keineswegs für alle Branchen, für alle Produkte oder für alle Konsumenten zutrifft (vgl. z.B. Quelch/Hoff 1986), so können die der Homogenisierung zugrunde liegenden Faktoren doch einen Teil der Globalisierung erklären.

5.5.6   Weiterführender Ausblick

Wir haben in den Abschnitten 5.5.1 bis 5.5.5 gezeigt, dass es eine Vielzahl von Faktoren gibt, welche die Globalisierung begünstigen oder fördern. In der Literatur werden diese Faktoren zusammen mit weiteren Faktoren auch als Globalisierungstreiber bezeichnet (vgl. z.B. Yip 1989, 1992).

Zu weiteren Faktoren zählen vor allem **unternehmungsspezifische Einflussfaktoren**. Uns erscheint es wichtig, auf derartige interne Faktoren hinzuweisen – denn die Globalisierung wird keineswegs nur durch die primär von außen an Unternehmungen herangetragenen Anforderungen forciert; vielmehr können Unternehmungen über ihre Ziele, Strategien, Visionen, Kulturen, Leitbilder und die daraus abgeleiteten Maßnahmen die Globalisierung proaktiv gestalten bzw. Globalisierung auch teilweise „umgehen". Dies sei anhand von drei Beispielen verdeutlicht:

- Unternehmungen können selbst entscheiden, ob und in welchem Ausmaß sie sich durch die Vornahme zahlreicher grenzüberschreitender Akquisitionen in Richtung einer global präsenten Unternehmung entwickeln.

- Unternehmungen können selbst entscheiden, ob sie eine Quersubventionierung von Produkten zwischen unterschiedlichen Ländermärkten vornehmen oder die einzelnen Ländermärkte als selbständige Profit-Center führen.

- Unternehmungen können selbst entscheiden, ob sie Weltmarken aufbauen oder aber ein Portfolio an lokalen und regionalen Marken aufweisen.

Es soll damit offenkundig werden, dass die oben geschilderten Globalisierungstreiber nicht unabhängig von internen Faktoren der Unternehmung sind. So spielen etwa bei den sozio-ökonomischen Entwicklungen nicht nur die Konvergenztendenzen bei der Nachfrage eine Rolle, sondern auch die Handlungsmöglichkeiten der Unternehmungen.

Diese bestehen darin, erstens auf sozio-ökonomischen Entwicklungen mit einer Standardisierung des Angebots zu reagieren und Kostenvorteile zu erzielen sowie zweitens die sozio-ökonomischen Entwicklungen aktiv zu beeinflussen. Wir wollen die Triebkräfte der Globalisierung vereinfacht in Abbildung 1-67 zusammenfassen (vgl. ähnlich auch Pausenberger 1997, S. 141 und Pausenberger 1999, S. 79). Dabei wird auch deutlich, dass die Wettbewerber eine entscheidende Rolle spielen können. Die Präsenz von globalen Wettbewerbern kann Mitläufereffekte und oligopolistische Reaktionen hervorrufen (→ die Theorie der oligopolistischen Reaktion in Abschnitt 2.4 in Kapitel 3). Ähnliches gilt für Zulieferfirmen. Sie folgen häufig ihren globalen Abnehmern.

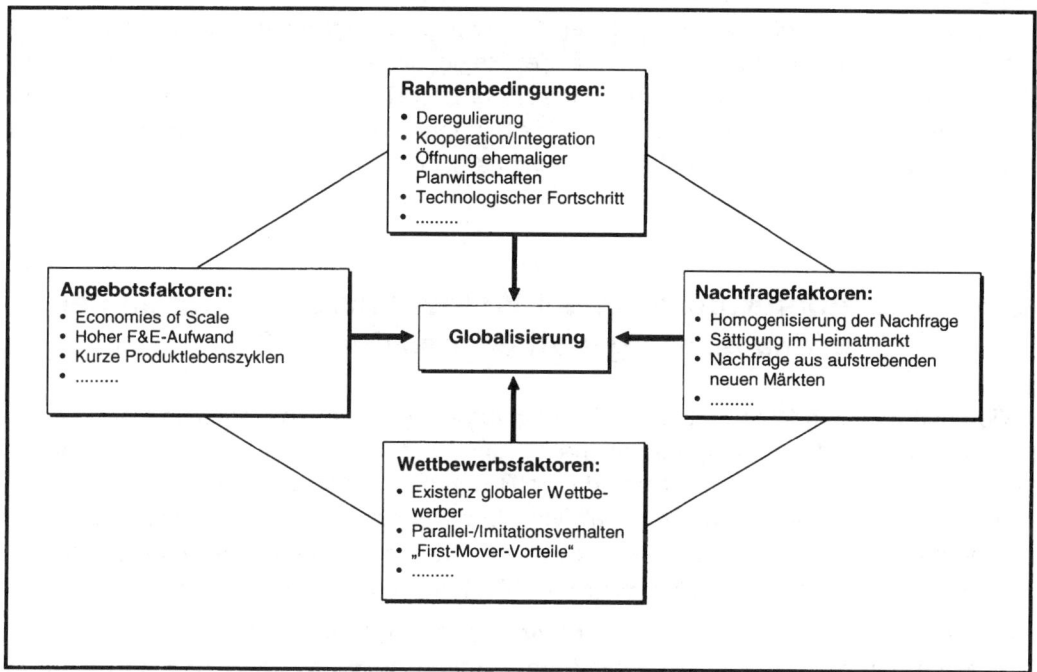

Abb. 1-67: Die Triebkräfte der Globalisierung für Unternehmungen

Schließlich sollte beachtet werden, dass die Globalisierung von Unternehmungen sehr vielgestaltig sein kann. Eine Unternehmung kann in einem bestimmten Bereich eher global, in einem anderen Bereich eher lokal sein:

- *McDonald's* hat in fast allen Ländern unserer Welt Schnellimbissrestaurants etabliert. Nach dem Motto „think global, act local" wird die Speisekarte in vielen Ländern an nationale Gegebenheiten angepasst (Geschmackspräferenzen, rechtliche Auflagen); ebenso kommt es zu lokaler Beschaffung, lokaler Finanzierung (z.T. über Franchisenehmer), lokaler Personalrekrutierung und lokalem Marketing.

- **Nestlé** ist zwar weltweit tätig, erbringt aber einen großen Teil der Wertschöpfung direkt vor Ort (468 Fabriken, davon 194 in Europa, 142 in Nord- und Südamerika und 132 in Asien/Ozeanien/Afrika). Zudem sind viele Marken keine globalen Marken, sondern nur regionale oder gar nur lokale Marken. Lediglich 6 Marken werden von **Nestlé** selbst als globale Unternehmungsmarken (**Nestlé**, **Nescafé**, **Nestea**, **Maggi**, **Buitoni**, **Friskies**) und weitere 40 Marken als globale Produktmarken (z.B. **Kit Kat**, **Smarties**) angesehen. 140 Marken gelten als regionale Marken (z.B. **Vittel**). Die Mehrheit der restlichen 7.500 Marken sind lokale Marken (z.B. **Texicana**).

Trotz einer Vielzahl von Faktoren, die als Treiber der Globalisierung gelten, sollte nicht vergessen werden, dass auch **Gegenkräfte** auftreten können. Dies wurde auf den vergangenen Seiten exemplarisch mit den Stichworten „**Regionalisierung**" und „**Differenzierung**" verdeutlicht. Die Thematik der Regionalisierung wird uns auch im folgenden Abschnitt beschäftigen, in dem wir auf die Bildung von Ländergruppen eingehen. Wir werden die Frage stellen, inwiefern das Entstehen von Ländergruppen ein Merkmal der Regionalisierung oder der Globalisierung darstellt.

5.6 Ländergruppen in der Weltwirtschaft – Zeichen der Regionalisierung statt Globalisierung?

Wie oben bereits erläutert, stellt die Bildung von Ländergruppen einerseits einen Faktor dar, der sich positiv auf die Internationalisierung (und teilweise auch auf die Globalisierung) auswirkt. Andererseits ist gerade die Bildung von Ländergruppen Ausdruck einer zunehmenden Blockbildung. Grundsätzlich gibt es verschiedene Möglichkeiten, um Ländergruppen zu bilden (vgl. Sell 1993, S. 21-24). Die beiden wichtigsten Alternativen zur Identifikation von Ländergruppen sollen nachfolgend kurz skizziert werden:

- Einteilung der Länder nach dem **Entwicklungsstand** (Abschnitt 5.6.1) sowie
- Einteilung der Länder nach der **Zugehörigkeit zu politischen und wirtschaftlichen Gemeinschaften** (Abschnitt 5.6.2).

Neben diesen Einteilungen existiert noch die Möglichkeit, Länder aufgrund rechtlicher Bestimmungen, zum Beispiel aufgrund von Ausfuhrlisten, zu klassifizieren. Diese Alternative ist jedoch vergleichsweise unbedeutend.

5.6.1 Einteilung der Ländergruppen nach dem Entwicklungsstand

Wir werden nun zunächst zentrale Klassifikationen zur Bildung von Ländergruppen nach dem Entwicklungsstand vorstellen (Abschnitt 5.6.1.1) und diese im Anschluss daran kurz analysieren (Abschnitt 5.6.1.2).

5.6.1.1 Darstellung zentraler Klassifikationen

Auch wenn in der Literatur zur Bildung von Ländergruppen häufig auf das Entwicklungsniveau eines Landes verwiesen wird (vgl. Hemmer 1988, S. 3-4, Sell 1993, S. 1-3), so ist keinesfalls geklärt, was „Entwicklungsniveau" bedeutet oder wie „Entwicklungsniveau" operationalisiert werden kann (vgl. Andersen 1996). Insofern erfolgt auch die zentrale Unterscheidung zwischen Industrie- und Entwicklungsländern in der Literatur nicht einheitlich. In den meisten Fällen wird auch nicht nur eine dichotome Einteilung zwischen **Industrieländern und Entwicklungsländern** vorgenommen, sondern eine dritte Gruppe von Ländern identifiziert, wobei zuweilen von **Schwellenländern** (vgl. z.B. Andersen, 1996, S. 20-21), zuweilen auch von **Transitionsländern** bzw. **Transformationsländern** gesprochen wird. In wieder anderen Fällen kommt es zu einer Gliederung der Weltwirtschaft in vier Ländergruppen, indem zwischen Industrie-, Schwellen-, Transitions- (bzw. Tranformations-) und Entwicklungsländern differenziert wird. Auf der Basis dieser einführenden Überlegungen sollen nun die Einteilungen (1) der Weltbank, (2) des Internationalen Währungsfonds (IWF), (3) der Vereinten Nationen (UN) und (4) der Organisation für Wirtschaftliche Zusammenarbeit und Entwicklung (OECD) vorgestellt werden. Einen ersten Überblick über die unterschiedlichen Einteilungen vermittelt Abbildung 1-68.

(1) Die Einteilung der Weltbank

Die Weltbank fasst ihre Mitgliedsländer hinsichtlich des Entwicklungsstandes in **drei Ländergruppen** zusammen (vgl. World Bank 2007a, S. 331):

- Länder mit **niedrigem Einkommen** (Pro-Kopf-Einkommen im Jahr 2005 unter 905 US-$), d.h. die sogenannten „low-income countries",

- Länder mit **mittlerem Einkommen** (Pro-Kopf-Einkommen im Jahr 2005 zwischen 905 und 11.115 US-$), d.h. die sogenannten „middle-income-countries",

- Länder mit **hohem Einkommen** (Pro-Kopf-Einkommen im Jahr 2005 größer als 11.115 US-$), d.h. die sogenannten „high-income countries".

Klassifikation der Weltbank	Klassifikation des IWF	Klassifikation der Vereinten Nationen	Klassifikation der OECD
1. Länder mit hohem Einkommen	1. Industrieländer	1. Entwickelte Marktwirtschaften	1. OECD-Länder • G7-Gruppe • weitere OECD-Länder
2. Länder mit mittlerem Einkommen	2. Transitions- und Entwicklungsländer	2. Transitionsländer	2. Nicht-OECD-Länder • OPEC-Länder • Schwellenländer
3. Länder mit niedrigem Einkommen		3. Entwicklungsländer	• Entwicklungsländer

Abb. 1-68: Klassifikationen zur Einteilung von Ländergruppen nach dem Entwicklungsstand

Wie man erkennen kann, legt die Weltbank zur Abgrenzung der Ländergruppen ein Kriterium fest, indem sie als Pro-Kopf-Einkommen das Bruttonationalprodukt pro Einwohner heranzieht. Mit den gewählten Schwellenwerten von 905 US-$ und 11.115 US-$ können die drei Gruppen von Ländern trennscharf abgegrenzt werden. Um eine stärkere Differenzierung zu erreichen, werden die middle-income-countries anschließend nochmals in die Kategorien der lower-middle-income-countries (Pro-Kopf-Einkommen zwischen 905 US-$ und 3.595 US-$) und upper-middle-income-countries (Pro-Kopf-Einkommen zwischen 3.595 US-$ und 11.115 US-$) untergliedert. Zusätzlich zur Einteilung der Länder auf der Basis des Bruttonationaleinkommmens pro Kopf werden für analytische Zwecke noch weitere Kriterien herangezogen: die Hauptexportkategorien und der Schuldenstand der Länder (vgl. World Bank 2002a, S. XXI und S. 223). So entsteht dann zum Beispiel die Gruppe der Länder mit mittlerem Einkommen, bei denen der Export von Erdöl und Erdgas mindestens 50% der gesamten Waren- und Dienstleistungsausfuhr ausmacht, oder die Gruppe der Länder mit niedrigem Einkommen, die gleichzeitig gravierende Schuldenprobleme aufweisen.

(2) Die Einteilung des Internationalen Währungsfonds (IWF)

Der Internationale Währungsfonds (IWF) unterschied bis 2003 **drei Ländergruppen** (vgl. IWF 2003, S. 163-169). Im Einzelnen handelte es sich dabei um

- **Industrieländer** bzw. „Advanced Economies",
- **Entwicklungsländer** bzw. „Developing Countries" und
- **Transitionsländer** bzw. „Countries in Transition".

Seit 2004 wird nur noch in **Advanced Economies** (Industrieländer) auf der einen und **Other Emerging Market and Developing Countries** (Transitions- und Entwicklungsländer) auf der anderen Seite unterschieden (vgl. IWF 2004, S. 179).

Eine Zuordnung einzelner Länder zu einer bestimmten Ländergruppe erfolgt in diesem Fall nicht auf der Basis eines bzw. mehrerer strikter Kriterien (z.B. Bruttonationaleinkommen), sondern ist – so der Internationale Währungsfonds – Ergebnis vielschichtiger Prozesse, die sich im Laufe der Zeit ergeben haben. Die Gruppen, d.h. Industrieländer und Transitions- und Entwicklungsländer, werden dann hinsichtlich verschiedener Kriterien weiter ausdifferenziert.

Die **Industrieländer** werden, wie Abbildung 1-69 verdeutlicht, nochmals in sogenannte „Klassische Industrieländer" (Major Advanced Economies, G-7) und „Weitere hochentwickelte Länder" (Other Advanced Economies) untergliedert. Seit 1997 zählen auch die asiatischen Schwellenländer, d.h. Hongkong, Singapur, Südkorea und Taiwan, zur Gruppe der Industrieländer (vgl. IWF 1997, S. 4). Diese Länder werden vom Internationalen Währungsfonds als „Newly Industrialized Asian Economies" zusammengefasst. Wie in Abbildung 1-69 zu sehen ist, werden auch die Länder des Europäischen Währungsraums als eigene Untergruppe erfasst. Die Zuordnung zu den Gruppen ist dabei nicht „ausschließend", so dass doppelte Zuordnungen möglich sind.

Europäischer Währungsraum	Klassische Industrieländer	Asiatische Schwellenländer	Weitere Industrieländer
Belgien Deutschland Finnland Frankreich Griechenland Italien Irland Luxemburg Niederlande Österreich Portugal Slowenien Spanien	Deutschland Frankreich Italien Japan Kanada Vereinigtes Königreich USA	Hongkong (SAR)* Singapur Südkorea Taiwan	Australien Dänemark Hongkong (SAR)* Island Israel Neuseeland Norwegen Schweiz Schweden Singapur Südkorea Taiwan Zypern
* Special Administrative Region of China seit 1997.			

Abb. 1-69: Die Industrieländer aus der Sicht des Internationalen Währungsfonds
Quelle: In Anlehnung an IWF (2007), S. 210.

Die **Transitions- und Entwicklungsländer** werden zunächst hinsichtlich regionaler Zugehörigkeit (Afrika, Asien, frühere Sowjetrepubliken, Naher und Mittlerer Osten, Zentral-

und Osteuropa sowie die vor allem Latein- und Mittelamerika umfassende westliche Hemisphäre) und anschließend sowohl hinsichtlich ihrer primären Exportgüter (z.B. Öl, andere Rohstoffe, Fertigwaren, Dienstleistungen) als auch hinsichtlich ihres Schuldenstandes (z.B. Netto-Gläubigerland, Netto-Schuldnerland) klassifiziert (vgl. IWF 2007, S. 211-213).

(3) Die Einteilung der Vereinten Nationen (UN)

Die UN favorisiert folgende Abgrenzung von **Ländergruppen** (vgl. United Nations 2006, S. XXVI):

- Als **entwickelte Marktwirtschaften** („Developed Economies") gelten die Staaten Nordamerikas und der Europäischen Union, Island, Norwegen, Schweiz sowie Japan, Australien und Neuseeland.

- Als **sich entwickelnde Länder** („Developing Economies") werden die Staaten Lateinamerikas, Afrikas und des asiatisch-pazifischen Raums (ohne Japan und die in Asien liegenden Staaten des CIS sowie Australien und Neuseeland) bezeichnet.

- Die **Transitionsländer** („Economies in Transition") umfassen Süd-Ost-Europa mit den Staaten des ehemaligen Jugoslawiens, Bulgarien, Rumänien und Albanien sowie die ehemaligen Staaten der UdSSR, die heute als CIS-Staaten zusammengefasst werden.

Innerhalb der Entwicklungsländer wird zudem zwischen Kapital-Überschussländern (wie z.B. Brunei, Kuwait, Libyen, Saudi-Arabien, Singapur, Taiwan) und Kapital-Import-Ländern differenziert. Die Kapital-Import-Länder werden zuweilen weiter in Netto-Energie-Exporteure (wie z.B. Algerien, Bolivien, Indonesien, Venezuela) und Netto-Energie-Importeure (wie z.B. Bangladesch, Tansania) klassifiziert.

Gelegentlich wird auch von den **Ärmsten Ländern der Welt** („Least Developed Countries" – LLDC-Länder) gesprochen. Die LLDC-Länder gelten als Untergruppe der Netto-Energie-Importeure („Less Developed Countries" oder LDC-Länder). Die ca. 50 LLDC-Länder bezeichnen manche auch als „Vierte Welt" (vgl. Andersen 1996, S. 19-20). Wie viele der Länder exakt als LLDC-Länder gelten, ist nicht definitiv klärbar. Dies liegt nicht nur an Veränderungen in der Situation der Länder, sondern auch an Veränderungen in der Klassifikation, die von der UN vorgenommen wird. Wie bei vielen anderen Einteilungen kommt es dadurch auch hier immer wieder zu Umgruppierungen. Die Situation der Länder wird alle drei Jahre, zuletzt 2006, von der UN bewertet. Dabei können Länder durch eine positive wirtschaftliche Entwicklung aus der Gruppe der LLDC-Länder aufsteigen (vgl. United Nations 2005, S. 13-18).

(4) Die Einteilung der Organisation für Wirtschaftliche Zusammenarbeit und Entwicklung (OECD)

Die OECD, deren Entwicklung und Ziele in Textbox 1-26 dargestellt sind, unterscheidet in einem ersten Schritt zwischen **zwei großen Ländergruppen**: den OECD-Ländern und den Nicht-OECD-Ländern. Die beiden Gruppen werden in einem zweiten Schritt weiter differenziert:

Innerhalb der **OECD-Länder** existieren zwei Sub-Gruppen:

- 7 Haupt-OECD-Länder, die sogenannte G7-Gruppe (USA, Japan, Deutschland, Frankreich, Italien, Vereinigtes Königreich und Kanada) sowie
- weitere OECD-Länder.

Innerhalb der **Nicht-OECD-Länder** werden

- die OPEC-Staaten und
- die Newly-Industrialising Economies (NIE's)
     - Nicht-OPEC-Entwicklungsländer (NODC's)
     - Zentral- und Osteuropäische Länder

identifiziert.

Textbox 1-26: Die OECD (Organisation for Economic Co-operation and Development)

Ein Kurzüberblick

Die OECD ist eine intergouvernementale Organisation, die sich als internationales Analyse-, Informations- und Diskussionsforum versteht. Sie wurde 1961 als Nachfolgeinstitution der OEEC, der Organisation for European Economic Co-operation, ins Leben gerufen. Die OECD sieht es als Kernaufgaben an, in den Mitgliedsstaaten eine optimale Wirtschaftsentwicklung zu fördern, ein gesundes wirtschaftliches Wachstum einschließlich Beschäftigungswachstum zu forcieren sowie zur Ausweitung des Welthandels beizutragen.

Quelle:
Auf der Heide (1999).

5.6.1.2 Analyse zentraler Klassifikationen

Betrachtet man die Einteilung der Ländergruppen genauer, so lassen sich mehrere Aussagen herausarbeiten:

(1) Von allen Institutionen benennt **nur** die **Weltbank ein Kriterium**, um daraufhin Länder in Ländergruppen einzuteilen. Bei diesem Kriterium handelt es sich – wie erwähnt – um das Bruttonationaleinkommen pro Kopf. IWF und UN nehmen eher aufgrund eines Gesamteindrucks, den einzelne Länder hinterlassen, eine Einteilung vor. Innerhalb der OECD–Einteilung wird, wie bei den Einteilungen von IWF und UN, ebenfalls eine Globaleinschätzung vorgenommen, wobei jedoch zudem die OECD-Zugehörigkeit eine Rolle spielt.

(2) Die von IWF und UN identifizierten Kategorien sind weitgehend deckungsgleich, auch wenn der IWF nun nur noch zwei Ländergruppen unterscheidet. Dagegen differieren die von Weltbank und OECD vorgeschlagenen Kategorien davon – und auch untereinander. Doch selbst bei IWF und UN kommt es **nicht** zu **identischen Zuordnungen der Länder**. So gilt Israel gemäß IWF als entwickelte Marktwirtschaft, nach der UN als sich entwickelndes Land. Die Tigerstaaten werden vom IWF als „Advanced Economies" geführt, wohingegen sie aus Sicht der UN noch als sich entwickelnde Länder angesehen werden.

(3) Alle Klassifikationen, ob die von Weltbank, IWF, UN oder OECD, können **ergänzt**, **erweitert** oder **modifiziert** werden. So hat sich die Deutsche Bundesbank zwar offensichtlich in vielen Veröffentlichungen im Wesentlichen der Einteilung des Internationalen Währungsfonds angeschlossen, indem sie zwischen „Industrieländern" und „Schwellen- und Entwicklungsländern" differenziert (vgl. z.B. Deutsche Bundesbank 2007g, S. 52); allerdings werden nicht alle Einteilungen exakt übernommen.

Insgesamt lässt sich erkennen, dass die geschilderten Differenzierungen keinen Absolutheitsanspruch für sich erheben können. Sie stellen einige unter vielen Möglichkeiten dar, hinsichtlich des Entwicklungsstandes Ländergruppen zu bilden. Insofern werden in der Literatur weitere **Einzel- und Gesamtindikatoren** vorgeschlagen, um den Entwicklungsstand von Ländern zu erfassen. Wir werden nun auf einige dieser (4) Einzel- und (5) Gesamtindikatoren eingehen.

(4) Will man zur Abgrenzung auf weitere Kriterien – neben dem etwa von der Weltbank verwendeten Kriterium des Pro-Kopf-Einkommens – zurückgreifen, um eine Operationalisierung für das Entwicklungsniveau eines Landes zu erhalten, so bieten sich folgende **Einzelindikatoren** an (vgl. auch Hemmer 1988, S. 32-37):

- weitere **wirtschaftliche Indikatoren** (z.B. Spar-, Konsum- und Investitionsquote, Arbeitslosenquote, Kapitalintensität, Arbeitsproduktivität, (Aus-)Bildungsstand, Energieverbrauch, Schuldendienst, Bedeutung einzelner Wirtschaftssektoren),

- **sozio-demographische Indikatoren** (z.B. Lebenserwartung, Kindersterblichkeit, Bevölkerungswachstum),

- **sozio-kulturelle Indikatoren** (z.B. Alphabetisierung, Einschulungsrate, Schulbesuchsrate auf primärer, sekundärer und tertiärer Ebene, gesellschaftliche Mobilität, gesellschaftliches Rollenverständnis),

- **infrastrukturelle Indikatoren** (z.B. Schulsystem, Verkehrssystem, Transportsystem, Gesundheitssystem, Bankensystem, Wasserversorgung) und

- **politische Indikatoren** (z.B. Stärke demokratischer Institutionen, Pressefreiheit, politische Stabilität).

(5) Neben Einzelindikatoren werden zuweilen auch Gesamtindikatoren vorgeschlagen, die mehrere Einzelindikatoren verbinden. Dazu zählen der **Human Development-Index**, das **Capability-Poverty-Maß**, Messgrößen zur **Erfassung des nationalen Vermögensbestands** sowie der **ökologische Fußabdruck**. Diese Gesamtindikatoren werden in Abbildung 1-70 dem Bruttoinlandsprodukt, dem Bruttonationaleinkommen sowie dem Ökosozialprodukt gegenübergestellt. Die meisten Indikatoren sind jedoch methodisch und politisch umstritten, so dass – trotz aller Probleme – mangels besserer Alternativen weiterhin auf das Bruttoinlandsprodukt- bzw. das Bruttonationaleinkommen zurückgegriffen wird, um den Entwicklungsstand von Ländern zu erfassen.

Bruttoinlandsprodukt (BIP) und Bruttonationaleinkommen (BNE)

Charakterisierung: Darstellung der wirtschaftlichen Leistungsfähigkeit. Internationale Vergleichbarkeit durch Umrechnung auf US-$ zu Wechselkursen oder Kaufkraftparitäten.

Parameter: Marktmäßig vermittelte Endnachfrage einer Periode.

Bewertung: Begrenzte Aussagekraft, da zahlreiche Faktoren, die für Wohlstand relevant sind, überhaupt nicht oder falsch erfasst werden. So wirken Verkehrsunfälle und Umweltreparaturen wachstumssteigernd. Andere Tätigkeiten, wie unbezahlbare Versorgungsarbeit, bleiben unberücksichtigt. Keine korrekte Einkommensberechnung, da Umweltverbrauch nicht als Vermögensverlust abgerechnet wird. Verwendung von Wechselkursen bei der Umrechnung auf US-$ entspricht häufig nicht der relativen Kaufkraft.

Ökosozialprodukt

Charakterisierung: Erweiterung von BSP und BIP um den Naturverbrauch, um ein realistischeres Bild der Wirtschaftsleistung zu erhalten.

Parameter: Geldliche Bewertung der Umweltschäden und der verbrauchten natürlichen Ressourcen.

Bewertung: Kommt einer Messung des wirklichen Einkommens näher als BSP/BIP, da Bestandsänderungen im Naturvermögen berücksichtigt werden. Eine geldliche Bewertung der biophysischen Aspekte von Ökosystemen ist aber häufig problematisch oder unmöglich. Wichtige Aspekte gesellschaftlicher Wohlfahrt werden ebenso vernachlässigt wie einige Bestandteile der Vermögensausstattung (z.B. Sozialkapital).

UNDP-Index für menschliche Entwicklung (HDI = Human Development Index)

Charakterisierung: Darstellung der menschlichen Entwicklung mit einer Kennzahl, die zentrale Parameter bündelt.

Parameter: BIP pro Kopf nach Kaufkraftparitäten; Lebenserwartung; Analphabetenrate; Einschulungsrate.

Bewertung: Trotz der Begrenzung auf wenige Parameter ermöglicht der UNDP-Index eine Unterscheidung von Wirtschaftsleistung und sozialen Lebensbedingungen. Da viele Staaten an einer hohen Einstufung interessiert sind, werden sie zur Überprüfung ihrer Wirtschaftspolitik nach sozialen Kriterien ermutigt.

Abb. 1-70: Maße für Wirtschaftsleistung und gesellschaftliche Wohlfahrt (Teil 1)

UNDP-Entbehrungsindex (CPM = Capability Poverty Measure)

Charakterisierung: Als Index für Armut und soziale Unterversorgung soll er den Bevölkerungsanteil erfassen, dem grundlegende Voraussetzungen für die Entfaltung seiner produktiven Fähigkeiten fehlen.

Parameter: Anteil der untergewichtigen Kinder, Geburten ohne fachliche Betreuung, weibliche Analphabetenrate.

Bewertung: Der CPM-Index erfasst die Wirkungen der Wirtschafts- und Gesellschaftsstrukturen auf die Lebensbedingungen von Randgruppen (Outputorientierung). Er vermittelt damit ein realistischeres Bild menschlicher Entbehrung als die Einkommensarmut (Inputorientierung). Die Auswahl der Komponenten wird wesentlich durch die weltweite Datenverfügbarkeit bestimmt. Der Verzicht auf geldliche Bewertung erhöht die internationale Vergleichbarkeit.

Nationaler Vermögensbestand

Charakterisierung: Umfassende Messung der Vermögenspositionen eines Landes.

Parameter: Menschengemachtes Sachkapital (Maschinen, Straßen, Gebäude etc.); menschliche Ressourcen (Arbeitskraft, Ausbildung, Sozialkapital); Naturvermögen (Rohstoffe, Land, Wasser, Wald, biologische Vielfalt, lebenserhaltende Umweltgüter etc.).

Bewertung: Vermögensmessung ist aussagekräftiger für Wohlstand und Nachhaltigkeit als das Wirtschaftsergebnis einer Periode. Trügerisches Wachstum durch Vermögensverzehr wird sichtbar gemacht. Vermögensausstattung ist ein zentraler Faktor für künftige Einkommenserzielung. Die geldliche Bewertung von Sozialkapital und Teilen des Naturvermögens ist höchst problematisch. Das Konzept folgt dem Leitbild „nachhaltiger Entwicklung" durch die Regel, dass der Pro-Kopf-Kapitalbestand über die Generationen hinweg nicht schrumpfen darf.

Ökologischer Fußabdruck

Charakterisierung: Ermittlung der Fläche, die jeder Bewohner der Erde dauerhaft für die Aufrechterhaltung eines bestimmten Lebensstils benötigt.

Parameter: Tatsächliche und rechnerische Flächennutzung für alle Kategorien des Endverbrauchs (z.B. Wohnen und Arbeiten, Straßen, Waldfläche für die Speicherung von Kohlendioxid).

Bewertung: Index zur Überprüfung der Nachhaltigkeit, der das unterschiedliche Niveau des Naturverbrauchs in Nord und Süd mit einer einheitlichen Kennzahl sichtbar macht. Die Begrenztheit des globalen Umweltraums wird durch die weltweit verfügbare produktive Fläche repräsentiert. Die übermäßige und ungleiche Belastung der Ökosysteme wird anschaulich dargestellt, obwohl problematische Annahmen des Modells zu einer systematischen Unterschätzung der Flächenbelegung führen.

Abb. 1-70: Maße für Wirtschaftsleistung und gesellschaftliche Wohlfahrt (Teil 2)
Quelle: Fues (1997), S. 50-51.

5.6.2   Einteilung der Ländergruppen nach der Zugehörigkeit zu politischen und wirtschaftlichen Gemeinschaften

Neben dem Entwicklungsstand setzen weitere Differenzierungen an der Frage an, welchem Politik- und/oder Wirtschaftsraum ein bestimmter Staat zugehörig ist. Diese Abgrenzungen folgen in der Regel Klassifizierungen, die auf internationalen Konferenzen und von internationalen Organisationen vorgenommen werden. Dabei lassen sich inzwischen zahlreiche Politik- bzw. Wirtschaftsräume unterscheiden (vgl. zu den einzelnen Wirtschaftsräumen z.B. Altmann/Kulessa 1998, Hrsg., Appeatu Holmann 2001, Hrsg.). Häufig wird vor allem auf die folgenden sechs Ländergruppen verwiesen:

- **EU** (European Union)
- **EFTA** (European Free Trade Association)
- **NAFTA** (North American Free Trade Agreement)
- **ASEAN** (Association of South East Asian Nations) bzw. **AFTA** (ASEAN Free Trade Area)
- **APEC** (Asia-Pacific Economic Cooperation)
- **OPEC** (Organization of Petroleum Exporting Countries)

Innerhalb der sechs genannten Ländergruppen ist die EFTA aufgrund des Beitritts vieler Mitglieder zur EU inzwischen zu einer vergleichsweise unbedeutenden Organisation geworden. Ihr gehören nur noch die Schweiz, Norwegen, Liechtenstein und Island an. Die anderen fünf Ländergruppen haben jedoch in der Weltwirtschaft eine große Bedeutung. Allein die APEC, zu denen auch die drei NAFTA-Partner USA, Kanada und Mexiko zählen, zeichnet für knapp 45% des Weltwarenexports verantwortlich. Die EU-Länder vereinen einschließlich des Intra-EU-Handels etwa 38% des Weltwarenexports auf sich, und unter den verbleibenden 17% des Weltwarenexports wird ein beträchtlicher Anteil von den OPEC-Staaten erwirtschaftet. Exemplarisch wollen wir in Abbildung 1-71 die APEC-Staaten einschließlich ihrer Wirtschafts- und Exportkraft auflisten.

Deutlich wird bei einer Betrachtung von Abbildung von 1-71, dass zwischen den Mitgliedsstaaten der APEC große Unterschiede bestehen – ob in absoluten oder in relativen Zahlen. Die APEC vereint kleine und große, arme und reiche, exportorientierte und weniger exportorientierte Staaten. Die kulturellen Wurzeln der einzelnen Länder differieren ebenfalls sehr stark. Noch stärker als bei der EU handelt es sich bei der APEC um eine sehr heterogene Gruppe von Ländern.

APEC-Staaten	BNE gesamt in Mrd. US-$ in PPP[1]	BNE je Einwohner in US-$ in PPP[1]	Export gesamt in Mrd. US-$
USA	13.233	44.260	1.037
Brunei	13	36.216	7
Kanada	1.127	34.610	388
Australien	699	34.060	156
Japan	4.229	33.150	647
Singapur	139	31.710	272
Neuseeland	112	27.220	22
Südkorea	1.152	23.800	325
Taiwan	392	17.230	213
Russland	1.656	11.630	302
Mexiko	1.189	11.410	250
Malaysia	291	11.300	161
Chile	185	11.270	56
Thailand	592	9.140	130
China	10.153	7.740	969
Hongkong	268	38.200	323
Peru	172	6.080	23
Philippinen	506	5.980	47
Indonesien	881	3.950	101
Vietnam	278	3.300	44
Papua-Neuguinea	14	2.410	6
APEC-Staaten	37.281	14.030[2]	5.443
EU-25 zum Vergleich	12.386[3]	26.863[3]	4.532

[1] Purchasing Power Parity (Kaufkraftparität).
[2] Der Durchschnitt ist mit dem Anteil der Landesbevölkerung an der Gesamtbevölkerung der Region gewichtet.
[3] BIP in PPP aus dem Jahr 2004.
Daten für das Jahr 2006.

Abb. 1-71: Die Mitgliedsstaaten der Asiatisch-Pazifischen Wirtschaftskooperation (APEC)
Quelle: Daten aus APEC (2007), S. 131, World Bank (2007a), S. 334-335, World Bank (2007b), WTO (2007b), S. 174 und WTO (2007c), S. 60.

Neben den gerade kurz skizzierten Ländergruppen sollten auch noch einige weitere – eher unbekannte – Ländergruppen beachtet werden. Bei diesen Ländergruppen handelt es sich fast ausnahmslos um Ländergruppen, bei denen Schwellen- bzw. Entwicklungsländer eine größere Bedeutung haben bzw. miteinbezogen sind (vgl. Altmann 1992, Altmann/Kulessa 1998, Hrsg.). Dabei gilt es zu beachten, dass die Einteilungen nicht überschneidungsfrei sind. Dies heißt: Ein bestimmtes Land kann nicht nur einer, sondern gleichzeitig mehreren Ländergruppen angehören. Diese Ländergruppen umfassen:

- **ALADI** (Asociación Latinoamericana de Integración) bzw.
  LAIA (Latin American Integration Association)
- **Andenpakt** (Pacto Andino)
- **CEMAC** (Communauté Economique et Monétaire de l'Afrique Centrale)
- **CACM** (Central American Common Market)
- **CARICOM** (Caribbean Community and Common Market)
- **CEFTA** (Central European Free Trade Association)
- **COMESA** (Common Market for Eastern and Southern Africa)
- **ECO** (Economic Cooperation Organization)
- **ECOWAS** (Economic Community of West African States)
- **FTAA** (Free Trade Area of the Americas)
- **GCC** (Gulf Cooperation Council)
- **MERCOSUR** (Mercado Común del Cono Sur)
- **SAFTA** (South Asian Free Trade Area)
- **SACU** (Southern African Customs Union)
- **SADC** (Southern African Development Community)
- **UEMOA** (Union Economique et Monétaire Ouest-Africaine)

Abbildung 1-72 **kombiniert die Zugehörigkeit von Ländern zu politischen und wirtschaftlichen Gruppierungen mit dem Entwicklungsstatus.** Dabei sind manche der
Regionalgemeinschaften mehrfach aufgeführt, da sich darin Länder mit unterschiedlichem Entwicklungsstand befinden. So gehören etwa der FTAA sowohl Industrieländer
(z.B. USA) als auch Schwellenländer (z.B. Brasilien) und Entwicklungsländer (z.B. Bolivien) an. Ebenso verhält es sich mit der APEC. Die APEC vereint, wie bereits in Abbildung 1-71 ersichtlich, über 20 Länder mit sehr unterschiedlichem Entwicklungsstand.
Darunter befinden sich sehr wohlhabende Staaten wie Japan und die Vereinigten Staaten, deren Bruttonationaleinkommen pro Kopf um den Faktor 14 bzw. 18 höher ist als
das des ärmsten Mitglieds Papua-Neuguinea. Würde man die Betrachtung nicht – wie in
Abbildung 1-71 – auf der Basis von Kaufkraftparitäten vornehmen, so ergäben sich
deutlichere Unterschiede. Bei Rückgriff auf die sogenannte Atlas-Methode (vgl. World
Bank 2002b, S. 245) käme es bei manchen Ländervergleichen zu höheren, bei anderen
Ländervergleichen zu niedrigeren Diskrepanzen als bei der PPP-Methode (Purchasing-
Power-Parity-Methode). An dieser Stelle zeigt sich erneut, dass bei einem Blick auf die
Internationalisierung der Wirtschaft nicht nur Daten an sich, sondern auch deren Ermitt-
lung von Bedeutung sind, um nicht falsche Schlussfolgerungen zu ziehen.

	Länder mit hohem Einkommen	Länder mit mittlerem Einkommen	Länder mit niedrigem Einkommen
Länder mit hohem Einkommen	AFTA, APEC, CARICOM, EFTA, EU, FTAA, GCC, NAFTA	–	–
Länder mit mittlerem Einkommen	AFTA, APEC, CARICOM, CEFTA, FTAA, GCC, NAFTA	AFTA, ANCOM, APEC, CARICOM, CACM, CEFTA, COMESA, ECO, FTAA, GCC, LAIA, MERCOSUR, SACU, SAFTA	–
Länder mit niedrigem Einkommen	AFTA, APEC, FTAA	AFTA, APEC, CACM, CEMAC, COMESA, ECO, ECOWAS, FTAA, SACU, SAFTA	AFTA, APEC, CEMAC, COMESA, ECO, ECOWAS, SAFTA, UEMOA

Abb. 1-72: Die regionale Integration von Industrie-, Schwellen- und Entwicklungsländern
Quelle: Daten aus World Bank (2002a), S. 220-221.

5.6.3 Zusammenfassende Beurteilung der Ländergruppenbildung

Ob nun Ländergruppen hinsichtlich des Entwicklungsstandes oder hinsichtlich der Zugehörigkeit zu Politik- oder Wirtschaftsräumen gebildet werden – es sei betont, dass die Bildung von Ländergruppen **vor allem klassifikatorische Funktion** hat. Für eine bestimmte Unternehmung, die vor einer konkreten Entscheidung steht, sind die geschilderten Differenzierungen meist nur bedingt hilfreich. Und selbst weitere Differenzierungen, die in der Literatur sogar aus dem Blickwinkel der Außenwirtschafts- bzw. Internationalisierungspolitik von Unternehmungen vorgenommen wurden (vgl. z.B. Leitherer 1989, Sp. 1271-1272, Giger 1999, S. 471), haben für eine Unternehmung in konkreten Situationen wenig Nutzen. So spielen etwa bei Entscheidungen hinsichtlich des Markteintritts, der Marktbearbeitung, der Marktselektion oder der Marktsegmentierung unternehmungsspezifische Überlegungen eine wichtigere Rolle als Grobeinteilungen nach Ländergruppen (→ Abschnitte 2 und 3 in Kapitel 6). Um es deutlich auszudrücken: Für die Entscheidung, ob eine bestimmte Unternehmung eher den chinesischen Markt oder eher den indischen Markt bearbeiten soll, helfen letztlich keine Ländergruppierungen, sondern nur **Einzelfallanalysen.**

Doch obwohl die referierten Einteilungen für unternehmungspolitische Entscheidungen keine oder zumindest keine allzu große einzelwirtschaftliche Bedeutung haben, können sie von Nutzen sein. Sie erleichtern unser Verständnis der regionalen Verteilung der Außenwirtschaftstätigkeit und können uns helfen, wenn wir Aussagen über Handels- und Direktinvestitionstätigkeiten von Unternehmungen treffen. Insbesondere stützt die Existenz von Ländergruppen die **These,** dass wir es eigentlich in unserer Weltwirtschaft **nicht** mit **Globalisierung, sondern** mit **Regionalisierung** zu tun haben. Internationale Wirtschaftsbeziehungen verdichten sich regional, was wir bereits anhand der Intra-EU-Verflechtung beim Außenhandel oder der Intra-EU-Verflechtung bei den Direktinvestitionen aufgezeigt haben. Wie an obiger Stelle herausgearbeitet, werden fast zwei Drittel des Außenhandels der EU-Mitglieder innerhalb der EU abgewickelt. Und auch bei den Direktinvestitionen fließt ein großer Teil der europäischen Investitionen in Nachbarländer. Andere Regionalgemeinschaften zeichnen sich ebenfalls durch eine starke wirtschaftliche Verflechtung der Mitgliedsländer untereinander aus. Dies soll anhand der Außenhandelsverflechtungen verdeutlicht werden. Abbildung 1-73 zeigt Ihnen, welcher Anteil des Außenhandels bei bestimmten Wirtschaftsgemeinschaften – gemäß Schätzungen – als Intra-Regional-Handel betrachtet werden kann.

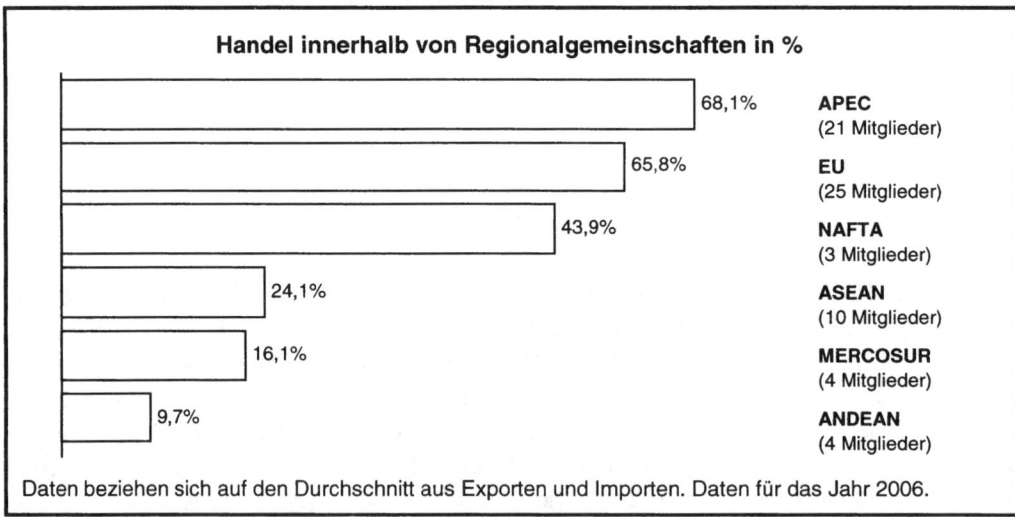

Abb. 1-73: Der Anteil des Intra-Regional-Handels ausgewählter Regionalgemeinschaften
Quelle: Daten aus WTO (2007b), S. 23-29, S. 172, APEC (2007), S. 134.

Die Regionalisierung ist nun sowohl als eine Verstärkung der Globalisierung als auch als Gegenreaktion zur Globalisierung zu interpretieren.

- Regionalisierung stellt deswegen eine **Verstärkung der Globalisierungstendenzen** dar, weil in vielen Fällen, etwa durch Kooperations- und Integrationsabkommen, das Volumen der Außenhandelstätigkeiten (und damit verbunden auch teilweise der Direktinvestitionstätigkeiten) verstärkt werden kann.

- Regionalisierung kann als **Gegengewicht zu den Globalisierungstendenzen** angesehen werden, weil einzelne Länder durch ihre Kooperation bzw. ihren Zusammenschluss den mit der Globalisierung verbundenen Gefahren durch Bildung von Regionalgemeinschaften begegnen wollen.

Die Regionalisierung muss aus weltwirtschaftlicher Sicht keineswegs für alle Aktoren gleichzeitig Vorteile bringen. Vielmehr zeigt uns die Praxis, dass einzelne Länder von ihrer Zugehörigkeit zu einem Wirtschaftsraum profitieren, während andere Länder, die nicht Mitglied dieses Wirtschaftsraums sind, Nachteile in Kauf nehmen müssen. So sank die Ausfuhr Marokkos und Tunesiens von Orangen, Oliven und Speiseöl erheblich, als Spanien und Griechenland Vollmitglieder der damaligen EWG (Europäischen Wirtschaftsgemeinschaft) wurden und damit für viele europäische Länder zu bevorzugten Lieferanten avancierten (vgl. Altmann 1993, S. 107 und S. 109).

6   Anhang: Quellen zur Internationalisierung der Wirtschaft

In den vorangegangen Abschnitten wurden Sie mit einer Reihe von **Daten** konfrontiert, die zum Teil zeitlichen Schwankungen unterworfen sind. Damit Sie sich auch in Zukunft auf dem Laufenden halten können, führen wir abschließend einige wichtige Quellen auf, denen Sie Informationen über die Internationalisierung der Wirtschaft entnehmen können und die Sie auch für weiterführende Arbeiten heranziehen können. Wir differenzieren dabei Quellen nationaler Institutionen (Abschnitt 6.1) und Quellen internationaler Institutionen (Abschnitt 6.2), bevor wir auf weitere Quellen verweisen (Abschnitt 6.3). Ferner möchten wir Ihnen abschließend einige Hinweise geben, wo Sie **wissenschaftliche Beiträge** zur Internationalisierung der Wirtschaft und ihrer zentralen Aktoren, den internationalen Unternehmungen, finden (Abschnitt 6.4).

6.1   Quellen nationaler Institutionen

Die wichtigsten Quellen aus deutscher Feder stammen von (1) der Deutschen Bundesbank, (2) dem Statistischen Bundesamt (3) dem DIHT und (4) der Bundesstelle für Außenhandelsinformationen.

(1) Quellen der Deutschen Bundesbank
(Internetadresse: http://www.bundesbank.de/)

(a) Monatsberichte der Deutschen Bundesbank: Die Monatsberichte der Deutschen Bundesbank enthalten jeweils einen statistischen Teil zur „Außenwirtschaft", in dem wichtige Positionen der deutschen Zahlungsbilanz dokumentiert sind. Im statistischen Teil jedes Monatsberichts finden sich – entgegen der Bezeichnung – nicht nur Informationen über einen bestimmten Berichtsmonat; jeder Monatsbericht berücksichtigt vielmehr neben aktuellen Daten auch Vergleichsdaten aus der Zahlungsbilanz der letzten Jahre. Besonders interessant ist aus der Perspektive des an internationalen Wirtschaftsbeziehungen interessierten Lesers das jeweilige „März-Heft" der Monatsberichte: In diesem Heft wird die deutsche Zahlungsbilanz des Vorjahres in einem eigenen Artikel ausführlich analysiert.

(b) Zahlungsbilanzstatistik der Deutschen Bundesbank: Die Zahlungsbilanzstatistik erscheint monatlich und enthält alle wichtigen Positionen der Zahlungsbilanz (u.a. Warenhandel, Dienstleistungshandel) – allerdings deutlich detaillierter als die Monatsberichte. Darüber hinaus sind in dem – auch als „Statistisches Beiheft zum Monatsbericht Nr. 3" bezeichneten – Heft außenwirtschaftliche Bestandsstatistiken sowie amtliche Devisenkurse der Frankfurter Börse dokumentiert, die in den Monatsberichten selbst nicht zu finden sind.

(c) Sonderdrucke/Veröffentlichungen der Deutschen Bundesbank: Wer sich umfassend mit den Monatsberichten und den – ebenfalls monatlich veröffentlichten – Zahlungsbilanzstatistiken beschäftigen möchte, sollte auch den Sonderdruck Nr. 8 der Deutschen Bundesbank (1992) heranziehen, der über Inhalt, Aufbau und Methodik der Zahlungsbilanzstatistik informiert. Allerdings stammt dieser Sonderdruck aus dem Jahr 1992 und ist folglich um die seither erfolgten Änderungen zu ergänzen (vgl. v.a. Deutsche Bundesbank 1995, 1999a). Die Veröffentlichung „Kapitalverflechtung mit dem Ausland", die als Statistische Sonderveröffentlichung geführt wird, ist vor allem für die Analyse der Direktinvestitionen von Bedeutung.

(2) Quellen des Statistischen Bundesamtes
(Internetadresse: http://www.destatis.de)

(a) Statistisches Jahrbuch: Das Statistische Jahrbuch der Bundesrepublik enthält – neben einer Vielzahl von weiteren Daten – einen (ca. 20- bis 30-seitigen) Abschnitt über den deutschen Außenhandel. Der Außenhandel wird dabei nicht nur in seiner Entwicklung skizziert; es finden sich auch Gliederungen des Außenhandels nach Regionen und Warengruppen. Ebenso existiert im Statistischen Jahrbuch ein Kapitel über die Deutsche Zahlungsbilanz (ca. 10-15 Seiten).

(b) Statistisches Jahrbuch für das Ausland: Das Statistische Jahrbuch für das Ausland geht über das Statistische Jahrbuch der Bundesrepublik in der Weise hinaus, als es nicht nur Angaben über die Verflechtung des Inlands mit dem Ausland, sondern auch über das Ausland selbst liefert. Allerdings darf man – sowohl beim Außenhandel als auch bei Direktinvestitionen und Zahlungsbilanz – für die einzelnen Länder nur einen Überblick erwarten. Das Werk eignet sich daher für einen überblicksartigen Vergleich, bevor auf andere Veröffentlichungen (z.B. der OECD oder der UN) zurückgegriffen wird.

(c) Zeitschrift Wirtschaft und Statistik: Die monatlich erscheinende Veröffentlichung „Wirtschaft und Statistik" des Statistischen Bundesamtes enthält in unregelmäßigen Abständen Abhandlungen, die sich mit der Außenwirtschaft beschäftigen. In diesen Abhandlungen wird statistisches Material methodisch erläutert, diskutiert und in einen größeren Zusammenhang gestellt. Beispielhaft dafür sind die immer wieder erscheinenden Abhandlungen über den deutschen Außenhandel.

(3) Quellen des Deutschen Industrie- und Handelskammertages (DIHK)
(Internetadresse: http://www.dihk.de)

Der Deutsche Industrie- und Handelstag bietet diverse Publikationen an, die über die internationale Verflechtung der deutschen Wirtschaft informieren. Besonders zu erwähnen ist die regelmäßig erscheinende Veröffentlichung „Außenhandel und Wettbewerbsfähigkeit", welche die Ergebnisse von Befragungen der deutschen Außenhandelskammern enthält. Daneben werden vom DIHK auch zahlreiche weitere Studien veröffentlicht, etwa zu Motiven der Produktionsverlagerung ins Ausland, zur Gewinnverlagerung in das Ausland oder zu Auslandsinvestitionen der deutschen Wirtschaft.

(4) Quellen der Bundesagentur für Außenwirtschaft (bfai)
(Internetadresse: http://www.bfai.de bzw. http://www.bfai.com)

Die Bundesagentur für Außenwirtschaft ist dem Ministerium für Wirtschaft und Technologie zugeordnet und hält mehr als 4000 Einzelpublikationen bereit. Von besonderem Interesse sind die sogenannten „Wirtschaftstrends", mit denen man sich als Leser einen ersten Überblick über 100 verschiedene Exportmärkte verschaffen kann. Ergänzt werden die Wirtschaftstrends durch die Publikation „Wirtschaftsdaten aktuell". Ebenfalls für mehr als 100 Länder werden auf jeweils vier Seiten kompakt wichtige ökonomische Daten präsentiert. Auf einzelne Branchen in verschiedenen Ländern geht die Broschüre „Markt in Kürze" ein. Ferner bietet die bfai wichtige Adressen sowie Rechts- und Zolltipps für das Auslandsgeschäft.

6.2   Quellen internationaler Institutionen

Auf internationaler Ebene stammen wichtige Veröffentlichungen von (1) EUROSTAT, (2) der OECD, (3) den Vereinten Nationen, (4) der Weltbank sowie (5) der Welthandelsorganisation.

(1) Quellen von EUROSTAT – Statistical Office of the European Communities
(Internetadresse: http://europa.eu.int/comm/eurostat/)

Jahrbuch von Eurostat: Neben zahlreichen Grunddaten über die Länder der Europäischen Union enthält das Jahrbuch einen Abschnitt über Unternehmungen und Wirtschaftszweige in Europa sowie einen weiteren Abschnitt über die Wirtschaft in der Europäischen Union, in dem unter anderem die „Intra-EU-Verflechtung" aufgezeigt wird.

(2) Quellen der OECD – Organisation for Economic Co-operation and Development
(Internetadresse: http://www.oecd.org/)

(a) **International Direct Investment Statistics Yearbook:** Als jährlich erscheinende Publikation ist dieses Werk die wichtigste Quelle für aktuelle statistische Daten, welche die Ströme und Bestände an Direktinvestitionen der OECD-Länder aufzeigen.

(b) **OECD Statistics on Measuring Globalisation online Database (vormals Activities of Foreign Affiliates in OECD Countries):** Diese Veröffentlichung enthält sehr informative Statistiken über die Bedeutung ausländischer Tochtergesellschaften und Betriebsstätten in den OECD-Ländern. Erstmals im Jahr 1997 erschienen, ist sie gerade aus betriebswirtschaftlicher Perspektive interessant, da sie nicht nur über aggregierte Direktinvestitionsströme informiert.

(3) Quellen der UN – United Nations bzw. UNCTAD – United Nations Conference on Trade and Development
(Internetadressen: http://www.unsystem.org/ bzw. http://www.unctad.org/)

(a) **International Trade Statistics Yearbook:** Das einmal pro Jahr publizierte International Trade Statistics Yearbook besteht aus zwei Bänden, die eine Sammlung statistischer Daten enthalten. Im ersten Band wird der weltweite Außenhandel nach Ländern, im zweiten Band wird er nach Produktkategorien analysiert.

(b) **Trade and Development Report der UNCTAD**: Der jährlich erscheinende Trade and Development Report enthält im ersten Abschnitt eine Beurteilung der weltwirtschaftlichen Lage. Die weiteren Abschnitte sind mehreren, jährlich wechselnden Themen gewidmet, wobei das Spektrum von der Schuldenkrise der Entwicklungsländer über die Wirtschaftslage Asiens bis hin zur Situation weniger beachteter Regionen, so zum Beispiel der afrikanischen Länder, reicht. Der Trade und Development Report enthält zwar einige Zahlen, ist in seiner Argumentation aber eher verbal-qualitativ orientiert.

(c) **World Investment Report:** Der World Investment Report erscheint jährlich. Wie beim Trade and Development Report der UNCTAD beginnt auch der World Investment Report jedes Jahr mit einem Blick auf die globalen Trends der Weltwirtschaft. Die weiteren Ausführungen beschäftigen sich mit Außenhandel, Direktinvestitionen und transnationalen Unternehmungen. Neben zahlreichen Statistiken kommen auch erläuternde und ergänzende Angaben nicht zu kurz.

(4) Quellen der World Bank
(Internetadresse: http://www.worldbank.org/)

Weltentwicklungsbericht der World Bank: Seit mehr als 20 Jahren veröffentlicht die Weltbank den sogenannten „Weltentwicklungsbericht". Der Bericht enthält Kennzahlen über zahlreiche ökonomische und soziale Sachverhalte. Besonderes Schwergewicht liegt auf der Situation der ärmeren Länder. Nachdem sich die Weltbank nach dem Zweiten Weltkrieg zunächst mit dem Wiederaufbau in Europa und Japan beschäftigt hat, wurde der Fokus inzwischen auf Afrika sowie Teile Asiens und Lateinamerikas verlagert.

(5) Quellen der World Trade Organization
(Internetadresse: http://www.wto.org/)

Jahresbericht der WTO: Der Jahresbericht der WTO wurde bis einschließlich 1995, dem Übergang von GATT zu WTO, jeweils in einem Band mit dem Titel „GATT Activities" herausgegeben. Zwischen 1996 und 1999 bestand der Jahresbericht aus zwei Teilen. In einem der beiden Teile wurden statistische Angaben über den internationalen Handel geliefert, der andere der beiden Teile wurde in jedem Jahr einem spezifischen – allerdings sehr weit gefassten – Thema gewidmet. So wurden im Jahresbericht 1996 „Handel und Direktinvestitionen" und im Jahresbericht 1997 „Handels- und Wettbewerbspolitik" diskutiert, während es 1998 um „Globalisierung und Handel" ging. Seit dem Jahr 2000 erscheint im Mai der Jahresbericht (vgl. WTO 2000), der am Ende eines jeden Jahres um die „International Trade Statistics" ergänzt wird (vgl. WTO 2007b).

6.3   Sonstige Quellen

(1) Fischers Weltalmanach: Der vom Fischer Verlag herausgegebene Weltalmanach hat nicht den Charakter öffentlicher Statistiken; er baut vielmehr auf Primärstatistiken anderer Institutionen auf. Er zeichnet sich dabei durch eine große Aktualität und eine optisch sehr ansprechende Aufbereitung aus. Die wichtigsten Daten zum Welthandel werden jedes Jahr auf einigen Seiten komprimiert. Daneben findet der Leser eine Vielzahl weiterer Daten und Fakten über internationale Politik, Wirtschaft und Kultur.

(2) „Globale Trends" der Stiftung Entwicklung und Frieden: Ebenfalls im Fischer Verlag erscheint die von der Stiftung Entwicklung und Frieden herausgegebene Veröffentlichung „Globale Trends" (vgl. z.B. Debiel/Messner/Nuscheler 2007, Hrsg.). Dieser Band enthält neben Informationen zur Weltwirtschaft auch Hintergrundinformationen zur Weltgesellschaft, zur Weltpolitik, zur Weltökologie, zum Weltfrieden und zur Weltkultur. Wer sich nicht nur für die Wirtschaft unserer Welt interessiert, sondern darüber hinausgehende Fakten aufzunehmen sowie kritische Analysen und Meinungen zu akzeptieren bereit ist, sollte einen Blick in diese Veröffentlichung werfen. Vor allem zeigt die Publikation auf, dass die ökonomische Perspektive nicht die einzige Perspektive sein sollte, aus der Internationalisierung und Globalisierung zu betrachten sind.

6.4   Wissenschaftliche Beiträge zur Internationalisierung

Bisher haben wir in diesem Abschnitt Quellen genannt, die primär **Daten** zur Internationalisierung liefern, vor allem in Form von statistischem Zahlenmaterial. Abschließend wollen wir auf Quellen hinweisen, die primär problemorientiert an Fragen der Internationalisierung herangehen und in denen Themen der Internationalisierung in Form von **wissenschaftlichen Beiträgen** angesprochen werden. Wir werden dabei die wichtigsten (1) Zeitschriften, (2) Sammelwerke und Lexika sowie (3) Lehrbücher anführen, um Ihnen die Auswahl der Lektüre zu erleichtern.

(1) Zeitschriften

(a) Folgende Zeitschriften sind **auf internationale Fragestellungen** spezialisiert, d.h. sie beschäftigen sich **ausschließlich** mit internationalen Themenfeldern:

- International Business Review
- International Studies of Management & Organization
- Journal of International Business Studies
- Journal of International Management
- Journal of World Business
- Management International Review
- The Multinational Business Review
- Thunderbird International Business Review
- Transnational Corporations

(b) Folgende internationale und deutschsprachige Zeitschriften stellen allgemeine Zeitschriften zum Management bzw. zur Betriebswirtschaftslehre dar; in ihnen befinden sich **regelmäßig**, aber nicht ausschließlich Beiträge mit internationalem Bezug:

(b1) Internationale Zeitschriften

- Academy of Management Journal
- Academy of Management Review
- Administrative Science Quarterly
- California Management Review

- European Management Journal
- Harvard Business Review bzw. Harvard Business Manager
- Journal of Business Research
- Journal of General Management
- Journal of Management Studies
- Long Range Planning
- The McKinsey Quarterly
- Sloan Management Review
- Strategic Management Journal

(b2) Deutschsprachige Zeitschriften

- Betriebswirtschaftliche Forschung und Praxis (einschließlich Schmalenbach Business Review)
- Die Betriebswirtschaft
- Journal für Betriebswirtschaft
- Die Unternehmung
- WiSt – Wirtschaftswissenschaftliches Studium
- WISU – Das Wirtschaftsstudium
- Zeitschrift für Betriebswirtschaft
- Zeitschrift für betriebswirtschaftliche Forschung
- Zeitschrift Führung und Organisation

Neben den genannten Zeitschriften finden sich auch in zahlreichen, primär funktional-orientierten Zeitschriften (z.B. Zeitschriften zum Marketing- oder Personalmanagement) oder institutionell-orientierten Zeitschriften (z.B. Zeitschriften zum Dienstleistungsmanagement oder speziell zum Bank- oder Tourismusmanagement) Beiträge mit internationalem Bezug.

(2) Sammelwerke und Lexika zur internationalen Unternehmungstätigkeit

(a) The United Nations Library on Transnational Corporations: Unter der Ägide der Vereinten Nationen hat John Dunning ein 20-bändiges Sammelwerk herausgegeben, welches zahlreiche Facetten der internationalen Unternehmungstätigkeit abdeckt. In diesem Sammelwerk wurden viele Aufsätze wiederabgedruckt, die als „Klassiker" des Internationalen Managements gelten. Die Bände vermitteln einen guten Überblick über die zentralen Schwerpunkte des Faches. Eine Übersicht über die 20 Bände und ihre Themenschwerpunkte gibt Abbildung 1-74.

Bandfolge der United Nations Library	Herausgeber des jeweiligen Bandes	Themenfeld des jeweiligen Bandes
Band 1	Dunning (1993, Hrsg.)	Theorien internationaler Unternehmungen
Band 2	Jones (1993, Hrsg.)	Geschichte internationaler Unternehmungen
Band 3	Lall (1993, Hrsg.)	Internationale Unternehmungen und gesamtwirtschaftliche Entwicklung
Band 4	Lecraw/Morrison (1993, Hrsg.)	Strategien internationaler Unternehmungen
Band 5	Stonehill/Moffett (1993, Hrsg.)	Finanzmanagement internationaler Unternehmungen
Band 6	Hedlund (1993, Hrsg.)	Organisationsmanagement internationaler Unternehmungen
Band 7	Moran (1993, Hrsg.)	Internationale Unternehmungen und Regierungen
Band 8	Gray (1993, Hrsg.)	Internationale Unternehmungen, Handel und Zahlungsbilanz
Band 9	Robson (1993, Hrsg.)	Internationale Unternehmungen und regionale Integration
Band 10	McKern (1993, Hrsg.)	Internationale Unternehmungen, Rohstoffe und Gastlandbeziehungen
Band 11	Chudnovsky (1993, Hrsg.)	Internationale Unternehmungen und Industrialisierung
Band 12	Sauvant/Mallampally (1993, Hrsg.)	Internationale Dienstleistungsunternehmungen
Band 13	Buckley (1994, Hrsg.)	Internationale Unternehmungen und Kooperationen
Band 14	Plasschaert (1994, Hrsg.)	Internationale Unternehmungen, Transferpreise und Besteuerung
Band 15	Frischtak/Newfarmer (1994, Hrsg.)	Internationale Unternehmungen, Branchenstruktur und Erfolg

Band 16	Enderwick (1994, Hrsg.)	Humanressourcen internationaler Unternehmungen
Band 17	Cantwell (1994, Hrsg.)	Internationale Unternehmungen und Innovation
Band 18	Chen (1994, Hrsg.)	Internationale Unternehmungen und Technologietransfer in Entwicklungsländer
Band 19	Rubin/Wallace (1994, Hrsg.)	Internationale Unternehmungen und nationales Recht
Band 20	Fatouros (1994, Hrsg.)	Internationale Unternehmungen und der internationale Rechtsrahmen

Abb. 1-74: Die United Nations Library on Transnational Corporations

Wie Sie selbst noch feststellen werden, wollen wir im vorliegenden Buch viele der in den zwanzig Bänden behandelten Themen ansprechen. Zu beachten ist jedoch, dass gerade die Funktionalbereiche (d.h. z.B. Internationales Finanz-, Steuer- oder Personalwesen) nicht Inhalt unseres Buches sein werden. Ebenso stellen die Beziehungen von internationalen Unternehmungen zu Regierungen und Gastländern sowie Rechtsfragen keinen Schwerpunkt dieses Buches dar.

(b) Handwörterbuch Export und Internationale Unternehmung: Von Klaus Macharzina und Martin K. Welge wurde im Jahr 1989 das Handwörterbuch Export und Internationale Unternehmung herausgegeben (vgl. Macharzina/Welge 1989, Hrsg.). Das Handwörterbuch stellt Band XII der Enzyklopädie der Betriebswirtschaftslehre dar. In Form von Kurzbeiträgen werden die einzelnen Themen der internationalen Unternehmungstätigkeit von Wissenschaftlern und Praktikern erläutert. Auch wenn dieses Werk inzwischen einige Jahre alt ist, sind zahlreiche der darin enthaltenen über 200 Beiträge heute noch relevant.

(c) Handbuch Internationales Management: Das Handbuch wurde erstmals im Jahr 1997 von Klaus Macharzina und Michael-Jörg Oesterle herausgegeben und erschien im Jahr 2002 in 2. Auflage (Macharzina/Oesterle 2002, Hrsg.). Das Handbuch enthält 50 Beiträge von Wissenschaftlern und Praktikern, die sich vor allem mit Markteintrittsformen und deren Management auseinandersetzen. Das Handbuch sollte unseres Erachtens als komplementär zum Handwörterbuch Export und Internationale Unternehmung gewertet werden. Das Themenspektrum ist weniger breit als im Handwörterbuch Export und Internationale Unternehmung; allerdings werden die behandelten Problemfelder in größerer Tiefe angesprochen.

(d) Gabler Lexikon Auslandsgeschäfte: Das Gabler Lexikon Auslandsgeschäfte wurde im Jahr 2000 von Erwin Georg Walldorf herausgegeben (vgl. Walldorf 2000, Hrsg.). Das Lexikon, welches 1.800 Stichwörter umfasst, ist an der Schnittstelle zwischen Internationalem Management und Internationalem Marketing anzusiedeln. Es weist einen starken Fokus auf Exportgeschäfte und damit auch auf die damit verbundenen Finanzierungs- und Sicherungsprobleme auf. Neben Exportgeschäften werden jedoch auch zahlreiche weitere Themenfelder des internationalen Geschäfts angesprochen (z.B. viele Stichworte zur internationalen Marktforschung).

(e) Grundbegriffe des Internationalen Managements: In der Sammlung Poeschel wurde von Joachim Zentes und Bernhard Swoboda ein Taschenbuch mit dem Titel „Grundbegriffe des Internationalen Managements" herausgegeben (vgl. Zentes/Swoboda 1997). 500 Stichwörter vermitteln einen ersten Eindruck von Begriffen sowie Themen- und Problemfeldern, die im Internationalen Management von Relevanz sind. Aufgrund des Charakters der Veröffentlichung handelt es sich nicht um eine geschlossene, zusammenhängende Darstellung der Disziplin „Internationales Management", sondern um eine Erläuterung ausgewählter Begriffe und Konzepte.

(3) Weitere Lehrbücher zum Internationalen Management

Neben dem vorliegenden Buch existieren auch weitere Lehrwerke zum Internationalen Management. Wir wollen Sie daher an dieser Stelle auf die Beiträge von Siedenbiedel (1997), Dülfer (2001), Scherm/Süß (2001), Fuchs/Apfelthaler (2002), Müller/Kornmeier (2002a), Perlitz (2004), Meckl (2006), Welge/Holtbrügge (2006) und Söllner (2007) aufmerksam machen. Da dieses Lehrbuch nicht der geeignete Platz für eine Sammelrezension ist, möchten wir Sie als Leser einladen, sich selbst ein Bild von den einzelnen Werken und deren Schwerpunkten zu machen. Ergänzend sei ferner auf die Publikationen von Zentes/Swoboda (2004, Hrsg.) und Schmid (2007, Hrsg.) verwiesen, die Fallstudien zu Themen des Internationalen Managements enthalten.

Mit diesen Hinweisen wollen wir das Kapitel abschließen. Die Hinweise schlagen auch bereits die Brücke zu den folgenden Kapiteln. Während sich die zuerst in den Abschnitten 6.1 bis 6.2 genannten Werke vor allem auf der Basis statistischer Daten mit der Internationalisierung der Wirtschaft beschäftigen und die in Abschnitt 6.3 referierten Werke die Statistiken in Form von kritischen Darstellungen komplementieren sowie in einen größeren Zusammenhang stellen, haben die in Abschnitt 6.4 genannten wissenschaftlichen Werke ein anderes Ziel: Sie rücken die internationale Unternehmung und deren Managementprobleme in den Mittelpunkt des Interesses und diskutieren wissenschaftliche Lösungsversuche für Probleme der Praxis. Was Wissenschaftler über internationale Unternehmungen aussagen, wird nun in den folgenden Kapiteln zusammengefasst und – stärker als in Zeitschriftenaufsätzen, Sammelbänden und Lexika – in einem „geschlossenen Text" präsentiert.

Fragen zur Selbstkontrolle

Fragen zur thematischen Einführung und zu Abschnitt 1

1. Erläutern Sie, warum die Internationalisierung der Wirtschaft nicht nur ein volkswirtschaftliches, sondern auch ein betriebswirtschaftliches Thema darstellt.

2. Nehmen Sie ausführlich zu der Behauptung Stellung, die Internationalisierung der Wirtschaft sei ein vergleichsweise neues Phänomen.

3. Vergleichen Sie die Internationalisierung im Mittelalter mit der Internationalisierung während der Kolonialzeit sowie der Internationalisierung ab der Industriellen Revolution.

Fragen zu Abschnitt 2

4. Geben Sie einen Überblick über die Basis- und Sonderformen des Außenhandels.

5. Wie lassen sich die Basisformen des Außenhandels anhand der Kriterien „Richtung" und „Mittelbarkeit" differenzieren? Erläutern Sie im Rahmen Ihrer Antwort vor allem die unterschiedlichen Möglichkeiten, die sich hinsichtlich der Mittelbarkeit ergeben.

6. Aufgrund welcher Überlegungen kann man bei Exporten und Importen zwischen Generalhandel und Spezialhandel differenzieren?

7. Was versteht man unter komplementärem und substitutivem Handel?

8. Erklären Sie, was die Terms-of-Trade sind und begründen Sie, ob man aus den Terms-of-Trade auf die Exportstärke bzw. Wettbewerbsfähigkeit eines Landes schließen kann.

9. Welcher Zusammenhang besteht zwischen Export und Import einerseits und Transithandel andererseits?

10. Wodurch unterscheidet sich der echte Transithandel vom gebrochenen Transithandel?

11. Erläutern Sie, ob Transithandel und Durchfuhr identisch sind.

12. Welche Varianten von Veredelungsgeschäften lassen sich differenzieren?

13. Was versteht man unter Kompensationsgeschäften und worin liegen für die beteiligten Partner Vor- und Nachteile von Kompensationsgeschäften?

14. Beschreiben Sie kurz die Ihnen bekannten Varianten von Kompensationsgeschäften.

15. Aus welchen Motiven heraus kommt es zu Importen und Exporten?

16. Geben Sie einen kurzen Überblick über die Entwicklung des Welthandels zwischen 1870 und 2006.

17. Was ist mit den Begriffen Incoterms, fob und cif gemeint?

18. Warum unterscheiden sich die „Rankinglisten" über führende Welthandelsländer je nachdem, ob man eine absolute oder eine relative Betrachtung vornimmt?

19. Was versteht man unter dem Begriff Triade? Welcher Zusammenhang besteht zur Internationalisierung der Wirtschaft?

20. Nehmen Sie zu der These Stellung, dass die europäischen Länder nur deswegen vergleichsweise hohe Export- und Importströme aufweisen, weil sie mit ihren europäischen Nachbarn starken Handel betreiben.

21. Wie hat sich der deutsche Außenhandel seit 1980 entwickelt?

22. Welche Rolle spielt der Außenhandel für die deutsche Wirtschaft?

23. Inwiefern kann man sagen, dass der Außenhandel Deutschlands in großem Maße intra-industriellen Außenhandel darstellt?

24. Skizzieren Sie kurz, wie sich der deutsche Außenhandel nach Erdteilen und Ländergruppen aufteilt.

25. Nennen Sie die wichtigsten Handelspartner Deutschlands beim Import und beim Export.

26. Welche Rolle spielt Deutschland als Handelspartner für die europäischen Nachbarländer?

Fragen zu Abschnitt 3

27. Grenzen Sie Direktinvestitionen von Portfolioinvestitionen ab.

28. Was versteht man unter der sogenannten Direktinvestitionsannahme?

29. Welche Motive für Direktinvestitionen unterscheidet Dunning? Erläutern Sie kurz die einzelnen Motive.

30. Welche Betrachtungsebenen für Direktinvestitionen existieren in der Literatur?

31. Worin besteht der Unterschied zwischen Erst- und Folgeinvestitionen?

32. Inwiefern spielt es eine Rolle, ob man bei der Ermittlung von Direktinvestitionsbeständen und -strömen nur Eigenkapitalanteile oder auch Fremdkapitalanteile berücksichtigt?

33. Gehen Sie kurz auf die zwei zentralen statistischen Quellen ein, die in Deutschland für die Erfassung von Direktinvestitionen herangezogen werden.

34. Zeigen Sie auf, worin die wichtigsten Probleme bei der empirischen Erfassung von Direktinvestitionen bestehen.

35. Nehmen Sie zur These Stellung, dass das Direktinvestitionsniveau vor dem Ersten Weltkrieg bereits so hoch war wie im Jahre 2006.

36. Vergleichen Sie die Entwicklung der Direktinvestitionstätigkeit ab 1950 mit der Entwicklung anderer zentraler weltwirtschaftlicher Größen (z.B. Welthandel und Weltsozialprodukt).

37. In welchen Ländern befinden sich die größten ausländischen Direktinvestitionsbestände? Aus welchen Ländern sind bei einer kumulierten Betrachtung die meisten Direktinvestitionen in andere Länder geflossen?

38. Welche Länder haben in den letzten Jahren besonders hohe Direktinvestitionszuflüsse zu verzeichnen? Welche Gründe lassen sich dafür anführen?

39. Diskutieren Sie die möglichen Konsequenzen von Direktinvestitionen für Gastländer.

40. Wie stark ist die intra-europäische Verflechtung der Direktinvestitionsbestände? Nennen Sie in Ihrer Antwort auch einige Zahlen, welche die Größenordnung der intra-europäischen Verflechtung zum Ausdruck bringen.

41. Wie haben sich die Direktinvestitionszuflüsse und Direktinvestitionsabflüsse in Deutschland seit den achtziger Jahren entwickelt?

42. Welche Gründe sprechen Ihrer Meinung nach für, welche gegen Direktinvestitionen in Deutschland?

43. Sind ausländische Direktinvestitionen in Deutschland auf die einzelnen Bundesländer gleichmäßig verteilt?

44. Geben Sie einen knappen Überblick über die Direktinvestitionen Deutschlands nach Branchen.

45. Vergleichen Sie die wichtigsten Geberländer deutscher Direktinvestitionen mit den wichtigsten Empfängerländern.

46. Welche Bedeutung spielt der Intra-Firmen-Handel bei der Erklärung der Zusammenhänge zwischen Außenhandels- und Direktinvestitionstätigkeit?

47. Welche Beziehung sehen Sie zwischen Außenhandel, Direktinvestitionen und Migration?

Fragen zu Abschnitt 4

48. Welche Kategorien von Wirtschaftsbeziehungen mit dem Ausland unterscheidet das Außenwirtschaftsgesetz?

49. Definieren Sie, was man unter der Zahlungsbilanz versteht.

50. Welcher Zusammenhang besteht zwischen der Zahlungsbilanz und den in Abschnitten 2 und 3 diskutierten Außenhandels- und Direktinvestitionsaktivitäten?

51. Werden die deutschen Tochtergesellschaften von **Ford** oder **Procter & Gamble** in der deutschen Zahlungsbilanz als Inländer oder Ausländer angesehen? Begründen Sie Ihre Antwort und gehen Sie auf die Konsequenzen für die deutsche Zahlungsbilanz ein.

52. Warum ist der Begriff Zahlungsbilanz unglücklich gewählt?

53. Erläutern Sie den Grundaufbau der Zahlungsbilanz.

54. Erklären Sie, warum jede Zahlungsbilanz grundsätzlich ausgeglichen sein muss.

55. Aus welchen Teilbilanzen bestehen die Leistungsbilanz und die Kapitalbilanz?

56. Skizzieren Sie kurz, warum die deutsche Leistungsbilanz in den letzten Jahren häufig einen negativen Saldo aufwies, obwohl beim Außenhandel ein großer Überschuss erzielt wurde.

57. Geben Sie einen kurzen Überblick, woher die Daten der deutschen Zahlungsbilanz stammen.

Fragen zu Abschnitt 5

58. Wie kann man Globalität bzw. Globalisierung definieren?

59. Was versteht man unter der Globalisierung von Märkten und der Globalisierung von Unternehmungen?

60. Auf welchen Märkten ist die Globalisierung bereits vergleichsweise weit fortgeschritten? Worauf führen Sie dies zurück?

61. Würden Sie die Globalisierung der Märkte als ein „Datum" bzw. „Faktum" auffassen, dem sich Unternehmungen nicht entziehen können?

62. Ist Globalisierung nur ein Thema für die Volkswirtschafts- und Betriebswirtschaftslehre? Begründen Sie Ihre Antwort.

63. Welchen Zusammenhang sehen Sie zwischen der Globalisierung und der Internationalisierung?

64. Was ist unter Denationalisierung zu verstehen?

65. Inwiefern kann Globalisierung zu Vereinheitlichung führen? Welche Rolle kommt dabei dem Handeln von Unternehmungen zu?

66. Auf welche problematischen Konsequenzen der Globalisierung wird vor allem von Globalisierungsskeptikern hingewiesen?

67. Welche positiven Konsequenzen werden der Globalisierung zugeschrieben?

68. Nennen Sie stichpunktartig die zentralen Triebkräfte der Internationalisierung und Globalisierung.

69. Inwiefern kann Deregulierung die Internationalisierung und Globalisierung beschleunigen?

70. Geben Sie einen Überblick über unterschiedliche Varianten der zwischenstaatlichen Kooperation und Integration.

71. Welchen Zusammenhang sehen Sie zwischen Kooperation und Integration einerseits und Internationalisierung bzw. Globalisierung von Unternehmungen andererseits?

72. Welche Rolle spielt die Öffnung ehemaliger Planwirtschaften für die Internationalisierung und Globalisierung der Wirtschaft?

73. Warum erleichtert der technologische Fortschritt Internationalisierung und Globalisierung?

74. Was versteht man unter der Standardisierungsthese von Levitt?

75. Nehmen Sie kritisch zur Standardisierungsthese von Levitt Stellung.

76. Sind Internationalisierung und Globalisierung von Unternehmungen nur die Konsequenz einer Veränderung von Rahmenbedingungen? Begründen Sie Ihre Antwort.

77. Inwiefern zeugt die Existenz von Ländergruppen von einer Regionalisierung anstatt von einer Globalisierung unserer Wirtschaft?

78. Schildern Sie zwei Möglichkeiten, wie man auf der Basis des Entwicklungsstands von Ländern Ländergruppen bilden kann.

79. Welche Gesamtindikatoren werden in der Literatur vorgeschlagen, um den Entwicklungsstand bzw. die Wohlfahrt und Wirtschaftsleistung von Ländern zu „messen"?

80. Inwieweit werden in Ländergruppen, die aufgrund ihrer Zugehörigkeit zu politischen und wirtschaftlichen Gemeinschaften gebildet werden, Länder mit unterschiedlichem Entwicklungsstand „zusammengefasst"?

Fragen und Aufgaben zur Vertiefung

Fragen zur Vertiefung

1. Wir haben Ihnen in diesem Kapitel verdeutlicht, dass die Internationalisierung unserer Wirtschaft, die vor allem von Unternehmungen getragen wird, kein neues Phänomen darstellt (➔ vor allem Abschnitt 1). Dennoch wird in der Tagespresse erst in den letzten Jahren verstärkt von der Internationalisierung der Wirtschaft gesprochen. Wie erklären Sie sich, dass die Internationalisierung die breite Öffentlichkeit erst seit vergleichsweise kurzer Zeit interessiert?

2. In diesem Kapitel wurden Ihnen sowohl Motive für die Aufnahme von Außenhandel (➔ Abschnitt 2.1.3) als auch Motive für die Vornahme von Direktinvestitionen vorgestellt (➔ Abschnitt 3.1.3). Welche Probleme sehen Sie, wenn die empirisch feststellbaren Daten zu Exporten und Importen sowie zu Direktinvestitionen mit diesen Motiven in Verbindung gebracht werden (sollen)?

3. Wenn von der Internationalisierung der Wirtschaft die Rede ist, dann wird dabei oftmals, zum Beispiel in gesamtwirtschaftlichen Statistiken, von der einzelnen Unternehmung abstrahiert. Dies heißt: Die Rolle der einzelnen Unternehmung wird nicht beachtet. Welche Rolle kommt Ihrer Meinung nach (einzelnen) Unternehmungen bei der Internationalisierung der Wirtschaft zu?

4. Wir haben Ihnen verdeutlicht, dass der deutsche Außenhandelsüberschuss von einigen Bundesländern stark positiv beeinflusst wird (➔ Abschnitt 2.3.2). Woran liegt es Ihrer Auffassung nach, dass Baden-Württemberg einen vergleichsweise großen Teil des deutschen Außenhandelsüberschusses erzielt? Oder anders gefragt: Warum exportiert gerade Baden-Württemberg offensichtlich deutlich mehr als es importiert?

5. In einer Zeitungsmeldung, die im Januar 2001 in der Frankfurter Allgemeinen Zeitung erschien (Nr. 21 vom 25. Januar 2001, S. 17), vertritt der damalige Bundesbeauftragte für Auslandsinvestitionen und Aufsichtsratsvorsitzende der **Deutschen Bank**, Hilmar Kopper, die Ansicht, dass sich Deutschlands Wettbewerbsposition in den letzten Jahren wieder deutlich verbessert habe. Reflektieren Sie kritisch, was unter der Wettbewerbsposition eines Landes zu verstehen ist und welche Rolle die Wettbewerbsposition für Direktinvestitionen ausländischer und inländischer Unternehmungen spielt bzw. spielen kann.

6. Diskutieren Sie ausführlich, welche Zusammenhänge Sie zwischen Internationalisierung, Globalisierung, Regionalisierung und Denationalisierung sehen. Bringen Sie in Ihre Argumentation auch einige Fakten ein, die Sie in den Abschnitten über die Entwicklung des Außenhandels und der Direktinvestitionen kennen gelernt haben (➔ Abschnitte 2 und 3).

7. Globalisierung stellt seit einiger Zeit ein oft gebrauchtes Schlagwort dar. Dabei wird einerseits von aktiver Einflussnahme auf die Globalisierung, andererseits von passiver Betroffenheit durch die Globalisierung gesprochen. Nehmen Sie Stellung, inwieweit Individuen, Unternehmungen, Staaten und Regionalgemeinschaften die Globalisierung aktiv gestalten oder passiv von Globalisierung betroffen sind.

8. In diesem Kapitel wurden Ihnen Gründe bzw. Treiber der Globalisierung und Internationalisierung genannt (➜ Abschnitt 5.5). Inwiefern kann die Branche eine Rolle dabei spielen, welche der Gründe bzw. welche der Treiber der Globalisierung besonders relevant sind? Welche weiteren Faktoren neben der Branche mögen einen Einfluss auf die Globalisierung bzw. Internationalisierung haben?

9. Globalisierung wird häufig mit der Standardisierung von Produkten und Dienstleistungen gleichgesetzt. Vergleichen Sie die Gründe, die Ihrer Meinung nach Standardisierung eher fördern, mit den Gründen, die einer Standardisierung entgegenstehen. Gehen Sie im Rahmen Ihrer Antwort auch auf die Rolle des Internets ein.

Aufgaben zur Vertiefung

1. Recherchieren Sie selbständig die letzten aktuell verfügbaren Daten zu folgenden Kriterien:

   a) Exportvolumen weltweit
   b) Exportvolumen Deutschlands
   c) Importvolumen Deutschlands
   d) Direktinvestitionsbestand weltweit
   e) Direktinvestitionsbestand in Deutschland
   f) Direktinvestitionsbestand aus Deutschland

   Sie können bei Ihrer Recherche auf die im letzten Abschnitt dieses Kapitels genannten Quellen zurückgreifen (➜ Abschnitt 6). Um die Aktualität der Daten zu gewährleisten, bietet sich insbesondere eine Internetrecherche an.

2. Wir haben in diesem Kapitel darauf verwiesen, dass der Wirtschaftsstandort Deutschland oftmals als vergleichsweise wenig attraktiv für ausländische Investoren angesehen wird (➜ Abschnitt 3.3.1.2). Werfen Sie einen Blick in die Tagespresse der letzten Wochen und identifizieren Sie

   • Beiträge, die sich explizit mit dem Wirtschaftsstandort befassen sowie

   • Beiträge, in denen Themen, Probleme oder Pläne angesprochen werden, welche Auswirkungen auf den Wirtschaftsstandort Deutschland haben (könnten).

Beantworten Sie anschließend auf der Basis der Ihnen vorliegenden Zeitungsausschnitte folgende Fragen:

a) Wird in den Ihnen vorliegenden Beiträgen ein eher positives oder ein eher negatives Bild vom Wirtschaftsstandort Deutschland gezeichnet?

b) Welche Faktoren, die nicht in den Zeitungsausschnitten genannt sind, beeinflussen das Bild, welches ausländische Investoren vom Wirtschaftsstandort Deutschland haben?

3. Studieren Sie nochmals Abbildung 1-66, in der die wichtigsten Regionalgemeinschaften beschrieben sind. Wählen Sie anschließend drei Regionalgemeinschaften aus, die einen unterschiedlich weit fortgeschrittenen Status hinsichtlich der Entwicklung aufweisen und die Sie persönlich – etwa aufgrund Ihrer bisherigen Auslandserfahrungen – besonders interessieren. Informieren Sie sich anschließend umfassend über die drei Regionalgemeinschaften (z.B. in Altmann/Kulessa 1998, Hrsg., sowie in wirtschaftsgeographischen, volkswirtschaftlichen und politologischen Werken). Versuchen Sie dann, folgende Aufgaben zu bearbeiten:

a) Begründen Sie ausführlich, inwiefern die drei von Ihnen gewählten Regionalgemeinschaften einen unterschiedlichen Kooperations- bzw. Integrationsgrad aufweisen.

b) Welche Vorteile und welche Nachteile bringt eine starke Integration für die beteiligten Länder?

c) Welche Vorteile und welche Nachteile bringt eine starke Integration für Unternehmungen in den beteiligten Ländern?

4. Die einzelnen Regionalgemeinschaften sind permanent im Wandel. Dies gilt auch für die Europäische Union. Informieren Sie sich in der Presse bzw. im Internet (z.B. Homepage der Europäischen Union: www.europa.eu.int),

a) welche Länder derzeit eine EU-Mitgliedschaft anstreben,

b) welche Beitrittskriterien dabei zu erfüllen sind,

c) welche Vorteile und Nachteile für Unternehmungen, die in den Beitrittsländern angesiedelt sind, mit einer EU-Mitgliedschaft verbunden sein können und

d) welche Chancen und Risiken Unternehmungen aus den bisherigen EU-Ländern mit einer EU-Erweiterung verbinden.

Kapitel 2

Die internationale Unternehmung

Multinational firms tend to be regarded as more progressive,
dynamic, geared to the future
than provincial companies which avoid foreign frontiers
and their attendant risks and opportunities.

Howard Perlmutter

Thematische Einführung und Inhaltsüberblick

Im ersten Kapitel dieses Buches haben wir uns ausführlich mit der Internationalisierung der Wirtschaft beschäftigt. Dabei wurde auch darauf verwiesen, dass internationale Unternehmungen zentrale Motoren der Internationalisierung darstellen. Für das Internationale Management als Wissenschaft sind nicht alle Unternehmungen, sondern speziell internationale Unternehmungen von Interesse. Wir wollen uns deshalb in diesem zweiten Kapitel ausführlich mit der internationalen Unternehmung und ihrem Charakter beschäftigen.

International tätige Unternehmungen werden in der gesellschaftlichen Diskussion sowohl mit positiven als auch mit negativen Konnotationen verknüpft. Die Verbindung der internationalen Unternehmungstätigkeit mit negativen Assoziationen wird beispielsweise deutlich, wenn international tätige Unternehmungen für die als problematisch empfundenen Konsequenzen der Verflechtung der Weltwirtschaft verantwortlich gemacht werden. Insbesondere große internationale Unternehmungen wie *Coca-Cola*, *Nestlé*, *McDonald's* und *Nike* zogen in der Vergangenheit immer wieder den Unmut von Globalisierungsgegnern auf sich. Diese protestierten gegen Umweltverschmutzung, Kinderarbeit, Lohndumping oder gegen die schiere Macht der Giganten. Gleichzeitig haben andere Individuen und gesellschaftliche Gruppen mit der internationalen Unternehmungstätigkeit zahlreiche positive Assoziationen. Für viele Hochschulabsolventen ist es ein Traum, bei internationalen Unternehmungen zu arbeiten. Internationale Beratungsfirmen wie *McKinsey* und *BCG (The Boston Consulting Group)*, internationale Investmentbanken wie *Goldman Sachs* und *Merrill Lynch*, internationale Wirtschaftsprüfungsgesellschaften wie *PricewaterhouseCoopers* und *KPMG* oder die Konsumgütergiganten *Unilever* und *Procter & Gamble* zählen zu den beliebtesten Arbeitgebern. *Coca-Cola* und *Nestlé*, von Globalisierungsgegnern gescholten, stehen bei Absolventen von Hochschulen ebenso weit oben auf der Wunschliste für den Berufseinstieg (vgl. z.B. Eckstein 1999). Auch Regierungen sowie einzelne Gemeinden und Städte werben um die Ansiedlung internationaler Investoren, was etwa während der letzten Jahre in Ostdeutschland stark zu beobachten war.

Doch was ist überhaupt eine internationale Unternehmung? Im ersten Abschnitt dieses Kapitels wollen wir ein Grundverständnis der internationalen Unternehmung schaffen (Abschnitt 1). Autoren, die auf eine exakte Definition der internationalen Unternehmung abzielen, legen in der Regel eine Reihe von Kriterien fest, um die internationale Unternehmung von der nationalen Unternehmung abzugrenzen. Zum Zwecke dieser **Abgrenzung** werden von diesen Autoren **quantitative Kriterien** vorgeschlagen, die wir in diesem Kapitel diskutieren wollen (Abschnitt 2). Schließlich werden von weiteren Autoren nicht nur – gleichsam dichotom – nationale von internationalen Unternehmungen unterschieden, sondern eher Kontinuumsbetrachtungen vorgenommen. Innerhalb des Spektrums der internationalen Unternehmungstätigkeit werden dann unterschiedliche Spielarten bzw. Varianten der Internationalisierung erfasst. Zur Charakterisierung dieser unterschiedlichen internationalen Unternehmungstypen werden in der Regel nicht quantitative, sondern eher **qualitative Kriterien** herangezogen. Auf die wichtigsten qualitativ-orientierten Konzepte der internationalen Unternehmung werden wir ausführlich eingehen (Abschnitt 3). Schließlich nehmen **Tochtergesellschaften** in internationalen Unternehmungen eine immer größere Bedeutung ein. Deshalb werden wir uns in diesem Kapitel ausführlicher mit Tochtergesellschaften, ihren Aufgaben und Rollen beschäftigen (Abschnitt 4). Die Diskussion der internationalen Unternehmung soll mit einer kurzen Schlussbetrachtung beendet werden (Abschnitt 5).

1   Ein Grundverständnis der internationalen Unternehmung

Zu Beginn dieses Kapitels wollen wir ein Grundverständnis der internationalen Unternehmung schaffen. Wir werfen einen Blick auf die Ursprünge internationaler Unternehmungen (Abschnitt 1.1), geben Ihnen einen ersten Eindruck von der Bedeutung internationaler Unternehmungen (Abschnitt 1.2) und zeigen mit Hilfe eines konkreten Beispiels, wie sich Internationalisierung für eine Unternehmung ausdrücken kann (Abschnitt 1.3). Die Definitionen der internationalen Unternehmung, die wir vorstellen, verdeutlichen, dass in der Literatur oftmals restriktive Einschränkungen vorgenommen werden (Abschnitt 1.4) – Einschränkungen, die teilweise auch zu Trugschlüssen über das führen, was eine internationale Unternehmung ist oder nicht ist (Abschnitt 1.5). Was internationale Unternehmungen im Ausland machen, soll durch einen Überblick über die wichtigsten Markteintritts- und Marktbearbeitungsstrategien skizziert werden (Abschnitt 1.6), bevor schließlich mit Vorüberlegungen über alternative Betrachtungsmöglichkeiten internationaler Unternehmungen zu quantitativen und qualitativen Konzepten übergeleitet wird (Abschnitt 1.7).

1.1   Die Ursprünge internationaler Unternehmungen

Bereits im ersten Kapitel dieses Buches haben wir darauf hingewiesen, dass Außenhandelsaktivitäten eine mehrere tausend Jahre alte Tradition haben. Dennoch besteht in der Literatur weitgehend Übereinstimmung darüber, dass man die frühen Formen der grenzüberschreitenden Wirtschaftätigkeit noch nicht auf internationale Unternehmungen im engeren Sinne als zentrale Akteure zurückführen kann. International tätige Unternehmungen im engeren Sinn blicken – sieht man einmal von den Überseegesellschaften ab – auf eine deutlich kürzere Geschichte zurück. Sie **entstanden** nach landläufiger Meinung **gegen Ende des 19. Jahrhunderts** (vgl. allerdings eine abweichende Interpretation von Moore/Lewis 1998, 1999).

Unter den ersten international tätigen Unternehmungen, die keine Überseegesellschaften darstellten (➔ zu Überseegesellschaften Abschnitt 1.3 in Kapitel 1), finden sich viele Firmen aus England, den Niederlanden und Belgien. Diese Unternehmungen waren vor allem in der Textilindustrie, der Erdölindustrie und im Bergbau tätig. Aber auch französische und deutsche Unternehmungen weiteten ihre Aktivitäten zunehmend auf das Ausland aus. Dabei wurde sowohl über Außenhandel als auch über die Vornahme von Direktinvestitionen internationalisiert. Beispiele für frühe **Internationalisierer aus Deutschland** sind die Chemiefirmen *Bayer* und *BASF* („Farbennachfolger"), die Pharmazieunternehmungen *Merck* und *Schering* sowie die Elektro(technik)unternehmung *Siemens*. Unter den US-amerikanischen Pionieren finden sich etwa *Standard Oil*, *Du Pont*, *Ford Motor*, *General Electric*, *Singer Sewing Machines* und *Eastman Kodak*.

Doch auch wenn es etliche Beispiele für deutsche und US-amerikanische Unternehmungen mit starker Auslandsorientierung gibt, ändert dies nichts an der Vorherrschaft
Englands. Die Dominanz Englands unter den ersten international tätigen Unternehmungen wird beispielsweise an der Verteilung der weltweiten Direktinvestitionen ersichtlich.
1914 kamen ca. 45% aller weltweiten Direktinvestitionen aus England, 18% aus den
USA, 12% aus Frankreich und 10% aus Deutschland (vgl. Dunning 1983, S. 87).

1.2   Ein erster Eindruck von der Bedeutung
internationaler Unternehmungen

Inzwischen soll es nach Schätzungen der UNCTAD, der United Nations Conference on
Trade and Development, etwa **78.000 international tätige Unternehmungen**, sogenannte **„Multis"** oder **„Transnationals"** geben, die zusammen über weltweit mehr als
770.000 Tochtergesellschaften verfügen. Die Zahl der Multis ist nach einer gewissen
Stagnation in den Jahren 1998 bis 2003 inzwischen wieder stark angestiegen, wie Abbildung 2-1 verdeutlicht. Die Anzahl der Tochtergesellschaften hat sich – nach einem
starken Einbruch im Jahr 2004 – in den letzten beiden Jahren wieder erhöht. Der Einbruch im Jahr 2004 ist jedoch nicht primär auf einen Rückgang der Anzahl der ausländischen Tochtergesellschaften zurückzuführen, sondern auf eine Neuschätzung der Anzahl der Tochtergesellschaften in China. Dies ist einer der Gründe, die zeigen, dass
diese Zahlen ohnehin nur einen ersten Eindruck vermitteln sollen. Schließlich hängen
die Werte davon ab, was überhaupt unter einem Multi bzw. einem Transnational zu verstehen ist, was man als ausländische Tochtergesellschaft auffasst und wie die Daten in
einzelnen Ländern erhoben und schließlich von der UNCTAD zusammengestellt wurden.

	1995	1996	1997	1998	1999	2000
Zahl der Multis/ Transnationals	39.000	45.000	54.000	60.000	63.000	63.000
Zahl der ausländischen Tochtergesellschaften	266.000	277.000	449.000	508.000	690.000	822.000
	2001	2002	2003	2004	2005	2006
Zahl der Multis/ Transnationals	65.000	64.000	62.000	70.000	77.000	78.000
Zahl der ausländischen Tochtergesellschaften	851.000	866.000	927.000	690.000	773.000	778.000

Daten beruhen teilweise auf Schätzungen aus früheren Jahren; Angaben gerundet.

Abb. 2-1:   Zahl der Multis/Transnationals und ihrer ausländischen Tochtergesellschaften

Quelle: Daten aus UNCTAD (1996), (1997), (1998a), (1999a), (2000), (2001b),
(2002a), (2003), (2004), (2005), (2006) und (2007).

1.3 Ein einführendes Beispiel einer internationalen Unternehmung

Um uns der Frage anzunähern, was eine internationale Unternehmung ausmacht, können wir auch ein Beispiel heranziehen. Wir wollen erläutern, wie sich eine ausgewählte internationale Unternehmung heute, also an der Schwelle zum 21. Jahrhundert, darstellt. Dabei soll unser Blick auf eine der größten deutschen Unternehmungen gerichtet werden, die darüber hinaus stark in grenzüberschreitende Aktivitäten involviert ist: *Siemens*. Das **Internationalisierungsportrait** von *Siemens* wird in Textbox 2-1 dargestellt.

Textbox 2-1:   Das „Internationalisierungsportrait" einer Unternehmung

Das Beispiel des Siemens-Konzerns

Der *Siemens*-Konzern generierte im Geschäftsjahr 2007 einen **Umsatz** von ungefähr 72,4 Mrd. € (fortgeführte Aktivitäten). Davon wurden 12,6 Mrd. € oder etwa 17% im Inland erzielt; fast 59 Mrd. € oder etwa 83% wurden im Ausland erwirtschaftet. Vom Auslandsumsatz stammen etwa 22,8 Mrd. € aus Europa (außer Deutschland), 19,3 Mrd. € aus Amerika, 10,9 Mrd. € aus dem asiatisch-pazifischen Raum und 6,8 Mrd. € aus Afrika. Der **Auftragseingang** von *Siemens* belief sich im Jahr 2007 auf 83,9 Mrd. €, wobei der Auslandsanteil mit 70,3 Mrd. € bzw. ca. 84% zu Buche schlägt. Dies deutet darauf hin, dass das Auslandsgeschäft auch in den kommenden Jahren für *Siemens* eine große Bedeutung haben wird. Die zentrale Rolle des Auslandsgeschäfts unterstreicht auch die Existenz von 253 ausländischen **Produktions-Tochtergesellschaften**. *Siemens* ist in über 190 **Ländern** präsent.

Siemens beschäftigte 2007 insgesamt 398.000 **Mitarbeiter** (fortgeführte Aktivitäten). Davon waren 272.000 bzw. fast 68% im Ausland beschäftigt – etwa 105.000 Mitarbeiter im europäischen, 92.000 Mitarbeiter im amerikanischen, 65.000 im asiatisch-pazifischen und 10.000 im afrikanischen Raum. Darunter finden sich nur wenige Entsandte; die meisten Mitarbeiter im Ausland haben also keinen deutschen Pass. Wesentlich beeinflusst ist die hohe Mitarbeiterzahl im Ausland durch Einbeziehung von Konzerngesellschaften, wie zum Beispiel die Konsolidierung der *Westinghouse Corporation* in den USA. Die Internationalität von *Siemens* zeigt sich auch darin, dass in den deutschen Einheiten mehr als 20.000 ausländische Mitarbeiter tätig sind.

In den **Investitionen** für den Erwerb konsolidierter Unternehmen in Höhe von ca. 7,4 Mrd. € im Geschäftsjahr 2007 waren Zahlungen für die Akquisition der überwiegend im Ausland ansässigen Diagnostik-Sparte von *Bayer* (heute *Bayer Schering Pharma*) mit ca. 4,2 Mrd. € sowie der *UGS Corporation* in den Vereinigten Staaten mit ca. 2,7 Mrd. € enthalten. *Siemens* hatte im Geschäftsjahr 2007 **Ertragsteueraufwendungen** aus fortgeführten Aktivitäten in Höhe von knapp 1,2 Mrd. €. Davon entfielen 294 Mio. € (ca. 25%) auf das Inland und 898 Mio. € (ca. 75%) auf das Ausland.

Auch das **Aktienkapital** der *Siemens* AG ist breit gestreut. Einer aktuellen Erhebung zufolge liegt der Anteil ausländischer Aktionäre am Eigenkapital bei etwa 60% – im Vergleich zu lediglich 38% im Jahr 1993. Ungefähr 16% werden gemäß Aktienbuch in Großbritannien und Irland gehalten, 27% entfallen auf Kontinentaleuropa und ca. 17% auf die USA und Kanada. Weniger als 1% des Aktienkapitals stammt aus weiteren Ländern (z.B. Asien, Südamerika).

In manchen Märkten der Welt gehören die Tochtergesellschaften von *Siemens* zu den größten Unternehmungen des Landes. In den USA ist *Siemens* mit inzwischen etwa 66.000 Mitarbeitern an mehr als 100 Standorten in allen Bundesstaaten ein wesentlicher Wirtschaftsfaktor und auch ein bedeutender Wettbewerber für nationale Unternehmungen. Für *Siemens* sind die Vereinigten Staaten seit Jahren weltweit der bedeutendste Markt, da hier ein deutlich höherer Umsatz erzielt wird als im Mutterland Deutschland.

Quellen:
- http://w1.siemens.com (Version Januar 2008).
- Direktauskunft der Abteilung „Corporate Communications" der Siemens AG, Februar 2008.
- Siemens (2007): Form 20-F. Annual Report Pursuant to Section 13 or 15(d) of the Securities Exchange Act of 1934. For the Fiscal Year Ended September 30, 2007. Internetseiten der United States Securities and Exchange Commission, 2008. URL: http://www.sec.gov/Archives/edgar/data/1135644/000132693207000491/f01741e20vf.htm (Stand: 11.02.2008).
- Siemens (2007): Siemens 2008. The Company. URL: http://w1.siemens.com/press/pool/de/homepage/the_company_2008.pdf (Stand: 11.02.2008).
- o.V. (1998): Siemens in Amerika auf Wachstumskurs. In: Frankfurter Allgemeine Zeitung Nr. 60 vom 12. März 1998, S. 27.

Diese kurze Skizzierung von *Siemens* soll uns nachfolgend als Beispiel dienen, wenn wir uns mit der internationalen Unternehmung auseinandersetzen. Doch wie kann man internationale Unternehmungen definieren?

1.4   Definitionen der internationalen Unternehmung

Eine der ersten Definitionen stammt von Lilienthal, der multinationale Unternehmungen als „corporations which have their home in one country but which operate and live under the laws and customs of other countries as well" (Lilienthal 1960, S. 119) beschreibt. Bevor wir diese Begriffsbestimmung kommentieren, wollen wir jedoch in Abbildung 2-2 noch einige weitere Definitionen der internationalen Unternehmung, wie wir sie in der Literatur vorfinden, vorstellen. Damit soll deutlich werden, dass eine **einheitliche Abgrenzung** der internationalen Unternehmung **keineswegs existiert**. Ebenso soll mit diesen Definitionen zum Ausdruck kommen, dass neuere Definitionen der internationalen Unternehmung keinesfalls immer sinnvoller sind als frühere Definitionen.

Autor	Definition
Sieber (1970), S. 415-419	Multinationale Unternehmungen sind dadurch gekennzeichnet, dass sie in mehreren Ländern in einem substantiellen Umfange Güter oder Dienstleistungen aller Art produzieren und auf den Markt bringen, sich dazu also auf Dauer angelegter Betriebsstätten in diesen Ländern bedienen. Sie müssen in mindestens sechs Ländern Produktionsbetriebe unterhalten und wenigstens 25% ihrer Gesamtinvestitionen im Ausland tätigen. Als international (im Sinne einer Steigerung von multinational) soll eine Unternehmung dann gelten, wenn mehr als die Hälfte des Kapitals im Ausland investiert wurde (50% - 75%).
Kormann (1970), S. 8	Als internationale Unternehmung wollen wir die Unternehmung bezeichnen, deren räumliche Dezentralisierung sich auf das politische Hoheitsgebiet mehrerer Volkswirtschaften erstreckt. Diese Unternehmung hat in anderen Ländern Filialen oder Tochtergesellschaften gegründet oder sich maßgeblich an ausländischen Gesellschaften beteiligt.
Borrmann (1970), S. 21	Wesentlich für eine internationale Unternehmung ist, dass nicht lediglich Waren, sondern Investitionskapital und vor allen Dingen Management in andere Länder exportiert und dort dauerhaft eingesetzt werden.
Dunning (1974), S. 13	Firms, which own and control income-generating assets in more than one country can be defined as Multinational Corporations (MNCs).
Pausenberger (1982a), S. 119	Unternehmungen, die beträchtliche Investitionen im Ausland vornehmen, dort Produktionsstätten aufbauen, sich also dauerhaft in fremde Volkswirtschaften integrieren, können als internationale Unternehmungen bezeichnet werden. Sie operieren in heterogenen Umwelten und müssen sich daher unterschiedlichen Rechts-, Wirtschafts- und Währungsordnungen unterwerfen. Sie beschäftigen Mitarbeiter mit höchst unterschiedlichem Ausbildungsniveau und andersartiger kultureller Prägung und stehen Interaktionspartnern mit oft gegensätzlichem Interesse gegenüber; sie müssen sich daher auf unterschiedliche Gegebenheiten eines Landes einstellen.
Sundaram/ Black (1992), S. 733	An Multi-National Enterprise (MNE) is any enterprise that carries out transactions in or between two sovereign entities, operating under a system of decision making that permits influence over resources and capabilities, where the transactions are subject to influence by factors exogenous to the home country environment of the enterprise.
Vernon/Wells/ Rangan (1996), S. 28	Multinational Enterprises are made up of a parent firm located in one country and a cluster of affiliated firms located in a number of other countries. Enterprises of this sort commonly operate in such a way that the affiliated firms, though located in different countries, nevertheless share some characteristics: they are linked by ties of common ownership, draw on a common pool of resources and respond to a common strategy.
Glaum (1996), S. 10	Eine Unternehmung gilt als international, wenn sie in mehreren Staaten als Produzent tätig ist.
Mucchielli (1998), S. 18-19	On peut considérer comme multinationale toute entreprise possédant au moins une unité de production à l'étranger; cette unité de production sera alors sa filiale. La logique de la production domine. Une entreprise peut avoir des représentations commerciales à l'étranger, mais elle ne sera vraiment multinationale que si elle produit tout ou partie de ses produits à l'extérieur de son territoire national.

Abb. 2-2:　Definitionen der internationalen Unternehmung

Kommen wir zurück zur Definition von Lilienthal: Lilienthal charakterisierte eine internationale Unternehmung über das Kriterium „Auslandstätigkeit" schlechthin. Er spezifizierte nicht, ob es sich um eine **bestimmte Form der Auslandstätigkeit** handelt. Für viele andere Autoren dagegen dient, wie die in Abbildung 2-2 angeführten Definitionen zeigen, zur grundsätzlichen Abgrenzung die Voraussetzung, dass eine Auslandsgesellschaft existiert. Es reicht für viele dieser Autoren nicht aus, dass eine Unternehmung einen bestimmten Mindestanteil des Umsatzes oder des Gewinns im Ausland erzielt; nötig scheint für diese Autoren eine Präsenz vor Ort. Manche Autoren, wie etwa Kormann, Borrmann, Dunning oder Vernon/Wells/Rangan lassen dabei noch offen, ob es sich um eine Vertriebstochtergesellschaft oder eine Produktionstochtergesellschaft handelt. Andere Autoren, wie Sieber, Pausenberger, Glaum oder Mucchielli, fordern, dass eine Unternehmung erst dann als international zu bezeichnen ist, wenn sie auch Produktionsaktivitäten im Ausland aufweist. Nicht einmal die Existenz von Vertriebsgesellschaften ist in den Augen dieser Autoren ausreichend, um das Kriterium einer „internationalen Unternehmung" zu erfüllen.

Durch nahezu alle Definitionen wird allerdings – wie später noch deutlicher zu sehen sein wird – implizit das Alternativenspektrum der internationalen Tätigkeit beträchtlich eingeengt. Buckley schreibt: „Definitions are not right or wrong, just more or less useful" (Buckley 1981, S. 71). Und wir meinen, dass die engen Definitionen das Erkenntnisobjekt des Internationalen Managements zu stark verkürzen und daher – in Anlehnung an Buckley – zwar nicht falsch, aber doch für eine umfassende Betrachtung eher von geringem Nutzen sind. Wir wollen diese Einschätzung kurz begründen, wenn wir nachfolgend einige Trugschlüsse ansprechen, die leider immer wieder explizit oder implizit vorliegen, wenn von international tätigen Unternehmungen die Rede ist. Nur wenige Autoren, wie man an der Definition von Sundaram/Black erkennen kann, lassen offen, welche Transaktionen eine Unternehmung ausführen muss, d.h. welche Markteintritts- und Marktbearbeitungsformen sie wählen muss, um als international zu gelten.

1.5   Trugschlüsse über die internationale Unternehmung

Trugschluss 1: Internationale Unternehmungen sind Unternehmungen mit zahlreichen Tochtergesellschaften im Ausland ...

Häufig wird angenommen, dass die Internationalität einer Unternehmung vor allem an der (in der Regel großen) Zahl von Auslandsgesellschaften abzulesen sei. Doch um als international zu gelten, müssen Unternehmungen **nicht zwingend** (zahlreiche) **Auslandsgesellschaften** bzw. **ausländische Tochtergesellschaften** aufweisen. Die große Bandbreite unterschiedlicher Markteintritts- und Marktbearbeitungsformen, die als Alternativen zur Verfügung stehen, und dabei – neben dem Export und Import – vor allem die Vielzahl unterschiedlicher Kooperationsformen wie Lizenzen, Franchise-Agreements, Joint Ventures oder Strategische Allianzen macht deutlich, dass viele Unternehmungen nicht nur über Auslandsgesellschaften fremde Märkte bearbeiten (vgl. Meckl 1993, Oesterle 1993, Kutschker 1994a, Bäurle/Krebs 1997, v.a. S. 24-30). Betrachtet man etwa die Luftverkehrsbranche, so wird deutlich, dass dort Kooperationen im Allgemeinen und Joint Ventures und Strategische Allianzen im Besonderen den internationalen Charakter von Unternehmungen wie *Lufthansa, United Airlines* oder *SAS (Scandinavian Airlines System)* stärker beeinflussen als ausländische Tochtergesellschaften. Wir werden auf die unterschiedlichen Alternativen der Marktbearbeitung systematisch im folgenden Abschnitt (→ Abschnitt 1.6 in diesem Kapitel) sowie noch ausführlicher im Kapitel über Internationalisierungsstrategien (→ Abschnitt 2 in Kapitel 6) eingehen.

Trugschluss 2: Internationale Unternehmungen sind Unternehmungen, bei denen in ausländischen Tochtergesellschaften vor allem Vertrieb und/oder Produktion existieren ...

Von vielen Autoren (so auch von einigen Autoren, deren Definitionsversuche wir oben vorgestellt haben) wird die große Bedeutung von Vertrieb und/oder Produktion herausgestellt. Um als international zu gelten, müssen Unternehmungen jedoch **nicht zwingend Vertrieb und/oder Produktion ins Ausland** verlagern: Wie zahlreichen Studien und Presseberichten zu entnehmen ist, zeigt sich Internationalisierung in vielen Unternehmungen außerhalb der Funktionalbereiche Vertrieb und Produktion – Unternehmungen internationalisieren Forschung und Entwicklung, Beschaffung, Finanzierung oder Distribution/Logistik (vgl. exemplarisch für Forschung und Entwicklung Boehmer 1995, Beckmann 1997, Gerybadze/Meyer-Krahmer/Reger 1997, Hrsg., Brockhoff 1998, Gerybadze/Reger 1999, Fisch 2001 sowie die bei Schmid 2000b zitierte Literatur). Es ist zwar durchaus richtig, Vertriebs- und Produktionsaktivitäten zu beachten, allerdings wäre es verkürzend, die Internationalität nur an diesen beiden Wertschöpfungsstufen allein abzulesen. Anders ausgedrückt: Es gibt a priori keinen Grund, Produktion und Vertrieb der internationalen Unternehmung stärker zu beachten als andere Wertschöpfungsaktivitäten. Wertschöpfung kann auch in anderen Bereichen im Ausland erzielt werden.

Trugschluss 3: Internationale Unternehmungen sind Unternehmungen mit vollbeherrschten Tochtergesellschaften im Ausland ...

Ein weiterer Trugschluss, dem manche unterliegen, ist die Annahme, dass Tochtergesellschaften im Ausland **vollbeherrscht**, d.h. mit einer **Beteiligungsquote von 100%** im Eigentum einer Muttergesellschaft sein müssten. Es ist kritisch anzumerken, dass Tochtergesellschaften **nicht zwingend 100-prozentig** von der Muttergesellschaft „gehalten" werden müssen. Vielmehr gibt es zahlreiche Möglichkeiten: Neben mehrheitlich kontrollierten Engagements – etwa in Form von Dreiviertelmehrheitsbeteiligungen (Beteiligung größer 75%) und von einfachen Mehrheitsbeteiligungen (Beteiligung größer 50%) – existieren auch Paritäts- und Minderheitsbeteiligungen. Zudem errichten zahlreiche Unternehmungen rechtlich unselbständige Betriebsstätten, Niederlassungen, Filialen oder Repräsentanzen im Ausland. Die Annahme, dass eine Vollbeherrschung vorliegen müsse, wurde vor allem früher häufig getroffen – gerade angesichts der großen Popularität von Gemeinschaftsunternehmungen ist sie jedoch inzwischen weitgehend durch eine realitätsnähere Sichtweise ersetzt worden.

Trugschluss 4: Internationale Unternehmungen sind Großunternehmungen und Aktiengesellschaften ...

Wenn von internationalen Unternehmungen die Rede ist, werden aus deutscher Sicht häufig die großen Aktiengesellschaften ins Zentrum des Interesses gerückt. Auch in anderen Ländern werden vor allem die großen, meist börsennotierten Gesellschaften als international betrachtet. Um als international zu gelten, müssen Unternehmungen jedoch **weder zwingend Großunternehmungen** sein **noch zwingend an eine bestimmte Rechtsform**, etwa die Rechtsform der Aktiengesellschaften, **gekoppelt** sein (vgl. Weber 1997, 1999, Nienaber 2003). Simons Studien über die **„Hidden Champions"**, sogenannte (für viele) unbekannte Weltmarktführer, verdeutlichen, dass mittelständische Unternehmungen, die häufig nicht in der Rechtsform der Aktiengesellschaft geführt werden, stark und teilweise auch sehr erfolgreich internationalisieren (vgl. Simon 1996). Beispiele dafür sind **Krones**, Produzent von Getränkeetikettiermaschinen und Anbieter von Systemtechnik, und **Stihl**, Hersteller von Motorgeräten (Sägen, Baugeräte, Reinigungsgeräte). Nicht nur in Deutschland, wo der Mittelstand traditionell eine große Rolle spielt, ist die Internationalisierung kleiner und mittlerer Unternehmungen (KMUs) zu beobachten (vgl. Bamberger/Evers 1994, Koller/Raithel/Wagner 1998, Zentes/Swoboda 1999, Bassen/Behnam/Gilbert 2001). Auch in anderen Ländern sind ähnliche Entwicklungen zu beobachten (vgl. z.B. Brauchlin/Hauser 1999, Hrsg., UNCTAD 1999a, S. 4, Chen/Martin 2001, Westhead/Wright/Ucbasaran 2001). Prahalad/Hamel sprechen beispielsweise von **„Micro Multinationals"**, und Mascarenhas weist die Existenz sogenannter **„Small International Specialists"** nach (vgl. Prahalad/Hamel 1994, S. 14 und Mascarenhas 1999). Umgekehrt gibt es einige große Aktiengesellschaften, deren Internationalisierung vergleichsweise gering entwickelt ist, d.h. die trotz Größe und Rechtsform nicht unbedingt als internationale Unternehmungen gelten. Zu denken ist beispielsweise an Unternehmungen im Telekommunikations- und Versorgungsbereich, d.h. in ehemals regulierten Branchen. Die **Deutsche Telekom** erzielte etwa bis zum Jahr 1998 weniger als 7% ihres Umsatzes im Ausland und erhöhte ihre Internationalität erst nach der Liberalisierung, unter anderem durch die Übernahme von **Voicestream** in den USA.

Trugschluss 5: Internationale Unternehmungen sind Unternehmungen, die bereits lange „im Geschäft sind" und die sich erst nach erfolgreicher Bearbeitung des Inlandsmarkts in Auslandsmärkte wagen ...

Eine klassische Annahme im Internationalen Management bestand darin, dass Unternehmungen zunächst ihre Inlandsmärkte bearbeiten und sich dann – nach einiger Zeit – in das Ausland wagen. Dabei wurde angenommen, dass internationale Unternehmungen ihre Aktivitäten zunächst auf geographisch und kulturell nahestehende Märkte ausweiten, um sich dann zunehmend in geographisch und kulturell weiter entferntere Märkte zu begeben (vgl. Johanson/Vahlne 1977). Diese Annahme hält der Realität nicht Stand. Nicht erst seit dem Aufkommen sogenannter **„Born Internationals"** bzw. **„Born Globals"**, d.h. von Unternehmungen, die von Anfang an eine (starke) internationale bzw. sogar globale Präsenz haben, sind die traditionellen Annahmen der Literatur über das Internationalisierungsverhalten kritisch zu hinterfragen (vgl. z.B. Bell 1995, Madsen/Servais 1997, Oviatt/McDougall 1997, Bell/McNaughton/Young 2001, Jones 2001, Schmidt-Buchholz 2001, Schmidt-Buchholz/Schmid/Kutschker 2001, Schmid/Schmidt-Buchholz 2002, Gabrielsson/Kirpalani 2004, Gassmann/Keupp 2007). Bereits seit jeher ist das Internationalisierungsverhalten deutlich vielfältiger als von manchen theoretischen Ansätzen angenommen (vgl. etwa die Fallstudie über *BIC* bei Schmid/Vadot 2003). Dies zeigt auch das in Textbox 2-2 dargestellte Beispiel der *Logitech*.

Textbox 2-2:   Born Internationals

Das Beispiel Logitech

Logitech entwickelt, produziert und vertreibt Peripheriegeräte an der Schnittstelle zwischen Mensch und Computer. Die Produktpalette umfasst Mäuse und Trackballs, Spielsteuerungen (Joysticks, Gamepads und Lenkräder), Tastaturen, PC-Videokameras und Multimedia-Lautsprecher. Die Unternehmung wurde 1982 in der Schweiz und in Kalifornien gleichzeitig gegründet. Bereits 1989, sieben Jahre nach der Gründung, hatte *Logitech* einen Weltmarktanteil von 30% bei Computermäusen erreicht. Die Produktion von *Logitech* erfolgt in Taiwan und China; beim Absatz konzentriert sich *Logitech* keineswegs auf die Heimatmärkte USA und Schweiz sowie deren Nachbarmärkte. *Logitech*-Produkte werden nahezu in der gesamten Welt vertrieben. Logitech verstand sich von Anfang an als internationaler, ansatzweise sogar als globaler Anbieter.

Quellen:
- Alahuhta (1990), v.a. S. 53-63.
- Annual Report von Logitech für das Jahr 2000.
- http://www.logitech.ch (Version April 2001).

Trugschluss 6: Internationale Unternehmungen sind vor allem Industrieunternehmungen ...

Um als international zu gelten, müssen Unternehmungen **keineswegs Sachgüter** produzieren. Die Realität zeigt uns, dass eine wachsende Zahl von Unternehmungen, deren Haupttätigkeiten sich auf Handelsaktivitäten oder Dienstleistungen beziehen, internationalisiert (vgl. Dichtl/Lingenfelder/Müller 1991, Mößlang 1995, Stauss 1995, v.a. S. 439-447, Lingenfelder 1996, George 1997, Lingenfelder/Loevenich/Wilke 1998, Guillén/Tschoegl 2000, Vida 2000, Ahlert/Evanschitzky/Woisetschläger 2004, Olbrich/Peisert 2004, Goerzen/Makino 2007 sowie die Beiträge in Zentes/Swoboda 1998, Hrsg.). Zu denken ist insbesondere an Unternehmungen, die mit Hilfe von Filialisierungs- und Franchisekonzepten im Ausland präsent sind. Beispiele sind die Restaurantketten *McDonald's* und *Pizza Hut*, die Autovermieter *Hertz* und *Avis*, die Handelsketten *H&M (Hennes und Mauritz)* und *Wal Mart* oder etwa *The Body Shop* und *Ikea*. *TUI* ist mit Touristik-Dienstleistungen inzwischen nicht nur im Inland, sondern auch in zahlreichen europäischen Ländern (Großbritannien, Irland, Niederlande, Frankreich, Finnland, Polen und Österreich) Marktführer. Die *Dussmann-Gruppe*, eine für viele eher unbekannte – oder lediglich aufgrund des in Berlin betriebenen „KulturKaufhauses" bekannte (vgl. Enke/Wolf 1999, v.a. S. 11-13) – Dienstleistungsunternehmung mit umfangreichen Auslandsaktivitäten, stellen wir in Textbox 2-3 vor.

**Textbox 2-3:   Internationalisierung von Handels- und Dienstleistungs-
unternehmungen**

Das Beispiel der Dussmann-Gruppe

Die *Dussmann-Gruppe* erzielt weltweit einen Umsatz von ca. 1,3 Mrd. €. Sie beschäftigt 50.000 Mitarbeiter und ist in 26 Ländern tätig. Das Aktivitätenspektrum umfasst das sogenannte Facility Management (Integriertes Gebäudemanagement mit Gebäudetechnik, Sicherheit und Feuerwehr, Gebäudereinigung), das Catering, das Energiemanagement, das Kaufmännische Management, die Pflege und Betreuung von Senioren sowie Handelsaktivitäten. Bereits früh internationalisierte die 1963 gegründete Unternehmung. 1968 wurde eine Tochtergesellschaft in Österreich aufgebaut, 1970 folgte der Markteintritt in Italien. Zu einem großen Internationalisierungsschub kam es in den neunziger Jahren, als *Dussmann* viele osteuropäische Märkte betrat. Inzwischen werden knapp 40% des Umsatzes im Ausland erzielt; etwa 51% der Mitarbeiter sind außerhalb Deutschlands tätig. So ist Dussmann zum Beispiel europaweit im Gebäudemanagement bei *Infineon* tätig. In Italien und Bulgarien verpflegt *Dussmann* Soldaten und führt verschiedene Dienstleistungen für *Bosch* und *Audi* in Ungarn sowie für *Philips* und *Nestlé* in China aus.

Quellen:
- http://www.dussmann.com/de (Version Januar 2008).
- Direktauskunft der Abteilung Unternehmenskommunikation der Dussmann-Gruppe, Januar 2008.

Wirft man einen Blick in die Veröffentlichungslandschaft zum Internationalen Management, so stellt man fest, dass sich trotz der großen Bedeutung von Handels- und Dienstleistungsunternehmungen immer noch ein Großteil von Beiträgen und Studien mit Industrieunternehmungen beschäftigt (vgl. jedoch – neben den oben bereits genannten Werken – Sampson/Snape 1985, Vandermerwe/Chadwick 1989 und Lovelock/Yip 1996).

Trugschluss 7: Internationale Unternehmungen sind private bzw. privatwirtschaftliche Unternehmungen ...

Internationale Unternehmungen müssen **keineswegs in privater Hand sein** bzw. **privatwirtschaftlich organisiert werden**. In vielen Ländern gab es lange Zeit internationale Unternehmungen, die mehrheitlich unter staatlichem Einfluss standen (vgl. Anastassopoulos/Blanc/Dussauge 1986), wie zum Beispiel in Frankreich *Alcatel, Renault* oder *Rhône-Poulenc*, in Italien *Eni* (u.a. *Agip*) oder *IRI (Istituto per la Ricostruzione Industriale)*, in Norwegen *Norsk Hydro* sowie in Finnland *Neste Oy*. Auch wenn die meisten dieser Unternehmungen inzwischen (teil-)privatisiert wurden, so sollte dennoch festgehalten werden, dass auch staatliche Unternehmungen ihre Geschäftsaktivitäten keineswegs auf das eigene Territorium beschränken.

- Als europäisches Beispiel lässt sich die *EADS (European Aeronautic Defence and Space Company)* anführen, deren Eigentümerstruktur, wie sie Anfang des Jahrtausends bestand, in Abbildung 2-3 dargestellt ist. Bei der *EADS* werden wesentliche Anteile vom französischen und spanischen Staat über sogenannte Staatsholdinggesellschaften (in Abbildung 2-3 durch Fettdruck hervorgehoben) gehalten (vgl. zum späteren Stand Schmid/Kotulla/Machulik/Schulze 2007).

- *PDVSA (Petróleos de Venezuela SA)*, eine staatliche Unternehmung aus Südamerika, stellt ein weiteres Beispiel für eine Unternehmung dar, die international sehr aktiv ist. In den USA hält *PDVSA* beispielsweise die Ölraffinerie *CITGO* einschließlich eines großen Vertriebsnetzes, in Deutschland besteht ein Joint Venture mit *Veba Oel* (jetzt Teil von *E.ON*), die sogenannte *Ruhr Oel*.

- Der algerische Haushaltsgerätehersteller *ENIEM (Entreprise Nationale des Industries de l'Electroménager)*, der zu 100% in staatlicher Hand ist, hatte bis ca. 1995 30% seiner Produktion nach Frankreich und Belgien exportiert. Zwischen 1995 und 1998 kam der Export zwar aufgrund von Finanzproblemen fast völlig zum Erliegen; inzwischen wurde jedoch ein neues Exportprogramm initiiert, welches neben Westeuropa auch Osteuropa (Bulgarien, Ukraine, Russische Föderation) und zu einem späteren Zeitpunkt Afrika südlich der Sahara umfassen soll.

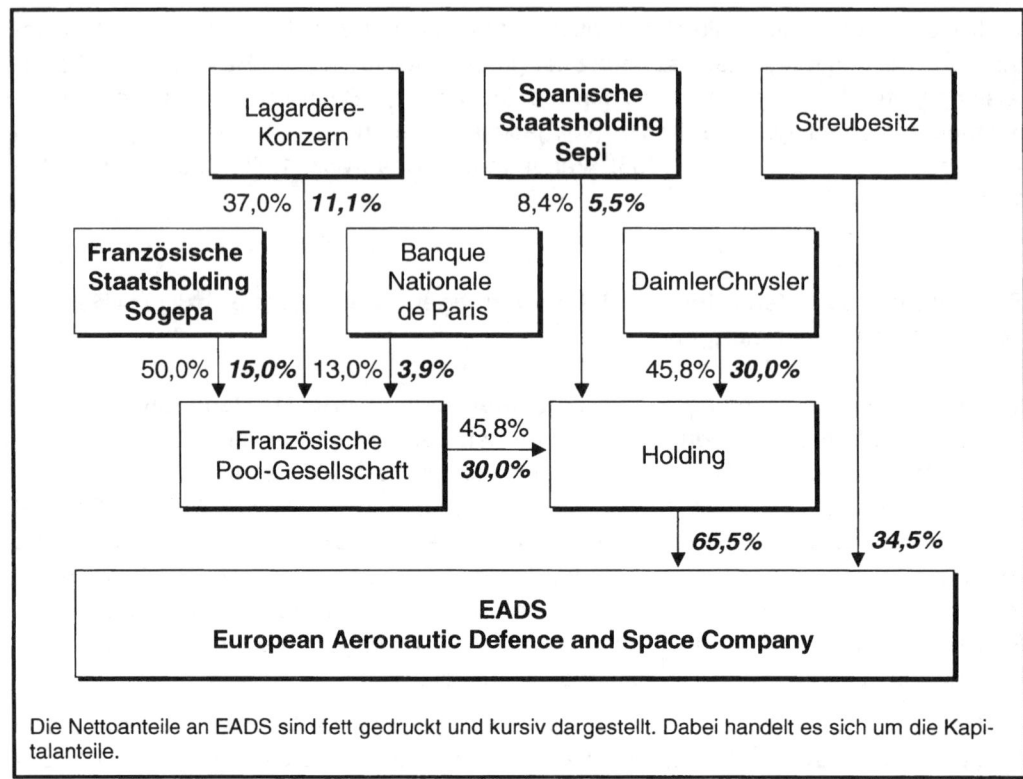

Die Nettoanteile an EADS sind fett gedruckt und kursiv dargestellt. Dabei handelt es sich um die Kapitalanteile.

Abb. 2-3:   Die Eigentümerstruktur der European Aeronautic Defence and Space Company (EADS)

Quelle: Machatschke (2000), S. 112.

Trugschluss 8: Internationale Unternehmungen sind Unternehmungen mit Stammsitz in den großen industrialisierten Volkswirtschaften ...

International tätige Unternehmungen stammen **keineswegs nur aus den großen Industrienationen** – allen voran aus den USA, aus Japan und aus den europäischen Staaten (vgl. Luo/Tung 2007). Bereits mit dem Beispiel von **PDVSA** haben wir darauf hingewiesen, dass auch in sogenannten Schwellenländern oder sogar in Entwicklungsländern (→ ferner Abschnitte 2.2.2 und 3.2.2 in Kapitel 1) Unternehmungen mit beträchtlichen Auslandsaktivitäten existieren. Viele koreanische Unternehmungen wie **Daewoo** oder **Samsung** haben sich in vergleichsweise kurzer Zeit eine bedeutende Position auf Auslandsmärkten erkämpft. Weitere Beispiele stellen **Gazprom** aus Russland sowie **Sappi** aus Südafrika, deren Profil kurz in Textbox 2-4 skizziert ist, dar. Bartlett/Ghoshal sprechen davon, dass etliche Unternehmungen aus Schwellen- und Entwicklungsländern zur Zeit eine große Aufholjagd im Hinblick auf die Internationalisierung starten. Die sogenannten „**Late Movers**" haben dabei gemäß Bartlett/Ghoshal auch Vorteile gegenüber etablierten Wettbewerbern, da sie von deren – zuweilen auch negativen – Internationalisierungserfahrungen lernen können (vgl. Bartlett/Ghoshal 2000).

Textbox 2-4:   **Internationalisierung von Unternehmungen aus Schwellen- und Entwicklungsländern**

Das Beispiel der Sappi-Gruppe

Sappi is the world's leading producer of coated fine paper with manufacturing assets in North America, Europe and South Africa. Some 62% of the group's sales by value derive from coated fine paper. *Sappi* Fine Paper has 25% market share in North America and 17% in Europe. Its customers in 100 countries include leading printers, advertisers, publishers and designers. *Sappi* Fine Paper operates seven paper mills in Europe, four in North America, and three in South Africa. At these 14 mills, *Sappi* produces over four million metric tons of paper. *Sappi* is listed on the Johannesburg and New York stock exchanges.

Quelle:
http://www.sappi.com (Version Februar 2008).

Aus den in Form von Trugschlüssen dargestellten Gründen erscheint es uns fraglich, ob restriktive Definitionsversuche der international tätigen Unternehmungen überhaupt sinnvoll sein können.

In diesem Buch wollen wir daher als internationale Unternehmungen alle Unternehmungen fassen, die in substantiellem Umfange in Auslandtätigkeiten involviert sind. Damit einher gehen regelmäßige Transaktionen bzw. dauerhafte Transaktionsbeziehungen mit Wirtschaftssubjekten im Ausland.

Zugegeben: Was als substantiell betrachtet wird und wann regelmäßige Transaktionsbeziehungen vorliegen, dürfte von Fall zu Fall verschieden sein. Doch soll damit zum Ausdruck kommen, dass in den einzelnen Unternehmungen selbst unterschiedliche Vorstellungen darüber entwickelt wurden, was „international" bedeutet bzw. ob und ab wann sich Unternehmungen als „international" bezeichnen. Einige Autoren bemerken ohnehin, dass die internationale Unternehmung eigentlich der „Normalfall" ist. Oder anders ausgedrückt: In ihren Augen ist es nicht mehr nötig zu definieren, wann eine Unternehmung als international gilt, sondern eher zu klären, wann und warum eine Unternehmung ihre Tätigkeit auf ein Land oder auf wenige Länder beschränkt (vgl. bereits Albach 1981, v.a. S. 14).

Trotz dieser Relativierung haben sich Wissenschaftler natürlich mit der Frage auseinandergesetzt, wann eine Unternehmung in substantiellem Ausmaß in Auslandsaktivitäten involviert ist und damit als international gilt. Den Ergebnissen dieser Autoren wollen wir uns in Abschnitt 2 zuwenden. Zuvor sollen allerdings noch kurz die wichtigsten Marktbearbeitungsformen internationaler Unternehmungen definiert werden (Abschnitt 1.6). Damit lassen sich vor allem die oben als Trugschlüsse 1 bis 3 bezeichneten Aussagen vertiefen; denn es wird damit deutlich, wie vielfältig die Möglichkeiten der Internationalisierung sind.

1.6   Überblick über die wichtigsten Markteintritts- und Marktbearbeitungsformen der internationalen Unternehmung

Einen ersten Eindruck von der Vielzahl unterschiedlicher Markteintritts- und Marktbearbeitungsformen liefert Abbildung 2-4, in der unterschiedliche Möglichkeiten der außen- und binnenorientierten Internationalisierung gegenübergestellt werden. Mit der Unterscheidung in außen- und binnenorientierte Internationalisierung soll zum Ausdruck kommen, dass eine Unternehmung bei allen Marktbearbeitungsformen in zwei Richtungen internationalisieren kann. Nehmen wir als Beispiel den Ihnen bereits aus Kapitel 1 bekannten Außenhandel. Eine Unternehmung kann einerseits Waren und Dienstleistungen exportieren (außenorientierte Internationalisierung) und andererseits Waren und Dienstleistungen importieren (binnenorientierte Internationalisierung).

Außenorientierte Internationalisierung	Binnenorientierte Internationalisierung
Export von Waren und Dienstleistungen	Import von Waren und Dienstleistungen
Lizenzvergabe in das Ausland	Lizenzverwertung einer ausländischen Unternehmung
Franchisenetz(aufbau) im Ausland	Franchisenehmer einer ausländischen Unternehmung
Joint-Venture im Ausland	Joint-Venture im Inland mit einem ausländischen Partner
Strategische Allianz mit ausl. Partnern zur Bearbeitung von Auslandsmärkten	Strategische Allianz mit ausl. Partnern zur Bearbeitung des Inlandsmarktes
Betriebsstätte, Niederlassung, Filiale, Repräsentanz im Ausland	Betriebsstätte, Niederlassung, Filiale, Repräsentanz einer ausl. Unternehmung
Rechtlich selbständige Tochtergesellschaft im Ausland	Rechtlich selbständige Tochtergesellschaft einer ausländischen Muttergesellschaft

Abb. 2-4:   Die Basisformen außen- und binnenorientierter Internationalisierung

Wir wollen die einzelnen Markteintritts- und Marktbearbeitungsformen nachfolgend kurz beschreiben, um damit ein grundlegendes Verständnis der internationalen Unternehmungstätigkeit zu schaffen (vgl. z.B. Root 1994b, Luo 1999 oder mit Fokus auf Kooperationen Wührer 1995, S. 33-82). Die Markteintritts- und Marktbearbeitungsformen werden wir zudem ausführlich im Rahmen der Thematik der Internationalisierungsstrategien diskutieren, so dass die Ausführungen, die Sie an dieser Stelle finden, später ergänzt werden (➔ Abschnitt 2 in Kapitel 6). Bei unseren Erläuterungen werden wir nun die außenorientierte Perspektive einnehmen.

(1) Export

Als Export bezeichnen wir die **Ausfuhr von Waren und Dienstleistungen** in das Ausland. Wie Sie bereits aus Kapitel 1 wissen, kann die Basisform Export nicht nur hinsichtlich der Mittelbarkeit (direkter und indirekter Export) in unterschiedlichen Varianten auftreten, sondern lässt sich auch um den Transithandel und um die Sonderformen der Veredelungsgeschäfte und Kompensationsgeschäfte ergänzen (➔ Abschnitt 2.1 in Kapitel 1).

(2) Lizenzierung

Unter Lizenzierung versteht man vertragliche Abkommen, mit denen inländische **Lizenzgeber** intangible Vermögenswerte ausländischen **Lizenznehmern** zeitlich begrenzt zur Verfügung stellen. Die Lizenznehmer zahlen für die Inanspruchnahme der intangiblen Vermögenswerte sogenannte Lizenzgebühren bzw. „royalties" (einmalig oder laufend). Als Vermögenswerte kommen vor allem **Patente, Markenrechte, Firmennamen, Copyrights** sowie technisches und kaufmännisches **Know-how** in Frage. Mit Lizenzen wird es möglich, die Leistungserstellung vom Inland in das Ausland zu übertragen, ohne einen eigenen Vermögens-, Kapital- bzw. Personaltransfer in das Ausland vorzunehmen.

(3) Franchising

Beim Franchising überlässt ein inländischer **Franchisegeber** einem rechtlich selbständigen ausländischen **Franchisenehmer** ein umfassendes, häufig bereits seit langem eingeführtes und erprobtes Beschaffungs-, Absatz-, Organisations- und Managementkonzept („business package" bzw. „business format"). Der Franchisegeber erhält dafür im Gegenzug umfassende Weisungs- und Kontrollrechte sowie die Franchisegebühren, die sogenannten „**franchise fees**" (einmalig oder laufend). Grundlage für das Franchising ist ein Franchisevertrag. Im Gegensatz zur Lizenzierung, die sich vor allem auf immaterielle Wissensgüter bezieht, hat das Franchising ein **unternehmerisches Gesamtkonzept** zum Gegenstand.

(4) Joint Venture

Ein Joint Venture ist, wie dies bereits der Begriff aussagt, eine gemeinsame **Unternehmung zweier oder mehrerer Partner.** Bei internationalen Joint Ventures ist mindestens ein Partner bzw. das Joint Venture selbst im Ausland angesiedelt. Meist gründen die Partner eine neue Unternehmung, in die sie Kapital, Vermögen, Personal und/oder Wissen einbringen. Die Partner eines Joint Ventures geben ihre Unabhängigkeit in einem spezifischen Bereich zugunsten eines koordinierten Verhaltens auf. Joint Ventures können sich auf alle Wertschöpfungssegmente (z.B. Forschung, Produktion, Vertrieb) beziehen. Sie können ferner **horizontal** (gleiche Wertschöpfungsstufe) oder **vertikal** (vor- und nachgelagerte Wertschöpfungsstufen) abgeschlossen werden.

(5) Strategische Allianz

Eine Strategische Allianz stellt eine **strategische Zusammenarbeit** bzw. **Partnerschaft** von zwei, meist jedoch mehreren Unternehmungen dar. Die Partner einer Strategischen Allianz beschließen, in genau definierten Bereichen zu kooperieren, wobei in der Regel – im Gegensatz zu den meisten Joint Ventures – auf eine gegenseitige Kapitalbeteiligung verzichtet wird. Sie wollen dabei durch gemeinsames Handeln ihre Wettbewerbsposition verbessern, etwa durch ein Poolen ihrer Stärken bzw. durch einen gegenseitigen Ausgleich der Schwächen des Partners.

(6) Betriebsstätte, Niederlassung, Filiale, Repräsentanz

Betriebsstätten, Niederlassungen, Filialen und Repräsentanzen gelten als **rechtlich unselbständige Engagements** einer Unternehmung im Ausland. Ausländische Betriebsstätten, Niederlassungen und Filialen können auf einzelne Funktionalbereiche beschränkt sein, aber auch die gesamte Wertschöpfungskette umfassen. Bei Repräsentanzen handelt es sich meist um kleine Büros mit einem oder wenigen Mitarbeitern. Deren Hauptaufgabe liegt in der Anbahnung von Geschäften und der Kontaktpflege mit potentiellen Kunden, Lieferanten, Banken und staatlichen Stellen.

(7) Tochtergesellschaft

Im Gegensatz zu Betriebsstätten, Niederlassungen, Filialen und Repräsentanzen sind Tochtergesellschaften **rechtlich selbständige Engagements** inländischer Unternehmungen im Ausland. Wie bei den rechtlich unselbständigen Engagements lassen sich Tochtergesellschaften, die ihre Tätigkeiten auf bestimmte Funktionalbereiche beschränken (z.B. Vertriebsgesellschaft, Produktionsgesellschaft, Finanzierungsgesellschaft), von Tochtergesellschaften mit vollständiger Wertschöpfungskette unterscheiden. Hinsichtlich des **Eigentums** kann es sich bei Tochtergesellschaften um Mehrheitsbeteiligungen oder vollbeherrschte Gesellschaften handeln, hinsichtlich der **Etablierung** können Neugründungen (Greenfield-Investments) oder Übernahmen (Akquisitionen bzw. Brownfield-Investments) differenziert werden.

Neben den dargestellten Formen existieren in der Praxis noch weitere Möglichkeiten der Auslandsmarktbearbeitung. So sind zum Beispiel im internationalen Großanlagenbau häufig **Arbeitsgemeinschaften** in Form von **Generalunternehmerschaften** und **Konsortien** anzutreffen. Banken bedienen sich zur Abwicklung des Auslandszahlungsverkehrs zahlreicher **Korrespondenzbanken**. In Industrieunternehmungen kommt es häufig vor, dass eine Montage im Ausland durch Kooperationspartner im Rahmen einer **Vertragsfertigung** durchgeführt wird. Auf Einzelheiten des Markteintritts und der Marktbearbeitung werden wir, wie bereits erwähnt, jedoch erst im Verlauf unserer Ausführungen zu Internationalisierungsstrategien eingehen (→ Abschnitt 2 in Kapitel 6).

1.7 Vom Grundverständnis zu alternativen Betrachtungsmöglichkeiten der internationalen Unternehmung

Nachdem wir nun ein Grundverständnis dessen geschaffen haben, was eine international tätige Unternehmung ist bzw. nicht ist, wollen wir aufzeigen, dass es unterschiedliche Zugänge gibt, wie man aus wissenschaftlicher Sicht an die internationale Unternehmung herantreten kann. Wir wollen zwischen drei verschiedenen Zugängen differenzieren (vgl. bereits Schmid 1996, S. 16-50):

- Betrachtungen, bei denen man versucht, die Internationalität an **quantitativen Merkmalen** festzumachen,

- Betrachtungen, bei denen man versucht, die Internationalität an **qualitativen Merkmalen** festzumachen, und

- integrative Betrachtungen, die versuchen, **quantitative** und **qualitative Merkmale** zu berücksichtigen, dabei aber eher eine heuristische Funktion erfüllen.

Was im Einzelnen unter diesen drei Zugängen zu verstehen ist, wird in den folgenden Abschnitten dieses Kapitels genauer erläutert. Wir werden uns zunächst mit quantitativen Betrachtungen beschäftigen (Abschnitt 2), anschließend auf qualitative Betrachtungen eingehen (Abschnitt 3) und letztlich eine integrative Betrachtungsmöglichkeit in Form des sogenannten Internationalisierungsgebirges vorstellen (Abschnitt 4). Einen ersten Eindruck von unserem Vorgehen liefert Abbildung 2-5.

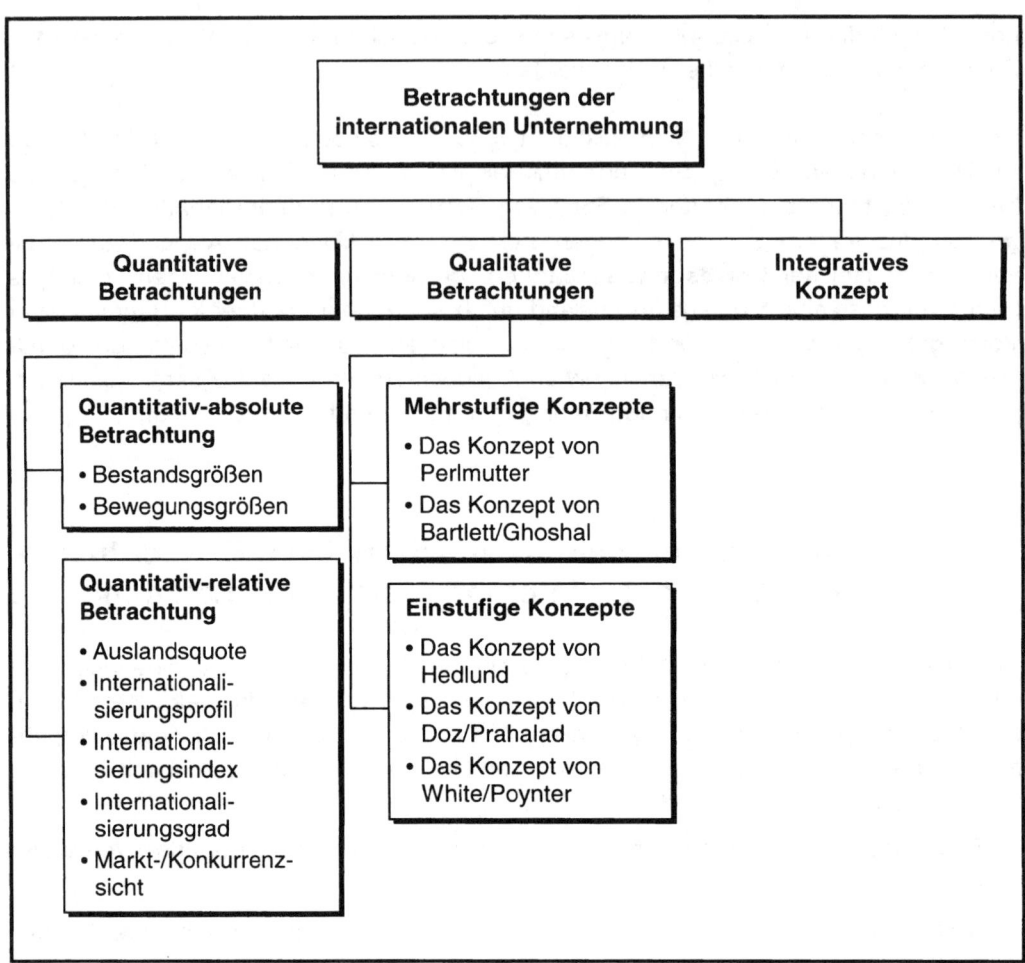

Abb. 2-5:   Übersicht über unterschiedliche Betrachtungen der internationalen Unternehmung

2 Quantitative Betrachtungen der internationalen Unternehmung

Für die Abgrenzung der internationalen Unternehmung von der nationalen Unternehmung und gleichzeitig für die Messung der Internationalisierung werden in der Literatur zahlreiche Merkmale herangezogen (vgl. Macharzina/Oesterle 2002a, S. 11-12). Zunächst können nationale Unternehmungen von international tätigen Unternehmungen sowohl durch **quantitativ-absolute** als auch durch **quantitativ-relative** Merkmale unterschieden werden. Wir werden daher zwischen der quantitativ-absoluten Betrachtung (Abschnitt 2.1) und der quantitativ-relativen Betrachtung (Abschnitt 2.2) differenzieren. Sowohl die absoluten als auch die relativen Betrachtungen sollen zudem helfen, das Ausmaß der Internationalität einer Unternehmung zu erfassen. Dass es bei der quantitativen Betrachtung allerdings **erhebliche Probleme** gibt, soll unter dem Abschnitt „Beurteilung quantitativer Betrachtungen" (Abschnitt 2.3) verdeutlicht werden.

2.1 Quantitativ-absolute Betrachtung

Als **absolute Merkmale** werden in der Literatur sowohl Bestandsgrößen (Abschnitt 2.1.1) als auch Bewegungsgrößen (Abschnitt 2.1.2) vorgeschlagen (vgl. Schmidt 1981, Schmidt 1989a, Sp. 965). Während sich **Bestandsgrößen** auf eine statische Bestandsaufnahme der Internationalität zu einem bestimmten **Zeitpunkt** beziehen, zielen **Bewegungsgrößen** darauf ab, die Internationalität während eines bestimmten **Zeitraums** zu erfassen.

2.1.1 Bestandsgrößen

Als **Bestandsgrößen** gelten:

*   Anzahl der Länder, in denen Betriebsstätten, Niederlassungen, Filialen, Repräsentanzen oder Tochtergesellschaften existieren,
*   Anzahl der ausländischen Betriebsstätten, Niederlassungen, Filialen, Repräsentanzen oder Tochtergesellschaften,
*   Anzahl der Länder, in denen zwar keine Betriebsstätten, Niederlassungen, Filialen, Repräsentanzen oder Tochtergesellschaften angesiedelt sind, jedoch weitere Geschäftsaktivitäten erfolgen (z.B. über Export, Lizenzierung),
*   Anzahl der mit dem Ausland abgeschlossenen Marktbearbeitungsverträge und -abkommen (z.B. Zahl der Joint Ventures, Lizenzabkommen),
*   im Ausland vorhandenes Vermögen, unter Umständen nochmals unterteilt in Anlage- und Umlaufvermögen,

- im Ausland existierendes Kapital, unter Umständen nochmals unterteilt in Eigen- und Fremdkapital (damit auch Aussagen zur Kapitalstruktur; vgl. Eckert/Engelhard 1999),
- Zahl der Gesellschafter, Anteilseigner bzw. Aktionäre im Ausland,
- Umfang der direkt oder indirekt gehaltenen Beteiligungen im Ausland,
- Zahl der Beschäftigten im Ausland, unter Umständen unterteilt in Arbeiter, Angestellte und Führungskräfte,
- Zahl ausländischer Mitglieder des Top-Managements, insbesondere innerhalb von Gremien wie Vorstand, Geschäftsführung und Aufsichtsrat,
- Zahl der inländischen Mitglieder des Top-Managements, die über ausgedehnte Auslandserfahrungen verfügen (v.a. Auslandsaufenthalte), und
- Zahl an Expatriates (Entsandten) bzw. an Mitarbeitern anderer Nationalitäten in bestimmten Einheiten (vgl. zur Entsendung z.B. Macharzina/Wolf 1996).

Wenn auf Bestandsgrößen zurückgegriffen wird, so wird häufig der Bestand zu **Beginn** bzw. zum **Ende** eines **Kalenderjahres** oder eines **Geschäftsjahres** gewählt. In manchen Fällen wird auch ein Durchschnittswert herangezogen. So kann eine Unternehmung in ihrem Geschäftsbericht etwa die Zahl der im Durchschnitt im Ausland beschäftigten Mitarbeiter einer Unternehmung ausweisen.

Zwei dieser Bestandsgrößen, die Zahl der Ausländer und die Zahl der Inländer mit Auslandserfahrungen innerhalb des Top-Managements, betrachten wir in Textbox 2-5.

Textbox 2-5:   Die Internationalität des Top-Managements

Ergebnisse einer empirischen Untersuchung von DAX-30-Unternehmungen

Die Ergebnisse einer empirischen Studie zeigen, dass das allgemeine Internationalitätsniveau der Vorstände und Aufsichtsräte der DAX-30-Unternehmungen eher niedrig ist und die Internationalität der Untermehmensaktivitäten – etwa gemessen am investierten Kapital oder den Vermögenswerten – kaum erreicht. Besonders kritisch zu hinterfragen ist dabei die niedrige Internationalität auf Seiten der Arbeitnehmervertreter in den Aufsichtsräten. So liegt beispielsweise der Anteil Nicht-Deutscher bei Vorständen bei durchschnittlich 18%, bei den Anteilseignervertretern im Aufsichtsrat bei 19% und bei den Arbeitnehmervertretern im Aufsichtsrat bei lediglich 5%. Auslandsaufenthalte weisen 32% der Vorstandsmitglieder und 40% der Anteilseignervertreter im Aufsichtsrat auf, während sich der entsprechende Wert für die Arbeitnehmerseite im Aufsichtsrat nur auf 10% beläuft. 57% der Vorstände sowie 47% der Anteilseignervertreter haben Karrierestationen im Ausland eingelegt; bei den Arbeitnehmervertretern kommen lediglich 7% auf berufliche Auslandserfahrung.

Quelle:
Schmid/Daniel (2007b), S. 7, 17 und S. 30.

In Textbox 2-5 wurde ein aggregiertes Bild über die Internationalität des Top-Managements der DAX30-Unternehmungen skizziert. Deutlich wird, dass die Karrieren vieler Manager – selbst in international tätigen Unternehmungen – bis heute insgesamt wenige Auslandsstationen erkennen lassen (vgl. auch Schmid/Kretschmer 2005, Schmid/Daniel 2006, Schmid 2007 sowie Schmid/Daniel 2007b). Offensichtlich zählt in vielen Unternehmungen die Nähe zur „Zentrale" im Heimatland (immer noch!) mehr als umfassende Erfahrungen in Auslandsmärkten. Wenn man Karrierepfade der Mitarbeiter untersucht, verlässt man aber streng genommen die statische Betrachtung der Internationalität und wendet sich dynamischen Überlegungen zu (vgl. zu einer theoretischen Auseinandersetzung mit internationalen Karrierepfaden Mayrhofer 1996).

2.1.2 Bewegungsgrößen

Als **Bewegungsgrößen** finden die folgenden Merkmale häufige Verwendung:

- im Ausland erzielte **Erlöse** (Umsätze), unter Umständen nochmals unterteilt in ordentliche und außerordentliche im Ausland erzielte Erlöse,
- im Ausland anfallende **Aufwendungen**, unter Umständen nochmals unterteilt in die im Ausland gezahlten Löhne und Gehälter, anfallenden Zinsen und vorgenommenen Aufwendungen für Forschung und Entwicklung (F&E),
- aus dem Ausland stammender **Auftragseingang**, unter Umständen nochmals unterteilt nach der zeitlichen Wirksamkeit der Aufträge,
- im Ausland erwirtschafteter **Gewinn**, bei Aktiengesellschaften zuweilen auch der im Ausland erwirtschaftete Gewinn pro Aktie,
- im Ausland gezahlte **Steuern**, unter Umständen nochmals unterteilt in Bestandssteuern und Ertragssteuern,
- für das Ausland zur Verfügung stehendes **Budget**, unter Umständen nochmals unterteilt für einzelne Unternehmungsbereiche,
- im Ausland vorgenommene **Investitionen**, unter Umständen nochmals unterteilt in Erst- und Folgeinvestitionen bzw. in Ersatz- und Erweiterungsinvestitionen,
- im Ausland erbrachte **Wertschöpfung**, dabei aufgesplittet nach einzelnen Wertschöpfungsfunktionen wie Forschung und Entwicklung, Beschaffung, Produktion, Absatz/Vertrieb und Logistik/Distribution, sowie
- im Ausland generierter **Shareholder Value** (vgl. Bergmann 1996).

Bewegungsgrößen beziehen sich dabei jeweils auf eine **bestimmte Betrachtungsperiode**. Anstatt wie bei Bestandsgrößen auf den Beginn oder das Ende eines Kalenderjahres bzw. Geschäftsjahres zurückzugreifen, wird hier das gesamte Jahr betrachtet. Es sollte allerdings beachtet werden, dass der Betrachtungszeitraum keineswegs auf Kalenderjahre oder Geschäftsjahre beschränkt sein muss. In manchen Fällen kann es sinnvoll sein, eine quartalsweise oder monatliche Betrachtung anzustellen und damit

Bewegungsgrößen auf kürzere Zeitintervalle zu beziehen. In anderen Fällen mag es sich anbieten, größere Zeitintervalle zu analysieren und beispielsweise mehrere Kalender- oder Geschäftsjahre zusammenzufassen.

2.1.3   Bestandsgrößen und Bewegungsgrößen im größeren Zusammenhang

Nachdem wir nun zahlreiche Bestands- und Bewegungsgrößen vorgestellt haben, wollen wir die Begriffe Bestands- und Bewegungsgrößen noch mit anderen Begriffen, die in der Literatur Verwendung finden, vergleichen. Weiterhin argumentieren wir, dass Bestands- und Bewegungsgrößen sowohl auf der Ebene der Gesamtunternehmung als auch auf der Ebene von Teilbereichen der Unternehmung Verwendung finden können. Wenn Bestands- und Bewegungsgrößen dazu benutzt werden, die Intensität des Internationalisierungsprozesses abzubilden, nähern wir uns quantitativ-relativen Betrachtungen an.

(1) Manche Autoren unterscheiden nicht zwischen Bestandsgrößen und Bewegungsgrößen, sondern zwischen Strukturmerkmalen der Internationalität und Leistungsmerkmalen der Internationalität (vgl. z.B. Aharoni 1971, Perridon/Rössler 1980a, S. 214):

- Als **Strukturmerkmale** werden dabei die von uns als **Bestandsgrößen** bezeichneten Kategorien angesehen,

- als **Leistungsmerkmale** gelten die von uns als **Bewegungsgrößen** bezeichneten Merkmale.

Wir können daher die Begriffe „Bestandsgröße/Strukturmerkmal" sowie „Bewegungsgröße/Leistungsmerkmal" als (weitgehend) synonym ansehen.

(2) Eine weitere Systematisierung stammt von Pausenberger, der zwischen **Potentialen**, **Leistungsmerkmalen** und **Kostenmerkmalen** unterscheidet (vgl. Pausenberger 1982a, S. 121). Diese Klassifizierung ist – ebenso wie die Unterscheidung zwischen Strukturmerkmalen und Leistungsmerkmalen – mit der von uns vorgestellten Systematisierung in Bestandsgrößen und Bewegungsgrößen kompatibel.

- Die von Pausenberger vorgeschlagenen **Potentiale** (z.B. Gesamtvermögen, Anlagevermögen, Beschäftigte) sind ein Teil unserer **Bestandsgrößen**.

- Was wir als **Bewegungsgrößen** bezeichnen, wird von Pausenberger lediglich nochmals weiter unterteilt – in Leistungsmerkmale (z.B. Umsatz, Gewinn, Produktionsvolumen) und Kostenmerkmale (z.B. Personalkosten, F&E-Kosten). Pausenberger subsumiert damit die Kostenmerkmale nicht automatisch unter die Leistungsmerkmale, sondern sieht **Leistungsmerkmale** und **Kostenmerkmale** entsprechend der Nomenklatur der Rechnungslegung als unterschiedliche Kategorien von Bewegungsgrößen an.

(3) Ferner sollte man – ob beim Rückgriff auf Bestands- oder Bewegungsgrößen – beachten, dass Internationalisierungsmerkmale in vielen Fällen nicht nur für die Unternehmung in ihrer Gesamtheit, sondern für **einzelne Bereiche einer Unternehmung** interessant sein können. Als Beispiel kann der Bereich F&E herangezogen werden, der in vielen Unternehmungen zunehmend international ausgerichtet ist. Für den F&E-Bereich wird zusätzlich zu den im Ausland beschäftigten F&E-Mitarbeitern (Bestandsgröße) sowie zu den im Ausland anfallenden F&E-Aufwendungen bzw. dem F&E-Budget (Bewegungsgrößen) zum Beispiel auf Patentzahlen zurückgegriffen: Denkbare Indikatoren sind dabei die Zahl der Patent-Erstanmeldungen im Ausland oder die Zahl der Patent-Erstanmeldungen durch ausländische Tochtergesellschaften (vgl. Macharzina/Oesterle/Hofmann 1999). Je nach Betrachtungsperspektive kann es sich bei derartigen **Bereichsmerkmalen der Internationalisierung** entweder um Bewegungsgrößen oder um Bestandsgrößen handeln. Ähnlich wie für den Funktionalbereich F&E lassen sich auch für andere Bereiche (z.B. für Produktion, Vertrieb, Marketing oder Personal) bereichsspezifische Internationalisierungsmerkmale identifizieren.

(4) Sowohl Bestands- als auch Bewegungsgrößen eignen sich zudem, um die **Intensität des Internationalisierungsprozesses** darzustellen. Man kann bei allen Merkmalen die Veränderung im Zeitablauf betrachten. So lässt sich zum Beispiel die Wachstumsstärke des Auslandsgeschäfts messen. Wählt man dazu die Bewegungsgröße „Umsatz", so kann man einen Quotienten aus der Wachstumsrate des Auslandsumsatzes und der Wachstumsrate des Inlandsumsatzes bilden. Erreicht der Quotient einen Wert von eins, so haben wir im Betrachtungszeitraum gleiches Wachstum im Ausland und im Inland. Nimmt der Quotient einen Wert größer als eins an, ist das Auslandsgeschäft hinsichtlich des Umsatzes im genannten Zeitraum stärker gewachsen als das Inlandsgeschäft. Ist der Quotient kleiner als 1, so war das Auslandswachstum schwächer als das Inlandswachstum. Mit einer derartigen Zeitraumbetrachtung verlassen wir allerdings streng genommen bereits die absolute Betrachtung und gehen zu einer relativen Betrachtung über, bei der wir Auslands- und Inlandsmerkmale in Beziehung setzen.

2.2   Quantitativ-relative Betrachtung

Bisher haben wir, mit Ausnahme der soeben angesprochenen Intensität des Internationalisierungsprozesses, rein quantitativ-absolute Betrachtungen angestellt. Die quantitativ-absolute Betrachtung wollen wir nun durch quantitativ-relative Betrachtungen ergänzen. Als quantitativ-relative Betrachtungen gelten die unterschiedlichen **Auslandsquoten** (Abschnitt 2.2.1), die man **graphisch** im **Internationalisierungsprofil** abbilden (Abschnitt 2.2.2) und schließlich **mathematisch** in einem **Internationalisierungsindex** zusammenfassen kann (Abschnitt 2.2.3). Dass es problematisch ist, vom **Internationalisierungsgrad** einer Unternehmung zu sprechen, soll kurz aufgezeigt werden (Abschnitt 2.2.4), bevor wir uns abschließend **markt- bzw. konkurrenzbezogenen Betrachtungen** zuwenden (Abschnitt 2.2.5).

2.2.1 Die Auslandsquote

Prinzipiell kann man für jedes einzelne der oben genannten quantitativ-absoluten Merkmale die **Auslandsquote** bestimmen. Die Auslandsquote, mathematisch eine sogenannte Gliederungszahl, erhält man dadurch, dass die absoluten Zahlen des Auslands

- entweder den absoluten **Zahlen des Inlands**
- oder den absoluten **Zahlen der Gesamtunternehmung**

gegenübergestellt werden. Die Auslandsquote zeigt somit das Ausmaß der wirtschaftlichen Verbundenheit einer Unternehmung mit dem Ausland – jeweils hinsichtlich eines betrachteten Vergleichsmerkmals – an. Die beiden Alternativen lassen sich auch folgendermaßen beschreiben:

- Setzt man die absoluten Zahlen des Auslands mit den absoluten Zahlen des Inlands in Beziehung, erhält man „**FDO-Ratios**" (Foreign to Domestic Operations-Ratios).

- Vergleicht man die absoluten Zahlen des Auslands mit den absoluten Zahlen der Gesamtunternehmung, so spricht man bei den sich dabei ergebenden Kennzahlen von den sogenannten „**FTO-Ratios**" (Foreign to Total Operations-Ratios).

Für jedes der oben als Bestands- oder Bewegungsgrößen angeführten Vergleichsmerkmale lässt sich prinzipiell eine Kennzahl in Form einer Auslandsquote bilden – genauer gesagt können sogar für jedes Vergleichsmerkmal zwei Auslandsquoten errechnet werden: die FDO-Ratio und die FTO-Ratio. Wir erhalten dann etwa eine FDO-Ratio und eine FTO-Ratio für die Auslandsmitarbeiter, eine FDO-Ratio und eine FTO-Ratio für den Auslandsumsatz und eine FDO-Ratio und eine FTO-Ratio für das Eigenkapital im Ausland. Wenn wir uns das oben in Textbox 2-1 dargestellte Beispiel von *Siemens* vor Augen führen, so erkennen wir, dass dort bereits Auslandsquoten genannt waren. In diesem Fall handelt es sich um die sogenannten FTO-Ratios, da absolute Merkmale der Auslandstätigkeit absoluten Merkmalen der Gesamtunternehmung gegenübergestellt wurden. So beläuft sich die Auslandsaktionärsquote auf 60%, die Auslandsmitarbeiterquote auf fast 68% und die Auslandsumsatzquote auf ca. 83%.

Soweit Unternehmungen eine offene Informationspolitik betreiben, lassen sich Auslandsquoten direkt aus den in den Geschäftsberichten angegebenen Daten ersehen oder zumindest errechnen. Abbildung 2-6 zeigt exemplarisch die Auslandsquoten von ausgewählten Unternehmungen hinsichtlich des im Ausland erzielten Umsatzes und der im Ausland beschäftigten Mitarbeiter. Je nach **Kriterium** ergeben sich – dies verdeutlicht neben Abbildung 2-6 auch das *Siemens*-Beispiel – **unterschiedliche Auslandsquoten**. Leider ist die Berichterstattung vieler Unternehmungen im Hinblick auf die eigene Internationalisierung bzw. Internationalität immer noch sehr lückenhaft. Es ist zwar häufig von spektakulären Übernahmen oder größeren Kooperationen die Rede, eine umfassende Information über Bestands- und Bewegungsgrößen der Internationalisierung findet jedoch in den seltensten Fällen statt. Ein Blick in die Geschäftsberichte von Unternehmungen kann Ihnen dies verdeutlichen (vgl. auch die Studie von Point/ Tyson 1999).

Unternehmung/Konzern	Gesamtumsatz in Mio. €	Auslandsumsatz		Mitarbeiter gesamt	Auslandsmitarbeiter	
		in Mio. €	in % des Gesamtumsatzes		absolut	in % der gesamten Mitarbeiter
BASF	52.610	29.647	56,4	95.247	47.951	50,3
BMW	48.999	38.398	78,4	106.575	26.644	25,0
Fresenius	6.442	6.224	96,6	56.803	53.803	94,7
Linde	8.113	6.926	85,4	51.029	43.862	86,0
Merck	6.259	5.388	86,1	29.999	20.125	67,1
Metro	59.882	33.455	55,9	243.139	133.152	54,8
SAP	9.402	7.372	78,4	39.355	25.141	63,9
Siemens	87.325	59.669	68,3	474.900	313.800	66,1
ThyssenKrupp	47.125	31.288	66,4	187.586	103.534	55,2
TUI	20.515	10.732	52,3	53.930	42.818	79,4
Daten für das Jahr 2006.						

Abb. 2-6: Die Auslandsquoten ausgewählter deutscher Unternehmungen
Quelle: Daten von http://www.handelsblatt.com/firmencheck (Version Februar 2008) sowie eigene Berechnungen.

So wie wir in Abbildung 2-6 Mitarbeiter- und Umsatzquoten betrachten, lassen sich auch andere Merkmale analysieren. Exemplarisch soll in Abbildung 2-7 kurz gezeigt werden, welchen Anteil ausländische Aktionäre am Eigenkapital von ausgewählten deutschen DAX-Unternehmungen halten. Die verstärkte Aufmerksamkeit, welche die Internationalisierung des Eigenkapitals in der Literatur erfährt (vgl. z.B. Engelhard/Eckert 1999, v.a. S. 303-307 und S. 339-342), hat unter anderem folgenden Grund: In der Regel üben angelsächsische Investoren einen größeren Druck auf Unternehmungen aus als deutsche Investoren, um eine höhere Verzinsung ihres eingesetzten Eigenkapitals in Form von Wertsteigerungen, Dividenden- und Ausgleichszahlungen zu erreichen. Zuweilen wird eine Erhöhung des Anteils ausländischer Aktionäre auch über eine Notierung an ausländischen Börsen erreicht (vgl. Bruns 1998). Früher waren hierfür zusätzlich zu den national geltenden Vorschriften auch Bilanzierungen nach internationalen Vorschriften, wie den International Accounting Standards (IAS) bzw. den International Financial Reporting Standards (IFRS) oder den United States Generally Accepted Accounting Principles (US-GAAP) notwendig (vgl. Mandler 1996, Glaum/Mandler 1997, Burger 1999, Glaum 1999). Mittlerweile ist durch das Bilanzrechtsreformgesetz (BilReG) für deutsche kapitalmarktorientierte Unternehmungen eine Konzernrechnungslegung nach IFRS zwingend erforderlich geworden. Die US-Börsenaufsichtsbehörde SEC sorgte vor kurzem für eine Erleichterung für ausländische Unternehmungen, die den amerikanischen Kapitalmarkt nutzen möchten: Für diese Unternehmungen ist ein Abschluss bzw. eine Überleitungsrechnung zu US-GAAP nun nicht mehr notwendig. Ein Konzernabschluss nach IFRS gilt demnach als ausreichend (vgl. SEC 2007). Dies ist insbesondere für Unternehmungen wie *Allianz*, *Daimler*, *Deutsche Bank*, *Fresenius Medical Care*, *Infineon*, *SAP* und *Siemens* vorteilhaft, die auch an der New Yorker Börse notiert sind. Manche Unternehmungen beurteilen die Vorteile ausländischer Notierungen inzwischen aber deutlich kritischer und planen ein De-Listing bzw. haben ein solches schon vollzogen (vgl. Hannich/Heinrich/Kachel/Oppen 2005, v.a. S. 40-70).

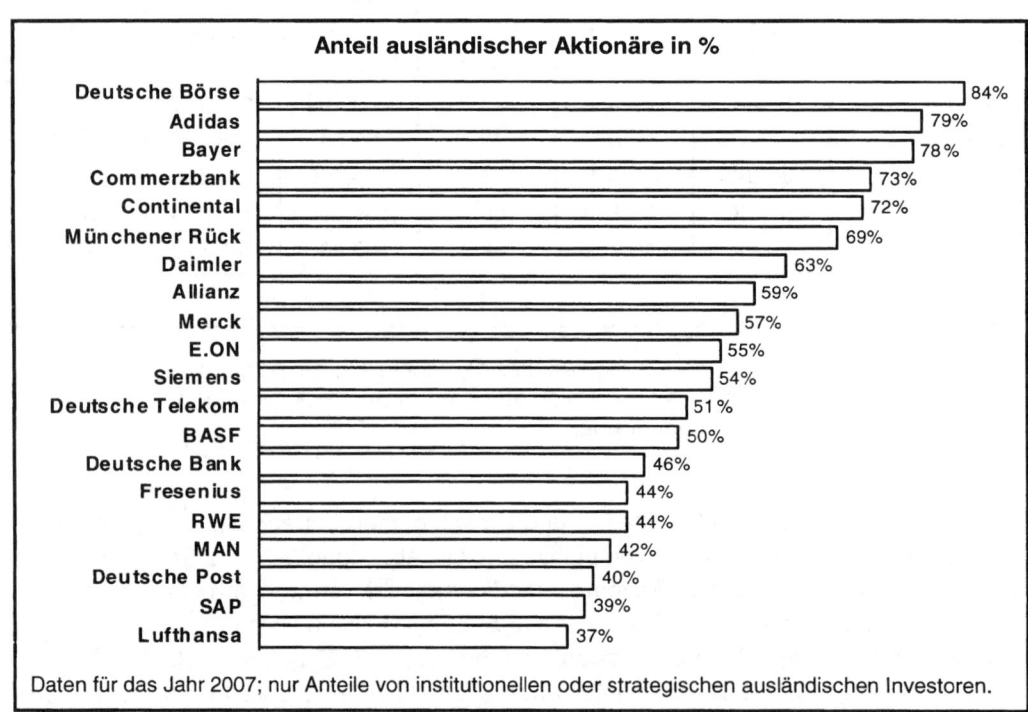

Anteil ausländischer Aktionäre in %

Unternehmung	Anteil
Deutsche Börse	84%
Adidas	79%
Bayer	78%
Commerzbank	73%
Continental	72%
Münchener Rück	69%
Daimler	63%
Allianz	59%
Merck	57%
E.ON	55%
Siemens	54%
Deutsche Telekom	51%
BASF	50%
Deutsche Bank	46%
Fresenius	44%
RWE	44%
MAN	42%
Deutsche Post	40%
SAP	39%
Lufthansa	37%

Daten für das Jahr 2007; nur Anteile von institutionellen oder strategischen ausländischen Investoren.

Abb. 2-7:   Der Anteil ausländischer Aktionäre an ausgewählten DAX-Unternehmungen
Quelle: Sommer, Ulf (2007): Globalisierung pur. In: Handelsblatt Nr. 243 vom 17. Dezember 2007, S. 14.

Wie immer, so empfiehlt sich auch im Falle der in Abbildung 2-7 dargestellten Auslandseigenkapitalquoten eine genaue Analyse. Eine hohe Auslandseigenkapitalquote kann

auch damit zusammenhängen, dass ein Konzern eine steuer- und gesellschaftsrechtliche Konstruktion wählt, bei der die in Deutschland ansässige Aktiengesellschaft mehrheitlich von einer Holding mit Sitz im Ausland gehalten wird. Dieser Fall traf beispielsweise auf die deutsche Handelsunternehmung *Metro* zu.

2.2.2   Das Internationalisierungsprofil

Die zwischen 0% und 100% liegenden Auslandsquoten einer Unternehmung können
schließlich gemeinsam betrachtet und durch ein **Internationalisierungsprofil** graphisch
veranschaulicht werden. Ein Internationalisierungsprofil zeigt in übersichtlicher Darstellung das Ausmaß des Auslandsengagements einer spezifischen Unternehmung hinsichtlich mehrerer Merkmale an. Das Profil entsteht dadurch, dass die Punkte der
Merkmalswerte durch Striche verbunden werden. Abbildung 2-8 soll das Internationalisierungsprofil von *Siemens* exemplarisch darstellen. Wir greifen dabei auf die bereits
beim „Internationalisierungsportrait" von *Siemens* genannten Daten zurück (→ Textbox 2-1 in Abschnitt 1.3 dieses Kapitels).

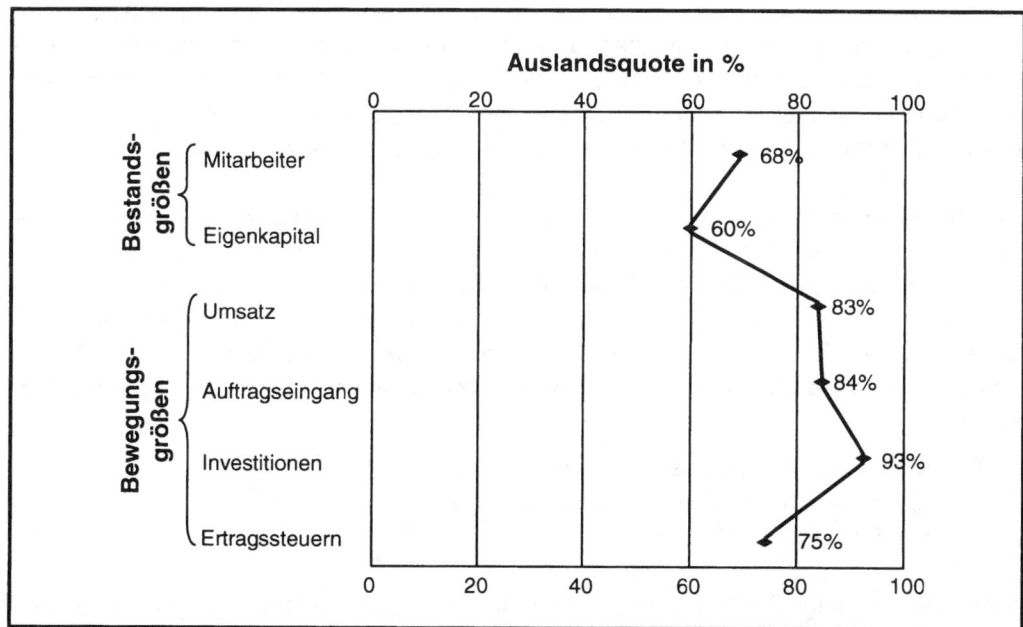

Abb. 2-8:   Das Internationalisierungsprofil von Siemens

Gerade Internationalisierungsprofile eignen sich sehr gut für die Visualisierung von Vergleichen.

- Erstellt man das Internationalisierungsprofil **einer Unternehmung** für **mehrere Zeitpunkte**, so kann man daraus gut die Änderungen in der Internationalität einer Unternehmung erkennen.

- Stellt man die Internationalisierungsprofile **mehrerer Unternehmungen** gegenüber, so lässt sich über Unternehmungen hinweg deren Auslandsengagement betrachten.

Bei Vergleichen ist allerdings im Hinblick auf die Interpretation der Daten **regelmäßig Vorsicht angebracht**. Dies gilt insbesondere bei der Gegenüberstellung mehrerer Unternehmungen, da sich Unternehmungen nur bedingt ähnlich sind. Ein Vergleich der Internationalisierungsprofile von **Bayer** und **BASF** zeigt Unterschiede, die nicht nur mit der Internationalisierung der Unternehmungen zu tun haben, sondern durch weitere Faktoren beeinflusst sind. Einer dieser Faktoren ist die Strategie im Allgemeinen (z.B. Wahl des Marktes, des Produktprogramms, des Absatzprogramms, der Technologie und der Wettbewerbsstrategie).

2.2.3   Der Internationalisierungsindex

Um dem Dilemma zu entgehen, dass die Internationalisierungsquote für jedes Kriterium unterschiedlich ist, wird in der Literatur auch vorgeschlagen, einen **Internationalisierungsindex** aufzustellen. Ein Internationalisierungsindex entsteht dadurch, dass **mehrere Auslandsquoten zusammengefasst** werden. Meist wird aus mehreren für wichtig erachteten Kennzahlen ein Mittelwert gebildet (vgl. z.B. Hassel et al. 2000).

Der **Transnationality-Index** der UNCTAD stellt einen Versuch dar, aus mehreren Einzelindikatoren einen zusammenfassenden Gesamtindikator der Internationalität zu erhalten (vgl. UNCTAD 1999a, S. 77-94). Die UNCTAD sieht drei der oben angesprochenen Merkmale als zentral an: die Bestandsgrößen „**Vermögen im Ausland**" und „**Mitarbeiter im Ausland**" sowie die Bewegungsgröße „**Umsatz im Ausland**". Der Transnationality Index ergibt sich dann aus dem Durchschnitt der folgenden Quoten (FTO-Ratios):

- Foreign Assets to Total Assets,
- Foreign Employment to Total Employment und
- Foreign Sales to Total Sales.

Abbildung 2-9 zeigt die 100 größten international tätigen Unternehmungen in der Reihenfolge des Transnationality-Index, d.h. die Ordnung geht von den stark internationalen Unternehmungen zu den weniger internationalen Unternehmungen. Das Kriterium für die Aufnahme in die Liste der 100 größten international tätigen Unternehmungen war für die UNCTAD der Bestand an Vermögen im Ausland.

TNI Rank	TNI %	Corporation	Country	Industry[a]	Assets (Billion US-$) Foreign	Assets (Billion US-$) Total	Sales (Billion US-$) Foreign	Sales (Billion US-$) Total	Number of Employees Foreign	Number of Employees Total
1	97.2	Thomson Corporation	Canada	Media	19.0	19.4	8.4	8.7	39.413	40.500
2	96.5	Liberty Global Inc.[b]	United States	Telecommunications	22.4	23.4	5.0	5.2	20.855	21.600
3	90.5	Roche Group	Switzerland	Pharmaceuticals	44.6	52.7	28.2	28.6	60.358	68.218
4	87.8	WPP Group PLC	United Kingdom	Business services	22.2	24.8	8.3	9.8	62.929	70.936
5	87.4	Philips Electronics[c]	Netherlands	Electrical & electronic equipment	33.0	40.1	36.5	37.9	133.116	159.226
6	86.8	Nestlé SA[c]	Switzerland	Food & beverages	51.1	78.6	72.1	73.3	245.777	253.000
7	86.7	Cadbury Schweppes PLC	United Kingdom	Food & beverages	16.9	19.0	9.9	11.9	51.121	58.581
8	82.4	Vodafone Group PLC	United Kingdom	Telecommunications	196.4	220.5	39.5	52.4	51.052	61.672
9	81.9	Lafarge SA[d]	France	Non-metallic mineral products	30.2	33.0	16.9	19.9	55.541	80.146
10	81.1	Sabmiller PLC[e]	United Kingdom	Consumer goods/brewers	23.1	26.8	12.1	15.3	42.150	53.772
11	80.8	Hutchison Whampoa	Hong Kong, China	Diversified	61.6	77.0	24.7	31.1	165.590	200.000
12	80.3	Honda Motor Company Limited	Japan	Motor vehicles	66.7	89.9	69.8	87.7	126.122	144.785
13	79.9	Alcan Inc.	Canada	Metal & metal products	19.2	26.6	17.3	20.3	52.000	63.000
14	79.5	AES Corporation	United States	Electricity, gas & water	20.6	29.4	8.8	11.1	26.900	30.000
15	79.5	Cemex Sab De CV	Mexico	Non-metallic mineral products	21.8	26.4	12.1	15.0	39.630	52.674
16	79.4	British Petroleum Company PLC	United Kingdom	Petroleum expl./ref./distr.	161.2	206.9	200.3	253.6	78.100	96.200
17	79.1	L'Air Liquide Groupe	France	Chemicals	17.2	19.3	10.2	13.0	25.130	35.900
18	79.1	CRH PLC[f]	Ireland	Lumber & other building materials	18.0	19.0	16.6	18.0	33.785	66.466
19	78.3	Ahold Koninklijke[f]	Netherlands	Retail	20.7	23.7	43.3	55.4	116.956	168.568
20	75.6	Inbev SA[b]	Belgium	Consumer goods/brewers	21.2	27.9	9.8	14.5	64.273	77.366
21	75.6	Volvo	Sweden	Motor vehicles	21.4	32.3	30.3	32.3	54.790	81.860
22	74.3	Nokia	Finland	Telecommunications	17.3	26.4	42.2	42.6	33.268	56.896
23	74.1	GlaxoSmithKline[f]	United Kingdom	Pharmaceuticals	34.7	46.8	36.2	39.4	56.729	100.728
24	73.5	Suez	France	Electricity, gas & water	78.4	95.1	39.6	51.7	96.741	157.639
25	72.9	Compagnie de Saint-Gobain SA	France	Non-metallic mineral products	36.5	48.3	30.2	43.7	137.837	186.266
26	72.7	Coca-Cola Company[g]	United States	Beverages	19.4	29.4	16.4	23.1	44.600	55.000
27	72.5	Total	France	Petroleum expl./ref./distr.	108.1	125.8	133.0	178.3	64.126	112.877
28	71.9	BAE Systems PLC	United Kingdom	Transport equipment	25.6	34.8	15.4	20.1	65.360	100.100
29	71.1	Royal Dutch/Shell Group[h]	UK, Netherlands	Petroleum expl./ref./distr.	151.2	219.5	184.1	306.7	92.000	109.000
30	70.5	Anglo American[e]	United Kingdom	Mining & quarrying	39.4	51.9	19.3	34.5	155.000	195.000
31	69.6	McDonalds Corp.	United States	Food & beverages	19.5	30.0	13.5	20.5	328.380	421.000
32	69.6	Diageo PLC[f]	United Kingdom	Beverages	18.6	25.3	14.5	17.3	11.816	22.966
33	69.5	Jardine Matheson Holdings Limited[i]	Hong Kong, China	Diversified	15.8	18.4	8.4	11.9	57.895	110.000
34	69.4	Lvmh Moët-Hennessy Louis Vuitton SA[i]	France	Luxury goods	18.5	33.2	14.7	17.3	40.100	59.214
35	68.9	Novartis[f]	Switzerland	Pharmaceuticals	32.2	57.7	31.9	32.2	47.365	90.924
36	67.4	Singapore Telecommunications Limited	Singapore	Telecommunications	18.0	20.8	5.6	7.9	8.832	19.500
37	67.2	Bertelsmann	Germany	Retail	18.4	27.2	15.7	22.3	56.399	88.516
38	67.1	ExxonMobil	United States	Petroleum expl./ref./distr.	143.9	208.3	248.4	359.0	52.920	84.000
39	66.8	Telenor ASA	Norway	Telecommunications	16.2	18.4	5.5	10.7	16.700	27.600
40	65.3	Siemens AG	Germany	Electrical & electronic equipment	66.9	103.8	64.5	96.0	296.000	461.000

TNI Rank	TNI %	Corporation	Country	Industry[a]	Assets (Billion US-$) Foreign	Assets (Billion US-$) Total	Sales (Billion US-$) Foreign	Sales (Billion US-$) Total	Number of Employees Foreign	Number of Employees Total
41	63.7	BHP Billiton Group	Australia	Mining & quarrying	21.6	48.5	28.7	32.2	19.148	33.184
42	63.5	Unilever[a]	UK, Netherlands	Diversified	25.7	46.6	29.2	49.4	157.000	206.000
43	63.3	Holcim Limited	Switzerland	Non-metallic mineral products	17.7	29.0	9.4	14.9	39.443	59.901
44	63.0	Mittal Steel Company NV[k]	Netherlands	Metal & metal products	17.0	31.0	25.7	28.1	96.088	224.286
45	62.6	Fiat Spa	Italy	Motor vehicles	44.7	74.0	41.7	58.0	96.595	173.695
46	62.0	British American Tobacco	United Kingdom	Tobacco	19.2	32.8	10.6	17.0	35.885	55.364
47	61.4	Sanofi-Aventis[h]	France	Pharmaceuticals	59.0	102.6	18.9	34.0	69.186	97.181
48	61.1	Carrefour	France	Retail	34.0	54.8	48.5	92.8	301.5	436.5
49	58.5	Nissan Motor Company Limited	Japan	Motor vehicles	53.8	97.7	59.8	83.4	89.336	183.356
50	57.9	Sony Corporation	Japan	Electrical & electronic equipment	38.6	90.2	46.2	66.2	96.900	158.500
51	57.6	Volkswagen	Germany	Motor vehicles	82.6	157.6	85.9	118.7	165.849	345.214
52	57.4	Veolia Environnement SA	France	Water supply	25.9	43.0	16.2	31.4	164.222	271.153
53	56.8	Chevron Corporation	United States	Petroleum expl./ref./distr.	81.2	125.8	100.0	193.6	32.000	59.000
54	56.3	Hewlett-Packard	United States	Electrical & electronic equipment	36.2	77.3	56.2	86.7	85.962	150.000
55	55.4	BASF AG	Germany	Chemicals	31.3	50.1	31.9	53.2	35.325	80.945
56	55.0	Bayer AG[f]	Germany	Pharmaceuticals/chemicals	27.9	43.5	19.3	34.1	41.800	93.700
57	54.7	IBM	United States	Electrical & electronic equipment	45.7	105.8	56.2	91.1	195.406	329.373
58	54.7	Repsol YPF SA	Spain	Petroleum expl./ref./distr.	32.1	54.2	33.3	59.8	17.696	35.909
59	54.7	United Technologies Corporation	United States	Transport equipment	20.9	45.9	22.1	42.7	148.874	222.200
60	54.5	BMW AG	Germany	Motor vehicles	55.3	88.3	44.4	58.1	25.924	105.798
61	54.1	ThyssenKrupp AG	Germany	Metal & metal products	17.9	42.5	36.6	54.6	98.791	185.932
62	53.2	Metro AG	Germany	Retail	18.3	34.1	37.1	69.4	112.291	214.937
63	52.9	RWE Group	Germany	Electricity, gas & water	82.6	128.1	23.4	52.1	42.349	85.928
64	51.6	Toyota Motor Corporation	Japan	Motor vehicles	131.7	244.4	117.7	186.2	107.763	285.977
65	51.6	Dow Chemical Company[l]	United States	Chemicals	21.1	45.9	28.8	46.3	19.767	42.413
66	51.0	Alcoa	United States	Metal & metal products	15.9	33.7	10.6	26.2	83.700	129.000
67	50.6	Procter & Gamble	United States	Diversified	60.3	135.7	38.8	68.2	69.835	138.000
68	50.5	Pfizer Inc.	United States	Pharmaceuticals	50.0	117.6	24.6	51.3	64.701	106.000
69	50.2	Abbott Laboratories[m]	United States	Pharmaceuticals	16.5	29.1	9.6	22.3	30.442	59.735
70	50.1	General Electric	United States	Electrical & electronic equipment	412.7	673.3	59.8	149.7	155.000	316.000
71	50.1	Telefonica SA	Spain	Telecommunications	27.6	86.7	22.4	47.2	147.236	207.641
72	49.9	Vivendi Universal	France	Diversified	26.9	52.7	9.1	24.3	20.889	34.031
73	49.9	France Télécom	France	Telecommunications	87.2	129.5	25.6	61.1	82.034	203.008
74	49.7	Renault SA	France	Motor vehicles	30.1	81.0	34.6	51.5	56.673	126.584
75	49.2	LG Corporation	Republic of Korea	Electrical & electronic equipment	16.6	50.6	38.4	60.8	40.689	79.000
76	49.0	ENI	Italy	Petroleum expl./ref./distr.	46.8	99.3	50.9	91.8	32.073	72.258
77	48.8	E.ON	Germany	Electricity, gas & water	80.9	149.9	29.2	83.2	45.820	79.947
78	48.5	Endesa[n]	Spain	Electric services	28.4	65.6	11.2	22.7	14.470	27.204
79	47.6	Ford Motor[i]	United States	Motor vehicles	119.1	269.5	80.3	177.1	160.000	300.000
80	45.6	Johnson & Johnson	United States	Pharmaceuticals	18.5	58.0	22.1	50.5	70.560	115.600

TNI Rank	TNI %	Corporation	Country	Industry[a]	Assets (Billion US-$) Foreign	Assets Total	Sales (Billion US-$) Foreign	Sales Total	Number of Employees Foreign	Number of Employees Total
81	45.4	Samsung Electronics	Republic of Korea	Electrical & electronic equipment	17.5	74.8	62.1	79.0	27.664	80.594
82	45.1	Wyeth[m]	United States	Pharmaceuticals	15.6	35.8	8.4	18.8	23.468	49.732
83	44.0	Marubeni Corporation	Japan	Wholesale trade	23.0	39.0	8.1	27.8	12.058	27.377
84	43.7	Matsushita Electric Industrial Company	Japan	Electrical & electronic equipment	17.9	67.8	37.9	78.7	189.531	334.402
85	42.9	General Motors	United States	Motor vehicles	175.3	476.1	65.3	192.6	194.000	335.000
86	42.1	National Grid Transco	United Kingdom	Energy	15.6	45.1	8.1	16.4	8.422	19.843
87	41.8	Deutsche Telekom AG	Germany	Telecommunications	78.4	151.5	31.7	74.2	75.820	243.695
88	41.8	Altria Group	United States	Tobacco	30.5	108.0	55.0	97.9	81.670	199.000
89	41.4	ConocoPhillips	United States	Petroleum expl./ref./distr.	55.9	107.0	48.6	179.4	15.931	35.591
90	39.6	Mitsui & Company Limited	Japan	Wholesale trade	40.3	72.9	15.5	36.4	8.587	40.993
91	37.3	Statoil Asa	Norway	Petroleum expl./ref./distr.	15.9	42.6	15.7	60.7	12.516	25.644
92	35.8	Duke Energy Corporation	United States	Electricity, gas & water	15.9	54.7	4.1	16.8	10.961	20.400
93	34.1	Mitsubishi Corporation	Japan	Wholesale trade	44.8	88.6	29.7	168.7	18.322	53.738
94	32.4	Electricité de France[f]	France	Electricity, gas & water	91.5	202.4	26.1	63.6	17.801	161.560
95	29.9	DaimlerChrysler	US, Germany	Motor vehicles	51.3	238.8	77.0	186.5	103.184	382.724
96	28.5	Hitachi Limited	Japan	Electrical & electronic equipment	21.2	85.2	24.1	83.8	113.200	355.879
97	26.0	Wal-Mart Stores	United States	Retail	41.5	138.2	62.7	312.4	500.000	1.800.000
98	25.7	Petronas – Petroliam Nasional Bhd[o]	Malaysia	Petroleum expl./ref./distr.	26.4	73.2	13.0	44.4	4.016	33.944
99	25.5	Telecom Italia Spa[f]	Italy	Telecommunications	45.5	113.7	7.7	37.3	13.497	85.484
100	25.1	Deutsche Post AG[f]	Germany	Transport & storage	41.9	203.6	27.6	55.5	17.857	348.642

a. Industry classification for companies follows the United States Standard Industrial Classification as used by the United States Securities and Exchange Commission.
b. Foreign sales data for outside Other Americas.
c. Foreign assets data for outside Europe.
d. Foreign employment data for outside Western Europe.
e. Foreign assets, sales and employment data for outside Europe.
f. Foreign employment data for outside Europe.
g. Foreign assets and sales data for outside North America.

h. Foreign assets and sales data for outside Europe.
i. Foreign assets data for outside Hong Kong and Mainland China.
j. Operating investments were used to estimate foreign assets.
k. Foreign assets and employment data for outside Europe; foreign sales data for outside Other Europe.
l. Foreign employment data for outside North America.
m. Foreign employment data for outside United States and Puerto Rico.
n. Foreign assets, sales and employment data for outside Spain and Portugal.

Note: The list covers non-financial TNCs only.

Abb. 2-9: Der Transnationality-Index für die 100 größten international tätigen Unternehmungen
Quelle: Daten der UNCTAD (2007), S. 229-231.

Wie man Abbildung 2-9 entnehmen kann, finden sich unter den größten international tätigen Unternehmungen auch zahlreiche Unternehmungen mit Stammsitz in Deutschland. Unter den gemäß der Kriterien und Berechnungen der UNCTAD am stärksten international ausgerichteten Unternehmungen sind zum Beispiel *BASF*, *Bayer*, *Bertelsmann*, *BMW*, *DaimlerChrysler* (jetzt *Daimler*), *Deutsche Telekom*, *Deutsche Post*, *E.ON*, *Metro*, *Siemens*, *ThyssenKrupp* und *Volkswagen* enthalten.

Problematisch sind bei jeder Indexbildung, so auch beim Transnationality-Index, vor allem zwei Aspekte: (1) die Wahl der Inhalte des Index und (2) die Gewichtung der Inhalte im Index. Diese beiden Probleme wollen wir kurz erläutern.

(1) Die Inhalte des Index: Zunächst einmal stellt sich die Frage, welche Inhalte in den Index eingehen sollen. Ein kritischer Betrachter des Transnationality-Index der UNCTAD kann folgende Frage stellen: Warum betrachten wir Vermögen, Mitarbeiterzahl und Umsatz? Warum nicht andere Merkmale, wie etwa Investitionen oder Gewinn? Die Willkürlichkeit des Vorschlags der UNCTAD wird deutlich, wenn wir alternative Lösungsvorschläge betrachten, die in der Literatur diskutiert werden. Sullivan propagiert einen Index mit zwei Bestandsmerkmalen (Auslandsanteil am Vermögen und an der Gesamtzahl der Tochtergesellschaften), fünf Bewegungsmerkmalen (Auslandsanteil am Umsatz, an den Forschungs- und Entwicklungsaktivitäten, an den Werbeausgaben und am Gewinn sowie Exportanteil am Umsatz) und einem zusätzlichen Verhaltensmerkmal. Als Verhaltensmerkmal wird die Erfahrung des Top-Managements, die anhand der kumulativen Dauer der Auslandsaufenthalte von Top-Managern gemessen wird, gewählt (vgl. Sullivan 1994a, S. 331-332).

(2) Die Gewichtung der Inhalte im Index: Weiterhin muss die Frage beantwortet werden, wie eine Mittelwertbildung erfolgt. Es ist strittig, ob das arithmetische Mittel gewählt werden sollte oder ob unterschiedliche Auslandsquoten mit unterschiedlicher Gewichtung in einen Internationalisierungsindex eingehen sollten. Man könnte schließlich argumentieren, dass die Frage, welcher Umsatz im Ausland erzielt werde, wichtiger sei als die Frage, welcher Mitarbeiteranteil aus dem Ausland stamme. Eine hohe Mitarbeiterzahl im Ausland könne – so die Argumentation einiger Autoren – auf eine geringe Produktivität im Ausland hindeuten. Auch lassen sich Stimmen finden, die den Auslandsanteil am Eigenkapital stärker gewichten als den Auslandsanteil am Fremdkapital, da damit größere Rechte verbunden seien (vgl. Duran 1995). Besonders paradox mag für manche das Kriterium „Steuern im Ausland" sein, welches oben als eine der Bewegungsgrößen der Internationalität genannt wurde: Warum sollte man eine Unternehmung als besonders international ansehen, wenn sie einen hohen Anteil ihrer Steuern ins Ausland verlagert? Oder kann man eine Unternehmung deswegen als in hohem Maße international ansehen, weil sie eine hohe Zahl von Expatriates (d.h. in das Ausland entsandte Mitarbeiter) und Repatriates (d.h. aus dem Ausland wiedergekehrte Mitarbeiter) hat, die Expatriierung und Repatriierung aber nur selten erfolgversprechend verlaufen ist (vgl. zum Erfolg von Auslandseinsätzen Engelhard/Hein 1996, Weber/

Festing 1996)? Im Zusammenhang mit Fragen der Gewichtung ist auch die Frage zu beantworten, ob Merkmale, deren Ausprägungen stark miteinander korrelieren, in einen Index aufzunehmen sind.

Was bleibt als **Fazit zur Bildung von Internationalisierungsindizes** festzuhalten? Sicherlich ist es mathematisch ohne weiteres möglich, Internationalisierungsindizes zu berechnen. Doch der **Nutzen derartiger „Rechenspiele"** ist in den meisten Fällen **stark begrenzt.** Es ist sowohl für den Praktiker als auch für den Wissenschaftler nur von geringem Nutzen, wenn er einen Internationalisierungsindex von 53,7 bzw. 58,2 erhält. Etliche Autoren äußern auch erhebliche Zweifel an Validität und Reliabilität bisheriger Versuche der Indexbildung (vgl. Ramaswamy/Kroeck/Renforth 1996). Darüber hinaus existiert keine Begründung, warum ein bestimmter Index, etwa der Transnationality-Index der UNCTAD, gegenüber alternativen Vorschlägen, wie dem **„Network-Spread-Index"** (vgl. Ietto-Gillies 1998) oder dem **„Complex Spread and Diversity Measure"** (vgl. Fisch/Oesterle 2003), mit denen **nicht** das **Ausmaß, sondern** die **geographische und kulturelle Verteilung der Auslandsaktivitäten** gemessen werden soll, überlegen wäre. Wenn wir dennoch in der Literatur immer wieder Versuche der Indexbildung finden, so stehen dahinter zahlreiche Zielsetzungen, wie zum Beispiel die Komplexität zu reduzieren oder Orientierungshilfen zur Verfügung zu stellen.

2.2.4   Der Internationalisierungsgrad

In der Literatur ist häufig vom Internationalisierungsgrad einer Unternehmung die Rede. Was aber ist unter dem Internationalisierungsgrad zu verstehen? Manche Autoren wählen ein bestimmtes Merkmal aus, d.h. sie setzen die **Auslandsquote** mit dem Internationalisierungsgrad gleich. Andere Autoren berechnen einen **Internationalisierungsindex** und betrachten den sich dabei ergebenden Wert als den Internationalisierungsgrad. Dies heißt: Entweder mit steigender Auslandsquote oder mit zunehmendem Wert, den ein Internationalisierungsindex annimmt, steigt der **Internationalisierungsgrad** einer Unternehmung an. Wir sollten aber sowohl (1) eine Gleichsetzung der Auslandsquote mit dem Internationalisierungsgrad als auch (2) eine Gleichsetzung des Internationalisierungsindex mit dem Internationalisierungsgrad kritisch betrachten.

(1) Auslandsquote: Da wir nicht nur eine Auslandsquote, sondern – wie gezeigt – eine Vielzahl von Auslandsquoten haben, ist die Gleichsetzung von Auslandsquote und Internationalisierungsgrad problematisch. Unternehmung A mag etwa hinsichtlich ihrer Auslandsumsatzquote einen höheren Internationalisierungsgrad aufweisen als hinsichtlich ihrer Auslandsgewinnquote, für Unternehmung B könnte dies genau umgekehrt sein. In letzter Konsequenz kann der Internationalisierungsgrad daher nur für jeweils **eine Bestands- oder Bewegungsgröße einzeln** angegeben werden.

(2) Internationalisierungsindex: Da der Internationalisierungsindex wesentliche Informationen über den Charakter der Internationalisierung „verdeckt", ist eine Gleichsetzung
von Internationalisierungsindex und Internationalisierungsgrad problematisch. Es kommt
einer Verkürzung gleich, wenn man eine bestimmte Unternehmung als „zu 59,6% international" bezeichnet. So mag zwar hinsichtlich eines bestimmten Kriteriums eine Internationalität von deutlich über 50% erreicht sein (z.B. der Umsatz zu mehr als 50% im
Ausland erzielt werden), aber die Internationalität hinsichtlich anderer Kriterien unter
50% liegen (z.B. wenn Mitarbeiter oder Kapital noch mehrheitlich aus dem Inland stammen). Ebenso könnte die Wahl eines anderen Index zu deutlich abweichenden Ergebnissen führen (vgl. Ietto-Gillies 1998).

Als Fazit bleibt daher festzuhalten, dass eine Unternehmung **nicht einen** Internationalisierungsgrad aufweist, **sondern** je nach betrachtetem Kriterium **unterschiedliche Internationalisierungsgrade** hat (vgl. dazu auch die Übersicht bei Nguyen/Cosset 1995,
v.a. S. 346-347). Sowohl für den Praktiker als auch für den Wissenschaftler müssen die
zu betrachtenden Größen problemadäquat ausgewählt werden. Lediglich aus Vereinfachungsgründen wollen wir selbst im weiteren Verlauf unserer Argumentation zuweilen
vom Internationalisierungsgrad sprechen.

Bisher haben wir nur Messgrößen berücksichtigt, bei denen die einzelne Unternehmung
losgelöst von ihren Konkurrenten bzw. vom Markt, auf dem sie tätig ist, betrachtet wird.
Manche Autoren gehen über die Betrachtung nur einer Unternehmung hinaus und beziehen auch die Konkurrenz mit ein. Auf derartige Vorschläge wollen wir nachfolgend
kurz eingehen (Abschnitt 2.2.5).

2.2.5   Markt- bzw. konkurrenzbezogene quantitativ-relative
Betrachtungen

Unter die Kategorie der markt- bzw. konkurrenzbezogenenen Betrachtungen fallen vor
allem Marktanteilsbetrachtungen. Jede Unternehmung kann sich beispielsweise fragen,
welche Marktanteile sie im Inland und im Ausland – und dabei im Ausland getrennt nach
einzelnen Ländermärkten – hält. Abbildung 2-10 zeigt die Pkw-Auslieferungen des
Volkswagen-Konzerns und stellt die Marktanteile für die Jahre 1998 und 1999 in ausgewählten Märkten gegenüber.

	Fahrzeug-auslieferun-gen 1999	Im Vergleich zu 1998 in %	Pkw-Marktanteil 1999 in %	Pkw-Marktanteil 1998 in %
Westeuropa davon:	3.053.713	+ 7,9	18,8	18,0
• Deutschland	1.155.140	+ 4,8	29,7	28,2
• Italien	300.123	+ 1,1	12,2	12,0
• Spanien	330.650	+ 19,1	22,3	21,8
• Frankreich	264.371	+ 11,1	11,4	11,0
• Großbritannien	252.473	+ 10,4	10,7	9,3
Zentral-/Osteuropa davon:	289.324	+ 1,1	12,8	13,8
• Tschechien	90.601	− 3,8	58,2	62,3
• Slowakei	36.665	− 9,4	62,0	55,0
Nordamerika davon:	554.821	+ 32,4	5,5	4,5
• USA (Importmarkt)	382.328	+ 42,8	9,9	7,7
• Kanada	47.050	+ 13,7	5,8	5,5
• Mexiko	125.443	+ 14,1	26,4	25,2
Südamerika/Afrika davon:	490.281	− 16,4	23,4	22,4
• Brasilien	370.853	− 16,8	31,3	30,2
• Argentinien	57.060	− 9,8	16,7	16,9
• Südafrika	46.253	− 3,0	22,5	21,2
Asien/Pazifik davon:	390.844	+ 3,8	5,1	5,3
• China	315.232	+ 4,1	53,8	56,0
• Japan (Importmarkt)	52.159	+ 6,2	21,8	20,8
Welt	4.869.203	+ 6,3	12,0	11,7

Abb. 2-10: Regionale Marktanteile des Volkswagen-Konzerns im Pkw-Geschäft
Quelle: Geschäftsbericht der Volkswagen AG für das Jahr 1999, S. 15.

Die Marktanteile in einzelnen Auslandsmärkten können einen ersten Eindruck davon vermitteln, wie „stark" eine Unternehmung im Ausland ist. Doch die einzelnen Markt-anteilswerte lassen sich nach Auffassung einiger Autoren noch weiter verdichten. Schmidt schlägt beispielsweise zur Messung der **relativen Marktanteilsstärke im Aus-landsgeschäft** eine Kennzahl vor, die er definiert als

$$\frac{\text{Marktanteil im Auslandsgeschäft}}{\text{Marktanteil im Inlandsgeschäft}}$$

Mit dieser Kennzahl kann deutlich werden, ob eine bestimmte Unternehmung bei einer relativen Betrachtung stärker im Inland oder im Ausland ist. Problematisch bleibt bei einer derartigen Überlegung aber, welche Märkte im Ausland betrachtet werden sollen und welche Konkurrenten – sowohl im Inland als auch im Ausland – mit einbezogen werden sollen (vgl. Schmidt 1989a, Sp. 966). Das Beispiel in Textbox 2-6 mag diese Problematik verdeutlichen. Dabei ziehen wir nun nicht *Volkswagen*, sondern *BMW* heran, da dort die Problematik aufgrund der gewählten Unternehmungsstrategie noch besser ersichtlich wird.

Textbox 2-6:   Probleme der markt- und konkurrenzbezogenen Internationalisierungsbetrachtung

Ein Beispiel

Für *BMW* kann man vergleichsweise einfach den Marktanteil im Inlandsgeschäft ermitteln. Aufgrund der Zulassungsstatistiken des Kraftfahrzeugbundesamtes sind diese Daten sogar öffentlich zugänglich. Dagegen wird ein Außenstehender Schwierigkeiten haben, einen Marktanteil für das Auslandsgeschäft von *BMW* anzugeben. *BMW* ist schließlich nicht auf allen Auslandsmärkten der Welt präsent und möchte auch – aufgrund eigener unternehmungspolitischer Entscheidungen – nicht auf allen Auslandsmärkten präsent sein. *BMW* würde daher wohl einwenden, dass es nicht sinnvoll sei, als Marktanteil im Auslandsgeschäft den um den Inlandsmarktanteil „Deutschland" bereinigten Weltmarktanteil von *BMW* heranzuziehen. *BMW* könnte argumentieren, dass es schon eher denkbar sei, die Marktanteile von *BMW* in wichtigen Auslandsmärkten, sogenannten Schlüsselmärkten, zu berücksichtigen, um daraus dann einen gewichteten Auslandsmarktanteil zu errechnen.

Die Tatsache, dass für viele Unternehmungen nicht der Marktanteil am Gesamtmarkt – weder im Inland noch im Ausland – von Interesse ist, könnte zu weiteren Problemen führen. So interessieren sich viele Unternehmungen vor allem dafür, wie der Marktanteil gegenüber wichtigen Wettbewerbern in der gleichen strategischen Gruppe ausfällt. Für *BMW* könnte dies heißen, dass Marktanteilsbetrachtungen nicht auf den Gesamtmarkt bezogen sind, sondern auf die strategische Gruppe der „High-End-Anbieter" wie *Mercedes*, *Volvo*, *Jaguar* oder *Porsche*. Doch auch hier käme man letztlich zu unbefriedigenden Ergebnissen: Schließlich finden wir zunehmend ehemalige Massenanbieter, die in das Hochpreissegment eindringen (z.B. *Audi*, *Honda* mit *Acura*, *Toyota* mit *Lexus*). Umgekehrt „greifen" die ehemaligen Oberklassenanbieter inzwischen auch mittlere (und sogar untere) Preissegmente „an".

Das Beispiel von *BMW* soll zeigen, dass die Berücksichtigung von konkurrenz- bzw. marktbezogenen Daten zur Ermittlung von Auslandsquoten noch größere Schwierigkeiten mit sich bringt als die bereits oben vorgestellten Kennzahlen. Doch trotz dieser Probleme macht eine Berücksichtigung von Konkurrenz- bzw. von Marktdaten durchaus

Sinn. Unternehmungen können damit zumindest einen Eindruck davon bekommen, wie „stark" sie weltweit sind bzw. wo sie weltweit „stark" sind. Unternehmungen können sich darüber hinaus auch fragen, wie sie im **Vergleich zu einzelnen Mitbewerbern** hinsichtlich ihrer Internationalisierungsquoten, ihres Internationalisierungsgrads und -index abschneiden. Selbst für die Unternehmungen, die international für eine bestimmte Branche oder ein bestimmtes Branchensegment bzw. eine Produktgruppe als Marktführer gelten (→ Textbox 2-7), mag es sinnvoll sein, sich permanent mit der eigenen Internationalität auseinander zu setzen. Schließlich könnte die vermeintlich sichere Marktführerposition dadurch in Gefahr geraten, dass eine zu starke Abhängigkeit vom Heimatmarkt existiert bzw. Wettbewerber in anderen Märkten stärker internationalisieren.

Textbox 2-7: Weltmarktführer in ausgewählten Branchen

Ein Überblick

Wie man der untenstehenden Tabelle entnehmen kann, haben bzw. hatten die weltweiten Marktführer in einigen Branchen ihren Stammsitz in Deutschland. *BASF* wird als die größte Chemieunternehmung der Welt bezeichnet, nachdem sich zahlreiche ehemalige Konkurrenten eher als Pharma- oder LifeScience-Unternehmung verstehen. *Siemens* ist der weltgrößte Elektronik- bzw. Elektrokonzern. Die *Deutsche Post* ist in der Brief- und Paketzustellung führend. Die *Deutsche Bahn* gilt als größter Konzern im Bereich des Schienenverkehrs. Über die Tabelle hinaus, in der nur 25 Branchen berücksichtigt wurden, können auch andere deutsche Unternehmungen als Weltmarktführer angesehen werden. So ist die Hamburger *Otto-Gruppe* seit vielen Jahren mit deutlichem Abstand globaler Primus im Versandhandel.

Die weltweit größten Unternehmungen aus 25 Branchen (2007)		
Unternehmung	**Branche**	**Land**
Boeing	Flugzeugbau	USA
Air France-KLM	Fluggesellschaften	Frankreich
Saint-Gobain	Baustoffe	Frankreich
Coca-Cola	Getränke	USA
BASF	Chemie	Deutschland
Citigroup	Banken	USA
Hewlett-Packard	Computer	USA
Siemens	Elektronik, Elektro	Deutschland
Time Warner	Entertainment	USA

Wal-Mart Stores	Warenhäuser	USA
Gazprom	Energie	Russische Föderation
Deutsche Post	Brief-, Paketzustellung	Deutschland
Caterpillar	Industriemaschinen	USA
ArcelorMittal	Metalle	Luxemburg
Bouygues	Baugewerbe	Frankreich
General Motors	Automobile	USA
Exxon Mobil	Erdölverarbeitung	USA
Johnson & Johnson	Pharmazeutika	USA
Microsoft	Software	USA
Deutsche Bahn	Schienenverkehr	Deutschland
Nestlé	Lebensmittel	Schweiz
Procter & Gamble	Haushaltswaren	USA
Verizon Communications	Telekommunikation	USA
Mitsubishi	Handel	Japan
State Grid	Öffentliche Versorgung	China

Zu beachten ist allerdings, dass sich die Situation heutzutage schnell ändert. Wer zu einem bestimmten Zeitpunkt als Weltmarktführer gilt, kann morgen schon – etwa aufgrund der Akquisitionstätigkeit eines Konkurrenten – seine Position verlieren.

Quellen:
- http://money.cnn.com/magazines/fortune/global500/2007 (Version Januar 2008).
- http://www.ottogroup.com (Version Januar 2008).

2.3   Beurteilung quantitativer Betrachtungen

Wir wollen die in den Abschnitten 2.1 und 2.2 vorgestellten quantitativen Betrachtungen nicht unkommentiert lassen, sondern sie einer Beurteilung unterziehen. Nach einer allgemeinen Beurteilung der quantitativen Internationalitätsmessung (Abschnitt 2.3.1) widmen wir uns vor allem dem speziellen Problem der kombinierten Erfolgs- und Internationalitätsmessung (Abschnitt 2.3.2).

2.3.1 Allgemeine Beurteilung der quantitativen Internationalitätsmessung

Inzwischen dürfte klar geworden sein, dass Antworten auf Fragen nach der Internationalität einer Unternehmung von mehreren Faktoren maßgeblich beeinflusst werden:

- von der Entscheidung darüber, welche **Merkmale** man überhaupt zur Beurteilung der Internationalität heranzieht,

- von der Entscheidung darüber, mit welchen **Kennzahlen** ein bestimmtes Merkmal der Internationalität gemessen werden soll,

- von der Entscheidung darüber, welche numerische(n) Auslandsquote(n) man als **Schwellenwert(e) erster Ordnung** heranzieht, wenn man nationale von internationalen Unternehmungen abgrenzen möchte, d.h. wenn man eine dichotome Unterscheidung zwischen den Ausprägungen „national" und „international" vornehmen möchte, und

- von der Entscheidung, welche numerische(n) Auslandsquote(n) man als **Schwellenwerte zweiter Ordnung** heranzieht, um innerhalb der Kategorie internationaler Unternehmungen nochmals zwischen unterschiedlich starken Ausprägungen der Internationalität zu unterscheiden (z.B. hohe, mittlere oder geringe Internationalität; vgl. Aharoni 1971, S. 32-33).

Dass die Festlegung der Entscheidungskriterien letztlich weitgehend willkürlich ist, wird von einer Reihe von Autoren zugegeben (vgl. Schmidt 1981, S. 69). Dennoch finden sich Aussagen, die dann und nur dann von einer international tätigen Unternehmung ausgehen, wenn „25% und mehr der Investitionen eines Unternehmens in sechs oder mehr Ländern außerhalb des Heimatlandes angelegt sind" (Sieber 1970, S. 418). Doch weder das Merkmal „Investitionen" noch die Kennzahl „Investitionsquote" noch die Schwellenwerte erster Ordnung von „25% Investitionsquote" und „sechs Länder außerhalb des Heimatmarktes" lassen sich theoretisch begründen. Ebenso wäre es willkürlich, würde man als geringe Internationalisierung etwa Investitionen zwischen 25% und 40%, als mittlere Internationalisierung Investitionen zwischen 40% und 60% und als hohe Internationalisierung Investitionen von über 60% im Ausland ansehen.

Viele der quantitativen Betrachtungen weisen also bereits aufgrund der Willkürlichkeit der Definitionskriterien, der Bestimmung der Kennzahlen und der Festlegung der Schwellenwerte Probleme auf. Wir wollen darüber hinaus noch folgende weitere Probleme umreißen, die bei quantitativen Betrachtungen existieren: (1) die generelle Vergleichsproblematik, (2) die „Nationalitäten- und Heimatlandproblematik", (3) die „Kleinländerproblematik", (4) die Währungsproblematik und (5) die Rechnungslegungsproblematik (→ auch Abbildung 2-11).

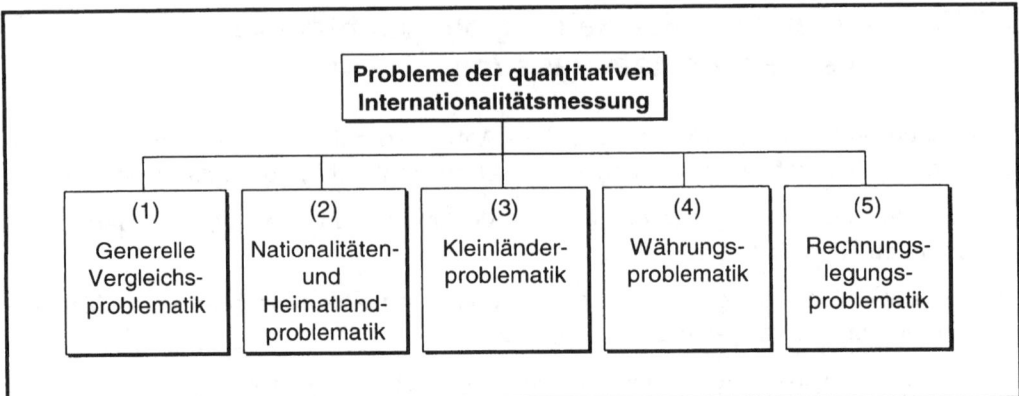

Abb. 2-11: Übersicht über Probleme der quantitativen Internationalitätsmessung

(1) Generelle Vergleichsproblematik

Absolute Zahlen bleiben, wie wir bereits betont haben, völlig aussagelos, solange sie nicht in **relative Betrachtungen** transformiert werden. Aber auch relative Zahlen, wie Auslandsquoten, sind ohne Erkenntniswert, wenn sie nicht im **intra-organisationalen Vergleich** (z.B. im intra-organisationalen zeitlichen Vergleich) oder im **inter-organisationalen Vergleich** (z.B. im Vergleich von Unternehmungen einer Branche) herangezogen werden. Wie andere Kennzahlen, etwa aus dem Rechnungswesen, der Bilanzanalyse, der Finanzierung oder dem Controlling, müssen auch Kennzahlen der Internationalisierung ohne einen sachlichen oder zeitlichen Bezugspunkt als problembehaftet gewertet werden. Darüber hinaus weisen selbst intra- und inter-organisationale Vergleichsbetrachtungen, die einen sachlichen oder zeitlichen Bezug erkennen lassen, (immer noch) erhebliche Schwierigkeiten auf. So wird zum Beispiel jeder „Internationalisierungsvergleich" zweier oder mehrerer Unternehmungen durch zahlreiche Unterschiede erschwert, etwa durch Unterschiede in Standort, Rechtsform, Größe, Alter, Strategien, Produktionsprogramm, Absatzprogramm, Kapazitätsauslastung oder Finanzierung.

(2) Nationalitäten- und Heimatlandproblematik

Sehr umstritten sind Antworten auf die Frage nach der Nationalität einer internationalen Unternehmung und damit auch auf die Frage, **was als Inland und als Ausland zu betrachten ist.** Um Auslandsquoten oder Internationalisierungsindizes aufzustellen, ist es jedoch zwingend notwendig, zwischen Inland und Ausland zu unterscheiden. Nun gibt es immer mehr Unternehmungen, deren **Stammsitz in mehreren Ländern** liegt und bei denen die Frage nach In- und Ausland komplizierter zu beantworten ist. *Unilever* zum Beispiel hat Stammsitze sowohl in den Niederlanden als auch in Großbritannien. Würde man nun (nur) die Aktivitäten außerhalb der beiden Stammländer als Auslandsaktivitäten auffassen, so würde man bereits ein wesentliches Merkmal der Internationalität vorab „wegdefinieren". Schließlich kann bereits die „Binationalität" von *Unilever* als wichtiges Indiz der Internationalität eingeschätzt werden, denn die Unternehmung hat in je zwei Ländern ihren Sitz. Die Entscheidung, *Unilever* nur einem Stammland zuzuordnen, entspräche keineswegs der Realität. Dabei ist es auch unerheblich, ob sich eine Unternehmung, wie etwa *Royal Dutch Shell* aus rechtlichen Gründen für einen einzigen Stammsitz entschieden hat, faktisch allerdings immer noch in zwei Stammländern beheimatet ist.

(3) Kleinländerproblematik

Unternehmungen aus kleinen Heimatländern weisen naturgemäß **höhere Auslandsanteile** auf als Unternehmungen aus großen Heimatländern, da sie häufig – sieht man einmal von der Möglichkeit der Produktdiversifikation ab – (nur) durch Internationalisierung wachsen sowie Skaleneffekte, Lerneffekte oder Rationalisierungseffekte erzielen können. Ein bekanntes Beispiel stellt *Nestlé* dar: *Nestlé* erzielt etwa 98% des Umsatzes außerhalb der Schweiz als Stammland.

Die beiden genannten Teilprobleme, die Nationalitäten- und Heimatlandproblematik einerseits und die Kleinländerproblematik andererseits, können auch zusammen auftreten, wie der Fall *ABB* (*Asea Brown Boveri*) zeigt: *ABB*, aus einer Fusion der schwedischen *Asea* und der Schweizer Unternehmung *Brown Boveri & Cie* hervorgegangen, gilt als binationaler Konzern. Sowohl Schweden als auch die Schweiz sind vergleichsweise kleine bzw. dünnbesiedelte Länder, so dass die Größe der Heimatmärkte mit dafür verantwortlich ist, dass *ABB* einen Großteil seiner Aktivitäten außerhalb dieser Heimatmärkte aufweist.

Die bisherigen Probleme treten bei Bestands- und Bewegungsgrößen gleichermaßen auf. Nun kommt hinzu, dass wir sowohl bei den Bestands- als auch bei den Bewegungsgrößen **nicht nur Mengengrößen**, sondern **auch Wertgrößen** finden. Mengengrößen sind wertunabhängig und absolut, Wertgrößen zeichnen sich dagegen dadurch aus, dass sie von anderen Einflüssen abhängen, also nicht absolut sind. Wir wollen daher die Abhängigkeit von (4) Währungseinflüssen und (5) Rechnungslegungseinflüssen als weitere Schwierigkeit der quantitativen Internationalisierungsmessung darstellen.

(4) Währungsproblematik

Sowohl die **Wahl der Basiswährung** als auch die vielfach auftretenden **Wechselkursschwankungen** führen im internationalen Vergleich von absoluten oder relativen Messzahlen der Internationalisierung zu großen Problemen. Allein die Auf- bzw. Abwertung einer Währung kann zu einer Veränderung bei den oben genannten Bestands- oder

Bewegungsgrößen führen. Betrachten wir als Beispiel einen deutschen Automobilhersteller und dessen Kennzahl „Gewinnquote im Ausland" oder – noch einfacher unter der Annahme, dass der Automobilhersteller neben Deutschland nur in den USA operiert – dessen Kennzahl „Gewinnquote USA". Wie viel Prozent seines Gewinns der Automobilhersteller in den USA erzielt, hängt nun maßgeblich von Währungskursen bzw. deren Entwicklung ab. Vor allem wenn der Automobilhersteller nicht in den USA, sondern nur in Deutschland produziert, ist er Währungseinflüssen stark ausgesetzt. Geht man davon aus, dass der Automobilhersteller damit gerechnet hat, im Jahr 2003 in Deutschland bei 8 Mrd. € Umsatz 80 Mio. € Gewinn zu erzielen und in den USA bei 2 Mrd. € Umsatz 20 Mio. € Gewinn zu erwirtschaften, so würden im Jahr 2003 20% des Gewinns auf das Ausland entfallen. Verändert sich nun der Wechselkurs zwischen Euro und Dollar zulasten des Automobilherstellers und kann er aufgrund der Wettbewerbssituation nicht alle Verschlechterungen des Wechselkurses auf den Konsumenten in den USA „abwälzen", so wird die einkalkulierte Gewinnmarge in den USA schnell „aufgezehrt" (→ auch Textbox 1-4 in Abschnitt 2.1.1.1.3 in Kapitel 1). Nehmen wir an, in den USA bleiben bei 2 Mrd. € Umsatz – aufgrund des Wechselkurses – nur noch 2 Mio. € (statt geplanter 20 Mio. €) Gewinn, so verändert sich der Auslandsanteil am Gewinn von 20% auf knapp 2,5%. Die Veränderung der Auslandsgewinnquote hätte sich im fiktiven Beispiel allein aufgrund von Wechselkursschwankungen ergeben. Daran wird exemplarisch ersichtlich, dass manche quantitativen Größen der Internationalitätsmessung nur eine beschränkte Aussagekraft haben – zumindest wenn man sie nicht detaillierter analysiert.

(5) Rechnungslegungsproblematik

Die national unterschiedlichen **Rechnungslegungsvorschriften** und **Publizitätspflichten** sowie die Bewertungsmöglichkeiten im Zusammenhang mit Transferpreisen erschweren den Vergleich all jener Kennzahlen, die bilanzorientiert sind. So ist es denkbar, dass bestimmte Vermögenswerte bei der Muttergesellschaft in Land X aktiviert werden dürfen, während sie bei der Tochtergesellschaft in Land Y aufgrund der dortigen Vorschriften nicht bilanziert werden. Ähnliche Probleme gibt es auf der Kapitalseite: Kapitalposten wie Pensionsrückstellungen fallen gerade bei deutschen Unternehmungen häufig stark ins Gewicht, während sie bei Unternehmungen aus manchen anderen Ländern vernachlässigbar bleiben und so den Fremdkapitalanteil senken. Vereinheitlichungen, wie sie über die Vorschriften der **US-GAAP** bzw. der **IAS** und **IFRS** geplant bzw. teilweise realisiert sind, können diesen Problemen unter Umständen Abhilfe schaffen.

Die sicherlich nicht zu unterschätzende, aber vielfach schwierig nachweisbare Praxis der Bilanzkosmetik (**„Window Dressing"**) bringt insbesondere im Zusammenhang mit der Aufstellung von Erfolgskennzahlen zusätzliche Probleme. Es ist durchaus realistisch, dass internationale Unternehmungen vor allem aus steuerlichen Gründen betriebswirtschaftliche **Gewinne nicht immer dort ausweisen, wo sie anfallen**. Im Zusammenhang mit der Gestaltungsmöglichkeit über Transferpreise können Aufwendungen und Erträge innerhalb des internationalen Gesamtunternehmungsverbundes

„hin- und hergeschoben" werden (➜ zu Transferpreisen auch Abschnitt 6.3.2.5.1 in Kapitel 6). Der in Geschäftsberichten oder Pressedokumenten ausgewiesene Auslandsgewinn muss damit keinesfalls zwingend mit dem tatsächlich angefallenen Auslandsgewinn übereinstimmen.

In der Literatur wird trotz der fünf skizzierten Problemkreise gefordert, dass „ein theoretisches Konzept für die internationale Betätigung von Unternehmen so weiterentwickelt wird, dass die internationale Betätigung auf dieser Basis auch gemessen werden kann" (Schmidt 1989b). Schmidt postuliert, dass eine qualitative Betrachtung nicht ausreiche, sondern eine quantitative Messung anzustreben sei (vgl. Schmidt 1989a, Sp. 964). Dies scheint überraschend, nachdem Unternehmungen zwar in bestimmten Bereichen der Unternehmungstätigkeit mit Kennzahlen operieren, aber kaum statistisch-quantitative Definitionen für die Messung der Internationalisierung zugrunde legen. Und selbst in traditionell stark mit Kennzahlen arbeitenden Bereichen wie dem Rechnungswesen wird die absolute Aussagekraft von Kennzahlen, zumindest von am Rechnungswesen orientierten Kennzahlen, inzwischen deutlich relativiert (vgl. Näther 1993, S. 40-41).

Dagegen scheint es plausibel zu sein, davon auszugehen, dass die Internationalisierung auch in der Praxis eher an anderen Faktoren, wie beispielsweise an der Wahrnehmung und den **Einstellungen des Managements**, festgemacht wird. Absolut-quantitative Betrachtungen und relativ-quantitative Betrachtungen scheinen nur in wenigen Fällen sinnvoll. Eine Festlegung allgemein anerkannter Kriterien und Kennzahlen oder allgemein anerkannter Schwellenwerte für die Internationalität von Unternehmungen dürfte deswegen auch in nächster Zukunft als wenig sinnvoll und kaum realisierbar gelten.

2.3.2   Spezielle Beurteilung der Internationalitäts- und Erfolgsmessung

Viele Wissenschaftler interessieren sich nicht nur für die Frage nach der Internationalität einer Unternehmung; sie wollen auch herausfinden, welcher Internationalisierungsgrad für eine Unternehmung den größten Erfolg verspricht. Die Studien, die sich mit dem **Zusammenhang** zwischen **Internationalisierungsgrad** und **Erfolg** beschäftigt haben, sind äußerst zahlreich. Dabei kann prinzipiell zwischen bilanzorientierten Untersuchungen und kapitalmarktorientierten Untersuchungen differenziert werden. Aus mehreren Gründen sind die **Ergebnisse** der Studien, die den Zusammenhang zwischen Internationalität und Unternehmungserfolg analysieren, jedoch **sehr heterogen** und zuweilen sogar **widersprüchlich** (vgl. dazu die umfassenden Überblicke bei Glaum 1996, Li 2007 sowie Bausch/Krist 2007 und Glaum/Oesterle 2007). Woran dies liegt, soll nachfolgend kurz skizziert werden:

• Erstens wird – wie oben bereits aufgezeigt – der **Internationalisierungsgrad** einer Unternehmung von unterschiedlichen Autoren ganz unterschiedlich definiert. Man-

che Autoren greifen dabei einzelne Auslandsquoten (vgl. z.B. Buckley/Dunning/
Pearce 1978, Grant 1987, Riahi-Belkaoui 1998, Capar/Kotabe 2003) heraus, andere
wählen mehrere Auslandsquoten, die sie separat betrachten (vgl. Daniels/Bracker
1989), wieder andere entscheiden sich für die Zusammenfassung von Auslandsquoten in einem Internationalisierungsindex (Hsu/Boggs 2003), und in manchen Studien
wird unter Internationalisierung primär die Direktinvestitionstätigkeit verstanden, so
dass sich konsequenterweise auch Erfolgsbetrachtungen nur auf einen Teilaspekt
der Internationalisierung beziehen (vgl. zu einem Überblick Larimo 1993,
S. 144-157).

- Zweitens werden mit **Erfolg** völlig unterschiedliche Vorstellungen verbunden. Dabei
  sind nicht nur bilanzorientierte und kapitalmarktorientierte Erfolgsgrößen zu differenzieren. Auch innerhalb der beiden Kategorien gibt es große Unterschiede. So werden als bilanzorientierte Erfolgsgrößen zum Beispiel das Verhältnis von Jahresüber-
  schuss zu Gesamtkapital (vgl. Daniels/Bracker 1989, Geringer/Beamish/daCosta
  1989), die Eigenkapitalrentabilität (vgl. z.B. Bühner 1987a) oder die Relation Cash
  Flow zu Eigenkapital plus Schulden (vgl. z.B. Shaked 1986) verwendet. Innerhalb
  der kapitalmarktorientierten Betrachtungen dominieren sogenannte Event-Studien,
  d.h. Studien, die Antworten auf die Frage suchen, wie die Aktienmärkte auf bestimmte Ereignisse (Events) reagieren (vgl. z.B. Bühner 1992, v.a. S. 448-450, Reuer 2000, v.a. S. 136-137, Owhoso/Gleason/Mathur/Malgwi 2002). Um relevante von
  nicht-relevanten Faktoren zu isolieren, gibt es selbst innerhalb der Kategorie der
  Event-Studien mehrere Varianten. Neben den bilanz- und kapitalmarktorientierten
  Zielgrößen existieren zudem zahlreiche weitere Erfolgsmaßstäbe (vgl. McGuire/
  Schneeweis/Hill 1986, Meyer/Gupta 1994).

- Drittens ist der **Generalisierungsanspruch** vieler Aussagen insofern **beschränkt**,
  als die zugrunde liegenden Studien während eines bestimmten Zeitraums in einem
  Land bzw. in bestimmten Ländern mit ganz spezifischen Samples (z.B. Größe der
  Unternehmungen, Branche der Unternehmungen) durchgeführt wurden. Aus diesen
  Gründen sind generelle Aussagen zum Zusammenhang zwischen Internationalität
  und Erfolg nahezu unmöglich.

- Viertens ist es in den meisten Studien nicht gelungen, den **Einfluss der Internationalität** von anderen Einflüssen zu trennen. Es werden zwar bestimmte Internationali-
  tätsgrade ermittelt und bestimmte Erfolgssituationen dargestellt. Ein kausaler Zusammenhang zwischen Internationalität und Erfolg lässt sich jedoch nicht nachweisen. Ähnlich wie für andere Einflussfaktoren (z.B. Marktanteil) ist auch für Internationalität der Zusammenhang zum Erfolg nicht quantifizierbar (vgl. Wensley 1997).

Das Fazit der umfangreichen Forschungstätigkeit in diesem Bereich lautet: Es gibt **keine Gesetzmäßigkeit**, welcher Internationalisierungsgrad den größten Erfolg verspricht.
Alle Aussagen zur Erfolgswirksamkeit von quantitativen Internationalitätsgraden scheinen sogar „gefährlich" – dabei ist es unerheblich, ob Autoren nun eine positive oder eine
negative Beziehung feststellen (vgl. z.B. die Übersicht bei Sullivan 1994a, S. 327) oder

ob sie im Sinne einer weiteren Differenzierung eine sogenannte nicht-monotone Beziehung postulieren, d.h. eine Beziehung, bei der bis zu einem bestimmten Schwellenwert der Internationalität eine Zunahme des Erfolgs und ab diesem Schwellenwert eine Abnahme des Erfolgs eintreten soll – oder umgekehrt (vgl. z.B. Geringer/Beamish/daCosta 1989, Sullivan 1994b, Riahi-Belkaoui 1998, Thomas/Eden 2004). Gefährlich erscheinen die Aussagen deswegen, weil damit den Unternehmungen suggeriert werden könnte, es gäbe eine Art „Erfolgsgesetz". Doch eindeutige Zusammenhänge zwischen Internationalität und Erfolg werden sich auch in Zukunft – trotz einer weiteren Sophistizierung statistischer Methoden – nicht feststellen lassen. Ein ähnliches Problem ist uns aus der **Diversifikationsforschung** bekannt, wo durch eine Vielzahl von Studien gezeigt wurde, dass es das optimale Ausmaß an Diversifikation nicht gibt und auch nicht feststellbar ist, ob nun konzentrische oder konglomerate Diversifikation erfolgversprechender ist. Bringt man Internationalisierung und Diversifikation zusammen, so lassen sich eindeutige Aussagen noch weniger generieren (vgl. Simmonds/Lamont 1996, Bengtsson 2000, Palich/Carini/Seaman 2000, Balabanis 2001, Quian/Li 2002, Mayer/Whittington 2003).

Welche Problematik mit derartigen Messansätzen verbunden ist, zeigen die Arbeiten der Autoren, die nicht nach generellen Zusammenhängen zwischen Internationalisierung und Erfolg suchen, sondern lediglich danach fragen, ob **einzelne Internationalisierungsepisoden**, wie zum Beispiel die Aufnahme bestimmter Exportaktivitäten, das Eingehen eines Joint Ventures oder die Vornahme einer Akquisition bzw. Fusion, **erfolgreich** verlaufen (→ zu Internationalisierungsepisoden auch Abschnitt 3 in Kapitel 7). Dabei wird deutlich, dass es bis heute keinen allgemeingültigen Katalog von Faktoren gibt, was nun den **Erfolg von**

- **Exportaktivitäten** (vgl. z.B. Gemünden 1991, Holzmüller/Kasper 1991, Dichtl/Müller 1992, Engelhard 1992a, S. 104-196, Grabner-Kräuter 1992a, Stöttinger/Holzmüller 2001, Majocchi/Bacchiocchi/Mayrhofer 2005),

- **Joint Ventures** (vgl. z.B. Eisele 1995, Oesterle 1995, v.a. S. 990-992) oder

- **Akquisitionen bzw. Fusionen** (vgl. z.B. Kirchner 1991, v.a. S. 101-108, Gerpott 1993, v.a. S. 257-261, Dörr 2000, Eckert/Lyszczarz 2008)

ausmacht (vgl. auch Link 1997, v.a. S. 82-104). Dies liegt unter anderem daran, dass mit jeder einzelnen Internationalisierungsepisode ein jeweils unterschiedliches Ziel verfolgt werden kann und die einzelnen Anspruchsgruppen der Unternehmung, wie in- und ausländische Mitarbeiter, Aktionäre, Kunden oder Lieferanten, auch divergierende Vorstellungen von erfolgreichen Episoden haben können. Ähnliches gilt für die Beurteilung der einzelnen Einheiten innerhalb einer international tätigen Unternehmung (vgl. zur Beurteilung einzelner Einheiten z.B. Liouville/Nanopoulos 1996). Würde man alle Einheiten an denselben Erfolgsmaßstäben messen, so käme dies einer „Vergewaltigung" gleich. Wie wir noch sehen werden, haben einzelne Einheiten, so zum Beispiel einzelne Tochtergesellschaften, unterschiedliche Aufgaben und Rollen inne (→ Abschnitt 5 in diesem Kapitel). Dies bringt es mit sich, dass innerhalb einer Unternehmung zahlreiche Performancekriterien nebeneinander Verwendung finden (sollten).

3 Qualitative Betrachtungen der internationalen Unternehmung

3.1 Einleitender Überblick über die qualitativen Konzepte der internationalen Unternehmung

Die Problematik der quantitativen Betrachtung wurde von einigen Autoren bereits früh erkannt. Es entstanden Konzepte, welche die Internationalität von Unternehmungen **nicht (nur) quantitativ**, sondern **qualitativ** erfassen wollen. So gingen viele Autoren über die Forderung nach der Bestimmung eines Internationalisierungsgrades hinaus. Es kam zur konzeptionellen oder empirischen Identifikation unterschiedlicher Internationalisierungsgestalten bzw. Internationalisierungsmuster, die auch die Internationalisierungsrichtung von Unternehmungen miteinbezogen.

Nachfolgend sollen mehrere Konzepte der international tätigen Unternehmung vorgestellt und deren Aussagekraft diskutiert werden. Wir unterteilen dabei die Konzepte der internationalen Unternehmung in

- **mehrstufige Konzepte** (Perlmutter und Bartlett/Ghoshal), die wir in Abschnitt 3.2 vorstellen, und
- **einstufige Konzepte** (Hedlund, Prahalad/Doz und White/Poynter), die in Abschnitt 3.3 im Mittelpunkt des Interesses stehen.

Warum diese Bezeichnung und auch diese Einteilung gewählt wurde, soll bereits an dieser Stelle angedeutet werden. Während bei den **mehrstufigen Konzepten** davon ausgegangen wird, dass unterschiedliche, d.h. alternative Archetypen international tätiger Unternehmungen existieren, propagieren die Vertreter der **einstufigen Konzepte** jeweils einen einzigen sogenannten erfolgreichen oder fortschrittlichen Archetyp. Wir werden die mehrstufigen Konzepte aus zwei Gründen vor den einstufigen Konzepten präsentieren: erstens, weil die **mehrstufigen Konzepte zeitlich vor den einstufigen Konzepten entstanden** sind, und zweitens, weil die **einstufigen Konzepte** – wie wir noch sehen werden – **jeweils einer Ausprägung innerhalb der mehrstufigen Konzepte ähnlich** sind.

Wenn wir nun die einzelnen Konzepte erläutern, so werden wir dabei auch die Kriterien ansprechen, die die jeweiligen Autoren heranziehen, um einen bestimmten Archetyp der internationalen Unternehmung von einem anderen Archetyp der internationalen Unternehmung abzugrenzen. Dabei lassen sich vor allem drei Gruppen von Kriterien identifizieren, an denen die Unterscheidungen festgemacht werden:

- erstens die **mentale Einstellung** des Managements der Unternehmung,
- zweitens die **strategische Ausrichtung** der internationalen Unternehmung und
- drittens die **organisatorischen Charakteristika** der internationalen Unternehmung.

Damit wird deutlich, dass es bei qualitativen Zugängen zur internationalen Unternehmung nicht so sehr um eine vordergründige Definition, sondern vielmehr um ein **tieferes Verständnis** der internationalen Unternehmung geht. Mit einem derartigen Verständnis verbunden ist eine Kenntnis der zentralen Probleme der internationalen Unternehmung bzw. des Managements internationaler Unternehmungen – denn es werden gleichzeitig Führungsphilosophien sowie Strategie-, Struktur- und Koordinationsfragen angesprochen. Insofern lassen sich die Konzepte auch als **Managementkonzepte** der international tätigen Unternehmung auffassen.

3.2 Die mehrstufigen Konzepte der internationalen Unternehmung

Als mehrstufige Konzepte der internationalen Unternehmung existieren in der Literatur zum Internationalen Management zwei Vorschläge, die aufgrund ihrer Bedeutung für manche Wissenschaftler paradigmatischen Charakter annehmen: das Konzept von **Perlmutter** (Abschnitt 3.2.1) und das Konzept von **Bartlett/Ghoshal** (Abschnitt 3.2.2). Wir werden die beiden Vorschläge ausführlich vorstellen und würdigen, bevor wir sie dann abschließend vergleichen (Abschnitt 3.2.3).

3.2.1 Das Konzept von Perlmutter

Unsere Ausführungen zum Konzept von Perlmutter, welches an anderer Stelle noch detaillierter untersucht wurde (vgl. Schmid/Machulik 2006), werden analytisch in eine Darstellung des Konzepts (Abschnitt 3.2.1.1) und eine anschließende Diskussion dieses Konzepts gegliedert (Abschnitt 3.2.1.2).

3.2.1.1 Darstellung des Konzepts von Perlmutter

Howard Perlmutter, früher Professor am M.I.T./Boston, am IMD (vormals IMEDE)/ Lausanne und an der Wharton School/Philadelphia, argumentierte bereits in den sechziger Jahren vehement gegen eine alleinige Charakterisierung der international tätigen Unternehmung über quantitative Merkmale. Er sah die Notwendigkeit, auch qualitative Merkmale zu berücksichtigen. Laut Perlmutter sind quantitative Merkmale für eine erste Annäherung an den Charakter der internationalen Unternehmung nützlich, aber keinesfalls ausreichend (vgl. Perlmutter 1969, S. 11).

Perlmutter geht davon aus, dass **Werte und Einstellungen, Erfahrungen und Erlebnisse, Gewohnheiten und Vorurteile von Individuen** die Art der Internationalität einer Unternehmung beeinflussen. Unterschiedliche Werte und Einstellungen, unterschiedliche Erlebnisse und Erfahrungen, unterschiedliche Gewohnheiten und Vorurteile führen damit auch zu unterschiedlichen Arten der internationalen Unternehmung. Vor allem das, was sich in den Köpfen von Führungskräften abspielt, ist für Perlmutter zentral: Denn Unternehmung A und Unternehmung B können hinsichtlich wichtiger quantitativer Merkmale identische oder ähnliche Internationalisierungsquoten aufweisen und doch völlig unterschiedlich ausgerichtet sein (vgl. Perlmutter 1965, S. 153). Damit sind es unterschiedliche Prädispositionen, die zu unterschiedlichen Orientierungen der internationalen Unternehmung führen (Chakravarthy/Perlmutter 1985, S. 5-6). Ursprünglich hat Perlmutter drei Orientierungen der internationalen Unternehmung klassifiziert:

- die **ethnozentrische** Unternehmung,
- die **polyzentrische** Unternehmung und
- die **geozentrische** Unternehmung (vgl. Perlmutter 1965, 1969).

Diese drei Unternehmungstypen wurden später um den Typ

- der **regiozentrischen** Unternehmung

erweitert (vgl. Heenan 1975, Heenan/Perlmutter 1979). Wir wollen die einzelnen Unternehmungstypen nachfolgend vorstellen.

Die **ethnozentrische Orientierung**, die Perlmutter auch als „**home country attitude**" bezeichnet, geht von einer Superiorität der Muttergesellschaft gegenüber den Tochtergesellschaften bzw. des Heimatlandes gegenüber den Gastländern hinsichtlich aller Strategien und Maßnahmen aus. „This works at home; therefore, it must work in your country" (Perlmutter 1969, S. 12). Entscheidungen werden daher prinzipiell in den Headquarters getroffen. Schlüsselpositionen in Tochtergesellschaften werden durch Manager aus dem Stammland der Muttergesellschaft besetzt. Die Managementtechniken des Heimatlandes werden auch als geeignet für die Gastländer angesehen (vgl. Perlmutter 1965, S. 155-156, Perlmutter 1969, S. 11-12, Heenan/Perlmutter 1979, S. 17 und S. 20).

Herrscht die **polyzentrische Orientierung**, auch „**host country orientation**" genannt, vor, so werden die zahlreichen Unterschiede zwischen Mutterland und Gastland, so zum Beispiel kulturelle Unterschiede, akzeptiert. Man geht von der Existenz unterschiedlicher Denkmuster aus, von denen innerhalb des Unternehmungsverbundes prinzipiell keines Priorität genießt. Das Management in Tochtergesellschaften wird mit lokalen Mitarbeitern besetzt, denen man die Kompetenz zuschreibt, am besten im lokalen Markt agieren zu können. Perlmutter charakterisiert die polyzentrische Führungskonzeption mit den Worten: „We want to be a good local company" (Perlmutter 1969, S. 13). Entscheidungen werden in der Regel „vor Ort" gefällt. Die internationale Unternehmung ist ein Gebilde aus mehr oder weniger selbständigen Einheiten, die am Ende des Geschäftsjahres ihren Gewinn abliefern (vgl. Perlmutter 1965, S. 156-157, Perlmutter 1969, S. 12-13, Heenan/Perlmutter 1979, S. 20).

Die **geozentrische Orientierung**, die **„world oriented orientation"**, geht davon aus, dass Muttergesellschaften und Tochtergesellschaften eine weltweite Einheit bilden. Die geozentrische Unternehmung entwickelt einen unternehmungsspezifischen Charakter, der sich weitgehend von den einzelnen Landeskulturen und den Spezifika der Mutter- und Tochtergesellschaften löst. Bei der Rekrutierung von Führungskräften spielt die Nationalität keine Rolle. Entscheidungen werden prinzipiell gemeinsam von den betroffenen Einheiten der international tätigen Unternehmung gefällt, was eine intensive Kommunikation voraussetzt. Zentral ist die Fähigkeit, auf der Ebene der Gesamtunternehmung die Ressourcenallokation zu optimieren. Statt isoliertem Vorgehen auf nationaler Ebene findet man hier weltweite Arbeitsteilung und damit eine Spezialisierung der unterschiedlichen Einheiten auf unterschiedliche Aufgaben (vgl. Perlmutter 1965, S. 157-158, Perlmutter 1969, S. 13-14 und Heenan/Perlmutter 1979, S. 20-21). So wird diese Philosophie bei Unilever folgendermaßen beschrieben: „We want to Unileverize our Indians and Indianize our Unileverans" (Perlmutter 1969, S. 13).

Die später eingeführte **regiozentrische Orientierung** stellt prinzipiell nichts anderes dar als eine Weiterentwicklung des polyzentrischen Führungskonzepts. Perlmutter reagiert damit auf die zunehmende Regionalisierung der Wirtschaft, die sich beispielsweise in Europa zeigt. Mit diesem Konzept werden nicht mehr Unterschiede zwischen den einzelnen Ländern berücksichtigt; vielmehr erfolgt eine bereits auf Regionen aggregierte quasi-polyzentrische Betrachtung. Es wird nicht von einzelnen Ländermärkten, sondern von einzelnen Ländergruppen ausgegangen, die in sich relativ homogen sind. Wenn die regiozentrische Orientierung auch primär eine Weiterentwicklung der polyzentrischen Orientierung darstellt, so sollte nicht vergessen werden, dass auch geozentrische Elemente mit hinein spielen; denn innerhalb einer bestimmten Region erfolgt die Zusammenarbeit auf der Basis der geozentrischen Philosophie (vgl. zur regiozentrischen Orientierung Heenan 1975, S. 7, Heenan/Perlmutter 1979, S. 20).

In Abbildung 2-12 werden ethno-, poly-, regio- und geozentrische Archetypen gegenübergestellt und hinsichtlich zahlreicher Kriterien beschrieben. Wie Sie erkennen, drücken die unterschiedlichen Konzepte der international tätigen Unternehmung unterschiedliche Orientierungen und vor allem unterschiedliche Vorstellungen vom Verhältnis zwischen Muttergesellschaften und Tochtergesellschaften aus. Die Orientierungen der Manager führen zu Orientierungen von Unternehmungen und zeigen an, auf welche Art und Weise in Unternehmungen entschieden, kommuniziert, kontrolliert, sanktioniert und geführt wird. Damit lässt sich das Perlmuttersche Konzept als Typologie einer **Führungskonzeption bzw. Führungsphilosophie** internationaler Unternehmungen interpretieren. Perlmutter bringt dies in seiner französischsprachigen Originalveröffentlichung auch durch ein Zitat zum Ausdruck: „Bien des dirigeants ont déjà réalisé que ce qui différencie une entreprise internationale d'une autre provient non pas tant des ressources financières et techniques, mais des hommes" (Perlmutter 1965, S. 153).

Aspects of the enterprise	Ethnocentric	Polycentric	Regiocentric	Geocentric
Complexity of organization	Complex in home country, simple in subsidiaries	Varied and independent	Highly interdependent on a regional basis	Increasingly complex and highly interdependent on a worldwide basis
Authority and decision making	High in HQs	Relatively low in HQs	High in regional HQs and/or high collaboration among subsidiaries	Collaboration of HQs and subsidiaries around the world
Evaluation and control	Home standards applied for persons and performance	Determined locally	Determined regionally	Standards which are universal and local
Rewards and punishments; incentives	High in HQs; low in subsidiaries	Wide variation; can be high or low rewards for subsidiary performance	Rewards for contribution to regional objectives	Rewards to international and local executives for reaching local and worldwide objectives
Communication and information flow	High volume of orders, commands, advice to subsidiaries	Little to and from HQs; little among subsidiaries	Little to and from corporate HQs, but may be high to and from regional HQs and among countries	Both ways and among subsidiaries around the world
Geographical identification	Nationality of owner	Nationality of host country	Regional company	Truly worldwide company, but identifying with national interests
Perpetuation (recruiting, staffing, development)	People of home country developed for key positions everywhere in the world	People of local nationality developed for key positions in their own country	Regional people developed for key positions anywhere in the region	Best people everywhere in the world developed for key positions everywhere in the world

Abb. 2-12: Die Typologie international tätiger Unternehmungen nach Perlmutter
Quelle: Heenan/Perlmutter (1979), S. 18-19.

Nach der Vorstellung dieser vier Orientierungen dürfte nun deutlich geworden sein, dass qualitative Betrachtungen weit über quantitative Betrachtungen hinausgehen. Mit einem pointierten Satz bringt Perlmutter dies auch exemplarisch auf den Punkt. Man könnte zwar, so Perlmutter, seinen Blick darauf richten, welcher Nationalität die Top-Führungskräfte einer internationalen Unternehmungen seien, doch dies nütze wenig – denn: „The attitudes men hold are clearly more relevant than their passports" (Perlmutter 1969, S. 11).

3.2.1.2   Diskussion des Konzepts von Perlmutter

Perlmutters Beitrag hat als **EPRG-Schema** Eingang in die Literatur gefunden: E steht dabei für ethnozentrisch, P für polyzentrisch, R für regiozentrisch und G für geozentrisch. In den ersten Veröffentlichungen war auch vom **EPG-Schema** die Rede, da die regiozentrische Orientierung erst später eingeführt wurde. Perlmutter beruft sich bei seiner Einteilung ursprünglich nicht auf empirische Studien. Vielmehr stellt er **konzeptionelle Überlegungen** an, deren Plausibilität die Mehrheit der Vertreter im Internationalen Management anerkennt. Die konzeptionellen Überlegungen Perlmutters sind freilich nicht von der Realität losgelöst. Erstens kann Perlmutter als Erfahrungsschatz auf zahlreiche, zum Teil auch informelle, Gespräche mit (international tätigen) Managern verweisen. Zweitens wurden die konzeptionellen Überlegungen in einem Beitrag von Heenan (1975) für das Personalmanagement und dabei für zentrale Personalmanagemententscheidungen empirisch geprüft (vgl. auch Perlmutter/Heenan 1974).

Eine Umfrage der „Academy of International Business" aus dem Jahr 1983 hat ergeben, dass Perlmutters Beitrag „The Tortuous Evolution of the Multinational Corporation" aus dem Jahr 1969, in dem das EPRG-Schema zum ersten Mal in englischer Sprache – nach der französischsprachigen Originalfassung aus dem Jahr 1965 – veröffentlicht wird, als der beste Artikel der Disziplin „International Business" gilt (vgl. Ricks 1985, S. 3). Bis heute dürfte das EPRG-Schema eines der meistzitierten Konzepte im Internationalen Management sein. Um das EPRG-Schema nicht falsch zu interpretieren, scheint es sinnvoll, noch einige Besonderheiten anzumerken.

(1) Erstens handelt es sich beim EPRG-Konzept um ein **idealtypisches Konzept**. Es existiert keine Unternehmung, die man als rein ethno-, poly-, regio- oder geozentrisch bezeichnen könnte. Vielmehr muss man annehmen, dass gleichzeitig – beispielsweise in unterschiedlichen Funktionalbereichen, Geschäftsbereichen oder Regionalbereichen (➜ zu möglichen Alternativen der Organisationsstruktur ausführlich Kapitel 4) – **unterschiedliche Einstellungen und Orientierungen innerhalb einer Unternehmung** vorherrschen. Perlmutter selbst geht davon aus, dass etwa die Funktion „Finanzen" eher ethnozentrisch, die Funktion „Vertrieb und Marketing" eher polyzentrisch und die Funktion „Forschung" eher geozentrisch ausgerichtet ist. Perlmutter spricht sogar selbst vom **EPRG-Mix**, womit deutlich werden soll, dass die einzelnen Orientierungen zeitgleich in unterschiedlichem Ausmaß und in unterschiedlicher Kombination in einer bestimmten Unternehmung vorherrschen können (vgl. Perlmutter 1969, S. 14-15).

(2) Trotz des idealtypischen Charakters ist Perlmutters Konzept **kein „Luftschloss"**, welches nur in den Köpfen eines Wissenschaftlers existiert. Die unterschiedlichen Orientierungen lassen sich durchaus mit Beispielen aus der Unternehmungspraxis belegen. Ondrack hat Perlmutters Orientierungen herangezogen, um damit den Funktionalbereich **Personal** bei Unternehmungen näher zu untersuchen. Dabei konnte er Unterschiede in der Stellenbesetzungspolitik ausmachen, die mit der generellen Ausrichtung zu tun haben (vgl. Ondrack 1985). Doch Perlmutters Ideen werden nicht nur in Veröffentlichungen zum Personalmanagement häufig aufgegriffen (vgl. z.B. Domsch/Lichtenberger 1992, v.a. S. 791-796, Weber/Festing 1999, v.a. S. 436-437, teils kritisch auch Scherm 1997). Aus der Perspektive des Funktionalbereichs **Marketing** hat Kreutzer den Versuch unternommen, die unterschiedlichen Orientierungen mit Beispielen zu untermauern. Unter anderem wurde dabei festgestellt, dass etwa beim Kosmetikhersteller *Wella* gleichzeitig unterschiedliche Orientierungen, existierten, d.h. simultan Merkmale der ethnozentrischen, polyzentrischen und regiozentrischen Orientierung vorhanden sind (vgl. Kreutzer 1990, S. 12-26). Im Hinblick auf die **interne Kommunikation** in Unternehmungen haben Bournois/Voynnet-Fourboul *British Airways* als eher ethnozentrisch, *Louis Vuitton* als regiozentrisch, *Ericsson* als polyzentrisch und *Henkel* und *Unilever* als geozentrisch eingestuft (vgl. Bournois/Voynnet-Fourboul 2000). Aufgrund der großen Plausibilität des EPRG-Schemas werden Perlmutters Archetypen bis heute nicht nur von Wissenschaftlern, sondern auch von Praktikern immer wieder aufgegriffen.

(3) Drittens ist zu berücksichtigen, dass Perlmutters Vorschlag **nicht als statischer Vorschlag** anzusehen ist. In Unternehmungen können sich – dies führt bereits Perlmutter selbst aus – im zeitlichen Verlauf Veränderungen ergeben. Unternehmungen bzw. Teilbereiche von Unternehmungen mögen zu bestimmten Zeitpunkten ihrer Unternehmungsgeschichte eher ethnozentrisch orientiert sein, zu einem anderen Zeitpunkt vielleicht eher polyzentrisch oder regiozentrisch und später vielleicht auch geozentrisch (vgl. Hedlund 1986, S. 12-18). Gleichzeitig wäre es falsch, würde man annehmen, Perlmutters Einteilung nähme den Charakter eines Stufenkonzepts der Internationalisierung an, dem gesetzesartiger Charakter zukommt. Man kann zwar davon ausgehen, dass der Entwicklungspfad vieler westlicher Unternehmungen – zumindest in der Vergangenheit – eher bei der ethnozentrischen Orientierung startete, um sich dann über die polyzentrische und die regiozentrische Orientierung zur geozentrischen Orientierung zu bewegen. Perlmutter selbst betont allerdings die Möglichkeit anderer, ja sogar umgekehrter Entwicklungspfade. „Il n'y a pas un schéma unique de croissance de l'entreprise internationale" (Perlmutter 1965, S. 154, im Original kursiv). Gerade Unternehmungen aus anderen Kulturkreisen weisen andere Entwicklungen auf. Japanische Unternehmungen wie *Matsushita* oder *Honda* haben sich gleichsam sprunghaft von ethnozentrischen zu geozentrischen Unternehmungen entwickelt, ohne das polyzentrische Stadium zu durchlaufen (vgl. Kreutzer 1990, S. 25).

(4) Perlmutter betont, dass die einzelnen Orientierungen in unterschiedlichen Bereichen (Funktionalbereichen, Produkt- bzw. Geschäftsbereichen oder Regionalbereichen) der

Unternehmung variieren können und auch im Zeitablauf dem Wandel unterworfen sind. Unklar bleibt jedoch erstens, wie eine Unternehmung mit unterschiedlichen **koexistie-renden Orientierungen umgehen** soll – insbesondere wenn keine geozentrische Grundorientierung vorhanden ist, die ein gewisses Synthesepotential schaffen könnte (vgl. Schmid/Vadot 2003). In den Originalveröffentlichungen nicht beantwortet wird zweitens die Frage, ob selbst innerhalb der einzelnen Bereiche unterschiedliche Orientierungen existieren können, d.h. ob beispielsweise eine eher ethnozentrische Personalpolitik und eine eher polyzentrische Entscheidungs- und Kommunikationspolitik miteinander einhergehen können. Dieses Problem, welches die Konsistenz der einzelnen Archetypen betrifft, interessiert aus theoretischer Perspektive vor allem die Vertreter des **Konfigurations-** bzw. **Gestaltansatzes** (vgl. Macharzina/Engelhard 1991, Miller 1999, Wolf 2000b), dessen Grundüberlegungen kurz in Textbox 2-8 skizziert werden.

Textbox 2-8:   Der Konfigurations- und Gestaltansatz

Ein Kurzüberblick

Der Konfigurations- bzw. Gestaltansatz der Organisations- und Managementlehre geht von der Annahme aus, dass Unternehmungen komplexe Entitäten darstellen. Die Vertreter des Konfigurations- bzw. Gestaltansatzes postulieren, dass die komplexe Realität jedoch dadurch einfacher wird, dass Unternehmungen in der Praxis nur in einigen typischen Ausprägungen von Merkmalskombinationen auftreten. Oder anders ausgedrückt: Es gibt eine begrenzte Anzahl von sogenannten in sich konsistenten Mustern von Unternehmungen. Diese Muster lassen sich sowohl an unternehmungsexternen (z.B. Umweltturbulenz) als auch an unternehmungsinternen Variablen (z.B. Strategievariablen, Strukturvariablen, Koordinationsvariablen) festmachen. Im Internationalen Management baut der sogenannte **GAINS-Ansatz** (Gestalt-Oriented Approach of International Business Strategies) auf diesen Grundüberlegungen auf (➔ zum GAINS-Ansatz kurz Abschnitt 3.3.6 in Kapitel 3, vgl. zu weiteren gestaltorientierten Arbeiten im Internationalen Management Wührer 1995, S. 191-247 sowie Wührer 1997).

Quelle:
Scherer/Beyer (1998), Macharzina/Wolf (2005), S. 939-943 und Wolf (2000b).

---

(5) Hinsichtlich der **Realisierbarkeit der geozentrischen Orientierung** ist das Perlmuttersche Schema kritisch zu hinterfragen. Während die ethnozentrische und die polyzentrische Orientierung in der Praxis zur Genüge existieren, ist die häufig als **normative Idealvorstellung** propagierte geozentrische Orientierung in der Praxis mit Realisierungsproblemen verbunden (vgl. auch Hedlund 1986, S. 18-20). Zunächst sind **gesellschaftsrechtliche Gründe** dafür verantwortlich, dass ein einheitlicher Rechtstyp der Weltunternehmung bisher nicht existiert. Selbst die Versuche in der Europäischen Union, europäische Rechtsformen zu schaffen, haben in der Praxis lange Zeit wenig Be-

achtung gefunden. Dazu kommen **steuer(recht)liche Gründe:** Von weltweit einheitlichen Steuervorschriften kann bisher keinesfalls die Rede sein; vielmehr gelingt es internationalen Unternehmungen zusehends, unterschiedliche nationale Regelungen auszunutzen und Steuerarbitrage zu betreiben. Von Perlmutter selbst werden darüber hinaus die **individuellen Widerstände** gegen Geozentrismus, wie etwa nationalistische Tendenzen, Sprachbarrieren, Kulturbarrieren oder Mobilitätsbarrieren, besonders betont (vgl. ausführlich Perlmutter 1965, S. 158-159 und Perlmutter 1969, S. 14-18). Halten wir also fest: Die geozentrische Unternehmung kommt in ihrer Grundkonzeption einer „borderless corporation" nahe; allerdings lassen sich bis heute, d.h. selbst viele Jahre nach Perlmutters visionären Überlegungen, keine Unternehmungen ausmachen, die wir als völlig „borderless" bezeichnen würden (vgl. auch Warhurst/Nickson/Shaw 1998, v.a. S. 249-253). Selbst die oben bereits erwähnten Born Globals (→ Abschnitt 1.5 in diesem Kapitel) sind in der Regel einem bestimmten Heimatland verhaftet.

(6) Perlmutter verweist darauf, dass die Beibehaltung bzw. Veränderung eines bestimmten EPRG-Mixes zwar teilweise von Managern **beeinflusst** werden könne, deren Gestaltung aber teilweise auch **nicht in der Macht von Managern** liege (vgl. Perlmutter 1969, S. 14). Mit dieser Vorstellung bringt Perlmutter eine realistische Sichtweise ein. Er macht deutlich, dass Orientierungen nicht „von oben nach unten" verordnet werden können, es aber gleichzeitig nicht unmöglich ist, Orientierungen bewusst zu verändern. Wir werden auf diese Thematik wieder zurückkommen, wenn wir uns der Kultur- bzw. der Tiefenstrukturproblematik in internationalen Unternehmungen zuwenden (→ v.a. Abschnitt 2 in Kapitel 5). An dieser Stelle soll lediglich noch kurz erwähnt werden, dass neben den Umweltbedingungen gerade die Stakeholder einer Unternehmung, wie Kunden, Mitarbeiter, Lieferanten oder Staat und Öffentlichkeit, eine wichtige Rolle für die Frage spielen können, ob bestimmte Orientierungen Realisierungschancen haben.

(7) Obwohl Perlmutter die beschränkte Macht des Managements anerkennt, geht es ihm um die Führung der Gesamtunternehmung – und dabei um die **Führung**, die vor allem **von der Zentrale aus** erfolgt. Perlmutter unterliegt damit indirekt noch der Annahme, dass die Zentrale für die Führung entscheidend ist. Selbst beim polyzentrischen Unternehmungsmodell führen nicht etwa Eigenschaften, Ressourcen, Fähigkeiten oder Fertigkeiten der Tochtergesellschaften automatisch zu einem mehrgipfligen Unternehmungsaufbau. Es ist vielmehr die Entscheidung des Managements der Muttergesellschaft, aufgrund der eigenen Werte und Einstellungen ein ethno-, poly-, regio- oder geozentrisches Unternehmungsmodell zu etablieren. Dominant für die grundsätzliche Ausrichtung bleibt also für Perlmutter letztlich doch das Top-Management der Muttergesellschaft.

(8) Weiterhin sollte man beachten, dass Perlmutters Vorschlag stark vom Wunsch beeinflusst ist, dass international tätige Unternehmungen einen positiven Beitrag zur **Weiterentwicklung der Gesellschaft** leisten und eine moralische Verpflichtung aufweisen (vgl. Perlmutter 1965, v.a. S. 157 und S. 161-163). Während viele andere Autoren bei

der Betrachtung ihres Erkenntnisobjekts eine strikt ökonomische Perspektive einnehmen, versucht Perlmutter bewusst die internationale Unternehmung in Interaktion mit
weiteren gesellschaftlichen Institutionen zu betrachten. In einigen späteren Veröffentlichungen kommt dabei vor allem zum Ausdruck, dass gerade der geozentrische Unternehmungstyp von Perlmutter als der Unternehmungstyp angesehen wird, der eine moralische Verpflichtung aufweist (vgl. Perlmutter 1984, Perlmutter/Trist 1986, Perlmutter
1991). Aufgrund dieses Interesses ist auch die in den Veröffentlichungen Perlmutters
immer wieder durchschimmernde Präferenz für die geozentrische Orientierung zu verstehen – eine Vorliebe, die auch von manchen Managern geteilt wird, wie die Äußerun-
gen von Jacques Maisonrouge, einem ehemaligen Präsidenten von *IBM World Trade
Europe*, in Textbox 2-9 zeigen. Insofern könnte gerade die geozentrische Ausrichtung
den Ausgangspunkt darstellen, wie die einzelnen Interaktionspartner (in) der international tätigen Unternehmung produktiv Konflikte lösen und durch ihr Zusammenspiel zu
einer „besseren Welt" beitragen können (vgl. zu Konflikten in international tätigen Unternehmungen Gilbert 1998).

Textbox 2-9:   Die geozentrische Orientierung

Ein Zitat von Jacques Maisonrouge

„The first step to a geocentric organization is when a corporation, faced with the
choice of whether to grow and expand or decline, realizes the need to mobilize its resources on a world scale. It will sooner or later have to face the issue that the home
country does not have a monopoly of either men or ideas. ... I strongly believe that
the future belongs to geocentric companies. ... What is of fundamental importance is
the attitude of the company's top management. If it is dedicated to 'geocentricism'
good international management will be possible. If not, the best men of different nations will soon understand that they do not belong to the 'race des seigneurs' and will
leave the business."

Jacques Maisonrouge (1967), S. 12 und 14,
ehemaliger Präsident von *IBM World Trade*.

Die vorangegangen Überlegungen sollte man berücksichtigen, um den Perlmutterschen
Typologisierungsvorschlag richtig zu beurteilen. Wir sind davon überzeugt, dass Perlmutters **EPRG-Schema** trotz einiger genannter Einschränkungen auch weiterhin im Internationalen Management als **richtungsweisend** gelten kann, bringt es doch seit Jahrzehnten treffend zum Ausdruck, dass internationale Unternehmungen ganz unterschiedliche Orientierungen aufweisen können.

Zusammenfassend sollen die unterschiedlichen Orientierungen Perlmutters nochmals in
Abbildung 2-13 gegenübergestellt werden und auf ein Anwendungsfeld übertragen wer-

den: die vorherrschenden Managementtechniken, -konzepte und -stile in den einzelnen Einheiten. Die Abbildung zeigt, dass die vier Orientierungen von grundlegend anderen Annahmen ausgehen.

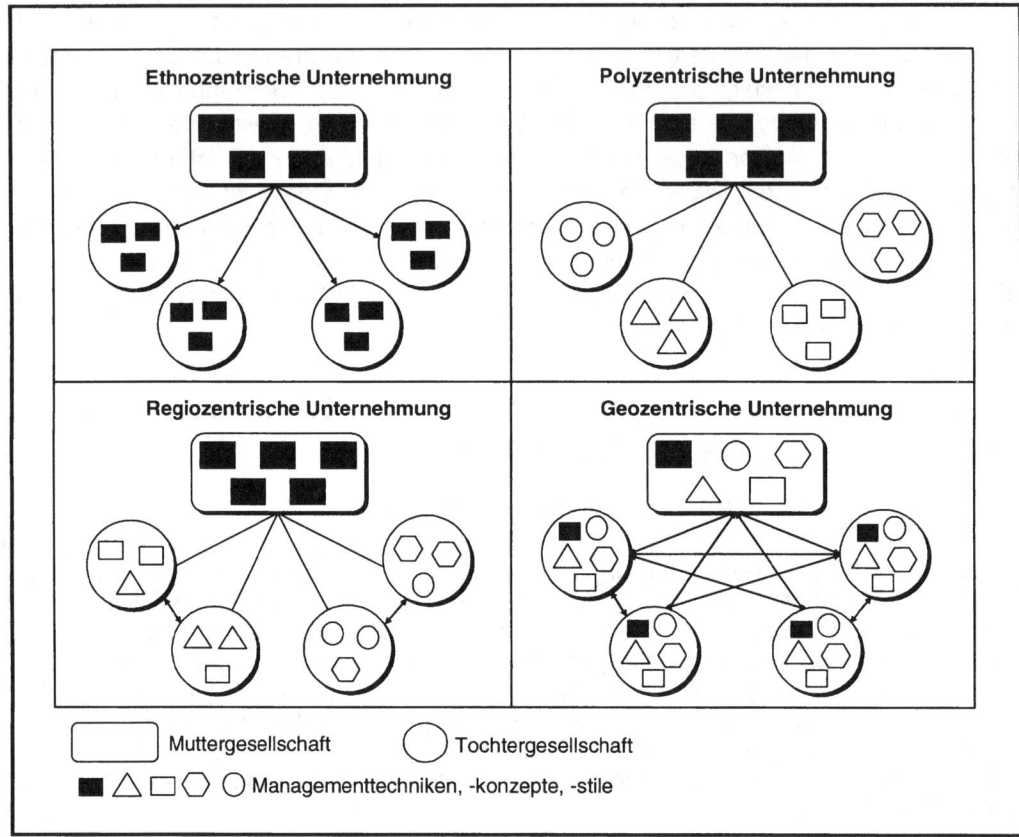

Abb. 2-13: Die Grundidee der Perlmutterschen Typologie – Eine vereinfachte Zusam-menfassung
Quelle: in Anlehnung an Bleicher (1992c), S. 10.

Was in Abbildung 2-13 dargestellt ist, soll auch noch kurz verbal erläutert werden:

- In der **ethnozentrischen Unternehmung** existieren in der Muttergesellschaft sowie in den einzelnen Tochtergesellschaften die gleichen Managementtechniken, -kon-zepte und -stile. Die Muttergesellschaft überträgt ihre Arbeitsweisen auf alle Tochter-gesellschaften.

- Die **polyzentrische Unternehmung** zeichnet sich dadurch aus, dass die Art des Managements von der Muttergesellschaft nicht auf die Tochtergesellschaften „über-

stülpt" wird; vielmehr folgen die einzelnen Tochtergesellschaften landes- bzw. kulturspezifischen Managementprinzipien.

- In einer **regiozentrischen Unternehmung** finden wir regionaltypische Managementtechniken, -konzepte und -stile. Die einzelnen Tochtergesellschaften einer Region
  sind sich zwar ähnlich, bewahren jedoch einen Teil ihrer spezifischen Charakteristika. Tochtergesellschaften und Muttergesellschaften können sich unterscheiden.

- Eine **geozentrische Unternehmung** stellt einen „Mix" aus diversen Prägungen dar:
  Aus den Merkmalen der Muttergesellschaften und den Merkmalen der Tochtergesellschaften entwickelt sich eine unternehmungstypische Kultur, die sich auch in
  unternehmungsspezifischen Techniken, Konzepten und Stilen äußert. Die geozentrische Unternehmung verfolgt wie die ethnozentrische Unternehmung das Prinzip der
  Einheitlichkeit – allerdings mit dem großen Unterschied, dass die Charakteristika der
  Tochtergesellschaften stärker berücksichtigt werden.

3.2.2   Das Konzept von Bartlett/Ghoshal

Wenn es überhaupt Veröffentlichungen gibt, die Perlmutters Typologie der internationalen Unternehmung im Internationalen Management hinsichtlich der Zitierhäufigkeit
Konkurrenz machen, so sind dies Veröffentlichungen von Bartlett/Ghoshal. Neben vielen weiteren Beiträgen zum Management internationaler Unternehmungen haben Bart-
lett/Ghoshal eine Typologie mit mehreren Archetypen der internationalen Unternehmung vorgelegt, der wir uns nun zuwenden wollen.

3.2.2.1   Darstellung des Konzepts von Bartlett/Ghoshal

Christopher A. Bartlett von der Harvard Business School und Sumantra Ghoshal von
der London Business School (früher INSEAD) sprechen nicht von ethno-, poly-, regio-
und geozentrischen Unternehmungen. Sie besetzen in der Literatur die Begriffe der

- **internationalen Unternehmung**,
- **multinationalen Unternehmung**,
- **globalen Unternehmung** und
- **transnationalen Unternehmung** (vgl. z.B. Bartlett 1986, Bartlett/Ghoshal 1987a,b,
  1989, 1990a).

Die gewählten Begriffe sind keineswegs neu, sondern wurden in der Literatur zum Internationalen Management bereits vorher mehrfach diskutiert. So gilt der Begriff „international" in den meisten Veröffentlichungen des Internationalen Managements bereits seit
Jahrzehnten als am häufigsten gebrauchter Begriff, um eine grenzüberschreitend tätige
Unternehmung zu bezeichnen. Doch auch mit den anderen drei Begriffen – multinational, global und transnational – schließen Bartlett/Ghoshal an das vorherrschende um

gangssprachliche Verständnis mehr oder weniger an: So wurde, um nur einige Beispiele zu nennen, der Begriff „multinational" bereits von Lilienthal (1960, S. 119), der Begriff „global" von Clee/DiScipio (1959) und der Begriff „transnational" von Kircher (1964) gebraucht (➔ dazu ausführlicher Textbox 2-10 am Ende von Abschnitt 3.2.2.2).

Wie grenzen nun Bartlett/Ghoshal internationale, multinationale, globale und transnationale Unternehmungen genau voneinander ab?

Die **internationale Unternehmung** wird dadurch charakterisiert, dass die Strategien von der Muttergesellschaft auf die Tochtergesellschaften übertragen werden und die Zentrale weitgehend die weltweiten Entscheidungskompetenzen beansprucht. Ziel ist die „Nutzung von Wissen und Fähigkeiten der Zentrale durch weltweite Diffusion und Anpassung" (Bartlett/Ghoshal 1990a, S. 32). Die internationale Unternehmung gilt als koordinierte Föderation. Diesem Unternehmungstyp liegt die Vorstellung des klassischen Produkt(lebens)zyklusmodells zugrunde, nach dem bestimmte Produkte zunächst im Heimatmarkt eingeführt werden, um dann in weitere Industrieländer und schließlich in Entwicklungsländer übertragen zu werden (➔ Abschnitt 3.3.1 in Kapitel 3).

Die **multinationale Unternehmung** wird durch ein Portfolio nationaler Einheiten, die strategisch weitgehende Autonomie genießen, charakterisiert. Die einzelnen Niederlassungen oder Tochtergesellschaften treten quasi als einheimische Akteure am Markt auf und verfügen über relativ große Autonomie. Bartlett/Ghoshal sprechen vom „Aufbau starker lokaler Präsenz durch Berücksichtigung nationaler Unterschiede" (Bartlett/Ghoshal 1990a, S. 32). Der multinationalen Unternehmung entspricht das Organisationsmodell der dezentralisierten Föderation.

Die **globale Unternehmung** ist durch das Streben nach globaler Effizienz geprägt. Strategien werden vor dem Hintergrund der Ausrichtung am Weltmarkt entwickelt und generell zentralisiert. Die globale Unternehmung strebt nach dem „Aufbau von Kostenvorteilen durch zentralisierte, aber weltmarktorientierte Aktivitäten" (Bartlett/Ghoshal 1990a, S. 32). Eine mangelnde Anpassung an die lokalen Gegebenheiten und Suboptima in einzelnen Ländermärkten wird zugunsten der allgemeinen Effizienz in Kauf genommen. Die globale Unternehmung weist nach Auffassung von Bartlett/Ghoshal eine zentralisierte Knotenpunktstruktur auf.

Die **transnationale Unternehmung** schließlich versucht, globale Effizienz, lokale Anpassungsfähigkeit und weltweite Lernfähigkeit zu verbinden. Durch eine netzwerkartige Organisation sollen weitgestreute und interdependente Werte und Ressourcen genutzt werden – dies insbesondere vor dem Hintergrund, dass den Tochtergesellschaften differenzierte und spezialisierte Rollen zukommen. Bartlett/Ghoshal sprechen dabei von vier idealtypischen Rollen, die unterschiedliche Tochtergesellschaften in unterschiedlichen Bereichen ausüben können: die strategische Führungsrolle, die mitwirkende Rolle, die ausführende Rolle und das sogenannte „Schwarze Loch". Wir werden diese Rollen von Tochtergesellschaften an anderer Stelle ausführlicher diskutieren (→ Abschnitt 5.2 in diesem Kapitel) und auch Überlegungen zur transnationalen Unternehmung an anderer Stelle noch vertiefen (→ Abschnitte 1.1.5.2 und 1.1.6.1 in Kapitel 4). Entscheidend ist aber bereits an dieser Stelle, dass in einer transnationalen Unternehmung Tochtergesellschaften an Macht gewinnen, unter anderem aufgrund der von ihnen generierten Innovationen (vgl. z.B. Ghoshal/Bartlett 1988).

Abbildung 2-14 kann die Unterschiede zwischen internationalen, multinationalen, globalen und transnationalen Unternehmungen synoptisch darstellen. Dabei werden in der Abbildung auch bereits einige Informationen geliefert, die in Abschnitt 3.2.2.2 bei der Diskussion des Konzepts von Bartlett/Ghoshal weiter vertieft werden.

3.2.2.2 Diskussion des Konzepts von Bartlett/Ghoshal

Bartlett und Ghoshal identifizieren die vier unterschiedlichen Archetypen der internationalen Unternehmungstätigkeit als **Ergebnis einer fünfjährigen Studie** in **neun Unternehmungen**, in denen sie 236 Manager interviewt haben. Bei den Unternehmungen handelt es sich um **Procter & Gamble, Unilever, Kao, General Electric, Philips, Matsushita, ITT, Ericsson** und **NEC** (vgl. Bartlett/Ghoshal 1990a, S. 9-11). Welche Aussagen lassen sich nun zum Konzept von Bartlett/Ghoshal – auch im Vergleich mit dem Konzept Perlmutters – treffen? Wir möchten wesentliche Punkte zusammenfassen, die für ein Verständnis der Typologie zentral sind.

(1) Der Charakter einer Unternehmung wird für Bartlett und Ghoshal an der von dieser gewählten Strategie deutlich. Während Perlmutters Führungskonzeptionen aus Unterschieden in der Einstellung resultieren, ist für Bartlett/Ghoshals Typologie die von einer Unternehmung eingeschlagene **strategische Ausrichtung Ausgangspunkt**. Die Basisoptionen lauten erstens Internationalisierung (internationale Unternehmungen), zweitens Lokalisierung (multinationale Unternehmungen), drittens Globalisierung (globale Unternehmungen) und viertens kombinierte Lokalisierung und Globalisierung (transnationale Unternehmungen). Die strategische Ausrichtung bestimmt dann, welche organisationalen Charakteristika und welche mentalen Einstellungen in einer internationalen Unternehmung existieren bzw. sich ergeben (sollen). Wenn man Bartlett/Ghoshal vordergründig liest, so könnte man meinen, es gehe primär um eine Mentalität des Managements. Insbesondere im Rahmen der Ausführungen zur transnationalen Organisation wird deutlich, dass Bartlett/Ghoshal dem Leser vermitteln wollen, die Mentalität sei der Ausgangspunkt der Überlegungen: „What is critical, then, is not just the structure, but also the mentality of those who constitute the structure" (Bartlett/Ghoshal 1987b, S. 52). Doch die Arbeiten Bartlett/Ghoshals stehen in einer anderen Tradition: der Dominanz der Strategie, die zudem von einer weiteren Kraft stark beeinflusst wird – der Branche.

Branchenbedingungen				
Vorwiegend herrschende Kraft	Kräfte in Richtung ständiger Innovationen und eines stetigen Wissenstransfers	Lokalisierungskräfte (Forces for localization)	Globalisierungskräfte (Forces for globalization)	Lokalisierungs- und Globalisierungskräfte
Ehemals typische Branchen	Telekommunikation/ Vermittlungsanlagen	Markenartikel	Unterhaltungselektronik	–
Branchentyp	International	Multinational	Global	Transnational

Strategische Orientierung der Unternehmung				
Typen der internationalen Unternehmung	Internationale Unternehmung	Multinationale Unternehmung	Globale Unternehmung	Transnationale Unternehmung
Primärer Fokus des Unternehmungstyps	Übertragung heimischer Technologie auf andere Märkte mit lokalen Anpassungen	Differenzierung der Leistungen entsprechend der Erfordernisse lokaler Märkte	Kostengünstige, exportorientierte Wettbewerbsposition	Differenzierung, Standardisierung und Übertragung
Schlüsselfähigkeiten	Fähigkeit zur Innovation und zum Wissenstransfer	Fähigkeit zur Responsiveness gegenüber lokalen Unterschieden	Fähigkeit zur Integration weltweiter Aktivitäten	Fähigkeit zu Responsiveness, Innovation und Integration
Entwicklung und Diffusion von Wissen	Erwerb von Wissen in der Zentrale und Transfer in Auslandsniederlassungen	Erwerb und Sicherung von Wissen in jeder Einheit	Erwerb und Sicherung von Wissen in der Zentrale	Gemeinsame Entwicklung und Nutzung von Wissen
Rolle der Auslandsniederlassungen	Anpassung und Anwendung von Kompetenzen der Zentrale	Erkennen und Nutzen lokaler Marktchancen	Umsetzung von Strategien der Zentrale	Differenzierte Beiträge der nationalen Einheiten zu integrierten weltweiten Aktivitäten
Konfiguration von Werten und Fähigkeiten	Kernkompetenzen zentralisiert, andere Kompetenzen dezentralisiert	Dezentralisiert und im nationalen Rahmen unabhängig	Zentralisiert und weltmarktorientiert	Weitgestreut, interdependent und spezialisiert
Konfiguration und Koordination der Aktivitäten	Koordinierte Föderation	Dezentralisierte Föderation	Zentralisierte Knotenpunktstruktur	Integriertes Netzwerk

Struktureller Aufbau der Unternehmung

Kulturelles Erbe der Unternehmung („administrative heritage")
• Prägung durch Stammland
• Prägung durch Unternehmungsgeschichte

Abb. 2-14: Die Typologie international tätiger Unternehmungen nach Bartlett/Ghoshal
Quelle: in Anlehnung an diverse Veröffentlichungen Bartlett/Ghoshals und die Übersicht bei Meier (1997), S. 50.

(2) Die **strategische Ausrichtung** von Unternehmungen ist in den Augen Bartlett/ Ghoshals **nicht unabhängig von der Branche**. Schließlich argumentieren die Autoren, es gebe internationale, multinationale, globale und – nun verstärkt – transnationale Branchen. Damit wird klar, dass nach Bartlett/Ghoshal primär **die Anforderungen einer Branche** darüber entscheiden, ob eine Unternehmung international, multinational, global oder transnational ausgerichtet sein muss, um am Markt erfolgreich zu sein. Abbildung 2-15 zeigt exemplarisch, welche Branchen Lokalisierungsnotwendigkeiten oder/ und Globalisierungsnotwendigkeiten aufweisen, wie dies auch Meffert und weitere Autoren (vgl. z.B. Doz 1986, Prahalad/Doz 1987) in den achtziger Jahren aufgegriffen haben (vgl. Meffert 1990, Meffert/Bolz 1998, v.a. S. 61-66 sowie kritisch Dähn 1996, v.a. S. 72-97 und Engelhard/Dähn 2002, v.a. S. 27-32).

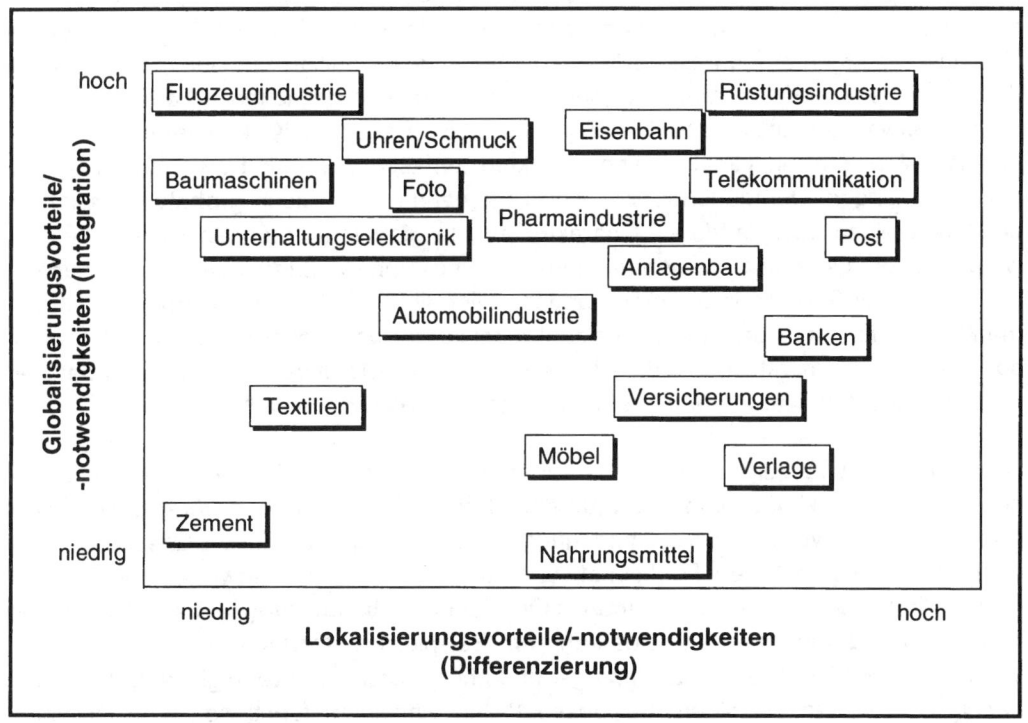

Abb. 2-15: Globalisierungs- und Lokalisierungsnotwendigkeiten in ausgewählten Branchen

Quelle: Meffert (1986), S. 693 und Meffert (1990), S. 98.

Man könnte Bartlett/Ghoshal zwar zugestehen, dass sie von einer Art „Branchenmentalität" ausgehen und implizit das ansprechen, was man als Branchenkultur bezeichnen kann – von einer individuellen Mentalität einer Unternehmung und damit von einer unternehmungsspezifischen Orientierung oder Führungsphilosophie als Ausgangspunkt kann aber keine Rede sein. Bartlett/Ghoshal machen ihr Konzept primär nicht – wie Perlmutter – an Werten, Einstellungen, Erfahrungen und Erlebnissen fest. Die Bedeutung des Individuums für den einzigartigen Charakter einer Unternehmung haben die Autoren erst in ihrer Buchveröffentlichung „The Individualized Corporation" im Jahr 1997 in den Mittelpunkt gestellt (vgl. Bartlett/Ghoshal 1997).

(3) Mit der Bedeutung, die Bartlett und Ghoshal der Branche zuschreiben, stehen sie teilweise in der Tradition von Michael Porter, der ebenfalls die Branche als Ausgangspunkt dafür ansieht, welchen Charakter eine bestimmte Unternehmung annimmt (vgl. Porter 1986, 1989). Es ist der internationale **Wettbewerb**, der darüber bestimmt, ob eine Unternehmung eher international, multinational, global oder transnational zu sein hat. Porter differenziert zwischen länderspezifischen Branchen und globalen Branchen. In **länderspezifischen Branchen** ist der Wettbewerb innerhalb eines Landes im Wesentlichen unabhängig vom Marktgeschehen in anderen Ländern. Eine derartige Branche stellt – betrachtet man sie weltweit – nichts anderes dar als die Summe aller inländisch orientierten Märkte. Unternehmungen, die in diesen Branchen – Porter nennt als Beispiel etwa den Einzelhandel – tätig sind, lassen sich als Konglomerat von unabhängigen Einheiten in verschiedenen Märkten auffassen. Sie sind also multinationale Unternehmungen. Demgegenüber weisen Unternehmungen, die in **globalen Branchen** operieren, einen völlig anderen Charakter auf. In globalen Branchen ist die Wettbewerbsposition, die eine Unternehmung in einem bestimmten Land inne hat, nicht unabhängig von der Stellung in anderen Ländern. Hier gibt es keine segregierbaren Ländermärkte, sondern höchstens eine Vielzahl miteinander verwobener Ländermärkte oder sogar einen Weltmarkt. In diesen globalen Branchen, wie etwa der Luftfahrt- oder der Halbleiterindustrie, integrieren Unternehmungen ihre Aktivitäten weltweit.

(4) Bartlett/Ghoshal zeigen wiederholt auf, dass neben der Abhängigkeit von der Branche auch weitere **Einflussfaktoren** auf den Unternehmungstyp zu berücksichtigen seien. Dazu gehört vor allem die Überlegung, dass in unterschiedlichen Geschäftsbereichen, in unterschiedlichen Funktional- und Aufgabenbereichen sowie in unterschiedlichen Regionalbereichen eine **unterschiedliche Globalisierungs- bzw. Lokalisierungsnotwendigkeit** besteht. Dies kann am Beispiel von *Unilever* in Abbildung 2-16 verdeutlicht werden. Die Globalisierungs- und Lokalisierungsnotwendigkeiten, die in Abhängigkeit von den einzelnen „businesses", den einzelnen „functions", den einzelnen „tasks" und der „geography" existieren, sind dabei nicht objektiv vorgegeben. Es handelt sich eher um die Frage, welche Globalisierungs- und Lokalisierungsnotwendigkeiten eine bestimmte Unternehmung bzw. deren Führungskräfte selbst sehen. Entscheidend ist also die **durch Wahrnehmung und Interpretation konstruierte Realität**. Dass Bartlett/Ghoshal die Subjektivität bejahen, zeigt sich möglicherweise auch daran, dass sie selbst in unterschiedlichen Veröffentlichungen keine identische Einordnung vornehmen (vgl. Bartlett/Ghoshal 1987b, S. 46 und Bartlett/Ghoshal 1989, S. 97).

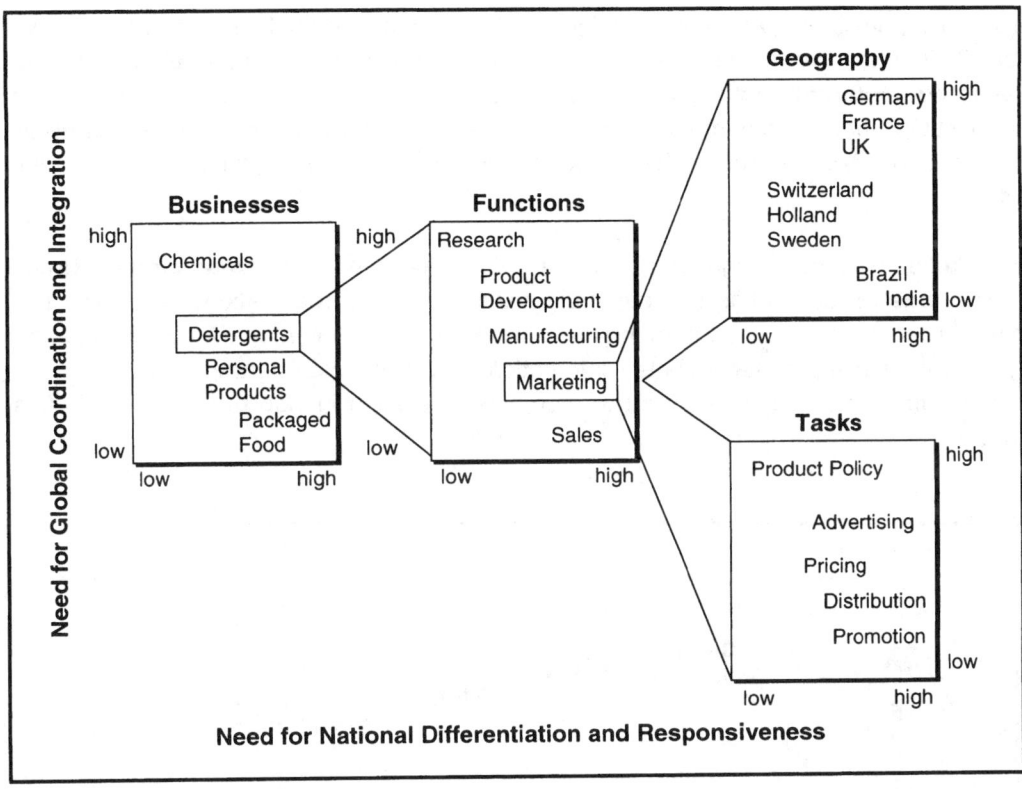

Abb. 2-16: Globalisierungs- und Lokalisierungsnotwendigkeiten bei Unilever
Quelle: Bartlett/Ghoshal (1987b), S. 46 und Bartlett/Ghoshal (1989), S. 97.

(5) Neben den Anforderungen einer Branche spielt für Bartlett/Ghoshal das sogenannte **„administrative heritage"** einer Unternehmung eine wichtige Rolle. Mit dem „administrative heritage" verweisen die Autoren auf die Unternehmungsgeschichte einerseits und die – unter anderem durch die Landeskultur geprägte – Unternehmungskultur andererseits (vgl. Bartlett 1986, S. 372-375). Beide Faktoren, **Unternehmungsgeschichte und Unternehmungskultur**, haben entscheidenden Einfluss, welcher Archetyp der internationalen Unternehmung vorliegt. In diesem Zusammenhang könnte man schnell geneigt sein, erneut so etwas wie eine (unternehmungs)individuelle Einstellung als Einflussfaktor auf den Unternehmungstyp zu entdecken oder zu vermuten. In der Tat bestehen hier die stärksten Anknüpfungspunkte; doch zeigen die Ausführungen der Autoren, dass zwar von Unternehmungskultur die Rede ist, jedoch eher an Einflüsse der Landeskulturen gedacht ist. So sprechen Bartlett/Ghoshal davon, dass das „Erbe" europäischer Unternehmungen vor allem die Multinationalität sei, während das „Erbe" japanischer Unternehmungen in der Globalität liege. Zahlreiche US-amerikanische Unternehmungen dagegen haben nach Auffassung von Bartlett/Ghoshal internationales „Erbgut".

(6) Der Eindruck eines allgemeingültigen Stufenkonzepts soll bei Bartlett/Ghoshal – wie bei Perlmutter – vermieden werden. Es gibt also für Bartlett/Ghoshal **kein** bestimmtes **zeitliches Internationalisierungsmuster**. Oder anders ausgedrückt: Wenn wir bei Bartlett/Ghoshal von einem mehrstufigen Konzept sprechen, so soll damit **keine deterministische Abfolge** unterschiedlicher Alternativen in einer bestimmten Reihenfolge impliziert werden.

(7) Bartlett/Ghoshal suggerieren, dass für viele Branchen der **transnationale Unternehmungstyp** die richtige und damit die anzustrebende „organizational response" darstelle. Die transnationale Unternehmung ermöglicht es, simultan den Anforderungen der Globalisierung (bzw. der globalen Integration) und der Lokalisierung (bzw. der nationalen Differenzierung) gerecht zu werden, wie dies auch in Abbildung 2-17 zum Ausdruck kommt.

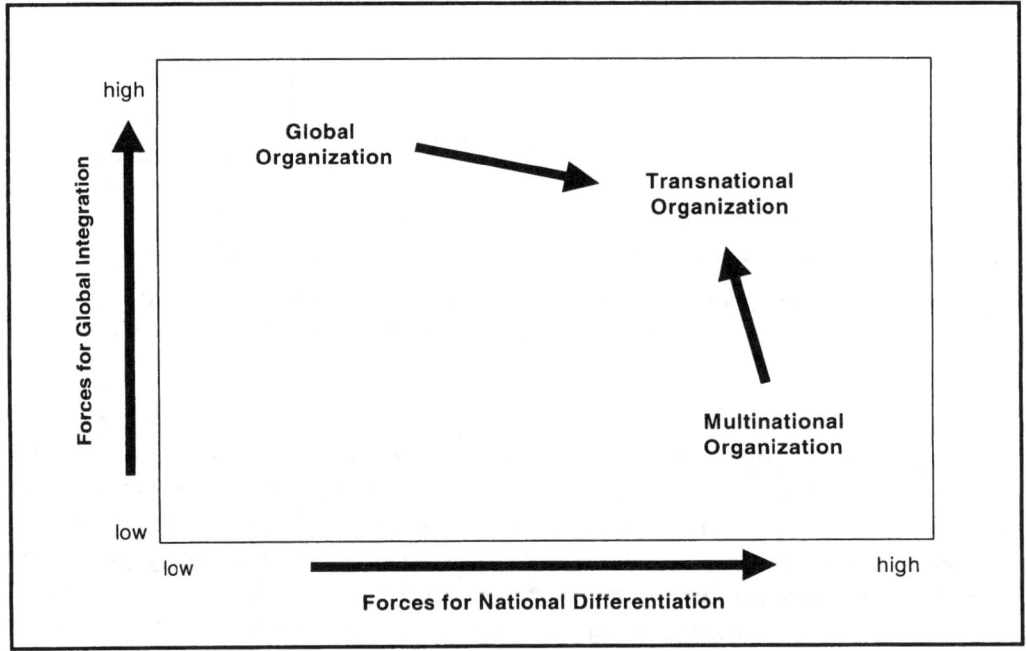

Abb. 2-17: Auf dem Weg zur transnationalen Organisation von Bartlett/Ghoshal
Quelle: Bartlett (1986), S. 377.

Transnationale Unternehmungen können laut Bartlett/Ghoshal besser als internationale, multinationale und globale Unternehmungen simultan Effizienz, Anpassungsfähigkeit und Lernfähigkeit sicherstellen (vgl. dazu auch kritisch Engelhard/Dähn 1994, S. 257-258). Genauso wie Perlmutter die geozentrische Orientierung als Vision darstellt, betonen Bartlett/Ghoshal den zukunftsweisenden Charakter der transnationalen Lö-

sung. Von den von Bartlett/Ghoshal in den achtziger Jahren untersuchten Unternehmungen hatte damals noch keine Unternehmung den Charakter einer transnationalen
Organisation angenommen, doch waren erste Schritte in Richtung einer transnationalen
Organisation festzustellen. Dies dürfte sich bis heute nur wenig geändert haben. Damit
bleibt die transnationale Unternehmung bis zum heutigen Tag **eher ein Zukunfts- bzw.
Wunschbild** denn ein Realitätsabbild (vgl. auch Bäurle/Schmid 1994b). Bartlett/Gho-
shal geben in ihren Veröffentlichungen allerdings zahlreiche teils normative, durch Praxisbeispiele unterlegte Hinweise, wie Unternehmungen auf dem Weg zur transnationalen Unternehmung vorankommen können (vgl. Bartlett/Ghoshal 1988). Große Bedeutung für die Führung der transnationalen Organisation hat vor allem der gemeinsame Kontext bzw. die geteilte Kultur, wie dies Ghoshal in einer Veröffentlichung zusammen mit anderen Autoren herausstellt (vgl. Ghoshal/Moran/Almeida-Costa 1995).

(8) Die vier von Bartlett/Ghoshal präsentierten Archetypen international tätiger Unternehmungen selbst sind freilich in der Literatur zum Internationalen Management nicht
völlig ohne **Vorläufer**. Bartlett/Ghoshal erwecken in vielen ihrer Veröffentlichungen leider den Eindruck, als hätten sie die Unternehmungsmodelle neu erfunden. Doch sowohl
für den als vergleichsweise innovativ bezeichneten globalen Unternehmungstyp als
auch für den mit dem Attribut „besonders fortschrittlich" präsentierten transnationalen
Unternehmungstyp finden sich in der Literatur Vorläufer. Dies können die in Textbox 2-10 präsentierten Zitate von Clee/DiScipio und von Kircher verdeutlichen, deren
Ursprung knapp 50 Jahre zurückliegt. Im deutschsprachigen Raum wurde durch Perri-
don/Rössler die holistische Orientierung betont und damit ein Element der transnationalen Unternehmung angesprochen (vgl. Perridon/Rössler 1980a, v.a. S. 216).

Bartlett/Ghoshals Hauptverdienst ist es, die primär an der Einstellung der Managements
orientierte Typologie **Perlmutters** durch eine primär an strategischen Anforderungen
ausgerichtete **Typologie ergänzt** zu haben. Darüber hinaus haben Bartlett/Ghoshal dazu beigetragen, in der Wissenschaftsdisziplin des Internationalen Managements eine
einheitliche Begriffsterminologie und damit auch eine gemeinsame Verständigungs-
basis zu schaffen (vgl. zur Problematik uneinheitlicher Terminologien Macharzina/
Oesterle 2002a, S. 11-12). Die von Bartlett/Ghoshal eingeführte Terminologie ist in weiten Teilen der Wissenschaftsdisziplin „Internationales Management" inzwischen akzeptiert.

Eine gewisse Vorsicht ist bei der Lektüre der Werke mancher Autoren angebracht, die
nicht der Scientific Community des Internationalen Managements im engeren Sinne zuzurechnen sind; denn diese sehen die Termini international, multinational, global und
transnational zuweilen bis heute als synonym an. Sie beabsichtigen mit einem belie-
bigen Begriff den grenzüberschreitenden Charakter der Unternehmungstätigkeit zu verdeutlichen und nicht eine bestimmte Spielart der Internationalen Unternehmungstätigkeit anzusprechen. Wenn in letzter Zeit der Begriff der „Transnationals" in vielen Veröffentlichungen, so zum Beispiel in Veröffentlichungen der UNCTAD, stärker Verwendung

findet, so sollen damit nicht etwa nur transnationale Unternehmungen im Sinne Bartlett/Ghoshals angesprochen werden, sondern international tätige Unternehmungen im Allgemeinen. Es waren in diesem Zusammenhang vor allem einige lateinamerikanische Staaten, die sich für den Begriff der Transnationals anstelle des Begriffes der „Multis" oder „Global Players" stark gemacht haben (vgl. Wenger 1999, S. 92-93, Fn. 239). Mit Blick auf den Transnationality-Index (→ Abschnitt 2.2.3 in diesem Kapitel) dürfte klar werden, dass dabei nicht nur Unternehmungen berücksichtigt wurden, die als (ansatzweise) transnational im Verständnis von Bartlett/Ghoshal gelten.

Textbox 2-10: Die globale und die transnationale Ausrichtung von Unternehmungen

Einige Aussagen

„The American chief executive is faced with deciding: Where shall I put my company's time, effort, and money in the best long-term interests of my stockholders? (...) This problem increasingly requires that these three questions be answered: Where in the world can we market our products to assure ourselves of the most rapid and profitable sales growth? Where in the world should we do research and development to capitalize, at optimum cost, on the technical capabilities that exist in the world? Where in the world should we make our products so that we will be competitive in all major markets, including the United States? Once the chief executive asks these questions, he is no longer operating a U.S. corporation with interests abroad; he has taken the position that his company is a 'world enterprise' and that many major, fundamental decisions must be made on a **global** basis."

Gilbert H. Clee/Alfred DiScipio

„If I am correct in my premises, existing pressures will force American firms to make major moves to merge with foreign concerns in near future. These international mergers, when effected by the issuance of shares, will result in the formation of what might be termed **transnational** enterprises. In idealized form these enterprises would be owned by stockholders in many countries, manned and managed by persons of many nationalities, operated in all of the world politically open to them, run by managers trained and experienced in looking on the world as an economic unit, diversified in products and fields of interest without sacrifice of those unifying principles and interests which tie them together as unique organizations."

Donald P. Kircher,
President and CEO of the
Singer Manufacturing Company
and the *Singer Sewing Machine Company*

Quellen:
Clee/DiScipio (1959), S. 78-79 und Kircher (1964), S. 8.

3.2.3   Die mehrstufigen Konzepte im Vergleich – eine kurze Zwischenbetrachtung

Was zeigen uns die Typologien von Perlmutter und Bartlett/Ghoshal? Die Typologien weisen nach, dass es die international tätige Unternehmung schlechthin nicht gibt. Vielmehr lassen sich **unterschiedliche Spielarten der international tätigen Unternehmung** idealtypisch unterscheiden. Dabei kann man nun trefflich darüber streiten, ob es, wie es Vertreter des Konfigurations- bzw. Gestaltansatzes nahe legen, nur eine begrenzte Anzahl möglicher Typen gibt oder aber ob in der Realität eine nahezu unbegrenzte Anzahl verschiedener Ausprägungsformen anzutreffen sind (→ zum Konfigurations- bzw. Gestaltansatz Textbox 2-8 in Abschnitt 3.2.1.2 in diesem Kapitel). Wir neigen dazu, von einer Vielzahl möglicher Ausprägungsformen auszugehen, da bisher der Nachweis fehlt, dass nur bestimmte Ausprägungen von Merkmalskombinationen existieren können. Die veröffentlichten Studien, die Bartlett/Ghoshals Typologie empirisch überprüfen, können zwar (ansatzweise) die Existenz verschiedener Spielarten nachweisen (vgl. Leong/Tan 1993, Harzing 2000). Mit den Ergebnissen der Studien lässt sich aber keineswegs klären, ob es nicht noch zahlreiche weitere Varianten gibt. Perlmutter hat – wie bereits in Abschnitt 3.2.1 erwähnt – explizit darauf verwiesen, dass die von ihm identifizierten Orientierungen nicht so zu interpretieren sind, dass nun jede Unternehmung entscheiden müsse, ob sie ethno-, poly-, regio- oder geozentrisch sei. Vielmehr lassen sich in jeder Unternehmung in unterschiedlichen Bereichen und sogar innerhalb von bestimmten Bereichen simultan mehrere Orientierungen finden.

Nun werden in manchen Veröffentlichungen zum Internationalen Management die oben dargestellten Konzepte von Perlmutter einerseits und Bartlett/Ghoshal andererseits als weitgehend identisch bezeichnet. In der Literatur wird etwa immer wieder

- die ethnozentrische Unternehmung mit der globalen Unternehmung,
- die polyzentrische mit der multinationalen Unternehmung sowie
- die geozentrische mit der transnationalen und der internationalen Unternehmung

gleichgesetzt (vgl. Sundaram/Black 1992, S. 732). Doch die auf den ersten Blick für viele so ähnlichen Klassifikationen von Perlmutter einerseits und Bartlett/Ghoshal andererseits sind nicht ineinander überführbar. Dies soll nachfolgend begründet werden:

(1) Eine **Gleichsetzung der beiden Typologien** ist bereits deswegen **problematisch**, weil Perlmutter und Bartlett/Ghoshal aus unterschiedlichen Perspektiven heraus argumentieren: Perlmutter rückt die **Orientierung des Managements** in den Mittelpunkt, wohingegen Bartlett/Ghoshal die sich aus den **Anforderungen einer Branche** ergebenden **strategischen Ausrichtungen** als zentral ansehen. Damit zusammen hängen auch die unterschiedlichen Intentionen von Perlmutter und Bartlett/Ghoshal: Während Perlmutter die Einstellungen und Werte, die Erlebnisse und Erfahrungen, die Vorurteile und Gewohnheiten des Top-Managements stärker gewichtet sehen möchte, geht es

Bartlett/Ghoshal eher um die klassische Frage nach den **Umwelt-Strategie-Struktur-Zusammenhängen**.

(2) Wenn man dennoch versucht, die beiden Typologien zu parallelisieren, so kann man vereinfachend folgende Beurteilung vornehmen:

- Die **multinationale Unternehmung** scheint am deutlichsten mit einem der Perlmutterschen Archetypen einherzugehen: Sie hat Ähnlichkeiten mit dem polyzentrischen Unternehmungsmodell. Die **transnationale Unternehmung** zeigt einige Charakteristika, die dem geozentrischen Archetyp Perlmutters entsprechen.

- Bei der **internationalen Unternehmung** ist die Einordnung deutlich schwerer. Die internationale Unternehmung trägt zwar insofern eine ethnozentrische Ausrichtung, als angenommen wird, dass Produkte und Strategien im Inland entwickelt werden, um dann in das Ausland transferiert zu werden. Doch die angesprochenen Wissensflüsse von der Mutter- zu den Tochtergesellschaften tauchen bei Perlmutters ethnozentrischer Orientierung nicht auf. Bartlett/Ghoshals Wissensflüsse sind gleichzeitig auch kein Indiz für eine geozentrische Unternehmung. Schließlich gehen die Autoren beim internationalen Unternehmungstyp von einseitigen Wissensflüssen von der Muttergesellschaft an die Tochtergesellschaften aus.

- Noch problematischer ist die **globale Unternehmung**: Sie kann aufgrund der oben erfolgten Charakterisierung mit keiner der Orientierungen gleichgesetzt werden, sondern vereint Merkmale mehrerer Orientierungen: Zunächst scheint der globale Unternehmungstyp durch die starke Ausrichtung auf die Zentrale bewusst ethnozentrisch konzipiert zu sein (vgl. z.B. Sundaram/Black 1992, S. 731, Harzing 2000, S. 104). Darüber hinaus impliziert die Ausrichtung des globalen Unternehmungstyps auf den Weltmarkt aber auch eine gewisse Affinität zum geozentrischen Modell. Insofern verwundert es nicht, dass die globale Unternehmung auch immer wieder mit der geozentrischen Orientierung in Verbindung gebracht wird (vgl. z.B. Hedlund 1986, S. 15-16). Und schließlich dürfte es faktisch so sein, dass viele Unternehmungen tatsächlich gar nicht global, sondern eher regional ausgerichtet sind. Wie wir bereits im ersten Kapitel ausgeführt haben, ist eine globale Ausrichtung im Sinne einer weltweiten Ausrichtung sehr rar. Viele der von Bartlett/Ghoshal als global bezeichneten Unternehmungen sind in ihren Aktivitäten eher auf einzelne Regionen, so zum Beispiel die Triademärkte, beschränkt. Damit lässt sich ansatzweise auch eine Nähe zum regiozentrischen Unternehmungstyp entdecken.

(3) Von manchen Autoren – gerade in der deutschen Betriebswirtschaftslehre – werden die Begriffe „ethnozentrisch", „polyzentrisch", „regiozentrisch" und „geozentrisch" zur Kennzeichnung von Unternehmungen bzw. Unternehmungskulturen, die Begriffe „international", „multinational", „global" und „transnational" zur Charakterisierung von Strategien benutzt. Dies ist ein sinnvolles Vorgehen, da Perlmutter an der Ebene von Grundannahmen, Werten und Einstellungen ansetzt, während es Bartlett/Ghoshal primär um Strategien geht. Doch das Problem liegt an der Parallelisierung, denn häufig wird auf die

bekannte, in der Wissenschaft vielzitierte und auch von der Beraterpraxis benutzte (vgl. Henzler/Rall 1985a, S. 184, 1985b, S. 262 und Rall 1986, S. 160) Matrix der Internationalisierungsstrategien mit den Dimensionen „Globalisierungsvorteile" und „Lokalisierungsvorteile" zurückgegriffen. In dieser Matrix wollen manche Autoren nicht nur **Strategien**, sondern auch **unternehmungskulturelle Orientierungen** verorten. Meffert (1986, 1989, 1990) und Meffert/Bolz (1998, S. 285) benutzen die Perlmuttersche Begriffswelt, um unternehmungskulturelle Orientierungen zu beschreiben, und die von Bartlett/Ghoshal übernommene Begriffswelt, um Strategien zu klassifizieren. Dass bei der Gleichsetzung Probleme entstehen, versteht sich von selbst: So geht bei Meffert die internationale Strategie mit der ethnozentrischen Kultur einher, obwohl die Konzepte der internationalen Unternehmung von Bartlett/Ghoshal und der ethnozentrischen Unternehmung von Perlmutter nicht übereinstimmen. Ebenso wird die globale Strategie in Parallelität zur geozentrischen Kultur propagiert, obwohl auch hier keinesfalls ein zwingender Zusammenhang vorliegt (vgl. auch Stüdlein 1997, v.a. S. 204-211).

Die Diskussion sollte daher verdeutlichen, dass – bei aller Pragmatik – eine **vorschnelle Gleichsetzung der Konzepte** von Perlmutter auf der einen Seite und Bartlett/Ghoshal auf der anderen Seite **verfehlt** ist.

3.3   Die einstufigen Konzepte der internationalen Unternehmung

Im Gegensatz zu den vorangegangenen Konzepten werden von einigen Autoren nicht mehrere unterschiedliche Archetypen der international tätigen Unternehmung vorgestellt, sondern vielmehr ein – in den Augen der jeweiligen Verfasser erfolgreicher – Archetyp der international tätigen Unternehmung in den Mittelpunkt der Betrachtungen gerückt. Von Hedlund wurde die **Heterarchie** (Abschnitt 3.3.1), von Doz/Prahalad die „**Diversified Multinational Corporation**" (DMNC) (Abschnitt 3.3.2) und von White/Poynter die **horizontale Organisation** (Abschnitt 3.3.3) in die Literatur eingeführt. Weitere einstufige Archetypen sollen abschließend kurz skizziert werden (Abschnitt 3.3.4).

3.3.1   Das Konzept von Hedlund

Hedlunds Konzept soll nun zunächst dargestellt (Abschnitt 3.3.1.1) und anschließend kritisch diskutiert werden (Abschnitt 3.3.1.2). Bereits an dieser Stelle sei vermerkt, dass sich die Veröffentlichungen Hedlunds zwar durch innovative Gedanken, aber zuweilen nicht einfach nachvollziehbare Argumentationslogik auszeichnen. Insofern erscheint es notwendig, Hedlunds Aussagen im Rahmen dieses Lehrbuchs zu re-strukturieren.

3.3.1.1   Darstellung des Konzepts von Hedlund

Vom schwedischen Wissenschaftler Gunnar Hedlund (Stockholm School of Economics) stammt der Vorschlag, die international tätige Unternehmung als **„Heterarchie"** aufzufassen. Hedlund stellt die Heterarchie erstmals in einem Artikel im Jahr 1986 vor (vgl. Hedlund 1986); er hat aber auch in den Folgejahren immer wieder – zum Teil in Koautorenschaft mit anderen Wissenschaftlern – zur Heterarchie Stellung bezogen. Doch was versteht man unter der Heterarchie? Als Zusammenfassung der unterschiedlichen von Hedlund genannten Merkmale kristallisieren sich folgende **elf Charakteristika** als typisch für heterarchisch aufgebaute Unternehmungen heraus (vgl. Hedlund 1986, S. 20-27, Hedlund/Rolander 1990, S. 24-27, Hedlund 1993, S. 229-232, Hedlund/Kogut 1993, S. 352-356):

- Die Heterarchie hat eine **Vielzahl von Zentren** und ist damit polyzentrisch, nicht monozentrisch aufgebaut. Der Grund dafür liegt darin, dass Wettbewerbsvorteile nicht nur an einem Standort vorhanden sind, sondern auf zahlreiche Standorte verteilt sind.

- **Zentren** werden dabei nicht nur von der Muttergesellschaft, sondern vor allem **auch von ausländischen Tochtergesellschaften konstituiert**. Dies geht so weit, dass Tochtergesellschaften eine strategische bzw. strategisch bedeutsame Rolle für die Gesamtunternehmung (und nicht nur für sich selbst) einnehmen können. Tochtergesellschaften sind nicht nur für die Implementierung, sondern auch für die Formulierung von Strategien zuständig.

- Entscheidend ist, dass die **Zentren unterschiedlicher Natur** sein können. Oder anders ausgedrückt: In der internationalen Unternehmung gibt es ein Mix an verschiedenen Zentren. Dabei werden die Zentren nicht nur an Produkten, Märkten oder Regionen festgemacht, sondern vor allem an Wissen, Handlungen und Positionen. Wissen, Handlungen und Positionen ersetzen gemäß Hedlund sogar den dominanten Organisationsmix aus Produkten, Märkten und Regionen.

- In einer Heterarchie findet man eine **gleichzeitige Über- und Unterordnung** verschiedener Organisationseinheiten hinsichtlich unterschiedlicher Dimensionen. Dies heißt: Einheit A kann Einheit B in einem bestimmten Bereich übergeordnet, in einem anderen Bereich untergeordnet sein.

- Die gesamte Unternehmung wird als **„Brain"** aufgefasst. Es ist nicht etwa so, dass – wie in manchen Vorstellungen bzw. Metaphern – die Zentrale das Gehirn einer Unternehmung darstellt und der Rest die Glieder; vielmehr kann die gesamte Unternehmung als Gehirn aufgefasst werden. Überall wird gedacht, konzipiert und entwickelt.

- In einer Heterarchie herrscht darüber hinaus eine **holographische Ausrichtung.** Darunter versteht Hedlund die völlige Informationsteilung über die gesamte Unternehmung hinweg. Moderne Informations- und Kommunikationstechnologien erleichtern die holographische Ausrichtung und stellen damit (mit) die Basis für das Erzielen von Wettbewerbsvorteilen dar.

- **Laterale Kommunikation** gilt als konstitutives Merkmal der Heterarchie. Hedlund schlägt als Maßnahmen unter anderem internationale Projektgruppen und Task Forces sowie sogenannte „Electronic Libraries" vor, in denen die notwendigen Informationen vorhanden sind.

- Um die internationale Unternehmung als Heterarchie „zusammenzuhalten", ist ein breites Spektrum unterschiedlicher Koordinations- und Kontrollmechanismen von Nutzen. Besondere Bedeutung kommt jedoch **indirekten und normativen Integrationsmechanismen** wie der Unternehmungskultur zu.

- Feststellbar ist eine **horizontale und zirkuläre**, nicht aber eine transitive Verbindung der einzelnen Organisationseinheiten. Damit betont Hedlund den direkten Kontakt zwischen den einzelnen Teileinheiten.

- Die Heterarchie zeichnet sich auch dadurch aus, dass **Koalitionen** mit anderen Unternehmungen eingegangen werden. Dies heißt, dass sich die internationalen Unternehmungen offen gegenüber vielfältigen Kooperationen (z.B. Joint Ventures) zeigen.

- Als Basis des Handelns in einer Heterarchie gilt eine **radikale Problemorientierung**. Ausgangspunkt des Handelns ist weniger das, was bisher existiert oder was bisher getan wurde, sondern das, was notwendig und sinnvoll ist. Permanent müssen sogenannte Aktionsprogramme entwickelt werden, um neue firmenspezifische Vorteile zu entwickeln, wozu auch „management by exception" als Führungsprinzip dienen kann.

3.3.1.2   Diskussion des Konzepts von Hedlund

Mit den weiteren Ausführungen soll es nun möglich werden, das von Hedlund vorgestellte Konzept der Heterarchie besser verstehen und auch besser in die Gesamtheit der Literatur zum Internationalen Management einordnen zu können.

(1) Die wohl wichtigste Bemerkung zum Konzept der Heterarchie stammt von Hedlund selbst. Hedlund betont, dass die Heterarchie bisher erst ein **grob umrissenes Konzept** darstellt (vgl. Hedlund 1986, S. 32). Die Heterarchie ist bis heute noch nicht wohl-definiert, sondern erst in Grundzügen skizziert.

(2) Hedlund setzt in dem Beitrag, in dem er die Heterarchie erstmals erwähnt, am **EPG-Schema** von Perlmutter, wie es vor der Einführung der regiozentrischen Orientierung entwickelt wurde, an (→ Abschnitt 3.2.1 in diesem Kapitel). Dabei ergänzt er die primär über die Einstellung des Managements charakterisierten Typen des EPG-Schemas durch weitere Aussagen. Er ordnet den ethno-, poly- und geozentrischen Unterneh-

mungstypen Perlmutters unter anderem die **Umweltzustandstypen** von Emery und Trist, einige **Unternehmungsstrategietypen** (u.a. aufbauend auf Johanson/Vahlne und Porter), die **Organisationsstrukturtypen** von Stopford/Wells, die **Steuerungstypen** der Transaktionstheorie von Williamson, die **Kontroll(stil)typen** von Etzioni, und die unternehmungsinternen **Interdependenztypen** von Thompson und Baliga/Jaeger zu (vgl. die Ausführungen von Hedlund 1986, S. 12-18). Die geozentrische Unternehmung Perlmutters hat für Hedlund dabei die größte Affinität zur Heterarchie. Hedlund selbst interpretiert die Heterarchie als eine spezifische Ausprägung geozentrischer Unternehmungen: „The heterarchical MNC ... covers a particular brand of geocentric company, which differs significantly from a version that is likely to develop more rapidly in the immediate future" (Hedlund 1986, S. 32). Doch trotz des Rückgriffs auf Perlmutter steht bei Hedlund, wie wir umgehend noch zeigen werden, nicht die Einstellung bzw. Orientierung im Mittelpunkt.

(3) Worin liegt der Hauptunterschied zwischen der geozentrischen Unternehmung und der Heterarchie? Während Perlmutter sein Konzept vor allem an der Einstellung des Managements festmacht, geht es Hedlund darum, mit der Heterarchie ein neues Konzept für das **Zusammenspiel zwischen Umwelt, Strategie und Struktur** aufzuzeigen (vgl. Hedlund/Rolander 1990, S. 32-36). Dies wird vor allem dadurch deutlich, dass Hedlund die **Heterarchie** mit ihrer Multidimensionalität und Komplexität explizit als **Alternative zum vorherrschenden „Environment-Strategy-Structure-Denken"** kontingenztheoretischer Tradition konzipiert, bei dem üblicherweise die Umwelt die Strategie determiniert und die Strategie wiederum die Struktur bestimmt (vgl. Hedlund/Rolander 1990, S. 16-24). Für Hedlund geht es nicht um einseitige Kausalbeziehungen zwischen Umwelt, Strategie und Struktur; vielmehr steht die Gleichzeitigkeit von Umwelt, Strategie und Struktur im Mittelpunkt. Und damit zeigen sich auch deutliche Unterschiede zum Werk von Bartlett/Ghoshal. Denn bei Bartlett/Ghoshal war eindeutig zu erkennen, dass die Anforderungen einer Branche (Umwelt) bestimmen, welche Strategien gewählt werden und die Strategien wiederum Auswirkungen auf die Organisation und damit auch auf die Struktur der Unternehmung haben. Das Verständnis von Hedlund kommt in Abbildung 2-18 zum Ausdruck.

(4) Wenn auch bei Hedlund das Zusammenspiel zwischen Umwelt, Strategie und Struktur beachtet wird, so wird dennoch deutlich, dass Hedlunds Heterarchie **primär** ein **strukturelles Konzept** sein will (vgl. Hedlund/Rolander 1990, S. 24-27). Explizit schreibt Hedlund: „The hypermodern MNC first defines its structural properties and then looks for strategic options following from these properties" (Hedlund 1986, S. 20). Auch wenn durch diese Aussage die Gesamtkonsistenz des Hedlundschen Konzepts ein wenig in Frage gestellt wird (weil damit die Gleichzeitigkeit von Umwelt, Strategie und Struktur aufgehoben wird), so kann die Intention Hedlunds deutlich werden, ein „Organisationsmodell" und kein „Strategiemodell" (Bartlett/Ghoshal) oder „Einstellungsmodell" (Perlmutter) zu entwerfen. Hedlund selbst schlägt in diesem Zusammenhang auch vor, statt von Strategien besser von Aktionsprogrammen, sogenannten „programs of ex-

ploitation" und „programs of experimentation" zu sprechen (vgl. Hedlund/Rolander 1990, S. 22-24).

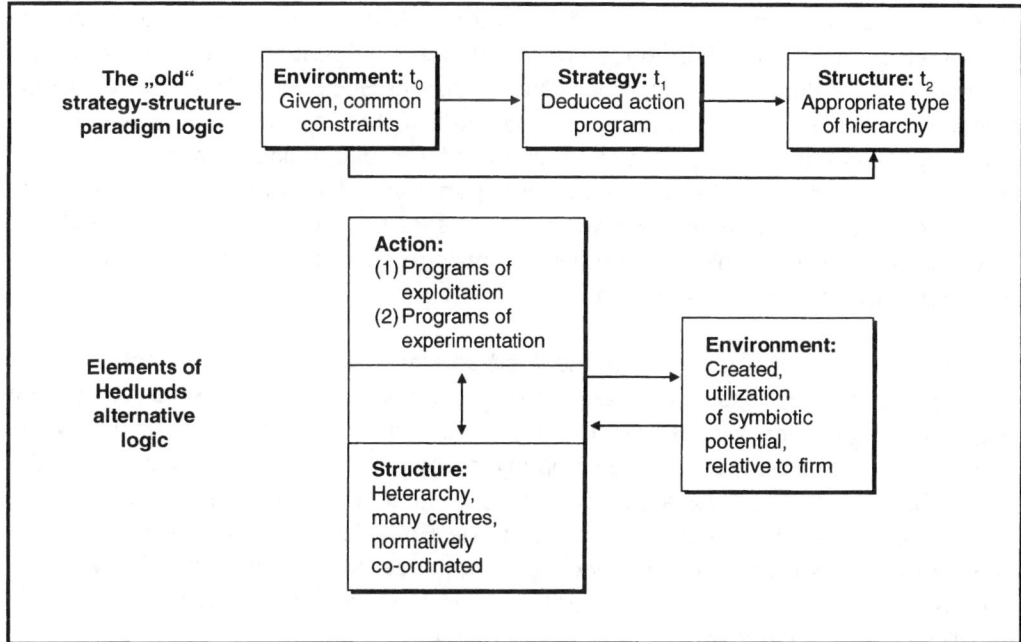

Abb. 2-18: Das Zusammenspiel zwischen Umwelt, Strategie und Struktur nach Hedlund
Quelle: Hedlund/Rolander (1990), S. 23.

(5) Das Hedlundsche Konzept erscheint sehr **anspruchsvoll**. Schließlich handelt es sich bei den Merkmalen der Heterarchie auch nicht um empirische Ergebnisse, sondern um konzeptionelle Überlegungen, die durch einige Beispiele aus der Unternehmungspraxis ansatzweise gestützt sind (vgl. Hedlund/Rolander 1990, S. 36-41). Hedlund selbst erkennt die großen Anforderungen, die die Heterarchie an das Management stellt, auch an. Als Beispiel gilt die **Gleichzeitigkeit der Notwendigkeit von Integration und Desintegration**. So spricht Hedlund davon, dass eine starke normative Integration wichtig sei, um die Heterarchie zusammenzuhalten. Gleichzeitig sei es für viele Unternehmungen, gerade für Unternehmungen, die traditionell eine starke Zentralisierung aufgrund ihrer globalen Ausrichtung hätten, nötig, sich auf dem Weg zur Heterachie zu desintegrieren. Mit derartigen Anforderungen tun sich Unternehmungen schwer: Sie müssen in bestimmten Bereichen bzw. auf eine bestimmte Art und Weise integrierter, in anderen Bereichen bzw. auf eine andere Art und Weise auch desintegrierter werden.

(6) Gerade durch die Spezifizierung der Beziehung der Organisationseinheiten wird deutlich, dass Hedlund eine Konkretisierung und Eingrenzung dessen vornimmt, was

Perlmutter, dessen EPG-Schema wohlgemerkt als Ausgangspunkt gilt, als **geozentrisch** bezeichnet. Vereinfacht könnte man sagen: Nicht jede geozentrische Unternehmung ist eine Heterarchie, aber jede Heterarchie ist geozentrisch orientiert. Vorsicht ist angebracht, um Hedlunds Heterarchie nicht mit dem polyzentrischen Modell Perlmutters in Verbindung zu bringen. Hedlund spricht zwar von einer Vielzahl von Zentren und damit von einem polyzentrischen Aufbau der Heterarchie; er geht aber nicht von einer polyzentrischen Einstellung aus. Darüber hinaus erwähnt Hedlund auch explizit eine Verbindung zu einem der Archetypen von Bartlett/Ghoshal, der transnationalen Unternehmung. Die transnationale Unternehmung hat für Hedlund eine gewisse Affinität zur Heterarchie, da deren strategische Ausrichtung am wenigsten determiniert ist (vgl. Hedlund 1986, S. 20). Nach allem, was wir bisher ausgesagt haben, können wir somit vereinfachend die Heterarchie als **mögliches organisatorisches Konzept der transnationalen Unternehmung** auffassen.

(7) Die Heterarchie löst sich gemäß Hedlund so stark von den konventionellen Unternehmungskonzepten, dass dabei die traditionelle **Ausrichtung auf eine bestimmte Branche aufgegeben** wird. Hedlund schreibt: „In its most extreme form, this would mean that one could not assign the company to any particular industry" (Hedlund 1986, S. 20). Dies heißt: Eine Heterarchie gehört nicht zwingend – oder zumindest nicht dauerhaft – einer bestimmten Branche an. Aktuelle Entwicklungen, wie die über die zunehmende Diversifikation hinausgehende „**Business Migration**" (vgl. Pauls 1998, Heuskel 1999, Schmid/Wirtl 2002) werden damit in Hedlunds Heterarchie bereits gedanklich vorweggenommen.

(8) Hedlund hat die Heterarchie später wieder aufgegriffen. Allerdings hat er die Heterarchie dabei nicht isoliert betrachtet, sondern in einen größeren Zusammenhang gestellt. Hedlund sieht die Heterarchie als organisatorische Form der sogenannten **N-Form-Unternehmung** an – einem Unternehmungstyp, der explizit der sogenannten multidivisionalen Unternehmung gegenübergestellt werden kann (vgl. Hedlund 1994). Zusammen mit Ridderstråle spricht Hedlund auch von der sogenannten „**Selfrenewing Firm**", für die Charakteristika genannt werden, die bereits bei der Heterarchie Erwähnung finden (vgl. Hedlund/Ridderstråle 1997). Und auch bei der internationalen Unternehmung als sogenanntes „**Nearly Recomposable System (NRS)**" tauchen die Heterarchie bzw. die Merkmale der Heterarchie teilweise auf (vgl. Hedlund 1999). Der genaue Zusammenhang zwischen der „Selfrenewing Firm" und der „NRS-Unternehmung" einerseits und der Heterarchie andererseits bleibt jedoch leider im Dunkeln. Es würde nun zu weit führen, diese Unternehmungskonzepte hier vorzustellen. Allerdings lassen sich zwei Punkte festhalten: Zum einen scheint Hedlund auch Jahre nach seiner ersten Veröffentlichung zur Heterarchie von der Relevanz und Zukunftsträchtigkeit des Konzepts überzeugt. Zum anderen ist die Heterarchie bis heute kein klar definiertes und eindeutig abgrenzbares Unternehmungskonzept.

Hedlunds Heterarchie ist als Unternehmungstyp zu werten, dessen Merkmale in der Realität bisher erst ansatzweise verwirklicht sind. Keineswegs geklärt ist aus wissenschaftlicher bzw. wissenschaftstheoretischer Perspektive, ob die Merkmale auch in der genannten Kombination auftreten müssen.

3.3.2   Das Konzept von Doz/Prahalad

Wie bereits im Falle von Hedlund soll nun auch im Falle von Doz/Prahalad eine Beschreibung des Konzepts erfolgen (Abschnitt 3.3.2.1), um anschließend eine Diskussion des Konzepts zu ermöglichen (Abschnitt 3.3.2.2).

3.3.2.1   Darstellung des Konzepts von Doz/Prahalad

Als zweites einstufiges Konzept soll der Vorschlag von Doz/Prahalad vorgestellt werden. Coimbatore Prahalad (University of Michigan) und Yves Doz (INSEAD, früher Harvard Business School) besetzen in der Literatur den Begriff der „**Diversified Multinational Corporation (DMNC)**". Der Begriff der „DMNC" wurde sowohl von Prahalad als auch von Doz schon vor langer Zeit gebraucht. Prahalad sprach bereits 1976 und Doz 1980 von der DMNC (vgl. Prahalad 1976, Doz 1980). Allerdings werden die Merkmale der DMNC erst in einem Beitrag im Jahr 1991, der im Jahr 1993 erneut in einem Sammelband erschien, systematisch dargelegt (vgl. Doz/Prahalad 1991, 1993).

Diversified Multinational Corporations, zum Teil von den Autoren auch als **multifokale Unternehmungen** bezeichnet, unterscheiden sich von anderen Unternehmungen durch zwei Grundmerkmale: erstens durch Multidimensionalität und zweitens durch Heterogenität. Die **Multidimensionalität** resultiert vor allem aus der Vielzahl der geographischen Märkte, aus der Vielzahl der Produktlinien und aus der Unterschiedlichkeit der Aktivitäten. **Heterogenität** ist die Folge dieser Multidimensionalität: Sie ergibt sich aus den Differenzen der Märkte, Produktlinien und Geschäfte. Multidimensionalität und Heterogenität führen zu **sieben charakteristischen Merkmalen** der DMNC:

- **Strukturelle Unbestimmtheit bzw. Offenheit** (structural undeterminacy): In DMNCs kann es keine einfachen und stabilen unidimensionalen Strukturen geben. Weder Strukturen, die primär auf Zentralisierung gründen, noch Strukturen, die primär auf Dezentralisierung ausgerichtet sind, reichen für die DMNC aus.

- **Interne Differenzierung** (internal differentiation): In DMNCs gibt es keine einheitlichen Managementprozesse. DMNCs differenzieren ihre Managementprozesse zwischen unterschiedlichen Ländern, Produkten und Funktionen.

- **Integrative Optimierung** (integrative optimization): DMNCs berücksichtigen die Trade-offs, die aus der Existenz multipler Dimensionen und Prioritäten entstehen und die von den Managern auch artikuliert werden, bei der Entscheidungsfindung.

- **Intensiver Informationsaustausch** (information intensity): Sowohl formaler als auch informaler Informationsaustausch ist in DMNCs eine Quelle für Wettbewerbsvorteile. Daher kommt den Informationsflüssen strukturierende Wirkung zu. Das Informationsmanagement ist eine entscheidende Aufgabe für Top-Manager.

- **Latente Verbindungen** (latent linkages): Da die Komplexität einer DMNC es unmöglich macht, dass alle Verbindungen und Interdependenzen im voraus spezifiziert werden, müssen die Voraussetzungen dafür geschaffen werden, dass bei Bedarf sinnvolle Verbindungen für dezentralisierte, selbststrukturierende Prozesse etabliert werden können.

- **Netzwerkorganisation und verschwimmende Organisationsgrenzen** (networked organization and 'fuzzy boundaries'): DMNCs lassen sich durch interne und externe Netzwerke charakterisieren. Dies heißt: Nicht nur die Unternehmung selbst ist als Netzwerk aufzufassen. Netzwerke ergeben sich auch aus den Beziehungen der DMNCs zu Partnern, Kunden und Lieferanten.

- **Lernprozesse und Kontinuität** (learning and continuity): DMNCs stehen in einem ständigen Spannungsfeld zwischen der Notwendigkeit, bestimmte Interaktionen – auch aus Kostengründen – zu wiederholen (Kontinuität) und gleichzeitig Innovation und Wandel zuzulassen (Lernprozesse).

3.3.2.2   Diskussion des Konzepts von Doz/Prahalad

Die Ergebnisse von Doz/Prahalad basieren auf einem umfangreichen Forschungsprogramm, in dem über ein Jahrzehnt sogenannte Tiefeninterviews in mehr als zwanzig international tätigen Unternehmungen – viele von ihnen mit einer US-amerikanischen Homebase – durchgeführt wurden. In jeder dieser Unternehmungen kam es dabei zu zwanzig bis fünfzig Interviews, teils in der Muttergesellschaft, teils in den Tochtergesellschaften (vgl. Prahalad/Doz 1987, S. VI und S. 3-4). Neben ihren eigenen Studien berufen sich Doz/Prahalad auch auf Untersuchungen von Bartlett, Mathias, Ghoshal, Hamel und Hedlund, die in der gleichen Forschungstradition entstanden sind (vgl. Doz/Prahalad 1991, S. 157-158).

(1) Es überrascht nicht, dass Doz und Prahalad als **Basismerkmale** der internationalen Unternehmung **Multidimensionalität und Heterogenität** ansehen. Multidimensionalität und Heterogenität ziehen sich als Grundannahmen durch die gesamten Veröffentlichungen der Autoren während der letzten zwanzig Jahre. Prahalad sprach bereits 1976 davon, dass konfligierende Interessen und Diversität in der internationalen Unternehmung verankert seien (vgl. Prahalad 1976). Für Doz stehen internationale Unternehmungen permanent im Spannungsfeld zwischen unterschiedlichen Anforderungen. Besonders deutlich wird dies, wenn Doz betont, dass Unternehmungen um den richtigen Grad an Globalisierung und Lokalisierung ringen (vgl. Doz 1980, 1986).

(2) Ähnlich wie für Bartlett und Ghoshal spielen auch bei Doz und Prahalad die **von au-ßen**, d.h. aus der Umwelt, an die Unternehmung **herangetragenen Anforderungen** eine zentrale Rolle (vgl. Doz/Bartlett/Prahalad 1981, Hamel/Prahalad 1983, Prahalad/Doz 1987). Doz und Prahalad sprechen vom sogenannten ökonomischen Imperativ und vom sogenannten politischen Imperativ: Beide beeinflussen das Verhalten von Unternehmungen (vgl. z.B. Doz 1980, S. 27). Der **ökonomische Imperativ** zeigt sich in der Notwendigkeit, Aktivitäten weltweit möglichst stark zu integrieren, um dadurch Größenvorteile zu erzielen. Der **politische Imperativ** wird damit begründet, dass sich internationale Unternehmungen an die politischen und rechtlichen Anforderungen ihrer Gastländer anpassen müssen. Nach Doz und Prahalad werden manche Branchen und manche Unternehmungen eher vom ökonomischen Imperativ, andere eher vom politischen Imperativ bestimmt. In wieder anderen Fällen spielen beide Imperative eine gewisse Rolle. Und gerade dieser Fall scheint für die DMNC von besonderer Bedeutung, denn eine Unternehmung, die mit unterschiedlichen Geschäftsbereichen in zahlreichen Branchen operiert, muss sich auch unterschiedlichen Anforderungen – oder um mit Doz/Prahalad zu sprechen: unterschiedlichen Imperativen – stellen. So ist bei Prahalad/Doz (1987, S. 145) zu lesen: „The work of a DMNC's top management can best be described as coping with complexity and balancing the often conflicting demands for providing focus to specific businesses by differentiating the organizational and administrative context, and at the same time maintaining some semblance of uniformity and order."

(3) Wenn auch für Doz und Prahalad die Anforderungen der Umwelt ähnlich entscheidend sind wie für Bartlett und Ghoshal, so besteht doch ein wesentlicher Unterschied: Während bei Bartlett/Ghoshal die Strategie im Mittelpunkt steht, sind bei der DMNC eher **Organisationsaspekte** zentral. Es geht Doz und Prahalad bei der Charakterisierung der DMNC um Fragen der Struktur, der Prozesse, der Information, der Kommunikation und des Lernens. Hier zeigt sich erneut der Einfluss früherer Forschungsprojekte und Veröffentlichungen; denn Doz und Prahalad sind bereits seit langer Zeit an Fragen der Organisation und dabei vor allem der strategischen Steuerung von international tätigen Unternehmungen interessiert (vgl. Doz/Prahalad 1981, Prahalad/Doz 1981, Doz/Prahalad 1984). Im Zusammenhang mit der strategischen Steuerung in international tätigen Unternehmungen kommen Doz und Prahalad zu dem Schluss, dass Muttergesellschaften ihre Tochtergesellschaften umso weniger kontrollieren können, je mehr Ressourcen die Tochtergesellschaften besitzen. Für DMNCs könnte diese Aussage von besonderer Bedeutung sein; schließlich impliziert der Charakter der DMNC, dass wir eine **Vielzahl unterschiedlicher Tochtergesellschaften** finden. Je nach Tochtergesellschaft variiert damit auch die Art der Steuerung. Damit lässt sich bei Doz/Prahalad bereits ansatzweise eine Überlegung finden, die in letzter Zeit immer mehr diskutiert wird: die Überlegung, dass die Führung von Tochtergesellschaften stark von der Bedeutung der jeweiligen Tochtergesellschaften abhängt (vgl. z.B. Gupta/Govindarajan 1991, 1994). Selbstverständlich sollte bei der Frage nach der Bedeutung der Tochtergesellschaften nicht nur – wie bei Doz/Prahalad – die Zeit im Mittelpunkt stehen. Oder

anders ausgedrückt: Nicht erst mit zunehmendem Alter sind Tochtergesellschaften für ihren Unternehmungsverbund von großer Bedeutung.

(4) Kann man nun die von Doz und Prahalad vorgestellte DMNC mit einem oder mehreren der oben vorgestellten Konzepte der international tätigen Unternehmung vergleichen bzw. gleichsetzen? Es ist interessant, dass sich Prahalad/Doz – unter Verweis auf Bartlett/Ghoshal – auf die polyzentrische Netzwerkorganisation beziehen. Im Hinblick auf das Merkmal der latenten Verbindungen schreiben die Autoren explizit: „In that sense an interorganizational relation perspective may well be necessary to account for the polycentric MNCs" (Doz/Prahalad 1991, S. 147). Es scheint jedoch fraglich, ob damit eine Parallelisierung mit Bartlett/Ghoshal möglich ist, da Bartlett/Ghoshal keinen polyzentrischen Unternehmungstyp identifizierten. Ebenso gefährlich wäre es unseres Erachtens, würde man aufgrund der Wortwahl eine Verbindung zu Perlmutters polyzentrischem Unternehmungstyp vermuten. So gilt als konstitutives Merkmal der DMNC etwa die integrative Optimierung – ein Merkmal, welches der polyzentrischen Organisation Perlmutters nicht zugeschrieben werden sollte. Wir können daher festhalten, dass die DMNC in ihrer Gesamtheit für sich alleine steht. In einzelnen Merkmalen bestehen jedoch durchaus Ähnlichkeiten: So lässt sich aufgrund der Fähigkeiten, simultan verschiedenen Anforderungen gerecht zu werden (vgl. Doz/Prahalad 1991, S. 158-159), eine Nähe zur **transnationalen Organisation** Bartlett/Ghoshals ausmachen. Die Betonung des Informationsaustausches weist Parallelen zu Hedlunds **Heterarchie** auf, wo der holographische Charakter betont wurde. Auch die Bedeutung des Lernens begegnet uns nicht nur bei der DMNC, sondern sowohl bei der transnationalen Organisation als auch bei der Heterarchie.

(5) Schließlich weisen Doz/Prahalad noch darauf hin, dass sie mit ihrem Vorschlag der DMNC letztlich am **Individuum** ansetzen (wollen) und den einzelnen Manager als Untersuchungseinheit betrachten (vgl. Doz/Prahalad 1991, S. 159). Diese Aussage könnte dazu verleiten, eine gewisse Parallelität zu Perlmutters Überlegungen zu entdecken. Doch dabei ist unseres Erachtens Vorsicht angebracht: Doz/Prahalad erwähnen zwar individuelle „mind sets"; diese spielen aber keine Rolle für den Charakter der Unternehmung; vielmehr geht es darum, in der DMNC über Managementprozesse „mind sets" von Managern zu beeinflussen (vgl. Doz/Prahalad 1991, S. 159). Damit wird deutlich, dass nicht – wie bei Perlmutter – die individuellen Orientierungen Ausgangspunkt der Überlegungen sind.

(6) Handelt es sich bei der DMNC um einen **Idealtyp**, der in Zukunft anzustreben ist oder bereits um einen **Realtyp**, den wir bei international tätigen Unternehmungen antreffen? Während etwa Perlmutters geozentrischer Unternehmungstyp, Bartlett/Ghoshals transnationale Lösung oder Hedlunds Heterarchie primär als „Zukunftsentwürfe" zu werten sind, bleibt unklar, wie Doz/Prahalad's DMNC einzuordnen ist. Einen Hinweis darauf, wie der Vorschlag der DMNC zu werten ist, geben allerdings die zahlreichen Managementempfehlungen der Autoren: Diese können verdeutlichen, dass die Merkmale

der DMNC offensichtlich in den meisten Unternehmungen noch nicht (völlig) realisiert sind.

Als Fazit bleibt festzuhalten, dass die von Doz/Prahalad vorgestellte DMNC leider nur in einer einzigen Veröffentlichung systematisch charakterisiert wird. In vielen anderen Veröffentlichungen wird der Begriff der DMNC zwar gebraucht, die DMNC jedoch nicht explizit mit ihren Merkmalen beschrieben. Bis heute findet der Begriff der DMNC von den Autoren in Publikationen Verwendung (vgl. Prahalad/Oosterveld 1999, S. 31). Die DMNC stellt unseres Erachtens einen wichtigen Vorschlag dar – ein Vorschlag, der allerdings in der Gesamtheit der zahlreichen Veröffentlichungen von Doz und Prahalad etwas verschwimmt.

3.3.3 Das Konzept von White/Poynter

Nach der Heterarchie und der DMNC soll uns nun ein drittes einstufiges Konzept der international tätigen Unternehmung beschäftigen. Der Vorschlag stammt von Roderick White, Professor an der Western Business School/Ontario, und Thomas Poynter, einem Unternehmungsberater in Boston.

3.3.3.1 Darstellung des Konzepts von White/Poynter

White/Poynter stellen die „horizontale Organisation" vor (vgl. White/Poynter 1989a,b, 1990, Poynter/White 1990). Die beiden Autoren nennen **drei Kernmerkmale** der horizontalen Organisation, die Voraussetzung dafür sind, die konfligierenden Anforderungen, die an international tätige Unternehmungen gestellt werden, zu erfüllen:

- **Laterale Entscheidungsprozesse** (Entscheidungsebene): White/Poynter argumentieren, dass es – unter anderem aufgrund der Grenzen kognitiver Informationsverarbeitungskapazität sowie aufgrund von Komplexität und Unsicherheit – unrealistisch sei, von einem Entscheidungszentrum in international tätigen Unternehmungen auszugehen. Daher weist die horizontale Organisation eine Vielzahl von Ad-hoc-Kontakten, Arbeitsgruppen, Task Forces und Teams auf, um Entscheidungsprozesse zu koordinieren. Mitarbeiter aus unterschiedlichen Bereichen sollen die diversen Anforderungen in die Entscheidungsgremien „hineintragen". Laterale Entscheidungsprozesse begünstigen auch, so White/Poynter, die Produkt-, Informations- und Wissensflüsse in der international tätigen Unternehmung.

- **Horizontales Netzwerk** (Handlungsebene): Als Organisationsform der horizontalen Organisation wird die Hierarchie verworfen; an ihre Stelle tritt das horizontale Netzwerk. White/Poynter betonen, dass unterschiedliche Einheiten, ob nun funktionale Einheiten oder produktbezogene Einheiten, nicht mehr in eine vertikale Hierarchie eingebunden sind. Die Autoren schlagen stattdessen vor, dass die einzelnen Ein-

heiten je nach Situation flexibel miteinander interagieren sollen. Eine derartige Flexibilität ist gemäß White/Poynter gerade aufgrund der externen Umweltkomplexität
von Vorteil.

• **Geteilte Entscheidungsgrundlagen** (Ergebnisebene): Da in der horizontalen Organisation laterale Entscheidungsprozesse und horizontale Strukturen eine große
Rolle spielen, könnte es leicht zu anarchischen Verhältnissen kommen. Um dies zu
verhindern, ist laut White/Poynter eine gemeinsame Grundlage entscheidend. In horizontalen Unternehmungen stellt die Unternehmungskultur die Basis für ein Funktionieren dar. White/Poynter schreiben geteilten Werten und Normen daher eine große Rolle zu.

3.3.3.2   Diskussion des Konzepts von White/Poynter

White/Poynter basieren ihre Ausführungen zur horizontalen Unternehmung auf Analysen bei *Dow*, *Matsushita Electric* und *IBM*. Sie führen zudem an, dass die Ergebnisse
Teil einer breiter angelegten Studie sind, bei der über dreißig kanadische Tochtergesellschaften von vornehmlich amerikanischen Muttergesellschaften untersucht wurden.

(1) White/Poynter beginnen ihre Ausführungen mit der Aussage, dass es in der heutigen
komplexen und dynamischen Umwelt nicht mehr ausreiche, nur einen strategischen
Fokus zu verfolgen. Notwendig sei es vielmehr, verschiedene strategische Perspektiven
zu verbinden und damit ein unternehmungsspezifisches Mosaik an Strategien zusam-
menzustellen. Das Problem vieler internationaler Unternehmungen sei dabei nicht die
Strategie an sich, sondern die **organisatorische Realisierung**. Damit wird von Anfang
an deutlich, dass das Konzept White/Poynters seinen Ausgangspunkt zwar bei strategischen Anforderungen hat, primär allerdings organisatorisch ausgerichtet ist.

(2) Die **strategischen Anforderungen** sind jedoch nicht unbedeutend: White/Poynter
weisen explizit darauf hin, dass die horizontale Organisation schwierig und nur mit hohen Kosten zu realisieren sei und daher nur in Branchen angewandt werden sollte, wo
es auch darum gehe, **simultan unterschiedliche Vorteile** zu erzielen, so zum Beispiel
Kostenführervorteile und Differenzierungsvorteile (vgl. Porter 1980, 1985) oder Globalisierungsvorteile und Lokalisierungsvorteile. Wie Bartlett/Ghoshal, so sehen offensichtlich auch White/Poynter in den Anforderungen einer Branche die wesentlichen Triebkräfte für die Strategie und die sich daraus ergebende Organisation. Unternehmungsspezifische Merkmale scheinen für White/Poynter weniger bedeutend zu sein.

(3) White/Poynter stellen die horizontale Organisation zudem der vertikalen Organisation gegenüber. Anhand einiger Merkmale zeigen sie auf, wie sich die horizontale Organisation **von der vertikalen Organisation unterscheiden** lässt. Abbildung 2-19 enthält
die von White/Poynter vorgenommene Dichotomisierung der beiden Organisationsformen. Durch diese Gegenüberstellung wird betont, dass es White/Poynter vor allem um

den organisatorischen Aspekt der internationalen Unternehmung geht. White/Poynter betonen, dass die zahlreichen Einheiten der international tätigen Unternehmung – entgegen vieler vorherrschender Annahmen – nicht durch eine stark ausgeprägte vertikale Hierarchie mit allen Konsequenzen für Entscheidungen, Weisungen, Kommunikation und Information zusammengehalten werden (vgl. White/Poynter 1990, S. 98).

	Horizontal Form	Vertical Form
Coordination	Horizontal to other value adding units	Vertical through authority hierarchy
Basic organizing unit	Value adding activity	Business unit, product group, area unit, etc.
Organizational relationships	Dynamic/flexible	Static/specified
Decisions made by	International teams	Managers with formal authority
Power	Shared with	Used over
Basis for internal interactions	Market mechanism, trust, full disclosure	Plans, rules, limited disclosure

Abb. 2-19: Die horizontale Organisation im Vergleich zur vertikalen Organisation
Quelle: White/Poynter (1989a), S. 86.

(4) Ähnlich wie bei Hedlund kommt auch bei White/Poynter zum Ausdruck, dass von einer **zunehmenden Bedeutung der Tochtergesellschaften** und einer abnehmenden Bedeutung der Muttergesellschaft ausgegangen wird. Die Tochtergesellschaften werden in zahlreiche Entscheidungen eingebunden; in manche Entscheidungen sind die Muttergesellschaften sogar nicht (mehr) involviert (vgl. White/Poynter 1990, S. 101). Eine Verteilung von Verantwortlichkeiten über die gesamte Unternehmung hinweg ist für White/Poynter selbstverständlich. Damit die Unternehmung funktioniert, sind auch Informationsflüsse von Bedeutung. Daher teilen White/Poynter die Auffassung Hedlunds, dass **Informationen in der gesamten Organisation verteilt** sind und kein Monopol der einzelnen Einheiten darstellen (vgl. White/Poynter 1990, S. 103).

(5) Wie mit Hedlund, so gibt es auch Ähnlichkeiten mit Doz/Prahalad. White/Poynter betonen, dass in der horizontalen Organisation keine vordefinierten Beziehungen und Verbindungen existieren. Vielmehr stellt die horizontale Organisation ein Netzwerk dar, bei dem die **Verbindungen latent** vorhanden sind und bei Bedarf aktiviert werden können (vgl. White/Poynter 1990, S. 104). Mit dieser Einschätzung knüpfen White/Poynter an die Netzwerkdiskussion an, in der die Aktivierung latenter Beziehungen bereits seit langer Zeit eine große Rolle spielt (vgl. Kutschker/Schmid 1995, S. 20-24).

(6) White/Poynter geben auch Hinweise, wie die horizontale Organisation zu **realisieren** ist. Aufbauend auf den Ergebnissen der Fallstudien präsentieren sie Beispiele dafür, wie etwa eine gemeinsame Unternehmungskultur aufgebaut werden kann. Sie schreiben charismatischer Führung oder länderübergreifender Ausbildung besondere Bedeutung zu (vgl. White/Poynter 1990, S. 107). Auch die Rolle des Top-Managements und des Tochtergesellschaftsmanagements wird von White/Poynter angesprochen. Das Top-Management hat laut White/Poynter die Voraussetzungen dafür zu schaffen, dass die lateralen Entscheidungsprozesse auch möglich werden. Die Manager der Tochterge-sellschaften müssen davon Abstand nehmen, Informationen zu monopolisieren (vgl. White/Poynter 1990, S. 108). Für die Koordination der internationalen Unternehmung sind Kennzahlen gemäß White/Poynter nicht ausreichend. Vielmehr muss geprüft wer-den, ob die einzelnen Tochtergesellschaften ihren individuell unterschiedlichen Beitrag zum gesamten Unternehmungserfolg liefern.

Insgesamt bleibt festzuhalten, dass White/Poynters horizontale Organisation etliche Verbindungen zu den zuvor diskutieren Konzepten aufweist. Manche der Vorschläge erscheinen teilweise wenig konkret; allerdings liegt dies auch mit daran, dass es keine Patentrezepte für das Management internationaler Unternehmungen geben kann.

3.3.4   Weitere einstufige Konzepte

Neben den Konzepten von Hedlund, Doz/Prahalad und White/Poynter existieren in der Literatur noch einige weitere Vorschläge. Diese Vorschläge zeichnen sich jedoch durch einen **(sehr) engen Fokus** aus. Wir wollen die Vorschläge daher nur kurz skizzieren.

- Forsgren (1990) spricht von der **„Multi-Centre-Firm"**, um deutlich zu machen, dass es in international tätigen Unternehmungen nicht nur ein Entscheidungszentrum gibt, sondern dass Entscheidungen vielmehr mehrgipflig verteilt sind. Die Unter-nehmung kann als ein Netzwerk aufgefasst werden, in dem heterogene Einheiten miteinander in politischen Prozessen interagieren. Zentral sind für Forsgren dabei Attribute der Netzwerkaktoren und der Netzwerkbeziehungen (z.B. Wissen, Erfah-rungen, Geschichte).

- Als **„Wired MNC"**, d.h. als sogenannte verdrahtete bzw. vernetzte internationale Unternehmung, stellt Hagström (1991) einen Unternehmungstyp vor, bei dem die In-formationsflüsse zwischen den einzelnen Einheiten von großer Bedeutung sind. Aufgrund des technologischen Fortschritts lassen sich laut Hagström umfangreiche Veränderungen bei der Koordination internationaler Unternehmungen feststellen. So wird der laterale Informationsaustausch einfacher, interne Märkte funktionieren problemloser, und (Wissens-)Datenbanken sind für alle schneller zugänglich.

- Als zentrale Merkmale der **„Metanational Corporation"**, die von Doz/Asakawa/ Santos/Williamson (1997) diskutiert wird, sind verstreutes Wissen und verstreute Fähigkeiten anzusehen. Bei der Metanational Corporation gilt das Hauptinteresse der Autoren der Frage, wie Wissen und Fähigkeiten transferiert und integriert werden können.

- Ghoshal/Moran/Almeida-Costa (1995) rücken bei der **„Megacorporation"** Fragen der Koordination in den Mittelpunkt. Die Autoren vertreten die Auffassung, dass das Hauptmerkmal der „Megacorporation" der geteilte Kontext bzw. die gemeinsame Kultur ist. Anders als in transaktionskostentheoretischen Argumentationen wird nicht die Hierarchie, sondern die Sozialisation als konstitutives Charakteristikum für internationale Unternehmungen bzw. das Funktionieren von internationalen Unternehmungen angesehen.

- In der deutschsprachigen Betriebswirtschaftslehre ist zudem von der **polyzentrischen Unternehmung** die Rede. Damit wird nicht an das Sprachspiel von Perlmutter angeknüpft; vielmehr verbindet die Münchener Schule um Kirsch mit dem Begriff des Polyzentrismus eine eigene Vorstellung. Die polyzentrische Unternehmung im Sinne Kirschs ist dadurch gekennzeichnet, dass sie sowohl in zahlreiche „Felder" als auch in zahlreiche „Unternehmungsverbindungen" involviert ist (vgl. Kirsch 1996, S. 245-310, Kirsch 1998a, S. 152-157). Es gibt in polyzentrischen Unternehmungen daher nicht ein politisches System, sondern zahlreiche politische Systeme, die miteinander vernetzt bzw. gekoppelt sind. Die Münchener Schule sieht den Polyzentrismus generell als Merkmal von Unternehmungen – auch aus dem Mittelstand – an; besonders ausgeprägt ist die Existenz des Polyzentrismus jedoch in international tätigen Unternehmungen. Als konstitutiv für polyzentrische Unternehmungen gilt der sogenannte „Eigensinn" der Teileinheiten, die auch als Partialzentren bezeichnet werden (vgl. Ringlstetter 1995, v.a. S. 61-73 sowie S. 237-269 und Ringlstetter 1997, v.a. S. 9-13 und S. 278-290).

Wie lassen sich die fünf skizzierten Vorschläge im Vergleich zu den Konzepten von Hedlund, White/Poynter und Prahalad/Doz einordnen? Mit den fünf skizzierten Ansätzen werden keine umfassenden Konzepte präsentiert; vielmehr werden nur einzelne Facetten der internationalen Unternehmungstätigkeit herausgegriffen bzw. besonders beleuchtet. Am Beispiel der **„Metanational Corporation"** kann dies kurz verdeutlicht werden: In der Literatur herrscht inzwischen Einigkeit darüber, dass Fragen der verstreuten Fähigkeiten und des verstreuten Wissens in international tätigen Unternehmungen von großer Bedeutung sind (vgl. Bendt 2000, Welge/Holtbrügge 2000, im Kontext der internationalen Personalentwicklung auch Festing 1999). Der richtige Umgang mit der Genese, dem Transfer und der Integration von Wissen kann sogar zu einem zentralen Wettbewerbsvorteil werden. Allerdings gilt es zu beachten, dass der Charakter der internationalen Unternehmung keineswegs auf die Existenz und das Management weit verstreuter intangibler Assets reduziert werden sollte. Insofern erscheint es fraglich, ob mit dem Konzept der „Metanational Corporation" – wie auch mit den anderen vier genannten Konzepten (der „Multi-Centre-Firm", der „Wired MNC", der „Megacorporation" oder der polyzentrischen Unternehmung) – tatsächlich umfassende Konzepte vorliegen.

3.4   Zusammenfassende Zwischenbetrachtung der Archetypen der internationalen Unternehmung

Die in den Abschnitten 3.2 und 3.3 vorgestellten Konzepte der international tätigen Unternehmung können verdeutlichen, dass es die international tätige Unternehmung schlechthin nicht gibt. Die **mehrstufigen Konzepte** zeigen bereits in sich ganz unterschiedliche Facetten der internationalen Unternehmungstätigkeit auf. Die **einstufigen Konzepte** weisen zwar einige Überschneidungen auf, sind allerdings nicht völlig identisch (vgl. auch Böttcher 1996, S. 88). Wenn mit Abbildung 2-20 versucht wird, sowohl die mehrstufigen als auch die einstufigen Konzepte zusammenzufassen, so gilt es zu beachten, dass damit keinesfalls alle der vorher herausgearbeiteten Differenzen umfassend graphisch darstellbar sind. Zudem sollte man sich vor Augen führen, dass es gerade den Autoren der einstufigen Konzepte sehr wohl bewusst war und ist, dass es noch weit mehr Ausprägungsformen der internationalen Unternehmungstätigkeit gibt. Ihre Intention lag jedoch darin, ein – ihrer Auffassung nach – zukunftsfähiges Konzept der international tätigen Unternehmung zu präsentieren und damit auch die Absolutheit der in ihren Augen teilweise überkommenen Vorstellungen vom Funktionieren internationaler Unternehmungen zu überwinden.

Sie werden in der Literatur zum Internationalen Management auf manche Veröffentlichungen stoßen, bei denen der Eindruck entstehen könnte, dass eine Gleichsetzung der geozentrischen Unternehmung, der transnationalen Organisation, der Heterarchie, der DMNC und der horizontalen Unternehmung durchaus berechtigt sei (vgl. dazu Ghoshal/Westney 1993, S. 4). Die obige Analyse hat allerdings gezeigt, dass nicht nur Unterschiede zwischen geozentrischer Unternehmung und transnationaler Organisation als jeweils fortschrittlichste Ausprägungsformen der mehrstufigen Konzepte existieren, sondern dass auch zwischen den einstufigen Konzepten Unterschiede bestehen. Die Heterarchie, die DMNC und die horizontale Organisation weisen zwar Ähnlichkeiten untereinander und auch mit der transnationalen Organisation oder der geozentrischen Unternehmung auf; eine Gleichsetzung würde jedoch eine Simplifizierung der Konzepte darstellen.

Trotz einiger Unterschiede weisen die Konzepte eine zentrale Gemeinsamkeit auf: Gemein ist allen Konzepten vor allem die starke „Managementorientierung". Was verstehen wir unter Managementorientierung? Auf diese Frage können die nachfolgenden Ausführungen eine kurze Antwort bieten:

*   Erstens geht es allen Autoren nicht nur darum, die internationale Unternehmung anhand mehr oder weniger objektiver Kriterien, wie wir sie bei den quantitativen Betrachtungen kennen gelernt haben, zu beschreiben. Vielmehr zielen alle Autoren darauf ab, zum **Wesen der international tätigen Unternehmung** vorzudringen und damit Fragen der Organisation, der Kultur, der Strategie, der Führung, der Koordination und der Steuerung anzusprechen. Bei den Konzepten handelt es sich damit

um umfassende Vorstellungen, was die internationale Unternehmung ausmacht bzw. was sie ausmachen könnte. Wenn nach dem Charakter einer internationalen Unternehmung gefragt wird, so beinhaltet dies naturgemäß auch Fragen nach deren Management.

| Konzept | Mehrstufige Konzepte | | Einstufige Konzepte | | |
	Perlmutter	Bartlett/ Ghoshal	Hedlund	Doz/ Praha-lad	White/ Poyn-ter
Archetypen der international tätigen Unternehmung	•ethnozentrisch •polyzentrisch •geozentrisch •regiozentrisch	•international •multinational •global •transnational	Heterarchie	Diversified Multinational Corporation (DMNC)	Horizontale Organisation
Klassifikationskriterien	primär Einstellung des Managements (Erfahrungen, Erlebnisse, Werte, etc.)	•primär strategische Ausrichtung •zudem organisatorische Charakteristika und Einstellung des Managements	•primär organisatorische Charakteristika •zudem strategische Ausrichtung	sowohl strategische Ausrichtung als auch organisatorische Charakteristika	unspezifisch
Grundlage	konzeptionell	empirisch	konzeptionell	empirisch	empirisch

Abb. 2-20: Die mehrstufigen und einstufigen Konzepte der internationalen Unternehmungstätigkeit im Vergleich

Quelle: Schmid (1996), S. 41.

• Zweitens soll die internationale Unternehmung bewusst **nicht aus einer strikt ökonomischen Perspektive** betrachtet und – wie dies häufig mit Sprachspielen der Transaktionskostentheorie geschieht – reduktionistisch auf mehr oder weniger ausgeprägte Leerformeln verkürzt werden. Auch wenn in der Literatur versucht wurde, manche der oben vorgestellten Konzepte unter ökonomischer Perspektive zu reinterpretieren (vgl. Rugman/Verbeke 1992), dürfte folgende Aussage hilfreich sein: Perlmutter, Bartlett/Ghoshal, Hedlund, Doz/Prahalad und White/Poynter geht es nicht darum, eine ökonomische Erklärung für die Existenz international tätiger Unternehmungen zu finden, vielmehr geht es ihnen um eine Antwort auf die Frage, was sich in international tätigen Unternehmungen abspielt bzw. abspielen könnte. Und dabei sehen es die Autoren als notwendig und legitim an, streng ökonomische Denkfiguren zu transzendieren und auch Kategorien der Psychologie (z.B. Einstellungen) oder der Anthropologie und Soziologie (z.B. Unternehmungskultur) zu berücksichtigen.

- Drittens lässt sich auch deswegen von einer Managementorientierung sprechen, weil alle Autoren ihre **Ergebnisse in enger Interaktion mit Managern erzielt** haben. Bei den empirischen Arbeiten von Bartlett/Ghoshal, Doz/Prahalad und White/Poynter handelt es sich um Intensivfallstudien. Intensivfallstudien ermöglichen meist – wenn auch auf Kosten der Repräsentativität – ein besseres Verständnis für Managementfragen als großzahlige Fragebogenuntersuchungen. Die primär konzeptionellen Beiträge von Perlmutter und Hedlund sind von empirischen Beobachtungen und Befragungen nicht losgelöst; vielmehr ist bekannt, dass Perlmutter und Hedlund auch aus anderen Beratungsprojekten, die teilweise den Charakter der Aktionsforschung annehmen, wesentliche Impulse für ihre Vorschläge erhielten.

- Viertens kann von einer Managementorientierung die Rede sein, weil die Autoren ihren Konzepten – zumindest teilweise – **normativen Charakter** zukommen lassen. Es werden Vorschläge präsentiert, die dezidiert als Idealvorstellungen „gepriesen" werden. Die in einigen der Veröffentlichungen zu findenden Hinweise für Manager legen eindrucksvoll Zeugnis davon ab, dass die Autoren der Konzepte eine Gestaltungsaufgabe sehen und es nicht bei einer Beschreibung bewenden lassen wollen.

Nach den mehrstufigen Archetypen der internationalen Unternehmung und den einstufigen Archetypen der internationalen Unternehmung können wir uns jetzt im folgenden Abschnitt einem integrativen Konzept zuwenden, welches von uns stammt. Dieses integrative Konzept vereint **einige quantitative und qualitative Merkmale** der Internationalität. Es erhebt allerdings **nicht** den **Anspruch, alle möglichen Merkmale** der Internationalität zu berücksichtigen.

4 Ein integratives Konzept der internationalen Unternehmung

Während die mehrstufigen und einstufigen Konzepte jeweils das Ziel hatten, archetypische Formen der internationalen Unternehmung zu identifizieren, treten wir mit dem Anspruch an, einen **Bezugsrahmen** zu entwickeln, der unterschiedliche Unternehmungen abbilden kann und gleichzeitig **quantitative und qualitative Merkmale** zur Beschreibung heranzieht (vgl. erstmalig Kutschker 1994a, S. 131-141, dann Bäurle/Schmid 1994a, S. 2-14, Kutschker/Bäurle 1997, v.a. S. 104-110). Daher möchten wir bei diesem Bezugsrahmen von einem integrativen Konzept sprechen. Dieses Konzept soll zunächst dargestellt (Abschnitt 4.1) und anschließend kritisch gewürdigt werden (Abschnitt 4.2).

4.1 Darstellung des integrativen Konzepts

Unser Konzept der internationalen Unternehmung beinhaltet **drei Dimensionen**:

- Anzahl und geographisch-kulturelle Distanz der von der Unternehmung bearbeiteten Länder (Abschnitt 4.1.1),
- Art und Umfang der Wertschöpfung im Ausland (Abschnitt 4.1.2) und
- Ausmaß der Integration innerhalb der Unternehmung (Abschnitt 4.1.3).

Je stärker die drei Dimensionen ausgeprägt sind, umso internationaler ist die betrachtete Unternehmung.

Die drei Dimensionen sind keineswegs neu, sondern werden von uns als der kleinste gemeinsame Nenner unterschiedlicher Klassifikationsversuche aufgefasst. Jede der drei Dimensionen berücksichtigt Elemente von anderen, in der Literatur bereits diskutierten Konzepten und greift auf existierende theoretische Ansätze bzw. empirische Studien zurück.

4.1.1 Anzahl und geographisch-kulturelle Distanz der bearbeiteten Länder

Das Ausmaß der Internationalisierung einer Unternehmung hängt zunächst von der Anzahl der bearbeiteten Länder ab. Dabei wird davon ausgegangen, dass eine Unternehmung umso internationaler ist, in je mehr Ländern sie operiert. Auch in vielen absolut-quantitativen Betrachtungen findet die Zahl der bearbeiteten Auslandsmärkte – wie wir oben bereits erläutert haben – Berücksichtigung.

Neben der absoluten Zahl an bearbeiteten Märkten ist jedoch auch die geographisch-kulturelle Distanz der Märkte von Bedeutung. Für die Internationalität einer Unternehmung macht es einen Unterschied, ob Auslandsaktivitäten in geographisch und kulturell nahen Märkten oder aber in geographisch und kulturell weit entfernten Märkten existieren. Eine deutsche Unternehmung, die in Österreich, in der Schweiz sowie in Luxemburg und Belgien operiert, ist weniger international als eine andere Unternehmung, die in Japan und Argentinien aktiv ist. Wenn von geographisch-kultureller Distanz die Rede ist, so wird dabei zunächst die Distanz zwischen Mutterland und Gastland angesprochen. Man kann dazu für jedes Land eine Skala entwickeln, auf der die geographisch-kulturelle Distanz zu anderen Ländern abgetragen wird. Abbildung 2-21 zeigt exemplarisch eine derartige Skala.

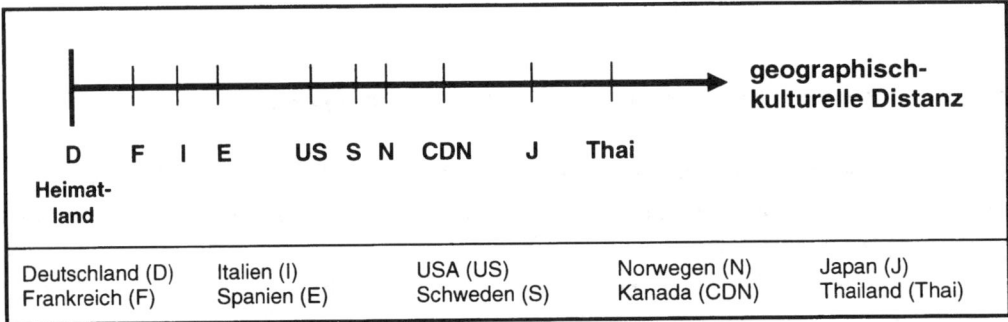

Abb. 2-21: Die erste Dimension des Internationalisierungsgebirges: Anzahl und geographisch-kulturelle Distanz der bearbeiteten Länder

Auf die Diskussion der Problematik, dass die **geographische Distanz keineswegs mit der kulturellen Distanz übereinstimmen muss**, soll an dieser Stelle verzichtet werden. Wir werden innerhalb unserer Ausführungen zur Kultur feststellen, dass auch benachbarte Länder vergleichsweise große kulturelle Distanzen aufweisen können, während geographisch weiter entferntere Länder nicht zwingend auch eine große kulturelle Distanz mit sich bringen (→ Abschnitt 3 in Kapitel 5).

An dieser Stelle soll der Hinweis genügen, dass die **geographische Distanz** zwischen Heimatmarkt und Gastmarkt einerseits und den unterschiedlichen Gastmärkten andererseits vergleichsweise einfach bestimmt werden kann. Auch die **kulturelle Distanz** scheint auf den ersten Blick relativ unproblematisch: Um die kulturelle Distanz zu ermitteln, kann auf eine Vielzahl von Studien zurückgegriffen werden, welche die kulturellen Unterschiede zwischen Ländern und Gesellschaften demonstrieren (vgl. Kogut/Singh 1988). Dass allerdings bereits die kulturelle Distanz als Konstrukt nicht unproblematisch ist, soll durch einige kurze Hinweise verdeutlicht werden (vgl. auch Schmid 1996, S. 276-288): Zu beachten gilt es zunächst, dass es eine absolute kulturelle Distanz zwischen Ländern wohl kaum gibt. Kulturelle Distanzen sind immer relativ, da sie im Zeitablauf variieren, bewusst durch Lernen oder Erfahrungen verändert werden können und zudem von der Wahrnehmung abhängig und damit subjektiv sind. Darüber hinaus reicht es nicht aus, die kulturelle Distanz zwischen Mutterland und Gastland zu bestimmen. Von Relevanz ist in vielen Fällen auch die kulturelle Distanz zwischen den Gastländern untereinander. Man denke an eine deutsche Unternehmung, die den kanadischen Markt nicht von Deutschland, sondern von den USA aus bearbeitet. In diesem Fall gilt die USA als Brückenkopf. Es ist dann auch stärker die kulturelle Distanz zwischen den USA und Kanada als die kulturelle Distanz zwischen Deutschland und Kanada, die Bedeutung erlangt.

Diese erste Dimension, Anzahl und geographisch-kulturelle Distanz der bearbeiteten Länder, kann eine internationale Unternehmung allerdings nicht erschöpfend charakterisieren. Wir werden deshalb auf eine zweite Dimension eingehen.

4.1.2   Art und Umfang der Wertschöpfung

Das Ausmaß der Internationalisierung wird zudem durch die Art und das Ausmaß der im Ausland erzielten Wertschöpfung beeinflusst. Was kann man sich unter „Art und Ausmaß der Wertschöpfung" vorstellen? Wir können uns gedanklich vor Augen führen, dass die internationale Unternehmung **in jedem Auslandsmarkt eine eigene Wertkette** aufweist. Folglich erhalten wir so viele Wertketten wie Länder, in denen die internationale Unternehmung operiert. Diese Wertketten zeigen, welche Wertschöpfungsaktivitäten von der Unternehmung im jeweiligen Auslandsmarkt erbracht werden. Das Spektrum der **primären Wertschöpfungsaktivitäten** reicht dabei vom Einkauf über Forschung & Entwicklung, Produktion und Logistik bis hin zum Verkauf. Neben den primären Wertschöpfungsaktivitäten finden wir in jeder Unternehmung noch **sekundäre, unterstützende Wertschöpfungsaktivitäten** wie etwa Personalmanagement, Rechnungswesen oder Controlling. Die einzelnen Wertschöpfungsaktivitäten können in jedem der bearbeiteten Auslandsmärkte in unterschiedlichem Umfang vorhanden sein und in manchen Fällen ganz entfallen. Art und Umfang der Wertschöpfung hängen dabei vor allem davon ab, welche Form der Auslandsmarktbearbeitung gewählt wird. Die Wertschöpfung im Ausland variiert, je nachdem ob es sich um Lizenzierung, Export, Franchising, Joint Ventures, Strategische Allianzen, Verkaufsniederlassungen oder Produktionsgesellschaften handelt. Wir werden in Abschnitt 2 in Kapitel 6 ausführlich auf die unterschiedlichen Formen der Auslandsmarktbearbeitung eingehen. An dieser Stelle wollen wir vereinfachend festhalten, dass die Auslandswertschöpfung bei Export und Lizenzierung vergleichsweise niedrig ausfällt, während sie bei Produktionsgesellschaften meist sehr hoch ist (vgl. Bäurle/Schmid 1994a, S. 4-9).

Eine Unternehmung gilt nun als umso internationaler, je mehr Wertschöpfung im Ausland erbracht wird und je variantenreicher die Wertschöpfung im Ausland ist. Dies heißt:

Eine internationale Unternehmung, die Auslandsmärkte nur über Export bearbeitet, weist eine geringere Internationalität auf als eine Unternehmung, die in denselben Märkten vollständige Produktionsgesellschaften unterhält – Produktionsgesellschaften, die häufig darüber hinaus auch Einkaufs-, Forschungs- und Entwicklungs- sowie Verkaufsaktivitäten durchführen.

Wenn wir die erste Dimension der geographisch-kulturellen Distanz mit der zweiten Dimension der Wertschöpfung verknüpfen, so erhalten wir eine zweidimensionale Darstellung, die der **Porterschen Konfigurationsmatrix** ähnlich ist (vgl. Porter 1989, S. 27, → zum Konfigurationsverständnis Abschnitt 5.1.1 in Kapitel 6). In Abbildung 2-22 sind zwei typische Unternehmungskonfigurationen dargestellt.

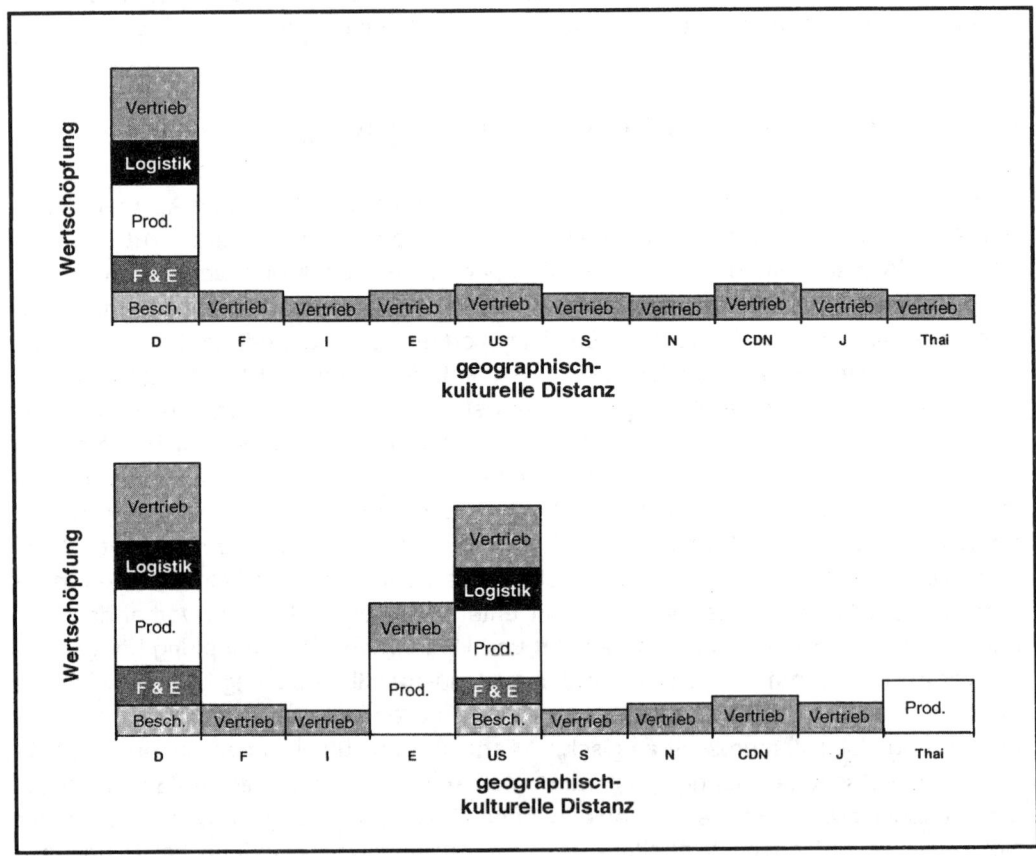

Abb. 2-22: Die zweite Dimension des Internationalisierungsgebirges: Wertschöpfung

Zu beachten ist jedoch, dass die Unterschiede hinsichtlich der geographisch-kulturellen Distanz in Abbildung 2-22 aus Vereinfachungsgründen äquidistant eingezeichnet wurden. Während in Abbildung 2-22 die erste Unternehmung primär exportorientiert ist und eine vergleichsweise geringe Internationalität aufweist, zeichnet sich die zweite Unternehmung einerseits durch eine höhere Wertschöpfung und andererseits auch durch eine variantenreichere Wertschöpfung im Ausland aus. Hinsichtlich der Wertschöpfungsdimension gilt die zweite Unternehmung daher im Vergleich zur ersten Unternehmung als internationaler. Mit der Dimension „Art und Umfang der Wertschöpfung" haben wir unsere zweite Internationalisierungsdimension kennen gelernt. Wir können uns nun der dritten Dimension zuwenden.

4.1.3   Integration der internationalen Unternehmung

Als dritte Dimension führen wir die Integration innerhalb der internationalen Unternehmung ein. Die weltweit verteilten Aktivitäten einer internationalen Unternehmung können stark oder schwach integriert sein. Wir machen das Ausmaß der Integration an **vier Faktoren** fest: (1) Intensität des unternehmungsinternen Ressourcenflusses, (2) Anzahl von Abstimmungspartnern und Intensität der Abstimmungsaktivitäten, (3) Ausmaß der eingebauten Flexibilität und (4) Ausprägung gemeinsamer Kontexte. Wir gehen dabei zunächst vereinfachend davon aus, dass eine stark integrierte Unternehmung als internationaler einzustufen ist als eine schwach integrierte Unternehmung. Wir wollen die einzelnen Aspekte noch weiter erläutern:

(1) Intensität des unternehmungsinternen Ressourcenflusses: Die Integration der internationalen Unternehmung nimmt zunächst mit der Intensität des unternehmungsinternen Austausches an Waren und Dienstleistungen zwischen Mutter- und Tochtergesellschaften und innerhalb der Gesamtheit der Tochtergesellschaften bzw. Auslandseinheiten zu. Waren- und Dienstleistungsflüsse können entweder gepoolt, sequentiell oder reziprok-interdependent erfolgen (➔ zu gepoolten, sequentiellen und reziprok-interdependenten Beziehungen Abschnitt 6.2.2 in Kapitel 6). Die reziproke Interdependenz von Waren- und Dienstleistungsströmen gilt dabei als die höchste Stufe der Internationalität. Obwohl in den meisten Unternehmungen Waren und Dienstleistungen die größte Bedeutung haben, kann man prinzipiell auch den Fluss an weiteren Ressourcen, wie etwa an Kapital, Informationen, Personal oder Macht, berücksichtigen (vgl. Pausenberger/Glaum 1993a, Randøy/Li 1998). Dies heißt: Je stärker die Flüsse an Ressourcen und je größer die Interdependenz, umso stärker sind die Teileinheiten einer international tätigen Unternehmung miteinander verflochten (vgl. zu weiteren Dimensionen des unternehmungsinternen Ressourcenflusses Schmid/Schurig/Kutschker 2000).

(2) Anzahl von Abstimmungspartnern und Intensität der Abstimmungsaktivitäten: Die Integration ist hoch, wenn sich Mitarbeiter der verschiedenen Landesgesellschaften untereinander und mit Angehörigen der Muttergesellschaft in ihrem Verhalten abstimmen. Je zahlreicher die Abstimmungspartner und je intensiver diese Abstimmungsaktivitäten sind, umso stärker ist der Gesamtverbund integriert und umso größer ist die

Internationalität. Persönlich-direkte Abstimmung durch Auslandsbesuche, grenzüberschreitende Projektgruppen oder internationale Workshops und Konferenzen dürften
dabei in der Regel ein Zeichen für eine größere Internationalität sein als persönlich-indi-
rekte Abstimmung über Telefongespräche oder Videokonferenzen sowie schriftliche
Abstimmung über Brief- oder Faxverkehr. Die Abstimmung variiert in Abhängigkeit der
betrachteten Ressourcenflüsse. So erfolgen die Abstimmungen der Kapitalflüsse auf
andere Art und Weise als die Abstimmungen der Waren- und Dienstleistungsflüsse. Für
Waren- und Dienstleistungsflüsse stehen beispielsweise Materialwirtschaftssysteme zur
Verfügung, während im Bereich der Kapitalflüsse Cash-Management-Systeme Abstim-
mungsaufgaben erfüllen können (vgl. zu Cash-Management-Systemen z.B. Pausen-
berger/Glaum/Johansson 1995). Dass zwischen Waren- und Dienstleistungsströmen
einerseits und Kapitalströmen andererseits auch zahlreiche Interdependenzen bestehen, die zu Abstimmungszwängen führen, wird beispielsweise anhand der Aktivitäten
des Wechselkursmanagements deutlich (vgl. z.B. Fastrich/Hepp 1991, Glaum/Roth
1993, Stocker 1997, v.a. S. 191-299, Sperber/Sprink 1999, S. 209-237).

(3) Ausmaß der eingebauten Flexibilität: Integration steigt ferner mit zunehmender
eingebauter Flexibilität. Unter der eingebauten Flexibilität versteht man die Fähigkeit
einer Unternehmung, flexibel auf politisch, technologisch oder marktlich induzierte neue
Anforderungen zu reagieren. Um eine schnelle Reaktion zu erlauben, müssen Infrastruktur, Managementsysteme und Technologien in den einzelnen Teileinheiten der Unternehmung aufeinander abgestimmt sein. Nur auf diese Weise werden Produktionsverlagerungen, Informationsaustausch, Finanzarbitrage oder Just-in-Time-Produktion
ermöglicht. Die eingebaute Flexibilität ist beispielsweise Voraussetzung dafür, dass eine
international tätige Unternehmung Arbitrage- und Leveragestrategien anwenden kann
(vgl. Kogut 1985a,b). Arbitrage- und Leveragestrategien werden wir später noch ausführlicher vorstellen (→ Abschnitt 6.3.1.3 in Kapitel 6).

(4) Ausprägung gemeinsamer Kontexte: Eine hohe Integration wird durch die Ausprägung gemeinsamer Kontexte deutlich erleichtert. Gemeinsame Kontexte liegen bei
einer starken Koorientierung der Aktoren einer Unternehmung vor. Gemeinhin könnte
man eine Homogenität der Tiefenstrukturen als Indiz für eine hohe Integration ansehen
(→ Abschnitt 2.2 in Kapitel 5); dies muss allerdings bezweifelt werden, da die Akzeptanz
der Heterogenität eine Weiterentwicklung im Sinne höherer Fortschrittsfähigkeit implizieren kann (vgl. Schmid 1996, → Abschnitt 5.2 in Kapitel 5).

Kombiniert man die drei Dimensionen der Internationalität, so besitzt jede Unternehmung einen **„individuellen Fingerabdruck"**, der in Abbildung 2-23 für eine fiktive Unternehmung dargestellt wird. Dieser individuelle Fingerabdruck kann auch als „Internationalisierungsgebirge" bezeichnet werden. Die Topographie des Internationalisierungsgebirges zeigt, dass unterschiedliche Wertschöpfungssegmente in unterschiedlichen
Ländern unterschiedlich stark integriert sein können. Die drei Dimensionen stehen – wie
man erkennen kann – durchaus in einer zeitlichen Logik: eine Internationalisierung hin-

sichtlich der dritten Dimension ist erst möglich, wenn Internationalisierung hinsichtlich der ersten beiden Dimensionen erfolgt ist.

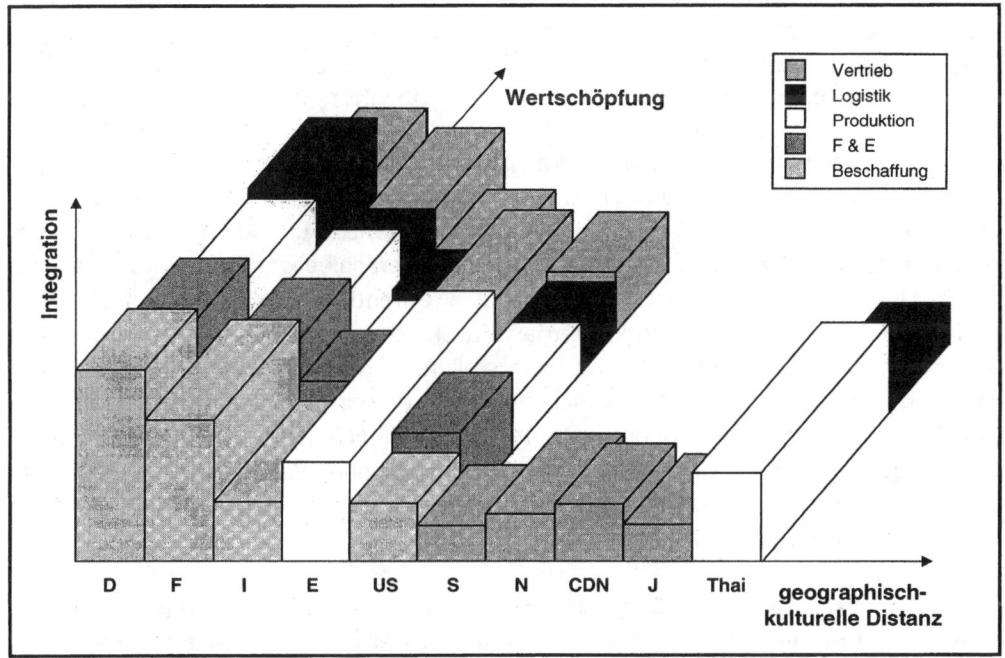

Abb. 2-23: Das dreidimensionale Internationalisierungsgebirge

Zusätzlich wollen wir nun eine weitere – gleichsam versteckte – Dimension betrachten: Man kann davon ausgehen, dass das Gebirge im Lauf der Zeit seine Topographie verändert. Meistens wird implizit angenommen, dass die **Internationalität im Zeitablauf** zunimmt. Es ist aber durchaus auch denkbar, dass eine Unternehmung ihre Internationalität hinsichtlich einer oder mehrerer Dimensionen reduziert. Innerhalb der Zeitdimension wird zudem die Geschwindigkeit der Internationalisierung betrachtet. Man kann sich dabei vorstellen, dass sich die Topographie des Gebirges eher langsam oder eher schnell verändert. Diese **dynamische Dimension** soll wieder aufgegriffen werden, wenn wir deren bewusste Gestaltung im Rahmen der Strategien der Internationalisierung ansprechen und im Anschluss daran deren Entwicklung betrachten (→ Kapitel 6 und 7).

4.2   Diskussion des integrativen Konzepts

Wie kann man nun das Internationalisierungsgebirge mit den archetypischen Konzepten der internationalen Unternehmung vergleichen? Das Internationalisierungsgebirge weist gegenüber den klassischen und in der Literatur viel zitierten Konzepten einige Unterschiede auf. Zunächst stellen wir darauf ab, eher **Realtypen** als einen oder mehrere Archetypen der international tätigen Unternehmung abzubilden.

(1) Das Internationalisierungsgebirge ermöglicht es, eine **Vielzahl unterschiedlicher Topographien** darzustellen. Wir schränken also die international tätige Unternehmung nicht auf spezifische Typen ein, sondern lassen eine nahezu unbegrenzte Zahl an Ausprägungen zu. Gleichzeitig werden dadurch auch unterschiedliche Formen der internationalen Unternehmungstätigkeit berücksichtigt. Während gerade die einstufigen Konzepte jeweils nur die bereits stark internationalisierten, nahezu weltweit aktiven Konzerne in den Mittelpunkt der Betrachtungen stellen, wird von uns als Erkenntnisobjekt auch eine erst schwach internationalisierte Unternehmung berücksichtigt. Unternehmungen, die die Charakteristika der Heterarchie, der DMNC, der horizontalen Organisation, der geozentrischen Unternehmung oder der transnationalen Organisation nicht aufweisen, lassen sich vom Internationalisierungsgebirge genauso abbilden wie stark internationalisierte Unternehmungen.

(2) Weiterhin zeigt das Internationalisierungsgebirge stärker als viele andere Konzepte das **Ausmaß und den Charakter der Internationalisierung** auf. Bereits die ersten beiden Dimensionen gehen über die Konfigurationsbetrachtung von Porter, bei der lediglich festgelegt wird, in welchen Ländern welche Wertschöpfungssegmente vorhanden sind (vgl. Porter 1989, v.a. S. 27), in mehrfacher Weise hinaus: Erstens werden nicht nur Erstinvestitionen, sondern auch Folgeinvestitionen abgebildet, welche die Wertschöpfung vertiefen oder verbreiten. Zweitens kann im Internationalisierungsgebirge auch der Umfang der Wertschöpfung graphisch visualisiert und damit in seiner Bedeutung herausgestellt werden. Und drittens lassen sich, wie bereits oben erwähnt, neben Direktinvestitionen in Form von Vertriebs- oder Produktionsgesellschaften prinzipiell auch andere Marktbearbeitungsformen in die Betrachtung integrieren (vgl. Bäurle/Schmid 1994a, S. 9-10).

(3) Das Internationalisierungsgebirge gibt aber nicht nur einen Eindruck vom Ausmaß der Internationalität, sondern auch von der **Stoßrichtung der Internationalisierung**. Die Topographie des Gebirges kann nämlich zeigen, ob eine Unternehmung primär entlang der ersten oder primär entlang der zweiten Dimension internationalisiert oder ob sie vor allem auf die Integration hinsichtlich der dritten Dimension abstellt. Von manchen Wissenschaftlern wird eine Internationalisierung hinsichtlich der ersten beiden Dimensionen nur als „Internationalisierung ersten Grades" bezeichnet, während die sogenannte „Internationalisierung zweiten Grades" dann vorliegt, wenn eine Unternehmung auch verstärkt Integrationsaktivitäten ergreift und damit die dritte Dimension berührt (vgl.

Forsgren/Holm/Johanson 1992, Holm 1994, → unsere Ausführungen in Abschnitt 5.1 in diesem Kapitel).

(4) Das Internationalisierungsgebirge versucht darüber hinaus, den Monismus anderer Konzepte zu überwinden. Es wird eben nicht nur ein Merkmal der Internationalität in den Mittelpunkt gestellt. Einseitige Aussagen wie die von Schmidt, nach denen der Auslandsanteil an der Wertschöpfung besser als andere Maße die im Ausland erbrachte Leistung wiedergibt (vgl. Schmidt 1981, S. 59), werden dadurch relativiert, dass eine **Vielzahl von Kriterien** zur Bestimmung der Internationalität gemeinsam herangezogen werden.

(5) Das Internationalisierungsgebirge ist ein Vorschlag, wie Unternehmungen bzw. Geschäftsfelder oder Geschäftsbereiche von Unternehmungen selbst ihre eigene **Ist-Situation** visuell darstellen können. Es bietet sich auch an, um eine mögliche **Soll-Situation** für die Zukunft zu veranschaulichen. Damit lassen sich Schritte entwickeln, wie man von der aktuellen Situation die Zukunftssituation erreichen kann und welche Strategien und Maßnahmen dazu notwendig sind.

Natürlich hat das Internationalisierungsgebirge – wie jeder Vorschlag – Grenzen. Aus diesem Grund wollen wir auch die **Einschränkungen**, die mit dem Internationalisierungsgebirge verbunden sind, nicht unerwähnt lassen:

(1) Strikt quantitativ ausgerichtete Wissenschaftler werden zunächst einwenden, dass wir **keine Operationalisierungen für die Messung des Internationalisierungsgrades** angeben. Sie werden argumentieren, dass man sowohl für die geographisch-kulturelle Distanz als auch für das Ausmaß der Wertschöpfung und den Umfang der Integration exakte Messungen vornehmen müsste. Man sollte sich aber vor Augen halten, dass mit dem Konzept des Internationalisierungsgebirges nicht die Messung des Internationalisierungsgrades verbunden ist. Wir wollen mit dem Internationalisierungsgebirge einen komplexen Sachverhalt anschaulich darstellen und die Internationalisierung im Sinne eines Denkmodells auf ihre drei Basisdimensionen zurückführen. Unsere Skepsis gegenüber einer Quantifizierung der Internationalisierungsdimensionen – und damit die Begründung für die Intention unseres Gebirges – hängt mit unserer bereits artikulierten Kritik an der quantitativen Messung der Internationalität zusammen (→ Abschnitt 2.3 in diesem Kapitel).

(2) Darüber hinaus bleibt im Internationalisierungsgebirge die **Gewichtung der einzelnen Dimensionen und deren Zusammenhang zur Internationalität** verborgen. Trägt eine Weiterentwicklung hinsichtlich der ersten Dimension stärker zur Internationalisierung bei als eine Vertiefung der Wertschöpfung hinsichtlich der zweiten Dimension oder eine Stärkung der Integration? Welche Bedeutung kommt der Integration zu? Besteht überhaupt ein Zusammenhang zwischen starker Integration und hoher Internationalität? Oder anders gefragt: Bedeutet starke Integration nicht häufig auch „Gleichmacherei",

„Ignoranz von Differenz" oder mangelnde Berücksichtigung lokaler Besonderheiten (vgl. ähnlich Kirsch/Baumgarten/Klemm/Meier 1997, S. 3-4)? Wäre damit nicht in manchen Fällen eine mittlere Integration ein Zeichen dafür, dass eine international tätige Unternehmung fortschrittlich ist („so viel Integration wie nötig, so wenig Integration wie möglich")?

(3) Genauso wie die Gewichtung der Dimensionen ist auch der **Beitrag unterschiedlicher Marktbearbeitungsformen zur Internationalität** nicht geklärt. Prinzipiell ist es zwar möglich, unterschiedliche Marktbearbeitungsformen zu berücksichtigen, aber fraglich bleibt, in welchem Maße vor allem hybride Organisationsformen zur Internationalität einer Unternehmung beitragen (vgl. Bäurle/Schmid 1994a, v.a. S. 8-9). Welchem Kooperationspartner wird welcher Wertschöpfungsanteil zugerechnet? Sind strategische Allianzen im Vergleich zu Franchisesystemen als stärkere Form der Internationalisierung anzusehen? Ist die Internationalisierung von Wertschöpfungssegmenten wie Produktion oder Vertrieb bedeutender als die Internationalisierung der Forschung und Entwicklung oder des Einkaufs? Fragen wie diese bleiben zum heutigen Zeitpunkt noch offen und verlangen sicherlich eine weitere Diskussion.

(4) Bei weiteren Verfeinerungen könnte man berücksichtigen, dass selbst ein bestimmtes **Wertschöpfungssegment** in einem bestimmten Land **keinen monolithischen Block** darstellt. So tragen gerade in großen Unternehmungen verschiedene Aktivitäten zu einem Wertschöpfungssegment bei, die unterschiedlichen Charakter haben und auch unterschiedlich integriert sein können. Wir schlagen daher vor, das **Internationalisierungsgebirge** nicht für den gesamten Konzern zu betrachten, sondern **für einzelne Geschäftsfelder** oder Sparten zu differenzieren.

Die meisten internationalen Unternehmungen haben in einigen Auslandsmärkten mehrere, unter Umständen auch sehr unterschiedliche Aktivitäten. Am Beispiel der im US-amerikanischen Markt von *Honda* durchgeführten Aktivitäten, die in Textbox 2-11 dargestellt sind, kann dies verdeutlicht werden. Es wäre zwar möglich, für jede einzelne Aktivität einer Unternehmung in einem bestimmten Ländermarkt eine eigene Wertkette abzubilden. Wie schwierig dies ist, wird allerdings am Beispiel von *Honda* deutlich. Deshalb haben wir im Internationalisierungsgebirge eine starke Vereinfachung vorgenommen und so getan, als gäbe es in jedem Land nur eine einzige Wertkette. Anders ausgedrückt: Aus Gründen der Vereinfachung haben wir in Abbildung 2-23 darauf verzichtet, mehrere Aktivitäten einer Unternehmung separat darzustellen. Vielmehr sind in Abbildung 2-23 alle Wertschöpfungsaktivitäten, die eine Unternehmung in einem bestimmten Land aufweist, in einer Wertkette vereint.

(5) Ebenso könnte man analytisch **operative Aktivitäten und Managementaktivitäten unterscheiden**. Diese Trennung trägt der Tatsache Rechnung, dass in vielen Fällen operative Aktivitäten und Managementaktivitäten – selbst innerhalb eines Geschäfts-

feldes oder einer Sparte – unterschiedlich integriert sein können und sich damit im Internationalisierungsgebirge durch unterschiedlich hohe „Blöcke" niederschlagen.

Textbox 2-11: Die Varietät von Wertschöpfungsaktivitäten im Ausland

Das Beispiel von Honda in den USA

Honda führt in den USA ganz unterschiedliche Aktivitäten durch. In East Liberty/Ohio werden Automobile produziert, in Marysville/Ohio Motorräder und Automobile sowie in Anna/Ohio Motoren. Alle diese Aktivitäten werden unter dem Dach der „*Honda* of America Manufacturing" zusammengefasst. „*Honda* Power Equipment Manufacturing" produziert in Swepsonville, North Carolina sogenannte „Power Products" wie Rasenmäher, Wasserpumpen oder Generatoren. Doch die japanische Muttergesellschaft hat in den USA noch eine Vielzahl weiterer Tochtergesellschaften, deren Geschäftsfelder und Aktivitäten nachfolgend kurz vorgestellt sind:

Company	Business Lines				Functions
	Motor-cycles	Auto-mobiles	Financial Services	Power Products & Other Business	
American Honda Motor Co., Inc.	●	●		●	Sales
Honda North America, Inc.	●	●	●	●	Coordination of subsidiaries' operations
Honda of America Manufacturing, Inc.	●	●			Manufacturing
American Honda Finance Corporation			●		Finance
Honda Manufacturing of Alabama, LLC		●			Manufacturing
Honda of South Carolina Mfg., Inc.	●				Manufacturing
Honda Transmission Mfg. of America, Inc.		●			Manufacturing
Honda Precision Parts of Georgia, LLC		●			Manufacturing
Honda Power Equipment Mfg., Inc.		●		●	Manufacturing
Honda R&D Americas, Inc.	●	●		●	Research & development
Cardington Yutaka Technologies Inc.	●	●			Manufacturing
Celina Aluminum Precision Technology Inc.		●			Manufacturing
Honda Trading America Corporation	●	●		●	Others (Trading)
Honda Engineering North America, Inc.	●	●		●	Manufacturing, sales and development

Quelle:
Geschäftsbericht der Honda Motor Co. für das Jahr 2007, v.a. S. 127-128.

Kehren wir zum Internationalisierungsgebirge zurück: Das Internationalisierungsgebirge stellt die international tätige Unternehmung als „**Entität**" in den Mittelpunkt der Betrachtungen. Es beschränkt sich weder auf einzelne Funktionalbereiche oder gar auf einzelne Produkte oder Marken noch auf die Orientierung einer Branche. Aber es berücksichtigt, dass die Internationalität in diesen Betrachtungsebenen unterschiedlich ausgeprägt sein kann. Diese Differenzierung der Ebenen könnte unter Umständen auch ein möglicher Anhaltspunkt sein, um die Unterschiede zwischen Globalisierung, Zentralisierung und Standardisierung bzw. zwischen Lokalisierung, Dezentralisierung und Differenzierung genauer unter die Lupe zu nehmen. Die Literatur geht meist von einer Parallelität innerhalb der beiden Begriffsgruppen aus (vgl. z.B. Levitt 1983), kann damit aber der Realität nicht immer gerecht werden. Eine tiefere Diskussion dieses Problems soll aber nicht Ziel dieser Ausführungen sein. Der Hinweis zeigt lediglich auf, dass hier durchaus noch weiterer Forschungsbedarf besteht, der gerade an der differenzierten Betrachtung der internationalen Unternehmung ansetzen könnte.

Zusammenfassend lässt sich feststellen, dass eine reichhaltige Literatur zur internationalen Unternehmung existiert. Die obige Synopsis der archetypischen Modelle der internationalen Unternehmung soll nun in Abbildung 2-24 auch noch graphisch um das Internationalisierungsgebirge erweitert werden.

Konzept	Mehrstufige Konzepte		Einstufige Konzepte			Integratives Konzept
	Perlmutter	Bartlett/Ghoshal	Hedlund	Doz/Prahalad	White/Poynter	
Archetypen der international tätigen Unternehmung	• ethnozentrisch • polyzentrisch • geozentrisch • regiozentrisch	• international • multinational • global • transnational	Heterarchie	Diversified Multinational Corporation (DMNC)	Horizontale Organisation	—
Klassifikationskriterien	primär Einstellung des Managements (Erfahrungen, Erlebnisse, Werte, etc.)	• primär strategische Ausrichtung • zudem organisatorische Charakteristika und Einstellung des Managements	• primär organisatorische Charakteristika • zudem strategische Ausrichtung	sowohl strategische Ausrichtung als auch organisatorische Charakteristika	unspezifisch	• Anzahl und geographisch-kulturelle Distanz der bearbeiteten Länder • Art und Umfang der Wertschöpfung • Integration • Zeit
Grundlage	konzeptionell	empirisch	konzeptionell	empirisch	empirisch	konzeptionell

Abb. 2-24: Synopsis der archetypischen Konzepte der internationalen Unternehmungstätigkeit und des Internationalisierungsgebirges

Quelle: Schmid (1996), S. 50.

5   Tochtergesellschaften in der internationalen Unternehmung

Nachdem wir uns ausführlich mit internationalen Unternehmungen beschäftigt haben, wollen wir nun Tochtergesellschaften näher betrachten. Dahinter steht die Erkenntnis, dass **Tochtergesellschaften** – im Vergleich zur Muttergesellschaft – **zunehmend wichtiger** werden und immer höhere Anteile an Umsatz, Gewinn oder Deckungsbeitrag erwirtschaften. Mit einigen einleitenden Überlegungen verdeutlichen wir, dass Tochtergesellschaften in internationalen Unternehmungen zahlreiche Rollen einnehmen können (Abschnitt 5.1). Wir diskutieren mehrere Alternativen zur Bildung von Rollentypologien, um Ihnen die Vielfalt möglicher Aufgaben von Tochtergesellschaften aufzuzeigen (Abschnitte 5.2, 5.3 und 5.4). Abschließend werden die Rollentypologien einer kritischen Würdigung unterzogen (Abschnitt 5.5). Damit geben wir gleichzeitig einen kurzen Einblick in ein Forschungsfeld, mit dem wir uns seit einiger Zeit intensiv befassen (vgl. Schmid/Bäurle/Kutschker 1998, Schmid/Kutschker 2003, Schmid 2004b).

5.1   Einleitende Überlegungen zur zunehmenden Bedeutung von Tochtergesellschaften

Lange Zeit dominierte in der Wissenschaftsdisziplin Internationales Management eine Sichtweise, welche die Muttergesellschaft international tätiger Unternehmungen als Zentrum, die ausländischen Tochtergesellschaften dagegen allesamt als Peripherie betrachtete. Diese Sichtweise, die die Muttergesellschaft in den Vordergrund rückte, entsprach zumindest in den sechziger und siebziger Jahren noch weitgehend der innerhalb von Unternehmungen vorzufindenden Praxis. Spätestens seit Ende der achtziger Jahre sind jedoch in der Unternehmungspraxis deutliche Veränderungen zu erkennen. Immer mehr international tätige Unternehmungen bilden **multizentrische Strukturen** aus (vgl. Forsgren 1990, Forsgren/Johanson 1992), innerhalb derer die einzelnen Tochtergesellschaften ihren „Peripheriecharakter" zumindest teilweise verlieren. Viele international tätige Unternehmungen erkannten, dass Tochtergesellschaften ganz unterschiedliche Rollen wahrnehmen und in einigen Fällen sogar zu Zentren innerhalb des Unternehmungsverbundes werden können (vgl. Holm 1994). Die Unternehmungen, die ihre Tochtergesellschaften immer noch ausschließlich streng hierarchisch und stark zentralisiert vom Stammhaus aus führen und der Gesamtheit ihrer Tochtergesellschaften nur (und ohne Ausnahme) die Rolle des „Befehlsempfängers" zukommen lassen, sehen sich zunehmend mit großen Problemen konfrontiert. So wird den amerikanischen Automobilherstellern *General Motors* und *Ford* inzwischen bewusst, dass sie bei der Führung ihrer deutschen Tochtergesellschaften in den letzten Jahren zu „straffe Zügel anlegten" und durch ihre einseitige „Zentrum-Peripherie-Betrachtung" die Potentiale für die Gesamtunternehmung einschränkten.

Ein wesentlicher Grund für die Notwendigkeit einer Abkehr von der „Zentrum-Peripherie-Betrachtung" liegt unseres Erachtens bereits darin, dass Tochtergesellschaften allein aufgrund der von ihnen erbrachten **Geschäftsvolumina** gegenüber der Muttergesellschaft an Bedeutung gewinnen. Dies zeigt sich an den quantitativen Merkmalen, an denen Internationalität häufig festgemacht wird: In vielen Unternehmungen wird von der Gesamtheit der Tochtergesellschaften inzwischen ein höherer Umsatz erzielt als von der Muttergesellschaft, und die Beschäftigtenzahlen im Ausland übersteigen in einigen international tätigen Unternehmungen die Beschäftigtenzahlen im Inland deutlich (→ Textbox 2-1 zum „Internationalisierungsportrait" von *Siemens* sowie Abbildung 2-6 zu Auslandsquoten ausgewählter Unternehmungen). Doch nicht nur Umsatz und Beschäftigtenzahlen, die in der Managementliteratur als quantitative Merkmale zur Messung der **„Internationalisierung ersten Grades"** herangezogen werden, weisen auf eine veränderte Situation hin.

Noch wichtiger sind die qualitativen Veränderungen, die man in der Praxis erkennen kann: Immer mehr Unternehmungen sehen in ihren Tochtergesellschaften im Ausland mehr als nur „verlängerte Werkbanken", mehr als nur „billige Produktionsstätten" oder mehr als nur „Vertriebsgesellschaften für veraltete Produkte". Die Tochtergesellschaften selbst verfügen zunehmend über Ressourcen, die für die Gesamtunternehmung von Bedeutung sind. Wenn Unternehmungen erkennen, dass ihre Tochtergesellschaften Ressourcen haben bzw. kontrollieren, die – hinsichtlich ihrer Relevanz – denen der Muttergesellschaft ähnlich sind, so wird damit eine Entwicklungsstufe eingeläutet, die im Internationalen Management als **„Internationalisierung zweiten Grades"**, bezeichnet wird (vgl. Forsgren/Holm/Johanson 1992, v.a. S. 237). Unternehmungen, die diese Stufe der Internationalisierung erreicht haben, lassen sich nicht mehr als „Zentrum-Peripherie-Organisationen" auffassen, sondern sind realiter komplexe multizentrische Organisationen, bei denen hierarchische Beziehungen (wenigstens ansatzweise) durch heterarchische ergänzt und ersetzt werden. Insofern weisen **Tochtergesellschaften** vor allem eine große **Bedeutung** in fortschrittlichen Konzepten, wie der geozentrischen Unternehmung, der transnationalen Organisation, der Heterarchie, der DMNC oder der horizontalen Organisation auf (→ Abschnitte 3.2 und 3.3 in diesem Kapitel). Wenn Unternehmungen von einer „Zentrum-Peripherie-Organisation" zu einer multizentrischen Organisation übergehen, so vollzieht sich in ihnen ein **„epochaler Wandel"**, durch den nicht nur die Oberflächenstrukturen, sondern vor allem auch die Tiefenstrukturen deutlich verändert werden (→ zur Unterscheidung von Oberflächen- und Tiefenstrukturen Abschnitt 2.2 in Kapitel 5 und zur Bedeutung von Epochen Abschnitt 1.3.3 in Kapitel 7).

Bei ausländischen Tochtergesellschaften handelt es sich gleichzeitig um eine sehr heterogene Gruppe von Unternehmungseinheiten. Von Tochtergesellschaften werden ganz unterschiedliche Aktivitäten ausgeführt, und es werden ganz **unterschiedliche Wertschöpfungsstufen** durchlaufen. Manche der Tochtergesellschaften können primär als Vertriebsgesellschaften bezeichnet werden, andere Tochtergesellschaften dagegen als Fertigungsstätten. Wieder andere Tochtergesellschaften führen vom Einkauf über die

Produktion und den Absatz bis hin zur Logistik alle Funktionen einschließlich der sogenannten Sekundäraktivitäten durch, so dass es sich um Unternehmungseinheiten handelt, die sich aufgrund der von ihnen ausgeführten Tätigkeiten von völlig selbständigen
Unternehmungen kaum unterscheiden. Einige Tochtergesellschaften, wie etwa *Opel*
und *Ford*, werden von der breiten Öffentlichkeit nicht einmal als „ausländische Unternehmungseinheiten", sondern als „deutsche Unternehmungen" wahrgenommen. Manche der Tochtergesellschaften befinden sich bereits seit langem im jeweiligen Unternehmungsverbund, andere wurden erst vor kurzem gegründet oder akquiriert. Einige
der Tochtergesellschaften sind in direktem ausländischen Besitz, andere dagegen nur
in indirektem ausländischen Besitz, da sie zwar eine (unmittelbare) deutsche Mutter-
sellschaft haben, diese aber wiederum von einer ausländischen Muttergesellschaft abhängt. Manche der Tochtergesellschaften beschäftigen nur wenige Mitarbeiter, andere
erreichen eine solche Größe, dass sie sogar weit vorne in den jeweiligen nationalen
„Top-100-Listen" auftauchen. Und etliche der Tochtergesellschaften haben gerade hinsichtlich ihres Beitrags zum Bruttosozialprodukt des jeweiligen Gastlands eine sehr große Bedeutung: So rangieren *Opel* und *Ford* im ersten Drittel der umsatzstärksten
„German-Top-100".

Es lassen sich inzwischen zahlreiche Forschungsarbeiten finden, welche die Perspektive der Tochtergesellschaft verstärkt in den Vordergrund rücken. Und es existieren au-
ßerordentlich viele Arbeiten, die sich nicht nur generell mit Tochtergesellschaften ause-
nandersetzen, sondern sich im Speziellen mit unterschiedlichen Rollen beschäftigen,
die ausländische Tochtergesellschaften im Unternehmungsverbund einnehmen können.
Im Zuge der Diskussion unterschiedlicher Rollen wurden von vielen Wissenschaftlern
sogenannte Rollentypologien entwickelt. Inzwischen gibt es eine fast nicht mehr über-
schaubare Zahl an Arbeiten zu Rollentypologien von Tochtergesellschaften. Einen ersten Überblick über die wichtigsten Rollentypologien des Internationalen Managements
kann Ihnen Abbildung 2-25 liefern. Wir werden dann in den folgenden Abschnitten drei
der Rollentypologien herausgreifen und Ihnen im Detail die Rollentypologie von Bart-
lett/Ghoshal (Abschnitt 4.2), die Rollentypologie von Ferdows (Abschnitt 4.3) und die
Rollentypologie von Gupta/Govindarajan (Abschnitt 4.4) erläutern. Wir räumen ein, dass
diese Auswahl – angesichts der Vielzahl der existierenden Typologien – subjektiv geprägt ist. Gleichzeitig möchten wir jedoch kurz darlegen, warum wir gerade diese drei
Typologien vorstellen: Die Typologie von Bartlett/Ghoshal erscheint uns deswegen von
besonderem Interesse, weil sie Ihr Wissen über die Ihnen bereits bekannte transnationale Unternehmung ergänzt (➜ Abschnitt 3.2.2 in diesem Kapitel). Die Rollentypologie
von Ferdows zeichnet sich dadurch aus, dass ein besonderer Typ von Tochtergesellschaften, der Typ der Produktionsgesellschaft, näher analysiert wird. Die Typologie von
Gupta/Govindarajan wirft die Frage auf, welche Bedeutung Tochtergesellschaften für
den Wissenstransfer in international tätigen Unternehmungen haben. Mit dem Thema
des Wissensmanagements greifen Gupta/Govindarajan ein besonders aktuelles Thema
des Internationalen Managements auf (vgl. zum internationalen Wissenstransfer Bendt
2000).

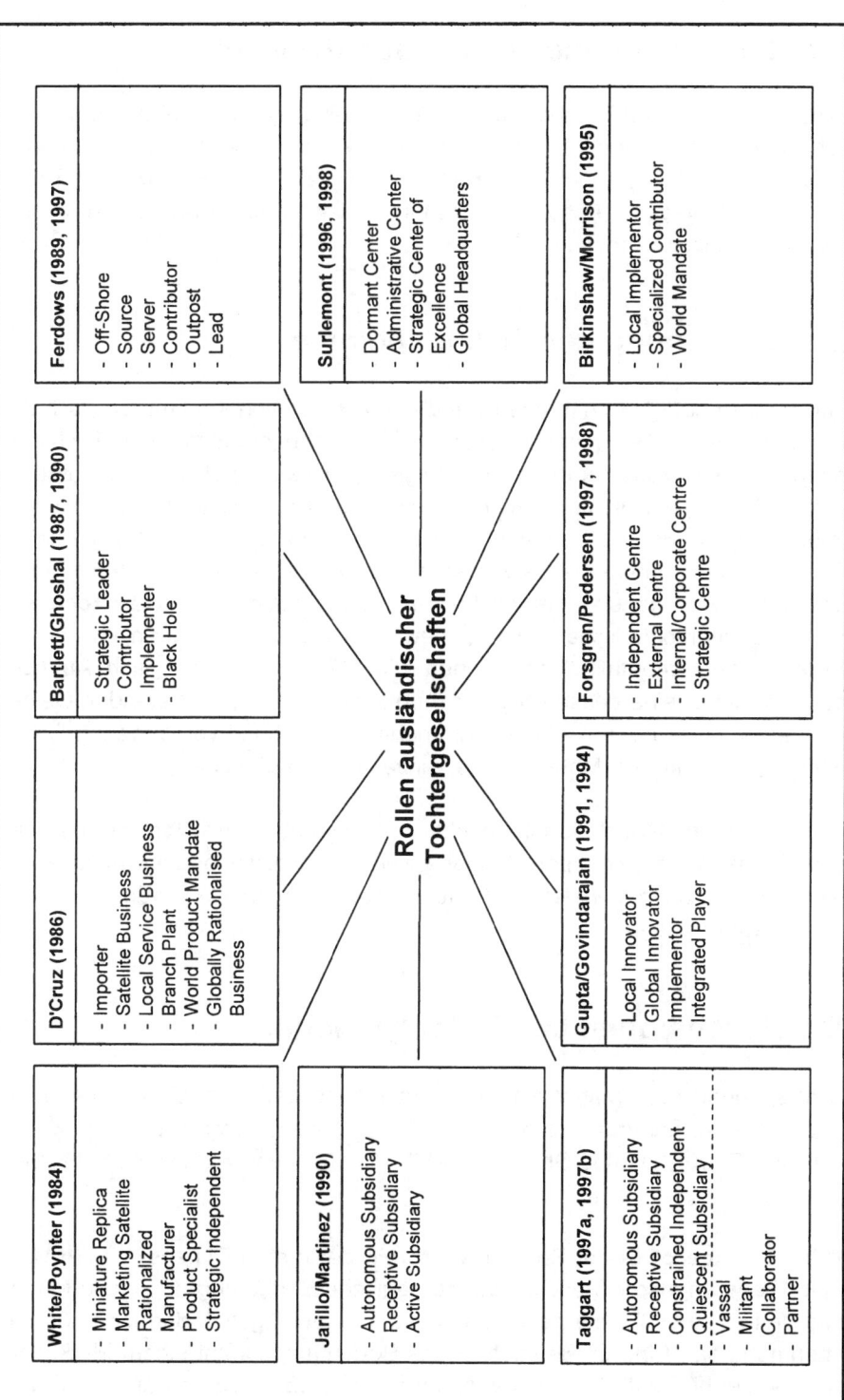

Rollen ausländischer Tochtergesellschaften

White/Poynter (1984)
- Miniature Replica
- Marketing Satellite
- Rationalized Manufacturer
- Product Specialist
- Strategic Independent

D'Cruz (1986)
- Importer
- Satellite Business
- Local Service Business
- Branch Plant
- World Product Mandate
- Globally Rationalised Business

Bartlett/Ghoshal (1987, 1990)
- Strategic Leader
- Contributor
- Implementer
- Black Hole

Ferdows (1989, 1997)
- Off-Shore
- Source
- Server
- Contributor
- Outpost
- Lead

Jarillo/Martinez (1990)
- Autonomous Subsidiary
- Receptive Subsidiary
- Active Subsidiary

Gupta/Govindarajan (1991, 1994)
- Local Innovator
- Global Innovator
- Implementor
- Integrated Player

Forsgren/Pedersen (1997, 1998)
- Independent Centre
- External Centre
- Internal/Corporate Centre
- Strategic Centre

Surlemont (1996, 1998)
- Dormant Center
- Administrative Center
- Strategic Center of Excellence
- Global Headquarters

Taggart (1997a, 1997b)
- Autonomous Subsidiary
- Receptive Subsidiary
- Constrained Independent
- Quiescent Subsidiary
- Vassal
- Militant
- Collaborator
- Partner

Birkinshaw/Morrison (1995)
- Local Implementor
- Specialized Contributor
- World Mandate

Abb. 2-25: Rollentypologien für Tochtergesellschaften
Quelle: Schmid/Bäurle/Kutschker (1999), S. 103.

5.2   Die Rollentypologie von Bartlett/Ghoshal

Die Rollentypologie von Bartlett/Ghoshal (1986, 1989, 1990a) ist die wohl bekannteste Rollentypologie im Internationalen Management. Wir werden zunächst einige Hintergrundinformationen zur Rollentypologie geben (Abschnitt 5.2.1), bevor wir dann die Dimensionen der Rollentypologie (Abschnitt 5.2.2) und die vorgeschlagenen Tochtergesellschaftsrollen vorstellen (Abschnitt 5.2.3).

5.2.1   Die Einordnung der Rollentypologie

Hintergrund für die Beschäftigung mit unterschiedlichen Rollen von Tochtergesellschaften war für Bartlett/Ghoshal die Erkenntnis, dass eine Gleichbehandlung aller Tochtergesellschaften („UNO-Syndrom") und die eindeutige Unterordnung aller Tochtergesellschaften unter die Muttergesellschaft („**Headquarter-Hierarchie-Syndrom**") in vielen Fällen nicht mehr zeitgemäß sind. Bartlett/Ghoshal waren bereits in den achtziger Jahren davon überzeugt, dass Fähigkeiten, Kreativität und Wissen in der gesamten Unternehmung nur dann besser genutzt werden können, wenn unterschiedlichen Tochtergesellschaften auch unterschiedliche Rollen zugewiesen werden und wenn von einer strikten „Befehlsempfängermentalität" abgesehen wird. Dies ermöglicht nach Auffassung der Autoren nicht nur eine bessere Ausnutzung aller sich weltweit bietenden Gelegenheiten durch einen Rückgriff auf alle im Unternehmungsverbund vorhandenen Stärken, sondern trägt gleichzeitig zur Motivation der einzelnen Einheiten bei.

Die Rollentypologie Bartlett/Ghoshals ist Resultat der Forschungsarbeiten, die bereits oben im Zusammenhang mit der Unterscheidung zwischen internationalen, multinationalen, globalen sowie transnationalen Unternehmungen vorgestellt wurden (→ Abschnitt 3.2.2 in diesem Kapitel).

5.2.2   Die Dimensionen der Rollentypologie

Bartlett/Ghoshal spannen eine Matrix mit zwei Dimensionen auf, wobei sie einerseits strategische Aspekte und andererseits organisatorische Aspekte betrachten (vgl. Bartlett/Ghoshal 1986, S. 90, Bartlett/Ghoshal 1989, S. 106, Bartlett/Ghoshal 1990a, S. 139).

(1) Strategic Importance of Local Environment: Mit der ersten Dimension wird von den Autoren die Frage angesprochen, welche strategische Bedeutung der lokale Markt bzw. das lokale Umfeld einer Tochtergesellschaft, d.h. der jeweilige Ländermarkt, für die Gesamtunternehmung hat. Eine große strategische Bedeutung kommt einem Markt vor allem dann zu, wenn er hinsichtlich seines Volumens sehr groß ist. Doch wäre es falsch, würde man die strategische Bedeutung eines Marktes nur an seiner Größe festmachen.

Eine große strategische Bedeutung hat ein bestimmter Ländermarkt auch dann, wenn er technologisch sehr weit fortgeschritten ist, wenn dort besonders anspruchsvolle Kunden zu finden sind oder wenn es sich dabei um den Heimatmarkt eines wichtigen Wettbewerbers auf dem Weltmarkt handelt. Bartlett/Ghoshal schreiben: „A large market is obviously important, and so is a competitor's home market or a market that is particularly sophisticated or technologically advanced" (Bartlett/Ghoshal 1986, S. 90).

Für das Verständnis der ersten Dimension ist eine kurze Illustration hilfreich: In der Computerbranche gilt der US-amerikanische Markt für nahezu alle international tätigen Unternehmungen als Markt mit hoher strategischer Bedeutung. Dies liegt nicht nur an der Größe des US-amerikanischen Binnenmarkts, sondern auch an der Tatsache, dass der US-amerikanische Markt der Heimatmarkt der wichtigsten Wettbewerber – wie etwa *IBM*, *Hewlett-Packard* oder *Dell* – ist und wir gerade in den Vereinigten Staaten anspruchsvolle Kunden, hochspezialisierte Lieferanten, eine Akkumulation technologischer Fähigkeiten und Fertigkeiten der Hersteller (zudem regional konzentriert im Silicon Valley) und einen intensiven Wettbewerb vorfinden.

Auch wenn weitere Ausführungen zur Frage, wodurch sich ein strategisch wichtiger von einem strategisch unwichtigen Markt unterscheidet, in den Originalarbeiten Bartlett/Ghoshals fehlen, so kann man wohl den Schluss ziehen, dass Porters Überlegungen zu Branchenstrukturen und zu den innerhalb der Branche wirkenden Branchenkräften – in ihrer Übertragung auf Ländermärkte – nicht unerheblich für die angestellten Reflexionen waren (vgl. v.a. Porter 1980, 1989). Dahinter steht die Logik, dass die strategische Bedeutung eines Marktes neben der Größe auch von strukturellen Rahmenbedingungen beeinflusst wird. Leider suggerieren Bartlett/Ghoshal in ihren Arbeiten oftmals selbst, dass die strategische Bedeutung eines Ländermarktes vor allem an dessen Größe festzumachen ist: So werden immer wieder einzelne Ländermärkte in Lateinamerika, Afrika oder Asien sowie kleinere europäische Staaten (und auch Kanada) als Beispiele für strategisch unbedeutende Märkte herangezogen. Dies erweckt beim Leser fälschlicherweise den Eindruck, die strategische Bedeutung eines Ländermarktes lasse sich allein an dessen Größe ablesen.

(2) Competence of Subsidiary: Die zweite Dimension betrachtet nicht den einzelnen Ländermarkt, sondern die einzelne Tochtergesellschaft. Dabei werden Tochtergesellschaften nach dem Niveau ihrer lokalen Fähigkeiten bzw. ihrer lokalen Kompetenzen unterschieden. Fähigkeiten oder Kompetenzen können sich laut Bartlett/Ghoshal auf unterschiedliche Funktionen oder Teilfunktionen beziehen. So schreiben die Autoren: „The organizational competence of a particular subsidiary can, of course, be in technology, production, marketing, or any other area" (Bartlett/Ghoshal 1986, S. 90).

5.2.3   Die Tochtergesellschaftsrollen

Bartlett/Ghoshal identifizieren vier Rollen von Tochtergesellschaften, die wir nachfolgend kurz charakterisieren wollen. Die vier Rollen ergeben sich aus einer Kombination der beiden geschilderten Dimensionen. Da die beiden Dimensionen die Ausprägungen „hoch" und „gering" annehmen können, erhalten wir eine „Vierfeldermatrix", die in Abbildung 2-26 wiedergegeben wird. Jedes Feld der Matrix bringt eine unterschiedliche Rolle zum Ausdruck.

(1) Strategic Leader: Eine Tochtergesellschaft in der Rolle des Strategic Leader agiert in einem strategisch wichtigen Markt und hat bezüglich einer bestimmten Teilfunktion, einer bestimmten Funktion oder sogar aller Funktionen ein sehr hohes Niveau an Fähigkeiten, d.h. sie ist in diesen Bereichen sehr kompetent. Sie wird nicht nur in die Entwicklung und Durchführung neuer Strategien der Gesamtunternehmung involviert, sondern übernimmt selbst die Führung bestimmter Prozesse und Aktivitäten. Damit wird deutlich, dass die Aufgabe eines Strategic Leader deutlich über das hinausgeht, was im klassischen Verständnis von einer Tochtergesellschaft zu leisten oder zu erwarten war. Tochtergesellschaften in der Rolle des Strategic Leader tragen nicht nur zur Aufgabe bei, „Gelegenheiten" und „Bedrohungen" des Umfelds zu identifizieren; sie haben auch die Aufgabe, die entsprechenden Konsequenzen zu ziehen und für die Gesamtunternehmung adäquate Strategien und Maßnahmen zu ergreifen. In ihrem spezifischen Kompetenzbereich übernimmt die Tochtergesellschaft die Führung für die Gesamtunternehmung und spielt eine deutlich größere Rolle als die Muttergesellschaft.

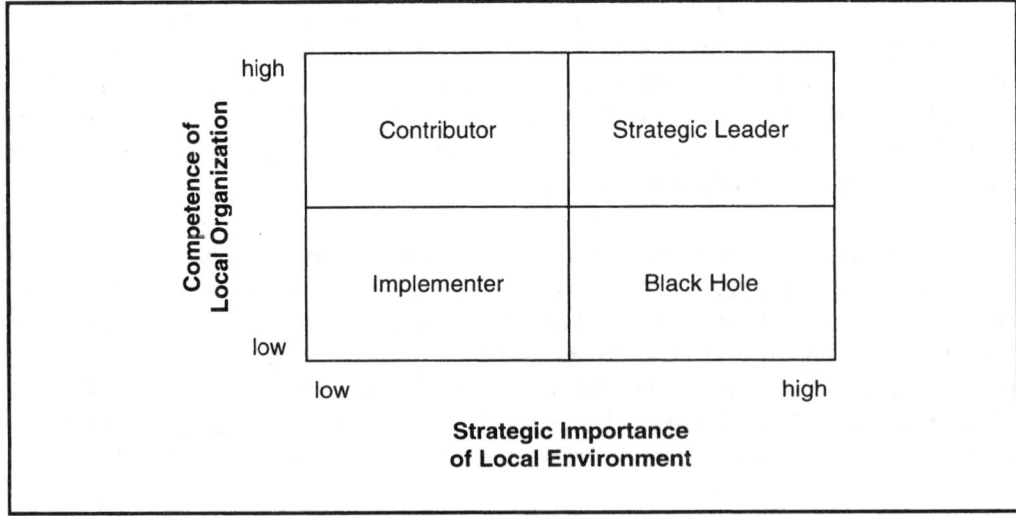

Abb. 2-26: Die Rollentypologie von Bartlett/Ghoshal
Quelle: leicht verändert übernommen aus Bartlett/Ghoshal (1986), S. 90.

(2) Contributor: Der Contributor hat – wie der Strategic Leader – große Fähigkeiten und Kompetenzen, ist aber in einem für die Gesamtunternehmung strategisch (eher) unwichtigen Markt angesiedelt. Als Beispiel lässt sich die finnische Tochtergesellschaft von *Unilever* anführen, in der das Shampoo *Timotei* entwickelt und produziert wurde, um dann von Finnland aus seinen Siegeszug auf den Weltmärkten anzutreten. Problematisch ist es allerdings laut Bartlett/Ghoshal, wenn in einem strategisch weniger wichtigen Markt Fähigkeiten und Kompetenzen in einem solchen Maße aufgebaut werden, dass die Bedeutung des Marktes überhöht wird. Einen „Übermut" dieser Tochtergesellschaften könne man nur dadurch vermeiden, dass die Fähigkeiten und Kompetenzen nicht nur für lokale, sondern für weltweite Aufgaben genutzt werden und somit eine Notwendigkeit zur Integration herbeigeführt wird.

Bereits Mitte der achtziger Jahre machten Bartlett/Ghoshal Unternehmungen aus, bei denen Tochtergesellschaften die Funktion eines Strategic Leader oder eines Contributor annahmen. Die Begriffe, die in der Unternehmungspraxis schon damals verwendet wurden, sind laut Bartlett/Ghoshal vielfältig und reichen von **Lead-Country-Subsidiary** über **Key-Market-Subsidiary** und **Global Market Mandate** bis zu **Center of Excellence**. Damit wird deutlich, dass nicht die Bedeutung des Ländermarkts, sondern die Fähigkeiten und Kompetenzen (oder – wie in manchen Veröffentlichungen – Ressourcen!) der einzelnen Tochtergesellschaft entscheidend dafür sind, ob eine Führungsrolle eingenommen wird. Während sowohl Strategic Leader als auch Contributor hohe Fähigkeiten bzw. Kompetenzen aufweisen, besitzen Tochtergesellschaften in den beiden nachfolgend zu erläuternden Rollen, der Implementer sowie das Black Hole, nur geringe Fähigkeiten und Kompetenzen.

(3) Implementer: Eine Tochtergesellschaft, die als Implementer bezeichnet wird, ist in einem strategisch unwichtigen Markt tätig und hat keine besonderen Fähigkeiten. Sie verfügt gerade über ausreichende Fähigkeiten, um den Anforderungen des lokalen Umfelds gerecht zu werden. Einen Beitrag zur Entwicklung und Durchsetzung von Strategien der Gesamtunternehmung kann ein Implementer nicht liefern. Aufgabe dieser Art von Tochtergesellschaften ist es, lediglich den lokalen Markt zu bearbeiten und dabei die Strategien der Muttergesellschaft bzw. der Strategic-Leader- und Contributor-Tochtergesellschaften umzusetzen. Nach Auffassung Bartlett/Ghoshals kommt den meisten Tochtergesellschaften international tätiger Unternehmungen diese Rolle zu. Und diese Rolle ist sehr bedeutsam: Gerade Implementer-Tochtergesellschaften sind für den gesamten Unternehmungsverbund sehr wichtig, um Cash Flows zu generieren und weltweit die Erzielung von Economies of Scale zu ermöglichen.

(4) Black Hole: Als Schwarzes Loch gelten die Tochtergesellschaften, die in einem Markt von hoher strategischer Relevanz operieren, deren Fähigkeiten und Kompetenzen allerdings sehr schwach ausgeprägt sind. Während alle anderen Rollen in international tätigen Unternehmungen wünschenswert sind, bezeichnen Bartlett/Ghoshal den Zustand des Schwarzen Lochs auf lange Sicht als untragbaren Zustand. Ein strategisch bedeutsamer Markt sollte schließlich – so die Argumentation Bartlett/Ghoshals – nicht vernachlässigt werden. In den achtziger Jahren waren nach Angaben Bartlett/Ghoshals die US-amerikanischen Tochtergesellschaften vieler koreanischer Unternehmungen in dieser Situation. Ebenso erging es den meisten japanischen Tochtergesellschaften europäischer und US-amerikanischer Muttergesellschaften. Nach Ansicht von Bartlett/ Ghoshal muss man die Rolle des Schwarzen Loches allerdings für einige Zeit in Kauf nehmen, da es in manchen Ländermärkten großer Anstrengungen und eines langen Vorlaufs bedarf, um Fähigkeiten und Kompetenzen aufzubauen. Fazit ist deshalb, dass Tochtergesellschaften zumindest temporär die Rolle des Black Hole innehaben (müssen). Zwar können in manchen Fällen Akquisitionen und Strategische Allianzen für den Aufbau von Fähigkeiten und Kompetenzen hilfreich sein, doch sind gleichzeitig auch die generellen Probleme dieser Marktbearbeitungsformen gegenüber der Alternative der Gründung von Tochtergesellschaften zu beachten (→ Abschnitt 2 in Kapitel 6).

Bartlett/Ghoshal weisen nun mehrfach darauf hin, dass es gerade in einer **transnationalen Unternehmung** unterschiedliche Arten von Tochtergesellschaften geben muss. Nur durch ein **ausgewogenes Portfolio unterschiedlicher Tochtergesellschaften** kann die Gesamtunternehmung auf dem Weltmarkt erfolgreich sein. Unterschiedliche Typen von Tochtergesellschaften werden auch über unterschiedliche Koordinations- und Steuerungsmechanismen geführt: Während für Implementer die Formalisierung eine große Rolle spielt, werden Contributor nach Ansicht Bartlett/Ghoshals vor allem zentral in den Unternehmungsverbund eingegliedert, so dass die Zentralisierung zum dominanten Koordinationsmechanismus wird. Als primärer Koordinationsmechanismus für Strategic Leaders gilt die Sozialisation – eine Möglichkeit, den Tochtergesellschaften (innerhalb der engen Grenzen, die eine umfassende Sozialisation mit sich bringt) Freiräume für die eigene Entfaltung zu gewähren.

5.3   Die Rollentypologie von Ferdows

Während sich die Rollentypologie von Bartlett/Ghoshal auf Tochtergesellschaften im Allgemeinen bezieht, werden wir nachfolgend einen Vorschlag erläutern, der sich speziell mit den **Rollen von Produktionsgesellschaften im Ausland** auseinandersetzt (Ferdows 1989, 1997). Ferdows' Rollentypologie soll kurz in einen größeren Zusammenhang eingeordnet werden (Abschnitt 5.3.1), bevor im Anschluss daran eine Diskussion der Dimensionen der Typologie und der identifizierten Tochtergesellschaftsrollen erfolgt (Abschnitte 5.3.2 und 5.3.3).

5.3.1   Die Einordnung der Rollentypologie

Vergleichsweise früh kam man in der Literatur zum Internationalen Management zu der Erkenntnis, dass nicht nur unterschiedliche Tochtergesellschaften zu differenzieren sind, sondern dass **Produktionsgesellschaften als spezifischer Typ von Tochterge- sellschaften** nochmals hinsichtlich der von ihnen eingenommenen Rolle betrachtet wer- den müssen. Ferdows argumentiert, dass es einer international tätigen Unternehmung, die kein Netzwerk an differenzierten Produktionsgesellschaften unterhalte, an strate- gischen Optionen mangele. Die Gründe dafür sind laut Ferdows vielfältig: Erstens führe der Abbau von tarifären Handelshemmnissen dazu, dass die Existenzgrundlage für viele traditionelle Tochtergesellschaften untergraben werde – ein Argument, welches sich bereits durch Arbeiten von White/Poynter (1984) zog. Zweitens sei es nicht mehr der Fall, dass niedrige Löhne das Hauptmotiv ausländischer Direktinvestitionen darstellten. Folglich könne die klassische „Niedriglohn-Produktionsgesellschaft" im Ausland nicht mehr als typisch gelten. Drittens sei die „Produktionsfunktion" in vielen Unternehmungen zunehmend mit der „Entwicklungsfunktion" verwoben, so dass die klassische „Ausfüh- rungsrolle" vieler ausländischer Fertigungsstätten nur noch von wenigen Tochtergesell- schaften ausgeübt werde. Diese Entwicklungen führen nach Ferdows dazu, dass man von Tochtergesellschaften im Ausland mehr verlangen könne als nur billige Produktion. Der nachfolgende Vorschlag von Ferdows basiert auf Fallstudien bei zahlreichen Unter- nehmungen.

5.3.2   Die Dimensionen der Rollentypologie

Ferdows führt zwei Dimensionen ein, anhand derer sich internationale Produktions- stätten unterscheiden. Die erste Dimension Ferdows' gibt an, worin der dominante stra- tegische Grund für einen bestimmten Standort liegt („Primary Strategic Reason for the Site"). Die zweite Dimension unterscheidet Tochtergesellschaften hinsichtlich des Aus- maßes an technischen Aktivitäten am jeweiligen Standort („Extent of Technical Activities at the Site") bzw. – in späteren Veröffentlichungen – hinsichtlich der Kompetenzen, die am jeweiligen Standort vorhanden sind („Site Competence").

(1) Primary Strategic Reason for the Site: Laut Ferdows lassen sich drei Hauptgründe für die Ansiedlung einer Produktionsgesellschaft an einem bestimmten Standort aus- machen:

(a) erstens der kostengünstige Zugang zu Produktionsfaktoren,

(b) zweitens die Marktnähe und

(c) drittens die Nutzung von lokalen technologischen Ressourcen.

(a) Wenn eine Unternehmung das Motiv **„Kostengünstiger Zugang zu Produktions- faktoren"** in den Mittelpunkt stellt, so spielt dabei laut Ferdows vor allem der Produktionsfaktor Arbeit eine große Rolle. Ferdows argumentiert, dass der Produktionsfaktor Kapital die Standortentscheidung in vielen Fällen kaum mehr beeinflusse, während der Produktionsfaktor „Rohmaterialien und Energie" in manchen Branchen durchaus von Bedeutung sei.

(b) Ist **Marktnähe** das Hauptmotiv für die Existenz einer Produktionsgesellschaft in einem bestimmten Land, so ist damit die Hoffnung verbunden, dass Marktnähe auch zu einem besseren Kundenservice führen, die Anpassung der Produkte an lokale Bedürfnisse erleichtern, den Weg zum Kunden verkürzen sowie das Vertrauen des Kunden in die Unternehmung erhöhen soll. Außerdem sollen Transport- und Logistikkosten minimiert, Handelsbeschränkungen umgangen und Währungskursschwankungen aufgefangen werden.

(c) Liegt der Hauptgrund für die Existenz einer Produktionsgesellschaft im **Zugang zu lokalen technologischen Ressourcen**, so ist damit das Ziel verbunden, von der Nähe zu Universitäten und zu Forschungsinstitutionen sowie von einem starken Wettbewerbsumfeld mit anspruchsvollen Kunden, leistungsfähigen Lieferanten und wichtigen Wettbewerbern zu profitieren. Während Ferdows dieses dritte Motiv zunächst als „use of local technological resources" bezeichnet, spricht er neuerdings vom „access to skills and knowledge".

(2) Extent of Technical Activities at the Site bzw. Site Competence: Die zweite Dimension gibt das Ausmaß der technischen Aktivitäten an einem bestimmten Standort an. Produktionsgesellschaften können im einfachsten Fall nur für die Produktion allein zuständig sein. Nach Ferdows existiert jedoch eine Vielzahl von Möglichkeiten, wie eine Fertigungsstätte ihre technischen Aktivitäten sukzessive ausbauen kann. Dies beginnt mit der Durchführung aller mit der Produktion zusammenhängender technischer Prozesse, geht weiter mit der Verantwortlichkeit für die Planung der Produktion und den damit einhergehenden Beschaffungs- und Logistikaktivitäten und führt zur selbständigen Verbesserung von Prozessabläufen. Eine Fertigungsstätte kann darüber hinaus die Verantwortung für die Entwicklung der Zulieferer tragen, Vorschläge für Produktverbesserungen machen, selbst die Verantwortung für die Produktentwicklung übernehmen und schließlich nicht nur für den lokalen Markt, sondern sogar für den globalen Markt Produkte produzieren. Ein Kulminationspunkt wird dann erreicht, wenn das gesamte Produkt- und Prozesswissen für die Gesamtunternehmung in einer bestimmten Fertigungsstätte verankert ist.

Interessant erscheint, dass Ferdows in seiner frühen Veröffentlichung aus dem Jahr 1989 diese Dimension noch als Dimension der „technischen Aktivitäten an einem Standort" bezeichnet, in seinem Artikel aus dem Jahr 1997 aber von „site competence" spricht. Hinter dieser Entwicklung steht vermutlich die Überzeugung, dass Tochtergesellschaften mit zunehmenden Aktivitäten auch zunehmende Kompetenzen und Fähigkeiten benötigen. Prinzipiell sind allerdings Aktivitäten einerseits und Fähigkeiten sowie

Kompetenzen andererseits nicht gleichzusetzen. Oder noch deutlicher ausgedrückt: Es mag durchaus sein, dass bestimmte Aktivitäten von einer bestimmten Fertigungsstätte ausgeführt werden (sollen), obwohl die Fähigkeiten und Kompetenzen dieser Fertigungsstätte nicht dementsprechend ausgeprägt sind.

5.3.3   Die Tochtergesellschaftsrollen

Ferdows kommt aufgrund der Ausprägungen hinsichtlich beider Dimensionen zu sechs unterschiedlichen Rollen, die Tochtergesellschaften einnehmen können (vgl. Ferdows 1989, S. 9-11, Ferdows 1997, S. 76-77). Die sechs Rollen entstehen dadurch, dass Ferdows hinsichtlich der ersten Dimension drei Ausprägungen unterscheidet, während er hinsichtlich der zweiten Dimension nur zwei Ausprägungen – die Ausprägungen „niedrig" und „hoch" – zulässt (➔ Abbildung 2-27).

(1) Off-Shore: Tochtergesellschaften in der Rolle des Off-Shore verdanken ihre Existenz primär dem kostengünstigen Zugang zu Produktionsfaktoren. Off-Shore-Factories produzieren in manchen Fällen Endprodukte, in anderen Fällen auch nur Komponenten, so dass sie zu Zulieferern von Halb- und Fertigfabrikaten für ihre jeweiligen Muttergesellschaften werden. Von Off-Shore-Factories wird nur ein geringes Ausmaß an lokalen technischen Aktivitäten bzw. Kompetenzen erwartet: Fabriken dieser Art sind dazu da, ihre Produktionsaufgabe zu erfüllen – nicht mehr und nicht weniger. In ihnen werden Entscheidungen, welche die Muttergesellschaft trifft, umgesetzt. Die Muttergesellschaft nimmt – im Bereich der Technik, der Human- und Managementressourcen – nur geringe Investitionen in diese Art von Tochtergesellschaften, von denen man keine Innovationen erwartet, vor.

(2) Source: Tochtergesellschaften in der Rolle der Off-Shore-Factories können sich allerdings nach Auffassung von Ferdows zu sogenannten Source-Factories weiterentwickeln. Bei Source-Factories steht der kostengünstige Zugang zu Produktionsfaktoren ebenso im Mittelpunkt der Standortentscheidung; allerdings unterscheiden sich Source-Factories dadurch von Off-Shore-Factories, dass sie über ein deutlich höheres Ausmaß an technischer Kompetenz verfügen und aus diesem Grund merklich mehr Aktivitäten ausführen. Source-Factories werden zur Quelle für eine bestimmte Art von Schlüssel-Produkten, Schlüssel-Komponenten oder Schlüssel-Prozessen, auf die die Gesamtunternehmung nicht verzichten kann. Während die Belegschaft in Off-Shore-Factories nahezu ausschließlich aus Produktionspersonal besteht, kommt in Source-Factories eine deutlich höhere Zahl an kaufmännischen und technischen Führungskräften hinzu. Zudem genießen Source-Factories mehr Freiheiten als Off-Shore-Factories, was aufgrund ihrer Fähigkeiten in der Produktionsplanung, der Beschaffung, der Logistik sowie der Distribution nicht überrascht. Source-Factories können damit eine Verantwortung übernehmen, die deutlich über den eigenen Ländermarkt hinausgeht.

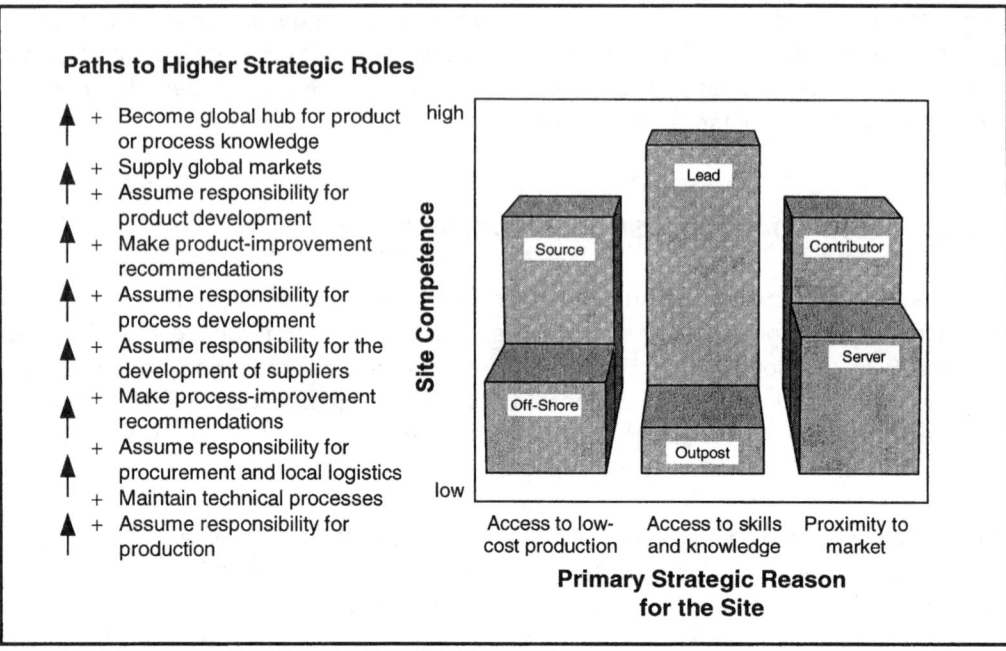

Abb. 2-27: Die Rollentypologie von Ferdows
Quelle: Ferdows (1997), S. 77 und S. 79.

(3) Server: Bei Tochtergesellschaften, die Ferdows als Server-Factories bezeichnet, steht nicht das Motiv des günstigen Zugangs zu Faktormärkten im Mittelpunkt, sondern das bereits erläuterte Motiv der Marktnähe. Server-Factories haben daher die Aufgabe, den lokalen oder den regionalen Markt zu bedienen. Diese Fertigungsstätten, für die als typisches Beispiel die Abfüllgesellschaften von Softdrinkherstellern wie *Coca-Cola* genannt werden können, kommen in manchen Aspekten dem nahe, was White/Poynter (1984) als Miniature Replica bezeichneten. Server-Factories erhalten wie Off-Shore-Factories nur geringe Management- und Technologieunterstützung durch die Muttergesellschaft. Im Gegensatz zu Off-Shore-Factories wird ihnen allerdings eine etwas größere Autonomie eingeräumt. Dies liegt erstens daran, dass es Aufgabe von Server-Factories ist, sich an die Bedürfnisse des lokalen bzw. regionalen Markts anzupassen, was bei Off-Shore-Factories nicht der Fall ist. Und es ist zweitens damit begründet, dass Server-Factories deutlich weniger in den Unternehmungsverbund eingegliedert sind als Off-Shore-Factories, deren Aufgabe relativ häufig in der Zulieferung von Halb- und Fertigfabrikaten an die Muttergesellschaft besteht.

(4) Contributor: Server-Factories können sich zu Contributor-Factories weiterentwickeln, wenn sie ihr Aktivitätenspektrum zunehmend erweitern und ihre Fähigkeiten und Kompetenzen ausbauen. Wie Server-Factories bedienen auch Contributor-Factories den lokalen oder regionalen Markt. Ihre Aufgabe geht jedoch insofern darüber hinaus, als sie bestimmte Aktivitäten für die Gesamtunternehmung übernehmen. Zu diesen Aufgaben kann die Produktentwicklung, die Auswahl von Lieferanten oder auch die Prozessverbesserung gehören. Ähnlich wie Source-Factories können Server-Factories damit zum Kompetenzzentrum werden – zumindest für eine bestimmte Region. Bei manchen der Contributor-Factories reichen die Aktivitäten und Fähigkeiten zwar nicht aus, um als Kompetenzzentrum gelten zu können; diese Fertigungsstätten übernehmen dann aber zumindest die Aufgabe, Testmarktfunktionen für bestimmte Produkte oder Prozesse zu erfüllen.

(5) Outpost: Die Hauptaufgabe von Outpost-Factories besteht darin, Informationen zu sammeln. Outpost-Factories können als „Horchposten" angesehen werden, der in den Ländern angesiedelt wird, in denen international tätige Unternehmungen die wichtigsten technologischen Entwicklungen sowie die bedeutendsten Lieferanten, Kunden, Forschungsinstitutionen und Wettbewerber vermuten. Als Beispiel dafür kann in der Computerbranche das Silicon Valley gelten. Outpost-Factories werden in den Ländern und Regionen angesiedelt, in denen sich bestimmte Industriecluster konzentrieren (vgl. zu Industrieclustern auch Porter 1990a,b und 1998). Ferdows weist allerdings darauf hin, dass er innerhalb seiner empirischen Untersuchungen keine Outpost-Factory ausmachen konnte. Dies liegt daran, dass Unternehmungen zwar durchaus „Horchposten" einrichten, jedoch in der Regel nicht in Form von (eigenständigen) Fabriken, sondern in Form von Repräsentanzen oder Forschungslabors oder mit Hilfe von Agenten. Die Rolle des Outpost wird daher meist (gleichsam „nebenbei" als sekundäre Aktivität) von Fertigungsstätten übernommen, die primär eine andere strategische Aufgabe haben – etwa die Aufgabe, als Server-Factory den lokalen Markt zu bedienen.

(6) Lead: Lead-Factories spielen eine zentrale Rolle innerhalb des internationalen Fertigungsverbundes. Dabei handelt es sich um Produktionsgesellschaften, die sich durch sehr hohe technische Fähigkeiten und Kompetenzen auszeichnen. Im Gegensatz zu Outpost-Factories beschaffen sie nicht nur wichtige Informationen im Auftrag der Muttergesellschaft, sondern nutzen die Informationen selbst. Auf der Basis der Informationen werden eigene Fertigungsressourcen und eigenes Fertigungs-Know-How aufgebaut, welches der Gesamtunternehmung zugute kommt. Die Gesamtunternehmung ist damit selbst von Lead-Factories abhängig, da diese vielfach zum alleinigen Hersteller eines bestimmten Produkts oder zum alleinigen Spezialisten für eine bestimmte Prozesstechnologie avancieren. *Hewlett-Packard* hat nach Angaben von Ferdows bereits früh mit dem Aufbau von Lead-Factories in Europa begonnen. Es sind diese Lead-Factories, denen bei der Generierung von Innovationen große Bedeutung zukommt. In seiner späteren Veröffentlichung spricht Ferdows im Zusammenhang mit den Lead-Factories auch von **Global Mandates** und **Centers of Knowledge** (vgl. Ferdows 1997, S. 85).

Ferdows bleibt nun nicht bei der Beschreibung der einzelnen Rollen von Fertigungsstätten stehen, sondern macht darüber hinaus Aussagen zur **Entwicklung der Rollen**

im Zeitablauf. Er geht davon aus, dass nahezu alle Fertigungsstätten zunächst nur technische Aktivitäten in geringem Ausmaß ausführen und daher nur beschränkte lokale Fähigkeiten und Kompetenzen aufweisen. Aus diesem Grund übernehmen die meisten Tochtergesellschaften anfangs die Rolle der Off-Shore-Factory oder die Rolle der Server-Factory. Erst im weiteren Verlauf bauen einzelne Tochtergesellschaften ihre Aktivitäten und damit ihre Fähigkeiten und Kompetenzen sukzessive aus, so dass sie sich allmählich zu Source-Factories und Contributor-Factories entwickeln. Der Kulminationspunkt ist dann erreicht, wenn eine Fertigungsstätte zur Lead-Factory wird. Lead-Factories – und zu einem geringeren Ausmaß auch Source-Factories und Contributor-Factories – werden von Ferdows auch als **Centers of Excellence** bezeichnet. Allerdings weist Ferdows darauf hin, dass es keine Gesetzmäßigkeit für die Entwicklung einzelner Tochtergesellschaften im Zeitablauf gibt. Ebenso zeigen die von ihm selbst angeführten Beispiele, dass die Entwicklung von Tochtergesellschaften – ähnlich wie die Entwicklung der Gesamtunternehmung – durch geplante und ungeplante Ereignisse sowie durch revolutionäre und evolutionäre Veränderungen gekennzeichnet ist.

Eine in ihrer Internationalisierung sehr weit fortgeschrittene Unternehmung zeichnet sich nach Ferdows' Ansicht nicht durch eine Vielzahl einfacher Fertigungsstätten (etwa in Form der Off-Shore-Factories und der Server-Factories) aus, sondern durch ein **Portfolio von Fertigungsstätten**, denen unterschiedliche Rollen zukommen. Ferdows' Plädoyer beinhaltet die deutliche Forderung, dass erfolgreiche international tätige Unternehmungen ihren Tochtergesellschaften spezialisierte Rollen zuweisen (sollten). Gleichzeitig ist Ferdows Realist genug, um festzustellen, dass die Rollenaufteilung nicht völlig trennscharf ist. Zudem mag es sogar sein, dass manche Fertigungsstätten **gleichzeitig mehrere Rollen** ausüben.

Der Grundtenor ist damit den Aussagen von Bartlett/Ghoshal ähnlich, die sich für differenzierte Rollen von Tochtergesellschaften aussprechen. Während Bartlett/Ghoshal darauf verweisen, dass die Rolle einer Tochtergesellschaft auch Auswirkungen auf das Koordinationsverhalten habe, betont Ferdows zusätzlich die Konsequenzen für die strukturelle Organisation (➜ zur Organisationsstruktur Kapitel 4). Während etwa Server-Factories und Off-Shore-Factories durchaus innerhalb von integrierten Regionalstrukturen eingebunden werden könnten, bedarf es nach Auffassung Ferdows für Fertigungsstätten, denen anspruchsvollere Rollen zukommen, einer strukturellen Einbettung, welche eine direkte Verbindung zu Einheiten aus anderen Regionalbereichen erlaubt. Ferdows plädiert daher dafür, strukturelle Entscheidungen auch in Abhängigkeit der Rollen von Tochtergesellschaften zu treffen.

Vergleicht man nun Ferdows' Typologie mit der Typologie von Bartlett/Ghoshal, so ist zu betonen, dass die Produktionsaktivitäten im vorliegenden Fall im Mittelpunkt stehen. Die Tochtergesellschaften, die Bartlett/Ghoshal im Auge haben, können Produktion als Wertschöpfungsfunktion aufweisen, müssen dies aber nicht zwingend. Ferdows' Konzept ist im Vergleich zu anderen Konzepten insofern als „enger" und „spezifischer" an-

zusehen, als es sich auf Produktionsgesellschaften konzentriert und andere Tochtergesellschaften – wie etwa reine Vertriebsgesellschaften oder Servicegesellschaften –
nicht betrachtet.

5.4   Die Rollentypologie von Gupta/Govindarajan

Bereits Anfang der neunziger Jahre haben Anil Gupta (Universität Maryland/USA) und
Vijay Govindarajan (Dartmouth College/USA) eine Typologie vorgelegt, die ein The-
menfeld anspricht, welches seit einigen Jahren die Betriebswirtschaftslehre und das
Internationale Management intensiv beschäftigt – das Thema des Wissensmanagements. Gupta/Govindarajans Arbeit soll anschließend kurz vorgestellt werden.

5.4.1   Die Einordnung der Rollentypologie

Gupta/Govindarajan machen die Rollen von Tochtergesellschaften an den **Wissensströmen** innerhalb der Gesamtunternehmung fest (vgl. Gupta/Govindarajan 1991,
1994). Das Ziel der Autoren besteht allerdings nicht allein darin, unterschiedliche Rollen
von Tochtergesellschaften zu identifizieren. Vielmehr sind die beiden Forscher bestrebt,
die Frage zu beantworten, wie das Koordinations- und Kontrollverhalten je nach Rolle
der Tochtergesellschaft variiert. Zwei Artikel der Autoren sind dabei zentral. Im ersten
der beiden Artikel wird die Rollentypologie vorgestellt, bevor dann hypothetische Zusammenhänge zwischen den einzelnen Rollen und den Koordinationsmechanismen
postuliert werden (vgl. Gupta/Govindarajan 1991). Im zweiten der beiden Artikel findet
schließlich eine empirische Überprüfung mancher der im ersten Artikel aufgestellten
Koordinationshypothesen statt, so dass eine logische Fortführung erzielt wird (Gupta/
Govindarajan 1994).

In beiden Artikeln präzisieren Gupta/Govindarajan ihr Verständnis der **international
tätigen Unternehmung**. Sie fassen diese als **Netzwerk unterschiedlicher Ströme** auf:
So schreiben sie: „The MNC can be thought of as a network of capital, product, and
knowledge transactions among units located in different countries" (Gupta/Govindarajan
1991, S. 770). Aus den zahlreichen Strömen, die zwischen den einzelnen Einheiten
fließen, greifen Gupta/Govindarajan die Wissensströme heraus. Intra-organisationales
Wissen besteht für die Autoren aus zwei großen Kategorien: zum einen aus **Expertise**
(Fähigkeiten und Fertigkeiten) und zum anderen aus **Fakten- bzw. Datenwissen**, welches von strategischem Wert ist. Zur ersten Gruppe gehört Expertise im Bereich von
sogenannten „Inputprozessen" (wie etwa Einkaufsprozessen), von sogenannten
„Throughputprozessen" (wie etwa Produktdesignprozessen) und von sogenannten
„Outputprozessen" (wie etwa Absatzprozessen). Zur zweiten Gruppe zählen Fakten, die
Branchen und Märkte und damit auch Kunden, Lieferanten oder Wettbewerber betref-

fen. Wenn Gupta/Govindarajan von Wissensströmen sprechen, so meinen sie damit sowohl Ströme an Expertise als auch Ströme an Fakten- bzw. Datenwissen. Damit sind es Wissensströme, die laut Gupta/Govindarajan die Rollen von Tochtergesellschaften bestimmen (können).

Die Aussagen generierten die Autoren im Rahmen einer Umfrage bei annähernd 1000 Vorständen bzw. Geschäftsführern ausländischer Tochtergesellschaften (vgl. zu weiteren Einzelheiten der empirischen Untersuchung Schmid/Bäurle/Kutschker 1998, v.a. S. 64-65).

5.4.2 Die Dimensionen der Rollentypologie

Von Gupta/Govindarajan werden zwei Dimensionen eingeführt, mit denen Richtung und Ausmaß der Wissensströme erfasst werden sollen.

(1) **Outflow of Knowledge:** Die erste Dimension unterscheidet Tochtergesellschaften dahingehend, ob ein starker oder schwacher Fluss an Wissen von einer bestimmten Tochtergesellschaft in andere Einheiten der Gesamtunternehmung strömt.

(2) **Inflow of Knowledge:** Die zweite Dimension betrachtet nicht die Beziehung von der Tochtergesellschaft zur Muttergesellschaft und anderen Schwestergesellschaften, sondern die Wissensströme von den diversen Einheiten der Gesamtunternehmung zur Tochtergesellschaft.

5.4.3 Die Tochtergesellschaftsrollen

Durch eine Kombination der beiden Dimensionen, die jeweils die Ausprägungen „hoch-niedrig" bzw. „groß-klein" annehmen können, entsteht eine Vierfeldermatrix, die vier verschiedene Rollen von Tochtergesellschaften generiert (→ Abbildung 2-28).

(1) **Local Innovator:** Hat eine Tochtergesellschaft in keiner der beiden Richtungen beträchtliche Wissensflüsse, so sprechen Gupta/Govindarajan von einem Local Innovator. Es wird angenommen, dass derartige Tochtergesellschaften in den von ihnen ausgeführten Aktivitäten eigenes Wissen aufbauen und nutzen. Sie sind weder auf Wissen von anderen Unternehmungseinheiten angewiesen noch geben sie Wissen an andere Unternehmungseinheiten ab.

(2) **Global Innovator:** Tochtergesellschaften, von denen sehr umfangreiche Wissensflüsse an andere Unternehmungseinheiten weitergeleitet werden, die selbst allerdings kaum auf Wissen aus der Gesamtunternehmung zurückgreifen, werden als Global Innovators bezeichnet. Spätestens seit einigen Jahren – so Gupta/Govindarajan – werde

erkannt, dass diese Rolle auch Tochtergesellschaften zukommen kann und nicht allein der Muttergesellschaft zusteht. Zwar wird die Innovationskraft von Tochtergesellschaften in der Literatur bereits seit einigen Jahren hervorgehoben (vgl. z.B. Ronstadt/ Kramer 1982 oder Harrigan 1984); an der Rolle von Tochtergesellschaften hat dies allerdings in der Praxis in den meisten Fällen kaum etwas verändert.

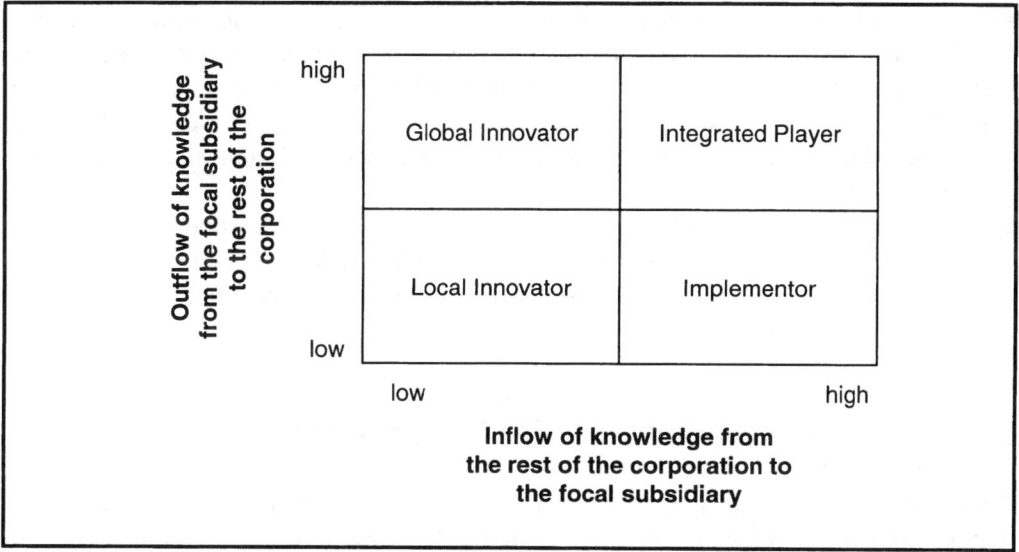

Abb. 2-28: Die Rollentypologie von Gupta/Govindarajan
Quelle: Gupta/Govindarajan (1991), S. 774.

(3) Implementor: Wird in Tochtergesellschaften von der Muttergesellschaft oder Schwestergesellschaft viel Wissen „hineingepumpt", fließt aber kaum Wissen von der Tochtergesellschaft an andere Unternehmungseinheiten, so liegt die Rolle des Implementor vor. Diese Rolle ist gemäß Gupta/Govindarajan die traditionelle Rolle, die man Tochtergesellschaften vor allem in den Anfangsphasen der Internationalisierung zuschreibt.

(4) Integrated Player: Tochtergesellschaften, die sowohl starke Wissenszuflüsse als auch starke Wissensabflüsse aufweisen, gelten als Integrated Players. Für Tochtergesellschaften, die diese Rolle annehmen, reicht es weder, nur – wie im Falle von Implementoren – Wissen zu absorbieren, noch ist es ausreichend, ausschließlich – wie im Falle des Global Innovator – Wissen abzugeben. Gupta/Govindarajan nennen die japanische Tochtergesellschaft von *IBM* als Beispiel für einen derartigen Integrated Player.

Wir wollen noch kurz referieren, wie sich die unterschiedlichen Rollen von Tochtergesellschaften empirisch verteilen: 31,5% der von Gupta/Govindarajan untersuchten Tochtergesellschaften gelten als Local Innovator, 18,2% als Global Innovator, 17,9% als Implementor und 32,4% als Integrated Player. Die Autoren erhielten diese Ergebnisse, indem sie die Wissensflüsse sowohl direkt als auch indirekt in ihrem Fragebogen zu erfassen suchten. Auf direktem Wege wurden die Tochtergesellschaften befragt, ob sie sich eher als (i) „Provider" von Wissen und Fähigkeiten, eher als (ii) „Receiver" von Wissen und Fähigkeiten, (iii) weder als „Provider" noch als „Receiver" oder aber (iv) sowohl als „Provider" als auch als „Receiver" ansehen würden. Auf indirektem Weg wurden die Tochtergesellschaften gebeten, für neun unterschiedliche Bereiche von Wissensflüssen (z.B. „distribution know-how", „purchasing know-how", „market data on competitors") auf einer siebenstufigen Likert-Skala die Stärke der Wissenszu- und -abflüsse anzugeben.

Die drei Vorschläge von Bartlett/Ghoshal, Ferdows und Gupta/Govindarajan werden in Abbildung 2-29 systematisch verglichen. Im nächsten Abschnitt werden wir nun abschließend den generellen Erkenntniswert der Rollentypologien beurteilen.

5.5 Der Erkenntniswert der Rollentypologien

Wenn sich in der Literatur zum Internationalen Management Rollentypologien für Tochtergesellschaften entwickelt haben, so ist damit die Annahme bzw. Erkenntnis verbunden, dass Tochtergesellschaften bestimmte Rollen einnehmen bzw. einzunehmen haben. Das aus der Soziologie stammende Rollenkonzept impliziert, dass mit Rollen nicht nur das tatsächliche Verhalten, sondern auch das gewünschte Verhalten in Form von Rollenerwartungen angesprochen wird. Die tatsächlich von den Tochtergesellschaften gespielte Rolle kann man dabei als **„reale Rolle"** bezeichnen, während die (normative) Wunschvorstellung, wie sich Tochtergesellschaften verhalten sollen, die **„ideale Rolle"** darstellt. Tochtergesellschaften werden damit zu Rollenträgern, welche die von bestimmten anderen Aktoren, den sogenannten Rollensendern, in sie gesetzten Erwartungen erfüllen sollen.

Entspricht die „reale Rolle" nicht der „idealen Rolle", so sind zwei prinzipielle Konsequenzen denkbar: Zum einen ist mit **Sanktionierungen** zu rechnen, die dazu führen sollen, dass sich die „reale Rolle" wieder der „idealen Rolle" annähert. Zum anderen kann es auch zu einer **Veränderung der Rollenerwartung** und damit zu einer Modifikation der „idealen Rolle" kommen. Mit anderen Worten heißt dies: Erfüllt eine Tochtergesellschaft die in sie gesetzten Rollenerwartungen über längere Zeit nicht, so kann dies entweder Sanktionen – wie etwa die Auflösung oder den Verkauf der Tochtergesellschaft – oder auch eine Veränderung in der Auffassung der „idealen Rolle" der Tochtergesellschaft nach sich ziehen. Problematisch ist allerdings in jedem Fall, dass nicht nur ein Aktor bzw. eine Institution als Rollensender gilt. Neben der Muttergesellschaft und den Schwestergesellschaften existiert noch eine **Vielzahl weiterer Rollensender** (Staat, Gesellschaft, Lieferanten, Kunden, Mitarbeiter, Gewerkschaften etc.), die jeweils – explizit oder implizit – unterschiedliche Rollenerwartungen gegenüber der fokalen Tochtergesellschaft artikulieren.

	Bartlett/Ghoshal	**Ferdows**	**Gupta/Govindarajan**
Zahl der Dimensionen	2	2	2
Bezeichnung der Dimensionen	• Strategic Importance of Local Environment • Competence of Subsidiary	• Primary Strategic Reason for the Site • Extent of Technical Activities at the Site/Site Competence	• Outflow of Knowledge • Inflow of Knowledge
Zahl der Rollen	4	6	4
Bezeichnung der Rollen	• Strategic Leader • Contributor • Implementer • Black Hole	• Off-Shore • Source • Server • Contributor • Outpost • Lead	• Local Innovator • Global Innovator • Implementor • Integrated Player
Empirie	• ja, schriftliche Befragung • 618 TG von 66 MG	• ja, eher Fallstudie • zunächst 8, später 10 internat. Firmen der Elektronikbranche und deren TG	• ja, schriftliche Befragung • 359 TG von 79 MG
Land der Durchführung der Empirie	Lokalisierung der TG unklar (MG aus Nordamerika und Europa)	TG vor allem in Europa (MG aus Nordamerika, Europa und Japan)	Lokalisierung der TG unklar (MG aus USA, Europa und Japan)
Art der Typologie	Idealtypologie, da Empirie und Rollenkonzept nicht übereinstimmen	empirisch induzierte Idealtypologie	Idealtypologie, aber später empirisch überprüft

MG = Muttergesellschaft, TG = Tochtergesellschaft

Abb. 2-29: Die Rollentypologien von Bartlett/Ghoshal, Ferdows und Gupta/Govindarajan im Vergleich
Quelle: Schmid/Bäurle/Kutschker (1998), S. 90-92.

Wenn wir nun die von uns vorgestellten Rollentypologien vor dem Hintergrund dieser Rollencharakterisierung betrachten, so lassen sie sich durch folgende Merkmale bzw. Annahmen beschreiben:

- Die Autoren der Rollentypologien gehen erstens davon aus, dass unterschiedliche Tochtergesellschaften unterschiedliche Rollen einnehmen (reale Rollen) oder unterschiedliche Rollen ausüben sollen (ideale Rollen).
- Es wird zweitens unterstellt, dass es eine begrenzte Zahl dieser realen oder idealen Rollen gibt, auf die sich das tatsächliche oder gewünschte Verhalten reduzieren lässt.
- Man nimmt drittens an, dass sich diese begrenzte Zahl von Rollen, die Tochtergesellschaften einnehmen oder einnehmen sollen, anhand einer oder mehrerer Dimensionen differenzieren lässt.

Während die Annahme der Existenz unterschiedlicher Rollen unproblematisch ist, erscheint die Vorstellung, dass es real- oder idealtypisch nur eine begrenzte Zahl von Rollen gibt, natürlich genauso unrealistisch wie die Vorstellung, dass sich Rollen von Tochtergesellschaften an einer begrenzten Zahl von Dimensionen (je nach Autor zwei oder drei Dimensionen) festmachen lassen. Insofern sind die Rollentypologien einer kritischen Würdigung zu unterziehen. Bevor wir allerdings die Schwächen der Rollentypologien thematisieren, sollen auch deren **Stärken** verdeutlicht werden.

(1) Den Rollentypologien kommt vor allem das Verdienst zu, zum **Perspektivenwechsel** im Internationalen Management beizutragen. Zum einen rücken sie die Erkenntnis in den Mittelpunkt, dass der Blick nicht allein auf die Muttergesellschaft, sondern auch auf Tochtergesellschaften zu richten ist. Zum anderen führen sie – Wissenschaftlern wie Praktikern – treffend vor Augen, dass es eben nicht die Tochtergesellschaft schlechthin gibt oder geben kann. Die Vielzahl der Kriterien, die von verschiedenen Autoren zur Differenzierung von Tochtergesellschaften herangezogen wird, legt ein Zeugnis von der **Vielfalt der real existierenden und idealtypisch möglichen Tochtergesellschaftsrollen** ab. In einigen der Typologien wird darüber hinaus deutlich, dass die Frage nach einer spezifischen Rolle nicht nur auf der Ebene der Tochtergesellschaften, sondern auch auf der Ebene von Geschäftsfeldern von Tochtergesellschaften zu stellen ist. Andere Typologien sensibilisieren sogar dafür, dass es auch auf weiteren Ebenen – etwa auf der Funktionalbereichsebene von Tochtergesellschaften – Differenzierungsmöglichkeiten und -notwendigkeiten gibt.

(2) Studiert man die Gesamtheit der Beiträge zu Rollentypologien, so wird deutlich, dass eine Differenzierung der Rollen von Tochtergesellschaften kein Selbstzweck sein kann. Die Differenzierung dient als Grundlage dafür, um internationale Unternehmungen besser führen zu können. Von manchen Autoren wird aus diesem Grund auch der Zusammenhang zwischen der Rolle einer Tochtergesellschaft einerseits und der **Führung der Tochtergesellschaft** andererseits angesprochen. Etliche der Arbeiten gehen dabei vor allem auf Fragen der Koordination von Tochtergesellschaften ein und versuchen ad-

äquate Koordinationsmechanismen in Abhängigkeit von der Rolle, die eine Tochtergesellschaft einnimmt oder einnehmen soll, zu identifizieren. Insofern tragen die Rollentypologien dazu bei, Hinweise zum **Management der internationalen Unternehmung** zu geben.

(3) Besonders wichtig erscheint, dass die Rollentypologien die **potentiellen Stärken von Tochtergesellschaften** für den gesamten Unternehmungsverbund aufzeigen. Sie sensibilisieren dafür, dass jede Tochtergesellschaft für Mutter- und Schwestergesellschaften „etwas bieten" kann. In besonderem Maße gilt dies für die Tochtergesellschaften, die sich durch besondere Fähigkeiten, Fertigkeiten und Ressourcen auszeichnen, etwa Bartlett/Ghoshals „Strategic Leader" oder Ferdows „Lead Subsidiary". Aus diesem Grund verwundert es nicht, dass sich die Forschung im Internationalen Management in den letzten Jahren mit sogenannten Kompetenzzentren, Wissenszentren bzw. Centers of Excellence beschäftigt hat (vgl. Gerybadze 1998, Gerybadze/Reger 1998, Gerybadze 1999, v.a. S. 114-116, Schuh 1999). Diese Tochtergesellschaften zeichnen sich nicht nur durch herausragende Kompetenzen aus, sie nutzen diese Kompetenzen auch für andere Einheiten und sind hochgradig in ihren jeweiligen Unternehmungsverbund integriert (vgl. Schmid/Bäurle/Kutschker 1999, Schmid 2000a,b, 2003a, Kutschker/Schurig/Schmid 2002b).

Doch neben einigen Stärken lassen die Rollentypologien auch offensichtliche **Schwächen** erkennen.

(1) Betrachtet man nicht – wie dies oft in der Literatur geschieht – eine einzige Rollentypologie, sondern die Gesamtheit der Typologien, wird die **Willkür der einzelnen Systematisierungen** deutlich. Die Willkür resultiert vor allem aus dem Problem, dass es an theoretischen Begründungen mangelt, warum bestimmte Dimensionen eingeführt werden, anhand derer sich Tochtergesellschaften unterscheiden (sollen). Noch schärfer formuliert heißt dies: In der Gesamtheit der Arbeiten gibt es **kaum eine explizite organisationstheoretische Fundierung** für die Auswahl der herangezogenen Dimensionen. Von den meisten Autoren werden Dimensionen apodiktisch eingeführt, ohne darzulegen, inwiefern die gewählten Dimensionen (besser als andere Dimensionen) geeignet sein könnten, um unterschiedliche Rollen von Tochtergesellschaften zu identifizieren. Doch selbst wenn tiefschürfende theoretische Begründungen für die Wahl der Dimensionen angeführt würden, so würde dies noch nichts daran ändern, dass es prinzipiell eine Vielzahl von (sinnvollen) Kriterien gibt, anhand derer Tochtergesellschaften unterschieden werden können.

(2) Viele der Rollenkonzepte vereinfachen zu stark, indem sie die Realität auf wenige ideal- oder realtypische Rollen reduzieren. Dies hängt damit zusammen, dass vielfach zu wenig akzeptiert wird, dass es sich in der Praxis eigentlich nicht um einige wenige Rollen, sondern um **viele verschiedene Rollen** handelt bzw. zumindest handeln könnte. Diese Problematik lässt sich vom Problem der gewählten Dimensionen eindeutig

abgrenzen; denn eine in einem ersten Schritt vorgenommene Identifikation von Dimensionen beinhaltet noch keine konstitutive Festlegung, welche (und wie viele) Ausprägungen hinsichtlich der Dimensionen angenommen werden (können). Während sich bei der Auswahl der Dimensionen eine zu geringe theoretische Fundierung bemerkbar macht, haben wir es hier mit anderen Problemen zu tun: bei idealtypischen Rollenkonzepten mit der Schwierigkeit, dass mit einer Abstraktion von der Realität bewusst eine angeblich anspruchsvollere (gedankliche, konzeptionelle oder theoretische) Lösung erzielt werden soll, bei realtypischen Rollenkonzepten mit dem Problem, dass durch die gängige Forschungspraxis im Rahmen von Faktoren- und Clusteranalysen Zusammenfassungen und Aggregationen vorgenommen werden, durch die existierende (angeblich marginale) Unterschiede explizit wegdefiniert werden. Wir geben zu, dass es natürlich gerade ein Ziel von Typologien ist, die Wirklichkeit auf „typische Fälle" zu reduzieren. Eine **reduktionistische Kategorisierung** kann allerdings vor allem dann fatale Folgen haben, wenn man unterschiedliche Rollen mit normativen Aussagen zu unterschiedlichem Führungsverhalten in Verbindung bringt.

(3) Kritisch zu betrachten sind zudem die **Nähe zu situativen Ansätzen** und damit die den dargestellten Rollentypologien zugrunde liegenden kontingenztheoretischen Wurzeln (vgl. zu den situativen Ansätzen auch Schmid 1994, v.a. S. 5-20 und S. 39-44). Es wird suggeriert, dass bestimmte Ausprägungen hinsichtlich zweier oder dreier Dimensionen zu einer bestimmten Rolle führen müssen. Diese Vorstellung ist von einem **einseitig deterministischen „Wenn-dann-Denken"** geprägt. Werden als Dimensionen externe Kräfte (wie etwa „Strategic Importance of Local Environment") herangezogen, so besteht die Gefahr, dass ein Außendeterminismus unterstellt wird, der unter Umständen von Unternehmungen – in unserem Falle von Tochtergesellschaften – durchaus überwindbar wäre. Werden als Dimensionen interne Kräfte (wie etwa „Competence of Subsidiary") gewählt, so geht man implizit von einem Innendeterminismus aus, der eine einseitige Abhängigkeit einer bestimmten Rolle von einer (einzigen) Variablen bzw. Variablengruppe unterstellt und andere Einflussfaktoren außen vor lässt. Unabhängig davon, ob nun eher außen- oder innendeterministische Beziehungen unterstellt werden – in beiden Fällen existiert die **Vorstellung von eindeutigen Kausalbeziehungen**. Man könnte zwar argumentieren, dass die Dimensionen nur dazu dienen, bestimmte Rollen hinsichtlich bestimmter Merkmale zu beschreiben. Gerade dadurch, dass viele der Autoren allerdings ihren Dimensionen keinesfalls exemplarischen Charakter zukommen lassen, sondern vielmehr ihre eigenen Dimensionen als die Dimensionen schlechthin bezeichnen, kommt den Dimensionen mehr als nur beschreibende Wirkung zu. Es wird suggeriert, dass die Dimensionen bestimmen, was eine Tochtergesellschaft ist bzw. zu sein und zu tun hat.

(4) So positiv es zu beurteilen ist, dass Rollentypologien den Blick weg von der alleinigen Bedeutung der Muttergesellschaft hin auf die Tochtergesellschaft richten, so problematisch bleibt dennoch, dass die generelle Sichtweise, wie sie bereits seit langem im Internationalen Management vorherrscht (vgl. Hulbert/Brandt 1980), beibehalten wird:

Viele der Rollenkonzepte gehen davon aus, dass Muttergesellschaften weiterhin eindeutig im Zentrum stehen und die **Rollen** ihrer Tochtergesellschaften „top-down" zuteilen bzw. zuweisen. Dass eine eindeutige Zuteilung angenommen wird, kommt in vielen Typologien zudem durch die Bezeichnung einzelner Rollen zum Ausdruck: Wenn White/Poynter (1984) etwa von einem Mandat sprechen, so wird deutlich, dass es auch einen Auftraggeber geben muss. Dabei wird kein Zweifel daran gelassen, dass der Auftraggeber natürlich die Muttergesellschaft ist. Die meisten der Rollentypologien schließen, wie wir gesehen haben, die Alternative, dass es sich bei den Rollen von Tochtergesellschaften auch um eine erworbene, ja erkämpfte Rolle handeln kann, aus. Auf Prozessbetrachtungen, wie sich einzelne Rollen ergeben, wird ohnehin in den meisten Fällen verzichtet, und damit werden vor allem die Prozesse zwischen Mutter-, Tochter- und Schwestergesellschaften ignoriert, bei denen Interessen, Macht und Konflikte eine Rolle spielen. Einige Autoren nehmen zwar dazu Stellung, wie sich die Rollen der Tochtergesellschaften im Zeitablauf entwickeln (könnten); sie gehen aber nicht auf die damit zusammenhängenden Prozesse oder die Einflussfaktoren ein – insbesondere nicht auf Prozesse oder Einflussfaktoren, die eher in den Tiefenstrukturen als in den Oberflächenstrukturen zu „verorten" sind (➜ zur Unterscheidung von Tiefenstrukturen und Oberflächenstrukturen Abschnitt 2.2 in Kapitel 5).

(5) Eine besondere Problematik stellt das **empirische Vorgehen** vieler Autoren dar. Die Schwierigkeiten reichen von der Wahl der Konstrukte und deren Operationalisierung über die Auswahl der Samples bis hin zur Analyse der durch die Untersuchungen gewonnenen Daten. Diese Schwierigkeiten erscheinen so groß, dass man ihnen eine eigene Veröffentlichung widmen müsste. Ein Problem, welches sich auf das Untersuchungsdesign bezieht, erscheint uns allerdings besonders zentral: Wir gehen davon aus, dass es für die Betriebswirtschaftslehre als Wissenschaft, die sich der einzelnen Unternehmung zuwendet, wichtig ist, zu identifizieren, welche Rollen die einzelnen Tochtergesellschaften **einer Gesamtunternehmung** einnehmen. Bei den meisten der angeführten Untersuchungen wurde allerdings nicht die Frage gestellt, welche Rollen von Tochtergesellschaften innerhalb einer Unternehmung angenommen werden; vielmehr wurden Tochtergesellschaften von unterschiedlichen Muttergesellschaften befragt, um die Ergebnisse dann zu aggregieren. Derartige Aggregationen haben allerdings eher volkswirtschaftlichen als betriebswirtschaftlichen Nutzen, sagen sie doch lediglich etwas darüber aus, ob man in einem bestimmten Land oder in bestimmten Regionen besonders viele Tochtergesellschaften eines bestimmten Typs findet. Sie lassen keine Rückschlüsse darüber zu, wie sich unterschiedliche Rollen innerhalb von Unternehmungen verteilen, warum innerhalb von Unternehmungen unterschiedliche Rollen angenommen werden, welche Interdependenzen zwischen den einzelnen Tochtergesellschaften einer Unternehmung bestehen oder wie eine Unternehmung ihr Portfolio an unterschiedlichen Tochtergesellschaften führt (oder gar führen sollte). So kann etwa, um nur ein Beispiel zu nennen, die Frage, ob eine Spezialisierung der Teileinheiten auch zwingend zu einer Monopolisierung der Fähigkeiten bei einzelnen Teileinheiten führen muss, durch die bestehenden Untersuchungen kaum beantwortet werden. Zwar weisen Bartlett/Ghoshal

darauf hin, dass bestimmte Fähigkeiten bewusst in mehreren Teileinheiten dupliziert werden sollen, um eine unternehmungsinterne Wettbewerbssituation herzustellen. Ob dies bereits praktiziert wird, ob dies sinnvoll ist, und welche Konsequenzen dies hat – all dies kann mit den vorgestellten Untersuchungsdesigns allerdings nicht erfasst werden.

(6) Betrachtet man die Gesamtheit der Arbeiten zu unterschiedlichen Rollentypologien, so wird deutlich, dass „**reale Rollen**" gegenüber „**idealen Rollen**" im Vordergrund stehen. Die Mehrzahl der Autoren interessiert sich nicht dafür, welche Rollen Tochtergesellschaften einnehmen sollten, sondern zielt lediglich auf eine Bestandsaufnahme real existierender Rollen ab. Obwohl derartige Bestandsaufnahmen durchaus sinnvoll sein können, ist kritisch anzumerken, dass damit nicht das gesamte Spektrum möglicher Rollen ausgeschöpft wird. Eine Betriebswirtschaftslehre (oder genauer: eine Wissenschaftsdisziplin „Internationales Management"), die nur danach fragt, was die Praxis macht, kann keine Lösungen für die Frage anbieten, was die Praxis (noch) machen könnte (oder gar machen sollte). Vor allem bei Realtypologien (vgl. z.B. Jarillo/Martinez 1990, Birkinshaw/Morrison 1995 oder Taggart 1997a,b) besteht die Gefahr, nur „reale Rollentypen" zu identifizieren. Aber auch die Typologien, die eher eine Nähe zu Idealtypologien aufweisen (z.B. White/Poynter 1984, Bartlett/Ghoshal 1986 oder Ferdows 1989, 1997) können diesem Problem nicht grundsätzlich Abhilfe schaffen. Insbesondere – so wurde argumentiert – finden sich unter den vorgestellten Arbeiten keine reinen Idealtypologien. Die starke Anlehnung an die empirische Praxis mag also auch bei White/Poynter, Bartlett/Ghoshal oder Ferdows das Blickfeld für die mögliche Vielfalt an Rollen eingeschränkt haben bzw. unser eigenes Blickfeld für die mögliche Vielfalt begrenzen.

Wir hatten diesen Abschnitt mit der Argumentation begonnen, dass die Perspektive der Tochtergesellschaften zunehmend in den Mittelpunkt des Interesses rückt – ob nun in der Unternehmungspraxis oder in der Wissenschaft. Eine zentrale Forschungsrichtung innerhalb der Wissenschaftsdisziplin „Internationales Management", die Tochtergesellschaften großes Interesse zuteil werden lässt, wurde in diesem Abschnitt genauer vorgestellt: die Forschungsrichtung, die sich mit Rollentypologien von Tochtergesellschaften auseinandersetzt. Freilich existieren innerhalb des Internationalen Managements auch weitere Forschungsarbeiten, die der Bedeutung von Tochtergesellschaften Rechnung tragen. Ein prominentes Beispiel stellt die Gesamtheit der Arbeiten dar, bei denen nach dem Charakter und dem Wesen der internationalen Unternehmung gefragt wird und bei denen gleichzeitig die Beziehungen zwischen Mutter- und Tochtergesellschaften thematisiert werden. Erwähnt seien hier nochmals die transnationale Unternehmung von Bartlett/Ghoshal, die Heterarchie von Hedlund, die horizontale Organisation von White/Poynter und die Diversified Multinational Corporation von Doz/Prahalad (→ Abschnitt 3 in diesem Kapitel). In all diesen Konzepten spielen Tochtergesellschaften eine andere Rolle als in strikt hierarchischen Ansätzen der internationalen Unternehmungstätigkeit.

Wenn wir nun aus den genannten Konzepten wiederum Bartlett/Ghoshal herausgreifen, so sehen wir, inwiefern sogenannte „moderne Konzepte" internationaler Unternehmungstätigkeit, wie die transnationale Unternehmung, von einer veränderten Rolle von Tochtergesellschaften ausgehen. Bartlett/Ghoshal sprechen von der Konfiguration weltweit verteilter und spezialisierter Teileinheiten als Charakteristikum einer transnationalen Organisation. Gleichzeitig wird die – in der klassischen Konfigurationsdiskussion des Internationalen Managements übliche – Dichotomisierung von Zentralisierung und Dezentralisierung in der transnationalen Organisation aufgelöst, da dort von „**Exzentralisierung**" die Rede ist. Gemeint ist mit diesem Begriff nicht der Sachverhalt, dass in modernen Unternehmungen alle Aktivitäten dezentral ausgeführt werden und damit von einer Zentralisierung Abstand genommen wird. Vielmehr geht es bei einer Exzentralisierung darum, dass bisher in der Muttergesellschaft zentralisierte Aktivitäten oder Entscheidungen auf andere Einheiten im Unternehmungsverbund verlagert werden. Dieses Beispiel kann andeuten, dass die zunehmende Bedeutung von Tochtergesellschaften nicht nur in eine Vielzahl unterschiedlicher Rollen mündet, sondern im Allgemeinen traditionelle Vorstellungen über Mutter-Tochter-Beziehungen hinfällig machen (oder zumindest ergänzen) könnte.

6   Schlussbetrachtung zur internationalen Unternehmung

Wir haben uns in diesem Kapitel ausführlich mit der internationalen Unternehmung be-schäftigt. Dabei haben wir verdeutlicht, dass es zwar möglich ist, quantitative Betrach-tungen der internationalen Unternehmungstätigkeit vorzunehmen, dass diese Betrach-tungen jedoch mit großen Problemen behaftet sind. Um den Charakter einer internatio-nalen Unternehmung zu erfassen, helfen uns qualitative Betrachtungen. Qualitative Be-trachtungen – ob nun in Form von mehrstufigen oder in Form von einstufigen Kon-zepten – tragen zu einem Verständnis der internationalen Unternehmung in ihrem struk-turellen, kulturellen und strategischen Kontext bei. Über die Auseinandersetzung mit unterschiedlichen Rollen von Tochtergesellschaften haben wir die qualitative Be-trachtung der internationalen Unternehmungstätigkeit vertieft. Exemplarisch konnte mit Hilfe der Rollentypologien gezeigt werden, dass nicht allein quantitative Größen, wie etwa die Zahl der ausländischen Tochtergesellschaften, sondern vor allem qualitative Charakteristika, wie Aufgaben und Bedeutung von Tochtergesellschaften, im Rahmen einer managementorientierten Betrachtung von Interesse sind.

Abschließend wollen wir darauf hinweisen, dass die internationale Unternehmung nie-mals im „luftleeren" Raum schwebt. Die internationale Unternehmung ist vielmehr in ständiger Interaktion mit ihrem Umfeld. Zu diesem Umfeld gehören einerseits die **Akto-ren der Aufgabenumwelt** (Kunden, Lieferanten, Konkurrenten, Kooperationspartner usw.) und andererseits die **Aktoren der Makroumwelt**. Dazu zählen beispielsweise Regierungen, supranationale Institutionen, Gewerkschaften, Arbeitgeberverbände, Lob-byinggruppen, Kirchen und Medien. Die internationale Unternehmung ist dabei im Ge-gensatz zu einer rein nationalen Unternehmung mit zahlreichen verschiedenen Um-welten sowie deren Aktoren konfrontiert. Sie ist in vielen verschiedenen **Gastländern** tätig, die unterschiedliche Charakteristika, wie etwa unterschiedlichen Entwicklungs-stand, aufweisen (vgl. z.B. Fayerweather 1981, Mahini 1988). Diese Tatsachen führen zu einer großen Komplexität ihrer Interaktionsbeziehungen (→ v.a. Abschnitt 3.6 in Ka-pitel 5). International tätige Unternehmungen müssen damit auch zahlreiche Ansprüche ihrer Interessengruppen (**stakeholder**) berücksichtigen (vgl. bereits Achleitner 1985, ebenso Krämer 1997, v.a. S. 168-172, Welge/Berg 1999, v.a. S. 194-198, Holtbrügge/ Berg 2001, 2004). Dass die Ansprüche der Interessengruppen in der Regel in hohem Maße konfliktär sind, wird zur Herausforderung für das Management internationaler Un-ternehmungen. Aufgabe der Unternehmungsführung ist es schließlich, die Interessen der Stakeholder in unterschiedlichen Ländern möglichst weitgehend zum Ausgleich zu bringen und Konflikte zu lösen (vgl. Gilbert 1998).

Gleichzeitig verschwimmt die klassische **Grenze zwischen einer Unternehmung** – ob national oder international – **und ihrem Umfeld** zunehmend. Insbesondere die in den letzten Jahren vermehrt angestellten Netzwerkbetrachtungen können verdeutlichen, dass die internationale Unternehmung immer in ihrem spezifischen Kontext zu sehen ist (vgl. zur Netzwerkbetrachtung der internationalen Unternehmung Kutschker/Schmid 1995, v.a. S. 10-11, Renz 1998, Schmid/Schurig/Kutschker 2000, Kutschker/Schurig/ Schmid 2002a, Schmid/Schurig 2003, Schmid 2005, v.a. S. 237-238). Die Unternehmung und jede ihrer Handlungen sind eingebettet in einen Kontext, der von anderen Aktoren und den Beziehungen dieser Aktoren zur Unternehmung bestimmt wird. Damit wird eine strikte Trennung von Unternehmung einerseits und Umwelt andererseits „aufgeweicht". Die Umwelt ist immer Teil des Kontextes, innerhalb dessen eine internationale Unternehmung agiert. Wir werden diese Diskussion später weiter vertiefen, wenn wir aus struktureller, kultureller und strategischer Perspektive auf internationale Netzwerke eingehen (➜ v.a. Abschnitt 1.1.5 in Kapitel 4, Abschnitt 4 in Kapitel 5 und Abschnitt 2.6 in Kapitel 6).

Fragen zur Selbstkontrolle

Fragen zur thematischen Einführung und zu Abschnitt 1

1. Woran zeigt sich exemplarisch, dass die internationale Unternehmungstätigkeit in der gesellschaftlichen Diskussion sowohl mit positiven als auch mit negativen Konnotationen verknüpft wird?

2. In welcher Größenordnung bewegt sich die Zahl der Multis/Transnationals gemäß Angaben der UNCTAD (United Nations Conference on Trade and Development)? Wie hat sich die Zahl der Multis/Transnationals in den letzten Jahren gemäß Recherchen der UNCTAD entwickelt?

3. Worin sehen Sie die Hauptunterschiede zwischen den einzelnen, in Abbildung 2-2 dargestellten Definitionen der international tätigen Unternehmung?

4. Aussagen über das, was eine international tätige Unternehmung darstellt, enthalten oftmals – teils implizit, teils explizit – Annahmen, die der Realität nicht standhalten. Geben Sie einen Überblick über die Trugschlüsse, die gerade in der populärwissenschaftlichen Diskussion häufig auftauchen.

5. Erläutern Sie, was man unter Hidden Champions, Micro Multinationals und Born Globals versteht.

6. Wie lässt sich die außenorientierte Internationalität von der binnenorientierten Internationalität differenzieren?

7. Charakterisieren Sie kurz die wichtigsten Markteintritts- und Marktbearbeitungsformen international tätiger Unternehmungen.

Fragen zu Abschnitt 2

8. Nennen Sie jeweils mindestens sieben Beispiele für Bestands- und Bewegungsgrößen, mit denen sich die Internationalität einer Unternehmung quantitativ-absolut erfassen lässt.

9. Was bezeichnet man in der Literatur als Struktur- und Leistungsmerkmale der Internationalität?

10. Was versteht man unter der Auslandsquote?

11. Welche Vorteile bietet ein Internationalisierungsprofil?

12. Erläutern Sie, warum die Bildung eines Internationalisierungsindex mit Schwierigkeiten behaftet ist.

13. Nehmen Sie zu der These Stellung, dass man den Internationalisierungsgrad jeder Unternehmung problemlos angeben kann.

14. Zeigen Sie anhand von Beispielen auf, wie man in quantitativ-relative Betrachtungen der Internationalität von Unternehmungen auch markt- und konkurrenzbezogene Aspekte einfließen lassen kann.

15. Begründen Sie systematisch, warum die quantitative Betrachtung der Internationalität einer Unternehmung große Probleme aufwirft. Halten Sie es vor diesem Hintergrund für sinnvoll, nach einem theoretischen Konzept zu suchen, auf dessen Basis die Internationalität umfassend gemessen werden kann?

16. Welche Schwierigkeiten sehen Sie im Zusammenhang mit Versuchen, Aussagen zur Erfolgswirkung der Internationalität zu gewinnen?

Fragen zu Abschnitt 3

17. Welche vier Archetypen der internationalen Unternehmungstätigkeit unterscheidet Perlmutter? Vergleichen Sie die vier Archetypen anhand von fünf Kriterien.

18. Nehmen Sie zu dem gegenüber Perlmutter geäußerten Vorwurf Stellung, es gäbe in der Realität keine Unternehmung, die einem seiner vier Archetypen exakt entspräche.

19. Sehen Sie einen zeitlichen Entwicklungspfad innerhalb der vier von Perlmutter beschriebenen Archetypen?

20. Stellen Sie die vier Archetypen der internationalen Unternehmungstätigkeit, die Bartlett/Ghoshal identifizieren, vor.

21. Wodurch wird die Wahl eines bestimmten Archetyps bei Bartlett/Ghoshal in erster Linie beeinflusst? In welcher wissenschaftstheoretischen Tradition stehen Bartlett/Ghoshal damit?

22. Inwieweit streben Bartlett/Ghoshal eine differenzierte Betrachtung der Globalisierungs- und Lokalisierungsnotwendigkeiten einer Unternehmung an?

23. Vergleichen Sie, welche Rolle die sogenannte „soft side of the firm" (Kultur einschließlich Werten, Einstellungen etc.) bei Bartlett/Ghoshal einerseits und Perlmutter andererseits spielt.

24. Die Archetypen Perlmutters und die Archetypen Bartlett/Ghoshals werden bisweilen gleichgesetzt. Ist dies Ihrer Meinung nach sinnvoll und zulässig?

25. Beschreiben Sie das von Hedlund stammende Konzept der Heterarchie, indem Sie auf die zentralen Charakteristika eingehen.

26. Begründen Sie, ob und inwiefern Sie das Konzept von Hedlund als anspruchsvoll auffassen.

27. Können Sie Ähnlichkeiten zwischen Hedlunds Heterarchie und den Archetypen Perlmutters bzw. Bartlett/Ghoshals erkennen?

28. Wodurch zeichnet sich die Diversified Multinational Corporation nach Doz/Prahalad aus?

29. Welche Rolle kommt der Umwelt im Konzept von Doz/Prahalad zu?

30. Welche Bedeutung haben Strategie- und Organisationsaspekte für Doz/Prahalad?

31. Skizzieren Sie die drei Kernmerkmale der horizontalen Organisation.

32. Wodurch unterscheiden sich gemäß White/Poynter horizontale Organisationen und vertikale Organisationen?

33. Welche weiteren einstufigen Konzepte der internationalen Unternehmungstätigkeit existieren neben den Vorschlägen von Hedlund, Doz/Prahalad und White/Poynter?

34. Warum lassen sich die Konzepte von Perlmutter, Bartlett/Ghoshal, Hedlund, Doz/Prahalad und White/Poynter als managementorientierte Konzepte der internationalen Unternehmung auffassen?

35. Welcher Unterschied besteht zwischen den sogenannten mehrstufigen und den sogenannten einstufigen Konzepten der internationalen Unternehmungstätigkeit?

Fragen zu Abschnitt 4

36. Nennen Sie die drei Dimensionen des Internationalisierungsgebirges.

37. Welche Probleme sehen Sie bei der Ermittlung der geographisch-kulturellen Distanz?

38. Welcher Zusammenhang besteht zwischen der Wertkette und der zweiten Dimension des Internationalisierungsgebirges?

39. Woran lässt sich exemplarisch die Integration in der international tätigen Unternehmung festmachen?

40. Worin sehen Sie den Nutzen des Internationalisierungsgebirges?

41. Welche Grenzen hat das Internationalisierungsgebirge?

42. Inwiefern unterscheidet sich das Internationalisierungsgebirge von den zuvor vorgestellten mehrstufigen und einstufigen Konzepten der internationalen Unternehmungstätigkeit?

Fragen zu Abschnitt 5

43. Warum ist im Internationalen Management eine Abkehr von der Zentrums-Periphe-rie-Betrachtung sinnvoll?

44. Wodurch unterscheidet sich die sogenannte „Internationalisierung ersten Grades" von der „Internationalisierung zweiten Grades"?

45. Was verstehen Bartlett/Ghoshal unter der „strategischen Bedeutung des lokalen Umfelds" und der „Kompetenz einer Tochtergesellschaft"?

46. Welche Tochtergesellschaftsrollen differenzieren Bartlett/Ghoshal?

47. Welche Dimensionen zieht Ferdows heran, um Tochtergesellschaftsrollen zu identi-fizieren?

48. Erläutern Sie die Rollen, die Ferdows Tochtergesellschaften zuschreibt und begrün-den Sie, inwieweit in den Rollen Ferdows' ein dynamischer Entwicklungspfad zum Ausdruck kommt.

49. Woran machen Gupta/Govindarajan die Rollen von Tochtergesellschaften fest?

50. Welche Tochtergesellschaftsrollen ermitteln Gupta/Govindarajan?

51. Welche Merkmale und Annahmen liegen den skizzierten Rollentypologien zugrun-de?

52. Worin liegt das Verdienst von Rollentypologien?

53. Warum kann man kritisieren, dass den Rollentypologien eine gewissen Willkür inhä-rent ist?

54. Inwieweit sind die Rollentypologien der Logik situativer bzw. kontingenztheoretischer Ansätze verhaftet?

55. Welchen Zusammenhang sehen Sie zwischen den Rollentypologien und den eben-falls in diesem Kapitel vorgestellten „modernen" Konzepten der internationalen Un-ternehmungstätigkeit?

Fragen zu Abschnitt 6

56. Skizzieren Sie kurz die Umwelt, in welche die international tätige Unternehmung eingebettet ist.

57. Inwiefern unterscheidet sich die Umwelteinbettung international tätiger Unterneh-mungen von der Umwelteinbettung nationaler Unternehmungen?

Fragen und Aufgaben zur Vertiefung

Fragen zur Vertiefung

1. Wir haben Ihnen zu Beginn dieses Kapitels zahlreiche Definitionen der international tätigen Unternehmung geliefert und diese Definitionen auch kurz kommentiert. Lassen Sie nun nochmals die von uns vorgestellten mehrstufigen und einstufigen Konzepte der international tätigen Unternehmung Revue passieren. Für wie wichtig erachten Sie es überhaupt zu definieren, was eine international tätige Unternehmung ausmacht?

2. In diesem Kapitel wurde argumentiert, dass sich Internationalisierung und Verstaatlichung nicht ausschließen. Im ersten Kapitel dieses Buches war jedoch die Rede davon, dass Privatisierung auch eine Triebkraft für die Globalisierung der Wirtschaft darstellen kann (→ Abschnitt 5.5.3 in Kapitel 1). Sehen Sie darin ein Paradoxon? Begründen Sie Ihre Aussage.

3. In diesem Kapitel wurde dargelegt, dass man die Internationalität einer Unternehmung nicht nur über alle Bereiche hinweg, sondern auch für einzelne Bereiche quantitativ-absolut feststellen kann. Dabei wurde im Text exemplarisch auf die Internationalität des Forschungs- und Entwicklungsbereichs eingegangen. Stellen Sie sich vor, Sie müssen nun die Internationalität des Beschaffungs-, des Marketing- und des Personalbereichs einer Unternehmung ermitteln. Woran würden Sie die Internationalität dieser Funktionalbereiche festmachen?

4. In diesem Kapitel haben wir Ihnen einige Versuche vorgestellt, wie man die Internationalität bzw. das Ausmaß der Internationalität mit quantitativen Kennzahlen messen bzw. ermitteln kann. Gleichzeitig wurde die Messung der Internationalität als problematisch bezeichnet. Warum unterliegen viele Wissenschaftler und Praktiker immer wieder dem „Reiz der Messung"?

5. Welche qualitativen Merkmale erscheinen Ihnen persönlich am wichtigsten, um Aufschluss über die Internationalität bzw. das Ausmaß der Internationalität einer Unternehmung zu erhalten? Begründen Sie die Wahl Ihrer qualitativen „Kriterien".

6. Die Perlmuttersche Typologie hat vor allem im Personalmanagement große Aufmerksamkeit erlangt. Wie unterscheidet sich Ihrer Meinung nach ein ethnozentrisches Personalmanagement von einem poly-, regio- und geozentrischen Personalmanagement? Sie können zur Beantwortung dieser Frage auch auf die Literatur zum Internationalen Personalmanagement zurückgreifen, um sich „inspirieren" zu lassen und verschiedene Facetten des Personalmanagements zu differenzieren (vgl. z.B. Scherm 1997, 1999, Weber/Festing 1999, Weber/Festing/Dowling/Schuler 2001).

7. Wie beurteilen Sie persönlich die Realisierbarkeit der geozentrischen Orientierung Perlmutters und der transnationalen Organisation Bartlett/Ghoshals? Legen Sie ausführlich dar, warum Sie selbst gerne oder weniger gerne in einer Unternehmung mit einer geozentrischen Orientierung oder in einer transnationalen Organisation arbeiten würden.

8. Worin sehen Sie Gemeinsamkeiten und Unterschiede zwischen der Heterarchie, der Diversified Multinational Corporation und der horizontalen Organisation?

9. Inwiefern sind die Dimensionen des von uns vorgeschlagenen Internationalisierungsgebirges zumindest teilweise voneinander abhängig? Beurteilen Sie die Abhängigkeit der Dimensionen als positiv oder negativ?

10. Tochtergesellschaften können – wie wir gesehen haben – ganz unterschiedliche Rollen einnehmen. Versetzen Sie sich in die Situation der Gastländer, in denen Tochtergesellschaften etabliert werden. Welche Rolle(n) von Tochtergesellschaften erscheint/erscheinen für Gastländer besonders attraktiv?

Aufgaben zur Vertiefung

1. In diesem Kapitel wurde ein Internationalisierungsportrait des *Siemens-Konzerns* vorgestellt (→ Abschnitt 1.3). Skizzieren Sie

    a) das Internationalisierungsportrait einer anderen großen deutschen Unternehmung (z.B. *DaimlerChrysler*, *Deutsche Bank*, *Allianz*) sowie

    b) das Internationalisierungsportrait einer großen Unternehmung aus einem anderen Heimatland (z.B. *Fiat*, *Matsushita*, *Banco Santander*)

    und vergleichen Sie Ihre Internationalisierungsportraits mit demjenigen von *Siemens*. Wo sehen Sie Unterschiede und Gemeinsamkeiten? Führen Sie dazu eine umfangreiche Literaturrecherche anhand zahlreicher Materialien (Geschäftsberichte, Zeitungsartikel, Internetdokumentationen) durch.

2. In diesem Kapitel haben wir versucht, Ihnen ein umfassendes Verständnis der internationalen Unternehmungstätigkeit zu vermitteln. Wie Ihnen unsere sogenannten „Trugschlüsse" verdeutlicht haben, herrschen jedoch in der breiten Öffentlichkeit oftmals sehr vage Vorstellungen, was eine internationale Unternehmung ausmacht.

    a) Welche Vorstellungen über internationale Unternehmungen hatten Sie selbst vor der Lektüre dieses Buches? Welchen der Trugschlüssen sind Sie selbst unterlegen?

b) Führen Sie eine kurze Befragung in Ihrem Kommilitonen- und Freundeskreis durch und prüfen Sie, welche Grundvorstellung der internationalen Unternehmungstätigkeit vorherrscht. Welchen Trugschlüssen unterliegen die meisten Ihrer Kommilitonen und Freunde?

c) Reflektieren Sie darüber, ob es Aufgabe der Wissenschaft oder Aufgabe der Praxis ist, darüber zu entscheiden, was eine international tätige Unternehmung ausmacht.

3. Bei der Diskussion der Heterarchie von Hedlund (→ Abschnitt 3.3.1) haben wir erwähnt, dass Hedlund das Denken der „Environment-Strategy-Structure-Logik" durchbrechen möchte. Starten Sie eine Literaturrecherche zur Thematik der Environment-Strategy-Structure-Logik, die mit der „Structure-Conduct-Performance-Logik" verbunden ist, und versuchen Sie selbst nochmals nachzuvollziehen, ob und inwiefern Hedlund tatsächlich aus dem klassischen Denken ausbricht. Hilfreich bei Ihren Recherchen können vor allem Veröffentlichungen zu situativen/kontingenztheoretischen Ansätzen sowie zur Industrial-Organisation-Schule sein.

4. Das von uns vorgestellte Internationalisierungsgebirge berücksichtigt weder alle quantitativen noch alle qualitativen Merkmale der Internationalität.

a) Stellen Sie zunächst alle in diesem Kapitel genannten quantitativen und qualitativen Merkmale zusammen (→ Abschnitte 2 und 3), die für das Internationalisierungsgebirge (→ Abschnitt 4) nicht herangezogen wurden.

b) Überlegen Sie dann, welche der Merkmale vergleichsweise problemlos einer der Dimensionen des Internationalisierungsgebirges zugeordnet werden könnten.

c) Begründen Sie ferner, warum manche der Merkmale mit den einzelnen Dimensionen des Internationalisierungsgebirges bzw. der gesamten Grundlogik des Internationalisierungsgebirges schwer vereinbar sind.

5. „The modern global corporation ... will seek sensibly to force suitably standardized products and practise on the entire globe." Dieser Satz stammt von Theodore Levitt und wurde von ihm 1983 in seinem berühmten Aufsatz zur Globalisierung von Märkten geäußert.

a) Nehmen Sie sich zunächst einige Bücher zum internationalen Marketing zur Hand (z.B. die im Literaturverzeichnis zitierten Werke von Segler 1986, Kreutzer 1990, Bolz 1992, Berndt/Fantapié Altobelli/Sander 2005, Mühlbacher/Dahringer/Leihs 1999 oder Backhaus/Büschken/Voeth 2003). Welche Faktoren haben gemäß der von Ihnen herangezogenen Literatur einen Einfluss auf die Standardisierung von Produkten und Dienstleistungen?

b) Welche Vorteile können mit der Standardisierung von Produkten und Dienstleistungen verbunden werden – etwa in Form von Kostensenkungs- und Erlöserhöhungspotentialen?

c) Welche Nachteile können einer Standardisierung von Produkten und Dienstleistungen gegenüberstehen?

d) Welcher Zusammenhang besteht Ihrer Meinung nach zwischen der Standardisierungspolitik und dem globalen Charakter einer Unternehmung?

Kapitel 3

Theorien der internationalen Unternehmung

Die Theorie wird leicht mit den vergangenen und zukünftigen Problemen fertig; vor den gegenwärtigen ist sie machtlos.

La Rochefoucauld

Es gibt nichts Praktischeres als eine gute Theorie.

Immanuel Kant

Thematische Einführung und Inhaltsüberblick

In Kapitel 1 haben wir uns ausführlich mit der Internationalisierung der Wirtschaft beschäftigt. Kapitel 2 hatte das Ziel, zu einem besseren Verständnis internationaler Unternehmungen, den zentralen Akteuren der Internationalisierungsprozesse beizutragen. In Kapitel 3 wollen wir uns nun mit den Internationalisierungstheorien beschäftigen. Wir suchen also nach theoretischen Begründungen der internationalen Unternehmungstätigkeit. Dieses Kapitel hat den Anspruch, die eher deskriptiven Darstellungen der vergangenen beiden Kapitel in einen größeren Zusammenhang zu stellen und dabei theoretische Erklärungen für die Deskriptionen zu liefern.

Doch aus welchem Grund scheint es sinnvoll, sich überhaupt **theoretischen Begründungsansätzen** zu widmen? Die Antwort auf diese Frage ist einfach: Sowohl Fachleute als auch Laien könnten durchaus den berechtigten Einwand vorbringen, dass Internationalisierung keineswegs zwingend ist. Dieser Einwand wird auch durch die Praxis gestützt: Es gibt immer noch viele Unternehmungen, die rein national tätig sind. Dies gilt vor allem für viele kleine und manche mittlere Unternehmungen und dabei vor allem für die Mehrheit der Firmen, die als Einzelunternehmung, Personengesellschaft bzw. Partnerschaftsunternehmung firmieren. Da dies nicht nur in Deutschland so ist, sondern in vielen anderen Ländern ähnlich ist, kommt es zur Notwendigkeit, tragfähige Begründungen dafür zu liefern, dass manche Unternehmungen internationalisieren. Neben der zentralen Frage nach dem „Warum?" **(Kausalität)** sollen uns Internationalisierungstheorien natürlich auch Fragen nach dem „Wie?" **(Modalität)**, dem „Wann?" – und teilweise „Wie schnell?" – **(Temporalität)** sowie dem „Wo?" **(Lokalität)** der Internationalisierung liefern.

Die Theorien der Internationalisierung haben nun so manche Gemeinsamkeiten mit einem Mosaik. Ein Mosaik besteht aus zahlreichen Mosaiksteinen, die nur in der Gesamtheit ein ästhetisches Gesamtbild ergeben. Ähnlich ist es auch bei den Internationalisierungstheorien. Die einzelnen Theorien stellen – für sich alleine betrachtet – Mosaiksteine (bzw. zuweilen Gruppen von Mosaiksteinen) dar. Je mehr Mosaiksteine wir zusammensetzen, umso besser wird das Gesamtbild ersichtlich. Doch es gibt nicht nur Gemeinsamkeiten, sondern auch Unterschiede zwischen einem Mosaik und den Internationalisierungstheorien. Es sind zwei **Hauptunterschiede** zwischen Internationalisierungstheorien und einem Mosaik, die besonders wichtig sind:

- Zum einen sind die einzelnen Theorien **nicht** – wie Mosaiksteine – separierbar, d.h. sie sind nicht völlig **unabhängig** voneinander, sondern sie bauen teilweise aufeinander auf bzw. überschneiden sich manchmal.

- Zum anderen ergeben selbst die bisher zahlreich vorhandenen Ansätze noch **kein in sich konsistentes** und vor allem auch – unter ästhetischen Gesichtspunkten – **kein „gefälliges" Bild**.

Dass dies so ist, liegt unter anderem in der Natur der Sozialwissenschaften begründet: Es ist uns eben nicht möglich, reales Verhalten – und dazu zählt auch die Internationalisierung von Unternehmungen – umfassend durch eine „Supertheorie" zu erklären. Wir wollen deshalb die folgende Aussage vorausschicken: Für sich alleine betrachtet stellen die Ansätze, die im vorliegenden Kapitel dargestellt werden, nicht mehr als **Partialansätze** zur Erklärung der Internationalisierung dar. Wenn Sie die Gesamtheit der Ansätze überblicken, wird Ihnen zwar deutlich werden, dass ein äußerst reichhaltiger Fundus an Ansätzen existiert, es aber keinen geschlossenen Ansatz gibt (vgl. Jahrreiß 1984, S. 20, Braun 1988, S. 48).

Dass wir Ihnen **keinen geschlossenen, allumfassenden Totalansatz, keine „Supertheorie"** zur Erklärung der internationalen Unternehmungstätigkeit präsentieren, ist in unseren Augen Ausdruck einer realistischen Beurteilung der Leistungsfähigkeit wissenschaftlicher Ansätze. Jeder Versuch, Ihnen einen allumfassenden Ansatz vorzustellen, wäre angesichts der **Komplexität des Erkenntnisgegenstands** und angesichts der permanenten Veränderungen in der internationalen Unternehmungstätigkeit zum Scheitern verurteilt. Ein einleitendes Beispiel soll diese Aussage bereits illustrieren: Internationalisierung lässt sich beispielsweise über die (manchen von Ihnen aufgrund anderer Frage- und Problemstellungen der Betriebswirtschaftslehre bereits bekannten) Transaktionskostenansätze erklären. Wer aber behaupten würde, dass sich Internationalisierung über die Transaktionskostentheorie umfassend und abschließend erhellen ließe, der würde Sie irreführen: Die Transaktionskostenansätze stellen ebenso wie andere Ansätze nur einen Mosaikstein dar, um die Internationalisierung von Unternehmungen zu „rationalisieren".

Halten wir daher bereits an dieser Stelle als erstes Fazit fest: Wir sprechen zweck-mäßigerweise **nicht von der Internationalisierungstheorie**, sondern von **den Inter-nationalisierungstheorien** – oder vielleicht noch zweckmäßiger: von den Internationali-sierungs**ansätzen**, denn was unter einer Theorie verstanden wird, ist höchst umstritten. Wenn wir selbst nachfolgend sowohl von Ansätzen als auch von Theorien sprechen, so hängt dies nicht nur damit zusammen, dass wir sprachliche Variationen suchen, sondern vor allem damit, dass viele der Ansätze in der Literatur als Theorien bezeichnet werden.

In der Literatur zum Internationalen Management werden nun zahlreiche Erklärungsan-sätze der internationalen Unternehmungstätigkeit vorgestellt – dies sowohl im Rahmen von **Monographien** (vgl. z.B. Perlitz 1978, Tesch 1980, Grünärml 1982, Jahrreiß 1984, Krist 1985, Braun 1988, Kappich 1988, Schulte-Mattler 1988, Stehn 1992, Becker 1996, Ietto-Gillies 2005) als auch im Rahmen von **Aufsätzen** (vgl. z.B. Buckley 1981, Calvet 1981, Soldner 1981, Perlitz 1981, Macharzina 1982, Pausenberger 1982b,c, Boddewyn 1985, Stein 1991, Welge/Holtbrügge 1997, Heiduk/Kerlen-Prinz 1999, Hennart 2001 oder Macharzina 2003). **Sammelbände** wurden beispielsweise von Casson (1990, Hrsg.) und – unter der Ägide der UNCTAD – von Dunning (1993, Hrsg.) herausgegeben. In diesen Sammelbänden sind die aus der Sicht der Herausgeber wichtigsten Erklärungsansätze zusammengestellt worden, die zuvor in der Regel als Beiträge in Zeitschriften erschienen sind. Es gibt nun mehrere Möglichkeiten, die Vielzahl dieser Erklärungsansätze zu systematisieren. **Kriterien für die Systematisierung** können

- die **Erklärungsebene** der Theorien (z.B. Länder, Branchen, Unternehmungen),
- (v.a. im Falle der Ebene von Ländern) der **geographische Erklärungsbereich** der Theorien (z.B. Industrie-, Schwellen- und Entwicklungsländer),
- (v.a. im Falle der Ebene von Branchen) der **inhaltliche Erklärungsbereich** der Theorien (z.B. Sektoren wie Industrie, Handel oder Dienstleistungen oder einzelne Branchen wie Automobil- oder Bankenbranche),
- (v.a. im Falle der Ebene von Unternehmungen) die **zu erklärende Form der inter-nationalen Aktivitäten** (z.B. Außenhandel, Direktinvestitionen, Kooperationsfor-men),
- die **disziplinäre Herkunft** der Theorien (z.B. Volkswirtschaftslehre, Betriebswirt-schaftslehre, Politologie),
- die spezifische **Zielsetzung bzw. der Erklärungsanspruch** der Theorien (z.B. Su-che nach Bedingungen oder Motiven; vgl. Boddewyn 1985) oder
- die **zeitliche Entstehung** der Theorien

darstellen.

Wir wollen eine Systematisierung nach der **Form der internationalen Unterneh-mungstätigkeit** vornehmen. In Abschnitt 1 stellen wir zuerst Theorien vor, die sich primär mit der Erklärung von Außenhandel beschäftigen **(Außenhandelstheorien)**. Im Anschluss daran diskutieren wir in Abschnitt 2 Ansätze, die sich vor allem auf Direkt-investitionen beziehen **(Direktinvestitionstheorien)**. Als dritte Gruppe gelten Ansätze, denen es sowohl um die Erklärung von Außenhandel als auch von Direktinvestitionen geht bzw. die Internationalisierung unabhängig von der Markteintritts- und Marktbearbeitungsform betrachten. Diese Ansätze werden wir in Abschnitt 3 als sogenannte **übergreifende Internationalisierungstheorien** präsentieren. Abbildung 3-1 kann Ihnen einen Überblick über die Ansätze geben, die wir in diesem Kapitel vorstellen. Abschließend wollen wir in Abschnitt 4 dieses Kapitels die Gesamtheit der Erklärungsansätze einer kritischen Würdigung unterziehen.

Wir werden die Erklärungsansätze **verbal** darstellen und auf komplizierte mathematische Formeln sowie Kurvendarstellungen verzichten. Die Hauptaussagen der einzelnen Theorien lassen sich schließlich analytisch auch durch sprachliche Aussagen erfassen. Wer eher nach formalen Darstellungen sucht, kann zusätzlich andere Werke heranziehen, die sich mit der Erklärung von Internationalisierung beschäftigen (vgl. z.B. Rose/ Sauernheimer 1999, Krugman/Obstfeld 2000). Zur besseren Verständlichkeit werden wir die Hauptaussage einer jeden Theorie in einer separaten Textbox zusammenfassen, auch wenn dadurch notwendigerweise jeweils eine gewisse Simplifizierung vorgenommen werden muss. Diese Vereinfachung nehmen wir jedoch in Kauf, um Ihnen die Wiederholung des Stoffes zu erleichtern. Mit diesen einführenden Überlegungen im Hinterkopf können wir nun unsere Reise durch den Dschungel der Internationalisierungstheorien beginnen und uns auf die Suche nach den wichtigsten Mosaiksteinen machen (natürlich ist uns bewusst, dass unsere Metaphern etwas hinken, denn Mosaiksteine finden wir eher im Orient oder in Teilen Italiens als in einem Dschungel ...).

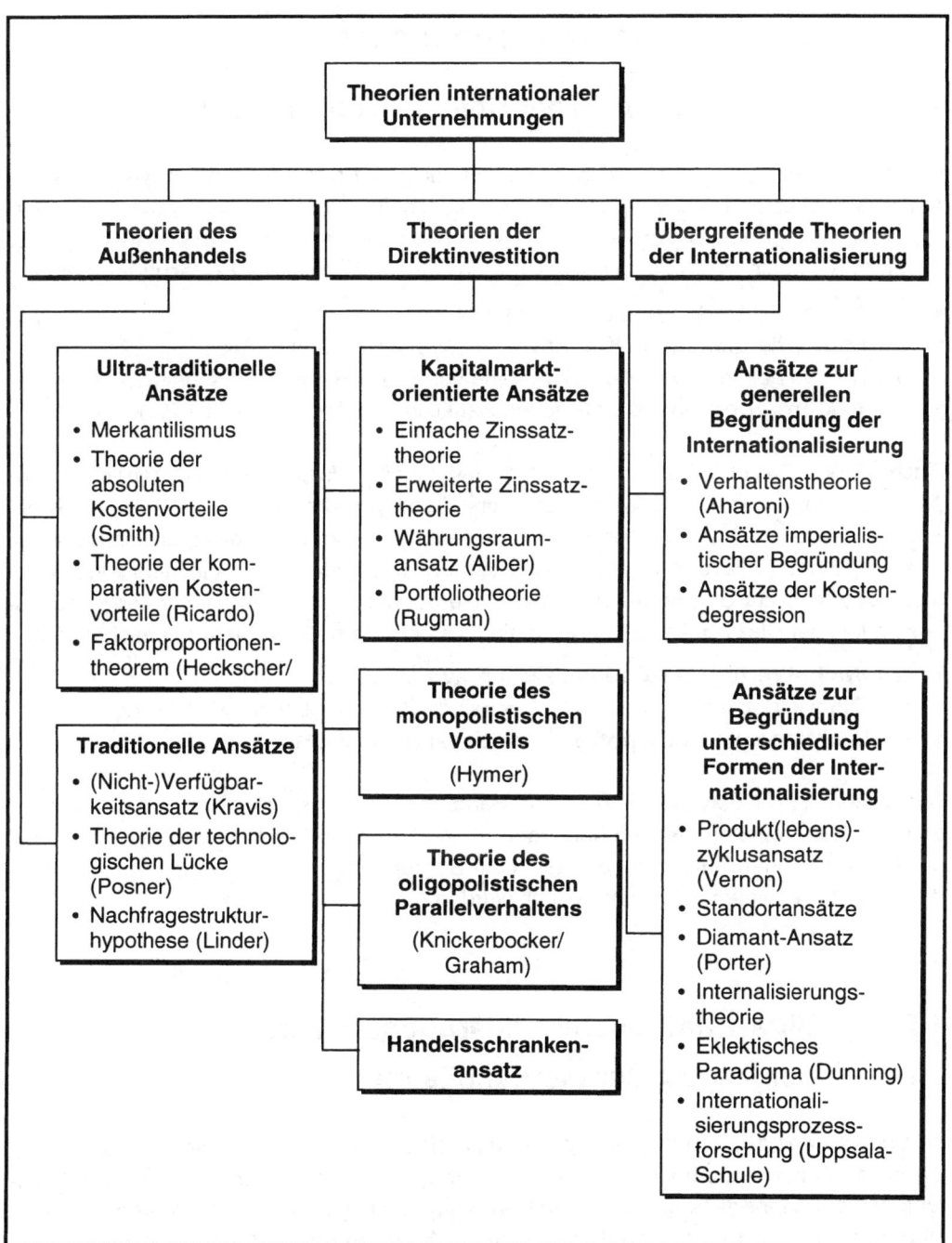

Abb. 3-1:   Systematisierung der Theorien internationaler Unternehmungen

1   Theorien des Außenhandels

1.1   Überblick über Theorien des Außenhandels

Seit langer Zeit haben sich Wissenschaftler mit der Frage beschäftigt, warum es zu Außenhandel kommt. Wir werden in diesem Abschnitt mehrere Erklärungsversuche vorstellen. Dabei gehen wir chronologisch vor und beginnen mit früheren Ansätzen. Es erwarten Sie in diesem Abschnitt zunächst vier **ultra-traditionelle Erklärungsansätze**:

- der Ansatz der **Merkantilisten** (Abschnitt 1.2.1),
- die Theorie der **absoluten Kostenvorteile** von Adam Smith (Abschnitt 1.2.2),
- die Theorie der **relativen Kostenvorteile** von David Ricardo (Abschnitt 1.2.3) und
- das **Faktorproportionentheorem** von Heckscher/Ohlin (Abschnitt 1.2.4).

Nach einem Zwischenfazit zu den ultra-traditionellen Erklärungsansätzen (Abschnitt 1.2.5) setzen wir unsere Reise mit der Vorstellung von drei weiteren, etwas „neueren" Erklärungsansätzen fort. „Neuer" heißt in diesem Falle aber nicht, dass es sich dabei um Ansätze handelt, die erst in den letzten Jahren entstanden sind. Vielmehr sind damit **traditionelle Erklärungsansätze** gemeint, die bereits seit Jahren zum festen Wissensbestandteil der Disziplinen gehören, die sich mit der Internationalisierung beschäftigen:

- der **(Nicht-)Verfügbarkeitsansatz** von Kravis (Abschnitt 1.3.1),
- die **Theorie der technologischen Lücke** von Posner (Abschnitt 1.3.2) und
- die **Nachfragestrukturhypothese** von Linder (Abschnitt 1.3.3).

Wir stellen Ihnen bewusst eine große Bandbreite an Ansätzen vor, um deutlich zu machen, wie zahlreich die Begründungen für Außenhandel sind. Gleichzeitig ist es uns ein Anliegen, Ihnen aufzuzeigen, dass viele Begründungen keineswegs neu sind, sondern bereits vor vielen Jahren entwickelt wurden.

1.2   Ultra-traditionelle Erklärungsansätze

1.2.1   Der Ansatz der Merkantilisten

Im England des 16. Jahrhunderts entwickelte sich eine wirtschaftspolitische Strömung, die als Merkantilismus bekannt ist. Die Hauptaussage der merkantilistischen Denkrichtung besteht darin, dass ein Land durch Außenhandel seinen Wohlstand erhöhen kann, indem dieses Land einen **möglichst großen Außenhandelsüberschuss** erzielt, d.h. möglichst viel exportiert und gleichzeitig möglichst wenig importiert. Der englische Merkantilist Thomas Mun drückte dies folgendermaßen aus: „The ordinary means to increase our wealth and treasure is by foreign trade, wherein we must ever observe this rule: to sell more to strangers yearly than we consume of theirs in value" (zitiert bei

Spiegel 1991, S. 108). Der Wohlstand eines Landes wurde daran gemessen, welche und wie viele Schätze ein Land aufwies. In der damaligen Zeit wurden die Schätze vor allem in Form von Gold, daneben auch in Form von Silber und Diamanten gehalten.

Der Merkantilismus wies der Regierung des Landes eine bedeutende Rolle zu: Die Regierung sollte alles tun, um das Ziel einer Maximierung des Außenhandelsüberschusses zu erreichen. Diese Auffassung führte dazu, dass in vielen Ländern **Exporte gefördert** wurden (z.B. durch Subventionen) und **Importe erschwert** wurden (z.B. durch Zölle und Importkontingente). Außenhandel wurde im Merkantilismus als Nullsummenspiel aufgefasst. Man nahm an, dass die positiven Effekte in einem Land durch negative Effekte in einem anderen Land erkauft wurden. Die Kolonialmächte, die zur damaligen Zeit billig Rohstoffe aus ihren Kolonien bezogen und im Gegenzug teure Fertigprodukte an die Kolonien lieferten, machten sich dieses Prinzip zu eigen: Sie erhöhten ihren Wohlstand zu Lasten der Kolonien.

Wir möchten Sie zu Beginn unserer Reise durch den „Dschungel der Internationalisierungstheorien" mit dem Merkantilismus deswegen vertraut machen, weil die darin enthaltenen Grundüberlegungen auch heute noch in der Außenwirtschaftspolitik mancher Länder mitschwingen (vgl. Hagelstam 1991) – und dies obwohl inzwischen, wie wir anhand der Überlegungen von Smith, Ricardo und Heckscher/Ohlin sehen werden, gezeigt wurde, dass Außenhandel kein Nullsummenspiel ist bzw. zumindest kein Nullsummenspiel sein muss. Heute spricht man zuweilen vom **„Neo-Merkantilismus"**, wenn man auf merkantilistische Tendenzen in unserer Zeit anspielt.

Hauptaussage des Ansatzes der Merkantilisten:

Zu Außenhandel kommt es, weil Länder ihren Wohlstand zu Lasten anderer Länder erhöhen wollen.

1.2.2 Die Theorie der absoluten Kostenvorteile von Adam Smith

Adam Smith war es, der 1776 in seinem Klassiker „An inquiry into the Nature and Causes of the Wealth of Nations" die merkantilistische Position stark angriff (vgl. für die deutsche Übersetzung Smith 1775/1976). Smith erklärt Außenhandel nicht dadurch, dass ein Land seinen Wohlstand auf Kosten eines anderen Landes erhöhen sollte. Smith führt Außenhandel auf **absolute Kostenvorteile** von Ländern zurück. Dabei nimmt Smith an, dass jedes Land bei bestimmten Produkten absolute Kostenvorteile hat, bei anderen Produkten jedoch absolute Kostennachteile.

Meist wurde die Existenz absoluter Kostenvorteile und -nachteile am Beispiel der Länder England und Portugal illustriert: Während England damals aufgrund besserer Produktionsprozesse absolute Kostenvorteile bei der Produktion von Textilien hatte, lagen die absoluten Kostenvorteile Portugals bei der Produktion von Wein. Die Grundaussage von Smith lautet, dass ein Land dann einen absoluten Kostenvorteil aufweist, wenn es in der Herstellung eines bestimmten Produktes effizienter operiert als andere Länder und dass es dann einen absoluten Kostennachteil hat, wenn die Herstellung des Produktes weniger effizient erfolgt als in anderen Ländern. Smith betont, dass sich ein Land auf die Herstellung des Gutes spezialisieren sollte, bei dem es absolute Vorteile hat. Die Begründung für die Existenz absoluter Kostenvorteile und Kostennachteile kann dabei vielfältig sein: Sie reicht von höherer Arbeitsproduktivität über bessere Faktorausstattung und existierende Größenvorteile bis hin zu überlegenen Fähigkeiten und umfangreicher Erfahrung.

Doch welcher Zusammenhang besteht nun zwischen der Produktion und Spezialisierung einerseits und dem Außenhandel andererseits?

- Ein Land, welches ein bestimmtes Gut absolut billiger produziert und sich deswegen darauf spezialisiert, soll nach Adam Smith das Gut auch **exportieren**, um mit den Exporterlösen dieses Gutes ein anderes Gut zu erwerben, dessen Produktion im Inland absolut gesehen nicht effizient erfolgt.

- Ein Land, welches ein bestimmtes Gut absolut teurer produziert als andere Länder, sollte gemäß Adam Smith die Produktion dieses Guts aufgeben und es aus Ländern **importieren**, die dieses Gut absolut betrachtet billiger herstellen. Importe sind möglich aufgrund der Erlöse, die das Land durch Export des anderen Guts erzielt.

Um beim Beispiel von England und Portugal zu bleiben: England sollte sich auf die Herstellung von Textilien spezialisieren, während sich Portugal auf die Herstellung von Wein konzentrieren muss. Durch das Aufkommen von Außenhandel kann England den benötigten Wein aus Portugal importieren; umgekehrt kann Portugal Textilien aus England beziehen. In manchen Büchern ist übrigens von Frankreich anstelle von Portugal oder von Weizen anstelle von Wein die Rede. Dies ändert natürlich nichts an der Grundlogik von Adam Smiths Aussagen.

Hauptaussage der Theorie der absoluten Kostenvorteile von Adam Smith:

Zu Außenhandel kommt es, weil Länder sich auf die Produktion des Gutes spezialisieren, bei dem sie absolute Kostenvorteile haben, dieses Gut dann exportieren und im Gegenzug das Gut importieren, bei dem sie absolute Kostennachteile aufweisen.

Die Forderung nach Freihandel leitet Smith aus seiner allgemeinen Erkenntnis ab, dass **Spezialisierung Wohlstandsgewinne** bringt. Wohlstandsgewinne sind für Smith mit einer Verbesserung des Lebensstandards eines Landes gleichzusetzen. Entwickelt man die Überlegungen von Smith weiter, so erkennt man, dass Länder durch die aus der Spezialisierung resultierende Export- und Importtätigkeit die absoluten Kostenvorteile noch weiter erhöhen können. Durch die dadurch möglichen Kostendegressionen lassen sich die bereits existierenden Kostenvorteile noch ausbauen. In den Überlegungen von Adam Smith war die heute immer wieder diskutierte Annahme sinkender Stückkosten bei steigender Produktion also schon enthalten.

1.2.3 Die Theorie der relativen Kostenvorteile von David Ricardo

Es ist unbestritten, dass Adam Smith mit „The Wealth of Nations" ein Werk vorgelegt hat, welches auch heute in den Wirtschaftswissenschaften noch in vielfacher Weise aktuell ist (vgl. z.B. die Hinweise bei Homann/Suchanek 2000). Doch was Smiths Theorie der absoluten Kostenvorteile angeht, so wurde sie schnell durch die Theorie der relativen Kostenvorteile überholt. Bereits bei Robert Torrens und Stuart Mill tauchten Überlegungen zur Bedeutung der relativen bzw. komparativen Kostenvorteile auf.

Textbox 3-1: Das Prinzip der komparativen Kosten

Ein einführendes Beispiel

Das Prinzip der komparativen Kosten kann die Arbeitsteilung zwischen zwei Personen erklären. Dies verdeutlichen Rose/Sauernheimer am Beispiel der Universität: Ein bekannter Professor, der einem großen Institut vorsteht, leistet sowohl als Forscher als auch als Lehrender hervorragende Arbeit. Gleichzeitig beweist er, dass er auch ein überragender Organisator und Verwaltungsfachmann ist. Sowohl in der Organisation als auch in der Verwaltung ist er dem Verwaltungsinspektor der Fakultät bzw. Universität überlegen. Er besitzt also einen absoluten Vorteil. Die Frage ist nun, ob der Professor seine wertvolle Arbeitskraft verzetteln soll und einen größeren Teil seiner Arbeitszeit, die er der Forschung und Lehre widmen könnte, für die Erledigung von Organisations- und Verwaltungsangelegenheiten benutzen sollte. Zwar ist der Verwaltungsinspektor nach unseren Annahmen auch in der Ausführung der Organisation und Verwaltung unterlegen, aber sein Nachteil ist im Bereich der Organisation und Verwaltung geringer als im Bereich der Forschung und Lehre. Der Inspektor hat zwar keinen absoluten, aber doch einen komparativen Vorteil in der Erledigung von Verwaltungs- und Organisationsaufgaben.

Quelle:
Rose/Sauernheimer (1999), S. 380-381.

Mit dem Namen von **David Ricardo** wird die Idee der komparativen Kostenvorteile besonders häufig verbunden (vgl. Hebler 1998, S. 1050). Das Prinzip der komparativen Kostenvorteile ist übrigens nicht nur für die Außenwirtschaft von Bedeutung, wie dies das in Textbox 3-1 dargestellte Beispiel zum Ausdruck bringt, mit dem wir Sie in die Überlegungen Ricardos einführen. Das von Rose/Sauernheimer übernommene Beispiel sollte keinesfalls missverstanden werden: Viele Hochschullehrer sind realiter keine „Meister" der Organisation und der Verwaltung (und vielleicht nicht einmal „Meister" in Forschung und Lehre gleichzeitig). Doch trotz dieser Einschränkung kann das Beispiel das Grundprinzip komparativer Vorteile anschaulich darstellen.

Arbeitsteilung mit positiven Spezialisierungsvorteilen ist nicht nur im Hochschulbereich relevant. David Ricardo stellte im Hinblick auf die Außenwirtschaftsbeziehungen die Frage, was ein Land machen sollte, welches in der Produktion aller Güter einen absoluten Kostenvorteil habe. Soll es nur exportieren und nichts importieren? Und was gilt für ein Land, welches bei keinem Produkt einen absoluten Kostenvorteil aufweist? Soll es nur importieren? In seinem Hauptwerk „On the Principles of Political Economy and Taxation" zeigt Ricardo, dass auch jene Länder Außenhandel betreiben sollten, die selbst überall absolute Kostenvorteile bzw. überall absolute Kostennachteile aufweisen (vgl. Ricardo 1817/1970, v.a. Chapter VII). Zunächst könnte man die Sinnhaftigkeit dieser Empfehlung anzweifeln. Doch Ricardo begründet, warum auch in diesem Fall Spezialisierung und in der Folge die Aufnahme von Export- und Importtätigkeiten wohlstandserhöhend sein können. Er spricht dabei von **relativen Kostenvorteilen**, d.h. **relativen Kostenunterschieden**, im Gegensatz zu den absoluten Kostenvorteilen von Adam Smith. Wir wollen diesen Sachverhalt auch mit anderen Worten formulieren: Nehmen wir an, dass ein Land bei zwei Produkten billiger produziert als ein anderes Land. Wir können dann die Frage formulieren: Bei welchem der beiden Produkte hat dieses Land bei einem Vergleich den relativ größeren Kostenvorteil? Die Antwort Ricardos lässt sich folgendermaßen zusammenfassen: Jedes Land sollte sich auf die Produktion von dem Gut spezialisieren, bei dem es relativ, d.h. komparativ gesehen, den größeren Vorteil gegenüber dem Ausland besitzt. Für den Außenhandel hat dies folgende Konsequenz:

- Ein Land **exportiert** das Gut, bei dem es einen komparativen Kostenvorteil aufweist.
- Ein Land **importiert** das Gut, bei dem es einen komparativen Kostennachteil hat.

Die Beweislogik von Ricardo beruht dabei auf der Annahme, dass es zwei gleich große Länder gibt, die Güter miteinander austauschen und dazu quantitativ die gleiche Menge an Produktionsfaktoren einsetzen. Die Unterschiede in den relativen Kosten ergeben sich durch unterschiedliche Produktionsmöglichkeiten, wie dies in der volkswirtschaftlichen Transformationskurve zum Ausdruck kommt. Vereinfacht könnte man sagen: Der Ursprung komparativer Kostenvorteile liegt in Produktivitätsunterschieden begründet. Dadurch, dass sich jedes Land auf die Produktion konzentriert, bei der relative Vorteile existieren, entstehen Wohlfahrtseffekte. Noch stärker als die Theorie der absoluten

Kostenvorteile verdeutlicht damit die Theorie der relativen Kostenvorteile, dass Außenhandel kein Nullsummenspiel darstellt.

Hauptaussage der Theorie der relativen Kostenvorteile von David Ricardo:

Zu Außenhandel kommt es, weil Länder sich auf die Produktion des Gutes spezialisieren, bei dem sie relative Kostenvorteile haben, dieses Gut dann exportieren und im Gegenzug das Gut importieren, bei dem sie relative Kostennachteile aufweisen.

An dieser Stelle möchten wir auch kurz auf das Problem eingehen, dass häufig komparative Vorteile (**comparative advantages**) und Wettbewerbsvorteile (**competitive advantages**) verwechselt werden. Das Konzept des komparativen Vorteils spricht die Länderebene an, während das Konzept des Wettbewerbsvorteils im Allgemeinen die Unternehmungsebene betrifft. Auch wenn Porter – wie wir später noch sehen werden (➔ Abschnitt 3.3.3 in diesem Kapitel) – den Begriff des Wettbewerbsvorteils für Nationen verwendet (vgl. Porter 1990a,b), sollten wir uns davon nicht täuschen lassen: Wettbewerbsvorteile sind prinzipiell Attribute, die wir Unternehmungen zuschreiben. Im Wettbewerb miteinander stehen in der Wirtschaft primär Unternehmungen, nicht Nationen. Unternehmungen können nun zahlreiche Wettbewerbsvorteile aufweisen: Sie können innovativer sein als andere Unternehmungen, sie können bei der Produkteinführung schneller sein als ihre Konkurrenten, und sie können eventuell auch billiger produzieren als ihre Wettbewerber. Komparative Vorteile können von Unternehmungen dabei ausgenutzt werden, um kompetitive Vorteile zu erzielen. Das heißt mit anderen Worten: Wettbewerbsvorteile können durch komparative Vorteile ermöglicht oder erleichtert werden.

Nach dieser wichtigen Abgrenzung von komparativen und kompetitiven Vorteilen werden wir uns nun einem weiteren Erklärungsansatz des Außenhandels zuwenden: dem Faktorproportionentheorem. Das Faktorproportionentheorem schließt direkt an die Erklärungsversuche von Ricardo an.

1.2.4 Das Faktorproportionentheorem von Heckscher/Ohlin

Ricardo hat als Ursache für komparative Vorteile vor allem Produktivitätsunterschiede betont. Er selbst wies dabei insbesondere auf Unterschiede in der Produktivität des Produktionsfaktors Arbeit hin. Die beiden schwedischen Wissenschaftler Eli Heckscher und Bertil Ohlin zeigten auf, dass ein komparativer Vorteil nicht nur über Produktivitätsunterschiede beim Produktionsfaktor Arbeit zu erklären ist. Sie betrachten erstens **weitere Produktionsfaktoren (Kapital und Boden)** und sehen zweitens weniger die Produktivitätsunterschiede als vielmehr die **Ausstattung mit Produktionsfaktoren** als entscheidend an (vgl. Heckscher 1919/1949, Ohlin 1930/1931, 1931/1952). Heckscher/Ohlin gehen davon aus, dass unterschiedliche Länder über eine unterschiedliche Faktorausstattung verfügen. Manche Länder sind eher mit dem Faktor Arbeit, andere eher mit dem Faktor Kapital und wieder andere mit dem Faktor Boden gesegnet. Je stärker ein bestimmter Faktor in einem bestimmten Land vorhanden ist, umso geringer sind die Kosten für diesen Faktor, die sogenannten Faktorkosten.

Aus Gründen der Einfachheit unterscheiden Heckscher/Ohlin in ihrem Modell zwischen den Produktionsfaktoren Arbeit und Kapital (d.h. sie subsumieren Boden unter Kapital). In „arbeitsreichen" Ländern ist demgemäss Arbeit vergleichsweise billig, in „kapitalreichen" Ländern ist Kapital vergleichsweise billig. Ein „arbeitsreiches" Land hat damit komparative Kostenvorteile bei der Produktion von arbeitsintensiven Gütern, ein „kapitalreiches" Land hat Kostenvorteile bei der Herstellung von kapitalintensiven Gütern. Insofern werden sich beide Länder spezialisieren. Auf welche Güter sie sich spezialisieren, liegt an den **Faktorproportionen**, d.h. am Verhältnis der Existenz der beiden Produktionsfaktoren. Deswegen ist auch vom Faktorproportionentheorem die Rede. Zu Außenhandel kommt es, wiederum als Folge der Spezialisierung, in folgender Form:

- Ein Land **exportiert** das Gut, welches auf dem Produktionsfaktor aufbaut, der „reichlich" vorhanden ist.
- Ein Land **importiert** das Gut, welches auf dem Produktionsfaktor beruht, der komparativ gesehen in geringerem Ausmaß vorhanden ist.

Der **Handel mit Gütern** wird gemäß Heckscher/Ohlin zum **Ersatz für die fehlende Mobilität der Produktionsfaktoren.** Nach der Aussage Heckscher/Ohlins exportieren Industrieländer, wie etwa die USA, Japan oder Deutschland, vor allem Güter, für deren Produktion der Faktor Kapital entscheidend ist, während Entwicklungs- und Schwellenländer Güter herstellen, bei denen vor allem der Faktor Arbeit benötigt wird. Die Spezialisierung und der daraus resultierende Handel führen unter idealtypischen Annahmen nicht nur zu einem Ausgleich der Güterpreise, sondern auch zu einem Ausgleich der Faktorpreise. Aus diesem Grund wird in der Literatur nicht nur vom **Faktorproportionentheorem**, sondern auch vom **Faktorausgleichstheorem** gesprochen.

Hauptaussage des Faktorproportionentheorems von Heckscher/Ohlin:

Zu Außenhandel kommt es, weil Länder sich auf die Herstellung des Gutes spezialisieren, zu dessen Produktion sie den Produktionsfaktor reichlich besitzen und im Gegenzug das Gut importieren, bei dem der zur Herstellung notwendige Produktionsfaktor in vergleichsweise geringer Zahl bzw. in vergleichsweise geringem Ausmaß vorhanden ist.

Um **Heckscher/Ohlins Ansatz** von **Ricardos Ansatz** abzugrenzen, lässt sich folgende Aussage festhalten: Während **Ricardo** die Existenz des Außenhandels primär auf Produktivitätsunterschiede beim Produktionsfaktor Arbeit und damit auf unterschiedliche Produktionsfunktionen in unterschiedlichen Ländern zurückführt, gehen **Heckscher/ Ohlin** von identischen Produktionsfunktionen und qualitativ identischen Produktionsfaktoren aus und sehen die unterschiedliche Faktorausstattung als Begründung für die Aufnahme von Außenhandel an (vgl. auch Balassa 1963, S. 231). Gemeinsam ist beiden theoretischen Ansätzen die Relativität: Zentral sind relative, nicht absolute Unterschiede. Im einen Fall sind es relative (nicht absolute) **Produktivitätsunterschiede**, im anderen Fall relative (nicht absolute) **Faktorausstattungsunterschiede**. Insofern handelt es sich auch bei Heckscher/Ohlin – wie bei Ricardo – um einen Ansatz, der Außenhandel über relative Kostenvorteile erklärt.

1.2.5 Zwischenfazit zu den ultra-traditionellen Erklärungsansätzen

Bevor wir nun weitere Ansätze behandeln, wollen wir ein Zwischenfazit zu den ultra-traditionellen Erklärungsansätzen ziehen. Wir fassen die Kritik zusammen, die an den Annahmen der ultra-traditionellen Erklärungsansätze geäußert wurde (Abschnitt 1.2.5.1) und gehen auf die empirische Widerlegung der ultra-traditionellen Erklärungsansätze durch Leontief ein (Abschnitt 1.2.5.2).

Die Kritik an den realitätsfernen Annahmen der Erklärungsansätze

Ein häufig geäußerter Einwand gegenüber den bisher vorgestellten Theorien des Außenhandels ist, dass sie mit vereinfachenden Annahmen operieren, die von der Realität weit entfernt sind (vgl. z.B. Jahrreiß 1984, S. 55, Daniels/Radebaugh/Sullivan 2007, S. 211-212). Vor allem die Ansätze von Smith und Ricardo nehmen – teils explizit, teils implizit – an, dass

* wir (nur) zwei voneinander abgrenzbare Länder und (nur) zwei homogene Güter haben („**Zwei-Länder/Zwei-Güter-Fall**"),
* wir es in beiden Ländern mit einem gegebenen, nicht veränderbaren Bestand an Ressourcen bzw. einer unveränderlichen Faktorausstattung zu tun haben (**fixe Ressourcen- bzw. Faktorausstattung**),
* die Ressourcen voll verwendet werden, es also zum Beispiel Vollbeschäftigung und keine Arbeitslosigkeit gibt (**volle Ressourcen- bzw. Faktorverwendung**),
* die Produktionsfaktoren nur innerhalb eines Landes mobil, zwischen Ländern aber immobil sind (**Faktorimmobilität**),
* die mit den Produktionsfaktoren erstellten Güter international mobil sind, also z.B. auch gehandelt werden können (**Gütermobilität**),

- wir in beiden Ländern problemlos die Produktion von einem Gut zum anderen Gut verlagern können (**Möglichkeit der Produktionsveränderung**),
- die Spezialisierung keinen Einfluss auf die benötigten Ressourcen und auf die Effizienz der Ressourcenverwendung hat, d.h. Spezialisierung positiv bewertet wird (**Spezialisierungseuphorie**),
- wir **keine Transportkosten** haben,
- wir **keine Informationskosten** tragen müssen,
- **keine Wechselkursproblematik** existiert und
- letztlich Effizienz in allen Fällen das oberste Ziel ist (**Effizienzannahme**).

Sie werden sofort feststellen, dass die vorliegenden Annahmen mit der Realität wenig zu tun haben. Es ist also fraglich, ob die Aussagen von Adam Smith, David Ricardo, Eli Heckscher und Bertil Ohlin auch in einer Welt zutreffen, in der viele Länder und viele Güter existieren, in denen die Ressourcenbestände bzw. Faktorausstattungen nicht statisch sind, in denen Spezialisierung nicht ohne Einfluss auf Ressourcen und Ressourcenverwendung bleibt, in denen Kosten der Produktionsveränderung existieren usw. Ökonomen konnten theoretisch nachweisen, dass die Grundaussagen der Theorie der komparativen Kosten auch dann noch gelten, wenn manche der Annahmen gelockert werden (vgl. z.B. Dornbusch/Fischer/Samuelson 1977). Die Praxis bestätigt ebenfalls, dass die Außenhandelstätigkeit zumindest teilweise auf komparative Kostenvorteile zurückgeführt werden kann (z.B. Balassa 1963). Allerdings haben die traditionellen Außenhandelstheoretiker keine eindeutige bzw. zumindest keine unumstrittene Begründung für völlig freien Welthandel liefern können, weswegen der **Freihandel bis heute kontrovers diskutiert** wird (vgl. auch Krugman 1987). Manche Ökonomen haben zudem genau **entgegengesetzte Modelle** konstruiert: So beschreibt Mundell den im Vergleich zu Heckscher/Ohlin umgekehrten Fall. Er nimmt an, dass die Produktionsfaktoren mobil sind, nicht aber die Güter (vgl. Mundell 1957). Es sind dabei Beschränkungen des Handels, die Faktorwanderungen auslösen und Investitionen im Ausland induzieren. Der bereits von Heckscher/Ohlin angesprochene Ausgleich der Faktorkosten erfolgt bei Mundell durch Faktorwanderungen, nicht durch Güterwanderungen. Der eigentlich interessante, weil realitätskonforme Fall wird durch die Modelle nicht gelöst – weder einzeln noch im Zusammenspiel: Denn wenn sowohl Güter als auch Faktoren als mobil betrachtet werden, so lassen sich aus den Überlegungen Heckscher/Ohlins und Mundells keine eindeutigen Aussagen mehr ableiten (vgl. Vosgerau 1981, S. 86).

1.2.5.2   Die Kritik durch die empirische Widerlegung von Leontief (Neo-Faktorproportionentheorem)

Wenn es auch Indizien dafür gab, dass die von Ricardo ausgemachten komparativen Kostenunterschiede von Relevanz sind, so entstanden dennoch Zweifel an der uneingeschränkten Gültigkeit seiner Theorie. Das Faktorproportionentheorem von Heckscher/Ohlin wurde noch stärker hinterfragt. Das Unbehagen an der Richtigkeit des Faktorproportionentheorems verstärkte sich insbesondere seit Erscheinen der Studie von Wassily Leontief, in der die **Struktur des Außenhandels** der **Vereinigten Staaten** untersucht wurde. Leontief, später im Jahr 1973 zum Nobelpreisträger gekürt, führte eine soge-nannte „Input-Output-Analyse" für den Außenhandel der USA durch. Er versuchte, die importierten und exportierten Produkte in die darin enthaltenen Produktionsfaktor-bestandteile (v.a. Arbeit und Kapital) zu zerlegen. Leontief kam zu dem erstaunlichen Ergebnis, dass die USA mehr „arbeitsintensive" Güter als „kapitalintensive" Güter expor-tierten (vgl. Leontief 1953, 1956). Die USA, die als „kapitalreiches" Land galten, hätten gemäß Heckscher/Ohlin eigentlich mehr kapitalintensive Güter ausführen müssen. Dagegen hätten sie als Konsequenz des Faktorproportionentheorems arbeitsintensive importieren müssen. Da die Resultate von Leontiefs Studie den bis zum damaligen Zeit-punkt überwiegend akzeptierten Erklärungsversuchen entgegenstanden, spricht man seither auch vom **Leontief-Paradoxon**.

In der Folge der Leontief-Studie kam es zu zahlreichen wissenschaftlichen Auseinan-dersetzungen (vgl. auch Grünärml 1982, S. 72-74). Die eine Seite stand Leontiefs Studie, die auf Daten des Jahres 1947 beruhte, eher kritisch gegenüber und äußerte Zweifel an Annahmen und empirischem Vorgehen Leontiefs. Die andere Seite begrüßte Leontiefs Studie, führte sie doch treffend vor Augen, dass sich nahezu jeder Erklärungs-ansatz auch widerlegen, d.h. im Popperschen Sinne falsifizieren, ließ. Leontief selbst hat auf die von manchen Wissenschaftlern geäußerte Kritik reagiert und zudem die Arbeits-leistung der USA genauer analysiert. Dabei wies er darauf hin, dass man die USA mög-licherweise sogar als „arbeitsreiches" Land interpretieren könne, wenn man auf die Qualität des Faktors Arbeit abstelle. Nicht der Faktor Arbeit an sich sei von Interesse; man müsse auch die **Art der Arbeitsleistung** betrachten und somit den Faktor Arbeit weiter ausdifferenzieren. Man könne, so Leontief, die USA in diesem Fall deswegen als arbeitsreiches Land betrachten, weil vergleichsweise höher qualifizierte Arbeitskräfte in anderen Ländern nicht in gleichem Ausmaß vorhanden seien.

Allerdings ist es nicht zwingend notwendig, die von Leontief herausgefundene Ist-Situa-tion besonders zu deuten und damit das Leontief-Paradoxon mit Hilfe des Arguments der Differenzierungsnotwendigkeit oder mit Hilfe weiterer Erklärungsversuche aufzulö-sen (vgl. zu weiteren Erklärungsversuchen z.B. Baldwin 1971). Auch andere Autoren haben in der Folgezeit die Existenz des Leontief-Paradoxons bestätigt (vgl. z.B. Bowen/ Leamer/Sveikauskas 1987). Die Ökonomie steht damit vor einem Dilemma. Viele Wis-senschaftler schätzen bis heute das Heckscher/Ohlin-Theorem, müssen aber erkennen, dass möglicherweise Ricardos Ansatz der komparativen Kosten eine größere Aussage-kraft besitzt. Was bleibt nach diesen kritischen Aussagen im Hinblick auf den Nutzen der ultratraditionellen Außenhandelstheorien festzuhalten? Diese Frage soll kurz in Ab-schnitt 1.2.5.3 beantwortet werden.

1.2.5.3   Trotz aller Probleme – Der Nutzen der ultra-traditionellen Erklärungsansätze

Die Hauptaussagen der ultra-traditionellen Außenhandelstheorien lassen sich vereinfachend in vier Punkten zusammenfassen:

- Smith startete bei den Vorteilen der Arbeitsteilung und Spezialisierung innerhalb einer Gesellschaft und argumentierte, dass das Prinzip der Arbeitsteilung und Spezialisierung auch über Länder hinweg aufgrund existierender **absoluter Kostenvorteile** Anwendung finden sollte.

- Ricardo zeigte, dass Außenhandel nicht nur – wie von Smith angenommen – bei absoluten Kostenvorteilen, sondern auch bei **relativen Kostenvorteilen** aufgenommen werden sollte, da es den beteiligten Partnern Vorteile bringt.

- Während Ricardo relative Kostenvorteile mit Produktivitätsunterschieden erklärte, lieferten Heckschker/Ohlin einen weiteren möglichen, wenn auch nur in manchen Fällen vorliegenden Grund für die Aufnahme von Außenhandel: die zwischen Ländern existierenden **Faktorausstattungsunterschiede**, die ebenfalls als relative Kostenvorteile zu werten sind.

- Trotz aller Kritik, die an den klassischen Außenhandelstheorien geübt wird, besteht ihr Hauptverdienst schließlich darin, gezeigt zu haben, dass Außenhandel insgesamt **wohlfahrtserhöhend** und eine dem Merkantilismus überlegene Lösung sein kann.

Für internationale Unternehmungen sind Außenhandelstheorien deswegen von Relevanz, weil diese treffend auf das Potential der Nutzung von Kostenvorteilen hindeuten. Kostenvorteile als **komparative Vorteile** können dann, wie bereits erwähnt, eine mögliche Basis für Wettbewerbsvorteile von Unternehmungen, d.h. für **kompetitive Vorteile**, sein.

1.3   Traditionelle Erklärungsansätze

Nach den ultra-traditionellen Theorien des Außenhandels wollen wir nun „neuere" Theorien des Außenhandels vorstellen. Wie bereits erwähnt, soll der Begriff „neuere" nicht falsch interpretiert werden. Es handelt sich nicht etwa um Erklärungsansätze aus den letzten Jahren, sondern um durchaus traditionelle Erklärungsansätze. Wir können mit diesen Theorien, die ab den sechziger Jahren entstanden sind, keinen direkten Gegenpol zu den ultra-traditionellen Theorien setzen. Die einzelnen Ansätze rücken jeweils andere Argumente in den Mittelpunkt, um Außenhandel zu erklären. Wir werden nun

- den **(Nicht-)Verfügbarkeitsansatz** von Kravis (Abschnitt 1.3.1),
- die **Theorie der technologischen Lücke** von Posner (Abschnitt 1.3.2) und
- die **Nachfragestrukturhypothese** von Linder (Abschnitt 1.3.3)

vorstellen.

1.3.1 Der (Nicht-)Verfügbarkeitsansatz von Kravis

Ein vergleichsweise einfaches Argument für die Erklärung der Entstehung von Außenhandel ist das (Nicht-)Verfügbarkeitsargument. Kravis betonte, dass Außenhandel allein damit erklärt werden kann, dass **Länder** die **Produkte, über die sie selbst nicht verfügen, importieren** (vgl. Kravis 1956). So sind bestimmte Rohstoffe im Heimatland nicht vorhanden (➜ dazu Abbildung 3-2), manche landwirtschaftlichen Erzeugnisse können aufgrund der klimatischen Bedingungen nicht im Heimatland angebaut werden, und für die Herstellung mancher industrieller Produkte mögen im Heimatland die technologischen Voraussetzungen fehlen.

Was das eine Land benötigt, gibt es unter Umständen in anderen Ländern im Überfluss. Nichts liegt also näher, als dass zwischen Ländern mit unterschiedlicher Ausstattung an Produktionsfaktoren Außenhandel aufkommt. Was ein Land braucht (beispielsweise weil es dort keine Rohstoffvorkommen gibt), kann das andere Land dorthin exportieren. Doch wurde eine derartige Erklärung nicht bereits beim Faktorproportionentheorem geliefert? Oder fragen wir weiter: Was kann den (Nicht-)Verfügbarkeitsansatz vom Faktorproportionentheorem unterscheiden? Es sind vor allem drei Argumente, die wir als zentral ansehen: Erstens wird im (Nicht-)Verfügbarkeitsansatz angenommen, dass bestimmte **Güter** in manchen Ländern **überhaupt nicht existieren**. Das Faktorproportionentheorem geht dagegen davon aus, dass in unterschiedlichen Ländern eine unterschiedlich reichliche Ausstattung von Produktionsfaktoren gegeben ist. Zweitens zielt der (Nicht-)Verfügbarkeitsansatz **auf einzelne Produkte** ab, während das Faktorproportionentheorem auf einer höheren Aggregationsebene „konstruiert" ist: der Ebene der Produktionsfaktoren, wo bekanntlich der Einfachheit halber nur zwischen Arbeit und Kapital unterschieden wird. Es ist nur allzu offenkundig, dass das Faktorproportionentheorem mit einer derart einfachen Dichotomisierung stark an Erklärungsmacht einbüßt, was unter anderem durch das Leontief-Paradoxon deutlich wurde. Drittens spielen beim (Nicht-)Verfügbarkeitsansatz im Gegensatz zum Faktorproportionentheorem die **Kosten keine Rolle**. Der (Nicht-)Verfügbarkeitsansatz erklärt das Aufkommen von Exporten und Importen nicht über relative Kostenvorteile aufgrund unterschiedlicher Faktorausstattung, sondern schlichtweg über das Nicht-Vorhandensein bestimmter Güter in bestimmten Ländern.

Rohstoff	Vorkommen
Aluminium (Bauxit)	Guinea, Australien, Brasilien, Jamaica, Indien
Beryllium	USA, Brasilien, GUS-Staaten, China
Blei	USA, Australien, Kanada, GUS-Staaten, Mexiko
Chrom	Südafrika (75%), Simbabwe, GUS-Staaten, Finnland
Eisenerz	GUS-Staaten, Brasilien, Australien, USA
Gallium	Guinea, Australien, Brasilien, Jamaika
Germanium	Kanada, Europa, USA
Hafnium	Australien, Südafrika, USA, Indien
Indium	USA, Kanada, Nordkorea, China, GUS-Staaten
Kobalt	Marokko, Kanada, Philippinen, Kuba, Zaire, Sambia, Tiefsee
Kupfer	Chile, USA, GUS-Staaten, Sambia, Zaire
Lithium	Kanada, Südafrika, Chile, Bolivien
Mangan	Südafrika, GUS-Staaten, Gabun, Australien, Brasilien, Tiefsee
Molybdän	USA, Chile, Kanada, Peru, GUS-Staaten
Nickel	Neukaledonien, Kanada, GUS-Staaten, Indonesien, Kuba
Niob	Brasilien, Kanada, Zaire
Platin-Gruppe	Südafrika (75%), GUS-Staaten, Kanada, USA
Selen	Chile, USA, Kanada, Peru
Silber	GUS-Staaten, Mexiko, Kanada, USA
Tantal	Thailand, Malaysia, Nigeria, Zaire
Tellur	Chile, USA, Kanada, Peru
Titan	Südafrika, GUS-Staaten, Brasilien, USA, Kanada, Sierra-Leone
Wolfram	China, Kanada, GUS-Staaten, USA, Nordkorea
Zink	Kanada, USA, Australien, GUS-Staaten, Südafrika
Zinn	Malaysia, Indonesien, Thailand, Australien, GUS-Staaten
Zirkonium	Australien, Südafrika, USA, Indien

Abb. 3-2:   Rohstoffvorkommen für ausgewählte Rohstoffe
Quelle: Mutter (1995), S. 285 und S. 290.

Der (Nicht-)Verfügbarkeitsansatz von Kravis lässt sich nun weiter verfeinern, indem man die Gründe für die Nicht-Verfügbarkeit untersucht (vgl. Rose/Sauernheimer 1999, S. 375-376). Es gibt bestimmte Güter, die in einem bestimmten Land **dauerhaft** nicht vorhanden sind (z.B. Rohstoffe), und wir können uns andere Güter vorstellen, die in einem bestimmten Land nur **temporär** nicht existieren (z.B. Technologien).

- Bei einer **dauerhaften Nicht-Verfügbarkeit** wird die Erklärung der Existenz von Außenhandel durch den Ansatz von Kravis völlig abgedeckt. Es bleibt lediglich offen, mit welchem Land Außenhandel betrieben wird. Zur Klärung dieser Frage kann man etwa auf die theoretischen Ansätze zurückgreifen, die relative Kostenvorteile als zentral ansehen.

- Bei einer **temporären Nicht-Verfügbarkeit** lässt sich der Erklärungsansatz von Kravis durch weitere Ansätze ergänzen, die auch die Veränderung und eventuell das Versiegen des Außenhandels erklären. Unter anderem kann man an dieser Stelle eine Verbindung zur Theorie der technologischen Lücke herstellen (➜ Abschnitt 1.3.2 in diesem Kapitel): Die Nicht-Verfügbarkeit einer bestimmten Technologie mag in der Weise temporär sein, dass Importe bzw. zumindest das Wachstum der Importe abnehmen, sobald die von Posner angesprochene Imitationslücke geschlossen ist, die wir im nächsten Abschnitt kennen lernen werden.

Hauptaussage des (Nicht-)Verfügbarkeitsansatzes von Kravis:

Zu Außenhandel kommt es, weil bestimmte Produkte in bestimmten Ländern permanent oder temporär nicht verfügbar sind. Produkte werden deshalb von einem Land importiert, von einem anderen Land exportiert.

Es soll abschließend nochmals betont werden, dass sowohl die dauerhafte Nicht-Verfügbarkeit als auch die temporäre Nicht-Verfügbarkeit sehr **simple Gründe** haben können. So bedarf es keiner großartigen Überlegungen, um den Import von Aluminium, Baumwolle oder Quecksilber nach Deutschland zu erklären. Ebenso leuchtet es ein, dass manche Schwellen- und Entwicklungsländer im Rahmen ihrer finanziellen Möglichkeiten High-Tech-Produkte aus Industrieländern beziehen. Logisch ist auch die Tatsache, dass eine Unternehmung aus einem bestimmten Land allein deswegen gezwungen sein kann, Produkte (z.B. Vorprodukte oder Komponenten) kurzfristig aus dem Ausland zu importieren, weil im Heimatland aufgrund von Kapazitätsengpässen (z.B. wegen Konjunkturüberhitzung) keine Lieferanten gefunden werden. Diese einfachen Beispiele zeigen, dass es zuweilen keines großen „Theoriegebäudes" bedarf, um bestimmte Phänomene der internationalen Wirtschaft zu erklären. Über das Nicht-Verfügbarkeitsargument lässt sich also trotz der einfachen Gedankenlogik – früher wie heute – ein vergleichsweise großer Teil des Welthandels erklären.

1.3.2 Die Theorie der technologischen Lücke von Posner

Die Theorie der technologischen Lücke zielt – wie bereits die Theorie Ricardos – auf komparative Vorteile ab. Allerdings stehen dabei weniger komparative Kostenvorteile als vielmehr komparative Erlösvorteile im Mittelpunkt. Als Hauptvertreter der Theorie der technologischen Lücke gelten gemeinhin Michael Posner und Gary C. Hufbauer (Posner 1961, Hufbauer 1966, v.a. S. 94-109). Aber auch zahlreiche weitere Autoren neben

Posner und Hufbauer sehen technologische Entwicklungen als Erklärung für das Entstehen von Außenhandel an (vgl. Vernon 1970, Hrsg.). In Deutschland wurden Überlegungen zur technologischen Lücke etwa von Lorenz angestellt (vgl. Lorenz 1967).

Wir wollen nun exemplarisch den Ansatz von Posner herausgreifen, der auch als **Neotechnologieansatz** bezeichnet wird. Posner stellte fest, dass komparative Vorteile von Ländern durch technologische Innovationen entstehen, im Laufe der Zeit jedoch durch Imitation in anderen Ländern wieder erodieren können. Am besten lässt sich die Theorie der technologischen Lücke anhand eines Beispiels verdeutlichen, welches auch durch Abbildung 3-3 illustriert wird. Als Ausgangspunkt dieses Beispiels soll folgende Situation gewählt werden: Wir nehmen an, dass wir – wie bereits bei Smith und Ricardo – zwei Länder bzw. zwei Unternehmungen aus zwei unterschiedlichen Ländern haben. Als Länder wollen wir Deutschland (Land X) und die USA (Land Y) wählen. Allerdings betrachten wir nun im Gegensatz zu den Ansätzen von Smith und Ricardo nicht zwei Güter, sondern **nur ein Gut**. Dabei soll es sich um ein innovatives Produkt handeln. Wie erklärt sich nun das Aufkommen des Außenhandels?

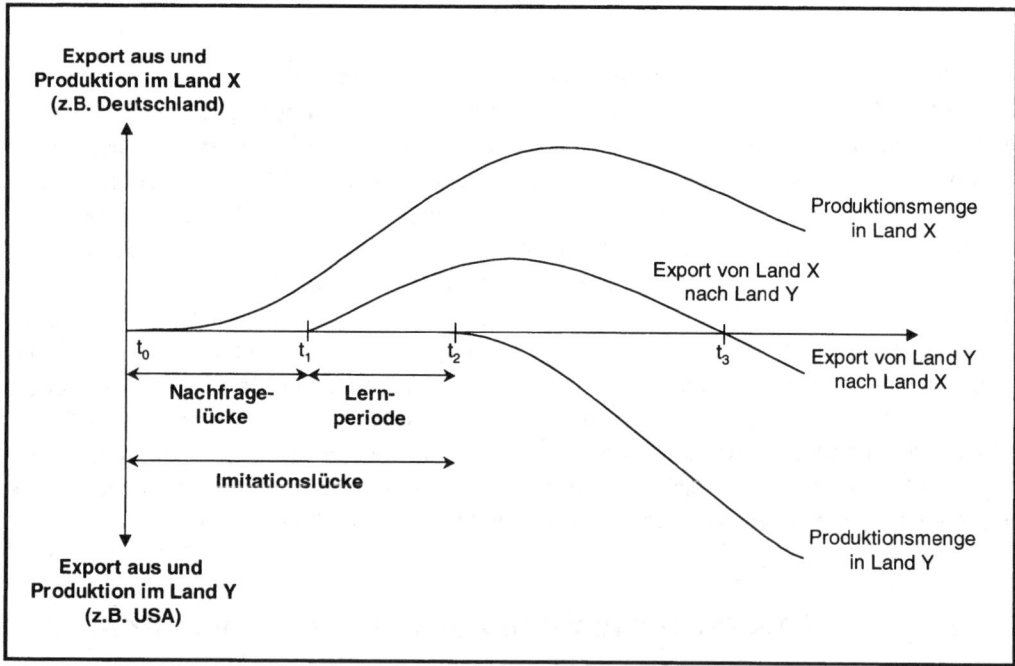

Abb. 3-3:   Der Ansatz der technologischen Lücke

Zum Zeitpunkt t_0 beginnt die deutsche Unternehmung mit der Produktion eines zuvor entwickelten Produkts, welches als innovativ gilt. Eine gewisse Zeit, so kann man annehmen, wird das Produkt nur in Deutschland nachgefragt. Erst zum Zeitpunkt t_1 erlangen auch die Konsumenten in den USA Kenntnis vom deutschen Produkt. Zwischen t_0 und t_1 haben wir daher eine sogenannte **Nachfragelücke („foreign reaction lag")**, d.h. es gibt keine Nachfrage in den USA. Ab dem Zeitpunkt t_1, dem Ende der Nachfragelücke, kann die deutsche Unternehmung mit der Exporttätigkeit beginnen. Sie kann damit die Nachfrage in den USA befriedigen, wodurch es in den USA zu Importen kommt.

Der Konkurrenzunternehmung in den USA ist der Export von Deutschland in die USA natürlich ein „Dorn im Auge". Der Absatz des eigenen, technologisch unterlegenen Produkts, geht zurück. Die US-amerikanischen Konsumenten fragen das deutsche Produkt nach. Die Unternehmung in den USA setzt also alles daran, um ein Produkt zu entwickeln, welches dem deutschen Produkt ebenbürtig ist. Dies ist zwar in manchen Fällen problematisch, da ein patentrechtlicher Schutz eine Imitation verhindert. Möglich ist jedoch meist die Entwicklung eines ähnlichen Produkts. Der Zeitraum zwischen t_1 und t_2 wird als **Lernperiode („learning period")** bezeichnet, d.h. als Zeitraum, der dafür notwendig ist, dass sich die US-amerikanische Unternehmung das Wissen zur Produktion des Gutes aneignet. Zum Zeitpunkt t_2, so kann man annehmen, ist die Entwicklung dieses Produktes abgeschlossen, und die US-amerikanische Produktion kann beginnen. Der Zeitraum zwischen t_0 und t_2 wird auch **Imitationslücke** genannt. Dies ist die Zeit, die erforderlich ist, um die deutsche Technologie nachzuahmen. Die Imitationslücke umfasst somit die Zeiträume der Nachfragelücke und der Lernperiode.

Mit Beginn der Produktion in den USA kommen Produktion in Deutschland und Export aus Deutschland in die USA freilich noch nicht zum Erliegen. Es dauert noch eine Weile, bis zunächst die Exporttätigkeit schwächer wird, da die US-amerikanischen Konsumenten zunehmend auf das Produkt aus heimischer Produktion umsteigen, und bis der Export aus Deutschland in die USA schließlich zum Zeitpunkt t_3 ganz versiegt. Mit dem Ausbleiben des Exports sinkt die deutsche Produktion erstmals, während die US-amerikanische Produktion weiter steigt. Doch warum steigen US-amerikanische Konsumenten nun auf das heimische Produkt um? Für den Produktwechsel kann es zahlreiche Gründe geben. Denkbar sind unter anderem sogenannte Heimatlandeffekte („Country-of-Origin-Effekte"), Transportkostenvorteile, Liefervorteile oder Servicevorteile.

Ab dem Zeitpunkt t_3 können sich die Handelsströme sogar umkehren. Die deutsche Unternehmung exportiert nichts mehr in die USA, während die US-amerikanische Unternehmung ihr Produkt inzwischen nach Deutschland ausführt. Dies lässt sich einerseits damit begründen, dass nun das US-amerikanische Produkt sogar über eine Imitation hinausgeht und damit qualitativ dem deutschen Produkt überlegen ist. Es mag aber andererseits auch durch Kostenvorteile erklärt werden; denn es wird vielfach davon ausgegangen, dass eine Imitation von Technologie nicht in Hochlohnländern, sondern vor allem in Niedriglohnländern erfolgt.

Im Zeitraum zwischen t_1 und t_3 ist es damit zum sogenannten **technologischen Lückenhandel** gekommen. Oder anders ausgedrückt: Handel ist deswegen entstanden, weil es eine gewisse Zeit brauchte, bis eine bestimmte Technologie eines Landes bzw. einer Unternehmung eines Landes auch von einem anderen Land bzw. der Unternehmung eines anderen Landes imitiert wurde. Selbst mit Beendigung des Zeitraums zum Zeitpunkt t_3 kommt der Handel nicht zum Erliegen. Durch erneute Technologieinnovation kann eine neue Periode des technologischen Lückenhandels entstehen – diesmal in umgekehrter Richtung!

Hauptaussage der Theorie der technologischen Lücke von Posner:

Zu Außenhandel kommt es, weil nicht alle Länder den gleichen technologischen Entwicklungsstand haben und zwischen der Erfindung einer Technologie in einem Land und deren Imitation durch andere Länder eine gewisse Zeit verstreicht. Der Export aus dem fokalen Land wird zunächst primär mit Technologievorteilen erklärt, der spätere Import in das fokale Land lässt sich ebenfalls mit Technologievorteilen, zudem aber auch mit Kostenvorteilen begründen.

Die Frage, ob eine **technologische Lücke** zwischen einzelnen Ländern existiert, wird seit langem **empirisch untersucht** (vgl. Majer 1973). Müller-Merbach weist zum Beispiel auf die veränderte Situation in der Nachrichten- und Unterhaltungstechnik hin. Während Deutschland früher im Bereich der Fernseh-, Rundfunk-, Video- und Audiogeräte als technologisch führend und als wichtiger Exporteur galt, hat sich die Situation erheblich gewandelt. 1976 übertraf die deutsche Ausfuhr mit 6,1 Mrd. DM (~ 3,1 Mrd. €) die deutsche Einfuhr mit 3,4 Mrd. DM (~ 1,7 Mrd. €) noch deutlich. Seit 1988 ist Deutschland Nettoimporteur von Nachrichten- und Unterhaltungstechnik. 1992 wurden Waren im Wert von 12,5 Mrd. DM (~ 6,4 Mrd. €) exportiert, denen Importe in Höhe von 16,7 Mrd. DM (~ 8,5 Mrd. €) gegenüber standen (vgl. Müller-Merbach 1994, S. 65-66).

Die Existenz einer technologischen Lücke ist allerdings nicht eindeutig auf Länderebene zu beantworten. Zum einen kann ein Land bei manchen Produkten bzw. Technologien führend sein, bei anderen Produkten und Technologien aber im Weltmaßstab zurückliegen. Zum anderen sind nicht einzelne Länder technologisch weiter entwickelt als andere Länder, sondern einzelne Unternehmungen in einzelnen Ländern mögen gegenüber anderen Unternehmungen – ob im Inland oder im Ausland – technologische Vor- bzw. Nachteile aufweisen. Der Haupteinwand gegenüber der Theorie der technologischen Lücke besteht aber darin, dass eine überlegene Technologie nicht zwingend auch in anderen Ländern als den Ursprungsländern nachgefragt werden muss. Es mag sein, dass in anderen Ländern die Anwendungsvoraussetzungen fehlen, dass dort nicht genug Kaufkraft vorhanden ist oder dass das Produkt dort aufgrund seiner Herkunft abgelehnt wird. Damit wird deutlich, dass die Theorie der technologischen Lücke erklärt, warum es zu Außenhandel kommen kann, aber den Nachweis schuldig bleiben, ob und wann es zwingend zu Außenhandel kommen muss.

Als Fazit bleibt festzuhalten, dass Posner mit seiner Theorie der technologischen Lücke wie bereits Ricardo und Heckscher/Ohlin von komparativen Vorteilen ausgeht: Im Zentrum stehen aber nicht Kostenvorteile, sondern Technologievorteile, sei es in Form von Verfahrensinnovationen oder Produktinnovationen. Kostenvorteile können mit einer überlegenen Technologie natürlich zusätzlich verbunden sein; sie sind aber nicht als zentraler Erklärungsbestandteil der Theorie der technologischen Lücke anzusehen. Vielmehr sollte man Technologievorteile eher als Differenzierungsvorteile und damit auch als Erlösvorteile interpretieren.

1.3.3   Die Nachfragestrukturhypothese von Linder

Insbesondere die klassischen und neoklassischen Außenhandelstheorien machen die Ursachen für die Entstehung von Exporten und Importen primär an Angebotsbedingungen fest. **Nachfragebedingungen** hingegen bleiben weitgehend außen vor. Diesem Manko der Außenhandelstheorien begegnete Staffan Linder in den sechziger Jahren mit der nach ihm benannten Linder-Hypothese (vgl. Linder 1961 sowie zu einer Zusammenfassung Ohr 1985).

Entscheidend für die Frage, ob ein bestimmtes Gut auch ein „potentielles Exportgut" wird, ist für Linder das **inländische Absatzpotential**. Je höher das inländische Absatzpotential, desto höher ist auch das ausländische Absatzpotential, da eine Unternehmung aufgrund großer Inlandsnachfrage **Skaleneffekte** bei der Produktion erzielen kann. Linder kommt zu dem Schluss, dass der inländische Absatz bei den Produkten am größten ist, die einer sogenannten repräsentativen Nachfrage im Inland entsprechen. Dies heißt mit anderen Worten: Je stärker ein bestimmtes Produkt den Wünschen des Durchschnittskonsumenten im **Inland** entspricht, umso größer das Absatzpotential im Inland und umso größer als Konsequenz auch das Absatzpotential im **Ausland**. Den Durchschnittskonsumenten macht Linder am Einkommen sowie am von diesem präferierten Qualitätsniveau fest. Linder geht dabei – wie auch die Vertreter der Theorie der technologischen Lücke – davon aus, dass jedes Produkt zuerst im Inland abgesetzt wird und erst später im Ausland vertrieben werden soll. Ein Produkt kann also nur zum Exportprodukt werden, wenn dafür zunächst im Inland Nachfrage vorhanden ist.

Die Anwendbarkeit der Linderschen Überlegungen beschränkt sich damit auf Produkte, die – im Zwei-Länder-Fall – in zwei Ländern nachgefragt werden, d.h. bei denen überlappende Nachfrage herrscht. Gemäß Linder müsste der Außenhandel zwischen jenen Ländern am stärksten sein, die eine **ähnliche Nachfragestruktur** aufgrund ähnlicher Pro-Kopf-Einkommen und ähnlicher Qualitätserwartungen der Konsumenten aufweisen. Jedes Land produziert vornehmlich die Güter, die der repräsentativen Nachfrage der eigenen Bevölkerung entsprechen und exportiert diese Güter auch in andere Länder. Der Bedarf der sogenannten „Nicht-Durchschnittsbevölkerung" wird durch Importe aus anderen Ländern gedeckt. Produkte, die importiert werden, sind folglich die Produkte, die in anderen Ländern von der dortigen Durchschnittsbevölkerung am stärksten nachgefragt werden und deswegen in diesen Ländern günstig produziert werden können.

Wenn wir nun davon ausgehen, dass es zwischen dem von Linder erwähnten Pro-Kopf-Einkommen der Bevölkerung einerseits und der Pro-Kopf-Kapitalausstattung andererseits einen positiven Zusammenhang gibt, so wird deutlich, dass Linder eine andere Erklärung als Heckscher/Ohlin liefert. Für Heckscher/Ohlin stellen große Unterschiede im Pro-Kopf-Einkommen zwischen Ländern bzw. große Unterschiede in der Kapitalausstattung pro Kopf eine Begründung für intensiven Außenhandel dar. Denn kapitalreiche Länder exportieren kapitalintensive Produkte, während kapitalarme Länder diese Produkte importieren. Linder dagegen postuliert, dass es zwischen Ländern mit unterschiedlicher Ausstattung zu geringen Handelsströmen kommt. Dagegen ist der Handel zwischen Ländern stark, die eine **ähnliche Ausstattung an Kapital** haben.

Doch innerhalb der Linderschen Ausführungen kommt es zu einem Paradoxon: Warum sollte sich in Ländern, die sich hinsichtlich der Einkommensstruktur und des Qualitätsbewusstseins der Bevölkerung ähnlich sind, überhaupt eine auf unterschiedliche Produkte spezialisierte Inlandsnachfrage ergeben? Ist nicht eher davon auszugehen, dass in Ländern mit einer ähnlichen Nachfragestruktur zunächst einmal auch ein ähnliches Inlandsangebot existiert? Und müsste Außenhandel – zur Arrondierung der nicht durch Inlandsproduktion befriedigten Nachfrage – dann nicht zwischen den Ländern entstehen, die hinsichtlich Einkommensstruktur und Qualitätsbewusstsein (erhebliche) Divergenzen aufweisen? Eine ansatzweise Auflösung des Paradoxons lässt sich (nur) folgendermaßen erreichen: Man kann deswegen vom Entstehen von Außenhandel zwischen ähnlichen Ländern sprechen, weil sich diese spezialisieren. Dies heißt: Länder mit ähnlicher Nachfrage poolen ihre überlappende Nachfrage und wenden dann das Prinzip der internationalen Arbeitsteilung an. Tatsächlich erklärungsmächtig wird die Linder-Hypothese sogar erst, wenn wir neben der **Nachfragepoolung** auch Möglichkeiten der **Produktdifferenzierung** hinzuziehen. Im Laufe der Zeit wurde nämlich zunehmend erkannt, dass Außenhandel in vielen Fällen deswegen zustande kommt, weil Produktdifferenzierungen existieren. Länder mit prinzipiell ähnlicher Nachfrage spezialisieren sich also auf durchaus ähnliche Produktkategorien bzw. Produktklassen, bieten jedoch unterschiedliche Produktvarianten an. Die Differenzierung ist dabei nicht nur auf den Produktkern beschränkt; sie kann auch durch besondere ästhetische und symbolische Eigenschaften oder durch Zusatzleistungen (Serviceleistungen) erreicht werden. Es ist also die Produktdifferenzierung im weiteren Sinne, die das angesprochene Paradoxon der Linder-Hypothese auflöst.

Hauptaussage der Nachfragestrukturhypothese von Linder:

Zu Außenhandel kommt es vor allem zwischen Ländern mit ähnlicher Nachfragestruktur. Durch Nachfragepoolung und Differenzierung des Angebots spezialisieren sich die einzelnen Länder auf unterschiedliche Produktkategorien, -klassen bzw. -varianten, was zu anschließenden Exporten und Importen zwischen den Ländern führt.

Wenn Sie sich an unsere Ausführungen zu Beginn dieses Buches zurückerinnern, so hatten wir zwischen substitutivem (intra-industriellem) und komplementärem (inter-industriellem) Außenhandel differenziert (→ Abschnitt 2.1.1.1.3 in Kapitel 1). Linder will vor allem **substitutiven Handel** erklären, während die zuvor geschilderten Theorien von Ricardo, Heckscher/Ohlin und Posner primär **komplementären Handel** zu begründen versuchen. Gerade wenn man der ebenfalls bereits erwähnten Konvergenzthese Levitts (1982) folgt (→ Abschnitt 5.5.5 in Kapitel 1), so müssten wir in Zukunft vor allem auf substitutiven Handel treffen: Denn wenn sich die Nachfrage bzw. die Nachfragestrukturen angleichen und wenn darauf mit einer Angleichung des Angebots bzw. der Angebotsstrukturen reagiert wird, so müsste Außenhandel, wenn er denn aufgrund der Ähnlichkeit der Nachfrage überhaupt noch notwendig ist, vor allem von (mehr oder weniger marginalen) Produktdifferenzierungen getragen werden.

Empirische Studien haben die Existenz und die weltweite Zunahme von substitutivem Handel immer wieder bestätigt (vgl. Broll/Gilroy 1987, Gries 1998, S. 64-66). Wir können festhalten, dass die Linder-Hypothese trotz einiger kritischer Stimmen einen Erklärungsbaustein für substitutiven Handel liefert (vgl. Kennedy/McHugh 1983). Weitere Ansätze versuchen zusätzliche Begründungen für substitutiven Handel zu geben. So wird die Zunahme des intra-industriellen Handels auch mit der Notwendigkeit der **Erzielung von Economies of Scale** begründet. Wegen der in vielen Branchen und bei vielen Produkten hohen Fixkosten könne von vielen Unternehmungen nur eine beschränkte Zahl von Produkten hergestellt werden. Deshalb würden sich Länder bzw. Unternehmungen in unterschiedlichen Ländern auf ein begrenztes Produktspektrum beschränken. Aufgrund der existierenden Heterogenität an Wünschen und Bedürfnissen können die Konsumenten eines Landes damit nicht alle Produkte aus heimischer Produktion erhalten, sondern müssen unter Umständen auf Produkte aus dem Ausland zurückgreifen, d.h. diese Produkte importieren. Die Unvollkommenheit der Märkte und die damit verbundenen **sachlich oder zeitlich bedingten Präferenzen** von Konsumenten können auch unabhängig von Economies of Scale zur Zunahme des intra-industriellen Handels beitragen. So kommt es beispielsweise häufig vor, dass Inländer aus Prestigegründen auf ausländische Produkte zurückgreifen, obwohl vergleichbare Produkte auch von inländischen Unternehmungen angeboten werden. Ausländische Produkte werden selbst (oder gerade) dann gekauft, wenn deren Preise höher sind als die der inländischen Produkte. Anschaulich sieht man dies an den Automobilherstellern *DaimlerChrysler* und *BMW*, die bereits seit langem von einem derartigen Konsumentenverhalten profitieren und ihre Produkte im Ausland mit Erfolg absetzen können.

1.3.4 Zwischenfazit zu den traditionellen Erklärungsansätzen

Mit den Erklärungsansätzen von Kravis, Posner und Linder haben wir unser Repertoire an verfügbaren Mosaiksteinen zur Erklärung von Außenhandel deutlich erweitert. Wir hoffen, dass Sie bereits jetzt dafür sensibilisiert wurden, dass jeglicher **Versuch**, die **Export- und Importtätigkeiten monokausal zu erklären, zum Scheitern verurteilt** wäre. Sie mögen sich vielleicht fragen, ob neben den traditionellen Ansätzen nicht auch noch „modernere" Ansätze existieren. Ein Blick in (eher) volkswirtschaftlich orientierte Werke zum Außenhandel verdeutlicht allerdings, dass sich im Laufe der Zeit keine grundlegend neuen Erklärungsansätze durchgesetzt haben (vgl. Rose/Sauernheimer 1999). Deswegen endet unsere Beschäftigung mit Außenhandelstheorien auch mit den sogenannten traditionellen Erklärungsansätzen.

Im weiteren Verlauf unserer Ausführungen werden wir zwar noch weitere Ansätze kennen lernen, die Außenhandelstätigkeiten theoretisch reflektieren; diese Erklärungsansätze beschäftigen sich allerdings nicht ausschließlich mit Außenhandel, sondern mit Internationalisierung im Allgemeinen. Bevor wir in Abschnitt 3 dieses Kapitels zu diesen übergreifenden Internationalisierungstheorien kommen, sollen nun in Abschnitt 2 die Erklärungsansätze diskutiert werden, die als Theorien der Direktinvestition bezeichnet werden können.

2 Theorien der Direktinvestition

2.1 Überblick über Theorien der Direktinvestition

Während die bisher vorgestellten Ansätze das Zustandekommen von Außenhandel zu erklären versuchten, wollen die nun folgenden Ansätze die Vornahme von Direktinvestitionen begründen. Wir möchten Sie bereits hier darauf hinweisen, dass wir auf unserer Reise durch den Dschungel nicht alle Pfade betreten werden. Dies heißt: Es gibt natürlich noch weitere Ansätze, die Direktinvestitionen erklären wollen. Im Rahmen dieses Lehrbuchs halten wir es allerdings für berechtigt, dass wir uns auf die wichtigsten Ansätze konzentrieren. Es sollen dabei

- unterschiedliche **kapitalmarktorientierte Erklärungsansätze** (Abschnitt 2.2),
- die **Theorie des monopolistischen Vorteils** von Hymer und Kindleberger (Abschnitt 2.3),
- die **Theorie des oligopolistischen Parallelverhaltens** von Knickerbocker und Graham (Abschnitt 2.4) sowie
- die **Handelsschrankentheorie** (Abschnitt 2.5)

vorgestellt werden.

2.2 Kapitalmarktorientierte Erklärungsansätze

Unter dem Oberbegriff „Kapitalmarktorientierte Ansätze" werden in der Regel mehrere unterschiedliche Ansätze zur Erklärung von Direktinvestitionen zusammengefasst (vgl. Grünärml 1982, S. 49-57, Schäfer 1995, S. 38-46, Glaum 1996, S. 45-49). Es handelt sich dabei vor allem um

- die **einfache Zinssatztheorie** von Ragnar Nurkse und Carl Iversen (Abschnitt 2.2.1),
- die **erweiterte Zinssatztheorie**, wie sie etwa von Franz Heidhues beschrieben wurde (Abschnitt 2.2.2),
- den **Währungsraumansatz** nach Robert Aliber (Abschnitt 2.2.3) sowie
- die **Portfoliotheorie der Direktinvestition** nach Alan Rugman (Abschnitt 2.2.4).

2.2.1 Die einfache Zinssatztheorie

Um die einfache – und anschließend auch die erweiterte – Zinssatztheorie zu verstehen, ist zunächst eine Klärung hilfreich, von welchen Größen Investitionen im Allgemeinen beeinflusst werden. Jede Investition wird gemeinhin dann als erfolgreich angesehen, wenn die ursprünglich eingesetzte Investitionssumme nach Ablauf der Investitionsperiode zurückfließt und darüber hinaus eine als angemessen erachtete Rendite abwirft.

Dabei ist selbstverständlich, dass Investoren in der Regel von einer Rendite ausgehen, die mindestens den Kapitalkosten entspricht. Als Kapitalkosten kann man die gewichteten Kosten der Eigenkapital- und Fremdkapitalfinanzierung auffassen. Diese können etwa mit der „Weighted-Average-Cost-of-Capital-Methode" (WACC-Methode) berechnet werden. Die Rendite, die von Investoren mindestens erwartet wird, kommt vereinfacht dem Kalkulationszinsfuß gleich, mit dem Investitionen bzw. deren Erträge oder auch die Cash Flows abdiskontiert werden (vgl. Heidhues 1969, S. 39-48 sowie Grünärml 1982, S. 53).

Die **einfache Zinssatztheorie** sieht nun **Zinsdifferenzen** als Ursache für Kapitalbewegungen zwischen Ländern an. Sie wird dabei vor allem mit Arbeiten von Ragnar Nurske und Carl Iversen in Verbindung gebracht, die Mitte der dreißiger Jahre entstanden sind (vgl. Nurkse 1935, Iversen 1936/1967). Zinsdifferenzen lassen sich mit dem Argument unterschiedlicher Kapitalausstattung erklären. Bereits das Faktorproportionentheorem hatte darauf verwiesen, dass es kapitalreichere und kapitalärmere Länder gibt (→ Abschnitt 1.2.4 in diesem Kapitel). Geht man von der Existenz nationaler Kapitalmärkte aus, so muss sich in kapitalreicheren Ländern ein vergleichsweise niedriger Zinssatz ergeben, da Kapital ja ausreichend vorhanden ist. In kapitalärmeren Ländern muss sich ein vergleichsweise hoher Zinssatz einpendeln, da Kapital dort knapp ist. Doch nun kommen wir zum entscheidenden Unterschied zwischen dem Faktorproportionentheorem und der einfachen Zinssatztheorie: Während das Faktorproportionentheorem davon ausgeht, dass der Faktor Kapital – ebenso wie alle anderen Produktionsfaktoren – immobil ist, gilt Kapital nach der Zinssatztheorie als mobil. Aufgrund dieser **Mobilität von Kapital** ergeben sich gemäß der einfachen Zinssatztheorie solange Kapitalübertragungen, bis eine internationale Angleichung der Zinssätze erreicht ist. Eine derartige Angleichung der Zinssätze führt in der Folge zu einer internationalen Angleichung der Zinserträge. Somit erklärt die einfache Zinssatztheorie grenzüberschreitende Kapitalbewegungen – ob in Form der Portfolioinvestitionen oder in Form der Direktinvestitionen – über Zinsdifferenzen. Portfolioinvestitionen oder Direktinvestitionen werden so lange vorgenommen, bis sich Zinssätze international angleichen (vgl. auch Heidhues 1969, S. 48-55).

Hauptaussage der einfachen Zinssatztheorie:

Zu Portfolio- und Direktinvestitionen kommt es, wenn und solange zwischen Ländern absolute Zinsdifferenzen existieren. Kapital fließt von kapitalreichen Ländern mit niedrigem Zinssatz in kapitalarme Länder mit höherem Zinssatz.

Nun kann man unschwer feststellen, dass in der einfachen Zinssatztheorie zahlreiche Faktoren ignoriert werden, die in der Realität bei internationalen Kapitaltransfers existieren. Die einfache Zinssatztheorie kennt **keine Informations- und Transferkosten**, und für sie existieren beim grenzüberschreitenden Kapitaltransfer **weder Risiken noch Unsicherheiten**. Diesen Schwächen versucht die **erweiterte Zinssatztheorie** zu begegnen, die wir als nächsten Mosaikstein zur Erklärung von Direktinvestitionen vorstellen.

2.2.2 Die erweiterte Zinssatztheorie

Unter dem Stichwort „Erweiterte Zinssatztheorie" wird in der Literatur kein eigener Ansatz verstanden, der direkt einem bestimmten Autor zuzurechnen wäre. Vielmehr handelt es sich bei der erweiterten Zinssatztheorie um eine Verfeinerung der einfachen Zinssatztheorie (vgl. Heidhues 1969, S. 55-60). Wenn Investitionen im Ausland mit Investitionen im Inland verglichen werden sollen, so ist bei Überlegungen zur Rendite bzw. zum Kalkulationszinsfuß natürlich nicht nur nach absoluten Zinssätzen bzw. absoluten Zinssatzdifferenzen zu fragen. Entscheidend sind zudem **zwei weitere Faktoren**:

(1) die **Kosten der Information und des Kapitalverkehrs** und
(2) die durch Auslandsinvestitionen zusätzlich entstehenden **Risiken und Unsicherheiten**.

Unter Berücksichtigung dieser Faktoren lässt sich die einfache Zinssatztheorie modifizieren. Dabei können zwei Stufen der erweiterten Zinssatztheorie differenziert werden: In der ersten Stufe werden Kosten der Information und des Kapitalverkehrs berücksichtigt, in der zweiten Stufe auch Risiken und Unsicherheiten.

(1) Berücksichtigung der Kosten der Information und des Kapitalverkehrs: Tragen wir der Existenz von Kosten der Information und des Kapitalverkehrs Rechnung, so bleibt die Grundaussage der einfachen Zinssatztheorie auch im Rahmen der erweiterten Zinssatztheorie bestehen: Die erweiterte Zinssatztheorie postuliert dabei wie die einfache Zinssatztheorie, dass Kapital von Niedrigzinsländern in Hochzinsländer fließt. Allerdings müssen die Zinsdifferenzen nun so groß sein, dass die Zinsgewinne aus dem Kapitaltransfer auch die Informations- und Transferkosten decken. Aus diesem Grund gleichen sich nach Aussage der erweiterten Zinssatztheorie die Zinsdifferenzen zwischen Ländern langfristig – infolge des Kapitalverkehrs – nicht völlig aus. **Zinsdifferenzen** bleiben **in Höhe der Informations- und Transferkosten** bestehen.

Hauptaussage der erweiterten Zinssatztheorie in Stufe 1:

Zu Portfolio- und Direktinvestitionen kommt es, wenn und solange zwischen Ländern absolute Zinsdifferenzen existieren, die höher sind als Informations- und Transferkosten. Kapital fließt von kapitalreichen Ländern mit niedrigem Zinssatz in kapitalarme Länder mit höherem Zinssatz.

---

(2) Berücksichtigung des Risikos und der Unsicherheit: Die Existenz von Risiken und Unsicherheiten lässt nun die Grundaussage der einfachen Zinssatztheorie zum Wanken kommen. Denn unter der realistischen Annahme, dass Investoren mit Risiken und Unsicherheiten leben, ist keine Aussage über Richtung und Umfang der Kapitalbewegungen mehr möglich. Risiko und Unsicherheit führen dazu, dass Investitionsprojekte von unterschiedlichen Investoren unterschiedlich bewertet werden. Dies heißt: Investoren nehmen unterschiedliche Anpassungen beim Kalkulationszinsfuß vor und kommen somit zu unterschiedlichen Entscheidungen. Heidhues schreibt: „Die subjektive Bewertung des Risikos durch die einzelnen Investoren aufgrund der Ungewissheit über den Eintritt bestimmter Ereignisse macht eine generelle Aussage über Entscheidungen der Investoren unmöglich" (Heidhues 1969, S. 57-58). Als Risiko bzw. Unsicherheit lassen sich auch **Wechselkursänderungen** interpretieren. Allerdings sollte man beachten, dass die erweiterte Zinssatztheorie nicht nur Wechselkursrisiken, sondern eine Vielzahl von weiteren Risiken bzw. Unsicherheiten betrachtet.

Mit der Berücksichtigung von Risiko und Unsicherheit können zwischen zwei Ländern somit auch gegeneinander gerichtete Kapitalströme, sogenannte **„cross-movements"**, entstehen. Dies liegt unter anderem daran, dass Investoren aus zwei Ländern wechselseitig unterschiedliche Risikobewertungen vornehmen. In diesem Fall wird kein Ausgleich der Zinssätze mehr erreicht.

Hauptaussage der erweiterten Zinssatztheorie in Stufe 2:

Zu Portfolio- und Direktinvestitionen kommt es aufgrund der unterschiedlichen Bewertung von Investitionsprojekten im In- und Ausland. Neben Zinsdifferenzen spielen für die Bewertung auch Informations- und Transferkosten sowie Risiko und Unsicherheit eine Rolle. Eindeutige Aussagen über Richtung und Umfang der Investitionen sind jedoch aufgrund der subjektiven Einschätzung von Risiko und Unsicherheit nicht möglich.

Bis in die sechziger Jahre hinein, d.h. bis zur noch vorzustellenden Arbeit von Hymer, wurden Direktinvestitionen vor allem über Zinssatzunterschiede erklärt. Die Überlegungen waren vor allem in den fünfziger Jahren populär, als US-amerikanische Unternehmungen in Europa höhere Renditen erzielten als im Heimatland. Im Prinzip begründete man die Vornahme von Direktinvestitionen damit jedoch nicht anders als die Tätigung von Portfolioinvestitionen – und dies, obwohl beiden Investitionsarten unterschiedliche Motive zugrunde liegen und obwohl beide Investitionsarten, wie man empirisch festgestellt hat, keineswegs parallel verlaufen (vgl. auch Braun 1988, S. 29-30, Wilkins 1999).

2.2.3   Der Währungsraumansatz von Aliber

Während die bereits vorgestellten Zinssatztheorien davon ausgehen, dass Investitionen von Niedrigzinsländern in Hochzinsländer fließen, identifiziert Robert Aliber eine andere Beziehung. Nach seiner Auffassung gibt es Kapitaltransfers von Hartwährungsländern in Weichwährungsländer (vgl. Aliber 1970, 1974). Als **Hartwährungsländer** gelten Länder mit **aufwertungsverdächtiger Währung**, als **Weichwährungsländer** Länder mit **abwertungsverdächtiger Währung**. Bei einer Aggregation der Länder kann man daher vom Hartwährungsraum und vom Weichwährungsraum sprechen.

Aliber nimmt zunächst an, dass Anleger ihre Investitionen in ihrer eigenen Währung, d.h. der Landeswährung tätigen. Er begründet seinen Währungsraumansatz damit, dass Investoren bei ihren Investitionsentscheidungen generell Risikoaspekte berücksichtigen. Das zentrale Risiko, welches er in den Mittelpunkt stellt, ist das Währungsrisiko. Anleger verlangen bei Investitionen in **aufwertungsverdächtige Währungen** (Hartwährungsländer) eine **niedrigere Risikoprämie**, bei Investitionen in **abwertungsverdächtigen Währungen** (Weichwährungsländer) eine **höhere Risikoprämie**. Die Höhe der Risikoprämie wird durch die Varianz der erwarteten Währungsänderung bestimmt. Den Unternehmungen (bzw. den Aktien von Unternehmungen) in aufwertungsverdächtigen Ländern wird damit ein höherer Marktwert beigemessen, den Unternehmungen (bzw. den Aktien von Unternehmungen) in abwertungsverdächtigen Ländern ein niedrigerer Marktwert.

Ein höherer Marktwert führt nun dazu, dass die **Eigenkapitalkosten der Unternehmung** sinken, ein niedriger Marktwert dagegen bringt eine Erhöhung der Eigenkapitalkosten mit sich. Für Unternehmungen in Ländern mit aufwertungsverdächtigen Währungen heißt dies: Die Eigenkapitalkosten sinken. Für Unternehmungen in Ländern mit abwertungsverdächtiger Währung bedeutet es umgekehrt: Die Eigenkapitalkosten steigen. Aufgrund eines derartigen Anlageverhaltens von Investoren haben Unternehmungen aus Hartwährungsländern Kapitalkostenvorteile, Unternehmungen aus Weichwährungsländern Kapitalkostennachteile. Aber nicht nur die Eigenkapitalkosten, sondern auch die Fremdkapitalkosten können vom Marktwert einer Unternehmung abhängen. So haben Unternehmungen mit niedrigerem Marktwert zuweilen höhere Fremdkapitalkosten als Unternehmungen mit hohem Marktwert.

Aber wie kommt es nun zu einem Kapitaltransfer von Hartwährungsländern in Weichwährungsländer? Alibers Grundaussage lautet, dass Unternehmungen aus unterschiedlichen Ländern ein und denselben **Zahlungsstrom** unterschiedlich bewerten. Unternehmungen aus Hartwährungsländern setzen aufgrund der Kapitalkostenvorteile einen **niedrigeren Kalkulationszinsfuß** an, Unternehmungen aus Weichwährungsländern müssen aufgrund der Kapitalkostennachteile mit einem **höheren Kalkulationszinsfuß** operieren. Aus diesem Grund wird jede Investition, wo immer sie auch stattfindet, von Investoren aus unterschiedlichen Stamm- bzw. Mutterländern unterschiedlich beurteilt.

Kommt der Investor aus einem Hartwährungsland, erfolgt eine positivere Beurteilung, als wenn der Investor aus einem Weichwährungsland stammt.

Was bleibt als Schlussfolgerung? Erstens werden angesichts der vorgestellten Argumentation – bei weltweiter Betrachtung – alle **Investitionsprojekte von Investoren in Hartwährungsländern positiver** beurteilt als von Investoren in Weichwährungsländern. Zweitens kommt es damit zu **Investitionen** von Investoren **der Hartwährungsländer in Weichwährungsländern**, aber nicht zu Investitionen von Investoren der Weichwährungsländer in Hartwährungsländern.

Hauptaussage des Währungsraumansatzes von Aliber:

Portfolio- und Direktinvestitionen entstehen aufgrund der Aufwertungs- und Abwertungserwartungen von Währungen. Da Investoren aus Hartwährungsländern Investitionsprojekte – aufgrund niedriger angesetzter Kalkulationszinsfüsse – besser bewerten als Investoren in Weichwährungsländern, kommt es weltweit zu mehr Investitionen durch Investoren aus Hartwährungsländern und darüber hinaus zu Kapitaltransfers von Hartwährungsländern in Weichwährungsländer.

Der Währungsraumansatz Alibers ist – wie alle Ansätze – von **Kritik** nicht verschont geblieben. Zunächst wird kritisiert, dass Unternehmungen heutzutage ihre Investitionsprojekte nicht nur in der Landeswährung des Stammlandes finanzieren. Vielmehr werden zahlreiche Projekte in der Landeswährung des Investitionslandes finanziert. Fraglich ist zudem, warum Anleger das Risiko von Unternehmungen alleine daran festmachen sollten, wo das Stammhaus seinen Sitz hat und die tatsächliche, gerade die unternehmungsspezifische Risikosituation außen vor lassen sollten. Weiterhin müssten der Erklärung Alibers zufolge Investitionen primär von Industrieländern in Entwicklungsländer fließen und nicht von Industrieland zu Industrieland. Doch es gibt bis heute keine Evidenz, dass die Direktinvestitionen in Entwicklungsländern die Direktinvestitionen in Industrieländern übertreffen (vgl. auch Jahrreiß 1984, S. 179-181). Freilich sollte man Alibers Ansatz im Falle einer Gesamtbeurteilung nicht nur auf die Währungsraumüberlegungen reduzieren. In seinen Veröffentlichungen stellt Aliber auch Überlegungen zu Investitionen in unterschiedlichen Zollräumen sowie zur Internationalisierung über Patente und Lizenzen an. Auf diese weiterführenden Überlegungen soll aber im vorliegenden Lehrbuch verzichtet werden.

2.2.4 Die Portfoliotheorie der Direktinvestition nach Rugman

Zu den kapitalmarktorientierten Erklärungsversuchen der Direktinvestition gehört auch die sogenannte Portfoliotheorie der Direktinvestition. Sie geht vor allem auf Alan Rugman zurück (vgl. Rugman 1975, 1976, 1977a,b, 1979). Der Ansatz von Rugman nutzt die Portfolio-Überlegungen der Kapitalmarkttheorie. Gemäß der Kapitalmarkttheorie kann ein Investor das Risiko seiner Gesamtanlage reduzieren, wenn er diversifiziert. Der **Diversifikationseffekt** kommt dadurch zustande, dass ein Investor Anlagen tätigt, die nicht vollständig positiv miteinander korrelieren. Ein Investor stellt dazu eine bestimmte Anzahl von Vermögenswerten so zusammen, dass für eine gegebene erwartete Rendite das Risiko des Portfolios minimiert wird oder dass für ein gegebenes Risiko die Rendite maximiert wird (vgl. Markowitz 1952).

Die Portfoliotheorie der Direktinvestition überträgt die kapitalmarkttheoretischen Überlegungen von Finanzanlagen auf Sachanlagen. Demgemäss ist eine Unternehmung mit international diversifizierten Investitionen, d.h. jede internationale Unternehmung, bei gleicher Durchschnittsrentabilität nach Rugman weniger riskant als eine nationale Unternehmung oder sie ist bei gleichem Gesamtrisiko rentabler als eine nationale Unternehmung. Dies gilt umso mehr, je weniger die verschiedenen Teilinvestitionen miteinander korrelieren, d.h. im übertragenen Sinne je weniger sich die verschiedenen Investitionen der internationalen Unternehmung ähneln. Internationale Diversifikationen werden in der Literatur vor allem aus folgenden Gründen als sinnvoll erachtet (vgl. Duhnkrack 1984, S. 218-221):

- Aufgrund von **konjunkturellen Unterschieden** zwischen Ländern lassen sich Schwankungen innerhalb einer bestimmten Produkt-/Marktkombination ausgleichen. Dies erscheint insbesondere für die Unternehmungen bedeutend, die hinsichtlich ihrer Produktpalette gering diversifiziert sind und daher die geringe Produktdiversifikation durch eine stärkere geographische Diversifikation ausgleichen.

- Wenn sich bestimmte Produkte in unterschiedlichen Ländern in unterschiedlichen Phasen im **Produktlebenszyklus** befinden, kann – ähnlich dem *BCG*-Portfolio – Kapitalbedarf in manchen Ländern durch Kapitalüberschüsse in anderen Ländern kompensiert werden. Die internationale Unternehmung hat somit die Möglichkeit, selbst bei geringer Produktdiversifikation einen Ausgleich aufgrund der Altersstruktur der Produkte herbeizuführen.

- Eine Diversifikation in mehrere Länder vermeidet die einseitige Abhängigkeit von bestimmten **Währungen**. Sie streut zudem **Konversions- und Transferrisiken**.

- Die Frage der **Marktbearbeitungsformen** hängt unter anderem auch von den Präferenzen der Verbraucher sowie rechtlichen und politischen Anforderungen in einzelnen Ländern ab. Eine große Bandbreite unterschiedlicher Marktbearbeitungsformen trägt zu einer größeren Stabilität bei (z.B. Ausgleich der Probleme, die durch den Zu-

sammenbruch eines Joint-Ventures in einem Land entstehen, durch die Tochtergesellschaft im Nachbarland).

Die Gründe für eine internationale Diversifikation sind also zahlreich. Ein Investor investiert nun gemäß Rugman nicht zwingend in ein Portfolio von unterschiedlichen nationalen Unternehmungen, die in einzelnen Ländern operieren und auch nicht alternativ in
einen international anlegenden Investmentfonds. Er kann sich stattdessen für die Investition in eine geographisch diversifizierte Unternehmung entscheiden, deren eigene Aktivitäten über Länder hinweg gestreut sind. Die Investition in internationale Unternehmungen wird daher von Rugman als **Surrogat** für den Aufbau eines international gestreuten
Portfolios angesehen. Dahinter steht die Überlegung, dass die Unvollkommenheit des
Kapitalmarkts ein derartiges Vorgehen, d.h. die Wahl des Surrogats, begründen kann.
Die Existenz von Kapitalverkehrskontrollen sowie von Informations- und Transferkosten
mag in vielen Fällen, so Rugman, dazu führen, dass Investoren **nicht** in **einzelne
nationale Objekte** aus unterschiedlichen Ländern investieren, sondern in eine **internationale Unternehmung**, die ihre Aktivitäten selbst **geographisch diversifiziert**.

Hauptaussage der Portfoliotheorie der Direktinvestition von Rugman:

Zu Direktinvestitionen kommt es, weil Portfolioinvestoren in eine Unternehmung investieren, die selbst grenzüberschreitende Direktinvestitionen getätigt hat, d.h. international diversifiziert ist.

Der Ansatz von Rugman erscheint jedoch **einseitig**. Es wird so getan, als gäbe es nur
Unvollkommenheiten auf den Kapitalmärkten. In der Realität finden wir jedoch ebenso
Unvollkommenheiten auf den Faktormärkten und den Gütermärkten. Insofern ist fraglich,
ob die Investition in eine Unternehmung mit geographisch gestreuten Direktinvestitionen
auch tatsächlich eine effizientere Lösung für Portfolioinvestoren darstellen muss. Damit
zusammen hängt ein weiterer Einwand: Der Ansatz von Rugman erklärt primär das
Anlageverhalten von Portfolioinvestoren und nicht von Direktinvestoren. Die zentrale
Frage der Portfoliotheorie der Direktinvestition Rugmans lautet schließlich, ob und wann
ein Portfolioinvestor in mehrere Objekte aus unterschiedlichen Ländern investieren soll
oder ob und wann er in ein Objekt investieren soll, welches selbst auf unterschiedliche
Länder diversifiziert ist. Dass dieses Portfolioinvestitions**objekt** selbst Direktinvestitions-
subjekt ist, ist für Rugman nur zweitrangig. Mit anderen Worten können wir sagen: Nicht
Direktinvestitionen, sondern Portfolioinvestitionen sind Rugmans Erklärungsobjekt.
Direktinvestitionen werden zum Mittel, um möglichst effiziente Portfolioinvestitionen zu
tätigen.

Natürlich kann man nun auch noch einen Schritt weitergehen und Rugman etwas wohl-
wollender im Hinblick auf die Direktinvestitionserklärung interpretieren. Dies könnte über

folgende Argumentationslogik geschehen (vgl. Schäfer 1995, S. 43-44): Kapitalgeber können erkennen, dass internationale Unternehmungen an sich gegenüber nationalen Unternehmungen den Vorteil aufweisen, geographisch diversifiziert zu sein. Damit werden Kapitalgeber der internationalen Unternehmung einen höheren Marktwert beimessen. Im Falle von Aktiengesellschaften könnte sich dies in höheren Kursen niederschlagen. Höhere Kurse wiederum führen zu niedrigeren Eigenkapitalkosten. Aufgrund der niedrigeren Eigenkapitalkosten besteht für die internationale Unternehmung der Anreiz, weitere Direktinvestitionen vorzunehmen. Damit ließe sich dann eine Ausweitung der Direktinvestitionen begründen.

2.2.5   Zwischenfazit und Ausblick zu den kapitalmarktorientierten Erklärungsansätzen

Wir wollen an dieser Stelle die Erklärungskraft der kapitalmarktorientierten Ansätze zusammenfassen: Die kapitalmarktorientierten Erklärungsansätze ziehen Zinsunterschiede, Währungskursüberlegungen und Portfoliodiversifikationsüberlegungen heran, um Auslandsinvestitionen zu begründen. Durch den Rückgriff auf derartige Argumente werden **Portfolioinvestitionen und Direktinvestitionen** im Großen und Ganzen **nicht separat betrachtet**. Den Ansätzen gelingt folglich keine eindeutige Erklärung, wann es nun zu Direktinvestitionen und wann es (nur) zu Portfolioinvestitionen kommt. Es ist jedoch nicht ausreichend, für Portfolioinvestitionen und Direktinvestitionen identische Begründungen zu liefern. Wir wissen, dass Portfolioinvestitionen und Direktinvestitionen nicht nur aus unterschiedlichen Motiven heraus getätigt werden; wir wissen auch, dass Portfolioinvestitionen und Direktinvestitionen unterschiedliches Ausmaß haben und unterschiedliche Richtungen einschlagen können (vgl. Wilkins 1999, vgl. für eine eher integrierende Auffassung jedoch Dunning/Dilyard 1999).

Ein weiterer Versuch, über kapitalmarktorientierte Argumentationsfiguren das Entstehen von Direktinvestitionen und Portfolioinvestitionen zu erklären, stammt von Ragazzi (1973). Er stellte empirisch fest, dass nach dem Zweiten Weltkrieg Investoren aus den USA vor allem Direktinvestitionen in Europa tätigten, während Portfolioinvestitionen von Europa in die USA flossen. Neben einigen anderen Argumenten führte Ragazzi an, dass sich die Portfolioinvestitionen der Europäer in den USA vor allem aufgrund der Effizienz des dortigen Kapitalmarkts und dabei insbesondere der großen Informationstransparenz und der geringeren Standardabweichungen bei Börsenerträgen rechtfertigen ließen. Umgekehrt versuchten in seiner Interpretation die Investoren aus den USA die niedrige Effizienz der europäischen Kapitalmärkte durch die Vornahme von Direktinvestitionen zu umgehen, gleichzeitig aber die Chancen hoher Erträge und den Zugang zu Informationen – bei gleichzeitiger Risikoreduktion – zu nutzen. Wie bei den kapitalmarktorientierten Ansätze wird allerdings auch hier der spezifische Charakter von Direktinvestitionen vernachlässigt. Das Kontrollmotiv wird von Ragazzi nicht weiter betrachtet.

2.3 Die Theorie des monopolistischen Vorteils von Hymer

Bisher haben wir Ansätze vorgestellt, die Direktinvestitionen kapitalmarkttheoretisch erklären. Ein völlig anderer Ansatz zur Erklärung von Direktinvestitionen stammt von Stephen Hymer. Hymers Arbeit entstand bereits zu Ende der fünfziger Jahre; sie wurde allerdings erst 1976 – über ein Jahr nach Hymers Tod – veröffentlicht (vgl. Hymer 1976). Bekannt wurde Hymers Arbeit bereits etwas früher: Im Jahr 1969 fasste Charles Kindleberger, Hymers Doktorvater, die wesentlichen Ideen Hymers zusammen (vgl. Kindleberger 1969, S. 11-36). Häufig ist in der Literatur auch von der Hymer-Kindleberger-Tradition die Rede, um auf die wohl bis heute am stärksten rezipierte Erklärung von Direktinvestitionen zu verweisen.

Hymer unterscheidet zwei Typen von Direktinvestitionen. Diese beiden Typen werden von unterschiedlichen Beweggründen getragen. **Direktinvestitionen von Typ I** werden getätigt, um eine größere Sicherheit hinsichtlich des eingesetzten Kapitals zu erlangen. Diese Direktinvestitionen lassen sich beispielsweise mit der erweiterten Zinssatztheorie, dem Währungsraumansatz oder der Portfoliotheorie der Direktinvestition erklären. Andere Motive liegen dagegen den Direktinvestitionen vom Typ II zugrunde, um deren Erklärung es Hymer primär geht. Während Direktinvestitionen vom Typ I genauso wie Portfolioinvestitionen begründet werden können, lassen sich Direktinvestitionen vom Typ II nicht befriedigend mit den bisher dargestellten Erklärungsansätzen erfassen. Für **Direktinvestitionen vom Typ II** gibt es laut Hymer **zwei Hauptmotive** und **ein Nebenmotiv**: Als Hauptmotive gelten erstens das sogenannte Kontrollmotiv und zweitens das Motiv des monopolistischen Vorteils. Als Nebenmotiv wird das Diversifikationsmotiv genannt. Wir wollen die beiden Hauptmotive und das Nebenmotiv nachfolgend kurz erläutern.

(1) Das Kontrollmotiv: Hymer verweist darauf, dass ein wesentliches Merkmal von Direktinvestitionen darin besteht, Kontrolle über Einheiten im Ausland zu gewinnen. Während Portfolioinvestitionen – wie bereits erläutert (→ Abschnitt 3.1.1 in Kapitel 1) – primär aus Ertragsüberlegungen heraus getätigt werden, spielen bei Direktinvestitionen Kontrollüberlegungen eine wesentliche Rolle. Eine Unternehmung kann durch Direktinvestitionen einen größeren Einfluss auf die Tätigkeit im Gastland ausüben. Dies gilt sowohl im Vergleich zu Portfolioinvestitionen als auch im Vergleich zu marktlichen Transaktionen. Doch das Kontrollmotiv kann noch umfassender interpretiert werden: Direktinvestitionen bieten zudem die Möglichkeit, den Wettbewerb zwischen Unternehmungen aus verschiedenen Ländern auszuschalten. Insofern ermöglichen Direktinvestitionen nicht nur die Kontrolle einzelner Einheiten im Ausland, sondern zudem auch eine Kontrolle des Wettbewerbs. Das beste Beispiel dafür liefern Akquisitionen im Ausland, die mit dem Motiv getätigt werden, einen wichtigen Wettbewerber zu eliminieren.

(2) Das Motiv des monopolistischen Vorteils: Warum und wie sich Unternehmungen Kontrolle über Einheiten bzw. den Wettbewerb im Ausland sichern, wird von Hymer mit dem zweiten Hauptmotiv, dem Motiv des monopolistischen Vorteils erläutert. Hymer geht davon aus, dass Unternehmungen bestimmte Vorteile haben, die andere Unternehmungen nicht besitzen. Wir können dabei auch von sogenannten Wettbewerbsvorteilen oder monopolistischen Vorteilen sprechen. Er argumentiert, dass es in vielen Fällen sinnvoll ist, die monopolistischen Vorteile im Sinne von unternehmungsspezifischen Wettbewerbsvorteilen nicht nur im Heimatmarkt auszuspielen, sondern sie auch auf Auslandsmärkten zur Geltung zu bringen.

(3) Das Diversifikationsmotiv: Nur als Nebenmotiv sieht Hymer den Wunsch zur Diversifikation an. Direktinvestitionen werden gemäß Hymer primär vom Interesse der Kontrolle und der Ausnutzung monopolistischer Vorteile getragen. Wenn es dabei gleichzeitig zu Diversifikationen kommt, so ist dies ein (vergleichsweise unbedeutender) Nebeneffekt. Im Gegensatz zu Rugman, der – wie oben bereits erläutert – das Motiv der Diversifikation stärker betrachtet hat, stehen für Hymer Diversifikationsüberlegungen nicht im Mittelpunkt.

Wir möchten nun aus dem von Hymer genannten Motivkatalog besonders das **Motiv des monopolistischen Vorteils** herausgreifen. Das Motiv des monopolistischen Vorteils ist das Motiv, das Hymers Arbeit besonders bedeutsam gemacht hat. Monopolistische Vorteile sind laut Hymer Voraussetzung dafür, dass eine Unternehmung erfolgreich im Auslandsmarkt operieren kann. Warum dies von Hymer so gesehen wird, soll nachfolgend dargestellt werden.

Grundsätzlich haben nationale Unternehmungen in ihrem Heimatland gegenüber internationalen Unternehmungen Vorteile. Dies heißt: Prinzipiell müssen internationale Unternehmungen Markteintrittsbarrieren überwinden, wenn sie in Auslandsmärkte eintreten und im Wettbewerb mit nationalen Unternehmungen bestehen wollen. Hymer spricht von den sogenannten „**barriers to international operations**". Was verstehen wir unter diesen Barrieren? Die wichtigsten Barrieren sind nachfolgend zusammengefasst:

- Internationale Unternehmungen verfügen über geringere Informationen hinsichtlich der wirtschaftlichen, politischen, rechtlichen, kulturellen und sozio-psychologischen Umwelt.

- Internationale Unternehmungen sind zuweilen diskriminierenden Bestimmungen durch Regierungen, Verwaltungen und Behörden ausgesetzt und müssen sich das Vertrauen von Kunden und Lieferanten mühsam erwerben.

- Internationale Unternehmungen haben Wechselkursrisiken, wodurch zum Beispiel die Gewinnrückführung oder die vollständige Kapitalrückführung wesentlich schwieriger kalkulierbar sind.

- Internationale Unternehmungen müssen aufgrund der geographischen Distanz zwischen Heimatland und Gastländern mit höheren Informations- und Kommunikationskosten (z.B. Reisekosten) als nationale Unternehmungen rechnen.

- Internationale Unternehmungen haben zahlreiche Kosten zu tragen, die aus Missverständnissen resultieren (z.B. aufgrund von Sprachproblemen, Verständnisschwierigkeiten, interkulturellen Konflikten).

Die sogenannten „barriers to international operations", manchmal auch als **„liability of foreignness"** bezeichnet (vgl. Zaheer 1995, Miller/Parkhe 2002), lassen sich nun von einer international tätigen Unternehmung mit Hilfe der oben angesprochenen unternehmungsspezifischen Wettbewerbsvorteile, der sogenannten **monopolistischen Vorteile**, kompensieren. Monopolistische Vorteile können dabei zahlreiche Ursachen haben. Hymer selbst formuliert dies wie folgt: „There are as many kinds of advantages as there are functions in making and selling a product" (Hymer 1976, S. 41). Der wesentliche Grund, warum Unternehmungen derartige Vorteile aufweisen (können), besteht darin, dass unvollkommene Märkte vorliegen: Im Einzelnen lassen sich die folgenden **Ursachen für unternehmungsspezifische Vorteile** identifizieren (vgl. Kindleberger 1969, S. 13-27):

- Unvollkommene Konkurrenz auf den Gütermärkten (z.B. Monopole bei bestimmten Produkten, Möglichkeiten der Produktdifferenzierung, u.a. über Qualität, Markenname, Imagevorteile)
- Unvollkommene Konkurrenz auf den Faktormärkten (z.B. Existenz patentierter oder nicht allgemein verfügbarer Technologie, günstiger Kapitalzugang, überlegene Managementfähigkeiten)
- Größenvorteile (z.B. Economies of Scale, vertikale Integration, Marktmacht)
- Künstliche Marktunvollkommenheiten (z.B. durch Importzölle induzierte Direktinvestitionen)

Mit monopolistischen Vorteilen gelingt es international tätigen Unternehmungen nicht nur, Markteintrittsbarrieren zu überwinden, sondern darüber hinaus auch neue Markteintrittsbarrieren gegenüber weiteren nationalen und internationalen Unternehmungen zu schaffen.

Hauptaussage der Theorie des monopolistischen Vorteils von Hymer:

Zu Direktinvestitionen kommt es, weil internationale Unternehmungen ihre Auslandsaktivitäten kontrollieren wollen und sie es aufgrund unternehmungsspezifischer Wettbewerbsvorteile bzw. sogenannter monopolistischer Vorteile schaffen, die existierenden Markteintrittsbarrieren zu überwinden. Das Kontrollmotiv wird als konstitutives Merkmal von Direktinvestitionen angesehen, der Einsatz monopolistischer Vorteile als zentraler Erklärungsansatz für das Entstehen von Direktinvestitionen.

Mit der Grundüberlegung, Markteintrittsbarrieren durch unternehmungsspezifische Vorteile zu überwinden, steht Hymer in der Tradition der Industrial-Organization-Schule um Bain (vgl. Bain 1956, 1959/1968). Allerdings gesteht Hymer selbst, dass er die von Bain für den nationalen Kontext entwickelten Überlegungen selbst noch nicht ausreichend genug auf den internationalen Kontext übertragen habe. Aufgrund seines frühen Todes war es Hymer auch nicht mehr möglich, sein Lebenswerk zu vollenden. Allerdings haben sich in der Folgezeit zahlreiche andere Autoren mit den Möglichkeiten auseinandergesetzt, monopolistische Vorteile zu erzielen (vgl. Johnson 1970, Caves 1971, Teece 1981, Hu 1995). Dabei hat man erkannt, dass vor allem Fähigkeiten, Fertigkeiten und Erfahrungen die Basis für monopolistische Vorteile darstellen können. Lange bevor es im Strategischen Management zur Entwicklung der **ressourcenbasierten Ansätze** kam, war man sich also im Internationalen Management der Bedeutung von unternehmungsspezifischen tangiblen und intangiblen Assets bewusst (vgl. Kutschker 1999).

Wie an jedem Erklärungsansatz, so kann auch am Hymer-Kindleberger-Erklärungsansatz **Kritik** geübt werden (vgl. Buckley 1981, S. 72-73, Dunning/Rugman 1985, Stein 1991, S. 59-60).

- Erstens investieren international tätige Unternehmungen nicht nur deswegen im Ausland, weil sie dort ihre bereits existierenden monopolistischen Vorteile ausnutzen wollen. Vielmehr versuchen viele Unternehmungen, im Ausland auch **neue Vorteile** zu erringen. Derartige Vorteile können der Zugang zu Rohstoffen, der Rückgriff auf günstige Arbeitskräfte oder das Ausnutzen lokaler Fähigkeiten und Fertigkeiten sein. Gerade Unternehmungen, die manchen ihrer Tochtergesellschaften die Rolle eines **Centre of Competence** bzw. **Centre of Excellence** zukommen lassen (vgl. Schmid/ Bäurle/Kutschker 1999, Schmid 2000a,b, 2003a, Kutschker/Schurig/Schmid 2002b, Schmid/Schurig 2003), versuchen häufig, eher lokale Vorteile auszunutzen als Vorteile der Muttergesellschaft auf die Tochtergesellschaft zu übertragen.

- Zweitens ist es nicht zwingend so, dass sich monopolistische Vorteile in jedem Fall reibungslos übertragen lassen. So sind in manchen Fällen umfangreiche **Anpassungen** notwendig. Eine bestimmte Technologie mag im Auslandsmarkt wegen der dortigen Standards nicht anwendbar sein, ein in anderen Ländern höchst erfolgreiches Produkt mag aufgrund kultureller Unterschiede im Auslandsmarkt nicht akzeptiert werden, eine überlegene Prozesstechnologie mag bei der Anwendung zu Problemen führen, weil die Mitarbeiter in der Produktion nicht die erforderlichen Fähigkeiten zur Bedienung und Wartung der Maschinen haben.

- Drittens kann man davon ausgehen, dass der prinzipielle Vorteil nationaler gegenüber internationalen Unternehmungen zwar früher in großem Ausmaß existiert hat, heute jedoch oftmals eher **internationale Unternehmungen** gegenüber nationalen Unternehmungen **Startvorteile** haben. So verfügen internationale Unternehmungen häufig über bessere Informationen als nationale Konkurrenten. Ferner können sie gegenüber Regierungen nicht selten mehr Macht „ausspielen" als einheimische Unternehmungen. Denkt man etwa an die international tätigen Consulting-Firmen, wie

McKinsey, BCG (The Boston Consulting Group) oder *Bain & Company*, so kann man davon ausgehen, dass diese Unternehmungen in den meisten Ländern nicht Markteintrittsbarrieren überwinden müssen, sondern gegenüber nationalen Unternehmungen zahlreiche Vorteile aufweisen. Ihre Vorteile liegen neben der Erfahrung, dem großen Informations- und Wissenspool, ihren Problemlösungsfähigkeiten vor allem in ihrem positiven Image, welches sie geschickt durch zahlreiche Maßnahmen aufbauen (z.B. Public Relations, Recruiting).

- Viertens stellt sich das Problem, dass mit der Theorie des monopolistischen Vorteils eigentlich **primär Erstinvestitionen**, nicht aber Folgeinvestitionen erklärt werden können. Unternehmungen wie *Siemens* oder *Nestlé*, die zahlreiche Märkte bereits heute bearbeiten, müssen offensichtlich noch durch weitere Überlegungen als durch monopolistische Vorteilsüberlegungen motiviert sein, Direktinvestitionen zu tätigen.

- Fünftens kann die Theorie des monopolistischen Vorteils nicht begründen, ob es überhaupt wirtschaftlich sinnvoller ist, eine Direktinvestition im Ausland vorzunehmen, anstatt alternativ die Aktivitäten im Heimatland auszuweiten. Ebenso wenig wird in der Hymer-Kindleberger-Tradition umfassend erklärt, warum nicht **andere Formen der ausländischen Marktbearbeitung**, wie Exporte oder Kooperationen, gewählt werden. Es finden sich zwar Verweise, dass Direktinvestitionen gegenüber Lizenzen aufgrund des Kontrollmotivs vorzuziehen sind. Genauere Erläuterungen fehlen jedoch ebenso wie die Berücksichtigung von weiteren Kooperationsformen. Damit zusammen hängt das Argument, dass Internalisierungsüberlegungen von Hymer in zu geringem Ausmaß angestellt werden.

Doch trotz aller Kritik gilt die Arbeit von Hymer, die jüngst wieder verstärkt diskutiert wird (vgl. Buckley 2006, Pearce 2006, Teece 2006, Yamin 2006 und Dunning/Pitelis 2008), als bahnbrechend. Gemäß der zuvor dargestellten kapitalmarktorientierten Ansätze müssten sich alle Unternehmungen eines Landes mehr oder weniger identisch verhalten. Unternehmungen eines Landes treffen laut diesen Ansätzen am Kapitalmarkt auf (weitgehend) identische Zinssätze, sie stammen aus dem gleichen Währungsraum und bewerten deswegen ihre Investitionen auf ähnliche Art und Weise, und sie haben alle die gleichen Möglichkeiten, ihre Anlagen international zu diversifizieren. Hymer bringt nun nicht nur **Marktunvollkommenheiten** ins Spiel, von denen manche Wirtschaftswissenschaftler lange Zeit nichts wissen wollten. Er weist auch auf die **Individualität von Unternehmungen** hin und zeigt dabei auf, dass unternehmungsspezifische Wettbewerbsvorteile die Grundlage für Direktinvestitionen im Ausland sein können.

2.4 Die Theorien des oligopolistischen Parallelverhaltens

Bereits Hymer und Kindleberger hatten darauf verwiesen, dass zahlreiche Unternehmungen in Branchen operieren, deren Struktur man als oligopolistisch bezeichnen kann. Die Theorien des oligopolistischen Parallelverhaltens bzw. der oligopolistischen Reaktion lenken unseren Blick nun darauf, dass Direktinvestitionen von Unternehmungen durch die Branchenstrukturen in Ursprungsländern, Zielländern sowie evtl. auch Drittländern und durch die weltweite Branchenstruktur beeinflusst sein können. Das Verhalten von Wettbewerbern in oligopolistischen Branchen hat demnach einen Einfluss auf das eigene Verhalten (vgl. Braun 1988, S. 147-165). Die Ansätze des oligopolistischen Parallelverhaltens erklären eine bestimmte Investition im Ausland zunächst als **Störung des oligopolistischen Gleichgewichts**. Um das ursprüngliche Gleichgewicht wiederherzustellen, sind auch die anderen Wettbewerber einer Branche gezwungen, Direktinvestitionen vorzunehmen. Dabei lassen sich prinzipiell – wie auch aus Abbildung 3-4 ersichtlich – zwei unterschiedliche Formen des oligopolistischen Parallelverhaltens unterscheiden: (1) das „Follow-the-Leader-Verhalten" und (2) das „Cross-Investment-Verhalten".

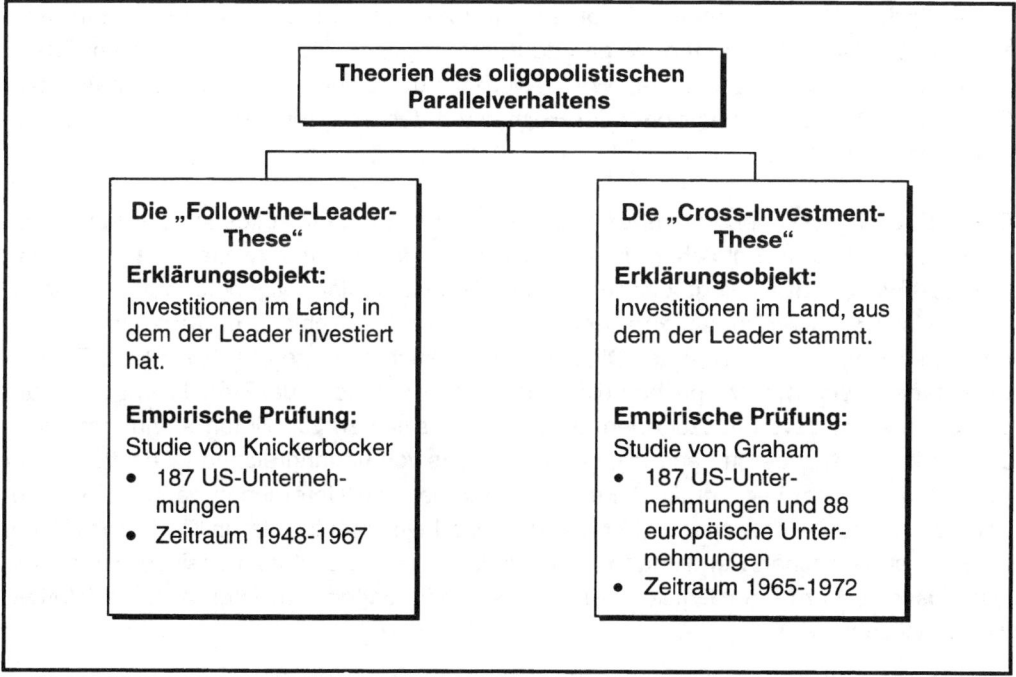

Abb. 3-4: Übersicht über die Theorien des oligopolistischen Parallelverhaltens

(1) Die „Follow-the-Leader-These": Ausgangspunkt der Überlegungen zur „Follow-the-Leader-These" ist ein nationales Oligopol. Investiert einer der bisher nur nationalen Wettbewerber im Ausland, so kann er sich als **Erstinvestor („Leader")** Vorteile gegenüber seinen Konkurrenten verschaffen. So ist es denkbar, dass der Leader den ausländischen Kunden einen besseren Service bietet als seine Mitbewerber, die in den Zielmarkt nur exportieren und dort nicht direkt präsent sind. Weiterhin kann sich der Leader möglicherweise durch seine Auslandtätigkeit Erfahrungen aneignen, die ihm auch im Heimatland von Nutzen sind. Über Größenvorteile mag sich der Leader zudem Möglichkeiten schaffen, seine Preise zu senken. Gemäß der Follow-the-Leader-These kommt es nun dazu, dass auch die **Wettbewerber („Follower")** Direktinvestitionen im Ausland tätigen, um ihre relative Position innerhalb des Oligopols wiederzuerlangen. Mit anderen Worten heißt dies: Mit einer gewissen zeitlichen Verzögerung werden die Mitbewerber als Follower versuchen, den Leader einzuholen und damit das gestörte Gleichgewicht wiederherzustellen.

(2) Die „Cross-Investment-These": Auch bei der Cross-Investment-These soll wieder von der Existenz eines Oligopols ausgegangen werden. Im Gegensatz zur Follow-the-Leader-These wird das Gleichgewicht im Oligopol in diesem Fall jedoch nicht durch das Ausbrechen eines nationalen Wettbewerbs gestört, sondern durch das Eindringen eines ausländischen Wettbewerbers. Tätigt eine französische Unternehmung Direktinvestitionen in Deutschland, so stört sie das deutsche Oligopol. Die Cross-Investment-These besagt nun, dass die deutschen Wettbewerber zur Austarierung des internationalen Gleichgewichts Gegeninvestitionen im Heimatland des Investors, in diesem Fall also in Frankreich, vornehmen.

Durch Direktinvestitionen kommt es in beiden Fällen zu einer Auflösung der nationalen Oligopole und zum Entstehen internationaler Oligopole. Im zweiten Fall, d.h. bei „**Cross-Investments**", liegt das Entstehen internationaler Oligopole auf der Hand: Wechselseitige Investitionen, zum Beispiel zwischen Deutschland und Frankreich, führen zum Zusammenwachsen der Oligopole. Aber auch im ersten Fall, d.h. bei „**Follow-the-Leader-Investments**" bleiben die nationalen Oligopole in der Regel nicht unabhängig. Denn es ist davon auszugehen, dass Erstinvestitionen von Unternehmungen eines Landes in einem anderen Land, die darüber hinaus von umfangreichen Investitionen der Follower in diesem Land ergänzt werden, die nationalen Unternehmungen zu Reaktionen veranlassen – entweder in Form von Cross Investments oder in Form zahlreicher weiterer strategischer Handlungen, wie „Preiskriege", „Qualitätsoffensiven", „Differenzierungsversuchen" oder Druck auf nationale Regierungen, um internationale Wettbewerber zu behindern.

Als Antrieb für die Vornahme von Direktinvestitionen gilt in beiden Fällen das **defensive Motiv** der Verteidigung bzw. der Sicherung der bisherigen Marktstellung. Wettbewerbshandlungen, die offensiv auf eine Verbesserung der Marktstellung abzielen, werden von den Theorien der oligopolistischen Reaktion nicht erfasst (vgl. Braun 1988, S. 148-149).

Empirisch wurden die beiden Direktinvestitionshypothesen vor allem von Knickerbocker (1973) und Graham (1975, 1978) studiert. Knickerbocker ging es primär darum, die „Follow-the-Leader-These" zu belegen; Graham wollte Aufschluss über die „Cross-Investment-These" erhalten.

(1) Die Studie Knickerbockers als Beleg für die „Follow-the-Leader-These": Knickerbocker untersuchte 187 US-amerikanische Unternehmungen der Verarbeitenden Industrie und analysierte deren Direktinvestitionsverhalten im Zeitraum zwischen 1948 und 1967. Er stellte fest, dass innerhalb einer bestimmten Branche etwa 50% aller Direktinvestitionen in einem Dreijahreszeitraum und etwa 75% in einem Siebenjahreszeitraum anfielen. Dies heißt: Direktinvestitionen einer bestimmten Branche treten konzentriert während eines bestimmten Zeitraums auf. Knickerbocker konnte darüber hinaus erklären, dass das Ausmaß der oligopolistischen Reaktion von **fünf Faktoren** maßgeblich beeinflusst wird: vom Konzentrationsgrad in der Branche, von der Stabilität der Branche, von der Profitabilität der Branche, vom Wachstum der Branche und dem Diversifikationsniveau der einzelnen Unternehmung. Die oligopolistische Reaktion fällt umso stärker aus, je stärker der Konzentrationsgrad, je instabiler die Branche, je profitabler die Branche und je größer das Wachstum in einer Branche. Während Konzentrationsgrad, Profitabilität, Wachstum und Instabilität in der Branche positiv mit dem Ausmaß des Parallelverhaltens korrelieren, lässt sich zwischen dem Diversifikationsniveau der einzelnen Unternehmung und dem Ausmaß des Parallelverhaltens eine negative Korrelation konstatieren. Dies leuchtet auch unmittelbar ein. Je stärker eine Unternehmung diversifiziert ist, umso weniger ergibt sich unter Umständen die ökonomische Notwendigkeit, auf die Direktinvestitionen der Konkurrenten zu reagieren.

(2) Die Studie Grahams als Beleg für die „Cross-Investment-These": Graham analysierte die Direktinvestitionstätigkeit von 187 US-amerikanischen und 88 europäischen Unternehmungen aus 22 Branchen im Zeitraum zwischen 1965 und 1972. Im Gegensatz zu Knickerbocker gelingt Graham jedoch kein Nachweis für die Gültigkeit der zuvor aufgestellten These. Am häufigsten waren sogenannte Cross-Investments in Branchen, die man als reife Oligopole mit hoher Forschungs- und Entwicklungsintensität bezeichnet.

Hauptaussage der Theorie des oligopolistischen Parallelverhaltens:

Zu Direktinvestitionen kommt es, weil Unternehmungen aus oligopolistischen Branchen das gestörte Gleichgewicht wiederherstellen wollen – sei es durch „Follow-the-Leader-Investments" oder durch „Cross-Investments".

Um die Theorien des oligopolistischen Parallelverhaltens richtig einschätzen zu können, sollten folgende Aspekte berücksichtigt werden:

- Erstens können die Theorien des oligopolistischen Parallelverhaltens nur die **(defensiven) Investitionen** erklären, die als Folge eines gestörten Gleichgewichts zustande kommen. Die (offensiven) Erstinvestitionen der Pionierunternehmung müssen mit anderen Ansätzen, zum Beispiel mit der Theorie des monopolistischen Vorteils, begründet werden.

- Zweitens gelten die Theorien des oligopolistischen Parallelverhaltens ausschließlich für **oligopolistische Märkte**. Nur für diese Märkte wollen sie Aussagen zur geographischen Verteilung der Direktinvestitionen und zum zeitlichen Auftreten von Direktinvestitionen treffen. In polypolistischen Märkten verlieren die Erklärungsansätze ihre Rechtfertigung. Damit haben die Erklärungsansätze gerade in Branchen, in denen sich auch zahlreiche kleinere und mittlere Unternehmungen finden, eine geringe Bedeutung.

- Problematisch ist drittens die Tatsache, dass in der Realität zwar häufig Direktinvestitionen einer Branche „geballt" auftreten, die Konzentration der Direktinvestitionen jedoch nicht zwingend mit oligopolistischem Parallelverhalten zu tun haben muss, sondern auch andere Ursachen haben kann (z.B. veränderte politische oder ökonomische Rahmenbedingungen). Auch der sogenannte **„Mitläufereffekt"** hat nichts mit einer oligopolistischen Reaktion zu tun, sondern stellt eine einfache Imitation dar, bei welcher der „Leader" den „Follower" zur Nachahmung anregt („Demonstrationseffekt"), wie dies etwa Braun beschreibt (vgl. Braun 1988, S. 160-161).

- Viertens ist eine **empirische Überprüfung** der oligopolistischen Reaktionsthese nur **schwer** möglich: Auch wenn versucht wurde, das oligopolistische Parallelverhalten anhand von umfangreichem Datenmaterial zu untersuchen (vgl. auch Jahrreiß 1984, S. 212-213), so sollte festgehalten werden, dass kausale Zusammenhänge nur durch ein Erschließen der tatsächlichen Direktinvestitionsmotive möglich sind. Oder anders ausgedrückt: Nur wenn nachgewiesen wird, dass als Motiv für Parallelverhalten das Beibehalten des oligopolistischen Gleichgewichts im Mittelpunkt steht, könnte eine Bestätigung erfolgen. Zwar hat neben Knickerbocker und Graham auch Flowers (1976) versucht, die oligopolistische Reaktionshypothese zu prüfen; allerdings konnte auch er nur zeigen, dass es in manchen Branchen möglicherweise Parallelverhalten gibt; ein letztendlicher „Beweis" für die dahinterstehende oligopolistische Motivation steht jedoch – was nicht überraschend ist – aus.

Was bleibt als Fazit? Parallelverhalten spielt bei Direktinvestitionen eine wesentliche Rolle. Dies bestätigen auch empirische Studien. Ob das Parallelverhalten allerdings durch oligopolistische Reaktionsmotive induziert ist, bleibt schwierig nachzuweisen.

2.5   Der Handelsschrankenansatz

Einen weiteren Ansatz zur Erklärung von Direktinvestitionen stellt der sogenannte Handelsschrankenansatz dar (vgl. z.B. Corden 1967, Johnson 1967, Hrsg.). Dabei handelt es sich um eine erstaunlich einfache Überlegung, wonach Direktinvestitionen deswegen entstehen, weil Unternehmungen Handelsschranken umgehen wollen bzw. müssen. Wenn die Möglichkeit des Exports nicht existiert bzw. die Exporttätigkeit erschwert wird, so können Direktinvestitionen eine sinnvolle Markteintrittsform sein. Handelsschranken haben ihre Ursachen im staatlichen Eingriff in den Außenwirtschaftsverkehr. Würde der Staat im Zusammenspiel von Exekutive, Legislative und Judikative nicht in die Außenwirtschaftsbeziehungen eingreifen, so gäbe es auch keine Handelsschranken. Mögliche komparative Vorteile des Güteraustauschs werden durch staatlich geschaffene komparative Vorteile von Standorten ersetzt. Handelsschranken lassen sich in tarifäre oder nicht-tarifäre Handelsschranken unterscheiden. Als **tarifäre Handelsschranken** werden im Allgemeinen **Zölle** aufgefasst. Das Spektrum der **nicht-tarifären Handelsschranken** ist deutlich breiter als das der tarifären Handelsschranken. Dabei können folgende Handelshemmnisse unterschieden werden:

- **preisbezogene Maßnahmen**, zum Beispiel Einfuhrgebühren (Hafengebühren, Stempelsteuern, Formulargebühren) oder Verteuerung von Importen durch die Pflicht zur Bargeldhinterlegung für einen festgelegten Zeitraum vor dem Eintreffen der Importware (und damit Zins- und Liquiditätskosten sowie sinkende Kreditwürdigkeit des Importeurs),

- **mengenbezogene Maßnahmen**, zum Beispiel Einfuhrkontingente (in Form von Wert- oder Mengenkontingenten), restriktive Devisenbestimmungen, Embargomaßnahmen sowie auch freiwillige Exportbeschränkungen, die darauf abzielen, weitreichendere handelshemmende Maßnahmen zu verhindern,

- **explizite Beteiligung des Staates am Handel**, zum Beispiel Diskriminierung von Importeuren im öffentlichen Beschaffungswesen oder Subventionen für inländische Unternehmungen (direkte Subventionen in Form von Zuschüssen bzw. indirekte Subventionen, u.a. durch Steuererleichterungen),

- **regulative Bestimmungen von Behörden**, zum Beispiel Normen und Standards wie Gesundheits- und Sicherheitsbestimmungen, Verwendungs- und Kennzeichnungsvorschriften und

- **administrative Beschränkungen**, zum Beispiel Behördenformalitäten wie Beglaubigungsvorschriften, Warenklassifikationsanforderungen, Mustersendungsnotwendigkeiten.

Freilich ist der Staat nicht der alleinige Urheber von Handelsschranken. Zum einen sind es häufig auch die bereits existierenden Unternehmungen eines Landes, die „ihren" Staat in konzertierten Aktionen zu handelshemmenden Maßnahmen veranlassen. Zum anderen lassen sich auch Absprachen einheimischer Unternehmungen oder landesspezifische Industrienormen, die unabhängig von staatlichem Einfluss existieren, als Handelsschranken interpretieren. Was den zweiten der beiden Fälle angeht, so ist es ohnehin fraglich, ob es Unternehmungen gelingt, sich durch Direktinvestitionen in nationale Absprache- und Normungszirkel einzuklinken. Will man aktiver Teilnehmer oder gar Mitgestalter derartiger Zirkel werden, so dürften innerhalb des Spektrums möglicher Direktinvestitionsformen Akquisitionen eher geeignet sein als Neugründungen von Tochtergesellschaften (→ zu unterschiedlichen Markteintritts- und Marktbearbeitungsformen kurz Abschnitt 1.6 in Kapitel 2 und ausführlich Abschnitt 2 in Kapitel 6). In vielen Ländern, so weiß man aus praktischer Erfahrung, sind jedoch selbst durch Akquisition entstandene Tochtergesellschaften ausländischer Muttergesellschaften vor Probleme gestellt, wenn sie vollberechtigte Mitglieder lokaler informeller Netzwerke bleiben wollen. Schließlich haftet ihnen zumindest in der Wahrnehmung mancher Aktoren plötzlich der Charakter einer nicht-einheimischen Unternehmung (**„liability of foreignness"**) an.

Hauptaussage des Handelsschrankenansatzes:

Zu Direktinvestitionen kommt es, weil Unternehmungen aufgrund von Handelshemmnissen an anderen Formen der Außenwirtschaftstätigkeit gehindert werden. Direktinvestitionen stellen – aufgrund der externen Rahmenbedingungen – eine sinnvolle, mitunter sogar die einzige Möglichkeit dar, einen bestimmten Auslandsmarkt zu bearbeiten.

Der Handelsschrankenansatz ist ein sehr **plausibler, allerdings theorieloser Ansatz** zur Erklärung von Direktinvestitionen. In der Vergangenheit hat er eine wesentliche Rolle gespielt. Von Franko wird darauf verwiesen, dass ein großer Teil der intra-europäischen Direktinvestitionen zwischen dem Ende des Zweiten Weltkriegs und 1970 damit zu begründen ist, dass Unternehmungen (neu eingeführte) Handelsschranken überwinden wollten (vgl. Franko 1975, v.a. S. 46-50). Ebenso wurde belegt, dass eine Erhöhung der kanadischen Importzölle zu einer Steigerung der US-amerikanischen Direktinvestitionen in Kanada führte (vgl. Horst 1972). Trotz zahlreicher weiterer Studien, die auch widersprüchliche empirische Ergebnisse hervorbrachten, lässt sich der Handelsschrankenansatz heute wie früher zur Erklärung von Direktinvestitionen heranziehen (vgl. Jahrreiß 1984, S. 113-114). Denken wir etwa an die Bildung zahlreicher Regionalgemeinschaften in der Weltwirtschaft (→ Abschnitt 5.6 in Kapitel 1): Durch die Schaffung von Wirtschaftsräumen wie der EU oder der NAFTA wurden zwar die Handelsbeziehungen zwischen den Mitgliedsstaaten erleichtert, nicht jedoch die Handelsbeziehungen zwischen Drittländern und einzelnen Mitgliedsstaaten. Insofern können für Unternehmungen aus Drittländern Direktinvestitionen eine wichtige Alternative darstellen, um eventuell existierende Handelsbeschränkungen zu überwinden. Zudem gehen Handelshemmnisse zuweilen auch mit einer aktiven Förderung von Direktinvestitionen einher. Manche Länder halten zwar bis heute zahlreiche Importrestriktionen, u.a. aus neo-merkantilistischen Motiven heraus, aufrecht (➔ zur Grundidee des Merkantilismus auch Abschnitt 1.2.1 in diesem Kapitel). Sie fördern aber gleichzeitig auch die Schaffung ausländischer Direktinvestitionen, weil sie sich dadurch zahlreiche positive Effekte versprechen, u.a. für Beschäftigung, Bruttosozialprodukt oder Infrastruktur (➔ zu positiven Effekten von Direktinvestitionen Abschnitt 3.1.3 in Kapitel 1).

Empirisch ist der Handelsschrankenansatz nicht für Direktinvestitionen in allen Ländern von Relevanz. So verfolgt Japan bis heute eine Politik, die sowohl die Ansiedelung ausländischer Direktinvestitionen als auch die Importe aus anderen Ländern erschwert. Seit langem eine größere Bedeutung haben in Japan sogenannte intermediäre Marktbearbeitungsformen, wie Lizenzen oder Technologieabkommen. Ferner werden Direktinvestitionen in Japan vor allem dann als positiv angesehen, wenn sie in Form von Gemeinschaftsunternehmungen (Joint Ventures) zwischen japanischen Firmen und ausländischen Firmen getätigt werden. Dadurch verspricht man sich einen größeren Wissenstransfer. Mit diesen Ausführungen soll deutlich werden, dass die **Existenz von Handelsschranken keineswegs zwingend zu Direktinvestitionen führen** muss, Direktinvestitionen also nur begünstigen kann.

Von manchen Autoren wird der Handelsschrankenansatz als Teil eines umfassenderen Erklärungsansatzes angesehen – dem Erklärungsansatz der **Außenhandelsbarrieren**. Neben den Handelsschranken gelten vor allem Transportkosten als Ursache, warum in einigen Fällen Direktinvestitionen dem Export vorgezogen werden (vgl. Hood/Young 1979, S. 142-143 sowie Schulte-Mattler 1988, S. 35-36). Wieder andere Autoren sehen den Handelschrankenansatz vor allem als Teil der später noch zu erläuternden **Standorttheorie** (➔ Abschnitt 3.3.2 in diesem Kapitel). Die Existenz von Handelsschranken kann nach Auffassung dieser Autoren vor allem dann zur Vornahme von Direktinvestitionen führen, wenn es sich um große Märkte mit hohem Wachstumspotential handelt (vgl. Jahrreiß 1984, v.a. S. 105-121). Diese Verknüpfung von Handelschranken und Marktgröße zeigt einmal mehr, dass in den wenigsten Fällen mono-kausale Erklärungsansätze erfolgversprechend sind.

3   Übergreifende Internationalisierungstheorien

3.1   Überblick über übergreifende Internationalisierungstheorien

Auf unserer Reise durch den Dschungel der Internationalisierungstheorien haben wir bisher **Theorien des Außenhandels** und **Theorien der Direktinvestition** kennen gelernt. Dies heißt: Die einzelnen Ansätze wollten **entweder** Außenhandel **oder** Direktinvestitionen erklären. In der Literatur existieren nun noch weitere Ansätze, die sich nicht auf eine der beiden Formen internationaler Unternehmungstätigkeit konzentrieren. Manche Ansätze wollen **beide Formen** erklären und aufzeigen, in welchen Fällen es zu Außenhandel kommt und in welchen Fällen Direktinvestitionen vorgenommen werden. Andere Ansätze gehen noch weiter und berücksichtigen nicht nur Export- und Importtätigkeiten sowie Direktinvestitionen, sondern auch **weitere Formen** der internationalen Unternehmungstätigkeit, wie etwa Lizenzen oder Technologieabkommen. Wieder andere Ansätze interessieren sich weniger für die Erklärung unterschiedlicher Formen der internationalen Unternehmungstätigkeit; sie wollen primär die Frage beantworten, warum, wie, wann und wo es überhaupt – **unabhängig von der Wahl der Internationalisierungsform** – zur Internationalisierung von Unternehmungen kommt. Wir wollen die Gesamtheit dieser Ansätze unter die Kategorie der „Übergreifenden Internationalisierungstheorien" fassen.

Dabei beginnen wir mit der Vorstellung einiger Ansätze, die sich für die Frage interessieren, warum und wie überhaupt internationalisiert wird **(Ansätze zur generellen Begründung der Internationalisierung)**. Wir gehen dabei auf

- die **Verhaltenstheorie** von Aharoni (Abschnitt 3.2.1),
- die **Ansätze imperialistischer Begründung** (Abschnitt 3.2.2) und
- die **Ansätze der Kostendegression** (Abschnitt 3.2.3)

ein.

Im Anschluss daran stellen wir Ansätze vor, die gleichzeitig mehrere Formen der internationalen Unternehmungstätigkeit erklären **(Ansätze zur Begründung unterschiedlicher Formen der Internationalisierung)**. Dabei erläutern wir

- den **Produkt(lebens)zyklusansatz** von Vernon (Abschnitt 3.3.1),
- die **Standortansätze** (Abschnitt 3.3.2),
- den Porterschen **Diamant-Ansatz** (Abschnitt 3.3.3),
- die **Internalisierungsansätze** (Abschnitt 3.3.4),
- das **eklektische Paradigma** von Dunning (Abschnitt 3.3.5) sowie
- die **Internationalisierungsprozessforschung** der Uppsala-Schule (Abschnitt 3.3.6).

3.2 Ansätze zur generellen Begründung der Internationalisierung

3.2.1 Die Verhaltenstheorie von Aharoni

Bisher haben wir Erklärungsansätze vorgestellt, die vergleichsweise stark ökonomisch orientiert sind. Einen anderen Erklärungsansatz liefert Yair Aharoni, der die internationale Unternehmungstätigkeit **verhaltenswissenschaftlich analysiert** (Aharoni 1966). Aharonis Hauptwerk trägt zwar den Titel „The Foreign Investment Decision Process", so dass man seine Überlegungen unmittelbar als Erklärung für Direktinvestitionen interpretieren könnte. Wir sind aber der Meinung, dass Aharonis Ansatz – trotz des Fokus auf die Direktinvestitionstätigkeit – deutlich allgemeiner ausgelegt ist und daher auch andere Formen der internationalen Unternehmungstätigkeit zu erklären vermag. Deutlich wird dies bereits dadurch, dass Aharonis Arbeit Entscheidungsprozesse innerhalb der Unternehmung als Ausgangspunkt seiner Überlegungen wählt. Auf (1) diese Entscheidungsprozesse im Allgemeinen wollen wir kurz eingehen, bevor wir dann die Übertragung auf (2) einzelne Entscheidungen der Internationalisierung sowie auf (3) den langfristigen Internationalisierungsprozess vornehmen.

(1) Der Entscheidungsprozess

Aharoni geht von einigen **Annahmen** aus, die Entscheidungsprozessen zugrunde liegen:

- Aharoni nimmt erstens an, dass **Entscheidungsprozesse** innerhalb von Unternehmungen **nicht zwingend rational** ablaufen, sondern häufig eher irrationale – und damit auch schwer berechenbare – Züge tragen.

- Zweitens werden, so Aharoni, die meisten Entscheidungen nicht von einer einzelnen Person getroffen, sondern von einem **Kollektiv von Personen mit unterschiedlichen Interessen und Zielsetzungen.**

- Drittens herrscht in der Regel fast niemals vollkommene Information über Ziele, Alternativen und Konsequenzen; Entscheidungen werden vielmehr unter **unvollständigen Informationen** getroffen.

- Viertens haben sowohl Individuen als auch Kollektive nur eine **beschränkte Informationsaufnahme- und Informationsverarbeitungs-** sowie nur eine **limitierte Problemlösungskapazität.**

- Fünftens werden die meisten Entscheidungen eher unter Zugrundelegung des **Prinzips des „Satisficing"** („Befriedigung") getroffen; es ist weniger das Streben nach „Optimizing", welches das Handeln in und von Unternehmungen leitet. Unternehmungen halten nach Ansicht von Aharoni so lange an bisherigen Verhaltensmustern fest, wie damit befriedigende Ergebnisse zu erzielen sind.

Man erkennt also, dass Aharoni das klassische Menschenbild des „**economic man**" durch das des „**behavioral man**" ersetzt. Geleitet von den verhaltenswissenschaftlichen Arbeiten Simons, Cyerts and Marchs (vgl. z.B. Simon 1945/1997, Cyert/March 1963), löst sich Aharoni von den restriktiven und vereinfachenden Annahmen der eher ökonomisch bzw. formal ausgerichteten Literatur zur Erklärung von Entscheidungsprozessen.

(2) Der Entscheidungsprozess bei einzelnen Auslandsinvestitionen

Aharoni überträgt nun die Überlegungen zu Entscheidungen im Allgemeinen auf Entscheidungen der Internationalisierung. Basierend auf einer empirischen Studie bei US-amerikanischen Unternehmungen kommt Aharoni zum Ergebnis, dass der Entscheidungsprozess über die Vornahme von Direktinvestitionen in **vier Phasen** eingeteilt werden kann (vgl. Aharoni 1966, S. 49-172):

(a) Phase 1: „**The Decision to Look abroad**"
(b) Phase 2: „**The Investigation Process**"
(c) Phase 3: „**The Decision to Invest**"
(d) Phase 4: „**Reviews and Negotiations**"

(a) „The Decision to Look Abroad": In der ersten Phase bedarf es gemäß Aharoni auslösender Kräfte, die eine Unternehmung dazu veranlassen, eine Direktinvestitionstätigkeit aufzunehmen – und dies trotz einer gewissen Trägheit, die vor allem aufgrund des oft feststellbaren „satisficing-behaviour" besteht. Der Anstoß, im Ausland zu investieren, kann entweder aus der Unternehmung selbst heraus entstehen **(interne Anstöße)** oder von außen kommen **(externe Anstöße)**. Ein interner Anstoß liegt etwa vor, wenn ein Top-Manager ein besonderes Interesse an einem bestimmten Auslandsmarkt hat. Dabei können gemäß Aharoni Gründe eine Rolle spielen, die von vielen anderen Wissenschaftlern trotz ihrer Existenz nicht berücksichtigt werden. Ein Top-Manager kann zum Beispiel aufgrund seines Studiums in einem bestimmten Land auch während seiner Berufslaufbahn eine Affinität zu Direktinvestitionen in diesem Land haben. Dies wiederum kann daran liegen, dass er die Sprache dieses Landes beherrscht, dass er die Kultur dieses Landes bereits ansatzweise kennt, dass er gerne dorthin reist oder dass er aus Prestigegründen mit diesem Land zu tun haben möchte. Externe Anstöße können die Nachfrage von ausländischen Kunden nach Produkten, die von Gastländern für Direktinvestitionen gewährten Subventionen oder auch der Druck von Händlern auf eine stärkere Präsenz im Auslandsmarkt sein. Aharoni erwähnt als externe Faktoren zudem zwei weitere Begründungen, die bereits oben im Rahmen der Theorie des oligopolistischen Parallelverhaltens und im Rahmen des Handelsschrankenansatzes erwähnt wurden: die Angst, Wettbewerbsnachteile zu erleiden, falls man den Konkurrenten nicht folgt, sowie die Angst, bei einer Zunahme von Handelshemmnissen Marktanteile zu verlieren. Dieser ersten Phase schenkt Aharoni seine größte Aufmerksamkeit. Entscheidend ist für ihn schließlich zunächst nicht die Frage „why companies **invest** or do not invest abroad", sondern die Frage „why companies **consider** or do not consider a foreign investment" (Aharoni 1966, S. 50, im Original kein Fettdruck).

(b) „The Investigation Process": Nachdem in der ersten Phase aufgrund interner und externer Kräfte bereits eine (vorläufige) Entscheidung für eine Auslandsinvestition gefallen ist, kommt es in einer zweiten Phase zu einer genaueren Evaluierung der Investitionsmöglichkeiten. Laut Aharoni ist diese Phase stark davon beeinflusst, welche Initialkraft den Anstoß für eine Direktinvestition gegeben hat. Zwar existiert theoretisch eine Vielzahl von Faktoren, die nun überprüft werden müssten; doch ist es in der Realität üblich, dass Manager nicht nach den Vorstellungen der Entscheidungstheorie handeln. Oder mit anderen Worten: Es wird bei einer Auslandsinvestitionsentscheidung eben regelmäßig nicht alles geprüft, was geprüft werden könnte. Dies hat verschiedene Gründe: So werden die meisten Entscheidungen aufgrund der hohen Informationskosten und der begrenzten Informationsverarbeitungskapazität nur unter **Berücksichtigung einiger und nicht aller ausgewählter Entscheidungskriterien** getroffen („Kosten- und Kapazitätsargument"). Häufig ist es mühsam, Informationen über ungewöhnliche Projekte oder über vergleichsweise exotische Zielländer zu sammeln und zu bewerten, so dass bestimmte Alternativen von Anfang an ausgeschlossen werden.

(c) und (d) „The Decision to Invest" und „Reviews and Negotiations": In der dritten Phase fällt schließlich die endgültige Entscheidung für eine Auslandsinvestitionen. Diese Entscheidung muss innerhalb der Unternehmung durchgesetzt werden. Wenn sich gegen die Entscheidung Widerstände regen, so muss unter Umständen in einer vierten Phase nachverhandelt werden. Möglicherweise führt dies zu einer Revision der ursprünglichen Entscheidung.

In den seltensten Fällen ist die Entscheidung für die Auslandstätigkeit gemäß Aharonis empirischen Ergebnissen als generelle Entscheidung aufzufassen. In vielen Fällen wird die Entscheidung im Hinblick auf ein konkretes Projekt gefällt, welches von irgendjemandem vorgeschlagen wird. Diese Feststellung, die sich auf die Initialzündung und damit auf Phase (a) bezieht, hat auch Konsequenzen für die Phasen (b), (c) und (d). Insbesondere ist damit zu rechnen, dass aufgrund der großen Bedeutung der internen und externen Antriebskräfte die Prozesse der Entscheidungsdurchsetzung und damit Konflikte und Macht eine große Rolle spielen. Prozess-, Macht- und Beziehungspromotoren sind unter Umständen von größerer Bedeutung als Fachpromotoren (vgl. zu Promotoren im Allgemeinen Gemünden et al. 1994, S. 47-51, Gemünden/Walter 1995, Hauschildt/Gemünden 1999, Hrsg., kritisch Wicher 1995).

In Textbox 3-2 haben wir einige Beispiele zusammengestellt, die aus der Praxis stammen und die dort ablaufenden Entscheidungsprozesse zur Internationalisierung charakterisieren. Die Beispiele sind, wie man erkennen kann, bereits etwas älter – aber aus zahlreichen Erfahrungen wissen wir, dass sich die geschilderten Situationen auch heute noch abspielen können.

Textbox 3-2:   Internationalisierungsentscheidungen von Unternehmungen

Einige Praxisbeispiele

Beispiel 1: In response to a question regarding the decision to construct a factory in Spain, the president of one manufacturing company said: „My wife speaks Spanish, loves Spain, and now we are able to make several trips a year to visit the operations there."

Beispiel 2: As sales to Brazil expanded, a U.S. mid-western metal fabricating company became increasingly interested in that country. A divisional manager for international sales made an exploratory trip to look not only at sales opportunities, but also at possibilities for local manufacture. But his report on his trip never reached higher management. Several years later, the president became interested in Brazil and determined that a logical first step would be to obtain an in-depth understanding of the social, political and economic climate. He commissioned a very expensive study of the general characteristics of the country although much of the material received was freely available and partly contained in the report by the divisional manager.

Beispiel 3: The vice president for corporate development of a medium-sized company with a decade of earnings growth and with a worldwide image for quality products, initiated an investigation of investment opportunities in a major foreign market by arranging a visit for several corporate officers. After getting a feeling for the market and the industry conditions, they decided to explore the possibility of entry through acquisition of a small company in their industry. Several attractive acquisition candidates were identified and contacted. Negotiations were initiated with one company, but dragged on for more than a year despite clearly manifested interest on the part of the local company. It took this medium-sized company two years to bring to light major doubts within its own management concerning the proposed venture – despite the fact that the company already had manufacturing subsidiaries in several countries. During these two years, the industry in the country under study expanded at a rate exceeding 30% annually.

Quellen:

Hays (1971), S. 61 und Drake/Prager (1977), S. 67-68.

---

(3) Der Entscheidungsprozess der langfristigen Internationalisierung

Die bisherigen Ausführungen bezogen sich auf die verschiedenen Phasen eines einzelnen Entscheidungsprozesses. Aharoni betrachtet jedoch auch die Gesamtheit der die Internationalisierung betreffenden Entscheidungsprozesse im Zeitablauf (vgl. Aharoni 1966, S. 175-198). Eine **Unternehmung** ist gemäß Aharoni **lernfähig**; sie kann Erfahrungen sammeln und ändert mit zunehmender Auslandserfahrung auch ihr Investitionsverhalten im Ausland. So werden **Auslandsinvestitionen mit wachsender Auslands-**

erfahrung immer selbstverständlicher. Die Informationskosten sinken, da aus vorangegangen Entscheidungsrunden bereits Daten vorhanden sind. Das Risikoempfinden nimmt ab – vor allem, wenn frühere Direktinvestitionen erfolgreich verlaufen sind.

Aharoni trifft zudem Aussagen zur Wahl der Marktbearbeitungsform. Im Idealfall ist eine Unternehmung nach seinen Vorstellungen zunächst rein national tätig. Es folgen einige Exporte, die deswegen getätigt werden, weil man passiv auf Anfragen aus dem Ausland wartet, ohne jedoch selbst aktiv auf Auslandsmärkten aufzutreten. Ab einem bestimmten Zeitpunkt werden die Exporte möglicherweise durch einen Exportagenten ausgeweitet. Das Exportgeschäft rückt im Laufe der Zeit so stark in das Bewusstsein des Top-Managements, dass eine Exportabteilung gegründet wird. Anschließend kann es dann – aufgrund der oben angesprochenen internen oder externen Anstöße – zu einzelnen Direktinvestitionen kommen. Diese sind unter Umständen sporadisch entstanden. Nimmt die Direktinvestitionstätigkeit stärker zu, so beschließt die Unternehmung, die Investitionen systematisch zu planen und zu koordinieren. In manchen Unternehmungen wird dazu eine sogenannte „Internationale Division" gegründet, die das gesamte Auslandsgeschäft organisatorisch betreut (→ Abschnitt 1.1.3 in Kapitel 4). Mit weiterer Zunahme des Auslandsgeschäfts geht man möglicherweise von einer Internationalen Division zu einer integrierten Organisationsstruktur über (→ Abschnitt 1.1.4 in Kapitel 4). Der Internationalisierungsprozess einer Unternehmung ist zudem dadurch gekennzeichnet, dass sich Unternehmungen von geographisch, kulturell und wirtschaftlich nahen Gebieten zunehmend in entferntere Gebiete vorantasten.

Hauptaussage der Verhaltenstheorie von Aharoni:

Zur Auslandstätigkeit kommt es aufgrund von internen und externen Anstößen, die in der Unternehmung einen Entscheidungsprozess auslösen. Der Prozess der Internationalisierungsentscheidung lässt sich – in Anlehnung an verhaltenswissenschaftliche Ansätze – als kollektiver Entscheidungsprozess mit irrationalen Elementen und satisfizierendem Streben erklären.

Stärker als viele anderen Ansätze geht Aharoni damit nicht nur auf die Internationalisierung, sondern vor allem auf die Internationalisierungsentscheidung ein. Er fragt dabei nicht nur: „Warum internationalisieren Unternehmungen?"; ihn interessiert auch die Frage: „Wie kommt es überhaupt zur Internationalisierung?" Obwohl Aharonis Aussagen primär auf Direktinvestitionen bezogen sind, so dürfte inzwischen klar geworden sein, warum wir seinen Ansatz dennoch als übergreifend ansehen: Erstens können die generellen Aussagen zum Entscheidungsprozess, die von Aharoni getroffen werden, nicht nur auf Direktinvestitionen, sondern auch auf andere Formen der Marktbearbeitung bezogen werden. Zweitens geht Aharoni nicht nur auf Direktinvestitionen ein, sondern thematisiert explizit auch die Abfolge unterschiedlicher Marktbearbeitungsformen. In

Abhängigkeit der Zeit und damit zusammenhängend der gesammelten Erfahrung, der verfügbaren Informationen sowie der Risikobereitschaft werden unterschiedliche Marktbearbeitungsformen – von direktem Export über indirekten Export bis hin zur Direktinvestition – gewählt.

Wie alle anderen Autoren, so liefert auch Aharoni mit seinem Ansatz nur einen Mosaikstein für unser Mosaik. Aharoni selbst erhebt gar nicht den Anspruch, ein komplettes Theoriegebäude entwickelt zu haben. Kritisiert wird in der einschlägigen Literatur vor allem, dass Aharoni lediglich eine Beschreibung der von ihm beobachteten bzw. aus Interviews erschlossenen Realität vornimmt. Damit, so der Vorwurf mancher Autoren, lege Aharoni jedoch eher dar, wie es zu sub-optimalen Verhaltensweisen kommt, nicht jedoch wie Auslandstätigkeiten zustande kommen sollten (vgl. Jahrreiß 1984, S. 254). Diese Kritik scheint jedoch nicht völlig angebracht zu sein: Aufgabe der Wissenschaft ist es schließlich nicht nur, mit vereinfachenden Annahmen zu unrealistischen, aber eleganten Modellen zu kommen und dabei unter Umständen Gestaltungsvorschläge zu unterbreiten, die nicht realisierbar sind. Aufgabe ist es vielmehr auch, das tatsächlich vorfindbare Verhalten und damit Realität zu beschreiben. Die Beschreibung der Realität liefert nicht nur die Basis für ein **besseres Verständnis der Realität**, sondern stellt auch den Ausgangspunkt dar für mögliche (oder eben nicht-mögliche) **Veränderungen der Realität**.

Darüber hinaus wird immer wieder behauptet, dass Aharonis Überlegungen vor allem für Unternehmungen relevant seien, die am Anfang ihrer Internationalisierung stünden (vgl. Jahrreiß 1984, S. 255-256). Diese Kritik hat sicherlich eine gewisse Berechtigung; allerdings zeigt sich, dass durchaus auch bei bereits stärker internationalisierten Unternehmungen Verhaltenselemente auftauchen, die von Aharoni beschrieben wurden. So werden auch in manchen großen, stark internationalisierten Unternehmungen bis heute von Planungsträgern Entscheidungsvarianten ausgeschlossen oder nicht mit Nachdruck verfolgt, wenn klar ist, dass man mit diesen Entscheidungsvarianten – warum auch immer – beim Vorgesetzten, zum Beispiel beim „mächtigen" Vorstandsvorsitzenden, nicht auf Gegenliebe stößt und eventuell die eigenen Karrierechancen gefährdet. Neben Aharoni haben sich deswegen auch andere Autoren mit Fragen der tatsächlichen Entscheidungsfindung im Hinblick auf Auslandsaktivitäten beschäftigt (vgl. z.B. Hays 1971, Kortüm 1972, Drake/Prager 1977, Kelly 1981). Sie haben dabei meist eine zu geringe Planung der Entscheidungen festgestellt und Ansätze entwickelt, wie der Entscheidungsprozess stärker rationalisiert werden kann.

Positiv an Aharonis Ausführungen ist nicht nur die Tatsache, dass sein Ansatz im Vergleich zu anderen Ansätzen als „erfrischend" (Stein 1991, S. 116) oder „originell" (Braun 1988, S. 82) gewertet wird. Entscheidend ist auch, dass Aharoni bereits früh nach einer **Prozesserklärung der Internationalisierung** gesucht hat – lange bevor Johanson/ Vahlne (1977) mit ihren Arbeiten Aufmerksamkeit erhielten. Auch einige Antworten auf die heutzutage populäre Frage des organisationalen Lernens in internationalen Unternehmungen, vor allem bei internationalen Markteintritten, sind in Aharonis Arbeit, die bereits vor mehr als dreißig Jahren erschienen ist, vorweggenommen. Das größte Verdienst hat sich Aharoni aber damit erworben, dass er mit seinem Ansatz auf eine vermeintlich einfache, jedoch paradoxe Situation hingewiesen hat: Manche Unternehmungen wagen – unter anderem aufgrund ihrer Trägheit – trotz hervorragender ökonomischer Aussichten den Schritt in das Ausland nicht oder nur verspätet. In anderen Unternehmungen wird zwar eine Entscheidung für die Auslandstätigkeit getroffen, dabei jedoch durchaus nicht allein nach streng-ökonomischen Kalkülen gehandelt. Denkt man an manche grenzüberschreitenden Mega-Transaktionen der letzten Zeit, so erscheint es durchaus angebracht, sich zu deren Erklärung an die Überlegungen Aharonis zu erinnern (vgl. zu einer kritischen Betrachtung von Mega-Transaktionen auch Lenel 2000, Sabel 2000 und Ghemawat/Ghadar 2001).

3.2.2   Die Ansätze imperialistischer Begründung

Kaum zurückgegriffen wird in der betriebswirtschaftlichen Literatur bisher auf Ansätze, die Internationalisierung mit imperialistischen Motiven erklären (vgl. Senghaas 1972, Hrsg.). Ohne in den Verdacht geraten zu wollen, diesem Lehrbuch eine ideologische Prägung zu geben, möchten wir auf die imperialistischen Erklärungsansätze kurz eingehen. Mit diesen Ansätzen, die in eine im Vergleich zu den bisherigen Ansätzen etwas andere Richtung zielen, kann verdeutlicht werden, wie breit das Spektrum möglicher Erklärungsansätze der Internationalisierung ist. Dabei soll möglichen Kritikern, denen bereits die Erwähnung derartiger Ansätze suspekt erscheint, gleich der Wind aus den Segeln genommen werden: Die Ansätze werden keineswegs nur von „linksorientierten" Soziologen oder Politologen herangezogen. Ein namhafter Vertreter der betriebswirtschaftlichen Internationalisierungsforschung, Stephen Hymer, hat sich ebenfalls an der Imperialismus-Diskussion beteiligt (vgl. Hymer 1972).

Ansätzen, welche die Internationalisierung mit imperialistischen Motiven erklären, ist gemein, dass für sie **kollektives Handeln** im Vergleich zu individuellem Handeln eine große Rolle spielt. Während Aharonis Verhaltenstheorie eine eher ambivalente Position einnimmt – Individuen haben als Initialzünder und Promotoren eine große Bedeutung, Individuen sind aber eingebettet in kollektive Entscheidungsprozesse –, stehen bei den vorliegenden Ansätzen imperialistischer Prägung Kollektive im Vordergrund. Wir wollen kurz auf die Kernaussagen des Ansatzes von Richard D. Wolff (1970, 1972) eingehen, bevor wir diese dann mit den Überlegungen von Johan Galtung (1972) verknüpfen.

Wolff versteht unter „Imperialismus" ein Netzwerk von Möglichkeiten, mit denen eine Volkswirtschaft versucht, andere Volkswirtschaften zu kontrollieren. Anders als zu Zeiten des Kolonialismus, zu denen der Staat eine dominante Rolle in der Volkswirtschaft spielte, kommt inzwischen auch anderen Aktoren und Institutionen eine große Rolle zu. Wesentliche Aktoren und Institutionen sind heute – neben dem Staat und dessen Einflusssphäre (z.B. über Entwicklungshilfe) – international tätige Unternehmungen. Staat und internationale Unternehmungen arbeiten gemäß Wolff in kapitalistischen Staaten zusammen, um andere Volkswirtschaften zu kontrollieren. Hinter diesem Kontrollmotiv stehen drei Submotive: erstens der Zugang zu wichtigen Rohstoffen und Nahrungsmitteln **(Sicherung der Beschaffung)**, zweitens der Zugang zu wichtigen Abnehmern **(Sicherung des Absatzes)** und drittens die **Anlage von Kapital**.

Galtung konkretisiert die Rolle, die international tätige Unternehmungen haben. Noch deutlicher als Wolff betont er, dass die superioren Länder, sogenannte Zentralnationen, Kontrolle gegenüber inferioren Ländern, sogenannten Peripherienationen, weniger durch physische Präsenz als durch Einflussnahme ausüben. Die international tätige Unternehmung spielt für diese Einflussnahme aufgrund der Gestaltung des Verhältnisses zwischen Mutter- und Tochtergesellschaften eine wesentliche Rolle: Denn den Tochtergesellschaften in den Peripherienationen obliegt es, die Muttergesellschaft mit Rohstoffen zu versorgen und ihr Absatzmärkte zur Verfügung zu stellen. Die Führungsspitze ist nach Auffassung Galtungs in der Zentralnation zu finden, während Tochtergesellschaften in den Peripherienationen weisungsgebunden sind.

Wolff und Galtung rücken das **wirtschaftliche** Kontrollmotiv in den Mittelpunkt. Damit bauen sie einen gewissen Gegensatz zu Lenin, einem weiteren Vertreter der Imperialismustheorie, auf. Ihm geht es darum, die Existenz internationaler Aktivitäten über das **politische** Kontrollmotiv zu erklären. Für Lenin stellt die Internationalisierung schließlich ein Mittel dar, den Kapitalismus zu verbreiten und vor allem schwach entwickelte Länder auszubeuten (vgl. Institut für Internationale Politik, Hrsg., 1980). Das wirtschaftliche Kontrollmotiv Wolffs und Galtungs differiert gleichzeitig vom Kontrollmotiv, welches bereits im Ansatz des monopolistischen Vorteils von Hymer zu finden war: Während es Wolff und Galtung primär um ein volkswirtschaftliches Kontrollmotiv geht, für das international tätige Unternehmungen (nur) Agenten sind, interpretiert Hymer das Kontrollmotiv vor allem betriebswirtschaftlich. Hymer hat in seiner Veröffentlichung zu monopolistischen Vorteilen von Unternehmungen die direkte Kontrolle von Auslandsaktivitäten durch Unternehmungen im Visier – unabhängig von deren nationaler Provenienz. Erst in einem anderen Aufsatz lässt sich auch eine Brücke zum politischen Kontrollmotiv erkennen (vgl. Hymer 1972).

Hauptaussage der Ansätze imperialistischer Begründung:

Zur Auslandstätigkeit kommt es aufgrund des kollektiven Interesses von Volkswirtschaften, andere Volkswirtschaften zu kontrollieren. Im „Konzert" mit anderen Aktoren stellen international tätige Unternehmungen zentrale Aktoren dar, um das Ziel der Kontrolle zu erreichen.

Es ist davon auszugehen, dass internationale Unternehmungen keineswegs aus Altruismus mit anderen Institutionen des Staates kooperieren. Vielmehr ist es ihr eigenes Interesse, Kontrolle über andere Wirtschaftssubjekte auszuüben. Nach diesem kurzen „Ausflug" in die politologisch und soziologisch geprägte, aber doch primär volkswirtschaftliche, Gedankenwelt wollen wir uns nun Überlegungen zuwenden, die – zumindest für Betriebswirte – unmittelbar einleuchtend sind: Überlegungen, welche die Internationalisierung von Unternehmungen über Kostenargumente erklären.

3.2.3   Die Ansätze der Kostendegression

Internationalisierung von Unternehmungen wird – gerade in den Medien – immer wieder mit Kostensenkungen in Verbindung gebracht. Als Erklärung zur Internationalisierung können daher auch Kostensenkungseffekte herangezogen werden, auch wenn kein geschlossener Ansatz vorliegt. Doch bevor wir zur Internationalisierung kommen, wollen wir kurz Kostensenkungseffekte im Allgemeinen betrachten. Als Kostensenkungseffekte lassen sich generell (1) die statischen Skaleneffekte von (2) den dynamischen Lerneffekten unterscheiden (vgl. Bauer 1986, Corsten 1998, S. 51-54).

(1) Die statischen Skaleneffekte (Größeneffekte): Um die Existenz statischer Skaleneffekte zu erklären, geht man zunächst davon aus, dass sich die Ausbringungsmenge während einer bestimmten Periode erhöhen lässt. Dies kann dazu führen, dass sich die Fixkosten auf eine größere Ausbringungsmenge verteilen und damit die Stückkosten senken. Kommt die Kostensenkung dadurch zustande, dass die Kapazität bei einer gegebenen Betriebsgröße angepasst wird (z.B. durch Beseitigung von Unterbeschäftigung), so spricht man von der **Fixkostendegression.** Erreicht man die Kostensenkung aufgrund eines Ausbaus der Betriebsgröße, d.h. durch eine grundlegende Änderung der bisherigen Betriebskapazitäten, so handelt es sich um **Economies of Scale.**

(2) Die dynamischen Skaleneffekte (Lerneffekte): Bei dynamischen Skaleneffekten betrachtet man nicht die Ausbringungsmenge während einer bestimmten Periode, sondern die **kumulierte Ausbringungsmenge im Zeitablauf.** Man weiß, dass Mitarbeiter mit jedem Stück, welches zusätzlich produziert wird, lernen. Dies führt zu einer schnelleren, besseren und faktorsparenden Ausführung der Tätigkeiten und damit zu Kosteneinsparungen. Vor allem im Bereich der variablen Kosten lassen sich derartige Kostensenkungseffekte feststellen. Dabei können individuelle und kollektive Lerneffekte unterschieden werden.

Sowohl die statischen als auch die dynamischen Skaleneffekte werden nun im Zusammenhang mit der **Internationalisierung** von Unternehmungen relevant.

• Erstens erklären derartige Effekte, warum **Unternehmungen aus großen Inlandsmärkten** auch bei der Bearbeitung von Auslandsmärkten Kostenvorteile aufweisen (können): Aufgrund der möglichen Skaleneffekte, die Unternehmungen bereits bei der Produktion für den Inlandsmarkt erzielen können, sind die Produkte auch auf den Auslandsmärkten preisgünstig.

- Zweitens begründen derartige Effekte, warum **Unternehmungen aus kleinen Inlandsmärkten** in vielen Branchen den Zwang verspüren, ihre Internationalisierung voranzutreiben: Da der Inlandsmarkt nur ein begrenztes Potential zur Erzielung von Skaleneffekten bietet (z.B. limitierte Inlandsnachfrage), wird versucht, die Tätigkeit auf Auslandsmärkte auszudehnen.

Mit diesen beiden Überlegungen lassen sich innerhalb des gesamten Spektrums der Internationalisierungsformen primär Exporttätigkeiten erklären. Weiterhin spielen Kostensenkungseffekte aber auch bei Direktinvestitionen in Form von grenzüberschreitenden **Akquisitionen und Fusionen** eine wesentliche Rolle: Unternehmungen versprechen sich durch Aufkäufe von und Zusammenschlüsse mit ausländischen Unternehmungen ein schnelleres Erzielen von Kostensenkungseffekten, als dies etwa durch den Neuaufbau von Tochtergesellschaften im Ausland oder auch andere Formen der Marktbearbeitung (z.B. kontinuierlicher Ausbau des Exports) möglich wäre.

Schließlich haben Kostensenkungseffekte auch für die Erklärung von **First-Mover-Vorteilen** eine gewisse Bedeutung (vgl. Lieberman/Montgomery 1988). Als First-Mover-Vorteile bezeichnet man Wettbewerbsvorteile, die eine Unternehmung deswegen aufweist, weil sie schneller als eine andere Unternehmung in einem bestimmten Markt bzw. Marktsegment eine bestimmte Leistung anbietet. Zwar ist unbestritten, dass First-Mover-Vorteile primär auf die Erzielung von erlöserhöhenden Wettbewerbsvorteilen abzielen; doch sollte man dabei nicht vergessen, dass damit indirekt auch Kostensenkungseffekte verbunden sind. Die fokale Unternehmung gewinnt einen größeren Kundenkreis, so dass sich Kosten auf eine größere Produktionsmenge „umlegen" lassen. Bei entsprechend erfolgreichen Kundenbindungsmaßnahmen ist dieser Kundenkreis zudem auch schwierig von Konkurrenten erreichbar.

Nun ließe sich einwenden, dass zumindest ein Teil der Kostensenkungen auch im Inland zu erzielen wäre. Dieser Einwand ist durchaus ernst zu nehmen. Allerdings gilt es zu beachten, dass Unternehmungen ab bestimmten Schwellenwerten im Inland nur noch bedingt die Möglichkeiten haben, Kostensenkungen zu erreichen, zum Beispiel weil die Inlandsnachfrage gesättigt ist. Zudem ist es in manchen Fällen leichter, Kostendegressionen über zusätzliche Absatzsteigerungen im Ausland zu erzielen, da die prinzipiell möglichen Kostendegressionen im Inland häufig nur mit großen Kostensteigerungen in anderen Funktionalbereichen (z.B. erhöhte Kommunikationsaufwendungen) erkauft werden können. In manchen Fällen werden Kostendegressionen im Inland auch dadurch erschwert, dass Unternehmungen dort Akzeptanzprobleme haben. Dies kann anhand des Beispiels von Gottlieb *Daimler*, welches in Textbox 3-3 skizziert ist, illustriert werden.

Textbox 3-3: **Erzwungene Internationalisierung von Unternehmungen**

Das Beispiel von Daimler

Bereits 1883 gelang Gottlieb *Daimler* der Durchbruch bei der Entwicklung des schnell laufenden, nicht-stationären Verbrennungsmotors. Wenig bekannt ist allerdings, dass diese Erfindung in Deutschland anfangs nachhaltig abgelehnt wurde. Dies zeigt sich bereits darin, dass *Daimlers* frühere Firma, die Gasmotorenfabrik *Deutz*, nicht an einer wirtschaftlichen Verwertung des Motors interessiert war und statt dessen das eigene Produkt, einen lediglich stationär betreibbaren Gasmotor, favorisierte. Doch die Vorbehalte äußerten sich auch darin, dass es Gottlieb *Daimler* 1886 untersagt wurde, in seinem Wohn- und Arbeitsort Bad Cannstatt weitere öffentliche Versuche mit motorgetriebenen Straßen- und Wasserfahrzeugen vorzunehmen. *Daimlers* Entwicklungsarbeit wurde dadurch natürlich massiv behindert. Auch die deutsche Armee sowie die Marine ließen sich nicht von *Daimlers* Erfindung überzeugen.

Aufgrund all dieser Widrigkeiten im Heimatmarkt sah sich *Daimler* gezwungen, international tätig zu werden. Dies war auch deswegen nötig, um seine Investitionen zu amortisieren. So kam es dazu, dass *Daimler* noch vor Gründung einer eigenen Unternehmung in Deutschland eine Lizenz zur Fertigung seines Motors nach Frankreich vergab; weitere Lizenzierungen nach Großbritannien und in die USA folgten.

Quelle:
Oesterle (1999b), S. 237.

Innerhalb der Erklärungsansätze, die Kostendegressionen in den Mittelpunkt ihres Interesses stellen, hat in der Literatur vor allem der **Lernkurven-Ansatz** des internationalen Handels Bedeutung erlangt, der mit dem Namen Michael Posner (1961) verbunden ist. So betrachtet Posner, dessen Überlegungen wir bereits im Rahmen der Ansätze der technologischen Lücke dargestellt haben (➔ Abschnitt 1.3.2 in diesem Kapitel), die Ebene von Ländern und geht davon aus, dass das Technologieniveau eines Landes auch von der in diesem Land produzierten Produktionsmenge beeinflusst wird. Das Land mit einem großen, zudem im Zeitablauf steigenden Produktionsvolumen kann durch Lerneffekte niedrigere Kosten erzielen als das Land, in dem das Produktionsvolumen gering ist und im Zeitablauf stagniert bzw. kaum zunimmt. Damit kann das Land mit einem großen Produktionsvolumen eine bessere Technologie entwickeln, diese unter Umständen sogar immer weiter verfeinern und schließlich auch Rationalisierungs- bzw. Fortschrittseffekte erzielen. Derartige Argumentationslogiken liefern somit auch einen Erklärungsbeitrag zur Dauer der Imitationslücke im Rahmen des Ansatzes der technologischen Lücke. Ein großer technologischer Vorsprung verbunden mit der Fähigkeit, die auf der Technologie basierenden Produkte kostengünstig herzustellen, schreckt potentielle Imitatoren ab. Es kommt in diesem Falle über einen vergleichsweise langen Zeitraum zu technologischem Lückenhandel.

Der späte Einstieg der europäischen Länder in den Flugzeugbau durch Gründung des **Airbus-Konsortiums** (heute **EADS**), wird durch diesen Erklärungsansatz teilweise plausibel. Lange Zeit wurde der technologische Vorsprung der US-amerikanischen Firma **Boeing**, verbunden mit der Fähigkeit zur kostengünstigen Produktion, von europäischen Staaten bzw. von Unternehmungen aus Europa als abschreckend für einen Markteintritt angesehen. Schließlich ist bekannt, dass die Fixkosten gerade im Flugzeugbau sehr hoch sind. So fielen für die **Boeing 777** Forschungs- und Entwicklungskosten von ca. 5 Mrd. US-$ an. Nur um den „Break-Even-Punkt" zu erreichen, musste **Boeing** mindestens 200 Flugzeuge des Typs **Boeing 777** verkaufen.

Vor dem Hintergrund der Flugzeugindustrie wird dabei auch folgende Argumentation verständlich: Es wird immer wieder angeführt, dass Internationalisierung aus dem Zwang entstehen kann, Kostendegressionen zu erzielen. In bestimmten Branchen gibt es, so die Auffassung von Experten, gar keine andere Möglichkeit, als auf den Weltmarkt oder zumindest auf große Regionalmärkte abzuzielen, da nur dadurch die notwendigen Kosten – vor allem die Forschungs- und Entwicklungskosten – wieder „verdient" werden können. Als Beispiele werden neben der Flugzeugindustrie Teile der chemischen Industrie, der pharmazeutischen Industrie und des Automobilbaus angeführt. Dies knüpft an unsere Überlegungen zur Globalisierung an (→ Abschnitt 5 in Kapitel 1): In manchen Branchen scheinen die externen Globalisierungskräfte so groß, dass sich Unternehmungen diesen nicht entziehen können.

Hauptaussage der Ansätze zur Kostendegression:

Zur Auslandstätigkeit kommt es aufgrund des Strebens bzw. des Zwangs, Kostendegressionen – in Form von statischen oder dynamischen Effekten – zu erzielen.

Entscheidend ist nun, dass die Ansätze zur Kostendegression sowohl die Entstehung von Exporten als auch die Vornahme von Direktinvestitionen erklären können. In Abhängigkeit zahlreicher Faktoren (z.B. Transportkosten) kann sich eine Unternehmung entscheiden, bestimmte Aktivitäten nur zentral durchzuführen (und damit Kostenvorteile an einem Standort zu erzielen), oder aber dezentral zu verteilen (und Kostenvorteile trotz Standortspaltung aufzuweisen, z.B. durch geschickte Arbeitsteilung). Im ersten Fall kommt es zu Exporten, im zweiten Fall werden auch Direktinvestitionen getätigt.

3.3 Ansätze zur Begründung unterschiedlicher Formen der Internationalisierung

3.3.1 Der Produkt(lebens)zyklusansatz von Vernon

Auch Raymond Vernon formulierte mit der Produkt(lebens)zyklustheorie einen Ansatz, der sich sowohl zur Erklärung von **Außenhandel** als auch zur Erklärung von **Direktinvestitionen** eignet (vgl. Vernon 1966). Vernon hat den Produkt(lebens)zyklus keineswegs erfunden. Er baut vielmehr auf den Überlegungen zum Produktlebenszyklus auf, wie er in der Marketingliteratur zu finden ist, und überträgt die Überlegungen auf den internationalen Kontext. Wir setzten den Terminus „lebens" bewusst in Klammern, da sich Vernon nicht auf den Lebenszyklus eines Produktes beschränkt, sondern den Zyklus der Produktion und der Exporte/Importe eines Produktes im Zeitablauf aus geographischer Perspektive betrachtet.

Vernon unterscheidet in der ursprünglichen Version seines Ansatzes zwischen drei Phasen eines Produkts: einem neuen Produkt, einem reifenden Produkt und einem standardisierten Produkt (vgl. Vernon 1966). Diese drei Stadien lassen sich nun im Hinblick auf die Internationalisierung beschreiben.

(1) Stadium des neuen Produkts: Vernon geht davon aus, dass ein bestimmtes Produkt zunächst in dem Land, in dem es entwickelt wird, produziert und schließlich in den Markt eingeführt und am Markt verkauft wird. Sollte es zu einer (in der Regel vergleichsweise unbedeutenden) Auslandsnachfrage kommen, so wird diese über Exporte befriedigt. Vernon nimmt ferner an, dass der Preis für das Produkt in dieser Phase relativ hoch ist; denn zum einen wird das Produkt erst in vergleichsweise geringen Stückzahlen produziert, zum anderen ist das Lohn- und Gehaltsniveau im Produktionsland hoch. Dahinter steht die Überlegung, dass die meisten Industrieprodukte zunächst in den USA entwickelt würden.

(2) Stadium des reifenden Produkts: Die zunehmende Inlands- und Auslandsnachfrage erlaubt es im Zeitablauf, größere Stückzahlen zu fertigen. Da neue Wettbewerber auf den Plan treten – zunächst meist im Inland, später nach Schließung der Imitationslücke auch im Ausland – ist häufig die Notwendigkeit gegeben, den Preis für das Produkt zu senken. Bald stellt sich deswegen die Frage nach einem günstigeren Produktionsstandort. Dabei wird auch überlegt, die Produktion in das Ausland zu verlagern. Sind die Kostenunterschiede zwischen Inland und Ausland so groß, dass auch ein Reimport trotz Transportkosten lukrativ ist, kommt es in der Regel zu einer **Produktionsverschiebung**. Als Standorte eignen sich insbesondere Länder, die eine ähnliche Nachfragestruktur aufweisen. Dies sind in der Regel **weitere Industrieländer** (z.B. europäische Länder).

(3) Stadium des standardisierten Produkts: In der dritten Phase ist das Produkt vollkommen standardisiert; auch die Fertigungsprozesse sind weitgehend vereinheitlicht. In vielen Fällen wird das Stadium der Massenproduktion erreicht. Dafür sind in der Regel nur wenige qualifizierte, dafür umso mehr günstige Arbeitskräfte nötig. Da unter anderem aufgrund neuer Wettbewerber ein noch größerer Kostendruck als in der vorangegangen Phase entsteht, wird der Produktionsstandort erneut zur Disposition gestellt. Niedriglohnländer stellen jetzt eine entscheidende Alternative dar. Die Produktion wird häufig in **Entwicklungsländer** verlagert. Die Produktion im Heimatland wird ganz aufgegeben, die Produktion in weiteren Industrieländern reduziert. Es kommt damit zu Exporten aus den Entwicklungsländern zurück in das Heimatland sowie in weitere Industrieländer.

Was bleibt also im Hinblick auf die Internationalisierung als Fazit festzuhalten? Vernon betrachtet in seinem einfachen Modell drei Stadien. Im **ersten Stadium** kommt es zu Exporten aus den USA in andere Industrieländer, aber nicht in andere Entwicklungsländer. Direktinvestitionen werden nicht getätigt. Im **zweiten Stadium** intensivieren sich zunächst die Exporte in andere Industrieländer, und zudem werden Direktinvestitionen in anderen Industrieländern aufgenommen. Vereinzelt treten erste Exporte von den USA bzw. anderen Industrieländern in Entwicklungsländer auf. Im **dritten Stadium** nimmt die Inlandsproduktion deutlich ab. Durch weitere Direktinvestitionen – inzwischen auch in Schwellen- und Entwicklungsländern – wird die Produktion im Inland vergleichsweise unrentabel. Es kommt dann zu Reimporten von den Produktionsstätten im Ausland zurück in das Inland. Derartige Reimporte meist kapitalintensiver Produkte aus Entwicklungsländern widersprechen früheren Erklärungsansätzen der Internationalisierung, wie etwa dem Heckscher/Ohlin-Theorem.

Hauptaussage des Produkt(lebens)zyklusansatzes von Vernon:

Zur Auslandstätigkeit kommt es nicht sofort bei Gründung einer Unternehmung, sondern erst im Zeitablauf der Unternehmungsgeschichte. Dabei werden zunächst Exporte getätigt und erst später Direktinvestitionen vorgenommen. In Abhängigkeit der Stellung eines Produkts im Lebenszyklus wandeln sich Außenhandels- sowie Direktinvestitionsverhalten.

Eher ungewöhnlich für einen Erklärungsansatz ist die Tatsache, dass die Überlegungen Vernons bereits kurz nach Veröffentlichung großes Gehör bei Praktikern in den USA fanden, die bei Planungen auf das internationale Lebenszyklusmodell zurückgriffen (vgl. Wells 1968, S. 5). Doch auch der Ansatz Vernons blieb nicht ohne Kritik. Zwar wurde positiv gewürdigt, dass Vernon im Gegensatz zu vielen anderen Ansätzen dynamische Aspekte berücksichtige; bemängelt wurde jedoch vor allem, dass Vernon keine Aussage über die **Länge der einzelnen Stadien** mache. Wie bei allen Lebenszykluskonzepten wird zudem kritisch hinterfragt, ob sich Phasen gleichsam biologisch – **ohne aktives menschliches Zutun** – ergeben könnten. Außerdem ist der Produkt(lebens)zyklusansatz der Internationalisierung in den Augen vieler Fachvertreter stark **ethnozentrisch** ausgerichtet (→ zum Begriff „ethnozentrisch" Abschnitt 3.2.1 in Kapitel 2), da von einer Superiorität der USA ausgegangen wird. Die generelle **Beschränkung auf** die **Länderkategorien** „USA", „andere Industrieländer" und „Entwicklungsländer" erlaubt außerdem keine differenzierte Antwort auf die Frage, wo denn nun tatsächlich internationalisiert wird (vgl. zu weiterer Kritik Bäurle 1996, v.a. S. 46-47). Vernon selbst hat in einem späteren Artikel zugegeben, dass der Produktzyklusansatz einige Schwächen aufweise, die manche der Annahmen überholt erscheinen lassen: So können zahlreiche Unternehmungen – etwa aufgrund ihrer weltweiten Netzwerke von Tochtergesellschaften – inzwischen Produkte parallel in unterschiedlichen Ländermärkten einführen. Außerdem sei die Sonderstellung der USA gerade gegenüber den meisten Ländern Europas sowie gegenüber Japan ins Wanken geraten (vgl. Vernon 1979, zu weiteren kritischen Gedanken Vernon 1999, S. 39-41). Darüber hinaus sind weder Handelsströme noch Direktinvestitionsströme in dem Ausmaß in Entwicklungsländer geflossen, wie dies die Überlegungen Vernons erwarten ließen. Besonders fraglich bleibt, ob der Produkt(lebens)zyklusverlauf auch die Internationalisierung von Unternehmungen erklärt, die in zahlreichen Märkten mit zahlreichen Produkten operieren und stark diversifiziert sind. Schließlich spielt sich die Internationalisierung von Unternehmungen nicht allein auf der Ebene von einzelnen Produkten ab. Wenn Firmen wie *Nestlé*, *Unilever* oder *Procter & Gamble* ihre Internationalisierung an einzelnen Produkten festmachen würden, so wären sie einer Komplexität ausgesetzt, die keinesfalls handhabbar wäre.

Positiv an Vernons Ansatz ist neben der Berücksichtigung der dynamischen Aspekte die vergleichsweise stark ausgeprägte **Integrationskraft**. Damit ist die Fähigkeit angesprochen, mehrere Erklärungsansätze der Internationalisierung in seinem eigenen Ansatz zu berücksichtigen bzw. zu integrieren. Vernon baut zunächst auf den Neotechnologiekonzepten von Posner (1961) und Hufbauer (1966, v.a. S. 94-109) auf. Auch er geht von der Existenz technologischer Lücken aus, die auf der Innovationskraft von Pionieren basieren. Darüber hinaus spielen bei Vernon Kostendegressionseffekte eine Rolle: Die Aggregation von Inlands- und Auslandsnachfrage führt gemäß Vernon im Zeitablauf zu Kostendegressionseffekten, die in der weiteren Folge Nachfrage und Internationalisierungsverhalten beeinflussen. Vernon ist ebenfalls so realistisch, dass Kosten allein Entscheidungen nicht ausmachen; vielmehr hebt er – wie auch Aharoni (1966) – die Komplexität von Entscheidungsprozessen hervor und gibt die Prämisse, Internationalisierungsentscheidungen seien nur rationale Entscheidungen, auf. Die Existenz von Handelsschranken, wie sie in den Handelsschrankenansätzen betont wurde, sowie strategische Überlegungen werden von Vernon im Produkt(lebens)zyklusansatz ebenfalls ausdrücklich berücksichtigt (vgl. Vernon 1966, u.a. S. 198 und S. 200).

3.3.2   Die Standortansätze

Jede Entscheidung über internationale Unternehmungstätigkeit ist auch eine Entscheidung über den Ort der internationalen Unternehmungstätigkeit. Dies gilt für Direktinvestitionen im Besonderen, da die Direktinvestitionsentscheidung als konstitutive Entscheidung nicht permanent revidiert werden kann. Aber auch alle anderen Formen der internationalen Unternehmungstätigkeit implizieren gleichermaßen Standortfragen: Wohin soll exportiert werden? Woher sollen Importe bezogen werden? Aus welchen Ländern stammen Lizenzpartner? Wo soll ein Franchisesystem errichtet werden? Aus welchem Land soll ein neuer Partner zur Erweiterung einer Strategischen Allianz kommen? Fragen wie diese werden von Unternehmungen in der Regel unter strategischen Gesichtspunkten beantwortet bzw. sollten unter strategischen Gesichtspunkten beantwortet werden (vgl. Macharzina/Oesterle 1995b, v.a. S. 382-383).

Während sich die von uns bisher präsentierten Ansätze vor allem auf die Frage bezogen, **warum** (und teilweise auch wie und wann) es zur Internationalisierung kommt, ist bisher noch wenig darüber ausgesagt worden, **wo** Internationalisierung stattfindet. Zwar liefern uns einige der bereits erläuterten Theorien, wie etwa die Ansätze von Ricardo oder Heckscher/Ohlin, die Theorien der oligopolistischen Reaktion oder der Produkt-(lebens)zyklusansatz einige Anhaltspunkte, doch bleiben sie hinsichtlich der geographischen Dimension sehr vage. Die geographische Dimension der Internationalisierung zu erhellen, ist das Ziel der Ansätze, die in der Literatur als **Standortansätze** bezeichnet werden.

Dabei möchten wir eine wichtige Aussage vorausschicken: Standortfragestellungen sind innerhalb der Internationalisierungstheorien bisher vergleichsweise stark vernachlässigt worden. Es existieren zwar zahlreiche – mehr oder weniger fruchtbare – empirische Studien zu Export- und Direktinvestitionsmotiven, in denen auch Standortfaktoren angesprochen werden, und ebenso viele Versuche, die wichtigsten Standortfaktoren statistisch zu erfassen und hinsichtlich ihrer Wichtigkeit auszuwerten (vgl. z.B. Maisch 1996, Galan/González-Benito/Zuñiga-Vincente 2007). Allerdings wurden derartige Ergebnisse kaum mit theoretischen Überlegungen verknüpft. Ein zentrales Problem besteht in diesem Zusammenhang darin, dass Aussagen in einem theoretisch geschlossenen Aussagesystem kaum möglich sind – denn die internationale Standortwahl wird nicht nur von den zugrunde liegenden Motiven der Internationalisierung beeinflusst, sondern hängt auch von zahlreichen weiteren unternehmungsinternen sowie länderspezifischen Faktoren ab.

Es lassen sich zwei zentrale **Kategorien von Standortfaktoren** unterscheiden: die Kategorie der Makroumwelt und die Kategorie der Mikroumwelt bzw. Aufgabenumwelt. Beide Kategorien können dann weiter ausdifferenziert werden.

Als Standortfaktoren der **Makroumwelt** gelten:

- natürliche bzw. ökologische Faktoren (z.B. Klima, Meereszugang)
- politische Faktoren (z.B. Stabilität, Enteignungsgefahr)
- rechtliche Faktoren (z.B. Rechtssicherheit, Auflagen)
- staatliche Faktoren (z.B. Investitionsanreize in Form von öffentlichen Subventionen)
- steuerliche Faktoren (z.B. Steuersätze, Steuergerechtigkeit)
- makroökonomische Faktoren (z.B. Inflation, Konjunktur)
- technologische Faktoren (z.B. technologischer Entwicklungsstand)
- demographische Faktoren (z.B. Altersstruktur der Bevölkerung)
- ausbildungsbezogene Faktoren (z.B. Niveau der Schul- und Universitätsausbildung)
- kulturelle Faktoren im engeren Sinne (z.B. Werte)
- sprachliche Faktoren (z.B. Schwierigkeit der Sprache, Einheit der Sprache)
- religiöse Faktoren (z.B. Bedeutung der Religion)
- sozio-psychologische Faktoren (z.B. Einstellung zu Arbeit und Konsum, Bedeutung von Familie und Verwandtschaft)

Zuweilen spricht man auch von der **Globalen Umwelt** anstatt von der Makroumwelt. Damit ist kein Verständnis von „global" impliziert, wie es in den Kapiteln 1 und 2 dieses Buches erläutert wurde (→ Abschnitt 5.2 in Kapitel 1 und Abschnitt 3.2.2 in Kapitel 2); vielmehr wird mit der Bezeichnung „global" von manchen Autoren lediglich darauf verwiesen, dass es bestimmte Umweltfaktoren gibt, denen Unternehmungen weitgehend unabhängig von ihrer engeren Umwelt, d.h. der nun nachfolgend genauer zu erläuternden Aufgabenumwelt, gegenüberstehen.

Als wichtige Standortfaktoren der **Mikroumwelt bzw. Aufgabenumwelt** (auch als markt- bzw. branchenbezogene Umwelt bezeichnet) finden sich in der Literatur unter anderem folgende Größen:

- absatzmarktbezogene Variablen (z.B. Marktgröße, Marktwachstum, Handelshemmnisse)
- produktions- bzw. kostenbezogene Variablen (z.B. Lohnkosten bzw. Lohnkostendifferenzen)
- beschaffungsbezogene Variablen (z.B. Verfügbarkeit von Rohstoffen, Aufnahmebereitschaft der Kapitalmärkte, Know-how-Erwerb)
- branchen- und konkurrenzbezogene Variablen (z.B. Zahl und Art der Konkurrenten, Existenz von Clustern wie dem Silicon Valley, intensiver Wettbewerb mit hohem Innovationsdruck)

Prinzipiell ließe sich diese Aufstellung sowohl hinsichtlich der einzelnen Kategorien als auch hinsichtlich der unter diese Kategorien fallenden Einzelfaktoren noch erweitern. Oder anders ausgedrückt: **Eine verbindliche Liste von Standortfaktoren existiert nicht**, auch wenn Standortfaktoren in der Literatur bereits häufig erfasst und ausführlich beschrieben wurden (vgl. zur wohl ausführlichsten Arbeit Tesch 1980, v.a. S. 352-552;

vgl. ebenso Davidson 1980, Jahrreiß 1984, S. 93-144, Albach 1992, v.a. S. 8-25, Perlitz 1993, Sp. 1857-1860, Goette 1994, Haas 1996, S. 60-65, → zum Standort Deutschland Abschnitt 3.3.1.2 in Kapitel 1). Als Standortfaktoren lassen sich all die **Faktoren** auffassen, die in der umfangreichen Diskussion zur **Umwelteinbettung der international tätigen Unternehmung** auftauchen (vgl. Farmer/Richman 1964, 1970, Fayerweather 1969, Terpstra/David 1991, Dülfer 1997; vgl. exemplarisch für die Bedeutung des Rechts als Standortfaktor Massmann/Schmidt 1999). Auch innerhalb der Diskussion zur Marktselektion und Marktsegmentierung, die vor allem im internationalen Marketing geführt wird, werden umfassende Kataloge von Standortfaktoren entwickelt (vgl. Schneider/Müller 1989, → Abschnitte 3.3 und 3.4 in Kapitel 6). Einen der genannten Faktoren wollen wir in Abbildung 3-5 illustrieren: die staatlichen Anreize, die häufig auch in staatliche Standortmarketingprogramme eingebettet sind (vgl. Loewendahl 2001). In der Abbildung findet sich eine Übersicht über öffentliche Subventionen, die für Automobilhersteller einen Anreiz bzw. Anstoß zur Ansiedelung an einzelnen Standorten darstellen.

Noch wichtiger als eine Aufzählung der wichtigsten Faktoren erscheinen uns einige **Schlussfolgerungen**, die sich aus einer Zusammenfassung der Literatur zu internationalen Standortentscheidungen ergeben (vgl. auch Jahrreiß 1984, S. 143-144):

- Die relevanten Standortfaktoren für die Internationalisierung ergeben sich im Wesentlichen aus den Eigenschaften, die den **Ländern bzw. Märkten und Branchen in diesen Ländern zugeschrieben** werden, in die internationalisiert wird (im Falle der außenorientierten Internationalisierung) bzw. aus denen heraus internationalisiert wird (im Falle der binnenorientierten Internationalisierung).

- Standortspezifische Vorteile von Ländern kommen jedoch nur dann zum Tragen, wenn sie **mit Charakteristika und Motiven der international tätigen Unternehmungen sinnvoll kombiniert** werden können. Generelle standortspezifische Nachteile können – unter Berücksichtigung der Unternehmungsspezifika – irrelevant sein oder kompensiert werden.

- Daraus ergibt sich, dass unterschiedliche Standortfaktoren – je nach Form der Unternehmungstätigkeit oder primär betroffenen Funktionalbereichen (vgl. z.B. für den Marketingbereich Meffert/Bolz 1998, v.a. S. 41-60, Berndt/Fantapié Altobelli/Sander 2005, v.a. S. 14-41 oder für den Forschungs- und Entwicklungsbereich Gerybadze/ Meyer-Krahmer/Schlenker 1997) – eine unterschiedliche Rolle spielen. Die **Bedeutung der einzelnen Standortfaktoren** wird daher von Unternehmungen **unterschiedlich gewichtet**. Dabei kommt es nicht etwa zu Gewichtungen, die jede Unternehmung ein für allemal festlegt, vielmehr muss jede Internationalisierungsentscheidung hinsichtlich der geographischen Dimension einzeln betrachtet werden.

- Trotz aller Problematik, die Verallgemeinerungen inhärent ist, lässt sich bei einer übergreifenden Analyse von Studien erkennen, dass in vielen Fällen innerhalb der externen Faktoren gerade **absatzmarktbezogene Standortfaktoren von großer Bedeutung** sind. Produktions- und beschaffungsbezogene Faktoren spielen in vielen Branchen bereits seit Jahren eine immer geringere Rolle (vgl. auch Guth 1986).

Location/ Year of Investment	Company/ Country of Origin	Company Investment (Total in Mio. US-$)	State Investment (Mio. US-$)	State Investment/ Employee (US-$)
Smyrna USA 1983	Nissan Japan	848,0	22,0 Road access 7,3 Workers' training 33,0 Total	25.384
Flat Rock USA 1984	Mazda Japan	750,0	19,0 Workers' training 5,0 Road improvement 3,0 On-site works 21,0 Economic development grant/loan 5,0 Water system development 48,5 Total	13.857
Georgetown USA 1985	Toyota Japan	832,9	12,5 Land purchase 20,0 Site preparation 47,0 Road improvement 65,0 Workers' training 5,2 Toyota families' education 149,7 Total	49.900
Tuscaloosa USA 1993	Mercedes-Benz Germany	300,0	68,0 Site development 77,0 Infrastructure 15,0 Private sector/ goodwill 90,0 Workers' training 250,0 Total	166.667
Spartanburg USA 1994	BMW Germany	450,0	130,0	108.333
Setubal Portugal 1991	Auto Europa (Ford/VW) USA/Germany	2.603,0	483,5	254.451
West Midlands UK 1995	Ford/Jaguar USA/UK	767,0	128,7	128.720
Northeast England UK 1994/95	Samsung Korea	690,3	89,0	29.675
Lorraine France 1995	Mercedes-Benz Germany	370,0	111,0	56.923

Abb. 3-5:   Öffentliche Subventionen als Standortfaktor bei internationalen Direktinvestitionen

Quelle: UNCTAD (1995), S. 296-297 und Dicken (1998), S. 272.

- Innerhalb der Unternehmungsspezifika kommt der Erfahrung sowie der **geographischen, kulturellen und psychischen Distanz** eine große Rolle zu. So hat Davidson bereits vor längerer Zeit herausgefunden, dass Erfahrungen in einem bestimmten Land auch häufig zu Folgeinvestitionen in diesem Land führen (vgl. Davidson 1980). Die Arbeiten der Uppsala-Schule sowie der Helsinki-Schule, auf die wir noch eingehen werden, haben darüber hinaus die Bedeutung der Distanz für Standortentscheidungen herausgestellt (vgl. z.B. Johanson/Vahlne 1977, Luostarinen 1979, → Abschnitt 3.3.6 in diesem Kapitel).

Zudem werden Standortentscheidungen – ebenso wie viele andere Entscheidungen, welche die Zukunft betreffen – dadurch erschwert, dass gerade komplexe Veränderungen in der Zukunft schwierig identifiziert und im Hinblick auf ihre Konsequenzen eingeschätzt werden können.

Hauptaussage der Standortansätze:

Zur Auslandstätigkeit kommt es nicht nur dort, wo die externen Bedingungen im spezifischen Fall am günstigsten sind; entscheidend ist auch das Zusammenspiel mit unternehmungsinternen Charakteristika sowie den Motiven der Auslandstätigkeit. Da sowohl die Bedingungen für jedes einzelne Engagement unterschiedlich als auch die unternehmungsinternen Faktoren hochgradig spezifisch sind, lassen sich, wie von vielen Autoren bereits erkannt, keine eindeutigen theoretischen Aussagen treffen.

Wenn auch keine eindeutigen Aussagen zur Wahl konkreter Standorte möglich sind, so gibt es doch Versuche, wenigstens generelle **„Faustregeln"** zu identifizieren. Tesch (1980) hat mit seinem Standortansatz einen derartigen Versuch unternommen, um die **Wahl der drei Alternativen Export, Direktinvestition und Lizenzvergabe unter Rückgriff auf Standortfaktoren** zu untersuchen. Dabei kommt er zu folgenden Grundaussagen:

- **Export** lässt sich über die Ausnutzung von bestehenden, **standortbedingten Wettbewerbsvorteilen** im Heimatmarkt erklären. Eine Unternehmung, die über derartige Wettbewerbsvorteile verfügt, versucht, diese Wettbewerbsvorteile auch auf andere Märkte zu übertragen.

- **Direktinvestitionen** dagegen sind Ausdruck des Bestrebens, **standortbedingte Wettbewerbsnachteile zu vermeiden** bzw. **Wettbewerbsvorteile anderer Standorte zu erlangen**. Eine Unternehmung versucht in diesem Fall, ihre Wettbewerbsvorteile neu aufzubauen.

- **Lizenzen** werden dann gewählt, wenn Exporte bzw. Direktinvestitionen nicht möglich bzw. sub-optimal sind. So kann ein Export deswegen als Alternative ausscheiden, weil im Heimatland zwar hervorragende Bedingungen zur Entwicklung einer bestimmten Technologie herrschen, es jedoch Wettbewerbsnachteile bei der Produktion (z.B. hohes Lohnniveau) oder beim Absatz (z.B. geringe Nachfrage) gibt. Wenn in diesem Fall die Alternative der Direktinvestition gleichzeitig aus bestimmten Gründen (z.B. Kapitalrestriktion) nicht in Frage kommt, so bleibt als Option die Lizenzierung.

Wie lassen sich diese Grundaussagen würdigen? Zunächst sollte man festhalten, dass Teschs Aussagen auf den ersten Blick durchaus eingängig sind. Doch erstens ist bei einer genaueren Analyse zu erkennen, dass Tesch von Wettbewerbsvorteilen von Standorten spricht, wo doch – streng genommen – nur Unternehmungen Wettbewerbsvorteile aufweisen. Zweitens lässt sich beobachten, dass realiter zuweilen auch die Unternehmungen exportieren, die im Heimatland keine Wettbewerbsvorteile aufweisen. Umgekehrt müssen Direktinvestitionen keineswegs nur auf standortbedingte Wettbewerbsnachteile bzw. die Suche nach Wettbewerbsvorteilen in anderen Ländern zurückgeführt werden. Drittens werden Lizenzen von Tesch nur über eine Negativbegründung erklärt, d.h. über die Nicht-Vornahme von Exporten und Direktinvestitionen. Diesen dritten Kritikpunkt sollte man jedoch nicht allzu stark gewichten; schließlich haben die meisten anderen Ansätze, die wir bisher vorgestellt haben, differenzierte Aussagen zur Internationalisierungsform vermieden bzw. umgangen.

Mit seinen – wenn auch kritisierbaren – Erklärungsversuchen hat Tesch zudem ein Feld betreten, das etwa zehn Jahre später von einem der prominenten Autoren des Managements angesprochen wurde: von Michael Porter, der im Strategischen Management fast schon als „Guru" bezeichnet werden kann und dessen Überlegungen wir uns nun im nächsten Kapitel zuwenden möchten.

3.3.3   Der Portersche Diamant-Ansatz

Michael Porter, Professor an der Harvard Business School, geht davon aus, dass einzelne Länder bzw. Nationen Wettbewerbsvorteile aufweisen. In seinem Buch „The Competitive Advantage of Nations" (vgl. Porter 1990b), dessen Grundüberlegungen bereits kurz zuvor in einem Artikel zusammengefasst wurden (vgl. Porter 1990a), baut Porter auf früheren Überlegungen zu Wettbewerbsvorteilen von Unternehmungen auf (vgl. Porter 1980, 1985) und dehnt diese Überlegungen auf Wettbewerbsvorteile von Nationen aus. Geleitet werden Porters Überlegungen von der empirischen Beobachtung, dass viele (meist auch weltweit) erfolgreiche Unternehmungen ein und derselben Branche aus dem gleichen Land stammen. Porter hat zusammen mit einem Forschungsteam von über 30 Mitarbeitern über Jahre hinweg die Wettbewerbsvorteile von Unternehmungen aus den USA, Deutschland, Italien, Dänemark, Schweden, der Schweiz, Großbritannien, Japan, Korea und Singapur untersucht (vgl. zu einer Zusammenfassung auch Meckl/Rosenberg 1993, S. 9-12 oder Berg/Holtbrügge 1997).

Für Porter haben nicht – wie dies etwa der Titel seines Buches auf den ersten Blick zum Ausdruck bringen könnte – alle Unternehmungen einer Nation die gleichen Wettbewerbsvorteile; Wettbewerbsvorteile sind vielmehr innerhalb einer Nation **branchenspezifisch** ausgeprägt. Wettbewerbsvorteile von Nationen sind damit **Vorteile**, die es einer Nation ermöglichen, **innerhalb einer bestimmten Branche** weltweit **wettbewerbsfähig** zu sein. Porter baut seinen Ansatz bewusst nicht allein auf den Vorteilen einer Nation auf und vermeidet damit Aussagen, die wir in der Tagespresse immer wieder lesen („Deutschland ist nicht wettbewerbsfähig"). Er betont ausdrücklich, dass man nicht von der Wettbewerbsfähigkeit eines Landes sprechen sollte, da es letztlich nur konkurrenzfähige Branchen bzw. Unternehmungen in diesen Branchen geben könne. Damit wird auch deutlich, dass Porter auf einem anderen Aggregationsniveau ansetzt als viele andere Erklärungsansätze der Internationalisierung. Porter betrachtet nicht die Länderebene, sondern die Branchenebene.

Porter unterscheidet zwischen folgenden **Kerneinflussfaktoren,** die die Wettbewerbsvorteile einer Branche bestimmen: (1) Faktorbedingungen, (2) Nachfragebedingungen, (3) verwandte und unterstützende Branchen sowie (4) Unternehmungsstrategie, Struktur und Wettbewerb. Zu diesen vier Kerneinflussfaktoren gesellen sich noch zwei ergänzende Faktoren: (5) die Rolle des Staats sowie (6) der Zufall. Diese Einflussfaktoren ordnet Porter graphisch so an, dass ein Diamant entsteht. Deswegen spricht man auch vom **Porterschen Diamanten.** Die Elemente des Porterschen Diamanten, der graphisch in Abbildung 3-6 dargestellt ist, wollen wir nun im Einzelnen erläutern. Zuvor sei bereits erwähnt, was mit den Pfeilen in dieser Abbildung zum Ausdruck kommen soll: Die Pfeile deuten an, dass sich die Elemente des Diamanten wechselseitig beeinflussen.

(1) Faktorbedingungen: Als Faktorbedingungen sieht Porter zunächst die Ausstattung eines Landes mit Produktionsfaktoren (Arbeit, Boden, Kapital) an. Doch für Porter ist nicht so sehr die quantitative Ausstattung als vielmehr die **qualitative Ausstattung** von Bedeutung. Dazu zählt – um ein Beispiel anzuführen – beim Faktor Arbeit der Ausbildungsstand der Bevölkerung. Ohnehin verlieren nach Auffassung Porters die früher als zentral betrachteten Produktionsfaktoren als Erklärungsvariablen an Gewicht. Dagegen gewinnen sogenannte **fortschrittliche Faktoren** an Bedeutung: Dazu gehört vor allem die Fähigkeit, die Produktionsfaktoren zu nutzen, zu kombinieren, darauf aufbauend Innovationen zu generieren und diese Innovationen ständig durch kontinuierliche Verbesserungen an die Anforderungen der Märkte anzupassen. Die Frage, wie effizient mit den Produktionsfaktoren umgegangen wird, spielt für Porter eine weitaus wichtigere Rolle als die Frage, inwieweit ein Land mit Produktionsfaktoren ausgestattet ist. Interessant ist in diesem Zusammenhang, dass Porter einen deutlichen Unterschied zu Ricardo und Heckscher/Ohlin herausstellt (→ Abschnitte 1.2.3 und 1.2.4 in diesem Kapitel): Während von diesen Autoren günstige Produktionsmöglichkeiten bzw. reiche Faktorausstattung als komparative Vorteile identifiziert werden, können laut Porter gerade **unterdurchschnittliche Ausgangsbedingungen** zu Wettbewerbsvorteilen führen. Sind Unternehmungen eines Landes nämlich gezwungen, eine unterdurchschnittliche Faktorausstattung auszugleichen, so werden sie zu Maßnahmen angeregt, um diese unter-durchschnittliche Faktorausstattung im Zeitablauf zu kompensieren. Gelingt dies, so können sich daraus, wie sich etwa anhand von Unternehmungen im rohstoffarmen Japan aufzeigen lässt, oftmals langanhaltende, da erkämpfte und schwer imitierbare (etwa auf Innovation und Kreativität beruhende) Wettbewerbsvorteile ergeben.

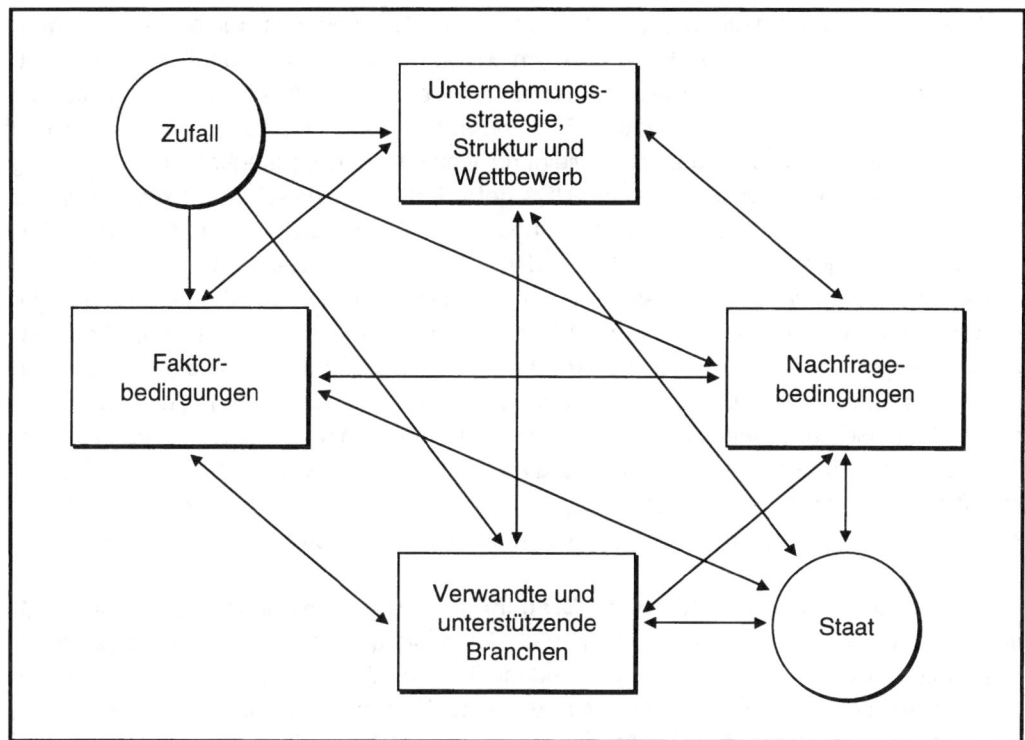

Abb. 3-6:   Der Portersche Diamant
Quelle: Porter (1991), S. 151.

(2) Nachfragebedingungen: Nachfragebedingungen, d.h. alle Faktoren, die einen Ein-fluss auf die Nachfrage haben, stellen das zweite Element des Diamanten dar. Zunächst einmal kann die **Größe des Heimatmarktes** die Basis für Wettbewerbsvorteile darstel-len. Weitaus wichtiger als die Größe des Heimatmarktes sind jedoch **Art und Qualität der Inlandsnachfrage.** So erlangen Unternehmungen dann Wettbewerbsvorteile, wenn ihre inländischen Konsumenten sehr anspruchsvoll sind, sich Innovationen gegenüber aufgeschlossen zeigen und Hinweise auf zukünftige Trends liefern. Die Wünsche inlän-discher Kunden können laut Porter zu „Frühwarnindikatoren" werden. Besondere Be-deutung erhält diese Überlegung, wenn man berücksichtigt, dass Werte, Trends, Präfe-renzen und Geschmäcker zunehmend weltweit „wandern". Wenn ursprünglich nationale

Werte, Trends, Präferenzen und Geschmäcker international Bedeutung erlangen, so lässt sich auch der Export bzw. der Absatz der damit assoziierten Produkte im Ausland fördern. Insofern haben Unternehmungen in bestimmten Branchen dann Vorteile, wenn ihre nationalen Konsumenten als „internationale Trendsetter" gelten.

Wir wollen dies kurz mit zwei Beispielen illustrieren: Die Bedeutung, die der Umwelt-schutz relativ früh in Dänemark und Deutschland hatte, erhöhte zunächst die Inlands-nachfrage nach umweltschonenden Produkten und Technologien. Einige Jahre später, als Umweltschutz auch in anderen Ländern wichtig wurde, hatten dänische und deut-sche Unternehmungen in Umweltschutzbranchen eine gute Ausgangsposition für die Internationalisierung ihrer Aktivitäten. Ein anderes Beispiel ist der US-amerikanische Drang zur Bequemlichkeit, der nach Meinung vieler Autoren zunächst die Verbreitung von Fast Food und Kreditkarten in den USA gefördert hat. Inzwischen konnten aufgrund fortschreitender Kulturflüsse Unternehmungen wie **McDonald's** oder **American Ex-press** ihren Siegeszug zunehmend in anderen Ländern der Welt antreten. Schließlich weist Porter auch darauf hin, dass die Internationalisierung der Nachfrager ein wichtiger Faktor für die Internationalisierung einer Unternehmung sein kann. Deutlich wird dies et-wa am Beispiel von Automobilzulieferern, die im Gleichschritt mit Automobilherstellern in das Ausland gehen, am Beispiel von Banken, die ihre Kunden auch im Ausland bedie-nen wollen oder am Beispiel von Beratungsunternehmungen, die Büros jenseits der Grenzen eröffnen, weil sie die internationalen Aufträge ihrer (vormals) nationalen Kund-schaft nicht verlieren wollen. Mit diesen Überlegungen können wir zur dritten Einfluss-kraft Porters überleiten: zur Bedeutung verwandter und unterstützender Branchen.

(3) Verwandte und unterstützende Branchen: In vielen Branchen hängt die Wett-bewerbsfähigkeit von Unternehmungen nach Auffassung Porters auch vom Zusammen-spiel mit verwandten und unterstützenden Branchen ab. Dazu zählen vor allem „upstream-Branchen" und „downstream-Branchen". Als **upstream-Branchen** gelten Branchen, die der Wertkette der Unternehmungen der fokalen Branche vorgelagert sind, d.h. vor allem Zulieferbranchen. **Downstream-Branchen** sind Branchen, die bei einer Betrachtung der Wertkette der fokalen Branche nachgelagert sind, d.h. vor allem Han-delsbranchen. Weiterhin können auch Branchen von Bedeutung sein, die nur in einem mittelbaren Zusammenhang mit der eigenen Wertkette stehen, wie etwa – im Falle einer Industrieunternehmung – die Finanzbranche oder die Consultingbranche. Am Beispiel von Zulieferbranchen können Porters Überlegungen zur Wettbewerbsfähigkeit etwas ausführlicher illustriert werden: Zulieferbranchen spielen bereits deswegen eine wichtige Rolle, weil sie die fokale Branche rechtzeitig, schnell und effizient mit den nötigen Inputs versorgen. Noch wichtiger sind Unternehmungen der Zulieferbranchen jedoch, um durch permanente Interaktion zu Produkt- und Prozessverbesserungen sowie -innovationen beizutragen. Wie erfolgskritisch die Zusammenarbeit zwischen Herstellern und Zuliefern ist, zeigt sich etwa im Automobilbau, wo die Interaktion – zum Beispiel im Zusammen-hang mit der Just-in-Time-Produktion oder mit übergreifendem Qualitätsmanagement – zu einer zentralen Managementaufgabe geworden ist.

(4) Unternehmungsstrategie, Struktur und Wettbewerb: Porter betont, dass Faktor-bedingung und Nachfragebedingungen im Zusammenspiel mit unterstützenden und verwandten Branchen die Wettbewerbsfähigkeit von Unternehmungen einer Branche nicht ausreichend erklären. Entscheidend ist auch, wie Unternehmungen mit ihren **Strategien** und **Strukturen** auf die ersten drei Elemente des Diamanten reagieren. Damit greift Porter die Überlegung auf, dass es landesspezifische Unternehmungs- bzw. Managementmodelle gibt. Bestimmte Unternehmungs- bzw. Managementmodelle sind nach Auffassung Porters in bestimmten Branchen besonders geeignet. Hinter dieser Aussage wiederum steht die Überzeugung, dass landes- und branchenspezifische Einflüsse mit unternehmungsinternen Strategien und Strukturen sowie weiteren Faktoren (Größe, Kultur, Systeme, Verfassung) einhergehen. So ist nach Porter die positive Einstellung zum Risiko in den USA besonders förderlich für die Entwicklung von Software- und Biotechnologieunternehmungen. Die starke Verflechtung der schweizer und der deutschen Industrie mit Hausbanken erkläre teilweise den Erfolg in der pharmazeutischen und chemischen Industrie, wo umfangreiche Investitionen und ein langer Atem notwendig seien. Ergänzend zu den unternehmungsinternen Strategien und Strukturen führt Porter die Rolle des **Wettbewerbs** an. Starker Wettbewerb auf den Inlandsmärkten sei ein starker Anreiz für die Dauerhaftigkeit von Wettbewerbsvorteilen.

(5) Staat: Auch dem Staat kommt gemäß Porter eine zentrale Bedeutung zu. Der Staat kann schließlich die vier zuvor genannten Kerneinflussfaktoren des Diamanten positiv oder negativ verändern. Durch Gesetzgebung, Subventionen, Garantien oder eigene Nachfrage ist es ihm möglich, die Herausbildung nationaler Wettbewerbsvorteile entweder zu fördern oder zu behindern.

(6) Zufall: Porter ist Realist genug, um zu erkennen, dass auch der Zufall eine wesentliche Rolle dabei spielt, ob eine bestimmte Branche in einem Land wettbewerbsfähig wird bzw. bleibt. Unter den Zufall subsumiert Porter zufällige Entdeckungen, größere technologische Durchbrüche, bedeutende Einschnitte auf den Kapitalmärkten sowie politische oder militärische Auseinandersetzungen.

Hauptaussage des Diamant-Ansatzes von Porter:

Während viele Standortansätze primär die Frage nach dem Ziel der Internationalisierung stellen, geht es Porter um den Ursprung der Internationalisierung. Dabei spielt die Wettbewerbsfähigkeit von Nationen – besser: die Wettbewerbsfähigkeit von Branchen innerhalb von Nationen – eine wesentliche Rolle. Je besser das Zusammenspiel der sechs Diamant-Faktoren in einer Branche, umso wahrscheinlicher ist es, dass nationale Unternehmungen dieser Branche im Hinblick auf Exporte und Direktinvestitionen auch international wettbewerbsfähig sind.

Wie man erkennen kann, ist Porter damit einerseits breiter als die zuvor geschilderten Standortansätze, andererseits jedoch auch enger als diese. Als breiter kann Porters Ansatz deswegen gelten, weil er nicht nur Standortfaktoren aufzählt, sondern Aussagen zu deren **Bedeutung** und deren **Zusammenspiel** macht. Vor allem betont er stärker als die meisten anderen Ansätze, dass **Standortfaktoren branchenspezifisch** sind und erst in ihrer **Kombination** eine positive oder negative Wirkung entfalten. Bedeutung hat zudem Porters Feststellung, dass es offensichtlich selbst innerhalb von Nationen eine **Cluster-bildung** gibt: So ist für die Computerbranche das Silicon Valley in den USA von Bedeutung, für die Schuh- und Lederindustrie spielt immer noch Norditalien eine große Rolle, und als Zentrum für die Parfümindustrie gilt Grasse, während die Modebranche vor allem in Paris und Mailand zu Hause ist. Unternehmungen, so Porter, profitieren von derartigen regionalen Vernetzungen, unter anderem durch die Verfügbarkeit von ausge-bildetem Personal, durch informellen Informationsaustausch oder auch durch Kooperations-möglichkeiten (vgl. Porter 1998 und zu weiteren Ansätzen den Überblick bei Knyphausen-Aufseß 1999). Die Clusterbildung erfolgt vor allem deswegen, weil die ein-zelnen Elemente des Diamanten sich in diesen Regionen besonders **positiv verstär-ken**. Schließlich ist zu würdigen, dass Porters Diamant-Ansatz – nicht nur aufgrund der Betonung des Zusammenspiels von Faktoren – **dynamische Aspekte** enthält. Porter erwähnt zum einen zahlreiche Beispiele, die zeigen, wie Wettbewerbsvorteile aufgebaut werden. Er führt zum anderen auch viele Gründe an, die zu einer **Zerstörung des Diamanten** führen können – dies gleichsam als Warnung für Manager, Politiker und Verbandsfunktionäre, permanent nach Wettbewerbsvorteilen zu suchen.

Porter ist jedoch, wie bereits erwähnt, nicht nur breiter, sondern in gewisser Weise auch enger als die traditionellen Standortsätze. Enger ist Porter deswegen, weil er trotz der Breite seiner Ausführungen **nicht** auf **alle Standortfaktoren** eingeht, die existieren und in der Literatur auch bereits genannt wurden (dies freilich auch deswegen, weil er bestimmte Standortfaktoren für zunehmend irrelevant hält). Darüber hinaus nimmt Porter eine **zweifelhafte Bewertung der Rolle einzelner Standortfaktoren** vor. So betont er etwa die abnehmende Bedeutung der klassischen Faktorausstattung. Dies mag in einigen Branchen richtig sein, doch derart undifferenziert scheint die Situation in der Praxis nicht zu sein: So dürften die arabischen Länder sowie die dort operierenden Unternehmungen auch weiterhin stark von den Erdölvorkommen – und damit von klassi-schen Produktions- und Standortfaktoren – profitieren. Neben dieser Kritik wird auch bemängelt, dass Porters **Arbeit empirisch problematisch** sei, da das Vorgehen nicht immer wissenschaftlichen Ansprüchen gerecht werde, sondern teilweise das Vorgehen von Beratern widerspiegele und theoretische Ausführungen und empirisches Vorgehen nicht zusammenpassen (vgl. z.B. Yetton/Craig/Davis/Hilmer 1992). Darüber hinaus kommt den Ausführungen teilweise **spekulativer Charakter** zu, insbesondere weil die Zusammenhänge zwischen den einzelnen Einflussfaktoren des Diamanten nur vage erklärt werden (vgl. Grant 1991a, v.a. S. 542). Problematischer ist aus unserer Sicht jedoch der Einwand, dass Porter das **Wesen international tätiger Unternehmungen** verkennt: Porters Diamant-Ansatz ist zwar durchaus nicht nur ein Ansatz zur Erklärung

von Exporten; er ist auch als Ansatz zur Erklärung von Direktinvestitionen zu interpretieren, denn Porter geht davon aus, dass Unternehmungen aus wettbewerbsfähigen
Ländern sowohl Vorteile für den Export aufweisen als auch überlegene Fähigkeiten und
Ressourcen aus dem Heimatmarkt zum Aufbau von Direktinvestitionen im Ausland
nutzen können. Doch leider berücksichtigt Porter nicht, dass international tätige Unternehmungen nicht nur von den Bedingungen im Heimatland, sondern zunehmend von
den **Bedingungen in der Vielzahl der Gastländer** beeinflusst werden. Darauf haben
auch andere Autoren verwiesen, indem sie Porters Ansatz zu einem „Double-Diamond"
bzw. „Multiple-Diamond" erweitert haben, in dem dann nicht nur die jeweiligen nationalen Diamanten, sondern auch die Diamanten der Export-/Importländer und der Direkt-
investitionsländer berücksichtigt werden können (vgl. Rugman/D'Cruz 1993, Rugman/
Verbeke 1993). Außerdem gibt Porter – und dies ist ein weiterer Kritikpunkt – leider
keine Antwort darauf, unter welchen Bedingungen nun die Alternative Export und unter
welchen Bedingungen die Alternative der Direktinvestition gewählt wird. Sein Ansatz
möchte Exporte und Direktinvestitionen gleichermaßen erklären, ohne die Bedingungen
der unterschiedlichen Markteintritts- und Marktbearbeitungsformen zu spezifizieren.

Trotz dieser Kritik hat Porter wohl wie kaum ein anderer Autor die Debatte um Standortfragen der Internationalisierung belebt und mit einem Ansatz, der an der Schnittstelle
zwischen volkswirtschaftlicher Außenhandelstheorie, Strategischem Management und
Internationalem Management liegt, bereichert. Dass mit Porters Vorschlag die Debatte
um Standortfaktoren keineswegs zu Ende ist, zeigen nicht nur zahlreiche kritische Auseinandersetzungen mit dem Diamant-Ansatz (vgl. z.B. Grant 1991a, Davies/Ellis 2000),
sondern auch weitere Veröffentlichungen der jüngsten Vergangenheit, die das Verhältnis von globaler Wettbewerbsfähigkeit und nationalen Vorteilen thematisieren (vgl. Choi
1999).

3.3.4   Die Internalisierungstheorie

Nachdem in den zuletzt vorgestellten Ansätzen vor allem Fragen des „Wo?" (bzw. des
„Woher?") der Internationalisierung angesprochen wurden, lenkt der nun folgende
Ansatz unser Augenmerk auf das „Wie?" der Internationalisierung. Es handelt sich bei
diesem Mosaikstein um die **Internalisierungsansätze**. Die Internalisierungsansätze
thematisieren vor allem die Bedingungen, unter denen Unternehmungen bestimmte
Aktivitäten **internalisieren, d.h. in die Unternehmung hineinholen.** Internalisierungsansätze der Internationalisierung stellen dabei nichts anderes dar als die **Übertragung
transaktionskostentheoretischer Überlegungen** auf die internationale Unternehmungstätigkeit, wobei – dies sei vorweggenommen – spezifisch internationale Anwendungen in etlichen Beiträgen vernachlässigt bzw. nur am Rande thematisiert werden
(vgl. zur internationalen Internalisierung z.B. auch ausführlich Braun 1988, S. 165-281
oder Becker 1996, S. 39-88). Bevor wir auf die Internalisierungsansätze der Internatio-

nalisierung eingehen, wollen wir kurz einige Grundaussagen der Transaktionskosten-theorie zusammenfassen.

(1) Einordnung des Transaktionskostenansatzes: Der Transaktionskostenansatz, der in der Betriebswirtschaftslehre vor allem in den letzten 20 Jahren große Popularität erlangt hat, gehört zusammen mit dem Prinzipal-Agenten-Ansatz und dem Property-Rights-Ansatz zur **neo-institutionalistischen Organisationsökonomie**, auch **Neue Institutionenökonomie** genannt (vgl. Picot 1982, Picot/Dietl 1990, Festing 1995, S. 46-64, Richter/Furubotn 1996, Ebers/Gotsch 2006). Im Gegensatz zu den neo-klassischen Ansätzen nehmen die neo-institutionalistischen Ansätze an, dass handelnde Akteure nicht unbeschränkte Rationalität, sondern **beschränkte Rationalität** aufweisen. Zudem gehen sie nicht wie neo-klassische Ansätze davon aus, dass Institutionen von außen vorgegeben sind; vielmehr ist den neo-institutionalistischen Ansätzen gemein, dass Aktoren **Institutionen** schaffen – vor allem, um die beschränkte Rationalität sowie weitere Probleme, die sich aus dem Verhalten der Handlungspartner ergeben, zu handhaben. Als Institutionen gelten primär Organisationen (bzw. Unternehmungen) und Märkte, aber auch Gesetzeswerke oder Vertragsregelwerke.

(2) Grundüberlegungen des Transaktionskostenansatzes: Der Transaktions-kostenansatz selbst geht auf eine Arbeit von Ronald H. Coase (1937) zurück, dessen Überlegungen später von Oliver Williamson (1975, 1985) aufgegriffen wurden. Die Basisfrage von Coase und Williamson lautet: Warum werden nicht alle ökonomischen Transaktionen über den Markt abgewickelt? Oder anders ausgedrückt: Warum entstehen Organisationen, die marktliche Transaktionen internalisieren? Die Antwort auf diese Basisfrage ist vergleichsweise simpel: Da Transaktionen entgegen der Auffassung der klassischen Wirtschaftstheorie über den Markt nicht kostenlos sind, kann es effizienter sein, bestimmte Transaktionen organisationsintern (unternehmungsintern) durchzuführen. Die Entscheidung zwischen den beiden Hauptinstitutionen, d.h. zwischen Markt oder Organisation (Unternehmung) und damit die Entscheidung zwischen den beiden basalen Koordinationsformen Preissystem oder Hierarchiesystem wird durch Abwägung der entstehenden Kosten getroffen. Die Höhe der Kosten legt fest, welche Institution bzw. welcher Koordinationsmechanismus der günstigere ist. Solange die Kosten des Marktes niedriger sind, entscheidet man sich für eine Marktlösung. Sobald jedoch die Kosten des Marktes höher ausfallen, wählt man die Hierarchielösung oder – mit anderen Worten – internalisiert den Markt, d.h. holt den Markt in die Organisation (Unternehmung) hinein. Das Effizienzkriterium des Transaktionskostenansatzes erfordert, streng genommen, sowohl die Produktions- als auch die Transaktionskosten zu betrachten; denn nur auf diese Weise kann ein Vergleich zwischen den Alternativen Markt oder Organisation (Unternehmung) vorgenommen werden. In der Literatur findet jedoch häufig eine Fokussierung auf die Transaktionskosten statt.

(3) Die Kosten der Marktlösung: Man könnte zunächst davon ausgehen, dass Markt-lösungen doch kaum Transaktionskosten beinhalten. Wer etwas am Markt bezieht, muss lediglich für Produkte, Dienstleistungen oder Kapital, d.h. die Produktionskosten zuzüglich einer Gewinnspanne, bezahlen. Es ist nun gerade das Verdienst der Transaktionskostentheoretiker, auf die **entstehenden Kosten der Marktlösung** hingewiesen zu haben. Innerhalb der Kosten für die Marktlösung lassen sich ex-ante-Transaktionskosten sowie ex-post-Transaktionskosten unterscheiden. Als **ex-ante-Transaktionskosten**, d.h. Kosten vor Vertragsabschluss, gelten Kosten

- der Suche (z.B. Kosten der Lokalisierung von möglichen Vertragspartnern),
- der Anbahnung (z.B. Informationskosten) und
- der Einigung (z.B. Verhandlungskosten).

Zu den **ex-post-Transaktionskosten** zählen Kosten

- der Abwicklung (z.B. Tauschkosten, Abwicklungsgebühren),
- der Kontrolle und Steuerung (z.B. Absicherung der Vertragsbedingungen, Einklagung von Leistungen) und
- der Anpassung (z.B. Konditionenanpassung).

Die **Höhe der Transaktionskosten** wird durch sogenannte kostenwirksame Transaktionscharakteristika beeinflusst: Zu den **kostenwirksamen Transaktionscharakteristika** gehören die **Unsicherheit** der Handlungsumwelt, die **Spezifität** der für eine Transaktion notwendigen Investitionen sowie die **Häufigkeit** der Transaktionen. Dies heißt: Je größer die Unsicherheit, je spezifischer die Transaktion sowie je seltener die Transaktion, umso höher sind ceteris paribus die Transaktionskosten (vgl. Ebers/ Gotsch 2006, S. 292-293). Insbesondere das Argument der Häufigkeit von Transaktionen verdient Beachtung, denn die Transaktionskostentheoretiker nehmen an, dass sich bei den Transaktionskosten umso höhere Skaleneffekte realisieren lassen, je häufiger die Transaktionspartner identische Transaktionen miteinander durchführen.

Hinsichtlich des **Verhaltens der Transaktionspartner** wird von zwei wesentlichen Annahmen ausgegangen, die menschliches Verhalten charakterisieren: **begrenzte Rationalität** und **Opportunismus** (individuelle Nutzenmaximierung, inklusive Arglist und Täuschung). Diese beiden Verhaltensannahmen erklären einerseits, warum manche der Kosten überhaupt erst entstehen, und sie weisen andererseits auch darauf hin, warum die Höhe der Transaktionskosten zuweilen zunimmt. Wäre das Verhalten anders, so würden wir Markttransaktionen nicht nur weitaus häufiger antreffen, Markttransaktionen wären dann auch günstiger.

(4) Die Kosten der Organisationslösung bzw. Unternehmungslösung: Man könnte nun erwarten, dass Coase und Williamson auch die Kosten genauer spezifizieren, welche die Alternative der Unternehmungslösung mit sich bringt. Die Grundüberlegung lautet, dass das effizientere der beiden institutionellen Arrangements „Markt" und „Unternehmung" aufgrund eines Kostenvergleichs zu identifizieren sei. Allerdings ist festzustellen, dass Koordinationskosten weitaus weniger Aufmerksamkeit erfahren als Transaktionskosten. Innerhalb der Kategorie der Koordinationskosten ist etwa an Kosten der Planung, der Organisation, der Führung, der Information und Kommunikation zu denken.

(5) Die Internalisierung: Bisher haben wir nur **abstrakt** darauf hingewiesen, dass vor allem hohe Spezifität und hohe Unsicherheit auf Internalisierung hindeuten. Doch wann **konkret** macht Internalisierung Sinn? Von vielen Autoren wurde in den letzten Jahren darüber diskutiert, wann sich die Internalisierung als besonders vorteilhaft erweist. Dabei wurde erkannt, dass gerade die Güter internalisiert werden, die **immaterielle bzw. intangible Ressourcen** von Unternehmungen darstellen (können). Darunter fallen Informationen, Fähigkeiten, Fertigkeiten und Kompetenzen, kurzum das Wissen von Unternehmungen, welches sich nur teilweise in Form von Patenten, Lizenzen, Copyrights oder Marken(rechten) kodifizieren lässt. Diese immateriellen bzw. intangiblen Ressourcen, die spätestens seit der verstärkten Beachtung der ressourcenbasierten Ansätze des Strategischen Managements als erfolgskritisch erachtet werden (vgl. Wernerfelt 1984, Grant 1991b), sind äußert schwierig über den Markt zu beziehen. Das Problem des wissensintensiven Güterhandels am Markt wurde bereits von Arrow erkannt, der darauf hingewiesen hat, dass Wissen für potentielle Käufer einen geringen Wert besitzt, sobald es gehandelt wird. Der Grund liegt auf der Hand: Den Wert des Wissens kann der Verkäufer einem Käufer vor einer Transaktion nur schwierig kommunizieren. Sobald der Verkäufer dem Käufer das Wissen offen legt, verliert dieses an Wert. Zudem kann das Bekanntwerden des Wissens an Dritte und die Verwertung von Wissen durch Dritte nicht (immer) ausgeschlossen werden. Dieses Problem wird in der Literatur auch als **Arrow-Paradoxon** diskutiert (vgl. Arrow 1974). Bei wissensintensiven Gütern ist die Internalisierung also nicht nur eine Frage der Kosten, sondern sie ist möglicherweise sogar die einzig mögliche oder zumindest sinnvolle Alternative.

Williamson selbst geht im Rahmen seiner Ausführungen zur Transaktionskostentheorie nur am Rande auf die internationale Unternehmungstätigkeit ein (vgl. Williamson 1985, S. 290-294). Im Internationalen Management haben jedoch eine ganze Reihe von Autoren **transaktionskostentheoretische Überlegungen zur Erklärung der Internationalisierung** herangezogen. Darunter finden sich bekannte Wissenschaftler wie Peter Buckley und Mark Casson (vgl. Buckley/Casson 1976/1991, 1985, Casson 1992), Alan Rugman (1980, 1985, 1986, 1997), Jean-François Hennart (1982, 1986, 1993a,b) oder David Teece (1981, 1986). Wie bereits andere Autoren zuvor – man denke etwa an Hymer und Kindleberger (→ Abschnitt 2.3 in diesem Kapitel) – so erkennen auch die Vertreter der Internalisierungstheorie die Unvollkommenheiten der Märkte. Die Vertreter der Internalisierungstheorie treffen nun im Hinblick auf die Internationalisierung folgende Grundaussage: Unternehmungen können bestimmte grenzüberschreitende Transaktionen entweder über den **Markt (Export und Lizenzen)** abwickeln oder aber internalisieren, indem sie **Direktinvestitionen** tätigen. Zu Direktinvestitionen, d.h. zu internationalen Internalisierungen, kommt es immer dann, wenn Transaktionen entweder intern günstiger abgewickelt werden können oder wenn Transaktionen beabsichtigt sind, die über den Markt aufgrund der marktlichen Unvollkommenheiten gar nicht oder nur erschwert möglich sind.

Doch was nun wann konkret international internalisiert wird, bleibt offen. Studiert man die Gesamtheit der Ansätze zur Internalisierung, so könnte bzw. müsste prinzipiell alles internalisiert werden:

- Teece sieht insbesondere die Notwendigkeit, die **Beschaffung** von **Rohstoffen** und von **Zwischenprodukten** zu internalisieren, um mit derartigen Direktinvestitionen Versorgungssicherheit zu erlangen. Er erwähnt aber auch gleichzeitig die Internalisierung des **Absatzbereichs**, um damit eine größere Planbarkeit für die Produktion zu erlangen. Neben diesen beiden Formen der Rückwärts- und Vorwärtsintegration betont Teece zudem die Vorteile, die Direktinvestitionen zum Erwerb und Aufbau von **Know-how** bieten. Da auch der Kapitalmarkt Unvollkommenheiten unterworfen sei, setzt sich die Internalisierung gemäß Teece im **Finanzbereich** fort.

- Ähnlich wie Teece weisen auch Buckley und Casson mit der sogenannten „**Long-Run-Theory**" auf Internalisierungsvorteile in **nahezu allen Bereichen der Unternehmung** hin. Etwas stärker konzentrieren sie sich jedoch auf die Internalisierung von **Know-how** und **Erfahrung**, da sie der Überzeugung sind, dass die Internalisierung dieser Bereiche seit dem Zweiten Weltkrieg erheblich an Bedeutung gewonnen habe. Buckley/Casson (1976/1991, v.a. S. 37-39; vgl. auch Buckley 1981, S. 77) arbeiteten dabei auch **fünf Faktoren** in Form von Marktunvollkommenheiten heraus, welche die **Internalisierung von Know-how und Erfahrung besonders begünstigen**: die Nicht-Existenz von Futures-Märkten, Bewertungsprobleme beim Verkauf von Wissen, keine Möglichkeiten der Preisdifferenzierung beim Verkauf, die Möglichkeiten des Umgehens staatlicher Eingriffe und Handelsschranken (z.B. Möglichkeiten der Transferpreisgestaltung) sowie die instabile Verhandlungssituation des bilateralen Monopols.

- Hennart argumentiert, dass vor allem die Bereiche zu internalisieren seien, bei denen Märkte gar nicht existieren. Deswegen betont er neben der auch von Teece genannten Notwendigkeit der Internalisierung von **Know-how** noch die Internalisierung von **Goodwill**.

- Magees Ansatz der Aneignungsmöglichkeiten weist auf die Bedeutung hin, sich als Urheber einer **Idee** deren Wert voll anzueignen und sie auch international zu verwerten (vgl. Magee 1981). Ideen können durch Direktinvestitionen besser geschützt werden als durch Exporte oder Lizenzvergabe.

Die Transaktionskostenansätze haben in den Kreisen der Betriebswirtschaftslehre und des Managements, die primär eine strikt-ökonomische Erklärung wirtschaftlicher Sachverhalte bevorzugen, eine große Popularität erlangt. Schließlich ist dem Transaktionskostenansatz im Allgemeinen (und damit auch den Internalisierungsansätzen der Internationalisierung) durchaus eine systematische Argumentationslogik zu bescheinigen.

Die Abstraktion auf **einige wenige Variablen** unter Zugrundelegung zentraler Annahmen erscheint vielen Wissenschaftlern elegant, um den Ansprüchen, die an
theoretische Aussagesysteme gestellt werden, zu entsprechen. Wie die Annahmen, die
der Transaktionskostentheorie inhärent sind, zeigen, steht das Primat der Eleganz dabei
über dem Primat der Realitätsnähe.

Hauptaussage der Internalisierungstheorie:

Zur Internalisierung von Aktivitäten in Form von Direktinvestitionen kommt es immer
dann, wenn Transaktionen entweder intern günstiger abgewickelt werden können
oder wenn Transaktionen beabsichtigt sind, die über den Markt aufgrund der marktlichen Unvollkommenheiten gar nicht oder nur erschwert (z.B. wegen hoher Kosten)
möglich sind.

Wenn man die Transaktionskostentheorie auf einen konkreten Bereich, in unserem Fall
auf die Internationalisierung, überträgt, so wird sie vergleichsweise inhaltsleer. Die Aussagen, was denn nun internalisiert werden soll, legen davon Zeugnis ab, da sie unbe-
stimmt bleiben: Internalisiert werden kann, wie wir gesehen haben, prinzipiell alles, wo
der Markt versagt bzw. wo er im Vergleich zur Unternehmung nicht die effizientere Lösung darstellt. Bei Brown (1976, S. 39), der die Transaktionskostentheorie auf die Internationalisierung anwendet, liest sich diese Grundaussage, die fast schon Leerformelcharakter hat, dann folgendermaßen: „Multinational firms appear where it is cheaper to
allocate international resources internally than it is to use the market to do so." Neben
diesem **Leerformelcharakter** (vgl. Buckley 1988, S. 182) sind die Internalisierungsansätze jedoch auch aufgrund weiterer in der Literatur genannter Einwände kritisch zu betrachten:

- Die Internalisierungsansätze liefern eigentlich keine Begründung der **Internationalisierung**. Das heißt: Sie geben uns zwar Anhaltspunkte, warum bzw. unter welchen
  Bedingungen bestimmte Transaktionen internalisiert werden, sie lassen aber offen,
  warum diese Internalisierung gerade auf internationaler Ebene (und nicht nur auf nationaler Ebene) erfolgt.

- **Transaktions- und Koordinationskosten** sind – dies wissen wir aus empirischen
  Untersuchungen – **nur ein Aspekt**, welcher der Internationalisierung von Unternehmungen zugrunde liegt. Es gibt weitere Überlegungen, die bei der Internationalisierung eine Rolle spielen – etwa **Flexibilitäts- und Risikoüberlegungen** – und die
  nicht erfasst werden. Ohnehin wird meist nur auf die Transaktionskosten „abgestellt".
  Die Abwägung der marktlichen Transaktionskosten mit unternehmungsinternen
  Koordinationskosten unterbleibt häufig (vgl. aber Teece 1977).

- **Transaktionskosten** lassen sich – trotz der Einteilung in ex-ante- und ex-post-
  Transaktionskosten – nur äußerst schwierig **operationalisieren** und noch schwieri-

ger **quantifizieren**. Da es den meisten Vertretern der Internalisierungstheorie auch gar nicht um eine konkrete Anwendung der Theorie, sondern nur um die Darstellung einer Denkfigur geht (vgl. Schmidt 1995, S. 79-80), stehen empirische Belege – insbesondere im internationalen Kontext – bisher weitgehend aus (vgl. aber Fina/Rugman 1996). Ohnehin ist eine empirische Prüfung der theoretischen Grundaussage nach Meinung vieler Vertreter nicht bzw. nur in Teilbereichen möglich (vgl. Buckley 1988).

- Auch wenn von manchen Autoren vehement bestritten (vgl. Hennart 1993a), so haftet den Internalisierungsansätzen die Kritik an, **eher** die **Kostenseite** und weniger die **Erlösseite** zu betrachten. Dies liegt an der Grundlogik des Transaktionskostenansatzes, der vor allem auf einen Kostenvergleich und weniger auf einen Erlösvergleich abzielt.

- Selbst wenn man akzeptiert, dass es den Transaktionskostenansätzen generell um die Effizienz geht (was aber auch eine stärkere Betrachtung der Erlösseite erfordern würde), so wissen wir, dass **nicht allein Effizienzgesichtspunkte** das Handeln in und von Unternehmungen im Hinblick auf die Internationalisierung bestimmen. Insofern sind die Internalisierungsansätze eher als „Möglichkeitsaussagen" denn als „Beschreibungsaussagen" zu werten.

- Legt man nur die anfallenden Transaktionskosten zugrunde, so müssten Transaktionen – gemäß der oben skizzierten Bedingungen – dann internalisiert werden, wenn es sich um sehr spezifische Transaktionen handelt, die in einer geringen Häufigkeit auftreten und die auch in einer unsicheren Lage getätigt werden. Doch den Transaktionskosten stehen auch Produktionskosten gegenüber. So kann es sinnvoll sein, Transaktionen zu internalisieren, wenn sie häufig sind, weil über **statische und dynamische Skaleneffekte** die durchschnittlichen Produktionskosten und eventuell auch die durchschnittlichen Transaktionskosten sinken.

- Weitgehend außen vor bleibt in vielen Veröffentlichungen zur Internalisierungstheorie, dass nicht eine Erklärung von Markt und Hierarchie bzw. Preis- und Weisungsmechanismus nötig ist, sondern auch eine Vielzahl von **weiteren Organisations- und Koordinationsformen**. Schließlich ist bekannt, dass wir in der Realität Zwischen- und Mischformen finden (vgl. Bradach/Eccles 1989). Von manchen Autoren werden Strategische Netzwerke und damit beispielsweise Franchisingnetzwerke oder Strategische Allianzen als derartige Zwischen- bzw. Mischformen bezeichnet. Gerade (aber keinesfalls ausschließlich) in diesen Organisationsformen gewinnt dann auch Vertrauen als Koordinationsform an Bedeutung.

Während es der Theorie des monopolistischen Vorteils primär darum geht, wie Unternehmungen Marktunvollkommenheiten ausnutzen können, zielen die Internalisierungsansätze auf die Frage ab, wie Unternehmungen Marktunvollkommenheiten überwinden. Dies lässt sich als grundlegender Unterschied werten: Hymers und Kindlebergers Ansatz betont eher das aktive Handeln international tätiger Unternehmungen; dagegen scheint der Internalisierungsansatz eher als reaktiv charakterisierbar. Damit einher geht auch ein grundsätzlicher Unterschied in der Auffassung über die Rolle des Managements: Die Theorien des monopolistischen Vorteils messen dem Handeln von Managern Bedeutung – unter anderem bei der Schaffung von Wettbewerbsvorteilen – zu; dagegen gibt Buckley, selbst ein Vertreter der Internalisierungsansätze zu, dass die Internalisierungsansätze das Handeln von Managern weitgehend ausblenden (vgl. Buckley 1993).

3.3.5   Das eklektische Paradigma von Dunning

Auf der Suche nach der Frage, wodurch Internationalisierung und insbesondere wodurch internationale Produktion bestimmt wird (vgl. Dunning 1973), hat John Dunning einen Ansatz vorgelegt, der wohl stärker als alle anderen zuvor genannten Ansätze den Anspruch aufweist, **Internationalisierung umfassend zu erklären** (vgl. u.a. Dunning 1977, 1979, 1980, 1988; vgl. zu einer Zusammenfassung auch Zaby/Rumpf 1998). Dieser Anspruch wird dadurch verstärkt, dass Dunning seit mehreren Jahrzehnten an diesem Erklärungsansatz festhält und wiederholt in Vorträgen und Veröffentlichungen darauf eingeht, wie der Erklärungsansatz vor dem Hintergrund sich verändernder Umfeldbedingungen bzw. sich verändernden Unternehmungsverhaltens zu rechtfertigen bzw. anzupassen ist (vgl. z.B. Dunning 1995, 1999, v.a. S. 12-18, 2000a,b, 2001, 2004). Auch zahlreiche andere Wissenschaftler im Umfeld von Dunning haben dem Ansatz zu großer Popularität verholfen (vgl. Corley 1992, Gray 1995, Cantwell/Narula 2003, Hrsg., Devinney 2004, Tallmann 2004, Acedo/Casillas 2005, v.a. S. 627 und S. 632).

Dunning greift auf verschiedene andere Ansätze, vor allem die Theorie des monopolistischen Vorteils, die Standorttheorie und die Internalisierungstheorie, zurück, verbindet diese Ansätze und baut darauf seinen eigenen Ansatz, das sogenannte eklektische Paradigma, auf. Der Begriff „eklektisch" bringt zum Ausdruck, dass es sich um ein „Sammelsurium" von Ansätzen handelt, die zu einem Paradigma verschmolzen werden. „Paradigma" ist nicht im Sinne des Wissenschaftstheoretikers Kuhn (1993) zu verstehen, der als Paradigma ein bestimmtes, die Wissenschaft prägendes Welt-, Gesellschafts- und Menschenbild bezeichnet, innerhalb dessen sich „normale" Wissenschaft abspielt. Vielmehr verwendet Dunning den Paradigmabegriff recht „salopp". Dunning gesteht sogar zu, dass es sich nicht einmal um eine Theorie handelt. Dies sieht man daran, dass Dunning in früheren Fassungen noch vom Anspruch einer sogenannten „systemic theory" sprach (vgl. Dunning 1977, S. 406), während in den späteren Veröffentlichungen vor allem der Begriff des „eclectic paradigm" auftaucht.

Was möchte Dunning erklären? Dunning geht es darum, die Bedingungen aufzuzeigen, unter denen bestimmte Markteintritts- bzw. Marktbearbeitungsformen vorteilhaft sind. Bei den **Markteintritts- und Marktbearbeitungsformen** unterscheidet Dunning zwischen (1) **Direktinvestitionen** (Investitionen, bei denen Unternehmungen produzierend im Ausland tätig werden und dabei die Kontrolle über den Produktionsprozess innehaben), (2) **Exporten** und (3) **vertraglichen Ressourcentransfers bzw. sogenannten „Portfolio-Ressourcentransfers"** (Lizenz-, Management- und Technologieverträge). Zur Erklärung greift er auf drei sogenannte Vorteilskategorien zurück, die ihren Ursprung in den verschiedenen, eklektisch zusammengeführten Ansätzen haben. Als **Vorteilskategorien** sieht Dunning (1) **Eigentumsvorteile** (ownership advantages), (2) **Internalisierungsvorteile** (internalisation advantages) und (3) **Standortvorteile** (location advantages) an. Die Anfangsbuchstaben dieser drei Vorteilskategorien O, L und I haben dem Dunningschen Paradigma auch die Bezeichnung **OLI-Paradigma** eingebracht. Wir werden auf diese drei Vorteilskategorien eingehen, bevor dann geklärt wird, wie die Vorteilskategorien mit den Markteintritts- bzw. Marktbearbeitungsformen zusammenhängen.

(1) Eigentumsvorteile: Dunning unterscheidet drei Kategorien von Eigentumsvorteilen:

* Eigentumsvorteile, die aus der (langjährigen) **Existenz einer Unternehmung** gegenüber neuen Marktteilnehmern resultieren: Dazu zählen Größenvorteile, Positionsvorteile, Spezialisierungsvorteile, Verbund- und Synergievorteile sowie Vorteile beim Zugang zu bestimmten Ressourcen.

* Eigentumsvorteile, die aus der **Internationalität einer Unternehmung** resultieren: Derartige Vorteile können vor allem im besseren Zugang zu Ressourcen (z.B. Rohstoffe, Kapital, Informationen) und in der Möglichkeit der geographischen Risikodiversifikation begründet sein.

* Eigentumsvorteile, die eine Unternehmung **unabhängig von (langjähriger) Existenz und Internationalität** aufweist: In diese Kategorie fallen Produktinnovationen, Technologievorsprünge, Patente, superiore Managementressourcen oder staatliche Begünstigungen.

(2) Internalisierungsvorteile: Internalisierungsvorteile sind Vorteile, die sich aus der Internalisierung von Aktivitäten ergeben, d.h. Vorteile, welche die Alternative „Unternehmung" gegenüber der Alternative „Markt" aufweist. Dunning versteht darunter Vorteile, die eine Unternehmung dadurch aufweist, dass sie sich gegen Marktunvollkommenheiten schützt oder Marktunvollkommenheiten ausnutzt. Erwähnt werden von Dunning die Vermeidung von Transaktionskosten sowie die Durchführung von Aktivitäten, die der Markt aufgrund zahlreicher Probleme nicht effizient bereitstellt (z.B. wegen fehlender Preisdifferenzierung, Nicht-Existenz von Futures-Märkten oder Rohstoffsicherung).

(3) Standortvorteile: Standortvorteile sind Vorteile, die sich aus der Durchführung von Aktivitäten an einem bestimmten Standort ergeben, d.h. Vorteile, die ein Standort gegenüber anderen Standorten hat. Bei den Standortvorteilen kann es sich um Vorteile für Stamm- oder Gastländer handeln. Als Beispiele aus der Vielzahl der Standortfaktoren führt Dunning Faktorkosten, Transport- und Kommunikationskosten, Infrastrukturbedingungen sowie die psychische Distanz an.

Mit den Eigentumsvorteilen verweist Dunning auf die Ansätze des monopolistischen Vorteils, mit den Internalisierungsvorteilen auf die Internalisierungstheorien und mit den Standortvorteilen auf die Standorttheorien. Zudem erkennt man auch Anleihen bei anderen Ansätzen: So tauchen etwa – neben Argumenten der Kostendegression – die Grundgedanken der Theorien komparativer Kostenvorteile, des Neotechnologieansatzes (Posner), des (Nicht-)Verfügbarkeitsansatzes (Kravis) sowie der Produktdifferenzierungsansätze (Linder-Hypothese) auf. Im Gegensatz zu den eher volkswirtschaftlichen Erklärungsansätzen, die derartige Überlegungen auf Länderebene ansiedeln, überträgt Dunning diese Überlegungen auf die Ebene der Unternehmung. Unternehmungen, so nimmt Dunning an, können die komparativen Vorteile für sich nutzen.

Zur Internationalisierung von Unternehmungen kommt es jedoch nur dann, wenn eine Unternehmung Eigentumsvorteile aufweist. Eigentumsvorteile sind die „conditio sine qua non" der Internationalisierung, den sogenannten Startnachteil ausländischer Unternehmungen, die „Cost of Foreignness", zu kompensieren. Doch wann entscheidet sich eine Unternehmung nun für (1) **Direktinvestitionen**, wann für (2) **Export** und wann für (3) **vertragliche Lösungen**?

(1) **Direktinvestitionen** werden dann getätigt, wenn eine Unternehmung **alle drei Vorteilskategorien** aufweist, d.h. neben **Eigentumsvorteilen** auch **Internalisierungsvorteile** und **Standortvorteile** im Ausland existieren. Warum dies so ist, dürfte vergleichsweise leicht verständlich sein. Können bestimmte Aktivitäten selbst effizienter durchgeführt werden als durch den Markt oder durch vertragliche Partner und weist ein bestimmter ausländischer Standort Vorzüge auf, so stellen Direktinvestitionen – und nicht etwa Exporte oder vertragliche Ressourcentransfers – optimale Lösungen dar.

(2) **Export** wird gewählt, wenn eine Unternehmung über **zwei der drei Vorteilskategorien** verfügt. Spielen für eine Unternehmung neben **Eigentumsvorteilen** auch **Internalisierungsvorteile** eine Rolle, liegen aber keine Standortvorteile im Ausland vor, so wird exportiert. Internalisierungsvorteile sind deswegen Bedingung, weil die Unternehmung Vorteile aufweisen muss, bestimmte Aktivitäten selbst besser als der Markt und auch besser als vertragliche Partner durchzuführen.

(3) Hat eine Unternehmung nur **eine Kategorie von Vorteilen**, nämlich **Eigentumsvorteile**, aber keine Internalisierungs- und Standortvorteile, werden **vertragliche Ressourcenübertragungen** gewählt. In diesem Fall verfügt die Unternehmung über firmenspezifische Vorteile, kann diese jedoch selbst nicht besser als andere Aktoren verwerten (keine Internalisierungsvorteile) und muss deswegen nicht einmal auf die Suche nach potentiellen Standorten gehen (keine Standortvorteile).

Hauptaussage des eklektischen Paradigmas von Dunning:

Zur Internationalisierung von Aktivitäten sind Eigentumsvorteile eine zwingende Voraussetzung. Verfügt eine Unternehmung nur über Eigentumsvorteile, so wird sie sich innerhalb des Spektrums der Markteintritts- und Marktbearbeitungsformen für vertragliche Ressourcenübertragung (z.B. Lizenzen) entscheiden. Hat sie darüber hinaus auch Internalisierungsvorteile, so kommt es zu Exporten. Nur wenn zusätzlich noch Standortvorteile im Ausland existieren, werden Direktinvestitionen vorgenommen.

Wie man auch aus Abbildung 3-7 sieht, ist die Internationalisierung für Dunning ein **rationaler Prozess**. Die Unternehmung, die im Zentrum von Dunnings Erklärungsansatz steht, prüft in einem ersten Schritt, ob sie überhaupt Eigentumsvorteile aufweist. Ist dies der Fall, wird in einem zweiten Schritt gefragt, welche Möglichkeiten der Verwertung dieser Eigentumsvorteile es gibt. In einem dritten Schritt wird die bestmögliche Alternative ausgewählt, wobei Dunning, der neoklassischen Tradition folgend, annimmt, dass die Unternehmung rational dem **Ziel der Gewinnmaximierung** folgt. Wenn Manager ihre Entscheidungen systematisch nach Dunnings Ansatz treffen, so müssten sie auch erfolgreich sein. Allerdings zeigt sich schnell, dass derartige Annahmen sowie Vorschläge nicht unproblematisch sind. Dies liegt bereits daran, dass der erste Schritt, die Prüfung der Existenz von Eigentumsvorteilen nicht unabhängig vom zweiten Schritt, der Prüfung der Existenz von Internalisierungs- und Lokalisierungsvorteilen, ist (vgl. auch Itaki 1991). Manche Eigentumsvorteile sind an die Internalisierung und an Standorte gebunden. Besonders problematisch sind der zweite und dritte Schritt, denn Dunning selbst erwähnt eine Vielzahl von Faktoren, welche die Internationalisierung beeinflussen und die äußerst schwierig operationalisiert, zusammengefasst und bei Widersprüchen auch gegeneinander abgewogen werden können. Dunnings Ansatz verkennt zudem, dass Internationalisierungsentscheidungen in der Praxis meist nicht streng rational ablaufen – unter anderem auch weil sie häufig von angestellten Managern getroffen werden, die aufgrund der Prinzipal-Agenten-Problematik möglicherweise Ziele aufweisen, die von denen der Eigentümer divergieren (vgl. zu einem Überblick über die Prinzipal-Agenten-Problematik z.B. Ebers/Gotsch 2006, S. 258-277).

In der Literatur gibt es darüber hinaus weitere **Kritik** an Dunnings eklektischem Paradigma (vgl. z.B. Braun 1988, S. 329-339, Itaki 1991, Stehn 1992, S. 63-69, Randøy/Dibrell 2002):

- Das eklektische Paradigma erweckt zwar auf den ersten Blick den Eindruck großer Systematik der Vorteilskategorien; auf den zweiten Blick erkennt man jedoch deutliche Überschneidungen und Interdependenzen der einzelnen Elemente innerhalb der Vorteilskategorien sowie zwischen den drei Vorteilskategorien.

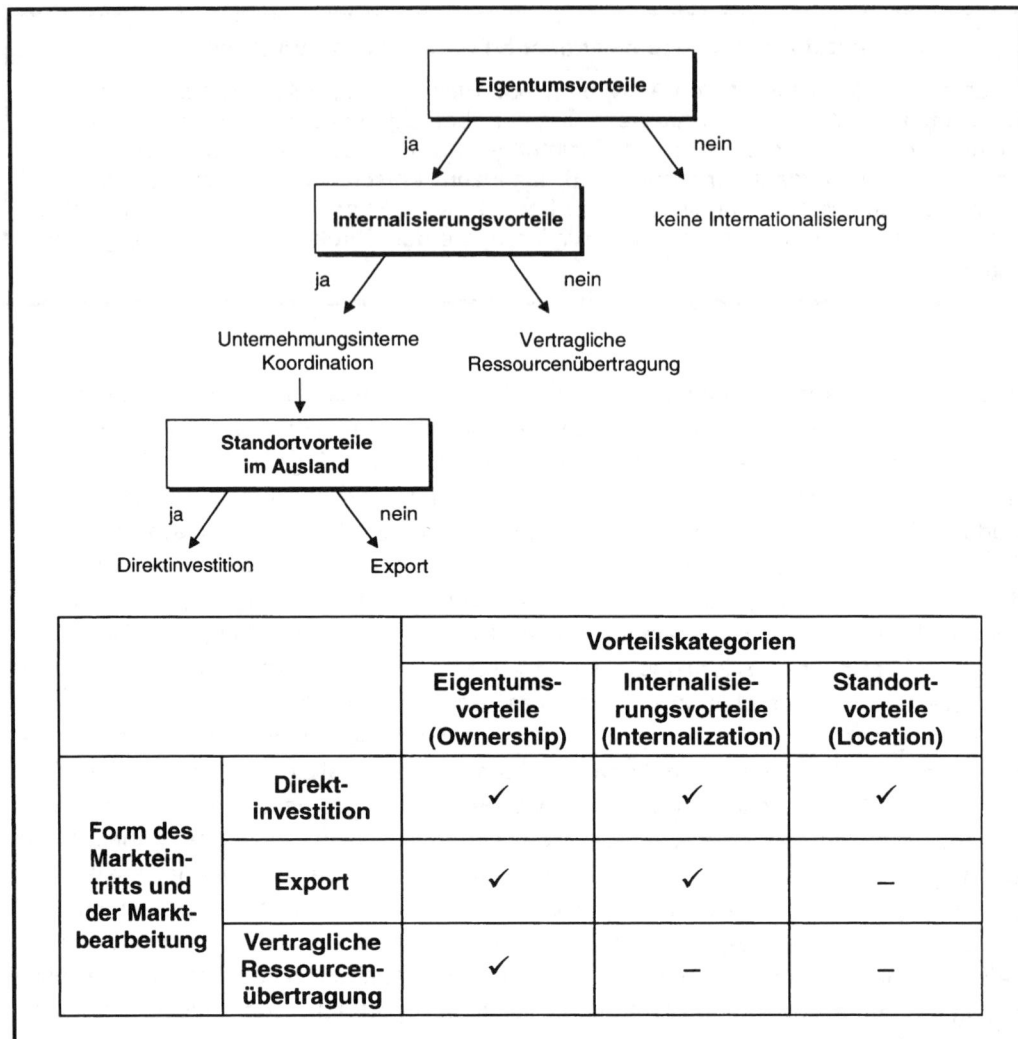

Abb. 3-7:   Markteintritts- und Marktbearbeitungsstrategien in Abhängigkeit der Vorteils-
            kategorien des Dunningschen Paradigmas

- Dunnings Paradigma ist in seinen Grundgedanken bereits bei Hymer formuliert. Zwar
  hat Hymer primär auf die Eigentumsvorteile abgezielt, allerdings das Vorhandensein
  von Direktinvestitionen implizit auch schon an Internalisierungs- und Standortvorteile
  im Ausland geknüpft.

- Der Dunningsche Ansatz erklärt nur unzureichend, warum manche Unternehmungen
  in ein und demselben Land bei ähnlichen Aktivitäten parallel bzw. simultan unterschiedliche Markteintritts- und Marktbearbeitungsformen wählen. Dies hängt auch

damit zusammen, dass strategische Aspekte grundsätzlich zu wenig berücksichtigt werden.

- Dunnings Paradigma ist – wie die meisten anderen Erklärungsansätze der Internationalisierung – primär für Industrieunternehmungen von Relevanz. Versuche, das Paradigma auf Dienstleistungsunternehmungen anzuwenden, sind nur rudimentär vorhanden (vgl. Dunning/Kundu 1995).

- Zwar erkennt Dunning, dass sich die einzelnen Vorteilskategorien im Zeitablauf verändern können (vgl. z.B. Dunning 1993, S. 277-281), doch diese Erkenntnis allein lässt das Paradigma noch nicht zu einem dynamischen Paradigma werden: Dunnings Ansatz ist also – wie viele andere Ansätze auch – eher als statisch zu werten.

Trotz dieser Kritik, die bei einem Ansatz mit umfassendem Anspruch nicht ausbleiben kann, hat Dunnings Ansatz zahlreiche positive **Verdienste**:

- Zunächst kommt Dunning das Verdienst zu, verschiedene Theorien – die Theorie des monopolistischen Vorteils, die Standorttheorie und die Internalisierungstheorie – in ein Gedankengebäude integriert und damit den partialanalytischen Charakter der Erklärungsansätze zur Internationalisierung wenigstens teilweise überwunden zu haben.

- Deutlich besser als anderen Ansätzen gelingt es Dunning auch, unterschiedliche Markteintritts- und Marktbearbeitungsformen zu differenzieren und über verschiedene Vorteilskategorien zu erklären. Der Zusammenhang mit Markteintritts- und Marktbearbeitungsverhalten steht daher besonders im Mittelpunkt von weiteren Studien, die Dunnings Ansatz anwenden (vgl. Agarwal/Ramaswami 1992).

- Dunning kann zudem zugute gehalten werden, dass sein Ansatz sowohl deskriptiv als auch normativ ist, d.h. dass er nicht nur das Verhalten in der Praxis beschreibt, sondern auch noch – wie empirisch belegt – sinnvoll sein kann, um erfolgreiches Verhalten zu induzieren (vgl. Brouthers/Brouthers/Werner 1999).

- Schließlich hat das eklektische Paradigma ein Integrationspotential, welches über die Zusammenführung der Theorie des monopolistischen Vorteils, der Standorttheorie und der Internalisierungstheorie hinausgeht. Dies ist auch der Grund, warum es Dunning selbst nicht schwer fällt, alle nur erdenklichen aktuellen Strömungen der wissenschaftlichen Diskussion als mit seinem Ansatz kompatibel zu erklären – ob dies nun die Bedeutung einer dynamischen Betrachtung der Internationalisierung (vgl. Dunning 1993, S. 277-281), die Rolle von Kultur bei der Internationalisierung (vgl. Dunning/Bansal 1997) oder auch die Betonung von Ressourcen und Netzwerkbeziehungen für die Internationalisierung (vgl. Dunning 2000b) ist.

3.3.6 Die Internationalisierungsprozessforschung der Uppsala-Schule

Als letzter Mosaikstein soll nun nach dem Dunningschen Paradigma ein im Internationalen Management nahezu ebenso populärer Ansatz vorgestellt werden: der Erklärungsansatz der Uppsala-Schule (vgl. Schmid 2002b). Während die meisten der bisher geschilderten Ansätze Internationalisierung statisch zu erklären versuchen, geht es dem Ansatz der Uppsala-Schule explizit darum, **nicht** nur den **Zustand** der Internationalität, **sondern** vor allem auch den **Prozess** der Internationalisierung zu erhellen. Die Überlegungen der Uppsala-Schule sind vor allem mit dem Namen von Jan Johanson verbunden, der – häufig in Ko-Autorenschaft mit anderen nordischen Wissenschaftlern – den Uppsala-Ansatz begründet und ihm auch zum Durchbruch verholfen hat (vgl. Johanson/ Wiedersheim-Paul 1975, Johanson/Vahlne 1977, 1990). Der Ansatz der Uppsala-Schule nimmt Bezug auf einen der wenigen Ansätze, die innerhalb der bereits vorgestellten Ansätze dynamische Aspekte aufweisen: die Verhaltenstheorie Aharonis (1966). Darüber hinaus baut der Uppsala-Ansatz auf der behavioristischen Theorie der Firma von Cyert/March (1963) und der Theorie des Unternehmungswachstums von Penrose (1959) auf.

Wir werden im Folgenden die zwei Hauptmerkmale des Uppsala-Ansatzes charakterisieren: (1) die sogenannten „patterns of internationalization", d.h. das **Internationalisierungsmuster**, und (2) das sogenannte „model of internationalization", d.h. das **Internationalisierungsmodell**. Während die „patterns of internationalization" das Ergebnis empirischer Studien darstellen, handelt es sich beim Internationalisierungsmodell um theoretische Überlegungen, die versuchen, die empirisch gewonnenen Ergebnisse in ein umfassenderes, über die Empirie hinausgehendes Gedankengebäude zu integrieren.

(1) Das Internationalisierungsmuster: Die Vertreter der Uppsala-Schule gehen davon aus, dass es sich bei der Internationalisierung um einen Prozess handelt, bei dem Unternehmungen ihre Internationalität **graduell bzw. inkremental** und nicht sprunghaft bzw. revolutionär verändern. Dies betrifft sowohl (a) die sogenannte „Establishment Chain" als auch (b) die sogenannte „Psychic Distance Chain".

(a) Mit der **Establishment Chain** machen die Vertreter der Uppsala-Schule ein zeitliches Muster im Hinblick auf die gewählten Markteintritts- und Marktbearbeitungsformen aus. Dabei ergibt sich gemäß der Uppsala-Schule folgender idealtypischer Verlauf: Unternehmungen sind nicht von Anfang an international; vielmehr zeichnen sie sich in einer ersten Stufe durch **keinerlei Internationalisierungsaktivitäten** aus. Export kann es höchstens sporadisch geben. In einer zweiten Stufe kommt es dann zu **regelmäßigen Exportaktivitäten**, wobei angenommen wird, dass dies meist mit Hilfe von unabhängigen Handelsvertretern bzw. Agenten geschieht. Erst in einer dritten Stufe verfügen international tätige Unternehmungen nach Auffassung der Uppsala-Schule über **Ver-**

triebsgesellschaften im Ausland. Die Produktion im Ausland wird gar erst nach vergleichsweise langer Zeit in einer vierten Stufe aufgenommen, d.h. die Unternehmung verfügt nach einiger Zeit auch über **Produktionsgesellschaften im Ausland**. Dieses Internationalisierungsmuster gilt prinzipiell für jeden Zielmarkt, d.h. für jeden Ländermarkt, den die international tätige Unternehmung bearbeitet.

Die Establishment Chain ist jedoch nur ein Element dessen, was von der Uppsala-Schule als graduelles bzw. inkrementales Internationalisierungsmuster identifiziert wird (vgl. zu einer differenzierten Argumentation über den Zusammenhang zwischen der Establishment Chain und der Inkrementalismusthese auch Hadjikhani 1997, v.a. S. 45-46). Einen zweiten Bestandteil stellt die Psychic Distance Chain dar.

(b) Die **Psychic Distance Chain** spricht die Frage an, wo sich Unternehmungen international betätigen. Die Uppsala-Schule glaubt auch hier ein zeitliches Muster zu erkennen, so dass Aussagen über die Reihenfolge der bearbeiteten Ländermärkte getroffen werden. Unternehmungen, so die Aussage des Ansatzes, wagen sich zunächst nur in vertraute, **psychisch nahe Ländermärkte**, bevor sie sich dann zunehmend vom Heimatmarkt in weniger vertraute, **psychisch weiter entfernte Ländermärkte** vorantasten. Internationalisierung erfolgt also gleichsam konzentrisch vom Heimatland aus. Erst mit zunehmender Internationalität werden auch konzentrische Kreise mit größerer Entfernung erreicht. Als psychische Distanz wird dabei vor allem das Problem angesehen, dass zwischen verschiedenen Ländermärkten Unterschiede existieren, die den Informationsfluss zwischen der Unternehmung und den Märkten stören oder verhindern. Später wurde dieses Verständnis dann etwas ausgeweitet. Gesprochen wird von „factors preventing or disturbing firms' learning about and understanding of a foreign environment" (Vahlne/Nordström 1992, S. 3, im Original unterstrichen). Zu derartigen Faktoren, welche die psychische Distanz bestimmen, gehören Unterschiede in Kultur, Sprache, Ausbildung, Managementverhalten und industrieller Entwicklung (vgl. zur psychischen Distanz auch O'Grady/Lane 1996, Stöttinger/Schlegelmilch 1998, 2000, Dow/Karunaratna 2006, Yamin/Sinkovics 2006).

(2) Das **Internationalisierungsmodell:** Aufbauend auf diesen empirisch gestützten Überlegungen zum Internationalisierungsmuster haben die Vertreter der Uppsala-Schule auch ein sogenanntes **Internationalisierungsmodell** vorgelegt, das zwischen (a) statischen Elementen und (b) dynamischen Elementen differenziert (→ Abbildung 3-8).

(a) **Statische Elemente:** Als statische Elemente gelten die sogenannte Marktverbundenheit und das sogenannte Marktwissen.

Market Commitment (Marktverbundenheit): Unternehmungen sind, so die Annahme, zu jedem Zeitpunkt den ausländischen Märkten, in denen sie operieren, in einer bestimmten Art und Weise verbunden. Vor allem in Abhängigkeit ihrer Entwicklung auf der Establishment Chain (aber auch in Abhängigkeit der Entwicklung auf der Psychic

Distance Chain) haben Unternehmungen Ressourcen in das Ausland transferiert. Zu diesen Ressourcen zählen nicht nur Kapital, sondern auch Produkte, Technologien, Personal oder Wissen. Je weiter Unternehmungen auf der Establishment Chain vorangeschritten sind, umso mehr Ressourcen sind in der Regel in den Auslandsmärkten gebunden und umso schwieriger ist es, das Commitment in bzw. gegenüber den Auslandsmärkten zu revidieren.

Market Knowledge (Marktwissen): Unternehmungen haben zudem nach Ansicht der Vertreter der Uppsala-Schule ein bestimmtes Wissen über die ausländischen Märkte. Primär in Abhängigkeit ihrer Entwicklung auf der Psychic Distance Chain (aber auch in Abhängigkeit der Entwicklung auf der Establishment Chain) haben sie Informationen und Daten gesammelt. Dabei unterscheiden die Vertreter der Uppsala-Schule zwischen dem sogenannten objektiven Wissen und dem sogenannten Erfahrungswissen. Je weiter sich Unternehmungen auf der Psychic Distance Chain fortentwickelt haben, umso mehr Wissen und umso vielfältigeres Wissen haben sie über Auslandsmärkte und Auslandsaktivitäten akkumuliert.

(b) Dynamische Aspekte stellen Entscheidungen über die weitere Internationalisierung („Commitment Decisions") sowie laufende Geschäftsaktivitäten („Current Activities") dar.

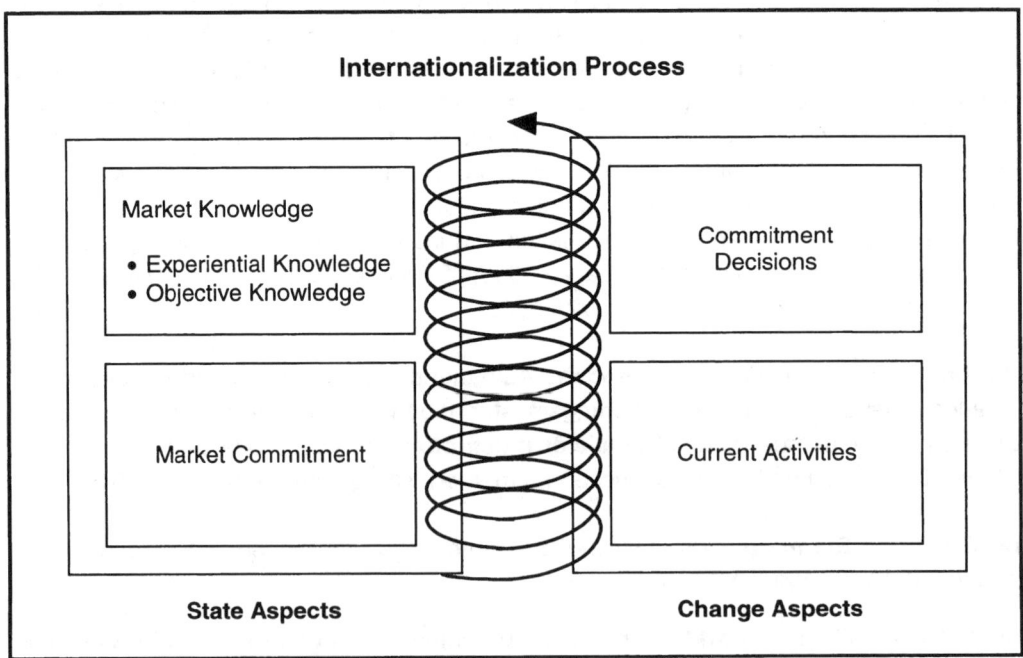

Abb. 3-8:   Das Zusammenspiel statischer und dynamischer Aspekte im Internationalisierungsmodell der Uppsala-Schule
Quelle: in Anlehnung an Johanson/Vahlne (1977), S. 26.

Die Vertreter der Uppsala-Schule verweisen nun darauf, dass Unternehmungen durch ihre Entscheidungen und durch ihre Aktivitäten die statischen Aspekte permanent verändern. Es ist das **Zusammenspiel von statischen und dynamischen Aspekten**, welches das „Wie?" der Internationalisierung von Unternehmungen erklärt. Mit jeder Entscheidung und mit jeder Geschäftsaktivität kommt es zu einer Veränderung des Commitments und des Marktwissens. Oder anders ausgedrückt: Jeder Internationalisierungsschritt – und mag er noch so klein sein – erhöht das internationale Engagement der Unternehmung und fördert ihren Wissensstand. Dies wiederum kann neue Internationalisierungsschritte auslösen. Die Unternehmung entwickelt sich daher permanent weiter. Dabei handelt es sich laut Auffassung der Uppsala-Schule nicht um ein „Im-Kreis-Drehen", sondern um eine ständige **„Höherentwicklung"**. Für diese Höherentwicklung spielt das **organisationale Lernen** eine zentrale Rolle, da Unternehmungen von ihrem Verhalten der Vergangenheit lernen. Ähnlich wie Aharoni gehen die Vertreter der Uppsala-Schule davon aus, dass die beobachtbaren Internationalisierungsmuster nicht (immer) das Ergebnis einer bewussten, streng rational ablaufenden Entscheidungsfindung darstellen. Es werden weder alle Alternativen der Marktbearbeitung noch alle Alternativen möglicher Zielmärkte berücksichtigt; vielmehr greifen Unternehmungen aufgrund ihrer Affinität zu inkrementalem Vorgehen nur einige wenige Alternativen heraus – und diese werden eher emergent denn geplant realisiert.

Hauptaussage der Internationalisierungsprozessforschung der Uppsala-Schule:

Die Internationalisierung von Unternehmungen erfolgt im Zeitablauf anhand der sogenannten Establishment Chain und der Psychic Distance Chain. Durch permanentes Zusammenspiel von statischen und dynamischen Faktoren entwickelt sich die Unternehmung inkremental weiter und erhöht durch Lernprozesse ihre Internationalität.

In späteren Jahren wurden die Überlegungen zur Internationalisierung vor allem auf Netzwerke ausgedehnt (vgl. Johanson/Mattsson 1985, 1988, Johanson and Associates 1994, Forsgren/Holm/Thilenius 1997, → Abschnitt 1.1.5 in Kapitel 4). Die Uppsala-Schule betont dabei, dass das Internationalisierungsverhalten von Unternehmungen stark durch die interne und externe Netzwerkeinbettung beeinflusst ist. Die **interne Netzwerkeinbettung** verweist auf die zahlreichen Interaktionen zwischen Muttergesellschaft und Tochtergesellschaften. Als **externe Netzwerkeinbettung** wird das Zusammenspiel der internen Akteure mit externen Partnern, wie Kunden, Lieferanten, Wettbewerbern, Aktionären oder dem Staat, angesehen. Entscheidend ist nun die Aussage, dass die Internationalisierung von Unternehmungen eben nicht nur durch die Eigenschaften und Merkmale der Muttergesellschaft bestimmt wird; vielmehr stellen

Eigenschaften von und Beziehungen zu internen und externen Netzwerkpartnern wesentliche Bestimmungsfaktoren der Internationalisierung dar.

Der Ansatz der Uppsala-Schule wird bis heute stark bemüht und durchaus häufig zitiert
– nicht zuletzt, weil es gerade die Uppsala-Schule geschafft hat, ihre Überlegungen zu
Netzwerken von Unternehmungen auf Netzwerke von Wissenschaftlern auszudehnen.
Insofern existiert inzwischen ein vergleichsweise mächtiges nordisches „Zitierkartell",
welches in gewisser Weise anderen Zitierkartellen – etwa dem Zitierkartell um John
Dunning – Paroli bieten kann (vgl. Björkman/Forsgren 2000, v.a. S. 9-14). Doch hinter
der Popularität des Uppsala-Ansatzes stecken noch weitere Gründe: Zunächst einmal
scheint es auch weitere Belege dafür zu geben, dass Unternehmungen einem bestimmten Internationalisierungsmuster folgen. Nicht nur die Vertreter der Uppsala-Schule,
sondern auch andere Forscher haben sogenannte Establishment Chains bzw. Psychic
Distance Chains ermittelt bzw. für plausibel erklärt (vgl. z.B. Bilkey/Tesar 1977,
Meissner/Gerber 1980, Cavusgil 1984, Juul/Walters 1987, Engelhard/Eckert 1993, En-
gelhard/Blei 1996). Freilich ist darauf hinzuweisen, dass dabei von manchen Autoren
nicht die gesamte Establishment Chain, sondern lediglich das Exportverhalten bzw. eine
Establishment Chain innerhalb des Exports Gegenstand der Betrachtungen war. Besonders positiv zu werten ist die Tatsache, dass die Uppsala-Schule **Wissen, Lernen und
Erfahrung betont** – und dies seit den siebziger Jahren, wo derartige Überlegungen
noch lange nicht als so populär galten, wie dies heute der Fall ist. Heute spielt organisationales Lernen in internationalen Unternehmungen – vor allem im Kontext von Markteintritten – eine große Rolle (vgl. Barkema/Bell/Pennings 1996, Bäurle/Krebs 1997).

Doch wie an allen Ansätzen, so wurde auch an der Uppsala-Schule **Kritik** geübt. Einige
der zahlreichen Kritikpunkte seien hier kurz erwähnt (vgl. Andersen 1993, Bäurle 1996,
S. 70-74, Petersen/Pedersen 1997):

- Zunächst ist darauf hinzuweisen, dass das **empirische Vorgehen**, welches dem
  Uppsala-Erklärungsmuster zugrunde liegt, **nur grob beschrieben** wird. In der Literatur wird zwar immer wieder auf die Establishment Chain und die Psychic Distance
  Chain der Uppsala-Schule zurückgegriffen, ohne jedoch zu prüfen, ob die empirischen Studien, aus denen sich die Muster ergeben haben, valide, reliabel und zeitlich stabil sind.

- In diesem Zusammenhang wird häufig vermerkt, dass der Ansatz der Uppsala-
  Schule unter Umständen besonders für **Unternehmungen aus kleinen Ursprungsländern**, die gleichzeitig erst zu **Beginn ihrer Internationalisierung stehen**, gilt.
  Unternehmungen aus größeren Stammländern, die bereits weiter in ihrem Internationalisierungsprozess fortgeschritten sind, weisen demgemäss ein anderes Verhalten
  auf; sie überspringen zum Beispiel einzelne Stufen der Establishment Chain.

- Außerdem lässt sich feststellen, dass die Establishment Chain und die Psychic
  Distance Chain **deterministisch** wirken. Unternehmungen müssten gemäß dem
  Uppsala-Modell nur in einer vorgegebenen Abfolge Marktbearbeitungsformen an-

wenden und nur in einer bestimmten Abfolge in Ländermärkte eintreten. Die Praxis zeigt uns allerdings, dass Internationalisierung auch eindeutig **voluntaristische** Züge trägt, d.h. dass das Handeln von Unternehmungen nicht nur von irgendwelchen Kräften determiniert ist, sondern dass aufgrund der Wahlmöglichkeiten von Unternehmungen auch unterschiedliche Internationalisierungsmuster auftreten (vgl. Schmid/Vadot 2003). So lassen sich einige Stufen der Establishment Chain überspringen, und ebenso können Unternehmungen schneller in weit entfernte Regionen internationalisieren – etwa wenn dort große Marktchancen vermutet werden oder aber First-Mover-Vorteile erzielt werden sollen. So zeigen die Studien von Hedlund/ Kverneland (1985) und Turnbull (1987), dass die Establishment Chain durchaus nicht immer in der von der Uppsala-Schule identifizierten Form vorliegt, während Sullivan/Bauerschmidt (1990) nachweisen konnten, dass die Psychic Distance Chain problematisch ist.

- Kritisch ist die Aussage der Uppsala-Schule zu werten, dass Internationalisierung immer **graduell bzw. inkremental** sei. Dieses Problem haben vor allem Macharzina/ Engelhard in ihrem auf Miller/Friesen aufbauenden **GAINS-Ansatz** (Gestalt Approach to International Business Strategies) aufgegriffen (vgl. Macharzina/Engelhard 1991; vgl. ebenso Miller/Friesen 1980, Miller 1982). Der GAINS-Ansatz postuliert, dass der Internationalisierungsprozess sowohl aus **Phasen der Ruhe** als auch aus **Phasen der Veränderung** besteht. Veränderungen wiederum sind nicht nur inkremental, sondern auch **sprunghaft** bzw. **revolutionär**. Vor diesem Hintergrund ist unser eigenes, eher management-orientiertes Konzept der „Drei E" zu interpretieren. Diese Prozesstrilogie betrachtet Internationalisierung als graduellen **und** revolutionären Prozess und macht zudem deutlich, dass es den Internationalisierungsprozess schlechthin nicht gibt (→ Kapitel 7). Der Internationalisierungsprozess von Unternehmungen wird vielmehr von Evolutionen, Episoden und Epochen konstituiert und verlangt deswegen auch eine differenzierte Führung (vgl. Kutschker/Bäurle/Schmid 1997a,b).

- Der Uppsala-Ansatz schreibt dem Einfluss der **Zeit** sowie damit zusammenhängend der zunehmenden Erfahrung, dem zunehmenden Lernen und zunehmenden Wissen eine zu starke Bedeutung zu. Es zeigt sich jedoch, dass Unternehmungen auch sehr schnell erfolgreich internationalisieren. Beispiele finden sich vor allem in jüngster Zeit durch die sogenannten **„Born Internationals"** bzw. **„Born Globals"**, d.h. Unternehmungen, die (fast) von Anfang ihrer Existenz an auch internationale Aktivitäten aufweisen (→ Abschnitt 1.5 in Kapitel 2). Dabei lässt sich feststellen, dass mangelnde unmittelbare Erfahrung auf unterschiedliche Art und Weise kompensiert werden kann – durch Lernen von Wettbewerbern, durch Lernen aus anderen Branchen oder auch durch die Erfahrung, welche Manager in früheren Positionen, die sie bei anderen Unternehmungen innehatten, sammeln konnten.

- Trotz der Berücksichtigung der zeitlichen Komponente kann jedoch der Uppsala-Ansatz keine Erklärung dafür liefern, **wann genau** eine bestimmte Unternehmung auf welche Art und Weise internationalisiert. Damit verbunden ist die Kritik, dass die

Uppsala-Schule keine Aussage trifft, **wie viel Zeit bis zur Aufnahme der internationalen Aktivitäten** vergeht und wovon der Zeitpunkt der Aufnahme internationaler
Aktivitäten abhängt. Oesterle stellt in diesem Zusammenhang einen interessanten
Ansatz vor: Aufbauend auf einer Fallstudie bei *Daimler* zeigt er auf, dass Inno-
vationsfeindlichkeit im Heimatland ein Faktor sein kann, der die Aufnahme internationaler Aktivitäten (mit) zu begründen vermag (vgl. Oesterle 1997).

Fast zeitgleich zum Ansatz der Uppsala-Schule ist ein ähnlicher Ansatz entstanden, der
allerdings in der Literatur zum Internationalen Management etwas weniger Aufmerksamkeit gefunden hat – der Ansatz der **Helsinki-Schule um Luostarinen** (vgl. Luostarinen
1979, Welch/Luostarinen 1988, v.a. S. 38-55, Luostarinen/Welch 1990). Gegenüber der
Uppsala-Schule weist dieser Ansatz einige **Vorzüge** auf (vgl. Bäurle 1996, S. 101). Dieser Ansatz

- beruht auf einer breiteren empirischen Basis,

- berücksichtigt im Hinblick auf die Establishment Chain eine größere Bandbreite an
  Markteintritts- und Marktbearbeitungsformen (Kooperationsformen sowie binnenorientierte Internationalisierungsformen),

- zeigt im Hinblick auf die Psychic Distance Chain eine größere Differenzierung (Zerlegung der psychischen Distanz in die Teilkomponenten der physischen, kulturellen
  und ökonomischen Distanz) und

- trägt der Tatsache Rechnung, dass das Internationalisierungsverhalten auch von der
  betrachteten Produktkategorie (Sachgüter, Dienstleistungen, wissensintensive Güter,
  Systemlösungen) abhängt.

Der Beitrag der Helsinki-Schule um Luostarinen stellt daher eine wertvolle Ergänzung
des Uppsala-Ansatzes dar.

Mit der Vorstellung des Erklärungsansatzes der Uppsala-Schule (und der inhaltlich
ähnlichen Helsinki-Schule) wollen wir unsere Reise durch den Dschungel der Internationalisierungstheorien beenden. Wie auf vielen Reisen, so konnten wir auch bei dieser
Reise nur einen Teil der „Sehenswürdigkeiten" besichtigen. Obwohl es sich bei dieser
eher um eine Studienreise als um eine Vergnügungsreise gehandelt hat, hoffen wir,
dass Sie selbst einige interessante Mosaiksteine entdeckt haben und erkennen konnten,
dass es an einem reichen Erklärungsfundus zur Internationalisierung nicht mangelt. Wie
wir eingangs betont haben, lässt sich aus den Mosaiksteinen kein ästhetisches Bild
kreieren. Wir wollen aber dazu beitragen, dass Sie die Gesamtheit der Mosaiksteine
bewerten können. Deshalb versuchen wir abschließend, die Aussagekraft der Internationalisierungstheorien zu würdigen.

4   Kritische Gesamtbetrachtung der Internationalisierungstheorien

Bevor wir nun nachfolgend eine Gesamtbetrachtung der Internationalisierungstheorien vornehmen, möchten wir unsere Aussagen mit zwei wesentlichen Hinweisen in das rechte Licht rücken:

- Wir werden im Rahmen der Gesamtbetrachtung **primär kritische Gedanken** artikulieren. Mit einer kritischen Betrachtung ist nicht beabsichtigt, den Erklärungswert der Gesamtheit der Ansätze zu schmälern. Unsere Intention ist es vielmehr, Ihnen die kritische Auseinandersetzung mit den Internationalisierungstheorien zu erleichtern. Dabei wollen wir deutlich machen, dass Internationalisierungstheorien – wie übrigens auch andere wissenschaftliche Theorien – keineswegs immun gegenüber kritischen Einwänden sind.

- Wir können im Rahmen der Gesamtbetrachtung **nur bedingt auf die einzelnen Ansätze** eingehen. Es sollte Ihnen daher bewusst sein, dass nicht jeder der nachfolgenden Kritikpunkte gleichermaßen auf alle der zuvor geschilderten Ansätze zutrifft. Bei einer derart großen Bandbreite an Erklärungsansätzen muss eine allgemeine Würdigung von einzelnen Theorien abstrahieren und kann daher nicht jeder Theorie im Einzelfall gerecht werden. Im Rahmen unserer bisherigen Ausführungen haben wir die meisten der einzelnen Ansätze bereits differenziert bewertet.

Diese beiden Anmerkungen sollten Sie im Hinterkopf behalten, wenn Sie nun unsere in vierzehn Punkten zusammengefassten kritischen Anmerkungen studieren:

(1) Mit unserem ersten Kritikpunkt knüpfen wir an die Einleitung zu diesem Kapitel an: Sicherlich haben auch Sie festgestellt, dass es sich bei den Erklärungsansätzen zur Internationalisierung um **Partialansätze** handelt. Keiner der Ansätze ist in der Lage, Internationalisierung umfassend zu erklären. Dies liegt bereits darin begründet, dass die meisten der Ansätze gar nicht mit dem Anspruch auftreten, Antworten auf alle Fragen der Internationalisierung zu finden, d.h. gleichzeitig auf das „Warum?" (Kausalität), „Wo?" (Lokalität), „Wie?" (Modalität) und „Wann?" (Temporalität) der Internationalisierung einzugehen. Während von allen Ansätzen versucht wird, die Kausalität der Internationalisierung zu erhellen, stehen Fragen der Lokalität, der Modalität und der Temporalität nur bei einzelnen Ansätzen im Mittelpunkt. So suchen die Kapitalmarktansätze und die Standortansätze vor allem Antworten auf die Frage nach dem „Wo?", die Theorie der monopolistischen Vorteile und die Ansätze der Internalisierung primär Antworten auf die Frage nach dem „Wie?" und die Theorie des oligopolistischen Parallelverhaltens sowie die Produkt(lebens)zyklustheorie auch generelle Antworten auf die Frage nach dem „Wann?".

(2) Selbst auf der Suche nach Antworten auf einzelne der „W-Fragen" kommen **unterschiedliche Ansätze** zu **unterschiedlichen Antworten**. Lässt man die Gesamtheit der

präsentierten Ansätze Revue passieren, so erkennt man, dass das Problem der Kausalität dabei auf besonders vielfältige, jedoch meist **monokausale** Art und Weise gelöst wird. Auch die anderen Fragen, d.h. Fragen der Lokalität, Modalität und Temporalität, sind bis heute nicht eindeutig geklärt. Unterschiedliche Forschungsarbeiten liefern uns ein facettenreiches Spektrum an Erklärungsvorschlägen. Manche der Antworten auf die einzelnen „W-Fragen" sind dabei als komplementär anzusehen, andere der Antworten konkurrieren auch miteinander. **Komplementarität** und **Konkurrenz** kennzeichnen also das Verhältnis der partialanalytischen Ansätze zueinander. Zudem spricht Macharzina (1982, S. 122) von einer „**desintegrativen Tendenz**", um auszudrücken, dass – mit Ausnahme des Ansatzes von Dunning – kaum Integrationsversuche unternommen wurden. Dies liegt auch darin begründet, dass die Erklärungsansätze aus unterschiedlichen Mutterdisziplinen stammen, in denen unterschiedliche Auffassungen über den Charakter und die Genese wissenschaftlicher Aussagen existieren.

(3) Baut man auf der in Textbox 3-4 erläuterten, von Burrell/Morgan (1979) getroffenen Klassifikation sozialwissenschaftlicher Arbeiten in vier Paradigmen auf, so zeigt sich, dass die bisherigen Erklärungsansätze primär dem **funktionalistischen Paradigma** der Organisationstheorie verhaftet sind. Es existieren bisher kaum Ansätze, die dem **interpretativen Paradigma**, dem **radikal-humanistischen Paradigma** oder dem **radikal-strukturalistischen Paradigma** zuzurechnen sind. Insofern kann konstatiert werden, dass gerade innerhalb dieser Paradigmen zukünftige Forschungsarbeiten angelegt werden könnten. Ein Beispiel für radikal-strukturalistische Internationalisierungstheorien bieten die Ansätze imperialistischer Begründung sowie die von Jones genannten Ansätze einer Abhängigkeitstheorie und Weltsystemtheorie (vgl. Jones 1995). Freilich mag gerade gegenüber radikal-strukturalistischen Ansätzen eingewandt werden, dass diese eher das Forschungsgebiet von Politologen und Soziologen darstellen. Insofern kommt möglicherweise dem radikal-humanistischen und dem interpretativen Paradigma größere Bedeutung zu, da sich darin Arbeiten auf der Ebene der Unternehmung besser ansiedeln lassen.

(4) Direkt an die Verhaftung der meisten Arbeiten im funktionalistischen Paradigma knüpft der folgende Kritikpunkt an: Obwohl die meisten Arbeiten funktionalistisch ausgerichtet sind, wird seit Jahren kritisiert, dass **primär nicht das reale Verhalten von Unternehmungen erklärt** wird. Oft wird mit vereinfachenden Annahmen gearbeitet oder auf aggregierten Datensätzen aufgebaut, und somit werden zahlreiche Varianzen wegdefiniert. Diese Kritik ist im Hinblick auf all die Ansätze zu äußern, die entweder eine **streng-formale Ausrichtung** aufweisen oder die in ihrem Vertrauen auf die **Zweckmäßigkeit großzahliger quantitativ-empirischer Datensätze** Aussagen generiert haben. Vermutlich wird es nur über – eher dem interpretativen und radikal-humanistischen Paradigma verhaftete – Fallstudienforschung möglich sein, zu tiefergehenden Aussagen über Internationalisierung, vor allem über die Kausalität der Internationalisierung, vorzudringen. So ließen sich die tatsächlichen Motive der Internationalisierung, die in Befragungen nicht erfasst werden, vermutlich durch komplexe Fallstudien besser

herausfinden. Unter anderem könnte damit – um ein Beispiel zu nennen – geklärt werden, ob die Gewinnmaximierung bzw. Shareholder-Value-Maximierung tatsächlich auch der Internationalisierung von Unternehmungen als Ziel zugrunde liegt (was implizit in vielen theoretischen Ansätzen angenommen wird) oder ob nicht – wie etwa von Aharoni bereits vorskizziert – zahlreiche weitere Ziele eine Rolle spielen.

Textbox 3-4:   Die Basisparadigmen von Burrell/Morgan

Ein Kurzüberblick

Burrell/Morgan haben 1979 den Versuch gewagt, organisationstheoretische An-sätze in vier Gruppen einzuteilen. Dabei spannen sie eine Matrix mit zwei Dimen-sionen auf: Hinsichtlich der ersten Dimension teilen Burrell/Morgan Organisations-theorien dahingehend ein, ob diese eher einen objektiven oder eher einen subjekti-ven Zugang zur Realität präferieren. Hinsichtlich der zweiten Dimension werden Organisationstheorien danach unterschieden, ob sie sich eher mit Stabilität, Struk-turen und Zuständen oder eher mit Wandel, Prozessen und Veränderungen beschäftigen. Burrell/Morgans Typologie gilt – neben dem Vorschlag von Astley/ Van de Ven (1983) – als der wichtigste Vorschlag zur Systematisierung organisa-tionstheoretischer Ansätze.

The Sociology of Radical Change

	Radical Humanist	Radical Structuralist	
Subjective			**Objective**
	Interpretive	Functionalist	

The Sociology of Regulation

Quelle:
Burrell/Morgan (1979), v.a. S. 22.

---

(5) Damit verbunden werden könnte die Frage, welche Aktorengruppen mit welchen Leistungszusagen und Forderungen die Internationalisierung beeinflussen. In Anknüp-fung an Aharoni könnte es eine lohnende Aufgabe sein, stärker zu einer **Theorie der internationalen Unternehmungspolitik,** die individuelle und kollektive Entscheidungen

in den Mittelpunkt des Interesses rückt, vorzudringen (vgl. zur Unternehmungspolitik im Allgemeinen z.B. Dorow 1982, Remer 1982, Kirsch 1991). Besondere Bedeutung ließe sich in diesem Zusammenhang auch einigen konkreten Fragen schenken, wie zum Beispiel der Frage, ob und inwiefern Top-Manager wie Jürgen Schrempp bei **Daimler-Chrysler** oder Rolf Breuer bei der **Deutschen Bank** die Internationalisierung ihrer Unternehmungen maßgeblich beeinflussten. Darüber hinaus könnte man dabei auch die Rolle von Führungswechseln im Top-Management, wie sie Oesterle (1999a) im Allgemeinen untersucht, auf die Internationalisierung übertragen. Um bei unserem konkreten Beispiel zu bleiben, ließe sich erforschen, welche Bedeutung der Übergang von Edzard Reuter auf Jürgen Schrempp oder der Übergang von Hilmar Kopper auf Rolf Breuer für die Internationalisierung von **Daimler** und der **Deutschen Bank** gespielt hat.

(6) Ein zentrales, mit den zuvor artikulierten Kritikpunkten zusammenhängendes Problem stellt die Frage dar, welchen Anspruch die Theorien der Internationalisierung überhaupt haben. Geht es den Theorien darum, das Verhalten von Unternehmungen (im Hinblick auf die vier „W-Fragen") ex-post zu rationalisieren? Oder sollen Internationalisierungstheorien das real vorfindbare Verhalten transzendieren und dabei unter Umständen auch zu Begründungen möglichen Zukunftsverhaltens kommen? Und weiter gefragt: Sollen Internationalisierungstheorien das Internationalisierungsverhalten aller Unternehmungen erklären? Oder soll nicht vielmehr das Internationalisierungsverhalten (besonders) erfolgreicher Unternehmungen Gegenstand genauerer Betrachtungen sein? Eines ist festzuhalten: Die bisherigen Ansätze sind weitgehend **vergangenheitsorientiert**. Mit Ausnahme der Ansätze, die aufgrund ihres Leerformelcharakters zeitlos sind (z.B. Internalisierungsansätze), liefern sie keine Aussage, ob die in der Vergangenheit beobachteten Internationalisierungsmuster auch in der Zukunft sinnvoll sind. Ebenso hat man bisher Internationalisierung meist unabhängig davon, ob sie **erfolgreich oder nicht erfolgreich** ist, betrachtet. Es wurde also zu wenig danach gefragt, was erfolgreiche Internationalisierung ausmacht und wovon sie beeinflusst wird. Sicherlich wird niemand von der Hand weisen können, dass allein die Tatsache, ein bestimmtes Internationalisierungsverhalten in der Vergangenheit festgestellt zu haben, es nicht unbedingt rechtfertigt, darauf auch eine Theorie zu basieren – erst recht keine Theorie, die neben einer Beschreibungs- und Erklärungsfunktion auch eine Gestaltungsfunktion haben soll. Wie schwierig allerdings die Frage des Erfolgs ist, zeigen nicht nur zahlreiche Arbeiten, die diskutieren, was überhaupt unter Erfolg zu verstehen ist (vgl. Näther 1993); es wird auch deutlich in all den Arbeiten, die Erklärungsansätze der Internationalisierung mit Erfolg verknüpfen wollen (vgl. dazu den umfassenden Überblick bei Glaum 1996). Auf diese Problematik haben wir bereits im Rahmen unserer Ausführungen zum optimalen Internationalisierungsgrad hingewiesen (➔ Abschnitt 2.3.2 in Kapitel 2).

(7) Als kritisch ist die Tatsache anzusehen, dass viele Ansätze nur zwei Kategorien kennen: **Inland und Ausland**. Gefragt wird, warum, wo, wie und wann generell aus dem Inland in das Ausland internationalisiert wird. Die meisten Ansätze treten also mit dem Anspruch auf, das Internationalisierungsverhalten unabhängig von Länderkonstella-

tionen erklären zu können. Von wenigen Ausnahmen abgesehen, wird nicht einmal zwischen verschiedenen Gruppen von Ländern (z.B. Klassifikationen nach geographischer, kultureller oder psychischer Distanz sowie Einteilung in Industrie-, Schwellen-, Entwicklungsländer, → Abschnitt 5.6 in Kapitel 1) unterschieden. Kurzum: Es wird angenommen, dass sich **Internationalisierung unabhängig von den Merkmalen der Ursprungs- und Zielländer** erklären lässt. In diesem Zusammenhang kommt gleichzeitig noch ein anderes Problem ins Spiel: Da die meisten der Forschungsarbeiten aus den USA stammen, wird implizit das Internationalisierungsverhalten der USA bzw. US-amerikanischer Unternehmungen „rationalisiert". In den meisten Forschungsarbeiten wird nicht nur auf US-amerikanische Daten zurückgegriffen, sondern sie spiegeln auch den US-amerikanische Wissenschaftsstil (d.h. eine bestimmte Art und Weise, Daten mit Theorien und Werten sowie Annahmen zu verknüpfen) wider (vgl. Galtung 1981). Ob sich die Internationalisierung weltweit einheitlich und damit universalistisch erklären lässt, ist bisher völlig offen. Beispiele für ungelöste Fragen sind: Internationalisiert Deutschland bzw. internationalisieren deutsche Unternehmungen ähnlich wie Frankreich oder französische Unternehmungen? Wie unterscheidet sich deutsche Internationalisierung in Frankreich von deutscher Internationalisierung in den USA? Gerade die Internationalisierung asiatischer Unternehmungen wurde bisher – bis auf wenige Ausnahmen – kaum zum Gegenstand von Untersuchungen gemacht (vgl. aber z.B. Kojima 1978 und die bei Schmid 2000a, S. 184 genannte Literatur).

(8) Problematisch ist nicht nur die häufig generelle Dichotomisierung von Inland und Ausland; problematisch ist auch, dass vielfach nicht auf Branchen und Unternehmungen eingegangen wird. Es wird also „so getan", als werde die Internationalisierung nicht von **Branchen- und Unternehmungsmerkmalen** beeinflusst. Wie wir jedoch wissen, verläuft die Internationalisierung in verschiedenen Branchen höchst unterschiedlich (vgl. z.B. zur Internationalisierung in High-Tech-Branchen Zaby 1999). Und selbst innerhalb von Branchen unterscheiden sich die einzelnen Wettbewerber im Hinblick auf Kausalität, Lokalität, Modalität und Temporalität der Internationalisierung. Diese Kritik trifft freilich deutlich stärker auf die früheren Ansätze der Außenhandelstheorie zu als auf die – meist später entstandenen – Ansätze der Direktinvestition. Doch selbst innerhalb der Ansätze, die Direktinvestitionen erklären, ist es keineswegs so, dass branchen- oder unternehmungsbezogene Aspekte durchgängig berücksichtigt werden. Man denke nur an die Internalisierungsansätze, die von derartigen Problemen weitgehend abstrahieren.

(9) Bereits die bisherigen Kritikpunkte konnten verdeutlichen, dass die Erklärungsansätze der Internationalisierung vielfach auf einem **hohen Aggregationsniveau** ansetzen. Wenn sie nicht ohnehin auf Länder- bzw. Branchenebene argumentieren, so betrachten sie die internationale Unternehmung als monolithische Einheit; sie vernachlässigen damit die **strukturelle bzw. prozessuale Diversität innerhalb der Unternehmung**. So ist bekannt, dass unterschiedliche Bereiche (Funktionalbereiche, Geschäftsbereiche, Regionalbereiche) einer Unternehmung in höchst unterschiedlichem Ausmaß international sein können. Ebenso wissen wir, dass manche Prozesse das

Ausland kaum betreffen, während andere Prozesse sehr stark Ländergrenzen über-schreiten. Die Prozesse einer Unternehmung unterscheiden sich hochgradig im Hinblick auf ihre Internationalität. Die meisten Erklärungsansätze weisen in diesem Zusammen-hang vor allem deswegen Schwächen auf, weil ihr Hauptziel, wie etwa bei Dunning, die Erklärung eines einzigen Funktionalbereichs, nämlich der internationalen Produktion, ist. So wird die Internationalisierung anderer Funktionalbereiche wie Forschung, Entwick-lung, Beschaffung, Vertrieb/Marketing oder Distribution/Logistik kaum oder nur am Rande theoretisch erklärt. Notwendig erscheint in Zukunft eine verstärkte und differen-zierte Berücksichtigung aller Bereiche einer Unternehmung.

(10) Kaum geklärt wird bisher die Frage, welche Unterschiede es zwischen dem Handel von Unternehmungen und dem **Handel innerhalb von Unternehmungen** gibt. Wie bereits erwähnt (→ Abschnitt 3.4 in Kapitel 1), ist weltweit mindestens ein Drittel des gesamten Handels auf Intra-Firmen-Handel zurückzuführen. Dieser Intra-Firmen-Handel ist jedoch nur möglich, weil zuvor Direktinvestitionen getätigt wurden und ein weit-umspannendes Netz an weltweit verteilten Einheiten aufgebaut wurde. Auch wenn in der volkswirtschaftlichen Literatur durchaus darauf verwiesen wurde, dass zwischen Direkt-investitionen und Außenhandel Zusammenhänge bestehen, so ist doch aus betriebs-wirtschaftlicher Sicht bisher wenig darüber bekannt, was den Handel innerhalb von unternehmungsinternen Netzwerken und was somit Flüsse von Rohstoffen, Komponen-ten, Zwischen- und Endprodukten sowie wissensintensiven Gütern (Patente, Lizenzen) ausmacht und wie dieser organisiert wird. Ebenso wurden die Interdependenzen zwi-schen Direktinvestitionsmotiven und unternehmungsinternen Handelsmotiven in bisheri-gen Arbeiten kaum thematisiert.

(11) Wenig beachtet wurde bisher auch die Frage, inwiefern sich die Internationalisie-rung von **Handels- und Dienstleistungsunternehmungen** von der Internationalisie-rung von Industrieunternehmungen unterscheidet. Die meisten vorgestellten Ansätze haben explizit oder implizit die produzierende Industrieunternehmung in das Zentrum ihres Interesses gerückt. Wie empirische Studien belegen, nimmt jedoch auch die Inter-nationalisierung der Handels- und Dienstleistungsunternehmungen zu. Bisher wurde erst ansatzweise versucht, die existierenden theoretischen Erklärungsansätze der Inter-nationalisierung auf ihre Anwendbarkeit im Handels- und Dienstleistungsbereich zu überprüfen (vgl. Mößlang 1995). Möglicherweise folgen jedoch Filialisierungs- und Franchisekonzepte des Handels einer anderen Logik als die Internationalisierung der internationalen Produktion. Dieser Kritikpunkt weist eine Verbindung zu unserer obigen Feststellung auf, dass Branchenmerkmale weitgehend vernachlässigt wurden.

(12) Festzustellen ist, dass sich die meisten Erklärungsansätze der Internationalisierung auf die Erklärung von Exporten und/oder Direktinvestitionen beschränken. Einige An-sätze versuchen zudem, (auch) vertragliche Vereinbarungen (Lizenzen, Franchising, Managementverträge) zu berücksichtigen (vgl. z.B. Contractor 1984 sowie den Überblick bei Cross 2000). Doch zahlreiche **andere Marktbearbeitungsformen** und

dabei vor allem zahlreiche **Kooperationsformen** (Joint Ventures, Strategische Allianzen, Konsortien, → Überblick in Abschnitt 1.6 in Kapitel 2 sowie ausführliche Diskussion in Abschnitt 2 in Kapitel 6) werden, obwohl in der managementorientierten Literatur behandelt, von den theoretischen Ansätzen der Internationalisierung kaum berücksichtigt. Dabei wäre in Zukunft nicht nur an Ansätze zu denken, die ähnlich wie Dunning, zumindest Tendenzaussagen treffen, unter welchen Bedingungen welche Marktbearbeitungsform sinnvoll ist. Notwendig ist es auch, zu klären, warum viele Unternehmungen zur gleichen Zeit und zuweilen sogar im selben Zielland unterschiedliche Markteintritts- und Marktbearbeitungsformen anwenden. Die Berücksichtigung der Abhängigkeiten unterschiedlicher Internationalisierungsformen wurde bereits vor langer Zeit von Macharzina (1982, S. 129) gefordert; allerdings ist diese Forderung bis heute von der Scientific Community nur unzureichend eingelöst worden.

(13) Schließlich ist eine stärker **dynamische Ausrichtung** der Erklärungsansätze wünschenswert. Zwar liegen mit den Ansätzen der Uppsala-Schule und der Helsinki-Schule bereits Überlegungen zur Dynamisierung vor (vgl. ferner die Beiträge in Oesterle 1997, Hrsg. sowie Bamberger/Evers 1997 bzw. Bamberger/Wrona 2002). Allerdings dürfte es einleuchten, dass man sich gar nicht genug mit den Internationalisierungsfragen im Zeitablauf beschäftigen kann. Damit verweist man implizit darauf, dass die Internationalisierung von Unternehmungen von der Vergangenheit (und damit von Unternehmungsfaktoren, Länderfaktoren und Branchenfaktoren der Vergangenheit) nicht unabhängig ist. Eine dynamische Betrachtung kann sich auch verstärkt der Frage widmen, inwieweit die erstmalige Internationalisierung (z.B. Erstinvestitionen) anders zu erklären ist als die **Folgeinternationalisierung** (z.B. Folgeinvestitionen).

(14) Ebenso gibt es Anlass zur Vermutung, dass sich ein Rückgang der Internationalisierung bzw. die sogenannte **De-Internationalisierung** von Unternehmungen (vgl. bereits Welge 1981, ebenso Benito/Welch 1997, Oesterle 1999b, v.a. S. 225-229, Pauwels/Matthyssens 2003) mit den bestehenden Ansätzen nur unzureichend erfassen lässt. Häufig kommt es schließlich vor, dass sich Unternehmungen aus ausländischen Märkten wieder zurückziehen. Dies zeigt das in Textbox 3-5 dargestellte Beispiel der **C&A-Gruppe**. Doch wäre es unzutreffend, würde man die De-Internationalisierung lediglich im Umkehrschluss zur Internationalisierung erklären. Nehmen wir ein Beispiel: Möglicherweise hat eine international tätige Unternehmung vor einigen Jahren den Markteintritt in ein bestimmtes Land – etwa aufgrund monopolistischer Vorteile und zusätzlich induziert durch das Verhalten der Wettbewerber – vollzogen. Entscheidet sich die Unternehmung nach einigen Jahren für einen Rückzug aus diesem Markt, so muss dies keineswegs daran liegen, dass die monopolistischen Vorteile nun erodiert sind und andere Wettbewerber ebenfalls den Markt verlassen. Vielmehr kann die De-Internationalisierung durch andere Gründe veranlasst werden – etwa weil sich die Umwelt verändert hat oder die Unternehmungsstrategie neu ausgerichtet wird. Aus den Überlegungen zur De-Internationalisierung und zur Folgeinternationalisierung heraus ist es sinnvoll, nicht nur das Entstehen, sondern auch die Weiterentwicklung und das

Überleben internationaler Unternehmungen verstärkt zum Forschungsgegenstand des Internationalen Managements zu machen (vgl. ansatzweise auch Becker 1996).

Textbox 3-5: Die De-Internationalisierung von Unternehmungen

Ein Zeitungsausschnitt über C&A

Die zu den führenden europäischen Bekleidungshändlern gehörende **C&A-Gruppe** plant einen tiefen Einschnitt in das zwölf Länder umfassende Filialnetz. So sollen sämtliche Geschäfte in dem bedeutenden Absatzmarkt Großbritannien und Irland geschlossen werden. Die traditionsreiche Unternehmung, die unter anderem in so prominenter Lage wie der unmittelbaren Nachbarschaft von Marble Arch vertreten ist, zieht sich nach 75 Jahren von der britischen Insel zurück, weil die dort erlittenen Verluste nicht mehr zu vertreten sind. Umgerechnet mehr als 380 Mio. € haben die Familiengesellschafter in den letzten fünf Jahren in ihren englischen Patienten gesteckt, ohne auch nur in die Nähe der Gewinnschwelle zu kommen. Großbritannien ist für das Segment, in dem **C&A** tätig ist, ein schwieriges Terrain. Dies mussten selbst einheimische Mitbewerber wie **Marks & Spencer** erfahren. 4.800 Arbeitsplätze sind durch den Rückzug von **C&A** aus Großbritannien und Irland betroffen.

Der Auftritt auf anderen europäischen Märkten, allen voran Deutschland, wo mehr als die Hälfte des Gesamtumsatzes erzielt wird und ebenfalls Verluste drücken, ist derzeit auch alles andere als ein Spaziergang. Die Unternehmung leidet unter ihrem angestaubtem Image. **C&A**, das sich, längst überfällig, eine neue einheitliche Europa-Strategie mit verjüngter Marken- und Sortimentspolitik und frischerem Erscheinungsbild verordnet hat und diese nun mit hohem Aufwand umsetzt, muss die Kräfte bündeln. Andernfalls rückt nicht nur die angestrebte Ertragswende im übrigen Europa in die Ferne, es könnten auch weitere schmerzhafte Einschnitte in anderen Ländern folgen. **C&A** plant, das Geschäft in den einzelnen Märkten noch stärker auf die lokalen Bedürfnisse anzupassen.

Quellen:
- o.V. (2000): C&A verabschiedet sich nach 75 Jahren aus Großbritannien. In: Frankfurter Allgemeine Zeitung Nr. 138 vom 16. Juni 2000, S. 16.
- o.V. (2000): Schwierige Briten. In: Frankfurter Allgemeine Zeitung Nr. 138 vom 16. Juni 2000, S. 20.

Wie die zahlreichen Kritikpunkte andeuten, zeigen sich schnell die **Grenzen der Leistungsfähigkeit einzelner Erklärungsansätze** der Internationalisierung. Damit sind wir bei einem wissenschaftstheoretischen bzw. wissenschaftssoziologischen Problem: Sollen wir angesichts der Vielzahl bereits existierender Ansätze weiterhin auf der Suche nach alternativen Theorien sein – wohlwissend, dass auch neue Theorien ihre Schwächen haben? Müssen wir vielleicht noch stärker als Dunning danach bestrebt sein, verstreute Antworten zu einem logisch konsistenten Gedankengebäude zusammenzuführen? Gibt es in den bereits existierenden Ansätzen noch deutlich mehr Aussagen, als bisher auf breiter Front erkannt wurde? Sollen wir die Suche nach (neuen) Theorien aufgeben, weil die bisherigen Ansätze bereits ausreichend Antworten enthalten? Die Antworten auf diese (und auch auf weitere ähnliche) Fragen fallen je nach Wissenschaftsverständnis unterschiedlich aus. Aus unserem eigenen, eher pluralistischen Wissenschaftsverständnis heraus argumentieren wir, dass wir die Suche nicht aufgeben sollten, alle anderen Wege aber mögliche und sinnvolle Wege darstellen. Eines wäre dabei jedoch vermessen: Was auch immer Wissenschaftler versuchen – wir werden auch in Zukunft keine Supertheorie der Internationalisierung finden. Dazu ist das Problem der Internationalisierung sowohl zu komplex als auch zu stark Veränderungen unterworfen. Ähnlich wie es keine Theorie menschlichen Verhaltens gibt, so gibt es auch keine Theorie unternehmerischen Verhaltens und damit auch keine Theorie der unternehmerischen Internationalisierung. Wir wagen – unter Rückgriff auf unsere Metapher vom Mosaik – zu behaupten: Ein konsistentes und ästhetisch gefälliges Mosaik werden wir mit den zur Verfügung stehenden und noch zu findenden Mosaiksteinen auch in nächster Zukunft nicht erhalten.

Doch wir wollen dieses Kapitel nicht mit dieser eher ernüchternden Feststellung beenden. Schließlich ist es eine große Herausforderung, sich mit dem Phänomen der Internationalisierung zu beschäftigen – einem Phänomen, welches durch seine Komplexität, Dynamik und immer wieder neu erfahrbare Aktualität in seiner Gesamtheit theoretisch schwer erklärbar ist. Die zahlreichen Ansätze zur Erklärung von Internationalisierung konnten Ihnen zwar kein geschlossenes Bild vermitteln; sie dürften aber genügend Anhaltspunkte dafür gegeben haben, worauf internationale Unternehmungen bei ihren Strategien bzw. ihrer strategischen Führung aufbauen können (vgl. Roxin 1992 sowie Engelhard 1996, Hrsg.). Dies werden Sie noch deutlicher feststellen, wenn wir uns im weiteren Verlauf ausführlich mit den Strategien der international tätigen Unternehmung beschäftigen werden (➜ Kapitel 6).

Fragen zur Selbstkontrolle

Fragen zur thematischen Einführung

1. Welchen zentralen Fragen gehen die Theorien der Internationalisierung nach?
2. Inwiefern kann man die Theorien der Internationalisierung mit der Metapher eines Mosaiks beschreiben?
3. Warum gibt es keine allumfassende Theorie der Internationalisierung?
4. Nach welchen Kriterien lassen sich Theorien der Internationalisierung systematisieren?

Fragen zu Abschnitt 1

5. Nennen Sie die wichtigsten Ansätze, mit denen sich Außenhandel erklären lässt.
6. Welche Aussagen treffen die Merkantilisten, um eine Begründung für die Aufnahme von Außenhandel zu liefern?
7. Welcher Zusammenhang besteht zwischen den von Adam Smith postulierten Thesen zur Vorteilhaftigkeit von Spezialisierung und zur Vorteilhaftigkeit von Außenhandel?
8. Worin unterscheiden sich die Ansätze von Adam Smith und David Ricardo?
9. Wie lassen sich komparative und kompetitive Vorteile voneinander abgrenzen?
10. Warum bezeichnet man den Ansatz von Heckscher/Ohlin als Faktorproportionen- bzw. Faktorausgleichstheorem?
11. Welche Gemeinsamkeiten und Unterschiede erkennen Sie zwischen den Aussagen von Ricardo einerseits und Heckscher/Ohlin andererseits?
12. Welche problematischen Annahmen werden in der Modellwelt von Adam Smith und David Ricardo getroffen?
13. Was ist „neu" am Neo-Faktorproportionentheorem?
14. Welche Aussagekraft kommt den ultra-traditionellen Erklärungsansätzen trotz aller immanenten Probleme heute zu?
15. Beurteilen Sie, welche Aussagekraft der Ansatz von Kravis für die Erklärung von Außenhandel aufweist.
16. Erläutern Sie die Inhalte der Theorie der technologischen Lücke.

Fragen zu Abschnitt 2

17. Welche Hauptaussage treffen die Vertreter der einfachen Zinssatztheorie? Welche Unterschiede bestehen zum Faktorproportionentheorem?

18. Inwiefern stellt die erweiterte Zinssatztheorie einen Fortschritt gegenüber der einfachen Zinssatztheorie dar?

19. Wie erklärt Aliber grenzüberschreitende Investitionen?

20. Welche Probleme weisen die kapitalmarktorientierten Ansätze hinsichtlich des Anspruchs auf, Direktinvestitionen zu erklären?

21. Welche Motive liegen Direktinvestitionen gemäß der Hymer-Kindleberger-Tradition zugrunde?

22. Was versteht man unter einem monopolistischen Vorteil und warum ist ein monopolistischer Vorteil laut Hymer/Kindleberger bedeutend?

23. Erläutern Sie einige Kritikpunkte, die in der Literatur am Hymer/Kindleberger-Erklärungsansatz artikuliert werden.

24. Welche beiden Varianten oligopolistischen Parallelverhaltens werden in der einschlägigen Literatur differenziert?

25. Welche Schwächen haben die Erklärungsansätze von Knickerbocker und Graham?

26. Systematisieren Sie mögliche Handelsschranken und erläutern Sie, inwieweit Handelsschranken die Vornahme von Direktinvestitionen begründen können.

Fragen zu Abschnitt 3

27. Was versteht man unter sogenannten übergreifenden Internationalisierungstheorien? Nennen Sie in Stichpunkten die übergreifenden Internationalisierungstheorien.

28. Nehmen Sie kritisch Stellung, ob die Internationalisierungsentscheidung eine rationale Entscheidung darstellt.

29. Welche Phasen unterscheidet Aharoni, wenn er den Entscheidungsprozeß bei einzelnen Auslandsinvestitionen betrachtet?

30. Worin liegen Stärken und Schwächen des Ansatzes von Aharoni?

31. Wie erklären die Ansätze imperialistischer Prägung die Internationalisierung von Unternehmungen?

32. Warum können Kostengesichtspunkte zur Internationalisierung von Unternehmungen führen?

33. Welcher Zusammenhang besteht zwischen Kostensenkungspotentialen und First-Mover-Vorteilen?

34. Erklären Kostendegressionen die Vornahme von Exporten oder von Direktinvestitionen?

35. Beschreiben Sie den Produkt(lebens)zyklusansatz von Vernon und gehen Sie dabei auch auf den Zusammenhang zwischen Exporten und Direktinvestitionen ein.

36. Welche Aussagekraft kommt dem Ansatz Vernons in stark diversifizierten Unternehmungen, die gleichzeitig in schnelllebigen Branchen operieren, zu?

37. Wie kann man die Makroumwelt von der Aufgabenumwelt differenzieren?

38. Warum reicht eine bloße Aufzählung von Standortfaktoren nicht aus, um Standortentscheidungen von Unternehmungen zu treffen?

39. Gibt es eine Theorie der internationalen Standortwahl? Begründen Sie Ihre Aussage.

40. Nennen Sie stichpunktartig die Elemente des Porterschen Diamanten.

41. Was versteht Porter unter den Wettbewerbsvorteilen von Nationen?

42. Erläutern Sie ausführlich, was Porter als Faktorbedingungen und Nachfragebedingungen bezeichnet.

43. Welche Rolle spielen verwandte und unterstützende Branchen für die Wettbewerbsvorteile von Nationen?

44. Stellen Sie die Stärken und Schwächen des Diamant-Ansatzes von Porter gegenüber.

45. In welchen Bereichen macht eine Internalisierung grenzüberschreitender Aktivitäten nach Aussagen der einschlägigen Literatur besonders großen Sinn?

46. Sehen Sie den Transaktionskostenansatz als einen Ansatz an, der die Internationalisierung von Unternehmungen erklären kann? Unterlegen Sie Ihre Aussage mit adäquaten Argumenten.

47. Was versteht man unter dem Eklektischen Paradigma?

48. Welche Markteintritts- und Marktbearbeitungsformen möchte Dunning mit seinem Eklektischen Paradigma erklären? Welche Vorteilskategorien identifiziert Dunning?

49. Wann kommt es gemäß Dunning zu Exporten, wann zu Direktinvestitionen, wann zu vertraglichen Ressourcenübertragungen?

50. Welche Kritik kann man an Dunnings Paradigma äußern?

51. Welches Verdienst kommt dem Dunningschen Paradigma zu?

52. Was ist mit dem Internationalisierungsmuster der Uppsala-Schule gemeint?

53. Skizzieren Sie kurz das Internationalisierungsmodell der Uppsala-Schule.

54. Diskutieren Sie ausführlich die Erklärungskraft des Ansatzes von Johanson/Vahlne.

55. Welche Zusammenhänge sehen Sie zwischen der Uppsala-Schule und der Helsinki-Schule um Luostarinen?

Fragen zu Abschnitt 4

56. Erläutern Sie, inwieweit die meisten Erklärungsansätze der Internationalisierung monokausale Partialansätze darstellen.

57. Welche Rolle spielen Erfolgsbetrachtungen innerhalb der Internationalisierungstheorien?

58. Inwieweit berücksichtigen Theorien der Internationalisierung das, was sich innerhalb von Unternehmungen abspielt?

59. Können die existierenden Theorien der Internationalisierung alle Marktbearbeitungsformen ausreichend erklären?

60. Wie schätzen Sie die geschilderten Theorien im Hinblick auf die Berücksichtigung dynamischer Aspekte ein?

Fragen und Aufgaben zur Vertiefung

Fragen zur Vertiefung

1. Welche Konsequenzen hat eine Osterweiterung der Europäischen Union in einer Ricardianischen Welt? Halten Sie es für realistisch, dass sich die Ricardianischen Konsequenzen auch in der Praxis ergeben?

2. Wieso eignen sich die Ansätze von Ricardo und Heckscher/Ohlin nicht, um Automobilexporte und -importe zwischen Deutschland und Italien zu erklären? Schlagen Sie einen alternativen Ansatz vor und begründen Sie Ihre Wahl, indem Sie diesen Ansatz erläutern.

3. Bereits in Kapitel 1 haben Sie die Unterscheidung zwischen komplementärem und substitutivem bzw. inter-industriellem und intra-industriellem Außenhandel kennen gelernt. Versuchen Sie nun, die Ihnen in diesem Kapitel vorgestellten Außenhandelstheorien danach zu beurteilen, ob Sie komplementäre und/oder substitutive Außenwirtschaftsbeziehungen erklären können. Nehmen Sie abschließend Stellung, welchen Außenhandelstheorien heutzutage – angesichts der in Kapitel 1 präsentierten Daten und Fakten – größere Bedeutung zukommt.

4. Aus der Presse sind Ihnen zahlreiche Internationalisierungsschritte bekannt – beispielsweise die Fusion von *Daimler* mit *Chrysler*, die Akquisition des *Bankers Trust* durch die *Deutsche Bank* oder die Kooperation von *Lufthansa* mit zahlreichen Luftverkehrsgesellschaften im Rahmen der *Star Alliance*. Überlegen Sie, welchen Stellenwert kapitalmarktorientierte Ansätze für die Erklärung der drei geschilderten Internationalisierungsepisoden haben.

5. Welche Erklärungskraft hat der Handelsschrankenansatz zur Erklärung von Direktinvestitionen in der Europäischen Union?

6. Versuchen Sie – unter Rückgriff auf die zitierte Originalliteratur – Gemeinsamkeiten und Unterschiede zwlschen den Ansätzen von Hymer und Kindleberger einerseits sowie Knickerbocker und Graham andererseits zu identifizieren. Gehen Sie dabei insbesondere auf das Verhältnis der Ansätze zur „Industrial-Organization-Schule" ein.

7. Sehen Sie einen grundlegenden Unterschied in den Annahmen, die den Ansätzen von Aharoni, Dunning und Johanson/Vahlne zugrunde liegen?

8. Erachten Sie es als realisierbar, auf absehbare Zeit zu einem geschlossenen Ansatz zu gelangen, der die Internationalisierung von Unternehmungen, Branchen und Volkswirtschaften umfassend erklärt? Begründen Sie Ihre Antwort.

9. Die Theorien der internationalen Unternehmungstätigkeit verfolgen primär Erklärungsziele. Kann man aus den Theorien dennoch Ansatzpunkte für das Handeln in und von Unternehmungen ableiten?

Aufgaben zur Vertiefung

1. Suchen Sie in Wirtschaftsmagazinen wie „manager magazin", „Wirtschaftswoche" oder „Capital" mindestens 10 Artikel, in denen die Internationalisierung von Unternehmungen beschrieben wird. Versuchen Sie anschließend, Motive für die Internationalisierung dieser Unternehmungen herauszukristallisieren und Anhaltspunkte dafür zu finden, welche der Motive durch welche der vorgestellten theoretischen Ansätze erfasst werden.

2. Sie wissen, dass die deutsche Automobilindustrie auf dem Weltmarkt eine große Rolle spielt. Lässt sich der Erfolg der deutschen Automobilindustrie mit Hilfe des Diamant-Ansatzes von Porter erklären? Recherchieren Sie dazu Informationen, die Ihnen Aufschluss über die einzelnen Elemente des Diamanten und deren Zusammenspiel geben. Hilfreich für Ihre Recherche können sowohl wissenschaftliche Arbeiten über die Automobilindustrie und die zentralen Wettbewerber der Automobilindustrie (z.B. Niederländer 2000) als auch Beiträge aus der Tagespresse sein.

3. Wir haben zu Beginn dieses Kapitels erläutert, dass die Theorien der internationalen Unternehmungstätigkeit Fragen nach dem „Warum?", dem „Wie?", dem „Wann?" und dem „Wo?" der Internationalisierung beantworten wollen. Versuchen Sie nun, die in diesem Kapitel vorgestellten Ansätze hinsichtlich ihres Beitrags zur Beantwortung der Fragen der Kausalität, Modalität, Temporalität und Lokalität zu vergleichen. Erarbeiten Sie dazu eine Tabelle, in der Sie Ihre Ergebnisse übersichtlich darstellen.

4. Nehmen Sie sich das in diesem Kapitel erwähnte Werk von Burrell/Morgan (1979) zur Hand und fassen Sie zusammen, wie sich funktionalistische Ansätze der Organisationstheorie charakterisieren lassen. Ist die Kritik gerechtfertigt, die Internationalisierungstheorien als funktionalistisch-orientiert zu bezeichnen?

Kapitel 4

Organisationsstrukturen der internationalen Unternehmung

We want to be global and local, big and small,
radically decentralized with centralized reporting and control.
If we resolve those contradictions,
we create real organizational advantage.

Percy Barnevik
ehemaliger Co-Chairman,
ABB (Asea Brown Boveri)

Thematische Einführung und Inhaltsüberblick

In diesem Kapitel werden Organisationsstrukturen internationaler Unternehmungen im Mittelpunkt des Interesses stehen. Den Strukturen internationaler Unternehmungen wurde – wie auch den Strukturen nationaler Unternehmungen – über viele Jahre hinweg in der Literatur der Betriebswirtschaftslehre große Aufmerksamkeit geschenkt. Bis in die siebziger Jahre hinein wurden Fragen der Organisationsstruktur von vielen Autoren sogar als die zentralen Fragen der Betriebswirtschaftslehre bzw. zumindest der Organisationsforschung angesehen. Dies führte zu einer Vielzahl an empirischen Studien, die sich mit Organisationsstrukturen beschäftigten. Und auch die Beratungsbranche trug wesentlich dazu bei, dass Fragen der Organisationsstruktur als „Kern der Betriebswirtschaftslehre" galten. *McKinsey*, eine der führenden internationalen Beratungsfirmen, machte sich in Europa gerade mit Projekten zur Organisationsstruktur – und dabei vor allem mit Projekten zur Einführung divisionaler Organisationsstrukturen – einen Namen. Mit Unterstützung der Beratungsbranche fand die divisionale Organisationsstruktur ihren Weg von den USA nach Europa (vgl. Kogut/Parkinson 1993).

Das Interesse an der Gestaltung von Organisationsstrukturen hat sich zwar – nicht zuletzt aufgrund der unbefriedigenden Ergebnisse der empirischen Untersuchungen und der unbefriedigenden Ergebnisse vieler Umstrukturierungen, die unter anderem aufgrund der Beraterempfehlungen initiiert wurden – inzwischen deutlich relativiert (vgl. zu einer Relativierung des Organisierens im Allgemeinen Schreyögg/Noss 1994); dennoch bleibt die Frage nach den möglichen Alternativen für Organisationsstrukturen von Unternehmungen auch heute noch aktuell (vgl. Wolf 2000a, Wolf/Egelhoff 2001, 2002).

Wir wollen in diesem Kapitel zunächst die **Grundformen internationaler Organisa-tionsstrukturen** vorstellen. Dabei machen wir Sie mit zahlreichen Strukturvarianten, wie etwa der Internationalen Division, der integrierten Funktional-, Geschäftsbereichs- und Regionalstruktur sowie der Netzwerkstruktur, vertraut. Ebenso zeigen wir auf, wie sich die Grundformen der Organisationsstrukturen im Zeitablauf entwickeln und wie die Grundformen der Organisationsstrukturen mit der Führungsorganisation zusammen-hängen (Abschnitt 1). Neben den Grundformen der Organisationsstrukturen können sich international tätige Unternehmungen jedoch noch **weiterer Gestaltungselemente** bedienen. Sie können **Konzern- und Holdingstrukturen** schaffen, **Zentralbereiche** einrichten sowie die **Projektorganisation** nutzen. Diese Gestaltungselemente erläutern wir ausführlich (Abschnitt 2), bevor ein kurzer Überblick über die aktuelle betriebswirt-schaftliche Diskussion erfolgt, mit der eine Abkehr von der Strukturorientierung und eine verstärkte **Prozessorientierung** gefordert wird (Abschnitt 3).

Unsere Ausführungen stellen eine stark erweiterte Fassung eines vor einiger Zeit vorge-legten Beitrags dar (vgl. Kutschker/Schmid 1999). Sie bauen teilweise auf Kenntnissen über die Struktur nationaler Unternehmungen auf, wie sie in allgemeinen Lehrbüchern zur Organisation dargelegt werden (vgl. z.B. Bleicher 1991, Kieser/Walgenbach 2007, Krüger 1994, Ringlstetter 1997, Schreyögg 2003, Frese 2005, Schulte-Zurhausen 2005). Fragen der Organisationsstruktur von Unternehmungen hängen zudem mit Fra-gen der Arbeitsteilung, Konfiguration, Koordination, Führung und Kontrolle im Allgemei-nen zusammen, wie dies in einer Vielzahl von wissenschaftlichen Arbeiten zum Aus-druck kommt (vgl. z.B. Hedlund 1996, Bassen 1998, Meckl 2000). Wir haben allerdings versucht, dieses Kapitel so zu verfassen, dass es auch ohne vertiefte Kenntnisse lesbar ist. Lediglich für den Leser, der mit Organisationsfragen nationaler Unternehmungen gänzlich unvertraut ist, mag es hilfreich sein, sich zunächst auf den aktuellen Wissens-stand zu bringen. Dies ist komprimiert beispielsweise mit Hilfe der Zusammenfassung von Bleicher (1993, v.a. S. 114-170) möglich.

1 Grundformen internationaler Organisationsstrukturen

Wir werden Ihnen im ersten Abschnitt dieses Kapitels zunächst die Alternativen vorstellen, die internationale Unternehmungen bei der Wahl ihrer Organisationsstruktur haben (Abschnitt 1.1). Im Anschluss daran werden wir von einer statischen zu einer dynamischen Perspektive übergehen und eine Antwort auf die Frage suchen, ob es ein zeitliches Muster bei der Abfolge unterschiedlicher Alternativen von Organisationsstrukturen gibt (Abschnitt 1.2). Mit einer Diskussion über den Zusammenhang zwischen Organisationsstruktur und Führungsorganisation und mit einem internationalen Vergleich der Führungsorganisation werden wir den ersten Abschnitt dieses Kapitels beenden (Abschnitt 1.3).

1.1 Darstellung der Grundformen internationaler Organisationsstrukturen

1.1.1 Überblick über alternative Grundformen von Organisationsstrukturen

In der Realität finden wir eine Vielzahl von strukturellen Alternativen, mit denen internationale Unternehmungen versuchen, auf die an sie herangetragenen externen und internen Anforderungen zu reagieren (vgl. z.B. Clee/Sachtjen 1964, Agthe 1979, Davis 1979, Macharzina 1992, Pausenberger 1992a, 1993, Welge 1989c, 1995 Macharzina/Oesterle 1995a sowie Kreikebaum/Gilbert/Reinhard 2002). Mit den nachfolgenden Ausführungen möchten wir die Vielzahl der in der Realität existierenden Organisationsstrukturen internationaler Unternehmungen – bei aller damit verbundenen Problematik – auf einige Typen reduzieren (vgl. kritisch zur Typenbildung Wittlage 1995, v.a. S. 358). Um Typen bilden zu können, müssen zunächst Kriterien bestimmt werden, mit denen sich Unterschiede in der Organisationsstruktur abbilden lassen. In der einschlägigen Literatur werden zur Bildung von Typologien über internationale Organisationsstrukturen meist zwei Kriterien herangezogen: (1) die **organisatorische Stellung des Auslandsgeschäfts** im Vergleich zum Inlandsgeschäft und (2) die **Art der Spezialisierung**, welche die Organisationsstruktur determiniert. Wie lassen sich diese beiden Kriterien näher charakterisieren? Die folgenden Ausführungen sollen eine Antwort auf diese Frage liefern.

(1) Organisatorische Stellung des Auslandsgeschäfts: Erstens wird bei der Bildung von Typologien der Organisationsstruktur nach der **Stellung des Auslandsgeschäfts** gefragt und dabei differenziert,

- ob das Auslandsgeschäft vom Inlandsgeschäft **getrennt** wird oder
- ob das Auslandsgeschäft mit dem Inlandsgeschäft **zusammengefasst** wird.

Wird das Auslandsgeschäft vom Inlandsgeschäft organisatorisch „abgespalten", so spricht man von **segregierten** bzw. **differenzierten** Organisationsstrukturen. Werden dagegen Auslandsgeschäft und Inlandsgeschäft organisatorisch „zusammengelegt", so handelt es sich um **integrierte** Strukturen (vgl. bereits Albrecht 1970, S. 2086-2087, ebenso später Welge 1989c, v.a. Sp. 1593-1594).

Die „integrierten Organisationsstrukturmodelle" werden von manchen Autoren auch als „globale Organisationsstrukturmodelle" bezeichnet (vgl. z.B. Schöllhammer 1971, S. 349 oder Perridon/Rössler 1980b, S. 259-260). Wir wollen allerdings dieser Terminologie nicht folgen, da der Begriff „global" von uns in Anlehnung an Bartlett (1986) bzw. Bartlett/Ghoshal (1989, 1990a) verwendet wird. Integrierte Organisationsstrukturen sind jedoch nicht automatisch nur bei globalen Unternehmungen, sondern auch – um im Sprachspiel von Bartlett/Ghoshal zu bleiben – bei internationalen, multinationalen und transnationalen Unternehmungen denkbar (→ Abschnitt 3.2.2 in Kapitel 2).

(2) Art der Spezialisierung: Zweitens kann man bei der Bildung von Typologien der Organisationsstruktur – wie auch bei nationalen Unternehmungen (vgl. z.B. Frese 1988a, 1988b, Bühner 1993a, S. 397-432) – nach der **Art der Spezialisierung** fragen und dabei zwischen einer Gliederung nach

- **Funktionen** (bzw. Verrichtungen oder Handlungen),
- **Geschäftsbereichen** und **Produkten** (bzw. Sachzielen),
- **Regionen** (bzw. Ländern oder Märkten) oder
- **Kunden**

unterscheiden.

Es lässt sich analog entweder von einer

- **funktionalen Organisation** bzw. **Struktur,**
- **Geschäftsbereichsorganisation** bzw. **-struktur** und **Produktorganisation** bzw. **-struktur,**
- **Regionalorganisation** bzw. **-struktur** oder
- **Key-Account-Organisation** bzw. **-Struktur**

sprechen. Die Geschäftsbereichsstruktur, die Produktstruktur und auch die Regionalstruktur werden in der Literatur zur Gesamtheit der objektorientierten Gliederungsformen – im Gegensatz zur verrichtungsorientierten Gliederungsform der Funktionalstruktur – zusammengefasst (vgl. bereits Albrecht 1970, S. 2087).

Zuweilen finden sich in der Literatur auch die Begriffe **Divisionalstruktur** bzw. **Spartenstruktur**. Was jedoch als divisionale bzw. spartenorientierte Gliederungsform gilt, ist in der Literatur umstritten: Eine erste Gruppe von Autoren bezeichnet nur die Geschäftsbereichsstruktur als Divisionalstruktur. Eine weitere Gruppe von Autoren sieht zudem die Produktstruktur als Divisionalstruktur an. Und eine dritte Gruppe wieder anderer Autoren betrachtet auch die Regionalstruktur als Divisionalstruktur und setzt somit die Termini „objektorientierte Gliederungsform" und „Divisionalgliederungsform" gleich. Wir halten ein weites Begriffsverständnis für sinnvoll und schließen uns damit der dritten Gruppe von Autoren an, da Divisionen bzw. Sparten in internationalen Unternehmungen sowohl auf Geschäftsbereiche als auch auf Produkte und Regionen bezogen sein können. Mit anderen Worten: Die divisionale Gliederung stellen wir der funktionalen Gliederung gegenüber.

Zieht man nun zunächst das erste Gliederungskriterium – die organisatorische Stellung des Auslandsgeschäfts im Zusammenhang mit dem Inlandsgeschäft – heran, so kann man die in der Realität typischerweise vorfindbaren Organisationsmodelle einordnen. Als segregierte (differenzierte) Organisationsform hat sich vor allem die Einrichtung einer „**Internationalen Division**" eingebürgert. Wir werden die Internationale Division anschließend weiter charakterisieren und mit ihren Vor- und Nachteilen darstellen (Abschnitt 1.1.3). Im Anschluss daran wollen wir die integrierten Organisationsmodelle ausführlich erläutern. Als integrierte Organisationsmodelle gelten eine Vielzahl von Alternativen, die sich anhand des zweiten Gliederungskriteriums – der Art der Spezialisierung – noch weiter unterscheiden lassen: die „**integrierte Funktionalstruktur**", die „**integrierte Geschäftsbereichs- bzw. Produktstruktur**", die „**integrierte Regionalstruktur**", die „**integrierte Key-Account-Struktur**" sowie „**integrierte Matrix- und Tensormodelle**" (Abschnitt 1.1.4). Bevor wir allerdings auf die segregierten und all die integrierten Organisationsformen eingehen, soll zunächst noch auf sogenannte „**unspezifische Organisationsformen**" hingewiesen werden – Organisationsformen, die meist zu Beginn der internationalen Unternehmungstätigkeit (und zwar häufig noch vor der Einrichtung einer Internationalen Division) existieren (Abschnitt 1.1.2). Wir betonen, dass wir die Begriffe Organisationsform bzw. Organisationsmodell synonym verwenden.

Abbildung 4-1 soll die Systematisierung der Organisationsformen internationaler Unternehmungstätigkeit graphisch veranschaulichen und damit gleichzeitig die Einordnung der weiteren Ausführungen erleichtern. Die in Abbildung 4-1 dargestellten Grundformen werden später noch um die Alternative der Netzwerkstruktur ergänzt (➔ Abschnitt 1.1.5 in diesem Kapitel).

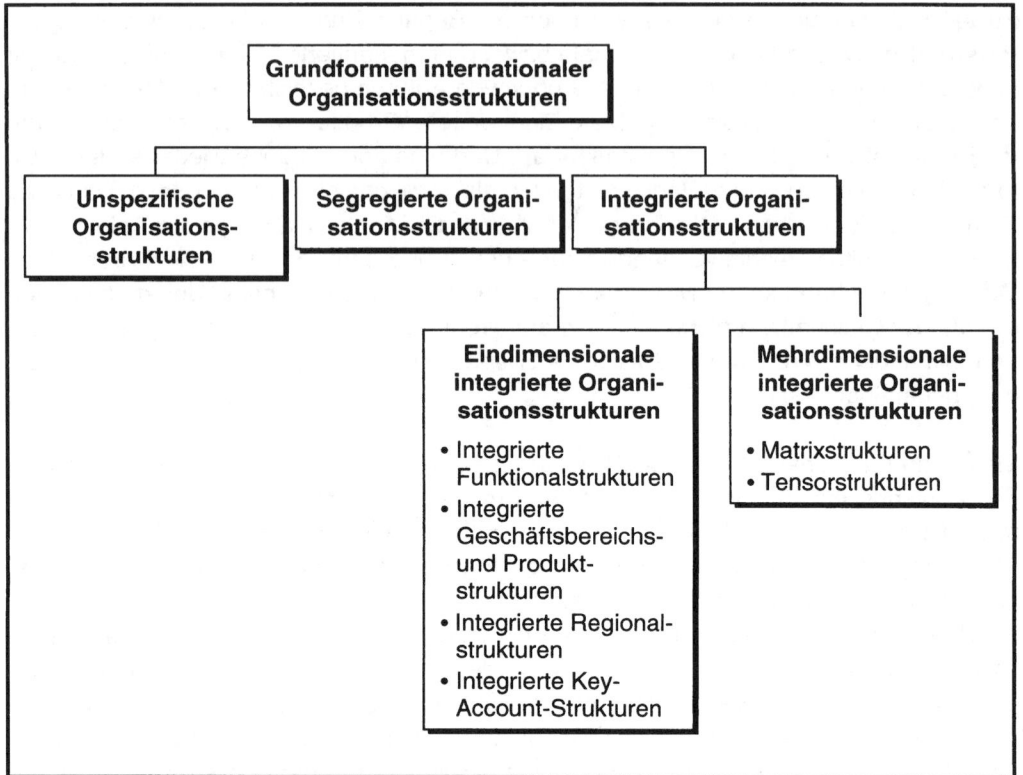

Abb. 4-1:   Übersicht über die Grundformen internationaler Organisationsstrukturen

Wenn wir nachfolgend die einzelnen Organisationsformen ausführlich thematisieren, so ist dabei zu berücksichtigen, dass wir die **Strukturierung** der Unternehmung auf der Ebene direkt unterhalb der Unternehmungsleitung, d.h. unterhalb von Vorstand, Board bzw. Geschäftsführung, ansprechen. Damit geht es uns um die Strukturierung, die sich vor allem in der Muttergesellschaft – oder noch genauer: **in der Zentrale der Muttergesellschaft** – widerspiegelt. Die Strukturierung auf der Ebene der einzelnen Einheiten (z.B. auf der Ebene von Geschäftsbereichen, Produktbereichen oder Regional Headquarters sowie auf der Ebene von ausländischen Tochtergesellschaften) wird damit nicht angesprochen.

1.1.2   Unspezifische Organisationsstrukturen internationaler Unternehmungen

Gerade in der Anfangsphase der Internationalisierung schlägt sich eine Auslandstätigkeit kaum in der Organisationsstruktur nieder (vgl. auch Pausenberger 1993,

S. 127-128). In manchen Unternehmungen werden eher zufällig die ersten Exporte getätigt, in anderen Unternehmungen bezieht man Importe aus dem Ausland oder lässt Komponenten im Ausland fertigen, und in wieder anderen Unternehmungen werden sporadisch Lizenzen in das Ausland vergeben. Solange diese Auslandsengagements vergleichsweise geringe Bedeutung haben, führen sie zu **keinen nennenswerten Veränderungen in der Organisationsstruktur der Gesamtunternehmung**. Selbst wenn es zur Gründung einer ersten Tochtergesellschaft im Ausland kommt, so schlägt sich dies in den meisten Fällen zunächst nicht oder nur unwesentlich in der Organisationsstruktur nieder. Erst wenn eine Unternehmung in größerem Umfang Wertschöpfung im Ausland erzielt, wird sie auch über größere mit der Internationalisierung verbundene organisatorische Restrukturierungen nachdenken.

Existiert eine erste ausländische Tochtergesellschaft, so erhält der Geschäftsführer in den meisten Fällen zunächst einen relativ großen Entscheidungsspielraum; er berichtet direkt an die Unternehmungsleitung. In der Literatur findet man für diese Form der organisatorischen Eingliederung neben der Bezeichnung „unstructured system" auch den Terminus **„direct reporting structure"**. Die „direct reporting structure" wird vielfach selbst dann noch beibehalten, wenn der ersten Tochtergesellschaft weitere Tochtergesellschaften folgen. Das in Textbox 4-1 vom schwedischen Organisationsforscher Gunnar Hedlund geschilderte Beispiel kann den Charakter der „direct reporting structure" verdeutlichen.

Textbox 4-1:   Die „direct reporting structure" internationaler Unternehmungen

Eine Illustration

Formerly, foreign affiliates were managed by entrepreneurially minded individuals, and in a very informal way. The President sent his friends out to a foreign country with a pat on their shoulder and a chequebook, and after that they were supposed to take care of the business abroad. Contacts between headquarters and subsidiary were managed in a very personal way, and there was little or no standardization of relationships. One subsidiary could be left almost completely alone for years; another attracted the interest of headquarters, perhaps only because the President of the company liked to go and visit the General Manager of the subsidiary. So, the management style was informal, variable, and built on historical personal relationships, and subsidiaries were generally given a lot of autonomy. To a large extent, this still holds true. Many international corporations have a "mother-daughter-structure", with the subsidiary managing directors reporting directly to the group president, or even to the Chairman of the parent company board.

Quelle:
Hedlund (1980), S. 26-27.

Die **Vorteile** einer unspezifischen Organisation des Auslandsgeschäfts in Form einer „**direct reporting structure**", die auch – wie das Beispiel von Hedlund zeigt – als „mother-daughter-structure" bezeichnet werden kann, liegen auf der Hand:

- Aufgrund der geringen Bedeutung des Auslandsgeschäfts kann eine kostspielige Anpassung der Organisationsstruktur, die häufig mit einer Aufblähung von Personal- und Sachkosten verbunden ist, noch unterbleiben.

- Durch die hohe Autonomie, welche die Geschäftsführer der (wenigen) Tochtergesellschaften haben, besteht die Möglichkeit der raschen Anpassung an lokale Gegebenheiten und an Umweltveränderungen.

- Die direkten Berichte der Geschäftsführer der ausländischen Tochtergesellschaften rufen der obersten Unternehmungsleitung permanent die internationale Dimension ins Gedächtnis, so dass der Gefahr entgegengesteuert wird, das Auslandsgeschäft als „Anhängsel" zu betrachten.

- Da internationale Frage- und Problemstellungen vergleichsweise stark in das Blickfeld der Unternehmungsleitung rücken, erhöht die „direct reporting structure" die Wahrscheinlichkeit, dass ein weiteres Auslandsengagement sukzessive vorbereitet und weiter vorangetrieben wird.

- Bei der „mother-daughter-structure" lässt sich in der Praxis eine große internationale Erfahrung des Top-Managements feststellen. Dies hat zwei Gründe: Zum einen werden als Geschäftsführer der ausländischen Töchter häufig international erfahrene Manager bestellt; zum anderen sind in manchen Fällen auch Mitglieder der obersten Unternehmungsleitung international ausgewiesen.

- Wissenstransfer von der Muttergesellschaft zur Tochtergesellschaft ist vergleichsweise einfach, weil zwischen der Zentrale und den Auslandseinheiten direkte Kommunikation besteht.

Die **Nachteile** der unspezifischen Organisation in Form einer „**direct reporting structure**" treten vor allem bei zunehmenden Aktivitäten der Auslandstöchter bzw. bei einer zunehmenden Zahl an Auslandstöchtern zutage:

- Durch die verstärkte direkte Berichtstätigkeit kann es in vielen Fällen zu einer Überlastung der obersten Unternehmungsleitung kommen, deren eigentliche Aufgabe (Funktional-, Geschäftsbereich-, Produkt- oder Regionalverantwortung) in den Hintergrund tritt.

- Fraglich ist, ob die oberste Geschäftsleitung im Inland in allen Fällen eine profunde Kenntnis der jeweiligen Auslandsmärkte hat und damit auch sinnvolle Weisungen an die Geschäftsführer der ausländischen Tochtergesellschaften geben kann.

- Es besteht die Gefahr, dass Geschäftsführer der Tochtergesellschaften ein Denken aus der eigenen Perspektive entwickeln, bei dem die Gesamtunternehmung leicht aus dem Blickfeld geraten kann. Diese Gefahr wird insbesondere in den Fällen verstärkt, in denen die Autonomie der Tochtergesellschaften im Ausland sehr groß ist.

- Die den einzelnen Tochtergesellschaften gewährten Freiheiten verhindern einen direkten Austausch von Erfahrungen, Wissen und Fähigkeiten über die einzelnen ausländischen Tochtergesellschaften hinweg.

- Meist kommt es in der Praxis zu dem Problem, dass die Beziehungen zu den einzelnen Tochtergesellschaften stark durch persönliche Präferenzen oder Abneigungen bzw. Animositäten der obersten Unternehmungsleitung im Inland geprägt werden.

- Eine ungleiche Behandlung der einzelnen Tochtergesellschaften durch die oberste Unternehmungsleitung führt häufig zu Rivalitäten zwischen den einzelnen ausländischen Einheiten, die vor allem dann sehr stark werden, wenn manchen Gesellschaften besonders große Aufmerksamkeit und besonders umfangreiche Ressourcen zuteil werden.

In der Literatur werden die zu Beginn ihrer Internationalisierung stehenden Unternehmungen meist vernachlässigt, so dass auch nicht auf deren Organisationsstrukturen eingegangen wird. Einige wenige Autoren weisen allerdings treffend darauf hin, dass gerade in der Anfangsphase der Internationalisierung von Einproduktunternehmungen eine **Vielzahl unterschiedlicher und relativ unspezifischer Organisationsformen** existiert. Neben der reinen Form der „**direct reporting structure**" ergeben sich auch Möglichkeiten, das Auslandsgeschäft an den **Absatzbereich** zu koppeln, das Auslandsgeschäft über den **Verwaltungs- oder Finanzbereich** zu steuern oder bei der Unternehmungsleitung eine **Stabsstelle** zur Koordination des internationalen Geschäfts einzurichten (vgl. Bleicher 1972a, S. 333-337, Bühner 1993a, S. 478-481). Ebenso ist eine Koppelung an den **Beschaffungsbereich** denkbar. Wir wollen kurz erläutern, unter welchen Bedingungen und vor dem Hintergrund welcher Motive derartige Alternativen in der Praxis Verwendung finden (➜ zu Motiven der Internationalisierung auch die Abschnitte 2.1.3 und 3.1.3 in Kapitel 1):

- Eine „Verankerung" des Auslandsgeschäfts im **Absatzbereich** wird vor allem dann gewählt, wenn eine Unternehmung primär über Exporte internationalisiert oder nahezu ausschließlich Vertriebsgesellschaften im Ausland unterhält. In diesen Fällen, in denen **market-seeking-Motive** dominieren, wird die Internationalisierung vor allem von der Muttergesellschaft – und dabei wiederum primär vom Vertrieb der Muttergesellschaft – vorangetrieben (vgl. Kulhavy 1989, S. 136-138).

- An den **Beschaffungsbereich** werden Unternehmungen ihre internationalen Aktivitäten dann organisatorisch koppeln, wenn im Ausland primär Rohstoffe, Vorprodukte oder Halbfertigfabrikate bezogen werden und dies über den Weg von Importen oder reinen Beschaffungsgesellschaften im Ausland erfolgt. Unternehmungen, deren Internationalisierung sich nahezu ausschließlich mit **resource-seeking-Motiven** erklären lässt, entscheiden sich zuweilen für diese Variante. Denkbar ist eine derartige „Verankerung" bei Versandhandelsunternehmungen, deren Absatz noch stark national, deren Beschaffung aber stark international ausgerichtet ist.

- Eine Steuerung über den **Finanz- oder Controllingbereich**, manchmal auch über den Verwaltungsbereich, tritt häufig bei Unternehmungen auf, die eine Vielzahl von Tochtergesellschaften oder Beteiligungen an Tochtergesellschaften im Ausland halten, in deren Leistungserstellungs- und Leistungsverwertungsprozess die Muttergesellschaft jedoch kaum eingreift. Nicht nur wenn eine internationale Unternehmung vor allem Kleinstbeteiligungen und Minderheitsbeteiligungen im Ausland hält, kann sich diese Alternative der organisatorischen Verankerung anbieten. Viele Unternehmungen wählen auch bei größerer Zahl an Tochtergesellschaften und bei zahlreichen Mehrheitsbeteiligungen eine Kopplung an den Finanz- oder Controllingbereich. Ein Beispiel dafür stellt *Osram* dar, wo die mehr als 50 ausländischen Tochtergesellschaften zwar zahlreiche Schnittstellen mit der Muttergesellschaft aufweisen, jedoch primär im Bereich „Controlling Beteiligungsgesellschaften", welcher direkt an die Geschäftsleitung berichtet, „aufgehängt" sind. Selbst wenn das Auslandsgeschäft im Bereich Finanzen und Controlling angesiedelt wird, so sind sich die meisten Unternehmungen jedoch inzwischen bewusst, dass es nicht (mehr) ausreicht, Tochtergesellschaften allein über Kennzahlen – ob diese nun an Daten des Rechnungswesens oder an Kapitalmarktdaten orientiert sind – zu führen.

- Die Einrichtung einer **Stabsstelle** wird meist dann vollzogen, wenn die Unternehmungsleitung mit der „direct reporting structure" zeitlich und personell überfordert ist, gleichzeitig aber weiterhin einen großen Einfluss auf das Auslandsgeschäft behalten möchte. Die Stabsstelle unterstützt in diesem Fall die Vorbereitung und Durchführung wesentlicher, das Auslandsgeschäft betreffender Entscheidungen; die Entscheidungsgewalt verbleibt bei der obersten Unternehmungsleitung. Einen Spezialfall stellen in diesem Zusammenhang Gesellschaften ohne Geschäftsbetrieb, sogenannte **„Mantelgesellschaften"**, dar. Die Verwaltung von Mantelgesellschaften im Ausland wird in der Regel bei der Stabsstelle „Recht" angesiedelt.

In der Praxis kann es auch zu einer **Kombination der geschilderten Alternativen** kommen. So wird in einigen Unternehmungen eine Stabsstelle „Ausländische Beteiligungsverwaltung" bzw. **„Ausländisches Beteiligungscontrolling"** errichtet, die wiederum dem Finanzbereich und nicht direkt der obersten Geschäftsleitung unterstellt ist (vgl. Everling 1979, v.a. S. 435-437). Ebenso praktiziert wird die Alternative, unterschiedliche Teile des Auslandsgeschäfts an unterschiedliche Bereiche zu koppeln – etwa eine Vertriebstochter in den USA an den Absatzbereich, eine Beschaffungseinheit in Taiwan an den Einkaufsbereich, eine Finanzierungsgesellschaft in den Niederlanden an den Finanzbereich sowie eine Produktionsstätte in Ungarn direkt bzw. mit Unterstützung einer Stabsstelle an die oberste Unternehmungsleitung.

Diese Ausführungen sollen verdeutlichen, dass das Spektrum möglicher organisatorischer Alternativen sehr breit ist und kaum in spezifische Organisationsmodelle zu „pressen" ist. Mit fortschreitender Internationalisierung gehen manche, allerdings keineswegs alle Unternehmungen dann von unspezifischen Organisationsstrukturen zu spezifischen und dabei entweder zu segregierten oder integrierten Organisationsmodellen über. Die Vielzahl der Alternativen, die für segregierte und integrierte Organisationsmodelle existieren, soll dabei in den folgenden Abschnitten verdeutlicht werden. Zuvor möchten wir jedoch darauf hinweisen, dass **(selbst) fortschreitende Internationalisierung nicht zwingend zu segregierten oder integrierten Organisationsmodellen** führen muss. So hat etwa Hedlund wiederholt erläutert, dass viele international tätige Unternehmungen mit Stammsitz in Schweden lange Zeit an unspezifischen Organisationsstrukturen bzw. den sogenannten „direct-reporting-structures" festhielten (vgl. Hedlund 1980 und Hedlund 1984, v.a. S. 111). Dies heißt: Selbst mit wachsendem internationalen Engagement wurde die „mother-daughter-structure" nicht aufgegeben.

Auch bei mittelständischen Unternehmungen wird die „direct reporting structure" häufig beibehalten – sogar dann, wenn die Internationalisierung schon weit vorangetrieben wurde. Dies lässt sich damit erklären, dass in Mittelstandsunternehmungen in der Regel Eigentümer an der Spitze stehen und diese Eigentümerunternehmer oftmals einen direkten Einfluss auf das Auslandsgeschäft ausüben (möchten). Verfolgt man das Internationalisierungsverhalten der **„Hidden Champions"** (→ Abschnitt 1.5 in Kapitel 2), sogenannter (für viele) unbekannter Weltmarktführer, so stellt man sogar fest, dass deren Internationalisierung meist erfolgreich, aber sehr unstrukturiert oder gar chaotisch vorangetrieben wurde (vgl. Simon 1996, v.a. S. 65-80). Die Internationalisierung von mittelständischen Unternehmungen wird dabei in der Regel nicht von sophistizierten Strukturmodellen begleitet, sondern von unspezifischen, fallweisen Regelungen, bei denen die einzelnen Tochtergesellschaften direkt an die Unternehmungsleitung im Stammland berichten.

1.1.3 Segregierte Organisationsstrukturen internationaler Unternehmungen: Die Internationale Division

Segregierte Organisationsstrukturen zeichnen sich – wie erwähnt – dadurch aus, dass **Auslands- und Inlandsgeschäft organisatorisch voneinander abgespalten** werden. Wählt eine Unternehmung eine segregierte Organisationsform, so steht dahinter die Entscheidung, das Auslandsgeschäft strikt vom Inlandsgeschäft zu trennen. Unabhängig davon, wie das Inlandsgeschäft strukturiert ist (ob nach Funktionen, nach Geschäftsbereichen, nach Produkten oder nach Regionen), wird das Auslandsgeschäft in einer organisatorischen Einheit zusammengefasst. Diese organisatorische Einheit wird meist als Internationale Division bezeichnet. Wesentliches Charakteristikum des Organisationsmodells Internationale Division ist die **Dichotomie von Inlandsgeschäft und Auslandsgeschäft** auf der ersten Hierarchieebene unterhalb der Unternehmungsleitung.

In Abbildung 4-2 finden sich Grundmodelle der segregierten Organisation. Es soll deutlich werden, dass Internationale Divisionen neben einer Funktionalgliederung (Fall 1), neben einer Geschäftsbereichs-/Produktgliederung (Fall 2) oder auch neben einer Regionalgliederung (Fall 3) des Inlandsgeschäfts stehen können. Als konstitutiv für die Organisationsform der Internationalen Division gilt lediglich die Trennung von Inlandsgeschäft und Auslandsgeschäft.

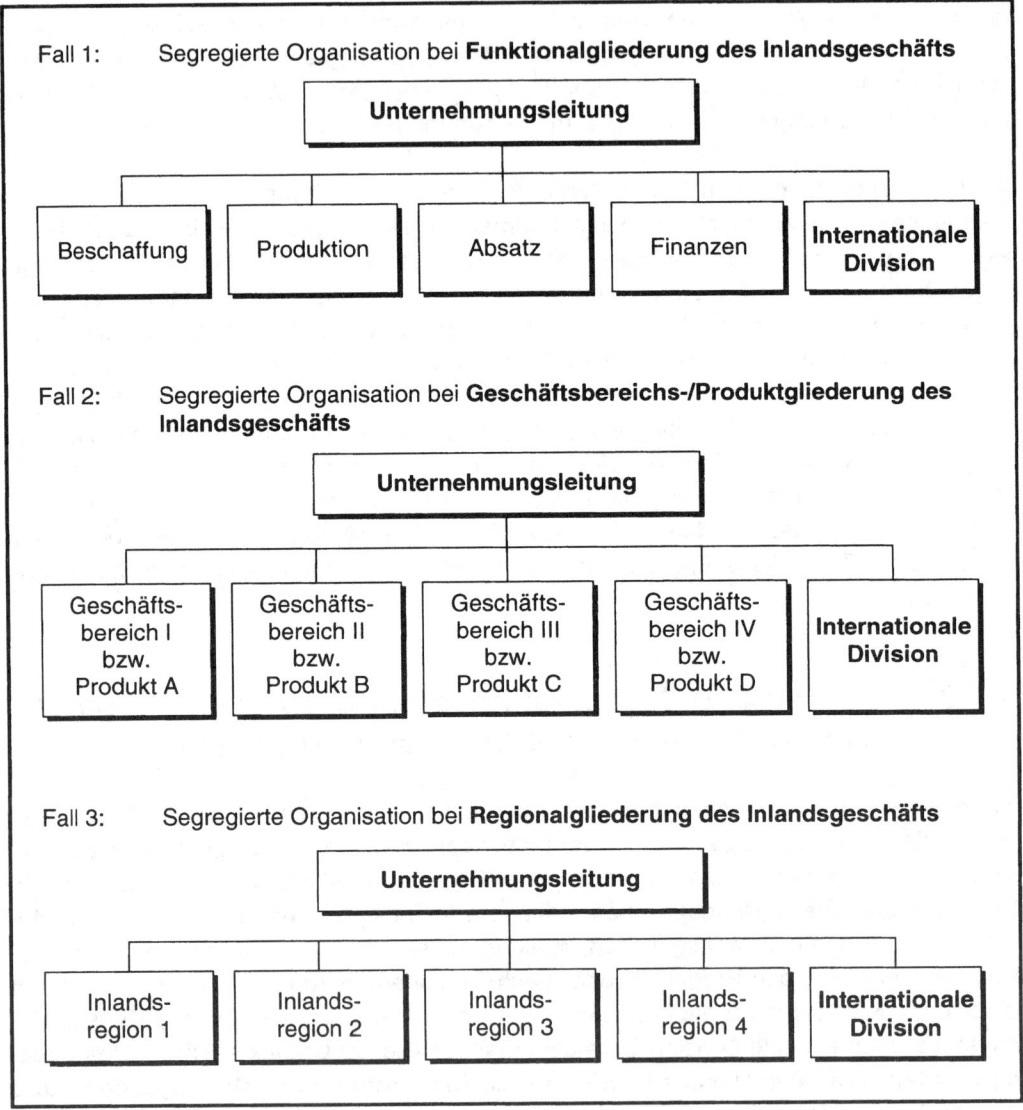

Abb. 4-2:   Grundmodelle segregierter Organisationsstrukturen

Die Internationale Division als organisatorische Einheit für das gesamte Auslandsgeschäft kann selbst wiederum nach Funktionen, nach Geschäftsbereichen, nach Produkten oder nach Regionen organisiert sein. In der Unternehmungspraxis findet man häufig eine weitere Untergliederung der Internationalen Division nach Regionen oder Ländern. Unterstützt wird die Internationale Division in der Regel durch **eigene Stabsabteilungen**, die unabhängig von Stabsabteilungen der Inlandsbereiche operieren.

Aus der Vielzahl von empirischen Untersuchungen zur Wahl der richtigen Organisationsform lässt sich ableiten, dass **Internationale Divisionen** vor allem unter folgenden **Bedingungen** gewählt werden (vgl. z.B. Albrecht 1970, S. 2087-2088, Egelhoff 1982, Ziener 1985, S. 63-68, Bühner 1993a, S. 481-483):

- Das Auslandsgeschäft hat einerseits eine so große Bedeutung erlangt, dass es mit unspezifischen Organisationsstrukturen nicht mehr zu steuern, zu koordinieren und zu kontrollieren ist, spielt aber (immer noch) eine bei weitem geringere Rolle als das Inlandsgeschäft.

- Der Auslandsumsatz hat eine kritische Größe erreicht, der Inlandsumsatz übersteigt den Auslandsumsatz jedoch (immer noch) deutlich.

- Der Auslandsumsatz wird nur mit einem oder mit wenigen Produkten erzielt, die darüber hinaus eng miteinander verwandt sind, einen hohen Reifegrad aufweisen und sich nur langsam verändern.

- Das Auslandsgeschäft ist geographisch weit gestreut und auf viele (häufig auch kleinere) Tochtergesellschaften verteilt.

Insbesondere hinsichtlich des vierten Punktes – der Zahl der Tochtergesellschaften – gehen die Meinungen und empirischen Ergebnisse allerdings auseinander. So hat Alpander in einer Untersuchung von 64 US-amerikanischen Unternehmungen festgestellt, dass sehr viele der Unternehmungen, die sich für eine Internationale Division entschieden haben, weniger als zehn ausländische Tochtergesellschaften besitzen (vgl. Alpander 1978, v.a. S. 49).

Doch worin liegen nun Vor- und Nachteile der Internationalen Division? Als **Vorteile der Internationalen Division** können die nachfolgenden Aspekte gelten (vgl. dazu Albrecht 1970, S. 2087-2088, Egelhoff 1982, Ziener 1985, S. 63-68, Welge 1989c, Sp. 1594-1595, Macharzina 1992, S. 7, Pausenberger 1993, S. 128-129, Bühner 1993a, S. 481-483, Macharzina/Oesterle 1995a, S. 212):

- Die Einrichtung einer Internationalen Division erlaubt eine klare Trennung von Inlands- und Auslandsgeschäft und damit eine eindeutige Kompetenzabgrenzung.

- Die Internationale Division stellt ein bewusstes Gegengewicht zum nationalen Geschäft dar und rückt die Bedeutung des internationalen Geschäfts auch organisatorisch in das Blickfeld der obersten Unternehmungsleitung.

- Die in der Internationalen Division tätigen, organisatorisch zusammengefassten Mitarbeiter gelten als deutliche Interessenvertreter des Auslandsgeschäfts, so dass internationale Fragestellungen in der Gesamtunternehmung permanent artikuliert werden (können).

- Die Mitarbeiter, welche die Internationale Division bilden, formieren sich häufig zu einem stark „zusammengeschweißten", ko-orientierten Team, in dem ein Gleichklang von Zielen, Interessen und Bedürfnissen festzustellen ist. Sie nehmen Situationen vor dem Hintergrund eines gleichen oder zumindest ähnlichen Kontexts wahr, was für die Motivation der Mitarbeiter und die Leistungsfähigkeit des Teams förderlich sein kann.

- Entscheidungen, die das Auslandsgeschäft betreffen, werden ohne langwierige Abstimmungsprozesse in der Internationalen Division selbst getroffen. Insbesondere können eventuelle Widerstände der inländischen Manager, die selbst aufgrund der Internationalisierung Kompetenz- und Machtverluste befürchten, umgangen werden.

- Über die Etablierung einer Internationalen Division werden Wissen und Erfahrungen, die für das Auslandsgeschäft von Bedeutung sind, in einer organisatorischen Einheit zusammengefasst. Auf diese Weise findet eine Bündelung von Wissen und Erfahrungen statt, die als Spezialisierung interpretiert werden kann. Wissen und Erfahrungen können von Tochtergesellschaft zu Tochtergesellschaft transferiert werden.

- Die Bildung einer Internationalen Division ermöglicht eine vergleichsweise rasche Anpassung an die Anforderungen der einzelnen Auslandsmärkte – nicht zuletzt deswegen, weil sich Management und Mitarbeiter der Internationalen Division auf das Auslandsgeschäft konzentrieren können. Dadurch, dass die Kommunikationswege kurz sind, kann schnell auf veränderte Bedingungen reagiert werden.

Organisationsformen mit **Internationalen Divisionen** bringen jedoch auch **Probleme** mit sich. Durch die Trennung des Inlandsgeschäfts vom Auslandsgeschäft entsteht eine „Unternehmung in der Unternehmung". Es besteht die Gefahr, dass die Internationale Division von den anderen Einheiten der Unternehmung „abgeschnitten" oder „abgekapselt" wird und ein Eigenleben führt. Im Einzelnen lassen sich aufgrund dieser **Isolierungstendenzen** folgende Schwierigkeiten erkennen:

- Unternehmungen in der Organisationsform der Internationalen Division führen zu einer „Doppelkonzeption" und „Doppelausführung" all der Aufgaben, die sowohl für die Inlandsbereiche als auch für den Auslandsbereich anfallen. Dieses Problem ist bei identischen Aufgaben besonders auffällig, tritt in abgeschwächter Intensität aber auch bei ähnlichen Aufgaben auf.

- Häufig kommt es zu Rivalitäten und Konflikten zwischen den Inlandsdivisionen und der Auslandsdivision. Die Auseinandersetzungen können unterschiedliche Ursachen haben – ob nun unterschiedliche Wertvorstellungen, unterschiedliche Interessen oder auch unterschiedliche Problemlösungsvorschläge in konkreten Sachfragen. Bis zu einem gewissen Grad sind derartige Rivalitäten und Konflikte erwünscht; allerdings besteht auch die Gefahr dysfunktionaler Auseinandersetzungen, die zu hohen Reibungsverlusten führen können.

- Eine besondere Problematik stellt die Zuteilung von Ressourcen und die Festsetzung von Transferpreisen dar. Dies gilt vor allem in den Fällen, in denen – etwa als Produktgruppen organisierte – Inlandsbereiche als Profit Center geführt werden, aber gleichzeitig Leistungen für die Internationale Division erbringen (sollen).

- Wissen und Erfahrungen aus den Inlandsbereichen diffundieren kaum in die Internationale Division. Umgekehrt werden Wissen und Erfahrungen, die im Zusammenhang mit der Bearbeitung der Auslandsmärkte erworben wurden, nur selten in die Inlandsdivisionen getragen.

- Führungskräfte der Inlandsbereiche und Führungskräfte der Auslandsbereiche sind nicht oder nur sehr bedingt austauschbar. Aus diesem Grund ist es auch nahezu ausgeschlossen, dass sich eine (über Inlandsdivisionen und Auslandsdivisionen hinweg) mehr oder weniger einheitliche Unternehmungskultur entwickelt.

- Eventuell existierende Zentralbereiche richten sich eher an den Bedürfnissen der dominierenden nationalen Geschäfte (Inlandsbereich) als an den Bedürfnissen der Internationalen Division (Auslandsbereich) aus.

- Bei zunehmender Heterogenität des Auslandsgeschäfts (z.B. viele Funktionen, Geschäftsbereiche, Produkte, Länder) nimmt die Überschaubarkeit innerhalb der Internationalen Division ab. Die Heterogenität an Funktionen, Geschäftsbereichen, Produkten und Regionen führt dann innerhalb der Auslandsdivision selbst zu zahlreichen Problemen, unter anderem zu Informations-, Kommunikations- und Koordinationsproblemen.

International tätige **Unternehmungen mit Stammsitz in den USA** haben ihr Auslandsgeschäft – vor allem in den fünfziger und sechziger Jahren – häufig in einer Internationalen Division zusammengefasst. Es wurde zwar bereits vor etwa 25 Jahren behauptet, dass Internationale Divisionen in US-amerikanischen Unternehmungen kaum mehr eingerichtet würden (vgl. Davis 1976, v.a. S. 61-62); doch zeigt die Realität ein anderes Bild: So hatte *Gillette* in den neunziger Jahren ebenso eine Internationale Division wie *PepsiCo (PepsiCo International)*. Wir können festhalten, dass sich Internationale Divisionen in einigen US-amerikanischen Unternehmungen auch heute noch finden lassen.

Für internationale **Unternehmungen mit Stammsitz in Europa** hat die Internationale Division bis heute – wie wir später auch noch ausführlicher anhand einschlägiger empirischer Studien erläutern werden – traditionell eine geringe Bedeutung. Wenn in europäischen Unternehmungen eine Segregation des internationalen Geschäfts vorgenommen wurde bzw. wird, so meist nicht als Linienfunktion, sondern als Stabsfunktion. Dabei wurde bzw. wird häufig eine Stabsfunktion „Beteiligungscontrolling" eingerichtet – eine organisationale Lösung, die eher unter die Kategorie der oben bereits erläuterten unspezifischen Organisationsformen zu subsumieren ist (vgl. Welge 1989c, Sp. 1594-1595). Viele europäische Unternehmungen übersprangen die Internationale Division, um gleich zu integrierten Organisationsstrukturen überzugehen.

International tätige **Unternehmungen mit Stammsitz in Japan** sollen nach Aussage einiger Studien – zumindest bis in die siebziger Jahre – im Gegensatz zu den europäischen Unternehmungen häufiger segregierte Strukturen aufgewiesen haben (vgl. Yoshino 1976, v.a. S. 133-142). Nicht eindeutig zu beantworten ist jedoch die Frage, ob dies damit zu erklären ist, dass die japanischen Unternehmungen zu dieser Zeit noch einen sehr geringen Auslandsanteil hatten oder ob damit eine generelle Präferenz für eine Dichotomie von Inlands- und Auslandsgeschäft verbunden war. Häufiger war es auch weniger eine Dichotomie zwischen Inlands- und Auslandsgeschäft, die in japanischen Unternehmungen anzutreffen war, sondern vielmehr eine Dichotomie zwischen Produktion und Vertrieb. In vielen **Keiretsu** wurden Produkte von den Industrieunternehmungen hergestellt, um anschließend von den verbundenen Handelshäusern (Sogo Shosha) im In- und Ausland vertrieben zu werden (→ zu den japanischen Keiretsu auch Abschnitt 4.2 in Kapitel 5). Man kann beobachten, dass japanische Unternehmungen im Zuge ihrer Direktinvestitionsstrategien, die sie seit den achtziger Jahren zielstrebig verfolgten, stärker von differenzierten zu integrierten Strukturen wechselten.

1.1.4 Integrierte Organisationsstrukturen internationaler Unternehmungen

Bei der integrierten Organisationsstruktur wird die **Dichotomie zwischen Inlands- und Auslandsgeschäft aufgelöst.** Folglich wird auf der ersten Hierarchieebene unterhalb der Unternehmungsleitung nicht mehr zwischen Inlands- und Auslandsgeschäft unterschieden, sondern unmittelbar eine Strukturierung nach Funktionen, Geschäftsbereichen, Produkten oder Regionen vorgenommen. Bei **eindimensionalen integrierten Organisationsmodellen** wird dabei entweder nach Funktionen **oder** nach Geschäftsbereichen **oder** nach Produkten **oder** nach Regionen gegliedert, die jeweils weltweite Verantwortung tragen. Bei **mehrdimensionalen integrierten Organisationsmodellen** werden **gleichzeitig zwei** (z.B. Funktion und Produkt), **drei** (z.B. Funktion, Produkt und Region) oder gar **vier** Strukturierungskriterien (Funktion, Geschäftsbereich, Produkt und Region) herangezogen (vgl. auch Welge 1989c, Sp. 1595-1599, Pausenberger 1993, S. 129-131). Zusammenfassend unterscheiden wir folglich

- die **eindimensionalen integrierten Organisationsmodelle**, wie die integrierte Funktionalstruktur, die integrierte Geschäftsbereichs- und Produktstruktur sowie die integrierte Regionalstruktur, und

- die **mehrdimensionalen integrierten Organisationsmodelle**, wie internationale Matrix- und Tensorstrukturen.

Wir werden zunächst auf die eindimensionalen integrierten Organisationsmodelle im Einzelnen eingehen (Abschnitt 1.1.4.1), um dann die mehrdimensionalen integrierten Organisationsmodelle vorzustellen (Abschnitt 1.1.4.2).

1.1.4.1 Eindimensionale integrierte Strukturen

1.1.4.1.1 Integrierte Funktionalstrukturen

Bei der Organisationsform integrierter Funktionalstrukturen werden die Ressorts unterhalb der Unternehmungsleitung nach dem Funktionalprinzip gebildet. Die Funktionalressorts erhalten **weltweite Verantwortung**. Sie sind also nicht nur für das Inlandsgeschäft ihrer jeweiligen Funktion zuständig, sondern übernehmen auch die Kompetenz für das Auslandsgeschäft. Die existierenden Funktionalbereiche lassen sich dabei nochmals in leistungsorientierte Funktionalbereiche (Forschung und Entwicklung, Produktion, Absatz) sowie ressourcenorientierte Funktionalbereiche (Personalwirtschaft, Finanzwirtschaft, Informationswirtschaft, Materialwirtschaft, Anlagenwirtschaft usw.) unterscheiden.

Hinter der integrierten Funktionalstruktur steht die Philosophie, dass die jeweils besten Funktionsträger auch an der Spitze der Unternehmung stehen sollen; es wird zudem angenommen, dass die fachlich besten Funktionsträger auch für die Auslandsaktivitäten die größte Kompetenz haben und die Abstimmung der unterschiedlichen Funktionsträger untereinander auch zu den besten Kollektiventscheidungen führt. Abbildung 4-3 zeigt das Grundmuster der integrierten Funktionalstruktur. Mit den integrierten Funktionalstrukturen findet damit die Organisationsstruktur, die allgemein für Organisationen als „U-Form" („unitary form") bekannt ist, **im internationalen Kontext** Anwendung.

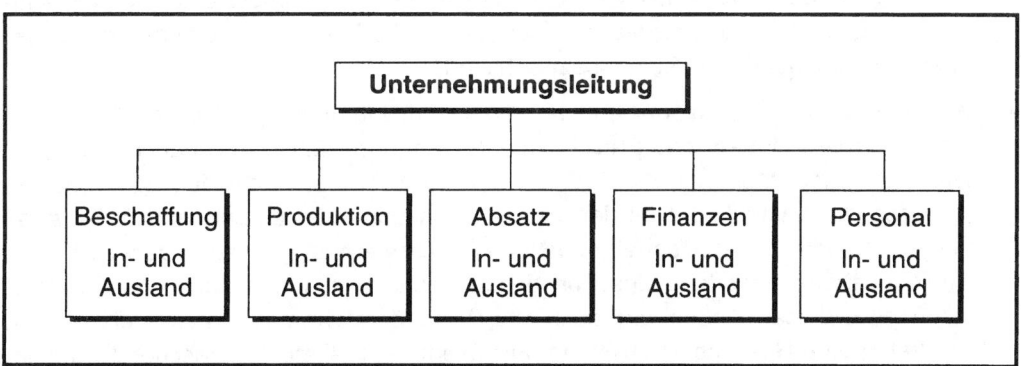

Abb. 4-3: Grundmuster der integrierten Funktionalstruktur

Integrierte Funktionalstrukturen werden vor allem dann **gewählt** (vgl. dazu Egelhoff 1982), wenn

• weltweit relativ einheitliche Produkte und Technologien vorliegen und es sich eher um Einprodukt- als um Mehrproduktunternehmungen handelt,

- eine weltweit hohe Neigung zur Programmierung, Standardisierung und Formalisierung vorliegt (vgl. zu diesen Organisationsprinzipien auch Hill/Fehlbaum/Ulrich 1994, v.a. Teil II, Kieser/Walgenbach 2007, v.a. Kapitel 3),

- die Auslandsaktivitäten nur begrenzte Bedeutung haben und/oder sich die Internationalisierung in einer Konsolidierungsphase befindet,

- die Anzahl ausländischer Tochtergesellschaften relativ gering ist,

- die Akquisitionstätigkeit beschränkt ist und Tochtergesellschaften weitgehend durch Neugründungen aufgebaut werden und

- die Auslandsaktivitäten problemlos einzelnen Funktionalbereichen untergeordnet werden können (Produktionsstätten unter den Funktionalbereich „Produktion", Verkaufsniederlassungen unter den Funktionalbereich „Absatz").

Als **Vorteile** der **integrierten Funktionalstrukturen** gelten folgende Aspekte (vgl. zu Vor- und Nachteilen Egelhoff 1982, Welge 1989c, Sp. 1595-1596, Macharzina 1992, S. 7, Pausenberger 1993, S. 129 und Macharzina/Oesterle 1995a, S. 213-214):

- Als Hauptvorteil der integrierten Funktionalstruktur ist zunächst die Tatsache anzusehen, dass die Dichotomie von Inland und Ausland aufgeweicht wird und eine Integration von Inlands- und Auslandsaktivitäten ermöglicht wird.

- Da die integrierte Funktionalstruktur auf einer inhaltlichen Aufgabenspezialisierung basiert und die für eine Funktion erforderlichen Kenntnisse und Erfahrungen gebündelt werden, kann man davon ausgehen, dass dem Fachwissen eine große Bedeutung beigemessen wird. Aus diesem Grund werden innerhalb der einzelnen Funktionalbereiche gerade auch fundierte Lösungen für die Probleme erarbeitet, die in geringem Maße länder- oder kulturspezifisch sind.

- Die weltweit für die Funktionalbereiche verantwortlichen Manager treffen häufig nicht nur wesentliche strategische Entscheidungen, sondern haben meist auch, unter anderem aufgrund ihres Werdegangs, einen guten Überblick über das operative Tagesgeschäft – zumindest, was den eigenen Funktionalbereich angeht. Häufig ist es nämlich gerade bei funktional orientierten Unternehmungen so, dass sich Entscheidungsträger innerhalb des Funktionsbereichs „von unten nach oben hocharbeiten". Aus diesem Grund wird auch das (für andere Organisationsmodelle – etwa für Strategische Holdings – zutreffende) Problem der Diskrepanz zwischen Strategieformulierung und -implementierung abgeschwächt.

- Integrierte Funktionalorganisationen gehen in der Regel mit klaren Über- und Unterordnungen und eindeutigen Weisungs-, Kommunikations- und Informationsbeziehungen einher. Zuständigkeits- und Überschneidungsprobleme werden weitgehend vermieden, da in der Praxis meist (aber keineswegs immer) das klassische Einlinienprinzip vorherrscht.

- In den häufig in der Muttergesellschaft angesiedelten Funktionalbereichen können eine relativ problemlose Abstimmung und Steuerung des weltweiten Geschäfts im

Hinblick auf die Gesamtunternehmung stattfinden. Diese Abstimmung wird nicht zuletzt aufgrund der räumlichen Nähe der Manager der einzelnen Funktionalbereiche erleichtert („Vorteil der kurzen Wege").

• Leichter als bei anderen Organisationsstrukturen lassen sich Doppelarbeiten vermeiden, Spezialisierungsvorteile erzielen, Lern- und Erfahrungskurveneffekte sowie Synergieeffekte ausnutzen.

• Stärker als bei manch anderen Alternativen wird ein „Auseinanderdriften der Unternehmung" vermieden. Funktionalbereiche müssen letztlich – auch wenn häufig unter großen Problemen (z.B. Diskrepanz der Vorstellungen zwischen Produktion und Vertrieb) – zusammenarbeiten, um Überleben und Erfolg der Unternehmung zu sichern, was bei unterschiedlichen Geschäftsbereichen, Produktgruppen oder Regionen nicht zwingend der Fall ist.

Allerdings stehen den Vorteilen der **integrierten Funktionalstruktur** auch **Probleme** gegenüber (vgl. bereits im nationalen Kontext Bühner 1993a, S. 397-401):

• Integrierte Funktionalstrukturen führen häufig zu einer starken Zentralisierung von Entscheidungen in der Muttergesellschaft. Die Entscheidungsautonomie der Tochtergesellschaften im Ausland wird eingeschränkt, was sich unter anderem negativ auf die Innovations- und Motivationsbereitschaft der Mitarbeiter vor Ort auswirken kann.

• Integrierte Funktionalstrukturen gehen in der Praxis meist nicht nur mit starker Zentralisierung, sondern auch mit starker Programmierung, Standardisierung und Formalisierung einher, was sich gerade für Unternehmungen, die sich in turbulenten, unsicheren Wettbewerbsumfeldern befinden, nicht als förderlich erweist.

• So positiv es zu bewerten ist, dass die Manager der Funktionalbereiche nicht nur auf strategischer Ebene operieren, sondern auch das Tagesgeschäft beherrschen, so problematisch ist eventuell deren Überlastung durch die täglichen Routineaufgaben. Dazu kommt bei zunehmender Diversifikation ein stark steigender Abstimmungs- bzw. Koordinationsbedarf innerhalb der Funktionalbereiche und über die Funktionalbereiche hinweg.

• Die Funktionalstruktur führt – aufgrund der Bedeutung des operativen Geschäfts – häufig zu Defiziten hinsichtlich der strategischen Ausrichtung der gesamten Unternehmung. Wird die strategische Ausrichtung vernachlässigt, so nützt auch der oben angesprochene Vorteil der prinzipiell möglichen Kongruenz zwischen Strategieformulierung und -implementierung wenig. Gerade im Hinblick auf die Internationalisierung kann sich eine mangelnde strategische Orientierung als fatal erweisen – etwa wenn der Eintritt in wichtige Wachstumsmärkte „verschlafen" wird.

• Funktionalbereiche werden in integrierten Funktionalorganisationen meist nur als kostenbezogene, nicht als gewinnbezogene Einheiten geführt. Transferpreise werden „kostenorientiert" und nicht „marktorientiert" bestimmt. Dies bringt eine kostenorientierte Budgetierung mit sich und lässt die Marktorientierung zuweilen in den Hintergrund treten.

• Stärker als andere Strukturalternativen bergen integrierte Funktionalstrukturen die Gefahr, dass eine Entfremdung vom Kunden und dessen Bedürfnissen stattfindet. Kundenorientierung wird nur vom Absatzbereich gefordert; andere Bereiche sind tendenziell stark introvertiert.

• Bei integrierten Funktionalstrukturen besteht faktisch die Gefahr, dass – auch aufgrund der in Funktionalbereichsorganisationen üblichen Rekrutierungs- und Aufstiegspraxis – die Funktionsträger aus dem Inland bei der Stellenbesetzung gegenüber Funktionsträgern aus den ausländischen Gesellschaften präferiert werden und damit eine eher ethnozentrische Ausrichtung der Unternehmung nur schwer zu verhindern ist.

• Dadurch, dass die Verantwortung für die Funktionalbereiche häufig in die Hand erfahrener, „altgedienter" Manager gelegt wird, können Generationenkonflikte sowohl in der Muttergesellschaft selbst als auch zwischen den „alten" Funktionsträgern in der Muttergesellschaft und den „jungen" Mitarbeitern der Tochtergesellschaften entstehen.

• In Tochtergesellschaften, die unterschiedliche Funktionen abdecken (z.B. Beschaffung, Produktion und Absatz), ergibt sich häufig das Problem einer Mehrfachunterstellung unter die verschiedenen Funktionalbereiche in der Muttergesellschaft. Eine eindeutige Zuordnung ist nur in den Fällen möglich, in denen die Tochtergesellschaft unifunktional ausgerichtet ist (z.B. ausschließlich Fertigungsstätte oder ausschließlich Vertriebsgesellschaft).

Integrierte Funktionalstrukturen fand man in der Vergangenheit häufig in gering diversifizierten Unternehmungen der Automobilbranche sowie bei Mineralölgesellschaften. Auch Luftfahrtgesellschaften, wie die **Lufthansa** oder **Swissair**, konnten lange Zeit als primär funktional orientierte internationale Unternehmungen betrachtet werden. Aufgrund zahlreicher Veränderungen in einzelnen Branchen hat sich die Situation jedoch erheblich verändert. So vereinen zahlreiche Unternehmungen der Automobilbranche inzwischen – vor allem als Folge von grenzüberschreitenden Akquisitionen und Fusionen – unterschiedliche Marken unter ihrem Dach und bilden daher auf der obersten Ebene unterhalb der Unternehmungsleitung keine Funktionalbereiche, sondern Geschäftsbereiche. Ebenso werden viele Unternehmungen, die ursprünglich nur im Mineralölgeschäft aktiv waren, zunehmend in anderen Geschäftsfeldern aktiv (z.B. Chemiegeschäft, Energiegeschäft, Tankstellen-Shop-Geschäft) und richten ihre Aktivitäten daher nicht oder zumindest nicht ausschließlich an Funktionen aus. Und bei den Fluggesellschaften führen nicht nur die Strategischen Allianzen sondern auch zahlreiche weitere Aktivitäten (Catering, Dienstleistungen) zu einer Abkehr von der Funktionalstruktur. Inzwischen hat die **integrierte Funktionalstruktur** in den Augen vieler Autoren daher deutlich **an Relevanz verloren.**

Doch trotz dieser Relativierung gilt es zu betonen, dass das funktionale Organisations-prinzip, glaubt man den Ergebnissen empirischer Untersuchungen, grundsätzlich kei-neswegs aus der Organisationspraxis verschwunden ist. So geben überraschender-weise etwa mehr als die Hälfte der von der Beratungsgesellschaft *Droege* im Rahmen einer empirischen Untersuchung befragten Unternehmungen an, dass sie – ob nun na-tional oder international – eine Funktionalorganisation aufweisen (vgl. etwa Droege & Comp. 1995, S. 74). Die Ergebnisse einer jüngst von Wolf (2000a) vorgelegten Unter-suchung über große deutsche Unternehmungen weisen in eine ähnliche Richtung: Sie sprechen **zwar** für eine **abnehmende, aber bis heute große Bedeutung** der Funktio-nalstruktur.

Die Existenz einer Funktionalstruktur darf nicht darüber hinwegtäuschen, dass die welt-weite Verantwortung der Funktionalbereiche häufig begrenzt ist. Allein die Tatsache, dass die meisten Einheiten im Ausland rechtlich selbständige Gesellschaften darstellen, steht einer uneingeschränkten Weisungsbefugnis entgegen.

1.1.4.1.2 Integrierte Geschäftsbereichs- und Produktstrukturen

Bei der Organisationsform der integrierten Geschäftsbereichs- bzw. Produktstrukturen erhalten die Geschäftsbereichs- oder Produktmanager weltweite Linienverantwortung. Geschäftsbereichs- bzw. Produktmanager sind für den entsprechenden Geschäftsbe-reich oder das entsprechende Produkt nicht nur im Inland, sondern weltweit tätig (vgl. Davidson/Haspeslagh 1982). Im Vergleich zu anderen Strukturalternativen bieten integ-rierte Geschäftsbereichs- und Produktstrukturen die beste Voraussetzung für die Ein-richtung von **Profit Centern** (→ auch Abschnitt 2.3.4 in diesem Kapitel). In international tätigen Unternehmungen mit einer integrierten Geschäftsbereichs- und Produktorgani-sation kommt es daher in vielen Fällen nicht nur zu einer weltweiten Entscheidungsbe-fugnis, sondern auch zu einer **weltweiten Ergebnisverantwortung**. Meist werden Ge-schäftsbereiche oder Produktbereiche hinsichtlich der finanziellen und administrativen Funktionen durch Zentralbereiche bzw. -abteilungen (z.B. Personalwesen) unterstützt.

Wir verwenden an dieser Stelle bewusst die Termini der Geschäftsbereichsorganisation und der Produktorganisation und nicht wie manche andere Autoren den (Über-)Begriff der Sparten- oder Divisionalorganisation. Sparten bzw. Divisionen müssen – wie wir be-reits erwähnt haben – nicht zwingend an Geschäftsbereichen und Produkten fest-gemacht werden. Vielmehr bezeichnet der Terminus der Sparte den Sachverhalt, dass Organisationen auf der zweiten Ebene durch eine Strukturierung nach Objekten cha-rakterisierbar sind. So finden wir neben der Möglichkeit der Bildung von Geschäftsberei-chen und Produktbereichen auch die Alternative der Einrichtung von Regionalbereichen. Die Termini der Sparte bzw. der Division sind also nicht mit dem Begriff des Geschäfts-bereichs identisch, sondern können auf die Gesamtheit der bereits oben als „objekt-orientiert" bezeichneten Unternehmungsstrukturformen bezogen werden.

Zuweilen wird in Wissenschaft und Praxis nicht nur von Geschäftsbereichen, sondern auch von Unternehmungsbereichen gesprochen. Dies hängt damit zusammen, dass manche Unternehmungen ihre Aktivitäten zunächst organisatorisch in einige **Unternehmungsbereiche** bzw. Business Segments gliedern (z.B. fünf Unternehmungsbereiche) und diese Unternehmungsbereiche dann nochmals in **Geschäftsbereiche** bzw. Business Areas aufsplitten (z.B. 23 Geschäftsbereiche). Dies wird auch später deutlich, wenn wir die Struktur der ***Bosch-Gruppe*** skizzieren (→ Textbox 4-2). Die Geschäftsbereiche können dann wiederum in **Produktgruppenbereiche bzw. Produktbereiche** (z.B. 117 Produkt(gruppen)bereiche) differenziert werden. Unabhängig davon herrscht weder in der Literatur noch über Unternehmungen hinweg eine begriffliche Einheitlichkeit. Wenn wir im Folgenden von Geschäftsbereichs- bzw. Produktstrukturen sprechen, so schließen wir Unternehmungsbereiche mit ein.

Sowohl die integrierte Geschäftsbereichs- als auch die integrierte Produktorganisation werden von der Philosophie eines ausgeprägten Portfolio- und Profitdenkens getragen. Abbildung 4-4 verdeutlicht das Grundprinzip integrierter Geschäftsbereichs- bzw. Produktorganisationen. Diese Organisationsform wird in der Literatur auch vielfach als „**M-Form**" („multidivisional form") bezeichnet, so dass wir im internationalen Kontext von der „**Internationalen M-Struktur**" sprechen können.

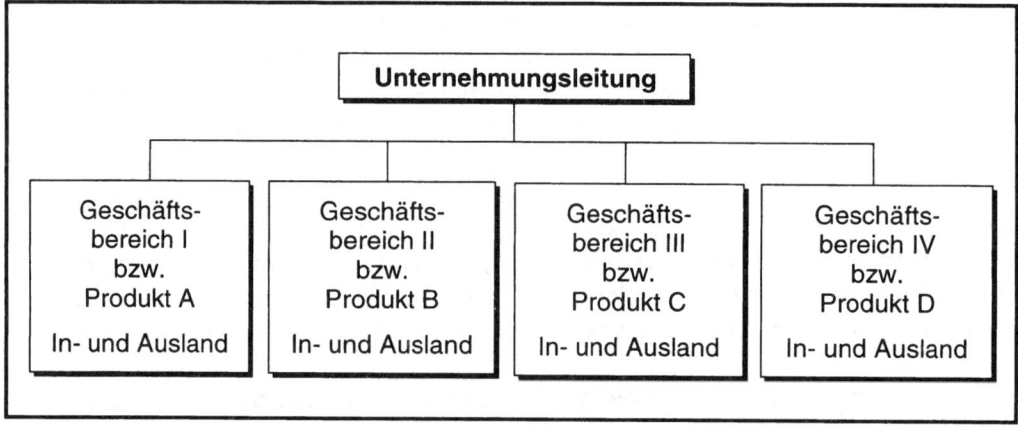

Abb. 4-4:   Grundmuster der integrierten Geschäftsbereichs-/Produktstruktur

Integrierte Geschäftsbereichs- oder Produktorganisationen werden vor allem **in folgenden Fällen gewählt** (vgl. etwa Egelhoff 1982):

• die Unternehmung weist – sowohl im Inland als auch im Ausland – ein heterogenes Produktprogramm auf,

• das Produktprogramm basiert auf mehreren unterschiedlichen Technologien,

- das Produktprogramm unterliegt einem raschen Wandel,

- die Produkte lassen sich relativ problemlos Geschäftsbereichen zuordnen oder erwirtschaften genügend Umsatz, um von eigenständigen Produktmanagern, Produktlinienmanagern oder Produktgruppenmanagern betreut zu werden,

- der Umfang internationaler Unternehmungstätigkeit ist relativ groß und

- die Unternehmung möchte eine geographische Zersplitterung des Produktprogramms vermeiden sowie die Produkte weltweit weitgehend unverändert absetzen.

Als **Vorteile** der **integrierten Geschäftsbereichs- und Produktorganisation** gelten die folgenden Argumente (vgl. Davidson/Haspeslagh 1982, Egelhoff 1982, Davidson 1983, Ziener 1985, S. 72-75, Welge 1989c, Sp. 1596-1597, Macharzina 1992, S. 7-8, Pausenberger 1993, S. 129-130, Macharzina/Oesterle 1995a, S. 214-215):

- Wie bereits bei der integrierten Funktionalorganisation wird die „Inlands-Auslands-Dichotomie" aufgegeben und die Integration von nationalem und internationalem Geschäft gefördert.

- Trotz stark diversifizierter Aktivitäten oder Produktprogramme ist eine weltweite Steuerung, Führung und Koordination des Inlands- und Auslandsgeschäfts möglich. Eine erste Alternative besteht darin, dass die oberste Unternehmungsleitung ihre Steuerungs-, Führungs- und Koordinationsaufgaben auf die einzelnen Divisionen delegiert und sie nicht mehr selbst wahrnehmen muss, wie dies bei integrierten Funktionalstrukturen der Fall ist. Als zweite Alternative ist eine personelle Identität zwischen der Unternehmungsleitung und der Leitung der einzelnen Geschäftsbereiche möglich. Dabei können die einzelnen Mitglieder der Unternehmungsleitung jeweils für einen spezifischen Geschäfts- oder Produktbereich – im Inland wie im Ausland – verantwortlich sein (→ auch Abschnitt 1.3.1 in diesem Kapitel).

- Die Marktchancen eines Geschäftsbereichs oder eines Produkts können weltweit wahrgenommen werden, da die jeweiligen Divisionen weitgehende Eigenverantwortung haben und damit selbst entscheiden können, ob, inwieweit und inwiefern sie das existierende Know-how weltweit einsetzen und von einem Markt auf den anderen übertragen und anpassen wollen.

- Vergleicht man integrierte Geschäftsbereichs- und Produktstrukturen mit alternativen Strukturmodellen, so fördern sie am stärksten unternehmerisches Denken: Investitionen fließen zunächst in die Geschäftsbereiche, Produktgruppen oder Produkte mit den höchsten Wachstums-, Gewinn- oder Deckungsbeitragsraten und werden daher zweckmäßig alloziert. Gleichzeitig wird auch die geographische Ressourcenallokation optimiert, da die Geschäftsbereichs- oder Produktverantwortlichen über die Bearbeitung des Inlandsmarkts und der Auslandsmärkte selbst entscheiden können.

- Probleme in einem Geschäfts- bzw. Produktbereich wirken sich meist nicht auf andere Geschäfts- bzw. Produktbereiche aus und machen die Gesamtunternehmung damit weniger anfällig für Störungen.

- Integrierten Geschäftsbereichs- und Produktstrukturen wird eine positive Motivationswirkung auf Mitarbeiterebene zugeschrieben, da in der Regel bei dieser Alternative
die Bereichsautonomie größer ist als bei Funktional- oder Regionalmodellen.

In der oben bereits zitierten Literatur wird allerdings auch eine Vielzahl von **Nachteilen
der integrierten Geschäftsbereichs- und Produktorganisation** genannt:

- Während bei integrierten Funktionalorganisationen (lediglich) ein „Funktionenegoismus" (z.B. „Finanzegoismus", „Marketingegoismus") feststellbar ist, entsteht bei der
integrierten Geschäftsbereichs- und Produktorganisation die Gefahr des „Sparten-
oder Produktegoismus". Im Gegensatz zum Funktionenegoismus, der aufgrund der
Notwendigkeit der Zusammenarbeit zwischen den Funktionen relativiert wird, kann
der Sparten- oder Produktegoismus ausufern und die Unternehmung in einzelne
Einheiten „aufspalten". Dies wird zwar zuweilen gerade als Merkmal der Geschäfts-
bereichs- bzw. Produktorganisation angesehen, weist aber auch auf einen inhären-
ten Nachteil hin.

- In den ausländischen Tochtergesellschaften, die gleichzeitig unterschiedlichen Geschäftsbereichen, Produktgruppen- bzw. Produktbereichen angehören und die Interessen unterschiedlicher Geschäfts-, Produktgruppen- oder Produktbereiche vertreten müssen, kommt es zu einer Mehrfachunterstellung und zu Interessenkollisionen,
was deren Steuerung, Führung und Koordination deutlich erschweren kann. Die einzelnen Geschäfts-, Produktgruppen- und Produktbereiche müssten also beispielsweise in jedem Auslandsmarkt separate Tochtergesellschaften aufweisen, um eindeutige Struktursituationen zu schaffen.

- Die Selbständigkeit von Geschäftsbereichen und Produktsparten führt teilweise dazu, dass Internationalisierungsstrategien unterschiedlicher Geschäftsbereiche und
Sparten nicht aufeinander abgestimmt und gemeinsame Märkte getrennt bearbeitet
werden. Man mag in diesem Vorgehen zunächst nur den konstitutiven Charakter der
integrierten Geschäftsbereichs- und Produktorganisation sehen; problematisch ist
daran aber, dass potentielle Synergieeffekte nicht realisiert werden (können).

- Die Möglichkeit zur Erzielung von Economies of Scope wird auf Gesamtunternehmungsebene, d.h. über Geschäfts- und Produktbereiche hinweg, kaum wahrgenommen. Geschäftsbereichs- oder Produktorganisationen tendieren dazu, Economies of
Scope nur in der eigenen Sparte auszuschöpfen, auch wenn sie darüber hinaus unter Umständen identifizierbar wären.

- Integrierte Geschäftsbereichs- oder Produktorganisationen verhindern den Techno-
logietransfer zwischen den einzelnen Geschäftsbereichen oder Produktgruppen und
verstärken die Tendenz, dass Chancen des unternehmungsweiten organisationalen
Lernens nicht genutzt werden.

- Die Berücksichtigung regionaler oder lokaler Besonderheiten tritt hinter der Priorität
der weltweiten Geschäftsbereichs- oder Produktorientierung zurück.

Bei Großunternehmungen treten integrierte Geschäftsbereichs- und Produktorganisationen weitaus häufiger auf als integrierte Funktionalorganisationen. Manche **US-amerikanischen Unternehmungen** gingen bereits sehr früh zu einer Geschäftsbereichs- und Produktorganisation über. Die von Chandler (1962) ausführlich dargestellte Divisionalisierung von *Du Pont* legt davon eindrucksvoll Zeugnis ab. Auch andere Firmen US-amerikanischen Ursprungs, wie etwa *General Electric*, *Dow Chemical*, *Westinghouse*, *International Harvester* oder *Texas Instruments*, haben in der Zeit nach dem Zweiten Weltkrieg Geschäftsbereichs- und Produktorganisationen gewählt. Es gilt aber zu beachten, dass die Organisationsform der divisionalisierten Unternehmung meist nur für das Inlandsgeschäft galt (vgl. z.B. Palmer/Friedland/Jennings/Powers 1987). Das Auslandsgeschäft wurde – wie oben bereits betont – in vielen US-amerikanischen Unternehmungen in der Internationalen Division zusammengefasst. Viele US-Unternehmungen hatten also lange Zeit eine Geschäftsbereichs- oder Produktorganisation für das Inlandsgeschäft, die um eine Internationale Division für das Auslandsgeschäft erweitert wurde.

Europäische Unternehmungen führten die Sparten- oder Produktorganisation häufig erst ab Mitte der sechziger Jahre ein (vgl. auch Dyas/Thanheiser 1976, v.a. S. 29-30, Bühner/Walter 1977) – nicht zuletzt aufgrund der Beratungsempfehlungen US-amerikanischer Consultants. Tendenziell wurde dabei aber im Gegensatz zu den US-amerikanischen Unternehmungen gleichzeitig meist das Inlandsgeschäft mit dem Auslandsgeschäft zusammengefasst und somit auf eine unterschiedliche Behandlung von Inlands- und Auslandsaktivitäten verzichtet, so dass dann tatsächlich von integrierten Geschäftsbereichs- oder Produktstrukturen die Rede sein kann. Ein Beispiel integrierter Geschäftsbereichsstrukturen liefert *Bosch* gegen Ende der neunziger Jahre (➔ Textbox 4-2).

Textbox 4-2:   Integrierte Geschäftsbereichsstrukturen internationaler Unternehmungen

Das Beispiel von Bosch

Bosch, eine der größten Unternehmungen mit Stammsitz in Deutschland, weist eine integrierte Geschäftsbereichsstruktur auf. Zunächst ist *Bosch* in vier Unternehmungsbereiche (Kraftfahrzeugausrüstung, Kommunikationstechnik, Gebrauchsgüter und Produktionsgüter) aufgeteilt. Diese Unternehmungsbereiche werden dann weiter in einzelne Geschäftsbereiche aufgesplittet. Man erkennt schnell, dass eine Gliederung der Unternehmungsbereiche in Geschäftsbereiche aufgrund der Heterogenität der Produkte und Technologien sowie deren Größe sinnvoll ist. So umfasst allein der Unternehmungsbereich Kraftfahrzeugausrüstung, der mit ca. 16 Mrd. € mehr als 60% des gesamten Umsatzes von *Bosch* ausmacht, zehn verschiedene Geschäftsbereiche. Die nachfolgende Abbildung fasst die Strukturierung von *Bosch* in Unternehmungsbereiche und Geschäftsbereiche zusammen.

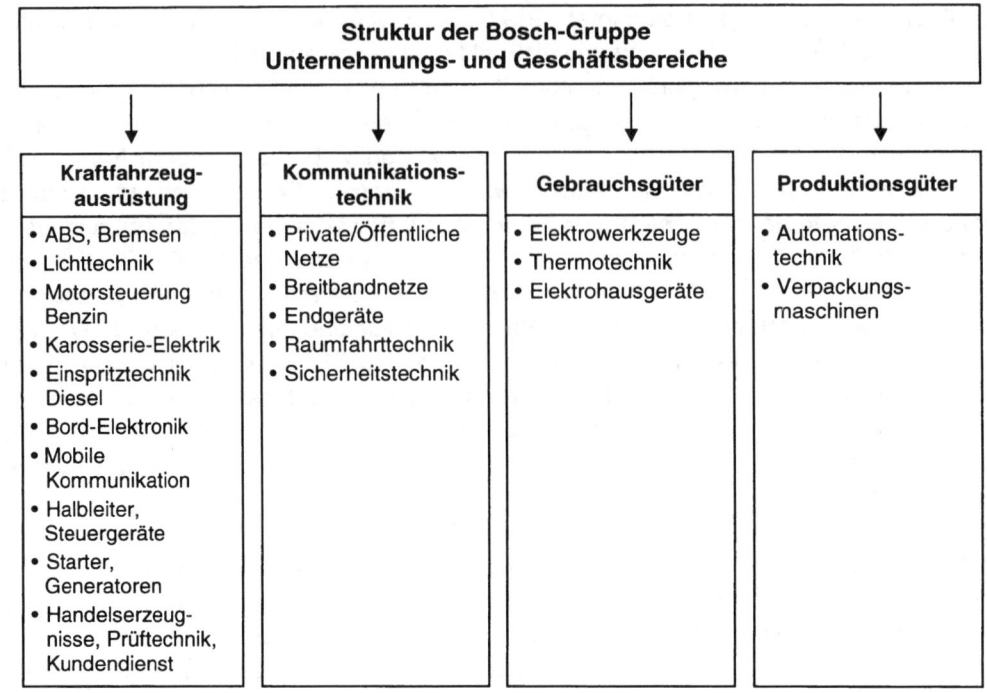

Die einzelnen Unternehmungs- und Geschäftsbereiche weisen dabei keine Trennung zwischen Inland und Ausland auf. Vielmehr sind den einzelnen Bereichen Inlands- und Auslandsaktivitäten zugeordnet. In der nachfolgenden Abbildung wird deutlich, dass die Unternehmungsbereiche Kraftfahrzeugausrüstung und Gebrauchsgüter eine stärkere internationale Präsenz aufweisen als die Geschäftsbereiche Kommunikationstechnik und Produktionsgüter. Damit kommt zum Ausdruck, dass die einzelnen Geschäftsbereiche bei einer integrierten Geschäftsbereichsstruktur keineswegs gleich international sein müssen.

Internationale Präsenz der einzelnen Unternehmungsbereiche der Bosch-Gruppe

Land	Mitarbeiter	Kraftfahrzeug-ausrüstung	Kommunika-tionstechnik	Gebrauchs-güter	Produktions-güter
USA	15.030	•	•	•	•
Brasilien	11.430	•	•	•	•
Indien	10.950	•		•	•
Frankreich	10.080	•	•	•	•
Spanien	7.180	•		•	•
Mexiko	4.560	•		•	
Großbritannien	3.830	•		•	
Portugal	3.710	•		•	
Malaysia	3.190	•		•	
Schweiz	2.210			•	

Quelle:
Geschäftsbericht der Bosch-Gruppe für das Jahr 1998, v.a. S. 8-9, S. 34 und S. 59.

Neben Bosch weisen auch zahlreiche andere europäische Unternehmungen eine integrierte Geschäftsbereichs- bzw. Produktstruktur auf. Als Beispiele lassen sich etwa **Henkel, Beiersdorf** und **Wella** (vor der Akquisition durch **Procter & Gamble** im Jahr 2003, siehe Schmid/Kretschmer 2007) anführen. **Siemens** wurde zeitweilig ebenfalls als Geschäftsbereichsstruktur charakterisiert (vgl. Bronder 1991).

In **japanischen Unternehmungen** findet die integrierte Geschäftsbereichs- bzw. Produktstruktur geringe Verbreitung (vgl. Hedlund/Kogut 1993, S. 346). Wirft man einen Blick in die Geschäftsberichte japanischer Unternehmungen, so ist die Identifizierung unterschiedlicher Geschäftsbereiche äußerst schwer. Dabei ist zu beachten, dass innerhalb der japanischen Unternehmungslandschaft zahlreiche sogenannte Keiretsu existieren. Als Keiretsu gelten, wie später noch ausführlicher erläutert wird, Netzwerke unterschiedlicher Unternehmungen, die unter dem Dach einer zentralen Industrieunternehmung, eines Handelshauses, sowie einer Großbank zusammengefasst sind (→ Abschnitt 4.2 in Kapitel 5). Die einzelnen Produktionsunternehmungen sind größtenteils auf unterschiedliche Tätigkeitsfelder spezialisiert, was erklärt, dass innerhalb dieser Unternehmungen nur noch beschränkt auf Geschäftsbereichs- bzw. Produktorganisationen zurückgegriffen wird bzw. zurückgegriffen werden muss. Freilich soll damit nicht ausgesagt werden, dass Geschäftsbereichs- und Produktstrukturen bei japanischen Unternehmungen überhaupt nicht existieren. Unsere Ausführungen sollen lediglich verdeutlichen, dass gerade die Keiretsu-Charakteristik bereits einen Teil der Struktur darstellt und damit die in westlichen Firmen gewählte Aufteilung in Geschäftsbereiche ersetzen kann.

Wesentlich für die Beschäftigung mit Geschäftsbereichs- und Produktstrukturen war in der Wissenschaft auch die unter anderem von Williamson formulierte „**M-Form-Hypothese**". Nach dieser Hypothese soll die dezentrale Spartenorganisation in großen und stark diversifizierten Unternehmungen der Funktionalorganisation überlegen sein. Ob diese von Williamson für Unternehmungen im Allgemeinen postulierte These auch für die Organisation des internationalen Geschäfts gilt, konnte bis heute nicht eindeutig empirisch festgestellt werden. Wir werden später anhand einiger Studien (u.a. Stopford/Wells, Franko und Egelhoff) zwar sehen, dass viele Unternehmungen tatsächlich im Lauf der Zeit von Funktionalorganisationen zu Geschäftsbereichs- und Produktorganisationen übergingen, wir werden aber auch erkennen, dass in den meisten Studien die Frage nach der Effizienz bzw. nach dem Erfolgsbeitrag dieser und auch anderer Organisationsstrukturen entweder nicht gestellt wurde oder nur unzureichend beantwortet werden konnte (→ Abschnitt 1.2 in diesem Kapitel).

Geschäftsbereiche können ein oder mehrere Geschäftsfelder umfassen. Beinhaltet ein Geschäftsbereich mehr als ein Geschäftsfeld, so handelt es sich dabei meist um ähnliche Geschäftsfelder, die organisatorisch zusammengefasst werden. Manchmal wird in der Literatur nicht nur von Geschäftsfeldern, sondern von **Strategischen Geschäftsfeldern** (bzw. Strategischen Geschäftseinheiten) gesprochen. Doch (1) was sind Strategische Geschäftsfelder? Und (2) wie hängen Strategische Geschäftsfelder mit der Organisationsstruktur zusammen?

(1) Strategische Geschäftsfelder zeichnen sich dadurch aus, dass sie möglichst **eigenständige Produkt-/Marktkombinationen** aufweisen, die von anderen Produkt-/Marktkombinationen abgrenzbar sind und für die (ur-)eigene strategische Optionen existieren. Für jedes einzelne strategische Geschäftsfeld lässt sich damit eine einzigartige, jedoch auf die Gesamtunternehmung abgestimmte, Strategie entwickeln. Hinter der Überlegung, eine Unternehmung – meist über Landesgrenzen hinweg – in Strategische Geschäftsfelder einzuteilen, steht die Idee, die **Komplexität** der Strategischen Unternehmungsführung **handhabbar zu machen** und in unterschiedlichen Teilbereichen der Unternehmung aufgrund unterschiedlicher Branchenstrukturen, Erfolgsfaktoren und Erfolgspotentiale auch unterschiedliche strategische Aktionen zu ermöglichen. Unternehmungen, die ihre Geschäfte in Strategische Geschäftsfelder gliedern, sind in der Regel von einem starken Portfoliodenken getragen. In diesen Unternehmungen herrscht die Auffassung, dass die **Unternehmung ein Portfolio unterschiedlicher Strategischer Geschäftsfelder** darstellt, die, wie es etwa die altbekannte *BCG*-Matrix verdeutlicht (vgl. Henderson 1993), auf jeweils eigene Weise zum Gesamtunternehmungserfolg beitragen. Die einzelnen Geschäftsfelder müssen dabei keineswegs als Profit Center arbeiten; vielmehr wird oft bewusst in Kauf genommen, dass die Überschüsse bei Gewinnen, Deckungsbeiträgen und Cash Flows in einem Geschäftsfeld für ein anderes Geschäftsfeld zur Verfügung stehen. Manche der Strategischen Geschäftsfelder können dabei nur lokal operieren, andere können national ausgerichtet sein und wieder andere auf einzelne Weltregionen oder (nahezu) die gesamte Welt abstellen.

(2) Im Hinblick auf die Organisationsstruktur kann ein **Strategisches Geschäftsfeld** mit einem **Geschäftsbereich** identisch sein; dies muss allerdings keineswegs zwingend der Fall sein. Theoretisch lassen sich folgende **Zusammenhänge** unterscheiden:

- Ein Strategisches Geschäftsfeld ist mit einem (integrierten) Geschäftsbereich identisch.
- Ein Strategisches Geschäftsfeld wird aus mehreren (integrierten) Geschäftsbereichen gebildet.
- Mehrere Strategische Geschäftsfelder machen einen (integrierten) Geschäftsbereich aus.
- Strategische Geschäftsfelder und (integrierte) Geschäftsbereiche überlappen bzw. überschneiden sich.

Im Hinblick auf eine optimale Abgleichung internationaler Strategien und Strukturen erweist sich die erste Alternative als förderlich, während die vierte Alternative die größten Probleme aufweist. Die Alternativen zwei und drei nehmen Zwischenpositionen ein. Die Begründung für diese Aussage ist vergleichsweise einfach: Wenn Einheiten aus strategischen und organisatorischen Überlegungen heraus unterschiedlich gebildet werden, so kommt es zu Motivations-, Koordinations- und Integrationsproblemen in der international tätigen Unternehmung. **Strategien und Strukturen** einer Unternehmung sollten idealerweise nicht „im Misfit", sondern „**im Fit**" sein.

1.1.4.1.3 Integrierte Regionalstrukturen

Neben Funktionen, Geschäftsbereichen und Produkten kann als primäres Strukturie-rungskriterium **auf der ersten Hierarchieebene** nach der Unternehmungsleitung auch der **Regionalaspekt** stehen. Die Priorität des Regionalaspektes führt dazu, dass unter-schiedliche Geschäftsbereiche, Produkte (und natürlich auch Funktionen) unter einem Dach zusammengefasst werden. Während weltweite Funktionalverantwortliche und weltweite Sparten- und Produktverantwortliche häufig in der Muttergesellschaft ange-siedelt sind, können die Top-Manager von Regionalsparten sowie deren Ressorts so-wohl in der Zentrale als auch in der betreffenden Region ihren Sitz haben.

Modelle der **integrierten Regionalstruktur** (➜ Abbildung 4-5) werden vor allem von Unternehmungen **gewählt** (vgl. dazu Egelhoff 1982),

- deren Umfang internationaler Tätigkeiten relativ hoch ist und die im Ausland nicht nur Vertriebsniederlassungen, sondern auch Produktionsstätten errichten,
- die eine starke Notwendigkeit zur regional- und länderspezifischen Anpassung ha-ben und
- bei denen Verhandlungen mit ausländischen Regierungsstellen, Behörden oder Ver-bänden eine zentrale Rolle für den Geschäftserfolg darstellen.

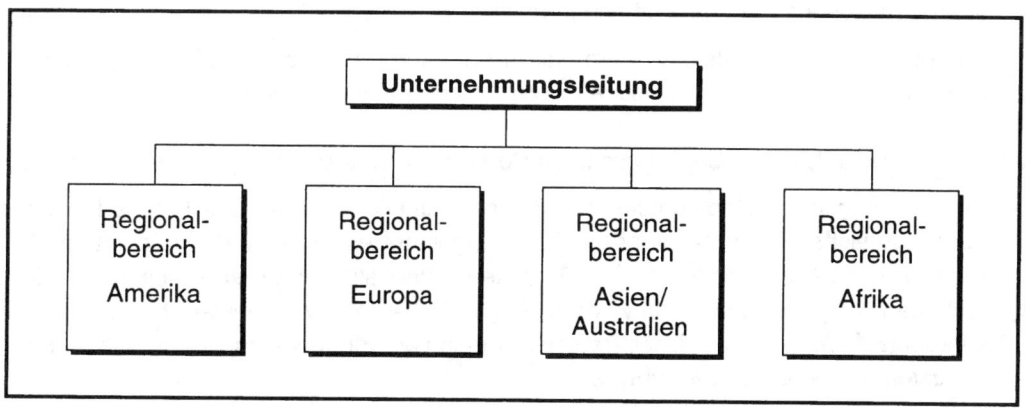

Abb. 4-5: Grundmuster der integrierten Regionalstruktur

Integrierte Regionalstrukturen weisen die folgenden **Vorteile** auf (vgl. zu Vor- und Nachteilen z.B. Egelhoff 1982, Ziener 1985, S. 69-71, Welge 1989c, Sp. 1597, Machar-zina 1992, S. 8, Pausenberger 1993, S. 130, Macharzina/Oesterle 1995a, S. 215):

- Wie bereits bei der integrierten Funktional- und der integrierten Geschäftsbereichs- und Produktorganisation wird die Integration von nationalem und internationalem Geschäft gefördert. Dies ist ein Vorteil, der vor allem gegenüber der Alternative der segregierten Organisationsstruktur, der Internationalen Division, ins Gewicht fällt.

- Es gibt letztlich kein rein nationales Geschäft, sondern nur noch internationales Geschäft. Das nationale Geschäft wird bei der integrierten Regionalstruktur Teil einer bestimmten Region. So kann „Deutschland" in der Region „Europa" aufgehen, was eine ethnozentrische Ausrichtung der international tätigen Unternehmung verhindert.

- Gleichzeitig wird der strategisch häufig notwendigen Anpassung an die Besonderheiten von (Welt-)Regionen, Ländergruppen oder sogar einzelnen großen Ländermärkten organisatorisch Rechnung getragen. Die integrierte Regionalstruktur ermöglicht es gleichzeitig, die einzelnen Länder unterschiedlich stark zu gewichten (z.B. durch Zusammenfassung mit anderen Ländern oder aber auch durch Einzelstellung).

- Integrierte Regionalstrukturen erlauben besser als andere Strukturalternativen die Nutzung von lokalem bzw. regionalem Know-how, welches bei vielen „marktgetriebenen" Unternehmungen als wichtiger Erfolgsfaktor gilt.

- Integrierte Regionalstrukturen führen häufig zu einer flexibleren Reaktion auf Veränderungen, zu einer stärkeren Berücksichtigung von Kundenwünschen und damit auch zu einem leichteren Aufspüren von Trends.

- Für Verhandlungen mit Regierungen, Behörden und Verbänden ist es – gerade in Entwicklungs- und Schwellenländern – ein Vorteil, wenn wichtige Gespräche von Mitarbeitern hoher Instanzen, die mit größerer Kompetenz ausgestattet sind, geführt werden. Sind die entscheidungsbefugten Mitarbeiter zudem noch vor Ort präsent, kann sich dies als weiterer Vorteil herausstellen.

- Die integrierte Regionalstruktur ermöglicht enge Informations- und Kommunikationsbeziehungen zu Tochtergesellschaften oder Partnern im Ausland.

Als **problematisch** gelten bei **integrierten Regionalstrukturen** die folgenden Aspekte:

- Bei der integrierten Regionalstruktur können – ähnlich wie bei der integrierten Geschäftsbereichs-/Produktstruktur – starke Eigeninteressen und damit auch große Konflikte entstehen. Die einzelnen Regionen treten als Konkurrenten innerhalb der Unternehmung auf. Dies kann zwar in einigen Fällen den Wettbewerb fördern, kann allerdings auch – etwa bei der Bedienung globaler Kunden – zu großen Reibungsverlusten und Spannungen führen.

- Problematisch bleibt zudem die sinnvolle Abgrenzung von Regionen oder Ländergruppen. Gerade bei vielen US-amerikanischen Unternehmungen wird dies deutlich, wenn etwa Afrika und Naher Osten – neben Europa, Südamerika sowie Asien/Pazifik – zu einer Region zusammengefasst werden. Es ist offensichtlich, dass die von Unternehmungen zu Regionen „vereinten" Länder manchmal als äußerst heterogen aufzufassen sind.

- Integrierte Regionalstrukturen bergen die Gefahr, dass regionale oder gar lokale Unterschiede überbetont und die Chancen der Globalisierung nicht genutzt werden. Vielfach orientieren sich die einzelnen Regionalbereiche zu stark an den Besonderheiten ihrer eigenen Region und den in ihr zusammengefassten Ländern und „vergessen" das aktive Nachdenken über Möglichkeiten eines weltweit eher einheitlichen Vorgehens.

- Der Transfer von Erfahrungen, Wissen und Ideen zwischen den einzelnen Regionen wird vor dem Hintergrund der organisatorischen Trennung der Regionalbereiche und aufgrund des auftretenden „Not-Invented-Here-Syndroms" erschwert.

- Besonders problematisch ist es, bei Regionalstrukturen die unterschiedlichen Funktionalaktivitäten aufeinander abzustimmen. In der Praxis kommt es häufig zur Doppel- bzw. Mehrfachausführung vieler Funktionen in den unterschiedlichen Regionalbereichen.

Insbesondere international tätige **Unternehmungen** mit **Stammsitz** in den **USA** oder in **Großbritannien** haben in der Vergangenheit häufig die integrierte Regionalstruktur als Organisationsform gewählt (vgl. Hedlund 1984, S. 119). In vielen Fällen kommt es allerdings dazu, dass das Regionalprinzip nur als Ergänzung des Geschäftsbereichsprinzips angewandt wird. Das in Textbox 4-3 geschilderte Beispiel von *Ford* macht deutlich, dass viele Unternehmungen prinzipiell eine Geschäftsbereichsstruktur wählen, diese aber teilweise durch eine Regionalstruktur ergänzen.

Nun müssen, so wurde bereits erwähnt, die Spitzen der Regionaldivisionen – wie auch die Spitzen der Geschäftsbereichs- und Produktdivisionen (vgl. Forsgren/Holm/Johanson 1995) – nicht zwingend am Standort der Muttergesellschaft ihren Sitz haben. Gerade bei integrierten Regionalstrukturen bietet es sich an, die Regionalbereiche, manchmal auch als **Regionalzentren** bezeichnet, in den entsprechenden Regionen anzusiedeln und nicht am Stammsitz der Gesamtunternehmung. Dafür spricht vor allem die größere Nähe zum Markt, aber auch das Argument des politischen Einflusses. Schließlich kann von Regionalzentren aus vor Ort meist leichter eine wirksame Lobbyingpolitik betrieben werden.

Bevor wir von eindimensionalen zu mehrdimensionalen integrierten Strukturen übergehen, möchten wir noch auf eine weitere Möglichkeit der organisationalen Strukturierung hinweisen: die integrierte „**Key-Account-Struktur**".

Textbox 4-3:   Integrierte Geschäftsbereichsstruktur mit Regionalstrukturkomponenten

Das Beispiel von Ford

Mit Beginn des Jahres 2000 ordnete *Ford* seine Geschäftsbereiche neu. Insgesamt wurden vier Geschäftsbereiche für die Marke *Ford* gebildet. Daneben existierten sechs Geschäftsbereiche, die zusammen die *Premier Automotive Group* darstellten (*Jaguar, Aston Martin, Land Rover, Volvo, Lincoln* und *Mercury*), vier weitere Geschäftsbereiche, die Service-Leistungen anboten (*Hertz Car Rentals, Ford Credit, Ford Customer Service* und *Fieco*) sowie die beiden Geschäftsbereiche *Mazda* und *Visceton*. *Ford* wollte alle Geschäftsbereiche – mit Ausnahme der vier *Ford*-Geschäftsbereiche – als integrierte Geschäftsbereiche verstanden wissen. Dies hieß: Diese Geschäftsbereiche wurden weltweit geführt. Dagegen wurden die vier Geschäftsbereiche von *Ford* nach dem Regionalprinzip strukturiert und geleitet. Um flexibler und näher am Kunden zu sein, wurde die Massenmarke *Ford* in Regionalbereiche aufgeteilt: *Ford* North America, *Ford* Europe, *Ford* Asia Pacific und *Ford* South America.

Quellen:
- o.V. (1999): Ford organisiert seine Geschäftsbereiche neu. In: Frankfurter Allgemeine Zeitung Nr. 242 vom 18. Oktober 1999, S. 21.
- o.V. (2000): Ford gilt nach wie vor als glänzend positioniert. In: Frankfurter Allgemeine Zeitung Nr. 283 vom 05. Dezember 2000, S. 24.

1.1.4.1.4 Integrierte Key-Account-Strukturen

Gerade international tätige Unternehmungen, die über einige wenige, dafür aber **zentrale Kunden** verfügen, können sich auch für eine weltweite „Key-Account-Struktur" anstelle einer Ausrichtung nach Funktionen, Geschäftsbereichen, Produkten oder Regionen entscheiden. Wir werden diese Möglichkeit nachfolgend kurz vorstellen, dabei aber gleichzeitig argumentieren, dass in der Praxis internationaler Unternehmungstätigkeit integriertes Key-Account-Management auf der ersten Ebene unterhalb der Unternehmungsleitung (noch) kaum existiert.

Key-Account-Management impliziert, dass Großkunden – unabhängig von einem spezifischen Problem, unabhängig vom Produkt und vor allem unabhängig von ihrem geographischen Standort – einen einzigen Ansprechpartner in der Unternehmung haben (vgl. Yip/Madsen 1996). Besondere Relevanz erhält das Key-Account-Management durch die **Internationalisierung des Handels** (vgl. zur Internationalisierung des Handels Dichtl/Lingenfelder/Müller 1991, Lingenfelder 1996, George 1997): Indem der Handel über Einkaufskooperationen, Filialisierungs- und Franchisekonzepte internationalisiert und dabei gleichzeitig national wie international Konzentrationstendenzen festzustellen sind, verändern sich auch Anforderungen an Hersteller. Fabrikanten wie die ehemalige *Philip Morris* (jetzt *Altria*), *Nestlé* oder *Unilever* haben es zunehmend mit immer weniger, dafür aber sehr zentralen und international operierenden Kunden zu tun – ob dies nun Einkaufskooperationen wie *Eurogroup, AMS* oder *EMD* oder mächtige Unternehmungsgruppen sind (vgl. Tietz 1995, v.a. S. 102-104, Otzen-Wehmeyer 1996). Die Internationalisierung des Handels ist in Textbox 4-4 anhand des Lebensmittel-einzelhandels illustriert.

Textbox 4-4:   Die Internationalisierung des Einzelhandels als Triebkraft für Key-Account-Strukturen

Ein Überblick über die Internationalisierung zentraler Wettbewerber

In der Branche des Lebensmitteleinzelhandels ist nach einer Phase der Konzentration seit Mitte der neunziger Jahre eine erneute Phase der Internationalisierung angebrochen. Beispielsweise übernahm die amerikanische Handelskette *Wal-Mart*, die größte Handelsunternehmung weltweit, 1997 die deutsche *Wertkauf-Gruppe*, 1999 die *Asda-Gruppe* im Vereinigten Königreich, 2005 den brasilianischen Einzelhändler *Sonae* und 2006 die japanische Einzelhandelskette *Seiyu*. *Wal-Mart* engagiert sich heute vorrangig in Asien und in Süd- sowie in Lateinamerika – aus Deutschland hat sich *Wal-Mart* inzwischen wieder zurückgezogen. Die Handelsunternehmung *Carrefour* übernahm 1999 seinen französischen Lokalrivalen *Promodès*, wodurch der größte Lebensmitteleinzelhändler Europas und der zweitgrößte der Welt entstand. *Carrefour*, vormals etwas weniger international als *Promodès*, wollte mit der Akquisition nicht zuletzt seine Auslandspräsenz erhöhen. So erwarb *Carrefour* ferner zum Beispiel 2000 den belgischen *GB*-Konzern, übernahm 2001 das Management der argentinischen *Norte*-Kette und 2004 die polnischen Supermärkte der niederländischen *Ahold*-Gruppe. *Carrefour* ist auch über Neugründungen vor allem in Europa, Asien und Südamerika präsent. Die deutsch-schweizerische *Metro,* weltweit die drittgrößte Handelsunternehmung, erwarb 1997 alle Cash&Carry-Märkte der niederländischen *Makro* und 2006 die polnischen *Géant* SB-Warenhäuser der französischen *Casino*-Gruppe. Darüber hinaus trieb *Metro* die Internationalisierung mithilfe von Neueröffnungen vor allem in Osteuropa und Asien voran. Während *Metro* und *Carrefour* als besonders international gelten – beide erzielen deutlich mehr als 50% des Umsatzes außerhalb ihrer Heimatmärkte – erwirtschaftet *Wal-Mart* lediglich einen Auslandsanteil am Umsatz von ca. 22%.

Quellen:
- http://www.carrefour.com, http://www.metrogroup.de.com und http://www.walmartfacts.com (Versionen Januar 2008).
- o.V. (2007): Wal-Mart investiert in Japan. In: Frankfurter Allgemeine Zeitung Nr. 284 vom 06. Dezember 2007, S. 19.
- o.V. (2000): Carrefour übernimmt den belgischen GB-Konzern vollständig. In: Frankfurter Allgemeine Zeitung Nr. 171 vom 26. Juli 2000, S. 24.
- o.V. (1998): Metro wächst in großen Schritten zum europäischen Handelskonzern. In: Frankfurter Allgemeine Zeitung Nr. 121 vom 27. Mai 1998, S. 22.
- o.V. (2007): Metro steckt sich ambitionierte Ziele. In: Frankfurter Allgemeine Zeitung Nr. 69 vom 22. März 2007, S. 18.

Welche Konsequenzen hat die Internationalisierung des Handels nun für die Organisationsstruktur von Herstellern? Die Produzenten, die es zunehmend mit wenigen internationalen Kunden zu tun haben, könnten ihre gesamte Organisation nach dem Key-Account-Prinzip strukturieren. Dahinter würde die Philosophie stehen, dass wichtige, international tätige Kunden auch einen zentralen Ansprechpartner brauchen. Die Praxis lehrt uns allerdings, dass eine Strukturierung nach dem Key-Account-Prinzip auf der von uns betrachteten Ebene unterhalb der Unternehmungsleitung nicht stattfindet. Vielmehr wird häufig lediglich der Bereich Vertrieb oder Verkauf teilweise nach Hauptkunden ausgerichtet (vgl. auch Diller 1992). Das Key-Account-Management wird dabei **meist im Zusammenhang mit einer Funktionalgliederung**, welche auf der ersten Ebene unterhalb der Unternehmungsleitung existiert, angewandt: Die Funktion Vertrieb oder Verkauf wird in diesem Fall auf den weiteren Hierarchieebenen sowohl nach Regionen als auch nach Kunden strukturiert. Die traditionell übliche regionale Gliederung des Vertriebs oder Verkaufs wird also teilweise durch eine kundenorientierte Struktur ergänzt. Die Regionalgliederung wird beibehalten, da auch weiterhin kleinere Kunden bedient werden. Die kundenorientierte Gliederung wird nötig, um den Ansprüchen der Großkunden mit Hilfe von Key Accounts Rechnung zu tragen.

Ähnlich wie ein Produktmanager weltweit für ein bestimmtes Produkt verantwortlich ist, ist der **Key-Account-Manager** dann weltweit für bestimmte, strategisch wichtige Kunden zuständig. In der Regel beschränkt sich seine Verantwortlichkeit allerdings auf den Vertrieb bzw. den Verkauf an diese Hauptkunden und schließt kaum weitere Funktionen (Beschaffung, Produktion etc.) mit ein. Vereinfacht und verkürzt ausgedrückt: Da der Key-Account-Manager somit weltweit für den Absatz an einen bestimmten Kunden zuständig ist, nimmt er – je nach Firmenphilosophie – prinzipiell die Rolle eines „weltweiten" Verkäufers oder „weltweiten" Relationship-Managers an.

In vielen Unternehmungen erfolgt die organisatorische Einrichtung des Key-Account-Managements ohnehin eher zufällig und unsystematisch. In zahlreichen Fällen begleiten nationale „Key-Accounter" ihre Kunden auf deren „Internationalisierungswegen". Waren die „Key-Accounter" zunächst für den national tätigen Kunden zuständig, so übernehmen sie zunehmend automatisch die Betreuung der hinzukommenden internationalen Aktivitäten dieses Kunden. Mehr oder weniger ungeplant wird also den Bedürfnissen der Kunden Rechnung getragen. Die ursprünglich nur nationalen Key-Accounter werden bei ihren Aktivitäten manchmal auch dadurch unterstützt, dass eine **Stabsstelle für die internationalen Kunden** eingerichtet wird, welche die einzelnen Key-Account-Manager hinsichtlich der analytischen, koordinierenden und administrativen Tätigkeiten unterstützt. Viele Unternehmungen werden einen weltweiten Key-Account-Manager in dem Land einsetzen, in dem sich auch die Zentrale des entsprechenden Schlüsselkunden befindet (vgl. Yip/Madsen 1996, S. 28).

Unsere Ausführungen, die das Vorgehen der Praxis skizzieren, sollen verdeutlichen, dass eine reine Key-Account-Struktur zwar theoretisch denkbar wäre, in der Realität allerdings – zumindest bisher – nicht oder kaum angewandt wird. Vielmehr ist die Key-Account-Organisation als Organisationsform zu werten, die zusätzlich zu den traditionellen Organisationsformen existiert. Ob dies auch in Zukunft vor dem Hintergrund einer weiteren Internationalisierung des Handels so bleiben wird, ist abzuwarten. Schließlich zeigen sich bereits außerhalb des Handels erste Versuche, eine stärkere Kundenorientierung organisatorisch durch den Aufbau einer entsprechenden Struktur zu fördern (vgl. auch Homburg/Workman/Jensen 2000). Dies wird anhand des Beispiels von *ABB* in Textbox 4-5 deutlich.

Textbox 4-5:   Die Entwicklung von kundenorientierten Strukturen

Das Beispiel von ABB

Eine Entwicklung in Richtung einer „kundenorientierten" Organisationsstruktur vollzieht zur Zeit *ABB*. *ABB*, eine Unternehmung der Elektro-, Verkehrs- und Umwelttechnik, ist aus einer 1987 erfolgten Fusion der schwedischen *ASEA* und der Schweizer *Brown Boveri* hervorgegangen.

ABB hat sich zum Jahreswechsel 2000/2001 eine neue Struktur gegeben. Dabei wurden vier Kundengruppen gebildet: Versorgungsunternehmungen, Prozessindustrien, Fertigungs- und Konsumgüterindustrien sowie Öl-, Gas- und Petrochemieunternehmungen. Mit dieser Orientierung an Kundengruppen will man vor allem sicherstellen, dass die 200 größten Kunden mehr Produkte von *ABB* kaufen. Die meisten Großkunden haben bisher nur bei einem oder bei wenigen der 28 Geschäftsfelder von *ABB* eingekauft. Ziel ist es, durch die Umstrukturierung zusätzliche Umsätze bei den Großkunden zu generieren.

Doch trotz einer Orientierung an Kundengruppen gibt *ABB* die Orientierung an Produktgruppen nicht auf. *ABB* weist weiterhin zwei wesentliche Geschäfts- bzw. Produktbereiche auf: Stromtechnologieprodukte und Automatisierungstechnologieprodukte. Damit wird deutlich, dass *ABB* – wie zu früheren Zeiten, als eine ausgeprägte Matrixstruktur bestand (→ Abschnitt 1.1.4.2.1 in diesem Kapitel) – nicht auf eine Strukturierung hinsichtlich einer einzigen Dimension setzt.

Quellen:
- o.V. (2001): Die Börse reagiert enttäuscht auf das Ergebnis des ABB-Konzerns. In: Frankfurter Allgemeine Zeitung Nr. 38 vom 14. Februar 2001, S. 21.
- Werres, Thomas (2001): Der Vollender. In: Manager Magazin, Januar 2001, S. 94-101.

1.1.4.2   Mehrdimensionale integrierte Strukturen

Mit zunehmender Internationalisierung erkennen viele Unternehmungen, dass sowohl integrierte Funktional- als auch integrierte Geschäftsbereichs-, Produkt-, Regional- oder Key-Account-Strukturen erhebliche Nachteile aufweisen. Bei einer Gliederung nach Funktionen rückt die Ausrichtung auf Geschäftsbereiche, Produkte oder Regionen in den Hintergrund, bei einer Gliederung nach Geschäftsbereichen oder Produkten werden die Regionen zu wenig beachtet, bei einer Konzentration auf Regionen bleibt die Kenntnis von Funktions- und Produktwissen teilweise „auf der Strecke" und die Konzentration von Kunden führt häufig dazu, dass gerade kleinere Abnehmer vernachlässigt werden. Um diese Probleme abzuschwächen, führen manche internationale Unternehmungen mehrdimensionale Organisationsstrukturen (**Grid-Strukturen**) ein.

- Werden dabei **zwei Kriterien** zur Gliederung der Organisation unterhalb der Unternehmungsleitung herangezogen, so spricht man von **Matrixstrukturen**.
- Werden gar **drei Kriterien** simultan berücksichtigt, so hat sich in der Literatur der Terminus der **Tensorstruktur** eingebürgert.

Welge weist darauf hin, dass die Grid-Struktur nicht nur als zwei- oder dreidimensionale Organisationsform auftritt, sondern auch um eine vierte Dimension (z.B. Projektorganisation, ➔ Abschnitt 4.6 in diesem Kapitel) erweitert werden kann (vgl. Welge 1989c, Sp. 1598). Wir wollen zunächst auf die Matrixorganisation genauer eingehen.

1.1.4.2.1 Matrixstrukturen

In der Praxis der internationalen Unternehmungstätigkeit hat sich häufig die Matrixorganisation mit den Gliederungskriterien „Produkt-" bzw. „Geschäftsbereich" einerseits und „Regionalbereich" andererseits ergeben; die funktionalen Bereiche werden dabei in der Regel durch **Zentralabteilungen** repräsentiert. Dies soll exemplarisch in Abbildung 4-6 zum Ausdruck kommen. Eine Matrix wird durch drei unterschiedliche Elemente gebildet: (1) Matrixstellen, (2) Matrixzellen und (3) Matrixleitung (vgl. zu den Grundmerkmalen von Matrixorganisationen Bühner 1993a, S. 401-409 sowie Scholz 1993b).

(1) Die Manager der **Matrixstellen** sind primär für ihre eigene Dimension zuständig – für ein bestimmtes Produkt oder für eine bestimmte Region. Über horizontale Abstimmungsprozesse müssen die Manager der Matrixstellen mit den Managern der übrigen Matrixstellen ihrer Dimension – aber nicht mit Verantwortlichen der Matrixstellen der anderen Dimension – einen Konsens erreichen. Betrachtet man Abbildung 4-6, so müssen sich einerseits die Manager der Matrixstellen „Produkt A", „Produkt B" und „Produkt C" sowie andererseits die Manager der Matrixstellen „Region 1", „Region 2" und „Region 3" abstimmen. Die Abstimmungsnotwendigkeiten hinsichtlich einer Dimension werden aber in der Regel stark beschränkt; die meisten Abstimmungsnotwendigkeiten werden bewusst auf die Matrixzellen verschoben.

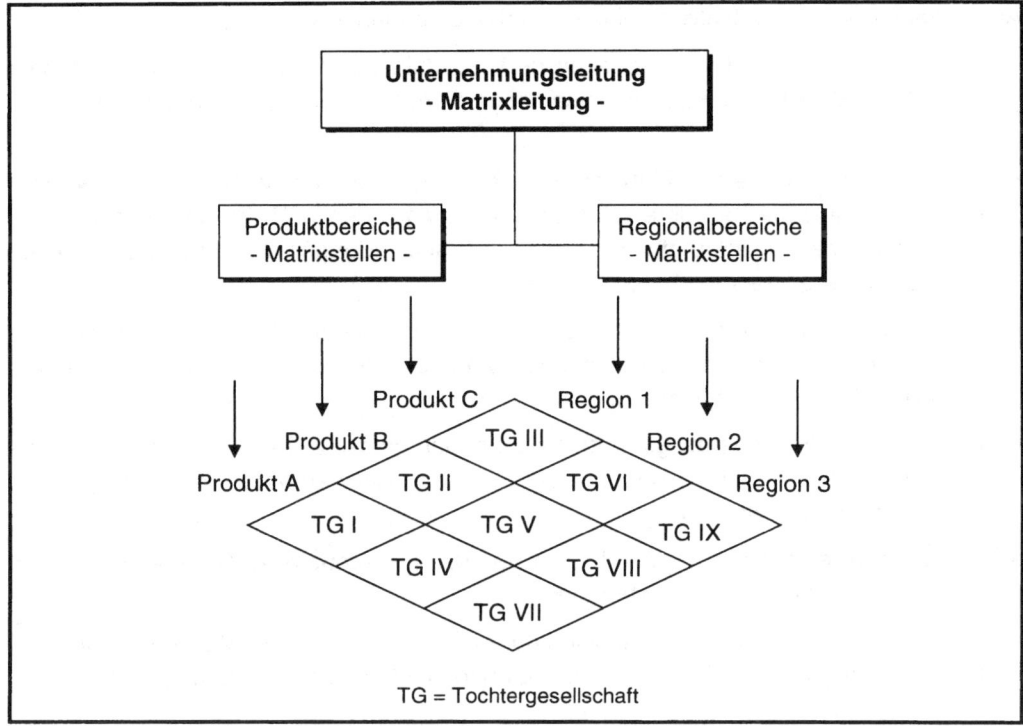

Abb. 4-6: Grundmuster der Matrixstruktur in internationalen Unternehmungen

(2) Die Manager der **Matrixzellen** sind für die Aufgabenerfüllung in Abhängigkeit der beiden vorgegebenen Dimensionen zuständig. Eine Matrixzelle ist gleichzeitig zwei Matrixstellen unterstellt und trifft damit – nahezu regelmäßig – auf **Interessenkonflikte**. Bei den Matrixzellen kann es sich um eigene Tochtergesellschaften, um Abteilungen oder auch um einzelne Stellen handeln. Es ist Aufgabe der Matrixzellen, die von den Matrixstellen an sie herangetragenen – oft widersprüchlichen – Anforderungen zusammenzuführen und Interessenkonflikte auszugleichen. In unserem Fall muss die Tochtergesellschaft TG II die Anforderungen der Produktsparte B und der Region 1 erfüllen.

(3) Die **Matrixleitung** (Top-Management/Unternehmungsleitung) hat die Aufgabe, die beiden Matrixdimensionen und damit die Manager der Matrixstellen mit entscheidungsrelevanten Informationen zu versorgen und mit diesen die grundsätzlichen Ziele, Strategien und Maßnahmen abzustimmen. Gleichzeitig wird auf der Ebene der Matrixleitung idealtypisch eine (versteckte) dritte Dimension verankert, die den beiden Matrixdimensionen Unterstützungsleistungen erbringt. Im Falle der „Produkt-Regionen-Matrix" sind auf der Ebene der Matrixleitung noch die Funktionalbereiche (z.B. Marketing, Personalwesen, Finanzwesen, Rechnungswesen) organisatorisch verankert. Diese Bereiche werden zuweilen nicht als Funktionalbereiche, sondern als Stabsstellen eingerichtet.

Als **Vorteile der Matrixstruktur** zeigen sich die folgenden Aspekte:

- Unterschiedliche Gliederungskriterien (z.B. Produkt und Region) sind im Gegensatz zu anderen Strukturoptionen organisatorisch nicht sukzessive, sondern simultan verankert.

- Mit der Errichtung einer Matrixstruktur beabsichtigen Unternehmungen, Abstimmungszwänge zwischen unterschiedlichen Dimensionen (z.B. Produkt und Region) zu schaffen, da sie sich dadurch die besten Entscheidungen und eine optimale Ressourcenallokation versprechen.

- Die durch die Matrixstruktur etablierten Informations- und Kommunikationskanäle schaffen die Voraussetzung dafür, dass unterschiedliche Kenntnisse, Erfahrungen und Wissen eingebracht werden.

- Dadurch, dass Entscheidungs- und Weisungsbefugnisse zwischen unterschiedlichen Instanzen aufgeteilt werden, kann eine Balance zwischen verschiedenen Anforderungen geschaffen werden.

- Matrixstrukturen fördern folglich die Problemlösungskompetenz, die Ideenvielfalt und die Innovationskraft in Unternehmungen.

- Von vielen Autoren werden Matrixstrukturen als hervorragende Möglichkeit der Dezentralisierung und damit der Anpassung an lokale Gegebenheiten aufgefasst.

Problematisch an der Matrixstruktur sind folgende Aspekte:

- Matrixorganisationen stellen hohe Anforderungen an das Informations- und Kommunikationsverhalten sowie an die Abstimmungsfähigkeiten und die Konfliktbereitschaft der Mitarbeiter.

- Gerade in international tätigen Unternehmungen werden die – in Matrixstrukturen ohnehin langwierigen – Abstimmungsprozesse durch die räumliche Entfernung deutlich erschwert.

- In international tätigen Unternehmungen kommt es zur Notwendigkeit zahlreicher Sitzungen, die den grenzüberschreitenden Besuchsverkehr „aufblähen" und damit hohe Kosten verursachen.

- Matrixstrukturen können unter Umständen zu endlosen dysfunktionalen Machtkämpfen in der Unternehmung führen.

- In manchen Fällen verstärken Matrixstrukturen die Introvertiertheit einer Unternehmung zu Lasten ihrer Extrovertiertheit: Unternehmungen sind zuweilen so stark mit sich selbst beschäftigt, dass die Marktorientierung „auf der Strecke bleibt".

Versuche, eine Matrixorganisation zu implementieren, finden sich sowohl auf nationaler als auch auf internationaler Ebene seit Ende der sechziger Jahre. Häufig wird in der Literatur bei der Frage nach dem Ursprung der Matrixorganisation auf die US-amerikanische Weltraumindustrie verwiesen, wo mehrere Unternehmungen dem Beispiel der

NASA gefolgt sind und Matrixorganisationen eingeführt haben. Im Zusammenhang mit den Realisierungschancen von Matrixstrukturen werden allerdings zahlreiche Probleme genannt. Unter anderem wird argumentiert, dass gerade in romanischen Ländern, wie Frankreich, Belgien, Spanien oder Italien, Matrixstrukturen nur geringe Realisierungschancen hätten (vgl. Laurent 1981). Man nimmt an, dass in angelsächsischen und skandinavischen Ländern bessere kulturelle Voraussetzungen für Matrixstrukturen gegeben seien, da dort die Akzeptanz von Konflikten stärker ausgeprägt sei. Allerdings zeigt sich spätestens seit den achtziger Jahren, dass Matrixstrukturen unabhängig von der kulturellen Verwurzelung der Muttergesellschaft zahlreiche Probleme aufwerfen.

Digital Equipment, *Westinghouse* oder die *Citibank* haben versucht, Matrixstrukturen einzuführen, sind dabei aber gescheitert (vgl. Ghoshal/Bartlett 1995, S. 86). Auch europäische Unternehmungen – wie etwa die Schweizer *Sulzer AG* (vgl. dazu Bühner 1993a, S. 404-405) – hatten mit der Strukturierung als Matrix enorme Schwierigkeiten. Im Vergleich zu anderen Formen der Organisationsstruktur hat die Matrixstruktur daher vergleichsweise **wenig Verbreitung in der Praxis** gefunden. Selbst über die Unternehmung, deren Struktur häufig als Paradebeispiel einer Matrix dargestellt wurde und immer noch wird – *ABB (Asea Brown Boveri)* – finden sich regelmäßig Presseberichte, die auf die mit einer Matrixstruktur verbundenen Schwierigkeiten hindeuten. Dennoch wollen wir nachfolgend kurz auf die früher existierende Matrixstruktur von *ABB* eingehen, um das Prinzip internationaler Matrixstrukturen zu illustrieren. Auch wenn heute nicht mehr in dieser Form bestehend, kann das Grundprinzip von Matrixstrukturen damit offenkundig werden (➜ Textbox 4-6).

Seit Beginn der neunziger Jahre wird die Organisationsform der Matrix in der Literatur nun, trotz aller Problematik, wieder verstärkt diskutiert – allerdings unter einem neuen Blickwinkel: Inzwischen betrachtet man die Matrixorganisation nicht mehr als dauerhafte Organisationsform, welche die Internationale Division oder integrierte Funktional-, integrierte Geschäftsbereichs-, integrierte Produkt- und integrierte Regionalorganisationen ersetzen könnte. Vielmehr fasst man die **Matrix als Unterstützung** für die anderen Organisationsformen auf – eine Unterstützung, die vor allem die kurzfristige Lösung spezifischer Probleme im Rahmen von Projekten ermöglicht (vgl. auch Scholz 1993b, v.a. S. 678-681). Ebenso hat man erkannt, dass die **Matrix eher in den Köpfen der Mitarbeiter** zu verankern ist als in Organigrammen. Ob die Matrixzelle besetzt ist oder nicht, verliert an Bedeutung. Dagegen gewinnt die Einsicht an Bedeutung, dass Manager der **Matrixstellen** in **Matrixzellen** denken (sollen). Die Vorstellung von der „Matrix in den Köpfen" wird uns umgehend wieder beschäftigen, wenn wir weitere Gestaltungselemente internationaler Organisationsstrukturen ansprechen (➜ Abschnitt 2 in diesem Kapitel).

Textbox 4-6:   Matrixstrukturen internationaler Unternehmungen

Das Beispiel von ABB

In Textbox 4-4 hatten wir davon gesprochen, dass *ABB* inzwischen die Kundenorientierung verstärkt auch in der Organisationsstruktur verankern möchte. Doch lange Zeit wies *ABB* in der Vergangenheit eine weltweite Matrixstruktur auf: Die erste Matrixdimension wurde durch die sogenannten „Business Segments", die zweite Matrixdimension zunächst durch einzelne „Länder", später durch die „Regionen" gebildet.

(1) Die Matrixstellen: *ABB* unterscheidet als „Business Segments" (erste Matrixdimension) die Stromerzeugung, die Stromübertragung und -verteilung, die Industrie- und Gebäudesystemtechnik und den Verkehr. Diese vier „Business Segments" lassen sich dann noch einmal in insgesamt etwa 50 „Business Areas" aufteilen. Jedes „Business Segment" besteht also aus mehreren „Business Areas", die als verwandte Aktivitäten gelten.

Hinsichtlich der Regionen (zweite Matrixdimension) finden wir bei *ABB* eine Unterscheidung zwischen Europa, Amerika und Asien/Pazifik. Diese drei Regionen wiederum lassen sich nochmals in 34 Landesgesellschaften aufgliedern, so dass jede Region die übergeordnete Instanz für die einzelnen Landesgesellschaften darstellt. Die Landesgesellschaften selbst nehmen häufig die Form einer Landesholding, die Regionalgesellschaften die Form einer Regionalholding an (➔ zu Holdingstrukturen Abschnitt 2.2.3 in diesem Kapitel).

Mit diesen beiden Matrixdimensionen wird von *ABB* gleichzeitig eine geschäfts- bzw. produktbezogene Komponente und eine regionale Komponente berücksichtigt. Die Manager der ersten Matrixdimension treffen Entscheidungen, die ihre „Business Segments" bzw. ihre „Business Areas" betreffen – Entscheidungen, die unabhängig von der Region oder den Ländern sind. Dagegen sind die Manager der zweiten Matrixdimension für Entscheidungen verantwortlich, die sich auf Regionen oder Ländermärkte beziehen – Entscheidungen, die auf eine möglichst effiziente Bearbeitung der Regionen oder Ländermärkte abzielen und damit „Business Segments" bzw. „Business Areas" umfassen.

(2) Die Matrixzellen: Zusammengehalten werden die beiden Matrixdimensionen durch die sogenannte *ABB*-Matrix, deren Schnittstellen von den einzelnen Profit Centern gebildet werden. Ein Profit Center wird dabei durch Gesellschaften konstituiert, die jeweils in einer „Business Area" und in einem Land aktiv sind. *ABB* zählt weltweit etwa 5.000 Profit-Center: Manche der Profit Center sind rechtlich selbständig, andere der Profit Center werden mit wieder anderen Profit Centern zu einer Unternehmung zusammengefasst. Die meisten der *ABB*-Profit-Center nehmen die Größe mittelständischer Unternehmungen an, was auch daran ersichtlich ist, dass sie eine durchschnittliche Beschäftigtenzahl von 50 Mitarbeitern aufweisen.

Die Geschäftsführer der 5.000 Profit Center unterstehen nun – ganz dem Prinzip der Matrixorganisation entsprechend – gleichzeitig zwei Vorgesetzten: zum einen dem jeweiligen Vorgesetzten des „Business Segments" und zum anderen dem jeweiligen Vorgesetzten der nationalen Gesellschaft. Dabei betont Eberhard von Koerber, der Vorstandsvorsitzende von *ABB Europa,* dass sich gerade an dieser Schnittstelle der *ABB*-Grundsatz verwirkliche: „In vielen Ländern zu Hause sein!"

(3) Die Matrixleitung: Die Matrixleitung hat bei *ABB* das sogenannte Executive Committee inne. Dieses Executive Committee tritt etwa alle drei Wochen zusammen, um die *ABB*-Strategie zu bestimmen. Das Executive Committee umfasst bei *ABB* acht Personen, die kollektiv für *ABB* verantwortlich zeichnen. Intern ist jedem der acht Mitglieder des Executive Committee – mit Ausnahme des Präsidenten – entweder ein bestimmtes der vier „Business Segments" (erste Matrixdimension) oder eine bestimmte der drei Regionen (zweite Matrixdimension) zugeteilt. Dadurch werden die bei *ABB* bewusst institutionalisierten Konflikte nicht nur in den Profit Centern ausgetragen, sondern auch auf oberster Ebene: auf der Ebene des Executive Committee. Ausdruck der Internationalität ist auch die Wahl der Sitzungsorte für das Executive Committee: Das Executive Committee tagt nicht immer am Sitz der Unternehmungsleitung (in diesem Fall: Konzernholding) in Zürich, sondern hält seine Sitzungen nahezu überall auf der Welt ab. Neben dem Executive Committee kommt die Unternehmungsspitze mit einer personell sehr kleinen „Mannschaft" aus. Am Unternehmungssitz in Zürich sind gerade einmal 100 Mitarbeiter beschäftigt.

Eberhard von Koerber weist darauf hin, dass man innerhalb von Matrixorganisationen die oft kritisierte „Zweigleisigkeit" nicht überbewerten sollte. So gibt es nach Koerbers Angaben unter den 38.000 Mitarbeitern in Deutschland nur 50 Manager, die tatsächlich – aufgrund der Matrix – zwei Vorgesetzte hätten und damit permanent im Spannungsfeld zwischen Produktdimension und Länderdimension stünden. Nur an diese Mitarbeiter würde der Anspruch gestellt, mit Widersprüchen und Zwiespältigkeiten leben zu können. Für eine Vielzahl anderer Mitarbeiter seien allerdings andere Fähigkeiten relevant – Fähigkeiten, die mit der Matrixstruktur nicht in direktem Zusammenhang stehen.

1998 hat *ABB* die Matrixstruktur ganz aufgegeben, nachdem sie bereits im Zeitraum zuvor durch etliche kleinere Reorganisationsmaßnahmen aufgeweicht worden war. *ABB* wurde zunächst nach Sparten organisiert, von denen die meisten Geschäftsbereiche darstellen. Die Länder- bzw. Regionaldimension wurde eliminiert. Zum Jahreswechsel erfolgte dann ein erneuter Wechsel der Organisationsstruktur – der in Textbox 4-5 erläuterte Übergang zu einer kundenorientierten Struktur.

Quellen:
Koerber (1993), Turner/Henry (1994), S. 423, Berggren (1996), v.a. S. 125-126, Kirchmann (2000) und Sonnenmoser (2000) sowie Geschäftsberichte des ABB-Konzerns für die Jahre 1994, 1995 und 1998.

1.1.4.2.2 Tensorstrukturen

Die mit der Matrixorganisation verbundenen Schwierigkeiten werden im Falle einer **Tensororganisation** noch erhöht, da – wie oben bereits erwähnt – bei Tensororganisationen **simultan drei Kriterien zur Strukturierung** herangezogen werden. Ein Beispiel für eine Tensororganisation findet sich in Abbildung 4-7.

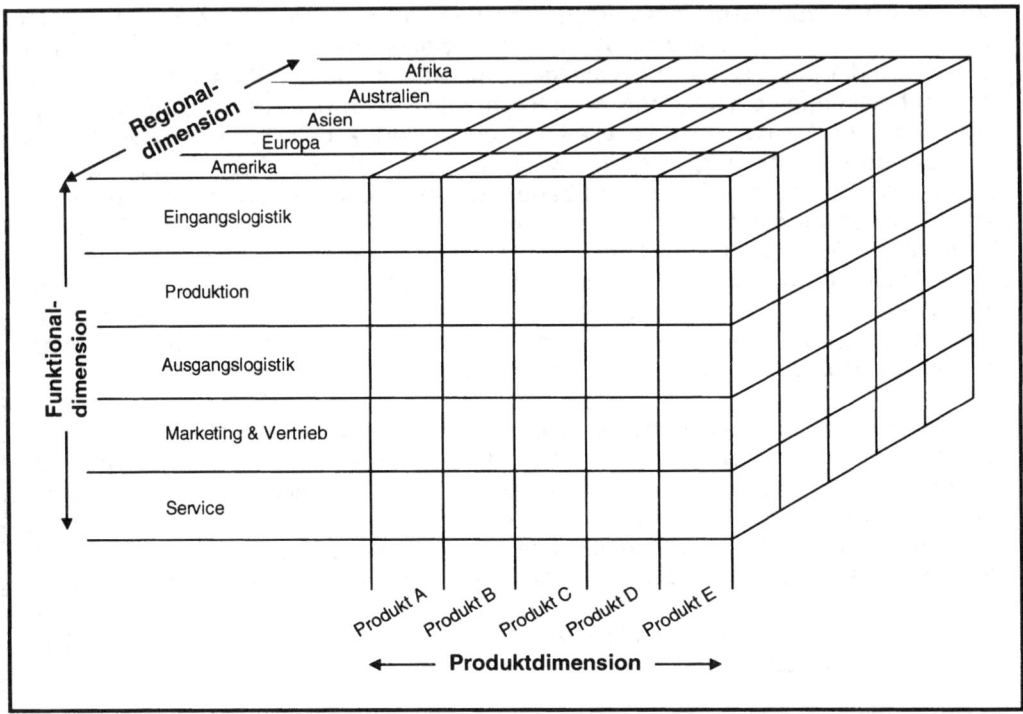

Abb. 4-7:   Grundmuster der Tensorstruktur in internationalen Unternehmungen

Jürgen Dormann, Vorstandsvorsitzender von *Hoechst*, welche 1999 durch Fusion mit *Rhône-Poulenc* in *Aventis* aufgegangen ist, hat in einem Artikel aus dem Jahr 1993 die (damalige) Organisationsstruktur seines Hauses als Tensororganisation bezeichnet (vgl. Dormann 1993). Dormann argumentierte, in seinem Haus fänden drei Dimensionen (Produkt, Region, Funktion) gedanklich Berücksichtigung. Bei genauerer Analyse erkennt man allerdings, dass die drei von Dormann angesprochenen Dimensionen damals zwar berücksichtigt wurden, aber nicht simultan, sondern sukzessiv. Und in der Tat scheint eine Interpretation dieses Phänomens, für das *Hoechst* nur beispielhaft herangezogen wurde, wichtig: Denn bei allen Unternehmungen spielen natürlich mehrere Dimensionen eine Rolle. Doch wäre es für viele organisatorische Aufgaben, wie etwa für die Entscheidungsfindung, das Informationsverhalten, die Kommunikationssituationen oder die Kontrollprozesse zu komplex, würde man diese Dimensionen simultan auch zur Strukturierung der Organisation heranziehen. Im vorliegenden Fall, d.h. bei *Hoechst*, schienen zum damaligen Zeitpunkt selbst zwei Dimensionen zu schwierig in der Realisierung gewesen zu sein. So zeigt eine Analyse der Organisationsstruktur, dass das Produkt- bzw. Geschäftsbereichsprinzip das Gliederungskriterium für die erste Ebene und das Regionalprinzip das Gliederungskriterium für die zweite Ebene darstellte.

Zuweilen wurde in anderen Veröffentlichungen auch bereits dann von einer Tensororganisation gesprochen, wenn auf der Ebene der obersten Unternehmungsleitung, d.h. etwa im Vorstand oder Board, oder auf der Ebene unterhalb der Unternehmungsleitung, d.h. auf der Ebene der Bereichschefs (z.B. Funktionalbereichs-, Geschäftsbereichs-, Regionalbereichsvorstände), ein Mix unterschiedlicher Gliederungskriterien auftrat (vgl. Agthe 1979, S. 437). Man nahm also an, dass eine Tensororganisation schon dann gegeben war, wenn ein Teil der Führungskräfte eine funktionale, ein Teil eine geschäftsbereichs- oder produktbezogene und ein Teil eine regionale Verantwortung hatte. Damit knüpfte man das Vorliegen der Tensororganisation an personelle Verantwortungen. Wir möchten darauf hinweisen, dass eine Tensorstruktur nicht (allein) durch eine derartige Verantwortungsverteilung entsteht, da sich dabei nicht zwingenderweise drei Strukturierungskriterien simultan durch die gesamte Unternehmung ziehen müssen. Zwar wird hier versucht, über die Zuständigkeiten der obersten Führungsebenen unterschiedliche Strukturprinzipien einzuführen; allerdings müssten sich erstens diese Zuständigkeiten auch in Strukturprinzipien wiederfinden, und zweitens müssten sich die Strukturprinzipien in der gesamten Unternehmungsstruktur widerspiegeln, um tatsächlich zu einer Tensorstruktur zu gelangen. Dies ist unserer Erfahrung nach in der Praxis nicht der Fall (→ unsere Ausführungen zum Zusammenhang zwischen Organisationsstruktur und Führungsorganisation in Abschnitt 1.3 in diesem Kapitel).

Fazit bleibt daher, dass man von einer Tensororganisation nur sprechen kann, wenn auch simultan mehr als zwei Kriterien zur Strukturierung herangezogen werden. Die Tensororganisation ist zwar theoretisch denkbar, doch die Praxis zeigt, dass Unternehmungen bereits mit zwei Dimensionen Probleme haben. Somit hat die Tensororganisation realiter kaum Bedeutung.

Neben den bisher vorgestellten Organisationsstrukturmodellen hat in letzter Zeit vor allem die Netzwerkstruktur Beachtung gefunden, die wir in Abschnitt 1.1.5 darstellen werden.

1.1.5   Netzwerkstrukturen internationaler Unternehmungen

Netzwerke sind in der Betriebswirtschaftslehre bereits seit einem Jahrzehnt „en vogue" (vgl. Sydow 1992). Und Netzwerkansätze werden auch in den Sozialwissenschaften im Allgemeinen seit langem ausführlich diskutiert (vgl. die Analysen von Wührer 1995, S. 110-190, Ebers 1997, Hrsg., Oliver/Ebers 1998 und Renz 1998). Doch was versteht man überhaupt unter Netzwerken? Diese Frage werden wir zuerst beantworten (Abschnitt 1.1.5.1), bevor wir auf die Unterscheidung zwischen intra-organisationalen und inter-organisationalen Netzwerkstrukturen (Abschnitte 1.1.5.2 und 1.1.5.3) und deren Verknüpfung eingehen wollen (Abschnitt 1.1.5.4). Einen Überblick über die folgenden Ausführungen kann auch Abbildung 4-8 vermitteln.

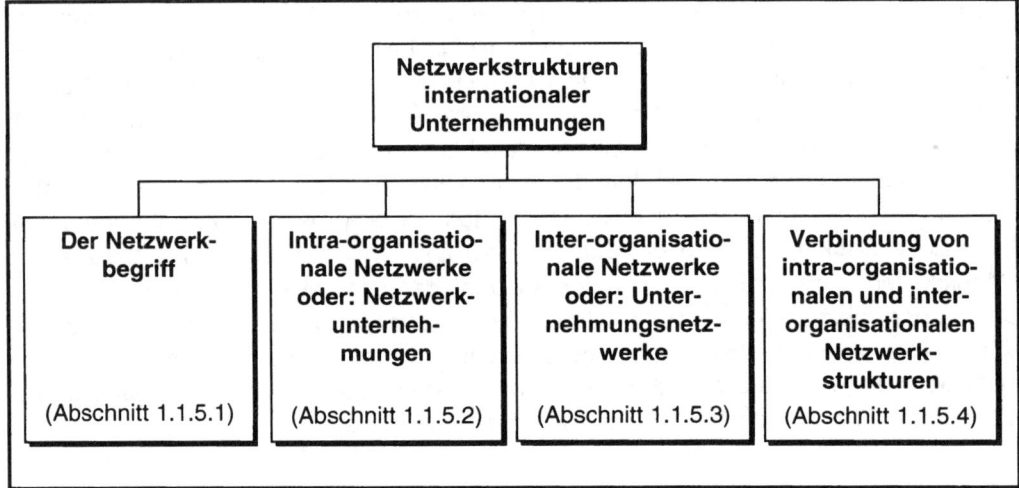

Abb. 4-8:   Strukturübersicht über Netzwerkstrukturen internationaler Unternehmungen

1.1.5.1   Der Netzwerkbegriff

Ein Netzwerk besteht aus **Knoten und Kanten**.

* Als Knoten werden die **Aktoren** eines Netzwerkes bezeichnet. Bei diesen Aktoren kann es sich um Individuen, um Gruppen, um Organisationen oder um Nationen handeln.
* Kanten nennt man die zwischen den Aktoren bestehenden direkten oder indirekten **Beziehungen, Aktivitäten oder Interaktionen**.

Wenn wir uns diese Definition vor Augen führen, so stellen wir fest, dass der Netzwerkbegriff sehr weit gefasst werden kann (vgl. auch die Zusammenfassung bei Kutschker/

Schmid 1995). Wir wollen im Rahmen dieser Ausführungen den Netzwerkbegriff enger fassen: Hinsichtlich der **Knoten (Aktoren)** eines Netzwerkes werden wir uns auf Organisationen bzw. Organisationsteile – und dabei in unserem Zusammenhang noch spezifischer auf Unternehmungen bzw. Unternehmungsteile – beschränken und Individuen, Gruppen oder Nationen ausblenden. Weit bleiben wir hinsichtlich der **Beziehungen**, deren Analyse in Netzwerken ohnehin wichtiger ist als die Analyse der Aktoren (vgl. zur Bedeutung von Beziehungen auch die zahlreichen Beiträge in Gemünden/Ritter/Walter 1997, Hrsg.). Als Beziehungen fassen wir Transaktionsbeziehungen, Informations- und Kommunikationsbeziehungen, Macht- und Einflussbeziehungen sowie Vertrauensbeziehungen auf (vgl. Kutschker/Schmid 1995, S. 4).

Was lässt sich nun als internationale Netzwerkstrukturen bezeichnen? Wir werden auf den folgenden Seiten herausarbeiten, dass wir zwischen zwei unterschiedlichen Arten von Netzwerkstrukturen unterscheiden können. Wir finden erstens innerhalb einer internationalen Unternehmung Netzwerkstrukturen vor. Und wir entdecken zweitens in internationalen Unternehmungen Netzwerkstrukturen, welche die Grenzen der klassischen Unternehmung überschreiten. Es ist zwar einzuräumen, dass die Grenzen der Unternehmung zunehmend schwierig zu fassen sind (vgl. Picot/Reichwald 1994, Sydow/Schreyögg 1997, Hrsg., Ortmann/Sydow 1999, Picot/Reichwald/Wigand 2001); wir wollen aber trotzdem vereinfachend annehmen, dass die Grenzen einer Unternehmung doch zumindest subjektiv bestimmt werden können.

Die Netzwerkstrukturen innerhalb der Unternehmung bezeichnen wir als **intra-organisationale Netzwerkstrukturen**, die Netzwerkstrukturen, die über die Grenzen der Unternehmung hinaus reichen, als **inter-organisationale Netzwerkstrukturen**. Wir werden uns nun zunächst den intra-organisationalen Netzwerken, die wir auch als Netzwerkunternehmungen bezeichnen (Abschnitt 1.1.5.2), und anschließend den interorganisationalen Netzwerken, die wir als Unternehmungsnetzwerke betrachten (Abschnitt 1.1.5.3), zuwenden.

1.1.5.2 Intra-organisationale Netzwerke oder: Netzwerkunternehmungen

In der Literatur zum Internationalen Management werden in den letzten Jahren internationale Netzwerkstrukturen sehr ausführlich diskutiert. Es existiert eine Vielzahl von Konzepten, die die „organisatorische Struktur der Zukunft" im Netzwerkmodell sehen. Neben den Konzepten von Hedlund, Prahalad/Doz sowie White/Poynter hat vor allem das Konzept von Bartlett/Ghoshal Verbreitung gefunden. Bartlett/Ghoshal stellen die transnationale Organisation explizit als Netzwerkmodell vor. Wir wollen die wichtigsten Überlegungen an dieser Stelle nochmals zusammenfassen.

Das Konzept der **transnationalen Organisation** wurde, wie bereits ausführlich erläutert (→ Abschnitt 3.2.2 in Kapitel 2), gegen Ende der achtziger Jahre von Christopher Bartlett (Harvard Business School) und Sumantra Ghoshal (früher INSEAD, danach London Business School) vorgestellt. Bartlett und Ghoshal traten mit dem Anspruch an, den traditionellen Modellen der internationalen Unternehmung – der internationalen, der multinationalen und der globalen Unternehmung – ein fortschrittlicheres Modell gegenüberzustellen. Transnationale Organisationen, so Bartlett und Ghoshal, bieten im Gegensatz zu bisherigen Unternehmungsmodellen die Möglichkeit, gleichzeitig globale Effizienz und lokale Anpassungsfähigkeit zu verwirklichen. Bartlett/Ghoshals Anspruch der Fortschrittlichkeit bezog sich dabei primär auf die Strategien internationaler Unternehmungen. Doch mit den Strategien untrennbar verbunden sind für Bartlett/Ghoshal Struktur- und Koordinationsprobleme der internationalen Unternehmung. Uns soll nun an dieser Stelle vor allem der Strukturaspekt der transnationalen Organisation interessieren.

Die transnationale Organisation zeichnet sich dadurch aus, dass eine weltweit gleiche Behandlung von Geschäftsbereichen, Funktionen, Regionen oder Tochtergesellschaften durch eine differenzierte Behandlung abgelöst wird. Bartlett/Ghoshal betonen, dass in einer transnationalen Organisation unterschiedlichen Einheiten ganz unterschiedliche Rollen zukommen. Darüber hinaus werden in der transnationalen Organisation die in traditionellen Modellen vorherrschenden einseitigen Abhängigkeitsbeziehungen zwischen den Einheiten durch **Interdependenzbeziehungen** zwischen den Einheiten ersetzt. Dies impliziert, dass vormals klar abgegrenzte Über- und Unterordnungen weitaus stärker einer Gleichordnung weichen. Als passende Struktur schlagen Bartlett und Ghoshal das **integrierte Netzwerk** vor, in dem alle Einheiten interdependent sind. Die Beziehungen zwischen der Zentrale und den weltweit tätigen Tochtergesellschaften werden als Netzwerk interpretiert, das durch einen regen Austausch von Materialien, Kapital, Technologie, Mitarbeitern, Werten, Normen und Fähigkeiten sowie durch komplexe Koordination und Kontrolle geprägt ist. Das integrierte Netzwerk Bartlett/Ghoshals wird in Abbildung 4-9 dargestellt. Die Muttergesellschaft und die einzelnen Tochtergesellschaften sind dabei die Knoten des Netzwerks, die zwischen den Einheiten existierenden Beziehungen, Aktivitäten und Interaktionen die Kanten.

Als charakteristisch für das integrierte Netzwerk gilt die **relativierte Bedeutung der Unternehmungszentrale**. Das integrierte Netzwerk stellt schließlich eine deutliche Abkehr von zentralistischen Konzepten dar. Doch ebenso charakteristisch für das integrierte Netzwerk wird die **Ablehnung dezentraler Strukturen**, bei denen allen Einheiten eine möglichst hohe Autonomie zugesprochen wird. Mit der transnationalen Organisation sollen also sowohl die zentralisierten als auch die dezentralisierten Organisationsmodelle der Vergangenheit überwunden werden. Nun ist diese Aussage freilich nicht falsch zu verstehen: Auch in einer transnationalen Organisation können Ressourcen, Fähigkeiten oder Kompetenzen zentralisiert werden, doch geschieht dies nicht notwendigerweise in der Zentrale bzw. nicht notwendigerweise in der Muttergesellschaft. Und auch in einer transnationalen Organisation werden bestimmte Ressourcen, Fähigkeiten oder Kompetenzen dezentral – und damit durchaus parallel und mehrfach an mehreren Orten – vorhanden sein, doch wird man diese Dezentralisierung so gestalten, dass die Gesamtheit der Interdependenzbeziehungen beachtet wird. Ziel ist es vor allem, über laterale Strukturen den Transfer von weitgestreuten und interdependenten Ressourcen, Fähigkeiten und Kompetenzen zu ermöglichen.

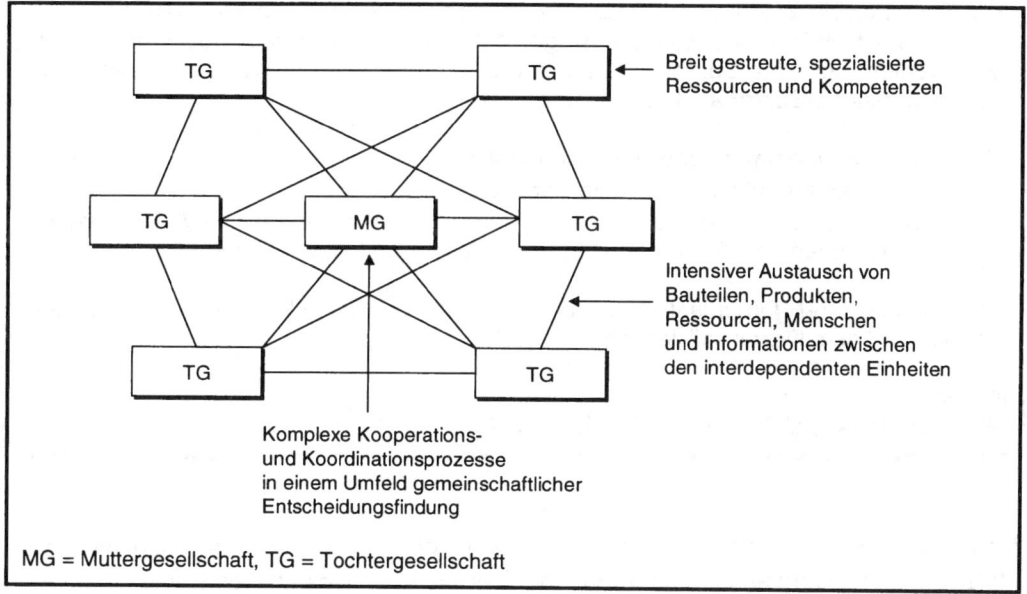

Abb. 4-9:   Das integrierte Netzwerk Bartlett/Ghoshals
Quelle: Bartlett/Ghoshal (1990a), S. 119.

Wenn wir im Zusammenhang mit der Erläuterung zu Matrixstrukturen davon gesprochen haben, dass formale Matrixstrukturen eher der Vergangenheit angehören und dass gleichzeitig die Matrix eher in den Köpfen aller Mitarbeiter zunehmend Verbreitung findet (→ Abschnitt 1.1.4.2.1 in diesem Kapitel), so haben wir dabei bereits auf das Modell der transnationalen Organisation angespielt. Denn gerade die transnationale Organisation setzt voraus, dass eine **Matrix in den Köpfen** entsteht: Viele Mitarbeiter sollten permanent unterschiedliche funktionale, prozessuale oder regionale Perspektiven in „ihrem Kopf" vereinen (vgl. Bartlett/Ghoshal 1990b).

Im nationalen Kontext wurde, etwa von Wildemann, das Konzept der **Modularen Organisation** vorgeschlagen. Dieses Konzept, welches in Textbox 4-7 erläutert wird, hat Ähnlichkeiten mit einer Netzwerkorganisation. Auch bei der Modularen Organisation soll eine strukturierte, keinesfalls eine chaotische, unstrukturierte Vernetzung der einzelnen Organisationseinheiten erreicht werden.

Textbox 4-7:   Die Modulare Organisation

Ein Überblick

Unter einer Modularen Organisation ist eine Segmentierung in Teileinheiten zu verstehen – **Teileinheiten**, die sowohl in **technischer** als auch in **betriebswirtschaftlicher Hinsicht weitgehend autonom** sind. Die einzelnen Module der Organisation sind dabei miteinander vernetzt – allerdings nicht unstrukturiert vernetzt, sondern – in der Terminologie Wildemanns – strukturiert vernetzt. Als Module kommen eine Vielzahl unterschiedlicher Varianten in Frage: Wildemann spricht vom Cost Center, Service Center und Profit Center als Fabrikmodulen und vom Management Center und dem Kompetenz-Center als Führungsmodulen.

Dabei wird angenommen, dass die Koordination
* innerhalb der Module über Selbstorganisation erfolgt und
* zwischen den Modulen durch unterschiedliche Maßnahmen, wie Anordnungen, Vereinbarungen oder Verrechnungspreise, sichergestellt werden kann.

Mit der Modularen Organisation soll das Grundprinzip der Bildung kleiner Einheiten verfolgt und eine Dezentralisierung ermöglicht werden.

Quellen:
Wildemann (1992) und Osterloh/Frost (1996), S. 96-102.

Netzwerkstrukturen entstehen aber nicht nur in der Form von intra-organisationalen Netzwerken, sondern auch in der Form von inter-organisationalen Netzwerken.

1.1.5.3   Inter-organisationale Netzwerke oder: Unternehmungsnetzwerke

1.1.5.3.1 Merkmale und Entstehung von Unternehmungsnetzwerken

Unter inter-organisationalen Netzwerken verstehen wir langfristige Beziehungen zwischen zwei oder mehreren (meist rechtlich) selbständigen und unabhängigen Unternehmungen. Rechtlich selbständige und unabhängige Unternehmungen geben einen Teil ihrer Selbständigkeit und Unabhängigkeit auf, um mit anderen Unternehmungen zu kooperieren.

Netzwerke entstehen dabei über zwei Grundmechanismen: zum einen durch eine partielle Ausgliederung betrieblicher Funktionen und zum anderen durch eine partielle Integration externer Funktionen. Im ersten Fall spricht Sydow von einer Quasi-Externalisierung, im zweiten Fall von einer Quasi-Internalisierung (vgl. Sydow 1995, v.a. S. 160-161).

(1) Quasi-Externalisierung: Bei der Quasi-Externalisierung zielen Unternehmungen auf eine Verringerung ihrer Leistungstiefe oder ihrer Leistungsbreite ab und gliedern bestimmte Bereiche, Funktionen oder Prozesse ganz aus. Bisher hierarchisch eingegliederte Unternehmungsteile werden – unter anderem aufgrund der **Tendenz zum Outsourcing** – zu rechtlich unabhängigen Unternehmungen. Durch die damit einhergehende Spezialisierung entstehen kleinere Unternehmungseinheiten, die aber häufig am Markt für sich alleine gesehen nicht lebensfähig wären. Aus diesem Grund bleiben die einzelnen Unternehmungen als Netzwerkpartner miteinander verbunden (vgl. auch Wildemann 1997). Da die Unternehmungen an sich zwar unabhängig sind, aber über Kooperationsbeziehungen miteinander operieren, spricht man von einer Quasi-Externalisierung. Quasi-Externalisierung zielt damit auf eine **Lockerung** oder gar **Aufhebung hierarchischer Über- und Unterordnungen** ab.

(2) Quasi-Internalisierung: Die Quasi-Internalisierung zeichnet sich dadurch aus, dass Beziehungen mit neuen Kooperationspartnern eingegangen werden. Während bei der Quasi-Externalisierung bisher hierarchisch verbundene Unternehmungsteile aufgespalten bzw. ausgelagert werden, wird bei der Quasi-Internalisierung eine Zusammenarbeit von bisher rechtlich selbständigen Unternehmungen angestrebt. Als Internalisierung würden wir nun die Substitution marktlicher Austauschbeziehungen durch hierarchische Über- und Unterordnung bezeichnen. Da im Falle von Unternehmungen, die Netzwerkbeziehungen eingehen, jedoch nur eine Zusammenarbeit intendiert ist, eine vollständige Integration durch hierarchische Über- und Unterordnung aber vermieden werden soll, spricht man nicht von Internalisierung, sondern von Quasi-Internalisierung.

Das Spektrum der Kooperationsformen ist in beiden Fällen – ob nun Quasi-Externalisierung oder Quasi-Internalisierung – sehr weit zu fassen. Es reicht von langfristigen Lieferverträgen im Rahmen von Abnehmer-Zulieferer-Kooperationen und Wertschöpfungspartnerschaften (vgl. dazu etwa Kaufmann, L. 1993) über Franchisesysteme bis hin zu Joint Ventures und Strategischen Allianzen (vgl. zum Spektrum der Kooperationsformen Kutschker 1994a). Oftmals wird ein Unternehmungsnetzwerk von einer fokalen Unternehmung strategisch geführt. In diesen Fällen wollen wir von einem strategischen Netzwerk sprechen (vgl. Jarillo 1988).

Die meisten Autoren interpretieren Netzwerke als **intermediäre Organisationsform zwischen Markt und Hierarchie**, für die komplex-reziproke Beziehungen mit eher kooperativen denn kompetitiven Komponenten konstitutiv sind. In Netzwerken werden damit kompetitive Elemente durch kooperative Elemente zunehmend ersetzt – aber nur teilweise, denn es zeigt sich, dass auch in Netzwerken die kooperativen Elemente die kompetitiven Elemente nicht völlig verschwinden lassen. Die gleichzeitige Existenz von Wettbewerb („competition") und Kooperation („cooperation") wird auch mit dem Schlagwort der „**Co-opetition**" versehen (vgl. Dowling/Lechner 1998, S. 86, Luo 2007, vgl. im Zusammenhang mit spieltheoretischen Überlegungen auch Nalebuff/Brandenburger 1996, v.a. S. 23-51). Die in Textbox 4-8 beschriebene Allianz zwischen *Volkswagen* und **Ford** kann den Charakter von Co-opetition exemplarisch verdeutlichen. Die komplexe Beziehung zwischen Kooperation und Wettbewerb beschäftigt seit einiger Zeit auch die Wissenschaft. Unter dem Titel „Kooperation im Wettbewerb" stand beispielsweise die 61. Jahrestagung des Verbandes der Hochschullehrer für Betriebswirtschaft, die 1999 in Bamberg stattfand (vgl. dazu die Beiträge in Engelhard/Sinz 1999, Hrsg.).

Textbox 4-8:   Strategische Allianzen als Netzwerke

Ein Beispiel

Die Allianz zwischen **Volkswagen** und **Ford** in der Klasse der Großraumlimousinen ist in den Bereichen Entwicklung, Beschaffung und Produktion auf Kooperation ausgelegt. **Volkswagen** und **Ford** versuchen dabei, gemeinsam Skaleneffekte zu erzielen und in einen Markt, in dem sie gegenüber vielen anderen Konkurrenten wie **Renault**, **Mitsubishi** oder **DaimlerChrysler** zurückliegen und damit als „Späte Folger" gelten, einzudringen.

Die Gemeinschaftsproduktion von **Volkswagen** und **Ford** ist – unter dem Namen **Auto-Europa** – im portugiesischen Palmela angesiedelt. Im Bereich des Produktfinishing, des Marketing und des Vertriebs hat die Kooperation allerdings ein „Ende". Kooperation wird hier durch Wettbewerb ersetzt. **Volkswagen** und **Ford** haben sich für eine unternehmungsspezifische Gestaltung des Designs ihres Fahrzeugs entschieden und wollen die Großraumlimousine unterschiedlich am Markt positionieren. Dass auch der Vertrieb differenziert erfolgt und über die jeweiligen Händlervertriebsnetze in den einzelnen Ländermärkten abläuft, versteht sich von selbst. **Ford** bietet die Großraumlimousine unter der Marke **Galaxy**, **VW** unter der Marke **Sharan** an. Darüber hinaus ist die Zusammenarbeit auf die Klasse der Großraumlimousinen beschränkt und erstreckt sich nicht auf die Gesamtunternehmungen. Der Wettbewerb zwischen **Volkswagen** und **Ford** scheint durchaus hart zu sein: Inzwischen setzt **Ford** nur noch etwa ein Drittel der produzierten Fahrzeuge ab, während zwei Drittel der Großraumlimousinen über das Händlernetz des **Volkswagen**-Konzerns laufen.

Quellen:
- Wildemann (1997), v.a. S. 419.
- o.V. (1997): VW und Ford kommen mit Auto-Europa nur langsam in Schwung. In: Frankfurter Allgemeine Zeitung Nr. 115 vom 21. Mai 1997, S. 22.
- o.V. (2000): Mit Konkurrenten kooperieren. In: Frankfurter Allgemeine Zeitung Nr. 19 vom 24. Januar 2000, S. 33.

Das in Textbox 4-8 geschilderte Beispiel stellt lediglich einen Ausschnitt aus den vielfältigen Beziehungen dar, in die **Volkswagen** und **Ford** eingebunden sind. Es macht gleichzeitig deutlich, dass Netzwerkbeziehungen nicht zwingend dazu führen, dass die gesamte Organisationsstruktur – ob nun eine integrierte Funktional-, Geschäftsbereichs- oder Regionalstruktur – radikal verändert wird. Vielmehr bringt das Eingehen von inter-organisationalen Netzwerkbeziehungen mit sich, dass die Organisationsstruktur an spezifischen Stellen ergänzt wird. Vereinfachend lässt sich auch sagen, dass die vielfältigen Formen der klassischen Strukturformen mit Netzwerkstrukturelementen verknüpft werden können. Besonders leicht fällt eine derartige Verknüpfung allerdings bei rechtlich selbständigen Einheiten einer international tätigen Unternehmung, beispielsweise bei Einheiten einer Holding. Auf Holdingstrukturen werden wir später noch ausführlicher eingehen (→ Abschnitt 2.2.3 in diesem Kapitel).

1.1.5.3.2 Virtuelle Unternehmungsnetzwerke

Eine spezielle Form des inter-organisationalen Netzwerks stellt das Modell der „**Virtuellen Unternehmung**" dar (vgl. Bleicher 1997, Krystek/Redel/Reppegather 1997). Was eine Virtuelle Unternehmung genau ist, wird in der Literatur keineswegs einheitlich definiert (vgl. Wüthrich/Philipp/Frentz 1997, v.a. S. 46-48 und S. 94-95 sowie Wüthrich/ Philipp 1998). Eine Virtuelle Unternehmung wird von manchen Autoren zunächst einmal als Netzwerk von Unternehmungen aufgefasst, die sich zusammenschließen, um gemeinsam am Markt aufzutreten. Eine der Unternehmungen übernimmt dabei meist die Führung und hat die Aufgabe, die Leistungen der anderen Unternehmungen zusammenzuführen. Da jede der Unternehmungen ihre **Kernkompetenzen** einbringt, entsteht das, was Mertens/Faisst ein „Spitzenunternehmen auf Zeit" nennen (vgl. Mertens/Faisst 1996). Dem Endkunden wird die arbeitsteilige Leistungserbringung meist kaum transparent, so dass er nur mit der führenden Unternehmung in Kontakt tritt. Die Leistung erscheint „aus einer Hand", obwohl sie tatsächlich das Ergebnis eines Prozesses darstellt, an dem viele verschiedene Unternehmungen beteiligt sind (vgl. Klein 1994, S. 309).

Von einem Virtuellen Unternehmungsnetzwerk wird allerdings meist nur dann gesprochen, wenn zwei Bedingungen erfüllt sind (vgl. auch Malone/Laubacher 1999):

- erstens, wenn es sich bei der Zusammenarbeit um eine **temporäre Zusammenarbeit** handelt und
- zweitens, wenn die Unternehmungsvernetzung auf hochentwickelten **Informations- und Kommunikationstechnologien** beruht (vgl. Sieber 1997, Engelhard 1999).

Die Fortschritte bei den Informations- und Kommunikationssystemen führen dazu, dass sich die geographischen Distanzen zwischen den beteiligten Unternehmungen im internationalen Kontext überwinden lassen. Das Beispiel in Textbox 4-9 kann den Charakter einer Virtuellen Unternehmung verdeutlichen.

Textbox 4-9:   Die Virtuelle Unternehmung

Das Beispiel von Ambra

Ambra, eine Tochterfirma der *IBM*, vertrieb *IBM*-kompatible Personalcomputer unter Verwendung einer Virtuellen Organisationsstruktur. Die Unternehmung wurde mit 80 Mitarbeitern in Raleigh, North Carolina, gegründet. Diese Mitarbeiter koordinierten die Aktivitäten von zuletzt fünf Betrieben, von denen keiner *Ambra* gehörte. Diese fünf Betriebe gebrauchten ihr Wissen und ihre Fähigkeiten, um andere Produkte und Dienstleistungen zur gleichen Zeit zu erstellen, wie sie dies für *Ambra* erledigten. *Wearnes Technologies* aus Singapur kümmerte sich um das Design, fertigte Komponenten und übernahm die Beschaffung. *SCI Systeme* montierte die Personalcomputer auf konkreten Abruf hin. Die Werbeagentur *AI* besorgte das Marketing. *Merisel* übernahm die Auftragsannahme und den Vertrieb. Ein Spin-off von *IBM* schließlich kümmerte sich um Service und Kundendienst. Als die Gewinne Mitte 1994 zurückgingen, waren die Aktivitäten von *Ambra* beendet.

Quelle:
Mertens/Faisst (1996), S. 281.

Es wird zwar manchmal behauptet, dass man in Virtuellen Unternehmungen weitgehend auf die feste Institutionalisierung von zentralen Funktionen und auf die Etablierung hierarchischer Prinzipien verzichtet. Allerdings zeigt uns bereits das Beispiel von *Ambra*, dass es durchaus eine Festlegung von Zuständigkeiten und damit auch Weisungsbefugnisse geben muss, soll die Zusammenarbeit nicht im Chaos enden. Allein auf Selbstorganisation zu bauen, wäre völlig naiv.

Wir wollen daher an dieser Stelle festhalten, dass Virtuelle Unternehmungen als besondere Ausprägung von inter-organisationalen Netzwerken verstanden werden sollten – eine Ausprägung, bei der die Zusammenarbeit vor allem nur auf einen begrenzten Zeitraum bezogen ist und bei der Informations- und Kommunikationstechnologien zur Koordination eine besondere Rolle zukommt. Eine strategische Führung gibt es in den meisten Netzwerken durchaus. Hat die führende Unternehmung dabei bis auf die Funktion der Führung des Netzwerks alle anderen Aufgaben externalisiert, so sprechen manche Autoren sogar von einer „**Hollow Organization**". Eine derartige Unternehmung hat dann streng genommen nur noch die Funktion eines Brokers inne, der die Leistungen anderer Unternehmungen zusammenführt (vgl. bereits Miles/Snow 1986).

Zu einer Hollow Organization hat es *PUMA* bisher noch nicht gebracht – doch hat die Unternehmung, wie die Ausführungen in Textbox 4-10 zeigen, neben der Netzwerkführung lediglich noch die Funktionen der Produktentwicklung, der Qualitätskontrolle und des Marketing bzw. Vertriebs sowie der Logistik in Deutschland behalten.

Textbox 4-10: Die Konzentration auf Kernfähigkeiten

Das Beispiel von PUMA

Der ehemalige Sportartikelhersteller *PUMA* konzentriert sich völlig auf die Kernkompetenzen der Produktentwicklung, der Qualitätskontrolle und des Marketing/Vertriebs. *PUMA* versteht sich selbst als globale Unternehmung mit deutschen Wurzeln und hat in den letzten Jahren erfolgreich die Unternehmungsform der Virtuellen Unternehmung implementiert. 2006 wurde ein Rekord-Jahresumsatz von 2,4 Mrd. € mit 7.700 Mitarbeitern erzielt – davon 56% im Vertrieb. Am Hauptsitz im fränkischen Herzogenaurach bei Nürnberg werden rund 850 Mitarbeiter in der größten der vier sogenannten Virtuellen Zentralen der Unternehmung beschäftigt. Hier liegt bspw. eine der Zentralen für Forschung und Entwicklung oder den Personalbereich. In der Modestadt London hat *PUMA* eine strategische Zentrale mit 80 Mitarbeitern, die vornehmlich den „High Fashion"-Sector bedienen. In den USA befindet sich mit 390 Mitarbeitern die internationale Zentrale für den Bereich Marketing. Weitere 400 Mitarbeiter sind in der in Hong Kong ansässigen Tochtergesellschaft *World Cat* tätig, die Beschaffung und Produktion koordiniert und überwacht. Mit 17 Büros weltweit und einem Schwerpunkt auf Asien werden bei *PUMA* ca. 100 direkte Lieferanten mit der Produktion beauftragt. Der Großteil der Produktion kommt von den ca. 75 asiatischen Lieferanten; nur ein geringer Teil wird in Südamerika und Europa erstellt. In Südamerika ist *PUMA* auf Kooperationspartner in Argentinien, Brasilien und San Salvador umgestiegen. In Europa kommt ein Großteil der Ware aus der Türkei oder den osteuropäischen Ländern wie Rumänien, der Slovakei und Bulgarien. Nur vglw. geringe Mengen stammen aus Italien und Portugal. Die Produktion in Herzogenaurach wurde bereits im Jahr 1994 aufgegeben. Neben der Produktion wurde von *PUMA* auch die Logistik in fremde Hände gelegt. Die Logistik wird von den einzelnen Vertriebsgesellschaften gesteuert, wobei globale Partner im Einsatz sind. Seit 1995 koordiniert die Transportunternehmung *P & O Logistics* (seit 2006 *Maersk*), den Transport der Ware von den Fabriken in Asien bis hin zu den Zielhäfen der Absatzmärkte. Die *PUMA*-Zentrale in Herzogenaurach ist dabei mit *Maersk* permanent online verbunden, so dass jederzeit Informationen darüber abrufbar sind, wo sich die Ware befindet und wann mit der Ankunft in den Zielmärkten zu rechnen ist.

Quellen:
- Hirn (1996a).
- Direktauskunft der Abteilung „Unternehmenskommunikation" der PUMA AG, Januar 2008.
- Geschäftsbericht und Sustainabilty Report der PUMA AG für das Jahr 2006.
- http://about.puma.com/DE/1/ (Version Januar 2008).

Wer die *PUMA*-Entwicklung verfolgte, weiß, dass die Wahl der Organisationsform wohl nicht ganz freiwillig erfolgte. Die 1986 von der *Deutschen Bank* an die Börse geführte Unternehmung kam schon bald nach dem Gang an den Kapitalmarkt in die roten Zahlen. Nachdem *PUMA* 1989 von der Eigentümerfamilie *Dassler*, die auch nach dem Börsengang Mehrheitsaktionär blieb, an die Schweizer Firma *Cosa Liebermann* verkauft wurde, ging die Unternehmung kurz danach auf die schwedische *Aritmos*-Gruppe, die zur Muttergesellschaft *Proventus* gehört, über. Die Ressourcen wurden zunehmend aufgezehrt, da *PUMA* auch zu Beginn der neunziger Jahre am Markt wenig erfolgreich war. Der Übergang zur Organisationsform der Virtuellen Unternehmung mit einem Verkauf vieler eigener Unternehmungsteile bzw. deren Liquidation und der Beginn der Zusammenarbeit mit vielen Partnern wurde so zur Notwendigkeit. Ende der neunziger Jahre war die finanzielle Gesundung von *PUMA* abgeschlossen und vor allem auf dem europäischen Markt ergab sich ein positiverer Trend für die Unternehmung. 2007 erlangte der französische Einzelhandels- und Luxusgüterkonzern *PPR* die 62%-ige Mehrheit an *PUMA*.

Als Fazit lässt sich festhalten: Virtuelle Unternehmungen sind wohl manchmal auch als „Tugend in der Not" zu verstehen und sollten nicht – wie dies etwa von Malone/Laubacher (1999) propagiert wird – als die (nahezu einzige) Unternehmungsform der Zukunft schlechthin angesehen werden. Unabhängig von der mangelnden theoretischen Fundierung der Virtuellen Unternehmung (vgl. z.B. Weibler/Deeg 1998, v.a. S. 111-122) wird in der Literatur zum Organisationsmanagement auch immer wieder treffend auf die **Grenzen sogenannter grenzenloser Unternehmungen**, wie sie Virtuelle Unternehmungen darstellen (sollen), hingewiesen (vgl. Reiß 1996, Chesbrough/Teece 1996, Büschken 1999).

Virtuelle Unternehmungen sind damit als spezielle Form inter-organisationaler Netzwerke aufzufassen. Dass Virtualität auch innerhalb einer Unternehmung auftreten kann (vgl. z.B. Wüthrich/Philipp/Frentz 1997, S. 63-67), soll mit unseren Ausführungen nicht geleugnet werden; allerdings wollen wir nur bei inter-organisationaler virtueller Zusammenarbeit auch von Virtuellen Unternehmungen sprechen. Nach diesen Ausführungen zu Virtuellen Unternehmungen können wir nun wieder zu inter-organisationalen Netzwerken im Allgemeinen zurückkehren und zudem den Strukturaspekt internationaler Netzwerke abschließend stärker herausheben.

1.1.5.3.3 Der Strukturaspekt von Unternehmungsnetzwerken

Organisationsstrukturen von inter-organisationalen Netzwerken lassen sich im Allgemeinen schwierig fassen. Da die von uns dargestellten Unternehmungsformen implizieren, dass die Grenzen der Unternehmung zunehmend verschwimmen, wird es auch problematischer, Organisationsstrukturen eindeutig festzumachen. Dies führt zu mehreren Konsequenzen:

(1) Die häufig ganz unterschiedlichen **primären Organisationsstrukturen** mehrerer Netzwerkpartner **überlagern sich**. Unternehmung A kann intern eine integrierte Funktionalstruktur aufweisen, während Unternehmung B intern durch eine integrierte Geschäftsbereichsstruktur und Unternehmung C intern durch die Struktur einer Operativen Holding geprägt ist (→ zur Operativen Holding Abschnitt 2.2.3.2 in diesem Kapitel). Auf-

grund der Tatsache, dass die wenigsten Unternehmungen zudem intern einheitlich strukturiert sind, ergeben sich weitere Probleme.

(2) Netzwerkunternehmungen müssen darüber hinaus **an Schnittstellen neue Organisationsformen schaffen**, um die Zusammenarbeit zu sichern. Dazu zählen vor allem unterschiedliche Formen der Projektorganisation, wie Ausschüsse, Kernteams oder Workshops (→ Abschnitt 2.4 in diesem Kapitel).

(3) Wenn sogar die berechtigte Frage gestellt wird, ob sich die klassische Unternehmung an sich zunehmend auflöst (vgl. Picot/Reichwald 1994), so wird in diesem Zusammenhang auch die Frage zu stellen sein, ob unser bisheriges **Denken über Unternehmungsstrukturen** nicht **völlig neue Dimensionen** anzunehmen hat und damit traditionelle Vorstellungen über das, was eine Struktur ausmacht, transzendiert.

Gerade letztere Überlegungen sind allerdings in der Literatur zum Internationalen Management kaum vorhanden. Es ist zuzugeben, dass Netzwerke bisher eher unter strategischen Aspekten betrachtet wurden, deren konkrete Konsequenzen für die Organisationsstruktur allerdings selbst von den Autoren, die sich sehr ausführlich mit Netzwerken beschäftigen, in geringerem Umfang thematisiert wurden (vgl. auch Weibler/Deeg 1998).

1.1.5.4 Die Verbindung von intra-organisationalen und inter-organisationalen Netzwerkstrukturen

Die Unterscheidung zwischen inter-organisationalen Netzwerken und intra-organisationalen Netzwerken ist bei manchen Unternehmungen eher analytischer Natur. Bei Bartlett/Ghoshal findet sich – ebenso wie etwa bei Hedlund – eine Verknüpfung von intra-organisationalen und inter-organisationalen Netzwerken (vgl. Ghoshal/Bartlett 1990 und Hedlund 1986). Auch die Praxis scheint diese Verknüpfung zu bestätigen. *McKinsey* hat aus Beratungsprojekten die Einsicht gewonnen, dass Netzwerkstrukturen nicht nur die Unternehmung an sich betreffen, sondern auch über die Grenzen der Unternehmung hinausgehen (vgl. Rall 1993, 2002). In Abbildung 4-10 wird deutlich, dass eine internationale Unternehmung zunächst einmal als ein intra-organisationales Netzwerk aufgefasst werden kann. Sowohl die Muttergesellschaft als auch die einzelnen Tochtergesellschaften können zahlreiche Verbindungen (z.B. in Form von Joint Ventures, Markenlizenzverträgen, Patentverträgen oder Strategischen Allianzen) mit anderen Unternehmungen aufweisen. Diese Verbindungen mit anderen Unternehmungen führen zum inter-organisationalen Unternehmungsnetzwerk.

Netzwerke bestehen dann einerseits aus einem engen **Kern**, der durch die transnationale Unternehmung selbst konstituiert wird, und andererseits aus einer **Peripherie**, die etwa durch Wertschöpfungspartnerschaften, Lieferantenbeziehungen, Strategische Allianzen und Joint Ventures bestimmt wird (vgl. z Schmid 2005, S. 237-239).

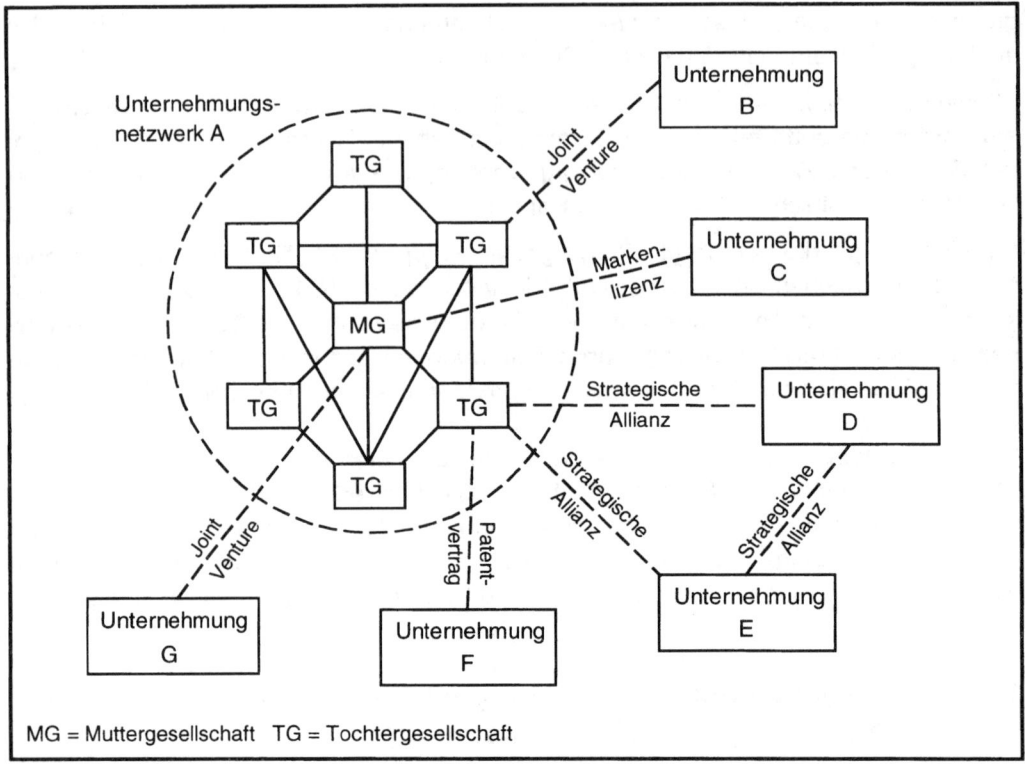

Abb. 4-10: Intra- und inter-organisationale Netzwerkstrukturen

Doch wir sollten uns abschließend noch fragen, wie realistisch diese Organisationsformen zum gegenwärtigen Zeitpunkt sind. Im Gegensatz zu den klassischen Organisationsstrukturen gelten die **intra-organisationalen Netzwerkstrukturen** bisher erst als ansatzweise in der Praxis verwirklicht. Es wird immer wieder betont, dass es sich bei der transnationalen Unternehmung (→ Abschnitt 3.2.2 in Kapitel 2) oder der Heterarchie (→ Abschnitt 3.3.1 in Kapitel 2) eher um idealtypische Modelle als um reale Organisationsformen handelt. Insbesondere wird argumentiert, dass die transnationale Organisation oder die Heterarchie nur für Unternehmungen in Frage kommen, die in ihrem Internationalisierungsprozess bereits sehr weit fortgeschritten sind. Wichtiger als das Stadium der Internationalisierung erscheint uns sogar die Frage, ob die **unternehmungskulturellen Voraussetzungen** für die Akzeptanz der Netzwerkstrukturen vorliegen. Transnationale Organisationen oder Heterarchieorganisationen erfordern schließlich eine radikale Abkehr von hierarchischen Strukturformen. Diese radikale Abkehr dürfte in der Praxis nicht von heute auf morgen, sondern nur auf lange Sicht zu verwirklichen sein. Es gilt zu berücksichtigen, dass es sich bei der Frage nach der Akzeptanz heterarchischer Strukturen um eine Frage der Mentalität handelt, die auf individueller und kollektiver Ebene stark von Grundannahmen, Werten, Normen, Einstellungen und Überzeugungen geprägt wird (➜ zur Kultur internationaler Unternehmungen Kapitel 5).

Stärker verbreitet als intra-organisationale Netzwerkstrukturen sind zum heutigen Zeitpunkt **inter-organisationale Netzwerkstrukturen**. Diese stellen gleichzeitig keinen Gegensatz zu den oben dargestellten Organisationsformen dar – ob nun Funktional-, Geschäftsbereichs-, Regional- oder Matrixorganisation. Inter-organisationale Netzwerkstrukturen liegen vielmehr, wie bereits erwähnt, zusätzlich zu den klassischen Strukturformen der Unternehmung vor.

1.1.6 Grundformen internationaler Organisationsstrukturen und qualitative Konzepte der internationalen Unternehmung

Wir haben nun die Vielzahl möglicher Alternativen von Organisationsstrukturen dargestellt, ihre Anwendungsbedingungen skizziert sowie ausführlich deren Vor- und Nachteile gegenübergestellt. Abschließend möchten wir die Organisationsformen in einen größeren Zusammenhang stellen. Wir werden dazu kurz erläutern, wie die Strukturmodelle dieses Kapitels mit den in diesem Buch bereits vorgestellten qualitativen Konzepten der international tätigen Unternehmung harmonieren (➜ Abschnitte 3.2 und 3.3 in Kapitel 2). Exemplarisch

- greifen wir in Abschnitt 1.1.6.1 die **Typologie von Bartlett/Ghoshal** wieder auf und rufen damit die Unterscheidung in internationale, multinationale, globale und transnationale Unternehmungen in Erinnerung (vgl. v.a. Bartlett 1986, Bartlett/Ghoshal 1989, 1990a) und

- gehen wir in Abschnitt 1.1.6.2 auf die **Typologie Perlmutters** mit der Unterscheidung in ethnozentrische, polyzentrische, regiozentrische und geozentrische Unternehmungen ein (vgl. Perlmutter 1965, 1969, Heenan/Perlmutter 1979).

1.1.6.1 Der Zusammenhang mit Bartlett/Ghoshal

(1) Zu **integrierten Funktionalstrukturen** haben vor allem **globale Unternehmungen** eine gewisse Affinität. Auch wenn man zunächst meinen könnte, dass gerade globale Unternehmungen nicht mit der vergleichsweise „alt" bzw. „altmodisch" anmutenden Funktionalstruktur operieren, zeigt sich doch, dass die Erzielung von Skaleneffekten am besten durch zentrale Produktion, zentralen Einkauf oder zentralen Verkauf verwirklicht werden kann. Aus diesen Gründen wird die Entscheidungsmacht in globalen Unternehmungen oftmals – nach Funktionen getrennt – in der Muttergesellschaft angesiedelt.

(2) Eine **integrierte Produktstruktur** findet man zuweilen in sogenannten **internationalen Unternehmungen**. Dort ist die große Bedeutung des Produktmanagements herauszustellen. In internationalen Unternehmungen werden Produktentwicklungen häufig von der Zentrale durchgeführt, die Diffusion und Adaption liegt dann in den Händen der Tochtergesellschaften in den lokalen Märkten. Meistens entscheiden die Produktdivisionen selbst, wann sie welches Produkt wo einführen und vermarkten. Traditionell sind viele Unternehmungen dabei dem internationalen Lebenszykluskonzept gefolgt: Insbesondere US-amerikanische Unternehmungen haben Produkte zunächst im entwickelten US-amerikanischen Markt eingeführt, um sie dann in Europa und Japan und schließlich in Entwicklungsländern zu vermarkten.

(3) Die **integrierte Regionalstruktur** wird vor allem von **multinationalen Unternehmungen** angewandt. Multinationale Unternehmungen rücken, wie bereits erläutert, die Responsiveness in den Mittelpunkt und lassen sich daher vor allem mit einem umfassenden Länder- bzw. Regionenmanagement in Verbindung bringen. Innerhalb einer Regionalstruktur können den einzelnen Landesgesellschaften vergleichsweise große Freiheiten gewährt werden. Auch die Zusammenfassung der Auslandsgeschäfte in einer Internationalen Division ist für multinationale Unternehmungen denkbar. In diesem Fall berichten die einzelnen Landesgesellschaften direkt an die Internationale Division im Heimatland.

(4) Während multinationale, internationale und globale Unternehmungen jeweils eine Dimension in den Mittelpunkt stellen, kommt es bei transnationalen Unternehmungen zum Versuch, unterschiedliche Perspektiven simultan zu verwirklichen. Aus diesem Grund geht die **transnationale Organisation** – vereinfacht ausgedrückt – mit **Matrixstrukturen** einher. Bartlett/Ghoshal weisen allerdings selbst darauf hin, dass sie die Matrix weniger als Strukturmodell auffassen, sondern vor allem als Denkmodell, welches in den Köpfen der einzelnen Mitarbeiter zu verankern ist (vgl. Bartlett/Ghoshal 1990b). Um dies zu erreichen, eignet sich in den Augen der Autoren vor allem die **integrierte Netzwerkstruktur**.

1.1.6.2   Der Zusammenhang mit Perlmutter

Versucht man Perlmutters EPRG-Schema auf die Organisationsstrukturtypen zu übertragen, so lassen sich vereinfachend folgende Parallelen ziehen (vgl. auch Chakravarthy/Perlmutter 1985, S. 5 und Hedlund 1986, S. 17).

(1) Da **ethnozentrische Unternehmungen** vor allem auf das Stammland und die Muttergesellschaft ausgerichtet sind, möchte das Management möglichst viele Entscheidungen in der Zentrale behalten. Dies lässt sich mit einer Vielzahl verschiedener Alternativen realisieren. Manche Unternehmungen entscheiden sich für **unspezifische Organisationsstrukturen** („mother-daughter-structure"), andere für die **Internationale**

Division, und wieder andere haben eine Affinität zu **integrierten Funktionalstrukturen** oder zu **integrierten Produktstrukturen**.

(2) Polyzentrische Unternehmungen wählen meist **integrierte Regionalstrukturen**, bei denen den einzelnen Ländereinheiten gleichzeitig große Autonomie gewährt wird. Die einzelnen Manager der Landesgesellschaften sind zwar ihren Regionalbereichen zugeordnet, haben aber vergleichsweise große Freiheiten.

(3) Regiozentrische Unternehmungen entscheiden sich gemäß Chakravarthy/Perlmutter häufig für die Struktur einer **Produkt-Regionen-Matrix**. Neben dieser Alternative scheinen uns jedoch auch – wie bei polyzentrischen Unternehmungen – **integrierte Regionalstrukturen** denkbar.

(4) Geozentrische Unternehmungen lassen sich – wie die transnationale Organisation Bartlett/Ghoshals – am ehesten durch eine **Netzwerkstruktur** beschreiben. Es ist bemerkenswert, dass bei Chakravarthy/Perlmutter bereits im Jahr 1985 die Rede von Netzwerken ist, obwohl die Betriebswirtschaftslehre damals noch auf breiter Front hierarchischen Organisationsformen verhaftet war.

Wenngleich wir somit versucht haben, die Wahl der Organisationsstruktur mit der Art des Unternehmungstyps zu verbinden, ist zu beachten, dass es sich nur um Tendenzaussagen handelt. Viele Gründe, die wir nachfolgend noch ausführlicher erläutern werden, werden dafür verantwortlich gemacht, dass sowohl die in diesem Kapitel vorgestellten Organisationsstrukturen als auch die Unternehmungstypen von Bartlett/Ghoshal oder Perlmutter Idealcharakter haben und in der Praxis kaum in Reinform auftreten. Bereits dies verdeutlicht, dass wir allein deswegen **keine „Eins-zu-Eins-Entsprechung" von Organisationsstrukturtyp und Unternehmungstyp** vorfinden.

Bisher haben wir eine weitgehend statische Betrachtung von Organisationsstrukturen vorgenommen. Wir wollen nun in Abschnitt 1.2 der Frage nachgehen, ob es bei der Abfolge unterschiedlicher Organisationsstrukturalternativen ein zeitliches Muster gibt.

1.2   Entwicklung der Grundformen von internationalen Organisationsstrukturen

1.2.1   Überblick über empirische Studien zur Entwicklung internationaler Organisationsstrukturen

Wovon hängt die Wahl der Organisationsstruktur ab? Wir haben bereits auf die Faktoren hingewiesen, die eher für oder eher gegen die Wahl einer spezifischen Organisationsstruktur sprechen. In der Tradition situativer Ansätze – auch kontingenztheoretische Ansätze genannt – wurde die Frage nach der Wahl der Organisationsstruktur seit den sechziger Jahren auch immer wieder neu empirisch zu beantworten versucht. Bereits an dieser Stelle möchten wir allerdings betonen, dass zwar einerseits eine Vielzahl an empirischen Untersuchungen zur Wahl der Organisationsstruktur existiert, deren Resultate aber andererseits keineswegs einheitlich, sondern sogar sehr widersprüchlich sind. Inzwischen ist die Überzeugung mancher Wissenschaftler, man könne die Wahl der Organisationsstruktur an einigen wenigen Faktoren festmachen, einer realistischeren Sichtweise gewichen. In gleichem Maße wurde die Bedeutung, die man der formalen Organisationsstruktur noch in den sechziger und siebziger Jahren zugeschrieben hat, deutlich relativiert.

Trotz dieser Problematik, der man sich aus heutigem Erkenntnisstand bewusst ist, möchten wir auf drei klassische empirische Studien kurz eingehen. Wir wollen nachfolgend

- die **Studie von Stopford/Wells** (1972),
- die **Studie von Franko** (1976) und
- die **Studien von Egelhoff** (1982), (1984), (1988a)

vorstellen und damit die Frage aufwerfen, wie sich internationale Organisationsstrukturen im Zeitablauf – vor dem Hintergrund situativer Einflussfaktoren – entwickeln (vgl. Bleicher 1972b sowie zu den einzelnen Studien auch Perridon/Rössler 1980b, S. 260-262, Kieser/Walgenbach 2007, S. 295-306, Nedden 1994, S. 50-57, Welge 1995, S. 664-667 und Frese 2000, S. 475-489).

Abbildung 4-11 gibt einen Überblick über die Studien und enthält auch bereits wesentliche Aussagen zur empirischen Basis und den in den Studien berücksichtigten Einflussgrößen, die im Verlauf der weiteren Ausführungen genauer erläutert werden.

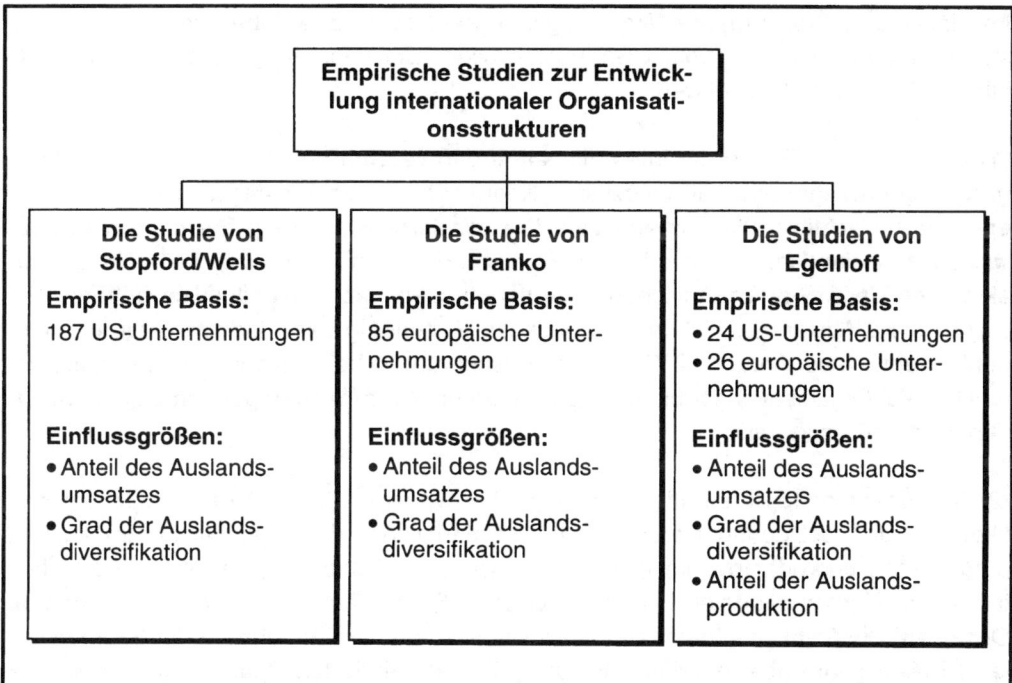

Abb. 4-11: Übersicht über empirische Studien zur Entwicklung internationaler Organisationsstrukturen

1.2.2 Empirische Studien zur Entwicklung internationaler Organisationsstrukturen

1.2.2.1 Die Studie von Stopford/Wells

Stopford/Wells führten Ende der sechziger und Anfang der siebziger Jahre eine Studie durch, in der sie 187 US-amerikanische Unternehmungen hinsichtlich der typischen **Abfolge von Organisationsstrukturen** untersuchten (vgl. Stopford/Wells 1972, zur Studie selbst v.a. S. 3-6). Die Studie ist Teil des „Harvard-Multinational-Enterprise-(HME-) Projects", welches seit Mitte der sechziger Jahre der Forschung im Internationalen Management wichtige Impulse gab (vgl. zum Harvard-Multinational-Enterprise-Project in Retrospektive auch Vernon 1999). Als Ergebnis konnten Stopford/Wells ein sogenanntes **Stufenmodell** („Stages Theory") ausmachen, wonach US-amerikanische Unternehmungen im Laufe des Internationalisierungsprozesses mehrere Stadien von Organisationsstrukturen durchlaufen haben. Stopford/Wells kommen dabei zu dem Schluss, dass die Ausprägung der Organisationsstruktur von zwei Faktoren abhängt:

*   erstens vom **Anteil des Auslandsumsatzes am Gesamtumsatz** und
*   zweitens vom **Grad der Auslandsdiversifikation.**

Im Einzelnen treffen Stopford/Wells folgende Zentralaussagen über die Organisationsstruktur internationalisierender US-amerikanischer Unternehmungen, die auch aus Abbildung 4-12 ersichtlich werden:

(1) In einer ersten Phase der Internationalisierung **verzichten** US-amerikanische Unternehmungen weitgehend auf die explizite Koordination ihrer Auslandsaktivitäten und **auf
spezifische strukturelle Regelungen**. Die von ihrer Bedeutung her noch relativ unwichtigen Auslandseinheiten erhalten ein hohes Maß an Unabhängigkeit. Die Inlandsaktivitäten der US-amerikanischen Unternehmungen haben ein deutlich höheres Gewicht als die Auslandsaktivitäten, so dass die Gestaltung der Inlandsstruktur im Mittelpunkt steht. Dabei finden wir für die Inlandsaktivitäten bei manchen Unternehmungen
funktionale Organisationsstrukturen, bei anderen Unternehmungen produktorientierte
Organisationsstrukturen.

(2) Bei zunehmender Internationalisierung, aber weiter relativ niedriger Auslandsdiversifikation – also bei geringer technischer und marktlicher Heterogenität der im Ausland
produzierten und/oder der im Ausland vertriebenen Produktgruppen oder Produkte –
trifft man bei internationalen Unternehmungen US-amerikanischen Ursprungs dann die
Organisationsform der Internationalen Division an. Die Einführung der Internationalen Division geht dabei häufiger mit einer produktorientierten Spartenorganisation des
Inlandsgeschäfts als mit einer funktionalen Organisation des Inlandsgeschäfts einher.

(3) Bleibt der Grad an Auslandsdiversifikation relativ niedrig, steigt aber im Laufe der
Zeit der Anteil des Auslandsumsatzes am Gesamtumsatz an, so bauen US-amerikanische Unternehmungen zunehmend **integrierte Regionalstrukturen** auf. Verharrt dagegen der Anteil des Auslandsumsatzes gemessen am Gesamtumsatz auf relativ niedrigem Niveau, steigt aber im Laufe der Zeit der Grad an Auslandsdiversifikation an, so
wählen US-amerikanische Unternehmungen zunehmend **integrierte Produktstrukturen** als Organisationsform. Steigen sowohl der Grad der Auslandsdiversifikation als
auch der Anteil des Auslandsumsatzes kontinuierlich an, so empfiehlt sich nach
Stopford/Wells die Organisationsform der **Matrixstrukturen**.

Die Zusammenhänge werden graphisch in Abbildung 4-12 veranschaulicht. Stopford/
Wells haben die graphische Veranschaulichung nie selbst in dieser Form vorgenommen. Vielmehr erscheint bei Stopford/Wells lediglich die Internationale Division in der
Graphik, während die anderen Strukturmodelle verbal erläutert wurden. Die Graphik
wurde von anderen Verfassern, wie vor allem Galbraith/Nathanson (1978, S. 41) und
darauf aufbauend Egelhoff (1988b, S. 2), in die Literatur zum Internationalen Management eingeführt.

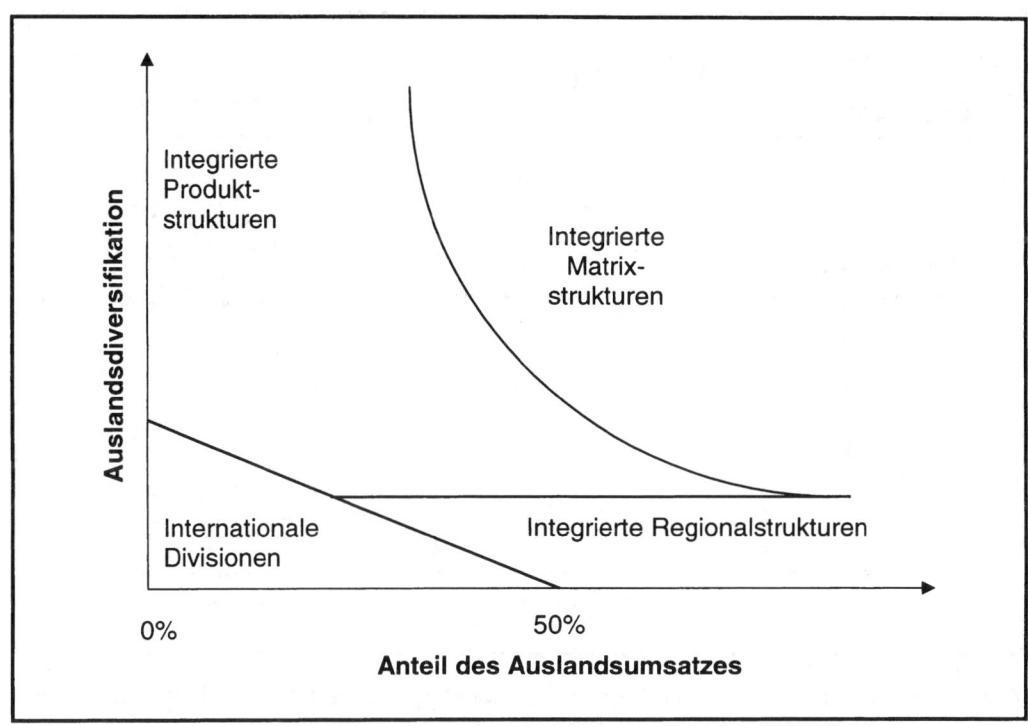

Abb. 4-12: Das Stufenmodell der Organisationsstruktur von Stopford/Wells
Quelle: in Anlehnung an Kieser/Kubicek (1992), S. 276.

(4) Von den 187 untersuchten Unternehmungen wurde dabei die integrierte Produkt-struktur deutlich häufiger gewählt als die integrierte Regionalstruktur. Schenkt man den Ergebnissen von Stopford/Wells Glauben, so hieße das, dass die US-amerikanischen Unternehmungen zum damaligen Zeitpunkt einen relativ niedrigen Auslandsumsatz ge-messen am Gesamtumsatz aufwiesen und dass gleichzeitig ihr Grad an Auslandsdiver-sifikation bereits deutlich angestiegen war.

Während die Organisationsformen der Internationalen Division, der integrierten Regio-nalstruktur und der integrierten Produktstruktur empirisch nachgewiesen werden konn-ten, handelt es sich bei der Aussage über die Zweckmäßigkeit der Matrixstruktur um eine Vermutung, deren Richtigkeit von Stopford/Wells nicht bestätigt werden konnte. Aus diesem Grund erscheint die Organisationsform der Matrix auch nicht in der nun fol-genden Abbildung, welche die Entwicklungspfade US-amerikanischer Unternehmungen aufzeigt (➜ Abbildung 4-13).

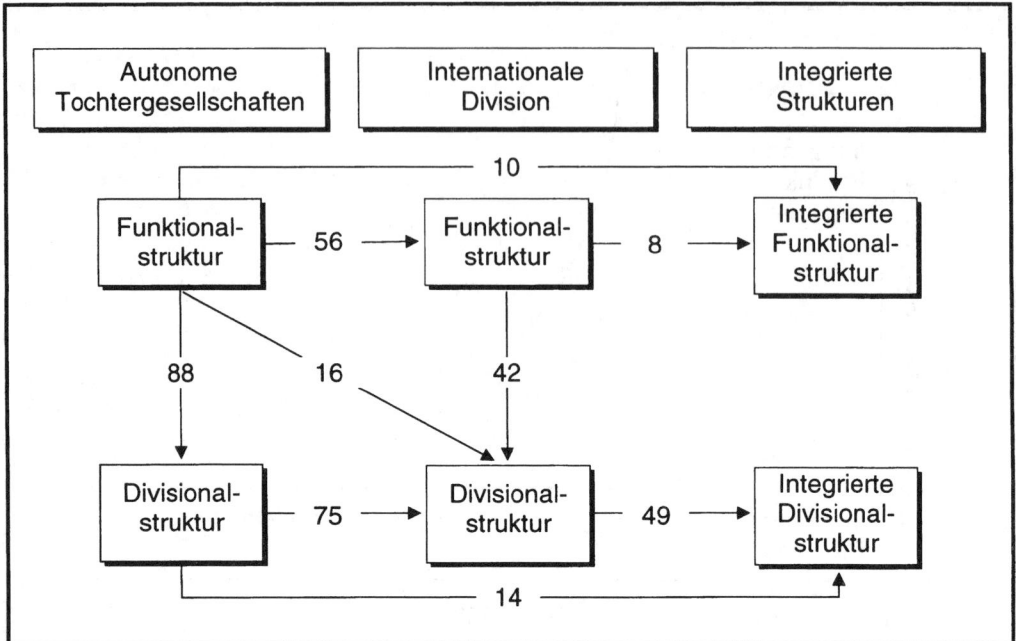

Abb. 4-13: Die organisationsstrukturellen Entwicklungspfade US-amerikanischer Unternehmungen nach Stopford/Wells
Quelle: in Anlehnung an Kieser/Walgenbach (2007), S. 303.

Abbildung 4-13 verdeutlicht, dass die meisten der untersuchten US-amerikanischen Unternehmungen zu irgendeinem Zeitpunkt die Organisationsform der Internationalen Division wählten. Lediglich wenige Unternehmungen (zehn Unternehmungen) gingen von einer einfachen funktionalen Struktur der Inlandsaktivitäten direkt zu einer integrierten Funktionalstruktur über, und nahezu ebenso wenige Unternehmungen (14 Unternehmungen) machten den direkten Sprung von einer einfachen divisionalen Struktur für das Inlandsgeschäft (Produkt- oder Regionalorganisation) zu einer integrierten Produkt- oder Regionalstruktur. Die übrigen Unternehmungen wählten entweder als Zwischenstufe die Internationale Division oder wiesen sogar zum Untersuchungszeitpunkt immer noch das Stadium der Internationalen Division auf. Damit konnten Stopford/Wells zeigen, dass US-amerikanische Unternehmungen häufig die Organisationsform der Internationalen Division wählten. Nur wenige der untersuchten US-amerikanischen Unternehmungen hatten zu keinem Zeitpunkt eine Internationale Division; sie wandelten sich also direkt von einer Struktur mit unabhängigen Tochtergesellschaften zu einer integrierten Struktur.

1.2.2.2 Die Studie von Franko

Im Gegensatz zu Stopford/Wells untersuchte **Franko** nicht die Organisationsstruktur US-amerikanischer Unternehmungen, sondern die **Entwicklungspfade** der 85 größten europäischen Industrie-Unternehmungen (vgl. Franko 1974, 1975, 1976). Unter diesen Unternehmungen fanden sich deutsche, französische, italienische, belgische, niederländische, luxemburgische, schwedische und Schweizer Firmen. Auch Frankos Untersuchung ist institutionell an die Harvard Business School gekoppelt: Seine Studie gilt als Teil des „CEI (Centre d'Etudes Industrielles, Genf) – Harvard Comparative Multinational Enterprise Project" und kann damit auch im „Dunstkreis" des HME angesiedelt werden. Franko machte allerdings bedeutende **Unterschiede zur Untersuchung von Stopford/ Wells** aus. Wie kann man die Hauptergebnisse von Franko zusammenfassen?

(1) Europäische Unternehmungen behielten **autonome, wenig formalisierte Strukturen** – die wir oben als unspezifische Organisationsstruktur bzw. „direct reporting structure" bezeichnet haben – auch noch bei, als sowohl der Auslandsumsatz als auch die Auslandsdiversifikation bereits fortgeschritten waren und damit nach den Ergebnissen von Stopford/Wells eigentlich eine Internationale Division angebracht gewesen wäre.

(2) Europäische Unternehmungen **etablierten** im weiteren Verlauf des Internationalisierungsprozesses allerdings **sprunghaft integrierte Strukturformen** und ließen – bis auf die Ausnahme von wenigen Unternehmungen – die Internationale Division einfach aus. Im Gegensatz zu US-amerikanischen Unternehmungen bauten vergleichsweise viele europäische Unternehmungen direkt integrierte Divisionalstrukturen auf.

(3) Von den 30 Unternehmungen, die integrierte Strukturen etablierten, entwickelten 29 Unternehmungen eine integrierte Geschäftsbereichs-, Produkt- oder Regionalstruktur. Franko konnte **nur eine** Unternehmung identifizieren, die eine **integrierte Funktionalstruktur** errichtete. Viele Unternehmungen bewältigten nationale und internationale Reorganisationsprozesse gleichzeitig: Von einer funktionalen Organisation in der Muttergesellschaft fand ein unmittelbarer „Switch" zu integrierten Geschäftsbereichs-, Produkt- oder Regionalorganisationen statt.

Festzuhalten bleibt also, dass die von Stopford/Wells postulierten Gesetzmäßigkeiten bereits in der Untersuchung von Franko über europäische Unternehmungen keine Bestätigung erfahren konnten. Dies verdeutlicht auch Abbildung 4-14; denn vergleicht man die Ergebnisse von Stopford/Wells (→ Abbildung 4-13) mit denen von Franko (→ Abbildung 4-14), so kommen deutliche Unterschiede zum Ausdruck.

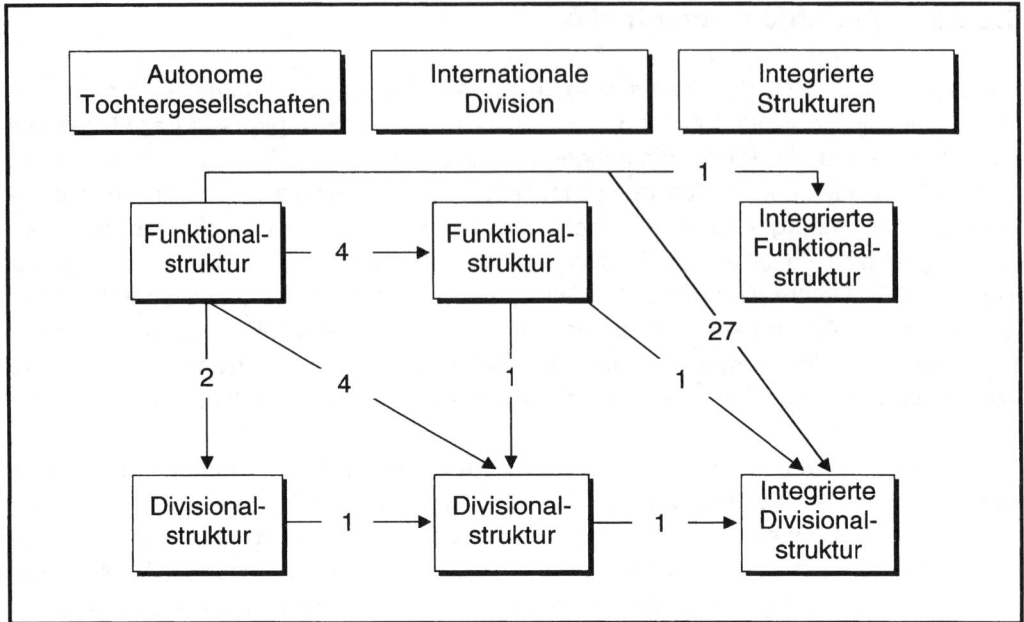

Abb. 4-14: Die organisationsstrukturellen Entwicklungspfade europäischer Unternehmungen nach Franko

Quelle: Franko (1976), S. 203 sowie Kieser/Walgenbach (2007), S. 304.

1.2.2.3   Die Studien von Egelhoff

In den achtziger Jahren hat **Egelhoff** sowohl 24 US-amerikanische als auch 26 europäische Unternehmungen hinsichtlich der **Organisationsstruktur** untersucht (vgl. Egelhoff 1982, 1984, 1988a und vor allem 1988b). Egelhoff greift dabei die Untersuchung von Stopford/Wells wieder auf, um sie empirisch zu überprüfen. Während Stopford/Wells lediglich zwei Einflussfaktoren auf die Wahl der Organisationsstruktur – (1) Grad der Auslandsdiversifikation und (2) Anteil des Auslandsumsatzes am Gesamtumsatz – berücksichtigten, identifiziert Egelhoff noch eine dritte Variable: (3) das Ausmaß ausländischer Fertigung. Wie kann man Egelhoffs Hauptergebnisse zusammenfassen?

(1) Egelhoff argumentiert, dass man **zwei Ausgangssituationen** unterscheiden müsse: erstens eine Ausgangssituation, bei der der **Anteil des Auslandsumsatzes** gemessen am Gesamtumsatz **niedrig** ist und zweitens eine Ausgangssituation, bei der der Anteil des Auslandsumsatzes gemessen am Gesamtumsatz **hoch** ist.

(2) Im Fall der ersten Ausgangssituation (niedriger Anteil des Auslandsumsatzes) wählen Firmen – ob europäisch oder amerikanisch – nach den Ergebnissen von Egelhoff bei einem geringen Grad an Auslandsdiversifikation die Organisationsform der **Inter-**

nationalen Division. Mit zunehmender Auslandsdiversifikation wird die Internationale Division durch die integrierte Geschäftsbereichs- oder Produktdivision ersetzt.

(3) Im Fall der zweiten Ausgangssituation (hoher Anteil des Auslandsumsatzes) müsse man als zusätzliches Kriterium zum Grad der Auslandsdiversifikation noch den Anteil der ausländischen Produktion berücksichtigen. Ist der Anteil an ausländischer Produktion niedrig, wird die internationale Unternehmung – nach Egelhoff – weiterhin die Organisationsform der **integrierten Geschäftsbereichs- oder Produktdivision** wählen. Bei hohem Anteil der ausländischen Produktion wird jedoch (bei gleichzeitig geringem Diversifikationsgrad) die **integrierte Regionalstruktur** oder (bei gleichzeitig hohem Diversifikationsgrad) die **integrierte Produkt-Regionen-Matrix** Anwendung finden.

Die Aussagen Egelhoffs lassen sich graphisch in Abbildung 4-15 zusammenfassen. Egelhoff betont, dass die integrierte Regionalstruktur bzw. die integrierte Matrixstruktur – aufgrund des Anteils des Auslandsumsatzes am Gesamtumsatz und des Anteils der Auslandsproduktion an der Gesamtproduktion – nur für wenige Unternehmungen geeignet sei und plädiert aufgrund seiner Ergebnisse in vielen Fällen für eine Beibehaltung der integrierten Produktstrukturen (vgl. v.a. Egelhoff 1988b, S. 12-13).

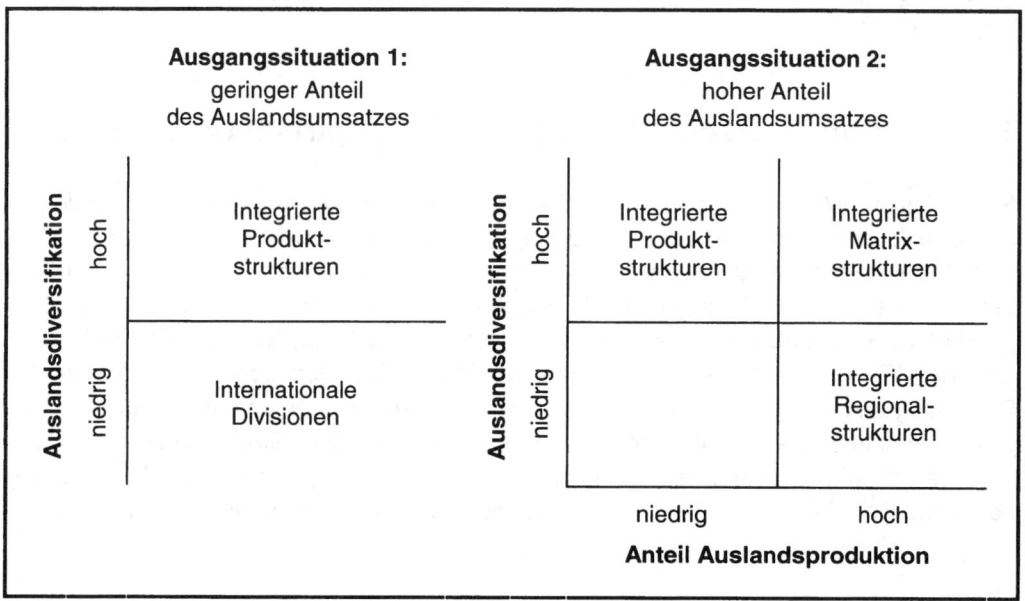

Abb. 4-15: Die Wahl der Organisationsstruktur nach Egelhoff
Quelle: in Anlehnung an Kieser/Kubicek (1992), S. 279.

Zusammenfassend kann man Egelhoffs Untersuchung als Versuch werten, die **Studie von Stopford/Wells zu ergänzen** und **zum Teil zu revidieren**. Bereits vor Egelhoff äußerten andere Autoren Zweifel am Stopford/Wells-Modell. Diese Autoren setzten allerdings vor allem an der Frage an, ob der Übergang von der Internationalen Division zu integrierten Strukturen, wie ihn Stopford/Wells ihren Untersuchungsergebnissen zufolge propagieren, der Realität entspricht (vgl. Davidson 1980, Davidson/Haspeslagh 1982, Daniels/Pitts/Tretter 1984). Egelhoff dagegen konzentriert sich mit seiner Studie nicht auf den Übergang von der Internationalen Division zu integrierten Strukturen im Allgemeinen, sondern vielmehr auf die Frage, welche Form integrierter Strukturen von Unternehmungen gewählt wird. Und dabei empfiehlt er, bei der Frage nach der adäquaten Struktur den Grad der ausländischen Fertigung zu berücksichtigen. Als Ergebnis folgerte Egelhoff, dass **nur Firmen mit hohem Grad an ausländischer Fertigung** auch **integrierte Regional- und Matrixstrukturen** einführen sollten, nicht aber Firmen mit geringem Grad an ausländischer Fertigung.

Fraglich bleibt allerdings der Nutzen der referierten Untersuchungen – ob nun von Stopford/Wells, Franko und Egelhoff oder auch von einer Vielzahl weiterer Autoren (vgl. z.B. Daniels/Pitts/Tretter 1984, 1985). Kritisch zu hinterfragen sind damit auch unsere obigen Aussagen zu den Bedingungen, unter denen die eine oder die andere Organisationsstruktur gewählt wird. Warum wir zu dieser Einschätzung kommen, wollen wir nachfolgend darlegen.

1.2.3   Eine kritische Würdigung der empirischen Studien

Eine kritische Würdigung der empirischen Studien ist gleichzeitig auch eine gewisse Selbstkritik an unseren eigenen Aussagen über die Bedingungen und Vor- und Nachteile der einzelnen Organisationsstrukturformen. Mit dieser kritischen Würdigung möchten wir nicht nur zur Reflexion über die einzelnen Organisationsstrukturformen, sondern generell zum Nachdenken über (empirische) Forschung in der Betriebswirtschaftslehre anregen. Wir wollen mit den nachfolgenden Kritikpunkten keineswegs die empirische Forschung und deren Ergebnisse als nutzlos oder sinnlos bezeichnen; allerdings ist es unsere Intention, Sie zum kritischen Umgang mit empirischen Studien und deren Aussagekraft anzuleiten. Beginnen wollen wir unsere Ausführungen mit einem Blick auf ein konkretes Beispiel – die in Textbox 4-11 skizzierte Organisationsstruktur von *Unilever*.

Textbox 4-11: Organisationsstrukturen in der Praxis (1)

Das Beispiel von Unilever

Unilever ging 1930 aus der Fusion zwischen *Margarine Unie*/Niederlande und *Lever Bros*/Vereinigtes Königreich hervor. Unterhalb der Vorstandsebene von *Unilever* findet man zwei wesentliche Gliederungskriterien, die beide die Struktur von *Unilever* bestimmen: unterschiedliche Produktgruppen einerseits und unterschiedliche Regionalgruppen andererseits. Bei *Unilever* existieren Produktmanagementgruppen, die für die gesamte Entwicklung, die gesamte Produktion und das gesamte Marketing ihrer Produkte verantwortlich sind. Insgesamt werden vier große Produktbereiche, (1) Nahrungsmittel, (2) Waschmittel, (3) Körperpflege- und Reinigungsprodukte (einschließlich Kosmetik) sowie (4) Chemische Spezialprodukte, unterschieden. Diese vier Produktbereiche umfassen jeweils eine Vielzahl von Produktmanagementeinheiten.

Nur für wenige Markenprodukte (v.a. Parfums wie *Escape* oder *CK One* von *Calvin Klein*) gibt es eine weltweite Produktverantwortung. Für viele andere Produkte existieren regionale Managementgruppen. *Unilever* unterscheidet dabei zwischen Westeuropa, Mittel- und Osteuropa, Nordamerika, Lateinamerika, Afrika und Mittlerer Osten, Asien/Pazifik sowie Zentralasien. Die Headquarters der Regionalgruppen haben ihren Sitz in London. Während die Produktverantwortlichkeit in Europa und Nordamerika primär bei den Produktmanagementgruppen liegt, kommt den Regionalmanagementgruppen in den anderen Teilen der Welt eine größere Bedeutung zu. Dies macht deutlich, dass man *Unilever* weder eindeutig als integrierte Geschäftsbereichs- bzw. Produktorganisation noch als integrierte Regionalorganisation bezeichnen kann. Zudem existieren einige Funktionalbereiche (Finanzen, Personal, Forschung und Engineering), in denen der jeweilige Direktor weltweite Verantwortung trägt.

Quellen:
Turner/Henry (1994), S. 422 sowie Annual Review der Unilever-Group für das Jahr 1995, v.a. S. 40.

Dieses einführende Beispiel zu *Unilever* leitet bereits zu unserem ersten Kritikpunkt über.

(1) Die thematisierten Organisationsmodelle stellen **stark vereinfachte Typen** dar, die wir in der Realität kaum in dieser Form vorfinden. Viel häufiger treten in der Unternehmungspraxis sogenannte Mischformen bzw. sogenannte **Hybridformen** auf, bei denen gleichzeitig Elemente der Internationalen Division, der Funktionalorganisation, der Geschäftsbereichs- bzw. Produktorganisation, der Regionalorganisation, der Matrixorganisation und vor allem der unspezifischen Organisationsformen auftauchen. In der anglo-amerikanischen Literatur wird bei Misch- bzw. Hybridformen auch von **X-Formen** (im Gegensatz zur **U-Form** der Funktionalstruktur oder der **M-Form** der Geschäftsbereichs- bzw. Produktstruktur) gesprochen. Es ist also bereits fraglich, wie Stopford/Wells, Fran-

ko oder Egelhoff eine eindeutige Zuordnung zu einzelnen Strukturtypen vornehmen konnten.

Das nachfolgende Beispiel aus der Unternehmungspraxis, mit dem die Organisationsstruktur von *Amoco* skizziert wird (➜ Textbox 4-12), soll unterstreichen, dass häufig Misch- bzw. Hybridformen existieren. Es kann dadurch – wie bereits durch das in Textbox 4-11 erwähnte Beispiel von *Unilever* – deutlich werden, dass die idealtypischen Klassifizierungen, die Wissenschaftler in einigen Arbeiten vorgenommen haben, der Praxis oftmals nicht gerecht werden können. In der Praxis kommt es vielmehr zu Ausprägungsformen, die nur ansatzweise den idealtypischen Grundformen entsprechen.

Textbox 4-12: Organisationsstrukturen in der Praxis (2)

Das Beispiel von Amoco

In einem früheren Geschäftsbericht berichtet die US-amerikanische Ölgesellschaft *Amoco* – noch lange vor der 1998 durchgeführten Fusion mit *BP* (*British Petroleum*), durch welche die Organisationsstruktur dann nochmals komplexer wurde – eindrücklich von einer Umstrukturierung der Organisation. Die gewählte Organisationsstruktur umfasste 17 sogenannte „Business Groups", die nochmals zu den drei Sektoren „Exploration and Production", „Petroleum Products" und „Chemicals" zusammengefasst wurden. Die 17 „Business Groups", die jeweils eine eigene Ergebnisverantwortung trugen, waren aber keineswegs nur nach einem einzigen Kriterium organisiert: Die „Business Groups" innerhalb des Sektors „Exploration und Production" wurden vor allem, aber nicht ausschließlich nach regionalen Gesichtspunkten strukturiert, die Gliederung der „Business Groups" innerhalb des Sektors „Petroleum Products" erfolgte vor allem aufgrund funktionaler Gesichtspunkte, und die Gliederung der „Business Groups" innerhalb des Sektors „Chemicals" schien vor allem aufgrund produktbezogener Gesichtspunkte getroffen worden zu sein.

Die Struktur der *Amoco*, die in der folgenden Abbildung dargestellt ist, macht exemplarisch deutlich, dass in vielen internationalen Unternehmungen nicht ein einzelnes Kriterium auf den ersten Gliederungsebenen unterhalb der Unternehmungsleitung zur Strukturierung der Organisation herangezogen wird, sondern dass vielmehr unterschiedliche Kriterien gleichzeitig gewählt werden. Dadurch wird es unmöglich, von integrierten Funktionalorganisationen, von integrierten Geschäftsbereichsorganisationen oder auch von integrierten Regionalorganisationen zu sprechen.

Interessant erscheint in diesem Zusammenhang auch, dass *Amoco* zwar auf der Gesamtunternehmungsebene keine Internationale Division eingerichtet hat, aber innerhalb des Sektors „Petroleum Products" über die „Business Group" „International Business Development" das Auslandsgeschäft weiterhin organisatorisch vom Inlandsgeschäft trennt. Diese Entwicklungen verdeutlichen, dass in der Praxis regelmäßig von den Idealtypen der Organisationsstruktur abgerückt wird.

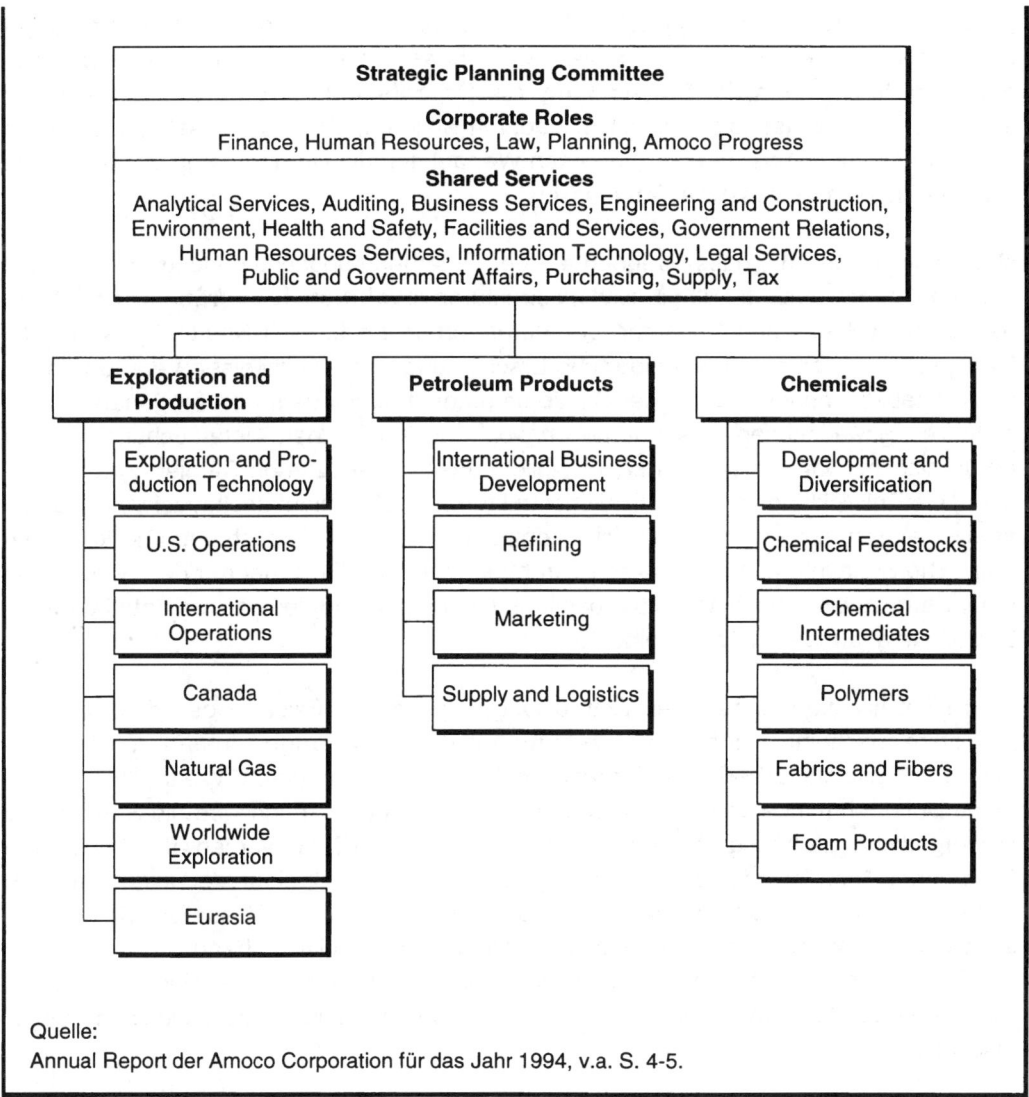

Quelle:
Annual Report der Amoco Corporation für das Jahr 1994, v.a. S. 4-5.

Es finden sich auch **empirische Belege** dafür, dass die Existenz von Mischformen nicht erst heutzutage, sondern schon in der Vergangenheit die Regel war (vgl. Agthe 1979). So hat Alpander in einer Untersuchung von 64 US-amerikanischen Unternehmungen festgestellt, dass nahezu in keinem Fall eine „reine Organisationsform" vorlag. Zahlreich waren in seinem Sample vor allem die Fälle, in denen die Internationale Division und die integrierte Regionalstruktur kombiniert wurden. Mehr als die Hälfte der 64 untersuchten Unternehmungen verknüpften diese beiden Strukturierungsformen (vgl. Alpander 1978, v.a. S. 50). Umso mehr verwundert es, dass in der Literatur den Reinformen bis heute mehr Aufmerksamkeit zuteil wird als den Misch- bzw. Hybridformen.

(2) Wenn bereits bei einer statischen Momentaufnahme keine klare Zuordnung vorgenommen werden kann, wie viel schwieriger wird das Unterfangen dann bei einer **dynamischen Betrachtung der Entwicklung von Organisationsstrukturen**? Die Existenz von Mischformen lässt sich vor allem dadurch erklären, dass Organisationsstrukturen von Unternehmungen einem permanenten Wandel unterliegen und damit ständig an die Anforderungen angepasst werden müssen.

Geht man davon aus, dass es innerhalb der Unternehmungsentwicklung im Allgemeinen und damit auch für Organisationsstrukturen **evolutionäre Veränderungen** gibt (➔ zu unterschiedlichen Varianten der Veränderung ausführlich Kapitel 7), so ist die Existenz von Mischformen eine logische Erscheinung. Die schrittweisen Veränderungen und Feinabstimmungen, die in der Praxis permanent stattfinden, werden genau wie die historisch gewachsenen Besonderheiten von den klassischen Untersuchungen nicht berücksichtigt. Kritisiert werden kann folglich, dass die skizzierten Studien zwar versuchen, die Entwicklung von Organisationsstrukturen im Zeitablauf nachzuzeichnen, dabei aber eigentlich nur eine oberflächliche komparativ-statische Betrachtung und keine dynamische Betrachtung wählen. Diese „Grobbetrachtung", die immer nur den Sprung von einer Stufe zu einer nächsten Stufe beinhaltet, kann nicht befriedigen, da dabei wichtige Einzelheiten „auf der Strecke bleiben".

Aber nicht nur die evolutionären Entwicklungen lassen die Existenz der Idealtypen als praxisfern erscheinen; auch viele **revolutionäre Veränderungen** führen zu Mischformen: Als Beispiele lassen sich hier größere Akquisitionen anführen. Wenn international tätige Unternehmungen andere Unternehmungen aufkaufen, dann wird die Struktur der Muttergesellschaft häufig abrupt verändert. In manchen Fällen werden die akquirierten Unternehmungen allerdings nicht „zwanghaft" in die alte Struktur der akquirierenden Unternehmung integriert. Vielmehr erhält die neu übernommene Gesellschaft – insbesondere dann, wenn es sich um eine sehr bedeutende Akquisition handelt (was von uns als Episode bezeichnet wird, ➔ Abschnitte 1.3.2 und 3 in Kapitel 7) – eine Sonderrolle. Eine derartige Sonderrolle „verwässert" die eventuell vormals existierende „reine Organisationsform".

Würde man beispielsweise retrospektiv die Organisationsstrukturen internationaler Unternehmungen in einem Zehnjahreszeitraum zwischen 1990 und 2000 untersuchen und dabei aus Vereinfachungsgründen die Situation zu drei Zeitpunkten, etwa im Jahr 1990, 1995 und 2000 betrachten, so ergäbe sich nur ein „oberflächliches Bild". In umfangreichen Analysen kann man etwa nachlesen, wie oft und wie stark der **_Daimler-Benz-Konzern_** (jetzt **_Daimler_**) in den letzten Jahren seine Organisationsstruktur verändert hat (vgl. z.B. Bea/Kötzle/Rechkemmer/Bassen 1997, Töpfer 1999). Bei einer Beschränkung der Analyse auf drei Zeitpunkte blieben wesentliche Erkenntnisse außen vor.

(3) Zu beachten ist ferner, dass die Strukturierung auf der obersten Ebene unter Umständen weniger wichtig ist, als dies zuweilen angenommen wird. Unternehmungen haben die Möglichkeit, die Nachteile bestimmter Strukturtypen dadurch auszugleichen, dass **auf weiteren Ebenen andere Strukturierungskriterien** gewählt werden. Abbildung 4-16 gibt einen Überblick über mögliche Hierarchieebenen in einer fiktiven Unternehmung.

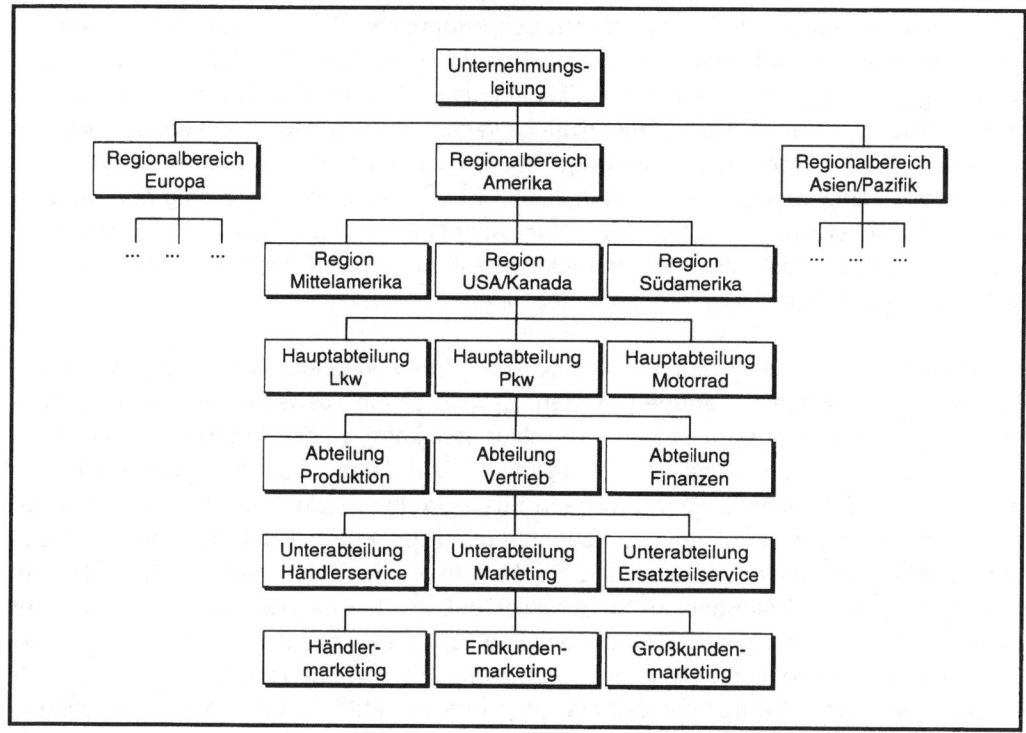

Abb. 4-16: Die Strukturierung einer international tätigen Unternehmung auf unterschiedlichen Ebenen

Kritisiert wird in diesem Zusammenhang, dass sich viele Studien auf die Organisationsstruktur auf der ersten Ebene unterhalb der Unternehmungsleitung konzentrieren und weitere Ebenen außen vor lassen. Gerade die Bedeutung, die der obersten Führungsebene durch die klassischen „Stufenmodelle der Organisationsstruktur" zugeschrieben wird, ist auch immer wieder Gegenstand intensiver Kritik gewesen. So hat zum Beispiel Bartlett (1979, 1981, 1982, 1983) wiederholt darauf hingewiesen, dass eine zu starke **Konzentration auf die oberste Ebene** der Organisationsstruktur Entscheidungsprozesse und individuelles Verhalten innerhalb des gesamten Unternehmungsgeflechts zu stark ausblende. Mit dieser Kritik wird bereits eine weitere Schwäche angesprochen, die wir nachfolgend thematisieren wollen.

(4) Es muss das Argument berücksichtigt werden, dass sich die klassischen Studien nicht nur stark auf die oberste Unternehmungsebene, sondern dabei auch weitgehend auf die **formale Organisationsstruktur** beschränken, die informale Organisationsstruktur aber unberücksichtigt lassen. Es ist bekannt, dass die formale Organisationsstruktur einer Unternehmung häufig wenig darüber aussagt, wie eine Unternehmung tatsächlich strukturiert ist. Oder noch deutlicher formuliert: Nahezu jeder Mitarbeiter einer Unternehmung wird bestätigen, dass Organigramme über den Aufbau einer Unternehmung die eine Seite darstellen – die andere Seite wird von den ungeschriebenen Hierarchien, den informellen Entscheidungswegen, den „grauen Eminenzen", irgendwelchen „kurzen" Kommunikationswegen sowie zahlreichen weiteren Prozessen bestimmt (vgl. Mintzberg/van der Heyden 1999). Strukturen existieren häufig nur auf dem Papier! Entscheidungsprozesse, Kommunikationsbeziehungen oder Weisungsbefugnisse – und damit das „Leben" in und von Unternehmungen – können mit der formalen Organisationsstruktur nicht umfassend beschrieben werden.

(5) Auffallend ist auch, dass die klassischen Untersuchungen von der „**Structure-follows-Strategy-Sicht**" getragen werden. Es wird davon ausgegangen, dass die Strategie der Unternehmung auch ihre Struktur bestimmt – die Internationalisierungsstrategie also die internationale Organisationsstruktur determiniert. Nun weiß man allerdings, dass der Zusammenhang zwischen Strategie und Struktur keinesfalls so eindeutig ist, wie dies noch vor einigen Jahrzehnten postuliert wurde. Die Frage nach dem Zusammenhang zwischen Strategie und Struktur wird zwar auch heute noch kontrovers diskutiert (vgl. dazu Hall/Saias 1980, Schewe 1998, Harris/Ruefli 2000), doch wird in der Literatur zumeist – auch aufgrund der widersprüchlichen empirischen Ergebnisse – die Annahme von eindeutigen Wirkungszusammenhängen aufgegeben. Der Vorwurf der eindeutigen „Strategy-Structure-Orientierung" trifft am stärksten auf die Untersuchung von Stopford/Wells zu, richtet sich aber – in etwas abgeschwächter Form – ebenso an Franko und Egelhoff.

- Obwohl Franko selbst betont, dass in europäischen Unternehmungen Strategie und Struktur auf andere Weise miteinander verbunden seien als in den USA (vgl. Franko 1974, S. 494-495), hatte diese Erkenntnis für die eigene Untersuchung wenig Konsequenzen. Denn auch Franko macht die Struktur an der Strategie fest: Er berücksichtigt zwar neben der Strategie auch Technologie und Umwelt als Einflussvariablen, aber er versucht – ebenso wie Stopford/Wells – die Strukturveränderungen an verändertem strategischen Verhalten festzumachen.

- Egelhoff kommt zumindest zur Erkenntnis, dass es nicht um eine „Structure-follows-Strategy-Sicht" geht, sondern vielmehr um einen Fit zwischen Struktur und Strategie. Doch auch er bleibt trotz dieser Erkenntnis beim kontingenztheoretischen Design, welches die Strategie vor oder über die Struktur stellt, stehen. So schreibt er:

„There is good fit between structure and strategy when the information-processing requirements of a firm's strategy are satisfied by the information-processing capacities of its structure" (Egelhoff 1982, S. 436). Die Struktur hat also instrumentelle Funktion, um die Strategieimplementierung zu ermöglichen.

Egelhoff, Autor einer der drei prominenten Studien, räumt inzwischen, d.h. einige Jahre nach Durchführung der eigenen Studie, ein, dass die Strukturmodelle eher als Gleichgewichtsmodelle und Fit-Modelle konzipiert sind denn als Spannungs- oder Misfitmodelle (vgl. Egelhoff 1997). Möglicherweise existierenden Misfits zwischen Strategie und Struktur werde daher kaum Rechnung getragen.

Die prinzipiell zum Ausdruck kommende **„Structure-follows-Strategy-Sicht"** wird auch von einigen weiteren Autoren nicht aufgegeben, die zwischen die Strategie und die Struktur noch weitere intervenierende Variablen „einschieben" oder die Strategie als Variable weiter ausdifferenzieren. So schlagen manche Autoren vor, neben den von Stopford/Wells, Franko oder Egelhoff berücksichtigten Variablen „Bedeutung des Auslandsumsatzes" oder „Grad der Produktdiversität" auch noch die strategische Orientierung und bzw. oder generische Strategien als unabhängige bzw. intervenierende Variablen zu betrachten (vgl. Lemak/Bracker 1988, Wolf/Egelhoff 2001). Andere Autoren versuchen Einflüsse der Unternehmungsgröße, der Eigentumsverhältnisse, der Branchenzugehörigkeit oder der Forschungs- und Entwicklungsintensität zu identifizieren (vgl. Wolf 2000a).

(6) Die thematisierten Organisationsmodelle stellen − zumindest in ihrer Reinform − auch deswegen **überkommene Typen der Organisationsstruktur** dar, da sie sich aus Vergangenheitsdaten der sechziger und siebziger Jahre ergeben haben und mit den Strategien, die Unternehmungen in den neunziger Jahren verfolgen, nicht mehr vollkommen vereinbar scheinen. Es drängt sich der Eindruck auf, dass die in den klassischen Studien identifizierten Strukturmodelle der Vielfalt der Internationalisierungsstrategien, die sich heute findet, organisatorisch nicht gerecht werden können. Die klassischen Strukturmodelle haben die hierarchisch gegliederte Unternehmung im Auge. Viele Unternehmungen verfolgen jedoch heutzutage bekanntlich Internationalisierungsstrategien über Kooperationen − ob nun in Form von Joint Ventures, Strategischen Allianzen oder Franchising-Systemen (vgl. Kutschker 1994a). Diese Internationalisierungsstrategien gehen häufig mit modernen Organisationsformen wie Netzwerkstrukturen − und auch mit später anzusprechenden Gestaltungselementen wie Projektorganisationen (→ Abschnitt 2.4 in diesem Kapitel) − einher, die weder von den klassischen Studien noch von neueren Studien angemessen berücksichtigt wurden (vgl. Wolf 2000a).

(7) Die vorgestellten Studien erwecken − für sich allein betrachtet − den Eindruck, dass die **„culture-free-These"** Gültigkeit beanspruche. Zwar wurden Unterschiede zwischen US-amerikanischen und europäischen Unternehmungen untersucht (vgl. Franko 1976 und Egelhoff 1982); es wurde allerdings nicht herausgefunden, worauf die Unterschiede

zurückzuführen sind. Insbesondere wurde nicht analysiert, ob Kulturunterschiede eine Rolle spielen. Unterschiede zwischen Unternehmungen aus verschiedenen europäischen Ländern blieben ebenso unberücksichtigt wie die Untersuchung der Organisationsstruktur asiatischer Unternehmungen. Gerade die Existenz der **japanischen Keiretsu** oder die der **koreanischen Chaebol** verdeutlicht, dass sich die Realität von Organisationsstrukturen nicht auf wenige „kulturfreie" Typen reduzieren lässt. Wir werden später noch kurz auf die japanischen Keiretsu, die koreanischen Chaebol und auch die chinesischen Familienunternehmungen eingehen (➔ Abschnitt 4 in Kapitel 5). Bereits an dieser Stelle sei aber betont, dass es eben gerade vor dem unterschiedlichen kulturellen Hintergrund, vor dem Unternehmungen entstanden sind und sich entwickelt haben, andere Organisationsstrukturen gibt als lediglich die von Stopford/Wells, Franko oder Egelhoff identifizierten Modelle. Einen eher humoristischen Beitrag zur Kulturprägung von Organisationsstrukturen haben wir in Abbildung 4-17 dargestellt. Unabhängig davon, dass diese Abbildung eher eine Karikatur (und weniger das Ergebnis wissenschaftlicher Studien) darstellt, kann verdeutlicht werden, dass Organisationsstrukturen in unterschiedlichen Ländern stark variieren. Wenn Organisationsstrukturen prinzipiell unterschiedlich sind, so ist anzunehmen, dass dies auch für das Auslandsgeschäft gilt.

(8) Die klassischen Untersuchungen über die Organisationsstrukturen internationaler Unternehmungen weisen das **traditionelle Untersuchungsdesign situativer Ansätze** auf. Damit sind eine Reihe von Problemen verbunden (vgl. Schmid 1994, S. 14-20): So gehen die Untersuchungen davon aus, dass eindeutige Kausalbeziehungen zwischen der Organisationsstruktur und der Effizienz einer Unternehmung existieren und dass es für eine bestimmte Konstellation auch nur eine bestimmte Organisationsstruktur geben könne. Diese Annahmen erweisen sich allerdings bei längerer Reflexion als unhaltbar. Zudem blieben einige der genannten Untersuchungen hinter ihrem eigenen Anspruch, den sie als klassisch-kontingenztheoretische Untersuchungen haben, zurück: Der Zusammenhang mit der Effizienz wurde empirisch nicht überprüft; es wurde also nicht zwischen erfolgreichen und nicht-erfolgreichen Unternehmungen differenziert (vgl. jedoch Welge 1980, v.a. S. 76-94). Es scheint daher problematisch zu sein, allein aus den – aus Vergangenheitsdaten ermittelten – deskriptiven Ergebnissen zu schließen, dass die in der Praxis getroffene Wahl der Organisationsstruktur auch die richtige Wahl sei. Aus den empirisch gewonnenen Ergebnissen kann man nicht folgern, dass Unternehmungen sich an das halten sollten, was die Mehrheit der Unternehmungen macht. Das Beispiel von Egelhoff kann dies illustrieren (vgl. Egelhoff 1982, S. 12-13): Nur weil viele Unternehmungen mit hohem Anteil an Auslandsumsatz, hoher Produktdiversität und niedrigem Anteil an Auslandsfertigung bisher mit integrierten Produktstrukturen arbeiten, rechtfertigt dies nicht den Schluss, dass auch andere Unternehmungen folgen sollten.

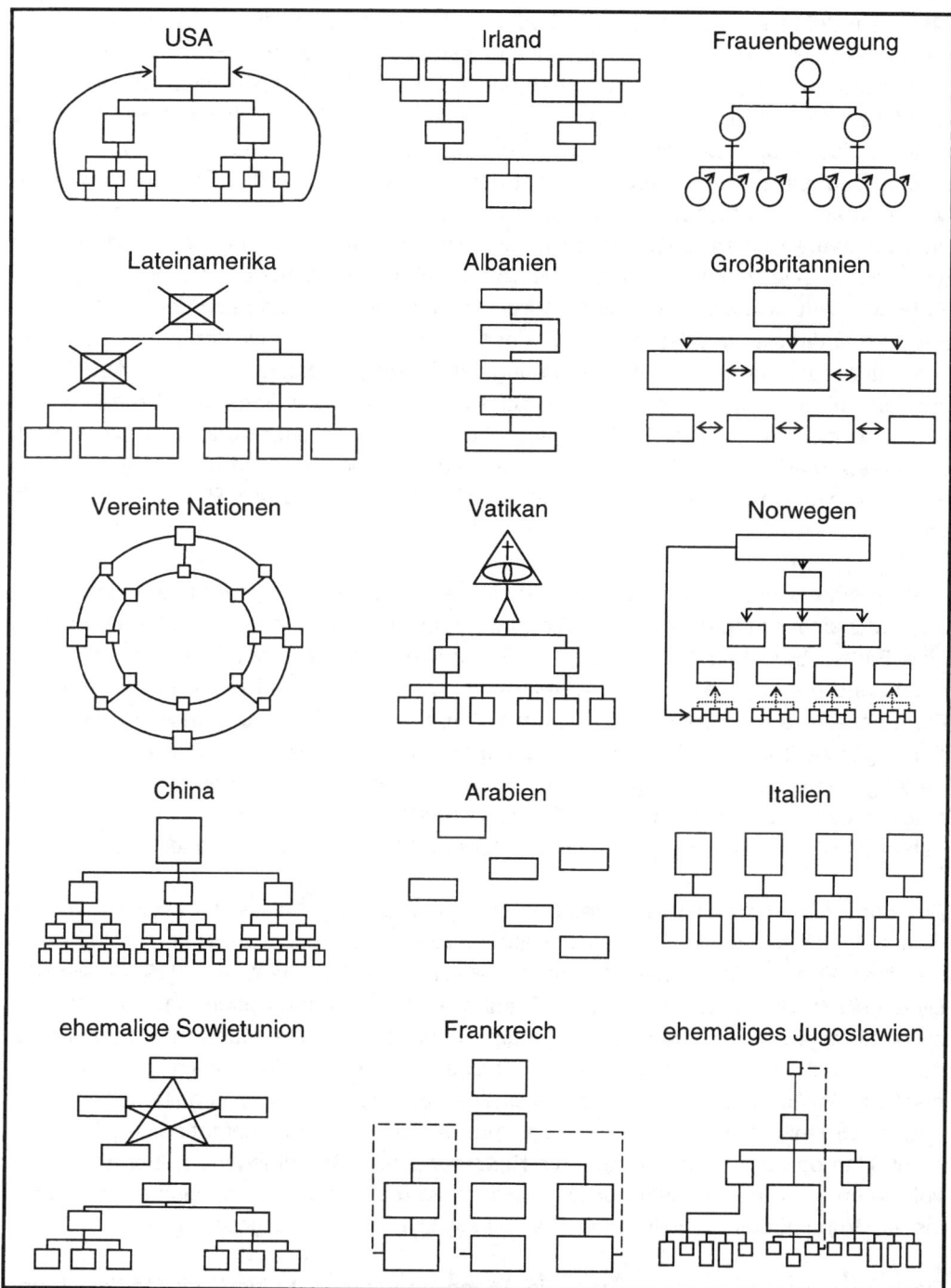

Abb. 4-17: Kulturgeprägte Organisationsstrukturen
Quelle: in Anlehnung an Schneider/Barsoux (2003), S. 101.

(9) Zu der Zeit, als die dargestellten Studien entstanden, herrschte die Vorstellung, dass die Frage nach der „richtigen" Organisationsstruktur die zentrale Frage der Betriebswirtschaftslehre sei. Es entstanden zahlreiche Studien, die auf vielfältige Weise Organisationsstrukturen erfassen wollten (vgl. zu einem kurzen Überblick Breilmann 1995, zu einer umfassenden Darstellung z.B. Kubicek/Welter 1985). Die umfangreiche Forschung über Organisationsstrukturen hat dabei lange Zeit den Blick für andere wesentliche Fragen der Betriebswirtschaftslehre versperrt. Zwar wurden in den genannten Studien durchaus Fragen der Strategie miteinbezogen – allerdings herrschte, wie bereits angedeutet, eine verkürzte Vorstellung von Strategie und Struktur vor. Die **Frage des Entwurfs von Strategien und Strukturen** dominierte die Frage nach der Implementierung von Strategien und Strukturen. Ebenso wurde zwar immer wieder betont, dass insbesondere Strukturen die Implementierung von Strategien erst ermöglichen. Auf die tatsächlich mit der Implementierung von Strategien zusammenhängenden Fragen wurde allerdings nicht eingegangen. Die Organisationsmodelle beruhen zudem auf der **Fiktion der Gestaltbarkeit von Strategie und Struktur** und lassen unternehmungspolitische Prozesse (vgl. Dorow 1982) oder Selbstorganisationsprozesse (vgl. Probst 1992) außen vor.

(10) Welche Gliederungskriterien zur Strukturierung gewählt werden, ergibt sich häufig auch aus den **Kompetenzen des Top-Managements**. Möchte das Top-Management eine Einheit zwischen der personellen Ressortverteilung auf der obersten Führungsebene und der organisatorischen Strukturierung auf der ersten Ebene unterhalb dieser Führungsebene erreichen, so bestimmen durchaus **persönliche Vorlieben** die Wahl der Organisationsstruktur. Gerade im Zusammenhang mit Umstrukturierungen spielen derartige personelle Überlegungen eine Rolle. So mag es sein, dass ein bestimmtes Mitglied des Top-Managements auf seiner Zuständigkeit für ein bestimmtes Ressort beharrt und damit eine Hybridstruktur entsteht (→ Abschnitt 1.3.1 in diesem Kapitel).

Zusammenfassend bleibt also festzuhalten, dass die Ergebnisse der klassischen Studien über internationale Organisationsstrukturen – genauso wie die im Umkreis von Stopford/Wells entstandenen Werke von Pavan (1972), Thanheiser (1972), Pooley-Dyas (1972), Channon (1973), Dyas/Thanheiser (1976) oder Yoshino (1976) – kritisch zu hinterfragen sind. Wenn wir die Studien dennoch relativ ausführlich dargestellt haben, so liegt dies an der Bedeutung, welche die Literatur den Idealtypen der Organisationsstruktur im Allgemeinen zumisst. Die Kenntnis der Grundmodelle der internationalen Organisationsstrukturen gehört zum Basiswissen im Internationalen Management. Und darüber hinaus scheint die Kenntnis dieser Grundmodelle selbst dann sinnvoll, wenn wir in der Realität nur Organisationsformen vorfinden, die sich auf der Basis dieser Grundmodelle in vielfältigen Misch- bzw. Hybridformen ergeben haben.

Doch für Sie als Leser sollte klar sein: Wenn es überhaupt eine Regelmäßigkeit gibt, dann die Regelmäßigkeit, dass – national wie international – weder „Structure follows Strategy" noch „Strategy follows Structure" uneingeschränkt gilt. Dies liegt bereits darin begründet, dass Unternehmungen sich nicht auf strukturelle und strategische Charakteristika reduzieren lassen (→ dazu auch das 7-S-Konzept, Abschnitt 1.3 in Kapitel 5). Kritische Zeitgenossen können eher die Frage stellen, ob nicht „**Structure follows Fashion**" die zutreffendste Beschreibung der Vorgehensweise in der Praxis ist – eine Vorgehensweise, die auch von der Wissenschaft nicht zwanghaft „rationalisiert", sondern nur zur Kenntnis genommen werden kann. Insbesondere die Beraterbranche verstärkt dabei den Trend, Entscheidungsträgern in der Wirtschaft zu suggerieren, es seien immer wieder andere Organisationsstrukturen „in". Was Kieser für Organisationskonzepte feststellt, trifft auch für internationale Organisationsstrukturen zu: Sie unterliegen bestimmten Moden (vgl. Kieser 1996a; vgl. zur Rolle von Unternehmungsberatungsgesellschaften bei der Formierung von Moden auch Bamberger/Wrona 1998, S. 13-16)!

1.3 Internationale Organisationsstrukturen und Führungsorganisation

Wir haben bisher die zentralen Grundformen internationaler Organisationsstrukturen kennengelernt (Abschnitt 1.1) und auch deren Entwicklung diskutiert (Abschnitt 1.2). Bei der Vorstellung der einzelnen Alternativen war gelegentlich auch – unter anderem in Zusammenhang mit der Tensorstruktur – von der **personellen Leitung der Bereiche** auf der Ebene direkt unterhalb der Unternehmungsleitung die Rede. Was bisher jedoch weitgehend ausgeklammert wurde, war erstens die personelle Besetzung der obersten Führungshierarchie und zweitens der Zusammenhang der Organisationsstruktur mit der personellen Besetzung der obersten Führungshierarchie. Oder anders ausgedrückt: Das Top-Management und dessen Zusammenhang mit der Organisationsstruktur wurde bisher kaum beachtet. Diesen Zusammenhang wollen wir jetzt beleuchten (Abschnitt 1.3.1) und auch die Frage beantworten, wie die oberste Leitung einer Unternehmung in Abhängigkeit von der Nationalität der Muttergesellschaft bzw. des Heimatlandes variiert (Abschnitt 1.3.2).

1.3.1 Der Zusammenhang zwischen den Grundformen internationaler Organisationsstrukturen und der Führungsorganisation

Wir wollen im folgenden Abschnitt darstellen, welche Alternativen der Verteilung der Führungsverantwortung prinzipiell existieren und welche Zusammenhänge mit den Organisationsstrukturen denkbar sind (vgl. Hungenberg 1995, S. 244-250). Wir sehen die Besetzung des Top-Managements und dessen Führungsverantwortung nicht nur aus personeller Sicht, sondern vor allem aus organisatorischer Sicht als entscheidend an. Die Organisation der obersten Führung einer Unternehmung, zu der auch, aber keineswegs ausschließlich personelle Überlegungen zählen, kann daher als Bestandteil der Führungsorganisation aufgefasst werden (vgl. Hahn 1988, Seidel/Redel 1987, S. 3, Seidel/Jung/Redel 1988a und vor allem 1988b, S. 3-17).

Um die Verantwortlichkeiten auf der Ebene des Top-Managements abzustecken, existieren in der Unternehmungspraxis unterschiedliche Möglichkeiten. Mit Hilfe von drei Kriterien wollen wir die alternativen Gestaltungsmöglichkeiten der Führungsorganisation aufzeigen (Abschnitt 1.3.1.1) und die Zusammenhänge mit der Organisationsstruktur erläutern (Abschnitt 1.3.1.2).

1.3.1.1 Alternativen der Führungsorganisation

Idealtypisch lassen sich die Alternativen der Führungsorganisation nach drei Kriterien unterscheiden (vgl. Seidel/Redel 1987, S. 19, Seidel/Jung/Redel 1988b, S. 18-37, Hungenberg 1995, v.a. S. 244-250, Bernhardt/Witt 1999):

(1) Umfang des Top-Managements
(2) Aufgabenverteilung des Top-Managements
(3) Betreuungs- und Führungsprinzip des Top-Managements

(1) Umfang des Top-Managements: Zunächst einmal kann man auf oberster Ebene zwischen **Singular- und Pluralinstanzen** unterscheiden. Während eine Singularinstanz nur aus einer Person besteht (z.B. Alleineigentümer), geht eine Pluralinstanz mit einem Gremium, das sich aus mehreren Personen zusammensetzt, einher (z.B. Vorstandsgremium bzw. Board). Pluralinstanzen können dabei personell in unterschiedlich großem Umfang existieren, d.h. sie können unterschiedliche Größe annehmen. In manchen Unternehmungen besteht die Unternehmungsleitung, d.h. das Top-Management, nur aus einigen wenigen Personen. In anderen Unternehmungen findet sich im obersten Führungsgremium eine deutlich höhere Zahl von Mitgliedern.

So saßen bei der *Deutschen Bank*, der *Commerzbank* und der früheren *Dresdner Bank* (jetzt Teil der *Allianz*-Gruppe) in den neunziger Jahren bis zu 12 Mitglieder im Vorstand. Die fusionierte *HypoVereinsbank* wies nach dem Zusammenschluß 16 Vorstandsmitglieder auf, und *DaimlerChrysler* hatte in seinem Führungsgremium unmittelbar nach der Fusion 17 Top-Manager. Allerdings gilt es zu berücksichtigen, dass die Zahl an Mitgliedern gerade nach Fusionen vergleichsweise hoch ist. Dies liegt daran, dass die bisherigen Vorstände der vormals unabhängigen Unternehmungen in der Regel nicht sofort „vor die Türe gesetzt" oder „degradiert" werden. Und so hat auch *DaimlerChrysler* die Zahl der Vorstandsmitglieder im Jahr nach der Fusion zunächst noch relativ hoch belassen, dann aber deutlich reduziert.

(2) Aufgabenverteilung des Top-Managements: Innerhalb der Pluralinstanzen kann man zwischen einer **unressortierten Aufgabenverteilung** und einer **ressortierten**

Aufgabenverteilung differenzieren. Beim unressortierten Modell kommt es zu einer gemeinschaftlichen Führung aller Bereiche der Unternehmung durch die oberste Geschäftsleitung. Die einzelnen Top-Manager haben keine spezifischen Aufgaben- bzw. Verantwortungsbereiche. Bei einer ressortierten Führung wird der Spezialisierung der Vorzug gegeben, d.h. einzelne Mitglieder der Pluralinstanz sind für unterschiedliche Ressorts bzw. unterschiedliche Bereiche verantwortlich. Im ersten Fall liegt eine kollektive Aufgabenerfüllung vor, während im zweiten Fall jedes Mitglied des Top-Managements sein Aufgabengebiet individuell führt.

(3) Betreuungs- und Führungsprinzip des Top-Managements: Innerhalb der ressortierten Führung kann man nochmals zwischen einer **Ressortierung nach dem Betreuungsprinzip** – zuweilen auch als Portefeuilleprinzip bezeichnet (vgl. Bernhardt/Witt 1999, S. 828) – und einer **Ressortierung nach dem Führungsprinzip** unterscheiden. Im ersten Fall haben die für ein bestimmtes Ressort tätigen Top-Manager die Aufgabe, ihre Ressorts zu betreuen, ohne allerdings auch die Entscheidungen für dieses Ressort zu treffen. Die Entscheidungsgewalt wird weiterhin beim Top-Management-Gremium verankert, welches kollektiv Beschlüsse fasst. Im zweiten Fall wird den Ressortverantwortlichen nicht nur die Betreuung ihrer Bereiche, sondern auch die Entscheidungsbefugnis über Aktivitäten in ihren jeweiligen Bereichen erteilt. In der Praxis findet sich meist die Anwendung des **gemischten Betreuungs-/Führungsprinzips**. Dabei wird festgelegt, welche Entscheidungen der verantwortliche Top-Manager für sein Ressort individuell treffen kann und welche Entscheidungen kollektiv beim Top-Management-Gremium verbleiben.

1.3.1.2 Alternativen der Führungsorganisation und Organisationsstruktur

Man könnte nun auf den ersten Blick annehmen, dass international tätige Unternehmungen – aufgrund der oftmals unterstellten Größe und Komplexität – nahezu ausschließlich durch Pluralinstanzen geführt werden. Dies ist allerdings keineswegs der Fall: Bis heute existieren bei einigen international tätigen Unternehmungen **Singularinstanzen**. Gerade manche der oben bereits erwähnten **Hidden Champions** (→ Abschnitt 1.1.2 in diesem Kapitel sowie Abschnitt 1.5 in Kapitel 2) sind gute Beispiele für von Singularinstanzen geführte Unternehmungen, da dort teils heute noch Eigentümerunternehmer oder Mehrheitsgesellschafter alleine an der Spitze der jeweiligen Unternehmungen stehen. Wir hatten bereits betont, dass bei Hidden Champions und auch bei vielen (anderen) mittelständischen Unternehmungen oftmals eher unspezifische Organisationsstrukturen bzw. „direct reporting structures" („mother-daughter-structures") gewählt werden. Es sollte also festgehalten werden, dass in der Unternehmungspraxis unspezifische Organisationsstrukturen und Singularinstanzen häufig miteinander einhergehen.

Weisen international tätige Unternehmungen **Pluralinstanzen** auf, so kommt es dabei fast ausnahmslos zur ressortierten Führung nach dem gemischten Betreuungs-/ Führungsprinzip. Es sind jedoch unterschiedliche Varianten denkbar, wie die Aufgabenverteilung innerhalb des Führungsgremiums vorgenommen werden soll (vgl. auch Bühner 1993a, S. 411-413). Zum einen kann eine Aufgabenverteilung in Parallelität zur Organisationsstruktur vorgenommen werden (Abschnitt 1.3.1.2.1), zum anderen kann eine Aufgabenverteilung auch in Diskrepanz zur Organisationsstruktur erfolgen (Abschnitt 1.3.1.2.2).

1.3.1.2.1   Aufgabenverteilung in Parallelität zur Gestaltung der Organisationsstruktur

Zunächst kann eine Unternehmung die Ressortverteilung auf Top-Management-Ebene so gestalten, dass Parallelen mit der Organisationsstruktur auf der zweiten Ebene entstehen. Was bedeutet dies, wenn wir die oben vorgestellten Alternativen der Organisationsstruktur betrachten?

(1) Internationale Division: Existiert eine Internationale Division, so ist oftmals ein Mitglied der Pluralinstanz für das Auslandsgeschäft verantwortlich, während sich die anderen Mitglieder um das Inlandsgeschäft kümmern. Auf der Ebene der obersten Unternehmungsleitung gibt es also ein **Auslandsressort** und daneben (mindestens) ein bzw. (meist) mehrere Inlandsressorts. Ebenso wie die Organisationsstruktur ist in diesem Fall auch die Führungsorganisation durch eine Dichotomie zwischen Inlands- und Auslandsgeschäft charakterisiert.

(2) Integrierte eindimensionale Organisationsstrukturen: Bei einer integrierten Funktionalstruktur findet man idealtypisch eine **funktionale Ressortierung**, bei einer integrierten Geschäftsbereichs- und Produktstruktur eine **geschäftsbereichs- bzw. produktbezogene Ressortierung**, bei einer integrierten Regionalstruktur eine **regionale Ressortierung** sowie bei einer integrierten Key-Account-Struktur eine **kunden(gruppen)orientierte Ressortierung** auf der Ebene des Top-Managements vor. Der jeweilige Ressortverantwortliche ist damit sowohl für das Inlands- als auch für das Auslandsgeschäft zuständig.

(3) Integrierte mehrdimensionale Organisationsstrukturen: Bei einer internationalen Matrixstruktur ist die Aufgabenverteilung auf Top-Management-Ebene weniger eindeutig: Einerseits kann man an der Spitze der Unternehmung Ressorts analog der einzelnen Matrixstellen der Dimension 1 und analog der einzelnen Matrixstellen der Dimension 2 einrichten. Bei einer Produkt-/Regionen-Matrix kann man beispielsweise sowohl produktbezogene als auch regionenbezogene Ressorts schaffen. Hier sei das oben skizzierte Beispiel der Organisationsstruktur von *ABB* in Erinnerung gerufen (→ Textbox 4-6 in Abschnitt 1.1.4.2.1 in diesem Kapitel), wo eine derartige Lösung gewählt wurde. Andererseits kann auch die Dimension auf Top-Management-Ebene verankert werden, die bei der Bildung der Matrix keine Berücksichtigung fand. Im Falle einer Produkt-/ Regionen-Matrix ist es vorstellbar, dass es auf der Ebene des Top-Managements zu einer Ressortierung nach Funktionen kommt. Dies heißt, dass wir bei Matrixorganisationen – je nach Ausgestaltung – entweder eine **parallele Ressortierung nach zwei Dimensionen** oder nur **nach einer Dimension** vorfinden.

Sieht man einmal von der Matrixorganisation ab, so wird durch eine Aufgabenverteilung gemäß Organisationsstruktur erreicht, dass die einzelnen organisatorischen Bereiche innerhalb der internationalen Unternehmung auch jeweils **einen Verantwortlichen** auf oberster Ebene haben. Eine Unternehmung kann sich in diesem Zusammenhang zudem dafür entscheiden, dass die Leiter der einzelnen Bereiche (z.B. Bereichsleiter oder Bereichsvorstände) in die Unternehmungsleitung entsandt werden und somit zu Mitgliedern des Top-Managements (z.B. Vorstandsmitgliedern) werden. Durch eine derartige **Leitungs- bzw. Führungsidentität** wird die stärkste personelle Verzahnung von erster und zweiter Führungsebene geschaffen. Dadurch werden die Problemstellungen der einzelnen Bereiche permanent zu Problemstellungen, die auch innerhalb des Top-Managements angesprochen werden können.

Allerdings ist es nun keineswegs so, dass die (personelle) Ressortierung auf oberster Ebene zwingend mit der (organisatorischen) Strukturierung auf der zweiten Ebene übereinstimmen muss. Vielmehr kann es auch dazu kommen, dass die personelle Verantwortung auf der obersten Ebene von der strukturellen Gliederung auf (oder ab) der zweiten Ebene differiert. Deshalb wollen wir auch die Möglichkeit der Diskrepanz zwischen Aufgabenverteilung und Organisationsstruktur kurz ansprechen.

1.3.1.2.2 Aufgabenverteilung in Diskrepanz zur Gestaltung der Organisationsstruktur

Eine Diskrepanz zwischen Ressortverteilung auf Top-Management-Ebene und Organisationsstruktur auf der zweiten Ebene kann sich auf sehr unterschiedliche Weise zeigen. Nachfolgend werden exemplarisch einige von zahlreichen Möglichkeiten skizziert. Wir gehen dabei beispielhaft von einer integrierten Geschäftsbereichsstruktur aus.

- **Funktionale Ressortverteilung** innerhalb des Top-Managements (bei **Strukturierung nach integrierten Geschäftsbereichen** auf der zweiten Ebene unterhalb der Unternehmungsleitung): Bei dieser Alternative sind die Mitglieder des Top-Managements für funktionale Gesamtaufgaben tätig, die als Zentralbereiche in der Muttergesellschaft organisatorisch verankert werden (z.B. Finanzen, Controlling, Personal). Die Leiter der Geschäftsbereiche, welche die zweite Führungsebene konstituieren und dem Top-Management unterstehen, sind selbst nicht in der Unternehmungsleitung vertreten.

- **Gemischte Ressortverteilung** innerhalb des Top-Managements (bei **Strukturierung nach Geschäftsbereichen** auf der zweiten Ebene unterhalb der Unternehmungsleitung): Konstitutiv für diese Alternative ist, dass die Geschäftsbereichsleiter auch Mitglieder der Unternehmungsleitung darstellen, die Unternehmungsleitung sich jedoch nicht nur aus den Leitern der Geschäftsbereiche, sondern auch aus weiteren Personen zusammensetzt. Neben die Ressorts, die den einzelnen Geschäftsbereichen entsprechen, können noch weitere Ressorts treten (z.B. hinsichtlich funktionaler, regionaler oder kundenorientierter Verantwortlichkeiten).

- **Multiple Ressortverteilung** innerhalb des Top-Managements (bei **Strukturierung nach Geschäftsbereichen** auf der zweiten Ebene unterhalb der Unternehmungsleitung): Vor allem bei Pluralinstanzen mit geringer Mitgliederzahl wird den einzelnen Top-Managern nicht nur ein Ressort zugeteilt; vielmehr übernehmen sie mehrere Ressorts. So kann etwa in einer Unternehmung, die in sechs Geschäftsbereiche untergliedert ist und die nur drei Vorstandsmitglieder aufweist, jeder der Top-Manager eine Zuständigkeit für zwei Geschäftsbereiche – und darüber hinaus eventuell auch für bestimmte Funktionen, Regionen oder Kundengruppen – haben.

Die von uns skizzierten Möglichkeiten der Ressortverteilung auf Top-Management-Ebene sind keineswegs erschöpfend. Wirft man einen Blick in die Geschäftsberichte international tätiger Unternehmungen, so erkennt man, dass die Varianten der Unternehmungspraxis nahezu unbegrenzt sind.

Abbildung 4-18 gibt einen Überblick über die im März 2001 existierende Ressortierung in einigen der größten deutschen international tätigen Unternehmungen. In dieser Abbildung wird gleichzeitig nochmals das deutlich, was wir bereits in Kapitel 2 angesprochen haben: Die Internationalität der obersten Führungsgremien deutscher Unternehmungen ist (immer noch) weitgehend national (→ Abschnitt 2.1.1 in Kapitel 2; vgl. auch Schmid/Kretschmer 2005). Ferner kann Ihnen die Abbildung zeigen, wie schnell sich in Unternehmungen die Ressortverteilung ändert bzw. ändern kann. Werfen Sie zum Zeitpunkt der Lektüre einfach einen Blick auf die Internetseiten der in Abbildung 4-18 aufgeführten Unternehmungen – und Sie werden feststellen, dass die Ressortverteilung in den meisten Fällen nicht mehr mit der Ressortverteilung zum Zeitpunkt der Erstellung der Abbildung im März 2001 übereinstimmt!

Allianz	**Dr. Henning Schulte-Noelle** Vorsitzender des Vorstandes	**Dr. Paul Achleitner** Vorsitzender Finanzplanung
	Detlev Bremkamp Europa, Rückversicherung, Alternative Risk Transfer (ART)	**Dr. Rainer Hagemann** Direktor der Personalabteilung, Sach- und Haftpflichtversicherung
	Herbert Hansmeyer Nord- und Südamerika	**Dr. Gerhard Rupprecht** Lebens- und Krankenversicherung, Deutschland
	Michael Diekmann Asien-Pazifik, Zentral-/Osteuropa, Nah-Ost, Afrika	**Dr. Helmut Perlet** Controlling, Rechnungswesen, Steuern
	Dr. Joachim Faber Asset Management und andere Finanz- angelegenheiten	
BASF	**Prof. Dr. Jürgen Strube** Vorstandsvorsitzender; Recht, Steuern und Versicherung, Planung und Control- ling, Bereichsübergreifende Verhand- lungsteams, Obere Führungs-kräfte und Führungskräfteentwicklung, Öffentlich- keitsarbeit und Markt-kommunikation	**Helmut Becks** Personal, Ingenieurtechnik, Werkstech- nik Ludwigshafen, Umwelt, Arbeitssi- cherheit und Energie, Logistik, Zentrale Informatik, Arbeitsmedizin und Gesund- heitsschutz, Werk Schwarzheide, BASF Antwerpen
	Dr. John Feldmann Bereichsübergrei- fende Verhandlungs-teams, Leitung Ressort IV mit den Kunststoffbereichen	**Peter Oakley** Faserprodukte, Nord- und Südamerika
	Max Dietrich Kley Stellv. Vorsitzender; Finanzen, Öl und Gas, Coatings, Rohstoffeinkauf, Regio- nen Osteuropa, Afrika und Westasien, Konzernrevision	**Dr. Jürgen Hambrecht** Länderbereich Ostasien, Japan, Süd- ostasien/Australien, Industriechemi- kalien, Zwischenprodukte, Petrochemi- kalien und Anorganika, Ammoniak- laboratorium
	Dr. Stefan Marcinowski Sprecher der Forschung; Dispersionen, Farben, Spezialchemikalien, Farbenlabo- ratorium	**Eggert Voscherau** Pharma, Pflanzenschutz, Feinchemie, Hauptlaboratorium, Nord-, Süd- und Zentraleuropa
DaimlerChrysler	**Jürgen E. Schrempp** Vorstandsvorsitzender	**Dr. Manfred Bischoff** Luft- u. Raumfahrt, Industrielle Beteili- gungen
	Dr. Eckhard Cordes Nutzfahrzeuge	**Günther Fleig** Personal und Arbeitsdirektor
	Dr. Manfred Gentz Finanzen und Controlling	**Prof. Jürgen Hubbert** Mercedes-Benz Personenwagen, smart
	Dr. Klaus Mangold Dienstleistungen	**Thomas W. Sidlik** Einkauf Chrysler Group und operatives Geschäft Jeep
	Gary C. Valade Weltweiter Einkauf	**Prof. Klaus-Dieter Vöhringer** Forschung und Technologie
	Dr. Dieter Zetsche Chrysler Group	**Dr. Wolfgang Bernhard** Stellvertretendes Mitglied des Vorstan- des; Chief Operating Officer (COO) Chrysler Group

Dresdner Bank	**Prof. Dr. Bernd Fahrholz** Vorstands-sprecher; Corporate Center: Konzern-entwicklung, Recht, General-sekretariat, Unternehmenskommu-nikation, Volks-wirtschaft, Personal	**Dr. Horst Müller** Corporate Center: Kreditrisiko-management, Risikocontrolling, Region Ostdeutschland
	Prof. Dr. Gerhard Barth Corporate Center: Informations-techologie, Unternehmensbereich: Tran-saction Banking	**Dr. Bernd W. Voss** Corporate Center: Compliance/ Corpora-te Security, Finanzen/Controlling, Revisi-on, Region Bayern
	Dr. Andreas Georgi Unternehmensbe-reich: Privatkundengeschäft, Regionen Nord- und Südwestdeutschland	**Dr. Joachim v. Harbou** Unternehmensbereich: Firmenkunden-geschäft, Immobilien (in Entwicklung), Regionen Rheinland, Rhein-Main, Ruhr und Westfalen
	Joachim Mädler Unternehmensbereich: Asset Manage-ment	**Leonhard H. Fischer** Unternehmensbe-reich: Investment Banking
Münchener Rück	**Dr. jur. Hans-Jürgen Schinzler** Vor-standsvorsitzender; Controlling, Presse, Rechnungswesen, Revision, Steuern, Zentrale Aufgaben	**Dr. jur. Wolf Otto Bauer** Sach/Feuer, Sach/Direkt, Financial Rein-surance/Retrozession
	Dr. jur. Hans-Wilmar von Stockhausen Frankreich, Belgien, Luxemburg, Öster-reich, Schweiz, Mittel-, Osteuropa, Tür-kei/Turkstaaten, Italien, Malta, Griechen-land, Zypern	**Clement Booth** Afrika, Naher und Mittlerer Osten, Sach/Technik, Entwicklung und For-schung, Investor-Relations, Unterneh-mensplanung
	Dr. jur. Heiner Hasford Nordische Länder, Niederlande, Finanz, Allgemeine Dienste, Betriebsorganisation	**Dr. jur. Nikolaus von Bomhard** Spanien, Portugal, Lateinamerika, Sach/ Verschiedene Versicherungszweige
	Christian Kluge Deutschland, Transport, Luft- und Raum-fahrt, Unternehmens-kommunikation	**Karl Wittmann** Großbritannien, Irland, Nordamerika, Asien und Australasien
	Dr. jur. Jörg Schneider Kredit, Informatik	**Stefan Heyd** Haftpflicht, Unfall, Kraftfahrt
	Dr. phil. Detlef Schneidawind Arbeits-direktor; Leben, Kranken, Personal	

Abb. 4-18: Die Ressortverteilung internationaler Unternehmungen aus Deutschland
Quelle: Internetseiten der jeweiligen Unternehmungen, Stand März 2001.

Oftmals wird ein **Teil der Ressorts in Parallelität zur Organisationsstruktur** aufge-teilt, ein **anderer Teil der Ressorts** wird **aus anderen Beweggründen heraus gebil-det**. Dazu zählt beispielsweise der Wunsch, eine bestimmte Funktion, einen bestimmten Geschäftsbereich, eine bestimmte Region oder eine bestimmte Kundengruppe durch eine direkte Verantwortungszuteilung auf Vorstandsebene bewusst stärker in den **Mit-telpunkt der Unternehmungsleitung** zu rücken, als dies durch die praktizierte

Organisationsstruktur möglich ist. Auch eine **Neubesetzung** auf Top-Management-Ebene kann dazu führen, dass zwar einige der Ressorts mit der Organisationsstruktur harmonieren, andere Ressorts allerdings in Diskrepanz zur Organisationsstruktur stehen. Die nachfolgenden Beispiele von *BMW* und *Wella* mögen dies verdeutlichen:

- *BMW* hat bereits 1993 den ehemaligen Politiker und außenpolitischen Kanzlerberater Horst Teltschik in den Vorstand berufen, ohne dass sich dessen Zuständigkeitsbereich (Wirtschaft und Politik und damit z.b. Öffentlichkeits- und Lobbyingaktivitäten) in der Organisationsstruktur auf der ersten Ebene der Unternehmungsleitung unmittelbar widerspiegelt. Mit der Berufung von Horst Teltschik wollte *BMW* vor allem sein Verhältnis zur Regierung verbessern sowie seine Verankerung in der Gesellschaft unter Beweis stellen.

- *Wella* hat seine Organisationsstruktur im Jahr 2000 in eine integrierte Geschäftsbereichsstruktur gewandelt – doch dabei fand sich gemäß Recherchen des „manager magazins" offensichtlich keine Verwendung für Alfred Krämer, früher zuständig für die Region Amerika, Asien und Pazifik. Kurzerhand schuf man neben den – mit der Organisationsstruktur übereinstimmenden – Ressorts Friseurgeschäft, Endverbrauchergeschäft, Duft- und Kosmetikgeschäft sowie dem Querschnittsressort Finanzen, Personal und „Supply Chain Management" noch das Ressort „New Businesses/Akquisitionen" (vgl. Jensen 2000).

Ebenso wie Diskrepanzen von einer personellen Neubesetzung auf Top-Management-Ebene ausgehen können, ist es möglich, dass sie durch eine **Veränderung der Organisationsstruktur** induziert sind. Nicht jede Restrukturierung bringt zwingend eine Veränderung der Ressortverteilung auf Top-Management-Ebene mit sich.

Als Fazit sollte man festhalten, dass wir in vielen Unternehmungen weder eine völlige Übereinstimmung noch eine völlige Abweichung der Ressortverteilung auf der ersten Ebene und der Strukturgliederung auf der zweiten Ebene antreffen. Diskrepanzen werden manchmal bewusst geschaffen, da sich Unternehmungen dadurch **positive Effekte**, wie Innovationsfähigkeit, Kreativitätspotentiale, Flexibilisierung oder Akzentuierung bestimmter Themen und darauf aufbauender Strategien erhoffen. Die **negativen Effekte** derartiger Diskrepanzen, wie Überschneidungen, Schnittstellenprobleme oder mangelnde organisatorische Unterstützung, werden zuweilen dadurch ausgeglichen, dass das Prinzip der Ressortierung nach dem Betreuungsprinzip gewählt wird. In diesen Fällen stimmt die Ressortierung zwar nicht mit der Strukturierung überein; doch kann dadurch, dass Entscheidungen ohnehin gemeinsam vom gesamten Top-Management getroffen werden, ein förderlicher **Informations-, Abstimmungs- und Diskussionszwang** herbeigeführt werden.

1.3.2   Die Spitzenverfassung von Unternehmungen im internationalen Vergleich

Eng mit Fragen der Organisationsstruktur verbunden sind Fragen der Unternehmungs-verfassung (vgl. Remer 1982), vor allem Fragen der Spitzenverfassung (vgl. Bleicher/Leberl/Paul 1989). Nach einem einleitenden Überblick (Abschnitt 1.3.2.1) wollen wir die Spitzenverfassung in deutschen, US-amerikanischen, japanischen und Schweizer Akti-engesellschaften vergleichen (Abschnitte 1.3.2.2 bis 1.3.2.5).

1.3.2.1   Einleitender Überblick

Als **Unternehmungsverfassung** gelten alle Festlegungen über die Leitung und Kontrol-le einer Unternehmung. Die **Spitzenverfassung** als Teil der Unternehmungsverfassung beinhaltet alle **Regelungen und Bestimmungen zur Leitung und Kontrolle** einer Un-ternehmung, die sich auf die Spitzenorgane (z.B. Vorstand und Aufsichtsrat) beziehen. Die wichtigsten Regelungen und Bestimmungen sind für die einzelnen Rechtsformen gesetzlich festgelegt. Zu den gesetzlichen Regelungen kommen häufig Satzungen, mit denen sich Unternehmungen selbst Beschränkungen auferlegen. Doch Gesetze und Satzungen reichen nicht aus, da nun einmal nicht alles durch eine Rahmenordnung fi-xierbar ist. Vielmehr sind Fragen der Leitung und Kontrolle einer Unternehmung immer auch Fragen, wie Individuen, zum Beispiel Vorstands- oder Aufsichtsratsmitglieder, ihre Aufgaben verstehen und ausfüllen.

Die Unternehmungsverfassung rückt in der Öffentlichkeit besonders dann in den Mittel-punkt des Interesses, wenn es zu offensichtlichen Versagenssymptomen kommt. Schwere Krisen, Fehlschläge oder gar Zusammenbrüche von Unternehmungen werfen immer wieder die Frage auf, ob und warum Leitung und Kontrolle einer Unternehmung nicht richtig funktionieren. Bei der Suche nach Antworten auf die Frage nach der „opti-malen" Leitung und Kontrolle richtet sich der Blick häufig auf **internationale Vergleiche** – man vergleicht, ob und wie die Leitungs- und Kontrollsysteme in unterschiedlichen Ländern ausgestaltet sind und möchte zu Aussagen kommen, ob bestimmte Leitungs-und Kontrollsysteme besser als andere zur Führung von Unternehmungen geeignet sind (vgl. z.B. Kojima 1993, die Beiträge in Albach 1996, Hrsg. oder die Beiträge in Hopt et al. 1998, Hrsg., Dorow/Varga von Kibed 2002 oder Theisen 2002).

Wir wollen nun die Leitungs- und Kontrollsysteme in unterschiedlichen Ländern darstel-len und exemplarisch die Aktiengesellschaft herausgreifen. Bevor wir einen Vergleich zwischen Deutschland, den Vereinigten Staaten, Japan und der Schweiz vornehmen, werden wir die zwei weltweit vorherrschenden **Grundformen der Unternehmungsver-fassung** skizzieren: das sogenannte **Board-Modell** und das sogenannte **Vorstands-Aufsichtsrats-Modell** (vgl. Gerum 1998, S. 136-138):

- Beim **Board-Modell**, welches in manchen Ländern auch als Verwaltungsratsmodell auftritt, sind die Leitungs- und Kontrollfunktion in einem Gremium vereinigt. Man spricht deshalb auch vom **Vereinigungsmodell** bzw. vom einstufigen Modell oder auch vom „unitary board system". Das Board-Modell ist weltweit dominant und findet beispielsweise in den USA, in Großbritannien, Kanada, Australien, Frankreich, Belgien, Luxemburg, Dänemark, Schweden, Singapur oder Hongkong Anwendung.

- Das **Vorstands-Aufsichtsrats-Modell** kennt eine deutliche Trennung zwischen Leitung und Kontrolle. In diesem Fall ist vom **Trennungsmodell** bzw. vom zweistufigen Modell oder auch dem „two-tier board system" die Rede. Dem Vorstand kommt die Leitungsfunktion, dem Aufsichtsrat die Kontrollfunktion zu. Dieses Modell wurde in Deutschland geprägt. Es findet sich darüber hinaus in Österreich. In den Niederlanden gilt es für große Aktiengesellschaften, in Frankreich kann es auf freiwilliger Basis eingeführt werden.

Die beiden Grundmuster, das Board-Modell und das Vorstands-Aufsichtsrats-Modell, erfahren in den einzelnen Ländern eine spezifische Ausdifferenzierung (vgl. z.B. Loredo/ Suárez 1998). Die Unterschiede zwischen den beiden Systemen, dem deutschen und dem US-amerikanischen System, spielen auch im Rahmen der Diskussion um die **Corporate Governance** eine große Rolle. Was verbirgt sich hinter dem in der Betriebswirtschafts- und Managementlehre seit einigen Jahren populären Schlagwort der Corporate Governance (vgl. z.B. Hopt et al. 1998, Hrsg., Nemec 1999, Nassauer 2000)?

Corporate Governance umschreibt – vereinfacht ausgedrückt – alles, was Herrschaft und Kontrolle in der Unternehmung ausmacht bzw. beeinflusst (vgl. z.B. Prigge 1999, S. 148). Etwas ausführlicher definiert Schmidt Corporate Governance folgendermaßen: „Corporate Governance is the totality of the institutional and organizational mechanisms, and the corresponding decision-making, intervention and control rights, which serve to resolve conflicts of interest between the various groups which have a stake in a firm and which, either in isolation or in their interaction, determine how important decisions are taken in a firm, and ultimately also determine which decisions are taken" (Schmidt 1997, S. 2). Diese Definition ist weiter als manch andere Definitionen, mit denen Corporate Governance primär auf das Verhältnis zwischen Eigentümern und Managern reduziert wird (vgl. zu weiteren umfassenden Definitionen z.B. Dufey/Hommel 1997, S. 188-189, Eckert 2000, v.a. S. 96). Corporate Governance betrifft gemäß der Definition von Schmidt die **Gesamtheit der Stakeholder** (also nicht nur Eigentümer und Manager) einer Unternehmung und deren Beziehungen zueinander; und Corporate Governance wird sowohl von unternehmungsinternen als auch von unternehmungsexternen Einflussfaktoren tangiert.

Wie man Abbildung 4-19 entnehmen kann, wird die Gestaltung der Unternehmungsverfassung und dabei vor allem die Gestaltung der **Spitzenverfassung als ein wesentliches Merkmal der Corporate Governance** von Unternehmungen aufgefasst; sie wird vor allem mit der direkten Kontrolle in Verbindung gebracht.

	Deutschland	USA
Direkte Kontrolle		
Konzentration des Anteilsbesitzes	hoch	niedrig
Dominierende Anteilseigner	Unternehmungen	Haushalte, Fonds
Konzernierungsgrad der Industrie	hoch	gering
Unternehmungsverfassung	zweistufig	einstufig
Rolle des Aufsichtsrats bzw. der Outside Directors	wichtig	weniger wichtig
Vertretung strategischer Investoren im Kontrollorgan	häufig	eher selten
Langfristige Beziehungen zwischen Bank und Unternehmung	extensiv	begrenzt
Mitbestimmung der Arbeitnehmer	wichtig	unwichtig
Ausübung von Auftragsstimmrechten	Depotbanken	Management
Zielorientierung der Unternehmung	Stakeholder-Ansatz	Shareholder-Ansatz
Anreizbezogene Vergütungssysteme	eher unwichtig	wichtig
Rechnungslegung	gläubigerorientiert	aktionärsorientiert
Konkursregelung	gläubigerorientiert	managerorientiert
Indirekte Kontrolle		
Markt für Unternehmungsübernahmen	eher unterentwickelt	entwickelt, zyklisch
Feindliche Übernahmen	sehr selten	phasenweise hoch
Regelung von Unternehmungsübernahmen	gering bis mittel	hoch
Institutionelle Struktur des Finanzsektors		
Anzahl börsennotierter Unternehmungen	klein	groß
Bankensystem	Universalbanken-system	Trennbanken-system
Wertpapiermärkte	unterentwickelt	effizient und liquide
Finanzierungsverhalten der Unternehmungen		
Überkreuzverflechtungen	hoch	niedrig
Verschuldungsgrad	mittel bis hoch	niedrig
Anteil der Bank- an den Gesamtverbindlichkeiten	hoch	mittel
Anteil verbriefter Finanzierungsformen	niedrig	mittel bis hoch
Investor Relations	wenig beachtet	entwickelt

Abb. 4-19: Corporate Governance in Deutschland und den USA – ein Vergleich
Quelle: Dufey/Hommel/Riemer-Hommel (1998), S. 53 und Nassauer (2000), S. 168.

Wir werden nachfolgend, wie bereits angekündigt, exemplarisch auf die Spitzenver-fassungsmodelle in Deutschland (Abschnitt 1.3.2.2), den USA (Abschnitt 1.3.2.3), Japan (Abschnitt 1.3.2.4) und der Schweiz (Abschnitt 1.3.2.5) eingehen. Mit dem Vergleich zwischen Deutschland, den USA und Japan zeigen wir die Unterschiedlichkeit der Spit-zenverfassungen der Triade-Regionen auf. Die Darstellung der Schweizer Spitzenver-fassung soll verdeutlichen, dass selbst innerhalb Europas große Differenzen existieren (vgl. für Großbritannien und Frankreich Schmidt/Grohs 1999). Einen Überblick über die Struktur der nachfolgenden Ausführungen liefert Abbildung 4-20.

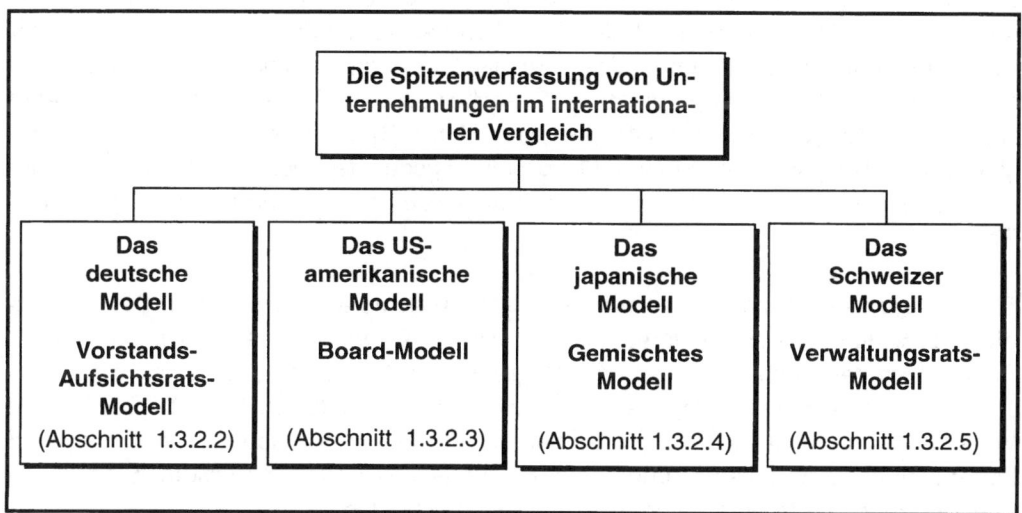

Abb. 4-20: Strukturübersicht über Betrachtungen zu Spitzenverfassungen im internationalen Vergleich

1.3.2.2 Das deutsche Modell

In Deutschland herrscht die **Reinform des Vorstands-Aufsichtsrats-Modells** vor (vgl. Bleicher/Leberl/Paul 1989, S. 51-121, Gerum 1998, S. 138-141). Der **Vorstand** hat die alleinige Leitungskompetenz. Dazu gehört die Vertretung der Gesellschaft im Außenverhältnis und die Führung der Geschäfte im Innenverhältnis. Grundsätzlich gelten das Prinzip der Gesamtgeschäftsführung (Kollegialprinzip) und das Prinzip der Gesamtverantwortung (Einstimmigkeitsprinzip). In der Praxis wurde das Prinzip der Gesamtgeschäftsführung jedoch häufig durch ein **Direktorialprinzip** ersetzt. So kommt dem **Vorstandsvorsitzenden** bei vielen Gesellschaften faktisch eine größere Rolle zu als den weiteren Vorstandsmitgliedern (vgl. zu einer Zusammenfassung auch Oesterle 1999a, v.a. S. 84-98). Das Prinzip der Gesamtverantwortung weicht in vielen Unternehmungen der ressortierten Verantwortung nach dem gemischten Betreuungs-/Führungsprinzip (→ Abschnitt 1.3.1.1 in diesem Kapitel). Der deutsche Vorstand besteht ausschließlich aus Managern, die der Unternehmung mit ihrer gesamten Arbeitskraft zur Verfügung stehen. Eine Berufung von sogenannten externen Mitgliedern ist nicht möglich.

Der **Aufsichtsrat** dient im deutschen Modell zunächst dazu, den Vorstand zu bestimmen, indem er die Mitglieder des Vorstands wählt und abberuft. Seine Hauptaufgabe besteht weiterhin in einer **umfassenden Kontrolle des Vorstands**. Dazu zählt die Überwachungsaufgabe, die Beratungsaufgabe sowie die Mitentscheidung in zentralen unternehmungspolitischen Angelegenheiten, d.h. bei zustimmungspflichtigen Geschäften. Der Aufsichtsrat wählt aus seiner Mitte den Vorsitzenden; er kann **Unterausschüsse** bilden. Auch für den Aufsichtsrat gilt, wie für den Vorstand, grundsätzlich das Kollegialprinzip; allerdings nimmt der Aufsichtsratsvorsitzende faktisch, wie auch der Vorstandsvorsitzende, aufgrund seiner Organisationskompetenzen eine Sonderstellung ein. Besondere Beachtung verdient die Tatsache, dass im Aufsichtsrat deutscher Aktiengesellschaften auch die Arbeitnehmer einer Unternehmung vertreten sind. In Abhängigkeit von der jeweils geltenden Mitbestimmungsgesetzgebung (z.B. Montanmitbestimmung) haben die Arbeitnehmer dabei im Aufsichtsrat ein unterschiedlich starkes Gewicht.

Eine **Personalunion** zwischen Vorstands- und Aufsichtsratstätigkeit ist in Deutschland **nicht zulässig**. Die Hauptversammlung, die Versammlung der Aktionäre, hat in Deutschland das Recht, einen Teil der Mitglieder des Aufsichtsrats zu bestimmen (variiert je nach Mitbestimmungsgesetz; vgl. z.B. Oechsler 1999, S. 128-137) sowie dem Vorstand und dem Aufsichtsrat Entlastung zu erteilen. In der Hauptversammlung wird ferner über die Gewinnverwendung, über Satzungsänderungen, Kapitalerhöhungen und -herabsetzungen und Unternehmungsverträge entschieden.

In den letzten Jahren wurde sowohl (1) an der Vorstandstätigkeit als auch (2) an der Aufsichtsratstätigkeit in Deutschland umfangreiche Kritik geübt.

(1) Kritik an der Vorstandstätigkeit: Die Vorstände deutscher Aktiengesellschaften werden häufig beschuldigt, den Interessen der Eigenkapitalgeber nicht ausreichend Rechnung zu tragen. Aus kapitalmarkttheoretischer Sicht vertreten manche Autoren die Meinung, die „**shareholder**" (Anteilseigner, Aktionäre) seien die Prinzipale, die Vorstände deren Agenten. Insofern dürfe es den Vorständen um nichts anderes gehen, als die Maximierung des Shareholder Value im Sinne der Anteilseigner zu erreichen. Um die bereits von Jensen/Meckling (1976) aufgezeigte Prinzipal-Agenten-Problematik (z.B. opportunistisches Verhalten der Agenten) zu umgehen, werden inzwischen zahlreiche Maßnahmen, wie die Kopplung der Vorstandsentlohnung an die Aktienkursentwicklung über Stock Options, vorgeschlagen. Der kapitalmarkttheoretisch inspirierten Argumentation wird jedoch immer wieder die Kritik entgegengehalten, dass gerade in Deutschland – wie auch in anderen Ländern Kontinentaleuropas – keine Dominanz der Anteilseigner gewünscht sei, die Unternehmung vielmehr zahlreichen „**stakeholdern**" und nicht nur den „shareholdern" verpflichtet sei. Insofern sei es oberste Aufgabe der Unternehmungsführung, permanent nach einem Ausgleich der Interessen zu suchen und die konfligierenden Anforderungen der stakeholder im Sinne der Unternehmung zu vereinen (vgl. z.B. Schmid 1998). Wie man die Vorstände dazu bringen kann, dieser Aufgabe gerecht zu werden, ist erheblich schwieriger als im Falle einer interessenmonistischen Ausrichtung an den Kapitalgebern.

(2) Kritik an der Aufsichtsratstätigkeit: Doch nicht nur an der Vorstandstätigkeit, sondern auch an der Aufsichtsratstätigkeit wird Kritik geübt (vgl. Dufey/Hommel 1997, S. 197-198). Diese Kritik kommt vor allem dann auf, wenn Krisen oder Fehlschläge von Unternehmungen öffentlich bekannt werden. Man wirft den Aufsichtsräten in diesen Fällen vor, problematische Entwicklungen nicht oder nicht rechtzeitig erkannt zu haben. Dass die Kritik am Versagen mancher Aufsichtsräte durchaus berechtigt sein könnte, zeigen auch die Ergebnisse empirischer Studien. So stellte Gerum (1991) fest, dass der deutsche Aufsichtsrat faktisch nur in wenigen Fällen seine Hauptaufgabe, die Kontrolle des Vorstands, in den Mittelpunkt rückt. In manchen Fällen übernimmt der Aufsichtsrat selbst Leitungsaufgaben, was das Problem fehlender Überwachung mit sich bringt. In anderen Fällen wird der Aufsichtsrat vom Vorstand kooptiert und wird von diesem mit zustimmungspflichtigen Geschäften sehr großzügig ausgestattet, so dass er selbst Unternehmungspolitik betreibt (vgl. zur Kooptation auch Papenheim-Tockhorn 1995). In wieder anderen Fällen dominiert die Repräsentationsfunktion des Aufsichtsrats. Gerade in diesem Zusammenhang wird bemängelt, dass zahlreiche Aufsichtsratsmitglieder allein aufgrund ihrer anderweitigen Verpflichtung **nicht die Zeit zu umfangreicher Kontrolle** haben. So sind insbesondere viele aktive Vorstandsmitglieder von Banken – trotz inzwischen erfolgter Beschränkungen – gleichzeitig Mitglieder in mehreren Aufsichtsräten. Neben der übermäßigen **Mandatsakkumulation** werden auch die **geringe Sitzungsfrequenz**, eine **unzureichende Kontrollqualifikation** sowie die **Existenz ausgeprägter Partikularinteressen** der Aufsichtsratsmitglieder genannt. Die Entlohnung der Aufsichtsratstätigkeit erscheint relativ zur wichtigen Aufgabe der Kontrolle zu gering (vgl. Schwalbach 1997), was möglicherweise zu unzureichender Amtserfüllung mit beiträgt.

Doch die Vorstands- und Aufsichtsratstätigkeit sind nicht die einzigen Kritikpunkte, die an der Corporate Governance deutscher Prägung kritisiert werden. Im Kreuzfeuer der Kritik stehen unter anderem auch die **Macht der Banken und Versicherungen**, die intensiven **Kapital-Überkreuzverflechtungen** der Unternehmungen untereinander, die **persönlichen Überkreuzverflechtungen des Top-Managements** (vgl. Perlitz/Heubischl 2005) und die **unzureichende Aufgabenerfüllung der Wirtschaftsprüfer** (vgl. z.B. Wenger/Kaserer 1998). Mit der Einführung des Gesetzes zur Kontrolle und Transparenz im Unternehmensbereich (**KonTraG**) versucht man in Deutschland, einige der skizzierten Probleme abzumildern. Inwieweit die in diesem Gesetz geforderten sowie weitere Maßnahmen (vgl. Peck/Ruigrok 2000) letztlich zu einer größeren Effizienz bei der Führung von Unternehmungen führen, bleibt abzuwarten. Notwendig scheinen auf jeden Fall Veränderungen, die über Gesetze hinausgehen – seien dies nun Veränderungen in Form von Grundsätzen, wie sie in den Grundsätzen des Berliner Initiativkreises zum **German Code for Corporate Governance** (GCCG) vorgeschlagen werden (vgl. zum GCCG Bernhardt/Werder 2000), oder seien es Veränderungen, die am individuellen Verhalten aller ansetzen, die mit der Führung und Kontrolle von Unternehmungen zu tun haben. Zumindest auf der Ebene des Vorstands dürften monetäre Anreize (oder konkreter: die Anhebung der Vorstandsgehälter) nur „Hygienefaktoren" und keine

„Motivationsfaktoren" für eine bessere Aufgabenerfüllung sein. Daran ändert auch die Tatsache nichts, dass die deutschen Vorstände zuweilen ein (etwas) geringeres Salär erhalten als Top-Manager in den USA oder in Großbritannien (vgl. zu Entlohnungsunterschieden auch Schwalbach 1999, Conyon/Schwalbach 2000).

Abschließend zeigt Abbildung 4-21 exemplarisch eines von vielen Merkmalen des (noch?) existierenden deutschen Modells, die Überkreuzverflechtungen deutscher Banken und Versicherungen. Die starke Verflechtung zwischen der *Allianz* und der *Dresdner Bank* führte Anfang April 2001 zu einer Fusion zwischen beiden Unternehmungen. Ob dieser Zusammenschluss als Entflechtung zu beurteilen ist, sei jedoch dahingestellt.

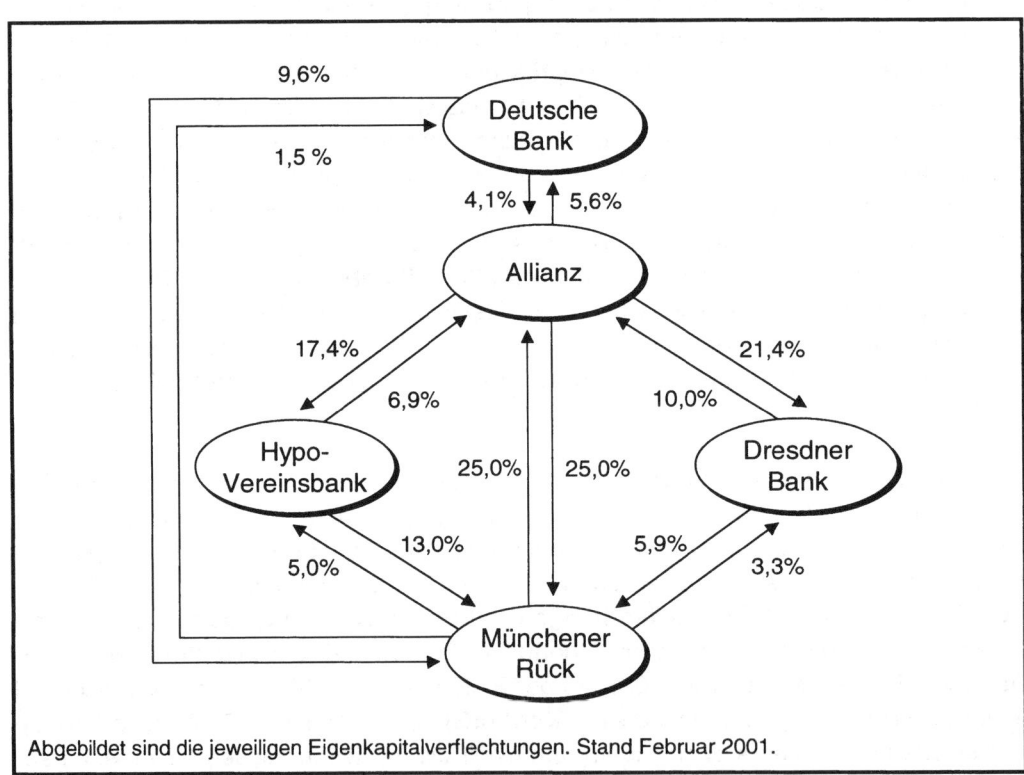

Abgebildet sind die jeweiligen Eigenkapitalverflechtungen. Stand Februar 2001.

Abb. 4-21: Überkreuzverflechtungen deutscher Banken und Versicherungen
Quelle: Daten der Deutschen Bank, Financial Times Deutschland Nr. 41 vom
             27. Februar 2001, S. 19.

1.3.2.3 Das US-amerikanische Modell

Die US-amerikanische Spitzenverfassung weist mehrere Unterschiede zur deutschen Spitzenverfassung auf. Wir wollen diese Unterschiede kurz darstellen (vgl. Bleicher/ Leberl/Paul 1989, S. 123-233, Bleicher 1992b, Gerum 1998, S. 141-143).

Die Verfassung der Stock Corporation, die sogenannte Board-Verfassung, unterscheidet nicht – wie die Verfassung deutscher Aktiengesellschaften – zwischen einem Organ mit Leitungsfunktionen (wie dem deutschen Vorstand) und einem Organ mit Kontrollfunktion (wie dem deutschen Aufsichtsrat). Es kennt auf oberster Ebene lediglich das **Board of Directors**. Diesem Board of Directors steht das sogenannte **Shareholders' Meeting**, das Äquivalent zur deutschen Hauptversammlung, gegenüber. Die Leitung der Gesellschaft übernimmt das Board of Directors – und die Kontrollfunktion wird zwischen dem Board of Directors und dem Shareholders' Meeting geteilt. Die Leitungsfunktion des Board of Directors wird auch als **Managementfunktion** bezeichnet, während die Kontrollfunktion Treuhand- bzw. **Trusteefunktion** genannt wird.

Das Board of Directors besteht in der Regel sowohl aus sogenannten unternehmungsinternen als auch aus sogenannten unternehmungsexternen Mitgliedern. Die unternehmungsinternen Mitglieder werden **Inside Directors**, die unternehmungsexternen Mitglieder **Outside Directors** genannt. Die Inside Directors stellen ihre volle Arbeitskraft der Unternehmung zur Verfügung, die Outside Directors dagegen üben ihre Boardtätigkeit nur nebenberuflich aus. Während die Vorstandsmitglieder deutscher Aktiengesellschaften allesamt „Insider" sind, ermöglicht es die US-amerikanische Verfassung, auch externe Mitglieder zu berufen. Die Mitglieder des Board of Directors werden vom jährlich einberufenen Shareholders' Meeting oder vom häufig eingerichteten (und umgehend noch zu erläuternden) Proxy Committee gewählt. Im Durchschnitt besteht das Board US-amerikanischer Gesellschaften aus 13 Mitgliedern, wovon jedoch häufig acht bis zehn Mitglieder Outsider darstellen.

Das Board of Directors bildet zur Erfüllung seiner Aufgaben (Leitung und Kontrolle) meist weitere **Ausschüsse**, sogenannte „Committees". In diesen Ausschüssen können dann die divergierenden Aufgaben der Leitung und Kontrolle erfüllt werden. So nimmt das **Executive Committee** eher Leitungsaufgaben wahr, während das **Audit Committee** die Kontrollaufgaben erfüllt. Neben dem Executive Committee und dem Audit Committee finden sich weitere Ausschüsse, wie etwa das – meist aus Outside Directors bestehende – **Nominating Comittee** bzw. **Compensation Committee**, welches sich mit der Besetzung von Führungspositionen und mit Entlohnungsfragen auseinandersetzt. Besondere Bedeutung hat auch das bereits genannte **Proxy Committee**, das in der Regel im Vorfeld der Wahl des neuen Boards gebildet wird: Aktionäre können ihre Stimmrechte auf dieses Committee übertragen, so dass das Board eine gute Möglichkeit hat, selbst für seine Wahl bzw. Wiederwahl zu sorgen. Dies gilt umso mehr, als dem

Proxy Committee zur Werbung um Stimmen die Infrastruktur der Unternehmung zur Verfügung steht.

Nach den gesetzlichen Vorschriften ernennt das Board of Directors aus sich selbst heraus den sogenannten **Chief Executive Officer** (CEO). In vielen Fällen übernimmt der als CEO bestimmte Top-Manager auch gleichzeitig die Funktion des Chairmans sowie des Presidents. In diesem Fall spricht Bleicher von einer **unipolar strukturierten Führung**. In anderen Fällen wird zusätzlich zum CEO noch ein Chairman, ein Vice-Chairman sowie ein President bestimmt. Dies wird von Bleicher als **multipolar strukturierte Führung** bezeichnet (vgl. Bleicher 1992b, v.a. Sp. 446-451). Welche Lösung auch immer gewählt wird – die Position des CEO räumt dem US-amerikanischen Spitzenmanager eine omnipotente Stellung ein, die auch dadurch kaum beschränkt wird, dass dieser in das Board als kollegiales Spitzengremium integriert ist.

Unterhalb der Ebene des Board of Directors finden wir in US-amerikanischen Aktiengesellschaften dann eine Vielzahl von **Officers**. Die Officers gehören mit zur obersten Führungscrew einer US-amerikanischen Aktiengesellschaft. Sie sind also Mitglieder des Top-Managements, ohne Teil eines Organs zu sein. Beispiele sind der **Chief Financial Officer**, der **Chief Planning Officer** oder der **Chief Personnel Officer**. In US-amerikanischen Unternehmungen hat es sich auch eingebürgert, einen sogenannten Stabschef zu benennen. Während es in deutschen Unternehmungen die Regel ist, dass für einzelne Zentral- bzw. Stabsabteilungen jeweils eine eigene Leitung bestimmt wird, haben viele US-amerikanische Unternehmungen die Stelle eines Stabsleiters eingeführt.

1.3.2.4   Das japanische Modell

Obwohl das japanische Modell als eigenständiges Modell zu bezeichnen ist, lassen sich sowohl Einflüsse aus Deutschland als auch Einflüsse aus den USA erkennen (vgl. Hirata 1996, Gerum 1998, S. 144-147). Dies liegt daran, dass die rechtlichen Regelungen über japanische Aktiengesellschaften (kabushiki kaisha) prinzipiell auf dem **deutschen Handels- und Gesellschaftsrecht** beruhen, welches Ende des 19. Jahrhunderts übernommen wurde, dann allerdings nach dem Zweiten Weltkrieg in Japan unfreiwillig durch das US-amerikanische Recht „angereichert" wurde. Auf diese Weise hielt nach dem Zweiten Weltkrieg das **US-amerikanische Board-System** in Japan Einzug.

In der japanischen Aktiengesellschaft übernimmt das **Board of Directors** (torishimariyaku-kai) Leitungs- und Kontrollfunktionen. Die Existenz eines **Gesellschaftsprüferausschusses** (kansajaku-kai) erinnert noch an den deutschen Aufsichtsrat. Die Gesellschaftsprüfer überwachen die Geschäftsführung, indem sie die interne und externe Rechnungslegung überprüfen. Da sie jedoch über keine spezifische Qualifikation für ihr Amt verfügen müssen, kommt ihnen faktisch nur untergeordnete Bedeutung zu. Häufig handelt es sich bei den Gesellschaftsprüfern um „Altersposten" für verdiente Manager. Man kann daher festhalten, dass das japanische Modell prinzipiell eher dem US-amerikanischen Modell als dem deutschen Modell gleichkommt (vgl. allerdings die davon abweichende Position bei Hirata 1996, v.a. S. 2-3).

Das Board japanischer Gesellschaften ist in der Regel ein sogenanntes „**Insiderboard**". In dieser Hinsicht unterscheidet sich die japanische Aktiengesellschaft deutlich von ihrem US-amerikanischen „Pendant". Innerhalb des Boards gibt es eine **starke Hierarchie**. Das Board besteht aus dem Ehrenvorsitzenden (kaicho), dem Generaldirektor (shacho), dem Seniordirektor (senmu torishimari jaku) und einfachen Direktoren (torishimari jaku). Die Zahl der Boardmitglieder in japanischen Gesellschaften ist regelmäßig sehr hoch. Neben dem Board wird in vielen Aktiengesellschaften ein sogenannter **Geschäftsführender Ausschuss** (jomu kai) gebildet. Dieser Ausschuss ist zwar gesetzlich nicht vorgesehen, er bildet jedoch das eigentliche Macht- und Entscheidungszentrum einer japanischen Aktiengesellschaft. Das Board segnet die Beschlüsse des Geschäftsführenden Ausschusses häufig nur noch ab.

Im Gegensatz zur US-amerikanischen Aktiengesellschaft gibt es bei japanischen Aktiengesellschaften nur eine beschränkte Kontrolle von Seiten der Aktionäre. Dies liegt bereits daran, dass ein Großteil des Aktienbestandes von festen, häufig verbundenen Aktionären gehalten wird. Der Einfluss von Investmentfonds und freien Versicherungsgesellschaften kann als gering bezeichnet werden. Auch die Hauptversammlung ist in Japan häufig zu einer Zeremonie degradiert. Zwar gilt die Hauptversammlung gemäß Gesetz als das höchste Organ der Aktiengesellschaft, jedoch ist es in Japan seit langem üblich, die Hauptversammlungen der meisten Aktiengesellschaften am gleichen Tag abzuhalten. So wird berichtet, dass im Jahr 1991 76% der dokumentierten Hauptversammlungen am 27. Juni stattgefunden haben. 90% der Hauptversammlungen dauerten dabei weniger als 40 Minuten (vgl. Gerum 1998, S. 145).

1.3.2.5   Das Schweizer Modell

Nach der Darstellung des deutschen, des US-amerikanischen und des japanischen Modells soll abschließend das Schweizer Modell kurz charakterisiert werden (vgl. Bleicher/ Leberl/Paul 1989, S. 235-258, Grünbichler/Oertmann 1996). Während in Deutschland ein eigenes Aktienrecht existiert, werden Aktiengesellschaften in der Schweiz (nur) vom Obligationenrecht erfasst. Die Schweizer Aktiengesellschaften haben daher bei ihren Gestaltungsmöglichkeiten einen größeren Handlungsspielraum. Im Unterschied zum deutschen Modell ist das Schweizer Modell formal einstufig, d.h. es gibt nur ein Board, den sogenannten Verwaltungsrat. Der **Verwaltungsrat** ist **gleichzeitig Leitungs- und Kontrollorgan**.

Die Mitglieder des Verwaltungsrats werden von der Versammlung der Aktionäre, der Generalversammlung, gewählt. Die Mitglieder des Verwaltungsrats müssen selbst Aktionäre sein. Die Zahl der Mitglieder im Verwaltungsrat schwankt stark. Sie liegt häufig zwischen zehn und zwanzig Personen, lässt aber auch Abweichungen nach unten (z.B. *Vontobel*) und oben (z.B. *Schweizer Bankgesellschaft*, *Schweizer Bankverein*, *Crédit Suisse*) erkennen. Es existieren Versuche, die Effizienz der Leitung und Überwachung von Schweizer Aktiengesellschaften an der Größe des Verwaltungsrates festzumachen (vgl. Grünbichler/Oertmann 1996). Derartige Versuche erscheinen jedoch höchst problematisch, da eindeutige Ursache-Wirkungszusammenhänge schwierig nachweisbar sind.

Das Schweizer Recht fordert, dass der Verwaltungsrat selbst einen **Verwaltungsratspräsidenten** und einen **Sekretär** bestimmt. Die wesentlichen Aufgaben muss der Verwaltungsrat selbst ausüben. Dazu gehören unter anderem die oberste Leitung der Gesellschaft, die Festlegung ihrer Organisation, die Gestaltung von Rechnungswesen, Finanzplanung und -kontrolle sowie die Ernennung und Abberufung der Geschäftsführer. Weitere Aufgaben kann der Verwaltungsrat auch delegieren, zum Beispiel an eine Geschäftsleitung. Dabei ist sogar die Übertragung von Aufgaben auf externe Direktoren denkbar, die nicht Mitglieder des Verwaltungsrats sind. Dies stellt eine Gemeinsamkeit und einen Unterschied zum US-amerikanischen Board zugleich dar: Externe Direktoren können zwar bei Schweizer Aktiengesellschaften mit in die Leitung einer Unternehmung eingebunden werden, externe Direktoren können aber nicht Mitglied des Verwaltungsrates sein. Arbeitnehmer haben im Schweizer Verwaltungsrat keinen Repräsentanten.

Zur Kontrolle bilden die Schweizer Gesellschaften in der Regel selbst ein Überwachungsgremium. Dies heißt nichts anderes, als dass sich faktisch eine Arbeitsteilung zwischen Leitung und Kontrolle herausgebildet hat. Vor allem bei größeren Aktiengesellschaften wird diese Art des „selbstinstallierten Trennsystems" praktiziert. Doch meist sind die Mitglieder des Überwachungsgremiums auch Mitglieder des Verwaltungsrates. Insofern muss die Wirksamkeit dieser Art von Unternehmungskontrolle kritisch hinterfragt werden.

1.3.2.6   Zusammenfassende und weiterführende Überlegungen

Gerum (1998) hat die unterschiedlichen Modelle der Unternehmungsverfassung mit Hirschmans (1970) Unterscheidung zwischen „exit", „voice" und „loyalty" in Verbindung gebracht. In den einzelnen von uns behandelten Ländern, Deutschland, USA, Japan und Schweiz, existieren unterschiedliche institutionelle Voraussetzungen für Hirschmans Alternativen:

*   Die **deutsche Unternehmungsverfassung** wird von Gerum mit dem Schlagwort des „organisationsinternen Widerspruchs", d.h. mit **„voice"**, umschrieben. Dahinter steht die Überlegung, dass der Aufsichtsrat als Gegenpol zum Vorstand konzipiert ist

und diesen idealerweise kontrollieren soll. Der Aufsichtsrat hat die Aufgabe, Fehlentwicklungen der Unternehmung frühzeitig zu erkennen. Institutionell ermöglicht es der Aufsichtsrat, Probleme intern zu lösen.

- Im **US-amerikanischen Modell** scheidet die Option „voice" weitgehend aus; hier dominiert die Option „**exit**". Kontrolle findet in US-amerikanischen Gesellschaften nicht organisationsintern statt, sondern organisationsextern. In der Regel dient dazu die Abwanderung der Aktionäre. Sind Aktionäre mit der Leitung der Unternehmung unzufrieden, so „stimmen sie mit den Füßen ab" und verkaufen ihre Anteile an der Unternehmung. Vor diesem Hintergrund wird auch verständlich, warum US-amerikanischen Unternehmungen umfangreiche kapitalmarktbezogene Informations- und Rechnungslegungsvorschriften auferlegt sind, über deren Einhaltung die Securities and Exchange Commission (SEC), die Wertpapieraufsichtsbehörde, wacht.

- Das **japanische Modell** kann treffend mit der Alternative „**loyalty**" bezeichnet werden. Dies wird auch mit dem Karrieremuster in Japan begründet. Meist laufen Karrierepfade in japanischen Unternehmungen dergestalt ab, dass Führungskräfte in einem langsamen Prozess innerhalb der Unternehmung aufsteigen. Im Laufe dieses Prozesses erfahren Individuen Förderung von oben – und sie bedanken sich für diese Förderung durch ihre Loyalität gegenüber anderen Individuen und der gesamten Unternehmung. Als weitere Indizien für die Dominanz von „loyalty" dienen auch die Verflechtungen in der japanischen Unternehmungslandschaft – ob in der Form der generellen Verflechtung von Wirtschaft und Politik oder in der Form der Verflechtung von Unternehmungen zu Keiretsu-Verbünden (→ Abschnitt 4.2 in Kapitel 5).

- Schwieriger einzuordnen ist das **Schweizer Modell**. Dies liegt vor allem daran, dass die Schweizer Rechtsordnung in Bezug auf die Spitzenverfassung deutlich weniger Regelungen enthält, als dies in anderen Ländern der Fall ist. Insofern dürften in der Schweiz „exit", „voice" und „loyalty" je nach Fall unterschiedlich stark ausgeprägt sein. Obwohl die Einstufigkeit prima facie eher an das US-amerikanische Board-System erinnert, sind jedoch – unter anderem aus kulturellen Gründen (vgl. zur Kultur Kapitel 5) – „**voice**" und „**loyalty**" dominant.

Nicht nur die zunehmende Internationalisierung von Märkten und Unternehmungen führt dazu, dass bereits seit längerer Zeit eine **Konvergenz bei den Spitzenverfassungen** von Unternehmungen sowie der Corporate Governance im Allgemeinen festzustellen ist (vgl. Bleicher/Leberl/Paul 1989, S. 259-265, Clarke/Bostock 1996, Nassauer 2000, S. 266-279). Dabei gilt es jedoch zu fragen, ob die Konvergenz nur an der Oberfläche erreicht wird oder auch die zugrunde liegenden Grundannahmen und Werte erfasst (vgl. Schmidt/Grohs 1999). Ohnehin sollte Konvergenz nicht – wie in manchen anderen Bereichen – mit einer Übernahme des US-amerikanischen Systems gleichgesetzt werden (→ unsere Ausführungen zur Vereinheitlichung in Abschnitt 5.4.2 in Kapitel 1). So kommt es innerhalb der Verfassung vieler US-amerikanischer Unternehmungen faktisch zu einer institutionellen und personellen Trennung von Leitung und Kontrolle. Ebenso blicken zahlreiche US-amerikanische Unternehmungen nicht geringschätzend auf die stakeholder-orientierte Unternehmungsführung, wie sie tendenziell eher in Europa und Japan praktiziert wird, sondern erkennen, so verwunderlich dies aus der Sicht mancher Europäer erscheinen mag, die Vorzüge einer interessenpluralistischen Unternehmungsführungskonzeption an. Schließlich finden sich in den Vereinigten Staaten Entwicklungen, die auf eine Aufgabe des traditionell existierenden Trennbankensystems hinweisen. Diese Indizien stehen in deutlichem Kontrast zur zuweilen in der Presse artikulierten unkritischen „Lobhudelei" über alles, was aus den USA kommt. Die **Überlegenheit des US-amerikanischen Corporate-Governance-Modells** ist bis heute genauso **wenig bewiesen** wie die Überlegenheit irgendeines anderen Modells (vgl. Locke 1996 sowie Witt 2000). Unabhängig davon ist die Frage berechtigt, ob eine weltweite Konvergenz der Unternehmungsverfassungen und der Corporate Governance überhaupt wünschenswert ist (vgl. Loredo/Suárez 1998).

2 Gestaltungselemente internationaler Organisationsstrukturen

2.1 Überblick

Wenn wir nun nachfolgend weitere Gestaltungselemente internationaler Organisationsstrukturen ansprechen, so gehen wir dabei auf Konzern- und Holdingstrukturen (Abschnitt 2.2), Zentralbereiche (Abschnitt 2.3), Projektorganisationen (Abschnitt 2.4) und die statutarische Organisation (Abschnitt 2.5) ein. Diese Gestaltungselemente ergänzen die bisher vorgestellten Handlungsalternativen von internationalen Unternehmungen. Oder anders ausgedrückt: Auch über die Einrichtung von Konzern- und Holdingstrukturen, die Schaffung von Zentralbereichen, die Nutzung der Projektorganisation sowie die Wahl der statutarischen Organisation können sich Unternehmungen an die Anforderungen der Umwelt anpassen bzw. die Umwelt in Ansätzen sogar aktiv mitgestalten.

2.2 Die Schaffung von Konzern- und Holdingstrukturen

Unsere Auseinandersetzung mit Konzernen und Holdinggesellschaften beginnen wir mit einer kurzen Übersicht über deren Relevanz in der Unternehmungspraxis (Abschnitt 2.2.1). Wir widmen uns anschließend dem Konzern (Abschnitt 2.2.2) und der Holding (Abschnitt 2.2.3), um dann auf die Möglichkeiten der Bildung von Konzern- und Holdingstrukturen einzugehen (Abschnitt 2.2.4).

2.2.1 Die Relevanz von Konzern- und Holdingstrukturen

In der Unternehmungspraxis scheinen Konzerne bzw. Holdings bereits seit langer Zeit eine wichtige Organisationsform darzustellen. Es wird darauf hingewiesen, dass **mehr als 90% der Aktiengesellschaften** (AGs) sowie etwa **50% der Gesellschaften mit beschränkter Haftung** (GmbHs) in Deutschland **konzernverbunden** sind. Betrachtet man die Gesamtheit der **Kapitalgesellschaften**, so gelten insgesamt **mehr als 50%** als in Konzern- oder konzernähnlichen Strukturen organisiert. Ferner wird geschätzt, dass immerhin noch **um die 50%** der **Personengesellschaften** konzernverbunden sind (vgl. Binder 1994, S. VII). Die meisten Konzerne sind stark internationalisiert. Dies geht nicht nur aus der Tages- und Wirtschaftspresse hervor, sondern kann auch durch eine Analyse der Geschäftsberichte von Konzernen deutlich werden. Wissenschaftliche Studien belegen, dass zumindest die meisten deutschen Konzerne, die als Aktiengesellschaften an der Börse notiert sind, einen hohen Internationalisierungsgrad aufweisen (vgl. Mellewigt 1995, v.a. S. 244 sowie Bronner/Mellewigt 1996).

Der Konzern steht bereits länger in der wissenschaftlichen Diskussion als die – eng damit verbundene – Holding. Was die Holding angeht, so war es anfangs vor allem die Versicherungsbranche, die bereits seit Mitte der achtziger Jahre im Zuge von Umstrukturierungen zu Holdingkonzepten übergegangen ist. Doch die Tendenz zu Holdingkonzepten hat sich inzwischen auf nahezu alle Branchen – ob innerhalb des Industrie- oder innerhalb des Dienstleistungssektors – ausgeweitet. Auch geringe Größe ist heutzutage kein entscheidendes Argument gegen Holdingstrukturen. Viele mittelständische Unternehmungen, wie *Faber-Castell*, *Greiffenberger* oder *Pfleiderer*, weisen Holdingstrukturen auf (vgl. Keller 1991, S. 1633-1634, Kraehe 1994, Droege & Comp. 1995, S. 35-36). Und ebenso wie viele große Holdings sind auch die meisten Mittelstandsholdings gleichzeitig stark internationalisiert (vgl. z.B. Kraehe 1994, v.a. S. 412-413).

In der wissenschaftlichen Organisationsliteratur werden – spätestens seit Beginn der neunziger Jahre – weniger die klassischen, hierarchisch strukturierten Funktional-, Geschäftsbereichs-, Produkt- und Regionalorganisationen als vielmehr Konzern- und Holdingorganisationen diskutiert (vgl. als Überblick Werder 1995). Wir wollen allerdings bereits an dieser Stelle betonen, dass Konzern- und Holdingstrukturen **keinen Gegensatz zu den klassischen Organisationsstrukturen** darstellen. Man kann Konzern- und Holdingstrukturen vielmehr als Weiterentwicklung divisionaler Organisationsformen – und dabei vor allem als Weiterentwicklung der Geschäftsbereichsorganisation – auffassen (vgl. auch Hungenberg 1995, S. 4).

Nachdem man Konzerne und Holdings bereits seit längerer Zeit aus der Perspektive der Besteuerung, der Rechnungslegung und der Finanzierung betrachtete, kommt es inzwischen auch zu einem verstärkten Interesse aus der Perspektive des Strategischen Managements, der Organisation und Führung (vgl. z.B. Bleicher 1992a, Hoffmann 1992, Keller 1993, Bühner 1995, Ringlstetter 1995, Mellewigt/Matiaske 2000). Mit Konzern- und Holdingstrukturen haben sich bisher jedoch kaum Vertreter der Internationalen Betriebswirtschaftslehre und des Internationalen Managements auseinandergesetzt (vgl. als Ausnahme Pausenberger 1957, Huppert 1966, Gleissner 1994). Es erscheint uns unerlässlich, auf diese Form der Organisation einzugehen, obwohl sie in der Literatur zum Internationalen Management – vor allem in der anglo-amerikanischen Literatur – kaum auftaucht. Denn erstens sind Konzerne und Holdings – bis auf wenige Ausnahmen – per se als international anzusehen. Und zweitens hat die Gründung ausländischer Tochtergesellschaften das Entstehen eines internationalen Konzerns zur Folge. Sobald also eine Unternehmung (rechtlich selbständige) Tochtergesellschaften im Ausland aufbaut, gilt sie als Konzern.

Wenn wir in diesem Zusammenhang, d.h. im Kapitel über Organisationsstrukturen internationaler Unternehmungen, auf Konzerne und Holdings zu sprechen kommen, so geht es uns primär nicht um den Konzern und die Holding als Institution, sondern vielmehr um den **Konzern und die Holding als Organisationsform**. Dennoch ist es zunächst nötig zu erläutern, was unter einem Konzern und unter einer Holding zu verstehen ist.

Mit den folgenden Ausführungen reduzieren wir damit Konzerne und Holdings bewusst nicht allein auf ihre strukturellen bzw. organisationsstrukturellen Aspekte.

2.2.2   Der Konzern

Wenn wir nun den Konzern vorstellen, so wollen wir zunächst eine Definition und Charakterisierung des Konzernbegriffs liefern (Abschnitt 2.2.2.1). Wir zeigen ferner, dass mehrere Konzernvarianten unterschieden werden können (Abschnitt 2.2.2.2) und geben eine Antwort darauf, welche Teileinheiten (Abschnitt 2.2.2.3) und welche Verflechtungen in Konzernen (Abschnitt 2.2.2.4) existieren können.

2.2.2.1   Definition und Merkmale des Konzerns

Schlägt man die Wirtschaftsteile von Zeitungen und Zeitschriften auf, so stellt man fest, dass dort häufig von Konzernen die Rede ist. Meist wird der Begriff des Konzerns dabei umgangssprachlich als Synonym für eine Großunternehmung gebraucht. Wenn auch heutzutage fast jede Großunternehmung einen Konzern darstellt, so ist nicht jeder Konzern eine Großunternehmung. Daher sollten wir kurz auf die Merkmale eines Konzerns eingehen. Auf diese Weise wird es möglich zu prüfen, ob eine bestimmte Unternehmung tatsächlich als Konzern gelten kann.

Wesensmerkmal eines Konzerns ist – aus juristischer Sicht – die **Zusammenfassung rechtlich selbständiger Unternehmungen unter einheitlicher Leitung bzw. Führung**. Als konstitutiv für den Konzern gilt somit die Verbindung eines rechtlichen Merkmals mit einem wirtschaftlichen Merkmal: die rechtliche Selbständigkeit und die wirtschaftlich einheitliche Leitung. Konzerne bestehen also mindestens aus zwei, meist jedoch aus zahlreichen, rechtlich selbständigen Gesellschaften. Man spricht daher auch von der „**rechtlichen Vielheit**" bei „**wirtschaftlicher Einheit**" (vgl. z.B. Hungenberg 1995, S. 70). Der Konzern selbst weist keine Rechtspersönlichkeit auf. Dies hat zur Folge, dass sich Ansprüche aus Rechtsgeschäften prinzipiell nicht gegen den Konzern selbst, sondern nur gegen die einzelnen Konzerngesellschaften richten können. Dabei spielt es dann keine Rolle, ob die rechtlich selbständigen Unternehmungen, die unter einheitlicher Leitung (Führung) stehen, im Inland oder im Ausland angesiedelt sind.

Neben den drei Merkmalen (1) Existenz rechtlich selbständiger Unternehmungen, (2) Zusammenfassung dieser Unternehmungen (3) unter wirtschaftlich einheitlicher Leitung (Führung) wird von manchen Autoren noch auf ein weiteres Merkmal eines Konzerns verwiesen. So führt etwa Theisen als viertes Merkmal (4) die eingeschränkte unternehmerische Entscheidungsfreiheit an der Spitze der einzelnen Konzernunternehmen an (vgl. Theisen 1991/2000, S. 15). Vereinfachend kann man dieses vierte Merkmal als Konsequenz der anderen Merkmale und dabei insbesondere als Konsequenz der ein-

heitlichen Leitung interpretieren. Denn wenn mehrere rechtlich selbständige Unternehmungen unter wirtschaftlich einheitlicher Leitung zusammengefasst werden, dann bedingt dies, dass die einzelnen, rechtlich selbständigen Einheiten nur über eine eingeschränkte Entscheidungs- sowie Handlungsfreiheit verfügen (können). Ob nun ein Konzern durch vier konstitutive oder durch drei konstitutive Merkmale und ein Zusatzmerk-
mal definiert wird, scheint vergleichsweise unerheblich. Entscheidender ist vielmehr die
Problematik, dass bereits eines der beiden Basismerkmale in der Praxis nur bedingt von
Außenstehenden geprüft werden kann: der Tatbestand der einheitlichen Leitung.

Während der **Tatbestand der rechtlichen Selbständigkeit** weitgehend **problemlos**
festgestellt werden kann, ist der **Tatbestand der einheitlichen Leitung** (Führung) regelmäßig nur **unter Schwierigkeiten** auszumachen (vgl. Scheffler 1992a, S. 6-18,
Hoffmann 1993, S. 6-7). Von einem Konzern lässt sich aus juristischer Sicht schließlich
nur dann sprechen, wenn die einheitliche Leitung auch ausgeübt wird. Die Art und Weise, wie diese einheitliche Leitung in der Praxis realisiert wird, variiert allerdings beträchtlich. Die Minimalvoraussetzung dafür, dass man von einer einheitlichen Leitung
sprechen kann, wird in der Regel darin gesehen, dass die Konzerngesellschaften (bzw.
Konzernuntergesellschaften) eigene Zielvorstellungen im Konfliktfall nicht gegenüber
den Zielvorstellungen der Konzernführung (bzw. Konzernobergesellschaft) durchsetzen
können. Wann dies zutrifft, bedarf im Einzelfall der Interpretation. Die einzelnen Konzerngesellschaften wollen wir als Konzern**unternehmen** bezeichnen, während die gesamte wirtschaftliche Einheit als Konzern**unternehmung** gilt.

Das deutsche Recht betrachtet den **Konzern als eine Form verbundener Unternehmen** (§ 15 AktG). Neben dem Konzern (§ 18 AktG) gelten auch in Mehrheitsbesitz stehende und mit Mehrheit beteiligte Unternehmen (§ 16 AktG), abhängige und herr-
schende Unternehmen (§ 17 AktG), wechselseitig beteiligte Unternehmen (§ 19 AktG)
und über Beherrschungs- oder Gewinnabführungsverträge sowie sonstige Verträge ver-
knüpfte Unternehmen (§§ 291, 292 AktG) als verbundene Unternehmen. Der Konzern
kann damit als eine Erscheinungsform verbundener Unternehmen aufgefasst werden.
Der Begriff des „verbundenen Unternehmens" ist weiter als der des Konzerns gefasst,
wobei sich die einzelnen im Aktiengesetz aufgeführten Möglichkeiten des verbundenen
Unternehmens keineswegs ausschließen müssen, sondern – was in der Praxis häufig
der Fall ist – nebeneinander auftreten (vgl. ausführlich Schubert/Küting 1981, S. 70-88,
Mellewigt 1995, S. 23-28).

Das Schweizer Recht übernimmt weitgehend die deutsche Konzernterminologie (vgl.
Wenger 1994, S. 25-26). Im österreichischen Recht, welches ansonsten über weite
Strecken dem deutschen Gesellschaftsrecht ähnlich ist, fehlen die Ausführungen zum
Konzernrecht. Dies liegt daran, dass das deutsche Konzernrecht erstmals 1965 kodifi-
ziert wurde – zu einem Zeitpunkt also, als Österreich das deutsche Gesellschaftsrecht
bereits übernommen hatte (vgl. Hoffmann 1993, S. 56).

2.2.2.2 Arten von Konzernen

Nachdem geklärt wurde, was unter einem Konzern zu verstehen ist, sollen nun verschiedene Arten von Konzernen differenziert werden. Wir stellen zunächst die juristisch-orientierte Klassifikation vor (Abschnitt 2.2.2.2.1), bevor wir dann zur betriebswirtschaftlich-orientierten Klassifikation kommen (Abschnitt 2.2.2.2.2). Einen Überblick über unsere Ausführungen vermittelt Abbildung 4-22.

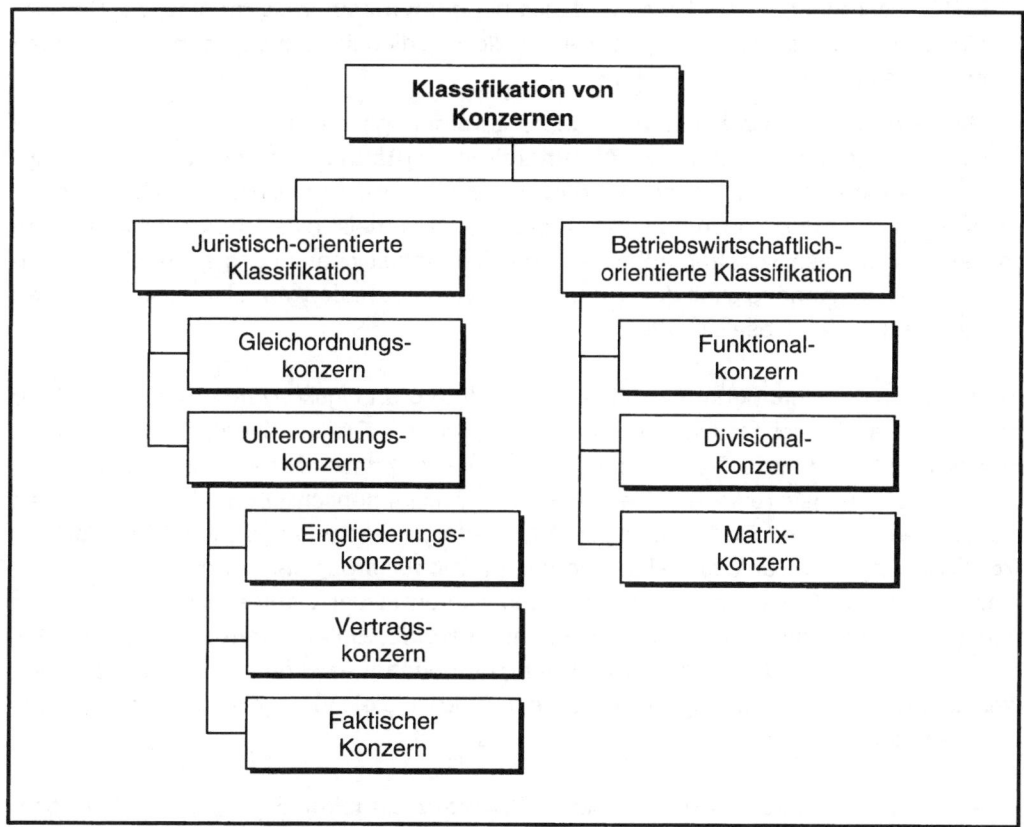

Abb. 4-22: Übersicht über Klassifikationen von Konzernen

2.2.2.2.1 Juristisch-orientierte Klassifikation

Nach deutschem Aktienrecht werden Konzerne in **Gleichordnungskonzerne** (Koordinationskonzerne) und **Unterordnungskonzerne** (Subordinationskonzerne) unterschieden (vgl. Küting 1980, Schubert/Küting 1981, S. 79-82). Diese Differenzierung ist jedoch nicht nur aus rechtlicher Perspektive von Interesse, sondern auch aus betriebswirtschaftlicher Perspektive, zeigt sie doch, welche Möglichkeiten prinzipiell bestehen, einen Konzern „zusammenzuhalten". Wie lassen sich Gleichordnungskonzerne und Unterordnungskonzerne differenzieren?

- **Gleichordnungskonzern:** Im Falle des Gleichordnungskonzerns existiert eine einheitliche Leitung ohne ein Abhängigkeitsverhältnis der Konzernunternehmen. Obwohl die Konzernunternehmen eine gleichrangige Stellung innehaben, muss in diesem Fall die einheitliche Leitung sichergestellt werden. Dies erfolgt dadurch, dass ein zusätzliches Organ für die einheitliche Leitung eingerichtet wird, zum Beispiel eine BGB-Gesellschaft. In der Regel wird also ein **gemeinsamer Beirat** etabliert. Darüber hinaus kommt es häufig zu einer personellen Verflechtung der Geschäftsführungen der einzelnen Konzernunternehmen.

- **Unterordnungskonzern:** Im Falle des Unterordnungskonzerns existiert eine einheitliche Leitung bei gleichzeitigem **Abhängigkeitsverhältnis.** Dies heißt: Es muss mindestens ein Unternehmen geben, das von einer anderen Gesellschaft abhängig ist. An der Spitze des Konzerns steht in diesen Fällen meist eine Obergesellschaft, von der andere Gesellschaften abhängig sind. Die einheitliche Leitung ergibt sich gleichsam aus der Abhängigkeit der beherrschten Gesellschaften von einer oder mehreren beherrschenden Gesellschaften.

In der Praxis der Unternehmungstätigkeit sind Unterordnungskonzerne weitaus häufiger anzutreffen als Gleichordnungskonzerne. Beispiele für Gleichordnungskonzerne findet man jedoch häufig in der Versicherungsbranche – und dabei insbesondere dann, wenn sich Versicherungsvereine auf Gegenseitigkeit zusammenschließen. So lässt sich an dieser Stelle der Ende der neunziger Jahre erfolgte Zusammenschluss der *Gothaer Versicherung* und der *Berlin-Kölnischen Versicherungsgruppe* anführen, bei dem eine paritätische Besetzung der Führungspositionen in der Obergesellschaft und eine gegenseitige personelle Verflechtung vereinbart wurde. Unter dem Konzernnamen *Parion* – inzwischen in *Gothaer Finanzholding* umbenannt – wurde eine OHG gegründet, welche als Konzernleitungsgesellschaft der beiden gleichberechtigten Partnergesellschaften fungiert.

Innerhalb der – zahlreich existierenden – **Unterordnungskonzerne** lassen sich nochmals verschiedene Varianten unterscheiden: (1) der Eingliederungskonzern, (2) der Vertragskonzern und (3) der faktische Konzern.

(1) Von einem **Eingliederungskonzern** (§§ 319ff AktG) spricht man, wenn die Untergesellschaft völlig in die Obergesellschaft eingegliedert ist und auch im 100%igen Besitz der Obergesellschaft steht. Der Eingliederungskonzern zeichnet sich dadurch aus, dass der Obergesellschaft bzw. dem Vorstand der Obergesellschaft ein unbeschränktes Weisungsrecht gegenüber dem Vorstand der eingegliederten Untergesellschaft zusteht. Durch Beschluss der Hauptversammlung der einzugliedernden Unternehmung kann es auch dann zu einer Eingliederung kommen, wenn sich nicht 100%, sondern 95% bis

99,9% der Aktien der einzugliedernden Unternehmung im Besitz der herrschenden Unternehmung befinden.

(2) Ergibt sich die Abhängigkeit nicht aus einer 100%igen Eingliederung, sondern aus vertraglichen Bindungen, die vor allem in Form von Beherrschungsverträgen oder Gewinnabführungsverträgen geschlossen werden, so ist von einem **Vertragskonzern** die Rede. Mit dem Abschluss des Beherrschungsvertrags unterstellt sich ein Unternehmen der Führung einer anderen Gesellschaft. Durch den Abschluss eines Gewinnabführungsvertrags geht es darüber hinaus die Verpflichtung ein, seinen gesamten Gewinn an diese Unternehmung abzuführen. In einem Vertragskonzern unterliegt die abhängige Gesellschaft – ebenso wie beim Eingliederungskonzern – den Weisungen der Obergesellschaft.

(3) Beruht die Abhängigkeit auf einer tatsächlichen Ausübung einheitlicher Leitung, ohne dass zwingend eine 100%ige Eingliederung vorgenommen oder eine vertragliche Beherrschung bzw. Gewinnabführung vereinbart wurde, so spricht man von einem **faktischen Konzern**. Die faktische einheitliche Leitung kommt in der Regel dadurch zustande, dass eine enge personelle Verflechtung zwischen den Ober- und Untergesellschaften existiert. Die einheitliche wirtschaftliche Leitung wird in diesem Fall weder über eine völlige kapitalmäßige Eingliederung noch über vertragliche Regelungen erzielt, sondern ergibt sich aus der praktizierten Abstimmung der Konzerngesellschaften hinsichtlich ihres Verhaltens.

Der faktische Konzern stellt die schwächste Form der Konzernbindung dar, da keine Weisungsbefugnisse der Obergesellschaft gegenüber der Tochtergesellschaft existieren. Maßnahmen, welche die Obergesellschaft initiiert, darf die Tochtergesellschaft nur realisieren, wenn damit keine Nachteile für sie verbunden sind bzw. wenn die Nachteile von der Obergesellschaft ausgeglichen werden. Einheitliche Leitung ist also das Ergebnis eines Konsenses. In der Unternehmungspraxis handelt es sich bei abhängigen Unternehmungen im faktischen Konzern meist um Mehrheitsbeteiligungen (z.B. zwischen 51% und 95%). Dies heißt vereinfacht: Sowohl **personelle Verflechtungen** als auch **Mehrheitsbeteiligungen** halten den Konzern zusammen.

Die juristische Auseinandersetzung mit Konzernen gilt als sehr kompliziert – nicht zuletzt dadurch, dass im Prinzip heutzutage nahezu alle Konzerne international sind und damit auch unter unterschiedliche Rechtsvorschriften fallen. Allerdings wird das – oben als konstitutiv erklärte – **Prinzip der rechtlichen Selbständigkeit** der Konzerngesellschaften durch unterschiedliche Gesetze zumindest teilweise wieder „**aufgeweicht**": Im Bereich der Rechnungslegung, der Besteuerung und der Arbeitnehmermitbestimmung gibt es schließlich eine Vielzahl von Regelungen, die deutlich machen, dass der Konzern nicht nur als wirtschaftliche Einheit, sondern teilweise auch als juristische Einheit betrachtet wird. Die juristischen Fragestellungen sollen uns allerdings nicht weiter interessieren, da wir – wie bereits erwähnt – weniger den Konzern als Institution als vielmehr den Konzern als Organisationsform in den Mittelpunkt der Überlegungen stellen wollen. Aus diesem Grund wollen wir auch nicht allzu juristisch an die Konzernliteratur herangehen, sondern eher die betriebswirtschaftlich-organisatorische Literatur mit ihren wesentlichen Erkenntnissen darstellen (vgl. auch Theisen 1991/2000, u.a. S. 19). Gerade seit Beginn der neunziger Jahre emanzipiert sich die betriebswirtschaftliche Konzernliteratur schließlich zunehmend von der juristischen Konzernliteratur (vgl. Werder 1995, Mellewigt/Matiaske 2000).

Während aus rechtlicher Perspektive Konzerne vor allem in Gleichordnungs- und Unterordnungskonzerne differenziert werden, sind aus betriebswirtschaftlicher Sicht eine Vielzahl von weiteren Kriterien zur Abgrenzung von Interesse (vgl. bereits Arbeitskreis Krähe 1964, S. 22-30, vgl. ebenso Hoffmann 1993, S. 9-10). Diesen Kriterien wollen wir uns jetzt zuwenden und dabei vor allem die uns interessierende Frage der Organisationsstruktur hervorheben.

2.2.2.2.2 Betriebswirtschaftlich-orientierte Klassifikation

In unserem Zusammenhang ist vor allem die Organisationsstruktur von Konzernen relevant. Hinsichtlich der Organisationsstruktur unterscheiden Bleicher sowie Bühner etwa den **funktionalen Konzern**, den **Divisionalkonzern** und den **Matrixkonzern**. Damit wird deutlich, dass Konzerne nach ähnlichen Gliederungskriterien strukturiert sein können wie die bereits ausführlich vorgestellte (➜ Abschnitt 1.1 in diesem Kapitel) Einheitsunternehmung (vgl. auch Bleicher 1979a, 1979b, Bühner 1995, Wenger 1999). Überträgt man diese Überlegungen vom nationalen auf den internationalen Kontext, so muss man lediglich noch weiter nach der Stellung des Auslandsgeschäfts im Vergleich zum Inlandsgeschäft fragen. Wo sind in Konzernen internationale Aktivitäten verankert?

- Im **Funktionalkonzern** werden alle Aktivitäten – ob im Inland oder im Ausland – nach Funktionalbereichen wie Forschung und Entwicklung, Beschaffung, Produktion oder Absatz gegliedert. So unterstehen unterschiedliche in- und ausländische Produktionsstätten, seien sie nun rechtlich unabhängige Tochtergesellschaften oder rechtlich abhängige Unternehmungsteile, dem zentralen Produktionsbereich in der Muttergesellschaft. Unterschiedliche in- und ausländische Vertriebsgesellschaften hängen vom Absatzbereich in der Muttergesellschaft ab, und in- und ausländische Finanzierungsgesellschaften sind an den Finanzbereich gekoppelt.

- Im **Divisionalkonzern** werden alle Aktivitäten – ob im Inland oder im Ausland – zu Divisionen zusammengefasst. Diese Divisionen können rechtlich selbständig oder unselbständig sein. An die Divisionen sind dann wiederum sowohl rechtlich selbständige Tochtergesellschaften als auch rechtlich unselbständige Unternehmungsteile (z.B. Betriebsstätten) „angedockt". Häufig repräsentiert eine Division einen Geschäftsbereich bzw. einen Produkt(gruppen)bereich, der weltweit Gewinnverantwortung trägt (➜ zum Profit Center Abschnitt 2.3.4 in diesem Kapitel).

- Im **Matrixkonzern** werden die bereits oben angesprochenen Matrixzellen von rechtlich selbständigen Tochtergesellschaften und (in geringerem Ausmaß auch von rechtlich unselbständigen) Unternehmungsteilen konstituiert. Gerade in international tätigen Unternehmungen wird dabei eine der beiden Matrixdimensionen von den Matrixstellen „Region" gebildet.

Nach diesen Ausführungen kann man nun die berechtigte Frage stellen, worin sich eigentlich die Organisationsstruktur der Einheitsunternehmung und die Organisationsstruktur des Konzerns unterscheiden. In der Tat klingen die Ausführungen recht ähnlich. Was den Konzern jedoch von der Einheitsunternehmung abgrenzt, ist die Tatsache, dass im Falle von Konzernen unter einheitlicher wirtschaftlicher Leitung auch rechtlich selbständige Gesellschaften (und nicht nur Betriebsstätten) zusammengefasst werden – ob nun im Funktionalkonzern, im Divisionalkonzern oder im Matrixkonzern. Es ist diese **rechtliche Selbständigkeit** von Gesellschaften – ob im Inland oder im Ausland –, die den Konzern von der Einheitsunternehmung abgrenzt. Gleichzeitig gilt es freilich zu beachten, dass wir auch im Konzern keinesfalls ausschließlich rechtlich selbständige Unternehmungseinheiten finden, die unter einem Dach gruppiert werden: Vielmehr existieren in Konzernen rechtlich unselbständige Unternehmungsteile neben selbständigen Tochtergesellschaften – ob im Inland oder im Ausland.

Gibt es neben dem Funktionalkonzern, dem Divisionalkonzern und dem Matrixkonzern noch weitere Organisationsformen? Theoretisch wäre es denkbar, die gesamten Auslandsaktivitäten in einer selbständigen Tochtergesellschaft zusammenzufassen und damit im Konzern – ähnlich wie bei der Internationalen Division der Einheitsunternehmung – eine segregierte Organisationsstruktur zu schaffen. Dieser Typ der Organisationsstruktur wird allerdings von international tätigen Unternehmungen in der Praxis kaum gewählt – wohl deswegen, weil segregierte Strukturformen zumindest für große Unternehmungen, die in ihrer Internationalisierung vergleichsweise stark fortgeschritten sind, aufgrund der oben bereits angesprochenen Kritik als nicht mehr zeitgemäß gelten. Häufiger treffen wir in der Praxis bei Konzernen (in Analogie zu Einheitsunternehmungen) auf Organisationsformen, die dem Divisionalkonzern nahe kommen. Der Funktional- und der Matrixkonzern sind eher seltene Ausprägungsformen für Strukturen internationaler Konzerne. Dies heißt nicht, dass das Funktionalprinzip oder das Matrixprinzip in Konzernen völlig absent sind; es soll jedoch darauf hingewiesen werden, dass das Funktional- bzw. Matrixprinzip in der Regel nicht zur Strukturierung auf der zweiten Ebene unterhalb der Unternehmungsleitung angewandt wird.

2.2.2.3 Teileinheiten im Konzern

Wenn man die Einheiten internationaler Konzerne hierarchisch differenziert, so kann man Spitzeneinheiten, Zwischeneinheiten und die einzelnen Leistungseinheiten bzw. Basis- oder Grundeinheiten unterscheiden (vgl. Bleicher 1979a, S. 244). Dabei werden wir sehen, dass die Wahl einer bestimmten Konzernstrukturform, ähnlich wie bei der Einheitsunternehmung, die Ebene unterhalb der Unternehmungsleitung betrifft – in diesem Fall also die Ebene der Zwischeneinheiten.

Als **Spitzeneinheiten** finden wir innerhalb von Konzernen eine rechtlich selbständige Einheit (z.B. Dachgesellschaft), daneben treten aber auch noch rechtlich unselbständige Einheiten, die ebenfalls als Spitzeneinheiten interpretiert werden können. Dazu zählt etwa das Spitzenorgan der Muttergesellschaft oder die Konzernhauptverwaltung mit einzelnen Zentralbereichen, die unter Umständen zusätzlich durch Stäbe unterstützt werden.

Bei **Zwischeneinheiten** kommt es ebenso zu einem Mix aus rechtlich selbständigen und rechtlich unselbständigen Einheiten. Als rechtlich selbständige Zwischeneinheit werden Zwischengesellschaften angesehen, rechtlich unselbständige Zwischeneinheiten sind meist Internationale Divisionen, integrierte Funktional-, Geschäfts-, Produkt- oder Regionalbereiche.

Auch für die **Grund- bzw. Basiseinheiten** besteht die Möglichkeit, sich zwischen rechtlich unselbständigen oder rechtlich selbständigen Einheiten zu entscheiden. Als **rechtlich unselbständiges Engagement** gelten im internationalen Kontext vor allem ausländische Betriebsstätten und Werke (einschließlich deren Zweigbetriebe und Zweigwerke), daneben auch die ausländischen Niederlassungen, Filialen oder Repräsentanzen (einschließlich der Zweigwerke, Zweigniederlassungen, Zweigfilialen sowie der Zweigrepräsentanzen). Als **rechtlich selbständiges Engagement** gilt die ausländische Tochtergesellschaft, unabhängig davon ob als Mehrheits- oder Minderheitsbeteiligung (vgl. auch Seeger 1995, S. 1).

Die Wahl zwischen rechtlich selbständigen Einheiten und rechtlich unselbständigen Einheiten wird dabei von zahlreichen Faktoren, unter anderem von organisatorischen, steuerlichen oder rechtlichen Faktoren, beeinflusst. So können rechtlich selbständige Tochtergesellschaften eigene Organe aufweisen, über eine eigene Firma verfügen, prestigeträchtige Führungspositionen vergeben und auch durch ihre eigene Rechtsstellung selbst haften (vgl. Everling 1977).

2.2.2.4   Verflechtungen im Konzern

Wir hatten den Konzern oben als eine Form verbundener Unternehmen bezeichnet. Abschließend soll nochmals kurz zusammengefasst werden, welche Möglichkeiten der Verbindung bei Konzernen – unabhängig von der juristischen Unterscheidung in Gleichordnungs- und Unterordnungskonzerne (Eingliederungs-, Vertrags- und faktischer Konzern) – bestehen. Dies kann als weitere Unterscheidung von Konzernarten interpretiert werden, die allerdings nicht überschneidungsfrei von der juristischen Typologie ist. Vereinfachend lassen sich folgende Typen differenzieren:

- **durch personelle Verflechtung** entstehende Konzernunternehmungen,
- **durch institutionelle bzw. finanzielle Verflechtung** entstehende Konzernunternehmungen und
- **durch funktionale bzw. strukturelle Verflechtung** entstehende Konzernunternehmungen (vgl. auch Theisen 1991/2000, S. 27-61).

Bei **personellen Verflechtungen** lassen sich Verflechtungen der Gesellschafter, Verflechtungen der Geschäftsführung (z.B. Vorstand) und Verflechtungen über den Aufsichtsrat (vgl. z.B. Pfannschmidt 1993) differenzieren. Bei **institutionellen bzw. finanziellen Verflechtungen** kann es entweder zu einseitigen oder aber zu gegenseitigen Kapital- und Stimmrechtsbeteiligungen kommen. Ebenso sind Gemeinschaftsunternehmungen als Alternative denkbar. **Funktionale bzw. strukturelle Verflechtungen** entstehen durch eine Verflechtung über Strukturen bzw. Aufgaben (vgl. Bleicher 1979b, S. 328-335). Eine funktionale Verflechtung kommt durch Funktionen zustande, welche die Konzernunternehmen miteinander verbinden (z.B. Beratungs-, Servicefunktionen). Die strukturelle Verflechtung entsteht durch eine organisatorische Verknüpfung der Konzerngesellschaften. Von allen Möglichkeiten der Verflechtung ist die Beteiligung die häufigste Form der Verflechtung. Meist wird sie durch personelle und funktionale bzw. strukturelle Verflechtung ergänzt.

In der Presse ist jedoch nicht nur von Konzernen, sondern auch von Holdings die Rede. Wie lässt sich die **Holding** vom Konzern abgrenzen? Diese Frage soll in Abschnitt 2.2.3 beantwortet werden.

2.2.3 Die Holding

Zunächst wollen wir eine Definition und Charakterisierung der Holding liefern (Abschnitt 2.2.3.1), um dann zwischen der Operativen Holding (Abschnitt 2.2.3.2), der Strategischen Holding (Abschnitt 2.2.3.3) und der Finanzholding (Abschnitt 2.2.3.4) zu differenzieren. Ein Vergleich der Holdingvarianten schließt unsere Ausführungen ab (Abschnitt 2.2.3.5).

2.2.3.1 Definition und Merkmale der Holding

Die Beziehung zwischen Konzern und Holding wird in der Literatur unterschiedlich interpretiert. Dies liegt nicht zuletzt daran, dass die Holding ein Konzept darstellt, welches seinen Ursprung in der Praxis hat und daher auch in vielfältigen Erscheinungsformen auftritt (vgl. Schulte 1992, Hrsg.). Vereinfachend lassen sich zwei unterschiedliche Sichtweisen herauskristallisieren:

- **Interpretation 1:** Man kann die Holding **erstens** als Dachgesellschaft eines Konzerns auffassen (vgl. Everling 1981, v.a. S. 2549, Bernhardt/Witt 1995, S. 1342). Damit ist die Holding das rechtlich selbständige Leitungsgremium eines Konzerns.

- **Interpretation 2:** Man kann **zweitens** den Begriff der Holding durchaus vom Begriff des Konzerns lösen, nachdem die Holding im deutschen Aktienrecht ebenso wenig wie im schweizerischen oder österreichischen Recht geregelt ist.

Wir wollen weniger dem ersten als dem zweiten (weiten) Begriffsverständnis folgen. Eine Holding ist damit nicht zwingend an den Konzern gekoppelt. Konstitutiv für die Holding wird somit lediglich der Beteiligungscharakter. Eine Holding kann aus dieser Perspektive definiert werden als eine **Unternehmung, die Beteiligungen an mehreren anderen rechtlich selbständigen Unternehmungen hält.** Oder genauer lässt sich nach Keller unter Holding bzw. Holdinggesellschaft eine Unternehmung verstehen, deren betrieblicher Hauptzweck in einer auf Dauer angelegten Beteiligung an einer oder mehreren rechtlich selbständigen Unternehmung(en) liegt (vgl. Keller 1993, S. 32, ebenso Lutter 1995, S. 3). Im Gegensatz zum Konzern handelt es sich bei der Holding nicht um eine spezielle Gesellschaftsform, sondern (nur) um eine Organisations(struktur)form (vgl. Bremer 1996, S. 48-49, Hucke/Ammann 1999, S. 342). Die Holding ist auch nicht – wie manchmal fälschlicherweise behauptet (vgl. Scheffler 1992b, S. 245) – an eine Rechtsform (z.B. AG oder GmbH) gebunden.

Wenngleich die Holding nicht zwingend an den Konzern gekoppelt ist, so zeigt uns die Praxis doch, dass viele Holdinggesellschaften als rechtlich selbständige Spitzenleitung eines Konzerns fungieren und nicht nur die Spitze irgendeiner Unternehmungsgruppe bilden. Insofern verwundert es nicht, dass die **Holding** von vielen Autoren als **eine Strukturvariante des Konzerns** angesehen wird (vgl. Bremer 1996, S. 43). Allerdings sollte man beachten, dass nicht jede Holding zu einer wirtschaftlichen Vereinigung bzw. Einheit führt, wie dies beim Konzern der Fall ist. Eine Holding hält zwar regelmäßig Beziehungen zu anderen selbständigen Unternehmungen, allerdings muss es sich dabei nicht notwendigerweise um Beziehungen handeln, die zu einer wirtschaftlichen Einheit führen. Nur wenn also auch eine wirtschaftliche Einheit rechtlich selbständiger Einheiten entsteht, ist eine Holding gleichzeitig ein Konzern. Damit ist, dies soll hier betont werden, der Begriff der Holding weiter als der Begriff des Konzerns. Vereinfacht ausgedrückt ließe sich sagen: **Jeder Konzern hat – faktisch – Merkmale der Holding, aber nicht jede Holding ist ein Konzern.**

Nun könnte man fragen, warum denn jeder Konzern faktisch Merkmale der Holding aufweist. Die Antwort ist einfach: Zwar wurden oben unterschiedliche Möglichkeiten skizziert, mit denen eine Konzernierung möglich ist. Doch zeigt die Praxis, dass die weitaus häufigste Alternative dafür, eine wirtschaftliche Einheit herzustellen, Kapitalbeteiligungen darstellen. Als ein wesentliches Merkmal eines jeden Konzerns wird daher – zusätzlich zu den oben bereits genannten Merkmalen der Zusammenfassung rechtlich selbständiger Unternehmungen unter wirtschaftlich einheitlicher Leitung – sogar häufig die Existenz von **Beteiligungsgesellschaften** angesehen (vgl. Binder 1994, vgl. zu Beteiligungsgesellschaften auch Everling 1977, v.a. S. 281-282). Es sind also die – in der realen „Konzernwelt" existierenden – Kapitalbeteiligungen, die dazu führen, dass (fast ausnahmslos) jeder Konzern eine Holding darstellt.

In der Literatur lassen sich unterschiedliche Arten von **Holding-Grundtypen** finden. Keller differenziert – aus einer funktionalen Perspektive – zwischen einer Führungsholding und einer Finanzholding (vgl. Keller 1993, S. 32-33). Man kann jedoch noch weiter gehen und innerhalb der Führungsholding nochmals zwischen einer sogenannten Operativen und einer sogenannten Strategischen Holding unterscheiden. Darauf aufbauend werden wir nun die Organisationsformen

* der **Operativen Holding**,
* der **Strategischen Holding** und
* der **Finanzholding**

kurz skizzieren (vgl. Hoffmann 1992, 1993, Bassen 1998, S. 37-45). Sowohl in der wissenschaftlichen als auch in der praxis- bzw. beratungsorientierten Literatur existieren vielfältige weitere Typologisierungen und Klassifikationen unterschiedlicher Holdingformen (vgl. z.B. Littich et al. 1993, S. 13-17), die zuweilen auch im Zusammenhang mit Konzernformen entwickelt werden (vgl. Mellewigt 1995, Bronner/Mellewigt 1996). Wir wollen uns allerdings nachfolgend an die gängige Unterscheidung zwischen Operativen Holdings, Strategischen Holdings und Finanzholdings halten und keine weitere Typologisierung bzw. Klassifikation einführen. Aufgrund unserer Ausführungen zu den Zusammenhängen zwischen Konzern und Holding dürfte klar werden, dass diese Holdingtypen auch – unter den genannten Bedingungen – auf den Konzern anwendbar sind.

2.2.3.2   Die Operative Holding

Bei der **Operativen Holding** (vgl. Theopold 1993) nimmt die Dachgesellschaft der Holding alle Funktionen einer Unternehmung wahr. Die Dachgesellschaft selbst tritt als Unternehmung am Markt auf, welche den gesamten Leistungserstellungs- und Leistungsverwertungsprozess selbst kontrolliert. Zusätzlich übt die Dachgesellschaft die Kontrolle über weitere in- und ausländische Tochtergesellschaften aus, in deren Geschäfte sie in unterschiedlichem Ausmaß eingreift. Die Dachgesellschaft hat somit gleichzeitig die Funktionen einer Einheitsunternehmung und die Funktionen einer Holdingleitungsgesellschaft. Damit entspricht die Operative Holding im Prinzip der Struktur eines Stammhauskonzerns.

Als **Stammhäuser** bezeichnet man Unternehmungen, die zwar ein operatives Stammgeschäft betreiben, daneben aber noch weitere Beteiligungen an anderen Unternehmungen halten. **Stammhauskonzerne** sind folglich Konzerne, bei denen eine Obergesellschaft operative Tätigkeiten in wesentlichem Ausmaß unterhält, zudem aber auch für die Unternehmungen, an denen sie beteiligt ist, weitere Funktionen ausübt. Ein Stammhauskonzern wird dabei deutlich von der Obergesellschaft dominiert; Tochtergesellschaften – ob im Inland oder im Ausland – erfüllen unterstützende oder ergänzende Funktionen.

Da die Aktivitäten der Tochtergesellschaften häufig auf eine Unterstützung und Ergänzung des Stammgeschäfts hin ausgerichtet sind, werden die Beteiligungen oft auch in vor- oder nachgelagerten Produktionsstufen erworben oder in Bereiche gelenkt, die mit dem Kerngeschäft verwandt sind. Während im ersten Fall vor allem eine vertikale Holdingbildung erfolgt, kann man im zweiten Fall von einer horizontalen oder konzentrischen Holdingbildung sprechen. In beiden Fällen liegt in der Regel eine hohe Liefer- und Leistungsverflechtung der Gesellschaften mit der Dachgesellschaft vor, so dass man von sequentieller und reziproker Interdependenz ausgehen kann (vgl. auch Baliga/ Jaeger 1984 sowie unsere Ausführungen in Abschnitt 6.2.2 in Kapitel 6). Nur in den Fällen, in denen das Stammgeschäft (u.a. aus risikopolitischen Aspekten) um – im Vergleich zum bisherigen Geschäft – völlig neue Geschäftsfelder erweitert wird, entsteht eine konglomerate Holdingbildung. Doch auch in diesem Fall behält die Zentrale weiterhin die Führungsrolle, die sich in der weiter starken Dominanz ihres eigenen Geschäfts ausdrückt. Entstehen im Gesamtverbund Interessenkonflikte, so werden sie auch meist zugunsten des Stammhauses entschieden (vgl. Keller 1993, S. 90-94).

Zusammenfassend lässt sich festhalten, dass von einer Operativen Holding oder einem Stammhauskonzern nur dann gesprochen werden kann, wenn der Anteil des eigenen operativen Geschäfts der Dachgesellschaft am gesamten Holding- bzw. Konzernumsatz relativ hoch ist. Welchen Schwellenwert man allerdings als kritisch für die Existenz der Operativen Holding oder des Stammhauskonzerns ansieht, bleibt willkürlich. In der Literatur wird manchmal ein Schwellenwert von 30% genannt, d.h. nur diejenigen Holdings oder Konzerne gelten als Operative Holdings bzw. Stammhauskonzerne, bei denen das **operative Geschäft der Dachgesellschaft mindestens 30% des Gesamtumsatzes** ausmacht. Aber was wir bereits in Abschnitt 2 in Kapitel 2 im Zusammenhang mit der Bestimmung des Internationalisierungsgrades von Unternehmungen ausgeführt haben, sollte auch hier bedacht werden: Die Wahl der Schwellenwerte ist ebenso problematisch wie die Wahl der Schwellenkriterien. Warum sollte man die Existenz einer Operativen Holding lediglich am Schwellenkriterium Umsatz festmachen? Und warum sollte man gerade einen Schwellenwert von 30% veranschlagen? Genauso denkbar wäre es, die Mitarbeiterzahl, den Gewinn, den Cash Flow oder eine Vielzahl anderer Kriterien zur Abgrenzung heranzuziehen, wobei die Wahl des Schwellenwertes dabei nicht einfacher wäre als beim Abgrenzungskriterium des Umsatzes (vgl. Theopold 1993, S. 170-172). Wir halten also fest: Ein Schwellenwert von 30% hinsichtlich des Kriteriums Umsatz gilt als Anhaltspunkt, kann aber nicht als theoretisch begründbares Definitionskriterium aufgefasst werden.

Gerade Operative Holdings entstehen häufig im Zusammenhang mit der Internationalisierung. Generell zeigt sich, dass bei vielen Unternehmungen der Weg von der Einheitsunternehmung hin zur Operativen Holding mit der internationalen Expansion einhergeht. Zur Erschließung ausländischer Märkte werden Tochtergesellschaften im Ausland entweder neu gegründet oder durch Akquisitionen erworben. Für Operative Holdings ist dabei charakteristisch, dass die Gründungen von Tochtergesellschaften oder der Erwerb von Tochtergesellschaften über Akquisitionen im Ausland häufig in vor- oder nachgelagerten Produktionsstufen erfolgt und damit die vertikale Holdingbildung begünstigt. Ebenso kann es bei Operativen Holdings – wie oben bereits angesprochen – zu horizontaler und konzentrischer Holdingbildung kommen. Die konglomerate internationale Expansion ist dagegen für Operative Holdings weniger typisch (vgl. Theopold 1993, S.172-173).

Wir wollen abschließend noch darauf hinweisen, dass der **Stammhauskonzern** von manchen Autoren nicht mit der **Operativen Holding** gleichgesetzt wird. Vielmehr wird der Stammhauskonzern von diesen Autoren der Holding explizit gegenübergestellt (vgl. z.B. Scheffler 1992a, S. 21-22, Bernhardt/Witt 1995, S. 1343). Wir teilen die Ansicht dieser Autoren allerdings nicht: In der Tatsache, dass Unternehmungen neben ihren (vielleicht sehr umfangreichen) Beteiligungsaktivitäten auch ein zentrales Stammgeschäft operativ betreiben, liegt nach unserer Einschätzung kein Widerspruch zum Holdingkonzept vor. Vielmehr dürfte gerade die immer wieder im Strategischen Management vorgetragene Forderung nach einer Konzentration auf das Kerngeschäft dazu führen, dass viele Unternehmungen zwar eine Vielzahl von Geschäften betreiben, gleichzeitig aber weiterhin ihrem Stammgeschäft eine große Rolle zumessen. Dieser Konstellation kann auch organisatorisch Rechnung getragen werden, indem im Stammhaus das operative Geschäft ebenso verankert wird wie die strategische und finanzielle Führung der einzelnen – vom Stammhaus organisatorisch getrennten – Beteiligungen.

Wir sind angesichts der Entwicklungen in der Unternehmungspraxis davon überzeugt, dass es auch in Zukunft Holdingkonzepte geben wird, bei denen sich Dachgesellschaften nicht nur auf die – nachfolgend anzusprechenden – strategischen und finanziellen Führungsrollen beschränken, sondern ebenso häufig auch geographisch am Sitz der Dachgesellschaft (oder zumindest im gleichen Land wie die Dachgesellschaft) das operative Geschäft betreiben.

2.2.3.3   Die Strategische Holding

Bei der **Strategischen Holding** (vgl. Naumann 1993) konzentriert sich die Dachgesellschaft – im Gegensatz zur Operativen Holding – auf strategische Aufgaben und betreibt
kein operatives Geschäft. Damit wird die Strategische Holding durch eine Trennung in
strategische Aufgaben, die auf der Ebene der Dachgesellschaft angesiedelt werden,
und in operative Aufgaben, die von den Tochtergesellschaften durchgeführt werden,
charakterisiert. Was wir hier als Strategische Holding vorstellen, wurde von manchen
Autoren auch als **Managementholding** oder Strategische Managementholding bezeichnet. Der Begriff der Managementholding wurde dabei bereits in der zweiten Hälfte der
achtziger Jahre von Bühner in die betriebswirtschaftliche Diskussion eingebracht (vgl.
Bühner 1987b, 1991, 1993b). Bühner hat seitdem die Auseinandersetzung mit der Frage nach der adäquaten Organisationsstruktur stark belebt, wie zahlreiche Diskussionsbeiträge und Stellungnahmen in Fachzeitschriften zeigen (vgl. v.a. den DBW-Dialog in
der Zeitschrift „Die Betriebswirtschaft", 47. Jg., Nr. 2, 1987, S. 223-242).

Zu den **strategischen Aufgaben der Dachgesellschaft** in der Strategischen Holding
zählen (vgl. Bühner 1987b, S. 42)

- die Bestimmung der Vision, der Maximen, der Strategien und der Ziele der Holding,
- die Festlegung der generellen Holdingausrichtung einschließlich des Produkt-,
  Markt- und Technologiespektrums,
- die holdingweite Finanz- und Investitionsplanung, welche die Kapital-, Liquiditäts-
  und Erfolgsplanung beinhaltet,
- der Kauf und Verkauf von Unternehmungen und Unternehmungsbeteiligungen und
- der Aufbau und die Entwicklung des Top-Managements.

Als **operative Aufgaben der Tochtergesellschaften** einer Strategischen Holding gelten (vgl. Bühner 1987b, S. 42)

- die Umsetzung der von der Holding vorgegebenen Vision, Maximen, Strategien und
  Ziele,
- die Ausarbeitung und Implementierung der Funktionalstrategien, die sich vor allem in
  den Bereichen Beschaffung, Produktion und Absatz artikuliert, und
- die Durchführung des Tagesgeschäfts.

Wodurch zeichnet sich die Strategische Holding also unter Berücksichtigung der geschilderten Aufgaben aus? Die Strategische Holding ist durch einen hohen Autonomiegrad der Tochtergesellschaften und durch eine kompakte Divisionalisierungsform mit
eher wenigen, kleinen und homogenen Einheiten gekennzeichnet. Wie man erkennt,
legt die Dachgesellschaft den Schwerpunkt ihrer Tätigkeit auf die strategische Unternehmungsführung. Im Gegensatz zur Finanzholding, auf die wir nachfolgend zu sprechen kommen, beschränkt sich ihre Zielsetzung innerhalb der strategischen Unterneh-

mungsführung allerdings nicht nur auf finanzielle Ziele. In die operative Tätigkeit der Tochtergesellschaften wird nicht oder kaum eingegriffen.

In der Literatur wird häufig der Eindruck erzeugt, strategische Entscheidungen würden bei der Strategischen Holding von der Zentrale getroffen, so dass die Tochtergesellschaften nur operatives Geschäft betreiben. Die Trennung in strategisches Geschäft und operatives Geschäft ist allerdings zu relativieren. In den Tochtergesellschaften von Strategischen Holdings werden neben den operativen Aktivitäten auch Funktionalstrategien – und in vielen Fällen auch Geschäftsfeld- und Wettbewerbsstrategien – erarbeitet. Schließlich ist es gerade ein Charakteristikum von Strategischen Holdings, nicht nur eine rechtliche Selbständigkeit, sondern auch eine organisatorische Selbständigkeit der Tochtergesellschaften sicherzustellen.

Insbesondere die Funktionen der Beschaffung, der Produktion und des Absatzes werden dezentralisiert von den einzelnen Tochtergesellschaften verantwortet. Diese Dezentralisierung kann aber nur erfolgen, wenn auch – über Funktionalstrategien hinausgehende – strategische Entscheidungen von der Holdingzentrale auf die Tochtergesellschaften transferiert werden. Das Top-Management der Tochtergesellschaften soll schließlich auch das Selbstverständnis von selbständigen Unternehmern annehmen – Unternehmer, die sich für „ihre" Tochtergesellschaft verantwortlich fühlen.

Viele Unternehmungen haben sich in den letzten Jahren für die Organisationsform der **Managementholding** entschieden. Zwischen 1997 und 1999, dem Zeitpunkt der Teilfusion mit *Rhône-Poulenc* unter dem Namen *Aventis*, verstand sich auch *Hoechst* als Strategische Managementholding. *Hoechst* wurde damals in operativ selbständige Einheiten zerlegt, die gleichzeitig rechtliche Selbständigkeit erlangten. Die Strategische Holding beschäftigte sich vornehmlich mit den Fragen, die über das operative Geschäft der einzelnen Einheiten hinausgehen. Abbildung 4-23 gibt die Struktur von *Hoechst* beispielhaft wieder.

Die unterschiedlichen Geschäftsbereiche von *Hoechst* wiesen dabei jeweils einen unterschiedlichen Internationalisierungsgrad und auch eine unterschiedliche internationale Struktur auf. Als besonders international galt die operative Einheit *Hoechst Marion Roussel*, die aus einer Akquisition des amerikanischen Pharmaherstellers *Marion Merrell* und einer Übernahme der Anteile von *Roussel-Uclaf* in Frankreich hervorgegangen war.

Für Strategische Holdinggesellschaften, bei denen an der Spitze, d.h. in der Zentrale, nur sehr wenige Mitarbeiter tätig sind, hat sich der Begriff der **„schlanken Holding"** herausgebildet. So sind in der Holdingzentrale von *RWE* gerade 0,09% aller RWE-Mitarbeiter tätig. Bei der früheren *VIAG* sah die Situation – zumindest vor der Fusion mit *VEBA* – ähnlich aus (vgl. Bühner 1993c).

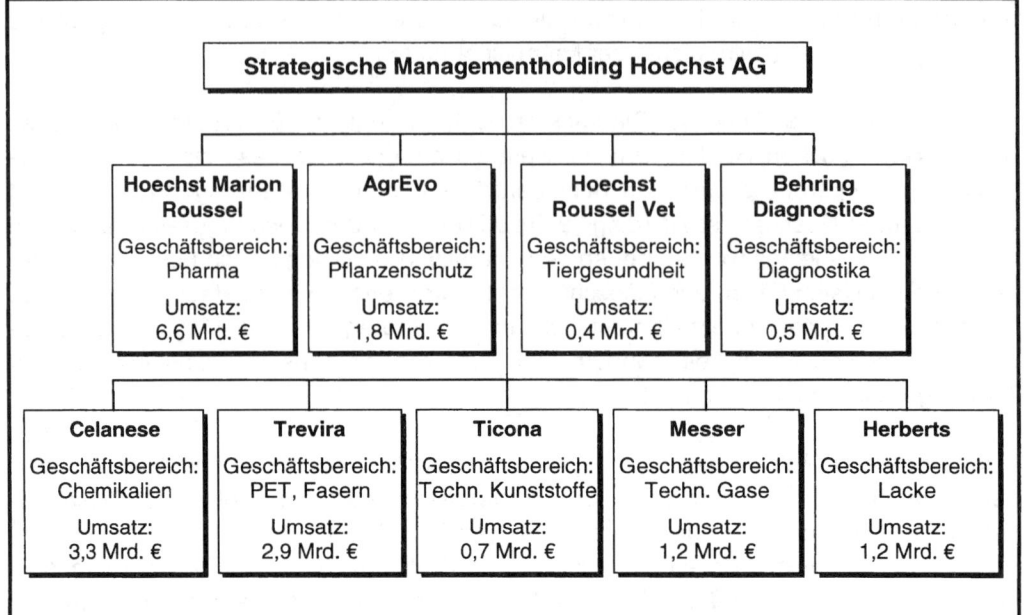

Abb. 4-23: Hoechst als Strategische Managementholding
Quelle: o.V. (1997): „Wir mussten schnell handeln". Interview mit Jürgen Dormann.
             In: Manager Magazin, August 1997, S. 44.

2.2.3.4   Die Finanzholding

Bei der **Finanzholding** (vgl. Werdich 1993) wird das Aufgabenspektrum der Dachgesellschaft noch stärker beschnitten als bei der Strategischen Holding. Das Aufgabenspektrum der Zentrale reduziert sich hier auf Finanzierungs-, Investitions- und Controllingentscheidungen. Im Extremfall erhält die Finanzholding den Charakter einer Kapital-
verwaltungs- oder Investmentgesellschaft, d.h. den Charakter einer Beteiligungsgesellschaft. Von manchen Autoren wird deswegen nochmals zwischen einer tatsächlichen
Finanzholding und einer **Beteiligungsholding** unterschieden. Dieser Unterscheidung
liegt die Überlegung zugrunde, dass nur die Holding, die – neben dem Halten von Beteiligungen – auch auf Finanz-, Investitions- und Controllingprozesse Einfluss nimmt, als
Finanzholding zu bezeichnen ist. Reduziert sich die Funktion einer Holding ausschließlich auf das Halten und Verwalten von Beteiligungen, so liegt nach Auffassung dieser
Autoren nur eine Beteiligungsholding vor (vgl. Bremer 1996, S. 11-13).

Von reinen Kapitalverwaltungs- oder Investmentgesellschaften **unterscheiden sich die
Finanzholding und die Beteiligungsholding** jedoch mehrfach:

- erstens dadurch, dass die Beteiligungen prinzipiell langfristig angelegt sind,
- zweitens dadurch, dass die Beteiligungen häufig Mehrheitsbeteiligungen oder gar hundertprozentige Beteiligungen darstellen und
- drittens dadurch, dass es sich nicht um Sondervermögen im Sinne des Gesetzes über Kapitalanlagegesellschaften (KAGG) handelt.

Während das Ziel von Kapitalanlage- und Investmentgesellschaften die wirtschaftliche Anlage ihrer Mittel im Rahmen der speziellen gesetzlichen Bestimmungen darstellt, liegt das Ziel bei **Beteiligungsholdings** in der Beherrschung der Tochtergesellschaften und bei **Finanzholdings** darüber hinaus in der Einflussnahme auf deren Finanz-, Investitions- und Controllingprozesse.

Häufig wird angenommen, dass gerade Finanz- und Beteiligungsholdings die Maximierung des Shareholder Value als oberstes Ziel erfolgreich realisieren; schließlich ist ihr Ziel, Kapital bestmöglich zu allozieren und Investitionen nur dann vorzunehmen, wenn sie sich „rechnen". Doch wäre es ein falscher Schluss, würde man annehmen, dass Finanzholdings generell den Shareholder Value stärker erhöhen (können) als Unternehmungen mit anderen Holdingstrukturen oder auch als Unternehmungen mit völlig anderen Organisationsstrukturen. Die *Aktiengesellschaft für Anlagen und Beteiligungen (AGAB)* stellte eine Finanzholding dar, die an der Börse mehrfach mit Kursverlusten zu kämpfen hatte und bei der offensichtlich die Shareholder-Value-Maximierung ein Ziel blieb, dessen Realisierung nicht gelang. Auch die *Investor AB*, die in Textbox 4-13 als Finanzholding beschrieben wird, musste sich im Jahr 1999 eine herbe Kritik von *Franklin Mutual Advisers*, einer US-amerikanischen Fondsgesellschaft, gefallen lassen, als sich der Kurs von *Investor AB* über Monate hinweg deutlich schlechter als die Indices der Stockholmer Börse entwickelt hatte.

Nicht mit Finanzholdings zu verwechseln sind die sogenannten **Finanzierungsgesellschaften**, die gerade von international tätigen Unternehmungen häufig gegründet werden (vgl. Pausenberger/Völker 1985, S. 40-44). Bei Finanzierungsgesellschaften handelt es sich um rechtlich selbständige, meist 100%ige Tochtergesellschaften, deren Geschäftszweck die Finanzierung von Mutter- bzw. Tochter- und Schwestergesellschaften ist. Zuweilen wird zwischen reinen Finanzierungsgesellschaften, die sich auf die Ausübung finanzwirtschaftlicher Aktivitäten beschränken, und gemischt tätigen Finanzierungsgesellschaften, die neben ihren finanzwirtschaftlichen Aufgaben noch weitere Tätigkeiten ausüben, differenziert (vgl. Salzberger/Theisen 1999). Nur im zweiten Fall, d.h. bei gemischt tätigen Finanzierungsgesellschaften, kann manchmal eine **Kombination mit der Finanzholding** auftreten – und zwar dann, wenn eine bestimmte Gesellschaft im Ausland als Finanzierungsgesellschaft für den Unternehmungsverbund tätig wird und gleichzeitig als Finanzholding Beteiligungen an anderen Konzernunternehmen hält und verwaltet.

Textbox 4-13: Der Charakter einer Finanzholding

Das Beispiel der Schwedischen Investor AB

Die Schwedische *Investor AB* hält zahlreiche Beteiligungen an schwedischen Unternehmungen. Als „Kernbeteiligungen" gelten *ABB (Asea Brown Boveri)*, *AstraZeneca*, *Atlas Copco*, *Electrolux*, *Ericsson*, *Gambro*, die *OM-Gruppe*, *Saab*, *SAS (Scandinavian Airlines System)*, *Scania*, *SEB (Skandinaviska Enskilda Banken)*, *SKF*, *StoraEnso* und *WM-data*. Die meisten der Unternehmungen, an denen Investor AB beteiligt ist, haben ihren Stammsitz in Schweden. Viele dieser Unternehmungen sind in ihren Geschäftsaktivitäten jedoch keineswegs auf Schweden beschränkt; vielmehr zeichnen sie sich durch ausgeprägt starke Internationalität aus. Bei *ABB* und *AstraZeneca* liegen sogar die Zentralen außerhalb Schwedens: in Zürich bzw. London.

Investor AB nimmt aufgrund ihrer Kapitalbeteiligungen und ihrer Stimmrechte zwar Einfluss auf die Besetzung von Führungspositionen bei den von ihr gehaltenen Firmen; von einem Einfluss auf strategische und operative Entscheidungen ist jedoch nicht die Rede. Obwohl personelle Verflechtungen durchaus vorhanden sind – so ist Percy Barnevik, der frühere CEO von *ABB*, der jetzige Vorstandsvorsitzende von *Investor AB* – wird die Einflussnahme bei einigen Engagements allein durch die Höhe der Beteiligung beschränkt. So hält *Investor AB* beispielsweise nur 5% des Kapitals und der Stimmrechte von *ABB* oder *AstraZeneca*. Bei anderen Unternehmungen ist der Beteiligungsgrad etwas höher: *Investor AB* gehören bei *AtlasCopco* 15% des Kapitals und 21% der Stimmrechte; bei *Electrolux* belaufen sich diese Werte auf 6% bzw. 23%, bei *Scania* auf 9% bzw. 15% und bei *SKF* auf 13% bzw. 27%.

Investor AB selbst wird von der schwedischen Wallenberg-Familie dominiert. 37,6% der Stimmrechte und 17,6% des Kapitals gehören der „Knut and Alice Wallenberg-Stiftung". Daneben sind auch die „Marianne and Marcus Wallenberg-Stiftung" sowie die „Marcus and Amalia Wallenberg-Stiftung" sowie Peter Wallenberg bei *Investor AB* vertreten. Insgesamt halten die Wallenberg-Familie und deren Stiftungen etwa 44% der Stimmrechte und 20% des Kapitals. Die fünfzehn größten Investoren, zu denen auch andere Unternehmungen und Fondsgesellschaften gehören (z.B. *Skandia*, *Nordbanken's Mutual Fonds*, *Handelsbanken's Mutual Fonds* sowie *Franklin Mutual Advisers*) vereinen 48,5% des Kapitals von *Investor AB* auf sich.

Hinweis: Die erwähnten Beteiligungsgrade von *Investor AB* an anderen Unternehmungen beziehen sich auf den Stand 30.09.2000, die erwähnten Anteile an *Investor AB* selbst sind per Stand 30.06.2000 angegeben.

Quellen:
- Geschäftsberichte der Investor AB-Holding für die Jahre 1996, 1997, 1998 und 1999.
- Internetrecherchen (Homepage der Unternehmung: www.investorab.com).

Finanzierungsgesellschaften haben die Aufgabe, die gesamte Unternehmung bzw. Teile der Unternehmung mit **Fremdfinanzierungsmitteln** zu versorgen und dabei unter anderem Anleihen zu emittieren; es geht also nur in Ausnahmefällen um die Beschaffung und Weiterleitung von Eigenfinanzierungsmitteln (vgl. Rehkugler 1994). Finanzierungsgesellschaften, die selbst meist nur mit geringem Eigenkapital ausgestattet werden, finden sich zum einen in sogenannten „**Off-shore-Finanzmärkten**", d.h. in Märkten, die in rechtlich-administrativer Hinsicht gegenüber dem sie umgebenden Hoheitsgebiet isoliert sind (z.B. Niederländische Antillen, Cayman Islands, Bermuda) und die günstigeren rechtlichen, unter anderem steuerrechtlichen und arbeitsrechtlichen, Bedingungen unterworfen sind als das Hoheitsgebiet (vgl. zu Off-shore-Finanzplätzen Park 1982). Zum anderen haben sich auch europäische Länder wie die Niederlande, Belgien oder Großbritannien als bevorzugte Standorte für Finanzierungsgesellschaften entwickelt. Diese Länder gelten zwar nicht als Off-shore-Finanzplätze, sie haben allerdings ebenfalls durch die Gestaltung der Rahmenbedingungen gezielt Anreize zur Ansiedlung von Finanzierungsgesellschaften gesetzt. So bietet Belgien mit den vom Gesetzgeber geregelten „**Coordination Centres**" ein besonders attraktives Rechtsinstitut für ausländische Gesellschaften an (vgl. Scheffler/Henning 1999). Zumindest für Unternehmungen mit Stammsitz in Europa haben in den letzten Jahren europäische Standorte zunehmend an Bedeutung gewonnen, während außer-europäische Off-shore-Plätze in gleichem Maße an Bedeutung verloren haben.

In den meisten Fällen sollen mit der Einrichtung von ausländischen Finanzierungsgesellschaften die Finanzierungskosten – aufgrund der erzielbaren Größen- und Spezialisierungsvorteile – gesenkt werden. Darüber hinaus wollen Unternehmungen über ihre Finanzierungsgesellschaften den Zugang zu wichtigen Finanzmärkten erhalten bzw. ausbauen. Noch wichtiger scheinen allerdings – empirischen Untersuchungen zufolge (vgl. Rehkugler 1994) – die rechtlichen und dabei vor allem die steuerrechtlichen Aspekte zu sein. Es ist bekannt, dass steuerliche Überlegungen seit jeher einen großen Einfluss auf unternehmerische Entscheidungen und Handlungen haben. Und so ist es nicht verwunderlich, dass international tätige Unternehmungen mit Hilfe von Finanzierungsgesellschaften die Unvollkommenheit der Finanzmärkte, die sich vor allem aus unterschiedlichen steuerlichen Bestimmungen der Nationalstaaten ergibt, ausnutzen wollen (vgl. Steven 1995). Salzberger/Theisen erwähnen **vier Motive**, die aus steuerlicher Perspektive bei der Etablierung von Finanzierungsgesellschaften für international tätige Unternehmungen aus Deutschland oftmals **zentral** sind (vgl. Salzberger/Theisen 1999, S. 408-410):

- die Abschirmung der Einkünfte der Finanzierungsgesellschaft von der deutschen Besteuerung,
- die Verringerung bzw. Vermeidung von Quellensteuer,
- die Vermeidung der Gewerbesteuer auf Dauerschuldzinsen und schließlich
- die Vermeidung der Einschränkung des Schuldzinsenabzugs.

Die an den Kapitalmärkten zu beobachtende Tendenz der **Securitisation** und **Disinter-mediation** führt heutzutage dazu, dass viele Unternehmungen einen Großteil ihrer Finanztransaktionen selbst tätigen, ohne auf Geschäftsbanken oder Investmentbanken zurückzugreifen. Finanzierungsgesellschaften lassen sich dabei als rechtliche Verselbständigung – und gleichzeitig als **betriebswirtschaftliches „Outsourcing"** – der Finanzierungsfunktion „Fremdfinanzierung" innerhalb des Gruppenverbundes interpretieren (vgl. Keller 1993, S. 71-75). Ein Blick in die Geschäftsberichte großer international tätiger Unternehmungen macht deutlich, dass Finanzierungsgesellschaften weit verbreitet sind. Viele der großen Unternehmungen haben dabei nicht nur eine Finanzierungsgesellschaft etabliert, sondern arbeiten parallel mit mehreren Finanzierungsgesellschaften in unterschiedlichen Ländern.

Wir werden nun nachfolgend – nach diesen teilweise exkursartigen Ausführungen über Finanzierungsgesellschaften – die drei vorgestellten Grundtypen von Holdingmodellen, die Operative Holding, die Strategische Holding und die Finanzholding, kritisch gegenüberstellen.

2.2.3.5   Die Holdingvarianten im Vergleich

2.2.3.5.1 Allgemeiner Vergleich

Während Operative und Strategische Holdingstrukturen in der Regel die Merkmale eines Konzerns erfüllen, sind Finanzholdings unseres Erachtens nicht unbedingt als Konzern zu bezeichnen (vgl. allerdings anders Hoffmann 1993, S. 20-21). Bei **Finanz-holdings** lässt sich darüber streiten, ob die in der Regel für Konzerne konstitutive **wirtschaftseinheitliche Leitung** vorliegt. Gerade Finanzholdings stellen allerdings nach herrschender Auffassung die typische Form einer Holding dar. Schließlich werden Finanzierung und Verwaltung als die originären Holdingfunktionen angesehen, während operative oder strategische Führungsfunktionen von vielen Autoren nur als derivative Holdingfunktionen bezeichnet werden (vgl. Keller 1993, S. 47-56).

Dieser scheinbare Widerspruch löst sich dadurch auf, dass die reine Finanzholding zwar für manche Autoren als die typische Holdingform gilt, diese jedoch in der Praxis eine weitaus geringere Rolle spielt, als dies gemeinhin angenommen wird. Dies verdeutlichen auch die Ergebnisse einer empirischen Untersuchung von Hoffmann, nach der **Finanzholdings** die kleinste Gruppe darstellten (8% der Unternehmungen). **Strategische Holdings** waren bereits häufiger auszumachen (35% der Unternehmungen), und noch stärker vertreten war die Gruppe der **Operativen Holdings** mit 57% der befragten Unternehmungen. Dabei lassen sich kaum Unterschiede zwischen großen und mittleren Unternehmungen ausmachen (vgl. Hoffmann 1993, S. 77). Mit dem Ergebnis von Hoffmann ist auch Bühners Befund kompatibel: Bühner stellt fest, dass 30% der größten deutschen Unternehmungen die Form einer Strategischen Holding annehmen (vgl. Bühner 1991b, S. 141).

Mit diesen Ausführungen wird zwar die oben bereits begonnene Abgrenzung zwischen Holding und Konzern weitergeführt, aber keinesfalls abschließend geklärt. Letztlich scheint es uns allerdings zulässig, die Begriffe des Konzerns und der Holding im weiteren Verlauf der Ausführungen weitgehend synonym zu verwenden. Es wird in der Praxis kaum einen Konzern geben, der nicht gleichzeitig als Holding zu bezeichnen ist, und es wird – mit Ausnahme einiger weniger reiner Finanzholdings – kaum eine Holding geben, auf die nicht die Merkmale des Konzerns zutreffen. Gerade die reinen Finanzholdings sind in der Realität – wie erläutert – kaum anzutreffen. Dies gilt umso mehr im internationalen Kontext! Eines lässt sich aber dennoch klar festhalten: Bei Holdings, die einem Konzern entsprechen, handelt es sich durchweg um die Form von Unterordnungs- bzw. Subordinationskonzernen und nicht um Gleichordnungskonzerne (vgl. Bernhardt/ Witt 1995, S. 1348).

Man sollte sich darüber hinaus bewusst machen, dass bereits die **Trennung in Operative Holdings, Strategische Holdings und Finanzholdings** in der Praxis in vielen Fällen als **schwierig** zu betrachten ist. Dafür scheinen zwei Hauptgründe relevant:

(1) Holdings stellen – wie alle Organisationen im Allgemeinen und alle Unternehmungen im Speziellen – gewachsene Gebilde dar, deren Einheiten sich historisch sowohl durch internes als auch durch externes Wachstum entwickelt haben. Häufig werden die Einheiten innerhalb großer Unternehmungen deshalb historisch bedingt nicht alle auf die gleiche Art und Weise geführt. So mag es sein, dass manche Einheiten eher große Freiräume erhalten, anderen Einheiten dagegen nur kleine Freiräume eingeräumt werden. Manche Einheiten mögen organisatorisch eher so angebunden sein, dass wir von einer Strategischen Holding sprechen würden, andere dagegen mögen eher so geführt werden, dass wir von einer Operativen Holding ausgehen würden (vgl. Keller 2002, S. 809-812).

(2) Holdings weisen ferner fast nie einen einfachen zweistufigen Aufbau mit einer Dachholding einerseits und unterschiedlichen Holdinggesellschaften andererseits auf. Vielmehr wird meist eine Einschaltung von Zwischenholdings gewählt. Gerade dabei kann der Charakter einer Operativen Holding mit dem Charakter einer Strategischen Holding oder dem Charakter einer Finanzholding verwischen.

Ein Beispiel dafür liefert die Holdingstruktur der italienischen *Fiat-Gruppe*. *Fiat* weist sechs Holdingebenen auf, bei denen es sich sowohl um Finanzholdings als auch um Führungsholdings – in Form Operativer oder Strategischer Holdings – handelt (vgl. Keller 1993, S. 45, S. 48 und S. 210-213). Ein anderes Beispiel finden wir mit der *Royal Dutch/Shell-Gruppe*, welches wir in Textbox 4-14 etwas näher skizziert haben.

Textbox 4-14: Die Holdingstruktur internationaler Unternehmungen

Das Beispiel von Royal Dutch/Shell

Die niederländische *Royal Dutch* und die britische *Shell* stellten bis zum Jahr 2005 zwei Finanzholdinggesellschaften dar, die durch Überkreuzbeteiligungen an zwei Führungsholdinggesellschaften beteiligt waren. Die Finanzholding *Royal Dutch* (Niederlande) hielt dabei sowohl 60% an der Führungsholding *Shell NV* (Niederlande) als auch 60% an der Führungsholding *Shell Ltd.* (Großbritannien). Die Finanzholding *Shell* (Großbritannien) besaß 40% der Führungsholding *Shell NV* und 40% der Führungsholding *Shell Ltd.* Die beiden Führungsholdings vereinten wiederum alle Anteile der Betriebs- und Dienstleistungsgesellschaften der *Royal Dutch/Shell*-Gruppe in über 100 Ländern der Welt auf sich. Die Führungsholdings *Shell NV* und *Shell Ltd.* waren aber nicht nur − indirekt über die Abhängigkeit von identischen Finanzholdings − kapitalmäßig verbunden; vielmehr wurde der Verbund auch über eine personalmäßige Verflechtung erreicht. Erst 2005 wurde die Doppelstruktur aufgegeben.

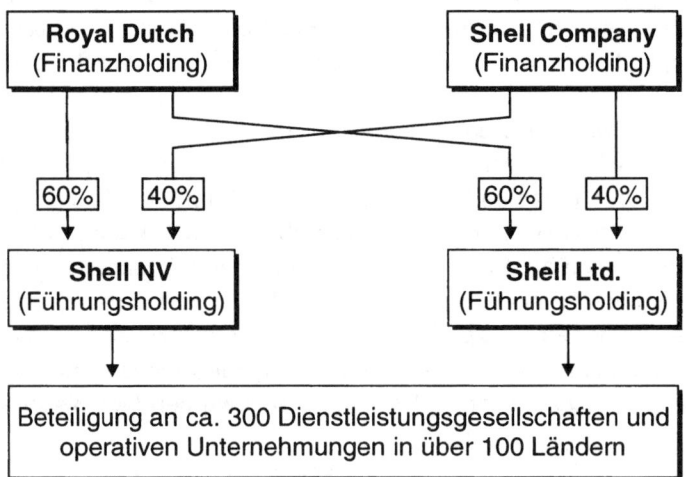

Quellen:
- Keller (1993), S. 274-277.
- o.V. (2004): Royal Dutch/Shell macht sich jetzt für Zukäufe fit. In: Frankfurter Allgemeine Zeitung Nr. 255 vom 01. November 2004, S. 15.
- o.V. (2005): Royal Dutch Shell auf dem Weg zum Einheitskonzern. In: Frankfurter Allgemeine Zeitung Nr. 128 vom 06. Juni 2005, S. 15.

Die Entscheidung für eine bestimmte Holdingform muss unter Heranziehung von verschiedenen Kriterien, wie Autonomie von Tochtergesellschaften (Abschnitt 2.2.3.5.2) sowie Synergie- und Innovationspotential (Abschnitt 2.2.3.5.3), getroffen werden (vgl. Hoffmann 1993, S. 17-19).

2.2.3.5.2 Der Autonomiegrad in der Holding

Die **Autonomie** der Tochtergesellschaften nimmt von der Operativen Holding über die Strategische Holding bis hin zur Finanzholding zu. Das Ausmaß an Autonomie lässt sich dabei sowohl an (1) der Entscheidungsdelegation als auch an (2) der Standardisierung von Abläufen festmachen.

(1) Entscheidungsdelegation: Zu fragen ist, ob den Tochtergesellschaften zentrale Entscheidungen von der Dachgesellschaft vorgegeben werden oder ob Tochtergesellschaften dezentral Entscheidungen treffen sollen. In Operativen Holdings stellt sich in der Regel eine geringe Entscheidungsdelegation ein, so dass die Autonomie der Tochtergesellschaften, die ohnehin in vielen Fällen in vor- oder nachgelagerten Wertschöpfungsstufen operieren, eingeschränkt ist. Strategische Holdings räumen den Tochtergesellschaften bereits eine deutlich höhere Befugnis zu eigenen Entscheidungen ein; zwar werden auch hier die meisten strategischen Entscheidungen zentral getroffen, operative – und manche strategische – Entscheidungen können aber von den Tochtergesellschaften selbst getroffen werden. Am stärksten ist die Entscheidungsdelegation in Finanzholdings ausgeprägt. Hier beschränkt sich die Dachgesellschaft – wie bereits erläutert – auf Finanzierungs-, Investitions- und Controllingentscheidungen. Andere Entscheidungen – ob nun strategisch oder operativ – werden von den einzelnen Gesellschaften der Holding selbst dezentral getroffen.

Die Autonomie der Tochtergesellschaften wird aber nicht nur von der Entscheidungsdelegation bestimmt; sie wird auch durch die Standardisierung von Abläufen beeinflusst, die häufig – aber nicht zwingend – mit der Entscheidungsdelegation einhergeht.

(2) Standardisierung von Abläufen: Während in Operativen Holdings häufig eine starke Standardisierung aller Abläufe festzustellen ist, die sich auch über alle Funktionalbereiche (Produktion, Absatz, Finanzierung) erstreckt, werden in Strategischen Holdings lediglich die strategischen Abläufe standardisiert, die operativen Abläufe aber nicht standardisiert. Bei Finanzholdings beschränkt sich die Standardisierung auf Prozesse der Finanzierung, der Investition und des Controlling.

Auch wenn es sich bei diesen Aussagen sicherlich nur um Tendenzaussagen handelt, so können damit prinzipielle Unterschiede in der Autonomie von Operativen Holdings, Strategischen Holdings und Finanzholdings zum Ausdruck kommen.

2.2.3.5.3 Das Synergie- und Innovationspotential in der Holding

Die Entscheidung für unterschiedliche Holdingstrukturen kann allerdings nicht allein an der Autonomie festgemacht werden. Autonomie der Tochtergesellschaften muss per se noch nicht positiv für den Gesamtverbund wirken. Vielmehr befinden sich viele Unternehmungen dauerhaft im Spannungsfeld zwischen der Frage, ob die Ausnutzung von **Synergiepotentialen** oder ob die Ausnutzung von **Innovationspotentialen** im Mittelpunkt stehen soll. Synergieeffekte lassen sich am ehesten in Operativen Holdings erzielen, da dort integrierte Strukturen vorliegen. Bereits geringer dürfte die Möglichkeit der Nutzung von Synergiepotentialen bei Strategischen Holdings sein. Doch auch hier ist es gerade die Aufgabe der Dachgesellschaft, die Identifikation möglicher Synergiequellen und deren Realisierung sicherzustellen. Bei Finanzholdings schließlich beschränken sich mögliche Synergien auf den Finanz-, Investitions- und Controllingbereich. Genau entgegengesetzt zur Möglichkeit der Nutzung von Synergiepotentialen ist die Möglichkeit der Nutzung von Innovationspotentialen. Innovationspotentiale entstehen am ehesten dort, wo sich durch die Gewährung von Handlungsspielräumen und durch den Verzicht auf weitgehende Standardisierung Eigeninitiative entwickeln kann. Die Finanzholding, die den einzelnen Gesellschaften den größten Freiraum einräumt, lässt damit auch den größten Spielraum für Innovationen zu. Demgegenüber ist der Innovationsspielraum der Tochtergesellschaften in Strategischen Holdings bereits auf den operativen Bereich beschränkt. In Operativen Holdings, wo der Entscheidungsspielraum der Tochtergesellschaften allgemein stark reduziert ist, wird sich regelmäßig ein geringes Innovationspotential in den einzelnen Einheiten ergeben; Innovationen müssen hier vom dominanten Stammhaus kommen.

Das **Pendel der Praxis** scheint regelmäßig zwischen dem **Extrem der Zentralisierung und der Erzielung von Synergie einerseits** und dem **Extrem der Dezentralisierung und der Ausnutzung von Innovationspotentialen andererseits** hin- und herzuschwingen. Während viele Unternehmungen zu Beginn der neunziger Jahre ihre Organisation dezentralisierten, zeigt sich nun wieder – unter anderem vor dem Hintergrund der Rufe nach einer Konzentration auf Kernkompetenzen im gesamten Konzern (vgl. Prahalad/Hamel 1991) – eine Tendenz zur Zentralisierung. Wenn Bühner der Strategischen Holding, die er bekanntlich als Managementholding bezeichnet, sowohl Leistungspotentiale durch Zentralisierung als auch Leistungspotentiale durch Dezentralisierung zuspricht, so kommt damit zum Ausdruck, dass gerade die **Strategische Holding** eine „Zwitterstellung" einnimmt oder idealerweise einnehmen sollte: Durch die **Zentralisierung der Strategie** sollen sich vor allem Synergien verwirklichen lassen, durch die **Dezentralisierung der operativen Aktivitäten** sollen vor allem Innovationspotentiale genutzt werden (vgl. Bühner 1987b, S. 44-47).

2.2.3.5.4 Zentralisierung und Dezentralisierung in der Holding

Die Frage nach Zentralisierung und Dezentralisierung hängt aber nicht nur davon ab, ob es sich um strategische oder operative Entscheidungen handelt. Die Frage nach Zentralisierung und Dezentralisierung wird auch je nach Funktionalbereich unterschiedlich zu beantworten sein (vgl. auch Bassen 1998). Funktionen, die auf der (lokalen oder regionalen) Wettbewerbsebene als erfolgskritisch gelten, werden in der Regel nicht von der

Zentrale aus gesteuert. Dagegen können Funktionen, die auf der Wettbewerbsebene nicht als erfolgskritisch gelten, von der Dachgesellschaft aus gestaltet werden (vgl. Schmidt 1993, S. 107-114). Eine Illustration sollen nachfolgend die in Textbox 4-15 referierten Ergebnisse einer empirischen Untersuchung geben.

Textbox 4-15: Zentralisierung und Dezentralisierung in der Holding

Ergebnisse einer empirischen Untersuchung

Im Konzernforschungsprojekt des Organisationsforschers Friedrich Hoffmann wurden 1991/1992 **75 große und mittelständische deutsche Konzerne** untersucht. 60% des Umsatzes dieser Konzerne fallen dabei auf Deutschland, 40% auf das Ausland. In unserem Zusammenhang ist nun die Frage interessant, wie diese Konzerne die **Entscheidungszentralisierung** bzw. die **Entscheidungsdezentralisierung** handhaben. In dem Forschungsprojekt kam Hoffmann mit seinen Mitarbeitern zu folgenden Ergebnissen: Über alle Holdingformen (Operative Holding, Strategische Holding, Finanzholding) hinweg weisen der **Finanzbereich**, der **Controllingbereich**, das **Rechnungswesen** und die **Öffentlichkeitsarbeit** den stärksten Zentralisierungsgrad bei der Dachgesellschaft auf. Etwa 84% der befragten Unternehmungen geben an, dass Finanzentscheidungen in der Regel Entscheidungen der Zentrale darstellen. Im Controllingbereich wird berichtet, dass noch von 65%, im Rechnungswesen immerhin noch von 50% der Unternehmungen eine Zentralisierung von Entscheidungen vorgenommen wird. Im Bereich der Public Relations siedeln 80% der Unternehmungen die Entscheidungskompetenz bei der Zentrale an. Anders sieht es bei der **Beschaffung**, bei der **Produktion**, beim **Absatz** sowie im **Personalbereich** aus. Während bei 60% der Unternehmungen Beschaffungsentscheidungen und bei 61% Produktionsentscheidungen dezentral getroffen werden, liegt der Vergleichswert bei den Absatzentscheidungen noch höher: 75% der Unternehmungen geben an, dass Absatzentscheidungen bei Zwischen- bzw. Grundeinheiten getroffen werden. Eine ähnlich hohe Dezentralisierung von Entscheidungen scheint im Personalbereich vorzuliegen, wo nach den Ergebnissen der Studie in 64% der Fälle Beschlüsse vor Ort getroffen werden.

Quellen:
Hoffmann (1993), S. 71-77 und Schmidt (1993), S. 109-114.

Die genannten Umfrageergebnisse sollten allerdings unseres Erachtens nicht überbewertet werden. Schließlich müsste man auch innerhalb der einzelnen Funktionalbereiche nochmals zwischen unterschiedlichen **Arten von Entscheidungen** differenzieren. So gibt es etwa im Personalbereich beträchtliche Unterschiede zwischen Entscheidungen, die Mitarbeiter im lokalen Arbeits- und Angestelltenverhältnis betreffen, und Entscheidungen, die Führungskräfte angehen. Ebenso sind auch Entscheidungen im Produktionsbereich keineswegs einheitlich: Konstitutive Entscheidungen über die Errichtung von Produktionsanlagen mit großem Investitionsvolumen werden in der Regel zentral getroffen, während der Kauf kleinerer Maschinen meist vor Ort entschieden wird.

Außerdem geht es nicht nur um die Frage, wer eine Entscheidung letztlich trifft. Ebenso von Interesse ist die **Frage, wie die Entscheidung zustande kommt**. Dabei lassen sich unterschiedliche Grade der Entscheidungspartizipation von Tochtergesellschaften unterscheiden. Wird eine Tochtergesellschaft in den Entscheidungsprozess einbezogen, so kann die Entscheidungszentralisierung bereits als abgeschwächt gelten, selbst wenn die letztendliche Entscheidung bei der Zentrale liegt.

Trotz dieser Einschränkungen können die Ergebnisse von Hoffmann und dessen Mitarbeitern zeigen, dass gerade die marktbezogenen Funktionen der Beschaffung, der Produktion, des Absatzes und des Personals dezentraler geführt werden als die internen Funktionen der Finanzierung, der Investition, des Controlling oder etwa Recht, Steuern und EDV. Hoffmann und seine Mitarbeiter weisen außerdem selbst darauf hin, dass die Entscheidungszentralisierung in den einzelnen Funktionalbereichen nochmals je nach Holdingtyp variiert (vgl. Theopold 1993, v.a. S. 189-196, Naumann 1993, v.a. S. 262-269, Werdich 1993, v.a. S. 330-334).

2.2.4   Bildung von Konzern- und Holdingstrukturen

In der Unternehmungspraxis entstehen Konzern- und Holdingstrukturen nach keinem einheitlichen Muster. Es existieren folgende Möglichkeiten zur Bildung von Konzern- und Holdinggesellschaften (vgl. Bühner 1990, S. 301-303, ebenso Bühner 1991b, S. 142-144):

Die **Ausgliederung (Spin-off)** von bereits existierenden, bisher rechtlich unselbständigen, (Geschäfts-)Bereichen durch rechtliche Verselbständigung scheint in der Praxis die häufigste Form der Konzern- bzw. Holdingbildung zu sein. Die bisherige Unternehmung bleibt dabei erhalten; einer oder mehrere Bereiche werden ausgegliedert, die von der bisherigen Unternehmung auch weiterhin (stark) abhängen. Meist wird die Abhängigkeit dadurch erzielt, dass die ausgliedernde Unternehmung an der ausgegliederten Unternehmung kapitalmäßig beteiligt ist, häufig sogar zu 100%.

Die **Aufspaltung** einer Unternehmung in rechtlich selbständige Teile stellt eine zweite Alternative dar. Dabei kommt es zu einer Auflösung der bisherigen Unternehmung. Stattdessen entstehen mehrere (kleinere) Unternehmungen, die aus juristischer Sicht über Selbständigkeit verfügen. Der oder die bisherigen Eigentümer der „alten" Unternehmung sind dabei an den „neuen" rechtlich selbständigen Unternehmungen beteiligt.

Die **Abspaltung** wird dadurch charakterisiert, dass die bisherige Unternehmung erhalten bleibt, allerdings in der Regel nur noch als „Rest". Die vormaligen Bereiche werden in einzelne rechtlich selbständige Unternehmungen überführt. Im Gegensatz zur Ausgliederung, wo die bisherige Unternehmung als wesentlicher Bestandteil des Gesamtkonzerns bzw. der Holding erhalten bleibt, ist die Unternehmung hier nur noch ein „Überbleibsel".

Schließlich trägt auch der **Zukauf** von bereits am Markt existierenden Gesellschaften (Akquisition) dazu bei, dass rechtlich selbständige Gesellschaften in den Unternehmungsverbund gelangen. Vormals selbständige Gesellschaften oder vom Veräußerer abgespaltene Gesellschaften kommen so unter den Einfluss des fokalen Konzerns bzw. der fokalen Holding. Man spricht in diesem Fall auch von der **Angliederung** von Gesellschaften.

Durch Ausgliederung, Aufspaltung, Abspaltung und Zukauf entstehen rechtlich selbständige Einheiten innerhalb eines Konzerns bzw. einer Holding. Diese rechtliche Selbständigkeit einzelner Einheiten hat für viele Unternehmungen auch im weiteren Verlauf der Unternehmungsentwicklung große Vorteile. So können einzelne Unternehmungsteile problemlos verkauft werden. Beim **Verkauf** geht ein Unternehmungsteil von der bisherigen Unternehmung auf eine andere Unternehmung über, d.h. er wird wirtschaftlich nicht selbständig. Dagegen kann bei einem **Spin-off** eine vormals wirtschaftlich unter einheitlicher Leitung stehende Gesellschaft wirtschaftlich selbständig werden.

In letzter Zeit kommt es dabei häufig dazu, dass ausgegliederte Gesellschaften an die Börse geführt werden, was der Muttergesellschaft Finanzressourcen zuführt. *Siemens* hat etwa bei der Ausgliederung von *Epcos* und *Infineon* die Option des Börsengangs gewählt. Als spektakuläres Beispiel gilt die Trennung der US-amerikanischen Telefongesellschaft *AT&T* von einem Firmenteil, der 1996 als *Lucent Technologies* an die Börse gebracht wurde und seitdem selbständig ist. Dieser Spin-off ging nicht zuletzt deswegen in die Annalen der Börsianer ein, weil er für die Anleger zwischen 1996 und 1999 mit einem Kursgewinn von mehr als 700% verbunden war, bevor es im Jahr 2000 zu einem vergleichsweise dramatischen Kursverfall kam.

2.2.5 Zusammenfassung und Ausblick

Bei aller Unterschiedlichkeit, welche die Konzern- und Holdingmodelle in der wissenschaftlichen Literatur und der Praxis aufweisen, bleibt dennoch die Grundidee bestehen: Es sollen in allen Fällen **Unternehmungseinheiten** geschaffen werden, die **relativ unabhängig voneinander** sind – manchmal mehr und manchmal weniger. Damit grenzen sich die Konzern- und Holdingkonzepte vor allem von der klassischen Funktionalorganisation ab, bei der es durch eine Vielzahl von horizontalen Abhängigkeiten zu dauerhaften Schnittstellenproblemen kommt. Die einzelnen Einheiten werden bei Konzernen und Holdings damit zu Quasi-Unternehmungen, die vor allem bei reinen Finanzholdings, aber auch bei Strategischen Holdings und Operativen Holdings, eine weitgehende Selbständigkeit aufweisen. Dies führt bei vielen Konzern- und Holdingeinheiten auch zu einer internen Konkurrenz, die sich – etwa im Fall von vielen Konsumgüterunternehmungen – über die Geschäftsbereichsebene, die Produktgruppen- und die Produktebene bis auf die Ebene mehrerer – innerhalb eines Konzerns konkurrierender – Marken hinunterzieht.

Die Unabhängigkeit der Unternehmungseinheiten zeigt sich auch in deren Internationalität. Hinsichtlich der Internationalität können etwa einzelne Unternehmungen einer Holding deutlich von anderen Unternehmungen der gleichen Holding differieren. Dies gilt für Operative Holdings, Strategische Holdings und Finanzholdings gleichermaßen. Das in Textbox 4-16 dargestellte Beispiel über **Triumph-Adler** soll diesen Sachverhalt verdeutlichen.

Textbox 4-16: Die Internationalität einzelner Holdingeinheiten

Das Beispiel von Triumph-Adler

Die **Triumph-Adler**-Unternehmungsgruppe, die sich als Strategische Managementholding begreift, gliederte sich bis zum Jahr 1997 in vier Unternehmungsbereiche: **Triumph-Adler**-Office, **Triumph-Adler**-Spiel und Freizeit, **Triumph-Adler**-Spezialbau sowie **Triumph-Adler**-Gesundheit. Von diesen Unternehmungsbereichen, die selbst wiederum als Holding-Gesellschaften fungierten, war nur die Sparte „Spiel und Freizeit" deutlich international ausgerichtet. Dieser Unternehmungsbereich hatte nicht nur ein sehr starkes Exportgeschäft, sondern verfügte auch über Produktionsstätten im Ausland. Die Unternehmungsbereiche „Office" und „Gesundheit" waren dagegen primär national orientiert, während der Unternehmungsbereich „Spezialbau" mit seinen Teilsparten sogar nur auf lokaler Ebene agierte. Der Geschäftsbereich „Gesundheit" wurde im Jahr 1997 verkauft, so dass sich **Triumph-Adler** mit dem daraus entstehenden Erlös weitere Geschäftsfelder erschließen und auch die Internationalität vorantreiben konnte.

Quellen:
- Geschäftsberichte der Triumph-Adler-Unternehmungsgruppe für die Jahre 1996 und 1997.
- o.V. (1998): Triumph-Adler will sich neue Geschäftsfelder erschließen. In: Frankfurter Allgemeine Zeitung Nr. 115 vom 19. Mai 1998, S. 27.

Trotz aller Unabhängigkeit gilt es auch in Holdings als wichtig, eine Koordination und Kontrolle der einzelnen Einheiten zu erzielen – vor allem bei Operativen Holdings und bei Strategischen Holdings. Ein wichtiges Instrument zur Koordination stellen personelle Verflechtungen dar. Dabei lassen sich zunächst **zwei Grundformen der Verflechtung** unterscheiden, die auf **Vorstandsebene** ansetzen und bei Aktiengesellschaften folgendermaßen charakterisierbar sind (vgl. Bernhardt/Witt 1995, S. 1352-1353):

- Die einzelnen Vorstandsmitglieder der Muttergesellschaft sind zugleich Aufsichtsratsmitglieder der Tochtergesellschaften im In- und Ausland **(Aufsichtsratsprinzip)**.

- Die einzelnen Vorstandsmitglieder der Muttergesellschaft sind zugleich Vorstandsmitglieder der Tochtergesellschaften im In- und Ausland **(Doppelvorstandschaftsprinzip bzw. Personalunionsprinzip)**.

Die Doppelvorstandschaft führt allerdings in der Praxis zu vielen Problemen, unter anderem zur Überlastung. In internationalen Holdings ist zudem die geographische Entfernung ein Hindernis für Holdingvorstände, gleichzeitig der Vorstandsrolle bei Muttergesellschaft und Tochtergesellschaft(en) auch in vollem Umfange gerecht zu werden.

Ebenso denkbar ist die Personalunion auf der Ebene des **Aufsichtsrats**. So kann ein Manager sowohl im Aufsichtsrat der Muttergesellschaft als auch im Aufsichtsrat der Tochtergesellschaft sitzen. Dies lässt sich analog als **Doppelaufsichtsratsprinzip** bezeichnen. Hier gibt es allerdings nicht – wie bei der Vorstandsverflechtung – zwei Alternativen, sondern nur eine Verflechtungsmöglichkeit, da – zumindest nach deutschem Aktiengesetz (§ 100 AktG) – die Verknüpfung eines Aufsichtsratspostens bei der Muttergesellschaft und eines Vorstandspostens bei der Tochtergesellschaft rechtlich unzulässig ist.

Die Formen der personellen Verknüpfung zwischen Mutter- und Tochtergesellschaften bringt Abbildung 4-24 zum Ausdruck. Allerdings möchten wir darauf hinweisen, dass die Verflechtungsmöglichkeiten in der internationalen Unternehmungspraxis deutlich komplexer sind. Wir haben uns hier auf die deutsche Unternehmungsverfassung – und dabei zudem nur auf die Rechtsform der Aktiengesellschaft mit den Organen Vorstand und Aufsichtsrat – konzentriert. Führt man sich die Vielfalt an Verfassungen und die Vielfalt möglicher Rechtsformen in international tätigen Unternehmungen vor Augen, so lässt sich erahnen, welche Gestaltungsmöglichkeiten, aber auch welche Probleme durch Verflechtungen entstehen können (→ zu unterschiedlichen Rechtsformen Abschnitt 2.5 in diesem Kapitel).

Von einigen Unternehmungsberatern wurde in jüngster Zeit der Vorschlag gemacht, die Typologie der Konzern- und Holdingformen noch zu erweitern und neben der Operativen Holding, der Strategischen Holding und der Finanzholding einen sogenannten „Kernkompetenz-Konzern" zu etablieren (vgl. Amponsem/Bauer/Gerpott/Mattern 1996). In diesem Vorschlag wird explizit betont, dass es nicht um eine strategische Ausrichtung auf Kernkompetenzen allein gehe, sondern dass diese Ausrichtung auf Kernkompetenzen vielmehr auch von einer organisatorischen Verankerung begleitet werden müsse. Der Vorschlag verdient durchaus Beachtung; allerdings erscheint es uns – aufgrund der Ausführungen der Autoren – unklar, wie die Gestaltung der Konzernstrukturen vor dem Hintergrund einer Ausrichtung auf Kernkompetenzen denn nun konkret verwirklicht werden kann. Der Vorschlag, dass „Kompetenz-Konzerne" auf nationaler

Ebene eine Ausrichtung nach Funktionen, Kunden und Produkten vornehmen (sollten), während sie auf internationaler Ebene nach Produktionsstandorten, Entwicklungsstandorten und Kompetenzzentren gegliedert sein könnten, stellt zum jetzigen Zeitpunkt erst einen (vagen) Gedankenansatz dar, dessen Realisierung unspezifiziert bleibt und bisher nicht genauer konkretisiert wurde. Genauer zu prüfen wäre auch, ob der von Amponsem/Bauer/Gerpott/Mattern präsentierte Vorschlag nicht die bereits als überwunden geglaubte Segregierung von „Inland" und „Ausland" wieder aufkommen lässt, da eine unterschiedliche organisatorische Ausrichtung von inländischen und ausländischen Aktivitäten propagiert wird (vgl. Amponsem/Bauer/Gerpott/Mattern 1996, S. 223). Und ebenso zu fragen wäre, ob die mit Kernkompetenzstrukturen verbundene Komplexität nicht noch höher als bei Matrix- und Tensorstrukturen wäre, die – wie viele Erfahrungen in der Praxis zeigen – kaum realisierbar sind.

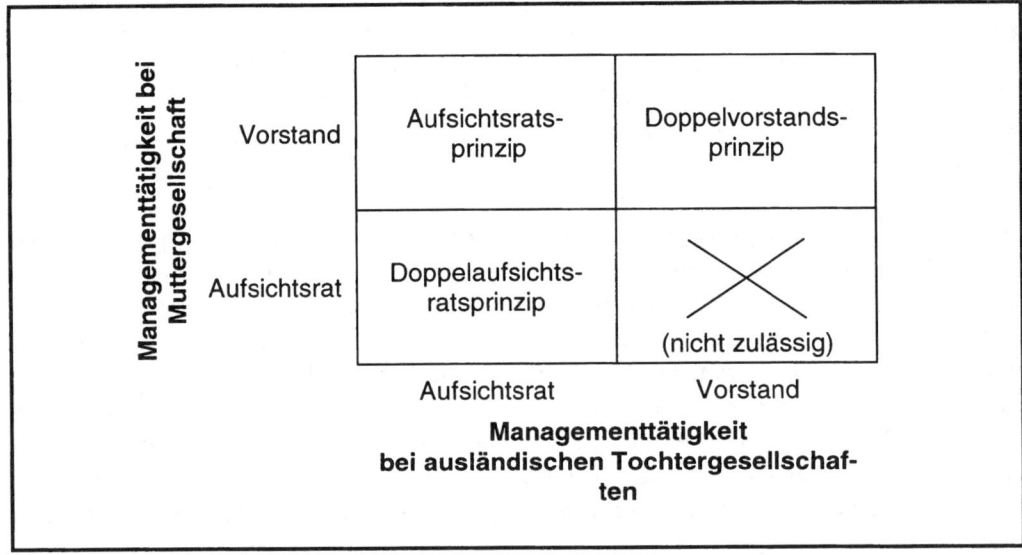

Abb. 4-24: Alternativen der personellen Verknüpfung zwischen Mutter- und Tochtergesellschaften

Der Vorschlag einer Ausrichtung auf Kernkompetenzen zur Strukturierung muss selbstverständlich nicht auf Konzern- bzw. Holdingformen beschränkt bleiben. Auch die klassischen Funktionalbereichs-, Produkt-, Regional- oder Kundengruppenstrukturen könnten in internationalen Unternehmungen wie in nationalen Unternehmungen durch eine Kernkompetenzstruktur ersetzt oder ergänzt werden. In letzter Zeit finden sich auch dazu Vorschläge in der Literatur (vgl. Thiele 1997, v.a. S. 150-174). Dabei wird argumentiert, dass in sachlich oder regional diversifizierten Unternehmungen Kernkompetenzen existieren, die sich für die gesamte Unternehmung nutzen lassen. Derartige Kernkompetenzen kommen aber, so die Aussage, nur dann zum Tragen, wenn auch adäquate Organisationsstrukturen existierten. Die in diesem Zusammenhang vorgenommenen Vorschläge zeigen jedoch, dass Kernkompetenzen eher als Sekundärstrukturen oder als zusätzliche Dimension – im Rahmen einer Matrixorganisation – denkbar sind. Bisher bleiben kernkompetenzorientierte Vorschläge zur Gestaltung von Organisationsstrukturen der Einheitsunternehmung (genau wie diejenigen, die im Zusammenhang mit Konzern- und Holdingformen auftauchen) eher ein Gedankenspiel als eine realistische Alternative zu bisher praktizierten Strukturformen. Dass die Berücksichtigung von Kernkompetenzen durchaus in der später noch zu erläuternden Sekundärorganisation (vgl. zur Sekundärorganisation auch Schulte-Zurhausen 2005, S. 301-330) stattfinden kann, steht außer Frage. Es dürfte allerdings sehr schwierig sein, die Ausrichtung auf Kernkompetenzen in der Primärorganisation zu verankern. Selbst bei **Hewlett-Packard**, einer Unternehmung, die traditionell für ihre Berücksichtigung der Kernkompetenzen bekannt ist, hat die klassische Struktur bisher keine Ablösung gefunden. Die verstärkte Forderung nach einer Ausrichtung auf Kernkompetenzen findet also – zumindest bisher – in der Organisationsstruktur von (internationalen) Unternehmungen noch kaum ihren Niederschlag.

2.3 Die Einrichtung von Zentralbereichen

Wir haben bisher von unterschiedlichen Grundmodellen des Konzerns und der Holding gesprochen und dabei auch ein unterschiedliches Ausmaß an Zentralisierung bzw. Dezentralisierung ausgemacht. Es stellt sich nun die Frage, welche organisatorischen Konsequenzen die Entscheidung für unterschiedliche Modelle und ein unterschiedliches Ausmaß an Zentralisierung mit sich bringt. Eine dieser Konsequenzen stellt die Einrichtung von Zentralbereichen dar, denn in den einzelnen Konzern- und Holdingvarianten können – je nach Ausrichtung – auf unterschiedliche Art und Weise Zentralbereiche etabliert werden. Wir werden zunächst definieren, was unter Zentralbereichen zu verstehen ist und die Relevanz von Zentralbereichen aufzeigen (Abschnitt 2.3.1). Im Anschluss daran zeigen wir, dass es unterschiedliche Modelle von Zentralbereichen gibt (Abschnitt 2.3.2) und verschiedene Alternativen zur Lokalisierung von Zentralbereichen existieren (Abschnitt 2.3.3). Eine internationale Unternehmung muss sich ferner auch über die Zweck- und Zielsetzung von Zentralbereichen im Klaren sein (Abschnitt 2.3.4), bevor sie ein Urteil über ein „Mehr" oder ein „Weniger" von Zentralbereichen treffen kann (Abschnitt 2.3.5).

2.3.1 Definition und Relevanz von Zentralbereichen

Um bestimmte Aufgaben nicht in jeder einzelnen Konzern- oder Holdingeinheit separat auszuführen, sondern um diese **Aufgaben zentral zu poolen**, werden von Unternehmungen **Zentralbereiche** eingerichtet (vgl. Frese/Werder/Maly 1993, Hrsg.). Dabei ist es denkbar, dass manche Aufgaben überhaupt nicht mehr von den einzelnen Konzern-

oder Holdingeinheiten, sondern nur noch im Zentralbereich erledigt werden. Es ist aber ebenso denkbar, dass den Zentralbereichen nur Teilbereiche einer bestimmten Aufgabe übertragen werden oder aber dass Aufgaben sowohl in den Teileinheiten als auch in den Zentralbereichen verankert werden.

Als **Zentralbereiche** lassen sich funktionale Einheiten definieren, welche die aus der Unternehmungsleitung und den einzelnen Geschäftsbereichen des Konzerns bzw. der Holding bestehende Struktur ergänzen (vgl. zusammenfassend Kreisel 1995, S. 11). Als typische Zentralbereiche gelten in Unternehmungen – ob nun national oder international – folgende Einheiten (vgl. Kreikebaum 1992, Sp. 2604):

- Zentralbereich Verwaltung
- Zentralbereich Personal
- Zentralbereich Organisation
- Zentralbereich Recht
- Zentralbereich Interne Revision
- Zentralbereich Controlling
- Zentralbereich Rechnungswesen
- Zentralbereich Datenverarbeitung
- Zentralbereich Public Relations/Öffentlichkeitsarbeit
- Zentralbereich Volkswirtschaft
- Zentralbereich Umweltschutz
- Zentralbereich Technik/Instandhaltung/Ingenieurwesen

In international tätigen Unternehmungen existieren nun prinzipiell zwei Möglichkeiten der Aufgabenzuweisung. Erstens können die genannten Zentralbereiche neben ihren **nationalen Aufgaben** auch **internationale Aufgaben** übernehmen. Zweitens ist es denkbar, dass zusätzliche Zentralbereiche, etwa der Zentralbereich „Internationale Beteiligungen" oder der Zentralbereich „Internationale Angelegenheiten", eingerichtet werden, um die spezifisch internationalen Aufgaben zu übernehmen. Während das erste Modell das – bereits bei der Primärstruktur Anwendung findende – Prinzip der Integration von nationalem und internationalem Geschäft widerspiegelt, kommt im zweiten Modell das Prinzip der Segregation bzw. Differenzierung zum Ausdruck. Damit zeigt sich, dass Zentralbereiche entweder für nationale und internationale Aufgaben gemeinsam zuständig sein oder aber auch getrennt nach ihrer geographischen Zuständigkeit eingerichtet werden können.

Die Etablierung von Zentralbereichen ist freilich keineswegs erst in den letzten Jahren mit der Einführung von Konzern- und Holdingstrukturen in Mode gekommen. Bereits bei *General Motors* wurden im Zusammenhang mit der Einführung der Geschäftsbereichsorganisation in den zwanziger Jahren des vergangenen Jahrhunderts Zentralabteilungen errichtet. Heute gewinnt die Etablierung von Zentralbereichen allerdings im Zuge der Holdingorganisation deutlich an Bedeutung. Aufgrund unserer obigen Ausführungen dürfte es nicht überraschen, dass die Einrichtung von Zentralbereichen **vor allem bei Strategischen Holdings** stark ausgeprägt ist. Und ebenso werden, wenn auch in geringerem Ausmaß, von Operativen Holdings und Finanzholdings Zentralbereiche etabliert. Aus diesem Grund behandeln wir die Thematik der Zentralbereiche in diesem Kapitel – wohlwissend, dass sich Zentralbereiche auch in den Organisationsmodellen, die wir als Grundformen bezeichnet haben, häufig finden.

Wir werden nachfolgend auf

* unterschiedliche Modelle von Zentralbereichen (Abschnitt 2.3.2),
* die geographische Lokalisierung dieser Zentralbereiche (Abschnitt 2.3.3) und
* die Charakterisierung der Zweck- sowie Zielsetzung dieser Zentralbereiche (Abschnitt 2.3.4)

ausführlicher eingehen, bevor wir dann die Einrichtung von Zentralbereichen abschließend kurz würdigen (Abschnitt 2.3.5).

2.3.2 Modelle von Zentralbereichen

Generell kann die Rolle der Zentralbereiche sehr unterschiedlich ausfallen. Aufbauend auf einem Forschungsprojekt der Schmalenbach-Gesellschaft lassen sich unterschiedliche **Modelle von Zentralbereichen** unterscheiden, die wir nun kurz vorstellen wollen (vgl. Frese/Werder 1993, S. 36-48, Hungenberg 1995, S. 250-257, Krüger/Werder 1995, Hungenberg 2006, S. 334-342; vgl. zu einer ähnlichen Systematisierung auch Kreisel 1995, v.a. S. 116-139). Im Einzelnen handelt es sich dabei um:

(1) das **Kernbereichsmodell**,
(2) das **Richtlinienmodell**,
(3) das **Matrixmodell**,
(4) das **Stabsmodell**,
(5) das **Servicemodell** und
(6) das **Autarkiemodell**.

(1) Beim **Kernbereichsmodell** werden Aufgaben völlig aus den Teileinheiten des Konzerns bzw. der Holding ausgelagert und von einem Zentralbereich ausgeführt. Entscheidungen werden autonom vom Zentralbereich getroffen und auch verwirklicht, ohne dass die Teileinheiten Einfluss auf die Entscheidungsfindung und -implementierung nehmen können.

(2) Das **Richtlinienmodell** wird dadurch charakterisiert, dass eine bestimmte Aufgabe nicht mehr alleine vom Zentralbereich ausgeführt, sondern vielmehr zwischen Zentralbereich und Teileinheiten (Konzern- bzw. Holdingbereiche) aufgeteilt wird. Der Zentralbereich hat Richtlinienkompetenz, während die Teileinheiten die Rahmenvorgaben des Zentralbereichs in den Detailentscheidungen umsetzen müssen.

(3) Beim **Matrixmodell** wird die Aufgabenteilung zwischen Zentralbereichen und Teileinheiten des Konzerns bzw. der Holding noch deutlicher. Hier sind zentrale und dezentrale Organisationseinheiten weitgehend gleichberechtigt. Die Richtlinienkompetenz des Zentralbereichs entfällt. Dagegen bilden Vertreter des Zentralbereichs und der Teileinheiten einen Matrixausschuss, der Grundsatzentscheidungen trifft. Zwar müssen auch diese Grundsatzentscheidungen von den Teileinheiten umgesetzt werden; allerdings handelt es sich dann um die Umsetzung von Entscheidungen, die unter Mitwirkung von Vertretern der Teileinheiten getroffen wurden.

(4) Das **Stabsmodell** reduziert den Einfluss der Zentralbereiche weiter und erhöht in gleichem Maße den Einfluss der Teileinheiten. Zentralbereiche haben keine eigene Entscheidungskompetenz mehr; vielmehr beschränkt sich ihre Rolle – und das ist schließlich typisch für Stäbe jeder Art – auf die Entscheidungsvorbereitung, indem Informationen bereitgestellt und Empfehlungen gegeben werden. Vereinfacht ausgedrückt heißt dies: Zentralbereiche haben hier Stabsfunktion. Als Stäbe sind sie aber gleichsam in die Entscheidungsvorbereitung eingebunden und spielen ihr Fachwissen aus. Gefällt werden Entscheidungen alleine von den operativen Einheiten des Konzerns bzw. der Holding.

(5) Während Stäbe in der Regel von selbst tätig werden, werden Zentralbereiche, die nach dem **Servicemodell** eingerichtet wurden, nicht von sich aus aktiv. Servicebereiche müssen von den Teileinheiten (oder auch von anderen Zentralbereichen) des Konzerns bzw. der Holding explizit für konkrete Aufgaben beauftragt werden. Die Auftraggeber bestimmen dabei selbst, welche Aufgaben sie in welchem Umfang an Servicebereiche übertragen. Entscheidungen werden also von den operativen Einheiten getroffen, die Ausführung der Aufträge liegt bei den Zentralbereichen.

(6) Im **Autarkiemodell** entfällt schließlich die Einrichtung von Zentralbereichen. Die Teileinheiten des Konzerns bzw. der Holding sind alleine entscheidungs- bzw. ausführungsberechtigt. Das Autarkiemodell hat damit – streng genommen – nicht den Charakter eines Zentralbereichsmodells. Es wird hier nur skizziert, da es als Gegenstück des Kernbereichsmodells aufgefasst werden kann und damit das andere Ende eines Kontinuums bildet.

Wie die unterschiedlichen Zentralbereichsmodelle organisatorisch realisiert werden, soll in Abbildung 4-25 zum Ausdruck kommen. Dabei wählen wir vereinfachte, organigramm-ähnliche Darstellungen.

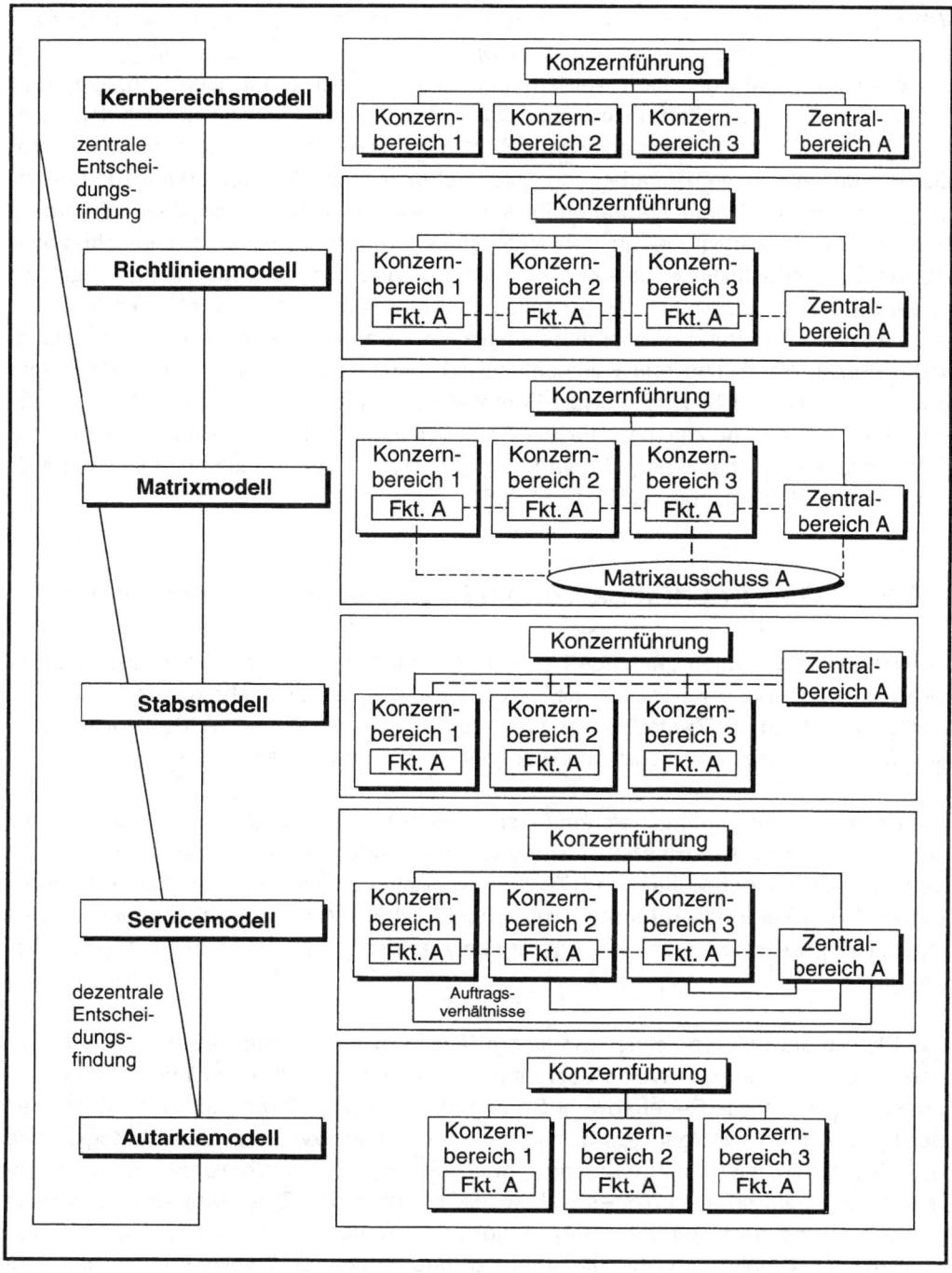

Abb. 4-25: Organisatorische Realisierung von unterschiedlichen Zentralbereichs-
modellen

Quelle:　in Anlehnung an Hungenberg (1995), S. 252-257.

Wir haben oben bereits darauf hingewiesen, dass die Entscheidung für Zentralisierung und Dezentralisierung in internationalen Unternehmungen nicht unabhängig von den einzelnen **Aufgaben** getroffen werden kann. Diese Aussage hat auch Konsequenzen für die Einrichtung von Zentralbereichen. So zeigt sich etwa, dass im Bereich des Controlling häufig Kernbereichsmodelle oder Richtlinienmodelle gewählt werden, während im Bereich der Informationsverarbeitung bereits stärker auch Servicemodelle zur Anwendung kommen. Im Marketing und im Personalbereich dagegen tritt bei vielen Unternehmungen das Autarkiemodell in den Mittelpunkt. Und auch hier sind unterschiedliche Aufgaben innerhalb eines Bereichs nochmals differenziert zu betrachten: So gilt die Aussage über die Dominanz des Autarkiemodells im Personalbereich eher für die Frage der Personalausstattung (Personalbedarfsplanung, Personalbeschaffung, Personalauswahl, Personalmarketing und Personaleinsatz), nicht aber für die Personalverwaltung oder die Personalausbildung. Für die Personalverwaltung lässt sich in der Praxis häufig das Servicemodell ausmachen, für die Personalausbildung das Matrixmodell (vgl. die Erfahrungsberichte bei Frese/Werder/Maly 1993, Hrsg., sowie zusammenfassend Krüger/Werder 1993; vgl. ebenso Kastura 1996).

2.3.3   Geographische Lokalisierung von Zentralbereichen

In internationalen Unternehmungen stellt sich nicht nur die Frage, ob Zentralbereiche einzurichten sind und welches Modell dabei zu wählen ist. Vielmehr kommt es auch zu der Entscheidung, ob Zentralbereiche jeweils nur an einem Ort – bei der Muttergesellschaft – zu verankern sind oder ob sie an mehreren Orten etabliert werden.

Die Errichtung von Zentralbereichen (ausschließlich) bei der Muttergesellschaft geht mit sogenannten **monozentrischen Organisationsstrukturen** einher, die Errichtung von Zentralbereichen bei Mutter- und Tochtergesellschaften mit sogenannten **polyzentrischen Organisationsstrukturen** (vgl. Obring 1992). Monozentrische Organisationsstrukturen lassen sich auch als eingipflig, polyzentrische Strukturen als mehrgipflig bezeichnen.

Die Plausibilität polyzentrischer Strukturen lässt sich für die international tätige Unternehmung auf mehrfache Weise begründen. Erstens zeigt sich, dass internationale Unternehmungen in der Regel sowohl Strategien der Globalisierung als auch Strategien der Lokalisierung verfolgen. Geht man davon aus, dass zwischen den Strategien und den Strukturen einer Unternehmung – wie oben bereits kurz erwähnt – Zusammenhänge bestehen, so erscheint es wahrscheinlich, dass das **Spannungsfeld zwischen Globalisierung und Lokalisierung** organisatorisch nicht durch monozentrische, sondern nur durch polyzentrische Strukturen zu überwinden ist. Zweitens kann man feststellen, dass internationale Unternehmungen in der Regel in **unterschiedlichen Geschäftsfeldern** tätig sind. Auch wenn immer wieder Rufe nach einer Konzentration auf Kernkompetenzen laut werden, so bearbeiten viele Unternehmungen weiterhin unterschiedliche Geschäftsfelder. Insbesondere die Diversifikation über externes Wachstum lässt die Entstehung polyzentrischer Strukturen plausibel werden. Drittens kann man – wie in Kapitel 5 ausführlich erläutert – vor allem auf die **Heterogenität der Tiefenstrukturen** hinweisen. Heterogene Tiefenstrukturen lassen monozentrische Organisationsstrukturen zwar kurzfristig zu; auf Dauer aber werden die Spannungen so groß, dass sich polyzentrische Tendenzen ergeben.

Nun könnte man freilich argumentieren, dass internationale Unternehmungen zwar prinzipiell eher polyzentrisch als monozentrisch aufgebaut sind, damit aber nicht notwendigerweise auch eine polyzentrische Verankerung von Zentralbereichen verbunden sein müsste. Oder anders ausgedrückt ließe sich sagen: Es mag ja sein, dass Unternehmungen ihre primären Wertschöpfungsaktivitäten (Forschung & Entwicklung, Produktion, Absatz) mehrgipflig auf die Muttergesellschaft sowie auf unterschiedliche in- und ausländische Tochtergesellschaften verteilen. Es mag aber parallel dazu so sein, dass Zentralbereiche trotz der Verteilung der primären Wertschöpfung zentral in der Muttergesellschaft angesiedelt werden. Diese Argumentation mag zweifellos in manchen Fällen zutreffen; in den meisten Fällen werden monozentrische bzw. polyzentrische Grundeinstellungen allerdings nicht nur auf die primäre Wertschöpfung bezogen sein, sondern auch Auswirkungen auf die geographische Errichtung von Zentralbereichen haben.

Inwiefern weisen nun monozentrische Strukturen und polyzentrische Strukturen auch eine unterschiedliche Verankerung von Zentralbereichen auf? Um darauf einzugehen, wollen wir kurz die Möglichkeiten, die Bühner für die Verankerung von Zentralbereichen schildert, referieren und anschließend – hinsichtlich des Mono- und Polyzentrismus – auf die internationale Unternehmung übertragen. Bühner unterscheidet, wie auch in Abbildung 4-26 dargestellt, **drei organisatorische Formen** (vgl. Bühner 1993c, S. 12):

- Zentralbereiche werden in der **Holding-Dachgesellschaft** integriert.

- Es werden **rechtlich selbständige Zentralbereiche** etabliert, die zentrale Dienstleistungen sowohl für die Holding als auch für die Tochtergesellschaften erbringen.

- Zentralbereiche werden **bei unterschiedlichen Tochtergesellschaften** angesiedelt. Die Zentralbereiche erbringen ihre Dienste aber nicht nur für eine Tochtergesellschaft, sondern für den gesamten Unternehmungsverbund.

Die erste Alternative Bühners entspricht bei internationalen Unternehmungen eindeutig dem monozentrischen Modell: Existieren Zentralbereiche, so werden sie bei der Muttergesellschaft verankert. Dagegen lässt die dritte Alternative Bühners das polyzentrische Modell zu: Zentralbereiche können bei den einzelnen Tochtergesellschaften und damit auch bei Tochtergesellschaften im Ausland angesiedelt werden. Die zweite Alternative kann man sowohl mit dem monozentrischen als auch mit dem polyzentrischen Modell in Verbindung bringen.

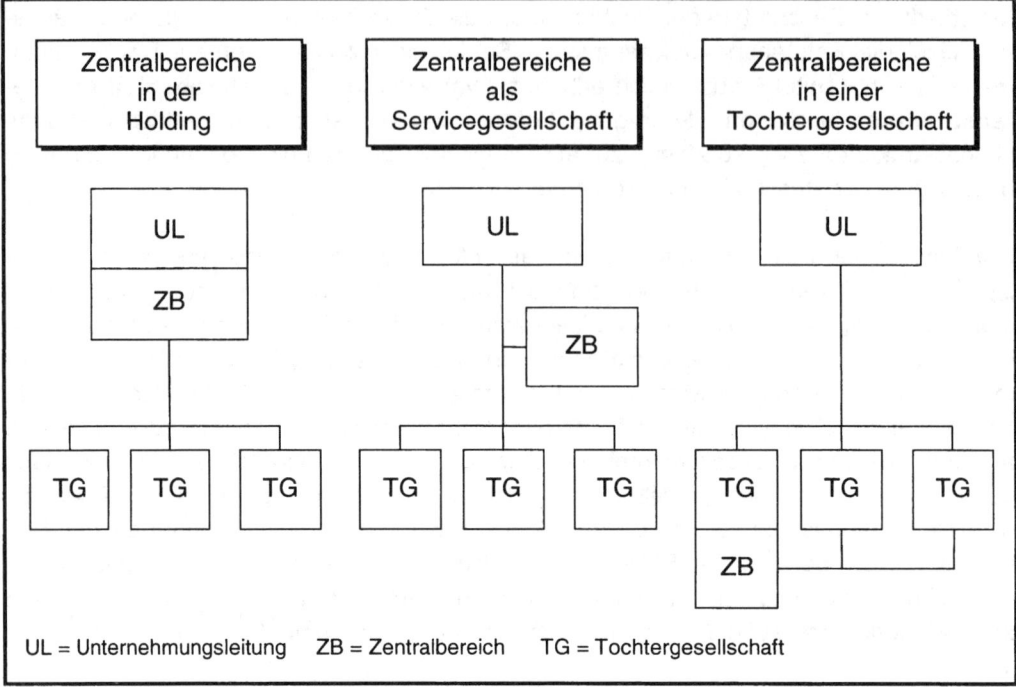

Abb. 4-26: Unterschiedliche Verankerung von Zentralbereichen
Quelle: Bühner (1993c), S. 12.

In der **Praxis** ist es bisher weitgehend geläufig, dass die **Zentralbereiche an die Dach-gesellschaft gekoppelt** sind und damit **Monozentrismus** verstärken. Nur wenige Unternehmungen richten bisher Zentralbereiche bei ihren ausländischen Tochtergesellschaften ein.

2.3.4   Zweck- und Zielsetzung einzelner Zentralbereiche

Zentralbereiche lassen sich ebenso nach dem Zweck unterscheiden, mit dem sie errichtet werden (vgl. – allerdings mit unterschiedlichen Auffassungen – Hungenberg 1992, S. 352-354, Wildemann 1992, S. 290, Friedl 1993, Schmidt 1993, S. 112-113, Gaitanides 1995, S. 423-424). Wir werden daher

- **Cost Center**,
- **Revenue Center**,
- **Service Center**,
- **Profit Center** und
- **Investment Center**

kurz erläutern.

Ein **Cost Center** ist für die Kostenwirtschaftlichkeit im eigenen Bereich selbst verantwortlich. Dies setzt voraus, dass Kompetenzen für die Erstellung von Sachgütern und Dienstleistungen auf die Ebene des Cost Centers übertragen werden. Ein Cost Center erbringt in der Regel **interne, nicht marktfähige Leistungen** und wird an Standardvorgaben hinsichtlich der dabei auftretenden **Kosten** gemessen. Die Einrichtung von Cost Centern ist somit für Aktivitäten sinnvoll, für die es keinen „Markt" gibt, d.h. für Aktivitäten, die unternehmungsspezifisch sind. Cost Centers werden vor allem in Verwaltung und Forschung und Entwicklung gebildet.

Ein **Revenue Center** trägt keine Kosten-, sondern eine **Erlösverantwortung**. Ein Revenue Center ist im eigenen Bereich für die erzielten Erlöse selbst verantwortlich. Um diese Erlösverantwortlichkeit zu realisieren, werden Kompetenzen für den Absatzbereich an die einzelnen Revenue Centers delegiert. Revenue Centers findet man also typischerweise bei Verkaufs- bzw. Vertriebsabteilungen oder -gesellschaften.

Ein **Service Center** erbringt wie ein Cost Center **interne Leistungen**. Es unterscheidet sich allerdings in der Weise von einem Cost Center, dass die internen Leistungen **prinzipiell marktfähig** sind. Ein Service Center wird – wie ein Cost Center – nach der Kostenwirtschaftlichkeit beurteilt. Während jedoch bei Cost Centern in der Regel als Zielvorgabe die Kostenminimierung gilt, kommt es bei Service Centern häufig zu anspruchsvolleren Zielvorgaben. Gibt man zum Beispiel als Ziel ein ausgeglichenes Ergebnis vor, so ist damit implizit bereits auch eine gewisse Verantwortung auf der Absatzseite verbunden. Vereinfacht könnte man sagen: Ein Service Center ist prinzipiell ein Cost Center, trägt aber teilweise auch Züge eines Revenue Centers.

Bringt man die Verantwortlichkeit für Kosten und für Erlöse zusammen, so kommt es zur Einrichtung von Profit Centern. Ein **Profit Center** soll einen möglichst großen **Erfolg** erzielen. Um eine Einheit nach ihrem Erfolg beurteilen zu können, muss man ihr umfangreiche Kompetenzen abgeben, so dass sie in möglichst geringem Umfang von anderen Einheiten abhängt. Denn nur so lässt sich auch feststellen, ob diese Einheit erfolgreich wirtschaftete. Als Maßstab für erfolgreiches Wirtschaften können unterschiedliche Erfolgsgrößen gewählt werden. Beispiele stellen Gewinn, Deckungsbeitrag oder Cash Flow dar.

Investment Centers sind Bereiche, die nicht nur Erfolgs-, sondern auch Renditeverantwortung haben. Damit Investment Center für die Rentabilität des eingesetzten Kapitals verantwortlich gemacht werden können, ist ihnen die Kompetenz, über Investitionsentscheidungen selbständig zu bestimmen, abzutreten. Dies heißt: Investment Center treffen nahezu alle Entscheidungen selbständig. Als Maßstab für die **Rentabilität des investierten Kapitals** können auch hier unterschiedliche Größen dienen: Denkbar sind buchhalterische Größen, d.h. die am Gewinn festgemachte Eigenkapitalrentabilität, Fremdkapitalrentabilität sowie Gesamtkapitalrentabilität, oder aber am Cash Flow orientierte Größen wie der Shareholder-Value-Beitrag.

Die wichtigsten Ausprägungsformen der Praxis sind das **Cost Center**, das **Service Center** und das **Profit Center**. Diese drei Formen sollen in Abbildung 4-27 übersichtlich dargestellt werden. Während Profit Center die von ihnen erbrachten Leistungen mit Marktpreisen verrechnen, können Service Center nur auf marktgerechte Verrechnungspreise zurückgreifen. Cost Center arbeiten – und dies führt immer wieder zu Problemen – nicht einmal mit marktgerechten Verrechnungspreisen, sondern häufig mit Verrechnungspreisen, die willkürlich festgelegt werden. Diese Problematik der Verrechnungspreise werden wir später noch ausführlicher im Rahmen der Thematik von Koordinationsstrategien diskutieren (➜ Abschnitt 6.3.2.5.1 in Kapitel 6).

Wo finden wir nun in internationalen Unternehmungen Cost Center, Service Center oder Profit Center vor?

- Als **Profit Center** werden vor allem Geschäftsbereiche oder Produktgruppen geführt, die als **dezentrale Einheiten am Markt** auftreten. Profit Center gehen dabei aber nicht nur mit der reinen Geschäftsbereichs- bzw. Produktorganisation einher. Gerade im Rahmen von Holdingstrukturen, die wir ja bereits oben als Weiterentwicklung der spartenorientierten Organisationsformen charakterisiert haben, nehmen viele der dezentral geführten Einheiten – insbesondere bei der Strategischen Holding – die Rolle von Profit Centern wahr.

- **Cost Center** und **Service Center** findet man dagegen häufig in der **Zentrale**. Sie stellen häufig Zentralbereiche oder Teile von Zentralbereichen dar. Auch Cost und Service Center haben eine besondere Relevanz für Holdingunternehmungen.

Während also die Einheiten am Markt häufig als Profit Center geführt werden, lassen sich innerhalb der Zentrale, die meist bei der Muttergesellschaft angesiedelt ist, vor allem Service Center und Cost Center ausmachen. Insbesondere viele Beratungsunternehmungen haben in den letzten Jahren versucht, Unternehmungen dazu zu veranlassen, aus Cost Centern Service Center zu machen. Dahinter steht die Überlegung, dass Zentralbereiche nicht nur so wirtschaften sollen, dass die Kosten minimiert werden, sondern gleichzeitig ausgeglichene Ergebnisse erzielt werden, indem sie ihre Leistungen marktfähig machen.

Besonders problematisch ist in internationalen Unternehmungen die Entscheidung darüber, ob in allen Centern erstens die gleichen Kennzahlen und zweitens die gleichen Vorgaben für diese Kennzahlen zu wählen sind. Dies gilt für Cost Center, Service Center und Profit Center gleichermaßen.

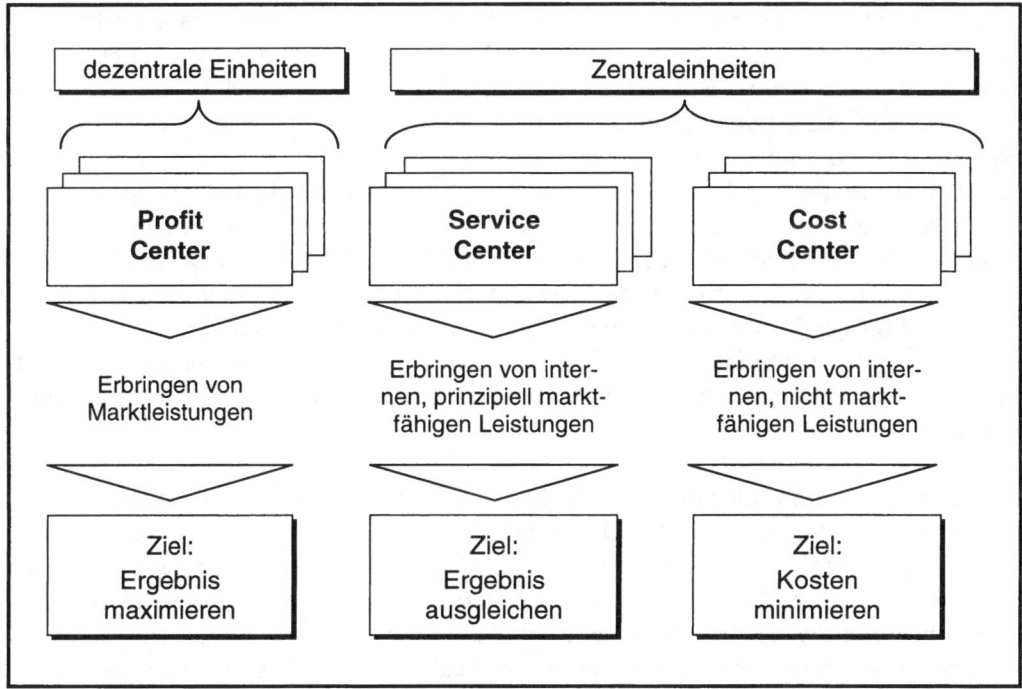

Abb. 4-27: Profit Center, Service Center und Cost Center
Quelle: in Anlehnung an Hungenberg (1992), S. 352.

Auch in einzelnen Betriebsstätten oder Tochtergesellschaften von internationalen Unternehmungen lassen sich gleichzeitig Profit Center und Service Center finden. Es wird in der Literatur immer wieder deutlich, dass innerhalb einer einzigen Fabrik – und damit innerhalb eines Teils einer Betriebsstätte – gleichzeitig verschiedene Organisationsmodule wie Profit Center, Service Center und Cost Center auftreten können. Wildemann spricht von sogenannten **modularen Organisationsstrukturen**, wenn in einer Unternehmung gleichzeitig Profit Center, Cost Center und Service Center als Fabrikmodule eingesetzt werden, die von den Führungsmodulen „Management Center" und „Competence Center" ergänzt werden (vgl. Wildemann 1992, v.a. S. 288-293). Es ist also in der Praxis vielfach nötig, eine bestimmte Einheit nochmals zu untergliedern, um dabei verschiedene Center-Formen zu identifizieren.

2.3.5   Beurteilung der Einrichtung von Zentralbereichen

Wie lässt sich nun die Einrichtung von Zentralbereichen beurteilen? Zu Beginn der 90er Jahre haben insbesondere viele Unternehmungsberatungsgesellschaften versucht, Unternehmungen davon zu überzeugen, dass Zentralbereiche abzubauen und schlanke Strukturen einzuführen seien (vgl. etwa Roever 1992). Die Entschlackung von Zentralbereichen sollte dabei mit einem intensiven Personalabbau einhergehen. So hat *IBM* die Zahl seiner Mitarbeiter in der Zentrale in Armonk/New York um 25% auf 800 reduziert, *ABB (Asea Brown Boveri)* gar noch drastischer auf 170 (vgl. Wood 1995). Zudem wird von *ABB* berichtet, dass auch die Zentralen von neu akquirierten Unternehmungen und damit die Zentralen der zweiten Ebene nach einer sogenannten „30:30:30:10-Regel" verkleinert werden (sollten). 30% der Mitarbeiter aus der Zentrale sollten in operative Einheiten versetzt werden, 30% sollten in neuen Servicegesellschaften beschäftigt werden, die nicht der Zentrale angehören, 30% sollten gekündigt werden, und nur 10% sollten in der Zentrale verbleiben (vgl. Bühner 1996b, S. 227). Doch aus heutiger Sicht zeigt sich, dass der geplante radikale Stellenabbau in den Zentralen der großen Unternehmungen (und dabei auch in den Konzern- und Holdingzentralen) nicht in dem radikalen Ausmaß stattgefunden hat, wie er manchmal gefordert wurde.

In letzter Zeit werden schließlich gegenteilige Stimmen laut – Stimmen, welche die **Verkleinerung der Zentralen** auch **kritisch betrachten**. Gerade manche Wissenschaftler warnen davor, dass eine zu weit getriebene Auflösung zentraler Funktionen sich als Gefahr erweisen kann. Sie räumen zwar ein, dass viele Unternehmungen in der Vergangenheit große Wasserköpfe in der Zentrale aufgebaut haben. Gefährlich scheint es in ihren Augen aber auch, wenn – aufgrund allzu rigoroser Empfehlungen der Unternehmungsberater – Zentralbereiche pauschal wegrationalisiert werden. Krüger/Werder stellen fest: Durch „eine zu weit getriebene Auflösung zentraler Funktionen ... könnte leicht das Gegenteil von Fettleibigkeit entstehen, nämlich ‚Magersucht'" (Krüger/Werder 1995, S. 6).

Bühner hat versucht, im Rahmen einer Benchmarking-Studie die Größe von Konzernzentralen in der Praxis zu untersuchen und daraus Hinweise für eine optimale Größe der Konzernzentralen zu erhalten (vgl. Bühner 1996a, 1996b). Wenn man davon ausgeht, dass die Konzernzentralen in der Regel die Konzernleitung und die Zentralbereiche umfassen, so kann Bühners Befund in unserem Zusammenhang von großem Interesse sein. In personeller Hinsicht wird die Konzernleitung nämlich nur von wenigen Personen (Vorstand oder Geschäftsführer) konstituiert, während die Mehrzahl der Beschäftigten in Konzernzentralen den Zentralbereichen zuzurechnen ist. Man kann also davon ausgehen, dass die Mehrheit der Mitarbeiter in Konzernzentralen den Zentralbereichen angehört. Zu welchen Ergebnissen kommt Bühner?

• Mit der **Größe des Konzerns** wachsen, den Untersuchungen Bühners zufolge, auch die Mitarbeiterzahlen in den Konzernzentralen. Während der Median für Konzerne mit weniger als 5.000 Mitarbeitern bei 28 Mitarbeitern in der Zentrale liegt, „schnellt" er für Konzerne zwischen 5.000 und 25.000 Mitarbeitern auf 77 Mitarbeiter hoch. Konzerne mit über 25.000 Mitarbeitern weisen als Median einen Mitarbeiterstamm von 197 Personen in ihrer Zentrale auf. Bühner hat aber gleichzeitig festgestellt, dass die Beschäftigtenzahl in der Zentrale zwar mit wachsender Konzerngröße steigt, jedoch nicht proportional zum Konzernwachstum, sondern nur unterproportional zum Konzernwachstum zunimmt.

- Nicht nur mit zunehmender Größe, sondern auch mit zunehmender **Diversifizierung der Konzerne** erhöht sich die Zahl der Mitarbeiter, die in der Zentrale eingesetzt werden. Dies liegt zum einen daran, dass die breit diversifizierten Konzerne in der Regel auch größer sind als schwach diversifizierte Unternehmungen. Es ist zum anderen aber auch darin begründet, dass eine Diversifikation laut Bühner meist zu einem höheren Koordinationsaufwand (→ zum Koordinationsaufwand Abschnitt 6 in Kapitel 6) führt.

- Bei den Ergebnissen hinsichtlich der Größe und Diversifikation lässt sich jedoch eine **hohe Variationsbreite** erkennen. Bühner identifiziert kleine Konzerne mit umfangreichen Zentralbereichen und große Konzerne, die Zentralbereiche in geringem Ausmaß aufweisen. Er macht auf der einen Seite schwach diversifizierte Konzerne aus, bei denen Zentralbereiche eine hohe Funktionsvielfalt erkennen lassen und auf der anderen Seite stark diversifizierte Konzerne, die über schlanke Konzernzentralen verfügen.

- Das **Ausmaß der Internationalisierung**, d.h. der Internationalisierungsgrad des Konzerns – und dies interessiert uns natürlich besonders –, hat nach den Ergebnissen der empirischen Untersuchung keinen signifikanten Einfluss auf die Zahl der Mitarbeiter in der Konzernzentrale. Oder anders ausgedrückt: Ob ein Konzern nun national oder stärker international ausgerichtet ist – die Gestaltung der Zentralbereiche hängt offensichtlich nicht vom Ausmaß der Internationalisierung ab.

Bühners Ergebnisse können (und sollen) keinen „one-best-way" der Gestaltung von Konzernzentralen und insbesondere zur Größe von Zentralbereichen anbieten. In seinen Veröffentlichungen versucht Bühner freilich, die Lenker von Konzernen zum Nachdenken darüber zu bringen, ob nicht noch eine weitere Verschlankung ihrer Zentralen möglich sei. Unterschwellig wird damit immer wieder postuliert, dass ein Abbau von Zentralfunktionen nötig sei. Wir wollen diese unterschwellige Empfehlung in eine Richtung, die an die Adresse so mancher Unternehmung durchaus ihre Richtigkeit haben mag, allerdings etwas relativieren – denn manche Zentralbereiche können dauerhaft weder ganz abgeschafft noch „outgesourced" werden. So zeigt sich in der Praxis, dass man etwa im Bereich der Personalbeschaffung, der Personalbetreuung oder der Personaladministration zwar sporadisch auf externe Berater zurückgreifen, aber nicht alle Funktionen vollständig und dauerhaft auslagern kann, will man den Einfluss auf die „Mitarbeiterdimension" nicht weitgehend aufgeben. Ebenso wenig kann man sich in der Personalarbeit ausschließlich auf die Linienfunktionen beschränken (vgl. z.B. Meier/ Stuker/Trabucco 1997). Wichtiger als die unmittelbare Frage nach der Größe der Konzernzentrale scheint die **Frage nach der Aufgabe und der Rolle der Konzernzentrale** – und diese Frage kann nur im Einzelfall beantwortet werden (vgl. zu Rollen der Zentrale auch Goold/Pettifer/Young 2001).

2.4   Die Entscheidung für internationale Projektorganisationen

Neben einer inter-organisationalen Projektarbeit ist in international tätigen Unternehmungen auch die **intra-organisationale** Projektarbeit von Interesse. Wir werden daher definieren, was man unter der intra-organisationalen Projektorganisation versteht und wie man sie gegenüber **inter-organisationalen** Projektgesellschaften abgrenzen kann (Abschnitt 2.4.1). Außerdem zeigen wir, dass sich internationale Unternehmungen für zweckmäßige Arten der Projektorganisation entscheiden müssen (Abschnitt 2.4.2) und zahlreiche projektinterne Organisationsformen anwenden können (Abschnitt 2.4.3). Warum die intra-organisationale Projektarbeit zunehmende Bedeutung erlangt, soll abschließend aufgezeigt werden (Abschnitt 2.4.4).

2.4.1   Definition und Abgrenzung der Projektorganisation

Innerhalb von internationalen Unternehmungen haben unterschiedliche Varianten der Projektorganisation eine zunehmende Bedeutung. Es wurde erkannt, dass viele Aufgaben mit dem starren Korsett der traditionellen Organisationsstruktur – und dabei insbesondere mit dem starren Korsett der integriert-funktionalen Organisationsstruktur – nicht bewältigt werden können, sondern vielmehr flexiblere Organisationsformen erfordern. Zwar lassen sich manche Formen der Produktorganisation und vor allem der Matrixorganisation – in unserem internationalen Kontext also der integrierten Produkt- oder Matrixorganisation – bereits als Schritt in Richtung Projektorganisation interpretieren; doch ist die Produktorganisation nur für produktbezogene Projekte, nicht für produktübergreifende Projekte geeignet (vgl. auch Grün 1992, Sp. 2104). Und Matrixorganisationen können auch jeweils nur zwei Dimensionen Rechnung tragen. Die meisten Projekte zeichnen sich dagegen gerade durch ihren „übergreifenden Charakter" aus.

Projekte sind in Unternehmungen vor allem dann anzutreffen, wenn es sich um

* **einmalige,**
* **zeitlich befristete,**
* **relativ neue,**
* **besonders komplexe** und
* **in starkem Maße interdisziplinäre**

Aufgaben und Problemstellungen handelt (vgl. Madauss 1994, S. 10, S. 490-503, Dülfer 1982, S. 1-30 oder Pinkenburg 1980, S. 99-122). Anlässe für die Einrichtung von Projekten sind in internationalen Unternehmungen etwa die geplante Akquisition einer ausländischen Unternehmung, die Vorbereitung eines grenzüberschreitenden Kooperationsabkommens (vgl. dazu z.B. Meckl 1995), ein internationaler Produkteinführungsprozess oder eine geplante Reorganisationsmaßnahme eines Regionalbereichs.

Von der Projektorganisation ist die **Projektgesellschaft** abzugrenzen (vgl. Grün 1992, Sp. 2109-2110). Bei Projektgesellschaften wird die Projektorganisation nicht nur organisatorisch, sondern auch **rechtlich von der Primärorganisation getrennt**. Da Projekte im Zusammenhang mit Infrastrukturmaßnahmen, mit Institutionsgründungen und mit dem Investitionsgüter-, Anlagen- System- und Zuliefergeschäft für einzelne Unternehmungen manchmal zu umfangreich wären, werden Projektgesellschaften nicht innerhalb einer Unternehmung, sondern vielmehr von mehreren Unternehmungen gemeinsam etabliert, um dann nach Erfüllung der Projektziele wieder völlig liquidiert zu werden (vgl. dazu Grün 1989, Sp. 1736-1737, Backhaus/Voeth 2007, Corsten/Corsten 2000, v.a. S. 92-95, vgl. zu deren Finanzierung Frank/Moser 1987 oder die Beiträge in Backhaus et al. 1990, Hrsg.). Im Internationalen Management wurde dem Management von Projektgesellschaften – nicht zuletzt dank der umfangreichen Arbeiten um Dülfer (1982, Hrsg.) – ein großer Stellenwert beigemessen. Dabei ist es nicht überraschend, dass gerade innerhalb des Internationalen Managements Projektgesellschaften von Bedeutung sind; schließlich sind viele **Infrastrukturmaßnahmen, Institutionsgründungen** sowie **Investitionsgüter-, Anlage-, System- und Zuliefergeschäfte** international. Ein Beispiel für eine Projektgesellschaft ist *TML (Transmanche-Link)*. Bei *Transmanche-Link* handelt es sich um ein Konsortium fünf führender französischer und fünf führender britischer Baufirmen, die im Auftrag von *Eurotunnel* zwischen 1987 und 1993 die Bauarbeiten unter dem Ärmelkanal durchführten (vgl. Winch/Clifton/Millar 2000, v.a. S. 664).

Es gilt also zu beachten, dass Projektgesellschaften mehrere Unternehmungen verbinden (vgl. Dülfer 1982, Hrsg., Herten 1988, oder Madauss 1994, S. 407-430) und daher **als inter-organisationale Organisationsformen** aufzufassen sind. Deshalb sind sie von der Projektorganisation, die intra-organisationalen Charakter hat, klar zu trennen.

2.4.2 Arten der Projektorganisation

Hinsichtlich der strukturellen Verankerung von Projekten lassen sich – zurückgehend auf Grochla – (1) die Stabsprojektorganisation, (2) die Matrixprojektorganisation und (3) die reine Projektorganisation unterscheiden (vgl. Grün 1992, Sp. 2107-2110, Kieser/ Walgenbach 2007, S. 137-163, Madauss 1994, S. 107-112, Frese 2005, S. 516-527, davon teilweise abweichend Heintel/Krainz 1990, S. 41-56). Auf diese drei Varianten der Projektorganisation möchten wir nachfolgend ausführlicher eingehen.

(1) Bei der **Stabsprojektorganisation** löst sich die Projektorganisation nur bedingt von der Basisorganisation (Primärorganisation). Die Stabsprojektorganisation lässt sich dadurch charakterisieren, dass ein Stabsmitarbeiter mit der Leitung eines Projektes betraut wird und unterschiedliche Mitarbeiter der Linienfunktionen in ein Projektteam integriert. Der Stabsmitarbeiter kann zwar als Leiter des Projektes gelten, er hat aber gegenüber den anderen Mitgliedern des Projektteams keinerlei Weisungsbefugnis, sondern lediglich eine Koordinationsbefugnis. Seine Rolle wird darin gesehen, Projekte zu

initiieren, voranzutreiben und abzuschließen, ohne aber eine inhaltliche Entscheidung zu bestimmen und auch ohne eine inhaltliche Entscheidung dominant zu beeinflussen. Das Stabsprojektmanagement stellt die schwächste Form des Projektmanagements dar. Problematisch ist vor allem die Tatsache, dass Projektleiter in der Praxis häufig auf Schwierigkeiten beim „Vorantreiben" der Projekte stoßen, da die beteiligten Linienmanager an der Erledigung ihrer ständigen (Tages-)Aufgaben interessiert sind und den jeweiligen Projekten nur eingeschränkte Beachtung und vor allem nur knapp bemessene Zeit schenken. Dadurch, dass der Projektleiter allerdings relativ häufig direkt der Unternehmungsleitung oder anderen hierarchisch hoch angesiedelten Instanzen unterstellt ist, hat er selbst aufgrund seiner Stellung – trotz der häufig mangelnden Inputs seiner Projektmitarbeiter – beträchtlichen Einfluss. Nicht zuletzt aus diesem Grund wird die Stabs-Projektorganisation auch als **Einflussprojektorganisation** bezeichnet. In manchen Fällen kann anstelle eines einzigen Stabsmitarbeiters auch ein Stabsteam an der Spitze des Projekts stehen.

Es sollte beachtet werden, dass sich die Stabsprojektorganisation in international tätigen Unternehmungen aufgrund der geographisch-kulturellen Distanz zwischen der Muttergesellschaft und den einzelnen Tochtergesellschaften sowie zwischen den einzelnen Tochtergesellschaften untereinander noch schwieriger realisieren lässt als in einer rein nationalen Unternehmung. Dies führt dazu, dass von den Idealformen der Stabsprojektorganisation in der Weise abgewichen wird, dass das Projekt fast ausschließlich vom Stab selbst geleitet wird.

(2) Die **Matrixprojektorganisation** räumt dem Projektleiter deutlich umfangreichere Kompetenzen ein. Eine Matrix entsteht hier durch die Überschneidung von fachbereichsbezogenen Kompetenzen auf der einen Seite und von projektbezogenen Kompetenzen auf der anderen Seite. Oder mit anderen Worten: Während die Matrixstellen einer der beiden Matrixdimensionen von Fachabteilungen (Geschäftsbereiche, Produkte, Regionen) gebildet werden, werden die Matrixstellen der anderen Dimension von Projektleitungen konstituiert. Nicht in den Matrixzellen, sondern in den Matrixstellen wird also die Projektleitung organisatorisch verankert. Die Kompetenz der Projektleitung besteht in der Definition der zu erbringenden Leistungsbeiträge („Was?") und der einzuhaltenden Termine („Wann?"), während die Definition der fachlichen Aufgabenverteilung („Wer?") und der fachlichen Verfahrensweise („Wie?") bei den Fachabteilungen liegt. Die aus den Fachabteilungen für bestimmte Projekte abgestellten Mitarbeiter bleiben weiterhin den Linienvorgesetzten unterstellt. Da Matrixorganisationen – wie bereits oben problematisiert – mit zwei Matrixdimensionen mit unterschiedlichen Anforderungen und Erwartungen an die Lösung von Aufgaben und Problemen herangehen, kommt es häufig zu – produktiven und unproduktiven – Konflikten.

(3) Im Gegensatz zu Stabs- und Matrixprojektorganisationen, bei denen Projekte zwar inhaltlich temporären Charakter aufweisen, organisatorisch aber permanent entweder auf Stabs- oder Matrixebene verankert werden, werden bei **reinen Projektorganisa-**

tionen spezifische Organisationseinheiten nur für einen bestimmten Zeitraum eingerichtet und dann wieder aufgelöst. Diese Organisationseinheiten werden von Unternehmungen zusätzlich zur Primärorganisation (Basisorganisation), ob nun als Internationale Division oder auch als integrierte Funktional-, Geschäftsbereichs- oder Regionalstruktur, geschaffen. Die Projektorganisation kann daher als Sekundärorganisation bezeichnet werden. Dabei stehen dem Leiter eines Projektes genauso wie den einzelnen Einheiten der Primärorganisation finanzielle, sachliche und personelle Ressourcen zur Verfügung, um die Projektziele zu erreichen. Der Projektleiter hat die gesamte Weisungsbefugnis und trägt auch die gesamte Verantwortung für sein Projekt. Die Projektmitarbeiter können dabei für eine bestimmte Zeit von der Primärorganisation (Basisorganisation) in die Projektarbeit delegiert werden oder aber auch gleichzeitig ihre Arbeitskraft teilweise in die ihnen innerhalb der Primärorganisation zugewiesenen Aufgaben und teilweise in die innerhalb der Projektarbeit anfallenden Aufgaben „stecken". Zudem ist es denkbar, Personal extern nur für die Dauer eines spezifischen Projektes zu rekrutieren. Problematisch ist allerdings in manchen Fällen die Reintegration von Projektmitarbeitern in die Linienorganisation (vgl. Volpp 1991).

Wir haben bisher erläutert, dass die Projektorganisation als Sekundärorganisation zusätzlich zur Primärorganisation eingerichtet wird (vgl. zur Sekundärorganisation im Zusammenhang mit Projekten auch Schulte-Zurhausen 2005, S. 326-330). Alternativ dazu wäre es auch denkbar, die Projektorientierung noch weiter zu treiben und ganze Teilbereiche von Unternehmungen über Projekte zu strukturieren, so dass wir eine vierte Alternative identifizieren können. Dabei kann man von einer teilbereichsorientierten Projektorganisation sprechen.

(4) Teilbereichsorientierte Projektorganisation: Die teilbereichsorientierte Projektorganisation findet sich häufig in Teilbereichen wie Forschung, Entwicklung oder Datenverarbeitung. Forschung, Entwicklung oder Datenverarbeitung werden dabei permanent in Projektform organisiert, ohne dass für diese Teilbereiche überhaupt eine – funktionale, geschäftsbereichs- oder produktbezogene oder regionale – Primärorganisation zugrunde liegt.

Auch die **radikale gesamtunternehmerische Projektorganisation** wäre prinzipiell als Alternative denkbar. In diesem Falle würde die Primärorganisation völlig über Projekte erfolgen. Projekten käme also nicht nur die Rolle einer Sekundärorganisation zu. Radikale gesamtunternehmerische Projektorganisationen finden sich allerdings in der Praxis kaum. Selbst bei Consultingfirmen, bei denen die Projektorganisation eine sehr große Rolle spielt, existieren nicht nur Projektteams; vielmehr sind sowohl Berater als auch „Support Staff" in hierarchische Strukturen eingebunden. Und auch Unternehmungen wie *Levi Strauss* (vgl. Hirn 1996b) oder *Gore* (→ Textbox 4-17 in Abschnitt 2.4.4 dieses Kapitels), die der Projektorganisation eine große Bedeutung beimessen, verzichten nicht auf andere Strukturierungsformen.

Welche Projektorganisationsform innerhalb der intra-organisationalen Formen soll nun generell bevorzugt werden? Es wäre verfehlt, wollte man eine Form der Projektorganisation anderen Formen der Projektorganisation gegenüber als eindeutig überlegen darstellen. Doch lässt sich die Aussage treffen, dass mit Zunahme des Charakters an Einmaligkeit, Neuigkeit, Komplexität und Interdisziplinarität von Stabsprojektorganisationen über Matrixprojektorganisationen zu reinen Projektorganisationen übergegangen wird (vgl. Grün 1992, Sp. 2113-2114). Oder mit anderen Worten: Stabsprojektorganisationen eignen sich nur für kleine, wenig komplexe Projekte, während für größere, komplexere Projekte Matrixprojektorganisationen oder reine Projektorganisationen geeigneter sind.

2.4.3   Projektinterne Organisationsformen

Wenn nun in internationalen Unternehmungen grenzüberschreitende Projekte durchgeführt werden und damit die Primärorganisation durch eine Sekundärorganisation ergänzt wird, so kann dies wiederum mit unterschiedlichen **projektinternen Organisationsformen** geschehen. In international tätigen Unternehmungen entstehen somit im Zusammenhang mit der Projektorganisation (1) internationale Teams, (2) internationale Kernteams, (3) internationale Workshops und Konferenzen.

(1) International zusammengesetzte **Teams** stellen den personellen Kern jeder Projektorganisation dar. Charakteristisch für international tätige Unternehmungen ist dabei, dass nicht nur Mitarbeiter unterschiedlicher Funktionalbereiche, unterschiedlicher Produktbereiche oder etwa unterschiedlicher Hierarchieebenen ein Team bilden, sondern dass diese Mitarbeiter zudem einerseits aus der Muttergesellschaft und andererseits aus den Tochtergesellschaften kommen (vgl. Schneider/Barsoux 2003, S. 216-252, vgl. zur Teamforschung im Allgemeinen auch Högl/Gemünden 2005, Hrsg.). Über die Effizienz multikulturell zusammengesetzter Teams gehen die Meinungen auseinander. Letztlich ist aber noch nicht geklärt, ob multikulturell zusammengesetzte Teams effizienter oder aber ineffizienter als nationale Teams sind. Ebenso ist zu bezweifeln, dass es möglich ist, einen generell gültigen optimalen Grad an Multikulturalität in Teams zu bestimmen (vgl. Watson/Kumar/Michaelsen 1993, Punnett/Clemens 1999, Kühlmann 1999, Earley/Mosakowski 2000, Salk/Brannen 2000, Berg 2006). Der Nutzen und die Kosten der kulturellen Diversität sind im Einzelfall gegeneinander abzuwägen.

(2) Die bei Projektorganisationen existierenden Teams etablieren in manchen Fällen nochmals ein sogenanntes **Kernteam**, in dem die eher strategischen Entscheidungen der Projektausrichtung, des Projektverlaufs und der Projektterminierung bestimmt werden. Problematisch ist dabei aber, dass die Gefahr einer Abschottung des Kernteams vom Team nicht ausgeschlossen werden kann und die nicht dem Kernteam angehörigen Teammitglieder den (berechtigten oder nicht berechtigten) Eindruck bekommen, sie seien nur für die Durchführung des Projekts zuständig, ohne das Projekt an sich aber wesentlich mitbestimmen zu können. Alternativ oder zusätzlich zum Kernteam be-

steht auch die Möglichkeit der Einrichtung von Teilteams, die wiederum unterschiedliche, abgeschlossene Aufgaben verfolgen.

(3) Bewährt haben sich innerhalb der Projektorganisation Workshops und Konferenzen. **Workshops** werden eingesetzt, um an kritischen Phasen des Projektablaufs – wie etwa beim Projektstart – die beteiligten Projektmitarbeiter zusammenzuführen. Workshops haben dabei nicht nur das Ziel, Aufgaben zu verteilen und Meilensteine in der Projektdurchführung zu setzen; Workshops dienen vor allem auch der äußerst wichtigen informellen Kommunikation der Projektmitglieder. Außerdem werden gerade mit Hilfe von Workshops in Verbindung mit Kreativitätstechniken wichtige Innovationsprozesse in Gang gesetzt. Zwischenergebnisse und Endergebnisse der Projektarbeit werden zuweilen auch auf **Konferenzen** präsentiert. Adressaten sind dabei nicht nur die Projektmitglieder, sondern weitere Zielgruppen innerhalb oder außerhalb der Unternehmung.

Der **Einsatz moderner Informations- und Kommunikationstechnologien** erleichtert die Projektarbeit gerade in international tätigen Unternehmungen. Die Möglichkeit von Videokonferenzen stellt ein Beispiel dafür dar, dass so manche Sitzung eines Projektteams – zumindest in begrenztem Umfang – auch ohne geographische Mobilität der Projektmitglieder stattfinden kann. Allzu euphorisch darf aber der Fortschritt der Informations- und Kommunikationstechnologie im Hinblick auf die internationale Projektarbeit nicht beurteilt werden: Bei vielen Unternehmungen hat sich in den vergangenen Jahren schnell die Erkenntnis durchgesetzt, dass ohne face-to-face Kommunikation wesentliche Probleme in der Abstimmung auftreten und der Einsatz von Informations- und Kommunikationstechnologien keineswegs persönliche Kontakte und Treffen der Projektmitarbeiter ersetzen kann (vgl. auch Kutschker 1995c).

Die aus der Notwendigkeit einer grenzüberschreitenden Abstimmung resultierenden Probleme sind ein Grund dafür, dass selbst in vielen internationalen Unternehmungen so manches Projekt gar nur national in der Muttergesellschaft – unter Umständen noch in Zusammenarbeit mit anderen inländischen Einheiten – durchgeführt wird, gleichzeitig aber auf eine Beteiligung von Mitarbeitern der ausländischen Einheiten verzichtet wird. So wird etwa von einem Projekt bei *AEG* berichtet, welches sich mit der Verbesserung der Wettbewerbsfähigkeit der Unternehmung beschäftigt. Obwohl *AEG* bereits einen Umsatzanteil von nahezu 50% im Ausland erzielt, galt in diesem, sich aus elf Mitarbeitern zusammensetzenden Projektteam, lediglich der Leiter der Funktion Auslandsvertrieb als deutlicher Interessenvertreter des Auslandsgeschäfts (vgl. Kern 1995).

2.4.4 Gründe für die zunehmende Verbreitung von projektbezogenen Organisationsformen

Projektbezogene Organisationsstrukturen kommen dem nahe, was Mintzberg bereits vor vielen Jahren als „Adhocratie-Struktur" bezeichnet hat (vgl. Mintzberg 1982). Doch worin liegen die Gründe für den verstärkten Einsatz von Projekten in internationalen Unternehmungen? Die Verbreitung von projektbezogenen Organisationsformen kann unterschiedlich gedeutet werden:

(1) Man kann Projektorganisationen als Versuch interpretieren, die **Nachteile der jeweils vorhandenen primären Organisationsstruktur zu kompensieren**. Bevor Unternehmungen aufgrund der Unzulänglichkeiten ihrer Rahmenstruktur Reorganisationsmaßnahmen ergreifen und zur nächsten Organisationsstruktur übergehen, versuchen sie zunächst, mit zusätzlich eingerichteten Projektorganisationen „über die Runden zu kommen". Projektorganisationen sollen die Lücken, welche die primäre Organisationsstruktur entstehen lässt, damit temporär schließen.

(2) Man kann Projektorganisationen jedoch zunehmend auch als **festen Bestandteil der Organisationsstruktur** betrachten. Während bei den unspezifischen Organisationsstrukturen sowie den Internationalen Divisionen kaum mit Projekten gearbeitet wird, werden Projekte bei integrierten Produkt- und integrierten Regionalstrukturen sowie bei mehrdimensionalen Strukturformen bereits deutlich häufiger eingesetzt. Bei netzwerkartigen Organisationen schließlich werden Projekte zu einem dauerhaften und konstitutiven Bestandteil der Organisation (vgl. Bormann 1996, v.a. S. 140-143).

(3) Während Projektstrukturen vormals verstärkt auf mittleren und unteren Ebenen der Organisation Verwendung fanden, hat sich inzwischen die Überzeugung durchgesetzt, dass Projekte zunehmend auf **höheren Ebenen** sinnvoll sind. Dahinter steht die Überzeugung, dass nur durch derartige Zusammenarbeit auch auf persönlicher und kultureller Ebene ein „Fit" entsteht. Gerade aus der Perspektive inter-organisationaler Betrachtungen sind Projektstrukturen notwendig, um die Zusammenarbeit zwischen unterschiedlichen Unternehmungen auch auf höchster Ebene sicherzustellen.

(4) Einige Unternehmungen gehen, wie wir angesprochen haben, noch weiter und räumen der Projektorganisation so große Bedeutung ein, dass man von einer **Dominanz der Projektorganisation** sprechen kann. Mit einem Beispiel aus der Unternehmungspraxis soll die Bedeutung der Projektorganisation verdeutlicht werden: In Textbox 4-17 wird die Projektorganisation bei *Gore* geschildert. Bei der von *Gore* praktizierten Form der Projektorganisation handelt es sich nicht um die Stabsprojektorganisation oder die Matrixprojektorganisation, sondern um eine Variante der reinen Projektorganisation. Im Falle von *Gore* lässt sich diese Projektorganisation allerdings nicht als eine Sekundärorganisation interpretieren, die im Vergleich zur Primärorganisation (Basisorganisation) nur ergänzenden Charakter hat. Die Projektorganisation ist bei *Gore* vielmehr fester Organisationsbestandteil.

Textbox 4-17: Die Projektorganisation in internationalen Unternehmungen

Das Beispiel von Gore

Als Beispiel für eine starke Verankerung der Projektorganisation kann die US-amerikanische Technologieunternehmung *Gore* (mit der bekannten Marke *Gore-tex*) herangezogen werden. Bei *Gore* sind alle Mitarbeiter für ihre Arbeitsbereiche in den Linienabteilungen nur zu 70% eingeplant; die restlichen 30% ihrer Arbeitskraft können (und müssen) sie unterschiedlichen Projekten widmen. Diese Projektarbeit bildet gerade für neue Aufgaben eine wesentliche Antriebskraft des *Gore*-Erfolges. Es wäre nun falsch, wenn man den Schluss zöge, bei *Gore* gäbe es keine Struktur. Richtig ist es vielmehr, zunächst die Aufteilung von *Gore* in über 45 eigenständige Betriebe, weiterhin die Existenz unterschiedlicher Arbeitsbereiche in diesen 45 eigenständigen Betrieben und schließlich auch die innerbetrieblich und überbetrieblich permanent operierenden Projektteams als Struktur aufzufassen.

Wichtig erscheint, dass die Projektarbeit von *Gore* in der Unternehmungskultur verankert ist. Überspitzt formuliert: Wer bei *Gore* eine neue Idee hat, kann selbst ein neues Projekt initiieren. Voraussetzung dafür ist lediglich, dass jeder Mitarbeiter sich permanent zwei Fragen stellt: Erstens: Ist das Projekt, wofür Energie und Enthusiasmus eingesetzt wird, den Aufwand auch wert? Und zweitens: Wäre ein Scheitern des Projektes für die Unternehmung *Gore* vertretbar? Die Projektorientierung bei *Gore* führt dazu, dass jeder Mitarbeiter gleichzeitig in mehrere Projekte involviert ist – in manche nur einige Wochen, in andere einige Monate und in wieder andere vielleicht sogar über Jahre hinweg.

Quelle:
Fischer, Gabriele/Risch, Susanne (1995): Gore-Geist. In: Manager Magazin, Juni 1995, S. 162-167 sowie aktuelle Ergänzungen.

Die Bedeutung der Projektorganisation wurde nicht nur im westlichen Kulturkreis erkannt. Selbst in koreanischen Unternehmungen, die traditionell als besonders hierarchisch strukturiert galten, finden sich seit mehreren Jahren Beispiele, die auf einen Wandel der Organisationsstrukturen hindeuten. Ein Element dieser Veränderung stellt die Einführung von Formen der Projektorganisation dar. So wird berichtet, dass *Samsung* bereits seit einiger Zeit zwar auf der Ebene unterhalb des Präsidenten nach Divisionen strukturiert ist, die Divisionen selbst allerdings in Teams aufgeteilt sind. Schon 1985 wurde diese Form der Projektorganisation bei *Samsung* eingeführt und ist seitdem immer stärker in der Unternehmung verankert worden. Die Einführung der Projektorganisation ermöglichte es *Samsung* auch, die Stabsstellen, die vornehmlich in den Zentralbereichen existierten, zu reduzieren (vgl. Cho 1996). Projektstrukturen sollen also, wie bei *Samsung*, Stabsstellen teilweise ersetzen und stattdessen Mitarbeiter aus Linienfunktionen – temporär oder für längere jeweils abgesteckte Zeiträume – in Projekten zusammenbringen.

2.5   Die Wahl der statutarischen Organisationsstruktur

Mit unseren bisherigen Ausführungen haben wir uns auf die sogenannte **operative Organisationsstruktur** bzw. **operationale Organisationsstruktur** der internationalen Unternehmung konzentriert, die früher zuweilen auch als Verwaltungsstruktur bezeichnet wurde (vgl. Borrmann 1970, S. 38-44). Die operative bzw. operationale Organisationsstruktur ist freilich von der **statutarischen Organisationsstruktur** der international tätigen Unternehmung zu trennen (vgl. bereits Albrecht 1970, S. 2085-2087, Kulhavy 1989, S. 139-140, Bühner 1989, v.a. Sp.1847-1850, Welge 1989c, Sp. 1592-15937). Die Wahl der statutarischen Organisation stellt jedoch ebenfalls ein wichtiges Gestaltungselement für internationale Unternehmungen dar. Veränderungen der statutarischen Organisation bringen zahlreiche Konsequenzen – etwa steuerliche Konsequenzen – mit sich (vgl. exemplarisch Djanani 1995). Sie werden daher bewusst eingesetzt, um zur Zielerreichung in der internationalen Unternehmung beizutragen.

Als statutarische Struktur bezeichnet man den **gesellschaftsrechtlichen Aufbau der international tätigen Unternehmung**. Aus diesem Grund haben sich in der Literatur statt des Begriffes statutarische Struktur auch die Begriffe **Rechtsstruktur** sowie **Beteiligungs- und Kapitalstruktur** eingebürgert. Unter der Rechtsstruktur der internationalen Unternehmung versteht man die Gesamtheit der in der internationalen Unternehmung vorfindbaren Rechtsformen, einschließlich der Rechtsbeziehungen zwischen den einzelnen Einheiten. Will man die Rechtsstruktur gestalten, so setzt man an der Wahl der Rechtsform für einzelne Einheiten an, geht aber über die einzelnen Einheiten weit hinaus, denn gerade das Zusammenspiel der einzelnen Rechtseinheiten ist von entscheidender Bedeutung. Die Unterscheidung zwischen einer operativen Struktur und einer statutarischen Struktur wird besonders dort offensichtlich, wo viele Einheiten rechtlich selbständig sind. Vereinfacht lässt sich sagen: Je mehr Einheiten rechtlich selbständig sind, umso stärker differiert die operative Struktur von der Rechtsstruktur.

Betrachten wir ferner in internationalen Unternehmungen die rechtlich selbständigen Einheiten, so finden wir innerhalb dieser Einheiten eine Vielzahl an Rechtsformen vor. Dies hängt damit zusammen, dass die unterschiedlichen gesellschaftsrechtlichen Möglichkeiten bisher noch kaum über Ländergrenzen hinweg standardisiert oder zumindest angeglichen sind. Durch die kapital- und stimmrechtsmäßige Verknüpfung der einzelnen rechtlich selbständigen Einheiten, die durch zahlreiche unselbständige Einheiten ergänzt werden, entsteht ein – häufig extrem verzweigtes – Beziehungsgeflecht zwischen Gesellschaften, die unterschiedlichen nationalen Ursprungs sind.

Die Rechtsstruktur muss nun – gerade bei Konzernen bzw. Holdings – mit der operativen Struktur nicht deckungsgleich sein (vgl. Werder 1986, S. 589-590). Bei Konzernen und Holdings sind schließlich, wie ausführlich erläutert, viele Teileinheiten juristisch selbständig, was bei Einheitsunternehmungen nicht der Fall ist. Dies führt meist zu einem Auseinanderfallen von operativer Struktur und Rechtsstruktur (vgl. anders Bühner

1990, S. 299). Zwar können manche organisatorischen Einheiten durchaus mit den rechtlichen Einheiten zusammenfallen (Kongruenzprinzip), doch gibt es häufig Fälle, bei denen rechtliche Einheiten mehrere organisatorische Bereiche umfassen oder andere Fälle, bei denen organisatorische Bereiche aus mehreren Rechtseinheiten bestehen. So deckt sich etwa bei *Bertelsmann* keineswegs der rechtliche mit dem organisatorischen Aufbau; vielmehr stehen häufig hinter einer rechtlichen Einheit mehrere Profit Center, und umgekehrt kann ein Profit Center mehrere (rechtlich selbständige) Firmen umfassen (vgl. Luther 1996, S. 152). Durch Überlappungen wird das Verhältnis zwischen organisatorischer und rechtlicher Struktur meist noch komplizierter.

Zudem sind die einzelnen Einheiten innerhalb von Konzernen und Holdings nicht an bestimmte Rechtsformen gebunden. Dies heißt: Die Rechtsformen der Holdingeinheiten umfassen die gesamte Bandbreite gesetzlich zulässiger Möglichkeiten. Dies gilt sowohl für die Muttergesellschaft bzw. Dachgesellschaft als auch für Zwischengesellschaften und Tochtergesellschaften bzw. Untergesellschaften. Die Muttergesellschaft kann entweder als Kapitalgesellschaft oder auch als Personengesellschaft firmieren. In einzelnen, jedoch eher seltenen Fällen, übernimmt auch eine Stiftung die Rolle der Obergesellschaft. Ein Beispiel dafür ist etwa die *Bertelsmann Stiftung*, die dem *Bertelsmann*-Konzern vorsteht. Zwischen- oder Tochtergesellschaften können gleichermaßen sowohl in der Rechtsform von Kapitalgesellschaften als auch in der Rechtsform von Personengesellschaften geführt werden.

International tätige Holdinggesellschaften vereinen nun unter ihrem Dach nicht nur Zwischen- bzw. Tochtergesellschaften deutschen Rechts (etwa in den Rechtsformen der AG, GmbH oder OHG), sondern auch Gesellschaften ausländischen Rechts (etwa in den Rechtsformen der französischen „société anonyme", der englischen „limited company" oder der spanischen „sociedad anónima"). Dies führt dazu, dass eine Vielzahl unterschiedlicher nationaler Rechtsformen unter einem Holdingdach vereint ist. Abbildung 4-28 gibt einen Überblick über unterschiedliche Rechtsformen in ausgewählten Ländern. Der Wunsch, zumindest in Europa Unternehmungen zu etablieren, die nicht einem nationalen Recht unterworfen sind, sondern **europäischem Recht** unterstehen, ist nicht neu. Schon seit langem existierte die Idee, die sogenannte Europäische Gesellschaft (Societas Europaea oder kurz: S.E.) als Alternative zur Aktiengesellschaft (bzw. deren Äquivalent in den anderen europäischen Staaten) Wirklichkeit werden zu lassen. Doch erst vor kurzem ist es zur Realisierung gekommen, etwa in Deutschland bei *Allianz*, *Fresenius* und *Porsche*, in Schweden bei der *Nordea Bank* oder bei der französichen Versorgungsunternehmung *Suez* (vgl. umfassend Theisen/Wenz 2005, Hrsg., sowie insbesondere zur Prozedur der Bildung einer Societas Europaea bspw. Dickens 2007).

D/A/CH	OHG (D, A), Kollektiv-gesellschaft (CH)	KG	GmbH	AG
F	société en nom collectif	société en commandite simple	société à responsabilité limitée (S.A.R.L)	société anonyme (S.A.)
	(-)	(-)	(50.000 FFR)	(nicht börsennotiert: 250.000 FFR; börsennotiert: 1,5 Mio. FFR)
	1. Kap. Art. 10ff	*2. Kap. Art. 23ff*	*3. Kap. Art. 34ff*	*4./5. Kap. Art. 70ff*
	Code de Sociétés - Loi N° 66-537 (24.07.1966) sur les sociétés commerciales, Décret N° 67-236 v. 23.03.1967			
GB	ordinary partnership	limited partnership	(private) limited company (Ltd.)	(public) limited company (plc.)
	(-)	(-)	(-)	(50.000 GBP)
	Partnership Act 1890 und Common Law	*Limited Partnership Act 1907 und Common Law*	*div. Companies Acts (vgl. Palmer's Company Law)*	
I	società in nome collettivo	società in accomandita semplice	società a responsabilità limitata (S.r.l.)	società per azioni (S.p.A.)
	(-)	(-)	(20 Mio. ITL)	(200 Mio. ITL)
	§§ 2291ff Codice civile	*§§ 2313ff Codice civile*	*§§ 2472ff Codice civile*	*§§ 2325ff Codice civile*
NL	vennootschap onder firma (V.O.F.)	commanditaire vennootschap (C.V.)	beslotenen vennootschap met beperkte aansprakelijkheid (B.V.)	naamloze vennootschap (N.V.)
	(-)	(-)	(40.000 NLG)	(100.000 NLG)
	Art. 15-34 Wetboek van Koophandel	*Art. 15-34 Wetboek van Koophandel*	*Art. 2: 175-274 Burgerlijk Wetboek*	*Art. 2: 6-164 Burgerlijk Wetboek*
E	compañía colectiva	sociedad comanditaria	sociedad de responsabilidad limitada (S.r.l.)	sociedad anónima (S.A.)
	(-)	(-)	(0,5 Mio. ESP)	(10 Mio. ESP)
	Art. 125ff Código de comercio	*Art. 145ff Código de comercio*	*Ley de sociedades de responsabilidad limitada*	*Ley de sociedades anónimas*
USA	general partnership	limited partnership	close corporation (Inc./Corp.)	public corporation (Inc./Corp.)
	(-)	(-)	(-)*	(-)*
	Uniform Partnership Act (UPA)	*Revised Uniform Limited Partnership Act (RULPA)*	*Model Statutory Close Corporation Supplement (M.S.C.C.S.)*	*Revised Model Business Corporation Act (R.M.B.C.A.)*
J	Gomei Kaisha	Goshi Kaisha	Yûgengaisha	Kabushiki Kaisha (Inc./Ltd.)
	(-)	(-)	(3 Mio. JPY)	(10 Mio. JPY)
	Shôhô	*Shôhô*	*Yûgengaishahô*	*Shôhô*
(-) keine Mindestkapitalvorschriften * in manchen Bundesstaaten 1.000 USD				

Abb. 4-28: Gesellschaftsrechtsformen in ausgewählten Ländern
Quelle: Bühner (1989), Sp. 1849-1850 sowie eigene Erweiterungen und Ergänzungen aus diversen Quellen.

Die **Kriterien** für die **Gestaltung der Rechtsstruktur** sind den Kriterien für die Rechtsformwahl in nationalen Unternehmungen ähnlich: In der Literatur werden vor allem folgende Aspekte genannt, die bei der Wahl der Rechtsstruktur eine Rolle spielen:

- Beteiligungsmöglichkeiten,
- Kapitalbeschaffungsmöglichkeiten,
- Haftungsgesichtspunkte,
- Publizitätsaspekte,
- Mitbestimmungsregelungen,
- Besteuerungsargumente sowie
- Standing im Ausland.

Erfahrungen zeigen, dass in der Praxis der internationalen Unternehmungstätigkeit aus dem Katalog dieser Kriterien den **Besteuerungsaspekten** in der Regel die größte Bedeutung für die Wahl der Rechtsstruktur zukommt (vgl. Seeger 1995, Raupach 1998). Schließlich wird die Gestaltung der statutarischen Organisationsstruktur in der Praxis in vielen Fällen vor allem von einem Ziel getragen: der Minimierung der Steuerlast der international tätigen Unternehmung. Ein möglichst hoher Anteil des Gewinns soll letztlich bei Einheiten anfallen, die eine niedrige Besteuerung erlauben (vgl. Albrecht 1970, S. 2085-2086, Bleicher 1972a, S. 332). Offensichtlich wird dies etwa durch die vergleichsweise hohe Anzahl von Spitzen- und Zwischeneinheiten, die in Steueroasen wie Andorra, Liechtenstein, Monaco, den britischen Kanalinseln, den Bahamas oder den Niederländischen Antillen domizilieren. Liechtenstein hat bekanntlich mehr (Briefkasten-)Unternehmungen als Einwohner! Aber selbst Belgien, Luxemburg, Irland und die Niederlande haben sich inzwischen zu **Niedrigsteuerländern** entwickelt, in denen große Konzerne vielfach Unternehmungseinheiten etablieren (vgl. zu einzelnen Holdingstandorten z.B. Littich et al. 1993, S. 99-293, Bremer 1996, S. 104-298). Das in Textbox 4-18 skizzierte Beispiel von *BMW* kann Hinweise darauf geben, wie internationale Unternehmungen das Steuergefälle ausnutzen.

Es wäre jedoch nicht gerechtfertigt, würde man internationalen Unternehmungen generell unterstellen, über die Gestaltung der Rechtsstruktur illegale Gewinnverschiebungen vorzunehmen. In der Regel geht es vielmehr um die **legale Nutzung des internationalen Steuergefälles** und um die **Vermeidung von Mehrfachbesteuerungen**. So zählen etwa die Niederlande seit Jahren zu den bevorzugten Standorten von Holdinggesellschaften (➜ zu Holdingstrukturen v.a. Abschnitt 2.2.3 in diesem Kapitel), da die niederländische Regierung die Ansiedlung internationaler Unternehmungen durch ein vereinfachtes Steuersystem und durch kalkulierbare Steuersicherheit aktiv fördert (vgl. Rosenbach 1995, v.a. S. 717-723). Es ist also anzunehmen, dass immer wieder Steueraspekte dafür verantwortlich sind, dass internationale Unternehmungen deutscher Herkunft, wie etwa *Hugo Boss*, ihre Holdinggesellschaften in den Niederlanden gründen. Doch auch wenn die Ausnutzung des internationalen Steuergefälles legal ist, wird damit letztlich nicht geklärt, ob Unternehmungen zur Ausnutzung gezwungen werden. Sieht man einmal von strikt ökonomischen Überlegungen ab, die eine Ausnutzung in allen Fällen fordern, so bleiben auch politische, soziale und ethische Überlegungen anzustellen.

Textbox 4-18: Die Ausnutzung des internationalen Steuergefälles

Ein Beispiel

BMW erzielte in den vergangenen Jahren immer wieder glänzende Gewinne. Doch die nachfolgende Tabelle kann Ihnen verdeutlichen, dass die in Deutschland gezahlten Steuern auf den Gewinn, die sogenannte Körperschaftssteuer, nichtsdestotrotz von 1988 bis 1993 kontinuierlich abnahmen.

	weltweit von BMW bezahlte Gewinnsteuern (in Mio. €)	in Deutschland von BMW bezahlte Gewinnsteuern (in Mio. €)	Verhältnis Deutschland/ Welt
1988	316	279	88%.
1989	455	260	57%.
1990	425	199	47%.
1991	400	117	29%.
1992	311	16	5%.
1993	98	-16	-16%*
1994	287	101	35%.

* Im Jahr 1993 erhielt BMW eine Steuererstattung des deutschen Fiskus.

Wurden 1988 noch 88% aller Gewinnsteuern an den deutschen Fiskus abgeführt, so verminderte sich dieser Prozentsatz auf 57% im Jahr 1989, 47% im Jahr 1990 und 29% im Jahr 1991. 1992 wurden nur noch 5% der weltweit bezahlten Gewinnsteuern in Höhe von 608 Mio. DM (~ 311 Mio. €) in Deutschland erbracht. 1993 erhielt *BMW* vom deutschen Fiskus sogar eine Steuererstattung in Höhe von 32 Mio. DM (~ 16,4 Mio. €). Paradoxerweise erst 1994, als die Internationalisierung von *BMW* durch die Akquisition von *Rover* einen deutlichen Schub bekam, verblieb wieder ein höherer Prozentsatz der Gewinnsteuern in Deutschland.

Quelle:
Weichenrieder (1996), v.a. S. 1-2.

Festzuhalten ist in unserem Zusammenhang, dass die operative Organisationsstruktur **(de-facto-Struktur)** deutlich von der statutarischen Struktur, d.h. der Rechtsstruktur **(de-jure-Struktur)** differieren kann. Und wenn die Rechtsstruktur nicht mit der operationalen Struktur übereinstimmt, müssen auch die rechtlichen Spitzen- und Zwischeneinheiten nicht zwingend die betriebswirtschaftlichen Leitungsfunktionen ausüben. Es existiert sogar selten eine Identität zwischen statutarischer und operationaler Organisation.

3 Von der Strukturorientierung zur Prozessorientierung

3.1 Von der Restrukturierung zur Prozessorientierung

Wenn im Moment in vielen Zeitungen, Zeitschriften und Büchern von der Restrukturierung oder Reorganisation in vielen Unternehmungen berichtet wird (vgl. zur Aktualität der Reorganisation Wolff 1999, v.a. S. 1-62), so ist dies im Vergleich zur Vergangenheit keinesfalls ein neues Phänomen. Auch in der Vergangenheit fanden wir – wie etwa die Übergänge von der Internationalen Division zu integrierten Funktional-, Geschäftsbereichs- und Regionalorganisationen (und später teilweise zur Matrixorganisation) zeigen – eine permanente Veränderung der Organisation. Abbildung 4-29 soll nochmals idealtypisch auf die wichtigsten Restrukturierungen, d.h. Veränderungen der Organisationsstrukturen, hinweisen und dabei gleichzeitig verdeutlichen, dass die Veränderung der Organisationsstrukturen auch mit dem gewünschten Ausmaß an Zentralisierung und Dezentralisierung einhergeht (vgl. Ruigrok/Pettigrew/Peck/Whittington 1999). Wie man sehen kann, schwingt dabei das **„Pendel zwischen Zentralisierung und Dezentralisierung"** immer wieder hin und her, so dass im Zeitablauf keine eindeutige Tendenz auszumachen ist (vgl. auch Picot 1993, S. 221). Offensichtlich verändert sich die Bewertung von Organisationsstrukturen und damit auch die Wahl der optimalen Organisationsstruktur vor dem Hintergrund einer Vielzahl unterschiedlicher unternehmungsinterner und -externer Einflussfaktoren (vgl. zur Bewertung von Organisationsstrukturen auch Wenger 1999, v.a. Kapitel 4).

Auch die Ergänzung der Primärorganisation durch eine Sekundärorganisation in Form der Projektorganisation kann deutlich machen, dass in vielen Unternehmungen die Unzufriedenheit mit den klassischen strukturellen Organisationsformen nicht allein dadurch überwunden werden konnte, indem man von einem Organisationsmodell zu einem anderen Organisationsmodell überging. Vielmehr zeugt die verstärkte Beachtung, die der Projektorganisation seit jeher zukam und bis heute zukommt, bereits ansatzweise davon, dass die hierarchisch-strukturellen Organisationsformen alleine nicht ausreichen – selbst dann nicht, wenn man versucht, sie permanent an die internen und externen Anforderungen anzupassen.

Und nachdem seit einiger Zeit gar lautstark von einem **Paradigmenwechsel „weg von der Struktur, hin zum Prozess"** die Rede ist, scheint inzwischen die Unzufriedenheit mit den hierarchisch-strukturellen Organisationsformen ihren vorläufigen Höhepunkt erreicht zu haben (vgl. Hinterhuber 1994). Selbst einige der prominenten Autoren im Internationalen Management, die noch kurz zuvor empirische Untersuchungen zur Organisationsstruktur vorlegten (vgl. Ghoshal/Nohria 1989, 1993), gehen mit dem Trend der Zeit und sprechen nun nicht mehr von der Bedeutung der Struktur, sondern von der Bedeutung der Prozesse (vgl. Ghoshal/Bartlett 1995). Es ist vor diesem Hintergrund nicht verwunderlich, dass „Prozess" zur Zeit zu einem der meistverwendeten Begriffe in der betriebswirtschaftlichen Theorie und Praxis gehört (vgl. Bea/Schnaitmann 1995, S. 278).

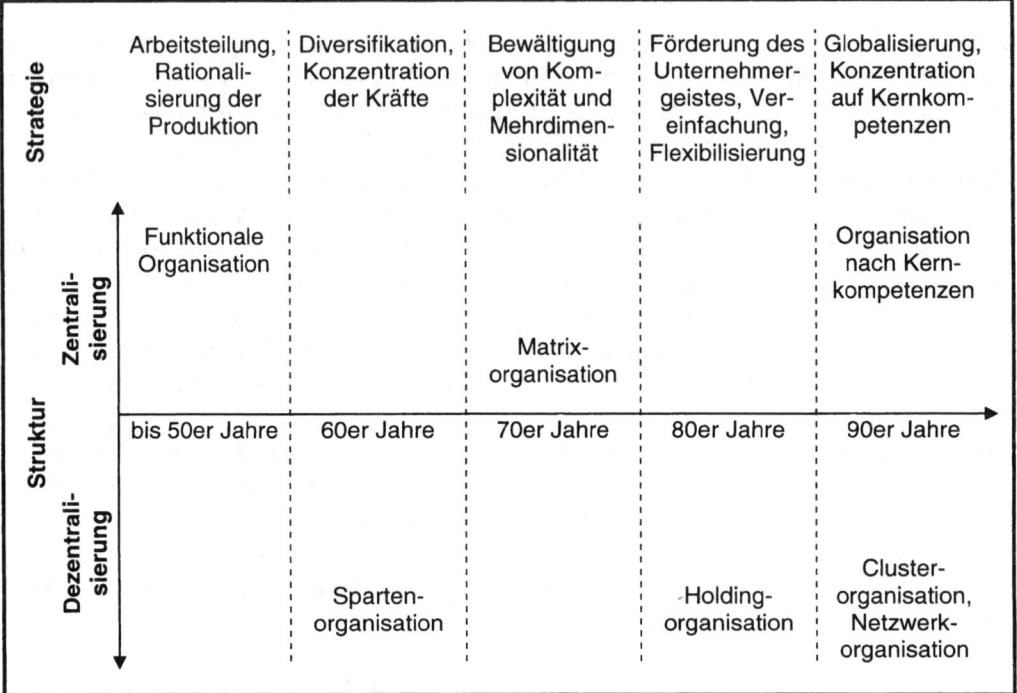

Abb. 4-29: Die Entwicklung von Organisationsstrukturen
Quelle: in Anlehnung an Gomez (1992), S. 167 und S. 171.

Allerdings wäre es naiv, wenn man nun die klassischen Organisationsstrukturen verdammen und die Forderung nach einer völligen Ablösung der (klassischen) Organisationsstrukturen durch eine Prozessorganisation fordern würde (vgl. Reiß 1992, v.a. S. 25). Diese Relativierung berücksichtigend, möchten wir am Ende dieses Kapitels auf den Switch von der Strukturorientierung zur Prozessorientierung eingehen. Wir möchten Sie als Leser daher darauf hinweisen, dass die Ausführungen an dieser Stelle der Komplexität des Themas „Prozessorientierung" nicht gerecht werden können; wichtig erscheint es uns jedoch, den Kerngedanken der Prozessorientierung einzuführen. Der **Kerngedanke** der Prozessorientierung besteht darin, die Ausrichtung von Unternehmungen auf Organisationsstrukturen durch eine Ausrichtung auf Geschäftsprozesse zu ersetzen – oder sagen wir besser: zu ergänzen. Wir werden später nämlich erkennen, dass die Ausrichtung auf Geschäftsprozesse die klassische Organisationsstruktur in den meisten Fällen nicht überflüssig macht (vgl. Hatten/Rosenthal 1999). Um eine Unternehmung nach Geschäftsprozessen zu strukturieren, muss man sich zunächst im klaren sein, was überhaupt unter einem Geschäftsprozess zu verstehen ist.

3.2 Arten von Prozessen

3.2.1 Geschäftsprozesse

Als **Geschäftsprozess** kann man alle Tätigkeiten und Aktivitäten definieren, die in direktem Zusammenhang miteinander stehen und in ihrer Summe den betriebswirtschaftlichen, produktionstechnischen, verwaltungstechnischen und finanziellen Erfolg der Unternehmung bestimmen (vgl. Striening 1988). Als Kernbestandteile eines Geschäftsprozesses gelten Input, Transformation und Output (vgl. Hanfeld 1997, S. 129-136, Weller 1999, S. 9-14). In Unternehmungen – ob nun national oder international – laufen eine Vielzahl von Geschäftsprozessen gleichzeitig ab und ziehen sich im Zeitablauf als Ereignisketten durch die Unternehmung. Als Beispiele für Geschäftsprozesse lassen sich etwa die Kundenakquisition, die Auftragsbearbeitung, die Produktentwicklung, die Einkaufsabwicklung, der Fertigungsprozess, die Erfolgskontrolle (vgl. Weller 1999, S. 75-99) oder auch die Markteinführung neuer Produkte (vgl. Hanfeld 1997) auffassen. Geschäftsprozesse erzeugen dabei in internationalen Unternehmungen doppelte Komplexität, da sie sowohl Unternehmungs- als auch Landesgrenzen überschreiten. Dies soll kurz erläutert werden:

(1) Wie in nationalen Unternehmungen überschreiten die Geschäftsprozesse auch in internationalen Unternehmungen häufig die **Grenzen der einzelnen Unternehmung.** Es sind also in vielen Fällen, vor allem in stark arbeitsteiligen Unternehmungen, nicht nur zahlreiche Einheiten einer international tätigen Unternehmung in einen Geschäftsprozess involviert; es werden darüber hinaus auch Kunden, Lieferanten, Dienstleistungsunternehmungen oder Wertschöpfungspartner an Prozessen beteiligt – dies insbesondere vor dem Hintergrund der oben angesprochenen Herausbildung von internationalen Netzwerken (vgl. Gerybadze 1994). Häufig tragen zum reibungslosen Ablauf eines bestimmten Geschäftsprozesses viele verschiedene Unternehmungen bei, so dass bereits von der Virtualisierung von Geschäftsprozessen bzw. von der Virtualisierung der Prozessorganisation die Rede ist (vgl. Müller-Stewens 1997).

(2) Darüber hinaus überschreiten die meisten Geschäftsprozesse in internationalen Unternehmungen in einem bestimmten Stadium und zu einem bestimmten Zeitpunkt mindestens einmal die **Landesgrenzen** und werden dadurch komplexer als in rein nationalen Unternehmungen. Geschäftsprozesse machen also meist nicht an Landesgrenzen halt und werden dadurch verschiedenen rechtlichen, politischen, sprachlichen, kulturellen oder ökonomischen Einflüssen ausgesetzt. Dabei ist selbstverständlich nicht jeder Geschäftsprozess in gleichem Maße von den Einflüssen der Grenzüberschreitung

betroffen. Wir können allerdings davon ausgehen, dass bei den meisten Geschäftsprozessen zumindest teilweise eine Komplexitätserhöhung durch die Auslandstätigkeit eintritt.

Welche Problematik mit dieser doppelten Grenzüberschreitung von Geschäftsprozessen für die Führung verbunden ist, zeigt das in Textbox 4-19 erwähnte Beispiel der *Lufthansa*: Je mehr Aktoren – vor allem außerhalb der Unternehmung – in bestimmte Prozesse eingebunden sind und je stärker die Prozesse Landesgrenzen überschreiten, umso anfälliger sind sie für Störungen und umso schwieriger wird tendenziell ihre Führbarkeit.

Textbox 4-19: Störungen internationaler Geschäftsprozesse

Das Beispiel von Lufthansa

Die *Lufthansa* ist im Rahmen ihrer Internationalisierungsstrategie nicht nur in eine Strategische Allianz mit zahlreichen großen Fluggesellschaften wie *United Airlines*, *Air Canada*, *Air China*, *Thai Airways* oder *SAS* eingebunden; sie hat darüber hinaus ein weites Geflecht von zusätzlichen Kooperationsabkommen. Eines dieser Kooperationsabkommen bestand ab Frühjahr 1999 über die Tochtergesellschaft *Lufthansa CityLine* mit dem britischen Billigcarrier *Debonair*. *Debonair* bediente im Auftrag von *Lufthansa* unter anderem die europäischen Ziele Amsterdam, Birmingham, Brüssel, Helsinki, Manchester, Marseille, Mailand, Toulouse und Wien – Ziele, die die *Lufthansa* selbst aufgrund ihrer Kostenstruktur nicht gewinnbringend bedienen konnte. Doch bereits einige Monate nach Beginn des Kooperationsabkommens musste *Debonair* Ende September 1999 von einem Tag auf den anderen den Geschäftsbetrieb einstellen, nachdem dies von den Insolvenzverwaltern in London so angeordnet war. Und für die *Lufthansa* wurden dadurch plötzlich mehrere Geschäftsprozesse in ihrem reibungslosen Ablauf empfindlich gestört. *Lufthansa* musste zunächst Flüge annullieren, weil nicht genügend Maschinen zur Verfügung standen, um die Strecken selbst zu übernehmen. Zudem hatte *Lufthansa* gebuchte Passagiere auf andere Fluggesellschaften unter erheblichen Kostenbelastungen umzubuchen. Des Weiteren wurden vorübergehend Flugzeuge anderer Kooperationspartner (*Air Dolomiti* sowie *Cimber Air*) eingesetzt, was Auswirkungen auf Routenplanung, Instandhaltung und Catering hatte.

Quellen:
- Deckstein, Dinah (1999): Wildes Geflecht. In: Der Spiegel Nr. 41/1999 vom 11. Oktober 1999, S. 155.
- o.V. (1999): Debonair muss aufgeben. In: Süddeutsche Zeitung Nr. 228 vom 02./03. Oktober 1999, S. 25.
- o.V. (1999): Debonair ist das erste Opfer des britischen Billigflugmarktes. In: Frankfurter Allgemeine Zeitung Nr. 229 vom 02. Oktober 1999, S. 22.

3.2.2   Kernprozesse innerhalb der Geschäftsprozesse

In vielen Unternehmungen werden aus der Vielzahl der ablaufenden Geschäftsprozesse einige wenige **strategisch bedeutsame Prozesse** herausgegriffen und als **Kernprozesse** identifiziert (vgl. Hammer/Stanton 1999). Wenn sich Unternehmungen in der Praxis auf diese Kernprozesse konzentrieren, so heißt dies nicht, dass nur diese Kernprozesse existieren. Neben den Kernprozessen laufen vielmehr noch zahlreiche weitere Prozesse ab, deren Bedeutung aber im Vergleich zu den Kernprozessen für den Erfolg der Unternehmung als geringer eingeschätzt wird. Kernprozesse sind damit eine Teilmenge aller Geschäftsprozesse in der Unternehmung. Häufig identifizieren Unternehmungen fünf bis acht dieser Kernprozesse, da sie erkannt haben, dass eine Differenzierung von zehn oder gar zwanzig Prozessen die Komplexität zu stark erhöhen würde (vgl. Davenport 1993, S. 28-29). Unter Rückgriff auf die ressourcenbasierten Ansätze des Strategischen Managements wird von manchen Autoren nur dann von Kernprozessen gesprochen, wenn die Prozesse folgende Eigenschaften aufweisen (vgl. Osterloh/ Frost 1996, S. 34-37, → zu den ressourcenbasierten Ansätzen auch Abschnitt 1.2.2 in Kapitel 6).

- **Unternehmungspezifität:** Prozesse müssen durch eine unternehmungsspezifische Nutzung von Ressourcen einmalig sein.

- **Nicht-Imitierbarkeit:** Prozesse dürfen aufgrund ihrer Eigenheiten nicht leicht von Wettbewerbern imitierbar sein.

- **Nicht-Substituierbarkeit:** Prozesse dürfen nicht durch andere Problemlösungen ersetzbar sei.

- **Wahrnehmbarer Kundennutzen:** Prozesse müssen dazu beitragen, dass die Unternehmung einen wahrnehmbaren Nutzen für die Kunden schafft – einen Nutzen, für den Kunden zu zahlen bereit sind.

Werden Kernprozesse aus einer derartigen ressourcenorientierten Perspektive betrachtet, so steht dahinter die Überzeugung, dass Kernprozesse genauso wie andere Ressourcen (z.B. Patente, Finanzkraft, Unternehmungskultur) die Basis nachhaltiger Wettbewerbsvorteile darstellen können.

Neben den allgemeinen Kernprozessen werden von manchen Autoren auch die **Kernprozesse des Top-Managements** angesprochen. Nach Ghoshal/Bartlett handelt es sich dabei etwa um den „entrepreneurial process", den „competence building process" und den „renewal process" (vgl. Ghoshal/Bartlett 1995). Mit derartigen Kernprozessen wird vor allem die Prozessorientierung auf der Ebene des obersten Managements gefordert. Auch Fragen der Strategischen Unternehmungsführung, so die Forderung, müssten verstärkt aus dynamischer Perspektive angegangen werden.

3.3   Verbesserung von Geschäftsprozessen

Zahlreiche Unternehmungen haben die Bedeutung von Geschäftsprozessen erkannt und deswegen – verstärkt seit Beginn der neunziger Jahre – Geschäftsprozesse identifiziert, analysiert und dokumentiert (vgl. Weller 1999, S. 330-340). Gleichzeitig wurde von vielen Unternehmungen erkannt, dass bei Geschäftsprozessen ein großes Verbesserungspotential besteht.

Im Hinblick auf das Management von Geschäftsprozessen wird in der Literatur gerade die radikale Veränderung der Geschäftsprozesse seit einigen Jahren unter dem Schlagwort **„Business Process Reengineering (BPR)"** vehement diskutiert (vgl. zu einem kritischen Überblick z.B. Kieser 1996b, Theuvsen 1996 und zu einer empirischen Bestandsaufnahme Hess/Schuller 2005). Mit dem Schlagwort BPR ist damit meist nicht nur eine inkrementale, evolutionäre Veränderung einzelner Prozesse gemeint, sondern eine abrupte, revolutionäre Umgestaltung der bisherigen Organisation. Viele Unternehmungsberater traten dabei mit der Versprechung auf, dass man durch eine Neugestaltung der Geschäftsprozesse die unternehmerische Leistung um ein Vielfaches verbessern könnte (vgl. Davenport 1993, Hammer/Champy 1993). Suggeriert werden von der Consultingbranche „Quantensprünge", etwa zur Reduzierung von Durchlaufzeiten von mehreren Tagen auf einige Stunden, zur Beschleunigung der Entwicklungsgeschwindigkeit von vier Jahren auf die Hälfte oder insgesamt eine Verbesserung der unternehmerischen Leistung um bis zu 40%.

Verbesserung – ob nun eher inkremental oder aber eher abrupt – kann sich dabei auf **alle Arten von Geschäftsprozessen** beziehen. Sie kann Forschungs- und Entwicklungsprozesse genauso erfassen wie Produkteinführungs-, Auftragsbearbeitungs- und Finanzierungsprozesse. Verbesserung kann zudem unterschiedliche Zielrichtungen annehmen; sie mag sich in manchen Fällen auf eine Verbesserung der Qualität, in anderen Fällen auf eine Verbesserung der Quantität und in wieder anderen Fällen auf eine Verbesserung zeitlicher Dimensionen, wie zum Beispiel Geschwindigkeit, Synchronisation, Sequenz (vgl. z.B. Perich 1993, v.a. S. 251-298), beziehen. Für die letztere dieser Dimensionen lassen sich – bereits vor Beginn der Business-Process-Reengineering-Welle – zahlreiche Beispiele finden. So verkürzte *Honda* die Entwicklungszeit bei Automobilien von fünf auf zwei Jahre, *AT&T* die Entwicklungszeit bei Telefonen von zwei Jahren auf ein Jahr sowie *Hewlett-Packard* die Entwicklungszeit von Druckern von mehr als vier Jahren auf weniger als zwei Jahre (vgl. Dumaine 1989). Auch für andere Prozesse lassen sich Erfahrungen der Praxis hinsichtlich der zeitlichen Verbesserung von Prozessen referieren: So konnten – nicht zuletzt vor dem Hintergrund neuer Logistiksysteme und der Möglichkeiten der Informations- und Kommunikationstechnologie – viele Versandhäuser, wie *Otto* oder *Quelle*, ihre Auslieferungszeiten enorm reduzieren und bieten heute gar einen „Overnight-Service" an. Die am Markt auftretenden Internet-Buchhändler, wie *Amazon*, versuchen über eine effiziente Prozessgestaltung Bücher aus dem Ausland schneller zu beschaffen als stationäre Buchhandlungen.

3.4 Das schwierige Verhältnis von Strukturen und Prozessen

Alle Geschäftsprozesse, ob nun Kernprozesse oder weitere Geschäftsprozesse, weisen selbst Strukturen auf, denn sie laufen in den meisten Fällen keineswegs willkürlich ab – auch nicht in komplexen internationalen Unternehmungen. Vielmehr bilden sich für die unterschiedlichen Arten von Geschäftsprozessen Routinen heraus, die sich nach einem bestimmten Muster weitgehend ähnlich immer wieder wiederholen. Auf diese Weise entstehen relativ verfestigte **Prozessstrukturen**. Diese Erkenntnis erscheint uns sehr zentral, kann doch bereits sie darauf hinweisen, dass sich Prozess und Struktur keineswegs ausschließen. Aber wir wollen noch weiter gehen: Prozess und Struktur sind in unseren Augen sogar zwei Seiten derselben Medaille. **Prozesse haben selbst eine Struktur, und Strukturen werden durch Prozesse verändert** (vgl. Kutschker 1996, S. 1-3). Streng genommen kommt es in Unternehmungen eigentlich im Zeitablauf auch zuerst zu Prozessen – und erst anschließend über Prozessstrukturen zu Strukturen. Betrachtet man die Gründung und Entwicklung einer Unternehmung, so existieren zunächst in den meisten Fällen Aktivitäten, die als Prozesse ablaufen und die zunehmend routinisiert werden, so dass sich Prozessstrukturen herausbilden. Erst im Laufe der Zeit hat eine Unternehmung das, was wir – als Konsequenz der Arbeitsteilung, Koordination und Konfiguration – als Organisationsstrukturen bezeichnen. Und damit führen uns diese Überlegungen zurück zu Nordsieck, der bereits in den dreißiger Jahren des vorigen Jahrhunderts den Prozess zeitlich vor die Struktur bzw. hinsichtlich der inhaltlichen Bedeutung über die Struktur gestellt hat (vgl. Nordsieck 1932, 1934).

Viele Unternehmungen haben in den letzten Jahren erkannt, dass sie ihr Augenmerk nicht nur auf die traditionellen Organisationsstrukturen, sondern auch auf die innerhalb der Organisationsstrukturen ablaufenden Prozesse zu richten haben. Es ist dann Aufgabe des Managements, nicht nur Organisationsstrukturen, sondern vielmehr die Geschäftsprozesse zu optimieren – hinsichtlich ihrer Sequenz, hinsichtlich der Allokation von Zeit, hinsichtlich ihrer Harmonisierung und schließlich hinsichtlich ihrer Struktur, was wir als Prozessstruktur bezeichnet haben (vgl. Kutschker 1996, S. 4-8, → zu einer differenzierten Betrachtung der Merkmale von Prozessen Kapitel 7, v.a. Abschnitt 1.2).

Es ist damit festzuhalten, dass die Prozessidee die Ausrichtung auf objektorientierte Strukturen nicht zwingend ersetzt, sondern nur weitertreibt und ergänzt. Stimmt also die Aussage derer nicht, die in der Prozessorientierung eine Abkehr von der Strukturorientierung sehen? Üblicherweise wurde in vielen Unternehmungen die Strukturierung bisher in ihren horizontalen Dimensionen nach Funktionen, Geschäftsbereichen, Produkten oder Regionen vorgenommen – nicht ganz, so aber doch teilweise unabhängig von der vertikalen Dimension, wo Fragen der Hierarchie, der Delegation, der Partizipation, der Selbstabstimmung oder der Standardisierung im Mittelpunkt standen. Dies gilt auch für internationale Unternehmungen, deren funktionale, geschäftsbereichs-, produktorientierte oder regionenorientierte Struktur wir oben vorstellten.

Die Ausrichtung auf Geschäftsprozesse ändert nun nichts hinsichtlich der vertikalen Dimension; sie ändert jedoch manches hinsichtlich der horizontalen Dimension. **Prozesse** werden hinsichtlich der horizontalen Dimension zu einem **weiteren Strukturierungskriterium** – neben Funktionen, Geschäftsbereichen, Produkten oder Regionen. Selbst Unternehmungen, die für sich in Anspruch nehmen, die gesamte Organisation auf Prozesse hin auszurichten, weisen also weiterhin eine Struktur auf! Damit ist die oben aufgeworfene Frage beantwortet: Die Prozessorientierung ist als Ergänzung und nicht als Ersatz für die Strukturorientierung aufzufassen (vgl. Hatten/Rosenthal 1999) – ganz in der deutschsprachigen betriebswirtschaftlichen Tradition Kosiols, der die Aufbauorganisation und die Ablauforganisation als zwei sich ergänzende Aspekte der Organisation betrachtete.

Wenn die Prozessausrichtung hinsichtlich der vertikalen Dimension und damit hinsichtlich der Fragen von Hierarchie, Delegation, Partizipation, Selbstabstimmung oder Standardisierung im Vergleich zur Strukturausrichtung – entgegen mancher anderslautender Behauptungen – vergleichsweise wenig ändert, so könnte man annehmen, dass eine Prozessorientierung insgesamt kaum Konsequenzen hat. Eine derartige Annahme wäre allerdings verfehlt. Denn tendenziell scheint die Prozessorientierung bzw. deren intensive Weiterentwicklung im Rahmen von Business-Process-Reengineering-Programmen den Hang zur Stärkung hierarchischer Beziehungen sowie zur Zentralisierung von Entscheidungen und Standardisierung sowie Formalisierung von Abläufen eher zu stärken als abzuschwächen (vgl. Osterloh/Frost 1994). Denn der Gedanke von einer effizienteren Gestaltung von Prozessen erfordert eine straffe Prozessstrukturierung, eine exakte Festlegung von Zuständigkeiten, eine genaue Synchronisation der Aktivitäten und eine Routinisierung der Abläufe. Darüber hinaus werden auch Prozessverantwortliche, sogenannte „Process-Owners" (vgl. Striening 1988, S. 164-172, Hanfeld 1997, S. 248-251, Hammer/Stanton 1999, v.a. S. 111-113), in der Unternehmung benannt – Prozessverantwortliche, die hierarchisch als „Spitze" bestimmter Prozesse interpretiert werden können. Nur in wenigen Fällen ist der Process-Owner auch derjenige, der einen bestimmten Prozess alleine und vollständig erfüllt. Gerade in international tätigen Unternehmungen sind an komplexen Geschäftsprozessen schließlich viele Individuen beteiligt, die vom Prozessverantwortlichen geführt, gesteuert und koordiniert werden müssen. Insofern handelt es sich bei Business Process Reengineering also keineswegs um ein Konzept, welches zwingend dem in der Literatur diskutierten „Neuen Paradigma der Dezentralisation" zuzurechnen ist (vgl. Drumm 1996).

Als Fazit bleibt festzuhalten, dass eine stärkere Ausrichtung auf Prozesse die Strukturen internationaler Unternehmungen nicht ersetzt. Die umfangreiche Literatur zum Business Process Reengineering hat unseres Erachtens Unternehmungen lediglich für drei zentrale Aspekte sensibilisiert:

- erstens dafür, dass **Prozesse gegenüber Strukturen** (Funktionen, Geschäftsbereiche, Produkte, Regionen usw.) **stärker zu beachten** sind,
- zweitens dafür, dass es häufig **Ansatzpunkte zur Verbesserung** der bisherigen Prozesse bzw. deren Ablauf gibt, und
- drittens dafür, dass **Strukturen und Prozesse zahlreiche Interdependenzen** aufweisen.

Dem Verhältnis von Struktur und Prozess müssen sich Betriebswirtschaftslehre und Internationales Management in Zukunft verstärkt zuwenden, bevor weitere Gestaltungsempfehlungen gegeben werden können. Von einem Paradigmenwechsel kann und sollte – trotz dieser wesentlichen Sensibilisierungsfunktionen der Business-Process-Reengineering-Literatur – keine Rede sein!

Fragen zur Selbstkontrolle

Fragen zur thematischen Einführung und zu Abschnitt 1

1. Welche Kriterien bieten sich an, um Typologien über Organisationsstrukturen internationaler Unternehmungen zu bilden?

2. Stellen Sie die Ihnen bekannten Organisationsstrukturen internationaler Unternehmungen in einer kurzen Übersicht zusammen.

3. Was versteht man unter einer „direct reporting structure"? Welche anderen Bezeichnungen werden in der Literatur für die „direct reporting structure" gebraucht?

4. Welche Vor- und Nachteile weist die „direct reporting structure" auf?

5. An welche Bereiche wird das Auslandsgeschäft von Unternehmungen, die weder segregierte noch integrierte Organisationsstrukturtypen wählen, häufig „gekoppelt"? Gehen Sie auch darauf ein, welche Gründe für die „Kopplung" an einen bestimmten Bereich sprechen.

6. Erläutern Sie kurz, ob „direct reporting structures" nur bei Unternehmungen existieren, die zu Beginn der Internationalisierung stehen.

7. Worin unterscheiden sich segregierte und integrierte Organisationsstrukturtypen?

8. Unter welchen Bedingungen werden von Unternehmungen oftmals Internationale Divisionen eingerichtet?

9. Stellen Sie Vor- und Nachteile einer Organisationsstruktur mit Internationaler Division gegenüber.

10. Welche Zusammenhänge existieren zwischen der Etablierung einer Internationalen Division und dem Stammland der Muttergesellschaft?

11. Was bezeichnet man als das konstitutive Merkmal einer integrierten Funktionalstruktur?

12. Wann werden integrierte Funktionalstrukturen häufig gewählt?

13. Welche Vor- und Nachteile sind mit einer integrierten Funktionalstruktur verbunden?

14. Hat die integrierte Funktionalstruktur in der Praxis heute noch Relevanz? Begründen Sie Ihre Antwort.

15. Was versteht man unter integrierten Geschäftsbereichsstrukturen?

16. Welche Zusammenhänge bestehen zwischen integrierten Geschäftsbereichs-, integrierten Produkt- und integrierten Spartenstrukturen?

17. Erläutern Sie, in welchen Fällen integrierte Geschäftsbereichs- und Produktstrukturen häufig gewählt werden.

18. Welche Vor- und Nachteile weist eine integrierte Geschäftsbereichs- bzw. Produktstruktur gegenüber einer integrierten Funktionalstruktur auf?

19. Treffen Sie Aussagen darüber, inwiefern die integrierte Geschäftsbereichs- bzw. Produktstruktur bei europäischen und US-amerikanischen Unternehmungen verbreitet ist bzw. war.

20. Legen Sie dar, was man unter einem Strategischen Geschäftsfeld versteht und wie ein Strategisches Geschäftsfeld mit einem integrierten Geschäftsbereich zusammenhängt.

21. Erläutern Sie, was man unter einer integrierten Regionalstruktur versteht und unter welchen Bedingungen eine integrierte Regionalstruktur häufig angewandt wird.

22. Welche Chancen und Risiken sind mit einer integrierten Regionalstruktur verbunden?

23. Skizzieren Sie, wie eine integrierte Key-Account-Struktur aussehen kann.

24. In welchen Branchen hat Ihrer Meinung nach die integrierte Key-Account-Struktur Bedeutung? Begründen Sie Ihre Antwort kurz.

25. Erläutern Sie die Matrixstruktur, indem Sie auf die Rolle von Matrixstellen, Matrixzellen und Matrixleitung eingehen.

26. Welche Probleme führen dazu, dass die Matrixstruktur so mancher Unternehmung bzw. deren Management zwar reizvoll erscheint, häufig aber auch nach kurzer Zeit (und manchmal auch nach gescheiterten Implementierungsversuchen) verworfen wird?

27. Inwiefern kann die integrierte Tensorstruktur als Weiterentwicklung der integrierten Matrixstruktur gelten?

28. Nehmen Sie kritisch zur Realisierbarkeit von Tensorstrukturen Stellung.

29. Was versteht man in der sozialwissenschaftlichen Literatur unter einem Netzwerk?

30. Welche beiden grundlegenden Ausprägungsformen von Netzwerken haben für internationale Unternehmungen Relevanz?

31. Welcher Zusammenhang besteht zwischen der Modularen Organisation, wie sie etwa von Wildemann skizziert wird, und der integrierten Netzwerkorganisation, wie sie von Bartlett/Ghoshal in die einschlägige Diskussion eingebracht wurde?

32. Erläutern Sie, inwiefern inter-organisationale Netzwerke durch Quasi-Externalisierung und Quasi-Internalisierung entstehen können.

33. Legen Sie dar, was mit dem Schlagwort Co-opetition gemeint ist und skizzieren Sie den Zusammenhang zwischen Co-opetition und Strategischen Allianzen.

34. Was versteht man unter Virtuellen Unternehmungen?

35. Was ist eine Hollow Organization? Inwiefern kann man bei *Puma* von einer Hollow Organization sprechen?

36. Welche strukturellen Konsequenzen ergeben sich, wenn eine Unternehmung in inter-organisationale Netzwerke eingebettet ist?

37. Wie stark sind Netzwerkstrukturen bisher in der Praxis verbreitet?

38. Stellen Sie den Zusammenhang von intra-organisationalen und inter-organisationalen Netzwerken graphisch dar.

39. Wie lassen sich die Grundformen internationaler Organisationsstrukturen mit der Typologie der internationalen Unternehmungstätigkeit von Bartlett/Ghoshal verbinden?

40. Welche Zusammenhänge sehen Sie zwischen den Grundformen internationaler Organisationsstrukturen und der Typologie der internationalen Unternehmungstätigkeit von Perlmutter?

41. Erläutern Sie, von welchen Kontingenzfaktoren die Wahl der internationalen Organisationsstruktur laut Stopford/Wells abhängt und welche zentralen Ergebnisse Stopford/Wells präsentieren.

42. Beschreiben Sie die Ergebnisse der Studie von Franko zum Entwicklungspfad internationaler Organisationsstrukturen und gehen Sie auf Gemeinsamkeiten und Unterschiede zu den Ergebnissen von Stopford/Wells ein.

43. Legen Sie dar, welche Faktoren laut Egelhoff die Wahl der Organisationsstruktur beeinflussen und wann es zu welcher Organisationsstruktur kommt.

44. Wie stark sind die Grundformen internationaler Organisationsstrukturen, wie zum Beispiel die integrierte U-Form oder die integrierte M-Form, in der Unternehmungspraxis verbreitet?

45. Warum lässt vor allem eine dynamische Betrachtung Zweifel an der Existenz von Reinformen internationaler Organisationsstrukturen aufkommen?

46. Auf welcher hierarchischen Ebene innerhalb der Unternehmung setzt die Betrachtung der Grundformen internationaler Organisationsstrukturen an? Sehen Sie in diesem Vorgehen ein Problem?

47. Inwiefern sind die Untersuchungen von Stopford/Wells, Franko und Egelhoff dem „Structure-follows-Strategy-Denken" verhaftet?

48. Warum können die Ergebnisse von Stopford/Wells, Franko und Egelhoff der heutzutage feststellbaren Komplexität von Organisationsstrukturen nicht Rechnung tragen?

49. Beurteilen Sie die Übertragbarkeit der Ergebnisse von Stopford/Wells, Franko und Egelhoff auf andere Kulturkreise.

50. Inwiefern weisen die Untersuchungen von Stopford/Wells, Franko und Egelhoff einige Probleme auf, die die kontingenztheoretische bzw. situative Forschung im Allgemeinen mit sich bringt?

51. Welche Alternativen der Führungsorganisation gibt es?

52. Schildern Sie die Möglichkeiten, Führungsaufgaben in Übereinstimmung mit der Organisationsstruktur zu verteilen.

53. Skizzieren Sie exemplarisch einige Möglichkeiten, Führungsaufgaben in Diskrepanz zur Organisationsstruktur zu verteilen.

54. Welche Vor- und Nachteile bringt es mit sich, wenn eine internationale Unternehmung Organisationsstruktur und Führungsorganisation nicht parallel gestaltet?

55. Worin liegen die grundlegenden Unterschiede zwischen dem Board-Modell und dem Vorstands-Aufsichtsrats-Modell der Spitzenverfassung?

56. Erläutern Sie, was man unter der Corporate Governance versteht und zeigen Sie anhand einiger Beispiele auf, wie sich Corporate Governance in Deutschland und den USA unterscheiden.

57. Beschreiben Sie, wie die Spitzenverfassung der deutschen Aktiengesellschaft geregelt ist.

58. Fassen Sie die Kritik zusammen, die sich in den letzten Jahren an der Tätigkeit von Vorstand und Aufsichtsrat in Deutschland entzündet hat.

59. Vergleichen Sie die Spitzenverfassung US-amerikanischer Aktiengesellschaften mit der Spitzenverfassung deutscher Aktiengesellschaften. Worin bestehen Gemeinsamkeiten und Unterschiede?

60. Erläutern Sie, was man innerhalb der US-amerikanischen Spitzenverfassung unter Inside Directors, dem Audit Committee und der multipolar strukturierten Führung versteht.

61. Skizzieren Sie die wesentlichen Elemente der Spitzenverfassung japanischer Aktiengesellschaften.

62. Beurteilen Sie, inwiefern das Schweizer Modell der Spitzenverfassung eher dem Board-Modell oder eher dem Vorstands-Aufsichtsrats-Modell entspricht.

63. Bringen Sie die in diesem Kapitel vorgestellten Varianten der Spitzenverfassung von Unternehmungen aus unterschiedlichen Heimatländern mit Hirschmans Differenzierung von „exit", „voice" und „loyalty" in Verbindung.

Fragen zu Abschnitt 2

64. Begründen Sie, warum Konzern- und Holdingstrukturen für das Internationale Management von Relevanz sind.

65. Wie ist der Konzern nach deutschem Recht definiert?

66. Welche Arten von Konzernen lassen sich juristisch differenzieren?

67. Welche Typen von Konzernen sind vor allem unter organisatorischen Gesichtspunkten von Bedeutung?

68. Welche Verflechtungen zwischen den Teilen eines Konzerns lassen sich identifizieren?

69. Was versteht man unter einer Holding?

70. Charakterisieren Sie die wesentlichen Unterschiede zwischen einer Operativen Holding, einer Strategischen Holding und einer Finanzholding.

71. Lässt sich eine Finanzholding als Finanzierungsgesellschaft bezeichnen? Begründen Sie Ihre Antwort.

72. Welcher Zusammenhang besteht zwischen den einzelnen Holdingvarianten und dem Autonomiegrad der Teileinheiten?

73. Erläutern Sie, inwiefern mit der Strategischen Holding sowohl das Erzielen von Synergieeffekten als auch eine Erhöhung des Innovationspotentials angestrebt werden.

74. Welcher Zusammenhang besteht zwischen der Zentralisierung und Dezentralisierung von Entscheidungen und den einzelnen Holdingvarianten?

75. Welche Alternativen der Bildung von Konzern- und Holdingstrukturen lassen sich unterscheiden?

76. Skizzieren Sie kurz die Modelle der personellen Verflechtung zwischen Mutter- und Tochtergesellschaften, die nach deutschem Recht zulässig sind.

77. Erläutern Sie, was unter einem Zentralbereich zu verstehen ist und inwiefern die Einrichtung von Zentralbereichen ein Gestaltungselement für internationale Unternehmungen darstellt.

78. Welche Modelle von Zentralbereichen lassen sich differenzieren?

79. Wo können in einer international tätigen Unternehmung Zentralbereiche geographisch angesiedelt werden?

80. Welche Zweck- und Zielsetzung können Zentralbereiche haben?

81. Wie lässt sich die Einrichtung von Zentralbereichen beurteilen?

82. Legen Sie dar, was man unter einem Projekt versteht und worin die Besonderheit internationaler Projekte besteht.

83. Worin unterscheidet sich die Projektorganisation von der Projektgesellschaft?

84. Welche Arten der Projektorganisation können differenziert werden?

85. Welche Gestaltungselemente sind zur Verbesserung der projektinternen Organisationsarbeit hilfreich?

86. Welche Gründe haben zu einer verstärkten Verbreitung projektbezogener Organisationsformen geführt?

87. Grenzen Sie die operationale Struktur von der statutarischen Struktur ab.

88. Inwiefern kann man die Wahl der statutarischen Struktur als Gestaltungselement für international tätige Unternehmungen bezeichnen?

Fragen zu Abschnitt 3

89. Welcher Zusammenhang besteht zwischen Restrukturierung und Prozessorientierung in Unternehmungen?

90. Definieren Sie, was man unter einem Geschäftsprozess versteht und erläutern Sie, worin die Besonderheiten internationaler Geschäftsprozesse liegen.

91. Was meint man, wenn man von Kernprozessen einer Unternehmung spricht?

92. Inwiefern stellt Business Process Reengineering (BPR) ein organisatorisches Gestaltungsinstrument für internationale Unternehmungen dar?

93. Skizzieren Sie das schwierige Verhältnis, welches zwischen Prozessen und Strukturen existiert.

Fragen und Aufgaben zur Vertiefung

Fragen zur Vertiefung

1. In diesem Kapitel haben wir erwähnt, dass die Wahl internationaler Organisationsstrukturen bestimmten Modewellen unterliegen kann (→ Abschnitt 1.2.3). Nehmen Sie zu der These „Structure follows Fashion" Stellung und arbeiten Sie heraus, welche Rolle die Unternehmungsberatungsbranche in diesem Zusammenhang spielt.

2. Welche Probleme sehen Sie, Organisationsstrukturen und Erfolg von international tätigen Unternehmungen in Verbindung zu bringen? Inwieweit berücksichtigen die klassischen Studien zur Entwicklung von Organisationsstrukturen (Stopford/Wells, Franko, Egelhoff) Fragen des Erfolgs?

3. Das US-amerikanische Modell der Corporate Governance wird oftmals als überlegen gegenüber dem deutschen Modell der Corporate Governance bezeichnet. Wie beurteilen Sie das deutsche Modell im Vergleich zum US-amerikanischen Modell vor dem Hintergrund der dargestellten Differenzen in der Organisation der Spitzenverfassung? Welchem Modell der Corporate Governance unterliegt überhaupt eine international tätige Unternehmung, die in zahlreichen Ländern operiert, wenn man nicht nur die Organisation der Spitzenverfassung betrachtet?

4. Begründen Sie, ob die internationale Aufbaustruktur durch eine internationale Ablaufstruktur zu ersetzen ist.

5. Kapitel 1 dieses Buches hat Sie dafür sensibilisiert, sich mit Globalisierung kritisch auseinander zu setzen. Dabei war auch von der Vereinheitlichung als Konsequenz der Globalisierung die Rede (→ Abschnitt 5.4.1 in Kapitel 1). Sehen Sie Anzeichen dafür, dass die Organisationsstrukturen international tätiger Unternehmungen weltweit immer ähnlicher werden?

6. In Kapitel 2 dieses Buches haben Sie innerhalb der managementorientierten Konzepte der internationalen Unternehmungstätigkeit auch die mehrstufigen Archetypen von Perlmutter und Bartlett/Ghoshal kennengelernt (→ Abschnitte 3.2.1 und 3.2.2 in Kapitel 2). Bei welchen Archetypen spielt die grenzüberschreitende Projektorganisation eine große Rolle? Bei welchen Archetypen sind eher wenige oder keine grenzüberschreitenden Projekte anzutreffen?

7. Am Ende von Kapitel 2 haben wir auf die zunehmende Bedeutung von Tochtergesellschaften in international tätigen Unternehmungen verwiesen und auch die Differenzierung von Tochtergesellschaftsrollen diskutiert (→ Abschnitt 5 in Kapitel 2).

Welche Konsequenzen für internationale Organisationsstrukturen sehen Sie im Falle einer zunehmenden Ausdifferenzierung von Tochtergesellschaftsrollen?

8. In Kapitel 3 dieses Buches war von der Internationalisierungsprozessforschung der Uppsala-Schule die Rede (→ Abschnitt 3.3.6 in Kapitel 3). Welche Zusammenhänge erkennen Sie zwischen den von der Uppsala-Schule identifizierten Entwicklungsmustern bei der Establishment Chain und der Psychic Distance Chain und den in diesem Kapitel vorgestellten Studien über Entwicklungsmuster von Organisationsstrukturen? Begründen Sie Ihre Antwort.

9. Wie beurteilen Sie die Zukunft Virtueller Unternehmungen im internationalen Kontext?

Aufgaben zur Vertiefung

1. In einem Artikel aus dem Jahr 1994 stellen Schreyögg/Noss die Frage: „Hat sich das Organisieren relativiert?". Lesen Sie diesen auch im Literaturverzeichnis erwähnten Artikel und nehmen Sie Stellung zur Frage, ob sich die Relevanz von Organisationsstrukturen während der letzten Jahrzehnte verändert hat. Versuchen Sie dabei vor allem auf die Relevanz von Organisationsstrukturen im internationalen Kontext einzugehen.

2. Innerhalb des vorliegenden Kapitels wurden zahlreiche Einflussfaktoren genannt, die bei der Wahl der internationalen Organisationsstruktur eine Rolle spielen (können).

   a) Erstellen Sie eine Liste, in der Sie alle im Text genannten (sowie eventuell weitere) Einflussfaktoren zusammentragen.

   b) Versuchen Sie, die genannten Einflussfaktoren in eine von Ihnen selbst gewählte Systematik zu bringen.

   c) Ist es Ihrer Meinung nach möglich, eindeutige Kausalaussagen zu identifizieren, die eine Beziehung zwischen den in a) und b) ermittelten Einflussfaktoren und der Wahl der Organisationsstruktur herstellen?

3. Skizzieren Sie Organisationsstrukturmodelle für folgende fiktive Unternehmungen:

   a) eine (mögliche) segregierte Struktur für eine US-amerikanische Unternehmung der Bankenbranche,

   b) eine (mögliche) integrierte Funktionalstruktur für eine deutsche Unternehmung, die als Automobilzulieferer aktiv ist,

c) eine (mögliche) integrierte Geschäftsbereichsstruktur für einen niederländischen Nahrungsmittelkonzern,

d) eine (mögliche) integrierte Regionalstruktur für einen japanischen Kosmetikhersteller und

e) eine (mögliche) Matrixstruktur für eine schwedische Unternehmung in der Haushaltsgerätebranche.

Gehen Sie in allen Fällen davon aus, dass die fiktive Unternehmung jeweils in den Triademärkten sowie in ausgewählten lateinamerikanischen und ausgewählten südostasiatischen Märkten tätig ist.

4. Nehmen Sie die Geschäftsberichte von mindestens drei international tätigen Industrieunternehmungen zur Hand und führen Sie einen Vergleich der drei Unternehmungen hinsichtlich der folgenden Aufgaben durch:

a) Identifizieren Sie, welche Zentralbereiche diese Unternehmungen aufweisen.

b) Stellen Sie fest, wo die Unternehmungen ihre Zentralbereiche lokalisieren.

c) Finden Sie – vor allem unter Rückgriff auf die Textpassagen der Geschäftsberichte – heraus, welche Bedeutung die Unternehmungen ihren Zentralbereichen zukommen lassen.

Rechnen Sie damit, dass Sie sich zunächst deutlich mehr als drei Geschäftsberichte zurechtlegen müssen, da erfahrungsgemäß nicht alle Unternehmungen umfangreiche Aussagen über ihre Zentralbereiche treffen.

Kapitel 5

Kultur in der internationalen Unternehmung

There are very few multicultural multinationals;
the truly global multicultural company does not yet exist.

David de Pury
ehemaliger Co-Chairman,
ABB (Asea Brown Boveri)

Vérité en-deça des Pyrénées,
erreur au-delà.

Blaise Pascal

Thematische Einführung und Inhaltsüberblick

In diesem Kapitel wollen wir uns mit der **Kultur** in und von internationalen Unternehmungen beschäftigen. Kultur ist bereits seit langer Zeit **Gegenstand verschiedener wissenschaftlicher Disziplinen**. Besonders intensiv setzen sich seit jeher Anthropologie und Ethnologie, seit einigen Jahrzehnten auch Soziologie, Psychologie und Sprachwissenschaften sowie einige vergleichende Wissenschaften wie die vergleichende Religionswissenschaft mit kulturellen Fragestellungen auseinander. Im Gegensatz zu diesen Disziplinen wurde die Bedeutung der Kultur in Betriebswirtschafts- und Managementlehre allerdings vergleichsweise lange vernachlässigt. Zum einen gingen viele Wissenschaftler davon aus, dass das Verhalten in und von Unternehmungen – unabhängig von ihrer Nationalität und damit auch unabhängig von den kulturellen Einflüssen, denen sie unterworfen sind – weltweit weitgehend ähnlich ist. Zum anderen hatte diese Annahme auch Auswirkungen auf die Art der Aussagen, die Wissenschaftler treffen. Man glaubte oder hoffte, dass es möglich sein müsste, Regelmäßigkeiten oder gar Gesetzmäßigkeiten über wirtschaftliche Sachverhalte zu finden, die unabhängig von kulturellen Einflüssen Gültigkeit beanspruchen. Gesucht wurde nach „kulturfreien" Modellen, Konzepten oder Theorien.

Die zunehmende Internationalisierung von Unternehmungen, wie wir sie insbesondere in den ersten beiden Kapiteln dieses Buches aufgezeigt haben, war jedoch ein wesentlicher Grund dafür, dass kulturelle Fragestellungen vermehrt in das Blickfeld des Interesses von Praktikern und Wissenschaftlern rückten. Die Konfrontation mit unterschiedlichen Kulturen, gerade auch mit Kulturen in weiter entfernten Regionen (und dabei vor allem mit Kulturen in Asien) führte immer mehr Wissenschaftlern in Betriebswirtschafts- und Managementlehre vor Augen, dass Kultur einen Einfluss auf das Verhalten in und von Unternehmungen hat bzw. zumindest haben kann – ein Einfluss, der sich auch auf die Modelle, Konzepte und Theorien im akademischen Bereich auswirkt (vgl. Osigweh 1989, Hrsg.). Manche Autoren gehen heute sogar so weit, dass sie Kultur als die **zentrale Einflussgröße der internationalen Unternehmungstätigkeit** und damit auch des Internationalen Managements als Wissenschaftsdisziplin ansehen. So schreibt der niederländische Wissenschaftler Geert Hofstede: „The Business of International Business is Culture" (Hofstede 1984).

Eine Reduktion des Internationalen Managements auf Fragen der Kultur wäre sicherlich, wie dies auch die Ausführungen der vorangegangenen Kapitel gezeigt haben, übertrieben. So sieht sich die Unternehmung nicht nur der kulturellen Umwelt ausgesetzt, sondern steht auch der politischen, rechtlichen, ökonomischen und natürlichen Umwelt gegenüber. Außerdem hat die internationale Unternehmung weitaus mehr Probleme zu lösen als nur Kulturprobleme. Auch wenn viele der Probleme zumindest teilweise mit kulturellen Fragestellungen zusammenhängen, sind bei weitem nicht alle Probleme auch kulturelle Probleme. Dennoch dürfte Kultur so entscheidend sein, dass die Wissenschaftsdisziplin Internationales Management nicht an der Berücksichtigung der Kulturthematik vorbeikommt, auch wenn bei manchen strikt-ökonomisch orientierten Wissenschaftlern bis heute gewisse Widerstände festzustellen sind. Nachdem man inzwischen sogar versucht, Kultur mit dem Erfolg von Unternehmungen oder mit dem Erfolg ganzer Volkswirtschaften in Verbindung zu bringen (vgl. Chen 1995, v.a. S. 25-38, Hickson/Pugh 1995, S. 36, Johnson/Lenartowicz 1998, Lee/Peterson 2000), scheint der Bann gebrochen. Denn es ist paradox: Sobald sich etwas auch nur vermeintlich auf Effektivität und Effizienz auswirkt, sodann (und erst dann) hat es in den Augen der meisten Fachvertreter der Wirtschaftswissenschaften Existenzberechtigung!

Überraschenderweise hat jedoch **nicht der Einfluss der Landeskulturen** zu einer breiten Akzeptanz der Kulturthematik in der Betriebswirtschafts- und Managementlehre geführt. Es war eher, wie wir noch zeigen werden, die **Unternehmungskultur**, die einer Auseinandersetzung mit der Kulturthematik den Weg geebnet hat. Denn zumindest in der deutschsprachigen Betriebswirtschafts- und Managementlehre hat man Kultur erst vergleichsweise spät als wissenschaftliches Thema entdeckt – zu einer Zeit, als vor allem das Thema Unternehmungskultur „en vogue" war. Dies war in der zweiten Hälfte der achtziger Jahre. Wir wollen daher in diesem Kapitel nicht nur die landeskulturelle Prägung von internationalen Unternehmungen diskutieren, sondern die Gesamtheit der kulturellen Einflüsse betrachten und dabei besonders die unternehmungskulturellen Einflüsse darstellen. Und dies erscheint uns besonders wichtig. Denn es verwundert schon, mit welcher Selbstverständlichkeit auch heute noch zahlreiche US-amerikanische Managementbestseller, von denen sich viele auch als Erfolgsratgeber verstehen, in viele andere Sprachen übersetzt werden und auch in Ländern außerhalb der USA nachgefragt werden. Ebenso kann man sich fragen, ob Managementempfehlungen, die US-amerikanische Beratungsunternehmungen erarbeiten, auch in anderen Ländern tauglich sind (vgl. Schneider 1995). Der Rückgriff auf vermeintliche Heilslehren aus den USA verweist sowohl auf die Landeskultur als auch auf die Unternehmungskultur und zeigt implizit zweierlei: Erstens hinterfragt man nicht, ob möglicherweise in den USA erfolgreiche Managementpraktiken sowie die dahinter stehenden Konzepte aufgrund der spezifischen Annahmen auch in anderen Ländern funktionieren (können) – und dies, obwohl seit langer Zeit auf die kulturelle Prägung von Management hingewiesen wird (vgl. Newman 1972, Hofstede 1981, vgl. aktuell auch Scherm 1999b, Schmid 2003b). Zweitens berücksichtigt man nicht, dass jede einzelne Unternehmung – gerade aufgrund ihrer ureigenen Unternehmungskultur – spezifische Merkmale aufweist, was den Glauben an die Existenz von generellen, unternehmungsübergreifenden Erfolgsfaktoren ohnehin ad absurdum führen müsste.

Was erwartet Sie in diesem Kapitel? Wir werden zunächst klären, was man unter **Kultur** verstehen kann und auch aufzeigen, wie vielfältig die Kulturfelder sind, die in der international tätigen Unternehmung existieren (Abschnitt 1). Im Anschluss daran werden wir uns mit der **Unternehmungskultur** beschäftigen und dabei auch darlegen, wie man Unternehmungskulturen beschreiben kann und welche Auffassungen über die Entwicklung von Unternehmungskulturen existieren (Abschnitt 2). Noch intensiver als mit Unternehmungskulturen werden wir uns anschließend mit **Landeskulturen** auseinandersetzen. Wir haben die Absicht, Ihnen einen umfassenden Überblick über die klassischen Studien der Landeskulturforschung, vor allem der managementorientierten Landeskulturforschung, zu geben, um Sie damit für die große Relevanz der Kultur zu sensibilisieren (Abschnitt 3). Dass bereits unser Verständnis von dem, was eine Unternehmung und deren Charakteristika ausmacht, kulturell geprägt ist, werden wir mit einem eigenen Abschnitt zu **kulturgeprägten Unternehmungsformen** verdeutlichen: Wir entführen Sie dabei auf eine Reise nach Asien und informieren Sie über die japanischen **Keiretsu**, die koreanischen **Chaebol** und chinesischen **Family Business Networks** (Abschnitt 4). Abschließend werden wir Ihnen darlegen, warum es notwendig und wichtig ist, die international tätige Unternehmung in ihrer **Multikulturalität** zu akzeptieren und zu verstehen (Abschnitt 5).

1 Terminologische und inhaltliche Grundlagen der Kulturthematik

Wir möchten zunächst ein allgemeines Verständnis von Kultur schaffen (Abschnitt 1.1), bevor wir aufzeigen, dass Kultur in Form von zahlreichen Kulturfeldern für die internationale Unternehmung von Relevanz ist (Abschnitt 1.2). Ein Überblick über Ursprung und Entwicklung der Kulturforschung im Internationalen Management kann aufzeigen, dass die Bedeutung von Kultur für Unternehmungen inzwischen auch von Wissenschaftlern akzeptiert wurde (Abschnitt 1.3).

1.1 Ein allgemeines Verständnis von Kultur

Um ein allgemeines Verständnis von Kultur zu schaffen, sollen über eine Definition hinaus (Abschnitt 1.1.1) verschiedene Merkmale (Abschnitt 1.1.2) und Funktionen von Kultur (Abschnitt 1.1.3) erläutert werden.

1.1.1 Der Begriff Kultur

Die Tatsache, dass sich verschiedene Wissenschaftsdisziplinen mit Kultur auseinandersetzen, führte in der Vergangenheit zu unterschiedlichen Auffassungen darüber, was überhaupt unter Kultur zu verstehen ist. Die Anthropologen Alfred Kroeber und Clyde Kluckhohn identifizierten bereits in den sechziger Jahren des 20. Jahrhunderts über **160 verschiedene Definitionen** von Kultur (vgl. Kroeber/Kluckhohn 1963; vgl. ebenso Kroeber 1952). Folgende Definition von Kultur erscheint als Synthese dieser Definitionen für die Anforderungen der Betriebswirtschafts- und Managementlehre besonders zweckmäßig: **Kultur ist die Gesamtheit der Grundannahmen, Werte, Normen, Einstellungen und Überzeugungen einer sozialen Einheit, die sich in einer Vielzahl von Verhaltensweisen und Artefakten ausdrückt und sich als Antwort auf die vielfältigen Anforderungen, die an diese soziale Einheit gestellt werden, im Laufe der Zeit herausgebildet hat.**

1.1.2 Die Merkmale von Kultur

Wir wollen nun über die genannte Definition hinaus versuchen, Kultur näher zu charakterisieren. Daher verweisen wir auf einige **Merkmale**, die dem Phänomen Kultur in der Regel zugesprochen werden (vgl. z.B. Keller 1982, v.a. S. 114-119, Kasper 1987, v.a. S. 18-26):

(1) Kultur besteht, vereinfacht ausgedrückt, aus **zwei Ebenen**: einer eher unsichtbaren Ebene, die meist auch als selbstverständlich angenommen wird, und einer wahrnehmbaren Ebene. Wir können also zwischen den Concepta und den Percepta bzw. zwischen den immateriellen und den materiellen Elementen einer Kultur unterscheiden (vgl. Osgood 1951):

* Als **Concepta** einer Kultur gelten die Phänomene, die den tieferliegenden Bestandteil von Kultur ausmachen. Dies sind Grundannahmen, Werte, Normen, Einstellungen und Überzeugungen.

* Als **Percepta** einer Kultur lassen sich all die Phänomene bezeichnen, in denen sich die Concepta ausdrücken und die empirisch wahrnehmbar, beobachtbar und fassbar werden. Dies sind die Verhaltensweisen und Artefakte.

Wir werden auf die einzelnen Elemente der Concepta-Ebene und der Percepta-Ebene im Laufe unserer weiteren Ausführungen noch detailliert eingehen. Bereits an dieser Stelle soll jedoch auf die **Metapher vom Eisberg** verwiesen werden. Man kann sich die Eisberg-Metapher etwa folgendermaßen vorstellen: Die Percepta-Ebene stellt den Teil des Eisbergs dar, der aus dem Wasser herausragt und den man sehen kann. Doch was über der Wasseroberfläche zum Vorschein kommt, ist nur die „Spitze des Eisbergs". Die Spitze des Eisbergs wird von einem nach unten immer breiter werdenden Fundament getragen: der Concepta-Ebene, die dem Teil des Eisbergs gleichkommt, der unter dem Wasser verborgen bleibt.

(2) Kultur ist einerseits **unbewusst oder vor-bewusst**, weil damit sehr tiefliegende Annahmen angesprochen werden. Kultur ist jedoch andererseits dadurch **erfahrbar**, dass sie sich in Verhaltensweisen und Artefakten ausdrückt. Mit anderen Worten: Kultur ist sowohl impliziter als auch expliziter Natur. Allerdings stellt man fest, dass die Mitglieder einer Kultur, die sogenannten Insider, in der Regel ihre Kultur für gegeben hinnehmen und damit kaum hinterfragen, dass es in anderen Kulturen auch andere Möglichkeiten des Denkens, Fühlens, Verhaltens und Handelns gibt. Vor diesem Hintergrund wird auch verständlich, warum manchmal von **Kultur als der schweigenden Sprache** („Silent Language") gesprochen wird (vgl. Hall 1959/1990, 1960).

(3) Kultur gilt einerseits als **überliefert und tradiert**, d.h. sie verweist auf die Vergangenheit einer sozialen Einheit. Kultur ist aber andererseits nicht statisch, sondern **anpassungsfähig**. Dies heißt, dass sich die Kultur einer bestimmten sozialen Einheit auch verändern kann und sogar muss, um den vielfältigen Anforderungen, die an sie gestellt werden, gerecht zu werden. Kultur hat gleichzeitig einen Bezug zu Vergangenheit, Gegenwart und Zukunft. Ob Kultur dabei bewusst und deliberat verändert werden kann oder sich lediglich emergent verändert, ist allerdings Gegenstand kontroverser Diskussion. So bleibt etwa die Antwort auf die Frage umstritten, inwiefern die Macht von Ideologien die kulturelle Prägung überlagern oder sogar Teil der kulturellen Prägung

werden kann (vgl. z.B. McGrath/Macmillan/Yang/Tsai 1992, vgl. zu einer Trennung von Kultur und Ideologie auch Ralston/Holt/Terpstra/Kai-Cheng 1997).

(4) Das natürliche Hineinwachsen eines Individuums in eine Kultur wird als Enkulturation bezeichnet. Im Zuge komplexer Sozialisationsprozesse wird die eigene Kultur „**erlernt**". Dass der **Erlernbarkeit von Kultur jedoch Grenzen** gesetzt sind, zeigt sich, wenn ein Individuum, das bereits in einer bestimmten Kultur sozialisiert wurde, in Kontakt mit einer fremden Kultur kommt. Auch wenn es möglich ist, sich an eine neue Kultur anzupassen und ein gewisses Verständnis für sie zu entwickeln, ist es schwierig, sich diese neue Kultur uneingeschränkt zu Eigen zu machen. Den Prozess des „Neu-Erlernens" einer fremden Kultur, den auch Gruppen oder Organisationen durchlaufen können, nennt man Akkulturation (vgl. etwa im Fall von Akquisitionen Reineke 1989).

(5) Kultur ist einerseits das **Produkt bzw. das Ergebnis von Handlungen**, d.h. sie wird von dem beeinflusst, was Menschen geschaffen haben. Doch andererseits ermöglicht, beschränkt und bedingt die bestehende Kultur auch gegenwärtiges und zukünftiges Handeln, d.h. Kultur ist ein **Einfluss- oder auch ein Restriktionsfaktor für Handlungen**. Damit wird gleichzeitig die permanente Interdependenz von Concepta- und Percepta-Ebene angesprochen, die sich gegenseitig beeinflussen.

(6) Kultur ist ein **kollektives und kein individuelles Phänomen**. Kultur bietet dem Einzelnen **Standards** an, an denen er sich orientieren kann (bzw. soll oder gar muss). Vereinfachend kann man von Standards des Denkens, des Empfindens und des Handelns sprechen (vgl. Hansen 2000). Im englischen Sprachraum ist dabei auch von sogenannten „patterns", d.h. von Mustern, Schablonen oder Vorbildern die Rede (vgl. z.B. Hall 1959/1990, S. 116-136). Wenn Hofstede von einer „mentalen Programmierung" spricht (vgl. Hofstede 1997, S. 2-3), so kommt dieser kollektive, von außen wirkende Standardisierungsdruck ebenfalls zum Ausdruck. Während die Kultur die Identität einer sozialen Einheit prägt, beeinflusst die Persönlichkeit die Identität eines Individuums. Zu beachten gilt dabei, dass die Persönlichkeit des Individuums nicht von den kulturellen Determinanten, die auf sie einwirken, zu lösen ist. Dennoch unterscheidet sich jedes Individuum trotz kultureller Prägung von einem anderen Individuum derselben Kultur. Jedes Individuum hat seine eigene Persönlichkeit, was auch für managementorientierte Fragestellungen von besonderer Bedeutung ist.

1.1.3   Die Funktionen von Kultur

Dem Phänomen Kultur werden von vielen Wissenschaftlern zahlreiche wichtige Funktionen zugeschrieben (vgl. Ulrich 1984, S. 312-313, Dill/Hügler 1987, S. 147-159):

*   Kultur hat **Orientierungsfunktion**, indem sie Individuen vermittelt, was als richtig bzw. als falsch gilt.

- Kultur kommt darüber hinaus eine **Sinnstiftungsfunktion** zu, da Kultur den Handlungen von Individuen tiefere Bedeutung zuweist.

- Weiterhin wird auf die **Motivationsfunktion** verwiesen: Kultur bzw. die Zugehörigkeit zu einer Kultur, so wird angenommen, kann Individuen antreiben, auch wenn unklar ist, ob es sich bei einer derartigen Motivation eher um intrinsische oder extrinsische Motivation handelt.

- Oftmals wird die besondere Rolle der Kultur für die **Identitätsstiftungsfunktion** herausgestellt: Kultur vermittelt Einheit nach innen und schafft eine Grenze gegenüber anderen sozialen Gruppierungen bzw. Organisationen nach außen.

- Nicht zu vernachlässigen ist die **Koordinations- und Integrationsfunktion**: Kultur hält soziale Einheiten zusammen und entwickelt eine normative Kraft der koorientierten Verhaltenssteuerung. Darunter ist auch das Verständigungspotential zu subsumieren, welches der Kultur inhärent ist.

- Mit der Koordinationsfunktion verbunden wird die **Ordnungsfunktion** von Kultur. Kultur schafft Ordnung – nicht nur in den Köpfen von Individuen, was bereits als Orientierungsfunktion bezeichnet wurde, sondern auch in den Zusammenhängen einer sozialen Einheit.

- Da Kultur der Handhabung von Komplexität dient, können wir ferner von der **Komplexitätshandhabungsfunktion** sprechen. Kultur erleichtert das Zusammenleben von Individuen einer sozialen Einheit, indem bestimmte Handlungen, die komplexe Ursachen und Wirkungen haben, durch einen kulturellen Filter leichter verständlich und auch kanalisiert werden.

- Schließlich wird der Kultur eine **Legitimationsfunktion** zugewiesen. Die Kultur einer sozialen Einheit enthält tiefere Begründungszusammenhänge, die Verhalten und Handlungen nach innen und außen rechtfertigen.

Obwohl eine Vielzahl von Funktionen existiert, sollte beachtet werden, dass Kultur nicht (allein) vor einem derart funktionalistischen Hintergrund betrachtet werden darf. Kultur existiert nicht (nur), um bestimmte Funktionen zu erfüllen. Kultur existiert vielmehr einfach so – unabhängig davon, ob Menschen, die ja Kultur schaffen, dies bewusst bzw. deliberat wollen oder nicht. Die Funktionen, die der Kultur zugeschrieben werden, werden gleichsam „en passant" erreicht. Wir werden darauf nochmals zurückkommen, wenn wir die Entstehung, Entwicklung und Veränderbarkeit von Kulturen thematisieren (→ Abschnitt 2.4 in diesem Kapitel).

Dass Kultur, wie wir gerade etwas salopp formuliert haben, „einfach so" existiert, zeigt sich auch daran, dass die Mitglieder einer Kultur, die sogenannten Insider, vieles als selbstverständlich annehmen, was die Mitglieder einer anderen Kultur, die sogenannten Outsider, anders beurteilen, hinterfragen oder problematisieren. Den Mitgliedern einer Kultur ist die eigene Kultur häufig nicht bewusst, was wir bereits oben bei der Charakterisierung von Kultur angesprochen haben, als wir auf die tieferen Schichten von Kultur eingegangen sind. Erst in interkulturellen Interaktionssituationen, in denen die eigene Kultur auf eine andere, auf eine fremde Kultur trifft, treten Unterschiede deutlich zu Tage. Man spricht daher auch von **eigenkulturellen** und **fremdkulturellen Prägungen,** die gerade bzw. häufig dann offenkundig werden, wenn es zum Kulturkontakt kommt (vgl. z.B. für interkulturelle Kontakte zwischen Dienstleistungsunternehmungen und deren Kunden Stauss 1999, Stauss/Mang 1999).

Nachdem geklärt wurde, was unter Kultur zu verstehen ist, kann im folgenden Abschnitt die Frage beantwortet werden, welche unterschiedlichen Kulturen auf die international tätige Unternehmung einwirken.

1.2   Kulturfelder in der internationalen Unternehmung

Wir gehen davon aus, dass international tätige Unternehmungen, wie alle Unternehmungen bzw. sozialen Einheiten, selbst eine Kultur haben bzw. selbst als Miniaturgesellschaft eine Kultur sind. Unternehmung A, z.B. *Daimler*, unterscheidet sich von Unternehmung B, z.B. der *Deutschen Bank*. Unternehmung B wiederum ist nicht identisch mit Unternehmung C, z.B. *Intershop*. Doch wie alle Unternehmungen bzw. soziale Einheiten weisen auch *Daimler,* die *Deutsche Bank* oder *Intershop* keine Einheitskulturen auf. Vielmehr vereinen sie eine Vielzahl von Teilkulturen unter ihrem Dach. Dies hängt vor allem damit zusammen, dass Unternehmungen nicht unabhängig von anderen Kulturen existieren. Doch fragen wir uns: Was macht das Spektrum der **Teilkulturen** einer international tätigen Unternehmung aus? Wir wollen auf die wichtigsten Kulturfelder in den nachfolgenden Abschnitten kurz eingehen (vgl. auch Sackmann 1997, v.a. S. 2-3, Schneider/Barsoux 2003, S. 51-79).

Als **Hauptkultur** ist aus der Perspektive der Wissenschaft, die sich mit der (internationalen) Unternehmung beschäftigt, die **Unternehmungskultur** aufzufassen. Die Unternehmungskultur bestimmt den Charakter einer Unternehmung. Wir nehmen an, dass es unternehmungsspezifische Grundannahmen, Werte, Normen, Einstellungen und Überzeugungen gibt, die sich in einer Vielzahl von Verhaltensweisen und Artefakten ausdrücken. Jede Unternehmung hat eine typische bzw. charakteristische Kultur. Die Kultur einer international tätigen Unternehmung wiederum wird von zahlreichen weiteren Teilkulturen, wie vor allem von Landeskulturen, Branchenkulturen und diversen Sozialkulturen beeinflusst.

Ein wesentlicher Einflussfaktor wird somit durch **Landeskulturen** konstituiert. Viele internationale Unternehmungen sind primär durch die Landeskultur geprägt, in welche die Muttergesellschaft eingebettet ist. Oder anders ausgedrückt: Die Kultur des Stammlands hat in den meisten Fällen einen größeren Einfluss auf die Unternehmungskultur als die Kultur der anderen Länder, in denen die international tätige Unternehmung operiert, d.h.

die Kultur der Gastländer. Je nach zugrunde liegender Management- und Führungsphilosophie werden jedoch neben der Kultur des Stammlandes auch die Landeskulturen der Gastländer mehr oder weniger berücksichtigt (→ u.a. unsere Ausführungen zu ethno-, poly-, regio- und geozentrischen Unternehmungen in Abschnitt 3.2.1 in Kapitel 2). Dabei ist natürlich zu beachten, dass Kultur keineswegs immer an Landesgrenzen gebunden ist. Vereinfachend wollen wir allerdings im weiteren Verlauf unserer Ausführungen davon ausgehen, dass jedes Land eine spezifische Landeskultur aufweist (vgl. zu dieser Problematik auch Simmet-Blomberg 1998, v.a. S. 87-96).

Außerdem spielen **Branchenkulturen** in international tätigen Unternehmungen eine wesentliche Rolle. Vor allem die Unternehmungen, die stark diversifiziert sind, werden unterschiedlichen Brancheneinflüssen einschließlich der kulturellen Charakteristika ausgesetzt. Als Beispiel lässt sich *General Electric* anführen: *General Electric* produziert Flugzeugmotoren, stellt Haushaltsgeräte her, ist in der Lampenindustrie ein wichtiger Wettbewerber, operiert in der Plastikindustrie, bietet zahlreiche Finanzdienstleistungen an, hat Aktivitäten in der Medienindustrie (u.a. *NBC*) und engagiert sich schließlich im Grundstückswesen. Es ist bekannt, dass unterschiedliche Branchen auch unterschiedliche Anforderungen stellen und unter anderem aus diesem Grund unterschiedliche kulturelle Prägungen mit sich bringen (vgl. Merkens 1989, Chatman/Jehn 1994, Schreyögg/Grieb 1998, Christensen/Gordon 1999). Schlegelmilch/Robertson (1995) haben herausgefunden, dass Einstellungen, Überzeugungen und Auffassungen von Top-Managern, die sich auf ethisches Verhalten beziehen, nicht nur länder-, sondern auch branchenabhängig sind.

Weitere Kulturfelder werden von **Professionskulturen und Abteilungskulturen** konstituiert. Es ist immer wieder festzustellen, dass sich in Unternehmungen berufsspezifische Kulturen herausbilden, die teilweise auch Zusammenhänge mit der Organisationsstruktur bzw. der Abteilungsbildung aufweisen. So kann man häufig – bei grober Betrachtung – eine „technische Kultur" und eine „kaufmännische Kultur" identifizieren. Doch diese beiden Kulturfelder lassen sich bei einer vertieften Betrachtung noch weiter differenzieren. So entwickeln etwa die eher technisch orientierten Bereiche Forschung, Entwicklung und Produktion jeweils eigenständige Kulturen. Ebenso kann es sich mit den kaufmännischen Bereichen verhalten; denn die Kultur des Marketings unterscheidet sich oftmals deutlich von der Kultur des Vertriebs oder des Rechnungswesens.

Schließlich lassen sich noch zahlreiche weitere Kulturfelder identifizieren. In manchen Unternehmungen haben sich ausgeprägte **Hierarchiekulturen** entwickelt. Damit wird die Tatsache angesprochen, dass die Kultur auf unterschiedlichen Ebenen (z.B. Top-Management, Middle-Management, Angestellte, Arbeiter) unterschiedlich ausgeprägt sein kann. In Unternehmungen mag man auch **Alters- bzw. Generationenkulturen** antreffen. So können sich in Abhängigkeit der Altersgruppen deutlich unterschiedliche Grundannahmen, Werte, Normen, Einstellungen und Überzeugungen einschließlich der daraus resultierenden Konsequenzen feststellen lassen. **Geschlechterkulturen** liegen

dann vor, wenn in einer Unternehmung kulturelle Grenzen aufgrund der Geschlechter-
zugehörigkeit gezogen werden.

Zugegeben – ein derart weites Kulturverständnis wird nicht allseits geteilt. Manche Autoren würden eher von (multiplen) Gruppenzugehörigkeiten sprechen. Doch inzwischen
überwiegt – gerade in der soziologischen Literatur – die Zahl derer, die ein sozial weit-
gefasstes Kulturverständnis haben. Wie man also unschwer erkennen kann, ist in jeder
Unternehmung eine Vielzahl von Teilkulturen anzutreffen. Die international tätige Unternehmung zeichnet sich aufgrund ihrer Tätigkeit in einer Vielzahl von Ländern durch besonders ausgeprägte **Multikulturalität** aus.

Als Multikulturalität bezeichnen wir das Phänomen, dass eine international tätige Unternehmung von kultureller Diversität geprägt ist und mit einer Vielzahl unterschiedlicher
Teilkulturen konfrontiert wird. Aus der Vielzahl der Kulturen werden wir vor allem die
Hauptkultur, die **Unternehmungskultur**, sowie die im internationalen Kontext besonders relevante Einflusskultur, die **Landeskultur**, herausgreifen und detaillierter betrachten (→ Abschnitte 2 und 3 dieses Kapitels). Zuvor soll allerdings im nächsten Abschnitt
noch etwas ausführlicher geklärt werden, wie die Kulturthematik in der Betriebswirt-
schafts- und Managementlehre überhaupt Fuß gefasst hat. Wir geben Ihnen diesen
Überblick über Ursprung und Entwicklung der Kulturforschung bewusst erst an dieser
Stelle, weil wir jetzt bereits auf ein Verständnis der Bedeutung von Kultur bzw. von Teilkulturen zurückgreifen können.

1.3   Ursprung und Entwicklung der Kulturforschung im Internationalen Management

Forschung über Kultur war in der (Internationalen) Betriebswirtschaftslehre bzw. Managementlehre keinesfalls immer akzeptiert. Wir wollen idealtypisch sechs Phasen differenzieren, mit denen sich die Entwicklung der Kulturthematik im Management darstellen
lässt. Die Merkmale dieser sechs Phasen werden wir erläutern und sie dann in Abbildung 5-3 tabellarisch zusammenfassen.

Phase 1 (bis 1960): Bis in die fünfziger Jahre des 20. Jahrhunderts hinein hat die Betriebswirtschaftslehre die kulturelle Thematik weitgehend ignoriert. Wie wir bereits in der
Einleitung zu diesem Kapitel ausgeführt haben, wurde auf breiter Front angenommen,
dass Management kulturfrei ist. In der deutschsprachigen Betriebswirtschaftslehre, die
vor allem aufgrund des (allzu) großen Einflusses von Gutenberg eher mikro-ökonomisch
orientiert war, hatte Kultur ohnehin keinen Platz. Schließlich suchte man nach universellen Regelmäßigkeiten und Gesetzmäßigkeiten – und dabei wären kulturelle Varianzen, auf welcher Ebene auch immer (ob etwa Unternehmungs-, Landes- oder Branchenkultur), nur störend gewesen. Managementorientierte Fragestellungen spielten zu

dieser Zeit in der deutschsprachigen Betriebswirtschaftslehre – von einigen Ausnahmen abgesehen (Sandig, Mellerowicz oder Kosiol) – ohnehin eine geringe Rolle.

Phase 2 (ab 1960): Ab 1960 erschienen dann vor allem im angelsächsischen Sprachraum sehr viele Arbeiten, die sich an die Kulturthematik annäherten. Dies geschah über die sogenannte ländervergleichende Forschung, die Teil des Comparative Managements ist (vgl. Schmid 1996, S. 230-241). Über meist empirische, quantitativ ausgerichtete Studien war man in dieser Zeit auf der Suche nach länderspezifischen Unterschieden im Management. Doch wir sprechen deswegen nur von einer Annäherung an die Kulturthematik, weil die meisten Studien streng genommen nicht kulturspezifische Unterschiede im engeren Sinn, sondern länderspezifische Unterschiede in das Zentrum ihres Interesses rückten. Als Beispiele – und gleichzeitig als Hauptwerke der ländervergleichenden Forschungsrichtung – lassen sich die Untersuchungen von Harbison/Myers (1959) und Farmer/Richman (1964, 1970) anführen (vgl. zu einer Zusammenfassung Schmid 1996, S. 245-250). Die deutsche Betriebswirtschaftslehre hat zur ländervergleichenden Forschung einen relativ geringen Beitrag geleistet.

Phase 3 (ab 1970): Ab 1970 gingen viele Wissenschaftler dann stärker von einer ländervergleichenden zu einer kulturvergleichenden Forschung über. In vielen der Studien wurde explizit nach Kulturunterschieden gesucht. Im Mittelpunkt standen dabei weiterhin eher quantitative Forschungsdesigns mit großzahligen Stichproben. Die deutsche Betriebswirtschaftslehre glänzte dabei noch stärker durch Abstinenz, als dies bei der ländervergleichenden Forschung der Fall war. Dies überrascht nicht, nachdem sich die Betriebswirtschaftslehre an deutschen Universitäten erst langsam für Managementthemen und noch langsamer für internationale Managementthemen öffnete. Den meisten Wirtschaftswissenschaftlern war Kultur daher zu dieser Zeit (immer noch) suspekt – zumindest aus wirtschaftswissenschaftlicher Perspektive.

Phase 4 (ab 1980): Den Durchbruch schaffte Kultur als wissenschaftlicher Untersuchungsgegenstand erst in den achtziger Jahren. Es war dabei nicht die Beschäftigung mit Landeskultur, sondern die Beschäftigung mit Unternehmungskultur, die diesen Durchbruch initiierte. Das Thema Unternehmungskultur ist ein hervorragendes Beispiel dafür, wie ein „Modethema" der US-amerikanischen Literatur auch die deutsche Betriebswirtschaftslehre erfasst hat. Ausgangspunkt waren in den USA die eher „praxisorientierten" Werke von Peters/Waterman (1982), Deal/Kennedy (1982) und Pascale/Athos (1982), ergänzt durch ein stärker wissenschaftlich orientiertes Werk von Ouchi (1981), deren Verkaufserfolge als Ausdruck eines plötzlich entstandenen Interesses der Betriebswirtschaftslehre an kulturellen Aspekten gewertet werden können. Da diese Phase von besonderer Bedeutung ist, wollen wir kurz die wichtigsten Gründe ansprechen, die zu diesem Sinneswandel führten. Dabei handelt es sich um (1) den Erfolg japanischer Unternehmungen, (2) Versagenssymptome der traditionellen Unternehmungsführung und (3) eine Pendelbewegung der Zeitströmung.

(1) Der Erfolg japanischer Unternehmungen: Ein wesentlicher Grund dafür, dass Kultur in der Betriebswirtschaftslehre „hoffähig" wurde, lag im zunehmenden Erfolg japanischer Unternehmungen. Viele Autoren sahen zu Beginn der achtziger Jahre gerade die Kultur japanischer Unternehmungen als deren zentralen Erfolgsfaktor an. In Ouchis „Theory Z" wurden die zentralen Merkmale japanischer Unternehmungen (**Organisationstyp J**) den zentralen Merkmalen US-amerikanischer Unternehmungen (**Organisationstyp A**) gegenübergestellt (→ Abbildung 5-1, vgl. hierzu auch Macharzina/Wolf 2005, S. 988-1006). Man interpretierte die Merkmale der Unternehmungen als unternehmungskulturelle Orientierungen. Bei einer genauen Analyse des Werkes von Ouchi kann man erkennen, dass von einer landeskulturellen Prägung der Unternehmungskultur ausgegangen wurde. Denn Ouchi sprach von einer japanischen Unternehmungskultur und einer US-amerikanischen Unternehmungskultur. Er sprach weniger davon, dass sich selbst die Unternehmungen eines Landes erheblich voneinander unterscheiden. Im „Schlepptau" des Werkes von Ouchi wurde die japanische Kultur gerade in der US-amerikanischen Presse als Kultur des Erfolgs gefeiert.

Der US-amerikanische Organisationstyp (Typ A)	Der japanische Organisationstyp (Typ J)
Kurzfristige Beschäftigung	Lebenslange Beschäftigung
Häufige Leistungsbewertung und schnelle Beförderung	Seltene Leistungsbewertung und langsame Beförderung
Spezialisierte Karrierewege, Professionalismus	Breite Karrierewege, „wandering around"
Explizite Kontrollmechanismen	Implizite Kontrollmechanismen
Individuelle Entscheidungsfindung und Verantwortung	Kollektive Entscheidungsfindung und Verantwortung
Segmentierte Mitarbeiterorientierung	Ganzheitliche Mitarbeiterorientierung

Abb. 5-1:   Der US-amerikanische und der japanische Organisationstyp im Vergleich
Quelle: in Anlehnung an Ouchi (1981), v.a. S. 57-70.

(2) Versagenssymptome der traditionellen Unternehmungsführung: Ein weiterer Grund für die verstärkte Beschäftigung mit Kultur lag darin, dass traditionelle Formen der Unternehmungsführung zunehmend Versagenssymptome aufwiesen. So wurde erkannt, dass die Kultur eine wesentliche Rolle bei der Koordination von Unternehmungen spielen kann, weil sie eine Kraft zur normativen Integration aufweist. Ebenso wurde vielen Managern und Wissenschaftlern bewusst, dass die Kultur auch Strategien, Strukturen und Systeme einer Unternehmung beeinflusst. So können Reorganisationsmaßnahmen scheitern, wenn die kulturellen Voraussetzungen dafür nicht gegeben sind. Akquisitionen können platzen, weil die übernehmende und die übernommene Unternehmung nicht zusammenpassen. Kooperationen zerbrechen aufgrund von unüberbrückbaren Differenzen zwischen den Kooperationspartnern. Kurzum: Kultur wurde plötzlich zu einem Erfolgs- bzw. Misserfolgsfaktor im Management stilisiert (vgl. Hoffmann 1986); für manche wurde sie gar eine zentrale Quelle für Wettbewerbsvorteile (vgl. Barney 1986).

(3) Pendelbewegung der Zeitströmung: Die verstärkte Beschäftigung mit Unternehmungskultur hat auch wissenschaftssoziologische Ursachen. So ist es für Neuberger/ Kompa (1987, S. 262) nur natürlich, dass sich die Betriebswirtschaftslehre nach einer (allzu) langen Beschränkung auf das, was vermeintlich objektiv, fassbar, absolut und endgültig ist, nun auch mit dem Gegenpol beschäftigt – mit den weichen Faktoren, d.h. mit dem, was eher subjektiven, mehrdeutigen und vorläufigen Charakter hat. Rosenstiel sieht die Betriebswirtschaftslehre dabei im Sog der gesamten Gesellschaft. Der Wertewandel der Gesellschaft ließ auch die Auseinandersetzung mit weichen Faktoren zu (vgl. Rosenstiel 1990, S. 135-149). *McKinsey* hat mit dem sogenannten, in Abbildung 5-2 dargestellten, 7-S-Konzept zwischen den harten Bereichen der Unternehmungsführung (**strategy**, **structure**, **systems**) und den weichen Bereichen (**skills**, **style**, **staffing**) unterschieden und deutlich gemacht, dass die Unternehmung in ihrer Gesamtheit durch oberste Werte und Ziele (**shared values/superordinate goals**) zusammengehalten wird (vgl. Peters/Waterman 1982, v.a. S. 9-11).

In dieser vierten Phase dominierte vor allem die konzeptionelle Auseinandersetzung mit der Kulturthematik. Nur wenige Autoren versuchten, Unternehmungskultur empirisch zu erfassen. Den meisten Wissenschaftlern ging es um die generelle Definition, Beschreibung und Erläuterung des Konstrukts Unternehmungskultur. Während man die Landeskultur in Deutschland weitgehend ausblendete, entstand eine Vielzahl von Arbeiten zur Unternehmungskultur (vgl. Ebers 1985, Scheuss 1985, Dill 1986).

Phase 5 (ab 1990): Nachdem – über die Hintertür der Unternehmungskultur – kulturelle Fragestellungen im Allgemeinen zunehmend Eingang in die Betriebswirtschaftslehre gefunden hatten, versuchte man ab Beginn der neunziger Jahre, landes- und unternehmungskulturelle Fragestellungen zu integrieren. Beispielhaft dafür sind zahlreiche Veröffentlichungen von Schreyögg, der sich mit der Unternehmungskultur in internationalen Unternehmungen auseinandergesetzt hat (vgl. Schreyögg 1990, 1991b, 1993, 1998). Schuster hat sich darüber hinaus um eine Verbindung von Landes- und Unternehmungskultur mit der Branchenkultur verdient gemacht. Anhand der Bankenbranche zeigt er exemplarisch auf, wie notwendig eine Integration der Kulturfelder ist (vgl. Schuster 1996, Hrsg., 1997). Diese Forschungsrichtung möchten wir als „partiell-integrative Kulturforschung" bezeichnen. Dabei dominierten – insbesondere im deutschsprachigen Raum – konzeptionelle Überlegungen (vgl. Kiechl 1990) gegenüber empirischen Untersuchungen (vgl. Lau/Ngo 1996). Überraschend ist, dass sich selbst die Teildisziplin der

Betriebswirtschafts- und Managementlehre, die besonders mit kulturellen Fragestellungen konfrontiert ist, das Internationale Management, erst ab den neunziger Jahren auf breiter Front der Kultur geöffnet hat (vgl. z.B. Engelhard 1997, Hrsg. und die dort enthaltenen Beiträge).

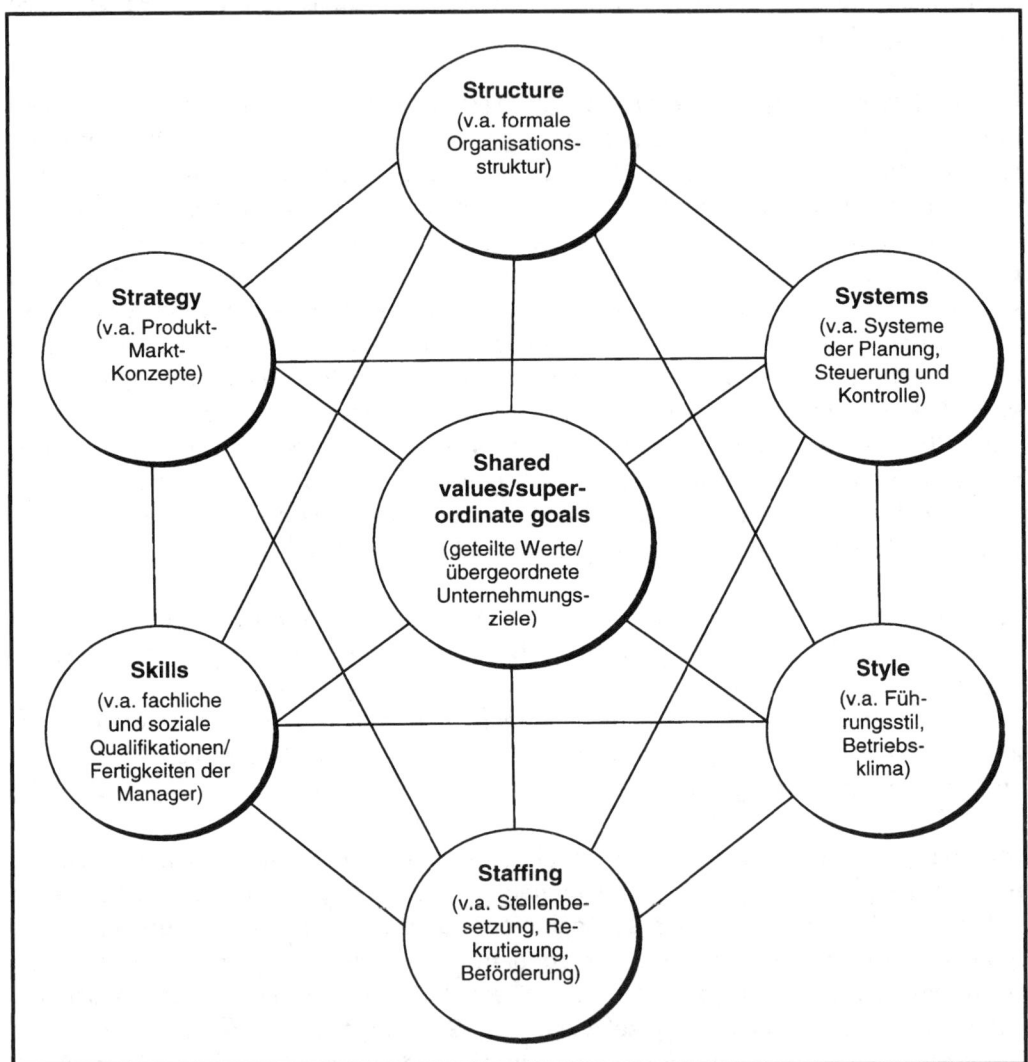

Abb. 5-2:   Das 7-S-Konzept von McKinsey
Quelle: Peters/Waterman (1982), S. 10.

Phase 6 (ab 1995): Für die nun aktuell laufende sechste Phase ist noch keine Beurteilung möglich – denn wir befinden uns mitten in dieser Phase. Wir sehen es als wesentliche Aufgabe der Wissenschaft an, diverse kulturelle Problemfelder zu integrieren, d.h. sich der internationalen Unternehmung in ihrer Multikulturalität zuzuwenden. Integrative Kulturforschung hat dann neben der Unternehmungs- und Landeskultur auch die anderen Teilkulturen zu berücksichtigen. Neben konzeptionellen Arbeiten besteht vor allem Bedarf an qualitativ-empirischer Forschung. Um die internationale Unternehmung in ihrer Komplexität zu verstehen, scheint eine dichte Beschreibung von Kulturen, wie sie von Geertz (1987/1995) und im Anschluss daran auch von Hansen (2000) gefordert wurde, besonders fruchtbar. Der von Sackmann vor einiger Zeit vorgelegte Sammelband zeugt von der Bedeutung dieser Forschungsrichtung, die allerdings erst in ihren Anfängen steht (vgl. Sackmann 1997, Hrsg. und vor allem den darin enthaltenen Beitrag von Sackmann/Philips/Kleinberg/Boyacigiller 1997).

Wie zu Beginn dieses Abschnitts bereits angekündigt, sollen die Merkmale der vorgestellten sechs Phasen in Abbildung 5-3 zusammengefasst werden.

Zeitraum	Kulturelle Thematik	Forschungsrichtung	Methodische Ausrichtung
bis 1960	weitgehende Ignoranz kultureller Thematik	–	–
ab 1960	Annäherung an kulturelle Thematik	"cross-national"	primär empirisch und dabei quantitative Ausrichtung
ab 1970	landeskulturelle Thematik	"cross-cultural"	primär empirisch und dabei quantitative Ausrichtung
ab 1980	unternehmungskulturelle Thematik	Unternehmungskulturforschung	eher konzeptionell als empirisch
ab 1990	Beginn der Integration landes- und unternehmungskultureller Thematik	partiell-integrative Kulturforschung	eher konzeptionell als empirisch
ab 1995	Integration diverser kultureller Problemfelder	integrative Kulturforschung	konzeptionell sowie empirisch mit eher qualitativer Ausrichtung

Abb. 5-3:   Die Phasen der Kulturforschung in der Betriebswirtschaftslehre

Wir werden uns nun der Unternehmungskulturthematik widmen (Abschnitt 2), bevor wir im Anschluss daran auf die Landeskulturthematik eingehen (Abschnitt 3).

2 Die Unternehmungskultur internationaler Unternehmungen

Wer sich mit Unternehmungskultur beschäftigt, sieht sich zahlreichen Definitionen von Unternehmungskultur ausgesetzt. Wir werden verschiedene Auffassungen über Unternehmungskultur vorstellen (Abschnitt 2.1), um im Anschluss daran den Zusammenhang zwischen der Unternehmungskultur und dem Sprachspiel von der Oberflächen- und Tiefenstruktur zu diskutieren (Abschnitt 2.2). Besonderes Interesse gilt der Frage, wie sich Unternehmungskulturen beschreiben lassen (Abschnitt 2.3) und wie sie sich im Zeitablauf entwickeln (Abschnitt 2.4).

2.1 Auffassungen über Unternehmungskultur

2.1.1 Einleitende Überlegungen

Nachdem wir bereits geklärt haben, was unter Kultur zu verstehen ist, soll nun eine detaillierte Auseinandersetzung mit Unternehmungskultur erfolgen. Da Kultur ein „schillernder Begriff" ist, überrascht es nicht, dass auch Unternehmungskultur unterschiedlich definiert werden kann. Allaire/Firsirotu haben unterschiedliche theoretische Wurzeln der Kulturtheorie identifiziert und diese auch auf die Unternehmungskulturthematik bezogen (vgl. Allaire/Firsirotu 1984). In Abbildung 5-4 haben wir selbst unterschiedliche Konzepte von Unternehmungskultur, die wir in der betriebswirtschaftlichen Literatur finden, zusammengefasst.

Trotz einiger Unterschiede, die den in Abbildung 5-4 dargestellten Konzepten inhärent sind, lässt sich doch ein gemeinsamer Nenner finden. Und damit kann man Unternehmungskultur analog zur oben erwähnten generellen Definition von Kultur folgendermaßen definieren:

Unternehmungskultur ist die Gesamtheit der Grundannahmen, Werte, Normen, Einstellungen und Überzeugungen einer Unternehmung, die sich in einer Vielzahl von Verhaltensweisen und Artefakten ausdrückt und sich als Antwort auf die vielfältigen Anforderungen, die an diese Unternehmung gestellt werden, im Laufe der Zeit herausgebildet hat.

Autor	Auffassung von Unternehmungskultur
Deal/Kennedy (1982), S. 4-19	"The way we do things around here". Zentrale Elemente der Kultur: Werte, Helden, Riten und Rituale, die das kulturelle Netz konstituieren und als Antwort auf die Umweltanforderungen interpretiert werden können.
Matenaar (1983), S. 46	Summe der systemimmanenten, tradierten Orientierungsmuster, die im Rahmen der aktuellen Gestaltung die präsituative, generalisierende Strukturierung zwischen Aufgaben, Personen und Sachmitteln beeinflussen.
Krulis-Randa (1984), S. 360	Gesamtheit der tradierten, wandelbaren, zeitspezifischen, jedoch über Symbole erfahrbaren und erlernbaren Wertvorstellungen, Denkhaltungen und Normen, die das Verhalten von Mitarbeitern aller Stufen und damit das Erscheinungsbild einer Unternehmung prägen.
Pümpin (1984), S. 20	Gesamtes gewachsenes Meinungs-, Norm- und Wertgefüge, welches das Verhalten der Führungskräfte und Mitarbeiter prägt.
Schein (1984a), S. 3	The pattern of basic assumptions that a given group has invented, discovered, or developed in learning to cope with its problems of external adaptation and internal integration, and that have worked well enough to be considered valid and, therefore, to be taught to new members as the correct way to perceive, think and feel in relation to those problems.
Heinen (1985), S. 987	Werte- und Normgefüge der Zweckgemeinschaft Unternehmung, das sich in der realisierten Haltung über Bräuche, Mythen, Rituale, Riten, formelle Zeremonien, Sprache und Bekleidung manifestiert. Werte bringen dabei Präferenzen für bestimmte Ziele, Normen bringen Regeln und Verhaltensvorschriften zum Ausdruck.
Bleicher (1986), S. 99	Bündel affektiv gewonnener, verhaltensprägender Wertvorstellungen und kognitiven, handlungsleitenden Wissensvorrats, im Sozialisationsprozess herausgebildet, prägend für Einstellungen und Erfahrungen.
Scholz (1987), S. 80	The implicit, invisible, intrinsic and informal consciousness of the organization which guides the behaviour of the individuals and which shapes itself out of their behaviour.
Schnyder (1988), S. 61	Soziokulturelles, immaterielles unternehmungsspezifisches Phänomen, welches die Werthaltungen, Normen und Orientierungsmuster, das Wissen und die Fähigkeiten sowie die Sinnvermittlungspotentiale umfasst, die von einer Mehrzahl der Organisationsmitglieder geteilt und akzeptiert werden.
Hoffmann (1989), S. 169-170	Werte, Normen und Symbole einer Unternehmung, vom Menschen für Menschen geschaffen, um externe und interne Anforderungen zu erfüllen, wandelbar und vermittelbar.
Rühli (1990), S. 189	Wertvorstellungen, Denkhaltungen und Normen, die sich im Verlaufe der Zeit in einer Unternehmung herausbilden und das Handeln der Vorgesetzten und Mitarbeiter prägen.
Rosenstiel (1993), S. 10	Gewohnte und tradierte Weise des Denkens und Handelns in Unternehmungen, wie sie in mehr oder minder starkem Maße von allen Mitgliedern geteilt wird.

Abb. 5-4:   Konzepte der Unternehmungskultur
Quelle: Schmid (1996), S. 135-137.

Die oben bereits angesprochene Concepta-/Percepta-Unterscheidung können wir nun an dieser Stelle mit den Unternehmungskulturkonzepten von Schein (1984a,b) und Schnyder (1988) verbinden, wie dies in Abbildung 5-5 dargestellt ist. Besonders interessant ist die Parallelisierung der **Concepta-Ebene** mit der **immateriellen Ebene** von Schnyder, da dabei deutlich wird, dass die Unternehmungskultur aus dem Zusammenspiel von Kognitionen, Evaluationen und Interpretationen getragen wird. Wissen und Fähigkeiten stellen gemäß Schnyder die Kognitionen dar, Sinnvermittlungspotentiale die interpretativen Elemente und Orientierungsmuster, Werthaltungen und Normen die evaluativen Elemente.

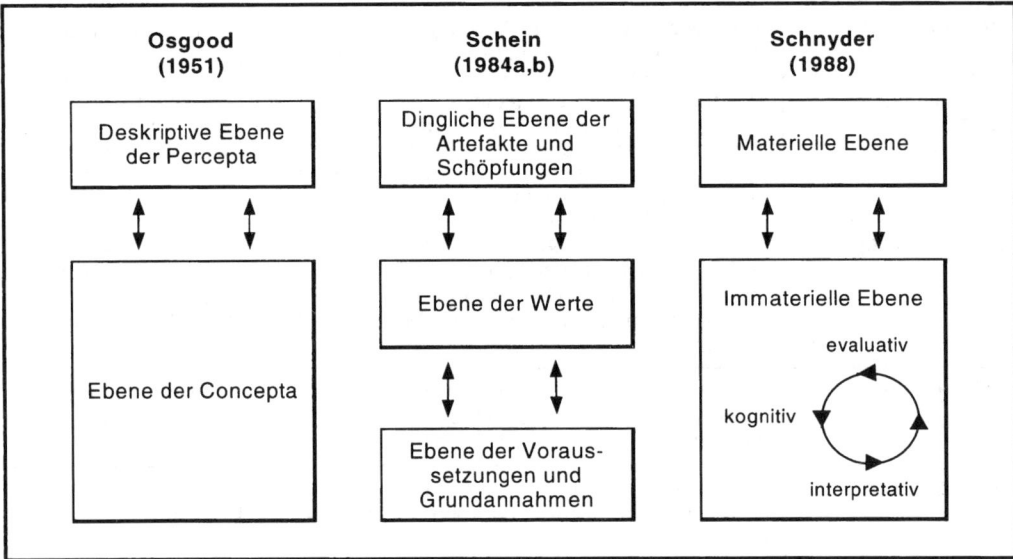

Abb. 5-5:   Die Ebenen der (Unternehmungs-)Kultur nach Osgood, Schein und Schnyder
Quelle: Schmid (1996), S. 139.

2.1.2   Die Elemente der Concepta-Ebene

Wir werden nun kurz die einzelnen Elemente der Concepta-Ebene von Unternehmungskultur erläutern. Dabei sei vorab betont, dass in der Literatur keineswegs völlige Übereinstimmung darüber besteht, was nun unter Grundannahmen, Werten, Normen, Einstellungen und Überzeugungen zu verstehen ist (vgl. auch Hofstede 1998).

Grundannahmen können als das tiefliegendste Element der Unternehmungskultur aufgefasst werden. Grundannahmen sind generelle Orientierungen, die Annahmen über Weltbilder, Menschenbilder und Gesellschaftsbilder enthalten. Man spricht zuweilen auch von den basalen Annahmen. In der Regel sind Grundannahmen unsichtbar, vor-

bewusst und selbstverständlich. Schein gebraucht den Begriff des kollektiven Unterbe-
wusstseins, wenn er auf Grundannahmen verweist (vgl. Schein 1984a, S. 4, 1984b,
S. 38).

Werte wurden in der Betriebswirtschafts- und Managementlehre wie in vielen anderen
Wissenschaften bereits auf vielfältige Art und Weise erforscht (vgl. Stiksrud 1979, Ng et
al. 1982, Davis/Rasool 1988, Silberer 1991, Agle/Caldwell 1999) und können sich aus
Grundannahmen ergeben. Als Werte kann man nicht-gegenstandsbezogene Orientie-
rungspunkte auf hohem Abstraktionsniveau auffassen, die allerdings für den Einzelnen
in einer konkreten Situation handlungsleitende Konsequenzen haben und gegenstands-
bezogene Einstellungen nach sich ziehen können (vgl. Rosenstiel 1990, S. 132).
Ebenso wie Grundannahmen beeinflussen auch Werte die Auswahl von Zielen, von
Mitteln und von Wegen.

Normen sind Handlungsregeln, mit denen eine bestimmte Handlung für verbindlich
erklärt wird. Sie liefern standardisierte Verhaltensmuster bzw. Verhaltensregeln. Gegenüber Werten lassen sie sich durch eine stärkere Konkretisierung, durch ihren Soll-Cha-
rakter und durch ihren größeren Interaktionsbezug abgrenzen. In der Regel geht es um
Verhaltensanweisungen für bestimmte Situationen, wie wir dies aus Gesetzen, Verwal-
tungsvorschriften, Ratschlägen, Geboten, Verboten oder Konventionen kennen. Normen
sind dabei in Unternehmungen häufig implizit vorhanden. Dies heißt: Es handelt sich in
Unternehmungen nicht nur um geschriebene, sondern meist um ungeschriebene Verhaltensanweisungen.

Einstellungen bzw. die aus englischsprachigen Publikationen bekannten „attitudes"
beziehen sich auf konkrete Objekte (Situationen, Handlungen, Personen etc.). Individuen können gegenüber Objekten zustimmend oder ablehnend, positiv oder negativ
„eingestellt" sein (vgl. Beerman/Stengel 1992, S. 10, Trommsdorff 2004, S. 158-188).
Stärker als bei Werten spielen bei Einstellungen auch Affektionen bzw. Emotionen eine
Rolle. Affektionen und Emotionen entwickeln sich in der Regel in konkreten Situationen,
bei Vornahme spezifischer Handlungen oder auch bei der Interaktion mit bestimmten
Personen.

Von **Überzeugungen** spricht man dann, wenn Auffassungen vertreten werden, die zwar
als richtig deklariert werden, die aber nicht intersubjektiv nachprüfbar sind. Diese Überzeugungen kommen Glaubenssätzen sehr nahe, die sich letztlich ebenfalls nicht zwingend begründen lassen. Im englischen Sprachraum ist häufig von „beliefs" die Rede.

Im Falle der Unternehmungskultur sind nun nicht die individuellen Grundannahmen,
Werte, Normen, Einstellungen und Überzeugungen von Interesse. Vielmehr wird davon
ausgegangen, dass es so etwas wie eine **„geteilte" Kultur** im Sinne von gemeinsamen
Grundannahmen, Werten, Normen, Einstellungen und Überzeugungen innerhalb einer
Unternehmung gibt. Inwieweit die Kultur tatsächlich von allen geteilt wird, soll später

noch angesprochen werden. Zuvor wollen wir allerdings auch die Percepta-Ebene von Unternehmungskultur etwas genauer betrachten.

2.1.3   Die Elemente der Percepta-Ebene

Die Ebene der Percepta haben wir oben als die Gesamtheit der Verhaltensweisen und Artefakte bezeichnet, in denen sich die Grundannahmen, Werte, Normen, Einstellungen und Überzeugungen ausdrücken. Wir wollen nachfolgend weiter erläutern, was die Percepta-Ebene ausmacht (vgl. Schmid 1996, S. 145-151).

Als Elemente der Percepta-Ebene sehen wir zunächst die **Symbolwelt** einer Unternehmung an. Innerhalb der Symbolwelt können wir zwischen materiellen, interaktionalen und sprachlichen Symbolen differenzieren (vgl. Neuberger/Kompa 1987, Gussmann/ Breit 1987, S. 109-121).

*   Die Unternehmungskultur kann sich zunächst in **materiellen Symbolen** (objektorientierten Symbolen) manifestieren. Als Beispiele für materielle Symbole lassen sich das äußere architektonische Erscheinungsbild einer Unternehmung, die innere architektonische Gestaltung, die Ausstattung der einzelnen Arbeitsplätze, die Erscheinung der Mitarbeiter (z.B. Kleidung) oder der Auftritt nach außen über Briefbögen, Logos oder Signets anführen.

*   Auch **interaktionale Symbole** bieten sich an, um einen Zugang zur Unternehmungskultur zu finden. In einzelnen Unternehmungen bilden sich Traditionen, Bräuche, Riten, Rituale oder Zeremonien heraus, die einen Eindruck von den herrschenden Grundannahmen, Werten, Normen, Einstellungen und Überzeugungen vermitteln. Auch Tabus und Spiele sind als Indikatoren nicht zu vernachlässigen.

*   Neben materiellen und interaktionalen Symbolen vermitteln **sprachliche Symbole** (kommunikationsorientierte Symbole) einen Eindruck von der Unternehmungskultur. Sprachliche Symbole umfassen den vorherrschenden Sprachstil sowie die Wortwahl einschließlich Slogans, Jargons und Witzen. Doch auch Geschichten, Anekdoten, Fabeln und Gleichnisse, die in der Unternehmung kursieren, können Aufschluss über die vorherrschende Unternehmungskultur vermitteln.

Neben der Symbolwelt lässt die **Verhaltenswelt** Rückschlüsse auf die Unternehmungskultur zu. Die Verhaltenswelt beinhaltet das Verhalten im engeren Sinne und das Verhalten im weiteren Sinne. Mit dem **Verhalten im engeren Sinne** wird etwa das Führungs-, Motivations-, Kontroll- und Kooperationsverhalten in der Unternehmung angesprochen. Das **Verhalten im weiteren Sinne** betrifft die Strukturen, Systeme (inklusive Prozesse) und Strategien einer Unternehmung, d.h. die Elemente, die im 7-S-Konzept von *McKinsey* bzw. Peters/Waterman als die eher „harten" Faktoren gelten (vgl. Peters/Waterman 1982).

Die Symbolwelt und die Verhaltenswelt einschließlich der unterschiedlichen Elemente sind in Abbildung 5-6 dargestellt. Dabei wurde eine Einteilung auf einem Kontinuum zwischen weitgehend **konkreten Percepta-Elementen** einerseits und weitgehend **abstrakten Percepta-Elementen** andererseits vorgenommen. Zu beachten sind dabei jedoch zwei wesentliche Einschränkungen: Erstens kann eine derartige Einteilung nur eine erste Orientierung liefern, d.h. es mag einige materielle Symbole geben, die relativ abstrakt sind, während einzelne Strategieelemente durchaus als konkret gelten. Zweitens ist kein Element der Percepta-Ebene völlig konkret bzw. völlig abstrakt. Vielmehr ist bei allen Elementen Abstraktheit und Konkretheit gleichzeitig vorhanden. Ohnehin wissen wir, dass die Percepta-Ebene im Vergleich zur Concepta-Ebene bereits den Teil der Unternehmungskultur darstellt, der sich am besten von außen erkennen, wahrnehmen, fassen lässt. Insofern ist bei allen Elementen der Percepta-Ebene – wo auch immer wir sie auf dem Kontinuum eingeordnet haben – ein gewisser Konkretisierungsgrad Voraussetzung.

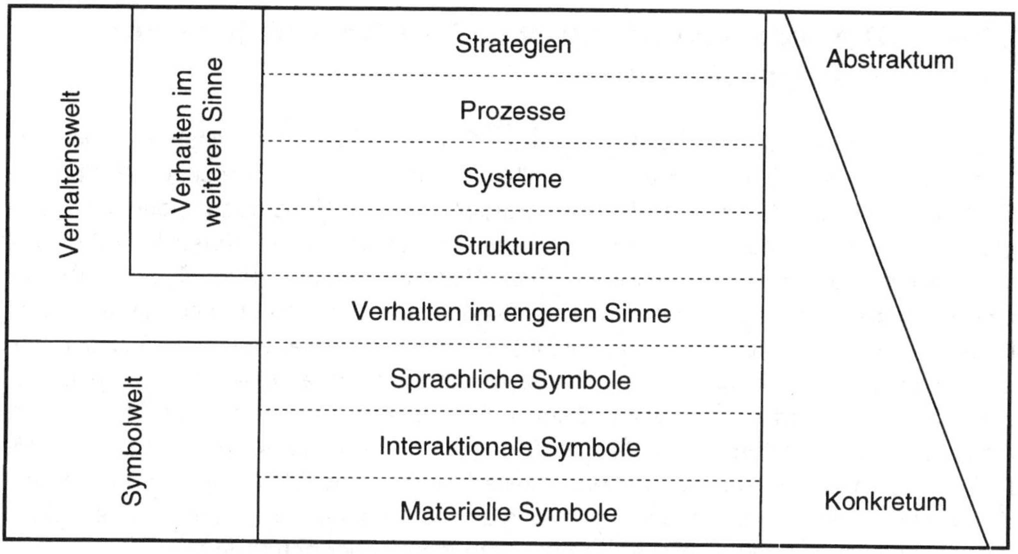

Abb. 5-6: Die Elemente der Percepta-Ebene
Quelle: Schmid (1996), S. 146.

Wichtig erscheint uns, dass die Percepta-Ebene von **Unternehmungskultur** primär in ihrer **Wirkung nach innen** interessiert. Dies stellt einen Gegensatz zur **Corporate-Identity-Diskussion** dar, wo ebenfalls Elemente der Percepta-Ebene – und dabei vor allem materielle Symbole – angesprochen werden, dabei allerdings deren **Wirkung nach außen**, z.B. deren Wirkung auf Kunden, Lieferanten, Kreditgeber oder Kooperationspartner, im Mittelpunkt des (Gestaltungs-)Interesses steht (vgl. zur Corporate Identity z.B. den Überblick bei Wißmeier 1995).

2.2   Unternehmungskultur und das Sprachspiel von der Oberflächen- und Tiefenstruktur

2.2.1   Einleitende Überlegungen

Nicht alle Autoren in der Betriebswirtschafts- und Managementlehre halten sich an die einschlägige Terminologie. Es gibt viele Wissenschaftler, die ihre eigenen Sprachspiele kreieren. Ausgeprägt ist die Tendenz zur Kreation eigener Sprach- und teilweise auch eigener Gedankenwelten etwa in der Münchener Schule um Kirsch oder in der St. Galler Schule. Im Zusammenhang mit der Thematik der Unternehmungskultur finden sich nun – unter anderem in diesen Schulen – die Sprachspiele von der **Tiefenstruktur** und der **Oberflächenstruktur**. Wir wollen kurz darauf eingehen, was unter der Oberflächen- und der Tiefenstruktur zu verstehen ist (Abschnitt 2.2.2), um anschließend die Zusammenhänge mit der Unternehmungskulturdiskussion aufzuzeigen (Abschnitt 2.2.3).

2.2.2   Die Unterscheidung zwischen Oberflächen- und Tiefenstrukturen

Beginnen wollen wir unsere Überlegungen zur Oberflächen- und Tiefenstruktur nicht mit Überlegungen der Münchener und St. Galler Schule, sondern mit eigenen Gedanken, die erstmals in einem Vortrag artikuliert wurden, dessen Hauptaugenmerk der Frage galt, wie Unternehmungen auf turbulente Umwelten reagieren (vgl. Kutschker 1982; vgl. zur Rekonstruktion dieses unveröffentlichten Vortrags Schmid 1996, S. 116-119). Als **Oberflächenstruktur** lässt sich primär die Organisationsform einer Unternehmung auffassen, die sich vor allem in der Aufbauorganisation und in der Ablauforganisation niederschlägt. Doch neben der Organisationsform sind auch Strategien, Systeme und Prozesse Teil der Oberflächenstruktur. Gemeinsam ist allen Elementen der Oberflächenstruktur, dass sie Dritten von außen zugänglich sind – zumindest, wenn sich diese die Mühe machen, einen Zugang zu finden. Diese Oberflächenstruktur kann als Antwort auf die Probleme interpretiert werden, mit denen eine Unternehmung – aufgrund vielfältiger, vor allem von außen herangetragener Anforderungen – konfrontiert ist.

Doch die Oberflächenstruktur macht nur einen Teil dessen aus, was eine Unternehmung konstituiert. Unternehmungen haben auch eine sogenannte Tiefenstruktur. Als **Tiefenstruktur** definieren wir die Konstellation aus Datensätzen, Laientheorien und Werten in einer Unternehmung (vgl. auch Galtung 1978, v.a. S. 52-54 und S. 72-74). **Datensätze** sind die Beobachtungen, Erfahrungen und Wahrnehmungen der Aktoren einer Unternehmung. Als **Laientheorien** bezeichnen wir alle Zusammenhänge, welche die Aktoren einer Unternehmung sehen. Praktiker als Aktoren der Unternehmung, so unsere Vermutung, entwickeln ebenso wie Wissenschaftler ihre Theorien, sogenannte Alltags- und Laientheorien. Beispiele sind Zusammenhänge zwischen Problemen und Problemlösungen oder zwischen Zwecken und Mitteln. **Werte** (einschließlich Einstellungen und

Überzeugungen) stellen, vereinfacht ausgedrückt, Urteile darüber dar, was als gut oder schlecht, als wünschenswert oder nicht wünschenswert eingeschätzt wird. Entscheidend ist nun, dass die Tiefenstruktur aus dem Zusammenspiel von Datensätzen, Laientheorien und Werten konstituiert wird. So wie Galtung argumentiert, dass eine Wissenschaft unvollständig bliebe, würde sie nicht Daten, Theorien und Werte berücksichtigen, so ist die Tiefenstruktur einer Unternehmung unvollständig, würde eine der drei Kategorien ausgeschlossen. Doch was hält die Kategorien zusammen? Wir können davon ausgehen, dass eine kontextsetzende Orientierung eine mehr oder weniger starke Synthese der einzelnen Elemente der Tiefenstruktur schafft. Dabei kommt den Laientheorien besondere Bedeutung zu; sie haben das Synthesepotential, um die Daten und Werte als „bits of knowledge" zusammenzuführen.

Oberflächen- und Tiefenstrukturen sind aufeinander bezogen; doch es besteht keine eindeutige kausale Verknüpfung. Ebenso wie eine bestimmte Tiefenstruktur unterschiedliche Oberflächenstrukturen hervorbringen kann, kann eine bestimmte Oberflächenstruktur auf unterschiedliche Tiefenstrukturen zurückzuführen sein. Besonders interessant ist es, eine dynamische Perspektive einzunehmen. Zwar sind die Elemente der Oberflächenstruktur stärker von der Tiefenstruktur abhängig als umgekehrt, doch eilt in vielen Fällen dennoch die Oberflächenstruktur der Tiefenstruktur in ihrer Entwicklung voraus. Dies hängt damit zusammen, dass sich Veränderungen „an der Oberfläche" leichter vollziehen lassen als Veränderungen „in der Tiefe". Um es vereinfacht auszudrücken: Es ist unproblematisch, einer Unternehmung durch ein neues Logo ein moderneres Gesicht zu geben; aber ob die Unternehmung tatsächlich moderner wird, hängt von den Aktoren der Unternehmung und den kognitiven, evaluativen und interpretativen Prozessen innerhalb der Unternehmung ab.

In der **Münchener Schule** wird, wie bereits erwähnt, ebenfalls von Oberflächen- und Tiefenstrukturen gesprochen. Dort wird vor allem die von Habermas herausgearbeitete Dichotomie von System und Lebenswelt aufgegriffen und die sich daran anschließende Unterscheidung zwischen einer Außen- und einer Binnenperspektive als Analogie bemüht. Die **Oberflächenstruktur** ist der Teil der Unternehmung, der weitgehend **von außen erklärt** werden kann, während die **Tiefenstruktur** nur von den Teilnehmern einer Lebenswelt **verstehend rekonstruierbar** ist. Dies heißt: Während die Oberflächenstruktur auch aus der Außenperspektive eines bloßen Beobachters (z.B. eines Wissenschaftlers) zugänglich ist, lässt sich die Tiefenstruktur nur aus der Binnenperspektive eines Teilnehmers (und damit vor allem der Mitarbeiter) verstehen (vgl. Ringlstetter 1988, S. 32-36, Kirsch/Obring 1994, S. 6-7).

In der **St. Galler Schule** wird das Verständnis von Oberflächen- und Tiefenstrukturen vor allem an der Unterscheidung zwischen dem Struktur- und dem Prozessdenken festgemacht. Ausdruck des Strukturdenkens sind vor allem **Regeln**; die sich aus den Regeln ergebenden Verhaltensmuster der Aktoren spiegeln dagegen das Prozessdenken wider. Doch interessanterweise lässt sich feststellen, dass in der St. Galler Schule die

Regeln als konstitutives Merkmal der Tiefenstruktur angesehen werden. Teilweise wird die Tiefenstruktur auch als selbstreferentiell bezeichnet. Probst/Scheuss schreiben dazu: „Die Selbstreferenz produziert das, was wir als die Tiefenstruktur oder eigentliche Organisation (im Gegensatz zur Oberflächenstruktur) erkennen wollen" (Probst/Scheuss 1984, S. 486). Auch weitere Wissenschaftler, die der St. Galler Schule zuzurechnen sind, sprechen von Oberflächen- und Tiefenstrukturen, wobei das zugrunde liegende Verständnis nicht völlig einheitlich ist (vgl. Schmid 1996, S. 125-128).

2.2.3 Die Anschlussfähigkeit der Oberflächen- und Tiefenstrukturdiskussion an die Unternehmungskulturdiskussion

Welcher Zusammenhang besteht nun zwischen der Unternehmungskulturdiskussion und der Tiefenstrukturdiskussion? Die Anschlussfähigkeit der Tiefenstruktur- und Oberflächenstrukturdiskussion an die Unternehmungskulturdiskussion ist durchaus gegeben: Vereinfacht wird mit der Tiefenstruktur auf die Concepta-Ebene der Unternehmungskultur verwiesen, mit der Oberflächenstruktur dagegen auf die Percepta-Ebene der Unternehmungskultur. Trotz einiger Unterschiede erscheint diese Parallelisierung legitim (vgl. zu einer ausführlichen Diskussion Schmid 1996, S. 159-168). Diese Parallelisierung liegt auch unseren Ausführungen in den Kapiteln zu Strategien sowie zur Dynamik international tätiger Unternehmungen zugrunde (→ Kapitel 6 und 7).

2.3 Beschreibungsmerkmale für Unternehmungskulturen

In der Literatur ist vor allem im Zusammenhang mit der Suche nach Erfolgsfaktoren häufig der Ruf nach starken Unternehmungskulturen zu finden – und dies nicht nur von Praktikern und Beratern, sondern auch von Wissenschaftlern (vgl. Peters/Waterman 1982, Deal/Kennedy 1982, Wüthrich 1984, v.a. S. 416, Krulis-Randa 1986, S. 254). Vorbild waren viele japanische Unternehmungen, deren relativ starke Kulturen von vielen als Erfolgsfaktor interpretiert wurden (→ Abschnitt 1.3 in diesem Kapitel). Wir wollen aber zeigen, dass Stärke allein keinesfalls als Wesensmerkmal von Unternehmungskulturen ausreichend sein kann. Dazu werden wir auf den Typologisierungsvorschlag von Heinen und dessen Mitarbeitern zurückgreifen (vgl. Heinen 1987, v.a. S. 26-33, Gussmann/Breit 1987, v.a. S. 121-122). Heinen und Mitarbeiter nennen drei Kriterien, mit denen Unternehmungskulturen beschrieben werden können: (1) den **Verankerungsgrad**, (2) das **Übereinstimmungsausmaß** und (3) die **Systemkompatibilität** einer Unternehmungskultur. Wir werden auf diese drei Kriterien nachfolgend eingehen.

(1) Der **Verankerungsgrad** drückt aus, inwieweit unternehmungsspezifische Grundannahmen, Werte, Normen, Einstellungen und Überzeugungen in die individuellen

Denk-, Empfindens- und Verhaltensgefüge der Unternehmungsmitglieder Eingang gefunden haben. Damit wird deutlich, dass es sich beim Verankerungsgrad um die Frage handelt, wie stark die unternehmungskulturellen Spezifika auch bei den Unternehmungsmitgliedern vorhanden sind. Beim einzelnen Individuum kann der Verankerungsgrad von einer völligen Ablehnung über eine partielle Anpassung bis hin zu einer völligen Internalisation reichen. Der unternehmungskulturelle Verankerungsgrad lässt sich dann als Aggregation der individuellen Verankerungsgrade interpretieren.

(2) Das **Übereinstimmungsausmaß** betrifft die Frage, inwieweit die Grundannahmen, Werte, Normen, Einstellungen und Überzeugungen zwischen Individuen innerhalb der Unternehmung geteilt werden. Heinen spricht von der Einheitlichkeit auf der einen Seite und der Disparatheit auf der anderen Seite. Das Spektrum reicht damit von monolithischen Einheitskulturen bis zur Zersplitterung in eine Vielzahl von Sub- bzw. Teilkulturen.

Erst eine hohe Ausprägung der beiden Kriterien Verankerungsgrad und Übereinstimmungsausmaß kann nach Heinen als **unternehmungskulturelle Stärke** bezeichnet werden. Oder anders ausgedrückt: Eine Unternehmungskultur ist nur bzw. erst dann stark, wenn sowohl ein hoher Verankerungsgrad als auch ein hohes Übereinstimmungsausmaß vorliegt. Doch kann die auf diese Weise definierte unternehmungskulturelle Stärke noch kein Garant für Erfolg sein, da es starke Kulturen gibt, die große Probleme aufweisen (vgl. Schreyögg 1989). Um die Brücke zum Erfolg zu schlagen, ist auch die Systemkompatibilität von Interesse.

(3) **Systemkompatibilität** liegt gemäß Heinen dann vor, wenn die Unternehmungskultur die externen und internen Anforderungen erfüllt, die an sie gestellt werden. Aus diesem funktionalistischen Verständnis stellt sich die Frage, ob eine Unternehmungskultur auch derart ausgeprägt ist, dass sie der Unternehmung Erfolg – wie auch immer definiert (z.B. Überleben, Gewinnmaximierung, Marktführerschaft) – beschert. Eine systemkompatible Unternehmungskultur ist also funktional, während sich eine systeminkompatible Unternehmungskultur als dysfunktional erweist. Mit der Frage nach der Systemkompatibilität spricht Heinen auch die dynamische Kraft von Unternehmungskulturen an. Systemkompatibilität impliziert die **Anpassungsfähigkeit** der Unternehmungskultur an sich verändernde Rahmenbedingungen, beispielsweise an gesellschaftlichen Wertewandel, wie er etwa von Inglehart (1995) oder von Rosenstiel (1990) beschrieben wird (vgl. zum Wertewandel auch Beerman/Stengel 1992, v.a. S. 11-16). Peter Ulrich bezeichnet die Anpassungsfähigkeit einer Unternehmungskultur auch als Merkmal einer „gesunden" bzw. „blühenden" Unternehmungskultur (vgl. Ulrich 1984, S. 313-314).

Die Beschreibung von Unternehmungskultur anhand der Kriterien Verankerungsgrad, Übereinstimmungsausmaß und Systemkompatibilität erlaubt jedoch keine inhaltlichen Aussagen. Aus diesem Grund finden wir in der Literatur auch Vorschläge, wie sich Unternehmungskulturen inhaltlich fassen lassen. In der Literatur wurden vor allem Typologien präsentiert, die sich zur inhaltlichen Charakterisierung von Unternehmungskulturen eignen (vgl. Brown 1998, v.a. S. 65-73). Zwei Beispiele aus der Literatur seien exemplarisch skizziert: die Typologien von (1) Deal/Kennedy und (2) Kets de Vries/Miller.

(1) In der **Typologie von Deal/Kennedy** (1982) werden die Dimensionen „Risikoneigung" und „Feedbackgeschwindigkeit" differenziert. Durch eine Kombination dieser beiden Dimensionen lässt sich – unter der Annahme, dass es idealtypisch nur die Ausprägungen „hoch" und „niedrig" gibt – eine Vierfeldermatrix aufspannen. In einer derartigen Vierfeldermatrix erscheinen dann die „tough-guy, macho culture", „work hard/play hard culture", „bet-your-company culture" und „process culture" (➔ Abbildung 5-7).

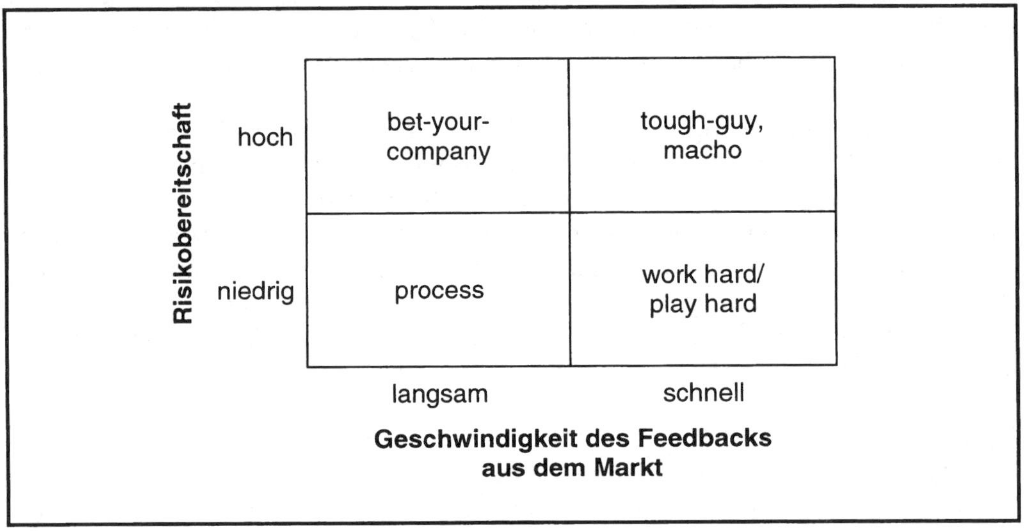

Abb. 5-7:   Die Typologie von Unternehmungskulturen nach Deal/Kennedy
Quelle: in Anlehnung an Deal/Kennedy (1982), S. 107-108.

(2) In der **Typologie von Kets de Vries/Miller** (1986) werden problematische Unternehmungskulturtypen identifiziert. Die Autoren unterscheiden die paranoide, die depressive, die dramatische, die zwanghafte und die schizoide Kultur, um damit mögliche **Pathologien von Unternehmungskulturen** zu beleuchten.

Pümpin/Kobi/Wüthrich (1985) schlagen vor, Unternehmungskultur dadurch zu beschreiben, dass die Bedeutung zentraler Orientierungen herausgestellt wird. Dabei wird zwischen der Kundenorientierung, der Mitarbeiterorientierung, der Kostenorientierung, der Leistungsorientierung, der Technologieorientierung, der Innovationsorientierung und der Unternehmungsorientierung unterschieden. Unternehmungen lassen sich hinsichtlich dieser Orientierungen beschreiben und unter Umständen auch miteinander vergleichen. Als optische Veranschaulichung zur Charakterisierung von Unternehmungskulturen anhand dieser und weiterer Orientierungen eignen sich auch sogenannte **Radar-Charts** (vgl. Scholz 2000, S. 840-842). Ein Beispiel für ein Radar-Chart einer fiktiven Unternehmung findet sich in Abbildung 5-8.

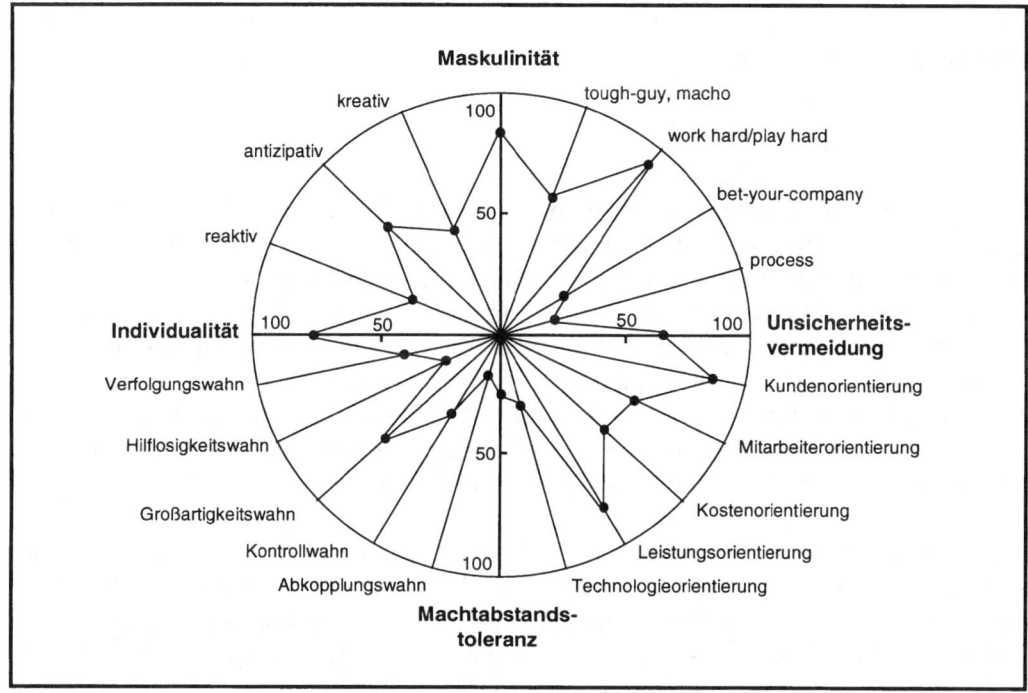

Abb. 5-8:   Ein Radar-Chart der Unternehmungskultur
Quelle: Scholz (2000), S. 840.

Es versteht sich von selbst, dass Kulturtypologien und Radar-Charts nur aufzeigen können, dass sich Unternehmungskulturen unterscheiden können und dass sie hinsichtlich einiger Merkmale beschrieben werden können. Eine abschließende Darstellung aller möglichen Optionen gelingt ihnen freilich nicht. Unternehmungskulturen sind zu komplex, als dass wir sie mit einer Vierfeldermatrix oder einem Radar-Chart darstellen könnten. Dies gilt umso mehr für international tätige Unternehmungen, die aus einer Vielzahl von Teilkulturen bestehen.

2.4   Die Entwicklung von Unternehmungskulturen

Wichtig erscheint uns nicht nur die Frage, wie sich Unternehmungskulturen beschreiben lassen, sondern auch, wie sie sich verändern (lassen). Die oben angesprochene Frage nach der Anpassungsfähigkeit verweist bereits auf die Veränderbarkeit von Unternehmungskulturen. Dabei lassen sich in der Literatur drei Strömungen ausmachen (vgl. Smircich 1983, Sackmann 1988, 1991): Erstens finden wir Autoren, die **Kultur als Variable** auffassen. Zweitens gibt es Autoren, die **Kultur als Metapher** ansehen. Und drittens nimmt eine Gruppe von Wissenschaftlern eine Zwischenposition ein; für sie gilt **Kultur als dynamisches Konstrukt**. Wir wollen diese drei Forschungsrichtungen nachfolgend kurz skizzieren:

(1) Der Variablenansatz

Autoren, die Kultur als Variable ansehen (vgl. Miller 1984, Allen 1985, Kilmann 1985), sind primär der **objektivistischen Kulturforschung** zuzurechnen. Sie betrachten Kultur als objektiv gegeben bzw. auch als objektiv für Wissenschaftler erfassbar. Es wird davon ausgegangen, dass sich Kultur weitgehend problemlos gestalten und verändern lässt. Diese Autoren vertreten primär die Auffassung, dass **Unternehmungen eine Kultur haben** und weniger die Auffassung, dass Unternehmungen eine Kultur darstellen. Ihr Schwerpunkt liegt auf der Ebene der empirisch wahrnehmbaren Percepta-Elemente. Wenn diese Autoren auch die Ebene der Concepta ansprechen, so vor allem in der Weise, dass sie von einem Wertemanagement sprechen.

Die Bezeichnung „Variablenansatz" rührt daher, dass Kultur in der Auffassung dieser Autoren nur eine von vielen Variablen ist, die in der Unternehmung Stellhebel für aktives Management sein können. Damit verbunden ist eine stark funktionalistische Sichtweise von Kultur. Ebenso wie andere Stellhebel haben auch Kulturen bestimmte Funktionen. Kulturen sollen – um aus der Vielzahl der bereits erwähnten Funktionen nochmals Beispiele in Erinnerung zu rufen (→ Abschnitt 1.1.3 in diesem Kapitel) – die Integration und Koordination in der Unternehmung erleichtern bzw. sichern. Gefolgt wird dabei entweder der sogenannten „**Fit-These**" oder der sogenannten „**Follow-These**" (vgl. auch Kreikebaum 1995). Gemäß der Fit-These ist ein Fit, d.h. eine gewisse Abstimmung, zwischen Kultur und anderen Stellhebeln wie Strategien, Strukturen oder Systemen von Bedeutung. Der Follow-These folgend muss die richtige Unternehmungskultur als Folge der gewählten Strategien, Strukturen oder Systeme gestaltet werden. Das Motto heißt dann: „Culture follows strategy, structure and systems".

Die Vertreter des Variablenansatzes werden von Schreyögg auch als **Interventionisten** charakterisiert (vgl. Schreyögg 1991a, S. 202). Die Interventionisten gehen von einem mechanischen Verständnis aus: Um Kultur zu verändern, wird zunächst die „**Ist-Kultur**" erfasst, dann eine „**Soll-Kultur**" bestimmt und schließlich überlegt, wie man die „Ist-Kultur" in die „Soll-Kultur" überführen kann. Manche Autoren haben ein umfangreiches Instrumentarium entwickelt, wie man die Kultur einer Unternehmung erfassen und schließlich verändern kann (vgl. Pümpin 1984, Wüthrich 1984, Pümpin/Kobi/Wüthrich 1985, Rühli 1990). Es verwundert nicht, dass die Vertreter des Variablenansatzes vor allem einer Aktorengruppe große Bedeutung zukommen lassen – der Aktorengruppe des Top-Managements. Man geht, vereinfacht ausgedrückt, davon aus, dass das Top-Management Kultur konstituiert und Kultur auch verändern kann, unter Umständen mit Unterstützung von externen Beratern bzw. sogenannten Organisationsentwicklern.

(2) Der Metapheransatz

Autoren, die dem Metapheransatz zugerechnet werden (vgl. Louis 1981, 1985, Meyerson/Martin 1987, Martin/Meyerson 1988, Greipel 1988), sehen Kultur nicht als Variable, sondern vielmehr als Metapher an. Kultur wird zur Perspektive, aus der heraus sich Organisationen im Allgemeinen und (internationale) Unternehmungen im Speziellen betrachten lassen. So wie man eine Unternehmung als Maschine, als Organismus, als Gehirn oder als System ansehen kann, so kann man eine Unternehmung auch als Kultur auffassen (vgl. Hatch/Cunliffe 2006, v.a. S. 25-60, Morgan 2002). Autoren, die Unternehmungen als Kulturen interpretieren, sind eher der subjektivistischen als der objektivistischen Kulturforschung zuzurechnen. Sie betrachten Kultur nicht als objektiv gegeben, sondern von subjektiven Einflüssen abhängig und damit auch für Wissenschaftler nicht endgültig, abschließend und absolut erfassbar.

Unternehmungen haben keine Kultur, sie sind Kulturen. Dies begründet, warum die Möglichkeiten der Gestaltbarkeit und Veränderbarkeit der Unternehmungskultur im Vergleich zum Variablenansatz als deutlich geringer erachtet werden. Von vielen Autoren werden die Möglichkeiten des bewussten Einflusses auf Unternehmungskulturen auch nicht thematisiert; derartige Einflussmöglichkeiten interessieren schlichtweg nicht. Es geht diesen Wissenschaftlern um ein Beschreiben und ein Verstehen der Kultur – und darauf aufbauend auch um ein Beschreiben und ein Verstehen des Unternehmungscharakters. Aufgrund eines primär ideellen Kulturverständnisses (anstelle eines materiellen Kulturverständnisses) kommt der Concepta-Ebene eine große Bedeutung zu. Wichtig sind die in der Unternehmung existierenden basalen Annahmen, die vorherrschenden Werte, Normen, Einstellungen und Überzeugungen.

Vertreter des Metapheransatzes entsprechen den Wissenschaftlern, die Schreyögg als **Kulturalisten** bezeichnet (vgl. Schreyögg 1991a, S. 203). Für die Kulturalisten kommt nicht nur dem Top-Management, sondern allen Aktoren einer Unternehmung große Bedeutung zu. Wichtig sind für sie die Prozesse, die dazu führen, dass eine Unternehmung eine bestimmte Kultur darstellt. Damit schließen sie die Untersuchung von Machtprozessen, von Konflikten und von Interpretationsprozessen in ihr Forschungsinteresse ein.

Welche der beiden Forschungsrichtungen kann nun eher Gültigkeit beanspruchen – der Variablenansatz oder der Metapheransatz? Für Peter Ulrich ist die Antwort eindeutig. Er schreibt: „Ist die Idee, Kulturentwicklungsprozesse zu lenken und damit letztlich zu ‚beherrschen', nicht die äußerste Steigerung eines technokratischen Zeitgeistes und als

solche im Grunde ein zutiefst zynischer Gedanke?" (Ulrich 1984, S. 317, Zitat im Original teilweise kursiv). Ulrich lehnt den Variablenansatz also eindeutig ab. Doch heißt dies
zwingend, dass wir den Metapheransatz akzeptieren sollten? Die Betriebswirtschaftslehre als angewandte Wissenschaft hat unseres Erachtens auch eine gestalterische
Aufgabe. Und daher können wir auch den Vertretern des Metapheransatzes nicht uneingeschränkt zustimmen. Am sinnvollsten erscheint in unseren Augen daher ein Mittelweg – und dieser Mittelweg wird von den Autoren beschritten, die von der Kultur als dy-
namischem Konstrukt sprechen (vgl. Sackmann 1988, v.a. S. 169-174, Sarasti 1993,
S. 24-25). Wir wollen nachfolgend auch auf diese Forschungsrichtung eingehen.

(3) Kultur als dynamisches Konstrukt

Für Autoren dieser Forschungsrichtung, wie etwa Adler/Jelinek (1986), Heinen (1987,
Hrsg.), Schreyögg (1991a) oder Alvesson (1993), **sind Unternehmungen eine Kultur,
und sie haben gleichzeitig eine Kultur.** Es wird davon ausgegangen, dass sich die
Kultur einer Unternehmung sowohl in Elementen der Concepta-Ebene als auch in Elementen der Percepta-Ebene äußert. Gleichzeitig wird konzediert, dass zwischen den
Concepta- und den Percepta-Elementen keine eindeutigen Wenn-dann-Beziehungen
bestehen. Bereits aus dieser Einsicht heraus kann für die Autoren dieser Richtung nur
eine bedingte Gestaltbarkeit von Unternehmungskultur existieren. Der an sich evolutionäre Prozess der Kulturentwicklung ist jedoch in gewisser Weise beeinflussbar – oder
anders ausgedrückt: Unternehmungskulturen lassen sich „vorsichtig" bzw. „behutsam"
gestalten.

Doch für die Veränderung einer Kultur reicht kein kurzfristiger Zeithorizont. Und dies
erscheint durchaus einleuchtend. Denn wenn wir berücksichtigen, wie lange Individuen
an bestehenden Denk-, Wahrnehmungs-, Deutungs- und Handlungsmustern festhalten
(vgl. Nystrom/Starbuck 1984), dann wird offensichtlich, dass auch die kognitiven, evaluativen und interpretativen Schemata sowie die darauf aufbauenden Verhaltens- und
Symbolmerkmale auf kollektiver Ebene nicht kurzfristig veränderbar sind. Es verwundert
daher nicht, dass meist von einem Zeitraum von bis zu fünfzehn Jahren die Rede ist, um
eine bestehende Kultur zu verändern (vgl. Scholz 1987, S. 86). Ohnehin problematisch
ist, was unter der Veränderung einer Kultur zu verstehen ist; schließlich handelt es sich
bei Kulturveränderungen meist um inkrementale und nicht um revolutionäre Veränderungen.

Selbst die Vertreter des Variablenansatzes, die häufig aus einer strikt ökonomischen
Perspektive heraus argumentieren, müssen diese Langfristigkeit berücksichtigen. Denn
es wäre ökonomisch widersinnig, wenn man unter der Kultur einer Unternehmung ein
beliebig einsetzbares Instrument des Managements verstehen würde. Um dieses Argument auszuführen, müssen wir etwas ausholen. In der Literatur zum Strategischen Management wird seit einigen Jahren den Ressourcen eine große Bedeutung bei der Ge-

nerierung von Wettbewerbsvorteilen zugewiesen (vgl. Barney 1991). Ressourcen, so die Argumentation, können dann zu nachhaltigen Wettbewerbsvorteilen führen, wenn sie wertvoll, knapp, nur beschränkt imitierbar und schwer substituierbar sind (→ dazu auch die Ausführungen in Abschnitt 1.2.2 in Kapitel 6). Nun werden diese Eigenschaften von den Vertretern der ressourcenbasierten Ansätze gerade **immateriellen Ressourcen**, wie z.B. Fähigkeiten und Fertigkeiten, zugesprochen. Innerhalb der immateriellen Ressourcen wird auch die Unternehmungskultur als eine zentrale Ressource deklariert (vgl. Barney 1986). Ginge man davon aus, dass Kultur relativ leicht veränderbar wäre, so wäre auch die Argumentation der Vertreter der ressourcenbasierten Ansätze hinfällig. Denn sobald Kulturen (mehr oder weniger) leicht gestaltbar wären, würden sie ihre Fähigkeit, potentielle Wettbewerbsvorteile zu generieren, verlieren. Es ist also nicht nur ethisch fraglich, ob man „hemmungslos" in Kulturen eingreifen sollte. Es ist auch ökonomisch widersinnig, von einer vollkommenen Gestaltbarkeit von Kulturen auszugehen. Dennoch: Trotz dieser Skepsis ist Kultur einer Beeinflussung nicht unzugänglich – und dies mit gutem Recht. Denn gerade „pathologische" Kulturen müssen verändert werden, um im Wettbewerb bestehen zu können (vgl. Schreyögg 1991a, S. 202-207).

Die oben bereits skizzierte Problematik, dass international tätige Unternehmungen noch stärker als nationale Unternehmungen einer Vielzahl von Teilkulturen ausgesetzt sind, erschwert diese aktive Veränderung sehr stark. Daher wird häufig von einem **Zusammenspiel von selbstorganisatorischen und fremdorganisatorischen Kräften** in internationalen Unternehmungen ausgegangen (vgl. Küsters 1998). Unternehmungen wie *Siemens* sind sich der Schwierigkeiten bei der Gestaltbarkeit von Kultur bewusst. So wurde das TOP-(Time-Optimized-Processes-)Programm, das vor allem auf eine Verbesserung der Prozesse abzielte, mit einem langfristigen Zeithorizont gestartet. Das Management von *Siemens* hatte aufgrund früherer Fehler erkannt, dass der für die Realisierung des TOP-Programms erforderliche Kulturwandel nicht von heute auf morgen erfolgen konnte. Maßnahmen zur Veränderung von Unternehmungskulturen sollten dabei sowohl an der Concepta-Ebene als auch an der Percepta-Ebene ansetzen. Aufgrund des umfassenden Charakters von Kultur führt kein Weg daran vorbei, ein breites Maßnahmenbündel einzusetzen. Keinesfalls ausreichend ist etwa ein nur an monetären Größen ausgerichteter Maßnahmenkatalog wie die Gestaltung von Anreizsystemen für Führungskräfte (z.B. über Stock-Options). Nötig sind zahlreiche weitere Maßnahmen, welche die Gesamtheit der Strategien, Strukturen, Prozesse, Systeme sowie der Verhaltenswelt einer Unternehmung und die zugrunde liegenden Concepta erfassen und sich auch auf die Gesamtheit der Aktoren einer Unternehmung beziehen (vgl. auch Fankhauser 1996, v.a. S. 319-379).

Bisher haben wir noch wenig über die „differentia specifica" von Unternehmungskulturen in international tätigen Unternehmungen ausgesagt; dies liegt daran, dass die wichtigste Besonderheit im Einfluss der Landeskulturen liegt. Den Landeskulturen, die auf die international tätige Unternehmung einwirken, wollen wir uns nun ausführlich zuwenden.

3   Die Landeskultur in internationalen Unternehmungen

3.1   Einleitender Überblick

Unterschiedliche Autoren haben bereits versucht, Dimensionen zu identifizieren, mit denen man Gemeinsamkeiten und Unterschiede von Landeskulturen darstellen kann. Die möglichen Dimensionen, anhand derer sich Kulturen differenzieren lassen, sind dabei prinzipiell unbegrenzt. Es sollen nun mehrere Ansätze vorgestellt werden, die exemplarisch aufzeigen, welche Möglichkeiten es gibt, eine Landeskultur von einer anderen Landeskultur abzugrenzen:

- der Ansatz von **Kluckhohn/Strodtbeck** (Abschnitt 3.2),
- der Ansatz von **Hall** (Abschnitt 3.3),
- der Ansatz von **Hofstede** (Abschnitt 3.4),
- der Ansatz von **Trompenaars** (Abschnitt 3.5)
- der Ansatz der **GLOBE-Studie** (Abschnitt 3.6) und
- der Ansatz von **Dülfer** (Abschnitt 3.7).

Vereinfachend lässt sich vorab bereits Folgendes festhalten: Während sich die Dimensionen von Kluckhohn/Strodtbeck auf die **Grundannahmen** beziehen, zielen die Dimensionen von Hofstede und der GLOBE-Studie primär auf **Werte** ab. Trompenaars verbindet **Grundannahmen** und **Werte**, während Hall durch seine Konzentration auf Kommunikationsaspekte eine Brücke von der Ebene der **Grundannahmen** zur **Verhaltensebene** schlägt. Im Gegensatz zu Kluckhohn/Strodtbeck, Hall, Hofstede und Trompenaars liefert Dülfer keine Kulturdimensionen, sondern stellt ein Modell zur Verfügung, welches Kultur als generellen und – wie wir sehen werden – sehr weit gefassten **Filter für Entscheidungen** interpretiert. Abbildung 5-9 gibt einen Überblick über die in den folgenden Abschnitten behandelten Studien, die Landeskulturen in international tätigen Unternehmungen thematisieren.

Bevor wir die Arbeiten der genannten Wissenschaftler diskutieren, ist eine Vorbemerkung von großer Bedeutung: Wenn wir nachfolgend einige Informationen zu anderen Kulturen geben, so werden Sie in einigen Fällen denken: „Das sehe ich anders". Oder: „Ich war doch schon in Land X – dort habe ich aber nicht diese Erfahrung gemacht". Dies sollte Sie nicht verunsichern. Unsere Ausführungen können und sollen lediglich als Orientierung gelten, da Kulturen zu komplex sind, als dass man sie völlig beschreiben könnte. Vor allem gelingt es in einem kurzen Kapitel innerhalb eines Lehrbuchs nicht, kulturellen Eigenheiten völlig gerecht zu werden. Über jede einzelne Kultur könnte man eine Vielzahl von Büchern füllen. Aussagen zu kulturellen Eigenheiten lassen sich darüber hinaus kontroverser diskutieren als Aussagen zu den meisten anderen Problemfeldern der Betriebswirtschafts- und Managementlehre. Doch die Betriebswirtschafts- und Managementlehre kann sich nicht nur um Produktionsfunktionen, Kapitalwertberechnungen oder Steuernormen kümmern, wenn sie die Unternehmung in ihrer Ganz-heitlichkeit erfassen will und auch Aussagen zu deren Führung treffen möchte. Insofern müssen wir bereit sein, uns auch dem zu öffnen, was vermeintlich „weich", „vage" und „uneindeutig", aber nichtsdestotrotz äußerst praxisrelevant ist.

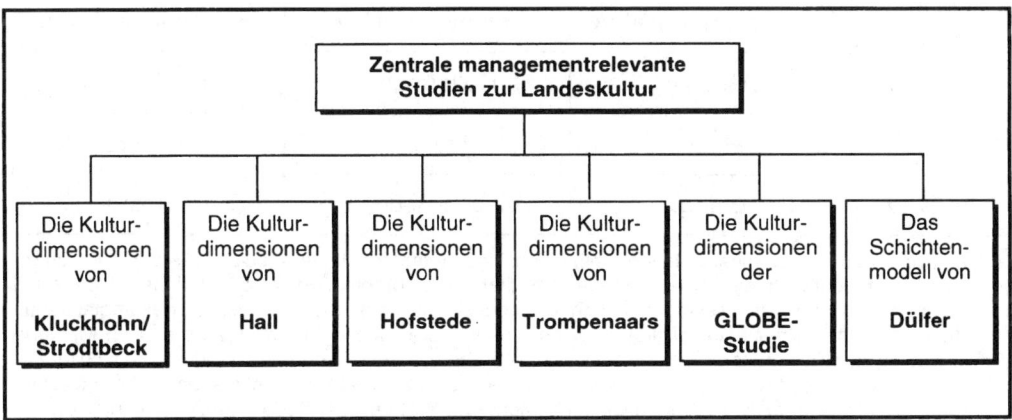

Abb. 5-9: Studien zur Landeskultur in internationalen Unternehmungen

3.2   Die Kulturdimensionen von Kluckhohn/Strodtbeck

Kluckhohn/Strodtbeck gehen davon aus, dass sich Kulturen vor allem hinsichtlich ihrer Grundannahmen unterscheiden. Sie haben fünf Orientierungen identifiziert, die be-stimmte Grundannahmen zum Ausdruck bringen:

(1) das **Wesen der menschlichen Natur,**
(2) die **Beziehung des Menschen zur Natur,**
(3) die **Beziehungen des Menschen zu anderen Menschen,**
(4) die **Zeitorientierung des Menschen** und
(5) die **Aktivitätsorientierung des Menschen** (vgl. Kluckhohn/Strodtbeck 1961, v.a.
     S. 11-20).

Diese fünf Dimensionen von Kluckhohn/Strodtbeck berühren allesamt grundlegende philosophische Fragen, die in unterschiedlichen Kulturen – vor allem von religiös-tradi-tionellen Einflüssen abhängig – unterschiedlich beantwortet werden. Die fünf Dimen-sionen einschließlich ihrer Ausprägungen sind in Abbildung 5-10 dargestellt, damit Sie sich bereits einen ersten Überblick verschaffen können.

Orientation	Postulated Range of Variations					
Human Nature	Evil		Mixture of Good-and-Evil		Good	
	Mutable	Immutable	Mutable	Immutable	Mutable	Immutable
Man Nature	Subjugation-to-Nature		Harmony-with-Nature		Mastery-over-Nature	
Relational	Lineality		Collaterality		Individualism	
Time	Past		Present		Future	
Activity	Being		Being-in-Becoming		Doing	

The arrangement in columns of sets of orientations is only the accidental result of this particular chart. Although statistically it may prove to be the case that some combinations of orientations will be found more often than others, the assumption is that all combinations are possible ones. For example, it may be found that the combination of first-order choices is that of Individualism, Future, Doing, Mastery-over-Nature, and Evil (mutable), now changing, as in the case of the dominant middle-class culture of the United States, or that it is, as in the case of the Navaho Indians, a combination of the first-order preferences of Collaterality, Present, Doing, Harmony-with-Nature, and Good-and-Evil (immutable).

Abb. 5-10: Die Kulturdimensionen von Kluckhohn/Strodtbeck
Quelle: Kluckhohn/Strodtbeck (1961), S. 12.

Die Dimensionen wurden von Kluckhohn/Strodtbeck in einer **Studie über die „Eingeborenen-Gemeinschaften" der Rimrock** im US-amerikanischen Südwesten empirisch überprüft. Dabei wurden die einzelnen Orientierungen – mit Ausnahme der Dimension über das Wesen der menschlichen Natur – über mehrere Fragen operationalisiert (vgl. Kluckhohn/Strodtbeck 1961, S. 77-120). Ziel war es, eine Art Profil der Rimrock-Gemeinschaften zu erstellen und zu fragen, welche Ausprägung hinsichtlich der Dimensionen bei den jeweiligen Gemeinschaften überwiegt. Damit ist bereits eine wesentliche Erkenntnis angesprochen: Es ist keineswegs so, dass in einer bestimmten Kultur hinsichtlich jeder einzelnen Kulturdimension jeweils nur eine Ausprägung angenommen wird. Vielmehr kann innerhalb einer Kultur bei jeder Kulturdimension nur von einer Dominanz einer bestimmten Ausprägung gesprochen werden.

Nun könnte man ohnehin fragen, was derartige Grundorientierungen mit Management zu tun haben. Ursprünglich waren die von Kluckhohn/Strodtbeck genannten Orientierungen in der Tat nicht auf die Managementlehre ausgerichtet, sondern sollten Unterschiede zwischen den Rimrock-Gemeinschaften aufzeigen. Da man allerdings auch in der Betriebswirtschafts- und Managementlehre die Bedeutung grundlegender bzw. basaler Orientierungen für das Verhalten in und von Unternehmungen erkannt hat, entstanden Überlegungen, die Dimensionen Kluckhohn/Strodtbecks mit managementorientierten Fragestellungen in Verbindung zu bringen (vgl. z.B. Evan 1974, Mead 2005,

S. 28-32, Lane/DiStefano/Maznevski 2000, v.a. S. 32-49, Adler/Gundersen 2007, v.a. S. 22-35). Wir werden deshalb die Dimensionen Kluckhohn/Strodtbecks beschreiben und jeweils im Anschluss auch auf managementrelevante Implikationen der Dimensionen eingehen. Insbesondere werden wir einige Merkmale der US-amerikanischen Kultur ansprechen, um Ihnen diese „en passant" zu erläutern und Ihnen Hinweise für das Management in den USA zu geben.

(1) Wesen der menschlichen Natur: Hinsichtlich der ersten Dimension lassen sich Kulturen sowohl in statischer als auch in dynamischer Sicht unterscheiden. In **statischer Sicht** wird gefragt, ob der Mensch prinzipiell als **gut,** prinzipiell als **schlecht** oder **sowohl als gut als auch als schlecht** betrachtet wird. In **dynamischer Sicht** wird zwischen Kulturen differenziert, in denen davon ausgegangen wird, dass Menschen sich im Laufe ihres Lebens **ändern** und Kulturen, in denen eine weitgehende **Unveränderbarkeit** des Menschen angenommen wird.

Hinsichtlich der statischen Komponente der ersten Dimension wird die **US-amerikanische Kultur** meist folgendermaßen charakterisiert: Menschen sind weder ausschließlich gut noch ausschließlich schlecht. Es wird angenommen, dass beide Züge als Prädispositionen im Menschen vorhanden sind. Der Mensch hat die Freiheit, Entscheidungen selbst zu treffen und kann sich damit entweder für das „Gute" oder das „Schlechte" entscheiden. Noch deutlicher scheint in der US-amerikanischen Kultur jedoch die dynamische Komponente der ersten Dimension ausgeprägt zu sein. In der US-amerikanischen Kultur wird davon ausgegangen, dass Menschen veränderbar sind. Der Einzelne, so wird angenommen, hat es selbst in der Hand, was er aus seinem Leben macht. Die zahlreichen „Selbsthilfebücher", „Persönlichkeitsratgeber" und „Erfolgsratgeber", die auf dem US-amerikanischen Buchmarkt verkauft werden, legen davon eindrucksvoll Zeugnis ab. Die Vorstellung kommt stereotypisch auch in der Auffassung zum Ausdruck, dass sich jeder vom „Tellerwäscher zum Millionär" hocharbeiten kann.

Gesellschaften, in denen man das Gute des Menschen annimmt, werden auch als **„Vertrauensgesellschaften"** bezeichnet, während die Annahme einer Dominanz des Schlechten zu **„Misstrauensgesellschaften"** führt. Im Management hat dies beispielsweise Auswirkungen auf die Delegation von Aufgaben oder die Kontrolle von Aufgaben. Ist das Vertrauen in die Mitarbeiter groß, so kann man erstens eine größere Zahl von (anspruchsvollen) Aufgaben delegieren und zweitens auf eine minutiöse Kontrolle, zumindest auf eine Prozesskontrolle, verzichten. Fehlt das Vertrauen, so führt dies in der Regel zu einer Zentralisierung von Aufgaben, zu starker Hierarchiebildung sowie zu einer ausgeprägten Kontrollmentalität in der Unternehmung. Derart unterschiedliche Annahmen liegen auch zahlreichen Führungstheorien zugrunde. Die sogenannte „Theory X" geht bekanntlich vom Bild eines eher „schlechten" Menschen aus, der die Arbeit scheut und den man kontrollieren muss, während „Theory Y" die positiven Züge des Menschen hervorhebt (vgl. McGregor 1960).

Die Annahmen über die Veränderbarkeit des Menschen spiegeln sich beispielsweise in der Personalpolitik wider. Geht man von einer Veränderbarkeit des Menschen aus, so glaubt man an die Effektivität von Personalweiterbildungs-, Personalfortbildungs- und Personalentwicklungsmaßnahmen. Tendiert man eher dazu, von einer geringen Veränderbarkeit des Menschen auszugehen, so kommt der Personalselektion eine bedeutendere Rolle zu. Entscheidend ist die Auswahl der Mitarbeiter, da man nicht darauf baut, dass sich Mitarbeiter durch unternehmungsinterne Maßnahmen grundlegend verändern lassen.

(2) Beziehung des Menschen zur Natur: Die zweite Dimension spannt ein Spektrum auf, welches von der **Unterwerfung des Menschen unter die Natur** über die **harmonische Beziehung von Mensch und Natur** bis hin zur **Beherrschung der Natur durch den Menschen** reicht. Im einen Extremfall sieht sich der Mensch natürlichen Kräften ausgeliefert, die er nicht beeinflussen kann. Das Leben des Menschen ist von äußeren Kräften bestimmt. Dazu zählt in vielen Kulturen auch der göttliche Einfluss, da Gott als Schöpfer der Natur gilt. Im anderen Extremfall nimmt der Mensch selbst den Rang Gottes an; der Mensch bzw. die Menschheit spricht sich selbst die Fähigkeit zu, das erreichen zu können, was er bzw. sie erreichen möchte, wenn auch unter erheblichen und teils sehr langwierigen Anstrengungen.

In der **US-amerikanischen Kultur** wird, wie in vielen anderen westlichen Kulturen, von einer Dominanz des Menschen über die Natur ausgegangen. Der Mensch, so wird angenommen, ist in der Lage, sich die Natur zu unterwerfen. Die aus der Schöpfungsgeschichte der Bibel bekannten Worte „Macht Euch die Erde untertan" haben Menschen westlicher Kulturen in vielen Fällen allzu wörtlich genommen. Beispiele für dieses Streben nach Dominanz findet man in der Landwirtschaft, im Straßen- und Tunnelbau, in der Weltraumforschung und – was heute besonders kontrovers diskutiert wird – in der Bio- und Gentechnologie. Der Glaube an die Allmacht des Menschen wird aber in den letzten Jahren auch in westlichen Gesellschaften zunehmend hinterfragt. Dazu haben Probleme der Umweltzerstörung und der Klimaveränderung beigetragen. In vielen Gesellschaften existieren Tendenzen, die zeigen, dass der Weg in Richtung einer harmonischen Beziehung von Mensch und Natur weist. Damit ist freilich nicht die Unterwerfung bzw. die Unterjochung unter die Natur angesprochen, wie dies etwa im muslimischen „En Shah Allah" (zu deutsch etwa: „Wenn Gott will") angesprochen wird.

Die Annahmen über die Beziehungen des Menschen zur Natur machen sich jedoch nicht nur auf gesamtgesellschaftlicher Ebene bemerkbar, auch in Unternehmungen können zahlreiche Faktoren eine Rolle spielen. Als Beispiel lässt sich die Zielsetzung und Zielimplementierung von Unternehmungen anführen. In Kulturen, in denen von einer Dominanz über die Natur ausgegangen wird, glaubt man, dass Unternehmungsziele weitgehend von äußeren Einflüssen unabhängig gesteckt werden können. Ebenso geht man davon aus, dass es vor allem an den Anstrengungen der Unternehmung selbst liegt, ob diese Ziele auch erreicht werden. Ziele sollen in Unternehmungen, die diesen

Gesellschaften angehören, möglichst eindeutig und spezifisch sein. Meist werden sie auch in quantitativer Form vorgegeben. Dagegen werden Ziele in Gesellschaften, in denen eine Unterordnung unter die Natur angenommen wird, eher vage formuliert. Statt quantitativen Zielvorgaben finden sich qualitative Zielbeschreibungen bzw. Zielumschreibungen. Nachdem man sich selbst nur eine beschränkte Rolle bei der Zielerreichung zuschreibt, haben Ziele ohnehin eine geringe Bedeutung. Das in Textbox 5-1 erwähnte kurze Beispiel kann die Bedeutung dieser Dimension für die internationale Unternehmungstätigkeit weiter illustrieren.

Textbox 5-1: Die Beziehung des Menschen zur Natur

Eine Illustration

A civil engineer in a large North American construction company was given responsibility to select a site for, design, and construct a large fish-processing plant in a West African country. The engineer classified potential sites according to the availability of reliable power, closeness to transportation, nearness to the river for access by fishing boats from the Atlantic Ocean, location near the main markets, and availability of housing and people for employment. After evaluating these criteria and ranking the few sites in the final list, the engineer chose the optimum location. Just prior to requesting bids from local contractors for some site preparation, the engineer discovered, in talking to local authorities, that the site was located on ground considered sacred by the local people. These people believed this site was the place where their gods resided. None of the local people upon whom the engineer was depending to staff the plant would ever consider working there! The engineer quickly revised the priorities previously drawn up and relocated the plant.

Quelle:
Lane/DiStefano/Maznevski (2000), S. 34.

---

(3) Beziehung des Menschen zu anderen Menschen: Im Hinblick auf die dritte Dimension werden **individualistische** von **kollektivistischen Kulturen** differenziert. In individualistischen Kulturen stehen Individuen im Mittelpunkt, während kollektivistische Kulturen auf Gruppen, Organisationen, Unternehmungen, kurzum auf Kollektive, ausgerichtet sind. **Innerhalb der kollektivistischen Ausrichtung** wird nochmals zwischen **linealer und kollateraler Orientierung** differenziert: Bei linealer Ausrichtung wird eine starke Kontinuität der Kollektive im Zeitablauf sowie eine strikte Ordnung innerhalb der Kollektive angenommen, während bei kollateraler Orientierung Gruppen zwar wichtig sind, diese sich aber im Zeitablauf in ihrer Zusammensetzung wandeln können und keine strikt festgelegte Ordnung aufweisen müssen. Die lineale Kollektivität wird aus diesem Grund auch häufig mit hierarchischer Kollektivität in Verbindung gebracht, während die kollaterale Kollektivität eher die gleichberechtigte Gemeinschaft zum Ausdruck bringt.

Die **US-amerikanische Kultur** gilt als ausgesprochen individualistisch. Die Eigeninteressen von Individuen werden deutlich höher gewichtet als die Interessen von Gruppen, Organisationen oder Unternehmungen. Man nimmt aber gleichzeitig an, dass die strikte Verfolgung des Eigeninteresses auch im Interesse des Kollektivs ist, wie dies bereits Adam Smith postuliert hat. Aus diesem Grund wird die Gesellschaft der Vereinigten Staaten auch als Gesellschaft beschrieben, in der Menschen nicht in größeren Einheiten verwurzelt sind, in der die geographische Mobilität stark ausgeprägt ist und die Beziehungen zu Arbeitskollegen meist oberflächlich und nicht auf Langfristigkeit ausgelegt sind. In kollektivistischen Gesellschaften, wie China, Japan oder Korea, spielen dagegen Werte wie Harmonie, Einheit und Loyalität eine größere Rolle.

Auch im Hinblick auf die Individualismus-/Kollektivismus-Dimension lässt sich eine Brücke zur Personalpolitik von Unternehmungen schlagen. In individualistischen Gesellschaften wird bei der Personalauswahl vor allem Wert auf die individuellen Leistungen und das Leistungspotential der Bewerber geachtet, in kollektivistischen Gesellschaften wird die Qualifikation vor allem an der Möglichkeit der Einbettung in das Kollektiv festgemacht. Damit spielen Werte wie Vertrauenswürdigkeit, Kooperationsbereitschaft, Anpassungsbereitschaft und Kompatibilität mit der Gruppe eine Rolle. In Kulturen mit linealer Kollektivität wird dabei stärker auf die Einbindung des Einzelnen in die Hierarchie und auf verwandtschaftliche Beziehungen geachtet. In Kulturen mit kollateraler Kollektivität steht die Harmonie mit der Gruppe im Mittelpunkt. Die Entscheidungsfindung ist ein zweiter Problemkreis, der stark von der kulturellen Orientierung dieser Dimension berührt wird. In individualistischen Gesellschaften werden Entscheidungen häufig von einer Person, z.B. vom Vorstandsvorsitzenden, getroffen. Zu einer Entscheidung kommt es daher oftmals sehr schnell, während erst danach Probleme der Durchsetzung auftauchen. Dagegen ist in kollektivistischen Kulturen der Entscheidungsfindungsprozess äußerst komplex, wie dies etwa das japanische Ringi-System verdeutlicht (vgl. dazu Schneidewind 1991, v.a. S. 300-302). Es dauert länger, bis Entscheidungen getroffen werden. Die Entscheidungen selbst können dann aber schneller durchgesetzt werden, weil die von den Entscheidungen betroffenen Personen, Abteilungen oder Bereiche bereits im Entscheidungsfindungsprozess berücksichtigt wurden.

(4) Zeitorientierung des Menschen: Die vierte Dimension unterscheidet Kulturen hinsichtlich ihrer Zeitorientierung in **vergangenheitsorientierte, gegenwartsorientierte und zukunftsorientierte Kulturen.** In vergangenheitsorientierten Kulturen werden Handlungen hinsichtlich ihrer Stimmigkeit mit den Traditionen der Gesellschaft bewertet. Wandel und Innovation müssen mit der Vergangenheit in Beziehung stehen. In zukunftsorientierten Kulturen dagegen wird weniger auf die Vergangenheit Rücksicht genommen. Wandel und Innovation werden mit dem zukünftigen ökonomischen Nutzen gerechtfertigt.

Die Einordnung der **US-amerikanischen Kultur** hinsichtlich der Zeitdimension ist ambivalent. Einerseits wird die US-amerikanische Kultur zwar als zukunftsorientiert angesehen, weil der Blick in der Regel nach vorne gerichtet ist und im Gegensatz zu Europa nicht häufig Bezug auf Leistungen und Ereignisse der Vergangenheit genommen wird. Andererseits ist die Zukunftsorientierung auf einen vergleichsweise kurzen Zeitraum bezogen. So wird immer wieder betont, dass US-amerikanische Unternehmungen zu stark auf die Quartalsergebnisse achten und zu wenig die langfristigen Unternehmungsergebnisse betrachten. Und auch diese Dimension schlägt sich in der Personalpolitik nieder: So werden Mitarbeiter in den Vereinigten Staaten vergleichsweise schnell entlassen, wenn sie die erwartete Leistung nicht bringen („Hire-and-fire-Politik"). Dies steht in starkem Gegensatz zur Praxis in japanischen Unternehmungen, wo vielfach – trotz einiger Änderungen in den letzten Jahren – das Prinzip lebenslanger Beschäftigung vorherrscht.

Die Zeitorientierung zeigt sich in zahlreichen weiteren Feldern der Unternehmungspraxis. So ist die Fortschreibung von Vergangenheitsentwicklung in die Zukunft im Rahmen der Budgetierung ein Merkmal von vergangenheitsorientierten Kulturen. Auch die Bedeutung, die zurückliegende Erfolge und Misserfolge für die Bewertung zukünftiger Strategien haben, deutet auf eine Berücksichtigung der Vergangenheit hin. Ebenso lässt sich die Bezahlung von Mitarbeitern aufgrund ihrer Leistungen in der Vergangenheit als Beispiel anführen. Doch hier wird auch sehr schnell deutlich, wie vielschichtig die Zeitdimension ist. So erkennt man in japanischen Unternehmungen eine langfristige Zukunftsorientierung, wenn es um Unternehmungsstrategien oder die generelle Beschäftigungsdauer geht. Die Bezahlung der Mitarbeiter ist jedoch eindeutig vergangenheitsorientiert. Schließlich wird ein verdienter Mitarbeiter auch im Alter nicht entlassen bzw. erhält die Chance, bis zum Ruhestand zumindest innerhalb der Keiretsu-Verbünde weiterbeschäftigt zu werden.

(5) Aktivitätsorientierung des Menschen: In der fünften Dimension wird deutlich, dass die Aktivitätsorientierung des Menschen über Kulturen hinweg unterschiedlich ist. Das Aktivitätsmuster kann vom Extrem des **Seins bzw. Daseins („Being")** bis zum anderen Extrem des **Handelns („Doing")** reichen oder auch die Zwischenform des **Werdens („Being-in-Becoming")**, was in der Managementliteratur manchmal (seltsamerweise!) als „Controlling" bezeichnet wird (vgl. Adler/Gundersen 2007, S. 30-32), annehmen.

Die **US-amerikanische Kultur** ist stark aktionsgetrieben, d.h. das Handeln steht im Mittelpunkt. Dabei wird gleichzeitig davon ausgegangen, dass die Leistungen auch gemessen werden können, so dass gute Aktivitäten belohnt, schlechte Aktivitäten bestraft werden. Dies steht im Gegensatz zu eher daseinsorientierten Kulturen, in denen das als wichtig erachtet wird, was gerade ist. Die Aktivitäten von Menschen, so glaubt man, können nicht völlig geplant werden. Es gibt auch keine Möglichkeiten, sie objektiv zu bewerten – schließlich hängen sie von einer Vielzahl äußerer und auch zufälliger Ereignisse ab. Während Individuen in aktionsgetriebenen Kulturen möglichst viel im Leben erreichen wollen, ist das Ziel von Individuen in daseinsorientierten Kulturen, möglichst viel im Leben zu „erleben".

In handlungsorientierten Kulturen geht man davon aus, dass Motivation vor allem über extrinsische Anreize erfolgt: Gehaltssteigerungen, Bonuszahlungen, Auszeichnungen und Beförderungen sind dafür Beispiele. Auch die Kopplung des Einkommens an die Entwicklung des Aktienkurses über sogenannte Stock-Options-Programme ist ein deutliches Merkmal von handlungsorientierten Kulturen. In daseinsorientierten Kulturen dagegen wird die intrinsische Motivation als zentral angesehen. Mitarbeiter, so nimmt man an, müssen nicht durch externe Anreize stimuliert werden. Sie erbringen ihre Leistung aus innerem Antrieb heraus – aus Freude an der Arbeit oder aus Pflichtbewusstsein. Darüber hinaus lassen sich Individuen in daseinsorientierten Kulturen häufig auch durch zusätzliche monetäre Anreize nicht weiter motivieren. Nicht nur auf das Motivationsverhalten, sondern auch auf das Planungsverhalten hat die Aktivitätsorientierung eine Auswirkung: So geht man in handlungsorientierten Kulturen davon aus, dass Planung möglich und sinnvoll ist. Ausdruck findet dies in zahlreichen Zielvorgaben, häufigen Soll-Ist-Vergleichen, „ausgeklügelten" Berichtssystemen und komplexen Kontrollsystemen. In daseinsorientierten Kulturen vertraut man weniger auf die Nützlichkeit von Plänen. Man glaubt nicht nur, dass sie das tägliche Arbeiten unnötig behindern, man zweifelt auch an der Realisierbarkeit von Plänen, da ohnehin zahlreiche Revisionen notwendig seien.

Mit den fünf Dimensionen von Kluckhohn/Strodtbeck liegt damit ein Raster vor, welches erlaubt, einzelne Kulturen zu beschreiben, mehrere Kulturen miteinander zu vergleichen und darauf aufbauend die Auswirkungen von Kultur auf das Management zu untersuchen. Doch mit den fünf Dimensionen Kluckhohn/Strodtbecks haben wir Kultur noch nicht abschließend erfasst. Wir werden in den nächsten Abschnitten sehen, dass uns mit den Arbeiten anderer Autoren noch weitere Dimensionen geliefert werden.

3.3   Die Kulturdimensionen von Hall

Ein weiterer „Klassiker" der Kulturforschung ist der Anthropologe Edward Hall, der in mehreren Publikationen, teilweise zusammen mit seiner Frau Mildred, auf Unterschiede zwischen Kulturen hingewiesen hat (vgl. Hall 1959/1990, 1966/1990, 1976/1989, 1983/1989, Hall/Hall 1987/1990, 1990). In den umfangreichen Veröffentlichungen von Hall, der neben seiner wissenschaftlichen Tätigkeit vor allem als Berater für Regierungen und Unternehmungen aktiv war, werden zahlreiche Kulturmerkmale angesprochen. Besonders wichtig sind dabei jedoch die folgenden vier Kulturdimensionen:

(1) die **Kontextorientierung**,
(2) die **Raumorientierung**,
(3) die **Zeitorientierung** und
(4) die **Informationsgeschwindigkeit** (vgl. v.a. Hall/Hall 1990, S. 3-31).

Für Hall spielt die **Kommunikation als Kulturmerkmal** eine wichtige Rolle; Hall geht sogar so weit, dass er Kultur als Kommunikation und Kommunikation als Kultur bezeichnet. Explizit schreibt er: „Culture is communication and communication is culture" (Hall 1959/1990, S. 186). Ebenso finden wir bei Hall folgende Aussage: „Culture is many things, but it is primarily a system for creating, sending, storing, and processing information" (Hall/Hall 1990, S. 179). Die Kulturdimensionen Halls, die wir vorstellen werden, sind im Management vor allem in **Kommunikationssituationen** nützlich. Dabei gilt es zu beachten, dass die einzelnen Hallschen Dimensionen nicht völlig unabhängig voneinander sind, sondern sich in vielen Fällen aufeinander beziehen. Ferner ist darauf hinzuweisen, dass die Kulturdimensionen Halls nicht einem einzigen Forschungsprojekt entstammen. Sie sind vielmehr als Ergebnis langjähriger Forschungs- und Beratungstätigkeit zu interpretieren.

Während wir die Dimensionen Kluckhohn/Strodtbecks gleichzeitig exemplarisch auch am Falle der USA und anhand einiger managementrelevanter Problemkreise erläutert haben, wählen wir in diesem Fall ein anderes Vorgehen. Wir werden versuchen, Ihnen durch illustrierende Beispiele, die von Hall selbst stammen, ein tieferes Verständnis der vier Dimensionen zu verschaffen.

(1) Kontextorientierung: Die erste Dimension Halls verweist darauf, dass in Kommunikationssituationen eine bestimmte Menge an Informationen übermittelt werden muss, damit der Empfänger die Botschaft des Absenders auch versteht. Idealtypisch identifiziert Hall sogenannte **„high-context-Kulturen"** und sogenannte **„low-context-Kulturen"**. In high-context-Kulturen ist ein sehr geringer Teil an Informationen in der codierten, explizit formulierten Botschaft enthalten; dagegen ist ein sehr hoher Anteil an Informationen bereits implizit in den interagierenden Personen bzw. in deren Beziehungen vorhanden. In high-context-Kulturen sind Individuen in ein dichtes Beziehungsgeflecht eingebettet, was dazu führt, dass konkrete Botschaften nicht explizit und ausführlich erläutert werden müssen. Dabei teilen Individuen aus high-context-Kulturen ihr Leben in der Regel nicht in unterschiedliche Lebensbereiche bzw. Lebenswelten ein; vielmehr verschwimmen bei ihnen die Lebensbereiche bzw. Lebenswelten. In low-context-Kulturen haben Beziehungen entweder eine geringere Bedeutung oder die Aktoren sowie die Beziehungsinhalte zwischen Aktoren wechseln aufgrund unterschiedlicher Gruppenzugehörigkeiten und Rollen sehr häufig. Insofern müssen Botschaften in low-context-Kulturen ein höheres Ausmaß an unmittelbaren Informationen enthalten, um den Sinn der Botschaft zu vermitteln. Und genau auf den Sinn von Botschaften kommt es schließlich an, denn bei Kommunikationen ist in der Regel nicht nur auf das gesprochene oder geschriebene Wort zu achten, sondern vielmehr auf das, was mit dem Wort auch gemeint bzw. intendiert ist.

Von Hall werden asiatische, arabische und mediterrane Kulturen als high-context-Kulturen bezeichnet, während US-Amerikaner sowie Mittel- und Nordeuropäer eher als Angehörige von low-context-Kulturen gelten. Diese Unterscheidung wurde von zahlreichen

Autoren aufgegriffen. In Abbildung 5-11 ist diese Unterscheidung dargestellt, wobei versucht wird, ein Spektrum von Kulturen mit geringer bis hin zu Kulturen mit hoher Kontextabhängigkeit aufzuspannen.

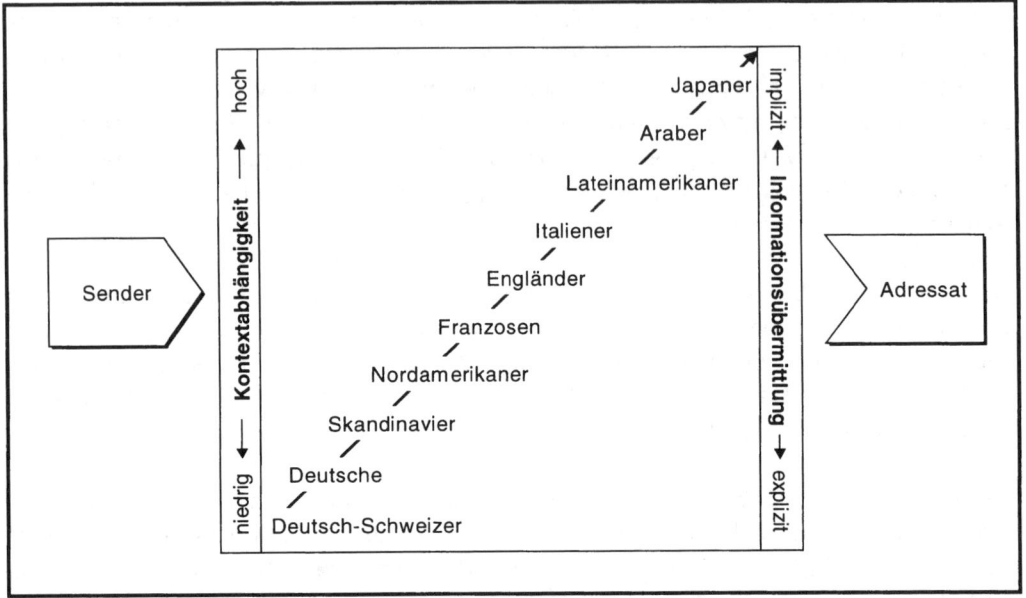

Abb. 5-11: Low-context- und high-context-Kulturen
Quelle: in Anlehnung an Rösch/Segler (1987), S. 60.

Es versteht sich von selbst, dass eine Einteilung, wie sie in Abbildung 5-11 vorgenommen wurde, nur als grobe Orientierung zu verstehen ist. Selbst innerhalb einer Kultur kann es zahlreiche Unterschiede geben – etwa in Abhängigkeit von den interagierenden Individuen, der Interaktionssituation oder dem Interaktionsinhalt. Dennoch mag eine generelle Einteilung in konkreten Situationen als Entscheidungshilfe von Vorteil sein. Als Vertiefung lässt sich die Kontextorientierung dann für spezifische Kulturen oder Kulturkreise im Einzelnen untersuchen (vgl. z.B. für Südostasien Nass 1998, v.a. S. 225-248). Die Informationen in Textbox 5-2 können Ihnen die Unterscheidung zwischen „highcontext-Kulturen" und „low-context-Kulturen" näher bringen.

Textbox 5-2:   Die Kontextorientierung von Kulturen

Eine Illustration

Consider a top American executive working in an office and receiving a normal quota of visitors, usually one at a time. Most of the information that is relevant to the job originates from the few people the executive sees in the course of the day, as well as from what she or he reads. This is why the advisors and support personnel who surround the presidents of American enterprises are so important. They and they alone control the content and the flow of organizational information to the chief executive.

Contrast this with the office of virtually any business executive in a high-context country such as France or Japan, where information flows freely and from all sides. Not only are people constantly coming and going, both seeking and giving information, but the entire form and function of the organization is centered on gathering, processing, and disseminating information. Everyone stays informed about every aspect of the business and knows who is best informed on what subjects.

High-context people are apt to become impatient and irritated when low-context people insist on giving them information they don't need. Conversely, low-context people are at a loss when high-context people do not provide enough information.

Quelle:
Hall/Hall (1990), S. 9.

(2) Raumorientierung: Eine zweite Dimension, hinsichtlich derer sich Kulturen differenzieren lassen, ist die Raumorientierung. Hall geht davon aus, dass in unterschiedlichen Kulturen ein unterschiedliches Verhältnis zum Raum existiert. Dabei unterscheidet Hall zwischen der sogenannten **Privatsphäre** und dem sogenannten **Territorium**. Die Privatsphäre ist jener unsichtbare Kreis, der eine Person umgibt und der von einer anderen Person nicht ohne Erlaubnis betreten werden darf. Das Territorium definiert Hall als all die Orte und Gegenstände, die von einer Person als persönliches Eigentum – unabhängig von der juristischen Definition – betrachtet werden, sei es weil sie dieser Person gehören oder von ihr benutzt werden. Entscheidend ist nun, dass das, was als Privatsphäre und als Territorium betrachtet wird, von Kultur zu Kultur stark differiert. Nun könnte man meinen, dass die Raumorientierung, die sich nicht allein durch Sehen, sondern auch durch Hören, Fühlen und Riechen bemerkbar machen kann, doch für das Management kaum von Bedeutung sei. Doch die in Textbox 5-3 dargestellten Beispiele berühren keineswegs nur Alltagssituationen. Sie können auch im Geschäftsleben, etwa bei Verhandlungen, von Bedeutung sein.

Textbox 5-3:   Die Raumorientierung von Kulturen

Eine Illustration

Each person has around him an invisible bubble of space which expands and contracts depending on a number of things: the relationship to the people nearby, the
person's emotional state, the activity performed and the cultural background. Few
people are allowed to penetrate this bit of mobile territory and then only for short pe-
riods of time. Changes in the bubble brought about by cramped quarters or crowding
cause people to feel uncomfortable or aggressive. In Northern Europe, the bubbles
are quite large and people keep their distance. In Southern France, Italy, Greece,
and Spain, the bubbles get smaller and smaller so that the distance that is perceived
as intimate in the North overlaps normal conversational distance in the South, all of
which means that Mediterranean European „get too close" to the Germans, the
Scandinavians, the English, and those Americans of Northern European ancestry. In
Northern Europe one does not touch others. Even the brushing of the overcoat
sleeve used to elicit an apology.

Quelle:
Hall/Hall (1990), S. 11.

(3) Zeitorientierung: Die Zeitorientierung, so könnte man meinen, wurde bereits von
Kluckhohn/Strodtbeck umfassend erläutert. Doch wir werden sehen, dass Zeitorientierung für Hall eine andere Bedeutung hat. Bei der dritten Dimension, der Zeitorientierung,
differenziert Hall zwischen einer **monochronen** und einer **polychronen** Zeitauffassung.
In Kulturen mit monochroner Zeitauffassung wird Zeit linear betrachtet, d.h. Aktivitäten
werden so angeordnet, dass sie nacheinander und sequentiell bewältigt werden können
(„one-thing-at-a-time"). In Kulturen mit polychroner Zeitauffassung verschwimmen unterschiedliche Zeitfenster. Zeit ist in polychronen Kulturen kein lineares, sondern ein zirku-
läres Konzept. Zeit wird zu einem Raum, in dem gleichzeitig mehrere Aktivitäten durchgeführt werden („different-things-at-a-time"). Während es in monochronen Kulturen
einen Zeitstrahl gibt, der von der Vergangenheit über die Gegenwart in die Zukunft
reicht, verschwimmen in polychronen Kulturen Vergangenheit, Gegenwart und Zukunft.
Weitere Unterschiede zwischen monochronen und polychronen Kulturen werden in
Textbox 5-4 genannt. Gemäß Hall gelten die Vereinigten Staaten und viele mitteleuropäische Kulturen (germanische und skandinavische Kulturen) als monochron, während
lateinamerikanische, arabische und mediterrane Kulturen eher polychron orientiert sind.

Textbox 5-4: Die Zeitorientierung von Kulturen

Eine Illustration

How can we describe the pattern of behaviour in monochronic and polychronic cultures?

People in **monochronic cultures**

- do one thing at a time,
- concentrate on the job,
- take time commitments (deadlines, schedules) seriously,
- are low-context and need information,
- are committed to the job,
- adhere religiously to plans,
- are concerned about not disturbing others and follow rules of privacy and consideration,
- show great respect for private property,
- emphasize promptness and
- are accustomed to short-term relationships.

They can be contrasted to people in **polychronic cultures** who

- do many things at once,
- are highly distractible and subject to interruptions,
- consider time commitments an objective to be achieved if possible,
- are high-context and already have information,
- are committed to people and human relationships,
- change plans often and easily,
- are more concerned with those who are closely related (family, friends, close business associates) than with privacy,
- borrow and lend things often and easily,
- base promptness on the relationship and
- have strong tendency to build lifetime relationships.

Quelle:
Hall/Hall (1990), S. 15.

Häufig fällt, so lassen die Veröffentlichungen von Hall erkennen, eine „low-context-Orientierung" auch mit monochroner Zeitauffassung, eine „high-context-Orientierung" mit polychroner Zeitauffassung zusammen. In späteren Untersuchungen von anderen Autoren wurde zudem der Frage nachgegangen, ob es darüber hinaus auch Zusammenhänge zwischen der **Nutzung von Zeit** und der Kontextorientierung gibt. Dabei haben Manrai/Manrai (1995) herausgefunden, dass die Nutzung von Zeit für Arbeit oder Freizeit in Abhängigkeit von der Kontextorientierung differiert. In Kulturen mit einer „low-context-Orientierung" wird dem Lebensbereich Arbeit ein größerer Anteil der gesamten Zeit geschenkt, während in Kulturen mit einer „high-context-Orientierung" ein größerer

Anteil auf soziale Aktivitäten bzw. Freizeitaktivitäten entfällt – wohlgemerkt in der Wahr-
nehmung der befragten Individuen. Die Nutzung von Zeit hängt mit der sogenannten
Berufs- oder Arbeitsorientierung zusammen, d.h. mit der Frage, wo die zentralen
Lebensinteressen liegen (vgl. Beerman/Stengel 1992, S. 17-19).

(4) Informationsgeschwindigkeit: Mit der vierten Dimension, der Informationsgeschwindigkeit, spricht Hall die unterschiedlichen Geschwindigkeiten an, mit denen Informationen in Kommunikationssituationen kodiert und dekodiert werden. Zunächst wird
die Informationsgeschwindigkeit von der Art der Information beeinflusst, die übertragen
werden soll. Um Ihnen ein Beispiel aus unserer Kultur zu geben, können wir einen Blick
auf den deutschen Nachrichtenmarkt richten: Nachrichten des „Focus" werden mit einer
höheren Informationsgeschwindigkeit übermittelt als Nachrichten des „Spiegel", die
Überschriften der „Bild" können schneller von Sender zu Empfänger wandern als die
Artikel aus der „Frankfurter Allgemeinen Zeitung" oder der Wochenzeitung „Die Zeit".
Informationsgeschwindigkeiten hängen aber nicht nur von der Art der Information ab.
Sie sind auch von Kultur zu Kultur unterschiedlich. Idealtypisch kann man zwischen
Kulturen mit einer Vorliebe für **hohe Informationsgeschwindigkeiten** und Kulturen mit
Vorliebe für **niedrige Informationsgeschwindigkeiten** differenzieren. So gilt die US-
amerikanische Kultur als Kultur mit Vorliebe für hohe Informationsgeschwindigkeit, was
auch im Beispiel in Textbox 5-5 zum Ausdruck kommt.

Textbox 5-5:   Die Informationsgeschwindigkeit in Kulturen

Eine Illustration

In the United States it is not too difficult to get to know people quickly in a relatively
superficial way, which is all that most Americans want. Foreigners have often com-
mented on how „unbelievably friendly" the Americans are. However, when we studied
the subject, we discovered a worldwide complaint about Americans: they seem
capable of forming only one kind of friendship – the informal, superficial kind that
does not involve an exchange of deep confidences.

Conversely, in Europe personal relationships and friendships are highly valued and
tend to take a long time to solidify. This is largely a function of the long-lasting, well-
established networks of friends and relationships – particularly among the French –
that one finds in Europe. Although there are exceptions, as a rule it will take Americans longer than they expect to really get to know Europeans. It is difficult, and at
times may even be impossible, for a foreigner to break into these networks. Never-
theless, many businesspeople have found it expedient to take the time and make the
effort to develop genuine friends among their business associates.

Quelle:
Hall/Hall (1990), S. 5-6.

Es ist zu beachten, dass Hall nicht den Anspruch erhebt, mit diesen vier Dimensionen alle kulturellen Unterschiede zu erfassen. In den reichhaltigen, zuweilen jedoch auch – zumindest aus deutscher Warte für viele Leser – etwas diffus und logisch nicht ganz sauber erscheinenden und vor allem Überschneidungen beinhaltenden Argumentationen Halls wird den geschilderten vier Dimensionen jedoch besondere Bedeutung zuteil. Die **Kontextdimension** wird vor allem im Buch „Beyond Culture" (Hall 1976/1989, v.a. S. 85-128), die **Raumdimension** im Werk „The Hidden Dimension" (Hall 1966/1990) und die **Zeitdimension** in der Veröffentlichung „The Dance of Life" (Hall 1983/1989, v.a. S. 13-58) vertieft, während die **Dimension der Informationsgeschwindigkeit** erst in managementorientierten Darstellungen verstärkt Beachtung erfährt (Hall/Hall 1990). In der Managementliteratur wird das Gesamtwerk von Hall leider häufig verkürzt wiedergegeben – zuweilen wird Hall auf eine Dimension (dabei in der Regel auf die Kontextdimension, vgl. Mead 2005, S. 33-36), zuweilen auch auf zwei Dimensionen (dabei in der Regel auf die Kontext- und die Zeitdimension, vgl. Leeds/Kirkbride/Durcan 1994, S. 12-14) „reduziert"; die anderen Dimensionen bleiben außen vor.

Hall weist selbst zurecht darauf hin, dass **neben** den **kulturellen Differenzen** auch **individuelle Differenzen** existieren. Seine Kulturdimensionen sind daher als generelle Orientierungen zu verstehen, die keinesfalls das individuelle Verhalten erklären können. Ebenso sind die Dimensionen – wie eingangs bereits erwähnt – nicht unabhängig voneinander. So geht eine low-context-Orientierung häufig nicht nur mit einer monochronen Zeitauffassung, sondern auch mit einer Vorliebe für hohe Informationsgeschwindigkeit sowie einer vergleichsweise großen Bedeutung der Privatsphäre einher. Das abschließend in Textbox 5-6 dargestellte Beispiel kann diese Interdependenz ansatzweise verdeutlichen.

Textbox 5-6: Missverständnisse aufgrund unterschiedlicher kultureller Orientierungen

Ein Beispiel

A French salesman working for a French company that had recently been bought by Americans found himself with a new American manager who expected instant results and higher profits immediately. Because of the emphasis on personal relationships, it frequently takes years to develop customers in polychronic France, and particularly in family-owned firms, relationships with customers may span generations. The American manager, not understanding this, ordered the salesman to develop new customers within three months. The salesman knew this was impossible and had to resign, asserting his legal right to take with him all the loyal customers he had developed over the years. Neither side understood what had happened.

Quelle:
Hall/Hall (1990), S. 16-17.

Gerade das Kommunikationsverhalten, welches von Hall besonders herausgestellt wird, wird auch von vielen anderen Autoren in der Literatur intensiv beleuchtet. So wird etwa seit Jahrzehnten auf die Problematik und auf die kulturellen Kosten des grenzüberschreitenden Wissenstransfers, die sich aufgrund von Kommunikationsschwierigkeiten ergeben, hingewiesen (vgl. Brasseur 1976). Als Konsequenz wird daher gefordert, interkulturelle Kommunikation besonders zu trainieren.

3.4 Die Kulturdimensionen von Hofstede

Die in der Betriebswirtschafts- und Managementlehre wohl bekannteste Studie der Kulturforschung stellt die Untersuchung von Hofstede dar (vgl. Hofstede 1980, 1982a,b, 1983, 1993, 1997). Wir wollen die Arbeit von Hofstede kurz darstellen (Abschnitt 3.4.1), bevor wir anschließend die von Hofstede identifizierten Kulturdimensionen erläutern (Abschnitt 3.4.2) und Hofstedes Arbeit kritisch würdigen (Abschnitt 3.4.3). Wir werden die Studie von Hofstede ausführlicher erläutern und diskutieren als die Studien von Kluckhohn/Strodtbeck und von Hall, weil Hofstede – wie noch zu sehen sein wird – die managementorientierte Kulturforschung besonders stark geprägt hat.

3.4.1 Darstellung der Studie von Hofstede

Die Hofstede-Studie soll hinsichtlich der Merkmale (1) Erhebungspopulation, (2) Erhebungszeitraum, (3) Erhebungsumfang und (4) Zahl der berücksichtigten Länder erläutert werden.

(1) Erhebungspopulation: Hofstede führte seine Studie im Auftrag der Unternehmung durch, bei der er in den sechziger Jahren als Psychologe beschäftigt war: beim US-amerikanischen Computerhersteller *IBM*. In frühen Veröffentlichungen ist manchmal von einer Unternehmung namens „Hermes" die Rede. Dabei handelt es sich um ein und dieselbe Untersuchung; der Name „Hermes" ist ein Code-Name, den Hofstede in frühen Veröffentlichungen benutzt hat, um die Vertraulichkeit seiner Daten zu gewährleisten. Befragt wurden 116.000 Mitarbeiter von *IBM*, die aus unterschiedlichen Berufsgruppen stammen. Der Fragebogen wurde insgesamt in zwanzig Landessprachen übersetzt.

(2) Erhebungszeitraum: Über den Erhebungszeitraum findet man bei Hofstede unterschiedliche Angaben. An manchen Stellen spricht Hofstede davon, dass die Daten etwa 1968 sowie etwa 1972 erhoben wurden (vgl. Hofstede 1978, S. 2), an anderen Stellen wird der erste Erhebungszeitraum mit 1966-1969 und der zweite Erhebungszeitraum mit 1971-1973 angegeben (vgl. Hofstede 1982a, S. 44 und Hofstede 1983, S. 77). Dass die Jahreszahlen je nach Veröffentlichung etwas schwanken, liegt daran, dass sich eine derart komplexe Studie wie die Studie von Hofstede mit allen Erhebungen sowie den Vor- und Nacharbeiten über mehrere Jahre hinzieht.

(3) **Erhebungsumfang:** Der ursprünglich von den Mitarbeitern bei *IBM* zu beantwortende Fragebogen Hofstedes umfasste ca. 150 bis 180 Fragen (vgl. Hofstede 1982a, S. 42). Wie dies häufig bei empirischen Untersuchungen der Fall ist, so wurden auch von Hofstede für die Analysen nicht alle Fragen herangezogen. In den meisten Veröffentlichungen ist von 60 Fragen die Rede. Hofstede hat also aus der Gesamtheit der Fragen ca. 60 Fragen detaillierter analysiert. Wie wir noch sehen werden, wurden allerdings für die Kulturdimensionen nicht 60 Fragen herangezogen, da Hofstede auf statistische Analysen vertraute, nach denen ein Großteil der Varianz auch mit deutlich weniger als 60 Fragen erklärbar war.

(4) **Zahl der berücksichtigten Länder:** Insgesamt hat Hofstede zunächst 60 Länder berücksichtigt. Doch für die meisten Analysen wurde nur auf die Antworten aus 40 Ländern zurückgegriffen, da nur für diese Länder ausreichendes Datenmaterial vorhanden war (vgl. Hofstede 1983, S. 77, 1993, S. 296). Hofstede hat die Antworten der Individuen also Ländern zugeordnet, was ihm immer wieder, dies sei bereits vorausgeschickt, als Kritikpunkt angelastet wird: Schließlich ist bekannt, dass etliche Länder (z.B. die Schweiz, Belgien oder (Ex-)Jugoslawien) keineswegs als kulturelle Einheiten zu betrachten sind.

Ziel von Hofstede war es, Dimensionen herauszuarbeiten, mit denen man Unterschiede und Gemeinsamkeiten zwischen Ländern darstellen kann. Diese Dimensionen hat Hofstede aufgrund von umfangreichen Korrelations- und Faktoranalysen ermittelt. Dabei hat sich gezeigt, dass vier Dimensionen zusammen 49% der empirisch festgestellten Varianz erklären – ein Indiz dafür, dass mit diesen Dimensionen zwar ein Großteil, aber eben nicht alle kulturellen Unterschiede erklärt werden können. Den vier Dimensionen hat Hofstede die Bezeichnungen (1) Machtdistanz, (2) Unsicherheitsvermeidung, (3) Individualismus/Kollektivismus und (4) Maskulinität/Femininität gegeben.

Hofstede betont, dass die von ihm identifizierten Dimensionen generelle Kulturdimensionen darstellen – Kulturdimensionen, die zwar auch, jedoch nicht ausschließlich für Unternehmungen von Relevanz sind. Nach Auffassung von Hofstede ist Kultur eine generelle Prägung eines Landes, die sich auf nahezu alle Lebensbereiche auswirkt: auf die Familie, auf die (Schul-)Ausbildung, auf die Gesellschaft, auf den Staat sowie auf Organisationen und damit auch auf Unternehmungen. Hofstede räumt – im Gegensatz zu manch anderen Autoren – von Anfang an den Vorwurf aus, Kultur habe nur vereinende Kraft. Er schreibt: „Characterizing a national culture does not mean that every individual within that culture is mentally programmed in the same way. The national culture found is a kind of average pattern of beliefs and values, around which individuals in the country vary" (Hofstede 1983, S. 78).

Wenn wir nun die Dimensionen Hofstedes im Einzelnen vorstellen, so werden wir dabei erneut ein anderes Vorgehen als bei der Erläuterung von Kluckhohn/Strodtbeck und Hall wählen. Diesmal wollen wir jeweils einige Länder exemplarisch einordnen und schließlich ausführen, welche Konsequenzen die Ausprägungen der einzelnen Dimensionen für das Management haben (können). Diese möglichen Auswirkungen auf das Management hat Hofstede selbst in seinen Veröffentlichungen skizziert (vgl. z.B. Hofstede 1984). Die Berücksichtigung einzelner Länder fällt bei Hofstede leichter als bei Kluckhohn/Strodtbeck oder Hall – schließlich hat Hofstede explizit mit seiner groß angelegten Studie Kulturunterschiede von zahlreichen Ländern untersucht; es ging ihm, wie Sie inzwischen wissen, nicht nur um die Entwicklung von Kulturdimensionen.

3.4.2   Die Dimensionen Hofstedes

Wir werden nachfolgend Hofstedes Dimensionen (1) Machtdistanz, (2) Unsicherheitsvermeidung, (3) Individualismus/Kollektivismus und (4) Maskulinität/Femininität sowie die später eingeführte (5) Langfrist-/Kurzfristorientierung genauer erläutern.

(1) Machtdistanz: Die erste Dimension Hofstedes ist die sogenannte Machtdistanz. Machtdistanz ist von Hofstede definiert als das Ausmaß, bis zu welchem Mitglieder einer Gesellschaft erwarten und akzeptieren, dass Macht ungleich verteilt ist. Eine hohe Machtdistanz bedeutet damit eine starke Akzeptanz der Ungleichverteilung von Macht in der Gesellschaft. Wie wurde nun Machtdistanz gemessen? Hofstede führt die folgenden drei Bereiche an (vgl. Hofstede 1997, S. 28-29 i.V.m. S. 31):

- Angst des Mitarbeiters, dem Vorgesetzten zu zeigen, dass er nicht seiner Meinung ist (ängstliche Arbeitnehmer),
- Wahrnehmung des Mitarbeiters, dass der Vorgesetzte Entscheidungen autokratisch oder patriarchalisch trifft, und
- Wunsch des Mitarbeiters, dass der Vorgesetzte Entscheidungen autokratisch oder patriarchalisch fällen sollte.

Führt man sich die Definition von Machtdistanz und die zur Messung von Machtdistanz herangezogenen Fragen etwas genauer vor Augen, so erkennt man, dass man eigentlich besser von der **Machtunterschiedstoleranz** bzw. **Machtunterschiedsakzeptanz** als von der Machtdistanz sprechen sollte. Gefragt wird nicht so sehr nach der tatsächlichen Machtdistanz, sondern der Bereitschaft, Machtdistanz zu tolerieren bzw. akzeptieren. Als Länder mit großer Machtunterschiedstoleranz gelten den Ergebnissen Hofstedes zufolge (→ auch Abbildung 5-12) etwa viele mittel- und südamerikanische Staaten (Guatemala, Panama, Mexiko, Venezuela, Ecuador), zahlreiche asiatische Staaten (Malaysia, Philippinen, Indonesien, Indien) und die arabischen Länder, während gerade nordeuropäische Länder (Dänemark, Schweden, Norwegen, Finnland) und viele mitteleuropäische Länder (Österreich, Schweiz, Deutschland, Niederlande) eine niedrige

Machtunterschiedstoleranz aufweisen. Frankreich als lateinisches Land weist eine vergleichsweise große Machtunterschiedsakzeptanz auf.

Position	Land oder Region	Werte für Macht- distanz	Position	Land oder Region	Werte für Macht- distanz
1	Malaysia	104	27/28	Südkorea	60
2/3	Guatemala	95	29/30	Iran	58
2/3	Panama	95	29/30	Taiwan	58
4	Philippinen	94	31	Spanien	57
5/6	Mexiko	81	32	Pakistan	55
5/6	Venezuela	81	33	Japan	54
7	Arabische Länder	80	34	Italien	50
8/9	Ecuador	78	35/36	Argentinien	49
8/9	Indonesien	78	35/36	Südafrika	49
10/11	Indien	77	37	Jamaika	45
10/11	Westafrika	77	38	USA	40
12	Jugoslawien	76	39	Kanada	39
13	Singapur	74	40	Niederlande	38
14	Brasilien	69	41	Australien	36
15/16	Frankreich	68	42/44	Costa Rica	35
15/16	Hongkong	68	42/44	Deutschland	35
17	Kolumbien	67	42/44	Großbritannien	35
18/19	El Salvador	66	45	Schweiz	34
18/19	Türkei	66	46	Finnland	33
20	Belgien	65	47/48	Norwegen	31
21/23	Ostafrika	64	47/48	Schweden	31
21/23	Peru	64	49	Irland	28
21/23	Thailand	64	50	Neuseeland	22
24/25	Chile	63	51	Dänemark	18
24/25	Portugal	63	52	Israel	13
26	Uruguay	61	53	Österreich	11
27/28	Griechenland	60			

Abb. 5-12: Die Werte für die Dimension Machtdistanz bei Hofstede
Quelle: Hofstede (1997), S. 30-31.

Wenn wir nun fragen, wie sich die Machtunterschiedstoleranz im Management bemerkbar macht, so gibt uns Hofstede darauf selbst eine Antwort. Eine **hohe Machtunterschiedstoleranz** zeigt sich **im Management** auf vielfältige Art und Weise: Zunächst ist an eine große Zahl von Hierarchiestufen in Unternehmungen zu denken. Ein Umgehen von Hierarchiestufen ist in Unternehmungen, die aus Ländern mit hoher Machtunterschiedstoleranz stammen, tabu. In Unternehmungen mit hoher Machtunterschiedstoleranz werden zudem Entscheidungen meist stark zentralisiert. Bei der Delegation von Aufgaben offenbart sich, dass vor allem unangenehme Tätigkeiten „von oben nach unten" delegiert werden, während wichtige Entscheidungen an der Spitze verbleiben. Die Unternehmung weist eine besonders starke Ausdifferenzierung von Rollen und Aufgaben auf. Privilegien und Statussymbole machen die hohe Machtunterschiedstoleranz meist auch nach außen sichtbar. Der ideale Vorgesetzte ist für viele der wohlwollende Autokrat bzw. der gütige Vater.

(2) Unsicherheitsvermeidung: Unter Unsicherheitsvermeidung, der zweiten Dimension, versteht Hofstede den Grad, in dem sich die Mitglieder einer Gesellschaft durch ungewisse oder unbekannte Situationen bedroht fühlen. Hofstede argumentiert, dass sich eine schwache Unsicherheitsvermeidung an einer Reihe von – eigentlich recht unterschiedlichen – Merkmalen zeige: „People in such societies will tend to accept each day as it comes. They will take risks rather easily. They will not work as hard. They will be relatively tolerant of behavior and opinions different from their own because they do not feel threatened by them" (Hofstede 1983, S. 81). Unsicherheitsvermeidung wurde mit Hilfe der folgenden empirischen Items ermittelt (vgl. Hofstede 1997, S. 154):

*   Häufigkeit von Nervosität und Stress am Arbeitsplatz für den Mitarbeiter,
*   absolute Orientierung des Mitarbeiters an den Regeln der Unternehmung und
*   Absicht des Mitarbeiters, für *IBM* auch in den nächsten Jahren zu arbeiten (gestaffelt nach Zeithorizonten).

Während die Machtunterschiedstoleranz nicht nur für einzelne Länder, sondern meist für ganze Regionen ähnlich ausgeprägt war, finden wir bei der Unsicherheitsvermeidung selbst innerhalb von Regionen große Unterschiede. Dies wird auch bei einem Blick auf Abbildung 5-13 deutlich. Innerhalb Europas existiert gemäß den Ergebnissen von Hofstede eine hohe Unsicherheitsvermeidung vor allem in Griechenland und Portugal. Griechenland und Portugal weisen die höchsten Werte aller Länder auf. In Deutschland, Österreich und der Schweiz zeigt sich dagegen eine mittlere Tendenz zur Unsicherheitsvermeidung, während die Unsicherheitsvermeidung in Dänemark schwach ausgeprägt ist. Eine starke Unsicherheitsvermeidung findet man aber nicht nur in Griechenland und Portugal, sondern auch in anderen Teilen unserer Welt, so z.B. in Teilen Mittel- und Südamerikas (Guatemala, Uruguay, El Salvador).

Wie kann sich eine **starke Tendenz zur Unsicherheitsvermeidung im Management** bemerkbar machen? Sie kann sich bereits bei der Entscheidungsfindung zeigen. Entscheidungen in Unternehmungen mit hoher Unsicherheitsvermeidung müssen eindeutig und präzise sein. Konflikte und unterschiedliche Auffassungen sowie abweichende Verhaltensmuster gilt es zu vermeiden. Die Ambiguitätstoleranz, die in vielen anderen Studien untersucht wurde (vgl. z.B. Bhushan/Amal 1986, Curley/Yates/Abrams 1986), ist schwach ausgeprägt. Die Individuen versuchen, die Zukunft nicht nur zu beeinflussen, sondern zu kontrollieren. Prozesse und Strukturen werden daher formalisiert und standardisiert. Technokratische Koordination wird zum dominanten Mechanismus der Unternehmungssteuerung. All dies mag dazu führen, dass Innovationen bereits im Keim erstickt werden und für kreative Problemlösungen wenig Platz bleibt.

Position	Land oder Region	Werte für Unsicherheitsvermeidung	Position	Land oder Region	Werte für Unsicherheitsvermeidung
1	Griechenland	112	28	Ecuador	67
2	Portugal	104	29	Deutschland	65
3	Guatemala	101	30	Thailand	64
4	Uruguay	100	31/32	Iran	59
5/6	Belgien	94	31/32	Finnland	59
5/6	El Salvador	94	33	Schweiz	58
7	Japan	92	34	Westafrika	54
8	Jugoslawien	88	35	Niederlande	53
9	Peru	87	36	Ostafrika	52
10/15	Frankreich	86	37	Australien	51
10/15	Chile	86	38	Norwegen	50
10/15	Spanien	86	39/40	Südafrika	49
10/15	Costa Rica	86	39/40	Neuseeland	49
10/15	Panama	86	41/42	Indonesien	48
10/15	Argentinien	86	41/42	Kanada	48
16/17	Türkei	85	43	USA	46
16/17	Südkorea	85	44	Philippinen	44
18	Mexiko	82	45	Indien	40
19	Israel	81	46	Malaysia	36
20	Kolumbien	80	47/48	Großbritannien	35
21/22	Venezuela	76	47/48	Irland	35
21/22	Brasilien	76	49/50	Hongkong	29
23	Italien	75	49/50	Schweden	29
24/25	Pakistan	70	51	Dänemark	23
24/25	Österreich	70	52	Jamaika	13
26	Taiwan	69	53	Singapur	8
27	Arabische Länder	68			

Abb. 5-13: Die Werte für die Dimension Unsicherheitsvermeidung bei Hofstede
Quelle: Hofstede (1997), S. 157-158.

(3) Individualismus/Kollektivismus: Die dritte Dimension spannt das Spektrum zwischen Individualismus und Kollektivismus auf. Als individualistisch werden Gesellschaften bezeichnet, in denen die Bindungen zwischen den Individuen locker sind und in denen von jedem erwartet wird, dass er für sich und für seine unmittelbare Familie sorgt. Als kollektivistisch gelten dagegen Gesellschaften, in denen der Mensch von Geburt an in starke, geschlossene „Wir-Gruppen" integriert ist, die ihn ein Leben lang schützen und dafür bedingungslose Loyalität erwarten.

Die **Individualität** zeigt sich in der Befragung Hofstedes in folgenden Merkmalen:

- eine Arbeit zu haben, die genügend Zeit für Privat- und Familienleben lässt,
- große Freiheit zu haben, um die Arbeit nach eigenen Vorstellungen anzugehen, und

- herausfordernde Aufgaben zu haben, die das Gefühl vermitteln können, etwas erreicht zu haben.

Kollektivität wird für Hofstede anhand der folgenden Merkmale ersichtlich:

- Fortbildungsmöglichkeiten zu haben,
- ein gutes Arbeitsumfeld zu haben und
- Fertigkeiten und Fähigkeiten bei der Arbeit voll einsetzen zu können.

Werfen wir nun einen Blick auf Abbildung 5-14, um die Einordnung einzelner Länder im Hinblick auf die Individualismus-/Kollektivismus-Dimension zu erkennen. Hinsichtlich dieser Dimension zeigt Hofstede, dass gerade die USA sowie die angelsächsisch geprägten Länder Australien, Großbritannien und Kanada sehr individualistisch ausgerichtet sind, während viele mittel- und südamerikanische Staaten (Guatemala, Ecuador, Panama, Venezuela, Kolumbien) sowie asiatische Staaten (Indonesien, Taiwan, Südkorea, Thailand, Singapur) eine eher kollektivistische Orientierung aufweisen. Deutschland, Österreich und die Schweiz sind im Mittelfeld platziert. Überraschend mag für manche sein, dass Japan hinsichtlich dieser Dimension bei Hofstede ebenfalls im Mittelfeld liegt und somit – entgegen vieler Aussagen – nicht als extrem kollektivistisch gilt. Doch die Fragen, die gemäß Hofstede die Individualismus/Kollektivismus-Dimensionen ergeben, erklären die Einteilung Japans. Gefragt wurde nicht, wie sonst üblich, nach der Art der Entscheidungsfindung oder der Bedeutung des Konsensprinzips, sondern nach Merkmalen, die eigentlich für die Kollektivitätsdimension ziemlich untypisch sind.

Wie zeigt sich nun die **individualistische Ausrichtung im Management**? Eine stark individualistische Ausrichtung wird dadurch offensichtlich, dass der einzelne Vorrang vor der Gruppe oder vor der gesamten Unternehmung hat. Da die Loyalität gegenüber der Gruppe oder der gesamten Unternehmung gering ist, kommt es zu häufigen Stellenwechseln und großer Mobilität („Unternehmungs-Hopping"). Arbeit dient eher der Selbstverwirklichung als dem Bedürfnis nach Geborgenheit und Integration. Die Beziehung zwischen Arbeitgeber und Arbeitnehmer wird als Vertrag aufgefasst, der sich auf gegenseitigen ökonomischen Nutzen stützt und der bei abnehmendem ökonomischem Nutzen gekündigt wird. In Gesellschaften mit hohem Individualismus hat die Aufgabe Vorrang vor der Beziehung. Wichtiger als die Beziehung zu Kollegen, Vorgesetzten und Untergebenen ist der Inhalt der Arbeit. Diplome haben in individualistischen Gesellschaften große Bedeutung, da sie den Einzelnen hinsichtlich dessen, was er kann und dessen, was er ist, ausweisen. Meist überwiegt in individualistischen Ländern auch das, was Hall als „low-context-Kommunikation" bezeichnet, d.h. Kommunikation ist relativ leicht ohne Kontexteinbettung verständlich.

Position	Land oder Region	Werte für Individualismus	Position	Land oder Region	Werte für Individualismus
1	USA	91	28	Türkei	37
2	Australien	90	29	Uruguay	36
3	Großbritannien	89	30	Griechenland	35
4/5	Kanada	80	31	Philippinen	32
4/5	Niederlande	80	32	Mexiko	30
6	Neuseeland	79	33/35	Ostafrika	27
7	Italien	76	33/35	Jugoslawien	27
8	Belgien	75	33/35	Portugal	27
9	Dänemark	74	36	Malaysia	26
10/11	Schweden	71	37	Hongkong	25
10/11	Frankreich	71	38	Chile	23
12	Irland	70	39/41	Westafrika	20
13	Norwegen	69	39/41	Singapur	20
14	Schweiz	68	39/41	Thailand	20
15	Deutschland	67	42	El Salvador	19
16	Südafrika	65	43	Südkorea	18
17	Finnland	63	44	Taiwan	17
18	Österreich	55	45	Peru	16
19	Israel	54	46	Costa Rica	15
20	Spanien	51	47/48	Pakistan	14
21	Indien	48	47/48	Indonesien	14
22/23	Japan	46	49	Kolumbien	13
22/23	Argentinien	46	50	Venezuela	12
24	Iran	41	51	Panama	11
25	Jamaika	39	52	Ecuador	8
26/27	Brasilien	38	53	Guatemala	6
26/27	Arabische Länder	38			

Abb. 5-14: Die Werte für die Dimension Individualismus/Kollektivismus bei Hofstede
Quelle: Hofstede (1997), S. 69-70.

(4) Maskulinität/Femininität: Der vierten Dimension wurde von Hofstede vor kurzem sogar ein eigenes Buch gewidmet (vgl. Hofstede and Associates 1998). Diese Dimension unterscheidet zwischen maskulinen und femininen Gesellschaften. Maskulinität kennzeichnet Gesellschaften, in denen die Rollen der Geschlechter stark voneinander abgegrenzt sind. Männer haben „bestimmt", hart und materiell orientiert zu sein. Frauen sind bescheiden, feinfühlig und eher immateriell orientiert, d.h. vor allem an Lebensqualität interessiert. Femininität kennzeichnet nun zweierlei: erstens Gesellschaften, in denen sich die Rollen der Geschlechter überschneiden und zweitens Gesellschaften, in denen feminine Werte nicht geringer als maskuline Werte bewertet, sondern durchaus geschätzt werden.

Die **Maskulinität** steht am stärksten mit den folgenden vier Punkten in Hofstedes empirischer Untersuchung in Beziehung (Hofstede 1997, S. 111):

- Möglichkeit des Mitarbeiters, viel zu verdienen,
- Möglichkeit des Mitarbeiters, Anerkennung für das zu bekommen, was man als gute Arbeit geleistet hat,
- Möglichkeit des Mitarbeiters, in höhere Positionen aufzusteigen, und
- Möglichkeit des Mitarbeiters, bei der Arbeit gefordert zu werden und eine Arbeit zu haben, die einen zufrieden stellt.

Die **Femininität** wird an den folgenden Zustimmungen von Mitarbeitern festgemacht (vgl. Hofstede 1997, S. 112):

- zum direkten Vorgesetzten ein gutes Arbeitsverhältnis zu haben,
- mit Kollegen gut zusammenzuarbeiten,
- in einer für sich selbst und für die Familie angenehmen und freundlichen Umgebung zu leben und
- das sichere Gefühl zu haben, solange beim Arbeitgeber bleiben zu können, wie man will.

Als maskuline Gesellschaften identifiziert Hofstede, wie man in Abbildung 5-15 sehen kann, neben Japan besonders Österreich, Venezuela, Italien, die Schweiz und Mexiko. Auch Deutschland gehört bei der Maskulinität zur Spitzengruppe. Die skandinavischen Länder (Schweden, Norwegen, Dänemark) sowie die Niederlande sind dagegen ausgesprochen feminin ausgerichtet. Ebenso als feminin gelten Hofstede zufolge Costa Rica, Chile, Portugal oder Thailand. An den Ergebnissen sieht man, dass die Ausprägungen hinsichtlich der Maskulinitäts-/Femininitäts-Dimension kaum an bestimmte geographische Regionen gekoppelt sind. Diese Dimension ist die einzige Dimension, bei der die männlichen und weiblichen Mitarbeiter von *IBM* durchweg verschiedene Punktwerte erzielten – mit Ausnahme der Länder, die am extremen Ende des Spektrums liegen und als besonders feminin gelten (vgl. Hofstede 1997, S. 112).

Wie zeigt sich nun exemplarisch **Maskulinität im Management**? In diesem Fall geben bereits die gewählten Operationalisierungen eine erste Auskunft: Hohe Maskulinität kommt dadurch zum Ausdruck, dass materielle Aspekte gegenüber immateriellen Aspekten im Vordergrund stehen. Arbeit hat gegenüber Freizeit einen deutlich höheren Stellenwert. Dominante Werte sind Ehrgeiz, Selbstdisziplin, Härte und Karriereorientierung. In Unternehmungen, die aus maskulinen Gesellschaften stammen, sind die Rollen von Mann und Frau deutlich voneinander abgegrenzt: Für komplexe Aufgaben und Führungspositionen sind Männer zuständig, während Frauen einfache und ausführende Aufgaben zustehen. Die Mitbestimmung hat in maskulinen Gesellschaften traditionell eine geringere Bedeutung als in femininen Gesellschaften. Konflikte werden darüber hinaus durch Positionen der Stärke geregelt und nicht durch sachliche Auseinandersetzungen gelöst. Von Vorgesetzten erwartet man in maskulinen Gesellschaften, dass sie auf Fragen ihrer Mitarbeiter auch eindeutige Antworten parat haben. In der Literatur wird Maskulinität auch mit Wettbewerbsorientierung in Verbindung gebracht und die

Maskulinitätsdimension folglich als Wettbewerbsdimension bezeichnet (vgl. z.B. Elenkov 1998, v.a. S. 136).

Position	Land oder Region	Werte für Maskulinität	Position	Land oder Region	Werte für Maskulinität
1	Japan	95	28	Singapur	48
2	Österreich	79	29	Israel	47
3	Venezuela	73	30/31	Indonesien	46
4/5	Italien	70	30/31	Westafrika	46
4/5	Schweiz	70	32/33	Türkei	45
6	Mexiko	69	32/33	Taiwan	45
7/8	Irland	68	34	Panama	44
7/8	Jamaika	68	35/36	Iran	43
9/10	Großbritannien	66	35/36	Frankreich	43
9/10	Deutschland	66	37/38	Spanien	42
11/12	Philippinien	64	37/38	Peru	42
11/12	Kolumbien	64	39	Ostafrika	41
13/14	Südafrika	63	40	El Salvador	40
13/14	Ecuador	63	41	Südkorea	39
15	USA	62	42	Uruguay	38
16	Australien	61	43	Guatemala	37
17	Neuseeland	58	44	Thailand	34
18/19	Griechenland	57	45	Portugal	31
18/19	Hongkong	57	46	Chile	28
20/21	Argentinien	56	47	Finnland	26
20/21	Indien	56	48/49	Jugoslawien	21
22	Belgien	54	48/49	Costa Rica	21
23	Arabische Länder	53	50	Dänemark	16
24	Kanada	52	51	Niederlande	14
25/26	Malaysia	50	52	Norwegen	8
25/26	Pakistan	50	53	Schweden	5
27	Brasilien	49			

Abb. 5-15: Die Werte für die Dimension Maskulinität bei Hofstede
Quelle: Hofstede (1997), S. 115-116.

Erweitert wurde die ursprüngliche Hofstede-Studie um eine **Folgestudie**. Zugrunde lag dieser Untersuchung ein Fragebogen, der erheblich vom ursprünglichen Fragebogen differierte. Zum einen wurde dies damit begründet, dass die Inhalte des Fragebogens bewusst nicht vom westlichen Denken, sondern vom östlichen Denken geprägt sein sollten (vgl. Hofstede 1997, S. 224). Zum andern wurde versucht, auf der Basis einer anderen Werteuntersuchung – konkret auf der Basis einer auf dem „Rokeach Value Survey" aufbauenden Variante – die Stabilität bzw. Nicht-Stabilität der Hofstede-Dimensionen zu überprüfen (vgl. Hofstede/Bond 1984, 1988). Der Fragebogen, der von der „Chinese Culture Connection" erarbeitet wurde, wurde in englischer und chinesischer Version erstellt, in acht weitere Sprachen übersetzt und von jeweils 100 Studenten in 23

Ländern, d.h. von einer anderen Population als beim ursprünglichen Fragebogen, beantwortet. Die Ergebnisse der Untersuchung ergaben ähnliche Dimensionen wie Machtdistanz, Individualismus/Kollektivismus und Maskulinität/Femininität. Dies wurde als deutliche Bestätigung einer Existenz von sogenannten „kulturfreien" Kulturdimensionen gewertet, auch wenn die Dimension der Unsicherheitsvermeidung nicht ausgemacht werden konnte (vgl. The Chinese Culture Connection 1987). Doch anstelle der Unsicherheitsvermeidungsdimension ermittelte man eine weitere Dimension, der zunächst der Name „konfuzianische Dynamik" gegeben wurde. Michael Bond, der die Chinese Culture Connection anführte, entschied sich, diese Dimension als **„konfuzianische Dimension"** zu bezeichnen, da die Werte an beiden Polen direkt mit der Lehre des Konfuzianismus zu tun haben. Doch Hofstede hat deswegen eine Umbenennung in **„Langfrist-/Kurzfristorientierung"** vorgenommen, weil die Merkmale des einen Pols für ihn zukunftsorientiert und damit dynamisch sind, während ihm die Merkmale des zweiten Pols eher gegenwartsorientiert (oder gar vergangenheitsorientiert) und damit statisch erschienen. Die Zeitorientierung, die in der Hofstede-Studie zunächst nicht auftauchte, wurde somit als Ergebnis der Untersuchung, die von der Chinese Culture Connection in den achtziger Jahren durchgeführt wurde, „nachgeschoben". Doch was versteht man genau unter dieser fünften Dimension?

(5) Die Langfrist-/Kurzfristorientierung: Hofstede zeigt, wie sich langfristige und kurzfristige Orientierungen unterscheiden. Als Merkmale der **langfristigen Orientierung** von Kulturen sieht er folgende Punkte an (vgl. Hofstede 1997, S. 233 i.V.m. S. 243):

- eine große Ausdauer bzw. Beharrlichkeit im Verfolgen von Zielen,
- Rangordnungen, die am Status orientiert sind,
- Respekt vor diesen Rangordnungen,
- hohe Sparquote und hohe Investitionstätigkeit sowie
- ausgeprägtes Schamgefühl.

Dagegen zeichnen sich Hofstede zufolge Kulturen mit einer **kurzfristigen Orientierung** durch andere Merkmale aus:

- persönliche Ausdauer und Stabilität,
- Wahrung des Gesichts,
- Respekt gegenüber der Tradition und
- auf Gegenseitigkeit beruhende Grußformeln, Geschenke und Gefälligkeiten.

Eine besonders hohe Langfristorientierung zeigt sich in der durchgeführten empirischen Studie bei China, Hongkong, Taiwan und Japan, während Pakistan ausgesprochen kurzfristig orientiert zu sein scheint. Deutschland nimmt eine Mittelposition ein, wie man Abbildung 5-16 entnehmen kann. Während Hofstede bei den anderen Dimensionen auch die Auswirkungen auf das Management thematisiert, unterbleibt dies im vorliegenden Fall. Allerdings liegt es auf der Hand, dass die Zeitorientierung **Konsequenzen für das Management** hat. In Kulturen mit einer langfristigen Orientierung haben strategische Überlegungen häufig Vorrang gegenüber operativen und taktischen Fragen. Die Unternehmungsplanung weist einen weit in die Zukunft reichenden Horizont auf und beschränkt sich nicht auf die nächsten Monate oder unmittelbar folgenden Jahre. Ähnliches gilt für die Personalpolitik: Sie orientiert sich nicht nur an den Notwendigkeiten der Gegenwart und nahen Zukunft, sondern berücksichtigt die potentiellen Anforderungen der weit entfernten Zukunft. Die gesamte Ausrichtung der Unternehmung erfolgt vor dem Hintergrund einer langfristigen und nicht einer kurzfristigen Orientierung. So nehmen beispielsweise viele japanische Unternehmungen kurz- und mittelfristig Verluste in Kauf, wenn sie sich langfristig von einem bestimmten Verhalten Vorteile erhoffen.

Position	Land oder Region	Werte für Langfrist-orientie-rung	Position	Land oder Region	Werte für Langfrist-orientie-rung
1	China	118	13	Polen	32
2	Hongkong	96	14	Deutschland	31
3	Taiwan	87	15	Australien	31
4	Japan	80	16	Neuseeland	30
5	Südkorea	75	17	USA	29
6	Brasilien	65	18	Großbritannien	25
7	Indien	61	19	Simbabwe	25
8	Thailand	56	20	Kanada	23
9	Singapur	48	21	Philippinen	19
10	Niederlande	44	22	Nigeria	16
11	Bangladesch	40	23	Pakistan	00
12	Schweden	33			

Abb. 5-16: Die Werte für die Dimension Langfristorientierung bei Hofstede
Quelle: Hofstede (1997), S. 234.

Die Ergebnisse der Hofstede-Studie lassen sich nun auch in der Form nutzen, dass man die **Ausprägungen** der einzelnen Länder **hinsichtlich einzelner Dimensionen zusammenführt**. Dazu bieten sich vor allem Koordinatensysteme an, bei denen man auf der x-Achse eine Dimension, auf der y-Achse eine andere Dimension abtragen kann. In Abbildung 5-17 wird auf der x-Achse die Dimension der Machtunterschiedstoleranz, auf der y-Achse die Dimension der Unsicherheitsvermeidung abgebildet. In Abbildung 5-18 findet sich eine Charakterisierung der Organisationsformen, die Hofstede als typisch für verschiedene Kombinationen von Ausprägungen ansieht.

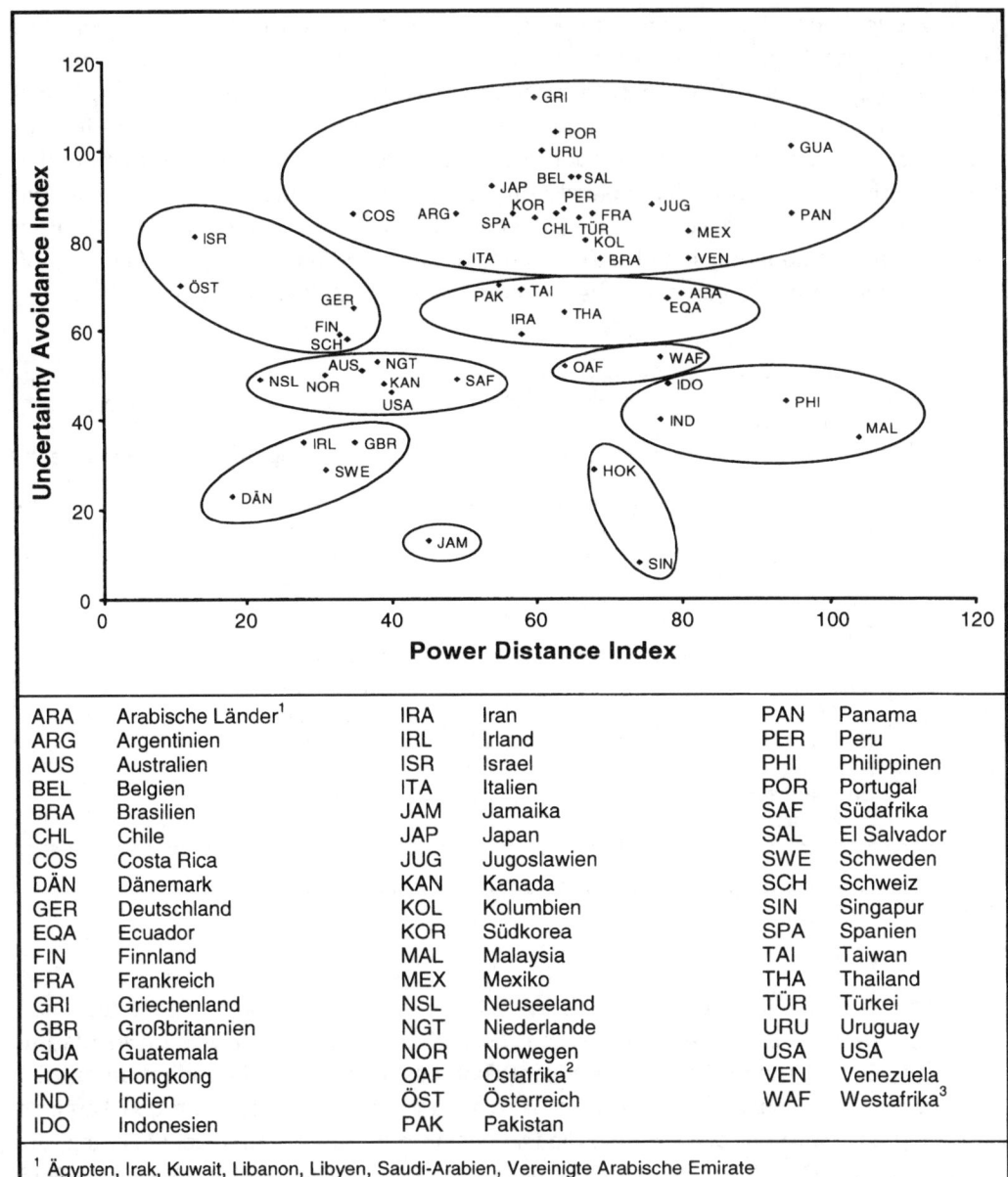

Abb. 5-17:   Kulturelle Cluster als Kombination der Machtdistanz und der Unsicherheits-
             vermeidung
Quelle: Hofstede (1997), S. 197.

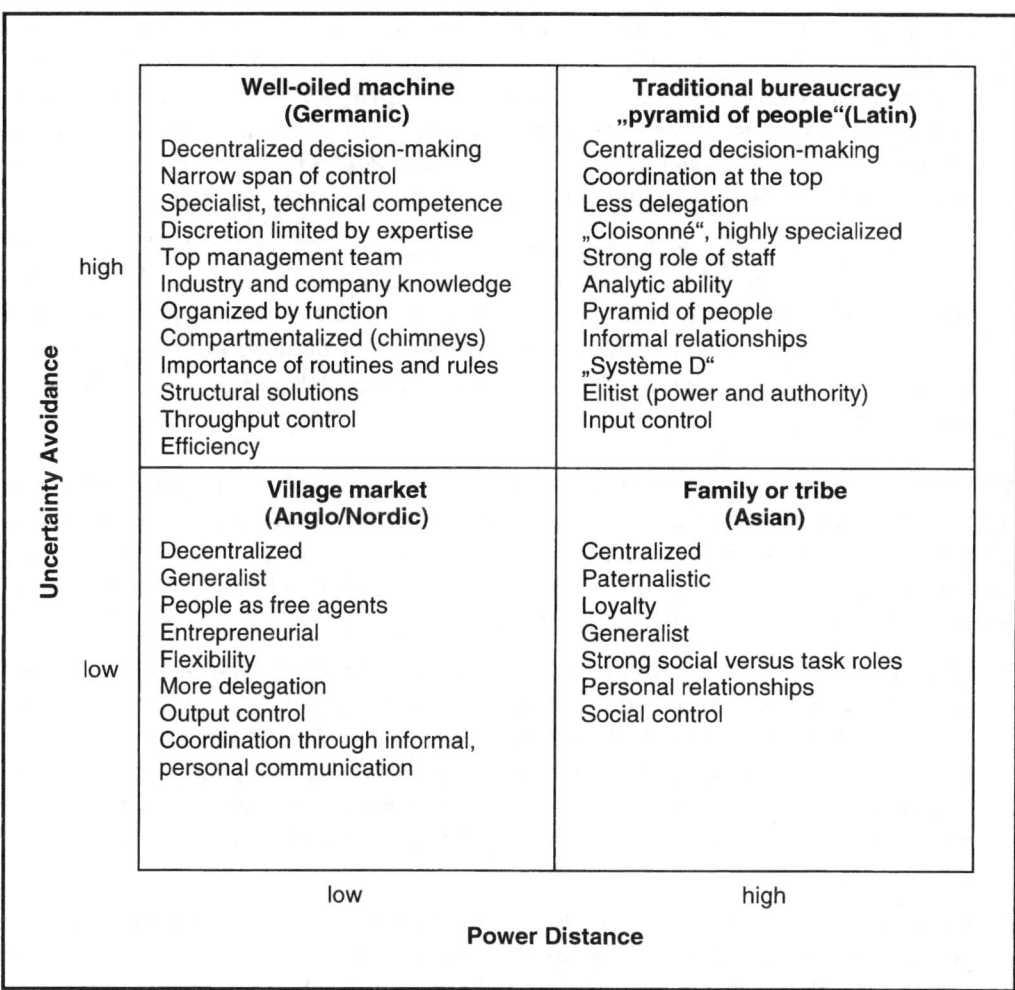

Abb. 5-18: Charakterisierung kulturgeprägter Organisationsformen
Quelle: in Anlehnung an Schneider/Barsoux (2003), S. 93.

3.4.3 Eine kurze Würdigung der Arbeit Hofstedes

Die Untersuchung von Hofstede blieb in der Literatur nicht ohne **Kritik**. Aus der Vielzahl der kritischen Stimmen seien hier folgende Stimmen herausgegriffen (vgl. Goodstein 1981, Triandis 1982, Dorfman/Howell 1988, Yeh 1989, Punnett/Withane 1990, Sonder-gaard 1994, Tayeb 1994, Hampden-Turner/Trompenaars 1997, Cray/Mallory 1998, v.a. S. 49-61):

• Häufig wird kritisiert, dass Hofstedes Untersuchung zwar landeskulturelle Einflüsse messen wolle, die Ergebnisse jedoch aufgrund der unternehmungskulturellen Ein-flüsse verzerrt sein könnten. Diese Kritik erscheint besonders vor dem Hintergrund berechtigt, dass sich *IBM* – die Unternehmung, bei der die Untersuchung durchgeführt wurde – durch eine **starke Unternehmungskultur** (d.h. durch eine tief verwurzelte und durch eine durch hohes Übereinstimmungsausmaß charakterisierte Kultur) auszeichnet, dabei spezifische Rekrutierungspraktiken pflegt und, wie auch andere US-amerikanische Unternehmungen (z.B. *Procter & Gamble*, *McKinsey*, vgl. Soeters 1986), die Mitarbeiter einem gewissen Uniformitätsdruck aussetzt.

- Ebenso wird Hofstede entgegengehalten, dass die ursprüngliche Untersuchung selbst von der **westlichen Kultur** geprägt sei. Hofstede, so seine Kritiker, stellte Fragen, die vor allem aus westlicher Sicht von Interesse sind, aber unter Umständen in anderen Kulturen keine (oder eine ganz andere) Bedeutung haben. Auch diese Kritik muss akzeptiert werden, da die von Hofstede gestellten Fragen nicht kulturinvariant sind.

Mit der Folgestudie der Chinese Culture Connection sowie mit weiteren kleineren Untersuchungen im Rahmen von Managementtrainings hat Hofstede aber selbst immer wieder versucht, diese beiden Kritikpunkte auszuräumen. Schließlich haben sich die Dimensionen gemäß Hofstede als stabil erwiesen. Doch es bleiben **weitere Schwächen**, die Hofstedes Untersuchung inhärent sind:

- Fraglich ist, welche **Kulturebene** Hofstede überhaupt anspricht. Hofstede selbst geht es um die **Ebene der Werte**; doch seine Untersuchung setzt nicht an der Ebene der Werte an. Vielmehr möchte Hofstede über Fragen, die sich auf die **Ebene des Verhaltens** beziehen, Werte erschließen. Und diese Wertedimensionen sind streng genommen ein Ergebnis, welches aus dem Zusammenspiel statistischer Analysen und der Interpretation des Forschers entstehen. Ob ein derartiges Vorgehen zulässig ist, wird in der Literatur kontrovers diskutiert.

- Keine Aussagen ermöglicht Hofstede über die **Ebene der Grundannahmen**. Gerade die Autoren, die das Wesen einer Kultur an den vorherrschenden Grundannahmen festmachen, führen daher an, dass Hofstede an die tatsächlichen Unterschiede – wie sie etwa mit den Dimensionen Kluckhohn/Strodtbecks angesprochen werden – nicht herankomme. Hofstede kann daher den unbewussten Teil von Kultur nicht umfassend miteinschließen.

- Die Untersuchung Hofstedes wird häufig auf das Management, daneben aber auch auf andere Lebensbereiche bezogen. Die **Zusammenhänge zwischen den kulturellen Unterschieden und den Unterschieden im Verhalten in unterschiedlichen Lebensbereichen** bleiben allerdings spekulativ. Sie stellen Plausibilitätsüberlegungen dar und sind nicht durch empirische Aussagen fundiert. Oder anders ausgedrückt: Hofstede setzt zwar bei seiner Untersuchung zunächst an konkreten, (meist) managementrelevanten Situationen an und entwickelt darauf aufbauend seine Kulturdimensionen. Die diesen Kulturdimensionen jeweils zugeordneten Konsequenzen für das Management sind jedoch nicht durch die Studie „gedeckt", da sie weit über die empirisch „abgefragten" Verhaltensmerkmale hinausgehen.

- Problematisch sind in den Augen vieler Autoren die **Dimensionen**, die von Hofstede identifiziert wurden. Erstens wird die mangelnde Trennschärfe der Dimensionen kritisiert. Zweitens wird das Zustandekommen der Dimensionen aufgrund statistischer Verfahren als „mechanisch" bewertet und als für die Kulturthematik keinesfalls angemessen bezeichnet. Drittens sind die Bezeichnungen der Dimensionen angesichts der hinter den Dimensionen stehenden Inhalte als nicht völlig treffend anzusehen (was wir etwa im Hinblick auf die Individualismus-/Kollektivismus-Dimension bereits erwähnt hatten).

- Darüber hinaus wird kritisiert, dass Hofstede zwar einen oberflächlichen Vergleich, aber **keine dichte Beschreibung** von Kulturen liefere. Notwendig ist in den Augen vieler Autoren eine intensive Analyse einzelner Kulturen, um auch Hintergründe der kulturellen Ausprägungen, deren Zusammenhänge mit dem Umfeld oder deren tieferen Sinn zu erkennen (vgl. z.B. Fischer 1996).

- Die von Hofstede vorgenommene **Gleichsetzung von Kulturen und Ländern** ist, wie kurz angesprochen, problematisch. Wir wissen, dass sich Kulturgrenzen in den wenigsten Fällen mit Landesgrenzen decken. Landesgrenzen sind schließlich in den meisten Fällen aufgrund politischer Überlegungen gezogen worden. Selbst innerhalb von Ländern können sich mehrere Subkulturen finden, wie dies Huo/Randall (1991) treffend anhand einer empirischen Studie in China darstellen. So zeigen sich zwischen den Subpopulationen von Beijing, Wuhan und Hongkong erhebliche Unterschiede hinsichtlich der vier traditionellen Hofstede-Dimensionen.

Doch trotz dieser Kritik liegt das **Verdienst von Hofstede** in folgenden Punkten:

- Obwohl die Studie von Hofstede bereits vor einiger Zeit erstellt wurde, hat es bis heute keine Studie gegeben, die auch nur annähernd den gleichen **Umfang** – hinsichtlich der Zahl der berücksichtigten Länder und der Zahl der Befragten – aufweist.

- Bei aller Problematik, die den Dimensionen inhärent ist, ermöglicht die Studie von Hofstede eine **Einordnung von Ländern** anhand von verschiedenen Kriterien. Die Studie geht damit über andere Arbeiten hinaus, in denen Aussagen nur jeweils hinsichtlich eines bestimmten länder- oder kulturspezifischen Aspekts getroffen wurden.

- Die Studie Hofstedes erlaubt nicht nur eine Einordnung von Ländern, sondern auch einen **Vergleich von Ländern**. Würde man sich nur auf dichte Beschreibungen und Einzelfallstudien von Kulturen beschränken, so hätte man für das gleichzeitige Operieren in unterschiedlichen Ländern nur wenige und darüber hinaus nicht aufeinander bezogene Hinweise.

- Hofstede ist zugute zu halten, dass er das Internationale Management für interkulturelle Fragestellungen geöffnet hat. Kein anderer Wissenschaftler kann aus wissenschaftssoziologischer Sicht einen derart großen **Einfluss auf die kulturorientierte Managementlehre** vorweisen. Gleiches gilt für die Praxis; keine andere Studie hat in der Praxis eine ähnliche Resonanz erfahren und ähnliche Wirkung entfaltet (vgl. Bing 2004).

- Hofstedes Studie, die auch vergleichsweise früh im deutschsprachigen Raum aufge-griffen wurde (vgl. Hentze 1987, v.a. S. 180-183), stellt die **Basis für eine Vielzahl von weiteren Arbeiten** dar. Als Beispiele lassen sich etwa die Autoren anführen, welche die Ergebnisse von Hofstede nutzen, um darauf aufbauend die kulturelle Distanz von Ländermärkten zu berechnen (vgl. Kogut/Singh 1988, Benito/Gripsrud 1992, Barkema/Bell/Pennings 1996, Gómez-Mejia/Palich 1997, Kirkman/Lowe/Gibson 2006). Für viele Fragestellungen wird auf Hofstedes Ergebnisse zurückgegriffen – ob in der **Strategieforschung** (vgl. Schneider/DeMeyer 1991), der **Planungs-forschung** (vgl. Brock/Barry/Thomas 2000), der **Führungsforschung** (vgl. Newman/Nollen 1996), der **Organisationsforschung** (vgl. Wong/Birnbaum-More 1994) der **Marketingforschung** (vgl. Nakata/Sivakumar 1996, De Mooij 1998) oder inzwischen auch der **Finanzforschung** (vgl. Schmidl 1997, Engelhard/Schmidl 1999).

- Ebenso wie die Originalstudie von Hofstede wird auch die Studie der Chinese Culture Connection als Basis für weitere Studien herangezogen (vgl. z.B. Ward et al. 1999). Hofstede hat damit **indirekt** noch **weitere Folgestudien induziert**.

Aufgrund der genannten Argumente kann die Studie von Hofstede trotz der dargelegten Schwächen als Meilenstein der Kulturforschung betrachtet werden. Die Tatsache, dass die Hauptstudie bereits vor ca. 40 Jahren erhoben wurde, sollte nicht allzu stark kritisiert werden. Geht man davon aus, dass es sich bei Kultur um ein langfristiges, nur schwer veränderbares Konstrukt handelt, so dürften die meisten Ergebnisse tendenziell auch heute noch gelten. Als größtes Verdienst von Hofstede ist sicherlich anzusehen, dass er Betriebswirtschafts- und Managementlehre für die Kulturthematik sensibilisiert hat.

3.5   Die Kulturdimensionen von Trompenaars

Eine weitere Kulturstudie stammt vom niederländischen Autor Fons Trompenaars. Trompenaars, der primär als Managementtrainer bzw. Unternehmungsberater tätig ist, entwickelt sieben Dimensionen, welche die Identifikation von kulturellen Unterschieden erlauben. Noch stärker als Hofstede interessieren Trompenaars nicht nur die **Kultur-dimensionen** an sich, sondern vor allem deren **Zusammenhänge mit management-relevanten Fragestellungen**. Dies wird auch am Titel der Veröffentlichung ersichtlich. Während die erste Auflage des Werks „Riding the Waves of Culture – Understanding Cultural Diversity in Business" von Trompenaars allein verfasst wurde (vgl. für die engli-sche Auflage Trompenaars 1993a, für die deutsche Auflage Trompenaars 1993b), erscheint in der zweiten Auflage Charles Hampden-Turner, Professor an der Universität Cambridge, als Koautor (vgl. Trompenaars/Hampden-Turner 1997). Mit Hampden-Turner hat Trompenaars auch bereits 1993 das Buch „The Seven Cultures of Capita-lism" veröffentlicht, in dem ebenfalls auf die Ergebnisse der nun vorzustellenden Studie Bezug genommen wird (vgl. Hampden-Turner/Trompenaars 1993).

Trompenaars beschreibt Kultur als **Drei-Schichtenmodell** mit der Gesamtheit von expliziten Artefakten als äußerster Schicht, Werten und Normen als mittlerer Schicht und impliziten Grundannahmen als innerster Schicht (vgl. Trompenaars 1993a, S. 22-23, Trompenaars 1996, S. 51-52). Ähnlich wie Hofstede relativiert auch er die vereinende Kraft von Kultur und argumentiert, dass nicht alle Individuen einer Kultur die gleiche kulturelle Prägung aufweisen. Bevor wir zu den sieben Kulturdimensionen Trompenaars' kommen und deren Bedeutung für das Management beleuchten (Abschnitt 3.5.2), wollen wir – ebenso wie im Falle von Hofstede – kurz auf einige Informationen zur Studie eingehen (Abschnitt 3.5.1). Wir werden unsere Auseinandersetzung mit der Arbeit von Trompenaars mit einer kritischen Würdigung beschließen (Abschnitt 3.5.3).

3.5.1 Darstellung der Studie von Trompenaars

Wie bei Hofstede, so liegt auch bei Trompenaars eine schriftliche Befragung zugrunde. Wir werden nun (1) die Erhebungspopulation, (2) den Erhebungszeitraum, (3) den Erhebungsumfang und (4) die Zahl der berücksichtigten Länder in der Trompenaars-Studie erläutern. Dabei werden wir uns zunächst auf die Informationen beschränken, die für die ursprüngliche Studie 1993 veröffentlicht wurden. Ein Großteil der methodischen Erläuterungen zur Trompenaars-Studie entstammt dem Anhang der Buchveröffentlichung. Dieser Anhang wurde überraschenderweise nicht von Trompenaars selbst, sondern von Peter B. Smith von der Universität Sussex/England verfasst (vgl. Smith 1993, S. 179-181). Erst im Anschluss an diese Ausführungen werden wir darauf eingehen, wie die Studie in der Folgezeit erweitert wurde.

(1) Erhebungspopulation: Während Hofstede 116.000 Fragebögen als Basis für seine Untersuchung heranziehen konnte, greift Trompenaars auf ein erheblich kleineres Sample zurück. Immerhin kann Trompenaars seine Analysen noch auf den Ergebnissen von fast 15.000 schriftlichen Fragebögen aufbauen. Im Gegensatz zu Hofstede stammen die Befragten allerdings nicht aus einer einzigen Unternehmung, sondern aus vielen verschiedenen Unternehmungen. Trompenaars hat Personen befragt, die bei ihm selbst interkulturelle Trainingsveranstaltungen besucht haben. Dabei spricht er von etwa 900 Trainingsveranstaltungen in 19 Ländern. Weitere Probanden wurden aus international tätigen Unternehmungen in 50 verschiedenen Ländern gewählt (vgl. Trompenaars 1993a, S. 1). Die Befragten kommen dabei aus international tätigen Unternehmungen wie etwa **BSN** (jetzt **Danone**), **Heineken**, **Philips**, **Volvo**, **Royal Dutch/Shell** oder **Eastman Kodak**. Trompenaars selbst gibt an, dass etwa 75% seiner Befragten als Manager zu bezeichnen sind, während die restlichen 25% dem Verwaltungspersonal zuzurechnen sind (Sekretariatskräfte, Schreibkräfte etc.).

(2) Erhebungszeitraum: Der Erhebungszeitraum wird letztlich nicht genau ersichtlich. Es ist davon auszugehen, dass die Antworten während eines relativ langen Zeitraums, der einen Teil der achtziger Jahre sowie den Beginn der neunziger Jahre umfasst, erhoben wurden. Die Arbeit wurde also deutlich später als die Studie von Hofstede erstellt. Die Grundversion des Fragebogens entwickelte Trompenaars bereits für seine Mitte der achtziger Jahre erschienene Dissertation (vgl. Trompenaars 1985, Hofstede 1996, S. 190). Diese Grundversion wurde dann im Laufe der Zeit erweitert. Ob ein Teil der Daten bereits für die Dissertation erhoben und nun für die Veröffentlichung in den neunziger Jahren nochmals „verwertet" wurde, bleibt unklar.

(3) **Erhebungsumfang:** Trompenaars' Fragenkatalog umfasst zunächst 79 Fragen. Für die Analysen, die in der Veröffentlichung „Riding the Waves of Culture" herangezogen wurden, wurde dieser Katalog dann auf 57 Fragen reduziert, was die Reliabilität erhöhte. Ob die Fragen in Englisch oder in einer Vielzahl von Sprachen gestellt wurden, geht aus den Veröffentlichungen nicht hervor. Das Prinzip, wie Trompenaars vorging, wird in Textbox 5-7 erläutert. Dabei wird deutlich, dass den Probanden zwei oder mehrere Statements vorgelegt wurden, von denen die Probanden dann das zutreffende Statement auswählen sollten. Mit dieser Vorgehensweise soll der Erkenntnis Rechnung getragen werden, dass sich Kultur gerade in Dilemmasituationen, denen Individuen ausgesetzt sind, bemerkbar macht (vgl. Hampden-Turner/Trompenaars 1993, S. 10-13, Trompenaars 1996, S. 52, Hampden-Turner/Trompenaars 1997, S. 150-151).

(4) **Zahl der berücksichtigten Länder:** Trompenaars kann Antworten zu 50 verschiedenen Ländern vorlegen. Da für 47 Länder jeweils Antworten von mindestens 50 Befragten existieren, wurde die Analyse auf 47 Länder beschränkt. Von diesen 47 Ländern liegen für zwei Länder (Großbritannien und die Niederlande) jeweils über 1.000 Antworten vor, für 35 Länder mehr als 100 Antworten und für die verbleibenden 10 Länder zwischen 50 und 100 Antworten.

Als Zwischenfazit lässt sich festhalten, dass Trompenaars hinsichtlich der Zahl der Befragten zwar deutlich hinter Hofstede zurückfällt, aber hinsichtlich des Erhebungsumfangs und der Zahl der Länder den Vergleich mit Hofstede nicht scheuen muss.

Die ursprünglich 1993 vorgelegte **Untersuchung** wurde **im Zeitablauf** noch **erweitert** und hinsichtlich ihrer Methodik etwas detaillierter erläutert (vgl. Woolliams 1997) – nicht zuletzt aufgrund einiger Kritik (vgl. Hofstede 1996). Inzwischen kann Trompenaars auf eine Datenbank mit 50.000 Fragebögen zurückgreifen. Die Antworten stammen von Personen mit 100 verschiedenen Nationalitäten. Aufgrund der Anforderung, pro Nationalität mindestens 100 Datensätze zu haben, reduziert sich das Sample auf 30.000 verwertbare Datensätze und umfasst 55 Länder.

Textbox 5-7:   Die empirische Studie von Trompenaars

Eine Illustration einiger Fragen

Example 1: You are asked to choose between the following two extreme ways to conceive of a company. What do you think is usually true, and for which alternative most people in your country would opt for?

Alternative A: One way is to see a company as a system designed to perform functions and tasks in an efficient way. People are hired to perform these functions with the help of machines and other equipment. They are paid for the tasks they perform.

Alternative B: A second way is to see a company as a group of people working together. They have social relations with other people and with the organisation. The functioning is dependent on these relations.

Example 2: Which of the following opinions do you believe most other people in your own country would think better represents the goals of a company?

Alternative A: The only real goal of a company is making profit.

Alternative B: A company, besides making profit, has a goal of attaining the well-being of various stakeholders, such as employees, customers etc.

Example 3: You run a department of a division of a large company. One of your subordinates, whom you know has trouble at home, is frequently coming in significantly late. What right has this colleague to be protected by you from others in the department?

Alternative A: A definite right

Alternative B: Some right

Alternative C: No right

Example 4: Suppose you, as a manager, are in the process of hiring a new employee to work in your department. Which of the two following considerations are more important to you?

Alternative A: The new employee must fit into the group or team in which he/she is to work.

Alternative B: The new employee must have the skills, the knowledge, and a record to success in a previous job.

Example 5: You are applying for a job in a company. What are your plans?

Alternative A: I will most certainly work there for the rest of my life.

Alternative B: I am almost sure that the relationship will have a limited duration.

Quellen:
Trompenaars (1993a), S. 17 und Hampden-Turner/Trompenaars (1993), S. 23, S. 32, S. 56 und S. 60.

3.5.2   Die Dimensionen von Trompenaars

Wie bereits angekündigt, werden wir nun die sieben Kulturdimensionen Trompenaars'
vorstellen. Es handelt sich dabei um die Dimensionen (1) Universalismus versus Partikularismus, (2) Individualismus versus Kollektivismus, (3) Affektivität versus Neutralität,
(4) Spezifität versus Diffusität, (5) Statuszuschreibung versus Statuserreichung, (6) Zeitverständnis und (7) Beziehung des Menschen zur Umwelt bzw. zur Natur. Die ersten
fünf der folgenden sieben Kulturdimensionen sprechen das Verhältnis der Menschen
untereinander an. Die beiden weiteren Dimensionen haben die Zeit- und die Umwelt-
bzw. Naturorientierung zum Inhalt. Trompenaars weist selbst darauf hin, dass er sich bei
der Einteilung der ersten fünf Dimensionen an **Parsons' Mustervariablen** orientiert, wie
sie auch in der sogenannten „General Theory of Action" auftauchen (vgl. Parsons
1951/1991, Parsons/Shils 1951/1962, v.a. S. 77-88, Staubmann 1995, S. 155-156, Mauritz 1996, S. 40-42). Bei den beiden weiteren Dimensionen, d.h. der Zeit- und der Um-
welt- bzw. Naturorientierung, nimmt Trompenaars **Anleihen bei Kluckhohn/Strodtbeck**
(1961), deren Dimensionen wir Ihnen bereits ausführlich vorgestellt und erläutert haben
(→ Abschnitt 3.2 in diesem Kapitel).

Jede der Dimensionen wurde empirisch anhand von mehreren Fragen operationalisiert
(vgl. Woolliams 1997, S. 246) und nicht – wie es in der ursprünglichen Studie den Anschein haben könnte – nur über eine einzige Frage erschlossen (vgl. Trompenaars
1993a,b sowie Hofstede 1996). Allerdings ermittelt Trompenaars für die einzelnen Dimensionen keinen Gesamtindex, so dass man Werte für einzelne Länder jeweils nur
hinsichtlich der einzelnen Fragen, nicht jedoch aggregiert über alle Fragen einer Dimension erhält. Dies sollten Sie auch berücksichtigen, wenn wir nachfolgend einige Anhaltspunkte geben, wie Länder hinsichtlich der Trompenaars-Dimensionen einzuordnen sind.
Es handelt sich bei unseren Aussagen nur um Tendenzaussagen, da die Antworten auf
die Fragen einer Dimension hinweg nicht zwingend „gleichlaufend" sind.

(1) Universalismus versus Partikularismus: Die erste Dimension Trompenaars' spiegelt das Primat des Generellen gegenüber dem Primat des Spezifischen wider. Während Universalisten großen Wert auf die Einhaltung von Regeln legen und diese über
menschliche Beziehungen stellen, bewerten Partikularisten die spezifischen Umstände
oder die persönlichen Hintergründe bei Entscheidungen aller Art höher als die vorhandenen Regeln. Partikularisten geht es folglich nicht so sehr um allgemeine Gesetzmäßigkeiten als vielmehr um die Bedeutung einer spezifischen Situation vor dem Hintergrund spezifischer Bedingungen. Dabei spielen vor allem persönliche Verpflichtun-
gen, Beziehungen und Freundschaften eine Rolle. Als tendenziell universalistische Kulturen gelten die angelsächsischen Länder USA, Kanada und das Vereinigte Königreich,
aber auch die germanischen Länder Deutschland, Österreich und die Schweiz. Dagegen
werden beispielsweise Venezuela, Südkorea, Russland oder China als partikularistisch
eingestuft.

(2) Individualismus versus Kollektivismus: Wie bereits bei Kluckhohn/Strodtbeck und Hofstede taucht auch bei Trompenaars die Frage nach der Beziehung von Menschen untereinander auf. Im Mittelpunkt steht für Trompenaars die Frage, ob sich Individuen primär als Individuen sehen oder sich primär über die Zugehörigkeit zu einer Gruppe definieren. Damit zusammen hängt die Frage, ob sich Individuen bei ihren Entscheidungen an den eigenen Interessen ausrichten oder sich den Interessen eines Kollektivs unterordnen. Trompenaars betont jedoch gleichzeitig, dass diese Dimension nicht als dichotome Dimension aufzufassen ist. Vielmehr können individualistische und kollektivistische Tendenzen gleichzeitig auftreten. Neben den USA werden von Trompenaars etwa Rumänien, die Tschechische Republik, Russland, Nigeria oder Israel als individualistisch bezeichnet, während Japan, Indien, Ägypten oder Mexiko als kollektivistisch charakterisiert werden.

(3) Affektivität versus Neutralität: Trompenaars' dritte Dimension spricht die Bedeutung von Gefühlen und Beziehungen an. In „affektiven" Kulturen werden Gefühle und Emotionen nicht unterdrückt, während in „neutralen" Kulturen Instrumentalität und Rationalität von Handlungen im Vordergrund stehen. Vereinfachend kann man auch zwischen „impulsivem Verhalten" und „diszipliniertem Verhalten" unterscheiden. Als „affektive" Kulturen bezeichnet Trompenaars viele lateinische, afrikanische und arabische Kulturen, während als neutrale Kulturen Japan und China sowie etliche mittel- und nordeuropäische Kulturen (Polen, Bulgarien, Österreich) gelten.

(4) Spezifität versus Diffusität: Die vierte Dimension, teilweise auch als „Betroffenheits-/Engagements-Dimension" bezeichnet, drückt das Maß der Betroffenheit eines Individuums durch eine bestimmte Situation oder Handlung aus. In „diffusen" Kulturen lassen sich die unterschiedlichen Lebensbereiche des Individuums nicht voneinander trennen. In „spezifischen" Kulturen dagegen sind Lebensbereiche wie Arbeit und Familie stark voneinander abgegrenzt. Vor diesem Hintergrund wird dann auch verständlich, warum westliche Wissenschaftler von einer Trennbarkeit der Lebenswelten – gerade von originären Lebenswelten (z.B. Familie) und derivaten Lebenswelten (z.B. Arbeitsplatz) – ausgehen, was in Ländern wie China, Kuwait, Venezuela, Indonesien oder Chile in der Realität problematisch sein dürfte.

(5) Statuszuschreibung versus Statuserreichung: Die fünfte Dimension Trompenaars' bezieht sich auf die Frage, ob der Status eines Individuums diesem zugeschrieben oder von diesem erreicht wird. Unterschieden wird damit der Status, der dem Individuum durch Religion, Herkunft oder Alter zukommt, und der Status, den ein Individuum durch eigene Leistung erzielt. Die Vereinigten Staaten sind gemäß Trompenaars sehr stark auf „achievement" ausgerichtet, während bereits einige mitteleuropäische Länder wie Italien, Deutschland und Russland deutlich zu „ascription" tendieren. Besonders stark ausgeprägt ist die Zuschreibung von Status laut Trompenaars in vielen südamerikanischen, asiatischen und arabischen Ländern.

(6) Zeitverständnis: Die Zeitorientierung, bereits bei Kluckhohn/Strodtbeck, Hall sowie später bei Hofstede angesprochen, stellt Trompenaars' sechste Dimension dar. Trompenaars berücksichtigt, dass die Zeitorientierung in manchen Kulturen eher sequentiell, in anderen eher zirkulär bzw. synchron ist. Während bei einem **sequentiellen Zeitverständnis** Vergangenheit, Gegenwart und Zukunft linear nacheinander angeordnet sind, kommt es bei einem **synchronen Zeitverständnis** zu einer Interdependenz der Zeitabschnitte. Darüber hinaus unterscheidet Trompenaars **vergangenheitsorientierte, gegenwartsorientierte und zukunftsorientierte** Kulturen. Dabei spielt die Bedeutung eines bestimmten Zeitabschnitts eine entscheidende Rolle. In vergangenheitsorientierten Kulturen dominiert der Blick zurück, während in zukunftsorientierten Kulturen der Blick nach vorne vorherrscht. Für vierzehn unterschiedliche Länder wurde das Zeitverständnis in Abbildung 5-19 zusammengefasst. Die drei Kreise sollen jeweils Vergangenheit, Gegenwart und Zukunft symbolisieren. Durch die graphische Darstellung kommen dann zwei Aussagen zum Ausdruck: erstens die Bedeutung von Vergangenheit, Gegenwart und Zukunft (ausgedrückt durch die Größe der Kreise) und zweitens der Zusammenhang zwischen Vergangenheit, Gegenwart und Zukunft (ausgedrückt durch die Überschneidung bzw. Überlappung der Kreise).

(7) Beziehung des Menschen zur Umwelt bzw. zur Natur (bzw. Kontrollorientierung): Mit der siebten Dimension spricht Trompenaars die Beziehung des Menschen zur Umwelt bzw. zur Natur an. Er identifiziert Kulturen, die sich durch eine starke Tendenz, Kontrolle über die Natur zu gewinnen, auszeichnen. Daneben macht er Kulturen aus, bei denen die Unterwerfung unter die Natur eine große Rolle spielt. Die Kontrolle über die Natur überwiegt etwa in vielen westlichen Ländern, während sich eine Unterwerfung unter die Natur vor allem in muslimisch geprägten Ländern wie Ägypten und Kuwait oder in asiatischen Ländern (Japan, China, Singapur) feststellen lässt.

3.5.3   Eine kurze Würdigung der Arbeit Trompenaars'

Die Arbeit von Trompenaars wurde in der Literatur vergleichsweise scharf kritisiert. Vor allem Geert Hofstede (1996) hat sich zu Wort gemeldet. Wir wollen nachfolgend kurz einige der möglichen Kritikpunkte an Trompenaars' Arbeit zusammenfassen:

- Ähnlich wie bei Hofstede, so bestehen auch bei Trompenaars Zweifel darüber, ob nicht durch die **Auswahl der Befragten** eine Verzerrung der Ergebnisse entsteht. Im vorliegenden Fall, der Befragung von Teilnehmern an Managementtrainings, könnte es sich etwa um Mitarbeiter handeln, die sich bereits durch vergleichsweise hohes interkulturelles Bewusstsein bzw. **hohe interkulturelle Kompetenz** auszeichnen und die nun (nur) noch weiter für kulturelle Fragestellungen sensibilisiert werden sollen, weil ein Auslandsaufenthalt bevorsteht (vgl. zur interkulturellen Kompetenz Thomas/Hagemann 1992, Gaugler 1994, v.a. S. 313-327, Schneider/Fuchs/Mark-Ungericht 1996, Stüdlein 1997, S. 153-167, Müller/Gelbrich 1999). Denkbar wäre es ebenso, dass Unternehmungen gerade die Mitarbeiter für ein Managementtraining vorsehen, bei denen sie einen besonders großen Nachholbedarf, d.h. niedrige **inter-kulturelle Kompetenz** vermuten bzw. festgestellt haben. Es mag sich also bei den Befragten keineswegs um typische Probanden einer bestimmten Kultur handeln.

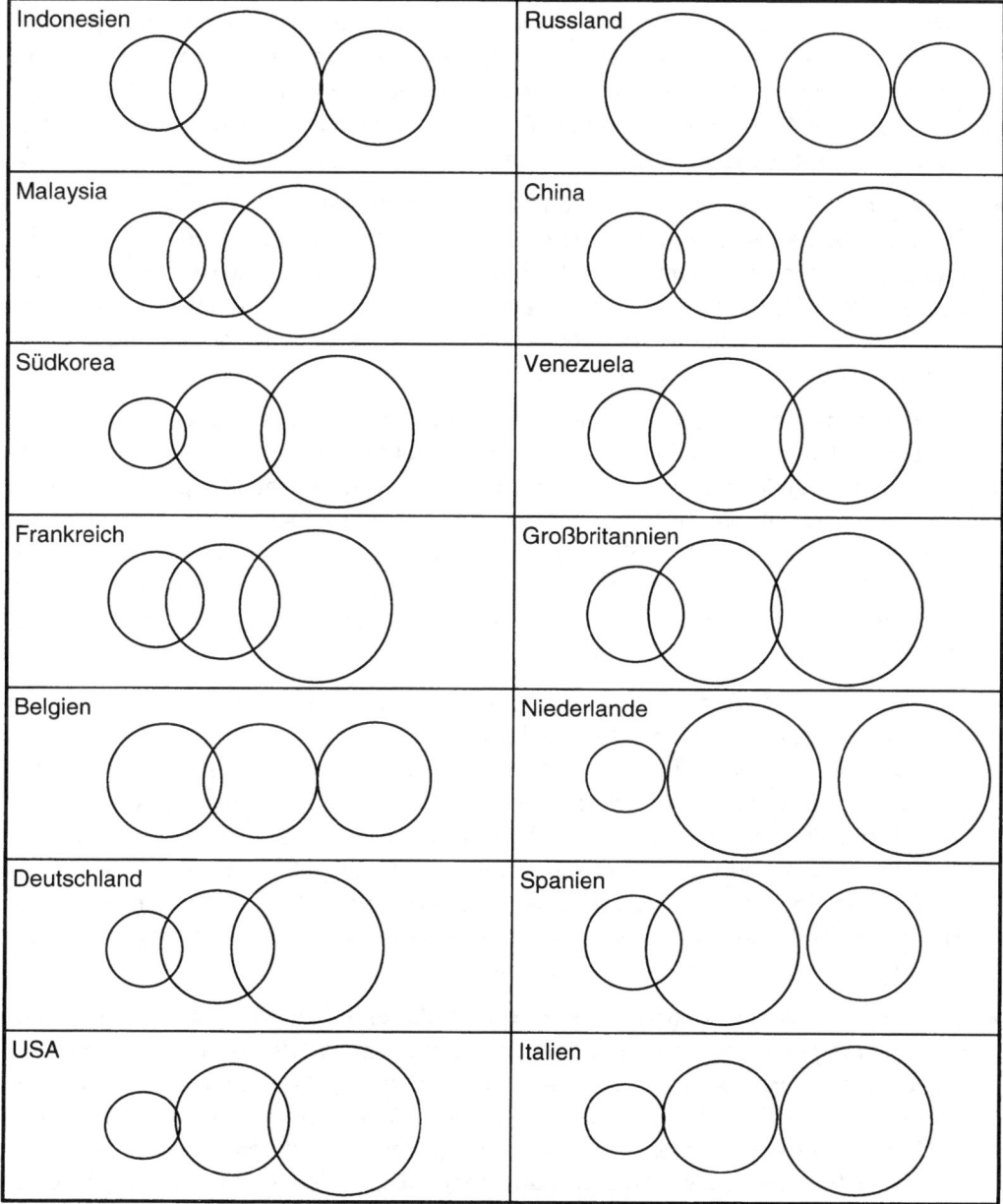

Abb. 5-19: Das Zeitverständnis in unterschiedlichen Kulturen
Quelle: Trompenaars/Hampden-Turner (1997), S. 127.

- Zudem ist die **Genese der Dimensionen** problematisch; unklar bleibt, wie Trompenaars exakt zu den sieben identifizierten Dimensionen gelangt. Wie bereits ausgeführt, lehnt sich Trompenaars an die Mustervariablen Parsons' sowie die Kulturdimensionen Kluckhohn/Strodtbecks an. Dies heißt mit anderen Worten: Während Hofstedes Dimensionen das Ergebnis von Korrelations- und Faktoranalysen sind, entstammen Trompenaars' Dimensionen offensichtlich einer Literaturanalyse und stellen damit konzeptionelle Kategorien dar. Doch warum Trompenaars gerade die Vorschläge Parsons' heranzieht und aus den Dimensionen Kluckhohn/Strodtbecks zwei von fünf Dimensionen „herauspickt", um dann die beiden Konzepte eklektizistisch zu „vermischen", wird nicht erläutert.

- Neben der Genese der Dimensionen kann auch die **Operationalisierung der Dimensionen** kritisiert werden. Erstens lässt sich fragen, ob mit den von Trompenaars gewählten Statements tatsächlich das gemessen wird, was gemessen werden soll. Zweitens bleibt unklar, ob manche Dimensionen nicht in mehrere Subdimensionen zerfallen (weswegen Trompenaars möglicherweise auch zögert, aggregierte Gesamtwerte für jede Dimension anzugeben).

- Als Kritikpunkt ist über die fehlende Erläuterung der Genese und Operationalisierung der Dimensionen hinaus die äußerst **knappe Erläuterung der Methodik der Studie** zu werten – zumindest, was die erste Auflage der Studie betrifft (vgl. Smith 1993). Aus wissenschaftlicher Sicht kann die Darstellung der Ergebnisse alleine nicht befriedigen, da zu deren Beurteilung auch genaue Angaben über das Vorgehen erforderlich sind. Selbst in der zweiten Auflage der Studie wird die Frage nach der Zahl an notwendigen und sinnvollen Dimensionen nicht abschließend beantwortet (vgl. Woolliams 1997).

- Damit zusammen hängt das Problem, dass aus den Veröffentlichungen nicht klar hervorgeht, wie erklärungsmächtig die Dimensionen Trompenaars' sind. Oder anders ausgedrückt: Es bleibt offen, ob die **Dimensionen** für einen kleinen oder einen großen Teil der gesamten **Varianz** verantwortlich sind, ob es noch weitere kulturelle Dimensionen gibt und ob es noch andere Faktoren gibt, die Unterschiede begründen. Hofstede argumentiert, dass auch eine geringere Zahl von Dimensionen ausreichend sein könnte und Trompenaars vor allem die Individualismus-/Kollektivismus-Dimension sowie die Machtdistanz-Dimension gemessen (und damit deren Existenz implizit bestätigt) habe (vgl. Hofstede 1996, S. 193).

- Eine gewisse Skepsis gegenüber dem **Absolutheitsanspruch der Dimensionen** ist auch deswegen angebracht, weil die von Trompenaars 1993 dargestellten und 1997 zusammen mit Hampden-Turner wieder aufgegriffenen Dimensionen von den in einer anderen Veröffentlichung erläuterten Dimensionen, die auf den gleichen Daten basiert, teilweise differieren (vgl. hierzu Hampden-Turner/Trompenaars 1993, v.a. S. 10-11). Bei einigen der Dimensionen handelt es sich lediglich um Unterschiede in der Bezeichnung; andere Dimensionen wurden jedoch auch inhaltlich variiert.

Trotz der Kritik wird in der Literatur zum Internationalen Management auf Trompenaars zurückgegriffen (vgl. Forstmann 1994, v.a. S. 30-35, Hoecklin 1995, v.a. S. 40-47, Lowe/ Oswick 1996, v.a. S. 109-111). Dies hat mehrere Gründe:

- Trompenaars stößt mit seinen Aussagen, wie bereits Hofstede, deswegen bei vielen Zielgruppen, allen voran bei Managern, Trainern und Studierenden, auf Gehör, weil er einen Kontrast zu den Autoren in der Managementforschung darstellt, die immer noch von der Kulturunabhängigkeit des Managements ausgehen. Trompenaars zeigt auf, dass das Verhalten in und von Unternehmungen **von der Kultur geprägt ist** bzw. zumindest geprägt sein kann.

- Trompenaars' Ergebnisse sind, in noch stärkerem Ausmaß als Hofstedes Ergebnisse, sehr **verständlich formuliert**. Mit seinen Ausführungen kommt er insbesondere dem Wunsch von Praktikern nach einer einfachen Sprache, klaren Aussagen und illustrierenden Anekdoten nach. Die von Trompenaars aufgestellten „Tipps für Praktiker" helfen, eine Brücke zur Anwendungsorientierung zu schlagen und einen ersten Eindruck für sinnvolles Verhalten in bestimmten Kulturen zu vermitteln.

- Wenn Hofstede Trompenaars' Werk mit dem Titel „Riding the Waves of Culture" in „Riding the Waves of Commerce" (Hofstede 1996) umbenennt, so scheint er darauf anzuspielen, dass sich Trompenaars' Ideen bzw. dessen Studien gut „vermarkten" lassen. Auch wenn der **Markterfolg** nicht unbedingt ein allgemein anerkanntes Kriterium wissenschaftlicher Leistungen ist, zeugt er doch zumindest davon, dass wissenschaftliche Studien nicht „Selbstzweck" sein müssen.

- Trompenaars liefert auch für **Länder** Ergebnisse, **die in der Studie von Hofstede nicht berücksichtigt wurden** (bzw. nicht berücksichtigt werden konnten). Dies gilt vor allem für viele Länder Mittel- und Osteuropas. Auch wenn gerade bei Probanden aus diesen Ländern fraglich ist, ob diejenigen, die bei Trompenaars Kurse besuchen, dem Landesdurchschnitt entsprechen, so liegen doch (wenigstens) erste Orientierungen vor. Orientierungen zur Charakterisierung osteuropäischer Kulturen sind besonders wichtig, gibt es doch gerade hinsichtlich managementorientierter Fragestellungen mit Bezug auf Osteuropa – trotz einiger Arbeiten, die seit der Öffnung der Grenzen entstanden sind (vgl. Holtbrügge 1995, Oesterle 1995) – immer noch ein erhebliches Forschungsdefizit.

- Trompenaars sensibilisiert nicht nur für **Kulturunterschiede** zwischen Ländern, sondern auch **innerhalb von Ländern.** (Noch) vehementer als Hofstede weist er auf die kulturelle Diversität in einzelnen Ländern hin, die sich vor allem aufgrund von innerhalb der Landesgrenzen existierenden ethnischen Unterschieden ergeben können. Am Beispiel von Staaten wie den USA oder Südafrika wird aufgezeigt, dass es eine herausfordernde Aufgabe ist, kulturelle Unterschiede auch zu handhaben und Lösungen zur Überwindung zu finden (vgl. Trompenaars/Hampden-Turner 1997, S. 195-220).

- Trompenaars schafft darüber hinaus eine **Verbindung von der Landeskultur zu anderen Kulturfeldern**, wie Unternehmungskulturen, Branchenkulturen, Berufskulturen oder Geschlechterkulturen. Er differenziert die Gesamtergebnisse seiner Studie hinsichtlich weiterer Kulturvariablen und ermittelt Einzelwerte für Subpopulationen (vgl. Trompenaars/Hampden-Turner 1997, S. 221-242).

3.6   Die GLOBE-Studie

Eine weitere groß angelegte Studie im Bereich der Kulturforschung liegt inzwischen in Form der so genannten GLOBE-Studie vor (vgl. House et al. 2004). Die Bezeichnung „GLOBE" steht für „Global Leadership and Organizational Behavior Effectiveness Research Program". Wir wollen die GLOBE-Studie kurz darstellen (Abschnitt 3.6.1), die darin identifizierten **Kultur-** (Abschnitt 3.6.2) **und Führungsdimensionen** (Abschnitt 3.6.3) erläutern und anschließend eine kritische Würdigung vornehmen (Abschnitt 3.6.4). Insbesondere bei den Kulturdimensionen treten **Zusammenhänge mit der Arbeit von Hofstede** zu Tage, da die GLOBE-Studie bei der Entwicklung der Kulturdimensionen auf verschiedene Konstrukte Hofstedes zurückgreift. Aus diesem Grund wollen wir in der Diskussion der Dimensionen der GLOBE-Studie auch insbesondere die Unterschiede zu den Dimensionen von Hofstede erläutern.

3.6.1   Darstellung der GLOBE-Studie

Die GLOBE-Studie wird im Folgenden hinsichtlich der Merkmale (1) Erhebungspopulation, (2) Erhebungszeitraum, (3) Forschungsmethodik und Erhebungsumfang sowie (4) Zahl der berücksichtigten Länder erläutert.

(1) Erhebungspopulation: Die GLOBE-Studie stützt sich auf die Befragung von 17.370 Managern der mittleren Führungsebene in 951 **lokalen Unternehmungen** der Lebensmittelindustrie, der Telekommunikationsbranche und des Finanzwesens. Diese Branchen wurden ausgewählt, da sie zum einen in den meisten Ländern existieren und sich zum anderen systematisch voneinander unterscheiden (vgl. House/Hanges 2004, S. 97). Lokale Unternehmungen waren Gegenstand der Befragung, weil deren Mitarbeiter größtenteils Angehörige der lokalen Nationalität bzw. Kultur sind. Es wurden zwischen 27 und 1.790 Personen pro Land in die Studie einbezogen; der Durchschnitt liegt bei 251 befragten Personen pro Land. Ein Viertel der befragten Personen ist weiblich (vgl. House/Hanges 2004, S. 96).

(2) Erhebungszeitraum: Die Idee der GLOBE-Studie entstand im Jahre 1991; in den Jahren 1993 und 1994 wurde das Forschungsdesign entwickelt. Die Datenerhebung erfolgte in den Jahren 1994 bis 1997 durch ca. 150 sogenannte Country-Co-Investigators (CCI). Diese CCI sind Forscher im Bereich der Sozialwissenschaften und zumeist

Angehörige des Kulturkreises, in denen sie die Befragungen durchführten. Die Auswertung der erhobenen Daten ist bis heute noch nicht vollständig abgeschlossen.

(3) Forschungsmethodik und Erhebungsumfang: Die zur Messung der verschiedenen Dimensionen notwendigen Skalen wurden theoriegeleitet konstruiert. Unter Mitwirkung der CCI wurden anschließend in Interviews und Fokusgruppen aus den verschiedenen Kulturkreisen Fragebogen-Items abgeleitet. Die Zuordnung dieser Items zu den jeweiligen Dimensionen wurde durch statistische Verfahren überprüft und mit Hilfe der CCI mehrdeutige oder unklare Items ausgesondert. Weiterhin wurden zur Sicherung der sprachlichen Äquivalenz alle Items in die jeweilige Landessprache übersetzt und ins Englische zurückübersetzt. Schließlich folgten noch zwei Pilotstudien, um die endgültigen Skalen zu entwickeln.

Der zur Erhebung der Umfrage erstellte finale Fragenkatalog enthält vier Teile:
* einen Teil zur **Organisationskultur**, der zum einen organisatorische Praktiken („Organization as is") und zum anderen organisatorische Werte („Organization should be") betrachtet (insgesamt 75 Fragen),
* einen Teil zur **Landes- bzw. Gesellschaftskultur**, der ebenfalls Praktiken („Society as is") und Werte („Society should be") umfasst (insgesamt 78 Fragen),
* einen Teil zur **Führung**, mit dem Eigenschaften ermittelt werden sollten, die eine besonders erfolgreiche Führungsperson in verschiedenen Kulturen auszeichnen (insgesamt 112 Fragen) und letztlich
* einen Teil zu demographischen Daten der Befragten (27 Fragen).

Die Fragen zur Kultur wurden in der Regel als „Quartette" mit gleichen Strukturen für die organisatorische und die landeskulturelle Ebene gestellt. Ein Beispiel für ein solches Quartett bietet Abbildung 5-20.

Die befragten Manager wurden in zwei Gruppen geteilt. Der einen Hälfte der Probanden wurde der Fragebogen „Alpha" vorgelegt, der neben den demographischen Fragen und den Fragen zur Führung den Fragenteil zur Organisationskultur enthielt. Die andere Hälfte beantwortete den Fragebogen „Beta", der statt der Fragen zur Organisationskultur die Fragen zur Landeskultur beinhaltete. Zur Analyse der organisationskulturellen Dimensionen wurden 75 Items und zur Analyse der landeskulturellen Dimensionen 78 Items herangezogen; pro kultureller Dimension wurden zwischen 3 und 6 Items analysiert. Zur Auswertung der Führungsdimensionen wurden 112 Items näher beleuchtet. Die Messung der Dimensionen erfolgte anhand einer 7-Punkte-Likert-Skala. Die Ergebnisse wurden zudem mit Daten von weiteren Studien (z.B. The Human Development Report, The Global Competitiveness Report, etc.) korreliert, um den Einfluss der Landeskultur auf verschiedene Lebensbereiche zu untersuchen (vgl. Javidan/Hauser 2004).

Organization As Is

The pay and bonus system in this organization **is** designed to maximize:

| 1 | 2 | 3 | 4 | 5 | 6 | 7 |

Individual Interests   Collective Interests

Organization Should Be

In this organization, the pay and bonus system **should be** designed to maximize:

| 1 | 2 | 3 | 4 | 5 | 6 | 7 |

Individual Interests   Collective Interests

Society As Is

The economic system in this society **is** designed to maximize:

| 1 | 2 | 3 | 4 | 5 | 6 | 7 |

Individual Interests   Collective Interests

Society Should Be

I believe that the economic system in this society **should be** designed to maximize:

| 1 | 2 | 3 | 4 | 5 | 6 | 7 |

Individual Interests   Collective Interests

Abb. 5-20: Beispiel eines „Fragenquartetts" der GLOBE-Studie
Quelle: House (2004), S. 23.

(4) Zahl der berücksichtigten Länder und Kulturen: Insgesamt berücksichtigt die GLOBE-Studie 62 Kulturen aus 59 Ländern. Die Differenz kommt zustande, da Deutschland (Ost- und Westdeutschland), die Schweiz (deutsch- bzw. französischsprachig) und Südafrika (weiße bzw. schwarze Bevölkerung) in Subkulturen „zerlegt" wurden. Da in den Antworten der Befragten aus der Tschechischen Republik systematische Verzerrungen auftraten (response bias), wurden diese später von der weiteren Analyse ausgeschlossen. Generell nimmt die GLOBE-Studie in Anspruch, **Kulturen und nicht Länder zu erforschen**, womit das beispielsweise bei Hofstede kritisierte Problem der Gleichsetzung von Kulturen und Ländern umgangen werden soll (→ Abschnitt 3.4.3). Die einzelnen Kulturen wurden zu zehn Kulturkreisen bzw. Clustern gruppiert, wie dies in Abbildung 5-21 dargestellt wird.

Angelsächs. Raum	Romanisches Europa	Nordeuropa	Germanisches Europa	Osteuropa
Australien England Irland Kanada Neuseeland Südafrika (weiß) USA	Frankreich Israel Italien Portugal Schweiz (franz.) Spanien	Dänemark Finnland Schweden	Deutschland (Ost) Deutschland (West) Niederlande Österreich Schweiz	Albanien Georgien Griechenland Ungarn Kasachstan Polen Russland Slowenien
Lateinamerika	Schwarzafrika	Naher Osten	Südasien	Konfuzianisch. Asien
Argentinien Bolivien Brasilien Kolumbien Costa Rica Ecuador El Salvador Guatemala Mexiko Venezuela	Namibia Nigeria Sambia Simbabwe Südafrika (schwarz)	Ägypten Katar Kuwait Marokko Türkei	Indien Indonesien Iran Malaysia Philippinen Thailand	China Hongkong Japan Singapur Südkorea Taiwan

Abb. 5-21: Analysierte Kulturkreise der GLOBE-Studie
Quelle: Gupta/Hanges (2004), S. 191.

Ziel der GLOBE-Studie ist, eine empirisch fundierte Theorie zum Verständnis kultureller Variablen zu entwickeln sowie deren Einfluss auf Führung und organisatorische Prozesse vorauszusagen. Die untersuchten Kulturen werden miteinander verglichen, um
herauszufinden, ob es systematische Unterschiede zwischen verschiedenen Kulturen
gibt. Falls solche Unterschiede identifiziert werden können, soll erklärt werden, welche
Auswirkungen die Verletzungen bestimmter kultureller Normen haben. Letztlich wird
analysiert, ob es universell akzeptierte erfolgreiche Verhaltensweisen von Führungskräften gibt bzw. ob bestimmte Verhaltensweisen nur in einzelnen Kulturen erfolgreich
sind (vgl. House/Javidan/Dorfman 2001, S. 492-493).

3.6.2   Die Kulturdimensionen der GLOBE-Studie

In der GLOBE-Studie wird zwischen organisations- und landeskulturellen Praktiken und
Werten unterschieden. Für beide analysiert die GLOBE-Studie die Dimensionen (1) Unsicherheitsvermeidung, (2) Machtdistanz, (3) Institutioneller Kollektivismus, (4) Grup-
pen-/Familienbasierter Kollektivismus, (5) Gleichberechtigung, (6) Bestimmtheit, (7) Zu-

kunftsorientierung, (8) Leistungsorientierung und (9) Humanorientierung. Im Folgenden wollen wir diese neun Dimensionen näher beschreiben, beschränken uns dabei jedoch auf die **Diskussion der landeskulturellen Praktiken und Werte**.

(1) Unsicherheitsvermeidung: Die Dimension der Unsicherheitsvermeidung wurde von der gleichnamigen Dimension Hofstedes abgeleitet. Sie beschreibt das Ausmaß, in dem Mitglieder einer Kultur versuchen, Unsicherheitssituationen durch das Vertrauen auf Traditionen, Normen, Riten und bürokratisches Verhalten zu vermeiden, auch wenn dies zu Lasten potentieller Innovation geschieht. Damit soll Ordnung, Stetigkeit und Struktur in das tägliche Leben gebracht werden.

In der Regel wurden anhand der bereits erwähnten isomorphen Struktur der Fragen ähnliche Items zur Bewertung von Werten (W) und Praktiken (P) der jeweiligen Dimensionen herangezogen. In der GLOBE-Studie wurde die Dimension der Unsicherheitsvermeidung über folgende empirische Items ermittelt:

- Nachdruck auf Ordnung und Kontinuität, selbst wenn dies auf Kosten von Innovativität geschieht (W und P)
- Anstreben eines geregelten Lebens ohne unerwartete Ereignisse (W und P)
- Detaillierte Beschreibung sozialer Erwartungen an den Einzelnen (W und P)
- Vorhandensein von Gesetzen für jede mögliche Situation (W und P)
- Grad der Freiheit, den Führungspersonen den Untergebenen zum Erreichen von Zielen geben sollen (W)

Aus Abbildung 5-22 wird ersichtlich, dass sich in den meisten Kulturkreisen Unsicherheitsvermeidung eher in den Werten als in den Praktiken widerspiegelt. Es gibt starke Unterschiede sowohl in Praktiken als auch in Werten zwischen den verschiedenen Regionen und teilweise große Differenzen zwischen den Praktiken und Werten in einer Region. Zum Beispiel weist das germanische Europa einen der höchsten Werte für kulturelle Praktiken der Unsicherheitsvermeidung auf, jedoch den geringsten Wert für kulturelle Werte. Ein ähnliches Bild zeigt sich für Nordeuropa. Auch im angelsächsischen Raum ergeben sich höhere Werte für kulturelle Praktiken als für kulturelle Werte. Insgesamt zeichnen sich technologisch entwickelte Länder eher durch niedrige kulturelle Werte für Unsicherheitsvermeidung aus, was womöglich darin begründet liegt, dass das Niveau der nationalen Entwicklung bereits viele Unsicherheitsfaktoren im Leben beseitigt hat und die Mitglieder der Gesellschaft nunmehr nach mehr Flexibilität im Leben streben, z.B. durch flexible Arbeitszeiten (vgl. De Luque/Javidan 2004, S. 621-622).

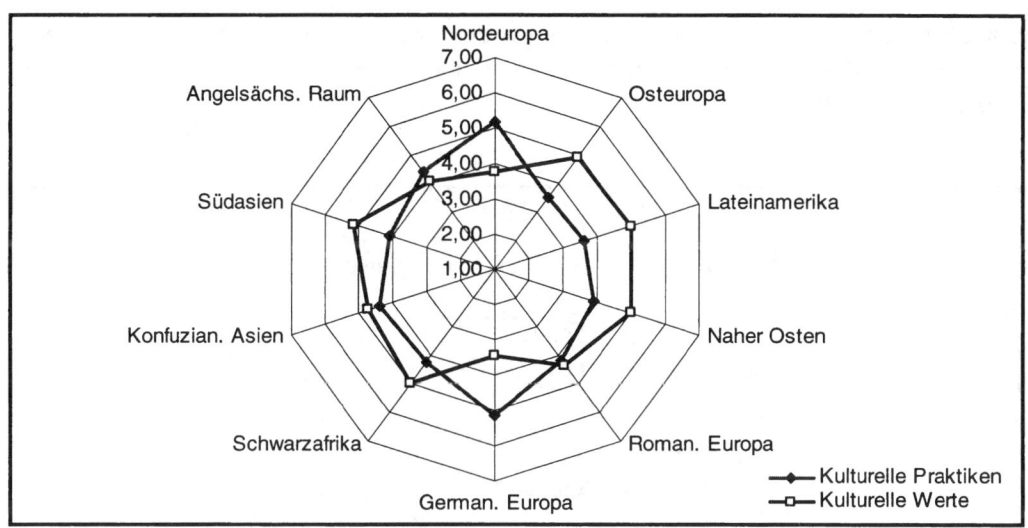

Abb. 5-22: Praktiken und Werte der Unsicherheitsvermeidung
Quelle: De Luque/Javidan (2004), S. 636.

Auch wenn die in der GLOBE-Studie analysierte Dimension der Unsicherheitsvermeidung auf Hofstede zurückgeht, so sind die beiden Dimensionen nur eingeschränkt vergleichbar. Hofstede setzte andere Schwerpunkte in den drei Items, die er zur Berechnung des Uncertainty Avoidance Indexes benutzte (→ Abschnitt 3.4.2) und unternimmt
bei keinen seiner Dimensionen eine klare Trennung zwischen Praktiken und Werten
(vgl. De Luque/Javidan 2004, S. 626).

(2) Machtdistanz: Auch die Dimension Machtdistanz hat ihren Ursprung in der Arbeit
von Hofstede und wird von den Autoren der GLOBE-Studie ähnlich definiert. Sie wird
beschrieben als Grad, zu welchem die Mitglieder einer Organisation oder einer Kultur
erwarten bzw. unterstützen, dass Macht ungleich verteilt wird bzw. ist (vgl. Carl/Gupta/
Javidan 2004, S. 517).

In der GLOBE-Studie wird die Machtdistanz über folgende Items gemessen:

- Basis für Macht (Können vs. Status) (W und P)
- Bereitschaft, Befehlen zu folgen (W und P)
- Distanzierung der Personen mit Macht von Personen ohne Macht (W und P)
- Ausstattung von Ämtern und Rängen mit Privilegien (W und P)
- Generelle Verteilung der Macht in der Gesellschaft (W und P)
- Akzeptanz von Seniorität (W)

Abbildung 5-23 veranschaulicht, dass für die Beziehung zwischen kulturellen Praktiken
und kulturellen Werten ein Konsens zwischen den Kulturen besteht – nämlich die

universelle Existenz relativ starrer Machtstrukturen, die jedoch von den Mitgliedern aller Kulturen mehrheitlich als unangenehm empfunden werden (vgl. Carl/Gupta/Javidan 2004, S. 538-539).

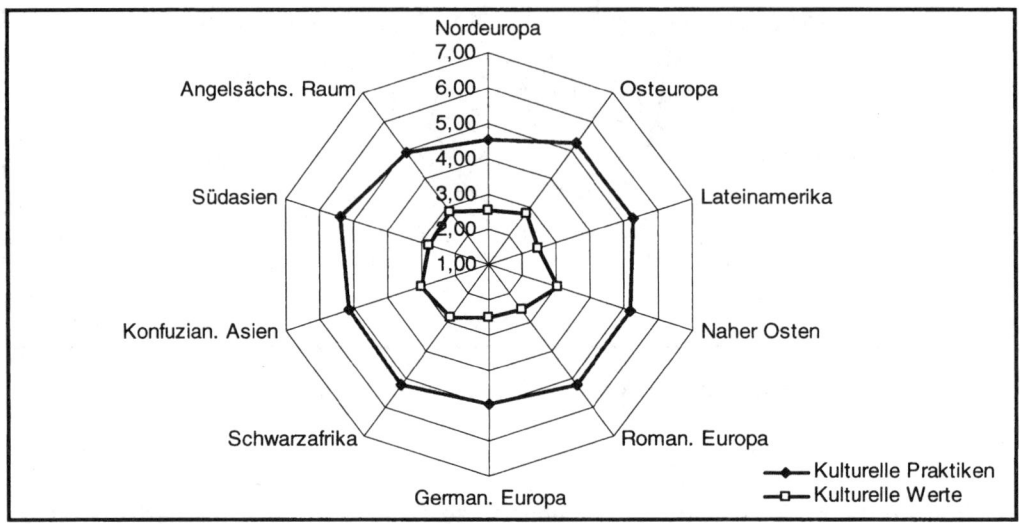

Abb. 5-23: Praktiken und Werte der Machtdistanz
Quelle: Carl/Gupta/Javidan (2004), S. 539-540; eigene Berechnungen für kulturelle Werte.

Die Ergebnisse der Studie von Hofstede sind signifikant korreliert mit den kulturellen Praktiken der GLOBE-Studie, nicht jedoch mit den kulturellen Werten. Dies legt die Vermutung nahe, dass Hofstedes Dimension der Machtdistanz eher kulturelle Praktiken als kulturelle Werte ermittelt (vgl. Carl/Gupta/Javidan 2004, S. 543). Hofstede geht zwar davon aus, dass er kulturelle Werte misst, bestätigt jedoch selbst, dass nur über eines seiner drei Items ausdrücklich solche Werte abgefragt werden, während mit den anderen beiden Items (Unternehmungs-)Praktiken aufgedeckt werden (vgl. Hofstede 2001, S. 87).

(3) Institutioneller Kollektivismus: Die dritte in der GLOBE-Studie analysierte Dimension ist der Institutionelle Kollektivismus. Er beschreibt, inwieweit institutionelle Praktiken die kollektive Verteilung von Ressourcen bzw. ein kollektives Handeln fördern und belohnen. Die Dimension des Institutionellen Kollektivismus – und wie wir später noch zeigen werden auch die Dimension des Gruppen- bzw. Familienbasierten Kollektivismus – basiert auf der von Hofstede identifizierten Dimension des Individualismus/Kollektivismus. Diese Dimension von Hofstede wurde anfangs von den Autoren der GLOBE-Studie übernommen, doch nach einer Pilotstudie „aufgeteilt". Die Autoren begründen dieses Vorgehen damit, dass die Dimensionen Individualismus und Kollektivismus – die von

Hofstede als zwei Enden eines Kontinuums dargestellt werden – unter Umständen unabhängig voneinander sind (vgl. Hanges/Dickson 2004, S. 131). Diese Vermutung wurde durch Faktoranalysen der beiden neuen Skalen validiert.

Die Dimension des Institutionellen Kollektivismus wurde in der GLOBE-Studie anhand folgender Items gemessen:

- Loyalität zur Gruppe, selbst wenn eigene Ziele darunter leiden (W und P)
- Maximierung von kollektiven Interessen im wirtschaftlichen System (W und P)
- Wichtigkeit der Akzeptanz durch andere Mitglieder der Gesellschaft (P)
- Würdigung von Gruppenzusammenhalt (W und P)
- Präferenz von Teamsportarten (W)

Wie Abbildung 5-24 zeigt, sind die kulturellen Werte in der Regel stärker ausgeprägt als die kulturellen Praktiken. Die größte Abweichung ergibt sich hier im Kulturkreis Lateinamerika, welcher den höchsten Wert für kulturelle Werte, jedoch den geringsten Wert für kulturelle Praktiken aufweist. Umgekehrt besitzt das Cluster Nordeuropa den höchsten Wert für kulturelle Praktiken, jedoch den geringsten Wert für kulturelle Werte.

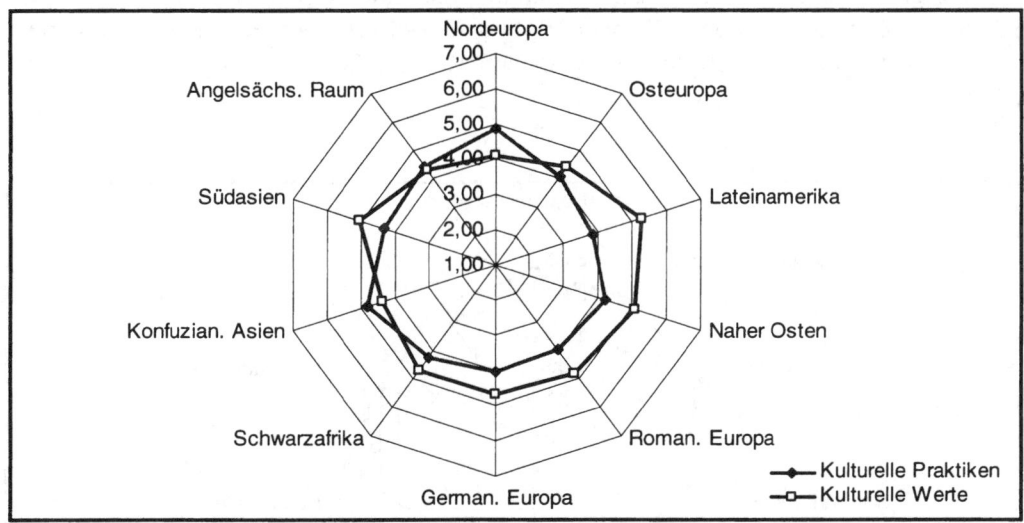

Abb. 5-24: Praktiken und Werte des Institutionellen Kollektivismus
Quelle: Gelfand et al. (2004), S. 477.

(4) Gruppen-/Familienbasierter Kollektivismus: Eine weitere in der GLOBE-Studie behandelte Dimension ist der Gruppen- bzw. Familienbasierte Kollektivismus. Er beschreibt, inwieweit Mitglieder einer Gruppe, z.B. einer Familie oder einer Organisation, Stolz, Loyalität und Gruppenzusammenhalt zeigen.

Die Items zur Messung dieser Dimension beinhalteten:

- Stolz der Kinder auf die Leistungen der Eltern (W und P)
- Stolz der Eltern auf die Leistungen der Kinder (W und P)
- Sorge der Kinder für ihre Eltern im hohen Alter (P)
- Verbleiben der Kinder im Elternhaus bis zur Heirat (P)
- Wichtigkeit, dass Mitglieder der Gesellschaft von Außenstehenden positiv betrachtet werden (W)
- Stolz auf die Zugehörigkeit zur jeweiligen Gesellschaft (W)

Insbesondere Kulturen mit starken familiären Bindungen, der Sorge für andere und Respekt für Autorität weisen hohe Mittelwerte sowohl bei den kulturellen Praktiken als auch bei den kulturellen Werten auf. Speziell in Nordeuropa und im angelsächsischen Raum sowie zu einem etwas schwächeren Grad im germanischen Europa ergeben sich große Abweichungen zwischen den kulturellen Werten und den Praktiken; die kulturellen Werte sind in diesen Kulturkreisen stärker ausgeprägt als die Praktiken (vgl. Abbildung 5-25). Die Autoren der GLOBE-Studie verweisen als Erklärung lediglich darauf, dass diese Länder auch schon in der Vergangenheit einen eher geringen Grad an Gruppen- bzw. Familienbasiertem Kollektivismus aufwiesen. In Südasien bzw. im konfuzianischen Asien ergeben sich umgekehrte Abweichungen, d.h. stärkere Praktiken als Werte. Dies könnte ein Zeichen sich abschwächender Abhängigkeit zwischen Familienmitgliedern im Zuge des steigenden Wohlstandes in diesen Kulturkreisen sein (vgl. Gelfand et al. 2004).

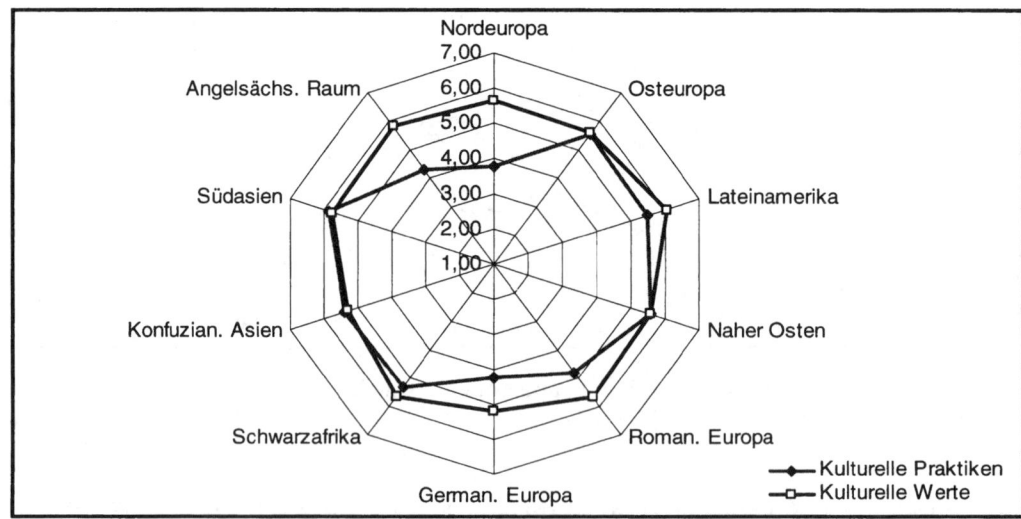

Abb. 5-25: Praktiken und Werte des Gruppen-/Familienbasierten Kollektivismus
Quelle: Gelfand et al. (2004), S. 479.

Die Ergebnisse für die Praktiken des Gruppen- bzw. Familienbasierten Kollektivismus weisen eine starke Korrelation zu Hofstedes Dimension des Individualismus/Kollektivismus auf. Eine geringere, aber dennoch signifikante Korrelation von Hofstedes Dimension ist mit den kulturellen Werten der bereits diskutierten Dimension des Institutionellen Kollektivismus zu beobachten (vgl. Gelfand et al. 2004, S. 474).

(5) Gleichberechtigung: Die fünfte Dimension der GLOBE-Studie analysiert, inwieweit eine Gesellschaft ungleiche Behandlung zwischen den Geschlechtern minimiert bzw. Gleichberechtigung forciert. Sie leitet sich aus der Arbeit Hofstedes ab, und zwar aus dessen Analyse von Maskulinität/Femininität in der Gesellschaft. Dennoch ergeben sich starke Unterschiede zwischen der Arbeit von Hofstede und der GLOBE-Studie. Hofstedes Konzept scheint weniger klar umrissen zu sein. Zum einen versucht er zu analysieren, ob eine Gesellschaft eher „harte" maskuline Werte wie Zielstrebigkeit, Erfolg und Wettbewerb oder aber „weiche" feminine Werte wie Gleichheit und Solidarität unterstützt. Daneben spielt auch die Sichtweise, welches Verhalten für Männer bzw. Frauen angebracht ist, eine Rolle. Die GLOBE-Studie versucht, eine schärfere Abtrennung zwischen diesen verschiedenen Aspekten zu erreichen und misst in der Dimension der Gleichberechtigung lediglich die Auffassung der Gesellschaft, ob das Geschlecht der Individuen die Rollen bestimmen soll, die diese zu Hause, in der Unternehmung oder in der Gesellschaft spielen. Eine weitere aus Hofstedes Konzept der Maskulinität/Femininität abgeleitete Dimension – die Bestimmtheit – wird später ausführlich diskutiert.

Zur Analyse der Dimension Gleichberechtigung wurden Items herangezogen, die untersuchen, ob

- Jungen stärker zu höherer Bildung ermutigt werden als Mädchen (W und P)
- stärkeres Augenmerk auf die körperliche Ertüchtigung von Jungen als von Mädchen gelegt wird (W und P)
- es schlimmer für Jungen ist, in der Schule zu versagen als für Mädchen (P)
- Menschen in der Gesellschaft generell körperlich fit sind (P)
- es für Männer wahrscheinlicher ist, ein hohes Amt zu bekleiden (W und P)
- es effektiver für die Gesellschaft ist, wenn mehr Männer als Frauen in Autoritätspositionen wären (W)
- Führungspositionen eher für Männer als für Frauen verfügbar sein sollen (W)

Abbildung 5-26 stellt die Ergebnisse der GLOBE-Studie zur Dimension der Gleichberechtigung graphisch dar. Bei der Interpretation der Darstellung gilt zu beachten, dass die meisten Items nicht wie bei den restlichen Dimensionen zwischen „minimal und maximal" (z.B. geringe und hohe Unsicherheitsvermeidung), sondern zwischen Dominanz bzw. bevorzugter Behandlung von Männern (Skalenwert 1) und Dominanz bzw. bevorzugter Behandlung von Frauen (Skalenwert 7) unterscheiden. Ein Skalenwert von 4 bedeutet somit eine Gleichbehandlung von Männern und Frauen in der Gesellschaft. Diese Inkonsistenz mit den anderen Dimensionen wurde von den Autoren der GLOBE-Studie

selbst kritisch hinterfragt. Sie empfehlen, die Skalen für zukünftige Studien zu vereinheitlichen (vgl. Emrich/Denmark/Den Hartog 2004, S. 362).

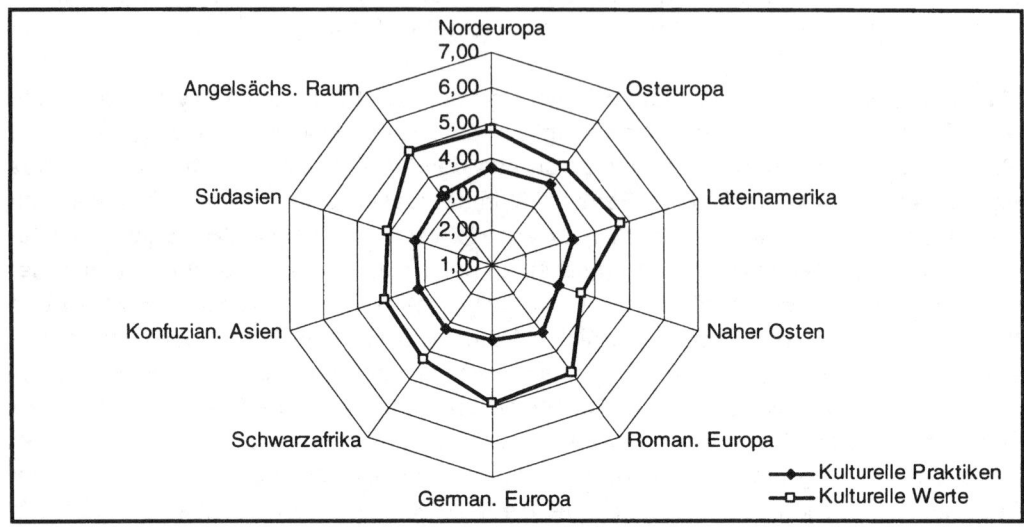

Abb. 5-26: Praktiken und Werte der Gleichberechtigung
Quelle: Emrich/Denmark/Den Hartog (2004), S. 375.

Bezüglich der kulturellen Praktiken ist anscheinend kein Kulturkreis „feminin dominiert",
d.h. in keinem Kulturkreis ergibt sich ein Durchschnitt von mehr als 4 Punkten. Den
höchsten Mittelwert erreicht Osteuropa mit 3,84 Punkten. Im Gegensatz dazu kommt der
Nahe Osten lediglich auf einen Durchschnitt von 2,95 Punkten, was auf eine stärkere
Ermutigung von Männern zu einer Universitätsausbildung oder eine Bevorzugung bei
der Vergabe von Managementpositionen hindeutet (vgl. Emrich/Denmark/Den Hartog
2004, S. 362). Die kulturellen Werte liegen generell über denen der kulturellen
Praktiken, was ein Indiz dafür ist, dass in der Praxis zwar Geschlechterrollen
dominieren, dies jedoch nicht unbedingt im selben Ausmaß gewollt ist. Die Höchstwerte
erzielen das germanische Europa und der angelsächsische Raum, in denen offenbar
besonderer Wert auf Gleichbehandlung gelegt wird.

(6) Bestimmtheit: Die sechste Dimension der GLOBE-Studie beschäftigt sich mit dem
Ausmaß, in dem Angehörige einer Kultur bestimmt, durchsetzungsfähig, konfrontativ
und aggressiv in ihrem Verhalten bzw. in ihren Beziehungen zu anderen sind. Auch
diese Dimension beruht auf der Dimension der Maskulinität/Femininität von Hofstede.

Zur Messung der Bestimmtheits-Dimension wurde analysiert, zu welchem Grad die Mitglieder einer Gesellschaft folgende Eigenschaften aufweisen:

- Bestimmtheit (P)
- Härte (W und P)
- Dominanz (W und P)
- Aggressivität (W)

Abbildung 5-27 zeigt, dass in der Mehrzahl der Kulturkreise die Meinung vertreten wird, dass ein geringeres Maß an Bestimmtheit angebracht wäre. Lediglich in Südasien bzw. im konfuzianischen Asien hält man eine höhere Bestimmtheit für erstrebenswert. Die größte Abweichung ergibt sich im germanischen Europa, welches zugleich den höchsten Wert für kulturelle Praktiken, jedoch den geringsten für kulturelle Werte aufweist.

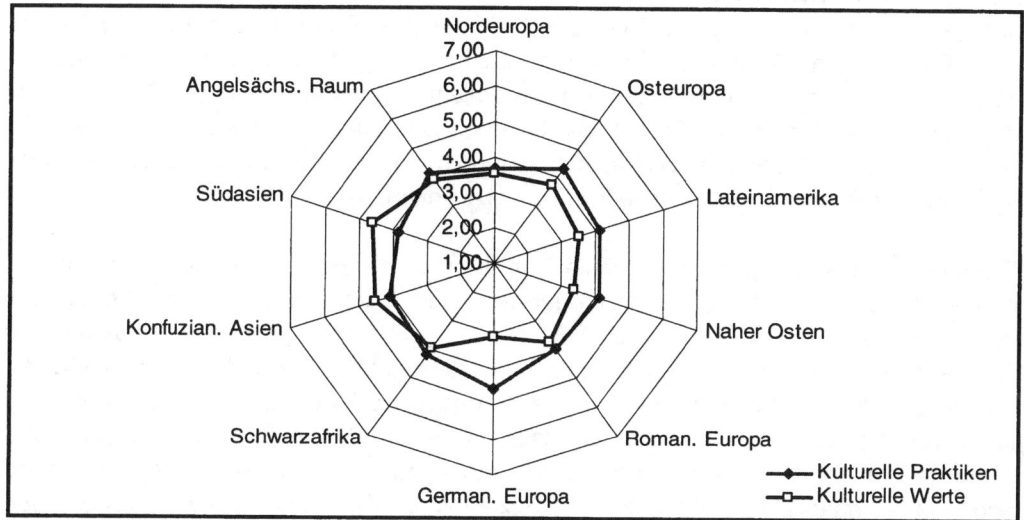

Abb. 5-27: Praktiken und Werte der Bestimmtheit
Quelle: Den Hartog (2004), S. 423.

(7) Zukunftsorientierung: Diese Dimension ermittelt, inwieweit die Individuen einer Kultur zukunftsbezogen handeln. Beispiele für ein solches Handeln sind umfangreiche Planungen, Investitionen in die Zukunft oder aufgeschobene (und dann wahrscheinlich höhere) Belohnungen für sich und andere. Diese Dimension hat ihren Ursprung in der Dimension der Zeitorientierung von Kluckhohn und Strodtbeck, die wir bereits in Abschnitt 3.2 näher betrachtet haben.

Zur Beurteilung dieser Dimension wurden folgende Items herangezogen:

- Zukunftsorientiertes Planen vs. „Dinge auf sich zukommen lassen" als Schlüssel zum Erfolg (W und P)
- Zukunftsorientiertes Planen vs. Akzeptanz des Status Quo als Norm in der Gesellschaft (W und P)
- Planung sozialer Aktivitäten im Voraus vs. Spontaneität (W und P)
- Leben für die Gegenwart vs. Leben für die Zukunft (W und P)
- Fokus auf die Lösung momentaner Probleme vs. Planung für die Zukunft (P)

Abbildung 5-28 verdeutlicht, dass alle Kulturkreise höhere kulturelle Werte als Praktiken aufweisen. Dieses Ergebnis ist auch auf jede einzelne der 61 analysierten Kulturen zutreffend, mit Ausnahme von Dänemark (vgl. Ashkanasy et al. 2004, S. 305). Zwischen den kulturellen Werten und Praktiken besteht eine signifikante negative Korrelation: Je niedriger die gemessenen Werte für die kulturellen Praktiken, umso höher sind die angegebenen kulturellen Werte. Die Autoren der GLOBE-Studie sehen dies als Hinweis, dass Personen in Ländern mit fehlenden zukunftsorientierten Praktiken am meisten darunter leiden, dass fundamentale Probleme nicht angegangen werden. Diese Länder müssen, so die Autoren der GLOBE-Studie, einen stärkeren Fokus auf das momentane Überleben legen (niedrige Werte für kulturelle Praktiken), würden jedoch lieber längerfristig planen (hohe kulturelle Werte) (vgl. Ashkanasy et al. 2004, S. 307).

Die hohen Ausprägungen für kulturelle Praktiken, einhergehend mit niedrigen Ausprägungen bei den kulturellen Werten im germanischen Europa bzw. in Nordeuropa, können laut den Autoren der GLOBE-Studie in der dort vorhandenen starken Bürokratie begründet liegen. Diese Bürokratie ermöglicht in der Regel ein von anderen unabhängiges und zukunftsorientiertes Handeln, kann jedoch auch als hinderlich empfunden werden. Im Gegensatz dazu deuten schwache Ausprägungen der kulturellen Praktiken und hohe kulturelle Werte im Mittleren Osten bzw. in Lateinamerika auf die dort vorherrschenden engen familienähnlichen Strukturen und Beziehungen hin. Diese dienen gleichsam als Versicherung für zukünftige Eventualitäten und machen somit eine starke Zukunftsplanung in der Praxis überflüssig (vgl. Ashkanasy et al. 2004, S. 323).

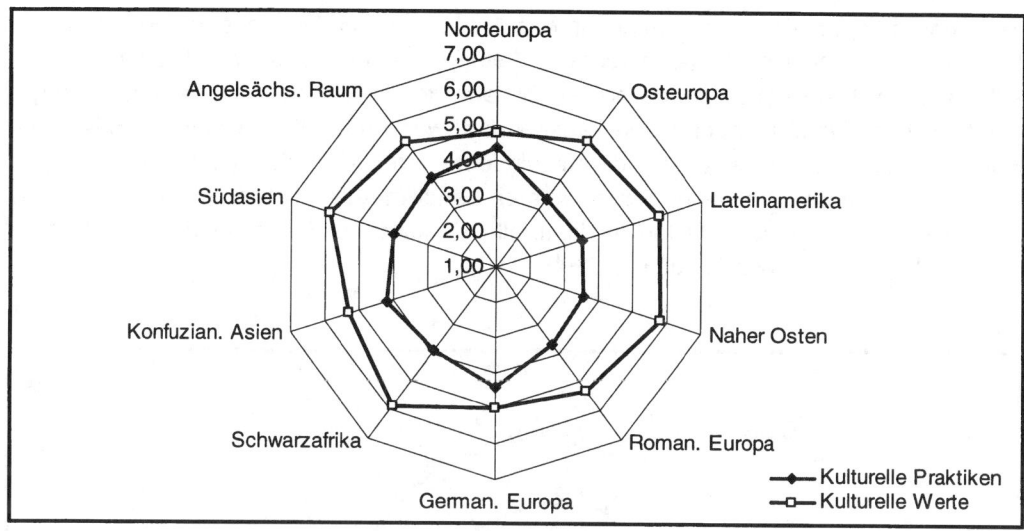

Abb. 5-28: Praktiken und Werte der Zukunftsorientierung
Quelle: Ashkanasy et al. (2004), S. 322.

(8) Leistungsorientierung: Die Dimension der Leistungsorientierung misst, zu welchem Grad eine Organisation oder Gesellschaft ihre Mitglieder zu Leistungssteigerungen und hervorragenden Leistungen anspornt bzw. sie dafür belohnt. Diese Dimension stammt ursprünglich aus der Forschung von McClelland (1961), der jedoch für seine Untersuchung projektive Tests (in der Regel werden hier interpretationsfähige Bilder von Testpersonen analysiert) nutzt. Die GLOBE-Studie greift auf geschlossene Fragen zurück.

Zur Messung der Leistungsorientierung kamen die folgenden Items zum Einsatz:

- Ermutigung von Schülern zu ständiger Leistungssteigerung (W und P)
- Kopplung von Belohnung an Leistung oder Status bzw. Seniorität (W und P)
- Belohnung von innovativen Problemlösungen (W und P)
- Setzen von herausfordernden Zielen für sich selbst (W)

Aus Abbildung 5-29 ist zu ersehen, dass eine große Abweichung zwischen den kulturellen Werten und den Praktiken der Leistungsorientierung existiert. Die GLOBE-Studie erwähnt zwei mögliche Ursachen für diesen Unterschied (vgl. Javidan 2004, S. 248): Einerseits könnte es ein menschliches Bedürfnis sein, zu einer leistungsorientierten Gesellschaft zu gehören bzw. mit Leistungsfähigkeit in Verbindung gebracht zu werden. Dies könnte erklären, warum es keine starken Unterschiede bei den kulturellen Werten zwischen den Kulturkreisen gibt. Andererseits könnte sich hiermit eine Neigung der befragten Personen zu sozial erwünschten Antworten ausdrücken.

Trotz der eher geringen Unterschiede in den Antworten aus den einzelnen Kulturkreisen lässt sich dennoch ein Muster erkennen. Kulturkreise mit niedrigeren Mittelwerten für kulturelle Praktiken haben etwas höhere Mittelwerte für kulturelle Werte – und umgekehrt. Dieses Muster ist noch stärker ausgeprägt, wenn man die einzelnen Länder bzw. Kulturen betrachtet. Dies könnte darauf hindeuten, dass Länder mit relativ niedrigen Werten für kulturelle Praktiken zu den anderen Ländern aufschließen möchten und dass Länder mit relativ hohen Werten für kulturelle Praktiken eine Art Selbstgefälligkeit an den Tag legen (vgl. Javidan 2004, S. 264).

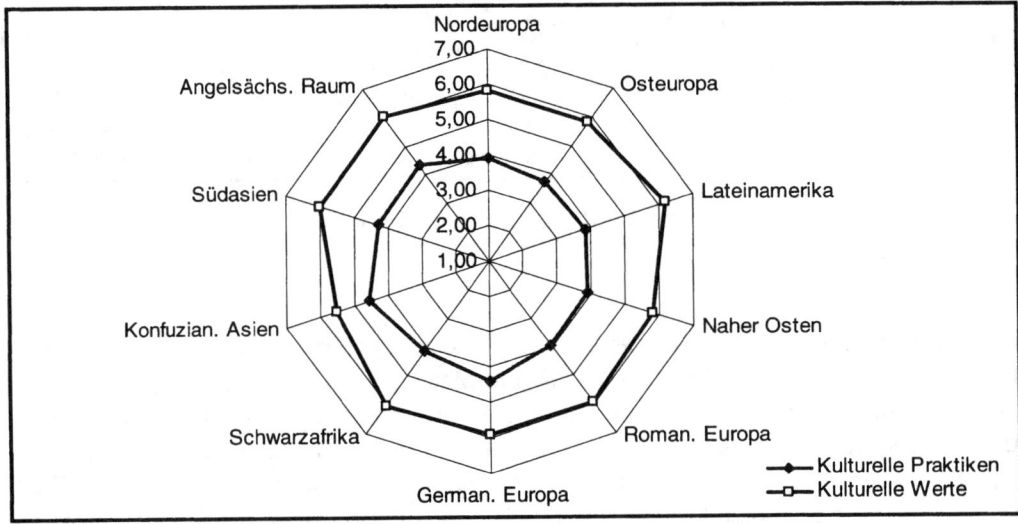

Abb. 5-29: Praktiken und Werte der Leistungsorientierung
Quelle: Javidan (2004), S. 262.

(9) Humanorientierung: Die letzte Dimension der GLOBE-Studie beschäftigt sich mit der Humanorientierung. Sie entstammt den Arbeiten von Kluckhohn/Strodtbeck (1961), Putnam (1993) und McClelland (1985) und beschreibt, inwieweit die Gesellschaft Anreize bzw. Belohnungen für faires, großzügiges, mitfühlendes und uneigennütziges Verhalten bietet.

Gemessen wurde diese Dimension durch folgende Items:

- Besorgnis für andere (W und P)
- Sensibilität für andere (W und P)
- Freundlichkeit (W und P)
- Toleranz für Fehler (W und P)
- Großzügigkeit (P)

Ein Blick auf Abbildung 5-30 zeigt, dass sich für die kulturellen Werte keine signifikanten Unterschiede zwischen den Kulturkreisen feststellen lassen. Dies gilt jedoch nicht für die kulturellen Praktiken. Hier ergeben sich signifikante Unterschiede; insbesondere die Cluster Südasien und Schwarzafrika weisen relativ hohe Werte für kulturelle Praktiken auf, während sich speziell das germanische Europa durch einen relativ niedrigen Wert auszeichnet.

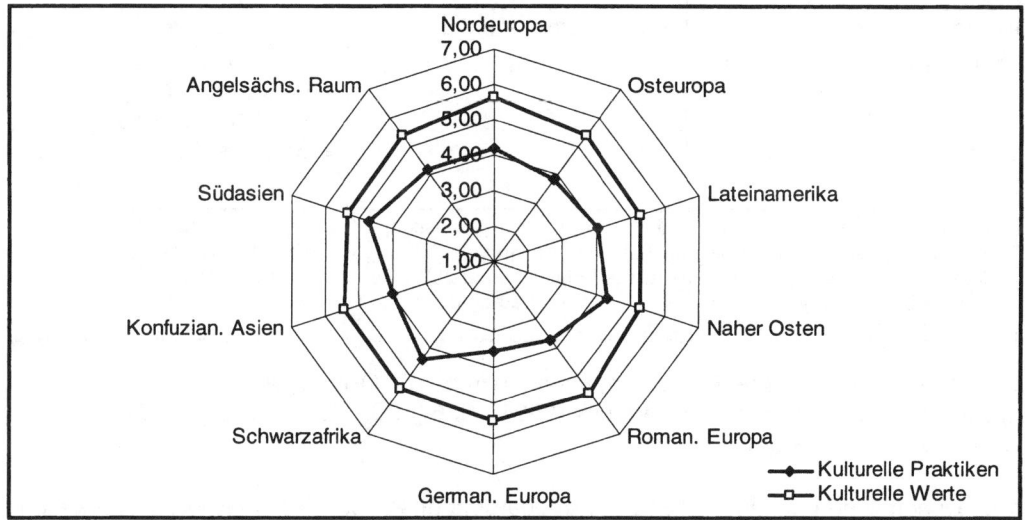

Abb. 5-30: Praktiken und Werte der Humanorientierung
Quelle: Kabasakal/Bodur (2004), S. 574, 582; eigene Berechnungen für kulturelle Werte.

3.6.3   Die Leadership-Dimensionen der GLOBE-Studie

Neben den kulturellen Dimensionen im engeren Sinne befasst sich die GLOBE-Studie auch mit Dimensionen des Führungsverhaltens. Dies geschieht unter der Zielsetzung, **global erfolgreiche Führungseigenschaften** zu definieren. Die GLOBE-Studie identifiziert 22 Führungseigenschaften, die in allen Kulturkreisen akzeptiert werden, sowie acht Führungseigenschaften, die universell unerwünscht sind (vgl. Javidan/House/Dorfman 2004, S. 39). Diese insgesamt 30 Führungseigenschaften wurden über ein zweistufiges statistisches Verfahren zunächst zu 21 verschiedenen Eigenschaften aggregiert. Anschließend erfolgte die in Abbildung 5-31 dargestellte Gruppierung in sechs globale Führungsdimensionen.

Charismatisch	Teamorientiert	Partizipativ
• visionär • inspirierend • selbstaufopfernd • integer • bestimmt • leistungsorientiert	• kollaborativ • Team integrierend • diplomatisch • böswillig (rekodiert)* • administrativ kompetent	• autokratisch (rekodiert)* • non-Partizipativ (rekodiert)*
Humanorientiert	**Autonomieorientiert**	**Defensiv**
• bescheiden • human	• autonomieorientiert	• selbstbezogen • statusorientiert • konfliktorientiert • Gesicht wahrend • bürokratisch

* Alle Items wurden über eine 7-Punkte-Likert-Skala gemessen, wobei der Wert 1 darauf hindeutet, dass die jeweilige Charaktereigenschaft eine erfolgreiche Führung verhindert und der Wert 7 anzeigt, dass diese Eigenschaft eine erfolgreiche Führung unterstützt. Bei den gekennzeichneten Items wurden die Skalen umgekehrt, das heißt, der Wert 1 steht für erfolgreiches Führungsverhalten, der Wert 7 für hinderliches Führungsverhalten.

Abb. 5-31: Analysierte Führungsdimensionen in der GLOBE-Studie
Quelle: Dorfman/Hanges/Brodbeck (2004), S. 676; Brodbeck (2006), S. 21.

Die Dimensionen „charismatisch" und „teamorientiert" werden in allen Kulturkreisen stark gewürdigt, wie aus den hohen Werten für diese Dimensionen in Abbildung 5-32 zu ersehen ist. Auch für die Dimension „partizipativ" ergeben sich in der Regel sehr hohe Werte, wobei relativ große Unterschiede zwischen den Kulturkreisen festgestellt werden können. Die Dimension „humanorientiert" wird eher als neutral, die Dimension „autonomieorientiert" als tendenziell schädlich und die Dimension „defensiv" als generell schädlich für eine gute Führungskraft angesehen (vgl. Javidan/House/Dorfman 2004, S. 41-42).

Durch die GLOBE-Studie konnte empirisch gezeigt werden, dass „die individuellen Erwartungen und Auffassungen über effektive Führung und Organisation in erster Linie durch die Gesellschaftskultur (in zweiter Linie durch die Organisationskultur) geprägt sind" (Brodbeck 2006, S. 22). Weiterhin ziehen die Autoren der GLOBE-Studie aus ihren Ergebnissen die Schlussfolgerung, dass erfolgreiche Führungspersonen die lokal vorhandenen gesellschaftskulturellen Werte, Normen und Überzeugungen in höherem Maße repräsentieren als weniger erfolgreiche Manager (vgl. Brodbeck 2006, S. 22).

	Führungsdimensionen					
Kulturkreis	charis-matisch	team-orientiert	partizipativ	human-orientiert	autonomie-orientiert	defensiv
Osteuropa	5,74	5,88	5,08	4,76	4,20	3,67
Lateinamerika	5,99	5,96	5,42	4,85	3,51	3,62
Roman. Europa	5,78	5,73	5,37	4,45	3,66	3,19
Konfuzian. Asien	5,63	5,61	4,99	5,04	4,04	3,72
Nordeuropa	5,93	5,77	5,75	4,42	3,94	2,72
Angelsächs. Raum	6,05	5,74	5,73	5,08	3,82	3,08
Schwarzafrika	5,79	5,70	5,31	5,16	3,63	3,55
Südasien	5,97	5,86	5,06	5,38	3,99	3,83
German. Europa	5,93	5,62	5,86	4,71	4,16	3,03
Naher Osten	5,35	5,47	4,97	4,80	3,68	3,79
Schwarz unterlegt: jeweils höchster Wert für die Führungsdimension Grau unterlegt: jeweils niedrigster Wert für die Führungsdimension						

Abb. 5-32: Analysierte Führungsdimensionen in den verschiedenen Kulturkreisen
Quelle: Dorfman/Hanges/Brodbeck (2004), S. 680.

3.6.4 Eine kurze Würdigung der GLOBE-Studie

Die GLOBE-Studie blieb – wie jede andere Studie – nicht ohne **Kritik**. Zum einen erwähnen die Autoren selbst Einschränkungen (vgl. Koopman et al. 1999 und Den Hartog et al. 1999), zum anderen fanden in der akademischen Literatur Dispute insbesondere zwischen Hofstede (2006) und Graen (2006) und den Autoren der GLOBE-Studie (vgl. House et al. 2006 und Javidan et al. 2004) statt, die in die folgende Diskussion mit einbezogen werden.

Kritisiert wurden an der GLOBE-Studie insbesondere die folgenden Punkte:

*   Die GLOBE-Studie bringt laut Hofstede eine Vielzahl von **interkorrelierten Dimensionen** hervor, die auf eine weitaus geringere Zahl an Metadimensionen zusammengefasst werden könnten. Diese Interkorrelation der Dimensionen ist gleichzeitig darauf zurückzuführen, dass fast alle Dimensionen positive Zusammenhänge mit dem nationalen Wohlstand aufweisen. Hofstede schließt daraus, dass die GLOBE-Dimensionen durch Wohlstand beeinflusst sind und deshalb nicht mehr durch kulturelle Eigenheiten erklärt werden müssen. Die Autoren der GLOBE-Studie entgegnen jedoch, dass sich hier auch eine umgekehrte Logik ergeben könnte – dass kulturelle Eigenheiten den nationalen Wohlstand beeinflussen und aus diesem Grund die Korrelation der verschiedenen Dimensionen mit nationalem Wohlstand für Forscher geradezu interessant sei.

- Ebenso führte die Auswahl der befragten Personen in der Literatur zu Kritik. Es wird argumentiert, dass die **Befragung von Managern** die Ergebnisse verzerrt und keine Repräsentativität auf die Gesamtbevölkerung einer Kultur zulässt. Die Autoren der GLOBE-Studie bemerken selbst, dass aufgrund der Auswahl der Stichprobe strenggenommen lediglich die Werte und Verhaltensweisen von Managern der mittleren Führungsebene in drei verschiedenen Branchen abgeleitet werden können. Aus diesem Grund stellt sich insbesondere bei der Dimension Leistungsorientierung – die Dimension der GLOBE-Studie mit der stärksten Ausprägung für die landeskulturellen Werte – die Frage, ob sich hier durch die Auswahl von Managern als Stichprobe Verzerrungen ergeben. Es wäre zu überprüfen, ob nicht eine in der Berufskultur des Managers begründete bzw. dem Manager inhärente Leistungsorientierung existiert, die sich jedoch nicht zwangsläufig auch in der jeweiligen Landeskultur wiederfinden muss. Eine solche Überprüfung scheint auch angesichts der Tatsache, dass die Ergebnisse der GLOBE-Studie keine signifikante Korrelation mit den Arbeiten von McClelland (1985) bzw. nur wenige signifikante Korrelationen mit den Arbeiten von Trompenaars (→ Abschnitt 3.5) ergeben, angebracht (vgl. auch Javidan 2004, S. 264).

- Das Problem der **Gleichsetzung von Ländern und Kulturen** kann – ebenso wie bei Hofstede (→ Abschnitt 3.4.3) – thematisiert werden. Zwar versuchen die Autoren der GLOBE-Studie, diesem Problem durch eine teilweise Aufspaltung von Ländern und Kulturen zu begegnen (so findet eine Trennung in Ost- und Westdeutschland, deutsch- und französischsprachige Schweiz sowie weiße und schwarze Bevölkerung in Südafrika statt), jedoch scheint diese nicht ausreichend zu sein. Insbesondere große Länder wie Indien, die USA oder China – für letzteres betrug die Stichprobengröße lediglich 300 Personen – weisen mehrere Subkulturen auf (vgl. Graen 2006, S. 97), die von den Autoren der GLOBE-Studie nicht ausreichend berücksichtigt werden.

- Letztlich sei angemerkt, dass die GLOBE-Studie – wie auch eine Vielzahl anderer Kulturstudien – versucht, die **Anzahl der einbezogenen Kulturen bzw. Länder** zu maximieren. In den Augen von eher kulturwissenschaftlich orientierten Forschern ist es ratsam, sich auf eine geringere Anzahl von Ländern zu konzentrieren und diese in einer größeren Tiefe zu analysieren (vgl. Smith 2006, S. 920). Jedoch wurde von den Autoren der GLOBE-Studie inzwischen eine zweite Monographie veröffentlicht, die – auch vermehrt anhand qualitativer Forschungsmethoden – 25 der 62 Kulturen näher beleuchtet (vgl. Chhokar/Brodbeck/House 2006, Hrsg.). Diese zweite Monographie baut zwar auf die quantitativen Daten auf, die schon für die erste Monographie erhoben wurden, ist aber insbesondere durch zusätzliche umfangreiche qualitative Forschung in der Lage, kulturelle Eigenheiten in den jeweiligen Ländern zu identifizieren. Aus diesem Grund ist sie nicht nur für Forscher, sondern speziell auch für Manager interessant, die sich beruflich mit interkulturellen Problemstellungen beschäftigen.

Trotz vorgenannter Schwächen bzw. Kritiken kommt der GLOBE-Studie auch ein großes Verdienst in Form wesentlicher **Vorzüge** zu:

- Die GLOBE-Studie greift im Gegensatz zu Hofstede nicht lediglich auf eine Unternehmung zurück, sondern auf fast **1.000 Unternehmungen aus drei verschiedenen Branchen.** Dies reduziert die an der Hofstede-Studie kritisierte Abhängigkeit von einer Unternehmung (IBM) und die mögliche Verzerrung der Ergebnisse der Studie durch eine starke Firmenkultur (➔ Abschnitt 3.4.3; vgl. auch Hutzschenreuter/Voll 2007, S. 827).

- Die Autoren der GLOBE-Studie nehmen im Gegensatz zu Hofstede eine **klare Trennung der Kulturebenen** vor und unterscheiden dabei explizit zwischen der Ebene des Verhaltens bzw. der Praktiken und der Ebene der Werte. Wie die Darstellung und die kurze Diskussion der empirischen Ergebnisse gezeigt hat, gibt es oftmals erhebliche Differenzen zwischen diesen beiden Ebenen, was verdeutlicht, dass Elemente der Percepta-Ebene und der Concepta-Ebene nicht immer „harmonieren".

- In allen Ländern, in denen Daten erhoben wurden, wurde die mittlere Führungsebene von lokalen Unternehmungen befragt. Auch wenn man natürlich trefflich darüber diskutieren kann, ob die mittlere Führungsebene in allen Ländern identisch definiert ist (vgl. zum middle management etwa Walgenbach 1994, Gauger 2000, S. 15-45 und Martin 2006, Hrsg.), so ist doch – auch aufgrund der Beschränkung auf drei verschiedene Branchen (anstatt einer wahllosen Befragung wie bei Trompenaars, der Teilnehmer von Seminaren berücksichtigt hat ➔ Abschnitt 3.5) – eine **gewisse Vergleichbarkeit** der Ergebnisse aus verschiedenen Ländern bzw. Kulturkreisen gewährleistet.

- Weiterhin kann die GLOBE-Studie der u.a. an der Hofstede-Studie vorgebrachten Kritik, dass die Untersuchung selbst „westlich" geprägt sei, entgegenwirken, nachdem der **Fragenkatalog von einem interkulturellen Team erstellt und eingehend überprüft** wurde – unter anderem durch Übersetzung/Rückübersetzung des Fragenkataloges, durch international zusammengesetzte Fokusgruppen und durch Inhaltsanalysen von Dokumenten. Die Inhaltsanalysen basierten auf der Auswertung der ursprünglich von der Brigham Young University herausgegebenen Publikation „Culturegrams", welche detaillierte und vergleichbare Beschreibungen von 170 Ländern – darunter auch von 57 der 59 in der GLOBE-Studie untersuchten Länder, aus denen 60 der 62 analysierten Kulturen stammen – beinhaltet. Damit sollte die Validität der Skalen zu den gesellschaftskulturellen Praktiken überprüft werden (vgl. Hanges/Dickson 2004, S. 124-127 und Gupta/De Luque/House 2004, S. 153-162). Mit der GLOBE-Studie wurde eine Studie vorgelegt, die sich durch ein bisher unerreichtes Ausmaß an grenzüberschreitender Zusammenarbeit auf der Ebene von Wissenschaftlern auszeichnet. Mehr als 170 Forscher aus unterschiedlichen Regionen zu beteiligen, stellt in der Managementforschung einen „Quantensprung" dar (vgl. Earley 2006, S. 928).

- Sehr positiv zu bemerken ist auch, dass gerade die **Analyse der Führungsdimen-sionen** einen Beitrag zu einer gestaltungsorientierten Betriebswirtschafts- und Managementlehre leistet. Im Hinblick auf das Führungsverhalten können – aufgrund des Rückgriffs auf die subjektive Einschätzung der Kausalität zwischen Führung und Erfolg durch die befragten Manager und deren Aggregation – vorsichtige Empfehlungen für das (mittlere) Management von Unternehmungen abgeleitet werden, durch die kulturelle Probleme in der Führung vermieden bzw. abgeschwächt werden können.

Zusammenfassend kann die GLOBE-Studie der Forschung im Internationalen Management eine ganze Reihe neuer Erkenntnisse – insbesondere zu kulturellen Unterschieden (oder Gemeinsamkeiten) sowie zu erfolgreichem Führungsverhalten im interkulturellen Management – hinzufügen. Dennoch bleiben – wie aufgezeigt – weitere wichtige Fragen offen, die verdeutlichen, dass die Kulturforschung im Management noch fortgeschrieben werden muss. Dabei ist die GLOBE-Studie selbst noch nicht abgeschlossen; es ist zu erwarten, dass von ihr auch in den nächsten Jahren noch weitere Impulse für die internationale Managementforschung ausgehen werden.

Bevor wir nun auf unserer „Kulturreise" weiterwandern, wollen wir die Arbeit der GLOBE-Studie den Arbeiten von Hofstede und Trompenaars gegenüberstellen. Abbildung 5-33 kann einen synoptischen Vergleich liefern.

	Die Hofstede-Studie	Die Trompenaars-Studie	Die GLOBE-Studie
Erst-publikation	1978 (Arbeitspapier) 1980 (Monographie)	1993	2002 (Zeitschriftenartikel) 2004 (Monographie)
Erhebungs-population	(1) ca. 116.000 IBM-Mitarbeiter (Hauptstudie) (2) ca. 2.300 Studenten („Asien-Studie")	ca. 30.000 (Teilnehmer an interkulturellen Managementtrainings sowie Mitarbeiter internationaler Unternehmungen)	ca. 17.000 (Manager der mittleren Führungsebene in 951 Unternehmungen in drei verschiedenen Branchen)
Erhebungs-zeitraum	(1) 1966-1973; einige Ergänzungen zu späteren Zeitpunkten (Hauptstudie) (2) Anfang der achtziger Jahre („Asien-Studie")	vermutlich ca. 1983-1992	1994-1997
Erhebungs-umfang	(1) 60 Fragen (Hauptstudie) (2) 40 Fragen („Asien-Studie")	57 Fragen	292 Fragen
Zahl der Länder	(1) meist Rückgriff auf 40, für manche späteren Analysen 53 Länder (Hauptstudie) (2) 23 Länder („Asien-Studie")	55 Länder	59 Länder
Zahl der Dimensionen	5 inkl. „Asien-Studie"	7	9 (jeweils für kulturelle Werte und Praktiken)
Bezeichnung der Dimensionen	• Machtdistanz • Unsicherheitsvermeidung • Individualismus/ Kollektivismus • Maskulinität/Femininität • Konfuzianische Dynamik (Langfrist-/ Kurzfristorientierung)	• Universalismus/ Partikularismus • Individualismus/ Kollektivismus • Affektivität/Neutralität • Spezifität/Diffusität • Statuszuschreibung/ -erreichung • Zeitverständnis • Beziehung des Menschen zu Umwelt/Natur	• Unsicherheitsvermeidung • Machtdistanz • Institutioneller Kollektivismus • Gruppen-/Familien-basierter Kollektivismus • Gleichberechtigung • Bestimmtheit • Zukunftsorientierung • Leistungsorientierung • Humanorientierung
Genese der Dimensionen	Korrelations- und Faktoranalysen	Konzeptionelle Kategorien aufgrund von Literatur; dann empirische Operationalisierung	Konzeptionelle Kategorien aufgrund von Literatur; Test in Pilotstudien; empirische Operationalisierung

Abb. 5-33: Die GLOBE-Studie im Vergleich mit den Studien von Hofstede und Trompenaars

3.7 Das Dülfersche Schichtenmodell

Das Dülfersche Schichtenmodell, welches nun abschließend vorgestellt wird, differiert stark von den bisherigen Konzepten. Dülfer geht es nicht um eine Identifikation von Kulturdimensionen, wie dies etwa Kluckhohn/Strodtbeck, Hall, Hofstede oder Trompenaars beabsichtigten. Dülfer möchte vielmehr aufzeigen, inwiefern **Kultur in unterschiedlichen Schichten als Filter für Entscheidungen** wirken kann (vgl. Dülfer 1981, 1993, 1997, v.a. S. 259-270). Dabei legt Dülfer – wie wir sehen werden – ein sehr breites Verständnis von Kultur an den Tag. Dülfers Schichtenmodell ist nicht das Ergebnis großzahliger empirischer Untersuchungen mit anschließender statistischer Auswertung; Dülfer bringt vielmehr seine vielfältigen und reichhaltigen, in langjähriger Praxis- und Beratungsarbeit gesammelten Erfahrungen ein und verbindet diese zu einem konzeptionellen Ansatz.

3.7.1 Die natürlichen und kulturellen Umweltschichten

Dülfers erster Schritt besteht darin, die Umwelt einer Unternehmung in mehrere Schichten zu zerlegen. Dülfer unterscheidet zunächst zwischen der **natürlichen und der kulturellen Umwelt**. Als **natürliche Umwelt** bzw. als **natürliche Gegebenheiten** interpretiert er alles, was nicht durch den Menschen geschaffen wurde, so z.B. klimatische, topographische und geologisch-ressourcenorientierte Bedingungen (vgl. Dülfer 1997, S. 277-306). Die **kulturelle Umwelt** wird gemäß Dülfer von all den Faktoren konstituiert, die vom Menschen geschaffen wurden. **Kultur** wird somit gleichsam als die **Nutzung, Veränderung und Gestaltung der Natur** angesehen. Die kulturelle Umwelt differenziert Dülfer im Anschluss daran weiter aus, da sein Interesse stärker der Kultur als der Natur gilt. Dülfer identifiziert, wie man aus Abbildung 5-34 ersehen kann, fünf kulturelle Schichten: (1) den Stand der Realitätserkenntnis und Technologie, (2) kulturell bedingte Wertvorstellungen, (3) soziale Beziehungen und Bindungen, (4) rechtlich-politische Normen sowie (5) die Aufgabenumwelt einer Unternehmung. Was versteht Dülfer unter den einzelnen Schichten? Die Antworten, die Dülfer auf diese Frage meist in Form von Beispielen gibt, wollen wir kurz zusammenfassen (vgl. Dülfer 1997, S. 307-425). Zuvor soll lediglich noch kurz erwähnt werden, dass die in Abbildung 5-34 dargestellten Sachverhalte im Laufe der weiteren Ausführungen erläutert werden.

(1) Stand der Realitätserkenntnis und Technologie: Elemente dieser ersten Dülferschen Umweltschicht sind das in einem Land vorherrschende Weltbild, die dort gesprochene(n) Sprache(n) und alle verfügbaren Verfahren und Technologien, insbesondere Kommunikationstechnologien. Dülfer geht dabei davon aus, dass das Weltbild auf grundsätzlich zwei verschiedene Arten und Weisen gewonnen wird: entweder auf magisch-mythische Art und Weise (wie etwa im afrikanischen Animismus) oder auf der Grundlage naturwissenschaftlicher Erklärung (wie vor allem aufgrund der Aufklärung in weiten Teilen der westlichen, säkularisierten Welt). Es ist das Weltbild, welches sich dann auch in Verfahren und Technologien widerspiegelt.

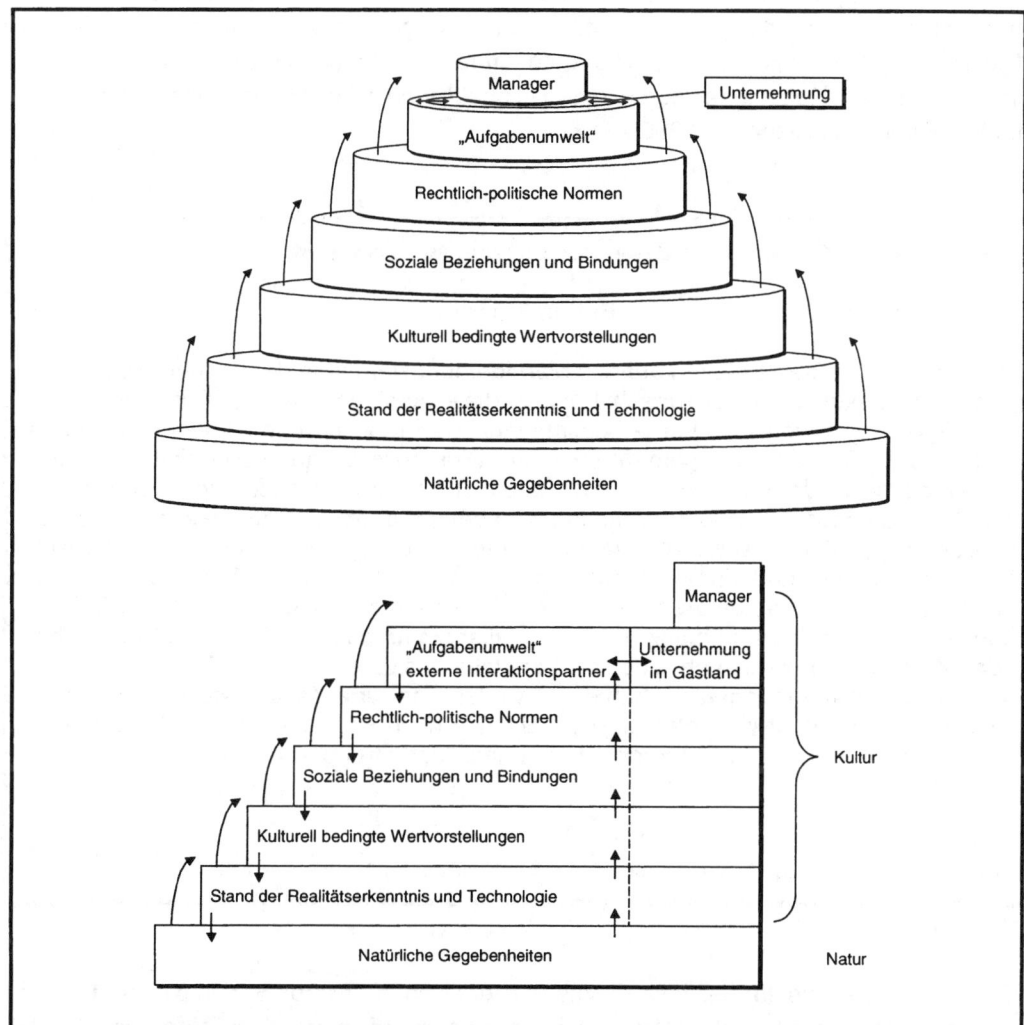

Abb. 5-34: Das Dülfersche Schichtenmodell – als sogenannter Aufriss und Vertikal-schnitt
Quelle: Dülfer (2001), S. 261.

(2) Kulturell bedingte Wertvorstellungen: Als kulturell bedingte Wertvorstellungen sieht Dülfer religiöse Glaubensinhalte, ethische Normen, überlieferte Verhaltensvor-schriften, ideologische Postulate, individuelle Motive und Präferenzen sowie Erzie-hungsgrundsätze an. Besondere Bedeutung schenkt Dülfer, wie auch manch andere

Autoren (vgl. Safranski/Kwon 1988, Sood/Nasu 1995), dem religiösen Einfluss. Exemplarisch sind einige Einflüsse des Islam auf das Management in Textbox 5-8 dargestellt. Gleichzeitig sollte man jedoch nicht annehmen, dass der religiöse Einfluss so groß ist, dass er über Länder bzw. Kulturen hinweg vereinende Kraft hat. Selbst der Islam, der gemeinhin als das alltägliche Verhalten stärker prägend gilt als die meisten anderen Religionen, ist nicht so stark, als dass man länder- oder kulturübergreifend eine einheitliche islamische Kultur oder sogar einen einheitlichen islamischen Wirtschaftsstil vorfinden würde (vgl. Nienhaus 1996).

Textbox 5-8:   Der Einfluss des Islam auf das Management

Einige Beispiele

Konkrete Einflüsse des Islam auf das Management werden in der Literatur in vielfältiger Form diskutiert. Da ist zunächst einmal die – zumindest bei den Sunniten – ausgeprägte Lehre von der Vorherbestimmtheit des menschlichen Lebens, wodurch fatalistische Einstellungen gefördert werden. Dies erklärt, warum Eigeninitiativen von Mitarbeitern in Unternehmungen eine deutlich geringere Bedeutung haben als in christlich geprägten Ländern. Weiterhin wird betont, dass die allumfassende und absolute Dogmatik des Islam sich auch in Unternehmungen widerspiegle – im Wunsch nach eindeutigen und klaren Entscheidungen, in hierarchischen Organisationsstrukturen und in einem autoritären Führungsstil. Besonders offenkundig wird der Einfluss des Islam im Bank- und Finanzwesen. Vor allem in fundamentalistischen Staaten hat das Zinsverbot dazu geführt, dass sich anstelle des Zinses andere Formen der Vergütung wie Kommissionen, Gebühren sowie Gewinn- und Verlustbeteiligungen etabliert haben. Sichtbar wird der religiöse Einfluss auch im Fastenmonat Ramadan, in dem sich die Abläufe in Unternehmungen nach den strengen religiösen Vorschriften richten.

Quellen:
Dülfer (1997), v.a. S. 337-346 und S. 506-511 sowie Schuster (1997), v.a. S. 61-66.

Ein weiteres Beispiel für religiöse Einflüsse findet sich in Textbox 5-9. In diesem Beispiel wird deutlich, wie der Katholizismus Auswirkungen auf Internationalisierungsentscheidungen haben kann. Interessant ist, dass selbst die beiden großen christlichen Konfessionen, der Katholizismus und der Protestantismus, unterschiedliche Werte in den Mittelpunkt stellen. Diese Feststellung ist ein weiterer Mosaikstein für die Begründung, dass sogar innerhalb eines Landes wie Deutschland keine einheitliche Kultur existiert.

Textbox 5-9: **Der Einfluss des Christentums auf Internationalisierungsentscheidungen**

Ein Zeitungsausschnitt

Rund um den Börsengang des Kölner Kondomherstellers *Condomi* vor einem halben Jahr hat es vor Anspielungen auf die neue Erotik-Aktie nur so gewimmelt. Selbst in der sonst eher zahlenorientierten Wirtschaftsfachpresse war schon mal die Schlagzeile zu lesen „*Condomi*: Börsengang steht". Unternehmungsgründer und Vorstand Oliver Gothe gibt zu, solch einer Berichterstattung mit dem selbst gewählten Börsenslogan „Die *Condomi*-Aktie – sicher ein Höhepunkt" Vorschub geleistet zu haben. Im Gespräch mit dieser Zeitung betont er aber, „auf Seriosität großen Wert" zu legen. Schließlich sei es die Geschäftsidee von *Condomi* gewesen, das Verhütungsmittel aus den Sex-Shops herauszuholen und auf „nicht pornographische Weise" anzubieten.

Vor zwölf Jahren hat der damals 18 Jahre alte Gothe mit zwei Studenten und einem Startkapital von zusammen 15.000 DM ein kleines Ladenlokal in der Kölner Innenstadt eröffnet. Heute ist die damals als „Fachgeschäft für Erektionsbekleidung" bezeichnete Unternehmung in 41 Ländern aktiv, zuletzt kam Mexiko hinzu. Und die Internationalisierung soll weiter vorangetrieben werden. Interessante Märkte seien vor allem Südamerika und Osteuropa. Seit der Übernahme des polnischen Kondomherstellers *Unimil* im März dieses Jahres habe *Condomi* in Polen eine dominante Marktstellung erreicht. „Je katholischer der Markt, desto besser für uns", sagt Gothe. Denn während auf dem heimischen Markt das Kondom jungen Käufern den Spaß beim Sex vermitteln soll, sei das Präservativ in katholischen Ländern geschätzt, weil es auch ohne ärztliches Rezept erhältlich ist.

Quelle:

o.V. (2000): „Je katholischer der Markt ist, umso besser." In: Frankfurter Allgemeine Zeitung Nr. 147 vom 28. Juni 2000, S. W8.

(3) Soziale Beziehungen und Bindungen: Soziale Beziehungen und Bindungen bilden sich aufgrund der zuvor geschilderten Wertvorstellungen. Zu dieser Schicht gehören demographische Merkmale, Merkmale dyadischer Beziehungen (z.B. Paternalismus, Nepotismus) sowie Merkmale von Gruppenbeziehungen (horizontale und vertikale Mobilität, Rollenverhalten, Konfliktverhalten). Mit dieser Schicht spricht Dülfer konkret Sozialstrukturen in der Form von Stammesstrukturen oder Familienstrukturen, das Kastenwesen und die Stellung der Geschlechter an. Besonderen Einfluss hat diese Kulturschicht auf die Arbeitgeber-Arbeitnehmerbeziehungen, auf die Rolle von Arbeitgeberverbänden und Gewerkschaften und damit auch auf die sogenannten Arbeitsbeziehungen (Industrial Relations).

(4) Rechtlich-politische Normen: Als Konsequenz der kulturellen Wertvorstellungen und der sozialen Beziehungen und Bindungen entwickeln sich rechtliche und politische

Normen. Zu dieser Kulturschicht gehört zunächst einmal die Art des Rechts sowie das Rechtsbewusstsein. Konkret zeigen sich rechtlich-politische Normen in einer Vielzahl von Regelungen wie dem Bürgerlichen Recht, dem Handelsrecht, dem Arbeitsrecht, dem Tarifvertragsrecht oder dem Gesellschaftsrecht.

Diese vier Schichten bezeichnet Dülfer als die „Globale Umwelt", um sie von der fünften Schicht, der Aufgabenumwelt abzugrenzen.

(5) Die Aufgabenumwelt: Die Aufgabenumwelt wird von internen und externen Stakeholdern der Unternehmung konstituiert. Diesen Stakeholdern weist Dülfer besondere Bedeutung zu, da sie mit ihren Forderungen und Leistungszusagen Entscheidungen erheblich beeinflussen können. Als interne Stakeholder (Insider) sieht Dülfer die Unternehmungsleitung, Mitarbeiter und die Eigenkapitalgeber an; externe Stakeholder sind z.B. Kunden, Lieferanten, Fremdkapitalgeber, Gewerkschaften oder der Staat. Stakeholder können sowohl zu einer Einschränkung als auch zu einer Erweiterung von Alternativen, Entscheidungskriterien und möglicher Lösungen beitragen.

Die wichtigsten Elemente der einzelnen Schichten werden in Abbildung 5-35 zusammengefasst.

Zum **Verständnis des Dülferschen Schichtenmodells** erscheinen uns die folgenden fünf Aspekte zentral:

- Dülfer weist ein sehr **weites Kulturverständnis** auf. Kultur besteht für ihn aus allem, was von Menschen geschaffen ist. Stärker als manch andere Autoren in der Literatur zum Internationalen Management geht Dülfer über die Ebene der Concepta hinaus und betrachtet die zahlreichen Elemente der Percepta als wesentliche Bestandteile von Kultur. Ideologische, technologische, soziale, rechtliche und politische Faktoren sind für Dülfer damit konstitutive Elemente von Kultur. Im Gegensatz zu anderen Autoren sieht er Kultur nicht als separate Umweltschicht an, sondern subsumiert Umweltschichten, die von anderen Autoren eindeutig nicht als kulturelle Bereiche betrachtet werden, unter „Kultur" (vgl. Ajiferuke/Boddewyn 1970, Köhler 1995, v.a. S. 223 und S. 239-242).

- Dülfer erweitert sein Kulturverständnis sogar noch **über die Globale Umwelt hinaus**, weil er auch die **Elemente der Aufgabenumwelt** als Kultur interpretiert, d.h. weil er die Interaktionsbeziehungen innerhalb der Unternehmung sowie die Interaktionsbeziehungen zwischen Unternehmung und externen Stakeholdern als Kultur auffasst. Dies ist in den Augen Dülfers nötig, da der Auslandsmanager für seine Handlungen auch Informationen über diesen Teil der Umwelt benötigt. Der Auslandsmanager steht, wie man aus Abbildung 5-34 erkennen kann, als Teil der Unternehmung im Gastland nicht nur der gesamten Umwelt gegenüber, sondern wird gleichsam ein Teil von ihr.

natürliche Gegebenheiten	kulturelle Gegebenheiten			
	Realitätserkenntnis und Technologie	Wertvorstellungen	soziale Beziehungen und Bindungen	politischrechtliche Normen
• Klima • Krankheitserreger und ökologische Schäden	• Denkstil und Sprache - Wahrnehmung der Umwelt - Beurteilung des Entscheidungsbedarfs - Risikoeinstellung - Sprache • Bildung - Alphabetisierungsgrad - Anteil höherer bzw. akademischer Bildung - Niveau der beruflichen Bildung - Struktur der Bildungsinhalte • Technologie - Entwicklungsstand - Anpassungsgrad	• Zeitliche Wertstruktur - Zeitempfinden - Zukunftsorientierung • Sachliche Wertstruktur - Religiosität - Individualismus und persönlicher Erfolg - Materialismus/ Pragmatismus - Arbeit - Stellenwert - Rollenkonflikte - Anreize - Nationalismus	• Demographische Merkmale - Bevölkerungsdichte - Urbanisierungsgrad - Altersstruktur, Wachstumsrate, Wanderungen • Qualitative Merkmale individueller Beziehungen - Paternalismus - Maskulinität - Nepotismus • Qualitative Merkmale von Gruppenbeziehungen - vertikale Mobilität - interregionale Mobilität - Konfliktpotential und -handhabung zwischen religiösen und ethnischen Gruppen	• Legitimität und Zentralisierung staatlicher Macht • Konflikthandhabung durch staatliche Organe • Rechtssicherheit • spezielle rechtliche Normen

Abb. 5-35: Die Elemente der Dülferschen Schichten
Quelle: Gloede (1991), S. 18.

- Gleichzeitig sieht Dülfer einen **hierarchischen Aufbau der einzelnen Schichten**. Die tiefer liegenden Schichten beeinflussen die höher liegenden Schichten stärker, als die höher liegenden Schichten die tiefer liegenden Schichten berühren. Dülfer sieht zwar Interdependenz- bzw. Feedback-Beziehungen zwischen Elementen der unterschiedlichen Schichten (vgl. v.a. Dülfer 1997, S. 257-259), was besonders im Vertikalschnitt des Schichtenmodells in Abbildung 5-34 zum Ausdruck kommt. Dülfer spricht neuerdings sogar vom **Simultanmodell**, um damit die gleichzeitige Beeinflussung des Managers bzw. der Unternehmung durch unterschiedliche Schichten zum Ausdruck zu bringen (vgl. Dülfer 1997, S. VII i.V.m. S. 262). Aber diese Simultaneität führt nach Auffassung Dülfers nicht zu einer Gleichordnung der Schichten an sich. Basale Grundlage ist für Dülfer die natürliche Umwelt, von der aus die einzelnen Schichten der globalen Umwelt sukzessive beeinflusst werden, bevor dann schließlich auch Implikationen für die Aufgabenumwelt auftreten.

- Dülfers Schichtenmodell sollte in der Weise verstanden werden, dass es **zunächst die Identifikation natürlicher und kultureller Einflussfaktoren** erlaubt, **im Anschluss** daran aber jeden einzelnen Manager bzw. jede einzelne Unternehmung zur Einschätzung der **Relevanz dieser Einflussfaktoren** in konkreten Situationen zwingt. Oder anders ausgedrückt: Nicht alle Faktoren haben in allen Situationen die gleiche Bedeutung.

- Dülfer plädiert zudem dafür, die einzelnen Schichten bzw. deren Elemente nicht als Restriktionen aufzufassen, wie dies häufig in der Literatur zum Strategischen Management geschieht. Die einzelnen Schichten sind **nicht nur Rahmenbedingungen**, denen Unternehmungen passiv ausgesetzt sind; vielmehr stehen Unternehmungen mit Elementen der einzelnen Schichten permanent in aktiver Interaktion. Man kann in Erweiterung des Dülferschen Schichtenmodells – unter Rückgriff auf die umfangreiche Netzwerkliteratur – sogar so weit gehen, dass man von einer Beeinflussung und einem „Enactment" der Umwelt durch die Unternehmung spricht.

An dieser Stelle wird auch deutlich, dass die Trennbarkeit zwischen Unternehmung und Umwelt – wie auch der einzelnen Umweltschichten – äußerst problematisch ist. Die Unternehmung steht weder passiv einer Umwelt gegenüber noch kann sie aktiv diese Umwelt völlig beeinflussen. Die Unternehmung ist vielmehr selbst Teil der Umwelt, und die Umwelt wird in die Unternehmung – nicht nur über die zahlreichen Interaktionen mit den Stakeholdern – hineingeholt. Unternehmung und Umwelt verschwimmen. Unternehmung und Umwelt werden in gewisser Weise zu einer Einheit, indem sie sich gegenseitig „durchtränken". Das Schichtenmodell sollte also nicht dergestalt missverstanden werden, als dass es eine leichte Trennbarkeit von Unternehmung und Umwelt suggeriert oder dass es eine exakte Differenzierung der Schichten erlaubt (vgl. auch Dülfer 1997, S. 222-241).

3.7.2   Entscheidungen vor dem Hintergrund der natürlichen und kulturellen Umweltschichten

Das Dülfersche Schichtenmodell ist nun jedoch nicht nur ein Modell zur Kategorisierung der Umwelt – eine Art Modell, von denen es in der Literatur bereits eine große Auswahl gibt (vgl. z.B. Farmer/Richman 1964, 1970, Fayerweather 1969). Dülfers Anspruch geht über die Kategorisierung der Umwelt hinaus. Gemäß Dülfer kann das Schichtenmodell für den einzelnen Manager und für die einzelne Unternehmung in konkreten Interaktionssituationen hilfreich sein. Wir wollen diese Intention Dülfers kurz erläutern.

- Die Berücksichtigung der Umwelt in unterschiedlichen Ländern ist letztlich für Dülfer ein **Informationsproblem**. Dülfer weist darauf hin, dass der einzelne Manager und die einzelne Unternehmung unangepasste Entscheidungen treffen würden, wenn keine Informationen über die geschilderten Schichten bzw. die Umweltelemente der Schichten berücksichtigt würden. Weiterhin argumentiert Dülfer, dass der Manager und die Unternehmung je nach situativen Gegebenheiten den unterschiedlichen Schichten in unterschiedlichem Ausmaß ausgesetzt sind und daher auch ein unterschiedliches Ausmaß an Informationen benötigen.

- Dülfer konzediert, dass es bei der **Interpretation** der einzelnen Schichten eine gewisse **subjektive Wahrnehmung der Manager und Unternehmungen** gäbe. Dülfers Aussagen sind konsistent mit den Ergebnissen der empirischen Entscheidungsforschung. Im Gegensatz zu einigen Arbeiten der formal ausgerichteten Entscheidungstheorie wird in diesen Arbeiten – ebenso wie von Dülfer – zugegeben, dass der Wahrnehmungsprozess eben nicht völlig rational abläuft. Bereits die Bereiche der Umwelt, die einem „**Scanning**" unterworfen werden (vgl. Böttcher/Welge 1994, Elenkov 1997), beruhen auf einer subjektiven, meist auch kulturell geprägten Selektion der Entscheidungsträger (vgl. O'Connell/Zimmerman 1979). Das, was dann selektiert wird, wird schließlich, wie es bereits Aharoni erkannt hat (→ Abschnitt 3.2.1 in Kapitel 3), nochmals von verschiedenen Entscheidungsträgern unterschiedlich interpretiert, wodurch letztlich erklärt wird, warum von unterschiedlichen Aktoren in einer bestimmten Entscheidungssituation unterschiedliche Konsequenzen gezogen werden.

- Dülfer gebraucht den Begriff **Fremdheitsgrad**, um den subjektiv empfundenen Mangel des Entscheidungsträgers an Informationen zu bezeichnen. Dieser Fremdheitsgrad resultiert daraus, dass der Manager die inhaltlichen Auswirkungen von Umwelteinflüssen in den Konsequenzen seiner Entscheidungsalternativen gerade im internationalen Kontext nicht bzw. nur schwierig erkennen kann – und zwar weil er die entsprechenden Umweltelemente nicht zutreffend zu interpretieren weiß bzw. sie nicht versteht (vgl. z.B. Dülfer 1997, S. 221). Damit macht Dülfer deutlich, dass die Subjektivität von Entscheidungen, die bereits im nationalen Kontext existiert, im internationalen Kontext aufgrund des Fremdheitsgrades noch erhöht wird.

- Dülfer spricht selbst vom „Filtermodell der Umweltberücksichtigung" (vgl. Dülfer 1997, v.a. S. 438-441). Das Schichtenmodell wird deswegen zum **Filtermodell**, weil die einzelnen Entscheidungen von Managern und Unternehmungen durch die Anforderungen der Umweltschichten „gefiltert" werden. Entscheidungen werden, wie bereits erwähnt, im Idealfall angepasst.

- Dülfer ging aber vor allem in frühen Veröffentlichungen davon aus, dass die Betriebswirtschaftslehre imstande sei, die „inhaltliche Wirkung der verschiedenen Filter zu ermitteln und zu erklären" (Dülfer 1981, S. 36). Der Optimismus hinsichtlich der Erklärungskraft der **Betriebswirtschaftslehre** weicht im Zeitablauf einem größeren **Realismus.** Dülfer erkennt, dass die einzelnen Schichten nicht nur aufgrund ihrer Komplexität, sondern auch aufgrund ihrer Dynamik schwierig zu erfassen sind (vgl. z.B. Dülfer 1997, S. 242-243). Oder noch deutlicher ausgedrückt: Es kann nicht Aufgabe der Betriebswirtschaftslehre sein, alle Schichten mit allen Elementen für alle

Länder und alle Interaktionssituationen zu erfassen. Insofern kann nur eine graduelle, aber keine vollkommene Reduktion der Unsicherheit erreicht werden. Eine umfassende Erklärung durch die Betriebswirtschaftslehre ist damit schlussendlich nicht möglich.

- Umso mehr bleibt es Aufgabe des einzelnen Managers bzw. der einzelnen Unternehmung, das **Dülfersche Schichtenmodell als Raster** heranzuziehen und im konkreten Einzelfall anzuwenden. So kann man, um ein Beispiel zu nennen, die einzelnen grenzüberschreitenden Interaktionsbeziehungen in der Unternehmung auf ihre Betroffenheit von natürlichen und kulturellen Faktoren hin überprüfen. Ein Beispiel dafür stellt das von Scherm als „Mehr-Ebenen-Analyse" bezeichnete Raster dar, welches in Abbildung 5-36 wiedergegeben ist. Aufbauend auf einer derartigen Mehr-Ebenen-Analyse lassen sich dann auch mögliche Handlungsalternativen ableiten.

Umweltschichten bzw. Einflussfaktoren / Interaktionsbeziehungen	natürliche Gegebenheiten				Realitätserkenntnis und Technologie				kulturbedingte Wertvorstellungen				soziale Beziehungen und Bindungen				politisch-rechtliche Normen			
innerhalb der Unternehmung • Unternehmungsleitung – Mitarbeiter • Unternehmungsleitung – Betriebsrat • Mitarbeiter – Mitarbeiter • Mitarbeiter – Betriebsrat • ...	1	2	...	n	1	2	...	n	1	2	...	n	1	2	...	n	1	2	...	n
zwischen Unternehmung und Umwelt • Unternehmung – Öffentlichkeit • Mitarbeiter – Öffentlichkeit • Vertretungsorgane – Gewerkschaften • ...																				
außerhalb der Unternehmung • Gewerkschaften – Arbeitgeberorganisationen • Gewerkschaften – politische Parteien • ...																				

Abb. 5-36: Betroffenheit von Interaktionssituationen durch die Unternehmungsumwelt – eine Mehr-Ebenen-Analyse

Quelle: Scherm (1999a), S. 51.

Wir wissen, dass Unternehmungen in unterschiedlicher Art und Weise auf ihre Umwelt und auch auf Veränderungen in ihrer Umwelt reagieren (vgl. Dierkes/Hähner/Berthoin Antal 1997). Dies hängt häufig mit einer unterschiedlichen Wahrnehmung des Umfelds zusammen. Dülfer zeigt mit seinem Schichten- bzw. Filtermodell nicht nur unterschiedliche Faktoren auf, hinsichtlich derer sich die Umwelt differenziert betrachten lässt. Sein Modell weist implizit auch auf mögliche **Wahrnehmungsunterschiede** aufgrund unterschiedlicher Faktoren, allen voran aufgrund unterschiedlicher Weltbilder und unterschiedlicher kultureller Wertvorstellungen derer, welche die Umwelt wahrnehmen, hin. Insofern kann gerade bei der Wahrnehmung der Umwelt schnell ein ethnozentrischer Bias entstehen, wenn Entscheidungen nur aus einer bestimmten kulturellen Perspektive heraus getroffen werden, obwohl diese Entscheidungen auch Aktoren in anderen Kulturen betreffen.

3.8 Zusammenfassende Schlussfolgerungen zu den vorgestellten Kulturstudien

Wir wollen nachfolgend einige Schlussfolgerungen aus den bisher vorgestellten Kulturstudien ziehen:

(1) Es ist unbestritten, dass **kulturelle Differenzen zwischen Ländern** existieren. Dabei lassen sich diese Unterschiede sowohl auf einer tieferliegenden Ebene (Grundannahmen, Werte, Normen, Einstellungen und Überzeugungen) als auch auf einer fassbaren, wahrnehmbaren, beobachtbaren Ebene (Verhaltensweisen und Artefakte) ausmachen.

(2) Die Zusammenhänge zwischen kulturellen Differenzen und den Konsequenzen im Management sind allerdings sehr diffus. Die Beziehungen zwischen **Kultur und deren Auswirkungen auf das Management** bleiben **spekulativ** und beruhen auf Plausibilitätsüberlegungen. Eindeutige „Wenn-dann-Aussagen" lassen sich nicht treffen. Dies hängt auch mit dem allgemein problematischen Zusammenhang zwischen der Concepta- und der Percepta-Ebene zusammen.

(3) Trotz der Problematik, dass eindeutige Ursache-Wirkungs-Zuschreibungen nicht möglich sind, darf sich die Wissenschaft nicht darauf zurückziehen, kulturelle Fragestellungen auszublenden. Aufgabe der Wissenschaft ist es vielmehr, zumindest **Möglichkeitsaussagen** zu liefern, um den Praktiker für die Bedeutung von Kultur in der internationalen Unternehmungstätigkeit zu sensibilisieren (vgl. z.B. auch Schneider/Barsoux 2003, v.a. S. 81-181, Macharzina/Oesterle/Wolf 1998). Am überzeugendsten, aber gleichzeitig am wenigsten verallgemeinerungsfähig, sind derartige Möglichkeitsaussagen auf der Grundlage von intensiven Fallstudien, die sich auf einzelne Länder und/

oder spezifische Fragestellungen beziehen, zu treffen (vgl. z.B. Silvestre 1990, Buhr 1998).

(4) Die **Zahl der Dimensionen**, die zur Identifikation von Unterschieden zwischen Landeskulturen existieren, ist prinzipiell **unbegrenzt**. Die oben dargestellten Kulturdimensionen (etwa von Kluckhohn/Strodtbeck, Hall, Hofstede oder Trompenaars) stellen Beispiele dar, wie man Landeskulturen voneinander abgrenzen kann. Wie zu erkennen war, konnte bisher kein Konzept vorgelegt werden, welches endgültig und abschließend die kulturelle Komplexität erfassen könnte. Triandis, Professor für Kulturvergleichende Psychologie, sieht etwa 20 Dimensionen als sinnvoll an (vgl. Triandis 1982, S. 88 und Triandis 1983, S. 142-143).

(5) Die **Genese der Dimensionen** leidet möglicherweise an einem tendenziell universalistischen Vorgehen bzw. auch meta-universalistischen Grundannahmen. Selbst wenn man – wie von Triandis vorgeschlagen – möglichst viele Dimensionen heranzieht, so bleibt immer noch das Problem, dass man damit Kulturen in bestimmte „Schemata" pressen möchte, um sie vergleichbar zu machen. Dies heißt: Man sucht nach generell akzeptierten Dimensionen, die sich dann für die Suche nach Gemeinsamkeiten und Unterschieden eignen. Dabei berücksichtigt man nicht, dass sich bestimmte Eigenheiten möglicherweise nur in bestimmten Kulturen finden und daher auch nur aus diesen Kulturen und aus deren Verständnis heraus identifizieren und verstehen lassen.

(6) Aufgrund der Tatsache, dass es sehr viele verschiedene Dimensionen von Kultur gibt, sind auch Einordnungen von Ländern in sogenannte „**Kulturcluster**" mit Vorsicht zu interpretieren. Ein bestimmtes Land kann zwar hinsichtlich einer Dimension große Ähnlichkeiten mit einem anderen Land aufweisen. Es ist jedoch sehr unwahrscheinlich, dass dieses Land gegenüber dem anderen Land auch bei allen anderen Dimensionen große Ähnlichkeiten hat (vgl. Kelley/Whatley/Worthley/Chow 1995). Kulturcluster, wie sie etwa von Ronen/Shenkar (1985), Gesteland (1999) oder auch von Hofstede im Rahmen der Kombination von zwei Dimensionen dargestellt werden, können daher als erste Orientierung gelten, sollten aber durch weitere Informationen ergänzt werden (vgl. zu einer Übersicht über Kulturcluster auch Ronen 1986, S. 255-267, Holzmüller/Stöllnberger 1994, S. 10-18). So wurde im Rahmen des GLOBE-(Global Leadership and Organizational Effectiveness-)Projektes herausgefunden, dass selbst zwischen Deutschland, Österreich und der deutschsprachigen Schweiz, die von den meisten Autoren als germanisches Cluster aufgefasst werden, einige Unterschiede bei Führungsidealen bestehen (vgl. Weibler et al. 2000). Statt von einem Kulturcluster könnte man eher von „**kulturverwandten**" **Ländern** sprechen. Dies bringt zum Ausdruck, dass zwischen den Ländern zwar zahlreiche kulturelle Gemeinsamkeiten, aber auch einige Differenzen existieren mögen.

(7) Sieht man einmal von der generellen Problematik der Identifikation von Dimensionen ab, so können die anhand der Kulturdimensionen erfassten Gemeinsamkeiten und

Unterschiede aber durchaus zur Identifikation von sogenannten **„Kulturstandards"** dienen. Wenn wir von Kulturstandards sprechen, so müssen wir diese erst einmal definieren. Kulturstandards sind „alle Arten des Wahrnehmens, Denkens, Wertens und Handelns ..., die innerhalb einer Kultur als **normal, selbstverständlich, typisch** und **verbindlich** angesehen werden" (Holzmüller 1997, S. 59-60, im Original kein Fettdruck). Kulturstandards erlauben damit, das eigene Wahrnehmen, Denken, Werten und Handeln demjenigen in anderen Kulturen gegenüberzustellen. Kulturstandards können gemäß Holzmüller unterschiedliches Abstraktionsniveau aufweisen, d.h. sie können sowohl Elemente der Concepta-Ebene als auch Elemente der Percepta-Ebene ansprechen. So kann sich ein **Kulturstandard** auf bestimmte **Werte**, aber auch bestimmte **Verhaltensweisen** beziehen. Als Beispiel lässt sich anführen, dass mit der US-amerikanischen Kultur meist die Werte „Offenheit", „Freundlichkeit" oder „Oberflächlichkeit" als Kulturstandards verbunden werden. Für viele asiatische Kulturen wird die Verhaltensweise „Gesicht wahren" als Kulturstandard angesehen. Weitere Beispiele finden sich in Abbildung 5-37. In dieser Abbildung sind zentrale US-amerikanische, deutsche und chinesische Kulturstandards, die sich als Ergebnisse empirischer Untersuchungen ergaben, zusammengefasst.

Zentrale US-amerikanische Kulturstandards	Zentrale deutsche Kulturstandards	Zentrale chinesische Kulturstandards
• Individualismus • Chancengleichheit • Handlungsorientierung • Leistungsorientierung • Interpersonale Zugänglichkeit • Intrapersonale Reserviertheit • Soziale Anerkennung • Gelassenheit • Patriotismus • Zukunftsorientierung • Funktionales Besitzverständnis • Zwischengeschlechtliches Begegnungsritual („dating") • Naturbeherrschung • Mobilität	• Formalismus • Hierarchie- und Autoritätsorientierung • Pflichterfüllung • Familienzentrierung • Interpersonale Distanzdifferenzierung • Körperliche Nähe • Direktheit interpersonaler Kommunikation • Persönliches Eigentum • Traditionelle Geschlechts- rollendifferenzierung	• Gesicht wahren • Trennung von Arbeits- und Privatbereich • Sanktionsangst • Hierarchieorientierung • Freude am Feilschen • Vertragstreue • Freundschaft und Höflichkeit • Gastfreundschaft • Nationalstolz • Bescheidenheit und Selbstbeherrschung

Abb. 5-37: Zentrale US-amerikanische, deutsche und chinesische Kulturstandards
Quelle: Thomas (1997), S. 132-133.

Inzwischen wurden von Wissenschaftlern, Trainern und Beratern Kulturstandards für zahlreiche Länder entwickelt (vgl. z.B. die Beiträge in Fink/Meierewert 2001, Hrsg.) Kulturstandards lassen sich (bei aller bereits aufgezeigten Problematik aufgrund der fehlenden Kausalität zwischen Concepta- und Percepta-Ebene) aus den an Kulturdimensionen festmachenden Arbeiten möglicherweise strukturierter ableiten als aus anderen Studien bzw. als über andere Vorgehensweisen wie etwa „critical incidents" (vgl. etwa Brüch/Thomas 1995) – wohlgemerkt um den Preis, dass dabei die jeweilige kulturspezifische Perspektive aufgrund des universalistischen Charakters der Dimensionen „auf der Strecke bleiben" kann. Doch wie auch immer man Kulturstandards ermittelt – Kulturstandards bergen ohnehin eine generelle Gefahr in sich: Man neigt (allzu) schnell zur Bildung von **Stereotypen**, die zuweilen auch eine Fortschreibung von Vorurteilen und zudem eine gewisse Fixierung für die Zukunft darstellen.

(8) Kulturdimensionen lassen sich nach Auffassung von Triandis auch dazu nutzen, sogenannte **Kulturassimilatoren** zu entwickeln. Traditionell werden Kulturassimilatoren mit Hilfe sogenannter kritischer Interaktionssituationen zwischen Individuen unterschiedlicher Kulturen identifiziert (vgl. Feichtinger 1998, S. 80-81). In einem **ersten Schritt** werden mehrere 100 derartiger „critical incidents" zusammengetragen, die als ungewöhnlich, unverständlich oder konfliktbeladen, d.h. als „kritisch" gelten. In einem **zweiten Schritt** legen Individuen aus zwei Kulturen dann die Gründe für Interaktionsprobleme in spezifischen Situationen dar. Dabei werden Individuen der betroffenen Kulturen sowohl mit den „critical incidents" als auch mit den Gründen für das nicht-optimale Ablaufen von Interaktionen konfrontiert, um die Gründe herauszufiltern, die am ehesten erklären, was in der jeweiligen Interaktionssituation „schief lief". Anschließend werden in einem **dritten Schritt** die Attributionen der Individuen in zwei Kulturgruppen geteilt, um zu erkennen, ob die Verteilung der Antworten zwischen den beiden Kulturgruppen differiert. Damit erhält man als Ergebnis kulturspezifische Begründungen für die unterschiedlichen Erklärungen, was den **vierten Schritt** darstellt. Nur die „critical incidents", für die es (statistisch) signifikante Unterschiede gibt, werden in den Kulturassimilator aufgenommen (vgl. Triandis 1984, S. 301). Diese zentralen Unterschiede werden in einem **fünften Schritt** als – wie oben bereits definierte – Kulturstandards bezeichnet. In einem **sechsten Schritt** werden die aus Interaktionssituationen ermittelten Kulturstandards mit Erkenntnissen aus bisherigen Forschungsarbeiten verglichen, um zu sehen, ob sie sich generalisieren lassen. Ist dies der Fall, so können Kulturstandards im **siebten Schritt** in **interkulturellen Trainingsprogrammen** eingesetzt werden (vgl. Thomas 1993, S. 415-417, Brüch/Thomas 1995, Holzmüller 1997, S. 62-63). Triandis argumentiert nun, dass eine Berücksichtigung zahlreicher Kulturdimensionen, wie sie oben entwickelt wurden, eine Alternative darstellen kann, um Kulturassimilatoren zu konstruieren. Anstelle von „critical incidents", so Triandis, können auch die anhand der Dimensionen ermittelten (konzeptionellen oder empirischen) Aussagen ein äußerst reichhaltiges Bild über Gemeinsamkeiten und Unterschiede zwischen Kulturen vermitteln und als Basis für interkulturelle Trainingsmaßnahmen gelten.

(9) Zu beachten ist, dass das, was unter **Kulturdimensionen** zu **verstehen** ist, durchaus als umstritten gilt. Manche Autoren, wie etwa Hofstede, betrachten nur das als Dimensionen, was sich als Ergebnis statistischer Analysen bestimmen lässt. Konzeptionelle Kategorien, die primär den Köpfen von Wissenschaftlern entstammen und bei denen damit die deduktive Ermittlung gegenüber der induktiven Ermittlung überwiegt, lässt Hofstede nicht als Dimensionen gelten (vgl. Hofstede 1996, v.a. S. 195).

(10) Die Arbeiten der einzelnen Autoren stehen – unter anderem aufgrund des unterschiedlichen Vorgehens – in einem schwierigen Verhältnis. Sie sind **weder völlig komplementär**, da sie sich nicht nur ergänzen, sondern auch überschneiden, **noch** sind sie **substitutiv**, da kein Konzept die Dimensionen der anderen Konzepte völlig beinhaltet. Es ist daher problematisch, die unterschiedlichen Konzepte eklektizistisch zusammenzuführen, auch wenn dies in konzeptionellen und empirischen Arbeiten immer wieder versucht wird (vgl. z.B. Kropf 1998, S. 63, Scarborough 1998, S. 6-14).

(11) Eine Problematik der vorgestellten Arbeiten besteht darin, dass die einzelnen **Dimensionen nicht eindeutig definiert** werden. Gerade bei den Anthropologen Kluckhohn/Strodtbeck und Hall finden sich zwar (mehr oder weniger) ausführliche Beschreibungen, aber keine präzisen Definitionen. Außerdem nehmen die Autoren **kaum auf ihre Vorgänger Bezug**, was die Vergleichbarkeit erschwert. Ein Beispiel stellt die Individualismus-/Kollektivismus-Dimension dar, die bereits von Kluckhohn/Strodtbeck eingeführt wurde, im Anschluss daran dann von Hofstede und Trompenaars in ähnlicher, aber nicht identischer Form aufgegriffen wurde. Zwar hat sich gezeigt, dass sich bei manchen Dimensionen, so etwa bei der angesprochenen Individualismus-/Kollektivismus-Dimension, inzwischen ein gewisser Konsens zwischen Sozialwissenschaftlern abzeichnet (vgl. Hui/Triandis 1986; vgl. aber auch Kim 1994); dennoch sind Versuche, die Dimensionen unterschiedlicher Autoren zu parallelisieren (vgl. Clark 1990, S. 73, Hasenstab 1999, S. 115), weiterhin mit sehr großer Vorsicht zu betrachten (vgl. Triandis 1984, S. 304).

(12) Die Dimensionen sind teilweise so weit gefasst, dass darunter mehrere **Subdimensionen** – die keineswegs miteinander einhergehen – enthalten sind. Dies zeigt sich exemplarisch bei der Dimension der Natur des Menschen von Kluckhohn/Strodtbeck (statische und dynamische Subkomponente) oder bei der Dimension der Maskulinität/Femininität von Hofstede (Einschätzung von Werten und Überschneidung von Werten). Zwar können manche Autoren, wie etwa Hofstede, dies auf ihre statistischen Analysen zurückführen, doch ist damit der Praxis wenig gedient, da dadurch Differenzierungsmöglichkeiten „wegdefiniert" werden.

(13) Trotz der Problematik, die der Entwicklung von Kulturdimensionen und dem daran anschließend meist erfolgenden Vergleich von Kulturen inhärent ist, sollte man darauf nicht verzichten. Die **Alternative der (dichten) Einzelfallbeschreibung** von Kulturen sollte nicht als Substitut, sondern als Ergänzung interpretiert werden. So ermöglichen

detaillierte Beschreibungen von einzelnen Kulturen zwar tiefere Einsichten in diese spezifische Kultur und unter Umständen auch in das Management dieser Kultur (vgl. z.B. für
Frankreich Fischer 1996). Derartige Einzelfallbeschreibungen haben aber nicht die
Breite von Untersuchungen im Stile Hofstedes oder Trompenaars; zudem fehlt ihnen
das, was den Nutzen von Vergleichsstudien ausmacht: eine Gegenüberstellung möglichst vieler Kulturen.

(14) Die Bedeutung, welche die vorgestellten Arbeiten der Landeskultur zuschreiben,
soll die **Bedeutung anderer Kulturfelder** (Unternehmungskultur, Branchenkulturen,
Professionskulturen, Generationenkulturen) keinesfalls schmälern. Schließlich sind zahlreiche Gemeinsamkeiten und Unterschiede – ob auf Concepta- oder auf Percepta-
Ebene – nicht auf die Landeskultur, sondern auf andere Kulturfelder zurückzuführen
(vgl. z.B. Ward et al. 1999). Insbesondere darf nicht vergessen werden, dass es Aufgabe einer gestaltungsorientierten Managementlehre sein muss, die Interdependenz unterschiedlicher Kulturfelder zu untersuchen und damit auch die oben als integrative Kulturforschung bezeichnete Forschungsrichtung voranzutreiben (→ Abschnitt 1.3 in diesem
Kapitel).

(15) Wir hatten bereits einleitend betont, dass **Kultur nicht statisch** ist. Insofern müssen konkrete Anwendungen der obigen Dimensionen immer wieder neu auf ihre Gültigkeit überprüft werden. So wird von manchen Autoren postuliert, dass sich die japanische
Kultur zunehmend „verwestliche". Ob dies der Fall ist oder nicht, ist Gegenstand intensiver Auseinandersetzungen. Insbesondere ist unklar, ob eine „Verwestlichung", sofern
sie überhaupt auf breiter Front festzustellen ist, nur auf der Oberflächenebene auftritt
oder auch die tieferen Bestandteile der Kultur erfasst. Gerade die Internationalisierung
der Wirtschaft mit dem Hauptaktor der internationalen Unternehmung kann bei der gegenseitigen Beeinflussung von Kulturen eine wesentliche Rolle spielen (vgl. Child/Faulk-
ner/Pitkethly 2000, Ferner/Varul 2000).

(16) Ebenso wichtig ist es, die **individuelle Prägung** von Verhalten zu beachten. Verhalten wird nicht nur von der Kultur beeinflusst. Vielmehr finden wir innerhalb von Kulturen auch deutlich unterschiedliches Verhalten. Kultur ist damit nur ein (erster) Filter, der
einen Teil der Verhaltensunterschiede erklären kann. Kenichi Ohmae, der ehemalige
McKinsey-Präsident Japans, ist sicherlich kein typischer Japaner. Welche kulturelle
Prägung bei Ron Sommer, dem langjährigen Chef der **Deutschen Telekom** überwiegt,
ist eine Frage der Einschätzung. Ob der Walliser Owen Jones, der dem französischen
Kosmetikkonzern **L'Oréal** vorsteht, nun primär Walliser, teilweise Franzose oder eher
Kosmopolit ist, bleibt dahingestellt.

3.9 Überblick über weitere Kulturstudien

3.9.1 Einleitender Überblick

Wir haben versucht, Ihnen mit den Arbeiten von Kluckhohn/Strodtbeck, Hall, Hofstede, Trompenaars und Dülfer die wichtigsten und bekanntesten Studien zur Kulturforschung zu präsentieren. Natürlich existieren in der Literatur noch **zahlreiche weitere Kulturstudien**. Nehmen wir ein Beispiel: Inkeles/Levinson differenzieren Landeskulturen hinsichtlich des vorherrschenden Verhältnisses zur Autorität, der Selbstkonzeption von Individuen sowie der Konfliktbewältigung. Damit legen die Autoren ein weiteres Kulturdimensionenkonzept vor (vgl. Inkeles/Levinson 1969). Wir können und wollen Ihnen in diesem Lehrbuch nicht alle Kulturstudien ausführlich vorstellen; jedoch erscheint es uns sinnvoll, Ihnen einen kurzen Überblick über andere Studien zu geben. Wir hoffen, dass Sie ein derartiger Überblick für landeskulturelle Einflüsse im Management sensibilisieren kann. Und wir hoffen auch, dass Sie damit erkennen, welch reichhaltiges Spektrum an grundlegenden Arbeiten zum landeskulturellen Einfluss existiert – auch wenn dies in vielen Veröffentlichungen zum Management bis heute nicht besonders stark thematisiert wird.

Es lassen sich nun fünf – wenn auch nicht ganz überschneidungsfreie – Kategorien von Arbeiten unterscheiden, von denen je zwei Kategorien primär der Concepta-Ebene, zwei Kategorien primär der Percepta-Ebene und eine Kategorie gleichzeitig der Concepta- und der Percepta-Ebene zugerechnet werden.

Studien mit einem deutlichen Bezug zur **Concepta-Ebene** sind

• Untersuchungen, die länderspezifische Gemeinsamkeiten und Unterschiede in **generellen** Werten, Einstellungen und Überzeugungen identifizieren, sowie

• Untersuchungen, die Gemeinsamkeiten und Unterschiede erforschen, die spezifisch auf **arbeits- bzw. managementrelevante** Werte, Einstellungen und Überzeugungen bezogen sind.

Studien mit einem deutlichen Bezug zur **Percepta-Ebene** sind

• Untersuchungen, die sich primär auf die **Symbolwelt** (materielle, interaktionale und sprachliche Symbole) beziehen, sowie

• Untersuchungen, die primär auf die **Verhaltenswelt** im engeren und weiteren Sinne ausgelegt sind.

Als weitere Kategorie lassen sich die Studien interpretieren, bei denen die **Concepta- und die Percepta-Ebene** weitgehend gleichgewichtig untersucht wird. Diese Studien, die sich mit den sogenannten „Business Systems" beschäftigen, stellen die fünfte Kategorie dar.

Auf diese fünf Kategorien werden wir in den nachfolgenden Abschnitten, den Abschnitten 3.8.2, 3.8.3 und 3.8.4, ausführlicher eingehen.

3.9.2   Studien mit Fokus auf der Concepta-Ebene

3.9.2.1   Generelle Werte-, Einstellungs- und Überzeugungsstudien

Innerhalb dieser ersten Kategorie werden all die Studien zusammengefasst, die versuchen, **länderspezifische Gemeinsamkeiten und Unterschiede in Werten, Einstellungen oder Überzeugungen** zu identifizieren (vgl. z.B. Whitely/England 1980, Abbas 1988, Elizur/Borg/Hunt/Beck 1991, Tan 2002). Viele dieser Studien bauen auf früheren Wertestudien, wie etwa dem Rokeach-Value-Survey (vgl. Rokeach 1973, v.a. S. 27-31 und S. 355-361), den Wertuntersuchungen von Gordon (1967, 1975) oder dem Allport/ Vernon/Lindzey-Test (vgl. Allport/Vernon/Lindzey 1970; vgl. dazu auch Roth 1972), auf.

(1) Bei den Studien, die sich an den **Rokeach-Value-Survey** anlehnen (vgl. Ng et al. 1982, Bigoness/Blakely 1996), wird geprüft, wie stark bestimmte Attribute, wie beispielsweise „ehrgeizig", „mutig", „hilfsbereit" oder „liebenswürdig", Individuen in bestimmten Ländern charakterisieren bzw. von Individuen in diesen Ländern geschätzt werden.

(2) Ähnliche Ziele haben die Arbeiten, die auf den Werteuntersuchungen von **Gordon** aufbauen (vgl. Hofstede 1976). Auch bei diesen Studien geht es darum, Individuen nach ihren Werten zu befragen und dabei länderübergreifende Unterschiede festzustellen. Differenziert wird dabei zwischen den sogenannten personalen Werten, d.h. Werten, die vor allem das Individuum an sich betreffen, und den sogenannten interpersonalen Werten, d.h. Werten, die das Verhältnis des Individuums zu anderen betreffen.

(3) Die Untersuchungen, die auf den **Allport/Vernon/Lindzey-Werteinstellungstest** zurückgreifen, sind auf der Suche nach der Frage, ob bestimmte – auf Spranger zurückgehende – **Persönlichkeitstypen**, wie der theoretische, der ökonomische, der ästhetische, der soziale, der politische oder der religiöse Typ, in unterschiedlichen Kulturen in unterschiedlichem Ausmaß existieren.

In vielen Fällen wird auch versucht, die zahlreichen einzelnen Werte durch Faktorenanalysen auf eine beschränkte Zahl von Wertedimensionen zu verdichten. Schwartz bzw. Schwartz/Bilsky identifizieren mehrere höhere Ebenen von Wertedimensionen, die andere Werte beinhalten können (vgl. Schwartz/Bilsky 1987, 1990 sowie Schwartz 1992). Die Wissenschaftler versuchen, zahlreiche Werte den Dimensionen „Individualismus", „Kollektivismus" und „Mischung aus Individualismus und Kollektivismus" zuzuordnen. Gleichzeitig wollen sie zeigen, dass zwar nicht die Bedeutung der einzelnen Werte, so aber doch Inhalt und Struktur dieser Werte über Ländergrenzen hinweg identisch sind. Die Existenz universeller Inhalte und Strukturen von Werten wird jedoch von anderen Wissenschaftlern bezweifelt (vgl. etwa zu globalen Werten Agle/Caldwell 1999, S. 349-353).

3.9.2.2 Arbeits- bzw. managementrelevante Werte-, Einstellungs- und Überzeugungsstudien

Als zweite Gruppe lassen sich all die Studien auffassen, die **nicht nur nach generellen länderspezifischen Gemeinsamkeiten und Unterschieden** suchen, **sondern** mit dem Anspruch antreten, **arbeits- oder managementrelevante Werte, Einstellungen oder Überzeugungen** zu erforschen. Untersucht werden Gemeinsamkeiten und Unterschiede hinsichtlich der Einstellung zur Arbeit, der Bedeutung von Arbeit und der Motivation in der Arbeitswelt (vgl. z.B. Kanungo/Wright 1983, Ronen 1986, v.a. S. 129-165, Kelley/Whatley/Worthley 1987, Harpaz 1990, Bournois 1996, Ralston/Holt/Terpstra/Kai-Cheng 1997, Adigun 2000, Kern 2004). Wir wollen aus dieser Kategorie zwei Studien exemplarisch herausgreifen und kurz etwas näher erläutern: die Studie von Alpander/Carter (1991) und die Studie von England (1986).

(1) In einer Studie von Alpander/Carter (1991) wird der Frage nachgegangen, ob grundlegende menschliche Bedürfnisse, wie sie etwa von Maslow (1954) identifiziert wurden, über unterschiedliche Kulturen hinweg die gleiche Priorität haben. Alpander/Carter differenzieren zwischen fünf menschlichen Bedürfnissen: erstens dem Bedürfnis nach wirtschaftlicher Sicherheit, zweitens dem Bedürfnis nach Anerkennung, drittens dem Bedürfnis nach Geborgenheit und Zugehörigkeit zu einer Gruppe, viertens dem Bedürfnis nach Selbstwertgefühl und fünftens dem Bedürfnis, Kontrolle und Macht auszuüben. Sie untersuchten, ob Individuen aus unterschiedlichen Kulturen diesen fünf Bedürfnissen eine unterschiedliche Bedeutung zukommen lassen. Aus Abbildung 5-38 wird ersichtlich, dass die Priorität von Bedürfnissen über Länder hinweg unterschiedlich eingeschätzt wird.

	Most important need				Least important need
	1	2	3	4	5
Belgium	C	E	B	S	R
Spain	C	E	B	S	R
Germany	C	E	R	B	S
Italy	C	E	R	B	S
Venezuela	C	E	B	R	S
Mexico	C	B	S	E	R
Colombia	C	B	S	E	R
Japan	C	R	B	E	S
C: Need to control, E: Need for economic security, B: Belongingness, S: Self-worth, R: Recognition.					

Abb. 5-38: Die Kulturabhängigkeit menschlicher Bedürfnisse
Quelle: Alpander/Carter (1991), S. 27.

An dieser Stelle muss freilich darauf verwiesen werden, dass die Bedeutung von Bedürfnissen nicht nur von der Landeskultur der Individuen, sondern von zahlreichen weiteren
Faktoren, wie etwa der Ausbildung, der Position oder der Unternehmungskultur, abhängen kann (vgl. Ackermann 1990, v.a. S. 168-172).

(2) Die Studie von England ist im Rahmen des Projekts „**The Meaning of Working**"
erstellt worden (Meaning of Working International Research Team 1987). In seinem
Artikel geht England der Frage nach, welche Bedeutung Arbeit für Individuen in unterschiedlichen Kulturen hat. Befragt wurden unter anderem japanische, US-amerikanische
und deutsche Individuen. Als Ergebnis stellt England fest, dass Arbeit für Japaner einen
deutlich größeren Stellenwert hat als für US-Amerikaner und für Deutsche (vgl. dazu
England 1986). Dies kommt auch in Abbildung 5-39 zum Ausdruck.

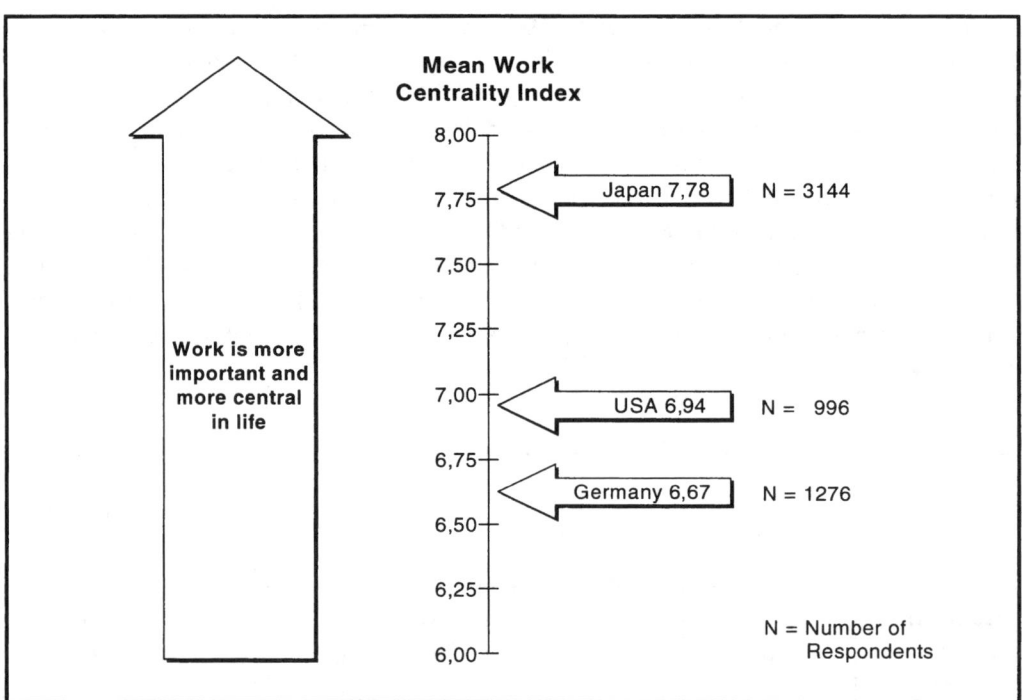

Abb. 5-39: Die Bedeutung der Arbeit in unterschiedlichen Kulturen
Quelle: England (1986), S. 179.

Problematisch ist an manchen der Studien, die den ersten beiden Kategorien zuzurechnen sind, die **Wahl der Stichprobe**. Meist werden „convenience samples" herangezogen. So werden häufig Schüler, Studenten oder auch Manager befragt. Gerade in Studien, die aus der Feder von Hochschullehrern der Betriebswirtschaftslehre stammen,

wird auf Manager zurückgegriffen. Befragt werden Manager, die an Weiterbildungspro-grammen (Executive-Education-Programmen oder Master-of-Business-Administration-Programmen) teilnehmen. Ob damit jedoch die kulturellen Unterschiede treffend erfasst werden, bleibt dahingestellt. So geben Bigoness/Blakely, die ihre Studie am IMD (Insti-tute of Management Development) in Lausanne durchgeführt haben, zu: „Managers who attend ... management development programs are, in all probability, not wholly rep-resentative of managers within the nations they represent. For example, IMD partici-pants hold exclusively middle- and upper-level management positions, they are fluent in English, and many have held management positions outside their countries of citizen-ship" (Bigoness/Blakely 1996, S. 750).

Nach den beiden Gruppen von Studien, die sich auf die Concepta-Ebene konzentrieren, soll nun kurz auf einige Arbeiten hingewiesen werden, welche die Percepta-Ebene in den Mittelpunkt des Interesses rücken.

3.9.3 Studien mit Fokus auf der Percepta-Ebene

3.9.3.1 Studien zur Verhaltenswelt der Percepta-Ebene

Die dritte Gruppe wird von Studien konstituiert, in denen Elemente der **Verhaltenswelt der Percepta-Ebene** länderübergreifend untersucht und gleichzeitig explizit Verbindun-gen zu kulturellen Fragestellungen betont werden. Die Arbeiten lassen sich folgenden Themenbereichen zuordnen:

- **Strategieformulierung und -implementierung** (vgl. z.B. Schneider/DeMeyer 1991, Gilbert/Lorange 1994, Perlitz 1994, Cray/Mallory 1998, S. 63-88, Steensma/Marino/ Weaver 2000),

- **Planung** (vgl. z.B. Haiss 1990, Brock/Barry/Thomas 2000),

- **Organisation** (vgl. z.B. Kervasdoue/Kimberly 1979, Maurice/Sorge/Warner 1980, Ouchi 1980, Laurent 1981, Boisot 1986),

- **Management-, Koordinations- und Kontrollsysteme** (vgl. z.B. Horovitz 1979, Ouchi 1980, Gray 1988),

- **Geschäftsprozesse** (vgl. z.B. Peppard/Fitzgerald 1997),

- **Führungs- bzw. Managementstil** (vgl. z.B. Bottger/Hallein/Yetton 1985, Reber/ Jago/Böhnisch 1992, Jago et al. 1995, Myers et al. 1995, Bakhtari 1995, Kropf 1998),

- **Überwachungs- und Kontrollstil** (vgl. z.B. Tayeb 1995, Sully de Luque/Sommer 2000),

- **Verhandlungs- bzw. Kommunikationsstil** (vgl. z.B. Tixier 1994, Hendon/Hendon/ Herbig 1996),

- **Geschäftsbeziehungen** (vgl. z.B. Mauritz 1996),

- **Personalführung bzw. -management** (vgl. z.B. Ralston/Gustafson/Mainiero/Umstot 1993, Teagarden/Glinow 1997, Segalla/Fischer/Sandner 2000, Cabrera/Ortega/ Cabrera 2003),

- **Konfliktverhalten** (vgl. z.B. Cushman/Sanderson King 1985, Tse/Francis/Walls 1990, Friedman/Chi/Lin 2006) und

- **Entscheidungsprozesse bzw. kognitive Prozesse im Allgemeinen** (vgl. Pascale 1978, Yasin/Zimmerer/Green 1989, Abramson/Keating/Lane 1996, Cray/Mallory 1998, S. 89-112, Lam/Chen/Schaubroeck 2002, Carr 2005, Chen/Li 2005).

Viele andere Studien konzentrieren sich weniger auf bestimmte Bereiche des Managements; sie nehmen eher eine Fokussierung auf ein oder mehrere Länder vor und versuchen ein breites Spektrum an managementrelevanten Fragen zu untersuchen (vgl. z.B. Reitsperger/Daniel 1990, Pfohl/Buse 1997).

3.9.3.2   Studien zur Symbolwelt der Percepta-Ebene

Die vierte Gruppe von Untersuchungen interessiert sich für Unterschiede auf der Ebene der **Symbolwelt der Percepta-Ebene**. Untersucht wird dabei, wie sich materielle, interaktionale und sprachliche Symbole und Artefakte über Kulturen hinweg unterscheiden. Es existiert eine Vielzahl von Studien, die sich dieser Thematik widmen. Wir können diese Studien im Rahmen dieses Lehrbuchs nicht abschließend darstellen; vielmehr wollen wir lediglich zwei Beispielbereiche herausgreifen: (1) die Farbsymbolik und (2) die Verhandlungssymbolik.

(1) Die Farbsymbolik: Beispielhaft sollen zunächst Studien herangezogen werden, welche die Bedeutung unterschiedlicher Farben in unterschiedlichen Kulturen ansprechen (vgl. z.B. Jacobs/Keown/Worthley/Ghymn 1991). Die Frage nach der Bedeutung von Farben ist dabei keineswegs nur im Marketing von Relevanz; vielmehr spielen Farben auch bei zahlreichen anderen Fragen eine Rolle – ob bei der Auswahl des Firmenlogos, der passenden Kleidung in Verhandlungssituationen oder auch der Ausstattung der Büros im Gastland. Abbildung 5-40 gibt einen Überblick über die Bedeutung von Farben in China, Korea, Japan und den USA.

	China	Korea	Japan	USA
Blue	High quality	Powerful High quality Adventurous Sincere Trustworthy	Sincere** Trustworthy** High quality* Dependable	Dependable** High quality* Sincere Trustworthy Expensive Powerful
Black	Powerful** Expensive High quality Dependable Trustworthy	Powerful* Expensive	Powerful* Expensive Dependable	Powerful** Expensive
Red	Happy** Love* Adventurous*	Love** Good-tasting Adventurous	Love** Good-tasting Happy Adventurous	Love* Adventurous Happy Good-tasting Inexpensive
Yellow	Happy Pure** Progressive*	Happy** Pure Good-tasting Dependable	Happy** Pure* Good-tasting	Happy Pure Good-tasting
Green	Pure Trustworthy Dependable Sincere	Pure* Adventurous Sincere Trustworthy	Pure Good-tasting Adventurous	Good-tasting Adventurous
Grey	Inexpensive*		Inexpensive	Expensive High quality Dependable
Purple	Expensive Love	Expensive Love Dependable	Expensive* Adventurous	Progressive* Inexpensive Love
Brown	Good-tasting*	Inexpensive	Inexpensive	Inexpensive

** 50% or more of respondents made this association.
* 30-49% of respondents made this association.
All others, 20-29% of respondents made this association.

Abb. 5-40: Die Bedeutung von Farben in unterschiedlichen Kulturen
Quelle: Jacobs/Keown/Worthley/Ghymn (1991), S. 24.

(2) Die Verhandlungssymbolik: Verhandlungen laufen in unterschiedlichen Kulturen ganz unterschiedlich ab. Es existieren bestimmte Begrüßungsrituale, verbale und non-verbale Kommunikationsregeln sind zu beachten, und die Dauer von Verhandlungen variiert über Kulturen hinweg. Abbildung 5-41 gibt einen Überblick darüber, was in den USA, in Japan sowie in arabischen Ländern bei Verhandlungen beachtet werden sollte.

	Americans	Japanese	Arabs
Cultural Objective	Find out who you are, add to network of contacts, gain control	Discover your position in the company and your mission, maintain harmony	Establish personal rapport
Opening	What do you do?, job identity crucial	Put yourself in group context: company, department, individual	Establish personal status/family context, general conversation
Business Cards	A formality, a record of contact	Important to show company affiliation and level	Formality, no intrinsic value
Use of Language	First name, informal, friendly	Little talking	Expression of admiration, flattery, formal greeting
Nonverbal Messages	Direct eye contact, firm handshake	Bowing level, minimal facial expression	Facial expression, body language
Spatial Orientation	Individual space, maintain distance	Groups maintain distance, structured	Close distance, informal
Time Orientation	Short period of introduction	Give lead to others	Long range, take initiative
Information Exchange	Business-related, level of responsibility	Company-related	Personal
Closing	Get down to business, take the initiative	Period of harmony, response to initiative	Expression of hospitality/personal relationship
Applied Cultural Values	Informality, openness, directness, action-oriented	Harmony, respect, listening, non-emotional	Religious harmony, hospitality, emotional support, status/ritual

Abb. 5-41: Empfehlungen für das Führen von Verhandlungen – ein Vergleich der US-amerikanischen, japanischen und arabischen Kulturen
Quelle: Elashmawi/Harris (1993), S. 100.

Außerdem werden in Abbildung 5-42 Hinweise für Telefongespräche in den USA, in Japan sowie in arabischen Ländern gegeben.

	Americans	Japanese	Arabs
Objective	Information, action	Information	Personal relationship, commitments
Opening	Full name, purpose of call	Company name	Personal greetings
Use of Language	Direct objective	Generally conservative	Flattery
Nonverbal Communication	Urgency	Silence/harmony, Non-confrontational	Conveys emotions with tone of voice
Time Orientation	Time is money	Time controlled by caller	Longer time span
Information Exchange	Step-by-step	Always seeking, minimum given	Looping to objectives
Process	Task-orientated, direct question	Information gathering by listening	Indirect approach, inquire first about self/family, then get to business
Closing	Seek commitment, assign responsibility, will be in touch	No commitments, will discuss, call us back	Greeting, "wishing peace", reiterates long-term relation-ship, let us hear from you again
Applied Cultural Values	Directness, privacy, action-, task-oriented	Listening, informative, company, harmony	Religious harmony, emotional support, social organization, process orientation

Abb. 5-42: Empfehlungen für das Führen von telefonischen Gesprächen – ein Vergleich der US-amerikanischen, japanischen und arabischen Kulturen
Quelle: Elashmawi/Harris (1993), S. 105.

In den Studien der dritten und vierten Kategorie wird in unterschiedlich starkem Ausmaß auch der Frage nachgegangen, ob festgestellte Unterschiede auf der Percepta-Ebene tatsächlich auf Unterschiede hinsichtlich der Concepta-Ebene zurückzuführen sind. Wie nicht anders zu erwarten, zeigen sich dabei jedoch deutliche Grenzen, da eindeutige Zuschreibungen von Elementen der Percepta-Ebene zu denen der Concepta-Ebene als problematisch gelten.

3.9.4 Studien zu „Business Systems"

Bisher haben wir einen Überblick über Studien mit Fokus auf der Concepta-Ebene (Kategorien 1 und 2, Abschnitt 3.8.2) und Studien mit Fokus auf der Percepta-Ebene (Kategorien 3 und 4, Abschnitt 3.8.3) gegeben. In einer fünften und letzten Gruppe von

Studien fassen wir nun die Arbeiten zusammen, die an der Schnittstelle zwischen Concepta- und Percepta-Ebene anzusiedeln sind. Damit sind vor allem die **sozio-institutionalistischen Ansätze der Organisationsforschung** angesprochen. Die sozio-institutionalistischen Ansätze lassen – wie die neoinstitutionalistischen Ansätze (➔ dazu Abschnitt 3.3.4 in Kapitel 3) – der Bedeutung von Institutionen eine große Bedeutung zukommen. Ansonsten haben die sozio-institutionalistischen mit den neoinstitutionalistischen Ansätzen, wie etwa der Transaktionskostentheorie, dem Prinzipal-Agenten-Ansatz oder der Theorie der Verfügungsrechte, allerdings wenig gemein. Denn es geht den sozio-institutionalistischen Ansätzen um eine detaillierte Erfassung der **Charakteristika von Unternehmungen und der Charakteristika der Umwelt**, in die diese eingebettet sind (was die neoinstitutionalistischen Ansätze im Detail nicht interessiert). Unternehmungen und Umwelt einschließlich der die Umwelt konstituierenden Institutionen werden dabei nicht als Black Box betrachtet. Vielmehr wird – ähnlich wie in den Ansätzen der „Resource-Dependence-Theorie" – davon ausgegangen, dass Unternehmungen nicht unabhängig von ihrer Umwelt existieren. Unternehmungen, so die These, sind stark von ihrer Landesumwelt geprägt.

Ziel der sozio-institutionalistischen Ansätze ist es, die unterschiedlichen Charakteristika von Unternehmungen und deren Umwelt in einem bestimmten Land zu beschreiben. Whitley hat dafür den Begriff **„Business System"** geprägt (vgl. Whitley 1992a,b), der von einer Vielzahl weiterer Forscher – vor allem von Soziologen und Betriebswirtschaftlern – aufgegriffen wurde (vgl. die Beiträge in Whitley 1992, Hrsg.). Manchmal ist auch vom **„Management System"** eines Landes die Rede (vgl. Lessem/Neubauer 1994, Chen 1995). Ausgehend von der Beschreibung einzelner „Business bzw. Management Systems" (vgl. z.B. für Frankreich D'Iribarne 1991, Fischer 1995, Ammon 1996) erfolgt in den Arbeiten der sozio-institutionalistischen Forschungsrichtung ein meist sehr ausführlicher Vergleich unterschiedlicher „Business bzw. Management Systems" (vgl. Lawrence 1994). Das Spektrum der Arbeiten der sozio-institutionalistischen Arbeiten reicht dabei von wissenschaftlich äußerst anspruchsvollen Arbeiten bis hin zu vergleichsweise unreflektierten bzw. unsystematischen Managementratgebern (vgl. z.B. die Spannweite der Werke von Scarborough 1998 über Hickson 1993, Hrsg. und Lessem/Neubauer 1994 bis zu Simonet 1991). In Abbildung 5-43 findet sich eine Übersicht über Untersuchungen zum Management in einzelnen Ländern bzw. mehreren Ländern oder ganzen Regionen. Dabei wurde versucht, zwischen eher theoretischen und eher praxisorientierten Werken zu differenzieren. Die einzelnen Werke können helfen, die „Business Systems" oder „Management Systems" besser zu verstehen.

Im Prinzip gehen die sozio-institutionalistischen Ansätze sogar deutlich über die Concepta- und Percepta-Ebene hinaus. Es wird darin ein Kulturverständnis artikuliert, das ähnlich weit ist wie das oben von Dülfer skizzierte Kulturverständnis. Angesprochen werden dabei nicht zur zahlreiche **Charakteristika**, die den **Unternehmungen eines**

	Eher theoretisch orientierte Werke	Eher praxisorientierte Werke
Europäische Länder bzw. Europa im Allgemeinen	Gannon and Associates (1994) Hickmann (1996) Hickson (1993, Hrsg.) Lane (1989) Lessem/Neubauer (1994) Whitley (1992, Hrsg.)	Bloom/Calori/De Woot (1994) Calori/De Woot (1994, Hrsg.) Garrison/Rees (1994, Hrsg.) Johnson/Moran (1992) Kirkbride (1994, Hrsg.) Müller (2005) Randlesome et al. (1993)
Asiatische Länder bzw. Asien im Allgemeinen	Böttcher (1996) Chen (1995) Hamilton (1991, Hrsg.,1996, Hrsg.) Ravenhill (1995a,b,c,d, Hrsg.) Schütte (1994, Hrsg.) Whitley (1992) Wilkinson (1994)	Draguhn (1993, Hrsg.) Kulessa (1990, Hrsg.) Lasserre/Schütte (1999) Moore/Jennings (1995, Hrsg.) Schneider (1988, Hrsg.) Schütte/Lasserre (1996)
Diverse Länder weltweit allgemein	Bjerke (1999) Guillén (1994) Hampden-Turner/Trompenaars (1993) Harbison/Myers (1959) Nath (1988, Hrsg.) Scarborough (1998) Tayeb (1988)	Gesteland (1999) Harris/Moran (1996) Hendon/Hendon/Herbig (1996) Hermel (1993, Hrsg.) Hickson/Pugh (1995) Rothlauf (2006)
Frankreich	Brink/Davoine/Schwengel (1999, Hrsg.) D'Iribarne (1989) Fischer (1996) Riffault (1994, Hrsg.)	Barsoux/Lawrence (1990a) Boehmer (1991, Hrsg.) Gordon (1996) Grobien (1995) Hildenbrand (1997)
Großbritannien	Eberwein/Tholen (1993) Scholz (1993a)	Barsoux/Lawrence (1990b) Stewart et al. (1994)
USA	Kumar (1987)	Eggert/Gornall (1989, Hrsg.) Gudykunst/Nishida (1994) Otte (1996) Robinow (1987) Schmidt (2001) Stahl/Langeloh/Kühlmann (1999)
China	Kelley/Shenkar (1993, Hrsg.) Laaksonen (1988) Lang (1998) Redding (1990)	Ambler/Witzel (2004) Bucknall (1994) Chu (1994) Käser-Friedrich/Garratt-Gnann (1995) Kutschker (1997, Hrsg.) Tang/Reisch (1995) Zhang (1997) Zinzius (1996)
Indien	Kumar (1994) Rothermund (1995, Hrsg.)	Dutta (1997) Kutschker/Bendt (1999, Hrsg.) Wamser/Sürken (2005)
Japan	Adami/Kolatek (1994) Bellmann/Haak (2005, Hrsg.) Fruin (1992) Gerlach (1992) Lang (1998) Miyashita/Russell (1994) Ravenhill (1995e,f, Hrsg.) Roehl/Bird (2005, Hrsg.) Tachibanaki (1998, Hrsg.) Yuzawa (1994, Hrsg.)	Eli (1988) Esser/Kobayashi (1994, Hrsg.) Gudykunst/Nishida (1994) Janocha (1995) Kato/Kato (1992) Maury (1991) Rowland (1994) Schneidewind (1994) Yoshimura/Anderson (1997)

Korea	Adami/Kolatek (1994)	Bong (1995)
	Chang/Chang (1994)	Kim (1996)
	Chung/Lee/Jung (1997)	Odrich/Odrich (1994)
	Lee (1993)	

Abb. 5-43: Untersuchungen zum Management in bestimmten Ländern bzw. Regionen

Landes zugeschrieben werden (z.B. Managementstil, Organisationsstrukturen, Unternehmungsstrategien), sondern auch die Rolle, die der **Staat**, die **Märkte** (insbesondere die Finanzmärkte), das **Ausbildungssystem**, das **Rechtssystem**, das **Politiksystem** sowie die **Arbeitgeber-Arbeitnehmer-Beziehungen** für Unternehmungen und deren Management spielen. Es geht also nicht nur um Unternehmungen, sondern auch um das, was man als **Wirtschaftskultur bzw. Wirtschaftsstil** eines Landes bezeichnen kann. Damit lässt sich etwa an umfangreiche Arbeiten Max Webers, Werner Sombarts, Heinrich Bechtels und Alfred Müller-Armacks anknüpfen (vgl. Klump 1996, Hrsg.).

Besondere Bedeutung kommt bei sozio-institutionalistischen Betrachtungen der Frage zu, wie sich Unternehmungen und ihr Umfeld vor dem Hintergrund historischer Einflüsse entwickelt haben (vgl. z.B. Bhappu 2000). Insofern handelt es sich beim Sozio-Institutionalismus auch um eine **Forschungsrichtung**, die **interdisziplinär** ausgerichtet ist und von Historikern, Soziologen, Politologen, Volkswirten, Betriebswirten sowie Sprach- und Kulturwissenschaftlern gemeinsam getragen wird. Angesichts der bereits beschriebenen Globalisierungstendenzen gehen manche Autoren zwar davon aus, dass wir in Zukunft zunehmend weltweit einheitliche Unternehmungen und zunehmend weltweit einheitliche Umweltbedingungen hätten; derartige Annahmen sollten jedoch äußerst kritisch betrachtet werden (vgl. Whitley 1994). Zumindest sollte die Diskussion um weltweite Vereinheitlichungen nicht unabhängig von der Frage geführt werden, ob eine derartige Entwicklung realisierbar, wünschenswert, zweckmäßig und verantwortungsgerecht ist (vgl. Klump 1996, v.a. S. 10-12). Ohnehin zeigt die Praxis, dass mit Direktinvestitionen zwar Vereinheitlichungstendenzen einhergehen können, jedoch keineswegs müssen (vgl. für japanische Direktinvestitionen z.B. Michalski 1997).

Ob es sinnvoll ist, eine kulturelle Analyse von einer sozio-institutionalistischen Analyse zu unterscheiden, wie es manchmal in der Literatur suggeriert wird (vgl. z.B. Lane 1989, v.a. S. 19-38), bleibt dahingestellt. Dülfer kann schließlich mit seinen Ausführungen verdeutlichen, dass es ein schwieriges Unterfangen ist, kulturelle von sozio-institutionalistischen Einflüssen zu trennen. Insofern kommt es auf das Verständnis bzw. die Definition von Kultur an, ob man eine Differenzierung für nötig erachtet. Die Arbeiten sozioinstitutionalistischer Orientierung führen uns nun direkt zu unserem nächsten Abschnitt. Denn im folgenden Abschnitt wollen wir der Frage nachgehen, wie sich Unternehmungsformen aus drei Ländern vor dem dort herrschenden kulturellen Hintergrund näher charakterisieren lassen.

4 Kulturgeprägte Unternehmungsformen

4.1 Einleitende Überlegungen

Im folgenden Abschnitt werden wir Ihnen drei kulturell geprägte Unternehmungsformen vorstellen: die japanischen Keiretsu, die koreanischen Chaebol und die chinesischen Family Business Networks (vgl. auch Schütte/Lasserre 1996, S. 65-109, Renz/Gil Gómez 1997, Schneidewind 1999, Tu/Kim/Sullivan 2002). Was Sie in den folgenden Abschnitten erwartet, wird in Abbildung 5-44 systematisch aufgezeigt.

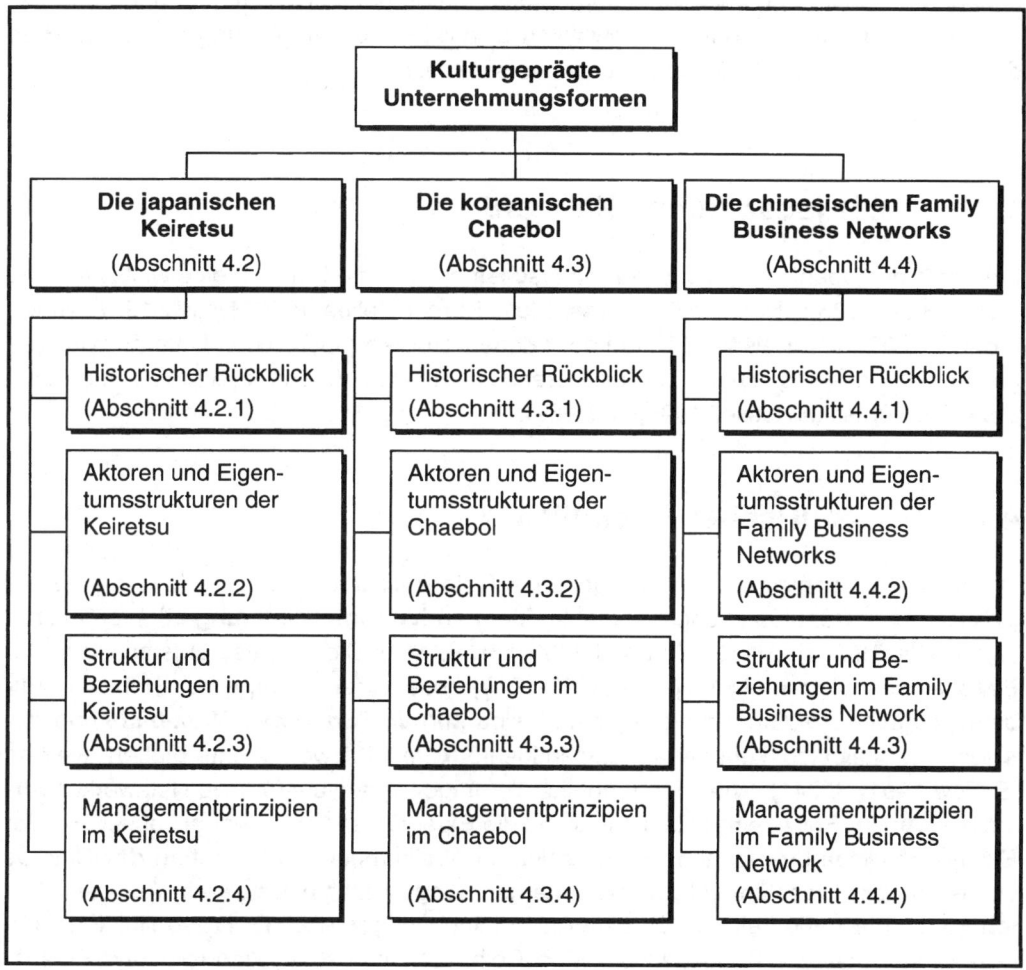

Abb. 5-44: Strukturübersicht über Betrachtungen zu kulturgeprägten Unternehmungs- formen

Mit unseren Ausführungen möchten wir Ihnen verdeutlichen, dass die **Unternehmung von kulturellen Einflüssen geprägt** ist. Unternehmungen haben nicht in allen Kulturen die gleichen Merkmale, die gleiche Gestalt. Wenn wir die japanischen Keiretsu, die koreanischen Chaebol und die chinesischen Family Business Networks als kulturell geprägte Unternehmungsformen bezeichnen, so greifen wir dabei freilich auf ein sehr weites Kulturverständnis zurück, wie dies bei Dülfer oder den gerade erwähnten sozio-institutionalistischen Ansätzen zum Ausdruck kam. Ein derart weites Kulturverständnis schließt historische, ökonomische, politische, rechtliche oder soziale Einflüsse mit ein.

Wir möchten darauf hinweisen, dass unsere Darstellungen exemplarischen Charakter haben. Wir könnten ebenso auf kulturgeprägte Unternehmungsformen in anderen Ländern eingehen. Anhand der drei gewählten asiatischen Unternehmungsformen werden die kulturellen Unterschiede jedoch besonders deutlich.

4.2   Die japanischen Keiretsu

Innerhalb der japanischen Wirtschaftslandschaft spielen die Keiretsu eine wichtige Rolle (vgl. Gerlach 1987, Helou 1991, Ross 1991, Kumar/Dolles 1996, Dolles 1997, Steinbrenner 1997). Mehr als zwei Drittel der hundert größten japanischen Unternehmungen gehören mindestens einem der existierenden Keiretsu-Verbünde an (vgl. Eli 1988, S. 24-29, Miyashita/Russell 1994, S. 78-81).

4.2.1   Historischer Rückblick

Die heutigen japanischen Keiretsu gehen auf die **Zaibatsu** zurück, welche die vorher existierenden **Dozuku** – sogenannte **kleine Familienunternehmungen** – ergänzten (vgl. Dolles 1997, S. 88-101, Bhappu 2000, v.a. S. 412). Die Zaibatsu entstanden in der Periode, die in Japan als Meiji-Ära (1868-1911) bezeichnet wird. Die bekanntesten Zaibatsu, oft auch die „Großen Vier" genannt, sind *Mitsui, Sumitomo, Mitsubishi* und *Yasuda*. Die Zaibatsu können als „pyramidenförmige Netzwerke" interpretiert werden (Sydow 1991, S. 241). Wie kann man sich derartige „pyramidenförmige Netzwerke" vorstellen? An der Spitze eines Zaibatsu stand die Eigentümerfamilie, wobei besser von der Eigentümerclique gesprochen werden sollte. In Abstimmung mit Vertretern des Staates wurde von der Eigentümerclique die Unternehmungsstrategie festgelegt. Auf der zweiten Hierarchieebene befand sich eine Art Holdingdachgesellschaft. Diese Holdingdachgesellschaft übte die Kontrolle über eine Reihe von Industrie-, Handels- und Finanzunternehmungen aus. Die Zaibatsu waren nämlich stark diversifiziert. Die einzelnen Industrie-, Handels- und Finanzfirmen wiederum konstituierten die dritte Hierarchieebene. Auf der vierten Hierarchieebene befanden sich Enkelgesellschaften und weitere Beteiligungsgesellschaften.

Da die Zaibatsu sowohl die Rüstungsindustrie als auch alle übrigen Schlüsselindustrien Japans beherrschten, wurden sie nach der japanischen Niederlage im Zweiten Weltkrieg durch die US-amerikanische Regierung und deren Anti-Monopolgesetzgebung zerschlagen. Es kam zu einer Entflechtung der Zaibatsu-Gruppen, die aber nicht lange anhalten sollte. Die starken persönlichen Verflechtungen zwischen den früheren Führungseliten der Zaibatsu blieben bestehen. Und dies führte dazu, dass die Zaibatsu in Form der sogenannten Keiretsu neu entstanden. Doch was versteht man unter diesen Keiretsu?

4.2.2 Aktoren und Eigentumsstrukturen der Keiretsu

Bei den Keiretsu handelt es sich um **Netzwerke von Unternehmungen**, die auf unterschiedlichen Märkten tätig sind. Die einzelnen Unternehmungen sind rechtlich und wirtschaftlich **weitgehend selbständig** – und dennoch gelten sie, wie wir sehen werden, als über vielfältige Beziehungen miteinander verbunden. In der Regel werden die traditionellen horizontalen und die später entstandenen vertikalen Keiretsu differenziert.

- Der Kern der **traditionellen, horizontalen Keiretsu** – in der Literatur auch als „Inter-Market-Groups" bezeichnet – wird jeweils von einer führenden Industrieunternehmung, einem großen Handelshaus (Sogo Shosha) sowie einer zentralen Großbank konstituiert. Um diesen Nukleus, der eine strategische Führungsrolle im Keiretsu einnimmt, rankt sich eine Vielzahl weiterer Unternehmungen. Als die „Großen Sechs" gelten heute die drei ehemaligen Zaibatsu *Mitsubishi*, *Mitsui* und *Sumitomo* sowie *Fuyo*, *Sanwa* und *Dai-Ichi-Kangyo* (vgl. Helou 1991, S. 130-131). Um Ihnen einen Einblick in die Aktoren eines Netzwerks zu geben, haben wir in Abbildung 5-45 das *Mitsubishi*-Keiretsu abgebildet.

- Bei den **vertikalen Keiretsu** steht eine Unternehmung im Mittelpunkt: Hierbei handelt es sich um eine Unternehmung als fokalen Aktor, die eine Vielzahl von weiteren Unternehmungen entlang der Wertschöpfungskette um sich gruppiert. Innerhalb der industriellen Keiretsu lassen sich nochmals separat die „Manufacturers Keiretsu" bzw. „Production Keiretsu" von den „Distribution Keiretsu" unterscheiden (vgl. Cutts 1992, S. 49, Miyashihta/Russell 1994, S. 115-131). Die Produktionskeiretsu finden wir vor allem in der Automobilindustrie (z.B. *Toyota*, *Nissan*) und in der Elektronikindustrie (z.B. *Matsushita*, *Toshiba*, *Hitachi*). Die Distributionskeiretsu lassen sich in Branchen identifizieren, in denen neben der Produktion dem Vertrieb über Groß- und Einzelhändler eine besondere Rolle zukommt (Konsumgüterelektronik, Kosmetik, Zeitungen, Kameras).

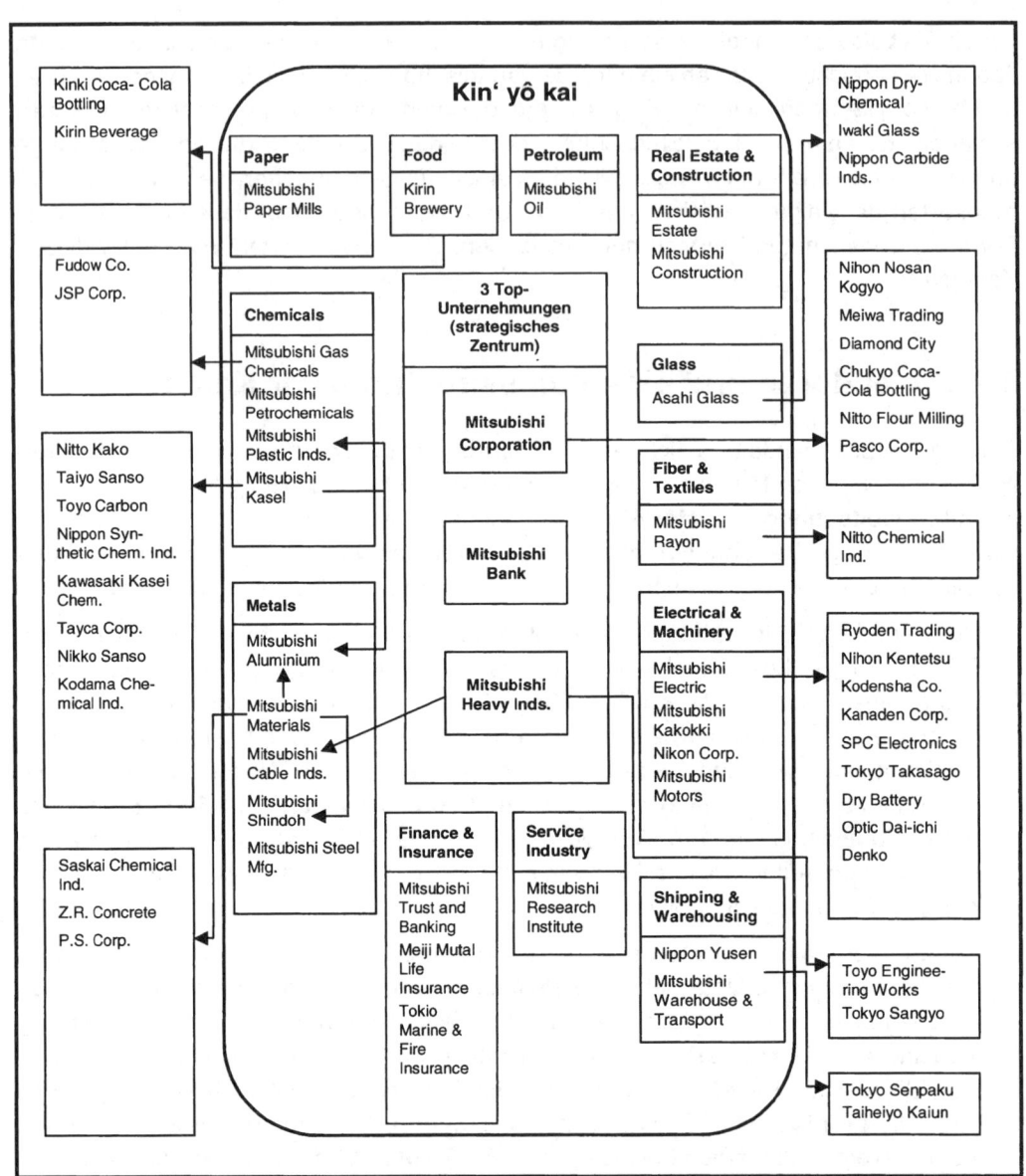

Abb. 5-45: Das Mitsubishi-Keiretsu
Quelle: Steinbrenner (1997), S. 67.

Die traditionellen, horizontalen Keiretsu können mit den vertikalen Keiretsu überlappen. So gilt etwa *Toyota* als vertikales Keiretsu, gleichzeitig aber ist *Toyota* in das traditionelle, horizontale Keiretsu von *Mitsui* eingebettet (vgl. Miyashita/Russell 1994, S. 11).

4.2.3   Struktur und Beziehungen im Keiretsu

Japanische Keiretsu stellen sehr komplexe Netzwerke dar. Als Indikatoren für die Komplexität eines Netzwerkes können die Größe des Netzwerkes, die Varietät der Aktoren des Netzwerkes und die Dichte der Beziehungen zwischen den Aktoren des Netzwerkes gelten (vgl. Kutschker/Schmid 1995, S. 5-6). Es ist offensichtlich, dass die Keiretsu gerade aufgrund der Vielzahl der miteinander verflochtenen Aktoren und der von ihnen erzielten Umsätze sehr **große Netzwerke** sind. Von einer großen **Varietät der Aktoren** kann in horizontalen Keiretsu aufgrund der unterschiedlichen Branchenzugehörigkeit und in vertikalen Keiretsu aufgrund der hohen Spezialisierung gesprochen werden. Eine stark ausgeprägte funktionale Arbeitsteilung finden wir in beiden Keiretsu-Typen vor. Darüber hinaus lassen sich die japanischen Keiretsu als Netzwerke mit einer hohen **Dichte** auffassen, da die Zahl der manifesten Beziehungen im Vergleich zu möglichen Beziehungen sehr hoch ist (vgl. Orrù/Biggart/Hamilton 1991, S. 371-373). Während man Größe, Varietät und Dichte als Indikatoren für die Komplexität der japanischen Netzwerke heranziehen kann, lässt sich die **Stabilität** des Netzwerkes als Indikator für die Fähigkeit zur Handhabung der Komplexität interpretieren. Die Stabilität wird dabei in den Keiretsu auf vielfältige Weise erreicht, die vor allem aus den Beziehungen resultiert.

Netzwerkbeziehungen lassen sich inhaltlich in Informations- und Kommunikationsnetzwerke, Transaktions- bzw. Austauschnetzwerke, Netzwerke der Koorientierung und des Vertrauens sowie Macht- und Abhängigkeitsnetzwerke klassifizieren (vgl. Kutschker/Schmid 1995, S. 4). Der **Zusammenhalt** der Keiretsu fußt dabei auf **allen Beziehungsnetzwerken** gleichzeitig. Die Stabilität wird durch kapitalmäßige Überkreuzbeteiligungen, durch die gemeinsame Planung und Durchführung wichtiger Investitionsvorhaben, durch die Finanzierung der Investitionsvorhaben unter der Federführung der Großbank und durch die Förderung des Absatzes im In- und Ausland unter Koordination des Handelshauses gesichert. Auch durch permanenten Informations-, Technologie- und Personaltransfer und nicht zuletzt durch die institutionalisierten, regelmäßig tagenden Präsidenten- und Direktorenclubs, die sogenannten Kais, erhöhen die Keiretsu ihren Zusammenhalt (vgl. Gerlach 1987, S. 128-134, Sydow 1991, S. 244, Miyashita/Russell 1994, S. 61-74). Zudem fördert das in japanischen Unternehmungen praktizierte Senioritätsprinzip in Verbindung mit dem Grundsatz der lebenslangen Beschäftigung die Stabilität der Keiretsu.

Untersuchungen zeigen zwar, dass der Anteil der Überkreuzverflechtungen börsennotierter Unternehmungen an ihrem gesamten Aktienvermögen in Japan zurückgeht; dies stellt jedoch kein Indiz für eine Auflösung der Keiretsu-Verbünde dar. Kapitalbeziehungen sind schließlich in Japan nur ein Instrument unter vielen, um den Zusammenhalt zu sichern, während nach westlicher Sicht vor allem Kapitalmehrheiten zu Einfluss verhelfen. Besonders zu beachten ist auch die Tatsache, dass die Zaibatsu nicht zerschlagen werden konnten, obwohl die Amerikaner nach dem Zweiten Weltkrieg die Kapitalmehrheiten „beseitigt" und die ehemalige Holdingstruktur „abgeschafft" hatten.

4.2.4   Managementprinzipien im Keiretsu

Kompakt lässt sich das japanische Managementprinzip, welches auch für die Keiretsu gilt, mit dem Begriff „**Wa**" erfassen (vgl. Alston 1989; vgl. zu weiteren Besonderheiten des japanischen Managements z.B. auch Sonnenborn/Esser 1991, Sonnenborn 1993 sowie die in Abschnitt 3.8.4 in diesem Kapitel genannte Literatur). Wa drückt die Essenz des Zusammenlebens in der japanischen Gesellschaft aus und bildet die Grundlage für die japanische Geschäftsbeziehung. Wa lässt sich umschreiben mit **Gruppenloyalität, Konsens, Kooperation, sozialem Zusammenhalt und Vertrauen**. Mit Wa wird zum Ausdruck gebracht, dass sich das Individuum in Japan der Gruppe unterordnet und das Gruppeninteresse über die individuellen Ziele stellt. Dabei spielt die Größe der Gruppe keine Rolle; Wa gilt in jeder Form von Gemeinschaft. Japanische Mitarbeiter sehen sich im Kontext ihrer Unternehmung (ihres sogenannten „Hauses"), Unternehmungen verstehen sich wiederum im Kontext ihres Keiretsu, und die Keiretsu wiederum interpretieren sich im Kontext der japanischen Gesellschaft.

4.3   Die koreanischen Chaebol

In Südkorea spielt eine andere netzwerkartige Unternehmungsform eine wichtige Rolle: die sogenannten Chaebol (vgl. Yoo/Lee 1987, Lie 1990, Chang/Chang 1994, S. 59-81).

4.3.1   Historischer Rückblick

Die Entstehung der koreanischen Chaebol geht auf die **Zeit nach dem Koreakrieg** zurück. Die Militärregierung des Generals Chung Hee Park übernahm nicht nur die Macht über das Land, sondern auch die Macht über das Finanzwesen. Die Banken wurden vom Staat kontrolliert, um zu vermeiden, dass Kredite ohne Rücksicht auf finanzielle Notwendigkeiten nur aufgrund persönlicher Beziehungen vergeben wurden. Neben ihrem Einfluss auf das Bankwesen sicherte sich die Regierung auch den Einfluss auf die Industrie. Mit großem industriepolitischem Aufwand wurde die Gründung von mächtigen Unternehmungsgruppen seit Mitte der fünfziger Jahre forciert.

4.3.2   Aktoren und Eigentumsstrukturen der Chaebol

Als Chaebol bezeichnet man die koreanischen **Unternehmungskonglomerate**, die in einer **Vielzahl von unterschiedlichen Branchen** aktiv sind. Chaebol stellen Mischkonzerne dar, die in unterschiedlichen Sektoren wie dem Schiffs- und Maschinenbau, der Automobil- und Elektronikindustrie sowie der Textil- und Nahrungsmittelbranche aktiv sind. Im Vergleich zu den Keiretsu spielen bei den Chaebol die Banken und Handelshäuser eine etwas geringere Rolle. Dies heißt aber nicht, dass nicht auch Bank- und Handelsaktivitäten internalisiert sind. Im Gegenteil: Chaebol beschränken ihre Transaktionen mit Unternehmungen von außerhalb auf sehr wenige Bereiche. Die wenigsten Aktivitäten sind bei ihnen externalisiert. Doch hinsichtlich ihres Aufgabenspektrums kommt den Banken und Handelshäusern bei den Chaebol eine geringere Bedeutung zu als bei den Keiretsu. Die Handelshäuser sind im Prinzip Exportunternehmungen, die den Absatz der Produkte im Ausland sicherstellen – allerdings mit großem Erfolg, wie die zunehmende Internationalisierung koreanischer Unternehmungen zeigt.

Es wird davon gesprochen, dass inzwischen nach größeren Umstrukturierungen der koreanischen Wirtschaft infolge der Asienkrise etwa 30 verschiedene Chaebol existieren, die bis zu 75% des koreanischen Bruttosozialprodukts erzielen. Die größten Chaebol sind *Hyundai*, *Samsung*, *LG (Lucky Goldstar)*, *SK*, *Hanjin*, *Lotte* und *Daewoo*. Auffällig ist der Größenunterschied zwischen den größten und kleinsten dieser Chaebol. Der größte Chaebol-Konzern, *Hyundai*, ist mehr als 30 mal so groß wie der kleinste der 30 Chaebol (vgl. o.V. (2000): Die 30 „neuen" Chaebol. In: Frankfurter Allgemeine Zeitung Nr. 151 vom 03. Juli 2000, S. 28). Für die Außenwirtschaft sind die Chaebol noch wichtiger. Allein die größten zehn Chaebol wickeln mehr als 50% der gesamten koreanischen Exporte ab.

Die Chaebol sind in der Regel **im Besitz einer bestimmten Familie**, die auch die Führung des Chaebol innehat. An der Spitze des Chaebols steht der „Chongsu" (Vorsitzender). Bis Ende der siebziger Jahre des vergangenen Jahrhunderts war in allen Chaebol der Chongsu noch identisch mit dem Gründer. Neben dem Gründer bzw. Eigentümer sind zahlreiche weitere Familienmitglieder in verantwortungsvollen Positionen im Chaebol tätig. Doch anders als in Japan beschränkt sich der Begriff „Familie" ausschließlich auf „Blutsverwandtschaft"; er darf daher keinesfalls mit dem in Japan gängigen Verständnis des „Hauses" verwechselt werden. Die meisten Chongsu wollen die Führung des Chaebol nach ihrem Tod bzw. bei Eintreten des Ruhestandes daher auch an ihre ältesten Söhne übergeben. Die Kontrolle ist im Chaebol stark vertikal und hierarchisch.

4.3.3 Struktur und Beziehungen im Chaebol

Versucht man die Größe der Chaebol zu erfassen, so stößt man auch hier auf das **Problem**, wo die **Grenzen des gesamten Netzwerks** gezogen werden sollen. Zunächst weisen die Umsatzzahlen der großen Chaebol darauf hin, dass es sich durchaus um mächtige Gruppen handelt. Allerdings sollte beachtet werden, dass selbst die größten Chaebol immer noch kleiner sind als die japanischen Keiretsu. Ein Grund für die geringere Größe der Chaebol ist sicherlich darin zu sehen, dass diese erst wenige Jahrzehnte existieren und daher bei weitem nicht auf eine so lange Geschichte zurückblicken können wie die Keiretsu. Auch die mangelnde Bereitschaft der Familien, Managementverantwortung an Nicht-Blutsverwandte abzugeben, kann als Hemmschuh für das Wachstum gelten. Und schließlich ist zu berücksichtigen, dass die Asienkrise zu einer Teilzerschlagung der meisten Chaebol geführt hat – mit dem Hauptziel, die Chaebol zu entschulden; schließlich waren (und sind) die Chaebol traditionell besonders stark von Fremdfinanzierungsmitteln abhängig.

Die Varietät der Aktoren ist im Chaebol etwas geringer als im japanischen Keiretsu, allerdings immer noch vergleichsweise hoch. Dafür sorgen die hohen Diversifikationsgrade der Chaebol und die Funktionsteilung im Chaebol-Netzwerk. Die Beziehungen in den koreanischen Chaebol sind deutlich stärker hierarchisch als in den japanischen Keiretsu. Die Beziehungen erreichen nicht die kunstvolle horizontale und vertikale Vielschichtigkeit der japanischen Keiretsu und sind daher auch etwas weniger komplex. Die Stabilität der Beziehungen und damit des gesamten Netzwerks ist geringer als in den japanischen Keiretsu.

4.3.4   Managementprinzipien im Chaebol

So wie sich nach Alston das japanische Managementprinzip im Wort „Wa" ausdrückt, so kann man das koreanische Managementprinzip mit dem Begriff **„Inhwa"** umschreiben (vgl. Alston 1989). Inhwa umfasst ebenfalls das **Prinzip der Harmonie** und beinhaltet ein langfristiges Zeitverständnis: Im Unterschied zu Wa zielt Inhwa aber nicht auf die Harmonie in der Gruppe, sondern auf die Harmonie zwischen nicht gleichgestellten Personen ab. Inhwa beschreibt damit die auf Respekt vor hierarchischen Beziehungen basierende Harmonie und den Gehorsam gegenüber der Autorität. Innerhalb der Chaebol bedeutet Inhwa, dass Untergeordnete gegenüber Übergeordneten loyal sein sollen. Umgekehrt hat der Ranghöhere für das Wohlergehen des Rangniedrigeren zu sorgen. Ein Blick in die einschlägige Literatur lässt darüber hinaus weitere **Unterschiede zwischen dem Management in japanischen Keiretsu und koreanischen Chaebol** erkennen. So sind beispielsweise das Prinzip der lebenslangen Beschäftigung oder die Beförderung nach Seniorität in koreanischen Chaebol schwächer ausgeprägt als in japanischen Keiretsu. Der größte Unterschied dürfte jedoch im – auch durch Inhwa zum Ausdruck kommenden – stärker hierarchisch gegliederten Aufbau und in der Top-Down-Entscheidungsfindung liegen.

4.4   Die chinesischen Family Business Networks

Nach den japanischen Keiretsu und den koreanischen Chaebol wollen wir abschließend auf die chinesischen Family Business Networks eingehen. Damit können wir Ihnen verdeutlichen, dass sich selbst innerhalb Asiens – wie auch innerhalb anderer Regionen – deutliche Unterschiede feststellen lassen. Man muss also häufig nicht einmal geographisch weit entfernte Länder vergleichen, um Differenzen auszumachen.

4.4.1 Historischer Rückblick

Wenn wir uns nun mit den chinesischen Family Business Networks beschäftigen, so wollen wir vorab auf eine Besonderheit hinweisen. Es handelt sich in erster Linie um Netzwerke, die geographisch außerhalb der Volksrepublik China existieren. Diese Netzwerke wurden von den sogenannten „**Overseas Chinese**" beispielsweise in Taiwan, Thailand, Indonesien, Singapur, Malaysia oder in Hongkong gegründet. Da die Geschichte der Overseas Chinese je nach Auswanderungsregion einen anderen Verlauf nahm, sind die Family Business Networks im Unterschied zu den Keiretsu oder zu den Chaebol nicht aus einem einheitlichen historischen Kontext entstanden. Die Family Business Networks haben nichts mit den riesigen bürokratischen Staatsbetrieben zu tun, die in China während des kommunistischen Regimes etabliert wurden.

Wie kam es zu den Family Business Networks außerhalb Chinas? Bereits ab Mitte des 18. Jahrhunderts begann die Zahl chinesischer Emigranten stark zu steigen. Den Höhepunkt erlebte die Auswanderungswelle Ende des 19. Jahrhunderts, als die Qing-Dynastie in China zusammenbrach (vgl. Chen 1995, v.a. S. 70-73). Aber auch im 20. Jahrhundert gab es eine große Zahl emigrierender Chinesen. Die Motivation, China zu verlassen, lag in erster Linie am ökonomischen Druck sowie im Wunsch nach einem eigenen Existenzaufbau, der aufgrund der widrigen Lebensverhältnisse in der Heimat kaum realisierbar war. Das langfristige Ziel der Auswanderer bestand oft darin, im Ausland Geld zu verdienen, um danach wieder nach China zurückzukehren. Nach der Einführung des Kommunismus war die Abneigung gegen die politische Situation in der Volksrepublik China nicht nur für viele Auslandschinesen ein Grund, die Rückkehr aufzuschieben, sondern für weitere Chinesen ein zentrales Auswanderungsmotiv.

Die ausgewanderten Chinesen nahmen in ihren neuen „Heimatländern" schnell eine dominante Position im Handelsgeschäft ein. Der Grund für die starken Aktivitäten im Handelsgeschäft lag zum einen darin, dass den Chinesen oftmals der Zugang zu Landwirtschaft und Produktion erschwert wurde. Zum anderen war es Wunsch der Chinesen selbst, keine Investitionen zu tätigen, welche die Mobilität zu stark einschränken; denn schließlich wollten sie eines Tages wieder nach China zurückkehren. Die meisten Chinesen haben sich innerhalb Asiens niedergelassen. In Anlehnung an Redding (1995, S. 61) kann man drei Regionen identifizieren: erstens die Stadtstaaten Singapur und Hongkong, zweitens das kapitalistische Taiwan und drittens die ASEAN-Staaten (z.B. Malaysia, Thailand, Indonesien). Chen schreibt dazu: „The Overseas Chinese success in the economic area in Southeast Asia has been phenomenal. With a mere 6 percent of the region's 460 million people, they dominate virtually every national economy. In all of the ASEAN countries the Overseas Chinese have generated powerful businesses and financial interests" (Chen 1995, S. 82).

Paternalismus und **Personalismus** sind dabei seit langem für die chinesischen Gemeinschaften prägend. Ganz in der Tradition der konfuzianischen Gesellschaftsordnung war die Familie patriarchalisch strukturiert. Die autoritäre und bevorzugte Position des Mannes und Vaters sowie die Rechtfertigung und Achtung hierarchischer Strukturen wurde so legitimiert. Anders als in Korea war jedoch das Gruppenverständnis nicht auf die Blutsverwandtschaft beschränkt, sondern erstreckt sich über die sogenannten „guanxi-Beziehungen" über die Kernfamilie und den Clan hinaus. Das Zusammenhalten der Overseas Chinese erklärt sich auch aus der Unsicherheit, der diese immer ausgesetzt waren. Als Fremde mussten sie versuchen, zusammenzuhalten.

4.4.2 Aktoren und Eigentumsstrukturen der Family Business Networks

In seiner reinsten Form handelt es sich beim Family Business um eine Overseas-Chinese-Familie, die irgendwann einmal in einem spezialisierten Tätigkeitsbereich begonnen hat, unternehmerische Aktivitäten zu entfalten (vgl. Whitley 1990, Chen 1995, S. 84-95). Diese Unternehmung wurde bzw. wird autoritär vom Familienoberhaupt, dem Patriarchen, geführt. Weitere Führungsaufgaben werden unter Familienangehörigen verteilt, wobei die Auswahl strikt anhand des Alters, der Generation und des Geschlechts getroffen wird. Verläuft das Geschäft erfolgreich, dann hat nicht die Expansion der bereits bestehenden Unternehmung Vorrang; die Strategie besteht vielmehr darin, zusätzlich zur Kernunternehmung weitere Unternehmungen aufzubauen. Die Führung in diesen später gegründeten Nicht-Kern-Unternehmungen übernehmen manchmal dieselben Familienmitglieder, die auch der Kernunternehmung vorstehen. In anderen Fällen wird auch Verwandten oder – in Erweiterung des Familienkontexts – anderen Personen, zu denen guanxi-Beziehungen bestehen (→ zu guanxi Abschnitt 4.4.4 in diesem Kapitel), Führungsverantwortung übertragen. Der reine **Family-Business-Charakter** kann bei zunehmender Expansion immer mehr verloren gehen und einen **Clan-Business-Charakter** annehmen (vgl. Chen 1995, S. 84).

Zu beachten ist, dass zwischen den einzelnen Unternehmungen Beziehungen existieren. Die einzelnen Unternehmungen werden mehr oder weniger als Einheit gesehen, auch wenn sie getrennt am Markt auftreten und getrennt geführt werden. Alle Unternehmungen werden als Familienbesitz betrachtet. Sie sollen Wohlstand und Prestige der Familie erhöhen (vgl. Chen 1985, S. 85-86, Whitley 1990, S. 59). Meist wird davon Abstand genommen, Unternehmungsanteile an der Börse zu platzieren. Im Gegensatz zu Japan, wo 90% der Unternehmungen, die in einem Keiretsu eingebunden sind, Anteile bzw. zumindest einen bestimmten Prozentsatz ihrer Anteile an der Börse handeln, sind es etwa in Taiwan nur ca. 10%. 60% des Kapitals der Unternehmungen in Family Business Networks ist sogenanntes privates Kapital – Kapital in Form von privaten Krediten oder persönlichen Ersparnissen.

Der Integrationsgrad innerhalb von Family Businesses ist sehr gering. Ganz anders als die koreanischen Chaebol beschaffen und produzieren die Family Businesses in hohem

Maße in Abhängigkeit von externen Partnern. Die einzelnen Family Business Unternehmungen sind folglich mit zahlreichen nicht direkt zum Family Business Network gehörenden Aktoren in einer Art „Satelliten-Produktionssystem" verbunden (vgl. Hamilton/Zeile/Kim 1990, S. 122). Die Family Business Unternehmungen sind daher gleichzeitig in ein starkes internes und in ein starkes externes Netzwerk eingebettet.

4.4.3 Struktur und Beziehungen im Family Business Network

Die **einzelnen Unternehmungen** der Family Business Networks sind **sehr klein**. Eine Expansion des Family Business erfolgt nämlich nicht durch Vergrößerung der Unternehmungen, sondern durch **Aufbau weiterer Unternehmungen**. Dahinter verbirgt sich auch der Wunsch der Chinesen nach Selbstbestimmung und selbständiger Managementverantwortung. Das Sprichwort lautet: „Better to become the head of a chicken than the tail of an ox" (Chen 1995, S. 86). Es verwundert nicht, dass die Mitarbeiterzahl der in Privatbesitz befindlichen Unternehmungen in Taiwan durchschnittlich unter zehn Personen liegt, was etwa im Vergleich zu Korea sehr niedrig ist. Freilich kann aus der Größe der einzelnen Family Business Unternehmungen noch nicht auf die Größe des gesamten Family Business Networks geschlossen werden. Aber allein durch die Tatsache, dass die Familienmitglieder der Kernunternehmung in jeder Mitgliedsunternehmung Kontrollverantwortung übernehmen wollen, gleichzeitig aber nicht bereit sind, auf komplexere Kontrollstrukturen zurückzugreifen, sind dem Wachstum des Netzwerks Grenzen gesetzt. Insofern ist die Größe der Family Business Networks geringer als die der Keiretsu- oder Chaebol-Verbünde. Dies ist auch ein Grund, warum im Unterschied zu bekannten Keiretsu oder Chaebol Firmen- und Markennamen chinesischer Netzwerkunternehmungen weitgehend unbekannt sind.

Das Beziehungsgeflecht in chinesischen Family Business Networks ist jedoch weitaus weniger komplex als das Beziehungsgeflecht der Keiretsu. Dies liegt daran, dass die **verwandtschaftlichen persönlichen Beziehungen** dominieren. Hinsichtlich der Stabilität des Netzwerkes lassen sich keine klaren Aussagen treffen: Manches spricht für, anderes gegen eine hohe Stabilität. Für eine hohe Stabilität sprechen etwa die verwandtschaftlichen Beziehungen sowie der Zusammenhalt der Overseas Chinese über die Verwandtschaft hinaus. Gegen die hohe Stabilität sprechen die starken Zweckmäßigkeitsüberlegungen, die Chinesen zugeschrieben werden (vgl. Whitley 1990, S. 59, Orrù/Biggart/Hamilton 1991, v.a. S. 385).

4.4.4 Managementprinzipien im Family Business Network

Das grundlegende Prinzip lautet **guanxi** (vgl. Kutschker/Schmid 1997, Park/Luo 2001, Fan 2002). So liest man: „Guanxi seems to be the lifeblood of the Chinese business community, extending into politics and society. Without guanxi one simply cannot get anything done. ... With guanxi anything seems possible" (Davies et al. 1995, S. 209-210). Mit guanxi werden Beziehungen und Verbindungen zwischen Individuen angesprochen, die partikularistischen Charakter haben. Die Beziehungen sind mittel- und langfristig angelegt und sind – auch wenn sie ungleiche Partner verbinden können – reziprok. Dabei ist die Basis für guanxi in der Interpretation der meisten Autoren durchaus utilitaristisch. Dies heißt: Grundlage ist nicht etwa emotionale Nähe zwischen den Partnern, sondern der Nutzen, den sich die Partner aus der Beziehung versprechen. Guanxi verweist darauf, dass Beziehungen in China stärker mit einer Individualorientierung verbunden sind als in Japan oder Korea. Während in Korea Beziehungen durch den Respekt vor hierarchisch höhergestellten Mitgliedern innerhalb von Gruppen oder Unternehmungen geprägt werden und während in Japan die Kohäsion mit und die Harmonie in der Gruppe und der ganzen Unternehmung im Mittelpunkt des Beziehungsgeflechts stehen, kommt in China den Individuen selbst eine weitaus größere Rolle innerhalb der Beziehungen zu (vgl. Alston 1989).

Für Außenstehende ist es sehr schwer oder gar unmöglich, in das Innere der Family Business Networks einzudringen. Lediglich das erwähnte Satelliten-Produktionssystem stellt eine Chance dar, mit den chinesischen Family Businesses Geschäftskontakte aufzubauen.

4.5   Zwischenfazit

Nicht jede der von uns aus der Außenperspektive vorgenommene Deskription der Keiretsu, der Chaebol und der chinesischen Netzwerkorganisationen wird auf uneingeschränkte Zustimmung stoßen – ob dies nun völlige „Insider" oder auch (noch weitgehend) „Outsider" der angesprochenen Kulturen sind. Es versteht sich von selbst, dass mit derartigen Charakterisierungen von kulturgeprägten Unternehmungsformen immer auch Vereinfachungen einhergehen. So werden unternehmungsindividuelle Unterschiede, die sich beispielsweise aufgrund der Unternehmungskultur ergeben, nicht berücksichtigt. Ebenso neigt man sehr stark zur Stereotypisierung. Diese Einschränkung sollte man beachten – auch im Kontext des abschließend vorzustellenden Überblicks über weitere Unterschiede im Management, wie sie in Abbildung 5-46 dargelegt werden, in der auf das Management in Malaysia hingewiesen wird. Damit kann deutlich werden, dass wir selbst innerhalb der asiatischen Länder sehr große Differenzen feststellen. Ein **„asiatisches Management"** gibt es **ebenso wenig wie** ein **„europäisches Management"** (vgl. Calori/DeWoot 1994, Hrsg., Myers et al. 1995, Berger/Steger 1998, Hrsg.). Dafür sind die Unterschiede zwischen den einzelnen Ländern bzw. den in den einzelnen Ländern vorherrschenden Kulturen einfach zu groß. Ferner gilt es zu beachten, dass sich auch bei den Unternehmungsformen in Asien im Zeitablauf Änderungen ergeben (vgl. etwa Roehl/Bird 2005, Hrsg., Pease/Paliwoda/Slater 2006).

	Japan	Korea	China	Malaysia
Managementverhalten				
Leitungsstil	teambezogen	streng hierarchisch	hierarchisch	gemeinschaftlich
Managementstil	flexibel	hart/emotional	taktierend/ emotional	intuitiv/emotional
Organisatorische Fähigkeit	sehr gut	gut	mittel	mittel/gering
Motivations- fähigkeit	sehr hoch	mittel	mäßig	mittel
Kommunikations- fähigkeit	hoch	hoch	hoch	hoch
Umgangston	höflich	rau	freundlich/kühl	höflich/freundlich
Ausdrucksform/ Vorgehensweise	indirekt	sehr direkt	direkt	sehr direkt
Klima Vorgesetz- ter/Untergebene	gut	schroff	recht gut	sehr gut
Mitarbeiterverhalten				
Persönliches Verhalten	Gruppen- kollektiv	top-down	top-down/ gemeinsam	gemeinsam
Arbeitsverhalten	fleißig in Gruppen	sehr fleißig	fleißig, wenn motiviert	bemüht in der Gruppe
Disziplin	sehr gut	gut	mittel	mittel
Ausbildungs- niveau	exzellent	gut	mittel	mittel
Kreativität	gut	mittel	gering/mittel	sehr gut
Loyalität	hoch	schwankend	gering	beachtlich
Belastbarkeit	mittel	sehr hoch	hoch	gering
Ehrlichkeit	hoch	mittel	gering	gering
Pünktlichkeit	recht gut	mittel	mittel	gering
Fähigkeiten in einzelnen Aufgaben/Funktionen				
Marketing	mittel/hoch	schwach	recht gut	z.T. recht gut
Vertrieb	schlecht	mäßig	schlecht	bemüht
Kundendienst	exzellent	mittel	schlecht	schlecht

	Japan	Korea	China	Malaysia
Fertigung	exzellent	gut	mäßig	z.T. recht gut
F&E	gut	befriedigend	schwach	gute Ansätze
Kostenrechnung	gut	gut	schwach	mittel
Jahresabschlüsse	recht gut	schwach	recht gut	mittel
Interne Revision	schwach	schwach	schwach	schwach
Qualitätssicherung	extrem gut	mittel	schwach	schwach/mittel
Entscheidungsfindung				
Formaler Prozess	bottom-up	allgemeine Beratung	gemeinsam	gemeinsam
Faktischer Prozess	gemeinsam	top-down	top-down/ gemeinsam	gemeinsam
Fristigkeit	kurz/mittel/lang	kurz/mittel	kurz	kurz
Tempo	langsam	schnell	bedächtig	sehr langsam
Individuelle Risikobereitschaft	gering	ziemlich groß	groß	groß
Kollektive Risikobereitschaft	groß	sehr groß	gering	mittel
Generelle Kriterien				
Bedeutung von „Gesicht"	wichtig	sehr wichtig	sehr wichtig	extrem wichtig
Nepotismus (Vetternwirtschaft)	mittel	hoch	hoch	sehr hoch
Bedeutung der akad. Ausbildung	mittel	sehr wichtig	wichtig	wichtig
Frauenstanding in der Arbeitswelt	gering	sehr gering	recht hoch	z.T. sehr hoch
Vertragstreue	mittel	mittel	gering	gering
Bedeutung der Religion	gering	recht hoch	gering	z.T. sehr groß
Bedeutung der Korruption	mittel/hoch	hoch	hoch	sehr hoch
Ausmaß der Bürokratie	ziemlich hoch	gering	sehr hoch	ziemlich hoch
Schnelligkeit von Behörden	rasch	rasch	langsam	sehr langsam
Hilfsbereitschaft von Behörden	ja	nein	nein	bedingt ja

Abb. 5-46: Managementrelevante Gemeinsamkeiten und Unterschiede zwischen
            Japan, Korea, China und Malaysia
Quelle: in Anlehnung an Schneidewind (1999), S. 590-592.

5 Die internationale Unternehmung in ihrer Multikulturalität

Angesichts der zahlreichen Studien, die kulturelle Unterschiede feststellen, könnte man annehmen, dass die Relevanz von Kultur für das Management inzwischen allgemein akzeptiert sei. Dass dies jedoch keineswegs so ist, werden unsere abschließenden Ausführungen zum Grundlagenproblem der Kulturforschung zeigen – das Grundlagenproblem des Universalismus und Kulturismus im Management (Abschnitt 5.1). Wir werden begründen, warum der Kulturismusthese in unseren Augen eher zu folgen ist als der Universalismusthese, bevor wir zusammenfassen, warum die internationale Unternehmung nicht nur mit Landeskulturen, sondern auch mit zahlreichen weiteren Kulturfeldern konfrontiert wird und somit als multikulturelles Phänomen gilt (Abschnitt 5.2). Dass die Forschung über internationale Unternehmungen aufgrund der Multikulturalität besondere Probleme aufweist, soll abschließend kurz skizziert werden (Abschnitt 5.3).

5.1 Die Universalismus-Kulturismus-Debatte

Im (Internationalen) Management stehen sich seit den sechziger und siebziger Jahren zwei Auffassungen gegenüber: zum einen die Auffassung der **Universalisten**, zum anderen die Auffassungen der **Kulturisten** (vgl. Keller 1982, S. 539-544, Osterloh 1994, Hofstede 1999). Während die Universalisten die Meinung vertreten, Managementtechniken und -konzepte seien universell und damit unabhängig von kulturspezifischen Einflüssen gültig, postulieren die Kulturisten, dass Managementtechniken und -konzepte kulturabhängig seien. Universalisten vertreten die sogenannte „**Culture-Free-These**", Kulturisten die sogenannte „**Culture-Bound-These**". Kulturisten gehen davon aus, dass es „several good ways" gibt, während Universalisten vom „one-best-way" ausgehen, so dass zuweilen auch die Äquifinalität einer Monofinalität gegenübergestellt wird.

Wie kann man das Spannungsfeld zwischen Universalismus und Kulturismus auflösen? Eine mögliche Antwort auf die Frage nach der Gültigkeit der Culture-Free-These und der Culture-Bound-These hängt von dem ab, was innerhalb der Betriebswirtschafts- und Managementlehre betrachtet wird (vgl. Keller 1982, S. 543-544):

- Für die „**harten" Elemente der Betriebswirtschaftslehre**, wie etwa für Methoden und Instrumente der Planung, der Investition, der Finanzierung, der Kostenrechnung oder auch der Produktionssteuerung, gilt eher die Universalismusthese.

- Dagegen bestätigt sich für die „**weichen" Elemente der Managementlehre** tendenziell die Kulturismusthese. Verhaltensbezogene Aspekte, wie Motivation, Führungsstil, Autoritätsbeziehungen, Entscheidungsfindung oder Konfliktverhalten, sind kulturell geprägt.

Die Unterscheidung zwischen „harten" und „weichen" Faktoren ist jedoch problematisch. So werden beispielsweise im oben bereits erwähnten 7-S-Konzept von **McKinsey** (→ Abschnitt 1.3 in diesem Kapitel) Strategien, Strukturen, Systeme und Prozesse eher als „harte" Elemente dargestellt – und dennoch wissen wir aus den Ergebnissen empirischer Studien, dass auch Strategien, Strukturen, Systeme und Prozesse von Unternehmungen einem Kultureinfluss unterliegen.

Während die Universalisten und Kulturisten eine statische Perspektive einnehmen, betrachten die Anhänger der **Konvergenzthese** und der **Divergenzthese** Management aus einer dynamischen Perspektive (vgl. etwa Carr 2005 oder Tregaskis/Brewster 2006). Die Vertreter der Konvergenzthese gehen davon aus, dass sich die Managementtechniken langfristig angleichen, während die Vertreter der Divergenzthese der Auffassung sind, dass Managementtechniken unterschiedlich sind und eventuell sogar noch unterschiedlicher werden. Die Vertreter der Konvergenzthese sind dabei etwas bescheidener als die Vertreter der Universalismusthese: In ihren Augen muss eine raum-zeitliche Allgemeingültigkeit erst erreicht werden; sie existiert bisher noch nicht.

Inzwischen haben sich freilich auch vermittelnde Positionen gefunden. So wird Management als **kulturgebundenes Phänomen** angesehen, welches gleichwohl bestimmte **kulturübergreifende Merkmale** aufweist (vgl. Klimecki/Probst 1993, S. 248-249). Dies betrifft sowohl die Concepta- als auch die Percepta-Ebene. So wird betont, dass es etwa auf der Concepta-Ebene durchaus einheitliche Werte gibt, die sich in Unternehmungen aus allen Kulturen wiederfinden lassen. Ein typisches Beispiel für einen derart universellen Wert ist Erfolg. Doch das, was Erfolg ist bzw. das, was unter Erfolg verstanden wird, variiert unter anderem in Abhängigkeit von der Kultur. Und auch das Verhalten, welches zum Erfolg führt, ist unterschiedlich. Auf der Percepta-Ebene ist dies ähnlich. So gibt es zwar in fast allen Kulturkreisen Unternehmungen mit einer geschäftsbereichsorientierten Spartenstruktur; doch sollte dies keinesfalls in der Weise interpretiert werden, dass die damit verfolgten Ziele zwingend identisch sind.

Wir sind klare Vertreter der Kulturismusthese, da wir davon ausgehen, dass Kultur im Management eine Rolle spielt – freilich zusammen mit vielen anderen Faktoren. Doch warum wird Kultur dennoch häufig vernachlässigt? Unseres Erachtens lassen sich zahlreiche Gründe anführen. Einige dieser Gründe seien kurz skizziert:

(1) Erstens fallen **wissenssoziologische Gründe** auf. Gerade diejenigen, die sich in der Öffentlichkeit zu Fragen der Kulturgebundenheit bzw. der Kulturungebundenheit von Management äußern, allen voran Wissenschaftler, Top-Manager oder Unternehmungsberater, sind in ihren Wertvorstellungen länderübergreifend einheitlicher als andere Individuen. Dafür liefert bereits die Studie von Haire/Ghiselli/Porter (1966) Anhaltspunkte. Individuen mit höherer Bildung, mit breiterem Horizont und mit grenzüberschreitenden Erfahrungen sind häufig ihrer eigenen Landes- bzw. Ursprungskultur weniger verwurzelt

als andere Menschen. Dies führt dazu, dass die Unterschiede, die auf der Ebene der breiten Bevölkerung existieren, zuweilen verkannt werden. Wissenschaftler, Top-Manager oder Unternehmungsberater haben daher oftmals für Kulturunterschiede weniger Sensibilität und bringen auch ein geringeres Verständnis für Probleme in kulturellen Konfliktsituationen auf.

(2) Zweitens gibt es **ökonomische Gründe**, die gegen eine Berücksichtigung von Kulturunterschieden sprechen. Viele Unternehmungen sind sich zwar der existierenden Kulturunterschiede bewusst; sie können oder wollen sich in ihrem Verhalten aber aus ökonomischen Gründen nicht anpassen. Ein Beispiel stellen Marktbearbeitungsstrategien und Leistungsstrategien (➔ zu Marktbearbeitungs- und Leistungsstrategien Abschnitte 2 und 5.2 in Kapitel 6) von Unternehmungen dar: Nicht in allen Fällen ist es aus ökonomischen Gründen sinnvoll, alle Besonderheiten einzelner Ländermärkte und die dort existierenden kulturellen Unterschiede zu berücksichtigen (vgl. Schuh 2000).

(3) Drittens sind auch **politische Gründe** dafür verantwortlich, dass der Universalismus weiterhin überbetont wird (vgl. Locke 1996). Was unter anderem mit dem Marshall-Plan der USA nach dem Zweiten Weltkrieg induziert wurde, setzt sich bis heute fort: der Transfer US-amerikanischer Managementkonzepte in die gesamte Welt. Die Vereinigten Staaten sind bis heute der größte Exporteur von Managementkonzepten – und sie stoßen in anderen Ländern auf breite Aufnahme. Generell kann daher davon ausgegangen werden, dass sich die politische Übermacht der USA in der Welt im wirtschaftlichen Bereich fortsetzt. Implizit wird der Hegemonialanspruch der USA (mehr oder weniger stillschweigend) im Management noch stärker als in der Politik akzeptiert.

5.2   Die Gründe für Multikulturalität in der internationalen Unternehmung

Aufgrund unserer bisherigen Ausführungen dürfte klar sein, dass die internationale Unternehmung keinesfalls ein monolithisches Gebilde darstellt. Die Gründe dafür sind vielfältig (vgl. Schmid 1996, S. 203-206):

(1) Internationale Unternehmungen sind per definitionem in mehreren, häufig sogar in sehr vielen Ländern tätig. Sie werden daher auch mit unterschiedlichen **Landeskulturen** konfrontiert. Zwar können Unternehmungen versuchen, die landeskulturelle Prägung der Gastländer zu ignorieren, wie dies insbesondere in ethnozentrisch ausgerichteten Unternehmungen der Fall ist; jedoch dürfte selbst bei ethnozentrischen Unternehmungen eine gewisse Anpassungsnotwendigkeit bestehen.

(2) Viele internationale Unternehmungen weisen darüber hinaus auch unterschiedliche Geschäftsfelder auf, die – in etlichen Fällen – zudem unterschiedlichen Branchen ent-

stammen. Damit werden internationale Unternehmungen auch dem Einfluss von unterschiedlichen **Branchenkulturen** ausgesetzt. Die zentralen Kräfte, die eine Branche ausmachen, sind dabei nicht kulturunabhängig.

(3) Die umfangreichen Akquisitions- und Fusionstätigkeiten verstärken die Tendenz, dass internationale Unternehmungen eine Vielzahl von Teilkulturen aufweisen. Im Gegensatz zu organischem Wachstum wird durch **externes Wachstum** über Akquisitionen und Fusionen die Existenz unterschiedlicher unternehmungskultureller Teilprägungen stärker in Kauf genommen. Die Unternehmungskultur zerfällt alleine aufgrund der Prädispositionen der vormals unabhängigen Teileinheiten in Teilkulturen. Auch der Trend zu Kooperationen, wie Joint Ventures und Strategische Allianzen, erhöht die Konfrontation mit anderen Kulturen (vgl. Stüdlein 1997). Zwar lässt sich über das Ausmaß der gewünschten bzw. notwendigen **Akkulturation**, d.h. der kulturellen Anpassung (vgl. Reineke 1989), trefflich streiten (nachdem die empirischen Ergebnisse keineswegs eindeutig sind) – doch gilt in den meisten Fällen: Ein problemloses Nebeneinander von Kulturen ist in der Regel in der Praxis nicht existent.

(4) Schließlich lassen sich auch auf gesellschaftlicher Ebene **pluralistische und postmoderne Tendenzen** festmachen. Akzeptiert man, dass wir auf gesellschaftlicher Ebene ein breites Spektrum unterschiedlicher Grundannahmen, Wertvorstellungen, Einstellungen und Überzeugungen haben, so dürften sich auch Unternehmungen diesem Trend nicht (völlig) entziehen können. Wenn Individuen zunehmend ihre eigenen und dabei auch divergierende Ziele und Interessen verfolgen (was ja von Mainstream-Ökonomen seit langem angenommen wird), so kann a priori nicht davon ausgegangen werden, dass wir innerhalb von Unternehmungen ein einheitliches Ziel- und Interessenspektrum vorfinden. Unterschiedliche Ziele und Interessen sind häufig die Folge unterschiedlicher Grundannahmen, Werte, Einstellungen und Überzeugungen.

Wir haben es in international tätigen Unternehmungen also nicht nur mit einem kulturellen Eisberg zu tun, sondern mit mehreren, gleichsam zusammengewachsenen Eisbergen (vgl. Funakawa 1997, z.B. S. 17 oder S. 165). Es gibt **nicht die Percepta-Ebene**, die aus dem Wasser herausragt, und **nicht die Concepta-Ebene**, die unter der Wasseroberfläche verborgen ist. Der Eisberg wird vielmehr in seiner Gesamtheit, d.h. sowohl im Wasser als auch über dem Wasser, zu einer äußerst unförmigen Gestalt. Die einzelnen **Percepta- und Concepta-Kulturfelder** überschneiden sich, überlappen sich und führen damit zu einer unter ästhetischen Gesichtspunkten für viele wohl eher unschönen Formation.

Multikulturalität ist **eine Spielart der Diversität**, mit der Unternehmungen konfrontiert sind. Insbesondere in den Vereinigten Staaten wird – nicht nur vor dem Hintergrund der sogenannten Affirmative-Action-Politik – seit längerer Zeit das Management der Diversität als zentrale Aufgabe der Unternehmungsführung angesehen (vgl. z.B. Arredondo 1996).

5.3 Probleme der Forschung vor dem Hintergrund der Multikulturalität

Nimmt man die kulturelle Prägung des Managements und damit auch die internationale Unternehmung in ihrer Multikulturalität ernst, so hat dies auch Konsequenzen für die Forschung über Management. Grenzüberschreitende Forschung ist mit erheblich mehr Problemen behaftet als nationale Forschung. Besonders relevant ist das Problem der **Äquivalenz** (vgl. Douglas/Craig 1984, Bauer 1989, 1995, S. 51-61, Simmet-Blomberg 1998, S. 289-345). Dabei wird zwischen verschiedenen **Formen der Äquivalenz** differenziert:

- Äquivalenz der **Untersuchungssachverhalte:** Sind die Untersuchungsgegenstände bzw. Untersuchungskonstrukte konzeptionell, kategorisch und funktionell über Länder oder Kulturen hinweg vergleichbar?

- Äquivalenz der **Untersuchungseinheiten:** Sind die Untersuchungseinheiten über Länder oder Kulturen hinweg in vergleichbarer Weise definiert und ausgewählt?

- Äquivalenz der **Untersuchungssituation:** Ist die Untersuchung über Länder oder Kulturen hinweg im Hinblick auf die Untersuchungssituation, d.h. z.B. Zeitpunkt der Untersuchung, Interaktionssituation der Untersuchung, vergleichbar?

- Äquivalenz der **Untersuchungsmethoden:** Sind die Untersuchungsmethoden geeignet, um über Länder oder Kulturen hinweg zu vergleichbaren Ergebnissen zu führen?

- Äquivalenz der **Untersuchungsaufbereitungen:** Sind die Untersuchungsmethoden so gewählt, dass sie über Länder oder Kulturen hinweg die Ergebnisse adäquat widerspiegeln?

Mit der Äquivalenz sowie zahlreichen weiteren grenzüberschreitenden Forschungsproblemen setzen sich daher zunehmend mehr Werke auseinander. Dabei fällt auf, dass Forscher aus dem Bereich des Marketings (vgl. z.B. Usunier 1993, S. 131-165, Holzmüller 1995, Simmet-Blomberg 1998, Usunier 1998) grenzüberschreitende Forschungsprobleme weitaus häufiger thematisieren als Forscher aus dem Bereich des Managements (vgl. Ronen 1986, v.a. S. 39-62, Tsui/Nifadkar/Ou 2007). Bei zukünftigen Arbeiten über international tätige Unternehmungen sind die Probleme, die interkulturelle Forschung mit sich bringt, deshalb stärker zu berücksichtigen. Dabei ist allerdings immer ein Trade-off zwischen dem, was wünschenswert ist, und dem, was machbar ist, in Kauf zu nehmen. Zahlreiche Restriktionen, ob in zeitlicher, finanzieller oder personeller Hinsicht, werden auch in Zukunft immer wieder sub-optimale Lösungen bei internationalen Forschungsprojekten notwendig machen. Dies gilt für quantitative und qualitative Forschung gleichermaßen (vgl. zu quantitativer und qualitativer Forschung im Internationalen Management Kutschker/Bäurle/Schmid 1997c).

Fragen zur Selbstkontrolle

Fragen zur thematischen Einführung und zu Abschnitt 1

1. Nennen Sie einige Wissenschaftsdisziplinen, die sich mit Kultur beschäftigen.

2. Erläutern Sie, was in diesem Kapitel unter Kultur verstanden wird.

3. Was ist mit den Concepta, was mit den Percepta einer Kultur gemeint? Welcher Zusammenhang besteht zur Metapher vom Eisberg?

4. Charakterisieren Sie Kultur, indem Sie auf die zentralen Merkmale eingehen, die Kultur zugesprochen werden.

5. Legen Sie dar, welche Funktionen Kultur hat und nehmen Sie Stellung, ob man Kultur allein aus einem funktionalistischen Verständnis heraus betrachten sollte.

6. Welche Kulturfelder sind in international tätigen Unternehmungen von besonderer Relevanz?

7. Was versteht man unter Multikulturalität in der internationalen Unternehmung?

8. Welchen Stellenwert räumt die deutschsprachige Betriebswirtschafts- und Managementlehre der Kulturthematik bisher ein?

9. Skizzieren Sie, wie sich die Kulturforschung im Management bis zum Ende der siebziger Jahre entwickelt hat.

10. Welche Rolle spielt die Unternehmungskultur innerhalb der Entwicklung der managementorientierten Kulturforschung in den achtziger Jahren?

11. Nennen Sie einige Merkmale, die gemäß Ouchi den US-amerikanischen vom japanischen Organisationstyp unterscheiden.

12. Stellen Sie das 7-S-Konzept von *McKinsey* vor und erläutern Sie dessen Bedeutung für die Kulturforschung im Management.

13. Wie hat sich die managementorientierte Kulturforschung in den neunziger Jahren entwickelt?

Fragen zu Abschnitt 2

14. Inwieweit lässt sich die Definition von Kultur auch für die Definition von Unternehmungskultur heranziehen?

15. Erläutern Sie die Parallelen zwischen der Concepta-/Percepta-Betrachtung einerseits und den Kulturkonzepten von Schein und Schnyder andererseits.

16. Definieren Sie die einzelnen Elemente, welche die Concepta-Ebene der Unternehmungskultur konstituieren.

17. Was kann man als Percepta-Ebene der Unternehmungskultur auffassen?

18. Kann man die Elemente der Percepta-Ebene auch hinsichtlich ihres Abstraktionsgrads einteilen? Begründen Sie Ihre Antwort.

19. Welcher Unterschied besteht zwischen Unternehmungskultur und der Corporate Identity?

20. Erklären Sie, was man unter dem Sprachspiel von Oberflächen- und Tiefenstrukturen versteht.

21. Welche Zusammenhänge sehen Sie zwischen der Concepta-/Percepta-Diskussion und der Oberflächen-/Tiefenstrukturdiskussion?

22. Erläutern Sie, was mit Verankerungsgrad, Übereinstimmungsausmaß und Systemkompatibilität von Unternehmungskulturen gemeint ist.

23. Wann würden Sie von einer starken Unternehmungskultur sprechen?

24. Inwiefern eignen sich Vierfelder-Matrizen und Radar-Charts zur Beschreibung einer Unternehmungskultur?

25. Welche Vorstellung über Entwicklung und Gestaltbarkeit von Unternehmungskultur kommt im Variablenansatz zum Ausdruck?

26. Wie unterscheidet sich der Metapheransatz vom Variablenansatz im Hinblick auf die Entwicklung und Gestaltbarkeit von Unternehmungskultur?

27. Welcher Zusammenhang existiert zwischen den sogenannten Ressourcenbasierten Ansätzen des Strategischen Managements und den unterschiedlichen Vorstellungen über die Entwicklung und Gestaltbarkeit von Unternehmungskulturen?

Fragen zu Abschnitt 3

28. Nennen Sie stichpunktartig die fünf Kulturdimensionen, die Kluckhohn/Strodtbeck identifiziert haben.

29. Wählen Sie drei der fünf Kulturdimensionen Kluckhohn/Strodtbecks aus und erläutern Sie ausführlich, was mit den drei Dimensionen gemeint ist und welchen Bezug die drei Dimensionen zu managementorientierten Fragestellungen haben.

30. Sind die Kulturdimensionen Halls von den Kulturdimensionen Kluckhohn/Strodtbecks verschieden? Begründen Sie Ihre Antwort.

31. Worin unterscheiden sich high-context-Kulturen und low-context-Kulturen?

32. Inwiefern kann die Raumorientierung eine Rolle im Management spielen?

33. Zeigen Sie auf, welche Unterschiede zwischen monochronen und polychronen Kulturen existieren.

34. Was versteht Hall unter der Informationsgeschwindigkeit und warum ist für Hall die Informationsgeschwindigkeit im Rahmen der kulturvergleichenden Forschung von Bedeutung?

35. Erläutern Sie das empirische Vorgehen von Hofstede, indem Sie auf Erhebungspopulation, Erhebungszeitraum, Erhebungsumfang und die Zahl der berücksichtigten Länder eingehen.

36. Definieren und charakterisieren Sie die vier von Hofstede identifizierten Kulturdimensionen.

37. Zeigen Sie auf, wie sich kulturelle Unterschiede hinsichtlich der vier Hofstede-Dimensionen im Management bemerkbar machen können.

38. Was versteht man unter der Langfrist-/Kurzfristorientierung? Welchen Bezug hat die Langfrist-/Kurzfristorientierung zur Arbeit Hofstedes?

39. Wie kommt Hofstede zu der Aussage, dass sich das deutsche Unternehmungsmodell als „well-oiled machine" charakterisieren lässt, während etwa das anglo-amerikanische Unternehmungsmodell als „village market" und das asiatische Unternehmungsmodell als „family" oder „tribe" gilt?

40. Fassen Sie die Kritik zusammen, die an der Studie von Hofstede in der Literatur geäußert wird.

41. Warum gilt die Studie von Hofstede – trotz mancher Kritik – als Meilenstein der managementorientierten Kulturforschung?

42. Nennen und erläutern Sie die Dimensionen Trompenaars', die sich an die Mustervariablen von Parsons anlehnen.

43. Welche Aussagen trifft Trompenaars zur Zeitorientierung von Kulturen?

44. Welche Kritikpunkte werden an der Arbeit von Trompenaars häufig in der einschlägigen Literatur artikuliert?

45. Warum hat die Studie von Trompenaars – trotz mancher Kritik – Aufmerksamkeit in der managementorientierten Kulturforschung gefunden?

46. Welcher grundlegende Unterschied zwischen Hofstede und Trompenaars zeigt sich bei der Antwort auf die Frage, wie die Kulturdimensionen entwickelt wurden?

47. Bitte nennen und definieren Sie die neun Dimensionen der GLOBE-Studie.

48. In welche Kategorien ist der Fragenkatalog gegliedert, der der GLOBE-Studie zugrunde liegt?

49. Warum differenziert die GLOBE-Studie hinsichtlich des Kollektivismus nochmals zwischen Institutionellem Kollektivismus und Gruppen-/Familienbasiertem Kollektivismus?

50. Welche praktischen Implikationen ergeben sich aus der GLOBE-Studie in Bezug auf die Führung von Mitarbeitern in einem internationalen Umfeld?

51. Stellen Sie die Stärken und Schwächen der GLOBE-Studie einander gegenüber.

52. Vergleichen Sie die GLOBE-Studie hinsichtlich Erhebungspopulation, Erhebungszeitraum, Erhebungsumfang und Zahl der berücksichtigten Länder mit den Studien von Hofstede und Trompenaars.

53. Skizzieren Sie das Dülfersche Schichtenmodell und erläutern Sie, was Dülfer unter den einzelnen Schichten versteht.

54. Inwiefern kann man sagen, dass Dülfer ein weites Kulturverständnis erkennen lässt?

55. Welches Verhältnis besteht zwischen den einzelnen Schichten des Dülferschen Schichtenmodells?

56. Warum möchte Dülfer sein Schichtenmodell als entscheidungsorientiertes Filtermodell verstanden wissen?

57. Was versteht Dülfer unter dem Fremdheitsgrad?

58. Warum existiert kein eindeutiger Kausalzusammenhang zwischen Kultur und deren Auswirkungen auf das Management?

59. Wie beurteilen Sie das Vorgehen, Managementempfehlungen nicht für Länder bzw. Kulturen im Einzelnen, sondern für Ländergruppen bzw. Cluster an Kulturen zu geben?

60. Was versteht man unter Kulturstandards?

61. Erläutern Sie, was mit Kulturassimilatoren gemeint ist.

62. Skizzieren Sie kurz einige Studien, die ihren Fokus auf die Concepta-Ebene legen, um kulturelle Gemeinsamkeiten und Unterschiede zwischen Ländern bzw. Kulturen zu identifizieren.

63. Mit welchen Themen beschäftigen sich Studien, die kulturelle Gemeinsamkeiten und Unterschiede zwischen Ländern bzw. Kulturen auf der Ebene der Percepta und dabei insbesondere im Bereich der sogenannten Verhaltenswelt ermitteln wollen?

64. Zeigen Sie anhand einiger Beispiele, inwiefern Farbsymbole und deren kulturgeprägte Bedeutung für Betriebswirtschafts- und Managementlehre relevant sein können.

65. Erläutern Sie einige Unterschiede, die bei Verhandlungssituationen zwischen US-Amerikanern, Japanern und Arabern auftreten können.

66. Was versteht man unter einem Business System? Welcher Zusammenhang besteht zwischen einem Business System und der sozio-instutionalistischen Organisationsforschung?

Fragen zu Abschnitt 4

67. Was ist ein Keiretsu?

68. Wie lassen sich horizontale und vertikale Keiretsu differenzieren?

69. Interpretieren Sie die Keiretsu aus der Netzwerkperspektive.

70. Erläutern Sie, was ein Chaebol ist und nennen Sie die größten Chaebol.

71. Charakterisieren Sie, wie ein Chaebol aufgebaut ist und welche Beziehungen zwischen den Chaebol-Aktoren existieren.

72. Wie lässt sich das dominante koreanische Managementprinzip am besten erläutern?

73. Geben Sie einen kurzen Überblick über die historische Entwicklung der chinesischen Family Business Networks.

74. Wie definieren Sie ein chinesisches Family Business Network und wie charakterisieren Sie es näher?

75. Was versteht man unter „guanxi"?

76. Zeigen Sie anhand einiger Beispiele auf, ob sich das Management in Malaysia vom Management in Japan, Korea und China unterscheidet.

Fragen zu Abschnitt 5

77. Geben Sie einen Überblick über die Universalismus-Kulturismus-Debatte im Management.

78. Welche Gründe sprechen dafür, die international tätige Unternehmung als multikulturelle Organisation zu bezeichnen?

79. Welche Probleme ergeben sich bei der Forschung über international tätige Unternehmungen aufgrund der existierenden Multikulturalität?

Fragen und Aufgaben zur Vertiefung

Fragen zur Vertiefung

1. Diskutieren Sie kritisch die folgende Aussage Hofstedes: „The Business of International Business is Culture".

2. Manche Autoren in der Betriebswirtschaftslehre vermeiden eine Auseinandersetzung mit der Kulturthematik. Woran könnte dies liegen?

3. Sie haben im vorliegenden Kapitel verschiedene Studien kennen gelernt, in denen Dimensionen zur Charakterisierung von Landeskulturen identifiziert wurden. Begründen Sie ausführlich, welche der Studien für Sie die größte Überzeugungskraft hat.

4. Wie beurteilen Sie angesichts der in diesem Kapitel getroffenen Aussagen die Möglichkeiten einer zielgerichteten Veränderung der Kulturen international tätiger Unternehmungen?

5. Nehmen Sie ausführlich zur Frage Stellung, inwieweit das Verhalten von Individuen mit ihrer kulturellen Prägung begründet werden kann.

6. Welche Bereiche einer international tätigen Unternehmung sind am wenigsten von Kultur tangiert? Welche Teildisziplinen der Betriebswirtschaftslehre können damit am ehesten von einer Berücksichtigung der Kulturthematik absehen?

7. In Kapitel 2 dieses Buches wurde bei den fortschrittlichen Konzepten der internationalen Unternehmungstätigkeit, wie der geozentrischen Unternehmung, der transnationalen Unternehmung oder der Heterarchie, Unternehmungskultur als normativer Integrationsmechanismus bezeichnet. Sehen Sie Schwierigkeiten, normative Integration über Unternehmungskultur zu erreichen? Wie beurteilen Sie die Möglichkeit, eine starke Unternehmungskultur, wie Sie im Sprachspiel von Heinen definiert wurde, aufzubauen?

8. In Kapitel 3 dieses Buches wurden zahlreiche Ansätze präsentiert, welche die Internationalisierung theoretisch zu erklären versuchen. Welche Rolle spielte in den dort vorgestellten Ansätzen die Kultur? Versuchen Sie eine möglichst differenzierte Antwort zu geben, indem Sie auch nach Anhaltspunkten für die implizite Berücksichtigung einzelner Teilkulturen innerhalb der Ansätze suchen.

9. In Kapitel 4 dieses Buches haben wir uns mit Organisationsstrukturen internationaler Unternehmungen beschäftigt. Bereits im Rahmen unserer kritischen Auseinandersetzung mit den Studien von Stopford/Wells, Franko und Egelhoff haben wir festgestellt, dass kulturelle Fragestellungen bei den klassischen Untersuchungen (weitgehend) ausgeblendet wurden. Inwiefern können Sie selbst – nach der Kenntnis die-

ses Kapitels – die in Kapitel 4 dargestellten Grundformen internationaler Organisationsstrukturen um zusätzliche Organisationsformen erweitern?

Aufgaben zur Vertiefung

1. In diesem Kapitel wurden die fünf Kulturdimensionen Kluckhohn/Strodtbecks erläutert (→ Abschnitt 3.2). Dabei wurde auch versucht, anhand einiger exemplarischer Ausführungen die US-amerikanische Kultur zu charakterisieren.

   a) Treffen Sie zunächst Aussagen darüber, wie sich aufgrund Ihrer eigenen Einschätzung die deutsche Kultur gemäß der Dimensionen Kluckhohn/Strodtbecks beschreiben lässt.

   b) Vergleichen Sie die deutsche Kultur anschließend mit einer weiteren Kultur, die Ihnen wenigstens ansatzweise bekannt ist (z.B. durch Sprachaufenthalte im Ausland, Austauschprogramme mit einer Partnerhochschule, häufige Reisen).

   c) Legen Sie zusammenfassend dar, warum eine Beschreibung der deutschen sowie einer weiteren Kultur anhand der Dimensionen Kluckhohn/Strodtbecks (für Sie) mit Schwierigkeiten behaftet ist.

2. Nehmen Sie die Ergebnisse von Hofstede zur Hand (→ Abschnitt 3.4.2).

   a) Erstellen Sie eine Tabelle, in der Sie die Werte von Deutschland und seinen 12 wichtigsten Exportpartnern (→ Abschnitt 2.3.4.3 in Kapitel 1) hinsichtlich der fünf Kulturdimensionen eintragen. Beachten Sie, dass Hofstede keine Werte für die polnische Kultur ermittelt hat und Sie deswegen Polen nicht berücksichtigen können. Welche der fünf Dimensionen Hofstedes erscheint/erscheinen Ihnen für das Exportgeschäft besonders bedeutsam? Welche der fünf Dimensionen Hofstedes erachten Sie für das Exportgeschäft als irrelevant? Begründen Sie Ihre Aussage.

   b) Wie erklären Sie sich den Exporterfolg Deutschlands mit seinen 12 wichtigsten Handelspartnern vor dem Hintergrund der festgestellten kulturellen Differenzen? Welche weiteren Faktoren neben der kulturellen Nähe bzw. kulturellen Distanz sind Ihrer Meinung nach für den Exporterfolg von Relevanz?

   c) Lesen Sie anschließend die Beiträge von Holzmüller/Kasper (1990a, 1990b), in denen Beziehungen zwischen Export und der Auslandsorientierung von Managern diskutiert werden. Welche Zusammenhänge sehen Sie zwischen der kulturellen Distanz und der Auslandsorientierung?

3. Besorgen Sie sich die im Literaturverzeichnis zitierten Originalarbeiten von Kluckhohn/Strodtbeck, Hofstede und Trompenaars sowie der GLOBE-Studie.

a) Rekonstruieren Sie, wie Kluckhohn/Strodtbeck, Hofstede und Trompenaars sowie die Vertreter der GLOBE-Studie im Rahmen ihrer empirischen Untersuchungen vorgegangen sind.

b) Wie beurteilen Sie das empirische Vorgehen von Kluckhohn/Strodtbeck, Hofstede und Trompenaars sowie die GLOBE-Autoren in Anbetracht dessen, was wir als Merkmale von Kultur bezeichnet haben?

c) Welche Vorteile und Nachteile weist das Vorgehen von Hall gegenüber Kluckhohn/Strodtbeck, Hofstede und Trompenaars sowie der GLOBE-Studie auf?

4. Legen Sie sich nochmals das in diesem Kapitel vorgestellte, auf Dülfer basierende und von Scherm stammende Raster der Mehr-Ebenen-Analyse zurecht (→ Abschnitt 3.6.2). Versetzen Sie sich nun in einen fiktiven deutschen Automobilhersteller, der in Deutschland, den USA und Südkorea produziert und die Interaktionsbeziehungen in den drei Ländern vergleichen möchte.

a) Welche der Dülferschen Umweltschichten beeinflussen Ihrer Meinung nach die Interaktionsbeziehungen eines Automobilproduzenten besonders? Finden Sie konkrete Beispiele und ordnen Sie diese den einzelnen Umweltschichten sowie den einzelnen Interaktionsbeziehungen zu.

b) In welchen Bereichen erwarten Sie besonders große Unterschiede zwischen den Interaktionsbeziehungen in Deutschland, den USA und Südkorea?

c) Identifizieren Sie einige konkrete Situationen, in denen die Mehr-Ebenen-Analyse angewandt werden könnte.

5. Seit einigen Jahren wird vermehrt eine Shareholder-Value-orientierte Unternehmungsführung gefordert. Suchen Sie sich fünf wissenschaftliche Zeitschriftartikel und fünf populärwissenschaftliche Zeitungsbeiträge, die sich für eine Orientierung am Shareholder Value aussprechen.

a) Prüfen Sie zunächst, ob in einem der Artikel eine mögliche kulturelle Prägung der obersten Zielsetzung von Unternehmungen thematisiert wird und fassen Sie eventuelle Ergebnisse zusammen.

b) Führen Sie sich selbst nochmals den Grundgedanken der Shareholder-Value-Orientierung vor Augen und arbeiten Sie heraus, inwiefern eine Shareholder-Value-Orientierung kulturgeprägt oder nicht kulturgeprägt ist.

c) Nehmen Sie abschließend Stellung, ob es sich bei der Shareholder-Value-Orientierung um eine universalistische Zielsetzung handelt, die für alle Unternehmungen in allen Ländern bzw. Kulturen Geltung beanspruchen sollte.

Kapitel 6

Strategien der internationalen Unternehmung

*Mit dem Zusammenschluss als starke, gleichberechtigte Partner
können wir unsere Position weiter ausbauen, neue Märkte erschließen
und gemeinsam den Weg zu zusätzlichem Wachstum beschreiten.*

*Jürgen E. Schrempp, damaliger Vorsitzender des Vorstands der **Daimler-Benz AG**,
und Robert E. Eaton, damaliger Chairman und CEO der **Chrysler Corporation**,
nach der Ankündigung der geplanten Mega-Fusion zwischen
Daimler-Benz und **Chrysler** im Frühsommer 1998*

Thematische Einführung und Inhaltsüberblick

Unternehmungen treffen eine Vielzahl von Entscheidungen. Sie entscheiden sich, in welchen Branchen sie tätig sein wollen, welche Geschäftsfelder sie aufbauen, welche Produkte sie vertreiben, auf welchen Technologien ihre Produkte basieren, auf welche Marktsegmente sie abzielen, welche Beschaffungsquellen sie nutzen und – was in unserem Kontext besonders bedeutsam ist – ob und wie sie außerhalb des Heimatlandes tätig sein wollen. Viele dieser skizzierten Entscheidungen werden nicht „aus dem Bauch heraus" getroffen, sondern stellen strategische Entscheidungen dar. Mit strategischen Entscheidungen beschäftigt sich das Strategische Management. Das Strategische Management hat sich als wissenschaftliche Disziplin in den letzten 40 Jahren entwickelt. Entstanden ist die Disziplin des Strategischen Managements aus Ansätzen der Planung, der Finanzplanung, der Langfristplanung und der Strategischen Planung (vgl. Aaker 1989, S. 9-13, Hentze/Brose/Kammel 1993, v.a. S. 320-332, Kreikebaum 1997, v.a. S. 15-24, Welge/Al-Laham 1992, 2008, v.a. S. 11-14). Strategisches Management ist jedoch – darüber herrscht in der Wissenschaft Übereinstimmung – deutlich umfassender als Planung und auch umfassender als Strategische Planung (vgl. zu ausführlichen Überblicken über das Strategische Management z.B. Hax/Majluf 1991, Kirsch 1991, 1996, Knyphausen-Aufseß 1995, Hinterhuber 1996, 1997, Bresser 1998, Corsten 1998, Götze/Mikus 1999, Welge/Al-Laham 2008, Hungenberg 2006, Bea/Haas 2001, Müller-Stewens/Lechner 2001).

Wir werden in diesem Kapitel auf das **Strategische Management von internationalen Unternehmungen** genauer eingehen (vgl. zu einem Überblick auch Schmid 2002c). Dabei schaffen wir zunächst die **terminologischen und inhaltlichen Grundlagen**, die für ein Verständnis der Strategien von internationalen Unternehmungen wichtig sind (Abschnitt 1). Wir zeigen auch auf, dass Strategien internationaler Unternehmungen zahlreiche Stoßrichtungen haben können. Die Stoßrichtung, die in der Literatur am häufigsten behandelt wird, zielt auf die Art und Weise des internationalen Engagements ab. Wir bezeichnen die Art und Weise des internationalen Engagements auch als **Markteintritts- und Marktbearbeitungsstrategien**. Diese Markteintritts- und Marktbearbeitungsstrategien, wie Exporte, Lizenzierungen, Franchising, Joint Ventures, Strategische Allianzen oder Gründungen und Akquisitionen von Tochtergesellschaften, sollen zunächst ausführlich diskutiert werden (Abschnitt 2). Im Anschluss daran stellen wir Ihnen sogenannte **Zielmarktstrategien** vor. Dies sind die Strategien, mittels derer Unternehmungen Entscheidungen für eine bestimmte Ländermarktpräsenz, Ländermarktselektion und Ländermarktsegmentierung vornehmen (Abschnitt 3). Eintritte in Zielmärkte müssen auch zeitlich gesteuert werden. Dies führt uns zu sogenannten **Timingstrategien**. Dabei werden wir zwischen ländermarktspezifischen und ländermarktübergreifenden Timingstrategien differenzieren (Abschnitt 4). Internationale Unternehmungen haben ferner zu entscheiden, wie sie die einzelnen Aktivitäten weltweit verteilen und welche Leistungen sie wo und wie erbringen. Damit geht es um die Formulierung von **Allokationsstrategien** in Form von Konfigurations- und Leistungsstrategien (Abschnitt 5). Schließlich besteht eine wesentliche Aufgabe darin, die gesamte Unternehmung „zusammenzuhalten". Die Unternehmung greift dazu auf **Koordinationsstrategien** zurück (Abschnitt 6). Eine Schlussbetrachtung rundet unsere Ausführungen zu Internationalisierungsstrategien ab (Abschnitt 7).

1   Terminologische und konzeptionelle Grundlagen

Wir klären in diesem Abschnitt, was Strategien sind (Abschnitt 1.1) und welche Ansätze der Strategieforschung große Bedeutung für das vorherrschende Verständnis von Strategie haben (Abschnitt 1.2).

1.1   Definition und Charakterisierung des Strategiebegriffs

Was ist überhaupt gemeint, wenn wir von der Strategie einer Unternehmung sprechen? Wir wollen Ihnen zu Beginn dieses Abschnitts eine Definition und Charakterisierung des Strategiebegriffs nennen (Abschnitt 1.1.1), dessen einzelne Merkmale wir im Verlauf der nachfolgenden Ausführungen (Abschnitt 1.1.2) weiter erläutern werden (vgl. dazu auch Schmid/Kutschker 2002). Wir werden bei unserer Charakterisierung auch auf einige Besonderheiten im internationalen Kontext verweisen, die in späteren Abschnitten dieses Kapitels vertieft werden.

1.1.1   Kurzdefinition und Charakterisierung des Strategiebegriffs

In der Literatur gibt es zahlreiche Definitionen, was unter Strategie zu verstehen ist. In Abbildung 6-1 sind einige dieser Definitionen exemplarisch zusammengestellt. Wie man erkennen kann, spielen in den meisten Definitionen ähnliche Begriffe und Konzepte eine wichtige Rolle. Strategien hängen mit den langfristigen Zielen einer Unternehmung zusammen. Sie beinhalten Handlungen, bei denen Charakteristika der Unternehmung (z.B. Ressourcen) und Charakteristika der Umwelt (z.B. Wettbewerb) berücksichtigt werden. Der Strategiebegriff wird – im Gegensatz zu anderen Begriffen in Betriebswirtschafts- und Managementlehre (z.B. Organisation) – in der Literatur vergleichsweise einheitlich definiert.

Autor	Auffassung von Strategie
Chandler (1962), S. 13	Strategy can be defined as the determination of the basic long-term goals and objectives of an enterprise, and the adoption of courses of action and the allocation of resources necessary for carrying out these goals.
Andrews (1971), S. 28	Strategy is the pattern of major objectives, purposes or goals and the essential policies and plans for achieving those goals, stated in such a way as to define what business the company is in or is to be in and the kind of company it is or is to be.
Hofer/Schendel (1978), S. 4	The basic characteristics of the match an organization achieves with its environment is called its strategy.
Quinn (1980), S. 7	A strategy is the pattern or plan that integrates an organization's major goals, policies and action sequences into a cohesive whole. A well-formulated strategy helps marshal and allocate an organization's resources into a unique and viable posture based upon its relative internal competencies and shortcomings, anticipated changes in the environment, and contingent moves by intelligent opponents.
Kirsch (1991), S. 301	Strategien können metaphorisch als „Weg-Beschreibungen" interpretiert werden. „Weg-Beschreibungen" können zwar auch das Ziel benennen, sie können aber auch darin bestehen, dass man zum Ausdruck bringt, von welchem Zustand man wegkommen will und welche der von diesem Ausgangspunkt wegführenden alternativen Wege man beschreiten will.
Kreikebaum (1997), S. 19	Eine Strategie ist ein Gesamtkonzept zur Erreichung eines Zieles oder mehrerer Ziele, das auf längere Zeit ausgelegt ist und aggregierte Größen beinhaltet.
Corsten (1998), S. 5	Strategien können als Verhaltensmuster beschrieben werden, die unter Beachtung der Umwelt und der Ressourcen bestrebt sind, Erfolgspotentiale zu erschließen und zu sichern.
Bea/Haas (2001), S. 50	Strategien sind Maßnahmen zur Sicherung des langfristigen Erfolgs eines Unternehmens.

Abb. 6-1:   Definitionen von Unternehmungsstrategien

Als Synthese und in Erweiterung der in Abbildung 6-1 referierten Definitionen wollen wir den Strategiebegriff folgendermaßen „fassen":

Als Strategien bezeichnen wir sowohl das geplante Maßnahmenbündel einer Unternehmung zur Erreichung ihrer langfristigen Ziele als auch das sich emergent, d.h. ungeplant, ergebende Entscheidungs- und Handlungsmuster einer Unternehmung. Mit ihren Strategien versucht die Unternehmung, Erfolgspotentiale zu erschließen, welche die Basis für Wettbewerbsvorteile darstellen. Die Unternehmung berücksichtigt bei ihren Strategien und damit bei Aufbau, Pflege und Nutzung von Erfolgspotentialen und Wettbewerbsvorteilen sowohl die Umwelt als auch die eigenen Ressourcen, Fähigkeiten und Kompetenzen. Die Strategien einer Unternehmung haben dabei in der Regel mehrere Stoßrichtungen und lassen sich auf unterschiedlichen Ebenen verankern.

Die einzelnen Elemente unserer Definition und Charakterisierung von Strategien, die wir auch in Abbildung 6-2 visuell veranschaulichen, werden wir im Verlauf der weiteren Ausführungen näher erläutern.

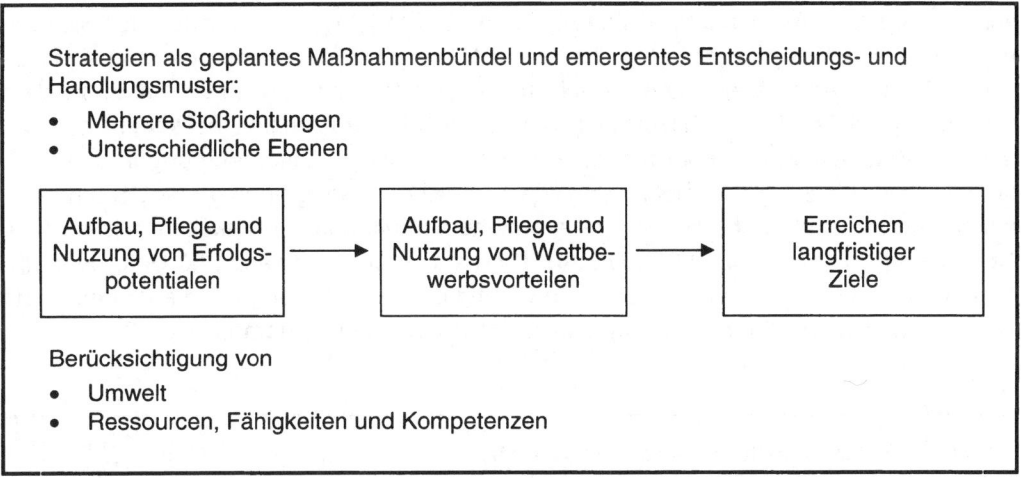

Abb. 6-2:   Grundverständnis von Unternehmungsstrategien

1.1.2   Erläuterung der Definition und Charakterisierung des Strategiebegriffs

Wir beginnen unsere Erläuterung der Definition und Charakterisierung des Strategiebegriffs mit einem kurzen Verweis auf die Vielzahl von Zielen in Unternehmungen (Abschnitt 1.1.2.1), bevor wir diskutieren, was unter Erfolgspotentialen (Abschnitt 1.1.2.2) und Wettbewerbsvorteilen (Abschnitt 1.1.2.3) sowie der Umwelt (Abschnitt 1.1.2.4) und den Ressourcen, Fähigkeiten und Kompetenzen (Abschnitt 1.1.2.5) zu verstehen ist. Außerdem gehen wir auf die Komplexität des Prozesses der Strategiegenese ein (Abschnitt 1.1.2.6). Abschließend zeigen wir auf, dass Strategien internationaler Unternehmungen unterschiedliche Stoßrichtungen haben und auf unterschiedlichen Ebenen verankert sein können (Abschnitt 1.1.2.7).

1.1.2.1   Ziele

Eine Unternehmung verfolgt in der Regel **mehrere Ziele** (z.B. Unternehmungswertsteigerung, Mitarbeiterzufriedenheit, Kundenzufriedenheit), um den vielfältigen Interessen der unterschiedlichen Anspruchsgruppen (z.B. Aktionäre, Mitarbeiter, Kunden) Rechnung zu tragen (vgl. z.B. Schweitzer 1997, S. 52-58, Kirsch 1998a, S. 78-83, Welge/Al-

Laham 2008, S. 260-272, Zelewski 1999, S. 14-17). Dies wird auch durch Ergebnisse der empirischen Zielforschung bestätigt (vgl. für einen kurzen Überblick Macharzina/Wolf 2005, S. 223-230). Zudem existieren nicht nur unterschiedliche generelle Unternehmungsziele, sondern auch **unterschiedliche Internationalisierungsziele**. Dies kam bereits innerhalb unserer Ausführungen zum Außenhandel und zu Direktinvestitionen zum Ausdruck (→ Abschnitte 2.1.3 und 3.1.3 in Kapitel 1), wo wir zwischen den Kategorien der beschaffungsorientierten, absatzorientierten, effizienzorientierten und strategischen Ziele unterschieden haben. Bricht man diese vier Zielkategorien auf Einzelziele und auf die hinter diesen Einzelzielen stehenden Motive herunter, so kommt man zu einer großen Bandbreite möglicher Beweggründe, die eine Unternehmung in das Ausland führen. Abbildung 6-3 zeigt exemplarisch, welche Beweggründe große US-amerikanische Industrieunternehmungen bei grenzüberschreitenden Tätigkeiten haben (vgl. Norvell/Andrus/Gogumalla 1995). Die Angaben stammen von knapp 200 Unternehmungen, deren Manager mitgeteilt haben, wie wichtig einzelne Beweggründe auf einer Skala von 1 (unwichtig) bis 6 (sehr wichtig) aus ihrer Praxiserfahrung heraus sind.

Reasons and Motives for International Activities	Mean	Standard Deviation
Need for greater market diversification	4,599	0,996
Response to enquiries from foreign buyers	4,475	0,930
Newly acquired access to restricted foreign markets	3,845	1,170
Larger profit potential in foreign markets	3,622	1,234
International ventures provide more long-term profit vs. short-term profit	3,285	1,137
Products/services have greater demand in foreign than domestic markets	2,927	1,200
Lower labor costs in foreign markets	2,820	1,159
Need for specialized advertising in foreign markets	2,706	1,200
Foreign government subsidies or incentives	2,651	1,240
Lower material costs in foreign markets	2,649	1,159

Abb. 6-3:   Beweggründe der Internationalisierung von Unternehmungen
Quelle: Daten aus Norvell/Andrus/Gogumalla (1995), S. 67.

In international tätigen Unternehmungen wird die Komplexität zahlreicher, oftmals auch konfligierender Ziele, dadurch erhöht, dass selbst die **einzelnen Anspruchsgruppen** über Länder hinweg keineswegs gleiche Interessen haben oder zwar gleiche Interessen vorliegen, diese aber nicht zwingend parallel erfüllbar sind (vgl. Rühli 1989, v.a. Sp. 2319). So sind, um ein Beispiel zu nennen, zwar alle Beschäftigten – ob in der Muttergesellschaft oder in den zahlreichen weiteren Einheiten im In- und Ausland – an einer Sicherung ihrer Arbeitsplätze interessiert. Steht jedoch die Entscheidung an, dass eine von fünf ausländischen Fertigungsstätten, die ähnliche Produkte herstellen, geschlossen wird, werden die Mitarbeiter in den fünf Fertigungsstätten mit Unterstützung der lokalen Gewerkschaften und eventuell auch mit Unterstützung der lokalen politischen Interessenvertreter alles daran setzen, ihre „ureigensten" Interessen zu artikulieren und dafür zu kämpfen, dass das jeweilige Werk im Land erhalten bleibt.

Es gibt also unterschiedliche Ziele, die in international tätigen Unternehmungen existieren. Strategien sind dazu da, diese Ziele – und dabei meist diese unterschiedlichen Ziele – zu realisieren. Die im Vergleich zu einer nationalen Unternehmung höhere Vielfalt an Zielen führt in international tätigen Unternehmungen in der Regel zu einer größeren Vielfalt an Strategien.

1.1.2.2 Erfolgspotentiale

Strategien sollen, wie oben in der Definition und Charakterisierung erwähnt, helfen, Erfolgspotentiale zu erschließen. Bevor wir auf Erfolgs**potentiale** eingehen, möchten wir kurz darstellen, was unter Erfolgs**faktoren** zu verstehen ist. Dies erscheint uns wichtig, weil wir deutlich machen wollen, dass Erfolgspotentiale und Erfolgsfaktoren nicht identisch sind.

Als **Erfolgsfaktoren** gelten, wie es bereits der Begriff vermuten lässt, diejenigen Faktoren, die für den langfristigen Erfolg und damit die Realisierung der langfristigen Ziele einer Unternehmung als besonders wichtig erachtet werden. In der Forschung zum Strategischen Management versucht man seit langem, generelle Erfolgsfaktoren von und für Unternehmungen zu identifizieren. Im Internationalen Management ist man bestrebt, Erfolgsfaktoren der Internationalisierung oder Erfolgsfaktoren für einzelne Episoden der Internationalisierung, wie die Aufnahme der Exporttätigkeit, die Durchführung von Akquisitionen oder das Eingehen von Kooperationen, zu finden (→ zu Episoden Abschnitt 1.3.2 in Kapitel 7, vgl. für eine Zusammenfassung der Erfolgsfaktorenforschung z.B. Link 1997, S. 69-104). Man möchte also Aufschluss darüber erhalten, welche Determinanten für den Erfolg besonders wichtig sind. Doch die Erfolgsfaktorenforschung ist – wie bereits im nationalen Kontext (vgl. Kieser/Nicolai 2002, Albers/Hildebrandt 2006) – auch im internationalen Kontext höchst problematisch. Denn so wünschenswert es wäre, Erfolgsfaktoren von und für internationale Unternehmungen zu kennen, so schwierig ist es, diese Erfolgsfaktoren zu identifizieren (→ Abschnitt 2.3.2 in Kapitel 2). Außerdem erscheint es bereits von der Grundidee her fragwürdig, an die Existenz von einfachen „Erfolgsgesetzen" im Sinne einer Auflistung von Erfolgsfaktoren oder im Sinne einer Entwicklung von Erfolgsformeln zu glauben. Wenn es einfache Erfolgsgesetze gäbe, dann könnten sich alle Unternehmungen nach ihnen richten – mit der Konsequenz, dass Unternehmungen aufgrund des „gleichartigen" Verhaltens ihre Einzigartigkeit aufgeben würden.

Die Rolle des Managements würde gleichzeitig darauf reduziert, die den „Erfolgsgesetzen" zugrunde liegenden Erfolgsfaktoren, die eventuell noch in etwas komplexere „Erfolgsformeln" gegossen sind, anzuwenden. Dass das Management in der Praxis jedoch weitaus kreativer, innovativer und pro-aktiver sein muss, steht außer Frage.

Sinnvoller als ein „Denken in Erfolgsfaktoren" ist ein „Denken in Erfolgspotentialen" (Link 1997, Jenner 1998). **Erfolgspotentiale** im Sinne von Ressourcen, Fähigkeiten und Kompetenzen stellen sogenannte Vorsteuergrößen dar – Vorsteuergrößen, die Wettbewerbsvorteile generieren und letztlich die Realisierung der langfristigen Unternehmungsziele sicherstellen sollen (vgl. Pümpin 1986, 1992, Gälweiler 1990, v.a. S. 26-27 sowie Link 1997, v.a. S. 130-154). Erfolgspotentiale kann eine Unternehmung nutzen; sie kann sie aber auch brachliegen lassen. Oder anders ausgedrückt: Erfolgspotentiale wirken nicht von alleine, sondern werden erst erfolgswirksam, wenn es gelingt, sie zu mobilisieren. Schafft es eine Unternehmung, ihre Erfolgspotentiale zu aktivieren und auszuschöpfen, kann sie Wettbewerbsvorteile erzielen und letztlich ihre langfristigen Ziele (möglichst optimal) erreichen. Erfolgspotentiale sind dabei – im Gegensatz zu Erfolgsfaktoren – nicht absolut, sondern relativ, d.h. eine bestimmte Unternehmung bezieht spezifische Ressourcen, Fähigkeiten und Kompetenzen auf eine spezifische Umweltkonstellation. Damit wird deutlich, dass Erfolgspotentiale nicht nur als unternehmungsindividuell (vgl. Aharoni 1993), sondern auch als kontextspezifisch und damit als zeit-, raum- und situationsspezifisch anzusehen sind.

Wie bereits bei den Zielen, so gibt es auch bei Erfolgspotentialen für international tätige Unternehmungen eine **deutlich größere Komplexität** als bei nationalen Unternehmungen. Eine international tätige Unternehmung hat reichhaltige, in verschiedenen Ländern verstreute Ressourcen, Fähigkeiten und Kompetenzen. Sie kann damit einerseits auf einem breiteren „Pool" an Potentialen aufbauen, muss aber andererseits auch mit der Koordination und Integration der Elemente dieses „Pools" zurechtkommen. Es ist eine zentrale Aufgabe des Managements von internationalen Unternehmungen, über Länder hinweg Erfolgspotentiale aufzubauen und zu pflegen und die keineswegs immer komplementären, sondern durchaus auch konfligierenden Potentiale zu nutzen – auch im Hinblick auf unterschiedliche Umwelt- und Kontextkonstellationen.

1.1.2.3   Wettbewerbsvorteile

Ressourcen, Fähigkeiten und Kompetenzen als Erfolgspotentiale stellen mögliche Quellen von Wettbewerbsvorteilen dar. Mit anderen Worten: Auf der Basis von Ressourcen, Fähigkeiten und Kompetenzen können Unternehmungen Wettbewerbsvorteile erringen. **Wettbewerbsvorteile** selbst sind dann als Positionsvorteile einer Unternehmung im Vergleich zu konkurrierenden Unternehmungen zu verstehen (vgl. Day/ Wensley 1988, Corsten 1998, S. 11-12). Dass Wettbewerbsvorteile etwas mit dem Wettbewerb zu tun haben, drückt bereits der Begriff aus. Wettbewerbsvorteile sind Vorteile einer Unternehmung gegenüber Wettbewerbern. Um zu wissen, ob eine bestimmte Unternehmung einen Wettbewerbsvorteil hat, muss immer ein Vergleich mit den Konkurrenten durchgeführt werden (vgl. zur Bedeutung der Konkurrenzsituation auch Simon 1988). Wettbewerbsvorteile sind also niemals absolut, sondern immer relativ: zunächst einmal relativ zu den Wettbewerbern, zudem aber auch relativ im Hinblick auf ihre Stimmigkeit mit weiteren Umweltelementen, auf die wir umgehend detaillierter eingehen werden (➜ Abschnitt 1.1.2.4 in diesem Kapitel). Mit der Stimmigkeit wird gleichzeitig der zeitliche Aspekt angesprochen; denn was aufgrund der heutigen Umweltkonstellation als Wettbewerbsvorteil gilt, kann aufgrund der morgigen Umweltkonstellation schon erodiert sein.

Auf Sumantra Ghoshal (1987) geht ein Bezugsrahmen zurück, in dem die Wettbewerbsvorteile internationaler Unternehmungen erfasst werden. Ghoshal identifiziert drei **Quellen von Wettbewerbsvorteilen**: nationale Unterschiede, Größeneffekte (Economies of Scale) und Verbundeffekte (Economies of Scope). In Abhängigkeit von drei **strategischen Zielen**, der Effizienzerreichung, dem Risikomanagement sowie der strategischen Weiterentwicklung (Innovation, Lernen und Anpassung), lassen sich dann gemäß Ghoshal unterschiedliche Wettbewerbsvorteile identifizieren. Ein und dieselbe Wettbewerbsquelle kann also unterschiedliche Wettbewerbsvorteile begründen. Dies kommt auch in Abbildung 6-4 zum Ausdruck.

Zu beachten ist, dass Ghoshal mit seinem in dieser Abbildung skizzierten Vorschlag lediglich einen ersten Eindruck von möglichen Wettbewerbsvorteilen vermitteln kann. Zunächst liegt dies daran, dass sowohl das **Spektrum an Zielen** als auch das **Spektrum an möglichen Quellen für Wettbewerbsvorteile** deutlich breiter ist, als dies von Ghoshal aufgezeigt wurde (vgl. z.B. Calori/Melin/Atamer/Gustavsson 2000). Insbesondere hat jede einzelne Unternehmung spezifische Ziele und spezifische Quellen von Wettbewerbsvorteilen, so dass sich das „Spielfeld" nicht auf eine „Neunfelder-Matrix" reduzieren lässt. Darüber hinaus berücksichtigt Ghoshal nicht, dass innerhalb von internationalen Unternehmungen in unterschiedlichen Ländern unterschiedliche Umwelt-Ressourcen-Konstellationen auftreten. Dies bedeutet: Eine internationale Unternehmung hat in einzelnen Ländern unterschiedliche Ressourcen und trifft auf jeweils andere Umwelten. Insofern sind auch ihre Wettbewerbsvorteile häufig nicht weltweite Wettbewerbsvorteile, sondern länderspezifische Vorteile.

Wir werden diesen Gedanken vertiefen, sobald wir mehr über die Umwelt und sobald wir mehr über die Unternehmung einschließlich ihrer Ressourcen, Fähigkeiten und Kompetenzen wissen (➜ Abschnitt 1.2.4 in diesem Kapitel). Doch fragen wir uns zunächst: Was versteht man überhaupt unter dem Begriff der Umwelt? Was sind Ressourcen, Fähigkeiten und Kompetenzen? Auf diese Fragen geben unsere Ausführungen in den Abschnitten 1.1.2.4 und 1.1.2.5 eine Antwort.

Strategic objectives	Sources of competitive advantage		
	National differences	Scale economies	Scope economies
Achieving efficiency in current operations	Benefiting from differences in factor costs – wages and costs of capital	Expanding and exploiting potential scale economies in each activity	Sharing of investments and costs across products, markets and businesses
Managing risks	Managing different kinds of risks arising from market or policy-induced changes in comparative advantages of different countries	Balancing scale with strategic and operational flexibility	Portfolio diversification of risks and creation of options and side-bets
Innovation, learning and adaptation	Learning from societal differences in organizational and managerial processes and systems	Benefiting from experience – cost reduction and innovation	Shared learning across organizational components in different products, markets or businesses

Abb. 6-4:   Mögliche Wettbewerbsvorteile internationaler Unternehmungen nach Ghoshal

Quelle: Ghoshal (1987), S. 428.

1.1.2.4   Umwelt

In der Literatur zum Strategischen Management existieren zahlreiche Hinweise, was unter der Umwelt bzw. dem Umfeld einer Unternehmung zu verstehen ist (vgl. Kreikebaum 1997, S. 40-46, Macharzina/Wolf 2005, v.a. S. 18-34 sowie Kapitel 5, Welge/Al-Laham 2008, S. 289-352). Auch im Laufe der Ausführungen dieses Buches wurden Sie bereits mit Umweltfaktoren konfrontiert, die von der internationalen Unternehmung berücksichtigt werden müssen (→ v.a. Abschnitt 3.3.2 in Kapitel 3, ferner Abschnitte 3.6 und 3.8.4 in Kapitel 5). Wir wollen an dieser Stelle die Differenzierung zwischen Faktoren der **Makroumwelt** und Faktoren der **Mikroumwelt** in Erinnerung rufen:

Als **Elemente der Makroumwelt** gelten:

- Natürliche bzw. ökologische Umwelt (z.B. Klima, Meereszugang)
- Politische Umwelt (z.B. Stabilität, Enteignungsgefahr)
- Rechtliche Umwelt (z.B. Rechtssicherheit, Auflagen)
- Staatliche Umwelt (z.B. Investitionsanreize in Form von öffentlichen Subventionen)
- Steuerliche Umwelt (z.B. Steuersätze, Steuergerechtigkeit)
- Makroökonomische Umwelt (z.B. Inflation, Konjunktur)

- Technologische Umwelt (z.B. technologischer Entwicklungsstand)
- Demographische Umwelt (z.B. Altersstruktur der Bevölkerung)
- Ausbildungsbezogene Umwelt (z.B. Niveau der Schul- und Universitätsausbildung)
- Kulturelle Umwelt im engeren Sinne (z.B. Werte)
- Sprachliche Umwelt (z.B. Schwierigkeit der Sprache, Einheit der Sprache)
- Religiöse Umwelt (z.B. Bedeutung der Religion)
- Sozio-psychologische Umwelt (z.B. Einstellung zu Arbeit und Konsum, Bedeutung von Familie und Verwandtschaft)

Als **Mikroumwelt bzw. Aufgabenumwelt** (auch als markt- bzw. branchenbezogene Umwelt bezeichnet) werden in der Literatur unter anderem folgende Bereiche genannt:

- Absatzmärkte (z.B. Marktgröße, Marktwachstum, Handelshemmnisse)
- Beschaffungsmärkte (z.B. Verfügbarkeit von Rohstoffen, Aufnahmebereitschaft der Kapitalmärkte, Know-how-Erwerb)
- Branche und Konkurrenz (z.B. Zahl und Charakter der Wettbewerber, Existenz von Clustern wie dem Silicon Valley, intensive Rivalität mit hohem Innovationsdruck)

Eine international tätige Unternehmung steht zahlreichen Umwelten gegenüber. Sowohl die Makroumwelt als auch die Mikroumwelt unterscheiden sich von Land zu Land. Analysiert man die Umwelt aus strategischer Perspektive, so ist es entscheidend, aus der Vielzahl möglicher Umweltelemente bzw. -dimensionen diejenigen zu identifizieren, die für die Unternehmung bzw. eine bestimmte potentielle Strategie einer Unternehmung auch tatsächlich relevant sind.

1.1.2.5   Ressourcen, Fähigkeiten und Kompetenzen

Als Ressourcen gelten alle **materiellen bzw. tangiblen** und alle **immateriellen bzw. intangiblen Aktiva** (Güter, Systeme und Prozesse) einer Unternehmung (vgl. Wernerfelt 1984, S. 172, Bamberger/Wrona 1996, S. 132; vgl. für andere Differenzierungen z.B. Hofer/Schendel 1978, v.a. S. 145-146, Barney 1991, S. 101). Große Bedeutung wird in letzter Zeit den immateriellen bzw. intangiblen Ressourcen beigemessen, da diese ein besonders hohes Potential zum Aufbau von Wettbewerbsvorteilen beinhalten. Oder anders ausgedrückt: Materielle bzw. tangible Ressourcen erscheinen zwar wichtig, aber sie werden – wenn es um den Aufbau, die Pflege und die Nutzung von Wettbewerbsvorteilen geht – gegenüber den immateriellen bzw. intangiblen Ressourcen in ihrer Bedeutung relativiert (vgl. Rasche 1994, S. 41, Hall 1991, 1992, 1993).

Innerhalb der immateriellen bzw. intangiblen Ressourcen kann nochmals zwischen „intangible assets" und „skills" differenziert werden (vgl. Hall 1992, S. 136-139). Während als **„intangible assets"** Vermögenswerte, wie z.B. Patente, Copyrights und Marken gelten, werden mit **„skills"** die **Fähigkeiten und Kompetenzen** einer Unternehmung angesprochen. Zur Kategorie der Fähigkeiten zählen beispielsweise Innovations-, Organisations- und Lernfähigkeiten, und auch die Unternehmungskultur wird häufig darunter subsumiert (vgl. z.B. Bamberger/Wrona 1996, S. 133). Besondere Bedeutung wird in den letzten Jahren den dynamischen Fähigkeiten, den „dynamic capabilities", zugesprochen (vgl. Teece/Pisano/Shuen 1997, Eisenhardt/Martin 2000, Luo 2000, Teece 2007; vgl. zu einer kritischen Sicht über die Verbindung von Ressourcen und „dynamic capabilities" Makadok 2001). Der Begriff der **„dynamic capabilities"** verweist darauf, dass Unternehmungen Fähigkeiten entwickeln (müssen), die es ihnen erlauben, ihre interne Konfiguration permanent im Sinne einer größeren Fortschrittsfähigkeit zu verändern (vgl. zur Fortschrittsfähigkeit auch Kirsch 1996, S. 419-427).

Die **Ressourcenkonstellationen** selbst haben primär den **Charakter des** oben erläuterten **Erfolgspotentials**. Sie stellen zunächst nur Möglichkeiten für künftige Wettbewerbsvorteile dar, beinhalten aber keine Garantie für Wettbewerbsvorteile. Dieser Möglichkeitscharakter von Ressourcen ergibt sich nicht nur daraus, dass Ressourcen in den seltensten Fällen von alleine wirken. Der Möglichkeitscharakter wird auch damit begründet, dass Ressourcen auf das richtige Umfeld treffen müssen und sich das Umfeld permanent verändert. Einige Beispiele für überlegene Ressourcen international tätiger Unternehmungen, die im Wettbewerb in der Vergangenheit zur Geltung kamen, sind in Abbildung 6-5 skizziert.

Unternehmung	Überlegene Ressourcen
BMW	Fähigkeit des Image-Managements auf der Basis qualitativ hochwertiger Produkte
Federal Express	Fähigkeiten zur ständigen Optimierung weltweiter Logistik- und Distributionsprozesse
General Electric	Fähigkeit der strategischen Steuerung und Kontrolle einer diversifizierten Unternehmung
Honda	Besondere Fähigkeiten in Forschung, Entwicklung und Vermarktung hochleistungsfähiger Motoren (u.a. Automobile, Motorräder, Rasenmäher)
Procter & Gamble	Ausgeprägte Fähigkeiten des Markenmanagements
Singapore Airlines	Ausgeprägte Kundenorientierung im Sinne von starker Serviceorientierung für Kunden aus unterschiedlichen Kulturen
Sony	Fähigkeiten in der schnellen Entwicklung miniaturisierter, innovativer Elektronikprodukte
Toyota	Fähigkeiten zur kontinuierlichen Verbesserung der Produktionsprozesse (Kaizen)

Abb. 6-5:   Überlegene Ressourcen ausgewählter internationaler Unternehmungen
Quelle: in Anlehnung an Grant (1998), S. 120.

Wir wissen nun, dass Unternehmungen mit ihren Strategien Erfolgspotentiale erschließen wollen, um Wettbewerbsvorteile zu erreichen und schließlich ihre langfristigen Ziele zu verwirklichen. Wir haben außerdem betont, dass dabei sowohl die Ressourcen, Fähigkeiten und Kompetenzen als auch die Umwelt eine Rolle spielen. Aber wie kommt es überhaupt zu Strategien?

1.1.2.6 Geplante und emergente Strategien

Die eingangs genannte Definition von Strategie hat bereits einen deutlichen Hinweis auf den Prozess der Strategiegenese in Unternehmungen gegeben. Wir haben innerhalb dieser Definition mit unserem Verweis auf geplante und emergente Strategien eine kurze Antwort auf die Frage geliefert, wie Strategien in Unternehmungen entwickelt werden. Wir wollen die Unterscheidung zwischen geplanten und emergenten Strategien, die von Mintzberg stammt, nun etwas ausführlicher erläutern (vgl. Mintzberg 1978, Mintzberg/Waters 1985, Mintzberg/Ahlstrand/Lampel 2007, v.a. S. 22-26).

Strategien sind teilweise geplante Maßnahmenbündel, die nach einer umfassenden strategischen Analyse am sprichwörtlichen „Reißbrett" entworfen und anschließend in der Unternehmung implementiert werden. Wir können in diesem Zusammenhang auch von **intendierten** und **deliberaten** Strategien sprechen. Der dieser Art von Strategiebildung zugrunde liegende Prozess lässt sich idealtypisch in die Schritte Strategische Analyse, Strategieformulierung und -auswahl sowie Strategieimplementierung aufgliedern (vgl. Hofer/Schendel 1978, S. 5-6, Hungenberg 2006, S. 9-11). Bei einem derartigen Vorgehen werden explizit die internen Ressourcen, Fähigkeiten und Kompetenzen dem Umfeld gegenübergestellt, um darauf aufbauend Strategieoptionen zu entwickeln, zu bewerten und die günstigste Option auszuwählen und anschließend zu implementieren. Von besonderer Bedeutung sind bei einer Bewertung verschiedener Strategieoptionen die erwarteten, durch die Strategie zu generierenden Cash Flows, da sie einen Hinweis auf die Vorteilhaftigkeit der Strategie liefern können (vgl. Hungenberg 2006, v.a. S. 268-281). Für den Fall, dass Strategiealternativen auf Basis des Barwertes beurteilt werden, kann auf die Kapitalwertmethode zurückgegriffen werden. Dabei werden die künftigen Cash Flows mit einem bestimmten Zinsfuß – in der Regel einem gewichteten Kapitalkostensatz (WACC – Weighted Average Cost of Capital) – abgezinst.

Nicht alle realisierten Strategien entstammen jedoch einer ausführlichen Analyse, und nicht alle Strategien werden ausdrücklich geplant; sie können sich vielmehr auch als Muster in einem Strom von Entscheidungen und Handlungen der Unternehmung „einfach nur ergeben". In diesem Fall ist von **emergenten** Strategien die Rede. Emergente Strategien entspringen keiner formalen strategischen Analyse und keiner expliziten Formulierung von Strategien – und dennoch kommt es faktisch zu einer Strategie! Einzelne Maßnahmen, die im Laufe der Zeit getroffen wurden, formieren sich in diesem Fall zumindest rückblickend zu einem bestimmten Muster. Möglicherweise ist retrospektiv sogar eine vergleichsweise einheitliche, konsistente Strategie zu erkennen (vgl. Mintz-berg/Ahlstrand/Lampel 2007, S. 24-25). Die Gründe für eine derartige Emergenz sind vielfältig; insbesondere lassen sich die generellen Grenzen der Planbarkeit dafür ver-antwortlich machen. Grenzen der Planbarkeit resultieren beispielsweise aus der Kom-plexität und Unsicherheit der Umwelt, aus dem Charakter der kollektiven politischen Entscheidungsprozesse in Unternehmungen und aus beschränkter Problemlösungs-kapazität von Individuen, die mit Strategien befasst sind.

Als Ergebnis kann man festhalten, dass die Strategie einer Unternehmung sowohl das geplante Maßnahmenbündel zur Erreichung der langfristigen Ziele beinhaltet als auch das sich emergent herausbildende Entscheidungs- und Handlungsmuster darstellt. In Abbildung 6-6, in der diese Sichtweise zum Ausdruck gebracht wird, wird ferner aufge-zeigt, dass nicht jede intendierte Strategie auch realisiert wird; vielmehr gibt es immer wieder **intendierte Strategien**, die **unrealisiert bleiben**.

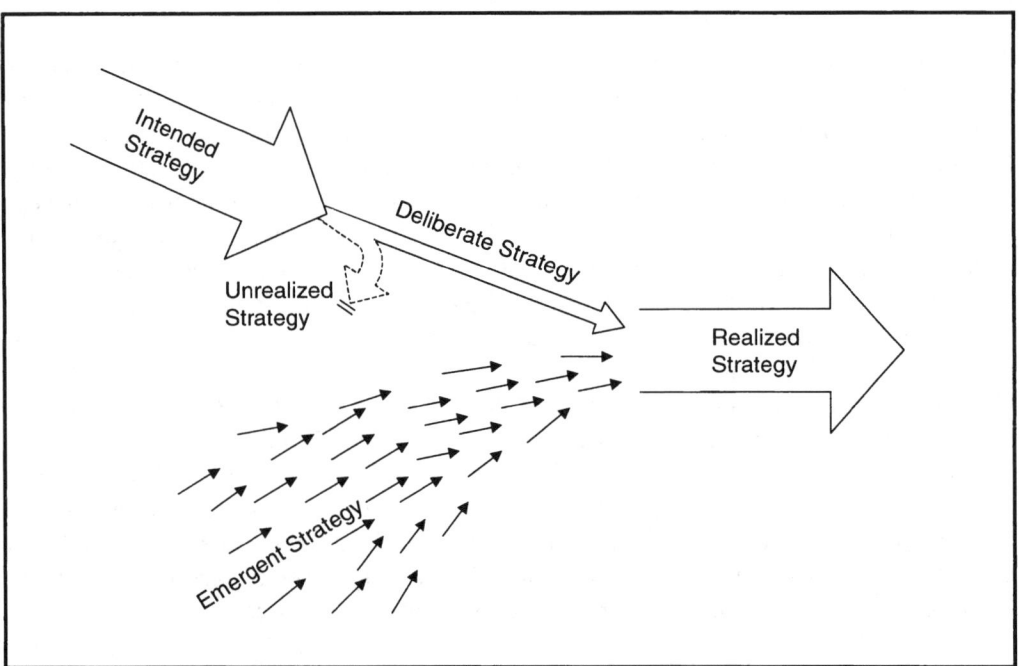

Abb. 6-6:   Die Entstehung von Strategien
Quelle: Mintzberg/Waters (1985), S. 258 und Mintzberg/Ahlstrand/Lampel (2007),
             S. 26.

Die Münchener Schule um Kirsch hat ein Verständnis, welches der Auffassung Mintz-bergs ähnlich ist. Ausgegangen wird – aus der Perspektive der Unternehmungsent-wicklung – von einer **konzeptionellen Gesamtsicht** (vgl. Kirsch 1991, v.a. S. 330-397,

Kirsch 1998a, S. 435-439, → weitere Ausführungen zur konzeptionellen Gesamtsicht in Abschnitt 2.2.1 in Kapitel 7). Diese konzeptionelle Gesamtsicht stellt sicher, dass sich die gesamte Unternehmung von übergeordneten Zielen und Werten leiten lässt, dabei jedoch für Entwicklungen offen ist, die sich emergent ergeben. Anstatt von einer konzeptionellen Gesamtsicht kann man auch von einer „umbrella-Strategie", einer sogenannten Schirmstrategie, sprechen (vgl. Mintzberg/Ahlstrand/Lampel 2007, S. 25).

Aus zahlreichen Studien wird deutlich, dass der Prozess, wie sich Strategien bilden, nicht unabhängig vom Inhalt der Strategien ist (vgl. auch Lechner/Müller-Stewens 1999). Auf die Inhalte von Strategien kann der folgende Abschnitt einen ersten Hinweis geben. Wir nehmen dabei eine Fokussierung auf die internationalen Aspekte von Strategien vor.

1.1.2.7   Stoßrichtungen und Ebenen von Strategien

Die Strategien von Unternehmungen können – wenn wir sie inhaltlich betrachten – unterschiedliche Stoßrichtungen haben. Wir wollen uns nachfolgend auf die internationale Dimension von Strategien beschränken und den Facettenreichtum von Internationalisierungsstrategien herausarbeiten (vgl. z.B. Scholl 1989, Waning 1994, u.a. S. 12, Kutschker 1995b, Kutschker/Bäurle 1997, Weber 1997, v.a. S. 180-245, Weber 1999, S. 252-261, Hermanns/Wißmeier 2002). Die verschiedenen Stoßrichtungen, die in Abbildung 6-7 zusammengefasst sind, geben gleichzeitig die Struktur der weiteren Abschnitte dieses Kapitels vor:

- Stoßrichtung 1: Mit welchen Markteintritts- und Marktbearbeitungsformen internationalisiert eine Unternehmung? (**Markteintritts- und Marktbearbeitungsstrategien**, → Abschnitt 2 dieses Kapitels)

- Stoßrichtung 2: In welche Zielmärkte internationalisiert eine Unternehmung? (**Zielmarktstrategien**, → Abschnitt 3 dieses Kapitels)

- Stoßrichtung 3: Welche zeitlichen Aspekte spielen für die Internationalisierungsschritte einer Unternehmung eine Rolle? (**Timingstrategien**, → Abschnitt 4 dieses Kapitels)

- Stoßrichtung 4: Wie gestaltet eine Unternehmung ihre internationalen Aktivitäten im Hinblick auf Konfiguration und Leistungserbringung? (**Allokationsstrategien**, → Abschnitt 5 dieses Kapitels)

- Stoßrichtung 5: Wie koordiniert eine Unternehmung ihre internationalen Aktivitäten? (**Koordinationsstrategien**, → Abschnitt 6 dieses Kapitels)

Die **Internationalisierungsstrategien** von Unternehmungen sind nicht nur **abhängig von** den **Zielen** der Unternehmung (→ Abschnitt 1.1.2.1 in diesem Kapitel); sie sind auch maßgeblich geprägt von der **Kultur**, der **Philosophie** und den **Visionen** der Unternehmung. So haben Werte, Einstellungen, Orientierungen und Zukunftsvorstellungen – vor allem von Führungskräften – einen besonders großen Einfluss darauf, welche Strategien eine bestimmte Unternehmung aufweist. Dies zeigt sich exemplarisch anhand des bereits diskutierten Konzepts von Perlmutter (→ Abschnitt 3.2.1 in Kapitel 2): Eine ethnozentrische Grundausrichtung führt zu anderen Strategien als eine polyzentrische Ausrichtung, eine regiozentrische Ausrichtung wiederum zu anderen Strategien als eine geozentrische Ausrichtung. Strategien „schweben" also nicht im „luftleeren Raum", sondern werden entscheidend von „tieferliegenden" Grundannahmen beeinflusst.

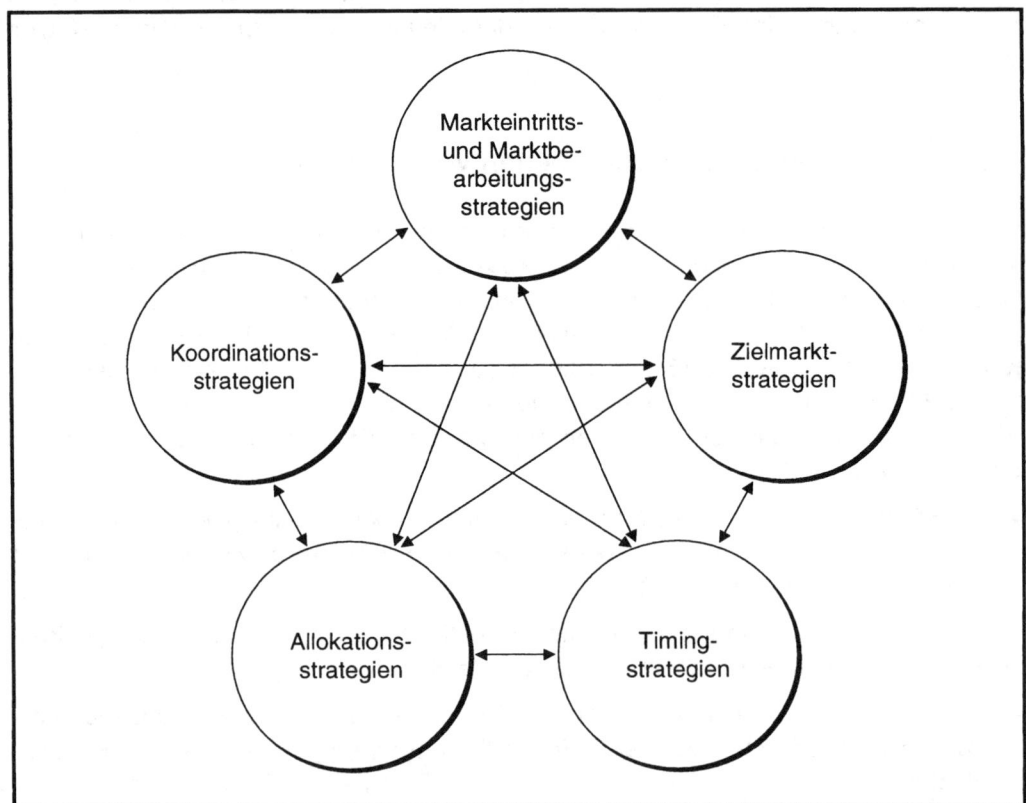

Abb. 6-7:   Stoßrichtungen der Internationalisierungsstrategien einer Unternehmung

Bereits an dieser Stelle möchten wir betonen, dass die Trennung in verschiedene Stoßrichtungen von Internationalisierungsstrategien vor allem analytischer Natur ist. In der überwiegenden Mehrheit der Fälle hat ein bestimmter Internationalisierungsschritt gleichzeitig mehrere Stoßrichtungen, die sich zudem gegenseitig beeinflussen. Dies soll durch das Beispiel, das in Textbox 6-1 skizziert wird, deutlich werden.

Textbox 6-1:   Stoßrichtungen von Internationalisierungsstrategien

Ein einführendes Beispiel

Nehmen wir an, eine Schweizer Unternehmung hat sich entschieden, eine neue Fertigungsstätte in Malaysia aufzubauen, unter anderem um Lohnkosten zu senken. Das Werk soll künftig auch Vertriebsgesellschaften in anderen Ländern Asiens mit Fertigprodukten beliefern. Welche Stoßrichtungen der Internationalisierung werden dabei berührt?

Zunächst einmal liegt im vorliegenden Fall eine **Markteintritts- und Marktbearbeitungsstrategie** vor, da sich die Unternehmung für die Gründung einer Tochtergesellschaft (und nicht für alternative Formen wie Export, Lizenzierung, Franchising, Joint Ventures oder Strategische Allianzen) entschieden hat. Gleichzeitig ist die Wahl für Malaysia in eine **Zielmarktstrategie** eingebettet. Man kann davon ausgehen, dass Malaysia bewusst gegenüber anderen potentiellen Ländern (z.B. Thailand, Brasilien oder Ukraine) gewählt wurde. Anzunehmen ist auch, dass dem vorliegenden Internationalisierungsschritt eine **Timingstrategie** zugrunde liegt. Die Schweizer Unternehmung stimmt den Markteintritt in Malaysia sowohl mit Markteintritten der Wettbewerber als auch mit ihren eigenen Eintritten in andere Ländermärkte ab. Dies ist beispielsweise notwendig, um gegenüber Konkurrenten eine Erfolgschance zu haben und die eigenen Ressourcen optimal einzusetzen. Außerdem verändert der Gang nach Malaysia die Verteilung der Wertschöpfung der Unternehmung. Die Unternehmung wählt durch die Gründung einer Tochtergesellschaft in Malaysia eine bestimmte **Allokationsstrategie**. Insbesondere durch die Lieferungen an andere Vertriebsgesellschaften in Asien entsteht zudem gegenüber der bisherigen Situation ein veränderter Koordinationsbedarf. Dies heißt: Die Schweizer Unternehmung muss den Gang nach Asien auch in ihre **Koordinationsstrategie** einbinden.

Was sich im Einzelnen hinter den Markteintritts- und Marktbearbeitungsstrategien, den Zielmarktstrategien, den Timingstrategien, den Allokationsstrategien und den Koordinationsstrategien verbirgt, werden wir nachfolgend detailliert erläutern. Wer sich bereits an dieser Stelle einen besseren Eindruck darüber verschaffen möchte, welche Inhalte dieses Kapitel noch bringt, kann bereits einen Blick auf die in Abschnitt 7 enthaltene zusammenfassende Abbildung 6-54 werfen. In dieser Übersicht finden sich genauere Informationen über die einzelnen Stoßrichtungen von Internationalisierungsstrategien.

Wie Strategien im Allgemeinen, so können auch die Strategien international tätiger Unternehmungen auf unterschiedlichen Ebenen verankert werden. Manche Strategien betreffen die **oberste Unternehmungsebene** („corporate level"), andere Strategien die **Geschäftsbereichsebene** („business level"), wieder andere Strategien **Funktionalbereichsebenen** („functional level") oder **Regionalbereichsebenen** („regional level"). Es ist also keinesfalls so, dass sich Fragen der Internationalisierungsstrategie primär oder ausschließlich auf der Unternehmungsebene stellen, wie dies zuweilen suggeriert wird

(vgl. z.B. Bea/Haas 2001, S. 165). Die Internationalisierungsstrategien, die auf unterschiedlichen Ebenen existieren, sollten dabei aufeinander abgestimmt werden. Dies
heißt: Die Internationalisierungsstrategien auf Unternehmungsebene sollten nicht mit
den Internationalisierungsstrategien auf Geschäftsbereichsebene, Funktionalbereichsebene oder Regionalbereichsebene in Widerspruch stehen. Eine gewisse „Spannung"
im Sinne von produktiven Konflikten tritt aber in der Praxis immer wieder auf und muss
auch nicht zwangsläufig vermieden werden.

1.2   Theoretische Ansätze der Strategieforschung

Hervorgehoben wurde bereits, dass bei der Strategiegenese einerseits die Umwelt und
andererseits die eigenen Ressourcen, Fähigkeiten und Kompetenzen berücksichtigt
werden müssen. Besondere Bedeutung in der Forschung haben in diesem Zusammenhang die **Industrial-Organization-Ansätze** (IO-Ansätze) sowie die **Ressourcenbasierten Ansätze** erfahren. Beide Ansätze sollen nachfolgend kurz skizziert werden, da sie
auch für international tätige Unternehmungen von großer Relevanz sind (Abschnitte
1.2.1 und 1.2.2). Wir werden anschließend das Zusammenspiel der Industrial-Organization-Ansätze und der Ressourcenbasierten Ansätze ansprechen (Abschnitt 1.2.3), bevor
wir diesen Abschnitt mit kritischen Überlegungen zu Umwelt-Ressourcen-Konstellationen internationaler Unternehmungen beenden (Abschnitt 1.2.4).

1.2.1   Die Industrial-Organization-Ansätze oder:
Die Betonung der Umwelt

Für die Industrial-Organization-Theorie („IO-Schule") charakteristisch ist das sogenannte
„Structure-Conduct-Performance"-Paradigma. Demzufolge bestimmt die Branchen- bzw.
Marktstruktur (structure) das Verhalten (conduct) der Unternehmungen einer Branche
und schließlich deren Erfolg (performance). Das Gewinnpotential von Unternehmungen,
das in den Augen vieler Autoren die wichtigste Erfolgsgröße darstellt, wird demnach von
der Branchenzugehörigkeit maßgeblich beeinflusst.

Der im Strategischen Management wohl prominenteste und exponierteste Vertreter der
IO-Ansätze ist Michael Porter, der mit seinen Werken „Competitive Strategy" (1980) und
„Competitive Advantage" (1985) diesen aus der Volkswirtschaftslehre stammenden Ansätzen (vgl. Bain 1956, 1959/1968) zu weiter Verbreitung in Wissenschaft und Praxis
verholfen hat. Ein besonderes Verdienst Porters ist die Entwicklung eines theoretisch
fundierten Instrumentariums zur Analyse von Branchen. Gemäß Porter gelten

- die Rivalität innerhalb der Branche,
- die Verhandlungsmacht der Kunden von Unternehmungen dieser Branche,
- die Verhandlungsmacht der Lieferanten von Unternehmungen dieser Branche,
- die Markteintrittsbarrieren, die beim Zugang zu dieser Branche existieren, und
- die Existenz von Substitutionsprodukten in der Branche

als zentrale **Branchenkräfte.**

Neben der Entwicklung eines Instrumentariums zur Branchenanalyse einschließlich der brancheninternen Strukturanalyse hat Porter auch Vorschläge für generische **Wettbewerbsstrategien** für Unternehmungen entwickelt. Porters Empfehlungen, generische Wettbewerbsstrategien zu wählen, beruht ebenfalls auf der „Denkweise" der IO-Schule. Porter geht davon aus, dass es für eine Unternehmung – in Abhängigkeit bestimmter Konstellationen – vorteilhaft ist, entweder eine Kostenführerstrategie, eine Differenzierungsstrategie oder eine Fokussierungsstrategie zu wählen.

Die Hauptkritik an Porters Strategien bezieht sich auf den generischen Charakter und die damit verbundene Reduzierung auf einige wenige Strategievarianten. Angegriffen wurde Porters Annahme, dass sich Unternehmungen ausdrücklich zwischen Kostenführer-, Differenzierungs- oder Fokussierungsstrategie entscheiden müssten. Offensichtlich gelingt es Unternehmungen nämlich sehr wohl, den Spagat zu schaffen und Kostenführerschaft mit Differenzierung – eventuell auch in Form der Fokussierung – zu vereinen. Derartige „Kombinationsstrategien" werden, je nach Ausprägung, auch als **Outpacing-Strategien** oder **hybride Strategien** bezeichnet (vgl. Corsten 1998, S. 98-102, Welge/Al-Laham 2008, S. 534-541). Außerdem können die von Porter genannten Strategien nur dann eingeschlagen werden, wenn in der Unternehmung entsprechende Voraussetzungen gegeben sind. Wer sich etwa als Kostenführer gegenüber dem Wettbewerb durchsetzen will, muss über überlegenes Fertigungs-Know-how, ein besonders effizientes Management der Bestell- und Lieferkette und schließlich über Zugang zu einer großen Anzahl an Kunden verfügen. Dieses Erfolgspotential muss zunächst erst einmal aufgebaut und fortlaufend gepflegt werden. Insofern spielen die **unternehmungsindividuellen Ressourcen** für die Eignung bestimmter Strategien eine bedeutende Rolle.

1.2.2   Die Ressourcenbasierten Ansätze oder: Die Betonung der Unternehmung

Die Ressourcenbasierten Ansätze markieren inhaltlich einen Gegenpol zu den Industrial-Organization-Ansätzen (vgl. zusammenfassend auch Schmid/Gouthier 1999, S. 12-19, Gouthier/Schmid 2001, S. 227-228, 2003, S. 120-122). Die Vertreter der Ressourcenbasierten Ansätze gehen von der Annahme aus, dass die Existenz von **einzigartigen Ressourcen, Fähigkeiten und Kompetenzen** für Wettbewerbsvorteile wichtiger ist als die Betonung der Branche und der Märkte und damit auch der Konkurrenten (vgl. z.B. Wernerfelt 1984, Barney 1986, 1991, Grant 1991b, Prahalad/Hamel 1991, Acedo/Barroso/Galan 2006).

Wir haben bereits darauf verwiesen, was als Ressource verstanden werden kann (→ Abschnitt 1.1.2.5 in diesem Kapitel). Nicht alle Ressourcen erfüllen jedoch die Voraussetzung, um Wettbewerbsvorteile zu generieren. Aus diesem Grund existiert in der Literatur zu den Ressourcenbasierten Ansätzen ein Katalog von **Bedingungen**, die erfüllt sein müssen, damit Ressourcen die Basis für Wettbewerbsvorteile darstellen. Ausgehend von der Annahme, dass die Ressourcen von Unternehmungen heterogen und (häufig) immobil sind, werden folgende Bedingungen genannt (vgl. Barney 1991 sowie auch die Illustration in Abbildung 6-8):

- Ressourcen müssen **wertvoll** sein, d.h. sie müssen einen Nutzen für die Unternehmung haben, indem sie deren Effizienz und Effektivität verbessern und somit einen Wertschöpfungsbeitrag leisten.

- Ressourcen müssen **knapp bzw. selten** sein, d.h. sie stellen nur dann die Basis für einen Wettbewerbsvorteil dar, wenn sie aktuellen und potentiellen Konkurrenten nicht uneingeschränkt zugänglich sind bzw. von diesen nicht problemlos erworben werden können.

- Ressourcen dürfen **nicht bzw. nur beschränkt imitierbar** sein, d.h. sie dürfen von aktuellen und potentiellen Konkurrenten nicht problemlos imitiert werden können, was erstens durch die **historische Entwicklung** der Ressourcen, zweitens durch die **kausale Ambiguität** zwischen den Ressourcen der Unternehmung und den daraus resultierenden Wettbewerbsvorteilen und drittens durch die **Interdependenz und soziale Komplexität** der Ressourcen sichergestellt werden kann (vgl. Barney 1991, S. 107-111, Rasche/Wolfrum 1994, S. 503-505 und Hennemann 1997, S. 77-83).

- Ressourcen dürfen **nicht bzw. nur schwer substituierbar** sein, d.h. es darf keine funktionalen Äquivalente geben, mit denen ähnliche Wettbewerbsvorteile erzielbar wären.

Während die Bedingung des „wertschaffenden Charakters" festlegt, ob eine Ressource überhaupt die Basis für einen Wettbewerbsvorteil darstellt, lässt sich vereinfachend festhalten, dass Ressourcen hinsichtlich der weiteren drei Bedingungen, d.h. hinsichtlich des „Knappheitskriteriums", des „Nicht-Imitierbarkeitskriteriums" und des „Nicht-Substituierbarkeitskriteriums" unterschiedlich stark ausgeprägt sein können. Deswegen bestimmen diese drei Kriterien primär nicht die **Existenz eines Wettbewerbsvorteils**, sondern die **Nachhaltigkeit eines Wettbewerbsvorteils** (vgl. zur Nachhaltigkeit von Wettbewerbsvorteilen Williams 1992).

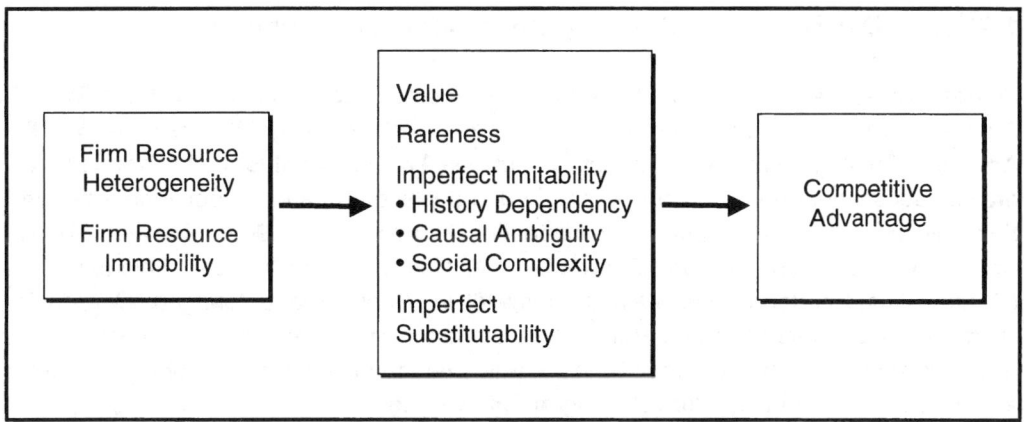

Abb. 6-8:   Anforderungen an Ressourcen als Basis für Wettbewerbsvorteile
Quelle: in Anlehnung an Barney (1991), S. 112.

1.2.3   Die Industrial-Organization-Ansätze und die Ressourcenbasierten Ansätze im Zusammenspiel

Worin liegen also die Unterschiede zwischen der IO-Schule und der Ressourcenbasierten Schule? Auf diese Frage sollen die folgenden Aussagen eine Antwort geben (Abschnitt 1.2.3.1), bevor wir dann versuchen, die beiden Strömungen zusammenzuführen (Abschnitt 1.2.3.2).

1.2.3.1   Die Unterschiede zwischen den beiden Strömungen

Zusammenfassend können folgende Unterschiede zwischen der Sichtweise der Industrial-Organization-Schule und der Ressourcenbasierten Schule festgestellt werden (vgl. für eine Gegenüberstellung der beiden Richtungen z.B. Collis 1991, Lado/Boyd/Wright 1992, Mahoney/Pandian 1992, Knyphausen 1993, Rasche/Wolfrum 1994, Bamberger/ Wrona 1996, Börner 2000, Ossadnik 2000):

- An die Stelle **des „structure-conduct-performance"-Paradigmas** der IO-Schule tritt das **„resource-conduct-performance"-Paradigma** der Ressourcenbasierten Schule. Der **„Outside-In-Perspektive"** der IO-Schule wird folglich die **„Inside-Out-Perspektive"** der Ressourcenbasierten Schule gegenübergestellt.

- Für Vertreter der IO-Schule bestimmen **Determinanten außerhalb der Unternehmung**, was sich in der Unternehmung abspielt und wie sich die Unternehmung verhält. Für die Vertreter der Ressourcenbasierten Ansätze werden vor allem **Faktoren innerhalb der Unternehmung** dafür verantwortlich gemacht, wie die Unternehmung am Markt, also „nach außen", auftritt.

1.2.3.2   Die Zusammenführung der beiden Strömungen

Interessant ist, dass die im Strategischen Management seit langem bekannte SWOT-Analyse die Unternehmung und die Umwelt bereits zusammengeführt hat. Die **SWOT-Analyse (Strengths-Weaknesses-Opportunities-Threats-Analyse)** wird Kenneth Andrews zugeschrieben und taucht bereits in den sechziger Jahren in der Planungs- und Strategieliteratur auf (vgl. Learned/Christensen/Andrews/Guth 1965). Ziel der SWOT-Analyse ist es, die Stärken und Schwächen der Unternehmung mit den Gelegenheiten (Chancen) und Gefahren (Risiken) der Umwelt in Verbindung zu bringen. Dabei wird zudem eine zukunftsorientierte Perspektive eingenommen; denn es geht nicht nur um gegenwärtige Stärken und Schwächen sowie Gelegenheiten und Gefahren, sondern auch um die Einschätzung der zukünftigen Entwicklungen.

Die SWOT-Analyse führt nicht zu „Normstrategien", die Unternehmungen anwenden sollen. Die Strategien einer Unternehmung sind vielmehr individuell auf der Basis der Ergebnisse der SWOT-Analyse zu entwerfen und zielen auf das Ausnutzen von Stärken, den Abbau von Schwächen und das Aufsuchen solcher Umweltkonstellationen, in denen Gefahren vermieden und Gelegenheiten ergriffen werden können. Damit wird bereits seit Jahrzehnten die **Binnenperspektive der unternehmungsindividuellen Ressourcen** mit der **Außenperspektive der Umwelt** verbunden – eine durchaus moderne Sichtweise, die vorübergehend durch die einseitig auf die Umwelt fokussierenden Strategien der IO-Schule und dann durch die einseitig auf die Ressourcen fokussierenden Strategien der Ressourcenbasierten Schule verloren ging. Freilich ist einzuräumen, dass die SWOT-Analyse in ihrer ursprünglichen Fassung theoretisch wenig fundiert und inhaltlich nicht spezifiziert war. Das, was der SWOT-Analyse in ihrer Originalversion fehlte, liefern nun die IO-Schule und die Ressourcenbasierten Schule: eine theoretische Basis und eine inhaltliche Präzisierung.

Die SWOT-Analyse hat neben ihrer einfachen Logik den Vorteil, dass sie sich sowohl auf die **Gesamtunternehmung** als auch auf deren **Teilbereiche und Teileinheiten** wie Geschäftsfelder, Funktionalbereiche oder Regionalbereiche sowie – was für international tätige Unternehmungen von besonderer Bedeutung ist – auf **einzelne Länder** anwenden lässt. Ländermärkte, in denen man tätig ist oder in die man eindringen möchte, können jeweils eigene Gelegenheiten/Gefahren-Situationen sowie Gelegenheiten/Gefahren-Entwicklungen verzeichnen. Zudem kann das **gegenwärtige** und das **zukünftige Stärken/Schwächen-Profil** der Unternehmung länderspezifisch ausgeprägt sein. Daher ist es zweckmäßig, SWOT-Analysen für einzelne Ländermärkte separat durchzuführen. In Abbildung 6-9 kann dieser Sachverhalt visuell veranschaulicht werden. Zur Beurteilung dessen, was in der Gesamtunternehmung und/oder in Teilbereichen bzw. Teileinheiten als Stärke oder Schwäche gilt, lässt sich auch internes und externes Benchmarking nutzen (vgl. Krystek 2004).

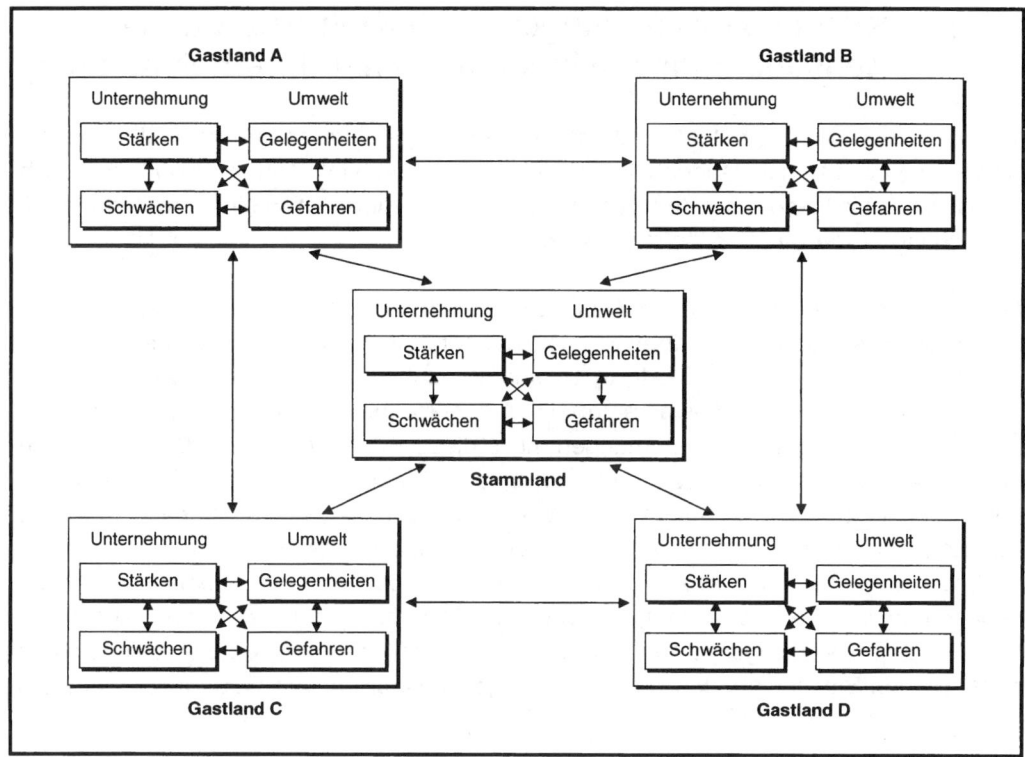

Abb. 6-9: Die SWOT-Analyse in internationalen Unternehmungen

Als direkte Konsequenz unserer Ausführungen sollen nun im nächsten Abschnitt einige kritische Überlegungen folgen, welche die Umwelt und die Ressourcen von internationalen Unternehmungen zusammenführen. Zuvor sei lediglich noch kurz darauf verwiesen, dass es im Strategischen Management – neben den IO-Ansätzen und den Ressourcenbasierten Ansätzen – noch zahlreiche weitere Denkrichtungen gibt. Erwähnt sei stellvertretend der Ansatz des Hyperwettbewerbs von D'Aveni (1995), in dem die Existenz dauerhafter Wettbewerbsvorteile generell in Frage gestellt wird (vgl. zu einer Zusammenfassung und Würdigung auch Schmid 1997, S. 2-12). Auf den Ansatz von D'Aveni und auf weitere Ansätze können wir jedoch im Rahmen dieses Lehrbuchs nicht im Detail eingehen (vgl. zu verschiedenen Ansätzen des Strategischen Managements auch Mintzberg 1988, 1990, Knyphausen-Aufseß 1995).

1.2.4 Kritische Überlegungen zu Umwelt-Ressourcen-Konstellationen in internationalen Unternehmungen

Wir hatten oben bereits betont, dass international tätige Unternehmungen mit ihren Umwelt-Ressourcen-Konstellationen komplexer sind als nationale Unternehmungen (→ Abschnitt 1.1.2.3 in diesem Kapitel). Aus diesem Grund ergeben sich einige weiterführende Überlegungen, die wir abschließend skizzieren wollen:

(1) Ressourcen liegen häufig als Ressourcenbündel vor, d.h. nicht eine einzige Ressource allein ist Basis für Wettbewerbsvorteile, sondern mehrere Ressourcen in Kombination schaffen Wettbewerbsvorteile. Dies heißt: Sobald ein Teil des Ressourcenbündels verändert wird, kann dies einen existierenden Wettbewerbsvorteil zunichte machen. In international tätigen Unternehmungen muss diese Erkenntnis besonders berücksichtigt werden. Wenn beispielsweise nicht erkannt wird, dass eine hochmechanisierte Fertigungslinie im Stammland nur deshalb hocheffizient arbeitet, weil die benachbarte zentrale Entwicklungsabteilung immer wieder bei Problemen „einspringt" und kontinuierliche Verbesserungen anbringt, dann mag der Wettbewerbsvorteil durch eine Produktionsverlagerung in eine ausländische Tochtergesellschaft, in der keine oder keine leistungsfähige Entwicklungsabteilung existiert, erodieren. Ziel muss es also sein, sich bei strategischen Entscheidungen der **Beziehungen zwischen den Ressourcen** bewusst zu sein.

(2) Die Ressourcen bzw. Ressourcenbündel einer Unternehmung, die im Heimatland aufgrund der dortigen Umwelt in Wettbewerbsvorteile „umgemünzt" werden können, mögen in manchen Gastländern nicht zum Tragen kommen. Umgekehrt mögen manche Ressourcen bzw. Ressourcenbündel nicht geeignet sein, um im Heimatmarkt erfolgreich zu agieren; im Ausland bzw. in einzelnen Auslandsmärkten lassen sie sich aber möglicherweise „gut ausspielen". Wettbewerbsvorteile in international tätigen Unternehmungen müssen also aufgrund der Umwelt-Ressourcen-Konstellationen **nicht immer weltweite Wettbewerbsvorteile** darstellen. Das Zusammentreffen von (internen) Stärken und (externen) Gelegenheiten kann, wie auch in Abbildung 6-9 verdeutlicht, von Land zu Land unterschiedlich sein. *Honda* und *Sony* haben ihre Stärken gegenüber ihren lokalen japanischen Wettbewerbern lange Zeit eher auf den Auslandsmärkten als im heimischen Markt „ausgenutzt".

(3) Um zu wissen, ob Ressourcen bzw. Ressourcenbündel auch zu Wettbewerbsvorteilen führen, ist insbesondere die Frage entscheidend, welche Wettbewerber in den Vergleich einzubeziehen sind. Intensiv wird die **Frage der relevanten Wettbewerber** in der Literatur zu strategischen Gruppen behandelt. Dabei wird diskutiert, welche Positionen die Wettbewerber innerhalb einer Branche einnehmen können, wie sich strategische Gruppen bilden lassen, wie sich die Rivalität in diesen Gruppen gestaltet und wie Unternehmungen zwischen strategischen Gruppen wechseln (vgl. Porter 1980, 1985, Hatten/Hatten 1987, Fiegenbaum/Thomas 1990, McNamara/Deephouse/Luce 2003). Die Arbei-

ten zu strategischen Gruppen berücksichtigen jedoch selten, dass in vielen Fällen strategische Gruppen nicht weltweit existieren, sondern länderspezifisch sind (vgl. Nohria/ Garcia-Pont 1991). Nötig ist es also, die Analyse strategischer Gruppen sowohl auf der Ebene einzelner Ländermärkte als auch auf globaler und regionaler Ebene durchzuführen.

(4) Wenn international tätige Unternehmungen prüfen, welche ihrer Ressourcen bzw. Ressourcenbündel Wettbewerbsvorteile darstellen, so sollten sie sich nicht auf die Ressourcen der Muttergesellschaft konzentrieren. Lange Zeit ging man zwar davon aus, dass Ressourcen primär in der Muttergesellschaft angesiedelt sind, doch zeigen zahlreiche Studien, dass auch in den **Tochtergesellschaften erhebliches Potential „steckt"**, welches unzureichend genutzt wird (vgl. Birkinshaw 1996, 1997, Birkinshaw/Hood 1998; Schmid 2002d). Es ist zwar schwierig, aber durchaus erfolgversprechend, die Ressourcen von Tochtergesellschaften über deren eigenen Ländermarkt hinaus zu nutzen. Dazu bietet es sich beispielsweise an, manche der ausländischen Tochtergesellschaften als **Centers of Competence** bzw. **Centers of Excellence** aufzufassen (vgl. Schmid/Bäurle/Kutschker 1999, Schmid 2000a,b, 2003a, Kutschker/Schurig/Schmid 2002b).

Nach den terminologischen und konzeptionellen Grundlagen können wir uns nun den einzelnen Stoßrichtungen von Internationalisierungsstrategien zuwenden. Wir beginnen mit den Strategien des Markteintritts und der Marktbearbeitung.

2   Markteintritts- und Marktbearbeitungs-strategien

In diesem Abschnitt werden wir nach einem einleitenden Überblick (Abschnitt 2.1) verschiedene Alternativen des Markteintritts und der Marktbearbeitung ausführlich vorstellen und diskutieren (Abschnitte 2.2 bis 2.10). Abschließen werden wir unsere Ausführungen mit Hinweisen zur Auswahl der Markteintritts- und Marktbearbeitungsstrategie (Abschnitt 2.11) und mit zusammenfassenden Überlegungen über die Alternativen des Markteintritts und der Marktbearbeitung (Abschnitt 2.12).

2.1   Einleitender Überblick über Markteintritts- und Marktbearbeitungsstrategien

2.1.1   Markteintritts- und Marktbearbeitungsstrategien als zentrales Thema des Internationalen Managements

Wenn Unternehmungen auf ausländischen Märkten aktiv werden wollen, so haben sie, wie bereits kurz erwähnt (→ Abschnitt 1.6 in Kapitel 2), **zahlreiche Möglichkeiten des Markteintritts und der Marktbearbeitung**. Unternehmungen können beispielsweise, um die wichtigsten Formen gleich zu Beginn dieses Abschnitts zu nennen, **Exporte** tätigen, **Lizenzen** vergeben, **Franchisingsysteme** aufbauen, **Vertragsfertigungen** im Ausland durchführen, **Joint Ventures** eingehen, **Strategische Allianzen** schließen, **Minderheitsbeteiligungen** erwerben, eigene **Tochtergesellschaften** gründen bzw. akquirieren oder mit ausländischen Unternehmungen **fusionieren**. Die einzelnen Formen der Betätigung im Ausland, die in Abbildung 6-10 zusammengefasst sind, lassen sich sowohl zum Markteintritt im Speziellen als auch zur Marktbearbeitung im Allgemeinen wählen. Sprechen wir in den folgenden Abschnitten von Markteintritt und Marktbearbeitung, so verstehen wir darunter immer den Eintritt in und die Bearbeitung von Auslandsmärkten (und nicht von Inlandsmärkten oder Inlandsmarktsegmenten).

Während mit dem Begriff des **Markteintritts** der erstmalige Markteintritt angesprochen ist, wird der Begriff der **Marktbearbeitung** weiter ausgelegt: Er umfasst auch die Bearbeitung von Märkten, in die eine Unternehmung bereits eingetreten ist. Diese Unterscheidung ist von Bedeutung, weil die Form des Markteintritts nicht unbedingt auch der Form der Marktbearbeitung im Zeitablauf entsprechen muss. Eine Unternehmung kann zum Beispiel über Exporte in ein bestimmtes Land eintreten, im Laufe der Zeit jedoch unterschiedliche andere Marktbearbeitungsformen wie Joint Ventures oder Vertriebsgesellschaften in diesem Land wählen.

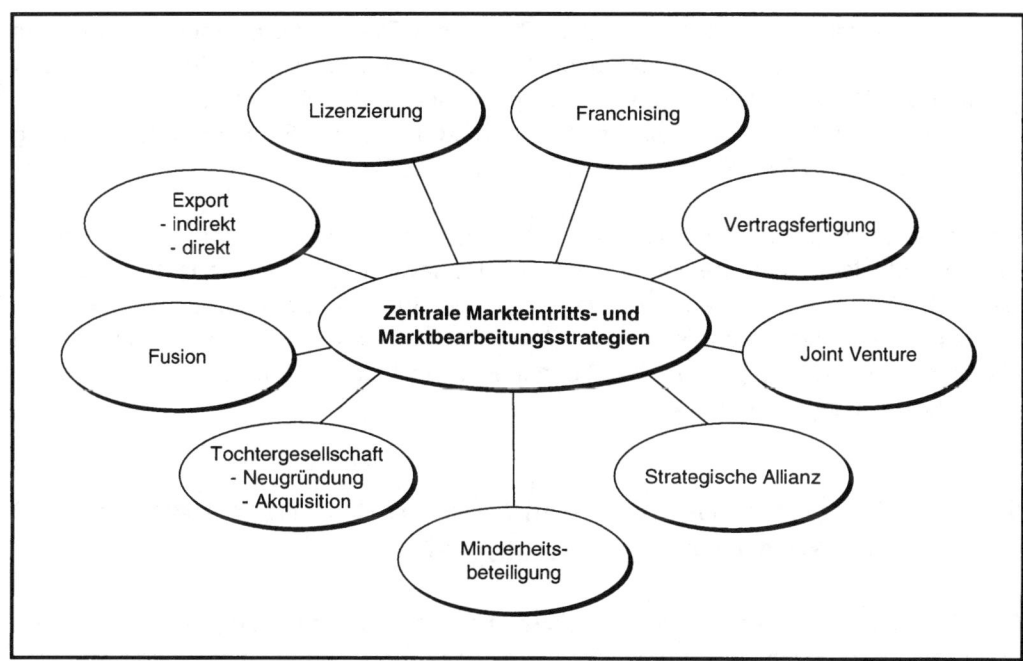

Abb. 6-10: Zentrale Varianten von Markteintritts- und Marktbearbeitungsstrategien

Mit Markteintritts- und Marktbearbeitungsstrategien hat man sich in der Literatur zum Internationalen Management umfassend auseinandergesetzt – sei es in Form von

- **Monographien** (vgl. z.B. Young/Hamill/Wheeler/Davies 1989, Wesnitzer 1993, Pues 1994, Root 1994b, Waning 1994, Holland 1995, Weiss 1996, Morosini 1998, Müschen 1998, Luo 1999, Ferring 2001, Sell 2002),

- **Kapiteln bzw. Abschnitten innerhalb von Lehrbüchern** (vgl. Kulhavy 1989, S. 12-30, Stahr 1993, S. 61-82, Hünerberg 1994, S. 113-132, Quack 1995, S. 107-115, Dülfer 1997, v.a. S. 127-130, S. 169-192, Meffert/Bolz 1998, S. 124-137, Backhaus 1999, S. 245-270, Backhaus/Voeth 2007, S. 309-316, Berndt/Fantapié Altobelli/Sander 2005, S. 139-202, Backhaus/Büschken/Voeth 2003, S. 164-197),

- **Sammelbänden** (vgl. Rosson/Reid 1987, Hrsg., Contractor/Lorange 1988, Hrsg., Bronder/Pritzl 1992, Hrsg., Dichtl/Issing 1992, Hrsg., Paliwoda/Ryans 1995, Hrsg., v.a. S. 13-48, BenDaniel/Rosenbloom 1998, Hrsg., Macharzina/Oesterle 2002, Hrsg., v.a. S. 257-1049) oder

- **Aufsätzen** (vgl. z.B. Meissner/Gerber 1980, Contractor 1984, Davidson/McFetridge 1985, Anderson/Gatignon 1986, Kumar 1989, Hill/Hwang/Kim 1990, Grabner-Kräuter 1992b, Kutschker 1992, Pausenberger 1992c, Walldorf 1992, Calof 1993, Erramilli/Rao 1993, Hennart/Park 1993, Wagner 1993, Reiter 1995, Barkema/Bell/Pennings 1996, Hennart/Reddy 1997, Hildebrandt/Weiss 1997, Newburry/Zeira 1997, Barkema/Vermeulen 1998, Zeira/Newburry 1999, Arora/Fosfuri 2000, Brouthers/Brouthers 2000, Pan/Tse 2000, Perlitz/Seger 2000, Taylor/Zou/Osland 2000, Brouthers/ Brouthers/Wilson 2001, Hoffmann/Schaper-Rinkel 2001, Andersen/Buvik 2002, Erramilli/Agarwal/Dev 2002, Brown/Dev/Zhou 2003, Martin/Salomon 2003, Harzing 2004, Zhao/Luo/Suh 2004, Drogendijk/Slangen 2006).

Wirft man einen Blick in internationale Fachzeitschriften, wie „Journal of International Business Studies", „Management International Review" oder „International Business Review", so stellt man fest, dass Beiträge zu Markteintritts- und Marktbearbeitungsstrategien einen zentralen Platz einnehmen. Bevor wir nun die einzelnen Markteintritts- und Marktbearbeitungsstrategien im Detail behandeln, stellt sich die Frage, wie man diese in eine Ordnung bringen kann.

2.1.2 Kriterien zur Systematisierung der Markteintritts- und Marktbearbeitungsstrategien

Die einzelnen Strategien des Markteintritts und der Marktbearbeitung lassen sich anhand zahlreicher Kriterien systematisieren. In der Literatur immer wieder zitiert wird eine Systematisierung von Meissner/Gerber, nach der wichtige Markteintritts- und Marktbearbeitungsformen gemäß den **im Stammland und den im Gastland erbrachten Kapital- und Managementleistungen** eingeteilt werden. Den Vorschlag von Meissner/Gerber (1980) wollen wir in Abbildung 6-11 darstellen.

Zur Systematisierung der Markteintritts- und Marktbearbeitungsstrategien kann jedoch nicht nur das in dieser Abbildung von Meissner/Gerber (1980) verwendete Kriterium **„Ausmaß des Ressourcentransfers"** herangezogen werden. Es gibt zahlreiche weitere, teilweise miteinander verwobene Kriterien, die sich zur Abgrenzung anbieten (vgl. z.B. Kutschker 1992, v.a. S. 512-517, Pues 1994, v.a. S. 111-112, Brouthers 1995, Driscoll 1995, Kumar/Subramaniam 1997, Meffert/Bolz 1998, S. 124-125, Pan/Tse 2000, Müller-Stewens/Lechner 2002, S. 385-386). Wir können daher folgenden **Kriterienkatalog** zur Systematisierung von Markteintritts- und Marktbearbeitungsstrategien aufstellen:

- **Wertschöpfungsschwerpunkte** des Auslandsengagements: Welche Wertschöpfungsbereiche werden bei einem bestimmten Engagement in das Ausland übertragen?

- **Ressourcenbeanspruchung** des Auslandsengagements: In welchem Ausmaß werden bei einem bestimmten Engagement überhaupt eigene Ressourcen – ob im Inland oder Ausland – benötigt?

- **Art des Ressourcentransfers** beim Auslandsengagement: Von welcher Art (z.B. Kapital- und/oder Managementleistungen) sind die in das Ausland übertragenen eigenen Ressourcen?

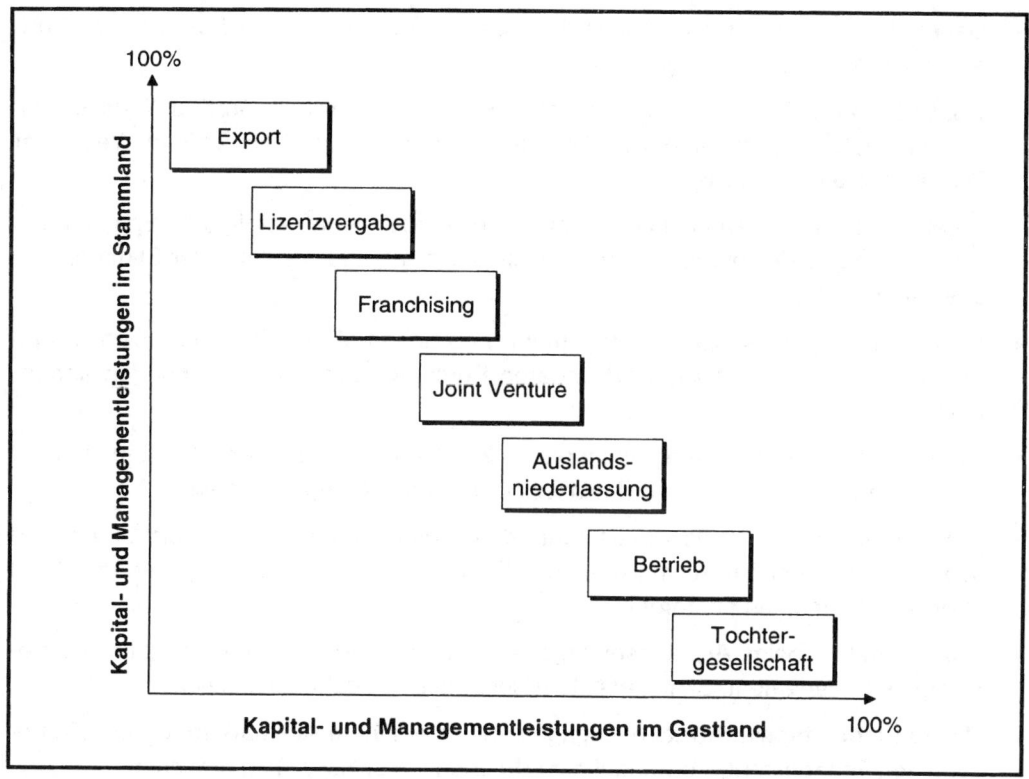

Abb. 6-11: Eine Systematisierung von Markteintritts- und Marktbearbeitungsstrategien
            nach Meissner/Gerber
Quelle: Meissner/Gerber (1980), S. 224.

- **Ausmaß des Ressourcentransfers** beim Auslandsengagement: In welchem Ausmaß (Umfang) werden bei einem bestimmten Engagement Ressourcen in das Ausland übertragen?

- **Amortisation des Ressourceneinsatzes** beim Auslandsengagement: Wie lange dauert es, bis sich die durch das Engagement eingesetzten Ressourcen amortisieren?

- **Rechtliche Einschränkungen** beim Auslandsengagement: In welchem Ausmaß ist das Engagement von rechtlichen Bestimmungen eingeschränkt?

- **Risiken** des Auslandsengagements: Welche Risiken bringt ein bestimmtes Engagement mit sich (z.B. Kapitalrisiken, Managementrisiken)?

- **Reversibilität** des Auslandsengagements: In welchem Maße kann ein bestimmtes Engagement rückgängig gemacht werden?

- **Flexibilität** des Auslandsengagements: In welchem Maße lässt sich ein bestimmtes Engagement in eine andere Form des Engagements überführen?

- **Dauer** des Auslandsengagements: Auf welchen Zeitraum ist ein bestimmtes Engagement insgesamt ausgelegt?

- **Kontrollmöglichkeiten** des Auslandsengagements: Welchen Grad an Einfluss hat die Unternehmung bei einem bestimmten Engagement auf die Art und Weise der Durchführung von Aktivitäten?

- **Eigentum** beim Auslandsengagement: In welchem Ausmaß erfolgt das Engagement durch alleiniges Eigentum, d.h. in welchem Ausmaß sind Kapital- oder Stimmanteile in eigener Hand?

- **Kooperation** beim Auslandsengagement: In welchem Ausmaß ist man beim Engagement von der Kooperation mit anderen Personen oder Unternehmungen abhängig?

- **Akzeptanz** des Auslandsengagements im Gastland: Wie stark wird das Engagement von Regierung, Behörden und Bevölkerung im Ausland angenommen?

- **Förderung** des Auslandsengagements durch das Stammland: In welcher Art und Weise und in welchem Ausmaß wird das Engagement von Regierung, Behörden und Bevölkerung im Inland gefördert?

- **Skaleneffekte** beim Auslandsengagement: In welchem Ausmaß erlaubt ein bestimmtes Engagement, Skaleneffekte (Economies of Scale) zu erzielen?

- **Verbundeffekte** beim Auslandsengagement: In welchem Ausmaß ermöglicht ein bestimmtes Engagement, Verbundeffekte (Economies of Scope) zu erreichen?

- **Geschwindigkeit** des Auslandsengagements: Wie schnell können mit einem bestimmten Engagement die erwünschten, eventuell auch konfliktären Ziele erreicht werden?

- **Rivalitätserhöhung** durch das Auslandsengagement: Wie stark wird durch ein bestimmtes Auslandsengagement die Rivalität im Gastmarkt bzw. auf dem Weltmarkt erhöht?

- **Erfahrung** für und durch das Auslandsengagement: In welchem Ausmaß sind für das Auslandsengagement frühere Erfahrungen nötig bzw. können durch das Auslandsengagement weitere Erfahrungen gesammelt werden?

- **Gewinnpotential** beim Auslandsengagement: Welches Gewinnpotential ist mit einem bestimmten Auslandsengagement verbunden?

Aus dieser Aufstellung wird ersichtlich, dass es eine nahezu unbegrenzte Liste an Kriterien gibt, um die Markteintritts- und Marktbearbeitungsstrategien zu systematisieren. Abbildung 6-12 vermittelt einen Überblick über unterschiedliche Arbeiten, in denen Markteintritts- und Marktbearbeitungsstrategien nach unterschiedlichen Kriterien klassifiziert wurden.

Autor (Jahr)*	Systematisierungskriterien für Markteintritts- und Marktbearbeitungsstrategien	Ausgestaltungsformen von Markteintritts- und Marktbearbeitungsstrategien
Anderson/ Gatingnon (1987)	Kontrolle	**High control modes:** vollständige Tochtergesellschaft; Mehrheitsbeteiligung bei Joint Ventures **Medium control modes:** paritätische Gemeinschaftsunternehmen; Vertragsfertigung; Lizenzen; Franchising **Low control modes:** Minderheitsbeteiligung bei Gemeinschaftsunternehmen; bestimmte Lizenzformen
Backhaus (1999)	Standort des Wertschöpfungsschwerpunkts	**Wertschöpfungsschwerpunkt im Inland:** Indirekter Export (Exporteigenhandel, Exportgemeinschaft); direkter Export (Direktexport ohne Einschaltung von Absatzmittlern im Ausland; Direktexport an ausländische Generalvertreter, Repräsentanz, Zweigniederlassung) **Wertschöpfungsschwerpunkt im Ausland:** Strategien ohne Kapitaltransfer (Lizenzen/Know-how-Verträge, Vertragsproduktion); Strategien mit Kapitaltransfer (Joint Ventures, Tochtergesellschaften)
Berg (1991)	Intended lifespan; state of government regulations in the finance and trade sector; condition of trade contracts between countries; perceived political risk; commitment of resources	Spot contracts; Complex contracts; Joint Ventures; Mergers and Acquisitions
Brooke (1986)	Leistungs-, Know-how- und Kapitaltransfer	Export; Know-how-Transfer (Lizenzen, Franchising, Managementverträge, Vertragsfertigung, technische Hilfe, „construction contracts"); Direkt- und Portfolioinvestitionen
Dahringer/ Mühlbacher (1991)	Standort der Leistungserstellung; Kapitalintensität	**Leistungserstellung im Heimatland:** Exporte; Vertriebsgesellschaften **Leistungserstellung im Gastland:** Lizenzen; Franchising; Vertragsfertigung; Management-Verträge; Gemeinschaftsunternehmen; Direktinvestitionen
Dülfer (1997)	funktionale und institutionelle Internationalisierung (Transferintensität)	Export (direkt, indirekt); direkter Import; Lizenzen; Franchising; Auslandsleasing; Vertrags-Management für ausländische Partner, Errichtung und Lieferung schlüsselfertiger Anlagen; Errichtung und Unterhaltung eines/einer Fertigungsbetriebs/Montagebetriebs/Verkaufsniederlassung (jeweils in Eigenregie als Tochtergesellschaft, als Joint Venture)
Grabner-Kräuter (1992b)	Standort der Leistungserstellung	**Leistungserstellung im Inland:** Indirekter Export/direkter Export (mit/ohne Direktinvestitionen) **Leistungserstellung im Ausland:** ohne Direktinvestitionen (Lizenzvergabe, Managementvertrag, Auftragsfertigung); mit Direktinvestitionen (Joint Venture, Alleineigentum)
Hill/Hwang/ Kim (1990)	Kontrolle; Resource Commitment	Lizenzen; Joint Ventures; „wholly-owned subsidiaries"
Johanson/ Wiedersheim-Paul (1974)	Internationale Erfahrung (market knowledge; market commitment)	no regular export activity; export via independent representatives or agents; sales subsidiaries; production/manufacturing plants

Kutschker (1992)	I: notwendige Mitwirkung anderer für Erfolg; Eigenkapitalanteil	Akquisition; Equity Joint Venture; Contractual Joint Venture; Allianzen; „Gründung"; Portfolioinvestitionen; Export
	II: Investition/Kontrollierbarkeit/Risiko/Kapitalkosten; Transaktionskosten	Export; Contractual Joint Venture; Tochtergesellschaft
	III: Ressourcenbeanspruchung; Schnelligkeit des Markteintritts	Gründung 100%-Gesellschaft; Akquisition; Joint Venture
Meissner/ Gerber (1980)	Umfang der Kapital- und Managementleistungen im Gastland und Heimatland	Exporte; Lizenzvergabe; Franchising; Joint Venture; Auslandsniederlassung; Produktionsbetrieb; Tochtergesellschaft
Root (1988)	Kontrolle; Risiko	**Export entry modes:** Indirect, direct agent/distributor, direct branch/subsidiary, other **Contractual entry modes:** Licensing, Franchising, Technical Agreement, Service Contracts, Construction/ Turnkey Contracts, Contract Manufacture, Coproduction Agreements, other **Investment entry modes:** Solo Venture (new establishment, acquisition), Joint Venture (majority, 50-50, minority)
Stahr (1993)	Intensitätsgrad des Marktengagements; Kontrollspanne über die Aktivitäten auf dem Auslandsmarkt	**geringer Kapitaleinsatz mit geringer Kontrollspanne:** Export (indirekt, direkt); Lizenzen/Franchising **hoher Kapitaleinsatz mit geringer Kontrollspanne:** Minderheitsbeteiligung; Joint Ventures, Projektbeteiligung; Ko-Produktion; Kontraktproduktion **geringer Kapitaleinsatz mit hoher Kontrollspanne:** technische Kooperationsabkommen; Kontraktmanagement; „Direkter Export mit Direktvertrieb" **hoher Kapitaleinsatz mit hoher Kontrollspanne:** Vertriebsniederlassung; Vertriebsgesellschaft; Montageunternehmen; Produktionsunternehmen; vollintegriertes Fertigungsunternehmen
Weiss (1991)	Kontrolle; Flexibilität	indirekter Export; vertragliche Markteintrittsformen (Lizenzen, Franchising, Managementvertrag, Turnkey Contracts, Vertragsfertigung); Direktinvestitionen: Vertriebsgesellschaft (Joint Venture, eigenständige Tochtergesellschaft); Produktionsgesellschaft (Joint Venture, eigenständige Tochtergesellschaft)
Wesnitzer (1993)	Kooperation; Eigenleistung bzw. Kapitalbeteiligung; Produktverlagerung; Eigenleistung versus Fremdvergabe	direkter und indirekter Export; Lizenzvergabe; Vertriebsgesellschaften; Gemeinschaftsunternehmen; vollständige Tochtergesellschaften
Zentes (1993)	Wertschöpfungsschwerpunkt (Inland, Ausland); Kapitaltransfer (mit, ohne)	Export; vertragliche Markterschließungsformen; Lizenzen; Know-how-Verträge; Franchising; Joint Ventures; Tochtergesellschaften; Akquisition
* Im Literaturverzeichnis dieses Buches sind nur die Quellen vermerkt, die auch im Text Verwendung finden. Für andere Quellen sei auf Pues (1994) und Backhaus/Büschken/Voeth (2003) verwiesen.		

Abb. 6-12: Überblick über Möglichkeiten zur Systematisierung von Markteintritts- und Marktbearbeitungsstrategien

Quelle: Pues (1994), S. 79-80 und Backhaus/Büschken/Voeth (2003), S. 175.

Verkürzend wäre es, würde man Markteintritts- und Marktbearbeitungsstrategien – wie etwa bei Meissner/Gerber (1980) – lediglich hinsichtlich eines Kriteriums systematisieren. Doch auch Versuche, die Markteintritts- und Marktbearbeitungsstrategien hinsichtlich zweier oder dreier Kriterien einzuteilen (vgl. Kaufmann, F. 1993, S. 88-89, Stahr 1993, v.a. S. 62-65, Bäurle/Krebs 1997, S. 24-30, Kumar/Epple 2002, v.a. S. 269-270, Müller-Stewens/Lechner 2002, v.a. S. 387-388), können – angesichts der Vielzahl der existierenden Kriterien – nur eine erste Orientierung liefern.

Die erwähnten Kriterien lassen sich nicht nur zur **Systematisierung** von Markteintritts- und Marktbearbeitungsstrategien heranziehen, sondern helfen auch dabei, die **Anwendungsbedingungen** sowie die **Vorteile** und die **Nachteile** der einzelnen Markteintritts- und Marktbearbeitungsstrategien herauszuarbeiten. Dies wird in den folgenden Abschnitten im Mittelpunkt stehen (Abschnitte 2.2 bis 2.10). Wir möchten jedoch darauf hinweisen, dass wir nicht bei jeder einzelnen Markteintritts- und Marktbearbeitungsstrategie alle Kriterien „abklopfen" können, sondern nur die wichtigsten Vor- und Nachteile herausgreifen.

Wenn wir die unterschiedlichen Alternativen des Markteintritts und der Marktbearbeitung ausführlicher vorstellen, so nehmen wir dabei primär eine außenorientierte Perspektive ein (→ zur Unterscheidung zwischen binnen- und außenorientierter Perspektive ebenfalls Abschnitt 1.6 in Kapitel 2). Wir behandeln also den Markteintritt und die Marktbearbeitung in erster Linie aus der Perspektive inländischer Unternehmungen, die in das Ausland „gehen". Wir beginnen unsere Diskussion mit der Markteintritts- und Marktbearbeitungsstrategie des Exports.

2.2   Export

Unter Export versteht man den Absatz eigener Güter und Dienstleistungen in fremden Wirtschaftsgebieten. Dabei kann, wie bereits zu Beginn dieses Buches erläutert, zwischen direktem und indirektem Export differenziert werden (→ Abschnitt 2.1.1.1.1 in Kapitel 1). Wir werden zunächst auf den indirekten Export eingehen (Abschnitt 2.2.1), bevor wir im Anschluss daran den direkten Export diskutieren (Abschnitt 2.2.2).

Die Markteintritts- und Marktbearbeitungsstrategie des Exports betrifft, was schon durch die Definition zum Ausdruck kommt, vor allem die Wertschöpfungsbereiche **Absatz** bzw. **Vertrieb** (vgl. zum Export als Markteintritts- und Marktbearbeitungsform z.B. Bilkey 1978, Madsen 1987, Miesenböck 1988, Aaby/Slater 1989, Dichtl/Köglmayr/Müller 1989, Dichtl/Issing 1992, Hrsg., Souchon/Diamantopoulos 1997, Leonidou 1998, Stöttinger/ Schlegelmilch 2000, Cadogan/Diamantopoulos/Siguaw 2002, Sauer 2002, Wheeler/Ibeh 2002, Diamantopoulos/Winklhofer 2003, Majocchi/Bacchiocchi/Mayrhofer 2005).

2.2.1   Indirekter Export

Wir werden zunächst (nochmals) darauf eingehen, wie sich indirekter Export charakterisieren lässt (Abschnitt 2.2.1.1), um dann Vorteile und Motive (Abschnitt 2.2.1.2) sowie
Nachteile und Probleme dieser Markteintritts- und Marktbearbeitungsstrategie darzustellen (Abschnitt 2.2.1.3).

2.2.1.1   Charakterisierung des indirekten Exports

Der indirekte Export bzw. mittelbare Export ist dadurch charakterisiert, dass Außenhandelsaktivitäten durch **Einschaltung von Handelsmittlern im Inland** erfolgen. Zwischen
einem inländischen Exporteur und dem ausländischen Geschäftspartner besteht nur
indirekt über einen Intermediär im Land des Exporteurs eine Geschäftsbeziehung (➜ Abschnitt 2.1.1.1.1 in Kapitel 1). Eine inländische Unternehmung exportiert dabei über eine
inländische Außenhandelsunternehmung bzw. ein **inländisches Exporthaus** in andere Länder. Sie wagt also nicht selbst, sondern nur über einen **Intermediär im eigenen Land** den Gang in das Ausland. Neben Exporthäusern und Außenhandelsunternehmungen gelten auch **Einkaufsniederlassungen** einer ausländischen Unternehmung als
potentielle Geschäftspartner im Rahmen des indirekten Exports.

2.2.1.2   Vorteile und Motive des indirekten Exports

Die **Vorteile und Motive** des indirekten Exports sind vielfältig. Die wichtigsten Vorteile
und Motive werden nachfolgend zusammengefasst:

- Der indirekte Export bindet im Vergleich zu vielen anderen Markteintritts- und Marktbearbeitungsformen **nur geringe Ressourcen**. Vor allem für kleine und mittlere Unternehmungen, die zu Beginn ihrer Auslandsaktivitäten stehen, bietet sich die Einschaltung von Außenhandelsunternehmungen bzw. Exporthäusern an, da häufig
  weder die kritische Masse für den direkten Export in mehrere Länder erreicht ist noch
  die erforderlichen personellen und finanziellen Ressourcen für andere Strategien des
  Markteintritts und der Marktbearbeitung zur Verfügung stehen.

- Außenhandelsunternehmungen bzw. Exporthäuser vermarkten die übernommenen
  Produkte bzw. Dienstleistungen auf eigenes Risiko. Für die auftraggebende Unternehmung heißt dies, dass sie **nur geringen Gefahren**, die mit der Auslandsmarktbearbeitung verbunden sein können, ausgesetzt ist. Ein wesentliches dieser Risiken,
  kurzfristige Wechselkursverschlechterungen, wirkt sich nicht negativ auf die exportierende Unternehmung aus; vielmehr tragen Außenhandelsunternehmungen bzw.
  Exporthäuser alle mit Währungskursschwankungen verbundenen Risiken.

- Außenhandelsunternehmungen und Exporthäuser sind häufig entweder auf Länder
  oder auf Branchen spezialisiert. Sie verfügen aufgrund ihrer Spezialisierung über die

notwendige **Markt- und Kundennähe** in einzelnen Märkten. Eine Unternehmung, die sich der Leistungen von Außenhandelsunternehmungen bzw. Exporthäusern bedient, kann das Wissen über zahlreiche Ländermärkte zwar nicht selbst erwerben, sich aber das Wissen der Intermediäre für den Absatz der Produkte zunutze machen.

- Indirekter Export führt zu einer **geringen organisatorischen Komplexität**. Die Unternehmung schafft lediglich eine weitere Schnittstelle – die Schnittstelle zu Außenhandelsunternehmungen und Exporthäusern. Nicht notwendig ist im Falle einer Aufnahme von indirekten Exporttätigkeiten eine umfangreiche organisatorische Restrukturierung. Soweit es überhaupt eine Exportabteilung oder einen Exportbereich gibt, sind dort nur wenige Personen beschäftigt, da alle operativen Tätigkeiten (z.B. Dokumentenverkehr, Zwischenfinanzierung) von den beauftragten Außenhandelsunternehmungen und Exporthäusern wahrgenommen werden (→ zum Zusammenhang mit der Organisationsstruktur Abschnitt 1.1.2 in Kapitel 4).

- Die indirekte Exporttätigkeit kann vergleichsweise schnell beendet werden, wenn sich herausstellt, dass damit kein Erfolg verbunden ist. Die Auslandstätigkeit lässt sich also ohne große Veränderung rückgängig machen (**Reversibilität**). Ebenso ist es denkbar, von der indirekten Exporttätigkeit zu einer anderen Form der Auslandsmarktbearbeitung zu wechseln (**Flexibilität**), d.h. zahlreiche sogenannte „**Switching Options**" wahrzunehmen (vgl. Pedersen/Petersen/Benito 1997, Petersen/Welch/Welch 2000).

2.2.1.3   Nachteile und Probleme des indirekten Exports

Der indirekte Export bringt auch zahlreiche **Nachteile und Probleme** mit sich:

- Zu beachten ist zunächst, dass sich **nicht alle Produkte und Dienstleistungen** für den indirekten Export **eignen**. Schließlich ist es eine Voraussetzung für indirekten Export, dass das Produkt oder die Dienstleistung zunächst vom inländischen Hersteller auf die inländische Außenhandelsunternehmung bzw. das Exporthaus und anschließend von diesen weiter an den ausländischen Kunden übertragen wird. Bei komplexen Produkten und Dienstleistungen, wie etwa bei Systemgeschäften, scheidet der indirekte Export als Markteintritts- und Marktbearbeitungsalternative in der Regel aus.

- Der indirekte Export verbraucht zwar beim Markteintritt geringe Ressourcen, ist jedoch **auf Dauer**, d.h. bei kontinuierlicher Marktbearbeitung, vergleichsweise „**kostspielig**" und damit auch **gewinnmindernd**. Die eingeschaltete Außenhandelsunternehmung bzw. das eingeschaltete Exporthaus erwarten für ihre Tätigkeiten meist eine hohe Spanne zwischen Einkaufs- und Verkaufspreis. Dies führt für einen Hersteller entweder zur Notwendigkeit, die Produkte oder Dienstleistungen günstig an den Intermediär abzugeben, oder aber zum Problem, dass der Verkaufspreis im Ausland sehr hoch angesetzt wird, was sich negativ auf das Absatzvolumen auswirken kann.

- Eine Unternehmung, die lediglich über Außenhandelsunternehmungen bzw. Exporthäuser mit dem Ausland verbunden ist, kann **keine eigenen Erfahrungen** auf Auslandsmärkten sammeln. Sie kann selbst nur wenig über die Wünsche der Kunden, die Situation der Konkurrenten oder das Umfeld in den einzelnen Ländern erfahren. Sie ist von den „gefilterten" und zuweilen durchaus „gefärbten" Informationen der Außenhandelsunternehmungen und Exporthäuser abhängig.

- Nicht in allen Fällen kommt es dazu, dass Außenhandelsunternehmungen bzw. Exporthäuser das Markt- und Absatzpotential optimal ausschöpfen. Die Unternehmung lässt damit möglicherweise **Chancen im Ausland ungenutzt**. Damit zusammen hängt auch das Problem, dass für die einzelnen Auslandsmärkte möglicherweise nicht die „optimalen" Produkte aus der Produktpalette gewählt werden, keine spezifische Preisfestlegung erfolgt, eine undifferenzierte Kommunikationspolitik betrieben wird und die Distributionspolitik nicht selbst gestaltbar ist.

- Als besonders problematisch gilt, dass die mittelbar exportierende Unternehmung **keine direkte Beziehung zu den Abnehmern** aufbaut. Dies kann bei einem späteren Wechsel zu anderen Marktbearbeitungsformen kritisch sein, da die Kundenbasis im Ausland aufgrund fehlender Bindung „wegbrechen" kann. In vielen Fällen kommt es beim Wechsel vom indirekten zum direkten Export oder beim Wechsel zu anderen Formen der Marktbearbeitung zur Notwendigkeit, neue Kontakte im Ausland zu knüpfen, da man nicht an die „Beziehungsnetzwerke" der Außenhandelsunternehmung bzw. des Exporthauses anknüpfen kann.

2.2.2   Direkter Export

Wie beim indirekten Export, so wollen wir auch beim direkten Export mit einer Charakterisierung der Markteintritts- bzw. Marktbearbeitungsstrategie beginnen (Abschnitt 2.2.2.1), um danach deren Vorteile und Motive (Abschnitt 2.2.2.2) sowie deren Nachteile und Probleme (Abschnitt 2.2.2.3) aufzuzeigen.

2.2.2.1   Charakterisierung des direkten Exports

Beim direkten Export (unmittelbaren Export) erfolgen die Außenhandelsaktivitäten ohne Einschaltung von Handelsmittlern im Inland. Dies heißt: Es existiert eine direkte bzw. unmittelbare Beziehung zwischen einem inländischen und (mindestens) einem ausländischen Geschäftspartner (→ Abschnitt 2.1.1.1.1 in Kapitel 1). Als Geschäftspartner im Ausland kommen dabei

- Endabnehmer im Ausland (Unternehmungen, Institutionen, Privatkunden),

- Handelsunternehmungen im Ausland (Großhandel, Einzelhandel),
- Handelsvertreter im Ausland (evtl. in Form des Generalvertreters),
- Kommissionäre im Ausland,
- Handelsmakler im Ausland oder
- Generalimporteure im Ausland

in Frage.

Zwei Varianten des direkten Exports können unterschieden werden: (1) der direkte Export ohne Mittler im Gastland und (2) der direkte Export mit Mittler im Gastland.

(1) Direkter Export ohne Mittler im Gastland: Erfolgt der Export direkt an Endabnehmer (Unternehmungen, Institutionen, Privatkunden) oder den Handel (Großhandel, Einzelhandel) im Ausland, so sprechen wir von direktem Export ohne Mittler im Gastland. Eine Sonderform stellt dabei der Einsatz von Auslandsreisenden dar. In diesem Fall schickt eine inländische Unternehmung ihre eigenen Mitarbeiter in das Ausland, um Produkte und Dienstleistungen an Endabnehmer oder den Handel zu vermarkten. Die Auslandsreisenden sind angestellte, weisungsgebundene Mitarbeiter, die ein fixes Gehalt – manchmal ergänzt durch variable Zahlungen – erhalten.

(2) Direkter Export mit Mittler im Gastland: Werden beim Export Handelsvertreter, Kommissionäre, Handelsmakler oder Generalimporteure im Ausland eingeschaltet, so liegt direkter Export durch Mittler im Gastland vor. Diese Mittler im Gastland sind – im Gegensatz zu Auslandsreisenden – selbständig, d.h. sie stehen zur Exportunternehmung nicht in einem weisungsgebundenen Angestelltenverhältnis, sondern stellen selbständige Gewerbetreibende dar. Was unter den einzelnen Handelsmittlern, (a) den Handelsvertretern, (b) den Kommissionären, (c) den Handelsmaklern und (d) den Generalimporteuren zu verstehen ist, soll kurz erläutert werden.

(a) Handelsvertreter: Der Handelsvertreter ist ein rechtlich selbständiger Vertreter, der in **fremdem Namen** und auf **fremde Rechnung**, d.h. im Namen und auf Rechnung der exportierenden Unternehmung, tätig wird. Der Handelsvertreter bahnt im vereinbarten Auslandsmarktgebiet Geschäfte für die exportierende Unternehmung an, schließt für diese Verträge ab, führt für diese den Kundenservice durch und gibt wichtige Marktinformationen an diese weiter. Im Gegenzug für seine Leistungen erhält er eine bestimmte **Provision**, die meist umsatzabhängig ist. Eine exportierende Unternehmung kann sich innerhalb eines Auslandsmarkts für mehrere Handelsvertreter entscheiden oder aber auch einen einzigen Vertreter wählen, der dann die Generalvertretung für diesen Markt innehat.

(b) Kommissionär: Der Kommissionär ist wie der Handelsvertreter auf **fremde Rechnung**, aber auf **eigenen Namen** tätig. Er übernimmt den Absatz in einem bestimmten Land. Er unterhält in der Regel ein Warenlager, verfügt über Kataloge mit der Modellpalette, schließt auf Rechnung des Exporteurs Geschäfte ab und übernimmt für den Exporteur den After-Sales-Service. Wie der Handelsvertreter, so erhält auch der Kommissionär für seine Leistung eine bestimmte **Provision** von der exportierenden Unternehmung.

(c) Handelsmakler: Der Handelsmakler übernimmt **Anbahnung und Vermittlung des Geschäfts im Ausland.** Er vermittelt zwischen dem Exporteur als Verkäufer und dem Importeur als Käufer, wahrt die Interessen beider Partner und erhält von beiden Parteien die **Maklercourtage.** Über das vermittelte Geschäft stellt er eine Urkunde, die sogenannte Maklernote bzw. Schlussnote, aus. Handelsmakler werden häufig für einmalige Geschäfte eingesetzt.

(d) Generalimporteur: Der Generalimporteur wird auf **eigenen Namen** und auf **eigene Rechnung** tätig. Er erwirbt vom Exporteur Waren und (handelbare) Dienstleistungen und vertreibt diese in seinem Absatzgebiet. Generalimporteure werden beispielsweise von Automobilherstellern als Markteintritts- und Marktbearbeitungsform gewählt, wenn keine eigene Vertriebsgesellschaft aufgebaut werden soll (z.B. aufgrund geringer Marktgröße oder mangelnder Vertrautheit mit dem Markt). Generalimporteure können und müssen dann in ihrem Markt selbständig den Vertrieb organisieren (z.B. in der Automobilbranche durch lokale Händlersysteme).

Die rechtliche Stellung von Handelsmittlern variiert stark in Abhängigkeit von der nationalen Gesetzgebung. In Abbildung 6-13 werden exemplarisch einige in Frankreich, Großbritannien und den USA übliche Formen von Handelsmittlern aufgeführt.

Frankreich	Großbritannien	USA
Attaché Commercial	Salaried Salesman	Jobber
Délégué Commercial	Independent Salesman	Broker
Inspecteur Régional	Commission Agent	Commission Merchant
Agent Commercial	Stocking Agent	Manufacturer's Agent
Mandataire Libre	Delcredere Agent	Selling/Sales Agent
Voyageur, Représentant et Placier (VRP)	Confirming House	

Abb. 6-13: Mittler im Auslandsgeschäft in Frankreich, Großbritannien und den USA
Quelle: in Anlehnung an Walldorf (2000, Hrsg.), S. 7-10.

Dabei ist es sehr schwierig, Parallelen zwischen den einzelnen Handelsmittlern zu ziehen. Aus diesem Grund sollte sich jede Unternehmung mit den einschlägigen rechtlichen Bestimmungen in den Exportmärkten vertraut machen (vgl. auch ausführlich Sommer 2000, v.a. S. 1-89). Besonders wichtig ist es, auf die jeweiligen Kündigungsmöglichkeiten der Geschäftsbeziehung und auf eventuell anfallende Ausgleichszahlungen im Falle des (vorzeitigen) Abbruchs der Geschäftsbeziehung zu achten.

Bevor wir auf die Vor- und die Nachteile des direkten Exports eingehen, soll eine wesentliche Abgrenzung erfolgen: Betriebswirtschaftlich nicht als Export zu betrachten sind Lieferungen an eigene Vertriebsniederlassungen, -filialen und -tochtergesellschaften. In volkswirtschaftlichen Rechenwerken, etwa in der Zahlungsbilanz, tauchen Waren- und Dienstleistungsströme an verbundene Unternehmungseinheiten im Ausland zwar als „Exportströme" auf, der dadurch zustande kommende Intra-Unternehmungs- bzw. Intra-Firmen-Handel setzt jedoch erstens umfassende Direktinvestitionen voraus, und er weist zweitens andere Charakteristika sowie andere Vor- und Nachteile auf. Aus diesen Gründen ist der Intra-Unternehmungs- bzw. Intra-Firmen-Handel nicht der Markteintritts- bzw. Marktbearbeitungsalternative Export zuzurechnen (→ zum Intra-Unternehmungs- bzw. Intra-Firmen-Handel Abschnitt 3.4 in Kapitel 1), sondern im Zusammenhang mit direktinvestiven Markteintritts- und Marktbearbeitungsalternativen zu betrachten.

2.2.2.2 Vorteile und Motive des direkten Exports

Wie bei allen Markteintritts- und Marktbearbeitungsstrategien, so gibt es auch beim direkten Export zahlreiche **Vorteile und Motive**:

- Der direkte Export kommt häufig aufgrund von Aufträgen zustande, welche die Unternehmung nicht selbst initiiert (**„unsolicited orders"**). Nachfragen aus dem Ausland treffen mehr oder weniger zufällig ein, so dass die Unternehmung darauf mehr oder weniger (un-)systematisch in Form der Aufnahme von Exporttätigkeiten reagiert. Ohne pro-aktives Handeln wird auf diese Weise so manche Unternehmung zur Exportunternehmung.

- Der direkte Export ermöglicht eine **stärkere Steuerung** des Absatzes bzw. eine **stärkere Kontrolle** über den Absatz als der indirekte Export. Dies liegt daran, dass die exportierende Unternehmung eine unmittelbare Beziehung zu einem ausländischen Geschäftspartner aufbaut und nicht (nur) über eine inländische Außenhandelsunternehmung bzw. ein Exporthaus agiert. Die Unternehmung kann also besser in das Auslandsgeschäft „eingreifen".

- Aufgrund der Unmittelbarkeit der Geschäftsbeziehung lassen sich auch **komplexe Produkte oder Dienstleistungen** exportieren, für die ein Absatz über Außenhandelsunternehmungen oder Exporthäuser nicht denkbar wäre. Dies gilt vor allem für Produkte und Dienstleistungen, die nur einen geringen Standardisierungsgrad und eine hohe Interaktionsintensität aufweisen. Der direkte Export ist somit auf ein breiteres Spektrum an Leistungen anwendbar als der indirekte Export.

- Der **Ressourceneinsatz** ist beim direkten Export etwas höher als beim indirekten Export, er kann aber im Vergleich zu anderen Markteintritts- und Marktbearbeitungsformen, etwa dem Aufbau eigener Vertriebsniederlassungen oder Tochtergesellschaften mit vollständiger Wertkette, immer noch als **niedrig** gelten. Gewisse finanzielle Ressourcen sind nötig, um ein Beziehungsgeflecht zu Kunden und/oder Geschäftspartnern aufzubauen, eigene personelle Ressourcen werden im Falle des direkten Exports ohne Mittler im Ausland sowie im Falle des Einsatzes von Auslandsreisenden benötigt.

- Während die Gewinnspanne beim indirekten Export durch die Einschaltung von Außenhandelsunternehmungen und Exporthäusern (stark) gedrückt wird, kommt es beim direkten Export nur zu einer **geringeren Schmälerung des Gewinnpotentials**. Im Falle des direkten Exports ohne Mittler im Gastland verbleibt die Gewinnspanne völlig bei der exportierenden Unternehmung. Im Falle des Exports über Mittler im Gastland wird die Gewinnspanne zwar durch das Entgelt, welches die Mittler erhalten, gedrückt; das Entgelt an die Mittler fällt jedoch meist niedriger aus als die Gewinneinbußen durch Einschaltung von Außenhandelsunternehmungen oder Exporthäusern.

- Erfolgt der Export direkt an Endabnehmer bzw. an den Handel im Ausland, so handelt es sich oftmals um eine besonders **kostengünstige Form** der Auslandsmarktbearbeitung. Insbesondere aufgrund der Fortschritte bei Informations- und Kommunikationstechnologien können manche Produkte und Dienstleistungen vom Stammhaus aus in (nahezu) die gesamte Welt exportiert werden.

- Werden eigene Auslandsreisende eingesetzt, so kommt es zwar zu zusätzlichen Kosten; diese werden jedoch häufig dadurch kompensiert, dass die Unternehmung über ihre Auslandsreisenden und deren **unmittelbare Marktbeobachtung** eine profunde Kenntnis der ausländischen Konsumenten, ihrer Wünsche und Bedürfnisse erlangt.

- Werden lokale Handelsvertreter, Kommissionäre, Handelsmakler oder Generalimporteure eingeschaltet, so macht sich die exportierende Unternehmung deren Wissen über lokale Märkte und über die dortigen Konsumenten zunutze. In manchen Fällen ist ein Markteintritt ohne lokale Mittler kaum möglich, da diese über **Geschäftsbeziehungen** verfügen, die eine ausländische Unternehmung nicht in gleicher Qualität – und vor allem nicht innerhalb von kurzer Zeit – aufbauen kann.

- Eine exportierende Unternehmung kann während ihrer direkten Exporttätigkeit spezifisches **Ländermarkt-Know-how** erwerben. Dieses Know-how stellt oftmals eine gute Basis für später zur Auswahl stehende weitere Markteintritts- und Marktbearbeitungsstrategien dar.

- Direkter Export wird in vielen Ländern – stärker als indirekter Export – durch **Exportförderung** von Seiten des Staates und von Verbänden und Kammern forciert. Die zahlreichen Unterstützungen, die Unternehmungen bekommen, können zwar ein Auslandsengagement nicht alleine begründen, es jedoch begünstigen (vgl. Wilkinson/Brouthers 2006). Ausgewählte Maßnahmen der Exportförderung sind in Textbox 6-2 zusammengefasst.

- Die direkte Exporttätigkeit kann zwar – etwa bei Misserfolg – nicht so schnell beendet werden wie die indirekte Exporttätigkeit, im Vergleich zu manchen anderen Marktbearbeitungsstrategien lässt sich die Exporttätigkeit in einem bestimmten Land aber **vergleichsweise unproblematisch einstellen**. Die „sunk costs" im Falle eines Rückzugs aus einem bestimmten Ländermarkt sind also relativ gering. Auch ein Wechsel zu einer anderen Alternative der Marktbearbeitung ist einfacher zu realisieren als in den meisten anderen Fällen.

Textbox 6-2: Maßnahmen der Exportförderung

Ein Überblick

Die Maßnahmen der Exportförderung sind zahlreich. Zu ihnen gehören sogenannte **informatorische Maßnahmen**. Unternehmungen werden über die Möglichkeiten der Auslandsmarktforschung, über existierende Handelshemmnisse im Ausland, über stattfindende Auslandsmessen zur Kontaktanbahnung und über Absatzmöglichkeiten in einzelnen Ländern beraten. Als wichtigste Stellen, die Informationspolitik betreiben, gelten die Industrie- und Handelskammern, die Außenhandelskammern, die Delegierten der Deutschen Wirtschaft, die Bundesstelle für Außenhandelsinformationen (bfai) sowie zahlreiche Verbände und Kammern. Von diesen und weiteren Institutionen wird umfangreiches Datenmaterial zur Verfügung gestellt, welches für Exportentscheidungen von Nutzen ist (→ zu einzelnen Informationen über Auslandsmärkte Abschnitt 6 in Kapitel 1, zur Informationsgewinnung auch Abschnitt 3.1.2 in diesem Kapitel).

Eine zweite Gruppe von Maßnahmen bilden – neben den informatorischen Maßnahmen – die finanziellen Maßnahmen: **Finanzielle Maßnahmen** beinhalten vor allem die Übernahme von Garantien (z.B. über die *Hermes-Kreditversicherungs-AG*), die Förderung der Exportfinanzierung bzw. die Gewährung von Kredithilfen (z.B. über die *Ausfuhrkredit GmbH – AKA* und die *Kreditanstalt für Wiederaufbau – KfW*) und – in einigen wenigen Ländern – die Gewährung steuerlicher Vorteile. Die finanziellen Maßnahmen können dabei vor allem den Export in zukunftsträchtige, aber risikoreiche Märkte attraktiv machen und Unternehmungen beim Gang in diese Märkte unterstützen.

Nicht vergessen werden sollte allerdings, dass darüber hinaus eine am Freihandelsprinzip orientierte Weltwirtschaftsordnung, eine die freie Konvertibilität der Währungen sichernde Weltwährungsordnung und eine auf wirtschaftliche, politische und rechtliche Stabilität abzielende Politik zur Exportförderung beiträgt.

Quellen:
Ferdinand (1989), Schoeck (1989), Ohr (1990), Engelhard (1992a), v.a. S. 20-62, Sickenberger (1992) und Müller/Kornmeier (1996).

Fassen wir zusammen: Insbesondere im Vergleich zu direktinvestiven Alternativen der internationalen Markteintritts- und Marktbearbeitungsstrategie weisen der direkte Export – wie der indirekte Export – eine geringe Ressourcenbindung sowie eine vergleichsweise große Flexibilität und Reversibilität auf. Außerdem kann vor allem in den Branchen, in denen Massenproduktionsvorteile an einem Standort erzielt werden müssen, eine Konzentration der Wertschöpfung vorgenommen werden. Schließlich sei nochmals daran erinnert, dass Export in zahlreichen Varianten von Veredelungs- und Kompensationsgeschäften auftreten kann und somit der Unternehmung große Spielräume der Ausgestaltung bietet (→ Abschnitt 2.1.2 in Kapitel 1). Doch den Vorteilen und Motiven des Exports stehen auch Nachteile und Probleme gegenüber.

2.2.2.3   Nachteile und Probleme des direkten Exports

Als wichtigste **Nachteile und Probleme** des direkten Exports lassen sich folgende Aspekte nennen:

- Der direkte Export ist zwar auf ein breiteres Spektrum an Leistungen, insbesondere auf komplexe Produkte und Dienstleistungen, anwendbar, für **bestimmte Produkte oder Dienstleistungen** gilt der direkte Export jedoch als ebenso **ungeeignet** wie der indirekte Export. Dies betrifft beispielsweise Produkte, die aufgrund einer sehr kurzen Haltbarkeit nicht oder kaum exportiert werden können, Produkte, deren Export mit unverhältnismäßig hohen Transportkosten verbunden wäre, Produkte, die in das Just-in-Time-Konzept eines Abnehmers eingebunden sind (z.B. Produkte von Automobilzulieferern) oder Produkte, die einen umfassenden After-Sales-Service vor Ort erfordern, der nicht von Handelsmittlern erbracht werden kann.

- Der direkte Export setzt Unternehmungen den Problemen, die mit einer **Verschlechterung von Wechselkursrelationen** verbunden sind, aus. Kommt es zu einer Aufwertung der Währung des Heimatlandes oder zu einer Aufwertung der Währung eines Drittlandes, aus dem heraus eine Unternehmung Auslandsmärkte durch Export bedient, so kann dies dazu führen, dass die Unternehmung auf ihren Exportmärkten nur bedingt konkurrenzfähig ist (→ zur Währungsproblematik Abschnitt 2.1.1.1.3 in Kapitel 1). Wechselkursverschlechterungen können die direkt exportierende Unternehmung hart treffen, soweit sie keine fixen Wechselkurse mit ihren Abnehmern und keine – oder keine adäquaten – Wechselkurssicherungsgeschäfte abgeschlossen hat (vgl. zum Wechselkursmanagement exemplarisch Lipfert 1981a,b, Fastrich/Hepp 1991). In Textbox 6-3 wird die Wechselkursproblematik anhand eines kurzen Beispiels aus dem *Volkswagen-Konzern* skizziert.

Textbox 6-3:   Wechselkursproblematik bei Exportgeschäften

Das Beispiel von Volkswagen

Der *Volkswagen-Konzern* wies im Jahr 1996 einen Gewinn vor Steuern in Höhe von umgerechnet etwa einer Milliarde € aus. Doch dieses Vorsteuerergebnis hätte noch höher ausfallen können, wenn die Devisenabteilung des *Volkswagen-Konzerns*, die bereits 1986 für Schlagzeilen sorgte, als mit riskanten Spekulationsgeschäften etwa 250 Millionen € verspielt wurden, eine andere Kurssicherungspolitik betrieben hätte.

Volkswagen hatte darauf gesetzt, dass US-Dollar, britisches Pfund und italienische Lira im Jahr 1996 weiter sinken würden. Deswegen hatte *Volkswagen* langfristige Devisentermingeschäfte mit fest vereinbarten US-Dollar-, Pfund- und Lira-Kursen abgeschlossen. Die aus dem US-amerikanischen, dem britischen und dem italienischen Markt erwarteten Exporterlöse für Automobile wurden also „per Termin" mit einer Laufzeit zwischen 12 und 24 Monaten − zu vorher fixierten Kursen − verkauft. Doch die Währungen fielen in der Zwischenzeit nicht, sie stiegen: der Dollar von 1,43 auf 1,55 DM, das britische Pfund von 2,21 auf 2,62 DM und 1000 Lira von 0,90 auf 1,02 DM.

Auch wenn es sich im Falle von *Volkswagen* nicht nur um direkte Exporte, sondern auch um Exporte an die eigenen Tochtergesellschaften im Ausland handelt (und damit um eine Verbindung mit Direktinvestitionen in Form des Intra-Firmen- bzw. Intra-Unternehmungshandels), wird durch dieses Beispiel die Wechselkursproblematik offensichtlich.

Quelle:
o.V. (1997): Die Angst teuer bezahlt. In: Der Spiegel Nr. 18 vom 28. April 1997, S. 96-98.

- Durch direkten Export kann die Unternehmung den Markt zwar besser durchdringen als durch indirekten Export; im Vergleich zu anderen Formen des Markteintritts und der Marktbearbeitung liegen jedoch immer noch große Einschränkungen vor: Da die Unternehmung selbst nicht im Gastland präsent ist, hat sie möglicherweise **Akzeptanzprobleme vor Ort** („liability of foreignness"). Außerdem kann sie oftmals erst mit **Verzögerung auf Anforderungen des Marktes** reagieren.

- Der direkte Export ohne Mittler im Ausland erfordert es, eine **organisatorische Einheit** im Inland zu etablieren, die das Exportgeschäft abwickelt (➔ zum Zusammenhang mit Organisationsstrukturen Abschnitt 1.1.2 in Kapitel 4). Zu den Aufgaben gehören unter anderem die Anbahnung von Kundenkontakten, der Besuch von Auslandsmessen, die Abwicklung der Exportfinanzierung, die Bearbeitung der Exportdokumente und die Sicherstellung der Exportlogistik.

- Es ist zwar prinzipiell möglich, vom direkten Export zu einer anderen Marktbearbeitungsstrategie zu wechseln und damit „Switching Options" wahrzunehmen (vgl. Pedersen/Petersen/Benito 1997, Petersen/Welch/Welch 2000). Allerdings kommt es gerade dann zu Problemen, wenn im Gastland Handelsmittler eingeschaltet wurden. Häufig sind die **Kunden im Gastland** primär nicht an den Hersteller und dessen Produkte oder Dienstleistungen, sondern **an den Mittler gebunden.**

Bevor wir nun nach dem Export als nächste Form des Markteintritts und der Marktbearbeitung die Lizenzierung vorstellen, sei noch auf eine Besonderheit hingewiesen: Als Alternative zum Alleingang bei direktem und indirektem Export können sich Unternehmungen auch in Kooperationen zusammenschließen. Dies ermöglicht es ihnen, Exportaufgaben gemeinsam zu erfüllen. Die Kooperation beim Export wird dabei von ähnlichen Motiven getragen, wie sie auch anderen Kooperationsformen, etwa Joint Ventures oder Strategischen Allianzen zugrunde liegen (→ zu Joint Ventures und Strategischen Allianzen Abschnitt 2.6 in diesem Kapitel).

2.3   Lizenzierung

Als nächste Markteintritts- und Marktbearbeitungsalternative soll nun die Lizenzierung in das Ausland vorgestellt werden. Mit Lizenzierung und deren Vor- und Nachteilen haben sich zahlreiche Autoren beschäftigt (vgl. u.a. Contractor 1980a,b, 1981, 1984, 1985, Weihermüller 1982, Davidson/McFetridge 1985, McDonald/Leahey 1985, Quelch 1985, Hearn 1987, Kriependorf 1989b, Clegg 1990, Böcker 1991, Mordhorst 1994, Kotabe/Sahay/Aulakh 1996, Grindley/Teece 1997, Berndt/Sander 2002, Sell 2002, v.a. S. 111-131). Die Ergebnisse ihrer Forschungs- und Beratungstätigkeit sowie ihrer Praxiserfahrungen sollen nachfolgend referiert werden. Wir werden zunächst eine Charakterisierung der Lizenzierung vornehmen (Abschnitt 2.3.1) und dann die Vorteile und Motive (Abschnitt 2.3.2) sowie Nachteile und Probleme (Abschnitt 2.3.3) der Lizenzierung aufzeigen.

2.3.1   Charakterisierung der Lizenzierung

Wenn wir nun die Lizenzierung als Markteintritts- und Marktbearbeitungsalternative diskutieren, so beginnen wir mit (1) einer Definition von Lizenzierung, um anschließend (2) eine Antwort darauf zu geben, was Objekt der Lizenzierung sein kann. Außerdem gehen wir auf (3) die Bedingungen bei Lizenzierungen und (4) das Entgelt bei der Lizenzierung ein.

(1) Definition von Lizenzierung

Unter Lizenzierung versteht man, wie bereits kurz erwähnt, vertragliche Abkommen, mit denen inländische **Lizenzgeber** intangible Vermögenswerte ausländischen **Lizenzneh-**

mern unter bestimmten Bedingungen zur Verfügung stellen (➔ Abschnitt 1.6 in Kapitel 2). Da es sich bei den intangiblen Vermögenswerten zuweilen um Technologien handelt, werden Lizenzierungen manchmal auch als **Technologieabkommen** bezeichnet. Wie wir jedoch umgehend sehen werden, sind die Objekte, die lizenziert werden können, nicht ausschließlich Technologien, so dass der Begriff des Technologieabkommens enger als der Begriff der Lizenzierung ist. Lizenzierung gilt als Markteintritts- und Marktbearbeitungsstrategie, die primär die Bereiche **Forschung und Entwicklung**, **Produktion** und **Absatz** betrifft.

(2) Die Objekte der Lizenzierung

Als intangible Vermögenswerte für die Lizenzvergabe kommen vor allem

- **Patente,**
- **Gebrauchsmuster,**
- **Geschmacksmuster,**
- **Warenzeichen (Marken),**
- **Urheberrechte,**
- **technisches Know-how** und
- **kaufmännisches Know-how**

in Frage. Lizenzen, deren Gegenstand Patente, Gebrauchsmuster, Geschmacksmuster, Warenzeichen (Marken) und Urheberrechte sind, fasst man auch unter dem Oberbegriff der **Schutzrechtslizenzen** zusammen, während bei Lizenzen von technischem und kaufmännischem Know-how von **Know-how-Lizenzen** gesprochen wird. Häufig wird auch ein Lizenzpaket „geschnürt", in dem mehrere intangible Vermögenswerte zusammengefasst sind.

Was ist nun unter den einzelnen Vermögenswerten zu verstehen? Wir wollen kurz erläutern, was (a) Patente, (b) Gebrauchsmuster, (c) Geschmacksmuster, (d) Warenzeichen (Marken) und (e) Urheberrechte sind, ohne jedoch auf die Rechtsgrundlagen im Detail eingehen zu können (vgl. dazu z.B. Pagenberg/Geissler 1989, Pfaff/Nagel 1993, Stumpf/Groß 1998; vgl. zur Möglichkeit von Firmenlizenzen auch Köhler 1996). Auf technisches und kaufmännisches Know-how werden wir definitorisch nicht eingehen, da es sich dabei nicht um (juristisch) feststehende Begriffe handelt.

(a) Patente: Ein Patent ist ein vom Staat bzw. einer Staatengemeinschaft erteiltes ausschließliches und zeitlich begrenztes Recht, eine Erfindung im Rahmen der geltenden Rechtsvorschriften unbeschränkt zu nutzen. Voraussetzung für die Patentierbarkeit ist, dass die Erfindung **neu** ist, auf einer **erfinderischen Tätigkeit** beruht, auf dem **Gebiet der Technik** liegt, **gewerblich verwertbar** und dabei **wiederholbar** ist.

(b) Gebrauchsmuster: Ein Gebrauchsmuster, oftmals als „kleines Patent" bezeichnet, ist eine Arbeitsgerätschaft oder ein Gebrauchsgegenstand, der durch eine neue **Gestal-**

tung, Anordnung, Vorrichtung oder Schaltung dem Arbeits- oder Gebrauchszweck dient. Entscheidend ist nicht die Neuartigkeit an sich, sondern die Neuartigkeit in der Gestaltung, Anordnung, Vorrichtung oder Schaltung. Neuheit, Erfindungsgrad und technischer Fortschritt gelten nicht als Kriterien, die für die Eintragung notwendig sind.

(c) Geschmacksmuster: Ein Geschmacksmuster ist ein ästhetisches gewerbliches zweidimensionales Muster (z.B. ein bestimmtes Tapeten- oder Stoffmuster) oder dreidimensionales Muster (z.B. ein bestimmtes Modell für Porzellanwaren oder Schmuckstücke). Sofern es **neu**, **eigentümlich** und **gewerblich verwertbar** ist, kann es durch Eintragung in das Musterregister beim Amtsgericht gegen Nachbildung (nicht gegen selbständige Neuschöpfung) geschützt werden.

(d) Warenzeichen (Marke): Ein Warenzeichen (Marke) ist ein Wort-, Bild- oder kombiniertes Wort-Bildzeichen, das Waren bzw. Dienstleistungen des Zeicheninhabers von denen anderer Mitbewerber unterscheidet. Warenzeichen treten unter anderem in Form von Herstellermarken, Handelsmarken und Dienstleistungsmarken auf. Warenzeichen werden in die Zeichenrolle des Patentamts eingetragen.

(e) Urheberrechte: Das Urheberrecht ist das Recht eines Urhebers an persönlicher geistiger Schöpfung. Schützbar sind dabei individuelle Arbeitsergebnisse in den Bereichen Literatur (z.B. Gedichte, Romane), Musik (z.B. Kompositionen), Kunst (z.B. Bilder, Graphiken), Film (z.B. Spielfilm) und Tanz (z.B. Choreographie). Nicht unter den Urheberschutz fallen politische oder wirtschaftliche Programme, wissenschaftliche Theorien und kommerzielles Know-how. Im anglo-amerikanischen Raum ist bei Urheberrechten auch von Copyrights die Rede.

Grundsätzlich gilt für alle gewerblichen Schutzrechte das Territorialitätsprinzip. Dies heißt: Der Schutz erstreckt sich nur auf das Land, in dem das Schutzrecht auch eingetragen ist. Möchte eine Unternehmung auch im Ausland das ausschließliche Recht haben, eine bestimmte Erfindung, ein Gebrauchsmuster, ein Geschmacksmuster, ein Warenzeichen oder ein Urheberrecht zu nutzen, so muss sie dieses Recht prinzipiell in jedem einzelnen Land eintragen lassen. Tut sie dies nicht, so kann es passieren, dass eine ausländische Unternehmung die Rechte im Ausland völlig legal für sich beansprucht, ohne dafür zu bezahlen. Eine Unternehmung sollte also eine vorausschauende Schutzrechtsstrategie anwenden, um nicht unliebsamen Nachahmern Tür und Tor zu öffnen. Sie hat dann die Möglichkeit, ihre Rechte im Ausland selbst geltend zu machen oder sie im Rahmen einer Lizenzierungsstrategie an Geschäftspartner zu veräußern. Kommt es zu einer Lizenzierung, so werden in der Praxis in einem Lizenzvertrag zuweilen verschiedene Rechte gleichzeitig übertragen.

(3) Die Bedingungen der Lizenzierung

Wird eine Lizenz mit einem ausländischen Partner vereinbart, so wird diese Lizenz in der Regel mit bestimmten Bedingungen versehen. Dabei ergeben sich folgende Möglichkeiten, eine Lizenz mit Restriktionen zu vergeben (vgl. Böcker 1991, S. 75-77):

- **Räumliche Restriktionen:** Eine Lizenz wird nicht weltweit vergeben, sondern auf ein bestimmtes geographisches Gebiet beschränkt. Im internationalen Geschäft führt dies dazu, dass sich Lizenzen auf Ländergruppen, einzelne Länder oder aber nur Regionen innerhalb von Ländern beziehen können. In der Mehrzahl der Fälle wird eine Lizenz für das Territorium eines Staates vergeben.

- **Zeitliche Restriktionen:** Eine Lizenz wird zeitlich nicht unbegrenzt, sondern für einen bestimmten Zeitraum erteilt. Dabei ist zu beachten, dass die Höchstdauer eines Lizenzvertrags in der Regel der Schutzdauer des Lizenzgegenstands entspricht.

- **Sachliche Restriktionen:** Eine Lizenz wird nicht für alle Verwendungsformen vergeben; vielmehr wird zwischen Herstellungs-, Vertriebs- oder Gebrauchslizenzen differenziert. Eine Herstellungslizenz befugt den Lizenznehmer zur Produktion, eine Vertriebslizenz zum Vertrieb und eine Gebrauchslizenz lediglich zur internen Nutzung des Lizenzobjekts.

- **Restriktionen über die Zahl der Lizenzpartner:** Eine Lizenz wird oftmals nicht exklusiv an einen Partner im Ausland übertragen, sondern steht unter Umständen mehreren Lizenzpartnern zur Verfügung.

(4) Das Entgelt für die Lizenzierung

Der Lizenznehmer zahlt für die Inanspruchnahme der intangiblen Vermögenswerte sogenannte Lizenzgebühren (vgl. Groß 1995). Lizenzgebühren treten in der Regel in Form von

- **Pauschallizenzgebühren** (sogenannten „**lump sums**"), vor allem in Varianten von einmaligen oder periodisch wiederkehrenden Pauschallizenzgebühren (eventuell ergänzt durch Abschlagszahlungen) oder

- **laufenden Lizenzgebühren** (sogenannten „**royalties**"), vor allem in Varianten von beschaffungs-, absatz-, umsatz- oder gewinnbezogenen Größen,

auf. Welche Höhe die Pauschallizenzgebühren und die laufenden Lizenzgebühren annehmen, variiert dabei in Abhängigkeit von zahlreichen Faktoren, wie etwa der räumlichen Gültigkeit der Lizenz, deren Laufzeit und vor allem des lizenzierten Gegenstands (vgl. Contractor 1980b, Root/Contractor 1981, Cho 1988).

Häufig werden bei Lizenzierungen Pauschallizenzgebühren sowie laufende Gebühren miteinander gekoppelt. Neben den Pauschallizenzgebühren und den laufenden Lizenzgebühren haben sich zudem in der Praxis weitere Formen des Entgelts entwickelt:

- In manchen Fällen tauschen zwei Geschäftspartner Lizenzen aus („**cross licensing**"). An die Stelle eines Entgelts für eine erteilte Lizenz tritt damit eine vom Geschäftspartner erhaltene Lizenz.

- In anderen Fällen erhält der lizenzgebende Geschäftspartner als Gegenzug für die gewährte Lizenz eine **Kapitalbeteiligung** am lizenznehmenden Geschäftspartner.

- In wieder anderen Fällen kommt es dazu, dass der Lizenzgeber vom Lizenznehmer **Produkte zum Nulltarif oder zu Sonderkonditionen** beziehen kann.

Manche Formen der Vergütung weisen Ähnlichkeiten zu den innerhalb des Außenhandels vorkommenden Kompensationsgeschäften auf (→ Abschnitt 2.1.2.2 in Kapitel 1), denn auch bei manchen Lizenzen erfolgt die Vergütung nicht durch unmittelbare Bezahlung, sondern durch andere Formen der Gegenleistung.

Für einige Unternehmungen, wie etwa *Heckler & Koch* oder *Coca-Cola*, ist die Lizenzierung die dominante Markteintritts- und Marktbearbeitungsstrategie (→ Textbox 6-4). Für die meisten Unternehmungen tritt die Lizenzierung jedoch neben zahlreiche andere Formen des Markteintritts und der Marktbearbeitung. Dies bedeutet: Die Lizenzierung ist für viele Unternehmungen nur eine unter vielen verschiedenen Markteintritts- und Marktbearbeitungsstrategien.

2.3.2   Vorteile und Motive der Lizenzierung

Als **Vorteile und Motive** der Lizenzierung lassen sich die folgenden Gesichtspunkte heranziehen:

- Lizenzen ermöglichen es dem Lizenzgeber, die im Inland bereits erfolgreichen Vermögenswerte (Patente, Marken etc.) ohne großen Aufwand **parallel im Ausland** zu vermarkten, was zu zusätzlichen Einnahmen führt. Aufgrund der erzielten Einnahmen lässt sich beispielsweise die Amortisationsdauer von Investitionen verkürzen.

- Bei Vermögenswerten, die im Inland am Ende ihres Lebenszyklusses angelangt sind, kann durch eine Lizenzierung an einen Partner im Ausland eine weitere Verwertung sichergestellt werden. Es findet damit eine **sequentielle Verwertung** von Vermögenswerten statt.

- Lizenzen beanspruchen **kaum Ressourcen** – weder finanzielle noch personelle Ressourcen. Investiert werden muss lediglich in die Auswahl der richtigen Lizenznehmer, in die Abfassung eines adäquaten Lizenzvertrags und in die Einhaltung des Lizenzvertrags.

Textbox 6-4:   Lizenzierung als Markteintritts- und Marktbearbeitungsstrategie

Die Beispiele von Heckler & Koch und Coca-Cola

Heckler & Koch ist ein deutscher Hersteller von Schnellfeuergewehren und Faustfeuerwaffen. Der Aufstieg von *Heckler & Koch* begann damit, dass eine Ausschreibung der Bundeswehr für die Entwicklung eines Sturmgewehrs „gewonnen" wurde. Die als Folge der Ausschreibung entwickelte Waffe „*G3*" wird inzwischen jedoch nicht nur von der Bundeswehr, sondern auch von vielen anderen Streitkräften innerhalb der NATO und ihren Partnern verwendet. *Heckler & Koch* exportiert die „*G3*" nicht in andere Länder, sondern vergibt zur Produktion der „*G3*" Lizenzen. Diese Lizenzen werden in manchen Ländern von Staatsunternehmungen, in anderen Ländern von privatwirtschaftlichen Unternehmungen erworben. Die Lizenzvergabe erfolgt vor allem aus dem Grund, dass die einzelnen Länder auf eine Produktion im Inland bestehen und nicht abhängig von Importen aus Deutschland sein wollen.

Coca-Cola ist heute in etwa 200 Ländern tätig und setzt ca. 140 Mrd. Liter an Getränken ab. Mehr als 70% des Umsatzes von 24,1 Mrd. US-$ werden außerhalb von Nordamerika – einschließlich des Heimatmarktes USA – erzielt. Dabei vergibt *Coca-Cola* an lokale Unternehmungen Lizenzen zur Herstellung der *Coca-Cola*-Getränke (u.a. *Coke, Fanta, Sprite, Bonaqua, Kinley*), zur Abfüllung in Flaschen oder Dosen sowie zum Verkauf in exklusiven Vertriebsgebieten. *Coca-Cola* unterscheidet prinzipiell drei Arten von Lizenznehmern: (1) Lizenznehmer, an denen *Coca-Cola* selbst überhaupt nicht beteiligt ist (ca. 27% der Produktion), (2) Lizenznehmer, an denen *Coca-Cola* mit einer Minderheit beteiligt ist (ca. 58% der Produktion) und (3) Lizenznehmer, bei denen *Coca-Cola* einen mehrheitlichen Anteil hält (ca. 15% der Produktion) (Stand 2001). Die Lizenznehmer variieren beträchtlich in ihrer Größe. So wurden in Deutschland im Jahr 2006 75% des Umsatzes von der *Coca-Cola Erfrischungsgetränke AG* direkt (oder indirekt über Beteiligungen an lokalen oder regionalen „Bottlern") getätigt. Gründungsgesellschafter der *Coca-Cola Erfrischungsgetränke AG* waren neben der deutschen 100%-Tochtergesellschaft *Coca-Cola GmbH* (Essen) auch andere große deutsche Lizenznehmer, wie etwa *Schörghuber* (*Paulaner, Kulmbacher*). Etwa 25% des Umsatzes wurden zuletzt in Deutschland von lokalen oder regionalen „Bottlern" ohne Beteiligung der *Coca-Cola Erfrischungsgetränke AG* erzielt. Seit 1. September 2007 ist die *Coca-Cola Erfrischungsgetränke AG* jedoch einziger Lizenznehmer in Deutschland. Die sieben weiteren bis zu diesem Zeitpunkt in Deutschland existierenden Konzessionäre haben sich nunmehr unter dem Dach der *Coca-Cola Erfrischungsgetränke AG* zusammengeschlossen.

Quellen:
- Direktauskunft von Heckler & Koch, Februar 2001 und Direktauskunft von Coca-Cola, Juli 2001.
- Baumann, Michael/o.V. (2001): Unternehmen Coca-Cola („Lebenslust statt Lust"/„Knüppel zwischen die Beine"). In: Wirtschaftswoche Nr. 17 vom 19. April 2001, S. 70-74.
- http://www.cceag.de (Version Februar 2008).

- Bei entsprechender Gestaltung des Lizenzvertrags und Bonität des Lizenzpartners führen Lizenzen zu **regelmäßigen**, häufig (vor allem bei Pauschallizenzgebühren) auch zu stabilen **Erträgen**, mit denen der Lizenzgeber fest kalkulieren kann.

- Insbesondere in den Ländern, in denen **tarifäre Handelshemmnisse** (Zölle) und **nicht-tarifäre Handelshemmnisse** (z.B. Einfuhrkontingente, Local-Content-Vorschriften) existieren, wird über eine Lizenz mit lokalen Partnern im Gastland der Marktzugang ermöglicht (→ zu tarifären und nicht-tarifären Handelshemmnissen Abschnitt 2.5 in Kapitel 3).

- Im Gegensatz zu direktinvestiven Formen des Auslandsmarkteintritts und der Auslandsmarktbearbeitung gibt es bei Lizenzen **kein Risiko der Enteignung**. Gerade in den Märkten, in denen Enteignungsrisiken nicht auszuschließen sind, werden Lizenzen daher häufig gewählt.

- Im Vergleich zum Export lassen sich mit Lizenzen **Transportkosten vermeiden oder senken**, **Wechselkursrisiken minimieren** bzw. auf den Lizenznehmer abwälzen sowie unter Umständen **schnellere Markteintritte** als durch eigene Verwertung im Gastland realisieren (z.B. weil auf die Ressourcen eines Partners zurückgegriffen werden kann).

- Der Lizenzgeber kann in vielen Fällen den Vorteil nutzen, dass der **Lizenznehmer** über eine gute **lokale Marktkenntnis** und oftmals auch über **gewachsene Kundenbeziehungen** im Gastland verfügt. Bei entsprechenden Lizenzverträgen kann der Lizenznehmer Produkte und Dienstleistungen auch an die Erfordernisse des lokalen Marktes anpassen.

- Über Lizenzen können Unternehmungen komplementäre Ressourcen nutzen und zusammenführen. Dies ist vor allem dann möglich, wenn Lizenzen in der Form vergeben werden, dass Zug um Zug eine **Gegenlizenz des Partners** erworben wird.

- Lizenzen bieten sich an, um auch in **kleinere Märkte oder Randmärkte** einzutreten bzw. diese zu bearbeiten. Während beispielsweise in größeren Märkten oder Schlüsselmärkten eigene Tochtergesellschaften etabliert werden, können in kleineren Märkten Lizenzen vergeben werden.

2.3.3   Nachteile und Probleme der Lizenzierung

Lizenzen weisen trotz aller Vorteile auch zahlreiche **Nachteile und Probleme** auf:

- Lizenzen lassen sich nur erteilen, wenn Know-how bzw. Schutzrechte existieren, welche lizenziert werden können. Aus diesem Grund eignet sich die Lizenzierung **nicht für alle Unternehmungen** bzw. **nicht für alle Produkte oder Dienstleistungen**.

- Lizenzen bringen es mit sich, dass der Lizenzgeber nur eine **beschränkte Kontrolle über die Aktivitäten des Lizenznehmers** hat. Trotz aller Regelungen im Lizenzvertrag gibt es nur begrenzte Möglichkeiten, die Strategien und Maßnahmen des Lizenznehmers zu beeinflussen.

- Schwierig ist es, bei Lizenzverträgen den „richtigen" Partner zu finden. Hat man den **„falschen" Partner** gewählt, so kann dies beispielsweise zu Qualitätsproblemen bei der Produktion, zu fehlendem Engagement im Vertrieb oder zu Imageproblemen beim ausländischen Kunden – möglicherweise sogar verbunden mit negativem „Reverse-Imagetransfer" in das Stammland – führen.

- Hat der Lizenzgeber eine Exklusivlizenz vergeben, so hindert ihn dies nicht nur daran, weitere Lizenznehmer einzusetzen, sondern auch daran, in einem bestimmten Markt mit weiteren Marktbearbeitungsformen aktiv zu werden (z.B. neben Lizenzierung noch Direktexporte oder Joint Ventures). Der Lizenzgeber ist aufgrund des Lizenzvertrags **in der Freiheit der eigenen Marktbearbeitung stark eingeschränkt**.

- Durch Lizenzen kommt es häufig trotz existierender Geheimhaltungsklauseln zu einer **Weitergabe von sensiblem Know-how**. Es besteht das Risiko, dass bestimmte Vermögenswerte vom Lizenznehmer an dritte Unternehmungen weiterlizenziert werden. Diese Gefahr ist vor allem in den Ländern groß, in denen der Schutz des geistigen Eigentums gesetzlich nur rudimentär geregelt ist (z.B. etliche Länder Asiens).

- Schließlich erhält der Lizenznehmer durch die Lizenz Zugang zu geheimem Wissen. Auf diese Weise „zieht" sich der Lizenzgeber auf lange Sicht einen **potentiellen Wettbewerber** „heran". Der Lizenznehmer nutzt möglicherweise die Lizenz, um sich selbst durch die Kooperation auf ein höheres „Entwicklungsniveau" zu „hieven". Nach Ablauf des Lizenzvertrags sieht sich die lizenzgebende Unternehmung einem Konkurrenten gegenüber. Im Beispiel von *Budget* und *Sixt*, welches in Textbox 6-5 skizziert ist, kam es bereits während des laufenden Lizenzvertrags zu Unstimmigkeiten zwischen Lizenzgeber und Lizenznehmer, die juristische Streitigkeiten nach sich gezogen haben.

Die letzten beiden der oben aufgeführten Argumente, die Gefahr der Weitergabe und des Abflusses von Know-how, sind Gründe dafür, dass ein beträchtlicher Teil des internationalen Lizenzverkehrs zwischen verbundenen Unternehmungen stattfindet. Noch stärker als bei den Export- und Importströmen fallen bei Lizenzströmen umfangreiche „Intra-Firmen-" bzw. „Intra-Unternehmungs-Handelsströme" an (➜ zu Intra-Firmen-Handel Abschnitt 3.4 in Kapitel 1). Mehr als drei Viertel der Zahlungen für Lizenzen lassen sich auf kapitalmäßig verbundene Unternehmungen zurückführen.

Textbox 6-5:   Probleme zwischen Lizenzgebern und Lizenznehmern

Das Beispiel von Budget und Sixt

Der deutsche Autovermieter *Sixt* war seit 1977 Lizenznehmer der US-amerikanischen Autovermietung *Budget*. Seit den neunziger Jahren hat *Sixt* selbst intensiv in europäische Länder expandiert, meist in Form von Franchisekonzepten. Doch der Schritt nach Frankreich, Großbritannien, Österreich, Italien, in die Schweiz und in die Niederlande missfiel dem Lizenzgeber *Budget*. Dies zeigen die nachfolgenden Meldungen des „Handelsblatt":

„Während *Sixt* seine europäische Expansion Freude macht, beobachtet der amerikanische Lizenzgeber *Budget* das Wachstum mit Argwohn. Seit einiger Zeit schon liegen die beiden Unternehmen im Clinch. Der Hauptgrund für den Streit sind die Aktivitäten von *Sixt* jenseits der deutschen Grenze. Mit dem Auslandsengagement macht *Sixt* den anderen *Budget*-Partnern Konkurrenz. *Budget* wirft *Sixt* vor, über die deutschen *Sixt-Budget*-Büros Kunden für ausländische *Sixt*-Stationen zu vermitteln. Vertraglich sei *Sixt* jedoch verpflichtet, diese Buchungen an die *Budget*-Partner im jeweiligen Land weiterzuleiten – so wie *Budget* auch Buchungen von US-Kunden, die einen Mietwagen in Deutschland benötigen, zu *Sixt* weiterleitet. Neben der Expansion in das Ausland wirft *Budget Sixt* auch vor, die gemeldeten Umsatzzahlen zu niedrig anzusetzen, um damit Lizenzgebühren zu ‚sparen'."

Nach langandauernden Rechtsstreitigkeiten wurde die auf einer Lizenzierung basierende Kooperation zwischen *Budget* und *Sixt* schließlich beendet. Seit Oktober 1999 ist *Budget* selbst in Deutschland vertreten und damit zu einem Konkurrenten des ehemaligen Partners *Sixt* geworden.

Quellen:
- o.V. (1997): Budget plant schon für die Zeit nach Sixt. In: Handelsblatt Nr. 90 vom 13. Mai 1997, S. 17.
- o.V. (1998): Partnerschaft von Sixt und Budget vor dem Ende. In: Handelsblatt Nr. 49 vom 11. März 1998, S. 21.

Die Probleme der Weitergabe und des Abflusses von Know-how führen auch dazu, dass oftmals nicht das „Kernwissen", sondern nur das „Peripheriewissen" bzw. die darauf aufbauenden Technologien oder Produkte lizenziert werden. Insbesondere stark diversifizierte Unternehmungen nutzen Lizenzen, um in Randbereichen geographisch zu expandieren. In ihrem Stammgeschäft entscheiden sie sich tendenziell häufiger für direktinvestive Markteintritts- und Marktbearbeitungsformen.

2.4 Franchising

Der Lizenzierung in manchen Punkten ähnlich ist das Franchising, welches wir als nächste Strategiealternative vorstellen möchten. Aus der Feder von Praktikern stammen zahlreiche Auseinandersetzungen mit dieser Markteintritts- und Marktbearbeitungsstrategie (vgl. u.a. Kriependorf 1989a, Wingefeld 1989, Tietz 1991, Gregor/Busch 1992, Mendelsohn 1992, Hrsg., Pauli 1992, Shook/Shook 1993, Skaupy 1995). Inzwischen hat sich auch die wissenschaftliche Literatur verstärkt dem Franchising gewidmet (vgl. Welch 1989, Hoffman/Preble 1991, Withane 1991, Eroglu 1992, Huszagh/Huszagh/McIntyre 1992, Preble 1992, Thompson 1992, Welch 1992, Baucus/Baucus/Human 1993, Lafontaine/Lafontaine 1994, Kunkel 1994, Sydow 1994, Agrawal/Lal 1995, Julian/Castrogiovanni 1995, Lee 1997, Alon 1999, Teegen 2000). Nach einer näheren Charakterisierung dieser Markteintritts- und Marktbearbeitungsstrategie (Abschnitt 2.4.1) werden wir die Vorteile und Motive (Abschnitt 2.4.2) sowie Nachteile und Probleme von Franchising darstellen (Abschnitt 2.4.3).

2.4.1 Charakterisierung des Franchising

Wir werden (1) zunächst definieren, was Franchising ist und (2) aufzeigen, welche Objekte Franchising umfasst. Danach gehen wir auf (3) die Entgeltregelung bei Franchising, (4) die Pflichten der Vertragspartner und (5) die Grundvarianten des Franchising ein.

(1) Definition von Franchising

Franchising ist eine Markteintritts- und Marktbearbeitungsstrategie, die sich – aus Sicht des Franchisegebers – primär auf den Vertrieb bezieht. Beim Franchising überlässt, wie bereits kurz erwähnt, ein inländischer **Franchisegeber** einem rechtlich selbständigen ausländischen **Franchisenehmer** ein umfassendes, häufig bereits seit langem eingeführtes und erprobtes Beschaffungs-, Absatz-, Organisations- und Managementkonzept, ein sogenanntes **„Business Format"** bzw. **„Business Package"** (→ Abschnitt 1.6 in Kapitel 2). Grundlage des Franchising ist ein Franchisevertrag, der ein Dauerschuldverhältnis zwischen dem inländischen Franchisegeber und dem ausländischen Franchisenehmer begründet (vgl. Steding 1996, S. 395).

Die Idee des Franchising stammt aus den USA, der Begriff des Franchising aus Frankreich. Im Mittelalter wurde unter „Franchise" der Erhalt von Privilegien, wie Handelsrechten, von weltlichen und kirchlichen Fürsten gegen Geldzahlungen verstanden. Zahlreiche Unternehmungen, wie *McDonald's, Avis, Hertz, Goodyear, Holiday Inn* oder *Yves Rocher*, bedienen sich des Franchising, um damit sowohl Inlands- als auch Auslandsmärkte zu bearbeiten. Was dem außenstehenden Beobachter dabei häufig nicht bewusst ist, ist die Tatsache, dass sich hinter den Outlets (z.B. Geschäften, Restaurants, Hotels, Sonnenstudios) nicht eine Unternehmung mit zahlreichen eigenen Betriebsstätten, Filialen, Zweigstellen oder Tochtergesellschaften befindet, sondern dass es sich um ein Netzwerk aus einer Vielzahl rechtlich selbständiger Unternehmungen handelt, die nach außen hin einheitlich auftreten. Der Franchisegeber hat die Funktion der **Strategischen Führung des Netzwerks** inne. Er baut das Beschaffungs-, Absatz-, Organisations- und Managementkonzept auf, modifiziert es und entwickelt es weiter. In Textbox 6-6 sollen nun *The Body Shop*, *Tricon* und *Accor* als Franchisingsysteme kurz skizziert werden, bevor wir uns den weiteren Merkmalen von Franchising zuwenden.

Textbox 6-6:   Franchising als Markteintritts- und Marktbearbeitungsstrategie

Die Beispiele von The Body Shop, Tricon und Accor

The Body Shop, gegründet 1976 durch Anita Roddick im britischen Brighton, betreibt weltweit in insgesamt 55 Ländern mehr als 2.100 Geschäfte für Naturkosmetik (u.a. Seifen, Shampoos, Crèmes, Lotions). Etwa 60% der Geschäfte werden als Franchiseunternehmungen geführt. In Deutschland gibt es bisher 86 Shops, davon sind jedoch lediglich 30% Franchiseunternehmen. Im restlichen Europa (außer im Vereinigten Königreich), im Nahen Osten sowie im Asiatisch-Pazifischen Raum werden dagegen fast 90% der Geschäfte als Franchiseunternehmen geführt. Die Anforderungen an neue Ladengeschäfte werden dabei von der *The Body-Shop*-Zentrale als Franchisegeber exakt festgelegt: Als Geschäfte kommen nur Flächen in sogenannten 1A-Lagen in Frage, die eine Mindestgröße von 60-80 Quadratmetern bei einer Breite von 5-6 Metern aufweisen und durch einen ca. 25-30 Quadratmeter großen Büro- und Lagerraum ergänzt werden (können).

Die Restaurantketten *Pizza Hut, Kentucky Fried Chicken (KFC)* und *Taco Bell* wurden 1997 im Rahmen eines Spin-offs von *PepsiCo* unter das Dach der *Tricon-Gruppe* gebracht. Nach der Akquisition von *Yorkshire Global Restaurants* mit den Marken *Long John Silver's* und *A&W All-American Food* wurde das Unternehmen 2002 in *Yum! Brands* umbenannt. *Yum! Brands* betreibt mehr als 34.000 Restaurants, davon über 12.000 *Pizza Hut*-Restaurants, über 14.000 *KFC-Restaurants* und ca. 6.000 *Taco Bell*-Restaurants. Mehr als 40% aller Restaurants liegen außerhalb des US-amerikanischen Heimatmarkts, davon 2.600 allein in China. *Pizza Hut* ist in 96 Ländern, *KFC* in 105 Ländern und *Taco Bell* in 13 Ländern vertreten. Nur etwa 7.700 Restaurants (23%) sind „company-owned"; die Mehrheit der Restaurants wird von Franchisenehmern nach genau festgelegten Regeln geführt.

Accor, der größte Hotelkonzern Europas, betreibt eine Vielzahl von verschiedenen Markenhotels – von den günstigen Hotels *Etap* und *Formule 1* über die 2-Sterne-Kategorie *Ibis* und *Suitehotel* und die 3-Sterne Kategorie *Novotel* bis hin zu den Premium-Marken *Sofitel* und *Mercure*. Insgesamt gehören mehr als 4.000 Hotels mit 500.000 Zimmern in 90 Ländern zur *Accor-Gruppe*: Neben den genannten Marken sind auch *Motel 6*, *Studio 6*, *All Seasons* und *Accor Thalassa* Teil der *Accor-*

Gruppe. Beachtlich ist, dass das Imperium erst etwa 40 Jahre alt ist. Begonnen hatte die Geschichte von *Accor* mit der Eröffnung eines *Novotels* im französischen Lille. Wesentlich für das schnelle Wachstum waren nicht nur Übernahmen bestehender Hotelketten, sondern auch der Rückgriff auf Franchising als Markteintritts- und Marktbearbeitungsstrategie. Im Gegensatz zu *The Body Shop* und *Tricon*, wo Franchising als dominante Markteintritts- und Marktbearbeitungsstrategie gilt, bedient sich *Accor* des Franchising bisher jedoch nur zur „Arrondierung": Von den über 4.000 Hotels werden lediglich ca. 1.100 Hotels im Franchisesystem geführt.

Quellen:
- Luc (1998).
- o.V. (2001): Kosmetikkette Body Shop prüft Kaufofferte aus Mexiko. In: Frankfurter Allgemeine Zeitung Nr. 131 vom 08. Juni 2001, S. 20.
- http://www.the-body-shop.com, http://www.yum.com und http://www.accor.fr (Versionen Februar 2008).
- Direktauskünfte von The Body Shop und Tricon (Juni 2001) sowie Accor (Februar 2008).

(2) Die Objekte des Franchising

Im Gegensatz zur Lizenzierung, die sich auf einzelne immaterielle Wissensgüter bezieht, hat das Franchising ein **unternehmerisches Gesamtkonzept** zum Gegenstand. Eine Unternehmung überträgt **nicht einzelne Vermögenswerte** an Partner in das Ausland, sondern ein gesamtes Leistungssystem. Dieses Leistungssystem beinhaltet wie die Lizenzierung Schutzrechte und Know-how, geht jedoch deutlich darüber hinaus, was man an den umgehend aufgeführten Pflichten des Franchisegebers ersehen kann (vgl. zu Gemeinsamkeiten und Unterschieden zwischen Lizenzierung und Franchising Forkel 1989, Young/Hamill/Wheeler/Davies 1989, S. 145 und S. 148, Ullmann 1991).

(3) Das Entgelt für Franchising

Der Franchisegeber erhält die Franchisegebühren, die sogenannten „**franchise fees**". Diese Gebühren können in Form von

- **Abschluss- bzw. Eintrittsgebühren** und/oder
- **laufenden Gebühren** (vor allem in Abhängigkeit vom erzielten Umsatz des Franchisenehmers)

erhoben werden. In vielen Fällen fallen sowohl Abschlussgebühren als auch laufende Gebühren an. Die Höhe der Gebühren variiert stark je nach Franchisesystem. Bei *Kentucky Fried Chicken* sind für ein Restaurant einmalig 25.000 US-$ Einstandsgebühr zu zahlen; zusätzlich müssen monatlich 4% des Umsatzes als Franchisegebühr und 4,5% des Umsatzes als Werbegebühr abgeführt werden. Bei *Ibis (Accor-Gruppe)* werden die Eintrittsgebühren neben dem gewählten Standort auch pro Zimmer festgelegt: Neben einer pauschalen Eintrittsgebühr zwischen 10.000 und 20.000 € werden zusätzlich zwischen 300 und 900 € pro Zimmer fällig. Die laufenden Franchisegebühren betragen 6 bis 8% vom Nettoumsatz; hinzu kommen Reservierungsgebühren in Höhe von 1,2 bis 1,5% vom Nettoumsatz.

(4) Die Pflichten der Franchise-Vertragspartner

Im Franchisevertrag vereinbaren Franchisegeber und Franchisenehmer umfangreiche Pflichten. Zu den **Pflichten des Franchisegebers** gehört es, dem Franchisenehmer das zugesicherte Know-how zu übertragen, ihn beim Aufbau seines Geschäfts zu unterstützen, ihn in seinen Geschäften zu beraten und zu begleiten, in diesem Zusammenhang die Mitarbeiter des Franchisenehmers zu schulen, dem Franchisenehmer Produkte rechtzeitig und ordnungsgemäß zu liefern, Werbungs- und Verkaufsförderungsmaßnahmen für den Franchisenehmer vorzubereiten sowie ein Warenwirtschafts- und Servicesystem zu unterhalten. Die **Pflichten des Franchisenehmers** bestehen zunächst im Tätigen der vereinbarten Investitionen, weiterhin in der Beachtung aller im Betriebshandbuch und in sonstigen Ausführungsbestimmungen genannten Regeln und Vorschriften, in der Durchführung der vom Franchisegeber empfohlenen Maßnahmen, in der Wahrung des Systemimages sowie in der Entrichtung der Franchisegebühren.

(5) Grundvarianten des Franchising

Unterschieden werden gemäß Burton/Cross (1995, S. 40-42)

- **direktes internationales Franchising**, d.h. der inländische Franchisegeber liefert das Franchisepaket direkt an einzelne ausländische Franchisenehmer im Gastland, und

- **indirektes internationales Franchising**, d.h. zwischen dem Franchisegeber im Inland und dem Franchisenehmer im Ausland wird eine weitere Einheit etabliert (z.B. 100%-Tochtergesellschaft des Franchisegebers, Joint Venture des Franchisegebers mit einer lokalen Unternehmung, rechtlich selbständige Unternehmung im Gastland).

Im ersten Fall, bei direktem Franchising, werden häufig Einzelverträge ausgestellt, während im zweiten Fall, dem indirekten Franchising, meist sogenannte Master-Franchise-Verträge abgeschlossen werden. Franchising kann also, soweit es sich um indirektes internationales Franchising handelt, durch Direktinvestitionen des Franchisegebers – wenn auch oftmals in geringem Ausmaß – begleitet werden.

2.4.2   Vorteile und Motive des Franchising

Franchising bringt zahlreiche **Vorteile** für den Franchisegeber mit sich. Wird diese Markteintritts- und Marktbearbeitungsstrategie gewählt, so liegen meist unterschiedliche **Motive** zugrunde (vgl. z.B. die Übersicht bei Burton/Cross 1995, S. 39):

- Der Franchisegeber hat die Möglichkeit, in Auslandsmärkte einzutreten bzw. Auslandsmärkte zu bearbeiten, **ohne** dabei einen **großen Kapitaleinsatz** aufbringen zu müssen. Das notwendige Kapital – abgesehen von möglichen Direktinvestitionen, etwa in Form einer Dachgesellschaft im Gastland – wird von Franchisenehmern aufgebracht.

- Der Franchisegeber **minimiert** sein **Risiko**, da die Franchisenehmer rechtlich selbständig sind und damit auch selbständig haften, was insbesondere im Falle des Scheiterns von Relevanz ist.

- Der Franchisegeber kann sowohl einen bestimmten Zielmarkt als auch mehrere Zielmärkte in **großer Geschwindigkeit** durchdringen, soweit er mit seinem Konzept bei potentiellen Franchisenehmern auf große Resonanz stößt (was bei eingeführten Franchisesystemen kein Problem darstellt).

- Der Franchisegeber hat gegenüber dem Franchisenehmer umfassende **Weisungs- und Kontrollrechte** und kann damit – im Vergleich zur Lizenzierung – einen deutlich größeren Einfluss auf die im Ausland erfolgte Marktbearbeitung ausüben.

- Der Franchisegeber sichert sich über den Vertrag die Möglichkeit, dass das gesamte **Franchisesystem einheitlich auftritt**; er vermeidet ein unabgestimmtes Verhalten, was eventuell bei anderen Markteintritts- und Marktbearbeitungsstrategien – etwa beim Export über viele Handelsvertreter oder beim Abschluss zahlreicher Joint-Venture-Vereinbarungen – auftreten könnte.

- Aufgrund des häufig standardisierten Vorgehens lassen sich im gesamten Franchisesystem **Economies of Scale** erzielen. Je nach Geschäftsmodell können die Economies of Scale innerhalb des gesamten Franchisesystems eher in der Beschaffung, in der Produktion, im Vertrieb oder in der Logistik/Distribution entstehen.

- Aufgrund des Eigeninteresses der Franchisenehmer existiert eine **hohe Motivation**. Die Motivation der Franchisenehmer, die vor allem aufgrund der monetären Anreize (z.B. Eigeninteresse an hohem Umsatz und Gewinn des Outlets) erreicht wird, wirkt sich positiv auf das Wohl des gesamten Franchisesystems aus (z.B. Umsatz- und Gewinnsituation des gesamten Systems).

- Franchising erfreut sich einer hohen **Akzeptanz bei Gastlandregierungen**, da dabei Arbeitsplätze geschaffen werden und meist ein hoher Anteil der Wertschöpfung vor Ort erbracht wird.

- Franchising wird zuweilen auch als **Vorstufe für Direktinvestitionen** gewählt. Es kommt immer wieder vor, dass Franchisenehmer das Angebot erhalten, vom Franchisegeber „ausgelöst" zu werden (oder nach Ablauf des Franchisevertrags keine Verlängerungsmöglichkeit erhalten). Der Franchisegeber übernimmt dabei die vormals von den Franchisenehmern selbst gehaltenen Vermögenswerte.

2.4.3   Nachteile und Probleme des Franchising

Franchising ist für den Franchisegeber – als internationalisierendem Aktor – mit folgenden **Nachteilen und Problemen** behaftet (vgl. z.B. Burton/Cross 1995, S. 39):

*   Franchising eignet sich vor allem für die Produkte und Dienstleistungen, die weltweit möglichst standardisiert angeboten werden. Auch wenn bei den einzelnen Elementen des Marketing-Mix länderspezifische Anpassungen vorgenommen werden können, so liegt gerade im einheitlichen Auftreten eine wesentliche Motivation für Franchising (→ zur Standardisierung und Differenzierung auch Abschnitt 5.5.5 in Kapitel 1 sowie Abschnitt 5.2 in diesem Kapitel; vgl. ferner Michael 2002). In den **Branchen bzw. für die Produkte**, bei denen einheitliches Auftreten nicht sinnvoll und **differenziertes Vorgehen angebracht** ist, wird der Nutzen von Franchising als Markteintritts- und Marktbearbeitungsalternative deutlich relativiert.

*   Franchising führt in der Praxis zuweilen – trotz aller monetären Anreize – zur **Demotivation der Franchisenehmer**. Franchisenehmer sind zwar rechtlich selbständig, haben jedoch nur geringe Entscheidungs- und Handlungsspielräume. Insbesondere dann, wenn Franchisenehmer aufgrund der **lokalen Marktkenntnis** bzw. **lokalen Markteinschätzung** andere Strategien und Maßnahmen einschlagen würden als der Franchisegeber, kann dies zu großen Konflikten innerhalb des Franchisenetzwerkes führen.

*   **Ruf und Image** des gesamten Franchisesystems hängen vom Verhalten der einzelnen Franchisenehmer ab. „Schwarze Schafe", die nicht systemkonform agieren, können das gesamte Franchisesystem in Verruf bringen. Gleichzeitig ist es dem Franchisegeber nicht in gleichem Maße wie bei eigenständigen Tochtergesellschaften möglich, Sanktionen zu ergreifen.

*   Obwohl der Franchisegeber umfangreiche Weisungs- und Kontrollrechte gegenüber dem Franchisenehmer hat, stehen ihm dennoch geringere Einflussmöglichkeiten als bei vollbeherrschten Tochtergesellschaften offen. Die **Steuerung und Kontrolle des Franchisenetzwerks** kann damit sehr **aufwendig** werden. Dieses Problem wird im internationalen Kontext – trotz existierender Informations- und Kommunikationstechnologien – aufgrund der geographischen Distanzen erhöht.

*   Der Franchisegeber erhält vom Franchisenehmer zwar Gebühren (Abschluss- oder Eintrittsgebühren und laufende Gebühren), er **begrenzt** sein **Gewinnpotential** jedoch auf diese Form des Entgelts und partizipiert in geringerem Maße an Gewinnen, als dies bei vollbeherrschten Tochtergesellschaften der Fall wäre. Zudem können die Gebührenzahlungen aufgrund von Wechselkursschwankungen geringer ausfallen, als dies ursprünglich geplant war.

Während manche Unternehmungen Franchising als geradezu ideal für ihre weltweite Expansion ansehen, schrecken andere Unternehmungen davor zurück. So setzt die US-amerikanische Kaffeehauskette *Starbucks* (ca. 3.300 Coffee Shops in etwa 20 Ländern) auf Läden, die sie in den meisten Ländern zusammen mit lokalen Joint-Venture-Partnern betreibt. Franchising ist dort laut Vorstand Howard Schultz ein „verbotenes Wort". Einheitliches Auftreten nach außen und einheitliche Kultur nach innen könne man nach Ansicht von Schultz mit Franchising nicht sicherstellen (vgl. Hirn 2001). An dieser Ansicht wird auch deutlich, dass die Vor- und Nachteile der einzelnen Markteintritts- und Marktbearbeitungsalternativen nicht einheitlich beurteilt werden.

2.5   Vertragsfertigung

Vertragsfertigung bzw. Contract Manufacturing ist eine Markteintritts- und Marktbearbeitungsstrategie, die primär die Wertschöpfungsbereiche **Beschaffung** und **Produktion** betrifft. Wir werden Vertragsfertigung kurz charakterisieren (Abschnitt 2.5.1) und dann auf deren Vorteile und Motive (Abschnitt 2.5.2) sowie deren Nachteile und Probleme (Abschnitt 2.5.3) zu sprechen kommen.

2.5.1   Charakterisierung der Vertragsfertigung

Eine inländische Unternehmung überträgt bei der Vertragsfertigung einzelne oder mehrere Stufen der Fertigung auf eine ausländische Unternehmung. Dabei werden (1) die Vorproduktion im Ausland, (2) die Endproduktion im Ausland, (3) die Veredelung im Ausland und (4) die Komplettproduktion im Ausland als Varianten der Vertragsfertigung differenziert (vgl. Walldorf 1992, S. 455). Diese vier Varianten der Vertragsfertigung sollen nachfolgend kurz erläutert werden.

(1) Vorproduktion im Ausland: In diesem Fall werden Einheiten im Ausland gefertigt, die anschließend in den Produktionsprozess der auftraggebenden inländischen Unternehmung einfließen. Die inländische Unternehmung trifft eine „Make-or-Buy-Entscheidung" in der Weise, dass sie bestimmte **Komponenten oder Vorprodukte** von einem unabhängigen Geschäftspartner im Ausland herstellen lässt.

(2) Endproduktion im Ausland: In diesem Fall erfolgt bei einem ausländischen Geschäftspartner die Endproduktion, speziell

- die **Montage** (v.a. in der Automobil- und der Maschinenbauindustrie in Form des Zusammenbaus von Automobilen und Maschinen),
- die **Konfektionierung** (v.a. in der Textilindustrie in Form der Fertigung von Kleidungsstücken) oder
- die **Formulierung** (v.a. in der chemischen und pharmazeutischen Industrie in Form der Abmischung und Abpackung von Chemikalien und Arzneien).

Die inländische Unternehmung trifft eine Make-or-Buy-Entscheidung in der Weise, dass sie die **Endproduktion** von einem unabhängigen Geschäftspartner im Ausland durchführen lässt. Bei der **Montage** im Ausland können auch die Sonderformen der sogenannten CKD- und der SKD-Montage auftreten. In beiden Fällen werden vorkonfigurierte Bausätze in das Ausland geliefert. Im Fall der **CKD-Montage** („Completely Knocked-Down") werden die Bausätze im Ausland vollständig von einem Partner zusammengebaut. Im Fall der **SKD-Montage** („Semi Knocked-Down") werden bereits zusammenhängende Teile aus dem Inland in das Ausland geliefert, so dass im Ausland ein geringer Teil der Wertschöpfung vom Partner erbracht wird.

(3) Veredelung im Ausland: In diesem Fall wird inländische Ware zu einem ausländischen Geschäftspartner gebracht, um sie dort bearbeiten, verarbeiten und/oder ausbessern zu lassen. Die inländische Unternehmung beauftragt Geschäftspartner im Ausland, innerhalb des gesamten Produktionsprozesses bestimmte, meist kleinere, Fertigungsschritte durchzuführen (➜ zur Veredelung auch Abschnitt 2.1.2.1 in Kapitel 1).

(4) Komplettproduktion im Ausland: In diesem Fall entscheidet sich eine inländische Unternehmung dafür, die gesamte Produktion in die Hände eines unabhängigen Geschäftspartners im Ausland zu legen. Die Make-or-Buy-Entscheidung fällt also so aus, dass die Herstellung eines Produkts, einer Produktlinie oder des gesamten Produktprogramms an einen Geschäftspartner im Ausland ausgelagert wird. In diesem Fall liegt eine weitgehende Form des Outsourcing vor (➜ zu Outsourcing auch Abschnitt 6.3.1.1 in diesem Kapitel).

Vertragsfertigung erfolgt in der Regel auf der Basis von zeitlich befristeten Verträgen, häufig in Form von Werk- oder Werkliefervertägen. Das Beispiel von *Porsche* und *Valmet*, welches in Textbox 6-7 dargestellt ist, kann die Vertragsfertigung als Markteintritts- und Marktbearbeitungsstrategie illustrieren. Bei der Vertragsfertigung wird, wie dies bereits im Begriff zum Ausdruck kommt, lediglich die Fertigung bzw. ein Teil der Fertigung – ergänzt um die Beschaffungsfunktion – in das Ausland übertragen. Andere Wertschöpfungsstufen (z.B. Forschung, Entwicklung, Vertrieb) verbleiben im Inland.

2.5.2   Vorteile und Motive der Vertragsfertigung

Als **Vorteile und Motive** der Vertragsfertigung gelten (vgl. Walldorf 1992, S. 455):

- Die inländische Unternehmung kann durch Vertragsfertigung vor allem ihre inländischen **Kapazitäten entlasten** bzw. **erweitern**. In vielen Fällen, so auch im Fall von *Porsche* und *Valmet*, welches in Textbox 6-7 dargestellt wurde, wird die Vertragsfertigung in erster Linie deswegen gewählt, weil die Kapazitäten im Inland erschöpft sind.

**Textbox 6-7: Vertragsfertigung als Markteintritts- und Marktbearbeitungs-
strategie**

Das Beispiel von Porsche und Valmet

Der deutsche Automobilhersteller *Porsche* führt seit 1997 eine Vertragsfertigung bei
der finnischen Unternehmung *Valmet* durch. Die Zusammenarbeit mit *Valmet* kam
zustande, weil die Kapazitäten im Stammwerk in Stuttgart-Zuffenhausen erschöpft
waren. *Porsche* entschloss sich, den *Boxster* von einem Geschäftspartner bauen zu
lassen. *Valmet* wurde aus verschiedenen Gründen als Partner auserkoren: Zunächst
einmal hat *Valmet* Erfahrung in der Vertragsfertigung für andere Automobilhersteller.
So war *Valmet* lange Zeit für den schwedischen Automobilhersteller *Saab* (jetzt Teil
von *General Motors*) tätig und produzierte für diesen Cabrios. Weiterhin ist *Valmet*
bekannt für fortschrittliche Produktionsmethoden, die denen von *Porsche* nicht unterlegen sind. Außerdem gilt *Valmet* als sehr flexibel: Die Produktionsplanung der Fin-
nen kann vierteljährlich angepasst werden, da die Belegschaft bereit ist, je nach Ar-
beitsanfall zwischen vier und sechs Tagen wöchentlich anzutreten. Kostengesichtspunkte spielen ebenfalls eine – wenn auch nach Aussage des *Porsche*-Top-
Managements geringe – Rolle: Aufgrund des niedrigeren Lohn- und Gehaltsniveaus
können die Automobile bei *Valmet* in Finnland billiger hergestellt werden als bei *Porsche* in Deutschland. Mittlerweile fertigt Valmet auch den *Cayman* für Porsche.

Im Geschäftsjahr 2006/07 hat *Porsche* ca. 39.000 Fahrzeuge am Stammsitz in Stuttgart-Zuffenhausen, ca. 36.000 Fahrzeuge im Montagewerk in Leipizig und ca. 27.000
Fahrzeuge beim finnischen Partner *Valmet* in Uusikaupunki produziert. Etwa ein
Viertel der mengenmäßigen Produktion – und zwar alle im Geschäftsjahr 2006/07
hergestellten Fahrzeuge der Modelle *Boxster* und *Cayman* – entstammte also der
Vertragsfertigung im Ausland. Der Vertrag mit *Valmet* läuft noch bis 2011. Zwar garantiert *Porsche* nur, dass jährlich 5.000 Fahrzeuge bei *Valmet* gefertigt werden,
doch seit 1998 wurde diese Schwelle in jedem Jahr deutlich übertroffen. *Porsche* ist
auf die Kapazität von *Valmet* angewiesen, weil die eigenen Anlagen in Stuttgart-
Zuffenhausen nicht oder nur schwer erweiterbar wären und weil im neuen Montagewerk in Leipzig momentan nur der Geländewagen *Cayenne* gebaut wird. Ab 2009
übernimmt das Werk Leipzig auch die Montage des neuen viersitzigen *Panamera*.

Quellen:
- Preuß, Susanne (2001): Im finnischen Dorf Uusikaupunki liegt das Geheimnis für Porsches Erfolg.
  In: Frankfurter Allgemeine Zeitung Nr. 112 vom 15. Mai 2001, S. 26.
- Scholtys, Frank/Werres, Thomas (2003): Rückwärtsgang. In: Manager Magazin, Juli 2003, S. 16-19.
- http://www.valmet-automotive.com und http://www.porsche.de (Versionen Februar 2008).

- Gleichzeitig können bei der Vertragsfertigung **Kosten- oder Qualitätsunterschiede**
  zwischen Inland und Ausland **ausgenutzt** werden. Um sich diese Differenzen zunutze zu machen, vereinbaren Unternehmungen Vertragsfertigung oftmals nicht mit
  Partnern im Inland, sondern mit Partnern im Ausland.

- **Imagevorteile** können vor allem im Falle der End- bzw. Komplettproduktion im Ausland eine Rolle spielen. So lässt sich die in Italien erfolgte Vertragsproduktion von

Lederwaren, Textilien oder Schuhen von einem deutschen Produzenten auch kommunikationspolitisch gut „vermarkten".

- Die Vertragsfertigung bietet sich in den Ländern an, in denen eine Unternehmung präsent sein möchte, aber aus **risikopolitischen Aspekten** heraus keine Direktinvestitionen tätigen möchte (z.B. weil Kriegsgefahren nicht gebannt sind).

- Vertragsfertigung wird auch dann gewählt, wenn eine Unternehmung aufgrund von **Importrestriktionen im Gastland** dorthin nicht exportieren darf. Vertragsfertigung im Gastland stellt in diesem Fall eine Alternative (oder auch eine Vorstufe) zu eigenen Direktinvestitionen dar.

- Manche Unternehmungen entscheiden sich unter anderem deswegen für Vertragsfertigung, weil sie restriktive **Vorschriften und Auflagen im Inland umgehen** möchten. Dies trifft beispielsweise in der chemischen und pharmazeutischen Industrie zu.

- **Förderprogramme des Gastlands** können die Vertragsfertigung zusätzlich finanziell attraktiv machen. So sind viele Länder daran interessiert, über Vertragsfertigung namhafter und solider ausländischer Auftraggeber Arbeitsplätze zu schaffen.

2.5.3 Nachteile und Probleme der Vertragsfertigung

Nachteilig und problematisch an der Vertragsfertigung sind vor allem die Aspekte, die wir nachfolgend herausstellen wollen:

- Vertragsfertigung eignet sich nicht in allen Branchen bzw. nicht für alle Produkte. Da Vertragsfertigung mit Transporten von Gütern einhergeht, ist die **Transportfähigkeit** eine zentrale Voraussetzung, was bei manchen Dienstleistungen aufgrund der Nicht-Separierbarkeit von Produktion und Konsumption problematisch ist.

- Vertragsfertigung kann zu **Qualitätsproblemen** führen, wenn der Geschäftspartner nicht die Standards erfüllt, die im Inland oder bei vollbeherrschten Tochtergesellschaften im Ausland existieren.

- Vertragsfertigung schafft **Koordinationsprobleme**. Der Geschäftspartner, der Vertragsfertigung durchführt, muss von der fokalen Unternehmung in das gesamte Netzwerk eingebunden werden.

- Vertragsfertigung bringt die **Weitergabe von Wissen** mit sich und kann zu Know-how-Abfluss führen. Der Geschäftspartner, der die Vertragsfertigung ausführt, kann möglicherweise zu einem späteren Zeitpunkt zu einem Konkurrenten werden.

- Im Falle der Vorproduktion kommt es zu einer **großen Abhängigkeit** vom Geschäftspartner (Lieferzuverlässigkeit, -pünktlichkeit).

- Vertragsfertigung kann sich, soweit deren Existenz dem Abnehmer bekannt ist, auch in **Imageschäden** niederschlagen.

2.6 Kooperative Formen des Markteintritts und der Marktbearbeitung

Zunehmend populär geworden sind in den letzten Jahren kooperative Formen des Markteintritts und der Marktbearbeitung. Wir werden nach einigen einführenden Überlegungen zu Kooperationen im Allgemeinen (Abschnitt 2.6.1) speziell auf Joint Ventures (Abschnitt 2.6.2) und auf Strategische Allianzen (Abschnitt 2.6.3) eingehen.

2.6.1 Einführende Überlegungen zu Kooperationen

Zum internationalen Markteintritt und zur Marktbearbeitung bedienen sich internationale Unternehmungen immer häufiger Kooperationen. Eine Kooperation ist eine Zusammenarbeit zwischen mindestens zwei rechtlich (und wirtschaftlich zumindest partiell) selbständigen Unternehmungen zur gemeinsamen Durchführung von Aufgaben. Die beteiligten Unternehmungen glauben, dass sie ihre **Ziele gemeinsam besser als alleine erreichen** können. Es geht Unternehmungen darum, über Kooperationen Erträge zu steigern, Risiken zu mindern oder Zugang zu Ressourcen zu erhalten (vgl. z.B. Müller-Stewens/Hillig 1992, S. 78-79).

Kooperationen haben Betriebswirtschafts- und Managementlehre sowohl im nationalen als auch im internationalen Kontext seit Mitte der achtziger Jahre stark beschäftigt. Die Betriebswirtschafts- und Managementlehre reagiert damit auf Phänomene der Praxis: Da viele Unternehmungen erkannt haben, dass eine **Zusammenarbeit mit anderen Unternehmungen – trotz existierender Probleme – von großem Nutzen** sein kann, war es auch für die Betriebswirtschaftslehre nicht mehr möglich, sich primär (nur) mit den Alternativen Markt und Hierarchie zu beschäftigen. Inzwischen ist die Zahl der erschienenen Bücher und Aufsätze zur Kooperation von Unternehmungen kaum mehr übersehbar (vgl. beispielhaft Harrigan 1985, 1986, Buckley/Casson 1988, Contractor/Lorange 1988, Root 1988, Bresser 1989, Borys/Jemsion 1989, Bleeke/Ernst 1991, Sydow 1992, Urban/Vendemini 1992, Backhaus/Meyer 1993, Bronder 1993, Jarillo 1993, Kaufmann, F. 1993, Meckl 1993, Gemünden et al. 1994, Tallman/Shenkar 1994, Wurche 1994, Fontanari 1996, Balling 1997, Madhok/Tallman 1998, Child/Faulkner 1998, Zentes/Swoboda 1999, Pausenberger/Nöcker 2000, Contractor/Lorange 2002, Mayrhofer 2002, Perlitz 2002, Sell 2002, Chen/Chen 2003). Insbesondere wird darauf verwiesen, dass Kooperationen nicht mehr als „Notlösungen" konzipiert sind, sondern eine bewusste strategische Alternative darstellen. Kooperationen mit anderen Unternehmungen sollen einer Unternehmung helfen, **Erfolgspotentiale** zu erschließen, welche die **Basis für Wettbewerbsvorteile** bilden (vgl. Harrigan 1988, Bronder/Pritzl 1992, S. 17, Doz/Hamel 1998).

Kooperationen können aus der **Perspektive zahlreicher theoretischer Ansätze** betrachtet werden (vgl. Chen/Chen 2003, Zentes/Swoboda/Morschett 2005, Hrsg., S. 3-

276). Exemplarisch sind in Abbildung 6-14 die Perspektiven der **Transaktionskosten-theorie**, der **Spieltheorie**, der **Prinzipal-Agenten-Theorie** und der **Theorie des organisationalen Lernens** herausgegriffen. Wie man sehen kann, rücken die einzelnen theoretischen Ansätze jeweils einen unterschiedlichen Aspekt von Kooperationen in den Mittelpunkt ihrer Analysen.

Die Formen, die Kooperationen annehmen können, sind vielfältig. Als **Kooperationen im engeren Sinne** werden **Joint Ventures** und **Strategische Allianzen** betrachtet (vgl. Pausenberger/Nöcker 2000). Doch auch bei den bereits in den vorangegangenen Abschnitten angesprochenen Markteintritts- und Marktbearbeitungsformen, wie etwa bei manchen Varianten des Exports, bei der Lizenzierung, beim Franchising oder bei der Vertragsfertigung, handelt es sich um Kooperationen. Beim indirekten Export kooperiert eine Unternehmung mit einer Exportunternehmung bzw. einem Außenhandelshaus, beim direkten Export kommt es möglicherweise zu einer Zusammenarbeit mit Handelsvertretern, Kommissionären, Handelsmaklern oder Generalimporteuren, bei der Lizenzierung wird mit Lizenznehmern, beim Franchising mit Franchisenehmern und bei der Vertragsfertigung mit ausgewählten Vertragspartnern kooperiert (vgl. Contractor/ Lorange 1988, S. 5-7, Kutschker 1994a, v.a. S. 125-129, Perlitz 2002). Doch meist basieren diese Kooperationsformen auf eindeutigen Über- und Unterordnungen (Exporteur – Handelsvertreter, Lizenzgeber – Lizenznehmer, Franchisegeber – Franchisenehmer, Auftraggeber der Vertragsfertigung – Auftragnehmer der Vertragsfertigung) und weisen somit per se ein Machtgefälle auf, welches zumindest zum Zeitpunkt des Vertragsabschlusses von der „stärkeren" Seite ausgenutzt werden kann. Wenn auch bei Joint Ventures und Strategischen Allianzen Über- und Unterordnungen sowie ein eindeutiges Machtgefälle nicht ausgeschlossen werden können, so sind sie doch nicht konstitutiv. Vielmehr geht es prinzipiell um eine **Zusammenarbeit gleichberechtigter**, wenn auch häufig durchaus unterschiedlicher **Partner**.

Der **Erfolg von Kooperationen** hängt von den Zielen der beteiligten Partner ab, die sehr unterschiedlich sein können. Insofern ist es schwierig, generelle Ratschläge für erfolgreiche Kooperationen zu geben. Genannt werden in der Literatur jedoch zahlreiche Aspekte (vgl. Bronder 1993, S. 23, Raffée/Eisele 1994, Brouthers/Brouthers/Wilkinson 1995, Börsig/Baumgarten 2002, S. 556-557). So sollte man insbesondere

- die eigenen Stärken und Schwächen und diejenigen des/der Partner(s) kennen,
- in beiderseitigen bzw. wechselseitigen Vorteilen denken und somit – wie es oftmals heißt – sogenannte „win-win-Situationen" schaffen,
- Sorgfalt bei der Auswahl der Partner walten lassen,
- Kommunikation fördern,
- durch Konflikt lernen,
- Konsens suchen,
- Flexibilität zeigen und
- Gelassenheit und Geduld üben.

	Zentrale Fragestellung	Zentrale Aussagen zu Kooperationen
Transaktions-kostenansatz	Welche Gründe gibt es für die Existenz von Kooperationen?	Kooperationen werden dann geschlossen, wenn sowohl marktliche als auch hierarchische Transaktionsformen Nachteile aufweisen.
Spieltheorie	Wie verhalten sich die Kooperationspartner zueinander? Von welchen Bedingungen hängt die Stabilität von Kooperationen ab?	Mit spieltheoretischen Modellen kann analysiert werden, in welchen Fällen die Partner von opportunistischem Verhalten absehen und somit eine „win-win" Situation herbeiführen. Dies ist etwa der Fall, wenn die Kooperation mit einer Kapitalbeteiligung unterlegt wird, die als „Commitment" die Bereitschaft zu kooperativem Verhalten signalisiert.
Prinzipal-Agenten-Theorie	Wie verhalten sich die Kooperationspartner zueinander? Von welchen Bedingungen hängt die Stabilität von Kooperationen ab?	Das Wohlergehen eines Prinzipals (z.B. Aktionär) wird von den Handlungen eines Agenten (z.B. Manager) beeinflusst. Agenten verfügen, insbesondere aufgrund von Informationsvorsprüngen, über einen Entscheidungsspielraum, den sie für eigene Ziele ausnutzen können. In Kooperationen kommen solche Agency-Probleme auf zweifache Weise zum Tragen: innerhalb der Kooperationen sowie zwischen dem gemeinsamen Leitungsgremium und den Führungskräften in der Kooperation.
Theorie des organisationalen Lernens	Unter welchen Bedingungen kann eine Unternehmung in einer Kooperation Know-how des Partners internalisieren? Wie kann sie ihr eigenes Know-how vor Diffusion schützen?	Die Kooperation wird in erster Linie als ein Instrument betrachtet, mit dessen Hilfe man Zugriff auf das in der Partnerunternehmung gespeicherte Know-how nehmen kann. Der Erfolg einer Kooperation hängt danach ab von einem Gleichgewicht der Partner bezüglich Lernentschlossenheit, Transparenz und Lernbereitschaft.

Abb. 6-14: Theoretische Ansätze zur Analyse von Kooperationen
Quelle: Pausenberger/Nöcker (2000), S. 395.

Nach diesen einführenden Überlegungen zu Kooperationen können wir uns nun Joint Ventures (Abschnitt 2.6.2) und Strategischen Allianzen (Abschnitt 2.6.3) zuwenden.

2.6.2   Joint Venture

Wie in den vorangegangen Abschnitten soll auch im Falle des Joint Ventures eine Charakterisierung (Abschnitt 2.6.2.1) der Gegenüberstellung von Vorteilen (Abschnitt 2.6.2.2) und Nachteilen (Abschnitt 2.6.2.3) vorangehen.

2.6.2.1   Charakterisierung des Joint Ventures

Ist bereits die Literatur zu Kooperationen sehr umfangreich, so gibt es auch zu Joint Ventures als spezieller Kooperationsform inzwischen eine Fülle von theoretischen und praxisorientierten Beiträgen (vgl. stellvertretend für viele Killing 1983, Beamish/Banks 1987, Geringer 1988, Kogut 1988a,b, Weder 1989, Zielke 1992, Zahra/Elhagrasey 1994, Beamish/Inkpen 1995, Eisele 1995, Inkpen 1995, Lane/Salk/Lyles 2001, Yan/Gray 2001). Wir werden (1) definieren, was unter einem Joint Venture zu verstehen ist und (2) welche Arten von Joint Ventures unterschieden werden können.

(1) Definition von Joint Ventures

Wie wir bereits kurz ausgeführt haben, ist ein Joint Venture eine **gemeinsame Unternehmung zweier oder mehrerer Partner** (➔ Abschnitt 1.6 in Kapitel 2). Zwei oder mehrere Unternehmungen schaffen also eine „neue" Unternehmung mit eigener Rechtspersönlichkeit, die von ihnen gemeinsam getragen wird. Im Falle des Joint Ventures als internationaler Markteintritts- und Marktbearbeitungsstrategie wird die gemeinsame Unternehmung im Ausland angesiedelt. Joint Ventures lassen sich dabei nach zahlreichen Kriterien unterscheiden, so dass es – je nach Differenzierungskriterium – zu unterschiedlichen Arten von Joint Ventures kommt.

(2) Varianten von Joint Ventures

Joint Ventures können hinsichtlich zahlreicher Kriterien unterschieden werden (vgl. Weder 1989, S. 50-56, Eisele 1995, S. 17-20, Kutschker 1995a, Sp. 1079-1081). In Abbildung 6-15 werden die wichtigsten Kriterien und die sich daraus ergebenden Ausprägungsformen von Joint Ventures zusammengestellt.

Die einzelnen aus Abbildung 6-15 ersichtlichen Ausprägungsformen von Joint Ventures sollen kurz erläutert werden:

- **Zahl der Kooperationspartner:** Eine Unternehmung kann ein Joint Venture **mit einem oder mit mehreren weiteren Partnern** abschließen. Insbesondere im internationalen Kontext sind Joint Ventures mit einem Partner häufiger als Joint Ventures mit mehreren Partnern. Gründe für die Beschränkung auf einen Partner liegen im häufig vorherrschenden Motiv des Eintritts in das Land des Partners, im Wunsch, Agency-Probleme zu reduzieren, und in der Notwendigkeit, den Koordinationsaufwand möglichst gering zu halten (vgl. Pausenberger/Nöcker 2000, S. 397).

- **Sachlicher Kooperationsbereich:** Ein Joint Venture kann nur **einzelne Bereiche** betreffen (z.B. nur Beschaffung oder nur Produktion), es kann **mehrere Bereiche** umfassen (z.B. Beschaffung und Produktion) oder sich auf die **gesamte Wertkette** mit allen Primär- und Sekundäraktivitäten beziehen (➔ zur Wertkette Abschnitt 5.1.1

in diesem Kapitel). Oftmals sind in der Praxis neben Produktions-Joint-Ventures vor allem Vertriebs-Joint-Ventures anzutreffen (vgl. Pausenberger/Nöcker 2000, S. 399). Zu Forschungs- und Entwicklungs-Joint-Ventures kommt es in spezifischen Branchen (z.B. Pharma-, Chemie-, Elektronikbranche) besonders häufig.

Differenzierungskriterien	Ausprägungsformen
Zahl der Kooperations-partner	• Joint Venture mit einem Partner • Joint Venture mit mehreren Partnern
Sachlicher Kooperationsbereich	• Joint Venture in einer Wertschöpfungsaktivität • Joint Ventures in mehreren Wertschöpfungsaktivitäten • Gesamtunternehmerisches, funktionsübergreifendes Joint Venture
Standort	• Joint Venture mit Sitz im Stammland eines Kooperations-partners • Joint Venture in einem Drittland
Geographischer Kooperationsbereich	• Lokales Joint Venture für ein bestimmtes Gastland • Joint Venture für eine bestimmte Region oder den Weltmarkt
Kooperationsrichtung	• Horizontales Joint Venture • Vertikales Joint Venture • Konzentrisches Joint Venture • Konglomerates Joint Venture
Kapitalbeteiligung/ Stimmrechtsbeteiligung	• Gleiche Anteile der Partner • Ungleiche Anteile der Partner
Zeitlicher Horizont der Kooperation	• Joint Venture auf Zeit • Joint Venture ohne zeitliche Befristung

Abb. 6-15: Varianten von Joint Ventures

• **Standort:** Ein Joint Venture kann seinen Sitz entweder im **Stammland eines Joint Venture-Partners** oder aber in einem **Drittland** haben. Um ein Joint Venture im Stammland des Partners handelt es sich, wenn eine deutsche Unternehmung mit einem lokalen Partner in China ein Produktionswerk errichtet oder eine französische Unternehmung mit einer indischen Unternehmung in Bombay eine Vertriebsgesellschaft gründet. Beispiele von Joint Ventures in Drittländern sind die von der ***Dresdner Bank*** und der damaligen französischen ***Banque Nationale de Paris (BNP)*** – jetzt ***BNP-Paribas*** – in vielen osteuropäischen Ländern aufgebauten Gemeinschaftsniederlassungen oder das zwischen 1986 und 1995 von ***Volkswagen*** und ***Ford*** in Lateinamerika existierende Joint Venture ***Autolatina***, welches 1995 aufgelöst wurde (vgl. Posth/Bergmann 1997, S. 544).

- **Geographischer Kooperationsbereich:** Die Tätigkeit eines Joint Ventures kann auf ein **bestimmtes Land**, meist das Land, in dem das Joint Venture seinen Sitz hat, beschränkt sein. Die Tätigkeit eines Joint Ventures kann sich jedoch auch auf **weitere Regionen oder den Weltmarkt** beziehen. Insbesondere im Zusammenhang mit der zunehmenden Verlagerung von Ressourcen, Fähigkeiten und Kompetenzen in das Ausland ist es denkbar, einem Joint Venture einen Verantwortungsbereich zuzuweisen, welcher über den lokalen Markt, in dem das Joint Venture beheimatet ist, hinausgeht.

- **Kooperationsrichtung:** Ein Joint Venture kann mit einem Partner abgeschlossen werden, der in der gleichen Branche tätig ist und die gleichen Aktivitäten durchführt (**horizontales Joint Venture**). Es kann jedoch auch bewusst so konzipiert sein, dass mit Unternehmungen zusammengearbeitet wird, die vor- oder nachgelagerte Wertschöpfungsstufen ausüben (**vertikales Joint Venture**). Kommen die Joint-Venture-Partner aus unterschiedlichen, aber verwandten Branchen, so liegt ein **konzentrisches Joint Venture** vor. Sind die Ursprungsaktivitäten der kooperierenden Unternehmungen in völlig anderen Bereichen, so handelt es sich um **konglomerate bzw. heterogene Joint Ventures**.

- **Kapital- und/oder Stimmrechtsbeteiligung:** Joint Ventures im eigentlichen Sinne erfordern eine Eigenkapitalbeteiligung, da eine „neue" Unternehmung gegründet wird. Deshalb ist auch von **Equity Joint Ventures** die Rede. Dabei können alle Partner mit jeweils **gleichem Anteil** am Joint Venture beteiligt sein (z.B. bei drei Partnern jeweils 33,33%). In diesem Fall spricht man auch von paritätisch geführten Joint Ventures. Denkbar ist aber auch eine „**ungleiche Beteiligung**" der Partner (z.B. ein Partner 60%, ein anderer Partner 40%). Manchmal unterscheiden sich die Beteiligungen der Partner nur unwesentlich (z.B. „golden share", „casting vote"), was aber eine spätere Pattsituation ex ante zu vermeiden hilft.

- **Zeitlicher Horizont der Kooperation:** Ein Joint Venture kann **zeitlich** befristet oder dauerhaft angelegt sein. Eine **zeitliche Befristung** kommt vor allem dann in Frage, wenn die Motive für das Eingehen des Joint Ventures für beide Seiten nach einer bestimmten Zeit hinfällig sind. Die meisten Joint Ventures werden **unbefristet** und damit mit langem Zeithorizont abgeschlossen. Dennoch kommt es häufig vor, dass Joint Ventures – aus unterschiedlichen Gründen – früher beendet werden, als dies von den Partnern ursprünglich geplant wurde (z.B. aufgrund von unüberbrückbaren Differenzen, Veränderungen im Konkurrenzumfeld).

Über diese – anhand zahlreicher Differenzierungskriterien identifizierten – Arten von Joint Ventures hinaus gibt es noch einige **Sonderformen**, die wir kurz erläutern wollen.

Contractual Joint Ventures: Im Gegensatz zur dominanten Form des Joint Ventures, dem oben beschriebenen Equity Joint Venture, ist gelegentlich auch von Contractual Joint Ventures die Rede. Bei Contractual Joint Ventures wird von den beteiligten Partnern keine Unternehmung mit eigener Rechtspersönlichkeit aufgebaut. Vielmehr kommt es zu einer Zusammenarbeit in genau definierten Bereichen, die – wie bei strategischen Allianzen – durch Kommissionen, Projektteams etc. organisiert wird (vgl. z.B. Düerkop 1996, S. 26-27).

Fade-out-Joint-Ventures: Bei Fade-out-Joint-Ventures wird eine stufenweise Erhöhung des Eigenkapitalanteils eines der Partner, im Extremfall bis zu 100%, vollzogen. Das Joint Venture stellt damit meist für einen der Partner die Vorstufe zu einer eigenständigen Tochtergesellschaft oder zu einer Eingliederung des Joint Ventures in eine andere, bereits existierende Einheit dar.

X-Joint-Ventures und Y-Joint-Ventures: Bei X-Joint-Ventures kooperieren Unternehmungen der gleichen Branche in einer bestimmten Wertschöpfungsstufe – in der Regel mit dem Ziel, Economies of Scale zu erzielen oder Zeitvorteile zu gewinnen. Bei Y-Joint-Ventures bringen Unternehmungen, die meist aus verschiedenen Branchen kommen, verschiedene Wertschöpfungsaktivitäten mit unterschiedlichen Stärken in das Joint Venture ein (vgl. Haussmann 1997, S. 462-463).

In Textbox 6-8 werden zwei Beispiele aus dem *Siemens-Konzern* dargestellt, um Joint Ventures als Markteintritts- und Marktbearbeitungsstrategie zu illustrieren.

2.6.2.2   Vorteile und Motive des Joint Ventures

Die **Vorteile und Motive** von Joint Ventures sind zahlreich (vgl. Contractor/Lorange 1988, S. 7-24, Walldorf 1992, S. 456-457, Eisele 1995, S. 20-31, Schuler 2001, v.a. S. 5-6, Börsig/Baumgarten 2002, S. 554-555):

- Ein Joint Venture kann in manchen Fällen eine **Alternative zum Export** darstellen. Dies ist beispielsweise dann zu erwarten, wenn im Gastland Importverbote oder Importrestriktionen existieren. Durch ein Joint Venture mit einem lokalen Partner lassen sich Einfuhrbeschränkungen umgehen und Local-Content-Vorschriften erfüllen.

- Ein Joint Venture stellt in anderen Fällen eine **Alternative zum direktinvestiven Alleingang** dar. So war es während des „Kalten Krieges" für westliche Unternehmungen nicht möglich, selbst in den ehemaligen Ostblockstaaten mit Produktionsstätten tätig zu werden. Erlaubt waren jedoch sogenannte Ost-West-Joint-Ventures, die von privatwirtschaftlich organisierten Unternehmungen des Westens mit Staatsunternehmungen des Ostens abgeschlossen werden konnten (vgl. Fröhlich 1991).

- Joint Ventures werden auch deswegen geschlossen, weil sie einen **beschleunigten Eintritt** in einen ausländischen Markt ermöglichen. In vielen Fällen dauert die Neugründung einer Tochtergesellschaft zu lange, und gleichzeitig sind die Ressourcen für eine Akquisition nicht vorhanden bzw. es gibt keine geeigneten Kandidaten für eine Akquisition (z.B. in Ländern, in denen bisher keine oder kaum marktwirtschaftliche Unternehmungen existierten).

**Textbox 6-8:   Joint Ventures als Markteintritts- und Marktbearbeitungs-
strategie**

Die Beispiele Siemens/Motorola und Siemens/Fujitsu

Das Joint Venture *Siemens/Motorola*: Die Halbleitersparte von *Siemens* (ab dem Jahr 2000 *Infineon*) und *Motorola* haben 1997 ein 50/50-Joint-Venture mit dem Ziel geschlossen, die Entwicklung für eine schnellere und billigere Herstellung von Speicherchips gemeinsam voranzutreiben. Das Joint Venture nutzte die Anlagen des *Siemens* Microelectronics Center in Dresden, wo bereits 64-MB-Chips auf 200 mm großen Wafern in 25 Mikrometer-Strukturen produziert wurden. *Motorola* brachte die vorhandenen Kenntnisse der 300 mm-Technik ein. Aus dem ursprünglichen Entwicklungs-Joint-Venture, welches ein Investitionsvolumen von etwa 500 Mio. € Entwicklungskosten aufwies, sollte später ein Produktions-Joint-Venture werden. Vereinbart wurde eine gemeinsame Chipfertigung in Dresden, die mehr als eine Mrd. € Investitionen erforderte. Aufgrund eines Strategiewechsels stieg *Motorola* jedoch im Jahr 2000 aus dem Joint-Venture aus. Die Ergebnisse der Entwicklung kamen nicht nur *Siemens* und *Motorola* zugute, sondern auch *IBM*: *IBM* erhielt Zugriff auf die neue Technologie. *Siemens* und *Motorola* konnten im Gegenzug von *IBM* die Generation des sogenannten 1-Gigabit-Chips beziehen.

Das Joint Venture *Siemens/Fujitsu*: Im Oktober 1999 gründeten *Siemens* und *Fujitsu* ein Joint Venture, an dem beide Partner paritätisch beteiligt sind. Dabei wurden von *Siemens* und *Fujitsu* die europäischen Geschäftsaktivitäten im Bereich Computer in das Joint Venture eingebracht. Im Falle von *Siemens* handelte es sich vorwiegend um Geschäftsteile, die der ehemaligen *Nixdorf AG*, von *Siemens* 1990 erworben, entstammen. Die Zusammenarbeit zwischen *Siemens* und *Fujitsu* erstreckt sich auf die Bereiche Entwicklung, Fertigung und Vertrieb von Computern (Personalcomputer- und Großrechnergeschäft). Der Umsatz der Gemeinschaftsunternehmung addiert sich auf etwa 7 Mrd. €; das Joint Venture beschäftigt etwa 10.700 Mitarbeiter. Vor allem für *Fujitsu* war dies ein wichtiger Schritt für eine Präsenz in Europa.

Quellen:
- o.V. (1998): Siemens und Motorola wollen an die Spitze. In: Handelsblatt Nr. 8 vom 13. Januar 1998, S. 17.
- o.V. (1999): Die Akte Siemens Nixdorf wird geschlossen. In: Frankfurter Allgemeine Zeitung Nr. 138 vom 18. Juni 1999, S. 17.
- o.V. (1999): Produktionsverlagerung nicht geplant. In: Süddeutsche Zeitung Nr. 170 vom 27. Juli 1999, S. 24.
- Infineon (2000): Geschäftsbericht 2000, S. 46 und 52.
- http://www.fujitsu-siemens.com (Version Februar 2008).

- Oftmals kommt es zu Joint Ventures, weil Firmen beim Eintritt in neue Märkte die **Marktkenntnisse eines lokalen Partners** benötigen. Dadurch werden die Produkte vom Kunden stärker akzeptiert, die Beschaffung lässt sich problemloser organisieren, und der Kontakt zu Regierungen und Behörden fällt deutlicher leichter.

- Joint Ventures ermöglichen es, **Economies of Scale** zu erzielen, die ein Partner alleine nicht erreichen könnte. Dies gilt vor allem für horizontale Joint Ventures. Beispielhaft kann die Automobilindustrie herangezogen werden, wo bestimmte Fahrzeuge (oder Teile davon) zuweilen von Konkurrenten gemeinsam produziert, dann aber getrennt vertrieben werden.

- Joint Ventures können das Erzielen von **Economies of Scope** ermöglichen, da sich komplementäre Ressourcen, Fähigkeiten und Kompetenzen bündeln lassen. Das Poolen von komplementären Stärken und der gegenseitige Ausgleich von Schwächen kann zu Wettbewerbsvorteilen für das Joint Venture und damit zu Erlöserhöhungsvorteilen für die beteiligten Partner führen.

- Joint Ventures **reduzieren den Kapitalbedarf.** Oft kommt es beispielsweise im Bereich Forschung und Entwicklung zu Kooperationen, da eine Unternehmung alleine nicht die notwendigen Ressourcen hat, um aufwendige Projekte durchzuführen.

- Bereits im Begriff des Joint Ventures angelegt ist der Vorteil, dass sich die **Risiken** der beteiligten Partner **teilen** lassen. Insbesondere im Falle von Projekten, die mit großer Unsicherheit behaftet sind, kann etwa ein möglicher Fehlschlag leichter verkraftet werden als bei einem Alleingang. Als Beispiel sind gemeinsame Explorationsmaßnahmen von Ölgesellschaften zu nennen.

- Joint Ventures können dazu führen, dass die **Rivalität** in einem bestimmten Markt sinkt. Würde eine Unternehmung selbständig in einen Markt eintreten (anstatt mit einem lokalen Partner zu kooperieren), so würde sie dadurch den Wettbewerb „anheizen". Joint Ventures können also – soweit wettbewerbsrechtlich zulässig – dazu dienen, Aggressivität „aus dem Spiel zu nehmen".

- Joint Ventures werden geschlossen, um **von Partnern zu lernen** (vgl. Inkpen 1995, Inkpen/Crossan 1995, Shenkar/Li 1999, Lyles/Salk 2007, Salk/Lyles 2007). Sie eignen sich vor allem, um das Wissen zu absorbieren, welches nicht kodifizierbar ist und damit nicht durch andere Formen der Kooperation (z.B. Lizenzen) erworben werden kann.

- Joint Ventures sollen oftmals den **Einstieg in einen bestimmten Markt** (ob Absatz- oder Beschaffungsmarkt) sichern, ohne dass das Joint Venture dabei als langfristige Marktbearbeitungsstrategie aufgefasst wird. Vielmehr wird das Joint Venture als „Eintrittslösung" oder „Übergangslösung" interpretiert. Dies zeigt auch das Beispiel von *Volkswagen* und *Škoda*, welches in Textbox 6-9 erläutert wird.

Joint Ventures werden häufig zum Markteintritt und zur Marktbearbeitung in Schwellen-, Entwicklungs- und Transitionsländern genutzt (vgl. Beamish 1988). In den letzten Jahren ist es vor allem in Osteuropa und China zu zahlreichen Joint Ventures zwischen westlichen Unternehmungen und lokalen Partnern gekommen (vgl. z.B. zu Joint Ventures in Osteuropa Pfohl et al. 1992, Oesterle 1993, Tamm 1993, Meschi/Roger 1994, Brouthers/Bamossy 1997, Blei 1998; vgl. zu Joint Ventures in China Konrad 1989, Schuchardt 1994, Trommsdorff/Wilpert 1994, Hrsg., Chung/Sievert 1995, Hrsg., Düerkop 1996, Child/Yan 1999, Schneider/Fuchs 1999 sowie einige der Beiträge in Kutschker 1997, Hrsg.).

Textbox 6-9: Das Joint Venture als temporäre Markteintritts- und Marktbearbeitungsstrategie

Das Joint Venture zwischen Volkswagen und Škoda

Škoda ist der drittälteste Automobilhersteller der Welt. *Škodas* Ursprünge gehen zurück auf die 1895 im tschechischen Mladá Boleslav gegründete Firma *L&K*, die 1925
mit *Škoda* fusionierte. *Škoda* wurde nach dem Zweiten Weltkrieg von der tschechischen Regierung verstaatlicht. In den sechziger Jahren wurden die Kapazitäten stark
ausgeweitet, so dass *Škoda* in den siebziger Jahren etwa eine Million Fahrzeuge
jährlich produzierte. Vom gesamten Produktionsvolumen verblieben 70% in Ostblockländern, ca. 30% wurden in westliche Länder exportiert.

Škoda galt als der erfolgreichste Automobilhersteller des Ostblocks. So kam es nach
Öffnung der Grenzen dazu, dass zahlreiche westliche Unternehmungen Interesse an
einer Kooperation mit *Škoda* zeigten: Unter ihnen waren *General Motors*, *Citroën*,
Renault, *BMW* und *Volkswagen*. In die engere Auswahl wurden vom tschechischen
Staat schließlich *Renault* und *Volkswagen* genommen. Am 10. Dezember 1991 er-
hielt *Volkswagen* den Zuschlag. Vereinbart wurde ein Joint Venture, bei dem *Volks-
wagen* 30%, der tschechische Staat 70% der Anteile hielt. Ursprünglich plante
Volkswagen bis zum Jahr 2000 Investitionen in Höhe von 8,2 Mrd. DM (~ 4,2 Mrd.
€) bei *Škoda*. Diese Investitionssumme wurde jedoch später aufgrund der weltweiten
Überkapazitäten in der Automobilbranche auf 3,7 Mrd. DM (~ 1,9 Mrd. €) reduziert.

Bis Ende 1995 hat *Volkswagen* die restlichen 70% der Anteile von *Škoda* übernommen. Aus dem Joint Venture wurde damit eine Tochtergesellschaft. Heute ist *Škoda*
die vierte große Marke im *Volkswagen-Konzern*, neben *Volkswagen*, *Audi* und
Seat. Doch ein Teil des Joint-Venture-Charakters blieb bestehen: Der tschechische
Staat als Joint-Venture-Partner behielt sich für den Fall, dass *Volkswagen* die Pro-
duktionskapazität reduzieren sollte, 50% der Stimmrechte vor.

Quelle:
Dorow (1999), v.a. S. 2-3.

2.6.2.3   Nachteile und Probleme des Joint Ventures

Doch worin liegen die **Nachteile und Probleme** eines Joint Ventures? In der Literatur
werden zahlreiche Schwierigkeiten genannt (vgl. Geringer/Hebert 1989, Walldorf 1992,
S. 457-458, Börsig 1994, Glaister/Husan/Buckley 2003):

- Ein Joint Venture kann nicht in allen Fällen in der Form vereinbart werden, wie es die
  Partner gerne hätten. Beispiele sind existierende **gesetzliche Vorschriften** über die
  Höhe der Kapitalbeteiligung, **staatlicher Einfluss** auf die Wahl des Joint-Venture-
  Partners oder **wettbewerbsrechtliche Bedenken** (vgl. z.B. Contractor 1990).

- Ein Joint Venture **verhindert selbständiges Entscheiden und Handeln.** Die Unternehmung ist auf ihren Partner bzw. ihre Partner angewiesen und muss sich bei Entscheidungen und Handlungen mit diesem bzw. diesen abstimmen.

- In Joint Ventures kann es zu **langwierigen Auseinandersetzungen und großen Unstimmigkeiten** kommen, wenn die Joint-Venture-Partner im Laufe der Zeit divergierende Auffassungen und Einschätzungen haben. In internationalen Joint Ventures werden diese Schwierigkeiten durch kulturelle Differenzen noch erhöht.

- Joint Ventures machen es **nahezu unmöglich**, eine über alle Ländermärkte hinweg **konsistente Strategie** zu verfolgen. Wenn eine Unternehmung in unterschiedlichen Ländermärkten mit unterschiedlichen Partnern zusammenarbeitet, so kann sie in der Regel keine einheitliche Strategie aufweisen – es sei denn, sie „dominiert" alle Joint-Venture-Partner.

- Joint Ventures erfordern einen **hohen Koordinationsaufwand.** Dieser Koordinationsaufwand ist aufgrund der geographischen Distanzen besonders groß. Da zudem mit opportunistischem Verhalten zu rechnen ist, muss viel Zeit und Energie investiert werden, um das Joint Venture „am Laufen" zu halten.

- Notwendig ist es, das Joint Venture mit **personellen Ressourcen** (z.B. Expatriates) auszustatten (vgl. Dorow/Varga von Kibed 1997). Hervorragende Humanressourcen sind jedoch häufig ein knapper Faktor. Die Mitarbeiter, die für ein Joint Venture abgestellt werden, fehlen in der „Kernunternehmung". Die Anforderungen an Joint-Venture-Mitarbeiter sind dabei häufig besonders hoch, unter anderem weil sie eine große Ambiguitätstoleranz aufweisen müssen (vgl. Schuler 2001).

- Mit den genannten Problemen verbunden ist die **geringe Integrationsmöglichkeit** des Joint Ventures in den gesamten Unternehmungsverbund. Dies betrifft weniger die finanzielle, steuerliche und bilanzielle Integration als vielmehr die strukturelle, kulturelle und strategische Integration. Joint Ventures lassen sich schwierig in die intra-organisationalen Netzwerke der Netzwerkpartner einbinden (→ zu intra-organisationalen Netzwerken Abschnitt 1.1.5.2 in Kapitel 4).

- Die **Erfolgsmessung** von und für Joint Ventures ist sehr **problematisch** (vgl. exemplarisch Geringer/Hebert 1989, Chowdhury 1992, v.a. S. 120-124, Oesterle 1995, Glaister/Buckley 1998a,b, Geringer 1998, Gong et al. 2007). Die beteiligten Partner gehen in ein Joint Venture nicht nur mit gemeinsamen, sondern auch mit teilweise divergierenden Zielvorstellungen und Interessenslagen, so dass die Bewertung des Zielerreichungsgrades aus unterschiedlichen Perspektiven erfolgt. Wenn sich zudem die Zielvorstellungen der Partner im Zeitablauf ändern, kann es zu besonders großen Schwierigkeiten kommen.

- Joint Ventures tendieren zur **Instabilität.** Dies heißt: Die Lebensdauer von Joint Ventures ist häufig begrenzt – und dies zuweilen auch dann, wenn die Partner das Joint Venture ursprünglich mit langfristiger Perspektive eingegangen sind. Dies verdeutlicht auch der Kurzüberblick in Textbox 6-10.

Textbox 6-10: Die Instabilität von Joint Ventures

Ein Kurzüberblick

In der Literatur zu internationalen Joint Ventures befassen sich viele Studien mit der Instabilität von Joint Ventures. Das/Teng (2000, S. 91) zitieren einige Beispiele für grenzüberschreitende Joint Ventures, die beendet wurden:

- Ein Joint Venture zwischen den beiden Reifenherstellern *Dunlop* und *Pirelli* kam zum Erliegen, weil *Pirelli* Investitionen in die Neuproduktentwicklung aufstocken wollte, während *Dunlop* Investitionen für Forschung und Entwicklung eher „zurückfahren" wollte, um die kurzfristige Performance zu erhöhen.

- Die Zusammenarbeit zwischen der US-amerikanischen *AT&T* und der italienischen *Olivetti* in den Bereichen Bürokommunikation und Personalcomputer wurde im Jahr 1988, kurze Zeit nach Gründung des Joint Ventures, eingestellt, weil zwischen den Unternehmungskulturen und dem Führungsstil der beiden Unternehmungen zu große Diskrepanzen existierten.

Gemäß den Ergebnissen von Studien wird die **Instabilität** von Joint Ventures vor allem dann gefördert,

- wenn die Ziele, welche die Partner mit dem Joint Venture verbinden, vage sind und nicht offen artikuliert werden,
- wenn sich die Ziele der Partner im Zeitablauf stark ändern und mit den ursprünglichen Gestaltungselementen des Joint Ventures schwer vereinbar sind,
- wenn einzelne Partner ein zu großes Dominanzstreben an den Tag legen, welches nicht gewünscht war,
- wenn einzelne Partner den Verlust der Eigenständigkeit fürchten (müssen) und
- wenn die Vorteile des Joint Ventures (allzu) ungleich verteilt sind.

Allerdings sollte man die **Instabilität** von Joint Ventures **nicht per se als Nachteil oder Problem** sehen (vgl. Makino et al. 2007). Immer dann, wenn Joint Ventures von Anfang an zeitlich begrenzt ausgelegt sind oder von beiden Partnern einvernehmlich beendet werden, ist die kurze Lebensdauer nicht zwingend als kritisch anzusehen; sie kann vielmehr als ein mögliches Merkmal von Joint Ventures gelten, welches gerade zur Wahl dieser Strategie des Markteintritts bzw. der Marktbearbeitung führt.

Mit der Instabilität und Beendigung von Joint Ventures befassen sich u.a. die Arbeiten von Barkema/Vermeulen (1997), Blanchot/Mayrhofer (1997), Blei (1998), Reuer (1998), Yan (1998), Yan/Zeng (1999), Das/Teng (2000) und Meschi (2005).

- Bei Joint Ventures müssen **Gewinne geteilt** werden. Oder anders ausgedrückt: Im Gegensatz zu anderen Markteintritts- und Marktbearbeitungsstrategien fließen die „Früchte der Ernte" der fokalen Unternehmung nicht alleine zu. Dies ist insbesondere dann „ärgerlich", wenn die fokale Unternehmung später erkennt, dass sie den Markteintritt auch alleine vollziehen hätte können und der Partner bei der Marktbearbeitung eher hinderlich ist.

- Joint Ventures führen, wie auch andere kooperative Formen der Auslandsmarktbearbeitung, zu **Know-how-Abfluss**. Während darin zunächst nur ein konstitutives Merkmal von Joint Ventures gesehen werden mag – wir hatten als Vorteil des Joint Ventures das Lernen von dem Partner/den Partnern herausgestellt –, kann der Know-how-Abfluss aber auch über das hinausgehen, was ursprünglich explizit (oder implizit) vereinbart war.

- Das größte Problem eines Joint Ventures ist vielfach die **richtige Partnerwahl**. Falsche Partnerwahl kann nicht nur die bereits angesprochenen Probleme induzieren bzw. verstärken; sie kann auch dazu führen, dass die fokale Unternehmung geringere strategische Handlungsoptionen hat (z.B. schlechtes Image des Partners, geringe Innovationsneigung des Partners).

2.6.3 Strategische Allianz

Die Strategische Allianz als zweite wichtige Kooperationsform soll nun kurz charakterisiert werden (Abschnitt 2.6.3.1). Im Anschluss daran werden Vorteile (Abschnitt 2.6.3.2) und Nachteile (Abschnitt 2.6.3.3) der Strategischen Allianz diskutiert.

2.6.3.1 Charakterisierung der Strategischen Allianz

Eine Strategische Allianz ist eine strategische Zusammenarbeit bzw. eine **strategische Partnerschaft von mindestens zwei, häufig jedoch mehreren Unternehmungen** (→ bereits kurz Abschnitt 1.6 in Kapitel 2). Die Partner einer Strategischen Allianz beschließen, in genau definierten Bereichen zu kooperieren. Im Gegensatz zu den meisten Joint Ventures wird bei einer Strategischen Allianz auf die Errichtung einer eigenen Unternehmung, einer sogenannten Gemeinschaftsunternehmung, sowie auf eine wechselseitige Kapitalbeteiligung verzichtet.

In manchen Branchen sind Strategische Allianzen bereits zur Normalität geworden (vgl. die Beiträge in Bronder/Pritzl 1992, Hrsg. sowie Netzer 1999). In der Luftverkehrsbranche beispielsweise konkurriert die *Star Alliance*, die wir ausführlich in Textbox 6-11 vorstellen, mit *Oneworld* (u.a. *British Airways*, *American Airlines*, *Cathay Pacific*, *Finnair*, *Iberia*, *Quantas*) und mit dem *SkyTeam* (u.a. *Delta Airlines*, *Air France*, *Aeroméxico*, *Continental*). Die frühere *Qualiflyer*-Allianz (u.a. *Swissair*, *Sabena*, *TAP Air Portugal*) wurde zum 31. Dezember 2002 aufgelöst. In der Luftfahrzeugindustrie kam es seit den neunziger Jahren zu umfangreichen Allianzen zwischen Unternehmungen wie *Aérospatiale*, *CASA*, *DASA* (vorgenannte drei Unternehmungen sind inzwischen zur *EADS* fusioniert), *BAE Systems*, *Rolls-Royce*, *Dassault*, *Saab* und *Fairchild*. Dabei wurden gemeinsam Triebwerke entwickelt, Hubschrauber montiert sowie Passagier- und Militärflugzeuge produziert (vgl. dazu z.B. Dussauge/Garrette 1995 und

Textbox 6-11: Strategische Allianzen als Markteintritts- und Marktbearbeitungs-strategie

Das Beispiel der Star Alliance

Die *Star Alliance* wurde 1997 von insgesamt fünf Gründungsmitgliedern ins Leben gerufen. Die deutsche *Lufthansa*, die US-amerikanische *United Airlines*, die skandinavische *SAS*, *Air Canada* und *Thai Airways* schlossen sich zusammen. Ziel der Partner war und ist es, durch ein weltumspannendes Netz zahlreiche Vorteile zu erzielen, welche die einzelnen Unternehmungen alleine nicht (oder nicht in gleichem Ausmaß) erzielen könnten. Die Fluggesellschaften arbeiten inzwischen in vielen Bereichen zusammen: Sie stimmen ihre Flugpläne aufeinander ab, betreiben intensives Code-Sharing bei Flügen, haben durch die Gemeinschaftsflüge Zugriff auf attraktive „slots" (Start- und Landezeiten sowie -plätze), ermöglichen ihren Kunden, die „legs" (Teilstrecken eines Langstreckenfluges) mit unterschiedlichen Gesellschaften abzudecken, gewähren ihren Kunden eine wechselseitige Anrechnung bei Vielfliegerprogrammen, führen Abfertigungen und Check-Ins gemeinsam durch, betreiben in vielen Flughäfen gemeinsame Lounges und kooperieren teilweise beim Einkauf sowie beim Catering.

Inzwischen ist die *Star Alliance* auf 19 Mitglieder angewachsen. Neben den fünf Gründungsmitgliedern gehören heute 12 weitere Fluggesellschaften zur *Star Allliance.* Zu diesen Fluggesellschaften gehören *Air China, Air New Zealand, All Nippon Airways, Asiana Airlines, Austrian Airlines, British Midland, LOT Polish Airlines, Shanghai Airlines, Singapore Airlines, South Africa Airways, Spanair, Swiss, TAP Portugal* und *US Airways.* Vom gesamten Netzwerk wird mit mehr als 377.000 Mitarbeitern ein jährlicher Umsatz von ca. 123 Mrd. US-$ erwirtschaftet. Mit zusammen ca. 3.100 Flugzeugen befördern die Mitglieder der *Star Alliance* jährlich etwa 460 Mio. Passagiere. Täglich starten 17.000 Flüge von Mitgliedern der *Star Alliance*, bei denen insgesamt 897 Flughäfen in 160 Länder angeflogen werden. Geführt wird die Allianz durch das sogenannte „Alliance Management Board", in welchem hochrangige Manager der Partnerfluglinien vertreten sind.

Welche Vorteile mit der Mitgliedschaft verbunden sind, wird am Beispiel von *Austrian Airlines* deutlich: Durch den Beitritt zur *Star Alliance* erhöhte *Austrian Airlines* die Zahl der von ihr angebotenen Destinationen von 125 auf über 815. Die *Lufthansa*, die Anfang bis Mitte der neunziger Jahre nicht vom Erfolg verwöhnt war, betont immer wieder, dass die Zugehörigkeit zur Allianz sowohl zusätzliches Ertragspotential als auch deutliches Kosteneinsparungspotential mit sich gebracht habe und ein wesentlicher Faktor für den Weg zurück zu einer profitablen Unternehmung war. Auch weitere Vorteile können mit einer Strategischen Allianz verbunden sein. So verhinderte *Air Canada* eine unfreundliche Übernahme dadurch, dass sich die Partner *Lufthansa* und *United Airlines* mit 35% an ihr beteiligten.

Quellen:
- o.V. (2000): Die „Star Alliance" soll um fünf Mitglieder erweitert werden. In: Frankfurter Allgemeine Zeitung Nr. 14 vom 18. Januar 2000, S. 20.
- Machatschke, Michael (2000): Die Wilde 13. In: Manager Magazin, Oktober 2000, S. 125-135.
- http://www.staralliance.com (Version Februar 2008).

Butler/Kenny/Anchor 2000). Auch in der Telekommunikationsbranche existieren oft grenzüberschreitende Allianzen.

Die Literatur zu Strategischen Allianzen ist sehr umfangreich. Oftmals ist sie – was nicht überrascht – nicht klar von der Literatur zu Joint Ventures und anderen Kooperationsformen zu trennen (vgl. zu Strategischen Allianzen Backhaus/Piltz 1989, Hrsg., Schuh 1990, Bronder/Pritzl 1992, Hrsg., Lorange/Roos 1992, Burgers/Hill/Kim 1993, Schäfer 1994, Beamish 1998, Hrsg., Doz/Hamel 1998, Glaister/Buckley 1998a, Spekman/ Forbes/Isabella/MacAvoy 1998, Netzer 1999, Inkpen/Ross 2001, Welge/Al-Laham 2002, Guidice/Vasudevan/Duysters 2003, Hoffmann 2007, Nielsen 2007). Strategische Allianzen werden – noch stärker als Joint Ventures – unter dem **Schlagwort „Netzwerke"** diskutiert (→ zu Netzwerken Abschnitt 1.1.5 in Kapitel 4). Wenn wir nun Vorteile und Motive sowie Nachteile und Probleme von Strategischen Allianzen anführen, so wird deutlich, dass große Ähnlichkeiten zu Joint Ventures bestehen. Dennoch wollen wir die beiden Markteintritts- und Marktbearbeitungsformen separat darstellen, da neben Gemeinsamkeiten auch Besonderheiten existieren.

2.6.3.2   Vorteile und Motive der Strategischen Allianz

Die **Vorteile und Motive** einer Strategischen Allianz können vielgestaltig sein (vgl. Harvey/Lusch 1995, S. 196-198, Glaister/Buckley 1996, S. 303-308). Dabei finden sich in der Literatur vor allem vier Motive, die gleichzeitig zu unterschiedlichen Ausprägungsformen von Allianzen führen: **Volumens-, Komplementaritäts-, Burden-Sharing-** und **Markterschließungsallianzen** (vgl. Schuh 1990, S. 143, Krystek/Zur 1997, S. 135):

- Strategische Allianzen erlauben, **Economies of Scale** zu erreichen. Die Kooperation ermöglicht es, Größeneffekte zu erzielen, welche die einzelnen Partner selbst nicht realisieren könnten. Steht dieses Motiv im Mittelpunkt, so wird in der Literatur auch von **Volumensallianzen** gesprochen.

- Strategische Allianzen können den Zugang zu komplementären Ressourcen, Fähigkeiten und Kompetenzen erleichtern. Dadurch können **Economies of Scope** erwirtschaftet werden, welche die einzelnen Partner der Strategischen Allianz alleine nicht „schaffen" könnten. Bei einer Dominanz dieses Motivs entstehen sogenannte **Komplementaritätsallianzen**.

- Strategische Allianzen werden auch aufgrund des Motivs, **Risiken zu teilen**, geschlossen. Arbeiten beispielsweise mehrere Unternehmungen der pharmazeutischen Industrie gemeinsam an der Entwicklung eines neuartigen Medikaments, dessen Marktfähigkeit extrem unsicher ist, so herrscht dieses Motiv vor. Man kann in diesem Fall von sogenannten **Burden-Sharing-Allianzen** sprechen.

- Strategische Allianzen helfen, **neue Märkte zu erschließen** und dabei den **Markteintritt zu beschleunigen**. Steht dieses Motiv im Vordergrund, so ist von **Markterschließungsallianzen** die Rede. Insbesondere dann, wenn sich eine Unternehmung in eine bereits bestehende Allianz „einklinken" kann, kommt es zu Geschwindigkeitsvorteilen. Durch den Anschluss an die *Star Alliance* konnte die *Austrian Airlines* – wie in Textbox 6-11 beschrieben – in kürzester Zeit Flugziele in vielen weiteren Ländern anbieten. Durch andere Formen des Markteintritts (Neugründung von Fluggesellschaften, Akquisition von Fluggesellschaften, Bewerbung um eigene Slots, soweit rechtlich erlaubt) hätte sich der Prozess der Markterweiterung deutlich länger „hingezogen".

Es muss jedoch darauf hingewiesen werden, dass in der Praxis häufig mehrere Motive gleichzeitig existieren. Oder anders ausgedrückt: Eine Allianz kann mit dem Ziel gegründet werden, sowohl Economies of Scale und Economies of Scope zu erzielen als auch Risiken zu reduzieren sowie Markteintritte zu beschleunigen. Wie bei anderen Formen des Markteintritts und der Marktbearbeitung gibt es auch bei Strategischen Allianzen häufig keine „eindimensionalen" Begründungen. Neben den bereits genannten Vorteilen und Motiven einer Strategischen Allianz spielen darüber hinaus noch **weitere Vorteile und Motive** eine Rolle:

- Strategische Allianzen begründen eine **Zusammenarbeit in ausgewählten Bereichen**, beispielsweise in ausgewählten Geschäfts-, Regional- oder Funktionalbereichen. Dies heißt: Die beteiligten Partner definieren selbst, auf welchen Gebieten sie zusammenarbeiten wollen. Sie schließen die Bereiche, in denen keine Kooperation gewünscht ist, inhaltlich vom Kooperationsgebiet der Allianzpartner aus.

- Strategische Allianzen ermöglichen eine **relativ große Flexibilität**. Die Gründung einer Allianz bzw. der Beitritt zu einer Allianz sind zwar für alle beteiligten Unternehmungen durchaus Entscheidungen von großer Tragweite, sie sind aber reversibel. Je nach vertraglicher Vereinbarung kann man eine Allianz vergleichsweise leicht und schnell beenden oder verlassen. So wechselte die *Austrian Airlines* im Jahr 2000 von der *Qualiflyer Group* in das Lager der *Star Alliance*.

- Strategische Allianzen bieten sich auch für Unternehmungen an, die aufgrund ihrer Rechtsform **keine Kapitalbeteiligung** an anderen Unternehmungen eingehen können oder aufgrund ihrer strategischen Ausrichtung keine Kapitalbeteiligung eingehen wollen. Dieses Argument ist beispielsweise in den Branchen, die in den meisten Ländern noch nicht (völlig) dereguliert sind, von großer Bedeutung.

- Strategische Allianzen weisen eine **„einfache" Finanzierbarkeit** auf. Im Gegensatz zu Akquisitionen und zu Neugründungen ist bei Strategischen Allianzen nur ein geringer Kapitalbedarf notwendig.

- Allianzen erlauben es, bestimmte **Standards durchzusetzen**, die eine Unternehmung alleine nicht durchsetzen könnte. Dies ist vor allem bei der Entwicklung und Vermarktung von Systemtechnologien (Elektronikindustrie, Telekommunikationsindustrie) von Bedeutung (vgl. Backhaus/Piltz 1989, S. 6-7).

- Strategische Allianzen nehmen **Rivalität „aus dem Spiel"**. Statt mit Unternehmungen in anderen Ländern zu konkurrieren, kommt es – in Teilbereichen – zu einer Zusammenarbeit, die von gemeinsamen oder komplementären Interessen motiviert ist.

- Allianzen helfen, **neues Wissen** zu generieren und von den Allianzpartnern zu lernen (vgl. Inkpen 1996). Dies ist insbesondere in den Fällen von Relevanz, wo die Partner über komplementäre Ressourcen, Fähigkeiten und Kompetenzen verfügen. Aber auch in den Fällen, wo die Partner vergleichsweise ähnlich sind, lassen sich – etwa über Benchmarkingprozesse – Wissenstransfers erleichtern.

- Die Gründung bzw. der Beitritt zu einer Allianz kann über die geschilderten Vorteile, z.B. die Kostensenkungs- und Erlöserhöhungspotentiale sowie über die strategischen Zukunftschancen, zur **Wertsteigerung der einzelnen Allianzmitglieder** beitragen (vgl. Bronder/Pritzl 1997, S. 210-211, Doz/Hamel 1998, v.a. S. 35-56).

2.6.3.3   Nachteile und Probleme der Strategischen Allianz

Strategische Allianzen weisen folgende **Nachteile und Probleme** auf (vgl. z.B. Spekman/Forbes/Isabella/MacAvoy 1998, S. 750-757):

- Strategische Allianzen müssen – wie auch andere Formen des Markteintritts- und der Marktbearbeitung – den Anforderungen des **Wettbewerbs- und Kartellrechts** genügen. Immer wieder kommt es vor, dass geplante Strategische Allianzen von den entsprechenden Behören, wie der Federal Trade Commission in den USA oder dem Bundeskartellamt in Deutschland, nicht genehmigt werden (vgl. Kartte 1992, Basedow/Jung 1993).

- Strategische Allianzen bringen einen **hohen Abstimmungsbedarf** mit sich. Noch stärker als bei Joint Ventures, wo ein Teil des Abstimmungsbedarfs auf die gegründete gemeinschaftliche Unternehmung „übertragen" wird, erfordern Strategische Allianzen eine enge Abstimmung der einzelnen Mitglieder. Dies führt häufig nicht nur zu hohen Kosten (vgl. z.B. White/Lui 2005), sondern auch zu einer Verlangsamung von Entscheidungen.

- Bei Strategischen Allianzen kann es zu **Wissensabflüssen** kommen. Einzelne Partner können mehr Wissen absorbieren, als sie selbst abgeben. Als Konsequenz stellen sich oftmals Unzufriedenheit und Missgunst ein.

- Nicht zu vergessen ist, dass Strategische Allianzen trotz aller Kooperation häufig einen Zusammenschluss von Wettbewerbern darstellen. Dies heißt: Die Mitglieder einer Allianz müssen die **Balance zwischen Kooperation und Konkurrenz** „schaffen" und mit den Anforderungen der **Co-opetition** adäquat umgehen (→ zu Co-opetition Abschnitt 1.1.5.3.1 in Kapitel 4).

- Strategische Allianzen erfordern in **unterschiedlichen Stadien ihres Lebenszyklusses unterschiedliche Managementfähigkeiten**. Beim Abschluss einer Allianz sind andere Fähigkeiten gefragt als während der Weiterentwicklung einer Allianz (vgl. Spekman/Forbes/Isabella/MacAvoy 1998, S. 760-766). Dies muss vor allem bei der Auswahl der Manager, die eine Allianz begleiten, beachtet werden.

- Strategische Allianzen setzen **Vertrauen** zwischen den Partnern voraus. Dabei ist es für jede der beteiligten Unternehmungen wichtig, den Partnern zum richtigen Zeitpunkt das richtige Ausmaß an Vertrauen zu gewähren. Zu viel Vertrauen (vor allem zu einem frühen Zeitpunkt) kann ebenso „fatal" sein wie zu wenig Vertrauen im Zeitablauf der Zusammenarbeit (vgl. Parkhe 1998a,b).

- Neben Vertrauen müssen die beteiligten Partner auch **Commitment** gegenüber der Allianz und den anderen Partnern zeigen (vgl. Cullen/Johnson/Sakano 2000). Wird eine Allianz permanent von einem oder von mehreren Partnern in Frage gestellt, so hat dies beispielsweise negative Auswirkungen auf die Motivation der eigenen Mitarbeiter und auf die Motivation der Mitarbeiter in den Partnerunternehmungen, die in die Allianzaktivitäten eingebunden sind.

- Die **Erfolgsmessung** in Strategischen Allianzen ist – wie auch bei Joint Ventures – sehr problematisch (vgl. Glaister/Buckley 1998a,b, Nielsen 2007). Da die Partner einer Allianz nicht zwingend identische Motive haben, können sie auch unterschiedliche Erfolgsmaßstäbe zur Beurteilung der Allianz heranziehen. Darüber hinaus ist die **Erfolgszurechnung** schwierig: So kann die *Lufthansa* nicht exakt angeben, welcher Prozentsatz ihrer Kosteneinsparungen und welcher Prozentsatz ihrer Erlössteigerung aus der *Star Alliance* resultieren.

- **Falsche Partnerwahl** kann – trotz aller Flexibilität – zu Problemen führen (vgl. Hertz 1996). Insofern verwundert es nicht, dass in der Literatur immer wieder Hinweise zur richtigen Auswahl der Partner bzw. zum Einklinken in das richtige Allianznetzwerk gegeben werden (vgl. z.B. Cauley de la Sierra 1994, v.a. S. 12-26, Robson 2002, Nielsen 2003, Robson/Paparoidamis/Ginoglu 2003).

Bevor wir nach der Darstellung der Kooperationsformen Joint Ventures und Strategische Allianzen zu Tochtergesellschaften kommen, sollen zunächst Minderheitsbeteiligungen dargestellt werden.

2.7   Minderheitsbeteiligung

In Analogie zu den vorigen Abschnitten soll auch die Minderheitsbeteiligung zunächst charakterisiert werden (Abschnitt 2.7.1). Im Anschluss daran werden die Vorteile (Abschnitt 2.7.2) und Nachteile (Abschnitt 2.7.3) dieser Markteintritts- und Marktbearbeitungsstrategie erläutert.

2.7.1   Charakterisierung der Minderheitsbeteiligung

Bei einer Minderheitsbeteiligung erwirbt eine inländische Unternehmung eine Beteiligung an einer Unternehmung im Ausland, ohne diese Unternehmung damit zu beherrschen. Minderheitsbeteiligungen sind Beteiligungen von maximal 49,9% am Kapital oder an den Stimmrechten einer ausländischen Unternehmung. Liegt die Minderheitsbeteiligung bei maximal 25%, spricht man von einer **einfachen bzw. echten Minderheitsbeteiligung** oder **Minoritätsbeteiligung**, beträgt sie zwischen 25% und 50%, ist von einer **Sperrminderheitsbeteiligung** oder **Sperrminoritätsbeteiligung** die Rede. Zu beachten ist, dass die Grenze für eine Sperrminorität je nach Landesrecht auch bei 26% oder 33,33% liegen kann. In Textbox 6-12 werden beispielhaft die von *DaimlerChrysler* (welches seit dem Verkauf von *Chrysler* als *Daimler* firmiert) im Jahr 2000 eingegangenen – jedoch wenig erfolgreichen und inzwischen wieder abgestoßenen – Minderheitsbeteiligungen geschildert.

Textbox 6-12: Minderheitsbeteiligungen als Markteintritts- und Marktbearbeitungsstrategie

Das Beispiel zweier Beteiligungen von DaimlerChrysler in Asien

DaimlerChrysler hatte sich im März 2000 für einen Betrag von mehr als zwei Mrd. € mit 34% am japanischen Automobilhersteller *Mitsubishi Motors* beteiligt. Im gleichen Jahr kam es einige Monate später zu einer 10%-Beteiligung am koreanischen Automobilhersteller *Hyundai*. Dafür zahlte *DaimlerChrysler* einen Betrag von etwa 460 Mio. €. Damit wollte sich *DaimlerChrysler* den Einstieg in die zukunftsträchtigen asiatischen Märkte sichern. Ziel von Jürgen Schrempp war es, mittelfristig ein Viertel des Umsatzes in Asien zu erzielen. Außerdem erhoffte sich *DaimlerChrysler* durch die Beteiligungen eine Stärkung in den Kleinwagensegmenten.

Mitsubishi wies eine Jahresproduktion von 1,1 Mio. Pkws (einschließlich Geländewagen und Pick-ups) und 380.000 Nutzfahrzeugen auf. *Hyundai* fertigte jährlich 1,55 Mio. Pkws (einschließlich Geländewagen) und 425.000 Nutzfahrzeuge. Während sich die Zusammenarbeit mit *Mitsubishi* auf Pkws konzentrierte, spielten bei der Zusammenarbeit mit *Hyundai* die Nutzfahrzeuge eine größere Rolle. Im Falle von *Mitsubishi* stand *DaimlerChrysler* zu einem späteren Zeitpunkt eine Kaufoption auf alle restlichen Anteile zu, im Falle von *Hyundai* hatte *DaimlerChrysler* eine Kaufoption auf weitere 5% der Anteile vereinbart. In beiden Fällen verblieb die operative Führung beim ausländischen Partner, d.h. bei *Mitsubishi* bzw. *Hyundai*.

Quellen:
- o.V. (2000): Mehr als 2 Milliarden Euro für den Einstieg bei Mitsubishi. In: Frankfurter Allgemeine Zeitung Nr. 73 vom 27. März 2000, S. 23.
- o.V. (2000): Strategischer Schulterschluss in Asien. In: Süddeutsche Zeitung Nr. 145 vom 27. Juni 2000, S. 29.
- Balzer, Arno/Hirn, Wolfgang/Scholtys, Frank (2000): Marathon-Mann. In: Manager Magazin, Dezember 2000, S. 64-83.

2.7.2   Vorteile und Motive der Minderheitsbeteiligung

Mit Minderheitsbeteiligungen sind folgende **Vorteile und Motive** verbunden:

- Durch eine Minderheitsbeteiligung kann sich eine Unternehmung frühzeitig den „**Einstieg" bei einer ausländischen Unternehmung sichern.** Die Minderheitsbeteiligung schafft die Voraussetzung dafür, dass zu einem späteren Zeitpunkt andere Formen der Marktbearbeitung gewählt werden können (z.B. eine weitergehende Kooperation, eine Akquisition oder Fusion).

- Minderheitsbeteiligungen geben den beteiligten Unternehmungen die **Gelegenheit, sich kennen zu lernen.** Beide Partner haben die Möglichkeit, sich „auf Herz und Nieren" zu prüfen und gleichsam wie innerhalb einer (lange andauernden) Freundschaft zu entscheiden, ob eine spätere „Verlobung" oder „Heirat" angesichts der gemachten Erfahrungen sinnvoll erscheint. Die sich beteiligende Unternehmung hat freilich aufgrund ihres Machtpotentials mehr „Check-up-Möglichkeiten" als das Beteiligungsobjekt.

- Minderheitsbeteiligungen können **Wettbewerber abhalten,** in den Gastmarkt einzudringen, mit der betroffenen Unternehmung zu kooperieren, sie zu akquirieren oder mit ihr zu fusionieren. Minderheitsbeteiligungen mögen also manchmal defensive Gründe haben.

- Minderheitsbeteiligungen werden ebenfalls gewählt, wenn **Mehrheitsbeteiligungen** – zumindest zum momentanen Zeitpunkt – aus rechtlichen Gründen **nicht möglich,** aus politischen Gründen **nicht gewollt** oder aus finanziellen Gründen **nicht realisierbar** sind.

2.7.3   Nachteile und Probleme der Minderheitsbeteiligung

Minderheitsbeteiligungen weisen die folgenden **Nachteile und Probleme** auf:

- Minderheitsbeteiligungen erfordern häufig – zumindest wenn keine Aktien als Beteiligungswährung zur Verfügung stehen – **liquide Mittel.** Die liquiden Mittel sind damit gebunden, obwohl sie möglicherweise „produktiver" verwendet werden könnten.

- Minderheitsbeteiligungen bringen es mit sich, dass Personalressourcen notwendig sind. Beteiligt sich eine Unternehmung an einer angeschlagenen ausländischen Unternehmung, so kommt es, selbst wenn wie im Falle von *DaimlerChrysler* operative Selbständigkeit vereinbart wurde, zu einem **Transfer von Managementressourcen.** Zu *Mitsubishi* entsandte *DaimlerChrysler* beispielsweise ein Managementteam unter der Führung von Rolf Eckrodt, welches zur Sanierung von *Mitsubishi* beitragen sollte.

- Minderheitsbeteiligungen ermöglichen aufgrund ihres Charakters zuweilen **keinen uneingeschränkten oder keinen maßgeblichen Einfluss** auf Strategien und Maßnahmen des beteiligten Partners. Nicht immer werden bei Minderheitsbeteiligungen derartige Einflussmöglichkeiten gewährt, wie sie *DaimlerChrysler* bei *Mitsubishi* hat.

- Minderheitsbeteiligungen können nicht immer verhindern, dass **andere Anteilseigner ihre Anteile abstoßen**. Auf diese Weise mögen andere Anteilseigner zu Mehrheiten kommen, was die strategischen Interessen der fokalen Unternehmung verletzen kann.

- Schließlich werden die ursprünglich mit der Minderheitsbeteiligung verfolgten Ziele nicht immer erreicht. So kommt es, dass sich Unternehmungen wieder von ihren **Minderheitsbeteiligungen trennen**, ohne die langfristig erhofften Vorteile erzielen zu können.

2.8 Tochtergesellschaften

Als nächste Markteintritts- und Marktbearbeitungsstrategie soll die Etablierung von Tochtergesellschaften angesprochen werden. Wir werden zunächst auf Tochtergesellschaften im Allgemeinen eingehen (Abschnitt 2.8.1), bevor wir dann die Varianten der Neugründung (Abschnitt 2.8.2) und der Akquisition (Abschnitt 2.8.3) detaillierter betrachten.

2.8.1 Tochtergesellschaften im Allgemeinen

Was versteht man überhaupt unter einer Tochtergesellschaft? Diese Frage soll beantwortet werden (Abschnitt 2.8.1.1), um im Anschluss daran Vorteile und Nachteile von Tochtergesellschaften als Markteintritts- und Marktbearbeitungsstrategie zu klären (Abschnitte 2.8.1.2 und 2.8.1.3).

2.8.1.1 Charakterisierung von Tochtergesellschaften

Als rechtlich unselbständige Engagements im Ausland bietet sich der Aufbau von **Betriebsstätten**, **Niederlassungen**, **Filialen** oder **Repräsentanzen** an. Während der Begriff „Betriebsstätte" häufig für Produktionseinheiten (Fabriken, Werke) verwendet wird, treten die Begriffe „Niederlassungen" und „Filialen" meist im Zusammenhang mit Vertriebseinheiten auf. Doch prinzipiell sind die Begriffe „Betriebsstätte", „Niederlassung" und „Filiale" – manchmal auch als „Zweigbetrieb", „Zweigniederlassung" oder „Zweigfiliale" bezeichnet – nicht eindeutig definiert: Sie können auf einzelne Wertschöpfungsbereiche beschränkt sein, können jedoch auch die gesamte Wertschöpfungskette umfassen. Repräsentanzen, manchmal auch Stützpunkte genannt, sind in der Regel kleine

Büros mit einem oder wenigen Mitarbeitern. Die Hauptaufgabe von Repräsentanzen besteht darin, Geschäfte anzubahnen und Kontakte mit Kunden, Lieferanten, Banken und staatlichen Stellen zu pflegen.

Rechtlich unselbständige Engagements erscheinen international tätigen Unternehmungen jedoch in den meisten Fällen nicht sinnvoll. So ist das Auftreten im Rechtsverkehr mühsam und umständlich. Ferner lässt sich in der Regel kaum ein positives Image bei Geschäftspartnern aufbauen, wenn man keine rechtlich selbständige Firma hat (u.a. aufgrund von Haftungsgesichtspunkten). Außerdem verlangen juristische Vorschriften – etwa im Bank- und Versicherungsbereich – die Etablierung von Tochtergesellschaften. **Tochtergesellschaften** sind – im Gegensatz zu Betriebsstätten, Niederlassungen, Filialen und Repräsentanzen – rechtlich selbständige Engagements (➔ Abschnitt 1.6 in Kapitel 2). Dabei können unterschiedliche Arten von Tochtergesellschaften hinsichtlich verschiedener Kriterien identifiziert werden:

- Hinsichtlich der **Etablierung** lassen sich bei Tochtergesellschaften **Neugründungen (Greenfield-Investments)** von **Übernahmen (Akquisitionen** oder **Brownfield-Investments)** differenzieren. Brownfield-Investments gelten als Spezialform von Akquisitionen. Es handelt sich um Investitionen, bei denen die übernehmende Unternehmung beträchtliche Ressourcen in das Akquisitionsobjekt „hineinpumpt", d.h. die zu übernehmende Unternehmung deutlich verändert (vgl. z.B. Meyer/Estrin 1998).

- Hinsichtlich des **Eigentums** kann es sich bei den Tochtergesellschaften um **Mehrheitsbeteiligungen** (zwischen 50,1% und 99,9% des Kapitals oder der Stimmrechte) oder um **vollbeherrschte Tochtergesellschaften** (100% des Kapitals oder der Stimmrechte) handeln.

- Hinsichtlich der Wertschöpfungsaktivitäten können **Tochtergesellschaften mit vollständiger Wertkette** von **Tochtergesellschaften mit spezialisierter Wertschöpfung** (Forschungs- und Entwicklungsgesellschaften, Beschaffungsgesellschaften, Produktionsgesellschaften, Vertriebsgesellschaften, Finanzierungsgesellschaften) unterschieden werden.

- Hinsichtlich ihrer **Aufgaben und Rollen** können Tochtergesellschaften auf unterschiedlichste Art und Weise eingeordnet werden. Wie die bereits ausführlich erläuterten Rollentypologien aufzeigen, bieten sich zahlreiche Kriterien, etwa das Fähigkeitsniveau oder die strategische Bedeutung des lokalen Marktes, zur Systematisierung an (➔ zu Rollentypologien Abschnitt 5 in Kapitel 2).

Wenn man an Tochtergesellschaften denkt, so hat man häufig Einheiten im Auge, die wie die Muttergesellschaft „aussehen", lediglich etwas „kleiner" sind und sich im Ausland befinden („Miniature Replica"). Tochtergesellschaften können jedoch ganz unterschiedliche Gestalt annehmen. In Textbox 6-13 wird gezeigt, wie *DaimlerChrysler* (inzwischen *Daimler*) in Indonesien fertigt.

Textbox 6-13: Tochtergesellschaften als Markteintritts- und Marktbearbeitungsstrategie

Das Beispiel von DaimlerChrysler in Jakarta – Ein Zeitungsausschnitt

Wer die hochmodernen *Mercedes*-Werke von Rastatt bis Tuscaloosa kennt, versteht in Jakarta die Welt des Sterns nicht mehr. Fünf *E-Klassen* schaffen die Arbeiter am Tag, acht *C-Klassen* und – rechnerisch – eineinhalb *S-Klasse*-Limousinen. Zählt man die Nutzfahrzeuge hinzu, liegt der Gesamtausstoß des Werkes Indonesien bei 17 Fahrzeugen – nicht in der Stunde, sondern am Tag. In Sindelfingen rollen in der gleichen Zeit 1.700 Autos vom Band.

„Wir haben hier eine Fertigung in Kleinserie, wie vor dem Krieg", meint Werksleiter Horst Rupp. Der Qualität tut das gut: Wer auf sie Wert legt, sollte erwägen, seine nächste *S-Klasse* aus Indonesien zu beziehen. „Sie werden mit Sicherheit keinen Unterschied zu den in Deutschland gefertigten Autos feststellen", sagt Rupp, und schluckt das „im Gegenteil" hinunter. ... Stimmen die Konzernprognosen, so werden aus den heute verkauften 3.617 *Mercedes-Benz*-Fahrzeugen im Jahr 2003 wieder 7.975 Fahrzeuge – so viel, wie schon 1995 erreicht waren.

Aber braucht man für diese Absatzzahl ein Werk, welches 10.000 Fahrzeuge fertigen kann, obwohl es seit Jahren nur zu einem Drittel ausgelastet ist? Unumwunden räumt Werksleiter Rupp ein, dass die 1.253 Mitarbeiter „für das heutige Programm nicht notwendig seien". Doch entlassen wird niemand. „Wir beschäftigen die Leute zur Not mit Gartenarbeit oder dem Recycling", erwähnt Rupp. Denn in Indonesien sei es wichtig, die gut ausgebildeten Mitarbeiter bei der Stange zu halten. Gemäß Rupp gibt es noch einen zweiten Grund für die Fertigung vor Ort: Nur wer im Lande fertigt, hat die Möglichkeit, die immensen Einfuhrzölle zu sparen. Und nur wer diese Einfuhrzölle spart, kann auch mit den japanischen Konkurrenten mithalten. Schließlich steht noch eine andere Option im Raum: Eine Arbeitsgruppe prüft zur Zeit, wie man das Werk in Jakarta auch für den Kooperationspartner *Mitsubishi*, an dem *DaimlerChrysler* mit 34% beteiligt ist, nutzen kann. *Mitsubishi* lässt seine Pkws bisher in Indonesien noch in Form der Vertragsfertigung herstellen (➜ zur Vertragsfertigung Abschnitt 2.5 in diesem Kapitel).

Quelle:

Hein, Christoph (2001): DaimlerChryslers größtes Werk in Asien ist eine Manufaktur. In: Frankfurter Allgemeine Zeitung Nr. 61 vom 13. März 2001, S. 28.

Wir werden nachfolgend die Differenzierung hinsichtlich der Etablierung und damit die Unterscheidung zwischen Neugründungen und Übernahmen weiter erläutern. Zunächst aber werden wir – unabhängig von der Art der Etablierung – auf die generellen Vor- und Nachteile von Tochtergesellschaften als Markteintritts- und Marktbearbeitungsstrategie eingehen.

2.8.1.2   Vorteile und Motive für die Etablierung von Tochtergesell-schaften

Wenn Unternehmungen auf eigene Tochtergesellschaften als Markteintritts- und Markt-bearbeitungsstrategie „setzen", so hängt dies mit einer Reihe von **Vorteilen** zusammen, die Tochtergesellschaften im Allgemeinen zugesprochen werden:

* Tochtergesellschaften erlauben eine **unmittelbare und eigenständige Präsenz** im Gastland. Dies ist unter anderem aus Imagegründen (z.B. gegenüber Kunden) von großer Bedeutung.

* Eigene Tochtergesellschaften sichern ein großes Maß an **Unabhängigkeit,** da die Unternehmung nicht auf Dritte (z.B. Handelsvertreter, Lizenznehmer, Franchisenehmer, Joint-Venture-Partner oder Allianzpartner) angewiesen ist.

* Tochtergesellschaften erleichtern insbesondere die **Durchsetzung der eigenen Strategien**, ohne dass langwierige Abstimmungsprozesse mit Dritten notwendig wären. Außerdem können Tochtergesellschaften leichter **in die Struktur** der Unternehmung **eingebunden** werden als kooperative Auslandsengagements.

* Damit verbunden ist die Möglichkeit, ein **einheitliches Auftreten** sicherzustellen. Dies ist insbesondere in den Fällen von Bedeutung, in denen eine Unternehmung weltweit ähnlich oder identisch wahrgenommen werden möchte.

* Markteintritts- und Marktbearbeitungsstrategien mit Hilfe von Tochtergesellschaften erlauben starke **Einfluss- und Kontrollmöglichkeiten** auf die Art und Weise der Geschäftätigkeit im Ausland. Sie bieten die beste Voraussetzung für eine problem-lose **Integration** der weltweit verstreuten Aktivitäten.

* Die Unternehmung hat die Möglichkeit, ihre Wettbewerbsvorteile innerhalb der eige-nen Unternehmungsgrenzen zu schützen und diese nicht an ausländische Ge-schäftspartner (z.B. Handelsvertreter, Lizenznehmer, Franchisenehmer, Joint-Ven-ture-Partner, Allianzpartner) weiterzugeben bzw. mit diesen zu teilen. **Wissen** lässt sich über eigene Tochtergesellschaften nicht nur leichter in die Unternehmung **hi-neintragen**, sondern auch leichter in der Unternehmung **halten**.

* Tochtergesellschaften tragen dazu bei, dass die Unternehmung weltweit ihre **Markt-macht** gegenüber Abnehmern, Lieferanten und Wettbewerbern erhöhen kann. Leich-ter als bei Joint Ventures und Strategischen Allianzen kann die Marktmacht von der Unternehmung selbst „ausgespielt" werden.

* Die Ansiedlung von Tochtergesellschaften wird häufig **von Gastländern gefördert**. Auch wenn teilweise mit bestimmten Local-Content-Vorschriften verbunden (d.h. ein bestimmter Anteil der Wertschöpfung ist im Gastland zu erbringen), wird die Ansied-lung von ausländischen Tochtergesellschaften staatlich stark „protegiert". So kommt es zu zahlreichen Subventionen, beispielsweise in Form von Infrastrukturmaßnah-men, Steuerbefreiungen oder Pauschalzahlungen.

2.8.1.3   Nachteile und Probleme der Etablierung von Tochtergesellschaften

Die **Nachteile und Probleme** von Tochtergesellschaften lassen sich mit folgenden Argumenten beschreiben:

- Tochtergesellschaften können nur in den Ländern errichtet werden, in denen die **Investitionsbestimmungen** dies auch zulassen. In manchen Entwicklungs- und Schwellenländern gibt es – zumindest in einigen Branchen – erhebliche Einschränkungen. In etlichen Ländern ist der Aufbau von mehrheitlich beherrschten oder vollbeherrschten Tochtergesellschaften aus rechtlichen Gründen schwierig oder nicht möglich.

- Tochtergesellschaften unterliegen insbesondere in politisch instabilen Ländern zahlreichen **Risiken**. Zu diesen Risiken zählen beispielsweise das Risiko der Verstaatlichung oder das Risiko von Kapitalverkehrskontrollen (➜ zu Risiken im Auslandsgeschäft auch Textbox 6-19 in Abschnitt 2.11 in diesem Kapitel).

- Tochtergesellschaften erfordern umfangreiche **Ressourcen**. Dies betrifft sowohl Kapitalressourcen als auch Managementressourcen.

- Der Aufbau von Tochtergesellschaften ist im Falle von Akquisitionen sehr **kostspielig**, im Falle einer Neugründung sehr **zeitaufwendig**.

- Im Gegensatz zu Joint Ventures und Strategischen Allianzen werden **Risiken und Ressourcen nicht** mit Partnern **geteilt**.

- Tochtergesellschaften stellen Auslandsengagements dar, die **in deutlich geringerem Maße reversibel** sind als andere Alternativen (z.B. Export, Joint Venture, Strategische Allianz). Eine Tochtergesellschaft ist ein Commitment gegenüber dem Auslandsmarkt (z.B. Abfindung bei Entlassungen).

2.8.2   Tochtergesellschaften durch Neugründung

Die Neugründung wird kurz charakterisiert (Abschnitt 2.8.2.1), bevor dann deren Vorteile (Abschnitt 2.8.2.2) und Nachteile (Abschnitt 2.8.2.3) gegenübergestellt werden.

2.8.2.1   Charakterisierung der Neugründung

Neugründungen von rechtlich selbständigen Einheiten im Ausland finden immer wieder statt. Dies zeigt der Bau zahlreicher Produktionsstätten „auf der grünen Wiese" in der Automobilindustrie: *Audi* hat sich im ungarischen Györ niedergelassen, *Opel*, selbst Tochter des US-amerikanischen *General Motors-Konzerns*, hat ein Werk im polnischen Gliwice errichtet, und *BMW* sowie *Daimler* haben in den US-amerikanischen

Bundesstaaten South Carolina bzw. Alabama in Spartanburg bzw. Tuscaloosa Tochtergesellschaften gegründet. Auch in anderen Branchen kommt es immer wieder zu Neugründungen im Ausland. In Textbox 6-14 wird das Beispiel des Markteintritts von *Aldi* in
Australien geschildert.

**Textbox 6-14   Neugegründete Tochtergesellschaften als Markteintritts- und
Markbearbeitungsstrategie**

Das Beispiel des geplanten Markteintritts von Aldi in Australien

Mit Macht drängt die deutsche *Aldi-Gruppe* auf den weitgehend von drei Super-
marktketten, *Woolworths*, *Coles Myer* und *Franklins*, bestimmten australischen
Markt. Im Bundesstaat New South Wales sollen bald 100 *Aldi*-Märkte existieren. Die
australische Tochtergesellschaft wurde in Baulkham Hills gegründet, in Sydney ist
ein 40.000 Quadratmeter großes Lagerhaus entstanden. Wie immer geht die *Alb-
recht-Gruppe* generalstabsmäßig und gleichzeitig verschwiegen vor. *Aldi* sucht
möglichst unbebaute Grundstücke mit etwa 7.000 Quadratmeter Fläche, die an einer
Hauptstraße gelegen sind und ein Einzugsgebiet von mindestens 20.000 Menschen
aufweisen. Australischen Mitarbeitern werden ein Einstiegsgehalt von bis zu 80.000
australischen Dollar jährlich, eine Schulung in Europa sowie ein Firmenwagen geboten.

Wie in Europa möchte *Aldi* in Australien sein Produktsortiment auf ca. 800 Artikel
beschränken. Die Wettbewerber, die etwa 30.000 verschiedene Artikel listen, fürchten den Markteinstieg von *Aldi*. Angeblich sollen die eingesessenen Supermarktket-
ten bereits Grundstücke gekauft haben, damit sie nicht *Aldi* in die Hände fallen. Ziel
von *Aldi* ist es, das in Europa bewährte Konzept auch auf Australien zu übertragen.
Über eine Neugründung gelingt dies einfacher als über eine Akquisition – zumal kein
Wettbewerber zum Verkauf steht.

Quelle:
o.V. (2000): In einem Kommando-Unternehmen will Aldi Australien erobern. In: Frankfurter Allgemeine
Zeitung Nr. 198 vom 26. August 2000, S. 18.

Mit der Gründung ausländischer Tochtergesellschaften haben sich in der Literatur zum
Internationalen Management weit weniger Autoren auseinandergesetzt als mit der Akquisition von Tochtergesellschaften im Ausland (vgl. Holland 1995, vgl. im nationalen
Kontext Kiser 1985). Die Beiträge, die sich mit der Gründung von ausländischen Tochtergesellschaften beschäftigen, rücken meist juristische und dabei gesellschafts-,
steuer-, arbeits- und sozialrechtliche Aspekte in den Vordergrund (vgl. z.B. Paetzold
1989, Lutter 1995, Hrsg.).

2.8.2.2 Vorteile und Motive der Neugründung

Vorteile und Motive der Neugründung von Tochtergesellschaften sind vielfältig. Dabei sollen vor allem die Vorteile gegenüber der Akquisition betont werden:

- Der größte Vorteil einer Neugründung gegenüber einer Akquisition liegt darin, dass das Risiko eines Fehlschlags geringer ist. **Organisches bzw. internes Wachstum** wird in der Regel als **problemloser** angesehen als anorganisches bzw. externes Wachstum. Die Gründe dafür sind vielfältig, wie dies auch die nachfolgenden Argumente zeigen.

- Neugründungen sind aus **kultureller Sicht** einfacher zu gestalten: Eine Neugründung erlaubt einer Unternehmung, im Gastland die Kultur aufzubauen, die gewünscht ist. So können beispielsweise in ethnozentrischen Unternehmungen die Kultur des Heimatlandes und der Zentrale auf die Tochtergesellschaft im Gastland übertragen werden, in polyzentrischen Unternehmungen dagegen die Kultur des Gastlandes angenommen und eine lokale Tochtergesellschaftskultur aufgebaut werden (→ Abschnitt 3.2.1 in Kapitel 2 sowie Kapitel 5).

- Auch aus **strategischer Sicht** weisen Neugründungen gegenüber Akquisitionen oftmals Vorteile auf: Die Unternehmung kann im Ausland die Strategien verfolgen, die mit der Gesamtunternehmungsstrategie kompatibel sind. Sie hat nicht – wie bei Akquisitionen – eine Pfadabhängigkeit zu beachten. Mit der Pfadabhängigkeit angesprochen ist die Tatsache, dass die bisher verfolgten Strategien des Akquisitionsobjekts nicht „von heute auf morgen weggewischt" werden können.

- Die **strukturelle Sicht** gilt es ebenso zu beachten: Neugründungen ermöglichen es, die Tochtergesellschaft problemlos in die gesamte Organisationsstruktur einzubinden. Bei Akquisitionen kommt es, was die Erfahrung zeigt, häufiger zu strukturellen Problemen als bei Neugründungen.

- Bei einer Neugründung lassen sich **Technologien** einsetzen, die **„auf dem neuesten Stand"** sind. Dies ist vor allem im Falle von Produktionsstätten bei Industrieunternehmungen von Relevanz. Bei der Alternative der Akquisition muss meist in Kauf genommen werden, dass die Technologien des Kaufobjekts nicht „up-to-date" – und eventuell auch nicht kompatibel mit der eigenen Technologie – sind.

- Neugründungen werden auch dann getätigt, wenn es **keine geeigneten Akquisitionskandidaten** gibt, gleichzeitig jedoch ein Alleingang ohne Partner gewünscht ist und somit Alternativen (wie Joint Ventures oder Strategische Allianzen) ausscheiden.

- Zudem können rechtliche, vor allem **wettbewerbsrechtliche, Argumente** für eine Gründung und gegen eine Akquisition sprechen. Schließlich kommt es immer wieder vor, dass geplante spektakuläre Übernahmen von Kartellbehörden untersagt werden, während der langsame, schrittweise Neuaufbau einer eigenen Tochtergesellschaft keine wettbewerbsrechtlichen Probleme bereitet.

2.8.2.3   Nachteile und Probleme der Neugründung

Als **Nachteile und Probleme** bei der Neugründung sind zu nennen:

- Die Neugründung von Tochtergesellschaften ist sehr **zeitintensiv**. Gründungsphase und Anlaufphase ziehen sich häufig lange hin, so dass die geplante Ausbaustufe erst nach vielen Jahren erreicht wird. Besonders gewichtig ist dieses Argument im Handels- und Dienstleistungsbereich. Versuchen beispielsweise Einzelhandelsketten oder Banken, alle Einheiten selbst neu aufzubauen, so erstreckt sich dies in der Regel über einen langen Zeitraum.

- **Economies of Scale** sind bei Neugründungen häufig **erst nach einiger Zeit** zu erzielen. Erst wenn die geplante Ausbaustufe erreicht ist, kann das volle Potential an Größenvorteilen erzielt werden. Im Vergleich zur Akquisition kommt es damit eventuell zu Kostennachteilen. Lassen sich höhere Kosten nicht am Markt durchsetzen, so muss mit Ertragsschmälerungen gerechnet werden.

- Durch eine Neugründung kann sich eine Unternehmung möglicherweise **nicht** die notwendigen lokalen, **landes- und kulturspezifischen Ressourcen** aneignen. Es gelingt ihr eventuell nur bedingt, lokales Wissen „anzuzapfen", sich in die Netzwerke des Gastlandes einzuklinken oder High-Potentials als Mitarbeiter zu rekrutieren.

- Die Neugründung kann – stärker als die Akquisition – die **Rivalität im Markt des Gastlands** erhöhen. Dies liegt daran, dass ein neuer Wettbewerber entsteht und nicht – wie im Falle der Akquisition – ein existierender Wettbewerber einen neuen Eigentümer erhält.

2.8.3   Tochtergesellschaften als Akquisition

Einige kurze Ausführungen über den Charakter der Akquisition (Abschnitt 2.8.3.1) sollen der anschließenden Vorteils-/Nachteilsbetrachtung (Abschnitte 2.8.3.2 und 2.8.3.3) vorausgehen.

2.8.3.1   Charakterisierung der Akquisition

Eine internationale Akquisition liegt dann vor, wenn eine inländische Unternehmung (Akquisitionssubjekt, Erwerber) eine andere Unternehmung (Akquisitionsobjekt) im Ausland **vollständig oder zumindest mehrheitlich**, d.h. mit mehr als 50% der Anteile (Stimmrechts- und/oder Kapitalanteilsbetrachtung) **übernimmt**. Kommt es nur zu einem Erwerb von weniger als 50% der Anteile an einer ausländischen Unternehmung (Stimmrechts- und/oder Kapitalanteilsbetrachtung), so spricht man noch nicht von einer Akquisition, sondern vom Erwerb einer Minderheitsbeteiligung (→ Abschnitt 2.7 in diesem Kapitel).

Zahl und Volumen von Akquisitionen stiegen in den letzten 20 Jahren stark an (vgl. Müller-Stewens/Spickers/Deiss 1999, v.a. S. 2-17). Einen Überblick über große Unternehmungsübernahmen im Zeitraum von 1997 bis 2000 gibt Abbildung 6-16.

Rang	Käufer (Land)	Kaufobjekt (Land)	Branche	Jahr	Kaufpreis in Mrd. €
1	Vodafone Group (GB)	Mannesmann (D)	Telekom	2000	189,7
2	AOL (USA)	Time Warner (USA)	Internet/Medien	2000	153,8
3	Pfizer (USA)	Warner-Lambert (USA)	Pharma	2000	102,5
4	Exxon (USA)	Mobil (USA)	Öl	1998	90,0
5	Glaxo Wellcome (GB)	SmithKline (GB)	Pharma	2000	84,3
6	Travelers/Citigroup (USA)	Citicorp (USA)	Banken	1998	82,0
7	NationsBank (USA)	Bank America (USA)	Banken	1998	71,8
8	SBC Com. (USA)	Ameritech (USA)	Telekom	1998	70,6
9	Vodafone Group (GB)	Air Touch Com. (USA)	Telekom	1999	70,6
10	AT&T (USA)	MediaOne (USA)	Telekom/Kabel	1999	66,1
11	AT&T (USA)	Tele-Com. (USA)	Telekom	1998	62,6
12	Total Fina (F)	Elf Aquitaine (F)	Mineralöl	1999	60,4
13	Bell Atlantic (USA)	GTE (USA)	Telekom	1998	60,4
14	Deutsche Telekom (D)	Voicestream (USA)	Telekom	2000	57,8
15	Qwest (USA)	US West (USA)	Telekom	1999	55,8
16	BP (GB)	Amoco (USA)	Öl	1998	55,8
17	PCCW (HK)	Cable & Wireless (HK)	Telekom	2000	43,4
18	Viacom (USA)	CBS (USA)	Medien	1999	42,1
19	Global-Crossing (BD)	US West (USA)	Telekom	1999	42,1
20	MCI Worldcom (USA)	MCI Com. (USA)	Telekom	1997	42,1
21	Sandoz/Novartis (CH)	Ciba-Geigy (CH)	Pharma	1996	41,0
22	France Télécom (F)	Orange (GB)	Telekom	2000	40,3
23	Zürich Vers. (CH)	BAT (GB)	Finanz/Tabak	1997	35,7

Stand April 2001. Angaben in €; Devisenkurse: Dollar: 1,14 € – Englisches Pfund: 1,53 €.
HK = Hongkong, BD = Bermudas, Com. = Communication.

Abb. 6-16: Ein Überblick über Mega-Akquisitionen der letzten Jahre
Quelle: Frankfurter Allgemeine Zeitung Nr. 101 vom 02. Mai 2001, S. 52.

In Abbildung 6-16 wird deutlich, dass neben nationalen Akquisitionen zahlreiche internationale Akquisitionen zu beobachten waren und davon vor allem die Telekommunikationsbranche betroffen war. Akquisitionen als Markteintritts- und Marktbearbeitungsstrategie haben sowohl die Betriebswirtschaftslehre im Allgemeinen als auch das Internationale Management im Speziellen stark beschäftigt. Dabei ist durch zahlreiche Forschungsprojekte, umfassende Studien und praxisorientierte Beratungsbeiträge ein umfangreicher Wissensfundus zu Akquisitionen entstanden (vgl. exemplarisch Lindgren
1982, Jemison/Sitkin 1986a,b, Kutschker 1989, Bühner 1991a, Kirchner 1991, Busse
von Colbe/Coenenberg 1992, Hrsg., Stein 1992, Gerpott 1993, Müller-Stewens/Spickers
1994, Perin 1996, Müller-Stewens/Willeitner/Schäfer 1997, Sebenius 1998, Müller-
Stewens/Spickers/Deiss 1999, Cartwright/Cooper 2000, Töpfer 2000, Very/Schweiger
2001, Lucks 2002, Brock 2005, Lucks 2005, Hrsg.).

Es sollen nun (1) verschiedene Arten von Akquisitionen und (2) die bei Akquisitionen bedeutsamen Phasen erläutert werden.

(1) Arten von Akquisitionen

Akquisitionen können, wie Abbildung 6-17 zeigt, hinsichtlich zahlreicher Kriterien differenziert werden. Wir werden diese Kriterien nachfolgend kurz erläutern.

Differenzierungskriterien	Ausprägungsformen
Akquisitionsrichtung	• Horizontale Akquisition • Vertikale Akquisition • Konzentrische Akquisition • Konglomerate Akquisition
Akquisitionsbeurteilung durch die über- nommene Unternehmung	• Freundliche Akquisition • Unfreundliche Akquisition
Akquisitionsendziel der übernehmenden Unternehmung	• Builder-Akquisition • Raider-Akquisition
Entrichtung des Kaufpreises bei Akquisitionen	• Barzahlung • Aktientausch

Abb. 6-17: Varianten von Akquisitionen

Ähnlich wie bei der Markteintritts- und Marktbearbeitungsstrategie des Joint Ventures
sollen die einzelnen Ausprägungsformen kurz erläutert werden:

• **Akquisitionsrichtung:** Hinsichtlich der Akquisitionsrichtung kann man vereinfachend zwischen horizontalen, vertikalen, konzentrischen und konglomeraten Akqui-

sitionen differenzieren (vgl. zu weiteren Verfeinerungen Kirchner 1991, S. 43-45). Eine Unternehmung kann eine **horizontale Akquisition** tätigen. Dabei erwirbt sie eine Unternehmung, die ihr selbst ähnlich ist, d.h. die in der gleichen Branche tätig ist und (mehr oder weniger) die gleichen Wertschöpfungsaktivitäten ausführt. Bei einer **vertikalen Akquisition** erwirbt die Unternehmung eine Unternehmung, die aus einer anderen Branche stammt und dabei vor- oder nachgelagerte Wertschöpfungsaktivitäten durchführt. Somit kommt es zu einer Rückwärts- oder Vorwärtsintegration. Bei **konzentrischen Akquisitionen** liegt die Übernahme einer ähnlichen Unternehmung vor (z.B. eine deutsche Universalbank kauft eine französische Versicherungsgesellschaft). Die Unternehmung arrondiert ihre bisherigen Aktivitäten durch verwandte Aktivitäten im Ausland. Stammt die akquirierte Unternehmung aus einer völlig anderen Branche, so liegt eine **konglomerate Akquisition** vor. Dadurch diversifiziert die übernehmende Unternehmung ihre Aktivitäten.

- **Akquisitionsbeurteilung durch die übernommene Unternehmung:** Akquisitionen werden von der übernommenen Unternehmung unterschiedlich beurteilt. In den meisten Fällen handelt es sich um **freundliche Akquisitionen („friendly takeover")**. Dabei hat das Management der übernommenen Unternehmung ausdrückliches Interesse am Kauf durch eine andere Unternehmung. Bei **unfreundlichen Akquisitionen („unfriendly takeover", „hostile takeover")** kommt es ohne Zustimmung des Managements der übernommenen Unternehmung zu einer Akquisition (vgl. dazu Heintzeler 1989). Ein prominentes Beispiel dafür stellt die im Jahr 2000 erfolgte Übernahme von *Mannesmann* durch die britische Unternehmung *Vodafone* dar, bei welcher der Vorstandsvorsitzende Klaus Esser erst durch großzügige Abfindungen seinen Widerstand gegen die Akquisition aufgab. Ein weiteres Beispiel kann in der Übernahme der britischen *Century Oils* durch die deutsche *Fuchs-Gruppe* (*Fuchs-Petrolub*) Anfang der neunziger Jahre gesehen werden (vgl. Gropper 1994).

- **Akquisitionsendziel der übernehmenden Unternehmung:** Als Endziel einer Akquisition gilt in der Regel die Einbindung des Kaufobjekts in den bisher existierenden eigenen Unternehmungsverbund. Man möchte durch die Akquisition eine Vielzahl von Zielen (z.B. Größenvorteile, Synergieeffekte) erreichen. Dabei spricht man auch von „**Builder-Akquisitionen**", da etwas „aufgebaut" bzw. „neu geschaffen" werden soll. Diesen „Builder-Akquisitionen" stehen die – primär im anglo-amerikanischen Raum existierenden – „Raider-Akquisitionen" gegenüber. Bei „**Raider-Akquisitionen**" wird eine Unternehmung gekauft, anschließend in ihre Teile zerlegt und schließlich teilweise oder vollkommen weiterveräußert.

- **Entrichtung des Kaufpreises bei Akquisitionen:** Die Bezahlung des Kaufpreises kann entweder **in bar** oder **durch Aktien** erfolgen (vgl. Langner 1999). Bei einer Bezahlung in bar kauft die akquirierende Unternehmung eine Zielunternehmung im Ausland und zahlt dafür an die Eigentümer einen bestimmten Geldbetrag. Dies war der Fall bei der Übernahme von *Crédit Lyonnais Belgien* und von *Bankers Trust* durch die *Deutsche Bank*, ebenso bei der Akquisition von *Mobil* durch *Exxon* und von *Petrofina* durch *Total*. Bei einer Bezahlung durch Aktientausch erhalten die Alt-

aktionäre der akquirierten Unternehmung entweder Aktien der akquirierenden Unternehmung oder Aktien der neuen Gemeinschaftsunternehmung. Diese Form der Bezahlung wird vor allem in den Fällen gewählt, in denen zwar primär von einer Fusion
die Rede ist, jedoch teilweise auch Merkmale einer Akquisition vorliegen, so zum
Beispiel bei der Fusion zwischen *Daimler-Benz* und *Chrysler* (→ zum Zusammenhang zwischen Akquisition und Fusion auch die Ausführungen in Abschnitt 2.9.1 dieses Kapitels). Ein weiteres Beispiel stellt die Akquisition der deutschen *Haindl*-
Papierfabriken durch die finnische *UPM-Kymmene*-Gruppe dar, bei welcher der
Kaufpreis teilweise durch Gewährung von Aktien an die ehemaligen *Haindl*-Eigen-
tümer bezahlt wurde.

(2) Die Phasen bei Akquisitionen

Zahlreiche Autoren entwickeln Phasenmodelle von Akquisitionen (vgl. z.B. Scheiter
1989, Haspeslagh/Jemison 1991, Stahl 2001). Dabei kann vereinfachend zwischen (a)
Akquisitionsphase und (b) **Integrationsphase** differenziert werden. Beide Phasen, die
– wie wir unter der Überschrift (c) Akquisitions- und Integrationsphase aufzeigen – zusammenhängen, lassen sich dann nochmals weiter aufgliedern. Folgt man einem Verständnis von Strategie als Planung (und lässt emergente Strategien außen vor), so ergibt sich für den Fall der Akquisition und Integration idealtypisch folgender Ablauf:

(a) In der **Akquisitionsphase** kommt es

- zunächst zur **Formulierung einer Akquisitionsstrategie,**
- dann zur **Suche nach Übernahmekandidaten,**
- weiterhin zur **Prüfung und Bewertung der Übernahmekandidaten,**
- schließlich zu **Verhandlungen** und
- letztlich zum **Vertragsabschluss.**

Besonders wichtig ist die Prüfung und Bewertung der Übernahmekandidaten, auch **Due
Diligence** genannt (vgl. Berens/Brauner 1998, Hrsg.). Im Rahmen der Due Diligence
werden die möglichen Akquisitionskandidaten in finanzieller, strategischer, struktureller,
systemischer, personeller und kultureller Hinsicht „untersucht" und auf ihre Stimmigkeit
mit der eigenen Unternehmung geprüft. Standen vor vielen Jahren vor allem die „harten"
Faktoren im Mittelpunkt der Due-Diligence-Prüfung, hat man seit einiger Zeit erkannt,
dass auch die „weichen" Faktoren von Bedeutung sind (→ zu dieser Unterscheidung das
in Abschnitt 1.3 in Kapitel 5 genannte 7-S-Konzept, vgl. zur Beachtung „weicher" Faktoren z.B. Nahavandi/Malekzadeh 1988, Buono/Bowditch 1989, Franck 1989, Reineke
1989, Malekzadeh/Nahavandi 1990, Olie 1990, Angwin 2001).

(b) Für die **Integrationsphase** lässt sich kein idealtypischer Ablauf vorschlagen. Dies
liegt vor allem daran, dass die Integration fallspezifisch erfolgen muss (z.B. abhängig

Textbox 6-15: Akkulturation bei grenzüberschreitenden Akquisitionen

Ein Überblick über vier Alternativen

Idealtypisch können gemäß Reineke, der auf Berrys Arbeiten zur Immigrationsforschung zurückgreift, vier Varianten differenziert werden: die Assimilation, die Integration, die Dekulturation und die Segregation (vgl. Berry 1983, S. 68, Reineke 1989, S. 92).

- Bei der **Assimilation** kommt es zu einem guten Verhältnis zwischen der akquirierten Tochtergesellschaft im Ausland und der Muttergesellschaft. Gleichzeitig passt sich die akquirierte Tochtergesellschaft in kultureller Hinsicht mit der Zeit an die Muttergesellschaft an.

- Bei der **Integration** herrscht ebenfalls ein gutes Verhältnis zwischen der akquirierten Tochtergesellschaft und der Muttergesellschaft. Es liegt jedoch keine kulturelle Anpassung vor; vielmehr bewahrt die Tochtergesellschaft ihre eigene Kultur.

- Bei der **Dekulturation** ist das Verhältnis zwischen akquirierter Tochtergesellschaft und Muttergesellschaft schlecht; die Tochtergesellschaft konnte darüber hinaus ihre ursprüngliche Kultur nicht bewahren.

- Bei der **Segregation** erhält die akquirierte Unternehmung zwar ihre eigene kulturelle Prägung aufrecht; sie führt jedoch vor allem deswegen ein Eigenleben, weil das Verhältnis zwischen Mutter- und Tochtergesellschaft schlecht ist.

	niedrig	hoch
gut	Assimilation	Integration
schlecht	Dekulturation	Segregation

Verhältnis zwischen akquirierter Tochtergesellschaft und Muttergesellschaft

Ausmaß der Kulturbewahrung der akquirierten Tochtergesellschaft

Neben dem kulturell geprägten Vorschlag von Reineke gibt es in der Literatur noch weitere Vorschläge, um verschiedene Alternativen der Integration bzw. des Integrationsgrads darzustellen – etwa im Hinblick auf die Autonomie des Akquisitionsobjekts und dessen Interdependenz bzw. dessen Synergien mit der Muttergesellschaft (vgl. Haspeslagh/Jemison 1991, v.a. S. 145-166, Sommer 1996, S. 82-90).

von der finanziellen Situation des Akquisitionsobjekts). Wichtig ist es jedoch, Entscheidungen hinsichtlich

- des **Integrationsgrads** (z.B. hoch, mittel, niedrig),
- des **Integrationstempos** (z.B. schnell, langsam),
- der **Integrationsverantwortlichen** (z.B. Verantwortungsverteilung auf Top-Management-Ebene und auf Projektteams, sogenannte Post-Merger-Integration-Teams) und
- der **Integrationsmechanismen** (z.B. Maßnahmen im Bereich Finanzen, Strategie, Struktur, Systeme, Humanressourcenmanagement)

zu treffen. Dass der Integration große Bedeutung zukommt, wird in der Literatur inzwischen besonders herausgestellt (vgl. z.B. Zollo/Singh 2004). Dabei finden sich auch zahlreiche Vorschläge, wie Unternehmungen die Integration vorantreiben können (vgl. Scheiter 1989, Santala 1996, Sommer 1996). In Textbox 6-15 gehen wir exemplarisch auf die kulturelle Integration, die sogenannte Akkulturation des Akquisitionsobjekts, ein.

(c) Akquisitions- und Integrationsphase

Wichtig ist es, die Interdependenz der Akquisitions- und Integrationsphase zu beachten. Je nach Akquisitions- und Integrationsziel kommt es in der Integrationsphase zu unterschiedlichen Maßnahmen. Morosini unterscheidet idealtypisch zwischen der **Integration** im eigentlichen Sinne, der **Restrukturierung** und der **Unabhängigkeit** (vgl. Morosini/ Singh 1994, S. 392 und Morosini 1998). Im ersten Fall wird die übernommene Unternehmung in den bisherigen Unternehmungsverbund integriert, im zweiten Fall steht (zumindest zunächst) ein grundlegender Umbau des Akquisitionsobjekts im Mittelpunkt, und im dritten Fall soll die akquirierte Unternehmung eine möglichst große Autonomie behalten. Morosinis Alternativen werden in Abbildung 6-18 gegenübergestellt.

Welche der Varianten Integration, Restrukturierung und Autonomie am sinnvollsten sind, hängt auch von den Motiven ab, die einer spezifischen Akquisition zugrunde liegen. Diesen Motiven wollen wir uns daher genauer zuwenden.

2.8.3.2   Vorteile und Motive der Akquisition

Die **Vorteile und Motive** von Akquisitionen sind zahlreich (vgl. Stein 1992 oder die Zusammenstellung von Gerpott 1993, S. 63):

- Akquisitionen haben gegenüber Neugründungen den Vorteil, dass ein **schneller Markteintritt** und eine **schnelle Marktdurchdringung** ermöglicht wird. Was im Falle einer Neugründung oft Jahre oder Jahrzehnte dauern kann, lässt sich durch eine Akquisition in kurzer Zeit erreichen – ob dies ein bestimmter Marktanteil, ein bestimmtes Umsatzvolumen oder eine bestimmte Anzahl an Kunden ist.

	Integration	Restructuring	Independence
Managerial approach	Bottom up	Top down	Limited change
Main focus of intervention	Across both acquirer and target	Focus mostly on the target firm	Limited or no intervention
Main decision-makers	Empowered teams or managers	CEO or transition leader	Pre-existing management
Benefits best captured	Skill transfer and revenue enhancement	Cost savings	Continuity
Number of people involved	Many	Many	Few (typically only top management)
Time frame to achieve targets	Medium/long term	Short term	Continuity
Working style	• Many teams and processes • Horizontal • Decentralized decision-making	• Common process across teams • Hierarchical • Centralized decision making	Limited change
Degree of structural change achieved by acquirer	High	High/medium	Low
Advantages/ disadvantages	Participatory, creative and high morale, but not always enough focus on savings	Can achieve big savings fast, but risking low morale and exaggerated focus on process	Minimal disruption after acquisition, but little opportunity to build „new" company

Abb. 6-18: Drei idealtypische Varianten des Post-Akquisitions-Managements in Abhängigkeit von Akquisitions- und Integrationszielen
Quelle: Morosini (1998), S. 72.

- Akquisitionen können – je nach Zielsetzung – dazu dienen, komplementäre Ressourcen zu erwerben, um damit **Economies of Scope** zu erzielen, oder auch ähnliche Ressourcen zu erwerben, wodurch die Realisierung von **Economies of Scale** möglich wird. Die Verbund- und Größenvorteile könnten prinzipiell auch durch Neugründungen erzielt werden; doch in Zeiten, in denen von **Economies of Speed** gesprochen wird (vgl. Simon 1989a, S. 72), lässt der Wettbewerb einen langsamen Aufbau zuweilen nicht zu.

- Unter der Voraussetzung, dass der Kaufpreis für die Akquisition angemessen ist, kann es auch zu einer **vergleichsweise schnellen Rückzahlung der geflossenen Investitionen** kommen. Dies liegt daran, dass vom ersten Tag an Cash Flows in erheblichem Umfang generiert werden, was bei Neugründungen nicht in gleichem Umfang der Fall ist.

- Akquisitionen erlauben es, auf existierende Strategien, Strukturen und Prozesse zurückzugreifen. Zumindest bei der Akquisition „gesunder" und damit „intakter" Unternehmungen mag dies von Vorteil sein. So kann – um ein Beispiel zu nennen – auf **bestehenden Geschäftsbeziehungen aufgebaut werden** (u.a. Kontakte zu Kunden, zu Lieferanten, zu Banken oder zu staatlichen Behörden).

- Besonders wichtig – und daher explizit herausgegriffen – ist der Vorteil der existierenden **Humankapitalbasis**. Bei der Markteintrittsstrategie der Akquisition kann man auf erfahrene Mitarbeiter auf allen Ebenen „bauen", die meist auch mit den landesspezifischen Gegebenheiten vertraut sind. Dies spielt vor allem für die Unternehmungen eine Rolle, die eher polyzentrisch ausgerichtet sind bzw. eine multinationale Strategie verfolgen (→ Abschnitt 3.2 in Kapitel 2).

- Akquisitionen werden häufig auch genutzt, um **Fähigkeiten und Fertigkeiten zu erwerben**, die man selbst nicht besitzt und auch nur schwierig aufbauen könnte. Insbesondere die Ressourcen, die nicht imitierbar sind, lassen sich durch Akquisition der eigenen Unternehmung „einverleiben" (→ unsere Ausführungen zum Ressourcenbasierten Ansatz in Abschnitt 1.2.2 in diesem Kapitel). Dabei muss es sich nicht zwingend um Akquisitionen handeln, die aus Diversifikationsmotiven heraus getätigt werden. Auch innerhalb des eigenen Tätigkeitsfelds fehlen manchen Unternehmungen zuweilen spezifische Fähigkeiten und Fertigkeiten – gerade wenn es sich um landesspezifische oder landeskulturell geprägte Fähigkeiten und Fertigkeiten handelt.

- Akquisitionen stellen oftmals die **einzige Möglichkeit** dar, in einen Markt einzutreten. Dies gilt vor allem für die Märkte, in denen die Rivalität sehr hoch ist. Würde man in einen stark umkämpften Markt durch eine Neugründung eintreten, könnte es zu erbitterten Gegenmaßnahmen der etablierten Wettbewerber, beispielsweise in Form von „Preisschlachten", „Qualitätsoffensiven" oder sogar „Rufmordkampagnen", kommen. Die Entscheidung für eine Akquisition kann damit in manchen Fällen keine echte „Auswahlentscheidung" sein.

- Wird eine einheimische Unternehmung übernommen, so wird die in den Markt (neu) eintretende ausländische Unternehmung eher als lokale Unternehmung wahrgenommen. Die akquirierende Unternehmung kann auf diese Weise das **Image der bisher nationalen Unternehmung** nutzen. In Deutschland profitiert *Opel* bis heute davon, dass die Unternehmung eher als deutsch denn als US-amerikanisch wahrgenommen wird, obwohl *Opel* bereits seit vielen Jahrzehnten zum *General Motors*-Konzern gehört.

- Akquisitionen werden häufig auch getätigt, um die eigene **Unabhängigkeit** zu sichern. In den Branchen, in denen weltweit nur wenige Wettbewerber existieren (oder in denen davon ausgegangen wird, dass nur wenige Wettbewerber alleine überleben), werden Akquisitionen zuweilen als „kriegsentscheidend" angesehen, um nicht selbst als Akquisitionsobjekt „geschluckt" zu werden. Dies gilt etwa für die Automobilbranche, wo sich – unter anderem aufgrund von grenzüberschreitenden Zukäufen – mit *Toyota, General Motors, Ford, Renault/Nissan* und *Volkswagen* fünf große Automobilhersteller formiert haben.

- Persönliche Motive von Top-Managern spielen gerade bei Akquisitionen eine wichtige Rolle. So steigen durch (große) Übernahmen – zumindest in der Wahrnehmung vieler Bezugsgruppen – **Macht, Ansehen** und **Prestige des Top-Managements.** Der Gang in das Ausland wird in Zeiten, in denen Internationalisierung a priori positiv beurteilt wird, dabei als besonders wünschenswert angesehen.

2.8.3.3 Nachteile und Probleme der Akquisition

Worin die **Nachteile und Probleme** von Akquisitionen – vor allem gegenüber der Neugründung – liegen, soll nachfolgend kurz aufgezeigt werden:

- Ein Problem besteht zunächst einmal darin, dass Akquisitionen **mangels geeigneter Gelegenheiten** als Markteintritts- und Marktbearbeitungsstrategie ausscheiden können. Wenn keine oder keine „passende" Unternehmung zum Verkauf ansteht, so kann es auch nicht zu einer Akquisition kommen.

- Akquisitionen weisen, wie bereits erwähnt, einen **hohen Ressourcenbedarf** auf. Zuweilen muss bei internationalen Akquisitionen ein Preis bezahlt werden, der deutlich über dem Wert einer Unternehmung liegen kann (vgl. zu Wert und Bewertung von Akquisitionen z.B. Coenenberg/Sautter 1988, Sieben/Diedrich 1990, Busse von Colbe/Coenenberg 1992, Hrsg., Beck 1995, Scholz 1999).

- Akquisitionen werden in manchen Ländern immer noch von Regierung und Öffentlichkeit negativ beurteilt. Es stellen sich **Überfremdungsängste** und **Aversionen** gegen ausländische Investoren ein. So kann politischer und gesellschaftlicher Druck zuweilen dazu führen, dass ein ausländischer Investor Abstand von einer Akquisition nimmt.

- Bei den Mitarbeitern der übernommenen Unternehmung können gerade gegenüber ausländischen Investoren **Unsicherheitsgefühle** aufkommen, da man das Verhalten ausländischer Manager schwieriger abzuschätzen glaubt. Im Fall der Akquisition der italienischen *Zanussi* durch die schwedische *Electrolux*, die in den achtziger Jahren stattfand, zeigten viele Italiener Misstrauen gegenüber den „Wikingern aus dem Norden", die zum „Eroberungsfeldzug" ansetzten.

- Aufgrund geringer **Zufriedenheit der Mitarbeiter** mit einer Akquisition durch eine ausländische Unternehmung kann deren **Commitment** im Verlauf des Akquisitions- und Integrationsprozesses nachlassen (vgl. Covin/Sightler/Kolenko/Tudor 1996, vgl. exemplarisch für den Forschungs- und Entwicklungsbereich Ernst/Vitt 2000). Relevant ist dabei unter anderem, in welchem Maße die einzelnen Mitarbeiter ihre eigenen Positionen gefährdet sehen.

- Akquisitionen bringen häufig große **Probleme in der Integrationsphase** mit sich. Dies kann sich beispielsweise auf die finanzielle, die strategische, die strukturelle und die kulturelle Integration beziehen. Besonders problematisch ist im internationalen Kontext die kulturelle Integration, da innerhalb der unternehmungskulturellen Orientierungen auch landeskulturelle Prägungen berücksichtigt werden müssen (vgl. Reineke 1989, → nochmals unsere Ausführungen in Textbox 6-15).

- Akquisitionen **scheitern** häufig, wie uns das Beispiel von *BMW* und *Rover* in Textbox 6-16 zeigt. In der Literatur ist davon die Rede, dass mehr als 50% aller Akquisitionen nicht erfolgreich sind. Dabei sollte man jedoch bedenken, dass es keine einheitliche Aussage gibt, was nun den Erfolg von Akquisitionen ausmacht (→ Abschnitt 2.3.2 in Kapitel 2). Allein den Kapitalmarkt und dessen Reaktionen als Maßstab für den Akquisitionserfolg heranzuziehen, würde nicht nur zu kurz greifen, sondern ist auch methodisch schwierig (vgl. Markides/Oyon 1998). Fehler, die zum Scheitern führen, können zahlreich sein: unklare generelle strategische Ausrichtung, vage Vorstellungen beim Ausarbeiten der Akquisitionsstrategie, unzureichende Due-Diligence-Prüfungen, übertriebene Synergieerwartungen, zu hohe Kaufpreise oder falsches Integrationstempo sind nur einige von vielen Beispielen (vgl. Müller-Stewens/Willeitner/Schäfer 1997, S. 101).

Textbox 6-16: Das Scheitern grenzüberschreitender Akquisitionen

Das Beispiel von BMW und Rover

Die britische Automobilunternehmung *Rover* war bis Anfang 1994 zu 80% in Händen der *British Aerospace*; mit 20% war der japanische *Honda-Konzern* an *Rover* beteiligt. Zu Beginn des Jahres 1994 erwarb *BMW* für 800 Mio. britische Pfund den Anteil von *British Aerospace* – völlig zur Überraschung von *Honda*. Die Hauptmotive der von *BMW* getätigten Akquisition lagen im Wunsch, die Produktpalette zu erweitern (Geländefahrzeuge, Kleinstfahrzeuge, Frontantrieb), Kostendegressionen durch gemeinsamen Einkauf und durch gemeinsame Fertigung von Komponenten zu erzielen und einen günstigen europäischen Produktionsstandort zu erwerben. Mit *Rover* wollte *BMW* die Schallmauer von ca. einer Million Fahrzeuge pro Jahr durchbrechen.

Nach einer anfänglichen Phase der Euphorie, in der *BMW Rover* weitgehend „an der langen Leine hielt" und der britischen Tochtergesellschaft vergleichsweise große Autonomie gewährte, kam es sehr schnell zu Problemen. Man erkannte, dass *Rover* einen viel größeren Produktivitätsrückstand gegenüber *BMW* hatte, als dies ursprünglich angenommen wurde. Auch im Vertrieb hatte das Händlernetz von *Rover* deutliche Schwachstellen – selbst in Großbritannien, dem Heimatmarkt, genügten 200 der 700 Händler den Ansprüchen von *BMW* nicht. Trotz erheblicher Anstrengungen bekam *BMW* die Qualitätsprobleme bei der *Rover*-Produktion in Großbritannien nicht in den Griff, der Absatz in Großbritannien erreichte nicht die prognostizierten Werte, und die Exporte in andere Länder wurden aufgrund des hohen Pfund-Kurses immer schwieriger. Kurzum: *Rover* produzierte Jahr für Jahr Verluste.

Je nach Berechnung hat *BMW* kumuliert ca. 10-16 Mrd. DM (~ 5,1-8,2 Mrd. €) durch den *Rover*-Deal verloren (u.a. Kaufpreis von *Rover*, Investitionen bei *Rover*, Verluste bei *Rover*), was nur durch das sehr gute operative Ergebnis der Marke *BMW* selbst aufgefangen werden konnte. Nachdem *BMW* zunächst immer wieder öffentlich beteuert hatte, an *Rover* festzuhalten, kam es im März 2000 zum Verkauf. *BMW* sicherte sich selbst die Rechte am *Mini*, erlöste von *Ford* 5,9 Mrd. DM (~ 3,0 Mrd. €) durch den Verkauf von *Land Rover* und trat die restlichen Unternehmungsteile für einen symbolischen Kaufpreis von 10 Pfund an ein britisches Konsortium ab. Mit der Trennung gestand *BMW* das Scheitern seiner Akquisition ein.

Quellen:
- Linden, Frank (1999): Duo unter Druck. In: Manager Magazin, Januar 1999, S. 52-66.
- Zitzelsberger, Gerd (1999): Die Hiobs-Botschaften von Rover reißen nicht ab. In: Süddeutsche Zeitung Nr. 7 vom 11. Januar 1999, S. 17.
- Hawranek, Dietmar (2000): Tag der Kapitulation. In: Der Spiegel Nr. 12/2000, S. 108-110.
- Boldt, Klaus/Scholtys, Frank (2000): Opfer oder Täter? In: Manager Magazin, Mai 2000, S. 54-66.
- o.V. (1994): BMW übernimmt die Rover-Gruppe. In: Handelsblatt Nr. 22 vom 01. Februar 1994.
- o.V. (1999): Rover: Zu lange an der langen Leine von BMW gehalten. In: Frankfurter Allgemeine Zeitung Nr. 31 vom 06. Februar 1999, S. 21.
- o.V. (1999): BMW investiert trotz hoher Verluste unverdrossen in Rover. In: Frankfurter Allgemeine Zeitung Nr. 143 vom 24. Juni 1999, S. 21.
- o.V. (2000): Das Sorgenkind Rover belastet BMW immer stärker. In: Frankfurter Allgemeine Zeitung Nr. 14 vom 18. Januar 2000, S. 20.
- o.V. (2000): BMW einigt sich mit Phoenix auf Verkauf von Rover. In: Frankurter Allgemeine Zeitung Nr. 108 vom 10. Mai 2000, S. 17-18.

Das Beispiel von *BMW* zeigt auch, dass so manche grenzüberschreitende Akquisition nur teilweise mit Internationalisierungsmotiven zu begründen ist. Ein Teil der ursprünglichen Kaufmotive hätte sich auch durch den Kauf eines deutschen Herstellers erzielen lassen; doch in Deutschland gab es nun einmal kein geeignetes Kaufobjekt.

2.9 Fusion

Auch bei der Fusion erfolgt zunächst eine Charakterisierung (Abschnitt 2.9.1) und anschließend eine kurze Darstellung der Vorteile (Abschnitt 2.9.2) sowie Nachteile (Abschnitt 2.9.3) dieser Markteintritts- und Marktbearbeitungsalternative.

2.9.1 Charakterisierung der Fusion

Eine internationale Fusion, auch „Cross-Border-Merger" genannt, ist der **Zusammenschluss** einer inländischen Unternehmung mit einer ausländischen Unternehmung. Beide Unternehmungen, die vormals wirtschaftlich und rechtlich selbständig waren, geben durch die Fusion ihre Selbständigkeit auf und vereinen sich „unter einem Dach". Es lassen sich zwei Arten von Fusionen unterscheiden: Fusionen durch Aufnahme und durch Neubildung. Bei der **Fusion durch Aufnahme** geht eine der beiden Unternehmungen in der anderen Unternehmung unter. Bei der **Fusion durch Neubildung** verlieren beide Unternehmungen ihre ursprüngliche Identität; es entsteht eine neue Unternehmung. Diese neue Unternehmung kann ihren juristischen Sitz entweder im Stammland einer der beiden fusionierten Unternehmungen oder in einem Drittland haben.

Während die Unterscheidung zwischen Fusionen durch Aufnahme und Fusionen durch Neubildung häufig juristischer Natur ist, spielt aus betriebswirtschaftlicher Sicht die Frage des Machtverhältnisses eine wichtigere Rolle. Insofern kann man von **Fusionen zwischen gleichberechtigten Partnern** und **Fusionen zwischen ungleichberechtigten Partnern** differenzieren (vgl. Killing 2003). Oftmals stimmen dabei die offiziellen Ankündigungen nicht mit der Realität überein. So wurde die Fusion zwischen *Daimler* und *Chrysler* immer wieder als „Merger of Equals" bezeichnet, doch hat sich schnell gezeigt, dass die deutsche Seite unter Führung von Jürgen Schrempp der stärkere Partner war oder sich zumindest als der stärkere Partner sah. Die Grenzen zwischen Fusionen und Akquisitionen sind meist fließend (und erfahren im anglo-amerikanischen Sprachraum nicht zuletzt deshalb unter der Überschrift „Mergers and Acquisitions" eine Zusammenfassung): Behält innerhalb einer Fusion ein Partner (deutlich) die Oberhand, so liegt aus betriebswirtschaftlicher Sicht eher eine Akquisition und weniger eine Fusion vor. Die Gründe, warum einer der Partner die Oberhand behält, können dabei vielfältig sein; es kann sich beispielsweise um Größenunterschiede (vgl. auch Sewing 1996, S. 17-18) und Rentabilitätsunterschiede, aber auch um persönliche Motive (z.B. Machtstreben von Managern) handeln.

Prominente Beispiele für grenzüberschreitende Fusionen stellen *Unilever* (Niederlande, Großbritannien) und *Royal Dutch/Shell* (ebenfalls Niederlande, Großbritannien) dar. Die beiden Fusionen kamen bereits 1907 bzw. 1929 zustande. Der seit Jahren am häufigsten in der Literatur diskutierte und auch ausführlich dokumentierte Fall (vgl. z.B. Barham/Heimer 1998) ist der Zusammenschluss von *Asea* mit *Brown Boveri* zu *ABB* (Schweiz, Schweden). Weitere Beispiele können in *Fortis* (Niederlande, Belgien), *Reed/Elsevier* (Niederlande, Großbritannien), *Aventis* (Frankreich, Deutschland) oder *AstraZeneca* (Schweden/Großbritannien) gesehen werden (vgl. zu diesen Beispielen auch Schmidt 2000, Killing 2003 und zum *Aventis*-Beispiel Textbox 6-17). Trotz dieser prominenten Beispiele sollte man jedoch nicht vergessen, dass grenzüberschreitende Fusionen zwischen (weitgehend) gleichberechtigten Partnern weitaus seltener sind als grenzüberschreitende Akquisitionen. Auch in der Literatur haben sich aus diesem Grund deutlich mehr Autoren mit Akquisitionen als mit Fusionen beschäftigt (vgl. Schmidt 2000). Ohnehin weisen Fusionen – wie wir bei der Erläuterung der Vor- und Nachteile sehen werden – gewisse Überschneidungen mit Akquisitionen auf, so dass ein Großteil der „Akquisitionsliteratur" auch implizit als „Fusionsliteratur" gelten kann.

Textbox 6-17: Fusionen als Markteintritts- und Marktbearbeitungsstrategie

Das Beispiel der Fusion von Hoechst und Rhône-Poulenc zu Aventis

Im Dezember 1998 kam es zur Ankündigung einer der spektakulärsten Fusionen aller Zeiten: Zwei Traditionsunternehmungen, die deutsche *Hoechst* und die französische *Rhône-Poulenc*, offenbarten Pläne ihres Zusammenschlusses unter dem Namen *Aventis*. Endgültig beschlossen wurde die Fusion zu einem sogenannten Life-Science-Konzern durch die Hauptversammlungen der beiden Konzerne im Frühsommer 1999. Lange war nicht klar, ob das Scheichtum Kuwait mit der staatlichen *Kuwait Petroleum Corporation (KPC)* als Großaktionär von *Hoechst* der Fusion auch zustimmen würde. Schließlich ließ sich der Großaktionär von den Vorteilen der Fusion überzeugen. Die Motive für den Zusammenschluss waren vielgestaltig: Es sollten Kosten eingespart, Erträge erhöht und die (eventuell feindliche) Übernahme durch Dritte verhindert werden. Sitz der neuen Unternehmung ist Strasbourg im Elsass. Von dort aus lenken Jürgen Dormann und Jean-René Fourtou als Doppelspitze die bi-nationale Unternehmung. Gleichzeitig mit der Fusion kam es bei der ehemaligen *Hoechst* zu umfangreichen Restrukturierungen, die vor allem eine Trennung vom Chemiegeschäft mit sich brachten. Im Jahr 2004 schließlich fusionierte *Aventis* mit dem französischen Pharmakonzern *Sanofi-Synthélabo* zu *Sanofi-Aventis*.

Quellen:
- Neukirchen, Heide/Wilhelm, Winfried (1999): Avanti Aventis. In: Manager Magazin, März 1999, S. 64-73.
- Dunsch, Jürgen (1999): Mit Grüßen aus Kuweit. In: Frankfurter Allgemeine Zeitung Nr. 111 vom 15. Mai 1999, S. 13.
- Salz, Jürgen (1999): Ganz nett eingerichtet. In: Wirtschaftswoche Nr. 28 vom 08. Juli 1999, S. 52-54 sowie aktuelle Ergänzungen.

2.9.2 Vorteile und Motive der Fusion

Fusionen liegen zahlreiche **Motive** zugrunde. Trautwein (1990) nennt mehrere verschiedene Motive, die freilich – aufgrund der Ähnlichkeiten zwischen Fusionen und Akquisitionen – nicht völlig unabhängig von den Akquisitionsmotiven sind:

- **Effizienzmotive:** Zu Effizienzvorteilen kommt es aufgrund möglicher Economies of Scale und Economies of Scope. Fusionen werden demnach geschlossen, weil sich damit Kosten reduzieren und Erträge erhöhen lassen. Diese Effekte können in allen Bereichen der Unternehmung erwartet werden (z.B. Forschung, Entwicklung, Produktion, Finanzen).
- **Monopolmotive:** Monopolvorteile werden vor allem im Falle eines Machtgewinns gegenüber Kunden und Lieferanten erzielt. Fusionen sind demnach vor allem vom Wunsch nach Monopolmacht oder monopolähnlicher Macht getragen. Unter dieses Motiv werden von Trautwein auch Möglichkeiten der sogenannten Quer-Subventionierung („cross-subsidization") innerhalb der Unternehmung – und damit Möglichkeiten des Risikoausgleichs – subsumiert.

- **Empire-Building-Motive:** Fusionen kommen zudem deswegen zustande, weil Manager sich ein größeres Reich „bauen" wollen. Nicht unbedingt im Interesse ihrer Shareholder geht es ihnen zuweilen (auch) darum, durch eine Fusion ihren Aktionsradius zu erweitern, ihre Macht auszubauen und ihr Prestige und ihr Ansehen zu erhöhen.

Trautwein (1990) hat zudem darauf hingewiesen, dass noch weitere Erklärungsansätze nötig sind. Unter dem Stichwort **„prozesstheoretische Erklärung"** lassen sich beispielsweise alle Ansätze subsumieren, die das Zustandekommen von Fusionen als undurchsichtige Entscheidungsprozesse fassen.

2.9.3   Nachteile und Probleme der Fusion

Die **Nachteile und Probleme** von Fusionen sind vielfältig und in weiten Teilen denjenigen von Akquisitionen ähnlich:

- Noch stärker als bei Akquisitionen wiegt das Argument der **mangelnden Gelegenheiten**. Wenn keine andere Unternehmung an einer Fusion interessiert ist, so scheidet diese Alternative der Markteintritts- und Marktbearbeitungsstrategie aus.

- **Misfits** zwischen den potentiellen Partnern stellen ein weiteres Problemfeld von Fusionen dar. Häufig sind strategische, strukturelle, personelle und kulturelle Divergenzen so stark, dass die Möglichkeit einer Fusion zwar geprüft, dann aber wieder verworfen wird.

- Selbst wenn Fusionen vom Management der potentiell beteiligten Partner geplant sind, kommen sie zuweilen nicht zustande. Manchmal verhindern die Anteilseigner eine Fusion; noch häufiger gibt es jedoch **rechtliche Probleme**, etwa Einsprüche von Seiten der Kartellbehörden.

- Weiterhin spielen Probleme der **Corporate Governance** bei Fusionen eine große Rolle (vgl. Schmidt 2000). Da die Corporate Governance in unterschiedlichen Ländern spezifische Ausprägungsformen annimmt (➔ Abschnitt 1.3.2.1 in Kapitel 4), muss im Falle einer Fusion nach Lösungen gesucht werden, die sowohl juristisch möglich als auch betriebswirtschaftlich sinnvoll sind und den Interessen der Anspruchsgruppen gerecht werden.

- Viele Fusionen werfen insbesondere in der **Integrationsphase große Probleme** auf. Die strategischen, strukturellen, personellen und kulturellen Divergenzen treten oftmals offen zu Tage. Manchmal sind die Divergenzen so groß, dass ein Scheitern der Fusion nicht vermieden werden kann.

Viele Fusionen scheitern jedoch, wie kurz erwähnt, nicht erst während der Integrationsphase, sondern bereits im Vorfeld. Beispiele dafür sind die im Jahr 2000 nicht zustande gekommene Fusion zwischen der deutschen *VIAG* und der Schweizer *Alusuisse-*

Lonza-Gruppe sowie die im Jahr 2001 geplatzte Fusion zwischen der britischen **EMI Group** und der **Bertelsmann Music Group**, die in Textbox 6-18 näher erläutert wird.

An Fusionen „verdienen" – wie bei Akquisitionen – auch sogenannte M&A-Dienstleister „kräftig" mit. Sie bahnen Kontakte an, identifizieren potentielle Partner, führen Due-Diligence-Analysen durch und helfen bei der Wertfindung wie auch bei den Vertragsverhandlungen (vgl. auch Müller-Stewens/Spickers/Deiss 1999). Besonders erfolgreich bei der M&A-Beratung sind – vor allem wenn es um sogenannten Mega-Transaktionen geht – große Investmentbanken wie **Goldman Sachs, Morgan Stanley Dean Witter, Crédit Suisse First Boston/Donaldson, Lufkin & Jenrett, Merrill Lynch, Salomon Smith Barney** und **Chase Manhattan/J.P. Morgan.**

Textbox 6-18: Das Scheitern von Fusionen im Vorfeld

Das Beispiel von EMI und Bertelsmann

Die britische **EMI Group** und die zum **Bertelsmann-Konzern** gehörende **Bertelsmann Music Group (BMG)** haben ihre Gespräche über eine Fusion Anfang Mai 2001 beendet. Wesentlicher Grund dafür war, dass die beiden Gesprächspartner keine gemeinsamen Geschäftsmodelle finden konnten, welche die Aktionäre und Wettbewerbshüter gleichermaßen zufriedengestellt hätten. Die Fusion wäre von den Kartellbehörden nur genehmigt worden, wenn sich **EMI** von seinem Musiklabel **Virgin** getrennt hätte. Zu diesen Schritt wollte sich **EMI** jedoch nicht durchringen. Nach dem Scheitern der geplanten Fusion mit **BMG** war dies für **EMI** bereits der zweite Anlauf innerhalb kurzer Zeit: Zuvor hatte sich **EMI** um eine Fusion mit der **Warner Music Group**, einer Tochtergesellschaft der **Time Warner Group**, bemüht, war aber am Widerstand der Kartellbehörden gescheitert.

Quelle:
o.V. (2001): Musikkonzerne EMI und BMG geben Fusionspläne auf. In: Frankfurter Allgemeine Zeitung Nr. 101 vom 02. Mai 2001, S. 23.

2.10 Sonstige Markteintritts- und Marktbearbeitungsstrategien

Wir haben bisher die wichtigsten Markteintritts- und Marktbearbeitungsstrategien ausführlich diskutiert. Es gibt noch einige weitere Möglichkeiten, die abschließend kurz angesprochen werden sollen. Wir gehen auf Managementverträge (Abschnitt 2.10.1) und Markteintritts- und Marktbearbeitungsstrategien, die insbesondere für das Investitionsgütergeschäft von Relevanz sind (Abschnitt 2.10.2), ein.

2.10.1   Managementverträge

Managementverträge stellen eine Markteintritts- und Marktbearbeitungsstrategie dar, die sich primär auf den **dispositiven Faktor, d.h. das Management,** bezieht. Eine inländische Unternehmung, die „contracting firm", stellt einem Geschäftspartner im Ausland, der „managed firm", Managementleistungen gegen Entgelt zur Verfügung (vgl. Walldorf 1992, S. 454-455). Die Unternehmung kann die Managementleistungen von ihrem Heimatland aus erbringen, sie kann jedoch auch, was häufig geschieht, Manager bzw. Spezialisten zur ausländischen Partnerunternehmung entsenden.

Managementverträge werden oftmals nicht als eigene Markteintritts- bzw. als eigene Marktbearbeitungsstrategie interpretiert. Dies liegt daran, dass Managementverträge in der Praxis häufig im Zusammenspiel mit anderen Formen des Markteintritts und der Marktbearbeitung gewählt werden. Vor allem im Zuge der Lizenzvergabe, des Abschlusses eines Franchisevertrags oder der Vereinbarung eines Betreibermodells (→ zu Betreibermodellen Abschnitt 2.10.2 in diesem Kapitel) werden gleichzeitig Managementverträge vereinbart. In der Hotelbranche kommen Managementverträge häufig vor. Viele Hotelunternehmungen sind im Ausland in der Weise tätig, dass sie Hotels, die ihnen selbst nicht gehören, sondern die in Händen Dritter liegen (z.B. Immobiliengesellschaften), führen (→ auch das Beispiel von *Accor* in Textbox 6-6, Abschnitt 2.4.1 in diesem Kapitel). Die meisten „contracting firms" erbringen Managementleistungen im Ausland nur als Ergänzung ihrer gewöhnlichen Aktivitäten. Nur wenige „contracting firms" haben sich auf Managementleistungen im Ausland spezialisiert; sie stellen dann Dienstleistungsunternehmungen dar, deren Hauptgeschäftstätigkeit im Anbieten von Management-Know-how im Ausland besteht.

Managementverträge sind mit folgenden **Vorteilen und Motiven** verbunden (vgl. Foscht/Podmenik 2005, S. 583):

- Die „contracting firm" hat – ähnlich wie Unternehmungsberatungsgesellschaften – **kein Marktrisiko,** d.h. sie ist lediglich verpflichtet, die Managementleistung zu erbringen und wird erfolgsunabhängig honoriert.

- Die „contracting firm" hat **kein Kapitalrisiko,** da sie lediglich Managementleistungen erbringt. Eventuell erforderliche Investitionen, etwa für Gebäude, Maschinen oder Fuhrpark, werden von der „managed firm" getätigt.

- Die Unternehmungen, die Managementverträge sporadisch einsetzen, können auf diese Weise **überschüssige Managementkapazitäten nutzen** und gewinnbringend vermarkten.

- Managementverträge bieten sich an, um **Ländermärkte,** in die man später mit anderen Markteintritts- und Marktbearbeitungsstrategien eintreten möchte, **„kennen zu lernen".**

- Ebenso kann die „contracting firm" über Managementverträge mögliche **Akquisitions- und Kooperationspartner finden**, unter Umständen sogar die „managed firm" selbst.

Die **Nachteile und Probleme** von Managementverträgen liegen in folgenden Punkten begründet:

- Managementverträge werden oftmals nur im **Zusammenhang mit weiteren Formen des Markteintritts und der Marktbearbeitung**, vor allem im Zusammenhang mit Lizenzierung, Franchising und Betreibermodellen (Investitionsgütergeschäft), angewandt. Insofern kommen Managementverträge nur in spezifischen Fällen als Markteintritts- und Marktbearbeitungsstrategie in Frage.

- Managementverträge führen zu einem **Abfluss von Management-Know-how**. Wenn es sich bei der „managed firm" um einen Konkurrenten der „contracting firm" handelt, ist dieser Abfluss von Wissen auf lange Sicht besonders problematisch. Nach Ablauf der Vertragslaufzeit ist es der „managed firm" möglich, ohne Hilfe der „contracting firm" auszukommen und vom Wissen der „contracting firm" weiterhin zu profitieren.

- Managementverträge sind nur möglich, wenn das Gastland der ausländischen Unternehmung die **erforderlichen Arbeitsgenehmigungen** erteilt. Außerdem können die Umfeldbedingungen im Gastland so schwierig sein (z.B. Kriegssituation, Klima), dass sich keine Manager finden lassen, welche die Risiken und Strapazen eines langen Auslandsaufenthalts auf sich nehmen.

2.10.2 Markteintritts- und Marktbearbeitungsformen im Investitionsgütergeschäft

Insbesondere im Investitionsgütergeschäft existieren weitere Formen des internationalen Markteintritts bzw. der internationalen Marktbearbeitung. Dazu zählen vor allem (1) Generalunternehmerschaften, (2) Konsortien (vgl. Backhaus/Voeth 2007, v.a. S. 332-334) und (3) Betreibermodelle.

(1) Generalunternehmerschaft: Bei der Generalunternehmerschaft schließt ein Anbieter mit einem bestimmen Kunden einen Vertrag über die Gesamtleistung. Der Anbieter wird auch als Generalunternehmer, Prime Contractor oder General Contractor bezeichnet. Er selbst vergibt an weitere Unternehmungen, sogenannte Subcontractors, in eigenem Namen Unteraufträge, ohne dass zwischen diesen weiteren Unternehmungen und dem Kunden ein Auftragsverhältnis entsteht. Im internationalen Kontext spielt die Generalunternehmerschaft insofern eine Rolle, als der Generalunternehmer und/oder die Subcontractors mit einem bestimmten Projekt, etwa einem Anlageprojekt, den befristeten Eintritt in einen bestimmten Auslandsmarkt bewerkstelligen können. Aus dem befristeten Eintritt kann sich im Anschluss daran eine länger andauernde Markt-bearbeitung ergeben.

(2) Konsortium: Das Konsortium stellt einen Zusammenschluss von rechtlich selbstän-digen Unternehmungen, sogenannten Konsorten, dar. Sie wollen eine bestimmte Ge-samtleistung gemeinsam erbringen und treten gegenüber dem Kunden vereint auf. Beim Konsortium kommt es zu einer gesamtschuldnerischen Haftung der Konsorten. Im inter-nationalen Kontext kommt dem Konsortium deswegen Bedeutung zu, da damit einzelne oder alle Konsorten gemeinschaftlich den Eintritt in einen bestimmten Ländermarkt wa-gen können oder sich für die Bearbeitung eines bestimmten Ländermarkts entscheiden. In manchen Fällen bestehen Konsortien in einem bestimmten Land sowohl aus Unter-nehmungen des Gastlands als auch aus ausländischen Firmen. Dabei versucht man, ähnlich wie bei Joint Ventures, komplementäre Ressourcen zur Geltung zu bringen.

Generalunternehmerschaften und Konsortien sind als temporäre Markteintritts- bzw. Marktbearbeitungsstrategien zu werten. Ihnen kommt jedoch in zweifacher Hinsicht dauerhafter Charakter zu: Zum einen ergeben sich in vielen Fällen Folgeprojekte in den betroffenen Ländern, zum anderen folgen der Generalunternehmerschaft und dem Kon-sortium häufig andere Alternativen des Markteintritts und der Marktbearbeitung. So kann sich eine Bauunternehmung dafür entscheiden, im Anschluss an die Übernahme einer Generalunternehmerschaft oder im Anschluss an die Beteiligung an einem Konsortium eine eigene Tochtergesellschaft im Auslandsmarkt zu gründen.

(3) Betreibermodell: Die Grundform des Betreibermodells ist das sogenannte **Build-Operate-Transfer-Modell (BOT-Modell)**. Bei einem Betreibermodell errichtet eine Un-ternehmung für eine andere Unternehmung im Ausland eine Anlage („build"), betreibt diese („operate") und überträgt sie nach einer bestimmten Laufzeit an den Kunden („transfer"). Betreibermodelle kommen vor allem im Anlagegeschäft vor. Beispiele sind Raffinerien, Kraftwerke oder Staudämme. Betreibermodelle können nicht nur in der Grundform des BOT-Modells, sondern auch in weiteren Abwandlungen auftreten, wie dies in Abbildung 6-19 dargestellt wird.

Dadurch, dass die Anlagen meist schlüsselfertig errichtet werden und später vom Auf-tragnehmer betrieben werden, hat sich neben dem Begriff des Betreibermodells ebenso der Begriff der **„Turnkey Operations"** eingebürgert. Statt einer einzigen Unternehmung finden sich manchmal mehrere – in- und ausländische – Unternehmungen zusammen, die in einem bestimmten Land ein Betreibermodell durchführen. Daran wird ersichtlich, dass Betreibermodelle oftmals gleichzeitig Kooperationen mehrerer Partner darstellen. Wer Betreibermodelle anbietet, lässt sich in der Regel „gut honorieren". Dies heißt: Die bei Betreibermodellen erzielten **Gewinnspannen** können vergleichsweise umfangreich sein.

BLOT	build, lease, operate, transfer	BRT	build, rent, transfer
BOD	build, operate, deliver	BTO	build, transfer, operate
BOL	build, operate, lease	DBOM	design, build, operate, maintain
BOO	build, own, operate	DBOT	design, build, operate, transfer
BOOST	build, own, operate, subsidize, transfer	FBOOT	finance, build, own, operate, transfer

Abb. 6-19:   Varianten von Betreibermodellen
Quelle: Corsten/Corsten (2000), S. 97.

Keine eigene Markteintritts- bzw. Marktbearbeitungsstrategien stellen in unseren Augen – entgegen anderer Auffassungen (vgl. Dülfer 1997, S. 171 und S. 180-181, Perlitz/Seger 2000, S. 104-105, Fritz 2001, S. 109-111 und S. 115-125) – **Leasing** und **Internet** dar. Leasing ist unseres Erachtens eine Finanzierungsform, das Internet eine weitgehend nicht an territoriale Grenzen gebundene Informations- und Kommunikationsform bzw. ein zu Informations- und Kommunikationszwecken einsetzbares Medium. Weder Leasing noch das Internet begründen Markteintritts- und Marktbearbeitungsstrategien; sie können einzelne Alternativen des Markteintritts und der Marktbearbeitung lediglich deutlich erleichtern. So kann der Investitionsbedarf bei Direktinvestitionen (z.B. Gründung einer Tochtergesellschaft) durch den Abschluss von Leasingverträgen verringert werden. Manche Betreibermodelle wären ohne eine Finanzierung über Leasingverträge nicht möglich. Durch das Internet kann der Export erleichtert werden, da Bestellungen aus dem Ausland elektronisch eingehen. Ebenso lassen sich die Kommunikation mit ausländischen Tochtergesellschaften durch E-Mails erleichtern und die Warenwirtschaftssysteme in Franchisenetzwerken grenzüberschreitend optimieren.

2.11   Die Auswahl der Markteintritts- und Marktbearbeitungsstrategie

In den vergangenen Abschnitten wurden zahlreiche Markteintritts- und Marktbearbeitungsstrategien diskutiert. Doch wie wählt eine Unternehmung nun ihre Markteintritts- und Marktbearbeitungsstrategie aus? Wir gehen (1) zunächst darauf ein, was die Literatur sagt, um (2) dann aufzuzeigen, wie wir zu den Vorschlägen der Literatur stehen.

(1) Was die Literatur sagt ...

Wir haben nun zahlreiche Wahlmöglichkeiten des Markteintritts und der Marktbearbeitung vorgestellt. Doch welche Alternative ist nun wann die **richtige Alternative**? In der

Literatur wird immer wieder versucht, **theoretische Modelle oder konzeptionelle Bezugsrahmen** für die Wahl der richtigen Markteintritts- und Marktbearbeitungsstrategie zu identifizieren (vgl. Yu/Tang 1992, Wagner 1993, Driscoll 1995, S. 28, Buckley/Casson 1998, Luo 1999, S. 156-175, Brouthers/Brouthers/Wilson 2001, Hoffmann/Schaper-Rinkel 2001, v.a. S. 141, Bamberger/Wrona 2002, S. 280-286, Müller/Kornmeier 2002b, S. 108-109, Müller-Stewens/Lechner 2002, Gao 2004, vgl. zu einem Überblick Andersen 1997). Dazu zählt bspw. das eklektische Paradigma von Dunning, nach dem die Wahl zwischen Export, vertraglicher Ressourcenübertragung (z.B. durch Lizenzierung) und Direktinvestitionen (lediglich) am Vorliegen von Eigentumsvorteilen, Internalisierungsvorteilen und Standortvorteilen festgemacht wird (➜ Abschnitt 3.3.5 in Kapitel 3).

Zudem wollen **empirische Studien** – manchmal unter Rückgriff auf theoretische Modelle – klären, welche Faktoren in welchem Ausmaß für die Wahl der Markteintritts- und Marktbearbeitungsstrategien eine Rolle spielen (vgl. z.B. Kogut/Singh 1988, Agarwal/Ramaswami 1992, Erramilli 1992, Kim/Hwang 1992, Shane 1994, Woodcock/Beamish/Makino 1994, Barkema/Bell/Pennings 1996, Driscoll/Paliwoda 1997, Arora/Fosfuri 2000, Bürgel/Murray 2000, Gierl/Helm 2000, Helm 2001a,b, Brouthers 2002, Chen/Hu 2002, Erramilli/Agarwal/Dev 2002, Harzing 2002, Müller/Kornmeier 2002b, S.119-124, Chan/Makino/Isobe 2006, Sanchez-Peinado/Pla-Barber 2006, Dikova/Van Witteloostuijn 2007). Anhand meist großzahliger Befragungen und statistischer Analysen soll herausgefunden werden, welche Faktoren in welchem Ausmaß einen Einfluss auf die Wahl der Markteintritts- und der Marktbearbeitungsstrategie ausüben.

(2) ... und wie wir dazu stehen

Wir sind der Auffassung, dass es **kein allgemeingültiges Modell** gibt, welches alle möglichen Faktoren berücksichtigt, und wir sehen angesichts der (teils widersprüchlichen) **Ergebnisse der empirischen Studien** auch keine Rechtfertigung dafür, Ihnen nun exakte Angaben darüber zu liefern, wann genau nun welche Markteintritts- und Marktbearbeitungsstrategie zu wählen ist. Aus diesem Grund wollen wir zum Abschluss dieses Kapitels kein weiteres Modell liefern (vgl. z.B. Scholl 1989, Sp. 989-990), sondern lediglich Einflussfaktoren auflisten, die bei der Wahl der Markteintritts- und der Marktbearbeitungsstrategie eine Rolle spielen können (vgl. auch die Übersicht bei Kumar/Subramaniam 1997, v.a. S. 57-59). Diese Einflussfaktoren muss das Management im konkreten Einzelfall auf ihre Relevanz hin prüfen, sie möglicherweise berücksichtigen, gewichten und in ihrer jeweiligen potentiellen Ausprägung abschätzen.

Wir unterscheiden innerhalb der Einflussfaktoren zwischen (a) den Charakteristika der Markteintritts- und Marktbearbeitungsstrategien, (b) unternehmungsexternen Einflussfaktoren, (c) unternehmungsinternen Einflussfaktoren, (d) leistungsbezogenen Einflussfaktoren, (e) persönlichkeitsbezogenen Einflussfaktoren, (f) entscheidungssituationsbezogenen Einflussfaktoren und (g) sonstigen Einflussfaktoren. Dabei sollte beachtet werden, dass die einzelnen Einflussfaktoren weder völlig überschneidungsfrei noch völlig unabhängig voneinander sind.

(a) Die Charakteristika der Markteintritts- und Marktbearbeitungsstrategien

Als Charakteristika der Markteintritts- und Marktbearbeitungsstrategien fassen wir die Faktoren auf, die wir oben als Kriterien genannten haben, nach denen sich die einzelnen Markteintritts- und Marktbearbeitungsstrategien voneinander unterscheiden lassen. Im Einzelnen handelt es sich – um es nochmals zu wiederholen – um die folgenden Aspekte (➜ Abschnitt 2.1.2 in diesem Kapitel):

- Wertschöpfungsschwerpunkte,
- Ressourcenbeanspruchung,
- Art des Ressourcentransfers,
- Ausmaß des Ressourcentransfers,
- Amortisation des Ressourceneinsatzes,
- Rechtliche Einschränkungen,
- Risiken,
- Reversibilität,
- Flexibilität,
- Dauer,
- Kontrollmöglichkeiten,

- Eigentum,
- Kooperation,
- Akzeptanz im Gastland,
- Förderung durch das Stammland,
- Skaleneffekte,
- Verbundeffekte,
- Geschwindigkeit,
- Rivalitätserhöhung,
- Erfahrung,
- Gewinnpotential,
- ....

Exemplarisch soll anhand der in Textbox 6-19 erfolgenden Ausführungen über das Risiko deutlich werden, wie vielschichtig bereits die meisten der einzelnen Aspekte an sich sind.

Textbox 6-19: Risiko bei grenzüberschreitenden Aktivitäten

Ein Überblick

So zahlreich die Risiken sind, so zahlreich sind auch die Systematisierungen, die vorgeschlagen werden, um Risiken des internationalen Geschäfts zu klassifizieren. Wir wollen zunächst zwischen

- **Währungsrisiken** (z.B. Veränderung von Wechselkursrelationen),
- **Zahlungsrisiken** (z.B. Zahlungsunfähigkeit bzw. Zahlungsunwilligkeit von Kunden oder Kooperationspartnern),
- **Inflationsrisiken** und
- **Transport- und Lagerrisiken** (z.B. Beschädigung oder Verderb während des Transports oder der Einlagerung)

differenzieren. Währungsrisiken, Zahlungsrisiken, Inflationsrisiken, Transport- und Lagerrisiken lassen sich zur Kategorie der **wirtschaftlichen Risiken** zusammenfassen.

Zu den wirtschaftlichen Risiken gesellen sich Risiken, die primär nicht wirtschaftlich sind, aber durchaus wirtschaftliche Konsequenzen haben können:

- **Enteignungsrisiken** (z.B. durch teilweise oder vollständige Konfiszierung von Vermögenswerten oder durch Verstaatlichung),
- **Dispositionsrisiken** (z.B. Einschränkung der Handlungsfreiheit aufgrund von administrativen Auflagen, Unruhen, Streiks, Kriegen),
- **Transferrisiken** (z.B. Einschränkungen beim Transfer von Gütern, Problematik bei der Rückführung von Gewinnen),
- **Sicherheitsrisiken** (z.B. Gefährdung von Leben, Gesundheit und Freiheit der Mitarbeiter),
- **Rechtliche Risiken** (z.B. Nicht-Einklagbarkeit von Verträgen),
- **Fiskalische Risiken** (z.B. Unberechenbarkeit der Steuerpolitik),
- **Kommunikationsrisiken** (z.B. Missverständnisse aufgrund von Sprachschwierigkeiten und Übersetzungsfehlern),
- **Marktrisiken** (z.B. falsche Einschätzung der Nachfrage, Zusammenbruch der Nachfrage) und
- **Substitutionsrisiken** (z.B. „Anlocken" lokaler Wettbewerber, etwa wenn Importe durch lokale Produktion ersetzt werden).

Risiken bei grenzüberschreitenden Geschäften unterscheiden sich von Risiken grenzimmanenter Geschäfte dadurch, dass sie entweder im Inland überhaupt nicht auftreten (z.B. Währungsrisiken), dass ihre Eintrittswahrscheinlichkeit größer als im Inland ist (z.B. Inflationsrisiken) oder dass ihre Abschätzung wegen mangelnder Informationen schwieriger als im Inland ist (z.B. Marktrisiken) (vgl. Zimmermann 1992, S. 72). Vor allem Währungsrisiken gelten als konstitutiv für das Auslandsgeschäft. Innerhalb der Währungsrisiken wird meist nochmals zwischen

- **Währungsumrechnungsrisiken** (translation risk),
- **Währungsumtauschrisiken** (transaction risk) und
- den **ökonomischen Währungsrisiken** (economic risk)

differenziert (vgl. z.B. Franke 1989, Pausenberger/Glaum 1993b). Das Währungsrisiko besteht dabei jeweils aus zwei Komponenten: der Währungsunsicherheit und dem Ausmaß, in dem eine Unternehmung dieser Unsicherheit ausgesetzt ist („exposure").

Verschiedene Vorschläge der Systematisierung von Risiken des internationalen Geschäfts finden sich in der Literatur bei Tümpen (1987), v.a. S. 42-60, Jokisch (1989), v.a. Sp. 1257-1258, Grabner-Kräuter (1992b,c), Engelhard (1992b), S. 369-371, Miller (1992), Topritzhofer/Moser (1992), S. 6-10, Zimmermann (1992), S.75-90, Stocker (1997), S. 29-46 oder Sperber/Sprink (1999), S. 267-274. Empirische Studien zu Risiken im internationalen Geschäft liefern etwa Brouthers (1995) oder Tan (1996). Große Bedeutung haben Risikoüberlegungen nicht nur bei der Wahl der Markteintritts- und Marktbearbeitungsstrategie, sondern auch bei der Wahl der Zielmarktstrategie (→ Abschnitt 3 in diesem Kapitel).

(b) Unternehmungsexterne Einflussfaktoren

Als unternehmungsexterne Faktoren gelten zahlreiche Aspekte, die primär nicht im Machtbereich der Unternehmung selbst liegen, aber große Relevanz für die Markteintritts- und Marktbearbeitungsentscheidung haben. Dabei kann zwischen **landesspezifischen** und **branchen- bzw. marktspezifischen** Faktoren differenziert werden.

Primär **landesspezifische Faktoren** sind all die Faktoren, die bereits zuvor als Umweltfaktoren erläutert wurden (➔ Abschnitt 3.3.2 in Kapitel 3 und Abschnitt 1 in diesem Kapitel). Wir führen diese Faktoren bewusst nochmals auf, da sie auch bei der Entscheidung über die adäquate Markteintritts- bzw. Marktbearbeitungsalternative relevant sind und daher die zahlreichen zu berücksichtigenden Aspekte komplementieren:

- natürliche bzw. ökologische Umwelt (z.B. Klima, Meereszugang),
- politische Umwelt (z.B. Stabilität des politischen Systems, Aufgeschlossenheit der politischen Parteien gegenüber internationalen Unternehmungen),
- rechtliche Umwelt (z.B. Rechtssicherheit, Auflagen, vgl. dazu z.B. Moecke 1997),
- staatliche Umwelt (z.B. Investitionsanreize in Form von öffentlichen Subventionen),
- steuerliche Umwelt (z.B. Steuersätze, Steuergerechtigkeit),
- makroökonomische Umwelt (z.B. Inflation, Konjunktur),
- technologische Umwelt (z.B. technologischer Entwicklungsstand),
- demographische Umwelt (z.B. Altersstruktur der Bevölkerung),
- ausbildungsbezogene Umwelt (z.B. Niveau der Schul- und Universitätsausbildung),
- kulturelle Umwelt im engeren Sinne (z.B. Werte),
- sprachliche Umwelt (z.B. Schwierigkeit der Sprache, Einheit der Sprache),
- religiöse Umwelt (z.B. Bedeutung der Religion) und
- sozio-psychologische Umwelt (z.B. Einstellung zu Arbeit und Konsum, Bedeutung von Familie und Verwandtschaft).

Zudem werden bei Fragen des internationalen Markteintritts und der internationalen Marktbearbeitung insbesondere die folgenden Faktoren als zentral angesehen, was an einer Vielzahl von Studien abzulesen ist (vgl. exemplarisch O'Grady/Lane 1996):

- geographische Distanz zum Gastland,
- kulturelle Distanz zum Gastland und
- psychische Distanz zum Gastland.

Als primär **branchen- bzw. marktbezogene Faktoren** gelten:

- Nachfragefaktoren (z.B. Marktattraktivität, -größe, -potential, -segmente),
- Angebotsfaktoren (z.B. Kostensituation),
- Handelsfaktoren (z.B. Zahl der Handelsmittler, Konditionen der Handelsmittler) und
- Wettbewerbsfaktoren (z.B. Konkurrenzsituation, potentielle Konkurrenzreaktionen, dominante Wettbewerbsstrategien der Konkurrenten in der Branche).

Mit den landesspezifischen Faktoren und branchen- bzw. marktbezogenen Faktoren sind primär die **Faktoren des Gastlands** gemeint, in das eine fokale Unternehmung eintritt bzw. das sie bearbeiten möchte. Allerdings können in manchen Fällen auch **Faktoren des Heimatlandes** oder **Faktoren von Drittländern** eine Rolle spielen. Deutlich wird dies beispielsweise anhand der Wettbewerbsfaktoren: Es leuchtet unmittelbar ein, dass die in einem bestimmten Land gewählte Markteintritts- und Marktbearbeitungsstrategie auch von Wettbewerbsfaktoren im Stammland (z.B. großer Wettbewerbsdruck im Inland, der eine Unternehmung zwingt, möglichst schnell besonders hohe Volumina im Ausland abzusetzen) oder vom Vorgehen von Konkurrenten in Drittmärkten beeinflusst wird (z.B. Maßnahmen in Form von Cross-Investments, die das internationale Gleichgewicht in oligopolistischen Märkten erhalten sollen, → Abschnitt 2.4 in Kapitel 3).

(c) Unternehmungsinterne Einflussfaktoren

Nach den Charakteristika der Markteintritts- und Marktbearbeitungsstrategien und den unternehmungsexternen Einflussfaktoren wollen wir nun auf die **unternehmungsinternen Einflussfaktoren** hinweisen. Zu diesen zählen:

- Ziele und Motive der Unternehmung, v.a. die mit der Internationalisierung verbundenen Ziele und Motive,
- Größe der Unternehmung,
- Alter der Unternehmung,
- Nationalität der Unternehmung einschließlich der Charakteristika des Inlandsmarkts der Unternehmung, z.B. Marktvolumen, Marktpotential, Marktrivalität,
- Rechtsform der Unternehmung,
- Organisationsstruktur der Unternehmung,
- Kultur der Unternehmung,
- Produktivität der Unternehmung,
- erreichter Diversifikationsgrad der Unternehmung,
- bisherige Markteintrittsstrategie(n) der Unternehmung,
- zukünftige, geplante Markteintrittsstrategie(n) der Unternehmung,
- bisherige Marktsegmentabdeckung der Unternehmung,
- zukünftige, geplante Marktsegmentabdeckung der Unternehmung,
- bisherige Auslandserfahrung der Unternehmung,
- Zahl der bisherigen ausländischen Tochtergesellschaften der Unternehmung,
- das Auslandsengagement betreffende bzw. von diesem betroffene Geschäftsfelder bzw. Geschäftseinheiten,
- die bisherigen Wettbewerbsstrategien und Wettbewerbsvorteile in den vom Auslandsengagement betroffenen Geschäftsfeldern bzw. Geschäftseinheiten,
- die bisherigen Ressourcen, Kompetenzen und Fähigkeiten der Unternehmung in den vom Auslandsengagement betroffenen Geschäftsfeldern bzw. Geschäftseinheiten,
- ...

(d) Leistungsbezogene Einflussfaktoren

Leistungsbezogene Einflussfaktoren hängen mit der **Art des Produkts bzw. der Dienstleistung** zusammen. Im Einzelnen spielen folgende Aspekte für die Wahl der Markteintritts- bzw. Marktbearbeitungsalternative eine Rolle:

- Standardisierungs- und Differenzierungsmöglichkeiten des Produkts bzw. der Dienstleistung,
- physische Transfermöglichkeiten des Produkts bzw. der Dienstleistung,
- Komplexität des Produkts bzw. der Dienstleistung,
- Kapitalintensität des Produkts bzw. der Dienstleistung,
- Technologieintensität des Produkts bzw. der Dienstleistung,
- Interaktionsintensität des Produkts bzw. der Dienstleistung sowie notwendige Kundenbeteiligung,
- Intangibilitätsanteil beim Produkt bzw. der Dienstleistung,
- Bedeutung der Reputation für den Absatz des Produkts bzw. der Dienstleistung,
- Serviceanforderungen beim Produkt bzw. der Dienstleistung,
- Stellung des Produkts bzw. der Dienstleistung im Lebenszyklus,
- ...

(e) Persönlichkeitsbezogene Einflussfaktoren

Auch **persönlichkeitsbezogene Einflussfaktoren** sind bei der Wahl der Markteintritts- und Marktbearbeitungsalternative von Bedeutung. Relevante Faktoren sind beispielsweise:

- Persönliche Ziele, Charaktereigenschaften und Vorlieben des/der Entscheidungsträger(s), z.B. ausgeprägtes Machtstreben oder geringe Kooperationsfähigkeit,
- Wissen des/der Entscheidungsträger(s),
- Motivation des/der Entscheidungsträger(s),
- Risikoneigung des/der Entscheidungsträger(s),
- Innovationsbereitschaft des/der Entscheidungsträger(s),
- Auslandsorientierung des/der Entscheidungsträger(s),
- Erfahrung des/der Entscheidungsträger(s), z.B. positive und negative Erfahrungen mit früheren Markteintritten,
- Unternehmertums- bzw. Entrepreneurship-Orientierung des/der Entscheidungsträger(s),
- Laientheorien des/der Entscheidungsträger(s) über die Erfolgswirksamkeit einzelner Markteintritts- und Marktbearbeitungsformen,
- Engagement und Commitment des/der Entscheidungsträger(s),
- ...

(f) Entscheidungssituationsbezogene Einflussfaktoren

Die **Situation**, aus der heraus eine Entscheidung getroffen wird, sollte ebenso nicht unbeachtet bleiben. Von Bedeutung sind die folgenden Aspekte:

- Art der Stimuli, die zur Entscheidung veranlassen,
- Art der Stimuli, die die Entscheidung vorantreiben,
- Zeitdruck bei der Entscheidung,
- Informationsverfügbarkeit bei der Entscheidung,
- Informationsnutzung bei der Entscheidung,
- Unsicherheit bei der Entscheidung,
- Abstimmungsprobleme bei (kollektiven) Entscheidungen,
- ...

(g) Sonstige Einflussfaktoren

Schließlich gibt es noch weitere Aspekte, die die Wahl der Markteintritts- und Marktbearbeitungsalternative beeinflussen können, allerdings nicht in die bisher genannten Kategorien einzuordnen sind. Dazu zählen beispielsweise:

- Managementmoden (z.B. „Strategische Allianzen sind in"),
- Zufälle (z.B. spontane Anfrage aus dem Ausland),
- ...

Prinzipiell ist es denkbar, die Vorteilhaftigkeit einzelner Markteintritts- und Marktbearbeitungsstrategien mit Hilfe von **quantitativen Betrachtungen** zu ermitteln. Die meisten der vorgeschlagenen Bewertungsverfahren sind aus formaler und analytischer Perspektive bestechend (vgl. Stehle 1982, Ossadnik/Maus 1995). Doch es zeigt sich schnell, dass in den meisten Bewertungsverfahren **nur ein Teil der relevanten Faktoren berücksichtigt** wird und eine Anwendung in der Praxis – vor allem aufgrund der Komplexität und Interdependenz der Einflussfaktoren und aufgrund der **Schwierigkeiten der Operationalisierung und Quantifizierung** – mit großen Problemen behaftet wäre. Zudem wird häufig fälschlicherweise angenommen, die Auswahl der Markteintritts- und Marktbearbeitungsstrategie sei ein hierarchischer Prozess, bei dem bestimmte Faktoren wichtiger als andere Faktoren seien und damit auch in unterschiedlicher Reihenfolge bei Entscheidungen berücksichtigt würden (vgl. z.B. Kumar/Subramaniam 1997, v.a. S. 69 und Pan/Tse 2000). Viel eher ist anzunehmen, dass die zahlreichen oben genannten **Einflussfaktoren nicht in einer allgemeingültigen hierarchischen Ordnung** stehen, sondern miteinander verwoben sind und höchstens in wenigen Einzelfällen, d.h. in bestimmten Entscheidungssituationen, in einer kontextspezifischen hierarchischen Ordnung stehen können. Bei vielen der geschilderten Einflussfaktoren ist ferner keine Objektivität vorhanden. Vielmehr geht es um die subjektive Wahrnehmung der Entscheidungsträger.

2.12 Schlussüberlegungen zu Markteintritts- und Marktbearbeitungsstrategien

Wir wollen am Ende unseres ausführlichen Abschnitts zu Markteintritts- und Marktbearbeitungsstrategien einige Schlussüberlegungen anstellen, die für Entscheidungen internationaler Unternehmungen von großer Bedeutung sind.

(1) **Markteintritts- und Marktbearbeitungsstrategien** lassen sich **über Ländermärkte hinweg variieren.** Eine bestimmte Unternehmung kann sich nicht nur sequentiell, sondern auch simultan zahlreicher verschiedener Markteintritts- und Marktbearbeitungsformen bedienen. Dies wird manchmal von den Unternehmungen vergessen, die schon seit Jahren positive Erfahrungen mit einer bestimmten Markteintritts- und Marktbearbeitungsstrategie haben und deswegen auch für neue Ländermärkte, in die sie eintreten, an ihrer (bisher) erfolgreichen Strategie festhalten.

(2) **Markteintritts- und Marktbearbeitungsstrategien** lassen sich **innerhalb eines Ländermarkts kombinieren:** Selbst innerhalb eines bestimmten Ländermarkts kann es gleichzeitig zu verschiedenen Markteintritts- und Marktbearbeitungsformen, beispielsweise zu Exporten, Lizenzierungen und selbständigen Tochtergesellschaften, kommen. Zu beachten ist jedoch, dass eine Unternehmung dabei ihre vertraglichen Abmachungen einhält (z.B. Zusagen an Lizenznehmer).

(3) Was häufig nicht beachtet wird, ist die Tatsache, dass ein Großteil internationaler Geschäftstätigkeit nicht auf den erstmaligen Markteintritt, wie etwa die Neugründung von Tochtergesellschaften oder die Akquisition von Unternehmungen, sondern auf den Ausbau und die Umgestaltung bereits bestehender Engagements entfällt. Marktbearbeitungsstrategien beinhalten also immer auch **Entscheidungen über die Weiterentwicklung der Auslandsaktivitäten.** Die in Textbox 6-20 skizzierten Beispiele von *Bosch* und *DaimlerChrysler* (inzwischen *Daimler*) mögen dies verdeutlichen.

Textbox 6-20: Der Ausbau und die Umgestaltung von Auslandsaktivitäten

Die Beispiele von Bosch und DaimlerChrysler

In der türkischen Tochtergesellschaft der *Bosch GmbH, Bosch Sanayi ve Ticaret A.S.* wird die Fertigung von Dieseleinspritzpumpen ausgebaut. *Bosch* produziert in Bursa seit 1972 Dieseleinspritzdüsen, Düsenhalterkombinationen und Common-Rail-Injektoren für Dieseleinspritzsysteme. Bis zum Jahr 2004 sollen im Werk in der türkischen Industriestadt Bursa etwa weitere 250 Mio. € investiert werden. Bereits von 1999 bis 2001 hat *Bosch* die Kapazitäten mit Investitionen in Höhe von ca. 200 Mio. € erweitert und die Mitarbeiterzahl von 2.500 auf 4.700 erhöht. Der Standort Bursa wird mit dieser Investition zu einem der bedeutendsten Herstellungszentren für die Dieseleinspritzung.

Im brasilianischen Juiz de Fora eröffnete *DaimlerChrysler* 1999 ein Werk, welches nach Plänen der Unternehmungsleitung zunächst jährlich 40.000, später dann 70.000 Einheiten der *A-Klasse* bauen sollte. Mit einem Aufwand von 24,5 Mio. € soll die dortige Produktionsstätte nun so erweitert werden, dass auch eine Montagelinie für die Fertigung der *C-Klasse* entsteht. Ein Grund hierfür ist die Tatsache, dass das Produktionsvolumen der *A-Klasse* deutlich unter der Kapazitätsgrenze liegt. Einen weiteren Grund liefert die große Nachfrage nach der neuen *C-Klasse*. Geplant ist es, vom brasilianischen Werk aus den nordamerikanischen Markt zu versorgen.

Quellen:
- o.V. (2001): Bosch baut türkisches Werk Bursa aus. In: Frankfurter Allgemeine Zeitung Nr. 123 vom 29. Mai 2001, S. 123.
- o.V. (2000): DaimlerChrysler baut C-Klasse auch in Brasilien. In: Frankfurter Allgemeine Zeitung Nr. 207 vom 06. September 2000, S. 20.

(4) Marktbearbeitungsentscheidungen berühren schließlich auch das „**Herunterfahren**" **von Auslandsaktivitäten**. Beispielsweise entscheiden sich Unternehmungen, in einen bestimmten Markt weniger zu exportieren, die Zahl ihrer Franchisenehmer zu verringern oder die Kapazitäten in einem Werk zu reduzieren. In Textbox 6-21 wird ein Beispiel von *Siemens* in Großbritannien geliefert. Dieses Beispiel zeigt, dass sich *Siemens* mit dem Verkauf eines Halbleiterwerks zwar nicht völlig aus Großbritannien zurückzog, aber doch einen „tiefen" Einschnitt vornahm.

Textbox 6-21: Das „Herunterfahren" von Auslandsaktivitäten

Das Beispiel von Siemens in England

Siemens hatte im Mai 1997 im nordenglischen North Tyneside ein Halbleiterwerk eröffnet. Das Werk wurde mit 18 Mio. Pfund vom britischen Handelsministerium subventioniert. Pro Woche wurden dort bei einer Beschäftigtenzahl von 1.100 Mitarbeitern 3.500 Siliziumscheiben (Wafer) gefertigt. Doch das Werk war nicht lange in Betrieb. Bereits nach 15 Monaten Betriebszeit wurde das Werk von *Siemens* geschlossen. Ausgelegt war die Halbleiterfabrik auf 14.000 Wafer pro Woche, was deutlich macht, wie stark *Siemens* die Nachfrage nach Halbleitern überschätzt hatte.

Im Jahr 2000 verkaufte *Siemens* die stillgelegte Fabrik an den US-amerikanischen Chiphersteller *Atmel*. Ein genauer Preis wurde nicht genannt, in der Branche kursierten jedoch Gerüchte über einen Verkaufspreis in Höhe von etwa 50 Mio. US-$. *Siemens* vereinbarte gleichzeitig mit dem Verkauf der Fabrik für einen Zeitraum von vier Jahren die Lieferung von Logik-Chips im Wert von 1,5 Mrd. US-$ pro Jahr.

Quelle:
o.V. (2000): Siemens verkauft Halbleiterfabrik in North Tyneside an Atmel. In: Frankfurter Allgemeine Zeitung Nr. 218 vom 19. September 2000, S. 22.

(5) Schließlich können unter dem Schlagwort **De-Internationalisierung** die **Beendigung der Engagements in einem Land**, beispielsweise die Beendigung von Exportaktivitäten, die Nicht-Verlängerung von Lizenzabkommen oder das Schließen bzw. der Verkauf einer Tochtergesellschaft, subsumiert werden (vgl. Benito/Welch 1997). Bei einer De-Internationalisierung sind Marktaustrittsbarrieren, vor allem „sunk costs", zu beachten (vgl. zu Marktaustrittsbarrieren im Allgemeinen Schmidt 1994, v.a. S. 39-75). Zieht sich eine Unternehmung einmal vollkommen aus einem bestimmten Markt zurück, so gelingt es ihr meist nur mit großem Aufwand, wieder in diesem Markt Fuß zu fassen. Freilich hängen Möglichkeiten und Konsequenzen der De-Internationalisierung stark von der bisherigen Marktbearbeitungsstrategie ab. Indirekte Exporttätigkeiten lassen sich in der Regel vergleichsweise einfach beenden, während das Schließen einer großen Tochtergesellschaft mit vollständiger Wertkette meist mit größeren Problemen behaftet ist.

3   Zielmarktstrategien

Wir haben uns bisher mit den Strategien des Markteintritts und der Marktbearbeitung beschäftigt (➜ Abschnitt 2 in diesem Kapitel). Eine internationale Unternehmung muss jedoch gleichzeitig mit der Entscheidung für einen bestimmten Markteintritt bzw. eine bestimmte Marktbearbeitung eine Entscheidung hinsichtlich der anvisierten Zielmärkte treffen. Oder anders ausgedrückt: Sie muss Zielmarktstrategien formulieren. Den Zielmarktstrategien werden wir uns in diesem Abschnitt zuwenden. Dabei werden wir aufzeigen, dass zunächst einmal **Informationen über Zielmärkte** nötig sind (Abschnitt 3.1). Erst im Anschluss daran kann eine Unternehmung Zielmarktstrategien in Form von

- **Marktpräsenzstrategien** (Abschnitt 3.2),
- **Marktselektionsstrategien** (Abschnitt 3.3) und
- **Marktsegmentierungsstrategien** (Abschnitt 3.4)

formulieren.

Fragen der Zielmarktwahl werden nicht nur in der Literatur des Internationalen Management, sondern – mit dem Schwerpunkt der Wahl von Absatzmärkten – auch in der Literatur des Internationalen Marketing vergleichsweise umfangreich behandelt (vgl. Meffert/Althans 1982, v.a. S. 36-120, Hünerberg 1994, v.a. S. 49-145, Meffert/Bolz 1998, v.a. S. 39-154, Berndt/Fantapié Altobelli/Sander 2005, v.a. S. 14-139).

3.1   Informationen über Auslandsmärkte als Grundlage für Zielmarktstrategien

3.1.1   Einleitende Überlegungen zur Information über Auslandsmärkte

Unternehmungen haben in vielen Fällen im Ausland bzw. über das Ausland weniger Informationen als im Inland bzw. über das Inland – Informationen über die vielfältigen Charakteristika der Makroumwelt und der Mikroumwelt (➜ zur Unterscheidung zwischen Makro- und Mikroumwelt Abschnitt 3.3.2 in Kapitel 3 sowie unsere Ausführungen über das Dülfersche Schichtenmodell in Abschnitt 3.6 in Kapitel 5). Dies liegt daran, dass Unternehmungen mit den meisten Auslandsmärkten wenig oder gar nicht vertraut sind, während sie im Inland aufgrund ihrer oftmals langjährigen Tätigkeit auf eine Vielzahl von Informationen zurückgreifen können. Zu einer zentralen Aufgabe des Managements werden aus diesem Grund

- **Gewinnung**,
- **Verarbeitung** und
- **Speicherung**

von Informationen über Auslandsmärkte (vgl. Keegan/Schlegelmilch 2001, S. 183-208, Bauer 2002, S. 22). Die Gewinnung, Verarbeitung und Speicherung von Auslandsinformationen wird oftmals auch unter dem Schlagwort der „Internationalen Marktforschung" bzw. „Auslandsmarktforschung" subsumiert (vgl. dazu Tietz 1989, Obbelode 1993, v.a. S. 121-142, Simmet-Blomberg 1995, Craig/Douglas 2005).

Die quantitative und qualitative Dimension der Informationsgewinnung, -verarbeitung und -speicherung wird von mehreren Faktoren, vor allem dem bisherigen **Ausmaß der Internationalisierung** und der anvisierten bzw. der bereits gewählten **Strategie des Markteintritts und der Marktbearbeitung** maßgeblich beeinflusst (vgl. Simmet-Blomberg 1995, Sp. 109, Wood/Robertson 2000, vgl. zu weiteren Faktoren auch Walldorf 1987, S. 192). So hat eine Unternehmung, die bereits in bestimmten Märkten, eventuell in Nachbarmärkten des in Frage kommenden Marktes, vertreten ist, bestimmte Informationen verfügbar, die einer bislang rein nationalen Unternehmung nicht vorliegen. Ebenso muss eine Unternehmung, die sich für indirekten Export über inländische Außenhandelsunternehmungen bzw. Exporthäuser entscheidet, deutlich weniger und deutlich weniger detaillierte Informationen über einen bzw. mehrere Auslandsmärkte haben als eine Unternehmung, welche die Gründung einer Tochtergesellschaft, eventuell sogar mit vollständiger Wertkette, in einem bestimmten Auslandsmarkt plant. Zu beachten ist in diesem Zusammenhang, dass sich eine internationalisierende Unternehmung nur im Falle des Exports (weitgehend) auf die Absatzseite beschränken kann, in anderen Fällen jedoch auch Informationen mit Relevanz für andere Funktionalbereiche von großem Interesse sind (Beschaffung, Forschung, Entwicklung, Produktion etc.).

Wir werden uns nun der Informationsgewinnung (Abschnitt 3.1.2), der Informationsverarbeitung (Abschnitt 3.1.3) und der Informationsspeicherung (Abschnitt 3.1.4) zuwenden.

3.1.2 Informationsgewinnung

Es soll kurz erläutert werden, (1) welches Ziel die Informationsgewinnung über Auslandsmärkte hat, bevor dann Ausführungen zu (2) Art und Umfang der zu gewinnenden Informationen, (3) den Varianten der Informationsgewinnung, (4) den Quellen der Informationsgewinnung und (5) dem Prozess der Informationsgewinnung folgen.

(1) Ziel der Informationsgewinnung über Auslandsmärkte: Das oberste Ziel der Informationsgewinnung ist es, der Unternehmung **Entscheidungsunterstützung bei der Formulierung der Marktpräsenzstrategien, der Marktselektionsstrategien und der Marktsegmentierungsstrategien** zu geben. Diese Strategien, die wir als Zielmarktstrategien bezeichnen, sollen der Unternehmung – zusammen mit den anderen Stoßrichtungen der Internationalisierungsstrategien (z.B. Markteintritts- und Marktbearbeitungsstrategien) – helfen, ihre langfristigen Ziele zu erreichen und über die Strategien

Erfolgspotentiale zu erschließen, welche die Basis für Wettbewerbsvorteile darstellen (→ Abschnitt 1.1 in diesem Kapitel, vgl. zu Information als Wettbewerbsvorteil auch Porter/Millar 1985). Dabei geht es immer um einen Abgleich der internen Ressourcen, Fähigkeiten und Kompetenzen mit der externen Umwelt. Im Kontext der Zielmarktstrategien besteht die Hauptaufgabe darin, frühzeitig Märkte bzw. Marktsegmente zu identifizieren, die für die fokale Unternehmung Chancen bieten, gleichzeitig die Märkte bzw. Marktsegmente zu „umschiffen", mit denen nicht vertretbare oder nicht gewünschte Bedrohungen verbunden sind. Notwendig ist es also, eine Frühaufklärung über Chancen und Bedrohungen zu betreiben (vgl. zur Frühaufklärung im Auslandsgeschäft auch Krystek/Walldorf 1992, 1997).

(2) Art und Umfang der zu gewinnenden Informationen über Auslandsmärkte: Die Informationen, die eine Unternehmung im Vorfeld ihres Ganges in das Ausland oder während ihrer Präsenz im Ausland sammelt, sind von Art und Umfang nahezu unbegrenzt. Alles, was die Makroumwelt und die Mikroumwelt eines Landes ausmacht, ist für die fokale Unternehmung a priori von Interesse – ob Informationen über die politische Umwelt, Informationen über die wirtschaftliche Umwelt, Informationen über Kunden oder Informationen über Konkurrenten. Bei einer umfassenden theoretisch geleiteten Literaturanalyse haben Wood/Robertson mehr als 200 Informationskategorien identifiziert, die allein in der Exportliteratur (und somit ohne Einbeziehung der Literatur zu anderen Markteintritts- und Marktbearbeitungsstrategien) genannt werden und damit prinzipiell als mögliche Informationskategorien gelten (vgl. Wood/Robertson 2000, v.a. S. 35-36, zu zahlreichen weiteren Vorschlägen exemplarisch Segler 1986, v.a. S. 55-105). Auch in der praxisorientierten Literatur zur Auslandsmarkterkundung finden sich Hinweise auf die Vielfalt von Informationskategorien, die Unternehmungen beim Gang in das Ausland beachten sollten (vgl. z.B. Fuß/Meyer/Stern 1989).

Bevor wir darauf zu sprechen kommen, dass eine Unternehmung natürlich nicht alle (möglichen) Informationen sammeln kann, wollen wir kurz darauf eingehen, wie eine Unternehmung überhaupt zu diesen Informationen kommt, d.h. welche Arten der Informationsbeschaffung es gibt und welche Informationsquellen existieren.

(3) Art der Informationsgewinnung über Auslandsmärkte: Hinsichtlich der Art der Informationsbeschaffung kann, wie im Inland, zwischen Primärforschung („field research") und Sekundärforschung („desk research") unterschieden werden (vgl. z.B. Walldorf 1987, v.a. S. 222-260, Stahr/Backes 1992, S. 392-397).

- Bei der **Primärforschung** geht es um das Sammeln bzw. Generieren **neuer Informationen**. Dies kann beispielsweise über schriftliche Befragungen, mündliche Experteninterviews, Beobachtungen, Tests oder Experimente geschehen.

- Bei der **Sekundärforschung** wird auf **bestehende Informationen** zurückgegriffen. Dazu bietet sich beispielsweise die ausführliche Analyse von Dokumenten (Studien, Exposés, Statistiken), die zuweilen auch in Datenbanken enthalten sind, an.

Meist versuchen internationale Unternehmungen, ihren Basisinformationsbedarf zunächst über Sekundärforschung zu stillen. Detailinformationen werden im Anschluss daran über Primärforschung (z.B. Erkundungsreisen vor Ort, Besuch von Auslandsmessen, Beauftragung von Marktforschungsinstituten) gewonnen (vgl. Stahr/Backes 1992, S. 397-398). Insbesondere die Marketingliteratur gibt zahlreiche spezifische Hinweise, wie Auslandsmärkte zu erforschen sind (vgl. exemplarisch Bauer 2002).

(4) Quellen der Informationsgewinnung über Auslandsmärkte: Hinsichtlich der Quellen der Informationsbeschaffung können – ebenso wie im Inland – interne und externe Informationsquellen differenziert werden (vgl. z.B. Bauer 2002, S. 77-150).

- **Interne Informationsquellen** sind Quellen, die sich unmittelbar und ausschließlich in der Kontrolle der Unternehmung befinden. Dazu zählen Informationen von Auslandsreisenden, Handelsvertretern oder ausländischen Tochtergesellschaften. Ebenso in diese Kategorie fallen unternehmungseigene Statistiken über Kundenanfragen aus dem Ausland oder über Angebote an Kunden im Ausland. Zudem sind interne Analysen aus Rechenwerken (Umsätze, Absätze, Deckungsbeiträge, Cash Flows) über bereits bearbeitete oder (vermeintlich) ähnliche Ländermärkte nicht zu vernachlässigen.

- Als **externe Informationsquellen** gelten Quellen, die nicht nur einer Unternehmung zugänglich sind, sondern entweder kostenlos verfügbar oder käuflich (von mehreren Unternehmungen gleichzeitig) erwerbbar sind. Derartige Länderinformationen werden von zahlreichen Institutionen und Organisationen erstellt. Dazu gehören beispielsweise statistische Ämter, Ministerien, Industrie- und Handelskammern, Außenhandelskammern, Verbände, Markt- und Meinungsforschungsinstitute, Beratungsunternehmungen oder Dokumentationszentren (→ zu einigen Informationsquellen Abschnitt 6 in Kapitel 1). Auch Banken und Broker liefern zuweilen wertvolle Informationen über einzelne Auslandsmärkte. Zu beachten ist, dass Informationen sowohl im Inland als auch in den potentiellen Gastländern selbst verfügbar sind.

(5) Prozess der Informationsgewinnung über Auslandsmärkte: In der eher theoretisch ausgerichteten Literatur wird immer wieder suggeriert, dass der Prozess der Informationsbeschaffung aktiv und systematisch ablaufen sollte. Ein **aktives, systematisches Vorgehen** hat sicherlich Vorteile, wird jedoch in der Praxis, gerade von kleineren und mittleren Unternehmungen und gerade im Falle bestimmter Markteintritts- und Marktbearbeitungsstrategien (z.B. Export), selten gewählt (vgl. Stocker/Wagner 1995). Oftmals spielen **Zufälle** eine große Rolle, wie die nachfolgenden Beispiele zeigen:

- Der Geschäftsführer erhält auf einer Auslandsmesse erste Informationen über einen bestimmten Auslandsmarkt, erfährt von Konkurrenten über das dort glänzend laufende Geschäft, begeistert sich für den Auslandsmarkt und lässt spontan eine Marktstudie in Auftrag geben.

- Der Exportleiter wird von einem potentiellen Kunden aus einem noch nicht bearbeiteten Auslandsmarkt angesprochen und entscheidet sich spontan, diesen Kunden zu
  beliefern, wobei er lediglich einige Informationen zu Rechts-, Zoll- und Lieferbedin-
  gungen bei der Industrie- und Handelskammer einholt.

- Die ausländische Tochtergesellschaft in einem bestimmten Land beschließt selbständig, ihren Nachbarmarkt zu bearbeiten, da sie aufgrund ihres Erfahrungswissens
  annimmt, dass sich die dortigen Bedingungen nicht von den Bedingungen auf dem
  eigenen Markt unterscheiden.

Bei einem aktiven Vorgehen sucht die Unternehmung selbst nach Informationen über
Auslandsmärkte, während bei einem passiven Vorgehen die Informationen bzw. der Anstoß zur Informationssuche von außen kommen. Tendenziell geht ein **aktives Vorgehen** eher mit einer **systematischen Informationsgewinnungsstrategie**, ein **passives
Vorgehen** eher mit einer **unsystematischen Informationsgewinnungsstrategie** einher. Allerdings muss dies nicht immer der Fall sein. In manchen Unternehmungen ist die
Informationssuche zwar durchaus als aktiv zu bezeichnen, das Vorgehen kann aber
dennoch unsystematisch oder sogar chaotisch ablaufen.

3.1.3   Informationsverarbeitung

Die gesammelten Informationen müssen in einem nächsten Schritt (1) hinsichtlich ihrer
Aussagekraft beurteilt und (2) aufbereitet werden.

(1) Kriterien zur Beurteilung der Informationen über Auslandsmärkte: Die gesammelten Informationen, wie auch immer sie gewonnen wurden, sind in manchen Fällen
sehr umfangreich. An Informationen über Auslandsmärkte werden einige Anforderungen
gestellt (vgl. Obbelode 1993, S. 135-138, vgl. ähnlich Berekoven/Eckert/Ellenrieder
2001, S. 26-28, Bauer 2002, S. 28-30). Informationen müssen

- **relevant,**
- **genau,**
- **vollständig,**
- **zuverlässig,**
- **aktuell** und
- **vergleichbar** (→ zur interkulturellen Vergleichbarkeit als Spezialproblem auch Abschnitt 5.3 in Kapitel 5)

sein. Dies führt dazu, dass ein Teil der Informationen, wiewohl vorhanden, im Laufe des
Prozesses der Informationsverarbeitung ausselektiert wird, da diese Informationen den
Anforderungen nicht genügen. Gleichzeitig ist jedoch immer ein Trade-off zwischen Kos-
ten und Nutzen zu beachten. Dies heißt: Manchmal nimmt man bestimmte Abstriche bei
Relevanz, Genauigkeit, Vollständigkeit, Zuverlässigkeit, Aktualität und/oder Ver-
gleichbarkeit bewusst in Kauf.

Im Zusammenhang mit den später noch anzusprechenden sequentiellen Bewertungsverfahren der Marktselektion, die im Rahmen der aktiven und systematischen Suche
angewandt werden, zeigt sich, dass viele Unternehmungen zunächst viele Länder grob
in ihr Visier nehmen, im Laufe des Auswahlprozesses dann die Zahl der möglichen Länder sukzessive einengen und für diese Länder die Analyseintensität erhöhen. Dies heißt:
Je weiter der Marktselektionsprozess fortschreitet, umso stärker fallen die Kriterien der
Relevanz, Genauigkeit, Vollständigkeit, Zuverlässigkeit, Aktualität und Vergleichbarkeit
ins Gewicht. Dieser Sachverhalt kommt auch in Abbildung 6-20 zum Ausdruck, wo besonders auf die Informationsintensität abgestellt wird.

Abb. 6-20: Veränderungen der Informationsintensität im Verlauf des Marktselektions-
            prozesses
Quelle: in Anlehnung an Schneider/Müller (1989), S. 13.

(2) Aufbereitung der Informationen über Auslandsmärkte: Die gesammelten Informationen über Auslandsmärkte können nun in vielfältiger Form verdichtet und für die
Entscheidungsvorbereitung nutzbar gemacht werden. Dazu sind Planungs-, Analyse-
und Bewertungsmethoden, wie etwa Checklisten oder Punktbewertungsverfahren, hilfreich (→ Abschnitt 3.3.2 in diesem Kapitel). Als Ergebnis müssen die Informationen aufbereitet werden. Dazu eignen sich zahlreiche Varianten; exemplarisch seien

- umfassende Länderberichte bzw. Länderexposés mit qualitativen und quantitativen Informationen,
- Länderrankings und
- Portfoliodarstellungen

angeführt.

3.1.4   Informationsspeicherung

Nach der Informationsgewinnung und Informationsverarbeitung muss eine Unternehmung Informationen über Ländermärkte angemessen **speichern**. Dies ist aus vielen Gründen von Bedeutung. Oftmals werden die Informationen zwar erhoben und verarbeitet, aber nicht sofort, sondern erst zu einem späteren Zeitpunkt für Entscheidungen und Handlungen benötigt. Außerdem sind die Informationen häufig nicht nur für den Eintritt in ein bestimmtes Land sinnvoll, sondern auch im weiteren Verlauf zur Bearbeitung dieses Ländermarkts von großem Interesse. Dazu kommt, dass in vielen Unternehmungen, vor allem in größeren Unternehmungen, möglicherweise andere Einheiten (z.B. andere Geschäftsbereiche) von den gesammelten und aufbereiteten Informationen über Ländermärkte profitieren. In der umfangreichen Literatur zum Wissensmanagement wird auf die Notwendigkeit der Speicherung von Wissen (einschließlich dessen Aktualisierung) auch treffend hingewiesen (vgl. Probst/Raub/Romhardt 1997, z.B. S. 289, 295-296 und 302 oder Probst/Romhardt 1997). Gerade bei den meisten Informationen über Auslandsmärkte sollte die Speicherung nicht allzu schwer fallen; denn oftmals handelt es sich (zumindest zum Zeitpunkt vor Markteintritt) eher um explizites als um implizites Wissen.

Die gespeicherten Informationen sind nutzlos, wenn sie nicht (irgendwann) von der Unternehmung verwertet werden. Verwertung heißt in diesem Fall, dass Informationen auch in Strategien münden bzw. in Strategien transformiert werden sollten: in Marktpräsenzstrategien, in Marktselektionsstrategien und in Marktsegmentierungsstrategien. Diesen Strategien werden wir uns nachfolgend in den Abschnitten 3.2 bis 3.4 zuwenden.

3.2   Marktpräsenzstrategien

Marktpräsenzstrategien können Antworten auf die Frage geben, ob eine Unternehmung in wenigen oder in vielen Ländern tätig sein möchte und wo eine Unternehmung geographisch tätig sein möchte. Unterschieden werden kann zwischen

- **basalen Marktpräsenzstrategien** (Abschnitt 3.2.1),
- **geographischen Marktpräsenzstrategien** (Abschnitt 3.2.2),

- **attraktivitätsorientierten Marktpräsenzstrategien** (Abschnitt 3.2.3) und
- **ausgleichsorientierten Marktpräsenzstrategien** (Abschnitt 3.2.4).

Eine Übersicht über die Varianten der Marktpräsenzstrategien, die in den nachfolgenden Abschnitten erläutert werden, vermittelt Abbildung 6-21.

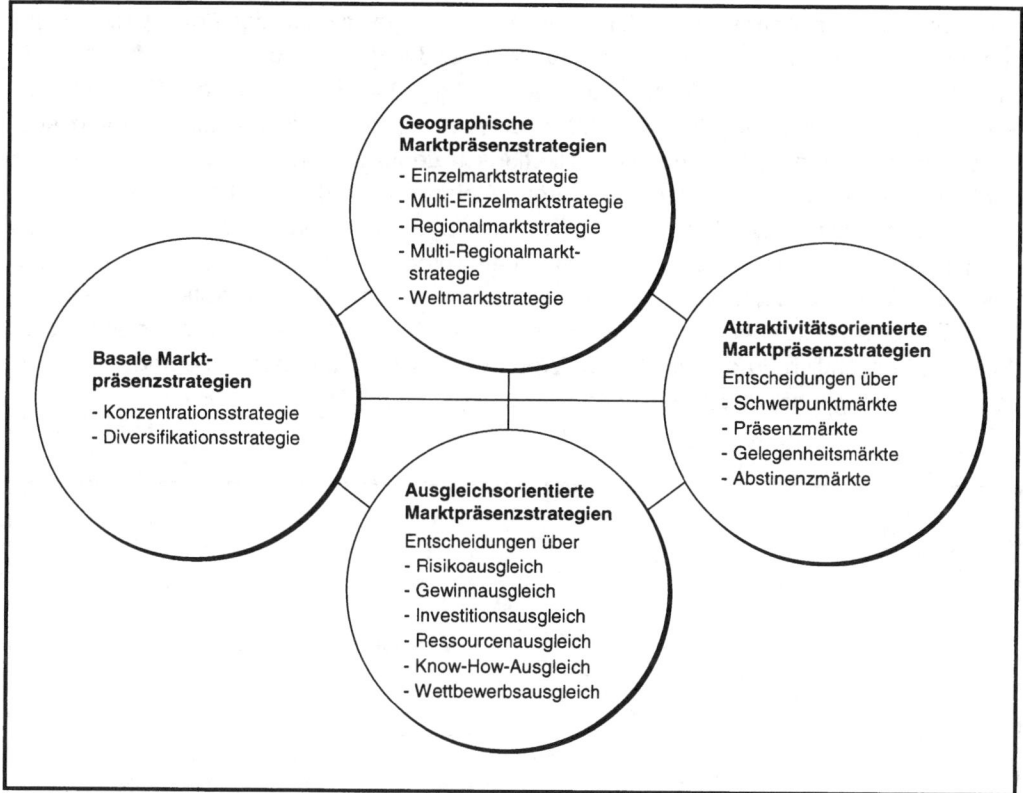

Abb. 6-21: Varianten der Marktpräsenzstrategien

3.2.1 Basale Marktpräsenzstrategien

Ayal/Zif (1978, 1979) haben zwei prinzipielle Alternativen der Marktpräsenz identifiziert: die Konzentrationsstrategie und die Diversifikationsstrategie. Diese basalen Präsenzstrategien wurden später auch von anderen Autoren wieder aufgegriffen (vgl. z.B. Katsikeas/Leonidou 1997). Wie unterscheiden sich diese beiden Strategietypen?

- Als **Konzentrationsstrategie** gilt der (meist sequentiell erfolgende) Markteintritt in bzw. die Marktbearbeitung von wenigen, streng selektierten Auslandsmärkten. Die Ressourcen werden auf eine beschränkte Zahl von Ländermärkten konzentriert.

• Als **Diversifikationsstrategie** wird der (meist innerhalb eines kurzen Zeitraums erfolgende) Eintritt in bzw. die Bearbeitung von vielen Ländermärkten bezeichnet. Die
  Ressourcen der Unternehmung werden auf viele Ländermärkte verteilt – nicht zuletzt
  um eine Risikodiversifikation zu erreichen.

Die Konzentrations- und die Diversifikationsstrategie weisen gewisse Überschneidungen
mit den später anzusprechenden länderübergreifenden Timingstrategien auf; denn bei
der Frage der Konzentration und Diversifikation wird gleichzeitig der Zeitaspekt mit angesprochen. Die Konzentrationsstrategie geht tendenziell mit der Wasserfallstrategie
einher, während die Diversifikationsstrategie häufig in Verbindung mit der Sprinklerstrategie angewandt wird (→ Abschnitt 4.2 in diesem Kapitel). Ayal/Zif gehen davon aus,
dass Unternehmungen, die eine Diversifikationsstrategie verfolgen, im Laufe der Zeit die
Zahl der Ländermärkte wieder reduzieren. Getragen ist diese Überlegung von der
(durchaus diskussionswürdigen) Annahme, dass es eine optimale Zahl von bearbeiteten
Ländermärkten gibt. Im langfristigen Zeitablauf kommt es deshalb nach Ayal/Zif dazu,
dass das Verfolgen einer Konzentrationsstrategie und einer Diversifikationsstrategie zu
einer ähnlichen Anzahl an bearbeiteten Ländermärkten führt. Dies wird auch aus Abbildung 6-22 ersichtlich, in der die Alternativen der Konzentrationsstrategie und der Diversifikationsstrategie graphisch verglichen werden (vgl. Ayal/Zif 1979, S. 86).

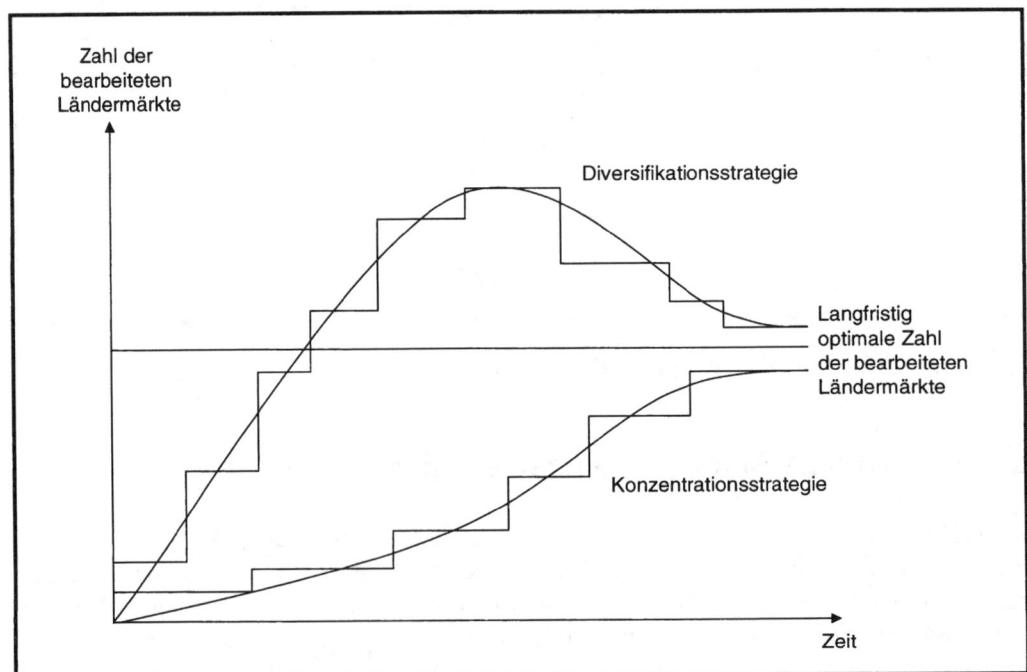

Abb. 6-22: Konzentrations- und Diversifikationsstrategien als basale Präsenzstrategien
Quelle: in Anlehnung an Ayal/Zif (1979), S. 86.

3.2.2   Geographische Marktpräsenzstrategien

Mit den Alternativen der Konzentration und der Diversifikation haben wir noch keine Aussage zur **geographischen Dimension der Marktpräsenz** geliefert. Deswegen wollen wir nun zusätzlich aufzeigen, welche Optionen der geographischen Marktpräsenz eine internationale Unternehmung hat. Eine internationale Unternehmung kann idealtypisch

- eine **Einzelmarktstrategie**,
- eine **Multi-Einzelmarktstrategie**,
- eine **Regionalmarktstrategie**,
- eine **Multi-Regionalmarktstrategie** oder
- eine **Weltmarktstrategie**

wählen.

Bei der **Einzelmarktstrategie** entscheidet sich die Unternehmung, nur auf einem weiteren Markt neben dem Heimatmarkt tätig zu sein (z.B. eine deutsche Unternehmung, die neben dem deutschen Markt nur noch auf dem US-amerikanischen Markt präsent sein will).

Bei der **Multi-Einzelmarktstrategie** möchte die Unternehmung in mehreren einzelnen Ländermärkten vertreten sein, die aber nicht zwingend einer bestimmten Region entstammen oder nicht zwingend eine ganze Region abdecken (z.B. eine deutsche Unternehmung in den USA, Kanada, Großbritannien, Frankreich und Japan).

Bei der **Regionalmarktstrategie** zielt die Unternehmung darauf ab, in allen Ländern einer Region präsent zu sein (z.B. eine deutsche Unternehmung in allen Ländern Europas). Neben der rein geographischen Einteilung werden in der Literatur auch zahlreiche weitere Vorschläge unterbreitet, Länder bestimmten Ländergruppen zuzuordnen. Länder können beispielsweise, wie wir bereits aufgezeigt haben, hinsichtlich ihres **Entwicklungsstands** oder ihrer **Zugehörigkeit zu politischen oder wirtschaftlichen Gemeinschaften** klassifiziert werden (→ Abschnitt 5.6 in Kapitel 1, vgl. auch Bernkopf 1980, S. 90-111). Derartige Einteilungen werden jedoch in der Regel nur dann zur Formulierung von Präsenzstrategien von Unternehmungen herangezogen, wenn es, wie im Falle der Europäischen Union, zu einer weitgehenden Deckungsgleichheit zwischen politischen und wirtschaftlichen Kriterien einerseits und geographischen Kriterien andererseits kommt.

Eine Unternehmung, die eine Entscheidung für die **Multi-Regionalmarktstrategie** trifft, möchte in allen Ländern mehrerer Regionen auftreten (z.B. deutsche Unternehmung in allen Ländern Europas, Nordamerikas und Südamerikas).

Eine **Weltmarktstrategie** liegt vor, wenn eine Unternehmung in allen Ländern der Erde tätig sein möchte. Dabei ist zu beachten, dass gerade die Weltmarktstrategie eher als theoretische denn als eine praktische Alternative zu interpretieren ist. Eine weltweite Abdeckung aller Ländermärkte ist in der Praxis kaum existent (→ unsere Ausführungen zur Globalisierung in den Abschnitten 5.1 bis 5.3 in Kapitel 1).

Ferner wird zuweilen nicht die geographische Präsenz an sich, sondern die **geographische Präsenz in Relation zum Heimatmarkt** als Kriterium herangezogen (vgl. Segler 1986, S. 184, Weber 1999, S. 254-255). Aus dieser Perspektive kann zwischen sogenannten **konzentrischen Präsenzstrategien** und **inselförmigen Präsenzstrategien** differenziert werden. Bei einer konzentrischen Strategie kommt es zu einer Wahl von Auslandsmärkten um den Heimatmarkt herum, bei einer inselförmigen Strategie zur Wahl von räumlich vom Heimatmarkt – sowie untereinander – getrennten Ländern oder Regionen. Ist eine deutsche Unternehmung in Österreich, Tschechien, Polen, Dänemark, den Niederlanden, Frankreich und der Schweiz tätig, so liegt eine konzentrische Strategie vor. Folgt eine deutsche Unternehmung der von Ohmae (1985) vorgeschlagenen Konzentration auf die Triade-Länder, so kann darin ein Beispiel für eine Inselstrategie gesehen werden. Die Unterscheidung zwischen konzentrischen Präsenzstrategien und inselförmigen Präsenzstrategien weist – ebenso wie die Unterscheidung zwischen Konzentrationsstrategien und Diversifikationsstrategien – Zusammenhänge mit den länderübergreifenden Timingstrategien auf (→ Abschnitt 4.2 in diesem Kapitel). Meist erfolgt die Präsenz nicht „von heute auf morgen", sondern wird im Zuge von Expansionsstrategien erreicht, die eine Planung der Markteintritte im Zeitablauf erfordern.

3.2.3   Attraktivitätsorientierte Marktpräsenzstrategien

Unternehmungen machen ihre Präsenz nicht ohne ökonomisches Kalkül an einzelnen Ländern oder Regionen und damit an geographischen Räumen fest, so verlockend manchmal die geographische (und zuweilen auch kulturelle und psychische) Nähe sein mag. Vielmehr versuchen Unternehmungen, Länder nach ihrer gegenwärtigen und zukünftigen Attraktivität zu beurteilen. Dabei unterscheiden viele Unternehmungen zwischen sogenannten

* **Schwerpunktmärkten,**
* **Präsenzmärkten,**
* **Gelegenheitsmärkten** und
* **Abstinenzmärkten** (vgl. z.B. Stahr 1993, S. 39-40).

Wie Attraktivität definiert ist, soll im Moment noch nicht im Detail interessieren. Wir werden auf die Attraktivität von Ländermärkten später nochmals zurückkommen und argumentieren, dass es sich bei der Attraktivität nicht um eine objektive, sondern eine subjektive Größe und nicht um eine unternehmungsübergreifende, sondern eine unternehmungsindividuelle Größe handelt (→ Abschnitt 3.3.1.1 in diesem Kapitel). Bereits an dieser Stelle kann folgende Abgrenzung vorgenommen werden: **Schwerpunktmärkte** sind die Auslandsmärkte, die für die unternehmungsindividuelle Ausnutzung oder die unternehmungsindividuelle Generierung von Erfolgspotentialen die größte Bedeutung haben. **Präsenzmärkte** spielen für eine fokale Unternehmung und deren Erfolgspotentiale immer noch eine derart wichtige Rolle, dass sie dort auf jeden Fall vertreten sein möchte. **Gelegenheitsmärkte** dagegen sind Ländermärkte, in denen die betroffene Unternehmung nur sporadisch Geschäfte tätigt. Es mag sein, dass in diesen Märkten hin und wieder, aber nicht regelmäßig Erfolgspotentiale zum Tragen kommen bzw. erschlossen werden (sollen). Von **Abstinenzmärkten** hält sich die betrachtete Unternehmung schließlich völlig fern, da sie diese Märkte für sich als nicht erfolgskritisch erachtet oder sie sogar als erfolgsgefährdend ansieht.

Ein Beispiel für eine fiktive Einteilung in Schwerpunkt-, Präsenz- und Gelegenheitsmärkte liefert Abbildung 6-23. Die Märkte, die als Abstinenzmärkte gelten, wurden nicht in die Abbildung aufgenommen. Mithilfe der Abbildung lässt sich zeigen, dass die Präsenz nicht allein an geographischen Kriterien festgemacht wird. Vielmehr differenziert eine Unternehmung selbst innerhalb geographischer Gebiete – in diesem Fall innerhalb von Erdteilen – zwischen verschiedenen Arten von Märkten.

	Schwerpunktmärkte	Präsenzmärkte	Gelegenheitsmärkte
Europa	Deutschland Frankreich Großbritannien Italien Niederlande Österreich Schweden Schweiz	Baltische Staaten Finnland Luxemburg Norwegen Polen Portugal Tschechien Ungarn	Bulgarien Griechenland Rumänien Russland Türkei
Amerika	Kanada USA	Brasilien Mexiko	Argentinien Chile
Asien	China Japan	Indien Singapur Südkorea Taiwan	Indonesien Malaysia Philippinen Thailand
Afrika	Südafrika	Ägypten Arabische Staaten Tunesien	Algerien Ghana Namibia
Australien/ Ozeanien	Australien Neuseeland	-	-

Abb. 6-23: Eine fiktive Einteilung von Ländern nach Schwerpunkt-, Präsenz- und Gelegenheitsmärkten

Auf der Basis einer Einteilung in Schwerpunkt-, Präsenz-, Gelegenheits- und Abstinenzmärkte verfolgt eine Unternehmung ihre **individuelle Präsenzstrategie**. Oder anders ausgedrückt: Eine Unternehmung entscheidet sich für eine spezifische Auswahl an
Ländermärkten. In Anlehnung an Mühlbacher/Dahringer/Leihs (1999, S. 400-403) können wir auch von einer **fokussierten Präsenzstrategie** sprechen. Die Unternehmung
überprüft das Portfolio ihrer Ländermärkte idealerweise immer wieder auf das Neue darauf, ob deren Attraktivität noch in dem Maße gegeben ist, wie dies ursprünglich angenommen wurde.

Zuweilen wird versucht, die Attraktivität von Ländermärkten an der Zugehörigkeit zu bestimmten Clustern, d.h. Gruppen von Ländermärkten, festzumachen. Die **Möglichkeiten, Cluster oder Gruppen von Ländermärkten zu bilden**, sind nahezu unbegrenzt.
Cluster können beispielsweise anhand kultureller Variablen (→ auch Abschnitte 3.4.2
und 3.7 in Kapitel 5), politischer Variablen, rechtlicher Variablen, ökonomischer Variablen oder, was sehr häufig der Fall ist, anhand einer Kombination zahlreicher verschiedener Variablen (vgl. bereits Liander 1967, Sethi 1971, Goodnow/Hansz 1972, Day/
Fox/Huszagh 1988 sowie Überblicke bei Leitherer 1989, Bauer 1994, v.a. S. 224-225
und Walters 1997, v.a. S. 166-167) erzielt werden.

3.2.4   Ausgleichsorientierte Marktpräsenzstrategien

Bei der Wahl von Ländermärkten und Regionen können auch Ausgleichsgesichtspunkte
eine Rolle spielen. So weist Hünerberg zu Recht darauf hin, dass es nicht ausreicht, die
Ländermärkte nach ihrer jeweils eigenen Attraktivität zu beurteilen und auszuwählen.
Vielmehr kann gerade das **Zusammenspiel der Ländermärkte** von Bedeutung sein.
Ein ökonomisches Kalkül darf sich daher nicht allein an der Attraktivität jedes Einzel-
markts orientieren, sondern muss weitere Kriterien berücksichtigen. Als mögliche, nicht
völlig überschneidungsfreie Alternativen des Ausgleichs gelten (vgl. Hünerberg 1994,
S. 111):

- **Risikoausgleich:** Kombination von risikoreichen und risikoarmen Ländermärkten
  (z.B. politische Risiken, ökonomische Risiken)

- **Gewinnausgleich:** Kombination von bereits gewinnbringenden etablierten Ländermärkten und neu aufzubauenden und (zunächst) nicht gewinnbringenden Ländermärkten

- **Investitionsausgleich:** Kombination von Cash Flow erzielenden etablierten Ländermärkten und neu aufzubauenden und (zunächst) Cash Flow verbrauchenden Ländermärkten

- **Ressourcenausgleich:** Kombination von Ressourcen (z.B. Managementressourcen) verbrauchenden Ländermärkten und Ressourcen abgebenden Ländermärkten

- **Know-how-Ausgleich:** Kombination von Wissen abgebenden Ländermärkten (z.B. Brückenköpfe, Testmärkte) und Wissen absorbierenden Ländermärkten

- **Wettbewerbsausgleich:** Kombination von wettbewerbsintensiven und weniger wettbewerbsintensiven Märkten

Anhaltspunkte für eine ausgleichsorientierte Präsenzstrategie bietet die Portfoliotheorie (vgl. Markowitz 1952). Sie zeigt, vereinfacht ausgedrückt, dass eine Diversifikation in verschiedene Wertpapiere das Risiko von Anlageentscheidungen vermindern kann. In ähnlicher Art und Weise kann eine Diversifikation in verschiedene Ländermärkte das Risiko einer internationalen Unternehmung reduzieren. Neben dem Risikoausgleich spielen freilich bei Marktpräsenzstrategien – wie soeben erwähnt – auch andere Varianten des Ausgleichs eine Rolle (vgl. zu unternehmerischen Portfolioüberlegungen im Allgemeinen auch kurz Henderson 1994).

3.2.5 Zwischenfazit

Wir haben gezeigt, dass eine Unternehmung unterschiedliche Möglichkeiten hat, Marktpräsenzstrategien zu formulieren. Die einzelnen Möglichkeiten schließen sich nicht gegenseitig aus, sondern können **parallel** herangezogen werden. Oder anders formuliert: Eine Unternehmung kann neben basalen Präsenzstrategien sowohl geographisch orientierte als auch attraktivitäts- und ausgleichsorientierte Präsenzstrategien formulieren.

3.3 Marktselektionsstrategien

Nur wenn eine Unternehmung eine Weltmarktstrategie verfolgt, so muss sie keine Auswahl der Ländermärkte vornehmen. In allen anderen Fällen muss sie sich entscheiden, in welche Länder und in welche Regionen sie eintreten bzw. welche Länder und welche Regionen sie bearbeiten möchte. Es ist für die meisten Unternehmungen – vor allem unter Berücksichtigung knapper Ressourcen – notwendig, einzelne Märkte zu selektieren. Wir sprechen auch von **Marktselektionsstrategien.** Marktselektionen stellen strategische Entscheidungen dar. Es gibt dabei jedoch keine idealtypischen Strategien oder Strategiemuster der Marktselektion. Insofern präsentieren wir in diesem Abschnitt nicht einzelne Strategien oder Strategiemuster, sondern gehen auf **zentrale Kriterien** ein, die bei der Marktselektion eine wesentliche Rolle spielen (Abschnitt 3.3.1). Außerdem erläutern wir **zentrale Verfahren,** die angewandt werden können, um die Marktselektionsentscheidung zu treffen (Abschnitt 3.3.2). Schließlich betonen wir den **individuellen Charakter der Marktselektionsstrategie** (Abschnitt 3.3.3).

3.3.1   Zentrale Kriterien für die Marktselektion

Für die Selektion eines bestimmten Marktes spielen in vielen Unternehmungen drei Kriterien eine zentrale Rolle:

- die **Ländermarktattraktivität** (Abschnitt 3.3.1.1),
- die **Ländermarktrisiken** (Abschnitt 3.3.1.2) und
- die **Ländermarkteintrittsbarrieren** (Abschnitt 3.3.1.3).

Selbstverständlich lässt sich die Marktselektion nicht allein aufgrund dieser drei Kriterien treffen (vgl. z.B. die bei Segler 1986, v.a. S. 176-186 und Oppenländer 2002 angesprochenen Faktoren, → unsere Ausführungen zu Standorten in Abschnitt 3.3.2 in Kapitel 3). So kann, um nochmals auf ein Ihnen bereits bekanntes Phänomen zurückzugreifen, die Marktselektion auch unter Gesichtspunkten des Ausgleichs erfolgen. Doch Ländermarktattraktivität, Ländermarktrisiken und Ländermarkteintrittsbarrieren werden in der Literatur als besonders wichtig erachtet.

3.3.1.1   Die Ländermarktattraktivität

Die Ländermarktattraktivität beschreibt die in bestimmten Ländermärkten vorhandenen **Nutzenpotentiale**. Zu den wichtigsten Sub-Kriterien, anhand derer sich die Ländermarktattraktivität beurteilen lässt, gehören beispielsweise (vgl. Stahr 1993, S. 31-33):

- Marktvolumen (z.B. Zahl der Kunden, Zahl der absetzbaren Produkte),
- Marktwachstum (z.B. Wachstumspotential bei Kunden, Wachstumspotential bei absetzbaren Produkten),
- Marktstruktur (z.B. beurteilt anhand der fünf Porterschen Branchenkräfte: Branchenrivalität im spezifischen Ländermarkt, Macht der dortigen Abnehmer, Macht der dortigen Kunden, Höhe der dortigen Eintrittsbarrieren und Gefahr durch Substitutionsprodukte),
- Preisstruktur (z.B. erzielbare Preise, Preise der Wettbewerber, Preise von Substitutionsprodukten),
- Kostensituation (z.B. Lohnkosten, Lohnnebenkosten, Maschinenlaufzeiten),
- Beschaffungssituation (z.B. Versorgung mit Rohstoffen, Preise für Rohstoffe) und
- Infrastruktur (z.B. Transportsysteme).

Was die Attraktivität eines bestimmten Ländermarkts ausmacht, ist hochgradig subjektiv und unternehmungsindividuell. Es hängt vor allem von den generellen Orientierungen und Zielen der Unternehmung (→ v.a. Abschnitt 3 in Kapitel 2 und Abschnitt 1.1.2.1 in diesem Kapitel), von den Motiven des spezifischen Auslandsengagements (→ Abschnitte 2.1.3 und 3.1.3 in Kapitel 1) und von den in Frage kommenden Formen des Auslandsengagements (→ Abschnitt 2 in diesem Kapitel) ab. Die Attraktivität eines Ländermarkts wird dabei in den meisten Fällen nicht an einem, sondern an einer Vielzahl der oben genannten Kriterien festgemacht. Länderattraktivität ist somit (fast) niemals eindimensional, sondern (fast) immer multidimensional ausgelegt. Außerdem darf die Attraktivität eines bestimmten Ländermarkts nicht isoliert gesehen werden; die Attraktivität eines bestimmten Ländermarkts wird auch von anderen Ländermärkten beeinflusst. So ist beispielsweise Singapur an sich ein vergleichsweise unattraktiver Markt; Singapur kommt jedoch als Brückenkopf für andere Ländermärkte eine große Bedeutung zu (vgl. auch Schneider 1998, S. 336).

Man könnte geneigt sein, attraktive Länder für den Markteintritt auszuwählen. Dass jedoch attraktive Länder auch Risiken haben können, soll der folgende Abschnitt verdeutlichen.

3.3.1.2 Die Ländermarktrisiken

Die Ländermarktrisiken beschreiben die in bestimmten Ländermärkten vorhandenen **Gefahrenpotentiale**: Zu den wichtigsten Risiken gehören, um nochmals kurz die bereits in Textbox 6-19 (➜ Abschnitt 2.11 in diesem Kapitel) erläuterten Risiken in Erinnerung zu rufen,

- Währungsrisiken,
- Zahlungsrisiken,
- Inflationsrisiken,
- Transport- und Lagerrisiken,
- Enteignungsrisiken,
- Dispositionsrisiken,
- Transferrisiken,

- Sicherheitsrisiken,
- Rechtliche Risiken,
- Fiskalische Risiken,
- Kommunikationsrisiken,
- Marktrisiken im engeren Sinne und
- Substitutionsrisiken.

Ein Teil dieser Risiken wird im Rahmen von Konzepten zur Beurteilung von Länderrisiken erfasst, die auch in der Unternehmungspraxis breite Anwendung finden (vgl. etwa Allgemeine Kredit 2004). Es gibt eine vergleichsweise große Zahl derartiger Konzepte, die in der Literatur bereits oftmals dargestellt wurden (vgl. Baker/Hashmi 1988). Die meisten der Konzepte treten dabei mit dem Ziel an, sogenannte Länderrankings zu erstellen. Unter den Konzepten finden sich die Business-International-Country-Rankings (BI-Country-Rankings), das Institutional-Investor-Country-Rating, die Euromoney Country-Risk-Ratings, die Political-Risk-Services-Rankings und der Business Environment Risk Index (vgl. dazu z.B. Meyer 1984, Raffée/Kreutzer 1984, v.a. S. 31-38, Dichtl/Köglmayr 1986, Tümpen 1987, v.a. S. 207-254, Walldorf 1987, S. 281-300, Schneider/Müller 1989, S. 32-38, Howell/Chaddick 1994, Krystek/Walldorf 1997, S. 445-451; vgl. kritisch dazu auch El Kahal/MacLean 1999, Duran/Lamothe 2004). Eines der bekanntesten Konzepte ist der sogenannte **Business Environment Risk Index**, der BERI (vgl. Hake 1982, 1997). Wir wollen den BERI exemplarisch herausgreifen und kurz vorstellen.

Der BERI wird seit Beginn der siebziger Jahre vom Business Environment Risk Information Institute mit Sitz in Genf erstellt. Bei diesem Institut handelt es sich um ein gewerbliches Institut, weshalb der Index nur käuflich erworben werden kann. Der BERI wird dreimal jährlich für etwa 45 Länder und 5 Regionen erstellt; er enthält jeweils Prognosen für ein Jahr und für fünf Jahre.

Als Teilindizes des BERI existieren

- der **Operations Risk Index** (ORI), mit dem das Geschäftsklima beurteilt werden soll,
- der **Political Risk Index** (PRI), mit dem die politische Stabilität geprüft werden soll, und
- der **Rückzahlungsfaktor** (R-Faktor), der das Transferrisiko zum Ausdruck bringen soll.

Die drei Teilindizes werden schließlich zum **Profit Opportunity Recommendation Index** (POR-Index) zusammengefasst. Wir werden nachfolgend kurz darauf eingehen, wie die einzelnen Teilindizes und der Gesamtindex ermittelt werden.

(1) Die Ermittlung des Operations Risk Index: Jeweils 10 bis 15 Experten bewerten ein Land anhand der 15 ORI-Kriterien, die im oberen Teil von Abbildung 6-24 enthalten sind. Bei den Experten für den ORI handelt es sich um Führungskräfte aus Industrieunternehmungen und von Banken sowie um Vertreter von Wirtschafts(forschungs)instituten. Die Bewertung erfolgt in Form eines Punktbewertungssystems. Jeder der 10-15 Experten bestimmt in einem ersten Schritt die Merkmalsausprägung der 15 ORI-Kriterien. Dabei wenden die Experten eine Ratingskala an, die von 0 bis 4 reicht (0: inakzeptable Bedingungen; 4: sehr gute/günstige Bedingungen). Die Bewertungen der Merkmalsausprägungen können in „Zehntel-Punkte-Schritten" angegeben werden. In einem zweiten Schritt werden für jedes Kriterium arithmetisches Mittel und Standardabweichung ermittelt, wobei versucht wird, extreme Abweichungen der einzelnen Experten vorab konvergieren zu lassen. Dazu werden Delphi-Methoden eingesetzt. In einem dritten Schritt werden die arithmetischen Mittelwerte hinsichtlich der 15 ORI-Kriterien gewichtet, und der vierte Schritt besteht in der Addition der gewichteten arithmetischen Mittel für die ORI-Kriterien.

(2) Die Ermittlung des Political Risk Index: Bei der Ermittlung des Political Risk Index wird ähnlich wie bei der Ermittlung des Operations Risk Index vorgegangen. Zu bewerten sind hier die 10 sogenannten PRI-Kriterien, die aus dem unteren Teil der Abbildung 6-24 ersichtlich sind. Als Experten für den PRI werden in einem Panel primär Soziologen und Politologen befragt. Auch hier werden in einem Punktbewertungsverfahren zunächst die Merkmalsausprägungen der Kriterien bestimmt. Dabei wird auf eine Ratingskala zurückgegriffen, die von 0 bis 7 reicht (0: sehr niedrige Ausprägung, 7: sehr hohe Ausprägung). Sodann kommt es zur Berechnung von arithmetischen Mitteln und Standardabweichungen für jedes der 10 PRI-Kriterien, bevor die 10-PRI-Kriterien schließlich gewichtet und addiert werden.

Kriterien des Operations Risk Index (ORI)

1   Politische Stabilität
2   Verhalten gegenüber ausländischen Investoren und deren Gewinnen
3   Verstaatlichungstendenzen
4   Geldentwertungsrate
5   Zahlungsbilanz
6   Bürokratische Hemmnisse
7   Wirtschaftswachstum
8   Währungskonvertibilität
9   Durchsetzbarkeit von Verträgen mit Einheimischen
10 Lohnkosten und Produktivität
11 Verfügbarkeit örtlicher Fachleute und Lieferanten
12 Nachrichten- und Transportwesen
13 Verfügbarkeit örtlicher Manager und Partner
14 Verfügbarkeit von kurzfristigen Krediten
15 Verfügbarkeit von langfristigen Krediten und Eigenkapital

Kriterien des Political Risk Index (PRI)

Interne Ursachen
1   Fraktionalisierung des politischen Spektrums und die Macht der einzelnen Gruppen
2   Fraktionalisierung durch Sprache, Volksstämme, Religionen und die Macht der einzelnen Gruppen
3   Unterdrückungsmaßnahmen zur Aufrechterhaltung der Macht
4   Mentalität: Fremdenfeindlichkeit, Nationalismus, Korruption, Nepotismus, Bereitschaft zum Kompromiss
5   Soziale Lage, Bevölkerungsdichte, Wohlstandsverteilung
6   Organisation und Stärke der radikalen Linken

Externe Ursachen
7   Abhängigkeit von oder Bedeutung für eine feindliche Großmacht
8   Negative Einflüsse von regionalen politischen Kräften

Symptome
9   Soziale Konflikte: Streiks, Demonstrationen, Aufruhr, Putschversuche
10 Politische Morde, Terrorismus

Abb. 6-24:   Die Kriterien des ORI und des PRI innerhalb des BERI
Quelle: Hake (1982), S. 465-466.

(3) Die Ermittlung des Rückzahlungsfaktors: Der R-Faktor gibt Aufschluss über das Rückzahlungsrisiko eines Landes hinsichtlich der Schuldzinsen und der Tilgungen sowie der fälligen Lizenzgebühren gegenüber ausländischen Kapitalgebern in harter Währung. Wie bei ORI und PRI wird auch hier ein Punktbewertungssystem eingesetzt. Die Bewertung erfolgt jedoch durch das BERI-Institut selbst. Bewertet werden hier die Kriterien behördliche Vorschriften, Zahlungsbilanz, Währungsreserven und Auslandsverschuldung, die nochmals in 15 Unterkriterien aufgeteilt sind.

(4) Die Ermittlung des Profit Opportunity Recommendation Index: Der POR-Index ergibt sich aus einer Addition der drei Einzelindizes (ORI + PRI + R-Faktor). Anhand der erreichten Gesamtpunktzahl wird ein Land in einer der vier folgenden Klassen von Handlungsempfehlungen eingruppiert:

- Land für Investitionen geeignet,
- Land für langfristige Aktivität mit geringem Eigenkapitaleinsatz geeignet (z.B. Lizenzen oder Managementverträge),
- Land nur für Außenhandel geeignet oder
- Land für geschäftliche Transaktionen nicht geeignet.

Daran wird deutlich, dass der BERI spezifische Handlungsempfehlungen für die Form des Markteintritts bzw. der Marktbearbeitung geben möchte. Kritik an einem Länderranking, wie es durch den BERI erfolgt, wird aber deswegen geäußert, weil Länderrankings nicht branchenspezifisch und schon gar nicht unternehmungsspezifisch ausgelegt sind. So kann etwa für einen Rüstungshersteller ein Land, in dem kriegerische Auseinandersetzungen drohen, durchaus interessant sein, während Unternehmungen aus den meisten anderen Branchen dieses Land eher als riskant einschätzen und deshalb nicht auswählen (vgl. zu dieser Kritik auch Hake 1982, S. 471). Ebenso kann eine Unternehmung, die über ausgezeichnete Kontakte zur Gastlandregierung sowie aufgrund ihrer Größe über ausgeprägte Marktmacht verfügt, anderen Risiken ausgesetzt sein als eine kleine Unternehmung, die für die Gastlandregierung als „unwichtig" gilt. Außerdem täuschen Länderrankings eine Genauigkeit vor, die nicht gegeben ist. Die erzielten Werte stellen nichts anderes dar als das Ergebnis subjektiver Expertenurteile, die teilweise willkürlich gewichtet werden (vgl. zu weiteren Kritikpunkten exemplarisch Raffée/Kreutzer 1984, S. 37-38, Engelhard 1992b, S. 378-382). Insofern können Länderrankings, deren Prognosekraft aufgrund empirischer Ergebnisse nachgewiesenermaßen beschränkt ist (vgl. Howell/Chaddick 1994, Oetzel/Bettis/Zenner 2001), nur eine **erste grobe Orientierung** bei der Marktselektion liefern.

Doch was bedeutet ein hohes Risiko? Scheiden Länder, die ein hohes Risiko aufweisen, zwangsläufig als Alternativen aus? Länder mit höherem Risiko gilt es nicht zwingend zu meiden (vgl. Di Gregorio 2005). Eine Unternehmung hat mehrere Strategien zum Umgang mit höherem Risiko (vgl. auch Tümpen 1987, S. 278-293, Grabner-Kräuter 1992c, S. 126-130):

- Sie kann erstens **Risiken** zu **mindern** bzw. zu **begrenzen** versuchen. Dies ist beispielsweise durch Wahl bestimmter Markteintrittsstrategien (z.B. Joint Venture) möglich.

- Sie kann zweitens **Risiken streuen.** Wenn sich eine Unternehmung ein gewisses Risiko leisten kann – etwa weil sie in ihrem Länderportfolio ansonsten nur etablierte Märkte hat – so mag es durchaus angebracht sein, den Schritt in einen riskanteren Ländermarkt zu wagen.

- Sie kann drittens **Risiken auf andere überwälzen.** Dazu bieten sich beispielsweise Garantien, Bürgschaften und Versicherungen an.

- Sie kann viertens **Risiken eingehen.** Vielfach ist ein höheres Risiko mit einer größeren Marktattraktivität verbunden; vor allem können einem höheren Risiko auch höhere Ertragschancen gegenüber stehen.

3.3.1.3 Die Ländermarkteintrittsbarrieren

Ländermarkteintrittsbarrieren sind, obwohl nicht völlig unabhängig von der Marktattraktivität und den Marktrisiken, als drittes wichtiges Kriterium der Marktselektion zu betrachten. Als Markteintrittsbarrieren gelten generell **Barrieren, die eine Unternehmung überwinden muss, wenn sie in einen bestimmten Markt eindringen will.** In unserem Kontext sind Markteintrittsbarrieren die Barrieren, die einer Unternehmung den Eintritt in einem bestimmten Ländermarkt schwer machen.

Als Markteintrittsbarrieren dürfen jedoch nicht nur, wie dies häufig im Kontext der Industrial-Organization-Argumentation der Fall ist (vgl. Bain 1956, ebenso Yip 1982, zu einer Übersicht auch Roxin 1992, v.a. S. 24), generell Kostenvorteile oder Produktdifferenzierungsvorteile der etablierten Wettbewerber herausgestellt werden; vielmehr sollten wir uns fragen, was im internationalen Geschäft den Markteintritt in ein bestimmtes Land erschweren kann (vgl. Simon 1989b, Karakaya 1993, Brouthers/Brouthers/Nakos 1998). Simon (1989b) differenziert zwischen (1) institutionellen Markteintrittsbarrieren, (2) marktseitigen verhaltensbedingten Barrieren und (3) unternehmungsseitigen verhaltensbedingten Barrieren.

(1) Institutionelle Markteintrittsbarrieren: Zu den institutionellen Markeintrittsbarrieren zählen tarifäre und nicht-tarifäre Hemmnisse in einem bestimmten Land. Derartige Hemmnisse können sich für alle Alternativen des Markteintritts ergeben. So mögen sich bei Exporten Zölle bemerkbar machen, bei Lizenzen gibt es möglicherweise Genehmigungspflichten, bei Joint Ventures existieren zuweilen Beschränkungen hinsichtlich der Beteiligungshöhe, und bei der Errichtung von Tochtergesellschaften können im Bereich der Fertigung Local-Content-Vorschriften auferlegt werden. Gemeinsam ist allen institutionellen Handelshemmnissen, dass sie auf staatlichen Vorschriften beruhen.

Im Gegensatz zu den institutionellen Markteintrittsbarrieren sind für die verhaltensbedingten Markteintrittsbarrieren die generellen Praktiken auf Märkten bzw. von Unternehmungen von Bedeutung.

(2) Marktseitige verhaltensbedingte Barrieren: Marktseitige verhaltensbedingte Barrieren können zahlreiche Ursachen haben. Dazu zählen beispielsweise der große Kon-
kurrenzdruck (vgl. Scharrer 2001, S. 116-117), der problematische Zugang zu Distribu-
tionssystemen, die bei der Rekrutierung geeigneter Mitarbeiter entstehenden Schwierigkeiten, ein stark vom Heimatland oder von anderen Ländern divergierendes Konsumver-
halten, ein diskriminierendes Verhalten von Seiten der Behörden, undurchschaubare
Managementpraktiken, Sprachprobleme und Kulturdifferenzen. Fixkostenvorteile der lokalen Wettbewerber oder Präferenzvorteile der Kunden für lokale Wettbewerber („buy-
local") können ebenfalls als derartige Barrieren interpretiert werden.

(3) Unternehmungsseitige verhaltensbedingte Barrieren: Auch auf Seiten der fokalen Unternehmung gibt es Gründe, von Markteintrittsbarrieren, sogenannten unternehmungsseitigen verhaltensbedingten Barrieren, zu sprechen. Simon (1989b, Sp. 1446)
führt vor allem Unzulänglichkeiten bei der Information über ausländische Märkte an.
Dies heißt: Hat eine Unternehmung bei ihrer Informationsgewinnung, -verarbeitung und
-speicherung Fehler begangen (→ Abschnitt 3.1 in diesem Kapitel), so kann es zu einer
Fehlwahrnehmung von Ländermärkten – etwa zu einer Überschätzung bestimmter Probleme – kommen. Die Unternehmung baut sich somit selbst Barrieren auf. Neben eher
kognitiven Barrieren können dabei auch psychische oder affektive Barrieren gegenüber
einem bestimmten Ländermarkt existieren.

Manche Ländermärkte gelten weitgehend unabhängig von der Branche, den angebotenen Produkten und der anvisierten Alternative des Markteintritts (Export, Lizenzierung,
Tochtergesellschaft usw.) als schwierig. So wird immer wieder betont, dass der Markteintritt in Japan für Unternehmungen aus dem Ausland besonders problematisch ist (vgl.
bereits Simon 1985, 1986, Hrsg.). Dennoch muss betont werden, dass die Überwindung
von Markteintrittsbarrieren von den individuellen Ressourcen, Fähigkeiten und Kompetenzen von Unternehmungen abhängt, wie dies bereits die Theorie des monopolistischen Vorteils von Hymer suggeriert hat. Damit wird deutlich, dass eine Berücksichtigung der Umwelt (in diesem Fall die Ländermarkteintrittsbarrieren) zwar wichtig ist, aber
ohne Abgleich mit unternehmungsindividuellen Potenzialen nutzlos bleibt (→ Abschnitt 1
in diesem Kapitel, zur Theorie des monopolistischen Vorteils Abschnitt 2.3 in Kapitel 3).

In Abbildung 6-25 wird exemplarisch aufgezeigt, wie eine fiktive Unternehmung subjektiv
ihre **Möglichkeiten zur Überwindung von Markteintrittsbarrieren** in bestimmten Ländern **einschätzen** könnte. Gleichzeitig sind in der Abbildung Informationen über die Attraktivität, die noch nicht bearbeitete Ländermärkte für diese Unternehmung (vermeintlich) haben, enthalten. Geht die fiktive Unternehmung aus Abbildung 6-25 davon aus,
dass ein bestimmtes Mindestniveau an Ressourcen, Fähigkeiten und Kompetenzen zur

Überwindung der Ländermarkteintrittsbarrieren notwendig ist, so würden sich in diesem fiktiven Fall vor allem China und Frankreich für den Markteintritt anbieten.

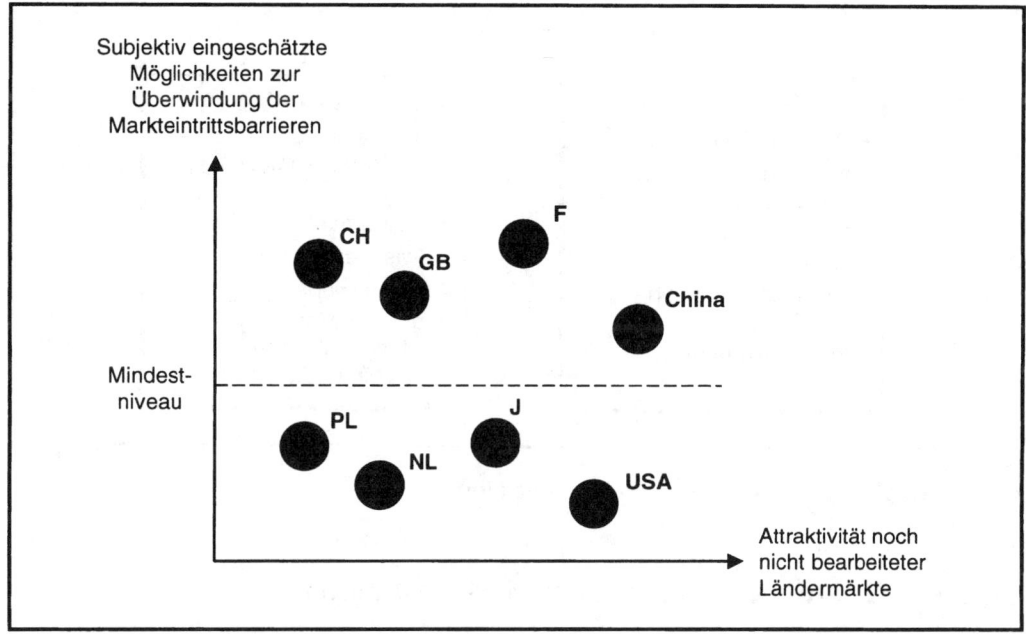

Abb. 6-25: Die Möglichkeiten der Überwindung von Ländermarkteintrittsbarrieren in verschiedenen Ländermärkten

Die Einordnungen, die sich in Abbildung 6-25 finden, können von der fokalen Unternehmung nicht nur „aus dem Bauch heraus" getätigt werden. Die nachfolgend zu erläuternden Verfahren bieten deshalb eine Hilfestellung bei der Ermittlung von Marktattraktivität, -risiken und -eintrittsbarrieren und damit eine Hilfestellung bei der Marktselektion.

3.3.2   Zentrale Verfahren der Marktselektion

Verfahren der Marktselektion dienen dazu, aus der Vielzahl der möglichen Ländermärkte den oder die nächsten Ländermärkte auszuwählen, in die eingetreten werden soll bzw. die bearbeitet werden sollen. Obwohl die Vorschläge in der Literatur sehr vielfältig sind (vgl. Breit 1991, S. 84-195, Schuh/Trefzger 1991, Scharrer 2001, S. 101-103, Papadopoulos/Chen/Thomas 2002, v.a. S. 166-169), lassen sie sich prinzipiell in **einstufige Verfahren** (Abschnitt 3.3.2.1) und in **mehrstufige, sequentielle Verfahren** (Abschnitt 3.3.2.2) differenzieren. Eine erste Übersicht über zentrale Verfahren der Marktselektion liefert Abbildung 6-26.

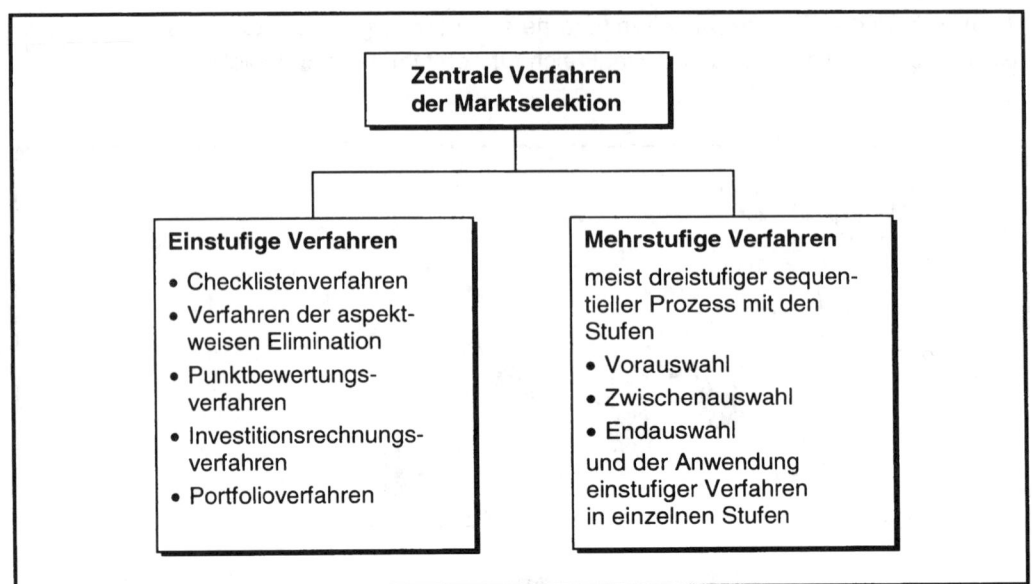

Abb. 6-26: Zentrale Verfahren der Marktselektion

3.3.2.1   Einstufige Verfahren der Marktselektion

Als einstufige Verfahren der Marktselektion gelten Checklistenverfahren (Abschnitt 3.3.2.1.1), Verfahren der aspektweisen Eliminierung (Abschnitt 3.3.2.1.2), Punktbewertungsverfahren (Abschnitt 3.3.2.1.3), Investitionsrechnungsverfahren (Abschnitt 3.3.2.1.4) und Portfolioverfahren (Abschnitt 3.3.2.1.5).

3.3.2.1.1 Checklistenverfahren

Eine erste Möglichkeit der einstufigen Marktselektion wird in sogenannten Checklistenverfahren gesehen. Dabei wird eine **Checkliste** erstellt, auf der alle **Faktoren der Makro- und Mikroumwelt** vermerkt sind, die – in den Augen der Unternehmung – für eine spezifische Markteintrittsentscheidung besonders große Bedeutung haben. Oder anders ausgedrückt: Aus der Vielzahl der allgemein möglichen Elemente der Makro- und Mikroumwelt werden in einer Checkliste diejenigen Faktoren als Kriterien herausgegriffen, die als wichtig erachtet werden (→ zur Unterscheidung zwischen Makro- und Mikroumwelt Abschnitt 3.3.2 in Kapitel 3 und ebenso das Dülfersche Schichtenmodell in Abschnitt 3.6 in Kapitel 5). In den Spalten der Checkliste wird dann für die zu prüfenden Länder vermerkt, welche **Ausprägung** die einzelnen Elemente der Makro- und der Mikroumwelt dort annehmen und ob damit eher Chancen oder eher Risiken verbunden sind. Auf dieser Basis können die betrachteten Länder miteinander – auf qualitative Art und Weise –

verglichen werden. Die **Auswahl** des oder der gewählten Ländermärkte wird **ohne Anwendung formaler Verfahren** vorgenommen. Vorteile eines Ländermarkts in einzelnen Bereichen müssen fast immer mit Nachteilen dieses Ländermarkts in anderen Bereichen abgewogen werden. Verdichtet werden können die qualitativen Informationen mit Hilfe einfacher Bewertungszeichen (z.B. ++ für große Chancen, -- für große Risiken/Probleme). Ein Beispiel für eine Checkliste findet sich in Abbildung 6-27.

Relevante Faktoren der Umwelt	Argentinien	Brasilien	Bolivien	Indonesien	Mexiko	Thailand	Taiwan	....
I. Faktoren der Makroumwelt								
1. Politische Umwelt • Innenpolitische Stabilität • Außenpolitische Stabilität • ...								
2. Rechtliche Umwelt • Rechtssicherheit bei Verträgen • Regelungen zu Markteintrittsalternativen • ...								
3. Wirtschaftliche Umwelt • Bruttosozialprodukt • Inflationsrate • Organisation der Kapitalmärkte • ...								
4. Sozio-kulturelle Umwelt • Einstellung gegenüber der Arbeit • Einstellung gegenüber dem Wandel • Einstellung gegenüber der Technologie • ...								
II. Faktoren der Mikroumwelt								
• Marktvolumen • Marktwachstum • Marktstruktur • Konkurrenzintensität • Beschaffungssicherheit • Kostensituation • ...								

Möglichkeiten der Bewertung:
++ große Chancen/sehr gut   o neutral   – Risiken/schlecht
+ Chancen/gut   – – große Risiken/sehr schlecht

Abb. 6-27: Eine einfache Checkliste als Hilfestellung bei der Auswahl von Märkten

3.3.2.1.2 Verfahren der aspektweisen Elimination

Eine zweite Möglichkeit der Marktselektion bietet das Verfahren der aspektweisen Elimination. Dabei werden – wie beim Checklistenverfahren – wichtige **Faktoren der Makro- und der Mikroumwelt** ausgewählt. Diese Faktoren werden dann in eine **Rangfolge hinsichtlich ihrer Bedeutung** (z.B. wichtigstes Kriterium politische Stabilität, zweitwichtigstes Kriterium großer Absatzmarkt, drittwichtigstes Kriterium günstige Lohnkosten einschließlich Lohnnebenkosten) gebracht. Gleichzeitig muss für jedes Kriterium ein **kritisches Mindest- oder Höchstniveau** festgelegt werden (z.B. eindeutig demokratisches System seit mindestens 30 Jahren, Absatzmarkt mit mindestens 10 Mio. potentiellen Käufern oder Markt, in dem die Arbeitsstunde einschließlich Nebenkosten maximal 20 US-$ kostet). Anschließend kommt es zu einer **sukzessiven Prüfung** der Kriterien sowie zu einer **sukzessiven Elimination** von Ländermärkten. Es wird für alle betrachteten Ländermärkte zunächst geprüft, ob sie das **erste Kriterium** erfüllen. Die Ländermärkte, die das erste Kriterium nicht erfüllen, scheiden aus. Sodann erfolgt die Prüfung des **zweiten Kriteriums**, wobei wiederum Länder eliminiert werden usw. Das Verfahren endet nach zahlreichen „Runden", sobald entweder alle Kriterien geprüft wurden (und sich trotzdem eventuell noch mehrere Länder in der Endauswahl befinden) oder sobald ein Land als letztes Land im Verfahren verbleibt (obwohl selbst dieses Land möglicherweise nicht alle Kriterien erfüllt). Zu beachten ist, dass bei diesem Verfahren die Nichterfüllung eines Kriteriums nicht durch eine besonders gute Erfüllung eines anderen Kriteriums ausgeglichen werden kann.

3.3.2.1.3 Punktbewertungsverfahren

Beim Punktbewertungsverfahren (**Scoringverfahren**) als dritter Möglichkeit der einstufigen Verfahren werden ebenfalls wichtige **Faktoren der Makro- und der Mikroumwelt** identifiziert (vgl. z.B. Stahr 1980). Anders als im Verfahren der aspektweisen Elimination, bei dem die Faktoren in eine Rangfolge gebracht werden, kommt es hier zu einer **Gewichtung der Faktoren**. Als Basis für die Gewichtung dient die den einzelnen Faktoren in einer konkreten Markteintrittssituation von einer Unternehmung beigemessene Bedeutung. Punktbewertungsverfahren entsprechen dem altbekannten Verfahren der Nutzwertanalyse (vgl. Bechmann 1978). Es wird schließlich der Ländermarkt ausgewählt, der – je nach Art der Bewertung – die **höchste oder niedrigste Punktzahl** erhält. Im Gegensatz zum Verfahren der aspektweisen Elimination können bei diesem Verfahren „schlechtere" Werte bei einem Kriterium durch „bessere" Werte bei anderen Kriterien ausgeglichen werden. Wie stark die Ausgleichswirkung ist, hängt von der Gewichtung der einzelnen Kriterien ab. Ein Beispiel, mit dem das Prinzip eines Punktbewertungsverfahrens erläutert werden kann, ist in Abbildung 6-28 skizziert. Dort werden die gleichen Kriterien wie bei der in Abbildung 6-27 dargestellten Checkliste verwendet.

Relevante Faktoren der Umwelt	Gewichtung	Gewichtete Merkmalsaus- prägung					
		Argentinien	Brasilien	Bolivien	Indonesien	Mexiko	....
I. Faktoren der Makroumwelt	45%						
1. Politische Umwelt • Innenpolitische Stabilität • Außenpolitische Stabilität • ...	5%						
2. Rechtliche Umwelt • Rechtssicherheit bei Verträgen • Regelungen zu Markteintrittsalternativen • ...	10%						
3. Wirtschaftliche Umwelt • Bruttosozialprodukt • Inflationsrate • Organisation der Kapitalmärkte • ...	20%						
4. Sozio-kulturelle Umwelt • Einstellung gegenüber der Arbeit • Einstellung gegenüber dem Wandel • Einstellung gegenüber der Technologie • ...	10%						
II. Faktoren der Mikroumwelt	55%						
• Marktvolumen • Marktwachstum • Marktstruktur • Konkurrenzintensität • Beschaffungssicherheit • Kostensituation • ...	20% 10% 5% 10% 5% 5%						
Summe	100% 100%						
Möglichkeiten der Bewertung aller Faktoren beispielsweise mit Hilfe von Punkten (10 = sehr gut, ..., 0 = ungenügend). Auswahl: Land mit höchstem Punktwert.							

Abb. 6-28: Ein einfaches Punktbewertungsverfahren als Hilfestellung bei der Auswahl von Märkten

3.3.2.1.4 Investitionsrechnungsverfahren

Bei Investitionsrechnungsverfahren versucht man, die gesamten Vor- und Nachteile, die der Markteintritt in einen bestimmten Ländermarkt aufweist, in Zahlungsströme zu transformieren. So werden beispielsweise bei Kapitalwertfahren – für mehrere Jahre – **Zahlungsströme prognostiziert** und dann wie bei jeder Investition **mit einem bestimmten Kalkulationszinsfuß abdiskontiert.** Dadurch erhält man den Kapitalwert der Investition in diesem spezifischen Ländermarkt. Ähnlich kann man für alternative Ländermärkte vorgehen und schließlich prüfen, welcher Ländermarkt den höchsten Kapitalwert verspricht. Verknüpft werden können derartige Investitionsrechnungsverfahren auch mit Break-Even-Analysen, bei denen zuweilen statt der Finanzströme die Ertrags- und Aufwandsströme betrachtet werden.

3.3.2.1.5 Portfolioverfahren

Als fünfte Möglichkeit der einstufigen Marktselektion gelten Portfolioverfahren. Bei einem Portfolio werden alle betrachteten Ländermärkte anhand zweier oder mehrerer Dimensionen miteinander verglichen. Dabei lassen sich (1) Portfolios, die lediglich **externe Betrachtungen** anstellen, von (2) Portfolios, die **externe mit internen Betrachtungen verknüpfen** und (3) Portfolios im **dreidimensionalen Raum** unterscheiden. Bevor wir diese Portfolios vorstellen, sei noch darauf hingewiesen, dass die Möglichkeiten zur **Bildung von Portfoliomatrizen** zur Länderauswahl ebenso unbegrenzt sind wie die Möglichkeiten zur Bildung von Portfoliomatrizen im Strategischen Management (vgl. zu Länderportfolios auch Meissner/Gerber 1980, S. 223, Perlitz 1985, Stahr 1989 sowie Harrell/Kiefer 1997). Ebenso erwähnt werden soll, dass Portfolios streng genommen keine Verfahren der Marktauswahl darstellen, sondern Visualisierungen sind, die auf vorher durchgeführten Verfahren beruhen.

(1) Länderportfolios mit externer Betrachtung

Bei einem Portfolio mit externem Betrachtungsschwerpunkt bieten sich als Dimensionen vor allem die bereits als wichtig herausgestellten Kategorien Ländermarktattraktivität, Ländermarktrisiken und Ländermarkteintrittsbarrieren an. Wir sprechen deswegen von Portfolios mit externem Betrachtungsschwerpunkt, weil dabei primär Kriterien herangezogen werden, die außerhalb der eigenen Unternehmung liegen.

Als Beispiel findet sich in Abbildung 6-29 ein Portfolio, bei dem die **Marktattraktivität** den **Marktrisiken** gegenübergestellt wird. Idealerweise werden bei einem Portfolio die Kategorien „Marktattraktivität" und „Marktrisiken" anhand zahlreicher Subkategorien ermittelt. Die einzelnen Subkategorien werden dann – meist im Rahmen eines Punktbewertungsverfahrens – gewichtet, so dass sich daraus Gesamtwerte für die Marktattraktivität und die Marktrisiken ergeben. Gleichzeitig kann man die einzelnen Ländermärkte in der Weise im Portfolio „verorten", dass sich noch weitere Informationen abbilden lassen. So kann beispielsweise die Größe der eingezeichneten Kreise einen Hinweis auf das Bruttoinlandsprodukt (oder alternativ Bruttoinlandsprodukt pro Kopf) des entsprechenden Landes geben.

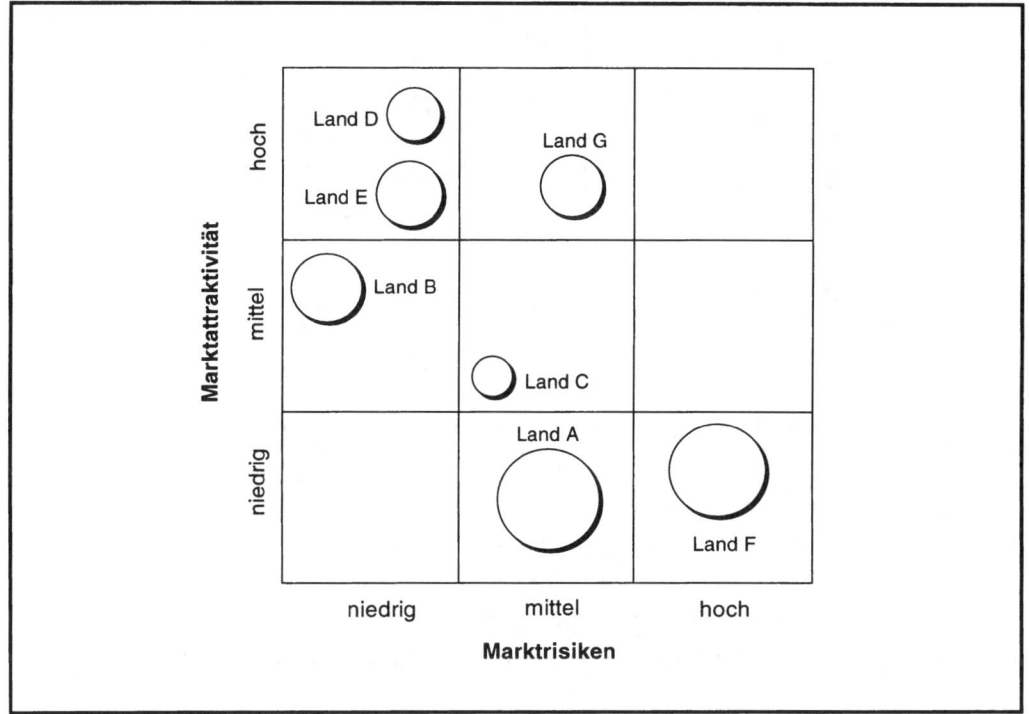

Abb. 6-29: Das Marktattraktivitäts-/Marktrisiko-Portfolio

(2) Länderportfolios mit externer und interner Betrachtung

Bei Portfolios mit externer und interner Betrachtung wird eine Dimension gewählt, die sich primär auf die unternehmungsexterne Situation bezieht (z.B. Marktattraktivität, Marktrisiko, Markteintrittsbarrieren) und eine weitere Dimension, die primär die unternehmungsinterne Situation abbildet. Ein Beispiel stellt ein Portfolio dar, in dem die **Marktattraktivität** die primär externe Dimension und die **relative Wettbewerbsposition** bzw. die relativen Wettbewerbsvorteile einer Unternehmung in diesem Ländermarkt die primär interne Dimension bilden (vgl. ähnlich Schneider/Müller 1989, S. 45-57, Jenner 1995, v.a. S. 134-137). Ein derartiges Portfolio ist in Abbildung 6-30 skizziert. Wiederum kann die Größe der eingezeichneten Kreise ein Indiz für wichtige Entscheidungsgrundlagen sein (z.B. potentieller Umsatz, Deckungsbeitrag, Gewinn der Unternehmung im anvisierten Land oder Bruttoinlandsprodukt des anvisierten Landes).

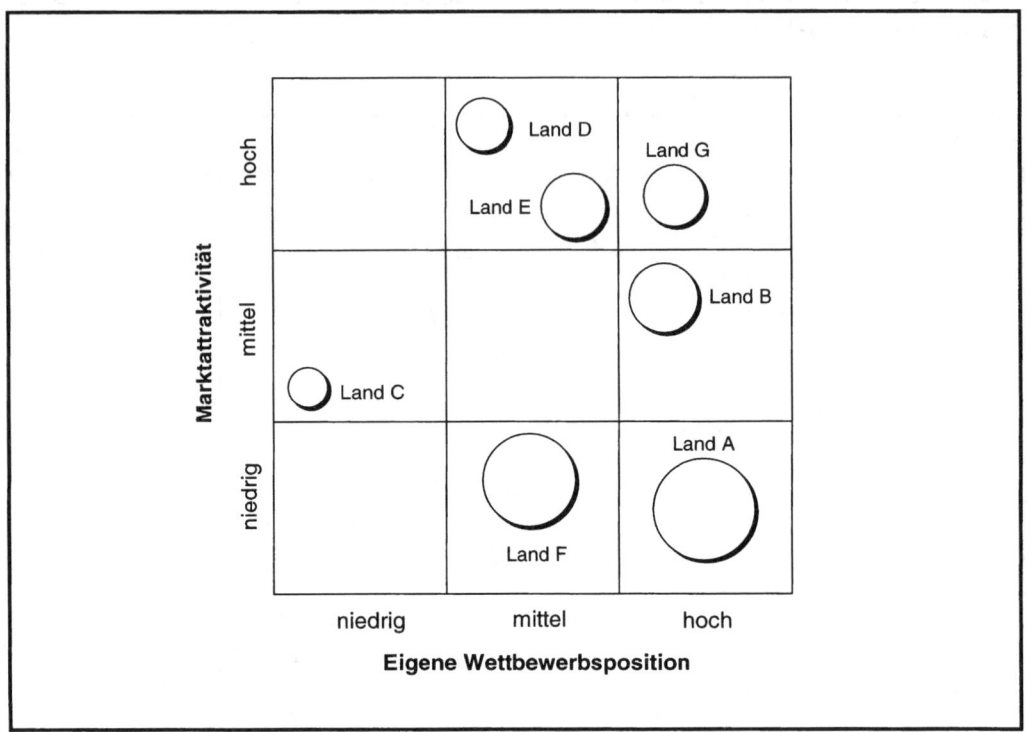

Abb. 6-30: Das Marktattraktivitäts-/Wettbewerbspositions-Portfolio

Zu beachten ist natürlich, dass die Wettbewerbsposition **keine rein interne** Dimension ist, wie auch die Marktattraktivität **keine rein externe** Dimensionen ist. Im einen Fall handelt es sich um eine **primär interne**, im anderen Fall um eine **primär externe** Betrachtung. Auf der einen Seite findet bereits eine (gewisse) Relativierung am Wettbewerb, auf der anderen Seite eine (gewisse) Relativierung in Bezug auf die Situation der Unternehmung statt. Während man die Marktattraktivität an den oben bereits genannten Kriterien festmachen kann, bieten sich für die Ermittlung der Wettbewerbsposition nach Jenner (1995) beispielsweise die potentiellen Marktanteile (z.B. im Jahr 5 nach Markteintritt), die potentielle Eignung der Produktpalette für die Bedürfnisse der Konsumenten oder die potentielle Durchschlagskraft der Marken als Sub-Kriterien an, die über Punktbewertungsverfahren zu einem Gesamtwert verbunden werden können.

(3) Länderportfolios zur Betrachtung im dreidimensionalen Raum

Portfolios lassen sich auch im dreidimensionalen Raum anwenden. So kann man **Markt-attraktivität**, **Marktrisiko** und **Wettbewerbsposition**, wie in Abbildung 6-31 gezeigt, zu-sammenführen.

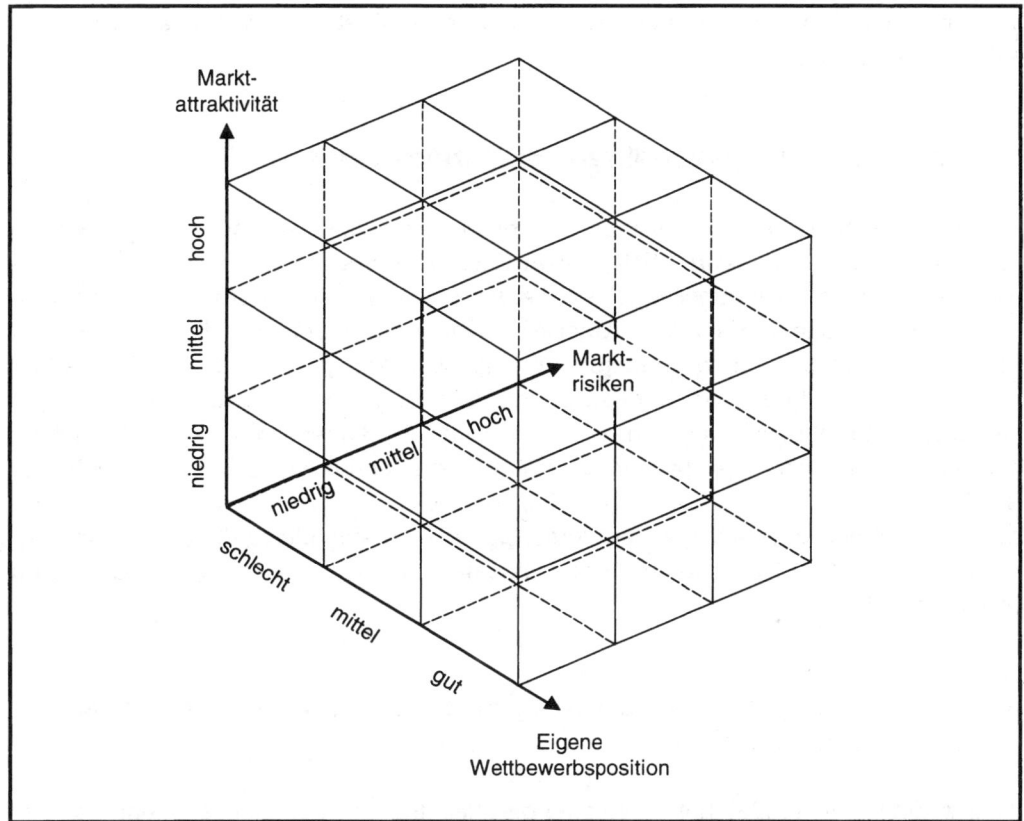

Abb. 6-31: Ein dreidimensionales Länderportfolio zur Darstellung von Marktattraktivität, Marktrisiken und Wettbewerbsposition

In diesem Fall werden zwei externe Betrachtungsebenen (Marktattraktivität, Marktrisiko) und eine interne Dimension (Wettbewerbsposition) kombiniert. Die Dreidimensionalität bringt jedoch regelmäßig Darstellungs- und Vorstellungsprobleme mit sich, so dass Un-ternehmungen in der Regel eher auf mehrere zweidimensionale Portfolios und weniger auf dreidimensionale Portfolios zurückgreifen.

Die meisten Portfolios eignen sich gleichzeitig, um die **Ausgewogenheit der gesamten Länderengagements** einer Unternehmung zu prüfen. Insbesondere beim Verfolgen

ausgleichsorientierter Präsenzstrategien (➔ Abschnitt 3.2.4 in diesem Kapitel) können
Portfolios deshalb von großem Nutzen sein. Man untersucht in diesem Fall bei einem
potentiellen Markteintritt, ob der neu zu bearbeitende Ländermarkt (bzw. die neu zu bearbeitenden Ländermärkte) mit den bisher bearbeiteten Ländermärkten harmoniert (bzw.
harmonieren).

Mit diesen Ausführungen über Portfolios können wir unseren Überblick über einstufige
Verfahren der Marktselektion abschließen und uns mehrstufigen Verfahren der Marktselektion zuwenden.

3.3.2.2   Mehrstufige Verfahren der Marktselektion

In der Mehrzahl der Fälle greift man bei der Marktselektion auf **mehrstufige Bewertungsverfahren**, auch **sequentielle Bewertungsverfahren** genannt, zurück. Im Rahmen sequentieller Bewertungsverfahren werden meist einzelne oder mehrere der oben
genannten einstufigen Verfahren (Checklistenverfahren, Verfahren der aspektweisen
Elimination, Punktbewertungsverfahren, Investitionsrechnungsverfahren, Portfolioverfahren) integriert. Die in der Literatur gemachten Vorschläge zu sequentiellen Bewertungsverfahren sind ebenso zahlreich wie willkürlich. Es finden sich meist dreistufige,
manchmal auch zwei- oder vierstufige Bewertungsverfahren (vgl. z.B. Root 1994b, v.a.
S. 55-59, vgl. zu einer Übersicht Schuh/Trefzger 1991, S. 115-119). Wir wollen nun zunächst einen möglichen allgemeinen Vorschlag für ein mehrstufiges Verfahren vorstellen
(Abschnitt 3.3.2.2.1), bevor wir im Anschluss daran eine konkrete Heuristik präsentieren
(Abschnitt 3.3.2.2.2).

3.3.2.2.1 Ein allgemeiner Vorschlag für ein mehrstufiges Verfahren der
Marktselektion

Köhler/Hüttemann (1989) haben einen Vorschlag für ein mehrstufiges Verfahren der
Marktselektion vorgelegt. Sie differenzieren zwischen (1) einer **Vorauswahlstufe**, (2)
einer **Zwischenauswahlstufe** und (3) einer **Endauswahlstufe**. Wir wollen uns an diesen Vorschlag anlehnen und kurz darauf eingehen, welche Schritte während der einzelnen Auswahlstufen sinnvoll sind.

(1) In der **Vorauswahlstufe** wird die Gesamtheit aller Ländermärkte um solche Länder
verkürzt, die einige oder mehrere **Grundsatzüberlegungen** nicht erfüllen. Treffen bestimmte Grundsatzüberlegungen nicht zu, so kommt es zu einem ersten Ausschluss von
Ländern. Als Beispiele für derartige Grundsatzüberlegungen können weltanschauliche
Überlegungen (z.B. bei einem christlichen Verlagshaus „kein Markteintritt in islamischen
Ländern"), politische Überlegungen (z.B. bei einem sich in einer demokratischen Partei
engagierenden mittelständischen Unternehmer „kein Markteintritt im immer noch kom-

munistisch orientierten Kuba") oder sachliche Überlegungen (z.B. bei einem Hersteller von Alpinskiern „kein Markteintritt in Ländern ohne Skigebiete") angeführt werden (vgl. bereits Bernkopf 1980, S. 75-80). Ebenso wichtig sind jedoch präsenzstrategische Überlegungen (→ Abschnitt 3.2 in diesem Kapitel). Hat sich eine Unternehmung einer bestimmten Region verschrieben, wurden von ihr bereits Abstinenzmärkte definiert oder verfolgt sie im Moment eine ausgleichsorientierte Präsenzstrategie, so schränkt sie das verfügbare Spektrum an Ländern damit möglicherweise von Anfang an ein.

(2) In einer **Zwischenauswahlstufe** muss die Zahl der Länder dann weiter reduziert werden. In dieser Stufe werden für die verbleibenden Länder vor allem **Marktattraktivitäts- und Risikoüberlegungen** angestellt. Dies heißt: Geringe Marktattraktivität und/oder hohes Risiko können zur Elimination weiterer Länder führen. In dieser Stufe finden in der Regel die vorher geschilderten Verfahren (Checklistenverfahren, Verfahren der aspektweisen Elimination, Punktbewertungsverfahren, Investitionsrechnungsverfahren und Portfolioverfahren) Anwendung. Die einzelnen Verfahren werden dabei häufig miteinander kombiniert. Außerdem greifen Unternehmungen auch auf allgemein erhältliche bzw. käuflich erwerbbare Länderrankings zurück (→ zu Länderrankings Abschnitt 3.3.1.2 in diesem Kapitel).

(3) In der **Endauswahlstufe** werden in der Regel nochmals **Marktattraktivitäts- und Risikoüberlegungen** angestellt. Dabei wird dann eine verfeinerte Betrachtung vorgenommen. An dieser Stelle kommt zum Tragen, was wir oben bereits angedeutet hatten (→ Abschnitt 3.1.3 in diesem Kapitel): Für die (wenigen) Länder, die in der Endauswahlstufe angelangt sind, wird die Analyseintensität nochmals erhöht (z.B. durch zusätzliche Informationen aus der Primärforschung). Meist werden auf dieser Basis nochmals verfeinerte Checklistenvergleiche, Punktbewertungen und/oder Portfolioanalysen vorgenommen. Zudem werden gerade die Unternehmungen, die in der Endauswahlstufe angelangt sind, auf potentielle **Markteintrittsbarrieren** hin geprüft. Bestimmte Märkte sind zwar attraktiv und möglicherweise wenig riskant, doch die Markteintrittsbarrieren erscheinen zu groß, als dass ein Eintritt als lohnenswert empfunden wird.

Problematisch ist an vielen „einfach gestrickten" sequentiellen Marktselektionsverfahren (vgl. Henzler 1979, S. 122), dass in frühen Auswahlstufen (etwa innerhalb der Vorauswahlstufe und der Zwischenauswahlstufe) bereits Ländermärkte ausgefiltert werden, obwohl diese Ländermärkte auch Chancen oder Vorteile bieten können, die bestimmte Bedrohungen oder Nachteile mehr als kompensieren. Ebenso mag eine fokale Unternehmung durch geschickte Strategiewahl bestimmte Bedrohungen und Nachteile eines Ländermarkts „umschiffen" oder die dortige Umwelt aktiv beeinflussen können (vgl. zu dieser Kritik auch Schneider/Müller 1989, S. 14-15). Ob das von Schneider als Antwort auf allzu einfache Verfahren entwickelte, etwas komplexere heuristische Verfahren diese Probleme heilt, soll nachfolgend kurz geprüft werden.

3.3.2.2.2 Ein konkreter Vorschlag für ein mehrstufiges Verfahren der Marktselektion als Heuristik

Schneiders Vorschlag gilt als konkrete Heuristik, mit der Unternehmungen einzelne Ländermärkte auswählen können (vgl. Schneider 1998, S. 343-348, vgl. ebenso Schneider 1986, S. 195-203, Schneider/Müller 1989). Dieser Vorschlag wird in Abbildung 6-32 dargestellt und ebenfalls verbal erläutert. Schneiders Marktselektionsprozess besteht, wie man sehen kann, aus drei Stufen: Zwei der drei Stufen fasst Schneider als Grobselektion auf, die dritte und ausführlichste Stufe bezeichnet er als Feinselektion.

(1) In der **ersten Selektionsstufe** werden Restriktions- und Selektionskriterien formuliert. Alle Länder werden in dieser Stufe zunächst hinsichtlich der **Restriktionskriterien,** die „K.o.-Kriterien" darstellen, beurteilt. Die Länder, bei denen eine der Restriktionen verletzt ist, entfallen als potentielle Ländermärkte.

(2) In der **zweiten Selektionsstufe** werden die verbleibenden Ländermärkte anhand der **Selektionskriterien**, die Schneider nochmals in A-Kriterien und B-Kriterien unterteilt, geprüft. Die Kriterien werden nicht nacheinander, sondern parallel beurteilt. Dahinter steht die Überzeugung, dass Länderselektionen durch viele Faktoren beeinflusst werden. Deshalb bieten sich vor allem Punktbewertungsverfahren an. Die Informationen, auf die eine Unternehmung in dieser Phase zurückgreift, stammen in der Regel aus Sekundärquellen. Die Unternehmung muss Mindestanforderungen oder Auswahlroutinen festlegen, um aus den bewerteten Ländern die Gruppe der erfolgversprechendsten Länder auszuwählen.

(3) In der **dritten Selektionsstufe**, die der Feinselektion dient, werden die verbleibenden Ländermärkte dann nochmals hinsichtlich der B-Kriterien genau geprüft. Dies erfordert eine **erneute Informationsbeschaffung**. Auf der Basis dieser Informationen können Portfolios erstellt werden, aus denen sich Kernmärkte, Hoffnungsmärkte und Peripheriemärkte ableiten lassen. Wichtig ist Schneiders Hinweis, dass damit der Marktselektionsprozess noch nicht beendet ist. Vielmehr gilt es als entscheidend, auch die unternehmungsinterne Situation (Ressourcen, Fähigkeiten, Kompetenzen), weitere externe Faktoren (z.B. Wettbewerb, Markteintrittsbarrieren) sowie die möglichen Markteintritts- und Marktbearbeitungsstrategien zu berücksichtigen. Nach der Sammlung weiterer Informationen kann dann geprüft werden, ob ein bestimmtes Land von der fokalen Unternehmung anvisiert werden sollte. Ist dies der Fall, so empfiehlt Schneider die Erstellung zusätzlicher Portfolios (u.a. Länderattraktivitäts-Länderrisiko-Portfolio). Erst dann kann möglicherweise die Entscheidung für einen Markteintritt getroffen werden (vgl. zu diesem Prozess ausführlich Schneider/Müller 1989, S. 18-57).

Ersichtlich wird aus dieser Beschreibung, dass der Auswahlprozess immer stärker in einen **Planungsprozess** mündet. Auf der Basis der erarbeiteten Länderprioritäten werden Markteintritte konkret geplant. Zu beachten gilt freilich, dass selbst dieses komplexere Verfahren, wiewohl es Vorteile gegenüber „einfach gestrickten" Verfahren hat (v.a. aufgrund der Berücksichtigung von Unternehmungsmerkmalen), mit Problemen behaftet ist. So kommt es auch hier dazu, dass durch „K.o.-Kriterien" frühzeitig Ländermärkte ausgefiltert werden. Außerdem werden wiederum Verfahren eingesetzt, die stark subjektiv geprägt sind (z.B. Gewichtung bei Punktbewertung). Schließlich kann gerade die Komplexität dieses Verfahrens mancher Unternehmung zu groß erscheinen. Ein Beispiel dafür, dass Unternehmungen bei der Selektion von Auslandsmärkten einfacher vorgehen, ist in Textbox 6-22 dargestellt: das Beispiel von **Bosch-Siemens-Hausgeräte**. Dieses Beispiel beschließt unsere Ausführungen zu Marktselektionsverfahren.

Textbox 6-22: Marktselektion in der Unternehmungspraxis

Das Beispiel von Bosch-Siemens-Hausgeräte

Herbert Wörner, Chef von **Bosch-Siemens-Hausgeräte**, einer Gemeinschaftsunternehmung von **Bosch** und **Siemens**, beschreibt den in seinem Haus angewandten Prozess der internationalen Marktauswahl als dreistufig. Wörners Aussagen sollen nachfolgend wiedergegeben werden:

In einer **ersten Stufe** werden von **Bosch-Siemens-Hausgeräte** die volkswirtschaftlichen Situationen potentieller Regionen bzw. Zielländer betrachtet. Die Attraktivität einer Region oder eines Landes wird zunächst anhand der Größe und Wachstumsrate der Bevölkerung sowie anhand der Größe und Wachstumsrate des Bruttoinlandsprodukts beurteilt. Sowohl Bevölkerung als auch Lebensstandard der Bevölkerung spielen erfahrungsgemäß beim Kauf von Hausgeräten eine wesentliche Rolle. In einer **zweiten Stufe** werden von **Bosch-Siemens-Hausgeräte** neben der Einkommensverteilung die demographische Struktur und das wirtschafts- und gesellschaftspolitische Umfeld einer Region bzw. eines Landes analysiert. Als Indikatoren für die demographische Struktur gelten vor allem die Zahl der Haushalte, das Ausmaß der Urbanisierung, die Bevölkerungsdichte und die Altersstruktur der Bevölkerung. Als Indikatoren für das wirtschafts- und gesellschaftspolitische Umfeld werden die Inflationsrate, die Staats- und Auslandsverschuldung und die Investitions- und Steuerquote herangezogen. In einer **dritten Stufe** bestimmt **Bosch-Siemens-Hausgeräte** über kaufentscheidende Faktoren die Gebrauchsgewohnheiten der Konsumenten. Dies ist wichtig, weil die Gebrauchsgewohnheiten darüber entscheiden, welche Anforderungen an die Produkte gestellt werden.

Methodisch legt **Bosch-Siemens-Hausgeräte** seinen Marktselektionsentscheidungen vor allem Punktbewertungsverfahren zugrunde. Es werden die oben genannten quantitativen und qualitativen Beurteilungskriterien gewichtet und anschließend für jeden einzelnen potentiellen Ländermarkt bestimmt.

Quelle:
Wörner (1997), S. 204-207.

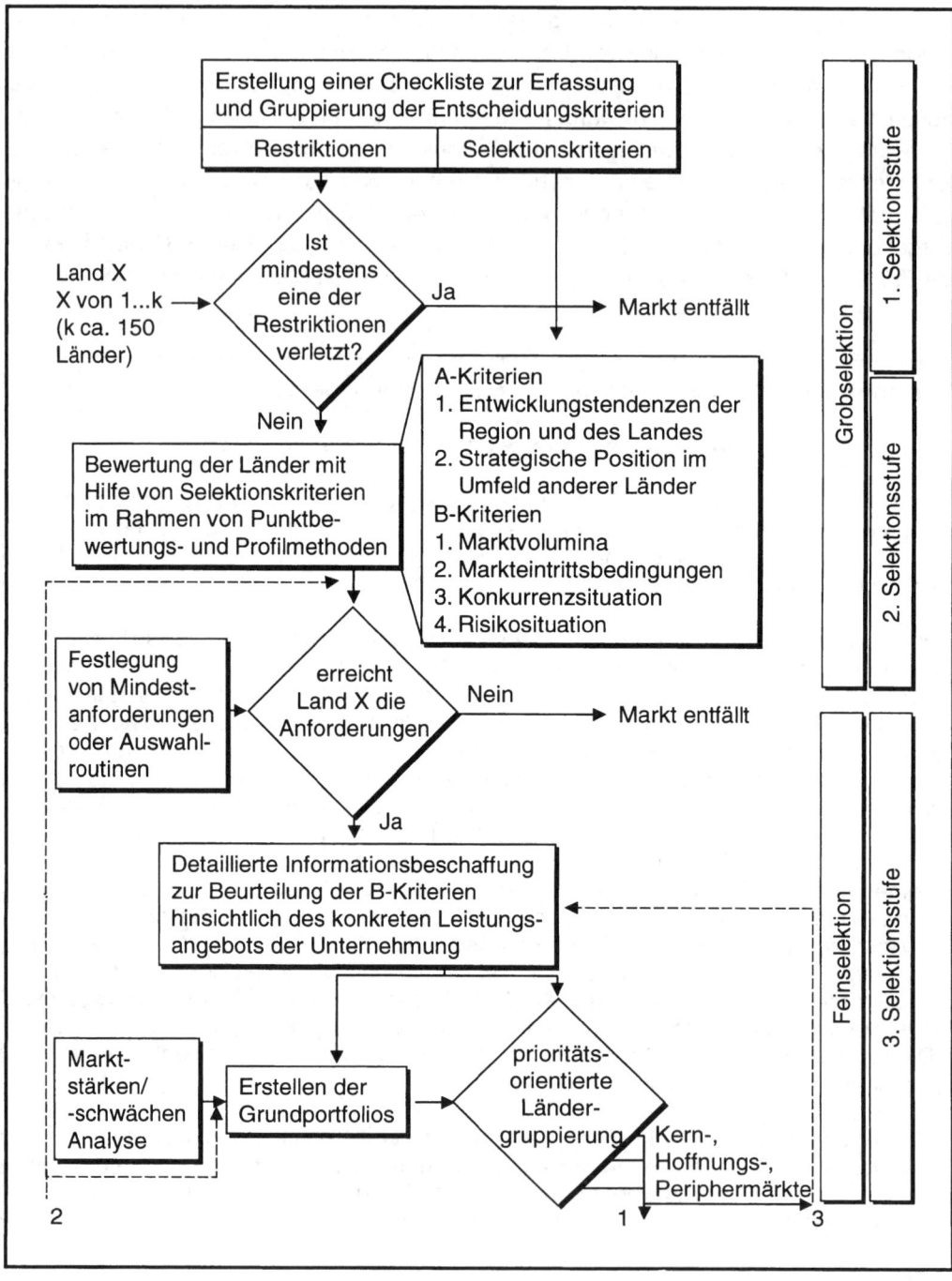

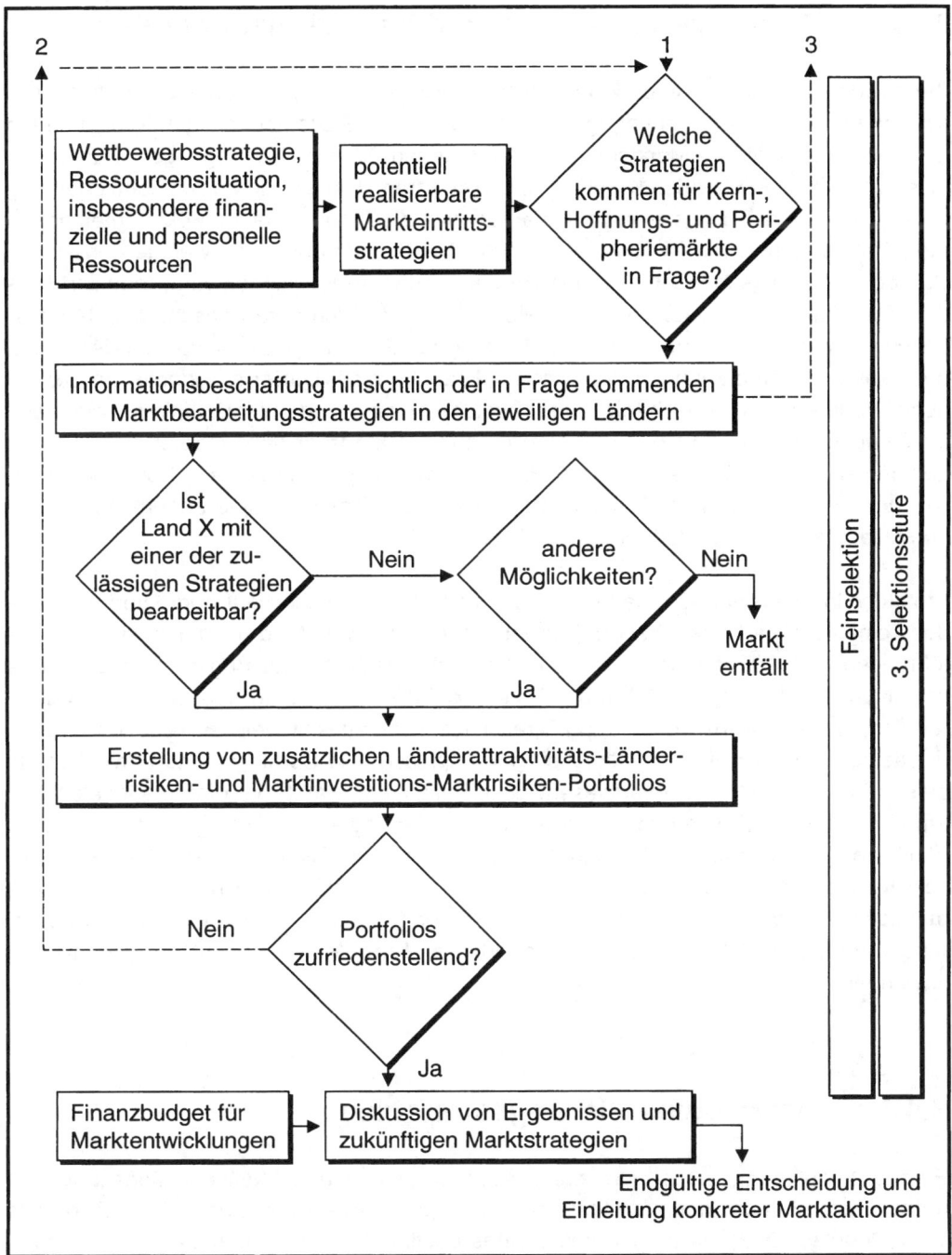

Abb. 6-32: Ein Flussdiagramm der Marktselektion als Heuristik
Quelle: in Anlehnung an Schneider/Müller (1989), S. 19 und Schneider (1998),
           S. 344-345.

3.3.3   Die Individualität von Marktselektionsstrategien

Wir hatten oben bereits angedeutet, dass es **keine idealtypischen Marktselektions-strategien** gibt. Diese Überlegung wollen wir an dieser Stelle nochmals aufgreifen. Jede Unternehmung trifft ihre Marktselektion aufgrund individueller Überlegungen – unter Zuhilfenahme entsprechender Kriterien und Verfahren. Die Länderauswahlentscheidung kann also nicht auf einige wenige Varianten, wie dies manchmal von ökonometrischen Modellen suggeriert wird (vgl. Wheeler/Mody 1992), oder auf einige wenige generische Strategien, wie dies manchmal in der Beraterliteratur vorgeschlagen wird, reduziert werden. Die Praxis zeigt, dass die Marktselektion und die sich daran anschließende Bearbeitung hochgradig unternehmungsspezifisch ist. So kommt es beispielsweise dazu, dass selbst Unternehmungen der gleichen Branche nicht immer auf identische Länder abzielen. *Wella* war deutlich früher (erfolgreich) im japanischen Markt tätig als die meisten Konkurrenten. *PepsiCo* hat osteuropäische Märkte traditionell stärker in das Visier genommen als der Erzrivale *Coca-Cola*. Der *Volkswagen-Konzern* hat sich bereits in den achtziger Jahren nach China gewagt, als dieser Markt für viele andere Automobilhersteller „nicht zur Debatte" stand (vgl. Posth 1997).

Trotz der Individualität von Marktselektionsstrategien zeigt sich auf aggregierter Ebene doch eine gewisse Konzentration. Führen Sie sich abschließend nochmals unsere Ausführungen zum Außenhandel und zu den Direktinvestitionen zu Beginn dieses Buches vor Augen (➔ Abschnitte 2.2.2 und 2.3.4 sowie 3.2.2 und 3.3.4 in Kapitel 1). Dort wurde referiert, wie sich Außenhandel und Direktinvestitionstätigkeit weltweit verteilen und wo die deutsche Außenwirtschaftstätigkeit geographisch ihre Schwerpunkte aufweist. Aus diesen Zahlen lässt sich herauslesen, dass bestimmte Märkte von internationalen Unternehmungen, auch von internationalen Unternehmungen aus Deutschland, besonders häufig selektiert werden. Es kann also auf gesamtwirtschaftlicher Ebene – trotz aller einzelwirtschaftlichen Individualität – durchaus ein gewisses Muster der Ländermarktselektion identifiziert werden. Mit diesen Überlegungen können wir unsere Ausführungen zu Marktselektionsstrategien beenden und uns Marktsegmentierungsstrategien zuwenden.

3.4   Marktsegmentierungsstrategien

Eine Unternehmung muss nicht nur Präsenzstrategien und Marktselektionsstrategien formulieren; sie muss auch Marktsegmentierungsstrategien anwenden (vgl. z.B. bereits Wind/Douglas 1972). Selbst innerhalb eines bestimmten Ländermarkts gibt es zahlreiche Segmente. Dies gilt primär für Absatzmärkte, aber ebenso für Beschaffungsmärkte. Wir werden zunächst einmal einige Varianten der Marktsegmentierung erläutern (Abschnitt 3.4.1), bevor wir dann aufzeigen, dass auch die Marktsegmentierungsstrategie unternehmungsindividuell festzulegen ist (Abschnitt 3.4.2).

3.4.1 Varianten der Marktsegmentierung

Ein Marktsegment sollte, wie uns die Marketingliteratur lehrt, **in sich möglichst homogen** sein, sich aber **gleichzeitig von anderen Marktsegmenten deutlich unterscheiden.** Segmentierungskriterien sollten dabei **messbar** und **zeitlich stabil** sein, einen Bezug zum **Verhalten der Marktteilnehmer** und zur **Marktbearbeitung der fokalen Unternehmung** aufweisen sowie die **Ansprechbarkeit der Segmente** gewährleisten (vgl. bereits Meffert 1977, S. 435). Im internationalen Kontext gibt es zwei zentrale Möglichkeiten der Marktsegmentierung (vgl. Carpano/Chrisman/Roth 1994, v.a. S. 641-643, Berndt/Fantapié Altobelli/Sander 2005, S. 120-130):

- zum einen die **intranationale Marktsegmentierung**, d.h. die Identifikation von Marktsegmenten innerhalb eines bestimmten Ländermarkts,

- zum anderen die **integrale Marktsegmentierung**, d.h. die Identifikation von Marktsegmenten, die über einzelne Ländermärkte hinweg reichen.

Wir werden uns zunächst der intranationalen Marktsegmentierung widmen (Abschnitt 3.4.1.1) und im Anschluss daran auf die integrale Marktsegmentierung eingehen (Abschnitt 3.4.1.2). Dabei nehmen wir eine absatzmarktbezogene Perspektive ein.

3.4.1.1 Intranationale Marktsegmentierung

Bei der intranationalen Marktsegmentierung werden **innerhalb der ausgewählten Ländermärkte** Zielgruppen gebildet. Dabei können für die Segmentierung der einzelnen Auslandsmärkte prinzipiell die gleichen Kriterien herangezogen werden wie für den Inlandsmarkt (vgl. z.B. Althans 1989, Sp. 1473-1475, Hünerberg 1994, S. 99-100, Walters 1997, S. 167, Keegan/Schlegelmilch 2001, S. 212-223). Als **wichtige Kriterien der Marktsegmentierung** gelten

- **soziodemographische Merkmale,**
- **psychologische Merkmale,**
- **Kauf-, Verhaltens- und Kommunikationsmerkmale** und
- **Merkmale des Medianutzungsverhaltens.**

Diese Merkmale werden in Abbildung 6-33 dargestellt. Neben diesen klassischen Kriterien der Marktsegmentierung werden in letzter Zeit vermehrt Marktsegmentierungsmöglichkeiten auf der Basis von **Life-Style-Typologien** (vgl. z.B. Kramer 1991) und auf der Basis von **Nutzenerwartungen** diskutiert (vgl. Stegmüller 1995). Außerdem wird regelmäßig auf die Notwendigkeit des Rückgriffs auf mehrdimensionale Ansätze hingewiesen (vgl. Krafft/Albers 2000). Im Investitionsgüterbereich muss berücksichtigt werden, dass die meisten Kaufentscheidungen kollektive Entscheidungen darstellen und deshalb auch kollektive Kriterien eine Rolle spielen (z.B. Buying-Center-Merkmale).

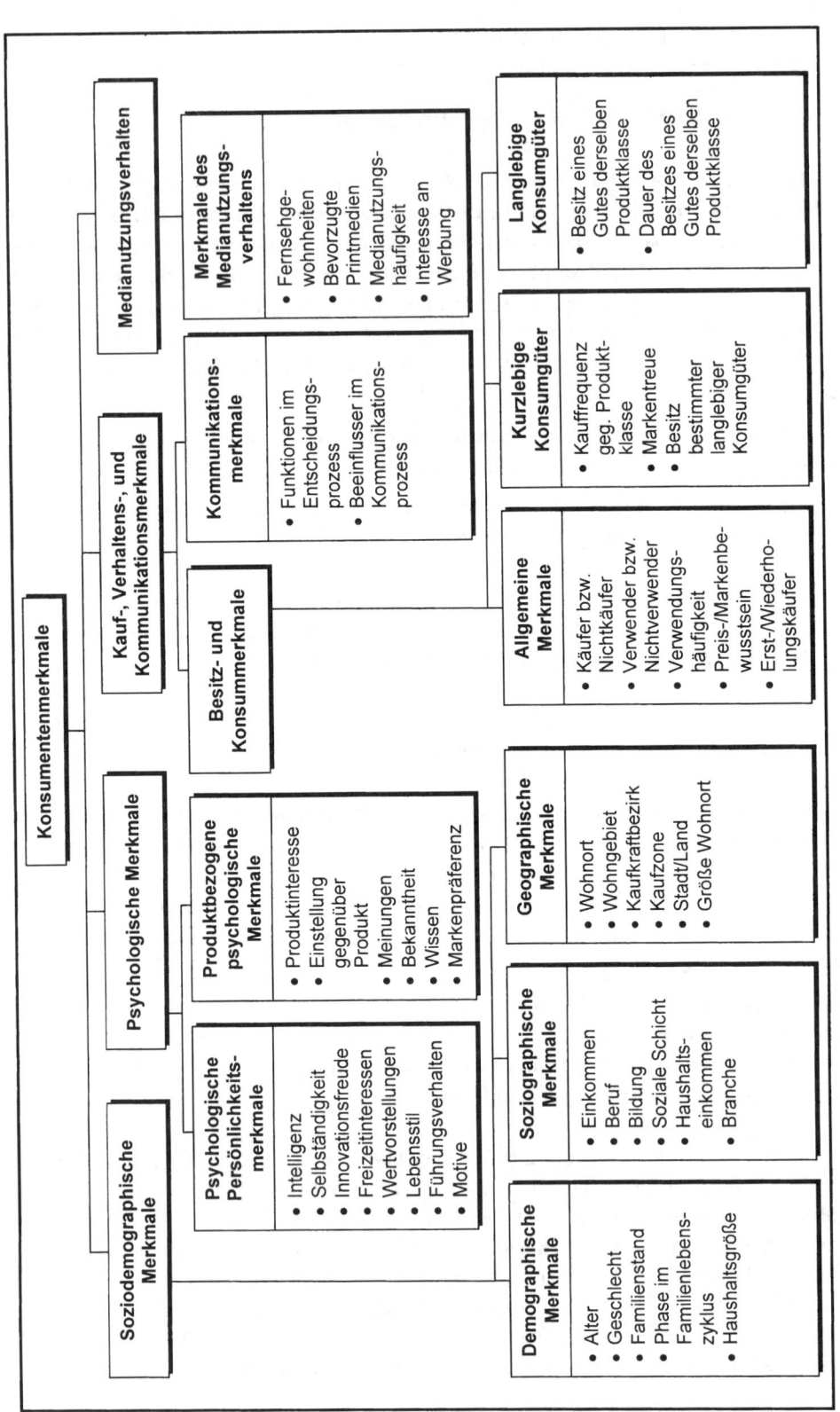

Abb. 6-33: Segmentierungskriterien für die intranationale Marktsegmentierung
Quelle: Berndt/Fantapié Altobelli/Sander (1999), S. 114.

3.4.1.2 Die integrale Marktsegmentierung

Die integrale Marktsegmentierung, auch **Cross-Country-Segmentierung** genannt, hat zum Ziel, **Marktsegmente** zu identifizieren, die **über Ländergrenzen hinausreichen** (vgl. auch Kreutzer 1991, Stegmüller 1995, v.a. S. 375-377). Zu diesen Marktsegmenten kann man prinzipiell über zwei verschiedene Wege gelangen.

- Erstens kann man die im Rahmen einer intranationalen Marktsegmentierung in den einzelnen Ländermärkten identifizierten Abnehmergruppen vergleichen. Möglicherweise stellt sich bei einem derartigen Vergleich heraus, dass **bestimmte Abnehmergruppen länderübergreifend** vorhanden sind.

- Zweitens kann man auf die intranationale Marktsegmentierung verzichten. Man führt in diesem Fall in einzelnen Ländern keine eigene Marktsegmentierung durch, sondern versucht – in einer alle relevanten Länder betreffenden Untersuchung – **länderübergreifende Abnehmergruppen** zu identifizieren.

In Abbildung 6-34, in der gleichzeitig Zusammenhänge mit Marktpräsenzstrategien und Marktselektionsstrategien verdeutlicht werden, wird das Prinzip der ersten der beiden geschilderten Alternativen graphisch veranschaulicht.

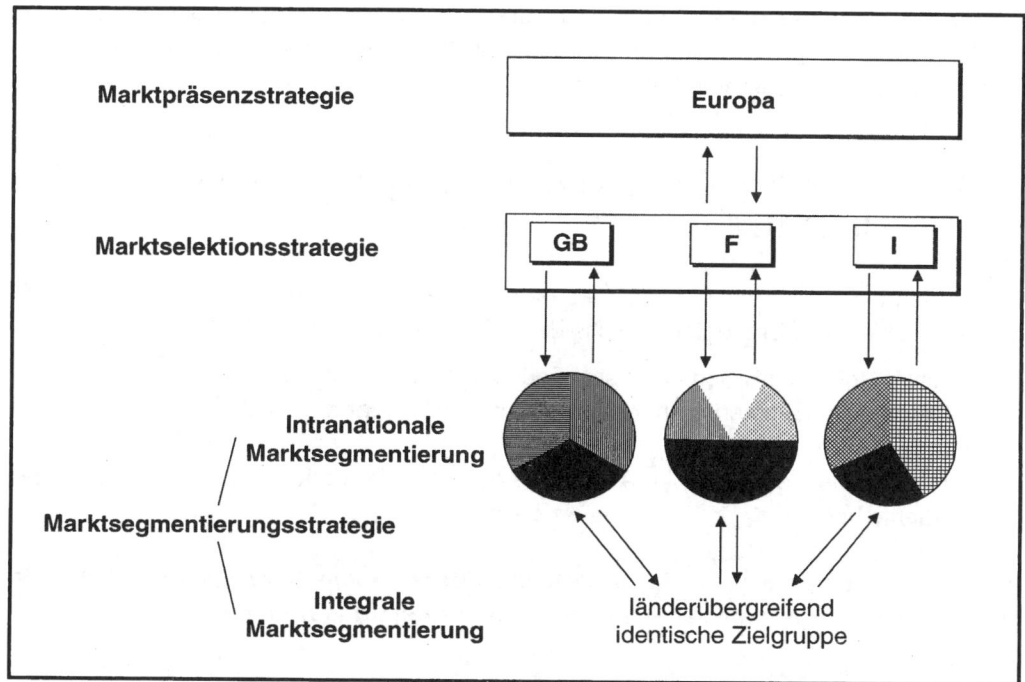

Abb. 6-34: Die integrale Marktsegmentierungsstrategie im Kontext der gesamten Ziel-marktstrategien

Es gibt zahlreiche **Studien**, die für bestimmte gesellschaftliche Gruppen oder in bestimmten Branchen **integrale, länderübergreifende Marktsegmente** identifiziert haben (vgl. zu einem Überblick Bauer 1994, S. 228-229, Walters 1997, S. 169). Dazu zählen

- die Studie von Douglas/Urban (1977), in der unter anderem transnationale Lebensstile von Frauen untersucht wurden,

- die Studie von Hassan/Katsanis (1991), die Lebensstile einer „globalen Elite" und „globaler Teenager" zum Inhalt hatte,

- die Studie von Yavas/Verhage/Green (1992), die länderübergreifende Segmente von markenloyalen, kaufrisikohomogenen Zahnpasta- und Badeseifenkäuferinnen ausgemacht haben, und

- die Studie von Hermanns/Wißmeier (1993), die integrale Segmente von modeeinstellungs- und bekleidungsverhaltenshomogenen Studenten gefunden haben.

Zudem existieren sogenannte **generelle Life-Style-Typologien**, die Unternehmungen eine Hilfestellung bei der Marktsegmentierung geben wollen. Diese Life-Style-Typologien versuchen, über Ländergrenzen hinweg mehrere Marktsegmente zu identifizieren. Ein Beispiel ist in Abbildung 6-35 wiedergegeben: das Beispiel der sogenannten Euro-Socio-Styles, die in Zusammenarbeit von europäischen Marktforschungsinstituten ermittelt wurden (vgl. dazu ausführlicher Berndt/Fantapié Altobelli/Sander 2005, S. 124-130). Als Euro-Socio-Styles gelten Lebensstile, die – innerhalb Europas – unabhängig von Länder- und Kulturgrenzen sind und eine potentielle Auswirkung auf das Verhalten, unter anderem das Abnehmerverhalten haben.

3.4.2 Die Individualität von Marktsegmentierungsstrategien

Eine Unternehmung kann sich auf der Basis der Marktsegmentierung für eine Bandbreite verschiedener Strategien entscheiden. Sie kann beispielsweise

- sowohl im Inland als auch im Ausland nur ein Segment bedienen,
- im Inland viele Segmente, in jedem ausländischen Markt aber generell nur ein Segment bedienen,
- im Inland viele Segmente, im Ausland je nach Ländermarkt ein Segment oder viele Segmente bedienen.

An diesen Beispielen wird bereits deutlich, dass **Marktsegmentierungsstrategien** – wie auch Marktselektionsstrategien – hochgradig **unternehmungsindividuell** sind.

Crafty World:	Junge, dynamische und opportunistische Leute einfacher Herkunft auf der Suche nach Erfolg und materieller Unabhängigkeit
Magic World:	Intuitive junge materialistische Leute mit Kindern und geringem Einkommen, die einem Platz an der Sonne hinterherjagen und ihrem guten Stern vertrauen
Secure World:	Konformistische, hedonistische Familien aus einfachen Kreisen, die sich abkapseln, von einem einfacheren Leben träumen und sich den traditionellen Rollen verbunden fühlen
Cosy Tech World:	Aktive moderne Paare mittleren Alters mit meist überdurchschnittlicher Haushaltsausstattung, die auf der Suche nach persönlicher Entfaltung sind
Steady World:	Traditionsorientierte, konformistische Senioren mit mittlerem Lebensstandard, die ihren Ruhestand voll und ganz ausschöpfen
New World:	Hedonistische tolerante Intellektuelle mit gehobenem Lebensstandard auf der Suche nach persönlicher Harmonie und sozialem Engagement
Authentic World:	Rationale, moralische Cocooner-Familien mit gutem Einkommen, die engagiert und auf der Suche nach einem harmonischen und ausgeglichenen Leben sind
Standing World:	Kultivierte, pflichtbewusste und vermögende Staatsbürger, die ihren Überzeugungen treu bleiben und an Traditionen ausgerichtet sind

Abb. 6-35: Eine Charakterisierung der Euro-Socio-Styles
Quelle: Berndt/Fantapié Altobelli/Sander (2005), S. 126.

Kombiniert man die Marktsegmentierungsstrategie einer Unternehmung mit deren geographischer Präsenzstrategie (→ Abschnitt 3.2.2 in diesem Kapitel), so bieten sich dazu beispielsweise die in Abbildung 6-36 dargestellten Alternativen an (vgl. auch Bauer 1994, S. 218-222, Hünerberg 1994, S. 103-105). Eine Unternehmung kann eine Einzelmarktstrategie sowohl mit einer Mono-Segment-Strategie als auch mit einer Multi-Segment-Strategie verbinden. Eine Weltmarktstrategie lässt sich mit einer Mono-Segment-Strategie oder mit einer Multi-Segment-Strategie verknüpfen. Berücksichtigt man, dass dies nur die Extrempunkte von Kontinuumsbetrachtungen darstellen, so wird die grosse Bandbreite möglicher Optionen offensichtlich.

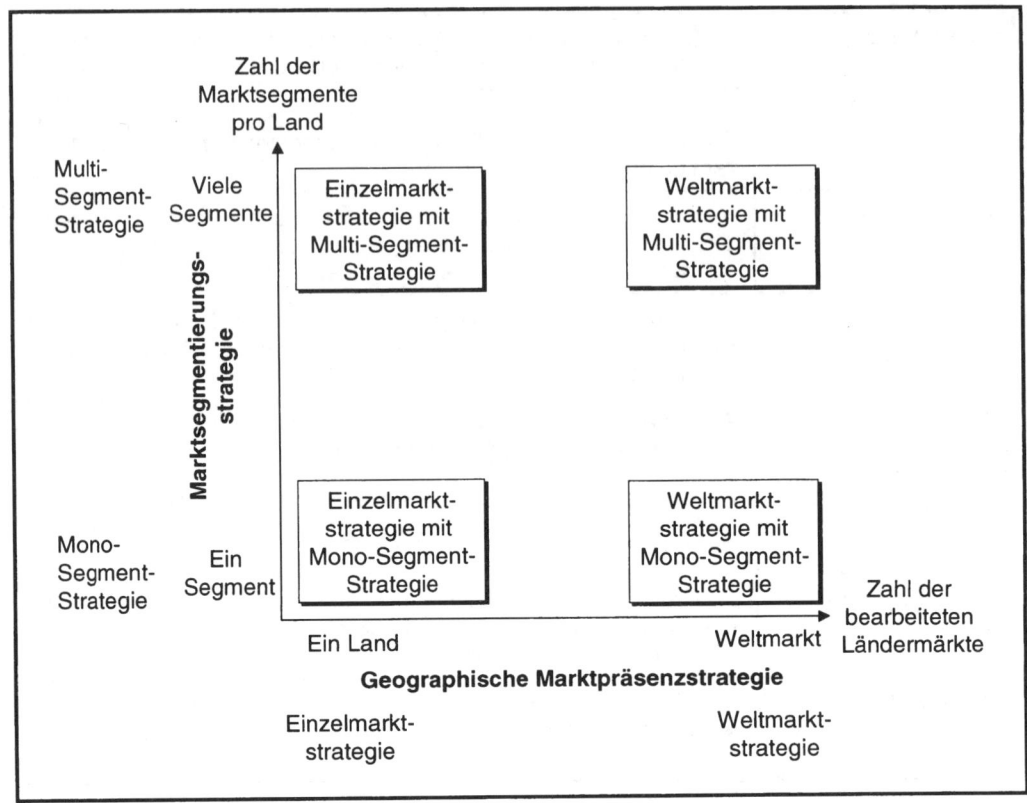

Abb. 6-36: Marktsegmentierungsstrategien und geographische Präsenzstrategien

Wichtig ist gerade bei der Entscheidung über die zu bearbeitenden Marktsegmente eine Berücksichtigung der eigenen Ressourcen, Fähigkeiten und Kompetenzen und eine Berücksichtigung der Umwelt, vor allem der Situation der Wettbewerber. So kann es beispielsweise in manchen Auslandsmärkten sinnvoller sein, kleine Segmente, sogenannte Nischen, zu besetzen und größere Segmente den etablierten, meist nationalen Wettbewerbern zu überlassen. Ein Beispiel dafür stellt der japanische Automobilproduzent *Suzuki* dar: *Suzuki* schaffte den Einstieg in den deutschen Automobilmarkt mit dem Geländewagen *LJ 80*, einem Nischenfahrzeug. Erst später bediente *Suzuki* auch andere Marktsegmente in Deutschland, wie Kleinwagen und Mittelklassewagen. In weiteren europäischen Ländermärkten ging *Suzuki* ähnlich wie in Deutschland vor. *Honda* bearbeitet in den Vereinigten Staaten bereits seit vielen Jahren erfolgreich mit *Acura* die Oberklasse; in Europa dagegen, vor allem in Deutschland, gelten die Anstrengungen besonders den Klassen der Klein-, Mittelklasse- und Sportwagen. Dies hängt primär mit der starken einheimischen Konkurrenz von *BMW*, *Mercedes-Benz*, *Porsche*, *Audi* und jüngst sogar *Volkswagen* zusammen.

Marktsegmentierungsentscheidungen sind nur analytisch von **Marktpräsenzstrategien** und **Marktselektionsstrategien** zu trennen. In der Praxis weisen sie **zahlreiche Interdependenzen** auf. Dies liegt daran, dass allen Subkategorien der Zielmarktstrategien ähnliche Informationen zugrunde liegen, dass alle Subkategorien vor dem Hintergrund ähnlicher Bewertungskriterien beurteilt werden und dass die Auswahl der einzelnen Subkategorien nicht ohne Berücksichtigung der anderen Subkategorien erfolgt. Steht für einen Automobilhersteller wie *Suzuki* die Entscheidung für den Gang in weitere Auslandsmärkte an, so stellt er bei der Prüfung des Markteintritts gleichzeitig marktpräsenzstrategische, marktselektionsstrategische und marktsegmentstrategische Überlegungen an.

4   Timingstrategien

Wir haben bisher dargestellt, welche Strategien des Markteintritts und der Marktbearbeitung (→ Abschnitt 2 in diesem Kapitel) und welche Strategien der Zielmarktwahl (→ Abschnitt 3 in diesem Kapitel) existieren. In diesem Abschnitt sollen nun Timingstrategien als weitere Stoßrichtung der Internationalisierungsstrategie angesprochen werden. Als Timingstrategien lassen sich

- **Strategien zur Wahl des Markteintrittszeitpunktes in einem bestimmten Ländermarkt**, sogenannte länderspezifische Timingstrategien, und

- **Strategien zur Wahl des Markteintrittszeitpunktes in mehreren Ländermärkten**, sogenannte länderübergreifende Timingstrategien,

auffassen (vgl. Wesnitzer 1993, v.a. S. 71-77, Pues 1994, v.a. S. 237-249, Meffert/Pues 2002). Timingstrategien haben in der Literatur zum Internationalen Management bisher vergleichsweise geringe Beachtung gefunden (vgl. jedoch die Studien von Ayal/Zif 1979, Baker/Becker 1997, Pan/Li/Tse 1999, Gaba/Pan/Ungson 2002 und den Beitrag von Swoboda 2002). Wir beginnen mit der Vorstellung **länderspezifischer Timingstrategien** (Abschnitt 4.1), um dann auf die **länderübergreifenden Timingstrategien** einzugehen (Abschnitt 4.2).

4.1   Länderspezifische Timingstrategien

Jede Unternehmung muss sich die Frage stellen, wann sie in einen bestimmten Markt eintritt (vgl. Remmerbach 1988). Idealtypisch können zwei Varianten zur Wahl des Markteintrittszeitpunktes in einem bestimmten Land differenziert werden:

- **First-Mover-Strategien** bzw. **Pionierstrategien** (Abschnitt 4.1.1) und
- **Follower-Strategien** bzw. **Folgerstrategien** (Abschnitt 4.1.2).

Ob eine Unternehmung eine First-Mover-Strategie oder eine Follower-Strategie verfolgt, hängt immer von den **Strategien der Wettbewerber** ab. Oder anders ausgedrückt: First-Mover-Strategien und Follower-Strategien sind „relativ" zu den Konkurrenten zu interpretieren. Eine Unternehmung kann schneller oder langsamer als ihre Wettbewerber in einen bestimmten Ländermarkt eintreten. Entscheidend ist, dass im internationalen Kontext **zwei Kategorien von Wettbewerbern** existieren: Wettbewerber, die wie die fokale Unternehmung selbst international tätig sind, und Wettbewerber, die in einem spezifischen Ländermarkt tätig sind und damit als nationale bzw. lokale Wettbewerber bezeichnet werden können.

Zuweilen finden sich statt der genannten Zweiteilung zwischen Pionieren und Folgern in der Literatur auch Drei- oder Vierteilungen: So wird zwischen „First Movers", „Early Followers" und „Late Followers", zwischen „First Entrants", „Early Followers" und „Late

Entrants" oder – primär im Zusammenhang mit Produkt- und Technologiestrategien – zwischen „First-to-Market-", „Follow-the-Leader-", „Application-" und „Me-too-Strategien" differenziert (vgl. Remmerbach 1988, u.a. S. 40-50, Mascarenhas 1992, Backhaus 1999, S. 247-249, Meffert/Pues 2002, S. 409). Wir wollen diesen drei- oder vierstufigen Differenzierungen nicht folgen; vielmehr wollen wir exemplarisch nur die First-Mover-Strategie und die Follower-Strategie betrachten, um daran die Vor- und Nachteile zweier Grundvarianten der länderspezifischen Timingstrategie zu erläutern.

4.1.1 Die First-Mover-Strategie

Bei der **First-Mover-Strategie**, auch **Pionierstrategie** genannt, tritt eine Unternehmung als erste in einen bestimmten Ländermarkt ein. Schneller als andere internationale Konkurrenten entscheidet sie sich, diesen Ländermarkt zu bearbeiten. In etablierten Märkten kann diese Strategie nur gegenüber internationalen Wettbewerbern angewandt werden, nicht jedoch gegenüber nationalen bzw. lokalen Wettbewerbern. Der Grund ist einfach: Die nationalen Unternehmungen sind bereits in ihrem Heimatmarkt tätig (vgl. Wesnitzer 1993, S. 74-75). Nur in wenigen Fällen (z.B. in sich erst neu entwickelnden Märkten, bei innovativen Produkteinführungen) kann eine Unternehmung nicht nur schneller als internationale Konkurrenten, sondern auch schneller als die lokalen Konkurrenten im Gastmarkt sein.

Der **Vorteil einer Pionierstrategie** besteht darin, dass der Pionier in einem spezifischen Ländermarkt **Markteintrittsbarrieren** gegenüber potentiellen Wettbewerbern aufbaut. Die Gründe für diese Markteintrittsbarrieren sind – wie auch bei der Einführung neuer Produkte und Technologien – zahlreich (vgl. z.B. auch Lieberman/Montgomery 1988, Baker/Becker 1997, Oelsnitz 2000, S. 203-205, Meffert/Pues 2002, S. 411-413):

- Der Pionier sichert sich im Ländermarkt einen **Bekanntheits- und Imagevorsprung**,
- er profitiert in diesem Ländermarkt von **Erfahrungen**, die es ihm ermöglichen, sich an die Bedingungen und Entwicklungen anzupassen (z.B. Kundenwünsche),
- er rekrutiert in diesem Ländermarkt gute **Mitarbeiter**, die von Konkurrenten meist nur schwer abzuwerben sind,
- er knüpft intensive **Beziehungen zu Lieferanten**,
- er kann sich frühzeitig **in Netzwerke einklinken** und Wissen absorbieren,
- er baut sich in diesem Ländermarkt eine Kundenbasis auf, die er mit entsprechenden Maßnahmen der **Kundenbindung** zu loyalen Kunden machen möchte,
- er erzielt – etwa im Bereich der Fertigung – nach einiger Zeit **Größenvorteile**,
- er setzt am Markt **Standards** durch (z.B. dominantes Design),
- er erreicht eine **gute Marktposition** (z.B. Marktanteil), und
- er kann als Folge davon häufig **monopolbedingte Pioniergewinne** erzielen, die weiter in den Ländermarkt investiert oder in anderen Märkten sinnvoll genutzt werden können.

Als **Nachteile der Pionierstrategie** gelten (vgl. z.B. Meffert/Pues 1997, S. 261-263, Oelsnitz 2000, v.a. S. 205-212):

- die **hohen Kosten der Markterschließung** (z.B. Anbahnung von Kontakten zu Händlern),
- die **Free-Rider-Effekte**, die dadurch zustande kommen, dass auch später eintretende Folger von bestimmten Investitionen des Pioniers profitieren,
- die mögliche „**Blindheit**" gegenüber den Problemen eines bestimmten Ländermarkts (z.B. euphorische Einschätzungen) und schließlich
- das hohe **Risiko des Scheiterns** (z.B. deutliche Überschätzung der Nachfrage im Ländermarkt).

Außerdem ist es keineswegs so, dass Pioniere nur Markteintrittsbarrieren aufbauen. Auch sie müssen länderspezifische Markteintrittsbarrieren überwinden – manchmal in noch stärkerem Ausmaß als Unternehmungen, die eine Folgerstrategie anwenden (→ zu Ländermarkteintrittsbarrieren auch Abschnitt 3.3.1.3 in diesem Kapitel). In einer empirischen Studie konnte Karakaya (1993) zeigen, dass die Bedeutung vieler Ländermarkteintrittsbarrieren für Pionierunternehmungen nicht niedriger als für Folgerunternehmungen ist.

4.1.2   Die Follower-Strategie

Bei der **Follower-Strategie**, auch **Folgerstrategie** genannt, entscheidet sich eine Unternehmung, erst dann in einen bestimmten Ländermarkt einzutreten, wenn andere Unternehmungen diesen bereits bearbeiten. Sie ist also langsamer als ihre internationalen Wettbewerber. Wendet eine Unternehmung die Follower-Strategie an, so hat sie in ihrem neu betretenen Ländermarkt in der Regel sowohl nationale als auch internationale Konkurrenten.

Die Strategie des Folgers kann mit folgenden **Vorteilen** verbunden sein (vgl. z.B. Golder/Tellis 1993, Baker/Becker 1997, Bryman 1997, Oelsnitz 1997, Oelsnitz 2000):

- Der Folger hat häufig die Möglichkeit, **von den Fehlern des Pioniers** zu lernen,
- er kann in vielen Fällen von **einem stabileren Umfeld** profitieren (z.B. politisches Umfeld),
- er hat meist bereits **zuverlässigere Informationen** über den Markt (z.B. Kaufkraft),
- er partizipiert, wenn es sich um einen frühen Folger handelt, oftmals an einem **stärker wachsenden Markt**,
- er kann die bereits **gesetzten Standards übernehmen** und
- er kann damit **folgebedingte Kosteneinsparungen und Erlöserhöhungen** erzielen.

Als **Nachteile** der Folgerstrategie lassen sich anführen (vgl. z.B. Oelsnitz 1997):

- Der Folger muss die **Markteintrittsbarrieren überwinden**, die der Pionier bereits aufgebaut hat,
- er muss **Vertrauen bei potentiellen Kunden und Mitarbeitern** erreichen,
- er muss **bestehende Geschäftsbeziehungen „aufbrechen"**,
- er muss sich **in Netzwerke einklinken**, die bereits formiert sind,
- er muss den **Erfahrungsvorsprung des Pioniers einholen** und
- er muss die **Größenvorteile des Pioniers wettmachen**.

All dies führt dazu, dass ein **eigener Wettbewerbsvorteil nötig** ist, um gegenüber dem Pionier (und eventuell auch bereits gegenüber anderen Folgern) zu bestehen. Da dies sehr schwierig ist, versuchen Folger in vielen Fällen, zunächst nicht alle Segmente des Gastmarktes abzudecken, sondern nur Teilsegmente und damit Nischen zu bearbeiten (vgl. zu Nischenstrategien im Allgemeinen Hünerberg 1993).

Dass der zeitliche Eintritt in Ländermärkte durchaus vom Verhalten der Wettbewerber abhängen kann, zeigen beispielsweise die sogenannten Theorien des oligopolistischen Parallelverhaltens (→ Abschnitt 2.4 in Kapitel 3). Allerdings gibt es bisher keinen geschlossenen theoretischen Ansatz, der die zeitliche Vornahme von Markteintritten umfassend erklären könnte. In Abbildung 6-37 wird der zeitliche Eintritt von Wettbewerbern in einer spezifischen Branche in einem bestimmten Land illustriert. Die Abbildung liefert eine Übersicht darüber, wann internationale Pharmaunternehmungen in den chinesischen Markt eingetreten sind.

Aus Abbildung 6-37 wird erstens ersichtlich, dass Weltmarktführer nicht immer als erste in einen bestimmten Auslandsmarkt eintreten; auch Unternehmungen, die hinsichtlich des Umsatzes hinter den Weltmarktführern liegen, können zuweilen „schnell" handeln. Zweitens wird aufgrund der Daten deutlich, dass es in polypolistischen (bzw. sogar in oligopolistischen) Märkten keine Dichotomie zwischen Pionieren und Folgern gibt; vielmehr können die ca. 40 in Abbildung 6-37 enthaltenen Pharmaunternehmungen eher auf einem Kontinuum zwischen „absoluter Pionier" und „später Folger" eingeordnet werden, während die nach dem Jahr 2000 in China eintretenden Unternehmungen gar als „Nachzügler" zu werten sein dürften (vgl. Bruche 1998, S. 70). Drittens ist der empirisch festgestellte Zusammenhang mit der gewählten Markteintritts- und Marktbearbeitungsstrategie interessant: Unabhängig vom Zeitpunkt des Markteintritts dominieren im Falle von China – vor allem aufgrund rechtlicher Beschränkungen – während des gesamten Betrachtungszeitraums zwischen 1984 und 1998 Exporte und Joint Ventures.

	Unternehmung	Welt-markt-rang 1995	Jahr des Marktein-tritts in China	Art der Marktein-trittsstra-tegie in China	Jahr des Joint-Venture-Vertrages	Jahr der Joint-Venture-Inbetrieb-nahme	Beteili-gungs-grad beim Joint Venture	Investi-tionsvolu-men in Mio. US-$
Erste Eintrittsperiode 1980-1989	Otsuka JP	28	1984	JV	1980	1984	50%	30
	Roche CH	8	1985	E	1993	1996	70%	30
	Pfizer US	7	1985	E	1989	1992	67%	58
	Ciba-G. CH	10	1985	E	1987	1993	60%	21
	BM-Squibb US	4	1986	JV	1982	1986	58%	30
	Merck US	3	1986	E	n.b.	1995	75%	26
	Sandoz CH	14	1986	E, L	-	-	-	-
	Glaxo UK	1	1986	E	1988	1991	50%	10
	Takeda JP	19	1986	L	1992	1996	75%	26
	Pharmazia SW	16	1987	JV	1982	1987	50%	21
	Astra SW	15	1987	JV	1982	1987	50%	21
	SmithKline US	9	1987	JV	1984	1987	55%	18
	Schering-Pl. US	17	1988	E	1994	1996	55%	15
	Servier F	> 40	1988	L, E	-	-	-	-
	Janssen/J&J US	6	1988	JV	1985	1989	52%	48
	Schering D	27	1989	E	1992	1995	92%	18
Zweite Eintrittsperiode 1990-1998	Lederle/AHP US	5	1991	E	1991	1994	90%	16
	Ajinomoto JP	> 40	1991	E	-	-	-	-
	Daiichi JP	29	1991	E	-	-	-	-
	EBEWE ÖS	> 40	1991	E	-	-	-	-
	Hoechst D	2	1991	E	1994	1996	50%	25
	Nycomed NOR	> 40	1991	E	1994	1998	60%	23
	Madaus D	> 40	1992	E	-	-	-	-
	Fujisawa JP	31	1992	E	-	-	-	-
	Farmitalia I	> 40	1992	E	1993	1996	100%	20
	Upjohn US	16	1992	E	1994	1997	75%	30
	Yamanouchi JP	26	1992	E	1994	1996	80%	30
	Kyowa-H. JP	> 40	1992	-	-	-	-	-
	Amgen US	> 40	1992	E	-	-	-	-
	Meiji-S. JP	> 40	1992	E	-	-	-	-
	Evers D	> 40	1993	E	-	-	-	-
	Baker-Nort. US	> 40	1994	JV	1992	1994	50%	8
	Beauf.-Ipsen F	> 40	1995	E	1996	1997	85%	10
	Tanabe JP	> 40	1995	JV	1993	1996	50%	6
	Schwarz D	> 40	1995	E	1996	1998	85%	10
	Sanofi F	24	1996	JV	n.b.	1996	55%	30
	Fresenius D	> 40	1996	JV	1994	1996	60%	13

Baxter US	> 40	1997	JV	1993	1997	95%	n.b.
Bayer D	12	1998	JV	1994	1998	95%	30
Rhone-P.R. F	11	1998	JV	1995	1998	90%	n.b.
Lilly US	13	1998	JV	1995	1998	90%	28
Boehringer-I. D	21	1998	JV	1995	1998	75%	25

E = primärer Markteintritt über Exporte, L = primärer Markteintritt über Lizenzen,
JV = primärer Markteintritt über Produktions-Joint Venture, n.b. = nicht bekannt.

Abb. 6-37:   Der Markteintritt internationaler Pharmaunternehmungen in den chinesi-
             schen Markt
Quelle: Bruche (1998), S. 71.

4.2   Länderübergreifende Timingstrategien

Bisher haben wir den Eintritt in einen Ländermarkt betrachtet. Die meisten internationalen Unternehmungen treten jedoch im Zeitablauf in mehrere Ländermärkte ein. Idealtypisch lassen sich drei Varianten differenzieren, die Unternehmungen bei der Wahl der
Abfolge der Markteintrittszeitpunkte in verschiedenen Ländermärkten haben:

- die **Wasserfallstrategie** (Abschnitt 4.2.1),
- die **Sprinklerstrategie** (Abschnitt 4.2.2) und
- die **kombinierte Wasserfall-Sprinkler-Strategie** (Abschnitt 4.2.3).

Diese drei Varianten sollen nachfolgend kurz skizziert werden (vgl. auch Ohmae 1985,
S. 33 und S. 44, Henzler/Rall 1985a, S. 186-188, Kreutzer 1990, S. 238-253, Meffert/
Pues 2002, S. 403-416.). In der Literatur wird die länderübergreifende Timingstrategie
meist im Zusammenhang mit (Neu-)Produkteinführungen thematisiert. Wir wollen die
länderübergreifende Timingstrategie jedoch primär im Kontext des (Neu-)Eintritts in
Ländermärkte ansprechen.

4.2.1   Die Wasserfallstrategie

Bei der Wasserfallstrategie tritt eine Unternehmung **sukzessive, d.h. nach und nach,
in andere Ländermärkte** ein. Sie bearbeitet zuerst nur einen weiteren Ländermarkt neben dem Heimatmarkt, tritt anschließend in einen zusätzlichen Ländermarkt ein und erweitert in der Folgezeit die Zahl ihrer Ländermärkte kontinuierlich. Diese Strategie bringt
es mit sich, dass sich der Markteintritt in zahlreiche Ländermärkte insgesamt über einen
längeren Zeitraum erstrecken kann. In Abbildung 6-38 ist das Grundmuster der Wasserfallstrategie dargestellt.

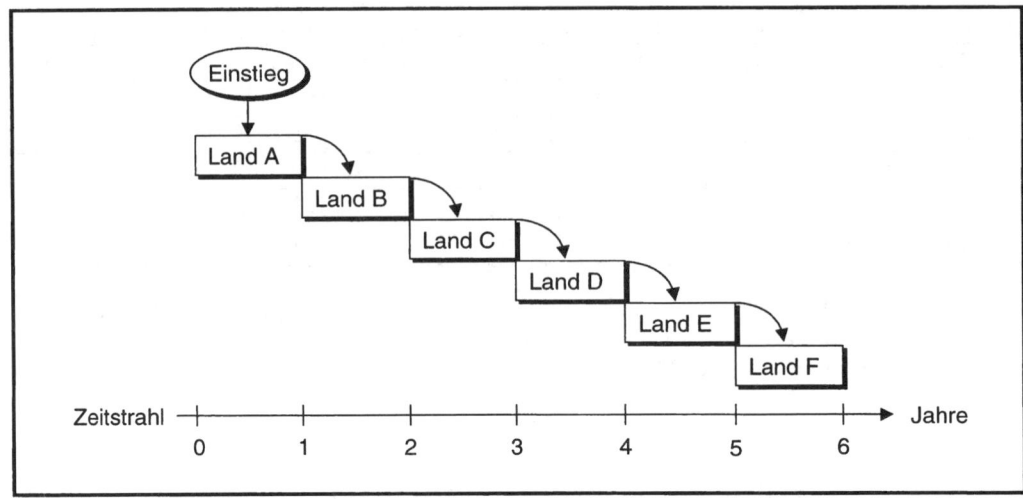

Abb. 6-38: Das Grundmuster der Wasserfallstrategie

Das Grundmuster der Wasserfallstrategie korrespondiert beispielsweise mit den Aussagen der Uppsala-Schule, nach der sich Unternehmungen konzentrisch in weitere Ländermärkte „voranarbeiten". In Abhängigkeit von der **Psychic Distance Chain** erfolgt zunächst ein Eintritt in psychisch nahe Ländermärkte, bevor dann sukzessiv psychisch immer entferntere Ländermärkte anvisiert werden (→ zur Internationalisierungsprozessforschung der Uppsala-Schule Abschnitt 3.3.6 in Kapitel 3). Allerdings muss die psychische Distanz nicht das einzige Kriterium sein, um die Reihenfolge des Markteintritts festzulegen. Neben der psychischen Distanz können zahlreiche weitere Einflussfaktoren eine Rolle spielen (z.B. politische und rechtliche Faktoren, Nachfragevolumen oder Konkurrenzsituation).

Meist wird die Reihenfolge der Länder **nicht vor dem ersten Auslandsengagement** für alle anderen Ländermärkte festgelegt; vielmehr kommt es in der Praxis dazu, dass Unternehmungen die zeitliche Abfolge des Markteintritts in verschiedene Länder internen (z.B. neue Berechnungen des Ressourcenbedarfs) und externen Entwicklungen (z.B. veränderte politische Rahmenbedingungen) anpassen. Hier zeigt sich vor allem der emergente Charakter von Strategien. Bei aller Emergenz sollten Unternehmungen jedoch die Abfolge des Markteintritts „grob" planen, um dann später detaillierte Planungen und Änderungen vorzunehmen.

Die **Vorteile der Wasserfallstrategie** sind zahlreich (vgl. Kreutzer 1990, S. 239-240, Meffert/Pues 2002, S. 407):

• Es entsteht ein zeitlich **versetzter Bedarf an Ressourcen**. Dies kann sowohl bei beschränkten Kapital- als auch bei beschränkten Managementressourcen von großer Bedeutung sein. Vor allem für kleinere und mittlere Unternehmungen ist dieses Argument wichtig.

- Die Wasserfallstrategie ermöglicht es, einen **kalkulatorischen Ausgleich zwischen Ländermärkten** zu schaffen. Die Ländermärkte, in denen der Markteintritt bereits länger zurückliegt, können die Markteintritte in andere Ländermärkte „mitfinanzieren".

- Damit zusammen hängt das Argument, dass eine Unternehmung die **Lebenszyklen bestimmter Technologien und Produkte verlängern** kann. Zusammen mit einem späteren Eintritt in einzelne Ländermärkte können zuweilen auch spätere Technologie- und Produkteinführungen erfolgen.

- Eine Unternehmung kann mit Hilfe der Wasserfallstrategie **zunächst in einfachere oder vertrautere Ländermärkte** eintreten und erst später in schwierigere oder weniger vertraute Ländermärkte vorstoßen.

- Die Wasserfallstrategie erlaubt es, alle Märkte zu dem Zeitpunkt anzuvisieren, wenn dort die **günstigsten Bedingungen** existieren. Man kann auf diese Weise aktiv Unterschiede nutzen, etwa Unterschiede im Nachfragevolumen, Innovations- oder Technologiestand.

- In manchen Fällen sind einzelne Ländermärkte auch **Referenzmärkte**. Dies heißt: Sobald eine Unternehmung einen erfolgreichen Markteintritt in einem bestimmten Land nachweisen kann, kommt es auch in anderen Ländermärkten zu einer größeren Akzeptanz (z.B. bei Regierungen, Kunden). Wieder andere Ländermärkte können **Brückenköpfe** für die Bearbeitung weiterer Ländermärkte sein (z.B. USA für Kanada und Mexiko, Singapur für Südostasien).

- Aufgrund des sukzessiven Eintritts in die einzelnen Ländermärkte lässt sich das **Risiko des Scheiterns begrenzen**. Tritt man mit einem bestimmten Produkt oder mit einer bestimmten Technologie nicht simultan in viele Auslandsmärkte ein, so kann man „Flops" vermeiden und rechtzeitig „Stopp-Entscheidungen" treffen. Märkte können auf diese Weise zu Testmärkten für andere Märkte werden.

- Bei der Wasserfallstrategie kann eine Unternehmung **von ihren Markteintritten lernen**. Bei der Handelskette *Metro* kommt es zum Beispiel dazu, dass „junge" Tochtergesellschaften ihr Wissen unmittelbar an neu aufzubauende Tochtergesellschaften in anderen, vor allem benachbarten Ländern weitergeben. Bei optimalem Wissensmanagement baut sich auf diese Weise ein zunehmender Wissensfundus innerhalb der Unternehmung auf.

- Die Wasserfallstrategie stellt eine gute Möglichkeit dar, **länderspezifisch aufzutreten**. Da jeder Markteintritt zeitlich von anderen Markteintritten entkoppelt ist, kann man besonders gut auf die Landescharakteristika (z.B. Infrastruktur, Kaufkraft) eingehen. Dies ist vor allem bei polyzentrisch orientierten bzw. multinational ausgerichteten Unternehmungen von Bedeutung (➜ zu polyzentrischen und multinationalen Unternehmungen Abschnitt 3.2 in Kapitel 2).

Doch wie alle Strategiealternativen haben auch die Wasserfallstrategien **Nachteile**. Die wichtigsten Nachteile seien kurz zusammengefasst:

- Bei der Wasserfallstrategie kann es zu einem **verspäteten Markteintritt** in einzelnen Märkten kommen. Bei Produkten mit kurzen Verbrauchszyklen, bei länderübergreifend ähnlichen Bedürfnissen und/oder bei starker grenzüberschreitender Transparenz treten damit Probleme, wie beispielsweise Verpassen von Trends oder im Zeitablauf abnehmende Nachfrage der Konsumenten, auf.

- Durch das Verfolgen der Wasserfallstrategie geht der **Überraschungseffekt bei Konsumenten verloren**. Außerdem kommt es zu einer **Frühwarnung der Wettbewerber**, welche die verbleibende Zeit bis zum nächsten Markteintritt nutzen, um die fokale Unternehmung zu imitieren und selbst in den Markt eintreten. Die Unternehmung lockt ihre Konkurrenten in die Märkte, die sie selbst (erst später) bearbeiten möchte.

- Die Erfahrungen in einem bestimmten Ländermarkt werden manchmal auch auf andere, noch zu bearbeitende Ländermärkte „fortgeschrieben". Auf diese Weise kann es zu **„vorschnellen" Fehleinschätzungen** kommen. Es kann schließlich durchaus sein, dass der Markteintritt im ersten Land misslingt, während er im zweiten Land zum Erfolg wird. Insofern ist die oben erwähnte „Testmarktfunktion" von Ländermärkten auch mit Problemen behaftet.

4.2.2   Die Sprinklerstrategie

Die Sprinklerstrategie zeichnet sich dadurch aus, dass eine Unternehmung **simultan** bzw. **innerhalb eines kurzen Zeitraums mehrere** oder **gar alle anvisierten Ländermärkte** betritt. Es gibt also keine zeitliche Differenzierung beim Markteintrittszeitpunkt. Das Grundmuster der Sprinklerstrategie ist in Abbildung 6-39 dargestellt.

Als **Vorteile** einer Sprinklerstrategie gelten die folgenden Argumente (vgl. Kreutzer 1990, S. 241-247, Meffert/Pues 2002, S. 407):

- Eine Sprinklerstrategie ermöglicht einer Unternehmung einen **frühen Markteintritt** in einzelne Märkte. Vor allem bei Produkten mit kurzen Verbrauchszyklen (PCs, Halbleiter), bei länderübergreifend ähnlichen Bedürfnissen und/oder bei starker grenzüberschreitender Transparenz ist dies entscheidend.

- Der frühe Markteintritt kann dazu führen, dass die Unternehmung in vielen Ländern die oben erwähnten **First-Mover-Vorteile** erlangt (➜ zu First-Mover-Vorteilen Abschnitt 4.1.1 in diesem Kapitel). Gegenüber später eintretenden Wettbewerbern werden Markteintrittsbarrieren aufgebaut.

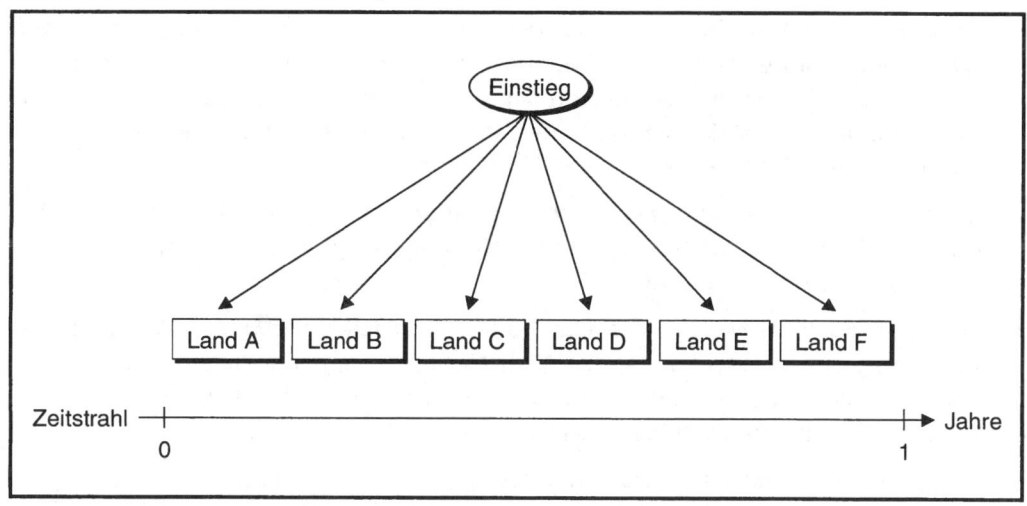

Abb. 6-39: Das Grundmuster der Sprinklerstrategie

- Die Sprinklerstrategie erlaubt darüber hinaus eine **schnellere Amortisation der Fixkosten**. Aufgrund eines simultanen Markteintritts in vielen Ländern können Cash Flows generiert werden, die dringend benötigt werden (z.B. schnellere Amortisation der in vielen Branchen hohen Entwicklungs- und Produktionsfixkosten).

- Die Sprinklerstrategie eignet sich vor allem für die Produkte, bei denen auch **Standards etabliert** werden sollen (z.B. Telekommunikation, Unterhaltungselektronik). Durch einen simultanen Eintritt soll dieser Standard in möglichst vielen Märkten gleichzeitig eingeführt werden und weltweite Netzeffekte, d.h. nachfrageseitige Economies of Scale, begünstigen.

- Mit der Sprinklerstrategie lassen sich **Konsumenten** und **Wettbewerber überraschen**. Vor allem bei einem Ländermarkteintritt, der gleichzeitig mit der Einführung innovativer Produkte oder Technologien verbunden ist, kann dies von Bedeutung sein.

- Eine Sprinklerstrategie kann zu **Imagegewinnen** führen (z.B. gegenüber Regierungen, Konsumenten). Ein Grund ist etwa darin zu sehen, dass eine Unternehmung früh Commitment gegenüber Ländermärkten zeigt.

Die **Nachteile** der Sprinklerstrategie gehen weitgehend mit den Vorteilen der Wasserfallstrategie einher:

- Die Sprinklerstrategie erfordert **umfangreiche Ressourcen** (Kapital- und/oder Managementressourcen), da der Markteintritt in mehreren Ländermärkten (mehr oder weniger) zum gleichen Zeitpunkt erfolgt.

- Oftmals problematisch sind **Management, Organisation und Koordination eines simultanen Markteintritts**. Beispielsweise muss eine fokale Unternehmung darauf achten, dass sie knappe Ressourcen sinnvoll auf die einzelnen Ländermärkte verteilt. Außerdem muss sie Interdependenzen zwischen den Ländermärkten beachten (z.B. unterschiedliches Preisniveau bei Produkten).

- Bei der Sprinklerstrategie **verzichtet** eine Unternehmung **auf Möglichkeiten des kalkulatorischen Ausgleichs** und der **Verlängerung von Lebenszyklen ihrer Technologien und Produkte**.

- Eine Sprinklerstrategie ist mit einem **hohen Floprisiko** verbunden. Im Extremfall kommt es in (fast) allen Ländern zu einer Nichtakzeptanz der Unternehmung (bzw. ihrer Produkte und Dienstleistungen), was aufgrund der hohen Investitionen zu einer kritischen Finanzsituation führen kann.

- Bei einer Sprinklerstrategie werden zuweilen, da Fehlinvestitionen von Anfang an einkalkuliert sind, bestimmte Auslandsmärkte wieder verlassen. Durch eine **De-Internationalisierung** entstehen jedoch neben „sunk costs" auch erhebliche **Image-verluste** (→ zur De-Internationalisierung unsere Überlegungen in Abschnitt 4 in Kapitel 3 und Abschnitt 2.12 in diesem Kapitel).

- Mit einer Sprinklerstrategie nutzt eine Unternehmung die Möglichkeiten des Lernens von anderen Markteintritten kaum. Dadurch, dass alle Ländermärkte innerhalb eines kurzen Zeitraums betreten werden, existieren **kaum Möglichkeiten des Wissenstransfers**.

- Meist führt eine Sprinklerstrategie zu **unangepasstem Auftreten in den einzelnen Ländermärkten**. Aufgrund der hohen Geschwindigkeit des Markteintritts bleibt kaum die Zeit, Länderspezifika angemessen zu berücksichtigen. Häufig wird eine standardisierte Produktpolitik betrieben, obwohl möglicherweise eine Differenzierung – zumindest in Teilbereichen – angebrachter wäre.

4.2.3   Die kombinierte Wasserfall-Sprinkler-Strategie

Neben der Wasserfallstrategie und der Sprinklerstrategie lassen sich auch kombinierte Wasserfall-Sprinkler-Strategien anwenden. In diesem Fall bringen Unternehmungen **Elemente der Wasserfallstrategie** mit **Elementen der Sprinklerstrategie** zusammen. Sie wählen beispielsweise zunächst eine „wasserfallähnliche" Strategie, verfolgen dann eine „sprinklerähnliche" Strategie, bevor sie im Anschluss daran wieder zu einer „wasserfallähnlichen" Strategie zurückkehren. Abbildung 6-40 stellt ein fiktives Beispiel für eine kombinierte Wasserfall-Sprinkler-Strategie dar.

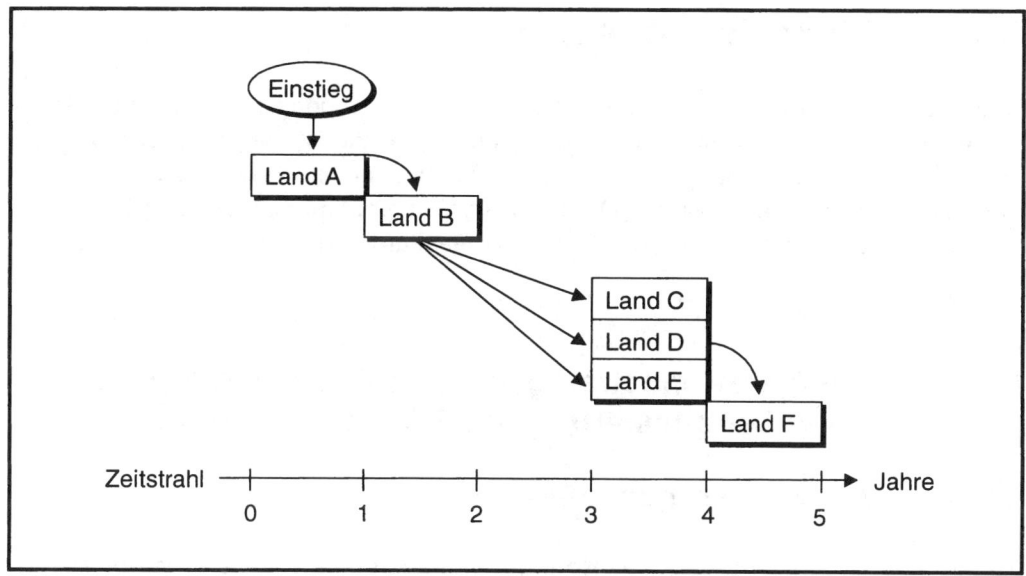

Abb. 6-40: Das Grundmuster der kombinierten Wasserfall-Sprinkler-Strategie

Die kombinierte Wasserfall-Sprinkler-Strategie weist die Vorteile und Nachteile der reinen Wasserfallstrategie und der reinen Sprinklerstrategie **in abgeschwächter Form** auf. Die kombinierte Wasserfall-Sprinkler-Strategie wird beispielsweise dann gewählt, wenn einige Ländermärkte als ähnlich wahrgenommen werden und der Markteintritt in diese Märkte, die eine Unternehmung als Ländercluster betrachtet, aus diesem Grund zeitgleich angesetzt wird (➜ zu Länderclustern kurz Abschnitt 3.2.3 in diesem Kapitel und Abschnitte 3.4.2 und 3.7 in Kapitel 5).

5   Allokationsstrategien

Unter den Begriff der Allokationsstrategien fassen wir die sogenannten **Konfigurations-strategien** (Abschnitt 5.1) sowie die sogenannten **Leistungsstrategien** (Abschnitt 5.2). Mit den Konfigurationsstrategien trifft eine Unternehmung eine Entscheidung im Spannungsfeld zwischen Zentralisierung und Dezentralisierung, mit den Leistungsstrategien eine Entscheidung im Spannungsfeld zwischen Standardisierung und Differenzierung.

5.1   Konfigurationsstrategien – Die Entscheidung zwischen Zentralisierung und Dezentralisierung

5.1.1   Das Verständnis von Konfiguration

Zu beachten ist zunächst, dass das **Konfigurationsverständnis**, wie es im **Internationalen Management** vorherrscht, vom Konfigurationsverständnis in der allgemeinen Organisationslehre differiert. In der Organisationslehre werden mit Konfiguration die Leitungstiefe, die Leitungsintensität sowie die unterschiedlichen Formen der Leitungssysteme (Einliniensystem, Mehrliniensystem, Stab-Linien-System etc.) verstanden (vgl. z.B. Kieser/Walgenbach 2007, S. 137-163). Im Internationalen Management wird dagegen mit dem Begriff der Konfiguration nicht auf diese Leitungsformen, sondern auf die **geographische Streuung** bzw. die **geographische Konzentration von Wertschöpfungsaktivitäten** abgestellt. Unterschiedliche Wertschöpfungsaktivitäten können, so die zentrale Aussage von Porter (1989), unterschiedlich stark gestreut (dezentralisiert) oder konzentriert (zentralisiert) sein. Mit **Konfiguration** ist also der Grad der geographischen Streubreite – oder alternativ der Grad der Zentralisierung bzw. Dezentralisierung – von Elementen der Wertschöpfungskette angesprochen (vgl. Porter 1989, v.a. S. 24-31). Eine Zentralisierung liegt dann vor, wenn merkmalsgleiche Teilaufgaben nur einem bestimmten Zentrum zugeordnet werden; von einer Dezentralisierung sprechen wir dagegen dann, wenn merkmalsgleiche Teilaufgaben verstreut von verschiedenen Teileinheiten parallel ausgeführt werden.

Um das Verständnis für die Konfiguration von Wertschöpfungsaktivitäten etwas besser zu fassen, müssen wir auch klären, was unter Wertschöpfungsaktivitäten zu verstehen ist. Als Wertschöpfungsaktivitäten lassen sich gemäß Porter die **Primäraktivitäten**

- Eingangslogistik,
- Produktion,
- Ausgangslogistik,
- Marketing/Verkauf und
- Kundendienst

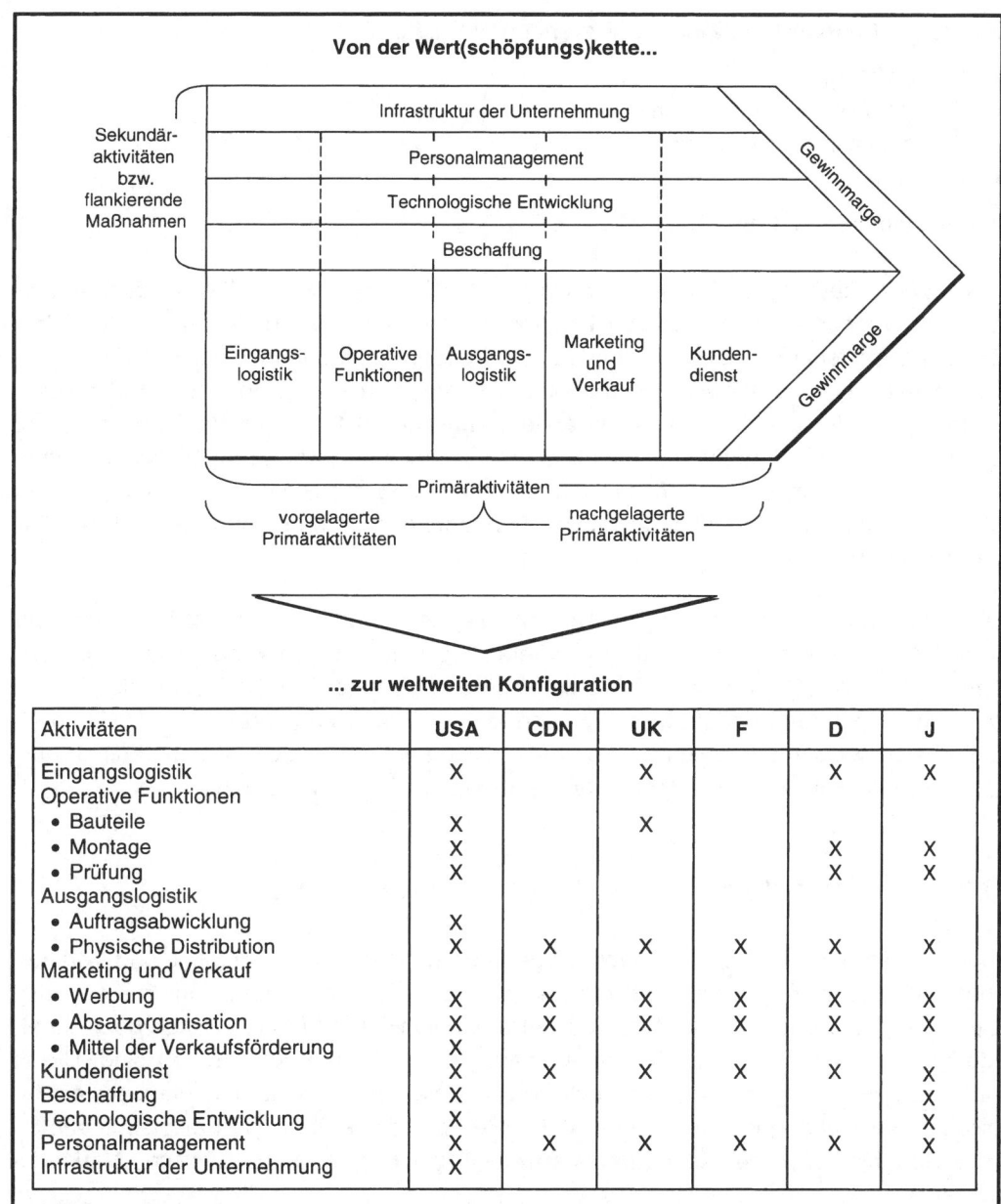

Von der Wert(schöpfungs)kette...

... zur weltweiten Konfiguration

Aktivitäten	USA	CDN	UK	F	D	J
Eingangslogistik	X		X		X	X
Operative Funktionen						
• Bauteile	X		X			
• Montage	X				X	X
• Prüfung	X				X	X
Ausgangslogistik						
• Auftragsabwicklung	X					
• Physische Distribution	X	X	X	X	X	X
Marketing und Verkauf						
• Werbung	X	X	X	X	X	X
• Absatzorganisation	X	X	X	X	X	X
• Mittel der Verkaufsförderung	X					
Kundendienst	X	X	X	X	X	X
Beschaffung	X					X
Technologische Entwicklung	X					X
Personalmanagement	X	X	X	X	X	X
Infrastruktur der Unternehmung	X					

Abb. 6-41: Die weltweite Konfiguration der Wertschöpfungsaktivitäten einer US-Unternehmung

Quelle: in Anlehnung an Porter (1989), S. 23, 26 und S. 27.

von den **Sekundäraktivitäten** (flankierenden Aktivitäten)

- Beschaffung,
- Technologische Entwicklung,
- Personalmanagement und
- Infrastruktur

trennen (vgl. Porter 1989, S. 23-24).

Diese Wertschöpfungsaktivitäten – ob Primäraktivitäten oder Sekundäraktivitäten – können nun unter anderem in Abhängigkeit von der gewählten Markteintritts- und Marktbearbeitungsstrategie (→ Abschnitt 2 in diesem Kapitel) ganz unterschiedlich auf die Länder verteilt sein, in denen eine internationale Unternehmung aufgrund ihrer Marktselektion tätig ist (→ Abschnitt 3 in diesem Kapitel). Abbildung 6-41, in der graphisch zunächst das Prinzip der Wertkette veranschaulicht wird, zeigt Ihnen beispielhaft die Konfiguration der weltweiten Aktivitäten einer fiktiven Unternehmung mit Stammsitz in den USA. In dieser Abbildung wird somit deutlich, wo die betrachtete Unternehmung welche Aktivitäten durchführt.

Die Einteilung in Wertschöpfungsaktivitäten, wie sie Porter vornimmt, ist freilich nur ein Vorschlag unter vielen. Eine Kritik an Porters Vorschlag setzt beispielsweise an der Unterscheidung zwischen primären und sekundären Aktivitäten an. So lassen sich durchaus Argumente dafür finden, auch Forschung und Entwicklung, bei Porter als „Technologische Entwicklung" bezeichnet, und Beschaffung als Primäraktivitäten und nicht (nur) als Sekundäraktivitäten aufzufassen (vgl. Bäurle/Schmid 1994a, S. 4-5).

5.1.2   Varianten der Konfigurationsstrategie

In vielen Unternehmungen sind nachgelagerte Primäraktivitäten (Marketing und Verkauf, Kundendienst) breit gestreut, während vorgelagerte Primäraktivitäten (Interne Logistik, Operative Funktionen) sowie das, was Porter als flankierende Maßnahmen bezeichnet, häufig – mit Ausnahme des Personalmanagements – stärker konzentriert sind. Die in Abbildung 6-41 dargestellte US-amerikanische Unternehmung kann insofern als ein typisches Beispiel angesehen werden. Wir wollen allerdings über das Beispiel hinaus einige Grundvarianten der Konfigurationsstrategie vorstellen. Als idealtypische Varianten lassen sich

- die **Konzentrations- bzw. Zentralisierungsstrategie** und
- die **Streuungs- bzw. Dezentralisierungsstrategie**

auffassen.

Bei der Extremform der **Konzentrationsstrategie** bzw. **Zentralisierungsstrategie** bündelt eine Unternehmung ihre gesamten Wertschöpfungsaktivitäten an einem bestimmten

Ort (meist am Stammsitz im Heimatland). Bei der Extremform der **Streuungsstrategie** bzw. **Dezentralisierungsstrategie** wird jede Aktivität in jedem einzelnen Land ausgeführt. Es kommt dazu, dass in jedem einzelnen Land die komplette Wertkette durchlaufen wird. Extreme Konzentration und extreme Streuung spannen das Spektrum eines Kontinuums auf, welches wir auch als **Zentralisierungs-Dezentralisierungs-Kontinuum** bezeichnen könnten. Auf diesem Kontinuum zwischen Zentralisierung und Dezentralisierung liegen zahlreiche Varianten von Konfigurationsstrategien, sogenannte Mischstrategien, die sowohl Zentralisierungs- als auch Dezentralisierungselemente beinhalten. Die Grundvarianten der Konfigurationsstrategie sind in Abbildung 6-42 dargestellt, wobei zur Illustration der Mischstrategie ein fiktives Beispiel gewählt wurde. Aus Vereinfachungsgründen werden in dieser Abbildung nur vier Wertschöpfungsaktivitäten, Forschung & Entwicklung, Beschaffung, Produktion und Vertrieb, betrachtet.

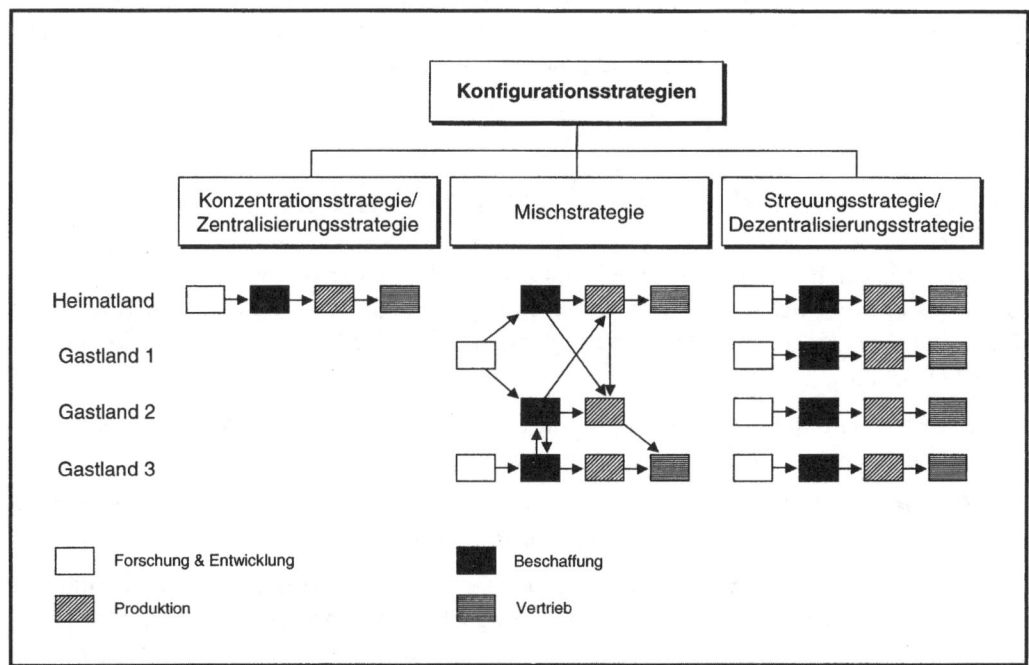

Abb. 6-42: Die Grundvarianten der Konfigurationsstrategie

Wichtig erscheint der Hinweis, dass die **Extremform der Konzentrations- bzw. Zentralisierungsstrategie** in internationalen Unternehmungen **kaum existent** ist. Zumindest eine Aktivität wird in irgendeiner Form auch im Ausland erbracht, da meist nur auf diese Weise langfristige Transaktionsbeziehungen mit dem Ausland sichergestellt werden können (und damit das konstitutive Merkmal internationaler Unternehmungen vorliegt, → Abschnitt 1.5 in Kapitel 2). Lediglich bei einer Beschränkung auf den indirekten Export kann auf Dauer eine reine Konzentrationsstrategie angewandt werden. Auch die **Extremform der Dezentralisierungsstrategie** wird **selten** gewählt, denn nur wenige Unternehmungen bauen in ihren Gastländern „Abbilder" des Stammhauses im Heimatland, sogenannte „Miniature-Replica-Einheiten", auf. Die meisten Unternehmungen entscheiden sich für Varianten von Mischstrategien, was zu vielfältigen Interdependenzen zwischen der Muttergesellschaft und den Tochtergesellschaften führen kann. Diese Interdependenzen sind in Abbildung 6-42 durch Pfeile graphisch kenntlich gemacht. Interdependenzen werden uns später wieder beschäftigen, da sie die Notwendigkeit der Koordination begründen (→ Abschnitt 6.2.2 in diesem Kapitel).

Welche Argumente sprechen nun für eine Konzentration einzelner Aktivitäten (Zentralisierung), welche für deren Streuung (Dezentralisierung)? Wir wollen auf diese Frage in den Abschnitten 5.1.3 und 5.1.4 eine Antwort geben. Dabei greifen wir exemplarisch die Wertschöpfungsaktivitäten Forschung und Entwicklung heraus. Wir wollen damit aufzeigen, dass selbst bei Wertschöpfungsaktivitäten, die traditionell häufig im Stammland zentralisiert werden, immer wieder abgewogen werden muss, ob sie nicht auch im Ausland sinnvoll sein können.

5.1.3   Vorteile der Zentralisierungsstrategie

Als **Argumente für eine Zentralisierung von Aktivitäten** – hier in Bezug auf Forschungs- und Entwicklungsaktivitäten – werden vor allem die folgenden, sich teilweise überlappenden Argumente angeführt (vgl. dazu Schmid 2000b, S. 2-4 und die dort genannte Literatur):

- das Erzielen einer kritischen Masse, die durch eine Verteilung der Forschungs- und Entwicklungsaktivitäten auf verschiedene Einheiten schwierig möglich wäre,

- die Realisierung von Economies of Scale, die gerade bei kleineren Unternehmungen kaum eine andere Wahl als die Zentralisierung lässt,

- das Streben nach Economies of Scope, da Verbundeffekte aus der Durchführung verschiedener Forschungs- und Entwicklungsaktivitäten an einem Ort erhofft werden,

- die erleichterte Koordination von Forschung und Entwicklung, u.a. da keine bzw. geringe räumliche Distanzen existieren,

- die vereinfachte Organisation, u.a. da nicht über komplexe länderübergreifende Strukturen und Prozesse nachgedacht werden muss,

- die bessere Führbarkeit, u.a. da die Mitarbeiter direkt vor Ort präsent sind und ein persönlicher „face-to-face-Kontakt" möglich ist,

- die leichtere Information und Kommunikation, u.a. durch Vermeidung von Kultur- und Sprachproblemen,

- die Beschleunigung von Projekten, u.a. durch geringere Abstimmungsnotwendigkeiten,

- die Vermeidung unnötiger Doppelarbeiten, u.a. da die Kenntnis über Arbeiten vor Ort meist größer ist als die Kenntnis über Arbeiten in anderen, z.T. auch ausländischen Unternehmungseinheiten,

- das Verhindern unbeabsichtigter Verzettelung, u.a. durch eine bessere Kontrolle laufender Forschungs- und Entwicklungsprojekte,

- die Vermeidung dysfunktionaler Konflikte zwischen Forschern und Entwicklern an unterschiedlichen Standorten,

- die Möglichkeit, eine weitgehend einheitliche F&E-Kultur aufzubauen und eine kulturelle Fragmentierung – sowohl auf Tiefenstruktur- als auch Oberflächenstrukturebene – zu vermeiden,

- die leichtere Geheimhaltung der Wissensbasis, die dadurch ermöglicht wird, dass zentrale Forschungs- und Entwicklungs(zwischen)ergebnisse nur an einem Standort „kursieren", und

- die prinzipielle Erleichterung des Wissenstransfers innerhalb der Forschungs- und Entwicklungseinheit(en), da keine Grenzen überschritten werden müssen.

Zu beachten ist, dass eine Unternehmung zwar generell die Strategie einer Zentralisierung von Forschung und Entwicklung formulieren kann, Zentralisierung von Forschung und Entwicklung jedoch in der Praxis nicht immer das Ergebnis strategischer Überlegungen ist, bei denen die Vorteile systematisch den Nachteilen einer Zentralisierung gegenübergestellt werden. Vielmehr kann gerade die Zentralisierung von Forschung und Entwicklung häufig als **Ergebnis eines historischen Prozesses** interpretiert werden, wobei die aufgezeigten Argumente nur implizit im Hintergrund „mitschwingen". Es ist nun einmal so, dass viele Unternehmungen dort forschen und entwickeln, wo sie gegründet wurden bzw. wo sie ihren Stammsitz haben, ohne die Standortentscheidung immer wieder neu zu hinterfragen. Dies gilt bei vielen Unternehmungen selbst dann noch, wenn andere Wertschöpfungsstufen, wie Einkauf, Produktion, Vertrieb/Marketing oder Logistik/Distribution, bereits international dezentralisiert wurden. Dass Unternehmungen bei ihren Forschungs- und Entwicklungsaktivitäten häufig lange Zeit am Heimatstandort festhalten, ist auch deswegen erwähnenswert, weil die Entscheidung für die Zentralisierung eigentlich auch eine Entscheidung für die Zentralisierung auf eine bestimmte ausländische Tochtergesellschaft und nicht zwingend – wie meist praktiziert – eine Zentralisierung auf die Muttergesellschaft darstellen könnte.

So wie es zahlreiche Gründe gibt, Forschung und Entwicklung zu zentralisieren, finden sich auch viele Gründe für eine internationale Dezentralisierung. Diese Gründe werden wir nachfolgend erläutern.

5.1.4   Vorteile der Dezentralisierungsstrategie

Als **Argumente für eine Streuung der Aktivitäten** und damit für eine Dezentralisierung lassen sich – wiederum mit Fokus auf Forschungs- und Entwicklungsaktivitäten – anführen (vgl. Schmid 2000b, S. 5-7 und die dort genannte Literatur):

- der Zugang zu knappen Produktionsfaktoren, z.B. die Verfügbarkeit von qualifiziertem Forschungspersonal, die Bereitstellung von Venture-Kapital oder das Vorhandensein von für Forschung und Entwicklung notwendigen Rohstoffen bzw. klimatischen Bedingungen,

- das Ausnutzen von Kostenunterschieden bei den Produktionsfaktoren Arbeit, Kapital und Boden, z.B. niedrigere Personalkosten bei der Softwareentwicklung in Indien als in Deutschland,

- die Erhöhung der Forschungs- und Entwicklungsgeschwindigkeit, z.B. infolge einer Verkürzung der Innovationszeiten, die durch internationale Arbeitsteilung und die Nutzung moderner Informations- und Kommunikationstechnologien möglich wird,

- die Streuung von Risiko, die Förderung der Flexibilität und die Erhöhung der Innovationskraft, u.a. durch bewusste Duplizierung bzw. Multiplizierung der Aktivitäten,

- die Nutzung komplementärer Ressourcen, Kompetenzen und Fähigkeiten, z.B. verbesserte Innovationsprozesse durch Komplementarität der Ländereinheiten,

- das Umgehen rechtlicher Restriktionen bzw. hoher Regulierungsdichte im Heimatland (z.B. Umgehen strenger Auflagen in der Gentechnologie),

- eine Ex-ante-Vorbeugung gegenüber protektionistischen Maßnahmen in Gastländern,

- das Ausnutzen direkter oder indirekter staatlicher Förderung von Forschungs- und Entwicklungsaktivitäten in Gastländern,

- die bessere gesellschaftliche Akzeptanz mancher Technologien sowie eine forschungs- bzw. entwicklungsfreundliche Einstellung in Gastländern,

- die leichtere Anpassung von Technologien an lokale Märkte durch Präsenz der Forschung und Entwicklung vor Ort sowie die Vermeidung von „Not-Invented-Here-Syndromen",

- die Sicherung des Marktzugangs und die Erfüllung direkter und indirekter staatlicher Auflagen, wie z.B. die Erfüllung von Local-Content-Vorschriften,

- das „Einklinken" in lokale formelle oder informelle Informations- und Kommunikationsnetzwerke,

- das Einrichten von Horchposten in strategisch bedeutsamen Märkten (Lead-Märkten) bzw. das Lernen in innovativen Umfeldern, v.a. in innovativen Clustern und Agglomerationen wie dem Silicon Valley und die Ausnutzung regionaler Spill-Overs,

- die Nähe zu wissenschaftlichen Einrichtungen, z.B. die Nähe zu Universitäten und Forschungsinstituten, die unter anderem das Ziel des Erwerbs von Wissen, Fähigkeiten und Fertigkeiten hat,

- der Wunsch, über die Aufnahme von Forschungs- und Entwicklungstätigkeiten auch andere Wertschöpfungsfunktionen vor Ort zu verbessern, evtl. gestützt durch Initiativen von ausländischen Vertriebs- und Produktionsstätten, die auf die Durchführung von lokalen Forschungs- und Entwicklungstätigkeiten drängen,

- eine bessere Abstimmung mit lokaler Produktion und lokalem Vertrieb und eine Überwindung logistischer Barrieren,

- das Bestreben lokaler Tochtergesellschaften, sich durch Existenz von Forschung und Entwicklung eine größere Anerkennung bzw. ein besseres Image im Gastland zu verschaffen.

Es darf nicht vergessen werden, dass die Dezentralisierung von Forschung und Entwicklung **nicht ausschließlich** das **Resultat geplanter Strategien** darstellt. Häufig tritt sie als (vergleichsweise unbedeutender) Nebeneffekt von Akquisitions- und Fusionstätigkeiten auf. Viele Unternehmungen erwerben bei internationalen Akquisitionen und Fusionen, deren primäre Motive beispielsweise im Produktions- oder Vertriebsbereich liegen, gleichsam „nebenbei" Forschungseinheiten im Ausland. Es gilt zu beachten, dass trotz aller möglichen Argumente für oder gegen eine (De-)Zentralisierung von Forschung und Entwicklung viel Emergenz im Spiel ist. Auch wenn als Analyseraster für die Entscheidung, auf welche Länder dann tatsächlich Forschungs- und Entwicklungsaktivitäten verteilt werden, Vorschläge wie der Portersche Diamant existieren (vgl. Pearson/Brockhoff/Boehmer 1993, v.a. S. 255-259, → zum Porterschen Diamanten Abschnitt 3.3.3 in Kapitel 3), sollte dies nicht darüber hinwegtäuschen, dass Entscheidungen über die internationale Lokalisierung von Forschungs- und Entwicklungsaktivitäten in der Praxis nur beschränkt rational getroffen werden.

5.1.5 Ein erweitertes Verständnis von Konfigurationsstrategien

Bei der Verfolgung von Konfigurationsstrategien sollten von internationalen Unternehmungen die folgenden Gesichtspunkte beachtet werden:

(1) **Nicht für alle Wertschöpfungsaktivitäten** gelten die **gleichen Zentralisierungs- und Dezentralisierungsargumente.** Die Frage, ob eine Konzentration oder eine Streuung sinnvoll ist, muss für **jede Wertschöpfungsaktivität separat** beantwortet werden (vgl. z.B. Schlüchtermann 1999, S. 54, Zentes/Swoboda/Morschett 2004). Einige **Beispiele** aus dem Bereich der **Produktion** können dies verdeutlichen:

- Produktionsstätten werden zuweilen in der Nähe der **Kunden** angesiedelt (und damit dezentralisiert), um Kosten – vor allem Transport- und Lagerkosten – zu reduzieren. So folgen Automobilzulieferunternehmungen Automobilherstellern meist dorthin, wo diese ihre Fabriken erstellen. Die Tendenz zur Streuung der Aktivitäten wird durch aktuelle Entwicklungen wie Just-in-Time-Lieferungen und den damit verbundenen Druck der Automobilkonzerne forciert.

- Produktionsstätten werden manchmal aus **Risikoaspekten** heraus auf mehrere Länder verteilt (und damit dezentralisiert). So versuchen Unternehmungen, durch eine geographische Streuung ihrer Aktivitäten eine stärkere Unabhängigkeit von Wechselkursschwankungen zu erreichen. Das Engagement vieler japanischer Unternehmungen in den Vereinigten Staaten ist traditionell auch aus diesem Motiv heraus entstanden. *Honda* hat frühzeitig erkannt, dass nur durch eine geographische Streuung der Aktivitäten die Abhängigkeiten von den Wechselkursschwankungen des Yen reduziert werden können.

- Wenn Produktionsstätten in mehreren Ländern errichtet (und damit dezentralisiert) werden, so kann dies auch die Folge von **politischen und rechtlichen Einflüssen** des Gastlands sein. Zum einen müssen Aktivitäten häufig deswegen gestreut werden, um staatliche Restriktionen, wie etwa Zölle oder Importbeschränkungen, zu umgehen. Zum anderen wird die Streuung der Aktivitäten von vielen Regierungen durch Subventionen motiviert.

(2) **Nicht für alle Unternehmungen** spielen **sämtliche Argumente in gleicher Art und Weise** eine Rolle. Jede Unternehmung kommt in Abhängigkeit von einer Vielzahl von Faktoren (z.B. Branche, Technologie, Produkteigenschaften) zu unterschiedlichen Einschätzungen über die Sinnhaftigkeit von Zentralisierungs- und Dezentralisierungsstrategien. Auch wenn die meisten Unternehmungen Marketing und Vertrieb vergleichsweise stark dezentralisieren, so finden sich bei anderen Funktionen große Unterschiede. In Abbildung 6-43 sind Zentralisierungsgrade und Dezentralisierungsgrade für ausgewählte Aktivitäten von *ABB*, *Boeing*, *General Motors*, *MAN*, *Nestlé* und *Unilever* dargestellt (vgl. Turner/Henry 1994 mit Verweis auf Theuerkauf 1991). Selbst wenn die referierten Ergebnisse das heutige Bild nicht mehr adäquat widerspiegeln (weil die Daten schon vor einigen Jahren erhoben wurden), so zeigt sich doch, dass Unternehmungen im Hinblick auf die Zentralisierung und Dezentralisierung von Wertschöpfungsaktivitäten deutlich divergieren können.

(3) Viele Autoren konzentrieren sich bei ihren Ausführungen zur Konfiguration auf Aktivitäten der Muttergesellschaft und deren Tochtergesellschaften. Zu beachten ist jedoch, dass, je nach gewählten Markteintritts- und Marktbearbeitungsstrategien, auch **weitere Einheiten** in die Erarbeitung von Konfigurationsstrategien einbezogen werden müssen. Dazu gehören beispielsweise Lizenzgeber, Franchisenehmer, Joint-Venture-Einheiten oder Partner innerhalb einer Strategischen Allianz. Verfolgt eine Unternehmung unter-

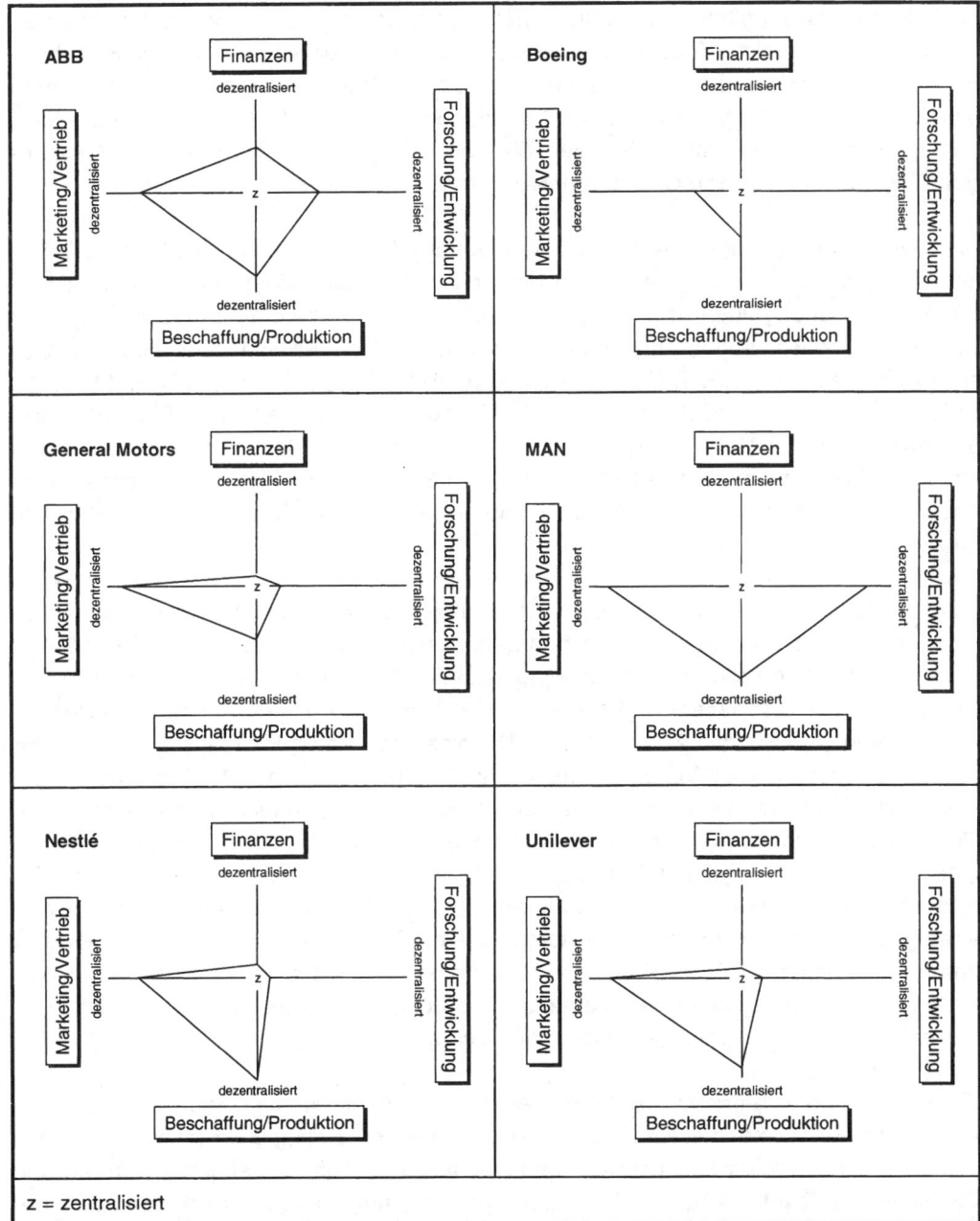

Abb. 6-43: Zentralisierung und Dezentralisierung von Wertschöpfungsaktivitäten bei
ausgewählten Unternehmungen
Quelle: Turner/Henry (1994), S. 426.

schiedliche Markteintritts- und Marktbearbeitungsstrategien, so ist ihre Konfiguration also besonders komplex. Zudem verstärken Disaggregationen von Wertschöpfungsaktivitäten, häufig durch den Wunsch nach einer Konzentration auf Kernkompetenzen motiviert und in Verbindung mit Outsourcing betrieben (vgl. auch Apte/Mason 1995), sowie Just-in-Time-Verbünde mit Lieferanten die Notwendigkeit, Konfigurationsentscheidungen **über die klassischen Grenzen der Unternehmung hinaus** auszudehnen.

(4) Viele Autoren widmen sich vor allem der Konfiguration einer bestimmten Wertschöpfungsaktivität – so wie wir selbst auch nur die Vorteile einer Zentralisierungsstrategie bei Forschung und Entwicklung den Vorteilen einer Dezentralisierungsstrategie bei Forschung und Entwicklung gegenübergestellt haben (vgl. für eine wertschöpfungsspezifische Betrachtung z.B. Dicken 1998, v.a. S. 211-219, Paul 1998, v.a. S. 119-214). Entscheidend ist es jedoch in der Praxis, Konfigurationsüberlegungen **über alle verschiedenen Aktivitäten** hinweg anzustellen und vor allem auch die Interdependenzen innerhalb des gesamten Wertschöpfungsverbunds zu betrachten. Spezifische Interdependenzen führen auch zu spezifischem Koordinationsaufwand (vgl. John/Young/ Miller 1999).

(5) Viele Autoren behandeln bei ihren Ausführungen zur Konfiguration Wertschöpfungsaktivitäten. Das Spannungsfeld zwischen Zentralisierung und Dezentralisierung existiert jedoch nicht nur im Falle von Wertschöpfungsaktivitäten, sondern auch im Falle von **Entscheidungen, Prozessen, Ressourcen, Fähigkeiten, Kompetenzen, Werten oder Normen** (vgl. Schmid 2000b, S. 1-2). Die einzelnen Kategorien müssen dabei nicht parallel „laufen". So ist bekannt, dass eine Dezentralisierung von Wertschöpfungsaktivitäten durchaus mit einer Zentralisierung von Entscheidungen einhergehen kann. Die Automobilgiganten *General Motors* und *Ford* verfügen bereits seit langer Zeit über eine starke weltweite Dezentralisierung ihrer Aktivitäten, haben aber in der zweiten Hälfte der neunziger Jahre eher eine Zentralisierung vieler Entscheidungen, vor allem vieler strategischer Entscheidungen, vorgenommen – ein Vorgehen, welches in beiden Konzernen aufgrund zahlreicher Probleme der europäischen Tochtergesellschaften kritisch hinterfragt wurde und eine Verhaltensänderung in Form der partiellen Re-Dezentralisierung von Entscheidungen nach sich zog.

(6) Viele Autoren betrachten bei ihren Ausführungen die Konfiguration als einmalige konstitutive Entscheidung. **Konfigurationen verändern sich** jedoch in internationalen Unternehmungen permanent. Die Gründe dafür sind vielfältig: Akquisitionen werden durchgeführt, Tochtergesellschaften bauen aus eigener Initiative zunehmend Kompetenzen auf, oder eine Produktionsstätte wird im Zuge eines Kostensenkungsprogramms geschlossen. Konfigurationen unterliegen also evolutionären, episodenhaften und epochenhaften Veränderungen (→ zur Unterscheidung zwischen Evolution, Episoden und Epochen Kapitel 7). Konfigurationsentscheidungen sind damit immer auch dynamische Entscheidungen. Diese Überlegungen deuten an, wie komplex sich Konfigurationsentscheidungen in international tätigen Unternehmungen gestalten.

5.2 Leistungsstrategien – Die Entscheidung zwischen Standardisierung und Differenzierung

Es sollen nun nachfolgend Standardisierung und Differenzierung als Varianten der Leistungsstrategie vorgestellt werden (Abschnitt 5.2.1), bevor im Anschluss daran die Vorteile der Standardisierungsstrategie (Abschnitt 5.2.2) den Vorteilen der Differenzierungsstrategie (Abschnitt 5.2.3) gegenüber gestellt werden. Mit einigen weiterführenden Überlegungen versuchen wir, zu einem umfassenderen Verständnis von Leistungsstrategien beizutragen (Abschnitt 5.2.4).

5.2.1 Varianten der Leistungsstrategie

Internationale Unternehmungen können ihre Leistungen, d.h. ihre Produkte und Dienstleistungen, weltweit identisch oder weltweit unterschiedlich anbieten. Sie können sie also einerseits standardisieren oder andererseits differenzieren (vgl. bereits Althans 1980, v.a. S. 16-35). Neben der **Standardisierung** und **Differenzierung** als Extrempositionen kommt auch die **Adaption** im Sinne einer partiellen Differenzierung als Grundvariante von Leistungsstrategien in Frage. Wie bei den Konfigurationsstrategien handelt es sich auch hier um ein Kontinuum an Möglichkeiten – ein Kontinuum von der Standardisierung über die partielle Adaption bis hin zur Differenzierung (→ unsere Ausführungen im Zusammenhang mit der Globalisierung in Abschnitt 5.5.5 in Kapitel 1 sowie die dort genannte Literatur).

Besondere Bedeutung spielt die Frage nach Standardisierung und Differenzierung im Marketing und seinen Teilbereichen (vgl. Theodosiou/Leonidou 2003, Kustin 2004, Voeth/Wagemann 2004, Bieling 2005, Gerpott/Jahopin 2005, Heilbrunn 2006, Katsikeas/Samiee/Theodosiou 2006, Nelson/Paek 2007). Nachdem wir die Vorteile und Nachteile der grundlegenden Varianten von Allokationsstrategien am Beispiel von Forschung und Entwicklung diskutiert haben, wollen wir deshalb die Vorteile und Nachteile der grundlegenden Varianten von Leistungsstrategien am Beispiel des Marketing erörtern.

5.2.2 Vorteile der Standardisierungsstrategie

Mit der **Standardisierung** von Leistungen sind viele Vorteile verbunden, die sich auf unterschiedliche Bereiche beziehen können. Wir wollen kurz auf einige der **Vorteile** im Bereich der **Produktpolitik**, der **Kommunikationspolitik**, der **Distributionspolitik** und der **Preispolitik** eingehen. Für zahlreiche weitere Vorteile sei auf die einschlägige Marketingliteratur verwiesen (vgl. Meffert/Bolz 1998, v.a. S. 182-254 sowie Berndt 1996, Sander 1996):

Produktpolitik: Die Standardisierung des Produkts verringert die absolut anfallenden Kosten (z.B. Forschungs- und Entwicklungskosten, Beschaffungskosten, Produktionskosten). Kostendegressionen lassen sich jedoch nicht nur in höherem Ausmaß, sondern auch schneller und problemloser erzielen als bei einer Differenzierung. Dies kann sich positiv auf den Preis des Produkts und damit auch auf dessen Nachfrage niederschlagen. Außerdem wird davon ausgegangen, dass die Qualität des Produkts unter einer Standardisierungsstrategie nicht notwendigerweise leiden muss, weil die Unternehmung ihre besten Ideen zur Produktreife führen kann („world-best-ideas").

Kommunikationspolitik: Wie die Standardisierung der Produktpolitik trägt auch die Standardisierung der Kommunikationspolitik in Form von Werbebotschaften, Werbeträgern und Werbematerialien zur Kostensenkung bei (z.B. Einsparung bei der Produktion von Werbematerialien). Wichtiger als die Kosteneinsparung erscheint jedoch die Möglichkeit der Erlöserhöhung. Eine Standardisierung der Kommunikationspolitik führt zu einheitlichem Auftreten, was sich meist nicht nur auf das Produkt-, sondern auch auf das Unternehmungsimage positiv auswirkt. Außerdem kann die Unternehmung von sogenannten Ausstrahlungseffekten profitieren (z.B. „media overlapping" und „media spillover").

Distributionspolitik: Die Standardisierung der Distributionspolitik kann zu Kostendegressionen in der Logistik führen. Darüber hinaus lassen sich – ähnlich wie bei der Kommunikationspolitik – Vorteile durch eine weltweit einheitliche Ansprache des Kunden erzielen. Einfacher wird unter Umständen auch die Koordination, etwa wenn bestimmte Distributionspartner wie Vertragshändler oder Franchisenehmer gleichzeitig für mehrere Ländermärkte zuständig sind.

Preispolitik: Die Standardisierung der Preispolitik folgt meist weder der Logik, Preise an das Nachfrageverhalten anzupassen, noch der Logik, sich bei der Preisfestlegung an den entstehenden Kosten oder am Wettbewerb zu orientieren. Der primäre Vorteil liegt darin, dass Verunsicherungen und Verärgerungen der Konsumenten vermieden und Reimporte verhindert werden.

Neben diesen auf die einzelnen Elemente des Marketing-Mix bezogenen Vorteilen sollten jedoch auch einige übergreifende Vorteile nicht vergessen werden: Die Standardisierung bringt meist Zeitvorteile gegenüber den Konkurrenten mit sich, was insbesondere im Zusammenhang mit First-Mover-Vorteilen bedeutsam sein kann (➜ Abschnitt 4.1.1 in diesem Kapitel). Außerdem erleichtert sie die Durchsetzung eines dominanten Designs, insbesondere wenn sie im Zusammenspiel mit der Sprinklerstrategie des Markteintritts angewandt wird (➜ Abschnitt 4.2.2 in diesem Kapitel). Schließlich können mit einer Standardisierung von Leistungen deutliche Vorteile im Hinblick auf einen verminderten Koordinationsaufwand innerhalb der Unternehmung verbunden sein.

5.2.3 Vorteile der Differenzierungsstrategie

Nicht nur die Standardisierungsstrategie, auch die **Differenzierungsstrategie** weist zahlreiche **Vorteile** auf, die wir wiederum getrennt nach **Produktpolitik, Kommunikationspolitik, Distributionspolitik** und **Preispolitik** aufzeigen wollen (vgl. Meffert/Bolz 1998, v.a. S. 182-254 sowie Berndt 1996, Sander 1996):

Produktpolitik: Bei einer Differenzierung des Produkts kann eine Unternehmung die Produkte an die Bedürfnisse der lokalen Konsumenten, die lokalen Ge- und Verbrauchsbedingungen und rechtlichen Bestimmungen (z.B. Umweltschutzvorschriften) anpassen und damit die Kaufbereitschaft erhöhen. Außerdem kann sie in einzelnen Ländermärkten länderspezifische Marktsegmente bearbeiten (→ Abschnitt 3.3 in diesem Kapitel). Nicht zu vernachlässigen ist, dass damit zuweilen auch Serviceprobleme umgangen werden, weil die Produkte keine „Überkomplexität" aufweisen.

Kommunikationspolitik: Bei einer Differenzierung der Kommunikationspolitik können sich Unternehmungen hinsichtlich der Werbebotschaft, der Werbeträger und der Werbematerialien an die länderspezifischen Bedingungen anpassen und damit die Kaufbereitschaft forcieren. Die Verkaufsförderung, die ebenfalls einen Teil der Kommunikationspolitik darstellt, kann die Anforderungen der einzelnen Länder (z.B. rechtliche Restriktionen, erfolgversprechende Promotion-Maßnahmen) berücksichtigen.

Distributionspolitik: Bei einer Differenzierung der Distributionspolitik ist eine Anpassung an lokale Vertriebssysteme, d.h. an landesübliche Absatzkanäle und an die landesübliche physische Distribution der Produkte, möglich.

Preispolitik: Bei einer Differenzierung des Preises kann eine Unternehmung zahlreiche Besonderheiten des lokalen Marktes berücksichtigen (Zahlungsbereitschaft der Kunden, Unterschiede in der Leistungsbesteuerung, Wechselkurse). In Abbildung 6-44 findet sich ein Beispiel dafür, dass selbst Unternehmungen, die ihre Produkte weltweit standardisiert anbieten, den Preis dieser Produkte hochgradig differenzieren.

5.2.4 Ein erweitertes Verständnis von Leistungsstrategien

Bei der Verfolgung von Leistungsstrategien sollten internationale Unternehmungen die folgenden Gesichtspunkte beachten:

(1) Die Entscheidung zwischen Standardisierung und Differenzierung ist meist nicht eine Frage des „Entweder-Oder", sondern des „**Sowohl-als-Auch**". Dies zeigt sich nicht nur bei einem Vergleich der einzelnen Teilbereiche des Marketing-Mix (vgl. Koppelmann 1996, S. 155), sondern selbst innerhalb eines Teilbereichs. So kann innerhalb der Produktpolitik das Produkt (vor allem der Produktkern) standardisiert, der Markenname je-

doch differenziert werden. Ebenso denkbar ist es, das Produkt (v.a. den Produktkern) zu differenzieren und den Markennamen zu standardisieren.

Produkt	Deutschland	Frankreich	Schweden	Groß-britannien	USA
Tischlampe IKEA „Porfylit"	19,96	12,04	17,30	16,53	31,51
Akku-Bohrmaschine Bosch PSR 9,6	51,60	77,45	99,00	98,68	–
Kodak „Advantix APS" 200 ASA, 25 Fotos	4,06	5,86	6,73	8,00	7,11
Gap Männershirt „Big Oxford"	35,29	38,12	69,52	49,27	39,48
Lotion Clinique „Dramatically Different", 50ml	22,23	21,28	27,27	23,23	13,11
Batterien Energizer AA 1,5 V (4er Pack)	4,66	3,56	4,91	5,68	5,74
Aftershave Calvin Klein „Eternity", 100ml	39,51	36,29	55,13	48,98	56,06
Pokémon Sammelkarten Start-Set	13,56	12,32	13,56	11,47	7,56
Timberland Cargo-Hosen, Modell 387	97,96	72,71	81,13	89,06	52,94
Hosen Dockers K1	77,15	78,86	90,31	96,87	53,81
CD-Player Panasonic SL-SX 270	91,93	135,90	130,68	124,75	78,57
Jeans Levi's 501	76,92	70,32	79,54	77,09	45,26
Nintendo Gameboy Color	73,89	75,80	85,89	111,27	89,06
CD-Platz 1 in den jeweiligen Charts	15,20	17,57	20,09	22,29	17,60
Barbie-Puppe „Cool Clips"	24,58	21,13	31,73	22,90	21,06
Chanel Nr. 5, Eau de Toilette, 50ml	48,33	47,67	54,64	59,90	59,54
Spiel „Virtual Tennis" für Sega Dreamcast	48,95	56,03	64,78	66,78	50,18
Fußball Adidas „EQT Terrestra Silverst."	97,11	75,23	92,85	92,67	–
Spielkonsole Sony Playstation 2	444,50	455,89	521,76	500,98	378,69
Digitalkamera Kodak DC 5000	806,73	913,30	926,35	841,85	788,51

Ladenpreise inkl. Mehrwert- und ähnlicher Steuern. Alle Angaben in Euro, Stand: November 2000.

Abb. 6-44: Preisdifferenzierung in internationalen Märkten bei ausgewählten Produkten
Quelle: Die Zeit Nr. 19 vom 03. Mai 2001, S. 25.

Derartige Möglichkeiten sind anhand einiger Praxisbeispiele in Abbildung 6-45 dargestellt. Auch Quelch/Hoff (1986, v.a. S. 61) haben die Notwendigkeit einer genauen Analyse treffend anhand der Beispiele von *Nestlé* und *Coca-Cola* verdeutlicht.

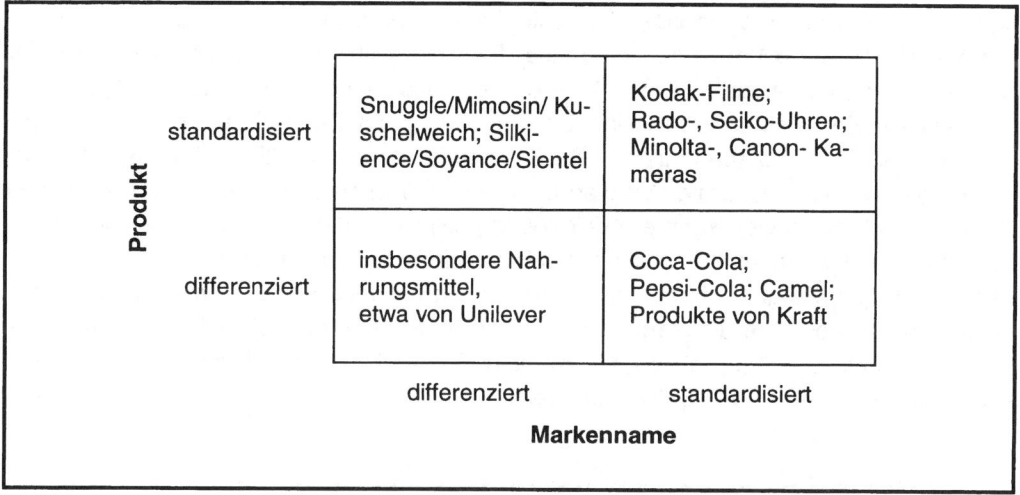

Abb. 6-45: Standardisierung und Differenzierung von Produkt und Marke
Quelle: Meffert/Bolz (1998), S. 189.

(2) Fragen der Standardisierung und Differenzierung betreffen zwar vor allem den Marketing-Mix, sie beziehen sich jedoch **auch auf die Marketing-Strategie** und die **Marketing-Organisation**. Darüber hinaus kann es auch in anderen Funktionalbereichen zur Notwendigkeit von Leistungsstrategien kommen. So können beispielsweise Beschaffungsprozesse differenziert, Finanzierungsvorgänge standardisiert oder Forschungsprojekte nach identischen Kriterien beurteilt werden. Bei derartigen internen Prozessen, die sich nicht direkt auf die Marktleistung beziehen, ist die Standardisierungs-/Differenzierungsentscheidung jedoch vor allem aus koordinatorischen Gesichtspunkten von Relevanz (→ Abschnitt 6.3.2 in diesem Kapitel).

(3) Die Leistungsstrategien der Standardisierung und Differenzierung werden zuweilen mit den Porterschen **Wettbewerbsstrategien der Kostenführerschaft und der Differenzierung** gleichgesetzt – ganz nach dem Motto: ein Kostenführer standardisiert, ein Differenzierer differenziert. Diese Parallelität tritt in der Praxis zwar häufig auf, doch die Kostenführerschaft als Wettbewerbsstrategie muss nicht zwingend mit Standardisierung als Leistungsstrategie, die Differenzierungsstrategie als Wettbewerbsstrategie nicht zwingend mit Differenzierung als Leistungsstrategie einhergehen. So mag ein Hersteller von Nahrungsmitteln versuchen, in verschiedenen Ländermärkten als Kostenführer aufzutreten, sich dort aber mit seinen Produkten hochgradig an die einzelnen Bedürfnisse

anpassen. *DaimlerChrysler* verfolgt mit der Marke *Mercedes* eine Differenzierungsstrategie als Wettbewerbsstrategie, gleichzeitig aber eine (weitgehende) Standardisierung, was die Leistungsstrategie betrifft.

(4) Leistungsstrategien können **mit Konfigurationsstrategien gekoppelt** werden. Häufig wird angenommen, dass eine Konzentrations- bzw. Zentralisierungsstrategie mit einer Standardisierung und eine Streuungs- bzw. Dezentralisierungsstrategie mit einer Differenzierung einher geht. Diese Vorstellung muss jedoch relativiert werden. Unternehmungen können sehr wohl auch Differenzierung mit Zentralisierung und Standardisierung mit Streuung kombinieren. Als Beispiel für den ersten Fall gilt eine Unternehmung, die zwar ihre gesamte Wertkette auf den Heimatmarkt konzentriert, dort jedoch Produkte und Dienstleistungen entwickelt und produziert, die an die Bedürfnisse einzelner Ländermärkte angepasst werden. Als Beispiel für den zweiten Fall kann eine Unternehmung herangezogen werden, die zwar in allen Gastländern eine vollständige Wertkette aufweist, trotz ihrer Präsenz in diesen Gastländern jedoch überall identische Leistungen erbringt. Die Alternativen der Kombination von Konfigurations- und Leistungsstrategien sind in Abbildung 6-46 dargestellt.

		Konzentration/ Zentralisierung + Differenzierung	Streuung/ Dezentralisierung + Differenzierung
Leistungsstrategien	Differen-zierung	Konzentration/ Zentralisierung + Differenzierung	Streuung/ Dezentralisierung + Differenzierung
	Standardi-sierung	Konzentration/ Zentralisierung + Standardisierung	Streuung/ Dezentralisierung + Standardisierung
		Konzentration/ Zentralisierung	Streuung/ Dezentralisierung

Konfigurationsstrategien

Abb. 6-46: Konfigurations- und Leistungsstrategien

Mit diesen Ausführungen können wir unsere Überlegungen zu Allokationsstrategien beenden und uns den Koordinationsstrategien zuwenden.

6 Koordinationsstrategien

Im folgenden Abschnitt wollen wir aufzeigen, dass eine internationale Unternehmung ihre Aktivitäten koordinieren muss. Vereinfacht ausgedrückt besteht der Zusammenhang mit den bisher behandelten Stoßrichtungen der Internationalisierungsstrategien darin, dass das, was mit den **Markteintritts- und Marktbearbeitungsstrategien**, den **Zielmarktstrategien**, den **Timingstrategien** und den **Allokationsstrategien** aufgebaut wurde, koordinativ zu handhaben ist. Wir werden nun zunächst klären, was unter Koordination zu verstehen ist, indem wir Begriff und Arten der Koordination in internationalen Unternehmungen diskutieren (Abschnitt 6.1). Im Anschluss daran werden wir die Gründe für den Koordinationsbedarf in internationalen Unternehmungen systematisch zusammenfassen (Abschnitt 6.2). Der Abschnitt kulminiert in der Frage, wie Unternehmungen mit ihren Strategien auf die Notwendigkeit des Koordinationsbedarfs reagieren (Abschnitt 6.3). Die Ausführungen dieses Abschnitts sollen verdeutlichen, dass Koordinationsstrategien in der Regel eine Vielzahl verschiedener Koordinationsmaßnahmen beinhalten.

6.1 Grundlagen zur Koordinationsproblematik

6.1.1 Der Begriff der Koordination und dessen Bedeutung für die internationale Unternehmung

Koordination wird prinzipiell als die wechselseitige Abstimmung von Elementen eines Systems zwecks Optimierung des Systems verstanden (vgl. zur Vielfalt des Koordinationsbegriffs bereits Hoffmann 1980, v.a. S. 300-305). In unserem Fall bedeutet **Koordination** also die wechselseitige Abstimmung zwischen den einzelnen Einheiten einer internationalen Unternehmung. Sowohl der Begriff der „Abstimmung" als auch der Begriff der „Einheit" sind dabei weit zu fassen. Wir wollen unter **Abstimmung** die Verbindung, die Harmonisierung, die Lenkung und die Zusammenführung von Tätigkeiten, Aufgaben und Entscheidungen subsumieren. Mit einer Einheit meinen wir nicht nur die Muttergesellschaft sowie die Tochtergesellschaften einer internationalen Unternehmung, sondern auch andere Einheiten, wie einzelne Betriebsstätten, Niederlassungen, Repräsentanzen, Bereiche, Abteilungen und Gruppen sowie Kooperationspartner im weiteren Sinne (z.B. Lizenznehmer, Franchisenehmer, Joint-Venture-Partner, Allianzpartner).

6.1.2   Arten der Koordination in der internationalen Unternehmung

Bevor wir uns der Frage zuwenden, mit welchen Strategien in internationalen Unternehmungen im Einzelnen koordiniert wird, sei auf zwei wichtige Unterscheidungen hingewiesen: (1) die Unterscheidung zwischen Vorauskoordination und Feedbackkoordination und (2) die Unterscheidung zwischen vertikaler, horizontaler und lateraler Koordination. Diese Unterscheidungen sind wichtig, um Ihnen zu verdeutlichen, dass wir von einem sehr weiten Koordinationsverständnis ausgehen. Auf der Basis dieser Unterscheidungen können wir ferner klären, was unter (3) Steuerung, (4) Kontrolle, (5) Regelung und (6) Integration zu verstehen ist.

(1) Vorauskoordination und Feedbackkoordination: In der Literatur wird immer wieder zwischen **Vorauskoordination** und **Feedbackkoordination** differenziert (vgl. Kieser/Walgenbach 2007, S. 105-106). Diese Unterscheidung bringt den Zeitpunkt der Koordination zum Ausdruck. Vorauskoordination lässt sich als vorausschauende Abstimmung bezeichnen, wohingegen Feedbackkoordination – manchmal auch Ad-hoc-Koordination genannt – als Reaktion auf Störungen angewandt wird. Vorauskoordination wird mit den Attributen „aktiv" und „präventiv" in Verbindung gebracht, Feedbackkoordination dagegen mit den Charakterisierungen „reaktiv" und „dispositiv". Während die Vorauskoordination Störungen zu vermeiden versucht, wird Feedbackkoordination angewandt, um auftretende bzw. aufgetretene Störungen zu beseitigen. Wie in allen Organisationen, so kommt es auch in internationalen Unternehmungen zur Notwendigkeit beider Koordinationsformen, d.h. zur Notwendigkeit von Vorauskoordination und Feedbackkoordination.

(2) Vertikale, horizontale und laterale Koordination: In der Literatur wird meist der hierarchische und damit der vertikale Aspekt von Koordination betont. Mit **vertikaler** Koordination ist die Ausrichtung von nachgeordneten Teileinheiten auf ein übergeordnetes Ganzes gemeint, also beispielsweise die Koordination der Tochtergesellschaften durch die Muttergesellschaft. Die **horizontale** Koordination dagegen zielt auf die Abstimmung zwischen gleichrangigen Teileinheiten in der internationalen Unternehmung ab, also beispielsweise die Abstimmung zwischen Tochtergesellschaften untereinander. Während vertikale Koordination von oben nach unten gerichtet ist, wird mit horizontaler Koordination eine Abstimmung auf der gleichen Ebene angesprochen. Neben den Idealtypen der horizontalen und der vertikalen Koordination finden wir auch die **laterale** Koordination: Laterale Koordination bezieht sich nicht auf die Abstimmung zwischen hierarchisch über- und untergeordneten oder gleichrangigen Teilen, sondern bezeichnet die „verschränkte" Abstimmung zwischen Teileinheiten, die weder in hierarchischer noch in horizontaler Beziehung stehen (z.B. Partner in bestimmten Netzwerken). In internationalen Unternehmungen sind sowohl die vertikale als auch die horizontale und die laterale Koordination von Relevanz.

(3) Steuerung: Es kommt immer wieder vor, dass nicht von Koordination, sondern von Steuerung gesprochen wird. Steuerung umfasst nach Welge im internationalen Kontext die Summe all jener Instrumente, die geeignet sind, auf der Basis prospektiv orientierter Verkopplungen die Aktivitäten einzelner Einheiten des internationalen Unternehmungsverbunds, vor allem die Aktivitäten der Muttergesellschaft und der Tochtergesellschaften, aufeinander abzustimmen (vgl. Welge 1989a, Sp. 1184). Wir wollen allerdings bewusst von Koordination und nicht nur von Steuerung sprechen. **Steuerung** würde Koordination **eher** auf die **Vorauskoordination** (und weniger auf die Feedbackkoordination) und **eher** auf die **vertikale Koordination** (und weniger auf die horizontale und laterale Koordination) reduzieren.

(4) Kontrolle: Während in deutschen Veröffentlichungen meist von der Koordination in international tätigen Unternehmungen die Rede ist (vgl. z.B. Welge 1980, Dobry 1983, Kenter 1985, Wolf 1994, Bufka 1997), findet sich im anglo-amerikanischen Sprachraum weitaus häufiger der Begriff der Kontrolle (vgl. z.B. Egelhoff 1984, Taggart/McDermott 1993, S. 163-165, Deresky 2006, S. 295-300, Phatak 1995, S. 223-240, Daniels/Radebaugh 2001, S. 512-546, Czinkota/Ronkainen/Moffett 2005, S. 428-433, vgl. zur Kontrolle auch ausführlich Berry/Broadbent/Otley 1995, Hrsg. und im Vergleich zu Koordination z.B. Roth/Nigh 1992). Kontrolle kann man mit Daniels/Radebaugh vereinfachend folgendermaßen definieren: „Control is management's planning, implementation, evaluation, and correction of performance to ensure that the organization meets its objectives" (Daniels/Radebaugh 2001, S. 517). Kontrolle hat gemäß dieser und der meisten anderen Definitionen das Ziel, die Performance einer (internationalen) Unternehmung sicherzustellen. Auf den ersten Blick könnte man meinen, Koordination und Kontrolle seien ähnlich. Doch gerade in der Praxis zeigt sich ein wesentlicher Unterschied: Während es bei der Koordination um eine wechselseitige Abstimmung geht, beschränkt sich Kontrolle häufig auf den Abgleich von „Soll-Werten" und „Ist-Werten" eines Unternehmungsteils (z.B. der Tochtergesellschaft) durch einen anderen, hierarchisch höher gestellten Unternehmungsteil (z.B. die Muttergesellschaft). **Kontrolle** impliziert damit – wie bereits die Steuerung – **eher** eine **vertikale** (als eine horizontale oder laterale) **Koordination** und – im Gegensatz zur Steuerung – **eher** eine **Feedbackkoordination** (als eine Vorauskoordination). Kontrolle gilt somit als wichtiger Teilaspekt von Koordination. Kontrolle ist jedoch zu eng, als dass dadurch der Charakter von Koordination umfassend zur Geltung käme.

Wenn gerade in der anglo-amerikanischen Literatur meist von Kontrolle und weniger von Koordination die Rede ist, so kann dies auch als Ausdruck **kulturgeprägter Führungsphilosophien** interpretiert werden: Gerade in US-amerikanischen Unternehmungen wird (innerhalb des breiten Spektrums an Möglichkeiten der Koordination) der Kontrolle der Performance im Allgemeinen traditionell große Bedeutung geschenkt. Dies ist etwa an den immer noch üblichen, vor allem aufgrund der Börsenvorschriften notwendigen Quartalsberichten großer Gesellschaften sichtbar. Ebenso wie die Inlandsaktivitäten unterliegen die Auslandsaktivitäten regelmäßig einer Überprüfung auf ihren Performancebeitrag. Die Mitarbeiter in deutschen Tochtergesellschaften US-amerikanischer Unternehmungen – wie etwa *Texas Instruments*, *Hewlett-Packard* oder *Procter & Gamble* – spüren derartige Kontrollen deutlich stärker als die Mitarbeiter in ausländischen Tochtergesellschaften deutscher Unternehmungen. Dies macht sich in US-amerikanischen Unternehmungen beispielsweise in deutlich kurzfristiger erfolgenden Aufforderungen zur Materialeinsparung, in Anordnungen zur Reduzierung von Reisekosten oder auch in Vorgaben nach drastischem Personalabbau bemerkbar.

(5) Regelung: Aus kybernetisch-systemtheoretischer Sicht wird Koordination häufig mit Hilfe eines Regelkreismodells, welches neben der Steuerung die Regelung in den Mittelpunkt der Überlegungen rückt, veranschaulicht. Was ein Regelkreismodell ist, sollen unsere Ausführungen in Textbox 6-23 verdeutlichen.

Textbox 6-23: Die Problematik von Regelkreismodellen

Ein Überblick

Regelkreismodelle gehen davon aus, dass eine zu regelnde Größe (**Ist-Wert**) fortlaufend erfasst, mit einer anderen Größe verglichen (**Soll-Wert**) und schließlich in Abhängigkeit vom Ergebnis des Vergleichs nach genau bestimmten Regeln beeinflusst wird. Das Regelkreismodell wird häufig mit einem Thermostat verglichen: Ein **Thermostat** misst die Zimmertemperatur als die zu regelnde Größe (Ist-Wert), vergleicht die gemessene Temperatur mit einem vorab festgelegten Soll-Wert und setzt eine Heizung bei einer Abweichung von x % nach unten in Betrieb bzw. bei einer Abweichung von y % nach oben außer Betrieb. Oder nehmen wir als zweites Beispiel für das Regelkreismodell den Funktionsmechanismus der Spülungen von Toilettenhäuschen, die wir überall in den Straßen der französischen Hauptstadt Paris finden: Drückt man bei diesen Toilettenanlagen auf den Spülknopf, so fließt wie bei allen Toilettenspülungen das Wasser. Gibt es jedoch Probleme bei der Wasserzufuhr, so sperrt ein Regler die Eingangstür der Toilettenhäuschen und verständigt die Wartungsabteilung. Die Wartungsabteilung repariert die Spülung und sorgt für eine Beendigung der Abweichung.

Regelkreise haben – wie die Beispiele zeigen sollen – drei konstitutive Elemente: (1) eine **Messvorrichtung**, die Aktivitäten oder Ergebnisse erfasst, (2) eine **Vergleichsvorrichtung**, welche die gemessenen Ist-Werte mit den vorgegebenen Soll-Werten vergleicht und (3) eine **Interventionsvorrichtung**, die Anpassungsprozesse immer dann in Gang setzt, wenn Abweichungen zwischen Soll- und Ist-Werten vorliegen. In internationalen Unternehmungen dürfte es nun allerdings kaum „Thermostate" oder „Regler" geben, welche die Koordination sicherstellen. Zwar finden wir auch in internationalen Unternehmungen Soll-Ist-Vergleiche vor (etwa im Zusammenhang mit – den später noch anzusprechenden – Budgetvorgaben und -realisierungen, → Abschnitt 6.3.2.3 in diesem Kapitel); doch die daraus resultierenden Handlungen und Maßnahmen konstituieren in internationalen Unternehmungen nur einen sehr kleinen Teil der Koordinationsbemühungen.

Ein systemtheoretisch-kybernetisches Verständnis entspricht allerdings nicht der in der Unternehmungspraxis vorfindbaren Realität (vgl. Macharzina/Oesterle 2002b, S. 710). Die Vorstellung von Regelkreisen und das dieser Vorstellung inhärente Sprachspiel von Steuerung und Regelung hat zwar manche Bereiche der Betriebswirtschaftslehre und des Internationalen Managements immer wieder fasziniert (vgl. z.B. Egelhoff 1984, S. 73), es vermittelt aber unseres Erachtens nur ein partiell zutreffendes Abbild von der Koordinationstätigkeit in international tätigen Unternehmungen.

Als Ergebnis des in Textbox 6-23 dargestellten und problematisierten Regelkreismodells können wir festhalten: Einen „Regler" zur Steuerung internationaler Unternehmungen gibt es schlichtweg nicht! Und selbst eine Vielzahl von „Reglern" wäre nicht in der Lage, den Ablauf in international tätigen Unternehmungen zu optimieren und damit Entscheidungen und Handlungen zu koordinieren. Das Regelkreismodell vermag allenfalls aufzuzeigen, wie in abgegrenzten Bereichen der international tätigen Unternehmung bestimmte Kontrollprozesse ablaufen können. Regelkreismodelle, die zuweilen als abstraktes Abbild der Koordination angesehen werden, müssen insofern als vergleichsweise primitive Modelle gelten.

(6) Integration: Verbleibt noch zu klären, welcher Zusammenhang zwischen Koordination und Integration besteht (vgl. auch Rühli 1992, Sp. 1165). Mit Integration ist das Einbinden eines Elements in ein bereits existierendes Ganzes bzw. in eine bereits bestehende Ordnung gemeint, mit der gleichzeitig eine neue, höherwertige Gesamtheit entsteht. Im vorliegenden Kontext bezeichnet Integration das Einfügen einer anderen Einheit in den internationalen Unternehmungsverbund. Während Koordination eine dauerhafte Aufgabe darstellt, tritt Integrationsbedarf als Spezialform des Koordinationsbedarfs primär zu bestimmten Anlässen, wie etwa als Folge einer grenzüberschreitenden Unternehmungsakquisition oder der Einbindung eines neuen Partners in eine Strategische Allianz, auf. Uns geht es im weiteren Verlauf dieses Kapitels zwar auch, aber nicht nur um die Integration (vgl. zur Integration in der internationalen Unternehmung auch einige der Beiträge in Kutschker, 1998, Hrsg.).

Halten wir also als Ergebnis fest: **Koordination ist sowohl Voraus- als auch Feedbackkoordination. Sie kann vertikal, horizontal und lateral ablaufen. Steuerung, Kontrolle, Regelung und Integration sind nur Teilaspekte von Koordination.**

6.2 Gründe für den Koordinationsbedarf in der internationalen Unternehmung

Wir wissen nun, was unter Koordination zu verstehen ist. Doch warum kommt es überhaupt zum Koordinationsbedarf in internationalen Unternehmungen? Eine Antwort auf diese Frage sollen unsere Ausführungen zur Arbeitsteilung (Abschnitt 6.2.1), zu Interdependenzen (Abschnitt 6.2.2) und zu Schnittstellen (Abschnitt 6.2.3) geben. Ein Zwischenfazit rundet die Ausführungen zu dieser Thematik ab (Abschnitt 6.2.4).

6.2.1   Arbeitsteilung

Koordinationsbedarf entsteht in internationalen Unternehmungen – genauso wie in Unternehmungen im Allgemeinen – aus der Praxis der **Arbeitsteilung** heraus. In den meisten Unternehmungen sind eine Vielzahl von Personen nötig, um die vielfältigen Leistungserstellungs- und Leistungsverwertungsprozesse sowie deren Effektivität und Effizienz zu gewährleisten. Arbeitsteilung führt dabei in Unternehmungen regelmäßig zu **Spezialisierung**, da sich unterschiedliche Mitarbeiter auf unterschiedliche Aktivitäten konzentrieren (vgl. Kieser/Walgenbach 2007, S. 78-100).

Arbeitsteilung bzw. Spezialisierung einerseits und **Koordination** andererseits können als die zwei Grundprinzipien der Organisationsgestaltung angesehen werden. Es ist letztlich tatsächlich (nur) die Arbeitsteilung bzw. die Spezialisierung und die damit verbundene Existenz von **Interdependenzen** und **Schnittstellen**, die prinzipiell den Koordinationsbedarf bedingt. Ohne Arbeitsteilung und Spezialisierung gäbe es auch keinen Koordinationsbedarf. Oder mit anderen Worten: Die Notwendigkeit der Koordination lässt sich letztendlich immer auf die Arbeitsteilung bzw. Spezialisierung zurückführen. Existierten in unserer Welt nur „Ein-Mann-Unternehmungen", womöglich sogar internationale „Ein-Mann-Unternehmungen", so hätten wir – zumindest innerhalb von Unternehmungen – keinen Koordinationsbedarf. Koordinationsbedarf gäbe es in diesem Fall nur als Folge von intrapersonalen Abstimmungsnotwendigkeiten, nicht aber als Folge von interpersonalen Abstimmungsnotwendigkeiten. Internationale Unternehmungen entscheiden sich häufig für eine besonders starke Arbeitsteilung und Spezialisierung – über ihre Markteintritts- und Marktbearbeitungsstrategien, ihre Zielmarktstrategien, ihre Timingstrategien und ihre Allokationsstrategien.

Da Spezialisierung ein empirisch feststellbares Phänomen in internationalen Unternehmungen darstellt, sollten wir uns fragen, welche unterschiedlichen Arten der Spezialisierung wir vorfinden. Spezialisierung kann in mannigfaltiger Art vorkommen; wir differenzieren

*   die **funktionale** Spezialisierung,
*   die **geschäfts-** oder **produktspezifische** Spezialisierung,
*   die **geographische** Spezialisierung und
*   die **zeitliche** Spezialisierung.

Unsere Ausführungen über Organisationsstrukturen haben verdeutlicht, dass sich die Spezialisierung bereits in den Organisationsstrukturen von internationalen Unternehmungen widerspiegeln kann (→ Kapitel 4). So basiert die integrierte Funktionalstruktur

vor allem auf einer funktionalen Spezialisierung, während die integrierte Geschäfts-
bereichs- oder Produktstruktur eine geschäfts- oder produktspezifische Spezialisierung
voraussetzt. Die integrierte Regionalstruktur geht im Wesentlichen mit einer regionalen
Spezialisierung einher. Matrix- und Tensorstrukturen versuchen, unterschiedliche Spe-
zialisierungsprinzipien simultan zu berücksichtigen. Und die in vielen internationalen Unternehmungen existierenden Zentralbereiche sind Ausdruck der Überzeugung, dass bestimmte Aufgaben besser von Spezialisten – meist in der Zentrale – als von Managern
vor Ort durchgeführt werden sollten. Gerade die in den letzten Jahren vehement propagierten prozessorientierten Organisationskonzepte sensibilisieren uns zudem für die
Notwendigkeit und Sinnhaftigkeit der temporalen Strukturierung von Aktivitäten und damit der temporalen Spezialisierung. Die Spezialisierung nach **Funktion, Inhalt, Raum
und Zeit** wird damit letztlich zur Begründung von Koordination. Unsere Ausführungen
über Organisationsstrukturen waren bereits implizit von dieser Annahme getragen – der
Annahme, dass die Herausbildung bestimmter Strukturformen in der Regel davon beeinflusst wird, welche Art der Spezialisierung als sinnvoll erachtet wird.

In der Literatur zum Internationalen Management wird nun häufig nicht die Spezialisierung, sondern die Konfiguration als Ausgangspunkt für die Notwendigkeit der Koordination angesehen (vgl. z.B. Porter 1989, Roxin, 1992, S. 125). Dies ist kein Widerspruch
zu unserer Aussage, dass Arbeitsteilung bzw. Spezialisierung die Grundlage für Koordination darstellt. Wenn in der Literatur zum Internationalen Management die Koordina-
tionsnotwendigkeit über die Konfiguration der Wertschöpfungsaktivitäten begründet wird,
so ist damit lediglich ein Spezialfall der Arbeitsteilung bzw. der Spezialisierung angesprochen: die Spezialisierung nach geographischen Gesichtspunkten, die in der Konfiguration ihren Ausdruck findet. **Konfiguration** meint schließlich, wie bereits erläutert,
den Grad der geographischen Streuung und Konzentration von Elementen der Wertschöpfungskette (vgl. Porter 1989, v.a. S. 24-31, → zur Konfiguration Abschnitt 5.1 in
diesem Kapitel).

Wir wollen das Problemfeld der Koordination allerdings **nicht nur** auf die vor allem von
Porter in den Mittelpunkt gerückte **Formel „Koordination ist die Antwort auf Konfiguration"** beschränken. Porter geht es primär um die Koordination der einzelnen Wertschöpfungsaktivitäten über unterschiedliche Länder hinweg. Im wissenschaftlichen Umfeld von Porter finden wir zudem bei vielen Autoren eine starke Konzentration auf die
Wertschöpfungsaktivität der Produktion. Diese Autoren sind im Wesentlichen an der
Frage interessiert, wie unterschiedliche Produktionsstätten konfiguriert sind und dann
koordiniert werden (vgl. z.B. Flaherty 1989). Die Koordination ist in internationalen Unternehmungen jedoch deutlich mehr als eine Folge der Konfiguration (und erst recht
mehr als eine Folge der Konfiguration allein von Produktionsstätten). Koordinationsbedarf resultiert auch aus Markteintritts- und Marktbearbeitungsstrategien, aus Zielmarktstrategien, aus Timingstrategien und aus Leistungsstrategien sowie deren wechselseitigen Abhängigkeiten.

Spezialisierung (bzw. die Spezialform der Konfiguration) führt in der internationalen Unternehmung – wie auch in allen anderen Organisationen – zu zahlreichen **Interdependenzen** (wechselseitigen Abhängigkeiten) und **Schnittstellen** (Interface-Problemen). Wir wollen uns aus diesem Grund nachfolgend mit Interdependenzen (Abschnitt 6.2.2) und Schnittstellenproblemen (Abschnitt 6.2.3) beschäftigen.

6.2.2   Interdependenzen

Unterschiedliche Teilbereiche der internationalen Unternehmung stehen in der Regel in Interaktion. Aufbauend auf und in Weiterentwicklung der Arbeiten von Thompson (1967, v.a. S. 54-55) lassen sich grundsätzlich drei Arten von Interdependenzen unterscheiden, die aus der Art der Interaktion resultieren: (1) die gepoolte Interdependenz (2) die sequentielle Interdependenz und (3) die reziproke Interdependenz (vgl. auch Baliga/Jaeger 1984, v.a. S. 32-33). Diese drei Varianten der Interdependenz werden in Abbildung 6-47 graphisch dargestellt.

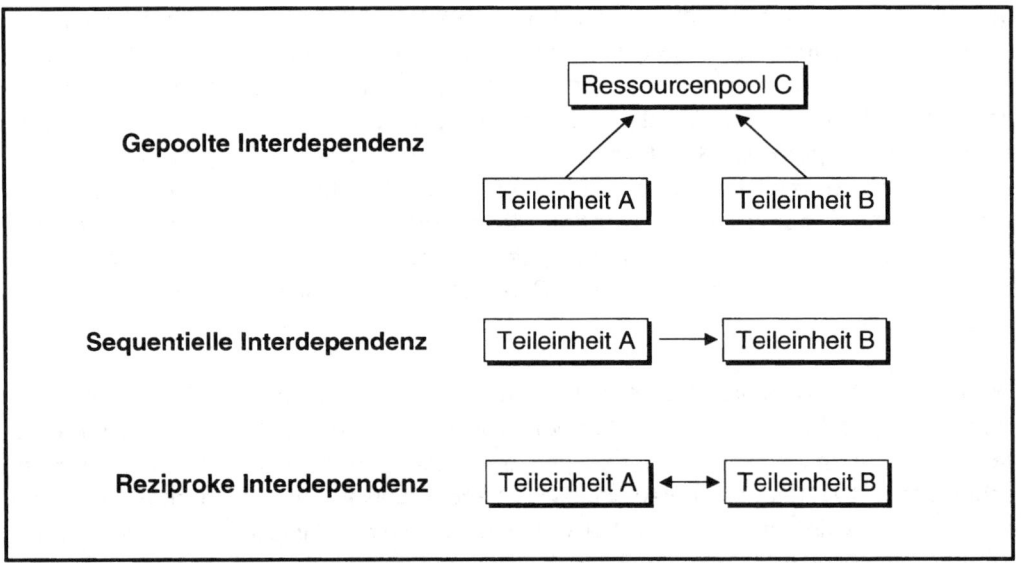

Abb. 6-47: Gepoolte, sequentielle und reziproke Interdependenz

(1) Gepoolte (gebündelte) Interdependenz: Bei gepoolter Interdependenz greifen zwei Teileinheiten A und B auf eine gemeinsame Ressourcenbasis zurück. Die gemeinsame Ressourcenbasis wird etwa von einem gemeinsamen Ressourcenpool C konstituiert, in den beide Teileinheiten A und B Ressourcen einbringen. Die Teileinheiten A und B können ihre Aufgaben nur dann erfüllen, wenn sie sich auf den Ressourcenpool C verlassen können. Die Ressourcen des Ressourcenpools sind naturgemäß beschränkt und verteilen sich additiv auf die einzelnen Teileinheiten.

(2) Sequentielle Interdependenz: Bei sequentieller Interdependenz übergibt eine Teileinheit A einer internationalen Unternehmung ihre Leistung als Output an eine andere Teileinheit B, für welche die von Teileinheit A erbrachte Leistung als Input gilt. Die Teileinheit B kann ihre Tätigkeit erst dann beginnen, wenn sie die (Vor-)Leistung von A erhalten hat. Auch wenn diese Form der Interdependenz nicht symmetrisch ist, so muss darauf hingewiesen werden, dass nicht nur eine einseitige Beziehung vorliegt; vielmehr tragen beide Bereiche nur durch ihre zusammen erbrachte Leistung zum Ergebnis der gesamten Unternehmung bei.

(3) Reziproke (wechselseitige) Interdependenz: Bei reziproker Interdependenz ist eine Teileinheit A von den Ressourcen der Teileinheit B abhängig; gleichzeitig kann die Teileinheit B nur dann tätig werden, wenn sie auf die Ressourcen der Teileinheit A zurückgreifen kann. Beide Bereiche geben Leistungen ab und erhalten Leistungen. Es existieren also gegenseitige und unmittelbare Input-Output-Beziehungen zwischen den Teileinheiten A und B.

Durch unsere Ausführungen soll deutlich werden, dass Interdependenz nicht zwingenderweise mit direkter Interaktion einher geht. Bei der gepoolten Interdependenz stehen die Teileinheiten A und B nicht notwendigerweise direkt miteinander in Verbindung; dennoch sind beide aufeinander angewiesen, da beide einen Beitrag zum Gesamtsystem leisten und wieder beide Unterstützung durch das Gesamtsystem erhalten. Der Zusammenhang zwischen den drei unterschiedlichen Typen der Interdependenz lässt sich in Anlehnung an eine Guttman-Skala erläutern: Die einfachste Form der Interdependenz wird durch die gepoolte Interdependenz konstituiert. Die sequentielle Interdependenz impliziert die gepoolte Interdependenz, und die reziproke Interdependenz bedingt sowohl die gepoolte als auch die sequentielle Interdependenz. Die reziproke Interdependenz stellt damit die komplexeste Form der Interdependenzbeziehung dar.

Interdependenzen beeinflussen auch die Zahl und die Art der in einer internationalen Unternehmung existierenden Schnittstellen, denen wir uns nachfolgend zuwenden.

6.2.3   Schnittstellen

Arbeitsteilung und Spezialisierung führen nicht nur zu Interdependenzen, sondern auch zu Schnittstellen(problemen). Brockhoff hat sich ausführlich mit dem Schnittstellenmanagement befasst und dabei unterschiedliche Ebenen von Schnittstellen identifiziert (Brockhoff 1994 sowie Brockhoff/Hauschildt 1993, v.a. S. 399). Übertragen wir Brockhoffs Überlegungen auf internationale Unternehmungen, so lassen sich vor allem **folgende Schnittstellen** ausmachen:

- Schnittstellen zwischen unterschiedlichen **Unternehmungen**, z.B. zwischen den Partnern einer Strategischen Allianz in Deutschland und Frankreich oder einem Lizenzgeber in Großbritannien und dem Lizenznehmer in Indonesien,

- Schnittstellen zwischen **(Strategischen) Geschäftseinheiten** innerhalb einer internationalen Unternehmung, z.B. zwischen der Strategischen Geschäftseinheit 1, die ihren Hauptsitz in Deutschland hat, und der Strategischen Geschäftseinheit 2, die von den USA aus geführt wird,

- Schnittstellen zwischen **Funktionsbereichen** innerhalb Strategischer Geschäftseinheiten, z.B. zwischen dem Produktionsbereich und dem Absatzbereich einer Strategischen Geschäftseinheit,

- Schnittstellen zwischen den **Regionalbereichen** einer internationalen Unternehmung, z.B. zwischen dem Regionalbereich Europa und dem Regionalbereich Asien,

- Schnittstellen zwischen **Projekten**, z.B. zwischen dem Projektteam „Akquisitionsplanung in Frankreich" und dem Projektteam „Sicherung der Überlebensfähigkeit der Unternehmung",

- Schnittstellen zwischen verschiedenen **Tätigkeiten innerhalb eines Projekts**, z.B. zwischen den unterschiedlichen Mitgliedern einer multikulturell besetzten Arbeitsgruppe,

- Schnittstellen, die sich aus der Natur des Arbeitsablaufs ergeben, z.B. Schnittstellen innerhalb eines **Prozesses**, der grenzüberschreitend abläuft.

Diese Ausführungen verdeutlichen, wie vielfältig Schnittstellen in international tätigen Unternehmungen sind. Die existierenden Schnittstellen führen zur Notwendigkeit der Koordination. Schnittstellen-Management, so wird bereits hier klar, ist mehr als die Koordination der Zusammenarbeit zwischen unterschiedlichen Funktionalbereichen, also **mehr als interfunktionale Koordination**, wie sie sich etwa als Folge der Konfiguration der Wertschöpfungsaktivitäten ergäbe. Schnittstellen-Management betrifft in internationalen Unternehmungen eine Vielzahl von unterschiedlichen „Interfaces".

6.2.4   Zwischenfazit

Was ist als Zwischenfazit festzuhalten? Der sich ergebende Koordinationsbedarf kann vor allem dann als besonders groß angesehen werden (vgl. Hoffmann 1980, S. 316, Rühli 1992, Sp. 1165), wenn

- die Differenzierung, d.h. der **Grad der Arbeitsteilung** innerhalb der internationalen Unternehmung weit fortgeschritten ist,

- eine hohe Intensität der Beziehungen zwischen den einzelnen Einheiten der internationalen Unternehmung existiert, d.h. das **Ausmaß der Interdependenzen sehr**

hoch und die **Zahl der Schnittstellen sehr groß** sind (vgl. dazu auch Thompson, 1967, S. 55-56),

- große fachliche bzw. sachliche, räumliche, zeitliche und auch menschliche **Distanzen** zu überwinden sind,

- die Probleme umfangreich, unstrukturiert und immer wieder variabel sind sowie

- das **dysfunktionale Verhalten einzelner Teileinheiten** die Zielerreichung der Gesamtunternehmung stark gefährden würde.

Koordinationsprobleme werden in internationalen Unternehmungen gerade dadurch verschärft, dass **große geographische, psychische und kulturelle Distanzen** vorliegen, die es zu überwinden gilt. Zudem erschweren unterschiedliche Umwelten (z.B. politische, rechtliche, technologische Rahmenbedingungen) die Koordination. Die Praxis zeigt allerdings, dass Unternehmungen auf den Koordinationsbedarf ganz unterschiedlich reagieren. Manche Unternehmungen versuchen, eine Vielzahl von Koordinationsaktivitäten zu entwickeln, während andere bestrebt sind, Koordinationsaktivitäten zu reduzieren oder zu vermeiden. Dies wird in der Wahl der Koordinationsstrategien offensichtlich.

6.3 Strategien für den Umgang mit Koordinationsbedarf in der internationalen Unternehmung

Prinzipiell gibt es zwei Alternativen, mit dem Koordinationsbedarf umzugehen: Zum einen können Unternehmungen Strategien anwenden, mit denen sie ihren **Koordinationsbedarf senken** wollen (Abschnitt 6.3.1), zum anderen können Unternehmungen Strategien anwenden, die ihren **Koordinationsbedarf decken** (Abschnitt 6.3.2). Einen Überblick über die nun zu diskutierenden Strategien liefert Abbildung 6-48.

6.3.1 Koordinationsbedarfsreduzierende Strategien

Internationale Unternehmungen können unterschiedliche Strategien verfolgen, um ihren Koordinationsbedarf zu reduzieren. Wir wollen die Gesamtheit dieser Strategien als **koordinationsbedarfsreduzierende Strategien** oder **Koordinationsbedarfssenkungsstrategien** auffassen (vgl. Kieser/Walgenbach 2007, S. 100-109). Darunter fallen:

- Strategien des Outsourcing (Abschnitt 6.3.1.1),
- Strategien des Aufbaus von Überschussressourcen (Abschnitt 6.3.1.2) und
- Strategien der Flexibilisierung von Ressourcen (Abschnitt 6.3.1.3).

Wir werden ferner kurz auf einige weitere Möglichkeiten der Koordinationsbedarfssenkung hinweisen (Abschnitt 6.3.1.4).

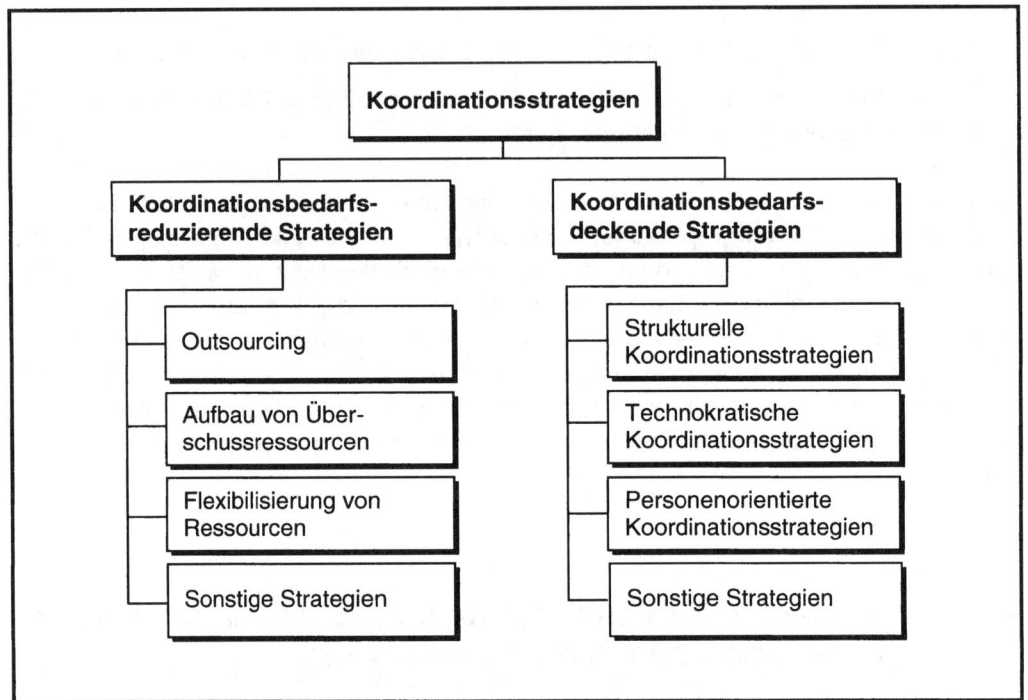

Abb. 6-48: Ein Überblick über Koordinationsstrategien internationaler Unternehmungen

6.3.1.1   Strategien des Outsourcing

Der erste Ansatz zur Reduzierung des Koordinationsbedarfes stellt das Outsourcing dar.
Unter Outsourcing versteht man generell die gezielte **Auslagerung von Unterneh-
mungtätigkeiten**. Beim Outsourcing werden bestimmte Leistungen nicht mehr durch
die eigene Unternehmung, sondern von einer **Fremdunternehmung** erbracht. Meist
denkt man beim Begriff des Outsourcing entweder an Auslagerungen von Servicefunktionen (z.B. Kantinendienste, Reinigungsdienste, Wachdienste, Informations- und Kom-
munikationsdienste, vgl. z.B. Knolmayer 1992, Esser 1994) oder an Auslagerungen im
Bereich der Produktion, wo mit der Auslagerung die Reduktion der Fertigungstiefe beabsichtigt ist (vgl. zur Leistungstiefe im Allgemeinen auch Picot 1991). Outsourcing ist
allerdings keineswegs auf Servicefunktionen und die Produktionsfunktion beschränkt.
Outsourcing können wir auch in anderen Funktionalbereichen, wie Beschaffung, Absatz
(vgl. z.B. Hanser 1993), Finanzen (vgl. z.B. Hamel 1996) oder Personalwesen (vgl. z.B.
Meier/Stuker/Trabucco 1997) vorfinden.

Die Auslagerung bestimmter Bereiche oder Funktionen hat in der Unternehmungspraxis vor allem deswegen an Relevanz gewonnen, weil immer wieder Forderungen nach einer **Konzentration auf Kernkompetenzen** laut werden (vgl. Scherm 1996, S. 45-46). Die damit partiell zusammenhängende Verbreitung netzwerkartiger Unternehmungsformen – und dabei insbesondere die Existenz **virtueller Unternehmungen** – hat Outsourcing zusätzlich populär gemacht (➔ zu virtuellen Unternehmungen Abschnitt 1.1.5.3.2 in Kapitel 4). Hinter dem Outsourcing steht die Idee, dass Leistungen von anderen Unternehmungen effizienter erbracht werden können, als dies von der eigenen Unternehmung in der bisherigen Form geschieht. Als Ziel des Outsourcing wird häufig die **Kostenreduktion** angeführt. Gerade in internationalen Unternehmungen spielt dieses Motiv in seiner Ausprägung „Ausnutzung von Faktorkostenunterschieden" eine Rolle. Etliche Unternehmungen lassen inzwischen ihre Softwarelösungen von Spezialisten im indischen Bangalore erarbeiten, weil Softwareentwicklung dort – bei gleicher Qualität – erheblich kostengünstiger als in Europa und Nordamerika möglich ist. Beim Outsourcing spielen jedoch nicht nur Möglichkeiten der Kostenreduktion, sondern ebenso Möglichkeiten der Ertragssteigerung sowie der Risikoreduktion eine große Rolle. Unter das Ziel der **Ertragssteigerung** fällt etwa eine Verbesserung der Leistungsqualität, der Lieferfähigkeit, der Flexibilität sowie die Beschleunigung von Entwicklungen. Das Ziel der **Risikoreduktion** umfasst die grundsätzliche Sicherung der Inputs, die Vermeidung von Abhängigkeiten und die Verteidigung der Wettbewerbsposition (vgl. Scherm 1996, S. 48).

Im Bereich des internationalen Flugverkehrs findet man Outsourcing besonders häufig: Viele Airlines haben ihr Catering nahezu völlig an andere Gesellschaften vergeben. Davon profitiert etwa die *LSG Sky Chefs*, wie das in Textbox 6-24 geschilderte Praxisbeispiel zeigt.

Welche Wirkung hat Outsourcing nun auf den Koordinationsbedarf? Durch Outsourcing lassen sich prinzipiell Abstimmungsnotwendigkeiten reduzieren. Outsourcing verringert den Koordinationsbedarf insbesondere dann, wenn ganze „Blöcke" von Aktivitäten oder gar ganze Bereiche ausgelagert werden. Je größer die ausgelagerten „Blöcke" sind und je mehr Bereiche in ihrer Gesamtheit ausgelagert werden, umso stärker können Interdependenzen reduziert und Schnittstellen abgebaut werden. Durch die Auslagerung des gesamten Catering entfallen für viele Fluglinien alle mit der Verköstigung der Passagiere zusammenhängenden Aktivitäten – von der Beschaffung der Zutaten über die Zubereitung der Mahlzeiten bis hin zur Lagerung und zum Transport der fertigen Mahlzeiten in die Flugzeuge. Allerdings ist Vorsicht angebracht: Die Auslagerung reduziert den Koordinationsbedarf nicht völlig. In der Regel wird ein Teil der Koordinationsaufgabe lediglich verschoben: Interdependenzen und Schnittstellen finden sich dann nicht mehr innerhalb der fokalen Unternehmung und deren Einheiten, sondern zwischen der Unternehmung, die Aktivitäten auslagert, und der Unternehmung, welche die ausgelagerten Aktivitäten ausführt.

Textbox 6-24: Outsourcing

Ein Zeitungsausschnitt

Die Nahrungskette beginnt am Boden, und das lange vor dem Flug. Das Bestücken der Galley (Bordküche) besorgt die **LSG Sky Chefs**, eine **Lufthansa**-Tochter, nicht nur in den Fliegern der Muttergesellschaft, sondern für rund 270 internationale Fluggesellschaften. Die Firma mit 28.500 Mitarbeitern liefert jährlich mehr als 360 Millionen Mahlzeiten, produziert in rund 200 Betrieben, jeweils flughafennah in 48 Ländern. Dort werden die Trolleys gepackt und per Hubwagen übers Vorfeld in den Flieger gebracht. „Oft werden wir fälschlicherweise als Köche bezeichnet", sagt Ulrich Höngen, Betriebsleiter des **LSG**-Betriebs „Flugservice International" direkt am Frankfurter Flughafen. Er beliefert bis zu 50 der dort verkehrenden internationalen Airlines, von der **Air Canada** bis zu **Virgin Atlantic Airways**. „Klar, wir haben Küchen. Aber in Wirklichkeit sind wir Logistiker." Kochen könnten schließlich viele. Doch das Essen unter den Nebenbedingungen der Frische, Hygiene und Rezepttreue garantiert rechtzeitig an den Flieger zu bringen – „das ist die große Kunst". Nicht nur das Essen: Jede Airline hat eigene Trolleys, eigenes Geschirr und Besteck, Servietten, je nach Klasse andere, immer hübsch mit Logo. Die Vielfalt gilt selbst für Coladosen. Für US-Kunden ist die Coke 355 Milliliter groß, für europäische 330 Milliliter, arabische Kunden erhalten die Coca-Cola selbstverständlich mit arabischem Schriftzug. Bis zu 800 verschiedene und airline-spezifische Teile – Essen und Utensilien – sind vor einem Flug rechtzeitig an der Verladerampe zusammenzuführen. Vielfalt en masse. Für all das hat Höngens Betrieb nur einen Tag Zeit. Um die Frische zu garantieren, beginnt die Zubereitung frühestens 24 Stunden vor dem Start. „Wir produzieren nichts auf Lager, sondern nach der Uhr", sagt Höngen.

Quellen:
- Großer (2006): Gans oder gar nicht. In: McK Wissen, 5. Jg., Nr. 16, 2006, S. 13.

6.3.1.2   Strategien des Aufbaus von Überschussressourcen

Eine zweite Möglichkeit zur Reduktion des Koordinationsbedarfes stellt der **Aufbau von Überschussressourcen** dar. Überschussressourcen – auch Reserveressourcen genannt – können in zwei Formen auftreten:

- erstens in Form von freien, überschüssigen Kapazitäten,
- zweitens in Form einer zusätzlichen Nutzung vorhandener Ressourcen.

Beispiele für den **Aufbau freier, überschüssiger Kapazitäten** in internationalen Unternehmungen sind:

- freie Kapazitäten im Personalbereich durch Aufbau eines internationalen Managementpools, der weltweit als „Feuerwehr" einsetzbar ist,
- freie Kapazitäten im Fertigungsbereich durch Aufbau von Produktionsstätten, obwohl die bisherigen Produktionsstätten noch nicht völlig an ihrer Kapazitätsgrenze angelangt sind,

- freie Kapazitäten im Forschungs- und Entwicklungsbereich durch Aufbau von Forschungs- und Entwicklungszentren, die sich – weitgehend ohne Weisung – innovativen Projekten widmen können, sowie
- freie Kapazitäten in Form eines „Organizational Slack".

Als Beispiele für die **zusätzliche Nutzung vorhandener Ressourcen** lassen sich anführen:

- die Bereitschaft des Personals in bestimmten Ländern, zusätzliche Überstunden, eventuell auch zugunsten anderer Ländermärkte, zu leisten,
- die Möglichkeit, die Fertigungskapazitäten in bestimmten Ländern durch Verlängerung von Maschinenlaufzeiten auszubauen, eventuell auch, um damit die Nachfrage in anderen Ländermärkten zu befriedigen,
- die weltweite Nutzung der Ergebnisse von Grundlagenforschungsprojekten, auch über Ländergrenzen und Geschäftsbereiche hinweg, sowie
- die Fruchtbarmachung von „Best-Practices".

Der Aufbau von Überschussressourcen ist zwar zunächst mit höheren Kosten verbunden (z.B. für Anlagen, Personal), verringert aber die Kosten der Feedback-Koordination und erhöht die Reaktionsgeschwindigkeit der Unternehmung. Sinnvoll ist der Aufbau von Überschussressourcen immer dann, wenn die zunächst hervorgerufenen Kosten durch Kosteneinsparungen im Zusammenhang mit einer Verringerung des Koordinationsaufwands und durch Erlöserhöhungen in Folge einer höheren Reaktionsgeschwindigkeit kompensiert werden. Freilich stellt gerade das Abwägen der zunächst zu tragenden Kosten und der später eingesparten Kosten beziehungsweise der später zu erzielenden höheren Erträge eine schwierige Aufgabe dar, da Entscheidungen unter Unsicherheit zu treffen sind.

6.3.1.3   Strategien der Flexibilisierung von Ressourcen

Nicht nur der Aufbau von Überschussressourcen, auch die damit zusammenhängende und nicht völlig trennscharf abzugrenzende Flexibilisierung von Ressourcen kann den Koordinationsbedarf senken. Die **Flexibilisierung von Ressourcen** ist in allen Bereichen der Unternehmung denkbar: Es mag sich dabei beispielsweise um

- die Einstellung breit qualifizierter und international mobil einsetzbarer Mitarbeiter,
- den Kauf von flexibel verwendbaren Maschinen, welche auch kurzfristig die im Rahmen einer Differenzierungsstrategie notwendigen Produktanpassungen ermöglichen, oder
- den Aufbau universell nutzbaren Know-hows im Rahmen von unternehmungsweiten Wissensdatenbanken

handeln.

Je flexibler Ressourcen verwendbar sind, **umso weniger** sind einzelne Einheiten oder die ganze Unternehmung **für Störungen anfällig**. Auch hier kommt es zwar zunächst zu höheren Kosten (z.B. Personal, Maschinen, Wissensdatenbank), dies kann jedoch durch geringe Kosten der Feedback-Koordination oder durch Ertragspotentiale bei der Reaktionsgeschwindigkeit kompensiert werden.

Internationale Unternehmungen haben nach Auffassung von Kogut per se flexible Ressourcen. Für Kogut (1985a,b) ist die Flexibilität von Ressourcen sogar der zentrale Wettbewerbsvorteil internationaler Unternehmungen. Die Flexibilität resultiert aus einer verstreuten Konfiguration der Wertschöpfungsaktivitäten, die in netzwerkartigen Organisationsformen besonders stark ausgeprägt ist. Internationale Unternehmungen können diese Flexibilität von Ressourcen nutzen – im Rahmen der von Kogut propagierten Arbitrage- und Leveragestrategien. Mit Arbitragestrategien profitiert eine Unternehmung von Marktunvollkommenheiten, während sie mit Leveragestrategien ihre Markt- und Verhandlungsmacht zur Geltung bringt (vgl. dazu auch Roxin 1992, S. 142-160). Doch was versteht man genauer unter (1) Arbitragestrategien und (2) Leveragestrategien? Dies soll kurz erläutert und auch in Abbildung 6-49 systematisch aufgezeigt werden.

Abb. 6-49: Strategien der operationalen Flexibilität

(1) Arbitragestrategien: Arbitragemöglichkeiten ergeben sich für eine Unternehmung deswegen, weil sie durch ihre Präsenz in verschiedenen Ländern auch die Unterschiede in diesen Ländern zu ihrem Vorteil „nutzen" kann. Als Maßnahmen im Bereich von Arbitragestrategien gelten:

- **Faktormarktarbitrage,** d.h. die Ausnutzung von Unterschieden in Faktorausstattung und Faktorkosten (z.B. durch Beschaffung über die Tochtergesellschaft, welche die günstigsten Einkaufspreise erzielen kann oder durch internationale Produktionsverlagerungen bei Wechselkursveränderungen; vgl. auch Rangan 1998),

- **Steuerarbitrage**, d.h. die Ausnutzung von Unterschieden bei Steuersätzen (z.B. durch Transferpreisgestaltung),

- **Finanzmarktarbitrage**, d.h. die Ausnutzung von Unterschieden bei Zinsen und Subventionen (z.B. durch Aufnahme von Kapital über Tochtergesellschaften der Länder, in denen Kapital günstig beschafft werden kann oder durch Inanspruchnahme von staatlichen Förderungen) und

- **Informationsarbitrage**, d.h. die Ausnutzung von Informationsunterschieden (z.B. durch Absorption von spezifischen Informationen in wichtigen Ländermärkten oder durch das Aufspüren weltweiter Trends in Lead-Märkten).

(2) Leveragestrategien: Leveragestrategien resultieren daraus, dass die internationale Unternehmung in der Regel eine größere Markt- und Verhandlungsmacht hat als eine nationale Unternehmung. Als Möglichkeiten der **Leveragestrategien** lassen sich in Anlehnung an Kogut (1985a,b) anführen:

- **Internationale Quersubventionierung („cross-subsidizing")**: Subventionierung des Kapitalbedarfs bei einem Engagement durch die Überschüsse aus einem anderen Engagement (z.B. im Rahmen der ausgleichsorientierten Präsenzstrategien, → Abschnitt 3.2.4 in diesem Kapitel),

- **Internationale Preisdifferenzierung**: Preissenkung für Produkte und Dienstleistungen in einem Land und Preiserhöhung für Produkte und Dienstleistungen in einem anderen Land (was damit eine spezielle Form der Quersubventionierung darstellt) und

- **Internationale Machtausübung**: Druck auf Regierungen (z.B. Änderung von Gesetzen, Erkämpfen von Subventionen) und Druck auf weitere Marktpartner (z.B. Lieferanten).

Die Arbitrage- und Leveragestrategien sind jedoch in ihrer Koordinationswirkung so komplex, dass sie **nicht nur „koordinationsbedarfssenkend"**, sondern **auch „koordinationsbedarfserhöhend"** sind. So führen bestimmte Maßnahmen zwar auf der einen Seite zu einer Reduktion des Koordinationsaufwands, auf der anderen Seite bringen sie aber auch eine Erhöhung des Koordinationsaufwands mit sich. Ein Beispiel soll diese Aussage illustrieren: Nehmen wir an, dass sich eine internationale Unternehmung entscheidet, im Rahmen der Faktormarktarbitrage einer bestimmten Tochtergesellschaft ein Mandat zu Global Sourcing zu erteilen. Alle bisher weltweit verstreuten Beschaffungsvorgänge sollen auf diese Tochtergesellschaft gebündelt werden. Global Sourcing verringert in diesem Fall den Koordinationsbedarf in der Weise, dass alle Einheiten ihre Beschaffungsaktivitäten einstellen und fortan nur noch eine Beschaffungseinheit existiert. Global Sourcing führt zu neuen Abstimmungsnotwendigkeiten – beispielsweise zwischen den einzelnen Produktionsgesellschaften in unterschiedlichen Ländermärkten und

der globalen Beschaffungsgesellschaft. Für die Tochtergesellschaften, die bisher selbständig Beschaffungsaktivitäten durchgeführt haben, gibt es nun grenzüberschreitende
Schnittstellen.

6.3.1.4   Sonstige Strategien der Koordinationsbedarfsreduktion

Neben den bereits genannten Maßnahmen kann eine Unternehmung auch auf weitere
Strategien der Koordinationsbedarfssenkung zurückgreifen. So stellt die **Einrichtung
von Puffern** eine weitere Möglichkeit dar, den Koordinationsbedarf zu reduzieren.
Durch Einrichtung von Puffern werden aufeinanderfolgende Teilprozesse teilweise entkoppelt. Besonders anschaulich lässt sich dieser Sachverhalt anhand der Etablierung
von Lagern darstellen: Die Bildung von Zwischenlagern erleichtert beispielsweise die
Abstimmung zwischen der Vorproduktion bei einer ausländischen Tochtergesellschaft
und der Endproduktion im Inland. Doch mit der Einrichtung von Lagern ist streng genommen nur eine **Verringerung des Anspruchsniveaus** verbunden. Wenn die Pro-
zessablaufdauer von 10 auf 15 Tage erhöht wird, oder wenn alternativ die tolerierte Feh-
lerquote von 0,5% auf 1% steigt oder die erwartete Umsatzrendite von 10% auf 7% gesenkt wird, so erlaubt dies in der Regel auch eine Reduzierung der vielfältigen Abstimmungsaktivitäten. Ob allerdings eine derartige Reduzierung des Anspruchsniveaus aufgrund der aktuellen Wettbewerbssituation (vgl. z.B. D'Aveni 1995) und der immer höher
werdenden Forderungen aller Stakeholder – Aktionäre, Kunden, Lieferanten, Mitarbeiter
oder Gesellschaft – realistisch ist, sei dahingestellt.

Ebenso könnte eine Unternehmung an ihren Markteintritts- und Marktbearbeitungsstrategien, ihren Zielmarktstrategien, ihren Timingstrategien oder ihren Allokationsstrategien
ansetzen. Je geringer die Komplexität dieser Strategien, umso geringer ist auch der Koordinationsbedarf. Konkret hieße dies etwa: Eine Unternehmung könnte innerhalb eines
bestimmten Zeitraums weniger Markteintritte tätigen, sie könnte Länder mit geringerer
geographischer, kultureller und psychischer Distanz auswählen oder sich für eine einfachere Konfiguration entscheiden. Auch in diesen Fällen handelt es sich um Verrin-
gerungen des Anspruchsniveaus, die jedoch aufgrund der Wettbewerbssituation meist
problematische Alternativen darstellen.

6.3.2 Koordinationsbedarfsdeckende Strategien

6.3.2.1 Einleitender Überblick über koordinationsbedarfsdeckende Strategien

Um ihren Koordinationsbedarf zu handhaben, setzen internationale Unternehmungen nicht nur koordinationsbedarfsreduzierende, sondern auch koordinationsbedarfs-deckende Strategien ein. Dazu werden in der Literatur zahlreiche sogenannte **Koordinationsinstrumente** bzw. **Koordinationsmechanismen** diskutiert (vgl. exemplarisch Brandt/Hulbert 1976, Welge 1980, 1989a,b,c, Mascarenhas 1984, Marcati 1989, Muralidharan/Hamilton 1999). Es existiert eine Vielzahl von Versuchen, die Instrumente der Koordination zu klassifizieren (vgl. Martinez/Jarillo 1989). Wir finden dabei sowohl konzeptionelle Arbeiten als auch empirische Arbeiten, die sich mit der Identifikation und mit unterschiedlichen Systematisierungsmöglichkeiten von Koordinationsinstrumenten beschäftigen (vgl. Wolf 1994, v.a. S. 115-119, Reger 1997, v.a. S. 50-54, Harzing 1999, v.a. S. 7-31). Einen Überblick über unterschiedliche Systematisierungsversuche der Literatur vermittelt Abbildung 6-50.

Die Einteilung in **strukturelle, technokratische und personenorientierte** Koordinationsmechanismen hat sich in der Literatur als besonders einprägsam erwiesen. Ursprünglich geht diese Einteilung auf den Soziologen Leavitt (1964, S. 56) zurück; in der Betriebswirtschaftslehre wurde sie zunächst im angelsächsischen Sprachraum von Khandwalla (1972; vgl. auch Khandwalla 1975, v.a. S. 143) und im deutschen Sprachraum von Hoffmann (1980, S. 330-334) aufgegriffen, bevor sie schließlich in ähnlicher Form vor allem von Welge (1980) und dessen Schüler Kenter (1985) auf das Internationale Management übertragen wurde. Freilich sollte man beachten, dass diese Einteilung trotz ihrer großen Popularität nicht einer gewissen Willkür entbehrt und nicht ohne Kritik geblieben ist (vgl. z.B. auch eine unterschiedliche Differenzierung bei Rühli 1992, Sp. 1168-1174).

Als **strukturelle Koordinationsmechanismen** wollen wir all die Instrumente auffassen, die auf expliziten organisatorischen Regelungen aufbauen und als Bestandteil der formalen Organisationsstruktur gelten. Die nicht-strukturellen Koordinationsmechanismen sind demgegenüber nicht Teil der formalen Organisationsstruktur. Sie lassen sich nochmals in **technokratische** und **personenorientierte** Koordinationsmechanismen unterteilen. Als **technokratische Koordinationsmechanismen** gelten all die Regelungen und Festlegungen, die nicht an Personen gekoppelt sind. Die Regelungen und Festlegungen werden zu institutionalisierten Instrumenten der Koordination, bei denen der Mensch als Träger der Institution austauschbar wird. **Personenorientierte Koordinationsmechanismen** setzen an den Mitgliedern einer Unternehmung an und stellen den Mensch in den Mittelpunkt der Koordinationsbemühungen.

Autor	Koordinationsinstrumente	Autor	Koordinationsinstrumente
Johnstone (1965)	• Handbücher • Budgetberichte • persönliche Kontakte	Yunker (1983)	• Zentralisation • Transferpreissysteme • ergebnisorientierte Führung
Skinner (1968)	• Involvement • Command	Cray (1984)	• Control • Coordination
Brooke/Remmers (1973)	• Organisationsstruktur • Zentralisation	Kenter (1985)	• technokratisch • personenorientiert
Bodinat (1975)	• Direct Influence • Indirect Influence	Egelhoff (1988b)	• Organisationsstruktur • Zentralisation • Berichtswesen • Führungskräftetransfer • Planungssysteme
Galbraith/Edström (1976)	• Zentralisation • bürokratische Steuerung • Führungskräftetransfer	Schaan (1989)	• Bereitstellung von Ressourcen • Gestaltung des organisatorischen Kontexts • Führungskräftetransfer • informelle Mechanismen
Hulbert/Brandt (1980)	• Organisationsstruktur • Planungssysteme • Kommunikationssysteme • Kontrollsysteme	Marcati (1989)	• Organisationsstruktur • Informationsstruktur • Entscheidungsautonomie • formelle Regelungen • Führungskräftetransfer
Slipsager (1979)	• strukturell • technokratisch • personenorientiert	Ghoshal/Nohria (1989)	• Zentralisation • Standardisierung • kulturelle Steuerung
Prahalad/Doz (1981)	• Steuerung über Ressourcenabhängigkeit • Steuerung über den administrativen Kontext	Martinez/Jarillo (1989)	• strukturelle und formelle Mechanismen • informelle und subtile Mechanismen
Hedlund (1981)	• Zentralisation • Standardisierung	Roth/Schweiger/Morrison (1991)	• Administrative Mechanisms • Operational Capabilities
Welge (1980)	• strukturell • technokratisch • personenorientiert	Macharzina (1992)	• strukturell • technokratisch • personenorientiert
Jaeger (1983)	• bürokratisch • kulturorientiert	Meffert (1993)	• Standardisierung • personenorientierte Koord. • technokratische Koord. • Zentralisierung • Konfiguration

Im Literaturverzeichnis dieses Buches sind nur die Quellen vermerkt, die auch im Text Verwendung finden. Für andere Quellen sei auf Wolf (1994) verwiesen.

Abb. 6-50: Überblick über Möglichkeiten zur Systematisierung von internationalen Koordinationsinstrumenten
Quelle: Wolf (1994), S. 116.

Wir werden nun nachfolgend auf

- **strukturelle Koordinationsstrategien** (Abschnitt 6.3.2.2),
- **technokratische Koordinationsstrategien** (Abschnitt 6.3.2.3) und
- **personenorientierte Koordinationsstrategien** (Abschnitt 6.3.2.4)

eingehen. **Sonstige koordinationsbedarfsdeckende Strategien** werden abschließend vorgestellt (Abschnitt 6.3.2.5). Was Sie im Einzelnen in den folgenden Abschnitten erwartet, kann bereits aus Abbildung 6-51 entnommen werden.

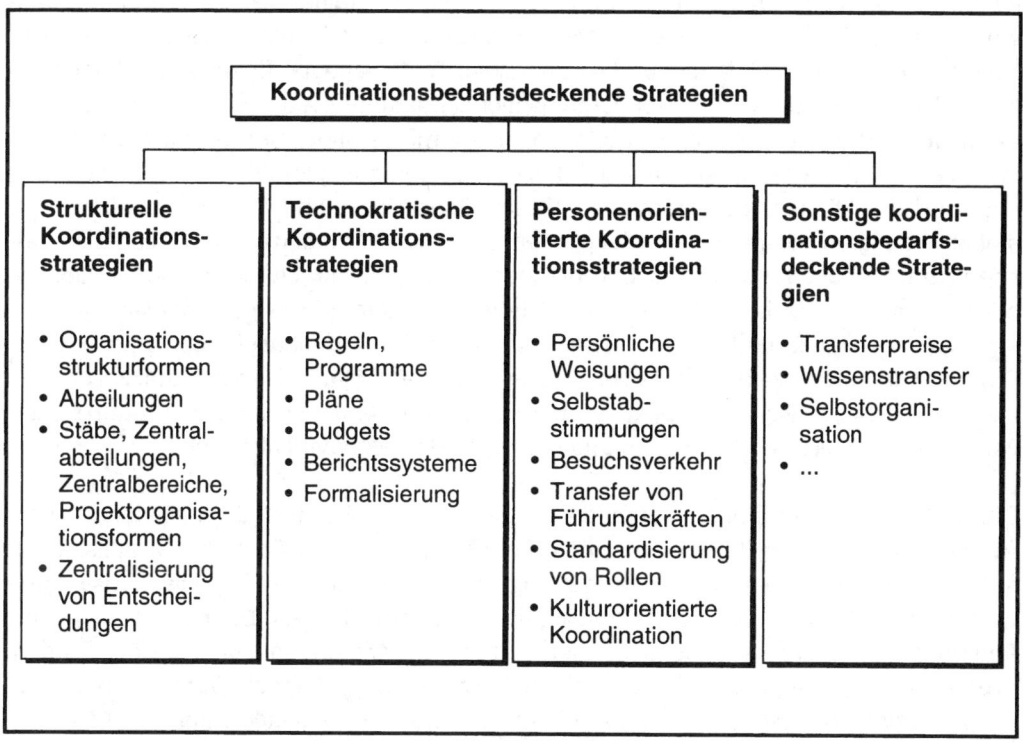

Abb. 6-51: Überblick über koordinationsbedarfsdeckende Strategien

6.3.2.2 Strukturelle Koordinationsstrategien

Strukturelle Koordinationsstrategien legen ihren Schwerpunkt darauf, die internationale Unternehmung über strukturelle Maßnahmen „zusammenzuhalten". Strukturelle Maßnahmen beinhalten die Gestaltung von (1) Organisationsstrukturformen im engeren Sinne, (2) Abteilungen, (3) Stäben, Zentralabteilungen, Zentralbereichen und Projektorganisationsformen sowie (4) die Zentralisierung von Entscheidungen.

(1) Organisationsstrukturformen

Die Entscheidung für einen bestimmten Typ der Organisationsstruktur ist gleichzeitig eine Entscheidung für eine bestimmte Art von Koordination (vgl. z.B. Alpander 1978, v.a. S. 48-49). Die Struktur lenkt die Aufmerksamkeit der Mitglieder einer internationalen Unternehmung auf **bestimmte Aspekte der Koordination** und veranlasst sie, **andere Aspekte zu vernachlässigen**. Wie wir bereits in unserem Kapitel über die Organisationsstrukturen internationaler Unternehmungen ausgeführt haben, implizieren unterschiedliche Organisationsstrukturformen auch unterschiedliche Koordinationsvorteile und -nachteile (→ Kapitel 4). So erschwert das segregierte (differenzierte) Organisationsstrukturmodell, welches vor allem in der Form der Internationalen Division auftritt, die Koordination zwischen Inlands- und Auslandsgeschäft. Dagegen führen die unterschiedlichen Alternativen der integrierten Organisationsstrukturmodelle Inlands- und Auslandsaktivitäten zusammen; gleichzeitig bringen sie allerdings andere Probleme mit sich: Bei integrierten Funktionalstrukturen kommt es zu Abstimmungsproblemen zwischen den einzelnen Funktionen, bei integrierten Geschäftsbereichs- und Produktstrukturen entstehen häufig Abstimmungsschwierigkeiten zwischen den einzelnen Geschäftsbereichen und Produktgruppen, und bei integrierten Regionalstrukturen können regionen- oder gar länderspezifische Egoismen entstehen. Bei den mehrdimensionalen Strukturmodellen der Matrix- und Tensororganisation sollen die Koordinationsprobleme schließlich dadurch gelöst werden, dass bereits die einzelnen Mitarbeiter der Matrixzellen permanent unterschiedliche Perspektiven berücksichtigen und zwischen den Matrixstellen vermitteln; dies birgt jedoch regelmäßig ein hohes Konfliktpotential in sich.

Diese Ausführungen zeigen, dass die Wahl einer bestimmten Organisationsstruktur Auswirkungen auf die Koordination hat. Alle Entscheidungen über die Organisationsstruktur haben per se koordinative Wirkung; durch die Wahl der Organisationsstruktur wird gleichzeitig über die oberste Abteilungsbildung entschieden. Ebenso hat jede Veränderung der Organisationsstruktur automatisch Auswirkungen auf die Koordination. Wenn von einer integrierten Funktionalstruktur zu einer integrierten Geschäftsbereichsstruktur übergegangen wird, so verändern sich auch Koordinationsbedarf, Koordinationsverhalten und Koordinationsprobleme.

(2) Abteilungen

Nicht nur die Organisationsstruktur selbst, sondern auch die Abteilungsbildung auf den weiteren Ebenen kann zur Beeinflussung der Koordination eingesetzt werden (vgl. zur Abteilungsbildung z.B. Kieser 1992). Ausgangspunkt der Abteilungsbildung ist die begrenzte Kapazität von Instanzen, in unserem Fall die begrenzte Kapazität der Leiter bzw. Manager (oder Vorstände), die an der Spitze der Unternehmung und manchmal in Personalunion an der Spitze der Internationalen Division oder der einzelnen integrierten Funktional-, Geschäftsbereichs-, Produkt- oder Regionaldivisionen stehen (→ zum Zusammenhang zwischen Organisationsstruktur und Führungsorganisation auch Abschnitt 1.3 in Kapitel 4).

Aufgrund der beschränkten (Leitungs-)kapazität werden in internationalen Unternehmungen auf nachfolgenden Ebenen weitere Abteilungen gebildet: In hierarchischer Abfolge entstehen nach der **Unternehmungsleitung** (erste Ebene) eine **Bereichsebene** (zweite Ebene), eine **Hauptabteilungsebene** (dritte Ebene), eine **Abteilungsebene** (vierte Ebene), eine **Unterabteilungsebene** (fünfte Ebene) und schließlich eine **Gruppenebene**, d.h. sogenannte Mini-Abteilungen (sechste Ebene). Es versteht sich von selbst, dass mit diesem Aufbau nur die idealtypischen klassischen Organisationsstrukturen angesprochen werden und viele der modernen Organisationsstrukturalternativen nicht einordnungsfähig sind. Wichtig erscheint hier jedoch die Kernaussage, dass wir auch unterhalb der obersten beiden Ebenen der Unternehmung strukturelle Regelungen vorfinden – Regelungen, die insbesondere aufgrund ihrer Koordinationswirkungen von Interesse sind. Dadurch, dass die Abteilungsbildung auf all diesen weiteren Ebenen nicht nach den gleichen Prinzipien vorgenommen wird, können unterschiedliche Perspektiven sukzessive berücksichtigt werden (➜ unsere Ausführungen zu unterschiedlichen Ebenen in Abschnitt 1.2.3 in Kapitel 4, dabei v.a. Abbildung 4-16).

Genauso wie die Wahl der Organisationsstruktur hat die Art der Abteilungsbildung Einfluss auf die Koordination. Wenn internationale Unternehmungen auf unterschiedlichen Hierarchieebenen jeweils unterschiedliche Strukturierungskriterien anwenden, so wird die Perspektivenvielfalt zwar nicht simultan, aber doch zumindest sukzessive erweitert. Wenn Sie sich an das im Rahmen unserer Ausführungen zu Tensorstrukturen dargestellte Beispiel von *Hoechst* erinnern (➜ Abschnitt 1.1.4.2.2 in Kapitel 4), so können Sie sich nochmals vor Augen führen, dass dort auf unterschiedlichen Stufen unterschiedliche Gliederungskriterien herangezogen wurden. Natürlich wäre es wünschenswert, die unterschiedlichen Gliederungskriterien nicht nur auf der Ebene der zweiten Hierarchiestufe, sondern auch auf den weiteren Hierarchieebenen simultan zu berücksichtigen. Die obigen Ausführungen zu Tensorstrukturen konnten Ihnen allerdings bereits verdeutlichen, dass eine sukzessive Berücksichtigung unterschiedlicher Kriterien realistischer erscheint als eine simultane. Dies gilt für die Abteilungsbildung genauso wie für die Wahl der Organisationsstruktur.

Die **koordinativen Effekte** der Abteilungsbildung sind dreifach: Erstens hat Abteilungsbildung dadurch koordinative Wirkung, dass ähnliche Aufgaben in einer Einheit zusammengefasst werden. Abteilungsbildung reduziert die Komplexität der internen Organisationsumwelt. Zweitens führt die Abteilungsbildung dazu, dass der Koordinationsaufwand zwischen unterschiedlichen Abteilungen durch sinnvolle Segmentierung reduziert werden kann. Drittens bringt Abteilungsbildung mit sich, dass sich unterschiedliche Gliederungskriterien innerhalb der gesamten Unternehmung berücksichtigen lassen. *Audi* hat beispielsweise bereits vor einigen Jahren eine Abteilung „Asia Pacific Export" eingerichtet, um die vorher weit verstreuten Kenntnisse und Erfahrungen zu bündeln. Die neu geschaffene Einheit koordiniert alle Aufgaben, die im Zusammenhang mit dem Export von Fahrzeugen in den asiatisch-pazifischen Raum stehen.

Voraussetzung für die koordinative Wirkung der Abteilungsbildung ist, dass die Abteilung einen bestimmten Aufgabenbereich so autonom wie möglich wahrnehmen kann. Je stärker die Abteilung wieder Interdependenzen oder Schnittstellen mit anderen Abteilungen aufweist, umso geringer ist die koordinative Kraft. Nicht zu beschönigen ist, dass Abteilungsbildung Koordination nicht nur erleichtern, sondern auch erschweren kann. So lassen sich in der Praxis immer wieder Abteilungsegoismen feststellen, die Konflikte zwischen Abteilungen induzieren und daher den Koordinationsaufwand eher erhöhen als reduzieren.

(3) Stäbe, Zentralabteilungen, Zentralbereiche und Projektorganisationsformen

Eine koordinative Wirkung geht auch von der Einrichtung von Stäben, Zentralabteilungen und Zentralbereichen aus. Stäbe, Zentralabteilungen und Zentralbereiche werden sogar häufig mit der primären Absicht eingerichtet, bestimmte Aktivitäten oder Entscheidungen zu koordinieren. Während Stäbe in der Regel nur beratende Funktion haben, können Aufgaben und Kompetenzen von Zentralabteilungen und Zentralbereichen in der Praxis deutlich umfangreicher sein. An dieser Stelle sei nochmals an die bereits erläuterten Varianten der Zentralbereichsorganisation – das Kernbereichsmodell, das Richtlinienmodell, das Matrixmodell, das Stabsmodell, das Servicemodell und das Autarkiemodell – erinnert (→ Abschnitt 2.3.2 in Kapitel 4).

Zudem haben projektorientierte Organisationsformen für die Koordination große Bedeutung. Internationale Teams, internationale Kernteams, internationale Workshops sowie internationale Konferenzen können ebenso zur Koordination beitragen wie sonstige Formen von Ausschüssen, Komitees oder auch „linking pins". Gerade bei projektorientierten Organisationsformen stellt sich in internationalen Unternehmungen regelmäßig die Frage, ob **kulturell heterogene** oder **kulturell homogene Teams** sinnvoller sind. Aus Koordinationsgesichtspunkten bringt kulturelle Diversität zuweilen einige Nachteile mit sich (z.B. Sprachprobleme, Missverständnisse, Misstrauen, Stress). Doch gilt es zu beachten, dass Projektgruppen nicht nur aufgrund ihrer koordinativen Wirkung zusammengestellt werden. Sie dienen häufig auch der Ideengenerierung, der Perspektivenerweiterung und der Nutzung der Kreativitätspotentiale einer Unternehmung. Stehen diese Aspekte im Vordergrund, so können kulturell heterogene Projektgruppen – trotz ihrer Problematik – kulturell homogenen Projektgruppen überlegen sein.

Alle strukturellen Regelungen beeinflussen die Informations- und Kommunikationsbeziehungen in einer internationalen Unternehmung. Sieht man einmal von den durchaus existierenden und auch bedeutsamen informalen Beziehungen ab, so sind es diese strukturellen Regelungen der Primär- und Sekundärorganisation, die einen wesentlichen

Einfluss darauf haben, wie die Informationsflüsse verlaufen und wer in einer internationalen Unternehmung wie, wie oft und wann mit wem kommuniziert. Die Informations- und Kommunikationsbeziehungen werden nicht nur von der primären Organisationsform (also etwa von der Ausgestaltung als Internationale Division, integrierte Funktionalorganisation, integrierte Geschäftsbereichs- oder Produktorganisation, integrierte Regionalorganisation), sondern vor allem von verschiedenen Ausprägungsformen der sekundären Organisationsgestaltung beeinflusst. Interessant ist die kürzlich von Marschan-Piekkari/Welch/Welch (1999) vorgetragene Überlegung, dass selbst die Sprache eine Rolle für die Schaffung von Strukturen, vor allem von Strukturen für Informations- und Kommunikationsflüsse in internationalen Unternehmungen, spielen kann.

(4) Zentralisierung von Entscheidungen

Die Zentralisierung und Dezentralisierung von Entscheidungen kann als vierte Alternative für strukturelle Koordinationsstrategien angesehen werden. Der Grad der Entscheidungszentralisierung bzw. der Entscheidungsdezentralisierung gibt Aufschluss über die Verteilung der Entscheidungskompetenzen in einer Unternehmung (vgl. z.B. Peccei/Warner 1976, Gates/Egelhoff 1986). Eine internationale Unternehmung gilt als umso stärker zentralisiert, je stärker die Entscheidungskompetenzen auf die Muttergesellschaft und je weniger sie auf die einzelnen Tochtergesellschaften bzw. andere Einheiten verteilt sind. Wie wir bereits betont haben, ist die Zentralisierung von Entscheidungen von der Zentralisierung von Aktivitäten zu trennen (→ Abschnitt 5.1 in diesem Kapitel). Die Zentralisierung von Entscheidungen kann zwar mit der – oben bereits im Zusammenhang mit der Konfigurationsthematik diskutierten – Zentralisierung von Aktivitäten zusammenfallen. Dies ist jedoch nicht zwingend so: Die Konzentration bzw. Streuung von Wertschöpfungsaktivitäten muss nicht mit der Zentralisierung oder Dezentralisierung von Entscheidungen parallel ablaufen. Oder anders ausgedrückt: Wir finden in internationalen Unternehmungen durchaus häufig eine Dezentralisierung von Aktivitäten und dennoch gleichzeitig eine weitgehende Zentralisierung von Entscheidungen.

Es wäre illusorisch, würde man davon ausgehen, in einer internationalen Unternehmung gäbe es einen bestimmten Grad an Entscheidungszentralisierung bzw. -dezentralisierung. Eine deutsche Unternehmung mag ihrer ausländischen Tochtergesellschaft in den USA aufgrund zahlreicher Überlegungen größere Entscheidungsgewalten einräumen als ihrer Tochtergesellschaft in Brasilien. Ebenso wäre es denkbar, dass Tochtergesellschaften – unabhängig von ihrer geographischen Lokalisierung – bei Vertriebsentscheidungen größere Spielräume haben als bei Forschungs- und Entwicklungsentscheidungen. Innerhalb der Vertriebsentscheidungen kann es nochmals deutliche Unterschiede geben: So kann eine ausländische Tochtergesellschaft in der Regel nicht selbst entscheiden, ob nun prinzipiell eher auf ein Vertragshändlersystem oder aber auf ein Franchisesystem gesetzt wird. Dagegen ist es denkbar, dass die Tochtergesellschaft selbst einzelne Vertragshändler oder Franchisepartner auswählt.

Während die Entscheidungszentralisierung bzw. -dezentralisierung Aufschluss über die Verteilung von Entscheidungskompetenzen gibt, kommt der **Entscheidungsdelegation** eine **leicht davon abweichende Bedeutung** zu. Als Delegation bezeichnet man das Abtreten einer bestimmten Aufgabe. Mit Entscheidungsdelegation ist damit analog das Abtreten einer bestimmten Entscheidung und damit auch meist das Abtreten einer bestimmten Entscheidungskompetenz gemeint. Während die Entscheidungsdezentralisierung die generelle Verteilung von Kompetenzen beschreibt, wird mit Entscheidungsdelegation also die Übertragung einer spezifischen Entscheidung auf eine untergeordnete Ebene in einem spezifischen Einzelfall bezeichnet.

Wichtig ist der Hinweis, dass die Entscheidungszentralisierung und -dezentralisierung nicht nur daran festgemacht werden sollte, wer eine bestimmte Entscheidung letztlich zu treffen hat. Von Bedeutung sind auch folgende Fragen: Wer initiiert eine Entscheidung? Wie kommt eine Entscheidung zustande? Wer beeinflusst den oder die Entscheidungsträger? Antworten auf diese Fragen geben zuweilen ein besseres Bild über die Entscheidungsgewalt als Antworten auf die Frage, wo Entscheidungskompetenzen verankert sind oder an wen Entscheidungskompetenzen delegiert werden (vgl. in diesem Zusammenhang auch Welge/Holtbrügge 2000, v.a. S. 769-771). Deutlich wird dadurch auch, dass die Autonomie von Teileinheiten, in unserem Kontext vor allem die Autonomie von ausländischen Tochtergesellschaften, ein äußerst komplexes Phänomen darstellt (vgl. zur Autonomie von Tochtergesellschaften ausführlich Welge 1987).

6.3.2.3   Technokratische Koordinationsstrategien

Lösungsversuche von Problemen, die sich gleich oder ähnlich wiederholen, lassen sich routinisieren und standardisieren (vgl. zu Routinen Kilduff 1992). Routinisierung und Standardisierung können sich auf Arbeitsinputs (z.B. Fähigkeiten), Arbeitsprozesse (z.B. Art der Durchführung) und Arbeitsoutputs (z.B. Ergebnisse) beziehen. Standardisierung und Routinisierung äußern sich vor allem in (1) Regeln und Programmen, (2) Plänen, (3) Budgets und (4) Berichtssystemen sowie meist auch in einer (5) Formalisierung.

(1) Regeln und Programme

Regeln und Programme sind sehr häufig eingesetzte Koordinationsinstrumente. **Regeln** stellen generelle Verfahrensrichtlinien dar, **Programme** sind ganze Ketten von Regeln, die Handlungsanweisungen für bestimmte Situationen geben. Sowohl Regeln als auch Programme nehmen Abstimmungsprobleme vorweg, indem sie für wiederkehrende Situationen bereits vorab Verfahrensrichtlinien oder Handlungsanweisungen **spezifizieren** (d.h. mehr oder weniger detailliert beschreiben) und **generalisieren** (d.h. unabhängig von einer konkreten Situation, einer konkreten Person oder einem konkreten Umstand festlegen). Regeln und Programme können sowohl mündlich als auch schriftlich vorgegeben sein. In der Praxis findet man jedoch **fast ausschließlich die Schriftform** vor, so dass bei Regeln und Programmen nahezu immer gleichzeitig eine **Formalisierung** vorliegt. Regeln und Programme treten in der Organisationspraxis in Form von Handbüchern, Ablaufbeschreibungen, Prozessplänen oder Arbeits-Checklisten auf.

Voraussetzung für die Aufstellung von Regeln und Programmen ist es, dass die möglichen Abstimmungssituationen und -aktivitäten in Kategorien fassbar sind, für die dann jeweils unterschiedliche Verfahren zur Problemlösung, d.h. zur Koordination angewandt werden. Je geringer die Anzahl vorgegebener Kategorien ist, umso gleichförmiger erfolgt die Aufgabenerfüllung. Theoretisch wäre es natürlich denkbar, für eine nahezu unendlich große Zahl an Situationen unterschiedliche Regeln und Programme zu entwerfen. Es ist aber gerade das Merkmal von Regeln und Programmen, die Wirklichkeit auf **typische Situationen** zu reduzieren und damit auf Probleme mit standardisierten Lösungen zu antworten. Die Reduktion der Realität auf wenige Ausprägungsformen ist auch der Grund dafür, **dass Programmierung** häufig als **eine Form der Standardisierung** gilt.

Ihre koordinative Wirkung entfalten Regeln und Programme vor allem dann, wenn sie sich nicht auf einzelne Tätigkeiten beschränken, sondern die Tätigkeiten in unterschiedlichen Einheiten der internationalen Unternehmung zusammen berücksichtigen. Die Mitarbeiter in den einzelnen Einheiten werden angehalten, bestimmte Aufgaben auf eine ganz bestimmte Weise zu erfüllen. Dadurch ist es nicht notwendig, dass die Mitarbeiter in jedem Einzelfall nach einem eigenen Vorgehen Ausschau halten. Das hohe Maß an Berechenbarkeit, das dadurch erzielt wird, erleichtert die Durchführung von Aufgaben, die sich über viele Organisationseinheiten hinweg erstrecken. Einheit A kann sich – aufgrund der vorherrschenden Regeln und Programme – darauf verlassen, dass Einheit B in einer vorgegebenen Weise agiert oder reagiert. In der Praxis besteht die Gefahr jedoch vor allem darin, dass Regeln und Programme zur Lösung von Problemen angewandt werden, für die sie eigentlich nicht zutreffen.

Regeln und Programme existieren freilich nicht unabhängig von anderen Koordinationsstrategien. Sie finden meist nur dadurch Anwendung, dass sie durch das personenorientierte Koordinationsinstrument der „persönlichen Weisung" angeordnet werden. Die „persönliche Weisung" wiederum wird in der Regel nur durch das strukturorientierte Koordinationsinstrument der „Entscheidungs- und Kompetenzverteilung" ermöglicht.

Eine Standardisierung der Arbeitsabläufe finden wir in den letzten Jahren sehr häufig im Rahmen der Bemühungen um ein konsequentes Qualitätsmanagement. Viele Unternehmungen haben sich über die Anforderungen von DIN ISO 9000 und deren Nachfolgenormen verpflichtet, Arbeitsabläufe detailliert durch Verfahrens- und Arbeitsanweisungen zu beschreiben und regelmäßig überprüfen zu lassen. Unternehmungen gehen zudem dazu über, weltweit gültige Handbücher zu erstellen, in denen das Verhalten der

Mitarbeiter festgeschrieben ist. In internationalen Franchisesystemen spielt dies beispielsweise eine besonders wichtige Rolle.

(2) Pläne

Während Programme auf Dauer gelten, sind **Pläne** für eine **bestimmte Periode** gedacht. Je nach **Planungshorizont** unterscheidet man strategische Pläne (meist über
fünf Jahre hinaus), taktische Pläne (meist zwischen einem Jahr und fünf Jahren) und
operative Pläne (bis zu einem Jahr). Hinsichtlich des **Planungsinhalts** kann man zwischen Zielplänen, Maßnahmenplänen und Ressourcenplänen differenzieren. Während
der strategischen Planung vor allem Zielpläne zugerechnet werden, sind Maßnahmen-
pläne und Ressourcenpläne Bestandteile der taktischen Planung oder der operativen
Planung.

Die Koordinationsfunktion der Planung kann darin gesehen werden, dass meist **qualitative Ziele** in **quantitative Größen** transformiert werden, deren Realisierung in einem
bestimmten Zeithorizont und mit bestimmten Mitteln erreicht werden soll. Die Ziele der
einzelnen Einheiten gehen dabei im Gesamtziel auf; die Maßnahmen und Ressourcen
der einzelnen Einheiten werden aufeinander abgestimmt. Zielplanung, Maßnahmenplanung und Ressourcenplanung werden meist integrativ durchgeführt. Die Zielplanung
wird also sinnvollerweise bereits vor dem Hintergrund der möglichen Maßnahmen und
der zur Verfügung stehenden Ressourcen angegangen.

In internationalen Unternehmungen kann gerade die Zielplanung große Bedeutung für
die Koordination haben, da dadurch weltweit wichtige Eckpfeiler festgelegt werden. Die
Vorgabe von klar definierten und auch operationalisierten Zielen dient der Ausrichtung
der gesamten Unternehmung. Auch die Maßnahmenplanung hat koordinative Wirkung,
da dadurch nicht nur Ziele, sondern sogar einzelne Maßnahmen zur Erreichung der Ziele innerhalb des Unternehmungsverbunds abgestimmt werden. Allerdings existiert in der
Praxis immer wieder das Dilemma, ob man nun nur die Ziele oder auch die Mittel zur
Erreichung der Ziele vorgeben soll. Eine zu starke Steuerung über einzelne Maßnahmen
führt in der Unternehmungspraxis häufig zu einer Demotivation der Mitarbeiter, zu mangelnder Innovation, zu fehlender Anpassungsfähigkeit und auch zu geringerer Eigeninitiative der einzelnen Einheiten. Eine ausschließliche Steuerung über Ziele bringt das
Problem mit sich, dass Maßnahmen nur unzureichend aufeinander abgestimmt sind.

(3) Budgets

Budgets gelten als Spezialform von Plänen. Unter einem Budget versteht man eine Zusammenstellung von (meist in quantitativen Größen ausgedrückten) geplanten Ergebnissen, die in einer bestimmten Periode für eine bestimmte organisationale Einheit als
Ziel angegeben werden und damit von dieser Einheit erreicht werden sollen. Budgets

haben Vorgabecharakter (vgl. Eisenführ 1992, Sp. 363), wobei manche Vorgaben Verbindlichkeitscharakter aufweisen, andere Größen dagegen nicht zwingend zu erreichen sind und damit eher Richtwertcharakter annehmen. Die für das Erreichen der Vorgaben verantwortliche Instanz lässt sich als **„Budgetnehmer"**, die Instanz, gegenüber der Rechenschaft abzulegen ist, als **„Budgetgeber"** bezeichnen. In internationalen Unternehmungen kommen als Budgetnehmer beispielsweise Tochtergesellschaften sowie deren Teileinheiten (z.B. Abteilungen, Gruppen) in Frage; Budgetgeber sind häufig Muttergesellschaften oder Regional Headquarters. Budgets dienen vor allem der Zielplanung, daneben aber auch der Maßnahmenplanung und der Ressourcenplanung.

Budgets gehen in vielen internationalen Unternehmungen über das hinaus, was im öffentlichen Verwaltungsbereich unter Budget verstanden wird. Ursprünglich stammt der Begriff des Budgets aus der öffentlichen Haushaltswirtschaft; dort beinhaltet ein Budget die Gegenüberstellung von Einnahmen und Ausgaben (vgl. Fischer 1995). In öffentlichen Verwaltungen wird als Folge der Budgetierung vor allem eine Zuweisung von Mitteln zu einzelnen Budgettiteln vorgenommen. Budgets erfüllen damit in öffentlichen Verwaltungen vor allem die Funktion der Ressourcenplanung; die Zielplanung und Maßnahmenplanung steht hintenan. Oder deutlicher ausgedrückt: In öffentlichen Verwaltungen geht es häufig (immer noch!) mehr um die Zuweisung von – für einzelne Einheiten zur Verfügung stehenden – Ressourcen, nicht aber um die Festlegung von Zielen und Maßnahmen. In Unternehmungen kann man sich freilich nicht darauf beschränken, dass gemeinsame Ressourcen auf die unterschiedlichen Einheiten innerhalb des Unternehmungsverbunds weltweit verteilt werden. Budgets müssen zuerst geplante Resultate beinhalten, um anschließend Antworten auf die Frage zu liefern, welche Maßnahmen ergriffen werden und welche Ressourcen zur Erreichung der Ziele und zur Durchführung der Maßnahmen nötig sind. Erst wenn Ziele und Maßnahmen bestimmt sind, spielen Ressourcen eine große Rolle. Budgets haben insofern großen Einfluss auf das Verhalten der Teileinheiten, als sie über die **Zuweisung von Ressourcen** Entscheidungsspielräume erweitern oder – was häufiger der Fall ist – begrenzen. Die Tochtergesellschaften, die umfangreichere Ressourcen erhalten als andere Tochtergesellschaften, haben auch bessere Möglichkeiten, ihre Ziele zu erreichen und ihre Maßnahmen durchzusetzen.

Da Budgets vorab erstellt werden, kommt ihnen vor allem im Rahmen der **Vorauskoordination** große Bedeutung zu. Je stärker die Budgets einzelner Teileinheiten der international tätigen Unternehmung aufeinander abgestimmt sind, umso stärker führt die Ausrichtung an Budgets und darauf aufbauend die Einhaltung von Budgets zu einem koordinierten Verhalten der Teileinheiten. Nachdem die Einhaltung von Budgets zusätzlich in vielen Unternehmungen auch strikt überwacht wird, entsteht über die Vorauskoordinationsfunktion hinaus eine stark ausgeprägte **Kontrollfunktion** von Budgets. Diese Kontrollfunktion führt dazu, dass Budgets auch zur Feedbackkoordination angewandt werden. In Aussagen von Managern wird zwar meist der (Voraus-)Koordinationsaspekt und weniger der Kontrollaspekt in den Mittelpunkt gerückt. Es ist aber realistisch, davon auszugehen, dass in vielen Unternehmungen der Kontrollaspekt gegenüber dem Aspekt der Vorauskoordination überwiegt; denn für Tochtergesellschaften hat die Nicht-Erfüllung bestimmter Budgetvorgaben häufig gravierende Sanktionen zur Folge. Empirische Untersuchungen zeigen darüber hinaus, dass neben der Vorauskoordinations- und Feedbackkoordinationsfunktion auch eine **Motivationsfunktion** von Budgets existiert (vgl. z.B. Umapathy 1987, v.a. S. 141). Manager sollen durch Budgets motiviert werden, bestimmte Vorgaben zu erreichen oder gar zu übertreffen. Gerade wenn Beurteilung und Entlohnung von Führungskräften an die Budgeteinhaltung gekoppelt sind, ist von einer Motivationswirkung auszugehen.

Budgets werden in Unternehmungen, die aus verschiedenen Kulturkreisen stammen, unterschiedlich eingesetzt und beurteilt. So zeigt es sich immer wieder, dass sich insbesondere Manager in den Tochtergesellschaften **US-amerikanischer Unternehmungen** Budgets sehr stark verpflichtet fühlen und auch auf eine Einhaltung der Budgets achten. Manager in Tochtergesellschaften **europäischer und japanischer Unternehmungen** sehen Budgetvorgaben eher als Richtwerte und fühlen sich nicht so sehr an eine strikte Einhaltung gebunden. Außerdem beinhalten Budgets in US-amerikanischen Unternehmungen eher kurzfristige Finanzdaten, während in europäischen und japanischen Unternehmungen häufig (noch) eher langfristige Kennzahlen Bedeutung haben (vgl. auch Anyane-Ntow 1991). Mit der weltweiten Tendenz zur Einführung Shareholder-Value-orientierter Kennzahlen zeichnet sich jedoch eine Angleichung ab.

(4) Berichtssysteme

Eine besondere Rolle kommt in internationalen Unternehmungen den Berichtssystemen zu. Berichtssysteme sind dazu da, dass einzelne Einheiten mehr oder weniger regelmäßig Rechenschaft gegenüber der Muttergesellschaft oder gegenüber Regional Headquarters ablegen. Rechenschaftsberichte enthalten Informationen über wesentliche Plan- und Ist-Zahlen, wie beispielsweise Umsätze, Deckungsbeiträge oder Auftragseingänge. **Berichtssysteme** stellen streng genommen auch eine **Art von Regeln oder Programmen** dar – Regeln und Programme, die helfen sollen, Pläne und Budgets aufzustellen, aufrechtzuerhalten, weiterzuschreiben und eventuell anzupassen. Im Speziellen haben Berichtssysteme die Funktion, Ressourcen zweckmäßig zu allozieren (v.a. die Verteilung von Ressourcen auf die Muttergesellschaft und die einzelnen Tochtergesellschaften).

Das Spektrum dessen, was zu einem Berichtssystem gehört, kann dabei sehr weit aufgefasst werden. Innerhalb eines Berichtssystems finden **folgende Elemente** Anwendung:

- umfassende Berichte einzelner Tochtergesellschaften,
- Berichte von Teilbereichen einzelner Tochtergesellschaften (Finanzbericht, Marketingbericht, Produktionsbericht),
- Detailinformationen in Form von Briefen, Faxen oder Memos und
- aktuelle Berichte über konkrete Situationen im Zuge von Satellitenkonferenzen.

Berichtssysteme sind zwar primär den technokratischen Koordinationsinstrumenten zuzurechnen, häufig jedoch auch mit persönlichen Besuchen verbunden – etwa wenn der Controller einer Tochtergesellschaft seinen jährlichen oder halbjährlichen Besuch in der Zentrale abstattet. Wie viele andere Koordinationsinstrumente können Berichte mit anderen Koordinationsinstrumenten – beispielsweise mit personenorientierten Koordinationsmechanismen – kombiniert werden.

Es ist darauf hinzuweisen, dass Berichtssysteme in der Regel lediglich informativ-deskriptiven Charakter haben. Es werden Informationen übertragen und damit Ist- bzw. Soll-Zustände beschrieben; zwingende Handlungsfolgen ergeben sich aus den Berichtssystemen nicht. Berichtssysteme stellen somit nur die Basis für spätere Handlungen dar. In der Praxis wird der Nutzen von Berichtssystemen allerdings gerade von Tochtergesellschaften als geringer eingeschätzt als deren Kosten: Führungskräfte der Tochtergesellschaften empfinden die Berichterstattung häufig als Last. Dies wird noch dadurch verstärkt, dass viele der Berichte der Tochtergesellschaften in den Zentralen von Unternehmungen nicht oder nur oberflächlich gelesen werden. Tochtergesellschaften interpretieren ihre Pflicht zur Berichterstattung aus diesem Grund zuweilen als „Schikane". US-amerikanische Muttergesellschaften setzen das Berichtswesen als Kontrollinstrument weitaus häufiger ein als Unternehmungen aus anderen Ländern.

(5) Formalisierung

Manche Autoren sehen die **Formalisierung** als eigenes Koordinationsinstrument. Formalisierung stellt jedoch streng genommen kein eigenes Koordinationsinstrument dar. Vielmehr lassen sich alle oben genannten technokratischen Koordinationsmechanismen, d.h. Regeln und Programme, Pläne, Budgets und Berichtssysteme, sowie auch die meisten strukturellen Koordinationsmechanismen mehr oder weniger stark formalisieren. Als Formalisierung kann man den Einsatz schriftlich fixierter organisatorischer Regelungen im Gegensatz zu nur mündlich festgelegten Regelungen auffassen. Formalisierung wird als typisches Merkmal der Bürokratisierung angesehen und lässt sich in drei unterschiedliche Bereiche aufteilen:

- **Strukturformalisierung:** Sie umfasst das schriftliche Fixieren von organisatorischen Regeln, Programmen und Plänen. Beispiele sind Organigramme, Stellendiagramme und Verfahrensrichtlinien.

- **Informationsflussformalisierung:** Sie umfasst das schriftliche Fixieren von auf den Einzelfall bezogenen Sachverhalten. Beispiele dafür stellen Protokolle, Mitteilungen und Aktennotizen dar.

- **Leistungsformalisierung:** Sie umfasst das schriftliche Fixieren von allen Möglichkeiten der Leistungserfassung und -beurteilung. Ein Beispiel dafür sind Personalbeurteilungen.

Formalisierungen tragen in der Weise zur Koordination bei, als dass damit nicht nur mündlich und implizit, sondern schriftlich und explizit festgelegt ist, wie sich einzelne Aktoren verhalten sollen.

Werden technokratische Koordinationsmechanismen angewandt, so handelt es sich, wie bereits zu Beginn dieses Abschnitts erläutert, um eine Routinisierung und Standardisierung von Inputs, Prozessen und Ergebnissen. Mit der Routinisierung und Standardisierung werden im Allgemeinen Vorteile, aber auch Nachteile verbunden. Exemplarisch wollen wir auf die Standardisierung von Entscheidungen eingehen.

Vorteile der Standardisierung von Entscheidungen sind (vgl. Wolf 1994, S. 126-127):

- kürzere Bearbeitungsdauer durch klare Vorgaben,
- Übungseffekte durch Wiederholung,
- Verbesserung der Entscheidungsqualität durch Ausschluss subjektiver Entscheidungen,
- Nutzung von Erfahrungen der Vorwelt,
- Berechenbarkeit von Handlungsinhalten,
- zeitliche und sachliche Abstimmung von Aktivitäten,
- Unabhängigkeit von einzelnen Personen,
- Entlastung der Führungsspitze und
- Erhöhung der Umweltunabhängigkeit.

Als **Probleme der Standardisierung** von Entscheidungen werden in der Literatur genannt (vgl. Wolf 1994, S. 127-128):

- Aufwand für die Entwicklung von Standards,
- Gefahr der allzu schematischen Vorgehensweise,
- Vernachlässigung innovativer, komplexer Lösungen,
- Reduzierung der Anpassungsfähigkeit,
- Betriebsblindheit und
- bürokratisches, kundenfeindliches Verhalten.

Es herrscht also Übereinstimmung, dass Standardisierung die Koordination deutlich erleichtern kann. Allerdings zeigen die Probleme, die mit der Standardisierung verbunden sind, dass es genau abzuwägen gilt, welche Entscheidungen nun standardisiert und welche nicht standardisiert werden. Ähnliches gilt für alle anderen Formen der Standardisierung.

6.3.2.4   Personenorientierte Koordinationsstrategien

Als personenorientierte Koordinationsmechanismen werden in der Literatur vor allem (1) persönliche Weisungen, (2) Selbstabstimmungen, (3) Besuchsverkehr, (4) Transfer von Führungskräften, (5) Standardisierung von Rollen und (6) kulturorientierte Koordination betont (vgl. Jaeger 1989).

(1) Persönliche Weisungen

Internationale Unternehmungen verzichten bei der Koordination ihrer Aktivitäten nicht auf persönliche Weisungen. Persönliche Weisungen gelten als Instrument vertikaler Koordination, welches sowohl in Form der Vorauskoordination als auch in Form der Feedbackkoordination angewandt wird. Voraussetzung für die Koordination durch persönliche Weisungen stellt in internationalen Unternehmungen wie in Organisationen im Allgemeinen die Tatsache dar, dass eine hierarchische Über- und Unterordnung von Stellen existiert. Den Inhabern der übergeordneten Stelle muss dabei ein Weisungsrecht gegenüber Inhabern von untergeordneten Stellen eingeräumt worden sein. Die Organisationsstruktur allein begründet in der Regel noch keine eindeutige Weisungsbefugnis. Sie schafft meist nur den Rahmen dafür, dass die einzelnen koordinativen Handlungen im Sinne von persönlichen Weisungen ablaufen können. Wie die weisungsbefugten Inhaber der einzelnen Instanzen dann Koordinationsprobleme lösen, ist in der Regel nicht festgelegt. Oder mit anderen Worten: Die detaillierte Gestaltung der Koordinationsprozesse bleibt den Entscheidungsträgern überlassen. Daher gilt zu beachten, dass Weisungen stets persönlichen Charakter haben – unabhängig davon, ob sie nun mündlich, fernmündlich, schriftlich oder auf elektronischem Weg erteilt werden. Weisungen hängen stark von den Personen ab, die sie vorbereiten, erteilen oder widerrufen können.

In internationalen Unternehmungen finden Weisungen **vor allem im Rahmen** der oben beschriebenen Organisationsstruktur der **„direct reporting structure"** Anwendung. Bei der „direct reporting structure" wird den Geschäftsführern der einzelnen Auslandstöchter (oder auch anderer ausländischer Einheiten) zwar ein hoher Grad an Autonomie zugestanden. Die Geschäftsführung der Muttergesellschaft hat allerdings jederzeit die Möglichkeit, durch direkte persönliche Weisungen in das Geschehen der ausländischen Tochtergesellschaft einzugreifen. In manchen Fällen wird – wie bereits erläutert – das Recht der persönlichen Weisung auch von der Geschäftsführung der Muttergesellschaft auf die Absatzabteilung oder den Verwaltungs- bzw. Finanzbereich der Muttergesellschaft delegiert. Wurde eine Stabsstelle zur Unterstützung der Geschäftsführung bei der Führung der ausländischen Tochtergesellschaften eingerichtet, so bleibt das Weisungsrecht selbstverständlich bei der Geschäftsführung der Muttergesellschaft; die Inhaber der Stabsstelle haben – wie dies für Stäbe üblich ist – nur unterstützende Funktion.

Wenn auch das Koordinationsinstrument der persönlichen Weisung vor allem im Zusammenhang mit der „direct reporting structure" angewandt wird, so lässt es sich keinesfalls auf diese Organisationsform reduzieren. **Auch innerhalb aller anderen Organisationsformen** der internationalen Unternehmung – zumindest innerhalb der sogenannten Grundformen internationaler Organisationsstrukturen – spielen persönliche Weisungen eine entscheidende Rolle. Doch werden in diesen Fällen persönliche Weisungen eher im Rahmen der Feedbackkoordination als im Rahmen der Vorauskoordination eingesetzt. Eine Vorauskoordination, die persönliche Weisungen in den Mittelpunkt der Koordinationsaktivitäten stellen würde, würde gerade in internationalen Unternehmungen rasch zu einer Überlastung der Instanzen und zu einer fachlichen Überforderung der Stelleninhaber führen und darüber hinaus nur sehr allgemeine Weisungen mit sich bringen. Persönliche Weisungen werden daher in vielen internationalen Unternehmungen häufig nur in sogenannten „Brandsituationen" eingesetzt – in Situationen also, in denen andere Koordinationsmechanismen versagen und die übergeordneten Instanzen als „Feuerwehr" eingreifen.

(2) Selbstabstimmungen

Während persönliche Weisungen als vertikaler Koordinationsmechanismus zu interpretieren sind, gilt die Koordination durch Selbstabstimmung als **horizontaler, nicht-hierarchischer Koordinationsmechanismus.** Bei der Koordination über Selbstabstimmung geben übergeordnete Instanzen bewusst ihr Recht auf persönliche Weisung an untergeordnete Instanzen – und dabei an Gruppen – ab. Von einer Koordination über Selbstabstimmung spricht man dann, wenn auf nachgelagerte Ebenen delegierte Entscheidungen offiziell vorgesehen sind, dort vor allem Gruppenentscheidungen darstellen und die dann getroffenen Gruppenentscheidungen wiederum für alle Gruppenmitglieder verbindlich sind (vgl. Kieser/Walgenbach 2007, S. 111). Als Rahmen für die institutionalisierte Selbstabstimmung lassen sich **Ausschüsse, Arbeitskreise, Besprechungsgruppen, Teams, Kernteams, Konferenzen** oder **Komitees** differenzieren. Damit wird deutlich, dass die Selbstabstimmung an sich zwar als personenorientierter Koordinationsmechanismus zu werten ist, der Rahmen für diese Möglichkeit allerdings von struktureller Seite vorgegeben ist. Das personenorientierte Koordinationsinstrument der Selbstabstimmung ist wiederum – wie bereits bei persönlichen Weisungen – nicht von strukturellen Koordinationsinstrumenten unabhängig. Insofern überrascht es auch nicht, dass manche Autoren den Einsatz von multipersonalen Koordinationsinstrumenten (Ausschüsse, Arbeitskreise) nicht den personalen, sondern den strukturellen Koordinationsmechanismen zurechnen (vgl. Hoffmann 1980, v.a. S. 331).

In der Realität gibt es keine internationale Unternehmung, die nur mit Koordination über Selbstabstimmung arbeitet. Das reine Modell der Selbstabstimmung würde implizieren, dass alle Mitarbeiter die für sie relevanten Entscheidungen – jeweils gruppen- bzw. abteilungsbezogen – selbst treffen könnten und auch müssten. Dies würde bedeuten, dass sich die einzelnen selbstabstimmenden Einheiten in langwierigen Entscheidungsprozessen zermürben – insbesondere wenn man davon ausgeht, dass in internationalen Unternehmungen grenzüberschreitende Abstimmungen nötig sind. Darüber hinaus würde man in Unternehmungen eine Vielzahl von sich selbst abstimmenden Inseln finden, die untereinander jedoch keine Koordination mehr hätten. Den Vorteilen einer höheren Motivation der Mitarbeiter, einer häufig verbesserten Entscheidungsqualität und auch einer Entlastung der Führungskräfte stehen die Nachteile des hohen Zeitbedarfs, der fraglichen Qualifikation aller Teilnehmer und – gerade in internationalen Unternehmungen – die Schwierigkeiten der Überbrückung von Distanzen entgegen. Internationale Unternehmungen werden die Selbstabstimmung daher nur in eng definierten Bereichen einführen. Besondere Bedeutung erlangt die Selbstabstimmung als Koordinationsmechanismus in Kombination mit der strukturellen Einführung von Projektorganisationen.

Eine Selbstabstimmung zwischen Produktion, Marketing, Finanzwirtschaft, Organisation sowie Forschung und Entwicklung findet man beispielsweise bei der *Volkswagen AG* (vgl. Meffert 1997, S. 938). Dort wurden sogenannte Produkt-Strategie-Komitees gebildet, die 15 Mitglieder umfassen. Diese Stamm-Mitglieder treten etwa 10-mal jährlich zusammen. Sie diskutieren über Fragen der Produktgestaltung und des Produktprogramms für einen Zeitraum von 10 Jahren und führen anschließend konkrete Entscheidungen herbei.

Bereits hier gilt es zu beachten, dass die Selbstabstimmung nicht mit der später noch Erwähnung findenden Selbstorganisation verwechselt werden sollte (➜ Abschnitt 6.3.2.5.3 in diesem Kapitel). Während die Selbstorganisation vor allem aus der Eigeninitiative der Mitarbeiter heraus entsteht, findet die Selbstabstimmung durch strukturelle Regelungen in der Unternehmung ihren Rahmen.

(3) Besuchsverkehr

Der Besuchsverkehr ist in internationalen Unternehmungen besonders deswegen von Bedeutung, weil nicht alle Abstimmungen per Brief, Telefon, Fax, E-Mail oder Videokonferenz möglich sind (vgl. zum Besuchsverkehr z.B. Wolf 1994, S. 135-138). Zu bestimmten Anlässen und für bestimmte Entscheidungen ist – unter anderem aufgrund des komplexen Problemlösungsbedarfs – ein „face-to-face"-Kontakt notwendig. Beim Besuchsverkehr kommt sowohl den Besuchen von **Vertretern der Muttergesellschaft bei den einzelnen Tochtergesellschaften** als auch den **Besuchen von Vertretern der Tochtergesellschaften bei der Muttergesellschaft** große Bedeutung zu. Anders als beim nachfolgend anzusprechenden Transfer von Führungskräften, der meist auf sehr wenige Personen beschränkt ist, kann im Rahmen des Besuchsverkehrs ein etwas größerer Personenkreis berücksichtigt werden.

(4) Transfer von Führungskräften

Während der Besuchsverkehr kurzfristige gegenseitige Besuche beinhaltet, geht es beim Transfer von Führungskräften um einen **längeren Auslandsaufenthalt**. Dies kann ein Auslandsaufenthalt von Managern der Muttergesellschaft im Ausland sein; es kann sich jedoch auch um Auslandsaufenthalte von Mitarbeitern ausländischer Unternehmungseinheiten im Inland handeln. Galbraith/Edström (1976) und Edström/Galbraith (1977) haben bereits früh darauf hingewiesen, dass der Führungskräftetransfer für die Koordination innerhalb von internationalen Unternehmungen von großer Bedeutung ist. Die Entsendung von **Expatriates** und die Wiedereingliederung von **Repatriates** sichert den Fluss von Wissen, erleichtert die Kommunikation und trägt – je nach Ausrichtung – zu einer Homogenisierung oder Heterogenisierung der unternehmungsweiten Werte bei (zur Expatriierung und Repatriierung ausführlich Kühlmann 1995, Hrsg.). Organisationales Lernen wird durch den Transfer von Führungskräften deutlich erleichtert (vgl. Berthoin Antal/Böhling 1998, Berthoin Antal 2000). Es sollte jedoch beachtet werden, dass internationale Führungskräftetransfers nicht nur aus der Perspektive der Koordination von Relevanz sind (vgl. Engelhard/Hein 1996, u.a. S. 87, Harzing 2001, Peterson 2003). Führungskräftetransfers spielen auch für die Weiterentwicklung und Motivation der Mitarbeiter eine große Rolle.

(5) Standardisierung von Rollen

Eine starke Koordinationswirkung geht auch von der Standardisierung von Rollen aus. Unter einer Rolle verstehen wir im Allgemeinen eine bestimmte Verhaltenserwartung an Menschen. Sind Rollen standardisiert, so finden wir in Unternehmungen eine begrenzte Anzahl an Verhaltenserwartungen vor. Die Koordination ensteht allein dadurch, dass Mitarbeiter in ihrer Ausbildung Rollen erlernt haben, die sie in ihrem Berufsleben auch anwenden. So können ein Pilot und ein Copilot, die noch nie zusammengearbeitet haben, einen gemeinsamen Flug durchführen, ohne dass der Pilot dem Copiloten detaillierte Anweisungen geben muss. Da die Flugausbildung international weitgehend standardisiert ist, spielt es auch kaum eine Rolle, ob die beiden Piloten von unterschiedlicher Nationalität sind. Eine ähnliche Standardisierung von Rollen finden wir in der Branche der großen international tätigen Strategieberatungsfirmen. Die Rolle eines Analysten bei *McKinsey* ist in Australien nicht oder nur unwesentlich anders als in Österreich, der Partner in Deutschland und der Partner in Frankreich unterscheiden sich nur unwesentlich hinsichtlich ihrer Rollenerwartungen und -erfüllungen. Die Standardisierung von Rollen kann dabei, wie etwa in Stellenbeschreibungen, schriftlich fixiert sein, die Schriftform ist jedoch keineswegs zwingend.

(6) Kulturorientierte Koordination

Auch die Unternehmungskultur wird immer wieder als Koordinationsmechanismus betont. Viele Autoren weisen auf die normative Integrationskraft der Unternehmungskultur hin. Die Unternehmungskultur, so nimmt man an, hält das zusammen, was durch andere Maßnahmen nicht oder nur bedingt zusammengehalten werden könnte. Ausgegangen wird von einer vereinheitlichenden Kraft der **Grundannahmen, Werte, Normen, Einstellungen und Überzeugungen (Concepta-Ebene)**, die sich auch auf der **Percepta-Ebene** vor allem in Form des Verhaltens bemerkbar machen (➔ zur Unterscheidung zwischen Concepta und Percepta Abschnitt 2.1 in Kapitel 5). Unternehmungen, welche die Kultur der Muttergesellschaft auf ihre Tochtergesellschaften übertragen, haben damit Koordinations- und Integrationsmöglichkeiten (vgl. Jaeger 1983). Damit verbunden ist die Vorstellung, dass sich Mitarbeiter – wo auch immer sie geographisch beschäftigt sind – sozialisieren und eventuell indoktrinieren lassen (vgl. auch Welch/Welch 2006).

Deutlich wird, dass die kulturorientierte Koordination nicht bei allen Unternehmungen denkbar ist. Greift man auf Perlmutter zurück (➔ Abschnitt 3.2.1 in Kapitel 2), so zeigt sich, dass kulturorientierte Koordination bei ethnozentrischen und geozentrischen Unternehmungen partiell einsetzbar ist, bei polyzentrischen Unternehmungen jedoch – aufgrund des Charakters der Unternehmung – nicht denkbar und nicht gewünscht ist. Bei regiozentrischen Unternehmungen kann es in Teilbereichen zu einer kulturorientierten Koordination kommen. Eine besondere Rolle spielt die normative Integration bei der transnationalen Organisation von Bartlett/Ghoshal, bei der Heterarchie von Hedlund, bei der Diversified Multinational Corporation von Doz/Prahalad und bei der horizontalen Organisation von White/Poynter (➔ Abschnitte 3.3.2 und 3.3.3 in Kapitel 2).

6.3.2.5 Sonstige Strategien der Koordinationsbedarfsdeckung

Wie vielfältig Koordinationsmechanismen sind, zeigt sich daran, dass über die erläuterten Varianten hinaus in der Literatur auch auf weitere Möglichkeiten hingewiesen wird. Diskutiert werden Koordination über **Markt- bzw. Preismechanismen** (v.a. aus der Perspektive der eher praxisorientierten Controllingliteratur sowie der Transaktionskostentheorie), **Koordination über Verträge und Regeln** (v.a. aus der Perspektive der Vertragstheorie), **Koordination über Vertrauen** (v.a. aus der Perspektive der Netzwerktheorie, u.a. im Zusammenhang mit Organisationsformen wie Joint Ventures und Strategische Allianzen), **Koordination über Wissenstransfer** (u.a. aus der Perspektive der allgemeinen Management- und Organisationsliteratur) und **Koordination über Selbstorganisation** (u.a. aus der Perspektive der Systemtheorie). Wir können im Rahmen dieses Buches nicht auf alle weiteren Mechanismen eingehen, wollen jedoch stellvertretend Transferpreise (Abschnitt 6.3.2.5.1), Wissenstransfer (Abschnitt 6.3.2.5.2) und Selbstorganisation (Abschnitt 6.3.2.5.3) herausgreifen.

6.3.2.5.1 Transferpreise

In internationalen Unternehmungen werden sehr häufig Transferpreise eingesetzt, um die Koordination sicherzustellen. Bevor wir jedoch auf die koordinative Kraft von Transferpreisen eingehen, soll zunächst geklärt werden, (1) was überhaupt unter Transferpreisen zu verstehen ist und (2) wie Transferpreise gebildet werden. (3) Im Zusammenhang mit den generellen Funktionen von Transferpreisen sprechen wir dann auch deren koordinative Wirkung an.

(1) Definition und Charakterisierung von Transferpreisen

Verrechnungspreise sind Preise, die für **unternehmungsinterne Lieferungen und Leistungen** festgelegt werden. Verrechnungspreise finden daher in Unternehmungen immer dann Anwendung, wenn es beim Austausch von Lieferungen und Leistungen zur Notwendigkeit der Bewertung kommt. Dies ist dann der Fall, wenn Halberzeugnisse, Fertigerzeugnisse, ganze Anlagen, Dienstleistungen, Rechte oder Patente **zwischen Einheiten der Unternehmung ausgetauscht** werden. Wenn Bewertungsansätze nicht im nationalen Kontext, sondern im Rahmen des grenzüberschreitenden Lieferungs- und Leistungsaustausches zum Einsatz kommen, spricht man häufig nicht von Verrechnungspreisen, sondern von **Transferpreisen** (vgl. Pausenberger 1992b, S. 770). Transferpreise stellen folglich eine besondere Form von Verrechnungspreisen dar.

Welche Rolle Transferpreise spielen, wird klar, wenn man sich einmal die Gesamtheit der weltweiten Export- und Importströme vor Augen führt und sich dabei gleichzeitig die Frage stellt, welcher Anteil an diesen Export- und Importströmen nicht zwischen unterschiedlichen Unternehmungen (**inter-organisationaler** Export und Import), sondern innerhalb von Unternehmungen (**intra-organisationaler** Export und Import, Intra-Unternehmungs-Handel oder Intra-Firmen-Handel; → Abschnitt 3.4 in Kapitel 1) abgewickelt wird. Schätzungen für die USA gehen davon aus, dass über 50% der US-amerikanischen Importe und mehr als 30% der US-amerikanischen Exporte auf Lieferungs- und Leistungsströme innerhalb von Unternehmungen entfallen. Betrachtet man diese Zahlen etwas differenzierter für einzelne Regionen, so lassen sich noch spezifischere Aussagen treffen: So entfallen über 80% des Handels zwischen den USA und Japan auf intra-organisationalen Export und Import, d.h. auf Export und Import zwischen Einheiten innerhalb von Unternehmungen (vgl. Pausenberger 1992b, S. 771, Cravens 1997, S. 127). Die innerhalb von internationalen Unternehmungen ablaufenden Export- und Importströme wären vermutlich noch größer, wenn nicht Importrestriktionen oder Local-Content-Vorschriften den unternehmungsintern durchgeführten Austauschbeziehungen immer wieder Grenzen setzen würden.

(2) Ermittlung von Transferpreisen

In der Praxis existieren mehrere Möglichkeiten, Transferpreise zu identifizieren. In der Regel wird zwischen (a) **markt(preis)orientierten**, (b) **kostenorientierten** und (c) **ausgehandelten Transferpreisen** unterschieden (vgl. Drumm 1989a, Sp. 2079-2080, Pausenberger 1992b, S. 778-779, Djanani/Winning 1999, S. 257-261).

(a) **Markt(preis)orientierte Transferpreise:** Bei markt(preis)orientierten Transferpreisen wird als Transferpreis der Marktpreis gewählt. Dabei lassen sich nochmals zwei wesentliche Varianten des marktorientierten Transferpreises unterscheiden: der **reine Marktpreis** und der **modifizierte Marktpreis**.

Bei der ersten Alternative, dem **reinen Marktpreis**, wird als Transferpreis der Preis festgelegt, der für ein bestimmtes Gut auch am Markt zu bezahlen ist. Nur wenn von einer Substitutionsmöglichkeit interner Güter durch externe Güter ausgegangen werden kann, lässt sich der Ansatz eines Marktpreises rechtfertigen. Sind interne Güter so (unternehmungs)spezifisch, dass sie am Markt gar nicht bezogen werden können, so ist die Identifikation eines Marktpreises schwierig, wenn nicht gar unmöglich. Und selbst in den Fällen, in denen interne Güter prinzipiell durch externe ersetzt werden könnten, existiert das Problem, dass unterschiedliche Güter als Substitute für das unternehmungsintern transferierte Gut in Betracht kommen. Weiterhin besteht das Problem des Wertansatzes; denn schließlich gibt es für ein vergleichbares Gut in vielen Fällen recht unterschiedliche Marktpreise, so dass in der Regel von der Existenz eines „Marktpreiskorridors" auszugehen ist. Dieser Marktpreiskorridor wird erweitert, wenn man berücksichtigt, dass in vielen Fällen unterschiedliche Preisbestandteile erheblich variieren – ob nun Rabatte, Skonti oder Abnahmeprämien. Einfach ist die Bestimmung des Marktpreises bestenfalls für Güter, die an der Börse gehandelt werden und für die aus diesem Grund täglich ein eindeutiger Preis festgelegt wird, der offen kommuniziert wird.

Bei der zweiten Alternative, dem **modifizierten Marktpreis**, wird der Marktpreis um die Kosten reduziert, die durch den unternehmungsinternen Tausch im Vergleich zum Fremdbezug nicht anfallen. Um zum Transferpreis zu gelangen, werden dabei Absatz- und Beschaffungsnebenkosten vom Marktpreis in Abzug gebracht. Bei transferierten Gütern werden also Marktpreise abzüglich der eingesparten Absatzkosten (Kosten, die meist bei der abgebenden Einheit anfallen würden) und abzüglich der eingesparten Beschaffungskosten (Kosten, die meist bei der empfangenden Einheit anfallen würden) gewählt. Diese Alternative der Transferpreisbestimmung führt zunächst zu den gleichen Schwierigkeiten wie der Ansatz eines reinen Marktpreises; denn auch hier gilt es, zunächst den Marktpreis zu identifizieren. Zusätzlich müssen in diesem Fall auch noch (potentielle bzw. fiktive) Absatz- und Beschaffungsnebenkosten identifiziert werden. Die Bestimmung der Absatz- und Beschaffungsnebenkosten unterliegt in vielen Fällen jedoch der Willkür, da nicht exakt bestimmbar ist, welche Kosten durch den unternehmungsinternen Tausch im Vergleich zum Fremdbezug entfallen. Eine relativ problemlose Identifikation der Nebenkosten ist nur dann möglich, wenn in einer international tätigen Unternehmung bestimmte Lieferungen und Leistungen sowohl für den externen Markt erstellt als auch für den unternehmungsinternen Austausch produziert werden und auf diese Weise bestimmte Kostendifferenzen einfach „ermittelbar" werden. Willkürlich bleibt aber, ob für die Kostenbestandteile der modifizierten Marktpreise mit Vollkosten oder Grenzkosten gearbeitet wird.

Zusammenfassend kann man festhalten, dass alle beiden genannten Alternativen zwar primär an der Erlöskomponente ansetzen, allerdings bereits – in unterschiedlichem Umfang – Kostenkomponenten beinhalten. Während sich die erste Alternative am reinen Marktpreis orientiert, werden bei der zweiten Alternative immerhin **(kostenbezogene) Korrekturen** am Marktpreis vorgenommen. Eine weitere Kategorie von Transferpreisen erhebt nun allein die Kosten zur Grundlage der Transferpreisgestaltung und lässt die Erlöskomponente „außen vor" – die Kategorie der kostenorientierten Transferpreise.

(b) Kostenorientierte Transferpreise: Bei kostenorientierten Transferpreisen bilden Kosten die Grundlage für die Bestimmung des Transferpreises. Auch innerhalb der kostenorientierten Transferpreise lassen sich unterschiedliche in der Praxis Verwendung findende Ansätze identifizieren.

- Die erste Alternative arbeitet mit durchschnittlichen Vollkosten.
- Eine zweite Alternative stellt der Grenzkostenpreis dar.
- Bei der dritten Alternative wird zusätzlich zu den Vollkosten oder den Grenzkosten noch ein Gewinnaufschlag angesetzt. Die Preise werden als sogenannte „Kosten-Plus-Transferpreise" bezeichnet.

(c) Ausgehandelte Transferpreise: Bei ausgehandelten Transferpreisen ist der Transferpreis Ergebnis von Verhandlungen zwischen abgebender und empfangender Einheit. Der Transferpreis kann sich hier zwar an objektiven Wertgrößen, wie dem Marktpreis oder den Kosten, orientieren, er ist allerdings keinesfalls zwingend an diese objektiven Wertgrößen gebunden. Der Transferpreis kann als frei vereinbart zwischen den beteiligten Unternehmungseinheiten angesehen werden. Problematisch ist im Falle ausgehandelter Transferpreise die Tatsache, dass unterschiedliche Einheiten meist unterschiedliche Verhandlungsmacht haben und damit bei der Vereinbarung von Transferpreisen regelmäßig die stärkere Partei ihre Interessen gegenüber der schwächeren Partei durchsetzt. Insbesondere bei der Aushandlung von Transferpreisen zwischen den einzelnen Tochtergesellschaften, d.h. zwischen den Schwestergesellschaften, kann es in der Aushandlungsphase zu so großen Konflikten kommen, dass die Muttergesellschaft zur Schlichtung eingeschaltet werden muss. Aber auch bei der Aushandlung von Transferpreisen zwischen Mutter- und Tochtergesellschaften treten häufig Schwierigkeiten auf, da sich Tochtergesellschaften gegenüber der dominanten Muttergesellschaft, die ihr Interesse meist besser durchsetzen kann, benachteiligt fühlen.

In der **Praxis** international tätiger Unternehmungen kommen **marktorientierte Transferpreise und kostenorientierte Transferpreise** etwa gleichgewichtig zur Anwendung. Ausgehandelte Transferpreise werden, auch aufgrund gesetzlicher Bestimmungen, in deutlich geringerem Umfang eingesetzt (vgl. Pausenberger 1992b, S. 779-781, ebenso Emmanuel/Mehafdi 1994, v.a. S. 47-53, Cravens 1997, v.a. S. 137-138 und die Ergebnisse der Meta-Analyse von Borkowski 1996). In einigen wenigen Unternehmungen werden auch zwei Preissysteme parallel geführt (sogenanntes „dual pricing"). Für ein und dieselbe Transaktion wird in diesem Fall ein Transferpreis A und ein Transferpreis B ermittelt. Transferpreis A geht etwa in die Finanzbuchhaltung ein, da er die steuerrechtlichen Anforderungen erfüllt, Transferpreis B dagegen dient als Wert für die interne Kosten- und Leistungsrechnung, die Planungs- und Kontrollzwecke erfüllt. In der Literatur wird die Unterscheidung zwischen markt(preis-)orientierten, kostenorientierten und verhandlungsorientierten Transferpreisen noch um eine vierte Kategorie erweitert: die Kategorie der nutzenorientierten Transferpreise (vgl. Drumm 1989b, Sp. 2171). Nutzenorientierte Transferpreise berücksichtigen nicht nur Erlös- und Kostenkomponenten, sondern bringen über die Opportunitätskosten auch anderen (jenseits von Erlös- und Kostenrechnungen erfassten) Nutzen ein. Da sich nutzenorientierte Transferpreise allerdings äußerst schwierig bestimmen lassen, spielen sie in der Praxis keine Rolle und sollen daher nicht weiter erläutert werden.

Welcher Transferpreis gewählt wird, hängt nun vor allem von der Frage ab, welche primäre Funktion dem Transferpreis zugeschrieben wird. Fragen wir uns also, welche Funktionen Transferpreise prinzipiell haben können.

(3) Funktionen von Transferpreisen

In der Literatur wird innerhalb der Funktionen zwischen (a) der Wertbemessungsfunktion, (b) der Gewinnverlagerungsfunktion und (c) der Lenkungsfunktion differenziert. Wir werden nachfolgend auf die einzelnen Funktionen kurz eingehen und sie charakterisieren:

(a) Wertbemessungsfunktion: Transferpreise haben zunächst einmal die Aufgabe, den Wert von Lieferungen und Leistungen im grenzüberschreitenden Verkehr zu bestimmen. Die Höhe des Transferpreises kann dabei in vielfältiger Weise von Relevanz sein: Sie entscheidet etwa über die Höhe von Export- und Importzöllen: Existieren für eine bestimmte Leistung Export- oder Importzölle, so wird man versuchen, den Transferpreis möglichst niedrig anzusetzen. Gibt es dagegen keine Exportbeschränkungen, sondern vielmehr Anreize zur Ausfuhr – beispielsweise in Form von Exportsubventionen – so wird die internationale Unternehmung bestrebt sein, einen möglichst hohen Transferpreis zwischen der abgebenden und der empfangenden Einheit festzulegen, um eine möglichst hohe Exportprämie sicherzustellen.

Auch Wechselkursschwankungen können einen Einfluss auf die Festsetzung von Transferpreisen haben: Durch einen im Vergleich zum Marktpreis höheren Transferpreis kann
die abgebende Einheit – bei Fremdwährungsforderungen – einen Teil des Wech-
selkursrisikos kompensieren. Soll die abgebende Gesellschaft das Wechselkursrisiko
nicht tragen, wird man also eher einen höheren Transferpreis wählen. Ist beabsichtigt,
dass die empfangende Gesellschaft Leistungen in der Währung der abgebenden Einheit
honoriert, so wird man sich für einen niedrigeren Transferpreis entscheiden, wenn man
ihr das Währungsrisiko nicht voll aufbürden möchte. Will man sie nicht für das Währungsrisiko entschädigen und sie dafür finanziell nicht kompensieren, so wird man den
Transferpreis nicht tiefer ansetzen.

(b) Gewinnverlagerungsfunktion: Mit Transferpreisen lassen sich nicht nur Werte
bestimmen, sondern auch Gewinne zwischen den beteiligten Unternehmungseinheiten
aufteilen. Die Höhe des Transferpreises bestimmt damit darüber, ob ein höherer Gewinn
bei der leistenden Unternehmungseinheit oder bei der empfangenden Unternehmungseinheit ausgewiesen wird. Bei überhöhten Transferpreisen findet eine Gewinnverlagerung zur leistenden Gesellschaft statt, bei zu niedrig angesetzten Transferpreisen
kommt es zu einer Gewinnverlagerung in Richtung der empfangenden Gesellschaft. Das
kurze Zahlenbeispiel in Textbox 6-25 kann die Gewinnverlagerung verdeutlichen.

Textbox 6-25: Die Gewinnverlagerungsfunktion von Transferpreisen

Ein Beispiel

Die Produktionsgesellschaft A in Deutschland beliefert ihre ausländische Vertriebsgesellschaft B in den USA mit Produkten. Bei A entstehen Produktionskosten von 60
Geldeinheiten pro Produkt, bei B Vertriebskosten in Höhe von 15 Geldeinheiten pro
Produkt. Der Verkaufspreis des Produkts beträgt 100 Geldeinheiten. Als Gewinn
werden damit insgesamt 25 Geldeinheiten pro Produkt erzielt. Der Gewinn der internationalen Unternehmung lässt sich nun zwischen den beiden Unternehmungseinheiten aufteilen.

Als Transferpreis könnte man die tatsächlich entstehenden Kosten von 60 Geldeinheiten ansetzen, so dass der Gewinn von 25 Geldeinheiten bei der Tochtergesellschaft in den USA anfällt. Man könnte allerdings den Transferpreis auch auf 85
Geldeinheiten erhöhen, so dass es nicht in den USA, sondern in Deutschland zu einem Gewinn kommt. Ebenso denkbar wäre jeder Transferpreis zwischen 60 und 85
Geldeinheiten, so dass der Gewinn von 25 Geldeinheiten zwischen den Unternehmungseinheiten aufgeteilt wird. Nimmt man in Kauf, dass es bei einer der beiden
Einheiten sogar zu einem Verlust kommt, so wird das Spektrum möglicher Transferpreise, d.h. die Spanne zwischen 60 und 85 Geldeinheiten, noch nach unten wie
oben erweitert.

Gewinnverlagerungen werden von Unternehmungen vor allem aus steuerlichen Gesichtspunkten vorgenommen. Viele Unternehmungen versuchen Gewinne in den Ländern auszuweisen, in denen Steuersätze besonders niedrig sind; sie versuchen, die Gewinne dort niedrig zu halten, wo ein hohes Steuerniveau vorliegt. Kurzum: Gewinne aus „Hochsteuerländern" sollen in „Niedrigsteuerländer" verlagert werden. Manchmal werden aus diesem Grund eigene Organisationseinheiten in den Ländern etabliert, in denen das Steuerniveau besonders niedrig ist, was auch Einfluss auf die statutarische Organisationsstruktur hat (→ Abschnitt 2.5 in Kapitel 4). Djanani/Winning führen dazu aus: „Solange die außersteuerlichen Standortbedingungen günstig sind, die Steuerbelastung ceteris paribus aber unterschiedlich hoch ist, werden Unternehmen immer dazu neigen, auch unter Verwendung von Verrechnungspreisgestaltung, Gewinne in niedrig besteuerte Länder zu verschieben" (Djanani/Winning 1999, S. 266).

Neben steuerlichen Gründen im engeren Sinn finden sich noch weitere Argumente für eine Gewinnverlagerung. Gewinnverlagerungen werden auch vorgenommen,

- um den Gewinnausweis bei einer der beteiligten Unternehmungseinheiten aus **bilanzpolitischen Gründen** zu erhöhen oder zu reduzieren,
- um damit insbesondere Kapitalverlagerungen in Form von **verdeckter Innenfinanzierung** vorzunehmen,
- um einer finanziell angespannten Unternehmungseinheit **latent Kapital zuzuführen** oder
- um Kapital, das eigentlich durch **staatliche Transferbeschränkungen** an ein bestimmtes Land gebunden ist, latent zu verlagern.

(c) **Lenkungsfunktion:** Transferpreise sollen nicht nur zur Wertbemessung und Gewinnverlagerung dienen; sie haben auch die Aufgabe, Lenkungs- und Steuerungsimpulse zu geben. Ziel ist die optimale Allokation von Ressourcen in der Unternehmung. Meist wird argumentiert, dass dann eine optimale Allokation von Ressourcen vorgenommen wird, wenn auch innerhalb von Unternehmungen marktorientierte Transferpreise zur Verwendung kommen. Gerade im Falle von Profit-Center-Konzepten (→ unsere Ausführungen in den Abschnitten 1.1.4.1.2 und 2.3.4 in Kapitel 4), die Ergebnisverantwortung haben, wird die Verwendung marktorientierter Transferpreise vorgeschlagen. Die Lenkungsfunktion von Verrechnungspreisen wurde bereits von Schmalenbach angesprochen. Schmalenbach argumentierte, dass die sogenannte **pretiale Lenkung** von Betrieben dazu führt, dass marktwirtschaftliche Lenkungsmechanismen auf die Unternehmung übertragen werden.

Gerade marktpreisorientierte Transferpreisansätze sollen nicht nur die Ressourcen optimal allozieren, sondern gleichzeitig zur **Motivation** der einzelnen Teileinheiten dienen und die Koordination zwischen den einzelnen Teileinheiten sicherstellen. Die Motivationsfunktion und die Koordinationsfunktion werden damit als Unterfunktionen der Lenkungsfunktion aufgefasst (vgl. Kloock 1992, Sp. 2555-2556).

Die drei **Funktionen der Transferpreise** stehen **nicht in einer komplementären Beziehung**, sondern in einer konfliktären Beziehung. Oder anders ausgedrückt: Sie sind in der Regel nicht miteinander kompatibel. Insbesondere die Gewinnverlagerung und die Lenkung führen zu einer unterschiedlichen Zielsetzung. Es gilt also zu entscheiden, welche Funktion im Mittelpunkt stehen soll (vgl. Drumm 1989a, Sp. 2078). Welcher Funktion gegenüber einer anderen Funktion Priorität eingeräumt wird, hängt letztlich vom Zielsystem der international tätigen Unternehmung ab (vgl. dazu auch die Ansicht von Schneider 2003). Glaubt man nun empirischen Befragungen, so wäre es falsch, davon auszugehen, dass Transferpreise vor allem zur Gewinnverlagerung angewandt werden. Führungskräfte betonen (zumindest offiziell!) immer wieder, dass Transferpreise vor allem der Lenkung zu dienen hätten (vgl. Cravens 1997; vgl. zu einer Übersicht unterschiedlicher früherer Studien auch Emmanuel/Mehafdi 1994, S. 38-43).

Wenn Unternehmungen von „marktpreisorientierten" Ansätzen abrücken, so stellt sich die Frage, ob letztlich noch Lenkungsfunktionen ausgeübt werden können. Es zeigt sich auch immer wieder, dass nur die Unternehmungen die Entlohnung ihrer Führungskräfte in den Auslandsgesellschaften an die Performance koppeln (können), die primär die Wertbemessungsfunktion von Transferpreisen im Auge haben und marktorientierte Transferpreise wählen (vgl. auch Yunker 1983).

Bisher könnte der Eindruck entstanden sein, dass Unternehmungen ihre Transferpreise weitgehend selbst bestimmen können. In zahlreichen Staaten gibt es allerdings inzwischen Regelungen, welche die Grenzen der Transferpreisgestaltung festlegen. In Deutschland wird die Verwendung unangemessener Transferpreise von § 1 Außensteuergesetz (AStG) untersagt. Doch eine weitere Konkretisierung dessen, was als unangemessen gilt, fehlt im Außensteuergesetz ebenso wie im Körperschaftssteuergesetz (KStG), wo die verdeckte Gewinnausschüttung und die verdeckte Einlage lediglich allgemein angesprochen werden. Aus diesem Grund wurden von der deutschen Finanzverwaltung die „Verwaltungsgrundsätze für die Prüfung der Einkunftsabgrenzung bei international verbundenen Unternehmungen" erlassen. Nach diesen Grundsätzen können international tätige Unternehmungen aus Deutschland vor allem drei Methoden der Ermittlung von Transferpreisen anwenden: Innerhalb der marktorientierten Transferpreisermittlung stehen die sogenannte Preisvergleichsmethode und die Wiederverkaufsmethode zur Verfügung, innerhalb der kostenorientierten Methoden der Transferpreisermittlung die Kostenaufschlagsmethode.

6.3.2.5.2 Wissenstransfer

Besonders intensiv diskutiert wird in letzter Zeit die Strategie des Wissenstransfers. Was unter Wissen zu verstehen ist, differiert je nach Auffassung der sich mit Wissen auseinandersetzenden Autoren (vgl. Bendt 2000, v.a. S. 15-27). Zum Transfer dieses Wissens gibt es -- in Abhängigkeit von der Art des Wissens – zahlreiche Mechanismen, die in der Literatur vorgeschlagen werden. Abbildung 6-52 vermittelt einen Überblick über Instrumente, die sich für den internationalen Wissenstransfer eignen. Die Ergebnisse entstammen einer Studie, in der Manager und Ingenieure der Halbleiterindustrie befragt wurden.

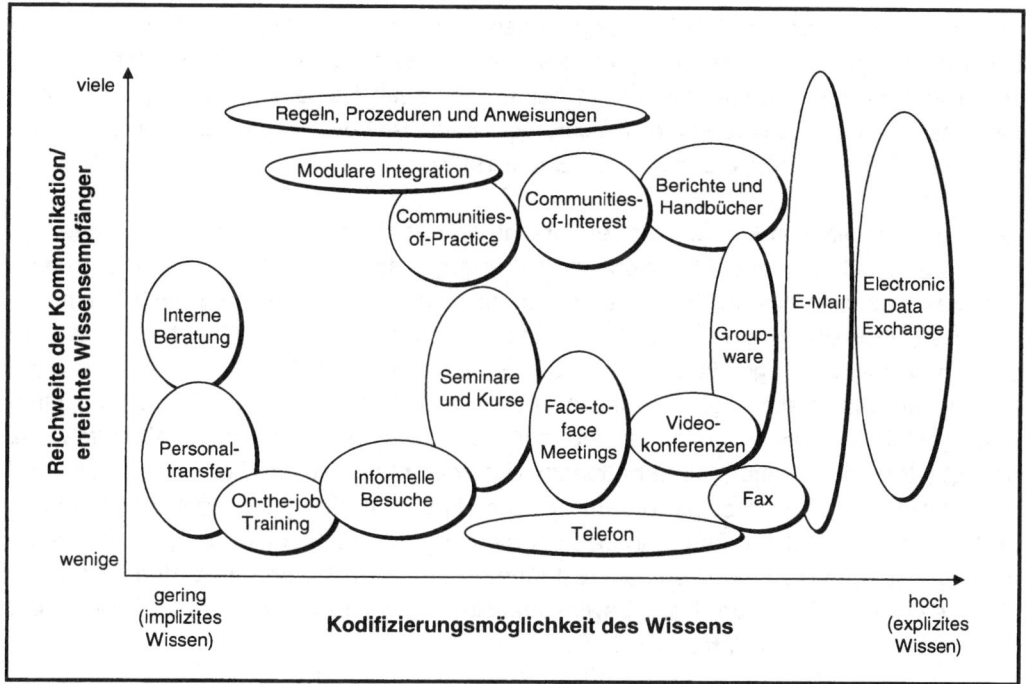

Abb. 6-52:   Mechanismen des internationalen Wissenstransfers
Quelle: Almeida/Grant (1998), Abschnitt 6.

Wie man den in Abbildung 6-52 enthaltenen Mechanismen entnehmen kann, handelt es sich bei den Maßnahmen, die unter dem Schlagwort Wissenstransfer diskutiert werden, nicht um zusätzliche Maßnahmen. Vielmehr wird deutlich, dass Wissenstransfer viele der bereits innerhalb von strukturorientierten, technokratischen und personenorientierten Koordinationsstrategien thematisierten Maßnahmen umfasst. **Wissenstransferstrategien** können damit zur **„Klammer"** oder zum **„Mantel" für andere Koordinationsstrategien** werden.

Interessant im Hinblick auf den Koordinationsaspekt ist nun die Frage, welche Richtung der Wissenstransfer annimmt (z.B. nur von der Muttergesellschaft zu den Tochtergesellschaften), welchen Umfang der Wissenstransfer aufweist und welche Barrieren dem Wissenstransfer entgegenstehen. Empirischen Ergebnissen zufolge unterscheiden sich Unternehmungen hochgradig, was Wissensflüsse angeht (vgl. Gupta/Govindarajan

1991, 1994, → Abschnitt 5.4 in Kapitel 2). Dies hat auch Auswirkungen auf den Umgang mit Abstimmungsnotwendigkeiten.

6.3.2.5.3 Selbstorganisation

Manche Autoren vertreten die Meinung, Organisationen – und damit auch internationale Unternehmungen – seien zu komplex, als dass sie durch die genannten Mechanismen koordiniert werden könnten. Dies führt dazu, dass auch Selbstorganisation als Koordinationsstrategie angesehen wird. Selbstorganisation soll die Fremdorganisation ergänzen und in Teilbereichen ersetzen (vgl. Göbel 1993).

Als Selbstorganisation können wir vereinfacht die aus der Eigendynamik von Systemen resultierende Organisation bezeichnen. Selbstorganisation setzt sich gemäß Probst/ Scheuss nochmals aus der Selbststrukturierung und der Selbstreferenz zusammen. Als **Selbststrukturierung** wird dabei das Phänomen verstanden, dass Strukturen aus dem System selbst heraus gebildet werden. Die Struktur, die zur Erhaltung des Systems „internationale Unternehmung" und dessen Lebensfähigkeit notwendig ist, entsteht durch selbstgestaltende, selbstlenkende und selbstentwickelnde Prozesse. **Selbstreferenz** besagt, dass das System „internationale Unternehmung" seine Elemente selbst und damit letztlich auch sich selbst produziert. Dies impliziert eine Autonomie des Systems und die Fähigkeit, allein durch innere Zusammenhänge die Identität aufrechtzuerhalten (vgl. Probst/Scheuss 1984). Selbststrukturierung und Selbstreferenz werden in der Soziologie sowie in Teilen der Betriebswirtschaftslehre zuweilen unter dem Schlagwort der Autopoiese diskutiert (vgl. Kirsch 1997).

Selbststrukturierung und Selbstreferenz können sich auch in einzelnen Subsystemen ergeben. Auch **in einzelnen Teileinheiten**, etwa in Tochtergesellschaften, kann es zu selbstgestaltenden, selbstlenkenden und selbstentwickelnden Prozessen kommen. Was allerdings aus der Makroperspektive wie eine spontane Entstehung von Aktionen, Entscheidungen etc. aussieht, mag aus der **Mikroperspektive durchaus geplant** sein. Insofern ist kritisch zu fragen, ob Selbstorganisation überhaupt in Reinform existiert (vgl. zu einer umfassenden kritischen Darstellung Wolf 1997).

6.4   Zusammenfassender Ausblick zu Koordinationsstrategien

Wir wollen unsere Ausführungen über internationale Koordinationsstrategien in Form von zwei Teilen beschließen. Zunächst stellen wir kurz einige Studien vor, die idealtypische Koordinationsstrategien identifiziert haben (Abschnitt 6.4.1). Darüber hinaus versuchen wir, einige Hinweise zu geben, wie sich Koordinationsstrategien im Zeitablauf tendenziell verändert haben (Abschnitt 6.4.2).

6.4.1 Überblick über Studien zu idealtypischen Koordinationsstrategien

In der Literatur existiert eine Vielzahl von Studien, die Koordinationsstrategien identifizieren wollen. Manche Arbeiten sind dabei eher theoretisch-konzeptioneller Natur (vgl. Hennart 1993b), andere basieren primär auf empirisch erhobenen Daten (vgl. exemplarisch Ouchi 1979, 1980, Prahalad/Doz 1981, Baliga/Jaeger 1984, Ghoshal/Nohria 1989, 1993). Wir wollen aus der Vielzahl von Studien exemplarisch

- die **Studie von Egelhoff** (Abschnitt 6.4.1.1) und
- die **Studie von Bartlett/Ghoshal** (Abschnitt 6.4.1.2)

herausgreifen und kurz vorstellen. Egelhoff sensibilisiert dafür, dass Koordinationsstrategien länder- und kulturgeprägt sind, Bartlett/Ghoshal weisen auf den Einfluss der Branche und der generellen strategischen Ausrichtung hin.

6.4.1.1   Die Studie von Egelhoff

Egelhoff (1984) hat das Koordinationsverhalten in 50 international tätigen Unternehmungen untersucht. Sein Interesse galt der Frage, in welchem Ausmaß Unternehmungen eher „**output control**" (Ergebniskontrolle) oder eher „**behavioral control**" (Verhaltenskontrolle) einsetzen (vgl. zur Differenzierung zwischen „output control" und „behavioral control" z.B. Ouchi 1978, S. 174-175). Folgende Ergebnisse lassen sich zusammenfassen:

(1) Die **Nationalität der Muttergesellschaft** hat gemäß Egelhoff einen großen Einfluss auf die Art des Koordinationsverhaltens. Während international tätige Unternehmungen mit Stammsitz in den USA häufig Ergebniskontrolle anwenden, ziehen europäische Unternehmungen die Verhaltenskontrolle einer Ergebniskontrolle vor.

(2) Die **Ergebniskontrolle** der **US-amerikanischen Unternehmungen** zeigt sich dabei in unterschiedlichen Funktionalbereichen:

- Im Bereich des Marketing erfolgt die Kontrolle z.B. über regelmäßige Berichte der gesamten Verkaufszahlen, der Verkaufszahlen je Produkt bzw. Produktlinie oder der Verkaufszahlen je (Key-)Account.

- Im Bereich der Produktion haben die Tochtergesellschaften regelmäßig ihre Produktionszahlen, ihre Produktionskosten, ihre Auslastung und ihre Qualitätsergebnisse an die Muttergesellschaft zu liefern.

- Im Finanzbereich werden von Tochtergesellschaften Gewinnzahlen, Lagerbestände und Forderungsumschlag gemeldet.

(3) Die **Verhaltenskontrolle**, die von **europäischen Unternehmungen** stärker einge-setzt wird, macht Egelhoff vor allem an der Besetzung von Positionen des Top-Managements in der Tochtergesellschaft fest. Er argumentiert, dass Unternehmungen wichtige Positionen in Tochtergesellschaften mit Expatriates besetzen.

(4) Hinsichtlich des Ausmaßes an Kontrolle betont Egelhoff, dass man nicht von einer prinzipiell höheren Kontrollintensität durch US-amerikanische Muttergesellschaften aus-gehen kann. Worin sich US-amerikanische von europäischen Unternehmungen unter-scheiden, ist seinen Ergebnissen zufolge die **Art der Kontrolle**.

6.4.1.2   Die Studie von Bartlett/Ghoshal

Einen anderen Schwerpunkt als Egelhoff wählen Bartlett/Ghoshal, deren zentrale Studie Ihnen bereits bekannt ist: Bartlett/Ghoshal haben in dieser Studie zwischen internatio-nalen, multinationalen, globalen und transnationalen Unternehmungen differenziert (→ Abschnitt 3.2.2 in Kapitel 2). Sie betonen, dass die Art der Koordination davon ab-hängt, welcher Typ der internationalen Unternehmung vorliegt. Idealtypisch erkennen sie vier verschiedene Modelle von Koordinationsstrategien, die aus dem Charakter der Unternehmung resultieren:

- die koordinierte Föderation bei der internationalen Unternehmung,
- die dezentralisierte Föderation bei der multinationalen Unternehmung,
- die zentralisierte Knotenpunktstruktur bei der globalen Unternehmung und
- die integrierte Netzwerkstruktur bei der transnationalen Unternehmung.

Wie man Abbildung 6-53 entnehmen kann, herrscht bei der **koordinierten Föderation** eine vergleichsweise starke Dezentralisierung von Werten, Ressourcen, Entscheidun-gen und Verantwortlichkeiten vor, die jedoch einer administrativen Kontrolle durch die Zentrale unterliegen. Dazu eignen sich in den Augen Bartlett/Ghoshals vor allem formale Planungs- und Kontrollsysteme. Bei der **dezentralisierten Föderation** wird eine Dezen-tralisierung von Werten, Ressourcen, Entscheidungen und Verantwortlichkeiten auf viele Einheiten vorgenommen. Es kommt lediglich zu persönlicher Kontrolle sowie einfacher Finanzkontrolle. Bei der **zentralisierten Knotenpunktstruktur** herrscht eine straffe Ko-ordination durch die Zentrale vor. Die Zentrale stellt den Knotenpunkt dar; von ihr wer-den die dominanten Werte bestimmt, sie kontrolliert die zentralen Ressourcen, und bei ihr laufen alle Entscheidungen und Verantwortlichkeiten zusammen. Bei der **integrier-ten Netzwerkstruktur**, welche wir bereits etwas näher erläutert haben (→ Abschnitt 1.1.5.2 in Kapitel 4), kommt es zu einem intensiven Austausch von Ressourcen aller Art. Es wird eine Vielzahl von Koordinationsmechanismen angewandt, wobei der normativen Integration über die Unternehmungskultur besondere Bedeutung beigemessen wird.

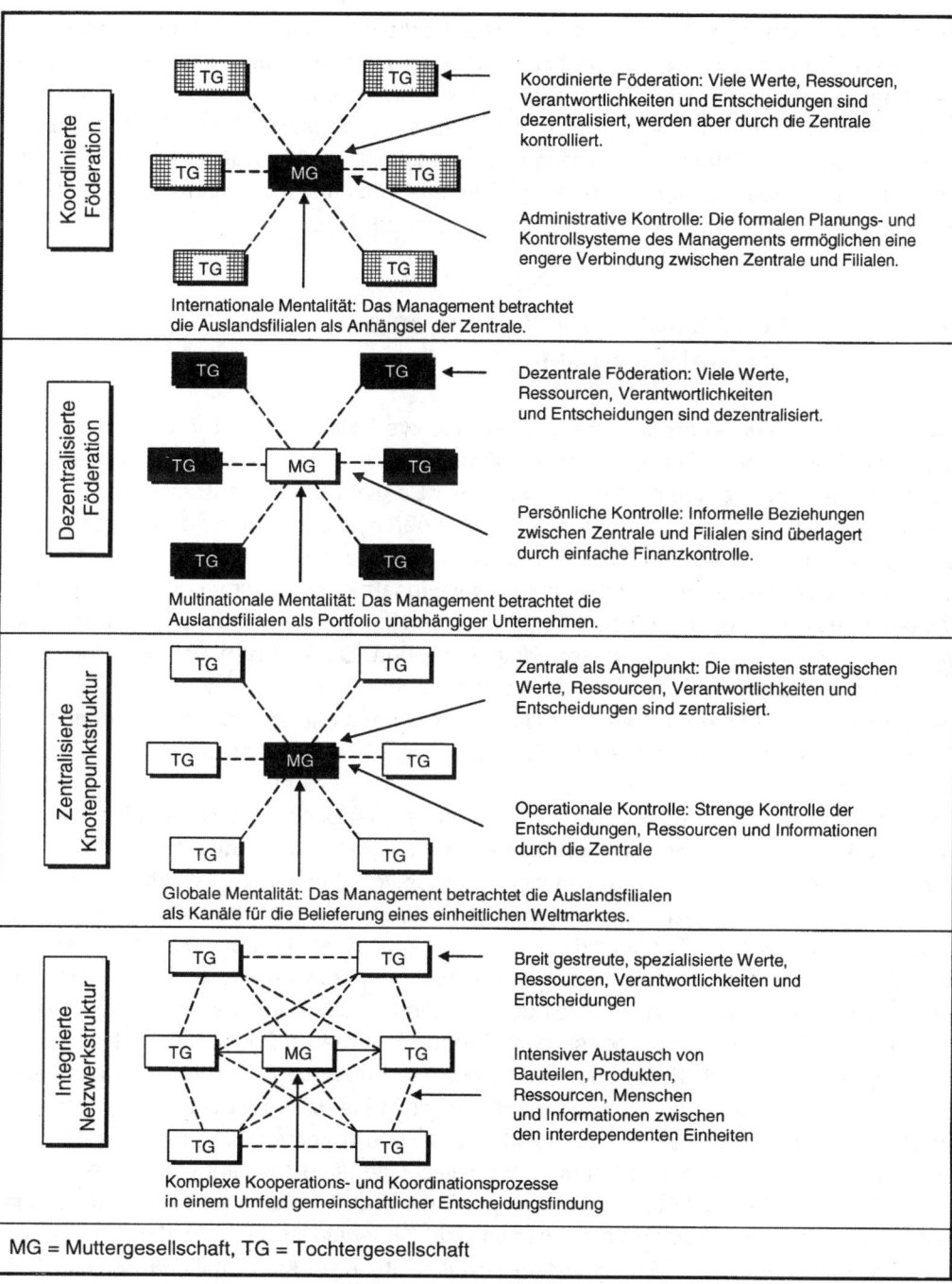

Abb. 6-53: Vier idealtypische Koordinationsstrategien gemäß Bartlett/Ghoshal
Quelle: Bartlett/Ghoshal (1990a), S. 74, 76, 77 und 119.

An diesen Ausführungen wird ersichtlich, dass Bartlett/Ghoshal die Art der Koordination nicht – wie Egelhoff – primär an der Nationalität der Unternehmung, sondern an der von der Unternehmung gewählten strategischen Ausrichtung festmachen. Diese strategische Ausrichtung wiederum ist, wie ausführlich erläutert, maßgeblich von der Branche bestimmt, in der eine Unternehmung tätig ist (→ Abschnitt 3.2.2 in Kapitel 2). Insofern hätten Unternehmungen, folgt man der Logik Bartlett/Ghoshals, nicht einmal eine Wahl: Je nach Branche käme es zu anderen Koordinationsstrategien.

6.4.2   Auf der Suche nach der idealen Koordinationsstrategie

Welche Koordinationsstrategie weist nun die höchste Effizienz auf? Empirische Befunde aus einer Vielzahl von Studien können diese Frage leider nicht klären (vgl. die kurze Zusammenfassung bei Welge 1989a, Sp. 1187). Es gibt wohl keine Koordinationsstrategie, welcher generell eine Überlegenheit gegenüber irgendeiner anderen Koordinationsstrategie bescheinigt werden könnte. Und selbst die Suche nach Kontextfaktoren, also die Suche nach Bedingungen, unter denen der Einsatz einer bestimmten Koordinationsstrategie effizienter als der Einsatz einer anderen Koordinationsstrategie ist, war bisher weitgehend erfolglos und wird weiter erfolglos bleiben. Dafür lassen sich ähnliche Argumente anführen, wie sie oben bereits im Zusammenhang mit der geäußerten Skepsis gegenüber dem Nutzen kontingenztheoretischer Untersuchungen für die Adäquanz von Organisationsstrukturen geäußert wurden (→ Abschnitt 1.2.3 in Kapitel 4).

In internationalen Unternehmungen wird man in der Regel gleichzeitig auf eine **Vielzahl unterschiedlicher Koordinationsstrategien** zurückgreifen. Die unterschiedlichen Möglichkeiten der Koordination ergänzen sich gegenseitig. Manche der Koordinationsstrategien werden vor allem zur Vorauskoordination eingesetzt, während andere Koordinationsstrategien auch zur Feedbackkoordination dienen. Manche der Koordinationsstrategien begünstigen hauptsächlich die vertikale Abstimmung, während andere die horizontale Abstimmung erleichtern. Ein Teil der Koordinationsstrategien wird nur auf unteren Ebenen der Unternehmung eingesetzt, während ein anderer Teil sich vor allem auf die Führungskräfte bezieht. Die meisten der Koordinationsstrategien sind dabei nicht substitutiv, sondern komplementär. Zudem variiert der Einsatz der Koordinationsstrategien auch von Land zu Land, von Branche zu Branche, von Unternehmung zu Unternehmung und natürlich innerhalb der Unternehmung hinsichtlich einer Vielzahl von Aspekten (Bereich, Funktion, Region, Führungsphilosophie, Persönlichkeitsmerkmale von Managern etc.), was zahlreiche Studien verdeutlichen (vgl. Ghoshal/Nohria 1989, 1993, Negandhi 1990, Gencturk/Aulakh 1995, Hamilton/Taylor/Kashlak 1996, Hamilton/Kashlak 1999, Kim/Park/Prescott 2003).

Trotz dieser Problematik lassen sich – historisch betrachtet – einige Tendenzen feststellen:

- Bis Anfang der siebziger Jahre wurden von vielen internationalen Unternehmungen vor allem **personenorientierte Koordinationsstrategien** – mit besonderer Bedeutung des Besuchsverkehrs und der persönlichen Weisungen – verfolgt. Dies lässt sich insbesondere mit dem vergleichsweise geringen Umfang der Auslandsaktivitäten und der hohen Autonomie der einzelnen ausländischen Tochtergesellschaften erklären.

- Die siebziger Jahre waren dann durch eine Zunahme der **technokratischen Koordinationsstrategien** charakterisiert. Bereits zu diesem Zeitpunkt hat die betriebswirtschaftliche Literatur allerdings einen differenzierten Einsatz der Koordinationsinstrumente propagiert. Meist wurde die Differenzierung dabei an der Art der Umwelt festgemacht. Es wurde argumentiert, dass ruhige und sichere Umwelten eher zu formalisierten und bürokratischen Koordinationsstrategien führen, während in turbulenten und dynamischen Umwelten eher personenorientierte Koordinationsstrategien angebracht seien (vgl. Khandwalla 1975).

- In den achtziger Jahren hat man dann in der Literatur den **kulturellen Koordinationsstrategien** eine große Bedeutung zugesprochen. In der Praxis hat die kulturelle Kontrolle allerdings nach unserer Auffassung traditionell eine geringe Rolle gespielt. Es konnte schließlich kaum eine normative Integration über Ländergrenzen hinweg verwirklicht werden. Die Vielfalt der Landeskulturen setzt der Möglichkeit einer Homogenisierung von Unternehmungskulturen meist deutliche Grenzen (→ zur Landes- und Unternehmungskultur ausführlich Kapitel 5).

- Spätestens seit den neunziger Jahren erkennen die meisten Unternehmungen, dass es zur Koordination einer **Vielzahl von Instrumenten** bedarf. Einseitige Strategien würden zu kurz greifen. Zahlreiche Einflussfaktoren führen dann zu einer Dominanz mancher Instrumente innerhalb des gesamten Spektrums an Instrumenten, wobei einzelne dieser Elemente kontextspezifisch in stärkerem oder schwächerem Ausmaß eingesetzt werden.

Abschließend sei betont, dass Fragen der Koordination von vielen Autoren primär unter organisatorischen und nicht unter strategischen Gesichtspunkten thematisiert werden. Mit unseren Ausführungen wollen wir keineswegs leugnen, dass Koordination eine organisatorische Dimension hat. Wir wollen aber deutlich machen, dass Koordination über die organisatorische hinaus auch eine strategische Dimension aufweisen kann. Wenn Unternehmungen bestimmte Koordinationsmechanismen bewusst in Koordinationsstrategien einbinden, um damit Wettbewerbsvorteile aufzubauen, zu pflegen oder weiter zu entwickeln, dann wird dieser strategische Charakter deutlich.

7   Schlussbetrachtung

In diesem Kapitel wurden fünf Stoßrichtungen von Internationalisierungsstrategien dargestellt, die jeweils weitere Teilstrategiealternativen beinhalten. In Abbildung 6-54 sind die in diesem Kapitel erläuterten Strategien nochmals übersichtlich zusammengefasst.

Mit dem Verfolgen von Internationalisierungsstrategien kann eine Unternehmung ihre bisherige **Ausrichtung beibehalten**, sie kann sie aber auch **bewusst verändern**. Greifen wir exemplarisch auf einen der Perlmutterschen Archetypen zurück (➜ Abschnitt 3.2.1 in Kapitel 2), so heißt dies konkret: Eine ethnozentrische Unternehmung kann Internationalisierungsstrategien so wählen, dass sie auch weiterhin ethnozentrisch ist, sie kann jedoch auch versuchen, über das Verfolgen bestimmter Internationalisierungsstrategien von einer ethnozentrischen Unternehmung langsam in Richtung einer regiozentrischen Unternehmung zu „mutieren". Ziehen wir zur Verdeutlichung auch noch die Archetypen von Bartlett/Ghoshal heran (➜ Abschnitt 3.2.2 in Kapitel 2), so gilt beispielsweise: Eine multinationale Unternehmung mag durch ihre Internationalisierungsstrategien ihren multinationalen Charakter weiter verstärken, sie mag jedoch – vor allem über das Verfolgen bestimmter Konfigurations- und Koordinationsstrategien – teilweise Züge einer transnationalen Unternehmung annehmen. Überlegungen zur Dynamik von Strategien können Sie im letzten Kapitel des Buches weiter vertiefen, in dem die internationale Unternehmungsentwicklung im Allgemeinen betrachtet wird (➜ Kapitel 7).

Wir wollen allerdings an dieser Stelle betonen, dass Internationalisierungsstrategien in vielen Unternehmungen nicht nur das Resultat von Planung sind, sondern häufig auch emergent entstehen (➜ zur Unterscheidung zwischen geplanten und emergenten Strategien Abschnitt 1.1.2.6 in diesem Kapitel). Doch eine **konzeptionelle Gesamtsicht**, von der die Teilstrategien der Internationalisierung getragen werden, ist in der Praxis zumindest ansatzweise vorhanden. Innerhalb dieser konzeptionellen Gesamtsicht werden dann von einer fokalen Unternehmung idealerweise – über die von uns geschilderten Stoßrichtungen hinaus – auch noch Überlegungen dazu angestellt,

* ob die Unternehmung wachsen, eher konsolidieren oder schrumpfen will und welche Rolle die Internationalisierung dabei spielen soll,
* ob Internationalisierung eher offensiven oder eher defensiven Charakter haben soll,
* ob Internationalisierung eher langsam und inkremental oder eher schubweise und revolutionär erfolgen soll,
* ob und wie sich die einzelnen Geschäftsfelder in ihren Internationalisierungsstrategien unterscheiden,
* ob und wie sich einzelne Funktionalbereiche in ihren Internationalisierungsstrategien unterscheiden und
* wie Internationalisierung in die Gesamtheit der weiteren strategischen Entscheidungen eingebunden ist.

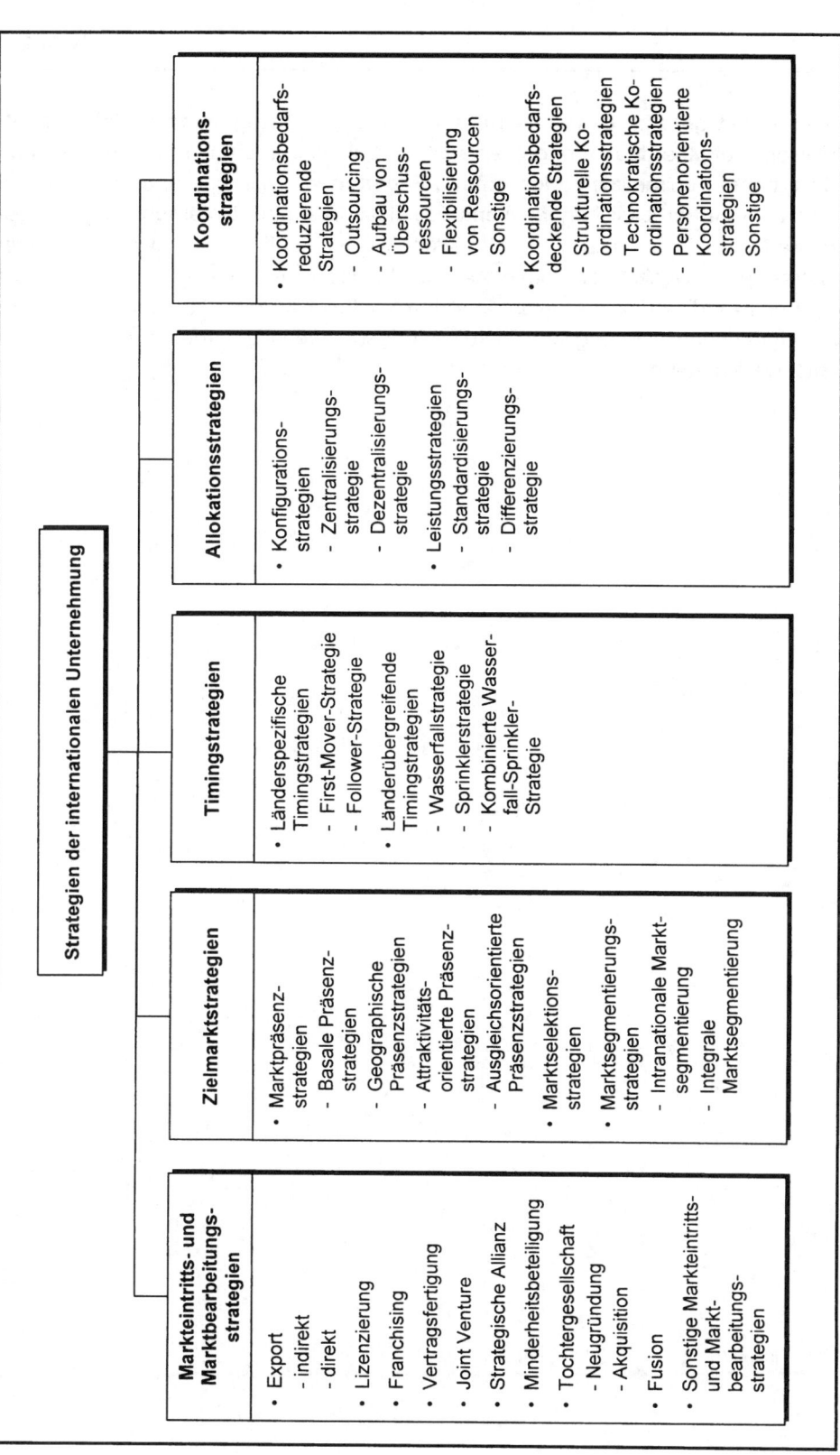

Abb. 6-54: Zusammenfassender Überblick über Stoßrichtungen von Internationalisierungsstrategien und deren Teilstrategien

Dieses Kapitel hat gezeigt, dass **Internationalisierungsstrategien zahlreiche Facetten** aufweisen. Aufgabe des Managements ist es, bei allen Internationalisierungsschritten die **Interdependenzen zwischen diesen Facetten** zu erkennen und bei Entscheidungen adäquat zu berücksichtigen. Wenn beispielsweise eine Unternehmung aggressiv über Markteintritte in vielen Ländermärkten – eventuell unter Anwendung einer Sprinklerstrategie – wächst, so muss sie sich bewusst sein, dass auch ihre Konfigurations- und Koordinationsstrategien deutlich komplexer werden (können). Das Management der Internationalisierung ist also keine Aufgabe, die in Unternehmungen „nebenbei" erledigt werden kann.

Fragen zur Selbstkontrolle

Fragen zur thematischen Einführung und zu Abschnitt 1

1. Welcher Zusammenhang besteht zwischen strategischen Entscheidungen der Internationalisierung und weiteren strategischen Entscheidungen?

2. Geben Sie eine ausführliche Definition, was man unter der Strategie einer Unternehmung verstehen kann.

3. Welchen Zusammenhang sehen Sie zwischen den Zielen und den Strategien einer Unternehmung?

4. Grenzen Sie Erfolgsfaktoren und Erfolgspotentiale voneinander ab.

5. Welche Wettbewerbsvorteile einer internationalen Unternehmung identifiziert Ghoshal?

6. Erläutern Sie die von Mintzberg stammende Unterscheidung zwischen geplanten und emergenten Strategien.

7. Stellen Sie die Industrial-Organization-Ansätze den Ressourcenbasierten Ansätzen gegenüber.

8. Skizzieren Sie, warum Umwelt-Ressourcen-Konstellationen internationaler Unternehmungen von Umwelt-Ressourcen-Konstellationen nationaler Unternehmungen differieren können.

Fragen zu Abschnitt 2

9. Wie unterscheiden sich Markteintrittsstrategien von Marktbearbeitungsstrategien?

10. Wie beurteilen Sie die von Meissner/Gerber vorgenommene Systematisierung von Markteintritts- und Marktbearbeitungsstrategien?

11. Nennen Sie Kriterien, nach denen sich Markteintritts- und Marktbearbeitungsstrategien systematisieren lassen.

12. Stellen Sie die Vorteile und Nachteile des indirekten Exports einander gegenüber.

13. Welche Handelsmittler können beim direkten Export eingeschaltet werden? Erläutern Sie, wie sich die einzelnen Alternativen von Handelsmittlern unterscheiden.

14. In welchen Fällen weist der direkte Export gegenüber dem indirekten Export Vorteile, in welchen Fällen weist er Nachteile auf?

15. Welche Maßnahmen der Exportförderung gibt es?

16. Was versteht man unter Lizenzierung?

17. Erklären Sie, was im grenzüberschreitenden Geschäft lizenziert werden kann.

18. Welche Formen des Lizenzentgelts gibt es in der Praxis?

19. Worin liegen wesentliche Vorteile und Nachteile der Lizenzierung?

20. Warum werden Lizenzen häufig intra-organisational und nicht inter-organisational vergeben?

21. Wodurch unterscheidet sich Franchising von der Lizenzierung?

22. Welche Pflichten haben Franchisegeber und Franchisenehmer?

23. Aus welchen Gründen entscheiden sich Unternehmungen für Franchising als Markteintritts- und Marktbearbeitungsstrategie? Welche Gründe sprechen gegen Franchising?

24. Definieren Sie Vertragsfertigung und differenzieren Sie zwischen unterschiedlichen Varianten der Vertragsfertigung.

25. Aus welchen Motiven kommt es zur Vertragsfertigung?

26. Erläutern sie kurz, welche zentralen Aussagen sich aus theoretischen Ansätzen über Kooperationen ableiten lassen.

27. Was versteht man unter einem Joint Venture? Welche Arten von Joint Ventures gibt es?

28. Worin liegen Vorteile und Nachteile von Joint Ventures?

29. Wann ist die Instabilität von Joint Ventures besonders hoch?

30. Erklären Sie, was man unter einer Strategischen Allianz versteht.

31. Geben Sie einen Überblick über die vier zentralen Motive, die hinter Strategischen Allianzen stehen können und nennen Sie die sich daraus ableitenden Ausprägungsformen von Strategischen Allianzen.

32. Worin sehen Sie die Nachteile einer Strategischen Allianz?

33. Wie unterscheiden sich Minderheitsbeteiligungen von Tochtergesellschaften?

34. Stellen Sie die Vorteile den Nachteilen von Minderheitsbeteiligungen gegenüber.

35. Nach welchen Kriterien kann man Tochtergesellschaften internationaler Unternehmungen einteilen?

36. Welche Vorteile bieten neugegründete gegenüber akquirierten Tochtergesellschaften?

37. Welche Varianten von Akquisitionen sind Ihnen bekannt?

38. Erläutern Sie, was sich während der Akquisitionsphase und während der Integrationsphase abspielt.

39. Welche Alternativen der Akkulturation gibt es?

40. Aus welchen Gründen scheitern Akquisitionen häufig?

41. Warum gibt es im internationalen Kontext weniger Fusionen als Akquisitionen?

42. Welche Vorteile und Nachteile sind mit Fusionen verbunden?

43. Was versteht man unter Managementverträgen?

44. Welche Markteintritts- und Marktbearbeitungsstrategien sind im Investitionsgütergeschäft häufig anzutreffen?

45. Würden Sie das Internet als eigene Markteintritts- und Marktbearbeitungsstrategie auffassen?

46. Wie beurteilen Sie Modelle, welche die Wahl der Markteintritts- und Marktbearbeitungsstrategie an wenigen Variablen festmachen?

47. Geben Sie einen Überblick über die Risiken, die bei grenzüberschreitenden Aktivitäten auftreten können.

48. Was versteht man unter De-Internationalisierung?

Fragen zu Abschnitt 3

49. Nennen Sie die drei Varianten von Zielmarktstrategien, die sich unterscheiden lassen.

50. Geben Sie einen Überblick über Ziele und Arten der Informationsgewinnung über Auslandsmärkte.

51. Welche Quellen kann man bei der Informationsgewinnung über Auslandsmärkte nutzen?

52. Wie kann der Prozess der Informationsgewinnung über Auslandsmärkte in der Praxis ablaufen?

53. Nach welchen Kriterien werden Informationen über Auslandsmärkte beurteilt?

54. Warum müssen Informationen über Auslandsmärkte auch gespeichert werden?

55. Welche Varianten von Marktpräsenzstrategien können differenziert werden?

56. Welchen Unterschied gibt es zwischen der Konzentrationsstrategie und der Diversifikationsstrategie nach Ayal/Zif?

57. Erläutern Sie die Möglichkeiten, die eine Unternehmung im Rahmen der Formulierung von geographischen Marktpräsenzstrategien hat.

58. Was versteht man unter attraktivitätsorientierten Marktpräsenzstrategien?

59. Ist es sinnvoll, Marktpräsenzstrategien auch unter Ausgleichsgesichtspunkten zu formulieren?

60. Woran kann man die Attraktivität von Ländermärkten festmachen?

61. Erläutern Sie, was man unter dem BERI-Index versteht und gehen Sie auf dessen Beitrag zur Abschätzung von Ländermarktrisiken ein.

62. Welche Ländermarkteintrittsbarrieren kann man unterscheiden?

63. Sind Ländermarkteintrittsbarrieren für alle Unternehmungen identisch? Begründen Sie Ihre Antwort.

64. Wodurch unterscheiden sich Checklistenverfahren und Punktbewertungsverfahren der Marktselektion?

65. Was versteht man unter dem Verfahren der aspektweisen Elimination?

66. Skizzieren Sie einige Varianten von Portfolios, die für die Ländermarktselektion hilfreich sein können.

67. Geben Sie einen Überblick darüber, wie ein mehrstufiges Verfahren der Marktselektion aussehen könnte.

68. Warum können für Marktselektionsstrategien keine allgemeingültigen, generischen Strategiealternativen entwickelt werden?

69. Aus welchem Grund müssen Unternehmungen auch internationale Marktsegmentierungsstrategien formulieren?

70. Welche Varianten der Marktsegmentierung sind für internationale Unternehmungen von Relevanz?

71. Erläutern Sie den Zusammenhang zwischen Marktsegmentierungsstrategien und geographischen Marktpräsenzstrategien.

Fragen zu Abschnitt 4

72. Worin liegt der Unterschied zwischen länderspezifischen Timingstrategien und länderübergreifenden Timingstrategien?

73. Welche Vorteile und Nachteile hat eine First-Mover-Strategie?

74. Oftmals wird herausgestellt, dass man „schnell" einen bestimmten Ländermarkt besetzen müsse. Inwiefern können auch Folgerstrategien mit Erfolg verbunden sein?

75. Was versteht man unter einer Wasserfallstrategie, was unter einer Sprinklerstrategie?

76. Zeigen Sie die Vorteile einer Wasserfallstrategie und einer Sprinklerstrategie auf.

Fragen zu Abschnitt 5

77. Was bedeutet Konfiguration im Internationalen Management?

78. Verdeutlichen Sie die Unterschiede zwischen einer Konzentrationsstrategie und einer Streuungsstrategie anhand eines graphischen Beispiels.

79. Welche Vorteile und Nachteile sind mit einer Zentralisierung der Wertschöpfungsaktivität „Forschung und Entwicklung" verbunden?

80. Erläutern Sie Standardisierungs- und Differenzierungsstrategien anhand der Wertschöpfungsaktivität „Marketing".

81. Welcher Zusammenhang besteht zwischen Standardisierung und Zentralisierung?

Fragen zu Abschnitt 6

82. Was versteht man unter Koordination?

83. Welche Arten von Koordination lassen sich differenzieren?

84. Grenzen Sie bitte Koordination von Steuerung, Kontrolle, Regelung und Integration ab.

85. Inwiefern begründen Arbeitsteilung und Spezialisierung Koordination?

86. Welche Interdependenzarten lassen sich unterscheiden?

87. Geben Sie Beispiele für Schnittstellen in internationalen Unternehmungen.

88. Erläutern Sie, inwiefern Outsourcing koordinationsbedarfsreduzierend wirken kann.

89. Geben Sie einen Überblick über mögliche Strategien des Aufbaus von Überschussressourcen.

90. Welche Rolle spielen Arbitrage- und Leveragestrategien im Rahmen der Koordinationsstrategien?

91. Welche Koordinationsmechanismen spielen im Rahmen der strukturellen Koordinationsstrategien eine Rolle?

92. Erläutern Sie bitte, was man unter technokratischen Koordinationsstrategien versteht.

93. Welche Maßnahmen fasst man unter den personenorientierten Koordinationsstrategien zusammen?

94. Was sind Transferpreise? Wie lassen sich Transferpreise ermitteln?

95. Welche Funktionen kommen Transferpreisen zu?

96. Was versteht man unter Selbstorganisation?

97. Zu welchen Ergebnissen kommt Egelhoff bei seiner Untersuchung von Koordinationsstrategien internationaler Unternehmungen?

98. Inwiefern unterscheiden sich der internationale, der multinationale, der globale und der transnationale Unternehmungstyp von Bartlett/Ghoshal im Hinblick auf die gewählten Koordinationsstrategien?

99. Können Sie Tendenzaussagen darüber treffen, ob und wie sich der Einsatz von Koordinationsstrategien im Zeitablauf der letzten Jahrzehnte verändert hat.

Fragen zu Abschnitt 7

100. Geben Sie abschließend einen kurzen Überblick über die den Stoßrichtungen zugrunde liegenden Strategiealternativen.

101. Welche weiteren, über die behandelten Stoßrichtungen der Internationalisierung hinausgehenden Überlegungen sollte eine Unternehmung bei der Formulierung von Internationalisierungsstrategien berücksichtigen?

Fragen und Aufgaben zur Vertiefung

Fragen zur Vertiefung

1. Diskutieren Sie, warum gerade internationale Unternehmungen ein komplexes Zielsystem aufweisen.

2. Worin liegt – im Rahmen der Formulierung und Implementierung von Strategien internationaler Unternehmungen – die Bedeutung der Umwelt und die Bedeutung von Ressourcen, Fähigkeiten und Kompetenzen?

3. Ist die SWOT-Analyse ein Instrument, welches Ihrer Meinung nach für die Strategische Analyse internationaler Unternehmungen als nutzenbringend gelten kann? Gehen Sie bei Ihrer Antwort auch darauf ein, welche Informationsprobleme zu lösen sind, um die SWOT-Analyse durchzuführen.

4. Inwiefern sind die von uns vorgestellten Internationalisierungsstrategien geeignet, Erfolgspotentiale aufzubauen, zu pflegen und zu nutzen?

5. Wenn man Zeitungen und Zeitschriften studiert, so fällt auf, dass dort vor allem Markteintritts- und Marktbearbeitungsstrategien internationaler Unternehmungen angesprochen werden, die anderen Stoßrichtungen der Internationalisierung jedoch nur selten erwähnt werden. Worauf führen Sie dieses Phänomen zurück?

6. Welche Verbindung existiert Ihrer Meinung nach zwischen den vorgestellten geographischen Marktpräsenzstrategien und den Leistungsstrategien der Standardisierung und Differenzierung?

7. Inwiefern erscheint es gerechtfertigt, Koordination innerhalb von internationalen Unternehmungen nicht nur unter organisatorischen, sondern unter strategischen Gesichtspunkten zu thematisieren?

8. In Kapitel 1 dieses Buches haben Sie einen Überblick über die Außenhandels- und Direktinvestitionstätigkeit erhalten (→ Abschnitte 2 und 3 in Kapitel 1). Welchen Zusammenhang sehen Sie zwischen den dort referierten Daten über Außenhandel und Direktinvestitionen und den in diesem Kapitel vorgestellten Internationalisierungsstrategien?

9. In Kapitel 2 haben wir Ihnen zahlreiche Definitionen über internationale Unternehmungen präsentiert (→ Abschnitt 1.4 in Kapitel 2). Bitte studieren Sie nochmals die Definitionen und beurteilen Sie, wie sinnvoll diese vor dem Hintergrund der in diesem Kapitel aufgezeigten Markteintritts- und Marktbearbeitungsstrategien sind.

10. Warum ist das eklektische Paradigma von Dunning (→ Abschnitt 3.3.5 in Kapitel 3) bei der Formulierung von Markteintritts- und Marktbearbeitungsstrategien nur bedingt hilfreich?

11. Welche Zusammenhänge sehen Sie zwischen der Portfoliotheorie der Direktinvestition von Rugman (→ Abschnitt 2.2.4 in Kapitel 3) und den Marktpräsenzstrategien einer internationalen Unternehmung?

12. Kapitel 4 hat Sie mit Organisationsstrukturen internationaler Unternehmungen vertraut gemacht. Welche Organisationsstruktur würden Sie einer Unternehmung empfehlen, die auf möglichst einfache Koordinationsstrategien Wert legt? Lässt sich die Organisationsstruktur einer internationalen Unternehmung (nur) in Abhängigkeit von Koordinationsüberlegungen festlegen?

13. In Kapitel 5 wurden Sie für die Bedeutung von Kultur sensibilisiert. Auf welche der Stoßrichtungen der Internationalisierung hat Landeskultur Ihrer Einschätzung nach besonders großen Einfluss? Begründen Sie Ihre Meinung.

14. Versuchen Sie visuell zu verdeutlichen, welche Zusammenhänge Sie zwischen Struktur, Kultur und Strategie in der internationalen Unternehmung erkennen können.

Aufgaben zur Vertiefung

1. Die einzelnen Stoßrichtungen der Internationalisierungsstrategie verändern die Topographie bzw. die Gestalt der internationalen Unternehmung. Die Topographie bzw. Gestalt einer internationalen Unternehmung lässt sich beispielsweise mit dem von uns in Kapitel 2 vorgestellten Internationalisierungsgebirge darstellen (→ Abschnitt 4 in Kapitel 2). Wählen Sie eine Ihnen bekannte international tätige Unternehmung aus (z.B. aufgrund eines Praktikums, aufgrund Ihrer Berufserfahrung).

    a) Zeichnen Sie zunächst für die von Ihnen gewählte Unternehmung ein Internationalisierungsgebirge auf.

    b) Überlegen Sie anschließend, wie die einzelnen Stoßrichtungen der Internationalisierungsstrategie die Topographie des Internationalisierungsgebirges der gewählten Unternehmung verändern können.

    c) Welche der Strategien lassen sich nur bedingt den einzelnen Dimensionen des Internationalisierungsgebirges zuordnen?

2. Rufen Sie sich bitte die in Kapitel 2 vorgestellten Archetypen der internationalen Unternehmungstätigkeit von Perlmutter (ethnozentrisch, polyzentrisch, regiozentrisch und geozentrisch) und Bartlett/Ghoshal (international, multinational, global, transnational) in Erinnerung (→ Abschnitt 3.2). Diskutieren Sie dann, ob und ggf. inwiefern

a) Markteintritts- und Markbearbeitungsstrategien,

b) Zielmarktstrategien

c) Timingstrategien

d) Allokationsstrategien

e) Koordinationsstrategien

in Abhängigkeit vom jeweiligen Archetyp der Unternehmungstätigkeit unterschiedlich ausgeprägt sind.

3. Suchen Sie sich aus der Tagespresse Artikel, in denen Internationalisierungsschritte von Unternehmungen positiv gewertet werden und Artikel, in denen Internationalisierungsschritte negativ beurteilt werden.

a) Vergleichen Sie die Gründe, die für eine erfolgreiche Internationalisierung genannt werden, mit den Gründen, die im Zusammenhang mit negativer Beurteilung angeführt werden. Können Sie Regelmäßigkeiten feststellen?

b) Welchen Zusammenhang sehen Sie zwischen den genannten Gründen und den Internationalisierungsstrategien von Unternehmungen?

c) Woran würden Sie selbst Erfolg oder Misserfolg der Internationalisierung festmachen? Welchen Beitrag haben Strategien für erfolgreiche Internationalisierung?

4. Wir haben Ihnen in diesem Kapitel zahlreiche Stoßrichtungen der Internationalisierung vorgestellt und dabei ausgeführt, dass diese Stoßrichtungen interdependent sind. Wählen Sie anschließend eine der folgenden Unternehmungen aus

a) *Daimler*,
b) *Sanofi-Aventis* oder
c) *Deutsche Bank*

und sammeln Sie über die Internationalisierungsaktivitäten dieser Unternehmung Informationsmaterial (z.B. Geschäftsberichte, Zeitungsartikel). Versuchen Sie anhand der Informationen herauszuarbeiten, welche Interdependenzen zwischen Markteintritts- und Marktbearbeitungsstrategien, Zielmarktstrategien, Timingstrategien, Allokationsstrategien und Koordinationsstrategien existieren.

5. Im Rahmen unserer Ausführungen zu Markteintritts- und Marktbearbeitungsstrategien haben wir aufgezeigt, dass zahlreiche Faktoren die Wahl der adäquaten Markt-
   eintritts- und Marktbearbeitungsstrategie beeinflussen können (→ Abschnitt 2.11).
   Ebenso wie die Wahl von Markteintritts- und Marktbearbeitungsstrategien ist auch
   die Wahl einer bestimmten Koordinationsstrategie nicht unabhängig von vielen Einflussfaktoren.

   a) Erstellen Sie eine Liste möglicher Einflussfaktoren, die für die Wahl von Koordina-
      tionsstrategien eine wichtige Rolle spielen können. Sie sollten dazu auch die ein-
      schlägige in diesem Kapitel zitierte Literatur heranziehen.

   b) Greifen Sie aus Ihrer selbst erstellten Liste einige Einflussfaktoren heraus und
      überlegen Sie, wie sich diese Einflussfaktoren konkret auf Koordination auswir-
      ken.

   c) Beurteilen Sie abschließend, ob die Wahl der Markteintritts- und Marktbearbei-
      tungsstrategie und die Wahl der Koordinationsstrategie weitgehend von ähnlichen
      oder weitgehend von unterschiedlichen Faktoren beeinflusst werden.

Kapitel 7

Dynamik in der internationalen Unternehmung

Nichts ist dauerhafter als die Veränderung.

Heraklit

Thematische Einführung und Inhaltsüberblick

In den vorangegangenen sechs Kapiteln wurden die Alternativen aufgezeigt, auf die das Management einer international tätigen Unternehmung zurückgreifen kann, wenn es die Internationalität der betreffenden Unternehmung verändern möchte. In einer vergleichsweise statischen Betrachtung wurde der Alternativenfächer des Internationalen Managements – die unterschiedlichen Organisationsstrukturen, Führungsphilosophien und Internationalisierungsstrategien – dargestellt. Nur selten wurde auf die Veränderungsdynamik hingewiesen, die es zu beherrschen gilt, wenn eine Unternehmung von einem Ausgangszustand zu einem neuen Zustand der Internationalität transformiert und sozusagen die **Topographie des Internationalisierungsgebirges** (→ Abschnitt 4 in Kapitel 2) **neu gestaltet** werden soll. Dieses Kapitel konzentriert sich auf das **Management eines solchen Veränderungsprozesses**.

Deskription und Explikation des Internationalisierungsprozesses sind eigentlich seit langem bearbeitete – wenn auch nicht dominante – Forschungsgebiete des Internationalen Managements; die entsprechenden Konzeptionen haben wir im Kapitel „Theorien der internationalen Unternehmung" abgehandelt (→ Abschnitte 2.4, 3.2.1, 3.3.1 und 3.3.6 in Kapitel 3). Die Managementimplikationen einer Prozessbetrachtung, also die **Gestaltungsaspekte** der Internationalisierung, bleiben jedoch in diesen Ansätzen unberücksichtigt.

In den nicht weit vom Internationalen Management entfernten Teildisziplinen der Betriebswirtschaftslehre, wie der Organisationstheorie oder der Unternehmungsführung, werden hingegen recht intensiv Gestaltungsprobleme im Zusammenhang mit dem geplanten Wandel von Organisationen oder die strategische Führung von Prozessen der Unternehmungsentwicklung diskutiert. In diesem Kapitel versuchen wir daher einen „Crossover" zwischen den etablierten Wissensbasen des Internationalen Managements und bewährten Konzepten der Management- sowie der Organisationsliteratur, um dem Gestaltungsaspekt auch im Internationalen Management etwas Nachdruck zu verleihen.

Dieses Kapitel ist dabei die „Momentaufnahme" eines Forschungsprozesses, der uns seit geraumer Zeit beschäftigt und der sich in verschiedenen vorausgegangenen Publikationen zum Management des Internationalisierungsprozesses niedergeschlagen hat (vgl. Kutschker 1993, 1995c, 1996, Bäurle 1996, Hanfeld 1997, Kutsch-ker/Bäurle/Schmid 1997a,b, Renz 1998, Weller 1999, Niederländer 2000, Schmidt-Buchholz 2001, Schmidt-Buchholz/Kutschker/Schmid 2001). Zwangsläufig fällt aufgrund der stiefmütterlichen Behandlung des Prozessaspektes in der Literatur zum Internationalen Management die entsprechende Aufbereitung der bestehenden Literatur etwas dürftiger aus als in den ersten Kapiteln, die den „Mainstream" des Internationalen Managements widerspiegeln. Hingegen steht die Synthese unterschiedlicher Wissensbasen zu einem **begrifflich-theoretischen Bezugsrahmen** des internationalen Prozessmanagements und die Herausarbeitung der vom Management zu beachtenden und beeinflussbaren **Prozessparameter** im Mittelpunkt der folgenden Ausführungen.

Wie ist das siebte Kapitel aufgebaut? Im ersten Teil dieses Kapitels möchten wir Sie in die Grundlagen des Prozessmanagements einführen. Hierzu werden verschiedene Prozessarten sowie eine Prozessmechanik, die das Management von Prozessen unterstützen soll, vorgestellt (Abschnitt 1). Im Rahmen der hier interessierenden Internationalisierungsprozesse unterscheiden wir drei Typen von Prozessen, die jeweils unterschiedliche Managementanforderungen stellen. Zunächst wird die internationale Evolution vorgestellt (Abschnitt 2), an die sich die Diskussion von internationalen Episoden (Abschnitt 3) und internationalen Epochen (Abschnitt 4) anschließt. Eine zusammenfassende Schlussbetrachtung rundet unsere Ausführungen ab (Abschnitt 5). Mit diesem Kapitel wollen wir deutlich machen, dass sich Möglichkeiten und Notwendigkeiten, Analyseinstrumente und Gestaltungsempfehlungen des Managements in Abhängigkeit von der Art des betrachteten Internationalisierungsprozesses unterscheiden. Gleichzeitig möchten wir in diesem Kapitel indirekt einen programmatischen Beitrag dazu leisten, das „Denken in Strukturen" zu transzendieren und ein „Denken in Prozessen" auch im Internationalen Management verstärkt zu berücksichtigen.

1 Grundlagen eines Prozessmanagements

Obwohl immer mehr Forscher – auch im Bereich des Internationalen Managements (vgl. Doz/Prahalad 1991, S. 145, Melin 1992, S. 112-114) – eine **Prozessorientierung** fordern, sind entsprechende Untersuchungen nur spärlich vorhanden. Es dominiert nach wie vor eine statische Betrachtung von Strukturen und Handlungsalternativen. Diese vermag jedoch nicht sämtliche managementrelevanten Aspekte zu erfassen. So ist die herkömmliche statische Betrachtungsweise zum Beispiel nicht geeignet, den gesamten Koordinationsaufwand für Entscheidungs-, Planungs- und Kontrollprozesse abzubilden (vgl. Hanfeld 1997, S. 109).

Prozesse der Internationalisierung können dabei **sehr unterschiedlich** ausfallen. Sie beinhalten unter anderem Verhandlungen mit Importeuren, die Zahlungsabwicklung über ein Akkreditiv, die Verlagerung einer Fertigungslinie, die Reorganisation des Logistikprozesses zwischen einzelnen Tochtergesellschaften, die Führung eines Joint Ventures oder die Übernahme eines lokalen Wettbewerbers.

Die konkrete Ausgestaltung des Verlaufs eines Internationalisierungsprozesses kann jedoch auch bei ähnlichen Ausgangslagen zu sehr unterschiedlichen Ergebnissen führen. So ging etwa der Übernahme von *Rover* bei *BMW* eine erhebliche interne Diskussion voraus, in die das gesamte Top-Management involviert war. Anders verlief die Fusion von *Daimler-Benz* und *Chrysler*, bei der die Entscheidung im kleinsten Kreis vorbereitet und das Top-Management vor mehr oder weniger vollendete Tatsachen gestellt wurde.

Auch lässt sich der Internationalisierungsprozess unterschiedlich schnell durchlaufen. So gelingt es den „**Born Globals**" der Internet- oder der Softwarebranche, innerhalb kurzer Zeit eine lokale Präsenz in einer Vielzahl von Ländermärkten aufzubauen, wofür traditionelle Firmen Jahrzehnte brauchten. Gemessen an der Länderpräsenz erreichten Firmen wie *Amazon* oder *Intershop* in wenigen Jahren einen Internationalisierungsgrad, den Firmen wie *SAP* oder *Oracle* erst nach mehr als zwei Jahrzehnten erlangten.

Diese kurz dargestellten Beispiele werfen bereits verschiedenste Fragestellungen auf: Warum können gleiche Prozesse unterschiedlich schnell ablaufen? Ist dies gleichbedeutend mit höherer Effizienz? Bedeutet Management neben der Auswahl richtiger Alternativen nicht auch den Prozess zu führen, der zu dem neuen Zustand überleitet? Diese und weitere Fragen beschäftigen die prozessorientierte Forschung des Internationalen Managements.

Obwohl wir uns der zunehmenden Forderung nach einer prozessorientierten Betrachtung der Internationalisierung anschließen, möchten wir darauf hinweisen, dass sich viele Problemfelder der Internationalisierung auch aus einer anderen als der prozessorientierten Betrachtungsperspektive angehen lassen. Deshalb möchten wir, bevor wir

vier grundlegende Prozessarten vorstellen, die bereits bestehenden Internationalisie-
rungsansätze nach ihrem Zeitbezug und dem ihnen zugrunde liegenden Organisationsbegriff klassifizieren (Abschnitt 1.1). In Abschnitt 1.2 wird dann die Prozessmechanik,
ein begriffliches Gerüst zum Management von Prozessen, vorgestellt. Aufbauend auf
diesen Vorüberlegungen unterscheiden wir in Abschnitt 1.3 drei „Archetypen" von Internationalisierungsprozessen: die internationale Evolution, internationale Episoden und
internationale Epochen.

1.1 Klassifizierung bestehender Internationalisierungsansätze

Fragen betriebswirtschaftlicher Strukturgestaltung werden primär von der Organisationstheorie beantwortet. Bereits 1970 unterschieden Kirsch und Meffert die vielfältigen
organisationstheoretischen Ansätze nach dem zugrunde liegenden **Organisationsbegriff**. Einige Ansätze verstehen die Unternehmung als Organisation und damit als
System, was griffig mit „**die Unternehmung ist eine Organisation**" umschrieben wird.
Organisationstheorien, die das relativ invariate Beziehungsgefüge aus Aufgaben und
Stellen, d.h. die Struktur einer Unternehmung, beschreiben, operieren hingegen mit dem
Begriffsverständnis „**die Unternehmung hat eine Organisation**" (vgl. Kirsch/Meffert
1970, S. 21; zu anderen Systematisierungen vgl. Burrell/Morgan 1979, S. 22, Astley/Van
de Ven 1983, S. 247). Diese **Unterscheidung in System** und **Struktur** bildet die erste
Dimension unserer Theorienklassifizierung in Abbildung 7-1.

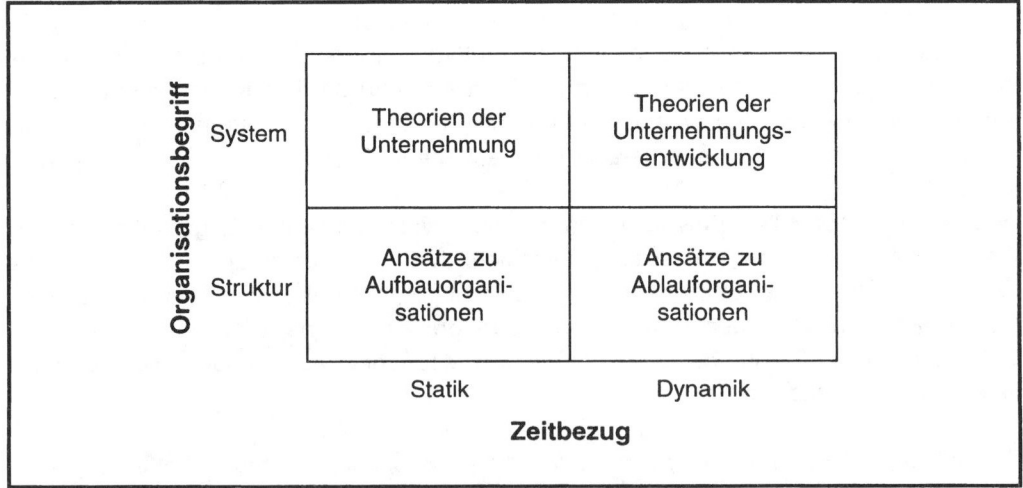

Abb. 7-1: Einordnung organisationstheoretischer sowie internationaler Ansätze nach
den Kriterien Zeitbezug und Organisationsbegriff

Die zweite Dimension in Abbildung 7-1 differenziert zwischen **statischen** und **dynamischen Ansätzen**. Damit lassen sich im Bereich derjenigen Ansätze, die strukturelle Aspekte in den Vordergrund stellen, die Ansätze zu Aufbauorganisationen (Abschnitt 1.1.1) und die Ansätze zu Ablauforganisationen (Abschnitt 1.1.2) unterscheiden. Im Rahmen der die Gesamtunternehmung betonenden Ansätze existieren einerseits die statischen Theorien der Unternehmung (Abschnitt 1.1.3) und andererseits die dynamischen Theorien der Unternehmungsentwicklung (Abschnitt 1.1.4).

1.1.1 Ansätze zu Aufbauorganisationen

Ansätze zu Aufbauorganisationen gehen davon aus, dass die Unternehmungsaufgabe arbeitsteilig erfüllt wird. Organisieren beinhaltet damit **Aufgabenzerlegung** und **Aufgabensynthese** sowie die Festlegung der **Koordinationsmechanismen** zur Abstimmung der verteilten Aufgaben. Beginnend bei den Klassikern der Organisationstheorie wie Taylor (1911) und Fayol (1919) zieht sich bis heute als zentrales Thema die Untersuchung der Beziehungen zwischen Aufgaben und Aufgabenträgern, der Aufbauorganisation und deren Abhängigkeit von Merkmalen der Unternehmung und ihrer Umwelt durch die organisationstheoretische, insbesondere die kontingenztheoretische Forschung (zu Überblicken vgl. Kieser 2006, S. 215-246). Im Mittelpunkt stehen einerseits die Beschreibungen von relevanten Beziehungsmustern und andererseits die Erklärungen, unter welchen Bedingungen diese effizient sind.

Im Internationalen Management beschäftigen sich diese Ansätze mit der Vorteilhaftigkeit sowie der Genese von alternativen Aufbauorganisationen (→ Abschnitt 1 in Kapitel 4), mit der Verteilung von Aufgaben, Kompetenzen und Entscheidungsbefugnissen auf Mutter- und Tochtergesellschaften (→ Abschnitt 5 in Kapitel 2), mit den Koordinationsmechanismen zwischen den Unternehmungsteilen (→ Abschnitt 6 in Kapitel 6) sowie mit der Umwelt-, Strategie- und Strukturentsprechung (vgl. Ghoshal 1987). Wie die Verweise auf die vorangegangenen Kapitel und die dort vorgestellten Forschungsergebnisse zeigen, übt diese Art der organisationstheoretischen Forschung auch einen starken, wenn nicht dominanten Einfluss auf die Forschung im Internationalen Management aus. Dies gilt für die nachfolgenden Ansätze zu Ablauforganisationen keineswegs.

1.1.2 Ansätze zu Ablauforganisationen

Anders als bei den Ansätzen zu Aufbauorganisationen stehen bei den Ansätzen zu Ablauforganisationen schwerpunktmäßig die **Arbeitsprozesse** (vgl. Schweitzer 1974, Sp.1) oder moderner die **Geschäftsprozesse** im Vordergrund. Dabei können vor allem die einzelnen Wertschöpfungsaktivitäten auch als Prozess analysiert werden. Schwerpunkte früherer ablauforganisatorischer Forschung waren vorwiegend produktionswirtschaftliche und logistische, sehr viel seltener administrative Prozesse. Unter dem Einfluss der Methoden der **Geschäftsprozessreorganisation** und der Gestaltung von Systemarchitekturen für Informationsprozesse werden jedoch zunehmend auch administrative Prozesse modelliert (vgl. zu Überblicken Davenport 1993, Scheer 1993, Aichele 1997). Mit wachsender Bedeutung flexibler Organisationsformen gewinnt die ablauforganisatorische Gestaltung von Geschäftsprozessen Vorrang vor aufbauorganisatorischen Fragestellungen und drängt diese teilweise ganz in den Hintergrund (vgl. z.B. Hammer/Champy 1993).

Die Ansätze zu Ablauforganisationen hatten bislang auf die im Internationalen Management behandelten Fragestellungen fast keinen Einfluss. Beispielsweise ist die grenzüberschreitende Prozessoptimierung ein eher selten bearbeitetes Thema, obwohl immer wieder auf Interdependenzen zwischen Mutter- und Tochtergesellschaften bei der Aufgabenerfüllung hingewiesen wird. Im Internationalen Management wird das grenzüberschreitende Management operativer Geschäftsprozesse – wie zum Beispiel verbundener Fertigungsprozesse oder administrativer Entscheidungs- und Planungsprozesse – nur selten thematisiert (vgl. zu grenzüberschreitenden Prozessen Kutschker 1995c, Weller 1999). Dabei müssten gerade grenzüberschreitende Prozesse intensiv geführt werden, da unterschiedliche Informationstechnologien sowie sprachliche und kulturelle Barrieren den reibungslosen Ablauf dieser Prozesse stark behindern können.

1.1.3   Theorien der Unternehmung

Die Theorien der Unternehmung verwenden einen Organisationsbegriff, der die **Organisation als ganzheitliches System** auffasst und der, wie im Falle der Institutionenökonomie, auch alle nicht-marktlichen Mehr-Personen-Zusammenschlüsse, die auf einem formalen und informellen Regelsystem basieren, als Organisationen versteht (vgl. Kräkel 1999, S. 5). Ein solcher Organisationsbegriff erfasst somit Nationalstaaten und Kirchen ebenso wie die hier interessierenden internationalen Unternehmungen. Entsprechend vielfältig sind die theoretischen Perspektiven, aus der die Wirkungsweise von Organisationen, die Gründe ihrer Existenz und das Zusammenwirken mit ihrer Umwelt betrachtet werden. Zur Erklärung der Existenz von Unternehmungen lassen sich dabei vor allem verschiedene **mikroökonomische Theorien** sowie **verhaltenswissenschaftliche Ansätze** heranziehen.

Zu Ersteren zählen zum Beispiel die neoinstitutionalistischen Ansätze. So untersucht die Transaktionskostentheorie etwa, unter welchen Umständen Transaktionen unternehmungsintern („Hierarchie") günstiger als über den Markt abgewickelt bzw. koordiniert werden können. Das Entstehen von Organisationen wird also auf Transaktionskostenvorteile gegenüber der Marktlösung zurückgeführt (vgl. Coase 1937, Williamson 1975, 1990). Die Property-Rights-Theorien leiten die Entstehung von Organisationen hingegen aus der Zuweisung spezialisierter Entscheidungs- und Überwachungsrechte ab (vgl. Demsetz 1967, Alchian/Demsetz 1973).

Verhaltenswissenschaftliche Theorien der Organisation (vgl. Barnard 1938, March/Simon 1958, Cyert/March 1963) verstehen Organisationen als Systeme von Handlungen, in welchen interne und externe Organisationsteilnehmer kooperieren und koalieren. Die Ursprünge der verhaltenswissenschaftlichen Betrachtung von Organisationen sind heute vielfältig ausdifferenziert, so dass hier auf die systematisierende Spezialliteratur verwiesen werden kann (vgl. Staehle 1973, Schreyögg 2003).

Die theoretische Basis des Internationalen Managements profitierte wesentlich von den Theorien der Unternehmung. Die Institutionenökonomie erklärt zum Beispiel in Form der Internalisierungstheorie (→ Abschnitt 3.3.4 in Kapitel 3) Direktinvestitionen und spielt auch eine bedeutsame Rolle in Dunnings eklektischer Theorie (→ Abschnitt 3.3.5 in Kapitel 3). Ein verhaltenswissenschaftlicher Grundtenor ist vor allem in den Arbeiten Aharonis (→ Abschnitt 3.2.1 in Kapitel 3) sowie in der Forschung der Uppsala-Schule (→ Abschnitt 3.3.6 in Kapitel 3) vorherrschend, wobei letztere bereits explizit dynamische Züge trägt, welche die Perspektive der Theorien der Unternehmungsentwicklung kennzeichnen.

1.1.4   Theorien der Unternehmungsentwicklung

Theorien der Unternehmungsentwicklung beschreiben und erklären den **Wandel von Systemen**. In ihrer normativen Ausprägung geben diese Theorien Hinweise, wie dieser Wandel geplant und gestaltet werden kann. Auch diese Theorien übten einen Einfluss auf die Diskussion im Internationalen Management aus, so dass wir sie einer gesonderten Betrachtung unterziehen wollen. Dazu weiten wir die Perspektive und greifen auf eine Untersuchung von Van de Ven und Poole zurück (vgl. Van de Ven/Poole 1995, ähnlich Van de Ven 1992, Perich 1993, S. 206-217).

Das Prozessdenken, die Gegensätzlichkeit von Statik und Dynamik, von Sein und Werden beschäftigt seit der Antike die unterschiedlichsten Wissenschaftsdisziplinen. Van de Ven und Poole werteten in Literaturdatenbanken der Biologie, Meteorologie, Geographie, Medizin, Psychologie, Soziologie sowie Erziehungs- und Wirtschaftswissenschaften ca. 200.000 Titel unter dem Gesichtspunkt aus, Modelle und Theorien von Entwicklungs- und Wandelprozessen von Systemen zu finden und analog auf Fragen der Unternehmungsentwicklung zu übertragen. Sie zeigen **vier grundlegende Typen von Prozesstheorien** auf, die auch in den dynamischen Ansätzen des Internationalen Managements zu erkennen sind. Im Folgenden sollen die jeweiligen Grundmuster der Prozesstypen herausgearbeitet und die zentralen Ansätze des Internationalen Managements diesen vier Prozesstypen zugeordnet werden.

1.1.4.1 Lebenszyklustheorien

Dem Idealtypus eines Lebenszyklusmodells entspricht die Vorstellung, dass die Ver-
laufsform des **Entwicklungsprozesses** von Systemen **systemimmanent**, d.h. in den
„Genen" des Systems eingebettet ist. Dem Analogieschluss zum biologischen Ur-
sprungsmodell entspricht die Annahme, dass mit der Entstehung auch schon das
Wachstum, die Reife und der Niedergang des Systems (Phasen „Start-up", „Grow",
„Harvest", „Terminate" in Abbildung 7-2) – hier der Unternehmung – vorprogrammiert
sind. Es ist typisch für Lebenszyklusmodelle, dass die späteren Phasen die früheren
voraussetzen und beinhalten (vgl. Van de Ven 1992, S. 177-178, Van de Ven/Poole
1995, S. 513-515). Abbildung 7-2 veranschaulicht das Lebenszyklusmodell.

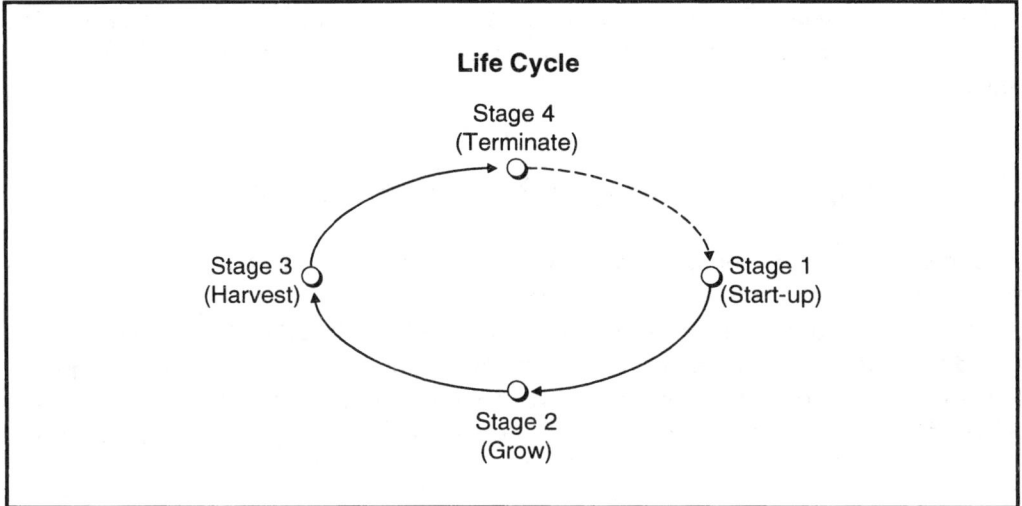

Abb. 7-2:   Die Lebenszyklustheorien
Quelle: Van de Ven/Poole (1995), S. 520.

Dieses in den Sozialwissenschaften häufig benutzte Modell einer kumulativen Entwicklung übertrug Vernon in seinem Produkt(lebens)zyklusmodell auf die internationale Unternehmungstätigkeit (vgl. Vernon 1966, → ausführlich Abschnitt 3.3.1 in Kapitel 3).

Der Erklärungswert des Analogieschlusses von biologischen zu sozialen Systemen ist
jedoch eingeschränkt. Für die Erklärung unternehmerischer Entwicklungsprozesse wäre
es notwendig, dass die in biologischen Systemen nachweisbaren Wachstums- und Alte-
rungsgene in analoger Weise auch in sozialen Systemen existieren. Diese **Annahme** ist
aber äußerst **problematisch und empirisch nicht belegt**. Mangels theoretischer
Begründung können Lebenszyklustheorien auch nicht prognostizieren, wie und wann
der Internationalisierungsprozess nach einer ersten internationalen Entwicklungsphase

in eine Reifephase oder gar einen Internationalisierungsabschwung wechseln wird. Beispielsweise dürfte es nach Vernons Theorie keine Rückübertragungen von Direktinvestitionen geben, obwohl diese empirisch zu beobachten sind. Wir haben es bei der Internationalisierung mit einem im Prinzip offenen Entwicklungsprozess ohne definierten Endzustand zu tun, für den es anderer Erklärungsmuster bedarf. Wenn auch nicht für den Internationalisierungsprozess einer Unternehmung an sich, so hat die Lebenszyklustheorie jedoch für einzelne Teilprozesse der Internationalisierung zumindest gewisse Erklärungskraft. Bei einzelnen Teilprozessen, wie beispielsweise Akquisitionen, ist oftmals mit deren Initiierung bereits ein Phasenverlauf und ein Ende des Prozesses vorbestimmt. So sollte – so zumindest der Wunsch des Top-Managements – die Akquisition und Integration von *Chrysler* durch *Daimler-Benz* innerhalb von zwei Jahren abgeschlossen sein.

1.1.4.2 Evolutionäre Prozesstheorien

Von einem eher offenen Entwicklungsprozess gehen die Evolutionsmodelle aus, die Entwicklung als biologischen Ausleseprozess umweltangepasster Spezies erklären. In der Organisationstheorie betrachten die Theorien der Populationsökologie („population ecology") den evolutionären Wandel von Organisationen als eine kontinuierliche Veränderung von Systemen als Folge von **Variation, Selektion** und **Retention** (vgl. Hannan/ Freeman 1977, Nelson/Winter 1982, Dosi/Nelson 1994, zu einem Überblick vgl. Kieser/ Woywode 2006, S. 309-349 sowie die Systematik von Strasser 1991, S. 281). Die Variation des Systems, d.h. die Entstehung neuer Formen, geschieht rein zufällig. Das Neue wird selektiert, wenn es sich gegenüber den bestehenden Formen als überlegen erweist. Retention verweist auf die Beharrungskräfte, die bestehende Formen unterstützen. Insofern gehen evolutionäre Prozesstheorien von einem **kontinuierlichen Wandel** des Systems aus, der auf kleineren oder größeren Variationen beruhen kann. Dieser führt zu einem besseren „Fit" des Systems mit seiner Umwelt (vgl. Van de Ven 1992, S. 179-181, Van de Ven/Poole 1995, S. 517-519). Abbildung 7-3 veranschaulicht die Zusammenhänge, die von evolutionären Prozesstheorien gesehen werden.

Im Internationalen Management können am ehesten die Arbeiten von Johanson/Vahlne (1977, 1990) und der von diesen begründeten Uppsala-Schule einem evolutionären Modell zugerechnet werden, auch wenn sie sich selbst nicht auf einen populationsökologischen, sondern einen verhaltenswissenschaftlichen Ansatz beziehen. Aufbauend auf einer Untersuchung eines kleinen Samples schwedischer Firmen entwerfen Johanson/Vahlne ein dynamisches Modell der Internationalisierung (→ Abschnitt 3.3.6 in Kapitel 3). Dabei greifen sie jedoch nicht auf die Unterscheidung zwischen Variation, Selektion und Retention zurück. Vielmehr betonen sie, dass sich der Internationalisierungsprozess in kleinen, inkrementalen Schritten vollzieht, die auf eine Akkumulation von Wissen zurückzuführen sind. Erklärt wird Internationalisierung aus der individuellen und organisationalen Erfahrungsbasis, deren Entwicklung Zeit und Kontinuität benötigt.

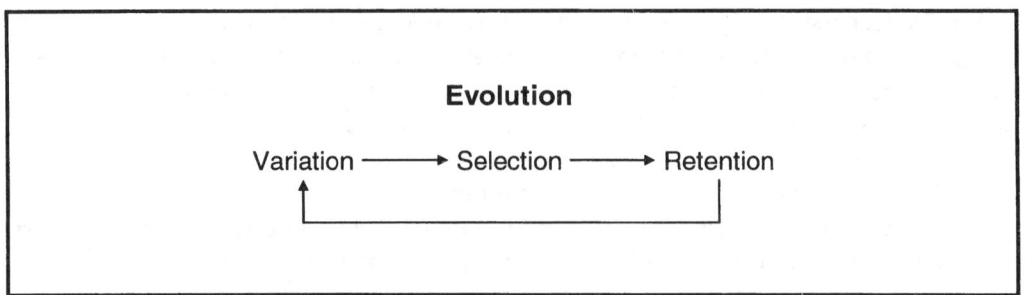

Abb. 7-3:   Die evolutionären Prozesstheorien
Quelle: Van de Ven/Poole (1995), S. 520.

Empirische Ergebnisse zeigen allerdings neben den inkrementalen Internationalisierungsprozessen auch solche, die abrupte Internationalisierungsschritte aufweisen (vgl. Pedersen/Shaver 2000). Im Gegensatz zu Van de Ven/Poole, welche die Zufälligkeit der Variationen und damit gerade deren Nicht-Führbarkeit betonen, sehen wir auch für die evolutionären Internationalisierungsprozesse aktive **Gestaltungsmöglichkeiten**. Zur Gestaltung des Internationalisierungsprozesses gibt es in diesem Zusammenhang Ansätze, die unter den Begriffen der **„geplanten Evolution"** (vgl. Kirsch 1998a, S. 435-439) und der „guided evolution" (vgl. Lovas/Ghoshal 2000) eine Führbarkeit der Unternehmungsentwicklung unterstellen und die für ein Management von Internationalisierungsprozessen genutzt werden können (→ Abschnitt 2.2 in diesem Kapitel).

1.1.4.3   Dialektische Prozesstheorien

Dialektische Prozesstheorien betrachten soziale Systeme als pluralistisch. **Konfliktäre Ziele und Werte** innerhalb und außerhalb des Systems streben nach Dominanz und erzeugen **Spannungen und Krisen**. Wandel entsteht, wenn konfliktäre Ziele und Werte („Antithesis") nicht mehr mit dem Status Quo („Thesis") im Gleichgewicht sind. Der Wandlungsprozess („Conflict") kann zum alten oder zu einem neuen Gleichgewicht („Synthesis") führen, in dem erneut Spannungs- und Krisensituationen zu erwarten sind. Dieser idealtypische Prozess ist in Abbildung 7-4 dargestellt. Solche Phasen der Systementwicklung können ferner auch zu Oszillationen um das ursprüngliche Gleichgewicht führen oder im Chaos enden (vgl. Van de Ven 1992, S. 178-179, Van de Ven/ Poole 1995, S. 517-519).

In der Organisationstheorie können beispielsweise das **Krisenmodell** Greiners (1972) und die **„punctuated equilibrium"-Theorie** von Miller und Friesen (1982) den dialektischen Prozesstheorien zugerechnet werden. In diesen Arbeiten wird argumentiert, dass „revolutionärer" Wandel Phasen der Ruhe ablöst und gleichzeitig die gesamte Konstellation der organisationalen Umwelt-, Strategie- und Strukturvariablen verändert. Der abrupte Wandel entsteht aus den unterlassenen Anpassungen, die zu einem kontinuierlichen Spannungsanstieg in der Organisation führen. Nicht-Anpassung der Organisation ist dem Wandel vorzuziehen, solange die Kosten der Nicht-Anpassung niedriger als die Kosten des Wandels sind. Es entsteht ein Anpassungsstau, der abrupt aufzulösen ist, wenn die Kosten der Nicht-Anpassung die des Wandels überschreiten. Dann sollte die Anpassung schnell, grundsätzlich und umfassend sein und zu einer **neuen „Gestalt"** der Organisation führen.

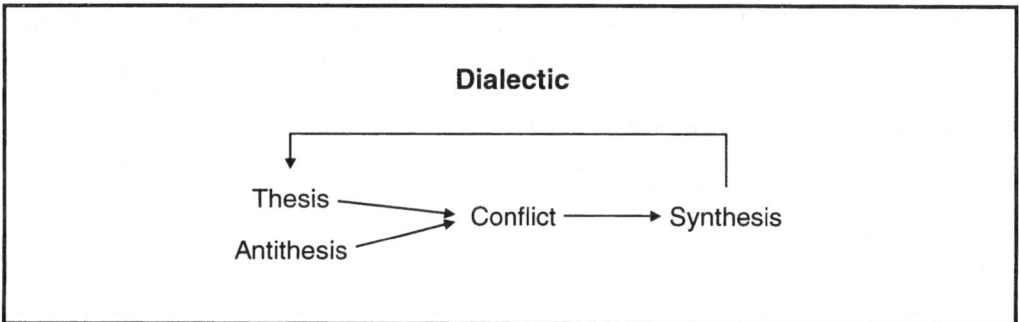

Abb. 7-4: Die dialektischen Prozesstheorien
Quelle: Van de Ven/Poole (1995), S. 520.

Macharzina und Engelhard übertragen die Theorie von Miller/Friesen als „**Gestalt Approach of International Business Strategy (GAINS)**" auf die Internationalisierung von Unternehmungen. Die Autoren identifizieren drei Gestalten von Unternehmungen, den „non-exporter", den „re-active exporter" und den „active exporter", die letztlich ganz bestimmte Ausprägungen und Konstellationen von Umwelt-, Strategie- und Strukturvariablen repräsentieren (vgl. Macharzina/Engelhard 1991, S. 37, → Abschnitt 3.3.6 in Kapitel 3).

Der empirische Wahrheitsgehalt der Gestaltwechsel scheint hoch, wenn man berücksichtigt, dass zum Beispiel viele große Übernahmen sowohl für die übernommene als auch für die übernehmende Unternehmung einen deutlichen Internationalisierungssprung bedeuten (vgl. Romanelli/Tushman 1994, Tushman/O'Reilly 1996, Pedersen/Shaver 2000). Die Einigkeit hinsichtlich der empirischen Beobachtung heißt jedoch nicht notwendigerweise, die theoretische Begründung der Gestaltwechsel zu akzeptieren. Der Verweis auf Fusionen und Übernahmen als Auslöser von Gestaltwechseln lässt auch andere Gründe als Spannungen und Ungleichgewichte, beispielsweise unternehmerische Zielsetzungen, plausibel erscheinen. Letztere stehen im Mittelpunkt eines Prozessverständnisses, das die Zielgerichtetheit von Prozessen betont.

1.1.4.4   Teleologische Prozesstheorien

Teleologische Prozesstheorien gehen davon aus, dass **soziale Systeme zielsuchend und zielverfolgend** agieren. Es wird angenommen, dass Unternehmungen bewusst einen Zielfindungsprozess durchlaufen („Search" und „Interact"), an dessen Ende ein Ziel formuliert („Set/Envision Goals") und implementiert („Implement Goals") wird. Auf Umweltveränderungen wird adaptiv durch einen Wechsel der Strategien reagiert, ohne das gewählte Ziel aus den Augen zu verlieren. Beherrschend ist die Vorstellung eines mehr oder minder klar umrissenen Zieles als Endzustand, dem sich die Unternehmung auf unterschiedlichen, alternativen Pfaden nähern kann. Manager wählen die Strategien aus und variieren diese im Lichte der angestrebten Ziele sowie in Abhängigkeit von neu auftretenden Störungen aus der Umwelt der Unternehmung (vgl. Van de Ven 1992, S. 178, Van de Ven/Poole 1995, S. 515-517). Sobald die Unternehmung das angestrebte Ziel erreicht, verharrt sie nicht in diesem Endzustand, sondern es kommt zu einer neuen Zielsetzung. Den Grundgedanken der teleologischen Prozesstheorien veranschaulicht Abbildung 7-5.

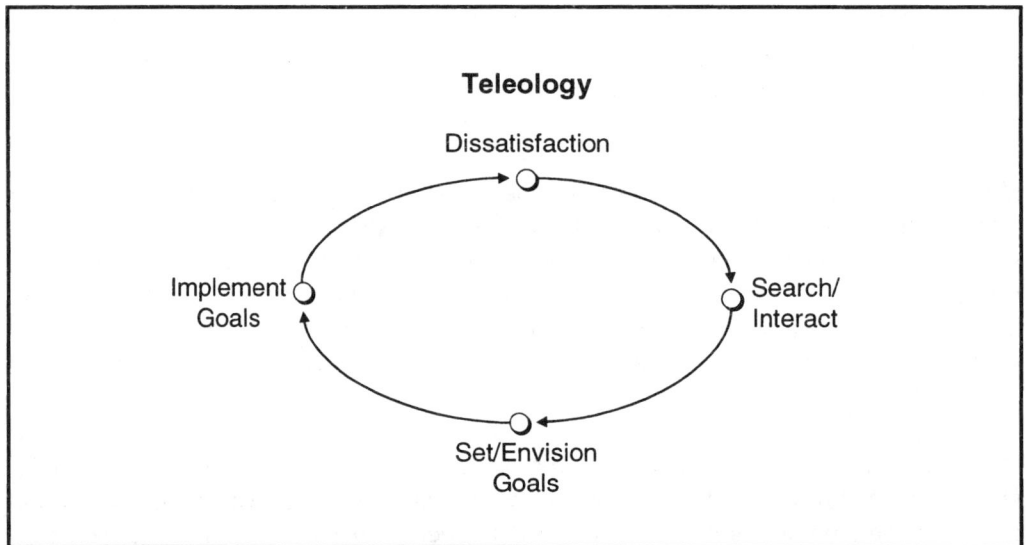

Abb. 7-5:   Die teleologischen Prozesstheorien
Quelle: Van de Ven/Poole (1995), S. 520.

Teleologische Ansätze – insbesondere der Organisationstheorie – bauen auf **gesetzten Zielen** auf. Gerade in der Unternehmungspraxis wird angenommen, dass mehr Internationalität dem Unternehmungserfolg dienlich ist. Doch wie Untersuchungen über das Verhältnis von Internationalität und Unternehmungserfolg zeigen, ist keinesfalls von einer eindeutigen Unterstützung des Erfolgsziels durch mehr Internationalität auszugehen (vgl. Glaum 1996). Insofern ist die Entstehung und Veränderung von Unternehmungs- und Internationalisierungszielen sowie ihre Zweck-Mittel-Relation verstärkt wissenschaftlich zu untersuchen.

In der Literatur zum Internationalen Management werden die angestrebten Ziele durch unterschiedliche Stadien der Internationalität von Unternehmungen repräsentiert, die über verschiedene, zum Teil alternative Internationalisierungsstrategien erreicht werden können. Die Vorschläge für Internationalisierungsstrategien sind – wie Kapitel 6 verdeutlicht – überaus reichhaltig, entspringen bislang aber nur ganz selten einem dynamischen Prozessdenken. Eine Ausnahme stellen hierbei die Timingstrategien des Markteintritts dar (→ Abschnitt 4 in Kapitel 6).

Die Theorien der Unternehmungsentwicklung, die wir in diesem Abschnitt einer Untersuchung unterzogen haben, zeigen, dass der Wandel von Organisationen und die Dynamik der Internationalisierung in der Wissenschaft durchaus bearbeitet werden und sich eines zunehmenden Interesses erfreuen. Im Vergleich zu den statischen Theorien des Internationalen Managements fristen sie jedoch ein noch im Anfangsstadium stehendes Dasein, das aber schon durch eine gewisse Konkurrenz unterschiedlicher Konzeptionen gekennzeichnet ist.

Nach der Prozessbetrachtung derjenigen Ansätze der Internationalisierung, die den Internationalisierungsprozess der **gesamten Unternehmung** bzw. des Systems Unternehmung beschreiben, wenden wir uns nun im folgenden Abschnitt denjenigen Ansätzen zu, die **Teilprozesse** der Internationalisierung betrachten. Letztere veranlassen uns, unter Zuhilfenahme organisationstheoretischer Erkenntnisse eine „Prozessmechanik" zu entwickeln. Insbesondere die Ansätze zu Ablauforganisationen können uns in diesem Zusammenhang bei der Entwicklung eines Sprachspiels zur Beschreibung von Prozessen helfen.

1.2   Die Prozessmechanik

Mit den folgenden Überlegungen wollen wir ein begriffliches Grundgerüst schaffen, um Prozesse zu beschreiben und zu gestalten. Zur Formulierung dieser Terminologie greifen wir auf Arbeiten zurück, die sich mit der Prozessforschung im Allgemeinen beschäftigen (vgl. Pettigrew/Ferlie/McKee 1992, Dawson 1997, Hinings 1997) und die das Management von Zeit in Organisationen (vgl. Perich 1993, Harvey/Griffith/Novicevic 2000), das Management von Prozessen (vgl. Melin 1992, Mintzberg/Westley 1992, Van de Ven 1992) und die (Re-)Organisation von Prozessen thematisieren (vgl. Gaitanides 1983, Hammer/Champy 1993).

Zunächst ist der im Fokus einer Untersuchung stehende **Kernprozess** abzugrenzen, der sich durch die Prozessstruktur, die Allokation von Zeit und die Prozesslogik beschreiben lässt (Abschnitt 1.2.1). Anders als in Abschnitt 3.2.2 in Kapitel 4 reduziert sich der Kernprozess nicht nur auf strategisch bedeutsame Prozesse, sondern bildet den jeweils aktuell im Mittelpunkt der Analyse stehenden Prozess ab. Die Gestaltung des Kernprozesses, d.h. das Prozessmanagement, wird durch sein **Prozessumfeld** beeinflusst, das aus gleichzeitig ablaufenden Prozessen, Netzwerken und Ressourcen besteht (Abschnitt 1.2.2). Das Prozessmanagement wird ferner durch den **Prozessinhalt** in Form der Prozessebene und der Prozessreichweite, durch die zur Verfügung stehenden Handlungsalternativen und durch die Veränderungsintensität des Prozesses bestimmt (Abschnitt 1.2.3). Abbildung 7-6 verdeutlicht die Zusammenhänge.

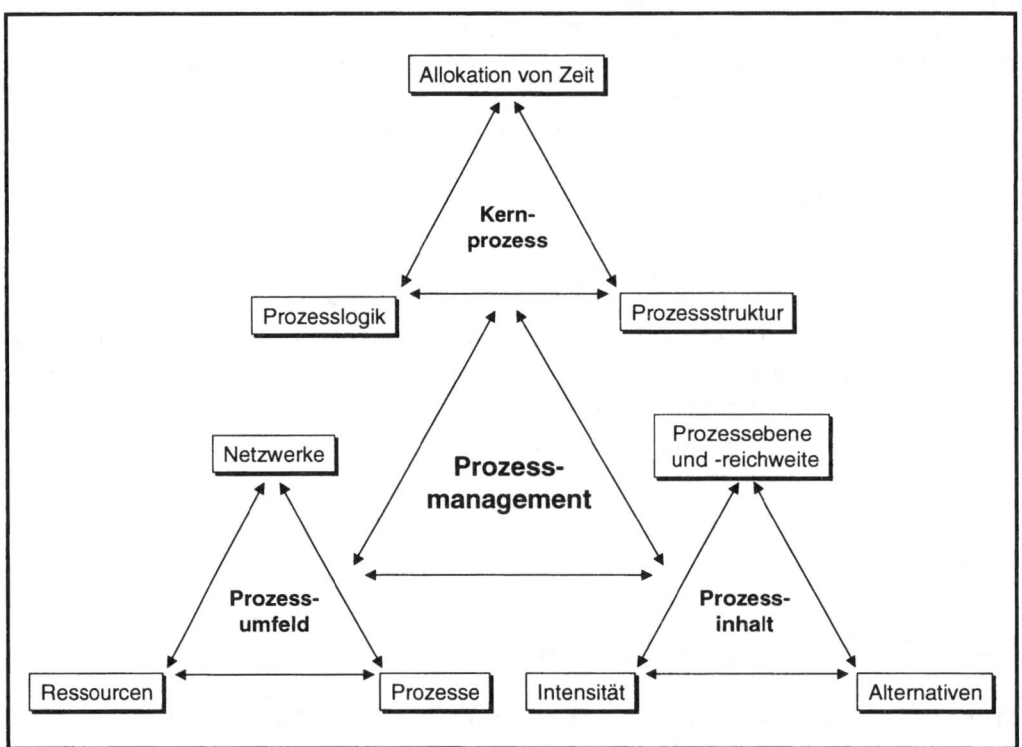

Abb. 7-6:   Die Prozessmechanik

Die Problematik eines Prozessmanagements liegt in der **wechselseitigen Beeinflussung** von **Kernprozess, Prozessumfeld und Prozessinhalt**. Das klassisch-lineare Denken in Ursache und Wirkung muss somit einer weitgehend zirkulären Argumentation weichen, die diese Interdependenzen bei der Gestaltung berücksichtigt.

1.2.1   Der Kernprozess

Als Kernprozess wollen wir den im Fokus eines Prozessmanagements stehenden Prozess bezeichnen. Prozesse können als eine **Folge zusammenhängender Aktivitäten oder Ereignisse** interpretiert werden, in denen die **Transformation von Inputs in Outputs** vorgenommen wird (→ Abschnitt 3.2.1 in Kapitel 4). Inputs können dabei sowohl materiell als auch immateriell sein; d.h. sie schließen beispielsweise auch Informationen ein. Der Kernprozess lässt sich über die Prozessstruktur (Abschnitt 1.2.1.1), die Allokation von Zeit (Abschnitt 1.2.1.2) und die Prozesslogik (Abschnitt 1.2.1.3) abbilden.

1.2.1.1   Die Prozessstruktur

Die Prozessstruktur zielt auf die **Ordnung von Aktivitäten und Ereignissen** hinsichtlich ihrer zeitlichen Folge ab. Als mögliche Ausprägungen können dabei einfache Reihungen, Überlappungen und parallele bzw. simultan ablaufende Aktivitäten und Ereignisse unterschieden werden (vgl. ähnlich dazu Perich 1993, S. 264). Abbildung 7-7 gibt die alternativen Ausprägungen wieder, die übrigens auch in zahlreichen Varianten miteinander kombinierbar sind.

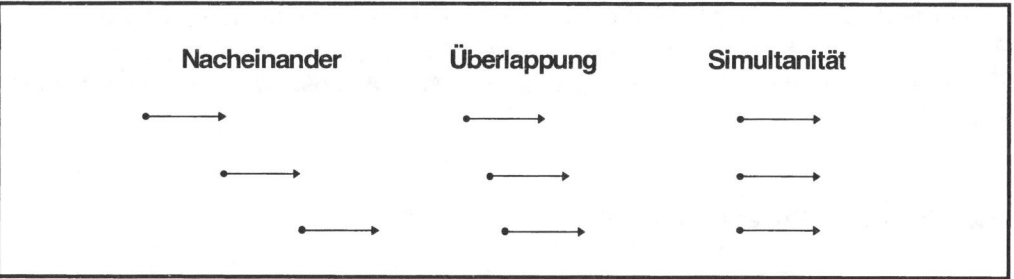

Abb. 7-7:   Alternative Ausprägungen der Prozessstruktur

Hinweise auf die vielfältigen Gestaltungsmöglichkeiten von Prozessen finden sich schon in der klassischen deutschsprachigen Organisationslehre (vgl. die Klassiker Nordsieck 1934, S. 119-166, Hennig 1971, S. 79-110, Kosiol 1962, Grochla 1982), in Beiträgen der Unternehmungsentwicklung (vgl. Schanz 1994, S. 396-436, Stetter 1994) sowie in jenen Arbeiten, die sich mit Veränderungsprozessen von sozialen Systemen befassen (vgl. z.B. Burrell/Morgan 1979, Kirsch 1996).

1.2.1.2   Die Allokation von Zeit

Die einzelnen Prozessschritte verbrauchen die **knappe Ressource Zeit**. Folglich ist es Aufgabe des Managements, Entscheidungen hinsichtlich der **Dauer** der Aktivitäten bzw. Ereignisse (Abschnitt 1.2.1.2.1), des **Prozessmusters** (Abschnitt 1.2.1.2.2) und der **Synchronisation** mit anderen Prozessen (Abschnitt 1.2.1.2.3) zu treffen. Zu berücksichtigen ist ebenso die **soziale Zeit** (Abschnitt 1.2.1.2.4).

1.2.1.2.1 Die Dauer und das Zeitbudget von Prozessen

Die **Dauer** als zeitliches Längenmaß gibt an, wie viel Zeit für die Ausführung einer Aktivität bzw. eines Ereignisses tatsächlich benötigt wird. Dieser tatsächlich benötigten Zeit steht das Zeitbudget gegenüber, das diesem Prozess zugewiesen wird. Das Zeitbudget stellt die Zeitmenge dar, die ein Prozess verbrauchen darf. Die Notwendigkeit der **Zuweisung von Zeitbudgets** auf die einzelnen Prozesse ergibt sich aus der Tatsache, dass die gesamte der Unternehmung zur Verfügung stehende Zeit in der Regel begrenzt ist. Aufgrund dieser begrenzten „Gesamtzeit" müssen den einzelnen Prozessen unter ökonomischen Gesichtspunkten Zeitbudgets zugeteilt werden.

Zentrale Aufgabe des Prozessmanagements ist es hierbei, das „richtige" Zeitbudget für den einzelnen Prozess festzulegen. Das Zeitbudget kann dabei grundsätzlich entweder ausgeweitet oder verengt werden. Daneben ist eine Veränderung der (Gesamt-) Prozessdauer durch eine Variation der Prozessstruktur (also durch Überlappungen und Parallelisierungen von Teilprozessen) bzw. der Durchlaufgeschwindigkeit denkbar (vgl. Perich 1993, S. 265-268).

1.2.1.2.2 Das Prozessmuster

Das Prozessmuster beschreibt eine bestimmte Ordnung von Prozessabläufen. Das Prozessmuster wird dabei bestimmt durch die Elemente **Takt** bzw. **Frequenz, Periodizität** und **Rhythmus**. Takt und Frequenz definieren die Regelmäßigkeit der Wiederholung. Der Takt steht dabei für die Zeit bis zur nächsten Wiederholung, während die Frequenz die Häufigkeit der Wiederholung in einer Zeiteinheit misst. Das Prozessmuster kann exogen oder endogen determiniert sein. Im Falle eines exogen beeinflussten Prozessmusters (z.B. im Falle vorgegebener Rechnungslegungszyklen) spricht man von Periodizität, bei endogen entstandenem Prozessmuster (z.B. im Falle des unternehmungsinternen Produktentwicklungszyklus) von Rhythmus, welcher dem Prozess quasi innewohnt. Periodizität und Rhythmus können in unterschiedlichem Maße aufeinander abgestimmt sein, womit die Frage der Synchronisation von Prozessen angesprochen ist (vgl. Perich 1993, S. 268-272).

1.2.1.2.3 Die Synchronisation von Prozessen

Teilprozesse müssen mit anderen Teil- und Kernprozessen, Aktivitäten und Ereignissen in ihrem Umfeld zeitlich aufeinander abgestimmt werden, wobei die **Referenzobjekte der Synchronisation** sowohl **innerhalb** als auch **außerhalb der Unternehmung** verortet werden können. **Beschleunigen, Verzögern** oder **Mitschwimmen** sind nach Perich die Gestaltungsparameter für das Management, wobei die eigentlichen Stellhebel in der Prozessstrukturierung, der Allokation von Zeit und in der Gestaltung des Prozessmusters zu sehen sind. Synchronisation reicht vom präzisen, „metronomischen" Maschinentakt eines Montagebandes mit den logistischen Prozessen der einspeisenden Zulieferer bis zu der vagen Vorstellung, dass zwei Joint-Venture-Partner ihre Vorbereitungsaktivitäten synchron durchführen sollten, um zum selben Zeitpunkt entscheidungsfähig zu sein (vgl. Perich 1993, S. 273-279).

Freilich ist die Vorstellung von einem synchronen Prozessablauf hochgradig **normativ** geladen und entspringt dem eher intuitiven Verständnis, dass in sozialen wie auch mechanischen Prozessen **Synchronität** effizienter als **Asynchronität** ist. Dies muss allerdings nicht zwingend so sein. Der Modellzyklus in der Automobilindustrie folgt beispielsweise weitgehend herstellerinternen Abhängigkeiten; allenfalls wird auf die Modellzyklen der nationalen Wettbewerber hin synchronisiert (vgl. Niederländer 2000, S. 108-110). Dies führt zwangsläufig zur Asynchronität der Modellwechsel in den Heimatmärkten anderer Automobilhersteller. Stößt dann die Markteinführung eines neuen Modells in die Reife- oder Abschwungphase der Hersteller im Zielland, können höhere Marktanteilsgewinne realisiert werden, als wenn der Modellwechsel des ausländischen Herstellers in den Marketingaktivitäten der heimischen Modelleinführungen untergeht.

1.2.1.2.4 Die soziale Zeit

Den bisherigen Ausführungen zur Zeitallokation liegt das Verständnis einer objektiven Zeit zugrunde, die sich – exakt etwa nach Stunden – messen lässt. Davon zu trennen ist die **subjektive Interpretation der objektiven Zeit**, welche offensichtlich stark **kulturell bedingt** ist: „No two cultures think exactly the same because no two cultures share identical conceptions of time" (Rifkin 1989, S. 59). So können beispielsweise monochrone und polychrone Zeitauffassungen oder Vergangenheits- und Zukunftsorientierung aufeinandertreffen (vgl. Perich 1993, S. 229-252, → zur Kulturdimension Zeit die Abschnitte 3.2 bis 3.5 in Kapitel 5). Kulturell bedingt kann auch die Zeitallokation unterschiedlich sein. So verwenden japanische Unternehmungen im Vergleich zu europäischen und amerikanischen Unternehmungen deutlich mehr Zeit auf die Vorbereitung strategischer Entscheidungen. Die Synchronisation entsprechender kulturübergreifender Entscheidungsprozesse muss solche Aspekte sozialer Zeit somit in ihren Prozessabläufen berücksichtigen. Sind Unternehmungen schon hinsichtlich der Zeitallokation nicht völlig frei, so verhindern auch vorgegebene bzw. prozessinhärente Ablauflogiken eine beliebige Gestaltung der Prozessstruktur.

1.2.1.3   Die Prozesslogik

Das Prozessmanagement muss nicht nur die zeitliche Vernetzung von Teilprozessen beachten, sondern auch deren **kausale Beziehungen**. Diese entstehen zum Beispiel, wenn vorgelagerte Prozesse ursächlich für nachgelagerte Prozesse sind. Die **Interdependenz** zwischen Teilprozessen kann dabei **gepoolt, sequentiell** oder **reziprok** sein (vgl. Thompson 1967, v.a. S. 54-55). Gepoolte interdepente Teilprozesse sind von einem gemeinsamen Ressourcenpool abhängig. Der Ressourcenpool ist beschränkt und verteilt sich additiv auf die betrachteten Teilprozesse. Bei sequentiell interdependenten Teilprozessen ist der nachfolgende Teilprozess auf die Leistungen des vorhergehenden Teilprozesses angewiesen. Bei reziprok interdependenten Teilprozessen hingegen besteht eine wechselseitige Abhängigkeit der beiden Teilprozesse (→ für eine ausführliche Beschreibung der drei Arten von Interdependenzen auch Abschnitt 6.2.2 in Kapitel 6).

Anders als Thompson (1967) unterscheidet Van de Ven zwischen additiv kumulierenden, substitutiv kumulierenden und modifizierenden Prozessen. Ein Prozess ist **additiv kumulierend**, wenn ein späteres Ereignis das frühere ergänzt und **substitutiv kumulierend**, wenn das spätere Ereignis das frühere ersetzt, etwa wenn nach einer Metamorphose zu einer globalen Unternehmung die zuvor multinationale Unternehmung „ersetzt" ist. Ein Prozess ist **modifizierend**, wenn ein späteres Ereignis eine Differenzierung, Generalisierung oder stabilere Version des Vorgängers darstellt (vgl. Van de Ven 1992, S. 172-173).

1.2.2   Das Prozessumfeld

Die Beschreibungsdimensionen des Kernprozesses, d.h. Prozessstruktur, Allokation von Zeit und Prozesslogik, sind prinzipiell auf jede Art von Prozess anwendbar. Zur Konkretisierung des betrachteten Kernprozesses bedarf es einer Abgrenzung des Prozessumfeldes, welches sich anhand der Dimensionen **(Umfeld-)Prozesse** (Abschnitt 1.2.2.1), **Netzwerke** (Abschnitt 1.2.2.2) und **Ressourcen** (Abschnitt 1.2.2.3) beschreiben lässt. Während der Einfluss des Managements auf die Gestaltung des Kernprozesses vergleichsweise groß ist, ist das Prozessumfeld nur schwierig zu beeinflussen. Im Folgenden wollen wir auf das Prozessumfeld näher eingehen.

1.2.2.1 Prozesse im Umfeld des Kernprozesses

Das Umfeld eines Kernprozesses besteht zunächst einmal wiederum aus Prozessen, die **übergeordnet, vor- bzw. nachgelagert** sind oder **parallel zum Kernprozess** ablaufen. Die relevanten Prozesse im Umfeld des Kernprozesses werden vom **Inhalt** sowie der **horizontalen und vertikalen Abgrenzung** des Kernprozesses determiniert (→ Abschnitt 1.2.3 in diesem Kapitel). Zwischen Kern- und Umfeldprozessen interessieren primär die zeitlichen und kausalen Abhängigkeiten.

Der Kernprozess kann von anderen Prozessen innerhalb der Unternehmung abhängig sein. Die Führung eines Markteintrittes in Land B kann beispielsweise parallel oder im zeitlichen Abstand zum Markteintritt in Land A erfolgen, d.h. als Sprinkler- oder Wasserfallstrategie (→ Abschnitt 4.2 in Kapitel 6). Nur im letzteren Fall erlaubt es die zeitliche Beziehung (zeitliche Versetzung) zwischen beiden Prozessen, Erfahrungen aus dem Markteintritt in Land A für Land B zu nutzen. Neben der **zeitlichen Abhängigkeit** von Kernprozess und anderen Prozessen kann auch eine **kausale Abhängigkeit** auftreten, zum Beispiel wenn das Ergebnis eines (Umfeld-)Prozesses Voraussetzung für den Ablauf des Kernprozesses selbst ist.

Die für den Kernprozess relevanten (Umfeld-)Prozesse können nicht nur **innerhalb der Unternehmung** ablaufen, sondern auch **über die Grenzen der Organisation hinausreichen** oder sogar **gänzlich im Umfeld der Unternehmung** verortet sein. Auch in diesem Fall existieren sowohl zeitliche als auch kausale Beziehungen. So reagiert einerseits die fokale Unternehmung auf Entwicklungen ihres Umfeldes, andererseits sucht sie diese auch zu beeinflussen (vgl. Pfeffer/Salancik 1978, S. xii). Aufgrund der Erkenntnisse der Theorien der oligopolistischen Reaktion wissen wir zum Beispiel, dass Oligopolisten einem First-Mover oftmals in kurzer Zeit folgen, um die Nachteile des Nichtfolgens zu vermeiden (→ zu einer ausführlichen Darstellung der Theorien der oligopolistischen Reaktion Abschnitt 2.4 in Kapitel 3). Oder betrachten wir ein anderes Beispiel: Die Abstimmung zwischen Kernprozess und Prozessen in dessen Umfeld kann sich bei einem Automobilhersteller aus Just-in-time-Beziehungen mit Lieferanten bzw. aus der bewussten pro- oder antizyklischen Einführung neuer Modellreihen in selektierten Ländermärkten ergeben (vgl. Niederländer 2000, S. 108-110). Da der Kernprozess also wesentlich von Prozessen in seinem Umfeld beeinflusst werden kann, sind diese stets beim Entwurf des Kernprozesses zu berücksichtigen.

1.2.2.2 Netzwerke im Prozessumfeld

Die meisten Prozesse laufen nicht im menschenleeren Raum ab. Vielmehr interagieren die von einem Prozess Betroffenen und bilden somit ein **Netzwerk aus Beziehungen**. Insofern gehört es zum Prozessmanagement im weiteren Sinne, die Beziehungen zwischen den Aktoren der Prozesse zu berücksichtigen. Die Beziehungen zwischen den

Aktoren lassen sich als Netzwerk mit den Aktoren als Knoten und den Beziehungen als Kanten darstellen (vgl. Kutschker 1980, S. 117, Kirsch/Kutschker/Lutschewitz 1980, S. 16, Kutschker/Schmid 1995, S. 3-4). In Abhängigkeit von den betrachteten Aktoren und Beziehungen können **drei grundlegende Netzwerktypen** unterschieden werden. Stehen die Beziehungen einzelner Aktoren innerhalb der Unternehmung im Mittelpunkt, so spricht man von dem **Mikronetzwerk**. Es lassen sich aber auch ganze Unternehmungen als Aktoren interpretieren. Untersucht man die Beziehungen zwischen Unternehmungen auf dieser Ebene, so spricht man vom **Makronetzwerk**. Den Begriff **Mesonetzwerk** gebrauchen wir hingegen, wenn die Beziehungen einzelner Aktoren unterschiedlicher Unternehmungen betrachtet werden.

Bei unternehmungsinternen Prozessen liegt es in der Natur der Sache, die Beziehungen der Prozessbeteiligten bzw. der Prozessmanager, d.h. ihr Mikronetzwerk, zu untersuchen. Bei Prozessen, die über die Grenzen der Unternehmung hinausreichen, wird es eher zweckmäßig sein, Unternehmungen als Aktoren aufzufassen und deren Beziehungen zueinander, d.h. das Makronetzwerk der an Kernprozessen beteiligten Unternehmungen, zu betrachten.

Die Mikro- und Makroperspektive von Netzwerken ist jedoch nicht ausreichend. Sie könnte sogar in der Makroperspektive dazu verführen, die Unternehmungen als führungslose „black boxes" zu betrachten. Mitarbeiter einer Unternehmung interagieren mit Mitarbeitern anderer Unternehmungen. Unsere Perspektive wechselt von der Ebene der Mikro- zur Ebene der Mesonetzwerke, wenn das Netzwerk individueller Aktoren mehrerer Organisationen betrachtet wird. Mit dem Begriff des Mesonetzwerkes wollen wir ausdrücken, dass Mitarbeiter in interorganisationalen Beziehungen ihre Unternehmung repräsentieren. Dabei greifen die Individuen sowohl auf ihre eigenen Fähigkeiten als auch auf die Fähigkeiten der Unternehmung, die sie repräsentieren, zurück. Insbesondere die Grenzpositionen, d.h. die zur Vertretung der Unternehmung in ihrem Umfeld berechtigten Personen, verfügen über bzw. sind Bestandteil eines Mesonetzwerkes. Transaktionsprozesse beispielsweise in Form von Ex- und Importen, Unternehmungsübernahmen sowie die Formierung Strategischer Allianzen sind Prozesse, über deren Gestaltung Aktoren zumindest zweier rechtlich selbständiger Unternehmungen einen Konsens erzielen müssen. Im Mesonetzwerk koordinieren die Aktoren daher insgesamt verschiedene Prozesse innerhalb ihrer eigenen und zwischen den beteiligten Unternehmungen.

1.2.2.3   Ressourcen im Prozessumfeld

Ob und wie schnell man von einem Status A nach B gelangt, hängt ferner von den verfügbaren Ressourcen ab. Der **Begriff der Ressource** ist in diesem Kontext **sehr weit gefasst** und beinhaltet **sämtliche Arten von Faktorinputs**. Damit beziehen wir uns also nicht auf die im Kapitel 6 vorgenommenen Beschränkungen, wie sie aus Sicht der

Ressourcenbasierten Ansätze in der Literatur aufgezeigt werden (➜ Abschnitt 1.2.2 in Kapitel 6).

Ressourcen können in unserer Prozessmechanik prinzipiell verschieden zugeordnet werden. Bei der erstmaligen Ausgestaltung des Kernprozesses müssen diesem Ressourcen wie zum Beispiel Personal, Kapital, Patente, Know-how usw. zugewiesen werden, die dann Bestandteile des Kernprozesses werden. Darüber hinaus müssen für die Durchführung des Kernprozesses Ressourcen eingesetzt werden, die während des Prozesses in diesem aufgehen.

Wir übernehmen hier Überlegungen des **Resource-Dependence-Ansatzes,** der Unternehmungen als auf Dauer angelegtes und zweckorientiertes System betrachtet, welches zum Überleben laufend auf Ressourcen aus der Umwelt angewiesen ist (vgl. Pfeffer/Salancik 1978, S. 43). Ähnlich wie eine Unternehmung im Allgemeinen ist nach unserem Verständnis auch die Durchführung von Kernprozessen wesentlich von Ressourcen aus dem Umfeld abhängig.

Letztendlich kann der **Kernprozess** aber auch **selbst Ressourcen generieren.** Nach dem Internationalisierungsprozessmodell der **Uppsala-Schule** ergibt sich zum Beispiel aus dem Internationalisierungsprozess selbst internationales Erfahrungswissen, das für die weitere Internationalisierung quasi als Ressource genutzt werden kann (➜ zur Uppsala-Schule Abschnitt 3.3.6 in Kapitel 3).

Ressourcen, Prozesse und Netzwerke im Umfeld des Kernprozesses sind auf vielfältige Weise untereinander sowie mit und von dem zu gestaltenden Prozess abhängig. Diese Interdependenzen reduzieren natürlich nicht gerade die Komplexität eines Prozessmanagements, zeigen aber den Reichtum der Alternativen auf, Prozesse zu gestalten. Steigern die Beziehungen zum Prozessumfeld die Gestaltungskomplexität, so reduzieren die Inhalte, der dritte Baustein unseres Bezugsrahmens, die Komplexität des Prozessmanagements.

1.2.3 Der Prozessinhalt

Der dritte Punkt der Prozessmechanik, der nun behandelt wird, stellt den Prozessinhalt dar. Für das Management von Prozessen ist auf jeden Fall auch deren Inhalt zu berücksichtigen. Prozessinhalte können dabei ganz unterschiedlicher Natur sein. Im Rahmen dieses Buches interessieren uns vor allem Internationalisierungsprozesse und deren spezielle Inhalte. In Textbox 7-1 sind einige Beispiele zu Prozessinhalten der Internationalisierung aufgeführt.

Textbox 7-1:   Prozessinhalte

Einige Beispiele

Beispiel 1: Der Zusammenschluss von *DaimlerChrysler Aerospace (DASA)*, der spanischen *CASA* und *Aérospatiale Matra* zur *European Aeronautic Defence and Space Company (EADS)* und ihre Integration sollte in drei Jahren vollzogen sein (→ zu *EADS* auch Abbildung 2-3 in Kapitel 2). Der gesamte Integrationsprozess wurde in 600 Einzelprojekte zerlegt. Allein 150 Projekte sollten die Beschaffungsprozesse neu organisieren.

Beispiel 2: Der x-te Franchisevertrag von *McDonald's* in Deutschland wurde binnen Jahresfrist vertraglich und baulich abgewickelt.

Beispiel 3: Im Zuge der Reorganisation der globalen Ersatzteilversorgung wird ein Intranet zwischen den weltweit verstreuten Serviceeinheiten eines Konzerns eingerichtet.

Beispiel 4: Der Einkäufer der Firma X aus Seoul bestätigt per Fax das ausgehandelte Zahlungsziel und teilt mit, dass das vereinbarte Akkreditiv beantragt sei.

Quelle zu Beispiel 1:
Flottau, Jens (2000): Harte Arbeit für die Fusionsmanager. In: Süddeutsche Zeitung Nr. 288 vom 14. Dezember 2000, S. 27.
Bei den weiteren Beispielen handelt es sich um fiktive Fälle.

Die Prozessinhalte lassen sich nun weiter über die Beschreibungsdimensionen **Prozessebene** und **Prozessreichweite** (Abschnitt 1.2.3.1), **Handlungsalternativen** (Abschnitt 1.2.3.2) und **Intensität des organisationalen Wandels**, den der Prozess auslöst (Abschnitt 1.2.3.3), charakterisieren.

1.2.3.1   Die Prozessebene und die Prozessreichweite

Prozesse können wie Aufgaben hierarchisch in einzelne Teile, hier Teilprozesse, zerlegt werden. Ein abgegrenzter Kernprozess lässt sich unterschiedlich tief in eine **Hierarchie von Teilprozessen** bis auf die Ebene der nicht weiter zerlegbaren Prozesselemente dekomponieren (vgl. Milling 1981, S. 104). Wie tief eine solche Prozessanalyse getrieben werden soll, hängt von der zu untersuchenden Fragestellung ab. Die Stellung des einzelnen Teilprozesses innerhalb dieser Prozesshierarchie, d.h. die Prozessebene, bestimmt den Prozessinhalt. So kann im Fokus einer Betrachtung auf einer hierarchisch höher angesiedelten Ebene der gesamte Internationalisierungsprozess der Unternehmung stehen. Auf hierarchisch niedrigerer Ebene wäre hingegen eine Expansion der Unternehmung nach Osteuropa anzusiedeln.

Im engen Zusammenhang mit der Prozessebene steht die **Reichweite** des Prozesses. Die Reichweite einer inhaltlichen Aufgabe ist umso umfassender, je mehr Teile einer oder mehrerer Unternehmungen davon betroffen sind. Bei der Betrachtung des gesamten Internationalisierungsprozesses der Unternehmung sind folglich mehr Teilprozesse zu berücksichtigen als bei der Expansion der Unternehmung nach Osteuropa.

1.2.3.2 Die Handlungsalternativen

Zusammen mit der Prozessebene und der Prozessreichweite bestimmen die Handlungsalternativen die Gestaltung des betreffenden Kernprozesses. Als Handlungsalternativen sind einerseits die in Kapitel 6 beschriebenen **Internationalisierungsstrategien** und andererseits die vielfältigen **operativen Tätigkeiten** einer internationalen Unternehmung zu berücksichtigen. Die Wahl zwischen der Übernahme eines lokalen Wettbewerbers und einer Neugründung als alternativen Formen eines Markteintrittes legt sowohl fest, **was** als Prozess gestaltet werden soll, als auch weitgehend, **wie** er gestaltet werden soll. Umgekehrt können aber bestimmte Prozessparameter, wie zum Beispiel die zur Verfügung stehende Zeit bzw. die Dringlichkeit eines Markteintrittes, d.h. der Prozess selbst, die Alternativenwahl beeinflussen. So eröffnet die Akquisition einen schnelleren Marktzugang als die Neugründung. Auch dieses Beispiel wäre nicht komplett, wenn man nicht das Prozessumfeld etwa in Form der Ressourcen ins Spiel brächte. Ein überproportionaler Einsatz von Ressourcen kann so gegebenenfalls den Zeitnachteil der Neugründung egalisieren. Die Dynamik dieser Wechselwirkungen hat zudem die mit dem Internationalisierungsinhalt einhergehende Intensität des organisationalen Wandels zu berücksichtigen.

1.2.3.3 Die Intensität des organisationalen Wandels

Der Prozessinhalt bestimmt unter anderem auch die Intensität des organisationalen Wandels. Der organisationale Wandel bezeichnet jede Art von Wandel in Unternehmungen, wobei er sowohl **kleine Veränderungen**, wie zum Beispiel die Erfahrungs- und Wissensakkumulation von Mitarbeitern im Rahmen der Durchführung des Tagesgeschäfts, als auch **große Veränderungen**, wie zum Beispiel den Markteintritt in Osteuropa, umfassen kann. Zur Charakterisierung der Intensität des Wandels greifen wir auf die an anderer Stelle bereits vorgenommene Unterscheidung zwischen Oberflächen- und Tiefenstruktur zurück (vgl. ausführlich Schmid 1996, S. 115-131 und S. 159-168, → Abschnitt 2.2.2 in Kapitel 5).

Erinnern wir uns: Die **Oberflächenstruktur** einer Unternehmung wurde durch die Organisationsform, die Aufbau- und die Ablauforganisation, Prozessstrukturen, Abteilungsgliederungen, aber auch durch die Strategien, Systeme und Prozesse einer Unternehmung abgebildet. Die Mitglieder einer Organisation verändern auf der Basis ihrer Wahr-

nehmungen, ihrer Interpretationen und ihres Wissens ständig diese sichtbare Oberfläche. Dies erfolgt beispielsweise, indem rationalisiert wird, Aktivitäten hinzugefügt oder in
anderer Form als zuvor ausgeführt werden. Diese Oberfläche ist durch ihre „**Sichtbar-
keit**" Dritten weitgehend zugänglich und kann durch Beobachter von außen wahrgenommen werden.

Als **Tiefenstruktur** haben wir die Konstellation aus Datensätzen, Laientheorien und
Werten in einer Unternehmung definiert. **Datensätze** sind die Beobachtungen, Erfahrungen und Wahrnehmungen der Aktoren einer Unternehmung. Als **Laientheorien**
bezeichnen wir alle Zusammenhänge, welche die Aktoren einer Unternehmung sehen.
Praktiker als Aktoren der Unternehmung, so unsere Vermutung, entwickeln ebenso wie
Wissenschaftler ihre Theorien, sogenannte Alltags- und Laientheorien. Beispiele sind
Zusammenhänge zwischen Problemen und Problemlösungen oder zwischen Zwecken
und Mitteln. **Werte** (einschließlich Einstellungen und Überzeugungen) stellen, vereinfacht ausgedrückt, Urteile darüber dar, was als gut oder schlecht, als wünschenswert
oder nicht wünschenswert eingeschätzt wird. Entscheidend ist nun, dass die Tiefenstruktur aus dem **Zusammenspiel von Datensätzen, Laientheorien und Werten** konstituiert wird. So wie Galtung (1978) argumentiert, dass eine Wissenschaft unvollständig
bliebe, würde sie nicht Daten, Theorien und Werte berücksichtigen, so ist die Tiefenstruktur einer Unternehmung unvollständig, würde eine der drei Kategorien ausgeschlossen. Doch was hält die Kategorien zusammen? Wir können davon ausgehen,
dass eine **kontextsetzende Orientierung** eine mehr oder weniger starke Synthese der
einzelnen Elemente der Tiefenstruktur schafft. Dabei kommt den Laientheorien besondere Bedeutung zu; sie haben das Synthesepotential, um die Daten und Werte („bits of
knowledge") zusammenzuführen.

Die Tiefenstruktur ist auch dafür verantwortlich, welche Oberflächenstrukturen erzeugt
werden. Bei gleicher Ausgangslage der Tiefenstruktur können im Zuge der Kommunikation unterschiedliche, als **funktional allerdings äquivalent erachtete Oberflächen** entstehen. Eine bestimmte Oberflächenstruktur lässt sich daher nicht eindeutig aus ihrer
Tiefenstruktur erklären. Beide sind aber wechselseitig interdependent, was nicht aus-
schließt, dass sie sich manchmal getrennt voneinander entwickeln können. Wir gehen
dabei von der Annahme aus, dass **Veränderungen der Oberflächenstruktur schneller**
erfolgen können **als Veränderungen der Tiefenstruktur** und dass die damit einhergehenden Veränderungsprozesse unterschiedliche Gestaltungsoptionen eröffnen.

Die Durchführung eines Kernprozesses kann so tiefgreifende Änderungen der Oberflächenstruktur vorsehen, dass sie von einem großen Teil der Organisationsmitglieder
nicht nachvollzogen werden können, weil deren „alte" Tiefenstruktur mit der „neuen"
Oberflächenstruktur nicht verträglich ist. Die Tiefenstruktur muss dann über **organisationale Lernprozesse** erst weiterentwickelt werden. Je umfangreicher die notwendigen
Veränderungsprozesse der Tiefenstruktur sind, desto größer ist die Intensität der Internationalisierung und desto mehr muss das Prozessmanagement diese Lernprozesse bei

der Gestaltung des betreffenden Kernprozesses berücksichtigen. Je nach Unterschiedlichkeit von Oberflächen- und Tiefenstruktur lassen sich folgende inhaltlich bedingten **Intensitätsdifferenzierungen** vornehmen:

(1) Die Intensität ist schwach ausgeprägt, wenn der Kernprozess die Oberflächenstruktur und die Tiefenstruktur nur wenig verändert. Die Veränderungen der Tiefenstruktur erfolgen dabei im Rahmen der normalen Erfahrungsakkumulation. Solche Kernprozesse der Internationalisierung sind neben der geringen Reichweite durch eine niedrige Prozessebene und wenig komplexe Handlungsalternativen gekennzeichnet. Die Veränderungen der Tiefenstruktur erzeugen keine zusätzliche Komplexität für das Prozessmanagement. Die neue **Oberflächenstruktur** ist **problemlos** an die bestehende Tiefenstruktur **anschlussfähig**.

(2) Die Intensität wird gesteigert, wenn die Änderungen der Oberflächenstruktur so gravierend sind, dass sie **für Teile der Tiefenstruktur Anpassungsprobleme** aufwerfen. Weil Tiefenstrukturen nicht gleich schnell wie Oberflächenstrukturen geändert werden können, sind zwei Änderungsprozesse zu führen: Ein Änderungsprozess betrifft die Oberflächenstruktur. Dieser löst das Internationalisierungsproblem vergleichsweise schnell. Ein zweiter Änderungsprozess setzt an Teilen der Tiefenstruktur an, welche die neue Oberfläche nicht nachvollziehen können. Teile können dabei Gruppierungen von Organisationsmitgliedern oder individuell und/oder kollektiv gehaltene Werte, Überzeugungen und Erfahrungen sein.

(3) Die Intensität ist noch höher, wenn antizipiert wird, dass die **Tiefenstruktur und** die neue **angestrebte Oberflächenstruktur völlig inkompatibel** sind. Dies ist zum Beispiel der Fall, wenn es im Rahmen von Fusionen oder Unternehmungsakquisitionen zu extremen Veränderungen der Oberflächenstruktur kommt und dadurch zum einen die Tiefenstruktur nicht mehr mit der neuen Oberflächenstruktur verträglich ist, zum anderen aber auch unterschiedliche Tiefenstrukturen (der akquirierenden und der akquirierten Unternehmung) aufeinandertreffen. Wegen der notwendigen umfangreichen organisationalen Lernprozesse sind solche Prozesse meist langfristiger Natur. In einzelnen Fällen kann es vorkommen, dass die Entwicklung der neuen Tiefenstruktur der zukünftigen Oberflächenstruktur sogar „vorauseilt". Meist jedoch ist der Wandel der Oberflächenstruktur schneller als der Wandel der Tiefenstruktur.

Die Prozesse, welche die Entwicklung von Oberflächen- und Tiefenstrukturen betreffen, sind **partiell entkoppelbar**. Damit ist auch die Prozesskomplexität des eigentlich zu gestaltenden Internationalisierungsprozesses beeinflussbar. Inwieweit dies möglich und nötig ist, hängt freilich wiederum von den Handlungsalternativen ab, die sich auf unterschiedlich große Teile der Organisation beziehen können. Beispielsweise hatte die Übernahme von *Freightliner* durch *Daimler-Benz* eine deutlich niedrigere „Reichweite" als die Fusion von *Daimler-Benz* mit *Chrysler*. Prozessebene, Prozessreichweite,

Handlungsalternativen und Intensität des Wandels beeinflussen sich wechselseitig und sind ihrerseits wieder mit Prozessumfeld und Kernprozess interdependent.

Auch die anderen **Elemente der Prozessmechanik** sind **wechselseitig abhängig.** Prozessinhalt und Kernprozess laufen in einer Prozessumwelt ab, die beide Aspekte, d.h. den Prozessinhalt und den Kernprozess, beeinflusst. Prozessmanagement beinhaltet demnach die Gestaltung des Kernprozesses vor dem Hintergrund der situativen, aber dennoch gestaltbaren Rahmenbedingungen und unter Berücksichtigung der Prozessinhalte. Diese Einflussgrößen beeinflussen sich wechselseitig und sind auch vom Prozessmanagement in Grenzen gestaltbar.

So ist, wie oben bereits erwähnt, über eine Akquisition als inhaltliche Alternative zur Neugründung in der Regel ein schnellerer Markteintritt möglich. Ist die Dauer des Markteintrittes ein wesentliches Kriterium, legt dies eine Akquisition als Markteintrittsalternative und damit den zu gestaltenden Prozess sowie die generelle Dauer des Markteintritts fest. Freilich ließe sich durch einen übergroßen Ressourceneinsatz bei einer Neugründung deren Zeitnachteil kompensieren. Zeit, Inhalte und Ressourcen sind andererseits nicht beliebig substituierbar, weil einzelne Prozesse einen Zeitrahmen benötigen, der auch durch stärkeren Ressourcenverbrauch oder die Gestaltung der Abhängigkeiten von anderen Prozessen im Umfeld des Kernprozesses nicht kompensierbar ist. Insbesondere organisationale Lernprozesse lassen sich nur beschränkt „beschleunigen".

Im Folgenden sollen die erwähnten Interdependenzen nochmals hervorgehoben werden, wenn wir die Gedanken zur Prozesstrilogie der „Drei E's", d.h. Evolution, Episoden und Epochen, vertiefen.

1.3 Die Prozesstrilogie der Internationalisierung: Evolution, Episoden und Epochen

Zur Erklärung von Internationalisierungsprozessen greifen wir auf drei der vier beschriebenen Prozessarten von Van de Ven/Poole (→ Abschnitt 1.1.4 in diesem Kapitel) zurück. Wir verstehen Internationalisierung als einen

- kontinuierlichen, inkrementalen und **evolutionären Prozess,**
- der auch **Wechsel von kontinuierlichen und diskontinuierlichen Phasen** beinhaltet und
- **an Unternehmungszielen ausgerichtet** werden kann.

Wir ziehen die Beschreibungsdimensionen der Prozessmechanik heran, um im Rahmen der Internationalisierung die **internationale Evolution** (Abschnitt 1.3.1), **internationale Episoden** (Abschnitt 1.3.2) und **internationale Epochen** (Abschnitt 1.3.3) zu unterscheiden. Abschließend werden die drei Prozesse der **Prozesstrilogie** verglichen (Abschnitt 1.3.4). Damit erweitern wir unsere früheren Überlegungen zu Evolutionen, Episoden und Epochen (vgl. Kutschker/Bäurle/Schmid 1997a,b).

1.3.1   Internationale Evolution

Als Beschreibungsmodell für diese Art der Internationalisierung dient das klassische **Modell der biologischen Evolution**, das mehrfach auf organisationstheoretische Fragestellungen übertragen und an die Evolution sozialer Systeme angepasst wurde. Zum einen sehen wir jedoch im Gegensatz zu den rein biologischen Modellen evolutionären Fortschritt von Unternehmungen nicht nur durch unbewusste, sondern auch durch **bewusste Variation der Prozesse** sowie durch die bewusste Selektion erfolgreicher Varianten und deren Retention (vgl. auch Sydow 1992, S. 54). Zum anderen machen wir – anders als im Population-Ecology-Ansatz (vgl. Hannan/Freeman 1977, Nelson/Winter 1982, Dosi/Nelson 1994, zu einem Überblick vgl. Kieser/Woywode 2006, S. 309-349), einem zentralen Ansatz, der biologische Evolutionstheorien auf Unternehmungsentwicklungsmodelle übertragen hat – die Variations- bzw. Selektionsfolge nicht an ganzen Populationen von Organisationen fest. Wir beziehen die Evolution auch nicht ausschließlich auf die Gesamtunternehmung, sondern folgen einem methodologischen Individualismus, nach dem die Entscheidungen und Aktivitäten von Individuen das Gesamtverhalten einer Organisation bestimmen (vgl. Kirsch 1997, S. 352). Unternehmungen sind somit evolvierende Systeme, deren Entwicklung und Dynamik zunächst (lediglich) aus der **Summe inkrementaler Veränderungen** von Teilstrukturen und Teilprozessen entsteht, wobei Veränderungen in Richtung größerer Internationalität nur eine unter mehreren Entwicklungsoptionen darstellen.

Wir gehen folglich davon aus, dass Mitarbeiter sich ständig um eine Verbesserung der in ihrem Verantwortungsbereich liegenden Prozesse und Strukturen bemühen. Solche Verbesserungen sind oft evolutionär – unter anderem, weil die Veränderungen durch **Versuch und Irrtum** erfolgen. Ideen werden probeweise aufgegriffen, Arbeitsabläufe variiert und im Erfolgsfalle beibehalten (selektiert). Im Falle des Misserfolges kehrt man zur alten Lösung zurück (Retention) oder versucht eine neue Variante. Mit der Variation reagieren Mitarbeiter in ihrem Bereich auf veränderte Anforderungen in ihrem unmittelbaren Handlungsumfeld. Sie imitieren Konkurrenten, verfolgen endogen entstandene Vorschläge und entwickeln eigene Initiativen. Bewähren sich die Variationen, werden sie in das neue Verhaltensrepertoire übernommen, wobei beharrende Kräfte auch dafür sorgen können, dass es zur Ausdifferenzierung von Verhaltensweisen (Retention) kommen kann. Solche Variationen stellen dann die zu gestaltenden Kernprozesse dar, die in **Reichweite** und **Prozessebene** auf den Verantwortungsbereich eines Mitarbeiters **beschränkt** sind. Die Handlungsalternativen erzeugen **wenig Komplexität**, und die **Intensität des Wandels** ist **schwach**. Die Oberflächenstrukturen verändern sich auf Basis der vorhandenen Tiefenstrukturen nur langsam. Diese Form des Wandels ist permanent vorhanden und umfasst jeweils vergleichsweise kurze Zeitperioden. Sie bildet das ständig vorhandene evolutionäre „Hintergrundrauschen" der Unternehmung. Die Vielzahl dieser beschränkten Variationen erzeugt für den Beobachter den Eindruck einer inkrementalen, unzusammenhängenden Entwicklung.

Auch die Internationalität einer Unternehmung verändert sich inkremental und evolutionär. Unternehmungen steigern ihre Internationalität durch eine **Vielzahl kleiner Internationalisierungsschritte**. Bei einer Messe im Inland kommt zum Beispiel zufällig ein Kontakt zu einem ausländischen Interessenten zustande oder in der Exportabteilung der Unternehmung wird ein Asienspezialist eingestellt, der seine Verbindungen und Erfahrung zur Geschäftsausweitung in China nutzt. Im Gesamtgebäude der Internationalisierung der spezifischen Unternehmung sind dies nur kleine Schritte, die kumuliert aber dennoch zu einer Erhöhung des Internationalisierungsgrades der Unternehmung führen können.

Insofern halten wir das Modell evolutionärer Entwicklung von Johanson/Vahlne (1977, 1990) für eine realistische Beschreibung der Unternehmungsinternationalisierung, da es auf die kontinuierliche, inkrementale Internationalisierung abhebt. Internationalisierung entsteht danach im Wechselspiel der Aneignung von Wissen über und der Erfahrung mit fremden Märkten sowie der verstärkten Bindung von Ressourcen in diesen Märkten. Die Tiefenstruktur, dort im Sinne der organisationalen Wissensbasis verstanden, internationalisiert kontinuierlich und zieht die Internationalisierung der Oberflächenstrukturen, d.h. den Ausbau des internationalen Investments, nach sich, welches wieder die Tiefenstruktur beeinflusst usw. Anders als die Uppsala-Schule gehen wir jedoch davon aus, dass sich auch dieser Archetyp des inkrementalen Internationalisierungsprozesses führen lässt (→ Abschnitt 2 in diesem Kapitel).

1.3.2   Internationalisierungsepisoden

Episoden erzeugen Kernprozesse, welche die **abrupte Veränderung** eines Systems, den **Systembruch**, bewältigen sollen. Solche Brüche können auf jeder Ebene auftreten. Für den Beobachter sichtbar und für die (internationale) Unternehmung von Bedeutung sind vor allem Episoden, deren Kernprozesse eine große, **häufig Unternehmungsgrenzen überschreitende Reichweite** haben und die mithin **auf** vergleichsweise **hoher Prozessebene** angesiedelt sind. Sie umfassen einen **abgegrenzten Zeitraum**, während dessen sich Unternehmungen in einem Zustand erhöhter Internationalisierungsaktivität befinden (vgl. Weller 1999, S. 6). Der Internationalisierungsgrad der Unternehmung verändert sich durch Episoden sprunghaft. Bildhaft kann man **Episoden als Meilensteine auf dem Weg der Internationalisierung** einer Unternehmung ansehen (vgl. Bäurle 1996, S. 33-34). Die Episoden sind damit besondere Ereignisse, die sich aus dem langfristigen Internationalisierungsprozess der Unternehmung und auch aus den alltäglich ablaufenden Aktivitäten in der Unternehmung abheben.

Die inhaltlichen Handlungsalternativen erzeugen intensive **Veränderungen der Ober-flächenstruktur**, die von einem Teil der Träger der Tiefenstruktur nicht verstanden werden. Typische Beispiele für Internationalisierungsepisoden sind

- die Beteiligung an oder die Übernahme einer Unternehmung im Ausland,
- die strategische Neuausrichtung einer ausländischen Tochtergesellschaft,
- die Umstellung der Rechnungslegung von HGB- auf US-GAAP-Richtlinien,
- das Eingehen einer internationalen Kooperation sowie
- die Gründung einer Tochtergesellschaft im Ausland.

Die Verbindung von Episodenbegriff und Tiefenstruktur bringt zwangsläufig eine begriffliche Unschärfe mit sich, die aber methodisch gewollt ist. In Abhängigkeit von der vorhandenen Tiefenstruktur der betrachteten Unternehmung kann ein Prozess zum einen als eine Episode interpretiert werden, zum anderen aber auch lediglich evolutionären Charakter aufweisen. Wenn beispielsweise Exportaktivitäten von einer Unternehmung zum ersten Mal aufgenommen werden, stellt dies eine Episode für die Unternehmung dar. So kann die Verschiffung eines Containers nach Ägypten für die Unternehmung eine Episode darstellen, falls weder Exportabteilungen (Oberflächenstrukturen) noch Exportroutinen (Tiefenstrukturen) dafür ausgeprägt sind. Für eine andere Unternehmung, die über langjährige Exporterfahrung nach Ägypten verfügt, hat derselbe Prozess lediglich evolutionären Charakter. Selbst innerhalb eines Konzerns kann der betrachtete Kernprozess für eine Tochtergesellschaft eine Episode darstellen, für die Muttergesellschaft ist die Abwicklung des Prozesses jedoch längst Routine. Der **Episodencharakter** von Internationalisierungsprozessen ist folglich nicht eindeutig, sondern **kontextabhängig**.

Aus diesem Beispiel wird aber bereits deutlich, dass auch Tiefenstrukturen entwicklungsfähig sind. Eine Unternehmung im Anfangsstadium der Internationalisierung verfolgt bei der Neugründung einer Tochtergesellschaft eine für die Unternehmung wesentliche und einen Umbruch auslösende Internationalisierungsepisode. Für eine Unternehmung mit vielen Tochtergesellschaften auf der ganzen Welt ist die Neugründung einer weiteren Tochtergesellschaft zwar auch ein weiterer Schritt auf dem Wege der Internationalisierung, die Tiefenstruktur ist jedoch zu dieser Veränderung der Oberfläche kompatibel. Der Kernprozess der x-ten Gründung verläuft routinemäßig. So setzt *IKEA* für die Standortsuche, die Projektierung und das „Einfahren" der neuen Häuser jeweils spezialisierte Teams ein, für welche die Gestaltung dieser internationalen Ansiedlungsprozesse streng routinisiert verläuft. In diesem Fall geht der Episodencharakter in der Routine des internationalen Projektierungsgeschäfts unter.

Internationalisierungsepisoden erzeugen für die betrachtete Unternehmung **neue Oberflächenstrukturen**. Sie sind für die Unternehmung ebenso neuartig wie der Prozess, mittels dessen die Unternehmung zu dem neuen Status gelangt. Damit fällt die Vorstellung leicht, dass Episoden einer bewussten Prozessführung unterzogen werden, die sich von der Führung „normaler" Internationalisierungsprozesse unterscheidet und das

Auseinanderdriften von Oberflächen- und Tiefenstruktur systematisch berücksichtigt. Angesichts der benötigten Zeitdauer, Wichtigkeit und Neuartigkeit von Episoden sollte man meinen, dass sich Wissenschaft und Praxis ausführliche Gedanken über das Prozessmanagement von Internationalisierungsepisoden, d.h. beispielsweise über Akquisitionen, Markteintritte, Veränderungen der internationalen Integration oder Reorganisationen internationaler Geschäftsprozesse machen. Überraschenderweise ist dies jedoch noch relativ selten der Fall (vgl. für Akquisitionen Jemison/Sitkin 1986a,b). Wir möchten daher in Abschnitt 3 in diesem Kapitel einige Hinweise zur Führung internationaler Episoden geben.

1.3.3   Internationalisierungsepochen

Internationalisierungsepisoden, wie zum Beispiel Akquisitionen und Joint Ventures, sind besonders stark von Fehlschlägen bedroht. Ein Teil der Fehlschläge lässt sich damit erklären, dass oft hastig in Episoden Oberflächenstrukturen verändert werden, ohne jedoch die Tiefenstruktur an diese veränderte Oberflächenstruktur heranzuführen. So werden im Rahmen von Fusionen häufig zwar die Oberflächenstrukturen der betroffenen Unternehmungen verschmolzen; allerdings werden kaum Programme entwickelt, um die Tiefenstrukturen der beiden Unternehmungen zusammenzuführen und sie den neuen Oberflächenstrukturen anzupassen. Allein das Bewusstsein über die möglicherweise starke Heterogenität der Tiefenstrukturen zwischen den zu verschmelzenden Unternehmungen könnte zu der Erkenntnis führen, auf eine mögliche Oberflächenverschmelzung völlig zu verzichten. Es lässt sich vorläufig festhalten, dass zum optimalen Ablauf von Episoden normalerweise eine **vorbereitende Veränderung der Tiefenstruktur** erfolgen sollte. Manche Episoden erlauben jedoch aus zeitlichen Gründen oder wegen ihrer Krisenhaftigkeit keine begleitende oder vorbereitende Veränderung der Tiefenstruktur.

Epochale Veränderungen und deren Führung berücksichtigen, dass der Wandel von Unternehmungen die Veränderung der Tiefenstrukturen einschließt. Je mehr Teile der Unternehmung vom Wandel betroffen sind und je stärker das Neue vom Alten abweicht, d.h. je größer Reichweite und Intensität der anvisierten Veränderung sind, desto umfangreicher und langwieriger müssen die organisationalen Lernprozesse sein, um diesen Wandel zu bewältigen. **Epochen des Wandels** benötigen zumeist **viele Jahre** oder gar Jahrzehnte, wie zum Beispiel die Fusion von *Asea* und *BBC* sowie das Centurion-Projekt bei *Philips* zeigten.

Epochen sind häufig Ausdruck der **Internationalisierung der Gesamtorganisation**. Sie äußern sich zum Beispiel

- in der über einen längeren Zeitraum beobachtbaren Abfolge von Markteintritten,
- in der gezielten Entwicklung des Engagements in wesentlichen Auslandsmärkten, z.B. im Sinne einer „Triadisierung", oder

- in Veränderungen des Charakters der international tätigen Unternehmung, zum Beispiel weg von einer multinationalen hin zu einer global oder transnational agierenden Unternehmung (→ zu multinationalen, globalen und transnationalen Unternehmungen Abschnitt 3.2.2 in Kapitel 2).

Im Vergleich zu Episoden benötigen Epochen mehr Zeit, da die Veränderungen der Tiefenstruktur **langwierige organisationale Lernprozesse** voraussetzen. Ausdruck findet die Epoche oft in der **langfristigen strategischen Ausrichtung der Unternehmung**, etwa einer starken Internationalisierung.

Die Dreiteilung von Internationalisierungsprozessen heißt freilich nicht, dass jede Unternehmung zwingend Internationalisierungsepisoden oder gar bewusst gestaltete Epochen durchlaufen muss. Es ist letztlich eine empirisch zu klärende Frage, ob Unternehmungen ausschließlich inkremental und evolutionär oder auch in Episoden oder Epochen internationalisieren. Einen ersten Eindruck vom Zusammenhang zwischen den „Drei E's" vermittelt Abbildung 7-8.

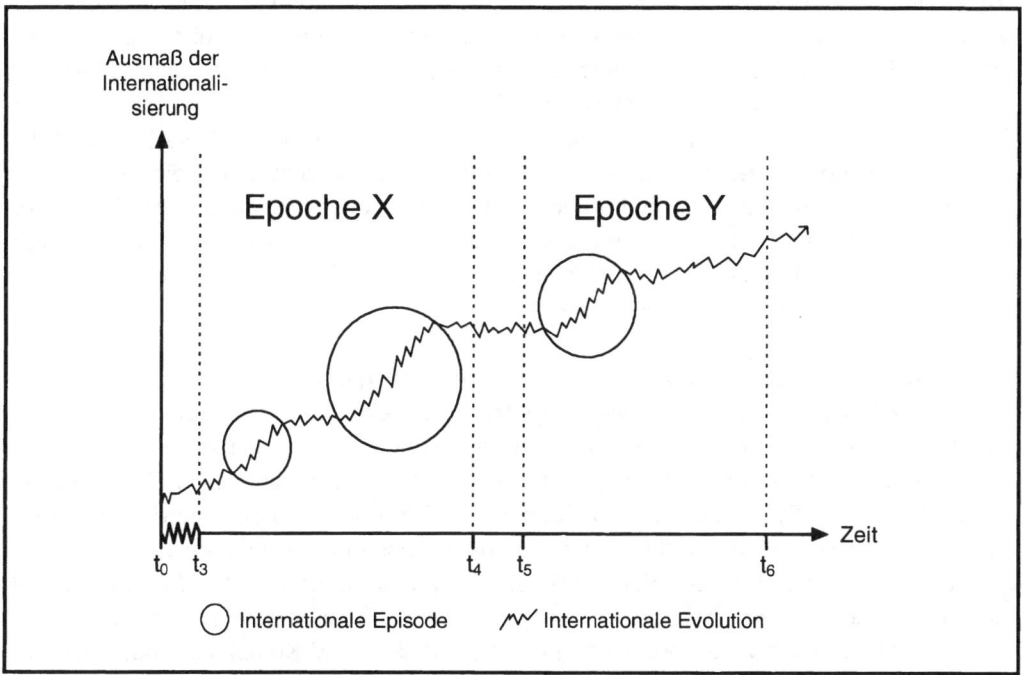

Abb. 7-8: Zusammenhang zwischen Evolution, Episoden und Epochen
Quelle: Kutschker/Bäurle/Schmid (1997a), S. 107.

1.3.4   Die „Drei E's" als Konstellationen von Kernprozess, Prozessumfeld und Prozessinhalt

Prozesse lassen sich, wie bereits festgestellt, durch die drei Merkmale Kernprozess, Prozessumfeld und Prozessinhalt beschreiben. Auch die „Drei E's" können nun durch diese Merkmale als unterschiedliche Typen von Internationalisierungsprozessen charakterisiert werden. Dabei gilt es zu beachten, dass die im Folgenden zu entwickelnden und in Abbildung 7-9 zusammengestellten Merkmalskombinationen als vorläufig zu verstehen und letztlich empirisch nachzuweisen sind.

Die Kernprozesse der **internationalen Evolution** spielen sich auf niedrigen Prozessebenen (Aktivitäten bzw. Ereignissen) im Verantwortungsbereich einzelner Mitarbeiter ab und weisen eine geringe Reichweite auf. Die Variationen liegen noch nahe beim Status quo und wirken sich nur geringfügig modifizierend auf die Oberflächen- und Tiefenstrukturen aus. Vernetzte Prozesse im Umfeld evolutionärer Kernprozesse spielen keine wichtige Rolle. Von großer Bedeutung sind hingegen die Mikronetzwerke der an den Kernprozessen der internationalen Evolution beteiligten Mitarbeiter. Veränderungen der Aktivitäten müssen mit den Aktoren dieser Mikronetzwerke abgestimmt werden bzw. werden von diesen initiiert. Um diese kleinen Veränderungen durchführen zu können, sind vor allem die Wissensbasis und die Fähigkeiten des einzelnen Mitarbeiters von Relevanz. Die Struktur des betrachteten Kernprozesses ist wegen seiner geringen Reichweite eher simpel; Veränderungen erstrecken sich lediglich auf die Ein- und Zuordnung einzelner Prozessaktivitäten. Die Einzelprozesse sind kurz und die Bemessung und Optimierung des Zeitbudgets für den Einzelprozess eher unwichtig. Eine Synchronisation der einzelnen Prozesse kann dabei als eher unwahrscheinlich angenommen werden. Da es sich, wie bereits erwähnt, häufig um zufällige Variationen handelt, spielt die Frequenz des Prozesses eine wichtige Rolle.

Internationalisierungsepisoden sind durch eine mehrstufige Hierarchie von Teilprozessen gekennzeichnet, und ihre Wirkung strahlt auf relativ viele Teile der Organisation aus. Die Probleme wie auch die Handlungsalternativen sind neu und können nicht routinemäßig bewältigt werden; die ausgelöste Veränderung ist zumindest für Teile der Betroffenen intensiv. Episoden stehen wegen ihrer Wirkungen und der eingesetzten Ressourcen in starker Wechselwirkung mit unternehmungsinternen und -externen Prozessen. Letzteres führt auch zur Notwendigkeit der Zusammenarbeit der Betroffenen mit Mitgliedern fremder Organisationen, weshalb die Mesonetzwerke hier eine besondere Bedeutung haben. Es verbleiben wegen der Neuartigkeit und Komplexität der Episoden erhebliche Freiräume, die Teilprozesse zu strukturieren, zeitliche und personelle Ressourcen zuzuweisen und der Prozessstruktur eine zeiteffiziente Ordnung zu geben. Die Dauer des Gesamtprozesses ist allerdings häufig an zeitliche Fixpunkte gebunden und bemisst sich nach Monaten, weshalb das Zeitbudget kritisch wird. Die zeitlichen Prozessmuster sind unwichtig. Die starke Vernetzung verlangt nach einer Synchronisation mit internen und externen Prozessen. Sind letztere in anderen Kulturkreisen (Unternehmungs- und Landeskultur) eingebettet, können aufgrund interaktiver Teilprozesse Probleme der Zeitallokation (unterschiedliche soziale Zeit) entstehen. Die Prozesslogik mag dabei sehr unterschiedlich ausfallen.

Im Mittelpunkt von **Internationalisierungsepochen** steht die gesamte Unternehmung in ihrem Wechselspiel mit dem Umfeld. Da alle Teile der Unternehmung von dem Wandel betroffen sind, ist die Reichweite der Prozesse relativ groß. Aber auch die Intensität des Wandels kann als hoch eingestuft werden. Entsprechend sind nicht mehr nur die Mikro- bzw. die Mesonetzwerke von Relevanz, sondern vor allem die Makronetzwerke der beteiligten Organisationen. Ressourcen sind nicht mehr zwingende Voraussetzungen, sondern im Verlauf der langfristigen Internationalisierung und über strategische Züge gezielt anzueignende Eigenschaften, die zur weiteren geplanten Internationalisierung eingesetzt werden können. Die relevanten Prozesse im Umfeld von Epochen sind nach wie vor die Aktionen der Konkurrenten. Es rücken aber verstärkt die Veränderungen des institutionellen Umfeldes in und zwischen den einzelnen Ländern in den Fokus. Diese können die internationale Ko-Evolution der betrachteten Unternehmung mit ihrem Umfeld beeinflussen. Die Jahre dauernden Epochen lassen sich auch durch Internationalisierungsepisoden und deren Reihenfolge charakterisieren. Dabei ist die Synchronisation der unternehmungstypischen Zyklen mit jenen des Umfeldes wichtig, wobei die Aspekte der sozialen Zeit wegen der hohen Prozessebene von Epochen weitgehend unwichtig sind.

Internationale Evolution, Episoden und Epochen verkörpern bestimmte Konstellationen der Variablen des Prozessumfeldes und der Prozessinhalte, zu denen sich die Merkmale des Kernprozesses hinzugesellen. Abbildung 7-9 stellt diese Merkmalskombinationen nun noch einmal im Überblick dar. Natürlich können reale Kernprozesse auch aus diesem Raster herausfallen. Es wird z.B. auch Epochen geben, die unter einem ähnlich hohen Zeitdruck stehen, wie er als charakteristisches Merkmal für Episoden herausgearbeitet wurde, oder Episoden, die sich im Ausnahmefall über mehrere Jahre erstrecken können. Dass eine völlig trennscharfe Abgrenzung der „Drei E's" in Einzelfällen Probleme bereiten kann, soll in Abbildung 7-9 durch die gestrichelten Trennlinien zum Ausdruck gebracht werden.

Was bleibt als Zwischenfazit? In diesem Abschnitt wollten wir vermitteln, dass es nicht den Internationalisierungsprozess schlechthin gibt. Vielmehr ist zwischen Evolution, Episoden und Epochen zu unterscheiden. Die „Drei E's" bringen typische Konstellationen von Variablengruppen hervor. Die Deskription der drei Archetypen der Internationalisierung ist der Ausgangspunkt, ihre Führung zu diskutieren. Wir wollen in den folgenden drei Abschnitten herausarbeiten, dass mit den „Drei E's" **jeweils unterschiedliche Führungsanforderungen, Führungsmöglichkeiten und Analysesysteme** verbunden sind.

Merkmale der Prozessmechanik	Internationale Evolution	Internationale Episode	Internationale Epoche
Prozessinhalte			
Prozessebene	niedrig	Teilprozess mit eigener Hierarchie	Entwicklung der Unternehmung
Prozessreichweite	gering (kleine Teile der Unternehmung)	mittel bis groß (z.B. Sparten)	groß (Unternehmungen und Umfeld)
Handlungs- alternativen	nahe am Bekannten, zufällig	neuartig, komplex	Internationalisie- rungsstrategien, Stoßrichtungen
Intensität des organisationalen Wandels	a) gering b) Tiefenstruktur erzeugt Ober- flächenstruktur	a) mittel bis groß b) partielle Unvereinbarkeit von Oberflächen- und Tiefenstruktur	a) groß b) Höherentwick- lung der Tiefen- struktur
Prozessumfeld			
Prozesse im Umfeld	unbedeutend; wichtig ist die Gesamtheit aller Schritte	starker Einfluss interner und externer Prozesse	langfristige Ko- Evolution mit dem Umfeld
Netzwerke im Umfeld	Mikronetzwerke	Mesonetzwerke	Makronetzwerke
Ressourcen, Potentiale im Umfeld	Fähigkeiten individueller Manager	Potentiale als Voraussetzung	Potentialaneignung steuerbar
Kernprozess			
Prozessstruktur	trial-and-error	Ordnung von Teilprozessen	Reihung von Episoden
Allokation von Zeit - Dauer - Zeitbudget - Prozessmuster - Synchronisation - Soz. Zeitverständnis	 kurz unwichtig Frequenz wichtig unwahrscheinlich individuell	 Monate kritisch unwichtig mit parallelen Prozessen interaktiv	 Jahre variierend Zyklus mit Umfeld unwichtig
Prozesslogik	modifizierend	vielfältig	kumulierend

Abb. 7-9:   Merkmalskombinationen von Evolution, Episoden und Epochen

2   Unternehmungsentwicklung durch internationale Evolution

Empirischen Untersuchungen zufolge beginnen viele Unternehmungen ihre Internationalisierung eher zufällig und ungeplant (vgl. Bäurle 1996, S. 50-53). Auslöser der ersten grenzüberschreitenden Tätigkeiten sind beispielsweise Anfragen aus dem Ausland oder von Besuchern lokaler Messen. Erfolgreiche Auslandsbeziehungen werden dann vertieft. Es entsteht der Eindruck einer **kontinuierlichen, inkrementalen Internationalisierung**, in welcher der Zufall und die zunehmende Internationalisierungserfahrung eine erhebliche Rolle spielen. Johanson/Vahlne modellierten diese Variante des Internationalisierungsprozesses, die wir internationale Evolution nennen, in einem richtungsweisenden Bezugsrahmen (vgl. Johanson/Vahlne 1977, 1990, → Abschnitt 3.3.6 in Kapitel 3). Obwohl man heute davon ausgeht, dass dieser Bezugsrahmen hauptsächlich die Internationalisierung relativ junger und internationalisierungsunerfahrener Unternehmungen erklärt, kann eine evolutionäre Internationalisierung auch bei voll entfalteten internationalen Unternehmungen beobachtet werden (vgl. Forsgren 1989). Sie ist dort jedoch teilweise anderen Ursachen zuzuschreiben (Abschnitt 2.1).

Internationale Evolution verläuft als inkrementale Internationalisierung **zunächst** einmal „**richtungslos**", d.h. die kleinen Internationalisierungsschritte sind unkoordiniert und ohne zentrale Führung. Eine **direkte, zentrale Führung** der einzelnen inkrementalen Veränderungen der internationalen Oberflächenstruktur durch Planung, Koordination oder Kontrolle erscheint aufgrund der unkoordinierbar großen Zahl der evolutionären Kernprozesse **unrealistisch**. Nach unserer Meinung können jedoch auch diese evolutionären Kernprozesse zumindest teilweise geführt werden. Dies geschieht dadurch, dass den Entwicklungsprozessen eine gewisse Richtung verliehen wird (Abschnitt 2.2).

Unterstützt wird die nunmehr auch als **geplante internationale Evolution** bezeichnete Entwicklung durch geeignete **Analysemethoden**, die den durch evolutionäre Kernprozesse erzielten Fortschritt beobachten helfen (Abschnitt 2.3).

2.1   Ursachen inkrementaler Internationalisierungsprozesse

Im Folgenden werden einige Begründungen dafür gegeben, warum Internationalisierung evolutionär und inkremental verläuft:

(1) Inkrementale Veränderungen gehen oftmals auf **zufällige Ereignisse** zurück. Diese Zufälle erzeugen neue Variationen des Handlungsfeldes, auf die mit der Selektion neuer Handlungsalternativen geantwortet werden muss und von denen die erfolgreichen Re-

aktionen in Form neuer Routinen – gegebenenfalls nach weiterer Ausdifferenzierung – in das Verhaltensrepertoire übernommen werden (Retention). Zufälle sind beispielsweise in einer spezifischen Kundenanfrage oder in einer Produktweiterentwicklung durch einen Lieferanten zu sehen. Je weniger solche Zufälle aufgrund ihrer Bedeutung die Aufmerksamkeit des Top-Managements erhalten, desto eher wirken die Reaktionen plan- und richtungslos.

(2) Mitarbeiter haben zunächst einmal die Produktivität und Rationalität der in ihrem Verantwortungsbereich ablaufenden Aktivitäten im Auge. Durch Eigeninitiativen versuchen die Mitarbeiter, die Ausführung dieser Aktivitäten zu verbessern. Bereichsegoismen, mangelnder Überblick über die Zusammenhänge und nicht eindeutig abgegrenzte Verantwortungsbereiche fördern jedoch die Tendenz, dass diese Eigeninitiativen den Charakter eines **„piecemeal engineering"** bzw. unabgestimmter „Zufälle" aufweisen.

(3) Ein weiteres Argument für die schrittweise Internationalisierung knüpft an der **begrenzten Kontrollierbarkeit der Variations- und Selektionsprozesse** an. In der Literatur zum Strategischen Management wird darauf hingewiesen, dass Strategien auch nicht-intendierte Effekte hervorrufen (vgl. Mintzberg 1978, Habel 1992, S. 267-276, Obring 1992, S. 193-198, Kirsch/Obring 1994, insbesondere S. 29-30). Wie noch zu zeigen ist, kann die Internationalisierung auch in vergleichsweise großen und revolutionären Schritten – in Internationalisierungsepisoden – erfolgen. Es kann jedoch nicht angenommen werden, dass alle mit diesem Schritt zusammenhängenden Prozesse und Strukturen gleichfalls „revolutionär" verändert werden. Es scheint wahrscheinlicher, dass die betroffenen Prozesse eher schrittweise und damit inkremental an den neuen Zustand herangeführt werden (vgl. Jarvenpaa/Stoddard 1998). Wenn zum Beispiel in einem Land ein lokaler Wettbewerber erworben und mit der Landesgesellschaft verschmolzen wird, ist dies ein vergleichsweise großer Internationalisierungsschritt, der bei vielen der Betroffenen eine Neuorientierung der individuellen Wissensbasis erforderlich macht. Diese Neuorientierung wird schrittweise und durch kontinuierliches Lernen erfolgen, um den faktisch vollzogenen großen Internationalisierungsschritt nach und nach zu verarbeiten. Die „revolutionäre" Internationalisierung zieht somit viele inkrementale Veränderungen der Oberflächen- und Tiefenstruktur nach sich, die beim externen Beobachter wiederum den Eindruck eines kontinuierlichen Wandels erwecken.

(4) Ferner ist davon auszugehen, dass sich **Eigeninitiativen** von Mitarbeitern häufig **in der „Nähe" des Status quo** bewegen. So ist im Zusammenhang mit der Internationalisierung anzunehmen, dass sich neu konstruierte Oberflächenstrukturen nicht stark von dem ursprünglichen System unterscheiden, da sie noch von den sie hervorbringenden Tiefenstrukturen verstanden werden müssen. Das Neue sucht Anschluss an das Alte und wird demnach eher selten völlig neu sein. Die Tendenz zum internationalen Systembruch ist daher schwach ausgeprägt. Diese Überlegungen basieren auf dem **Konzept der lateralen Rigidität**. So geht die Helsinki-Schule um Luostarinen (1979) davon aus, dass in Unternehmungen grundsätzlich vertraute, **bereits bekannte Alternativen**

gegenüber gänzlich neuen Alternativen präferiert werden. In Unternehmungen wird es daher vorgezogen, bekannte Handlungsoptionen weiter zu entwickeln, anstatt neue Alternativen anzunehmen (vgl. hierzu auch Bäurle 1996, S. 92-93).

Die genannten Gründe verstärken die Position der „Inkrementalisten" und unsere Argumentation, nach der zumindest ein Teil der internationalen Entwicklung „evolutionär" im Sinne einer teils zufälligen, teils bewussten, aber auf jeden Fall inkrementalen Variation erfolgt.

2.2   Führung der geplanten internationalen Evolution

Wie oben dargestellt, erscheint inkrementale Internationalisierung „richtungslos", weil die einzelnen Prozesse der Variation und Selektion von Veränderungen des Tagesgeschäftes ohne zentrale Führung, unkoordiniert und aufgrund von Initiativen der einzelnen Mitarbeiter ablaufen. Es ist zunächst kaum vorstellbar, dass die vielfältigen und minimalen Veränderungen der Internationalität der Oberflächen- und Tiefenstruktur überhaupt einer Führung zugänglich sind. Inkrementale Weiterentwicklung und Führung im Sinne eines hierarchischen Regelkreismodells schließen sich scheinbar aus. Über die **Entwicklung einer konzeptionellen Gesamtsicht** kann jedoch aus einer richtungslosen eine **geplante Evolution** werden (Abschnitt 2.2.1). Zur Lösung dieses Widerspruches greifen wir dabei auf eine Argumentationsfigur zurück, wie sie in der allgemeinen Managementliteratur benutzt wird, um zwischen „**Inkrementalisten**" und „**Totalplanern**" zu vermitteln (vgl. Kirsch 1996), und wie sie auch im Ansatz des logischen Inkrementalismus von Quinn (1980, 1995) angelegt ist. Nach einer kurzen Erläuterung der Idee der konzeptionellen Gesamtsicht wollen wir aufzeigen, wie diese zur Steuerung der evolutionären internationalen Entwicklung der Unternehmung eingesetzt werden kann (Abschnitt 2.2.2). Darüber hinaus werden wir verdeutlichen, wie sich die Führung der Prozessinhalte (Abschnitt 2.2.3) und die Führung des Prozessumfeldes (Abschnitt 2.2.4) im Rahmen der internationalen Evolution gestalten lassen. Abschließend wollen wir darauf hinweisen, dass die konzeptionelle Gesamtsicht selbst einer evolutionären Entwicklung unterliegt (Abschnitt 2.2.5).

2.2.1   Von der inkrementalen zur geplanten internationalen Evolution

Die Position der **Inkrementalisten** wird in der Managementliteratur beispielsweise durch Lindblom (1965) vertreten, der unternehmungspolitische Entscheidungsprozesse durch „**disjointed incrementalism**", „**muddling through**" und „**partisan mutual adjustment**" gekennzeichnet sieht. Zu den Inkrementalisten sind auch Cohen, March und

Olsen (1976) mit dem von ihnen aufgestellten „**Mülleimer-Modell**" zu zählen. Unternehmungen werden dabei als Set von „garbage cans" verstanden, wobei jeder Mülleimer eine unterschiedliche Entscheidungsarena repräsentiert. Die Entscheidungsarenen werden von Individuen mit verschiedenen Problemen und Individuen mit verschiedenen Lösungen betreten. Entscheidungen kommen dann eher zufällig und in Abhängigkeit von den Teilnehmern, Problemen und Lösungen zustande, die gerade in einem „Mülleimer" zusammentreffen.

Den Gegenpol der Inkrementalisten bilden **Vertreter der Planungswissenschaft**, die insbesondere in ihrer Frühphase euphorisch davon ausgingen, dass sozio-technische Systeme wie Staaten, Unternehmungen oder deren Teilsysteme, wie zum Beispiel Managementinformationssysteme, der rationalen, vollständigen „Durchplanung" zugänglich seien und dass entsprechende Pläne „verlustfrei" umsetzbar wären (vgl. Mannheim 1958).

Mit dem **Modell der geplanten Evolution** vermittelt Kirsch (1998a, S. 435-439) aufbauend auf Rosove (1967) und Etzioni (1968) zwischen beiden Sichtweisen, indem er die Tendenz politischer Entscheidungen zum Inkrementalismus bzw. zum „Durchwursteln" als empirisch beobachtbares Phänomen akzeptiert, aber gleichzeitig nachdrücklich die Forderung vertritt, eine so geartete Evolution durch eine konzeptionelle Gesamtsicht zu führen. Gleichzeitig betont Kirsch, dass diese Führung niemals „allumfassend" ausfallen kann und immer nicht-intendierte Ereignisse auftreten werden, auf die es flexibel zu reagieren gilt. Abbildung 7-10 stellt eine auf die hier interessierenden Zusammenhänge umgestellte Modifikation des ursprünglichen Konzepts von Kirsch dar.

Die fließenden Pfeile im Mittelfeld der Abbildung bilden den **Strom der täglich ablaufenden inkrementalen Internationalisierungsaktivitäten** der Unternehmung ab. Dieser Strom von Internationalisierungsaktivitäten steht im Einflussbereich des intra- und interorganisationalen Umfeldes, mit dem er durch Transaktionen und Reaktionen vielfältig verbunden ist (in Abbildung 7-10 durch die vertikalen Pfeile gekennzeichnet). Auf der einen Seite können Impulse aus dem Umfeld eine Veränderung bzw. Anpassung der einzelnen Aktivitäten in Form einer Variation hervorrufen. Auf der anderen Seite beeinflussen die einzelnen Aktivitäten der Unternehmung aber auch das Umfeld.

Dieses Wechselspiel von interner und externer inkrementaler Internationalisierung ist im Modell von Johanson/Vahlne (➜ Abschnitt 3.3.6 in Kapitel 3) ebenfalls enthalten. Das wachsende Erfahrungswissen aus den Transaktionen mit lokalen Umfeldern (Märkten) fließt wieder in die Internationalisierungsentscheidungen ein. Die Internationalität verändert sich dort in einem **kontinuierlichen, weitestgehend selbstorganisierenden Prozess** meist in Richtung zunehmender Internationalität.

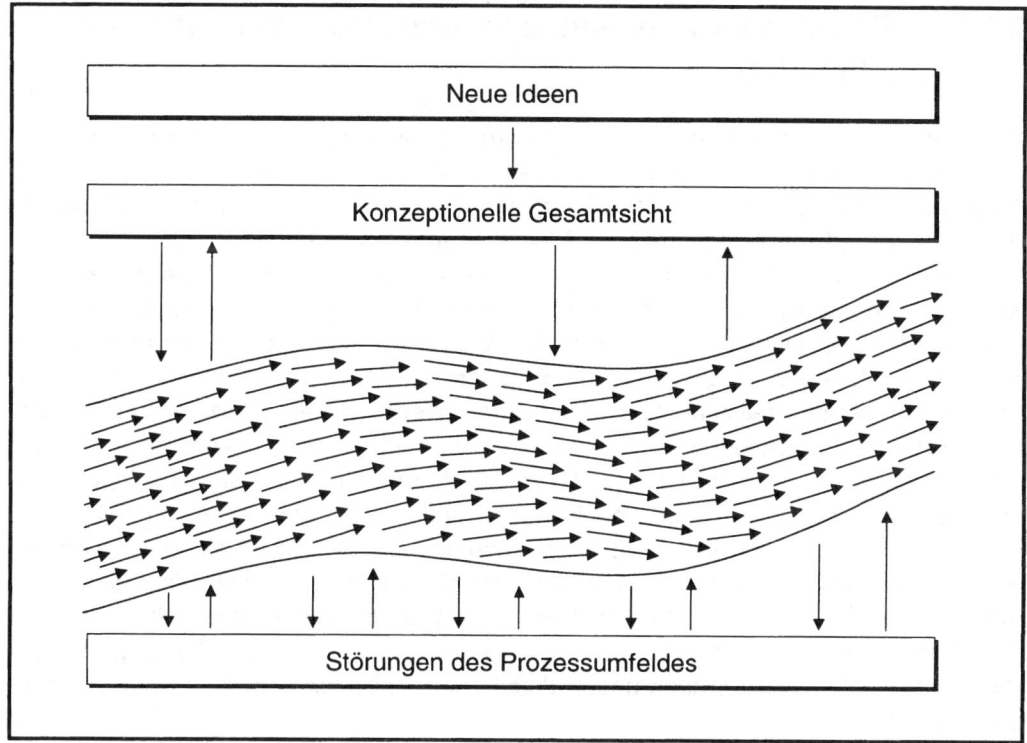

Abb. 7-10: Die geplante Evolution
Quelle: in Anlehnung an Kirsch (1998a), S. 436.

Die planerische Komponente kommt nun durch die konzeptionelle Gesamtsicht ins Spiel. Die konzeptionelle Gesamtsicht stellt eine den Internationalisierungsprozess interpretierende Abstraktion der Realität dar, die in Maximen (also Zielen, Strategien, Grundsätzen) und Leitbildern ihren Ausdruck findet. Gespeist wird die konzeptionelle Gesamtsicht durch Informationen über den Strom von Internationalisierungsaktivitäten, aber auch von neuen Ideen im Sinne neuartiger gesellschaftlicher Werte, utopischer Zukunftsentwürfe oder Visionen. Eine Steuerung der einzelnen Internationalisierungsaktivitäten ist nun über die Kommunikation und Konkretisierung der konzeptionellen Gesamtsicht möglich. Eine konzeptionelle Gesamtsicht kann dabei sehr unterschiedliche Formen annehmen. Sie kann sowohl in der Vorstellung eines Geschäftsinhabers existieren, nach welchen Prinzipien sein Geschäft zu führen sei. Sie kann aber auch in der Form höchst elaborierter strategischer Planungssysteme auftreten, deren Output Leitbilder und Strategien umfasst. Nicht notwendigerweise erstreckt sich die konzeptionelle Gesamtsicht auf alle Aspekte des unternehmerischen Geschehens. Die Fließrichtung des Stromes der Internationalisierungsaktivitäten resultiert sowohl aus der Reaktion auf Störungen aus dem Umfeld als auch aus den abgeleiteten Steuerungsimpulsen der konzeptionellen Gesamtsicht.

2.2.2   Prozessmanagement der geplanten internationalen Evolution

Die allgemeinen Ausführungen zur Prozessmechanik zeigten die generellen Gestaltungsoptionen eines Prozessmanagements auf (→ Abschnitt 1.2 in diesem Kapitel). Demnach hat sich die Führung der inkrementalen Kernprozesse mit der Gestaltung der Prozessstruktur, Prozesslogik und der Allokation von Zeit zu befassen. Es wäre jedoch ein Widerspruch zu der bisherigen Argumentation, wenn man diese Stellgrößen des Kernprozesses zentral für die einzelnen inkrementalen Internationalisierungsaktivitäten bestimmen wollte. Überlässt man diese Gestaltung aber ganz der Selbstorganisation durch die einzelnen Mitarbeiter, wird das Ergebnis der beschriebene unverbundene, unkoordinierte Inkrementalismus sein. Um einem unverbundenen, unkoordinierten Inkrementalismus entgegenzuwirken, sollte in der Unternehmung eine konzeptionelle Gesamtsicht formuliert werden, die in unterschiedlich starkem Maße die einzelnen inkrementalen Veränderungsprozesse beeinflussen und koordinieren kann. Im Folgenden wollen wir drei Veränderungsprozesse der internationalen Evolution der Unternehmung vorstellen, denen über Steuerungsimpulse der konzeptionellen Gesamtsicht eine Richtung verliehen werden kann. Neben den Veränderungen durch Ad-hoc-Strukturierung (Abschnitt 2.2.2.1) betrachten wir Veränderungen durch Korrektur des Tagesgeschäftes (Abschnitt 2.2.2.2) und Veränderungen durch Reorganisation von (Geschäfts-)Prozessen (Abschnitt 2.2.2.3).

2.2.2.1   Veränderungen durch Ad-hoc-Strukturierung

Mitarbeiter ändern und gestalten während eines konkreten Prozesses auch ad hoc dessen Struktur, die mit dem Ablauf des Prozesses wieder flüchtig wird oder als neue Prozessstruktur für den Wiederholungsfall gespeichert werden kann. Einerseits schafft dies unter Umständen für verbundene Prozesse Probleme, die man durch eine koordinierende Einflussnahme verhindern könnte. Andererseits möchte man die Spontaneität und Effektivität dezentraler Ad-hoc-Maßnahmen nicht behindern. In der Praxis werden daher bewusst flexible Organisationsstrukturen gewählt (→ Abschnitt 1.1.5 in Kapitel 4). Es ist dann zu erwarten, dass eine spontane Gestaltung von Prozessabläufen umso eher auftreten wird,

- je **lockerer** das Korsett der **Aufbauorganisation** ist,
- je **neuartiger** und **seltener** die **Prozesse** sind und
- je mehr **Interaktionen** zwischen prozessbeteiligten Mitarbeitern stattfinden.

Aufbauorganisationen bilden den Handlungsrahmen für Prozesse. Prozesse laufen innerhalb dieser Strukturen ab und verbinden die Aktivitäten einzelner Abteilungen und Stellen. Straffe Organisationsstrukturen lassen den Mitarbeitern hier weniger Spielraum für alternative Prozessverläufe als auf Flexibilität ausgerichtete Organisationsstrukturen.

Die **Neuartigkeit von Prozessen** ist relativ und folgt der Überlegung, dass für subjektiv neu empfundene Prozesse in den Kognitionen der Beteiligten keine Erfahrung und folglich auch kein „Skript" vorhanden ist, wie eine erfolgreiche Prozessführung aussehen sollte. Spontane Gestaltung kann dann eher durch die Prinzipien „trial and error" bzw. „learning by doing" charakterisiert werden. Ähnlich gelagert sind **seltene Prozesse**, für die sich die Erarbeitung von Prozessroutinen nicht „lohnt" und bei denen man es den Mitarbeitern überlässt, den Einzelfall zu organisieren.

Eine Ad-hoc-Strukturierung von Prozessstrukturen scheint auch dann sinnvoll, wenn **Prozesse zwischen (beinahe) unabhängigen Partnern** ablaufen, die jeweils unterschiedliche Vorstellungen über einen Prozessverlauf entwickelt haben. Dies kann zwischen Lieferant und Kunde bzw. generell zwischen fokaler Unternehmung und Aktoren in ihrem Umfeld, aber auch zwischen Mutter- und Tochtergesellschaft der Fall sein. Der Erfolg solcher Interaktionen hängt dann unter anderem davon ab, ob die beteiligten Parteien über ein geeignetes gemeinsames Prozessmuster ihrer Interaktion verfügen. Es ist davon auszugehen, dass die Mitglieder am Rande einer Organisation, das sogenannte „boundary personnel", durch eine hohe Flexibilität in der Anwendung ihrer Prozessskripte gekennzeichnet sind und über ein reichhaltiges Repertoire an Prozessstrukturen zum Beispiel für Verhandlungsprozesse verfügen.

Solche spontan oder ad hoc entstehenden neue Ordnungen von inkrementalen Internationalisierungsaktivitäten sind – wie ausgeführt – nicht direkt durch das Top-Management führbar. Dies liegt daran, dass diese einzelnen internationalen **„Miniprozesse" für das Top-Management zu unbedeutend** sind und gerade aus diesem Grunde dem Verantwortungsbereich nachgeordneter Manager zugeordnet wurden. Warum macht ein Prozessmanagement dieser Ad-hoc-Strukturierungen nun dennoch Sinn und wie lässt sich gegebenenfalls auf diese ungeordneten, ad hoc entstehenden Prozess(re)strukturierungen „ordnend" Einfluss nehmen?

Ad-hoc-Strukturierungen greifen in die Dauer, die Häufigkeit und die Logik von Prozessen und deren Teile ein und können die Beziehungen zu anderen Prozessen, wie zeitliche und kausale Abhängigkeiten, verändern. Damit können sie nicht nur den betrachteten Kernprozess, sondern auch **übergeordnete und nachgelagerte Prozesse positiv oder negativ beeinflussen**. Es kann also nicht ganz gleichgültig sein, ob und wie einzelne Manager die in ihrem Verantwortungsbereich ablaufenden Prozesse „verbessern".

Aus den genannten Gründen kann eine Führung der Ad-hoc-Veränderungen nur eine indirekte sein. Indirekt meint damit eine Einflussnahme, die nach wie vor eine Selbststeuerung der Mitarbeiter ermöglicht, diese aber die Ad-hoc-Strukturierung in einer Art und Weise vollziehen lässt, wie sie den **Intentionen des Top-Managements** entspricht.

Die naheliegendste Form einer **indirekten Beeinflussung** ist die Schulung von Mitarbeitern und Managern in Fragen des Prozessmanagements. Dies beinhaltet beispielsweise die Unterrichtung über bestimmte zeitliche Abhängigkeiten, unterschiedliche Effizienzwirkungen von Prozessverkürzungen oder alternative Prozessmuster. Schulungsmaßnahmen schränken den Entscheidungsspielraum von Managern nicht ein, erhöhen aber die Fähigkeit, Prozesse zu verbessern und Wirkungen von Veränderungen beurteilen zu können.

Die **Einrichtung eines Managementsystems**, das Manager veranlasst, ihre intendierten Verbesserungen „anzumelden" bzw. über erfolgreiche Prozessrestrukturierungen zu berichten, engt den Entscheidungsspielraum des einzelnen Managers ein, stellt aber wie Schulungsmaßnahmen sicher, dass Ad-hoc-Verbesserungen nicht „ungeprüft" implementiert werden. Gremien wie zum Beispiel „Quality Circles" übernehmen nunmehr die „Verantwortung" des meldenden Managers und sind – so die Annahme – besser als der einzelne Manager in der Lage, die Effizienz und die Folgewirkungen von singulären Prozessveränderungen zu beurteilen.

Das Prozessmanagement der geplanten internationalen Evolution kann sich aber auch auf die **Routinisierung solcher Ad-hoc-Strukturierungen** konzentrieren, die sich als effizienzsteigernd erwiesen haben. Routinen entstehen, wenn sich Ad-hoc-Strukturierungen durch gleichartige Wiederholung verfestigen. Organisationen beginnen mit der Wiederholung routinisierter Prozesse insbesondere dann zu lernen, wenn sie die erstarrenden Prozessroutinen selbst einer kritischen Reflexion und Neubewertung unterziehen. Im Evolutionszirkel von **Variation, Selektion und Retention** (→ Abschnitt 1.1.4.2 in diesem Kapitel) entspricht die Routinisierung der Retention, die Ad-hoc-Veränderung der Variation. Quality Circles wären dann installiert, um vorteilhafte neue Prozessstrukturen bewusst zu selektieren.

Die Etablierung solcher Bewertungssysteme und die Verbreitung des so gewonnenen neuen Prozesswissens innerhalb der Unternehmung und innerhalb ihres Makronetzwerkes ermöglicht einerseits das wünschenswerte **organisationale Lernen** und stellt andererseits sicher, dass die über die Organisationsgrenzen hinaus reichenden Prozesse an den Lernfortschritten partizipieren. Die Einbindung des Makronetzwerkes in die organisationalen Lernprozesse weist freilich bereits über die Kurzskizze der internationalen Evolution hinaus (→ Abbildung 7-9), in der als Charakteristikum der internationalen Evolution insbesondere auf die Relevanz der Mikronetzwerke abgehoben wurde. Die Anbindung von Makroakteuren an interne Lernprozesse zeigt aber auch, dass die internationale Evolution ganz geplant die Ko-Entwicklung mit ihrem Umfeld in ihre Betrachtungen einbeziehen kann.

Unsere bisherigen Ausführungen lassen sich auf alle Arten inkrementaler Prozesse und damit auch auf Internationalisierungsaktivitäten übertragen. Die vorgeschlagenen Maßnahmen des indirekten Prozessmanagements kommen bislang auch ohne die Denkfigur der geplanten Evolution aus. Erfolgt die Ad-hoc-Änderung wie auch ihre Verfestigung unter einer koordinierenden Einflussnahme, besteht die Wahrscheinlichkeit, dass der

ungerichtete Strom an Ad-hoc-Strukturierungen Richtung erhält. Diese Richtung wird im Modell der geplanten Evolution durch die **Inhalte der konzeptionellen Gesamtsicht** und die **Art ihrer Kommunikation** erzeugt.

Die **Inhalte** der konzeptionellen Gesamtsicht können recht vielfältig sein und sich beispielsweise auf die geographische Extension des Geschäftes beziehen. Dann geht mit der Kommunikation der Maxime, „sich stärker in China zu engagieren", die Erwartung einher, dass Mitarbeiter und Manager sich beispielsweise regelmäßiger um Ausschreibungen im „China Daily" kümmern oder generell die Informations-, Akquisitions- und Vertriebsprozesse in China überprüfen, dass Änderungen der Gesetzeslage und des politischen Umfeldes häufiger erfasst werden, dass die Personalabteilung Routinen für die Entsendung nach China entwickelt oder Reisen nach und Besuche von Geschäftspartnern aus China intensiviert werden. All diese neuen oder verbesserten Prozessabläufe werden ohne direkten Eingriff des Top-Managements und entsprechend der Initiative, den Fähigkeiten und dem Prozessverständnis des einzelnen Managers in Teilprozesse zerlegt und mit neuen zeitlichen Prioritäten und Ablaufmustern versehen.

Die Art und Weise, wie die **konzeptionelle Gesamtsicht kommuniziert** wird, legt dabei fest, wie direkt der Freiraum für Ad-hoc-Strukturierungen eingeengt bzw. wie deutlich die Richtungsvorgabe ist. Dies reicht von Anweisungen, bestimmte Arbeitsabläufe nur in vorgeschriebener Weise durchzuführen – was für diese Abläufe einem Verbot von Ad-hoc-Strukturierungen gleichkommt – bis zu eher unverbindlichen Aufrufen, das Geschäft in Fernost zu forcieren.

2.2.2.2   Veränderungen durch Korrektur des internationalen Tagesgeschäftes

Die Summe erfolgreich abgeschlossener Transaktionsprozesse einer Periode konstituiert – bei zunehmender Aggregation – den Umsatz einer Vertriebseinheit, einer Produktkategorie, einer Tochtergesellschaft, eines Geschäftsfeldes oder der gesamten Unternehmung. Das Tagesgeschäft umfasst dabei die Summe aller primären Transaktions- und Transformationsprozesse (z.B. der Logistik, Produktion oder des Vertriebs) sowie der unterstützenden bzw. sekundären Prozesse. Konzentriert man sich auf den internationalen Teil dieser verschiedenen Klassen von Aktivitäten, dann handelt es sich um das internationale Tagesgeschäft, um dessen Führung und Koordination durch Prozessmanagement es hier geht.

Üblicherweise erfolgt die Koordination unter anderem durch das klassische Instrumentarium der Planungs-, Budgetierungs- und Berichtssysteme. Damit wird zum Beispiel die Dauer, Reihenfolge und Zyklizität der Aktivitäten vorweg geplant und koordiniert. Ferner wird die Ausführung der Prozesse immer wieder hinsichtlich zeitlicher Kongruenz und Zielerfüllung überprüft und korrigierend eingegriffen, um zeitlich aus dem Ruder gelaufene Prozesse mit den nachgelagerten bzw. abhängigen Teilprozessen neu zu synchronisieren.

Im **Unterschied zu den Ad-hoc-Strukturierungen** handelt es sich hier um Korrekturen, die beispielsweise Verkaufsprozesse über Abteilungsgrenzen hinweg mit anderen Verkaufsprozessen neu auf die Jahresziele hin koordinieren und diese Änderungen mit vorgelagerten, parallel ablaufenden und nachgelagerten Prozessen der Produktion und Logistik abzustimmen versuchen. Es sind Korrekturen, die nicht die Prozessstruktur ad hoc verändern, sondern unter **Beibehaltung üblicher Abläufe** korrigierend in diese eingreifen. Mitarbeiter verwenden einen erheblichen Teil ihrer Zeit auf die Korrektur fehlerhafter Prozessabläufe. In internationalen Unternehmungen werden solche Korrekturen dabei noch zusätzlich durch landesübliche Usancen, Kommunikationsschwierigkeiten und uneinheitliche Managementsysteme erschwert, so dass **Korrekturen grenzüberschreitender Prozesse** viel eher vom „Versanden" oder weiteren **Folgefehlern** bedroht sind.

Manager bestimmen dabei einerseits in gewissen Grenzen selbst, wann oder in welcher Reihenfolge sie durch Transaktionen (z.B. Umsatz-)Pläne realisieren. Gleichzeitig werden ihnen auch Freiräume zugestanden, Korrekturen von fehl laufenden Planrealisationen vorzunehmen, beispielsweise um flexibel auf Kundenwünsche oder sonstige Änderungen der Planungsprämissen reagieren zu können. Häufen sich solche „Korrekturen", dann kann ein Prozessmanagement auf unterschiedliche Weise **ganze Klassen von Internationalisierungsaktivitäten** hinsichtlich ihrer Prozessmerkmale beeinflussen.

Durch einen **direkten Eingriff** lassen sich fehlerhafte oder unerwünschte Arbeitsabläufe generell verändern, etwa wenn festgelegt wird, dass Marktforschungsdaten aus den Ländern nicht irgendwann, sondern zwingend vor der Verhandlung von Umsatzzielen im Planungsprozess zur Verfügung stehen sollen. Anders als bei Ad-hoc-Strukturierungen verändert also nicht der einzelne Manager einen einzelnen in seinem Verantwortungsbereich liegenden Prozessablauf, sondern es wird eine ganze Klasse von Prozessen, hier der Zeitpunkt des Einfädelns von Marktforschungsdaten in den Planungsprozess, verändert.

Ein **indirekter Eingriff** des Prozessmanagements kann über die Veränderung von Zielgrößen führen, wenn beispielsweise über die Vorgabe eines verkürzten durchschnittlichen Zahlungszieles in den Landesgesellschaften die Häufigkeit und Intensität von Inkassoprozessen erhöht wird. Indirekt ist auch ein Eingriff in Prozesse über die Änderung der Planungs- und Berichtssysteme, wenn beispielsweise die Tochtergesellschaften nicht mehr jährlich, sondern vierteljährlich Marktanteilsentwicklungen berichten sollen, um eine schnellere Reaktion auf den Wettbewerb zu ermöglichen. Auch hier verändert die generelle Regelung eine ganze Klasse von Aktivitäten, nämlich die Form der Berichterstattung über Marktanteile mitsamt den dahinter liegenden Erhebungs- und Auswertungsprozessen der entsprechenden Marktforschungsdaten. Auf indirekte Art und Weise lassen sich Prozesse ferner durch unterschiedliche Ressourcenzuweisung strukturieren.

Beispielsweise konnten Cooper und Kleinschmidt (1988, 1993) feststellen, dass Produktinnovationen erfolgreicher verliefen, wenn deutlich mehr personelle und finanzielle Ressourcen auf die Markteinführungsphase des Innovationsprozesses verwendet wurden.

Die genannten Eingriffsmöglichkeiten zur Steuerung des internationalen Tagesgeschäftes kommen zunächst wie bei der Führung von Ad-hoc-Strukturierungen auch ohne eine konzeptionelle Gesamtsicht aus. Es sind Beispiele, wie durch ein Prozessmanagement ganz bewusst Variationen ganzer Klassen von Internationalisierungsaktivitäten erzeugt werden können. Ohne konzeptionelle Gesamtsicht besteht jedoch die Gefahr, dass dieser bewusst geführte evolutionäre Prozess der Variation, Selektion und Retention in einem **unverbundenen Inkrementalismus** der Änderungen endet. Eine **konzeptionelle Gesamtsicht** kann den unverbundenen Änderungen von Prozessabläufen Synthese, d.h. Stimmigkeit geben. Die im Rahmen des sogenannten **EPRG-Schemas** von Perlmutter (1969) vorgestellten Führungsphilosophien internationaler Unternehmungen können dabei als Beispiel für die grundsätzliche Ausrichtung einer konzeptionellen Gesamtsicht herangezogen werden (→ Abschnitt 3.2.1 in Kapitel 2). So wird etwa eine ethnozentrisch geprägte konzeptionelle Gesamtsicht die Planungs- und Berichtssysteme viel stärker auf eine zentrale Führung des Tagesgeschäftes zuschneiden als eine polyzentrisch gefärbte. Während erstere die Initiative zur geplanten Evolution weitgehend selbst kontrollieren will, bejaht letztere den Polyzentrismus und überantwortet Initiativen den Tochtergesellschaften. Die Zentrale beschränkt sich dann auf die Koordination der Ergebnisse dezentraler Evolutionen.

Bislang haben wir uns auf die Führung vergleichsweise unbedeutender Veränderungen von Prozessen der Internationalisierung konzentriert. Die Führung von Ad-hoc-Strukturierungen und ganzer Klassen von Internationalisierungsaktivitäten bezogen sich auf Prozesse geringer Reichweite und Intensität. Änderungen können sich aber auf **ganze Prozesssysteme** erstrecken, etwa auf die Änderung des gesamten Auftragsabwicklungsprozesses oder auf die Umstellung des Innovationsprozesses. Fallen solche Änderungen gravierend aus, kann es sich bereits um Reorganisationen von Geschäftsprozessen handeln. Solche Reorganisationen können je nach Reichweite und Intensität den inkrementalen Veränderungen oder bereits den Internationalisierungsepisoden zugeordnet werden. Wir behandeln sie hier im Rahmen der inkrementalen Evolution, um ihre Unterschiedlichkeit zu den bereits behandelten Änderungsprozessen herauszuarbeiten.

2.2.2.3   Veränderungen durch Reorganisation von Prozessen

Bei der Reorganisation von (Geschäfts-)Prozessen steht die **Neustrukturierung der zeitlichen Ordnung der Teilprozesse** im Vordergrund. Im Rahmen des „Business Process Reengineering" bzw. der **Geschäftsprozessoptimierung** werden die zeitlichen Stellgrößen von Geschäftsprozessen bzw. Geschäftsprozesssystemen nach zeitlichen

Optimierungskriterien reorganisiert. Die Prozessreorganisationen ordnen die Beziehungen zwischen den Einzelschritten neu und sollen vor allem die Qualität und die Dauer des gesamten Geschäftsprozesses aus der Sicht der Kunden positiv beeinflussen (vgl. Corsten 1996, S. 1089; vgl auch die Sammelrezension bei Gaitanides 1998). Dies kann am Beispiel von *Mercedes-Benz* in Textbox 7-2 verdeutlicht werden.

Textbox 7-2:   Die Reorganisation von Geschäftsprozessen

Das Beispiel von Mercedes-Benz

Mercedes-Benz wich bei der Produktentwicklung der 1993 eingeführten *C-Klasse* von der noch bis zur Einführung der *S-Klasse* 1992 gepflegten seriellen Reihung von Vor-, Produkt- und Werkzeugentwicklung, Produktionsanlauf, nationaler und internationaler Markteinführung ab. Schon während früher Phasen der Produktentwicklung wurden aus verschiedenen Regionen Schlüsselkunden in „product factories" zu Produktmerkmalen und Ausstattungsvarianten befragt. Von der seriellen ging man im Sinne eines **Simultaneous Engineering** auf eine überlappende Produktentwicklung über. Darüber hinaus wurde die internationale Markteinführung parallel vorgenommen. So konnte vor allem der „time-to-market"-Prozess erheblich verkürzt werden.

Quelle:
Kutschker (1995c), S. 18.

SAP-R3 stellt beispielsweise ganze Programmbibliotheken zur Verfügung, um durch geschickte Zerlegung des „alten" Prozesses, durch die Strukturierung der Einzelschritte und die Synthese zum „neuen" Prozess Kosten und Zeitverbrauch zu minimieren. Leider machen solche Prozessreorganisationen häufig an den geographischen Grenzen halt, so dass in den verteilten Unternehmungseinheiten lediglich Insellösungen entwickelt werden (vgl. Kutschker 1995c, S. 5).

Zur Illustration der Ausführungen greifen wir auf eine Untersuchung aus der Projektforschung zurück. Aus der Fahrzeugentwicklung ist beispielsweise bekannt, dass sich durch **unterschiedliche zeitliche Verknüpfung zunächst unabhängiger Entwicklungsprojekte** gezielt Entwicklungsaufwand und -zeit des Gesamtprojektes verringern lässt (vgl. ausführlich Niederländer 2000, S. 167-173). In Abbildung 7-11 sind die verschiedenen Varianten der Verknüpfung von Einzelprojekten dargestellt. Dabei wird zwischen „New Design", „Rapid Design Transfer", „Sequential Design Transfer" und „Design Modification" differenziert.

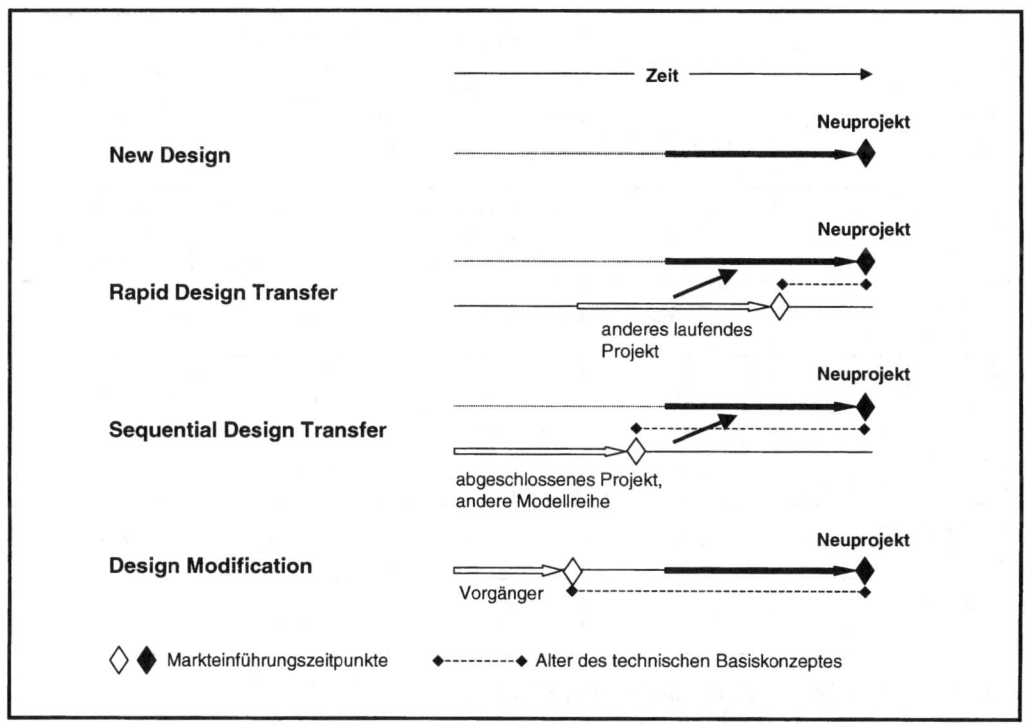

Abb. 7-11: Strategien zur Verknüpfung von Entwicklungsprojekten
Quelle: in Anlehnung an Nobeoka/Cusumano (1995), S. 398.

Beim „New Design" wird ein Fahrzeug völlig neu und eigenständig konzipiert. Beim „Rapid Design Transfer" werden hingegen die Kernkonzepte des ersten Fahrzeuges bereits während der Entwicklung des ersten Fahrzeuges auf das zweite Fahrzeug übertragen, während beim „Sequential Design Transfer" die Entwicklung des ersten Projektes beendet wird, bevor das nächste Projekt beginnt. Bei letzterer Vorgehensweise ist es dann nicht mehr möglich, Veränderungen zum Basisprojekt zurückzukoppeln, die für das Folgeprojekt förderlich wären. Bei der „Design Modification" dient nicht ein alternatives, sondern das Vorgängermodell als Ausgangsbasis. In Abbildung 7-12 sind die wesentlichen Merkmale der verschiedenen Multiprojektverläufe in Tabellenform dargestellt.

Nobeoka und Cusumano konnten nach einer Untersuchung von über 100 Fahrzeugprojekten zwischen 1986 und 1992 feststellen, dass beim „Rapid Design Transfer" nicht nur die Entwicklungszeit, sondern auch der Entwicklungsaufwand drastisch reduziert wurde, und die zeitliche Überlappung sowie die Verkürzung der Gesamtdauer mit einem unterproportionalen Ressourcenverbrauch an Entwicklerstunden einherging (vgl. Nobeoka/ Cusumano 1994).

	New Design	Rapid Design Transfer	Sequential Design Transfer	Design Modification
Basistechnologie	Völlig neu	Relativ neu	Alt	Alt
Quelle der Basistechnologie	Neu	Parallelmodell einer anderen Produktlinie	Vorgängermodell einer anderen Produktlinie	Direktes Vorgänger-modell
Technische Kompromisse	Keine	Kaum	Viele	Viele
Inhaltliche Projekt-Verknüpfung	Keine	Hoch	Hoch	Hoch
Zeitliche Projekt-Verknüpfung	Keine	Nahezu simultan	Sequentiell	Sequentiell
Koordinations-aufwand	Keiner	Hoch	Gering	Keiner
Zeitgewinn für 2. Produkt	-	Hoch	Gering	Gering

Abb. 7-12: Bewertung von Multiprojektstrategien
Quelle: Niederländer (2000), S. 170.

Die **Parallelen zu Internationalisierungsprozessen** werden offenkundig, wenn man in den Abbildungen 7-11 oder 7-12 „Design" durch „Markteintritt" ersetzt. Die gleichzeitige Präsenz in mehreren Ländern legt es nahe, dass isolierte Markeintritte zu „Multiprojekten" verknüpft werden. So entspräche dem „Rapid Market Entry Transfer" das an anderer Stelle beschriebene **„Sprinklermodell"** und dem „Sequential Market Entry Transfer" das sogenannte **„Wasserfallmodell"** (→ Abschnitt 4.2 in Kapitel 6). Freilich stehen hier noch die empirischen Ergebnisse aus, ob ein Sprinklermodell tatsächlich mit einem unterproportionalen Ressourcenverbrauch einhergeht.

Innerhalb der Prozesstrilogie der „Drei E's" nehmen die **Reorganisationen von Geschäftsprozessen** eine **Grenzposition zwischen der internationalen Evolution und internationalen Episoden** ein. Einerseits führen die von den Prozessen betroffenen Mitarbeiter im Zuge der Durchführung dieser Prozesse ständig inkrementale Reorganisationen durch, die in der beschriebenen Art von der konzeptionellen Gesamtsicht gesteuert werden. Andererseits kann der einzelne Geschäftsprozess oder das ganze Geschäftsprozesssystem bewusst und vom Top-Management intendiert reorganisiert werden. Solche Reorganisationen sind nun keineswegs zufällig und inkremental, sondern können die Arbeitsabläufe erheblich und „revolutionär" verändern. Ihnen liegen häufig politische Entscheidungen mit sorgfältigen Prozessanalysen und alternativen Prozessentwürfen zugrunde. Sie tragen damit bereits Episodencharakter. Abbildung 7-13 verdeutlicht nochmals, dass die Ad-hoc-Strukturierung von Prozessen sowie die Korrektur des Tagesgeschäfts eher evolutionären Charakter aufweisen, während Reorganisationen von Prozessen bereits „revolutionär" geprägt sein können.

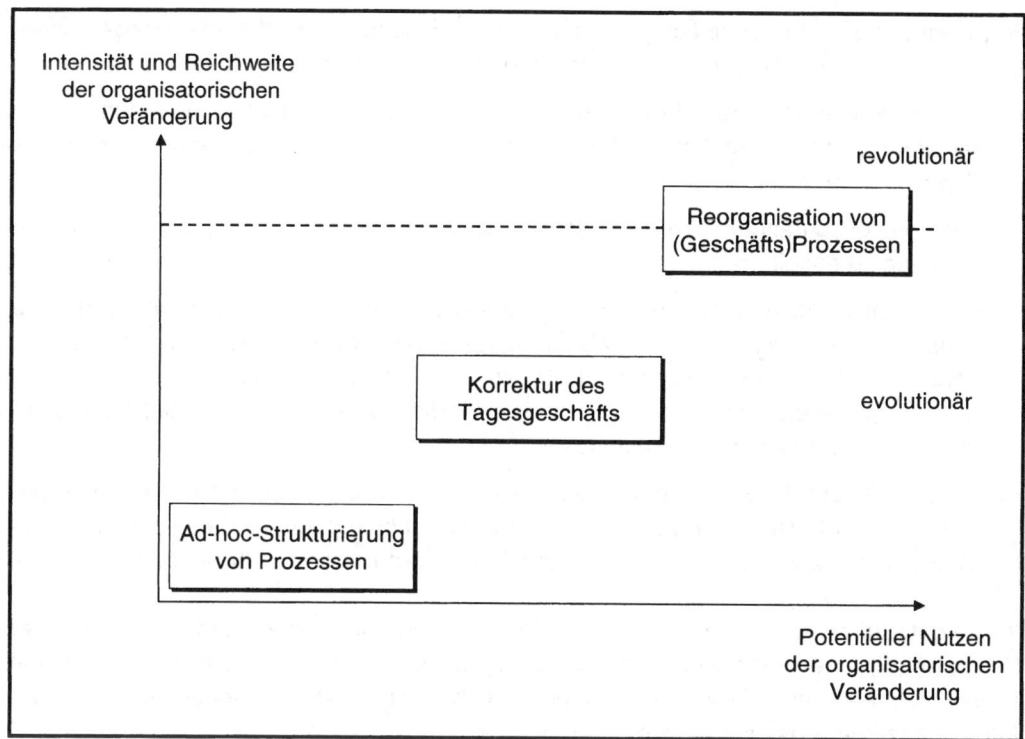

Abb. 7-13: Veränderungsintensität von Prozessen der internationalen Evolution
Quelle: in Anlehnung an Venkatraman (1991), S. 127.

Aus Abbildung 7-13 wird ersichtlich, dass die oben angesprochenen Veränderungen einerseits eine unterschiedliche Intensität und Reichweite aufweisen und andererseits mit einem unterschiedlich großen Nutzen für die Gesamtorganisation einhergehen. Bei Ad-hoc-Strukturierungen sind diese Merkmale am geringsten, bei Reorganisationen am stärksten ausgeprägt. Korrekturen des Tagesgeschäfts weisen bei Intensität, Reichweite und Nutzen eine Zwischenposition auf. Anzumerken ist jedoch, dass eine Einordnung von Reorganisationsmaßnahmen dabei nicht immer eindeutig ist. Die Übergänge zwischen geplanter internationaler Evolution sowie Internationalisierungsepisoden sind fließend. Je stärker die Intensität einer Prozessreorganisation ist, d.h. je stärker die Änderungen der Oberflächen- und Tiefenstruktur ausfallen bzw. je weniger die neuen Oberflächenstrukturen mit den alten Tiefenstrukturen kompatibel sind, desto eher sind solche Reorganisationsprozesse als Internationalisierungsepisoden zu gestalten. In einem solchen Fall wird die Reorganisation von Prozessen vom Management der Unternehmung **direkt** gestaltet und nicht mehr nur indirekt über die Vermittlung einer konzeptionellen Gesamtsicht beeinflusst. Wie eingangs schon angedeutet, sollen daher auch die **Trennungslinien zwischen den „Drei E's" nicht zu scharf gezogen** sein.

Bevor wir näher auf die subtileren Formen der Beeinflussung der internationalen Evolution eingehen, soll der bisherige Argumentationsstrang zusammengefasst werden:

- Es widerspricht der Idee der internationalen Evolution, dass das Top-Management der Unternehmung direkt in alle Einzelaktivitäten des Internationalisierungsprozesses eingreift.

- Der uneingeschränkte Inkrementalismus ist durch die Vorstellung einer geplanten Evolution zu erweitern.

- Wir vertreten die Auffassung, dass der Internationalisierungsprozess und damit die Veränderungen des „Internationalisierungsgebirges" im Zeitablauf gezielt gestaltet werden können. Das Management steuert dabei über die konzeptionelle Gesamtsicht beispielsweise die Ad-hoc-Strukturierung, die Korrektur des Tagesgeschäfts sowie die Reorganisation von Prozessen.

- Ob eine Unternehmung eine konzeptionelle Gesamtsicht über ihre Internationalisierung entwickelt, ist eine empirische Frage. Ohne konzeptionelle Gesamtsicht nimmt die Internationalisierung einen inkrementalen, unverbundenen Charakter an.

Im Vorgriff auf die folgenden Abschnitte kann davon ausgegangen werden, dass mit der Formulierung einer konzeptionellen Gesamtsicht nicht nur die inkrementale Evolution einer Unternehmung führbar wird, sondern auch Internationalisierungsepisoden sowie Internationalisierungsepochen steuerbar werden.

Das Prozessmanagement der internationalen (geplanten) Evolution verfügt selbst bereits über eine Reihe von Gestaltungsparametern, welche die Dynamik des Internationalisierungsprozesses einer Führung zugänglich machen. Der Aktionsrahmen wird erweitert, wenn man auf die Interdependenzen der kleinteiligen Kernprozesse der geplanten Evolution zunächst mit den Prozessinhalten und dann dem Prozessumfeld näher eingeht.

2.2.3   Führung der Prozessinhalte der internationalen Evolution

Evolutionäre Prozesse der oben beschriebenen Art sind normalerweise auf niedriger Prozessebene zu verorten und durch eine geringe Reichweite charakterisiert. Über die Einführung der konzeptionellen Gesamtsicht haben wir deutlich gemacht, wie der unverbundene Inkrementalismus wenigstens teilweise „gebändigt" werden kann. Diese „Bändigung" bezog sich dabei auf zwei grundsätzliche Arten von Prozessen:

- die **Kernprozesse der inkrementalen Internationalisierung**, wie sie sich im internationalen Tagesgeschäft manifestieren und
- **deren Änderungen**.

Wir haben uns auf Ad-hoc-Änderungen, Verbesserung ganzer Klassen von Internationalisierungsprozessen und Reorganisationen konzentriert, weil deren Management deutlich stärkere Auswirkungen auf das **zukünftige** Geschäft hat als die Beeinflussung des laufenden Tagesgeschäftes.

Für beide Arten inkrementaler Prozesse gilt die Annahme, dass das Top-Management der Unternehmung dabei nicht direkt in den Einzelprozess bzw. dessen Änderungen eingreift. Dennoch kann über die beschriebenen Maßnahmen des Prozessmanagements versucht werden, die neuen Prozesse den Intentionen der Geschäftsführung entsprechend auszuformen und über die Vermittlung einer konzeptionellen Gesamtsicht diesen Prozessen „Richtung" zu verleihen. Der Einfluss setzt dabei an der sichtbaren Oberflächenstruktur der Prozesse an. Prozessmanagement kann aber auch die Tiefenstruktur manipulieren und damit in einer subtileren Form auf Prozesse und deren Änderungen Einfluss nehmen.

Dass die Datensätze, Laientheorien und Werte als Ausdruck der Tiefenstruktur einer Unternehmung bewusst verändert werden können, wurde bereits diskutiert. Wir haben ferner auf den Zusammenhang zwischen Tiefenstruktur und Oberflächenstruktur hingewiesen (→ Abschnitt 1.2.3.3 in diesem Kapitel). Es wurde davon ausgegangen, dass ein gewisser Zusammenhang zwischen einer bestimmten Tiefenstruktur und der Ausprägung der Oberflächenstruktur besteht. Somit liegt es nahe, eine indirekte Führung der inkrementalen Evolution über die **Beeinflussung der Tiefenstruktur** zu erreichen. Über diesen „Umweg" kann den gesamten inkrementalen Internationalisierungsaktivitäten Richtung verliehen werden.

Durch die Kommunikation genereller Maximen (also Ziele, Strategien, Grundsätze) und Leitbilder, aber auch durch eine vorgelebte Internationalität kann die Geschäftsführung die in einer Unternehmung bestehenden Datensätze, Laientheorien und Werte stärker in eine intendierte Internationalisierungsrichtung lenken. Diese Vorgehensweise setzt allerdings die **Formierung einer konzeptionellen Gesamtsicht** voraus. Die konzeptionelle Gesamtsicht kann dabei inhaltlich von Vorstellungen geprägt sein, wie sie im Zusammenhang mit den Archetypen der internationalen Unternehmung diskutiert wurden. So kann sich eine Unternehmung beispielsweise vom Ideal einer transnationalen Organisation leiten lassen oder bewusst ein multinationales Führungsmodell verfolgen. Auf die mögliche Einbindung des Perlmutterschen **EPRG-Schemas** wurde bereits hingewiesen (→ Abschnitt 3.2.1 in Kapitel 2 und Abschnitt 2.2.2.2 in diesem Kapitel).

Die Tiefenstruktur als Summe der Datensätze, Laientheorien und Werte einer Unternehmung kann bei wirksamer Beeinflussung in Richtung Internationalisierung weiterentwickelt werden. Dabei wird die **Tiefenstruktur mit** einem von der Geschäftsführung vorgegebenen **Interpretationsraster versehen**, d.h. auf bestimmte Aspekte und eine bestimmte Sichtweise der Internationalisierung „eingestellt". Es ist anzunehmen, dass die so ausgerichtete Tiefenstruktur als Filter bei der Selektion von Änderungen der Oberflächenstruktur wirkt und zukünftig nur solche Variationen selektiert, die zur auf Internationalisierung „getrimmten" Tiefenstruktur passen. Um der Beeinflussung der Tiefenstruktur durch die Formulierung einer konzeptionellen Gesamtsicht Nachdruck zu verleihen, wird dabei nicht selten der Weg in die Öffentlichkeit gesucht. So wurde beispielsweise von der Unternehmungsleitung der **Philips Electronics N.V.** das sogenannte „Centurion-Projekt", in welchem **Philips** den epochalen Wandel von einer multinationalen zu einer transnationalen Unternehmung vollziehen sollte, mit Blick auf die Mitarbeiter nicht nur intern, sondern auch extern massiv kommuniziert.

Hinter diesen Führungsvorschlägen steht die Vorstellung, dass der eher inkremental-evolutionären Internationalisierung durch Führungsaktivitäten eine einheitliche Richtung gegeben werden kann. In der internationalen Unternehmung entsteht aber die paradoxe Situation, dass diese Führungsinstrumente mit zunehmender Internationalisierung eher an Wirkung verlieren, was auf die größere **Heterogenität der Tiefenstrukturen** internationaler Unternehmungen im Vergleich zu nationalen Unternehmungen zurückzuführen ist.

Wir gehen davon aus, dass beispielsweise die landesspezifische kulturelle Prägung, das Selbstverständnis der Tochtergesellschaften, die strategische Rolle dieser Einheiten sowie das Differenzierungsstreben im Konzern zur Ausbildung heterogener Tiefenstrukturen führen. Als Konsequenz ergibt sich, dass Maximen und Leitbilder der konzeptionellen Gesamtsicht auf sehr unterschiedliche Tiefenstrukturen treffen und dementsprechend unterschiedliche Reaktionen hervorrufen können, die von Begeisterung über Unverständnis bis zur Reaktanz reichen können. Damit die von uns vorgeschlagenen Manipulationen der Tiefenstrukturen nicht zu einer oberflächlichen Kosmetik der Unternehmungsidentität degenerieren, müssen Leitbilder und Maximen so ausgestaltet sein, dass sie die **Spezifika der jeweiligen Unternehmungsteile berücksichtigen**. Erst dann ist die gewünschte Richtwirkung für die inkrementale Internationalisierung in den einzelnen Organisationseinheiten zu erwarten. Die Einbettung von Oberflächen- und Tiefenstrukturen in ein lokales Umfeld hat deshalb auch die Abhängigkeit von Prozessen und Netzwerken im Umfeld des betrachteten Kernprozesses zu beachten.

2.2.4 Führung des Prozessumfeldes der internationalen Evolution

Das Prozessumfeld der jeweiligen Kernprozesse der internationalen Evolution wird durch die darin ablaufenden Prozesse, durch die Netzwerke der am Kernprozess beteiligten Mitarbeiter und durch die verfügbaren Ressourcen konstituiert. Die einzelnen inkrementalen Internationalisierungsaktivitäten entziehen sich – wie dargestellt – weitgehend der direkten Führung. Auch beim Management der Beziehungen zwischen Kernprozess und seinem Umfeld bauen wir auf indirekter Beeinflussung auf. Zunächst wollen wir die Bedeutung von Mikronetzwerken untersuchen (Abschnitt 2.2.4.1), bevor wir uns den Ressourcen (Abschnitt 2.2.4.2) und den Prozessen im Umfeld der internationalen Evolution (Abschnitt 2.2.4.3) zuwenden.

2.2.4.1 Mikronetzwerke im Umfeld der internationalen Evolution

Eine Möglichkeit der indirekten Beeinflussung inkrementaler Internationalisierung besteht in der **Schaffung von Diskussions- und Entscheidungsarenen**, in denen internationalisierungsträchtige Themen und Probleme aufgegriffen werden. Diese Arenen, wie zum Beispiel monatliche Bilanzsitzungen, Vertriebsleitertreffen, Gesellschafterausschüsse oder auch die Einrichtung von Quality Circles, sind Kommunikationsgelegenheiten, bei denen Mitarbeiter und Führungskräfte Aufschluss über die **Datensätze, Laientheorien und Werte anderer Teilnehmer** erhalten. In Entscheidungsarenen werden Meinungen gemacht, Werte geformt und neue Syntheseformen des Wissens gelernt. In Entscheidungsarenen „gärt" sozusagen die Tiefenstruktur, wobei die Bestandteile der individuellen und organisationalen Wissensbasis unterschiedlich schnell veränderbar sind. Die Datensätze, Laientheorien und Werte werden dabei – um mit der Denkfigur des „garbage-can"-Modells zu argumentieren – primär um den Inhalt desjenigen „Mülleimers" kreisen, der durch ein entsprechendes „Etikett" charakterisiert ist (→ zum Mülleimermodell Abschnitt 2.2.1 in diesem Kapitel). Von daher ist zu erwarten, dass mit der Einrichtung **zusätzlicher „Mülleimer mit Internationalisierungsthemen"** eine Mobilisierung der Mitarbeiter in Richtung stärkerer Internationalisierung stattfindet und gleichzeitig eine partielle Harmonisierung der Datensätze, Laientheorien und Werte erfolgt, die zu einer homogeneren Tiefenstruktur führen kann. Internationalisierungsarenen bieten Gelegenheiten zur sachbezogenen Meinungsbildung, zum Aufbau persönlicher Beziehungen, d.h. zur **Erweiterung individueller Mikronetzwerke**, und ermöglichen darüber hinaus **organisationales Lernen** und **Wissenstransfer**.

Beim intensiven Einsatz internationaler Entscheidungsarenen treten aber auch **Nachteile** auf. Zum einen sind die hohen Reisekosten und der Arbeitsausfall der Mitarbeiter zu nennen. Zum anderen kann die Schaffung derartiger Arenen an dem geringen internationalen Integrationsgrad der Unternehmung scheitern. Sind Konzernteile wenig integriert, spricht nichts für die kostenträchtige Entwicklung einer homogenen Tiefenstruktur

als Basis einer gerichteten inkrementalen Internationalisierung. Nur wenn eine interna-
tionale Unternehmung den Nutzen einer homogeneren Tiefenstruktur mit einer stärkeren
Integration ihrer Teile verbindet und Strategien der operationalen Flexibilität verfolgt
(→ Abschnitt 6.3.1.3 in Kapitel 6), lohnt sich auch die Inkaufnahme der entsprechenden
Kosten.

Bewusst eingerichtete Internationalisierungsarenen fördern die Entwicklung individueller
Mikronetzwerke, die wiederum Basis für eine **stärkere Ko-Orientierung** und **Mobilisierung** hinsichtlich der Themen ist, die in diesen Arenen lanciert werden. Die Entwicklung
von individuellen Mikronetzwerken stellt eine weitere Methode der indirekten Beeinflussung der in solchen Netzwerken ablaufenden Änderungsprozesse dar. Dies setzt freilich
voraus, dass die Themen der Entscheidungsarenen selbst einem Auswahlkriterium unterzogen werden. Die Inhalte der konzeptionellen Gesamtsicht können hierbei sowohl
Anreger als auch Filter für Themen und Probleme sein, die in den Internationalisierungsarenen behandelt werden sollen.

Eine völlig andere Perspektive erhält die Prozess-Umfeld-Diskussion, wenn wir die Be-
trachtungsebene von den einzelnen inkrementalen Veränderungsprozessen und deren
Führung lösen und auf den Strom dieser partiell gerichteten Veränderungsprozesse in
seiner Wechselwirkung mit dessen Umfeld lenken. Dabei kommt dem Teil der Internationalisierungsaktivitäten, der in den Tochtergesellschaften abläuft, besondere Bedeutung
zu.

2.2.4.2   Ressourcen im Umfeld der internationalen Evolution

In der Eingangsskizze der internationalen Evolution (→ Abbildung 7-9 in Abschnitt 1.3.4
in diesem Kapitel) wurde den Ressourcen wie auch den Prozessen im Umfeld des einzelnen inkrementalen Kernprozesses eine eher unbedeutende Rolle zugewiesen. Begründet wurde dies damit, dass der einzelne Prozess die Ressourcen einer Unternehmung nicht übermäßig strapaziert. Dennoch zeigt sich, dass man durch Ressourcenver-
lagerung bei Innovationsprozessen oder durch Schulungsmaßnahmen auf die „Qualität"
von Ressourcen und Prozessen Einfluss nehmen kann. Eine Veränderung der Tiefenstruktur weist ebenfalls darauf hin, dass man das Prozessmanagement des Kernprozesses durch eine **bewusste Entwicklung von Ressourcen** verbessern kann. Besser qualifizierte Manager lassen eine bessere Führung von Internationalisierungsprozessen erwarten. Freilich können solche Aktivitäten der Ressourcenentwicklung nicht mit einzelnen inkrementalen Prozessen in Verbindung gebracht werden, sondern unterstützen
den Prozess der Internationalisierung eher unspezifisch.

So unwichtig der Ressourcenaspekt für den einzelnen Prozess ist, so **wichtig** wird er
für die Summe aller inkrementalen Einzelprozesse, die den „**ongoing process**" der
Internationalisierung konstituieren. Dies schließt vergleichsweise **simple Wechselwir-**

kungen ein. So können beispielsweise begrenzte finanzielle Ressourcen die Versorgung einer jungen Tochtergesellschaft mit Working Capital erschweren. Als Konsequenz könnte es zu einer knappen Bevorratung mit Fertigprodukten kommen, die dann genau jene Transaktionen behindert, welche den Cash Flow zur Beseitigung des Ressourcenengpasses generieren könnten. Der Ressourcenaspekt beinhaltet also **komplexe Wechselwirkungen**, wenn man die Abhängigkeit des inkrementalen Internationalisierungsprozesses von den Ressourcen im Umfeld der Unternehmung – etwa seiner Tochtergesellschaften – thematisiert. Dann werden nicht nur die Mikronetzwerke der individuellen Aktoren, sondern auch das Makronetzwerk der Unternehmung bedeutsam – nicht für den Einzelprozess, aber für die Summe der Prozesse.

Ein Bestandteil inkrementaler Internationalisierung ist dabei das Wachstum ausländischer Niederlassungen und Tochtergesellschaften. Forsgren zum Beispiel zeigte, wie der **Entwicklungsprozess der Tochtergesellschaft** von ihrer Integration („embeddedness") in lokale Netzwerke abhängig ist (vgl. Forsgren 1989). Unter einem Netzwerk ist dabei das Makronetzwerk der Tochtergesellschaft zu verstehen, das diese mit Kunden, Lieferanten, wissenschaftlichen und öffentlichen Einrichtungen, Finanzinstituten, Regierungsbehörden und anderen Institutionen unterhält. Über das Wachstum der Tochtergesellschaft wird zugleich die Internationalisierung der Unternehmung vorangetrieben (vgl. Schurig 2001).

Durch die Einbindung in lokale Netzwerke eröffnet sich für die Tochtergesellschaft der **Zugang zu lokalen Ressourcen**, unter anderem zu „tacit knowledge" und schwer transferierbaren Fähigkeiten, die wiederum für die weitere Entwicklung der Tochtergesellschaft und der Unternehmung wichtig sind. Diese Ressourcenabhängigkeit kann zum bewusst gestalteten Prozessinhalt des inkrementalen Internationalisierungsprozesses, aber auch zum Inhalt der konzeptionellen Gesamtsicht avancieren, wenn man die Partizipation an den Ressourcen der Aktoren des Makronetzwerkes zur Leitmaxime in der Unternehmung erhebt.

Die **Umweltabhängigkeit** von (internationalisierenden) Unternehmungen ist Gegenstand zahlreicher organisationstheoretischer Untersuchungen. Dabei wird angenommen, dass erfolgreiche Unternehmungen es verstehen, sich beispielsweise dem jeweiligen Internationalisierungsstatus des Umfeldes (v.a. Branche) durch die Entwicklung entsprechender interner Organisations- und Koordinationsmuster anzupassen (vgl. Ghoshal/ Nohria 1989). Wir vertreten hingegen die Auffassung, dass die **internationalisierende Unternehmung** sich nicht nur einseitig an ihre Umwelt anpasst, sondern **mit „ihrem" Makronetzwerk ko-evolviert** und dass diese **Abhängigkeit** also nicht einseitig, sondern **wechselseitig** ist.

2.2.4.3   Prozesse im Umfeld der internationalen Evolution

Prozesse im **Umfeld des einzelnen inkrementalen Prozesses** spielen für die internationale Evolution eine untergeordnete Rolle. Es wurde allerdings bereits bei der Diskussion des Managements inkrementaler Kernprozesse herausgearbeitet, dass die Änderungen an einem Kernprozess hinsichtlich seiner nicht intendierten und negativen Auswirkungen auf abhängige Prozesse kontrolliert werden müssen. Diese „Kontrolle" ist freilich indirekter Natur und basiert auf der Einsicht der verantwortlichen Manager, deren Qualifikation, Sensibilität und Engagement. Insofern wirken die unmittelbaren Prozesse im Umfeld des einzelnen inkrementalen Prozesses allenfalls als – wenn auch unangenehme – Störung, die bei guter Führung den Internationalisierungsprozess insgesamt nicht gefährden.

Anders ist das Verhältnis von Umfeld und Prozess zu bewerten, wenn wir wiederum nicht den Einzelprozess, sondern die **Summe aller Internationalisierungsaktivitäten**, also das internationale Tagesgeschäft und dessen Entwicklung in seiner Wechselwirkung mit Prozessen in seinem Umfeld betrachten. Die These von der Interdependenz von Unternehmungen und ihrer Umwelt ist altbekannt und wird in der Literatur zum Beispiel unter dem Stichwort „resource dependence" (vgl. Pfeffer/Salancik 1978) diskutiert. Ungewöhnlich ist jedoch die Annahme, dass zwischen den Prozessen einer fokalen Unternehmung und den Prozessen in ihrem Umfeld Interdependenzen bestehen, die durch bewusstes Management zum Vorteil der fokalen Unternehmung gestaltet werden können. Intuitiv eingängig ist diese Annahme noch bei Internationalisierungsepisoden, wenn etwa Übernahmen von Wettbewerbern das oligopolistische Gleichgewicht so stören, dass entsprechende oligopolistische Reaktionen provoziert werden. Im Zusammenhang mit dem Episodenmanagement werden wir diese wechselseitige Beeinflussung von Episoden und Prozessen in deren Umfeld vertiefen. Relevant ist die Interdependenz zwischen Prozessen einer fokalen Unternehmung und den Prozessen in ihrem Umfeld jedoch auch bei der Evolution. Wir wollen dies am **Beispiel der Produktzyklen der Automobilindustrie** diskutieren.

Die Produktzyklen betragen in der Pkw-Industrie meist zwischen fünf und acht Jahren. Die jeweiligen Erneuerungszeitpunkte sowie die konkrete Modelldauer folgen dabei weitgehend dem Interesse des einzelnen Herstellers und seinem internen Rhythmus. Allenfalls sind die Einführungszeitpunkte der Modelle auf die Hauptwettbewerber im Stammland abgestimmt. Dies führt zwangsläufig zur **Asynchronität der Markteinführungszeitpunkte** in den Heimatmärkten ausländischer Wettbewerber. Das Beispiel der Einführung des *Lexus* 1988 in den USA zeigt, dass in diesem Fall durch die Wahl eines geschickten Markteinführungstimings der Eintritt *Toyotas* in das Luxussegment in den USA wesentlich begünstigt wurde. Der Segmenteintritt erfolgte bewusst zu einem Zeitpunkt, zu dem sich wichtige Wettbewerber – zum Beispiel *Mercedes-Benz* – in einem fortgeschrittenen Produktzyklus befanden und somit leichter angreifbar waren (vgl. Niederländer 2000, v.a. S. 108-109).

Es wäre freilich verwegen, den Erfolg des *Lexus* allein auf das Timing des Markteintrittes zurückzuführen, vor allem, da in Deutschland dieser Effekt des Timings nicht beobachtet werden konnte (vgl. Niederländer 2000, S. 109). Es ist hier auch nicht wesentlich, ob Synchronität oder Asynchronität größere Vorteile verspricht. Dazu bedarf es weiterer empirischer Untersuchungen. Im Wesentlichen geht es darum aufzuzeigen, dass die **Abstimmung der Stellgrößen von internen und externen Internationalisierungsprozessen**, hier am Beispiel der Produktzyklen demonstriert, im Bereich der geplanten internationalen Evolution und damit der bewussten Führbarkeit liegt. Natürlich betrifft dies nicht nur Produkteinführungen. Das obige Beispiel unterstellt dabei, dass die Einführung des *Lexus* aus Sicht von *Toyota* den Charakter inkrementaler Produkterneuerung und routinisierter Markteinführung, also internationaler Evolution trägt, und keine Internationalisierungsepisode vorliegt.

Der inkrementale Internationalisierungsprozess einer Unternehmung oder einer ihrer Tochtergesellschaften kann als Summe aller inkrementalen Internationalisierungsprozesse dabei auch die Entwicklungsprozesse eines Landes fördern oder behindern, die Entwicklungschancen von Wettbewerbern verbauen oder die Internationalisierung von Kunden und Lieferanten positiv und negativ beeinflussen. Es ist davon auszugehen, dass sich aufgrund dieser Interessenverschränkungen Rückwirkungen auf den eigenen Internationalisierungsprozess ergeben, die in die Führungsüberlegungen einzubeziehen sind. Da aus den dargelegten Gründen weder der Einzelprozess noch der Gesamtstrom an Internationalisierungsaktivitäten direkt führbar ist, bedarf es der vermittelnden Entwicklung einer konzeptionellen Gesamtsicht, auf die wir im Anschluss erneut eingehen werden.

Was bleibt als Fazit festzuhalten? Wir gehen davon aus, dass Prozesse und Ressourcen im Umfeld den eigenen Internationalisierungsprozess und Internationalisierungsprozesse wiederum Prozesse und Ressourcen im Umfeld beeinflussen. Selbst wenn man wie Johanson und Vahlne davon ausgehen würde, dass sich Internationalisierung ausschließlich als inkrementaler Prozess manifestiert, dann sollten unsere Überlegungen deutlich machen, dass auch dieses Aussagensystem um die Umfeldabhängigkeit des Internationalisierungsprozesses zu erweitern ist.

Mit unseren Ausführungen sollte aber auch deutlich geworden sein, dass die drei Säulen unseres theoretischen Bezugsrahmens, **Umfeld, Inhalte und Prozessgestaltung** der internationalen Evolution auf vielfältige Weise **wechselseitig vernetzt** und „einseitige" Abhängigkeiten nicht zu erwarten sind. Natürlich sollten die **eigenen Prozesse leichter führbar** sein **als die externen Prozesse, Netzwerke** und **Ressourcen**. Sie liegen aber nicht völlig außerhalb der Reichweite eigener Handlungsintentionen, was bei der Entwicklung der konzeptionellen Gesamtsicht zu berücksichtigen ist.

2.2.5   Evolution der konzeptionellen Gesamtsicht

Es gehört zum evolutionären Charakter der konzeptionellen Gesamtsicht, dass die Träger der konzeptionellen Gesamtsicht ihre Inhalte und Entwicklung reflektieren. Damit unterliegt die **konzeptionelle Gesamtsicht selbst Veränderungsprozessen**. Diese Veränderungsprozesse können wiederum inkremental ungerichtet sein; die Entwicklung der
konzeptionellen Gesamtsicht kann aber auch selbst im Sinne einer geplanten Evolution
auf eine konzeptionelle Gesamtsicht zurückgreifen. Es können sozusagen Leitbilder
über die Leitbildentwicklung angefertigt werden. Aus pragmatischen Gründen wollen wir
diesen rekursiven Prozess der konzeptionellen Gesamtsicht mit dieser Differenzierung
abbrechen. Es ist aber durchaus vorstellbar, dass in Unternehmungen darüber diskutiert
wird, wer welche Internationalisierungsthemen wie in die Diskussion einbringen darf.

Der Input für die Fortentwicklung der konzeptionellen Gesamtsicht stammt zum einen
aus den **Rückkopplungsinformationen des laufenden Geschäftes** und zum anderen
aus der **Verarbeitung neuer Ideen aus dem Umfeld** der Unternehmung. Hinsichtlich
dieses Inputs können prozessuale Elemente geprüft werden. Dabei ist es von Bedeutung, ob beispielsweise die Wahrnehmungsgeschwindigkeit oder die „Vorwarnzeit" von
Störimpulsen aus dem Umfeld ausreichend ist. Mit zunehmender Internationalisierung
der „Oberfläche" der Unternehmung steigt nicht nur die Wahrscheinlichkeit von Störimpulsen, sondern es nimmt auch die geographisch-kulturelle Distanz zu den impulsauslö-
senden Ereignissen und damit die Wahrnehmungszeit zu, womit die verbleibende Reak-
tionszeit für die Zentrale gleichzeitig abnimmt.

Reflektiert und gegebenenfalls gestaltet werden kann aber die Frequenz, mit der steu-
ernd in den Internationalisierungsprozess eingegriffen werden soll, sowie der Zyklus der
inhaltlichen Diskussion der konzeptionellen Gesamtsicht oder die Synchronität der eigenen Weltsicht mit derjenigen im Umfeld der Unternehmung. Letzteres Beispiel verweist
bereits darauf, dass die zeitliche Gestaltung der konzeptionellen Gesamtsicht einerseits
Verbindungslinien zum Epochenmanagement aufweist, weil dort zu fragen ist, wie das
Management Ideen zum zeitlichen Verlauf einer Internationalisierungsepoche entwickelt.
Andererseits verweist die Prozessgestaltung der konzeptionellen Gesamtsicht über das
Wechselspiel mit den Ideen wiederum auf die enge Verbindung zu Prozessumfeld und
Prozessinhalt. Dies ist auch bei der Konstruktion geeigneter Instrumente zur Beobach-
tung des evolutionären Internationalisierungsprozesses zu beachten. Über diese Ana-
lyse- und Kontrollinstrumente lässt sich letztlich verfolgen, ob und wie die unterschiedlichen Formen der Führung der Veränderungsprozesse und des Umfeldes die intendierten Wirkungen zeitigen.

2.3 Analysemethoden zur Unterstützung des Managements der geplanten internationalen Evolution

Der vorausgegangene Abschnitt hat die Gestaltungsoptionen einer geplanten Evolution aufgezeigt. Wir haben dabei zwischen der Führung des inkrementalen Einzelprozesses und dessen Veränderung sowie der Summe der Internationalisierungsaktivitäten unterschieden, die in ihrer Gesamtheit den evolutionären, inkrementalen Internationalisierungsprozess abbilden. Einzel- wie Gesamtprozess können über eine konzeptionelle Gesamtsicht geführt werden und dabei Gegenstand der im Folgenden zu behandelnden Analyse- und Planungsinstrumente sein. Geht man von der Führbarkeit der internationalen Evolution aus, liegt es nahe, das zu beobachten, was man geplant hat.

Den Grenzfall des Einzelprozesses stellen Reorganisationen von Prozessen dar, die ihre Kontrollinformationen quasi selbst generieren. Reorganisiert wird, um bestimmte Zielgrößen zu verbessern: Reklamations- und Fehlerquoten sollen gesenkt, die Auftragsabwicklung und die Entwicklungsprozesse verkürzt und die Bestände abgebaut werden. Die Entwicklung solcher Ziel- und Führungsgrößen ist selbst Bestandteil der Geschäftsprozessreorganisation und von deren Inhalten abhängig (vgl. ausführlich Aichele 1997). Sie soll hier nicht weiter verfolgt werden. Beeinflussungen der Tiefen- sowie der Oberflächenstruktur sollen sich letztlich – wenn auch über einige Umwege – in mehr Internationalität des Tagesgeschäftes niederschlagen, dessen Entwicklung zu beobachten ist. Im Folgenden wollen wir daher einige Analysetools aufzeigen, die dazu beitragen, den Verlauf der internationalen Evolution, also den Gesamtprozess der Internationalisierung zu verfolgen.

Welche **Analysetools** für die Beobachtung **des internationalen Tagesgeschäftes** angebracht sind, lässt sich **nicht allgemeinverbindlich** klären. Zu vielfältig sind Prozesse, Strukturen und Führungsphilosophien internationaler Unternehmungen, als dass wenige Prototypen von Analysesystemen als vorbildlich gelten könnten. Generell werden die Analysetools umso umfangreicher ausfallen, je stärker die Unternehmung international integriert ist. Störungen eines Kernprozesses erzeugen bei hochgradig integrierten Unternehmungen sehr viel weiter reichende Wirkungen auf andere Prozesse, als dies bei isolierten und wenig integrierten Unternehmungen der Fall wäre. Folglich muss eine integrierte Unternehmung Veränderungen im Tagesgeschäft sorgfältiger beobachten als eine weniger integrierte Unternehmung.

Zur „**Mindestausstattung**" internationaler Unternehmungen sollte die monatliche Berichterstattung der Gewinn- und Verlustrechnungen der Tochtergesellschaften zählen, die um geschäftstypische Kennzahlen für Kosten- und Werttreiber zu ergänzen sind. In Industriebetrieben fallen hierunter beispielsweise die Mitarbeiterzahlen und auf elektronischen Marktplätzen die Anzahl der täglichen „Clicks" oder „Hits" auf der entsprechenden (Internet-)Seite. Das Intranet und andere leistungsfähige Kommunikationsmedien ermöglichen dabei die tagesaktuelle Verfolgung kritischer Größen. Der Verlauf solcher

kritischer Kennzahlen erfolgt dabei meist über sogenannte **Soll-Ist-Vergleiche**. Abbildung 7-14 verdeutlicht eine mögliche Ausprägungsform eines solchen Soll-Ist-Ver-
gleichs.

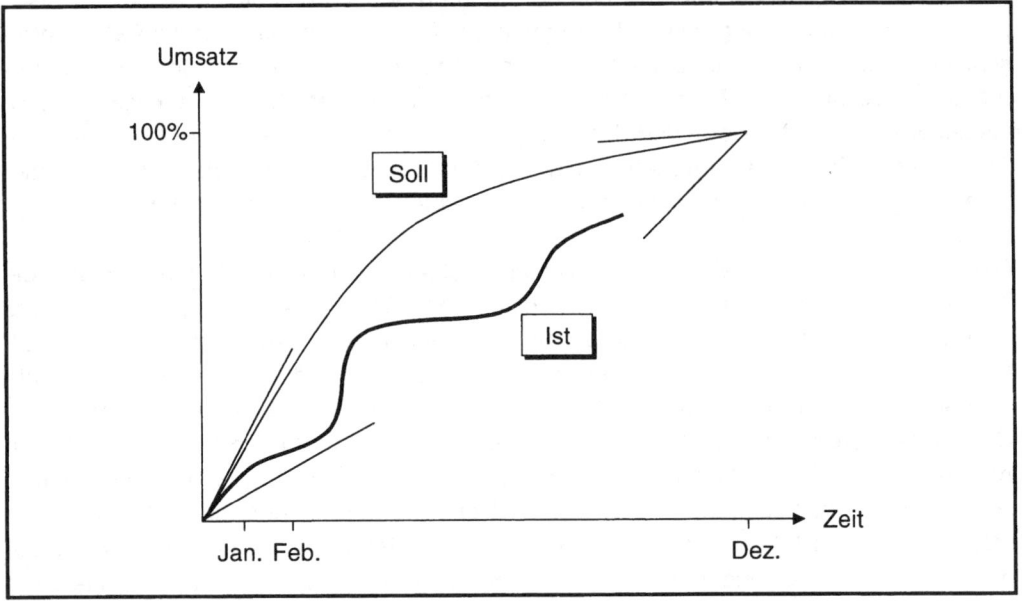

Abb. 7-14: Exemplarisches Analysetool für das internationale Tagesgeschäft

In dem Fall von Abbildung 7-14 sind die Soll-Werte der kumulierten Tagesumsätze (z.B.
einer Tochtergesellschaft) durch die Plankurve für die fortlaufenden Monate vorgegeben. Üblicherweise lässt man Abweichungen vom Plan innerhalb vorgegebener **Tole-
ranzgrößen in Form eines Planungskorridors** zu, bevor es zu „Ausnahmemeldungen"
kommt. Dies ist bei der Beobachtung von manchen Flussgrößen wie zum Beispiel Umsätzen dann unzweckmäßig, wenn man das „Ist" punktgenau auf den Plan zum Jahresende einfahren möchte. Hier können die Toleranzgrenzen als Trichter anlegt werden,
der sich zu Beginn des Planungszeitraumes öffnet und zum Ende des Zeitraumes
schließt. Erfahrungsgemäß kann eine Planung kaum mehr eingeholt werden, wenn das
kumulierte „Ist" am Anfang des Jahres bereits unterhalb des Planungstrichters liegt. Solche frühen Abweichungen erfordern massive Korrekturmaßnahmen, in die gegebenenfalls die Zentrale eingebunden werden muss. Umgekehrt zieht ein frühes „Überschie-
ßen" der „Ist-Umsätze" in den Folgemonaten unter Umständen Probleme für die Fertigungskapazitäten nach sich, weswegen auch hier massive Korrekturen notwendig werden. Gegen Jahresende sind „Punktlandungen" wiederum nur möglich, wenn die Um-
satzentwicklung in den Trichter richtig „einfädelt". Ein Überschreiten der vorgegebenen
Grenzen löst dabei Alarmsignale aus, die eine Intervention der Zentrale verursachen.

Ein parallel verlaufender Korridor wäre in diesen Fällen zu „statisch", um die am Anfang und Ende der Planperiode besonders kritischen Entwicklungen ausreichend zu berücksichtigen. Wie nun im Einzelnen die Trichteröffnungen konstruiert sein müssen, hängt von geschäftstypischen, saisonalen und konjunkturellen Faktoren ab. **Beobachtungen in der Vergangenheit** über die Volatilität der Umsatzprozesse und Erfahrung helfen hier ebenso wie **Trendberechnungen**, die auf vergangenen Umsatzdaten aufbauen.

Die internationale Evolution verschiebt langsam die Gewichte zwischen Inlands- und Auslandsgeschäft. Von daher ist in regelmäßigen Abständen festzustellen, (1) wie sich das **Auslands- im Verhältnis zum Inlandsgeschäft** (auch langfristig) **entwickelt** hat. Das Wachstum der Tochtergesellschaften und der Export sind essentiell für das Wachstum der Gesamtunternehmungen. Vergleichsinstrumente offenbaren, (2) **welche Tochtergesellschaften schnell oder langsam, effizient oder ineffizient wachsen.**

(1) Entwicklung des Auslandsgeschäftes im Verhältnis zum Inlandsgeschäft

Die einfachste Form, den internationalen Evolutionsprozess zu verfolgen, liegt in der Beobachtung und Analyse der Veränderung des Auslandsanteils am Gesamtgeschäft. Als Beobachtungsgrößen können insbesondere **quantitative Parameter** herangezogen werden (→ Abschnitt 2.2 in Kapitel 2). Die Veränderungen der Umsätze, der Aufträge, der Investitionen, der Mitarbeiter, des Ergebnisses im Ausland, aber auch einzelner Wertschöpfungsbeiträge (z.B. Forschung & Entwicklung) können nach In- und Ausland differenziert werden. Einzelne Konzerne binden sogar die regionale Entwicklung solcher Kenngrößen der Internationalisierung in ihre externe Konzernberichterstattung mit ein.

Für konkretere korrigierende Eingriffe in die Internationalisierungsprozesse bedarf es jedoch einer stärkeren Detaillierung des Beobachtungsinstrumentariums. Die einzelnen Tochtergesellschaften und deren Erfolg rücken dabei ins Zentrum der Analyse.

(2) Vergleich des Wachstums von Tochtergesellschaften

Wenn international tätige Unternehmungen über das Wachstum ihrer Tochtergesellschaften internationalisieren, gibt die Beobachtung entsprechender Performancegrößen von Tochtergesellschaften über längere Zeiträume hinweg Hinweise, wo sich bei einzelnen Gesellschaften im Zuge der inkrementalen Entwicklung **Ineffizienzen eingeschlichen** haben oder bei welchen Tochtergesellschaften **Effizienz gelernt** werden kann.

Abbildung 7-15 liefert eine Übersicht exemplarischer Kenngrößen, die im Rahmen der Führung internationaler Evolution zum Einsatz gelangen könnten. Wir haben uns dabei an die Systematik der von Kaplan/Norton (1997) entwickelten **Balanced Scorecard** angelehnt, die als integratives Kennzahlensystem neben finanziellen Ergebnisgrößen (Finanzperspektive) auch vorgelagerte Leistungsgrößen (Kundenperspektive, interne

Prozessperspektive sowie Lernen und Wachstum) berücksichtigt. Es werden dabei gleichermaßen monetäre wie nicht-monetäre, langfristige wie kurzfristige Performance-Grö-
ßen berücksichtigt. Wir wollen an dieser Stelle jedoch nicht weiter auf Möglichkeiten und
Grenzen der Balanced Scorecard im internationalen Kontext eingehen; die Perspektiven
dienen hier lediglich der Systematisierung einiger unterschiedlicher Kennzahlen (vgl. zu
einer ausführlichen Behandlung der Balanced Scorecard z.B. Kaplan/Norton 1997, We-
ber/Schäffer 2000).

Finanzperspektive	**Kundenperspektive**
• Gewinn • Cash Flow • Gesamtkapitalrentabilität • Umsatzrentabilität • Kapitalumschlag • Wertschöpfung/Mitarbeiter • ...	• Relativer Marktanteil • Umsatz/Kunde • Abwanderungsrate • Kundenzufriedenheit • Serviceausgaben/Kunde • Vertriebsausgaben/Kunde • ...
Interne Prozessperspektive	**Perspektive des Lernens und Wachstums**
• Produktivität • Durchlaufzeit • Lieferpünktlichkeit • Fehlerquote • Verwaltungs-/Gesamtausgaben • Lagerumschlag • ...	• Patentanmeldungen • F+E-Ausgaben • Fortbildungsausgaben/Mitarbeiter • Vorschlagsquote • Mitarbeiterstruktur • Mitarbeiterzufriedenheit • ...

Abb. 7-15: Beispiele für Kenngrößen zur Steuerung der internationalen Evolution
Quelle: in Anlehnung an Olve/Roy/Wetter (1999), S. 327-333.

Welche Kennzahlen letztlich zur Kontrolle der internationalen Evolution herangezogen
werden, ist **unternehmungsindividuell** und im Einzelfall zu entscheiden. Während etwa
in einer polyzentrisch orientierten Unternehmung Tochtergesellschaften in der Regel als
Portfolio unabhängiger Engagements und lediglich mittels einfacher Finanzkontrollen
geführt werden, weisen globale Unternehmungen eine integrierte Geschäftslogik auf, vor
deren Hintergrund auch mehr oder weniger weit vorgelagerte operative Kenngrößen
interessieren können. Eng verbunden mit der Frage des Unternehmungstyps ist dabei
die Frage nach der **Heterogenität der zu steuernden Tochtergesellschaften**. Wir haben an anderer Stelle bereits darauf hingewiesen, dass international tätige Unternehmungen sinnvollerweise als differenzierte Netzwerke betrachtet werden sollten, die in
heterogenen Umwelten und mit individuell angepassten Tochtergesellschaften operieren

(→ Abschnitte 3 und 5 in Kapitel 2). In solchen Fällen würde ein einheitlicher Kennzah-
lenansatz (zumal für operative Größen) der Komplexität der verteilten Engagements sicherlich nicht gerecht.

Angemerkt werden sollte noch, dass eine von der konkreten Einsatzsituation abstrahie-
rende Kennzahlenauswahl zwangsläufig eine willkürliche Note hat. Für ausführlichere
Kennzahlenlisten und deren Einsatz sei auf die systematisierende Spezialliteratur verwiesen (vgl. stellvertretend Aichele 1997). Die Kennzahlen sind vielfältig und nach Branche und Analysezweck zu variieren. Einzelne dieser Größen können herangezogen werden, um die „Performance" der Tochtergesellschaften untereinander zu vergleichen. Solche **Vergleiche** lassen sich gut in **Matrizen** bzw. als **Portfolios** visualisieren. An drei
Beispielen wollen wir demonstrieren, wie man dabei jeweils an unterschiedlichen Perspektiven ansetzen kann.

(a) Einfacher Vergleich von Umsätzen: Der Abtrag der absoluten Umsatzgrößen der
einzelnen Tochtergesellschaften weist sehr schnell auf deren unterschiedliche Dynamik
hin, wie Abbildung 7-16 zeigt. Hier sind für eine fiktive Unternehmung die Umsatzgrößen
einzelner Tochtergesellschaften für die Jahre 1990 und 2000 abgetragen.

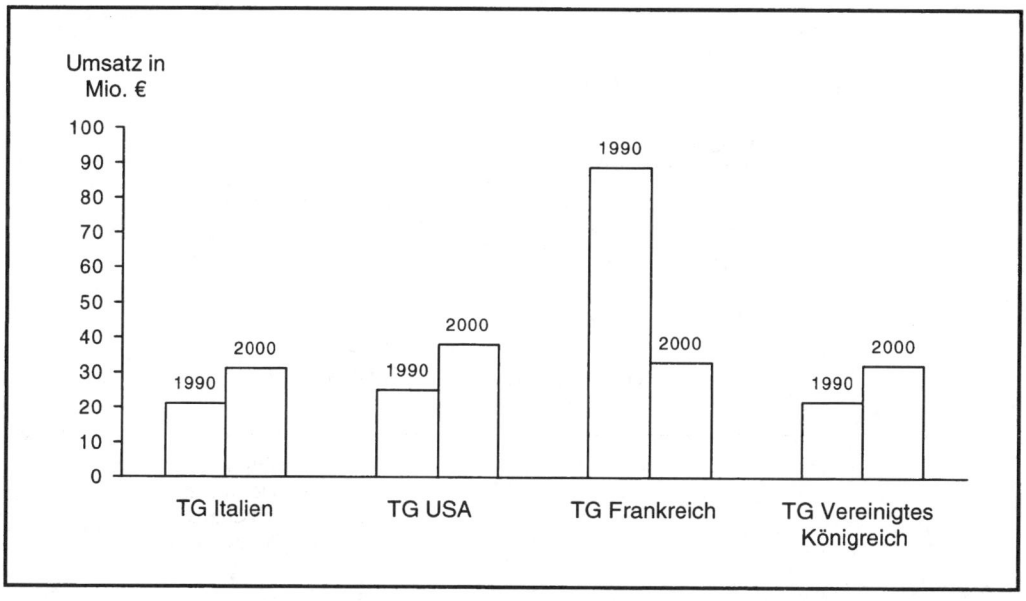

Abb. 7-16: Vergleich der Umsätze von Tochtergesellschaften in verschiedenen Ländern
            im Zeitablauf

Prinzipiell können viele der in Abbildung 7-15 aufgelisteten Kenngrößen zum langfristigen Vergleich der Tochtergesellschaften herangezogen werden.

(b) Umsatzüber- und Umsatzunterperformer: Vergleicht man das Wachstum der Umsätze der einzelnen Ländertochtergesellschaften mit den Wachstumsraten des jeweiligen Ländermarktes, werden auf einen Blick die Über- und Unterperformer sichtbar.
Abbildung 7-17 liefert ein Beispiel hierfür: Auf der y-Achse ist das Umsatzwachstum der
einzelnen Tochtergesellschaften in Prozent abgetragen. Die x-Achse symbolisiert das
generelle Marktwachstum im entsprechenden Ländermarkt der Tochtergesellschaften.
Alle **Tochtergesellschaften**, die nicht auf der 45-Grad-Linie liegen, wuchsen **entweder
langsamer oder schneller als der Markt**. In die Matrix lassen sich jedoch noch weitere
Informationen über die Landesgesellschaften integrieren. So können – wie in diesem
Beispiel – über die Kreisgröße die Umsatzrelationen und über die Segmentausschnitte
Erfolgsgrößen, wie zum Beispiel Ergebnis oder Cash Flow, abgebildet werden. Mit den
Pfeilen lässt sich andeuten, wie sich die letztjährige Position im Verhältnis zu Vorperio-
den entwickelt hat.

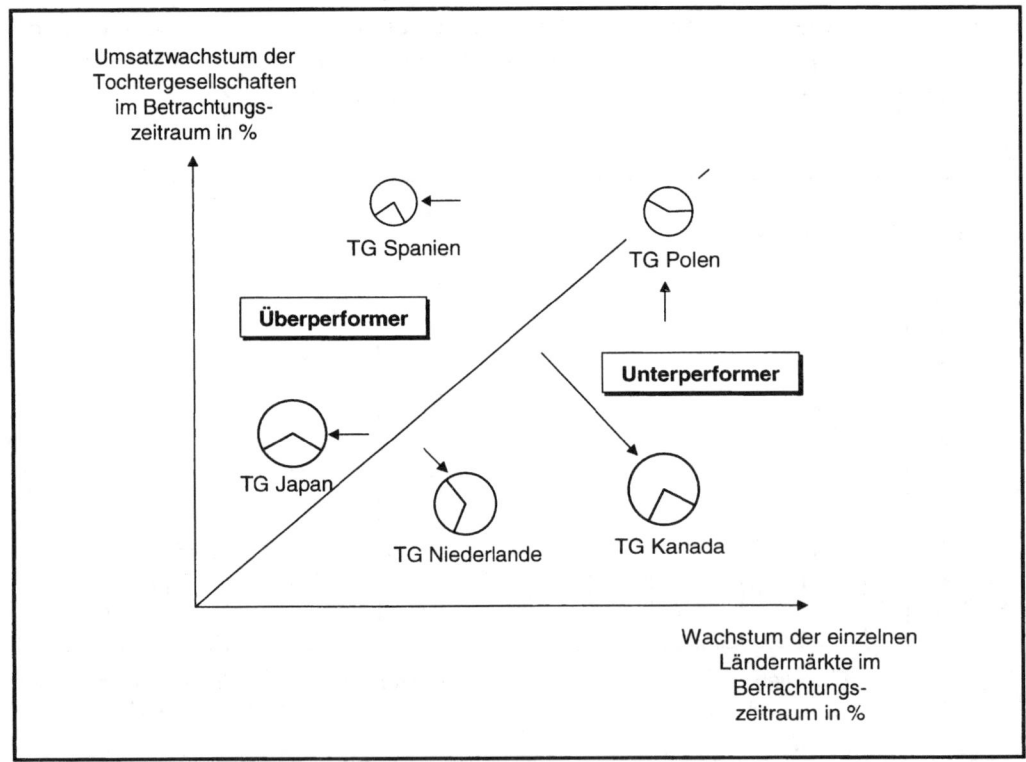

Abb. 7-17: Wachstumsraten von Tochtergesellschaften in Relation zu den Wachstumsraten der einzelnen Ländermärkte

(c) Strategische Über- und Unterperformer: Tochtergesellschaften operieren in unterschiedlichen Marktumfeldern und haben verschiedene strategische Positionen inne, die sich etwa in unterschiedlichen relativen Marktanteilen, unterschiedlich starken relativen Produktqualitäten, im Verhältnis von Kapitaleinsatz zu Umsatz, im Verhältnis von Wertschöpfung zu Beschäftigten, im Marktwachstum usw. ausdrücken. Diese strategische Position gibt nach den Untersuchungen des Strategic Planning Institute – den sogenannten **PIMS-(Profit Impact of Market Strategies-)Studien** – einen Anhaltspunkt dafür, welche operative Effizienz aufgrund dieser Position jährlich zu erwarten ist. Zahlreiche Erfolgsfaktoren gehen dabei in eine multiple Regressionsgleichung ein, die den Return on Investment (**ROI**) als Maßstab der **operativen Effizienz** erklären soll. Gibt man in diese Gleichung die Werte für die beobachtete Geschäftseinheit ein, dann erhält man den aufgrund der PIMS-Datenbank zu erwartenden sogenannte **PAR ROI**, der gleichsam die **strategische Effizienz** der Einheit widerspiegelt (vgl. ausführlich zum PIMS-Forschungsprogramm Buzzell/Gale 1989). Die strategische Effizienz der jeweiligen Tochtergesellschaften ist in Abbildung 7-18 auf der x-Achse abgetragen. Die y-Achse repräsentiert hingegen die operative Effizienz der Tochtergesellschaften, den tatsächlich erwirtschafteten Return on Investment (ROI) – sofern die Ergebnisbeiträge der Tochtergesellschaften isoliert werden können.

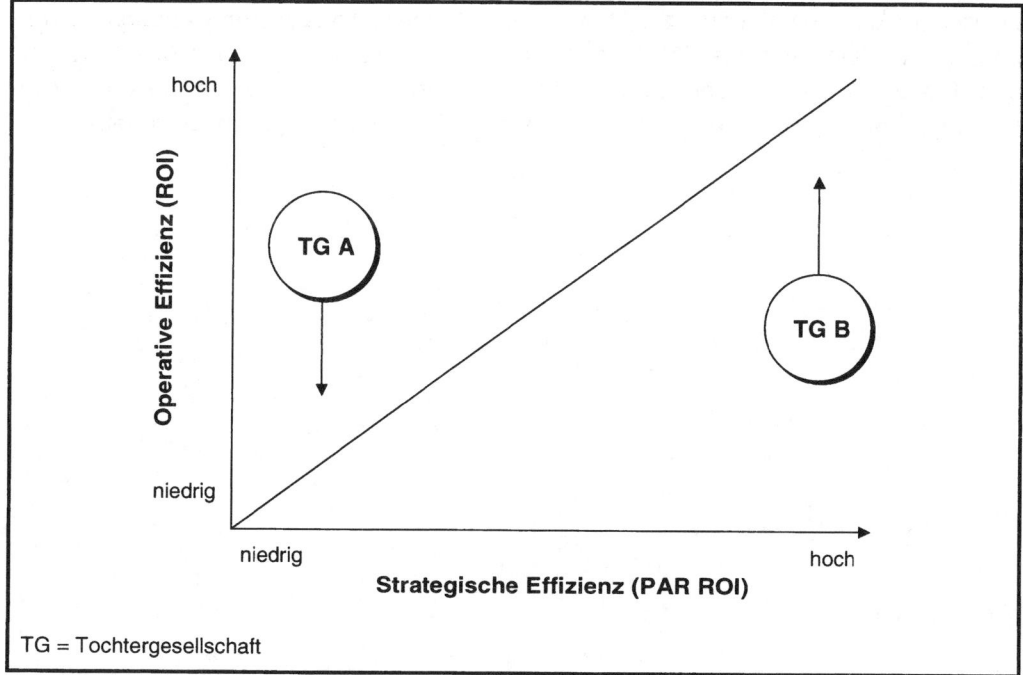

Abb. 7-18: Vergleich von strategischer und operativer Effizienz verschiedener ausländischer Tochtergesellschaften

Die tatsächliche operative Effizienz, der ROI, kann natürlich von der strategisch vorgegebenen Effizienz abweichen – sei es, dass die Geschäftsführung weit höhere Erträge
einfährt als dies unter normalen, den strategisch vorgegebenen Umständen zu erwarten
wäre (Überperformer) oder sei es, dass die operativen Ergebnisse nicht das Niveau erreichen, das aufgrund der strategischen Position eigentlich erreichbar sein sollte (Unterperformer). Tochtergesellschaften, die auf der 45-Grad-Linie liegen, erwirtschaften genau den ROI, der aufgrund ihrer strategischen Position zu erwarten ist. Obwohl die in
Abbildung 7-18 dargestellten Tochtergesellschaften in den Ländern A und B hinsichtlich
ihrer operativen Effizienz (ROI) ähnliche Werte aufweisen, ist ihre Performance völlig
unterschiedlich zu werten. Relativ zu ihrer strategischen Situation wirtschaftete die
Tochtergesellschaft in Land A sehr gut, während die Tochtergesellschaft in Land B ihre
mögliche operative Effizienz nicht erreichte. Die Pfeile deuten dabei an, dass nach Erkenntnissen des Strategic Planning Institute im Laufe der Zeit die operative Effizienz in
die von der strategischen Effizienz „vorgegebene" Richtung tendiert. Zu einer kritischen
Reflexion sogenannter strategischer Erfolgsfaktoren (bzw. -gesetze) – wie sie in den
PIMS-Studien zu ermitteln versucht und eben angeführt wurden – sei auf unsere Ausführungen an anderer Stelle verwiesen (→ Abschnitt 2.3.2 in Kapitel 2 sowie Abschnitt
1.1.2.2 in Kapitel 6).

Nachdem wir unsere Ausführungen zur internationalen Evolution nun mit einigen exemplarischen Analysemethoden zur Bewertung der Internationalisierung abgerundet haben, soll im Folgenden die Führung von Internationalisierungsepisoden diskutiert werden. Diese sind – im Gegensatz zur internationalen Evolution – vor allem durch eine
große Reichweite und Intensität des organisatorischen Wandels gekennzeichnet.

3   Unternehmungsentwicklung durch Internationalisierungsepisoden

Internationalisierungsepisoden verändern in vergleichsweise kurzer Zeit in erheblichem Umfang die Internationalität einer Unternehmung. Die Unternehmung kann sich dabei in Richtung mehr oder weniger Internationalität entwickeln. Die Ursachen für derartige Internationalisierungsschübe in die eine oder andere Richtung können vielfältig sein. Wir werden zunächst eine theoretische Begründung für den abrupten Wandel von Organisationen geben und dessen Zusammenhang mit Internationalisierungsepisoden aufzeigen (Abschnitt 3.1). Episoden bedürfen der direkten Führung, für deren Anforderungen wir auf den Bezugsrahmen des Prozessmanagements zurückgreifen können und die wir am Beispiel einer internationalen Unternehmungsübernahme durchspielen werden (Abschnitt 3.2). Bei der Führung von Internationalisierungsepisoden kann das Management auf einige unterstützende Analyseinstrumente zurückgreifen (Abschnitt 3.3).

3.1   Ursachen von Internationalisierungsepisoden

Die Prozesscharakteristika von Internationalisierungsepisoden wurden bereits bei der Gegenüberstellung der drei Archetypen, d.h. der „Drei E's" von Internationalisierungsprozessen, beschrieben (→ Abschnitt 1.3.4 in diesem Kapitel). Als Beispiele von Internationalisierungsepisoden können unter anderem die Übernahme einer ausländischen Unternehmung, das Eingehen einer internationalen Kooperation oder die Gründung einer Tochtergesellschaft im Ausland aufgeführt werden.

Kennzeichen solcher Episoden ist, dass ein **definierbarer Zeitabschnitt mit erhöhtem Aktivitätsniveau** in der Unternehmungsentwicklung feststellbar ist. Große Teile der Unternehmung sind betroffen und befinden sich im Umbruch. Die zu bewältigenden Probleme sind für die Beteiligten **ungewöhnlich, neuartig** und **komplex**, so dass man sich häufig besonderer Problemlösungssysteme (etwa externer Berater oder Projektteams) bedient. Internationalisierungsepisoden stellen tiefe Einschnitte in die bestehenden Organisationsstrukturen und Prozessabläufe, d.h. **primär** in die **Oberflächenstruktur** der Unternehmung, dar. Die **Tiefenstrukturen** sind aufgrund der abrupten Änderungen der Oberflächenstrukturen **häufig nicht mehr vollständig anschlussfähig**. Diese Kurzcharakteristik von Internationalisierungsepisoden zeichnet ein ganz anderes Bild der Internationalisierung als das Stufenmodell von Johanson/Vahlne (1977, 1990). Widerspruch an einer inkrementalen Evolution regt sich insbesondere aus dem Kreis derjenigen, die ein dialektisches Prozessverständnis der Internationalisierung entwickeln. In ihrem 1991 erschienenen Artikel fordern Macharzina und Engelhard einen „paradigm shift" hin zu einer dialektischen Prozessorientierung. Unter Rückgriff auf den **Gestaltansatz** von Miller und Friesen (1982) wird postuliert, dass die Internationalisierung einer Unternehmung schubweise im Wechsel von Ruhe und Umbruch, von Momentum und Quantum, von Konsolidierung und Wandel erfolgt (➜ Abschnitt 1.1.4.3 in diesem Kapitel). Die Autoren folgen damit einer Tradition sozialwissenschaftlicher Ansätze, nach denen der Entwicklung sozialer Systeme ein dialektisches Muster inhärent ist. Zentral für den Gestaltansatz sind sowohl die Konfigurationen, die bestimmte Variablen der Unternehmung und ihrer Umwelt umfassen, als auch der **Wandel von einer Konfiguration zur anderen.** Es wird argumentiert, dass Ungleichgewichte in der Variablenkonstellation einer Konfiguration einen Quantensprung zur neuen Konfiguration auslösen. Im Folgenden soll daher etwas näher auf den Begriff der „Unternehmungskonfigurationen" (Abschnitt 3.1.1) und auf den sprunghaften Wandel der Unternehmungskonfigurationen (Abschnitt 3.1.2) eingegangen werden.

3.1.1   Unternehmungskonfigurationen

Unternehmungskonfigurationen sind zunächst einmal **Konstellationen von Unternehmungsmerkmalen** wie zum Beispiel Umwelt, Strategie, Organisationsstruktur, Produktionssystem und Informationstechnologie. Diese Merkmalskonstellationen werden von den Forschern aufgrund von Hypothesen über das Zusammenwirken der einzelnen Merkmale zusammengestellt. Unterstellt wird dabei, dass die **Merkmale nur in bestimmten Kombinationen,** den sogenannten Konfigurationen, auftreten (vgl. Miller/ Friesen 1984, S. 1). Eine Konfiguration (bzw. vereinfacht: ein Typ) steht für eine große Anzahl von in der Realität vorhandenen Unternehmungen. Mit nur wenigen Typen von Unternehmungskonfigurationen lässt sich die Vielzahl von Unternehmungen abbilden.

Die Forscher haben – teilweise unter Anwendung multivariater Analysemethoden – eine kleine Anzahl von unterschiedlichen Konfigurationen aus der Gesamtzahl aller denkbaren Kombinationen herauskristallisiert, die sich durch die jeweils zusammengehörigen Ausprägungen der einzelnen Elemente voneinander unterscheiden und einen **optimalen Fit,** d.h. eine optimale Abstimmung, in Bezug auf die Elementausprägungen aufweisen. Diese Sichtweise der Realität beruht auf der Überzeugung, dass es Umweltkräfte gibt, die bewirken, dass nur die in Bezug auf die Umwelt-, Strategie- und Strukturvariablen am besten abgestimmten Unternehmungsformen überleben (vgl. Miller 1990). Zudem existieren Abhängigkeiten zwischen den internen Variablen in der Unternehmung, d.h. vor allem den Struktur- und Strategievariablen, was zur Herausbildung von bestimmten Ausprägungskombinationen dieser Merkmale in Konfigurationen führt (vgl. Miller/Friesen 1984, S. 1-4). Die in der Realität zu beobachtende Vielfalt beruht daher auf einer Ordnung, die nur wenige Konstellationen aus der Gesamtheit der möglichen Kombinationen von Merkmalen als sinnvoll zulässt.

3.1.2   Wandel von Unternehmungskonfigurationen

Im Konzept der Unternehmungskonfigurationen enthalten ist, dass es **„quantum changes"**, sogenannte Quantensprünge, zwischen den verschiedenen Konfigurationen geben muss. Wenn man aussagt, dass sich Unternehmungen verschiedenen Konfigurationen zuordnen lassen, impliziert dies, dass sie sich bei einem Wandel von der einen zur nächsten Konfiguration bewegen werden. Es erfolgt dann idealerweise kein inkrementaler, evolutionärer Wandel, sondern vielmehr ein Quantensprung zu einer neuen Konfiguration (vgl. Miller/Friesen 1982, S. 872, Miller 1982, S. 148). Wenn sich die Unternehmung nur inkremental, zum Beispiel in einem Element, verändern würde, ohne dass die anderen Elemente entsprechend der neuen Konfiguration angepasst würden, würde die optimale Abstimmung zwischen den Elementen aufgegeben. Daher sollten die Unternehmungen Veränderungen so lange hinauszögern, bis sie – zum Beispiel aufgrund einer Krise – nicht mehr zu vermeiden sind (vgl. Greiner 1972). Werden jedoch Veränderungen vorgenommen, dann sollte nach dem Konfigurationsansatz ein **Wechsel hin zu einer völlig neuen Konfiguration** mit optimal aufeinander abgestimmten Elementen erfolgen. Der Konfigurationswechsel findet demnach nur selten statt, da er Kosten verursacht, die nur akzeptiert werden, wenn die **Kosten der Dysfunktionalität** und des „Misfit" der bisherigen Konfiguration beginnen, diejenigen des Konfigurationswechsels zu überschreiten.

Auch Internationalisierungsepisoden verändern „sprunghaft" den Internationalisierungsgrad, d.h. den internationalen Aspekt der „Gestalt" einer Unternehmung, und verursachen somit einen „Quantensprung" bei der Unternehmung. Damit erschöpfen sich aber schon die Parallelen zwischen Gestaltansatz und Episodenkonzept. Wir gehen nämlich davon aus, dass „quantum changes" nicht nur aus sich entwickelnden Spannungszuständen entstehen, sondern auch bewusst herbeigeführt werden können. Beispielsweise vermittelt die Akquisition von **Bankers Trust** durch die **Deutsche Bank** durchaus **teleologische Elemente**, weil dadurch gleichzeitig die internationale Präsenz und die Aktivitäten im Investmentbanking verstärkt werden sollten. Ein „Spannungszustand" wäre hier schwer zu konstruieren. Ferner nimmt der Gestaltansatz **kaum Bezug auf die Ressourcen einer Unternehmung**, die sich entsprechend der bisherigen Argumentation als besonders wichtig für die Verfolgung von Internationalisierungsstrategien erwiesen haben. Diese lassen sich berücksichtigen, wenn wir das Umfeld der Internationalisierungsepisoden im Zusammenhang mit deren Führung „ausleuchten".

3.2   Führung von Internationalisierungsepisoden

Bisher wurde im Rahmen unserer Aussagen zu Episoden vor allem darauf hingewiesen, dass es sich dabei um schubweise Veränderungen handelt. Im Folgenden verlegen wir die Argumentation mehr auf die Frage, was bei der Führung einer Internationalisierungsepisode zu beachten ist, wenn von den Beteiligten deren außergewöhnliche Situation erkannt wurde (Abschnitt 3.2.1). Die eher theoretisch gehaltene Darstellung wird anschließend durch ein realitätsnahes Beispiel, die Episodenführung einer internationalen Akquisition, weiter vertieft (Abschnitt 3.2.2).

3.2.1 Führungsalternativen in Internationalisierungsepisoden

Wir sehen drei Ansatzmöglichkeiten für die Führung von Internationalisierungsepisoden, wobei wir wieder an unserem Bezugsrahmen des ersten Abschnittes anknüpfen (➜ Abschnitt 1.3 in diesem Kapitel). Das Prozessmanagement von Internationalisierungsepisoden hat dabei die unterschiedlichen Prozessinhalte zu berücksichtigen (Abschnitt 3.2.1.1), kann insbesondere an der eigentlichen Gestaltung des Kernprozesses der Episode ansetzen (Abschnitt 3.2.1.2) und muss die Internationalisierungsepisode mit dem Prozessumfeld (Abschnitt 3.2.1.3) abstimmen.

3.2.1.1 Führung von Episodeninhalten

Das Ziel von Internationalisierungsepisoden sind **implementierte Problemlösungen**, wie zum Beispiel die Abwehr einer feindlichen Übernahme, die erfolgreiche Vertriebsaufnahme in einem neuen Ländermarkt, der Aufbau einer neuen Fertigungsstätte oder eine erfolgreich operierende Akquisition. Eine erste Führungsaufgabe setzt an der inhaltlichen Erarbeitung von Problemlösungen für Internationalisierungsepisoden an. Handlungsalternativen hierfür wurden in den Kapiteln 2, 4, 5 und 6 dieses Buches vorgestellt. Internationalisierungsepisoden können dann beispielsweise auf die Transition von einer integrierten Funktionalstruktur zu einer integrierten Geschäftsbereichsstruktur, auf die Formierung einer stärkeren Unternehmungskultur oder auf die Entwicklung einer Globalisierungsstrategie gerichtet sein.

Die Handlungsalternativen können durch die **unterschiedlich weite Problemdefinition** bereits unterschiedlich stark eingegrenzt sein. Für die Entwicklung einer Problemlösung und die Führung des Problemlösungs- und Implementierungsprozesses ist es nicht unerheblich, ob die Aufgabe beispielsweise lautet, eine Markterweiterung in Fernost zu suchen, alternative Markteintrittsmöglichkeiten für den japanischen Markt zu eruieren oder einen Joint-Venture-Partner in Japan zu finden. Wenn über ein Joint Venture eine Markteintrittsstrategie umgesetzt werden soll, beinhaltet die Führung dieser Episode, dass mittels geeigneter Methoden, sorgfältiger Planung und der Durchführung von Bewertungsprozessen potentielle Partner identifiziert, mit ihnen Verhandlungen geführt und Vereinbarungen abgeschlossen werden, um das Joint Venture ins Leben zu rufen (vgl. Kutschker 1995a).

Die **Problemdefinitionen** solcher Internationalisierungsepisoden sind für die Beteiligten in der Regel **schlecht strukturiert**, die sich abzeichnenden **Handlungsoptionen nur vage erkennbar**, mit **großer Unsicherheit** hinsichtlich der Durchführung und des Episodenergebnisses behaftet und **häufig neuartig**. Routinen für die Bewältigung solcher Episoden haben sich meist nicht herausgebildet. Wie groß die Unsicherheit über die inhaltlichen Handlungsalternativen ist, hängt auch davon ab, ob und wie stark die Internationalisierungsepisode mit anderen Unternehmungsprozessen verwoben ist. Ergibt sich die Episode beispielsweise als Folge einer Auseinandersetzung mit der strategischen Grundausrichtung der Unternehmung, dann liefert diese Auseinandersetzung bereits eine Fülle von Unsicherheit reduzierenden Informationen. Mehr Unsicherheit ist hingegen zu erwarten, wenn die Episode, etwa eine sich überraschend bietende Gelegenheit zu einem Joint Venture, erst der Auslöser für strategische Grundsatzdebatten der Internationalisierung ist.

Die Entwicklung und Bewertung von Handlungsalternativen stellen selbst **komplexe kollektive Entscheidungsprozesse** dar. Der kollektive Charakter rührt wiederum daher, dass durch Internationalisierungsepisoden mehrere Bereiche einer Unternehmung betroffen sind und die Beteiligten jeweils ihre Sichtweise des Problems und ihre Interessen in die Diskussion einbringen. Die Reichweite des Prozessinhaltes kann z.B. bei einer großen Akquisition nahezu alle Teile der übernehmenden und der übernommenen Organisation betreffen. Als Konsequenz entwickeln sich mehrere Entscheidungsarenen mit sich teilweise überschneidenden Aufgabenfeldern, in denen Problemlösungs- und Verhandlungsprozesse unterschiedliche Ergebnisse hervorbringen und Machtinteressen ausgleichen sollen. Solche Entscheidungsprozesse beinhalten vielfältig hierarchisch und zeitlich verschachtelte Teilprozesse, denen ein Prozessmanagement eine zeitliche Ordnung unter Effizienzgesichtspunkten verleihen kann.

Die Intensität des Wandels hängt von der Problemstellung, der Prozessebene und der Reichweite ab. Es ist davon auszugehen, dass Oberflächenstrukturen betroffen sind und Aufbau- und Ablaufstrukturen neu gestaltet werden müssen. Wegen der Neuartigkeit der Probleme sind zumindest **Teile der Tiefenstruktur betroffen** und verlangen nach Anpassungen und organisationalem Lernen. Führung impliziert scheinbar die bewusste, geplante Initiierung von Episoden. Wie aber das Beispiel der ersten Internationalisierungsepisode der *Schmack-Biogas GmbH* in Textbox 7-3 zeigt, kann auch der **Zufall** eine erhebliche Rolle spielen. Dies sollte jedoch nicht ausschließen, dass nach dem zufälligen Beginn einer Episode dieses Zeitfenster erhöhter Internationalisierungsaktivität bewusst geführt wird. Damit verlagert sich die Führungsaufgabe von der inhaltlichen auf die prozessuale Dimension.

Textbox 7-3:   Initiierung einer Markteintrittsepisode

Das Beispiel der Schmack-Biogas GmbH

Die *Schmack-Biogas GmbH* wurde 1995 gegründet und stellt Biogas-Anlagen her. Die Kernkompetenz der Unternehmung ist nicht so sehr der Anlagenbau als vielmehr die Handhabung der biologischen Prozesse, die in Gang gesetzt und gehalten werden müssen, um aus Biomasse (z. B. Fäkalien, Gülle) Energie in Form von Methangas gewinnen zu können. Auf der Fachmesse „Eurotier" in Hannover zeigte ein japanischer Unternehmer 1996 Interesse an dem Produkt. Der Kontakt wurde zunächst jedoch nicht weiterverfolgt. Erst ein halbes Jahr später nahm *Schmack-Biogas* telefonisch Kontakt mit dem japanischen Unternehmer auf. Ein weiteres halbes Jahr später besuchten die Jungunternehmer Japan und machten sich mit dem dortigen Umfeld vertraut. Das beiderseitige Interesse wurde vertieft; schließlich wurde ein Joint Venture gegründet, das die Vermarktung und den Betrieb von Biogasanlagen in Japan zum Gegenstand hat.

Quelle:
Direktauskunft der Schmack-Biogas GmbH am 10. Januar 2001.

3.2.1.2   Führung des Kernprozesses der Episode

Neben der Erarbeitung inhaltlicher Lösungen ist der Episodenverlauf selbst zu führen. Es gilt Festlegungen zu treffen, wie der Episodenverlauf mit seinen Teilprozessen und Aktivitäten gestaltet werden muss, damit er unter zeitökonomischen Gesichtspunkten effizient und unter Würdigung der Problemlösung effektiv abläuft. Die Gestaltung der Internationalisierungsepisode greift dabei auf die in Abschnitt 1.2 dieses Kapitels aufgezeigten Gestaltungsoptionen – von der einfachen Reihung von Episodenaktivitäten bis zur komplexen Kumulierung – zurück und beinhaltet auch die dort beschriebenen Führungsinstrumente der **Zeitallokation**, der **Prozessstrukturierung** und der **Prozesslogik**.

Die Führung der Episodenverläufe ist stark **durch die jeweilige Problemstellung geprägt**. Eine Unternehmungsakquisition bringt andere Gestaltungsnotwendigkeiten und Optionen des Prozessmanagements mit sich als die Entwicklung und Umsetzung einer Marktaustrittsstrategie oder die Änderung der Produkteinführungsroutinen. In Abhängigkeit von der inhaltlichen Aufgabe müssen vielfältige Teilprozesse geführt werden, die selbst ihre eigene Hierarchie von Teilprozessen entwickeln. Durch Parallelisierung von Teilprozessen lässt sich der Gesamtprozess beschleunigen, wobei „eingebaute" Prozesslogiken zu beachten sind, die gewisse Sequenzen vorschreiben. Die Implementierung einer Strategischen Allianz setzt möglicherweise die Genehmigung der zuständigen Kartellbehörde voraus. Fehlende quantitative und qualitative personelle Ressourcen können beispielsweise die Qualität der Aufgabenerfüllung mindern und das Hinzuziehen externer Berater notwendig machen. Ein so erweitertes Mesonetzwerk verursacht dann aber zusätzliche Komplexität, da Prozessroutinen nicht notwendigerweise mit der intendierten Struktur der Episodenprozesse harmonieren.

Die **Strukturierung von Teilprozessen** und die **Allokation von Zeit** auf diese Prozesse, die Generierung, Analyse und Bewertung von Handlungsalternativen, die Entscheidung über sowie die Genehmigung und Zuteilung von finanziellen und personellen Ressourcen sowie die Implementierung neuer Strukturen und Abläufe gehen Hand in Hand. Episoden stehen dabei häufig unter hohem **Zeitdruck**, weil feste Termine einzuhalten sind bzw. Wettbewerber und/oder Aktionäre intervenieren können. Die verfügbare Zeit begrenzt somit die Anzahl der verfolgbaren Handlungsalternativen und die Sorgfalt ihrer Bewertung. Wie noch zu zeigen ist, entwickeln die Mikro- bzw. Mesonetzwerke solcher Episoden nicht selten eine unnötige Eigendynamik, die den Zeitdruck verschärft. Spätestens mit der Zuweisung finanzieller Mittel arbeitet der Zeitkonsum der Lösungsimplementierung endgültig gegen den ökonomischen Erfolg der Episode, weil jede Verkürzung der Implementierung den erwarteten Cash Flow früher einsetzen lässt. Die Parallelisierung von Teilprozessen und die Zuweisung von Teilaufgaben auf einzelne Aufgabenträger bedeuten erhöhte Anforderungen an die **Synchronisation der Teilprozesse,** damit etwa die Teilergebnisse zu ganzheitlichen Bewertungen zusammengeführt werden können. Wie noch zu zeigen sein wird, haben Abstimmungen auch mit dem Prozessumfeld zu erfolgen.

Für viele Internationalisierungsepisoden ist es dabei typisch, dass sich die einzelnen Teilprozesse bestimmten Phasen zuordnen lassen. Beinahe natürlich ist die Unterscheidung in eine Vorbereitungs- und eine Implementierungsphase. In der Vorbereitungsphase laufen vor allem Planungs- und Entscheidungsprozesse ab, die sich abstrakt mit der zu implementierenden Lösung auseinandersetzen. Die Implementierung bedeutet in vielen Fällen einen grundsätzlichen Wandel des Systems, für den in der Literatur **verschiedene Phasenverläufe** angenommen werden (vgl. Müller-Stewens/Lechner 2001, S. 437-456). Am bekanntesten ist die auf Kurt Lewin zurückgehende Dreiteilung in „unfreeze", „move" und „freeze" (vgl. Lewin 1943). Mit Prozessen des „unfreeze" sollen unerwünschte Routinen und Verhaltensweisen aufgebrochen und die Organisation für die Notwendigkeit des Wandels und der Veränderung sensibilisiert werden. Die Teilprozesse des „move" verändern die von der Episode betroffenen Bereiche, überzeugen die Zaudernden und Unwilligen und demonstrieren die Vorteilhaftigkeit der neuen Lösung. Mit den Prozessen des „freeze" soll das neue Verhalten bzw. der neue Systemzustand wieder routinisiert, „eingefroren" werden. Über Prozesse des organisationalen Lernens, wie Schulungen, Job-Rotationen, Erfahrungsgruppen oder Workshops, wird das neue Verhalten stabilisiert.

Internationalisierungsepisoden wurden als **Systembrüche** dargestellt, die nicht ohne „Schleifspuren des Wandels" ablaufen. So lässt sich zum Beispiel der typische Prozessverlauf von Fusionen anhand von fünf Phasen skizzieren, wie dies in Abbildung 7-19 dargestellt wird. Betont wird dabei die schwankende emotionale Belastung und deren Auswirkungen auf die Produktivität der fusionierten Unternehmungen. Der ersten Euphorie über die zu erwartenden Vorteile einer Fusion folgt in der Regel die jähe Ernüchterung, weil sofortige positive Wirkungen ausbleiben, die „Braut" sich bei näherer Analyse doch nicht als so schön herausstellt, wie es der Papierform entsprochen hatte und langsam das Ausmaß der tatsächlichen Belastungen erkennbar wird. Der Krise folgt entweder eine Phase produktiver Konfliktlösung und Anpassung oder die „Scheidung", wie sie beispielsweise von **BMW** bei der Trennung von **Rover** vollzogen wurde (→ Textbox 6-16 in Abschnitt 2.8.3.3 in Kapitel 6). Nach erfolgreicher Lösung der Anpassungsprobleme kann die neue Unternehmung schließlich zu höherer Leistung und einer neuen Identität zurückfinden.

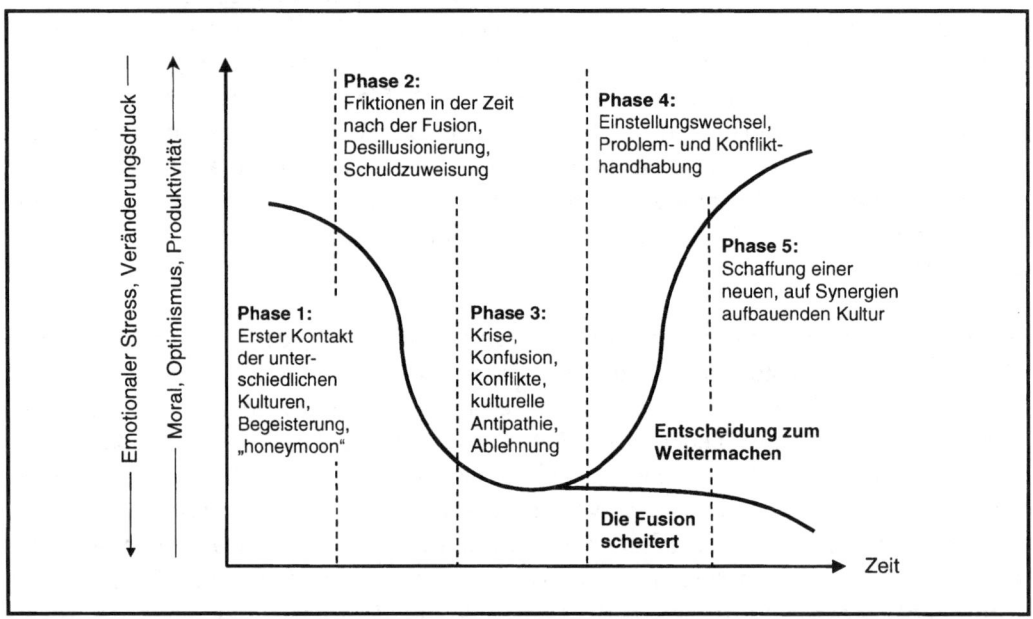

Abb. 7-19: Ein möglicher Phasenverlauf von Fusionen
Quelle: in Anlehnung an Nakamura, zitiert nach Müller-Stewens/Lechner (2001),
            S. 432.

Das in Phase 3 beschriebene „Tal der Leiden" muss nicht notwendigerweise durchschritten werden. Die Idee eines Episodenmanagements geht von der Vorstellung aus, dass durch Strukturierung, d.h. Ordnung der Teilprozesse, durch Berücksichtigung der Interaktivität vieler Prozessschritte, durch Identifikation zeitkritischer und inhaltlich konfliktträchtiger Prozesse und durch bewusste Zuweisung von personellen Ressourcen und Zeitbudgets unproduktive Phasen in Internationalisierungsepisoden vermieden werden können.

Für die einzelnen Phasen organisationalen Wandels schlagen Müller-Stewens/Lechner (2001) bestimmte Zeitbudgets vor. In Abbildung 7-20 sind diese im sogenannten **5-Phasen-Modell** dargestellt. Es wird dabei deutlich, dass die Phasen selbst keine exakt abgeschlossenen Zeitspannen umfassen, sondern mit Überlappungen ineinander übergehen. Den größten Zeitraum nimmt in diesem Modell mit Phase 4 die Verstetigung des Wandels ein. Dieser Zeitraum ist in erster Linie durch den Episodeninhalt und die Reichweite des Systemwandels definiert und kann bei Internationalisierungsepisoden auch deutlich kürzere Zeiträume umfassen.

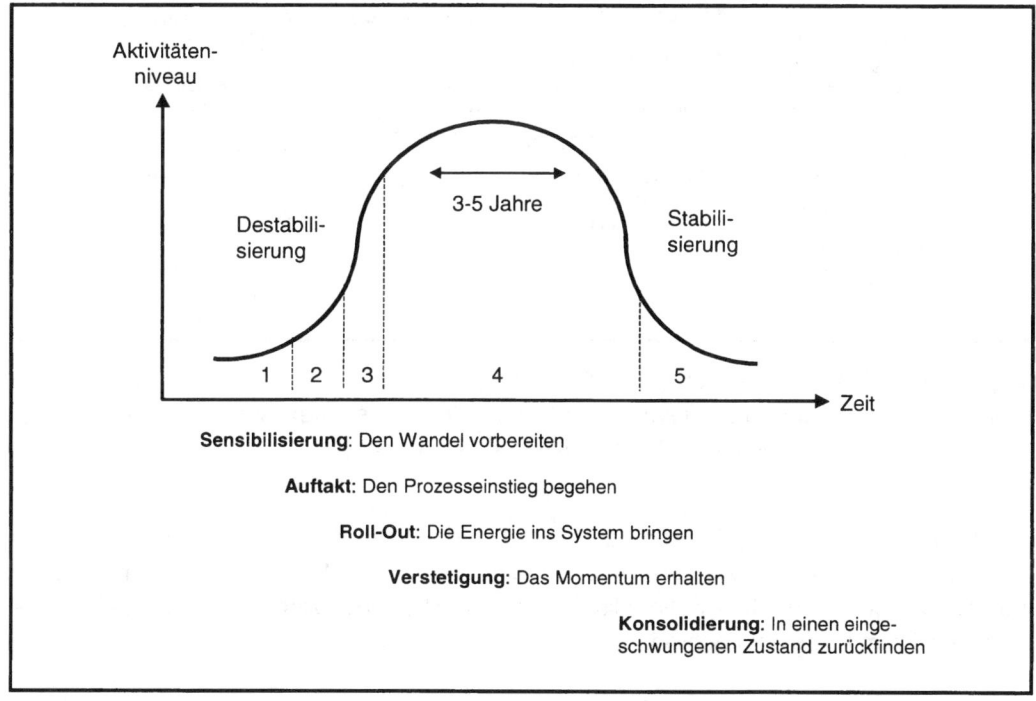

Abb. 7-20:   Ein 5-Phasen-Modell des organisatorischen Wandels
Quelle: Müller-Stewens/Lechner (2001), S. 436.

Wie der geplante Ablauf der Fusion von **Allianz** und **Dresdner Bank** in Abbildung 7-21 zeigt, liegen theoretische und praktische Überlegungen hinsichtlich Dauer und Phasenfolge von Episoden nicht weit auseinander – wobei es sich hier zweifellos um eine sehr extensive Episode handelt. Nun könnte man vordergründig meinen, dass die Fusion von **Allianz** und **Dresdner Bank** eigentlich national sei. Allerdings berühren vor allem die in Phase D geplanten Maßnahmen die internationalen Aktivitäten der beiden vormals eigenständigen Konzerne. So muss, um ein Beispiel zu nennen, die internationale Vermögensverwaltung von **Allianz** und **Dresdner Bank** integriert werden.

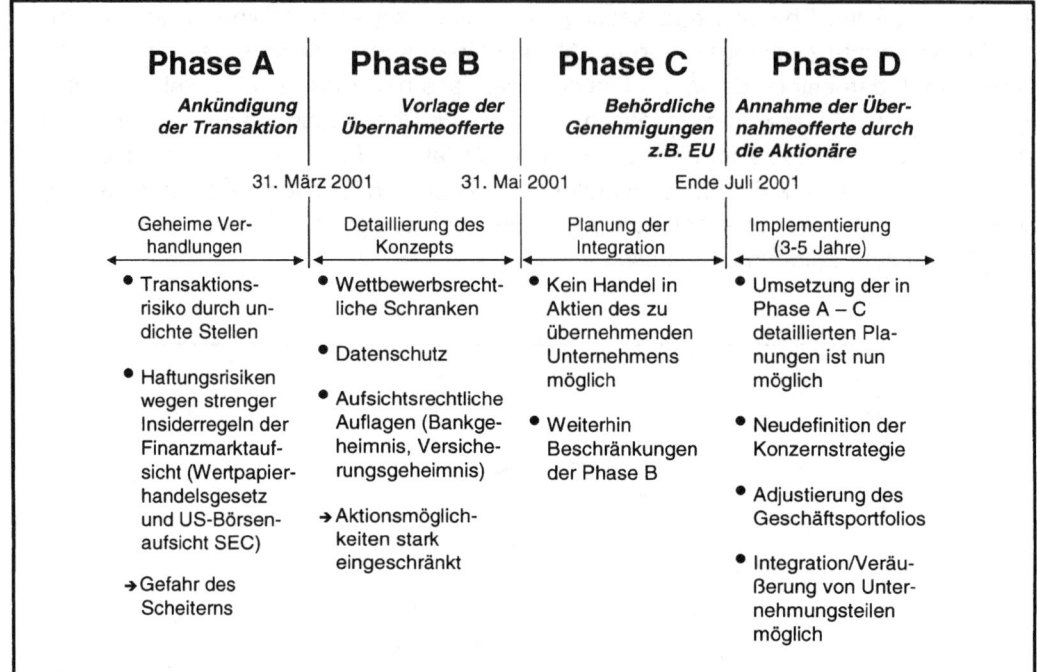

Phase A	**Phase B**	**Phase C**	**Phase D**
Ankündigung der Transaktion	*Vorlage der Übernahmeofferte*	*Behördliche Genehmigungen z.B. EU*	*Annahme der Übernahmeofferte durch die Aktionäre*

31. März 2001   31. Mai 2001   Ende Juli 2001

Geheime Ver-handlungen	Detaillierung des Konzepts	Planung der Integration	Implementierung (3-5 Jahre)
• Transaktions-risiko durch un-dichte Stellen • Haftungsrisiken wegen strenger Insiderregeln der Finanzmarktauf-sicht (Wertpapier-handelsgesetz und US-Börsen-aufsicht SEC) → Gefahr des Scheiterns	• Wettbewerbsrecht-liche Schranken • Datenschutz • Aufsichtsrechtliche Auflagen (Bankge-heimnis, Versiche-rungsgeheimnis) → Aktionsmöglich-keiten stark eingeschränkt	• Kein Handel in Aktien des zu übernehmenden Unternehmens möglich • Weiterhin Beschränkungen der Phase B	• Umsetzung der in Phase A – C detaillierten Pla-nungen ist nun möglich • Neudefinition der Konzernstrategie • Adjustierung des Geschäftsportfolios • Integration/Veräu-ßerung von Unter-nehmungsteilen möglich

Abb. 7-21: Die Fusion von Allianz und Dresdner Bank
Quelle: in Anlehnung an Beise, Marc (2001): Schnell, schnell, schnell. In: Süddeut-
            sche Zeitung Nr. 114 vom 18. Mai 2001, S. 28.

Die Dauer der einzelnen Phasen kann freilich nicht ohne Berücksichtigung des Episo-
denumfeldes betrachtet werden. Noch stärker als bei evolutionären Internationalisierungsprozessen ist bei Internationalisierungsepisoden schließlich auf deren Interdependenz mit ihrem Umfeld zu achten.

3.2.1.3   Führung des Prozessumfeldes

Einerseits ist das Prozessumfeld einer Episode durch die unternehmungsinternen Netzwerke, Ressourcen und abhängigen Prozesse gekennzeichnet. Aufgrund der großen
Reichweite und Bedeutung einer Episode umfasst das Prozessumfeld andererseits auch
das Makronetzwerk, die Ressourcen und die abhängigen Prozesse außerhalb der
betrachteten Unternehmungen, zum Beispiel wenn es sich um die Formierung internationaler Joint Ventures, Strategischer Allianzen oder Akquisitionen handelt. Wir wollen
zunächst in Abschnitt 3.2.1.3.1 mit einer **allgemeinen Betrachtung** des Prozessumfeldes beginnen, bevor wir in Abschnitt 3.2.1.3.2 das Prozessumfeld aus dem speziellen
Blickwinkel der **Potentiale** und des **sozio-ökonomischen Feldes** heraus betrachten.

3.2.1.3.1 Das Prozessumfeld

In Abhängigkeit vom Inhalt einer Episode muss zum Beispiel bei Markteintritten das Makronetzwerk der fokalen Unternehmung durch die Akquisition neuer Kunden entwickelt werden. Bei der Übernahme von Wettbewerbern sollten Kunden vom Lieferantenwechsel abgehalten sowie Lieferanten konsolidiert werden. **Internationalisierungsepisoden verändern interne und externe Netzwerke** und wirken „störend" auf die Unternehmungsentwicklung der Aktoren dieser Netzwerke und deren Prozesse. Die erfolgte Übernahme von *Orange* durch *Mannesmann* trug beispielsweise dazu bei, dass *Vodafone* sich schließlich zur feindlichen Übernahme von *Mannesmann* entschloss. Episoden können, wie wir unter Bezugnahme auf die Theorien der oligopolistischen Reaktion (→ Abschnitt 2.4 in Kapitel 3) gezeigt haben, andere Internationalisierungsepisoden im Umfeld auslösen oder beeinflussen.

Internationalisierungsepisoden passen nicht in die Routineprozesse einer Unternehmung und ziehen von diesen insbesondere personelle Ressourcen ab, die dann weder dem normalen Tagesgeschäft noch parallel laufenden Episoden zur Verfügung stehen. Die **interne Konkurrenz von Episoden um Ressourcen** unterschiedlichster Art wird immer wieder in den Führungsentscheidungen unterschätzt. Markteintritte strapazieren nicht nur die Kapazitäten des Vertriebsmanagements, sondern belasten alle betrieblichen Funktionen, wenn zum Beispiel Produkte angepasst oder Verpackungen und Verkaufsmaterial neu entwickelt werden müssen.

Episoden machen aber nicht nur die Knappheit der personellen Ressourcen bewusst, sondern führen je nach finanzieller Situation auch zur Zuführung von neuem Eigen- und/oder Fremdkapital oder zur **Umschichtung finanzieller Mittel** zwischen verschiedenen internen Projekten. Als wesentlicher Engpassfaktor für die Unternehmungsentwicklung wurde bereits von Penrose (1959) die **Managementkapazität** erkannt. Internationalisierungsepisoden verursachen organisationalen Stress, der einfacher bewältigt werden kann, wenn in der Vergangenheit eine **vorausschauende Entwicklung der personellen Ressourcen** betrieben wurde.

Episoden konkurrieren also untereinander um knappe Ressourcen. Episoden sowie die damit verbundenen Allokationsentscheidungen sind **unternehmungspolitische Entscheidungen**, die es für die mit der Führung der Internationalisierungsepisoden betrauten Führungskräfte notwendig machen, für ihre Episode politische Unterstützung zu sichern. Untersuchungen von Transaktionsepisoden komplexer Investitionsgüter zeigen, dass solche Episoden erfolgreicher verlaufen, wenn Machtpromotoren die Episode unterstützen. Noch effizienter agieren Machtpromotoren dabei in Verbindung mit Fachpromotoren (vgl. zu Promotoren auch Gemünden/Walter 1995).

Ressourcen im Umfeld der Internationalisierungsepisoden beschränken sich jedoch nicht nur auf die Einbeziehung von Managementressourcen. Der Verweis auf die Pro-

zesse im externen Umfeld von Episoden legt es nahe, auch die **Ressourcenkonstella-
tion außerhalb der betrachteten Unternehmung** mit in die Überlegungen einzubeziehen. Dies gibt uns Gelegenheit, die bisherige Argumentation um das **Potentialkonzept**
zu erweitern, den Begriff des **sozio-ökonomischen Feldes** einzuführen und im **Potential-Episoden-Feld-Konzept** miteinander zu verbinden.

3.2.1.3.2 Internationalisierungsepisoden im Spannungsfeld von Potentialen und sozio-ökonomischem Feld

Der Verlauf einer Episode wird unter anderem dadurch bestimmt, über welche Potentiale die an einer Episode beteiligten Aktoren verfügen. Potentiale sind zwar nicht „Ursache" für das Entstehen einer Internationalisierungsepisode; aber **ohne Potentiale** – so
die folgende theoretische Begründung – kann es **keine erfolgreichen Episoden** geben.
Das Potential-Episodenkonzept verbindet dabei die **Struktur-** mit der **Prozessbetrachtung**, weil Potentiale Konstellationen von Strukturmerkmalen sind, die den Verlauf von
Prozessen, hier Episoden, beeinflussen. Im Prozessablauf selbst können sich die Potentiale dann jedoch wieder verändern. Diesen **zirkulären Entwicklungsprozess von
Potentialen, Episoden und Umfeld** wollen wir im Folgenden erläutern. In einem ersten
Zugriff gehen wir dabei zunächst auf (1) den Einfluss ein, den Potentiale auf die Episode
haben, bevor wir beschreiben, wie sich (2) durch die Führung von Internationalisierungsepisoden auch Potentiale generieren lassen. Als dritten Punkt betrachten wir (3) den
Zusammenhang zwischen dem sozio-ökonomischen Feld und den Episoden und fassen
abschließend (4) die gewonnen Erkenntnisse zusammen.

(1) Internationalisierungspotentiale für Internationalisierungsepisoden

Ganz allgemein beruhen Potentiale eines Aktors (z.B. Individuum, soziales System) für
eine oder mehrere interessierende Episoden (z.B. Akquisitions- oder Reorganisations-
episode) auf spezifischen Konstellationen struktureller Merkmale des für die Analyse
dieser Episoden relevanten sozio-ökonomischen Feldes, deren Existenz im Falle einer
Aktivierung Wirkungen auf die interessierenden Episoden zeitigen (vgl. Kutschker 1980,
S. 58). Im Folgenden werden die einzelnen Begriffselemente sukzessive entwickelt.

Mit den **„spezifischen Konstellationen struktureller Merkmale"** wird auf die Merkmale
der an einer Episode beteiligten Aktoren Bezug genommen. Zu diesen Merkmalen zählen beispielsweise die vielfältigen Beziehungen zwischen den Beteiligten, die bearbeiteten Geschäftsfelder, die Produktionskapazitäten usw. Generell werden solche Merkmalslisten denen der Konfigurations- und Gestaltansätze ähneln. Eine besondere
Bedeutung kommt jedoch den Ressourcen der Aktoren zu, anhand derer wir die weiteren Begriffsmerkmale erläutern wollen.

Die „**Spezifität**" von Ressourcen macht auf den Umstand aufmerksam, dass nicht jede Ressource gleichermaßen für alle Episoden gleich gut geeignet ist. Nach diesem Verständnis beziehen sich Ressourcen (bzw. allgemeiner: Potentiale) jeweils auf **bestimmte Episoden oder Klassen von Episoden.** Beispielsweise sind Potentiale für Exportoffensiven nicht notwendigerweise dieselben Konstellationen von strukturellen Merkmalen wie diejenigen für das Eingehen von Joint Ventures. Für Markteintritte mittels einer Vertriebstochter bedarf es anderer Potentiale als für eine Markteintrittsepisode mittels Akquisition. Gehört zur ersteren Konstellation struktureller Merkmale beispielsweise der Wettbewerbsvorteil der abzusetzenden Produkte, so sind bei Akquisitionen vor allem Synergien, welche zum Beispiel die Wettbewerbsvorteile des Akquisitionskandidaten verstärken können, unverzichtbare Strukturmerkmale.

Potentiale, die sich auf Internationalisierungsepisoden beziehen und bei Aktivierung den Verlauf dieser Episoden beeinflussen, werden **Internationalisierungspotentiale** genannt. Die Spezifität der Potentiale sorgt dafür, dass nicht beliebig lange „Merkmalslisten" zu Konstellationen verarbeitet werden. Es ist letztlich eine Frage der empirischen Forschung, welche Merkmalskonstellationen (Potentiale) für welche Internationalisierungsepisoden besonders wichtig sind. Zu vermuten ist, dass wir dabei auf Merkmale stoßen werden, die aus der strategischen Diskussion vertraut sind. Auf die Rolle der Ressourcenausstattungen als einer Teilmenge der Merkmalskonstellation haben wir bereits aufmerksam gemacht. Wenn man sich der Argumente der **Ressourcenbasierten Ansätze des strategischen Managements** erinnert (→ Abschnitt 1.2.2 in Kapitel 6), lässt sich vermuten, dass jene Teilmenge von Ressourcen eine besondere Bedeutung besitzen wird, die den dort aufgeführten Bedingungen genügt.

Die Betonung von Konstellationen von Merkmalen macht nicht nur auf das konfigurative Zusammenwirken der einzelnen Merkmale aufmerksam, sondern auch auf die **Relativität** der Merkmalsausstattungen der einzelnen Aktoren. Wenn wir wieder anhand des Beispiels der Ressourcen argumentieren, hebt der Potentialbegriff sowohl auf die **absoluten** als auch auf die **relativen Ressourcenausstattungen** der Unternehmungen im Verhältnis zu den Ressourcenpools der anderen Aktoren des Makronetzwerkes ab, die für die interessierende Episode relevant sind. Je nach Konstellation der Ressourcen (und der anderen relevanten Merkmale) werden sich Potentiale negativ bis positiv auf die interessierende Episode auswirken. Die Wirkung hängt auch davon ab, inwieweit die individuellen Aktoren einer Episode, das Mesonetzwerk, eigene positive Potentiale aktivieren, fremde positive Potentiale in ihrer Wirkung lahm legen oder eigene negative Potentiale „überspielen" können, womit der Aspekt der **Aktivierung** in der Definition angesprochen ist.

Potentiale sind zunächst „nur" **passive Basis**, die aktiviert werden muss, um den Verlauf von Episoden zu beeinflussen. Zur **Aktivierung** bedarf es selbst wiederum eigener Fähigkeiten bzw. Merkmalskonstellationen. Damit ein monopolistischer Vorteil mittels Markteintritt genutzt werden kann, bedarf es beispielsweise einer erfolgreichen Kommunikation dieses Vorteils, die wiederum entsprechende Fähigkeiten und Merkmale der Marketing- bzw. Vertriebsabteilung voraussetzt. Freilich ist nicht auszuschließen, dass Wettbewerber oder andere Aktoren ebenfalls solche Potentialbetrachtungen anstellen, die dann unabhängig von den Führungsabsichten der fokalen Unternehmung handlungsleitenden Charakter für die in Betracht stehende Episode bekommen können. Aus dem intendierten Episodenverlauf wird dann ein emergenter Prozessverlauf, ganz analog zur Unterscheidung von deliberaten, intendierten und emergenten Strategien (→ Abschnitt 1.1.2.6 in Kapitel 6). Potentiale garantieren also nicht notwendigerweise einen „erfolgreichen" Verlauf von Episoden. Eine Fehleinschätzung der tatsächlichen Konstellation kann Markteintritte schnell zum wirtschaftlichen Desaster werden lassen. Sind Unternehmungen bei bestimmten Episoden immer wieder erfolgreich im Sinne ihrer Absichten, dann nehmen die „Konstellationen struktureller Merkmale" den Charakter von **Erfolgspotentialen** an, welche bereits an anderer Stelle thematisiert wurden (→ Abschnitt 1.1.2.2 in Kapitel 6). Dies macht darauf aufmerksam, dass solche Konstellationen als **Vorsteuergrößen zukünftigen Erfolgs** selbst entwickelt werden können. Bevor wir hierauf eingehen, soll jedoch das letzte Begriffsmerkmal, das „relevante sozio-ökonomische Feld", kurz beleuchtet werden.

Das **sozio-ökonomische Feld** kann in einem ersten Zugriff annäherungsweise mit dem **Makronetzwerk der fokalen Unternehmung** gleichgesetzt werden, eine Hilfskonstruktion, die wir in Punkt (3) ersetzen werden. Es sind dann die Merkmalskonstellationen dieser Aktoren, welche die untersuchte Internationalisierungsepisode beeinflussen werden.

(2) Internationalisierungsepisoden für Internationalisierungspotentiale

Potentiale bestimmen Ergebnis und Verlauf von Episoden und vice versa. Es ist in der zirkulären Prozessbetrachtung angelegt, dass die **Aktivierung von Potentialen** in Episoden wiederum **Rückwirkungen** auf das **Potential bzw. die Merkmalskonstellation** zeitigt. Die Übernahme eines Handelshauses in Hongkong (Episode) erweitert so beispielsweise nicht nur die Umsatzbasis des Akquisiteurs, sondern auch sein Kundennetzwerk in China – gewissermaßen als ein Merkmal des neuen Potentialzustands.

Nicht wenige Internationalisierungsepisoden werden aber auch mit dem erklärten **Ziel einer intendierten Potentialverbesserung** angegangen. Unternehmungsübernahmen können so dem Technologieerwerb, der Diversifikation oder der Wettbewerbsausschaltung dienen. Sie verändern damit gezielt die Potentialausstattung und damit die Merkmalskonstellation der akquirierenden Unternehmung oder zielen auf eine neue Positionierung im internationalen Wettbewerb ab. In der Internationalisierungsepisode werden dann sozusagen wenig internationalisierungsspezifische Ressourcen – beispielsweise eigene Aktien – gegen spezifische Ressourcen getauscht, die einen Marktzugang, die Realisierung interner Synergien oder die Abwehr von Wettbewerbern ermöglichen. Freilich fließen in einen solchen „Tauschprozess" in der Regel nicht allein eigene Aktien bzw. Finanzmittel. Zu beachten gilt in jedem Fall, dass die entsprechenden Potentiale nun nicht mehr für andere Aktivitäten bzw. Episoden zur Verfügung stehen. Expatriates, die eine Gesellschaft in Japan aufbauen, können beispielsweise nicht gleichzeitig nach Lateinamerika geschickt werden. Internationalisierung bedeutet demnach häufig eine Umschichtung wertvoller Potentiale, die nur ökonomisch Sinn macht, wenn die neue Konstellation von Merkmalen der alten überlegen ist.

(3) Internationalisierungsepisoden und sozio-ökonomisches Feld

Der episodenhafte (wie auch der an anderer Stelle behandelte inkrementale) Internationalisierungsprozess steht mit anderen Prozessen innerhalb und außerhalb der betrachteten Unternehmung in Beziehung. Hebt man auf die Beziehungen zwischen den Aktoren der Prozesse ab, gelangt man zu den an anderer Stelle eingeführten **Mikro-, Meso- und Makronetzwerken** (→ Abschnitt 1.2.2.2 in diesem Kapitel).

Makronetzwerke wurden dabei weitgehend aus Sicht der fokalen Unternehmung definiert. Diese Sicht gilt es nun zu erweitern, da nicht nur die unmittelbar mit einer Unternehmung verbundenen Aktoren, d.h. ihr fokales Netzwerk, sondern auch mittelbar beeinflussende Aktoren, wie die Wettbewerber der Branche oder potentielle Wettbewerber aus dem Ausland, die über keine direkte Beziehung zu der fokalen Unternehmung verfügen, durch ihre Aktivitäten und Nicht-Aktivitäten deren Prozesse beeinflussen. So bindet der First-Mover, etwa bei einem Markteintritt in China, die Potentiale möglicher Follower, weil es für diese nach der oligopolistischen Reaktionstheorie ökonomisch sinnvoll sein kann, ebenfalls in China Fuß zu fassen. Obwohl keine direkte Beziehung zwischen den Konkurrenten besteht, wirkt die Aktivität des First-Movers als soziale Kraft auf die Follower, aber gleichzeitig auch auf den Ansiedlungswettbewerb der verschiedenen chinesischen Freihandelszonen, auf die Belegschaften und Betriebsräte der Werke, deren Fertigungen verlagert werden sollen, usw. Diese Folgeaktivitäten stoßen wiederum Prozesse an, die das „Kraftfeld" dieses **nicht abgrenzbaren Makronetzwerkes** verändern. Die **Summe dieser sozialen Kräfte** bezeichnen wir in Anlehnung an Kurt Lewin als **sozio-ökonomisches Feld** (vgl. hierzu Lewin 1963, S. 273, Kirsch/Kutschker/ Lutschewitz 1980, S. 13, Kutschker 1980, S. 65-66).

Die **Abgrenzung eines Feldes** bereitet ähnliche Schwierigkeiten wie die eines Marktes. Der Feldbegriff erlaubt uns jedoch wenigstens eine „unscharfe" Abgrenzung dahingehend, dass von der fokalen Unternehmung entferntere Aktionen und Interaktionen im Feld geringere soziale Kräfte auf interessierende Episoden der fokalen Unternehmung zeitigen als näherliegende. Insofern spielt das **fokale Makronetzwerk** bei der Analyse der Wechselwirkungen von Internationalisierungsepisoden mit ihrem (Um-)Feld eine **besondere Rolle**, weswegen wir unter (1) zunächst diese Annäherung gewählt haben. Gegenüber dem Marktbegriff hat der Feldbegriff den weiteren Vorteil, dass über die

Beschreibung der Netzwerkbeziehungen nicht nur Transaktions-, sondern auch andere episodenwirksame Beziehungen, wie **Macht- oder Vertrauensbeziehungen**, untersucht und gestaltet werden können (vgl. Renz 1998, S. 265-292). **Von den Kräften des Feldes** sind alle Arten von (Internationalisierungs-)Prozessen, d.h. **die Evolution, die Episoden und die Epochen, betroffen.** Diese Prozesse unterliegen dem jeweils gleichen Kräftefeld, das sich aus der Konstellation der strukturellen Merkmale der Aktoren ergibt, von denen die Potentiale eine Teilmenge darstellen.

(4) Zusammenfassung des Potential-Episoden-Feld-Konzeptes

Offensichtlich können Unternehmungen vergleichsweise abrupt ihre Internationalität ändern. Fusionen wie diejenigen von *Daimler-Benz* und *Chrysler*, Akquisitionen wie die Übernahme von *Bankers Trust* durch die *Deutschen Bank* oder Kooperationen zwischen *Lufthansa*, *United Airlines* und anderen Luftfahrtunternehmungen sind reale „Gestaltswitches", denen man kaum das Attribut „kontinuierliche Internationalisierung" verleihen kann.

Nach den Überlegungen des vorigen Abschnittes kann es in sozialen Systemen keinen Stillstand, keine Ruhe, kein Momentum geben – allenfalls Phasen einer ruhigeren inkrementalen Entwicklung, denen turbulente Phasen folgen können. Wir nehmen jedoch nicht an, dass eine Unternehmung schubweise internationalisieren muss. **Zwingend** ist nur die **inkrementale Internationalisierung**, sofern Unternehmungen in das Ausland gehen. Offensichtlich hängt es auch vom Beobachtungszeitraum, von der Systemebene und dem Verhältnis vom Neuen zum Alten ab, ob man „Gestaltswitches" feststellen kann. Aussagen über Gestaltswitches oder Abgrenzungen von Internationalisierungsepisoden sind immer in Relation zu den spezifischen Bezugssystemen zu sehen und daher nur schwerlich von einem externen Beobachter zu treffen. Die Beteiligten müssen selbst die Außergewöhnlichkeit erkennen, die dann auch besondere Führungsanstrengungen erfordert.

Das Spektrum an Führungsmöglichkeiten solcher Internationalisierungsepisoden ist breitgestreut, wie die vorausgegangenen Ausführungen gezeigt haben. Eine Konzentration allein auf die unternehmungsinternen Teilprozesse von Internationalisierungsepisoden greift dabei offensichtlich zu kurz. Die Verquickungen mit den Handlungen und Prozessen der Aktoren im sozio-ökonomischen Feld sind zu vielfältig, als dass sie aus einem entsprechenden theoretischen Bezugsrahmen ausgeblendet werden dürften. Das konkrete Führungsinstrumentarium hängt dabei in hohem Maße vom Inhalt der Internationalisierungsepisoden ab. Deswegen mussten unsere Ausführungen vergleichsweise allgemein, vage und abstrakt bleiben, damit sie für viele Arten von Internationalisierungsepisoden aussagekräftig sind. Um etwas konkreter zu werden, wollen wir nun die Führungsaufgaben und die Beeinflussungsmöglichkeiten von Episodenprozessen am Beispiel internationaler Akquisitionsepisoden etwas näher beleuchten.

3.2.2 Episodenmanagement am Beispiel internationaler Akquisitionen

Im Folgenden soll das Prozessmanagement internationaler Akquisitionsepisoden betrachtet werden. Dabei werden wir zunächst einen Vorschlag zur Strukturierung der einzelnen Teilprozesse vorstellen (Abschnitt 3.2.2.1). Im Anschluss behandeln wir Fragen der Allokation von Zeit bzw. der Prozessdauer (Abschnitt 3.2.2.2) und der Prozessstruktur bzw. Prozesslogik (Abschnitt 3.2.2.3). Es folgt ein Ausblick auf die Synchronisation mit Ereignissen und Prozessen des Umfeldes (Abschnitt 3.2.2.4).

3.2.2.1 Ein Phasenschema für Akquisitionsepisoden

Abbildung 7-22 zeigt einen Versuch, den Prozess einer Akquisitionsepisode – inhaltlich wie zeitlich – in unterschiedliche Phasen und Teilprozesse einzuteilen. Dabei wird von der Zweckmäßigkeit einer Dreiteilung des Gesamtprozesses in eine (1) **strategische Analyse- und Konzeptionsphase**, (2) **Transaktionsphase** und (3) **Integrationsphase** ausgegangen (vgl. auch Steinöcker 1993). Die folgenden Ausführungen stützen sich im Wesentlichen auf die Ausführungen von Jansen (2000, S. 154-225), der – aufbauend auf einem früheren Vorschlag von Bronder/Pritzl (1992, S. 18) – ähnliche Prozessschemata auch für Joint Ventures und Strategische Allianzen vorstellte (vgl. Jansen 2000, S. 110 und 122).

(1) Strategische Analyse- und Konzeptionsphase

In einer ersten Phase wird zunächst – ausgehend von den Unternehmungszielen – die analytische und konzeptionelle Basis der beiden Folgephasen erarbeitet. In der ersten Teilphase werden idealtypisch unternehmungsinterne Faktoren und hieraus resultierende Möglichkeiten und/oder Notwendigkeiten einer Akquisition untersucht – fallweise auf Konzern-, Geschäftsbereichs- und/oder Regionalebene. Zu diesem Zweck eignet sich eine Reihe von Analyseansätzen, deren Zweckmäßigkeit jeweils unternehmungsindividuell und im Einzelfall zu prüfen ist. Stellvertretend sei hier auf die aus Kapitel 6 bekannte **SWOT-Analyse** verwiesen (→ Abschnitt 1.2.3.2 in Kapitel 6).

In einem zweiten Schritt werden insbesondere die **Chancen und Risiken der Unternehmungsumwelt** – fallweise global, regional oder national – untersucht und mit den Ergebnissen der **unternehmungsinternen Analyse** kontrastiert. Im Anschluss daran wird die Frage nach dem zukünftigen Entwicklungspfad der Unternehmung gestellt. Im vorliegenden Fall wird davon ausgegangen, dass eine Akquisition als grundsätzlich vorteilhafteste Alternative angesehen wird. Den Abschluss dieser Phase bildet die Aufstellung eines Kriterien- bzw. Anforderungskataloges zur Beurteilung der (noch zu suchenden) Kandidaten sowie die Fixierung der mit der Akquisition zu erreichenden Ziele.

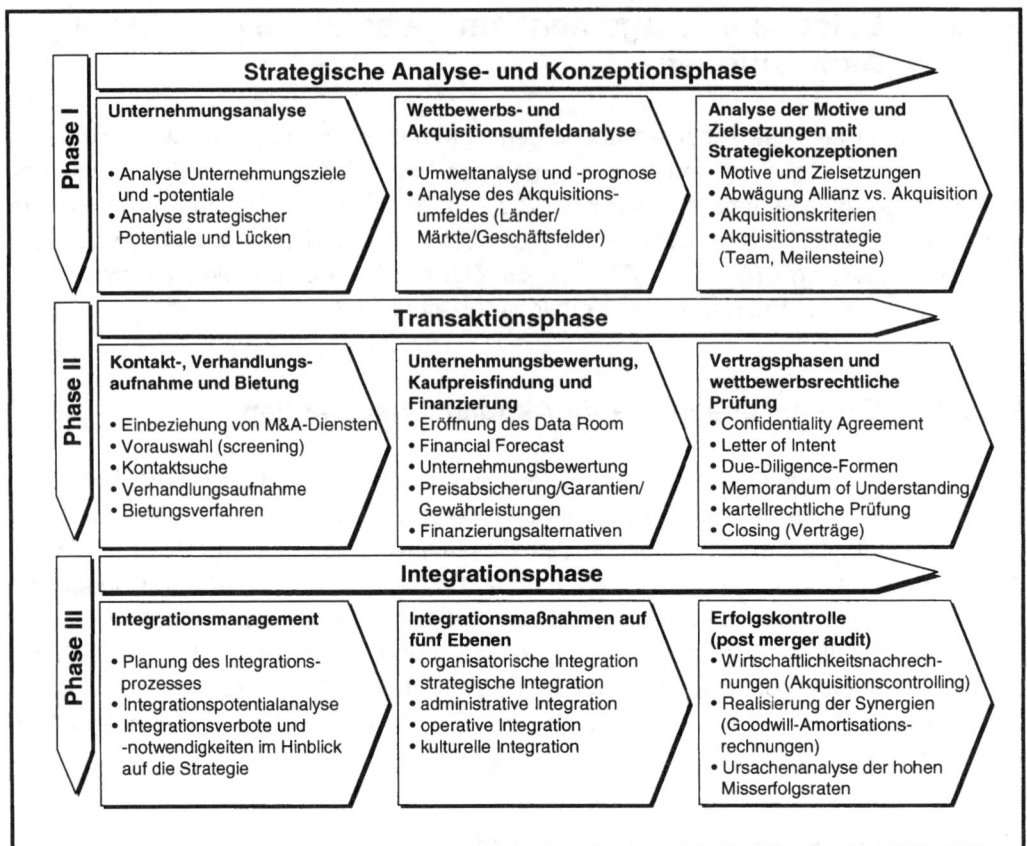

Strategische Analyse- und Konzeptionsphase

Phase I

Unternehmungsanalyse	Wettbewerbs- und Akquisitionsumfeldanalyse	Analyse der Motive und Zielsetzungen mit Strategiekonzeptionen
• Analyse Unternehmungsziele und -potentiale • Analyse strategischer Potentiale und Lücken	• Umweltanalyse und -prognose • Analyse des Akquisitionsumfeldes (Länder/ Märkte/Geschäftsfelder)	• Motive und Zielsetzungen • Abwägung Allianz vs. Akquisition • Akquisitionskriterien • Akquisitionsstrategie (Team, Meilensteine)

Transaktionsphase

Phase II

Kontakt-, Verhandlungsaufnahme und Bietung	Unternehmungsbewertung, Kaufpreisfindung und Finanzierung	Vertragsphasen und wettbewerbsrechtliche Prüfung
• Einbeziehung von M&A-Diensten • Vorauswahl (screening) • Kontaktsuche • Verhandlungsaufnahme • Bietungsverfahren	• Eröffnung des Data Room • Financial Forecast • Unternehmungsbewertung • Preisabsicherung/Garantien/ Gewährleistungen • Finanzierungsalternativen	• Confidentiality Agreement • Letter of Intent • Due-Diligence-Formen • Memorandum of Understanding • kartellrechtliche Prüfung • Closing (Verträge)

Integrationsphase

Phase III

Integrationsmanagement	Integrationsmaßnahmen auf fünf Ebenen	Erfolgskontrolle (post merger audit)
• Planung des Integrationsprozesses • Integrationspotentialanalyse • Integrationsverbote und -notwendigkeiten im Hinblick auf die Strategie	• organisatorische Integration • strategische Integration • administrative Integration • operative Integration • kulturelle Integration	• Wirtschaftlichkeitsnachrechnungen (Akquisitionscontrolling) • Realisierung der Synergien (Goodwill-Amortisationsrechnungen) • Ursachenanalyse der hohen Misserfolgsraten

Abb. 7-22: Phasenschema einer Akquisitionsepisode
Quelle: Jansen (2000), S. 154.

Im internationalen Kontext ist die Frage des „Idealpartners" dabei untrennbar mit der **Frage des Ziellandes** (Heimatland und gegebenenfalls Gastländer der potentiellen Akquisitionsobjekte) verbunden, die wir im Abschnitt 2 in Kapitel 6 bereits ausführlich thematisiert haben. Diese inhaltlichen Aspekte stecken nach einer zeitlichen Konkretisierung der einzelnen Prozessschritte (z.B. mittels Meilensteinen als Ausdruck der individuellen Zeitpräferenzen) die zu verfolgende Akquisitionsstrategie ab. Die Komplexität einer zeitlichen Strukturierung ist dabei nicht zu unterschätzen, was auch die Prominenz statisch-komparativer Betrachtungen in der Akquisitionspraxis erklären dürfte, bei denen lediglich eine Gegenüberstellung von Anfangs- und (geplantem) Endzustand – ohne ausreichende Problematisierung des Weges zwischen den zwei Zuständen – stattfindet (vgl. Haspeslagh/Jemison 1991, S. 49-50).

Spätestens an dieser Stelle muss zudem die Frage nach der **Zusammenstellung des Akquisitionsteams** (bzw. der Konstituierung des Mesonetzwerkes), also unter anderem nach Zeitpunkt, Art und Ausmaß der Beteiligung von Dritten (v.a. Berater, Investment-banker, Rechtsanwälte) gestellt werden. Als vorteilhaft wird hier vor allem die frühzeitige Einbeziehung der später verantwortlichen Linienmanager – als Träger der Integrations-phase – angesehen, da nur anhand deren Fachwissen eine antizipative Berücksichti-gung zukünftiger Integrationsprobleme möglich scheint.

(2) Transaktionsphase

Nachdem die grundsätzliche Entscheidung für eine Akquisitionslösung gefallen ist, be-ginnt die Suche nach einem geeigneten Partner. Diese Screening-Phase kann dabei von Akquisition zu Akquisition unterschiedlich sein. So können sich etwa aus den Geschäftskontakten der Unternehmungs- oder Geschäftsbereichsführung bereits poten-tielle Kandidaten ergeben. Die Suche kann aber auch systematisch „bei Null" beginnen und dabei von der Unternehmung eigenständig oder in Kooperation mit externen Bera-tern durchgeführt werden. Dabei ist die Hauptfunktion externer Berater in der (zumindest teilweisen) Schaffung von Transparenz im weitgehend intransparenten (internationalen) „Mergers&Acquisitions-Markt" zu sehen. Ziel der Suche ist es, einen Übernahmekandi-daten zu finden, der dem vorher aufgestellten Anforderungsprofil nahe kommt. Als zent-ral für diese frühe Eingrenzung der Kandidatenliste – bzw. im internationalen Kontext der Kandidaten-/Ländermatrix (vgl. Kutschker 1989, Sp. 9) – wird dabei die **Notwendig-keit** eines **strategischen, organisatorischen und kulturellen Fits** zwischen Akquisi-tionsobjekt und -subjekt angesehen. Insbesondere Autoren, die den Erfolg von Akquisi-tionen auf eine angemessene und frühzeitige Berücksichtigung der Integrationsphase zurückführen, weisen darauf hin, dass in der Akquisitionspraxis oftmals ausschließlich strategische Fragestellungen betrachtet werden, die vor allem auf Art und Ausmaß der erreichbaren **Synergieeffekte** abstellen. In der Tat scheint die Kompatibilität von Märk-ten, Produkten, Technologien etc. erheblich leichter fassbar und (der Unternehmungs-leitung) kommunizierbar als Fragen des kulturellen oder organisatorischen Fits. Text-box 7-4 verdeutlicht die Bedeutung des strategischen Fits anhand des Beispiels von *Daimler-Benz* und *Chrysler*. Obwohl es sich beim Zusammenschluss von *Daimler-Benz* mit *Chrysler* offiziell um eine Fusion handelte, wurde von *Daimler-Benz* selbst eingeräumt, dass die Transaktion auch teilweise die Züge einer Akquisition trug – eine Akquisition von *Chrysler* durch *Daimler-Benz*.

Als Ergebnis einer sukzessiven Verengung des Kandidatenkreises folgt eine erste Kon-taktaufnahme und im Erfolgsfall das Eintreten in die Vorverhandlungsphase. Instru-mente, die in dieser Phase zum Einsatz kommen, sind zunächst das „**Confidentiality Agreement**" (Geheimhaltungsvereinbarung) sowie der „**Letter of Intent**" zur schriftli-chen Fixierung der Verhandlungs(zwischen)ergebnisse. Zentrale Aspekte der vorver-traglichen Verhandlungen sind der Abbau unvermeidlicher Informationsasymmetrien zwischen Akquisiteur und Zielunternehmung sowie eine sukzessive Verständigung auf die Kernpunkte des Zusammenschlusses. Die aus der angelsächsischen Praxis stammenden Formen der (rechtlichen, steuerlichen, wirtschaftlichen etc.) **Due Diligence** sind in diesem Zusammenhang als wichtiges Instrument der Informationsgewinnung über den Kandidaten zu sehen (vgl. Pack 2005, S. 287-319). Konnten die wesentlichen Punkte abgeklärt werden, so wird in der Praxis häufig das sogenannte „**Memorandum of Understanding**" als leicht kommunizierbare Kurzfassung der Vertragseckpunkte abgeschlossen.

Textbox 7-4:   Die Transaktionsphase einer Akquisitionsepisode

Erwarteter strategischer Fit zwischen Daimler-Benz und Chrysler

Viele Auto-Fachleute vermerkten positiv, dass die Produktpaletten der beiden Konzerne *Daimler-Benz* und *Chrysler* kaum Überschneidungen hatten und sich insofern gut ergänzten. Damit wurde darauf angespielt, dass *Daimler-Benz* hauptsächlich Luxus-Limousinen produzierte, während *Chryslers* Spezialität Minivans und Sportnutzfahrzeuge waren; *Chryslers* Limousinen deckten vor allem das untere Marktsegment ab. Auch geographisch ergänzten sich die beiden Konzerne gut, da *Chrysler* in Europa nur schwach vertreten war; *Mercedes-Benz* wiederum war in Amerika zwar ein großer Anbieter in der Luxus-Klasse, hatte am Gesamtmarkt aber nur einen Anteil von weniger als einem Prozent.

Durch die gegenseitige Nutzung von Werken, Kapazitäten und Infrastruktur, so hofften Eaton und Schrempp, werden Wachstumschancen freigesetzt. Bereits für das Jahr 1999 erwartete der fusionierte Konzern Kostenvorteile in Höhe von 2,5 Mrd. DM (~ 1,28 Mrd. €). ... Weitere Synergieeffekte planten Schrempp und Eaton mittelfristig: Die jährlichen Kosteneinsparungen sollten innerhalb von drei bis fünf Jahren auf über 5 Mrd. DM (~ 2,56 Mrd. €) wachsen. „Wir wollen die Dividendenrendite verdoppeln", sagte Eaton.

Quellen:
- o.V. (1998): Amerika nimmt geplante Super-Fusion überwiegend positiv auf. In: Frankfurter Allgemeine Zeitung Nr. 106 vom 08. Mai 1998, S. 26.
- o.V. (1998): DaimlerChrysler will auf beiden Seiten des Atlantiks neue Jobs schaffen. In: Süddeutsche Zeitung Nr. 105 vom 08. Mai 1998, S. 29.

Ein wichtiger (oft als zentral eingestufter) Bestandteil der Übereinkunft ist dabei naturgemäß die Frage des Kaufpreises. Aus der Vielzahl möglicher Bewertungsverfahren findet der **Discounted-Cash-Flow-Ansatz** (in seinen Varianten) nun auch in Deutschland zunehmende Verbreitung. Gegenüber dem – lange Zeit dominanten – Ertragswertverfahren zeichnet sich dieser Ansatz vor allem durch eine theoretisch fundierte Ermittlung des Diskontierungszinssatzes (als gewichtete durchschnittliche Kapitalkosten – WACC) sowie die Betrachtung von Cash-Flow- oder Zahlungsgrößen statt Gewinngrößen aus (vgl. zu den Methoden Steinöcker 1993, S. 70-95, Gann 1996, Jansen 2000, S. 178-206, Richter 2005, Scholz 1999). Neben den in der einschlägigen Literatur ausführlich diskutierten Bewertungsansätzen lässt sich auch die oben bereits eingeführte Gegenüberstellung operativer (ROI) und strategischer Effizienz (PAR-ROI) des Akquisitionsobjektes heranziehen. Unsere Überlegungen in Abschnitt 2.3 dieses Kapitels können dabei analog in die Bewertung von Zielunternehmungen einfließen (vgl. Kutschker 1989, Sp. 14-16).

Im Übrigen ist festzustellen, dass **ausländische Akquisiteure** regelmäßig einen **höheren Preis** zu bezahlen bereit sind als lokale Mitbieter – und dies trotz der empirisch nachweisbaren höheren Misserfolgsquote von internationalen Akquisitionen (vgl. Scholz 1999, S. 2-3). Dies bedeutet, dass die zu erwartende Wertminderung durch Internationalisierungsbarrieren (Gastlandrisiko, Währungsrisiko etc.) aus Sicht der Akquisiteure durch Möglichkeiten der Wertsteigerung (Nutzung der Vorteile aus Internationalität, Ausschöpfung monopolistischer Vorteile) überkompensiert wird (vgl. zu den Gründen des höheren Wertansatzes ausführlich Scholz 1999, insbesondere S. 115-244).

Sofern alle wesentlichen Hürden der Bewertung, der Finanzierung, der Art des Zusammenschlusses und der Garantien (z.B. Personal- und Standorterhaltung) überwunden werden konnten, markiert – vorbehaltlich der Zustimmung der kompetenten Aufsichtsbehörden – das **Closing** (Vertragsabschluss) das Ende der Transaktionsphase und somit den faktischen Beginn der Integrationsphase.

(3) Integrationsphase

Die in Literatur und Praxis lange vernachlässigte Integrationsphase entscheidet über Erfolg oder Nichterfolg der **Erschließung des Wertsteigerungspotentials** der neuen Gesamtunternehmung. Im Mittelpunkt steht der Transfer von (Funktional- und/oder Management-)Know-how sowie von materiellen Ressourcen – meist vom Akquisiteur zu der übernommenen Unternehmung (vgl. Haspeslagh/Jemison 1991, S. 105-121, Gerpott 1993). Art und Umfang des Ressourcen- und Know-how-Transfers werden dabei wesentlich durch die Art des Zusammenschlusses bestimmt. Nach Haspeslagh/Jemison (1991, S. 145-149, ebenso Jansen 2000, S. 218-219) können vor allem die Integrationstypen der Erhaltung, der Symbiose sowie der Absorption unterschieden werden, die naturgemäß mit unterschiedlichen Integrationserfordernissen (bzw. Anschlussproblemen) der Oberflächen- und Tiefenstrukturen einhergehen. Abbildung 7-23 gibt die unterschiedlichen Integrationsformen wieder, die wir im Folgenden kurz beschreiben werden (vgl. Haspeslagh/Jemison 1991, S. 145-149).

- Eine **Absorption** läuft auf das Ziel einer kompletten Verschmelzung der beteiligten Unternehmungen hinaus. Ein derartiger Integrationsprozess weist insbesondere dann einen hohen Zeitbedarf auf, wenn es gilt, Unterschiede zwischen gleich großen Unternehmungen zu eliminieren – und nicht nur ein vergleichsweise kleines Akquisitionsobjekt zu integrieren.

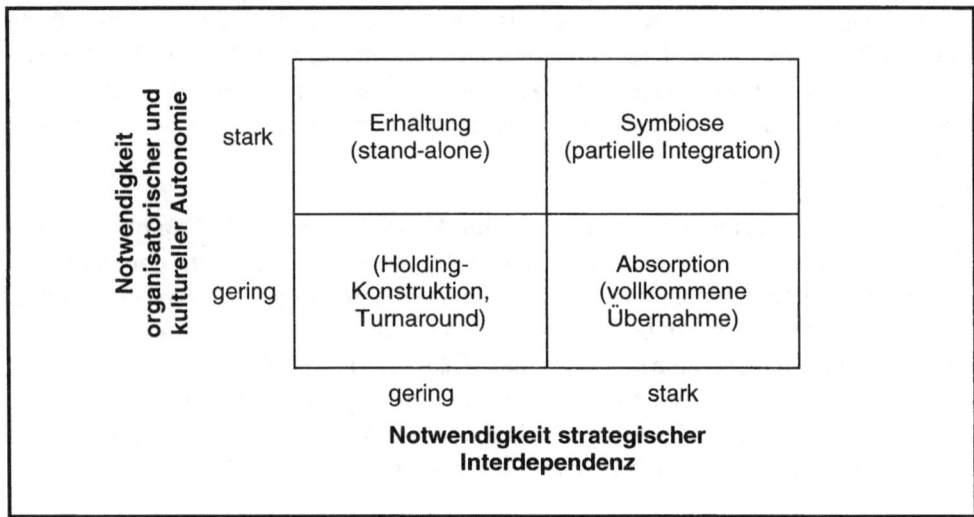

Abb. 7-23: Integrationsformen bei Akquisitionsepisoden
Quelle: in Anlehnung an Jansen (2000), S. 218.

- Bei einer **Erhaltung** hingegen bleibt das Akquisitionsobjekt im Wesentlichen unange-
tastet. Strategische Interdependenzen sind kaum auszumachen und der Autonomiebedarf ist hoch, insbesondere im Falle des Eintritts in neue Geschäftsfelder, in denen
der Akquisiteur noch keine Expertise besitzt und selbst vom Akquisitionsobjekt lernen möchte.

- Eine **Symbiose** schließlich versucht einen „Balance-Akt" zwischen den eben skizzierten Optionen. Vor dem Hintergrund hoher strategischer Interdependenz sowie
eines stark ausgeprägten Autonomieerfordernisses des Akquisitionsobjektes stellt
sich die herausfordernde Aufgabe, einerseits die Grenzen (und damit die Identität)
der übernommenen Unternehmung zu bewahren, andererseits eben diese Grenzen
zu durchdringen und mittels vielgestaltiger Interaktionen Synergiepotentiale zu erschließen. Der Autonomiebedarf geht dabei (wenn überhaupt) nur langsam und nach
Maßgabe der gegenseitigen (organisatorischen und kulturellen) Annäherung zurück.

- Die vierte Matrixzelle stellt auf Situationen ab, in denen – anders als in den obigen
drei Fällen – keine strategische Logik dauerhafter Wertschaffung (Value Creation)
vorliegt. Vielmehr liegt hier das Motiv der „Value Capture", also einer „Wertmitnah-
me" vor, etwa in dem Fall, dass ein Akquisitionsobjekt durch Zufuhr finanzieller Ressourcen und Management-Ressourcen wieder „auf Vordermann" gebracht und gewinnbringend veräußert wird (**Turnaround**). Findet eine Integration statt, so ist diese
lediglich in Form einer **Holding** vorzufinden (vgl. zu den Konzepten der Value Creation und Value Capture Haspeslagh/Jemison 1991, S. 18-37).

Daneben sind verschiedene Ebenen der Integration zu differenzieren:

- zum einen die **interne Integration**, die sich auf operative, strategische, organisatorische, administrative, kulturelle und personelle Aspekte richten kann, und

- zum anderen die **externe Integration** im Sinne der Kommunikation mit bzw. der Einbindung von Lieferanten, Kunden und sonstigen wichtigen Stakeholdern (vgl. Zimmermann 2005).

Die Integrationsmaßnahmen sollten dabei einer permanenten **Durchführungskontrolle** unterliegen, um Planabweichungen idealerweise sofort zu lokalisieren und entsprechende Gegenmaßnahmen einzuleiten (→ auch Textbox 7-5). Dabei fallen je nach Art und Ausmaß der angestrebten Integration natürlich auch die entsprechenden Kontrollen unterschiedlich umfangreich aus.

Textbox 7-5:   Die Integrationsphase einer Akquisitionsepisode

Das Beispiel DaimlerChrysler

IBM hat sich gefreut. Der Star der Post-Merger-Integration von *DaimlerChrysler* hieß Klara und ist ein think pad. Auf ihm kann Jürgen E. Schrempp, wie das ManagerMagazin und viele andere Titel fasziniert meldeten, jederzeit verfolgen, ob die Prozesse in den Integration-Teams vorangehen und im Zeitplan sind. Einen schnellen Überblick verschafft sich der Meister mit Hilfe der beliebten *McKinsey*-Ampel-Indikation, so simpel und ungeheuer praktisch angesichts der erdrückenden Komplexität von Mergers. Grün heißt „alles in Ordnung", gelb heißt „besser mal aufpassen und eventuell intervenieren", rot heißt „hier brennt was an". Dieses smarte Tool zog sich wie ein roter Faden durch die Berichterstattung, signalisierte es doch allen Skeptikern der Punktschweißung großer Unternehmungen, dass *DaimlerChrysler* seine Prozesse nicht nur im Griff hat, sondern kinderleicht zu steuern versteht. ...

Es ist kein Wunder, dass dieses niedliche kleine System so viele Freunde findet, denn es bietet wohl die maximale Reduktion von Komplexität mit gleichzeitig integrierter Handlungsanweisung. ... Keine Frage, die Beherrschbarkeit von Prozessen wird zum großen Thema der change mania. Unter der Hand geben viele Unternehmungsberater längst zu, dass die Prozesse kaum noch zu beherrschen sind. Gestartet werden die Prozesse zwar nach wie vor mit strategischen Apotheosen, einem toughen Zeitplan und ausgeklügelten Engpass-Management-Methoden, aber spätestens drei Wochen später triumphiert das Step-by-step-Management, gerne auch induktives Management genannt, weil es nicht ganz so stark an Improvisation erinnert. Niemand ist schuld an diesen Zuständen, sie sind systemimmanent.

Quelle:
Zimmermann (2000), S. 520-521.

Ein letztes Element der Integrationsphase ist im sogenannten „**Post Merger Audit**" zu sehen. Jansen (2000, S. 225-226) etwa schlägt vor, spätestens nach drei Jahren eine Überprüfung des Akquisitionserfolges vorzunehmen. Auch hier mangelt es nicht an Verfahren: Die Bandbreite reicht von jahresabschlussorientierten über kapitalmarktorientierte Methoden bis hin zu Experten- und Mitarbeiterbefragungen. Neben rein finanzwirtschaftlichen Aspekten sollte allerdings insbesondere die Möglichkeit zum organisationalen Lernen – hier: Lernen von effizienten Episodenstrukturen – genutzt werden. Auf diese Weise kann erfahrungsbasiertes **Akquisitionspotential** für spätere Episoden dieser Art generiert werden.

Am oben vorgestellten Grobkonzept der inhaltlich-zeitlichen Strukturierung des Akquisitionsprozesses möchten wir nun ansetzen und exemplarisch den Brückenschlag zu Fragen der **Allokation von Zeit** bzw. **Prozessdauer** (Abschnitt 3.2.2.2) sowie der **Prozessstrukturierung** bzw. **Prozesslogik** vornehmen (Abschnitt 3.2.2.3). In diesem Zusammenhang scheinen uns zunächst jedoch einige Überlegungen zum inhaltlichen Umfang individueller Akquisitionsprozesse angebracht. Dies verweist auf den **Anpassungsbedarf** genereller Episodenschemata **im konkreten Anwendungsfall**.

3.2.2.2   Allokation von Zeit und Dauer der Teilprozesse

Ein zentraler – und erfolgsrelevanter – Stellhebel der Prozessgestaltung ist in der Allokation von Zeit und damit der **Dauer** des Gesamtprozesses wie auch seiner Teile zu sehen. Die Abgrenzung der (Akquisitions-)Episode vom „Ongoing Process" der Unternehmungsentwicklung – und damit die **Eingrenzung des Gestaltungsobjektes** – ist allerdings (inhaltlich wie zeitlich) nicht ganz trivial. Das Schema in Abbildung 7-22 basiert zunächst auf der Annahme, dass der gesamte Prozess von Beginn an durchlaufen werden muss und somit auch **Anfangs- und Endpunkte** sowie – damit verbunden – die **Teilprozesse** der Episode (d.h. der gesamte inhaltliche Prozessumfang) eindeutig bestimmbar sind. Während sich in der oben vorgestellten **Transaktionsphase** noch auf weitgehend eindeutige Anfangs- und Endpunkte Bezug nehmen lässt, so fällt dies bei der Analyse- und Konzeptionsphase und insbesondere bei der Integrationsphase ungleich schwerer. Dies hängt damit zusammen, dass nicht alle oben dargestellten Teilprozesse generell als (Exklusiv-)Bestandteile von Akquisitionsepisoden betrachtet werden können, sondern vielmehr in den Kontext der allgemeinen Unternehmungs- oder Geschäftsfeldplanung und Geschäftsfeldentwicklung eingebettet sind oder zumindest eingebettet sein sollten (vgl. z.B. Haspeslagh/Jemison 1991, S. 82).

So ist es durchaus möglich, dass gerade für die **Analyse- und Konzeptionsphase** bereits verwertbare Informationen vorliegen. So stellen etwa Unternehmungs- und Wettbewerbsanalysen kein Spezifikum von Akquisitionen dar, sondern setzen an der Planungslogik der bekannten SWOT-Analyse an (→ Abschnitt 1.2.3.2 in Kapitel 6). Diese beiden Teilphasen können gegebenenfalls bereits im Rahmen übergreifender Planungsprozesse thematisiert worden sein und die Grundlage (auch) für Akquisitionsepisoden darstellen. Der Vorteil einer Kopplung vor allem der frühen Phasen des Akquisitionsprozesses an übergeordnete Unternehmungsziele und -strategien besteht vor allem darin, dass Akquisitionen konsequent aus der Perspektive ihres Zielbeitrages und ihrer Konsistenz mit internen und externen Tatbeständen und Prozessen betrachtet werden (womit an dieser Stelle bereits das Prozessumfeld ins Spiel kommt).

Bei Unternehmungen mit großer Akquisitionserfahrung bzw. hohem Akquisitionspotential (so etwa *Electrolux*, *Siemens* oder *ABB*) ist zudem davon auszugehen, dass bereits auf – wenngleich noch zu konkretisierende – Zielsetzungen, Motive, Strategiekonzeptionen und Bewertungskriterien zurückgegriffen werden kann.

Auch die **Integrationsphase** kann als weitgehend offen betrachtet werden: Lässt sich der Anfangspunkt mit dem Vertragsabschluss (Closing) noch eindeutig terminieren, so fußt ihr Endpunkt weniger auf objektiv nachvollziehbaren Tatbeständen, als vielmehr auf der subjektiven Einschätzung derer, die über den Stand des Integrationsprozesses zu befinden haben. Da hier neben Fragen der individuellen Wahrnehmung und des Informationsstandes auch schlicht opportunistische und politische Erwägungen eine Rolle spielen, ist die gleichsam offizielle Verkündung eines erfolgreich abgeschlossenen Integrationsprozesses kritisch zu hinterfragen. Mitnichten kann insofern davon ausgegangen werden, dass die unterschiedlichen Arten von Integrationsproblemen nicht dennoch weiterhin fortbestehen und somit auch problematisiert werden müssen.

Nachdem wir verdeutlicht haben, dass die Bestimmung des inhaltlichen Umfangs und damit der Dauer von Akquisitionsepisoden sowohl konzeptionell als auch empirisch problembehaftet ist, werden nun einige **Einflussfaktoren der Prozessdauer** skizziert, die im Rahmen des Episodenmanagements, hier insbesondere der Zeitallokation, berücksichtigt werden sollten. Der Akquisitionsprozess unterliegt (wie jeder Prozess) exogenen Kräften, die ausgehend von Teilprozessen einerseits eine zeitliche Kompression, andererseits eine Verlängerung der gesamten Episode bewirken können. Versuche des Episodenmanagements, die **Prozessdauer zu manipulieren**, sind demnach im Zusammenhang mit einem (individuell und im Einzelfall zu bestimmenden) exogenen Kraftfeld zu sehen.

Im Folgenden steht der Prozess bis zum Vertragsabschluss im Mittelpunkt des Interesses, da mit dem Eintritt in die Integrationsphase eine Zäsur (etwa im Sinne von Aufgaben- und Beteiligtenstruktur, wahrgenommenem Zeitdruck etc.) angenommen werden kann. Der Schwerpunkt der Ausführungen liegt dabei auf den potentiell beschleunigenden Faktoren, da sie einer systematischen Vorbereitung der Integrationsphase – insbesondere mit Blick auf organisatorische und kulturelle Fragen – entgegenstehen. Dabei sind es erfahrungsgemäß Fragen der Anschlussfähigkeit von Oberflächen- und Tiefenstrukturen (→ Abschnitt 1.2.3.3 in diesem Kapitel), die letztlich den Erfolg einer Akquisitionsepisode ausmachen; denn erst nach einer erfolgreichen Integration kann das Wertsteigerungspotential der Akquisition voll erschlossen werden (vgl. z.B. Gerpott 1993, S. 77).

Als Einflussfaktoren der Prozessdauer, teils innerhalb, teils außerhalb des Einflussbereichs des Episodenmanagements, lassen sich unter anderem folgende Faktoren identifizieren: (1) Geheimhaltungserfordernisse, (2) zunehmendes Commitment, (3) Partikularinteressen der Prozessbeteiligten, (4) Widerstand des Akquisitionsobjektes sowie (5) mangelnde Akquisitionserfahrung des Top-Managements und interner Aufsichtsorgane (vgl. Jemison/Sitkin 1986a, insbesondere S. 152-153, Jemison/Sitkin 1986b, S. 110-113, Haspeslagh/Jemison 1991, S. 61-66).

(1) Geheimhaltungserfordernisse: Die Notwendigkeit, Übernahmen nach außen wie nach innen geheim zu halten, lässt sich leicht nachvollziehen. Nach außen soll zum einen das Auftreten zusätzlicher Mitbieter verhindert, zum anderen – im Falle von börsennotierten Gesellschaften – ein Kursanstieg vermieden werden. Um im internationalen Kontext potentielle Mitbieter zu identifizieren, kann man beispielsweise zusätzlich zur oben geforderten eigenen Stärken- und Schwächenanalyse entsprechende Überlegungen auch für die wichtigsten Konkurrenzunternehmungen anstellen. Wird der anvisierte Zielmarkt als Schwachpunkt des Wettbewerbs erkannt, so ist die lokale Zielunternehmung gegebenenfalls auch als Übernahmekandidat der Konkurrenz zu betrachten (vgl. Kutschker 1989, Sp. 11).

Die unsicherheitssteigernde Wirkung schwebender Akquisitionen wird anhand der Zitate in Textbox 7-6 eindrücklich beleuchtet. Zumindest vor diesem Hintergrund kann es angezeigt scheinen, den Akquisitionsprozess voranzutreiben und möglicht schnell „über die Bühne" zu bringen.

(2) Zunehmendes Commitment: In kognitiver Hinsicht ist davon auszugehen, dass die am Akquisitionsprozess Beteiligten ein mit dem Prozessfortschritt zunehmendes Commitment aufweisen. Je höher die individuellen Investitionen in den erfolgreichen Abschluss (Closing) der Transaktion sind, desto unkritischer wird der Prozess unter Umständen vorangetrieben – nicht zuletzt, um das bisherige Commitment zu rechtfertigen. Besonders problematisch erscheint in diesem Zusammenhang der Umstand, dass ab einem gewissen Commitment-Level der laufende Akquisitionsprozess immer weniger revidierbar wird. Akquisitionsprozesse, die bei nüchterner Betrachtung aufgrund mangelnder Erfolgsaussichten abgebrochen werden müssten, werden nichtsdestotrotz „konsequent durchgezogen" – mit entsprechenden Konsequenzen für Verlauf und Ergebnis der Integrationsphase. Ein stabilisierendes Element könnten hier bestenfalls nicht-prozessbeteiligte Dritte darstellen, deren Beurteilung der Erfolgsträchtigkeit der Akquisitionsepisode weniger durch personelle Sunk Costs bestimmt ist. Im Zusammenhang mit diesem schwer steuerbaren „Escalating Commitment" ist die auf den individuellen Bedürfnis- bzw. Anreizstrukturen der Prozessbeteiligten beruhende Dynamik zu sehen.

Textbox 7-6: **Die Geheimhaltungserfordernisse als beschleunigender Faktor einer Akquisitionsepisode**

Zitate aus Wissenschaft und Praxis

„Once the possibility of a deal becomes known in a company, business as usual virtually ceases and a period of uncertainty sets in for shareholders, employees, suppliers, customers and competitors."

David B. Jemison/Sim B. Sitkin

„We took a couple of months to complete the process. ... I can tell you that had we followed the normal American way, with a host of lawyers looking for skeletons in the closet, it would have taken years and the merger would have never come about. An operation of this magnitude can only succeed because of surprise effect. Had the project been known for months, we would have failed. The unions, governments, and other interested parties would have easily intervened, slowed down the process or even halted it."

Percy Barnevik
ehemaliger Co-Chairman,
ABB (Asea Brown Boveri)

Quellen:
- Jemison/Sitkin (1986b), S.110.
- Haspeslagh/Jemison (1991), S. 65-66.

---

(3) Partikularinteressen: Interne wie externe Beteiligte verfolgen typischerweise individuelle Ziele. Unternehmungsinterne Beteiligte (z.B. das mittlere Management) verfolgen beispielsweise Karriereziele, die durch einen schnellen Abschluss der Akquisition früher erreichbar scheinen, als wenn der Prozess herausgezögert würde. Externe Beteiligte wiederum haben eigene Terminpläne und Anreizstrukturen. Falls die Kompensation der beratenden Investmentbanken in erster Linie vom erfolgreichen Abschluss der Transaktionsphase – und nicht von der benötigten Prozessdauer – abhängt, ist dies ein nicht zu unterschätzender externer Treiber. Haspeslagh/Jemison zitieren in diesem Zusammenhang einen Investmentbanker, der die für Investmentbanken gesetzten Anreize im Rahmen von Akquisitionen folgendermaßen formuliert: „Fees are sometimes ten times as large as when a deal closes as when it doesn't, so you'd about to have to be a saint not to be affected by the numbers involved. ... The level of fees has reached a point that ... invites the suspicion that there's too much incentive to do a deal" (Haspeslagh/Jemison 1991, S. 64). Aufgabe des Episodenmanagements wäre es folglich, die Zielsysteme der prozessbeteiligten Gruppen bzw. Individuen zu identifizieren und eine Incentive-Struktur zu schaffen, die einen Abgleich mit den Episodenzielen -- auch und gerade zeitlicher Natur – ermöglicht.

(4) Widerstand des Akquisitionsobjektes: Ist – im Falle feindlicher Übernahmen – mit vehementem Widerstand des „Opfers" zu rechnen, so kann ein zügiger Abschluss der Transaktion vor allem dazu dienen, Abwehrmaßnahmen seitens des Akquisitionsobjektes zuvorzukommen.

(5) Mangelnde Akquisitionserfahrung von Top-Management und internen Aufsichtsorganen: Sofern das Management auf keine Erfahrung mit Akquisitionsepisoden und somit auch auf kein entsprechendes (hier: erfahrungsbasiertes) Akquisitionspotential zurückgreifen kann, ist eine Unterschätzung der Anforderungen vor allem des (hier: kulturübergreifenden) Integrationsprozesses nicht auszuschließen. Vor Vertragsabschluss dominieren die leichter greifbaren Fragen der angemessenen Bewertung sowie des strategischen Fits; die „zeitraubende", weil schwer zugängliche Frage des organisatorischen und kulturellen Fits bleibt jedoch ausgeklammert oder wird auf die Integrationsphase vertagt bzw. auf deren Träger, vor allem die betroffenen Linienmanager, abgewälzt.

Nach Maßgabe der jeweiligen nationalen Gesetzeslage und/oder der jeweiligen Unternehmungsverfassung (→ zur Spitzenverfassung und zu Fragen der **Corporate Governance** Abschnitt 1.3.2 in Kapitel 4) ist eine Zustimmung unternehmungsinterner **Aufsichtsorgane** nötig, in Deutschland etwa des Aufsichtsrates, in den USA des Boards. Möglichkeit und Wille des Aufsichtsorgans, den Akquisitionsprozess zu verlangsamen, hängen dabei im Wesentlichen von seiner personellen Zusammensetzung, der Akquisitionserfahrung der Mitglieder, der Unabhängigkeit vom Top-Management sowie dem Verständnis der Unternehmungsstrategie ab. Im Falle von mangelndem Verständnis potentieller Integrationsprobleme ist davon auszugehen, dass sich auch die Mitglieder des Aufsichtsorgans auf Fragen der finanziellen Evaluation beschränken, nicht aber auf die frühzeitige – und zeitintensive – Berücksichtigung von zu antizipierenden Integrationsproblemen drängen.

Stellvertretend für Faktoren, die den Prozess eher bremsen können, sei an dieser Stelle auf die **Rolle externer Aufsichtsorgane** verwiesen: Akquisitionen finden nicht im rechtsfreien Raum statt, sondern bedürfen der Zustimmung der jeweils kompetenten Aufsichtbehörden (z.B. deutsches Kartellamt, Europäische Kommission). Sieht man von den Möglichkeiten des Lobbyings ab (vgl. hierzu Krämer 1997), so entzieht sich dieses externe Einflusspotential weitgehend dem Zugriff der beteiligten Aktoren.

Fragen der Prozessdauer bzw. Zeitallokation sind kaum zu trennen von solchen der Prozesslogik und -strukturierung, weswegen wir diese Aspekte im Folgenden kurz betrachten werden.

3.2.2.3 Logik und Struktur der Teilprozesse

Die Prozessdauer wird natürlich nicht zuletzt auch durch die **zeitliche Anordnung der einzelnen Teilprozesse** gesteuert, wobei zunächst einmal Klarheit über die Prozesse bestehen muss, die es anzuordnen gilt. Oben wurde bereits deutlich, dass die Frage nach der Relevanz bestimmter (Teil-)Prozesse bzw. Aufgaben nur unternehmungsindividuell und im Einzelfall beantwortet werden kann. Wir möchten diesen Aspekt noch einmal kurz aufgreifen.

Grundsätzlich ist davon auszugehen, dass es für jede Art von Episode **konstitutive** und gleichsam (z.B. logisch oder rechtlich) unverzichtbare Aufgaben bzw. **Prozesse** sowie **nicht-konstitutive** bzw. verzichtbare Aufgaben und **Prozesse** gibt: Auch wenn die bewusste und systematische Vorbereitung einer Akquisition die Wahrscheinlichkeit des Episodenerfolgs steigert, so ist sie doch – streng genommen und trotz aller Vorteilhaftigkeit – nicht konstitutiv. Nicht zuletzt deswegen können in der Akquisitionspraxis an dieser Stelle auch eklatante Versäumnisse nachgewiesen werden (vgl. Haspeslagh/Jemison 1991, S. 46). Anders verhält es sich dagegen mit der Verhandlung, der Bewertung, dem Closing oder dem Einholen aufsichtsbehördlicher Genehmigungen, die als Beispiele für unverzichtbare bzw. konstitutive Kernprozesse von Akquisitionen angesehen werden können. Derartige Kernprozesse sind dabei vor allem in der Transaktionsphase zu verorten und sind zudem bereits teilweise durch gesetzliche Vorgaben bzw. Usancen der Mergers&Acquisitions-Praxis vorbestimmt.

Während der Abschluss einer – zum Beispiel opportunistischen – Akquisition auch ohne systematische Planung denkbar ist, folgt der Transaktionsphase doch unweigerlich eine Integrationsphase (reine Turnaround-Akquisitionen einmal ausgenommen). Art und Umfang dieses Teilprozesses sind zwar durch die Integrationsform (→ Abbildung 7-23 in Abschnitt 3.2.2.1) und gegebenenfalls durch vertragliche Garantien ebenfalls ansatzweise vorgezeichnet; in der faktischen Ausgestaltung der Prozessschritte, also auch ihrer Strukturierung, ist jedoch ein **erheblicher Gestaltungsspielraum** gegeben.

Grundsätzlich sind nicht nur die relevanten Prozesselemente unternehmungs- und fallspezifisch zu bestimmen – auch die **Zusammenfassung einzelner Prozesselemente** zu inhaltlich abgrenzbaren Teilprozessen und -phasen dürfte von Fall zu Fall variieren. Die Abgrenzung von drei Teilphasen und deren weitere Differenzierung in jeweils drei Teilprozesse (→ Abbildung 7-22 in Abschnitt 3.2.2.1) entspringt beispielsweise keiner zwingenden Logik. Die Anordnung von unternehmungsinterner wie -externer Analyse fällt hier beispielsweise auf, da es an sich keinen Grund gibt, von einem zeitlichen Nacheinander der beiden „Aufgabenpakete" auszugehen.

Im Zusammenhang mit Fragen der **Prozessstruktur** können nun wiederum (z.B. logisch oder rechtlich bedingte) Kernstrukturen ausgemacht werden, für die im Folgenden – trotz scheinbarer Trivialität – einige Beispiele aufgeführt werden sollen. Einer zwingen-

den Prozesslogik entspringt etwa der Abschluss der Due-Diligence-Phase vor dem Closing oder die Unterzeichnung des Confidentiality Agreements vor Eintritt in die Haupt-
verhandlungsphase. In beiden Fällen liegen somit **sequentiell strukturierte Prozesse**
vor. Erst nach Abschluss der vorausgehenden Prozesse werden Folgeprozesse freige-
geben. Anders verhält es sich beispielsweise mit der fünften und sechsten Teilphase in
Abbildung 7-22: Fragen der Unternehmungsbewertung, der Finanzierung oder Gewähr-
leistung müssen nicht zwingend der Vertragsphase vorausgehen – können ihr aber
weder vollständig folgen, noch erscheint eine Initiierung der Verhandlungen ohne die
entsprechenden (eigenen) Vorarbeiten sinnvoll. In diesem Falle ist demnach von einer
teilweisen **Überlappung** oder weitgehenden **Parallelisierung** auszugehen, wobei zumindest Zwischenergebnisse aus Teilphase fünf vor Beginn der eigentlichen Verhandlungen vorliegen sollten.

Im Zusammenhang mit der Strukturierung von Akquisitionsprozessen wird zudem immer
wieder die Frage nach dem **Verhältnis von Transaktions- und Integrationsphase,**
also vor allem der Angemessenheit einer sequentiellen bzw. überlappenden Struktur,
aufgeworfen. Konsens scheint inzwischen darüber zu bestehen, dass Fragen der Integration, also auch der Anschlussfähigkeit der zukünftigen Oberflächenstruktur, bereits
frühzeitig angegangen werden sollten: Um diesen Anspruch einzulösen, können die
später betroffenen Linienmanager bereits in die Transaktionsphase oder sogar in die
Analyse- und Konzeptionsphase aktiv eingebunden werden. Eine wichtige Rolle im
Integrationsprozess der vor allem passiv Betroffenen spielt zudem eine (je nach
Geheimhaltungserfordernis) frühzeitige und umfassende Kommunikation, die verständ-
licherweise meist erst nach Vertragsschluss zum Tragen kommt (z.B. mittels Fusions-
zeitschrift, Business-TV, Intranet, Standortveranstaltungen).

Festzuhalten bleibt, dass im Rahmen vorausschauender Planung Fragen der späteren
Anschlussfähigkeit von Oberflächen- und Tiefenstrukturen anzugehen sind. Diese (Inte-
grations-)Aufgabe fällt dabei streng genommen in die Zeit vor dem Vertragsabschluss,
also in die Analyse- und Konzeptionsphase, spätestens aber in die Transaktionsphase.
Damit wird einmal mehr deutlich, dass einer graphischen Darstellung von Prozessabläufen, wie in Abbildung 7-22 beispielhaft vorgenommen, Grenzen gesetzt sind. Dieser
letztlich nur aus der Binnenperspektive wahrnehmbaren **geistigen Vorwegnahme** bzw.
Vorbereitung der Zukunft steht allerdings die rechtliche Realität gegenüber: Der faktische Vollzug des Anschlusses ist erst nach Genehmigung der jeweils kompetenten
Aufsichtsbehörden möglich (vgl. ausführlich Bergmann 2005, S. 353-406) – ein Grund,
weswegen auch kartellrechtliche Überlegungen frühzeitig angestellt werden sollten, um
unnötige Verzögerungen zu vermeiden.

3.2.2.4   Synchronisation mit Umfeldereignissen und -prozessen

Die Akquisitionsepisode und ihre Teilprozesse sind schließlich im Kontext unternehmungsinterner wie -externer Umfeldprozesse und -ereignisse zu betrachten und gegebenenfalls auf sie abzustimmen.

(Akquisitions-)Episoden können **proaktiv** das **Potential** der fokalen Unternehmung ändern und damit auch das jeweils relevante sozio-ökonomische (Um-)Feld der Akquisition – verstanden als die Gesamtheit aller gleichzeitig existierenden und interdependenten Tatbestände (→ Abschnitt 3.2.1.3.2 in diesem Kapitel). Akquisitionen können aber auch eher **passiv** als Reaktion auf vorangegangene (und gegebenenfalls noch nicht abgeschlossene) Prozesse im Umfeld – also die Schaffung neuer Tatbestände durch Dritte – oder in gedanklicher Vorwegnahme derartiger Prozesse stattfinden. Über den aktiven bzw. passiven Charakter einer Episode entscheidet – die Wahrnehmung inhaltlicher Interdependenz vorausgesetzt – die zeitliche Struktur der einzelnen Prozesse.

Im internationalen Kontext können Akquisitionen so beispielsweise der (passiven) **Logik des oligopolistischen Parallelverhaltens** folgen: Eine frühzeitige Akquisition dient hier der schnellen Ländermarkterweiterung, und zwar als Reaktion auf den Eintritt eines wichtigen Wettbewerbers in den betreffenden Ländermarkt (→ Abschnitt 2.4 in Kapitel 3) – im Vordergrund stehen hier also die Stellgrößen Timing und Dauer des Markteintrittsprozesses. Nur durch ein schnelles Folgen, so die Argumentationslogik, lässt sich verhindern, dass sich der Wettbewerber langfristige Vorteile im Gastland (z.B. Blockade von Ressourcen, Networking mit Regierungsstellen, Abschöpfen der Konsumentenrente) und gegebenenfalls sogar im (gemeinsamen) Heimatmarkt erschließt.

Die episodenauslösenden Umfeldprozesse müssen dabei nicht immer ökonomischer Natur sein: Ein Beispiel für **politisch-rechtliche Prozesse** im Episodenvorfeld sind erwartete Gesetzesänderungen bzw. Gesetzgebungsverfahren im potentiellen Zielland (z.B. Erhöhung von Beteiligungsobergrenzen ausländischer an inländischen Unternehmungen) oder die bereits erwähnten Genehmigungsverfahren der Aufsichtsbehörden. Während im ersten Fall etwa die Konzeptions- und Analysephase – gegebenenfalls bereits auch erste Screening-Aktivitäten – in Antizipation einer Gesetzesänderung eingeleitet werden können, so wirkt im zweiten Falle die ausstehende Genehmigung als Verlängerung der Transaktionsphase.

Akquisitionen sind zudem mit intern ablaufenden Prozessen des Tagesgeschäftes abzustimmen bzw. zu synchronisieren. Dies hängt damit zusammen, dass auch andere Prozesse auf knappe Ressourcen wie Kapital, Erfahrung, Wissen, Motivation und vor allem Zeit zurückgreifen – genauer gesagt: die jeweiligen Prozessverantwortlichen werden entsprechende Ansprüche geltend machen. Bei der **Abstimmung** der Episodenprozesse mit Prozessen des **Tagesgeschäftes** liegen die Probleme oft im Detail, wenn man berücksichtigt, dass im Extremfall sämtliche Hierarchieebenen vom (Integrations-)

Vorstand über Linienmanager bis zum Bandarbeiter – vor allem in der Integrationsphase – involviert sein können bzw. sein sollten. Die Arbeit des Einzelnen in (zum Teil mehreren) Projektteams, Lenkungs- und Kontrollausschüssen muss folglich mit den Prozessen des Tagesgeschäftes abgestimmt werden. Der Zusammenhang zwischen episodenhaften Prozessen und ihren gleichsam evolutionären Nach- und Nebenwirkungen liegt
also auf der Hand.

Neben der Berücksichtigung des Tagesgeschäftes gilt es, eine zeitliche Abstimmung mit
anderen Episoden zu erreichen, da diese ebenfalls auf knappe Ressourcen bzw.
Potentiale zurückgreifen. Im Falle einer sequentiellen Anordnung von Episoden, etwa im
Rahmen eines Epochenmanagements, stellt sich nun (auf einer höheren Ebene) die
Frage nach dem dann entstehenden **Prozessmuster**, beispielsweise hinsichtlich **Tak-
tung** (der Zeit zwischen zwei Episoden) und **Frequenz** (Anzahl der Episoden pro Zeiteinheit). Neben internen wie externen Einflüssen ist hier vor allem der Aspekt des verfügbaren Potentials relevant. Wir haben bereits darauf hingewiesen, dass die Abgrenzung der Integrationsphase einer Akquisition nicht ganz trivial scheint – nicht zuletzt wegen der kaum steuerbaren „evolutionären Nachwehen". In diesem Zusammenhang stellt
sich hier die Frage, wann das gebundene **Potential wieder freigesetzt** ist **für Folgeak-
quisitionen** (oder andere Episoden). Sinnvollerweise sollte davon ausgegangen werden, dass eine Akquisition erst „verdaut" werden muss, bevor die nächste erfolgreich in
Angriff genommen werden kann. Hier spielen dann insbesondere Fragen der Prozessreichweite bzw. Prozessebene und Intensität des organisatorischen Wandels (und damit
Fragen der Anschlussfähigkeit von Oberflächen- und Tiefenstrukturen) eine wichtige
Rolle. Derartige Überlegungen verweisen allerdings auf ein potentielles **Epochenma-
gement**. Bevor wir auf dieses eingehen, wollen wir abschließend kurz mögliche Ana-
lyse- und Steuerungsinstrumente eines Episodenmanagements behandeln.

3.3   Analysemethoden zur Unterstützung des Episodenmanagements

Die folgenden Ausführungen über die Methoden zur Unterstützung des Episodenmanagements sind deshalb relativ kurz gehalten, weil die meisten Methoden bereits an verschiedenen Stellen dieses Buches, insbesondere in Kapitel 6, vorgestellt wurden. Das
Methodenarsenal umfasst dabei v.a. Markt-, Wettbewerbs-, Risiko- und Branchenanaly-
sen, Stärken-/Schwächen- bzw. Potentialanalysen, die verschiedenen Portfolio- und
Prognosetechniken sowie Bewertungs- und Entscheidungsverfahren. In Abhängigkeit
von der Art der Internationalisierungsepisode, den zugänglichen Informationen und der
zur Verfügung stehenden Zeit sind aus dem Repertoire der Analyse- und Entschei-
dungsmethoden des Strategischen Managements und des Internationalen Managements die adäquaten Methoden auszuwählen. Da es sich in den seltensten Fällen um

exakt quantifizierbare Daten handelt, schützt ein **bewusst eingesetzter Rückgriff auf verschiedene Methoden** vor vorschnellen Schlussfolgerungen.

Internationalisierungsepisoden haben **Projektcharakter.** Nicht selten wird ein Geschäftsführungsprojekt mit zugewiesenem Personal, finanziellen Ressourcen und Lenkungssystemen eingerichtet. Aus dem Methodenrepertoire des Projektmanagements können dann für die zeitliche Planung und Verfolgung der Episodenteilprozesse die entsprechenden Methoden wie Balkendiagramme und Netzplantechniken übernommen werden (vgl. Madauss 1994, S. 204-218, Corsten/Corsten 2000, S. 146-253). Freilich ist zu beachten, dass diese Verfahren entwickelt worden sind, um komplexe, aber gut dekomponierbare technologische Aufgaben in entsprechend strukturierte Arbeitsabläufe umzugießen. In der Regel reicht die gesammelte Erfahrung, um einzelnen „Arbeitspaketen" Zeitkontingente gut zuordnen zu können. Bei den Teilprozessen von Internationalisierungsepisoden haben wir es jedoch in hohem Maße, zum Beispiel in der Transaktionsphase von Akquisitionen, mit interaktiven sozialen Prozessen zu tun, in denen Individuen und Gruppen häufig erstmals interagieren. Der Zeitverbrauch solcher Interaktionen ist nur schwer vorherzusehen. Insofern eignen sich für die Episodenverfolgung **vergleichsweise grobe Zeitdiagramme,** deren Hauptzweck es sein sollte, Störungen und ungeplante Ereignisse in ihrer Auswirkung auf den Gesamtprozess sichtbar zu machen. Dies schließt nicht aus, dass die Verantwortlichen für einzelne „technische" Teilprozesse, wie zum Beispiel die Due-Diligence-Prüfung, detailliertere Netzpläne entwerfen.

Es wird deutlich, dass auch Internationalisierungsepisoden nur begrenzt führbar sind. Die Forderung, den Prozessverlauf von Episoden zu führen, impliziert nicht, dass die geplante Prozessstruktur, die kunstvollen Prozessverknüpfungen, die Zeitraster und die zeitlichen Abstimmungen so funktionieren, wie sie von den Führungskräften entworfen wurden. Eine solche Annahme entspräche einem **blinden Voluntarismus.** Wir haben versucht, die soziale Komplexität von Internationalisierungsepisoden und die vielfältigen Interdependenzen zwischen Prozessinhalten, Kernprozess und Prozessumfeld immer wieder herauszustellen – nicht zuletzt mit dem Ziel, die Einsicht in die **beschränkte Führbarkeit im Sinne einer Vorauskoordination** zu wecken (→ Abschnitt 6.1.2 in Kapitel 6). Wir sind zwar der Meinung, dass sich die ökonomische Rationalität von Episoden durch ein Prozessmanagement, wie es in den vorausgegangenen Abschnitten entworfen wurde, verbessern lässt. Leider sind jedoch entsprechende systematische Modellierungen von Episodenverläufen in der Managementliteratur selten und stützen sich im Wesentlichen auf Erfahrungsberichte von Praktikern. Vielleicht hält der „chaotische" Teil der Episodenführung die Wissenschaft davon ab, die Leistungsfähigkeit unterschiedlicher Episodenmodelle zu testen; denn das Episodenmanagement entwirft und plant einerseits die Episode, ist aber andererseits ständig gefordert, auf Störungen flexibel zu reagieren, zu intervenieren und zu korrigieren.

Wir haben bislang eher die „Prozessmechanik", d.h. den „organisierbaren" Teil von Episoden betont, wobei wir Anleihen bei den Ansätzen zu Ablauforganisationen genommen haben. Eher im Hintergrund stand dabei der **gruppendynamische und politische Charakter der kollektiven Entscheidungsprozesse** (vgl. z.B. Kirsch 1998b) in Internationalisierungsepisoden, der für die „ungeplanten", interaktiven Effekte verantwortlich zeichnet. Einen ersten Eindruck hiervon haben wir dennoch im Zusammenhang mit den beschleunigenden Effekten bei Akquisitionsprozessen erhalten. Im Rahmen des nachfolgend zu behandelnden Epochenmanagements werden wir auf diesen Aspekt zurückkommen.

4 Unternehmungsentwicklung durch Internationalisierungsepochen

Wir bezeichnen mit Melin (1992) solche langjährigen Entwicklungen von Unternehmungen als Internationalisierungsepochen, in denen die Merkmalskonstellation dieser Unternehmungen, d.h. ihre „**Gestalt**", **grundsätzlich verändert** und damit auch die **Beziehungen zum Umfeld neu geordnet** werden. Dies muss nicht notwendigerweise der internationale Aspekt der „Gestalt" sein, sondern kann beispielsweise auch der technologische Kern oder die Implementierung einer extremen Kunden- oder Qualitätsorientierung sein. Diese Verweise sollen bewusst machen, dass wir mit unseren Ausführungen zum Epochenmanagement im Untersuchungsfeld der strategischen Unternehmungsentwicklung agieren.

Zunächst wollen wir dabei den Ursachen von Internationalisierungspochen auf den Grund gehen (Abschnitt 4.1), um uns dann einigen Facetten der Führung von Epochen zuzuwenden (Abschnitt 4.2). Den Abschluss bildet ein Analyseinstrument, das es erlaubt, die langjährige Internationalisierungsdynamik von Branchen nachzuzeichnen (Abschnitt 4.3).

4.1 Ursachen von Internationalisierungsepochen

Wie bei Episoden erstrecken sich die in Epochen vollzogenen Veränderungen auf die ganze Unternehmung und beziehen deren unmittelbares Umfeld in den internationalen Wandel mit ein. Als Folge davon sind Internationalisierungsepochen mehr oder weniger **eng mit dem generellen Prozess der Unternehmungsentwicklung verwoben**. Dabei kann es in einzelnen Unternehmungen vorkommen, dass Internationalisierungsthemen beginnen, die Unternehmungsentwicklung zu dominieren.

Epochen beinhalten Teilprozesse, die Veränderungen an verschiedenen Teilen der Unternehmung bewirken. Eine Epoche ist **erheblich länger als einzelne Episoden**; es werden damit Internationalisierungsgrade angesteuert, die deutlicher vom Status quo entfernt sind als bei den beiden anderen genannten Prozessen, d.h. der Evolution und den Episoden. Es ist daher anzunehmen, dass sowohl die neue Oberflächen- als auch die neue Tiefenstruktur der Unternehmung ebenfalls vom Status quo differieren. **Auslöser und Ursachen** einer Epoche sind in den Internationalisierungsprozessen der Unternehmung selbst und in ihrem sozio-ökonomischen Umfeld zu finden.

(1) **Internationalisierungsepisoden** können der Auslöser für Epochen sein, wenn in Internationalisierungsepisoden nur der abrupte Wandel der Oberflächenstrukturen erfolgt und die geordnete **Anpassung der Tiefenstruktur einem Epochenmanagement**

überantwortet wird. Die Epoche ist in diesem Fall Resultat einer Internationalisierungs-episode, bei welcher der Wandlungsprozess der Tiefenstruktur noch nicht vollzogen ist. Die Episode wird in eine Epoche übergeleitet, um den tiefgreifenden Wandel auch in den Datensätzen, Laientheorien und Werten der Mitarbeiter zu vollenden. Veränderungen der Tiefenstruktur eines großen Teils der internationalen Unternehmung benötigen Zeit für organisationale Lernprozesse, so dass die wesentlichen Abgrenzungsmerkmale gegenüber Episoden der größere Zeitverbrauch und die damit verbundenen Wandlungs-prozesse der Tiefenstruktur sind.

(2) Auslöser für epochale Veränderungen, die bewusst herbeigeführt werden sollen, können auch **wahrgenommene Spannungen und „misfits"** zwischen Teilen der Unter-nehmung, zwischen Unternehmungen und Anforderungen des Umfeldes sowie zwi-schen strategischen Visionen und vorhandenen Fähigkeiten sein. Derartige partielle Un-gleichgewichte können **zudem als Folge der inkrementalen Evolution** entstehen, nämlich dann, wenn in einzelnen Teilbereichen der international tätigen Unternehmung unterschiedlich stark und/oder in unterschiedliche Richtungen inkremental-evolutionär internationalisiert wird. Solche Spannungen „entladen" sich gemäß den dialektischen Prozesstheorien in Quantensprüngen und Revolutionen. Wir gehen hingegen davon aus, dass das Management zumindest zwei Möglichkeiten hat, mit solchen Spannungen umzugehen:

• durch **Einzelaktionen**, wie sie typisch für die beschriebenen Internationalisierungs-episoden sind, oder

• durch **viele (kleinere) Einzelschritte**, welche die Spannung behutsamer beseitigen. Epochenmanagement beinhaltet dann die Vorstellung, dass diese geplante Folge kleinerer Internationalisierungsschritte nach gewissen Ordnungsprinzipien vom Management geführt werden kann.

(3) Internationalisierung kann nicht nur als Abfolge mehr oder weniger geplanter Ad-hoc-Aktionen und Reaktionen, sondern als **geplante Folge strategischer Internationalisie-rungszüge** gesehen werden. Als Ausgestaltungsformen solcher strategischen Züge stehen die in Kapitel 6 vorgestellten Internationalisierungsstrategien zur Verfügung. In-ternationalisierungsstrategien können als Einzelschritte im Internationalisierungsprozess einer Unternehmung aufgefasst werden, die aufgrund ihrer unterschiedlichen zeitlichen und inhaltlichen Restriktionen zu Programmen unterschiedlicher ökonomischer Effizienz und Effektivität verknüpft werden können. **Internationalisierungsprogramme** vernet-zen dann Internationalisierungsepisoden untereinander und mit Internationalisierungs-strategien, die selbst wiederum aus Teilprozessen bestehen.

Internationalisierungsstrategien verweisen darauf, dass Internationalisierungsepochen zumindest durch den **Versuch einer bewussten Führung „von oben"** charakterisiert sind. Damit ist keineswegs impliziert, dass die Unternehmungsführung ein klar umrisse-nes Internationalisierungsziel verfolgt. Eher sind vergleichsweise vage Maximen typisch, wie zum Beispiel „wir müssen unsere Präsenz in Asien verstärken" oder „wir wollen die Nummer zwei am Weltmarkt sein". Diese vagen Maximen halten die Interpretationsspielräume offen, sind flexibel für Veränderungen und erleichtern wegen ihrer Unbestimmtheit die Umsetzung in einzelne Programme.

Die Vorstellung von Internationalisierung als einem Prozess, in welchem Ziele gesucht und verfolgt werden, impliziert nun keineswegs, dass in Internationalisierungsepochen notwendigerweise die Ergebnisse erreicht werden, um derentwillen sie gestartet wurden. Gerade radikale Internationalisierungsstrategien beeinflussen nicht nur die Internationalität der Unternehmung, sondern aufgrund möglicher Reaktionen von Wettbewerbern auch die der Branche. Derartige oligopolistische Reaktionen sind theoretisch aufgearbeitet und empirisch nachgewiesen (→ Abschnitt 2.4 in Kapitel 3). Die Führung von Internationalisierungsepochen muss diese **emergenten Wirkungen** eigener Strategien folglich in ihre Betrachtungen einschließen. Dies sind freilich bereits Aspekte der Führung von Internationalisierungsepochen.

4.2 Führung von Internationalisierungsepochen

Abweichend von der Gliederungssystematik der vorausgegangenen Abschnitte werden wir auf die Dreiteilung in Management des Kernprozesses, der Prozessinhalte und des Prozessumfeldes verzichten. Zwar lassen sich diese drei begrifflichen Elemente analytisch trennen (→ Abschnitt 1.2 in diesem Kapitel); die bei der Führung einer Epoche zu berücksichtigenden Interdependenzen sind aber so stark, dass die vorne angewandte Gliederungssystematik eher artifiziell wirkt. Stattdessen werden wir uns mit Führungsgrößen für Internationalisierungsepochen auseinandersetzen (Abschnitt 4.2.1), um anschließend die Gestaltbarkeit von Epochen und die dabei auftretenden Bewertungsprozesse zu diskutieren (Abschnitt 4.2.2).

4.2.1 Führungsgrößen für Internationalisierungsepochen

Zunächst erweitern wir die konzeptionelle Gesamtsicht der geplanten Evolution, um auch das Epochenmanagement abdecken zu können (Abschnitt 4.2.1.1). Anschließend erfolgt eine methodologische Ortsbestimmung der konzeptionellen Gesamtsicht (Abschnitt 4.2.1.2). Eine exemplarische Behandlung alternativer Epochenverläufe schließt sich an (Abschnitt 4.2.1.3).

4.2.1.1 Die konzeptionelle Gesamtsicht im Rahmen des Epochenmanagements

In Abbildung 7-24 greifen wir das Modell der geplanten internationalen Evolution auf und strukturieren den Strom der Internationalisierungsaktivitäten neu. Im Mittelpunkt des Modells stehen jetzt die einzelnen **Internationalisierungsepisoden und Internationalisierungsstrategien** sowie deren zeitliche und kausale Vernetzung. Internationalisierungsstrategien und Internationalisierungsepisoden stehen begrifflich nebeneinander. Einerseits können Episoden ohne strategisches Konzept, beispielsweise in Form zufälliger Akquisitionen, auftreten. Andererseits kann eine Markteintrittsstrategie zunächst eine Episode zur Formierung eines Joint Ventures vorsehen, aber bereits mit der Vorstellung einer späteren Übernahme des Joint-Venture-Partners verbunden sein. In diesem Falle würden also zwei Episoden innerhalb einer Strategie auftreten. Mit zunehmendem Planungshorizont sind zukünftige Episoden und Strategien allerdings nur noch grob und unscharf zu konzipieren.

Strategien und Episoden lassen sich unterschiedlich miteinander zu **strategischen Programmen** verknüpfen. Es ist Aufgabe des Epochenmanagements, alternative Programme zu entwickeln, zu bewerten sowie ein Programm auszuwählen und mit der Einleitung der ersten Strategien zu implementieren. Insofern stellt die Anordnung der Strategien und Episoden in Abbildung 7-24 die Visualisierung eines solchen Programms dar. Im unmittelbaren Prozessumfeld der Epoche finden sich dabei wieder die inkrementalen Internationalisierungsaktivitäten, die entsprechend der Konzeption der geplanten internationalen Evolution Richtung durch eine konzeptionelle Gesamtsicht erhalten sollten (→ Abschnitt 2.2 in diesem Kapitel).

Die konzeptionelle Gesamtsicht erhält beim Epochenmanagement eine andere Bedeutung. Während bei der geplanten internationalen Evolution die Beeinflussung der Tiefenstruktur erfolgt, um den Prozessen der internationalen (inkrementalen) Evolution Richtung zu geben, kanalisiert die konzeptionelle Gesamtsicht beim Epochenmanagement die Vorstellungen des Managements, welche **strategischen Programme** – also welche Strategien und Episoden – in **welcher Reihenfolge** und mit welchen **Mitteln** umgesetzt werden sollen. Rückkopplungsinformationen über strategische Züge sowie über Störungen und Prozesse des sozio-ökonomischen Feldes verändern die konzeptionelle Gesamtsicht und damit auch die Steuerungsimpulse für Episoden und Strategien, was zu einem Wechsel des strategischen Programms führen kann.

Aus der Navigation kennt man den **Begriff des „Überfliegers"**, eine Seekarte, die mehrere Segelgebiete mit deren detaillierten Seekarten verbindet, anhand welcher dann konkret navigiert wird. Der Überflieger hat einen viel zu groben Maßstab, um beispielsweise den Kurs der nächsten zehn Meilen oder eine Hafenannäherung abzustecken. Er ist aber sehr gut geeignet, den ungefähren Kurs sowie Weg- und Ankerpunkte für längere Törns in der Karte einzutragen. So wie dieser Kurs für alle Crewmitglieder die

Richtung, die Reihenfolge der Stationen und die ungefähre Dauer der einzelnen Reisesektionen anzeigt, soll die konzeptionelle Gesamtsicht für eine ganze Epoche die Reihenfolge von Internationalisierungsstrategien und -episoden vorgeben, für die dann die **detaillierten „Episodenkarten"** zu entwickeln sind. Dies schließt nicht aus, dass die internationale „Routenplanung" immer wieder überprüft und auch gelegentlich verändert wird. Durchziehende Tiefs, überbelegte Häfen oder auch seekranke Crewmitglieder können andere Routen zweckmäßiger erscheinen lassen.

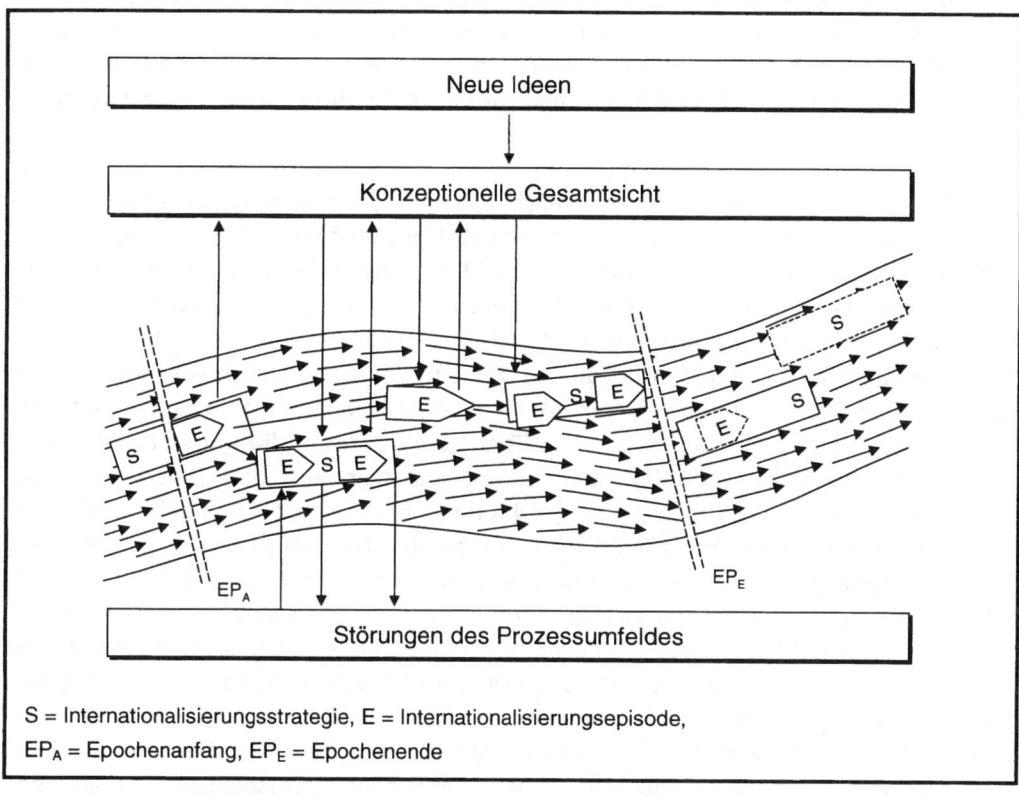

Abb. 7-24: Die internationale Unternehmungsentwicklung

Der Routenplanung entspricht in der internationalen Unternehmung der Entwurf einer konzeptionellen Gesamtsicht, welche die generelle Entwicklungsrichtung und die großen Stationen der Internationalisierung anspricht und ihren konkreten Niederschlag in den ausgewählten strategischen Programmen findet. Die konzeptionelle Gesamtsicht ist dabei analog zur Segelroute nicht als bedingungslos zu verfolgender Plan, sondern als **ein entwicklungsfähiges System** zu verstehen, das auch seine doppelte Rolle, Leitmotiv sowohl für die strategische, langfristige Internationalisierung als auch Richtschnur für die inkrementale Evolution zu sein, berücksichtigen muss. Diese Forderung entspringt einem Verständnis, das Internationales Management normativ als Mittel zur **Höherentwicklung von Unternehmungen** versteht (vgl. ähnlich Kirsch 2001, v.a. S. 402-406).

4.2.1.2   Der normative Charakter des Epochenmanagements

Das Konzept der Internationalisierungsepochen beinhaltet nicht die empirische Feststellung, dass solche Epochen in jeder internationalisierenden Unternehmung beobachtet werden können. Empirisch beobachtbar ist die inkrementale internationale Evolution und mehr und mehr ein bewusstes Episodenmanagement, das der Komplexität dieser seltenen Prozesse durch Checklisten, Ablaufvorschriften und Prozessroutinisierung begegnet.

Das Management der **geplanten Evolution** wie auch der **Internationalisierungsepochen** beinhaltet hingegen eine stärker **normative Komponente**. Wir gehen im letzteren Fall davon aus, dass Internationalisierung nicht nur die Wahl einzelner Internationalisierungsstrategien aus dem Arsenal der vorgestellten Strategien beinhaltet. Internationalisierungsstrategien sind keine monolithischen Gebilde, sondern entfalten ihre Wirkung in Abhängigkeit von und in Zusammenarbeit mit anderen zeitlich vor- und nachgelagerten Strategien. Wir nehmen ferner an, dass zeitliche Muster dieser Strategienfolgen unterschiedlich effizient sind und eine **zeitliche „Unordnung" die am wenigsten effiziente Form der Internationalisierung** ist. Insofern beinhaltet das Epochenmanagement die Forderung an Unternehmungsführung und Wissenschaft, nach **effizienten Internationalisierungsprogrammen und Prozessmustern von Epochen** zu suchen. Dies ist angesichts der Unreife der prozessorientierten Forschung eine äußerst heroische Forderung. Wie eingangs gezeigt, mehren sich die theoretischen Konzeptionen, die den Wandel von Organisationen beschreiben und erklären wollen. Die methodischen Probleme der damit verbundenen, meist qualitativen Forschung in Form von Fallstudien sind erheblich (vgl. Hinings 1997). Die wenigen bereits existierenden wissenschaftlichen Erkenntnisse harren noch der Übertragung auf das Internationale Management. Die prozessorientierte Forschung thematisiert hier immer noch hauptsächlich die Inkrementalismusthese und fragt nicht, wie man den evolutionären oder auch revolutionären Internationalisierungsprozess effizienter gestalten kann. Die Wissenschaft hält demnach wenig Wissen bereit, wie die zeitliche Ordnung von Epochen herzustellen ist. Internationalisierungsstrategien werden nur ansatzweise hinsichtlich ihrer zeitlichen Dimension diskutiert. In diesem Beitrag kann daher nur exemplarisch aufgezeigt werden, welche Führungsoptionen im Sinne eines Epochenmanagements gegeben sind. Bevor wir darauf in Abschnitt 4.2.2 eingehen, wollen wir den Leitmotivcharakter der konzeptionellen Gesamtsicht herausarbeiten.

4.2.1.3 Leitmotive für Internationalisierungsepochen

Die „Routenplanung" einer Epoche erhält Richtung, wenn die Internationalisierung unter ein Leitmotiv gestellt wird. Ansatzpunkt könnte etwa die Ausrichtung der Internationalisierungsaktivitäten an den drei Dimensionen des Internationalisierungsgebirges sein (→ zum Internationalisierungsgebirge Abschnitt 4 in Kapitel 2). Hinsichtlich der geographisch-kulturellen Dimension scheint es so, dass viele Firmen ihr „Go West (USA)" der 80er Jahre um ein „Go South-East" der 90er Jahre ergänzten und ihre Internationalisierungsprogramme an diesem Leitmotiv ausrichteten. Das Beispiel in Textbox 7-7 zeigt, dass *Siemens* beide Himmelsrichtungen als wichtig erachtete.

Textbox 7-7: **Leitmotive für Internationalisierungsepochen (I)**

Das Beispiel Siemens – Ein Zeitungsausschnitt

In der Hauptversammlung hat Konzernchef Heinrich von Pierer die Ziele vor kurzem nochmals präzisiert: „Wir wollen ein global präsentes und global agierendes Unternehmen sein – stark in Europa, dem Heimatmarkt, stark in den USA, dem wichtigsten Elektromarkt der Welt und stark in Asien, wo die größten Zuwachsraten liegen". ...

Damit verschieben sich die Gewichte. Der Inlandsanteil an den Konzerneinnahmen ist in den vergangenen fünf Jahren von 42 auf 24 Prozent gefallen und dürfte weiter Richtung 20 Prozent abnehmen. Der Beitrag Europas insgesamt, der noch vor wenigen Jahren zwei Drittel ausmachte, wird deutlich unter die 50-Prozent-Marke sinken. Die Bedeutung Amerikas und Asiens nimmt dagegen zu. „Auf mittlere Sicht wollen wir in Amerika 30 Prozent und in Asien 15 Prozent unseres Geschäftes erzielen", verkündete von Pierer.

Quelle:
Ludsteck, Walter (2001): Die Globalisierung verschiebt die Gewichte. In: Süddeutsche Zeitung Nr. 58 vom 10./11. März 2001, S. 24.

Hinsichtlich der **Wertschöpfungsdimension** könnte etwa als Leitmotiv die Suche nach Standorten ausgegeben werden, die sich als „verlängerte Werkbank", d.h. für die Realisierung komparativer Kostenvorteile, eignen. Aktueller sind jedoch Konzentrationen von Wertschöpfungssegmenten an einem Ort, die Etablierung sogenannter Kompetenzzentren oder „Centers of Excellence" (vgl. dazu Schmid/Bäurle/Kutschker 1999, Schmid 2000a,b, 2003a, Kutschker/Schurig/Schmid 2002b, → Abschnitt 5 in Kapitel 2). Entlang der dritten Dimension des Internationalisierungsgebirges, der **Integrationsdimension**, lassen sich Leitideen verorten, die eine Transformation von der „multinationalen" zur „globalen" oder zur „transnationalen" Unternehmung einfordern. Leitmotive können aber auch neuen theoretischen Erkenntnissen oder Geschäftsmodellen entspringen, die wie

bei den sogenannten „Born Globals" von Gründungsbeginn an die Unternehmungsentwicklung eng mit deren Internationalisierung verknüpfen.

„Born Globals" sind Unternehmungen, die in den letzten Jahren zum Untersuchungs-
objekt von verschiedenen Autoren wurden (vgl. Litvak 1990, Oviatt/McDougall 1994,
Knight 1997, Bürgel et al. 1998, Kandasaami 1999), weil sie nicht den bisher bekannten
Modellen der Internationalisierung folgen. Sie richten schon bei ihrer Gründung oder
kurz danach die Reichweite ihrer Geschäftstätigkeit auf die Bearbeitung internationaler
Märkte – manchmal sofort auf den Weltmarkt – aus. „Born Globals" treten dabei zumeist
in High-Tech-Branchen auf (z.B. Software-, Biotech-, Telekommunikations- oder Inter-
netunternehmungen). Oft ermöglicht ein Börsengang die Finanzierung der schnellen
Internationalisierung dieser Unternehmungen. Dabei stellen Unternehmungsübernahmen eine beliebte Strategie dar, die Internationalisierungsdynamik noch zu erhöhen.
Wie das Beispiel in Textbox 7-8 verdeutlicht, ist die Internationalisierung dieser Unternehmungen von Anfang an zumeist explizit auf ein bestimmtes Ziel bzw. Leitmotiv
gerichtet (z.B. Erreichen der europäischen Marktführerschaft). Diese strategische Ausrichtung determiniert die Internationalisierungsaktivitäten dieser Unternehmungen für die
ersten Jahre und kann damit als deren erste internationale Epoche aufgefasst werden
(vgl. zu Born Globals Zaby 1999, Schmidt-Buchholz 2001, Schmidt-Buchholz/Kutschker/
Schmid 2001, Schmid/Schmidt-Buchholz 2002).

Textbox 7-8:   Leitmotive für Internationalisierungsepochen (II)

Das Beispiel GoIndustry.com

Ein Beispiel eines Born Global ist *GoIndustry.com*, das schon ein Jahr nach seiner
Gründung im Jahr 1999 Tochtergesellschaften in London und Paris etabliert hatte.
Von Anfang an wurde bei dieser Unternehmung für die erste internationale Epoche
das strategische Ziel angestrebt, den gesamten europäischen Markt abzudecken.
Das Produkt von *GoIndustry.com* ist ein elektronischer Internet-Marktplatz für den
Handel mit gebrauchten Industriegütern und Überschussproduktionen via Auktionen.
Dabei hat sich die Unternehmung auf die beiden Produktkategorien Fertigungsma-
schinen und Bürotechnik spezialisiert.

Die internationale Epoche der europäischen Marktabdeckung wurde von *Go-
Industry.com* von Anfang an angestrebt, da der Erfolg der Unternehmung stark von
positiven Netzwerkexternalitäten beeinflusst wird. Diese besagen, dass der Nutzen
für jeden Anbieter und Nachfrager auf einem Marktplatz steigt, je mehr weitere Anbieter und Nachfrager dort auftreten. Aus diesem Grund musste *GoIndustry.com*
schon zu Beginn versuchen, möglichst viele Anbieter und Nachfrager auf seinen
Marktplatz zu locken. Dieses Ziel wollte das Management durch die strategische Expansion in den europäischen Markt im Rahmen einer internationalen Epoche erreichen.

Durch die Präsenz in den drei Ländern Deutschland, England und Frankreich erlangte *GoIndustry.com* schon im Frühjahr 2000 die weltweit höchste „Liquidität" in den zwei Produktkategorien, was bedeutet, dass sich weltweit die meisten Anbieter und Nachfrager auf dem Internetmarktplatz von *GoIndustry.com* befanden. Die internationale Epoche mit der strategischen Ausrichtung hin zur europäischen Marktabdeckung endete im Fall von *GoIndustry.com* sogar mit der Weltmarktführerschaft.

Quelle:
Schmidt-Buchholz (2001), S. 130-133.

4.2.2 Gestaltung von strategischen Zugfolgen

Leitmotive mögen die denkbare Zahl der zu berücksichtigenden Internationalisierungsstrategien einschränken. Es bleiben aber auf jeden Fall noch reichlich Kombinationsmöglichkeiten, die einer ökonomischen Bewertung bedürfen. Wenn die diversen **Internationalisierungsstrategien und -episoden als Teilprozesse**, d.h. als strategische Züge, begriffen werden, dann heißt epochales Prozessmanagement neben der inhaltlichen Auswahl zunächst, Entscheidungen über die Reihung, Parallelisierung, Kumulation, Dauer und Synchronisation der Teilprozesse, kurz: das strategische Programm, zu fällen, wobei die Inhalte und die zeitlichen Gestaltungsalternativen wiederum interdependent sind. Die Aufgabe lautet demnach, die einzelnen Internationalisierungsstrategien so in eine kausale und zeitliche Ordnung zueinander zu setzen, dass ein hinsichtlich des Epochenzieles ökonomisches und zeitlich optimales strategisches Programm entsteht.

Exemplarisch werden wir Fragen der Epochenstruktur an Markteintrittstrategien und an der „Reihung" von Oberflächen- und Tiefenstruktur aufwerfen (Abschnitt 4.2.2.1). Die idealisierende Vorstellung einer optimierenden Epochenplanung ist mit gehöriger Skepsis zu betrachten, wie die Komplexität solcher Bewertungen schon bei einfachen Reihenfolgeproblemen zeigt (Abschnitt 4.2.2.2).

4.2.2.1 Beispiele für Epochenstrukturen: Reihungen und Parallelisierungen

Wenn wir auf die Ergebnisse der „Sequential School" der Internationalisierung (vgl. Johanson/Vahlne 1977, 1990) zurückgreifen, entspringt die Internationalisierungsroute, d.h. das Nacheinander der Ländermarkteintritte, weniger ökonomischem und strategischem Kalkül, sondern eher der Erfahrung und der psychischen Distanz der Entscheidungsträger vom Zielland. Die zeitliche Sequenz des Markteintritts folgt offensichtlich einem Muster, das vom Heimatland der internationalisierenden Unternehmung abhängt. So weisen beispielsweise japanische Unternehmer ein anderes geographisches Internationalisierungsmuster auf als die schwedischen Firmen der Untersuchung von Johanson/Vahlne.

Das in den Untersuchungen dominierende Muster zeigt eine serielle Folge von Eintritten in die verschiedenen Ländermärkte. Dies entspricht dem sogenannten **Wasserfall-modell**, was einem stufenweisen Hineintasten in den Weltmarkt gleichkommt. Jedoch offenbaren Born Globals ein Epochenmanagement, das durch weitgehend parallele, mehr oder minder gleichzeitige Eintritte in mehrere Ländermärkte geprägt ist. Sie folgen damit tendenziell eher dem sogenannten **Sprinklermodell** (➜ Abschnitt 4.2 in Kapitel 6).

Diese vergleichsweise einfachen Entscheidungssituationen werden in der Realität bereits dadurch verkompliziert, dass schon bearbeitete Ländermärkte die Zahl denkbarer Märkte verringern. Daneben üben mögliche Verbundeffekte zwischen alten und potentiell neuen Märkten schwierig zu berechnende Festlegungen aus. Zudem wird die Entscheidung nicht dadurch einfacher, dass aus Sprinkler- und Wasserfallstrategien jede beliebige Kombination erzeugbar ist.

Markteintritte sind über unterschiedliche Markteintrittsformen möglich (➜ Abschnitt 2 in Kapitel 6), die wiederum hinsichtlich zeitlicher Realisierbarkeit und Ressourcenbeanspruchung unterschiedliche Restriktionen der Zugfolge auferlegen. Die Theorien der Establishment Chain gehen davon aus, dass die Markteintrittsformen in einer bestimmten zeitlichen Abfolge gereiht sind. Engelhard und Eckert (1993) fanden bei der Untersuchung des Markteintritts deutscher Unternehmungen nach Osteuropa die in Abbildung 7-25 wiedergegebene Establishment Chain. Die Zahlen in der folgenden Abbildung stellen dar, wie oft eine bestimmte Markteintritts- bzw. Marktbearbeitungsalternative von den befragten Unternehmungen als Ausgangsbasis für einen Wechsel der Marktbearbeitungsform gewählt wurde. Der größte Teil der untersuchten Unternehmungen folgte offensichtlich der „üblichen" Reihenfolge von Export, Joint Venture, Vertriebs- und Produktionstochtergesellschaft. Die vielen alternativen Vorgehensweisen zeugen aber auch davon, dass es Abweichungen von diesem Reihenfolgemuster gibt, die ebenfalls ökonomische Lösungen darstellen können.

Die aufgeführten Beispiele für Strategieverknüpfungen und Episodenreihungen sind vergleichsweise „einfache" strategische Problemstellungen, die nicht nur die Oberflächenstrukturen, sondern bereits auch die **Tiefenstrukturen verändern**. So verlangt etwa der Übergang vom Export in einem Land zu einer Vertriebsgesellschaft in diesem Land, dass die organisationale Wissensbasis beispielsweise um die Kenntnis lokaler Rechtsvorschriften, Transferbestimmungen oder aktueller Kapitalmarktkonditionen zu erweitern ist. Tiefen- und Oberflächenstruktur lassen sich – in beschränktem Ausmaß – unterschiedlich schnell entwickeln. Diese **partielle Entkopplung von Oberflächen- und Tiefenstruktur** kann für die Führung von Internationalisierungsepochen in dreifacher Weise ausgenutzt werden – je nachdem, ob die Tiefenstruktur der Entwicklung der Oberflächenstruktur (1) nacheilt, (2) mit ihr parallel läuft oder (3) ihr vorauseilt.

nach ↙ \ von	keine Marktbe- arbeitung	indirekter Export	direkter Export ohne eigene Repräsentanz	direkter Export mit eigener Repräsentanz	Lizenzvergabe	Vertrags- produktion	Joint Venture	Tochter- gesellschaft
keine Marktbe- arbeitung	X	5	3	2	-	-	-	-
indirekter Export	89	X	6	-	4	5	2	-
direkter Export ohne eigene Repräsentanz	129	35	X	3	2	2	-	-
direkter Export mit eigener Repräsentanz	47	20	69	X	10	6	2	2
Lizenzvergabe	19	11	20	11	X	3	-	1
Vertrags- produktion	22	5	9	13	4	X	5	4
Joint Venture	11	8	18	30	7	10	X	6
Tochter- gesellschaft	14	6	17	19	10	9	18	X

Abb. 7-25: Markteintrittsformen deutscher Unternehmungen in Osteuropa
Quelle: Engelhard/Eckert (1993), S. 178.

(1) Die **Entwicklung der Tiefenstruktur eilt der Entwicklung der Oberflächenstruktur nach**, wenn eine Internationalisierungsepisode Auslöser des Wandels ist und auf eine unangepasste Tiefenstruktur trifft. Bei dieser bereits angesprochenen Situation (➔ Abschnitt 3.1 in diesem Kapitel) zieht die Tiefenstruktur im Zeitablauf auf das Niveau der neuen Oberfläche nach. Gleichzeitig erzeugt der erste große Internationalisierungsschritt weitere kleinere Folgeveränderungen der Oberfläche.

(2) Harmonischere Züge weist ein Epochenmanagement auf, das eine gravierende Veränderung der Oberflächenstruktur durch eine **zeitlich adäquate Manipulation der Tiefenstruktur** begleitet.

(3) Die **Tiefenstruktur** kann auch **vorausentwickelt** werden, um ausgehend von deren erhöhtem Internationalitätsniveau leichter epochale Veränderungen der Oberflächenstruktur durchführen zu können. Hierzu eignen sich die klassischen Instrumente der Sprachausbildung, der Stammhausdelegation, der internationalen Jobrotation oder der entsprechenden Gestaltung von Karrieresystemen.

Das Verhältnis der Entwicklungsgeschwindigkeit von Oberflächen- und Tiefenstruktur ist damit der bewussten Führung ebenso zugänglich wie die Beeinflussung der Tiefenstruktur. Dabei gilt auch hier die Unterscheidung zwischen intendiertem Führungsverhalten und emergenten Ergebnissen.

Bereits die Kombinatorik der Internationalisierungsstrategien entlang der geographischen Dimension verstärkt die Zweifel, dass man sich ein Epochenmanagement als durchgeplantes, ökonomisch bewertetes Nach- und Nebeneinander von Internationalisierungsstrategien vorstellen mag. Diese Zweifel verstärken sich, wenn man die **Bewertungsprobleme dieser Strategien** in die Überlegungen einbezieht.

4.2.2.2   Bewertung strategischer Zugfolgen

Deskriptionen von Epochenverläufen sagen nichts über die **Effizienz bestimmter Prozessstrukturen von Internationalisierungsepoche**n aus. Ein Epochenmanagement muss sich dieser Frage allerdings stellen. Hierbei ist der unterschiedliche Ressourcenverbrauch einzelner strategischer Programme – etwa der Reihung und/oder Parallelisierung von Markteintritten – mit deren Schnelligkeit abzuwägen. Ein gleichzeitiger Markteintritt strapaziert personelle und finanzielle Ressourcen mehr als eine sequentielle Markteintrittsstrategie, ermöglicht aber eine schnellere Veränderung des Internationalisierungsgrades.

Strategien sind Investitionen in die Zukunft und können wie Investitionen, d.h. über ihre Ausgaben- und Einnahmenströme, bewertet werden. Dies ist noch vergleichsweise einfach, wenn es um den Vergleich einzelner Internationalisierungsalternativen geht, obwohl die Umsetzung qualitativer Vor- und Nachteile in Zahlungsgrößen erhebliche Bewertungsspielräume eröffnet. Solche Vergleiche können beispielsweise auf der Basis der **Discounted-Cash-Flow-Methodik** erfolgen, welche die mit der Internationalisierungsinvestition verbundenen Ein- und Auszahlungen auf ihren Gegenwartswert abzinst und damit vergleichbar macht (vgl. Gann 1996). Selbstverständlich sind dabei Wechselkursrisiken ebenso zu berücksichtigen wie die länderweise unterschiedlich anzusetzenden Kapitalkosten.

Komplizierter gestaltet sich die **Bewertung kumulativer Aktivitäten** etwa beim langfristig angelegten Markteintritt in einen größeren Markt. Markante Markteintritte rechnen sich wegen der hohen Verluste in der Anfangsphase selten und weisen wegen der

Gefahr von Sunk Costs hohe Risiken auf. Damit ist auch die ökonomische Basis für möglicherweise rentable Folgeinvestitionen nicht gegeben. Wie geht man mit einem solchen negativen Barwert einer Investition in die Internationalisierung um? Diese Situation ist nicht ungewöhnlich und kommt beispielsweise auch bei der Einführung von neuen Fertigungstechnologien vor, bei denen sich die üblicherweise zu Lerneffekten vorgeschaltete Handfertigung wegen vorgegebener Marktpreise nicht rechnet und möglicherweise erst die nächste, mechanisierte Fertigungsgeneration wirtschaftlichen Erfolg verspricht. Der negative Barwert solcher verlustbringender, „strategischer" Anfangsinvestitionen kann dann als Auszahlung in die Berechnung der Folgeinvestition eingebracht werden. Die Bewertung zeitlich vernetzter Strategiefolgen scheint damit in Grenzen möglich. Freilich ist von dem Gedanken Abstand zu nehmen, dass das Epochenmanagement auf einen „durchgerechneten" Entscheidungsbaum zurückgreifen kann, in welchem jeweils nach den Möglichkeiten der Kombinatorik alle denkbaren Folgen strategischer Züge abgebildet und mit ihrem Barwert versehen sind.

Das Prozessmanagement einer Epoche gleicht einem Schachspiel. Bei diesem Spiel kommt niemand auf die Idee, alle denkbaren Zugfolgen jeweils vor dem anstehenden Zug durchzurechnen, sondern gibt sich mit Bibliotheken von Eröffnungs- und Schlussspielen oder Heuristiken zufrieden. Genauso ist auch das **Internationalisierungsschach begrenzt berechenbar** und sollte von **Heuristiken für Zugfolgen** geleitet sein. Beispielsweise stehen einzelne Strategien in einer kausalen Bedingtheit, so dass die Ausfüllung der ersten Strategie bzw. einer ersten Internationalisierungsepisode die Möglichkeiten nachfolgender Strategien und Internationalisierungsepisoden einschränken. So begrenzt der „starke" Akquisitionskandidat A in einem Land den kartellrechtlichen Handlungsspielraum für eine Folgeakquisition stärker als die „schwächeren" Kandidaten B und C. In der Literatur zum Strategischen Management wird in diesem Falle die **Wahl eines ersten robusten Schrittes** (vgl. Kirsch 1991, S. 332) empfohlen, d.h. die Wahl einer Strategie bzw. einer Internationalisierungsepisode, die in die gewünschte Richtung führt, ohne attraktive Folgestrategien unmöglich zu machen. Der Rückgriff auf Heuristiken als eine Art von „weicheren" Bewertungsmethoden erfolgt auch vor dem Hintergrund, dass Barwerte für sich genommen noch nicht aussagekräftig genug sind. Die Barwerte bzw. die dadurch quantifizierten Internationalisierungsstrategien beanspruchen in unterschiedlichem Umfang z.B. schwer bewertbare (Kern-)Kompetenzen und Managementressourcen, die über Lernprozesse in den betrachteten Zeiträumen auch noch variabel sind. Die Zuweisung entsprechender Opportunitätskosten ist zwar theoretisch noch vorstellbar, stößt in der Praxis jedoch an Komplexitätsbarrieren. Dennoch sollte das, was an Wirkungen einzelner strategischer Zugfolgen verlässlich quantifiziert werden kann, auch in den Entscheidungsrahmen einfließen.

Das Bewertungsproblem wird noch dadurch verschärft, dass internationale Zugfolgen eigentlich die Reaktionen des Umfeldes zu berücksichtigen haben. Angesichts der längeren Zeithorizonte und der Intensität der intendierten Internationalisierung tritt man früher oder später den Wettbewerbern „auf die internationalen Füße".

4.3   Analysemethoden zur Unterstützung des Epochenmanagements

Die Theorien der oligopolistischen Reaktion weisen nach, dass sich Wettbewerber rational verhalten, wenn sie die Internationalisierungsschritte ihrer Konkurrenten imitieren
(→ Abschnitt 2.4 in Kapitel 3), um damit das oligopolistische Gleichgewicht wiederherzustellen. Hierzu ist es allerdings notwendig, dass man einerseits die **Internationalisierung der Branche beobachten** kann und dass man andererseits über Strategien
verfügt, die unterschiedliche Geschwindigkeitspotentiale für die Internationalisierung besitzen. Markteintrittsstrategien weisen einen solchen unterschiedlichen Zeitbedarf auf,
der bei der Ausdehnung der geographischen Präsenz genutzt werden kann. So erlauben Akquisitionen eine schnellere Marktpenetration als Joint Ventures, während diese
wiederum schneller als Gründungen von Tochtergesellschaften Wirkung zeigen. Ob einer Unternehmung die unterschiedlich schnellen Markteintrittsstrategien zur Verfügung
stehen, ist sowohl eine Frage der materiellen und personellen Ressourcen als auch eine
Frage der internationalen Reife der Tiefenstruktur der Unternehmung. Im Folgenden soll
eine **Entscheidungshilfe (Heuristik) für internationale, oligopolistische Branchen**
entwickelt werden, die diese Zusammenhänge berücksichtigt und „Daumenregeln" für
die „richtige" Internationalisierungsgeschwindigkeit der fokalen Unternehmung aufzeigt.
Dabei ist der Internationalisierungsgrad der Unternehmung mit dem der Branche zu
vergleichen (Abschnitt 4.3.1) und in Beziehung zu dem Internalisierungspotential der
Wettbewerber zu setzen (Abschnitt 4.3.2). Die daraus resultierenden **„Normstrategien"**
(Abschnitt 4.3.3) sollen an einem **Fallbeispiel** demonstriert werden (Abschnitt 4.3.4).

4.3.1   Der relative Internationalisierungsgrad

Wenn es gelingt, die **eigene Internationalisierungsgeschwindigkeit** mit derjenigen
der **Branche** zu vergleichen, kann man seinen eigenen Vorsprung/Rückstand identifizieren und damit seinen Bedarf ablesen, ein Epochenprogramm zur Beschleunigung/Ver-
langsamung des Internationalisierungsprozesses zu entwickeln. Internationalisierte die
fokale Unternehmung in der Vergangenheit langsamer als die Branche, dann ist auch ihr
relativer Internationalisierungsgrad niedrig. Internationalisierte die fokale Unternehmung
jedoch in der Vergangenheit schneller als die Branche, ist ihr relativer Internationalisierungsgrad hoch. Internationalisieren mehrere Wettbewerber schneller als die betrachtete
Unternehmung, dann sinkt deren relativer Internationalisierungsgrad: Sie könnte damit
an Wettbewerbsfähigkeit in einem geographisch sich weitenden Markt verlieren.

Wie misst man nun den Internationalisierungsgrad einer Branche und wie ordnet man
sich mit seinem eigenen Internationalisierungsgrad und dem der Wettbewerber ein? Im
Prinzip besteht die Antwort darin, das eigene **„Internationalisierungsgebirge"** (→ Abschnitt 4 in Kapitel 2) mit dem „durchschnittlichen" Gebirge aller Konkurrenten einer

Branche, einer strategischen Gruppe oder gar nur eines unter besonderen Gesichtspunkten ausgewählten einzelnen Wettbewerbers zu vergleichen. Dies ist freilich eine
komplexe Aufgabe, die dem Gedanken einer Heuristik widerspricht. So wie man die Internationalität einer Unternehmung unterschiedlich komplex behandeln kann (→ Abschnitte 2 und 3 in Kapitel 2), kann man sich auch dem relativen Internationalisierungsgrad je nach Analysezweck auf unterschiedlich komplexe Weise annähern.

Die **einfachste Annäherung** verwendet den **Weltmarktanteil** (MA), d.h. relative Umsatzgrößen, und stellt den eigenen Weltmarktanteil in Relation zum Durchschnitt der
Weltmarktanteile der relevanten N Wettbewerber dar:

$$\text{Internationalisierungsgrad } I(X)_{MA_{t_0}} = \frac{MA(X)}{\dfrac{\sum_{i=1}^{N} MA_i}{N}}$$

Interessanter als eine Stichtagsbetrachtung erscheint der **Vergleich von I(X) zu verschiedenen Zeitpunkten**. Dabei kommt das Marktwachstum ins Spiel, das, wie das eigene Umsatzwachstum, von Wechselkurseinflüssen bereinigt sein sollte. Ist zum Beispiel $I(X)_{t-5} > I(X)_{t_0}$, dann kann der Rückgang des Internationalisierungsgrades einfach
auf einem eigenen geringen Umsatzwachstum beruhen. Es kann aber auch die paradoxe Situation eintreten, dass, wie an dem Beispiel in Abbildung 7-26 dargestellt, der Weltmarktanteil von A zwischen 1999 und 2000 von 35,0% auf 28,1% und infolgedessen
auch der Internationalisierungsgrad von A von 105,0 auf 84,4 zurückging, obwohl A seine weltweiten Umsätze von 7.000 auf 8.760 Einheiten steigern konnte.

Umsätze	1999			2000		
	Land X	**Land Y**	**Welt**	**Land X**	**Land Y**	**Welt**
A	1.000	6.000	7.000	2.100	6.660	8.760
B	4.000	2.000	6.000	8.000	2.200	10.200
C	5.000	2.000	7.000	10.000	2.200	12.200
Summe	10.000	10.000	20.000	20.000	11.060	31.160
MA/3	33,3%	33,3%	33,3%	33,3%	33,3%	33,3%
MA(A)	10,0%	60,0%	**35,0%**	10,5%	60,2%	**28,1%**
M(A)/MA/3	30,0	180,0	**105,0**	31,4	180,7	**84,4**

Abb. 7-26: Veränderungen des relativen Internationalisierungsgrades

Dies konnte geschehen, obwohl A aus jedem Land die Meldung erhalten hatte, dass die Umsätze gemessen am Marktwachstum und damit die absoluten wie auch die relativen Marktanteile gestiegen seien. In diesem Fall beruht der Verlust an Weltmarktanteil auf Struktureffekten der Länderpräsenz. A ist stark in Land Y, aber schwach in dem schnell wachsenden Markt X. Eine intelligentere Messung des Internationalisierungsgrades sollte deshalb die unterschiedliche Größe und Dynamik der einzelnen Ländermärkte durch entsprechende **Gewichtung der Umsätze** einbeziehen (➜ Abschnitte 2.3 in diesem Kapitel).

Freilich bildet man mit den Umsatzgrößen nur einen Teil der im Internationalisierungs- gebirge enthaltenen Dimensionen ab. Die Messgrößen ließen sich beispielsweise noch dadurch verfeinern, dass man die geographisch-kulturellen Distanzen der einzelnen Ländermärkte berücksichtigt und beispielsweise den Markteintritt eines deutschen Wett- bewerbers in Japan stärker gewichtet als dessen Marktanteilsausweitung in Frankreich. Es ist ferner möglich, die **internationale Wertschöpfung** mit in den Internationalisie- rungsgrad einzubeziehen, da sie Hinweise gibt, wie stark auch das Investitionsrisiko über die Länder gestreut ist. Als leicht greifbaren Indikator könnte man beispielsweise den **Transnationality Index (TNI)** verwenden, der neben den Länderumsätzen auch die Quoten für Mitarbeiter und Aktiva im Ausland (allerdings nicht nach Ländermärkten ge- wichtet) berücksichtigt (➜ Abschnitt 2.2.3 in Kapitel 2).

$$\text{Internationalisierungsgrad } I(X)_{TNI} = \frac{TNI(X)}{\frac{\sum\limits_{i=1}^{N} TNI_i}{N}}$$

Darüber hinaus ließe sich auch die **dritte Dimension des Internationalisierungsgebir- ges** einbeziehen – etwa dadurch, dass man als Indikator den Umfang der Lieferungen und Leistungen von und an verbundene Unternehmungen in die Betrachtung integriert.

Bislang haben wir nur **quantifizierbare Größen** in die Messung des Internationalisie- rungsgrades einfließen lassen. Die Bewertungskomplexität wird noch erhöht, wenn man die **qualitativen Eigenschaften** der jeweils bearbeiteten Ländermärkte und anvisierten Zielmärkte, wie zum Beispiel deren Attraktivität und Profitabilität, berücksichtigt. Die Standorttheorie leitet aus ökonomischen, d.h. marktbezogenen, und kostenorientierten Motiven, solchen der Rohstoffsuche und des Know-how Erwerbs sowie politisch beein- flussbaren Merkmalen des Ziellandes wie Investitionsanreizen, Handelsschranken und Sicherheit, die Attraktivität von Ländern als Standort für Direktinvestitionen ab. Die kom- parativen Ländervorteile können vom internationalen Konzern ebenso in Internationali- sierungspotential umgesetzt werden wie national erworbene Fähigkeiten und Infra- strukturen des Stammlandes in monopolistische Vorteile transformiert werden können (➜ hierzu auch Abschnitte 3.3.2 und 3.3.3 in Kapitel 3). Sind zum Beispiel die Marktgröße oder das Marktwachstum der einzelnen Länder und die Präsenz der Wettbewerber in den einzelnen Märkten unterschiedlich, ergeben sich weitere Effekte, welche die dominanten Wettbewerber der schnellen und/oder großen Märkte bei der Internationalisierung bevorteilen.

Damit lässt sich eine Dimension der im Anschluss vorzustellenden **Internationalisierungsmatrix** (→ Abbildung 7-27) mit beliebig großer Verfeinerung ausgestalten. Freilich sollte man im Auge behalten, dass der Charakter einer Heuristik gewahrt bleibt und die Berechnung des relativen Internationalisierungsgrades nicht in eine Analyse der internationalen Wettbewerbssituation „ausartet".

4.3.2   Das Internationalisierungspotential

Die oligopolistische Reaktion verlangt von den durch die Internationalisierung anderer Wettbewerber beeinträchtigten Unternehmungen eine Reaktion, die sie nur in Kauf nehmen werden, wenn einerseits die Beeinträchtigungen als stark empfunden werden und andererseits auch die **Möglichkeiten zur erfolgsträchtigen Reaktion** gegeben sind. Letzteres wirft die Frage auf, ob Unternehmungen eines internationalen Oligopols über ein ausreichendes Internationalisierungspotential verfügen (→ Abschnitt 3.2.1.3.2 in diesem Kapitel). Das Internationalisierungspotential setzt sich aus einer Reihe von absoluten und relativen Merkmalen der Unternehmungen zusammen.

(1) **Absolute Merkmale**, welche die Internationalisierung fördern können, sind zum Beispiel ein freier Cash Flow, Freikapazitäten, ein angepasstes Produktsortiment oder bestimmte quantitative und qualitative Managementressourcen.

(2) Einige absolute Merkmale und Fähigkeiten wirken nur in **Relation** zu den Merkmalen und Fähigkeiten von Wettbewerbern, Kunden und Lieferanten. Man erinnere sich der unterschiedlichen Wirkung von Marktanteilen und relativen Marktanteilen oder von Produktqualität und relativer Produktqualität. Internationalisierungspotentiale stecken in Technologie**vorsprüngen** sowie beispielsweise in der Fähigkeit, Produkte **schneller** in den Markt einzuführen, Kooperationen einzugehen und Unternehmungen **besser** als die Konkurrenz führen zu können. Diese relativen Merkmale knüpfen dabei an den Ressourcenbasierten Ansätzen und den Theorien des monopolistischen Vorteils an.

Die Messung solcher Internationalisierungspotentiale in Form von Stärken und Schwächen, Kernfähigkeiten und monopolistischen Vorsprüngen verlangt einen komplexen Entscheidungs- und Bewertungsprozess, für den die Unternehmung selbst Managementfähigkeiten und -systeme entwickeln muss. Dies ist insbesondere der Fall, wenn man berücksichtigt, dass eine bilaterale Betrachtung zweier Wettbewerber eigentlich nicht ausreicht. Vielmehr wird eine **multilaterale Potentialanalyse** notwendig (vgl. Kutschker 1980, S. 377). Trotz der praktischen Probleme ruhen die Auswahl und die

Messung der Potentialindikatoren – wie auch die des Internationalisierungsgrades – auf einem reichhaltigen theoretischen Hintergrund.

4.3.3   Die Internationalisierungsmatrix

In Abhängigkeit von den Ausprägungen der beiden Dimensionen **„relativer Internationalisierungsgrad"** und **„Internationalisierungspotential"** ergeben sich unterschiedliche Schlussfolgerungen hinsichtlich der zeitlichen Steuerung und Dynamik der Internationalisierungsstrategien, wobei die Bewertungsobjekte zu berücksichtigen sind. Bewertungsobjekte können die gesamte Unternehmung, aber auch einzelne Geschäftsfelder oder Funktionen sein. Wie in Abbildung 7-27 deutlich wird, unterscheiden wir vier mögliche Strategien, die mit den Schlagworten „Eroberer", „Entdecker", „Lahme" und „Bequeme" bezeichnet werden.

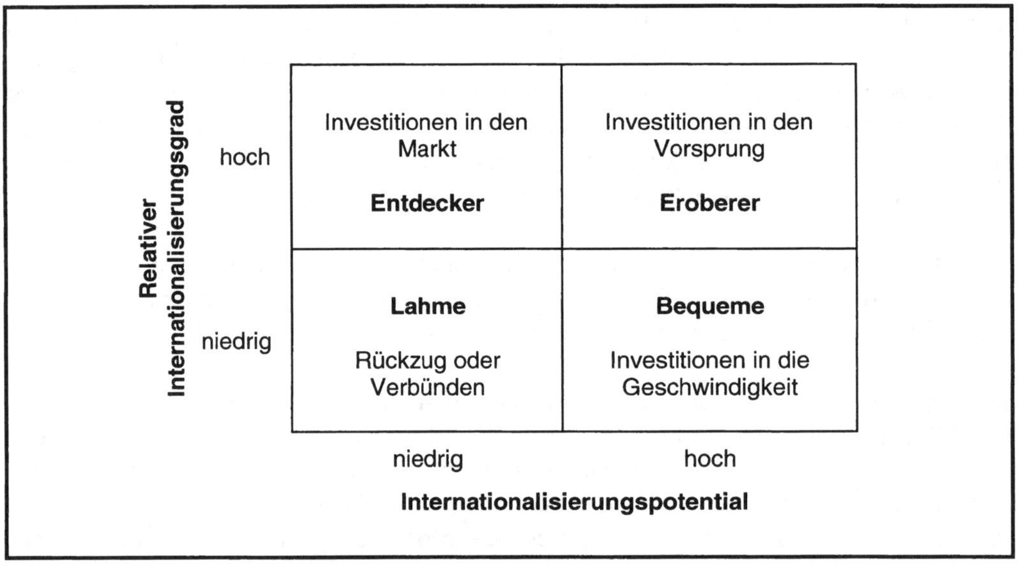

<table>
<tr><td rowspan="2">**Relativer Internationalisierungsgrad**</td><td>hoch</td><td>Investitionen in den Markt

Entdecker</td><td>Investitionen in den Vorsprung

Eroberer</td></tr>
<tr><td>niedrig</td><td>**Lahme**

Rückzug oder Verbünden</td><td>**Bequeme**

Investitionen in die Geschwindigkeit</td></tr>
<tr><td></td><td></td><td>niedrig</td><td>hoch</td></tr>
<tr><td></td><td></td><td colspan="2">**Internationalisierungspotential**</td></tr>
</table>

Abb. 7-27:   Die Internationalisierungsmatrix
Quelle: Kutschker (1994b), S. 239.

Eroberer internationalisieren schneller als die Branche und verfügen über ein hohes Internationalisierungspotential, das auf komparativen und/oder monopolistischen Vorteilen beruht und sich konkret in überlegenen Technologien, Management-Know-how, Kosten- oder Differenzierungsvorteilen niederschlagen kann. Zweckmäßigerweise wird ein Eroberer in seinen Internationalisierungsvorsprung investieren, wobei dies mit der Besonnenheit des Erfolgreichen geschehen und die gezielte Investition in regionale Domänen der Konkurrenten einschließen kann, um deren Aufholstrategie zu verhindern. Der Vorsprung ist auch zu nutzen, um die internationale Konfiguration der Geschäftsfeldaufgaben der wachsenden Internationalisierung anzupassen und die zur Führung des Geschäftes notwendige Infrastruktur zu schaffen, die eine Anpassung der Managementsysteme und der Unternehmungskultur verlangt.

Entdecker internationalisierten in der Vergangenheit stark und erodierten dabei ihr Internationalisierungspotential, so dass nur noch eine sehr selektive weitere Internationalisierung möglich ist. Die weitere Internationalisierung zielt eher auf Konsolidierung als auf forcierten Ausbau ab. Der Abstand zu den Lahmen und Bequemen der Branche sollte zur Festigung dominanter Ländermarktpositionen und zum Ausbau und zur Verteidigung der Positionen in den Vertriebskanälen benutzt werden.

Lahme und Bequeme haben die Internationalisierung der Branche entweder verschlafen oder es fehlte an Internationalisierungspotential, um die für die Unternehmung bzw. das Geschäftsfeld typische Internationalisierung nachzuvollziehen. Aus der Theorie der oligopolistischen Reaktion ist abzuleiten, dass zumindest die Bequemen offensiv in eine Aufholjagd investieren müssen, um nicht dauerhaft an Wettbewerbsfähigkeit zu verlieren. Durch Konzentration auf schneller wachsende Regional- und Produktsegmente, durch globale Produkteinführungen und eine schnelle Umsetzung von Degressionseffekten lässt sich das vorhandene Internationalisierungspotential der Bequemen in eine forcierte Internationalisierung umsetzen.

Die **Lahmen** sind die langsamen Internationalisierer der Branche. Ihr fehlendes Internationalisierungspotential resultiert entweder aus verlustreichen Internationalisierungsepisoden, verlorengegangenen relativen Größendegressionseffekten oder fehlenden Ressourcen, die Internationalisierungsanstrengungen bereits im Keim erstickten. Für die Lahmen ist „der Internationalisierungszug abgefahren". Sie können sich zumindest vorübergehend in Märkte mit hohen Markteintrittsbarrieren zurückziehen oder ihre Zukunft in der Verbindung mit einem Eroberer oder Bequemen suchen. Letzteres verweist auf die bereits skizzierten Markteintrittsstrategien als Teilmenge der Markteintrittsmöglichkeiten. Neben anderen Merkmalen unterscheiden sich die Markteintrittsstrategien hinsichtlich ihrer zeitlichen Effizienz und dem durch Eigentumsrechte verbrieften Ausmaß an Kontrollierbarkeit.

Gründungen von Tochtergesellschaften sind zur Markterschließung vergleichsweise langsame Instrumente, die in von Wettbewerbern besetzten Märkten nur bei außergewöhnlichen Wettbewerbsvorteilen eine schnelle Verdrängung ermöglichen. Akquisitionen und Joint Ventures lassen sich bei Vorliegen komplementärer Fähigkeiten schnell in Internationalisierungsgewinne umsetzen, sofern das Internationalisierungspotential, insbesondere in Form von Managementkapazitäten zur Integration der neuen Partner, vorhanden ist. Extrem schnell, aber auch wenig kontrollierbar, können auf vertraglicher Basis beruhende Strategische Allianzen sein. Die Forcierung des Exportes erlaubt eine vergleichsweise schnelle und breite Internationalisierung in viele Märkte, die aber häufig nur eine geringe Marktdurchdringung zulässt.

Setzt man die **Markteintrittsstrategien** in instrumentelle Beziehung zu den **Entwicklungsstrategien** der Internationalisierungsmatrix, dann empfehlen sich für Unternehmungen bzw. Geschäftsfelder mit hohem relativen Internationalisierungsgrad und hohem Internationalisierungspotential die Gründungen von 100%-igen Tochtergesellschaften und selektive Übernahmen erstklassiger Wettbewerber, wie in Abbildung 7-28 dargestellt. Der zeitliche Vorsprung und die vorhandenen Potentiale zwingen nicht zu zeitsparenden Strategien.

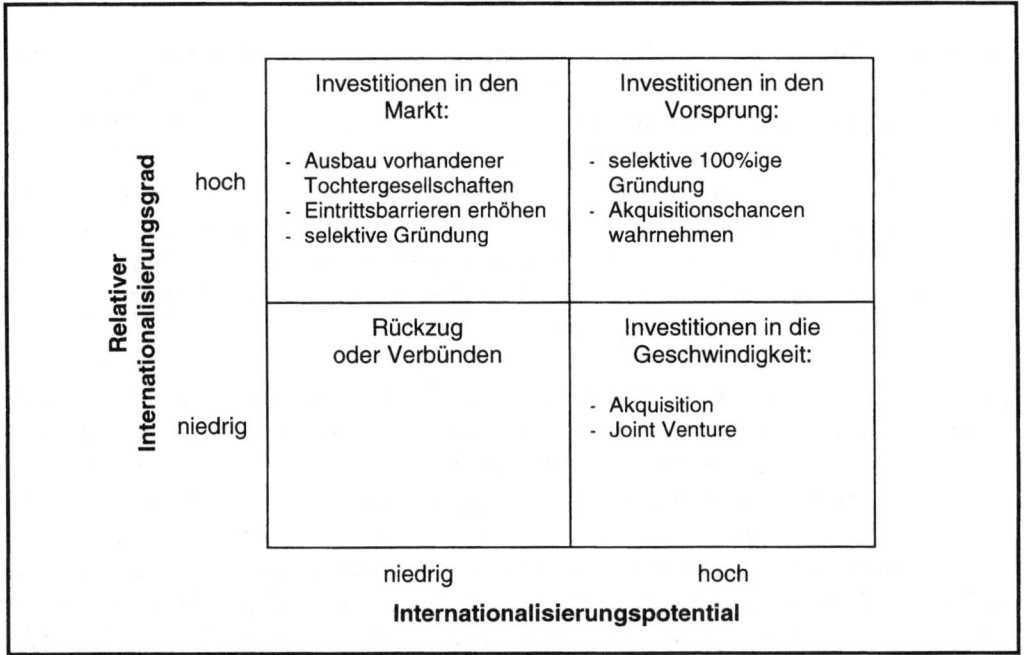

Abb. 7-28: Die erweiterte Internationalisierungsmatrix
Quelle: Kutschker (1994b), S. 242.

Die Entdecker müssen ihre schmalen Ressourcen auf selektive Gründungen und gegebenenfalls auf das Eingehen von Strategischen Allianzen mit Wettbewerbern konzentrieren, die eventuell auch als Übernahmekandidaten in Frage kommen.

Verliert die Unternehmung relativ zu ihren Wettbewerbern an internationaler Präsenz und hat Ressourcen zur Verfügung, dann muss in den forcierten Ausbau des Internationalisierungsgrades investiert werden, wobei in Abhängigkeit vom Ausmaß des Rückstandes die Nachteile eines Joint Ventures in Form mangelnder Kontrollierbarkeit gegenüber dem Unternehmungserwerb in den Hintergrund treten können.

Die in der Internationalisierungsmatrix angesprochenen „Norm"-Strategien sind nur ein erstes grobes Raster, das zur unternehmungs- bzw. geschäftsfeldbezogenen Überprüfung des Handlungsbedarfes und der Handlungsoptionen sowie zur Abbildung der in einem System herrschenden Dynamik fruchtbar sein mag. Man sollte nicht vergessen, dass dieses Instrument speziell darauf abzielt, die dynamischen Beziehungen der fokalen Unternehmung zu den Internationalisierungsprozessen in ihrem Umfeld aufzudecken und zu quantifizieren. Die Investitionsnotwendigkeit wird allein aus dem Verhalten der Wettbewerber und dem Grundgedanken der Aufrechterhaltung eines internationalen Gleichgewichts abgeleitet.

Der Baukasten der Internationalisierungsstrategien ist weitaus reichhaltiger „bestückt", wie die Ausführungen im Kapitel 6 zeigten. Man vermisst jedoch Handlungsoptionen, die sich aus der unterschiedlichen Dynamik von Internationalisierungsstrategien, etwa der diversen Allokations- und Integrationsstrategien, ergeben, die jeweils auch unterschiedliche Vorlauf- und Umsetzungszeiten haben. Der Entwurf eines internationalen **Epochenprogramms** wird daher schon als gelungen anzusehen sein, wenn dieses, wie auch die anderen vorgestellten Instrumente, regelmäßig **als „Überflieger"** benutzt wird, um den internationalen Standort zu bestimmen, die Marschrichtung anzugeben und die ersten Wegpunkte festzulegen.

Die folgende **Retrospektive der internationalen Entwicklung der Lampenindustrie** soll nun zum einen die Handhabung der Internationalisierungsmatrix veranschaulichen und zum anderen nachvollziehen, ob sich die wesentlichen Spieler dieser Branche „normgerecht" verhielten und ob demnach die jeweiligen Verhaltensweisen zu verschiedenen Zeitpunkten prognostizierbar waren.

4.3.4   Ein Fallbeispiel: Internationale Dynamik in der Lampenbranche

Einer der beiden Autoren war bis zu seinem endgültigen Wechsel an die Universität zehn Jahre in leitender Stellung in der Lampenbranche tätig und in dieser Zeit unter anderem auch für die Strategische Planung der *Osram GmbH* verantwortlich. Obwohl er damit ein Teilnehmer der Lampenbranche war, gilt er doch im Hinblick auf die Bewertung von Wettbewerbern „nur" als Beobachter mit all den Problemen subjektiver Einschätzungen und Interpretationen. Insofern ist die folgende **Rekonstruktion** der internationalen Wettbewerbssituation in der Lampenbranche „**subjektiv**" im doppelten Sinne. Zum einen unterliegen die zugänglichen Daten bereits subjektiven Einschätzungen, weil es zum Beispiel keine offizielle Marktanteilsstatistik gibt, und zum anderen ist die Vermischung verschiedener Einzelinformationen subjektiven Bewertungsirrtümern unterworfen. Dies stellt eine Problematik dar, die nicht nur Wissenschaftler erkennen, sondern die auch Praktiker und Berater trifft, die aufgrund solcher unsicheren Informationen die Cash Flows ihrer Unternehmungen lenken.

Die oben vorgestellte **Internationalisierungsmatrix** wurde für die drei Zeitpunkte 1980, 1989 und 1995 rekonstruiert. Dabei stellt die Matrix für das Jahr 1989 das Resultat eines vorausgegangenen etwa siebenjährigen Internationalisierungsschubes der Branche dar, während 1995 den Beginn einer „ruhigeren" Internationalisierung charakterisiert.

(1) Merkmale der Lampenbranche

Die Lampenbranche zählt zu den ältesten Industrien und ist ein hochkonzentriertes Oligopol. Die Marktanteile der in Abbildung 7-29 dargestellten Wettbewerber addieren sich zu 85% eines Marktes, der in dem betrachteten Zeitraum durchschnittlich ein Volumen von 20 bis 28 Mrd. DM (~ 10,2-14,3 Mrd. €) umfasste (die frühere UdSSR und China nicht berücksichtigt). Technologische und politische Barrieren führten zu einer Regionalisierung der Kerngeschäfte des Lampenoligopols. So bildeten sich der nordamerikanische, der europäische und der japanische Markt mit jeweils gebietsansässigen, dominanten Wettbewerbern heraus. In den USA waren dies *General Electric*, *GTE/Sylvania* und *Westinghouse*, in Europa *Philips* und *Osram* und in Japan *Matsushita* und *Toshiba* (alle jeweils mit regionalen Marktanteilen über 15%). Die lateinamerikanischen Ländermärkte wurden sowohl von amerikanischen als auch europäischen Wettbewerbern bei länderweise wechselnden Marktführerschaften bearbeitet. Eine Sonderrolle nahmen die englischen Anbieter *Thorn* und *GEC* ein, die in den Commonwealth-Ländern durch hohe Importzölle geschützte Märkte bearbeiteten und in England starke Marktpositionen innehielten.

(2) Die Branchensituation im Jahr 1980

Die Lampenbranche hatte im Jahr 1980 weltweit eine Periode ruhiger Internationalisierung hinter sich. Die Eroberer des Marktes hatten durch kleinere Aufkäufe (die französische Lampenfirma *Claude* durch *GTE* und einige kleinere nationale amerikanische Anbieter durch *Philips*) sowie durch leichte, produktspezifisch jedoch deutliche Marktanteilsgewinne von *GTE* in Europa und *Philips* in den USA ihre Position arrondiert. *Osram* hatte eine schwere Konsolidierungsphase hinter sich, die zur Aufgabe außereuropäischer Märkte und zu leichten Marktanteilsverlusten in Europa geführt hatte. *Thorn* und *GEC* verloren in England, aber auch in den Commonwealth-Ländern Marktanteile, während der ungarische Anbieter *Tungsram* im Rahmen seiner weitgehend auf Export gestützten Tätigkeit seinen Internationalisierungsgrad nicht veränderte. Die japanischen Wettbewerber und *Westinghouse* konzentrierten sich nahezu ausschließlich auf ihre jeweiligen Heimatmärkte Japan und die USA, in die man Taiwan und Kanada jeweils einbeziehen kann.

Die Situation der Lampenbranche im Jahr 1980 ist in Abbildung 7-29 dargestellt. Für die Messung des Internationalisierungspotentials wurden die technologische Stärke, die Einbettung der Wettbewerber in internationale Konzerne, die Managementkapazität und die Unangreifbarkeit der Position im Heimatmarkt berücksichtigt, wobei dessen Attraktivität in die qualitative Beurteilung einfloss.

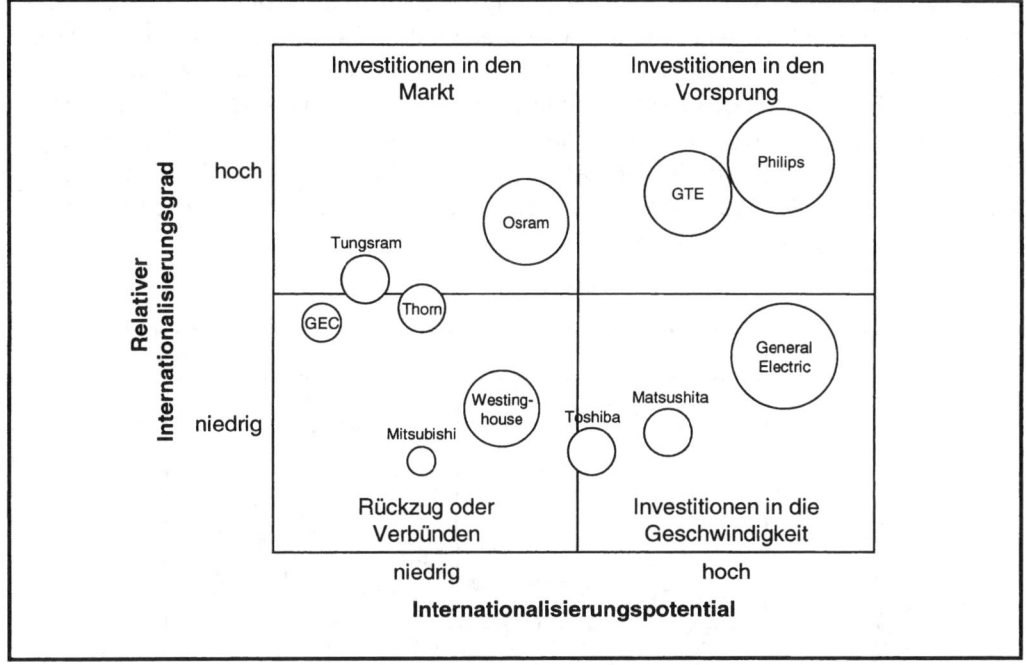

Abb. 7-29: Die Lampenbranche in der Internationalisierungsmatrix – Stand 1980

Die vergleichsweise hohen Internationalisierungspotentiale von **Toshiba** und **Matsushita** beruhen zum einen auf den jeweiligen technischen Unterstützungsabkommen mit **General Electric** (**Toshiba**) und **Philips** (**Matsushita**) sowie deren Einbettung in internationale Konzerne, die eine weitere Internationalisierung erleichtern können. Es ist allerdings nicht bekannt, ob **Toshiba** und **Matsushita** gerade durch die Technologieabkommen an einer Internationalisierung ihrer Lampenaktivitäten in Europa und den USA gehindert wurden. Zudem bilden die firmeneigenen Vertriebskanäle in Japan nach wie vor nahezu unüberwindbare Schutzzonen. Der relative Internationalisierungsgrad wurde über die nationalen Marktanteile gemessen, die mit den jeweiligen Marktgrößen gewichtet wurden.

Nach den theoretisch abgeleiteten „Norm"-Strategien wäre zu erwarten, dass **GEC**, **Thorn**, **Tungsram**, **Mitsubishi** und **Westinghouse** den Rückzug oder eine Verbündungsstrategie eingehen, wobei dies für **Westinghouse** und **Mitsubishi** besonders dringend notwendig erschien.

(3) Die Branchensituation im Jahr 1989

Tatsächlich hatte die Lampendivision der **Westinghouse Corporation** als erste das Internationalisierungskarussell in Schwung gesetzt. **Westinghouse** bot Ende 1980 seine „lamp-division" der technologisch wiedererstarkten **Osram** zum Kauf an. Die Übernahmeverhandlungen scheiterten letztlich an dem fehlenden Internationalisierungspotential in Form zu knapper Management- und Entwicklungskapazitäten bei **Osram**, die dringend für eine Innovationspolitik gebraucht wurden, sowie einer stark rückläufigen Konjunktur. Nach Abbruch der Verhandlungen mit **Osram** wurde **Westinghouse** in kürzester Zeit von **Philips** übernommen, das damit seinen Marktanteil in den USA von 7% auf über 20% ausdehnen konnte.

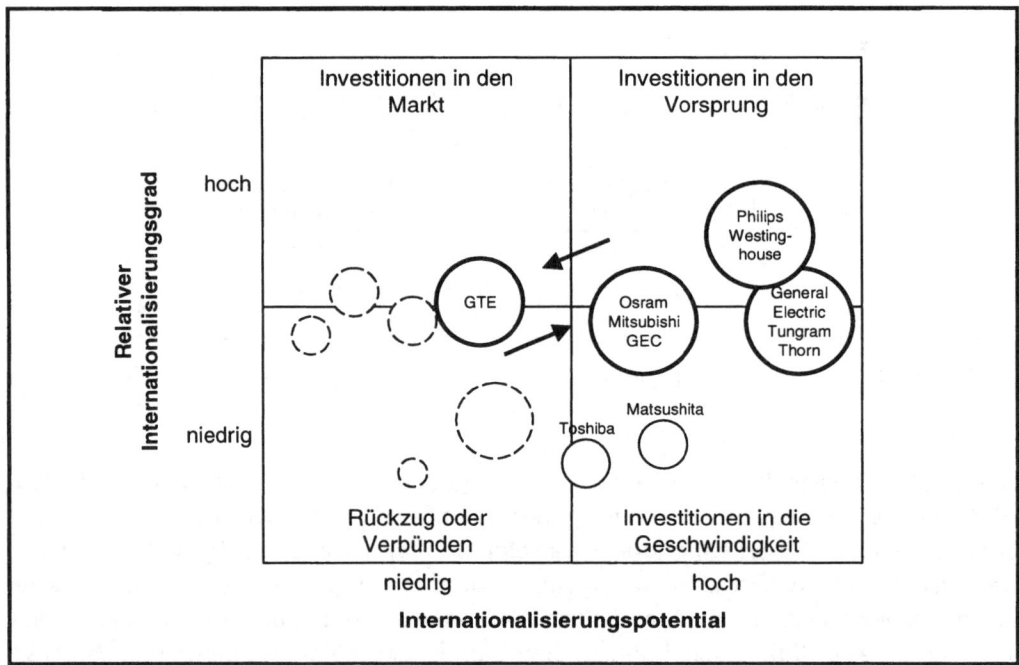

Abb. 7-30: Die Lampenbranche in der Internationalisierungsmatrix – Stand 1989

Aufgeschreckt durch diese Präsenzveränderung verhielten sich **General Electric** und **Osram** theoriegerecht: **General Electric** hatte bis 1987 einen 50%igen Anteil von **Tungsram** und **Thorn** ganz übernommen und damit schlagartig seine europäische Basis verbreitert, aber noch kein Gleichgewicht zu **Philips** hergestellt. **Osram** sollte sich nach seiner Position als Entdecker selektiv verhalten. Tatsächlich wurde durch selektive außereuropäische Neugründungen und Verstärkung der europäischen Landesgesellschaften der relative Internationalisierungsgrad und durch eine forcierte Innovationspolitik das Internationalisierungspotential kontinuierlich verbessert. Letzteres wurde benutzt, um 1985 die Lampenaktivitäten der *GEC* zu übernehmen und 1988 ein Joint Venture mit den ausgegründeten Lampenaktivitäten der *Mitsubishi Electric* einzugehen. Die jeweiligen Veränderungen zwischen 1980 und 1989 lassen sich aus Abbildung 7-30 ablesen. Die ursprünglichen Positionen der Wettbewerber *GEC*, *Thorn*, *Tungsram*, *Mitsubishi* und *Westinghouse* sind dabei nochmals gestrichelt dargestellt.

(4) Die Branchensituation im Jahr 1995

GTE/Sylvania war letztlich die leidtragende Unternehmung dieses Internationalisierungsschubes in der Lampenbranche. Der Positionskampf von *Philips* und *General Electric* in den USA und der Marktanteilsgewinn von *Osram* in Europa gingen zu Lasten des finanziellen Ergebnisses von *GTE* und seiner technologischen Position. *GTE* konnte dem von *Philips* und *Osram* ausgelösten Innovationsdruck nicht folgen. Die Konsequenz war, dass *GTE* aus der Rolle des „Eroberers" in die eines „Lahmen" zurückfiel und letztlich im Frühjahr 1993 seine amerikanischen Lampenaktivitäten an *Osram* verkaufte. *Osram* schloss damit zu einem gleichgewichtigen Internationalisierungsgrad mit *Philips* und *General Electric* auf, wobei *General Electric* aufgrund seiner vergleichsweise schwächeren Position in Europa nunmehr einen Nachteil gegenüber den beiden europäischen Lampenherstellern hat. Es scheint eine Frage der Zeit, wann die nationalen Positionen von *Toshiba* und *Matsushita* durch die Aktivitäten des *Osram/Mitsubishi*-Joint-Ventures so angegriffen sein werden, dass im japanischen Markt die nächsten Veränderungen stattfinden. Entsprechende Aktivitäten von *General Electric* und/oder *Philips* sind wahrscheinlich, da die fernöstlichen, schnell wachsenden Lampenmärkte von Japan aus erschlossen werden können. Abbildung 7-31 zeigt das eingekehrte „Gleichgewicht" zwischen den drei Großen der Branche, das sich in den letzten Jahren allenfalls leicht durch die unterschiedlich starken Aktivitäten in China verschoben hat.

Die Lampenbranche hielt sich zwar beinahe lehrbuchmäßig an die theoretisch ableitbaren Internationalisierungsstrategien. Dennoch sollte dieses Beispiel nicht als Beweis der Richtigkeit der Internationalisierungsmatrix gelten. Zu vielschichtig sind die Entscheidungsprobleme, als dass sie allein mit einem methodischen Instrumentarium bewältigt werden könnten. Auch erschöpft sich Internationalisierung nicht in der Frage, wann internationalisiert werden sollte. Von daher ist nicht nur ein theoretischer Pluralismus, sondern auch ein Instrumente- oder **Methodenpluralismus zu fordern**, der die Anwendung der in Kapitel 6 dargestellten Methoden berücksichtigen sollte.

Zweifellos ist mit der Führung von Internationalisierungsepochen eines der schwierigsten Kapitel des Internationalen Managements angesprochen, nicht zuletzt deshalb, weil das Epochenmanagement **Kontinuität in den Führungsetagen** voraussetzt. Epochen sind natürlich auch vom Versanden, von Fehlschlägen und den erwähnten Rückkopplungen der Konkurrenz bedroht. Die Überlegungen sollten zeigen, dass auch eine langfristige Internationalisierung der Führung zugänglich ist und unterschiedliche Führungsoptionen und Führungsinstrumente beinhaltet, die freilich erst am Anfang ihrer Entwicklung stehen. Nicht zuletzt wegen der Aufwendigkeit langfristiger Längsschnittuntersuchungen ist unser empirisches Wissen über effiziente und ineffiziente Methoden des Epochenmanagements noch gering. Dies sollte aber nicht Anlass dazu sein, sich ganz auf eine ungeplante inkrementale Internationalisierung zu verlassen.

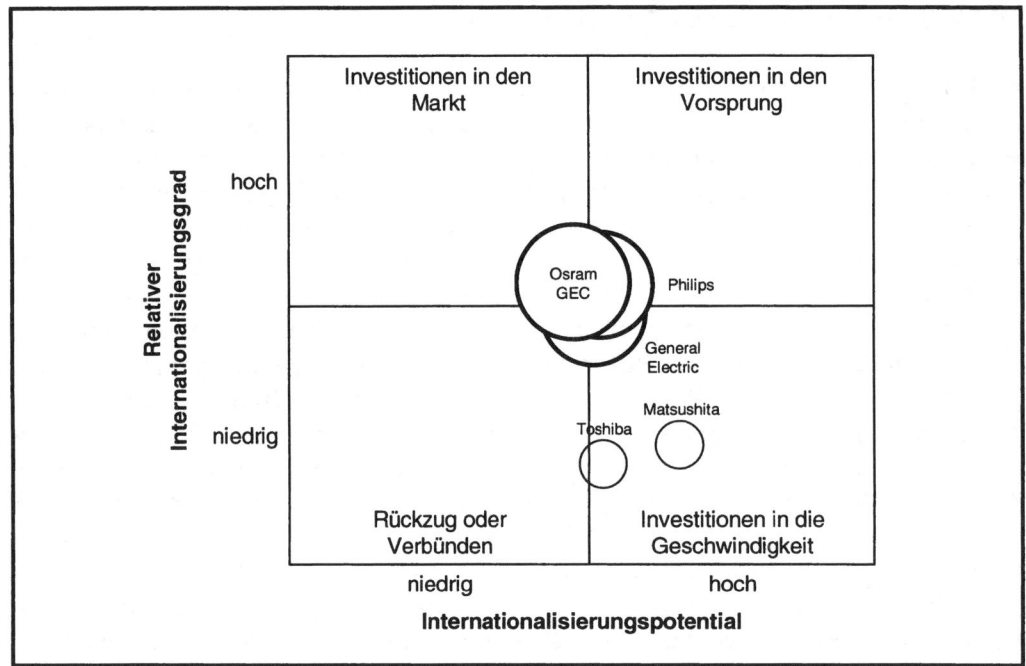

Abb. 7-31: Die Lampenbranche in der Internationalisierungsmatrix – Stand 1995

5   Zusammenfassende Schlussbetrachtung

Wir wollten in diesem Kapitel zeigen, dass es im Internationalisierungsschach außer auf die Beziehungen zwischen den weißen und schwarzen Figuren – den Strukturen – auch auf die Zugfolgen, d.h. auf die **Beherrschung der „Drei E's"** (Evolution, Episoden, Epochen), ankommt. Diese Prozessbetrachtung der Internationalisierung ergänzt die Betrachtung struktureller und strukturverändernder Internationalisierungsalternativen, wie sie in den ersten sechs Kapiteln im Vordergrund stand.

Obwohl einige theoretische Arbeiten zur Beschreibung und Erklärung von Internationalisierungsprozessen existieren, ist dieses Wissen bislang kaum für Führungskonzeptionen der Internationalisierung genutzt worden. Es war daher das Anliegen des einleitenden Abschnittes dieses Kapitels, die verschiedenen theoretischen Strömungen der Prozessforschung des Internationalen Managements vorzustellen, sie in die allgemeine sozialwissenschaftliche Prozessforschung einzuordnen und ihre Unterschiede zu einer strukturbetonenden Forschung aufzudecken. Die alternativen Ansätze der internationalen Prozessforschung führen zu der plausiblen Einsicht, dass Wissenschaftler offensichtlich **unterschiedliche Prozessphänomene** beobachtet haben, deren Führung nicht „über einen Kamm geschoren" werden kann. Nach gegenwärtigem Erkenntnisstand ist von mindestens drei unterscheidbaren **„Archetypen"** von Internationalisierungsprozessen auszugehen: internationale Evolution, internationale Episoden und internationale Epochen. Diese drei Arten von Internationalisierungsprozessen wurden mit Hilfe eines Bezugsrahmens charakterisiert. Dabei wurde zwischen **Kernprozessen, Prozessumfeldern und Prozessinhalten** differenziert.

Die in der Forschung zum Internationalen Management am häufigsten untersuchte Form der internationalen Unternehmungsentwicklung ist jene, die Internationalisierung als Folge einer **Vielzahl inkrementaler Einzelschritte** interpretiert und von einer **kontinuierlichen Internationalisierung** ausgeht. Die Annahme des Inkrementalismus sträubt sich in den Ursprungskonzeptionen von Johanson/Vahlne gegen eine bewusste, eine strategische Führung. Die Auffassung Johanson/Vahlnes ist zunächst einmal verständlich, wenn man ausschließlich von einer direkten Führung der Einzelaktivitäten ausgeht. Es lässt sich aber nachweisen, dass eine indirekte Führung der inkrementalen Internationalisierungsaktivitäten möglich ist. Dies erfordert die Übernahme und Modifizierung der Denkfigur der **geplanten Evolution**, die ihre theoretische Fruchtbarkeit in der Managementforschung bereits bewiesen hat. Führungsimpulse vermittelt die **konzeptionelle Gesamtsicht**, die in Abhängigkeit von der Art dreier unterschiedlicher Klassen von „inkrementalen" Aktivitäten neben den indirekten auch eine direkte Einflussnahme auf diese Aktivitäten erlaubt.

Der direkte Einfluss der konzeptionellen Gesamtsicht wird besonders bei **Internationalisierungsepisoden** deutlich. Internationalisierungsepisoden zollen jenen Vertretern des Internationalen Managements Referenz, welche die internationale Entwicklung von Unternehmungen an **sprunghaften** Veränderungsprozessen der Internationalität festmachen, wie sie beispielsweise für Akquisitionen, Gründungen von Tochtergesellschaften oder Reorganisationen der internationalen Logistikströme und Fertigungsstrukturen typisch sind. Solche Prozesse des **internationalen „Gestaltwandels"** sind für die beteiligten Unternehmungen häufig neuartig, beinhalten komplexe und schwierige Entscheidungsprozesse und verlangen umfangreiche Veränderungen der bestehenden Organisation. Aufgrund ihrer Außergewöhnlichkeit haben Episoden einen starken Einfluss auf die weitere Entwicklung der Unternehmung und ihres Umfeldes. Entsprechend sorgfältig sind der Verlauf solcher Episoden zu planen und die daraus resultierenden Entscheidungen umzusetzen. Der Prozessverlauf von Episoden kann unterschiedlich gestaltet und damit dessen **Effizienz** auf unterschiedliche Art und Weise beeinflusst werden. Auch hier eignet sich der zu Beginn dieses Kapitels entwickelte Bezugsrahmen, die gestaltbaren Prozessparameter einer **Internationalisierungsepisode** in ihren Wechselwirkungen mit Episodenumfeld und Episodeninhalt aufzuzeigen. Anhand von internationalen Akquisitionen wurden die Möglichkeiten eines Prozessmanagements von Episoden exemplarisch illustriert.

Kann man inkrementale und episodenhafte Internationalisierung noch vergleichsweise häufig empirisch beobachten, so ist das Phänomen der **Internationalisierungsepochen** seltener. Dies entspringt häufig **nachträglichen Interpretationen** von Entwicklungen, die den Eindruck einer langfristigen, systematischen Internationalisierung vermitteln (vgl. Eckert/Mayrhofer 2005). Die Reihenfolge und geographische Verteilung von Eintritten in Ländermärkte oder die Reihenfolge und Auswahl von Akquisitionen geben den Anschein einer bewusst gestalteten **zeitlichen Ordnung**. Unsere Überlegungen zum internationalen **Epochenmanagement** fußen auf diesen Beobachtungen und entwickeln ein Instrumentarium zur strategischen Führung solcher Internationalisierungsepochen. Wir konnten dabei wieder an dem systematisierenden Bezugsrahmen der Prozessmechanik und dem Modell der geplanten Evolution anknüpfen, die freilich für Internationalisierungsepochen eine andere inhaltliche Auffüllung verlangen als für die Führung von Internationalisierungsepisoden oder das Management der inkrementalen Internationalisierungsaktivitäten.

Führung von Prozessen beinhaltet nicht nur die Entwicklung und Auswahl von Prozessinhalten, die Konstruktion optimaler Prozessverläufe und die Koordination von Teilprozessen untereinander sowie mit Prozessen in ihrem Umfeld, sondern auch die **Kontrolle**, ob der tatsächliche mit dem intendierten Prozessverlauf übereinstimmt und die gewünschten Ergebnisse zeigt. In jedem Abschnitt wurden daher beispielhaft **„Managementtools"** vorgestellt, die den Prozesscharakteristika der „Drei E's" entsprechend die Beobachtung des Verlaufes von inkrementaler Internationalisierung, von Internationalisierungsepisoden und -epochen ermöglichen. Freilich ist man hier häufig – wenn auch keineswegs ausschließlich – auf komparativ-statische Beobachtungen angewiesen, die Zustände zu unterschiedlichen Zeitpunkten untereinander und gegebenenfalls mit Soll-Vorgaben vergleichen. Dies ist auch nicht verwunderlich. Zustandsbeschreibungen, wie beispielsweise die Messung der Internationalität mittels des Transnationality Indexes, sind **Momentaufnahmen eines Prozesses** in Form von Strukturbeschreibungen und machen den janusköpfigen Charakter von Prozess und Struktur im Internationalen Management deutlich.

Wie das Seitenverhältnis der ersten sechs zum letzten Kapitel deutlich macht, sind die Aussagensysteme des Internationalen Managements primär mit der Beschreibung von **strukturellen Aspekten** befasst. Dies spiegelt sich in der Literatur, in den Curricula und in den Forschungsprogrammen zum Internationalen Management wider. Ob dies die Vorteilhaftigkeit unterschiedlicher Organisationsstrukturen, die alternativen Ausgestaltungsmöglichkeiten von Unternehmungskulturen oder das Alternativenspektrum von Internationalisierungsstrategien betrifft – häufig konzentriert sich der Managementaspekt auf die **Wahl zwischen den dargestellten Alternativen.** Es ist unser Anliegen, in diesem Lehrbuch nicht nur die zur Wahl stehenden Alternativen zu beschreiben, ihre Vor- und Nachteile aufzulisten und die Bedingungen anzugeben, unter denen die einzelnen Varianten Erfolg erwarten lassen. Vielmehr möchten wir auch Ansatzpunkte aufzeigen, wie der **Übergang** von einem Zustand der Internationalität in einen anderen, gewünschten Zustand gestaltet werden kann und wie diese Veränderungsprozesse geführt werden können.

Wir sind freilich weit davon entfernt – um die eingangs gewählte Metapher des Schachspiels zu beenden – Bibliotheken mit erfolgreichen Eröffnungszügen und Schlussspielen vorweisen zu können, obwohl die unendlich vielen Kombinationsmöglichkeiten der in den ersten Kapiteln aufgezeigten Alternativen dafür sprächen, nach solchen typischen, erfolgsträchtigen Kombinationen und strategischen Zügen zu suchen. Wir verfügen – wie auch der Umfang dieses Lehrbuches zeigt – bereits über recht gute, theoretisch abgesicherte Beschreibungen der Funktionalität einzelner Schachfiguren. Die exakte Beschreibung und Erklärung des Spielverlaufes selbst steht hingegen (noch) aus.

Was wäre allerdings für den hypothetischen Fall der Entdeckung effizienter Muster der Internationalisierungsdynamik gewonnen? Nach den Erkenntnissen der Theorien der oligopolistischen Reaktion ist oftmals mit Imitation unter Wettbewerbern zu rechnen. Würden alle Wettbewerber das so generierte Wissen richtig anwenden, so würde sich ihre relative Position zueinander wiederum nicht ändern. Man würde „nur" auf höherem Niveau Internationalisierungsschach spielen. Die Gestaltung des Spielverlaufs, d.h. die konkrete Umsetzung der dargebotenen Anregungen, ist ohnehin Aufgabe des Managements internationaler Unternehmungen. Es könnte dabei durchaus sein, dass die rechtzeitige Auseinandersetzung mit den Inhalten dieses Lehrbuchs zu einem „first-mover-advantage" führt.

Fragen zur Selbstkontrolle

Fragen zu Abschnitt 1

1. Ordnen Sie Ihnen bekannte Ansätze der Organisationstheorie nach dem zugrunde liegenden Organisationsbegriff und Zeitbezug.

2. Nennen Sie Beispiele für den Einfluss unterschiedlicher Theorien der Unternehmung auf das Internationale Management.

3. Welche vier Typen von Prozesstheorien werden von Van de Ven/Poole unterschieden?

4. Welche Theorie(n) der internationalen Unternehmung kann/können mit Lebenszyklustheorien in Verbindung gebracht werden?

5. Wie versuchen dialektische Prozesstheorien organisationalen Wandel zu begründen? Auf welche Art des organisatorischen Wandels beziehen sich derartige Ansätze?

6. Sie haben in diesem Kapitel einen Bezugsrahmen zum Prozessmanagement, die sogenannte Prozessmechanik, kennen gelernt. Versuchen Sie, die Elemente dieses Denkmodells und ihre Beziehungen untereinander zu skizzieren.

7. Welche Zusammenhänge sehen Sie zwischen der Struktur eines Prozesses und seiner Dauer?

8. Kernprozesse können synchron oder asynchron mit ihrem Umfeld ablaufen. Nennen Sie Beispiele für Situationen, in denen die jeweiligen Alternativen vorteilhaft scheinen.

9. Was ist unter einer Prozesslogik zu verstehen?

10. Welche Arten von Netzwerken können im Rahmen eines Prozessmanagements unterschieden werden?

11. Erläutern Sie, was unter der Oberflächen- bzw. Tiefenstruktur einer Unternehmung zu verstehen ist.

12. Welche Zusammenhänge bestehen zwischen den inhaltlichen Handlungsalternativen des Prozessmanagements, der Prozessebene und -reichweite sowie der Intensität des organisationalen Wandels?

13. Welche Intensitätsdifferenzierungen lassen sich in Bezug auf die Anschlussfähigkeit von Oberflächen- und Tiefenstrukturen unterscheiden?

14. Worin unterscheiden sich die internationale Evolution, internationale Episoden und internationale Epochen? Versuchen Sie, die Ihnen bekannten Unterscheidungsmerkmale in einer Übersicht zusammenzutragen.

Fragen zu Abschnitt 2

15. Begründen Sie, inwieweit sich die internationale Evolution einer direkten, zentralen Führung entzieht.

16. Welche Ursachen internationaler Evolution lassen sich identifizieren?

17. Erläutern Sie das Modell der geplanten Evolution von Kirsch. Welche Rolle spielt hierbei eine konzeptionelle Gesamtsicht?

18. Welchen Veränderungsprozessen kann im Rahmen der Führung internationaler Evolution Richtung verliehen werden?

19. Inwiefern ist die Einordnung von Reorganisationsprozessen in die vorgestellte Prozesstrilogie (Evolution, Episoden, Epochen) nicht immer eindeutig?

20. Welchem Zweck dient – im Rahmen der Führung evolutionärer Prozesse – die Einrichtung von Internationalisierungsarenen?

21. Inwieweit scheint es sinnvoll, davon auszugehen, dass die konzeptionelle Gesamtsicht selbst einer Evolution unterliegt bzw. unterliegen sollte?

22. Nennen Sie Gründe, weswegen Instrumente zur Überwachung internationaler Evolution stets unternehmungsindividuell zu gestalten sind.

23. Welche Aussagen lassen sich auf Basis einer Gegenüberstellung der operativen und strategischen Effizienz von Tochtergesellschaften treffen?

Fragen zu Abschnitt 3

24. Was versteht man unter einer Unternehmungskonfiguration?

25. Wieso sollte man realistischerweise davon ausgehen, dass sogenannte „quantum changes" nicht die einzige Spielart organisationalen Wandels darstellen?

26. Wie würden Sie Problemdefinitionen internationaler Episoden generell charakterisieren?

27. Inwiefern hängen Inhalt bzw. Problemstellung einer Episode und die Möglichkeiten ihrer Führung zusammen?

28. Versuchen Sie, einen (ideal-)typischen Phasenverlauf von Fusionsepisoden zu beschreiben. Sie können zur Beantwortung der Frage auch eine graphische Darstellungsweise wählen.

29. Was versteht man unter einem sozio-ökonomischen Feld?

30. Erläutern Sie den zirkulären Zusammenhang zwischen Internationalisierungspotentialen und -episoden.

31. Was ist mit dem Potential-Episoden-Feld-Konzept gemeint?

32. Inwiefern ist der Integrationsphase bei Akquisitionen besondere Beachtung zu schenken?

33. Skizzieren Sie die Ihnen bekannten Integrationsalternativen für Akquisitionen.

34. Wie lässt sich erklären, dass die in der Literatur vorgeschlagenen Phasenschemata für Episoden unternehmungsindividuell anzupassen sind?

35. Welche Faktoren hat ein Prozessmanagement von Akquisitionen hinsichtlich der Stellgrößen Dauer und Allokation von Zeit zu berücksichtigen?

Fragen zu Abschnitt 4

36. Welche Ursachen von Internationalisierungsepochen lassen sich differenzieren?

37. Versuchen Sie, die Zusammenhänge zwischen internationaler Evolution, Episoden, Epochen und der konzeptionellen Gesamtsicht graphisch darzustellen und kurz zu erläutern.

38. Inwiefern lässt sich zur Charakterisierung eines Epochenmanagements die Metapher des „Überfliegers" heranziehen?

39. Erläutern Sie, was man unter einem strategischen Programm versteht.

40. Worin besteht die normative Komponente eines Epochenmanagements?

41. Erklären Sie, was ein Leitmotiv ist und versuchen Sie, ausgehend von den drei Ihnen bekannten Dimensionen des Internationalisierungsgebirges (➜ Abschnitt 4 in Kapitel 2), entsprechende Beispiele zu entwickeln.

42. Inwiefern lässt sich die sogenannte Wasserfall- bzw. Sprinklerstrategie aus einer Perspektive des Epochenmanagements betrachten?

43. Auf welche Probleme stößt eine Bewertung strategischer Zugfolgen?

44. Stellen Sie den Transnationality-Index als Heuristik zur Bestimmung des relativen Internationalisierungsgrades vor. Welche Aspekte der Internationalität werden durch dieses Instrument abgedeckt?

45. In Abhängigkeit der Dimensionen „relativer Internationalisierungsgrad" und „Internationalisierungspotential" haben wir die sogenannte „Internationalisierungsmatrix" aufgestellt. Skizzieren Sie dieses Instrument und erläutern Sie, welchem Zweck es dienen soll.

46. Die erweiterte Internationalisierungsmatrix setzt die unterschiedlichen Markteintrittsstrategien in eine instrumentelle Beziehung zur Matrix-Position der Unternehmung (oder Unternehmungseinheit). Wie lassen sich die Strategien im Einzelnen zuordnen?

Fragen und Aufgaben zur Vertiefung

Fragen zur Vertiefung

1. „Ein Prozessmanagement, das sich ausschließlich auf die Gestaltung des Kernprozesses bezieht, wird in der Regel zu sub-optimalen Ergebnissen führen." Nehmen Sie zu dieser These Stellung.

2. Versuchen Sie zu begründen, warum bei der Führung von Internationalisierungsprozessen ein Rückgriff auf eine Vielfalt an Methoden zu fordern ist.

3. Wir haben darauf hingewiesen, dass ein Zusammenhang zwischen der Kontinuität in den Führungsetagen und der Möglichkeit einer Führung von Internationalisierungsepochen anzunehmen ist. Überlegen Sie, worin dieser Zusammenhang begründet liegt und ob sich Ihre Argumentation auch auf evolutorische und episodenhafte Prozesse übertragen ließe.

4. Inwieweit kann das Phänomen der Globalisierung (→ Abschnitt 5 in Kapitel 1) als Ausdruck einer Veränderung des sozio-ökonomischen Feldes Eingang in Fragen des Prozessmanagements internationaler Unternehmungen finden?

5. In Kapitel 2 dieses Buches haben Sie verschiedene Archetypen internationaler Unternehmungen kennen gelernt (→ Abschnitt 3 in Kapitel 2). Inwiefern könnten diese Unternehmungstypen in eine konzeptionelle Gesamtsicht der internationalen Unternehmungsentwicklung eingebettet werden?

6. Vergegenwärtigen Sie sich noch einmal die Theorien der internationalen Unternehmung (→ Kapitel 3). Welche dieser Ansätze berücksichtigen explizit Aspekte der Dynamik und worin besteht ihr jeweiliger Erklärungsbeitrag zur Entwicklung internationaler Unternehmungen?

7. Der Aspekt der sozialen Zeit spielt für das Prozessmanagement gerade im internationalen Kontext eine wichtige Rolle. Versuchen Sie, diese Aussage mit Hilfe der Erkenntnisse der in Kapitel 5 vorgestellten Kulturstudien zu beleuchten.

Aufgaben zur Vertiefung

1. Wenn Sie eine der gängigen Wirtschaftszeitungen bzw. -zeitschriften (z.B. Handels-
    blatt, Wall Street Journal, Financial Times, Wirtschaftswoche, Manager Magazin) zur
    Hand nehmen, werden Sie in kurzer Zeit auf Berichte zu Internationalisierungs-
    episoden stoßen. Versuchen Sie, Informationen zur Episodenführung zu finden und
    herauszuarbeiten, welche Aspekte der Prozessführung in der Berichterstattung je-
    weils im Vordergrund stehen.

2. In Zeitungsberichten, Geschäftsberichten und auf den Homepages der meisten
    großen Unternehmungen finden Sie Informationen zur bisherigen Unternehmungs-
    entwicklung bzw. Unternehmungsgeschichte sowie zu Visionen, Missionen oder
    Leitbildern für die zukünftige Entwicklung. Wählen Sie drei Unternehmungen aus
    und versuchen Sie, aus der Gesamtheit der Ihnen vorliegenden Materialien Hin-
    weise auf ein internationales Epochenmanagement herauszukristallisieren. Wie
    unterscheiden sich die drei von Ihnen analysierten Unternehmungen im Hinblick auf
    vergangene und zukünftige Internationalisierungsepochen?

3. In diesem Kapitel wurde die Internationalisierungsmatrix mit den Dimensionen Inter-
    nationalisierungsgrad und Internationalisierungspotential für die Lampenbranche
    vorgestellt. Versuchen Sie, die Internationalisierungsmatrix auf eine von Ihnen selbst
    gewählte Branche und deren Wettbewerber für einen bestimmten Zeitraum zu über-
    tragen. Als Inspiration und Hilfestellung kann Ihnen auch das bei Bäurle (1996),
    S. 203-332, geschilderte Fallbeispiel der Hausgerätebranche dienen.

Literaturverzeichnis

Das nachfolgende Literaturverzeichnis enthält alle im Text zitierten Werke. Da es sich beim vorliegenden Werk primär um ein Lehrbuch handelt, sollen einige Hinweise gegeben werden, die für den studentischen Leser hilfreich sein können:

- Im Literaturverzeichnis werden nicht nur die Nachnamen, sondern auch die **Vornamen der Autoren** und der Herausgeber von Sammelbänden vollständig angegeben. Der Verweis auf die ausgeschriebenen Vornamen kann Ihnen die Recherche erleichtern. Fehlen die Angaben über den Vornamen, so waren diese weder im Original vorhanden noch konnten sie durch weitere Recherchen eindeutig identifiziert werden.

- Wir haben uns entschieden, bei Büchern und Sammelbänden sowohl die **Verlagsnamen** als auch die **Verlagsorte** anzugeben. Auch dies kann bei Ihrer Literaturrecherche von Nutzen sein. Wir folgen mit unserer Praxis darüber hinaus den internationalen Gepflogenheiten. Während in Deutschland meist nur die Verlagsorte aufgenommen werden, hat es sich international eingebürgert, zusätzlich die Verlagsnamen zu erwähnen.

- Bei Monographien erfolgen weitere Angaben, um den **Charakter der Schrift** näher zu bezeichnen. Der Hinweis „Diss." bedeutet, dass es sich beim vorliegenden Werk um eine (in manchen Fällen überarbeitete) Dissertation, der Hinweis „Habil." um eine (in manchen Fällen überarbeitete) Habilitationsschrift handelt. Bei einigen Werken finden Sie zudem Hinweise auf die **Zugehörigkeit zu einer bestimmten Schriftenreihe**.

- Bei Werken, die man als „Klassiker" bezeichnen kann, haben wir sowohl das **Jahr** angegeben, in welchem das **Werk zum ersten Mal erschien**, als auch das **Jahr**, in welchem **die von uns verwendete Auflage** auf den Markt kam. Ein Beispiel kann dies verdeutlichen. Ist im Text bzw. im Literaturverzeichnis von Smith (1775/1976) die Rede, so bedeutet dies folgendes: Das Werk von Smith wurde 1775 erstmals verlegt; die Ausgabe, auf die sich unsere Ausführungen beziehen, ist die Ausgabe aus dem Jahr 1976.

A

Aaby, Nils-Erik/Slater, Stanley F. (1989): Management Influences on Export Performance: A Review of the Empirical Literature 1978-1988. In: International Marketing Review, 6. Jg., Nr. 4, 1989, S. 7-26.

Aaker, David A. (1989): Strategisches Markt-Management. Wettbewerbsvorteile erkennen, Märkte erschließen, Strategien entwickeln. Gabler, Wiesbaden, 1989.

Abbas, Ali (1988): A Cross-National Perspective of Managerial Work Value Systems. In: Farmer, Richard N./McGoun, Elton (1988, Hrsg.): Advances in International Comparative Management, Bd. 3, JAI Press, Greenwich, London, 1988, S. 151-169.

Abramson, Neil R./Keating, Robert J./Lane, Henry W. (1996): Cross-National Cognitive Process Differences: A Comparison of Canadian, American and Japanese Managers. In: Management International Review, 36. Jg., Nr. 2, 1996, S. 123-147.

Acedo, Francisco José/Barroso, Carmen/Galan, José Luis (2006): The Resource-Based Theory: Dissemination and Main Trends. In: Strategic Management Journal, 27. Jg., Nr. 7, 2006, S. 621-636.

Acedo, Francisco José/Casillas, José Carlos (2005): Current Paradigms in the International Management Field: An Author Co-citation Analysis. In: International Business Review, 14. Jg., Nr. 5, 2005, S. 619-639.

Achleitner, Ann-Kristin/Behr, Giorgio (2003): International Accounting Standards. Ein Lehrbuch zur internationalen Rechnungslegung. 3. Aufl., Beck, München, 2003.

Achleitner, Paul M. (1985): Sozio-politische Strategien multinationaler Unternehmen. Ein Ansatz gezielten Umweltmanagements. Verlag Paul Haupt, Bern, Stuttgart, 1985, zugl. Diss. St. Gallen.

Ackermann, Karl-Friedrich (1990): Wie effizient ist Personalmanagement in Entwicklungsländern? – Vergleichsuntersuchungen in Unternehmen unter einheimischer und ausländischer Leitung. In: Welge, Martin K. (1990, Hrsg.): Globales Management. Erfolgreiche Strategien für den Weltmarkt. Poeschel, Stuttgart, 1990, S. 159-184.

Adami, Norbert R./Kolatek, Claudia (1994): Bibliographische Einführung in die Wirtschaft Japans und Koreas. Eine Schrifttumsübersicht für Wissenschaftler und Praktiker. Iudicium Verlag, München, 1994.

Adigun, Isaac O. (2000): Cross National Differences in Work Motivation: A Four-Nation Comparison. In: International Journal of Management, 17. Jg., Nr. 3, 2000, S. 372-378.

Adler, Nancy J./Gundersen, Allison (2007): International Dimensions of Organizational Behavior. 5. Aufl., Thomson South-Western, Mason, 2007.

Adler, Nancy J./Jelinek, Mariann (1986): Is "Organization Culture" Culture Bound? In: Human Resource Management, 25. Jg., Nr. 1, Frühjahr 1986, S. 73-90.

Agarwal, Jamuna Prasad (1997): Effect of Foreign Direct Investment on Employment in Home Countries. In: Transnational Corporations, 6. Jg., Nr. 2, 1997, S. 1-28.

Agarwal, Sanjeev/Ramaswami, Sridhar (1992): Choice of Foreign Market Entry Mode: Impact of Ownership, Location and Internalization Factors. In: Journal of International Business Studies, 23. Jg., Nr. 1, 1992, S. 1-27.

Agle, Bradley R./Caldwell, Craig B. (1999): Understanding Research on Values in Business. In: Business & Society, 38. Jg., Nr. 3, 1999, S. 326-387.

Agrawal, Deepak/Lal, Rajiv (1995): Contractual Arrangements in Franchising: An Empirical Investigation. In: Journal of Marketing Research, 32. Jg., Nr. 2, 1995, S. 213-221.

Agthe, Klaus (1979): Aktuelle Probleme der Führungsorganisation internationaler Unternehmungen. In: Zeitschrift für Organisation, 45. Jg., Nr. 6, 1979, S. 434-442.

Aharoni, Yair (1966): The Foreign Investment Decisions Process. Harvard University, Boston, 1966.

Aharoni, Yair (1971): On the Definition of a Multinational Corporation. In: Quarterly Review of Economics and Business, 11. Jg., Nr. 3, 1971, S. 27-37.

Aharoni, Yair (1993): In Search for the Unique: Can Firm-specific Advantages be Evaluated? In: Journal of Management Studies, 30. Jg., Nr. 1, 1993, S. 31-49.

Ahlert, Dieter/Evanschitzky, Heiner/Woisetschläger, David (2004): Internationalisierung von Franchisesystemen. In: Ahlert, Dieter/Olbrich, Rainer/Schröder, Hendrik (2004, Hrsg.): Internationalisierung von Vertrieb und Handel. Jahrbuch Vertriebs- und Handelsmanagement 2004. Deutscher Fachverlag, Frankfurt/Main, 2004, S. 303-321 (Reihe Edition LebensmittelZeitung).

Ahrens, Klaus/Pittner, Hanno (2000): Seitensprünge. Interview mit Hans Graf von der Goltz. In: Manager Magazin, September 2000, S. 271-279.

Aichele, Christian (1997): Kennzahlenbasierte Geschäftsprozessanalyse. Gabler, Wiesbaden, 1997, zugl. Diss. Saarbrücken.

Ajiferuke, Musbau/Boddewyn, Jean J. (1970): "Culture" and other Explanatory Variables in Comparative Management Studies. In: Academy of Management Journal, 13. Jg., Nr. 2, 1970, S. 153-163.

Alahuhta, Matti (1990): Global Growth Strategies for High Technology Challengers. Thesis for the Degree of Doctor of Technology, Helsinki University of Technology. Acta Polytechnica Scandinavica, Helsinki, 1990 (Electrical Engineering Series, Bd. 66).

Albach, Horst (1981): Die internationale Unternehmung als Gegenstand betriebswirtschaftlicher Forschung. In: Zeitschrift für Betriebswirtschaft, 51. Jg., Ergänzungsheft Nr. 1, 1981, S. 13-24.

Albach, Horst (1992): Globalisierung als Standortarbitrage – Zur Standortqualität von Industrieländern. In: Zeitschrift für Betriebswirtschaft, 62. Jg., Ergänzungsheft Nr. 2, 1992, S. 1-26.

Albach, Horst (1996, Hrsg.): Governance Structures. Umbruch in der Führung von Großunternehmen. Zeitschrift für Betriebswirtschaft, 66. Jg., Ergänzungsheft Nr. 3, 1996.

Albers, Sönke/Clement, Michel/Peters, Kay/Skiera, Bernd (2000, Hrsg.): eCommerce. Einstieg, Strategie und Umsetzung im Unternehmen. 2., überarb. und erw. Aufl., FAZ Institut, Frankfurt/Main, 2000.

Albers, Sönke/Hildebrandt, Lutz (2006): Methodische Probleme bei der Erfolgsfaktorenforschung – Messfehler, formative versus reflektive Indikatoren und die Wahl des Strukturgleichungs-Modells. In: Zeitschrift für betriebswirtschaftliche Forschung, 58. Jg., Nr. 2, 2006, S. 2-33.

Albert, Michel (1992): Kapitalismus contra Kapitalismus. Campus, Frankfurt/Main, New York, 1992.

Albrecht, Hellmut K. (1970): Die Organisationsstruktur multinationaler Unternehmungen. In: Der Betrieb, 23. Jg., Nr. 45, 1970, S. 2085-2089.

Alchian, Armen Albert/Demsetz, Howard (1973): The Property Rights Paradigm. In: Journal of Economic History, 33. Jg., Nr. 1, 1973, S. 16-27.

Alexandrides, Costas G./Bowers, Barbara L. (1987): Countertrade. Practices, Strategies, and Tactics. John Wiley & Sons, New York et al., 1987.

Aliber, Robert Z. (1970): A Theory of Direct Foreign Investment. In: Kindleberger, Charles (1970, Hrsg.): The International Corporation. The M.I.T. Press, Cambridge, London, 1970, S. 17-34.

Aliber, Robert Z. (1971): The Multinational Enterprise in a Multiple Currency World. In: Dunning, John H. (1971, Hrsg.): The Multinational Enterprise. George Allen & Unwin, London, 1971, S. 49-56.

Allaire, Yvan/Firsirotu, Mihaela E. (1984): Theories of Organizational Culture. In: Organization Studies, 5. Jg., Nr. 3, 1984, S. 193-226.

Allen, Robert F. (1985): Four Phases for Bringing About Cultural Change. In: Kilmann, Ralph H./Saxton, Mary J./Serpa, Roy & Associates (1985, Hrsg.): Gaining Control of the Corporate Culture. Jossey-Bass, San Francisco, London, 1985, S. 332-350.

Allgemeine Kredit (2004): The Handbook of Country Risk 2004. A Guide to International Business and Trade. Kogan Page, London, Sterling, 2004.

Allport, Gordon/Vernon, Philip R./Lindzey, Gardner (1970): Manual – Study of Values. A Scale for Measuring the Dominant Interests in Personality. 3. Aufl., Houghton Mifflin Company, Boston et al., 1970.

Almeida, Paul/Grant, Robert M. (1998): International Corporations and Cross-Border Knowledge Transfer in the Semiconductor Industry. Working Paper No. 98-13, Carnegie Bosch Institute, Pittsburgh (URL: http://cbi.gsia.cmu.edu/newweb/1998WorkingPapers/grant/Almeida.html (25. November 2002).

Alon, Ilan (1999): The Internationalization of U.S. Franchising Systems. Garland Publishing, New York, London, 1999 (Series Transnational Business and Corporate Culture – Problems and Opportunities).

Alpander, Guvenc G. (1978): Multinational Corporations. Homebase-Affiliate Relations. In: California Management Review, 20. Jg., Nr. 3, 1978, S. 47-56.

Alpander, Guvenc G./Carter, K.D. (1991): Strategic Multinational Intra-Company Differences in Employee Motivation. In: Journal of Managerial Psychology, 6. Jg., Nr. 2, 1991, S. 25-32.

Alston, Jon P. (1989): Wa, Guanxi, and Inhwa: Managerial Principles in Japan, China, and Korea. In: Business Horizons, 32. Jg., März-April 1989, S. 26-31.

Althans, Jürgen (1980): Standardisierung von Marketingkonzeptionen in internationalen Unternehmen aus der Sicht von Tochtergesellschaften – Eine explorative Studie auf einem überseeischen Markt. Arbeitspapier Nr. 20 des Instituts für Marketing, Universität Münster, 1980.

Althans, Jürgen (1989): Marktsegmentierung, internationale. In: Macharzina, Klaus/Welge, Martin K. (1989, Hrsg.): Handwörterbuch Export und Internationale Unternehmung. Schäffer-Poeschel, Stuttgart, 1989, Sp. 1469-1477.

Altmann, Jörn (1992): Süd-Süd-Kooperation – eine (neue) Chance für LLDCs? In: Khan, Khusi M. (1992, Hrsg.): Die ärmsten Länder in der Weltwirtschaft. Entwicklungsengpässe und -perspektiven der LLDCs. Schriften des Deutschen Übersee-Instituts, Hamburg, Nr. 15, 1992, S. 205-262.

Altmann, Jörn (1993): Außenwirtschaft für Unternehmen. UTB (Gustav Fischer), Stuttgart, Jena, 1993.

Altmann, Jörn (2001): Außenwirtschaft für Unternehmen. UTB (Gustav Fischer), 2., völlig überarb. und erw. Aufl., Stuttgart, Jena, 2001.

Altmann, Jörn (2002): Lieferungs- und Zahlungsbedingungen im internationalen Handel. In: Macharzina, Klaus/Oesterle, Michael-Jörg (2002, Hrsg.): Handbuch Internationales Management. 2. Aufl., Gabler, Wiesbaden, 2002, S. 469-492.

Altmann, Jörn/Kulessa, Margareta (1998, Hrsg.): Internationale Wirtschaftsorganisationen. UTB, Lucius & Lucius, Stuttgart, 1998.

Altvater, Elmar/Mahnkopf, Birgit (2007): Grenzen der Globalisierung. Ökonomie, Ökologie und Politik in der Weltgesellschaft. 7. Aufl., Verlag Westfälisches Dampfboot, Münster, 2007.

Alvesson, Mats (1993): Cultural Perspectives on Organizations. Cambridge University Press, Cambridge, 1993.

Ambler, Tim/Witzel, Morgen (2004): Doing Business in China. 2. Aufl., Routledge/Curzon, London, New York, 2004.

Amonn, Günther (1996): Der französische Wirtschaftsstil. Eine Bestandsaufnahme nach 12 Jahren Liberalisierung. In: Klump, Rainer (1996, Hrsg.): Wirtschaftskultur, Wirtschaftsstil und Wirtschaftsordnung. Methoden und Ergebnisse der Wirtschaftskulturforschung. Metropolis, Marburg, 1996, S. 125-139.

Amponsem, Heidi/Bauer, Stephan/Gerpott, Torsten J./Mattern, Klaus (1996): Konzernorganisation nach Kernkompetenzen. In: Zeitschrift Führung und Organisation, 65. Jg., Nr. 4, 1996, S. 219-225.

Anastassopoulos, Jean-Pierre/Blanc, Georges/Dussauge, Pierre (1986): Staatliche Multinationale Unternehmen. Campus, Frankfurt/Main, New York, 1986.

Andersen, Otto (1993): On the Internationalization Process of Firms: A Critical Analysis. In: Journal of International Business Studies, 24. Jg., Nr. 2, 1993, S. 209-231.

Andersen, Otto (1997): Internationalization and Market Entry Mode: A Review of Theories and Conceptual Frameworks. In: Management International Review, 37. Jg., Special Issue Nr. 2, 1997, S. 27-42.

Andersen, Otto/Buvik, Arnt (2002): Firms' Internationalization and Alternative Approaches to the International Customer/Market Selection. In: International Business Review, 11. Jg., Nr. 3, 2002, S. 347-363.

Andersen, Uwe (1996): Gruppierung von Entwicklungsländern. In: Informationen zur politischen Bildung, o. Jg., Nr. 252, 3. Quartal 1996, S. 18-21.

Anderson, Erin/Gatignon, Hubert (1986): Modes of Entry: A Transaction Cost Analysis and Propositions. In: Journal of International Business Studies, 17. Jg., Nr. 3, 1986, S. 1-26.

Anderson, Kay/Domosh, Mona/Pile, Steve/Thrift, Nigel (2003, Hrsg.): The Handbook of Cultural Geography. Sage, London, Thousand Oaks, New Delhi, 2003.

Anderson, Kym/Blackhurst, Richard (1993, Hrsg.): Regional Integration and the Global Trading System. Harvester Wheatsheaf, New York et al., 1993.

Andrews, Kenneth R. (1971): The Concept of Corporate Strategy. Dow Jones-Irwin, Homewood, 1971.

Angwin, Duncan (2001): Mergers and Acquisitions Across European Borders: National Perspectives on Pre-acquisition Due Diligence and the Use of Professional Advisers. In: Journal of World Business, 36. Jg., Nr. 1, 2001, S. 32-57.

Anyane-Ntow, Kwabene (1991): A Comparison of Budgetary Control Systems in American and Japanese Manufacturing Firms. In: Asia Pacific Journal of Management, 8. Jg., Nr. 2, 1991, S. 201-221.

APEC (Asea Pacific Economic Cooperation) (2007): The APEC Region Trade and Investment 2007. Department of Foreign Affairs and Trade, Australien, o.O., 2007.

Appeatu Holman, Catriona (2001): The Europa Directory of International Organizations 2001. 3. Aufl., Europa Publications, London, New York, 2001.

Appeatu Holman, Catriona/Canton, Helen/Daniel, Lynn (2002, Hrsg.): Regional Surveys of the World: The Far East and Australasia 2003. 34. Aufl., Europa Publications, London, New York, 2002.

Appeatu Holman, Catriona/Canton, Helen/Murison, Katherine (2002, Hrsg.): Regional Surveys of the World: Africa, South of the Sahara. 32. Aufl, Europa Publications, London, New York, 2002.

Appeatu Holman, Catriona/Canton, Helen/West, Jacqueline (2002, Hrsg.): Regional Surveys of the World: South America, Central America and the Caribbean 2002. 11. Aufl., Europa Publications, London, New York, 2002.

Apte, Uday M./Mason, Richard O. (1995): Global Disaggregation of Information-intensive Services. In: Management Science, 41. Jg., Nr. 7, 1995, S. 1250-1262.

Arbeitskreis Professor Dr. Krähe der Schmalenbachgesellschaft (1964): Konzernorganisation. 2., erw. und verb. Aufl., Westdeutscher Verlag, Köln, Opladen, 1964 (zitiert als Arbeitskreis Krähe (1964)).

Arnold, Ulli (1989): Global Sourcing – An Indispensable Element in Worldwide Competition. In: Management International Review, 29. Jg., Nr. 4, 1989, S. 14-28.

Arnold, Ulli (1990): "Global Sourcing" – Ein Konzept zur Neuorientierung des Supply Management von Unternehmungen. In: Welge, Martin K. (1990, Hrsg.): Globales Management. Erfolgreiche Strategien für den Weltmarkt. Poeschel, Stuttgart, 1990, S. 49-71.

Arora, Ashish/Fosfuri, Andrea (2000): Wholly Owned Subsidiary Versus Technology Licensing in the Worldwide Chemical Industry. In: Journal of International Business Studies, 31. Jg., Nr. 4, 2000, S. 555-572.

Arredondo, Patricia (1996): Successful Diversity Management Initiatives. A Blueprint for Planning and Implementation. Sage, Thousand Oaks, London, New Delhi, 1996.

Arrow, Kenneth (1974): The Limits of Organization. The Fels Lectures on Public Policy Analysis. W.W. Norton & Company, New York, London, 1974.

Ashkanasy, Neal/Gupta, Vipin/Mayfield, Melinda S./Trevor-Roberts, Edwin (2004): Future Orientation. In: House, Robert H./Hanges, Paul J./Javidan, Mansour/Dorfman, Peter W./Gupta Vipin (2004, Hrsg.): Culture, Leadership and Organizations. The GLOBE Study of 62 Societies. Sage, Thousand Oaks et al., 2004, S. 282-342.

Asian Development Bank (2002, Hrsg.): Asian Development Outlook 2002. Special Chapter: Preferential Trade Agreements in Asia and the Pacific. Oxford University Press, Oxford, New York, 2002, S. 157-196.

Astley, Graham W./Van de Ven, Andrew H. (1983): Central Perspectives and Debates in Organization Theory. In: Administrative Science Quarterly, 28. Jg., o. Nr., 1983, S. 245-273.

Auer-Rizzi, Werner/Szabo, Erna/Innreiter-Moser, Cäcilia (2002, Hrsg.): Management in einer Welt der Globalisierung und Diversität. Europäische und nordamerikanische Sichtweisen. Festschrift für Gerhard Reber zum 65. Geburtstag. Schäffer-Poeschel, Stuttgart, 2002.

Auf der Heide, Ulrich (1999): Die Organisation für Wirtschaftliche Zusammenarbeit und Entwicklung (OECD). In: WISU – Das Wirtschaftsstudium, 28. Jg., Nr. 8/9, 1999, S. 1078-1081.

Ayal, Igal/Zif, Jehiel (1978): Competitive Market Choice Strategies in Multinational Marketing. In: Columbia Journal of World Business, 13. Jg., Nr. 3, 1978, S. 72-81.

Ayal, Igal/Zif, Jehiel (1979): Market Expansion Strategies in Multinational Marketing. In: Journal of Marketing, 43. Jg., Nr. 2, 1979, S. 84-94.

B

Backhaus, Klaus (1999): Industriegütermarketing. 6., überarb. Aufl., Vahlen, München, 1999.

Backhaus, Klaus/Büschken, Joachim/Voeth, Markus (2003): Internationales Marketing. 5., überarb. Aufl., Schäffer-Poeschel, Stuttgart, 2003.

Backhaus, Klaus/Meyer, Margit (1993): Strategische Allianzen und strategische Netzwerke. In: WiSt – Wirtschaftswissenschaftliches Studium, 22. Jg., Nr. 7, 1993, S. 330-334.

Backhaus, Klaus/Piltz, Klaus (1989): Strategische Allianzen – eine neue Form kooperativen Wettbewerbs? In: Backhaus, Klaus/Piltz, Klaus (1989, Hrsg.): Strategische Allianzen. Sonderheft Nr. 27 der „zfbf". Handelsblatt-Verlagsgruppe, Düsseldorf, Frankfurt/Main, 1989, S. 1-10.

Backhaus, Klaus/Piltz, Klaus (1989, Hrsg.): Strategische Allianzen. Sonderheft Nr. 27 der „zfbf". Handelsblatt-Verlagsgruppe, Düsseldorf, Frankfurt/Main, 1989.

Backhaus, Klaus/Sandrock, Otto/Schill, Jörg/Uekermann, Heinrich (1990, Hrsg.): Projektfinanzierung. Wirtschaftliche und rechtliche Aspekte einer Finanzierungsmethode für Großprojekte. Poeschel, Stuttgart, 1990.

Backhaus, Klaus/Voeth, Markus (2007): Industriegütermarketing. 8., vollst. neu bearb. Aufl., Vahlen, München, 2007.

Baden-Fuller, Charles W.F./Stopford, John M. (1991): Globalization Frustrated: The Case of White Goods. In: Strategic Management Journal, 12. Jg., o. Nr., 1991, S. 493-507.

Bain, Joe S. (1956): Barriers to New Competition. Their Character and Consequences in Manufacturing Industries. Harvard University Press, Cambridge, 1956.

Bain, Joe S. (1959/1968): Industrial Organization. 2. Aufl., John Wiley & Sons, New York, London, Sydney, 1968.

Baker, James C./Hashmi, Anaam (1988): Political Risk Management: Steering Clear of Risky Business. In: Risk Management, 45. Jg., Nr. 10, 1988, S. 40-47.

Baker, Michael J./Becker, Sven H. (1997): Pioneering New Geographical Markets. In: Journal of Marketing Management, 13. Jg., Nr. 1, 1997, S. 89-104.

Bakhtari, Hassan (1995): Cultural Effects on Management Style. A Comparative Study of American and Middle Eastern Management Styles. In: International Studies of Management and Organization, 25. Jg., Nr. 3, 1995, S. 97-118.

Balabanis, George I. (2001): The Relationship between Diversification and Performance in Export Intermediary Firms. In: British Journal of Management, 12. Jg., Nr. 1, 2001, S. 67-84.

Balassa, Bela (1961): The Theory of Economic Integration. George Allen & Unwin, London, 1961.

Balassa, Bela (1963): An Empirical Demonstration of Classical Comparative Cost Theory. In: The Review of Economics and Statistics, 45. Jg., o. Nr., 1963, S. 231-238.

Baldwin, Richard E. (2006): Multilateralising Regionalism: Spaghetti Bowls as Building Blocs on the Path to Global Free Trade. In: The World Economy, 29. Jg., Nr. 11, 2006, S. 1451-1518.

Baldwin, Robert (1971): Determinants of the Commodity Structure of U.S. Trade. In: The American Economic Review, 61. Jg., Nr. 1, 1971, S. 126-146.

Baliga, B.R./Jaeger, Alfred M. (1984): Multinational Corporations: Control Systems and Delegation Issues. In: Journal of International Business Studies, 15. Jg., Nr. 2, 1984, S. 25-41.

Balling, Richard (1997): Kooperation. Strategische Allianzen, Joint-Ventures und andere Organisationsformen zwischenbetrieblicher Zusammenarbeit in Theorie und Praxis. Verlag Peter Lang, Frankfurt/Main et al. (Europäische Hochschulschriften Reihe V, Bd. 2099), 1997.

Bamberger, Ingolf/Evers, Michael (1994): Internationalisierungsverhalten von Klein- und Mittelunternehmen – Empirische Ergebnisse. In: Engelhard, Johann/Rehkugler, Heinz (1994, Hrsg.): Strategien für nationale und internationale Märkte. Konzepte und praktische Gestaltung. Gabler, Wiesbaden, 1994, S. 249-283.

Bamberger, Ingolf/Evers, Michael (1997): Ursachen und Verläufe von Internationalisierungsentscheidungen mittelständischer Unternehmen. In: Macharzina, Klaus/Oesterle, Michael-Jörg (1997, Hrsg.): Handbuch Internationales Management. Gabler, Wiesbaden, 1997, S. 103-137.

Bamberger, Ingolf/Wrona, Thomas (1996): Der Ressourcenansatz und seine Bedeutung für die Strategische Unternehmensführung. In: Zeitschrift für betriebswirtschaftliche Forschung, 48. Jg., Nr. 2, 1996, S. 130-153.

Bamberger, Ingolf/Wrona, Thomas (1997): Globalisierungsbetroffenheit und Anpassungsstrategien von Klein- und Mittelunternehmen – Ergebnisse einer empirischen Untersuchung. In: Zeitschrift für Betriebswirtschaft, 67. Jg., Nr. 7, 1997, S. 713-735.

Bamberger, Ingolf/Wrona, Thomas (1998): Konzeption der strategischen Unternehmensberatung. In: Bamberger, Ingolf (1998, Hrsg.): Strategische Unternehmensberatung. Konzeptionen, Prozesse, Methoden. Gabler, Wiesbaden, 1998, S. 1-34.

Bamberger, Ingolf/Wrona, Thomas (2002): Ursachen und Verläufe von Internationalisierungsentscheidungen mittelständischer Unternehmen. In: Macharzina, Klaus/Oesterle, Michael-Jörg (2002, Hrsg.): Handbuch Internationales Management. 2. Aufl., Gabler, Wiesbaden, 2002, S. 273-313.

Baratta, Mario von (2000, Hrsg.): Der Fischer Weltalmanach 2001. Fischer, Frankfurt/Main, 2000.

Baratta, Mario von (2002, Hrsg.): Der Fischer Weltalmanach 2003. Fischer, Frankfurt/Main, 2002.

Barham, Kevin/Heimer, Claudia (1998): ABB – Der tanzende Riese. Von der Fusion zum erfolgreichen Global Player. Gabler, Wiesbaden, 1998.

Barkema, Harry G./Bell, John H.J./Pennings, Johannes M. (1996): Foreign Entry, Cultural Barriers, and Learning. In: Strategic Management Journal, 17. Jg., Nr. 2, 1996, S. 151-166.

Barkema, Harry G./Vermeulen, Freek (1997): What Differences in the Cultural Backgrounds of Partners are Detrimental for International Joint Ventures? In: Journal of International Business Studies, 28. Jg., Nr. 4, 1997, S. 845-864.

Barkema, Harry G./Vermeulen, Freek (1998): International Expansion through Start-Up or Acquisition: A Learning Perspective. In: Academy of Management Journal, 41. Jg., Nr. 1, 1998, S. 7-26.

Barnard, Chester I. (1938): The Functions of the Executive. Harvard University Press, Cambridge, 1938.

Barnet, Richard J./Müller, Ronald E. (1974): The Power of the Multinational Corporations. Simon and Schuster, New York, 1974.

Barney, Jay B. (1986): Organizational Culture: Can It Be a Source of Sustained Competitive Advantage? In: Academy of Management Review, 11. Jg., Nr. 3, 1986, S. 656-665.

Barney, Jay B. (1991): Firm Resources and Sustained Competitive Advantage. In: Journal of Management, 17. Jg., Nr. 1, 1991, S. 99-120.

Barsoux, Jean-Louis/Lawrence, Peter (1990a): Management in France. Cassell, London, 1990.

Barsoux, Jean-Louis/Lawrence, Peter (1990b): The Challenge of British Management. Macmillan, Houndmills, Basingstoke, London, 1990.

Bartlett, Christopher A. (1979): Multinational Structural Evolution – The Changing Decision Environment in International Divisions. Unveröffentlichte Dissertation, Harvard Business School, Boston, 1979.

Bartlett, Christopher A. (1981): Multinational Structural Change: Evolution Versus Reorganisation. In: Otterbeck, Lars (1981, Hrsg.): The Management of Headquarters-Subsidiary Relationships in Multinational Corporations. Gower, Aldershot, 1981, S. 121-145.

Bartlett, Christopher A. (1982): How Multinational Organizations Evolve. In: The Journal of Business Strategy, 3. Jg., Nr. 1, 1982, S. 20-32.

Bartlett, Christopher A. (1983): MNCs: Get off the Reorganization Merry-Go-Round. In: Harvard Business Review, 61. Jg., März-April 1983, S. 138-146.

Bartlett, Christopher A. (1986): Building and Managing the Transnational: The New Organizational Challenge. In: Porter, Michael E. (1986, Hrsg.): Competition in Global Industries. Harvard Business School Press, Boston, 1986, S. 367-401.

Bartlett, Christopher A./Ghoshal, Sumantra (1986): Tap Your Subsidiaries for Global Reach. In: Harvard Business Review, 64. Jg., November-Dezember 1986, S. 87-94.

Bartlett, Christopher A./Ghoshal, Sumantra (1987a): Managing Across Borders: New Strategic Requirements. In: Sloan Management Review, 28. Jg., Nr. 4, 1987, S. 7-17.

Bartlett, Christopher A./Ghoshal, Sumantra (1987b): Managing Across Borders: New Organizational Responses. In: Sloan Management Review, 29. Jg., Nr. 1, 1987, S. 43-53.

Bartlett, Christopher A./Ghoshal, Sumantra (1988): Organizing for Worldwide Effectiveness: The Transnational Solution. In: California Management Review, 31. Jg., Nr. 1, 1988, S. 54-74.

Bartlett, Christopher A./Ghoshal, Sumantra (1989): Managing Across Borders. The Transnational Solution. Harvard Business School Press, Boston, 1989.

Bartlett, Christopher A./Ghoshal, Sumantra (1990a): Internationale Unternehmensführung. Innovation, globale Effizienz, differenziertes Marketing. Campus, Frankfurt/Main, New York, 1990.

Bartlett, Christopher A./Ghoshal, Sumantra (1990b): Matrix Management: Not a Structure, a Frame of Mind. In: Harvard Business Review, 68. Jg., Juli-August 1990, S. 138-145.

Bartlett, Christopher A./Ghoshal, Sumantra (1992): What is a Global Manager? In: Harvard Business Review, 70. Jg., September-Oktober 1992, S. 124-132.

Bartlett, Christopher A./Ghoshal, Sumantra (1997): The Individualized Corporation. A Fundamentally New Approach to Management. Harper Business, New York et al.,1997.

Bartlett, Christopher A./Ghoshal, Sumantra (2000): Going Global. Lessons from Late Movers. In: Harvard Business Review, 78. Jg., März-April 2000, S. 132-142.

Basedow, Jürgen/Jung, Christian (1993): Strategische Allianzen. Die Vernetzung der Weltwirtschaft durch projektbezogene Kooperation im deutschen und europäischen Wettbewerbsrecht. Beck, München, 1993 (Europäisches Wirtschaftsrecht, Bd. 4).

Bassen, Alexander (1998): Dezentralisation und Koordination von Entscheidungen in der Holding. Deutscher Universitätsverlag, Wiesbaden, 1998, zugl. Diss. Oestrich-Winkel.

Bassen, Alexander/Behnam, Michael/Gilbert, Dirk Ulrich (2001): Internationalisierung des Mittelstands. Ergebnisse einer empirischen Studie zum Internationalisierungsverhalten deutscher mittelständischer Unternehmen. In: Zeitschrift für Betriebswirtschaft, 71. Jg., Nr. 4, 2001, S. 413-432.

Baucus, David A./Baucus, Melissa S./Human, Sherrie E. (1993): Choosing a Franchise: How Base Fees and Royalties Relate to the Value of the Franchise. In: Journal of Small Business Management, 31. Jg., Nr. 2, 1993, S. 91-104.

Bauer, Erich (1985): Individualisierung der Nachfrage oder „Globalisierung" der Märkte? In: Markenartikel, 47. Jg, Nr. 4, 1985, S. 144-146.

Bauer, Erich (1989): Übersetzungsprobleme und Übersetzungsmethoden bei einer multinationalen Marketingforschung. In: Jahrbuch der Absatz- und Verbrauchsforschung, Nr. 2, 1989, S. 174-205.

Bauer, Erich (1994): Markt-Segmentierung im internationalen Marketing. In: Schiemenz, Bernd/ Wurl, Hans-Jürgen (1994, Hrsg.): Internationales Management. Beiträge zur Zusammenarbeit. Eberhard Dülfer zum 70. Geburtstag. Gabler, Wiesbaden, 1994, S. 209-233.

Bauer, Erich (2002): Internationale Marketingforschung. 3., grundl. überarb. und akt. Aufl., Oldenbourg, München, Wien, 2002.

Bauer, Hans H. (1986): Das Erfahrungskurvenkonzept. In: WiSt – Wirtschaftswissenschaftliches Studium, 15. Jg., Nr. 1, 1986, S. 1-10.

Bäurle, Iris (1996): Internationalisierung als Prozeßphänomen. Konzepte – Besonderheiten – Handhabung. Gabler, Wiesbaden, 1996 (mir-edition), zugl. Diss. Eichstätt.

Bäurle, Iris/Krebs, Ines (1997): Organisationales Lernen bei Internationalen Markteintritten. Diskussionsbeitrag Nr. 88 der Wirtschaftswissenschaftlichen Fakultät Ingolstadt, Kath. Universität Eichstätt, Juni 1997.

Bäurle, Iris/Schmid, Stefan (1994a): Process Orientation and Deep Structure – Perspectives on the Internationalising Corporation. Diskussionsbeitrag Nr. 59 der Wirtschaftswissenschaftlichen Fakultät Ingolstadt, Kath. Universität Eichstätt, Dezember 1994.

Bäurle, Iris/Schmid, Stefan (1994b): Die Transnationale Organisation. In: WISU – Das Wirtschaftsstudium, 23. Jg., Nr. 12, 1994, S. 991-993.

Bausch, Andreas/Krist, Mario (2007): The Effect of Context-Related Moderators on the Internationalization-Performance Relationship: Evidence from Meta-Analysis. In: Management International Review, 47. Jg., Nr. 3, 2007, S. 319-347.

Bea, Franz Xaver/Haas, Jürgen (2001): Strategisches Management. 3., neu bearb. Aufl., Lucius & Lucius, Stuttgart, 2001 (UTB Uni-Taschenbücher, Bd. 1458).

Bea, Franz Xaver/Kötzle, Alfred/Rechkemmer, Kuno/Bassen, Alexander (1997): Strategie und Organisation der Daimler-Benz AG. Verlag Peter Lang, Frankfurt/Main et al., 1997 (Schriften zur Unternehmensplanung, Bd. 47).

Bea, Franz Xaver/Schnaitmann, Hermann (1995): Begriff und Struktur betriebswirtschaftlicher Prozesse. In: WiSt – Wirtschaftswissenschaftliches Studium, 24. Jg., Nr. 6, 1995, S. 278-282.

Beamish, Paul W. (1988): Multinational Joint Ventures in Developing Countries. Routledge, London, New York, 1988.

Beamish, Paul W. (1998, Hrsg.): Strategic Alliances. Edward Elgar, Cheltenham, Northampton, 1998 (The Globalization of the World Economy, Bd. 2).

Beamish, Paul W./Banks, John C. (1987): Equity Joint Ventures and the Theory of the Multinational Enterprise. In: Journal of International Business Studies, 18. Jg., Nr. 2, 1987, S. 1-16.

Beamish, Paul W./Inkpen, Andrew C. (1995): Keeping International Joint Ventures Stable and Profitable. In: Long Range Planning, 28. Jg., Nr. 3, 1995, S. 26-36.

Bechmann, Arnim (1978): Nutzwertanalyse, Bewertungstheorie und Planung. Verlag Paul Haupt, Bern, Stuttgart, 1978 (Beiträge zur Wirtschaftspolitik, Bd. 29).

Beck, Peter (1995): Unternehmensbewertung bei Akquisitionen. Methoden – Anwendung – Probleme. Deutscher Universitätsverlag, Wiesbaden, 1995, zugl. Diss. Univ. der Bundeswehr Hamburg.

Beck, Ulrich (1996): Die Subpolitik der Globalisierung. Die neue Macht der multinationalen Unternehmen. In: Gewerkschaftliche Monatshefte, 47. Jg., Nr. 11/12, 1996, S. 673-680.

Beck, Ulrich (1998a, Hrsg.): Perspektiven der Weltgesellschaft. Suhrkamp, Frankfurt/Main, 1998.

Beck, Ulrich (1998b, Hrsg.): Politik der Globalisierung. Suhrkamp, Frankfurt/Main, 1998 (Edition Zweite Moderne).

Beck, Ulrich (2007): Was ist Globalisierung? Irrtümer des Globalismus – Antworten auf Globalisierung. Suhrkamp, Frankfurt/Main, 2007.

Becker, Gary S. (1982/1993): Der ökonomische Ansatz zur Erklärung menschlichen Verhaltens. 2. Aufl., J.C.B. Mohr (Paul Siebeck), Tübingen, 1993 (Reihe: Die Einheit der Gesellschaftswissenschaften, Bd. 32).

Becker, Ulrich (1996): Das Überleben multinationaler Unternehmungen. Generierung und Transfer von Wissen im internationalen Wettbewerb. Verlag Peter Lang, Frankfurt/Main et al., 1996 (Betriebswirtschaftliche Studien: Rechnungs- und Finanzwesen, Organisation und Institution, Bd. 28), zugl. Diss. Frankfurt.

Beckmann, Christoph (1997): Internationalisierung von Forschung und Entwicklung in multinationalen Unternehmen. Explorative Analyse der Einflussfaktoren auf die Gestaltung internationaler F&E-Netzwerke am Beispiel der deutschen chemischen und pharmazeutischen Industrie. Shaker, Aachen, 1997, zugl. Diss. Darmstadt.

Beerman, Lilly/Stengel, Martin (1992): Werte im interkulturellen Vergleich. In: Bergemann, Niels/ Sourisseaux, Andreas L.J. (1992, Hrsg.): Interkulturelles Management. Physica/ Springer, Heidelberg, 1992, S. 7-34.

Beisheim, Marianne/Dreher, Sabine/Walter, Gregor/Zangl, Bernhard/Zürn, Michael (1999): Im Zeitalter der Globalisierung? Thesen und Daten zur gesellschaftlichen und politischen Denationalisierung. Nomos, Baden-Baden, 1999.

Belk, Russell W. (1996): Hyperreality and Globalization: Culture in the Age of Ronald McDonald. In: Journal of International Consumer Marketing, 8. Jg., Nr. 3/4, 1996, S. 23-38.

Bell, Jim (1995): The Internationalization of Small Computer Software Firms. A Further Challenge to "Stage" Theories. In: European Journal of Marketing, 19. Jg., Nr. 8, 1995, S. 60-75.

Bell, Jim/McNaughton, Rod/Young, Stephen (2001): ‚Born-again Global‘ Firms. An Extension to the ‚Born Global‘ Phenomenon. In: Journal of International Management, 7. Jg., Nr. 3, 2001, S. 173-189.

Bellak, Christian (1998): The Measurement of Foreign Direct Investment: A Critical Review. In: The International Trade Journal, 12. Jg., Nr. 2, 1998, S. 227-257.

Bellmann, Klaus/Haak, René (2005, Hrsg.): Management in Japan. Herausforderungen und Erfolgsfaktoren für deutsche Unternehmen in einer dynamischen Umwelt. Deutscher Universitätsverlag, Wiesbaden, 2005.

BenDaniel, David J./Rosenbloom, Arthur H. (1998, Hrsg.): International M&A, Joint Ventures, and Beyond. Doing the Deal. John Wiley, New York et al., 1998.

Bendt, Antje (2000): Wissenstransfer in multinationalen Unternehmen. Gabler, Wiesbaden, 2000 (mir-edition), zugl. Diss. Eichstätt.

Bengtsson, Lars (2000): Corporate Strategy in a Small Open Economy: Reducing Product Diversification While Increasing International Diversification. In: European Management Journal, 18. Jg., Nr. 4, 2000, S. 444-453.

Benito, Gabriel/Gripsrud, Geir (1992): The Expansion of Foreign Direct Investments: Discrete Rational Location Choices or a Cultural Learning Process? In: Journal of International Business Studies, 23. Jg., Nr. 3, 1992, S. 461-476.

Benito, Gabriel/Welch, Lawrence S. (1997): De-Internationalization. In: Management International Review, 37. Jg., Special Issue Nr. 2, 1997, S. 7-25.

Berekoven, Ludwig/Eckert, Werner/Ellenrieder, Peter (2001): Marktforschung. Methodische Grundlagen und praktische Anwendung. 9., überarb. Aufl., Gabler, Wiesbaden, 2001.

Berens, Wolfgang/Brauner, Hans U. (1998, Hrsg.): Due Diligence bei Unternehmensakquisitionen. Schäffer-Poeschel, Stuttgart, 1998.

Berg, Nicola (2006): Globale Teams: Eine kritische Analyse des gegenwärtigen Forschungsstands. In: Zeitschrift für Personalforschung, 20. Jg., Nr. 3, 2006, S. 215-232.

Berg, Nicola/Holtbrügge, Dirk (1997): Wettbewerbsfähigkeit von Nationen. Der „Diamant"-Ansatz von Porter. In: WiSt – Wirtschaftswissenschaftliches Studium, 26. Jg., Nr. 4, 1997, S. 199-201.

Berger, Roland (1997): Chancen und Risiken der Internationalisierung aus Sicht des Standortes Deutschland. In: Krystek, Ulrich/Zur, Eberhard (1997, Hrsg.): Internationalisierung. Eine Herausforderung für die Unternehmensführung. Springer, Berlin et al., 1997, S. 19-33.

Berger, Roland/Steger, Ulrich (1998, Hrsg.): Auf dem Weg zur Europäischen Unternehmensführung. Ein Lesebuch für Manager und Europäer. Beck, München, 1998.

Berggren, Christian (1996): Building a Truly Global Organization? ABB and the Problems of Integrating a Multi-domestic Enterprise. In: Scandinavian Journal of Management, 12. Jg., Nr. 2, 1996, S. 123-137.

Bergmann, Helmut (2005): Zusammenschlusskontrolle. In: Picot, Gerhard (2005, Hrsg.): Mergers & Acquisitions: Planung, Durchführung, Integration. 3., grundl. überarb. und akt. Aufl., Schäffer-Poeschel, Stuttgart, 2005, S. 353-406.

Bergmann, Jörg (1996): Shareholder Value-orientierte Beurteilung von Teileinheiten im internationalen Konzern. Shaker, Aachen, 1996 (Berichte aus der Betriebswirtschaft), zugl. Diss. Münster.

Berndt, Ralph (1996): Global versus Non-Global Communications. In: Berndt, Ralph (1996, Hrsg.): Global Management. Springer, Berlin et al., 1996 (Schriftenreihe Herausforderungen an das Management, Bd. 3), S. 175-196.

Berndt, Ralph (1996, Hrsg.): Global Management. Springer, Berlin et al., 1996 (Schriftenreihe Herausforderungen an das Management, Bd. 3).

Berndt, Ralph/Fantapié Altobelli, Claudia/Sander, Matthias (2005): Internationales Marketing-Management. 3. überarb. und erw. Aufl., Springer, Berlin et al., 2005.

Berndt, Ralph/Sander, Matthias (2002): Betriebswirtschaftliche, rechtliche und politische Probleme der Internationalisierung durch Lizenzerteilung. In: Macharzina, Klaus/Oesterle, Michael-Jörg (2002, Hrsg.): Handbuch Internationales Management. 2. Aufl., Gabler, Wiesbaden, 2002, S. 601-624.

Bernhardt, Wolfgang/Werder, Axel von (2000): Der German Code of Corporate Governance (GCCG): Konzeption und Kernaussagen. In: Zeitschrift für Betriebswirtschaft, 70. Jg., Nr. 11, 2000, S. 1269-1279.

Bernhardt, Wolfgang/Witt, Peter (1995): Holding-Modelle und Holding-Moden. In: Zeitschrift für Betriebswirtschaft, 65. Jg., Nr. 2, 1995, S. 1341-1364.

Bernhardt, Wolfgang/Witt, Peter (1999): Unternehmensleitung im Spannungsfeld zwischen Ressortverteilung und Gesamtverantwortung. In: Zeitschrift für Betriebswirtschaft, 69. Jg., Nr. 8, 1999, S. 825-845.

Bernkopf, Günter (1980): Strategien zur Auswahl ausländischer Märkte. Verlag V. Florentz, München, 1980 (Schriftenreihe Wirtschaftswissenschaftliche Forschung und Entwicklung, Bd. 57), zugl. Diss. Erlangen-Nürnberg.

Berry, Anthony J./Broadbent, Jane/Otley, David (1995, Hrsg.): Management Control. Theories, Issues and Practices. Macmillan, Houndmills, Basingstoke, 1995.

Berry, Brian J.L./Conkling, Edgar C./Ray, D. Michael (1993): The Global Economy. Resource Use, Locational Choice, and International Trade. Prenctice-Hall, Englewood Cliffs, 1993.

Berry, Brian J.L./Conkling, Edgar C./Ray, D. Michael (1997): The Global Economy in Transition. 2. Aufl., Prenctice-Hall/Simon & Schuster, Upper Saddle River, 1997.

Berry, John W. (1983): Acculturation: A Comparative Analysis of Alternative Forms. In: Samuda, Ronald J./Woods, Sandra L. (1983, Hrsg.): Perspectives in Immigrant and Minority Education. University Press of America, Lawham, 1983, S. 66-77.

Berthoin Antal, Ariane (2000): Types of Knowledge Gained by Expatriate Managers. In: Journal of General Management, 26. Jg., Nr. 2, 2000, S. 32-51.

Berthoin Antal, Ariane/Böhling, Kathrin (1998): Expatriation as an Underused Resource for Organizational Learning. In: Albach, Horst (1998, Hrsg.): Organisationslernen – Institutionelle und kulturelle Dimensionen. Edition Sigma, Berlin, 1998, S. 215-236.

Beyfuß, Jörg/Fuest, Winfried/Grömling, Michael/Klös, Hans-Peter/Kroker, Rolf/Lichtblau, Karl/ Weber, Alexander (1997): Globalisierung im Spiegel von Theorie und Empirie. Beiträge zur Wirtschafts- und Sozialpolitik Nr. 235, Institut der Deutschen Wirtschaft. Deutscher Institutsverlag, Köln, 1997.

Bhappu, Anita D. (2000): The Japanese Family: An Institutional Logic for Japanese Corporate Networks and Japanese Management. In: Academy of Management Review, 25. Jg., Nr. 2, 2000, S. 409-415.

Bhushan, L.I./Amal, S.B. (1986): A Situational Test of Intolerance of Ambiguity. In: Psychologia, 29. Jg., Nr. 4, 1986, S. 254-261.

Bieling, Marc (2005): Internationalisierung von Marken. Eine Analyse aus konzeptioneller und empirischer Perspektive. Verlag Dr. Kovač, Hamburg, 2005, zugl. Diss. Münster.

Bigoness, William J./Blakely, Gerald L. (1996): A Cross-National Study of Managerial Values. In: Journal of International Business Studies, 27. Jg., Nr. 4, 1996, S. 739-752.

Bilkey, Warren J. (1978): An Attempted Integration of the Literature on the Export Behavior of Firms. In: Journal of International Business Studies, 9. Jg., Nr. 1, 1978, S. 33-46.

Bilkey, Warren J./Tesar, George (1977): The Export Behaviour of Smaller-Sized Wisconsin Manufacturing Firms. In: Journal of International Business Studies, 8. Jg., Nr. 1, 1977, S. 93-98.

Binder, Christof U. (1994): Beteiligungsführung in der Konzernunternehmung. Betriebswirtschaftliche Elemente und Gestaltungsmöglichkeiten von Mutter-Tochterbeziehungen. Verlag Dr. Otto Schmidt Verlag, Köln, 1994 (Schriften zur Rechnungslegung, Wirtschaftsprüfung und Unternehmensberatung, Bd. 3), zugl. Diss. Oldenburg.

Bing, John W. (2004): Hofstede's Consequences: The Impact of His Work on Consulting and Business Practices. In: Academy of Management Executive, 18. Jg., Nr. 1, 2004, S. 80-87.

Birkinshaw, Julian (1996): How Multinational Subsidiary Mandates are Gained and Lost. In: Journal of International Business Studies, 27. Jg., Nr. 3, 1996, S. 467-495.

Birkinshaw, Julian (1997): Entrepreneurship in Multinational Corporations: The Characteristics of Subsidiary Initiatives. In: Strategic Management Journal, 18. Jg., Nr. 3, 1997, S. 207-229.

Birkinshaw, Julian/Hood, Neil (1998): Multinational Subsidiary Evolution: Capability and Charter Change in Foreign-owned Subsidiary Companies. In: Academy of Management Review, 23. Jg., Nr. 4, 1998, S. 773-795.

Birkinshaw, Julian/Morrison, Allen J. (1995): Configurations of Strategy and Structure in Subsidiaries of Multinational Corporations. In: Journal of International Business Studies, 26. Jg., Nr. 4, 1995, S. 729-753.

Bjerke, Björn (1999): Business Leadership and Culture. National Management Styles in the Global Economy. Edward Elgar, Cheltenham, Northampton, 1999.

Björkman, Ingmar/Forsgren, Mats (2000): Nordic International Business Research. A Review of its Development. In: International Studies of Management and Organization, 30. Jg., Nr. 1, 2000, S. 6-25.

Blanchot, Fabien/Mayrhofer, Ulrike (1997): Empirical Literature of Joint Venture Success: A Review of Performance Measures and of Factors Affecting Longevity. In: Macharzina, Klaus/Oesterle, Michael-Jörg/Wolf, Joachim (1997, Hrsg.): Global Business in the Information Age. Proceedings of the 23rd Annual EIBA Conference, Bd. 2, Stuttgart, 1997, S. 901-931.

Bleeke, Joel/Ernst, David (1991): The Way to Win in Cross-Border Alliances. In: Harvard Business Review, 69. Jg., Nr. 6, 1991, S. 127-135.

Blei, Christian (1998): Stabilität von Joint Ventures in Transformationsländern. Das Beispiel Ungarn. Gabler, Wiesbaden, 1998 (mir-edition), zugl. Diss. Bamberg.

Bleicher, Knut (1972a): Zur organisatorischen Entwicklung multinationaler Unternehmungen Teil I. In: Zeitschrift für Organisation, 41. Jg., Nr. 7, 1972, S. 330-338.

Bleicher, Knut (1972b): Zur organisatorischen Entwicklung multinationaler Unternehmungen Teil II. In: Zeitschrift für Organisation, 41. Jg., Nr. 8, 1972, S. 415-425.

Bleicher, Knut (1979a): Gedanken zur Gestaltung der Konzernorganisation bei fortschreitender Diversifizierung. 1. Teil. In: Zeitschrift für Organisation, 48. Jg., Nr. 5, 1979, S. 243-251.

Bleicher, Knut (1979b): Gedanken zur Gestaltung der Konzernorganisation bei fortschreitender Diversifizierung. 2. Teil. In: Zeitschrift für Organisation, 48. Jg., Nr. 6, 1979, S. 328-335.

Bleicher, Knut (1986): Strukturen und Kulturen der Organisation im Umbruch. Herausforderungen für den Organisator. In: Zeitschrift Führung und Organisation, 55. Jg., Nr. 2, 1986, S. 97-108.

Bleicher, Knut (1991): Organisation. Strategien – Strukturen – Kulturen. 2., völlig neu bearb. und erw. Aufl., Gabler, Wiebaden, 1991.

Bleicher, Knut (1992a): Holdings schützen vor Verkalkung. In: Harvard Manager, 14. Jg., Nr. 3, 1992, S. 69-77.

Bleicher, Knut (1992b): Organisation der Corporation. In: Frese, Erich (1992, Hrsg.): Handwörterbuch der Organisation. 3. Aufl., Poeschel, Stuttgart, 1992, Sp. 441-454.

Bleicher, Knut (1992c): Die Entwicklung der Managementkapazität – Schlüsselfaktor zur Positionierung von Unternehmen im Wettbewerb. In: Strutz, Hans/Wiedemann, Klaus (1992, Hrsg.): Internationales Personalmarketing. Konzepte – Erfahrungen – Perspektiven. Gabler, Wiesbaden, 1992, S. 3-21.

Bleicher, Knut (1993): Organisation. In: Bea, Franz Xaver/Dichtl, Erwin/Schweitzer, Marcell (1993, Hrsg.): Allgemeine Betriebswirtschaftslehre, Bd. 2: Führung. 6., neubearb. Aufl., UTB Gustav Fischer, Stuttgart, Jena, 1993, S. 103-186.

Bleicher, Knut (1997): Zwischen Vision und Realität: Die virtuelle Unternehmung als Motor der Internationalisierung. In: Krystek, Ulrich/Zur, Eberhard (1997, Hrsg.): Internationalisierung. Eine Herausforderung für die Unternehmensführung. Springer, Berlin et al., 1997, S. 585-599.

Bleicher, Knut/Leberl, Diethard/Paul, Herbert (1989): Unternehmungsverfassung und Spitzenorganisation. Führung und Überwachung von Aktiengesellschaften im internationalen Vergleich. Gabler, Wiesbaden, 1989.

Bloom, Helen/Calori, Roland/De Woot, Philippe (1994): Euro Management – A New Style for the Global Market. Kogan Page, London, 1994.

BMWI (Bundesministerium für Wirtschaft und Technologie) (2008): Sicher investieren – Direktinvestitionen. URL: http://www.bmwi.de/BMWi/Navigation/aussenwirtschaft,did=1940 56.html (Stand: 19.02.2008).

Böcker, Hartmut (1991): Steuerliche Prüfung und Behandlung von Lizenzzahlungen an verbundene ausländische Unternehmen. In: Die steuerliche Betriebsprüfung, 31. Jg., Nr. 4, 1991, S. 73-83.

Boddewyn, Jean J. (1985): Theories of Foreign Direct Investment and Divestment: A Classificatory Note. In: Management International Review, 25. Jg., Nr. 1, 1985, S. 57-65.

Boehmer, Alexander von (1995): Internationalisierung industrieller Forschung und Entwicklung. Typen, Bestimmungsgründe und Erfolgsbeurteilung. Deutscher Universitätsverlag, Wiesbaden, 1995 (Schriftenreihe Betriebswirtschaftslehre für Technologie und Innovation, Bd. 13), zugl. Diss. Kiel.

Boehmer, Henning von (1991, Hrsg.): Deutsche Unternehmen in Frankreich. Leitfaden für die Rechts- und Wirtschaftspraxis. Schäffer Verlag, Stuttgart, 1991.

Böhmer, Michael (2003): Hat die deutsche Volkswirtschaft in den Neunzigerjahren an internationaler Wettbewerbsfähigkeit verloren? In: WiSt – Wirtschaftswissenschaftliches Studium, 32. Jg., Nr. 11, 2003, S. 671-676.

Boisot, Max H. (1986): Markets and Hierarchies in a Cultural Perspective. In: Organization Studies, 7. Jg., Nr. 2, 1986, S. 135-158.

Bolz, Joachim (1992): Wettbewerbsorientierte Standardisierung der internationalen Marktbearbeitung. Eine empirische Analyse in europäischen Schlüsselmärkten. Wissenschaftliche Buchgesellschaft, Darmstadt, 1992.

Bong, Hyeon-Cheol (1995): Ein betriebswirtschaftliches Personalentwicklungskonzept für koreanische Unternehmungen. Verlag Peter Lang, Frankfurt/Main et al., 1995, zugl. Diss. Regensburg.

Bonß, Wolfgang (1999/2000): Globalisierung unter soziologischen Perspektiven. In: Voigt, Rüdiger (1999/2000, Hrsg.): Globalisierung des Rechts. Nomos, Baden-Baden, 1999/2000 (Schriften zur Rechtspolitologie, Bd. 9), S. 39-68.

Borchert, Manfred (2001): Außenwirtschaftslehre. Theorie und Politik. 7., überarb. Aufl., Gabler, Wiebaden, 2001.

Borkowski, Susan C. (1996): An Analysis (Meta- and Otherwise) of Multinational Transfer Pricing Research. In: The International Journal of Accounting, 31. Jg., Nr. 1, 1996, S. 39-53.

Bormann, Jan-Gregor (1996): Internationales unternehmensinternes Projektmanagement. Shaker, Aachen, 1996, zugl. Diss. Braunschweig.

Börner, Christoph (2000): Porter und der "Resource-based View". In: WISU – Das Wirtschafts-studium, 29. Jg., Nr. 5, 2000, S. 689-693.

Borrmann, Werner (1970): Typus und Struktur internationaler Unternehmungen. In: Borrmann, Werner (1970, Hrsg.): Managementprobleme internationaler Unternehmungen. Gabler, Wiesbaden, 1970, S. 19-49.

Börsig, Clemens (1994): Transparenzprobleme bei internationalen Gemeinschaftsunternehmen. In: Engelhard, Johann/Rehkugler, Heinz (1994, Hrsg.): Strategien für nationale und interna-tionale Märkte. Konzepte und praktische Gestaltung. Gabler, Wiesbaden, 1994, S. 285-305.

Börsig, Clemens/Baumgarten, Christoph (2002): Grundlagen des internationalen Kooperations-managements. In: Macharzina, Klaus/Oesterle, Michael-Jörg (2002, Hrsg.): Handbuch Internationales Management. 2. Aufl., Gabler, Wiesbaden, 2002, S. 551-572.

Borys, Bryan/Jemison, David B. (1989): Hybrid Arrangements as Strategic Alliances: Theoretical Issues in Organizational Combinations. In: Academy of Management Review, 14. Jg., Nr. 2, 1989, S. 234-249.

Böttcher, Roland (1996): Global Network Management. Context – Decision Making – Coordina-tion. Gabler, Wiesbaden, 1996 (mir-edition), zugl. Diss. Dortmund.

Böttcher, Roland/Welge, Martin K. (1994): Strategic Information Diagnosis in the Global Organi-zation. In: Management International Review, 34. Jg., Nr. 1, 1994, S. 7-24.

Böttcher, Siegfried (1996): Ostasien denkt und handelt anders. Konsequenzen für Deutschland. Duncker & Humblot, Berlin, 1996 (Schriftenreihe des ifo-Instituts für Wirtschaftsforschung, Nr. 142).

Bottger, Preston C./Hallein, Ingrid H./Yetton, Philip W. (1985): A Cross-National Study of Lead-ership Participation as a Function of Problem Structure and Leadership Power. In: Journal of Management Studies, 22. Jg., Nr. 4, 1985, S. 358-368.

Bournois, Franck (1996): Valeurs et Comportements au Travail. Portrait Comparé des Mana-gers Européens. In: Revue Française de Gestion, o. Jg., Nr. 111, 1996, S. 115-132.

Bournois, Franck/Voynnet-Fourboul, Catherine (2000): Multinationales: Communication Interne et Culture Nationale. In: Revue Française de Gestion, o. Jg., Nr. 128, 2000, S. 88-97.

Bowen, Harry P./Leamer, Edward E./Sveikauskas, Leo (1987): Multicountry, Multifactor Tests of Abundance Theory. In: The American Economic Review, 77. Jg., Nr. 5, 1987, S. 791-809.

Boyacigiller, Nakiye (1994): Questioning Globalization: A Personal Exploration. In: Organization, 1. Jg., Nr. 2, 1994, S. 361-368.

Boyacigiller, Nakiye/Adler, Nancy J. (1991): The Parochial Dinosaur: Organizational Science in a Global Context. In: Academy of Management Review, 16. Jg., Nr. 2, 1991, S. 262-290.

Bradach, Jeffrey/Eccles, Robert G. (1989): Price, Authority, and Trust: From Ideal Types to Plu-ral Forms. In: Annual Review of Sociology, 15. Jg., o. Nr., 1989, S. 97-118.

Brandt, William K./Hulbert, James M. (1976): Patterns of Communications in the Multinational Corporation: An Empirical Study. In: Journal of International Business Studies, 7. Jg., Nr. 1, 1976, S. 57-64.

Brasseur, Robert E. (1976): Constraints in Transfer of Knowledge. In: International Development Review, o. Jg., Nr. 3, 1976, S. 12-19.

Brauchlin, Emil/Hauser, Peter (1999, Hrsg.): Mittelgrosse industrielle Unternehmungen – erfolg-reich im globalen Wettbewerb. Verlag Paul Haupt, Bern, Stuttgart, Wien, 1999.

Braun, Gerhard (1988): Die Theorie der Direktinvestition. Veröffentlichungen des Instituts für Wirtschaftspolitik an der Universität zu Köln, Köln, 1988, zugl. Diss. Köln.

Breilmann, Ulrich (1995): Dimensionen der Organisationsstruktur. In: Zeitschrift Führung und Organisation, 64. Jg., Nr. 3, 1995, S. 159-164.

Breit, Johann (1991): Die Marktselektionsentscheidung im Rahmen der unternehmerischen Internationalisierung. Service Fachverlag an der Wirtschaftsuniversität Wien, Wien, 1991 (Forschungsergebnisse der Wirtschaftsuniversität Wien), zugl. Diss. Wien.

Bremer, Sven (1996): Der Holdingstandort Bundesrepublik Deutschland. Eine vergleichende Analyse der Besteuerung europäischer Holdingstandorte. Lang, Frankfurt/Main et al., 1996, zugl. Diss. Eichstätt.

Bresser, Rudi K.F. (1989): Kollektive Unternehmensstrategien. In: Zeitschrift für Betriebswirtschaft, 59. Jg., Nr. 5, 1989, S. 545-564.

Bresser, Rudi K.F. (1998): Strategische Managementtheorie. De Gruyter, Berlin, New York, 1998.

Brink, Hans-Josef/Davoine, Eric/Schwengel, Hermann (1999, Hrsg.): Management und Organisation im deutsch-französischen Vergleich. Berlin Verlag, Berlin, 1999 (Studien des Frankreich-Zentrums der Albert-Ludwigs-Universität Freiburg, Bd. 2).

Brock, David M. (2005): Multinational Acquisition Integration: The Role of National Culture in Creating Synergies. In: International Business Review, 14. Jg., Nr. 3, 2005, S. 269-288.

Brock, David M./Barry, David/Thomas, David C. (2000): "Your forward is our reverse, your right, our wrong": Rethinking Multinational Planning Processes in Light of National Culture. In: International Business Review, 9. Jg., Nr. 6, 2000, S. 687-701.

Brock, Lothar/Albert, Mathias (1995): Entgrenzung der Staatenwelt. Zur Analyse weltgesellschaftlicher Entwicklungstendenzen. In: Zeitschrift für Internationale Beziehungen, 2. Jg., Nr. 2, 1995, S. 259-285.

Brockhoff, Klaus (1994): Management organisatorischer Schnittstellen – unter besonderer Berücksichtigung der Koordination von Marketingbereichen mit Forschung und Entwicklung. Berichte aus den Sitzungen der Joachim Jungius-Gesellschaft der Wissenschaften e.V., Hamburg, 12. Jg., Nr. 2, 1994.

Brockhoff, Klaus (1998): Internationalization of Research and Development. Springer, Berlin et al., 1998.

Brockhoff, Klaus/Hauschildt, Jürgen (1993): Schnittstellen-Management – Koordination ohne Hierarchie. In: Zeitschrift Führung und Organisation, 62. Jg., Nr. 6, 1993, S. 396-403.

Brodbeck, Felix C. (2006): Navigationshilfe für internationales Change Management. In: Organisationsentwicklung, 27. Jg., Nr. 3, 2006, S. 16-31.

Broll, Udo/Gilroy, B. Michael (1987): Intra-industrieller Außenhandel. In: WiSt – Wirtschaftswissenschaftliches Studium, 16. Jg., Nr. 7, 1987, S. 359-361.

Bronder, Christoph (1991): Entwicklung der Organisationsstruktur bei Siemens. Auf dem Weg zur Holding-Organisation? In: Zeitschrift Führung und Organisation, 60. Jg., Nr. 5, 1991, S. 318-323.

Bronder, Christoph (1993): Was einer Kooperation den Erfolg sichert. In: Harvard Business Manager, 15. Jg., Nr. 1, 1993, S. 20-28.

Bronder, Christoph/Pritzl, Rudolf (1992): Ein konzeptioneller Ansatz zur Gestaltung und Entwicklung Strategischer Allianzen. In: Bronder, Christoph/Pritzl, Rudolf (1992, Hrsg.): Wegweiser für Strategische Allianzen. Frankfurter Allgemeine Zeitung/Gabler, Frankfurt/Main, Wiesbaden, 1992, S. 17-44.

Bronder, Christoph/Pritzl, Rudolf (1992, Hrsg.): Wegweiser für Strategische Allianzen. Frankfurter Allgemeine Zeitung/Gabler, Frankfurt/Main, Wiesbaden, 1992.

Bronder, Christoph/Pritzl, Rudolf (1997): Developing Strategic Alliances: A Conceptual Framework for Successful Cooperation. In: Doole, Isobel/Lowe, Robin (1997, Hrsg.): International Marketing Strategy. International Thomson Business Press, London et al., 1997, S. 205-222.

Bronner, Rolf/Mellewigt, Thomas (1996): Eine Realtypologie betriebswirtschaftlicher Konzern-Organisationsformen. Ergebnisse einer empirischen Untersuchung. In: Zeitschrift für Betriebswirtschaft, 66. Jg., Ergänzungsheft Nr. 3, 1996, S. 145-166.

Brouthers, Keith D. (1995): The Influence of International Risk on Entry Mode Strategy in the Computer Software Industry. In: Management International Review, 35. Jg., Nr. 1, 1995, S. 7-28.

Brouthers, Keith D. (2002): Institutional, Cultural and Transaction Cost Influences on Entry Mode Choice and Performance. In: Journal of International Business Studies, 33. Jg., Nr. 2, 2002, S. 203-221.

Brouthers, Keith D./Bamossy, Gary J. (1997): The Role of Key Stakeholders in International Joint Venture Negotiations: Case Studies from Eastern Europe. In: Journal of International Business Studies, 28. Jg., Nr. 2, 1997, S. 285-308.

Brouthers, Keith D./Brouthers, Lance Eliot (2000): Acquisition or Greenfield Start-up? Institutional, Cultural and Transaction Cost Influences. In: Strategic Management Journal, 21. Jg., Nr. 1, 2000, S. 89-97.

Brouthers, Keith D./Brouthers, Lance Eliot/Nakos, George (1998): Entering Central and Eastern Europe: Risks and Cultural Barriers. In: Thunderbird International Business Review, 40. Jg., Nr. 5, 1998, S. 485-504.

Brouthers, Keith D./Brouthers, Lance Eliot/Wilkinson, Timothy J. (1995): Strategic Alliances: Choose your Partners. In: Long Range Planning, 28. Jg., Nr. 3, 1995, S. 18-25.

Brouthers, Keith D./Brouthers, Lance Eliot/Wilson, Bennie J. (2001): Start-up Versus Acquisition: Making the Right Diversification Mode Choice. In: Global Focus, 13. Jg., Nr. 1, 2001, S. 27-35.

Brouthers, Lance Eliot/Brouthers, Keith D./Werner, Steve (1999): Is Dunning's Eclectic Framework Descriptive or Normative? In: Journal of International Business Studies, 30. Jg., Nr. 4, 1999, S. 831-844.

Brown, Andrew (1998): Organisational Culture. 2. Aufl., Financial Times/Pitman Publishing, London, 1998.

Brown, James R./Dev, Chekitan S./Zhou, Z. (2003): Broadening the Foreign Market Entry Mode Decision: Separating Ownership and Control. In: Journal of International Business Studies, 34. Jg., Nr. 5, 2003, S. 473-488.

Brown, Wilson S. (1976): Islands of Conscious Power: MNCs in the Theory of the Firm. In: MSU Business Topics, 24. Jg., o. Nr., 1976, S. 37-45.

Brüch, Andreas/Thomas, Alexander (1995): Beruflich in Südkorea. Interkulturelles Orientie-
rungstraining für Manager, Fach- und Führungskräfte. Asanger Verlag, Heidelberg, 1995
(Reihe „Interkulturelle Handlungskompetenz").

Bruche, Gert (1998): Umfelddynamik, Markteintrittsformen und Markteintrittszeitpunkt in der Chi-
nastrategie – Das Beispiel der multinationalen Pharmaunternehmen. In: Zeitschrift für betriebswirtschaftliche Forschung, 50. Jg., Nr. 1, 1998, S. 68-91.

Bruns, Hans-Georg (1998): Aktienplazierung an ausländischen Kapitalmärkten – Überlegungen,
Erfahrungen, Folgerungen. In: Die Betriebswirtschaft, 58. Jg., Nr. 3, 1998, S. 382-400.

Bryman, Alan (1997): Animating the Pioneer versus Late Entrant Debate: An Historical Case
Study. In: Journal of Management Studies, 34. Jg., Nr. 3, 1997, S. 415-438.

Buckley, Peter J. (1981): A Critical Review of Theories of the Multinational Enterprise. In: Aussenwirtschaft, 36. Jg., Nr. 1, 1981, S. 70-87.

Buckley, Peter J. (1988): The Limits of Explanation: Testing the Internalization Theory of the
Multinational Enterprise. In: Journal of International Business Studies, 19. Jg., Nr. 2, 1988,
S. 181-193.

Buckley, Peter J. (1993): The Role of Management in Internalisation Theory. In: Management
International Review, 33. Jg., Nr. 3, 1993, S. 197-207.

Buckley, Peter J. (1994, Hrsg.): Cooperative Forms of Transnational Corporation Activity. The
United Nations Library on Transnational Corporations, Bd. 13, Routledge, London, New
York, 1994.

Buckley, Peter J. (1998): A Perspective on the Emerging World Economy: Protectionism, Re-
gionalization and Competitiveness. In: Mirza, Hafiz (1998, Hrsg.): Global Competitive
Strategies in the New World Economy. Edward Elgar, Cheltenham, Northampton, 1998,
S. 12-21.

Buckley, Peter J. (2006): Stephen Hymer: Three Phases, one Approach? In: International Business Review, 15. Jg., Nr. 2, 2006, S. 140-147.

Buckley, Peter J./Casson, Mark C. (1976/1991): The Future of the Multinational Enterprise. 2.
Aufl., Macmillan, Houndmills, Basingstoke, London, 1991.

Buckley, Peter J./Casson, Mark C. (1985): The Economic Theory of the Multinational Enterprise.
Selected Papers. Macmillan, Houndmills, Basingstoke, London, 1985.

Buckley, Peter J./Casson, Mark C. (1988): A Theory of Cooperation in International Business.
In: Contractor, Farok J./Lorange, Peter (1988, Hrsg.): Cooperative Strategies in International Business. Lexington Books, Lexington, Toronto, 1988, S. 31-53.

Buckley, Peter J./Casson, Mark C. (1998): Analyzing Foreign Market Entry Strategies: Extending the Internalization Approach. In: Journal of International Business Studies, 29. Jg.,
Nr. 3, 1998, S. 539-561.

Buckley, Peter J./Clegg, Jeremy/Cross, Adam R. (1999): Foreign Direct Investment and Europe.
In: Engelhard, Johann/Oechsler, Walter A. (1999, Hrsg.): Internationales Management.
Auswirkungen globaler Veränderungen auf Wettbewerb, Unternehmensstrategie und
Märkte. Klaus Macharzina zum 60. Geburtstag. Gabler, Wiesbaden, 1999, S. 117-137.

Buckley, Peter J./Dunning, John H./Pearce, Robert D. (1978): The Influence of Firm Size, In-
dustry, Nationality, and Degree of Multinationality on the Growth and Profitability of the
World's Largest Firms, 1962–1972. In: Weltwirtschaftliches Archiv, 114. Jg., o. Nr., 1978,
S. 16-257.

Buckley, Peter J./Pass, Christopher L./Prescott, Kate (1988): Measures of International Competitiveness: A Critical Survey. In: Journal of Marketing Management, 4. Jg., Nr. 2, 1988, S. 175-200.

Bucknall, Kevin B. (1994): Kevin B. Bucknall's Cultural Guide to Doing Business in China. Butterworth-Heinemann, Oxford et al., 1994.

Bufka, Jürgen (1997): Auslandsgesellschaften internationaler Dienstleistungsunternehmen. Koordination – Kontext – Erfolg. Gabler, Wiesbaden, 1997 (mir-edition), zugl. Diss. Mannheim.

Butler, Colin/Kenny, Brian/Anchor, John (2000): Strategic Alliances in the European Defence Industry. In: European Business Review, 12. Jg., Nr. 6, 2000, S. 308-321.

Bühner, Rolf (1987a): Assessing International Diversification of West German Corporations. In: Strategic Management Journal, 8. Jg., Nr. 1, 1987, S. 25-37.

Bühner, Rolf (1987b): Management-Holding. In: Die Betriebswirtschaft, 47. Jg., Nr. 1, 1987, S. 40-49.

Bühner, Rolf (1989): Rechtsform und Organisationsstruktur. In: Macharzina, Klaus/Welge, Martin K. (1989, Hrsg.): Handwörterbuch Export und Internationale Unternehmung. Schäffer-Poeschel, Stuttgart, 1989, Sp. 1841-1854.

Bühner, Rolf (1990): Gestaltungsmöglichkeiten und rechtliche Aspekte einer Managementholding. Rahmenbedingungen bei der Einführung und Instrumente zur Gestaltung einer marktgerechten Organisation. In: Zeitschrift Führung und Organisation, 59. Jg., Nr. 5, 1990, S. 299-308.

Bühner, Rolf (1991a): Grenzüberschreitende Zusammenschlüsse deutscher Unternehmen. Poeschel, Stuttgart, 1991.

Bühner, Rolf (1991b): Management-Holding – ein Erfahrungsbericht. In: Die Betriebswirtschaft, 51. Jg., Nr. 2, 1991, S. 141-151.

Bühner, Rolf (1992): Aktionärsbeurteilung grenzüberschreitender Zusammengschlüsse. In: Zeitschrift für betriebswirtschaftliche Forschung, 44. Jg., Nr. 5, 1992, S. 445-459.

Bühner, Rolf (1993a): Strategie und Organisation. Analyse und Planung der Unternehmensdiversifikation mit Fallbeispielen. 2., überarb. und erw. Aufl., Gabler, Wiesbaden, 1993

Bühner, Rolf (1993b): Management-Holding: Erfahrungen aus 46 untersuchten Unternehmen. In: Bühner, Rolf (1993, Hrsg.): Erfahrungen mit der Management-Holding. Moderne Industrie, Landsberg/Lech, 1993, S. 9-65.

Bühner, Rolf (1993c): Die schlanke Management-Holding. In: Zeitschrift Führung und Organisation, 62. Jg., Nr.1, 1993, S. 9-19.

Bühner, Rolf (1995): Der Aufbau von Konzernorganisation. In: io-Management-Zeitschrift, 64. Jg., Nr. 11, 1995, S. 53-58.

Bühner, Rolf (1996a): Gestaltung von Konzernzentralen. Die Benchmarking-Studie. Gabler, Wiesbaden, 1996.

Bühner, Rolf (1996b): Die Größe von Konzernzentralen – eine Benchmarking Studie. In: Zeitschrift Führung und Organisation, 65. Jg., Nr. 4, 1996, S. 227-236.

Bühner, Rolf/Walter, Hans (1977): Divisionalisierung in der Bundesrepublik Deutschland. Eine empirische Analyse der Geschäftsberichte von 1965 bis 1975 der 50 größten deutschen Industrie-Aktiengesellschaften. In: Der Betrieb, 30. Jg., Nr. 26/27 vom 01.07./08.07.1977, S. 1205-1207.

Buhr, Regina (1998): Unternehmen als Kulturräume. Eigensinnige betriebliche Integrationspro-
    zesse im transnationalen Kontext. Edition Sigma/Wissenschaftszentrum Berlin für Sozialfor-
    schung, Berlin, 1998, zugl. Diss. TU Berlin.

Buono, Anthony F./Bowditch, James L. (1989): The Human Side of Mergers and Acquisitions.
    Managing Collisions between People, Cultures, and Organizations. Jossey-Bass, San Fran-
    cisco, London, 1989.

Bürgel, Oliver/Fier, Andreas/Licht, Georg/Murray, Gordon/Nerlinger, Eric (1998): The Internatio-
    nalisation of British and German Start-Up Companies in High-Technology Industries. Dis-
    cussion Paper No. 98-34 des Zentrums für Europäische Wirtschaftsforschung, Mannheim
    1998 (http://www.zew.de/ub_dp/3498.html vom 08. September 1999).

Bürgel, Oliver/Murray, Gordon C. (2000): The International Market Entry Choices of Start-Up
    Companies in High Technology Industries. In: Journal of International Marketing, 6. Jg.,
    Nr. 2, 2000, S. 33-62.

Burger, Anton (1999): Internationale Rechnungslegung – Harmonisierung und US-GAAP. In:
    Kutschker, Michael (1999, Hrsg.): Perspektiven der internationalen Wirtschaft. Gabler,
    Wiesbaden, 1999, S. 203-241.

Burgers, Willem P./Hill, Charles W.L./Kim, W. Chan (1993): A Theory of Global Strategic Alli-
    ances: The Case of the Global Auto Industry. In: Strategic Management Journal, 14. Jg.,
    Nr. 6, 1993, S. 419-432.

Burrell, Gibson/Morgan, Gareth (1979): Sociological Paradigms and Organizational Analysis.
    Heinemann, London, 1979.

Burton, Fred N./Cross, Adam (1995): Franchising and Foreign Market Entry. In: Paliwoda,
    Stanley J./Ryans, John K. (1995, Hrsg.): International Marketing Reader. Routledge, Lon-
    don, New York, 1995, S. 35-48.

Büschken, Joachim (1999): Virtuelle Unternehmen – die Zukunft? In: Die Betriebswirtschaft, 59.
    Jg., Nr. 6, 1999, S. 778-791.

Business International (1988): Automating Global Financial Management. John Wiley & Sons,
    New York et al., 1988.

Busse von Colbe, Walther/Coenenberg, Adolf G. (1992, Hrsg.): Unternehmensakquisition und
    Unternehmensbewertung. Grundlagen und Fallstudien. Schäffer-Poeschel, Stuttgart, 1992
    (USW-Schriften für Führungskräfte, Bd. 25).

Buzzell, Robert D./Gale, Bradley T. (1989): Das PIMS-Programm: Strategien und Unterneh-
    menserfolg. Gabler, Wiesbaden, 1989.

Buzzell, Robert D./Quelch, John A./Bartlett, Christopher A. (1995): Global Marketing Manage-
    ment. Cases and Readings. 3. Aufl., Addison-Wesley, Reading et al., 1995.

C

Cabrera, Elizabeth F./Ortega, Jaime/Cabrera, Angel (2003): An Exploration of the Factors that
    Influence Employee Participation in Europe. In: Journal of World Business, 38. Jg., Nr. 1,
    2003, S. 43-54.

Cadogan, John W./Diamantopoulos, Adamantios/Siguaw, Judy A. (2002): Export Market-oriented Activities: Their Antecedents and Performance Consequences. In: Journal of International Business Studies, 33. Jg., Nr. 3, 2002, S. 615-626.

Calof, Jonathan L. (1993): The Mode Choice and Change Decision Process and its Impact on International Performance. In: International Business Review, 2. Jg., Nr. 1, 1993, S. 97-120.

Calori, Roland/De Woot, Philippe (1994, Hrsg.): A European Management Model. Beyond Diversity. Prentice Hall, New York et al., 1994.

Calori, Roland/Melin, Leif/Atamer, Tugrul/Gustavsson, Peter (2000): Innovative International Strategies. In: Journal of World Business, 35. Jg., Nr. 4, 2000, S. 333-354.

Calvet, A. Louis (1981): A Synthesis of Foreign Direct Investment Theories and Theories of the Multinational Firm. In: Journal of International Business Studies, 12. Jg., Nr. 1, 1981, S. 43-59.

Cantwell, John (1990): The Methodological Problems Raised by the Collection of Foreign Direct Investment Data. Discussion Papers in International Investment and Business Studies, Series B, Vol. III (1990/91), Nr. 147, November 1990.

Cantwell, John (1994, Hrsg.): Transnational Corporations and Innovatory Activities. The United Nations Library on Transnational Corporations, Bd. 17, Routledge, London, New York, 1994.

Cantwell, John/Narula, Rajneesh (2003, Hrsg.): International Business and the Eclectic Paradigm. Developing the OLI Framework. Routledge, London, New York, 2003.

Capar, Nejar/Kotabe, Masaaki (2003): The Relationship between International Diversification and Performance in Service Firms. In: Journal of International Business Studies, 34. Jg., Nr. 4, 2003, S. 345-355.

Carl, Dale/Gupta, Vipin/Javidan, Mansour (2004): Power Distance. In: House, Robert H./Hanges, Paul J./Javidan, Mansour/Dorfman, Peter W./Gupta Vipin (2004, Hrsg.): Culture, Leadership and Organizations. The GLOBE Study of 62 Societies. Sage, Thousand Oaks et al., 2004, S. 513-563.

Carpano, Claudio/Chrisman, James J./Roth, Kendall (1994): International Strategy and Environment: An Assessment of the Performance Relationship. In: Journal of International Business Studies, 25. Jg., Nr. 3, 1994, S. 639-656.

Carr, Chris (2005): Are German, Japanese and Anglo-Saxon Strategic Decision Styles still Divergent in the Context of Globalization? In: Journal of Management Studies, 42. Jg., Nr. 6, 2005, S. 1155-1188.

Cartwright, Sue/Cooper, Cary L. (2000): Managing Mergers, Acquisitions and Strategic Alliances. Integrating People and Cultures. 2. überarb. Aufl., Butterworth-Heinemann, Oxford et al., 2000.

Casson, Mark C. (1990, Hrsg.): Multinational Corporations. Edward Elgar, Aldershot, Brookfield, 1990.

Casson, Mark C. (1992): Internalization Theory and Beyond. In: Buckley, Peter J. (1992, Hrsg.): New Directions in International Business. Research Priorities for the 1990s. Edward Elgar, Aldershot, Brookfield, 1992, S. 4-27.

Cauley de la Sierra, Margaret (1994): Managing Global Alliances. Key Steps for Successful Collaboration. Addison-Wesley, Wokingham et al., 1994.

Caves, Richard (1971): Industrial Economics of Foreign Investment. The Case of the International Corporation. In: Journal of World Trade Law, 5. Jg., o. Nr., 1971, S. 303-314.

Cavusgil, S. Tamer (1984): Differences Among Exporting Firms Based on Their Degree of Internationalization. In: Journal of Business Research, 12. Jg., o. Nr., 1984, S. 195-208.

Chakravarthy, Balaji S./Perlmutter Howard S. (1985): Strategic Planning for a Global Business. In: Columbia Journal of World Business, 20. Jg., Nr. 2, 1985, S. 3-10.

Chan, Christine M./Makino, Shige/Isobe, Takehiko (2006): Interdependent Behavior in Foreign Direct Investment: The Multi-Level Effects of Prior Entry and Prior Exit on Foreign Market Entry. In: Journal of International Business Studies, 37. Jg., Nr. 5, 2006, S. 642-665.

Chandler, Alfred D. (1962): Strategy and Structure: Chapters in the History of the American Industrial Enterprise. MIT Press, Cambridge, 1962.

Chandler, Alfred D. (1980): The Growth of the Transnational Industrial Firm in the United States and the United Kingdom: A Comparative Analysis. In: Economic History Review, 33. Jg., Nr. 3, 1980, S. 396-410.

Chandler, Alfred D. (1990): Scale and Scope. The Dynamics of Industrial Capitalism. The Belknap Press of Harvard University Press, Cambridge, London, 1990.

Chang, Chan Sup/Chang, Nahn Joo (1994): The Korean Management System – Cultural, Political, Economic Foundations. Quorum Books, Westport, London, 1994.

Channon, Derek F. (1973): The Strategy and Structure of British Enterprises. Macmillan, London, Basingstoke, 1973.

Chatman, Jennifer A./Jehn, Karen A. (1994): Assessing the Relationship between Industry Characteristics and Organizational Culture: How Different Can You Be? In: Academy of Management Journal, 37. Jg., Nr. 3, 1994, S. 522-553.

Chen, Edward K.Y. (1994, Hrsg.): Transnational Corporations and Technology Transfer to Developing Countries. The United Nations Library on Transnational Corporations, Bd. 18, Routledge, London, New York, 1994.

Chen, Haiyang/Hu, Michael Y. (2002): An Analysis of Determinants of Entry Mode and Its Impact on Performance. In: International Business Review, 11. Jg., Nr. 2, 2002, S. 193-210.

Chen, Homin/Chen, Tain-Jy (2003): Governance Structures in Strategic Alliances: Transaction Cost versus Resource-based Perspective. In: Journal of World Business, 38. Jg., Nr. 1, 2003, S. 1-14.

Chen, Min (1995): Asian Management Systems. Chinese, Japanese and Korean Styles of Business. Routlege, London, New York, 1995.

Chen, Rongxin/Martin, Marc J. (2001): Foreign Expansion of Small Firms: The Impact of Domestic Alternatives and Prior Foreign Business Involvement. In: Journal of Business Venturing, 16. Jg., Nr. 6, 2001, S. 557-574.

Chen, Xiao-Ping/Li, Shu (2005): Cross-National Differences in Cooperative Decision-making in Mixed-motive Business Contexts: The Mediating Effect of Vertical and Horizontal Individualism. In: Journal of International Business Studies, 36. Jg., Nr. 6, 2005, S. 622-636.

Chesbrough, Henry W./Teece, David J. (1996): When is Virtual Virtuous? Organizing for Innovation. In: Harvard Business Review, 74. Jg., Januar-Februar 1996, S. 65-73.

Chhokar, Jagdeep S./Brodbeck, Felix C./House, Robert J. (2006, Hrsg.): Culture and Leadership Across the World: The GLOBE Book of In-Depth Studies of 25 Societies. Lawrence Earlbaum, Mahwah, 2006.

Child, John/Faulkner, David (1998): Strategies of Cooperation. Managing Alliances, Networks, and Joint Ventures. Oxford University Press, Oxford et al., 1998.

Child, John/Faulkner, David/Pitkethly, Robert (2000): Foreign Direct Investment in the UK 1985-1994: The Impact on Domestic Management Practice. In: Journal of Management Studies, 37. Jg., Nr. 1, 2000, S. 141-166.

Child, John/Yan, Yanni (1999): Investment and Control in International Joint Ventures: The Case of China. In: Journal of World Business, 34. Jg., Nr. 1, 1999, S. 3-15.

Cho, Kang Rae (1988): Issues of Compensation in International Technology Licensing. In: Management International Review, 28. Jg., Nr. 2, 1988, S. 70-79.

Cho, Namshin (1996): How Samsung Organized for Innovation. In: Long Range Planning, 29. Jg., Nr. 6, 1996, S. 783-796.

Choi, Chong Ju (1999): Preface: Global Competitiveness and National Attractiveness. In: International Studies of Management and Organization, 29. Jg., Nr. 1, 1999, S. 3-13.

Chowdhury, Jafor (1992): Performance of International Joint Ventures and Wholly Owned Foreign Subsidiaries: A Comparative Perspective. In: Management International Review, 32. Jg., Nr. 2, 1992, S. 115-133.

Christensen, Edward W./Gordon, George G. (1999): An Exploration of Industry, Culture and Revenue Growth. In: Organization Studies, 20. Jg., Nr. 3, 1999, S. 397-422.

Christophe, Stephen E. (1997): Hysteresis and the Value of the U.S. Multinational Corporation. In: Journal of Business, 70. Jg., Nr. 3, 1997, S. 435-462.

Christophe, Stephen E. (2002): The Value of U.S. MNC Earnings Changes from Foreign and Domestic Operations. In: Journal of Business, 75. Jg., Nr. 1, 2002, S. 67-93.

Chu, Chin-Ning (1994): China-Knigge für Manager. Campus, Frankfurt/Main, New York, 1994.

Chudnovsky, Daniel (1993, Hrsg.): Transnational Corporations and Industrialization. The United Nations Library on Transnational Corporations, Bd. 11, Routledge, London, New York, 1993.

Chung, Kae H./Lee, Hak Chong/Jung, Ku Hyun (1997): Korean Management – Global Strategy and Cultural Transformation. De Gruyter, Berlin, New York, 1997.

Chung, Tzöl Zae/Sievert, Hans-Wolf (1995, Hrsg.): Joint Ventures im chinesischen Kulturkreis. Eintrittsbarrieren überwinden, Marktchancen nutzen. Gabler, Wiesbaden, 1995.

Cichon, Wieland (1988): Globalisierung als strategisches Problem. Verlag V. Florentz, München, 1988 (Hochschulschriften zur Betriebswirtschaftslehre), zugl. Diss. Innsbruck.

Clark, Terry (1990): International Marketing and National Character: A Review and Proposal for an Integrative Theory. In: Journal of Marketing, 54. Jg., Nr. 4, 1990, S. 66-79.

Clarke, Thomas/Bostock, Richard (1996): International Corporate Governance: Who Rules the Corporation? In: Palmer, Gill/Clegg, Stewart (1996, Hrsg.): Constituting Management. Market, Meanings, and Identities. De Gruyter, Berlin, New York, 1996, S. 155-174.

Clee, Gilbert H./DiScipio Alfred (1959): Creating a World Enterprise. In Harvard Business Review, 37. Jg., November-Dezember 1959, S. 77-89.

Clee, Gilbert H./Sachtjen, Wilbur M. (1964): Organizing a Worldwide Business. In: Harvard Business Review, 42. Jg., November-Dezember 1964, S. 55-67.

Clegg, Jeremy (1990): The Determinants of Aggregate International Licensing Behaviour: Evidence from Five Countries. In: Management International Review, 30. Jg., Nr. 3, 1990, S. 231-251.

Coase, Ronald H. (1937): The Nature of the Firm. In: Economica, 4. Jg., o. Nr., 1937, S. 386-405.

Coenenberg, Adolf G./Sautter, Michael (1988): Strategische und finanzielle Bewertung von Unternehmensakquisitionen. In: Die Betriebswirtschaft, 48. Jg., Nr. 6, 1988, S. 691-710.

Cohen, Michael D./March, James G./Olsen, Johan P. (1976): Peoples, Problems, Solutions and the Ambiguity of Relevance. In: March, James G./Olsen, Johan P. (1976, Hrsg.): Ambiguity and Choice in Organizations. Universitetsforlaget, Bergen et al., 1976, S. 24-37.

Collis, David J. (1991): A Resource-Based Analysis of Global Competition: The Case of the Bearings Industry. In: Strategic Management Journal, 12. Jg., Special Issue, Sommer 1991, S. 49-68.

Contractor, Farok J. (1980a): The Composition of Licensing Fees and Arrangements as a Function of Economic Development of Technology Recipient Nations. In: Journal of International Business Studies, 11. Jg., Nr. 3, 1980, S. 47-62.

Contractor, Farok J. (1980b): The "Profitability" of Technology Licensing by U.S. Multinationals: A Framework for Analysis and an Empirical Study. In: Journal of International Business Studies, 11. Jg., Nr. 2, 1980, S. 40-63.

Contractor, Farok J. (1981): International Technology Licensing. Compensation, Costs, and Negotiation. Lexington Books, Lexington, Toronto, 1981.

Contractor, Farok J. (1984): Choosing Between Direct Investment and Licensing: Theoretical Considerations and Empirical Tests. In: Journal of International Business Studies, 15. Jg., Nr. 3, 1984, S. 167-188.

Contractor, Farok J. (1985): Licensing in International Strategy. A Guide for Planning and Negotiations. Quorum Books, Westport, London, 1985.

Contractor, Farok J. (1990): Ownership Patterns of U.S. Joint Ventures Abroad and the Liberalization of Foreign Government Regulations in the 1980s: Evidence from the Benchmark Surveys. In: Journal of International Business Studies, 21. Jg., Nr. 1, 1990, S. 55-73.

Contractor, Farok J./Lorange, Peter (1988): Why Should Firms Cooperate? The Strategy and Economics Basis for Cooperative Ventures. In: Contractor, Farok J./Lorange, Peter (1988, Hrsg.): Cooperative Strategies in International Business. Lexington Books, Lexington, Toronto, 1988, S. 3-28.

Contractor, Farok J./Lorange, Peter (1988, Hrsg.): Cooperative Strategies in International Business. Lexington Books, Lexington, Toronto, 1988.

Contractor, Farok J./Lorange, Peter (2002): The Growth of Alliances in the Knowledge-based Economy. In: International Business Review, 11. Jg., Nr. 4, 2002, S. 485-502.

Conyon, Martin J./Schwalbach, Joachim (2000): Executive Compensation: Evidence from the UK and Germany. In: Long Range Planning, 33. Jg., Nr. 4, 2000, S. 504-526.

Cooper, Robert G./Kleinschmidt, Elko J. (1988): Resource Allocation in the New Product Process. In: Industrial Marketing Management, 17. Jg., Nr. 3, 1988, S. 249-262.

Cooper, Robert G./Kleinschmidt, Elko J. (1993): New Product Success in the Chemical Industry. In: Industrial Marketing Management, 22. Jg., Nr. 2, 1993, S. 85-99.

Corden, W.M. (1967): Protection and Foreign Investment. In: The Economic Record, 43. Jg., o.Nr., 1967, S. 209-232.

Corley, Tony A.B. (1992): John Dunning's Contribution to International Business Studies. In: Buckley, Peter J./Casson, Mark C. (1992): Multinational Enterprises in the World Economy. Essays in Honour of John Dunning. Edward Elgar, Aldershot, Brookfield, 1992, S. 1-19.

Corsten, Hans (1993): Internationalisierung der Beschaffung. Diskussionsbeitrag Nr. 40 der Wirtschaftswissenschaftlichen Fakultät Ingolstadt, Kath. Universität Eichstätt, Oktober 1993.

Corsten, Hans (1996): Grundlagen des Prozessmanagement. In: WISU – Das Wirtschaftsstudium, 25. Jg., Nr. 12, 1996, S. 1089-1095.

Corsten, Hans (1998): Grundlagen der Wettbewerbsstrategie. Teubner, Stuttgart, Leipzig, 1998.

Corsten, Hans/Corsten, Hilde (2000): Projektmanagement. Oldenbourg, München, Wien, 2000.

Covin, Teresa Joyce/Sightler, Kevin W./Kolenko, Thomas A./Tudor, R. Keith (1996): An Investigation of Post-Acquisition Satisfaction with the Merger. In: Journal of Applied Behavioural Science, 32. Jg., Nr. 2, 1996, S. 125-142.

Craig, C. Samuel/Douglas, Susan P. (2005): International Marketing Research. 3. Aufl., John Wiley & Sons, Chichester et al., 2005.

Cravens, Karen S. (1997): Examining the Role of Transfer Pricing as a Strategy for Multinational Firms. In: International Business Review, 6. Jg., Nr. 2, 1997, S. 127-145.

Cray, David/Mallory, Geoffrey R. (1998): Making Sense of Managing Culture. International Thomson Business Press, London et al., 1998.

Cross, Adam (2000): Editorial: Licensing and Franchising Across Borders: Theory, Management and Strategies for the 21st Century. In: International Business Review, 9. Jg., Nr. 4, 2000, S. 403-406.

Cullen, John B./Johnson, Jean L./Sakano, Tomoaki (2000): Success Through Commitment and Trust: The Soft Side of Alliance Management. In: Journal of World Business, 35. Jg., Nr. 3, 2000, S. 223-240.

Curley, Shawn P./Yates, Frank/Abrams, Richard A. (1986): Psychological Sources of Amiguity Avoidance. In: Organizational Behavior and Human Decision Processes, 38. Jg., Nr. 2, 1986, S. 230-256.

Cushman, Donald P./Sanderson King, Sarah (1985): National and Organizational Cultures in Conflict Resolution. In: Gudykunst, William/Stewart, Lea P./Tin-Toomey, Stella (1985, Hrsg.): Communication, Culture, and Organizational Processes. Sage, Beverly Hills, London, New Delhi, 1985, S. 114-133.

Cutts, Robert L. (1992): Capitalism in Japan. Cartels and Keiretsu. In: Harvard Business Review, 70. Jg., Juli-August 1992, S. 48-55.

Cyert, Richard M./March, James G. (1963): A Behavioural Theory of the Firm. Prentice Hall, Englewood Cliffs, 1963.

Czinkota, Michael R./Ronkainen, Ilkka A./Moffett, Michael H. (2005): International Business. 7. Aufl., South-Western, Mason, 2005.

D

D'Aveni, Richard A. (1995): Hyperwettbewerb. Strategien für die neue Dynamik der Märkte. Campus, Frankfurt/Main, New York, 1995.

D'Cruz, Joseph (1986): Strategic Management of Subsidiaries. In: Etemad, Hamid/Dulude, Louise Séguin (1986, Hrsg.): Managing the Multinational Subsidiary. Response to Environmental Changes and to Host Nation R&D Policies. Croom Helm, London, Sydney, 1986, S. 75-89.

D'Iribarne, Philippe (1989): La Logique de l'Honneur. Gestions des Entreprises et Traditions Nationales. Editions du Seuil, Paris, 1989.

D'Iribarne, Philippe (1991): Culture et "effet sociétal". In: Revue française de Sociologie, 32. Jg., Nr. 4, 1991, S. 599-614.

Dähn, Mathias (1996): Wettbewerbsvorteile internationaler Unternehmen. Analyse – Kritik – Modellentwicklung. Gabler, Wiesbaden, 1996 (mir-edition), zugl. Diss. Bamberg.

Daniels, John D./Bracker, Jeffrey (1989): Profit Performance: Do Foreign Operations Make a Difference? In: Management International Review, 29. Jg., Nr. 1, 1989, S. 46-56.

Daniels, John D./Pitts, Robert/Tretter, Marietta (1984): Strategy and Structure of U.S. Multinationals: An Exploratory Study. In: Academy of Management Journal, 27. Jg., Nr. 2, 1984, S. 292-307.

Daniels, John D./Pitts, Robert/Tretter, Marietta J. (1985): Organizing for Dual Strategies of Product Diversity and International Expansion. In: Strategic Management Journal, 6. Jg., Nr. 3, 1985, S. 223-237.

Daniels, John D./Radebaugh, Lee H. (2001): International Business. Environments and Operations. 9. Aufl., Prentice-Hall, Upper Saddle River, 2001.

Daniels, John D./Radebaugh, Lee H. (2007): International Business. Environments and Operations. 11. Aufl., Prentice-Hall, Upper Saddle River, 2007.

Dannenbaum, Joachim (1999): Direktinvestitionen – ein Zeichen von Wettbewerbsfähigkeit? In: WISU – Das Wirtschaftsstudium, 28. Jg., Nr. 3, 1999, S. 309-310.

Das, Tushar/Teng, Bing-Sheng (2000): Instabilities of Strategic Alliances: An Internal Tensions Perspective. In: Organization Science, 11. Jg., Nr. 1, 2000, S. 77-101.

Dauderstädt, Michael (1997): Die oberflächliche Globalisierung. In: Fricke, Werner (1997, Hrsg.): Jahrbuch Arbeit und Technik, Dietz, Bonn, 1997, S. 415-424.

Davenport, Thomas H. (1993): Process Innovation. Reengineering Work through Information Technology. Harvard Business School Press, Boston, 1993.

Davidson, William H. (1980): The Location of Foreign Direct Investment Activity: Country Characteristics and Experience Effects. In: Journal of International Business Studies, 11. Jg., Nr. 2, 1980, S. 9-22.

Davidson, William H. (1983): Structure and Performance in International Technology Transfer. In: Journal of Management Studies, 20. Jg., Nr. 4, 1983, S. 453-465.

Davidson, William H./de la Torre, José (1989): Managing the Global Corporation. Case Studies in Strategy and Management. McGraw-Hill, New York et al., 1989.

Davidson, William H./Haspeslagh, Philippe (1982): Shaping a Global Product Organization. In: Harvard Business Review, 60. Jg., Juli-August 1982, S. 125-132.

Davidson, William H./McFetridge, Donald G. (1985): Key Characteristics in the Choice of International Technology Transfer Mode. In: Journal of International Business Studies, 16. Jg., Nr. 2, 1985, S. 5-21.

Davies, Howard/Ellis, Paul (2000): Porter's Competitive Advantage of Nations: Time for the Final Judgement? In: Journal of Management Studies, 37. Jg., Nr. 8, 2000, S. 1189-1213.

Davies, Howard/Leung, Thomas K.P./Luk, Sheriff T.K./Wong, Yiu-hing (1995): The Benefits of "Guanxi". The Value of Relationships in Developing the Chinese Market. In: Industrial Marketing Management, 24. Jg., o. Nr., 1995, S. 207-214.

Davis, Herbert J./Rasool, S. Anvaar (1988): Values Research and Managerial Behavior: Implications for Devising Culturally Consistent Managerial Styles. In: Management International Review, 28. Jg., Nr. 3, 1988, S. 11-20.

Davis, Stanley (1976): Trends in the Organization of the Multinational Corporation. In: Columbia Journal of World Business, 11. Jg., Sommer 1976, S. 59-71.

Davis, Stanley (1979): Basic Structures of Multinational Corporations. In: Davis, Stanley (1979, Hrsg.): Managing and Organizing the Multinational Corporation. Pergamon, New York et al., 1979, S. 193-211.

Dawson, Patrick (1997): In at the Deep End: Conducting Processual Research on Organisational Change. In: Scandinavian Journal of Management, 13. Jg., Nr. 4, 1997, S. 389-405.

Day, Ellen/Fox, Richard J./Huszagh, Sandra M. (1988): Segmenting the Global Market for Industrial Goods: Issues and Implications. In: International Marketing Review, 5. Jg., Nr. 3, 1988, S. 14-27.

Day, George S./Wensley, Robin (1988): Assessing Advantage: A Framework for Diagnosing Competitive Superiority. In: Journal of Marketing, 52. Jg., April 1988, S. 1-20.

DeMeyer, Arnoud/Mizushima, Atsuo (1989): Global R&D Management. In: R&D Management, 19. Jg., Nr. 2, 1989, S. 135-146.

De Mooij, Marieke (1998): Global Marketing and Advertising. Understanding Cultural Paradoxes. Sage, Thousand Oaks, London, New Delhi, 1998.

Deal, Terrence E./Kennedy, Allan A. (1982): Corporate Cultures. The Rites and Rituals of Corporate Life. Addison-Wesley, Reading et al., 1982.

Debiel, Tobias/Messner, Dirk/Nuscheler, Franz (2007, Hrsg.): Globale Trends 2007. Frieden – Entwicklung – Umwelt. Fischer Taschenbuch, Frankfurt/Main, 2007.

De Luque, Mary S./Javidan, Mansour (2004): Uncertainty Avoidance. In: House, Robert H./Hanges, Paul J./Javidan, Mansour/Dorfman, Peter W./Gupta Vipin (2004, Hrsg.): Culture, Leadership and Organizations. The GLOBE Study of 62 Societies. Sage, Thousand Oaks et al., 2004, S. 602-653.

Demsetz, Howard (1967): Toward a Theory of Property Rights. In: American Economic Review, 57. Jg., Nr. 2, 1967, S. 347-359.

Den Hartog, Deanne N./House, Robert J./Hanges, Paul J./Ruiz-Quintanilla, S. Antonio/Dorfman, Peter W. (1999): Culture Specific and Cross-Culturally Generalizable Implicit Leadership Theories: Are Attributes of Charismatic/Transformational Leadership Universally Endorsed? In: Leadership Quarterly, 10. Jg., Nr. 2, 1999, S. 219-256.

Den Hartog, Deanne N. (2004): Assertiveness. In: House, Robert H./Hanges, Paul J./Javidan, Mansour/Dorfman, Peter W./Gupta Vipin (2004, Hrsg.): Culture, Leadership and Organizations. The GLOBE Study of 62 Societies. Sage, Thousand Oaks et al., 2004, S. 395-436.

Dent, Christopher M./Randerson, Claire (1997): Enter the Chaebol: The Escalation of Korean Direct Investment in Europe. In: European Business Journal, 9. Jg., Nr. 4, 1997, S. 31-39.

Deresky, Helen (2006): International Management. Managing Across Borders and Cultures. 5. Auflage, Pearson Prentice Hall, Upper Saddle River, 2006.

Deutsch, Karl W. (1969): Nationalism and its Alternatives. Alfred A. Knopf, New York, 1969.

Deutsche Bundesbank (1992): Die Zahlungsbilanzstatistik der Bundesrepublik Deutschland. Inhalt, Aufbau und methodische Grundlagen. Sonderdrucke der Deutschen Bundesbank, Nr. 8. Nachdruck der 2. Aufl., Juni 1992.

Deutsche Bundesbank (1995): Änderungen in der Systematik der Zahlungsbilanz. In: Monatsberichte der Deutschen Bundesbank, 47. Jg., Nr. 3, März 1995, S. 33-43.

Deutsche Bundesbank (1996a): Zum Stand der außenwirtschaftlichen Anpassung nach der deutschen Vereinigung. In: Monatsberichte der Deutschen Bundesbank, 48. Jg., Nr. 5, Mai 1996, S. 49-61.

Deutsche Bundesbank (1996b): Technologische Dienstleistungen in der Zahlungsbilanz im längerfristigen Vergleich. In: Monatsberichte der Deutschen Bundesbank, 48. Jg., Nr. 5, Mai 1996, S. 63-73.

Deutsche Bundesbank (1997a): Wechselkurs und Außenhandel. In: Monatsberichte der Deutschen Bundesbank, 49. Jg., Nr. 1, Januar 1997, S. 43-62.

Deutsche Bundesbank (1997b): Zur Problematik internationaler Vergleiche von Direktinvestitionsströmen. In: Monatsberichte der Deutschen Bundesbank, 49. Jg., Nr. 5, Mai 1997, S. 79-86.

Deutsche Bundesbank (1998): Wechselkursabhängigkeit des deutschen Außenhandels. In: Monatsberichte der Deutschen Bundesbank, 50. Jg., Nr. 1, Januar 1998, S. 49-59.

Deutsche Bundesbank (1999a): Die deutsche Zahlungsbilanz im Jahr 1998. In: Monatsberichte der Deutschen Bundesbank, 51. Jg., Nr. 3, März 1999, S. 45-62.

Deutsche Bundesbank (1999b): Die Entwicklung der Kapitalverflechtung mit dem Ausland von Ende 1995 bis Ende 1997. In: Monatsberichte der Deutschen Bundesbank, 51. Jg., Nr. 6, Juni 1999, S. 59-72.

Deutsche Bundesbank (1999c): Außenwirtschaft. In: Monatsberichte der Deutschen Bundesbank, 51. Jg., Nr. 11, November 1999, S. 37-45.

Deutsche Bundesbank (2002a): Kapitalverflechtung mit dem Ausland. Statistische Sonderveröffentlichung Nr.10. Eigenverlag der Deutschen Bundesbank, Frankfurt/Main, Mai 2002.

Deutsche Bundesbank (2002b): Zahlungsbilanzstatistik. Statistisches Beiheft zum Monatsbericht 3. Eigenverlag der Deutschen Bundesbank, Frankfurt/Main, Oktober 2002.

Deutsche Bundesbank (2005): Revisionen in der Zahlungsbilanz zum Geschäftsjahr 2004 – Methodische Änderungen und Revisionen von größerem Umfang. Deutsche Bundesbank, Frankfurt/Main, 2005. URL: http://www.bundesbank.de/download/statistik/sdds/stat_zahlun gsbilanz/sdds_zb_revisionen_2005.pdf (Stand: 19.02.2008).

Deutsche Bundesbank (2007a): Bestandserhebung über Direktinvestitionen. Statistische Sonderveröffentlichung Nr. 10. Eigenverlag der Deutschen Bundesbank, Frankfurt/Main, April 2007.

Deutsche Bundesbank (2007b): Zahlungsbilanzstatistik. Statistisches Beiheft zum Monatsbericht 3. Eigenverlag der Deutschen Bundesbank, Frankfurt/Main, Oktober 2007.

Deutsche Bundesbank (2007c): Saisonbereinigte Wirtschaftszahlen, November 2007. Statistisches Beiheft zum Monatsbericht 4. Eigenverlag der Deutschen Bundesbank, Frankfurt/Main, November 2007.

Deutsche Bundesbank (2007d): Zahlungsbilanz nach Regionen. Statistische Sonderveröffentlichung Nr. 11. Eigenverlag der Deutschen Bundesbank, Frankfurt/Main, Juli 2007.

Deutsche Bundesbank (2007e): Statistik – Zeitreihen. Deutsche Bundesbank, Frankfurt/Main, 2007. URL: http://www.bundesbank.de/statistik/statistik_zeitreihen.php (Stand 21.12.2007).

Deutsche Bundesbank (2007f): Bestandserhebung über Direktinvestitionen, April 2007, Statistische Sonderveröffentlichung 10. Eigenverlag der Deutschen Bundesbank, Frankfurt/Main, 2007. URL: http://www.bundesbank.de/download/statistik/stat_sonder/stats o10.pdf (Stand 21.12.2007).

Deutsche Bundesbank (2007g): Direktinvestitionen laut Zahlungsbilanzstatistik für die Berichtsjahre 2003-2006. Eigenverlag der Deutschen Bundesbank, Frankfurt/Main, April 2007.

Deutsche Bundesbank (2007h): Das deutsche Auslandsvermögen Ende 2006. Pressenotiz vom 26.09.2007, Deutsche Bundesbank, Frankfurt/Main, 2007. URL: http://www.bundesbank.de/ download/presse/pressenotizen/2007/20070926.auslandsvermoegen.pdf (Stand: 19.02.2008)

Devinney, Timothy M. (2004): The Eclectic Paradigm: The Developmental Years as a Mirror on the Evolution of the Field of International Business. In: Cheng, Joseph L.C./Hitt, Michael A. (2004, Hrsg.): Managing Multinationals in a Knowledge Economy: Economics, Culture, and Human Resources. Elsevier, Amsterdam et al., 2004, S. 29-42.

Diamantopoulos, Adamantios/Schlegelmilch, Bodo B./Du Preez, J.-P. (1995): Lessons for Pan-European Marketing? The Role of Consumer Preferences in Fine-Tuning the Product-Marketing fit. In: International Marketing Review, 12. Jg., Nr. 2, 1995, S. 38-52.

Diamantopoulos, Admantios/Winklhofer, Heidi (2003): Export Sales Forecasting by UK Firms. Technique Utilization and Impact on Forecast Accuracy. In: Journal of Business Research, 56. Jg., Nr. 1, 2003, S. 45-54.

Dichtl, Erwin/Issing, Otmar (1992, Hrsg.): Exportnation Deutschland. 2., völlig neubearb. Aufl., Beck, München, 1992.

Dichtl, Erwin/Köglmayr, Hans-Georg (1986): Country Risk Ratings. In: Management International Review, 26. Jg., Nr. 4, 1986, S. 4-11.

Dichtl, Erwin/Köglmayr, Hans-Georg/Müller, Stefan (1989): Exportentscheidung. In: Macharzina, Klaus/Welge, Martin K. (1989, Hrsg.): Handwörterbuch Export und Internationale Unternehmung. Schäffer-Poeschel, Stuttgart, 1989, Sp. 511-526.

Dichtl, Erwin/Lingenfelder, Michael/Müller, Stefan (1991): Die Internationalisierung des institutionellen Handels im Spiegel der Literatur. In: Zeitschrift für betriebswirtschaftliche Forschung, 43. Jg., Nr. 12, 1991, S. 1023-1047.

Dichtl, Erwin/Müller, Stefan (1992): Was erfolgreiche von erfolglosen Exporteuren unterscheidet. In: Dichtl, Erwin/Issing, Otmar (1992, Hrsg.): Exportnation Deutschland. 2., völlig neubearb. Aufl., Beck, München, 1992, S. 337-357.

Dicken, Peter (1998/1999): Global Shift. Transforming the World Economy. 3. Aufl. Reprint der Ausgabe von 1998, Paul Chapman Publishing, London, 1999.

Dickens, Christine Hodt (2007): Establishment of the SE Company: An Overview over the Provisions Governing the Formation of the European Company. In: European Business Law Review, 18. Jg., Nr. 6, 2007, S. 1423-1464.

Dierkes, Meinolf/Hähner, Katrin/Berthoin Antal, Ariane (1997): Das Unternehmen und sein Umfeld. Wahrnehmungsprozesse und Unternehmenskultur am Beispiel eines Chemiekonzerns. Campus, Frankfurt/Main, New York, 1997.

Dieter, Heribert (1999): Strukturen und Trends der Weltwirtschaft. In: Stiftung Entwicklung und Frieden (1999, Hrsg.): Globale Trends 2000. Fischer, Frankfurt/Main, 1999, S. 169-193.

Di Gregorio, Dante (2005): Re-thinking Country Risk: Insights from Entrepreneurship Theory. In: International Business Review, 14. Jg., Nr. 2, 2005, S. 209-226.

DIHK (Deutscher Industrie- und Handelskammertag) (2007): Export/Import 2007/2008: DIHK-Umfrage bei den deutschen Auslandshandelskammern. Eigenverlag des Deutschen Industrie- und Handelskammertags, Berlin, 2007.

DIHT (Deutscher Industrie- und Handelstag) (1998): Wettbewerbsfähigkeit auf den Auslandsmärkten 1998. DIHT-Umfrage bei den deutschen Außenhandelskammern. Bonn, August 1998.

Dikova, Desislava/Van Witteloostuijn, Arjen (2007): Foreign Direct Investment Mode Choice: Entry and Establishment Modes in Transition Economies. In: Journal of International Business Studies, 38. Jg., Nr. 6, 2007, S. 1013-1033.

Dill, Peter (1986): Unternehmenskultur. Grundlagen und Anknüpfungspunkte für ein Kulturmanagement. Diss. LMU München, 1986.

Dill, Peter/Hügler, Gert (1987): Unternehmenskultur und Führung betriebswirtschaftlicher Organisationen. Ansatzpunkte für ein kulturbewußtes Management. In: Heinen, Edmund (1987, Hrsg.): Unternehmenskultur. Oldenbourg, München, Wien, 1987, S. 141-209.

Diller, Hermann (1992): Euro-Key-Account-Management. In: Marketing ZFP, 14. Jg., Nr. 4, 1992, S. 239-245.

Djanani, Christiana (1995): Steuerliche Auswirkungen von statutarischen Strukturänderungsentscheidungen. In: Djanani, Christiana/Kofler, Herbert/Steckel, Rudolf (1995, Hrsg.): Anpassungsprozesse in Wirtschaft und Recht. Europäische Union, Rechnungslegung und Steuern. Festschrift für Hans Lexa zum 60. Geburtstag. Linde Verlag, Wien, 1995, 425-439.

Djanani, Christiana/Winning, Markus (1999): Der Verrechnungspreis im Spannungsfeld zwischen betriebswirtschaftlichen und steuer(rechtlichen)lichen Anforderungen. In: Kutschker, Michael (1999, Hrsg.): Perspektiven der internationalen Wirtschaft. Gabler, Wiesbaden, 1999, S. 243-267.

Dobry, Arndt (1983): Die Steuerung ausländischer Tochtergesellschaften. Eine theoretische und empirische Untersuchung ihrer Grundlagen und Instrumente. Verlag der Ferber'schen Universitätsbuchhandlung, Gießen, 1983, zugl. Diss. Gießen.

Dolles, Harald (1997): Keiretsu. Emergenz, Struktur, Wettbewerbsstärke und Dynamik japanischer Verbundgruppen: Ein Plädoyer für eine interpretative Erweiterung ökonomischer Analysen in der interkulturellen Managementforschung. Verlag Peter Lang, Frankfurt/Main et al. 1997, zugl. Diss. Erlangen-Nürnberg.

Domsch, Michel/Lichtenberger, Bianka (1992): Einsatz von lokalen vs. entsandten Managern in Auslandsniederlassungen: Entscheidung und Auswahl. In: Kumar, Brij Nino/Haussmann, Helmut (1992, Hrsg.): Handbuch der Internationalen Unternehmenstätigkeit. Beck, München, 1992, S. 787-807.

Dorfman, Peter W./Hanges, Paul J./Brodbeck, Felix C. (2004): Leadership and Cultural Variation. In: House, Robert H./Hanges, Paul J./Javidan, Mansour/Dorfman, Peter W./Gupta Vipin (2004, Hrsg.): Culture, Leadership and Organizations. The GLOBE Study of 62 Societies. Sage, Thousand Oaks et al., 2004, S. 669-719.

Dorfman, Peter W./Howell, Jon P. (1988): Dimensions of National Culture and Effective Leadership Patterns: Hofstede Revisited. In: Farmer, Richard N./McGoun, Elton G. (1988, Hrsg.): Advances in International Comparative Mangement. Bd. 3, JAI Press, Greenwich, London, 1988, S. 127-150.

Dormann, Jürgen (1993): Geschäftssegmentierung bei Hoechst. In: Zeitschrift für betriebswirtschaftliche Forschung, 45. Jg., Nr. 12, 1993, S. 1068-1077.

Dornbusch, Rüdiger/Fischer, Stanley/Samuelson, Paul A. (1977): Comparative Advantage, Trade, and Payments in a Ricardian Model with a Continuum of Goods. In: The American Economic Review, 67. Jg., o. Nr., 1977, S. 823-839.

Dorow, Wolfgang (1982): Unternehmungspolitik. Kohlhammer, Stuttgart et al., 1982.

Dorow, Wolfgang (1999): The Expatriates' Stony Road to Success in East Europe: An Analysis of the Transformation-Process of the Skoda-Volkwagen Joint Venture in the Czech Republic. Working Paper Nr. 136, Europa-Universität Viadrina, Frankfurt/Oder, Fakultät für Wirtschaftswissenschaften, Juni 1999.

Dorow, Wolfgang/Varga von Kibed, Gabriele (1997): Market Entry in Eastern Europe as a Challenge for Expatriates – Case Study: The Volkswagen-Skoda Joint Venture in the Czech Republic. In: Wagner, Dieter (1997, Hrsg.): Bewältigung des ökonomischen Wandels. Entwicklungen der Transformationsforschung in Ost und West. Verlag Rainer Hampp, München, Mering, 1997, S. 207-217.

Dorow, Wolfgang/Varga von Kibed, Gabriele (2002): Die Überwachungsproblematik in der deutschen und anglo-amerikanischen Corporate Governance: „Codes of Best Practice" als Lösungsansatz? In: Auer-Rizzi, Werner/Szabo, Erna/Innreiter-Moser, Cäcilia (2002, Hrsg.): Management in einer Welt der Globalisierung und Diversität. Europäische und nordamerikanische Sichtweisen. Festschrift für Gerhard Reber zum 65. Geburtstag. Schäffer-Poeschel, Stuttgart, S. 287-307.

Dörr, Thorsten (2000): Grenzüberschreitende Unternehmensakquisitionen. Erfolg und Einflussfaktoren. Deutscher Universitätsverlag, Wiesbaden, 2000, zugl. Diss. WHU Koblenz.

Dörrenbächer, Christoph (1999): Vom Hoflieferanten zum Global Player. Unternehmensreorganisation und nationale Politik in der Welttelekommunikationsindustrie. Edition Sigma, Berlin, 1999, zugl. Diss. FU Berlin.

Dosi, Giovanni/Nelson, Richard R. (1994): An Introduction to Evolutionary Theories in Economics. In: Journal of Evolutionary Economics, 4. Jg., Nr. 3, 1994, S. 153-172.

Douglas, Susan P./Craig, Samuel C. (1984): Establishing Equivalence in Comparative Consumer Research. In: Kaynak, Erdener/Savitt, Ronald (1984, Hrsg.): Comparative Marketing Systems. Praeger, New York, 1984, S. 93-113.

Douglas, Susan P./Urban, Christine D. (1977): Life-Style Analysis to Profile Women in International Markets. In: Journal of Marketing, 41. Jg., Nr. 3, 1977, S. 46-54.

Douglas, Susan P./Wind, Yoram (1987): The Myth of Globalization. In: Columbia Journal of World Business, 22. Jg., Nr. 4, 1987, S. 19-29.

Dow, Douglas/Karunaratna, Amal (2006): Developing a Multidimensional Instrument to Measure Psychic Distance Stimuli. In: Journal of International Business Studies, 37. Jg., Nr. 5, 2006, S. 578-602.

Dowling, Michael/Lechner, Christian (1998): Kooperative Wettbewerbsbeziehungen: Theoretische Ansätze und Managementstrategien. In: Die Betriebswirtschaft, 58. Jg., Nr. 1, 1998, S. 86-102.

Doz, Yves L. (1980): Strategic Management in Multinational Corporations. In: Sloan Management Review, 21. Jg., Nr. 2, 1980, S. 27-46.

Doz, Yves L. (1986): Strategic Management in Multinational Corporations. Pergamon Press, Oxford et al., 1986.

Doz, Yves L. (1987): International Industries: Fragmentation versus Globalization. In: Guile, Bruce R./Brooke, Harrow (1987, Hrsg.): Technology and Global Industry. National Academy Press, Washington, 1987, S. 82-94.

Doz, Yves L./Asakawa, Kaz/Santos, José F.P./Williamson, Peter J. (1997): The Metanational Corporation. Working Paper 97/60/SM, INSEAD, Fontainebleau/Frankreich.

Doz, Yves L./Bartlett, Christopher A./Prahalad, Coimbatore K. (1981): Global Competitive Pressures and Host Country Demands. Managing Tensions in MNCs. In: California Management Review, 23. Jg., Nr. 3, 1981, S. 63-74.

Doz, Yves L./Hamel, Gary (1998): Alliance Advantage. The Art of Creating Value through Partnering. Harvard Business School Press, Boston, 1998.

Doz, Yves L./Prahalad, Coimbatore K. (1981): Headquarters Influence and Strategic Control in MNCs. In: Sloan Management Review, 23. Jg., Nr. 1, 1981, S. 15-29.

Doz, Yves L./Prahalad, Coimbatore K. (1984): Patterns of Strategic Control within Multinational Corporations. In: Journal of International Business Studies, 15. Jg., Nr. 2, 1984, S. 55-72.

Doz, Yves L./Prahalad, Coimbatore K. (1991): Managing DMNCs: A Search for a New Paradigm. In: Strategic Management Journal, 12. Jg., Special Issue, Sommer 1991, S. 145-164.

Doz, Yves L./Prahalad, Coimbatore K. (1993): Managing DMNCs: A Search for a New Paradigm. In: Ghoshal, Sumantra/Westney, Eleanor D. (1993, Hrsg.): Organization Theory and the Multinational Corporation. St. Martin's Press, New York, 1993, S. 24-50.

Draguhn, Werner (1993, Hrsg.): Neue Industriekulturen im pazifischen Raum – Eigenständigkeiten und Vergleichbarkeit mit dem Westen. Verbund Stiftung Deutsches Übersee-Institut, Hamburg, 1993.

Drake, Rodman/Prager, Allan (1977): Floundering with Foreign Investment Planning. In: Columbia Journal of World Business, 12. Jg., Nr. 2, 1977, S. 66-77.

Driscoll, Angie M. (1995): Foreign Market Entry Methods: A Mode Choice Framework. In: Paliwoda, Stanley J./Ryans, John K. (1995, Hrsg.): International Marketing Reader. Routledge, London, New York, 1995, S. 15-34.

Driscoll, Angie M./Paliwoda, Stanley J. (1997): Dimensionalizing International Market Entry Mode Choice. In: Journal of Marketing Management, 13. Jg., Nr.1-3, 1997, S. 57-87.

Droege & Comp. (1995): Unternehmensorganisation im internationalen Vergleich. Struktur, Prozesse und Führungssysteme in Deutschland, Japan und den USA. Campus, Frankfurt/Main, 1995.

Drogendijk, Rian/Slangen, Arjen (2006): Hofstede, Schwartz, or Managerial Perceptions? The Effects of Different Cultural Distance Measures on Establishment Mode Choices by Multinational Enterprises. In: International Business Review, 15. Jg., Nr. 4, 2006, S. 361-380.

Drumm, Hans Jürgen (1989a): Transferpreise. In: Macharzina, Klaus/Welge, Martin K. (1989, Hrsg.): Handwörterbuch Export und Internationale Unternehmung. Schäffer-Poeschel, Stuttgart, 1989, Sp. 2077-2085.

Drumm, Hans Jürgen (1989b): Verrechnungspreise. In: Szyperski, Norbert (1989, Hrsg.): Handwörterbuch der Planung. Poeschel, Stuttgart, 1989, Sp. 2168-2177.

Drumm, Hans Jürgen (1996): Das Paradigma der Neuen Dezentralisation. In: Die Betriebswirtschaft, 56. Jg., Nr. 1, 1996, S. 7-20.

Düerkop, Carsten F. (1996): Erfolg chinesisch-deutscher Joint-Ventures. Verlag für Wissenschaft und Forschung/Metzler und Poeschel, Stuttgart, 1996, zugl. Diss. Braunschweig.

Dufey, Gunter/Hommel, Ulrich (1997): Der Shareholder Value-Ansatz: U.S.-amerikanischer Kulturimport oder Diktat des globalen Marktes? In: Engelhard, Johann (1997, Hrsg.): Interkulturelles Management. Theoretische Fundierung und funktionsspezifische Konzepte. Gabler, Wiesbaden, 1997, S. 183-211.

Dufey, Gunter/Hommel, Ulrich/Riemer-Hommel, Petra (1998): Corporate Governance: European vs. U.S. Perspectives in a Global Market. In: Scholz, Christian/Zentes, Joachim (1998, Hrsg.): Strategisches Euro-Management, Bd. 2, Schäffer-Poeschel, Stuttgart, 1998, S. 45-65.

Duhnkrack, Thomas (1984): Zielbildung und Strategisches Zielsystem der Internationalen Unternehmung. Vandenhoeck & Ruprecht, Göttingen, 1984 (Schriftenreihe des Seminars für Allgemeine Betriebswirtschaftslehre der Universität Hamburg, Bd. 26), zugl. Diss. Hamburg.

Dülfer, Eberhard (1981): Zum Problem der Umweltberücksichtigung im „Internationalen Management". In: Pausenberger, Ehrenfried (1981, Hrsg.): Internationales Management. Ansätze und Ergebnisse betriebswirtschaftlicher Forschung. Poeschel, Stuttgart, 1981, S. 1-44.

Dülfer, Eberhard (1982): Projekte und Projektmanagement im internationalen Kontext. Eine Einführung. In: Dülfer, Eberhard (1982, Hrsg.): Projektmanagement – international. Tagungsband der Kommission Internationales Management im Verband der Hochschullehrer für Betriebswirtschaft. Poeschel, Stuttgart, 1982, S. 1-30.

Dülfer, Eberhard (1982, Hrsg.): Projektmanagement – international. Tagungsband der Kommission Internationales Management im Verband der Hochschullehrer für Betriebswirtschaft. Poeschel, Stuttgart, 1982.

Dülfer, Eberhard (1993): Management in fremden Kulturbereichen. In: Wittmann, Waldemar et al. (1993, Hrsg.): Handwörterbuch der Betriebswirtschaft. Schäffer-Poeschel, Stuttgart, 1993, Sp. 2647-2663.

Dülfer, Eberhard (1997): Internationales Management in unterschiedlichen Kulturbereichen. 5., überarb. und erw. Aufl., Oldenbourg, München, Wien, 1997.

Dülfer, Eberhard (2001): Internationales Management in unterschiedlichen Kulturbereichen. 6., erg. Aufl., Oldenbourg, München, Wien, 2001.

Dülfer, Eberhard (2002): Zur Geschichte der internationalen Unternehmenstätigkeit – Eine unternehmerbezogene Perspektive. In: Macharzina, Klaus/Oesterle, Michael-Jörg (2002, Hrsg.): Handbuch Internationales Management. 2. Aufl., Gabler, Wiesbaden, 2002, S. 69-95.

Dumaine, Brian (1989): How Managers Succeed Through Speed. In: Fortune, 13. Februar 1989, S. 30-35.

Dunning, John H. (1973): The Determinants of International Production. In: Oxford Economic Papers, 25. Jg., Nr. 3, 1973, S. 289-336.

Dunning, John H. (1974): The Distinctive Nature of the Multinational Enterprise. In: Dunning, John H. (1974, Hrsg.): Economic Analysis and the Multinational Enterprise. George Allen & Unwin, London, 1974, S. 13-30.

Dunning, John H. (1977): Trade, Location of Economic Activity and the MNE: A Search for an Eclectic Approach. In: Ohlin, Bertil (1977, Hrsg.): The International Allocation of Economic Activity. The Nobel Symposium, Macmillan, London, Basingstoke, 1977, S. 395-418.

Dunning, John H. (1979): Explaining Changing Patterns of International Production: In Defence of the Eclectic Theory. In: Oxford Bulletin of Economics and Statistics, 41. Jg., o. Nr., 1979, S. 269-295.

Dunning, John H. (1980): Toward an Eclectic Theory of International Production: Some Empirical Tests. In: Journal of International Business Studies, 11. Jg., Nr. 1, 1980, S. 9-31.

Dunning, John H. (1983): Changes in the Level and Structure of International Production: The Last One Hundred Years. In: Casson, Mark C. (1983, Hrsg.): The Growth of International Business. Allen & Unwin, London, 1983, S. 84-139.

Dunning, John H. (1988): The Eclectic Paradigm of International Production: A Restatement and Some Possible Extensions. In: Journal of International Business Studies, 19. Jg., Nr. 1, 1988, S. 1-31.

Dunning, John H. (1993): The Globalization of Business. Routledge, London, New York, 1993.

Dunning, John H. (1993, Hrsg.): The Theory of Transnational Corporations. The United Nations Library on Transnational Corporations, Bd. 1, Routledge, London, New York, 1993.

Dunning, John H. (1994): Re-evaluating the Benefits of Foreign Direct Investment. In: Transnational Corporations, 3. Jg., Nr. 1, 1994, S. 23-51.

Dunning, John H. (1995): Reappraising the Eclectic Paradigm in an Age of Alliance Capitalism. In: Journal of International Business Studies, 26. Jg., Nr. 3, 1995, S. 461-491.

Dunning, John H. (1992/1998): Multinational Enterprises and the Global Economy. Nachdruck der Ausgabe von 1992, Addison-Wesley, Wokingham et al., 1998.

Dunning, John H. (1999): Forty Years on: American Investment in British Manufacturing Industry Revisited. In: Transnational Corporations, 8. Jg., Nr. 2, 1999, S. 1-34.

Dunning, John H. (2000a): The Eclectic Paradigm as an Envelope for Economic and Business Theories of MNE Activity. In: International Business Review, 9. Jg., Nr. 2, 2000, S. 163-190.

Dunning, John H. (2000b): Relational Assets, Networks and International Business Activity. Keynote Speech, The 26th Annual Conference, European International Business Academy (EIBA), Maastricht, 10.-12. Dezember 2000.

Dunning, John H. (2001): The Eclectic (OLI) Paradigm of International Production: Past, Present and Future. In: International Journal of the Economics of Business, 8. Jg., Nr. 2, 2001, S. 173-190.

Dunning, John H. (2004): An Evolving Paradigm of the Economic Determinants of International Business Activity. In: Cheng, Joseph L.C./Hitt, Michael A. (2004, Hrsg.): Managing Multinationals in a Knowledge Economy: Economics, Culture, and Human Resources. Elsevier, Amsterdam et al., 2004, S. 3-27.

Dunning, John H./Bansal, Sangeeta (1997): The Cultural Sensitivity of the Eclectic Paradigm. In: Multinational Business Review, 5. Jg., Nr. 1, 1997, S. 1-17.

Dunning, John H./Dilyard, John R. (1999): Towards a General Paradigm of Foreign Direct and Foreign Portfolio Investment. In: Transnational Corporations, 8. Jg., Nr. 1, 1999, S. 1-52.

Dunning, John H./Fujita, Masataka/Yokova, Nevena (2007): Some Macro-Data on the Regionalisation/Globalisation Debate: A Comment on the Rugman/Verbeke Analysis. In: Journal of International Business Studies, 38. Jg., Nr. 1, 2007, S. 177-199.

Dunning, John H./Kundu, Sumir K. (1995): The Internationalization of the Hotel Industry – Some New Findings from a Field Study. In: Management International Review, 35. Jg., Nr. 2, 1995, S. 101-133.

Dunning, John H./Pitelis, Christos N. (2008): Stephen Hymer's Contribution to International Business Scholarship: An Assessment and Extension. In: Journal of International Business Studies, 39. Jg., Nr. 1, 2008, S. 167-176.

Dunning, John H./Rugman, Alan M. (1985): The Influence of Hymer's Dissertation on the Theory of Foreign Direct Investment. In: American Economic Review, 75. Jg., Nr. 2, 1985, S. 228-232.

Duran, Juan J. (1995): The Internationalization of a Firm's Equity: A Source of New Capabilities and Resources. In: Schiattarella, Roberto (1995, Hrsg.): New Challenges for European and International Business. Proceedings of the Annual Conference, European International Business Academy, Urbino, Dezember 1995, Bd. 2, Confindustria, Rom, 1995, S. 379-399.

Duran, Juan J./Lamothe, Prosper (2004): The Country Risk Premium. What Is Contained within the Political Risk and Sovereign Risk Indexes? In: Larimo, Jorma/Rumpunen, Sami (2004, Hrsg.): Report 112 der University of Vaasa, Vaasa, 2004, S. 84-98.

Dussauge, Pierre/Garrette, Bernard (1995): Determinants of Success in International Strategic Alliances: Evidence from the Global Aerospace Industry. In: Journal of International Business Studies, 26. Jg., Nr. 3, 1995, S. 505-530.

Dutta, Soumir/Kwan, Stephen/Segev, Arie (1998): Business Transformation in Electronic Commerce: A Study of Sectoral and Regional Trends. In: European Management Journal, 16. Jg., Nr. 5, 1998, S. 540-551.

Dutta, Sudipt (1997): Family Business in India. Sage, New Delhi, Thousand Oaks, London, 1997.

Dyas, Gareth P./Thanheiser, Heinz T. (1976): The Emerging European Enterprise. Strategy and Structure in French and German Industry. Westview Press, Boulder, 1976.

E

Earley, P. Christopher (2006): Leading Cultural Research in the Future: A Matter of Paradigms and Taste. In: Journal of International Business Studies, 37. Jg., Nr. 6, 2006, S. 922-931.

Earley, P. Christopher/Mosakowski, Elaine (2000): Creating Hybrid Team Cultures: An Empirical Test of Transnational Team Functioning. In: Academy of Management Journal, 43. Jg., Nr. 1, 2000, S. 26-49.

Ebers, Mark (1985): Organisationskultur: ein neues Forschungsprogramm? Gabler, Wiesbaden, 1985 (Neue betriebswirtschaftl. Forschung, Bd. 33), zugl. Diss. Mannheim.

Ebers, Mark (1997, Hrsg.): The Formation of Inter-Organizational Networks. Oxford University Press, Oxford et al., 1997.

Ebers, Mark/Gotsch, Wilfried (2006): Institutionenökonomische Theorien der Organisation. In: Kieser, Alfred/Ebers, Mark (2006, Hrsg.): Organisationstheorien. 6., erw. Aufl., Kohlhammer, Stuttgart, 2006, S. 247-308.

Eberwein, Wilhelm/Tholen, Jochen (1993): Euro-Manager or Splendid Isolation? International Management, an Anglo-German Comparison. De Gruyter, Berlin, New York, 1993.

Eckert, Stefan (2000): Konvergenz der nationalen Corporate Governance-Systeme? – Ursache und Internationalisierungswirkungen der Denationalisierung der Corporate Governance großer deutscher Aktiengesellschaften am Beispiel der Hoechst AG. In: Knyphausen-Aufseß, Dodo zu (2000, Hrsg.): Globalisierung als Herausforderung der Betriebswirtschaftslehre. Gabler, Wiesbaden, 2000 (mir-edition), S. 95-135.

Eckert, Stefan/Engelhard, Johann (1999): Towards a Capital Structure Theory for the Multinational Company. In: Management International Review, 39. Jg., Special Issue Nr. 2, 1999, S. 105-136.

Eckert, Stefan/Lyszczarz, Katarzyna (2008): Zur Wirkung grenzüberschreitender Akquisitionen auf den Shareholder Value des akquirierenden Unternehmens. Eine Analyse des Stands der Forschung. International Management Working Paper Series No. 01/2008, Internationales Hochschulinstitut Zittau, 2008.

Eckert, Stefan/Mayrhofer, Ulrike (2005): Identifying and Explaining Epochs of Internationalization: A Case Study. In: European Management Review, 2. Jg., Nr. 3, 2005, S. 212-223.

Eckstein, Daniela (1999): Studententräume. In: Capital , o. Jg., Nr. 6, 1999, S. 90-92.

Edström, Anders/Galbraith, Jay R. (1977): Transfer of Managers as a Coordination and Control Strategy in Multinational Corporations. In: Administrative Science Quarterly, 22. Jg., Nr. 2, 1977, S. 248-263.

Egelhoff, William G. (1982): Strategy and Structure in Multinational Corporations: An Information Processing Approach. In: Administrative Science Quarterly, 27. Jg., Nr. 3, 1982, S. 435-458.

Egelhoff, William G. (1984): Patterns of Control in U.S., UK, and European Multinational Corporations. In: Journal of International Business Studies, 15. Jg., Herbst 1984, S. 73-83.

Egelhoff, William G. (1988a): Organizing the Multinational Enterprise: An Information-Processing Perspective. Ballinger, Cambridge, 1988.

Egelhoff, William G. (1988b): Strategy and Structure in Multinational Corporations: A Revision of the Stopford and Wells Model. In: Strategic Management Journal, 9. Jg., Nr. 1, 1988, S. 1-14.

Egelhoff, William G. (1997): Organizational Change and Organizational Equilibrium: Two Different Perspectives of the Multinational Enterprise. In: Macharzina, Klaus/Oesterle, Michael-Jörg/Wolf, Joachim (1997, Hrsg.): Global Business in the Information Age. Proceedings of the 23rd Annual EIBA Conference, Bd. 1, Stuttgart, 1997, S. 25-37.

Eggert, Jan A./Gornall, John L. (1989, Hrsg.): Handbuch USA-Geschäft. Gabler, Wiesbaden, 1989.

Eisele, Jürgen (1995): Erfolgsfaktoren des Joint-Venture-Management. Gabler, Wiesbaden, 1995 (Neue betriebswirtschaftliche Forschung, Bd. 165), zugl. Diss. Mannheim.

Eisenführ, Franz (1992): Budgetierung. In: Frese, Erich (1992, Hrsg.): Handwörterbuch der Organisation. 3. Aufl., Poeschel, Stuttgart, 1992, Sp. 363-373.

Eisenhardt, Kathleen/Martin, Jeffrey A. (2000): Dynamic Capabilities: What are they? In: Strategic Management Journal, 21. Jg., Nr. 10/11, 2000, S. 1105-1121.

El Kahal, Sonia/MacLean, John (1999): Political Risk Reconsidered. In: Journal of Global Business, 10. Jg., Nr. 18, S. 5-22.

Elashmawi, Farid/Harris, Philip R.(1993): Multicultural Management. New Skills for Global Success. Gulf Publishing, Houston et al., 1993.

Elenkov, Detelin S. (1997): Strategic Uncertainty and Environmental Scanning: The Case for Institutional Influences on Scanning Behavior. In: Strategic Management Journal, 18. Jg., Nr. 4, 1997, S. 287-302.

Elenkov, Detelin S. (1998): Can American Management Concepts Work in Russia? In: California Management Review, 40. Jg., Nr. 4, 1998, S. 133-156.

Eli, Max (1988): Japans Wirtschaft im Griff der Konglomerate. Verbundgruppen, Banken, Universalhandelshäuser. Verlag Frankfurter Allgemeine Zeitung/Blick durch die Wirtschaft, Frankfurt/Main, 1988.

Elizur, Dov/Borg, Ingwer/Hunt, Raymond/Beck, Istvan Magyari (1991): The Structure of Work Values. In: Journal of Organizational Behavior, 12. Jg., o. Nr., 1991, S. 21-38.

Emmanuel, Clive R./Mehafdi, Messaoud (1994): Transfer Pricing. Academic Press/Harcourt Brace, London et al., 1994.

Emrich, Cynthia G./Denmark, Florence L./Den Hartog, Deanne N. (2004): Cross-Cultural Differences in Gender Egalitarism. In: House, Robert H./Hanges, Paul J./Javidan, Mansour/Dorfman, Peter W./Gupta Vipin (2004, Hrsg.): Culture, Leadership and Organizations. The GLOBE Study of 62 Societies. Sage, Thousand Oaks et al., 2004, S. 343-394.

Enderwick, Peter (1994, Hrsg.): Transnational Corporations and Human Resources. The United Nations Library on Transnational Corporations, Bd. 16, Routledge, London, New York, 1994.

Engelhard, Johann (1992a): Exportförderung. Exportentscheidungsprozesse und Exporterfolg. Gabler, Wiesbaden, 1992 (mir-edition), zugl. Habil. Stuttgart-Hohenheim.

Engelhard, Johann (1992b): Bewertung von Länderrisiken bei Auslandsinvestitionen: Möglichkeiten, Ansätze und Grenzen. In: Kumar, Brij Nino/Haussmann, Helmut (1992, Hrsg.): Handbuch der Internationalen Unternehmenstätigkeit. Beck, München, 1992, S. 367-383.

Engelhard, Johann (1996, Hrsg.): Strategische Führung internationaler Unternehmen. Paradoxien, Strategien, Erfahrungen. Gabler, Wiesbaden, 1996.

Engelhard, Johann (1997, Hrsg.): Interkulturelles Management. Theoretische Fundierung und funktionsbereichsspezifische Konzepte. Gabler, Wiesbaden, 1997.

Engelhard, Johann (1999): Virtualisierung in der internationalen Unternehmenstätigkeit – Zum Einfluß der Informations- und Kommunikationstechnologie auf das Arrangement Internationaler Unternehmen. In: Engelhard, Johann/Oechsler, Walter (1999, Hrsg.): Internationales Management. Auswirkungen globaler Veränderungen auf Wettbewerb, Unternehmensstrategie und Märkte. Klaus Macharzina zum 60. Geburtstag. Gabler, Wiesbaden, 1999, S. 317-342.

Engelhard, Johann/Blei, Christian (1996): Markteintrittsstrategien deutscher Unternehmen in der ehemaligen UdSSR. In: Welge, Martin K./Holtbrügge, Dirk (1996, Hrsg.): Wirtschaftspartner Russland. Rahmenbedingungen – Kooperationsstrategien – Erfahrungsberichte. Gabler, Wiesbaden, 1996, S. 181-211.

Engelhard, Johann/Dähn, Mathias (1994): Internationales Management. In: Die Betriebswirtschaft, 54. Jg., Nr. 2, 1994, S. 247-266.

Engelhard, Johann/Dähn, Mathias (2002): Theorien der internationalen Unternehmenstätigkeit – Darstellung, Kritik und zukünftige Anforderungen. In: Macharzina, Klaus/Oesterle, Michael-Jörg (2002, Hrsg.): Handbuch Internationales Management. 2. Aufl., Gabler, Wiesbaden, 2002, S. 23-44.

Engelhard, Johann/Eckert, Stefan (1993): Markteintrittsverhalten deutscher Unternehmen in Osteuropa. In: Der Markt, 32. Jg., Nr. 127, 1993, S. 172-188.

Engelhard, Johann/Eckert, Stefan (1999): The Ownership Structure of Large German Corporations: Towards an Increasing Denationalization? In: Urban, Sabine (1999, Hrsg.): Relations of Complex Organizational Systems. A Key to Global Competitivity. Problems, Strategies, Visions. Gabler, Wiesbaden, 1999, S. 297-343.

Engelhard, Johann/Gerstlauer, Michael/Hein, Silvia (1999): Globalisierende Unternehmen und Nationalstaaten – Überlegungen zur Redistribution von Staats- und Unternehmensmacht. In: Kumar, Brij Nino/Osterloh, Margit/Schreyögg, Georg (1999, Hrsg.): Unternehmensethik und die Transformation des Wettbewerbs. Shareholder Value – Globalisierung – Hyperwettbewerb. Schäffer-Poeschel, Stuttgart, 1999, S. 291-318.

Engelhard, Johann/Hein, Silvia (1996): Erfolgsfaktoren des Auslandseinsatzes von Führungskräften. In: Macharzina, Klaus/Wolf, Joachim (1996, Hrsg.): Handbuch Internationales Führungskräfte-Management. Raabe, Stuttgart et al., 1996, S. 83-111.

Engelhard, Johann/Schmidl, Patrick (1999): Der „Home Bias" im internationalen Anlageverhalten institutioneller Anleger – vom Modell des homo oeconomicus zur Prämisse einer beschränkten Informationsverarbeitungskapazität von Kapitalmarktteilnehmern. In: Giesel, Franz/Glaum, Martin (1999, Hrsg.): Globalisierung. Herausforderung an die Unternehmensführung des 21. Jahrhunderts. Festschrift für Prof. Dr. Ehrenfried Pausenberger. Beck, München, 1999, S. 347-362.

Engelhard, Johann/Sinz, Elmar J. (1999, Hrsg.): Kooperation im Wettbewerb. Neue Formen und Gestaltungskonzepte im Zeichen von Globalisierung und Informationstechnologie. Tagungsband der 61. Wissenschaftlichen Jahrestagung des Verbandes der Hochschullehrer für Betriebswirtschaft e.V. 1999 in Bamberg. Gabler, Wiebaden, 1999.

Engelke, Heinrich (1997): Globalisierung ökonomisch (Teil 1): Antriebskräfte, Zwischenergebnisse, Perspektiven. In: Hülsbömer, André/Sach, Volker (1997, Hrsg.): Globalisierung – eine Satellitenaufnahme. Frankfurter Allgemeine Zeitung – Informationsdienste, Frankfurt/ Main, 1997, S. 57-77.

England, George W. (1986): National Work Meanings and Patterns – Constraints on Management Action. In: European Management Journal, 4. Jg., Nr. 3, 1986, S. 176-184.

Engwall, Lars (2000): The Globalisation of Management. Standardisation Processes in Management with an Illustration from Scandinavia. In: Zeitschrift für Betriebswirtschaft, 70. Jg., Ergänzungsheft Nr. 1, 2000, S. 1-22.

Enke, Margit/Wolf, Cornelia (1999): Die Vermittlung kultureller Werte als Dienstleistung – Konsequenzen für das Marketing dargestellt am Beispiel des Buchhandels. Freiberger Arbeitspapiere, Nr. 5/1999, Technische Universität Freiberg, Fakultät für Wirtschaftswissenschaften, Freiberg, 1999.

Ensign, Prescott C. (2001): Cross-border Acquisitions in Response to Bilateral/Regional Trade Liberalization. In: Transnational Corporations, 10. Jg., Nr. 1, 2001, S. 89-117.

Ernst, Holger/Vitt, Jan (2000): The Influence of Corporate Acquisitions on the Behaviour of Key Inventors. In: R&D Management, 30. Jg., Nr. 2, 2000, S. 105-119.

Eroglu, Sevgin (1992): The Internationalization Process of Franchise Systems: A Conceptual Model. In: International Marketing Review, 9. Jg., Nr. 5, 1992, S. 19-30.

Erramilli, M. Krishna (1992): Influence of Some External and Internal Environment Factors on Foreign Market Entry Mode Choice in Service Firms. In: Journal of Business Research, 25. Jg., Nr. 4, 1992, S. 263-276.

Erramilli, M. Krishna/Agarwal, Sanjeev/Dev, Chekitan (2002): Choice Between Non-Equity Entry Modes: An Organizational Capability Perspective. In: Journal of International Business Studies, 33. Jg., Nr. 2, 2002, S. 223-242.

Erramilli, M. Krishna/Rao, C. P. (1993): Service Firms' International Entry Mode Choice: A Modified Transaction Cost Approach. In: Journal of Marketing, 57. Jg., Nr. 3, 1993, S. 19-38.

Esser, Martin/Kobayashi, Kaoru (1994, Hrsg.): Personalmanagement in Japan. Sinn und Werte statt Systeme. Hogrefe, Göttingen et al., 1994.

Esser, Werner-Michael (1994): Outsourcing als Reorganisationsstrategie – Konzeptionelle Überlegungen und empirische Ergebnisse am Beispiel des Outsourcing der Informationsverarbeitung. In: Engelhard, Johann/Rehkugler, Heinz (1994, Hrsg.): Strategien für nationale und internationale Märkte. Konzepte und praktische Gestaltung. Gabler, Wiesbaden, 1994, S. 63-86.

Estevadeoral, Antoni/Suominen, Kati (2005): Rules of Origin in Preferential Trading Arrangements: Is all well with the Spaghetti Bowl in the Americas? In: Economia, 5. Jg., Nr. 2, 2005, S. 63-103.

Etzioni, Amitai (1968): The Active Society. A Theory of Societal and Political Processes. Collier-Macmillan, London, 1968.

Eurostat (2002): Eurostat Jahrbuch 2002. Der statistische Wegweiser durch Europa. Daten aus den Jahren 1990-2000. Europäische Kommission/Amt für amtliche Veröffentlichungen der Europäischen Gemeinschaften, Luxemburg, 2002.

Evan, William (1974): Culture and Organizational Systems. In: Quarterly Journal of Management Development, 5. Jg., Nr. 4, 1974, S. 1-16.

Evans, Philip/Wurster, Thomas S. (1997): Strategy and the New Economics of Information. In: Harvard Business Review, 75. Jg., September-Oktober 1997, S. 71-82.

Everling, Wolfgang (1977): Betriebsabteilung oder Beteiligungsgesellschaft. In: Betriebswirtschaftliche Forschung und Praxis, 29. Jg., Nr. 3, 1977, S. 281-287.

Everling, Wolfgang (1979): Die Stabsstelle "Beteiligungsverwaltung" in großen Unternehmungen. In: Zeitschrift für Organisation, 48. Jg., Nr. 8, 1979, S. 435-440.

Everling, Wolfgang (1981): Konzernführung durch eine Holdinggesellschaft. In: Der Betrieb, 34. Jg., Nr. 51/52 vom 18./25. Dezember 1981, S. 2549-2554.

EZB (Europäische Zentralbank) (2003): Monatsbericht Februar 2003. Statistik des Euro-Währungsgebiets. Frankfurt/Main, 2003.

EZB (Europäische Zentralbank) (2007): Monthly Bulletin, Dezember 2007. Eigenverlag der Europäischen Zentralbank, Frankfurt/Main, 2007.

F

Fan, Ying (2002): Questioning Guanxi: Definition, Classification and Implications. In: International Business Review, 11. Jg., Nr. 5, 2002, S. 543-561.

Fankhauser, Kathrin (1996): Management von Organisationskulturen. Verlag Paul Haupt, Bern, Stuttgart, Wien, 1996 (Berner betriebswirtschaftliche Schriften, Bd. 14), zugl. Diss. Bern.

Fantapié Altobelli, Claudia (1994): Kompensationsgeschäfte im internationalen Marketing. Eine Analyse von Handelsformen auf Gegenseitigkeit und Möglichkeiten zu ihrer optimalen Gestaltung. Physica, Heidelberg, 1994, zugl. Habil. Tübingen.

Fantapié Altobelli, Claudia (1996): Herausforderung Osteuropa – Markteintritts- und Marktbearbeitungsstrategien. In: Berndt, Ralph (1996, Hrsg.): Global Management. Springer, Berlin et al., 1996 (Schriftenreihe Herausforderungen an das Management, Bd. 3), S. 97-111.

Farmer, Richard N./Richman, Barry M. (1964): A Model for Research in Comparative Management. In: California Management Review, 7. Jg., Winter 1964, S. 55-68.

Farmer, Richard N./Richman, Barry M. (1970): Comparative Management and Economic Progress. Cedarwood Publishing, Bloomington, 1970.

Fastrich, Henrik/Hepp, Stefan (1991): Währungsmanagement international tätiger Unternehmen. Poeschel, Stuttgart, 1991.

Fatouros, A. (1994, Hrsg.): Transnational Corporations: The International Legal Framework, The United Nations Library on Transnational Corporations, Bd. 20, Routledge, London, New York, 1994.

Fayerweather, John (1969): International Business Management: A Conceptual Framework. McGraw-Hill, New York et al., 1969.

Fayerweather, John (1981): A Conceptual Framework for the Multinational Corporation. In: Wacker, Wilhelm H./Kumar, Brij Nino/Haussmann, Helmut (1981, Hrsg.): Internationale Unternehmensführung. Managementprobleme international tätiger Unternehmen. Festschrift zum 80. Geburtstag von Eugen Hermann Sieber. Erich Schmidt Verlag, Berlin, 1981, S. 17-31.

Fayol, Henri (1919): Administration Industrielle et Générale. Dunod, Paris, 1919.

Feichtinger, Claudia (1998): Individuelle Wertorientierungen und Kulturstandards im Ausland. Theorie, Empirie und Anwendung bei der Auslandsentsendung von Managern. Verlag Peter Lang, Frankfurt/Main et al., 1998, zugl. Diss. WU Wien.

Ferdinand, Klaus (1989): Exportberatung. In: Macharzina, Klaus/Welge, Martin K. (1989, Hrsg.): Handwörterbuch Export und Internationale Unternehmung. Schäffer-Poeschel, Stuttgart, 1989, Sp. 503-511.

Ferdows, Kasra (1989): Mapping International Factory Networks. In: Ferdows, Kasra (1989, Hrsg.): Managing International Manufacturing. North-Holland, Amsterdam et al., 1989, S. 3-21.

Ferdows, Kasra (1997): Making the Most of Foreign Factories. In: Harvard Business Review, 75. Jg., März-April 1997, S. 73-88.

Ferner, Anthony/Varul, Matthias (2000): 'Vanguard' Subsidiaries and the Diffusion of New Practices: A Case Study of German Multinationals. In: British Journal of Industrial Relations, 38. Jg., Nr. 1, 2000, S. 115-140.

Ferring, Natascha (2001): Marktbearbeitungsstrategien international tätiger Handelsunternehmen. Deutscher Universitätsverlag, Wiesbaden, 2001, zugl. Diss. Saarbrücken.

Festing, Marion (1995): Strategisches internationales Personalmanagement. Eine transaktionskostentheoretische Analyse. Verlag Rainer Hampp, München, Mering, 1995 (Schriftenreihe Empirische Personal- und Organisationsforschung, Bd. 4), zugl. Diss. Paderborn.

Festing, Marion (1999): Wissenstransfer durch internationale Personalentwicklung – Strategische Bedeutung bei Globalisierung der Unternehmenstätigkeit. In: Martin, Albert/Mayrhofer, Wolfgang/Nienhüser, Werner (1999, Hrsg.): Die Bildungsgesellschaft im Unternehmen? Festschrift für Wolfgang Weber. Verlag Rainer Hampp, München, Mering, 1999, S. 243-267.

Fiegenbaum, Avi/Thomas, Howard (1990): Strategic Groups and Performance: The U.S. Insurance Industry, 1970-84. In: Strategic Management Journal, 11. Jg., Nr. 3, 1990, S. 197-215.

Fina, Erminio/Rugman, Alan M. (1996): A Test of Internalization Theory and Internationalization Theory: The Upjohn Company. In: Management International Review, 36. Jg., Nr. 3, 1996, S. 199-213.

Fink, Gerhard/Meierewert, Sylvia (2001, Hrsg.): Interkulturelles Management. Österreichische Perspektiven. Springer, Wien, New York, 2001.

Finsterbusch, Stephan (1999): "Reich von Gottes Gnaden". Die Fugger beherrschten viele Jahrhunderte Europa und gelten als Vorreiter von Investmentbanking und Globalisierung. In: FAZ Nr. 153 vom 06. Juli 1999, S. B-10.

Fisch, Jan Hendrik (2001): Structure follows Knowledge: Internationale Verteilung der Forschung und Entwicklung in multinationalen Unternehmen. Gabler, Wiesbaden, 2001 (miredition), zugl. Diss. Hohenheim.

Fisch, Jan Hendrik/Oesterle, Michael-Jörg (2003): Exploring the Globalization of German MNCs with the Complex Spread and Diversity Measure. In: Schmalenbach Business Review, 55. Jg., Nr. 1, 2003, S. 2-21.

Fischer, Matthias (1996): Interkulturelle Herausforderungen im Frankreichgeschäft. Kulturanalyse und Interkulturelles Management. Deutscher Universitätsverlag, Wiesbaden, 1996, zugl. Diss. Erlangen-Nürnberg.

Fischer, Thomas M. (1995): Budgets als Führungsinstrument. In: Kieser, Alfred/Reber, Gerhard/ Wunderer, Rolf (1995): Handwörterbuch der Führung. 2. Aufl., Poeschel, Stuttgart, 1995, Sp. 155-164.

Flaherty, Thérèse M. (1989): Die Koordination globaler Fertigungsprozesse. In: Porter, Michael E. (1989, Hrsg.): Globaler Wettbewerb. Strategien der neuen Internationalisierung. Gabler, Wiesbaden, 1989, S. 95-125.

Flaherty, Thérèse M. (1996): Global Operations Management. McGraw-Hill, New York et al., 1996.

Flecker, Jörg (1996): Globalisierung – Was soll die Diskussion? In: Information über Multinationale Konzerne, Nr. 4, 1996, S. 53-56.

Flores, Ricardo G./Aguilera, Ruth V. (2007): Globalization and Location Choice: An Analysis of US Multinational Firms in 1980 and 2000. In: Journal of International Business Studies, 38. Jg., Nr. 7, 2007, S. 1187-1210.

Flowers, Edward Brown (1976): Oligopolistic Reactions in European and Canadian Direct Investment in the United States. In: Journal of International Business Studies, 7. Jg., Nr. 2, 1976, S. 43-55.

Fontanari, Martin (1996): Kooperationsgestaltungsprozesse in Theorie und Praxis. Duncker & Humblot, Berlin, 1996 (Betriebswirtschaftliche Schriften, Bd. 138), zugl. Diss. Trier.

Forkel, Hans (1989): Der Franchisevertrag als Lizenz am Immaterialgut Unternehmen. In: Zeitschrift für das gesamte Handelsrecht und Wirtschaftsrecht, 153. Jg., o.Nr., 1989, S. 511-538.

Forrester, Viviane (1997): Der Terror der Ökonomie. Zsolnay, Wien, 1997.

Forrester, Viviane (2001): Die Diktatur des Profits. Hanser, München, 2001.

Forsgren, Mats (1989): Managing the Internationalization Process. Routledge, London, New York, 1989.

Forsgren, Mats (1990): Managing the International Multi-Centre Firm: Case Studies from Sweden. In: European Management Journal, 8. Jg., Nr. 1, 1990, S. 261-267.

Forsgren, Mats/Holm, Ulf/Johanson, Jan (1992): Internationalization of the Second Degree: The Emergence of European-Based Centres in Swedish Firms. In: Young, Stephen/Hamill, James (1992): Europe and the Multinationals. Issues and Responses for the 1990s. Edward Elgar, Aldershot, Bookfield, 1992, S. 235-253.

Forsgren, Mats/Holm, Ulf/Johanson, Jan (1995): Division Headquarters go abroad – A Step in the Internationalization of the Multinational Corporation. In: Journal of Management Studies, 32. Jg., Nr. 4, 1995, S. 475-491.

Forsgren, Mats/Holm, Ulf/Thilenius, Peter (1997): Network Infusion in the Multinational Corporation. In: Björkman, Ingmar/Forsgren, Mats (1997, Hrsg.): The Nature of the International Firm. Nordic Contributions to International Business Research. Handelshøjskolens Forlag, Copenhagen, 1997, S. 475-494.

Forsgren, Mats/Johanson, Jan (1992): Managing in International Multi-centre Firms. In: Forsgren, Mats/Johanson, Jan (1992, Hrsg.): Managing Networks in International Business. Gordon and Breach, Philadelphia et al., 1992, S. 19-31.

Forsgren, Mats/Pedersen, Torben (1996): Are there any Centers of Excellence among Foreign-Owned Firms in Denmark. Vortrag gehalten auf der 22. Jahrestagung der European International Business Academy (EIBA), Stockholm, 15.-17.12.1996.

Forsgren, Mats/Pedersen, Torben (1997): Centres of Excellence in Multinational Companies. The Case of Denmark. Working Paper 2/1997, Institute of International Economics and Management, Copenhagen Business School/Dänemark, 1997.

Forstmann, Stephan (1994): Kulturelle Unterschiede bei grenzüberschreitenden Akquisitionen. Diss. St. Gallen, Universitätsverlag Konstanz, Dissertation Nr. 1595, 1994.

Foscht, Thomas/Podmenik, Heike (2005): Management-Veträge als Kooperationsform im Dienstleistungsbereich. 2., überarb. und erw. Aufl., Gabler, Wiesbaden, 2005.

Franck, Guillaume (1990): Mergers and Acquisitions: Competitive Advantage and Cultural Fit. In: European Management Journal, 8. Jg., Nr. 1, 1990, S. 40-43.

Frank, Hermann/Moser, Reinhard (1987): Internationale Projektfinanzierung – Eine umfassende Managementaufgabe im Auslandsgeschäft. In: Journal für Betriebswirtschaft, 37. Jg., Nr. 1, 1987, S. 31-49.

Franke, Günter (1989): Währungsrisiken. In: Macharzina, Klaus/Welge, Martin K. (1989, Hrsg.): Handwörterbuch Export und Internationale Unternehmung. Schäffer-Poeschel, Stuttgart, 1989, Sp. 2196-2213.

Franko, Lawrence G. (1974): A Move Toward a Multidivisional Structure in European Organizations. In: Administrative Science Quarterly,19. Jg., Nr. 4, 1974, S. 493-506.

Franko, Lawrence G. (1975): Patterns in the Multinational Spread of Continental European Enterprise. In: Journal of International Business Studies, 5. Jg., Nr. 1, 1975, S. 41-53.

Franko, Lawrence G. (1976): The European Multinationals. A Renewed Challenge to American and British Big Business. Harper & Row, London, New York, Hagerstown, San Francisco, 1976.

Fraser, Jane/Oppenheim, Jeremy (1997): What's new about Globalization? In: The McKinsey Quarterly, o. Jg., Nr. 2, 1997, S. 168-179.

Frenkel, Michael/John, Klaus Dieter (1999): Volkswirtschaftliche Gesamtrechnung. 4., überarb. Aufl., Vahlen, München, 1999.

Frenkel, Michael/John, Klaus Dieter (2006): Volkswirtschaftliche Gesamtrechnung. 6., völlig neu bearb. Aufl., Vahlen, München, 2006.

Frese, Erich (1988a): Koordination und Organisationsstruktur (I). In: WISU – Das Wirtschaftsstudium, 17. Jg., Nr.1, 1988, S. 32-35.

Frese, Erich (1988b): Koordination und Organisationsstruktur (II). In: WISU – Das Wirtschaftsstudium, 17. Jg., Nr. 2, 1988, S. 87-90.

Frese, Erich (2000): Grundlagen der Organisation. Konzept – Prinzipien – Strukturen. 8., überarb. Aufl., Gabler, Wiesbaden, 2000.

Frese, Erich (2005): Grundlagen der Organisation. Entscheidungsorientiertes Konzept der Organisationsgestaltung. 9., vollst. überarb. Aufl., Gabler, Wiesbaden, 2005.

Frese, Erich/Hax, Herbert (2000, Hrsg.): Das Unternehmen im Spannungsfeld von Planung und Marktkontrolle. Sonderheft Nr. 44 der „zfbf". Handelsblatt-Verlagsgruppe, Düsseldorf, Frankfurt 2000.

Frese, Erich/Werder, Axel von (1993): Zentralbereiche – Organisatorische Formen und Effizienzbeurteilung. In: Frese, Erich/Werder, Axel von/Maly, Werner (1993, Hrsg.): Zentralbereiche. Theoretische Grundlagen und praktische Erfahrungen. Schäffer-Poeschel, Stuttgart, 1993, S. 1-50.

Frese, Erich/Werder, Axel von/Maly, Werner (1993, Hrsg.): Zentralbereiche. Theoretische Grundlagen und praktische Erfahrungen. Schäffer-Poeschel, Stuttgart, 1993.

Fritz, Wolfgang (2001): Internet-Marketing und Electronic Commerce. Grundlagen – Rahmenbedingungen – Instrumente. 2. Aufl., Gabler, Wiesbaden, 2001.

Friedl, Birgit (1993): Anforderungen des Profit Center-Konzepts an Führungssystem und Führungsinstrumente. In: WISU – Das Wirtschaftsstudium, 22. Jg., Nr. 10, 1993, S. 830-842.

Friedman, Ray/Chi, Shu-Cheng/Liu, Leigh Anne (2006): An Expectancy Model of Chinese-American Differences in Conflict-avoiding. In: Journal of International Business Studies, 37. Jg., Nr. 1, 2006, S. 76-91.

Friedrichs, Jürgen (1997): Globalisierung – Begriff und grundlegende Annahmen. In: Aus Politik und Zeitgeschichte, Beilage zur Wochenzeitung „Das Parlament", B 33-34/97, 08. August 1997, S. 3-11.

Frischtak, Claudio R./Newfarmer, Richard S. (1994, Hrsg.): Transnational Corporations: Market Structure and Industrial Performance. The United Nations Library on Transnational Corporations, Bd. 15, Routledge, London, New York, 1994.

Fröhlich, Andreas (1991): Ost-West Joint-Ventures. Ziele und betriebswirtschaftliche Probleme. Nomos, Baden-Baden, 1991.

Fruin, W. Mark (1992): The Japanese Enterprise System. Competitive Strategies and Cooperative Structures. Clarendon Press, Oxford, 1992.

Fuchs, Manfred/Apfelthaler, Gerhard (2002): Management internationaler Geschäftstätigkeit. Springer, Wien et al., 2002.

Fues, Thomas (1997): Arm und Reich in der Weltgesellschaft. In: Stiftung Entwicklung und Frieden (1997, Hrsg.): Globale Trends 1998. Fakten, Analysen, Prognosen. Fischer, Frankfurt/Main, 1997, S. 42-55.

Funakawa, Atsushi (1997): Transcultural Management. A New Approach for Global Organizations. Jossey-Bass, San Francisco, 1997.

Fuß, Jörg/Meyer, Willi/Stern, Horst (1989): Praxis der Auslandsmarkterkundung. Ein Wegweiser für Industrieunternehmen. R.v. Decker & C.F. Müller, Heidelberg, 1989 (Fachbuch Export-Akademie).

G

Gaba, Vibha/Pan, Yigang/Ungson, Gerardo R. (2002): Timing of Entry in International Market: An Empirical Study of U.S. Fortune 500 Firms in China. In: Journal of International Business Studies, 33. Jg., Nr. 1, 2002, S. 39-55.

Gabrielsson, Mika/Kirpalani, V. H. Manek (2004): Born Globals: How to Reach New Business Space Rapidly. In: International Business Review, 13. Jg., Nr. 5, 2004, S. 555-571.

Gaitanides, Michael (1983): Prozeßorganisation: Entwicklung, Ansätze und Programme prozeßorientierter Organisationsgestaltung. Vahlen, München, 1983.

Gaitanides, Michael (1995): Führungsorganisation. In: Corsten, Hans/Reiß, Michael (1995, Hrsg.): Handbuch Unternehmensführung. Konzepte – Instrumente – Schnittstellen. Gabler, Wiesbaden, 1995, S. 419-431.

Gaitanides, Michael (1998): Business Reengineering/Prozessmanagement – von der Managementtechnik zur Theorie der Unternehmung? In: Die Betriebswirtschaft, 58. Jg., Nr. 3, 1998, S. 369-381.

Galan, José I./González-Benito, Javier/Zuñiga-Vincente, José A. (2007): Factors Determining the Location Decisions of Spanish MNEs: An Analysis Based on the Investment Development Path. In: Journal of International Business Studies, 38. Jg., Nr. 6, 2007, S. 975-997.

Galbraith, Jay R./Edström, Anders (1976): International Transfer of Managers: Some Important Policy Considerations. In: Columbia Journal of World Business, 11. Jg., Nr. 2, 1976, S. 100-112.

Galbraith, Jay R./Nathanson, Daniel A. (1978): Strategy Implementation: The Role of Structure and Process. West Publishing, St. Paul et al., 1978.

Galtung, Johan (1972): Eine strukturelle Theorie des Imperialismus. In: Senghaas, Dieter (1972, Hrsg.): Imperialismus und strukturelle Gewalt. Analysen über abhängige Reproduktion. Suhrkamp, Frankfurt/Main, 1972, S. 29-104.

Galtung, Johan (1978): Methodologie und Ideologie. Aufsätze zur Methodologie. Bd. I. Wissenschaftliche Sonderausgabe, Suhrkamp, Frankfurt/Main, 1978.

Galtung, Johan (1981): Structure, Culture, and Intellectual Style. An Essay Comparing Saconic, Teutonic, Gallic and Nipponic Approaches. In: Social Science Information, 20. Jg., Nr. 6, 1981, S. 817-856.

Gälweiler, Aloys (1990): Strategische Unternehmensführung. 2. Aufl., Campus, Frankfurt/Main, New York, 1990.

Gann, Jochen (1996): Internationale Investitionsentscheidungen multinationaler Unternehmen. Einflussfaktoren – Methoden – Bewertung. Gabler, Wiesbaden, 1996, zugl. Diss. Hohenheim.

Gannon, Martin J. and Associates (1994): Understanding Global Cultures. Metaphorical Journeys Through 17 Countries. Sage, Thousand Oaks, London, New Delhi, 1994.

Gao, Tao (2004): The Contingency of Foreign Entry Mode Decisions: Locating and Reinforcing the Weakest Link. In: The Multinational Business Review, 12. Jg., Nr. 1, 2004, S. 37-68.

Garrison, Terry/Rees, David (1994, Hrsg.): Managing People Across Europe. Butterworth-Heinemann, Oxford et al., 1994.

Gassmann, Oliver/Keupp, Marcus Matthias (2007): The Internationalisation of Research and Development in Swiss and German Born Globals: Survey and Case Study Evidence. In: International Journal of Entrepreneurship and Small Business, 4. Jg., Nr. 3, 2007, S. 214-233.

Gates, Stephen R./Egelhoff, William G. (1986): Centralization in Headquarters-Subsidiary Relationships. In: Journal of International Business Studies, 17. Jg., Nr. 2, 1986, S. 71-91.

Gauger, Janett (2000): Commitment-Management in Unternehmen. Am Beispiel des mittleren Managements. Deutscher Universitätsverlag, Wiesbaden, 2000, zugl. Diss. Eichstätt.

Gaugler, Eduard (1994): Konsequenzen aus der Globalisierung der Wirtschaft für die Aus- und Weiterbildung im Management. In: Schiemenz, Bernd/Wurl, Hans-Jürgen (1994, Hrsg.): Internationales Management. Beiträge zur Zusammenarbeit. Eberhard Dülfer zum 70. Geburtstag. Gabler, Wiesbaden, 1994, S. 309-328.

Geertz, Clifford (1987/1995): Dichte Beschreibung. Beiträge zum Verstehen kultureller Systeme. 4. Aufl., Suhrkamp, 1995.

Gelfand, Michele J./Dharm, Bhawuk P. S./Nishii, Lisa H./Bechtold, David J. (2004): Individualism and Collectivism. In: House, Robert H./Hanges, Paul J./Javidan, Mansour/Dorfman, Peter W./Gupta Vipin (2004, Hrsg.): Culture, Leadership and Organizations. The GLOBE Study of 62 Societies. Sage, Thousand Oaks et al., 2004, S. 437-512.

Gemünden, Hans Georg (1991): Success Factors of Export Marketing – A Meta-Analytic Critique of the Empirical Studies. In: Paliwoda, Stanley J. (1991, Hrsg.): New Perspectives on International Marketing. Routledge, London, New York, 1991, S. 33-62.

Gemünden, Hans Georg/Heydebreck, Peter/Hillebrands, Guido/Schaettgen, Martin/Walter, Achim (1994): Grenzüberschreitende Kooperationen kleiner und mittlerer Unternehmen – Bestandsaufnahme und Zukunftsperspektiven. Institut für Angewandte Betriebswirtschaftslehre & Unternehmensführung, Universität zu Karlsruhe, 1994.

Gemünden, Hans Georg/Ritter, Thomas/Walter, Achim (1997, Hrsg.): Relationships and Networks in International Markets. Pergamon/Elsevier, Oxford, New York, Tokio, 1997.

Gemünden, Hans Georg/Walter, Achim (1995): Der Beziehungspromotor. In: Zeitschrift für Betriebswirtschaft, 65. Jg., Nr. 9, 1995, S. 971-986.

Gencturk, Esra F./Aulakh, Preet S. (1995): The Use of Process and Output Controls in Foreign Markets. In: Journal of International Business Studies, 26. Jg., Nr. 4, 1995, S. 755-786.

George, Gert (1997): Internationalisierung im Einzelhandel. Strategische Optionen und Erzielung von Wettbewerbsvorteilen. Duncker & Humblot, Berlin, 1997 (Schriften zum Marketing, Bd. 44), zugl. Diss. Erlangen/Nürnberg.

Ger, Güliz (1999): Localizing in the Global Village. In: California Management Review, 41. Jg., Nr. 4, 1999, S. 64-83.

Geringer, J. Michael (1988): Joint Venture Partner Selection. Strategies for Developed Countries. Quorum Books, New York, Westport, London, 1988.

Geringer, J. Michael (1998): Assessing Replications and Extension. A Commentary on Glaister and Buckley: Measures of Performance in UK International Alliances. In: Organization Studies, 19. Jg., Nr. 1, 1998, S. 119-138.

Geringer, J. Michael/Beamish, Paul W./daCosta, Richard C. (1989): Diversification Strategy and Internationalization: Implications for MNE Performance. In: Strategic Management Journal, 10. Jg., Nr. 2, 1989, S. 109-119.

Geringer, J. Michael/Hebert, Louis (1989): Control and Performance of International Joint Ventures. In: Journal of International Business Studies, 20. Jg., Nr. 2, 1989, S. 235-254.

Gerlach, Michael L. (1987): Business Alliances and the Strategy of the Japanese Firm. In: California Management Review, 30. Jg., Nr. 1, Herbst 1987, S. 126-142.

Gerlach, Michael L. (1992): Alliance Capitalism. The Social Organization of Japanese Business. University of California Press, Berkeley, Los Angeles, London, 1992.

Germann, Harald/Raab, Silke/Setzer, Martin (1999): Messung der Globalisierung: ein Parado-xon. In: Steger, Ulrich (1999, Hrsg.): Facetten der Globalisierung. Ökonomische, soziale und politische Aspekte. Springer, Berlin et al., 1999, S. 1-25.

Germann, Harald/Rürup, Bert/Setzer, Martin (1996): Globalisierung der Wirtschaft. Begriff, Be-reiche, Indikatoren. In: Steger, Ulrich (1996, Hrsg.): Globalisierung der Wirtschaft. Konse-quenzen für Arbeit, Technik und Umwelt. Springer, Berlin et al., 1996, S. 18-55.

Gerpott, Torsten J. (1990): Globales F&E-Management. Bausteine eines Gesamtkonzeptes zur Gestaltung einer weltweiten F&E-Organisation. In: Die Unternehmung, 44. Jg., Nr. 4, 1990, S. 226-245.

Gerpott, Torsten J. (1993): Integrationsgestaltung und Erfolg von Unternehmensakquisitionen. Schäffer-Poeschel, Stuttgart, 1993 (Betriebswirtschaftliche Abhandlungen, Bd. 91), zugl. Habil. Univ. der Bundeswehr Hamburg.

Gerpott, Torsten J./Jakopin, Nejc M. (2005): International Marketing Standardization and Finan-cial Performance of Mobile Network Operators – An Emprirical Analysis. In: Schmalenbach Business Review, 57. Jg., Nr. 7, 2005, S. 198-228.

Gerum, Elmar (1991): Aufsichtsratstypen – Ein Beitrag zur Theorie der Organisation der Unter-nehmensführung. In: Die Betriebswirtschaft, 51. Jg., Nr. 6, 1991, S. 719-731.

Gerum, Elmar (1998): Organisation der Unternehmensführung im internationalen Vergleich – insbesondere Deutschland, USA und Japan. In: Glaser, Horst/Schröder, Ernst F./Werder, Axel von (1998, Hrsg.): Organisation im Wandel der Märkte. Erich Frese zum 60. Ge-burtstag. Gabler, Wiesbaden, 1998, S. 135-153.

Gerybadze, Alexander (1995): Strategic Alliances and Process Redesign. Effective Manage-ment and Restructuring of Cooperative Projects and Networks. De Gruyter, Berlin, New York, 1995 (de Gruyter Studies in Organization: Innovation, Technology, and Organization).

Gerybadze, Alexander (1997): Globalisierung von Forschung und wesentliche Veränderungen im F&E-Management internationaler Konzerne. In: Gerybadze, Alexander/Meyer-Krahmer, Frieder/Reger, Guido (1997, Hrsg.): Globales Management von Forschung und Innovation. Schäffer-Poeschel, Stuttgart, 1997, S. 17-32.

Gerybadze, Alexander (1998): Kompetenzverteilung und Integrationskonzepte für Wissenszent-ren in transnationalen Unternehmen. In: Kutschker, Michael (1998, Hrsg.): Integration in der internationalen Unternehmung. Gabler, Wiesbaden, 1998 (mir-edition), S. 239-269.

Gerybadze, Alexander (1999): Multinationale Unternehmen und nationale Innovationssysteme: Konflikt oder Komplementarität? In: Mayer, Otto G./Scharrer, Hans-Eckart (1999, Hrsg.): Internationale Unternehmensstrategien und nationale Standortpolitik. Nomos, Baden-Ba-den, 1999, S. 103-128.

Gerybadze, Alexander/Meyer-Krahmer, Frieder/Reger, Guido (1997, Hrsg.): Globales Manage-ment von Forschung und Innovation. Schäffer-Poeschel, Stuttgart, 1997.

Gerybadze, Alexander/Meyer-Krahmer, Frieder/Schlenker, Frederik (1997): Strategietypen und F&E-Standortentscheidungen in der internationalen Wertschöpfungskette. In: Gerybadze, Alexander/Meyer-Krahmer, Frieder/Reger, Guido (1997, Hrsg.): Globales Management von Forschung und Innovation. Schäffer-Poeschel, Stuttgart, 1997, S. 174-195.

Gerybadze, Alexander/Reger, Guido (1998): Managing Globally Distributed Competence Cen-ters within Multinationals Corporations: A Resource-Based View. In: Scandura, Terri A./Serapio, Manuel (1998, Hrsg.): Research in International Business and International Re-lations. Leadership and Innovation in Emerging Markets. Bd. 7, JAI Press, Stanford, Lon-don, 1998, S. 183-217.

Gerybadze, Alexander/Reger, Guido (1999): Globalization of R&D: Recent Changes in the Management of Innovation in Transnational Corporations. In: Research Policy, 28. Jg., Nr. 2/3, 1999, S. 251-274.

Gesteland, Richard R. (1999): Cross-Cultural Business Behavior. Marketing, Negotiating and Managing Across Cultures. Hadelshojksolens Forlag/Copenhagen Business School Press, Kopenhagen, 1999.

Ghemawat, Pankaj/Ghadar, Fariborz (2001): Globale Megafusionen – ökonomisch nur selten zwingend geboten. In: Harvard Business Manager, 23. Jg., Nr. 1, 2001, S. 32-41.

Ghoshal, Sumantra (1987): Global Strategy: An Organizing Framework. In: Strategic Management Journal, 8. Jg., Nr. 5, 1987, S. 425-440.

Ghoshal, Sumantra/Bartlett, Christopher A. (1988): Creation, Adoption, and Diffusion of Innovations by Subsidiaries of Multinational Corporations. In: Journal of International Business Studies, 19. Jg., Nr. 3, 1988, S. 365-388.

Ghoshal, Sumantra/Bartlett, Christopher A. (1990): The Multinational Corporation as an Interorganization Network. In: Academy of Management Review, 15. Jg., Nr. 4, 1990, S. 603-625.

Ghoshal, Sumantra/Bartlett, Christopher A. (1995): Changing the Role of Top Management: Beyond Structure to Processes. In: Harvard Business Review, 72. Jg., Januar-Februar 1995, S. 86-96.

Ghoshal, Sumantra/Moran, Peter/Almeida-Costa, Luis (1995): The Essence of the Megacorporation. Shared Context, not Structural Hierarchy. In: Journal of Institutional and Theoretical Economics (Zeitschrift für die gesamte Staatswissenschaft), 151. Jg., Nr. 4, 1995, S. 748-759.

Ghoshal, Sumantra/Nohria, Nitin (1989): Internal Differentiation within Multinational Corporations. In: Strategic Management Journal, 10. Jg., o. Nr., 1989, S. 323-337.

Ghoshal, Sumantra/Nohria, Nitin (1993): Horses for Courses: Organizational Forms for Multinational Corporations. In: Sloan Management Review, 34. Jg., Nr. 2, 1993, S. 23-35.

Ghoshal, Sumantra/Westney, Eleanor D. (1993): Introduction and Overview. In: Ghoshal, Sumantra/Westney, Eleanor D. (1993, Hrsg.): Organization Theory and the Multinational Corporation. St. Martin's Press, New York, 1993, S. 1-23.

Giddens, Anthony (1995): Konsequenzen der Moderne. Suhrkamp, Frankfurt/Main, 1995.

Gierl, Heribert/Helm, Roland (2000): Optimale Präsenz des Vertriebs auf Auslandsmärkten. In: Zeitschrift für Betriebswirtschaft, 70. Jg., Nr. 10, 2000, S. 1063-1082.

Giesel, Franz/Glaum, Martin (1999, Hrsg.): Globalisierung. Herausforderung an die Unternehmensführung des 21. Jahrhunderts. Festschrift für Prof. Dr. Ehrenfried Pausenberger. Beck, München, 1999.

Giger, Helmut (1994): Die Internationalisierung von Dienstleistungsunternehmungen. Verlag der Ferber'schen Universitätsbuchhandlung, Gießen, 1994.

Giger, Helmut (1999): Die Internationalisierung von Telekommunikationsunternehmungen am Beispiel der Deutschen Telekom. In: Giesel, Franz/Glaum, Martin (1999, Hrsg.): Globalisierung. Herausforderung an die Unternehmensführung des 21. Jahrhunderts. Festschrift für Prof. Dr. Ehrenfried Pausenberger. Beck, München, 1999, S. 453-479.

Gilbert, Dirk Ulrich (1998): Konfliktmanagement in international tätigen Unternehmen. Ein diskursethischer Ansatz zur Regelung von Konflikten im interkulturellen Management. Verlag Wissenschaft & Praxis, Sternenfels, 1998 (Schriftenreihe Unternehmensführung, Bd. 18), zugl. Diss. Frankfurt/Main.

Gilbert, Xavier/Lorange, Peter (1994): National Approaches to Strategic Management – A Resource-Based Perspective. In: International Business Review, 3. Jg., Special Issue Nr. 4, 1994, S. 411-423.

Gilroy, Bernhard Michael (1992): Firmeninterner Handel. In: WiSt – Wirtschaftswissenschaftliches Studium, 21. Jg., Nr. 9, 1992, S. 467-471.

Glaister, Keith/Buckley, Peter J. (1996): Strategic Motives for International Alliance Formation. In: Journal of Management Studies, 33. Jg., Nr. 3, 1996, S. 301-332.

Glaister, Keith/Buckley, Peter J. (1998a): Measures of Performance in UK International Alliances. In: Organization Studies, 19. Jg., Nr. 1, 1998, S. 89-118.

Glaister, Keith/Buckley, Peter J. (1998b): Replication with Extension: Response to Geringer. In: Organization Studies, 19. Jg., Nr. 1, 1998, S. 139-154.

Glaister, Keith/Husan, Rumy/Buckley, Peter J. (2003): Learning to Manage International Joint Ventures. In: International Business Review, 12. Jg., Nr. 1, 2003, S. 83-108.

Glaum, Martin (1991): Finanzinnovationen und ihre Anwendung in internationalen Unternehmungen – dargestellt am Beispiel von Devisenoptionskontrakten. Verlag der Ferber'schen Universitätsbuchhandlung, Gießen, 1991 (Giessener Schriftenreihe zur Internationalen Unternehmung), zugl. Diss. Gießen.

Glaum, Martin (1996): Internationalisierung und Unternehmenserfolg. Gabler, Wiesbaden, 1996, zugl. Habil. Gießen.

Glaum, Martin (1998): HGB versus US-GAAP: Die Einstellungen deutscher Führungskräfte zur globalen Harmonisierung der Rechnungslegung. In: Zeitschrift für betriebswirtschaftliche Forschung, 50. Jg., Nr. 4, 1998, S. 336-359.

Glaum, Martin (1999): Globalisierung der Kapitalmärkte und Internationalisierung der deutschen Rechnungslegung. In: Giesel, Franz/Glaum, Martin (1999, Hrsg.): Globalisierung. Herausforderung an die Unternehmensführung des 21. Jahrhunderts. Festschrift für Prof. Dr. Ehrenfried Pausenberger. Beck, München, 1999, S. 295-322.

Glaum, Martin/Mandler, Udo (1997): Rechnungslegung auf globalen Kapitalmärkten. HGB, IAS und US-GAAP. Gabler, Wiesbaden, 1997.

Glaum, Martin/Oesterle, Michael-Jörg (2007): 40 Years of Research on Internationalization and Firm Performance: More Questions than Answers? In: Management International Review, 47. Jg., Nr. 3, 2007, S. 307-317.

Glaum, Martin/Roth, Andreas (1993): Wechselkursrisiko-Management in deutschen internationalen Unternehmungen. Ergebnisse einer empirischen Untersuchung. In: Zeitschrift für Betriebswirtschaft, 63. Jg., Nr. 11, 1993, S. 1181-1206.

Gleissner, Ulrich (1994): Konzernmanagement. Ansätze zur Steuerung diversifizierter internationaler Unternehmungen. Diss. Nr. 1544, St. Gallen, 1994.

Gloede, Dieter (1991): Strategische Personalplanung in multinationalen Unternehmungen. Deutscher Universitätsverlag, Wiesbaden, 1991, zugl. Diss. Bochum.

Göbel, Elisabeth (1993): Selbstorganisation – Ende oder Grundlage rationaler Organisationsgestaltung. In: Zeitschrift Führung und Organisation, 62. Jg., Nr. 6, 1993, S. 391-395.

Goerzen, Anthony/Makino, Shige (2007): Multinational Corporation Internationalization in the Service Sector: A Study of Japanese Trading Companies. In: Journal of International Business Studies, 38. Jg., Nr. 7, 2007, S. 1149-1169.

Goette, Thomas (1994): Standortpolitik internationaler Unternehmen. Deutscher Universitäts-verlag, Wiesbaden, 1994, zugl. Diss. Göttingen.

Golder, Peter N./Tellis, Gerard J. (1993): Pioneer Advantage: Marketing Logic or Marketing Legend? In: Journal of Marketing Research, 30. Jg., o. Nr., 1993, S. 158-170.

Gomez, Peter (1992): Neue Trends in der Konzernorganisation. In: Zeitschrift Führung und Organisation, 61. Jg., Nr. 3, 1992, S. 166-172.

Gómez-Mejia, Luis R./Palich, Leslie E. (1997): Cultural Diversity and the Performance of Multinational Firms. In: Journal of International Business Studies, 28. Jg., Nr. 2, 1997, S. 309-335.

Gong, Yaping/Shenkar, Oded/Luo, Yadong/Nyaw, Mee-Kau (2007): Do Multiple Parents Help or Hinder International Joint Venture Performance? The Mediating Roles of Contract Completeness and Partner Cooperation. In: Strategic Management Journal, 28. Jg., Nr. 10, 2007, S. 1021-1034.

Goodnow, James D./Hansz, James E. (1972): Environmental Determinants of Overseas Market Entry Strategies. In: Journal of International Business Studies, 3. Jg., Nr. 1, 1972, S. 33-50.

Goodstein, Leonard D. (1981): Commentary: Do American Theories Apply Abroad? American Business Values and Cultural Imperialism. In: Organizational Dynamics, 10. Jg., Nr. 1, Sommer 1981, S. 49-54.

Goold, Michael/Pettifer, David/Young, David (2001): Redesigning the Corporate Centre. In: European Management Journal, 19. Jg., Nr. 1, 2001, S. 83-91.

Gordon, Colin (1996): The Business Culture in France. Butterworth-Heinemann, Oxford et al., 1996.

Gordon, Leonard V. (1967): Survey of Personal Values Manual. Science Research Associates, Chicago, 1967.

Gordon, Leonard V. (1975): The Measurement of Interpersonal Values. Science Research Associates, Chicago, 1975.

Götze, Uwe/Mikus, Barbara (1999): Strategisches Management. Verlag der Gesellschaft für Unternehmensrechnung und Controlling, Chemnitz, 1999 (Lehrbuchreihe, Bd. 3).

Gouthier, Matthias/Schmid, Stefan (2001): Kunden und Kundenbeziehungen als Ressourcen von Dienstleistungsunternehmungen. Eine Analyse aus der Perspektive der ressourcenbasierten Ansätze des Strategischen Managements. In: Die Betriebswirtschaft, 61. Jg., Nr. 2, 2001, S. 223-239.

Gouthier, Matthias/Schmid, Stefan (2003): Customers and Customer Relationships in Service Firms: The Perspective of the Resource-based View. In: Marketing Theory, 3. Jg., Nr. 1, 2003, S. 119-143.

Govindarajan, Vijay/Gupta, Anil K. (2000): Analysis of the Emerging Global Arena. In: European Management Journal, 18. Jg., Nr. 3, 2000, S. 274-283.

Grabner-Kräuter, Sonja (1992a): Möglichkeiten und Grenzen der empirischen Bestimmung von Determinanten des Exporterfolgs. In: Zeitschrift für betriebswirtschaftliche Forschung, 44. Jg., Nr. 12, 1992, S. 1080-1095.

Grabner-Kräuter, Sonja (1992b): Markterschließungsstrategien unter Risikoaspekten. In: WiSt – Wirtschaftswissenschaftliches Studium, 21. Jg., Nr. 9, 1992, S. 434-439.

Grabner-Kräuter, Sonja (1992c): Ansatzpunkte zur Risikohandhabung im internationalen Geschäft. In: Der Markt, 31. Jg., Nr. 122, 1992, S. 119-131.

Graen, George B. (2006): In the Eye of the Beholder: Cross-Cultural Lessons in Leadership from Project GLOBE. In: Academy of Management Perspectives, 20. Jg., Nr. 4, 2006, S. 95-101.

Grafers, Hans Wilfried (1999): Einführung in die Betriebliche Aussenwirtschaft. Schäffer-Poeschel, Stuttgart, 1999.

Graham, Edward M. (1975): Oligopolistic Imitation and European Direct Investment in the United States, D.B.A Thesis. Graduate School of Business Administration, Harvard University, 1975.

Graham, Edward M. (1978): Transatlantic Investment by Multinational Firms: A Rivalistic Pheonomenon? In: Journal of Post Keynesian Economics, 1. Jg., Nr. 1, 1978, S. 82-99.

Graham, Edward M. (1995): Foreign Direct Investment in the World Economy. International Monetary Fund, Working Paper WP/95/59, Juni 1995.

Grant, Robert M. (1987): Multinationality and Performance Among British Manufacturing Companies. In: Journal of International Business Studies, 18. Jg., Nr. 3, 1987, S. 79-89.

Grant, Robert M. (1991a): Porter's 'Competitive Advantage of Nations': An Assessment. In: Strategic Management Journal, 12. Jg., Nr. 7, 1991, S. 535-548.

Grant, Robert M. (1991b): The Resource-Based Theory of Competitive Advantage: Implications for Strategy Formulation. In: California Management Review, 33. Jg., Nr. 3, 1991, S. 114-135.

Grant, Robert M. (1998): Contemporary Strategy Analysis. 3. Aufl., Blackwell Publishers, Malden, Oxford, 1998.

Gray, Peter H. (1993, Hrsg.): Transnational Corporations and International Trade and Payments. The United Nations Library on Transnational Corporations, Bd. 8, Routledge, London, New York, 1993.

Gray, Peter H. (1995): The Eclectic Paradigm: the Next Generation. In: Schiattarella, Roberto (1995, Hrsg.): New Challenges for European and International Business. Proceedings of the 21st Annual EIBA Conference, Bd. 1, Urbino, 1995, S. 9-20.

Gray, Sid J. (1988): Towards a Theory of Cultural Influence on the Development of Accounting Systems Internationally. In: Abacus, 24. Jg., Nr. 1, 1988, S. 1-15.

Green, Paula L. (1997): The Booming Barter Business. In: Journal of Commerce, 1. April 1997, S. 1A/5A.

Gregor, Christian/Busch, Rainer (1992): Franchising – Ein Instrument zur Ausschöpfung nationaler und internationaler Märkte. In: Marktforschung und Management, 36. Jg., Nr. 3, 1992, S. 140-146.

Greiner, Larry E. (1972): Evolution and Revolution as Organizations Grow. In: Harvard Business Review, 50. Jg., Nr. 4, 1972, S. 35-46.

Greipel, Peter (1988): Strategie und Kultur. Grundlagen und mögliche Handlungsfelder kulturbewussten strategischen Managements. Verlag Paul Haupt, Bern, Stuttgart, 1988, zugl. Diss. Wuppertal.

Greipl, Erich (2000): Internationalisierung der Metro AG. In: Oelsnitz, Dietrich von der (2000, Hrsg.): Markteintritts-Management. Schäffer-Poeschel, Stuttgart, 2000, S. 309-322.

Gries, Thomas (1998): Internationale Wettbewerbsfähigkeit. Eine Fallstudie für Deutschland. Rahmenbedingungen – Standortfaktoren – Lösungen. Gabler, Wiesbaden, 1998.

Grindley, Peter C./Teece, David J. (1997): Managing Intellectual Capital: Licensing and Cross-Licensing in Semiconductors and Electronics. In: California Management Review, 39. Jg., Nr. 2, 1997, S. 8-41.

Grobien, Mark (1995): Améliorer ses Relations d'Affaires avec les Allemands. Le Management Interculturel. Les Presses du Management, Paris, 1995.

Grochla, Erwin (1982): Grundlagen der organisatorischen Gestaltung. Schäffer-Poeschel, Stuttgart, 1982.

Gropper, Florian von (1994): Darstellung einer feindlichen Übernahme in England durch ein deutsches Unternehmen am Beispiel der Übernahme von Century Oils Group Plc durch die Fuchs-Gruppe. In: Zeitschrift für betriebswirtschaftliche Forschung, 46. Jg., Nr. 4, 1994, S. 361-389.

Groß, Michael (1995): Aktuelle Lizenzgebühren in Patentlizenz-, Know-how- und Computerprogrammlizenz-Verträgen. In: Betriebs-Berater, 50. Jg., Nr. 18, 1995, S. 885-891.

Grün, Oskar (1989): Projektmanagement, internationales. In: Macharzina, Klaus/Welge, Martin K. (1989, Hrsg.): Handwörterbuch Export und Internationale Unternehmung. Schäffer-Poeschel, Stuttgart, 1989, Sp. 1736-1746.

Grün, Oskar (1992): Projektorganisation. In: Frese, Erich (1992, Hrsg.): Handwörterbuch der Organisation. 3. Aufl., Poeschel, Stuttgart, 1992, Sp. 2102-2116.

Grünärml, Frohmund (1982): Multinationale Unternehmen, internationaler Handel und monetäre Stabilität. Ein Beitrag zur Theorie und Politik internationaler Wirtschaftsbeziehungen. Verlag Paul Haupt, Bern, Stuttgart, 1982, zugl. Habil. Marburg.

Grünbichler, Andreas/Oertmann, Peter (1996): Corporate Governance: Schweizer Erfahrungen. In: Zeitschrift für Betriebswirtschaft, 66. Jg., Ergänzungsheft Nr. 3, 1996, S. 29-49.

Gruppe von Lissabon (1997): Grenzen des Wettbewerbs. Die Globalisierung der Wirtschaft und die Zukunft der Menschheit. Luchterhand, München, 1997.

Gudykunst, William B./Nishida, Tsukasa (1994): Bridging Japanese/North American Differences. Sage, Thousand Oaks, London, New Delhi, 1994 (Communicating Effectively in Multicultural Contexts, Bd. 1).

Guidice, Rebecca M./Vasudevan, Ash/Duysters, Geert (2003): From „me against you" to „us against them": Alliance Formation Based on Inter-Alliance Rivalry. In: Scandinavian Journal of Management, 19. Jg., Nr. 2, 2003, S. 135-152.

Guillén, Mauro F. (1994): Models of Management. Work, Authority and Organization in a Comparative Perspective. The University of Chicago Press, Chicago, London, 1994.

Guillén, Mauro F./Tschoegl, Adrian E. (2000): The Internationalisation of Retail Banking: the Case of the Spanish banks in Latin America. In: Transnational Corporations, 9. Jg., Nr. 3, 2000, S. 63-97.

Günter, Bernd (1995): Kompensationsgeschäfte. In: Tietz, Bruno/Köhler, Richard/Zentes, Joachim (1995, Hrsg.): Handwörterbuch des Marketing. 2., völlig neu gest. Aufl., Schäffer-Poeschel, Stuttgart, 1995, Sp. 1200-1211.

Gupta, Anil K./Govindarajan, Vijay (1991): Knowledge Flows and the Structure of Control within Multinational Corporations. In: Academy of Management Review, 16. Jg., Nr. 4, 1991, S. 768-792.

Gupta, Anil K./Govindarajan, Vijay (1994): Organizing for Knowledge Flows within MNCs. In: International Business Review, 3. Jg., Special Issue Nr. 4, 1994, S. 443-457.

Gupta, Anil K./Govindarajan, Vijay (2002): Cultivating a Global Mindset. In: The Academy of Management Executive, 16. Jg., Nr. 1, 2002, S. 116-126.

Gupta, Vipin/Hanges, Paul J. (2004): Regional and Climate Clustering of Societal Cultures. In: House, Robert H./Hanges, Paul J./Javidan, Mansour/Dorfman, Peter W./Gupta Vipin (2004, Hrsg.): Culture, Leadership and Organizations. The GLOBE Study of 62 Societies. Sage, Thousand Oaks et al., 2004, S. 178-218.

Guserl, Richard (1998): Das US-amerikanische Management-Paradigma als neues Zielsystem in Europa? In: Zeitschrift für Betriebswirtschaft, 68. Jg., Nr. 10, 1998, S. 1037-1052.

Gussmann, Bernd/Breit, Claus (1987): Ansatzpunkte für eine Theorie der Unternehmenskultur. In: Heinen, Edmund (1987, Hrsg.): Unternehmenskultur. Oldenbourg, München, Wien, 1987, S. 107-139.

Guth, Wilfried (1986): Chancen und Risiken von Auslandsinvestitionen. In: Zeitschrift für betriebswirtschaftliche Forschung, 38. Jg., Nr. 3, 1986, S. 183-194.

H

Haas, Benedikt (1996): Ausländische Unternehmen in Ostdeutschland. Analyse ihres Markteintritts im Lichte der Theorie der Direktinvestition. Verlag Peter Lang, Frankfurt/Main et al., 1996 (Europäische Hochschulschriften, Reihe V, Bd. 1966), zugl. Diss. München.

Haas, Hans-Dieter/Heß, Martin/Werneck, Till (1995): Die Bedeutung der Direktinvestitionstätigkeit für den Wirtschaftsraum Bayern. Materialien und Forschungsberichte aus dem Institut für Wirtschaftsgeographie der Universität München, Heft 5, 1995.

Haas, Hans-Dieter/Neumair, Simon-Martin (2006): Internationale Wirtschaft. Rahmenbedingungen, Akteure, Räumliche Prozesse. Oldenbourg, München, Wien, 2006.

Habel, Sabine (1992): Strategische Unternehmensführung im Lichte der empirischen Forschung. Verlag Barbara Kirsch, München, 1992 (Münchener Schriften zur angewandten Führungslehre, Bd. 67), zugl. Diss. LMU München.

Hadjikhani, Amjad (1997): A Note on the Criticisms against the Internationalization Process Model. In: Management International Review, 37. Jg., Special Issue Nr. 2, 1997, S. 43-66.

Hagelstam, Jarl (1991): Mercantilism Still Influences Practical Trade Policy at the End of the Twentieth Century. In: Journal of World Trade, 25. Jg., Nr. 2, 1991, S. 95-105.

Hagström, Peter (1991): The 'Wired' MNC. The Role of Information Systems for Structural Change in Complex Organizations. Doctoral Thesis Institute of International Business (IIB), Stockholm School of Economics, Stockholm, 1991.

Hahn, Dietger (1988): Führung und Führungsorganisation. In: Zeitschrift für betriebswirtschaftliche Forschung, 40. Jg., Nr. 2, 1988, S. 112-137.

Haire, Mason/Ghiselli, Edwin E./Porter, Lyman W. (1966): Managerial Thinking: An International Study. John Wiley & Sons, New York, London, Sydney, 1966.

Haiss, Peter H. (1990): Cultural Influences on Strategic Planning. Empirical Findings in the Banking Industry. Physica, Heidelberg, 1990.

Hake, Bruno (1982): Der Beri-Index, ein Hilfsmittel zur Beurteilung des wirtschaftspolitischen Risikos von Auslandsinvestitionen. In: Lück, Wolfgang/Trommsdorff, Volker (1982, Hrsg.): Internationalisierung der Unternehmung als Probleme der Betriebswirtschaftslehre. Erich Schmidt Verlag, Berlin, 1982, S. 463-473.

Hake, Bruno (1997): Länderrisiko-Analysen – Werkzeug des Controllers. In: Controller Magazin, 22. Jg., Nr. 4, 1997, S. 240-242.

Hall, David J./Saias, Maurice A. (1980): Strategy Follows Structure! In: Strategic Management Journal, 1. Jg., Nr. 2, 1980, S. 149-163.

Hall, Edward T. (1959/1990): The Silent Language. Anchor Books/Doubleday, New York et al., 1990.

Hall, Edward T. (1960): The Silent Language in Overseas Business. In: Harvard Business Review, 38. Jg., Mai-Juni 1960, S. 87-96.

Hall, Edward T. (1966/1990): The Hidden Dimension. Anchor Books/Doubleday, New York et al., 1990.

Hall, Edward T. (1976/1989): Beyond Culture. Anchor Books/Doubleday, New York et al., 1989.

Hall, Edward T. (1983/1989): The Dance of Life. The Other Dimension of Time. Anchor Books/ Doubleday, New York et al., 1989.

Hall, Edward T./Hall, Mildred R. (1987/1990): Hidden Differences. Doing Business with the Japanese. Anchor Books/Doubleday, New York et al., 1990.

Hall, Edward T./Hall, Mildred R. (1990): Understanding Cultural Differences. Intercultural Press, Yarmouth, 1990.

Hall, Richard (1991): The Contribution of Intangible Resources to Business Success. In: Journal of General Management, 16. Jg., Nr. 4, 1991, S. 41-52.

Hall, Richard (1992): The Strategic Analysis of Intangible Resources. In: Strategic Management Journal, 13. Jg., o. Nr., 1992, S. 135-144.

Hall, Richard (1993): A Framework Linking Intangible Resources and Capabilities to Sustainable Competitive Advantage. In: Strategic Management Journal, 14. Jg., o. Nr., 1993, S. 607-618.

Hamel, Gary/Prahalad, Coimbatore K. (1983): Managing Strategic Responsibility in the MNC. In: Strategic Management Journal, 4. Jg., Nr. 4, 1983, S. 341-351.

Hamel, Gary/Prahalad, Coimbatore K. (1985): Do you really have a Global Strategy? In: Harvard Business Review, 63. Jg., Juli-August 1985, S. 139-148.

Hamel, Winfried (1996): Innovative Organisation der finanziellen Unternehmensführung. In: Betriebswirtschaftliche Forschung und Praxis, 48. Jg., Nr. 3, 1996, S. 323-341.

Hamilton, Gary G. (1991, Hrsg.): Business Networks and Economic Development in East and Southeast Asia. Centre of Asian Studies, University of Hongkong, 1991.

Hamilton, Gary G. (1996, Hrsg.): Asian Business Networks. De Gruyter, Berlin, New York, 1996.

Hamilton, Gary G./Zeile, William/Kim, Wan-Jin. (1990): The Network Structures of East Asian Economies. In: Clegg, Stewart R./Redding, S. Gordon (1990, Hrsg.): Capitalism in Contrasting Cultures. Berlin, New York, 1990, S. 105-129.

Hamilton, Robert D./Kashlak, Roger J. (1999): National Influences on Multinational Control System Selection. In: Management International Review, 39. Jg., Nr. 2, 1999, S. 167-189.

Hamilton, Robert D./Taylor, Virginia/Kashlak, Roger J. (1996): Designing a Control System for a Multinational Subsidiary. In: Long Range Planning, 29. Jg., Nr. 6, 1996, S. 857-868.

Hammer, Michael/Champy, James (1993): Reengineering the Corporation. A Manifesto for Business Revolution. Harper Business, New York et al., 1993.

Hammer, Michael/Stanton, Steven (1999): How Process Enterprises Really Work. In: Harvard Business Review, 77. Jg., November-Dezember 1999, S. 108-118.

Hampden-Turner, Charles/Trompenaars, Fons (1993): The Seven Cultures of Capitalism. Value Systems for Creating Wealth in the United States, Japan, Germany, France, Britain, Sweden, and the Netherlands. Currency/Doubleday, New York et al., 1993.

Hampden-Turner, Charles/Trompenaars, Fons (1997): Response to Geert Hofstede. In: International Journal of Intercultural Relations, 21. Jg., Nr. 1, 1997, S. 149-159.

Hanfeld, Ulrich (1997): Internationale Markteinführung neuer Produkte. Eine prozessorientierte Managementkonzeption. Verlag Peter Lang, Frankfurt/Main et al., 1997, zugl. Diss. Hohenheim.

Hanges, Paul J./Dickson, Marcus W. (2004): The Development and Validation of the GLOBE Culture and Leadership Scales. In: House, Robert H./Hanges, Paul J./Javidan, Mansour/Dorfman, Peter W./Gupta Vipin (2004, Hrsg.): Culture, Leadership and Organizations. The GLOBE Study of 62 Societies. Sage, Thousand Oaks et al., 2004, S. 122-151.

Hannan, Michael T./Freeman, John (1977): The Population Ecology of Organizations. In: American Journal of Sociology, 82. Jg., Nr. 5, 1977, S. 929-964.

Hannich, Fabian/Heinrich, Tobias/Kachel, Petra/Oppen, Matthias N. von (2005): Dual Listing. Eine ökonomische und juristische Analyse der Auslandsnotierungen deutscher Unternehmen. Studien des Deutschen Aktieninstituts, Heft 30, Frankfurt/Main, Juli 2005.

Hansen, Klaus P. (2000): Kultur und Kulturwissenschaft. Eine Einführung. 2., vollst. überarb. und erw. Aufl., UTB/Francke, Tübingen, Basel, 2000.

Hanser, Peter (1993): Marketing-Outsourcing. Schlankheitskur mit Risiko. In: Absatzwirtschaft, 36. Jg., Nr. 8, 1993, S. 34-39.

Harbison, Frederick/Myers, Charles A. (1959): Management in the Industrial World. An International Analysis. McGraw-Hill, New York, Toronto, London, 1959.

Harpaz, Itzhak (1990): The Importance of Work Goals: An International Perspective. In: Journal of International Business Studies, 21. Jg., Nr. 1, 1990, S. 75-93.

Harrell, Gilbert D./Kiefer, Richard O. (1997): Multinational Market Portfolios in Global Strategy Development. In: Doole, Isobel/Lowe, Robin (1997, Hrsg.): International Marketing Strategy. International Thomson Business Press, London et al., 1997, S. 83-98.

Harrigan, Kathryn Rudie (1984): Innovation within Overseas Subsidiaries. In: The Journal of Business Strategy, 4. Jg., Nr. 4, 1984, S. 47-55.

Harrigan, Kathryn Rudie (1985): Strategies for Joint Ventures. Lexington Books, Lexington, Toronto, 1985.

Harrigan, Kathryn Rudie (1986): Managing for Joint Venture Success. Lexington Books, Lexington, Toronto, 1986.

Harrigan, Kathryn Rudie (1988): Joint Ventures and Competitive Strategy. In: Strategic Management Journal, 9. Jg., Nr. 2, 1988, S. 141-158.

Harris, Ira C./Ruefli, Timothy W. (2000): The Strategy/Structure Debate: An Examination of the Performance Implications. In: Journal of Management Studies, 37. Jg., Nr. 4, 2000, S. 587-603.

Harris, Philip R./Moran, Robert T. (1996): Managing Cultural Differences. Leadership Styles for a New World of Business. 4. Aufl., Gulf Publishing, Houston, 1996.

Härtel, Hans-Hagen/Jungnickel, Rolf et al. (1996): Grenzüberschreitende Produktion und Strukturwandel – Globalisierung der deutschen Wirtschaft. Nomos, Baden-Baden, 1996.

Hartmann, Michael (2000): Wie international sind Topmanager? Karrierestationen von Spitzenkräften. In: Forschung & Lehre, o. Jg., Nr. 7, 2000, S. 356-358.

Hartmann-Wendels, Thomas/Spicher, Thomas (1997): Die Globalisierung der Finanzmärkte. In: Wechselwirkung, 19. Jg., Nr. 86, 1997, S. 46-53.

Harvey, Michael G./Griffith, David/Novicevic, Milorad (2000): Development of Timescapes to Effectively Manage Inter-Organizational Relational Communications. In: European Management Journal, 18. Jg., Nr. 6, 2000, S. 646-662.

Harvey, Michael G./Lusch, Robert F. (1995): A Systematic Assessment of Potential International Strategic Alliance Partners. In: International Business Review, 4. Jg., Nr. 2, 1995, S. 195-212.

Harzing, Anne-Wil (1999): Managing the Multinationals. An International Study of Control Mechanisms. Edward Elgar, Cheltenham, Northampton, 1999.

Harzing, Anne-Wil (2000): An Empirical Analysis and Extension of the Bartlett and Ghoshal Typology of Multinational Companies. In: Journal of International Business Studies, 31. Jg., Nr. 1, 2000, S. 101-120.

Harzing, Anne-Wil (2001): Of Bears, Bumble-Bees, and Spiders: The Role of Expatriates in Controlling Foreign Subsidiaries. In: Journal of World Business, 36. Jg., Nr. 4, 2001, S. 366-379.

Harzing, Anne-Wil (2002): Acquisitions versus Greenfield Investments: International Strategy and Management of Entry Modes. In: Strategic Management Journal, 23. Jg., Nr. 3, 2003, S. 211-227.

Harzing, Anne-Wil (2004): The Role of Culture in Entry-Mode Studies: From Neglect to Myopia? In: Cheng, Joseph L.C./Hitt, Michael A. (2004, Hrsg.): Managing Multinationals in a Knowledge Economy: Economics, Culture, and Human Resources. Elsevier, Amsterdam et al., 2004, S. 75-127.

Hasenstab, Michael (1999): Interkulturelles Management. Bestandsaufnahme und Perspektiven. Verlag Wissenschaft & Praxis, Sternenfels, 1999 (Schriftenreihe Interkulturelle Wirtschaftskommunikation, Bd. 5), 1999, zugl. Diss. Jena.

Haslinger, Franz (1997): Die Zahlungsbilanz. In: WiSt – Wirtschaftswissenschaftliches Studium, 26. Jg., Nr. 7, 1997, S. 341-349.

Haspeslagh, Philippe C./Jemison, David B. (1991): Managing Acquisitions. Creating Value through Corporate Renewal. The Free Press/Macmillan, New York et al., 1991.

Hassan, Salah S./Katsanis, Lea Prevel (1991): Identification of Global Consumer Segments: A Behavioral Framework. In: Journal of International Consumer Marketing, 3. Jg., Nr. 2, 1991, S. 11-28.

Hassel, Anke/Höppner, Martin/Kurdelbusch, Antje/Rehder, Britta/Zugehör, Rainer (2000): Dimensionen der Internationalisierung: Ergebnisse der Unternehmensdatenbank „Internationalisierung der 100 größten Unternehmen in Deutschland". Max-Planck-Institut für Gesellschaftsforschung, Working Paper 00/1, Köln, Januar 2000.

Hatch, Mary Jo/Cunliffe, Ann L. (2006): Organization Theory. Modern, Symbolic, and Postmodern Perspectives. 2. Aufl., Oxford University Press, Oxford et al., 2006.

Hatten, Kenneth J./Hatten, Mary Louise (1987): Strategic Groups, Asymmetrical Mobility Barriers and Contestability. In: Strategic Management Journal, 8. Jg., Nr. 4, 1987, S. 329-342.

Hatten, Kenneth J./Rosenthal, Stephen R. (1999): Managing the Process-centred Enterprise. In: Long Range Planning, 32. Jg., Nr. 3, 1999, S. 293-310.

Hauschildt, Jürgen/Gemünden, Hans Georg (1999, Hrsg.): Promotoren. Champions der Innovation. 2., erw. Aufl., Gabler, Wiesbaden, 1999.

Haussmann, Helmut (1997): Vor- und Nachteile der Kooperation gegenüber anderen Internationalisierungsformen. In: Macharzina, Klaus/Oesterle, Michael-Jörg (1997, Hrsg.): Handbuch Internationales Management. Gabler, Wiesbaden, 1997, S. 459-474.

Hax, Arnoldo C./Majluf, Nicolas S. (1991): Strategisches Management. Ein integratives Konzept aus dem MIT. Studienausgabe, Campus, Frankfurt/Main, New York, 1991.

Hays, Richard D. (1971): An Introspective Structure for Foreign Investment Decisions. In: MSU Business Topics, 19. Jg., o. Nr., 1971, S. 61-67.

Hearn, Patrick (1987): International Business Agreements. A Practical Guide to the Negotiation and Formulation of Agency, Distribution and Intellectual Property Licencing Agreements. Gower, Aldershot, 1987.

Hebler, Martin (1998): Die Theorie der komparativen Kostenvorteile. In: WISU – Das Wirtschaftsstudium, 27. Jg., Nr.10, 1998, S. 1050-1056.

Heckscher, Eli (1919/1949): The Effect of Foreign Trade on the Distribution of Income. In: Readings in the Theory of International Trade, selected by a Committee of the American Economic Association. The Blakiston Company, Philadelphia, Toronto, 1949, S. 272-300 (leicht veränderte und übersetzte Fassung des ursprünglich in der „Ekonomis Tidskrift", 21. Jg., 1919, S. 497-512, erschienenen Beitrags).

Hedlund, Gunnar (1980): The Role of Foreign Subsidiaries in Strategic Decision-Making in Swedish Multinational Corporations. In: Strategic Management Journal, 1. Jg., Nr. 1, 1980, S. 23-36.

Hedlund, Gunnar (1984): Organization in-between: The Evolution of the Mother-Daughter Structure of Managing Foreign Subsidiaries in Swedish MNCs. In: Journal of International Business Studies, 15. Jg., Nr. 2, 1984, S. 109-123.

Hedlund, Gunnar (1986): The Hypermodern MNC – A Heterarchy. In: Human Resource Management, 25. Jg., Nr. 1, 1986, S. 9-35.

Hedlund, Gunnar (1993): Assumptions of Hierarchy and Heterarchy, with Applications to the Management of the Multinational Corporation. In: Ghoshal, Sumantra/Westney, Eleanor (1993, Hrsg.): Organization and the Multinational Corporation. St. Martin's Press, New York, 1993, S. 211-236.

Hedlund, Gunnar (1993, Hrsg.): Organization of Transnational Corporations. The United Nations Library on Transnational Corporations, Bd. 6, Routledge, London, New York, 1993.

Hedlund, Gunnar (1994): A Model of Knowledge Management and The N-Form Corporation. In: Strategic Management Journal, 15. Jg., Special Issue, Winter 1994, S. 73-90.

Hedlund, Gunnar (1996): Organization and Management of Transnational Corporations in Practice and Research. In: UNCTAD Division on Transnational Corporations and Investment (1996, Hrsg.): Transnational Corporations and World Development. International Thomson Business Press, London et al., 1996, S. 123-141.

Hedlund, Gunnar (1999): The Intensity and Extensity of Knowledge and the Multinational Corporation as a Nearly Recomposable System (NRS). In: Management International Review, 39. Jg., Special Issue Nr.1, 1999, S. 5-44.

Hedlund, Gunnar/Kogut, Bruce (1993): Managing the MNC: The End of the Missionary Era. In: Hedlund, Gunnar (1993, Hrsg.): Organization of Transnational Corporations. The United Nations Library on Transnational Corporations, Bd. 6, Routledge, London, New York, 1993, S. 343-358.

Hedlund, Gunnar/Kverneland, Adhne (1985): Are Strategies for Foreign Markets Changing? The Case of Swedish Investment in Japan. In: International Studies of Management and Organization, 15. Jg., Nr. 2, 1985, S. 41-59.

Hedlund, Gunnar/Ridderstråle, Jonas (1997): Toward a Theory of the Self-Renewing MNC. In: Toyne, Brian/Nigh, Douglas (1997, Hrsg.): International Business. An Emerging Vision. University of South Carolina Press, Columbia, 1997, S. 329-354.

Hedlund, Gunnar/Rolander, Dag (1990): Action in Heterarchies – New Approaches in Managing the MNC. In: Bartlett, Christopher A./Doz, Yves L./Hedlund, Gunnar (1990, Hrsg.): Managing the Global Firm. Routledge, London, New York, 1990, S. 15-46.

Heenan, David A. (1975): Multinational Management of Human Resources: A Systems Approach. Studies of International Business Nr. 2, Bureau of Business Research, University of Austin, 1975.

Heenan, David A./Perlmutter, Howard V. (1979): Multinational Organization Development. Addison-Wesley, Reading et al., 1979.

Heidhues, Franz (1969): Zur Theorie der internationalen Kapitalbewegungen. Eine kritische Untersuchung unter besonderer Berücksichtigung der Direktinvestitionen. J.C.B. Mohr (Paul Siebeck), Tübingen, 1969.

Heiduk, Günter/Kerlen-Prinz, Jörg (1999): Direktinvestitionen in der Außenwirtschaftstheorie. In: Döhrn, Roland/Heiduk, Günter (1999, Hrsg.): Theorie und Empirie der Direktinvestitionen. Duncker & Humblot, Berlin, 1999 (Schriftenreihe des Rheinisch-Westfälischen Instituts für Wirtschaftsforschung in Essen, Neue Folge, Heft 65), S. 23-54.

Heilbrunn, Benoît (2006): The Delights and Dangers of Global Branding: From Worldwide Brands to a Global/Local Dialectic. In: Scholz, Christian/Zentes, Joachim (2006, Hrsg.): Strategic Management – New Rules for Old Europe. Gabler, Wiesbaden, 2006, S. 137-158.

Heimann, Jürgen (1984): Neuberechnung des Außenhandelsvolumens und der Außenhandelsindizes auf Basis 1980. In: Wirtschaft und Statistik, o. Jg., Nr. 2, 1984, S. 155-170.

Heinen, Edmund (1985): Entscheidungsorientierte Betriebswirtschaftslehre und Unternehmens-kultur. In: Zeitschrift für Betriebswirtschaft, 55. Jg., Nr. 10, 1985, S. 980-991.

Heinen, Edmund (1987): Unternehmenskultur als Gegenstand der Betriebswirtschaftslehre. In: Heinen, Edmund (1987, Hrsg.): Unternehmenskultur. Oldenbourg, München, Wien, 1987, S. 1-48.

Heinen, Edmund (1987, Hrsg.): Unternehmenskultur. Oldenbourg, München, Wien, 1987.

Heinrich, Andreas (2003): Internationalisation of Russia's Gazprom. In: Journal of East European Management Studies, 8. Jg., Nr. 1, 2003, S. 46-66.

Heintel, Peter/Krainz, Ewald E. (1990): Projektmanagement. Eine Antwort auf die Hierarchie-krise? 2. Aufl., Gabler, Wiesbaden, 1990.

Heintzeler, Frank (1989): Unfreundliche Firmenübernahmen – bald auch in Deutschland? In: Österreichisches Bankarchiv, 37. Jg., Nr. 9, 1989, S. 839-847.

Helm, Roland (2001a): Einflussfaktoren auf die Wahl verschiedener institutioneller Formen des internationalen Absatzes. In: Die Unternehmung, 55. Jg., Nr. 1, 2001, S. 43-59.

Helm, Roland (2001b): Institutionelle Formen des internationalen Markteintritts durch den Ver-trieb. In: WiSt – Wirtschaftswissenschaftliches Studium, 30. Jg., Nr. 1, 2001, S. 2-9.

Helou, Angelina (1991): The Nature and Competitiveness of Japan's Keiretsu. In: Journal of World Trade, 25. Jg., o. Nr., 1991, S. 99-131.

Hemmer, Hans-Rimbert (1988): Wirtschaftsprobleme der Entwicklungsländer. 2., neubearb. und erw. Aufl., Vahlen, München, 1988.

Henderson, Bruce (1994): Das Portfolio. In: Oetinger, Bolko von (1994, Hrsg.): Das Boston Con-sulting Group Strategie-Buch. Die wichtigsten Managementkonzepte für den Praktiker. Econ, Düsseldorf et al., 1994, S. 286-291.

Hendon, Donald W./Hendon, Rebecca A./Herbig, Paul (1996): Cross-Cultural Business Nego-tiations. Quorum Books, Westport, London, 1996.

Hennart, Jean-François (1982): A Theory of Multinational Enterprise. The University of Michigan Press, Ann Arbor, 1982.

Hennart, Jean-François (1986): What is Internalization? In: Weltwirtschaftliches Archiv, 122. Jg., o. Nr. 1986, S. 791-804.

Hennart, Jean-François (1990): Some Empirical Dimensions of Countertrade. In: Journal of In-ternational Business Studies, 21. Jg., Nr. 2, 1990, S. 243-270.

Hennart, Jean-François (1993a): Explaining the Swollen Middle: Why Most Transactions are a Mix of "Market" and "Hierarchy". In: Organization Science, 4. Jg., Nr. 4, 1993, S. 529-547.

Hennart, Jean-François (1993b): Control in Multinational Firms: The Role of Price and Hierar-chy. In: Ghoshal, Sumantra/Westney, Eleanor D. (1993, Hrsg.): Organization Theory and the Multinational Corporation. St. Martin's Press, New York, 1993, S. 157-181.

Hennart, Jean-François (2001): Theories of the Multinational Enterprise. In: Rugman, Alan M./Brewer, Thomas L. (2001, Hrsg.): The Oxford Handbook of International Business. Oxford University Press, Oxford et al., 2001, S. 127-149.

Hennart, Jean-François/Park, Young-Ryeol (1993): Greenfield vs. Acquisition: The Strategy of Japanese Investors in the United States. In: Management Science, 39. Jg., Nr. 9, 1993, S. 1054-1070.

Hennart, Jean-François/Reddy, Sabine (1997): The Choice between Mergers/Acquisitions and Joint Ventures: The Case of Japanese Investors in the United States. In: Strategic Management Journal, 18. Jg., Nr. 1, 1997, S. 1-12.

Hennemann, Carola (1997): Organisationales Lernen und die lernende Organisation. Entwicklung eines praxisbezogenen Gestaltungsvorschlags aus ressourcenorientierter Sicht. Verlag Rainer Hampp, München, Mering, 1997.

Hennig, Karl W. (1971): Betriebswirtschaftliche Organisationslehre. 5., neu bearb. Aufl., Gabler, Wiesbaden, 1971.

Hentze, Joachim (1987): Kulturvergleichende Managementforschung. Ausgewählte Ansätze. In: Die Unternehmung, 41. Jg., Nr. 3, 1987, S. 170-185.

Hentze, Joachim/Brose, Peter/Kammel, Andreas (1993): Unternehmungsplanung. Eine Einführung. 2. Aufl., UTB (Paul Haupt), Bern, Stuttgart, Wien, 1993.

Henzler, Herbert (1979): Neue Strategie ersetzt den Zufall. In: Manager Magazin, April 1979, S. 122-129.

Henzler, Herbert (1992): Die Globalisierung von Unternehmen im internationalen Vergleich. In: Zeitschrift für Betriebswirtschaft, 62. Jg., Ergänzungsheft Nr. 2, 1992, S. 83-98.

Henzler, Herbert (1999): Globalisierung und Standort Deutschland. In: Giesel, Franz/Glaum, Martin (1999, Hrsg.): Globalisierung. Herausforderung an die Unternehmensführung des 21. Jahrhunderts. Festschrift für Prof. Dr. Ehrenfried Pausenberger. Beck, München, 1999, S. 1-15.

Henzler, Herbert/Rall, Wilhelm (1985a): Aufbruch in den Weltmarkt. In: Manager Magazin, September 1985, S. 176-190.

Henzler, Herbert/Rall, Wilhelm (1985b): Aufbruch in den Weltmarkt. In: Manager Magazin, Oktober 1985, S. 254-262.

Hermanns, Arnold/Wißmeier, Urban Kilian (1993): Bekleidung und Mode: Einstellungen und Verhalten im internationalen Vergleich. Ergebnisse einer „cross-national-Studie" in Frankreich, USA und Deutschland. In: Marketing ZFP, 15. Jg., Nr. 1, 1993, S. 26-33.

Hermanns, Arnold/Wißmeier, Urban Kilian (2002): Strategien der internationalen Marktbearbeitung. In: Macharzina, Klaus/Oesterle, Michael-Jörg (2002, Hrsg.): Handbuch Internationales Management. 2. Aufl., Gabler, Wiesbaden, 2002, S. 417-436.

Hermel, Philippe (1993, Hrsg.): Management Européen et International. Approche Comparée des Ressources Humaines et de l'Organisation. Economica, Paris, 1993.

Herten, Heinz-Josef (1988): Internationales Projekt-Management. Gestaltung der grenzüberschreitenden Projektkooperation im Großanlagenbau sowie in der Luft- und Raumfahrtindustrie. Verlag TÜV Rheinland, Köln, 1988.

Hertz, Susanne (1996): The Dynamics of International Strategic Alliances. In: International Studies of Management and Organization, 26. Jg., Nr. 2, 1996, S. 104-130.

Hess, Thomas/Schuller, Dagmar (2005): Business Process Reengineering als nachhaltiger Trend? Eine Analyse der Praxis in deutschen Großunternehmen nach einer Dekade. In: Zeitschrift für betriebswirtschaftliche Forschung, 57. Jg., Nr. 6, 2005, S. 355-373.

Heuskel, Dieter (1999): Wettbewerb jenseits von Industriegrenzen. Aufbruch zu neuen Wachstumsstrategien. Campus, Frankfurt/Main, New York, 1999.

Hickmann, Thorsten (1996): Einheit oder Vielfalt in Europa. Die Wirtschaftsstile Frankreichs, Deutschlands und Rußlands in ihrer Binnen- und Außenwirkung. Gabler, Wiesbaden, 1996, zugl. Diss. Univ. Erlangen-Nürnberg.

Hickson, David J. (1993, Hrsg.): Management in Western Europe. Society, Culture and Organization in Twelve Nations. De Gruyter, Berlin, New York, 1993.

Hickson, David J./Pugh, Derek (1995): Management Worldwide. The Impact of Societal Culture on Organizations around the Globe. Penguin Books, London et al., 1995.

Hildebrandt, Lutz/Weiss, Christina A. (1997): Internationale Markteintrittsstrategien und der Transfer von Marketing-Know-how. In: Zeitschrift für betriebswirtschaftliche Forschung, 49. Jg., Nr. 1, 1997, S. 3-25.

Hildenbrand, Gunter (1997): Geschäftspartner Frankreich im Wandel. Aktuelles Know-how und zeitgemäße Erfolgsstrategien. Edition Blickbuch Wirtschaft/FAZ Verlag, Frankfurt/Main, 1997.

Hill, Charles W.L./Hwang, Peter/Kim, W. Chan (1990): An Eclectic Theory of the Choice of International Entry Mode. In: Strategic Management Journal, 11. Jg., Nr. 2, 1990, S. 117-128.

Hill, Wilhelm/Fehlbaum, Raymond/Ulrich, Peter (1994): Organisationslehre I. Ziele, Instrumente und Bedingungen der Organisation sozialer Systeme. 5., überarb. Aufl., Verlag Paul Haupt, Bern, Stuttgart, Wien, 1994.

Hinings, Christopher Robin (1997): Reflections on Processual Research. In: Scandinavian Journal of Management, 13. Jg., Nr. 4, 1997, S. 493-503.

Hinterhuber, Hans H. (1994): Paradigmenwechsel: Vom Denken in Funktionen zum Denken in Prozessen. In: Journal für Betriebswirtschaft, 44. Jg., Nr. 2, 1994, S. 58-75.

Hinterhuber, Hans H. (1996): Strategische Unternehmungsführung I. Strategisches Denken. 6., neu bearb. und erw. Aufl., de Gruyter, Berlin, New York, 1996.

Hinterhuber, Hans H. (1997): Strategische Unternehmungsführung II. Strategisches Handeln. 6., völlig neu bearb. Aufl., de Gruyter, Berlin, New York, 1997.

Hirata, Mitsuhiro (1996): Die japanische torishimariyaku-kai. Eine rechtliche und betriebswirtschaftliche Analyse. In: Zeitschrift für Betriebswirtschaft, 66. Jg., Ergänzungsheft Nr. 3, 1996, S. 1-27.

Hirn, Wolfgang (1996a): Der große Sprung. In: Manager Magazin, Februar 1996, S. 78-83.

Hirn, Wolfgang (1996b): Moral und Moneten. In: Manager Magazin, Dezember 1996, S. 124-132.

Hirn, Wolfgang (2001): Rastlos in Seattle. In: Manager Magazin, Mai 2001, S. 130-138.

Hirschman, Albert O. (1970): Exit, Voice, and Loyalty. Responses to Decline in Firms, Organizations, and States. Harvard University Press, Cambridge, London, 1970.

Hirst, Paul/Thompson, Grahame (1999): Globalization in Question. 2. Aufl., Polity Press, Cambridge, Oxford, Malden, 1999.

Hoecklin, Lisa (1995): Managing Cultural Differences. Strategies for Competitive Advantage. Addison-Wesley/The Economist, Wokingham et al., 1995.

Hofer, Charles/Schendel, Dan (1978): Strategy Formulation: Analytical Concepts. West Publishing Company, St. Paul et al., 1978.

Hoffman, Richard C./Preble, John F. (1991): Franchising: Selecting a Strategy for Rapid Growth. In: Long Range Planning, 24. Jg., Nr. 4, 1991, S. 74-85.

Hoffmann, Friedrich (1980): Führungsorganisation. Bd. I: Stand der Forschung und Konzeption. J.C.B. Mohr (Paul Siebeck), Tübingen, 1980.

Hoffmann, Friedrich (1986): Kritische Erfolgsfaktoren – Erfahrungen in großen und mittelständischen Unternehmungen. In: Zeitschrift für betriebswirtschaftliche Forschung, 38. Jg., Nr. 10, 1986, S. 831-843.

Hoffmann, Friedrich (1989): Erfassung, Bewertung und Gestaltung von Unternehmungskulturen. Von der Kulturtheorie zu einem anwendungsorientierten Ansatz. In: Zeitschrift Führung und Organisation, 58. Jg., Nr. 3, 1989, S. 168-173.

Hoffmann, Friedrich (1992): Konzernorganisationsformen. In: WiSt – Wirtschaftswissenschaftliches Studium, 21. Jg., Nr. 11, 1992, S. 552-556.

Hoffmann, Friedrich (1993): Der Konzern als Gegenstand betriebswirtschaftlicher Forschung. In: Hoffmann, Friedrich (1993, Hrsg.): Konzernhandbuch. Recht – Steuern – Rechnungslegung – Führung – Organisation – Praxisfälle. Gabler, Wiesbaden, 1993, S. 3-79.

Hoffmann, Werner H. (2007): Strategies for Managing a Portfolio of Alliances. In: Strategic Management Journal, 28. Jg., Nr. 8, 2007, S. 827-856.

Hoffmann, Werner H./Schaper-Rinkel, Wulf (2001): Acquire or Ally? – A Strategy Framework for Deciding Between Acquisition and Cooperation. In: Management International Review, 41. Jg., Nr. 2, 2001, S. 131-159.

Hofstede, Geert (1976): Nationality and Espoused Values of Managers. In: Journal of Applied Psychology, 61. Jg., Nr. 2, 1976, S. 148-155.

Hofstede, Geert (1978): Organization-Related Value Systems in Fourty Countries. Working Paper 78-22, European Institute for Advanced Studies in Management. Brüssel, Mai 1978.

Hofstede, Geert (1980): Motivation, Leadership, and Organization: Do American Theories Apply Abroad? In: Organizational Dynamics, 9. Jg., Nr. 1, Sommer 1980, S. 42-63.

Hofstede, Geert (1981): Do American Theories Apply Abroad? A Reply to Goodstein and Hunt. In: Organizational Dynamics, 10. Jg., Nr. 1, Sommer 1981, S. 63-68.

Hofstede, Geert (1982a): Culture's Consequences. International Differences in Work-Related Values. Abridged Edition. Sage, Newbury Park et al., 1982 (Cross-Cultural Research and Methodology Series, Bd. 5).

Hofstede, Geert (1982b): Dimensions of National Cultures. In: Rath, R. et al. (Hrsg.): Diversity and Unity in Cross-Cultural Psychology. Selected Papers from the Fifth International Conference of the International Association for Cross-Cultural Psychology. Swets and Zeitlinger, Lisse, 1982, S. 173-187.

Hofstede, Geert (1983): The Cultural Relativity of Organizational Practices and Theories. In: Journal of International Business Studies, 14. Jg., Nr. 2, Herbst 1983, S. 75-89.

Hofstede, Geert (1984): Cultural Dimensions in Management and Planning. In: Asia Pacific Journal of Management, 1. Jg., Nr. 2, 1984, S. 81-99.

Hofstede, Geert (1993): Interkulturelle Zusammenarbeit. Kulturen – Organisationen – Management. Gabler, Wiesbaden, 1993.

Hofstede, Geert (1996): Riding the Waves of Commerce: A Test of Trompenaars' "Model" of National Culture Differences. In: International Journal of Intercultural Relations, 20. Jg., Nr. 2, 1996, S. 189-198.

Hofstede, Geert (1997): Lokales Denken, globales Handeln. Kulturen, Zusammenarbeit und Management. Beck, München, 1997.

Hofstede, Geert (1998): Attitudes, Values and Organizational Culture: Disentangling the Concepts. In: Organization Studies, 19. Jg., Nr. 3, 1998, S. 477-493.

Hofstede, Geert (1999): The Universal and the Specific in 21st-Century Global Management. In: Organizational Dynamics, 28. Jg., Nr. 1, 1999, S. 34-43.

Hofstede, Geert (2001): Culture's Consequences. Comparing Values, Behaviors, Institutions, and Organizations Across Nations. 2. Aufl., Sage, Thousand Oaks et al., 2001.

Hofstede, Geert (2006): What Did GLOBE Really Measure? Researchers' Minds Versus Respondents' Minds. In: Journal of International Business Studies, 37. Jg., Nr. 6, 2006, S. 882-896.

Hofstede, Geert and Associates (1998): Masculinity and Femininity. The Taboo Dimension of National Cultures. Sage, Thousand Oaks, London, New Delhi, 1998.

Hofstede, Geert/Bond, Michael H. (1984): Hofstede' Culture Dimensions: An Independent Validation Using Rokeach's Value Survey. In: Journal of Cross-Cultural Psychology, 15. Jg., Nr. 4, 1984, S. 417-433.

Hofstede, Geert/Bond, Michael H. (1988): The Confucius Connection. From Cultural Roots to Economic Growth. In: Organizational Dynamics, 16. Jg., Nr. 4, 1988, S. 4-21.

Högl, Martin/Gemünden, Hans Georg (2005, Hrsg.): Management von Teams. Theoretische Konzepte und empirische Befunde. 3., vollst. überarb. und erg. Auflage, Deutscher Universitäts-Verlag, 2005.

Holland, Klaus J. (1995): Die Gründung von Unternehmen im Ausland. Informationen, Entscheidungshilfen und Tips aus der Praxis. Bertelsmann (Wirtschaft, Bildung und Verwaltung), Bielefeld, 1995.

Holm, Ulf (1994): Internationalization of the Second Degree. Doctoral Thesis, Uppsala University, Företagsekonomiska Institutionen, Uppsala, 1994.

Holtbrügge, Dirk (1995): Personalmanagement multinationaler Unternehmungen in Osteuropa. Bedingungen – Gestaltung – Effizienz. Gabler, Wiesbaden, 1995 (mir-edition), zugl. Diss. Dortmund.

Holtbrügge, Dirk/Berg, Nicola (2001): Public Affairs-Management in Multinationalen Unternehmungen. Ergebnisse einer empirischen Untersuchung deutscher Unternehmungen in Rußland. In: Journal for East-European Management Studies, 6. Jg., Nr. 4, 2001, S. 376-399.

Holtbrügge, Dirk/Berg, Nicola (2004): How Multinational Corporations Deal with Their Sociopolitical Stakeholders: An Empirical Study in Asia, Europe, and the US. In: Asian Business & Management, 3. Jg., Nr. 3, 2004, S. 299-313.

Holzmüller, Hartmut H. (1995): Konzeptionelle und methodische Probleme der interkulturellen Management- und Marketingforschung. Schäffer-Poeschel, Stuttgart, 1995, zugl. Habil. Wirtschaftsuniversität Wien.

Holzmüller, Hartmut H. (1997): Kulturstandards – ein operationales Konzept zur Entwicklung kultursensitiven Managements. In: Engelhard, Johann (1997, Hrsg.): Interkulturelles Management. Theoretische Fundierung und funktionsspezifische Konzepte. Gabler, Wiesbaden, 1997, S. 55-74.

Holzmüller, Hartmut H./Kasper, Helmut (1990a): Die Auslandsorientierung österreichischer Manager im internationalen Vergleich. Ergebnisse einer empirischen Studie. In: Zeitschrift für betriebswirtschaftliche Forschung, 42. Jg., Nr. 3, 1990, S. 242-262.

Holzmüller, Hartmut H./Kasper, Helmut (1990b): The Decision-Maker and Export Activity: A Cross-National Comparison of the Foreign Orientation of Austrian Managers. In: Management International Review, 30. Jg., Nr. 3, 1990, S. 217-230.

Holzmüller, Hartmut H./Kasper, Helmut (1991): On a Theory of Export Performance: Personal and Organizational Determinants of Export Trade Activities Observed in Small and Medium-Sized Firms. In: Management International Review, Special Issue, o. Nr., 1991, S. 45-70.

Holzmüller, Hartmut H./Stöllnberger, Barbara (1994): A Conceptual Framework for Country Selection in Cross-National Export Studies. In: Cavusgil, S. Tamer/Axinn, Catherine N. (1994, Hrsg.): Advances in International Marketing. Bd. 6, Export Marketing: International Perspectives. JAI Press, Greenwich, London, 1994, S. 3-24.

Homann, Karl/Gerecke, Uwe (1999): Ethik der Globalisierung: Zur Rolle der multinationalen Unternehmen bei der Etablierung moralischer Standards. In: Kutschker, Michael (1999, Hrsg.): Perspektiven der internationalen Wirtschaft. Gabler, Wiesbaden, 1999, S. 429-457.

Homann, Karl/Suchanek, Andreas (2000): Ökonomik. Eine Einführung. Mohr/Siebeck, Tübingen, 2000.

Homburg, Christian/Workman, John P./Jensen, Ove (2000): Fundamental Changes in Marketing Organization: The Movement Toward a Customer-Focused Organizational Structure. In: Journal of the Academy of Marketing Science, 28. Jg., Nr. 4, 2000, S. 459-478.

Hood, Neil/Young, Stephen (1979): The Economics of Multinational Enterprise. Longman, London, New York, 1979.

Hopt, Klaus J./Kanda, Hideki/Roe, Mark/Wymeersch, Eddy/Prigge, Stefan (1998, Hrsg.): Comparative Corporate Governance – The State of the Art and Emerging Research. Clarendon Press, Oxford, 1998.

Horovitz, Jacques H. (1979): Strategic Control in Three European Countries: A New Task for Top Management. In: International Studies of Management and Organization, 8. Jg., Nr. 4, 1978/79, S. 96-118.

Horst, Thomas (1972): The Industrial Composition of U.S. Exports and Subsidiary Sales to the Canadian Market. In: American Economic Review, 62. Jg., o. Nr., 1972, S. 37-45.

House, Robert J. (2004): Introduction. In: House, Robert H./Hanges, Paul J./Javidan, Mansour/Dorfman, Peter W./Gupta Vipin (2004, Hrsg.): Culture, Leadership and Organizations. The GLOBE Study of 62 Societies. Sage, Thousand Oaks et al., 2004, S. 1-28.

House, Robert J./Hanges, Paul J. (2004): Research Design. In: House, Robert H./Hanges, Paul J./Javidan, Mansour/Dorfman, Peter W./Gupta Vipin (2004, Hrsg.): Culture, Leadership and Organizations. The GLOBE Study of 62 Societies. Sage, Thousand Oaks et al., 2004, S. 95-101.

House, Robert J./Hanges, Paul J./Javidan, Mansour/Dorfman, Peter W./Gupta Vipin (2004, Hrsg.): Culture, Leadership and Organizations. The GLOBE Study of 62 Societies. Sage, Thousand Oaks et al., 2004.

House, Robert/Javidan, Mansour/Dorman, Peter (2001): Project GLOBE: An Introduction. In: Applied Psychology: An International Review, 50. Jg., Nr. 4, 2001, S. 489-505.

House, Robert J./Javidan, Mansour/Dorfman, Peter W./De Luque, Mary S. (2006): A Failure of Scholarship: Response to George Graen's Critique of GLOBE. In: Academy of Management Perspectives, 20. Jg., Nr. 4, 2006, S. 102-114.

Hout, Thomas/Porter, Michael E./Rudden, Eileen (1982): How Global Companies Win Out. In: Harvard Business Review, 60. Jg., September-Oktober 1982, S. 98-108.

Howell, Llewellyn D./Chaddick, Brad (1994): Models of Political Risk for Foreign Investment and Trade. An Assessment of Three Approaches. In: Columbia Journal of World Business, 29. Jg., Nr. 3, 1994, S. 70-91.

Hsu, Chin-Chun/Boggs, David J. (2003): Internationalization and Performance: Traditional Measures and Their Decomposition. In: The Multinational Business Review, 11. Jg., Nr. 3, 2003, S. 23-49.

Hu, Yao-Su (1995): The International Transferability of the Firm's Advantages. In: California Management Journal, 37. Jg., Nr. 4, 1995, S. 73-88.

Hucke, Anja/Ammann, Helmut (1999): Die Holding aus juristischer und betriebswirtschaftlicher Gesamtsicht. In: WiSt – Wirtschaftswissenschaftliches Studium, 28. Jg., Nr. 7, 1999, S. 342-348.

Hufbauer, Gary C. (1966): Synthetic Materials and the Theory of International Trade. Harvard University Press, Cambridge, 1966.

Hui, C. Harry/Triandis, Harry C. (1986): Individualism-Collectivism. A Study of Cross-Cultural Researchers. In: Journal of Cross-Cultural Psychology, 17. Jg., Nr. 2, 1986, S. 225-248.

Hulbert, James M./Brandt, William K. (1980): Managing the Multinational Subsidiary. Praeger, New York, Westport, London, 1980.

Hülsbömer, André/Sach, Volker (1997): Globalisierung ökonomisch (Teil 2): Wachstum und Integration von Währungsräumen – EWWU und Globalisierung. In: Hülsbömer, André/Sach, Volker (1997, Hrsg.): Globalisierung – eine Satellitenaufnahme. Frankfurter Allgemeine Zeitung – Informationsdienste, Frankfurt/Main, 1997, S. 78-90.

Hünerberg, Reinhard (1993): Nischenstrategien im Europäischen Marketing – eine aktuelle Neubewertung eines klassischen Konzepts. In: Betriebswirtschaftliche Forschung und Praxis, 45. Jg., Nr. 6, 1993, S. 666-684.

Hünerberg, Reinhard (1994): Internationales Marketing. Moderne Industrie, Landsberg/Lech, 1994.

Hungenberg, Harald (1992): Die Aufgaben der Zentrale. Ansatzpunkte zur zeitgemäßen Organisation der Unternehmensführung in Konzernen. In: Zeitschrift Führung und Organisation., 61. Jg., Nr. 6, 1992, S. 341-354.

Hungenberg, Harald (1995): Zentralisation und Dezentralisation. Strategische Entscheidungsverteilung in Konzernen. Gabler, Wiesbaden, 1995, zugl. Habil. Gießen.

Hungenberg, Harald (2006): Strategisches Management in Unternehmen. Ziele – Prozesse – Verfahren. 4. überarb. und erw. Aufl., Gabler, Wiesbaden, 2006.

Huo, Y. Paul/Randall, Donna M. (1991): Exploring Subcultural Differences in Hofstede's Value Survey: The Case of the Chinese. In: Asia Pacific Journal of Management, 8. Jg., Nr. 2, 1991, S. 159-173.

Huppert, Walter (1966): Internationale Industriekonzerne. Eine Studie zur Erklärung, Systematisierung und Quantifizierung ihres Auslandsgeschäftes. Duncker & Humblot, Berlin, 1966.

Huszagh, Sandra M./Huszagh, Fredrick W./McIntyre, Faye S. (1992): International Franchising in the Context of Competitive Strategy and the Theory of the Firm. In: International Marketing Review, 9. Jg., Nr. 5, 1992, S. 5-18.

Hutzschenreuter, Thomas/Voll, Johannes (2007): Internationalisierungspfad und Unternehmenserfolg – Implikationen kultureller Distanz in der Internationalisierung. In: Zeitschrift für betriebswirtschaftliche Forschung, 59. Jg., Nr. 11, 2007, S.814-846.

Hymer, Stephen Herbert (1972): Multinationale Konzerne und das Gesetz der ungleichen Entwicklung. In: Senghaas, Dieter (1972, Hrsg.): Imperialismus und strukturelle Gewalt. Analysen über abhängige Reproduktion. Suhrkamp, Frankfurt/Main, 1972, S. 201-239 (im Original Fehldruck des Vornamens als „Steven" statt „Stephen").

Hymer, Stephen Herbert (1976): The International Operations of National Firms: A Study of Direct Foreign Investment. MIT Press, Cambridge, London, 1976 (Erstveröffentlichung der 1960 am MIT entstandenen Dissertation).

I

IDW (Institut der Deutschen Wirtschaft) (1999): Deutschland im globalen Wettbewerb. Internationale Wirtschaftszahlen 1999. Deutscher Instituts-Verlag, Köln, 1999.

IDW (Institut der Deutschen Wirtschaft) (2003): Deutschland im globalen Wettbewerb. Internationale Wirtschaftszahlen 2003. Deutscher Instituts-Verlag, Köln, 2003.

Ietto-Gillies, Grazia (1998): Different Conceptual Frameworks for the Assessment of the Degree of Internationalization: An Empirical Analysis of Various Indices for the Top 100 Transnational Corporations. In: Transnational Corporations, 7. Jg., Nr. 1, April 1998, S. 17-39.

Ietto-Gillies, Grazia (2005): Transnational Corporations and International Production. Concepts, Theories and Effects. Edward Elgar, Cheltenham, Northampton, 2005.

Inglehart, Ronald (1995): Kultureller Umbruch. Wertewandel in der westlichen Welt. Campus, Studienausgabe, Frankfurt/Main, New York, 1995.

Inkeles, Alex/Levinson, Daniel J: (1969): National Character: The Study of Modal Personality and Sociocultural Systems. In: Lindzey, Gardener/Aronson, Elliot (1969, Hrsg.): The Handbook of Social Psychology, Bd. 4 (Group Psychology and Phenomena of Interaction). 2. Aufl., Addison-Wesley, Reading et al., 1969, S. 418-506.

Inkpen, Andrew C. (1995): The Management of International Joint Ventures. An Organizational Learning Perspective. Routledge, London, New York, 1995.

Inkpen, Andrew C. (1996): Creating Knowledge through Collaboration. In: California Management Review, 39. Jg., Nr. 1, 1996, S. 123-140.

Inkpen, Andrew C./Crossan, Mary M. (1995): Believing is Seeing: Joint Ventures and Organization Learning. In: Journal of Management Studies, 32. Jg., Nr. 5, 1995, S. 595-618.

Inkpen, Andrew C./Ross, Jerry (2001): Why Do Some Strategic Alliances Persist Beyond Their Useful Life? In: California Management Review, 41. Jg., Nr. 1, 2001, S. 132-148.

Institut für Internationale Politik und Wirtschaft der DDR (1980, Hrsg.): Lenins Imperialismustheorie und die Gegenwart. Dietz Verlag, Berlin, 1980 (zitiert als Institut für Internationale Politik (1980, Hrsg.)).

Itaki, Masahiko (1991). A Critical Assessment of the Eclectic Theory of the Multinational Enterprise. In: Journal of International Business Studies, 22. Jg., Nr. 3, 1991, S. 445-460.

Iversen, Carl (1936/1967): Aspects of the Theory of International Capital Movements. Augustus M. Kelley Publishers, New York, Reprint der 2. Aufl. aus dem Jahr 1936, 1967.

IWF (Internationaler Währungsfonds – International Monetary Fund) (1993): Balance of Payments Manual. 5. Aufl., IMF Publications Services, Washington, 1993.

IWF (Internationaler Währungsfonds – International Monetary Fund) (1997): World Economic Outlook. Globalization. Opportunities and Challenges. IMF Publications Services, Washington, 1997.

IWF (Internationaler Währungsfonds – International Monetary Fund) (2003): World Economic Outlook. Public Debt in Emerging Markets. September 2003. IMF Publication Services, Washington, 2003.

IWF (Internationaler Währungsfonds – International Monetary Fund) (2004): World Economic Outlook. Advancing Structural Reforms. April 2004. IMF Publication Services, Washington, 2004.

IWF (Internationaler Währungsfonds – International Monetary Fund) (2007): World Economic Outlook. Globalization and Inequality. October 2007. IMF Publication Services, Washington, 2007.

J

Jacobs, Laurence/Keown, Charles/Worthley, Reginald/Ghymn, Kyung-Il (1991): Cross-Cultural Colour Comparions: Global Marketers Beware! In: International Marketing Review, 8. Jg., Nr. 3, 1991, S. 21-30.

Jaeger, Alfred M. (1983): The Transfer of Organizational Culture Overseas: An Approach to Control in the Multinational Corporation. In: Journal of International Business Studies, 14. Jg., Nr. 2, 1983, S. 91-114.

Jaeger, Alfred M. (1989): Steuerung, personale. In: Macharzina, Klaus/Welge, Martin K. (1989, Hrsg.): Handwörterbuch Export und Internationale Unternehmung. Schäffer-Poeschel, Stuttgart, 1989, Sp. 2018-2022.

Jago, Art et al. (1995): Interkulturelle Unterschiede im Führungsverhalten. In: Kieser, Alfred/Reber, Gerhard/Wunderer, Rolf (1995, Hrsg.): Handwörterbuch der Führung. 2. Aufl., Schäffer-Poeschel, Stuttgart, 1995, Sp. 1226-1239.

Jahrmann, Ulrich (2007): Außenhandel. 12., überarb. und erw. Aufl., Kiehl, Ludwigshafen, 2007.

Jahrreiß, Wolfgang (1984): Zur Theorie der Direktinvestition im Ausland. Versuch einer Bestandsaufnahme, Weiterführung und Integration partialanalytischer Forschungsansätze. Duncker & Humblot, Berlin, 1984 (Volkswirtschaftliche Schriften, Heft 327).

Janocha, Peter (1995): Japan: Wegweiser zur Erschließung des japanischen Marktes für mittelständische Unternehmen. Oldenbourg, München, Wien, 1995.

Jansen, Stephan A. (2000): Mergers & Acquisitions – Unternehmensakquisitionen und Kooperationen. 3. Aufl., Gabler, Wiesbaden, 2000.

Jarillo, J. Carlos (1988): On Strategic Networks. In: Strategic Management Journal, 9. Jg., Nr. 1, 1988, S. 31-41.

Jarillo, J. Carlos (1993): Strategic Networks. Creating the Borderless Organization. Butterworth-Heinemann, Oxford et al., 1993.

Jarillo, J. Carlos/Martinez, Jon I. (1990): Different Roles for Subsidiaries: the Case of Multinational Corporations in Spain. In: Strategic Management Journal, 11. Jg., Nr. 7, 1990, S. 501-512.

Jarvenpaa, Sirkka L./Stoddard, Donna B. (1998): Business Process Redesign: Radical and Evolutionary Change. In: Journal of Business Research, 41. Jg., Nr. 1, 1998, S. 15-27.

Javidan, Mansour (2004): Performance Orientation. In: House, Robert H./Hanges, Paul J./Javidan, Mansour/Dorfman, Peter W./Gupta Vipin (2004, Hrsg.): Culture, Leadership and Organizations. The GLOBE Study of 62 Societies. Sage, Thousand Oaks et al., 2004, S. 239-281.

Javidan, Mansour/Hauser, Markus (2004): The Linkage Between GLOBE Findings and Other Cross-Cultural Information. In: House, Robert H./Hanges, Paul J./Javidan, Mansour/Dorfman, Peter W./Gupta Vipin (2004, Hrsg.): Culture, Leadership and Organizations. The GLOBE Study of 62 Societies. Sage, Thousand Oaks et al., 2004, S. 102-121.

Javidan, Mansour/House, Robert J./Dorfman, Peter W. (2004): A Nontechnical Summary of GLOBE Findings. In: House, Robert H./Hanges, Paul J./Javidan, Mansour/Dorfman, Peter W./Gupta Vipin (2004, Hrsg.): Culture, Leadership and Organizations. The GLOBE Study of 62 Societies. Sage, Thousand Oaks et al., 2004, S. 29-48.

Javidan, Mansour/House, Robert J./Dorfman, Peter W./Hanges, Paul J./De Luque, Mary S. (2006): Conceptualizing and Measuring Cultures and their Consequences: A Comparative Review of GLOBE's and Hofstede's Approaches. In: Journal of International Business Studies, 37. Jg., Nr. 6, 2006, S. 897-914.

Jemison, David B./Sitkin, Sim B. (1986a): Corporate Acquisitions: A Process Perspective. In: Academy of Management Review, 11. Jg., Nr. 1, 1986, S. 145-163.

Jemison, David B./Sitkin, Sim B. (1986b): Acquisitions: the Process can be a Problem. In: Harvard Business Review, 64. Jg., Nr. 2, 1986, S. 107-116.

Jenner, Thomas (1995): Die Marktauswahlentscheidung im Rahmen einer globalen Marketingkonzeption. In: Zeitschrift für Planung, 6. Jg., Nr. 2, 1995, S. 127-140.

Jenner, Thomas (1998): Aufbau und Umsetzung strategischer Erfolgspotentiale als Kernaufgabe des Strategischen Managements. In: Die Unternehmung, 52. Jg., Nr. 3, 1998, S. 145-159.

Jensen, Michael C./Meckling, William H. (1976): Theory of the Firm: Managerial Behavior, Agency Costs and Ownership Structure. In: Journal of Financial Economics, 3. Jg., o. Nr., 1976, S. 305-360.

Jensen, Sören (2000): Wella – Eine haarige Angelegenheit. In: Manager Magazin, September 2000, S. 84-93.

Jerger, Jürgen/Menkhoff, Lukas (1996). Der Begriff „Internationale Wettbewerbsfähigkeit" im Lichte der Außenhandelstheorie. In: WiSt – Wirtschaftswissenschaftliches Studium, 25. Jg., Nr. 1, 1996, S. 21-28.

Johanson, Jan and Associates (1994): Internationalization, Relationships and Networks. Acta Universitatis Upsaliensis, Bd. 36, Uppsala, 1994.

Johanson, Jan/Mattsson, Lars-Gunnar (1985): Marketing Investments and Market Investments in Industrial Networks. In: International Journal of Research in Marketing, 2. Jg., o. Nr., 1985, S. 185-195.

Johanson, Jan/Mattsson, Lars-Gunnar (1988): Internationalization in Industrial Systems – A Network Approach. In: Hood, Neil/Vahlne, Jan-Erik (1988, Hrsg.): Strategies in Global Competition. Selected Papers form the Prince Bertil Symposium at the Institute of International Business, Stockholm School of Economics. Routledge, London, New York, 1988 (reprint 1989), S. 287-314.

Johanson, Jan/Vahlne, Jan-Erik (1977): The Internationalization Process of the Firm – A Model of Knowledge Development and Increasing Foreign Market Commitments. In: Journal of International Business Studies, 8. Jg., Nr. 1, 1977, S. 23-32.

Johanson, Jan/Vahlne, Jan-Erik (1990): The Mechanism of Internationalisation. In: International Marketing Review, 7. Jg., Nr. 4, 1990, S. 11-24.

Johanson, Jan/Wiedersheim-Paul, Finn (1975): The Internationalization of the Firm – Four Swedish Cases. In: The Journal of Management Studies, 12. Jg., Nr. 3, 1975, S. 305-322.

John, Caron H. St./Young, Scott T./Miller, Janis L. (1999): Coordinating Manufacturing and Marketing in International Firms. In: Journal of World Business, 34. Jg., Nr. 2, 1999, S. 109-127.

John, Robin/Ietto-Gillies, Grazia/Cox, Howard/Grimwade, Nigel (1997): Global Business Strategy. International Thomson Business Press, London et al., 1997.

Johnson, Harry G. (1965): An Economic Theory of Protectionism, Tariff Bargaining, and the Formation of Customs Unions. In: The Journal of Political Economy, 73. Jg., Februar 1965, S. 256-283.

Johnson, Harry G. (1967, Hrsg.): Economic Nationalism in Old and New States. George Allen and Unwin, Woking, London, 1967.

Johnson, Harry G. (1970): The Efficiency and Welfare Implications of the International Corporation. In: Kindleberger, Charles (1970, Hrsg.): The International Corporation. The M.I.T. Press, Cambridge/Mass., London, 1970, S. 35-56.

Johnson, James P./Lenartowicz, Tomasz (1998): Culture, Freedom and Economic Growth: Do Cultural Values Explain Economic Growth? In: Journal of World Business, 33. Jg., Nr. 4, 1998, S. 332-356.

Johnson, Michael/Moran, Robert T. (1992): Robert T. Moran's Cultural Guide to Doing Business in Europe. 2. Aufl., Butterworth-Heinemann, Oxford et al., 1992.

Jokisch, Jens (1989): Länderrisiken und Zinsniveau. In: Macharzina, Klaus/Welge, Martin K. (1989, Hrsg.): Handwörterbuch Export und Internationale Unternehmung. Schäffer-Poeschel, Stuttgart, 1989, Sp. 1255-1268.

Jones, Geoffrey (1993): Introduction: Transnational Corporations – A Historical Perspective. In: Jones, Geoffrey (1993, Hrsg.): Transnational Corporations: A Historical Perspective. The United Nations Library on Transnational Corporations, Bd. 2, Routledge, London, New York, 1993, S. 1-20.

Jones, Geoffrey (1993, Hrsg.): Transnational Corporations: A Historical Perspective. The United Nations Library on Transnational Corporations, Bd. 2, Routledge, London, New York, 1993.

Jones, Geoffrey (1996): The Evolution of International Business. An Introduction. Routledge, London, New York, 1996.

Jones, Geoffrey/Schröter, Harm (1993): Continental European Multinationals, 1850.1992. In: Jones, Geoffrey/Schröter, Harm (1993, Hrsg.): The Rise of Multinationals in Continental Europe. Edward Elgar, Aldershot, Brookfield, 1993, S. 3-27.

Jones, Geoffrey/Schröter, Harm (1993, Hrsg.): The Rise of Multinationals in Continental Europe. Edward Elgar, Aldershot, Brookfield, 1993.

Jones, Marc T. (1995): Mainstream and Radical Theories of the Multinational Enterprise. A Critical Review and Synthesis. In: Shrivastava, Paul/Stubbart Charles (1995, Hrsg.): Challenges From Outside the Mainstream. Advances in Strategic Management. Bd. 12, Part A, JAI Press, Greenwich, London, 1995, S. 155-185.

Jones, Marian V. (2001): First Steps in Internationalisation. Concepts and Evidence from a Sample of Small High-Technology Firms. In: Journal of International Management, 7. Jg., Nr. 3, 2001, S. 191-210.

Jost, Thomas (1997): Direktinvestitionen und Standort Deutschland. Diskussionspapier 2/97 der Volkswirtschaftlichen Forschungsgruppe der Deutschen Bundesbank, Frankfurt/Main, Juni 1997.

Jost, Thomas (2001): Wettbewerbsvorteile deutscher Unternehmen in Mittel- und Osteuropa. In: WiSt – Wirtschaftswissenschaftliches Studium 30. Jg., Nr. 1, 2001, S. 23-29.

Julian, Scott D./Castrogiovanni, Gary J. (1995): Franchisor Geographic Expansion. In: Journal of Small Business Management, 33. Jg., Nr. 2, 1995, S. 1-11.

Juul, Monika/Walters, Peter P. (1987): The Internationalisation of Norwegian Firms – A Study of the U.K. Experience. In: Management International Review, 27. Jg., Nr. 1, 1987, S. 58-66.

K

Kabasakal, Hayat/Bodur, Muzaffer (2004): Human Orientation in Societies, Organizations, and Leader Attributes. In: House, Robert H./Hanges, Paul J./Javidan, Mansour/Dorfman, Peter W./Gupta Vipin (2004, Hrsg.): Culture, Leadership and Organizations. The GLOBE Study of 62 Societies. Sage, Thousand Oaks et al., 2004, S. 565-601.

Kandasaami, Selvi (1999): Internationalisation of Small- and Medium-sized Born-global Firms: A Conceptual Model. Paper der Graduate School of Management der University of Western Australia (http://www.sbaer.uca.edu/DOCS/98icsb/j006.htm vom 06. September 1999).

Kanungo, Rabindra N./Wright, Richard W. (1983): A Cross-Cultural Comparative Study of Managerial Job Attitudes. In: Journal of International Business Studies, 14. Jg., Nr. 2, 1983, S. 115-129.

Kaplan, Robert S./Norton, David P. (1997): Balanced Scorecard: Strategien erfolgreich umsetzen. Schäffer-Poeschel, Stuttgart, 1997.

Kappich, Lothar (1988): Theorie der internationalen Unternehmungstätigkeit. Betrachtung der Grundformen des internationalen Engagements aus koordinationskostentheoretischer Perspektive. Verlag V. Florentz, München, 1988 (Serie „Law and Economics", Bd. 13), zugl. Diss. Hannover.

Karakaya, Fahri (1993): Barriers to Entry in International Markets. In: Journal of Global Marketing, 7. Jg., Nr. 1, 1993, S. 7-24.

Kartte, Wolfgang (1992): Wettbewerbspolitische und wettbewerbsrechtliche Probleme strategischer Allianzen. In: Bronder, Christoph/Pritzl, Rudolf (1992), Hrsg.): Wegweiser für Strategische Allianzen. Frankfurter Allgemeine Zeitung/Gabler, Frankfurt/Main, Wiesbaden, 1992, S. 400-422.

Käser-Friedrich, Sabine/Garratt-Gnann, Nicola (1995): Interkultureller Management-Leitfaden Volksrepublik China. IKO – Verlag für Interkulturelle Kommunikation, Frankfurt/Main, 1995.

Kasper, Helmut (1987): Organisationskultur. Über den Stand der Forschung. Service Fachverlag an der Wirtschaftsuniversität Wien, Wien, 1987.

Kastura, Birgit (1996): Dezentralisierungstendenz der Personalarbeit in Großunternehmen. Erklärungsansatz auf der Basis des Human Resource Management. Verlag Dr. Kovač, Hamburg, 1996, zugl. Diss. Bamberg.

Kato, Hiroki/Kato, Joan S. (1992): Understanding and Working with the Japanese Business World. Prentice Hall, Englewood Cliffs, 1992.

Katsikeas, Constantine S./Leonidou, Leonidas C. (1997): Export Market Expansion Strategy: Differences between Market Concentration and Market Spreading. In: Doole, Isobel/Lowe, Robin (1997, Hrsg.): International Marketing Strategy. International Thomson Business Press, London et al., 1997, S. 180-204.

Katsikeas, Constantine S./Samiee, Saeed/Theodosiou, Marios (2006): Strategy Fit and Performance Consequences of International Marketing Standardization. In: Strategic Management Journal, 27. Jg., Nr. 9, 2006, S. 867-890.

Kaufmann, Friedrich (1993): Internationalisierung durch Kooperation. Strategien für mittelständische Unternehmen. Deutscher Universitätsverlag, Wiesbaden, 1993, zugl. Diss. Köln.

Kaufmann, Lutz (1993): Planung von Abnehmer-Zulieferer-Kooperationen – dargestellt als strategische Führungsaufgabe aus Sicht der abnehmenden Unternehmung. Verlag der Ferber'schen Universitätsbuchhandlung, Gießen, 1993, zugl. Diss. Gießen.

Kayworth, Timothy/Leidner, Dorothy (2000): The Global Virtual Manager: A Prescription for Success. In: European Management Journal, 18. Jg., Nr. 2, 2000, S. 183-194.

Keegan, Warren J. (1984): Multinational Marketing Management. 3. Aufl., Prentice Hall, Englewood Cliffs, 1984.

Keegan, Warren J. (1989): Global Marketing Management. 4. Aufl., Prentice Hall, Englewood Cliffs, 1989.

Keegan, Warren J. (1999): Global Marketing Management. 6. Aufl., Prentice Hall, Englewood Cliffs, 1999.

Keegan, Warren J./Schlegelmilch, Bodo B. (2001): Global Marketing Management. A European Perspective. Financial Times/Prentice Hall, Harlow et al., 2001.

Keller, Eugen von (1982): Management in fremden Kulturen. Ziele, Ergebnisse und methodische Probleme der kulturvergleichenden Managementforschung. Bern, Stuttgart, 1982, überarb. Fassung der Diss. St. Gallen.

Keller, Thomas (1991): Die Einrichtung einer Holding: Bisherige Erfahrungen und neuere Entwicklungen. In: Der Betrieb, 44. Jg., Nr. 32 vom 09. August 1991, S. 1633-1639.

Keller, Thomas (1993): Unternehmungsführung mit Holdingkonzepten. 2., überarb. Aufl., Wirtschaftsverlag Bachem, Köln, 1993, ursprüngl. zugl. Diss. Köln 1990.

Keller, Thomas (2002): Holdingkonzepte als organisatorische Lösungen bei hohem Internationalisierungsgrad. In: Macharzina, Klaus/Oesterle, Michael-Jörg (2002 Hrsg.): Handbuch Internationales Management. Grundlagen – Instrumente – Perspektiven. 2. Aufl., Gabler, Wiesbaden, 2002, S. 797-821.

Kelley, Lane/Shenkar, Oded (1993, Hrsg.): International Business in China. Routledge, London, New York, 1993.

Kelley, Lane/Whatley, Arthur/Worthley, Reginald (1987): Assessing the Effects of Culture on Managerial Attitudes: A Three-Culture Test. In: Journal of International Business Studies, 18. Jg., Nr. 2, 1987, S. 17-31.

Kelley, Lane/Whatley, Arthur/Worthley, Reginald/Chow, Irene (1995): Congruence of National Managerial Values and Organizational Practices: A Case for the Uniqueness of the Japanese. In: Prasad, S. Benjamin (1995, Hrsg.): Advances in International Comparative Management, Bd. 10, JAI Press, Greenwich, London, 1995, S. 185-199.

Kelly, Marie Wicks (1981): Foreign Investment Evaluation Practices of U.S. Multinational Corporations. University of Michigan Research Press, Ann Arbor, 1981 (Research for Business Decisions, Nr. 40).

Kennedy, Thomas/McHugh, Richard (1983): Taste Similarity and Trade Intensity: A Test of the Linder Hypothesis for United States Exports. In: Weltwirtschaftliches Archiv, 119. Jg., o. Nr., 1983, S. 84-96.

Kenter, Michael E. (1985): Die Steuerung ausländischer Tochtergesellschaften. Instrumente und Effizienz. Verlag Peter Lang, Frankfurt/Main et al., 1985.

Kenwood, A.G./Lougheed, A.L. (1992): The Growth of the International Economy 1820-1990. An Introductory Text. 3. Aufl., Routledge, London, New York, 1992.

Kern, Dietmar (1995): Prozeßorientierung. Ein Praxisbeispiel. In: Zeitschrift für Betriebswirtschaft, 65. Jg., Nr. 1, 1995, S. 5-13.

Kern, Mathias (2004): Arbeitseinstellungen im interkulturellen Vergleich. Eine empirische Analyse in Europa, Nordamerika und Japan. Deutscher Universitätsverlag, Wiesbaden, 2004, zugl. Diss. Potsdam.

Kervasdoue, Jean de/Kimberly, John R. (1979): Are Organization Structures Culture-Free? The Case of Hospital Innovation in the U.S. and France. In: England, George W./Negandhi, Anant R./Wilpert, Bernhard (1979, Hrsg.): Organizational Functioning in a Cross-Cultural Perspective. Comparative Administration Research Institute, The Kent State University Press, Kent, 1979, S. 191-209.

Kets de Vries, Manfred/Miller, Danny (1986): Personality, Culture and Organization. In: Academy of Management Review, 11. Jg., Nr. 2, 1986, S. 266-279.

Khandwalla, Pradip N. (1972): Uncertainty and the "Optimal" Design of Organizations, Working Paper, Faculty of Management, McGill University, Montréal, 1972.

Khandwalla, Pradip N. (1975): Unsicherheit und die "optimale" Gestaltung von Organisationen. In: Grochla, Erwin (1975, Hrsg.): Organisationstheorie. 1. Teilband. Poeschel, Stuttgart, 1975, S. 140-156.

Kiechl, Rolf (1990): Ethnokultur und Unternehmungskultur. In: Lattmann, Charles (1990, Hrsg.): Die Unternehmenskultur: Ihre Grundlagen und ihre Bedeutung für die Führung der Unternehmung. Physica, Heidelberg, 1990, S. 107-130.

Kieser, Alfred (1992): Abteilungsbildung. In: Frese, Erich (1992, Hrsg.): Handwörterbuch der Organisation. 3. Aufl., Poeschel, Stuttgart, 1992, Sp. 57-72.

Kieser, Alfred (1996a): Moden & Mythen des Organisierens. In: Die Betriebswirtschaft, 56. Jg., Nr. 1, 1996, S. 21-38.

Kieser, Alfred (1996b): Business Process Reengineering – neue Kleider für den Kaiser? In: Zeitschrift Führung und Organisation, 65. Jg., Nr. 3, 1996, S. 179-185.

Kieser, Alfred (2006): Der situative Ansatz. In: Kieser, Alfred/Ebers, Mark (2006, Hrsg.): Organisationstheorien. 6., erw. Aufl., Kohlhammer, Stuttgart, 2006, S. 215-245.

Kieser, Alfred/Ebers, Mark (2006, Hrsg.): Organisationstheorien. 6., erw. Aufl., Kohlhammer, Stuttgart, 2006.

Kieser, Alfred/Kubicek, Herbert (1992): Organisation. 3. Aufl., de Gruyter, Berlin, New York, 1992.

Kieser, Alfred/Walgenbach, Peter (2007): Organisation. 5., überarb. Aufl., Schäffer-Poeschel, Stuttgart, 2007.

Kieser, Alfred/Nicolai, Alexander (2002): Trotz eklatanter Erfolglosigkeit: Die Erfolgsfaktorenforschung weiter auf Erfolgskurs. In: Die Betriebswirtschaft (DBW), 62. Jg, Nr. 6, 2002, S. 579-596.

Kieser, Alfred/Woywode, Michael (2006): Evolutionstheoretische Ansätze. In: Kieser, Alfred/Ebers, Mark (2006, Hrsg.): Organisationstheorien. 6., erw. Aufl., Kohlhammer, Stuttgart, 2006, S. 309-352.

Kilduff, Martin (1992): Performance and Interaction Routines in Multinational Corporations. In: Journal of International Business Studies, 23. Jg., Nr. 1, 1992, S. 133-145.

Killing, J. Peter (1983): Strategies for Joint Venture Success. Routledge, London, 1983.

Killing, Peter (2003): Are Mergers of Equals Really Possible? In: European Business Forum, o. Jg., Nr. 14, 2003, S. 41-46.

Kilmann, Ralph H. (1985): Five Steps for Closing Culture-Gaps. In: Kilmann, Ralph H./Saxton, Mary J./Serpa, Roy & Associates (1985, Hrsg.): Gaining Control of the Corporate Culture. Jossey-Bass, San Francisco, London, 1985, S. 351-369

Kim, Eun Young (1996): A Cross-Cultural Reference of Business Practices in a New Korea. Quorum Books, Westport, London, 1996.

Kim, K./Park, J./Prescott, John E. (2003): The Global Integration of Business Functions: A Study of Multinational Business in Integrated Global Industries. In: Journal of International Business Studies, 34. Jg., Nr. 4, 2003, S. 327-344.

Kim, Uichol (1994): Individualism and Collectivism. Conceptual Clarification and Elaboration. In: Kim, Uichol et al. (1994, Hrsg.): Individualism and Collectivism. Theory, Method, and Applications. Sage, Thousand Oaks, London, New Delhi, 1994, S. 19-40 (Cross-Cultural Research and Methodology Series, Bd. 18).

Kim, W. Chan/Hwang, Peter (1992): Global Strategy and Multinationals' Entry Mode Choice. In: Journal of International Business Studies, 23. Jg., Nr. 1, 1992, S. 29-53.

Kindleberger, Charles P. (1969): American Business Abroad. Six Lectures on Direct Investment. Yale University Press, New Haven, London, 1969.

Kindleberger, Charles P. (1973): The World in Depression 1929-1939. University of California Press, Berkeley, Los Angeles, 1973.

Kinkel, Steffen/Jung Erceg, Petra/Lay, Gunter (2002): Auslandsproduktion – Chance oder Risiko für den Produktionsstandort Deutschland? Stand, Entwicklung und Effekte von Produktionsverlagerungen im Verarbeitenden Gewerbe. Mitteilungen aus Produktionsinnovationserhebung. Fraunhofer-Institut für Systemtechnik und Innovationsforschung, Karlsruhe, August 2002.

Kircher, Donald P. (1964): Now the Transnational Enterprise. In: Harvard Business Review, 42. Jg., März-April 1964, S. 6-10 und S. 172-176.

Kirchgässner, Gebhard (1998): Globalisierung: Herausforderung für das 21. Jahrhundert. In: Außenwirtschaft, 53. Jg., Nr. 1, 1998, S. 29-50.

Kirchmann, Edgar M.W. (2000): Antizipative Organisationsentwicklung am Fallbeispiel des Technologiekonzerns ABB. In: Die Unternehmung, 54. Jg., Nr. 3, 2000, S. 189-198.

Kirchner, Martin (1991): Strategisches Akquisitionsmanagement im Konzern. Gabler, Wiesbaden, 1991 (Neue betriebswirtschaftliche Forschung, Bd. 76), zugl Diss. Köln.

Kirkbride, Paul S. (1994, Hrsg.): Human Resource Management in Europe. Perspectives for the 1990s. Routledge, London, New York, 1994.

Kirkman, Bradley L./Lowe, Kevin B./Gibson, Cristina B. (2006): A Quarter Century of "Culture's Consequences": A Review of Empirical Research Incorporating Hofstede's Cultural Values Framework. In: Journal of International Business Studies, 37. Jg., Nr. 3, 2006, S. 285-320.

Kirsch, Werner (1991): Unternehmenspolitik und strategische Unternehmensführung. 2. Aufl., Verlag Barbara Kirsch, München, 1991 (Münchener Schriften zur angewandten Führungslehre, Bd. 60).

Kirsch, Werner (1997): Kommunikatives Handeln, Autopoiese, Rationalität. Kritische Aneignungen im Hinblick auf eine evolutionäre Organisationstheorie. Verlag Barbara Kirsch, München, 1997 (Münchener Schriften zur angewandten Führungslehre, Bd. 66).

Kirsch, Werner (1994): Zur Konzeption der Betriebswirtschaftslehre als Führungslehre. In: Wunderer, Rolf (1994, Hrsg.): BWL als Management- und Führungslehre. 3. Aufl., Schäffer-Poeschel, 1994, S. 141-160.

Kirsch, Werner (1996): Wegweiser zur Konstruktion einer evolutionären Theorie der strategischen Führung. Kapitel eines Theorieprojekts. Verlag Barbara Kirsch, München, 1996 (Münchener Schriften zur angewandten Führungslehre, Bd. 80).

Kirsch, Werner (1998a): Betriebswirtschaftslehre – Eine Annäherung aus der Perspektive der Unternehmensführung. 5., durchges. und korr. Aufl., Verlag Barbara Kirsch, München, 1998 (Münchener Schriften zur angewandten Führungslehre, Bd. 70).

Kirsch, Werner (1998b): Die Handhabung von Entscheidungsproblemen. Einführung in die Theorie der Entscheidungsprozesse. 5., überarb. Aufl., Verlag Barbara Kirsch, München, 1998 (Münchener Schriften zur angewandten Führungslehre, Bd. 50).

Kirsch, Werner (2001): Die Führung von Unternehmen. Verlag Barbara Kirsch, München, 2001 (Münchener Schriften zur angewandten Führungslehre, Bd. 100).

Kirsch, Werner/Baumgarten, Christoph/Klemm, Wolfgang/Meier, Andreas (1997): Unternehmensverbindungen im multinationalen Feld. Arbeitspapier des Lehrstuhls für Strategische Unternehmensführung. LMU München, ohne Jahresangabe, vermutlich 1997.

Kirsch, Werner/Kutschker, Michael/Lutschewitz, Hartmut (1980): Ansätze und Entwicklungstendenzen im Investitionsgütermarketing. 2. Aufl., Poeschel, Stuttgart, 1980.

Kirsch, Werner/Meffert, Heribert (1970): Organisationstheorien und Betriebswirtschaftslehre. Gabler, Wiesbaden, 1970.

Kirsch, Werner/Obring, Kai (1994): Grundrisse einer Theorie der strategischen Unternehmensführung. In: Engelhard, Johann/Rehkugler, Heinz (1994, Hrsg.): Strategien für nationale und internationale Märkte. Konzepte und praktische Gestaltung. Gabler, Wiesbaden, S. 1-34.

Kiser, Beat (1985): Gründungsmanagement. Die Gründung von Tochtergesellschaften aus unternehmungspolitischer Sicht. Verlag Paul Haupt, Bern, Stuttgart, 1985 (Schriftenreihe des Instituts für betriebswirtschaftliche Forschung an der Universität Zürich, Bd. 49).

Kitson, Michael/Michie, Jonathan (1995/1997): Trade and Growth: A Historical Perspective. In: Michie, Jonathan/Smith, John Grieve (1995/1997, Hrsg.): Managing the Global Economy. Reprint der Ausgabe von 1995. Oxford University Press, Oxford et al., 1997, S. 3-36.

Klein, Stefan (1994): Virtuelle Organisation. In: WiSt – Wirtschaftwissenschaftliches Studium, 23. Jg., Nr. 6, 1994, S. 309-311.

Klimecki, Rüdiger G./Probst, Gilbert J.B. (1993): Interkulturelles Lernen. In: Haller, Matthias et al. (1993, Hrsg.): Globalisierung der Wirtschaft. Einwirkungen auf die Betriebswirtschaftslehre. Verlag Paul Haupt, Bern, Stuttgart, 1993, S. 243-272.

Klodt, Henning/Maurer, Rainer (1996): Internationale Direktinvestitionen: Determinanten und Konsequenzen für den Standort Deutschland. Kieler Diskussionsbeiträge Nr. 284, Institut für Weltwirtschaft, Kiel, 1996.

Kloock, Josef (1992): Verrechnungspreise. In: Frese, Erich (1992, Hrsg.): Handwörterbuch der Organisation. 3. Aufl., Poeschel, Stuttgart, 1992, Sp. 2554-2572.

Kluckhohn, Florence Rockwood/Strodtbeck, Fred L. (1961): Variations in Value Orientations. Row, Peterson & Co., Evanston, Elmsford, 1961.

Klump, Rainer (1996): Einleitung. In: Klump, Rainer (1996, Hrsg.): Wirtschaftskultur, Wirtschaftsstil und Wirtschaftsordnung. Methoden und Ergebnisse der Wirtschaftskulturforschung. Metropolis, Marburg, 1996, S. 9-20.

Klump, Rainer (1996, Hrsg.): Wirtschaftskultur, Wirtschaftsstil und Wirtschaftsordnung. Methoden und Ergebnisse der Wirtschaftskulturforschung. Metropolis, Marburg, 1996.

Knickerbocker, Frederick T. (1973): Oligopolistic Reaction and Multinational Enterprise. Graduate School of Business Administration, Harvard University, Boston, 1973.

Knight, Gary A. (1997): Emerging Paradigm for International Marketing: the Born Global Firm. The University of Michigan (UMI), Ann Arbor, 1997.

Knolmayer, Gerhard (1992): Informationsmanagement. Outsourcing von Informatik-Leistungen. In: WiSt – Wirtschaftswissenschaftliches Studium, 21. Jg., Nr. 7, 1992, S. 356-360.

Knorr, Andreas (1998): Globalisierung. In: WiSt – Wirtschaftswissenschaftliches Studium, 27. Jg., Nr. 5, 1998, S. 238-243.

Knyphausen, Dodo zu (1993): "Why are Firms different?"- Der "Ressourcenorientierte Ansatz" im Mittelpunkt einer aktuellen Kontroverse im Strategischen Management. In: Die Betriebswirtschaft, 53. Jg., Nr. 6, 1993, S. 771-792.

Knyphausen-Aufseß, Dodo zu (1995): Theorie der strategischen Unternehmensführung. State of the Art und neue Perspektiven. Gabler, Wiesbaden, 1995 (Neue betriebswirtschaftliche Forschung, Bd. 152), zugl. Habil. LMU München.

Knyphausen-Aufseß, Dodo zu (1999): Theoretische Perspektiven der Entwicklung von Regionalnetzwerken. In: Zeitschrift für Betriebswirtschaft, 69. Jg., Nr. 5/6, 1999, S. 593-616.

Knyphausen-Aufseß, Dodo zu (2000, Hrsg.): Globalisierung als Herausforderung der Betriebswirtschaftslehre. Gabler, Wiesbaden, 2000 (mir-edition).

Koch, Eckart (1997): Internationale Wirtschaftsbeziehungen. Bd. 1, Internationaler Handel. 2. Aufl., Vahlen, München, 1997.

Koch, Eckart (2006): Internationale Wirtschaftsbeziehungen. 3., vollst. überarb. und erw. Aufl., Vahlen, München, 2006.

Koerber, Eberhard von (1993): Geschäftssegmentierung und Matrixstruktur im internationalen Großunternehmen – das Beispiel ABB. In: Zeitschrift für betriebswirtschaftliche Forschung, 45. Jg., Nr. 12, 1993, S. 1060-1067.

Kogut, Bruce (1985a): Designing Global Strategies: Comparative and Competitive Value-Added Chains. In: Sloan Management Review, 26. Jg., Nr. 4, Sommer 1985, S. 15-28.

Kogut, Bruce (1985b): Designing Global Strategies: Profiting from Operational Flexibility. In: Sloan Management Review, 27. Jg., Nr. 1, Herbst 1985, S. 27-38.

Kogut, Bruce (1988a): A Study of the Life Cycle of Joint Ventures. In: Contractor, Farok J./Lorange, Peter (1988, Hrsg.): Cooperative Strategies in International Business. Lexington Books, Lexington, Toronto, 1988, S. 169-185.

Kogut, Bruce (1988b): Joint Ventures: Theoretical and Empirical Perspectives. In: Strategic Management Journal, 9. Jg., Nr. 4, 1988, S. 319-332.

Kogut, Bruce/Parkinson, David (1993): The Diffusion of American Organizing Principles to Europe. In: Kogut, Bruce (1993, Hrsg.): Country Competitiveness. Technology and the Organizing for Work. Oxford University Press, Oxford et al., 1993, S. 179-202.

Kogut, Bruce/Singh, Harbir (1988): The Effect of National Culture on the Choice of Entry Mode. In: Journal of International Business Studies, 19. Jg., Nr. 3, 1988, S. 411-432.

Köhler, Christoph (1995): Arbeits- und Produktionssysteme im internationalen Vergleich – Deutschland, Spanien, Frankreich und Japan. In: Industrielle Beziehungen, 2. Jg., Nr. 3, 1995, S. 223-250.

Köhler, Helmut (1996): Die kommerzielle Verwertung der Firma durch Verkauf und Lizenzvergabe. In: Deutsches Steuerrecht, 34. Jg., Nr. 13 vom 29. März 1996, S. 510-515.

Köhler, Richard/Hüttemann, Hans (1989): Marktauswahl im internationalen Marketing. In: Macharzina, Klaus/Welge, Martin K. (1989, Hrsg.): Handwörterbuch Export und Internationale Unternehmung. Schäffer-Poeschel, Stuttgart, 1989, Sp. 1428-1438.

Kojima, Kenji (1993): Corporate Governance in Germany, Japan, and the United States: A Comparative Study. In: Kobe Economic and Business Review, Bd. 38, Research Institute for Economics and Business Administration, Kobe University, 1993, S. 171-243.

Kojima, Kiyoshi (1978): Direct Foreign Investment. A Japanese Model of Multinational Business Operations. Croom Helm, London, 1978.

Koller, Hans/Raithel, Ulla/Wagner, Eckhard (1998): Internationalisierungsstrategien mittlerer Industrieunternehmen am Standort Deutschland. Ergebnisse einer empirischen Untersuchung. In: Zeitschrift für Betriebswirtschaft, 68. Jg., Nr. 2, 1998, S. 175-203.

Kombert-Engelhard, Brigitte (1999): Entwicklungen im deutschen Außenhandel, In: Wirtschaft und Statistik, o. Jg., Nr. 2, 1999, S. 77-84.

Konrad, Rainer (1989): Equity Joint Ventures in der VR China. Dissertation St. Gallen, Difo-Druck, Bamberg, 1989 (Dissertation Nr. 1096).

Koopman, Paul L./Den Hartog, Deanne, N./Konrad, Edvard et al. (1999): National Culture and Leadership Profiles in Europe: Some Results from the GLOBE Study. In: European Journal of Work and Organizational Psychology, 8. Jg., Nr. 4, 1999, S. 503-520.

Koppelmann, Udo (1996): Globalisierung oder Regionalisierung in der Produktpolitik. In: Berndt, Ralph (1996, Hrsg.): Global Management. Springer, Berlin et al., 1996 (Schriftenreihe Herausforderungen an das Management, Bd. 3), S. 143-156.

Kormann, Helmut (1970): Die Steuerpolitik der internationalen Unternehmung. 2. Aufl., Verlagsbuchhandlung des Instituts der Wirtschaftsprüfer, Düsseldorf, 1970.

Kortan, Jerzy (1999): Auslandsinvestitionen in Polen. In: Giesel, Franz/Glaum, Martin (1999, Hrsg.): Globalisierung. Herausforderung an die Unternehmensführung des 21. Jahrhunderts. Festschrift für Prof. Dr. Ehrenfried Pausenberger. Beck, München, 1999, S. 535-569.

Korte, Hermann/Mättig, Lutz (1996): Individualisierung und Globalisierung: eine soziologische Forschungsperspektive. In: Steger, Ulrich (1996, Hrsg.): Globalisierung der Wirtschaft. Konsequenzen für Arbeit, Technik und Umwelt. Springer, Berlin et al., 1996, S. 115-130.

Kortüm, Bernd (1972): Zum Entscheidungsprozeß bei privaten Auslandsinvestitionen. Fritz Knapp Verlag, Frankfurt/Main, 1972, zugl. Diss. Köln.

Kosiol, Erich (1962): Organisation der Unternehmung. Gabler, Wiesbaden, 1962.

Kotabe, Masaaki/Sahay, Arvind/Aulakh, Preet S. (1996): Emerging Role of Technology in the Development of Global Product Strategy: Conceptual Framework and Research Propositions. In: Journal of Marketing, 60. Jg., Nr. 1, 1996, S. 73-88.

Kotler, Philip (1990): Globalization – Realities and Strategies. In: Die Unternehmung, 44. Jg., Nr. 2, 1990, S. 79-99.

Koufen, Sebastian (1999): Außenhandel nach Ländern. In: Wirtschaft und Statistik, o. Jg., Nr. 4, 1999, S. 312-317.

Kozul-Wright, Richard (1995): Transnational Corporations and the Nation State. In: Michie, Jonathan/Smith, John Grieve (1995, Hrsg.): Managing the Global Economy. Oxford University Press, Oxford et al., 1995, S. 135-171.

Kraehe, Jeannette (1994): Die Mittelstandsholding. Ein Führungs- und Organisationskonzept für mittelständische Unternehmen. Deutscher Universitätsverlag, Wiesbaden, 1994, zugl. Diss. St. Gallen.

Krafft, Manfred/Albers, Sönke (2000): Ansätze zur Segmentierung von Kunden – Wie geeignet sind herkömmliche Konzepte? In: Zeitschrift für betriebswirtschaftliche Forschung, 52. Jg., Nr. 9, 2000, S. 515-536.

Kräkel, Matthias (1999): Organisation und Management. Mohr/Siebeck, Tübingen, 1999.

Krämer, Klaus (1997): Strategisches Agieren mit internationalen Organisationen. Verlag Peter Lang, Frankfurt/Main et al., 1997, zugl. Diss. Eichstätt.

Kramer, Sabine (1991): Europäische Life-Style-Analysen zur Verhaltensprognose von Konsumenten. Verlag Dr. Kovač, Hamburg, 1991.

Krämer, Walter (2001a): „Terms of Trade" und die Ausbeutung des Südens. In: WISU – Das Wirtschaftsstudium, 30. Jg., Nr. 1, 2001, S. 59.

Krämer, Walter (2001b): Sind die Industrieländer durch ihre Kolonien reich geworden? In: WISU – Das Wirtschaftsstudium, 30. Jg., Nr. 1, 2001, S. 319.

Kravis, Irving B. (1956): "Availability" and Other Influences on the Commodity Composition of Trade. In: Journal of Political Economy, 64. Jg., Nr. 2, 1956, S. 143-155.

Kreikebaum, Hartmut (1992): Zentralbereiche. In: Frese, Erich (1992, Hrsg.): Handwörterbuch der Organisation. 3. Aufl., Poeschel, Stuttgart, 1992, Sp. 2603-2610.

Kreikebaum, Hartmut (1995): Europäisierungsstrategien und interkulturelles Management. In: Scholz, Christian/Zentes, Joachim (1995, Hrsg.): Strategisches Euro-Management. Schäffer-Poeschel, Stuttgart, 1995, S. 73-84.

Kreikebaum, Hartmut (1997): Strategische Unternehmensplanung. 6., überarb. und erw. Aufl., Kohlhammer, Stuttgart, Berlin, Köln, 1997.

Kreikebaum, Hartmut (2000): Internationale Probleme der Unternehmensethik. In: Zeitschrift für Betriebswirtschaft, 70. Jg., Nr. 2, 2000, S. 143-161.

Kreikebaum, Hartmut/Gilbert, Dirk Ulrich/Reinhard, Glenn (2002): Organisationsmanagement internationaler Unternehmen. Grundlagen und moderne Netzwerkstrukturen. Gabler, Wiesbaden, 2002.

Kreisel, Henning (1995): Zentralbereiche. Formen, Effizienz und Integration. Gabler, Wiesbaden, 1995, zugl. Diss Köln.

Kreutzer, Ralf (1990): Global-Marketing – Konzeption eines länderübergreifenden Marketing. Deutscher Universitätsverlag, Wiesbaden, 1990.

Kreutzer, Ralf (1991): Länderübergreifende Segmentierungskonzepte – Antwort auf die Globalisierung der Märkte. In: Jahrbuch der Absatz- und Verbrauchsforschung, 37. Jg., Nr. 1, 1991, S. 4-27.

Kriependorf, Peter (1989a): Franchising, internationales. In: Macharzina, Klaus/Welge, Martin K. (1989, Hrsg.): Handwörterbuch Export und Internationale Unternehmung. Schäffer-Poeschel, Stuttgart, 1989, Sp. 711-726.

Kriependorf, Peter (1989b): Lizenzpolitik, internationale. In: Macharzina, Klaus/Welge, Martin K. (1989, Hrsg.): Handwörterbuch Export und Internationale Unternehmung. Schäffer-Poeschel, Stuttgart, 1989, Sp. 1323-1339.

Krist, Herbert (1985): Bestimmungsgründe industrieller Direktinvestitionen. Sigma, Berlin, 1985 (Veröffentlichungen des Wissenschaftszentrums Berlin).

Kroeber, Alfred L. (1952): The Nature of Culture. The University of Chicago Press, Chicago, London, 1952.

Kroeber, Alfred L./Kluckhohn, Clyde (1963): Culture. A Critical Review of Concepts and Definitions. Vintage Books (Random House), New York, 1963 (published with the assistance of Wayne Untereiner und Alfred G. Meyer).

Kropf, Beat (1998): Schweizer Führungskräfte in interkulturellen Führungssituationen. Wahrnehmung und Erfolgsrelevanz unterschiedlicher Managementformen. Lang, Bern et al., 1998, zugl. Diss. Bern.

Krubasik, Edward G./Schrader, Jürgen (1990): Globale Forschungs- und Entwicklungsstrategien. In: Welge, Martin K. (1990, Hrsg.): Globales Management. Erfolgreiche Strategien für den Weltmarkt. Poeschel, Stuttgart, 1990, S. 17-27.

Krüger, Wilfried (1994): Organisation der Unternehmung. 3. Aufl., Kohlhammer, Stuttgart, Berlin, Köln, 1994.

Krüger, Wilfried/Werder, Axel von (1993): Zentralbereiche – Gestaltungsmuster und Entwicklungstrends in der Unternehmungspraxis. In: Frese, Erich/Werder, Axel von/Maly, Werner (1993, Hrsg.): Zentralbereiche. Theoretische Grundlagen und praktische Erfahrungen. Schäffer-Poeschel, Stuttgart, 1993, S. 235-285.

Krüger, Wilfried/Werder, Axel von (1995): Zentralbereiche als Auslaufmodell? Gestaltungsmuster und Entwicklungstrends der Organisation von Teilfunktionen in der Unternehmungspraxis. In: Zeitschrift Führung und Organisation, 64. Jg., Nr. 1, 1995, S. 6-17.

Krugman, Paul R. (1987): Is Free Trade Passé? In: Economic Perspectives, 1. Jg., Nr. 2, 1987, S. 131-144.

Krugman, Paul R. (1993): What Do Undergrads Need to Know About Trade? In: American Economic Review, 83. Jg., Nr. 2, 1993, S. 23-26.

Krugman, Paul R./Obstfeld, Maurice (2000): International Economics. Theory and Policy. 5. Aufl., Addison-Wesley, Reading et al., 2000.

Krulis-Randa, Jan S. (1984): Reflexionen über die Unternehmungskultur und ihre Bedeutung für den Erfolg schweizerischer Unternehmungen. In: Die Unternehmung, 38. Jg., Nr. 4, 1984, S. 358-372.

Krulis-Randa, Jan S. (1986): Diversifikationsstrategie und Unternehmungskultur. In: Blümle, Ernst-Bernd/Léonard, Francis/Roux, Georges François (1986, Hrsg.): Diversification, Intégration et Concentration. Mélanges en l'honneur de Edwin Borschberg. Editions Universitaires, Fribourg, 1986, S. 237-255.

Krulis-Randa, Jan S. (1990): Globalisierung. In: Die Unternehmung, 44. Jg., Nr. 2, 1990, S. 74-78.

Krystek, Ulrich (2004): Benchmarking. In: Schreyögg, Georg/von Werder, Axel (2004, Hrsg.): Handwörterbuch Unternehmensführung und Organisation. 4., völlig neubearb. Aufl., Schäffer-Poeschel, Stuttgart, 2004, S. 81-86.

Krystek, Ulrich/Redel, Wolfgang/Reppegather, Sebastian (1997): Grundzüge virtueller Organisationen. Elemente und Erfolgsfaktoren, Chancen und Risiken. Gabler, Wiesbaden, 1997.

Krystek, Ulrich/Walldorf, Erwin Georg (1992): Früherkennungssysteme (FES) in bezug auf Marktchancen und Marktbedrohungen auf Auslandsmärkten. In: Kumar, Brij Nino/Haussmann, Helmut (1992, Hrsg.): Handbuch der Internationalen Unternehmenstätigkeit. Beck, München, 1992, S. 341-366.

Krystek, Ulrich/Walldorf, Erwin Georg (1997): Frühaufklärung länderspezifischer Chancen und Bedrohungen. In: Krystek, Ulrich/Zur, Eberhard (1997, Hrsg.): Internationalisierung. Eine Herausforderung für die Unternehmensführung. Springer, Berlin et al., 1997, S. 443-463.

Krystek, Ulrich/Zur, Eberhard (1997): Strategische Allianzen als Alternative zu Akquisitionen? In: Krystek, Ulrich/Zur, Eberhard (1997, Hrsg.): Internationalisierung. Eine Herausforderung für die Unternehmensführung. Springer, Berlin et al., 1997, S. 131-149.

Kubicek, Herbert/Welter, Günter (1985): Messung der Organisationsstruktur. Eine Dokumentation von Instrumenten zur quantitativen Erfassung von Organisationsstrukturen. Enke, Stuttgart, 1985.

Kühlmann, Torsten M. (1995, Hrsg.): Mitarbeiterentsendung ins Ausland. Auswahl, Vorbereitung, Betreuung und Wiedereingliederung. Verlag für Angewandte Psychologie, Göttingen, 1995 (Schriftenreihe Wirtschaftspsychologie).

Kühlmann, Torsten M. (1998): Kooperation in multikulturellen Arbeitsgruppen. In: Zeitschrift für Personalforschung, Sonderband „Kooperation in Unternehmen", 1998, S. 61-78.

Kuhn, Andreas (1997): Der deutsche Außenhandel 1995 und 1996. In: Wirtschaft und Statistik, o. Jg., Nr. 4, 1997, S. 232-242.

Kuhn, Andreas (1998): Deutscher Außenhandel 1997 mit Rekordergebnis. In: Wirtschaft und Statistik, o. Jg., Nr. 5, 1998, S. 398-406.

Kuhn, Andreas (1999): Methodische Überlegungen zum Außenhandel der Bundesländer, In: Wirtschaft und Statistik, o. Jg., Nr. 4, 1999, S. 306-311.

Kuhn, Thomas (1993): Die Struktur wissenschaftlicher Revolutionen. 12. Aufl., Suhrkamp, Frankfurt/Main, 1993 (Suhrkamp Taschenbuch Wissenschaft, Bd. 25).

Kulessa, Manfred (1990, Hrsg.): The Newly Industrializing Economies of Asia. Prospects of Cooperation. Springer, Berlin et al., 1990.

Kulessa, Margareta (1998): World Trade Organization. In: Altmann, Jörn/Kulessa, Margareta (1998, Hrsg.): Internationale Wirtschaftsorganisationen. UTB, Lucius & Lucius, Stuttgart, 1998, S. 283-295.

Kulhavy, Ernest (1989): Internationales Marketing. 4., unveränd. Aufl., Trauner, Linz, 1989.

Kumar, Brij Nino (1987): Deutsche Unternehmen in den USA. Das Management in amerikanischen Niederlassungen deutscher Mittelbetriebe. Gabler, Wiesbaden, 1987.

Kumar, Brij Nino (1989): Formen der internationalen Unternehmenstätigkeit. In: Macharzina, Klaus/Welge, Martin K. (1989, Hrsg.): Handwörterbuch Export und Internationale Unternehmung. Schäffer-Poeschel, Stuttgart, 1989, Sp. 914-926.

Kumar, Brij Nino/Dolles, Harald (1996): Überlegungen zur strategischen Führung und Wettbewerbsstärke japanischer Unternehmen. Ein Plädoyer für eine interkulturell-interpretative Erweiterung der ökonomischen Analyse. In: Engelhard, Johann (1996): Strategische Führung internationaler Unternehmen. Paradoxien, Strategien und Erfahrungen. Gabler, Wiesbaden, 1996, S. 39-68.

Kumar, Brij Nino/Epple, Philipp (2002): Exporte, Kooperationen und Auslandsgesellschaften als Stationen des Lernens im Internationalisierungsprozeß. In: Macharzina, Klaus/Oesterle, Michael-Jörg (2002, Hrsg.): Handbuch Internationales Management. Gabler, Wiesbaden, 2002, S. 257-272.

Kumar, Krishna (1980): Economics Falls Short: The Need for Studies on the Social and Cultural Impact of Transnational Enterprises. In: Negandhi, Anant R. (1980, Hrsg.): Functioning of the Multinational Corporation. A Global Comparative Study. Pergamon, New York et al., 1980, S. 25-50.

Kumar, Nagesh (1994): Multinational Enterprises and Industrial Organization. The Case of India. Sage, New Delhi, Thousand Oaks, London, 1994.

Kumar, V./Subramaniam, Velavan (1997): A Contingency Framework for the Mode of Entry Decision. In: Journal of World Business, 32. Jg., Nr. 1, 1997, S. 53-72.

Kunkel, Michael (1994): Franchising und asymmetrische Information. Eine institutionenökonomische Untersuchung. Deutscher Universitätsverlag, Wiesbaden, 1994, zugl. Diss. Darmstadt.

Kunze, Verena Ruth Charlotte (2005): Countertrade als strategisches Managementinstrument. Darstellung und Analyse einer Handelsform unter besonderer Berücksichtigung des europäischen Energiemarktes. Shaker, Aachen, 2005, zugl. Diss. Wuppertal.

Kustin, Richard Alan (2004): Marketing Mix Standardization: A Cross Cultural Study of Four Countries. In: International Business Review, 13. Jg., Nr. 5, 2004, S. 637-649.

Küsters, Elmar A. (1998): Episoden des interkulturellen Managements. Grundlagen der Selbst- und Fremdorganisation. Deutscher Universitätsverlag, Wiesbaden,1998, zugl. Diss. Lüneburg.

Küting, Karlheinz (1980): Zur Systematisierung von Konzernstrukturen. In: WiSt – Wirtschaftswissenschaftliches Studium, 9. Jg., Nr. 1, 1980, S. 6-10.

Kutschker, Michael (1980): Feldtheoretische Perspektiven für den Interaktionsansatz des Investitionsgütermarketing. Unveröffentlichte Habilitationsschrift, München, 1980.

Kutschker, Michael (1982): Organisationsformen für turbulente Unternehmensumwelten. Unveröffentlichter Habilitationsvortrag vom 27.01.1982, LMU München,1982.

Kutschker, Michael (1989): Akquisition, internationale. In: Macharzina, Klaus/Welge, Martin K. (1989, Hrsg.): Handwörterbuch Export und Internationale Unternehmung. Schäffer-Poeschel, Stuttgart, 1989, Sp. 1-22.

Kutschker, Michael (1992): Die Wahl der Eigentumsstrategie der Auslandsniederlassung in kleineren und mittleren Unternehmungen. In: Kumar, Brij Nino/Haussmann, Helmut (1992, Hrsg.): Handbuch der Internationalen Unternehmenstätigkeit. Beck, München, 1992, S. 494-530.

Kutschker, Michael (1993): Dynamische Internationalisierungsstrategie. Diskussionsbeitrag Nr. 41 der Wirtschaftswissenschaftlichen Fakultät Ingolstadt, Kath. Universität Eichstätt, 1993.

Kutschker, Michael (1994a): Strategische Kooperationen als Mittel der Internationalisierung. In: Schuster, Leo (1994, Hrsg.): Die Unternehmung im internationalen Wettbewerb. Erich Schmidt Verlag, Berlin, 1994, S. 121-157.

Kutschker, Michael (1994b): Dynamische Internationalisierungsstrategie. In: Engelhard, Johann/ Rehkugler, Heinz (1994, Hrsg.): Strategien für nationale und internationale Märkte. Konzepte und praktische Gestaltung. Gabler, Wiesbaden, 1994, S. 221-248.

Kutschker, Michael (1995a): Joint Ventures. In: Tietz, Bruno/Köhler, Richard/Zentes, Joachim (1995, Hrsg.): Handwörterbuch des Marketing. 2., völlig neu gest. Aufl., Schäffer-Poeschel, Stuttgart, 1995, Sp. 1079-1090.

Kutschker, Michael (1995b): Konzepte und Strategien der Internationalisierung. In: Corsten, Hans/Reiß, Michael (1995, Hrsg.): Handbuch Unternehmensführung. Gabler, Wiesbaden, 1995, S. 647-660.

Kutschker, Michael (1995c): Re-engineering of Business Processes in Multinational Corporations. Working Paper 95-4, Carnegie Bosch Institute for Applied Studies in International Management. Pittsburgh, 1995.

Kutschker, Michael (1996): Evolution, Episoden und Epochen: Die Führung von Internationalisierungsprozessen. In: Engelhard, Johann (1996, Hrsg.): Strategische Führung internationaler Unternehmen. Paradoxien, Strategien, Erfahrungen. Gabler, Wiesbaden, 1996, S. 1-37.

Kutschker, Michael (1997, Hrsg.): Management in China. Die unternehmerischen Chancen nutzen. Edition Blickbuch Wirtschaft/FAZ Verlag, Frankfurt/Main, 1997.

Kutschker, Michael (1998, Hrsg.): Integration in der internationalen Unternehmung. Gabler, Wiesbaden, 1998.

Kutschker, Michael (1999): Ressourcenbasierte Internationalisierung. In: Giesel, Franz/Glaum, Martin (1999, Hrsg.): Globalisierung. Herausforderung an die Unternehmensführung des 21. Jahrhunderts. Festschrift für Prof. Dr. Ehrenfried Pausenberger. Beck, München, 1999, S. 49-75.

Kutschker, Michael/Bäurle, Iris (1997): Three + One: Multidimensional Strategy of Internationalization. In: Management International Review, 37. Jg., Nr. 2, 1997, S. 103-125.

Kutschker, Michael/Bäurle, Iris/Schmid, Stefan (1997a): International Evolution, International Episodes, and International Epochs – Implications for Managing Internationalization. In: Management International Review, 37. Jg., Special Issue Nr. 2, 1997, S. 101-124.

Kutschker, Michael/Bäurle, Iris/Schmid, Stefan (1997b): Process Orientation and Deep Structure: Implications for Managing the Multinational Corporation. In: Larimo, Jorma (1997, Hrsg.): Internationalization and Foreign Direct Investment Behavior in OECD and Asian Countries. Report 24 der University of Vaasa, Vaasa, 1997, S. 176-205.

Kutschker, Michael/Bäurle, Iris/Schmid, Stefan (1997c): Quantitative und qualitative Forschung im Internationalen Management – Ein kritisch-fragender Dialog. Diskussionsbeitrag Nr. 82 der Wirtschaftswissenschaftlichen Fakultät Ingolstadt, Kath. Universität Eichstätt, Januar 1997.

Kutschker, Michael/Bendt, Antje (1999, Hrsg.): Management in Indien. Shaker, Aachen, 1999 (Berichte aus der Betriebswirtschaft).

Kutschker, Michael/Schmid, Stefan (1995): Netzwerke internationaler Unternehmungen. Diskussionsbeitrag Nr. 64 der Wirtschaftswissenschaftlichen Fakultät Ingolstadt, Kath. Universität Eichstätt, August 1995.

Kutschker, Michael/Schmid, Stefan (1997): "Guanxi" oder: Die Bedeutung von Beziehungen in China. In: Kutschker, Michael (1997, Hrsg.): Management in China. Die unternehmerischen Chancen nutzen. Edition Blickbuch Wirtschaft/FAZ Verlag, Frankfurt/Main, 1997, S. 175-201.

Kutschker, Michael/Schmid, Stefan (1999): Organisationsstrukturen internationaler Unternehmungen. In: Kutschker, Michael (1999, Hrsg.): Perspektiven der internationalen Wirtschaft. Gabler, Wiesbaden, 1999, S. 361-411.

Kutschker, Michael/Schurig, Andreas/Schmid, Stefan (2002a): The Influence of Network Partners on Critical Capabilities in Foreign Subsidiaries. Diskussionsbeitrag Nr. 158 der Wirtschaftswissenschaftlichen Fakultät Ingolstadt, Kath. Universität Eichstätt-Ingolstadt, März 2002.

Kutschker, Michael/Schurig, Andreas/Schmid, Stefan (2002b): Centers of Excellence in MNCs. An Empirical Analysis from Seven European Countries. In: Larimo, Jorma (2002, Hrsg.): Current European Research in International Business, Bd. 86, Vaasan Yliopiston Julkaisuja, Vaasa, 2002, S. 224-245.

L

Laaksonen, Oiva (1988): Management in China During and After Mao in Enterprises, Government, and Party. De Gruyter, Berlin, New York, 1988.

Lado, Augustine A./Boyd, Nancy G./Wright, Peter (1992): A Competency-Based Model of Sustainable Competitive Advantage: Toward a Conceptual Integration. In: Journal of Management, 18. Jg., Nr. 1, 1992, S. 77-91.

Lafontaine, Francine/Lafontaine, Patric J. (1994): The Evolution of Ownership Patterns in Franchise Systems. In: Journal of Retailing, 70. Jg., Nr. 2, 1994, S. 97-113.

Lall, Sanjaya (1993, Hrsg.): Transnational Corporations and Economic Development. The United Nations Library on Transnational Corporations, Bd. 3, Routledge, London, New York, 1993.

Lam, Simon S.K./Chen, Xiao-Ping/Schaubroeck, John (2002): Participative Decision Making and Employee Performance in Different Cultures: The Moderating Effects of Allocentrism/Idiocentrism and Efficacy. In: Academy of Management Journal, 45. Jg., Nr. 5, 2002, S. 905-914.

Lane, Christel (1989): Management and Labour in Europe. The Industrial Enterprise in Germany, Britain and France. Edward Elgar, Aldershot, Brookfield, 1989.

Lane, Henry W./DiStefano, Joseph J./Maznevski, Martha (2000): International Management Behavior. Text, Readings and Cases. 4. Aufl., Blackwell Business, Oxford, Malden, 2000.

Lane, Peter J./Salk, Jane E./Lyles, Marjorie A. (2001): Absorptive Capacity, Learning, and Performance in International Joint Ventures. In: Strategic Management Journal, 22. Jg., Nr. 12, 2001, S. 1139-2001.

Lang, Nikolaus S. (1998): Intercultural Management in China. Strategies of Sino-European and Sino-Japanese Joint Ventures. Deutscher Universitätsverlag, Wiesbaden, 1998, zugl. Diss. St. Gallen.

Langner, Sabine (1999): Mergers & Acquisitions. Kauf in Bar oder gegen Aktien. In: WiSt – Wirtschaftswissenschaftliches Studium, 28. Jg., Nr. 10, 1999, S. 543-546.

Larimo, Jorma (1993): Foreign Direct Investment Behavior and Performance. An Analysis of Finnish Direct Manufacturing Investments in OECD Countries. Acta Wasaensia Nr. 32, Universität Vaasa, 1993, zugl. Diss. Vaasa.

Lasserre, Philippe/Schütte, Hellmut (1999): Strategy and Management in Asia Pacific. McGraw-Hill, London et al., 1999 (The INSEAD Global Management Series).

Lau, Chung-Ming/Ngo, Hang-Yue (1996): One Country Many Cultures: Organizational Cultures of Firms of Different Country Origins. In: International Business Review, 5. Jg., Nr. 5, 1996, S. 469-486.

Laurent, André (1981): Matrix Organizations and Latin Cultures. A Note on the Use of Comparative-Research Data in Management Education. In: International Studies of Management and Organization, 10. Jg., Nr. 4, 1981, S. 101-114.

Lawrence, Peter (1994): 'In Another Country' or the Relativization of Management Learning. In: Management Learning, 25. Jg., Nr. 4, 1994, S. 543-561.

Learned, Edmund P./Christensen, C. Roland/Andrews, Kenneth R./Guth, William D. (1965): Business Policy. Text and Cases, Richard D. Irwin, Homewood, 1965.

Leavitt, Harold J. (1964): Applied Organization Change in Industry: Structural, Technical, and Human Approaches. In: Cooper, William W./Leavitt, Harold J./Shelly, Maynard W. (1964, Hrsg.): New Perspectives in Organization Research. John Wiley & Sons, New York, London, Sydney, 1964, S. 55-71.

Lechner, Christoph/Müller-Stewens, Günter (1999): Strategische Prozessforschung: Zentrale Fragestellungen und Entwicklungstendenzen. Diskussionsbeitrag Nr. 33 des Instituts für Betriebswirtschaft, Universität St. Gallen, August 1999.

Lecraw, Donald J./Morrison, Allen J. (1993, Hrsg.): Transnational Corporations and Business Strategy. The United Nations Library on Transnational Corporations, Bd. 4, Routledge, London, New York, 1993.

Lee, Jae-Yeul (1993): Entwicklung und Führung südkoreanischer Unternehmen – insbesondere die Struktur, Organisation und Strategie südkoreanischer Unternehmensgruppen Chaebol. Diss. Georg-August-Universität zu Göttingen, 1993.

Lee, Jong-Wha (2004): Lessons from the Korean Financial Crisis. In: Harvie, Charles/Lee, Hyun-Hoon/Oh, Junggun (2004, Hrsg.): The Korean Economy: Post-Crisis Policies, Issues and Prospects. Edward Elgar, Cheltenham, Northampton, 2004, S. 11-21.

Lee, Nari (1997): Use of Franchise as an Entry Mode in Asian Markets – Assessment of Franchising Environment in Japan and Korea. In: Larimo, Jorma (1997, Hrsg.): Internationalization and Foreign Direct Investment Behavior in OECD and Asian Countries. Report 24 der University of Vaasa, Vaasa, 1997, S. 59-92.

Lee, Sang M./Peterson, Suzanne J. (2000): Culture, Entrepreneurial Orientation, and Global Competitiveness. In: Journal of World Business, 35. Jg., Nr. 4, 2000, S. 401-416.

Leeds, Christopher/Kirkbride, Paul S./Durcan, Jim (1994): The Cultural Context of Europe. A Tentative Mapping. In: Kirkbride, Paul S. (1994, Hrsg.): Human Resource Management in Europe. Perspectives for the 1990s. Routledge, London, New York, 1990, S. 11-27.

Lehmann, Ralph/Reiners, Hanspeter (1991): Die Globalisierung als Einflussgrösse auf die Leitungsorganisation. In: Die Unternehmung, 45. Jg., Nr. 6, 1991, S. 412-429.

Leiner, Bernd (1997): Europäische Wirtschaftsstatistik. Geschichte, Daten, Hintergründe. 3., erw. Aufl., Oldenbourg, München, Wien, 1997.

Leitherer, Eugen (1989): Ländertypologie im Rahmen betrieblicher Außenhandelspolitk. In: Macharzina, Klaus/Welge, Martin K. (1989, Hrsg.): Handwörterbuch Export und Internationale Unternehmung. Schäffer-Poeschel, Stuttgart, 1989, Sp. 1268-1276.

Lemak, David J./Bracker, Jeffrey S. (1988): A Strategic Contingency Model of Multinational Corporate Structure. In: Strategic Management Journal, 9. Jg., Nr. 5, 1988, S. 521-526.

Lenel, Hans Otto (2000): Zu den Megafusionen in den letzten Jahren. In: Ordo – Jahrbuch für Ordnung von Wirtschaft und Gesellschaft, Bd. 51, Lucius & Lucius, Stuttgart, 2000, S. 1-31.

Leong, Siew/Tan, Chin Tiong (1993): Managing Across Borders: An Empirical Test of the Bartlett and Ghoshal (1989) Organizational Typology. In: Journal of International Business Studies, 24. Jg., Nr. 3, 1993, S. 449-464.

Leonidou, Leonidas C. (1998): Factors Stimulating Export Business: An Empirical Investigation. In: Journal of Applied Business Research, 14. Jg., Nr. 2, 1998, S. 43-68.

Leontief, Wassily (1953): Domestic Production and Foreign Trade: The American Capital Position Re-examined. In: Proceedings of the American Philosophical Society, 97. Jg., Nr. 4, 1953, S. 332-349.

Leontief, Wassily (1956): Factor Proportions and the Structure of American Trade: Further Theoretical and Empirical Analysis. In: The Review of Economics and Statistics, 38. Jg., Nr. 4, 1956, S. 386-407.

Lessem, Ronnie/Neubauer, Fred (1994): European Management Systems. Towards Unity Out of Cultural Diversity. McGraw-Hill, London et al., 1994.

Levitt, Theodore (1983): The Globalization of Markets. In: Harvard Business Review, 61. Jg., Mai-Juni 1983, S. 92-102.

Lewin, Kurt (1943): Forces Behind Food Habits and Methodes of Change. In: Bulletin of the National Research Council, Jg. 108, 1943, S. 35-65.

Lewin, Kurt (1963): Feldtheorie in den Sozialwissenschaften – Ausgewählte theoretische Schriften. Huber, Bern, Stuttgart, 1963.

Li, Lei (2007): Multinationality and Performance: A Synthetic Review and Research Agenda. In: International Journal of Management Reviews, 9. Jg., Nr. 2, 2007, S. 117-139.

Liander, Bertil (1967): Comparative Analysis for International Marketing. Allyn and Bacon, Boston, 1967.

Lie, John (1990): Is Korean Management just like Japanese Management? In: Management International Review, 30. Jg., Nr. 2, 1990, S. 113-118.

Lieberman, Marvin B./Montgomery, David B. (1988): First-Mover Advantages. In: Strategic Management Journal, 9. Jg., Special Issue, Sommer 1988, S. 41-58.

Lilienthal, David (1960): The Multinational Corporation. Wiederabgedruckt in: Anshen, Melvin/Bach, George Leland (1975, Hrsg.): Management and Corporations 1985. A Symposium Held on the Occasion of the 10th Anniversary of the Graduate School of Industrial Administration, Carnegie Institute of Technology, Greenwood Press, Westport, 1975, S. 119-158.

Lindblom, Charles E. (1965): The Intelligence of Democracy. The Free Press, New York, 1965.

Linder, Staffan Burenstam (1961): An Essay on Trade and Transformation. Almqvist & Wiksell, Stockholm, Göteburg, Uppsala and John Wiley & Sons, New York, 1961.

Lindgren, Ulf (1982): Foreign Acquisitions. Management of the Integration Process. Dissertation IIB/EFI Stockholm, 1982.

Lingenfelder, Michael (1996): Die Internationalisierung im europäischen Einzelhandel. Duncker & Humblot, Berlin, 1996 (Schriften zum Marketing, Bd. 42), zugl. Habil. Mannheim.

Lingenfelder, Michael/Loevenich, Peter/Wilke, Peter (1998): Internationale Markteintrittsstrategien im Versandhandel. Betriebswirtschaftliche Studien der Philipps-Universität Marburg, Arbeitspapier Nr. 10, Marburg, September 1998.

Link, Wolfgang (1997): Erfolgspotentiale für die Internationalisierung. Gedankliche Vorbereitung – Empirische Relevanz – Methodik. Gabler, Wiesbaden, 1997 (mir-edition), zugl. Diss. Eichstätt.

Liouville, Jacques (1999): Image du Pays d'Origine et Stratégie d'implantation à l'Etranger. In: Revue Française de Gestion, o. Jg., Nr. 122, 1999, S. 27-38.

Liouville, Jacques/Nanopoulos, Constantin (1996): Performance Factors of Subsidiaries Abroad: Lessons in an Analysis of German Subsidiaries in France. In: Management International Review, 36. Jg., Nr. 2, 1996, S. 101-121.

Lipfert, Helmut (1981a): Management von Währungsrisiken (I). In: WISU – Das Wirtschaftsstudium, 10. Jg., Nr. 2, 1981, S. 66-72.

Lipfert, Helmut (1981b): Management von Währungsrisiken (II). In: WISU – Das Wirtschaftsstudium, 10. Jg., Nr. 3, 1981, S. 118-123.

Lipsey, Robert E. (1998): Galloping, Creeping, or Receding Internationalization. In: The International Trade Journal, 12. Jg., Nr. 2, 1998, S. 181-191.

Littich, Wolfram/Schellmann, Gottfried/Schwarzinger, Walter/Trentini, Simon (1993): Holding. Linde, Wien, 1993.

Litvak, Isaiah A. (1990): Instant International: Strategic Reality for Small High-Technology Firms in Canada. In: Multinational Business, o. Jg., Nr. 2, Sommer 1990, S. 1-12.

Locke, Robert R. (1996): The Collapse of the American Management Mystique. Oxford University Press, Oxford et al., 1996.

Loewendahl, Henry (2001): A Framework for FDI Promotion. In: Transnational Corporations, 10. Jg., Nr. 1, 2001, S. 1-42.

Lorange, Peter/Roos, Johan (1992): Strategic Alliances. Formation, Implementation, and Evolution. Blackwell, Cambridge, Oxford, 1992.

Loredo, Enrique/Suárez, Eugenia (1998): Corporate Governance in Europe: Is Convergence Desirable? In: International Journal of Management, 15. Jg., Nr. 4, 1998, S. 525-532.

Lorenz, Detlef (1967): Dynamische Theorie der internationalen Arbeitsteilung. Ein Beitrag zur Theorie der weltwirtschaftlichen Entwicklung. Duncker & Humblot, Berlin, 1967, zugl. Habil. FU Berlin.

Louis, Meryl Reis (1981): A Cultural Perspective on Organizations: The Need for and Consequences of Viewing Organizations as Culture-Bearing Milieux. In: Human Systems Management, 2. Jg., o. Nr., 1981, S. 246-258.

Louis, Meryl Reis (1985): An Investigator's Guide to Workplace Culture. In: Frost, Peter J./Moore Larry F./Louis, Meryl R./Lundberg, Craig C./Martin, Joanne (1985, Hrsg.): Organizational Culture. Sage, Beverly Hills et al., 1985, S. 73-93.

Lovas, Bjorn/Ghoshal, Sumantra (2000): Strategy as Guided Evolution. In: Strategic Management Journal, 21. Jg., Nr. 9, 2000, S. 875-896.

Lovelock, Christopher H./Yip, George S. (1996): Developing Global Strategies for Service Businesses. In: California Management Review, 38. Jg., Nr. 2, 1996, S. 64-86.

Lowe, Sid/Oswick, Cliff (1996): Culture's Invisible Filters: Cross-Cultural Models in Social Psychology. In: Gatley, Stephen/Lessem, Ronnie, Altman, Yochanan (1996, Hrsg.): Comparative Management. A Transcultural Odyssey. McGraw-Hill, London et al., 1996, S. 90-116.

Luc, Virginie (1998): Impossible n'est pas français. L'histoire inconnue d'Accor, leader mondial de l'hôtellerie. Albin Michel, Paris, 1998.

Lucks, Kai (2002): Die Organisation von M&A in internationalen Konzernen. In: Die Unternehmung, 56. Jg., Nr. 4, 2002, S. 197-211.

Lucks, Kai (2005, Hrsg.): Transatlantic Mergers and Acquisitions. Opportunities and Pitfalls in German-American Partnerships. Publicis/Wiley, Erlangen, 2005.

Luo, Yadong (1999): Entry and Cooperative Strategies in International Business Expansion. Quorum Books, Westport, London, 1999.

Luo, Yadong (2000): Dynamic Capabilities in International Expansion. In: Journal of World Business, 35. Jg., Nr. 4, 2000, S. 355-378.

Luo, Yadong (2007): A Coopetition Perspective of Global Competition. In: Journal of World Business, 42. Jg., Nr. 2, 2007, S. 129-144.

Luo, Yadong /Tung, Rosalie L. (2007): International Expansion of Emerging Market Enterprises: A Springboard Perspective. In: Journal of International Business Studies, 38. Jg., Nr. 4, 2007, S. 481-498.

Luostarinen, Reijo (1979): Internationalization of the Firm. An Empirical Study of the Internationalization of Firms with Small and Open Domestic Markets with Special Emphasis on Lateral Rigidity as a Behavioral Characteristic in Strategic Decision-Making. The Helsinki School of Economics, Helsinki, 1979 (Series: Acta Academiae Oeconomicae Helsingiensis).

Luostarinen, Reijo/Welch, Lawrence L. (1990): International Business Operations. KY Books, Helsinki School of Economics, Helsinki, 1990.

Luther, Siegfried (1996): Führungsorganisation der Bertelsmann AG. In: Engelhard, Johann (1996, Hrsg.): Strategische Führung internationaler Unternehmen. Paradoxien, Strategien, Erfahrungen. Gabler, Wiesbaden, 1996, S. 149-159.

Lutter, Marcus (1995): Holdingkonzepte und Gründe für ihre Verbreitung. In: Lutter, Marcus (1995, Hrsg.): Holding-Handbuch. Recht – Management – Steuern. Dr. Otto Schmidt Verlag, Köln, S. 3-30.

Lutter, Marcus (1995, Hrsg.): Die Gründung einer Tochtergesellschaft im Ausland. 3., neubearb. und erw. Aufl., de Gruyter, Berlin, New York, 1995.

Lyles, Marjorie A./Salk, Jane E. (2007): Knowledge Acquisition from Foreign Parents in International Joint Ventures: An Empirical Examination in the Hungarian Context. In: Journal of International Business Studies, 38. Jg., Nr. 1, 2007, S. 3-18.

M

Macharzina, Klaus (1982): Theorie der internationalen Unternehmenstätigkeit – Kritik und Ansätze einer integrativen Modellbildung. In: Lück, Wolfgang/Trommsdorff, Volker (1982, Hrsg.): Internationalisierung der Unternehmung als Probleme der Betriebswirtschaftslehre. Erich Schmidt Verlag, Berlin, 1982, S. 111-143.

Macharzina, Klaus (1989): Die Wettbewerbsfähigkeit der Bundesrepublik Deutschland im internationalen Vergleich. In: Betriebswirtschaftliche Forschung und Praxis, 41. Jg., Nr. 5, 1989, S. 472-488.

Macharzina, Klaus (1992): Internationalisierung und Organisation. In: Zeitschrift Führung und Organisation, 61. Jg., Nr. 1, 1992, S. 4-11.

Macharzina, Klaus (2003): Neue Theorien der Multinationalen Unternehmung. In: Holtbrügge, Dirk (2003, Hrsg.): Management Multinationaler Unternehmungen. Festschrift zum 60. Geburtstag von Martin K. Welge. Physika/Springer, Heidelberg, 2003, S. 25-38.

Macharzina, Klaus/Engelhard, Johann (1991): Paradigm Shift in International Business Research: From Partist and Eclectic Approaches to the GAINS Paradigm. In: Management International Review, 31. Jg., Special Issue, o. Nr., 1991, S. 23-43.

Macharzina, Klaus/Oesterle, Michael-Jörg (1995a): Internationalisierung und Organisation unter besonderer Berücksichtigung europäischer Entwicklungen. In: Scholz, Christian/Zentes, Joachim (1995, Hrsg.): Strategisches Euro-Management. Schäffer-Poeschel, Stuttgart, 1995, S. 203-225.

Macharzina, Klaus/Oesterle, Michael-Jörg (1995b): Standortstrategien. In: Corsten, Hans/Reiß, Michael (1995, Hrsg.): Handbuch Unternehmensführung. Konzepte – Instrumente – Schnittstellen. Gabler, Wiesbaden, 1995, S. 381-391.

Macharzina, Klaus/Oesterle, Michael-Jörg (1997, Hrsg.): Handbuch Internationales Management. Grundlagen – Instrumente – Perspektiven. Gabler, Wiesbaden, 1997

Macharzina, Klaus/Oesterle, Michael-Jörg (2002a): Das Konzept der Internationalisierung im Spannungsfeld zwischen praktischer Relevanz und theoretischer Unschärfe. In: Macharzina, Klaus/Oesterle, Michael-Jörg (2002, Hrsg.): Handbuch Internationales Management. Grundlagen – Instrumente – Perspektiven. 2. Aufl., Gabler, Wiesbaden, 2002, S. 3-21.

Macharzina, Klaus/Oesterle, Michael-Jörg (2002b): Bestimmungsgrößen und Mechanismen der Koordination von Auslandsgesellschaften. In: Macharzina, Klaus/Oesterle, Michael-Jörg (2002, Hrsg.): Handbuch Internationales Management. Grundlagen – Instrumente – Perspektiven. 2. Aufl., Gabler, Wiesbaden, 2002, S. 707-736.

Macharzina, Klaus/Oesterle, Michael-Jörg (2002, Hrsg.): Handbuch Internationales Management. Grundlagen – Instrumente – Perspektiven. 2. Aufl., Gabler, Wiesbaden, 2002.

Macharzina, Klaus/Oesterle, Michael-Jörg/Hofmann, Dominik (1999): Anspruch und Wirklichkeit der internationalen Streuung von F&E-Aktivitäten – Patentgestützte Untersuchung des Erwerbs und der Verwertung technologischen Wissens. In: Giesel, Franz/Glaum, Martin (1999, Hrsg.): Globalisierung. Herausforderung an die Unternehmensführung des 21. Jahrhunderts. Festschrift für Prof. Dr. Ehrenfried Pausenberger. Beck, München, 1999, S. 135-165.

Macharzina, Klaus/Oesterle, Michael-Jörg/Wolf, Joachim (1998): Europäische Managementstile – Eine kulturorientierte Analyse. In: Berger, Roland/Steger, Ulrich (1998, Hrsg.): Auf dem Weg zur Europäischen Unternehmensführung. Ein Lesebuch für Manager und Europäer. Beck, München, 1998, S. 137-164.

Macharzina, Klaus/Welge, Martin K. (1989, Hrsg.): Handwörterbuch Export und Internationale Unternehmung. Schäffer-Poeschel, Stuttgart, 1989.

Macharzina, Klaus/Wolf, Joachim (1996): Internationales Führungskräfte-Management und strategische Unternehmenskoordination – Kritische Reflexionen über ein ungeklärtes Beziehungssystem. In: Macharzina, Klaus/Wolf, Joachim (1996, Hrsg.): Handbuch Internationales Führungskräfte-Management. Raabe, Stuttgart et al., 1996, S. 29-63.

Macharzina, Klaus/Wolf, Joachim (1996, Hrsg.): Handbuch Internationales Führungskräfte-Management. Raabe, Stuttgart et al., 1996.

Macharzina, Klaus/Wolf, Joachim (2005): Unternehmensführung. Das internationale Managementwissen. Konzepte – Methoden – Praxis. 5., grundl. überarb. Aufl., Gabler, Wiesbaden, 2005.

Machatschke, Michael (2000): Sieg der Vernunft. Unternehmen EADS. In: Manager Magazin, Mai 2000, S. 110-199.

Madauss, Bernd J. (1994): Handbuch Projektmanagement. 5., überarb. und erw. Aufl., Schäffer-Poeschel, Stuttgart, 1994.

Madhok, Anoop/Tallman, Stephen B. (1998): Resources, Transactions and Rents: Managing Value Through Interfirm collaborative Relationships. In: Organization Science, 9. Jg., Nr. 3, 1998, S. 326-339.

Madsen, Tage Koed (1987): Empirical Export Performance Studies: A Review of Conceptualizations and Findings. In: Cavusgil, S. Tamer (1987, Hrsg.): Advances in International Marketing, Bd. 2., JAI Press, Greenwich, London, 1987, S. 177-198.

Madsen, Tage Koed/Servais, Per (1997): The Internationalization of Born Globals: an Evolutionary Process? In: International Business Review, 6. Jg., Nr. 6, 1997, S. 561-583.

Magee, Stephen P. (1981): The Appropriability Theory of the Multinational Corporation. In: Annals of the American Academy of Political and Social Science, 458. Jg., November 1981, S. 123-135.

Mahini, Amir (1988): Making Decisions in Multinational Corporations. Managing Relations With Sovereign Governments. John Wiley & Sons, New York et al., 1988.

Mahoney, Joseph T./Pandian, J. Rajendran (1992): The Resource-Based View within the Conversation of Strategic Management. In: Strategic Management Journal, 13. Jg., Nr. 5, 1992, S. 363-380.

Mair, Frank (1995): Strategisches Global Sourcing. Verlag Peter Lang, Frankfurt/Main et al., 1995, zugl. Diss. St. Gallen (Europäische Hochschulschriften, Serie V, Bd. 1829).

Maisch, Christof (1996): Beurteilungskriterien für Auslandsinvestitionen deutscher Unternehmen: Ergebnisse einer empirischen Studie. Verlag Peter Lang, Frankfurt/Main et al., 1996 (Europäische Hochschulschriften, Reihe V, Bd. 1849), zugl. Diss. München.

Maisonrouge, Jacques (1967): Education of International Managers. In: The Quarterly Journal of AIESEC International, 3. Jg., Nr. 1, 1967, S. 11-14.

Majer, Helge (1973): Die "Technologische Lücke" zwischen der Bundesrepublik Deutschland und den Vereinigten Staaten von Amerika. Eine empirische Analyse. J.C.B. Mohr (Paul Siebeck) Tübingen, 1973 (Schriftenreihe des Instituts für angewandte Wirtschaftsforschung, Bd. 22).

Majocchi, Antonio/Bacchiocchi, Emanuele/Mayrhofer, Ulrike (2005): Firm Size, Business Experience and Export Intensity in SMEs: A Longitudinal Approach to Complex Relationships. In: International Business Review, 14. Jg., Nr. 6, 2005, S. 719-738.

Makadok, Richard (2001): Toward a Synthesis of the Resource-Based and Dynamic-Capability Views of Rent Creation. In: Strategic Management Journal, 22. Jg., Nr. 5, 2001, S. 387-401.

Makino, Shige/Chan, Christine M./Isobe, Takehiko/Beamish, Paul W. (2007): Intended and Unintended Termination of International Joint Ventures. In: Strategic Management Journal, 28. Jg., Nr. 11, 2007, S. 1113-1132.

Malekzadeh, Ali R./Nahavandi, Afsaneh (1990): Making Mergers Work by Managing Cultures. In: Journal of Business Strategy, 12. Jg., Nr. 3, 1990, S. 55-57.

Malone, Thomas W./Laubacher, Robert J. (1999): Vernetzt, klein und flexibel – die Firma des 21. Jahrhunderts. In: Harvard Business Manager, 21. Jg., Nr. 2, 1999, S. 28-36.

Mandler, Udo (1996): Harmonisierung der Rechnungslegung: Bridging the GAAP? In: Zeitschrift für Betriebswirtschaft, 66. Jg., Nr. 6, 1996, S. 715-734.

Mannheim, Karl (1958): Mensch und Gesellschaft im Zeitalter des Umbaus. Wissenschaftliche Buchgesellschaft, Darmstadt, 1958.

Manrai, Lalita A./Manrai, Ajay K. (1995): Effects of Cultural-Context, Gender, and Acculturation on Perceptions of Work versus Social/Leisure Time Usage. In: Journal of Business Research, 32. Jg., Special Section, o. Nr., 1995, S. 115-128.

Marcati, Alberto (1989): Configuration and Coordination – The Role of US Subsidiaries in the International Network of Italian Multinationals. In: Management International Review, 29. Jg., Nr. 3, 1989, S. 35-50.

March, James G./Simon, Herbert A. (1958): Organizations. John Wiley & Sons, New York et al., 1958.

Markides, Constantinos/Oyon, Daniel (1998): International Acquisitions: Do They Create Value for Shareholders? In: European Management Journal, 16. Jg., Nr. 2, 1998, S. 125-135.

Markowitz, Harry (1952): Portfolio Selection. In: The Journal of Finance, 7. Jg., o. Nr., 1952, S. 77-91.

Marquardt, Michael J./Engel, Dean W. (1993): Global Human Resource Development. Prentice Hall, Englewood Cliffs et al., 1993.

Marschan-Piekkari, Rebecca/Welch, Denice/Welch, Lawrence L. (1999): In the Shadow: The Impact of Language on Structure, Power and Communication in the Multinational. In: International Business Review, 8. Jg., Nr. 4, 1999, S. 421-440.

Martin, Albert (2006, Hrsg.): Managementstrategien von kleinen und mittleren Unternehmen. Stand der theoretischen und empirischen Forschung. Rainer Hampp, München und Mering, 2006.

Martin, Hans-Peter/Schumann, Harald (2000): Die Globalisierungsfalle. Der Angriff auf Demokratie und Wohlstand. Rowohlt, Reinbek bei Hamburg, 2000.

Martin, Joanne/Meyerson, Debra (1988): Organizational Culture and the Denial, Channeling and Acknowledgement of Ambiguity. In: Pondy, Louis R./Boland, Richard J./Thomas, Howard (1988, Hrsg.): Managing Ambiguity and Change. John Wiley & Sons, Chichester et al., 1988, S. 93-125.

Martin, Xavier/Salomon, Robert (2003): Knowledge Transfer Capacity and its Implications for the Theory of the Multinational Corporation. In: Journal of International Business Studies, 34. Jg., Nr. 4, 2003, S. 356-373.

Martinez, Jon I./Jarillo, J. Carlos (1989): The Evolution of Research on Coordination Mechanisms in Multinational Corporations. In: Journal of International Business Studies, 20. Jg., Nr. 3, 1989, S. 489-514.

Mascarenhas, Briance (1984): The Coordination of Manufacturing Interdependence in Multinational Companies. In: Journal of International Business Studies, 15. Jg., Nr. 3, 1984, S. 91-106.

Mascarenhas, Briance (1992): Order of Entry and Performance in International Markets. In: Strategic Management Journal, 13. Jg., Nr. 7, 1992, S. 499-510.

Mascarenhas, Briance (1999): The Strategies of Small and Large International Specialists. In: Journal of World Business, 34. Jg., Nr. 3, 1999, S. 252-266.

Maslow, Abraham H. (1954): Motivation and Personality. Harper & Row, New York, Evanston, London, 1954.

Massmann, Jens/Schmidt, Reinhard H. (1999): Recht, internationale Unternehmensstrategien und Standortwettbewerb. In: Schenk, Karl-Ernst (1999, Hrsg.): Globalisierung und Rechtsordnung. Mohr/Siebeck, Tübingen, 1999 (Jahrbuch für Politische Ökonomie, Bd. 18), S. 169-204.

Matenaar, Dieter (1983): Organisationskultur und organisatorische Gestaltung. Duncker & Humblot, Berlin, 1983 (Betriebswirtschaftliche Forschungsergebnisse, Bd. 85), zugl. Diss. Gießen.

Matschke, Manfred Jürgen/Olbrich, Michael (2000): Internationale und Außenhandelsfinanzierung. Oldenbourg, München, Wien, 2000 (Lehr- und Handbücher der Betriebswirtschaftslehre).

Maurice, Marc/Sorge, Arndt/Warner, Malcolm (1980): Societal Differences in Organizing Manufacturing Units: A Comparison of France, West Germany and Great Britain. In: Organization Studies, 1. Jg., Nr. 1, 1980, S. 59-86.

Mauritz, Hartmut (1996): Interkulturelle Geschäftsbeziehungen. Eine interkulturelle Perspektive für das Marketing. Deutscher Universitätsverlag, Wiesbaden, 1996, zugl. Diss. Bayreuth.

Maury, Rene (1991): Die japanischen Manager. Wie sie denken, wie sie handeln, wie sie Weltmärkte erobern. Gabler, Wiesbaden, 1991.

Mayer, Michael/Whittington, Richard (2003): Diversification in Context: A Cross-National and Cross-Temporal Extension. In: Strategic Management Jourrnal, 24. Jg., Nr. 8, 2003, S. 773-781.

Mayrhofer, Ulrike (2002): Franco-British Strategic Alliances: A Contribution to the Study of Intra-European Partnerships. In: European Management Journal, 20. Jg., Nr. 1, 2002, S. 10-17.

Mayrhofer, Wolfgang (1996): Mobilität und Steuerung in international tätigen Unternehmen. Schäffer-Poeschel, Stuttgart, 1996.

McClelland, David C. (1961): The Achieving Society. Van Nostrand, Princeton, 1961.

McClelland, David C. (1985): Human Motivation. Scott, Foresman and Company, Glenview, 1985.

McDonald, David W./Leahey, Harry S. (1985): Licensing has a Role in Technology Strategic Planning. In: Research Management, 28. Jg., Nr. 1, 1985, S. 35-40.

McGrath, Rita/Macmillan, Ian C./Yang, Elena Ai-Yuan/Tsai, William (1992): Does Culture Endure, or is it Malleable? Issues for Entrepreneurial Economic Development. In: Journal of Business Venturing, 7. Jg., o. Nr., 1992, S. 441-458.

McGregor, Douglas (1960): The Human Side of Enterprise. McGraw-Hill, New York, Toronto, London, 1960.

McGuire, Jean/Schneeweis, Thomas/Hill, Joanne (1986): An Analysis of Alternative Measures of Strategic Performance. In: Lamb, Robert J./Shrivastava, Paul (1986, Hrsg.): Advances in Strategic Management, Bd. 4, JAI Press, Greenwich, London, 1986, S. 127-154.

McKern, Bruce (1993, Hrsg.): Transnational Corporations and the Exploitation of Natural Resources. The United Nations Library on Transnational Corporations, Bd. 10, Routledge, London, New York, 1993.

McLuhan, Marshall/Fiore, Quentin (1968): War and Peace in the Global Village. Bantam Books, New York, London, Toronto, 1968.

McNamara, Gerry/Deephouse, David L./Luce, Rebecca A. (2003): Competitive Positioning within and Across Group Structure: The Performance of Core, Secondary, and Solitary Firms. In: Strategic Management Journal, 24. Jg., Nr. 2, 2003, S. 161-181.

Mead, Richard (2005): International Management. Cross-Cultural Dimensions. 3. Aufl., Blackwell, Cambridge, Oxford, 2005.

Meaning of Working International Research Team (1987): The Meaning of Working. Academic Press/Harcourt Brace Janovich Publishers, London et al., 1987.

Meckl, Reinhard (1993): Unternehmenskooperationen im EG-Binnenmarkt. Deutscher Universitätsverlag, Wiesbaden, 1993, zugl. Diss. Regensburg.

Meckl, Reinhard (1995): Zur Planung internationaler Unternehmungskooperationen. In: Zeitschrift für Planung, 6. Jg., Nr. 1, 1995, S. 25-39.

Meckl, Reinhard (2000): Controlling im internationalen Unternehmen. Vahlen, München, 2000, zugl. Habil. Regensburg.

Meckl, Reinhard (2006): Internationales Management. Vahlen, München, 2006.

Meckl, Reinhard/Rosenberg, Christoph (1993): Neue Ansätze zur Erklärung internationaler Wettbewerbsfähigkeit. Versuch einer Synthese zwischen volks- und betriebswirtschaftlicher Sichtweise. Regensburger Diskussionsbeiträge der Wirtschaftswissenschaftlichen Fakultät, Nr. 259, Juli 1993.

Meffert, Heribert (1977): Marktsegmentierung und Marktwahl im internationalen Marketing. In: Die Betriebswirtschaft, 37. Jg., Nr. 3, 1977, S. 433-446.

Meffert, Heribert (1986): Marketing im Spannungsfeld von weltweitem Wettbewerb und nationalen Bedürfnissen. In: Zeitschrift für Betriebswirtschaft, 56. Jg., Nr. 8, 1986, S. 689-712.

Meffert, Heribert (1989): Marketingstrategien, globale. In: Macharzina, Klaus/Welge, Martin K. (1989, Hrsg.): Handwörterbuch Export und Internationale Unternehmung. Schäffer-Poeschel, Stuttgart, 1989, Sp. 1412-1427.

Meffert, Heribert (1990): Implementierungsprobleme globaler Strategien. In: Welge, Martin K. (1990, Hrsg.): Globales Management. Erfolgreiche Strategien für den Weltmarkt. Poeschel, Stuttgart, 1990, S. 93-115.

Meffert, Heribert (1997): Marketing. Grundlagen marktorientierter Unternehmensführung. Konzepte – Instrumente – Praxisbeispiele. 8. Aufl., Gabler, Wiesbaden, 1997.

Meffert, Heribert/Althans, Jürgen (1982): Internationales Marketing. Kohlhammer, Stuttgart et al., 1982 (Kohlhammer Edition Marketing).

Meffert, Heribert/Bolz, Joachim (1998): Internationales Marketing-Management. 3., überarb. und erg. Aufl., Kohlhammer, Stuttgart, Berlin, Köln, 1998.

Meffert, Heribert/Pues, Clemens (2002): Timingstrategien des internationalen Markteintritts. In: Macharzina, Klaus/Oesterle, Michael-Jörg (2002, Hrsg.): Handbuch Internationales Management. 2. Aufl., Gabler, Wiesbaden, 2002, S. 403-415.

Meier, Andreas (1997): Das Konzept der transnationalen Organisation. Kritische Reflexion eines prominenten Konzeptes für die Führung international tätiger Unternehmen. Verlag Barbara Kirsch, München, 1997 (Münchener Schriften zur angewandten Führungslehre, Bd. 90), zugl. Diss. LMU München.

Meier, Andreas/Stuker, Christine/Trabucco, Antonino (1997): Auslagerung der Personaldienst-funktion. Machbarkeit und Grenzen. In: Zeitschrift Führung und Organisation, 66. Jg., Nr. 3, 1997, S. 138-145.

Meissner, Hans Günther/Gerber, Stephan (1980): Die Auslandsinvestition als Entscheidungs-problem. In: Betriebswirtschaftliche Forschung und Praxis, 32. Jg., Nr. 3, 1980, S. 217-228.

Melin, Leif (1992): Internationalization as a Strategy Process. In: Strategic Management Journal, 13. Jg., Special Issue, Winter 1992, S. 99-118.

Mellewigt, Thomas (1995): Konzernorganisation und Konzernführung. Eine empirische Untersu-chung börsennotierter Konzerne. Lang, Frankfurt/Main et al., 1995, zugl. Diss. Mainz.

Mellewigt, Thomas/Matiaske, Wenzel (2000): Strategische Konzernführung: Stand der empiri-schen betriebswirtschaftlichen Forschung. In: Zeitschrift für Betriebswirtschaft, 70. Jg., Nr. 5, 2000, S. 611-631.

Mendelsohn, Martin (1992, Hrsg.): Franchising in Europe. Cassell, London, 1992.

Merkens, Hans (1989): Branchentypische und firmenspezifische Wertvorstellungen in Unter-nehmungskulturen. In: Dürr, Walter/Liepmann, Detlev/Merkens, Hans/Schmidt, Folker (1989, Hrsg.): Wertvorstellungen in Unternehmenskulturen. Pädagogischer Verlag Burgbü-cherei Schneider, 1989, S. 9-31.

Mertens, Peter/Faisst, Wolfgang (1996): Virtuelle Unternehmen. Eine Organisationsstruktur für die Zukunft? In: WiSt – Wirtschaftswissenschaftliches Studium, 15. Jg., Nr. 6, 1996, S. 280-285.

Meschi, Pierre-Xavier (2005): Stock Market Valuation of Joint Venture Sell-offs. In: Journal of In-ternational Business Studies, 36. Jg., Nr. 6, 2005, S. 688-700.

Meschi, Pierre-Xavier/Roger, Alain (1994): Cultural Context and Social Effectiveness in Inter-national Joint Ventures. In: Management International Review, 34. Jg., Nr. 3, 1994, S. 197-215.

Messner, Dirk (1997): Ökonomie und Globalisierung. In: Stiftung Entwicklung und Frieden (1997, Hrsg.): Globale Trends 1998. Fischer, Frankfurt/Main, 1997, S. 135-167.

Meyer, Klaus/Estrin, Saul (1998): Entry Mode Choice in Emerging Markets: Greenfield, Acquisition, and Brownfield. Working Paper No. 18, Center for East European Studies, Copenhagen Business School, 1998.

Meyer, Margit (1984): Konzepte zur Beurteilung von Länderrisiken. Arbeitspapier Nr. 4/84 des Lehrstuhls für Betriebswirtschaftslehre, Johannes-Gutenberg-Universität Mainz, 2. Aufl., 1984.

Meyer, Marshall W./Gupta, Vipin (1994): The Performance Paradox. In: Staw, Barry M./Cummings, L.L. (1994, Hrsg.): Research in Organizational Behavior. An Annual Series of Analytical Essays and Critical Review. Bd. 16, JAI Press, Greenwich, London, 1994, S. 309-369.

Meyerson, Debra E./Martin, Joanne (1987): Cultural Change: An Integration of Three Different Views. In: Journal of Management Studies, 24. Jg., Nr. 6, 1987, S. 623-647.

Michael, Steven C. (2002): Can a Franchise Chain Coordinate? In: Journal of Business Ventur-ing, 17. Jg., Nr. 4, 2002, S. 325-341.

Michalski, Tino (1997): Besonderheiten japanischer Unternehmen und ihr Transfer in westliche Volkswirtschaften durch Direktinvestitionen. In: Zeitschrift für Wirtschafts- und Sozialwissen-schaften, 117. Jg., Nr. 3, 1997, S. 417-442.

Miesenböck, Kurt J. (1988): Small Businesses and Exporting: A Literature Review. In: International Small Business Journal, 6. Jg., Nr. 2, 1988, S. 42-61.

Miles, Raymond/Snow, Charles (1986): Network Organizations: New Concepts for New Forms. In: The McKinsey Quarterly, o. Jg., Herbst 1986, S. 53-66.

Miller, Danny (1982): Evolution and Revolution: A Quantum View of Structural Change in Organizations. In: Journal of Management Studies, 19. Jg., Nr. 2, 1982, S. 131-151.

Miller, Danny (1990): Organizational Configurations: Cohesion, Change, and Prediction. In: Human Relations, 43. Jg., Nr. 8, 1990, S. 771-789.

Miller, Danny (1999): Notes on the Study of Configurations. In: Management International Review, 39. Jg., Special Issue Nr. 2, 1999, S. 27-39.

Miller, Danny/Friesen, Peter H. (1980): Momentum and Revolution in Organizational Adaptation. In: Academy of Management Journal, 23. Jg., Nr. 4, 1980, S. 591-614.

Miller, Danny/Friesen, Peter H. (1982): Structural Change and Performance: Quantum versus Piecemeal-Incremental Approaches. In: Academy of Management Journal, 25. Jg., Nr. 4, 1982, S. 867-892.

Miller, Danny/Friesen, Peter H. (1984): Organizations. A Quantum View. Prentice Hall, Englewood Cliffs, 1984.

Miller, Kent D. (1992): A Framework for Integrated Risk Management in International Business. In: Journal of International Business Studies, 23. Jg., Nr. 2, 1992, S. 311-331.

Miller, Lawrence (1984): American Spirit. Visions of a New Corporate Culture. Morrow, New York, 1984.

Miller, Stewart R./Parkhe, Arvind (2002): Is there a Liability of Foreignness in Global Banking? An Empirical Test of Banks' X-Efficiency. In: Strategic Management Journal, 23. Jg., Nr. 1, 2002, S. 55-75.

Miller, Van V./Loess, Kurt (2002): An Institutional Analysis of the US Foreign Sales Corporation. In: International Business Review, 11. Jg., Nr. 6, 2002, S. 753-763.

Milling, Peter (1981): Systemtheoretische Grundlagen zur Planung der Unternehmenspolitik. Duncker & Humblodt, Berlin, 1981.

Mintzberg, Henry (1978): Patterns in Strategy Formation. In: Management Science, 24. Jg., Nr. 9, 1978, S. 934-948.

Mintzberg, Henry (1982): Organisationsstruktur: modisch oder passend? In: Harvard Manager, 4. Jg., Nr. 2, 1982, S. 7-19.

Mintzberg, Henry (1988): Generic Strategies: Toward a Comprehensive Framework. In: Lamb, Robert B./Shrivastava, Paul (1988, Hrsg.): Advances in Strategic Management. Bd. 5, JAI Press, Greenwich, London, 1988, S. 1-67.

Mintzberg, Henry (1990): Strategy Formation. Schools of Thought. In: Fredrickson, James W. (1990, Hrsg.): Perspectives in Strategic Management. Harper Business, New York et al., 1990, S. 105-235.

Mintzberg, Henry/Ahlstrand, Bruce/Lampel, Joseph (2007): Strategy Safari. Eine Reise durch die Wildnis des Strategischen Managements. Redline-Wirtschaft, Heidelberg, 2007.

Mintzberg, Henry/van der Heyden, Ludo (1999): Organigraphs: Drawing How Companies Really Work. In: Harvard Business Review, 77. Jg., September-Oktober 1999, S. 87-94.

Mintzberg, Henry/Waters, James A. (1985): Of Strategies, Deliberate and Emergent. In: Strategic Management Journal, 6. Jg., o. Nr., 1985, S. 257-272.

Mintzberg, Henry/Westley, Frances (1992): Cycles of Organizational Change. In: Strategic Management Journal, 13. Jg., Special Issue, Winter 1992, S. 39-60.

Mirza, Hafiz (1998): Globalization and Regionalization: An Introduction. In: Mirza, Hafiz (1998, Hrsg.): Global Competitive Strategies in the New World Economy. Edward Elgar, Cheltenham, Northampton, 1998, S. 3-11.

Mirza, Hafiz (1998, Hrsg.): Global Competitive Strategies in the New World Economy. Edward Elgar, Cheltenham, Northampton, 1998.

Miyashita, Kenichi/Russell, David W. (1994): Keiretsu. Inside the Hidden Japanese Conglomerates. McGraw-Hill, New York et al., 1994.

Moecke, Hans-Jürgen (1997): Grundlagen des internationalen Handelsrechts. In: Macharzina, Klaus/Oesterle, Michael-Jörg (1997, Hrsg.): Handbuch Internationales Management. Gabler, Wiesbaden, 1997, S. 371-395.

Moon, H. Chang (1994): A Revised Framework of Global Strategy: Extending the Coordination – Configuration Framework. In: The International Executive, 36. Jg., Nr. 5, 1994, S. 557-574.

Moore, Karl/Lewis, David (1998): The First Multinationals: Assyria circa 2000 B.C. In: Management International Review, 38. Jg., Nr. 2, 1998, S. 95-107.

Moore, Karl/Lewis, David (1999): Birth of the Multinational. 2000 Years of Ancient Business History – From Ashur to Augustus. Copenhagen Business School Press, Kopenhagen, 1999.

Moore, Larry F./Jennings, P. Devereaux (1995, Hrsg.): Human Resource Management on the Pacific Rim: Institutions, Practices, and Attitudes. De Gruyter, Berlin, New York, 1995.

Moran, Theodore (1993, Hrsg.): Governments and Transnational Corporations. The United Nations Library on Transnational Corporations, Bd. 7, Routledge, London, New York, 1993.

Mordhorst, Claus F. (1994): Ziele und Erfolg unternehmerischer Lizenzstrategien. Deutscher Universitätsverlag, Wiesbaden, 1994 (Betriebswirtschaftslehre für Technologie und Innovation, Bd. 8), zugl. Diss. Kiel.

Morgan, Gareth (2002): Bilder der Organisation. 3. Aufl., Klett-Cotta, Stuttgart, 2002.

Morosini, Piero (1998): Managing Cultural Differences. Effective Strategy and Execution Across Cultures in Global Corporate Alliances. Pergamon/Elsevier, Oxford, 1998.

Morosini, Piero/Singh, Harbir (1994): Post-Cross-Border-Acquisitions: Implementing 'National Culture-compatible' Strategies to Improve Performance. In: European Management Journal, 12. Jg., Nr. 4, 1994, S. 390-400.

Morrison, Allen J. (1990): Strategies in Global Industries. Quorum Books, New York, Westport, London, 1990.

Moser, Reinhard (1986): Gegengeschäfte als Instrument des internationalen Marketing. In: Marktforschung, 30. Jg., Nr. 2, 1986, S. 48-51.

Mößlang, Angelo M. (1995): Internationalisierung von Dienstleistungsunternehmen. Empirische Relevanz – Systematisierung – Gestaltung. Gabler, Wiesbaden, 1995 (mir-edition), zugl. Diss. Stuttgart-Hohenheim.

Mucchielli, Jean-Louis (1998): Multinationales et Mondialisation. Inédit Economie, Editions du Seuil, Paris, 1998.

Mühlbacher, Hans/Beutelmeyer, Werner (1984): Standardisierungsgrad der Marketingpolitik transnationaler Unternehmungen. In: Die Unternhmung, 38. Jg., Nr. 3, 1984, S. 245-257.

Mühlbacher, Hans/Dahringer, Lee/Leihs, Helmuth (1999): International Marketing. A Global Perspective. International Thomson Business Press, London et al., 1999.

Müller, Stefan/Gelbrich, Katja (1999): Interkulturelle Kompetenz und Erfolg im Auslandsgeschäft – Status quo der Forschung. Dresdner Beiträge zur Betriebswirtschaftslehre, Nr. 21, 1999, Technische Universität Dresden.

Müller, Stefan/Kornmeier, Martin (1996): Informationsquellen für den Export – Die Bedeutung externer Datenbanken. In: WiSt – Wirtschaftswissenschaftliches Studium, 25. Jg., Nr. 12, 1996, S. 635-640.

Müller, Stefan/Kornmeier, Martin (2000): Internationale Wettbewerbsfähigkeit. Irrungen und Wirrungen der Standort-Diskussion. Vahlen, München, 2000.

Müller, Stefan/Kornmeier, Martin (2001): Internationale Wettbewerbsfähigkeit, Landeskultur und Menschenbild. In: WiSt – Wirtschaftswissenschaftliches Studium, 30. Jg., Nr. 4, 2001, S. 194-201.

Müller, Stefan/Kornmeier, Martin (2002a): Strategisches Internationales Management. Vahlen, München, 2002.

Müller, Stefan/Kornmeier, Martin (2002b): Motive und Unternehmensziele als Einflußfaktoren der einzelwirtschaftlichen Internationalisierung. In: Macharzina, Klaus/Oesterle, Michael-Jörg (2002, Hrsg.): Handbuch Internationales Management. Grundlagen – Instrumente – Perspektiven. 2. Aufl., Gabler, Wiesbaden, 2002, S. 99-130.

Müller, Susanne (2005): Management in Europa. Interkulturelle Kommunikation und Kooperation in den Ländern der EU. Campus, Frankfurt/Main, New York, 2005 (Europäische Bibliothek interkultureller Studien, Bd. 10).

Müller-Merbach, Heiner (1994): Die Wettbewerbsfähigkeit der Bundesrepublik Deutschland. Eine Relativierung innerhalb der Triade. In: Schiemenz, Bernd/Wurl, Hans-Jürgen (1994, Hrsg.): Internationales Management. Beiträge zur Zusammenarbeit. Eberhard Dülfer zum 70. Geburtstag. Gabler, Wiesbaden, 1994, S. 61-93.

Müller-Stewens, Günter (1997): Auf dem Weg zur Virtualisierung der Prozessorganisation. In: Müller-Stewens, Günter (1997, Hrsg.): Virtualisierung von Organisationen. Bd. 16 der Schriftenreihe „Entwicklungstendenzen im Management", Schäffer-Poeschel, NZZ, Stuttgart, Zürich, 1997, S. 1-21.

Müller-Stewens, Günter/Hillig, Andreas (1992): Motive zur Bildung Strategischer Allianzen: Die aktivsten Branchen im Vergleich. In: Bronder, Christoph/Pritzl, Rudolf (1992), Hrsg.): Wegweiser für Strategische Allianzen. Frankfurter Allgemeine Zeitung/Gabler, Frankfurt/Main, Wiesbaden, 1992, S. 64-101.

Müller-Stewens, Günter/Lechner, Christoph (2001): Strategisches Management. Wie strategische Initiativen zum Wandel führen. Schäffer-Poeschel, Stuttgart, 2001.

Müller-Stewens, Günter/Lechner, Christoph (2002): Unternehmensindividuelle und gastlandbezogene Einflußfaktoren der Markteintrittsform. In: Macharzina, Klaus/Oesterle, Michael-Jörg (2002, Hrsg.): Handbuch Internationales Management. 2. Aufl., Gabler, Wiesbaden, 2002, S. 381-401.

Müller-Stewens, Günter/Spickers, Jürgen (1994): Akquisitionsmanagement. In: Die Betriebswirtschaft, 54. Jg., Nr. 5, 1994, S. 663-678.

Müller-Stewens, Günter/Spickers, Jürgen/Deiss, Christian (1999): Mergers & Acquisitions. Markttendenzen und Beraterprofile. Schäffer-Poeschel/M&A-Review, Stuttgart, 1999.

Müller-Stewens, Günter/Willeitner, Susanne/Schäfer, Michael (1997): Stand und Entwicklungstendenzen von Cross-Border-Akquisitionen. In: Krystek, Ulrich/Zur, Eberhard (1997, Hrsg.): Internationalisierung. Eine Herausforderung für die Unternehmensführung. Springer, Berlin et al., 1997, S. 89-118.

Mundell, Robert A. (1957): International Trade and Factor Mobility. In: American Economic Review, 47. Jg., Nr. 3, Juni 1957, S. 321-335.

Münz, Rainer/Seifert, Wolfgang/Ulrich, Ralf (1999): Globalisierung, Migration und Bevölkerung – Handlungsoptionen für Deutschland. In: Steger, Ulrich (1999, Hrsg.): Facetten der Globalisierung. Ökonomische, soziale und politische Aspekte. Springer, Berlin et al., 1999, S. 135-151.

Muralidharan, Raman/Hamilton, Robert D. (1999): Aligning Multinational Control Systems. In: Long Range Planning, 32. Jg., Nr. 3, 1999, S. 352-361.

Müschen, Jutta (1998): Markterschließungsstrategien in Mittel- und Osteuropa. Deutscher Wissenschaftsverlag, Bergtheim bei Würzburg, 1998, zugl. Diss. Würzburg.

Mutter, Theo (1995): Internationaler Rohstoffhandel: Wirtschaftliche Interessen und ökologische Grenzen. In: Opitz, Peter (1995, Hrsg.): Weltprobleme. 4. Aufl., Bundeszentrale für politische Bildung, Bonn, 1995, S. 281-306.

Myers, Andrew/Kakabadse, Andrew/McMahon, Tim/Spony, Gilles (1995): Top Management Styles in Europe: Implications for Business and Cross-National Teams. In: European Business Journal, 7. Jg., Nr. 1, 1995, S. 17-27.

N

Nagler, Claus/Pascha, Werner/Storz, Cornelia (1993): Ansiedlung japanischer Unternehmen in der Peripherie Düsseldorfs. Duisburger Arbeitspapiere zur Ostasienwirtschaft, Universität-Gesamthochschule Duisburg, Fachbereich Wirtschaftswissenschaft, Nr. 1, 1993.

Nahavandi, Afsaneh/Malekzadeh, Ali R. (1988): Acculturation in Mergers and Acquisitions. In: Academy of Management Review, 13. Jg., Nr. 1, 1988, S. 79-90.

Nakata, Cheryl/Sivakumar K. (1996): National Culture and New Product Development: An Integrative Review. In: Journal of Marketing, 60. Jg., Nr. 1, 1996, S. 61-72.

Nalebuff, Barry/Brandenburger, Adam (1996): Coopetition – kooperativ konkurrieren. Mit der Spieltheorie zum Unternehmenserfolg. Campus, Frankfurt/Main, New York, 1996.

Nass, Oliver (1998): Interkulturelles Management in Südostasien. Deutscher Universitätsverlag, Wiesbaden, 1998, zugl. Diss. Braunschweig.

Nassauer, Frank (2000): Corporate Governance und die Internationalisierung von Unternehmungen. Verlag Peter Lang, Frankfurt/Main et al., 2000, zugl. Diss, Gießen.

Nath, Raghu (1988, Hrsg.): Comparative Management. A Regional View. Ballinger, Cambridge, 1988.

Näther, Christian (1993): Erfolgsmaßstäbe der strategischen Unternehmensführung. Verlag Barbara Kirsch, München, 1993, zugl. Diss. LMU München.

Naumann, Jörg-Peter (1993): Strategische Holding. In: Hoffmann, Friedrich (1993, Hrsg.): Konzernhandbuch. Recht – Steuern – Rechnungslegung – Führung – Organisation – Praxisfälle. Gabler, Wiesbaden, 1993, S. 235-304.

Nedden, Corinna zur (1994): Internationalisierung und Organisation. Konzepte für die international tätige Unternehmung mit Differenzierungsstrategie. Deutscher Universitätsverlag, Wiesbaden, 1994, zugl. Diss. Köln.

Negandhi, Anant R. (1990): External and Internal Functioning of American, German, and Japanese Multinational Corporations: Decisionmaking and Policy Issues. In: Casson, Mark C. (1990, Hrsg.): Multinational Corporations. Edward Elgar, Aldershot, Brookfield, 1990, S. 557-577.

Nelson, Michelle R./Paek, Hye-Jin (2007): A Content Analysis of Advertising in a Global Magazine Across Seven Countries. Implications for Global Advertising Strategies. In: International Marketing Review, 24. Jg., Nr. 1, 2007, S. 64-86.

Nelson, Richard R./Winter, Sidney G. (1982): An Evolutionary Theory of Economic Change. Belknap Press, Cambridge, 1982.

Nemec, Edith (1999): Kapitalstruktur und Corporate Governance in bankorientierten Finanzsystemen. Deutscher Universitätsverlag, Gabler, Wiesbaden, 1999, zugl. Habil. WU Wien.

Netzer, Frithjof (1999): Strategische Allianzen im Luftverkehr. Nachfrageorientierte Problemfelder ihrer Gestaltung. Peter Lang, Frankfurt/Main et al., 1999 (Schriften zu Marketing und Management, Bd. 37), zugl. Diss. Münster.

Neuberger, Oswald/Kompa, Ain (1987): Wir, die Firma. Der Kult um die Unternehmenskultur. Beltz, Weinheim, Basel, 1987.

Newburry, William/Zeira, Yoram (1997): Generic Differences Between Equity International Joint Ventures (EIJVs), International Acquisitions (IAs) and International Greenfield Investments (IGIs): Implications for Parent Companies. In: Journal of World Business, 32. Jg., Nr. 2, 1997, S. 87-102.

Newman, Karen L./Nollen, Stanley D. (1996): Culture and Congruence. The Fit between Management Practices and National Culture. In: Journal of International Business Studies, 27. Jg., Nr. 4, 1996, S. 753-779.

Newman, William H. (1972): Cultural Assumptions Underlying U.S. Management Concepts. In: Massie, Joseph L./Louytjes, Jan/Hazen, N. William (1972): Management in an International Context. Harper & Row, New York et al., 1972, S. 327-352.

Ng, Sek Hong et al. (1982): Human Values in Nine Countries. In: Rath, R./Asthana, H.S./Sinha, D./Sinha, J.B.P. (1982, Hrsg.): Diversity and Unity in Cross-Cultural Psychology. Swets and Zeitlinger, Lisse, 1982, S. 196-205.

Nguyen, The-Hiep/Cosset, Jean-Claude (1995): The Measurement of the Degree of Foreign Involvement. In: Applied Economics, 27. Jg., Nr. 4, 1995, S. 343-351.

Niederländer, Frank (2000): Dynamik in der internationalen Produktpolitik von Automobilherstellern. Gabler, Wiesbaden, 2000 (mir-edition), zugl. Diss. Eichstätt.

Niehoff, Walter/Reitz, Gerhard (2001): Going Global – Strategien, Methoden und Techniken des Auslandsgeschäfts. Springer, Berlin et al., 2001.

Nielsen, Bo Bernhard (2003): An Empirical Investigation of the Drivers of International Strategic Alliance Formation. In: European Management Journal, 21. Jg., Nr. 3, 2003, S. 301-322.

Nielsen, Bo Bernhard (2007): Determining International Strategic Alliance Performance: A Multidimensional Approach. In: International Business Review, 16. Jg., Nr. 3, 2007, S. 337-361.

Nienaber, Knut B. (2003): Internationalisierung mittelständischer Unternehmen. Theoretische Grundlagen und empirische Befunde zur Strategiewahl und -umsetzung. Verlag Dr. Kovač, Hamburg, 2003, zugl. Diss. Hamburg (Schriftenreihe Strategisches Management, Bd. 9).

Nienhaus, Volker (1996): Islamische Weltanschauung und Wirtschaftsstil. In: Klump, Rainer (1996, Hrsg.): Wirtschaftskultur, Wirtschaftsstil und Wirtschaftsordnung. Methoden und Ergebnisse der Wirtschaftskulturforschung. Metropolis, Marburg, 1996, S. 191-207.

Nobeoka, Kentaro/Cusumano, Michael A. (1994): Multi-Project Strategy and Market-Share Growth: The Benefits of Rapid Design Transfer in New Product Development. MIT Press, Cambridge, London, 1994.

Nobeoka, Kentaro/Cusumano, Michael A. (1995): Multiproject Strategy, Design Transfer and Project Performance: A Survey of Automobile Development Projects in the US and Japan. In: IEEE Transactions on Engineering Management, 42. Jg., Nr. 4, 1995, S. 397-409.

Nohria, Nitin/Garcia-Pont, Carlos (1991): Global Strategic Linkages and Industry Structure. In: Strategic Management Journal, 12. Jg., Special Issue, Sommer 1991, S. 105-124.

Nordsieck, Fritz (1932): Die schaubildliche Erfassung und Untersuchung der Betriebsorganisation. Poeschel, Stuttgart, 1932.

Nordsieck, Fritz (1934): Grundlagen der Organisationslehre. Poeschel, Stuttgart, 1934.

Norvell, Wayne/Andrus/David M./Gogumalla, Neelima V. (1995): Factors Related to Internationalization and the Level of Involvement in International Markets. In: International Journal of Management, 12. Jg., Nr. 1, 1995, S. 63-77.

Nunnenkamp, Peter (1996): Winners and Losers in the Global Economy. Recent Trends in the International Division of Labour and Policy Challenges. Kieler Diskussionsbeiträge, Institut für Weltwirtschaft, Nr. 281, September 1996.

Nurkse, Ragnar (1935): Internationale Kapitalbewegungen. Julius Springer, Wien, 1935.

Nystrom, Paul C./Starbuck, William H. (1984): To Avoid Organizational Crises, Unlearn. In: Organizational Dynamics, 12. Jg., Nr. 4, Frühjahr 1984, S. 53-65.

O

O'Connell, Jeremiah J. O./Zimmerman, John W. (1979): Scanning the International Environment. In: California Management Review, 22. Jg., Nr. 2, 1979, S. 15-23.

O'Grady, Shawna/Lane, Henry W. (1996): The Psychic Distance Paradox. In: Journal of International Business Studies, 27. Jg., Nr. 2, 1996, S. 309-333.

Obbelode, Frank (1993): Strategisches Marktauswahlverhalten mittelständischer Unternehmen auf internationalen Märkten. Eine theoretische Fundierung und empirische Untersuchung, dargestellt am Beispiel der Oberbekleidungsindustrie in der Bundesrepublik Deutschland. Verlag Peter Lang, Frankfurt/Main et al., 1993 (Schriftenreihe Marktorientierte Unternehmensführung, Bd. 17), zugl. Diss. Siegen.

Obring, Kai (1992): Strategische Unternehmensführung und polyzentrische Strukturen. Verlag Barbara Kirsch, München, 1992, zugl. Diss. München.

Ocran, T.Modibo (1993): Bilateral Investment Protection Treaties: A Comparative Study. In: Sauvant, Karl. P./Mallampally, Padma (1993, Hrsg.): Transnational Corporations in Services. The United Nations Library on Transnational Corporations, Bd. 12, Routledge, London, New York, 1993, S. 116-142.

Odrich, Peter/Odrich, Barbara (1994): Korea und seine Unternehmen. Konkurrent und Partner für Europa und Ostasien. Edition Blickbuch Wirtschaft/FAZ Verlag, Frankfurt/Main, 1994.

OECD (Organisation for Economic Co-operation and Development) (1996): OECD Benchmark Definition of Foreign Direct Investment. 3. Aufl., OECD Publications, Paris, 1996.

OECD (Organisation for Economic Co-operation and Development) (1997): Activities of Foreign Affiliates in OECD Countries. OECD Publications, Paris, 1997.

OECD (Organisation for Economic Co-operation and Development) (1998): International Direct Investment Statistics Yearbook 1998. OECD Publications, Paris, 1998.

OECD (Organisation for Economic Co-operation and Development) (1999): International Direct Investment Statistics Yearbook 1999. OECD Publications, Paris, 1999.

OECD (Organization for Economic Co-operation and Development) (2000): International Direct Investment Statistics Yearbook 2000. OECD Publications, Paris, 2000.

OECD (Organisation for Economic Co-operation and Development) (2001): International Direct Investment Statistics Yearbook 2001. OECD Publications, Paris, 2001.

OECD (Organisation for Economic Co-operation and Development) (2002): International Direct Investment Statistics Yearbook 1980-2000. OECD Publications, Paris 2002.

OECD (Organisation for Economic Co-operation and Development) (2007): National Accounts of OECD Countries. Main Aggregates. Volume I. 1994-2005. OECD Publications, Paris, 2007.

Oechsler, Walter A. (1999): Unternehmungsverfassung. In: Kieser, Alfred/Oechsler, Walter A. (1999, Hrsg.): Unternehmungspolitik. Schäffer-Poeschel, Stuttgart, 1999, S. 123-149.

Oelsnitz, Dietrich von der (2000): Eintrittstiming und Eintrittserfolg: Eine kritische Analyse der empirischen Methodik. In: Die Unternehmung, 54. Jg., Nr. 3, 2000, S. 199-213.

Oelsnitz, Dietrich von der/Heinecke, Albert (1997): Auch der Zweite kann gewinnen. In: io-Management-Zeitschrift, 66. Jg., Nr. 3, 1997, S. 35-39.

Oesterle, Michael-Jörg (1993): Joint Ventures in Rußland. Bedingungen – Probleme – Erfolgsfaktoren. Gabler, Wiesbaden, 1993 (mir-edition), zugl. Diss. Stuttgart-Hohenheim.

Oesterle, Michael-Jörg (1995): Probleme und Methoden der Joint Venture-Erfolgsbewertung. In: Zeitschrift für Betriebswirtschaft, 65. Jg., Nr. 9, 1995, S. 987-1004.

Oesterle, Michael-Jörg (1997): Time-Span until Internationalization: Foreign Market Entry as a Built-In-Mechanism of Innovations. In: Management International Review, 37. Jg., Special Issue Nr. 2, 1997, S. 125-149.

Oesterle, Michael-Jörg (1997, Hrsg.): Internationalization Processes – New Perspectives for a Classical Field of International Management. Management International Review, 37. Jg., Special Issue Nr. 2, Gabler, Wiesbaden, 1997.

Oesterle, Michael-Jörg (1999a): Führungswechsel im Top-Management. Grundlagen – Wirkungen – Gestaltungsoptionen. Gabler, Wiesbaden, 1999, zugl. Habil. Stuttgart-Hohenheim.

Oesterle, Michael-Jörg (1999b): Fiktionen der Internationalisierungsforschung – Stand und Perspektiven einer realitätsorientierten Theoriebildung. In: Engelhard, Johann/Oechsler, Walter A. (1999, Hrsg.): Internationales Management. Auswirkungen globaler Veränderungen auf Wettbewerb, Unternehmensstrategie und Märkte. Klaus Macharzina zum 60. Geburtstag. Gabler, Wiesbaden, 1999, S. 219-245.

Oetzel, Jennifer M./Bettis, Richard A./Zenner, Marc (2001): Country Risk Measures: How Risky are They? In: Journal of World Business, 36. Jg., Nr. 2, 2001, S. 128-145.

Oh, Donghoon/Choi, Chong Ju/Choi, Eugene (1998): The Globalization Strategy of Daewoo Motor Company. In: Asia Pacific Journal of Management, 15. Jg., o. Nr., 1998, S. 185-203.

Ohlin, Bertil (1930/1931): Die Beziehungen zwischen internationalem Handel und internationalen Beziehungen von Kapital und Arbeit. In: Zeitschrift für die Nationalökonomie, 2. Jg., Nr. 2, 1930/1931, S. 161-199.

Ohlin, Bertil (1931/1952): Interregional and International Trade. Harvard University Press, Cambridge, 1952.

Ohmae, Kenichi (1985): Macht der Triade. Die neue Form weltweiten Wettbewerbs. Gabler, Wiesbaden, 1985.

Ohmae, Kenichi (1990): The Borderless World. Power and Strategy in the Interlinked Economy. Harper, New York et al., 1990.

Ohr, Renate (1985): Die Linder-Hypothese. In: WiSt – Wirtschaftswissenschaftliches Studium, 14. Jg., Nr. 12, 1985, S. 625-627.

Ohr, Renate (1990): Institutionelle Außenhandelsförderung. In: WiSt – Wirtschaftswissenschaftliches Studium, 19. Jg., Nr. 1, 1990, S. 38-41.

Ohr, Renate (1999): Internationale Wettbewerbsfähigkeit einer Volkswirtschaft: Zur Aussagefähigkeit ausgewählter Indikatoren. In: Berg, Hartmut (1999, Hrsg.): Globalisierung der Wirtschaft: Ursachen – Formen – Konsequenzen. Duncker & Humblot, Berlin, 1999, S. 51-67.

Olbrich, Rainer/Peisert, René (2004): Die Wahl internationaler Standorte durch europäische Handelsunternehmen – Strategiemuster, empirische Befunde und Handlungsempfehlungen. In: Ahlert, Dieter/Olbrich, Rainer/Schröder, Hendrik (2004, Hrsg.): Internationalisierung von Vertrieb und Handel. Jahrbuch Vertriebs- und Handelsmanagement 2004. Deutscher Fachverlag, Frankfurt/Main, 2004, S. 43-64 (Reihe Edition LebensmittelZeitung).

Olie, René (1990): Culture and Integration. Problems in International Mergers and Acquisitions. In: European Management Journal, 8. Jg., Nr. 2, 1990, S. 206-215.

Oliver, Amalya/Ebers, Mark (1998): Networking Network Studies: An Analysis of Conceptual Configurations in the Study of Inter-organizational Relationships. In: Organization Studies, 19. Jg., Nr. 4, 1998, S. 549-583.

Olve, Nils-Göran/Roy, Jan/Wetter, Magnus (1999): Performance Drivers: A Practical Guide to Using the Balanced Scorecard. John Wiley & Sons, Chichester et al., 1999.

Ondrack, Daniel (1985): International Transfers of Managers in North American and European MNEs. In: Journal of International Business Studies, 17. Jg., Nr. 3, 1985, S. 1-19.

Oppenländer, Karl Heinrich (1992): Direktinvestitionen und Internationalisierung der deutschen Wirtschaft. In: Kumar, Brij Nino/Haussmann, Helmut (1992, Hrsg.): Handbuch der Internationalen Unternehmenstätigkeit. Beck, München, 1992, S. 35-43.

Oppenländer, Karl Heinrich (2002): Einflußfaktoren der internationalen Standortwahl. In: Macharzina, Klaus/Oesterle, Michael-Jörg (2002, Hrsg.): Handbuch Internationales Management. 2. Aufl., Gabler, Wiesbaden, 2002, S. 361-379.

Orrù, Marco/Biggart, Nicole W./Hamilton, Gary G. (1991): Organizational Isomorphism in East Asia. In: Powell, Walter W./DiMaggio, Paul J. (1991): The New Institutionalism in Organizational Analysis. The University of Chicago Press, Chicago, London, 1991, S. 361-389.

Ortmann, Günther/Sydow, Jörg (1999): Grenzmanagement in Unternehmungsnetzwerken: Theoretische Zugänge. In: Die Betriebswirtschaft, 59. Jg., Nr. 2, 1999, S. 205-220.

Osgood, Cornelius (1951): Culture: Its Empirical and Non-empirical Character. In: Southwestern Journal of Anthropology, 7. Jg., o. Nr., 1951, S. 202-214.

Osigweh, Chimezie A.B. (1989, Hrsg.): Organizational Science Abroad. Constraints and Perspectives. Plenum Press, New York, 1989.

Ossadnik, Wolfgang (2000): Markt- versus ressourcenorientiertes Management – alternative oder einander ergänzende Konzeptionen einer strategischen Unternehmensführung? In: Die Unternehmung, 54. Jg., Nr. 4, 2000, S. 273-287.

Ossadnik, Wolfgang/Maus, Stefan (1995): Bewertung internationaler Markteintrittsstrategien. In: Journal für Betriebswirtschaft, 45. Jg., Nr. 4, 1995, S. 269-281.

Osterloh, Margit (1994): Kulturalismus versus Universalismus. Reflektionen zu einem Grundlagenproblem des interkulturellen Managements. In: Schiemenz, Bernd/Wurl, Hans-Jürgen (1994, Hrsg.): Internationales Management. Beiträge zur Zusammenarbeit. Eberhard Dülfer zum 70. Geburtstag. Gabler, Wiesbaden, 1994, S. 95-116.

Osterloh, Margit/Frost, Jetta (1994): Business Reengineering: Modeerscheinung oder "Business Revolution"? In: Zeitschrift Führung und Organisation, 63. Jg., Nr. 6,1994, S. 356-363.

Osterloh, Margit/Frost, Jetta (1996): Prozessmanagement als Kernkompetenz. Wie Sie Business Reengineering strategisch nutzen können. Gabler, Wiesbaden, 1996.

Ott, Jürgen (1996): Theorien zur Entstehung der Institution „Holding" und zur Gestaltung ihrer Ordnungen. Darstellung Kritik auf der Grundlage der Einzelwirtschaftstheorie der Institutionen nach Dieter Schneider. Duncker & Humblot, Berlin (Betriebswirtschaftliche Schriften, Heft 141), 1996, zugl. Diss. Tübingen.

Otte, Max (1996): Amerika für Geschäftsleute. Das Einmaleins der ungeschriebenen Regeln. Campus, Frankfurt/Main, New York, 1996.

Otzen-Wehmeyer, Eva (1996): Internationales vertikales Marketing. Eine explorative Erfassung und Evaluation des strategischen Verhaltens der Markenartikelindustrie gegenüber internationalen Handelskunden. Deutscher Universitätsverlag, Wiesbaden, 1996, zugl. Diss. St. Gallen.

Ouchi, William G. (1978): The Transmission of Control Through Organizational Hierarchy. In: Academy of Management Journal, 21. Jg., Nr. 2, 1978, S. 173-192.

Ouchi, William G. (1979): A Conceptual Framework for the Design of Organizational Control Mechanisms. In: Management Science, 25. Jg., Nr. 9, 1979, S. 833-848.

Ouchi, William G. (1980): Markets, Bureaucracies, and Clans. In: Administrative Science Quarterly, 25. Jg., Nr. 1, 1980, S. 129-141.

Ouchi, William G. (1981): Theory Z. How American Business can Meet the Japanese Challenge. Addison-Wesley, Reading et al., 1981.

Oviatt, Benjamin M./McDougall, Patricia Phillips (1994): Toward a Theory of International New Ventures. In: Journal of International Business Studies, 25. Jg., Nr. 1, 1994, S. 45-64.

Oviatt, Benjamin M./McDougall, Patricia Phillips (1997): Challenges for Internationalization Process Theory: The Case of International New Ventures. In: Management International Review, 37. Jg., Special Issue Nr. 2, 1997, S. 85-99.

Owhoso, Vincent/Gleason, Kimberly C./Mathur, Ike/Malgwi, Charles (2002): Entering the Last Frontier: Expansion by US Multinationals to Africa. In: International Business Review, 11. Jg., Nr. 4, 2002, S. 407-430.

P

Pack, Heinrich (2005): Due Diligence. In: Picot, Gerhard (2005, Hrsg.): Mergers & Acquisitions: Planung, Durchführung, Integration. 3., grundl. überarb. und akt. Aufl., Schäffer-Poeschel, Stuttgart, 2005, S. 287-319.

Paetzold, Fritz H. (1989): Gesellschaftsgründung, ausländische. In: Macharzina, Klaus/Welge, Martin K. (1989, Hrsg.): Handwörterbuch Export und Internationale Unternehmung. Schäffer-Poeschel, Stuttgart, 1989, Sp. 741-750.

Pagenberg, Jochen/Geissler, Bernhard (1989): Lizenzverträge – Licence Agreements. Heymanns, Köln et al., 1989.

Palich, Leslie/Carini, Gary R./Seaman, Samuel L. (2000): The Impact of Internationalization on the Diversification-Performance Relationship: A Replication and Extension of Prior Research. In: Journal of Business Research, 48. Jg., Special Issue, o. Nr., 2000, S. 42-54.

Paliwoda, Stanley J./Ryans, John K. (1995, Hrsg.): International Marketing Reader. Routledge, London, New York, 1995.

Palmer, Donald/Friedland, Roger/Jennings, P. Devereaux/Powers, Melanie E. (1987): The Economics and Politics of Structure: The Multidivisional Form and the Large U.S. Corporation. In: Administrative Science Quarterly, 32. Jg., Nr. 1, 1987, S. 25-48.

Pan, Yigang/Li, Shaomin/Tse, David K. (1999): The Impact of Order and Mode of Market Entry on Profitability and Market Share. In: Journal of International Business Studies, 30. Jg., Nr. 1, 1999, S. 81-103.

Pan, Yigang/Tse, David K. (2000): The Hierarchical Model of Market Entry Modes. In: Journal of International Business Studies, 31. Jg., Nr. 4, 2000, S. 535-554.

Papadopoulos, Nick/Chen, Hongbin/Thomas, R. D. (2002): Toward a Tradeoff Model for International Market Selection. In: International Business Review, 11. Jg., Nr. 2, 2002, S. 165-192.

Papenheim-Tockhorn, Heike (1995): Der Aufbau von Kooperationsbeziehungen als strategisches Instrument. Eine Längsschnittuntersuchung zur Kooperationspolitik deutscher Unternehmen. Physica, Heidelberg, 1995 (Hagener betriebswirtschaftliche Abhandlungen, Bd. 14).

Park, Seung Ho/Luo, Yadong (2001): Guanxi and Organizational Dynamics: Organizational Networking in Chinese Firms. In: Strategic Management Journal, 22. Jg., Nr. 5, 2001, S. 455-477.

Park, Y.S. (1982): The Economics of Offshore Financial Centers. In: Columbia Journal of World Business, 17. Jg., Nr. 4, 1982, S. 31-35.

Parkhe, Arvind (1998a): Understanding Trust in International Alliances. In: Journal of World Business, 33. Jg., Nr. 3, 1998, S. 219-240.

Parkhe, Arvind (1998b): Building Trust in International Alliances. In: Journal of World Business, 33. Jg., Nr. 4, 1998, S. 417-437.

Parsons, Talcott (1951/1991): The Social System. Reprint der Ausgabe von 1951, Routledge, London, 1991.

Parsons, Talcott/Shils, Edward A. (1951/1962): Values, Motives, and Systems of Action. In: Parsons, Talcott/Shils, Edward A. (1951/1962, Hrsg.): General Theory of Action. Harper Torchbooks/Harper & Row, New York, 1962, S. 47-109.

Pascale, Richard Tanner (1978): Communication and Decision Making across Cultures; Japanese and American Comparisons. In: Administrative Science Quarterly, 23. Jg., Nr. 1, 1978, S. 91-110.

Pascale, Richard Tanner/Athos, Anthony G. (1982): Geheimnis und Kunst des japanischen Managements. Heyne, München, 1982.

Pascha, Werner/Goydke, Tim (2000): Zehn Jahre APEC. Das asiatisch-pazifische Kooperationsforum vor neuen Herausforderungen. In: WiSt – Wirtschaftswissenschaftliches Studium, 29. Jg., Nr. 11, 2000, S. 616-621.

Paul, Thomas (1998): Globales Management von Wertschöpfungsfunktionen. Gabler, Wiesbaden, 1998 (mir-edition), zugl. Diss. Dortmund.

Pauli, Knut S. (1992): Franchising. 2. Aufl., Econ, Düsseldorf et al., 1992.

Pauls, Steffen (1998): Business Migration. Eine strategische Option. Deutscher Universitätsverlag, Gabler, Wiesbaden, 1998, zugl. Diss. Trier.

Pausenberger, Ehrenfried (1957): Der Konzernaufbau – Versuch einer Morphologie des Konzerns. Diss. LMU München, 1957.

Pausenberger, Ehrenfried (1982a): Die internationale Unternehmung: Begriff, Bedeutung und Entstehungsgründe. In: WISU – Das Wirtschaftsstudium, 11. Jg., Nr. 3, 1982, S. 118-123.

Pausenberger, Ehrenfried (1982b): Die internationale Unternehmung: Begriff, Bedeutung und Entstehungsgründe (Zweiter Teil) (I). In: WISU – Das Wirtschaftsstudium, 11. Jg., Nr. 7, 1982, S. 332-337.

Pausenberger, Ehrenfried (1982c): Die internationale Unternehmung: Begriff, Bedeutung und Entstehungsgründe (Zweiter Teil) (II). In: WISU – Das Wirtschaftsstudium, 11. Jg., Nr. 8, 1982, S. 385-388.

Pausenberger, Ehrenfried (1992a): Organisation der internationalen Unternehmung. In: Frese, Erich (1992, Hrsg.): Handwörterbuch der Organisation. 3. Aufl., Poeschel, Stuttgart, 1992, Sp. 1052-1066.

Pausenberger, Ehrenfried (1992b): Konzerninterner Leistungsaustausch und Transferpreispolitik in internationalen Unternehmungen. In: Kumar, Brij Nino/Haussmann, Helmut (1992, Hrsg.): Handbuch der Internationalen Unternehmenstätigkeit. Beck, München, 1992, S. 769-786.

Pausenberger, Ehrenfried (1992c): Internationalisierungsstrategien industrieller Unternehmungen. In: Dichtl, Erwin/Issing, Otmar (1992, Hrsg.): Exportnation Deutschland. 2., völlig neubearb. Aufl., Beck, München, 1992, S. 199-220.

Pausenberger, Ehrenfried (1993): Organisationsmodelle im Internationalisierungsprozeß. In: WISU – Das Wirtschaftsstudium, 22. Jg., Nr. 2, 1993, S. 126-132.

Pausenberger, Ehrenfried (1997): Globalisierung aus volkswirtschaftlicher und betriebswirtschaftlicher Sicht. In: Zeitschrift für Wirtschaftswissenschaften der Koreanisch-Deutschen Gesellschaft für Wirtschaftswissenschaften, 16. Jg., Dezember 1997, S. 133-162.

Pausenberger, Ehrenfried (1999): Globalisierung der Wirtschaft und die Machteinbußen des Nationalstaats. In: Engelhard, Johann/Oechsler, Walter A. (1999, Hrsg.): Internationales Management. Auswirkungen globaler Veränderungen auf Wettbewerb, Unternehmensstrategie und Märkte. Klaus Macharzina zum 60. Geburtstag. Gabler, Wiesbaden, 1999, S. 75-91.

Pausenberger, Ehrenfried/Glaum, Martin (1993a): Informations- und Kommunikationsprobleme in internationalen Konzernen. In: Betriebswirtschaftliche Forschung und Praxis, 45. Jg. Nr. 6, 1993, S. 602-627.

Pausenberger, Ehrenfried/Glaum, Martin (1993b): Management von Währungsrisiken. In: Gebhardt, Günther/Gerke, Wolfgang/Steiner, Manfred (1993, Hrsg.): Handbuch des Finanzmanagements. Instrumente und Märkte der Unternehmensfinanzierung. Beck, München, 1993, S. 763-785.

Pausenberger, Ehrenfried/Glaum, Martin/Johansson, Axel (1995): Das Cash Management internationaler Unternehmungen in Deutschland. In: Zeitschrift für Betriebswirtschaft, 65. Jg., Nr. 12, 1995, S. 1365-1386.

Pausenberger, Ehrenfried/Nöcker, Ralf (2000): Kooperative Formen der Auslandsmarktbearbeitung. In: Zeitschrift für betriebswirtschaftliche Forschung, 52. Jg., Nr. 6, 2000, S. 393-412.

Pausenberger, Ehrenfried/Völker, Harald (1985): Praxis des internationalen Finanzmanagements. Gabler, Wiesbaden, 1985.

Pauwels, Pieter/Matthyssens, Paul (2003): The Dynamics of International Market Withdrawal. In: Jain, Subhash C. (2003, Hrsg.): Handbook of Research in International Marketing. Edward Elgar, Cheltenham, Northampton, 2003, S. 57-80.

Pavan, Robert J. (1972): The Strategy and Structure of Italian Enterprise. D.B.A. Thesis. Harvard Graduate School of Business Administration, 1972.

Pearce, Robert/Papanastassiou, Marina (2006): To 'Almost See the World': Hierarchy and Strategy in Hymer's View of the Multinational. In: International Business Review, 15. Jg., Nr. 2, 2006, S. 151-165.

Pearson, Alan/Brockhoff, Klaus/Boehmer, Alexander von (1993): Decision Parameters in Global R&D Management. In: R&D Management, 23. Jg., Nr. 3, 1993, S. 249-262.

Pease, Stephanie/Paliwoda, Stanley/Slater, Jim (2006): The Erosion of Stable Shareholder Practice in Japan ("Anteikabunushi Kosaku"). In: International Business Review, 15. Jg., Nr. 6, 2006, S. 618-640.

Peccei, Riccardo/Warner, Malcolm (1976): Decision-Making in a Multi-National Firm. In: Journal of General Management, 4. Jg., Nr. 1, 1976, S. 66-71.

Peck, Simon I./Ruigrok, Winfried (2000): Hiding Behind the Flag? Prospects for Change in German Corporate Governance. In: European Management Journal, 18. Jg., Nr. 4, 2000, S. 420-430.

Pedersen, Torben/Petersen, Bent/Benito, Gabriel R.G. (1997): Change of Foreign Operation Method: Impetus to Change and Switching Costs. In: Larimo, Jorma (1997, Hrsg.): Internationalization and Foreign Direct Investment Behavior in OECD and Asian Countries. Report 24 der University of Vaasa, Vaasa, 1997, S. 32-57.

Pedersen, Torben/Shaver, Myles (2000): Internationalization Revisited: the Big Step Hypothesis. Paper presented at the Wallenberg-Symposium, Uppsala, 10-11. Januar 2000.

Penrose, Edith T. (1959): The Theory of the Growth of the Firm. Basil Blackwell, Oxford, 1959.

Peppard, Joe/Fitzgerald, Daniel (1997): The Transfer of Culturally-Grounded Management Techniques: The Case of Business Process Reengineering in Germany. In: European Management Journal, 15. Jg., Nr. 4, 1997, S. 446-460.

Perau, Reiner/Bittner, Thomas/Bowing, Dagmar/Wolf, Christoph (2000): 1x1 des Exports. 2. Aufl., Deutscher Industrie- und Handelstag, Berlin, 2000.

Perich, Robert (1993): Unternehmungsdynamik. Zur Entwicklungsfähigkeit von Organisationen aus zeitlich-dynamischer Sicht. 2., erw. Aufl., Verlag Paul Haupt, Bern, Stuttgart, Wien, 1993.

Perin, Sinan (1996): Synergien bei Unternehmensakquisitionen. Empirische Untersuchung von Finanz-, Markt- und Leistungssynergien. Deutscher Universitätsverlag, Wiesbaden, 1996, zugl. Diss. Köln.

Perlitz, Manfred (1978): Absatzorientierte Internationalisierungsstrategien. Habilitationsschrift, eingereicht am 25. Januar 1978 bei der Wirtschaftswissenschaftlichen Abteilung der Ruhr-Universität Bochum, 1978.

Perlitz, Manfred (1981): Entwicklung und Theorien der Direktinvestition im Ausland. In: Wacker, Wilhelm H./Kumar, Brij Nino/Haussmann, Helmut (1981, Hrsg.): Internationale Unternehmensführung. Managementprobleme international tätiger Unternehmen. Festschrift zum 80. Geburtstag von Eugen Hermann Sieber. Erich Schmidt Verlag, Berlin, 1981, S. 95-119.

Perlitz, Manfred (1985): Country-Portfolio Analysis – Assessing Country Risk and Opportunity. In: Long Range Planning, 18. Jg., Nr. 4, 1985, S. 11-26.

Perlitz, Manfred (1993): Internationales Management. In: Wittmann, Waldemar et al. (1993, Hrsg.): Handwörterbuch der Betriebswirtschaft. Schäffer-Poeschel, Stuttgart, 1993, Sp. 1855-1871.

Perlitz, Manfred (1994): The Impact of Cultural Differences on Strategy Innovations. In: European Business Journal, 6. Jg., Juli 1994, S. 55-61.

Perlitz, Manfred (1999): Neue Märkte. In: Perlitz, Manfred/Reinhardt, Michael (1999, Hrsg.): Neue Märkte. Strategien für das 21. Jahrhundert. Hanser, München, Wien, 1999, S. 3-17.

Perlitz, Manfred (2004): Internationales Management. 5., bearb. Aufl., Lucius & Lucius, Stuttgart (UTB für Wissenschaft, Bd. 1560), 2004.

Perlitz, Manfred (2002): Spektrum kooperativer Internationalisierungsformen. In: Macharzina, Klaus/Oesterle, Michael-Jörg (2002, Hrsg.): Handbuch Internationales Management. 2. Aufl., Gabler, Wiesbaden, 2002, S. 533-549.

Perlitz, Manfred/Heubischl, Jochen (2005): Still a Pattern of Cooperative Capitalism in Corporate Germany? In: Oesterle, Michael-Jörg/Wolf, Joachim (2005, Hrsg.): Internationalisierung und Institution. Festschrift für Klaus Macharzina zur Emeritierung. Gabler, Wiesbaden, 2005, S. 583-614.

Perlitz, Manfred/Seger, Frank (2000): Konzepte internationaler Markteintrittsstrategien. In: Oelsnitz, Dietrich von der (2000, Hrsg.): Markteintritts-Management. Probleme, Strategien, Erfahrungen. Schäffer-Poeschel, Stuttgart, 2000, S. 89-119.

Perlmutter, Howard V. (1965): L'Entreprise Internationale. In: Revue Economique et Sociale, 23. Jg., Nr. 2, 1965, S. 151-165.

Perlmutter, Howard V. (1969): The Tortuous Evolution of the Multinational Corporation. In: Columbia Journal of World Business, 4. Jg., Nr. 1, 1969, S. 9-18.

Perlmutter, Howard V. (1984): Building the Symbiotic Societal Enterprise: A Social Architecture for the Future. In: World Futures, 19. Jg., Nr. 3/4, 1984, S. 271-284.

Perlmutter, Howard V. (1991): On the Rocky Road to the First Global Civilization. In: Human Relations, 44. Jg., Nr. 9, 1991, S. 897-920.

Perlmutter, Howard V./Heenan, David A. (1974): How Multinational Should your Top Manager be? In: Harvard Business Review, 52. Jg., November-Dezember 1974, S. 121-132.

Perlmutter, Howard V./Trist, Eric (1986): Paradigms for Societal Transition. In: Human Relations, 39. Jg., Nr. 1, 1986, S. 1-27.

Perridon, Louis/Rössler, Martin (1980a): Die internationale Unternehmung: Entwicklung und Wesen. In: WiSt – Wirtschaftswissenschaftliches Studium, 9. Jg., Nr. 5, 1980, S. 211-217.

Perridon, Louis/Rössler, Martin (1980b): Die Wandlung betrieblicher Organisationsstrukturen im Verlauf des Internationalisierungsprozesses. In: WiSt – Wirtschaftswissenschaftliches Studium, 9. Jg., Nr. 6, 1980, S. 257-262.

Peters, Thomas J./Waterman, Robert J. (1982): In Search of Excellence. Lessons from America's Best-Run Companies. Harper & Row, New York et al., 1982.

Petersen, Bent/Pedersen, Torben (1997): Twenty Years After – Support and Critique of the Uppsala Internalisation Model. In: Björkman, Ingmar/Forsgren, Mats (1997, Hrsg.): The Nature of the International Firm. Nordic Contributions to International Business Research. Handelshøjskolens Forlag, Copenhagen, 1997, S. 117-134.

Petersen, Bent/Welch, Denice Ellen/Welch, Lawrence L. (2000): Creating Meaningful Switching Options in International Operations. In: Long Range Planning, 33. Jg., Nr. 5, 2000, S. 688-705.

Peterson, Richard B. (2003): The Use of Expatriates and Inpatriates in Central and Eastern Europe since the Wall Came Down. In: Journal of World Business, 38. Jg., Nr. 1, 2003, S. 55-69.

Petrella, Riccardo (1996): Globalization and Internationalization. In: Boyer, Robert/Drache, Daniel (1996, Hrsg.): States Against Markets. The Limits of Globalization. Routledge, London, New York, 1996, S. 62-83.

Pettigrew, Andrew M./Ferlie, Ewan/McKee, Lorna (1992): Shaping Strategic Change: Making Change in Large Organizations. Sage, Thousand Oaks, London, New Delhi, 1992.

Pfaff, Dieter/Nagel, Sibilla (1993): Internationale Rechtsgrundlagen für Lizenzverträge im gewerblichen Rechtsschutz. Beck, München, 1993.

Pfannschmidt, Arno (1993): Personelle Verflechtungen über Aufsichtsräte. Mehrfachmandate in deutschen Unternehmen. Gabler, Wiesbaden, 1993, zugl. Diss. Bonn.

Pfeffer, Jeffrey/Salancik, Gerald R. (1978): The External Control of Organizations. A Resource Dependence Perspective. Harper & Row, New York et al., 1978.

Pfohl, Hans-Christian/Buse, Hans P. (1997): Führung in kleinen und mittleren Unternehmen in Deutschland und Frankreich – Eine kulturvergleichende empirische Untersuchung. In: Engelhard, Johann (1997, Hrsg.): Interkulturelles Management. Theoretische Fundierung und funktionsbereichsspezifische Konzepte. Gabler, Wiesbaden, 1997, S. 261-292.

Pfohl, Hans-Christian/Trethon, Ferenc/Freichel, Stephan L.K./Hegedüs, Melinda/Schultz, Volker (1992): Joint Ventures in Ungarn. Gesetzliche Rahmenbedingungen und Ergebnisse einer empirischen Untersuchung. In: Die Betriebswirtschaft, 52. Jg., Nr. 5, 1992, S. 655-673.

Phatak, Arvind V. (1995): International Dimensions of Management. 4. Aufl., South-Western College Publishing/International Thomson Publishing, Cincinnati, 1995.

Picot, Arnold (1982): Der Transaktionskostenansatz in der Organisationstheorie: Stand der Diskussion und Aussagewert. In: Die Betriebswirtschaft, 42. Jg., Nr. 2, 1982, S. 267-284.

Picot, Arnold (1991): Ein neuer Ansatz zur Gestaltung der Leistungstiefe. In: Zeitschrift für Betriebswirtschaft, 43. Jg., Nr. 4, 1991, S. 336-357.

Picot, Arnold (1993): Organisationsstrukturen im Spannungsfeld von Zentralisierung und Dezentralisierung. In: Scharfenberg, Heinz (1993, Hrsg.): Strukturwandel in Management und Organisation. Neue Konzepte sichern Zukunft. Office FBO-Fachverlag, Baden-Baden, S. 217-235.

Picot, Arnold/Burr, Wolfgang (1996): Regulierung der Deregulierung im Telekommunikationssektor. In: Zeitschrift für betriebswirtschaftliche Forschung, 48. Jg., Nr. 2, 1996, S. 173-200.

Picot, Arnold/Dietl, Helmut (1990): Transaktionskostentheorie. In: WiSt – Wirtschaftswissenschatliches Studium, 19. Jg., Nr. 4, 1990, S. 178-184.

Picot, Arnold/Reichwald, Ralf (1994): Auflösung der Unternehmung? Vom Einfluß der IuK-Technik auf Organisationsstrukturen und Kooperationsformen. In: Zeitschrift für Betriebswirtschaft, 64. Jg., Nr. 5, 1994, S. 547-570.

Picot, Arnold/Reichwald, Ralf/Wigand, Rolf R. (2001): Die grenzenlose Unternehmung. Information, Organisation und Management. 4. vollst. überarb. und erw. Aufl., Gabler, Wiesbaden, 2001.

Picot, Gerhard (2005, Hrsg.): Mergers & Acquisitions: Planung, Durchführung, Integration. 3., grundl. überarb. und akt. Aufl., Schäffer-Poeschel, Stuttgart, 2005.

Pinkenburg, Henry F.W. (1980): Projektmanagement als Führungskonzeption in Prozessen tiefgreifenden organisatorischen Wandels. Planungs- und Organisationswissenschaftliche Schriften, München, 1980, zugl. Diss. LMU München.

Plasschaert, Sylvain (1994, Hrsg.): Transnational Corporations: Transfer Pricing and Taxation. The United Nations Library on Transnational Corporations, Bd. 14, Routledge, London, New York, 1994.

Point, Sébastien/Tyson, Shaun (1999): What Do French Annual Reports Reveal About the Internationalisation of Companies? In: European Management Journal, 17. Jg., Nr. 5, 1999, S. 555-565.

Pölnitz, Götz Freiherr von (1951): Jakob Fugger. Quellen und Erläuterungen. J.C.B. Mohr (Paul Siebeck), Tübingen, 1951.

Pölnitz, Götz Freiherr von (1953): Fugger und Hanse. Ein Hundertjähriges Ringen um Ostsee und Nordsee. J.C.B. Mohr (Paul Siebeck), Tübingen, 1953.

Pölnitz, Götz Freiherr von (1958): Anton Fugger. Bd 1. 1453-1535. J.C.B. Mohr (Paul Siebeck), Tübingen, 1958.

Pölnitz, Götz Freiherr von (1963): Anton Fugger. Bd. 2. Teil I: 1536-1543. J.C.B. Mohr (Paul Siebeck), Tübingen, 1963.

Pölnitz, Götz Freiherr von (1967): Anton Fugger. Bd. 2. Teil II: 1544-1548. J.C.B. Mohr (Paul Siebeck), Tübingen, 1967.

Pölnitz, Götz Freiherr von (1971): Anton Fugger. Bd. 3. Teil I: 1548-1554. J.C.B. Mohr (Paul Siebeck), Tübingen, 1971.

Pölnitz, Götz Freiherr von (1981): Die Fugger. 4. Aufl., J.C.B. Mohr (Paul Siebeck), Tübingen, 1981.

Pölnitz, Götz Freiherr von/Kellenbenz, Hermann (1986): Anton Fugger. Bd. 3. Teil II: 1555-1560. Die letzten Jahre Anton Fuggers. Anton Fuggers Persönlichkeit und Werk. J.C.B. Mohr (Paul Siebeck), Tübingen, 1986.

Pooley-Dyas, Gareth (1972): Strategy and Structure of French Enterprise. D.B.A. Thesis. Graduate School of Business Administration, Harvard University, 1972.

Porter, Michael E. (1980): Competitive Strategy. Techniques for Analyzing Industries and Competitors. The Free Press, New York, 1980.

Porter, Michael E. (1985): Competitive Advantage. Creating and Sustaining Superior Performance. The Free Press, New York, 1985.

Porter, Michael E. (1986): Changing Patterns of International Competition. In: California Management Review, 23. Jg., Nr. 2, 1986, S. 9-40.

Porter, Michael E. (1989): Der Wettbewerb auf globalen Märkten: Ein Rahmenkonzept. In: Porter, Michael E. (1989, Hrsg.): Globaler Wettbewerb. Strategien der neuen Internationalisierung. Gabler, Wiesbaden, 1989, S. 17-68.

Porter, Michael E. (1990a): The Competitive Advantage of Nations. In: Harvard Business Review, 68. Jg., März-April 1990, S. 73-93.

Porter, Michael E. (1990b): The Competitive Advantage of Nations. Macmillan, London, Basingstoke, 1990.

Porter, Michael E. (1991): Nationale Wettbewerbsvorteile. Erfolgreich konkurrieren auf dem Weltmarkt. Droemer Knaur, München, 1991.

Porter, Michael E. (1998): Clusters and the New Economics of Competition. In: Harvard Business Review, 76. Jg., November-Dezember 1998, S. 77-90.

Porter, Michael E./Millar, Victor E. (1985): How Information Gives you Competitive Advantage. In: Harvard Business Review, 63. Jg., Juli-August 1985, S. 149-160.

Posner, Michael V. (1961): International Trade and Technical Change. In: Oxford Economic Papers, 13. Jg., Nr. 3, 1961, S. 323-341.

Posth, Martin (1997): Die Automobilbranche und ihre zukünftige Entwicklung in China. In: Kutschker, Michael (1997, Hrsg.): Management in China. Die unternehmerischen Chancen nutzen. Edition Blickbuch Wirtschaft/FAZ Verlag, Frankfurt/Main, 1997, S. 103-116.

Posth, Martin/Bergmann, Gert (1997): Managementprobleme internationaler Equity-Joint-Ventures. In: Macharzina, Klaus/Oesterle, Michael-Jörg (1997, Hrsg.): Handbuch Internationales Management. Gabler, Wiesbaden, 1997, S. 535-552.

Poynter, Thomas A./White, Roderick E. (1990): Making the Horizontal Organization Work. In: Business Quarterly, 54. Jg., Nr. 3, 1990, S. 73-77.

Prahalad, Coimbatore K. (1976): Strategic Choices in Diversified MNCs. In: Harvard Business Review, 54. Jg., Juli-August 1976, S. 67-78.

Prahalad, Coimbatore K./Doz, Yves L. (1981): An Approach to Strategic Control in MNCs. In: Sloan Management Review, 22. Jg., Nr. 4, 1981, S. 5-13.

Prahalad, Coimbatore K./Doz, Yves L. (1987): The Multinational Mission. Balancing Local Demands and Global Vision. The Free Press/Macmillan, New York, London, 1987.

Prahalad, Coimbatore K./Hamel, Gary (1991): Nur Kernkompetenzen sichern das Überleben. In: Harvard Manager, 13. Jg., Nr. 2, 1991, S. 66-78.

Prahalad, Coimbatore K./Hamel, Gary (1994): Strategy as a Field of Study: Why Search for a New Paradigm? In: Strategic Management Journal, 15. Jg., Special Issue, Sommer 1994, S. 5-16.

Prahalad, Coimbatore K./Oosterveld, Jan P. (1999): Transforming Internal Governance: The Challenge for Multinationals. In: Sloan Management Review, 40. Jg., Nr. 3, 1999, S. 31-39.

Preble, John F. (1992): Global Expansion: The Case of U.S. Fast-Food Franchisors. In: Journal of Global Marketing, 6. Jg., Nr. 1/2, 1992, S. 185-205.

Prigge, Stefan (1999): Corporate Governance. In: Die Betriebswirtschaft, 59. Jg., Nr. 1, 1999, S. 148-151.

Probst, Gilbert J.B. (1992): Selbstorganisation. In: Frese, Erich (1992, Hrsg.): Handwörterbuch der Organisation. Poeschel, Stuttgart, 1992, Sp. 2255-2269.

Probst, Gilbert J.B./Raub, Steffen/Romhardt, Kai (1997): Wissen managen. Wie Unternehmen ihre wertvollste Ressource optimal nutzen. Frankfurter Allgemeine Zeitung/Gabler, Frankfurt/Main, Wiesbaden, 1997.

Probst, Gilbert J.B./Romhardt, Kai (1997): Bausteine des Wissensmanagements – ein praxisorientierter Ansatz. In: Wieselhuber & Partner (1997, Hrsg.): Handbuch Lernende Organisation. Unternehmens- und Mitarbeiterpotentiale erfolgreich erschließen. Gabler, Wiesbaden, 1997, S. 129-143.

Probst, Gilbert J.B./Scheuss, Ralph-Werner (1984): Die Ordnung von sozialen Systemen. Resultat von Organisieren und Selbstorganisation. In: Zeitschrift Führung und Organisation, 53. Jg., Nr. 8, 1984, S. 480-488.

Pues, Clemens (1994): Markterschließungsstrategien bundesdeutscher Unternehmen in Osteuropa. Ueberreuter, Wien, 1994 (Schriften der Wissenschaftlichen Gesellschaft für Marketing und Unternehmensführung), zugl. Diss. Münster.

Pümpin, Cuno (1984): Unternehmenskultur, Unternehmensstrategie und Unternehmenserfolg. In: gdi-impuls Gruppendynamik – Zeitschrift für Sozialwissenschaft, 15. Jg., Nr. 2, 1984, S. 19-30.

Pümpin, Cuno (1986): Management strategischer Erfolgspositionen. Das SEP-Konzept als Grundlage wirkungsvoller Unternehmensführung. 3., überarb. Aufl., Verlag Paul Haupt, Bern, Stuttgart, 1986.

Pümpin, Cuno (1992): Strategische Erfolgspositionen – Methodik der dynamischen strategischen Unternehmensführung. Verlag Paul Haupt, Bern, Stuttgart, 1992.

Pümpin, Cuno/Kobi, Jean-Marcel/Wüthrich, Hans A. (1985): Unternehmenskultur. Basis strategischer Profilierung erfolgreicher Unternehmen. Die Orientierung - Schriftenreihe der Schweizerischen Volksbank, Nr. 85, 1985.

Punnett, Betty Jane/Clemens, Jason (1999): Cross-National Diversity: Implications for International Expansion Decisions. In: Journal of World Business, 34. Jg., Nr. 2, 1999, S. 128-138.

Punnett, Betty Jane/Withane, Sirinimal (1990): Hofstede's Value Survey Module: To Embrace or Abandon? In: Prasad, Benjamin S. (1990, Hrsg.): Advances in International Comparative Management. Bd. 5, JAI Press, Greenwich, London, 1990, S. 69-89.

Putnam, Robert D. (1993): Making Democracy Work. Princeton University Press, Princeton, 1993.

Q

Quack, Helmut (1995): Internationales Marketing. Entwicklung einer Konzeption mit Praxisbeispielen. Vahlen, München, 1995.

Quelch, John A. (1985): Mit Lizenzen Geld verdienen. In: Harvard Business Manager, 7. Jg., Nr. 4, 1985, S. 108-111.

Quelch, John A./Hoff, Edward (1986): Customizing Global Marketing. In: Harvard Business Review, 64. Jg., Mai-Juni 1986, S. 59-68.

Quian, Gongming/Li, Ji (2002): Multinationality, Global Market Diversification and Profitability Among the Largest US Firms. In: Journal of Business Research, 55. Jg., Nr. 4, 2002, S. 325-335.

Quinn, James Brian (1980): Strategies for Change. Logical Incrementalism. Richard D. Irwin, Homewood, 1980.

Quinn, James Brian (1995): Strategic Change: 'Logical Incrementalism'. In: Mintzberg, Henry/ Quinn, James Brian/Ghoshal, Sumantra (1995, Hrsg.): The Strategy Prozess. Prentice Hall, London et al., 1995, S. 105-114.

R

Raffée, Hans/Eisele, Jürgen (1994): Joint Ventures – nur die Hälfte floriert. In: Harvard Business Manager, 16. Jg., Nr. 3, 1994, S. 17-22.

Raffée, Hans/Kreutzer, Ralf (1984): Ansätze zur Erfassung von Länderrisiken in ihrer Bedeu-
    tung für Direktinvestitionsentscheidungen. In: Kortzfleisch, Gert von/Kaluza, Bernd (1984,
    Hrsg.): Internationale und nationale Problemfelder der Betriebswirtschaftslehre. Duncker &
    Humblot, Berlin, 1984, S. 27-63.

Ragazzi, Giorgio (1973): Theories of the Determinants of Direct Foreign Investment. In: Inter-
    national Monetary Fund Staff Papers, 20. Jg., o. Nr., 1973, S. 471-498.

Rall, Wilhelm (1986): Globalisierung von Industrien und ihre Konsequenzen für die Wirtschafts-
    politik. In: Kuhn, Helmut (1986, Hrsg.): Probleme der Stabilitätspolitik. Festgabe zum 60.
    Geburtstag von Norbert Kloten. Vandenhoeck & Ruprecht, Göttingen, 1986, S. 152-174.

Rall, Wilhelm (1993): Flexible Formen internationaler Organisations-Netze. In: Schmalenbach-
    Gesellschaft (1993, Hrsg.): Internationalisierung der Wirtschaft – Eine Herausforderung an
    Betriebswirtschaft und Unternehmenspraxis. Schäffer-Poeschel, Stuttgart, 1993, S. 73-93.

Rall, Wilhelm (1999): Globale Organisation: Fundament des Erfolgs im Weltmarkt. In: Giesel,
    Franz/Glaum, Martin (1999, Hrsg.): Globalisierung. Herausforderung an die Unterneh-
    mensführung des 21. Jahrhunderts. Festschrift für Prof. Dr. Ehrenfried Pausenberger.
    Beck, München, 1999, S. 89-115.

Rall, Wilhelm (2002): Der Netzwerkansatz als Alternative zum zentralen und hierarchisch ge-
    stützten Management der Mutter-Tochter-Beziehungen. In: Macharzina, Klaus/Oesterle, Mi-
    chael-Jörg (2002, Hrsg.): Handbuch Internationales Management. Grundlagen, Instru-
    mente, Perspektiven. 2. Aufl., Gabler, Wiesbaden, 2002, S. 759-775.

Ralston, David A./Gustafson, David J./Mainiero, Lisa/Umstot, Denis (1993): Strategies of Up-
    ward Influence: A Cross-National Comparison of Hong Kong and American Managers. In:
    Asia Pacific Journal of Management, 10. Jg., Nr. 2, 1993, S. 109-122.

Ralston, David A./Holt, David H./Terpstra, Robert H./Kai-Cheng, Yu (1997): The Impact of Na-
    tional Culture and Economic Ideology on Managerial Work Values: A Study of the United
    States, Russia, Japan, and China. In: Journal of International Business Studies, 28. Jg., Nr.
    1, 1997, S. 177-207.

Ramaswamy, Kannan/Kroeck, K. Galen/Renforth, William (1996): Measuring the Degree of In-
    ternationalization of a Firm: A Comment. In: Journal of International Business Studies, 26.
    Jg., Nr. 1, 1996, S. 167-177.

Randlesome, Collin/Brierley, William/Bruton, Kevin/Gordon, Colin/King, Peter (1993): Business
    Cultures in Europe. 2. Aufl., Butterworth-Heinemann, Oxford et al., 1993.

Randøy, Trond/Li, Jiatao (1998): Global Resource Flows and MNE Integration. In: Birkinshaw,
    Julian/Hood, Neil (1998, Hrsg.): Multinational Corporate Evolution and Subsidiary Develop-
    ment. Macmillan/St. Martin's Press, Houndmills, Basingstoke, New York, 1998, S. 76-101.

Randøy, Trond/Dibrell, C. Clay (2002): How and Why Norwegian MNCs Commit Resources
    Abroad: Beyond Choice of Entry Mode. In: Management International Review, 42. Jg.,
    Nr. 2, 2002, S. 119-140.

Rangan, Subramanian (1998): Do Multinationals Operate Flexibly? Theory and Evidence. In:
    Journal of International Business Studies, 29. Jg., Nr. 2, 1998, S. 217-237.

Rasche, Christoph (1994): Wettbewerbsvorteile durch Kernkompetenzen. Gabler, Wiesbaden
    1994, zugl. Diss. Bayreuth.

Rasche, Christoph/Wolfrum, Bernd (1994): Ressourcenorientierte Unternehmensführung. In:
    Die Betriebswirtschaft, 54. Jg., Nr. 4, 1994, S. 501-517.

Raupach, Arndt (1998): Wechselwirkungen zwischen der Organisationsstruktur und der Besteuerung multinationaler Konzernunternehmungen. In: Theisen, Manuel R. (1998, Hrsg.): Der Konzern im Umbruch. Organisation, Besteuerung, Finanzierung und Überwachung. Schäffer-Poeschel, Stuttgart, 1998, S. 59-167.

Ravenhill, John (1995a, Hrsg.): The Political Economy of East Asia: China, Korea and Taiwan. Bd. 1. Edward Elgar, Aldershot, Brookfield, 1995.

Ravenhill, John (1995b, Hrsg.): The Political Economy of East Asia: China, Korea and Taiwan. Bd. 2. Edward Elgar, Aldershot, Brookfield, 1995.

Ravenhill, John (1995c, Hrsg.): The Political Economy of East Asia: Singapore, Indonesia, Malaysia, The Philippines and Thailand. Bd. 1. Edward Elgar, Aldershot, Brookfield, 1995.

Ravenhill, John (1995d, Hrsg.): The Political Economy of East Asia: Singapore, Indonesia, Malaysia, The Philippines and Thailand, Bd. 2. Edward Elgar, Aldershot, Brookfield, 1995.

Ravenhill, John (1995e, Hrsg.): The Political Economy of East Asia: Japan, Bd. 1. Edward Elgar, Aldershot, Brookfield, 1995.

Ravenhill, John (1995f, Hrsg.): The Political Economy of East Asia: Japan, Bd. 2. Edward Elgar, Aldershot, Brookfield, 1995.

Razavi, Hossein (1989): The New Era of Petroleum Trading. Spot Oil, Spot-Related Contracts, and Futures Markets. World Bank Technical Paper Nr. 96, Washington, 1989.

Reber, Gerhard/Jago, Arthur/Böhnisch, Wolf (1992): Interkulturelle Unterschiede im Führungsverhalten. In: Haller, Matthias et al. (1992, Hrsg.): Globalisierung der Wirtschaft − Einwirkungen auf die Betriebswirtschaftslehre. Tagungsband, 54. Wissenschaftliche Jahrestagung des Verbandes der Hochschullehrer für Betriebswirtschaft e.V., St. Gallen, Verlag Paul Haupt, Bern, Stuttgart, Wien, 1992.

Redding, S. Gordon (1990): The Spirit of Chinese Capitalism. De Gruyter, Berlin, New York, 1990.

Redding, S. Gordon (1995): Overseas Chinese Networks: Understanding the Enigma. In: Long Range Planning, 28. Jg., Nr. 1, 1995, S. 61-69.

Reger, Guido (1997): Koordination und strategisches Management internationaler Innovationsprozesse. Physica, Heidelberg, 1997 (Technik, Wirtschaft und Politik, Schriftenreihe des Fraunhofer-Institus für Systemtechnik und Innovationsforschung ISI), zugl. Diss. St. Gallen.

Rehkugler, Heinz (1994): Internationale Finanzierungsgesellschaften. Erhoffte und realisierte Vorteile ihrer Nutzung. In: Siegwart, Hans/Mahari, Julian/Abresch, Michael (1994, Hrsg.): Finanzielle Führung, Finanzinnovationen & Financial Engineering. Teilband 1: Finanzielle Führung. Schäffer-Poeschel et al., Stuttgart, Zürich, Wien, S. 175-190.

Reichardt, Wolf (1990): Gegengeschäfte im Osthandel. Praxis und Bedeutung der Kompensationsgeschäfte für die mittelständische Wirtschaft. Moderne Industrie/Poller, Landsberg/Lech, 1991.

Reineke, Rolf-Dieter (1989): Akkulturation von Auslandsakquisitionen. Gabler, Wiesbaden, 1989 (Schriftenreihe Unternehmensführung und Marketing, Bd. 23), zugl. Diss. Münster.

Reiß, Michael (1992): Integriertes Projekt-, Produkt- und Prozeßmanagement. In: Zeitschrift Führung und Organisation, 61. Jg., Nr. 1, 1992, S. 25-31.

Reiß, Michael (1996): Grenzen der grenzenlosen Unternehmung. Perspektiven der Implementierung von Netzwerkorganisationen. In: Die Unternehmung, 50. Jg., Nr. 3, 1996, S. 195-206.

Reiter, Gerhard (1995): Formen des Auslandsengagements internationaler Unternehmen. In: WISU – Das Wirtschaftsstudium, 24. Jg., Nr. 1, 1995, S. 31-33.

Reitsperger, Wolf D./Daniel, Shirley J. (1990): Dynamic Manufacturing: A Comparison of Attitudes in the U.S.A. and Japan. In: Management International Review, 30. Jg., Nr. 3, 1990, S. 203-216.

Remer, Andreas (1982): Instrumente unternehmenspolitischer Steuerung. Unternehmensverfassung, formale Organisation und personale Gestaltung. De Gruyter, Berlin, New York, 1982.

Remmerbach, Klaus-Ulrich (1988): Markteintrittsentscheidungen. Eine Untersuchung im Rahmen der strategischen Marketingplanung unter besonderer Berücksichtigung des Zeitaspekts. Gabler, Wiesbaden, 1988 (Schriftenreihe Unternehmensführung und Marketing, Bd. 21), zugl. Diss. Münster.

Renz, Timo (1998): Management in internationalen Unternehmensnetzwerken. Gabler, Wiesbaden, 1998 (mir-edition), zugl. Diss. Kath. Universität Eichstätt.

Renz, Timo/Gil Gómez, Pilar (1997): Netzwerkstrukturen in Asien – Eine vergleichende Betrachtung. In: Kutschker, Michael (1997, Hrsg.): Management in China. Die unternehmerischen Chancen nutzen. Edition Blickbuch Wirtschaft/FAZ Verlag, Frankfurt/Main, 1997, S. 133-174.

Reuer, Jeffrey J. (1998): The Dynamics and Effectiveness of International Joint Ventures. In: European Management Journal, 16. Jg., Nr. 2, 1998, S. 160-168.

Reuer, Jeffrey J. (2000): Parent Firm Performance across International Joint Venture Life-Cycle Stages. In: Larimo, Jorma/Kock, Sören (2000, Hrsg.): Recent Studies in Interorganizational and International Business Research. Bd. 58, Vaasan Yliopiston Julkaisuja, Vaasa, 2000, S. 129-149.

Riahi-Belkaoui, Ahmed (1998): The Effects of the Degree of Internationalization on Firm Performance. In: International Business Review, 7. Jg., Nr. 3, 1998, S. 315-321.

Ricardo, David (1817/1970): On the Principles of Political Economy and Taxation. Part of the Works and Correspondence of David Ricardo edited by Piero Sraffa. Cambridge at the University Press for the Royal Economic Society, 1970.

Richter, Frank (2005): Unternehmensbewertung. In: Picot, Gerhard (2005, Hrsg.): Mergers & Acquisitions: Planung, Durchführung, Integration. 3., grundl. überarb. und akt. Aufl., Schäffer-Poeschel, Stuttgart, 2005, S. 321-351.

Richter, Rudolf/Furubotn, Eirik (1996): Neue Institutionenökonomik. Eine Einführung und kritische Würdigung. J.C.B. Mohr (Paul Siebeck), Tübingen, 1996.

Ricks, David A. (1985): International Business Research: Past, Present, and Future. In: Journal of International Business Studies, 16. Jg., Sommer 1985, S. 1-4.

Riffault, Hélène (1994, Hrsg.): Les Valeurs des Français. Presses Universitaires de France, Paris, 1994.

Rifkin, Jeremy (1989): Time Wars. Touchstone, New York, 1989.

Ringlstetter, Max (1988): Auf dem Weg zu einem evolutionären Management. Konvergierende Tendenzen in der deutschsprachigen Führungs- und Managementlehre. Verlag Barbara Kirsch, München, 1988 (Münchener Schriften zur angewandten Führungslehre, Bd. 52), zugl. Diss. LMU München.

Ringlstetter, Max (1995): Konzernentwicklung. Rahmenkonzepte zu Strategien, Strukturen und Systemen. Verlag Barbara Kirsch, München, 1995, zugl. überarb. Version der Habil. LMU München.

Ringlstetter, Max (1997): Organisation von Unternehmen und Unternehmensverbindungen. Oldenbourg, München, Wien, 1997 (Lehr- und Handbücher der Betriebswirtschaftslehre).

Ritzer, George (1995): Die McDonaldisierung der Gesellschaft. Fischer, Frankfurt/Main, 1995.

Robertson, Roland (1992): Globalization. Social Theory and Global Culture. Sage, London, Newbury Park, New Delhi, 1992.

Robinow, Wolfgang F. (1987): Chancen und Risiken des US-Marktes. R. v. Decker & C. F. Müller, Heidelberg, 1987.

Robson, Peter (1993, Hrsg.): Transnational Corporations and Regional Economic Integration. The United Nations Library on Transnational Corporations, Bd. 9, Routledge, London, New York, 1993.

Robson, Matthew J. (2002): Partner Selection in Successful International Strategic Alliances. In: Journal of General Management, 28. Jg., Nr. 1, 2002, S. 1-15.

Robson, Matthew J./Paparoidamis, Nicholas/Ginoglu, Dimitrios (2003): Top Management Staffing in International Strategic Alliances: A Conceptual Explanation of Decisions Perspective and Objective Formation. In: International Business Review, 12. Jg., Nr. 2, 2003, S. 173-191.

Roehl, Tom/Bird, Allan (2005, Hrsg.): Japanese Firms in Transition: Responding to the Globalization Challenge. Elsevier/JAI Press, Amsterdam et al., 2005.

Roever, Michael (1992): Weg mit dem Wasserkopf. In: Manager Magazin, Januar 1992, S. 127-135.

Rokeach, Milton (1973): The Nature of Human Values. The Free Press/Macmillan/Collier Macmillan, New York, London, 1973.

Romanelli, Elaine/Tushman, Michael L. (1994): Organizational Transformation as Punctuated Equilibrium: an Empirical Test. In: Academy of Management Journal, 37. Jg., Nr. 5, 1994, S. 1141-1156.

Ronen, Simcha (1986): Comparative and Multinational Management. Wiley, New York et al., 1986.

Ronen, Simcha/Shenkar, Oded (1985): Clustering Countries on Attitudinal Dimensions. A Review and Synthesis. In: Academy of Management Review, 10. Jg., Nr. 3, 1985, S. 435-454.

Ronstadt, Robert/Kramer, Robert J. (1982): Getting the Most out of Innovation Abroad. In: Harvard Business Review, 60. Jg., März-April 1982, S. 94-99.

Root, Franklin R. (1988): Some Taxonomies of International Cooperative Arrangements. In: Contractor, Farok J./Lorange, Peter (1988, Hrsg.): Cooperative Strategies in International Business. Lexington Books, Lexington, Toronto, 1988, S. 69-80.

Root, Franklin R. (1994a): International Trade and Investment. 7. Aufl., South-Western Publishing/International Thomson Publishing, Cincinnati, 1994.

Root, Franklin R. (1994b): Entry Strategies for International Markets. Revised and expanded Edition, Lexington Books/Macmillan, New York et al., 1994.

Root, Franklin R./Contractor, Farok J. (1981): Negotiating Compensation in International Licensing Agreements. In: Sloan Management Review, 22. Jg., Nr. 2, 1981, S. 23-32.

Rösch, Martin/Segler, Kay (1987): Communication with Japanese. In: Management International Review, 27. Jg., Nr. 4, 1987, S. 56-67.

Rose, Klaus/Sauernheimer, Karlhans (1999). Theorie der Außenwirtschaft. 13., überarb. Aufl., Vahlen, München, 1999.

Rosenbach, Georg (1995): Steuerliche Parameter für die internationale Standortwahl und ausländische Holdingstandorte. In: Lutter, Marcus (1995, Hrsg.): Holding-Handbuch. Recht – Management – Steuern. Dr. Otto Schmidt Verlag, Köln, S. 679-737.

Rosenstiel, Lutz von (1990): Der Einfluss des Wertewandels auf die Unternehmenskultur. In: Lattmann, Charles (1990, Hrsg.): Die Unternehmenskultur: Ihre Grundlagen und ihre Bedeutung für die Führung der Unternehmung. Physica, Heidelberg, 1990, S. 131-152.

Rosenstiel, Lutz von (1993): Unternehmenskultur – einige einführende Anmerkungen. In: Dierkes, Meinolf/Rosenstiel, Lutz von/Steger, Ulrich (1993, Hrsg.): Unternehmenskultur in Theorie und Praxis. Konzepte aus Ökonomie, Psychologie und Ethnologie. Campus, Frankfurt/Main, New York, 1993, S. 8-22.

Rosove, Perry E. (1967): Developing Computer-based Information Systems. John Wiley & Sons, New York, 1967.

Ross, Douglas N. (1991): Keiretsu: Global Managers' Unseen Rivals. In: Prasad, S. Benjamin/Peterson, Richard B. (1991, Hrsg.): Advances in International Comparative Management. Bd. 6, JAI Press, Greenwich, London, 1991, S. 205-223.

Rosson, Philip J./Reid, Stanley D. (1987, Hrsg.): Managing Export Entry and Expansion. Concepts and Practice. Praeger, New York, Westport, London, 1987.

Roth, Erwin (1972): Der Werteinstellungstest. Eine Skala zur Messung dominanter Interessen der Persönlichkeit. Nach G.W. Allport, P.E. Vernon, G. Lindzey. Handanweisung. Verlag Hans Huber, Bern, Stuttgart, Wien, 1972.

Roth, Kendall/Morrison, Allen J. (1992): Implementing Global Strategy: Characteristics of Global Subsidiary Mandates. In: Journal of International Business Studies, 23. Jg., Nr. 4, 1992, S. 715-735.

Roth, Kendall/Nigh, Douglas (1992): The Effectiveness of Headquarters-Subsidiary Relationships: The Role of Coordination, Control, and Conflict. In: Journal of Business Research, 25. Jg., Nr. 4, 1992, S. 277-301.

Rothermund, Dietmar (1995, Hrsg.): Indien – Kultur, Geschichte, Politik, Wirtschaft, Umwelt. Beck, München, 1995.

Rothlauf, Jürgen (2006): Interkulturelles Management. 2., völlig neu bearb. und erw. Aufl., Oldenbourg, München, Wien, 2006.

Rowland, Diana (1994): Japan-Knigge für Manager. Campus, Frankfurt/Main, New York, 1994.

Roxin, Jan (1992): Internationale Wettbewerbsanalyse und Wettbewerbsstrategie. Gabler, Wiesbaden, 1992 (mir-edition), zugl. Diss. Stuttgart-Hohenheim.

Rubin, Seymour J./Wallace, Don (1994, Hrsg.): Transnational Corporations and National Law. The United Nations Library on Transnational Corporations, Bd. 19, Routledge, London, New York, 1994.

Rugman, Alan M. (1975): Motives for Foreign Investment: The Market Imperfections and Risk Diversification Hyptheses. In: Journal of World Trade Law, 9. Jg., o. Nr., 1975, S. 567-573.

Rugman, Alan M. (1976): Risk Reduction by International Diversification. In: Journal of International Business Studies, 7. Jg., Nr. 2, 1976, S. 75-80.

Rugman, Alan M. (1977a): Risk, Direct Investment and International Diversification. In: Weltwirtschaftliches Archiv, 113. Jg., o. Nr., 1977, S. 487-500.

Rugman, Alan M. (1977b): International Diversification by Financial and Direct Investment. In: Journal of Economics and Business, 30. Jg., o. Nr., 1977, S. 31-37.

Rugman, Alan M. (1979): International Diversification and the Multinational Enterprise. Lexington Books, Lexington, Toronto, 1979.

Rugman, Alan M. (1980): Internalization as a General Theory of Foreign Direct Investment. A Re-Appraisal of the Literature. In: Weltwirtschaftliches Archiv, 116. Jg., o. Nr., 1980, S. 365-379.

Rugman, Alan M. (1985): Internalization is still a General Theory of Foreign Direct Investment. In: Weltwirtschaftliches Archiv, 121. Jg., o. Nr., 1985, S. 570-575.

Rugman, Alan M. (1986): New Theories of the Multinational Enterprise. An Assessment of Internalization Theory. In: Bulletin of Economic Research, 38. Jg., Nr. 2, 1986, S. 101-118.

Rugman, Alan M. (1997): The Theory of Multinational Enterprises. The Selected Scientific Papers of Alan M. Rugman. Volume One. Edward Elgar, Cheltenham, Brookfield, 1997.

Rugman, Alan M. (2005): The Regional Multinationals. MNEs and "Global" Strategic Management. Cambridge University Press, Cambridge et al., 2005.

Rugman, Alan M./D'Cruz, Joseph R. (1993): The ‚Double Diamond' Model of International Competitiveness: The Canadian Experience. In: Management International Review. 33. Jg., Special Issue Nr. 2, 1993, S. 17-39.

Rugman, Alan M./Girod, Stéphane (2003): Retail Multinationals and Globalization: The Evidence is Regional. In: European Management Journal, 21. Jg., Nr. 1, 2003, S. 24-37.

Rugman, Alan M./Verbeke, Alain (1992): A Note on the Transnational Solution and the Transaction Cost Theory of Multinational Strategic Management. In: Journal of International Business Studies, 23. Jg., Nr. 4, 1992, S. 761-771.

Rugman, Alan M./Verbeke, Alain (1993): Foreign Subsidiaries and Multinational Strategic Management: An Extension and Correction of Porter's Single Diamond Framework. In: Management International Review, 33. Jg., Special Issue Nr. 2, 1993, S. 71-84.

Rühli, Edwin (1989): Zielsystem der Internationalen Unternehmung. In: Macharzina, Klaus/ Welge, Martin K. (1989, Hrsg.): Handwörterbuch Export und Internationale Unternehmung. Schäffer-Poeschel, Stuttgart, 1989, Sp. 2315-2331.

Rühli, Edwin (1990): Ein methodischer Ansatz zur Erfassung und Gestaltung von Unternehmungskulturen. In: Lattmann, Charles (1990, Hrsg.): Die Unternehmenskultur: Ihre Grundlagen und ihre Bedeutung für die Führung der Unternehmung. Physica, Heidelberg, 1990, S. 189-205.

Rühli, Edwin (1992): Koordination. In: Frese, Erich (1992, Hrsg.): Handwörterbuch der Organisation. 3. Aufl., Poeschel, Stuttgart, 1992, Sp. 1164-1175.

Ruigrok, Winfried/Pettigrew, Andrew/Peck, Simon/Whittington, Richard (1999): Corporate Restructuring and New Forms of Organizing: Evidence from Europe. In: Management International Review, 39. Jg., Special Issue Nr. 2, 1999, S. 41-64.

Ruigrok, Winfried/Van Tulder, Rob (1993): The Ideology of Interdependence. Academisch Proefschrift, Universiteit van Amsterdam. Amsterdam, 1993.

Ruigrok, Winfried/Van Tulder, Rob (1995): The Logic of International Restructuring. Routledge, London, New York, 1995.

S

Sabel, Hermann (2000): Concentration – Cases of Experience, Explanations, Results. In: Zeitschrift für Betriebswirtschaft, 70. Jg., Ergänzungsheft Nr. 1, 2000, S. 45-68.

Sackmann, Sonja A. (1988): 'Kulturmanagement': Läßt sich Unternehmenskultur 'machen'? In: Sandner, Karl (1988, Hrsg.): Politische Prozesse in Unternehmen. Springer, Heidelberg, New York, 1988, S. 157-183.

Sackmann, Sonja A. (1991): Möglichkeiten der Gestaltung von Unternehmenskultur. In: Dülfer, Eberhard (1991, Hrsg.): Organisationskultur. Phänomen – Philosophie – Technologie. 2. Aufl., Poeschel, Stuttgart, 1991, S. 153-188.

Sackmann, Sonja A. (1997): Introduction. In: Sackmann, Sonja A. (1997, Hrsg.): Cultural Complexity in Organizations. Inherent Contrasts and Contradictions. Sage, Thousand Oaks, London, New Delhi, 1997, S. 1-13.

Sackmann, Sonja A. (1997, Hrsg.): Cultural Complexity in Organizations. Inherent Contrasts and Contradictions. Sage, Thousand Oaks, London, New Delhi, 1997.

Sackmann, Sonja A./Philips, Margaret E./Kleinberg, M. Jill/Boyacigiller, Nakiye A. (1997): Single and Multiple Cultures in International Cross-Cultural Research. Overview. In: Sackmann, Sonja A. (1997, Hrsg.): Cultural Complexity in Organizations. Inherent Contrasts and Contradictions. Sage, Thousand Oaks, London, New Delhi, 1997, S. 14-48.

Safranski, Scott R./Kwon, Ik-Whan (1988): Religious Groups and Management Value Systems. In: Farmer, Richard N./McGoun, Elton (1988, Hrsg.): Advances in International Comparative Management, Bd. 3, 1988, S. 171-183.

Salk, Jane E./Brannen, Mary Yoko (2000): National Culture, Networks, and Individual Influence in a Multinational Management Team. In: Academy of Management Journal, 43. Jg., Nr. 2, 2000, S. 191-202.

Salk, Jane E./Lyles, Marjorie A. (2007): Gratitude, Nostalgia and What Now? Knowledge Acquisition and Learning a Decade Later. In: Journal of International Business Studies, 38. Jg., Nr. 1, 2007, S. 19-26.

Salzberger, Wolfgang/Theisen, Manuel R. (1999): Konzerneigene Finanzierungsgesellschaften. In: WiSt – Wirtschaftswissenschaftliches Studium, 28. Jg., Nr. 8, 1999, S. 406-411.

Sampson, Gary P./Snape, Richard H. (1985): Identifying the Issues in Trade in Services. In: The World Economy, 8. Jg., Nr. 8, 1985, S. 171-181.

Samsinger, Berndt R. (1986): Countertrade – Eine alternative Marketing-Strategie. Verlag Paul Haupt, Bern, Stuttgart, 1986 (Schriftenreihe des Instituts für betriebswirtschaftliche Forschung an der Uni Zürich), Bd. 54, zugl. Diss. Zürich.

Sanchez-Peinado, Esther/Pla-Barber, José (2006): A Multidimensional Concept of Uncertainty and its Influence on the Entry Mode Choice: An Empirical Analysis in the Service Sector. In: International Business Review, 15. Jg., Nr. 3, 2006, S. 215-232.

Sander, Matthias (1996): Internationale Preispolitik – Charakterisierung, Einflußfaktoren und Probleme von Preisentscheidungen für länderübergreifend angebotene Produkte. In: Berndt, Ralph (1996, Hrsg.): Global Management. Springer, Berlin et al., 1996 (Schriftenreihe Herausforderungen an das Management, Bd. 3), S. 157-173.

Santala, Riku (1996): Post-Acquisition Integration of Strategic Management in an MNC. Publications of the Turku School of Economics and Business Administration (Series A-2: 1996), Turku, 1996.

Sarasti, Jyrki (1993): Corporate Culture as a Management Tool. CIBR (Centre for International Business Research) Working Paper Series 3/1993, Helsinki School of Economics and Business Administration, Helsinki, 1993.

Sauer, Hans-Dietmar (2002). Formen der Finanzierung von Exportgeschäften. In: Macharzina, Klaus/Oesterle, Michael-Jörg (2002, Hrsg.): Handbuch Internationales Management. 2. Aufl., Gabler, Wiesbaden, 2002, S. 493-509.

Sauvant, Karl P./Aranda, Victoria (1993): The International Legal Frameworks for Transnational Corporations. In: Sauvant, Karl. P./Mallampally, Padma (1993, Hrsg.): Transnational Corporations in Services. The United Nations Library on Transnational Corporations, Bd. 12, Routledge, London, New York, 1993, S. 83-115.

Sauvant, Karl. P./Mallampally, Padma (1993, Hrsg.): Transnational Corporations in Services. The United Nations Library on Transnational Corporations, Bd. 12, Routledge, London, New York, 1993.

Scarborough, Jack (1998): The Origins of Cultural Differences and Their Impact on Management. Quorum, Westport, London, 1998.

Scandura, Terri A./Serapio, Manuel G. (1998, Hrsg.): Research in International Business and International Relations. Leadership and Innovation in Emerging Markets. Bd. 7, JAI Press, Greenwich, London, 1998.

Schäfer, Henry (1994): Strategische Allianzen – Erklärung, Motivation und Erfolgskriterien. In: WISU – Das Wirtschaftsstudium, 23. Jg., Nr. 8-9, 1994, S. 687-692.

Schäfer, Thomas (1995): Auslandsinvestitionen und Währungsrisiken. Deutscher Universitätsverlag, Wiesbaden, 1995, zugl. Diss. Köln.

Schanz, Günther (1994): Organisationsgestaltung. Management von Arbeitsteilung und Koordination. 2., neu bearb. Aufl., Vahlen, München, 1994.

Scharrer, Jochen (2001): Internationalisierung und Länderselektion. Eine empirische Analyse mittelständischer Unternehmen in Bayern. Verlag V. Florentz, München, 2001 (Wirtschaft & Raum, Bd. 7), zugl. Diss. LMU München.

Schär, Johann Friedrich (1911): Allgemeine Handelsbetriebslehre. Bd. 1. Gloeckner, Leipzig, 1911.

Scheer, August L. (1993): A New Approach to Business Processes. In: IBM Journal, 32. Jg., Nr. 1, 1993, S. 80-98.

Scheffler, Eberhard (1992a): Konzernmanagement. Betriebswirtschaftliche und rechtliche Grundlagen der Konzernführungspraxis. Beck, München, 1992.

Scheffler, Eberhard (1992b): Die konzernleitende Holding im faktischen Konzern. In: Holding-Strategien. Erfolgspotentiale realisieren durch Beherrschung von Größe und Komplexität. Gabler, Wiesbaden, 1992, S. 245-263.

Scheffler, Wolfram/Henning, Maren (1999): Steuerliche Vorteile eines Belgischen Coordination Centers. In: WiSt – Wirtschaftswissenschaftliches Studium, 28. Jg., Nr. 9, 1999, S. 474-480.

Schein, Edgar (1984a): Coming to a New Awareness of Organizational Culture. In: Sloan Management Review, 25. Jg., Nr. 2, 1984, S. 3-16.

Schein, Edgar (1984b): Soll und kann man eine Organisations-Kultur verändern? Organisationsentwicklung vor neuen Fragestellungen. In: gdi-impuls Gruppendynamik – Zeitschrift für Sozialwissenschaft, o. Jg., Nr. 2, 1984, S. 31-43.

Scheiter, Dietmar (1989): Die Integration akquirierter Unternehmungen. Verlag Forschungsstelle für Internationales Management, St. Gallen, 1988, zugl. Diss. St. Gallen.

Scherer, Andreas G. (2000): Zur Verantwortung der multinationalen Unternehmung im Prozeß der Globalisierung. In: Knyphausen-Aufseß, Dodo zu (2000, Hrsg.): Globalisierung als Herausforderung der Betriebswirtschaftslehre. Gabler, Wiesbaden, 2000 (mir-edition), S. 1-17.

Scherer, Andreas G./Beyer, Rainer (1998): Der Konfigurationsansatz im Strategischen Management – Rekonstruktion und Kritik. In: Die Betriebswirtschaft, 58. Jg., Nr. 3, 1998, S. 332-347.

Scherer, Andreas G./Löhr, Albert (1999): Verantwortungsvolle Unternehmensführung im Zeitalter der Globalisierung – Einige kritische Bemerkungen zu den Perspektiven einer liberalen Weltwirtschaft. In: Kumar, Brij Nino/Osterloh, Margit/Schreyögg, Georg (1999, Hrsg.): Unternehmensethik und die Transformation des Wettbewerbs. Shareholder Value – Globalisierung – Hyperwettbewerb. Schäffer-Poeschel, Stuttgart, 1999, S. 261-289.

Scherer, Andreas G./Palazzo, Guido/Baumann, Dorothée (2006): Global Rules and Private Actors: Toward a New Role of the Transnational Corporation in Global Governance. In: Business Ethics Quarterly, 16. Jg., Nr. 4, 2006, S. 505-532.

Scherm, Ewald (1996): Outsourcing – Ein komplexes, mehrstufiges Entscheidungsproblem. In: Zeitschrift für Planung, 7. Jg., o. Nr., 1996, S. 45-60.

Scherm, Ewald (1997): Aufgaben des Personalmanagements im Rahmen der Internationalisierung der Unternehmungstätigkeit. In: Zeitschrift für Personalforschung, 11. Jg., Nr. 3, 1997, S. 298-316.

Scherm, Ewald (1999a): Internationales Personalmanagement. 2., unwes. veränd. Aufl., Oldenbourg, München, Wien, 1999.

Scherm, Ewald (1999b): Management goes global – Möglichkeiten und Grenzen eines Imports oder Exports von Managementkonzepten. In: Zeitschrift Führung und Organisation, 68. Jg., Nr. 1, 1999, S. 25-30.

Scherm, Ewald/Süß, Stefan (2001): Internationales Management. Eine funktionale Perspektive. Vahlen, München, 2001.

Scheuss, Ralph-Werner (1985): Strategische Anpassung der Unternehmung: ein kulturorientierter Beitrag zum Management der Unternehmungsentwicklung. Diss. St. Gallen, 1985.

Schewe, Gerhard (1998): Strategie und Struktur. Eine Re-Analyse empirischer Befunde und Nicht-Befunde. Mohr/Siebeck, Tübingen, 1998, überarb. Fassung der Habil. Kiel.

Schlegelmilch, Bodo B./Robertson, Diana C. (1995): The Influence of Country and Industry on Ethical Perceptions of Senior Executives in the U.S. and Europe. In: Journal of International Business Studies, 26. Jg., Nr. 4, 1995, S. 859-881.

Schlie, Erik H./Warner, Malcolm (2000): The „Americanization" of German Management. In: Journal of General Management, 25. Jg., Nr. 3, 2000, S. 33-49.

Schlie, Erik H./Yip, George S. (2000): Regional Follows Global: Strategy Mixes in the World Automotive Industry. In: European Management Journal, 18. Jg., Nr. 4, 2000, S. 343-354.

Schlüchtermann, Jörg (1999): Konfiguration und Koordination internationaler Produktionsnetzwerke. In: Kutschker, Michael (1999, Hrsg.): Management verteilter Kompetenzen in multinationalen Unternehmungen. Gabler, Wiesbaden, 1999 (mir-edition), S. 49-71.

Schmid, Stefan (1994): Orthodoxer Positivismus und Symbolismus im Internationalen Management – Eine kritische Reflexion situativer und interpretativer Ansätze. Diskussionsbeitrag Nr. 49 der Wirtschaftswissenschaftlichen Fakultät Ingolstadt, Kath. Universität Eichstätt, April 1994.

Schmid, Stefan (1996): Multikulturalität in der internationalen Unternehmung. Konzepte – Reflexionen – Implikationen. Gabler, Wiesbaden, 1996 (mir-Edition), zugl. Diss. Kath. Universität Eichstätt.

Schmid, Stefan (1997): Japanische Keiretsu und der Hyperwettbewerb von D'Aveni. Diskussionsbeitrag Nr. 89 der Wirtschaftswissenschaftlichen Fakultät Ingolstadt, Kath. Universität Eichstätt, Juli 1997.

Schmid, Stefan (1998): Shareholder-Value-Orientierung als oberste Maxime der Unternehmungsführung? – Kritische Überlegungen aus der Perspektive des Strategischen Managements. In: Zeitschrift für Planung, 9. Jg., Nr. 3, 1998, S. 219-238.

Schmid, Stefan (2000a): Foreign Subsidiaries as Centres of Competence – Empirical Evidence from Japanese Multinationals. In: Larimo, Jorma/Kock, Sören (2000, Hrsg.): Recent Studies in Interorganizational and International Business Research. Bd. 58, Vaasan Yliopiston Julkaisuja, Vaasa, 2000, S. 182-204.

Schmid, Stefan (2000b): Dezentralisation von Forschung und Entwicklung in internationalen Unternehmungen – Ergebnisse einer empirischen Untersuchung bei deutschen Tochtergesellschaften ausländischer Unternehmungen. Diskussionsbeitrag Nr. 139 der Wirtschaftswissenschaftlichen Fakultät Ingolstadt, Kath. Universität Eichstätt, August 2000.

Schmid, Stefan (2000c): Was versteht man eigentlich unter Globalisierung ...? Ein kritischer Überblick über die Globalisierungsdiskussion. Diskussionsbeitrag Nr. 144 der Wirtschaftswissenschaftlichen Fakultät Ingolstadt, Kath. Universität Eichstätt, Dezember 2000.

Schmid, Stefan (2002a): Markteintritts- und Marktbearbeitungsstrategien internationaler Unternehmen. In: WISU – Das Wirtschaftsstudium, 31. Jg., Nr. 5, 2002, S. 669-676 und S. 725.

Schmid, Stefan (2002b): Die Internationalisierung von Unternehmungen aus der Perspektive der Uppsala-Schule. In: WiSt – Wirtschaftswissenschaftliches Studium, 31. Jg., Nr. 7, 2002, S. 387-392.

Schmid, Stefan (2002c): Strategien der grenzüberschreitenden Unternehmungstätigkeit. Diskussionsbeitrag Nr. 157 der Wirtschaftswissenschaftlichen Fakultät Ingolstadt, Kath. Universität Eichstätt-Ingolstadt, Februar 2002.

Schmid, Stefan (2002d): Potenziale ausländischer Töchter nutzen – Kompetenzzentren: Eine strategische Option für Unternehmen. In: Agora, 18. Jg., Nr. 1, 2002, S. 16-18.

Schmid, Stefan (2003a): How Multinational Corporations can Upgrade Foreign Subsidiaries – A Case Study from Central and Eastern Europe. In: Stüting, Heinz-Jürgen/Dorow, Wolfgang/Claassen, Frank/Blazejewski, Susanne (2003, Hrsg.): Change Management in Transition Economies: Integrating Corporate Strategy, Structure and Culture. Palgrave/Macmillan, Houndmills, Basingstoke, New York, 2003, S. 273-290.

Schmid, Stefan (2003b): Blueprints from the U.S.? Zur Amerikanisierung der Betriebswirtschafts- und Managementlehre. Working Paper Nr. 2, ESCP-EAP Europäische Wirtschaftshochschule Berlin, Juli 2003.

Schmid, Stefan (2004a): Importe als Basisform des Außenhandels – Erschließung ausländischer Beschaffungsquellen und Produktionsstandorte. In: Zentes, Joachim/Morschett, Dirk/Schramm-Klein, Hanna (2004, Hrsg.): Außenhandel – Marketingstrategien und Managementkonzepte. Gabler, Wiesbaden, 2004, S. 59-81.

Schmid, Stefan (2004b): The Roles of Foreign Subsidiaries in Network MNCs – A Critical Review of the Literature and Some Directions for Future Research. In: Larimo, Jorma (2004, Hrsg.): European Research on Foreign Direct Investment and International Human Resource Management. Bd. 112, Vaasan Yliopiston Julkaisuja, Vaasa, 2004, S. 237-255.

Schmid, Stefan (2005): Kooperation: Erklärungsperspektiven interaktionstheoretischer Ansätze. In: Zentes, Joachim/Swoboda, Bernhard/Morschett, Dirk (2005, Hrsg.): Kooperationen, Allianzen und Netzwerke. Grundlagen – Ansätze – Perspektiven. 2. Aufl., Gabler, Wiesbaden, 2005, S. 235-256.

Schmid, Stefan (2007): Wie international sind Vorstände und Aufsichtsräte? Deutsche Corporate-Governance-Gremien auf dem Prüfstand. Working Paper Nr. 26, ESCP-EAP Europäische Wirtschaftshochschule Berlin, September 2007.

Schmid, Stefan (2007, Hrsg.): Strategien der Internationalisierung. Fallstudien und Fallbeispiele. 2. überarb. und erw. Aufl., Oldenbourg, München, Wien, 2007.

Schmid, Stefan/Bäurle, Iris/Kutschker, Michael (1998): Tochtergesellschaften in international tätigen Unternehmungen – Ein "State-of-the-Art" unterschiedlicher Rollentypologien. Diskussionsbeitrag Nr. 104 der Wirtschaftswissenschaftlichen Fakultät Ingolstadt, Kath. Universität Eichstätt, August 1998.

Schmid, Stefan/Bäurle, Iris/Kutschker, Michael (1999): Ausländische Tochtergesellschaften als Kompetenzzentren. Ergebnisse einer empirischen Untersuchung. In: Kutschker, Michael (1999, Hrsg.): Management verteilter Kompetenzen in multinationalen Unternehmungen. Gabler, Wiesbaden (mir-edition), 1999, S. 99-126.

Schmid, Stefan/Daniel, Andrea (2006): Measuring Board Internationalization – Towards a More Holistic Approach. Working Paper Nr. 21, ESCP-EAP Europäische Wirtschaftshochschule Berlin, Dezember 2006.

Schmid, Stefan/Daniel, Andrea (2007a): Bitburger: Internationalisierung als Randaktivität. In: Schmid, Stefan (2007, Hrsg.): Strategien der Internationalisierung. Fallstudien und Fallbeispiele. 2. überarb. und erw. Aufl., Oldenbourg, München, Wien, 2007, S. 101-110.

Schmid, Stefan/Daniel, Andrea (2007b): Die Internationalität der Vorstände und Aufsichtsräte in Deutschland. Bertelsmann Stiftung, Gütersloh, 2007.

Schmid, Stefan/Gouthier, Matthias (1999): Dienstleistungskunden – Ressourcen im Sinne des resource-based-view des Strategischen Managements? Diskussionsbeitrag Nr. 131 der Wirtschaftswissenschaftlichen Fakultät Ingolstadt, Kath. Universität Eichstätt, Dezember 1999.

Schmid, Stefan/Kotulla, Thomas/Machulik, Mario/Schulze, Stephan (2007): Airbus: Dezentrale Wertschöpfung in Europa als Erfolgsgeheimnis oder Achillesferse? In: Schmid, Stefan (2007, Hrsg.): Strategien der Internationalisierung. Fallstudien und Fallbeispiele. 2. überarb. und erw. Aufl., Oldenbourg, München, Wien, 2007, S. 69-86.

Schmid, Stefan/Kretschmer, Katharina (2005): How International are German Supervisory Boards? – An Exploratory Study. Working Paper Nr. 14, ESCP-EAP Europäische Wirtschaftshochschule Berlin, Dezember 2005.

Schmid, Stefan/Kretschmer, Katharina (2007): Procter & Gamble und Wella: Nach einem Übernahmemarathon endlich am Ziel. In: Schmid, Stefan (2007, Hrsg.): Strategien der Internationalisierung. Fallstudien und Fallbeispiele. 2. überarb. und erw. Aufl., Oldenbourg, München, Wien, 2007, S. 323-339.

Schmid, Stefan/Kutschker, Michael (2002): Zentrale Grundbegriffe des Strategischen Managements. In: WISU – Das Wirtschaftsstudium, 31. Jg., Nr. 10, 2002, S. 1238-1248 und S. 1330.

Schmid, Stefan/Kutschker, Michael (2003): Rollentypologien für ausländische Tochtergesellschaften in Multinationalen Unternehmungen. In: Holtbrügge, Dirk (2003, Hrsg.): Management Multinationaler Unternehmungen. Festschrift zum 60. Geburtstag von Martin K. Welge. Physika/Springer, Heidelberg, 2003, S. 161-182.

Schmid, Stefan/Machulik, Mario (2006): What Has Perlmutter Really Written? A Comprehensive Analysis of the EPRG Concept. Working Paper Nr. 16, ESCP-EAP Europäische Wirtschaftshochschule Berlin, Januar 2006.

Schmid, Stefan/Schmidt-Buchholz, Alexandra (2002): Born Globals: What Drives Rapid and Early Internationalisation of Small and Medium-sized Firms from the Software and Internet Industry? In: Larimo, Jorma (2002, Hrsg.): Current European Research in International Business, Bd. 86, Vaasan Yliopiston Julkaisuja, Vaasa, 2002, S. 44-63.

Schmid, Stefan/Schurig, Andreas/Kutschker, Michael (2000): Flows in the MNC Network – Assumptions in Literature and Empirical Evidence. Proceedings of the 26th EIBA (European International Business Academy) Conference. Maastricht, Dezember 2000 (CD-ROM-Beitrag). Eine überarbeitete Fassung ist erschienen unter: Schmid, Stefan/Schurig, Andreas/Kutschker, Michael (2002): The MNC as a Network – A Closer Look at Intra-Organizational Flows. In: Lundan, Sarianna M. (2002, Hrsg.): Network Knowledge in International Business. Edward Elgar, Cheltenham, Northampton, 2002 (Series New Horizons in International Business), S. 45-72.

Schmid, Stefan/Schurig, Andreas (2003): The Development of Critical Capabilities in Foreign Subsidiaries: Disentangling the Role of the Subsidiary's Business Network. In: International Business Review, 12. Jg., Nr. 6, 2003, S. 755-782.

Schmid, Stefan/Vadot, Jérôme (2003): Grenzüberschreitende Unternehmungstätigkeit – Eine Fallstudie der Gruppe BIC. In: Bieswanger, Markus et al. (2003, Hrsg.): Abgrenzen oder Entgrenzen. Zur Produktivität von Grenzen. IKO-Verlag für interkulturelle Kommunikation, Frankfurt/Main, 2003, S. 271-284.

Schmid, Stefan/Wirtl, Holger (2002): Business-Migration als strategische Option – Eine empirische Untersuchung bei mittelständischen Unternehmungen. Diskussionsbeitrag Nr. 161 der Wirtschaftswissenschaftlichen Fakultät Ingolstadt, Kath. Universität Eichstätt-Ingolstadt, September 2002.

Schmidl, Patrick (1997): Internationalisierung der langfristigen Unternehmensfinanzierung. Gabler, Wiesbaden, 1997 (mir-edition), zugl. Diss. Bamberg.

Schmidt, Berndt Thomas (1993): Grundkonzept der Konzernführung. In: Hoffmann, Friedrich (1993, Hrsg.): Konzernhandbuch. Recht – Steuern – Rechnungslegung – Führung – Organisation – Praxisfälle. Gabler, Wiesbaden, 1993, S. 83-161.

Schmidt, Guido (1994): Marktaustrittsstrategien. Verlag Peter Lang, Frankfurt/Main et al., 1994 (Europäische Hochschulschriften Reihe 5, Bd. 1498), zugl. Diss. Bochum.

Schmidt, Patrick L. (2001): American and German Business Cultures. A Manager's Guide to the Cultural Context in which American and German Companies Operate. Meridian World Press, Montreal, 2001.

Schmidt, Reinhard H. (1995): Die Grenzen der (Theorie der) multinationalen Unternehmung. In: Bühner, Rolf/Haase, Klaus Dittmar/Wilhelm, Jochen (1995, Hrsg.): Die Dimensionierung des Unternehmens. Schäffer-Poeschel, Stuttgart, 1995, S. 73-95.

Schmidt, Reinhard H. (1997): Corporate Governance: The Role of Other Constituencies. Working Paper, Johann Wolfgang Goethe-Universität, Frankfurt/Main, Working Paper Series Finance & Accounting, Nr. 3, Juli 1997.

Schmidt, Reinhard H./Grohs, Stefanie (1999): Angleichung der Unternehmensverfassung in Europa – ein Forschungsprogramm. Working Paper, Johan Wolfgang Goethe-Universität, Frankfurt/Main, Working Paper Series Finance & Accounting, Nr. 43, November 1999.

Schmidt, Reinhart (1981): Zur Messung des Internationalisierungsgrades von Unternehmen. In: Wacker, Wilhelm H./Kumar, Brij Nino/Haussmann, Helmut (1981, Hrsg.): Internationale Unternehmensführung. Managementprobleme international tätiger Unternehmen. Festschrift zum 80. Geburtstag von Eugen Hermann Sieber. Erich Schmidt Verlag, Berlin, 1981, S. 57-70.

Schmidt, Reinhart (1989a): Internationalisierungsgrad. In: Macharzina, Klaus/Welge, Martin K. (1989, Hrsg.): Handwörterbuch Export und Internationale Unternehmung. Poeschel, Stuttgart, 1989, Sp. 964-973.

Schmidt, Reinhart (1989b): Geleitwort zu Colberg, Wolfgang (1989): Internationale Präsenzstrategien von Industrieunternehmen. Wissenschaftsverlag Vauk, Kiel, 1989 (Kieler Schriften zur Finanzwirtschaft, Bd. 6), zugl. Diss. Kiel (Geleitwort ohne Seitenangabe abgedruckt am Ende der Dissertation).

Schmidt, Reinhart (1996): Internationale Wettbewerbsfähigkeit und Direktinvestitionen. In: Berndt, Ralph (1996, Hrsg.): Global Management. Springer, Berlin et al., 1996 (Schriftenreihe Herausforderungen an das Management, Bd. 3), S. 61-76.

Schmidt, Reinhart (2000): Merger of Equals und Corporate Governance. In: Berndt, Ralph (2000, Hrsg.): Innovatives Management. Springer, Berlin et al., 2000, S. 133-148.

Schmidt-Buchholz, Alexandra (2001): Born globals. Die schnelle Internationalisierung von Hightech Start-ups. Verlag Josef Eul, Lohmar, Köln, 2001 (Reihe FGF Entrepreneurship-Research Monographien, Bd. 29), zugl. Diss. Kath. Universität Eichstätt.

Schmidt-Buchholz, Alexandra/Schmid, Stefan/Kutschker, Michael (2001): Extending Traditional Explanations of International Business Activities: Network Externalities and Economies of Scale. A Study on German Software and Internet Start-ups. Diskussionsbeitrag Nr. 153 der Wirtschaftswissenschaftlichen Fakultät Ingolstadt, Kath. Universität Eichstätt, September 2001.

Schneider, Dieter (2003): Wider Marktpreise als Verrechnungspreise in der Besteuerung internationaler Konzerne. In: Der Betrieb Nr. 2 vom 10.01.2003, S. 53-58.

Schneider, Dieter J.G. (1986): Zur Auswahl strategisch interessanter Märkte. In: Strategische Planung (jetzt Zeitschrift für Planung), Bd. 2, Physica, Heidelberg, 1986, S. 193-215.

Schneider, Dieter J.G. (1988, Hrsg.): Das Südostasien-Geschäft – Indonesien, Malaysia, Philippinen, Singapur, Taiwan, Thailand. Gabler, Wiesbaden, 1988.

Schneider, Dieter J.G. (1998): Die Entwicklung von Internationalisierungskonzeptionen als integriertes Entscheidungsfeld. In: Handlbauer, Gernot/Matzler, Kurt/Sauerwein, Elmar/Stumpf, Monika (1998, Hrsg.): Perspektiven im Strategischen Management. Festschrift anlässlich des 60. Geburtstages von Prof. Hans H. Hinterhuber. De Gruyter, Berlin, New York, 1998, S. 333-350.

Schneider, Dieter J.G./Müller, Ralph U. (1989): Datenbankgestütze Marktselektion. Eine methodische Basis für Internationalisierungsstrategien. Poeschel, Stuttgart, 1989.

Schneider, Susan C./Barsoux, Jean-Louis (2003): Managing Across Cultures. 2. Aufl., Prentice Hall, London et al., 2003.

Schneider, Susan C./DeMeyer, Arnoud (1991): Interpreting and Responding to Strategic Issues: The Impact of National Culture. In: Strategic Management Journal, 12. Jg., Nr. 12, 1991, S. 307-320.

Schneider, Ursula (1995): Experten zwischen verschiedenen Kulturen: Ist Beratung ein globales Produkt? In: Walger, Gerd (1995, Hrsg.): Formen der Unternehmensberatung. Schmidt, Köln, 1995, S. 139-158.

Schneider, Ursula/Fuchs, Manfred (1999): Vertrauen in sino-westlichen Joint-Ventures. In: Kutschker, Michael (1999, Hrsg.): Management verteilter Kompetenzen in multinationalen Unternehmungen. Gabler, Wiesbaden, 1999 (mir-edition), S. 25-47.

Schneider, Ursula/Fuchs, Manfred/Mark-Ungericht, Bernhard (1996): Globale Wirtschaft – lokales Bewusstsein. In: Gablers Magazin, o. Jg., Nr. 2, 1996, S. 20-24.

Schneidewind, Dieter (1991): Beobachtungen zur Entscheidungsfindung in japanischen Unternehmen. In: Zeitschrift für Betriebswirtschaft, 61. Jg., Nr. 3, 1991, S. 291-308.

Schneidewind, Dieter (1994): Jishu Kanri: Ein japanisches Erfolgsgeheimnis. Gabler, Wiesbaden, 1994.

Schneidewind, Dieter (1999): Unterschiede im Management Südost- und Ostasiens – Vergleiche zwischen den Managementauffassungen in japanischen, koreanischen, chinesischen und malaiischen Wirtschaftsbereichen sowie deren geisteshistorischer Hintergrund. In: Giesel, Franz/Glaum, Martin (1999, Hrsg.): Globalisierung. Herausforderung an die Unternehmensführung des 21. Jahrhunderts. Festschrift für Prof. Dr. Ehrenfried Pausenberger. Beck, München, 1999, S. 571-592.

Schnyder, Alphons Beat (1988): Unternehmungskultur. Die Entwicklung eines Unternehmungskultur-Modells unter Berücksichtigung ethnologischer Erkenntnisse und dessen Anwendung auf die Innovations-Thematik. Verlag Peter Lang, Bern, Frankfurt/Main et al., 1988 (Europäische Hochschulschriften, Serie V, Bd. 987).

Schoeck, Rolf (1989): Exportförderung für die mittelständische Wirtschaft. In: Macharzina, Klaus/Welge, Martin K. (1989, Hrsg.): Handwörterbuch Export und Internationale Unternehmung. Schäffer-Poeschel, Stuttgart, 1989, Sp. 533-542.

Scholl, Rolf F. (1989): Internationalisierungsstrategien. In: Macharzina, Klaus/Welge, Martin K. (1989, Hrsg.): Handwörterbuch Export und Internationale Unternehmung. Schäffer-Poeschel, Stuttgart, 1989, Sp. 983-1001.

Schöllhammer, Hans (1971): Organization Structures of Multinational Corporations. In: Academy of Management Journal, 14. Jg., Nr. 3, 1971, S. 345-365.

Scholz, Christian (1987): Corporate Culture and Strategy – The Problem of Strategic Fit. In: Long Range Planning, 20. Jg., Nr. 4, 1987, S. 78-87.

Scholz, Christian (1993a): Deutsch-britische Zusammenarbeit. Organisation und Erfolg von Auslandsniederlassungen. Verlag Rainer Hampp, München, Mering, 1993.

Scholz, Christian (1993b): Matrixorganisation. In: WISU – Das Wirtschaftsstudium, 22. Jg., Nr. 8/9, 1993, S. 677-685.

Scholz, Christian (2000): Personalmanagement. Informationsorientierte und verhaltenstheoretische Grundlagen. 5., neubearb. und erw. Aufl., Vahlen, München, 2000.

Scholz, Joachim (1999): Wert und Bewertung internationaler Akquisitionen. Dissertation Kath. Universität Eichstätt, 1999.

Schreyögg, Georg (1989): Zu den problematischen Konsequenzen starker Unternehmenskulturen. In: Zeitschrift für betriebswirtschaftliche Forschung, 41. Jg., Nr. 2, 1989, S. 94-113.

Schreyögg, Georg (1990): Unternehmenskultur in multinationalen Unternehmen. In: Betriebswirtschaftliche Forschung und Praxis, 42. Jg., Nr. 5, 1990, S. 379-390.

Schreyögg, Georg (1991a): Kann und darf man Unternehmenskulturen ändern? In: Dülfer, Eberhard (1991, Hrsg.): Organisationskultur. Phänomen – Philosophie – Technologie. 2. Aufl., Poeschel, Stuttgart, 1991, S. 201-214.

Schreyögg, Georg (1991b): Die internationale Unternehmung im Spannungsfeld von Landeskultur und Unternehmenskultur. In: Marr, Rainer (1991, Hrsg.): Euro-strategisches Personalmanagement. Bd. 1, Verlag Rainer Hampp, München, Mering, 1991, S. 17-42.

Schreyögg, Georg (1993): Unternehmenskultur zwischen Globalisierung und Regionalisierung. In: Haller, Matthias et al. (1993, Hrsg.): Globalisierung der Wirtschaft. Einwirkungen auf die Betriebswirtschaftslehre. Verlag Paul Haupt, Bern, Stuttgart, 1993, S. 149-170.

Schreyögg, Georg (1998): Die Bedeutung der Unternehmenskultur für die Integration multinationaler Unternehmen. In: Kutschker, Michael (1998, Hrsg.): Integration in der internationalen Unternehmung. Gabler, Wiesbaden, 1998 (mir-edition), S. 27-49.

Schreyögg, Georg (2003): Organisation. Grundlagen moderner Organisationsgestaltung. 4., vollst. überarb. und erw. Aufl., Gabler, Wiesbaden, 2003.

Schreyögg, Georg/Grieb, Christine (1998): Branchenkultur – Ein neues Forschungsgebiet. In: Glaser, Horst/Schröder, Ernst F./Werder, Axel von (1998, Hrsg.): Organisation im Wandel der Märkte. Erich Frese zum 60. Geburtstag. Gabler, Wiesbaden, 1998, S. 359-384.

Schreyögg, Georg/Noss, Christian (1994): Hat sich das Organisieren überlebt? In: Die Unternehmung, 48. Jg., Nr. 1, 1994, S. 17-33.

Schröter, Harm G. (1993a): Der Aufstieg der Kleinen. Multinationale Unternehmen aus fünf kleinen Staaten vor 1914. Duncker & Humblot, Berlin, 1993 (Schriften zur Wirtschafts- und Sozialgeschichte, Bd. 42).

Schröter, Harm G. (1993b): Continuity and Change: German Multinationals since 1850. In: Jones, Geoffrey/Schröter, Harm (1993, Hrsg.): The Rise of Multinationals in Continental Europe. Edward Elgar, Aldershot, Brookfield, 1993, S. 28-48.

Schubert, Werner/Küting, Karlheinz (1981): Unternehmungszusammenschlüsse. Vahlen, München, 1981.

Schuchardt, Christian A. (1994): Deutsch-chinesische Joint-ventures. Oldenbourg, München, Wien, 1994.

Schuh, Arnold (1990): Strategische Allianzen – Neue Formen kooperativer Wettbewerbsstrategien? In: Der Markt, 29. Jg., Nr. 3, 1990, S. 141-148.

Schuh, Arnold (1999): Vertriebsgesellschaft oder "Strategisches Zentrum"? Zur Rolle österreichischer Tochtergesellschaften im globalen Unternehmen. In: Kutschker, Michael (1999, Hrsg.): Management verteilter Kompetenzen in multinationalen Unternehmungen. Gabler, Wiesbaden, 1999 (mir-edition), S. 73-98.

Schuh, Arnold (2000): Global Standardization as a Success Formula for Marketing in Central Eastern Europe? In: Journal of World Business, 35. Jg., Nr. 2, 2000, S. 133-148.

Schuh, Arnold/Holzmüller, Hartmut (1992): Internationales Marketing im Spannungsfeld zwischen kulturgebundenen und globalen Konsummustern. In: Eisendle, Reinhard/Miklautz, Elfie (1992, Hrsg.): Produktkulturen. Dynamik und Bedeutung des Konsums. Campus, Frankfurt/Main, New York, 1992, S. 289-305.

Schuh, Arnold/Trefzger, Detlef (1991): Internationale Marktwahl – Ein Vergleich von Länderselektionsmodellen in Wissenschaft und Praxis. In: Journal für Betriebswirtschaft, 41. Jg., Nr. 2-3, 1991, S. 111-129.

Schuler, Randall S. (2001): Human Resource Issues and Activities in International Joint Ventures. In: International Journal of Human Resource Management, 21. Jg., Nr. 1, 2001, S. 1-52.

Schulte, Christof (1992, Hrsg.): Holding-Strategien. Erfolgspotentiale realisieren durch Beherrschung von Größe und Komplexität. Gabler, Wiesbaden, 1992.

Schulte-Mattler, Hermann (1988): Direktinvestitionen: Gründe für das Entstehen multinationaler Unternehmen. Lang, Frankfurt/Main, Bern, New York, Paris, 1988, zugl. Diss. Essen.

Schulte-Zurhausen, Manfred (2005): Organisation. 4., überarb. und erw. Aufl., Vahlen, München, 2005.

Schumann, Harald (1999): Das Jahrhundert des Kapitalismus: Die Globalisierung – Revolution des Kapitals. In: Der Spiegel, Nr. 25, 1999, S. 121-137.

Schurig, Andreas (2001): Centers of Excellence Multinationaler Unternehmen – Darstellung und Ergebnisse eines internationalen Forschungsprojektes. Dissertation, Kath. Universität Eichstaett, 2001.

Schuster, Leo (1996, Hrsg.): Banking Cultures of the World. Fritz Knapp Verlag, Frankfurt/Main, 1996.

Schuster, Leo (1997): Unternehmungskultur in Banken. Diskussionsbeitrag Nr. 95 der Wirtschaftswissenschaftlichen Fakultät Ingolstadt, Kath. Universität Eichstätt, November 1997.

Schütte, Hellmut (1994, Hrsg.): The Global Competitiveness of the Asian Firm. St. Martin's Press, New York, 1994.

Schütte, Hellmut/Lasserre, Philippe (1996): Management-Strategien für Asien-Pazifik. Schäffer-Poeschel, Stuttgart, 1996.

Schwalbach, Joachim (1997): Vorstands- und Aufsichtsratsvergütung. Analyse der Vergütung/Performance-Relation in den größten deutschen Aktiengesellschaften, 1993-95. Humboldt-Universität zu Berlin, Juli 1997.

Schwalbach, Joachim (1999): Der Zusammenhang von Kompensation und Performance im internationalen Vergleich. In: Personal, 51. Jg., Nr. 3, 1999, S. 114-118.

Schwartz, Shalom H. (1992): Universals in the Content and Structure of Values: Theoretical Advances and Empirical Tests in 20 Countries. In: Zanna, Mark (1992, Hrsg.): Advances in Experimental Social Psychology, Bd. 25, Academic Press, Harcourt, San Diego et al., 1992, S. 1-65.

Schwartz, Shalom H./Bilsky, Wolfgang (1987): Toward a Universal Psychological Structure of Human Values. In: Journal of Personality and Social Psychology, 53. Jg, Nr. 3, 1987, S. 550-562.

Schwartz, Shalom H./Bilsky, Wolfgang (1990): Toward a Theory of the Universal Content and Structure of Values: Extensions and Cross-Cultural Replications, 58. Jg., Nr. 5, 1990, S. 878-891.

Schweitzer, Marcell (1974): Ablauforganisation. In: Grochla, Erwin (1974, Hrsg.): Handwörterbuch der Betriebswirtschaft, 4. Aufl., Bd. 1, Poeschel, Stuttgart, 1974, Sp. 1-8.

Schweitzer, Marcell (1997): Gegenstand und Methoden der Betriebswirtschaftslehre. In: Bea, Franz Xaver/Dichtl, Erwin/Schweitzer, Marcell (1997, Hrsg.): Allgemeine Betriebswirtschaftslehre. Bd. 1: Grundfragen. UTB (Lucius & Lucius), Stuttgart, 1997, S. 18-80.

Sebenius, James K. (1998): Case Study: Negotiating Cross-Border Acquisitions. In: Sloan Management Review, 39. Jg., Nr. 2, 1998, S. 27-41.

SEC (United States Securities and Exchange Commission) (2007): Acceptance from Foreign Private Issuers of Financial Statements Prepared in Accordance with International Financial Reporting Standards without Reconciliation to U.S. GAAP. Release nos. 33-8879; 34-57026; International Series Release no. 1306; File no. S7-13-07. URL: http://www.sec.gov/rules/final/2007/33-8879.pdf (Stand: 22.02.2008).

Seeger, Norbert (1995): Die optimale Rechtsstruktur internationaler Unternehmen. Steuerlich orientierte Wahl im Rahmen eines Zwei-Länder-Modells. Deutscher Universitätsverlag, Wiesbaden, 1995, zugl. Diss. Hagen.

Segal-Horn, Susan/Asch, David/Suneja, Vivek (1998): The Globalization of the European White Goods Industry. In: European Management Journal, 16. Jg., Nr. 1, 1998, S. 101-109.

Segalla, Michael/Fischer, Lutz/Sandner, Karl (2000): Making Cross-Cultural Research Relevant to European Corporate Integration: Old Problem – New Approach. In: European Management Journal, 18. Jg., Nr. 1, 2000, S. 38-51.

Segler, Kay (1986): Basisstrategien im internationalen Marketing. Campus, Frankfurt/Main, New York, 1986.

Seidel, Eberhard/Jung, Rüdiger H./Redel, Wolfgang (1988a): Führungsstil und Führungsorganisation. Bd. 1: Führung, Führungsstil. Wissenschaftliche Buchgesellschaft, Darmstadt, 1988.

Seidel, Eberhard/Jung, Rüdiger H./Redel, Wolfgang (1988b): Führungsstil und Führungsorganisation. Bd. 2: Führungsorganisation, Führungsmodelle. Wissenschaftliche Buchgesellschaft, Darmstadt, 1988.

Seidel, Eberhard/Redel, Wolfgang (1987): Führungsorganisation. Oldenbourg, München, Wien, 1987.

Seifert, Hubertus (2000): Direktinvestitionsstatistik und Standortdiskussion. In: WiSt – Wirtschaftswissenschaftliches Studium, 29. Jg., Nr. 11, 2000, S. 622-627.

Sell, Axel (2002): Internationale Unternehmenskooperationen. 2., akt. und erw. Aufl., Oldenbourg, München, Wien, 2002.

Sell, Friedrich (1993): Ökonomik der Entwicklungsländer. Lang, Frankfurt/Main et al., 1993.

Senghaas, Dieter (1972, Hrsg.): Imperialismus und strukturelle Gewalt. Analysen über abhängige Reproduktion. Suhrkamp, Frankfurt/Main, 1972.

Serapio, Manuel G./Shenkar, Oded (1999): Reflections on the Asian Crisis: Introduction to the Special Issue. In: Management International Review, 39. Jg., Special Issue Nr. 4, 1999, S. 3-12.

Sethi, Deepak/Guisinger, Stephen/Ford, David L./Phelan, Steven E. (2002): Seeking Greener Pastures: A Theoretical and Empirical Investigation into the Changing Trend of Foreign Direct Investment Flows in Response to Institutional and Strategic Factors. In: International Business Review, 11. Jg., Nr. 6, 2002, S. 685-705.

Sethi, S. Prakash (1971): Comparative Cluster Analysis for World Markets. In: Journal of Marketing Research, 8. Jg., Nr. 3, 1971, S. 348-354.

Sewing, Nannette (1996): Akquisitionserfolg durch Integration der Mitarbeiter. Deutscher Universitätsverlag, Wiesbaden, 1996, zugl. Diss. St. Gallen.

Shaked, Israel (1986): Are Multinational Corporations Safer? In: Journal of International Business Studies, 17. Jg., Nr. 1, 1986, S. 83-106.

Shane, Cott (1994): The Effect of National Culture on the Choice between Licensing and Direct Foreign Investment. In: Strategic Management Journal, 15. Jg., Nr. 8, 1994, S. 627-642.

Shenkar, Oded/Li, Jiatao (1999): Knowledge Search in International Cooperative Ventures. In: Organization Science, 10. Jg., Nr. 2, 1999, S. 134-143.

Shook, Carrie/Shook, Robert L. (1993): Franchising – The Business Strategy that Changed the World. Prentice Hall, Englewood Cliffs, 1993.

Sickenberger, Peter (1992): Formen staatlicher Exportförderung. In: Dichtl, Erwin/Issing, Otmar (1992, Hrsg.): Exportnation Deutschland. 2., völlig neubearb. Aufl., Beck, München, 1992, S. 101-120.

Sieben, Günter/Diedrich, Ralf (1990): Aspekte der Wertfindung bei strategisch motivierten Unternehmensakquisitionen. In: Zeitschrift für betriebswirtschaftliche Forschung, 42. Jg., Nr. 9, 1990, S. 794-808.

Sieber, Eugen H. (1970): Die multinationale Unternehmung, der Unternehmenstyp der Zukunft? In: Zeitschrift für betriebswirtschaftliche Forschung, 22. Jg., o. Nr., 1970, S. 414-438.

Sieber, Pascal (1997): Die Internet-Unterstützung Virtueller Unternehmen. In: Sydow, Jörg/Schreyögg, Georg (1997, Hrsg.): Gestaltung von Organisationsgrenzen. Managementforschung 7. DeGruyter, Berlin, New York, 1997, S. 199-234.

Siebert, Horst (2000): Außenwirtschaft. 7., völlig überarb. Aufl., UTB (Lucius & Lucius), Stuttgart, Jena, 2000.

Siebert, Horst/Lorz, Oliver (2006): Außenwirtschaft. 8., völlig neu bearb. Aufl., UTB (Lucius & Lucius), Stuttgart, 2006.

Siedenbiedel, Georg (1997): Internationales Management. Elemente der Führung grenzüberschreitend agierender Unternehmen. Fortis-Verlag FH, Köln et al., 1997.

Silberer, Günter (1991): Werteforschung und Werteorientierung im Unternehmen. Poeschel, Stuttgart, 1991 (Betriebswirtschaftliche Abhandlungen, Neue Folge Bd. 86).

Silvestre, Jean-Jacques (1990): Systèmes Hiérarchiques et Analyse Sociétale. In: Revue Française de Gestion, o. Jg., Nr.77, 1990, S. 107-115.

Simmet-Blomberg, Heike (1995): Auslandsmarktforschung. In: Tietz, Bruno/Köhler, Richard/ Zentes, Joachim (1995, Hrsg.): Handwörterbuch des Marketing. 2., völlig neu gest. Aufl., Schäffer-Poeschel, Stuttgart, 1995, Sp. 107-118.

Simmet-Blomberg, Heike (1998): Interkulturelle Marktforschung im europäischen Transformationsprozeß. Schäffer-Poeschel, Stuttgart, 1998 (Betriebswirtschaftliche Abhandlungen, Neue Folge, Bd. 104), zugl. Habil. Dortmund.

Simmonds, Paul G./Lamont Bruce T. (1996): Product-Market/International Diversification and Corporate Performance. In: The International Journal of Organizational Analysis, 4. Jg., Nr. 3, 1996, S. 252-267.

Simon, Herbert A. (1945/1997): Administrative Behavior. A Study of Decision-Making Processes in Administrative Organizations. 4. Aufl., The Free Press/Simon & Schuster, New York, 1997.

Simon, Hermann (1985): Eintrittsbarrieren und Eintrittsstrategien im japanischen Markt. In: Zeitschrift für betriebswirtschaftliche Forschung, 37. Jg., Nr. 11, 1985, S. 943-955.

Simon, Hermann (1986, Hrsg.): Markterfolg in Japan. Gabler, Wiesbaden, 1986.

Simon, Hermann (1988): Management strategischer Wettbewerbsvorteile. In: Zeitschrift für Betriebswirtschaft, 58. Jg., Nr. 4, 1988, S. 461-480.

Simon, Hermann (1989a): Die Zeit als strategischer Erfolgsfaktor. In: Zeitschrift für Betriebswirtschaft, 59. Jg., Nr. 1, 1989, S. 70-93.

Simon, Hermann (1989b): Markteintrittsbarrieren. In: Macharzina, Klaus/Welge, Martin K. (1989, Hrsg.): Handwörterbuch Export und Internationale Unternehmung. Schäffer-Poeschel, Stuttgart, 1989, Sp. 1441-1453.

Simon, Hermann (1996): Die heimlichen Gewinner (Hidden Champions). Die Erfolgsstrategien unbekannter Weltmarktführer. 2. Aufl., Campus, Frankfurt/Main, New York, 1996.

Simonet, Jean (1991): Pratiques du Management en Europe. Gérer les différences au quotidien. Les Editions d'Organisation, Paris, 1991.

Skaupy, Walther (1995): Franchising. 2., neu bearb. Aufl., Handbuch für die Betriebs- und Rechtspraxis. Vahlen, München, 1995.

Sloterdijk, Peter (1998): Philosophische Aspekte der Globalisierung. In: Bundesverband Deutscher Banken (1998, Hrsg.): Deutsche Fragen – Wohin führt der globale Wettbewerb? Ein Symposium. Berlin, 1998, S. 50-71.

Smircich, Linda (1983): Concepts of Culture and Organizational Analysis. In: Administrative Science Quarterly, 28. Jg., September 1983, S. 339-358.

Smith, Adam (1775/1976): Der Wohlstand der Nationen. Eine Untersuchung seiner Natur und seiner Ursachen. Aus dem Englischen übertragen und mit einer Würdigung von Horst Claus Recktenwald, Beck, München, 1976.

Smith, Peter B. (1993): Some Technical Aspects of the Trompenaars Data Bank. Appendix 1 to: Trompenaars, Fons (1993a): Riding the Waves of Culture. Understanding Cultural Diversity in Business. Nicholas Brealey Publishing, London, 1993, S. 179-181.

Smith, Peter B. (2006): When Elephants Fight, the Grass Gets Trampled: The GLOBE and Hofstede Projects. In: Journal of International Business Studies, 37. Jg., Nr. 6, 2006, S. 915-921.

Soeters, Joseph L. (1986): Excellent Companies as Social Movements. In: Journal of Management Studies, 23. Jg., Nr. 3, 1986, S. 299-312.

Soldner, Helmut (1981): Neuere Erklärungsansätze internationaler Unternehmensaktivitäten. In: Wacker, Wilhelm H./Kumar, Brij Nino/Haussmann, Helmut (1981, Hrsg.): Internationale Unternehmensführung. Managementprobleme international tätiger Unternehmen. Festschrift zum 80. Geburtstag von Euigen Hermann Sieber. Erich Schmidt Verlag, Berlin, 1981, S. 71-93.

Söllner, Albrecht (2007): Einführung in das Internationale Management. Gabler, Wiesbaden, 2007.

Sommer, Björn (2000): Vertragsgestaltung bei Vertriebssystemen im internationalen Vergleich. Handelsvertreter, Kommissionsvertrieb, Franchising, Vertragshändler. Dissertation der Rechtswissenschaftlichen Fakultät zu Köln, 2000.

Sommer, Stefan (1996): Integration akquirierter Unternehmen. Instrumente und Methoden zur Realisierung von leistungswirtschaftlichen Synergiepotentialen. Verlag Peter Lang, Frankfurt/Main et al., 1996, zugl. Diss. Göttingen.

Sondergaard, Mikael (1994): Hofstede's Consequences: A Study of Reviews, Citations and Replications. In: Organization Studies, 15. Jg., Nr. 3, 1994, S. 447-456.

Sonnenborn, Hans-Peter (1993): Japan. Erfahrungsbericht über Mythen, Realitäten und Kooperationen. In: Technologie und Management, 42. Jg., Nr. 4, 1993, S. 163-169.

Sonnenborn, Hans-Peter/Esser, Martin (1991): Japan II: Führen in einer fremden Welt – das Beispiel BMW. In: HarvardManager, 13. Jg., Nr. 3, 1991, S. 109-115.

Sonnenmoser, Alois (2000): Eine Matrixorganisation ist sehr anspruchsvoll, aber auch sehr nutzbringend. In: IO-Management, 69. Jg., Nr. 4, 2000, S. 10-15.

Sood, James/Nasu, Yukio (1995): Religiosity and Nationality. An Exploratory Study of Their Effect on Consumer Behavior in Japan and the United States. In: Journal of Business Research, 34. Jg., Nr. 1, 1995, S. 1-9.

Souchon, Anne L./Diamantopoulos, Adamantios (1997): Use and Non-use of Export Information: Some Preliminary Insights into Antecedents and Impact on Export Performance. In: Journal of Marketing Management, 13. Jg., Nr. 1, 1997, S. 135-151.

Spekman, Robert E./Forbes, Theodore M./Isabella, Lynn/MacAvoy, Thomas C. (1998): Alliance Management: A View from the Past and a Look to the Future. In: Journal of Management Studies, 35. Jg., Nr. 6, 1998, S. 747-772.

Sperber, Herbert/Sprink, Joachim (1999): Finanzmanagement internationaler Unternehmen. Grundlagen – Strategien – Instrumente. Kohlhammer, Stuttgart, Berlin, Köln, 1999.

Spiegel, Henry William (1991): The Growth of Economic Thought. 3. Aufl., Duke University Press, Durham, London, 1991.

Staehle, Wolfgang H. (1973): Organisation und Führung sozio-technischer Systeme. Grundlagen einer Situationstheorie. Enke, Stuttgart, 1973.

Stahl, Günter K. (2001): Management der sozio-kulturellen Integration bei Unternehmenszusammenschlüssen und -übernahmen. In: Die Betriebswirtschaft, 61. Jg., Nr. 1, 2001, S. 61-80.

Stahl, Günter K./Langeloh, Claudia/Kühlmann, Torsten (1999): Geschäftlich in den USA. Ein interkulturelles Trainingshandbuch. Ueberreuter, Wien, Frankfurt/Main, 1999.

Stahr, Gunter (1980): Marktselektionsentscheidung im Auslandsgeschäft. In: Zeitschrift für betriebswirtschaftliche Forschung, 32. Jg., Nr. 3, 1980, S. 276-290.

Stahr, Gunter (1989): Internationale Strategische Unternehmensführung. Kohlhammer, Stuttgart, Berlin, Köln, 1989.

Stahr, Gunter (1993): Internationales Marketing. 2., überarb. Aufl., Kiehl, Ludwigshafen, 1993 (Schriftenreihe Modernes Marketing für Studium und Praxis).

Stahr, Gunter/Backes, Sylvia (1992): Informationsbeschaffung im In- und Ausland. In: Kumar, Brij Nino/Haussmann, Helmut (1992, Hrsg.): Handbuch der Internationalen Unternehmenstätigkeit. Beck, München, 1992, S. 385-401.

Statistisches Bundesamt (1998): Statistisches Jahrbuch für die Bundesrepublik Deutschland 1998. Metzler-Poeschel, Stuttgart, 1998.

Statistisches Bundesamt (2002): Statistisches Jahrbuch für die Bundesrepublik Deutschland 2002. Metzler-Poeschel, Stuttgart, 2002.

Statistisches Bundesamt (2004): Statistisches Jahrbuch für die Bundesrepublik Deutschland 2004. Statistisches Bundesamt, Wiesbaden, 2004.

Statistisches Bundesamt (2007a): Statistisches Jahrbuch für die Bundesrepublik Deutschland 2007. Statistisches Bundesamt, Wiesbaden, 2007.

Statistisches Bundesamt (2007b): Außenhandel nach Ländern und Warengruppen - November 2007. Eigenverlag, Statistisches Bundesamt, Wiesbaden, 2007. URL: https://www-ec.destatis.de/csp/shop/sfg/vollanzeige.csp?CSPCHDx=0000000000000&ID=1021544&cm spath=struktur,vollanzeige.csp&CSPCHD=000000010002x6FEbTT9sr1752572878 (Stand: 22.02.2008).

Statistisches Bundesamt (2008): Deutscher Außenhandel 2007: Ausfuhr +8,5%; Einfuhr +5,0%. Pressemitteilung Nr. 047 vom 08.02.2008. URL: http://www.destatis. de/jetspeed/portal/cms /Sites/destatis/Internet/DE/Presse/pm/2008/02/PD08__047__51,templateId=renderPrint.ps ml (Stand: 22.02.2008).

Staubmann, Helmut (1995): Handlungstheoretische Systemtheorie: Talcott Parsons. In: Morel, Julius et al. (1995): Soziologische Theorie. Abriß der Ansätze ihrer Hauptvertreter. 4., überarb. und erw. Aufl., Oldenbourg, München, Wien, 1995, S. 147-170.

Stauss, Bernd (1995): Internationales Dienstleistungsmarketing. In: Hermanns, Arnold/Wißmeier, Urban Kilian (1995, Hrsg.): Internationales Marketing-Management. Grundlagen, Strategien, Instrumente, Kontrolle und Organisation. Vahlen, München, 1995, S. 437-474.

Stauss, Bernd (1999): Management interkultureller Dienstleistungskontakte. In: Kutschker, Michael (1999, Hrsg.): Perspektiven der internationalen Wirtschaft. Gabler, Wiesbaden, 1999, S. 269-304.

Stauss, Bernd/Mang, Paul (1999): „Culture Shocks" in Inter-cultural Service Encounters? In: The Journal of Services Marketing, 13. Jg., Nr. 4/5, 1999, S. 329-346.

Steding, Rolf (1996): Grundfragen des Franchising. In: Wirtschaftsrecht, 50. Jg., Nr. 11, 1996, S. 395-398.

Steensma, H. Kevin/Marino, Louis/Weaver, K. Mark (2000): Attitudes Toward Cooperative Strategies: A Cross-Cultural Analysis fo Entrepreneurs. In: Journal of International Business Studies, 31. Jg., Nr. 4, 2000, S. 591-609.

Steger, Ulrich (1996, Hrsg.): Globalisierung der Wirtschaft. Konsequenzen für Arbeit, Technik und Umwelt. Springer, Berlin et al., 1996.

Stegmüller, Bruno (1995): Internationale Marktsegmentierung. In: Jahrbuch der Absatz- und Verbrauchsforschung, 41. Jg., Nr. 4, 1995, S. 366-386.

Stehle, Richard (1982): Quantitative Ansätze zur Beurteilung ausländischer Investitionsprojekte. In: Lück, Wolfgang/Trommsdorff, Volker (1982, Hrsg.): Internationalisierung der Unternehmung als Probleme der Betriebswirtschaftslehre. Erich Schmidt Verlag, Berlin, 1982, S. 475-497.

Stehn, Jürgen (1992): Ausländische Direktinvestitionen in Industrieländern. Theoretische Erklärungsansätze und empirische Evidenz. J.C.B. Mohr (Paul Siebeck), Tübingen, 1992 (Kieler Studien am Institut für Weltwirtschaft, Bd. 245).

Stehn, Jürgen (2000): Globalisierung und Beschäftigung. In: WiSt – Wirtschaftswissenschaftliches Studium, 29. Jg., Nr. 9, 2000, S. 528-530.

Stein, Ingo (1991): Die Theorien der Multinationalen Unternehmung. In: Schoppe, Siegfried (1991, Hrsg.): Kompendium der Internationalen Betriebswirtschaftslehre. Oldenbourg, München, Wien, 1991, S. 49-151.

Stein, Ingo (1992): Motive für internationale Unternehmensakquisitionen. Deutscher Universitätsverlag, Wiesbaden, 1992, zugl. Diss. Hamburg.

Steinbrenner, Jan O. (1997): Japanische Unternehmensgruppen. Organisation, Koordination und Kooperation der Keiretsu. Schäffer-Poeschel, Stuttgart, 1997, zugl. Diss. WHU Koblenz.

Steinöcker, Reinhard (1993): Akquisitionscontrolling – Strategische Planung von Firmenübernahmen. Walhalla, Berlin et al., 1993.

Stephan, Michael (2000): Intra-Firmenhandel. In: WISU – Das Wirtschaftsstudium, 29. Jg., Nr. 2, 2000, S. 182-185.

Stephan, Michael/Pfaffmann, Eric (1997): How Reliable are Data on Foreign Direct Investment as an Indicator of Business Activities of Transnational Corporations? A Critical Review of Data Sources and Related Methodological Problems. In: Macharzina, Klaus/Oesterle, Michael-Jörg/Wolf, Joachim (1997, Hrsg.): Global Business in the Information Age. Proceedings of the 23rd Annual EIBA Conference, Bd. 1, Stuttgart, 1997, S. 325-351.

Stetter, Thomas (1994): Unternehmensentwicklung und strategische Unternehmensführung. Verlag Barbara Kirsch, München, 1994 (Münchener Schriften zur angewandten Führungslehre, Bd. 79), zugl. Diss. LMU München.

Steven, Gerhard (1995): Zur Bedeutung ausländischer Finanzierungsgesellschaften für die Finanzierung ausländischer Tochtergesellschaften deutscher multinationaler Unternehmen. Verlag Peter Lang, Frankfurt/Main et al., 1995, zugl. Diss. Münster.

Stewart, Rosemary/Barsoux, Jean-Louis/Kieser, Alfred/Ganter, Hans-Dieter/Walgenbach, Peter (1994): Managing in Britain and Germany. St. Martin's Press, New York, 1994.

Stiksrud, Hans Arne (1979): Zur Operationalisierung von Wertpräferenzen. In: Klages, Helmut/Kmieciak (1979, Hrsg.): Wertwandel und gesellschaftlicher Wandel. Campus, Frankfurt/Main, New York, 1979, S. 463-479.

Stocker, Klaus (1992): Entwicklungsländer: Für Investoren wirklich keine Adresse? In: Harvard-Manager, 14. Jg., Nr. 1, 1992, S. 127-135.

Stocker, Klaus (1995): Deutsche Unternehmen auf fernöstlichen Märkten. In: Thexis, 12. Jg., Nr.2, 1995, S. 28-34.

Stocker, Klaus (1997): Internationales Finanzrisikomanagement. Ein praxisorientiertes Lehrbuch. Gabler, Wiesbaden, 1997.

Stocker, Klaus/Wagner, Gabriela (1995): Defizite bei der Informationsgewinnung auf Auslandsmärkten. In: Der Betriebswirt, 36. Jg., Nr. 2, 1995, S. 13-19.

Stonehill, Arthur I./Moffett, Michael H. (1993, Hrsg.): International Financial Management. The United Nations Library on Transnational Corporations, Bd. 5, Routledge, London, New York, 1993.

Stopford, John M./Wells, Louis T. (1972): Managing the Multinational Enterprise. Organization of the Firm and Ownership of the Subsidiaries. Basic Books, New York, 1972.

Stöttinger, Barbara/Holzmüller, Hartmut H. (2001): Cross-National Stability of an Export Performance Model – A Comparative Study of Austria and the US. In: Management International Review, 41. Jg., Nr. 1, 2001, S. 7-28.

Stöttinger, Barbara/Schlegelmilch, Bodo B. (1998): Explaining Export Development through Psychic Distance: Enlightening or Elusive? In: International Marketing Review, 15. Jg., Nr. 5, 1998, S. 357-372.

Stöttinger, Barbara/Schlegelmilch, Bodo B. (2000): Psychic Distance: A Concept Past its Due Date? In: International Marketing Review, 17. Jg., Nr. 2, 2000, S. 169-173.

Strasser, Georg (1991): Zur Evolution von Unternehmungen. Verlag Barbara Kirsch, München, 1991 (Münchener Schriften zur angewandten Führungslehre, Bd. 64), zugl. Diss. LMU München.

Striening, Hans-Dieter (1988): Prozeß-Management. Versuch eines integrierten Konzeptes situationsadäquater Gestaltung von Verwaltungsprozessen – dargestellt am Beispiel in einem multinationalen Unternehmen – IBM Deutschland GmbH. Verlag Peter Lang, Frankfurt/Main. Bern, New York, Paris, 1988, zugl. Diss. Kaiserslautern.

Stüdlein, Yvonne (1997): Management von Kulturunterschieden. Phasenkonzept für internationale strategische Allianzen. Deutscher Universitätsverlag, Wiesbaden, 1997, zugl. Diss. St. Gallen.

Stumpf, Herbert/Groß, Michael (1998): Der Lizenzvertrag. 7., neubearb. und erw. Aufl., Verlag Recht und Wirtschaft, Heidelberg, 1998.

Sullivan, Daniel (1994a): Measuring the Degree of Internationalization of a Firm. In: Journal of International Business Studies, 25. Jg., Nr. 2, 1994, S. 325-342.

Sullivan, Daniel (1994b): The „Threshold of Internationalization": Replication, Extension, and Reinterpretation. In: Management International Review, 34. Jg., Nr. 2, 1994, S. 165-186.

Sullivan, Daniel/Bauerschmidt, Alan (1990): Incremental Internationalization: A Test of Johanson and Vahlne's Thesis. In: Management International Review, 30. Jg., Nr. 1, 1990, S. 19-30.

Sully de Luque, Mary F./Sommer, Steven M. (2000): The Impact of Culture on Feedback-Seeking Behavior: An Integrated Model and Propositions. In: Academy of Management Review, 25. Jg., Nr. 4, 2000, S. 829-849.

Sundaram, Anant K./Black, J. Stewart (1992): The Environment and Internal Organization of Multinational Enterprises. In: Academy of Management Review, 17. Jg., Nr. 4, 1992, S. 729-757.

Surlemont, Bernard (1996): Types of Centers within Multinational Corporations. An Empirical Investigation. In: Institute of International Business (1996, Hrsg.): Innovation and International Business. Band 2 der "Proceedings of the 22nd Annual Conference". EIBA, Stockholm, 1996, S. 745-765.

Surlemont, Bernard (1998): A Typology of Centres within Multinational Corporations: An Empirical Investigation. In: Birkinshaw, Julian/Hood, Neil (1998, Hrsg.): Multinational Corporate Evolution and Subsidiary Development. Macmillan, Houndsmill et al., 1998, S. 162-188.

Swoboda, Bernhard (2002): The Relevance of Timing and Time in International Business – Analysis of Different Perspectives and Results. In: Scholz, Christian/Zentes, Joachim (2002, Hrsg.): Strategic Management. A European Approach. Gabler, Wiesbaden, 2002, S. 85-113.

Sydow, Jörg (1991): Strategische Netzwerke in Japan. In: Zeitschrift für betriebswirtschaftliche Forschung, 43. Jg., Nr. 3, 1991, S. 238-254.

Sydow, Jörg (1992): Strategische Netzwerke. Evolution und Organisation. Gabler, Wiesbaden, 1992, zugl. Habil. FU Berlin.

Sydow, Jörg (1994): Franchisingnetzwerke. Ökonomische Analyse einer Organisationsform der Dienstleistungsproduktion und -distribution. In: Zeitschrift für Betriebswirtschaft, 64. Jg., Nr. 1, 1994, S. 95-113.

Sydow, Jörg (1995): Unternehmungsnetzwerke. In: Corsten, Hans/Reiß, Michael (1995, Hrsg.): Handbuch Unternehmensführung. Konzepte – Instrumente – Schnittstellen. Gabler, Wiesbaden, 1995, S. 159-169.

Sydow, Jörg/Schreyögg, Georg (1997, Hrsg.): Gestaltung von Organisationsgrenzen. Managementforschung 7. DeGruyter, Berlin, New York, 1997.

T

Tachibanaki, Toshiaki (1998, Hrsg.): Who Runs Japanese Business? Management and Motivation in the Firm. Edward Elgar, Cheltenham, Northampton, 1998.

Taggart, James H. (1997a): Autonomy and Procedural Justice: A Framework for Evaluating Subsidiary Strategy. In: Journal of International Business Studies, 28. Jg., Nr. 1, 1997, S. 51-76.

Taggart, James H. (1997b): An Evaluation of the Integration-Responsiveness Framework: MNC Manufacturing Subsidiaries in the UK. In: Management International Review, 37. Jg., Nr. 4, 1997, S. 295-318.

Taggart, James H./McDermott, Michael C. (1993): The Essence of International Business. Prentice Hall, New York et al., 1993.

Tallmann, Stephen (2004): John Dunning's Eclectic Model and the Beginnings of Global Strategy. In: Cheng, Joseph L.C./Hitt, Michael A. (2004, Hrsg.): Managing Multinationals in a Knowledge Economy: Economics, Culture, and Human Resources. Elsevier, Amsterdam et al., 2004, S. 43-55.

Tallman, Stephen B./Shenkar, Oded (1994): A Managerial Decision Model of International Co-operative Venture Formation. In: Journal of International Business Studies, 25. Jg., Nr. 1, 1994, S. 91-113.

Tamm, Axel (1993): Joint Ventures in der CSFR. Chancen und Risiken. Deutscher Universitäts-verlag, Wiesbaden, 1993, zugl. Diss. St. Gallen.

Tan, Benjamin Lin Boon (2002): Researching Managerial Values: A Cross-National Comparison. In: Journal of Business Research, 55. Jg., Nr. 10, 2002, S. 815-821.

Tan, Soo Jiuan (1996): Risks Assessment in International Market Entry: A Multi-dimensional Approach. In: International Journal of Management, 13. Jg., Nr. 3, 1996, S. 370-379.

Tang, Zailiang/Reisch, Bernhard (1995): Erfolg im China Geschäft. Von Personalauswahl bis Kundenmanagement. Campus, Frankfurt/Main, New York, 1995.

Tayeb, Monir H. (1988): Organizations and National Culture – a Comparative Analysis. Sage, London, Newbury Park, Beverly Hills, New Delhi, 1988.

Tayeb, Monir H. (1994): Organizations and National Culture: Methodology Considered. In: Orga-nization Studies, 15. Jg., Nr. 3, 1994, S. 429-446.

Tayeb, Monir H. (1995): Supervisory Styles and Cultural Contexts: A Comparative Study. In: International Business Review, 4. Jg., Nr. 1, 1995, S. 75-89.

Taylor, Charles R./Zou, Shaoming/Osland, Gregory E. (2000): Foreign Market Entry Strategies of Japanese MNCs. In: International Marketing Review, 17. Jg., Nr. 2, 2000, S. 146-163.

Taylor, William (1911): The Principles of Scientific Management. Harper, New York, 1911.

Teagarden, Mary B./Glinow, Mary Ann von (1997): Human Resource Management in Cross-Cultural Contexts: Emic Practices versus Ethic Philosophies. In: Management International Review, 37. Jg., Special Issue Nr. 1, 1997, S. 7-20.

Teece, David J. (1977): Technology Transfer by Multinational Firms: The Resource Cost of Transferring Technological Know-how. In: Economic Journal, 87. Jg., Juni 1977, S. 242-261.

Teece, David J. (1981): The Multinational Enterprise: Market Failure and Market Power Consid-erations. In: Sloan Management Review, 22. Jg., Frühjahr 1981, S. 3-17.

Teece, David J. (1986): Transaction Cost Economics and the Multinational Enterprise. In: Jour-nal of Economic Behavior and Organization, 7. Jg., o.Nr., 1986, S. 21-45.

Teece, David J. (2006): Reflections on the Hymer Thesis and the Multinational Enterprise. In: International Business Review, 15. Jg., Nr. 2, 2006, S. 124-139.

Teece, David J. (2007): Explicating Dynamic Capabilities: The Nature and Microfoundations of (Sustainable) Enterprise Performance. In: Strategic Management Journal, 28. Jg., Nr. 13, 2007, S. 1319-1350.

Teece, David J./Pisano, Gary/Shuen, Amy (1997): Dynamic Capabilities and Strategic Manage-ment. In: Strategic Management Journal, 18. Jg., Nr. 7, 1997, S. 509-533.

Teegen, Hildy (2000): Examining Strategic and Economic Development Implications of Global-ising through Franchising. In: International Business Review, 9. Jg., Nr. 4, 2000, S. 497-521.

Tenbrock, Christian (1999): Schlankheitskur für einen Riesen. Koreas Krise hat auch Daewoo, das zweitgrößte Unternehmen des Landes, geschüttelt. In: New World – Das Siemens-Magazin, August 1999, Nr. 3, S. 58-61.

Terpstra, Vern/David, Kenneth (1991): The Cultural Environment of International Business. 3. Aufl., South-Western Publishing, Cincinnati, Dallas, Livermore, 1991.

Tesch, Peter (1980): Die Bestimmungsgründe des internationalen Handels und der Direktinvestition. Eine kritische Untersuchung der außenwirtschaftlichen Theorien und Ansatzpunkte einer standorttheoretischen Erklärung der leistungswirtschaftlichen Auslandsbeziehungen der Unternehmen. Duncker & Humblot, Berlin, 1980 (Volkswirtschaftliche Schriften, Heft 301), zugl. Diss. FU Berlin.

Thanheiser, Heinz (1972): Strategy and Structure of German Industrial Enterprise. D.B.A. Thesis. Graduate School of Business Administration, Harvard University, 1972.

The Chinese Culture Connection (1987): Chinese Values and the Search for Culture-Free Dimensions of Culture. In: Journal of Cross-Cultural Psychology, 18. Jg., Nr. 2, 1987, S. 143-164.

Theisen, Manuel René (1991/2000): Der Konzern. Betriebswirtschaftliche und rechtliche Grundlagen der Konzernunternehmung. 2., vollst. überarb. und erw. Aufl., Schäffer-Poeschel, Stuttgart, 2000.

Theisen, Manuel René (2002): Corporate Governance als Gegenstand der Internationalisierung. In: Macharzina, Klaus/Oesterle, Michael-Jörg (2002, Hrsg.): Handbuch Internationales Management. 2. Aufl., Gabler, Wiesbaden, 2002, S. 1051-1083.

Theisen, Manuel René/Wenz, Martin (2005, Hrsg.): Die Europäische Aktiengesellschaft – Recht, Steuern und Betriebswirtschaft der Societas Europaea (SE). 2. Aufl., Schäffer-Poeschel, Stuttgart, 2005.

Theodosiou, Marios/Leonidou, Leonidas C. (2003): Standardization Versus Adaptation of International Marketing Strategy: An Integrative Assessment of the Empirical Research. In: International Business Review, 12. Jg., Nr. 2, 2003, S. 141-171.

Theopold, Klaus (1993): Operative Holding. In: Hoffmann, Friedrich (1993, Hrsg.): Konzernhandbuch. Recht – Steuern – Rechnungslegung – Führung – Organisation – Praxisfälle. Gabler, Wiesbaden, 1993, S. 165-233.

Theuerkauf, Ingo (1991): Reshaping the Global Organization. In: The McKinsey Quarterly, o. Jg., Nr. 3, 1991, S. 102-119.

Theuvsen, Ludwig (1996): Business Reengineering – Möglichkeiten und Grenzen einer prozessorientierten Organisationsgestaltung. In: Zeitschrift für betriebswirtschaftliche Forschung, 48. Jg., Nr. 1, 1996, S. 65-82.

Thiele, Michael (1997): Kernkompetenzorientierte Unternehmensstrukturen. Ansätze zur Neugestaltung von Geschäftsbereichsorganisationen. Deutscher Universitätsverlag, Wiesbaden, 1997, zugl. Diss. Leipzig.

Thomas, Alexander (1993): Psychologie interkulturellen Lernens und Handelns. In: Thomas, Alexander (1993, Hrsg.): Kulturvergleichende Psychologie. Hogrefe, Göttingen et al., 1993, S. 377-424.

Thomas, Alexander (1997): Psychologische Bedingungen und Wirkungen internationalen Managements – analysiert am Beispiel deutsch-chinesischer Zusammenarbeit. In: Engelhard, Johann (1997, Hrsg.): Interkulturelles Management. Theoretische Fundierung und funktionsbereichsspezifische Konzepte. Gabler, Wiesbaden, 1997, S. 111-134.

Thomas, Alexander/Hagemann, Katja (1992): Training interkultureller Kompetenz. In: Bergemann, Niels/Sourisseaux, Andreas L.J. (1992, Hrsg.): Interkulturelles Management. Physica/Springer, Heidelberg, 1992, S. 174-199.

Thomas, Douglas E./Eden, Lorraine (2004): What Is the Shape of the Multinationality-Performance Relationship? In: The Multinational Business Review, 12. Jg., Nr. 1, 2004, S. 89-110.

Thomaschewski, Dieter (1999): Competitiveness – Erfolgsfaktoren internationaler Unternehmungen im globalen Wettbewerb. In: Giesel, Franz/Glaum, Martin (1999, Hrsg.): Globalisierung. Herausforderung an die Unternehmensführung des 21. Jahrhunderts. Festschrift für Prof. Dr. Ehrenfried Pausenberger. Beck, München, 1999, S. 167-189.

Thompson, James D. (1967): Organizations in Action. Social Science Bases of Administrative Theory. McGraw-Hill, New York et al., 1967.

Thompson, R. Steve (1992): Company Ownerhsip vs Franchising: Issues and Evicence. In: Journal of Economic Studies, 19. Jg., Nr. 4, 1992, S. 31-42.

Thurow, Lester C. (1996): Die Zukunft des Kapitalismus. Metropolitan, Düsseldorf, München, 1996.

Tietz, Bruno (1989): Marktforschung, internationale. In: Macharzina, Klaus/Welge, Martin K. (1989, Hrsg.): Handwörterbuch Export und Internationale Unternehmung. Schäffer-Poeschel, Stuttgart, 1989, Sp. 1453-1468.

Tietz, Bruno (1991): Handbuch Franchising. Zukunftsstrategien für die Marktbearbeitung. 2., völlig überarb. Aufl., Moderne Industrie, Landsberg/Lech, 1991.

Tietz, Bruno (1995): Europäisierung des Einzelhandels. In: Scholz, Christian/Zentes, Joachim (1995, Hrsg.): Strategisches Euro-Management. Schäffer-Poeschel, Stuttgart, 1995, S. 87-113.

Tietz, Bruno/Köhler, Richard/Zentes, Joachim (1995, Hrsg.): Handwörterbuch des Marketing. 2., völlig neu gest. Aufl., Schäffer-Poeschel, Stuttgart, 1995

Tixier, Maud (1994): Management and Communication Styles in Europe: Can They be Compared and Matched. In: Employee Relations, 16. Jg., Nr. 1, 1994, S. 8-26.

Töpfer, Armin (1999): Die Restrukturierung des Daimler-Benz Konzerns. Portfoliobereinigung, Prozessoptimierung, profitables Wachstum. 2., durchges. Aufl., Luchterhand, Neuwied, 1999.

Töpfer, Armin (2000): Mergers & Acquisitions: Anforderungen und Stolpersteine. In: Zeitschrift Führung und Organisation, 69. Jg., Nr. 1, 2000, S. 10-17.

Topritzhofer, Edgar/Moser, Reinhard (1992): Das Exportgeschäft. Seine Abwicklung und Absicherung. 8., unveränderte Aufl., Service Fachverlag an der Wirtschaftsuniversität Wien, Wien, 1992.

Trautwein, Friedrich (1990): Merger Motives and Merger Prescriptions. In: Strategic Management Journal, 11. Jg., Nr. 4, 1990, S. 283-295.

Tregaskis, Olga/Brewster, Chris (2006): Converging or Diverging? A Comparative Analysis of Trends in Contingent Employment Practice in Europe over a Decade. In: Journal of International Business Studies, 37. Jg., Nr. 1, 2006, S. 111-126.

Treml, Alfred (1997): Weltgesellschaft als Herausforderung. Und was wir dabei von Comenius, Kant und Luhmann lernen können. In: Geißler, Harald (1997, Hrsg.): Unternehmensethik, Managementverantwortung und Weiterbildung. Luchterhand, 1997, S. 39-53.

Triandis, Harry C. (1982): Review of Culture's Consequences: International Differences in Work-Related Values. In: Human Organization, 41. Jg., Nr. 1, 1982, S. 86-90.

Triandis, Harry C. (1983): Dimensions of Cultural Variation as Parameters of Organizational Theories. In: International Studies of Management & Organization, 12. Jg., Nr. 4, 1982/83, S. 139-169.

Triandis, Harry C. (1984): A Theoretical Framework for the More Efficient Construction of Culture Assimilators. In: International Journal of Intercultural Relations, 8. Jg., o. Nr., 1984, S. 301-330.

Trommsdorff, Volker (2004): Konsumentenverhalten. 6., vollst. überarb. und erw. Aufl., Kohlhammer, Stuttgart, 2004.

Trommsdorff, Volker/Wilpert, Bernhard (1994, Hrsg.): Deutsch-chinesische Joint Ventures. Wirtschaft – Recht – Kultur. 2., überarb. Aufl., Gabler, Wiesbaden, 1994.

Trompenaars, Fons (1985): The Organization of Meaning and the Meaning of Organization. Unpublished Ph.D. Dissertation, The Wharton School, University of Pennsylvania, 1985.

Trompenaars, Fons (1993a): Riding the Waves of Culture. Understanding Cultural Diversity in Business. Nicholas Brealey Publishing, London, 1993.

Trompenaars, Fons (1993b): Handbuch Globales Managen. Wie man Unterschiede im Geschäftsleben versteht. Econ, Düsseldorf et al., 1993.

Trompenaars, Fons (1996): Resolving International Conflict: Culture and Business Strategy. In: Business Strategy Review, 7. Jg., Nr. 3, 1996, S. 51-68.

Trompenaars, Fons/Hampden-Turner, Charles (1997): Riding the Waves of Culture. Understanding Cultural Diversity in Business. 2. Aufl., Nicholas Brealey Publishing, London, 1997.

Tse, David K./Francis, June/Walls, Jan (1990): Cultural Differences in Conducting Intra- and Intercultural Negotiations: A Sino-Canadian Comparison. In: Journal of International Business Studies, 25. Jg., Nr. 3, 1990, S. 537-555.

Tsui, Anne S./Nifadkar, Sushil S./Ou, Amy Yi (2007): Cross-National, Cross-Cultural Organizational Behavior Research: Advances, Gaps, and Recommendations. In: Journal of Management, 33. Jg., Nr. 3, 2007, S. 426-478.

Tu, Howard S./Kim, Seung Yong/Sullivan, Sherry E. (2002): Global Strategy Lessons form Japanese and Korean Business Groups. In: Business Horizons, 45. Jg., Nr. 2, 2002, S. 39-46.

Tümpen, Marianne M. (1987): Strategische Frühwarnsysteme für politische Auslandsrisiken. Gabler, Wiesbaden, 1987 (Beiträge zur betriebswirtschaftlichen Forschung, Bd. 62).

Turnbull, Peter (1987): A Challenge to the Stages Theory of the Internationalization Process. In: Rosson, Philip J./Reid, Stanley D. (1987, Hrsg.): Managing Export Entry and Expansion. Concepts and Practice. Praeger, New York, Westport, London, 1987, S. 21-40.

Turner, Ian/Henry, Ian (1994): Managing International Organisations: Lessons from the Field. In: European Management Journal, 12. Jg., Nr. 4, 1994, S. 417-431.

Tüselmann, Heinz-Josef (1998): Standort Deutschland: German Direct Foreign Investment – Exodus of German Industry and Export of Jobs? In: Journal of World Business, 33. Jg., Nr. 3, 1998, S. 295-313.

Tushman, Michael L./O'Reilly, Charles A. (1996): Ambidextrous Organizations: Managing Evolutionary and Revolutionary Change. In: California Management Review, 38. Jg., Nr. 4, 1996, S. 8-30.

U

Ullmann, Eike (1991): Die Schnittmenge von Franchise und Lizenz. In: Computer und Recht, 7. Jg., Nr. 4, 1991, S. 193-200.

Ulrich, Peter (1984): Systemsteuerung und Kulturentwicklung. Auf der Suche nach einem ganzheitlichen Paradigma der Managementlehre. In: Die Unternehmung, 38. Jg., Nr. 4, 1984, S. 303-325.

Umapathy, Srinivasan (1987): Current Budgeting Practices in U.S. Industry. Quorum Books, New York, Westport, London, 1987.

UN Comtrade (2007): International Trade Yearbook 2005. United Nations, New York. URL: http://comtrade.un.org/pb/ (Stand: 21.12.2007).

UNCTAD (United Nations Conference on Trade and Development) (1995): World Investment Report 1995. Transnational Corporations and Competitiveness. Eigenverlag Vereinte Nationen, New York, Genf, 1995.

UNCTAD (United Nations Conference on Trade and Development) (1996): World Investment Report 1996 – Investment, Trade and International Policy Arrangements. Eigenverlag Vereinte Nationen, New York, Genf, 1996.

UNCTAD (United Nations Conference on Trade and Development) (1997): Transnational Corporations, Market Structure and Competition Policy. Eigenverlag Vereinte Nationen, New York, Genf, 1997.

UNCTAD (United Nations Conference on Trade and Development) (1998a): World Investment Report 1998 – Trends and Determinants. Eigenverlag Vereinte Nationen, New York, Genf, 1998.

UNCTAD (United Nations Conference on Trade and Development) (1998b): Trade and Development Report 1998. Eigenverlag Vereinte Nationen, New York, Genf, 1998.

UNCTAD (United Nations Conference on Trade and Development) (1999a): World Investment Report 1999 – Foreign Direct Investment and the Challenge of Development. Eigenverlag Vereinte Nationen, New York, Genf, 1999.

UNCTAD (United Nations Conference on Trade and Development) (1999b): Investment-Related Measures. UNCTAD Series on Issues in International Investment Agreements. Eigenverlag Vereinte Nationen, New York, Genf, 1999.

UNCTAD (United Nations Conference on Trade and Development) (2000): World Investment Report 2000 – Cross border Mergers and Acquisitions and Development. Eigenverlag Vereinte Nationen, New York, Genf, 2000.

UNCTAD (United Nations Conference on Trade and Development) (2001a): Handbook of Statistics 2001. Eigenverlag Vereinte Nationen, New York, Genf, 2001.

UNCTAD (United Nations Conference on Trade and Development) (2001b): World Investment Report 2001. Eigenverlag der Vereinten Nationen, New York, Genf, 2001.

UNCTAD (United Nations Conference on Trade and Development) (2002): Trade and Development Report, Eigenverlag Vereinte Nationen. New York, Genf, 2002.

UNCTAD (United Nations Conference on Trade and Development) (2003): World Investment Report 2003. Eigenverlag der Vereinten Nationen, New York, Genf, 2003.

UNCTAD (United Nations Conference on Trade and Development) (2004): World Investment Report 2004. Eigenverlag der Vereinten Nationen, New York, Genf, 2004.

UNCTAD (United Nations Conference on Trade and Development) (2005): World Investment Report 2005. Eigenverlag der Vereinten Nationen, New York, Genf, 2005.

UNCTAD (United Nations Conference on Trade and Development) (2006): World Investment Report 2006. Eigenverlag der Vereinten Nationen, New York, Genf, 2006.

UNCTAD (United Nations Conference on Trade and Development) (2007): World Investment Report 2007. Eigenverlag der Vereinten Nationen, New York, Genf, 2007.

United Nations (1997): Statistical Yearbook 1995. 42. Aufl., Eigenverlag der Vereinten Nationen, New York, 1997.

United Nations (2000a): Statistical Yearbook 1997. 44. Aufl., Eigenverlag der Vereinten Nationen, New York, 2000.

United Nations (2000b): International Trade Statistics Yearbook 1999. Volume 1 – Trade by Country. Eigenverlag der Vereinten Nationen, New York, 2000.

United Nations (2002): World Economic and Social Survey 2002. Eigenverlag der Vereinten Nationen, New York, Genf, 2002.

United Nations (2005): Committee for Development Policy: Report on the Seventh Session (14-18 March 2005). Economic and Social Council, Official Records 2005, Supplement No. 33. Eigenverlag der Vereinten Nationen, New York, 2005.

Urban, Sabine (1994, Hrsg.): Europe's Economic Future. Aspirations and Realities. Gabler, Wiesbaden, 1994.

Urban, Sabine (1995, Hrsg.): Europe in Progress. Model and Facts. Gabler, Wiesbaden, 1995.

Urban, Sabine (1996, Hrsg.): Europe's Challenges. Economic Efficiency and Social Solidarity. Gabler, Wiesbaden, 1996.

Urban, Sabine (1997, Hrsg.): Europe in the Global Competition. Problems – Markets – Strategies. Gabler, Wiesbaden, 1997.

Urban, Sabine (1999, Hrsg.): Relations of Complex Organizational Systems. A Key to Global Competitivity. Problems, Strategies, Visions. Gabler, Wiesbaden, 1999.

Urban, Sabine/Vendemini, Serge (1992): European Strategic Alliances. Co-operative Corporate Strategies in the New Europe. Blackwell, Oxford, Cambridge, 1992.

Usunier, Jean-Claude (1993): International Marketing. A Cultural Approach. Prentice Hall, New York et al., 1993.

Usunier, Jean-Claude (1996): Consommation: Quand Global rime avec Local. In: Revue Française de Gestion, o. Jg., Nr. 110, 1996, S. 100-116.

Usunier, Jean-Claude (1998): International & Cross-Cultural Management Research. Sage, London, Thousand Oaks, New Delhi, 1998.

V

Vahlne, Jan-Erik/Nordström, Kjell A. (1992): Is the Globe Shrinking? Psychic Distance and the Establishment of Swedish Sales Subsidiaries During the Last 100 Years. Paper presented at the Annual Conference of the International Trade and Finance Association, 22.-25. April 1992, Laredo.

Van de Ven, Andrew H. (1992): Suggestions for Studying Strategy Process: A Research Note. In: Strategic Management Journal, 13. Jg., Special Issue, Sommer 1992, S. 169-188.

Van de Ven, Andrew H./Poole, Marshall Scott (1995): Explaining Development and Change in Organizations. In: Academy of Management Review, 20. Jg., Nr. 3, 1995, S. 510-540.

Van Tulder, Rob/Ruigrok, Wilfried (1996): Regionalisation, Globalisation or Glocalisation: The Case of the World Car Industry. In: Humbert, Marc (1996, Hrsg.): The Impact of Globalisation on Europe's Firms and Industries. Pinter, London, New York, 1996, S. 22-23.

Vandermerwe, Sandra/Chadwick, Michael (1989): The Internationalisation of Services. In: The Service Industries Journal, 9. Jg., Nr. 1, 1989, S. 79-93.

VDMA (Verband Deutscher Maschinen- und Anlagenbau) (2007a): Starker Schub für Holzbearbeitungsmaschinen. Pressemitteilung vom 08.05.2007. URL: http://www.erlebnis maschinenbau.de/wps/portal/Home/de/Verband/VDMA_Presse/Pressemitteilungen/komm_ A_20070508_BD_PI_Holz?WCM_GLOBAL_CONTEXT=/Home/de/Verband/VDMA_Presse/ Pressemitteilungen/komm_A_20070508_BD_PI_Holz (Stand: 23.12.2007).

VDMA (Verband Deutscher Maschinen- und Anlagenbau) (2007b): Das K-Jahr fängt gut an. Pressemitteilung vom 21.01.2007. URL: http://www.erlebnis-maschinenbau.de/wps/portal/ Home/de/Branchen/K/KUG/Wirtschaft_/Int_Maerkte_Kon/kug_A_20070122_Presseinformat ion_Das_K-Jahr_faengt_gut_an_de?WCM_GLOBAL_CONTEXT=/wps/wcm/connect/Home /de/Branchen/K/KUG/Wirtschaft_/Int_Maerkte_Kon/kug_A_20070122_Presseinformation_D as_K-Jahr_faengt_gut_an_de (Stand: 23.12.2007).

Venkatraman, N. (1991): IT-induced Business Reconfiguration. In: Morton, Michael S. Scott (1991, Hrsg.): The Corporation of the 1990s. Oxford University Press, New York et al., 1991, S. 122-158.

Vernon, Raymond (1966): International Investment and International Trade in the Product Cycle. In: Quarterly Journal of Economics, 80. Jg., Nr. 2, 1966, S. 190-207.

Vernon, Raymond (1970, Hrsg.): The Technology Factor in International Trade. National Bureau of Economic Research/Columbia University Press, New York, 1970.

Vernon, Raymond (1979): The Product Cycle Hypothesis in a New International Environment. In: Oxford Bulletin of Economics and Statistics, 41. Jg., Nr. 4, 1979, S. 255-267.

Vernon, Raymond (1999): The Harvard Multinational Enterprise Project in Historical Perspective. In: Transnational Corporations, 8. Jg., Nr. 2, 1999, S. 35-49.

Vernon, Raymond/Wells, Louis T./Rangan, Subramanian (1996): The Manager in the International Economy. 7. Aufl., Prentice Hall, London et al., 1996.

Very, Philippe/Schweiger, David M. (2001): The Acquisition as a Learning Process: Evidence from a Study of Critical Problems and Solutions in Domestic and Cross-Border Deals. In: The Journal of World Business, 36. Jg., Nr. 1, 2001, S. 11-31.

Vida, Irena (2000): An Empirical Inquiry into International Expansion of US Retailers. In: International Marketing Review, 17. Jg., Nr. 4/5, 2000, S. 454-475.

Voeth, Markus/Wagemann, Dominik (2004): Internationale Markenstandardisierungsstrategien. In: Ahlert, Dieter/Olbrich, Rainer/Schröder, Hendrik (2004, Hrsg.): Internationalisierung von Vertrieb und Handel. Jahrbuch Vertriebs- und Handelsmanagement 2004. Deutscher Fachverlag, Frankfurt/Main, 2004, S. 185-204 (Reihe Edition LebensmittelZeitung).

Voigt, Rüdiger (1999/2000, Hrsg.): Globalisierung des Rechts. Nomos, Baden-Baden, 1999/2000 (Schriften zur Rechtspolitologie, Bd. 9).

Voigt, Stefan (1999): Die globale Entdeckung der Fusionen. In: FAZ Nr. 175 vom 31. Juli 1999, S. 15.

Volpp, Ulrich (1991): Reintegration des Projektpersonals in die Linienorganisation. In: Journal für Betriebswirtschaft, 41. Jg., Nr. 5, 1991, S. 194-207.

Vosgerau, Hans-Jürgen (1981): Auslandsinvestitionen. In: Bombach, Gottfried/Gahlen, Bernhard/Ott, Alfred (1981, Hrsg.): Zur Theorie und Politik internationaler Wirtschaftsbeziehungen. Mohr, Tübingen, 1981, S. 75-98.

W

Wagner, Joachim (1993): Export, Direktinvestition oder Lizenzvergabe? Ein einfacher Modellrahmen für die Wahl der optimalen Form der Internationalisierung einer Unternehmung. In: WiSt – Wirtschaftswissenschaftliches Studium, 22. Jg., Nr. 9, 1993, S. 451-458.

Walgenbach, Peter (1994): Mittleres Management: Aufgaben – Funktionen – Arbeitsverhalten. Gabler, Wiesbaden, 1994, zugl. Diss. Mannheim.

Walldorf, Erwin Georg (1987): Auslandsmarketing. Theorie und Praxis des Auslandsgeschäfts. Gabler, Wiesbaden, 1987.

Walldorf, Erwin Georg (1992): Die Wahl zwischen unterschiedlichen Formen der internationalen Unternehmer-Aktivität. In: Kumar, Brij Nino/Haussmann, Helmut (1992, Hrsg.): Handbuch der Internationalen Unternehmenstätigkeit. Beck, München, 1992, S. 447-470.

Walldorf, Erwin Georg (2000, Hrsg.): Gabler Lexikon Auslandsgeschäfte. Gabler, Wiesbaden, 2000.

Walter, Gregor/Zürn, Michael (1998): Über die These von der Erosion des Nationalstaats. In: Berger, Roland/Steger, Ulrich (1998, Hrsg.): Auf dem Weg zur Europäischen Unternehmensführung. Ein Lesebuch für Manager und Europäer. Beck, München, 1998, S. 41-63.

Walters, Peter G.P. (1997): Global Market Segmentation: Methodologies and Challenges. In: Journal of Marketing Management, 13. Jg., Nr. 1-3, 1997, S. 165-177.

Wamser, Johannes/Sürken, Peter (2005): Wirtschaftspartner Indien. Ein Managementhandbuch. Verlag local/global, Stuttgart, 2005.

Waning, Thomas (1994): Markteintritts- und Marktbearbeitungsstrategien im globalen Wettbewerb. Lit-Verlag, Münster, Hamburg, 1994, zugl. Diss. Kassel.

Ward, Steven/Pearson, Cecil/Entrekin, Lanny/Winzar, Hume (1999): The Fit Between Cultural Values and Countries: Is there Evidence of Globalization, Nationalism or Crossvergence? In: International Journal of Management, 16. Jg., Nr. 4, 1999, S. 465-474.

Warhurst, Chris/Nickson, Dennis/Shaw, Eleanor (1998): A Future for Globalization? International Business Organization in the Next Century. In: Scandura, Terri A./Serapio, Manuel G. (1998, Hrsg.): Research in International Business and International Relations. Leadership and Innovation in Emerging Markets. Bd. 7, JAI Press, Greenwich, London, 1998, S. 247-271.

Watson, Warren E./Kumar, Kamalesh/Michaelsen, Larry K. (1993): Cultural Diversity's Impact on Interaction Process and Performance: Comparing Homogeneous and Diverse Task Groups. In: Academy of Management Journal, 36. Jg., Nr. 3, 1993, S. 590-602.

Weber, Jürgen/Schäffer, Utz (2000): Balanced Scorecard & Controlling. 3., überarb. Aufl., Gabler, Wiesbaden, 2000.

Weber, Petra (1997): Internationalisierungsstrategien mittelständischer Unternehmen. Deutscher Universitätsverlag, Wiesbaden, 1997 (Schriftenreihe des Betriebswirtschaftlichen Forschungszentrums für Fragen der mittelständischen Wirtschaft an der Universität Bayreuth), zugl. Diss. Bayreuth.

Weber, Petra (1999): Internationalisierungsstrategien mittelständischer Unternehmen. In: Meiler, Rudolf Carl (1999, Hrsg.): Mittelstand und Betriebswirtschaft. Beiträge aus Wissenschaft und Praxis. Deutscher Universitätsverlag, Wiesbaden, 1999 (Schriftenreihe des Betriebswirtschaftlichen Forschungszentrums für Fragen der mittelständischen Wirtschaft an der Universität Bayreuth), S. 241-266.

Weber, Wolfgang/Festing, Marion (1996): Wiedereingliederung entsandter Führungskräfte – Idealtypische Modellvorstellungen und realtypische Handhabungsformen. In: Macharzina, Klaus/Wolf, Joachim (1996, Hrsg.): Handbuch Internationales Führungskräfte-Management. Raabe, Stuttgart et al., 1996, S. 455-479.

Weber, Wolfgang/Festing, Marion (1999): Globalisierung und Personalmanagement – Perspektiven für ein Strategisches Internationales Personalmanagement. In: Engelhard, Johann/Oechsler, Walter A. (1999, Hrsg.): Internationales Management. Auswirkungen globaler Veränderungen auf Wettbewerb, Unternehmensstrategie und Märkte. Klaus Macharzina zum 60. Geburtstag. Gabler, Wiesbaden, 1999, S. 435-465.

Weber, Wolfgang/Festing, Marion/Dowling, Peter J./Schuler, Randall S. (2001): Internationales Personalmanagement. 2., akt. und überarb. Aufl., Gabler, Wiesbaden, 2001.

Weder, Rolf (1989): Joint Venture. Theoretische und empirische Analyse unter besonderer Berücksichtigung der Chemischen Industrie der Schweiz. Verlag Rüegger, Grüsch, 1989 (Basler Sozialökonomische Studien, Bd. 35), zugl. Diss. Basel.

Weibler, Jürgen/Brodbeck, Felix/Szabo, Erna/Reber, Gerhard/Wunderer, Rolf/Moosmann, Oswald (2000): Führung in kulturverwandten Regionen. Gemeinsamkeiten und Unterschiede bei Führungsidealen in Deutschland, Österreich und der Schweiz. In: Die Betriebswirtschaft, 60. Jg., Nr. 5, 2000, S. 588-606.

Weibler, Jürgen/Deeg, Jürgen (1998): Virtuelle Unternehmen – Eine kritische Analyse aus strategischer, struktureller und kultureller Perspektive. In: Zeitschrift für Planung, 9. Jg., Nr. 2, 1998, S. 107-124.

Weichenrieder, Alfons (1996): Fighting International Tax Avoidance. The Case of Germany. Münchener Wirtschaftswissenschaftliche Beiträge, Nr. 96-06, LMU München, März 1996.

Weihermüller, Michael (1982): Die Lizenzvergabe im internationalen Marketing. Entscheidungs-grundlagen und Gestaltungsbereiche. Verlag V. Florentz, München (Hochschulschriften zur Betriebswirtschaftslehre, Bd. 5), 1982.

Weiss, Christina A. (1996): Die Wahl internationaler Markteintrittsstrategien. Eine transaktions-kostenorientierte Analyse. Gabler, Wiesbaden, 1996 (Neue betriebswirtschaftliche For-schung, Bd. 192), zugl. Diss. HU Berlin.

Welch, Denice E./Welch, Lawrence S. (2006): Commitment for Hire? The Viability of Corporate Culture as a MNC Control Mechanism. In: International Business Review, 15. Jg., Nr. 1, 2006, S. 14-28.

Welch, Lawrence (1989): Diffusion of Franchise System Use in International Operations. In: In-ternational Marketing Review, 6. Jg., Nr. 5, 1989, S. 7-19.

Welch, Lawrence (1992): Developments in International Franchising. In: Journal of Global Mar-keting, 6. Jg., Nr. 1/2, 1992, S. 81-96.

Welch, Lawrence/Luostarinen, Reijo (1988): Internationalization. Evolution of a Concept. In: Journal of General Management, 14. Jg., Nr. 2, 1988, S. 34-55.

Welge, Martin K. (1980): Management in deutschen multinationalen Unternehmungen. Ergeb-nisse einer empirischen Untersuchung. Poeschel, Stuttgart, 1980 (Betriebswirtschaftliche Abhandlungen, Bd. 47), zugl. Habil. Köln.

Welge, Martin K. (1981): Ansätze zu einer Theorie der internationalen Desinvestition. In: Wa-cker, Wilhelm H./Kumar, Brij Nino/Haussmann, Helmut (1981, Hrsg.): Internationale Unter-nehmensführung. Managementprobleme international tätiger Unternehmen. Festschrift zum 80. Geburtstag von Eugen Hermann Sieber. Erich Schmidt Verlag, Berlin, 1981, S. 143-156.

Welge, Martin K. (1987): Subsidiary Autonomy in Multinational Corporations. Arbeitsbericht Nr. 1, Lehrstuhl für Unternehmensführung, Universität Dortmund, September 1987.

Welge, Martin K. (1989a): Koordinations- und Steuerungsinstrumente. In: Macharzina, Klaus/Welge, Martin K. (1989, Hrsg.): Handwörterbuch Export und Internationale Unterneh-mung. Schäffer-Poeschel, Stuttgart, 1989, Sp. 1182-1191.

Welge, Martin K. (1989b): Mutter-Tochter-Beziehungen. In: Macharzina, Klaus/Welge, Martin K. (1989, Hrsg.): Handwörterbuch Export und Internationale Unternehmung. Schäffer-Poe-schel, Stuttgart, 1989, Sp. 1537-1552.

Welge, Martin K. (1989c): Organisationsstrukturen, differenzierte und integrierte. In: Machar-zina, Klaus/Welge, Martin K. (1989, Hrsg.): Handwörterbuch Export und Internationale Unternehmung. Schäffer-Poeschel, Stuttgart, 1989, Sp. 1590-1602.

Welge, Martin K. (1990, Hrsg.): Globales Management. Erfolgreiche Strategien für den Weltmarkt. Poeschel, Stuttgart, 1990.

Welge, Martin K. (1995): Strukturen für weltweit tätige Unternehmungen. In: Corsten, Hans/ Reiß, Michael (1995, Hrsg.): Handbuch Unternehmensführung. Konzepte – Instrumente – Schnittstellen. Gabler, Wiesbaden, 1995, S. 661-671.

Welge, Martin K./Al-Laham, Andreas (1992): Planung. Prozesse – Strategien – Maßnahmen. Gabler, Wiesbaden, 1992.

Welge, Martin K./Al-Laham, Andreas (2002): Erscheinungsformen und betriebswirtschaftliche Relevanz von Strategischen Allianzen. In: Macharzina, Klaus/Oesterle, Michael-Jörg (2002, Hrsg.): Handbuch Internationales Management. 2. Aufl., Gabler, Wiesbaden, 2002, S. 625-650.

Welge, Martin K./Al-Laham, Andreas (2008): Strategisches Management. Grundlagen – Prozess – Implementierung. 5., vollst. überarb. Aufl., Gabler, Wiesbaden, 2008.

Welge, Martin K./Berg, Nicola (1999): Public Affairs-Management in Multinationalen Unternehmungen – Ergebnisse einer empirischen Untersuchung deutscher Unternehmungen in Indien. In: Engelhard, Johann/Oechsler, Walter A. (1999, Hrsg.): Internationales Management. Auswirkungen globaler Veränderungen auf Wettbewerb, Unternehmensstrategie und Märkte. Klaus Macharzina zum 60. Geburtstag. Gabler, Wiesbaden, 1999, S. 193-215.

Welge, Martin K./Böttcher, Roland (1991): Globale Strategien und Probleme ihrer Implementierung. In: Die Betriebswirtschaft, 51. Jg., Nr. 4, 1991, S. 435-454.

Welge, Martin K./Böttcher, Roland/Paul, Thomas (1998): Das Management globaler Geschäfte. Grundlagen, Analysen, Handlungsempfehlungen. Hanser, München, Wien, 1998.

Welge, Martin K./Holtbrügge, Dirk (1996, Hrsg.): Wirtschaftspartner Russland. Gabler, Wiesbaden, 1996.

Welge, Martin K./Holtbrügge, Dirk (1997): Theoretische Erklärungsansätze globaler Unternehmungstätigkeit. In: WiSt – Wirtschaftswissenschaftliches Studium, 26. Jg., Nr. 11, 1997, S. 1054-1061.

Welge, Martin K./Holtbrügge, Dirk (2000): Wissensmanagement in Multinationalen Unternehmungen – Ergebnisse einer empirischen Untersuchung. In: Zeitschrift für betriebswirtschaftliche Forschung, 52. Jg., Nr. 12, 2000, S. 762-777.

Welge, Martin/Holtbrügge, Dirk (2006): Internationales Management. 4., überarb. und erw. Aufl., Schäffer-Poeschel, Stuttgart, 2006.

Weller, Axel (1999): Führung internationaler Geschäftsprozesse. Verlag für Wissenschaft und Forschung, Berlin, 1999, zugl. Diss. Eichstätt.

Wells, Louis T. (1968): A Product Cycle for International Trade? In: Journal of Marketing, 32. Jg., Nr. 3, 1968, S. 1-6.

Wenger, Andreas P. (1994): Trends der Konzernorganisation in der Schweiz. Auslöser, Bedingungen und Ergebnisse von Umstrukturierungen. Schweizerische Gesellschaft für Organisation, Glattbrugg, 1994, zugl. überarb. Lizentiatsarbeit Bern und Bd. Nr. 2 der Schriftenreihe OrganisationsWissen.

Wenger, Andreas P. (1999): Organisation Multinationaler Konzerne. Grundlagen, Konzeption und Evaluation. Verlag Paul Haupt, Bern, Stuttgart, Wien, 1999, zugl. Diss. Bern.

Wenger, Ekkehard/Kaserer, Christoph (1998): The German System of Corporate Governance – A Model which should not be imitated. In: Black, Stanley W./Moersch, Matthias (1998, Hrsg.): Competition and Convergence in Financial Markets. Elsevier, Amsterdam et al., 1998, S. 41-78.

Wensley, Robin (1997): Explaining Success: the Rule of Ten Percent and the Example of Market Share. In: Business Strategy Review, 8. Jg., Nr. 1, 1997, S. 63-70.

Werder, Axel von (1986): Konzernstruktur und Matrixorganisation. In: Zeitschrift für betriebswirtschaftliche Forschung, 38. Jg., Nr. 7/8, 1986, S. 586-607.

Werder, Axel von (1995): Konzernmanagement. In: Die Betriebswirtschaft, 55. Jg., Nr. 5, 1995, S. 641-661.

Werdich, Hans (1993): Finanzholding. In: Hoffmann, Friedrich (1993, Hrsg.): Konzernhandbuch. Recht – Steuern – Rechnungslegung – Führung – Organisation – Praxisfälle. Gabler, Wiesbaden, 1993, S. 305-345.

Wernerfelt, Birger (1984): A Resource-Based View of the Firm. In: Strategic Management Journal, 5. Jg., Nr. 2, 1984, S. 171-180.

Wesnitzer, Markus (1993): Markteintrittsstrategien in Osteuropa. Konzepte für die Konsumgüterindustrie. Gabler, Wiesbaden, 1993 (mir-edition), zugl. Diss. Bamberg.

Westhead, Paul/Wright, Mike/Ucbasaran, Deniz (2001): The Internationalization of New and Small Firms: A Resource-Based View. In: Journal of Business Venturing, 16. Jg., Nr. 4, 2001, S. 333-358.

Wheeler, Colin/Ibeh, Kevin (2002): Export Behaviour Research in the UK: A Review. In: McDonald, Frank/Tüselmann, Heinz/Wheeler, Colin (2002, Hrsg.): International Business. Adjusting to New Challenges and Opportunities. Palgrave, Hampshire, New York, 2002, S. 147-165.

Wheeler, David/Mody, Ashoka (1992): International Investment Locations Decisions. The Case of U.S. Firms. In: Journal of International Economics, 33. Jg., Nr. 1/2, 1992, S. 57-76.

White, Roderick E./Poynter, Thomas A. (1984): Strategies for Foreign-Owned Subsidiaries in Canada. In: Business Quarterly, Sommer 1984, S. 59-69.

White, Roderick E./Poynter, Thomas A. (1989a): Organizing for Worldwide Advantage. In: Business Quarterly, Sommer 1989, S. 84-89.

White, Roderick E./Poynter, Thomas A. (1989b): Achieving Worldwide Advantage with the Horizontal Organization. In: Business Quarterly, Herbst 1989, S. 55-60.

White, Roderick E./Poynter, Thomas A. (1990): Organizing for World-wide Advantage. In: Bartlett, Christopher A./Doz, Yves L./Hedlund, Gunnar (1990, Hrsg.): Managing the Global Firm. Routledge, London, New York, 1990, S. 95-113.

White, Steven/Lui, Steven Siu-Yun (2005): Distinguishing Costs of Cooperation and Control in Alliances. In: Strategic Management Journal, 26. Jg., Nr. 10, 2005, S. 913-932.

Whitely, William/England, George W. (1980): Variability in Common Dimensions of Managerial Values Due to Value Orientation and Country Differences. In: Personnel Psychology, 33. Jg., o. Nr., 1980, S. 77-89.

Whitley, Richard D. (1990): Eastern Asian Enterprise Structures and the Comparative Analysis of Forms of Business Organization. In: Organization Studies, 11. Jg., Nr. 1, 1990, S. 47-74.

Whitley, Richard D. (1992, Hrsg.): European Business Systems. Firms and Markets in their National Contexts. Sage, London, Newbury Park, New Delhi, 1992.

Whitley, Richard D. (1992a): The Comparative Analysis of Business Systems. Societies, Firms and Markets: the Social Structuring of Business Systems. In: Whitley, Richard D. (1992, Hrsg.): European Business Systems. Firms and Markets in their National Contexts. Sage, London, Newbury Park, New Delhi, 1992, S. 5-45.

Whitley, Richard D. (1992b): The Comparative Study of Business Systems in Europe: Issues and Choices. In: Whitley, Richard D. (1992, Hrsg.): European Business Systems. Firms and Markets in their National Contexts. Sage, London, Newbury Park, New Delhi, 1992, S. 267-284.

Whitley, Richard D. (1992c): Business Systems in East Asia. Firms, Markets and Societies. Sage, London, Newbury Park, New Delhi, 1992.

Whitley, Richard D. (1994): The Internationalization of Firms and Markets: Its Significance and Institutional Structuring. In: Organization, 1. Jg., Nr. 1, 1994, S. 101-124.

Wicher, Hans (1995): Das Promotorenkonzept – Eine Problemanalyse. In: WISU – Das Wirtschaftsstudium, 24. Jg., Nr. 10, 1995, S. 820-832.

Wildemann, Horst (1992): Die modulare Fabrik. 3., neubearb. Aufl., gfmt-Verlag, St. Gallen, 1992.

Wildemann, Horst (1997): Koordination von Unternehmensnetzwerken. In: Zeitschrift für Betriebswirtschaft, 67. Jg., Nr. 4, 1997, S. 417-439.

Wilkins, Mira (1970): The Emergence of Multinational Enterprise. Harvard University Press, Cambridge, 1970.

Wilkins, Mira (1974): The Maturing of Multinational Enterprise. American Business Abroad from 1914 to 1970. Harvard University Press, Cambridge, 1974.

Wilkins, Mira (1989): The History of Foreign Investment in the United States to 1914. Harvard University Press, Cambridge, London, 1989.

Wilkins, Mira (1993): European and North American Multinationals, 1870-1914: Comparisons and Contrasts. In: Jones, Geoffrey (1993, Hrsg.): Transnational Corporations: A Historical Perspective. The United Nations Library on Transnational Corporations, Bd. 2, 1993, S. 23-62 (ursprüngliche Fassung erschienen in Business History, 30. Jg., 1988, S. 8-45).

Wilkins, Mira (1999): Two Literatures, two Storylines: Is a General Paradigm of Foreign Portfolio and Foreign Direct Investment Feasible? In: Transnational Corporations, 8. Jg., Nr. 1, 1999, S. 53-117.

Wilkinson, Barry (1994): Labour and Industry in the Asia-Pacific. Lessons from the Newly-Industrialized Countries. De Gruyter, Berlin, New York, 1994.

Wilkinson, Timothy/Brouthers, Lance Eliot (2006): Trade Promotion and SME Export Performance. In: International Business Review, 15. Jg., Nr. 3, 2006, S. 233-252.

Williams, Jeffrey R. (1992): How Sustainable Is Your Competitive Advantage? In: California Management Review, 34. Jg., Nr. 3, 1992, S. 29-51.

Williamson, Jeffrey G. (1996): Globalization, Convergence, and History. In: The Journal of Economic History, 56. Jg., Nr. 2, 1996, S. 277-306.

Williamson, Oliver E. (1975): Markets and Hierarchies – Analysis and Antitrust Implications. Free Press, New York, 1975.

Williamson, Oliver E. (1985): The Economic Institutions of Capitalism. Firms, Markets, Relational Contracting. The Free Press, New York et al., 1985.

Williamson, Oliver E. (1990): Organization Theory. Oxford University Press, New York et al., 1990.

Winch, Graham/Clifton, Naomi/Millar, Carla (2000): Organization and Management in an Anglo-French Consortium: The Case of Transmanche-Link. In: Journal of Management Studies, 37. Jg., Nr. 5, 2000, S. 663-685.

Wind, Yoram/Douglas, Susan P. (1972): International Market Segmentation. In: European Journal of Marketing, 6. Jg., Nr. 1, 1972, S. 17-25.

Wingefeld, Volker (1989): Wie Franchising erfolgreich wird. In: Harvard Manager, 11. Jg., Nr. 3, 1989, S. 122-128.

Wißmeier, Urban Kilian (1995): Corporate Identity. In: Tietz, Bruno/Köhler, Richard/Zentes, Joachim (1995, Hrsg.): Handwörterbuch des Marketing. 2., völlig neu gest. Aufl., Schäffer-Poeschel, Stuttgart, 1995, Sp. 389-402.

Withane, Sirinimal (1991): Franchising and Franchisee Behavior: An Examination of Opinions, Personal Characteristics, and Motives of Canadian Franchisee Entrepreneurs. In: Journal of Small Business Management, 29. Jg., Nr. 1, 1991, S. 22-29.

Witt, Peter (2000): Corporate Governance im Wandel. Auswirkungen des Systemwettbewerbs auf deutsche Aktiengesellschaften. In: Zeitschrift Führung und Organisation, 69. Jg., Nr. 3, 2000, S. 159-163.

Wittlage, Helmut (1995): Die Gestaltung der Organisationsstruktur internationaler Unternehmen – Kritische Analyse, alternativer Ansatz –. In: Betriebswirtschaftliche Forschung und Praxis, 47. Jg., Nr. 3, 1995, S. 357-369.

Wolf, Joachim (1994): Internationales Personalmanagement. Kontext – Koordination – Erfolg. Gabler, Wiesbaden, 1994 (mir-edition), zugl. Diss. Stuttgart-Hohenheim.

Wolf, Joachim (1997): Selbstorganisationstheorie – Denkstruktur, Varianten und Erklärungswert bei betriebswirtschaftlichen Fragestellungen. In: Zeitschrift für Wirtschafts- und Sozialwissenschaften, 117. Jg., Nr. 4, 1997, S. 623-662.

Wolf, Joachim (2000a): Strategie und Struktur 1955-1995. Ein Kapitel der Geschichte deutscher nationaler und internationaler Unternehmen. Gabler, Wiesbaden, 2000, zugl. Habil. Stuttgart-Hohenheim.

Wolf, Joachim (2000b): Der Gestaltansatz in der Management- und Organisationslehre. Deutscher Universitätsverlag, Wiesbaden, 2000.

Wolf, Joachim/Egelhoff, William G. (2001): Strategy and Structure: Extending the Theory and Integrating the Research on National and International Firms. In: Schmalenbach Business Review, 53. Jg., Nr. 2, 2001, S. 117-139.

Wolf, Joachim/Egelhoff, William G. (2002): A Reexamination and Extension of International Strategy-Structure Theory. In: Strategic Management Journal, 23. Jg., Nr. 2, 2002, S. 181-189.

Wolff, Birgitta (1999): Anreizkompatible Reorganisation von Unternehmen. Schäffer-Poeschel, Stuttgart, 1999 (Betriebswirtschaftliche Abhandlungen, Bd. 110), zugl. Habil. LMU München.

Wolff, Richard D. (1970): Modern Imperialism: The View from the Metropolis. In: American Economic Review – Papers and Proceedings, 60. Jg., Nr. 1, 1970, S. 225-230.

Wolff, Richard D. (1972): Der gegenwärtige Imperialismus in der Sicht der Metropole. In: Senghaas, Dieter (1972, Hrsg.): Imperialismus und strukturelle Gewalt. Analysen über abhängige Reproduktion. Suhrkamp, Frankfurt/Main, 1972, S. 187-199.

Wong, Gilbert Y.Y./Birnbaum-More, Philip H. (1994): Culture, Context and Structure: A Test on Hong Kong Banks. In: Organization Studies, 15. Jg., Nr. 1, 1994, S. 99-123.

Wood, Van R./Robertson, Kim R. (2000): Evaluating International Markets. The Importance of Information by Industry, Country of Destination, and by Type of Export Transaction. In: International Marketing Review, 17. Jg., Nr. 1, 2000, S. 34-55.

Wood, Wally (1995): How Big Should a Head Office Be? In: Across the Board, Mai 1995, S. 25-28.

Woodcock, C. Patrick/Beamish, Paul W./Makino, Shige (1994): Ownership-based Entry Mode Strategies and International Performance. In: Journal of International Business Studies, 25. Jg., Nr. 2, 1994, S. 253-273.

Woolliams, Peter (1997): The Trompenaars Database. Appendix 2 to Trompenaars, Fons/Hampden-Turner, Charles (1997): Riding the Waves of Culture. Understanding Cultural Diversity in Business. 2. Aufl., Nicholas Brealey Publishing, London, 1997, S. 245-255.

World Bank (2002a): Global Economic Prospects and the Developing Countries 2003. Eigenverlag der Weltbank, Washington, 2002.

World Bank (2002b): World Development Report 2003. Oxford University Press, New York et al., 2002.

World Bank (2007a): World Development Report 2008. Eigenverlag der World Bank, Washington, 2007.

World Bank (2007b): Doing Business. Elektronische Datenbank der World Bank, 2007. URL: http://www.doingbusiness.org/ (Stand: 23.12.2007).

Wörner, Herbert (1997): Strategien, Methoden und Techniken der internationalen Marktauswahl. In: Macharzina, Klaus/Oesterle, Michael-Jörg (1997, Hrsg.): Handbuch Internationales Management. Gabler, Wiesbaden, 1997, S. 195-207.

Wrona, Thomas (1999): Globalisierung und Strategien der vertikalen Integration. Analyse – Empirische Befunde – Gestaltungsoptionen. Gabler, Wiesbaden, 1999 (mir-edition), zugl. Diss. Essen.

Wrona, Thomas (2000): Die Gestaltung von vertikalen Integrationsstrategien in globalisierenden Märkten. Ergebnisse einer empirischen Untersuchung. In: Knyphausen-Aufseß, Dodo zu (2000, Hrsg.): Globalisierung als Herausforderung der Betriebswirtschaftslehre. Gabler, Wiesbaden, 2000 (mir-edition), S. 67-93.

WTO (World Trade Organization) (1998a): Annual Report 1998. Bd.I: International Trade Statistics. WTO Publications, Genf, 1998.

WTO (World Trade Organization) (1998b): Annual Report 1998. Bd. II: Special Topic – Globalization and Trade. WTO Publications, Genf, 1998.

WTO (World Trade Organization) (2000): Annual Report 2000. WTO Publications, Genf, 2000.

WTO (World Trade Organization) (2001): International Trade Statistics 2001. WTO Publications, Genf, 2001.

WTO (World Trade Organization) (2003): International Trade Statistics 2003. WTO Publications, Genf, 2003.

WTO (World Trade Organization) (2004): International Trade Statistics 2004. WTO Publications, Genf, 2004.

WTO (World Trade Organization) (2005): International Trade Statistics 2005. WTO Publications, Genf, 2005.

WTO (World Trade Organization) (2006): International Trade Statistics 2006. WTO Publications, Genf, 2006.

WTO (World Trade Organization) (2007a): World Trade Report 2007. WTO Publications, Genf, 2007.

WTO (World Trade Organization) (2007b): International Trade Statistics 2007. WTO Publications, Genf, 2007.

WTO (World Trade Organization) (2007c): Trade Profiles 2007. WTO Publications, Genf, 2007.

Wührer, Gerhard A. (1995): Internationale Allianz- und Kooperationsfähigkeit österreichischer Unternehmen. Trauner, Linz, 1995, zugl. Habil. Klagenfurt.

Wührer, Gerhard A. (1997): Idealtypen und Realtypen von Internationalisierungsstrategien österreichischer Unternehmen. In: Wacker, Wilhelm H. (1997, Hrsg.): Neue Theorieformen bei komplexen internationalen Fragestellungen. Institut für Deutsche und Internationale Besteuerung, Göttingen, 1997, S. 86-102.

Wurche, Sven (1994): Strategische Kooperation. Theoretische Grundlagen und praktische Erfahrungen am Beispiel mittelständischer Pharmaunternehmen. Deutscher Universitätsverlag, Wiesbaden, 1994.

Wüthrich, Hans A. (1984): Unternehmenskultur: Schlüsselgröße des strategischen Managements. In: io-Management-Zeitschrift, 53. Jg., Nr. 10, 1984, S. 415-417.

Wüthrich, Hans A./Philipp, Andreas (1998): Virtuelle Unternehmensnetzwerke. Agilität als Alternative zur „Unternehmensgröße"? In: io-Management-Zeitschrift, 67. Jg., Nr. 11, 1998, S. 38-42.

Wüthrich, Hans A./Philipp, Andreas F./Frentz, Martin H. (1997): Vorsprung durch Virtualisierung. Lernen von Pionierunternehmen. Gabler, Wiesbaden, 1997.

Wüthrich, Hans A./Winter, Wolfgang B. (1994): Die Wettbewerbskraft globaler Unternehmen. In: Die Unternehmung, 48. Jg., Nr. 5, 1994, S. 303-322.

Y

Yamin, Mohammad/Forsgren, Mats (2006): Hymer's Analysis of the Multinational Organization: Power Retention and the Demise of the Federative MNE. In: International Business Review, 15. Jg., Nr. 2, 2006, S. 166-179.

Yamin, Mohammad/Sinkovics, Rudolf R. (2006): Online Internationalisation, Psychic Distance Reduction and the Virtuality Trap. In: International Business Review, 15. Jg., Nr. 4, 2006, S. 339-360.

Yan, Aimin (1998): Structural Stability and Reconfiguration of International Joint Ventures. In: Journal of International Business Studies, 29. Jg., Nr. 4, 1998, S. 773-796.

Yan, Aimin/Gray, Barbara (2001): Antecedents and Effects of Parent Control in International Joint Ventures. In: Journal of Management Studies, 38. Jg., Nr. 3, 2001, S. 393-416.

Yan, Aimin/Zeng, Ming (1999): International Joint Venture Instability: A Critique of Previous Research, a Reconceptualization, and Directions for Future Research. In: Journal of International Business Studies, 30. Jg., Nr. 2, 1999, S. 397-414.

Yasin, Mahmoud/Zimmerer, Tom/Green, Ronald (1989): Cultural Values as Determinants of Executive Attitudes on Decision Making: An Empirical Evaluation. In: International Journal of Value Based Management, 2. Jg., Nr. 2, 1989, S. 35-47.

Yavas, Ugur/Verhage, Bronislaw J./Green, Robert T. (1992): Global Consumer Segmentation versus Local Market Orientation: Empirical Findings. In: Management International Review, 32. Jg., Nr. 3, 1992, S. 265-272.

Yeh, Ryh-song (1989): On Hofstede's Treatment of Chinese and Japanese Values. In: Asia Pacific Journal of Management, 6. Jg., Nr. 1, 1989, S. 149-160.

Yetton, Philip/Craig, Jane/Davis, Jeremy/Hilmer, Fred (1992): Are Diamonds a Country's Best Friend? A Critique of Porter's Theory of National Competition as Applied to Canada, New Zealand and Australia. Working Paper 92-025, The University of New South Wales, Australian Graduate School of Management, September 1992.

Yip, George S. (1982): Gateways to Entry. In: Harvard Business Review, 60. Jg., Nr. 5, 1982, S. 85-92.

Yip, George S. (1989): Global Strategy... In a World of Nations? In: Sloan Management Review, 31. Jg., Nr. 1, Herbst 1989, S. 29-41.

Yip, George S. (1992): Total Global Strategy. Managing for Worldwide Competitive Advantage. Prentice Hall, Englewood Cliffs, 1992.

Yip, George, S./Madsen, Tammy (1996): Global Account Management: The New Frontier in Relationship Marketing. In: International Marketing Review, 13. Jg., Nr. 3, 1996, S. 24-42.

Yoo, Sangjin/Lee, Sang M. (1987): Management Style and Practice of Korean Chaebols. In: California Management Review, 29. Jg., Nr. 4, Sommer 1987, S. 95-110.

Yoshimura, Noboru/Anderson, Philip (1997): Inside the Kaisha. Demystifying Japanese Business Behavior. Harvard Business School Press, Boston, 1997.

Yoshino, M.Y. (1976): Japan's Multinational Enterprises. Harvard University Press, Cambridge, London, 1976.

Young, Stephen/Hamill, James/Wheeler, Colin/Davies, J. Richard (1989): International Market Entry and Development: Strategies and Management. Harvester Wheatsheaf/Prentice Hall, Englewood Cliffs, 1989.

Yu, Chwo-Ming/Tang, Ming-Je (1992): International Joint Ventures: Theoretical Considerations. In: Managerial and Decision Economics, 13. Jg., Nr. 4, 1992, S. 331-342.

Yunker, Penelope J. (1983): A Survey Study of Subsidiary Autonomy, Performance Evaluation and Transfer Pricing in Multinational Corporations. In: Columbia Journal of World Business, 18. Jg., Nr. 3, 1983, S. 51-64.

Yuzawa, Takeshi (1994, Hrsg.): Japanese Business Success. The Evolution of a Strategy. Routledge, London, New York, 1994.

Z

Zaby, Andreas M. (1999): Internationalization of High-Technology Firms. Cases from Biotechnology and Multimedia. Gabler, Wiesbaden, 1999 (mir-edition), zugl. Diss. Jena.

Zaby, Andreas M./Rumpf, Maria (1998): Das eklektische Paradigma. In: WiSt – Wirtschaftswissenschaftliches Studium, 27. Jg., Nr. 2, 1998, S. 146-148.

Zaheer, Srilata (1995): Overcoming the Liability of Foreignness. In: Academy of Management Journal, 38. Jg., Nr. 2, 1995, S. 341-363.

Zahra, Shaker/Elhagrasey, Galal (1994): Strategic Management of International Joint Ventures. In: European Mangement Journal, 12. Jg., Nr. 1, 1994, S. 83-93.

Zedtwitz, Maximilian von /Gassmann, Oliver/Boutellier, Roman (2004): Organizing Global R&D: Challenges and Dilemmas. In: Journal of International Management, 10. Jg., Nr. 1, 2004, S. 21-49.

Zeira, Yoram/Newburry, William (1999): Equity International Joint Ventures (EIJVs) and International Acquisitions (IAs): Generic Differences in the Pre- and Post-Incorporation Stages. In: Management International Review, 39. Jg., Nr. 4, 1999, S. 323-352.

Zelewski, Stephan (1999): Grundlagen. In: Corsten, Hans/Reiß, Michael (1999, Hrsg.): Betriebswirtschaftslehre. 3. Aufl., Oldenbourg, München, Wien, 1999, S. 1-125.

Zentes, Joachim (1995): Außenhandel. In: Tietz, Bruno/Köhler, Richard/Zentes, Joachim (1995, Hrsg.): Handwörterbuch des Marketing. 2., völlig neu gest. Aufl., Schäffer-Poeschel, Stuttgart, 1995, Sp. 130-143.

Zentes, Joachim/Swoboda, Bernhard (1997): Grundbegriffe des Internationalen Managements. Schäffer-Poeschel, Stuttgart, 1997 (Sammlung Poeschel, Bd. 149).

Zentes, Joachim/Swoboda, Bernhard (1998, Hrsg.): Globales Handelsmanagement. Voraussetzungen – Strategien – Beispiele. Deutscher Fachverlag, Frankfurt/Main, 1998 (Reihe Zukunft im Handel, Bd. 8).

Zentes, Joachim/Swoboda, Bernhard (1999): Motive und Erfolgsgrößen internationaler Kooperation mittelständischer Unternehmen. In: Die Betriebswirtschaft, 59. Jg., Nr. 1, 1999, S. 44-60.

Zentes, Joachim/Swoboda, Bernhard (2004, Hrsg.): Fallstudien zum Internationalen Management. Grundlagen – Praxiserfahrungen – Perspektiven, 2., vollst. überarb. Aufl., Gabler, Wiesbaden, 2004.

Zentes, Joachim/Swoboda, Bernhard/Morschett, Dirk (2004): Internationales Wertschöpfungsmanagement. Vahlen, München, 2004.

Zentes, Joachim/Swoboda, Bernhard/Morschett, Dirk (2005, Hrsg.): Kooperationen, Allianzen und Netzwerke. Grundlagen – Ansätze – Perspektiven. 2. Aufl., Gabler, Wiesbaden, 2005.

Zerdick, Axel et al. (1999): Die Internet-Ökonomie. Strategien für die digitale Wirtschaft. European Communication Council Report. Springer, Berlin et al., 1999.

Zhang, Xiang (1997): Erfolgreich verhandeln in China. Risiken minimieren, Verträge optimieren. Gabler, Wiesbaden, 1997.

Zhao, Hongxin/Luo, Yadong/Suh, Taewon (2004): Transaction Cost Determinants and Ownership-based Entry Mode Choice: A Meta-analytical Review. In: Journal of International Business Studies, 35. Jg., Nr. 6, 2004, S. 524-544.

Zielke, Andreas E. (1992): Erfolgsfaktoren internationaler Joint Ventures. Eine empirische Untersuchung der Erfahrungen deutscher und amerikanischer Industrieunternehmungen in den USA. Verlag Peter Lang, Frankfurt/Main et al., 1992, zugl. Diss. Dortmund.

Ziener, Martin (1985): Controlling im multinationalen Unternehmen. Moderne Industrie, Landsberg/Lech, 1985.

Zimmermann, Andreas (1992): Spezifische Risiken des Auslandsgeschäfts. In: Dichtl, Erwin/ Issing, Otmar (1992, Hrsg.): Exportnation Deutschland. 2., völlig neubearb. Aufl., Beck, München, 1992, S. 71-100.

Zimmermann, Rainer (2005): Interne und externe Kommunikation. In: Picot, Gerhard (2005, Hrsg.): Mergers & Acquisitions: Planung, Durchführung, Integration. 3., grundl. überarb. und akt. Aufl., Schäffer-Poeschel, Stuttgart, 2005, S. 491-524.

Zinzius, Birgit (1996): Der Schlüssel zum chinesischen Markt. Mentalität und Kultur verstehen lernen. Gabler, Wiesbaden, 1996.

Zollo, Maurizio/Singh, Harbir (2004): Deliberate Learning in Corporate Acquisitions: Post-Acquisition Strategies and Integration Capability in U.S. Bank Mergers. In: Strategic Management Journal, 25. Jg., Nr. 13, 2004, S. 1233-1256.

Zürn, Michael (1997): Was ist Denationalisierung und wieviel gibt es davon? In: Soziale Welt, 48. Jg., Nr. 4, 1997, S. 337-359.

Zwer, Reiner (1994): Einführung in die Wirtschafts- und Sozialstatistik. 2., überarb. und erw. Aufl., Oldenbourg, München, Wien, 1994.

Unternehmungs- und Markenverzeichnis

Organisationen- und Institutionenverzeichnis

Länder- und Regionenverzeichnis

Stichwortverzeichnis

economag.

Wissenschaftsmagazin für
Betriebs- und Volkswirtschaftslehre

www.economag.de

Der Oldenbourg Wissenschaftsverlag veröffentlicht monatlich ein neues
Online-Magazin für Studierende: economag. Das Wissenschaftsmagazin
für Betriebs- und Volkswirtschaftslehre.

Über den Tellerrand schauen

Das Magazin ist kostenfrei und bietet den Studierenden zitierfähige wissenschaftliche Beiträge für ihre Seminar- und Abschlussarbeiten - geschrieben
von Hochschulprofessoren und Experten aus der Praxis. Darüber hinaus gibt
das Magazin den Lesern nicht nur hilfreiche wissenschaftliche Beiträge an
die Hand, es lädt auch dazu ein, zu schmökern und parallel zum Studium
über den eigenen Tellerrand zu schauen.

Tipps rund um das Studium

Deswegen werden im Magazin neben den wissenschaftlichen Beiträgen auch
Themen behandelt, die auf der aktuellen Agenda der Studierenden stehen:
Tipps rund um das Studium und das Bewerben sowie Interviews mit
Berufseinsteigern und Managern.

Oldenbourg

Kostenfreies Abonnement unter
www.economag.de